소방자격증 합격교재

소방설비(산업)기사

1차 / 기계분야

서울고시각

**Stand by
Strategy
Satisfaction**

새로운 출제경향에 맞춘 수험서의 완벽서

머리말

본 교재는 소방설비(산업)기사시험의 최신 트렌드에 맞추어 기초이론 및 응용력 향상에 중점을 두고 구성되었으며 단순한 문제풀이 위주의 내용이 아닌 변형된 문제가 출제되더라도 쉽게 풀 수 있도록 서술되어 있어 탄탄한 기초실력을 키워줄 것입니다.

본서는 대영소방전문학원의 수업용 교재로서의 전문성과 착실한 기초이론의 정립으로 소방설비(산업)기사 합격의 나침반이 될 것입니다.

[본서의 특징]

1. 본 교재와 더불어 동영상강의와 연계하면 기초실력향상에 도움이 됩니다.
2. 대영소방전문학원 홈페이지에서 다양한 자료 및 기출문제를 제공합니다.
3. 최근 출제문제에 대한 다각도의 접근으로 쉽게 문제를 풀 수 있는 응용력을 키워 줄 것입니다.
4. 현재 대영소방전문학원의 강의용 교재로서 교재만으로 해결이 어려운 부분은 홈페이지를 통해 쉽게 해결 받을 수 있습니다.
   [www.dyedu.co.kr]

부족하지만 심혈을 기울여 쓴 본 교재가 수험생 여러분의 합격에 일조할 수 있는 수험서가 되기를 간절히 바라며, 다시 한 번 합격의 영광을 위해 불철주야 공부에 매진하고 있는 수험생 여러분께 가슴으로부터 우러나오는 격려와 애정을 표현하면서 수험생 여러분의 합격을 진심으로 기원합니다.

끝으로 본서가 나오기까지 물심양면으로 힘써주신 서울고시각 김용관 회장님, 김용성 사장님, 그리고 편집부 직원여러분께 지면으로나마 감사의 말씀을 전합니다.

편저자 씀

시험 GUIDE

- **자격명** : 소방설비기사(기계분야)
- **영문명** : Engineer Fire Protection System – Mechanical
- **관련부처** : 소방청
- **시행기관** : 한국산업인력공단
- **취득방법**
    ① 시 행 처 : 한국산업인력공단
    ② 관련학과 : 대학 및 전문대학의 소방학, 건축설비공학, 기계설비학, 가스냉동학, 공조냉동학 관련학과
    ③ 시험과목
    　- 필기 : 1. 소방원론 2. 소방유체역학 3. 소방관계법규 4. 소방기계시설의 구조 및 원리
    　- 실기 : 소방기계시설 설계 및 시공실무
    ④ 검정방법
    　- 필기 : 객관식 4지 택일형 과목당 20문항(과목당 30분)
    　- 실기 : 필답형(2시간 30분)
    ⑤ 합격기준
    　- 필기 : 100점을 만점으로 하여 과목당 40점 이상, 전과목 평균 60점 이상
    　- 실기 : 100점을 만점으로 하여 60점 이상
- **필기시험 출제기준**

필기과목명	문제수	주요항목	세부항목	세세항목
소방원론	20	1. 연소이론	1. 연소 및 연소현상	1. 연소의 원리와 성상 2. 연소생성물과 특성 3. 열 및 연기의 유동의 특성 4. 열에너지원과 특성 5. 연소물질의 성상 6. LPG, LNG의 성상과 특성
		2. 화재현상	1. 화재 및 화재현상	1. 화재의 정의, 화재의 원인과 영향 2. 화재의 종류, 유형 및 특성 3. 화재 진행의 제요소와 과정
			2. 건축물의 화재현상	1. 건축물의 종류 및 화재현상 2. 건축물의 내화성상 3. 건축구조와 건축내장재의 연소 특성 4. 방화구획 5. 피난공간 및 동선계획 6. 연기확산과 대책
		3. 위험물	1. 위험물 안전관리	1. 위험물의 종류 및 성상 2. 위험물의 연소특성 3. 위험물의 방호계획

필기과목명	문제수	주요항목	세부항목	세세항목
		4. 소방안전	1. 소방안전관리	1. 가연물·위험물의 안전관리 2. 화재시 소방 및 피난계획 3. 소방시설물의 관리유지 4. 소방안전관리계획 5. 소방시설물 관리
			2. 소화론	1. 소화원리 및 방식 2. 소화부산물의 특성과 영향 3. 소화설비의 작동원리 및 점검
			3. 소화약제	1. 소화약제이론 2. 소화약제 종류와 특성 및 적응성 3. 약제유지관리
소방유체역학	20	1. 소방유체역학	1. 유체의 기본적 성질	1. 유체의 정의 및 성질 2. 차원 및 단위 3. 밀도, 비중, 비중량, 음속, 압축률 4. 체적탄성계수, 표면장력, 모세관현상 등 5. 유체의 점성 및 점성측정
			2. 유체정역학	1. 정지 및 강체유동(등가속도)유체의 압력 변화, 부력 2. 마노미터(액주계), 압력측정 3. 평면 및 곡면에 작용하는 유체력
			3. 유체유동의 해석	1. 유체운동학의 기초, 연속방정식과 응용 2. 베르누이 방정식의 기초 및 기본응용 3. 에너지 방정식과 응용 4. 수력기울기선, 에너지선 5. 유량측정(속도계수, 유량계수, 수축계수), 피토관, 속도 및 압력측정 6. 운동량 이론과 응용
			4. 관내의 유동	1. 유체의 유동형태(층류, 난류), 완전발달유동 2. 무차원수, 레이놀즈수, 관내 유량측정 3. 관내 유동에서의 마찰손실 4. 부차적 손실, 등가길이, 비원형관손실
			5. 펌프 및 송풍기의 성능특성	1. 기본개념, 상사법칙, 비속도, 펌프의 동작(직렬, 병렬) 및 특성곡선, 펌프 및 송풍기 종류 2. 펌프 및 송풍기의 동력 계산 3. 수격, 서징, 캐비테이션, NPSH, 방수압과 방수량
		2. 소방 관련 열역학	1. 열역학 기초 및 열역학 법칙	1. 기본개념(비열, 일, 열, 온도, 에너지, 엔트로피 등) 2. 물질의 상태량(수증기 포함)

시험 GUIDE

필기과목명	문제수	주요항목	세부항목	세세항목
		2. 소방 관련 열역학		3. 열역학 1법칙(밀폐계, 교축과정 및 노즐) 4. 열역학 2법칙
			2. 상태변화	1. 상태변화(폴리트로픽 과정 등)에 따른 일, 열, 에너지 등 상태량의 변화량
			3. 이상기체 및 카르노사이클	1. 이상기체의 상태방정식 2. 카르노사이클 3. 가역 사이클 효율 4. 혼합가스의 성분
			4. 열전달 기초	1. 전도, 대류, 복사의 기초
소방관계 법규	20	1. 소방기본법	1. 소방기본법, 시행령, 시행규칙	1. 소방기본법 2. 소방기본법 시행령 3. 소방기본법 시행규칙 4. 소방기본법령에 관한 기타 관련사항
		2. 화재예방,소방시설 설치유지 및 안전관리에 관한 법률	1. 화재예방, 소방시설설치유지 및 안전관리에 관한 법률, 시행령, 시행규칙	1. 화재예방, 소방시설설치유지 및 안전관리에 관한 법률 2. 화재예방, 소방시설설치유지 및 안전관리에 관한 법률 시행령 3. 화재예방, 소방시설설치유지 및 안전관리에 관한 법률 시행규칙 4. 화재예방, 소방시설설치유지 및 안전관리에 관한법령 기타 관련사항
		3. 소방시설 공사업법	1. 소방시설공사업법, 시행령, 시행규칙	1. 소방시설공사업법 2. 소방시설공사업법 시행령 3. 소방시설공사업법 시행규칙 4. 소방시설공사업 법령에 관한 기타 관련사항
		4. 위험물안전관리법	1. 위험물안전관리법, 시행령, 시행규칙	1. 위험물안전관리법 2. 위험물안전관리법 시행령 3. 위험물안전관리법 시행규칙 4. 위험물 안전관리법령에 관한 기타 관련사항
소방기계 시설의 구조 및 원리	20	1. 소방기계 시설 및 화재안전기준	1. 옥내외 소화전설비	1. 옥내소화전설비의 화재안전기준 및 기타 관련사항 2. 옥외소화전설비의 화재안전기준 및 기타 관련사항 3. 설치대상과 기준, 종류, 특징, 동작원리 및 기타 관련사항
			2. 스프링클러 설비	1. 스프링클러설비의 화재안전기준 및 기타 관련사항 2. 간이스프링클러소화설비의 화재안전기준 및 기타 관련사항 3. 화재조기진압용 스프링클러설비의 화

필기과목명	문제수	주요항목	세부항목	세세항목
		1. 소방기계 시설 및 화재안전기준		재안전기준 기타 관련사항 4. 설치대상과 기준, 종류, 특징, 동작원리 및 기타 관련사항
			3. 포 소화설비	1. 포 소화설비의 화재안전기준 2. 설치대상과 기준, 종류, 특징, 동작원리 및 기타 관련사항
			4. 이산화탄소와 할로겐화합물 소화설비 및 청정소화약제 소화설비	1. 이산화탄소 소화설비의 화재안전기준 및 기타 관련사항 2. 할로겐화합물 소화설비의 화재안전기준 기타 관련사항 3. 청정소화약제 소화설비 화재안전기준 기타 관련사항 4. 설치대상과 기준, 종류, 특징, 동작원리 및 기타 관련사항
			5. 분말 소화설비	1. 분말소화설비의 화재안전기준 2. 설치대상과 기준, 종류, 특징, 동작원리 및 기타 관련사항
			6. 물분무 및 미분무 소화설비	1. 물분무 및 미분무 소화설비의 화재안전기준 2. 설치대상과 기준, 종류, 특징, 동작원리 및 기타 관련사항
			7. 소화기구	1. 소화기구의 화재안전기준 2. 설치대상과 기준, 종류, 특징, 동작원리 및 기타 관련사항
			8. 피난설비	1. 피난기구의 화재안전기준 2. 인명구조기구의 화재안전기준 및 기타 관련사항
			9. 소화 용수 설비	1. 상수도소화용수설비 2. 소화수조 및 저수조화재안전기준 및 기타관련사항
			10. 소화 활동 설비	1. 제연설비의 화재안전기준 및 기타 관련사항 2. 특별피난계단 및 비상용승강기 승강장 제연설비 3. 연결송수관설비의 화재안전기준 4. 연결살수설비의 화재안전기준 및 기타 관련사항 5. 연소방지시설의 화재안전기준
			11. 기타 소방기계설비	1. 기타 소방기계설비의 화재안전기준

Contents

PART 01 소방원론

Chapter 01 연 소 ·· 3
1. 연소이론 ·· 3
2. 지방족 탄화수소의 분류 및 명명법 ·················· 9
3. 연소이론 용어정리 ······································ 10
4. 연소 시 발생하는 이상현상 ·························· 20
5. 폭발 ·· 22
6. 이상기체에 적용되는 식 ······························ 23

Chapter 02 화 재 ·· 26
1. 화재 ·· 26
2. 화재의 종류 및 특징 ··································· 27
3. 화상의 구분 ·· 33
4. 화재피해의 구분 ·· 33
5. 방폭구조 및 방폭설비 ································· 34
6. 연소생성물 ··· 35

Chapter 03 전열현상 및 열역학법칙 ························· 40
1. 전열현상 ·· 40
2. 열역학법칙 ··· 42
3. 열 ··· 43
4. 열 에너지원(Heat Energy Sources) ············· 45

Chapter 04 건축물 화재 ··· 47
1. 건축물 화재 ·· 47
2. 목조건축물의 화재 ····································· 50
3. 내화건축물의 화재 ····································· 53

Chapter 05 건축물의 내화성상 및 안전관리 ·············· 55
1. 내화구조 ·· 55
2. 방화구조 ·· 57
3. 방화문 ··· 57
4. 방화구획 ·· 58
5. 방화벽 ··· 59

⑥ 직통계단·피난계단 및 특별피난계단 ··· 60
⑦ 방화계획 및 피난계획 ·· 64

Chapter 06 소 화 ··· 72
① 소화방법 ··· 72
② 화재의 방어 ·· 73
③ 소화기의 종류 ··· 74
④ 소화기의 유지, 관리 ··· 89

Chapter 07 위험물 ·· 91
① 제1류 위험물(산화성 고체) ·· 91
② 제2류 위험물(가연성 고체) ·· 92
③ 제3류 위험물(자연발화성 물질 및 금수성 물질) ····················· 93
④ 제4류 위험물(인화성 액체) ·· 94
⑤ 제5류 위험물(자기반응성 물질) ··· 98
⑥ 제6류 위험물(산화성 액체) ·· 99
⑦ 특수가연물 ·· 100

➕ [예상문제] / 103

PART 02 소방관계법규

Chapter 01 소방기본법 ··· 185
① 목적 ·· 185
② 정의 ·· 185
③ 소방기관의 설치 ·· 186
④ 119 종합상황실 설치와 운영 ·· 186
⑤ 소방기술민원센터의 설치 및 운영 ·· 187
⑥ 소방박물관 및 소방체험관 ·· 188
⑦ 소방업무에 관한 종합계획의 수립, 시행 등 ························ 188
⑧ 소방의날 ··· 189
⑨ 소방력의 기준 ··· 189
⑩ 소방장비등에 대한 국고보조 ·· 190
⑪ 소방용수시설 및 비상소화장치 ··· 190

Contents

- ⑫ 소방용수시설 및 지리에 대한 조사 ·················193
- ⑬ 소방업무의 응원 ·················193
- ⑭ 소방력의 동원 ·················194
- ⑮ 소방지원활동 ·················195
- ⑯ 생활안전활동 ·················195
- ⑰ 소방교육 및 훈련 ·················196
- ⑱ 소방안전교육사 [2년마다 1회시행] ·················196
- ⑲ 한국 119청소년단 ·················197
- ⑳ 소방자동차 전용구역 설치대상 ·················198
- ㉑ 소방자동차 전용구역의 설치 기준·방법 ·················198
- ㉒ 소방신호 ·················199
- ㉓ 화재등의 통지 ·················199
- ㉔ 소방자동차 우선통행 및 사이렌 ·················200
- ㉕ 소방대 긴급통행 ·················200
- ㉖ 소방활동구역 ·················200
- ㉗ 소방활동 종사명령 ·················201
- ㉘ 강제처분등 ·················201
- ㉙ 피난명령 ·················202
- ㉚ 긴급조치 ·················202
- ㉛ 소방용수시설 사용금지등 ·················203
- ㉜ 화재의 조사 ·················203
- ㉝ 구조대 및 구급대의 편성과 운영에 관하여는 별도의 법률로 정한다. ·················203
- ㉞ 의용소방대의 설치 및 운영에 관하여는 별도의 법률로 정한다. ···203
- ㉟ 소방산업의 육성, 진흥 및 지원 등 ·················203
- ㊱ 한국소방안전원 ·················204
- ㊲ 손실보상 ·················206
- ㊳ 벌칙 ·················207

✚ [예상문제] / 209

Chapter 02 소방시설공사업법 ·················277

- ❶ 목적 ·················277
- ❷ "소방시설업"의 종류 ·················277
- ❸ 소방시설업의 등록 ·················277

④ 등록의 결격사유 ···281
⑤ 헐어못쓰거나 분실한 경우 재발급신청 ···281
⑥ 변경신고 ···281
⑦ 휴·폐업신고 ···282
⑧ 지위승계신고 ···282
⑨ 소방시설업의 운영 ··283
⑩ 등록취소와 영업정지등 ···283
⑪ 과징금처분 ···283
⑫ 소방시설업자가 하자보수보증기간동안 보관하여야 하는 서류 ······284
⑬ 성능위주설계 ···284
⑭ 착공신고 ···284
⑮ 완공검사 ···286
⑯ 공사의 하자보수등 ··287
⑰ 감리의 업무 ···287
⑱ 감리의 종류, 방법, 대상[대통령령] ···288
⑲ 감리지정대상 특정소방대상물 ··288
⑳ 감리자의 지정 ···288
㉑ 감리원 세부 배치기준 ··289
㉒ 감리원 배치기준 ··290
㉓ 감리결과 통보 및 보고 ··291
㉔ 감리원 기술등급 ··291
㉕ 하도급 ··293
㉖ 도급계약의 해지 ··293
㉗ 시공능력 평가 및 방염처리능력평가 ··293
㉘ 소방기술경력등의 인정등 ···293
㉙ 소방기술자 실무교육 : 2년마다 1회 ···294
㉚ 소방기술자 배치기준 ··294
㉛ 청문 ··296
㉜ 벌칙 ··296

✚ [예상문제] / 299

Chapter 03 화재예방 및 안전관리에 관한 법률 ·······································369
① 목적 ··369
② 용어정의 ···369

❸ 화재의 예방 및 안전관리에 관한 기본계획 수립·시행 ········· 370
❹ 화재안전조사 ········· 370
❺ 화재의 예방조치등 ········· 372
❻ 불을 사용하는 설비의 관리기준 등 ········· 374
❼ 특수가연물의 종류 ········· 376
❽ 특수가연물의 저장 취급기준 ········· 378
❾ 화재예방강화지구 지정 ········· 379
❿ 화재위험경보 ········· 380
⓫ 특정소방대상물의 소방안전관리 ········· 380
⓬ 건설현장 소방안전관리 ········· 385
⓭ 소방안전관리자 교육 ········· 385
⓮ 피난유도 안내정보의 제공 ········· 386
⓯ 소방안전 특별관리시설물의 안전관리 ········· 386
⓰ 화재예방안전진단 ········· 387
⓱ 소방훈련등 ········· 388
⓲ 특정소방대상물의 관계인에 대한 소방안전교육 ········· 389
⓳ 벌칙 ········· 389

✚ [예상문제] / 391

Chapter 04 소방시설 설치 및 관리에 관한 법률 ········· **445**
❶ 목적 ········· 445
❷ 용어정의 ········· 445
❸ 건축허가등의 동의 ········· 456
❹ 내진설계기준 ········· 459
❺ 성능위주설계 ········· 459
❻ 주택에 설치하는 소방시설 ········· 460
❼ 차량용소화기 비치대상 차량 ········· 460
❽ 특정소방대상물의 관계인이 특정소방대상물의 규모,용도 및 수용인원등을 고려하여 갖추어야 하는 소방시설의 종류 ········· 460
❾ 내용연수 ········· 470
❿ 수용인원 산정 ········· 470
⓫ 임시소방시설 ········· 470
⓬ 소방시설 기준 적용의 특례기준 ········· 472
⓭ 소방시설 설치면제 기준 ········· 474

⑭ 소방시설을 설치하지 아니할 수 있는 특정소방대상물 및
　 소방시설의 범위 ···477
⑮ 소방기술심의위원회 ···477
⑯ 방염 ···479
⑰ 소방시설의 자체점검 등 ··481
⑱ 점검인력 배치기준 ··485
⑲ 점검장비 ···487
⑳ 자체점검 결과 조치 ···488
㉑ 자체점검 결과의 게시(시행규칙 제25조) ·······················489
㉒ 우수 소방대상물에 대한 포상 : 소방청장이 선정 ·············489
㉓ 소방시설관리사 ··489
㉔ 소방시설관리업 ··492
㉕ 과징금 ···494
㉖ 소방용품의 형식승인, 성능인증 등 ······························494
㉗ 청문 ··495
㉘ 벌칙 ··495
㉙ 과태료 ···497

✚ [예상문제] / 501

Chapter 05 위험물안전관리법[시행규칙 별표 제외] ·····················569

① 목적 ··569
② 용어정의 ··569
③ 적용제외 ··573
④ 국가의 책무 ···573
⑤ 지정수량 미만인 위험물의 저장, 취급 ··························574
⑥ 위험물의 저장 및 취급의 제한 ···································574
⑦ 위험물시설의 설치 및 변경 ·······································575
⑧ 군용위험물시설의 설치 및 변경에 대한 특례 ·················575
⑨ 탱크안전성능검사 ···576
⑩ 완공검사 ··577
⑪ 제조소등 설치자의 지위승계 ·····································578
⑫ 제조소등의 폐지 ···578
⑬ 제조소등 설치허가의 취소와 사용정지 등 ·····················578
⑭ 과징금 처분 ···579

Contents

- ⑮ 위험물안전관리 ·· 579
- ⑯ 탱크시험자의 등록 등 ·· 581
- ⑰ 예방규정등 ··· 583
- ⑱ 정기점검 및 정기검사(정밀정기검사, 중간정기검사) ······· 584
- ⑲ 자체소방대 ··· 586
- ⑳ 위험물의 운반 등 ·· 588
- ㉑ 안전교육 ·· 590
- ㉒ 청문 ··· 590
- ㉓ 벌칙 ··· 591
- ✚ [예상문제] / 593

Chapter 06 위험물의 시설기준 ···················· 643

- 01. 저장소 및 취급소의 구분 ································ 643
- 02. 제조소의 위치·구조 및 설비의 기준 ·············· 644
- 03. 옥내저장소의 위치·구조 및 설비의 기준 ······ 659
- 04. 옥외탱크저장소의 위치·구조 및 설비의 기준 ··· 664
- 05. 옥내탱크저장소의 위치·구조 및 설비의 기준 ··· 671
- 06. 지하탱크저장소의 위치·구조 및 설비의 기준 ··· 676
- 07. 간이탱크저장소의 위치·구조 및 설비의 기준 ··· 680
- 08. 이동탱크저장소의 위치·구조 및 설비의 기준 ··· 682
- 09. 옥외저장소의 위치·구조 및 설비의 기준 ······ 687
- 10. 암반탱크저장소의 위치·구조 및 설비의 기준 ··· 690
- 11. 주유취급소의 위치·구조 및 설비의 기준 ······ 691
- 12. 판매취급소의 위치·구조 및 설비의 기준 ······ 698
- 13. 이송취급소의 위치·구조 및 설비의 기준 ······ 699
- 14. 제조소 등에서 위험물의 저장 및 취급에 관한 기준 ··· 704
- 15. 위험물의 운반에 관한 기준 ···························· 707
- 16. 소화설비, 경보설비 및 피난설비의 기준 ······· 712
- 17. 위험물 안전관리에 관한 세부기준 ·················· 723
- ✚ [예상문제] / 725

PART 03 소방유체역학

Chapter 01 유체의 기본성질 ·· 779
　❶ 물질의 구분 ··779
　❷ 유체의 분류 ··780

Chapter 02 차원과 단위 ·· 782
　❶ 차원(Dimension, 次元) ··782
　❷ 단위(Unit, 單位) ···782
　❸ 주요 물리량의 단위 ··785

Chapter 03 유체의 성질 ··· 792
　❶ 기체의 성질 ··792
　❷ 액체의 성질 ··796

Chapter 04 유체의 정역학 ·· 803
　❶ 압력(Pressure, 壓力) ···803
　❷ 압력의 측정 ··806
　❸ 파스칼의 원리 ··815

Chapter 05 유체의 운동학 ·· 817
　❶ 유체의 흐름형태 ··817
　❷ 유량의 종류 ··818
　❸ 연속방정식(Equation of Continuity) ···818
　❹ 오일러의 운동방정식(Euler Equation of Motion) ····································820
　❺ 베르누이 방정식(Bernoulli's Equation) ···820
　❻ 베르누이 방정식의 응용 ··823
　❼ 운동량방정식의 응용 ··828

Chapter 06 실제유체의 흐름 ·· 831
　❶ 유체유동의 형태 ··831
　❷ 배관의 마찰손실 ··834

Chapter 07 유체의 계측 ·· 842
　❶ 압력의 측정 ··842
　❷ 유량의 측정 ··845

Chapter 08 소화설비의 배관 ··· 851
 ① 배관의 종류 ··· 851
 ② 배관의 이음 ··· 853
 ③ 관 부속물 ·· 855
 ④ 밸브(Valve) ··· 857

Chapter 09 펌프(Pump) ··· 861
 ① 펌프(Pump)의 종류 ·· 861
 ② 펌프의 계산 ·· 864
 ③ 흡입양정(NPSH;Net Positive Suction Head) ············ 868
 ④ 펌프에서 발생하는 이상현상 ································· 870
 ⑤ 송풍기 ·· 873

 ✚ [예상문제] / 875

PART 04 소방기계시설의 구조 및 원리

Chapter 01 소화기구 및 자동소화장치(NFTC101) ·············· 953
 ① 소화기의 설치대상 ··· 953
 ② 소화기의 종류 ··· 953
 ③ 설치기준 ··· 958
 ④ 소화기의 감소 ··· 964

Chapter 02 옥내소화전(NFTC102) ····································· 965
 ① 옥내소화전(옥내화전)의 설치대상 ························· 965
 ② 옥내소화전(호스릴)설비의 구성 및 계통도 ············· 966
 ③ 수원 ··· 967
 ④ 가압송수장치 ·· 969
 ⑤ 배관 등 ·· 973
 ⑥ 함 및 방수구 등 ··· 976
 ⑦ 전원 ··· 977
 ⑧ 제어반 ·· 979
 ⑨ 배선 등 ·· 981

⑩ 방수구 설치제외 ···982
⑪ 수원 및 가압송수장치의 펌프 등의 겸용 ···············983

Chapter 03 스프링클러(NFTC103) ·································984
① 스프링클러설비의 설치대상 ·································984
② 스프링클러설비의 구성 및 종류 ··························986
③ 수원 ···988
④ 가압송수장치 ··990
⑤ 방호구역, 방수구역, 유수검지장치등 ···················991
⑥ 배관 등 ··992
⑦ 음향장치 및 기동장치 ···999
⑧ 헤드 ··1002
⑨ 송수구 ···1008
⑩ 전원 ··1008
⑪ 제어반 ···1010
⑫ 배선 등 ···1012
⑬ 헤드의 제외 ···1012
⑭ 드렌처설비(수막설비) 설치기준 ·························1014

Chapter 04 간이스프링클러(NFTC103A) ······················1015
① 간이스프링클러설비의 설치대상 ·························1015
② 간이스프링클러설비의 구성 및 종류 ··················1016
③ 가압송수장치 ··1016
④ 수원 ··1017
⑤ 간이스프링클러설비의 방호구역 및 유수검지장치 ···1018
⑥ 제어반 ···1019
⑦ 배관 및 밸브 ··1019
⑧ 간이헤드 ···1020
⑨ 비상전원 ···1021

Chapter 05 화재조기진압용스프링클러(NFTC103B) ·····1022
① 설치장소의 구조 ···1022
② 수원 ··1023
③ 가압송수장치 ··1023
④ 방호구역 및 유수검지장치 ·······························1024

Contents

- ⑤ 배관 ·· 1024
- ⑥ 음향장치 및 기동장치 ·· 1025
- ⑦ 헤드 ·· 1026
- ⑧ 저장물간격 ·· 1029
- ⑨ 환기구 ·· 1029
- ⑩ 설치제외 ·· 1029
- ⑪ 기타기준 ·· 1029

Chapter 06 물분무소화설비(NFTC104) ·· 1030
- ① 물분무소화설비의 설치대상 ··· 1030
- ② 물분무소화설비의 구성 및 종류 ··· 1031
- ③ 수원 ·· 1031
- ④ 가압송수장치 ··· 1032
- ⑤ 기동장치 ·· 1033
- ⑥ 제어밸브 ·· 1034
- ⑦ 물분무헤드 ·· 1034
- ⑧ 차고 또는 주차장에 설치하는 배수설비 ·· 1035
- ⑨ 설치제외대상 ··· 1035

Chapter 07 미분무소화설비(NFTC104A) ·· 1036
- ① 용어정의 ·· 1036
- ② 미분무소화설비의 구성 및 종류 ·· 1036
- ③ 설계도서의 작성 ··· 1037
- ④ 미분무소화설비의 설치기준 ··· 1039

Chapter 08 포소화설비(NFTC105) ··· 1047
- ① 포소화설비의 종류 및 적응성 ·· 1047
- ② 계통도 ·· 1052
- ③ 설치장소에 따른 설비별 수원량[수용액량] 산정 ······································· 1052
- ④ 가압송수장치 ··· 1057
- ⑤ 배관 등 ·· 1058
- ⑥ 저장탱크 ·· 1059
- ⑦ 혼합장치 ·· 1059
- ⑧ 개방밸브 ·· 1061
- ⑨ 기동장치 ·· 1061

⑩ 포헤드 및 고정포방출구 ·· 1062
⑪ 전원 ··· 1066
⑫ 기타 ··· 1067

Chapter 09 이산화탄소소화설비(NFTC106) ··· 1068
① 계통도 및 작동순서 ··· 1068
② 이산화탄소소화설비의 분류 ······································· 1070
③ 이산화탄소소화설비의 약제 및 저장용기등 ··················· 1072
④ 기동장치 ··· 1077
⑤ 제어반 및 화재표시반 ·· 1078
⑥ 배관 등 ·· 1078
⑦ 선택밸브 ··· 1079
⑧ 분사헤드 ··· 1080
⑨ 분사헤드 설치제외 장소 ··· 1081
⑩ 자동식기동장치의 화재감지기 ···································· 1081
⑪ 음향경보장치 ··· 1081
⑫ 자동폐쇄장치 ··· 1082
⑬ 비상전원[자가발전설비, 축전지설비 또는 전기저장장치] ····· 1082
⑭ 배출설비 ··· 1083
⑮ 과압배출구 ·· 1083
⑯ 설계프로그램 ··· 1083
⑰ 안전시설 등 ·· 1083

Chapter 10 할론소화설비(NFTC107) ··· 1084
① 할론소화설비의 분류 ·· 1084
② 할론소화설비의 약제 및 저장용기등 ···························· 1085
③ 기동장치 ··· 1087
④ 제어반 ·· 1088
⑤ 배관 ·· 1088
⑥ 선택밸브 ··· 1088
⑦ 분사헤드 ··· 1088
⑧ 화재감지기, 음향경보장치, 자동폐쇄장치, 비상전원, 프로그램 등 ·· 1089

Contents

Chapter 11 할로겐화합물 및 불활성기체 소화설비(NFTC107A) ·················· **1090**
  1. 할로겐화합물 및 불활성기체소화약제의 정의 및 종류 ············1090
  2. 할로겐화합물 및 불활성기체소화설비의 약제 및 저장용기등 ······1091
  3. 기동장치 ···1094
  4. 제어반등 ···1095
  5. 배관 ··1095
  6. 분사헤드 ···1096
  7. 선택밸브 ···1097
  8. 기타 설치기준 ···1097

Chapter 12 분말소화약제소화설비(NFTC108) ·· **1098**
  1. 분말소화약제의 종류 및 설비의 종류 ··································1098
  2. 계통도 및 작동순서 ··1099
  3. 분말소화설비의 약제 및 저장용기 및 가압용기 등 ············1101
  4. 기동장치 ···1103
  5. 제어반등 ···1103
  6. 배관 ··1103
  7. 분사헤드 ···1104
  8. 선택밸브 ···1104
  9. 기타 설치기준 ···1104

Chapter 13 옥외소화전설비(NFTC109) ·· **1105**
  1. 설치대상 ···1105
  2. 수원 ··1105
  3. 가압송수장치 ···1106
  4. 배관 등 ···1108
  5. 소화전함 등 ···1108
  6. 전원, 제어반, 배선, 겸용 등 ··1108

Chapter 14 고체에어로졸소화설비(NFTC110) ··· **1109**
  1. 용어정의 ···1109
  2. 일반조건 ···1109
  3. 설치제외 ···1110
  4. 고체에어로졸발생기 ···1110
  5. 고체에어로졸화합물의 양 ··1111

- ❻ 기동 ·· 1111
- ❼ 제어반등 ·· 1112
- ❽ 음향장치 ·· 1113
- ❾ 화재감지기 ··· 1113
- ❿ 방호구역의 자동폐쇄 ·· 1114
- ⓫ 비상전원 ·· 1114
- ⓬ 배선 등 ··· 1115
- ⓭ 과압배출구 ··· 1115

Chapter 15 피난기구(NFTC301) ·· 1116
- ❶ 설치대상 ·· 1116
- ❷ 종류 및 용어정의 ·· 1116
- ❸ 피난기구의 적응성 ··· 1120
- ❹ 피난기구의 설치수 선정 ··· 1121
- ❺ 피난기구의 설치기준 ··· 1121
- ❻ 표지 설치기준 ·· 1123
- ❼ 피난기구설치의 감소 ··· 1123
- ❽ 피난기구의 설치제외 ··· 1124

Chapter 16 인명구조기구(NFTC302) ·· 1126
- ❶ 설치대상 ·· 1126
- ❷ 용어정의 ·· 1126
- ❸ 설치기준 ·· 1127

Chapter 17 상수도소화용수설비(NFTC401) ·· 1128
- ❶ 설치대상 ·· 1128
- ❷ 용어의 정의 ··· 1128
- ❸ 설치기준 ·· 1129

Chapter 18 소화수조 및 저수조설비(NFTC402) ·································· 1130
- ❶ 설치대상 ·· 1130
- ❷ 용어의 정의 ··· 1130
- ❸ 소화수조 등 ··· 1131
- ❹ 가압송수장치 ·· 1132

Contents

Chapter 19 **제연설비(NFTC501)** ·· **1133**
    ❶ 설치대상 ···1133
    ❷ 용어의 정의 ··1133
    ❸ 제연설비의 제연구역 ································1134
    ❹ 제연방식 ···1135
    ❺ 배출량 및 배출방식 ································1135
    ❻ 배출구의 설치위치 ································1136
    ❼ 공기유입방식 및 유입구 ························1137
    ❽ 배출기 및 배출풍도 ································1139
    ❾ 유입풍도 등 ··1139
    ❿ 제연설비의 전원 및 기동 ······················1139
    ⓫ 설치제외 ···1140

Chapter 20 **특별피난계단의 계단실 및 부속실·비상용 승강기 승강장 제연설비(NFTC501A)** ·· **1141**
    ❶ 설치대상 ···1141
    ❷ 용어의 정의 ··1143
    ❸ 제연방식 ···1143
    ❹ 제연구역의 선정 ····································1143
    ❺ 제연설비의 설치기준 ····························1144

Chapter 21 **연결송수관설비(NFTC502)** ·· **1155**
    ❶ 설치대상 ···1155
    ❷ 계통도 ··1155
    ❸ 용어의 정의 ··1156
    ❹ 설치기준 ···1156

Chapter 22 **연결살수설비(NFTC503)** ·· **1160**
    ❶ 설치대상 ···1160
    ❷ 계통도 ··1160
    ❸ 설치기준 ···1161

Chapter 23 **도로터널(NFTC603)** ·· **1167**
    ❶ 설치대상 ···1167
    ❷ 용어정의 ···1167

- ❸ 소화기 설치기준 ··· 1168
- ❹ 옥내소화전 설치기준 ·· 1168
- ❺ 물분무소화설비 설치기준 ······································ 1169
- ❻ 비상경보설비 설치기준 ··· 1169
- ❼ 자동화재탐지설비 설치기준 ·································· 1170
- ❽ 비상조명등 설치기준 ·· 1171
- ❾ 제연설비 설치기준 ··· 1171
- ❿ 연결송수관설비 설치기준 ····································· 1172
- ⓫ 무선통신보조설비 설치기준 ·································· 1172
- ⓬ 비상콘센트설비 설치기준 ····································· 1172

Chapter 24 고층건축물(NFTC604) ·· 1173
- ❶ 용어정의 ·· 1173
- ❷ 옥내소화전 설치기준 ·· 1173
- ❸ 스프링클러 설치기준 ·· 1174
- ❹ 비상방송설비 설치기준 ··· 1175
- ❺ 자동화재탐지설비 설치기준 ·································· 1175
- ❻ 특별피난계단의 계단실 및 부속실 제연설비 설치기준 ······ 1176
- ❼ 피난안전구역의 소방시설 설치기준 ························ 1176
- ❽ 연결송수관설비 설치기준 ····································· 1178

Chapter 25 지하구(NFTC605) ··· 1179
- ❶ 설치대상 ·· 1179
- ❷ 지하구에 설치되는 소방시설 ·································· 1179
- ❸ 용어정의 ·· 1179
- ❹ 소화기구 및 자동소화장치의 설치기준 ··················· 1180
- ❺ 자동화재탐지설비의 설치기준 ······························· 1181
- ❻ 유도등의 설치기준 ··· 1181
- ❼ 연소방지설비 설치기준 ··· 1181
- ❽ 연소방지재 설치기준 ·· 1183
- ❾ 방화벽 설치기준 ··· 1184
- ❿ 무선통신보조설비 설치기준 ·································· 1184
- ⓫ 통합감시시설 설치기준 ··· 1184
- ⓬ 기존 지하구 특례 ·· 1184

Contents

Chapter 26 임시소방시설(NFTC606) ·· 1189
- ❶ 용어정의 ··1189
- ❷ 소화기의 성능 및 설치기준 ··1189
- ❸ 간이소화장치의 성능 및 설치기준 ··1189
- ❹ 비상경보장치의 성능 및 설치기준 ··1190
- ❺ 간이피난유도선의 성능 및 설치기준 ··1190
- ❻ 간이소화장치 설치제외 ··1190
- ✚ [예상문제] / 1193

PART

01

소방원론

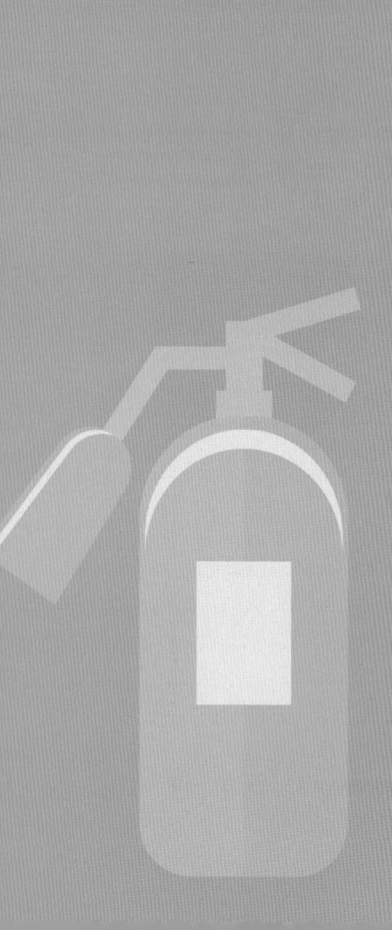

CHAPTER 01 연소

1 ▸▸ 연소이론

(1) 연소의 정의

일종의 산화반응으로 그 반응이 너무 급격하여 열과 빛을 동반하는 발열반응이며 화학적인 반응이다.
① 산소와 화합하는 **산화반응**이어야 한다.
② **발열반응**이어야 한다.
③ **빛을 발생**시켜야 한다.

> **Reference**
>
> ◉ 산화반응과 환원반응
> 산화-환원반응(oxidation-reduction reaction ; redox reaction)은 어떤 원소가 산소 또는 수소와 화합하거나 분리되는 현상으로 정의하였으나 현재는 산화수에 의해 정의되는 넓은 의미의 산화-환원이 주로 사용되고 있다. 그러나 산소나 수소가 반응에 관여하지 않는 반응에서의 산화-환원을 말할 때에는 전자의 이동이나 산화수의 변화로서 산환-환원반응을 정의할 수 있다.
>
> | 산 화 | 환 원 |
> |---|---|
> | • 산소와 결합할 때, 수소를 잃을 때
• 전자를 잃을 때, 산화수가 증가할 때 | • 산소를 잃을 때, 수소와 결합할 때
• 전자를 얻을 때, 산화수가 감소할 때 |
>
> ◉ 산화제와 환원제
> • **산화제(oxidizing agent)**
>   자신은 쉽게 환원되면서 다른 물질을 산화시키는 성질이 강한 물질을 산화제라고 하며, 다음과 같은 조건이 필요하다.
>   - 산소를 내기 쉬운 물질   - 수소와 화합하기 쉬운 물질
>   - 전자를 얻기 쉬운 물질   - 전기음성도가 큰 비금속 단체
> • **환원제(reducing agent)**
>   자신은 쉽게 산화되면서 다른 물질을 환원시키는 성질이 강한 물질을 환원제라고 하며 다음과 같은 조건이 필요하다.
>   - 수소를 내기 쉬운 물질   - 산소와 화합하기 쉬운 물질
>   - 전자를 잃기 쉬운 물질   - 이온화 경향이 큰 금속 단체

(2) 연소의 필요 요소

연소가 진행되기 위해서는 가연물, 산소공급원, 점화원이 필요한데 이를 **연소의 3요소**라 한다. 이들 요소 중 어느 하나라도 부족하면 연소가 진행되지 못하거나 불완전연소하게 된다. 하지만 불꽃연소의 경우는 연소의 3요소 외에도 "순조로운 연쇄반응"이 수반되어야 하는데 이를 연소의 4요소라고 한다.

※ 연소의 3요소(표면연소) : 가연물, 산소공급원, 점화원
※ 연소의 4요소(불꽃연소) : 가연물, 산소공급원, 점화원, 연쇄반응

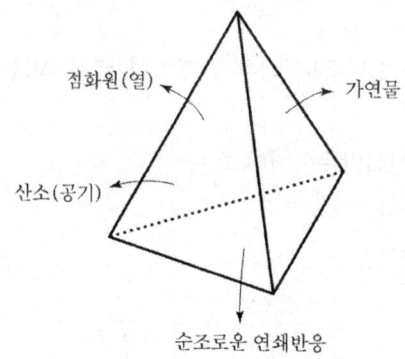

【 연소의 4면체 】

연소의 형태

- **불꽃연소**(Flaming Combustion) : 가연성 기체와 공기가 혼합기체를 형성하며 연소하는 가장 일반적인 연소형태로 기체상태의 연소이므로 불꽃을 발하면서 연소한다. 표면연소에 비해 발열량이 크고 연소속도 또한 빠르다.
- **표면연소**(Surface Combustion) : 가연물의 표면에서 직접 공기와의 산화반응을 통해 연소하는 형태로 기체의 연소가 아니므로 불꽃이 없고 발열량도 그리 크지 않다. 대표적인 가연물로는 숯, 코우크스, 금속분류 등이 있다.

---

① **가연물** : 불에 탈 수 있는 물질, 즉 산화반응 시 발열반응을 할 수 있는 물질이다. 하지만 반응열이 적어 반응 속도가 느린 것은 가연물이 되기 어렵다.
  ㉠ 가연물이 되기 쉬운 조건
    ⓐ 열전도율이 적을수록
    ⓑ 활성화에너지가 적을수록
    ⓒ 발열량이 클수록
    ⓓ 산소와 친화력이 클수록
    ⓔ 표면적이 클수록

ⓕ 주위온도가 높을수록
ⓖ 화학적으로 불안정할수록(고체<액체<기체)
ⓒ 가연물이 될 수 없는 물질
ⓐ 화학적으로 안정하여 산소와 더 이상 화학반응 할 수 없는 물질(CO_2, H_2O, Fe_2O_3 등)
ⓑ **불활성 기체**(주기율표상 0족 원소 : He, Ne, Ar, Kr, Xe, Rn)
ⓒ 산화반응시 **흡열반응**하는 화합물(N_2, NO, NO_3 등)
($N_2 + O_2 \rightarrow 2NO - 43.2$kcal)

상태별 가연물의 종류
- **고체** : 목재, 종이, 섬유, 고무, 플라스틱 등
- **액체** : 가솔린, 등유, 경유, 중유, 글리세린 등
- **기체** : 메탄, 에탄, 아세틸렌, 일산화탄소 등

② **산소공급원** : 가연물이 연소하기 위해서는 가연물이 산화반응을 하기 위한 산소가 필요하다. 이때 산소를 공급해 줄 수 있는 인자를 **산소공급원**이라 하며 물질의 연소를 도와준다고 해서 **조연성 가스** 또는 **지연성 가스**라고 한다.

> **Reference**
>
> ◎ **산소공급원의 종류**
> - 공기 중의 산소(체적비 : 21%, 중량비 : 23%)
> - 화합물 내의 산소(1류 위험물, 5류 위험물, 6류 위험물)
>
> ◎ **최소산소농도(MOC ; Minimum Oxygen Concentration)**
> 가연물이 연소하기 위하여 필요로 하는 최소한의 산소농도로 일반적인 가연물의 경우 15% 정도이지만 가연물의 종류에 따라 매우 작은 경우도 있다. 탄화수소의 경우 다음 식에 의한 추정이 가능하다.
> MOC = 산소의 몰수(mol수) × 연소하한계

③ **점화원** : 가연물이 연소하기 위해서는 가연물과 산소를 반응시킬 수 있는 에너지가 필요한데 이를 **활성화 에너지** 또는 **착화에너지**라 한다.
ⓘ 화학적 에너지(Chemical Heat Energy)
ⓐ **연소열**(Heat of Combustion) : 물질이 완전히 산화되면서 발생하는 열량을 말한다.
예) $C_3H_8 + 5O_2 \rightarrow 3CO_2 + 4H_2O + 530.6$kcal
ⓑ **자연발열**(Spontaneous Heating) : 어떤 물질이 외부로부터 에너지의 공급을 받지 않는 상태에서 산화반응을 통하여 발생되는 열을 말한다.

ⓒ 분해열(Heat of Decomposition) : 화합물이 그 성분원소로 분해될 때 발생하는 열을 말한다. 대부분의 화합물은 그 물질이 생성될 때 발열하고, 분해될 때 흡열하므로 분해열이 발생되지 않는다. 분해될 때 발열하는 물질은 화학적으로 매우 불안정한 화합물로 니트로셀룰로오스와 아세틸렌 등이 있다.

  예 $C_2H_2 \rightarrow 2C + H_2 + 54kcal$

ⓓ 용해열(Heat of Solution) : 어떤 물질이 용해될 때 발생되는 열이다.

  예 황산이 물에 녹을 때

ⓒ 기계적 에너지(Mechanical Heat Energy)

ⓐ 마찰열(Frictional Heat) : 물체 간의 마찰에 의하여 발생하는 열이다.

  예 벨트와 롤러 사이에서 발생하는 열, 그라인더에서 불꽃이 튀는 것

ⓑ 마찰스파크(Friction Spark) : 고체 물체끼리의 충돌에 의해 발생되는 순간적인 스파크를 말한다.

ⓒ 압축열(Heat of Compression) : 기체를 압축하면 기체 분자들 간의 충돌횟수가 증가하고 이로 인하여 내부 에너지가 상승하면서 발생되는 열이다.

ⓒ 전기적 에너지(Electrical Heat Energy)

ⓐ 저항가열(Resistance Heation) : 도체에 전류가 흐를 때 도체물질의 전기저항으로 인하여 전기에너지가 열에너지로 전환되면서 발생되는 열이다.

  예 백열전구의 발열

ⓑ 유도가열(Induction Heation) : 도체 주위에 변화하는 자장이 존재하면 전위차를 발생하고 이 전위차로 인하여 전류의 흐름이 일어난다. 이 전류에 대한 저항으로 발열이 일어나지만 열의 원인이 자장의 변화에 의한 것이므로 유도발열로 구분한다.

ⓒ 유전가열(Dielectric Heation) : 전기절연물이라 할지라도 실제로는 완전한 절연능력을 갖지 못하므로 절연 불량으로 인하여 미약한 전류가 흐르는데 이러한 누설전류에 의한 발열이다.

ⓓ 아크가열(Heat from Arcing) : 보통 전류가 흐르는 회로나 개폐기 등의 우발적인 접촉 혹은 접점이 느슨해져 전류가 끊길 때 발생하는 열이다. 아크의 온도는 매우 높기 때문에 방출되는 열이 가연성 또는 인화성 물질을 점화시킬 수 있다.

ⓔ 정전기가열(Static Electricity Heation) : 일명 마찰전기라고도 하며 두 물질이 접촉되었다가 떨어질 때 그 물질 표면에 축적된 전하가 양이고 다른 물질의 표면이 음으로 대전될 때 발생된다. 발생에너지가 그리 크지 않으므로 일반가연물은 착화시킬 수 없지만 착화에너지가 작은 가연성 기체는 착화시킬 수 있다.

ⓕ 낙뢰에 의한 발열(Heat Generated by Lightning) : 번개가 나무나 돌과 같은 저항이 큰 물질에 부딪히게 되면 대량의 열이 발생된다.

> ◎ 저항열 발생식
> $H = 0.24I^2Rt$
> H : 저항열(cal), I : 전류의 세기(A), R : 저항(Ω), t : 전류가 흐르는 시간(sec)
> ◎ 전기불꽃 에너지식
> $E = 1/2CV^2 = 1/2QV$
> E : 방전에너지(J), C : 전기용량(F), Q : 전기량(C), V : 방전전압(V)
> ◎ 점화원이 될 수 있는 것
> 불씨, 불꽃, 고온표면, 단열압축, 마찰, 충격, 전기불꽃, 복사열, 자연발화, 정전기 등
> ◎ 점화원이 될 수 없는 것
> 단열팽창, 기화열, 증발열, 냉각열 등

④ 연쇄반응 : 불꽃연소의 경우 연소의 3요소 외에 계속적인 가연성 기체의 공급이 필요하다. 발생된 가연성 기체는 지속적이고 순조롭게 산화반응을 할 수 있어야 하는데 이러한 반응을 연쇄반응이라 한다.

불꽃연소의 반응은 아래의 ㉠~㉣의 과정이 연쇄적으로 발생하며, 계속해서 반복, 지속된다.

㉠ 개시 : $RH + e \rightarrow R^- + H^+$ (RH : 가연성분자, e : 열에너지)
→ 가연성 분자가 열에 의해 분해되어 이온이 생성

㉡ 전파 : $H^+ + O_2 \rightarrow OH^- + O^{2-}$
→ 가연성 분자에서 생성된 수소이온과 산소가 반응하여 이온 생성

㉢ 억제 : $O^{2-} + RH \rightarrow OH^- + R^-$
→ 가연성 분자가 전파반응에서 생성된 산소이온과 반응하여 수산화이온(OH^-)을 추가적으로 생성

㉣ 종결 : $OH^- + RH \rightarrow H_2O + R^-$
→ 가연성 분자가 전파반응에서 생성된 수산화이온(OH^-)과 반응하여 수증기를 생성

(3) 가연물 상태별 연소의 종류

① 기체 가연물(확산연소, 예혼합연소)
㉠ 확산연소 : 가연성 기체가 대기 중으로 확산되면서 공기와 혼합기체를 형성하며 연소하는 형태로 공기와 혼합되지 못하는 부분은 불완전연소의 우려도 있다. 대부분 기체가연물의 연소는 확산연소에 해당된다.

ⓒ 예혼합연소 : 가연성 기체와 공기를 완전연소가 될 수 있도록 **적당한 혼합비로 미리 혼합시킨 후 연소시키는 연소형태**이다. 연료의 연소효율을 높이기 위하여 인위적인 조작이 필요하며, 화재의 경우는 해당되지 않는다.

② 액체 가연물(증발연소, 분해연소)
 ㉠ 증발연소 : 액체가연물은 액체상태의 연소가 아닌 액체로부터 발생된 가연성 기체가 연소하는 것이다. 액체가 증발에 의해 기체가 되고, 그 기체가 산소와 반응하여 연소하는 형태의 연소를 증발연소라고 한다. 보통 휘발성이 커서 비점이 낮은 액체가연물의 연소형태이다.
   ❹ 알코올류, 가솔린 등 저비점 액체가연물
 ㉡ 분해연소 : 비점이 높아 쉽게 증발이 어려운 액체가연물에 계속 열을 가하면 복잡한 경로의 열분해 과정을 거쳐 탄소수가 적은 **저급 탄화수소가 되어 연소하는 연소형태**이다.
   ❹ 중유, 기계유, 실린더유 등 고비점 액체가연물

③ **고체가연물(표면연소, 증발연소, 분해연소, 자기연소)**
 ㉠ 표면연소 : 고체의 표면에서 가연성 기체가 발생되지 않아 **고체 표면에서 불꽃을 내지 않고 연소하는 연소형태**이다. 불꽃연소에 비해 연소열량이 적고 연소속도가 느려 화재에 대한 위험성은 그리 크지 않다.
   ❹ 코우크스, 목탄, 금속분 등
 ㉡ 분해연소 : 고체가연물이 온도상승에 의한 **열분해를 통하여** 여러 가지 가연성 기체를 발생시켜 연소하는 형태
   ❹ 목재, 종이, 섬유, 플라스틱 등
 ㉢ 증발연소 : 고체가연물 중 승화성 물질의 단순증발에 의해 발생된 가연성 기체가 연소하는 형태
   ❹ 황, 나프탈렌, 장뇌 등 승화성 물질
 ㉣ 자기연소 : **가연물이면서 그 분자 내에 연소에 필요한 충분한 양의 산소공급원을 함유하고 있는 물질의 연소형태**이다. 외부로부터 산소공급이 없이도 연소가 진행될 수 있어 연소속도가 매우 빨라 폭발적으로 연소한다.
   ❹ 질산에스테르류, 셀룰로이드류, 니트로화합물류 등

> **! Reference**
> ◐ 연소의 확대요인
> • 접염연소 : 가연물에 화염이 직접 접촉되어 연소가 확대되는 형태
> • 비화연소 : 고체가연물이 연소 시 발생되는 5~10mm 정도의 불티가 주변 가연물로 날아가 옮겨 붙으면서 연소를 확대시키는 형태
> ◐ 비화연소의 3요소 : 불티, 바람, 주변의 가연물

2. 지방족 탄화수소의 분류 및 명명법

(1) 지방족 탄화수소의 분류

① 메탄계 탄화수소(파라핀계, Alkane족)
  ㉠ 일반식 : C_nH_{2n+2}
  ㉡ 포화 탄화수소로 단일결합이며 반응성이 작아 안정된 화합물이다.

② 에틸렌계 탄화수소(올레핀계, Alkene족)
  ㉠ 일반식 : C_nH_{2n}
  ㉡ 불포화 탄화수소로서 2중 결합을 하여 메탄계보다 반응성이 크다.

③ 아세틸렌계 탄화수소(Alkyne족)
  ㉠ 일반식 : C_nH_{2n-2}
  ㉡ 불포화 탄화수소로서 3중 결합을 하여 반응성이 매우 크다.

④ 알킬기
  일반식 : C_nH_{2n+1}

(2) 지방족 탄화수소의 명명법

수에 관한 실용접두어		탄소수에 관한 관용접두어	
수	접두어	탄소수	어간
1	mono(모노)	1	meth(메쓰)
2	di(디)	2	eth(에쓰)
3	tri(트리)	3	prop(프로프)
4	tetra(테트라)	4	but(부트)
5	penta(펜타)	5	pent(펜트)
6	hexa(헥사)	6	hex(헥쓰)
7	hepta(헵타)	7	hept(헵트)
8	octa(옥타)	8	oct(옥트)
9	nona(노나)	9	non(논)
10	deca(데카)	10	dec(데크)

① 메탄계 탄화수소(Alkane족, 파라핀계) : 어간에 "ane"를 붙인다(어간+ane).

CH_4	C_2H_6	C_3H_8	C_4H_{10}	C_5H_{12}	C_6H_{14}	C_7H_{16}	C_8H_{18}	C_9H_{20}	$C_{10}H_{22}$
methane	ethane	propane	butane	pentane	hexane	heptane	octane	nonane	decane
메탄	에탄	프로판	부탄	펜탄	헥산	헵탄	옥탄	노난	데칸

② 에틸렌계 탄화수소(Alkene족, 올레핀계) : 어간에 "ene"를 붙인다(어간+ene).
③ 아세틸렌계 탄화수소(Alkyne족) : 어간에 "yne"를 붙인다(어간+yne).
④ 알킬기 : 어간에 "yl"를 붙인다(어간+yl).

탄소수	Alkene족(C_nH_{2n})	Alkyne족(C_nH_{2n-2})	Alkyl족(C_nH_{2n+1})
1			CH_3(methyl)
2	C_2H_4(ethene)	C_2H_2(ethyne)	C_2H_5(ethyl)
3	C_3H_6(propene)	C_3H_4(propyne)	C_3H_7(propyl)
4	C_4H_8(butene)	C_4H_6(butyne)	C_4H_9(butyl)
5	C_5H_{10}(pentene)	C_5H_8(penyne)	C_5H_{11}(pentyl)

탄소수에 따른 상태
- 기체 : 1~4개
- 액체 : 5~17개
- 고체 : 17개 이상

(3) 파라핀계 탄화수소의 탄소수 증가에 따른 성질변화

① 인화점이 높아진다.
② 연소범위가 감소한다.
③ 휘발성(증기압)이 감소한다.
④ 점도가 커진다.
⑤ 증기비중이 커진다.
⑥ 비점이 높아진다.
⑦ 이성질체가 많아진다.
⑧ 비중이 작아진다.
⑨ 착화점이 낮아진다.
⑩ 발열량이 커진다.

3 ▸▸ 연소이론 용어정리

(1) 비 열

어떤 물질의 단위질량을 단위온도만큼 상승시키는데 필요한 열량
① 기호 : C

② 단위 : [cal/g·℃] or [kcal/kg·℃]
③ 1cal : 1g의 물을 1℃ 높이는데 필요한 열량
④ 1BTU : 1lb의 물을 1°F 높이는데 필요한 열량

물질의 종류	비 열	물질의 종류	비 열	물질의 종류	비 열
물	1	사염화탄소	0.201	수 은	0.033
수증기	0.44	공 기	0.240	구 리	0.091
얼 음	0.5	알루미늄	0.217	윤활유	0.510
금	0.031	나 무	0.420	철	0.113

> **열용량(Heat Capacity)**
> 열용량이란 어떤 물질의 온도를 1℃(°F)만큼 높이는 데 필요한 열량이다.
> ∴ 열용량(kcal/℃) = 비열(kcal/kg·℃) × 질량(kg)
> 즉, 물질의 비열이 크다는 것은 열용량이 크다는 것을 의미한다.

(2) 잠열

어떤 물질을 온도변화없이 상태변화할 때 필요한 열량
① 기호 : r
② 단위 : [cal/g] or [kcal/kg]
③ 증발잠열 : 액체가 기화할 때 필요한 열(물의 증발잠열 : 539cal/g)
④ 융해잠열 : 고체가 액화할 때 필요한 열(물의 융해잠열 : 80cal/g)

(3) 현열

현열이란 상태의 변화 없이 온도변화에 필요한 열량이다.
-5℃의 얼음 → -1℃의 얼음, 20℃의 물 → 80℃의 물

$$Q = m \cdot C \cdot \Delta T$$

Q : 현열(kcal), m : 질량(kg), C : 물질의 비열(kcal/kg·℃), ΔT : 온도차(℃)

(4) 인화점

가연성 기체와 공기가 혼합된 상태에서 외부의 직접적인 점화원에 의해 불이 붙을 수 있는 최저온도를 인화점이라 한다. 인화점은 연소범위 하한계에 도달되는 온도로 액체가 연물의 화재 위험성의 척도이며, 인화점이 낮을수록 위험성은 크다. 그러므로 인화점 이하에서는 불씨, 불꽃 등의 점화원을 가하여도 연소현상은 진행되지 않는다.

> **Reference**
> 벤젠의 인화점은 -11℃이다. 이는 벤젠의 온도가 -11℃ 미만에서는 점화원을 가해도 연소가 진행될 수 없음을 뜻한다.

> **Reference**
>
> ◎ 액체가연물질의 인화점
>
> | 종 류 | 인화점(℃) | 종 류 | 인화점(℃) |
> |---|---|---|---|
> | 디에틸에테르 | -45 | 휘발유 | -20~-43 |
> | 이황화탄소 | -30 | 톨루엔 | 4.5 |
> | 아세트알데히드 | -37.7 | 등 유 | 30~60 |
> | 아세톤 | -18 | 중 유 | 60~150 |

(5) 발화점

점화원을 가하지 않아도 스스로 착화될 수 있는 최저온도를 발화점이라 한다.

발화점은 인화점과 폭발범위와는 무관하지만 일반적으로 인화점보다 훨씬 높은 온도를 나타내며 발화점 역시 낮을수록 위험성은 크다.

> **Reference**
> 황린(P_4)의 발화점은 34℃이다. 이는 황린의 온도가 34℃가 되면 외부의 점화원이 없이도 스스로 발화될 수 있다는 것이다. 즉 발화점 이상의 온도가 점화원의 기능을 한 것이다.

- 발화점이 낮아질 수 있는 조건
    - ㉠ 산소와의 친화력이 클수록
    - ㉡ 발열량이 클수록
    - ㉢ 압력이 높을수록
    - ㉣ 분자구조가 복잡할수록
    - ㉤ 증기압이 낮을수록
    - ㉥ 접촉금속의 열전도성이 클수록
    - ㉦ 탄화수소의 분자량이 클수록

> **Reference**
> ◎ 고체 및 액체가연물질의 발화점

종 류	발화점(℃)	종 류	발화점(℃)
황 린	34	목 재	400~450
이황화탄소	100	견 사	650
적 린	260	휘발유	257
에틸알코올	363	셀룰로이드	180

(6) 연소점

① 연소상태에서 점화원을 제거하여도 자발적으로 연소가 지속되는 온도를 연소점이라 한다.
② 자력에 의해 연소를 지속할 수 있는 최저온도를 말하며 인화점보다 약 10℃정도 높다.
③ 인화점에서는 점화원을 제거하면 연소가 중단되나, 연소점에서는 점화원을 제거하더라도 연소가 중단되지 않는다.

(7) 연소범위

연소가 진행되려면 가연성 가스와 공기가 혼합가스를 형성하고 여기에 점화원(착화원)에 의해 에너지가 공급되어야 한다. 하지만 충분한 에너지를 가한다 하여도 언제나 연소현상이 진행되는 것이 아니고 **가연성 가스와 공기가 적당한 혼합비로 혼합되어 있을 때에만 가능**하다.

연소범위란 1기압, 25℃에서 점화원에 의해 **연소가 진행될 수 있는** 가연성 가스와 공기의 혼합가스 중 **가연성 가스의 체적 %**이며, 낮은 농도를 하한값, 높은 농도를 상한값이라 한다. 즉, 연소범위를 벗어난 농도에서는 연소가 진행될 수 없다.

> **Reference**
> 가솔린의 폭발범위는 1.4~7.6%이다. 이는 가솔린 증기의 농도가 1.4%이고 공기가 98.6%일 때 점화원을 가하면 연소가 시작될 수 있으며, 이때 가연성 가스의 농도가 최저이므로 연소하한값이라 한다.
> 또한 가솔린 증기의 농도가 7.6%가 되면 공기는 92.4%가 되는데 가솔린 증기의 농도가 7.6%보다 높아지면 연소가 진행될 수 없기 때문에 가솔린 증기농도 7.6%는 연소상한값이 된다. 즉, 공기 중의 가솔린 증기의 농도가 1.4% 미만이거나 7.6%를 초과하면 연소가 진행될 수 없다.

【 공기 중에서 가연성 가스의 폭발범위 】

가 스	하한계(%)	상한계(%)	가 스	하한계(%)	상한계(%)
메 탄	5.0	15.0	아세트알데히드	4.1	57.0
에 탄	3.0	12.4	에테르	1.9	48.0
프로판	2.1	9.5	산화에틸렌	3.0	80.0
부 탄	1.8	8.4	벤 젠	1.4	7.1
에틸렌	2.7	36.0	톨루엔	1.4	6.7
아세틸렌	2.5	81.0	이황화탄소	1.2	44.0
황화수소	4.3	45.4	메틸알코올	7.3	36.0
수 소	4.0	75.0	에틸알코올	4.3	19.0
암모니아	15.0	28.0	일산화탄소	12.5	74.0

! Reference

연소범위의 변화

연소범위는 주변의 압력, 온도, 산소의 농도 등의 변화에 따라 다음과 같은 변화가 있다.
㉠ 온도가 높아지면 연소범위는 넓어진다.
㉡ 압력이 높아지면 연소범위가 넓어진다(단, 수소, 일산화탄소는 좁아진다).
㉢ 공기 중의 산소농도가 증가하면 연소범위는 넓어진다(하한값은 그다지 변하지 않지만 상한 값이 높아진다).
㉣ 불활성 기체를 투입하면 연소범위는 좁아진다.

(8) 위험도

폭발범위를 이용한 가연물의 연소 위험성을 갈음할 수 있는 계산값으로 위험도가 클수록 연소위험성은 크다.

$$H = \frac{U-L}{L}$$

H : 위험도, U : 상한값(%), L : 하한값(%)

(9) 르샤틀리에의 법칙(혼합가연성가스의 폭발범위 계산)

2가지 이상의 가연성 가스가 혼합되어 있을 때 폭발범위를 계산하는 식

$$\frac{100}{L} = \frac{V_1}{L_1} + \frac{V_2}{L_2} + \frac{V_3}{L_3} + \cdots$$

- L : 혼합가스의 연소하한값 또는 상한값
- V_1, V_2, V_3 : 각 성분기체의 체적%
- L_1, L_2, L_3 : 각 성분기체의 연소하한값 또는 상한값

예상문제

혼합가스가 존재할 경우 이 가스의 폭발 하한치를 계산하면? (단, 혼합가스는 프로판 70%, 부탄 20%, 에탄 10%로 혼합되었으며 각 가스의 폭발 하한치는 프로판 2.1, 부탄 1.8, 에탄 3.0이다)

㉮ 2.10   ㉯ 3.10
㉰ 4.10   ㉱ 5.10

풀이 르샤틀리에의 혼합가스 폭발범위 계산식

$$\frac{100}{L} = \frac{V_1}{L_1} + \frac{V_2}{L_2} + \frac{V_3}{L_3} + \cdots$$

- L : 혼합가스의 연소하한값 또는 상한값
- V_1, V_2, V_3 : 각 성분기체의 체적%
- L_1, L_2, L_3 : 각 성분기체의 연소하한값 또는 상한값

$$L = \frac{100}{\frac{V_1}{L_1} + \frac{V_2}{L_2} + \frac{V_3}{L_3}} = \frac{100}{\frac{70}{2.1} + \frac{20}{1.8} + \frac{10}{3}} = 2.10\%$$

답 ㉮

(10) 밀도

밀도란 단위체적당의 질량이다.

$$밀도 = \frac{질량}{부피}$$

① 고체, 액체의 밀도 : 질량과 부피를 실제 측정하여 구할 수 있다.
② 기체의 밀도
  ㉠ 표준상태(0℃, 1기압)일 때

$$밀도 = \frac{분자량}{22.4}$$

  ㉡ 표준상태가 아닌 때

$$\rho = \frac{PM}{RT}$$

여기서, ρ : 밀도(kg/m^3), P : 압력(atm), M : 분자량(kg/k-mol)
       T : 절대온도(K), R : 기체정수(atm·m^3/k-mol·K)

> **아보가드로의 법칙**
>
> 모든 기체 1mol이 표준상태(0℃, 1기압)에서 차지하는 체적은 22.4L이며, 그 속에는 6.023×10^{23}개의 분자수를 포함한다. 즉, 온도와 압력이 같을 때 같은 부피 속에는 같은 수의 분자수가 존재한다.

(11) 비중

비중이란 같은 부피의 기준물질에 대한 어떤 측정물질의 무게의 비 또는 기준물질의 밀도에 대한 측정물질의 밀도의 비이다. 특히 기체의 비중을 증기비중이라 하고, 화재의 위험성을 판단하는 데 매우 중요한 요소이다.

$$기체의\ 비중 = \frac{측정기체의\ 밀도(g/l)}{표준상태의\ 공기\ 밀도(g/l)}$$

$$액체,\ 고체의\ 비중 = \frac{측정물질의\ 밀도(kg/l)}{4℃\ 물의\ 밀도(kg/l)}$$

(12) 증기-공기밀도

액체와 평형상태에 있는 증기와 공기의 혼합가스 증기밀도이다. 증기-공기밀도가 1보다 크면 공기보다 무거우므로 대기 중에서 낮은 곳에 체류하여 인화의 위험이 증대된다.

$$증기-공기밀도 = \frac{pd}{P_0} + \frac{P_0 - p}{P_0}$$

P_0 : 대기압, p : 특정 온도에서의 증기압, d : 증기밀도

(13) 비점

어떤 물질의 증기압이 대기압과 같아질 때의 온도를 비등점이라 하며 비등점은 물질의 물리적인 특성값으로 고유한 값을 가진다. 물의 비등점이 100℃인 것은 주변 압력이 표준대기압일 때로, 주변 압력에 따라 비등점 또한 변하게 된다. 비등점이 낮은 가연물은 증기압이 커서 기체가 되기 쉬우므로 화재의 위험성이 크다고 볼 수 있다.

> **Reference**
> ◎ 주변압력과 비등점과의 관계
> • 주변압력을 증가시키면 비등점은 높아진다.
> • 주변압력을 감소시키면 비등점은 낮아진다.
> ◎ 가연물의 상태별 연소성
> 기체 > 액체 > 고체

(14) 융점

고체가 액체로 될 수 있는 최저온도로 순수한 물의 경우는 0℃이다. 융점이 낮다는 것은 고체가 액체로 되기 쉬워 화재의 위험성이 더 크다고 볼 수 있다.

(15) 용해도 : 용매 100g에 녹는 용질의 g수

① **기체의 용해도** : 기체의 용해도는 헨리의 법칙에 의해 온도가 일정할 때 일정량의 용매에 용해되는 기체의 질량은 그 기체의 압력에 비례한다.

기체의 용해도는 온도가 낮을수록, 압력이 높을수록 증가한다.

> **헨리의 법칙**
> 기체의 용해도에 관한 법칙으로 물에 용해되지 않고 용해도가 작은 기체에 적용된다.
> • 적용되는 기체 : CH_4, CO_2, H_2, O_2, N_2 등
> • 적용되지 않는 기체 : HF, HCl, NH_3, H_2S 등

② **액체의 용해도** : 액체의 용해도는 용매와 용질의 극성 유무에 따라 달라진다.

즉, 극성용매에는 극성물질이 잘 녹고 비극성 용매에는 비극성 물질이 잘 녹는다.

③ **고체의 용해도** : 고체의 용해도는 압력에는 무관하며 온도 상승 시 용해도는 증가한다. 그러나 수산화칼슘($Ca(OH)_2$)의 용해도는 오히려 감소되며 염화나트륨(NaCl)은 온도와 무관하다.

(16) 최소착화(발화)에너지

① **정의** : 어떤 물질이 공기와 혼합하였을때 점화원으로 발화하기 위하여 필요한 최소한의 에너지

$$MIE = \frac{1}{2}CV^2$$

MIE : 최소발화에너지(J), C : 콘덴서용량(F), V : 전압(V)

> **Reference**
>
> ● 최소착화에너지 mJ
>
> | 위험물종류 | 메 탄 | 아세틸렌 | 수 소 | 이황화탄소 | 에틸렌 |
> |---|---|---|---|---|---|
> | 최소착화에너지 | 0.28 | 0.019 | 0.019 | 0.019 | 0.096 |

② 위험성
    ㉠ 아세틸렌, 수소, 이황화탄소는 작은 착화원에도 폭발이 용이하다
    ㉡ 온도, 압력이 높으면 최소착화에너지가 낮아지므로 위험도는 증가한다.
    ㉢ 연소속도가 클수록 MIE값은 작다
    ㉣ 가연성가스의 조성이 완전연소조성 농도부근일 경우 MIE는 최저가 된다.

③ 최소착화에너지에 영향을 주는 요인
    ㉠ 온도
    ㉡ 압력
    ㉢ 농도(조성)
    ㉣ 혼입물

④ 최소착화에너지가 커지는 경우(연소가 어려운 경우)
    ㉠ 압력이나 온도가 낮을 때
    ㉡ 질소, 이산화탄소 등 불연성 가스를 투입할 때
    ㉢ 가연물의 농도가 감소할 때
    ㉣ 산소의 농도가 감소할 때

(17) 소염거리

① 정의 : 전기불꽃을 가해도 점화되지 않는 전극간의 최대거리
② 최소발화에너지는 소염거리의 제곱에 비례하고 화염온도와 미연소가스온도의 차이에 비례하고 연소속도에 반비례한다.

$$H = \lambda \cdot l^2 \cdot \frac{(T_f - T_u)}{U}$$

H : 화염에서 얻어지는 에너지, λ : 화염평균열전달률, l : 소염거리
T_f : 화염온도, T_u : 미연소가스온도, U : 연소속도

(18) 한계산소지수(Limited Oxygen Index)

① 정의 : 가연물을 수직으로 한 상태에서 가장 윗부분에 점화하여 연소를 계속 유지할 수 있는 산소의 최저농도(vol%)로서 섬유류에 열원을 제거한 후 연소를 지속할 수 있는 가능성을 측정하는 척도이다.
② 섬유류에서는 LOI가 높아질수록 열원이 제거된 후에 연소가 중단될 가능성이 높아진다.

$$L.O.I = \frac{O_2}{O_2 + N_2} \times 100$$

O_2 : 산소공급유량(l/min 또는 농도%), N_2 : 질소공급유량(l/min 또는 농도%)

(19) 점도(Viscosity)

액체와 기체의 끈끈한 성질을 점성이라 하고, 그 점성의 크기를 점도라 한다. 특히 가연성 액체의 점도는 액체의 유동성에 영향을 주어 화재가 확대되는 요인이 되기도 한다. 즉 액체의 **점도가 크면 유동성이 좋지 못하므로 화재의 확대가 느릴 수 있다.**
온도가 상승하면 액체의 점도는 감소하지만, 기체의 점도는 증가된다.

(20) 자연발화(Spontaneous Ignition)

외부에서의 인위적인 에너지 공급이 없이 물질 스스로 서서히 산화되면서 발생된 **열을 축적하여 발화점에 이르게 되면 발화하는 현상**

① 자연발화의 원인
  ㉠ 분해열에 의한 발열 : 셀룰로이드류, 니트로셀룰로오스 등
  ㉡ 산화열에 의한 발열 : 석탄, 건성유 등
  ㉢ 흡착열에 의한 발열 : 활성탄, 목탄 등
  ㉣ 미생물에 의한 발열 : 퇴비, 먼지 등
  ㉤ 중합열에 의한 발열 : 시안화수소 등

② 자연발화가 쉬운 조건
  ㉠ 습도가 높을수록
  ㉡ 주위 온도가 높을수록
  ㉢ 열전도율이 적을수록
  ㉣ 발열량이 클수록
  ㉤ 열의 축적이 잘 될수록
  ㉥ 표면적이 넓을수록
  ㉦ 공기의 유통이 적을수록

③ 자연발화 방지법
  ㉠ 습도가 높은 것을 피한다.
  ㉡ 저장실의 온도를 낮춘다.
  ㉢ 통풍을 잘 시킨다.
  ㉣ 열의 축적을 방지한다.

> **자연발화에 영향을 주는 인자**
> 공기의 유통, 열의 축적, 열전도율, 발열량, 습도(수분), 퇴적방법 등

(21) 준자연발화

가연물이 공기 또는 물과 접촉 시 급격히 발열하여 발화하는 현상

> **! Reference**
> ○ 공기 중에서 준자연발화를 일으키는 물질 : 황린(P_4)
> ○ 물 또는 습기에 의해 준자연발화를 일으키는 물질 : 칼륨(K), 나트륨(Na)
> ○ 공기 또는 물에 의해 준자연발화를 일으키는 물질 : 알킬알루미늄(R3−Al)

④ 연소 시 발생하는 이상현상

(1) 불완전연소

연소의 필요 요소 중 한 가지 이상이 부적합하여 가연물의 일부가 미연소되는 현상을 불완전연소라 한다. 불완전연소 시 생성물의 대표적인 것은 일산화탄소와 그을음이다.

> **불완전연소의 발생원인**
> - 주위온도가 낮을 때
> - 산소의 공급이 불충분할 때
> - 가연물의 공급상태가 부적합할 때
>
> **탄화수소의 완전연소식**
> $$C_mH_n + \left(m + \frac{n}{4}\right)O_2 \rightarrow mCO_2 + \frac{n}{2}H_2O + Q\text{kcal}$$

> **연기의 이동속도**
> - 수평속도 : 0.5~1m/sec
> - 수직속도 : 2~3m/sec(수직공간 3~5m/sec)

(2) 선화(Lifting)

가연성 기체가 염공을 통해 분출되는 속도가 연소속도보다 빠를 때, 불꽃이 염공에 붙지 못하고 일정한 간격을 두고 연소하는 현상이다.

> **선화(Lifting)의 발생원인**
> - 가스의 분출압력이 높을 때
> - 가스의 분출속도가 빠를 때
> - 1차 공기량이 많을 때
> - 버너가 과냉되었을 때

(3) 역화(Back Fire)

가연성 기체의 분출속도가 연소속도보다 느릴 경우 불꽃이 버너의 염공 속으로 진입하는 현상으로 선화(Lifting)와 반대되는 현상이다.

> **역화(Back Fire)의 발생원인**
> - 가스의 분출압력이 낮을 때
> - 가스의 분출속도가 느릴 때
> - 혼합기체의 양이 과소일 때
> - 버너가 과열되었을 때

(4) 블로오프(Blow Off)

화염 주변에 공기의 유동이 심하여 불꽃이 노즐에 정착되지 못하고 떨어지면서 꺼지는 현상이다.

(5) 옐로우 팁(Yellow Tip)

불꽃의 끝이 적황색이 되어 연소하는 현상으로 탄화수소의 열분해로 생기는 탄소입자가 미연소상태로 적열되어 발생되는데 보통 1차공기가 부족할 때 발생된다.

5 ▶▶ 폭발

급격한 압력의 발생이나 기체의 순간적인 팽창에 의하여 **폭발음**과 함께 심한 **파괴작용**을 동반하는 현상

(1) 폭발의 종류

① 물리적인 폭발
  ㉠ 화산폭발
  ㉡ 과열액체비등에 의한 증기폭발
  ㉢ 고압용기 과압, 과충전폭발
  ㉣ 수증기폭발

② 화학적인 폭발
  ㉠ 산화폭발 : 가스가 공기중에 누설 또는 인화성액체탱크에 공기가 유입되어 탱크내에 점화원이 유입되어 폭발하는 현상
  ㉡ 분해폭발 : 아세틸렌, 산화에틸렌, 히드라진과 같이 분해하면서 폭발하는 현상
  ㉢ 중합폭발 : 산화에틸렌, 시안화수소와 같이 단량체가 일정온도와 압력으로 반응이 진행되어 분자량이 큰 중합체가 되어 폭발하는 현상

③ 가스폭발 : 인화성 액체의 증기가 산소와 반응하여 점화원에 의해 폭발하는 현상
  [메탄, 에탄, 프로판, 부탄, 수소, 아세틸렌 폭발]

④ 분진폭발 : 공기속을 떠다니는 아주 작은 미립자($75\mu m$ 이하의 고체입자로서 공기중에 떠있는 분체)가 적당한 농도 범위에 있을때 불꽃이나 점화원으로 인하여 폭발하는 현상
  ㉠ 분진의 폭발범위 : $25 \sim 45 mg/l$(하한값) $\sim 80 mg/l$(상한값)
  ㉡ 분진의 착화에너지 : $10^{-3} \sim 10^{-2} J$, 화약의 착화에너지 : $10^{-6} \sim 10^{-4} J$

(2) 폭발의 형태에 따른 분류

① 착화파괴형(경질유 저장탱크) : VCE
② 누설착화형(LPG저장탱크) : UVCE
③ 자연발화형(3류 위험물)
④ 반응폭주형(화학공장 용기폭발)
⑤ 열이동형(수증기폭발, 저비점액체가 고열물과 접촉)
⑥ 평형파탄형(액체가 들어있는 고압용기의 파손, 비등, 폭발)

(3) 폭연과 폭굉

폭연과 폭굉의 차이는 폭발 시 발생하는 충격파(압력파)의 속도이다.

① 폭연(Deflagration)

압력파가 미반응 물질 속으로 음속보다 느리게 이동하는 연소현상이며, 그 속도는 0.1~10m/sec이다.

② 폭굉(Detonation)

압력파가 미반응 물질 속으로 전파하는 속도가 음속보다 빠른 것으로 파면 선단에서 심한 파괴작용을 동반한다. 압력파의 이동속도는 1,000~3,500m/sec이다.

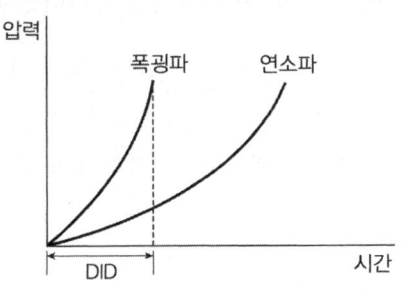

【 폭굉파와 연소파의 비교 】

DID(Detonation Induced Distance, 폭굉유도거리)
최초의 완만한 연소로부터 폭굉까지 이르는 데 필요한 거리

DID가 짧아질 수 있는 조건
- 점화에너지가 강할수록
- 연소속도가 큰 가스일수록
- 관경이 가늘거나 관 속에 이물질이 있을수록
- 압력이 높을수록
- 주위온도가 높을수록

---

6. 이상기체에 적용되는 식

(1) 보일(Boyle)의 법칙

온도가 일정할 때 기체의 체적은 압력에 반비례한다.

$$PV = 일정, \quad P_1V_1 = P_2V_2 \text{ (T=constant일 때)}$$

P : 절대압력, V : 기체의 체적

(2) 샤를(Charles)의 법칙

압력이 일정할 때 기체의 체적은 절대온도에 비례한다.

$$\frac{V}{T} = 일정, \quad \frac{V_1}{T_1} = \frac{V_2}{T_2} \quad (P = \text{constant일 때})$$

T : 절대온도(K), V : 기체의 체적

(3) 보일-샤를(Boyle-Charles)의 법칙

기체의 체적은 절대온도에 비례하고 압력에 반비례한다.

$$\frac{PV}{T} = 일정, \quad \frac{P_1 V_1}{T_1} = \frac{P_2 V_2}{T_2}$$

P : 절대압력, V : 기체의 체적, T : 절대온도(K)

(4) 아보가드로의 법칙

표준상태(0℃, 1atm)에서 모든 기체 1k-mol(mol)이 차지하는 부피는 22.4m³(L)이며 그 속에는 6.023×10^{23}개의 분자가 존재한다. 즉, 기체는 온도와 압력이 같다면 같은 체적 속에는 같은 수의 분자수를 갖는다.

(5) 이상기체 상태방정식

$$PV = nRT, \quad PV = \frac{W}{M} RT$$

P : 압력(atm), V : 체적(m³), n : 몰수(k-mol)
R : 기체상수(atm·m³/k-mol·K), T : 절대온도(K), M : 분자량(kg/kmol), W : 질량(kg)

위 식을 이상기체 상태방정식이라 하고 앞으로 기체의 체적, 온도, 압력, 무게, 밀도 등을 계산할 때 가장 많이 쓰이는 식이다.

① 기체상수(R)

$PV = nRT$에서 $R = \dfrac{PV}{nT}$이다.

위 식에 아보가드로의 법칙을 적용시키면

- $R = \dfrac{1\text{atm} \times 22.4\text{m}^3}{1\text{k}-\text{mol} \times 273\text{K}} = 0.082 \text{atm} \cdot \text{m}^3/\text{k}-\text{mol} \cdot \text{K}$

- $R = \dfrac{1.0332 \text{kgf/cm}^2 \times 22.4\text{m}^3}{1\text{k}-\text{mol} \times 273\text{K}} = 0.08477 \text{kgf/cm}^2 \cdot \text{m}^3/\text{k}-\text{mol} \cdot \text{K}$

- $R = \dfrac{760\text{mmHg} \times 22.4\text{m}^3}{1\text{k}-\text{mol} \cdot 273\text{K}} = 62.359 \text{mmHg} \cdot \text{m}^3/\text{k}-\text{mol} \cdot \text{K}$

- $R = \dfrac{101,325\text{N/m}^2 \times 22.4\text{m}^3}{1\text{k}-\text{mol} \times 273\text{K}} = 8,313.85 \text{N} \cdot \text{m}/\text{k}-\text{mol} \cdot \text{K}$

- $R = \dfrac{10,332\text{kgf/m}^2 \times 22.4\text{m}^3}{1\text{k}-\text{mol} \times 273\text{K}} = 847.8 \text{kgf} \cdot \text{m}/\text{k}-\text{mol} \cdot \text{K}$

② 특정 이상기체 상태방정식

$$PV = GRT$$

P : 압력(N/m^2), V : 체적(m^3), G : 기체의 질량(kg), R : 기체정수($N \cdot m /kg \cdot K$), T : 절대온도(K)

③ 특정 기체상수(R)

$$R = \dfrac{PV}{GT}$$

- CO_2의 경우 $R = \dfrac{101,325\text{N/m}^2 \times 0.5091\text{m}^3}{1\text{kg} \times 273\text{K}} = 188.95 \text{N} \cdot \text{m}/\text{kg} \cdot \text{K}$

- N_2의 경우 $R = \dfrac{101,325\text{N/m}^2 \times 0.8\text{m}^3}{1\text{kg} \times 273\text{K}} = 296.92 \text{N} \cdot \text{m}/\text{kg} \cdot \text{K}$

특정 기체상수는 압력의 단위가 같더라도 기체의 종류에 따라 다른 값을 갖는다. 이는 기체마다 분자량이 서로 달라 단위질량당의 체적이 다르기 때문이다.

! Reference

◎ 실제기체 상태방정식(Van der Waals 상태방정식)

$$\left(P + \dfrac{n^2 a}{V^2}\right)(V - nb) = nRT$$

$\dfrac{a}{V^2}$: 기체분자 상호 간의 인력, b : 분자 자신의 체적

a, b : Van der Waals정수

CHAPTER 02 화재

1 ▸▸ 화재

(1) 화재의 정의

화재란 인간의 통제를 벗어난 광적인 연소 확대 현상으로 사람의 의도에 반하거나 고의에 의해서 발생하여 **인명 및 재산의 피해를 주는 것**이다.

우리나라의 경우 외국에 비하여 발생건수 및 재산피해는 비교적 적은 반면 인명피해가 큰 특징을 가지고 있다.

(2) 화재의 원인

① 화재의 착화 3단계

발화원 → 발화경과 → 착화

② 발생건수

전기 > 담배 > 방화 > 불티 > 불장난

③ 습도가 낮고 풍속이 빠를수록 착화가 용이

㉠ 종이, 목재 등 일반가연물은 습도가 낮아지면 건조해져서 불이 붙기 쉽다.

㉡ 겨울철에는 화기 사용이 많아져 화재 발생건수가 증가한다.

㉢ 바람이 심하면 화재확산이 우려된다.

(3) 불꽃의 온도별 색깔

색 깔	암적색	적색	휘적색	황적색	백적색	휘백색
온 도	700℃	850℃	950℃	1,100℃	1,300℃	1,500℃

②▸▸ 화재의 종류 및 특징

가연물의 종류에 따라 화재를 분류하면 다음과 같다.

화재의 분류		소화기 표시색	소화방법	특 징
A급	일반화재	백 색	냉각효과	① 백색 연기 발생 ② 연소 후 재를 남김
B급	유류화재	황 색	질식효과	① 검은색 연기 발생 ② 연소 후 재가 없음 ③ 정전기로 인한 착화 가능성 있음
C급	전기화재	청 색	질식효과	통전 중인 전기시설물이 점화원의 기능을 함
D급	금속화재	-	건조사 피복	금속이 열을 생성
E급	가스화재	-	질식효과	재를 남기지 않음
K급	주방화재	-	냉각·질식	식용유화재(강화액 소화기)

(1) 일반가연물화재(A급 화재)

① 가연물의 종류
   예 목재, 종이, 섬유류, 합성수지류, 특수가연물 등
② 대상장소
   예 주택, 공장, 음식점, 숙박시설, 시장 등
③ 특 징
   ㉠ 연기의 색은 백색이며, 연소 후 재를 남긴다.
   ㉡ 고체상태이므로 기체, 액체에 비해 상대적으로 큰 착화에너지가 필요하다.
   ㉢ 소화 시 물을 이용할 수 있으므로 주수에 의한 냉각효과를 이용한다.
④ 합성수지
   ㉠ 합성수지의 분류
      ⓐ 열가소성 수지 : 가열하면 용융되어 액체로 되고 식으면 다시 굳어지는 수지로 화재 위험성이 크다.
         예 폴리에틸렌, 폴리프로필렌, 폴리스티렌, 폴리염화비닐, 아크릴수지 등
      ⓑ 열경화성 수지 : 가열하여도 용융되지 않고 바로 분해되는 수지로 열가소성에 비해 화재의 위험성이 작다.
         예 페놀수지, 요소수지, 멜라민수지
   ㉡ 합성수지 화재의 특징
      ⓐ 괴상의 플라스틱은 활성화에너지가 커서 착화가 어렵지만 분진의 형태로 존재

할 경우에는 스파크, 불꽃 등 작은 에너지로도 점화될 수 있다.
ⓑ 전기의 불량도체이므로 정전기 발생에 의해 인화성 증기에 발화 가능성이 있다.
ⓒ 열가소성 수지는 열경화성 수지에 비해 화재 위험성이 현저히 크다.
ⓓ 연소 시 유독가스가 발생되어 인명피해의 우려가 크고 소화활동에도 많은 지장을 초래한다.
ⓔ 발포성 플라스틱은 다른 형태의 플라스틱에 비해 화재가혹도가 크다.

> **특수가연물의 종류**
> 면화류, 나무껍질 및 대팻밥, 넝마 및 종이부스러기, 사류, 볏짚류, 가연성 고체류, 석탄·목탄류, 목재가공품 및 나무부스러기, 가연성 액체류, 합성수지류 등

⑤ 섬유류 화재 : 섬유는 유기화합물로 주요 구성요소는 C, H, O 등이다.
상대적으로 작은 점화에너지에 의해 착화되어 일반가연물과 같이 연소한다.
㉠ 천연섬유
ⓐ 식물성 섬유인 면과 마직물은 셀룰로오스$(C_6H_{10}O_5)_n$가 90% 이상 함유되어 있어 연소성이 매우 좋고 화재위험은 크며 연소 시에 CO, CO_2, H_2O 등이 생성된다.
ⓑ 동물성 섬유는 단백질 계통이 주성분으로 착화가 어렵고 연소속도도 느려 식물성 섬유보다 화재위험은 적다.
㉡ 합성섬유
ⓐ 합성섬유는 사용되는 원료에 따라 연소상황이 서로 다르다.
ⓑ 레이온과 아세테이트는 셀룰로오스가 주성분으로 식물성 섬유와 같은 연소 특성을 가진다.
ⓒ 나일론은 융점이 160~260℃ 정도로 열에 의해 쉽게 녹아내리며 425℃ 이상에서 발화되며 펩타이드결합을 하고 있다.
ⓓ 아크릴수지는 235~330℃에서 녹으며 발화점은 560℃ 정도이다.

(2) 유류화재(B급 화재)

① 가연물의 종류
4류 위험물과 같은 액체 가연물
② 대상장소
4류 위험물 및 기타 액체 가연물을 취급하는 장소
③ 특 징
㉠ 탄소수가 많을수록 흑색의 연기를 띠며, 연소 후 재를 남기지 않는다.

ⓛ 액체이므로 용기에서 누설될 경우 연소면이 급격히 확대된다.
ⓒ 대부분 물에 녹지 않고 물보다 가벼우므로 주수소화 시 연소면이 확대된다.
ⓔ 화재 진행속도가 A급화재에 비해 빠르고 **활성화에너지가 작다**.
ⓜ 전기의 부도체이므로 **정전기로 인한 착화**의 우려가 있다.

> **정전기 방지법**
> - 상대습도를 70% 이상으로 한다.
> - 공기를 이온화한다.
> - 접지를 한다.
> - 도체를 사용한다.
> - 유류 수송배관의 유속을 낮춘다.

④ 제4류 위험물의 분류
  ㉠ 특수인화물 : 이황화탄소, 디에틸에테르 그 밖에 1기압에서 발화점이 100℃ 이하인 것 또는 인화점이 -20℃ 이하이고 비점이 40℃ 이하인 것
  ㉡ 제1석유류 : 아세톤, 휘발유 그 밖에 1기압에서 인화점이 21℃ 미만인 것
  ㉢ 알코올류 : 1분자를 구성하는 탄소원자의 수가 1개부터 3개까지인 포화1가 알코올(변성알코올을 포함한다)
  ㉣ 제2석유류 : 등유, 경유 그 밖에 1기압에서 인화점이 21℃ 이상 70℃ 미만인 것
  ㉤ 제3석유류 : 중유, 크레오소트유 그 밖에 1기압에서 인화점이 70℃ 이상 200℃ 미만인 것
  ㉥ 제4석유류 : 기어유, 실린더유 그 밖에 1기압에서 인화점이 200℃ 이상 250℃ 미만의 것
  ㉦ 동식물유류 : 동물의 지육 등 또는 식물의 종자나 과육으로부터 추출한 것으로서 1기압에서 인화점이 250℃ 미만인 것

⑤ 고비점 액체위험물에서 발생될 수 있는 현상
  ㉠ 보일오버(Boil Over)현상 : 유류탱크 화재 시 액체위험물의 밑 부분에 존재하고 있던 물이 열파에 의해 비점 이상으로 되면 급격히 증발하면서 가연성 액체를 탱크 밖으로 비산시켜 화재를 확대시키는 현상

> ◎ 보일오버의 발생조건
> • 탱크 내부에 수분이 존재할 것
> • 열파를 형성하는 유류일 것
> • 적당한 점성과 거품을 가진 유류일 것
> • 비점이 물보다 높은 유류일 것

ⓒ 슬롭오버(Slop Over) 현상 : 액체위험물 화재 시 연소유면이 가열된 상태에서 물이 포함되어 있는 소화약제를 방사할 경우 물이 비등·기화하면서 액체 위험물을 탱크 밖으로 비산시키는 현상

ⓒ 프로스오버(Froth Over) 현상 : 화재가 아닌 경우에 발생하는 현상으로 점도가 높은 유류를 저장하는 탱크의 바닥에 있는 수분이 어떤 원인에 의해 비등하면서 액체위험물을 탱크 밖으로 넘치게 하는 현상

(3) 전기화재(C급 화재)

① 가연물의 종류

통전 중인 전기시설물

② 대상장소

가정의 전기시설, 발전실, 변전실, 변압기 등

③ 특징 : 통전 중인 전기시설물의 연소에 의한 화재로 주변의 일반가연물화재 및 유류화재로 전파되며 감전의 우려가 있어 물의 주수에 의한 소화방법이 곤란하다.

④ 발생원인

㉠ 단락에 의한 발화 : 전기도체를 통하여 흐르는 전류의 순간적 스파크를 말하며 전선의 피복이 벗겨지거나 전선에 못 또는 핀을 박거나 전선이 중량물에 의해 눌리게 되면 단락이 될 수 있다.

㉡ 과부하(과전류)에 의한 발화 : 전선에 전류가 흐르면 열이 발생되는데 이로 인하여 전선의 온도가 상승하게 된다.

㉢ 정전기에 의한 발화 : 전기부도체 간의 마찰 및 충돌 시 정전기가 발생되는데 정전기가 방전될 때 주위에 가연성 기체 또는 분진이 있으면 폭발을 일으킬 우려가 있다.

㉣ 낙뢰에 의한 발화 : 천둥, 번개는 전기에너지의 일종으로 건축물에 낙뢰가 접하면 순간적인 고열에 의한 불꽃이 발생하므로 점화원의 기능을 할 수 있다.

㉤ 접속기 과열에 의한 발화 : 전기가 통하고 있는 전로(電路)에는 수많은 접속점이 있고 이 접속점에 전류가 흐르게 되면 접속저항에 의해 다른 부분보다 집중적으

로 열이 발생되어 발화의 원인이 된다.
ⓑ 전기불꽃에 의한 발화 : 전기콘센트에 플러그를 꽂거나 뺄 때 또는 각종 스위치를 개폐할 때 크고 작은 전기스파크가 발생한다. 이때 가연성 가스나 가연성 분진이 폭발범위 내에 있을 때 착화의 우려가 있다.
ⓢ 누전에 의한 발화 : 배선공사의 불량, 절연의 파손, 전기기기재료의 불량 등으로 누설전류가 있을 때 감전 또는 화재의 원인이 될 수 있다.

> ◎ 전기화재의 원인 3요소
> ‣ 발화원
> ‣ 화재의 경과
> ‣ 착화물

(4) 금속화재(D급 화재)

① 가연물의 종류

Na, K, Al, Mg, 알킬알미늄, 알킬리튬, 무기과산화물, 그 밖의 금속성 물질

② 대상장소

금속을 분말상태로 취급하는 장소

③ 특징 : 분진상태로 공기 중에서 부유 시 분진폭발의 우려가 있다. 물 또는 CO_2와 반응하여 심한 발열과 함께 많은 가연성 가스가 발생하므로 주의를 요한다.

> ⚠ Reference
>
> ◎ 금속화재시 소화방법
> • 마른모래, 팽창질석, 팽창진주암의 피복에 의한 질식소화
> • 금속화재용 분말소화기에 의한 소화
>
> ◎ 금속화재시 사용금지 소화약제
> • 물을 중심으로 한 소화약제
> • 포말 소화약제
> • 금속나트륨, 마그네슘, 금속칼륨의 경우 이산화탄소, 사염화탄소 소화약제

(5) 가스화재(E급 화재)

① 가연물의 종류

LNG, LPG, 도시가스 등

② 대상장소

가연성 가스를 제조, 저장, 취급하는 모든 장소

③ 특 징
  ㉠ 작은 에너지로도 착화되어 폭연, 폭굉에 이를 수 있어 특별한 주의를 요한다.
  ㉡ 일반적으로 연기가 발생되지 않지만 낮은 온도에서는 연한 색의 연기가 발생되는 경우도 있다.
  ㉢ 주성분이 유류와 동일하여 화학적 성질은 유사하지만 기체상태이므로 매우 민감한 성질을 갖는다.
  ㉣ 폭굉으로 전이되기 전에 소화가 필요하다.

④ 가스의 분류
  ㉠ 연소성에 따른 분류
    ⓐ 가연성 가스 : 연소범위 중 하한값이 10% 이하이거나 상한값과 하한값의 차이가 20% 이상인 가스
      예) 메탄, 에탄, 프로판, 에틸렌, 프로필렌, 수소, 아세틸렌 등
    ⓑ 조연성 가스 : 자기 자신은 연소하지 않지만 가연물이 연소하는 데 필요한 산소를 공급해 줄 수 있는 가스
      예) 공기, 산소, 오존, 할로겐원소 등
    ⓒ 불연성 가스 : 화학적으로 안정되어 더 이상의 산화반응을 하지 않거나 흡열반응을 하는 가스
      예) CO_2, H_2O, P_2O_5, He, Ne, Ar, Kr, Xe, Rn, N_2 등
  ㉡ 취급상태에 따른 분류
    ⓐ 압축가스 : 임계온도가 낮아 용기에 저장, 취급되는 상태가 기체인 가스
      예) 수소, 질소, 산소, 염소, 헬륨, 아르곤 등
    ⓑ 액화가스 : 용기에 저장, 취급되는 상태가 액체인 임계온도가 높은 가스로서 용기 내에서 기-액평형을 유지하고 있다.
      예) LPG, LNG, 탄산가스, 할론약제 등

> **Reference**
>
> ● 블레비(BLEVE ; Boiling Liquid Expanding Vapor Explosion, 비등액체팽창증기폭발)
> 액화가스를 저장하는 용기 주변에 화재 등의 발생으로 용기가 가열되는 경우 액화가스의 비등으로 급격한 압력의 상승이 있다. 이때 안전장치(안전밸브, 봉판)를 통하여 이루어지는 압력의 완화율보다 내부의 압력증가율이 큰 경우 용기가 파열되는 현상을 BLEVE라 한다. 또한 액화가스가 가연성인 경우 거대한 화구를 형성하게 되는데 이런 현상을 파이어볼(Fire ball)이라고 한다.
> ※ BLEVE : Boiling Liquid Expanding Vapor Explosion

3 ▸▸ 화상의 구분

(1) 1도 화상(홍반성 화상)

일광욕 후에도 발생될 정도의 가벼운 화상으로 표피층에만 손상을 입어 피부가 붉게 변하는 정도의 화상

(2) 2도 화상(수포성 화상)

화상부의 표피와 진피의 일부가 손상을 받아 수포가 생기는 정도의 화상

(3) 3도 화상(괴사성 화상)

진피 전체와 피하지방까지 손상을 받아 회색 또는 다갈색으로 변하며 감각이 마비되는 정도의 화상

(4) 4도 화상(흑색 화상)

뼈속까지 손상되는 정도의 화상

4 ▸▸ 화재피해의 구분

(1) 화재의 소실정도

① 부분소 화재 : 전체의 30% 미만이 소손된 경우
② 반소 화재 : 전체의 30% 이상 70% 미만이 소손된 경우
③ 전소 화재 : 전체의 70% 이상이 소손되거나 70% 미만이라 할지라도 재수리 사용이 불가능하도록 소손된 경우

(2) 인명피해의 종류

① 사상자 : 화재현장에서 사망 또는 부상을 당한 사람
② 사망자 : 화재현장에서 부상을 당한 후 72시간이내에 사망한 경우
③ 중상자 : 의사의 진단을 기초로 하여 3주이상의 입원치료를 필요로 하는 부상
④ 경상자 : 중상 이외의 (입원치료를 필요로 하지 않는것도 포함) 부상

5. 방폭구조 및 방폭설비

(1) 방폭구조의 종류

① 내압(耐壓) 방폭구조
용기 내부에서 가연성 가스를 폭발시켰을 때 그 폭발압력에 견딜 수 있는 특수한 구조로 설계하는 것으로 가장 많이 이용되고 있는 방식이다.

② 압력(壓力) 방폭구조
용기 내부에 불활성 가스 등을 압입시켜 외부의 폭발성 가스의 유입을 방지하는 구조로 내압의 유지방식에 따라 통풍식, 봉입식, 밀봉식으로 구분한다.

③ 유입 방폭구조
전기불꽃이 발생될 우려가 있는 부분을 기름 속에 넣어 폭발성 가스와 격리시키는 구조

④ 충전 방폭구조
전기불꽃이 발생될 우려가 있는 부분을 석영가루나 유리입자 등의 충전물로 완전히 덮어 폭발성 가스와 격리시키는 구조

⑤ 몰드 방폭구조
전기불꽃이 발생될 우려가 있는 부분을 절연성이 있는 콤파운드로 포입하는 구조

⑥ 안전증 방폭구조
전기불꽃 발생부나 고온부가 존재하지 않는 구조로서 특별히 안전도를 증가시켜 고장을 일으키지 않도록 한 구조

⑦ 본질안전 방폭구조
안전지역과 위험지역 사이에 안전장치를 설치하여 위험지역으로 유입되는 전압과 전류를 제거하여 폭발을 일으킬 수 있는 최소 에너지보다 작게 하는 구조

(2) 위험장소 및 폭발등급

① 위험장소(Hazardous Location)

구 분	대상장소	방폭구조의 종류
0종 장소	항상 폭발분위기이거나, 장기간 위험성이 존재하는 지역, 인화성 액체용기나 탱크 내부, 가연성 가스 용기 내부 등	본질안전방폭구조
1종 장소	정상상태에서 간헐적으로 폭발분위기로 유지되는 지역이나 릴리프밸브 부근	내압, 압력방폭구조
2종 장소	비정상상태에서만 폭발분위기가 유지되는 지역	내압, 압력, 안전증방폭구조

② 폭발등급(Explosion Class)

등급	틈새의 직경(mm)	해당 가스
A	0.9 이상	프로판가스, 부탄가스, 메탄가스
B	0.5 초과 0.9 미만	에틸렌
C	0.5 이하	수소, 아세틸렌

6. 연소생성물

(1) 연기

① 연기의 정의

가연물의 열분해 및 연소의 과정에서 발생하는 다양한 생성물과 그 주변에서 잔존하는 기체, 고체 미립자들의 혼합물을 말한다. 연기는 이산화탄소, 일산화탄소, 알데히드, 탄소입자, 수적입자 등이 포함되어 있으며, 불완전연소의 경우 완전연소에 비해 농연과 독성가스가 많이 발생된다.

② 연기의 발생

화재 초기에는 가연물에 수분이 많이 함유되어 있어 백색 또는 회색의 연기가 발생되며, 플라스틱이나 유지류에 있어서는 흑색을 띠게 된다.
이때 발생되는 연기의 양 및 발생속도는 공급되는 공기의 양, 가연물의 종류와 표면적, 주위온도에 따라 다르게 나타난다.

㉠ 연기의 조성에 영향을 주는 인자
ⓐ 가연물의 종류
ⓑ 산소의 농도
ⓒ 주위온도 및 연소속도
ⓓ 가연성 가스의 농도

㉡ 발연량이 증가되는 경우
ⓐ 탄소의 함량이 많을수록
ⓑ 화재 초기와 같이 연소속도가 느릴수록
ⓒ 공기의 공급량이 적을수록
ⓓ 표면적이 적을수록
ⓔ 주위온도가 낮을수록

③ 연기의 성상
㉠ 연기에는 탄소, 수증기, 이산화탄소, 일산화탄소 등이 응축되어 있어 장시간 흡입

으로 인하여 호흡기 계통에 해를 준다.
ⓒ 농연 내에 고립 시에는 정신적 긴장 등으로 패닉상태에 빠져 2차적인 재해의 원인이 될 수 있다.
ⓒ 연기는 열에너지에 의해 유동, 확산되며 벽이나 천장을 따라 진행된다.
ⓔ 연기의 유동속도는 수평방향의 경우 0.5~1m/sec, 수직방향은 2~3m/sec, 계단실과 같은 수직공간에서는 3~5m/sec의 속도로 이동한다.
ⓜ 불완전연소 시 농연이 발생된다.

(2) 연기의 유해성

연기에 의한 유해성은 생리적 · 시계적 · 심리적 유해성 등으로 구분할 수 있다.

① 생리적 유해성
ⓐ 산소결핍 : 연기에 의해 산소의 농도가 희석됨과 동시에 이산화탄소의 농도가 상승한다. 산소농도가 낮은 공기를 흡입하면 산소결핍에 의한 질식상태에 이르게 되는데 산소의 농도 15% 정도에서 인체에 영향을 나타나기 시작하여 6% 이하에서는 급격히 의식을 잃게 된다.
ⓑ CO중독 : 일반가연물이 불완전연소 시 일산화탄소가 발생되며 일산화탄소는 혈액 중에 헤모글로빈과 결합하여 COHb가 되므로 산소운반을 저해하여 두통을 일으키고 고농도의 경우 의식불명을 초래한다.
ⓒ 그 밖의 유독가스에 의한 중독 : 가연물 및 연소상태에 따라 다음 표와 같은 생성물이 발생되며 서로 다른 독성을 갖는다.

가연물의 종류	연소생성물	가연물의 종류	연소생성물
탄소 함유 가연물	CO, CO_2	석탄, 코우크스	일산화탄소(CO)
나무, 나일론, 페놀수지	알데이드($R-CHO$)	양모, 고무, 목재, LPG	아황산가스(SO_2)
PVC	염화수소(HCl)	셀룰로오스, 암모니아	이산화질소(NO_2)
석유제품, 유지, 비닐론	아크로레인(C_2H_3CHO)	멜라민수지, 요소수지	암모니아(NH_3)
명주, 양모, 우레탄	시안화수소(HCN)	폴리스티렌(스티로폴)	벤젠(C_6H_6)
천연가스, 석유류	카본블랙(C)	양모, 피혁	황화수소(H_2S)

ⓓ 호흡기의 화상 : 뜨거운 열기의 연기를 흡입함으로써 호흡기 등에 화상을 입게 된다.
ⓔ 입자에 의한 자극 : 미세한 탄소입자가 눈 및 폐를 자극하고, 호흡기를 통해 흡입되면, 질식 및 호흡곤란을 초래하게 된다.

② 시계적 유해성

연기농도의 증가에 따라 시계가 좁아져 피난 및 소화활동에 많은 지장을 초래하게 된다.

감광계수	가시거리	상황 설명
0.1Cs	20~30m	• 희미하게 연기가 감도는 정도의 농도 • 연기감지기가 작동되는 농도 • 건물구조에 익숙지 않은 사람이 피난에 지장을 받을 수 있는 농도
0.3Cs	5m	건물구조를 잘 아는 사람이 피난에 지장을 받을 수 있는 농도
0.5Cs	3m	약간 어두운 정도의 농도
1.0Cs	1~2m	전방이 거의 보이지 않을 정도의 농도
10Cs	수십 cm	• 최성기 때 화재층의 연기 농도 • 유도등도 보이지 않는 암흑상태의 농도
30Cs	—	출화실에서 연기가 배출될 때의 농도

③ 심리적 유해성

연기농도의 증가에 따른 호흡곤란, 시계의 제한 등으로 인하여 공포감에 휩싸이게 되어 행동능력 및 판단능력의 저하로 피해가 커질 수 있다.

㉠ 연기의 가장 큰 위험성은 일산화탄소의 증가 및 산소농도의 감소이다.

㉡ 일반가연물 화재시 가장 많이 발생되는 가스는 이산화탄소(CO_2)이다.

㉢ 화재시 가장 많이 발생되는 독성가스는 일산화탄소(CO)이며 일산화탄소는 헤모글로빈과 결합하여 산소결핍현상을 일으킴으로써 생명에 위험을 가져온다.(허용농도 50PPM)

> **피난한계시야**
> • 건물의 구조를 잘 아는 사람 : 3~5m
> • 건물의 구조를 잘 모르는 사람 : 20~30m

> ◎ 연기 유동의 요인
> • 저층건축물 : 열, 대류에 의한 이동, 화재에 의한 압력상승 등
> • 고층건축물 : 온도상승에 의한 기체의 팽창, 굴뚝효과, 외부풍압의 영향, 건물 내에서의 강제적인 공기유동 등
>
> ◎ 굴뚝효과(Stack Effect)
> 건물의 내, 외부 공기 사이의 온도와 밀도차에 의하여 건물의 수직공간을 통한 자연적인 공기의 수직이동현상

(3) 연기의 농도표시

① 중량농도
  단위체적당 연기입자의 질량(mg/m^3)을 측정하는 표시법

② 입자농도
  단위체적당 연기입자의 개수(개/cm^3)를 측정하는 표시법

③ 광학적 농도
  연기 속을 투과하는 빛의 양을 측정하는 방법으로 감광계수(m^{-1})로 나타낸다.

$$Cs = (1/L) \cdot \log (Io/I)$$

Cs : 감광계수(m^{-1}), L : 光路의 길이(m)
Io : 연기가 없을 때 빛의 세기(lm/m^2)
I : 연기가 있을 때의 빛의 세기(lm/m^2)

(4) 연소생성물의 종류

① 일산화탄소(CO)
  ㉠ 탄소함유 물질의 불완전연소 시 발생된다.
  ㉡ 무색, 무취의 유독성가스이다.
  ㉢ 일반가연물 화재시 가장 많이 발생되는 독성가스로 허용농도는 50PPM이다.

② 이산화탄소(CO_2)
  ㉠ 탄소함유 물질의 완전 연소 시 발생된다.
  ㉡ 일산화탄소처럼 인체에 대한 독성은 없지만 화재시 다량 발생하므로 공기 중의 산소부족에 따른 질식의 우려 및 호흡속도가 빨라져 기타 유독가스의 흡입을 촉진시킬 수 있다.
  ㉢ 일반가연물 화재시 가장 많이 발생되는 가스로 허용농도는 5,000PPM이다.

③ 포스겐($COCl_2$)
  ㉠ 염소(Cl)가 함유된 가연물이 연소 시 발생된다.
  ㉡ 인체에 맹독성인 독성가스이다.(허용농도 : 0.1PPM)

④ 아황산가스(SO_2)
  황화합물이 완전연소 시 발생되는 가스로 공기보다 무거운 기체이다.

$$S + O_2 \rightarrow SO_2$$

⑤ 염화수소(HCl)
  PVC와 같이 염소(Cl)가 함유된 수지류가 탈 때 발생하고 공기보다 무겁고 물에 잘

녹으며 금속에 대한 부식성이 크다.

⑥ 황화수소(H_2S)
황을 함유하고 있는 유기화합물이 불완전연소 시 발생되며 연소 시 유독성 기체인 아황산가스를 발생한다.

⑦ 암모니아(NH_3)
질소를 함유한 가연물이 연소 시 발생되는 유독가스로 허용농도가 25ppm이다.

⑧ 시안화수소(HCN)
플라스틱의 불완전연소 시 발생되며, 허용농도 10PPM의 유독성 가스로 가연성 기체이다.

⑨ 질소산화물(NO_X)
니트로셀룰로오스가 연소 또는 분해 시 발생되는 가스로 질소산화물 중 NO. NO_2 등은 독성이 크고 특히 수분이 존재 시 금속을 부식시킨다.

⑩ 아크로레인(CH_2CHCHO)
석유제품이나 유지류 등이 탈 때 발생되는 가스로 일반적인 화재에서 발생되는 경우는 극히 드물며 10PPM 이상의 농도를 흡입하면 즉시 사망한다.

CHAPTER 03 전열현상 및 열역학법칙

1 ▸▸ 전열현상

열이 이동하는 것을 전열이라 하고 가연물의 착화 및 화재의 확산방지에 있어 전열현상을 이해하는 것은 매우 중요하다.

전열현상은 전도, 대류, 복사 중 2가지 이상이 복합적인 과정을 거쳐 열의 전달이 이루어진다.

(1) 전 도

고체간의 열전달현상으로 고온체와 저온체의 직접적인 접촉에 의해서 고온에서 저온으로 이동하는 것으로 **저온에서 지배적**이며 분자 자신은 **진동만 일어날 뿐 이동하지는 않는다**.

$$Q(\text{kcal/hr}) = \frac{\lambda \cdot A \cdot \Delta T}{l}$$

Q : 전도열량(kcal/hr), λ : 열전도도(kcal/m·hr℃)
A : 접촉면적(m^2), ΔT : 온도차(℃), l : 두께(m)

(2) 대 류

고온유체와 저온유체 간의 **온도차에 의한 밀도** 차이로 열전달현상이 일어나며 유체 분자 간의 이동이 있다. 실내공기의 유동 및 물을 가열하는 것은 주로 대류에 의해서 이루어진다.

① **강제대류**(Forced Convection)

열전달 효율을 높이기 위해 기계적인 힘을 이용하여 유체를 유동시켜 일으키는 대류

② **자연대류**(Natural Convection)

유체의 밀도차에 의해 자연적으로 일어나는 대류

> **Reference**
>
> ○ 강제대류는 자연대류에 비해 짧은 시간에 온도를 균일하게 할 수 있다.

(3) 복 사

절대0도보다 높은 온도를 가지는 모든 물체는 그 온도에 따라 그 표면에서부터 모든 방향으로 전자파의 형태로 열에너지를 발산한다. 이 에너지가 공간을 통과해서 물체에 도달하면 일부는 표면에서 반사되고 일부는 물체에 흡수되며 일부는 물체를 통과한다. 이 때 흡수된 에너지는 그 물체의 온도를 상승시키며 이와 같은 열전달현상을 복사라 한다.

① 스테판-볼츠만의 법칙

$$Q = 4.88A\varepsilon\left\{\left(\frac{T_1}{100}\right)^4 - \left(\frac{T_2}{100}\right)^4\right\}$$

Q : 복사열량(kcal/hr), Q : 표면적(m²), ε : 계수
T_1 : 고온체의 절대온도(K), T_2 : 저온체의 절대온도(K)

즉, 복사에너지는 면적에 비례하고 절대온도의 4승에 비례한다.

㉠ 단원자, 이원자분자는 복사에너지를 흡수, 투과하고, 삼원자분자는 복사에너지를 흡수한다.
㉡ 전도, 대류, 복사는 단독으로 일어나지 않고 2개 이상의 과정이 동시에 일어난다.
㉢ 온도별 전열현상
　ⓐ 300℃ 이하 : 전도, 대류가 지배적이다.
　ⓑ 500℃ 이상 : 전도, 대류, 복사가 균형을 이룬다.
　ⓒ 1,000℃ 이상 : 복사의 비중이 크며 대류는 무시할 수 있다.

> ◎ 분자의 구분
> - 단원자 분자 : 1개의 원자로 이루어진 분자(He, Ne, Ar 등)
> - 이원자 분자 : 2개의 원자로 이루어진 분자(H_2, O_2, CO, F_2, Cl_2 등)
> - 삼원자 분자 : 3개의 원자로 이루어진 분자(H_2O, O_3, CO_2 등)
> - 고분자 : 많은 수의 원자로 이루어진 분자(녹말, 합성수지 등)

예상문제

표면온도가 300℃에서 안전하게 작동하도록 설계된 히터의 표면온도가 360℃로 상승하면 300℃에 비하여 몇 배의 열을 방출할 수 있는가?

㉮ 1.1배　　　　　　　　　　㉯ 1.5배
㉰ 2배　　　　　　　　　　　㉱ 2.5배

풀이 복사에너지는 면적에 비례하고 절대온도의 4승에 비례한다.
　　　$Q = 4.88A\varepsilon\{(T_1/100)^4 - (T_2/100)^4\}$
　　　Q : 복사열량(kcal/hr), A : 단면적(m²), ε : 계수

T_1 : 고온체의 절대온도(K), T_2 : 저온체의 절대온도(K)

스테판-볼츠만의 법칙을 이용하면

$$\left(\frac{273+300}{100}\right)^4 : \left(\frac{273+360}{100}\right)^4 = 1 : X$$

∴ $X = 1.49$

답 ④

2 ▸▸ 열역학법칙

(1) 열역학 0법칙(열평형, 온도평형의 법칙)

고온의 물체와 저온의 물체를 접촉시키면 고온에서 저온으로 열이 전달되어 일정시간 경과 후 상호 열적평형에 도달하게 된다.

열역학 0법칙은 온도계의 원리를 제시하는 법칙이다.

(2) 열역학 1법칙

열과 일은 본질적으로 에너지의 일종으로 **열과 일은 상호 변환이 가능하다.**

즉, 밀폐계가 임의의 사이클을 이룰 때 열전달의 총합은 이루어진 일의 총합과 같다.

열역학 1법칙은 이와 같이 **에너지변환의 양적 관계를 명시**한 것으로 가역적인 법칙이다.

- 일량 → 열량 $Q = AW$
- 열량 → 일량 $W = JQ$

Q : 열량(kcal), W : 일량(kgf·m), A : 일의 열당량(1/427 kcal/kgf·m)
J : 열의 일당량(427 kgf·m/kcal)

또한 입량보다 더 많은 일을 해내는 장치로 열역학 1법칙에 위배되는 기관을 제1종 영구기관이라 한다.

(3) 열역학 2법칙(에너지흐름의 법칙)

실제적으로 일은 열로 변환이 쉽게 일어나는 자연현상이지만, 열이 일로 변환하는 데에는 어떠한 제한이 있다. 열역학 2법칙은 에너지흐름의 법칙으로 비가역적인 현상을 말하고 있다.

열역학 2법칙은 그 변환의 실현가능성을 밝혀주는 경험적이고 자연적인 법칙으로 다음과 같이 말할 수 있다.

① 일은 열로의 전환이 가능하나 열은 일로 전부 전환시킬 수 없다.(열효율 100%인 기관은 없다.)

② 열은 스스로 저온에서 고온으로 이동할 수 없다.
열역학 제2법칙에 위배되는 기관인 2종영구기관은 열효율 100%인 기관 또는 저온에서 고온으로 스스로 이동되는 기관을 말한다.

(4) 열역학 3법칙

어떠한 방법으로든 절대영도(−273.15℃)에는 도달할 수 없다.
즉, 절대0도에 있어서 모든 순수한 고체 또는 액체의 엔트로피와 정압비열의 증가량은 0 이다.

3 ▶▶ 열

(1) 열량의 단위

① 1kcal : 표준대기압하에서 순수한 물 1kg을 1℃(14.5~15.5℃)만큼 높이는 데 필요한 열량
② 1BTU : 표준대기압하에서 순수한 물 1lb를 1°F(60~61°F)만큼 높이는 데 필요한 열량
③ 1CHU : 표준대기압하에서 순수한 물 1lb를 1℃만큼 높이는 데 필요한 열량

- 에너지의 단위 : cal, kcal, BTU, CHU, Joule, erg, kgf·m
- 에너지의 관계 : 1kcal=3.968BTU=2.2CHU=4.184kJ

(2) 비열(Specific Heat)

비열이란 어떤 물질의 단위질량을 1℃(°F)만큼 높이는 데 필요한 열량이다.
단위로는 kcal/kg·℃, cal/g·℃, BTU/lb·°F, CHU/lb·℃ 등이 있다.

① 기체의 비열
기체의 비열은 정압비열과 정적비열로 구분된다.
㉠ 정압비열(C_p) : 압력이 일정한 상태에서의 비열
㉡ 정적비열(C_v) : 체적이 일정한 상태에서의 비열

② 정압비열과 정적비열의 관계
㉠ γ(비열비)$=\dfrac{C_p}{C_v}>1$

비열비(γ)는
ⓐ 단원자분자 1.67
ⓑ 이원자분자 1.4

ⓒ 삼원자분자 1.33이다.

ⓛ Cp − Cv = R (기체정수)

- 물의 비열 : 1kcal/kg·℃, 1cal/g·℃, 1BTU/lb·℉, 1CHU/lb·℃
- 얼음의 비열 : 0.5kcal/kg·℃, 0.5cal/g·℃, 0.5BTU/lb·℉, 0.5CHU/lb·℃
- 수증기의 비열 : 0.44kcal/kg·℃, 0.44cal/g·℃, 0.44BTU/lb·℉, 0.44CHU/lb·℃

(3) 열용량(Heat Capacity)

열용량이란 어떤 물질의 온도를 1℃(℉)만큼 높이는 데 필요한 열량이다.

열용량(kcal/℃) = 비열(kcal/kg·℃) × 질량(kg)

즉, 물질의 비열이 크다는 것은 열용량이 크다는 것을 의미한다.

(4) 잠열(Latent Heat)

잠열이란 온도의 변화없이 상태의 변화에 필요한 열량이다.

예 0℃의 얼음 → 0℃의 물, 100℃의 물 → 100℃의 수증기

$$Q = m \cdot \gamma$$

Q : 잠열(kcal), m : 질량(kg), γ : 단위질량당 잠열(kcal/kg)

① 물의 융해잠열 : 80kcal/kg
② 물의 기화잠열 : 539kcal/kg

(5) 현열(Sensible Heat)

현열이란 상태의 변화없이 온도변화에만 필요한 열량이다.

예 −5℃의 얼음 → −1℃의 얼음, 20℃의 물 → 80℃의 물

$$Q = m \cdot C \cdot \Delta T$$

Q : 현열(kcal), m : 질량(kg), C : 물질의 비열(kcal/kg·℃), ΔT : 온도차(℃)

① 물의 비열 : 1kcal/kg·℃
② 얼음의 비열 : 0.5kcal/kg·℃
③ 수증기의 비열 : 0.44kcal/kg·℃

④ ▸▸ 열 에너지원(Heat Energy Sources)

(1) 화학적 에너지(Chemical Heat Energy)

① 연소열(Heat of Combustion)
연소물질이 완전히 산화되면서 발생하는 열량으로 보통 가연물 1g 또는 1mol당 표현한다.
> 예) $C_3H_8 + 5O_2 \rightarrow 3CO_2 + 4H_2O + 530.6kcal$

② 자연발열(Spontaneous Heating)
어떤 물질이 외부로부터 에너지의 공급을 받지 않은 상태에서 산화반응을 통하여 발생되는 열로 온도가 상승하는 것을 자연발열이라 한다. 이때 발생하는 열보다 주위로 발산되는 열이 적을 경우에는 계속적으로 온도가 상승하게 되는데, 이때 온도가 착화점(발화점)이상이 되면 자연발화를 일으킨다. 하지만 대부분의 유기물질은 반응속도가 매우 느리므로 물질의 온도를 상승시키는 경우는 거의 없다. 자연발화의 위험성은 열발생속도, 공기의 공급, 주위의 열차단 등에 의해 결정된다.

③ 분해열(Heat of Decomposition)
화합물이 그 성분원소로 분해될 때 발생하는 열을 말한다. 대부분의 화합물은 그 물질이 생성될 때 발열하고 분해될 때 흡열하므로 분해열이 발생되지 않는다. 분해될 때 발열하는 물질은 화학적으로 매우 불안정한 화합물로 니트로셀룰로오스와 아세틸렌 등이 해당된다.
> 예) $C_2H_2 \rightarrow 2C + H_2 + 54kcal$

④ 용해열(Heat of Solution)
어떤 물질이 액체에 용해될 때 발생되는 열이다. 하지만 용해열은 화재를 일으킬 만큼 많은 열을 방출하지는 않는다.
> 예) 황산이 물에 녹을 때

(2) 기계적 에너지(Mechanical Heat Energy)

① 마찰열(Frictional Heat)
물체 간의 마찰에 의하여 발생하는 열이다.
> 예) 벨트와 롤러 사이에서 발생하는 열, 그라인더에서 불꽃이 튀는 것

② 마찰스파크(Friction Spark)
고체 물체끼리의 충돌에 의해 발생되는 순간적인 스파크

③ 압축열(Heat of Compression)
기체를 압축하면 기체 분자들 간의 충돌횟수가 증가하고 이로 인하여 내부에너지가 상승하면서 발생되는 열

(3) 전기적 에너지(Electrical Heat Energy)

① 저항가열(Resistance Heation)

도체에 전류가 흐를 때 도체물질의 전기저항으로 인하여 전기에너지가 열에너지로 전환되면서 열을 발생하는 것

예 백열전구의 발열

> **! Reference**
>
> ○ 저항열 발생식
>
> $H = 0.24I^2 Rt$
>
> H : 발생열(cal), I : 전류의 세기(A), R : 저항(Ω), t : 전류가 흐르는 시간(sec)

② 유도가열(Induction Heation)

도체 주위에 변화하는 자장이 존재하면 전위차를 발생하고 이 전위차로 인하여 전류의 흐름이 일어난다. 이 전류에 대한 저항으로 발열이 일어나지만 발열의 원인이 자장의 변화에 의한 것이므로 유도발열로 구분한다.

③ 유전가열(Dielectric Heation)

전기절연물이라 할지라도 실제로는 완전한 절연능력을 갖지 못하므로 절연불량으로 인하여 미약한 전류가 흐르는데 이러한 누설전류에 의해 발열하는 것을 유전발열이라 한다.

④ 아크가열(Heat from Arcing)

보통 전류가 흐르는 회로나 개폐기 등의 우발적인 접촉 혹은 접점이 느슨해져 전류가 끊길 때 발생하는 열이다. 아크의 온도는 매우 높기 때문에 방출되는 열이 가연성 또는 인화성 물질을 점화시킬 수 있다.

⑤ 정전기가열(Static Electricity Heation)

일명 마찰전기라고도 하며 두 물질이 접촉되었다가 떨어질 때 그 물질 표면에 축적된 전하가 양이고 다른 물질의 표면이 음으로 대전될 때 발생된다. 발생에너지가 그리 크지 않으므로 일반가연물은 착화시킬 수 없지만 착화에너지가 작은 가연성 기체는 착화시킬 수 있다.

정전기에 의한 발화 진행과정
전하의 발생-전하의 축적-스파크 방전-발화

⑥ 낙뢰에 의한 발열(Heat Generated by Lightning)

번개가 나무나 돌과 같은 저항이 큰 물질에 부딪치게 되면 많은 열이 발생된다.

CHAPTER 04

건축물 화재

① ▶▶ 건축물 화재

(1) 플래시오버(Flash Over) 현상

실내화재는 실외화재에 비해 화재로 인한 연소열을 외부로 방출하기 어렵다.
이런 이유로 실내의 온도가 급격히 상승하여 가연물의 **열분해** 또는 증발을 촉진하게 된다.
어느 순간 화재실 전체에 가연성 혼합기가 형성되면 실 전체로 화염이 확대되는데 이를
플래시오버 현상이라 한다.

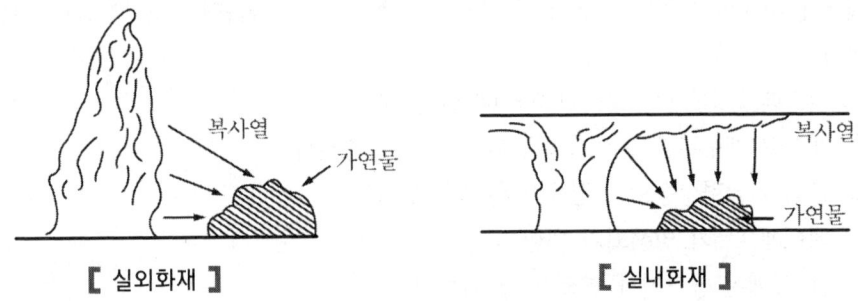

[실외화재]   [실내화재]

① 플래시오버는 화재의 성장기에 발생되며 플래시오버 이후를 최성기라 한다.
② 플래시오버 발생시간까지가 **피난허용시간**이다.
③ 플래시오버 발생시간에 영향을 주는 인자
    ㉠ 내장재의 재질 및 두께
    ㉡ 화원의 크기
    ㉢ 개구부의 크기

> **Flash Over 발생시간이 빨라질 수 있는 조건**
> - 내장재가 열분해되기 쉽고, 열전도율이 적을수록
> - 내장재의 두께가 얇고, 표면적이 클수록
> - 화원의 크기가 클수록
> - 개구부의 크기가 작을수록
> - 불에 잘 타는 재질일수록
>   - 가연성 재료 : 3~4분
>   - 난연성 재료 : 5~6분
>   - 준불연성 재료 : 7~8분

(2) 백드래프트(Back Draft) 현상

실내화재는 실외화재에 비하여 공기의 유통이 자유롭지 못하다. 화재가 최성기로 접어들면 많은 양의 공기를 필요로 하지만 개구부가 폐쇄되어 있는 실내라면 공기의 공급이 어렵게 되어 연소현상이 원활치 못하게 된다. 이때 문을 열거나 공기를 공급하게 되면 실내에 축적되어 있던 가연성 가스가 폭발적으로 연소하는데 이를 백드래프트현상이라 한다.

① 백드래프트현상은 최성기 이후에 발생된다.
② 개방된 개구부를 통하여 화염이 외부로 분출된다.
③ 급격한 압력상승으로 건물이 붕괴될 수 있다.
④ 백드래프트가 발생되기 위한 조건
  ㉠ 밀폐된 공간에서 연소가 일어날 때
  ㉡ 실내에 다량의 가연성 가스가 존재할 때
  ㉢ 실내의 온도가 매우 높을 때

> **플래시오버와 백드래프트의 차이점**
> - 플래시오버 현상은 에너지의 축적이 원인이지만, 백드래프트 현상은 산소의 공급이 원인이다.
> - 플래시오버는 성장기에 발생되지만, 백드래프트는 최성기 이후에 발생된다.

(3) 연료지배화재와 환기지배화재

① 연료지배화재

화재의 진행이 실내가연물의 양, 공급상태, 가연물의 연소특성에 따라 영향을 받는 화재로 플래시오버 이전의 화재는 일반적으로 연료지배화재이다.

② 환기지배화재

지하층, 무창층 및 밀폐된 실내에는 가연물의 양이 충분하더라도 공기의 원활한 공급이 어려워 폭발성 혼합기체의 생성이 어렵다. 이와 같이 화재의 진행이 공기의 공급상태에 지배되는 화재를 환기지배화재라 하고 **플래시오버 이후의 화재특성**이다.

> **훈소(Smoldering)**
> 공기의 공급부족이나 가연성 증기의 농도저하로 인하여 불꽃을 발생하지 못하고 연소하는 형태

(4) 화재하중(Fire Load)과 화재가혹도(Fire Severity)

① 화재하중

화재하중이란 단위면적당 가연물의 질량이다.

일정구역 안에 있는 가연물 전체발열량을 목재의 단위질량당 발열량으로 나누면 목재의 질량으로 환산된다. 이를 다시 그 구역의 바닥면적으로 나누면 단위면적당 가연물(목재)의 질량이 되는데 이를 화재하중이라 하고 주수시간을 결정하는 주요인이 된다.

$$Q(kg/m^2) = \frac{\Sigma(Gt \cdot Ht)}{Hw \cdot A} = \frac{\Sigma Qt}{4,500A}$$

Q : 화재하중(kg/m²), Gt : 가연물 질량(kg), Ht : 가연물의 단위질량당 발열량(kcal/kg)
A : 바닥면적(m²), Qt : 가연물의 전체 발열량(kcal), Hw : 목재의 발열량(kcal/kg)

㉠ 소방대상물의 용도별 화재하중
ⓐ 사무실 : 10~20kg/m²
ⓑ 주택 : 30~60kg/m²
ⓒ 점포 : 100~200kg/m²
ⓓ 창고 : 200~1,000kg/m²

㉡ 화재하중에 따른 내화요구도
ⓐ 50kg/m² : 1~1.5시간
ⓑ 100kg/m² : 1.5~3시간
ⓒ 200kg/m² : 3~4시간

② 화재가혹도

화재시 최고온도와 지속시간은 화재의 규모를 판단하는 중요한 요소가 된다.
화재가혹도는 **최고온도×지속시간**으로 표현되며 화재로 인한 피해의 정도를 판단할 수 있는 척도가 된다. 화재가혹도의 주요소는 가연물의 연소열, 비표면적, 공기의 공급조절, 화재실의 구조 등이다.

> **화재하중과 화재가혹도의 비교**
> - 화재하중 : 화재의 규모를 판단하는 척도로 주수시간을 결정하는 인자이다.
> - 화재가혹도 : 화재강도를 판단하는 척도로 주수율(L/m²·min)을 결정하는 인자이다.

❷ 목조건축물의 화재

(1) 목재의 성분

목재의 주요성분은 셀룰로오스($C_6H_{10}O_5$), 반셀룰로오스, 리그린이며 이들의 구성원소는 C·H·O와 미량의 N 등 여러 물질의 복합체이고 비균질, 비균등성으로 측정방향에 따라 그 특성치는 다르게 나타난다.

목재가 연소되거나 450℃ 이상으로 가열하면 15~20%의 숯이 남게 되는데 대부분의 함량은 리그린이다.

(2) 목재의 착화에 영향을 주는 인자

① 수분함량
  ㉠ 목재에 수분함량이 많을 경우 물의 비열과 증발잠열로 인하여 많은 열이 필요하게 되어 착화는 물론 연소속도도 느려진다.
  ㉡ 공기 중에 수증기가 많으면 산소농도가 희박해지므로 착화나 연소의 계속이 어려워진다.
  ㉢ 수분의 함량이 15% 이상이면 비교적 고온의 열원에 장시간 노출되어도 착화가 어렵지만 일단 발화되면 50% 이상의 수분함량에도 연소가 계속된다.

② 크기와 외형
  목재의 크기가 작을수록, 표면적이 클수록 착화가 용이하여 연소성이 증대된다.
  ㉠ 목재의 크기가 작으면 활성화 에너지가 작게 되어 착화가 용이하다.
  ㉡ 표면적이 크면 공기와의 접촉 면적이 넓기 때문에 연소성이 증대된다.
  ㉢ 잘고, 얇을수록 연소성이 우수하다.

③ 가열속도와 지속시간
  ㉠ 목재는 고체이므로 가연성 액체나 기체에 비해 가연성 증기의 발생이 어려워 착화는 어렵지만 일단 착화되면 발열량이 크고 재연의 우려도 있어 소화에 어려움이 있다.
  ㉡ 목재가 착화되려면 목재 표면에서 가연성 가스가 발생될 때까지 충분한 시간을 열원과 접촉시켜야 한다.

ⓒ 가열시간이 길면 비교적 낮은 온도에서도 착화가 가능하지만 가열시간이 짧으면 착화온도 이상에서도 착화가 어렵다.

④ 열전도

열전도도가 낮으면 에너지의 축적이 용이하여 착화가 용이하다.

⑤ 공기의 공급

연소가 되기 위해서는 목재에서 분해된 가연성 기체와 공기가 혼합되어 폭발범위에 도달되어야 하므로 충분한 양의 공기의 공급이 필요하다.

> **Reference**
>
> ○ 목재의 열분해단계
> - 100℃ : 목재에 함유된 수분의 증발로 목재 내의 함수율 감소
> - 160℃ : 흑갈색으로 변색되면서 열분해되어 가연성 기체인 CO, H_2, CH_4, 개미산, 탄화수소생성
> - 220~260℃ : 급격한 분해가 일어나며 점화원에 의해 착화(무염착화)
> - 420℃ 이상 : 발화점 이상에서 착화되어 폭발적으로 연소(발염착화)
>
> ○ 목재의 성분별 열분해 특성
> - 셀룰로오스
>   280~350℃에서 휘발분으로 방출되고 약 5%만이 숯으로 남게 된다.
> - 반셀룰로오스
>   200~260℃에서 휘발분을 방출하여 열분해된다.
> - 리그린
>   300~500℃에서 50%의 휘발분이 방출되고 나머지 약 50%는 숯으로 남게 된다.

(3) 목조건축물의 화재원인

① 접염

목재에 직접 불꽃이 접촉되어 착화되는 것

② 복사열

주변의 화염 또는 고온체에서 발생되는 복사열에 의해 목재가 열분해되어 착화되는 것

③ 비화

화재 발생 장소로부터 불티, 불꽃 등이 인근의 목재에 날아들어 착화되는 것

(4) 목조건축물 화재의 진행단계

화재원인 – 무염착화 – 발염착화 – 출화 – 최성기 – 연소낙하 – 소화

① 무염착화

가연물이 연소하면서 재로 덮인 숯불모양으로 불꽃 없이 착화되는 현상

② 발염착화

무염상태의 가연물이 420℃ 부근에 이르게 되면 불꽃을 내면서 착화되는 현상

③ 출화

㉠ 옥내출화

ⓐ 건축물 실내의 천장 속, 벽 내부에서 발염착화

ⓑ 준불연성, 난연성으로 피복된 내부의 목재에서 착화

㉡ 옥외출화

ⓐ 건축물 외부의 가연물질에서 발염착화

ⓑ 창, 출입구 등의 개구부 등에서 착화

④ 최성기

출화와 동시에 불꽃이 실 전체로 급속히 확대되며 연기도 백색에서 흑색으로 변한다. 이 때 실내의 최고온도는 1,300℃에 이르게 된다.

⑤ 연소낙하

최성기가 지나고 천장, 지붕, 벽 등이 무너져 내리면서 화세가 약해지는 시기

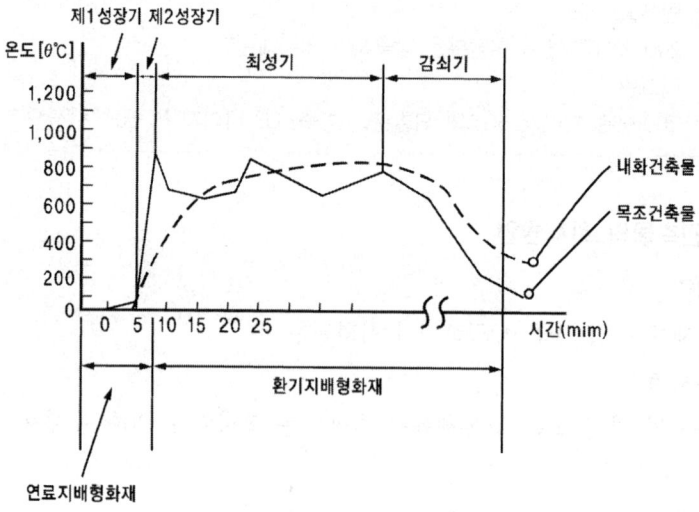

【 실내화재의 경과 】

③ 내화건축물의 화재

내화건축물은 철근콘크리트조, 철골철근콘크리트조, 연와조 등 주요구조부가 가연성이 아니고 밀도가 높아 산소공급이 불충분하여 초기연소는 완만하지만 산소공급이 충분하게 되면 연소가 확대되는 특징을 가지고 있다.

(1) 내화건축물화재의 진행단계

초기-발화-성장기-최성기-감퇴기-종기

① 초기
  주요구조부가 가연성이 아니고 공기의 유통도 적기 때문에 연소속도가 완만하다.
② 발화
  초기상태가 지속되면 화염이 증대된다.
③ 성장기
  에너지의 축적에 의해 연소는 급격히 진행되어 검은 연기가 발생되며 실 전체가 화염에 휩싸이는 Flash Over 현상이 나타난다.
④ 최성기
  공기의 유통구가 생기면 800℃까지 실내온도가 상승되며 목조건축물 화재보다 장시간 지속된다.
⑤ 감퇴기
  실내의 가연물이 거의 소진되어 화세가 약해지며 상당시간 고온으로 유지된 후 연기의 농도도 엷어진다.

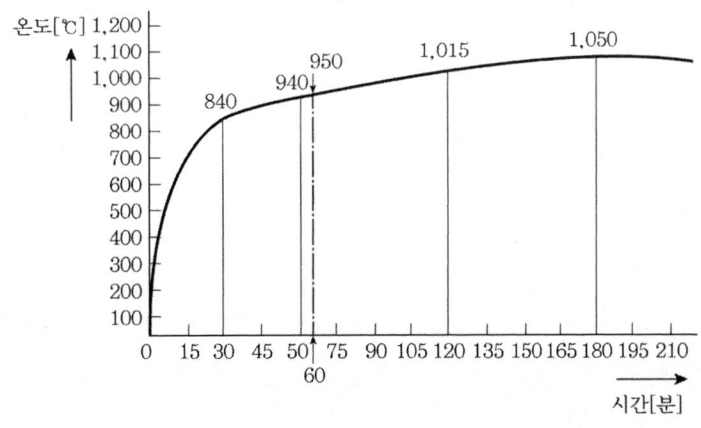

【 표준온도시간곡선 】

(2) 내화건축물과 목조건축물의 화재의 비교

내화건축물은 목조건축물에 비해 연소온도는 낮지만 연소 지속시간은 길다.

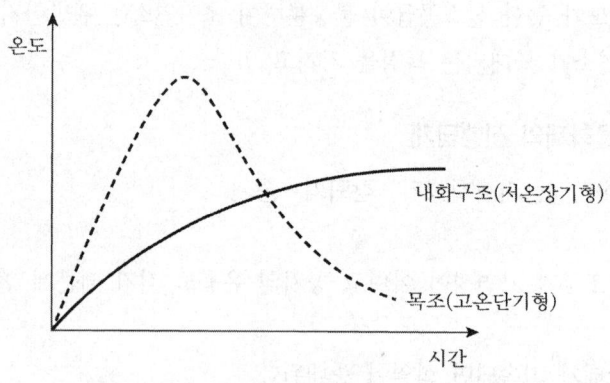

【 목조건축물과 내화건축물의 연소특성 】

화재의 비교
- 목조건축물 : 고온 단기형
- 내화건축물 : 저온 장기형

CHAPTER 05 건축물의 내화성상 및 안전관리

1 ▶▶ 내화구조

내화구조란 철근콘크리트, 철골철근콘크리트 등과 같이 화재에 견딜 수 있는 성능을 가진 구조로 쉽게 연소되지 않고 화재시에도 상당시간 내력의 저하가 없으며 진화 후에 재사용이 가능한 구조

(1) 벽

① 철근콘크리트조 또는 철골철근콘크리트조로서 두께가 10cm 이상인 것
② 골구를 철골조로 하고 그 양면을 두께 4cm 이상의 철망모르타르 또는 두께 5cm 이상의 콘크리트블록·벽돌 또는 석재로 덮은 것
③ 철재로 보강된 콘크리트블록조·벽돌조 또는 석조로서 철재에 덮은 콘크리트 블록의 두께가 5cm 이상인 것
④ 벽돌조로서 두께가 19cm 이상인 것
⑤ 고온·고압의 증기로 양생된 경량기포 콘크리트판넬 또는 경량기포 콘크리트블록조로서 두께가 10cm 이상인 것

(2) 외벽 중 비내력벽

① 철근콘크리트조 또는 철골철근콘크리트조로서 두께가 7cm 이상인 것
② 골구를 철골조로 하고 그 양면을 두께 3cm 이상의 철망모르타르 또는 두께 4cm 이상의 콘크리트블록·벽돌 또는 석재로 덮은 것
③ 철재로 보강된 콘크리트블록조·벽돌조 또는 석조로서 철재에 덮은 콘크리트 블록 등의 두께가 4cm 이상인 것
④ 무근콘크리트조·콘크리트블록조·벽돌조 또는 석조로서 그 두께가 7cm 이상인 것

(3) 기둥(그 작은 지름이 25cm 이상인 것 중)

① 철근콘크리트조 또는 철골철근콘크리트조
② 철골을 두께 6cm(경량골재를 사용하는 경우 5cm) 이상의 철망모르타르 또는 두께

7cm 이상의 콘크리트블록·벽돌 또는 석재로 덮은 것
③ 철골을 두께 5cm 이상의 콘크리트로 덮은 것

(4) 바닥
① 철근콘크리트조 또는 철골철근콘크리트조로서 두께 10cm 이상인 것
② 철재로 보강된 콘크리트블록조·벽돌조 또는 석조로서 철재로 덮은 콘크리트 블록등의 두께가 5cm 이상인 것
③ 철재의 양면을 두께 5cm 이상의 철망모르타르 또는 콘크리트로 덮은 것

(5) 보
① 철근콘크리트조 또는 철골철근콘크리트조
② 철골을 두께 6cm(경량골재를 사용하는 경우 5cm) 이상의 철망모르타르 또는 두께 5cm 이상의 콘크리트조로 덮은 것
③ 철골조의 지붕틀(바닥으로부터 그 아랫부분까지의 높이가 4cm 이상인 것에 한한다)로서 바로 아래에 반자가 없거나 불연재료로 된 반자가 있는 것

(6) 지붕
① 철근콘크리트조 또는 철골철근콘크리트조
② 철재로 보강된 콘크리트 블록조·벽돌조 또는 석조
③ 철재로 보강된 유리블록 또는 망입유리로 된 것

(7) 계단
① 철근콘크리트조 또는 철골철근콘크리트조
② 무근콘크리트조·콘크리트블록조·벽돌조 또는 석조
③ 철재로 보강된 콘크리트 블록조·벽돌조 또는 석조
④ 철골조

주요구조부
- 건축물의 골격을 유지하는 부분
- 종류 : 내력벽, 기둥, 바닥, 보, 지붕 및 주계단(다만, 사잇벽, 사잇기둥, 최하층바닥, 작은보, 차양, 옥외계단 등은 제외)

불연재료
- 불에 타지 않는 성질을 가진 재료로서 불연성 시험 및 가스유해성 시험결과 기준을 만족하는 것
- 종류 : 콘크리트, 석재, 벽돌, 기와, 철강, 알루미늄, 유리, 시멘트모르타르, 회 기타 난연 1급에 해당하는 것

> **준불연재료**
> - 불연재료에 준하는 성질을 가진 재료로서 열방출률 시험 및 가스유해성 시험결과 기준을 만족하는 것
> - 종류 : 석고보드, 목모시멘트판 기타 난연 2급에 해당하는 것
>
> **난연재료**
> - 불에 잘 타지 않는 성질을 가진 재료로서 열방출률 시험 및 가스유해성 시험결과 기준을 만족하는 것
> - 종류 : 난연합판, 난연플라스틱 기타 난연 3급에 해당하는 것

❷ 방화구조

방화구조는 화염의 확산을 막을 수 있는 성능을 가진 구조로 다음의 기준에 적합한 구조
① 철망모르타르로서 그 **바름두께가 2cm 이상**인 것
② 석고판 위에 시멘트모르타르 또는 회반죽을 바른 것으로서 그 두께의 **합계가 2.5cm 이상**인 것
③ 시멘트모르타르 위에 타일을 붙인 것으로서 그 두께의 **합계가 2.5cm 이상**인 것
④ 심벽에 흙으로 맞벽치기한 것
⑤ 기타 한국산업표준이 정하는 바에 따라 방화2급 이상에 해당하는 것

❸ 방화문

(1) 개 념

'방화문'이란 방화구획된 벽의 개구부에 설치하여 연소 확대방지를 위해 설치하는 것이다. 방화문의 문틀 또는 다른 방화문과 접하는 부분은 그 방화문을 닫은 경우에 방화에 지장이 있는 틈이 생기지 않는 구조로 하여야 한다.

(2) 종류 및 성능

① **60분+ 방화문** : 연기 및 불꽃을 차단할 수 있는 시간이 60분 이상이고, 열을 차단할 수 있는 시간이 30분 이상인 방화문
② **60분 방화문** : 연기 및 불꽃을 차단할 수 있는 시간이 60분 이상인 방화문
③ **30분 방화문** : 연기 및 불꽃을 차단할 수 있는 시간이 30분 이상 60분 미만인 방화문

> **방화문의 설치구분**
> - 60분 방화문 또는 60분+ 방화문을 설치하여야 하는 곳
>   - 방화벽에 설치하는 개구부
>   - 방화구획에 설치하는 개구부
>   - 특별피난계단 중 옥내로부터 노대 또는 부속실로 통하는 출입구
>   - 옥내, 외에 설치하는 피난계단 출입구
>   - 비상용 승강기의 승강장 출입구
> - 30분 방화문의 설치도 가능한 곳
>   - 특별피난계단 중 노대 또는 부속실로부터 계단실로 통하는 출입구

❹ 방화구획

'방화구획'이란 화재로 인한 피해를 최소화하기 위하여 건축구조적 측면에서 **화염의 전파방지**를 위한 내화구조의 벽, 바닥, 방화문, 방화셔터, 방화댐퍼 등을 설치하여 화재의 확대를 방지하기 위함이다.

(1) 방화구획의 구분

주요구조부가 내화구조 또는 불연재료로 된 건축물로서 연면적이 1,000m²를 넘는 것은 다음 기준에 의한 내화구조의 바닥, 벽 및 60분 또는 60분+ 방화문(자동방화셔터를 포함)으로 구획하여야 한다.

① 수평구획

각 층에 대하여 다음의 면적 이하가 되도록 **내화구조의 벽으로 구획**한다.

대상물의 구분	소화설비	구획면적
10층 이하의 건축물	일반건축물	1,000m² 이내
	자동식 소화설비가 설치된 건축물	3,000m² 이내
11층 이상의 건축물	일반건축물	200m² 이내
	자동식 소화설비가 설치된 건축물	600m² 이내
11층 이상인 건축물 중 벽 및 반자의 실내에 접하는 부분의 마감이 불연재료인 것	일반건축물	500m² 이내
	자동식 소화설비가 설치된 건축물	1,500m² 이내

② 수직구획

모든 층은 내화구조의 바닥으로 구획할 것. 다만 지하1층에서 지상으로 직접 연결하는 경사로 부위는 제외한다.

③ 용도별 구획

　내화구조 부분과 비내화구조 부분이 동일 건물에 공존하는 경우 이들 경계부분을 상호 방화구획한다.

④ 수직관통부구획

　E/L권상기실, 계단, 경사로, 린넨슈트, 피트 등 수직관통부를 방화구획한다

⑤ 필로티나 그 밖에 이와 비슷한 구조(벽면적의 1/2 이상이 그 층의 바닥면에서 위층바닥 아래면까지 공간으로 된 것만 해당)의 부분을 주차장으로 사용하는 경우 그 부분은 건축물의 다른 부분과 구획할 것

(2) 방화구획의 구조

① 벽 및 바닥 : 내화구조로 할 것
② 개구부 : 60분 또는 60분+ 방화문으로 언제나 닫힌 상태로 유지하거나 화재로 인한 연기 또는 온도 상승에 의하여 자동으로 닫히는 구조일 것
③ 관이 방화구획을 관통하는 경우

　급수관, 배전관 기타의 관이 방화구획으로 되어 있는 부분을 관통하는 경우에는 그 관과 방화구획과의 틈을 내화충전성능을 인정한 구조로 메울 것

④ 환기·난방 또는 냉방시설의 풍도가 방화구획을 관통하는 경우

　그 관통부분 또는 이에 근접한 부분에 다음 각 목의 기준에 적합한 댐퍼를 설치할 것. 다만, 반도체공장건축물로서 방화구획을 관통하는 풍도의 주위에 스프링클러헤드를 설치하는 경우에는 그렇지 않다.

　㉠ 화재로 인한 연기 또는 불꽃을 감지하여 자동적으로 닫히는 구조로 할 것. 다만, 주방 등 연기가 항상 발생하는 부분에는 온도를 감지하여 자동적으로 닫히는 구조로 할 수 있다.

　㉡ 국토교통부장관이 정하여 고시하는 비차열(非遮熱) 성능 및 방연성능 등의 기준에 적합할 것

5 ▶ 방화벽

연면적 1,000m² 이상인 건축물로서 그 주요구조부가 내화구조 또는 불연재료가 아닌 건축물에는 다음 기준에 의하여 1,000m² 미만마다 방화벽을 설치하여야 한다.

① 내화구조로서 홀로 설 수 있는 구조일 것
② 방화벽의 양쪽 끝과 위쪽 끝은 건축물의 외벽면 및 지붕면으로부터 0.5m 이상 돌출되도록 할 것

③ 방화벽에 설치하는 출입문의 너비 및 높이는 각각 2.5m 이하로 하고 당해 출입문은 갑종방화문으로 설치할 것
④ 연면적 1,000m² 이상인 목조건축물의 방화벽 설치기준
　㉠ 방화구조로 하거나 불연재료로 할 것
　㉡ 외벽 및 처마 밑의 연소할 우려가 있는 부분을 방화구조로 하되 그 지붕은 불연재료로 할 것

> **연소할 우려가 있는 건축물의 구조**
> 건축물대장의 건축물현황도에 표시된 대지경계선 안에 2 이상의 건축물이 있는 경우로서 각각의 건축물이 다른 건축물의 외벽으로부터 수평거리가 1층에 있어서는 6m 이하, 2층 이상의 층에 있어서는 10m 이하이고 개구부가 다른 건축물을 향하여 설치된 구조

6 ▶▶ 직통계단 · 피난계단 및 특별피난계단

(1) 직통계단의 설치기준

① 피난층에서의 보행거리
　피난층의 계단 및 거실로부터 건축물 바깥 쪽으로의 출구에 이르는 보행거리
　㉠ 계단으로부터 옥외의 출구까지는 30m 이하가 되도록 할 것. 다만 주요구조부가 내화구조 또는 불연재료로 된 건축물에 있어서는 그 보행거리가 50m(층수가 16층 이상인 공동주택의 경우에는 40m) 이하가 되도록 설치할 수 있다.
　㉡ 거실로부터 옥외로의 출구까지는 60m 이하가 되도록 할 것. 다만 주요구조부가 내화구조 또는 불연재료로 된 건축물에 있어서는 그 보행거리가 100m(층수가 16층 이상인 공동주택의 경우에는 80m) 이하가 되도록 설치할 수 있다.
② 피난층이 아닌 층에서의 보행거리
　거실 각 부분으로부터 피난층 또는 지상으로 통하는 직통계단에 이르는 보행거리는 30m 이하가 되도록 할 것. 다만 주요구조부가 내화구조 또는 불연재료로 된 건축물에 있어서는 그 보행거리가 50m(층수가 16층 이상인 공동주택의 경우에는 40m) 이하가 되도록 설치할 수 있다.
③ 직통계단을 2개소 이상 설치해야 하는 건축물
　건축물의 피난층 이외의 층이 다음에 해당하는 경우에는 그 층으로부터 피난층 또는 지상으로 통하는 직통계단을 2개소 이상 설치해야 한다. 이 경우 각 직통계단의 출입구는 피난에 지장이 없도록 일정한 간격을 두어 설치하고, 각 직통계단 상호간에는

각각 거실과 연결된 복도 등 통로를 설치하여야 한다.
- ㉠ 문화 및 집회시설, 의료시설 중 장례식장, 위락시설 중 주점영업의 용도로 쓰이는 층의 관람석 또는 집회실의 바닥면적 합계가 200m² 이상인 곳
- ㉡ 판매 및 영업시설, 의료시설, 교육연구 및 복지시설, 숙박시설의 용도로 쓰이는 3층 이상의 층으로서 그 층의 당해 용도에 쓰이는 거실의 바닥면적의 합계가 200m² 이상인 곳
- ㉢ 공동주택(층당 4세대 이하인 경우를 제외한다.), 업무시설 중 오피스텔의 용도로 쓰이는 층으로서 그 층의 당해 용도에 쓰이는 거실의 바닥면적의 합계가 300m² 이상인 곳
- ㉣ 3층 이상의 층으로서 그 층 거실의 바닥면적의 합계가 400m² 이상인 곳
- ㉤ 지하층으로서 그 층 거실의 바닥면적의 합계가 200m² 이상인 곳

(2) 피난계단 및 특별피난계단의 구조

① 옥내피난계단의 구조
- ㉠ 계단실은 창문·출입구 기타 개구부(이하 "창문등"이라 한다)를 제외한 당해 건축물의 다른 부분과 내화구조의 벽으로 구획할 것
- ㉡ 계단실의 실내에 접하는 부분(바닥 및 반자 등 실내에 면한 모든 부분을 말한다)의 마감(마감을 위한 바탕을 포함한다)은 불연재료로 할 것
- ㉢ 계단실에는 예비전원에 의한 조명설비를 할 것
- ㉣ 계단실의 바깥쪽과 접하는 창문등(망이 들어 있는 유리의 붙박이창으로서 그 면적이 각각 1제곱미터 이하인 것을 제외한다)은 당해 건축물의 다른 부분에 설치하는 창문등으로부터 2미터 이상의 거리를 두고 설치할 것
- ㉤ 건축물의 내부와 접하는 계단실의 창문등(출입구를 제외한다)은 망이 들어 있는 유리의 붙박이창으로서 그 면적을 각각 1제곱미터 이하로 할 것
- ㉥ 건축물의 내부에서 계단실로 통하는 출입구의 유효너비는 0.9미터 이상으로 하고, 그 출입구에는 피난의 방향으로 열 수 있는 것으로서 언제나 닫힌 상태를 유지하거나 화재로 인한 연기, 온도, 불꽃 등을 가장 신속하게 감지하여 자동적으로 닫히는 구조로 된 60분+ 또는 60분 방화문을 설치할 것. 다만 연기 또는 불꽃을 감지하여 자동적으로 닫히는 구조로 할 수 없는 경우에는 온도를 감지하여 자동적으로 닫히는 구조로 할 수 있다.
- ㉦ 계단은 내화구조로 하고 피난층 또는 지상까지 직접 연결되도록 할 것

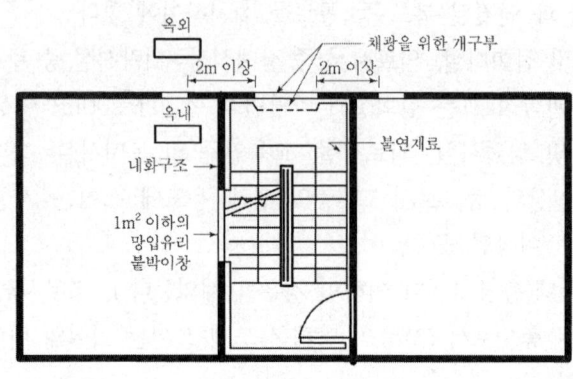

[옥내피난계단의 구조]

② 옥외피난계단의 구조
  ㉠ 계단은 그 계단으로 통하는 출입구외의 창문등(망이 들어 있는 유리의 붙박이창으로서 그 면적이 각각 1제곱미터 이하인 것을 제외한다)으로부터 2미터 이상의 거리를 두고 설치할 것
  ㉡ 건축물의 내부에서 계단으로 통하는 출입구에는 60분+ 또는 60분 방화문을 설치할 것
  ㉢ 계단의 유효너비는 0.9미터 이상으로 할 것
  ㉣ 계단은 내화구조로 하고 지상까지 직접 연결되도록 할 것

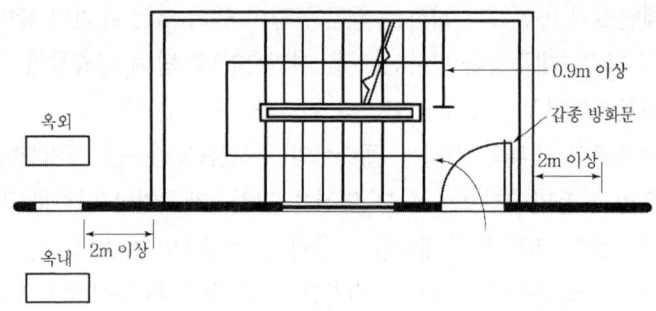

[옥외피난계단의 구조]

③ 특별피난계단의 구조
  ㉠ 건축물의 내부와 계단실은 노대를 통하여 연결하거나 외부를 향하여 열 수 있는 면적 1제곱미터 이상인 창문(바닥으로부터 1미터 이상의 높이에 설치한 것에 한한다) 또는 규정에 적합한 구조의 배연설비가 있는 면적 3제곱미터 이상인 부속실을 통하여 연결할 것

ⓒ 계단실·노대 및 부속실은 창문등을 제외하고는 내화구조의 벽으로 각각 구획할 것
ⓒ 계단실 및 부속실의 실내에 접하는 부분은 불연재료로 할 것
ⓔ 계단실에는 예비전원에 의한 조명설비를 할 것
ⓜ 계단실·노대 또는 부속실에 설치하는 건축물의 바깥쪽에 접하는 창문등(망이 들어 있는 유리의 붙박이창으로서 그 면적이 각각 1제곱미터이하인 것을 제외한다)은 계단실·노대 또는 부속실외의 당해 건축물의 다른 부분에 설치하는 창문등으로부터 2미터 이상의 거리를 두고 설치할 것
ⓗ 계단실에는 노대 또는 부속실에 접하는 부분외에는 건축물의 내부와 접하는 창문등을 설치하지 아니할 것
ⓢ 계단실의 노대 또는 부속실에 접하는 창문등(출입구를 제외한다)은 망이 들어 있는 유리의 붙박이창으로서 그 면적을 각각 1제곱미터 이하로 할 것
ⓞ 노대 및 부속실에는 계단실외의 건축물의 내부와 접하는 창문등(출입구를 제외한다)을 설치하지 아니할 것
ⓩ 건축물의 내부에서 노대 또는 부속실로 통하는 출입구에는 60분+ 또는 60분 방화문을 설치하고, 노대 또는 부속실로부터 계단실로 통하는 출입구에는 60분+, 60분 또는 30분 방화문을 설치할 것. 이 경우 60분+, 60분 또는 30분 방화문은 언제나 닫힌 상태를 유지하거나 화재로 인한 연기, 온도, 불꽃 등을 가장 신속하게 감지하여 자동적으로 닫히는 구조로 하여야 하고, 연기 또는 불꽃을 감지하여 자동적으로 닫히는 구조로 할 수 없는 경우에는 온도를 감지하여 자동적으로 닫히는 구조로 할 수 있다.
ⓒ 계단은 내화구조로 하되, 피난층 또는 지상까지 직접 연결되도록 할 것
ⓚ 출입구의 유효너비는 0.9미터 이상으로 하고 피난의 방향으로 열 수 있을 것

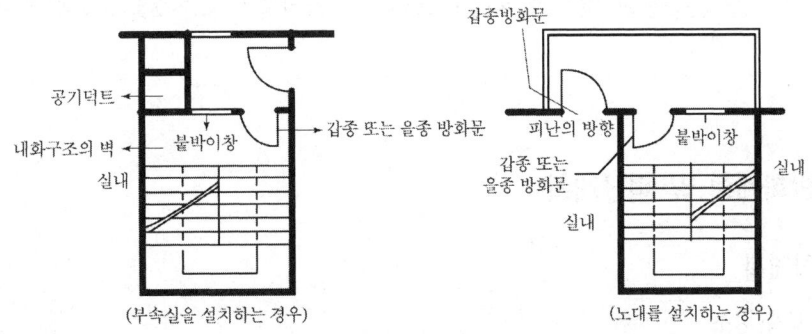

【 특별피난계단의 경우 】

④ 피난계단 또는 특별피난계단은 돌음계단으로 해서는 안 되며, 옥상광장을 설치해야 하는 건축물의 피난계단 또는 특별피난계단은 해당건축물의 옥상으로 통하도록 설치하여야 한다.
이 경우 옥상으로 통하는 출입문은 피난방향으로 열리는 구조로서 피난 시 이용에 장애가 없어야 한다.

> **Reference**
>
> 1. 공통점
>   ① 계단실은 창문, 개구부를 제외하고는 다른 부분과 내화구조의 벽으로 구획
>   ② 계단실의 벽 및 반자의 실내에 접하는 부분은 불연재료
>   ③ 계단실에는 채광창이 있거나 예비전원에 의한 조명설비
>   ④ 옥외에 접하는 창문 등은 다른 부분의 창문과 2m 이상의 거리에 설치
>   ⑤ 계단실의 옥내에 접하는 창문 등은 망입유리의 붙박이 창으로 $1m^2$ 이하
>   ⑥ 출입문은 유효너비 0.9m 이상
>   ⑦ 계단은 돌음계단이 아니며 내화구조로 할 것
> 2. 차이점
>   ① 옥내와 계단실의 연결
>   ㉠ 옥내피난계단 – 직접연결
>   ㉡ 특별피난계단 – ⓐ 노대를 통해 연결
>   ⓑ 배연설비가 있는 부속실을 통해 연결
>   ⓒ 외부를 향해 열 수 있는 창문이 있는 부속실을 통해 연결
>   ② 방화문의 종류
>   ㉠ 피난계단 : 옥내로부터 계단실로 통하는 출입구에 60분+, 60분 방화문
>   ㉡ 특별피난계단 : ⓐ 옥내에서 노대, 부속실로 통하는 출입구에 60분+, 60분 방화문
>   ⓑ 노대, 부속실에서 계단으로 통하는 출입구에 60분+, 60분 또는 30분 방화문
>   ③ 특별피난계단의 계단실의 옥내에 접하는 창문설치 금지 및 건축물 내부와 접하는 창문등의 설치금지

❼ 방화계획 및 피난계획

(1) 방화계획

① 내화구조

건축물의 주요구조부를 철근콘크리트 등 화재에 견딜 수 있는 성능의 구조로써 쉽게 연소되지 않고 화재시 내력의 저하 없이 진화 후에 재사용이 가능한 구조로 한다.

② 방화구획
건축구조적 측면에서 화염전파의 방지를 위한 내화구조의 벽, 바닥, 방화문, 방화셔터, 방화댐퍼 등을 설치하여 화재의 확대를 방지

③ 경계벽, 칸막이 벽
내화구조의 돌출벽 등을 설치하여 수평, 수직방향으로의 연소확대를 방지하기 위한 구조이며 공동주택, 기숙사, 병원, 학교 등에 설치한다.

④ 내장재
건축물의 거실, 복도, 계단 및 내장재 등을 불연재료, 준불연재료, 난연재료 등으로 마감하여 연소의 확대를 방지한다.

⑤ 방염처리
다중이용업의 영업장 등에 설치되는 카펫, 커튼, 전시용 합판 또는 섬유판, 무대용 합판 또는 섬유판 등에 착화는 되나 화염을 제거하면 즉시 소염되도록 방염처리를 한다.

(2) 건축방화 계획 시 검토사항

① 대지계획
  ㉠ 상호관계 : 건축물 상호 간 보유거리를 충분히 확보하여 연소확대 우려가 없도록 한다.
  ㉡ 피난확보 : 지상으로 도달한 피난자가 안전한 곳으로 피난할 수 있는 경로와 공지의 확보가 필요하다.
  ㉢ 소방활동 : 소방대가 건축물에 용이하게 진입할 수 있고, 소화활동에 필요한 충분한 공간을 확보하여야 한다.

② 평면, 단면 계획
  ㉠ 방화 Zoning : 대규모 연소확대방지 및 안전한 피난활동을 위하여 건축물을 몇 개의 구역으로 구획하거나 Zoning으로 분할한다.
  ㉡ 시설의 적절한 배치 : 계단, 복도, 엘리베이터, 방재센터 등 방화 및 피난에 관련된 시설이 적절하게 배치되어 있는지를 검토한다.
  ㉢ 간단한 공간구성 : 방화, 피난활동의 원활함을 위하여 명쾌한 평면구성 혹은 간단한 평면구성이 필요하다.

③ 내장계획
  ㉠ 화재위험성에 따른 내장재 설치 : 식당의 주방, 호텔의 객실 등과 같이 화재의 위험이 높거나 연소확대의 우려가 예상되는 부분은 불연재료로 설치한다.
  ㉡ 내장재의 성능 : 재료가 갖는 특성을 적절히 고려하여 가급적 불에 타지 않고, 유독 가스의 발생이 적은 재료로 설치한다.

④ 설비계획
  ㉠ 일반설비계획 : 설비 자체의 고장 및 부속장치의 설치에 의해 화재위험성이 없는지를 종합적으로 분석하여 가급적 화재위험이 최소가 될 수 있는 방법을 택한다.
  ㉡ 소방설비계획 : 설비나 시스템의 유효성과 신뢰성을 고려한다.
⑤ 구조계획
  ㉠ 요구내화성능 : 화재로 인한 건축구조재의 파괴가 되지 않도록 주요구조부에 대하여 요구내화성능 이상을 유지하도록 한다.
  ㉡ 내화설계 : 화재계속시간과 화재실의 온도 등을 예측하고, 부재의 열응력과 강재 등의 내화성능을 평가하여 필요한 내화피복을 한다.
⑥ 유지관리계획
  ㉠ 공간관리 : 건축공간이 화재하중을 초과하거나 위험물질 방치 등이 없이 안전하게 관리, 감독되고 있는가를 확인한다.
  ㉡ 설비관리 : 소화설비, 피난설비 등이 양호한 상태로 관리, 유지되고 있는가를 확인한다.
  ㉢ 조직체제관리 : 비상시 신속 정확한 활동을 유지하기 위하여 조직체제의 정비와 교육훈련 등을 행한다.

구획의 종류	목 적	구 성
방화구획 (防火區劃)	화염의 확대방지를 목적으로 하는 구획으로 내화성이나 차염성이 요구된다.	내화구조의 벽, 바닥, 방화문
방연구획 (防煙區劃)	연기의 확산방지를 목적으로 하는 구획으로 차연성이 요구되며, 기밀구조로 구성되어야 한다.	Glass Screen 등 기밀성이 있는 불연재
안전구획 (安全區劃)	피난자의 안전 확보를 목적으로 불꽃, 연기가 피난경로에 침입하는 것을 방지하기 위하여 설치하기 위한 구획으로 피난경로의 불연구획이 필요하다.	내화성, 기밀성이 있는 불연재로 구획

(3) 피난계획

① 피난계획의 기본원칙
  ㉠ 피난수단은 원시적인 방법으로 한다.
  ㉡ 피난통로는 2개방향의 피난으로 한다.
  ㉢ 피난설비는 고정적인 시설로 한다.
  ㉣ 피난계단 및 특별피난계단 등은 가급적 분산 배치한다.
  ㉤ 피난통로의 종단에는 충분한 안전공간을 확보한다.
  ㉥ 피난의 경로는 간단, 명료하게 한다.

ⓐ 인간의 피난특성을 고려한다.
ⓞ Fool Proof, Fail Safe의 원칙에 따른다.
② 피난통로의 관리
보편적으로 피난통로는 각 거실에서 피난계단 또는 피난구까지의 중간통로로서 화재실의 어느 부분에서나 피난구 또는 피난계단까지 신속하고 안전하게 도달될 수 있도록 해야 한다.
㉠ 피난방향을 명시한 통로유도등의 설치 및 관리
㉡ 피난통로 상에 장애물 적치 행위금지
㉢ 호텔 등 불특정 다수인이 이용하는 시설에는 객실마다 피난통로의 약도를 게시
③ 피난계단의 관리
㉠ 피난유도등의 설치 및 관리
㉡ 비상조명등의 설치 및 관리
㉢ 층별 출입문의 폐쇄 여부
㉣ 계단 부속실에 제연설비의 설치 및 관리
④ 안전구획
화재 발생장소에서 안전한 장소로 신속하게 대피할 수 있도록 구획한 것을 안전구획이라 하고 다음과 같이 분류한다.
㉠ 제1차 안전구획 : 일시적으로 안전하게 수용하기 위한 구획 – 복도
㉡ 제2차 안전구획 : 불과 연기로부터 장시간 안전하게 보호되는 구획 – 계단전실 또는 부속실
㉢ 제3차 안전구획 : 최종적인 피난 경로 – 계단

(4) 피난계획 시 검토사항
갑작스런 화재가 발생하여 맹렬한 불꽃을 뿜을 경우 혼란이 증가하여 이성적인 판단이 어렵게 된다. 그 때부터는 동물적 본능에 지배되어 활동하게 되므로 인간의 본능에 따른 피난특성을 고려한 피난계획을 검토하여야 한다.
① 귀소본능(歸巢本能)
인간은 비상 시 본능적으로 자신의 신체를 보호하기 위하여 자주 이용하는 경로 및 원래 온 길로 돌아가려는 특성이 있다.
따라서 많은 사람의 이동경로가 되는 부분을 가장 안전한 피난경로가 되도록 하고, 피난설비등도 그 곳에 설치하도록 한다.
② 퇴피본능(退避本能)
위험사태가 발생하면 반사적으로 그 부분에서 멀어지려는 경향이 있다.

가연물이 많고 화재위험이 있는 부분으로부터 먼 곳으로 피난경로를 설정하고 피난설비를 설치하도록 한다.

③ 지광본능(智光本能)

화재시 정전이나 검은 연기에 의해 암흑상태가 되면 사람들은 밝은 곳으로 모이게 된다. 화재가 발생하는 경우 안전한 피난경로부분은 밝게 유지하고 그렇지 않은 부분은 소등하는 것이 바람직하다.

④ 좌회본능(左廻本能)

사람의 대부분은 오른손잡이이며 이로 인해 오른발이 발달해 있어 어둠 속에서 걷게 되면 왼쪽으로 돌게 된다. 따라서 벽체에 설치하는 피난구는 왼쪽에 설치하는 것이 바람직하다.

⑤ 추종본능(追從本能)

화재와 같은 급박한 상황에서 리더(Leader) 한 사람의 행동을 따라하는 경향이 있다. 즉, 최초의 한사람의 행동이 옳고 그름에 따라 많은 사람의 생명을 지배하는 경우가 많다. 따라서 불특정 다수인이 모이는 시설에는 잘 훈련된 리더의 육성이 필요하다.

(5) 건축방재의 세부계획

① 전실

계단전실이나 엘리베이터전실에 연기가 유입되면 연돌효과(Stack effect)에 의해서 상승기류가 형성되어 전 층에 확산될 우려가 있으므로 주위에 방화벽을 설치하고 자동폐쇄장치가 있는 방화문을 설치하여 각 층으로 연기가 확산되는 것을 방지한다. 전실에 설치하는 배연목적의 창은 천장높이의 1/2 이상 부분에 2m² 이상으로 설치하여 전실 내의 연기를 유효하게 배출할 수 있도록 하고 천장높이의 1/2 이하에 급기구를 설치하여 신선한 공기를 유입시킨다.

② 피난경로

피난층에서는 계단실로부터 쉽게 안전한 옥외의 장소로 유도할 수 있도록 통로는 각 거실로부터 다른 2개의 방향으로 설치하고 출입문은 피난방향으로 열릴 수 있도록 설계해야 한다.

③ 엘리베이터

안전하게 구획된 피난계단이나 특별피난계단 등을 설치하여 안전한 피난을 유도할 수 있도록 설치하고 엘리베이터실은 안전구획을 설치하여 연기유입을 억제시켜 연기의 상층전달을 방지한다.

④ 복도

복도는 화재시 피난을 위한 중요한 역할을 하며 굴곡진 복도는 피난에 부적합하고 복도의 폭이 넓고 천정이 높을수록 피난에 유리하다. 복도가 긴 경우에는 중간에 배연풍도를 설치하여 피난을 유효하게 해야 한다.
⑤ 안전구획의 설계
피난방향이 여러 방향으로 계획되어 있는 경우 각 방향에 설치되어 있는 계단은 피난계단구조로 안전구획되도록 설계하고 피난층에는 외부까지 완전불연화해야 한다.

> **화재에 대한 인간의 대응**
> ① 공간적 대응
>   ㉠ 대항성(對抗性)
>   건축물의 내화성능, 방화구획성능, 화재방어력, 방연성능, 초기소화대응력 등의 화재사상과 대항하여 저항하는 성능을 가진 항력
>   ㉡ 회피성(回避性)
>   건축물의 불연화, 난연화, 내장제한, 구획의세분화, 방화훈련, 불조심 등과 화기취급의 제한 등과 같은 화재의 예방적조치 및 상황
>   ㉢ 도피성(逃避性)
>   화재발생시 사람이 궁지에 몰리지 않고 안전하게 피난할 수 있는 공간성과 시스템을 말하며 거실의 배치, 피난통로의 확보, 피난시설의 설치 및 건축물의 구조계획서, 방재계획서 등
> ② 설비적 대응
>   화재에 대응하여 설치하는 소화설비, 경보설비, 피난설비 등의 소방시설

(6) 방 염

건축물 화재시 가연물의 대부분은 실내 장식물이 차지하므로 초기진화의 필요성을 고려하여 가연성 장식물에 대하여 방염처리가 필요하다. 방염처리란 커튼, 전시용 합판, 무대막 등에 불이 옮겨붙지 못하도록 장식물 표면에 난연성 약품처리를 하는 것이다.

① 용어의 정의
  ㉠ 잔염시간 : 착염 후 버너를 제거한 때부터 불꽃을 올리며 연소하는 상태가 그칠 때까지의 경과시간(20초 이내)
  ㉡ 잔진시간 : 착염 후에 버너를 제거한 때부터 불꽃을 올리지 않고 연소하는 상태가 그칠 때까지의 경과시간(30초 이내)
  ㉢ 탄화면적 : 잔염시간 또는 잔진시간 내에 탄화하는 면적($50cm^2$ 이내)
  ㉣ 탄화길이 : 잔염시간 또는 잔진시간 내에 탄화하는 길이(20cm 이내)
  ㉤ 접염횟수 : 완전히 용융될 때까지 필요한 불꽃을 접하는 횟수(3회 이상)
  ㉥ 연기발생량 : 연기밀도 400 이하

② 가연물의 종류별 방염성능의 기준

가연물의 종류	잔염시간	잔진시간	탄화면적	탄화길이	접염횟수
불꽃에 용용되는 물품	10초 이내	30초 이내	50cm² 이내	20cm 이내	3~10회
카펫	20초 이내	–	–	10cm 이내	3회
얇은 포	3초 이내	5초 이내	30cm² 이내	20cm 이내	3회
두꺼운 포	5초 이내	20초 이내	40cm² 이내	20cm 이내	3회
합판 및 섬유판	10초 이내	30초 이내	50cm² 이내	20cm 이내	3회

③ 방염처리대상 건축물
  ㉠ 근린생활시설 중 안마시술소 및 체력단련장, 숙박시설, 방송통신시설 중 방송국 및 촬영소
  ㉡ 건축물의 옥내에 있는 시설 : 문화 및 집회시설, 종교시설, 운동시설(수영장제외)
  ㉢ 의료시설중 종합병원과 정신보건시설, 노유자시설 및 숙박이 가능한 수련시설
  ㉣ 다중이용업소의 영업장
  ㉤ 그밖에 층수가 11층 이상인것(아파트는 제외)

④ 방염처리 대상 물품
  ㉠ 창문에 설치하는 커튼류(블라인드 포함)
  ㉡ 카펫, 두께 2mm 미만인 벽지류로서 종이벽지를 제외한다.
  ㉢ 전시용 합판 또는 섬유판
  ㉣ 무대용 합판 또는 섬유판
  ㉤ 암막, 무대막(영화상영관에 설치하는 스크린 포함)

(7) 제 연

화재시 발생된 연기를 안전한 실외로 배출하거나 인접된 실로의 확산을 방지하기 위한 것으로 자연제연방식, 기계제연방식, 스모크타워제연, 밀폐제연방식, 급기제연방식으로 구분된다.

① 자연제연방식

　평소 사용되고 있는 창, 개구부 등을 통하여 온도차에 의한 밀도차 또는 바람 등을 이용하여 연기를 외부로 배출하는 방법이다. 동력이 필요하지 않고 설비도 간단하지만 풍속, 풍압, 풍향 등에 영향을 많이 받는 단점이 있다.

※ 연기의 유동 속도식

$$Us = \sqrt{2gh\left(\frac{\rho_a - \rho_s}{\rho}\right)}$$

Us : 연기의 유동속도(m/sec), g : 중력가속도(m/sec²), h : 높이(m),
ρ_a : 공기의 밀도(kg/m³), ρ_s : 연기의 밀도(kg/m³)

② 기계제연방식

실내의 연기를 기계적인 동력을 이용하여 강제로 배출하는 방식으로 1종, 2종, 3종 기계제연으로 분류된다.

【 기계제연의 분류 】

기계제연의 종류	송풍기	배출기
제1종 기계제연	○	○
제2종 기계제연	○	×
제3종 기계제연	×	○

※ 배출기의 동력 계산식

$$L(kgf \cdot m/sec) = \frac{P \times Q}{\eta} \times K$$

L : 배출기의 동력(kgf·m/sec), P : 풍압(kgf/m²), Q : 풍량(m³/sec), η : 효율, K : 전달계수

③ 스모크타워제연방식

고층건축물에 적합한 방식으로 제연 전용의 수직 샤프트를 설치하고 온도차에 의한 밀도차를 이용한 흡인력을 이용하여 연기를 옥상부분으로 배출하는 방식이다.

④ 밀폐제연방식

불연재료로 구획된 화재실을 밀폐상태로 하여 화재의 진행을 억제함과 동시에 인접실로의 연기유동을 방지하는 방식이다. 소규모의 구획이 많고 기밀성이 높은 거실의 제연방식으로 적합하다.

⑤ 가압제연방식

계단실 등 피난경로가 되는 부분을 기계적으로 급기, 가압하여 연기의 유입을 방지하는 방식이다.

CHAPTER 06 소 화

1. 소화방법

연소현상으로 인한 인적, 물적 피해를 가져오는 것을 화재라 하고 화재를 효과적으로 진압하는 이론을 소화이론이라 한다.
소화이론의 기본개념은 연소의 3요소 또는 4요소 중 일부 또는 전부를 제거하거나 부족하게 하여 화재를 진압하는 것이다.

(1) 제거소화

가연물질을 완전 제거하거나 가연성 액체 또는 가연성 증기의 농도를 희석시켜 연소하한계 이하로 하여 연소를 저지시키는 소화방법
① 가스나 유류 화재시 **밸브를 폐쇄**하는 방법
② 촛불을 입으로 불어 소화하는 방법
③ 산불 화재시 **진행방향의 나무를 벌목**하는 방법
④ 유전 화재시 **질소폭탄을 투하**하는 방법
⑤ 전기 화재시 **전원을 차단**하는 방법

(2) 질식소화

정상적인 연소가 진행되기 위해서는 일정농도 이상의 산소가 필요하며, 대부분의 산소공급은 공기를 통해 이루어진다. 그러므로 가연물 주변에 **공기를 차단**하여 산소농도를 15% 이하로 하면 산소부족에 의해 연소의 계속이 어려워진다. 질식소화를 위한 산소농도의 유효한계치는 10~15%이다.
① 탄산가스(CO_2)로 연소물을 덮는 방법
② 포로 연소물을 덮는 방법
③ 소화분말로 연소물을 덮는 방법
④ 할론약제, 할로겐화합물 및 불활성기체소화약제로 연소물을 덮는 방법
⑤ 불연성고체로 연소물을 덮는 방법

(3) 냉각소화

가연물 또는 그 주변의 온도를 냉각시켜 인화점 이하로 떨어뜨려 소화하는 방법

① 물을 방사하는 방법
② 강화액소화기를 방사하는 방법
③ 산·알칼리소화기를 방사하는 방법
④ 탄산가스를 방사하는 방법
⑤ 할론약제, 할로겐화합물 및 불활성기체소화약제를 방사하는 방법
⑥ 소화분말을 방사하는 방법

(4) 억제소화(부촉매소화)

불꽃연소에 한하여 사용할 수 있는 방법으로 화학반응력의 차이를 이용한 연쇄반응의 억제를 통하여 소화하는 방법이다. 화재면에 화학반응성이 큰 원소를 발생시킬 수 있는 물질을 투입하여 가연물이 산소와 반응하는 것을 억제하는 원리를 이용하는 소화방법이다.

① 할론약제 및 할로겐화합물 소화약제를 방사하는 방법
② 소화분말을 방사하는 방법

【 화재의 분류 및 소화방법 】

구분	화재의 종류	표시색	소화효과	적응소화기
A급	일반화재	백색	냉각효과	물, 강화액, 산·알칼리, 포말, 할론, 청정, 분말(3종 소화기)
B급	유류화재	황색	질식효과	포말, 탄산가스, 할론, 청정, 분말소화기
C급	전기화재	청색	질식효과	물(분무), 강화액(분무), 탄산가스, 할론, 청정, 분말소화기
D급	금속화재	–	질식효과	건조사, 팽창질석, 팽창진주암
E급	가스화재	–	질식효과	탄산가스, 할론, 분말소화기
K급	주방화재	–	냉각·질식	강화액소화기

2. 화재의 방어

(1) 유류화재의 방어

① 가열된 드럼이나 탱크에 충격을 가하지 않도록 한다.
② 소화의 방향은 풍상에서 풍하로 하며 적당치 않을 경우 풍횡에서 실시한다.
③ 유류화재와 일반화재는 분리하여 소화한다.
④ 누유화재는 하부로부터 압박 소화한다.

⑤ 압력탱크의 경우 압력을 제거한 후 소화한다.
⑥ 포말은 동시에 대량으로 집중 방사하고 화재가 확대되지 않도록 한다.
⑦ 화염이 상승하고 있는 적열부분에는 방사하지 않는다.
⑧ 물은 탱크 외부에 방사하여 냉각시키되 탱크 내부에는 방사하지 않는다.
⑨ 재연소의 방지를 위하여 충분한 양의 포로 덮는다.

(2) 전기화재의 방어

전기시설물 등이 점화원의 기능을 하는 경우 대부분은 일반화재 및 유류화재로 전파되므로 화재의 전파를 방지하는 것이 가장 중요하다.
① 소화재로는 전기의 부도체만을 사용한다.
② 전기실의 주변은 항상 정리정돈 및 청결을 유지한다.
③ 가연성 분진 등이 발생하지 않도록 한다.

(3) 가스화재의 방어

① 도시가스

　도시가스의 주성분은 메탄(CH_4)으로 증기가 공기보다 가벼워 확산속도가 빠르므로 화재발생 시 소화가 극히 어렵고 주위로의 연소확대가 우려된다.

② 액화석유가스(LPG)

　프로판(C_3H_8), 부탄(C_4H_{10})이 주성분이며 증기는 공기보다 무거워 낮은 곳에 체류하여 불씨, 불꽃 등에 의해 착화될 수 있는 위험성이 크다.

> **LPG화재의 방어조치**
> - 가스의 농도를 폭발범위 하한값 이하로 유지한다.
> - 용기의 폭발방지 및 냉각을 위하여 대량의 물을 방사한다.
> - 가스의 누설을 차단한다.

❸ ▶▶ 소화기의 종류

(1) 물소화기

물은 다른 소화약제에 비해 쉽게 구할 수 있으며 가격도 저렴하고 사용 시 안전함은 물론 일반가연물화재에 뛰어난 소화효과를 가지므로 냉각소화용으로 가장 많이 쓰이는 소화약제이다. 하지만 겨울철 및 한랭지역에서는 동결의 우려가 있어 동결방지조치를 강구해야 하는 단점이 있다.

① 물의 소화효과
  ㉠ 냉각효과 : 물은 비열 및 잠열이 크므로 화재면에 방사 시 많은 양의 에너지를 흡수하게 되어 가연물의 온도를 인화점, 발화점 이하로 낮출 수 있다.
  ㉡ 질식효과 : 물이 기화 시 약 1,700배의 수증기로 변하는데 이로 인하여 상대적으로 주변의 산소농도를 저하시켜 소화작용을 할 수 있다.
  ㉢ 희석효과 : 수용성 액체위험물의 화재시 주수에 의해 가연성 액체의 농도를 희석하여 소화작용을 할 수 있다.
  ㉣ 유화효과 : 비등점이 높은 중질유 화재시 고압의 분무주수에 의해 불연성의 에멀션층을 형성하여 연소저하현상으로 인한 소화작용을 촉진할 수 있다.

② 물의 특성
  ㉠ 물의 비열은 1kcal/kg℃로 다른 약제에 비해 매우 크다.
  ㉡ 물의 증발잠열은 539kcal/kg이다.
  ㉢ 얼음의 융해잠열은 80kcal/kg이다.
  ㉣ 액체의 물이 기화 시 약 1,700배의 수증기가 된다.
  ㉤ 겨울철에 동결의 우려가 있으므로 동결방지조치를 강구해야 한다.
  ㉥ 인체에 독성이 없고 쉽게 구할 수 있다.

③ 물의 방사형태
  ㉠ 봉상주수 : 옥내소화전, 옥외소화전설비의 노즐에 의한 방사와 같이 대량의 물을 방사하는 방사형태
  ㉡ 적상(우상)주수 : 스프링클러설비의 헤드를 통한 방사와 같이 빗방울형태로 방사하는 방사형태
  ㉢ 무상(분무)주수 : 물분무소화설비 헤드를 통한 방사와 같이 물입자를 안개모양으로 미세하게 방사하는 형태로 분무주수의 물입자는 매우 미세하기 때문에 냉각효과 및 질식효과가 뛰어나며 전기절연성도 우수하여 전기화재에도 사용 가능하다.

④ 물의 물리적 성질

구 분	기준값	구 분	기준값
비등점	100℃	융해잠열	80cal/g
융점	0℃	기화잠열	539cal/g
임계온도	374.2℃	밀도	1g/cm^3
임계압력	218atm	점성계수	1CP
얼음의 비열	0.5cal/g℃	비점상승	0.52℃
물의 비열	1cal/g℃	빙점강하	1.86℃

(2) 포말 소화기

화재면에 포를 방사하면 가연물의 표면을 불연성의 거품으로 피복하여 **공기와의 접촉을 차단하는 질식효과**와 수분의 증발에 의한 **냉각효과**에 의한 소화를 기대할 수 있다. 특히 물을 사용할 수 없는 유류화재의 소화에 우수한 소화효과가 있다.

① 포말의 소화효과
- ㉠ 질식효과 : 포가 가연물을 피복하여 가연성 가스의 발생을 억제하는 동시에 공기와의 접촉을 차단하여 질식에 의한 소화작용을 한다.
- ㉡ 냉각효과 : 포에 함유되어 있는 수분이 증발되면서 화재면의 열을 빼앗아 온도를 인화점, 발화점 이하로 낮추어 소화작용을 한다.
- ㉢ 유화효과 : 물에 녹지 않는 액체위험물 화재에 포를 방사하면 유류의 표면에 불연성의 엷은 막을 형성하여 연소저하현상으로 인한 소화작용을 촉진할 수 있다.
- ㉣ 희석효과 : 알코올 등과 같은 수용성 액체위험물 화재에 대량의 포를 방사하면 액체가연물의 농도가 낮아져 소화작용을 한다.

② 포말의 구비조건
- ㉠ 부착성이 있을 것
- ㉡ 열에 대한 센막을 가지고 유동성이 좋을 것
- ㉢ 바람 등에 잘 견디고 응집성과 안정성이 좋을 것
- ㉣ 독성이 적을 것
- ㉤ 사용이 간편하고 가격이 저렴할 것

③ 포말소화기의 종류
- ㉠ 화학포소화기 : 화학포는 **탄산수소나트륨($NaHCO_3$)과 황산알루미늄수용액($Al_2(SO_4)_3 \cdot 18H_2O$)**에 포안정제로 카세인, 젤라틴, 샤포닝, 계면활성제를 첨가한 것으로 화학반응에 의해 포를 생성한다.

$$6NaHCO_3 + Al_2(SO_4)_3 \cdot 18H_2O \rightarrow 3Na_2SO_4 + 2Al(OH)_3 + 6CO_2 + 18H_2O$$

구 분	약제	비율(%)
A약제(외통약제)	탄산수소나트륨	88
	카세인	8
	소다회	2
	젤라틴	1
	샤포닝	1
B약제(내통약제)	황산알루미늄수용액	100

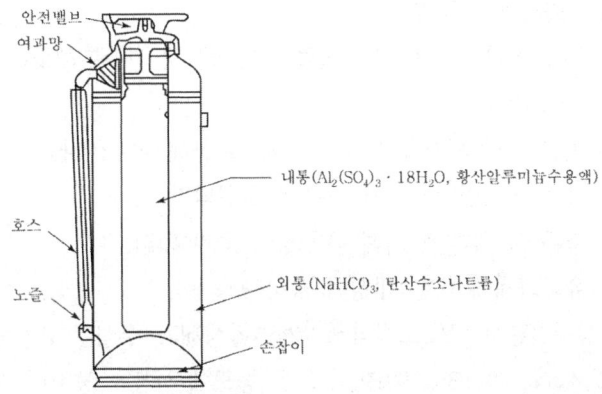

[포말소화기의 구조]

ⓒ 기계포소화기 : 주로 수성막포(AFFF)를 가압식 또는 축압식으로 제조하여 사용하는 것으로 화학포와 같은 반응에 의한 방사가 아니라 상부에 위치한 레버를 움켜쥐면 소화기 내부의 압력에 의해 대기 중으로 포가 방사되는 방식이다. 주로 A급, B급 화재용으로 사용된다.

    ⓐ 기계포 소화약제의 분류
        ㉮ 주성분에 따른 구분
- 단백포 소화약제
- 합성계면활성제포 소화약제
- 수성막포 소화약제
- 불화단백포 소화약제
- 알코올용포 소화약제

        ㉯ 팽창비에 따른 구분
- 저팽창포 : 팽창비가 20 이하인 포
- 고팽창포 : 팽창비가 80 이상 1,000 미만인 포

구 분	팽창비
제1종 기계포	80 이상 250 미만
제2종 기계포	250 이상 500 미만
제3종 기계포	500 이상 1,000 미만

팽창비

$$팽창비 = \frac{방출\ 후\ 포의\ 체적}{방출\ 전\ 포수용액의\ 체적}$$

④ 기계포소화약제의 종류
  ㉠ 단백포소화약제 : 동물성, 식물성 단백질의 가수분해물이 주성분이며 사용농도는 3%, 6%이다.
    ⓐ 변질이 잘 되므로 약제를 자주 교환해줘야 한다.
    ⓑ 포 안정제인 제1철염 때문에 침전되기 쉽다.
    ⓒ 다른 포 약제에 비해 유동성이 좋지 않다.
    ⓓ 유류화재에 대한 내성이 약하다.
  ㉡ 합성계면활성제포 소화약제 : 계면활성제가 주성분이며 안정제를 첨가한 것으로 1%, 1.5%, 2%, 3%, 6%형의 모든 농도에 사용 가능하며 차고, 주차장, 지하가, 고층 건축물 등에 사용된다.
    ⓐ 저팽창포, 고팽창포로 모두 사용 가능하다.
    ⓑ 포의 유동성이 우수하다.
    ⓒ 유류화재에 부적당하다.
  ㉢ 수성막포 소화약제 : 불소계 계면활성제포의 일종으로 6%형으로 사용되고 유류화재에 가장 뛰어난 포 약제이며 **일명 Light Water**라고 한다. 이 포 약제는 연소하고 있는 액체 위에 수성막을 생성하여 공기를 차단하고 증기의 발생을 억제하는 질식과 냉각작용으로 소화한다.
    ⓐ 약제변질이 없어 장기간 보존이 가능하다.
    ⓑ 유출유 화재와 같은 유층이 얇은 화재에 대한 소화력이 우수하다.
    ⓒ 내유염성이 좋으므로 표면하 주입방식에도 사용 가능하다.
    ⓓ 유동성이 우수하다.
  ㉣ 불화단백포 소화약제 : 단백포와 유사한 약제에 불화 계면활성제를 첨가한 것으로 3%, 6%형으로 사용되며 단백포의 단점을 개선하여 유동성, 내유염성 등이 향상된 약제로 표면하주입방식에 사용 가능하다.
  ㉤ 내알코올형포 소화약제 : 단백질의 가수분해 생성물과 합성세제 등을 주성분으로 제조하며 일반포로서는 소화작용이 어려운 **수용성 액체 위험물**의 소화에 적합하다. 약제 생성후 2~3분 이내에 사용하지 않으면 침전이 생겨 소화효과가 떨어지는 단점이 있다.

> **알코올형포를 사용해야 하는 액체위험물의 종류**
> • 알코올류, 아세톤, 초산, 의산, 피리딘, 초산에스테르류, 의산에스테르류 등

⑤ 25% 환원시간

채취된 포의 25%가 환원되는 데 소요되는 시간

포소화약제의 종류	25% 환원시간
단백포소화약제	60초 이상
합성계면활성제포소화약제	3분 이상
수성막포소화약제	60초 이상

(3) 이산화탄소(CO_2) 소화기

이산화탄소는 화학적으로 안정된 화합물로 공기보다 무거운 불연성 기체이다.
이산화탄소를 방사하면 공기 중의 산소농도를 저하시키는 질식작용에 의한 소화작용과 -78℃의 드라이아이스 방사에 의한 냉각작용이 있다.

① 이산화탄소의 소화효과

   ㉠ 질식효과 : CO_2방사에 의한 산소농도를 15% 이하로 낮추어 소화작용을 한다.
   ㉡ 냉각효과 : 고압의 탄산가스를 방사 시 줄-톰슨 효과에 의해 -78℃의 드라이아이스를 방사하게 되어 화재실의 온도를 낮추어 소화작용을 한다.
   ㉢ 피복효과 : CO_2 증기는 공기보다 1.5배 무겁기 때문에 가연물 주변을 피복하여 공기와의 접촉을 차단한다.

줄-톰슨효과
기체 및 액체가 관경이 작은 관을 빠른 속도로 통과할 때 온도가 급강하는 현상

② 이산화탄소의 특성

   ㉠ 무색, 무취, 부식성이 없는 기체이다.
   ㉡ 임계온도가 높아 액체상태로 저장・취급된다.(임계온도 : 31.25℃)
   ㉢ 전기의 부도체이므로 전기화재에 유효하다.
   ㉣ 불연성이며 **공기보다 약 1.5배 무겁다.**
   ㉤ 고압의 탄산가스를 방출 시 운무현상이 발생된다.
   ㉥ 약제의 변질이 없어 **영구보존이 가능**하다.
   ㉦ **침투성이 좋아** 전기, 기계, 유류화재의 소화에 적합하다.
   ㉧ 자체의 압력원을 보유하므로 **다른 압력원이 필요치 않다.**
   ㉨ CO_2 1kg을 15℃에서 방사 시 534ℓ 로 체적팽창하여 질식효과가 크다.

구 분	기준값	구 분	기준값
분자량	44	삼중점	-56.7℃
비중	1.52	임계온도	31.25℃
융해열	45.2cal/g	임계압력	75.2kgf/cm^2
증발열	137cal/g	비점	-78℃
밀도	1.98g/L	승화점	-78.5℃

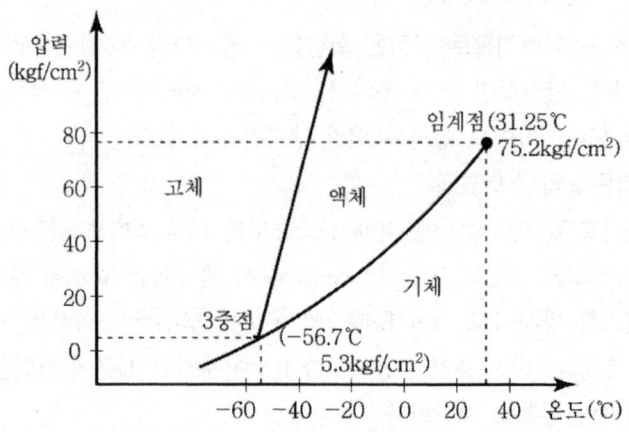

【 이산화탄소의 상태도 】

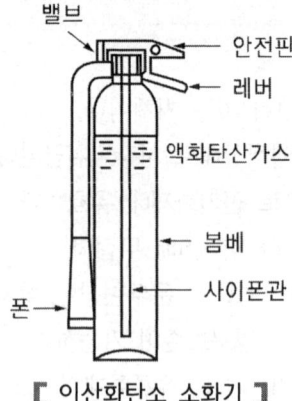

【 이산화탄소 소화기 】

CO_2의 순도

CO_2 소화약제의 순도는 99.5% 이상, 수분함량은 0.05% 이하이어야 한다.

③ 이산화탄소의 장단점
  ㉠ 장점
    ⓐ 소화 후 잔유물이 없어 증거보존이 용이하다.
    ⓑ 전기절연성이 우수하여 전기화재에 용이하다.
    ⓒ 약제의 변질이 없어 장시간 저장이 가능하다.
  ㉡ 단점
    ⓐ 고압가스이므로 취급에 유의해야 한다.
    ⓑ 방사거리가 짧다.
    ⓒ 동상 및 질식의 우려가 있다.
    ⓓ 소음이 심하다.
    ⓔ 재연의 우려가 있다.
④ CO_2 소화기의 설치금지장소
  ㉠ 지하층
  ㉡ 무창층
  ㉢ 밀폐된 거실 또는 사무실로서 바닥면적의 합계가 20m² 미만인 곳
⑤ 충전비
  ㉠ CO_2 소화기 : 1.5 이상
  ㉡ CO_2 소화설비
    ⓐ 고압식 1.5 이상 1.9 이하
    ⓑ 저압식 1.1 이상 1.4 이하

충전질량 산정식

$$G = \frac{V}{C}$$

G : 충전질량(kg), C : 충전비, V : 용기의 내용적(l)

---

⑥ 이산화탄소의 약제 계산식
  ㉠ CO_2의 %
    $$CO_2의\ \% = \frac{21 - O_2}{21} \times 100$$
  ㉡ CO_2의 기화체적(m³)
    $$CO_2의\ 기화체적 = \frac{21 - O_2}{O_2} \times V$$

> **예상문제**
>
> 이산화탄소를 방사하여 산소의 체적 농도를 10~14%로 하려면 상대적으로 방사된 이산화탄소의 농도는 얼마가 되어야 할 것인가? (단, 공기 중 산소의 체적비는 21%, 질소의 체적비는 79%이다.)
>
> ㉮ 21.3~42.4% ㉯ 27.3~48.4%
> ㉰ 33.3~52.4% ㉱ 37.3~58.4%
>
> **풀이** [이산화탄소 농도 계산식]
>
> $$CO_2 의 \% = \frac{21-O_2}{21} \times 100$$
>
> $$\therefore \frac{21-14}{21} \times 100 \sim \frac{21-10}{21} \times 100 = 33.33 \sim 52.38\%$$
>
> **답** ㉰

(4) 할론 소화기(증발성 액체 소화기)

지방족 포화탄화수소 중 수소원자 1개 이상을 할로겐족원소로 치환시켜 얻은 소화약제를 고압용기에 충전하여 방사하는 방식의 소화기로 **부촉매효과**가 뛰어나 적은 양의 약제로도 충분한 소화능력을 발휘할 수 있는 소화약제이다.

① 할론약제의 소화효과
  ㉠ 억제효과 : 화재면에 방사 시 열분해에 의한 라디칼을 생성하여 가연물과 산소의 반응을 억제하는 효과에 의한 소화작용을 한다.
  ㉡ 냉각효과 : 고압의 할론이 방사되면서 줄-톰슨효과에 의한 저온상태로 방사되며, 열분해 반응 시 필요한 에너지에 의하여 주변온도를 떨어뜨리는 냉각작용이 있다.
  ㉢ 질식효과 : 화재실에 방사 시 상대적으로 산소의 농도를 떨어뜨려 연소반응을 저해 시키는 기능이 있다.

② 할론약제의 공통 특성
  ㉠ 화학적 부촉매작용에 의한 **억제작용**으로 소화효과가 크다.
  ㉡ 전기의 불량도체로 **전기화재**에 우수한 소화효과가 있다.
  ㉢ 약제의 변질 및 분해가 없다.
  ㉣ 금속에 대한 부식성이 비교적 적다.

③ 약제의 구비조건
  ㉠ 비점이 낮을 것
  ㉡ 기화되기 쉽고 증발잠열이 클 것
  ㉢ 공기보다 무겁고 불연성일 것
  ㉣ 기화 후 잔유물을 남기지 않을 것

④ 할론약제의 종류
　㉠ Methane의 유도체
　　ⓐ 할론1211(CF_2ClBr) : 일취화일염화이불화메탄(BCF)
　　ⓑ 할론1301(CF_3Br) : 일취화삼불화메탄(BTM)
　　ⓒ 할론1011(CH_2ClBr) : 일취화일염화메탄(CB)
　　ⓓ 할론1040(CCl_4) : 사염화탄소(CTC)
　㉡ Ethane의 유도체
　　할론2402($C_2F_4Br_2$) : 이취화사불화에탄(FB)

할론약제의 명명법
할론 ⓐⓑⓒⓓ
- ⓐ : 탄소(C)의 수
- ⓑ : 불소(F)의 수
- ⓒ : 염소(Cl)의 수
- ⓓ : 브롬(Br)의 수

CCl_4의 포스겐($COCl_2$) 생성반응식
- 건조공기 중에서　　$2CCl_4 + O_2 \rightarrow 2COCl_2 + 2Cl_2$
- 습한공기 중에서　　$CCl_4 + H_2O \rightarrow COCl_2 + 2HCl$
- 탄산가스 중에서　　$CCl_4 + CO_2 \rightarrow 2COCl_2$
- 철이 존재할 때　　$3CCl_4 + Fe_2O_3 \rightarrow 3COCl_2 + 2FeCl_2$

할론소화기 설치금지장소
- 지하층으로서 바닥면적의 합계가 $20m^2$ 미만인 곳
- 무창층으로서 바닥면적의 합계가 $20m^2$ 미만인 곳
- 밀폐된 거실 또는 사무실로서 바닥면적의 합계가 $20m^2$ 미만인 곳

⑤ 할론약제의 특징
　㉠ 할론2402($C_2F_4Br_2$) : 할론 약제 중 유일한 에탄의 유도체로 무색, 투명한 액체이며 독성은 할론1211, 1301보다 강하지만 1040보다는 약하다.
　㉡ 할론1211(CF_2ClBr) : 할론1301과 일반적 성질은 비슷하며 자체 압력이 부족하므로 질소가스로 가압하여 사용된다.
　㉢ 할론1301(CF_3Br) : 할론 약제 중 독성이 가장 적고 소화력은 가장 뛰어난 약제로서 사용 폭 또한 넓다. 5% 농도로 소화효과가 있으며 10%를 초과하는 경우 미약한 현기증이 유발될 수 있다.

ⓔ 할론1011(CH_2ClBr) : 무색투명하며 물에 녹지 않고 알코올, 에테르 등의 유기용매에 잘 녹으며 금속 부식력이 강하다.
ⓜ 할론1040(CCl_4) : 무색 투명하고 특이한 냄새가 있는 불연성 액체로 증기 자체에도 독성이 있으며 반응에 의해서도 맹독성 가스인 포스겐($COCl_2$)을 생성시킨다.

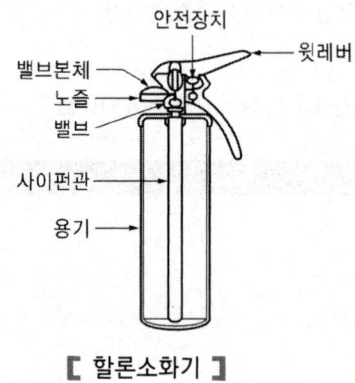

【 할론소화기 】

오존파괴지수(ODP ; Ozone Depletion Potential)

$$ODP = \frac{어떤\ 물질\ 1kg이\ 파괴하는\ 오존의\ 양}{CFC-11,\ 1kg이\ 파괴하는\ 오존의\ 양}$$

지구온난화지수(GWP ; Global Warming Potential)

$$GWP = \frac{어떤\ 물질\ 1kg에\ 의한\ 지구\ 온난화\ 정도}{CO_2\ 1kg에\ 의한\ 지구\ 온난화\ 정도}$$

(5) 할로겐화합물 및 불활성기체 소화약제 소화기

현재 사용되고 있는 할론소화약제는 부촉매효과에 의한 소화효과가 매우 우수하지만 오존층파괴 등 환경파괴 물질로 제조 및 사용이 금지되었다.

할론소화약제를 대체할 수 있는 할로겐화합물 및 불활성기체 소화약제가 계속 개발 중에 있으며 소화기 및 소화설비로 이용되고 있다.

① 소화약제의 종류
  ㉠ 할로겐화합물 소화약제 : 불소(F), 염소(Cl), 브롬(Br) 또는 요오드(I) 중 하나 이상의 원소를 포함하고 있는 유기화합물을 기본성분으로 하는 소화약제
    ⓐ 퍼플루오로부탄(이하 "FC-3-1-10"이라 한다.) : C_4F_{10}

ⓑ 하이드로클로로플루오로카본 혼화제(이하 "HCFC BLEND A"라 한다.)
- HCFC-123($CHCl_2CF_3$) : 4.75%
- HCFC-22($CHClF_2$) : 82%
- HCFC-124($CHClFCF_3$) : 9.5%
- $C_{10}H_{16}$: 3.75%

ⓒ 클로로테트라플루오로에탄(이하 "HCFC-124"라 한다.) : $CHClFCF_3$
ⓓ 펜타플루오로에탄(이하 "HFC-125"라 한다.) : CHF_2CF_3
ⓔ 헵타플루오로프로판(이하 "HFC-227ea"라 한다.) : CF_3CHFCF_3
ⓕ 트리플루오로메탄(이하 "HFC-23"라 한다.) : CHF_3
ⓖ 헥사플루오로프로판(이하 "HFC-236fa"라 한다.) : $CF_3CH_2CF_3$
ⓗ 트리플루오로이오다이드(이하 "FIC-13I1"라 한다.) : CF_3I
ⓘ 도데카플루오로-2-메틸펜탄-3-원(이하 "FK-5-1-12"라 한다.)
    : $CF_3CF_2C(O)CF(CF_3)_2$

ⓛ 불활성기체 소화약제 : 헬륨(He), 네온(Ne), 아르곤(Ar) 또는 질소(N_2) 가스 중 하나 이상의 원소를 기본성분으로 하는 소화약제
  ⓐ IG-01 : Ar(100%)
  ⓑ IG-100 : N_2(100%)
  ⓒ IG-541 : N_2(52%), Ar(40%), CO_2(8%)
  ⓓ IG-55 : N_2(50%), Ar(50%)

② 소화효과
  ㉠ 억제효과 : 화재면에 방사 시 열분해에 의한 라디칼을 생성하여 가연물과 산소의 반응을 억제하는 효과에 의한 소화작용을 한다.
  ㉡ 냉각효과 : 고압의 할론이 방사되면서 줄-톰슨효과에 의한 저온상태로 방사되며, 열분해반응 시 필요한 에너지에 의하여 주변온도를 떨어뜨리는 냉각작용이 있다.
  ㉢ 질식효과 : 화재실에 방사 시 상대적으로 산소의 농도를 떨어뜨려 연소반응을 저해시키는 기능이 있다.

> **소화약제별 소화효과**
> - 할로겐화합물 소화약제 : 억제효과, 냉각효과, 질식효과
> - 불활성기체 소화약제 : 질식효과, 냉각효과

(6) 분말소화기

분말약제를 화재면에 방사하면 **열분해반응을 통해 생성되는 CO_2, H_2O, HPO_3 등에 의한**

질식작용과 증기증발에 의한 **냉각작용**으로 소화효과를 유발시키는 약제이다.
① 소화효과
　㉠ 제1, 2, 4종 분말(B · C급)
　　ⓐ 부촉매작용 : 열분해 시 유리된 K^+, Na^+ 등의 활성라디칼이 연쇄반응을 차단하고 억제하여 소화작용을 한다.
　　ⓑ 질식작용 : 열분해 시 생성된 수증기 및 탄산가스에 의해 산소의 농도를 희석하여 질식효과에 의한 소화작용을 한다.
　　ⓒ 냉각작용 : 열분해 시 흡열반응과 수증기에 의해 냉각작용을 한다.
　㉡ 제3종 분말(A · B · C급)
　　ⓐ 부촉매작용 : 열분해 시 유리된 NH_4^+이 연쇄반응을 차단하고 억제하여 소화작용을 한다.
　　ⓑ 질식작용 : 열분해 시 생성된 수증기에 의해 산소의 농도를 희석시켜 질식효과에 의한 소화작용을 한다.
　　ⓒ 냉각작용 : 열분해 시 흡열반응과 수증기에 의해 냉각작용을 한다.
　　ⓓ 방진작용 : 열분해 시 생성되는 메타인산(HPO_3)은 부착력이 우수하여 가연물의 표면에 부착하여 가연물과 산소와의 접촉을 차단시켜 일반화재에서의 잔진현상을 방지한다.
② 약제의 특징
　분말약제는 미세한 고체입자이므로 CO_2 또는 할론약제와 달리 **자체 증기압을 가질 수 없다**. 그러므로 약제방출을 위한 **추진가스로 N_2, CO_2가 필요**하며 저장상태에 따라 축압식과 가압식으로 구분한다. 분말약제는 약제 변질의 우려는 없으나 미세한 고체입자이므로 수분이나 습기에 노출되면 입자끼리 뭉치게 되어 배관 및 관부속물을 막거나 방사에 어려움이 있을 수 있으므로 금속비누(스테아르산아연, 스테아르산알미늄), 실리콘 등으로 방습처리한다.
③ 소화기의 종류
　㉠ 주성분에 의한 구분

구 분	주성분	착 색	적응화재
제1종분말	탄산수소나트륨($NaHCO_3$)	백색	B, C급
제2종분말	탄산수소칼륨($KHCO_3$)	보라색(자색)	B, C급
제3종분말	인산암모늄($NH_4H_2PO_4$)	핑크색(담홍색)	A, B, C급
제4종분말	탄산수소칼륨+요소($KHCO_3+NH_2CONH_2$)	회색	B, C급

ⓒ 가압방식에 의한 구분
　ⓐ 축압식 : 소화기에 분말약제를 넣고 소화약제 방출원으로 질소가스를 충전하는 것으로 **압력계가 부착되어** 있다.
　　주로 ABC분말소화기에 사용되며 **상용압력은 7.0~9.8kgf/cm² 이다**.
　ⓑ 가압식 : 소화기에 분말약제를 넣고 소화기 내부의 별도 용기 속에 소화약제 **방출원으로 탄산가스를 넣어** 충전하는 방식으로 주로 BC분말소화기 및 ABC 분말소화기에 사용된다.

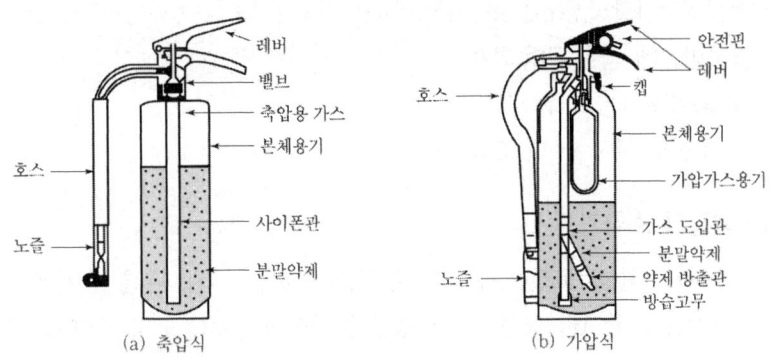

(a) 축압식　　　(b) 가압식

【 분말소화기 】

④ 열분해반응식
　㉠ 제1종분말
　　　$2NaHCO_3 \rightarrow Na_2CO_3 + CO_2 + H_2O - Q\,kcal$
　㉡ 제2종분말
　　　$2KHCO_3 \rightarrow K_2CO_3 + CO_2 + H_2O - Q\,kcal$
　㉢ 제3종분말
　　　$NH_4H_2PO_4 \rightarrow NH_3 + HPO_3 + H_2O - Q\,kcal$
　㉣ 제4종분말
　　　$2KHCO_3 + NH_2CONH_2 \rightarrow 2NH_3 + K_2CO_3 + 2CO_2 - Q\,kcal$

분말입자의 크기
- 입자의 범위 : 10~75micron
- 최적입자의 범위 : 20~25micron

표면처리제
스테아르산 아연, 스테아르산 알미늄, 실리콘

(7) 강화액소화기

물의 동결방지 및 소화능력을 향상시키기 위해서 물에 탄산칼륨(K_2CO_3)을 용해시킨 것으로 겨울철 및 한랭지역에서 사용이 가능하며 재연방지용으로 사용된다.

① 비중 : 1.3~1.4
② 응고점 : $-17 \sim -30℃$
③ 한랭지역 및 겨울철에 사용 가능하다.
④ 독성 및 부식성이 없다.
⑤ 액성 : 강알칼리성(pH 12 이상)이다.
⑥ 방사방법에 따른 적응화재
  ㉠ 봉상일 때 : A급화재
  ㉡ 무상일 때 : A, B, C급화재

(8) 산·알칼리 소화기

탄산수소나트륨($NaHCO_3$)수용액과 황산(H_2SO_4)을 서로 다른 용기에 저장하고 있다가 이들 약제를 혼합시켜 생성되는 생성물을 이산화탄소(CO_2)의 압력으로 방사하는 소화기로 일반화재의 소화에 효과적이다.

① 반응식
  $2NaHCO_3 + H_2SO_4 \rightarrow Na_2SO_4 + 2CO_2 + 2H_2O$
② 소화기의 종류
  ㉠ 파병식 : 농황산을 홀더에 넣어 장진하고 파병장치로 파열하여 탄산수소나트륨의 수용액과 혼합시켜 화학반응 시 생성되는 탄산가스의 압력으로 방사한다.
  ㉡ 전도식 : 농황산을 본체 내부의 상단에 메어 단 방식
③ 산·알칼리 소화약제의 특성
  ㉠ 화학반응에 의해 생성된 CO_2가 압력원으로 작용
  ㉡ 사용온도 범위 : 0℃ 이상 40℃ 이하
  ㉢ 소화효과 : 냉각소화
  ㉣ 방사방법에 따른 적응화재
    ⓐ 봉상일 때 : A급 화재
    ⓑ 무상일 때 : A, B, C급 화재

(9) 간이 소화용구

• 종류 : 마른모래, 팽창질석, 팽창진주암, 소화탄, 중조톱밥 등

① 마른모래(ABCD급)
   ㉠ 반드시 건조되어 있어야 한다.
   ㉡ 가연물이 함유되어 있지 않아야 한다.
   ㉢ 반절된 드럼 또는 벽돌담 안에 저장하며 양동이, 삽 등의 부속기구를 상비해야 한다.
② 팽창질석, 팽창진주암
   질석을 고온처리하여 10~15배 정도 팽창시킨 것으로 비중이 작아 액체 가연물화재의 소화에 효과가 크다.
③ 소화탄
   투척용으로 유리용기에 중조, 탄산암모늄 또는 증발성 액체가 봉입된 것이다.
④ 중조톱밥
   중조에 톱밥을 혼합시킨 것이다.

【 소화기의 종류별 적응화재 】

소화기명	소화효과	적응화재
물	냉각효과(질식, 유화, 희석효과)	A급(무상일 때 B, C급)
포말	질식효과(냉각, 유화, 희석효과)	A, B급
이산화탄소	질식효과(냉각효과)	B, C급
할론	억제효과(질식효과, 냉각효과)	A, B, C급
할로겐화합물 및 불활성기체	할로겐화합물 : 억제효과(질식, 냉각효과) 불활성기체 : 질식효과(냉각효과)	A, B, C급
분말	억제효과(질식효과, 냉각효과)	B, C급(3종 : A, B, C급)
강화액	냉각효과(질식효과)	A급(무상일 때 B, C급)
산알칼리	냉각효과	A급

4. 소화기의 유지, 관리

(1) 소화기의 사용방법

① 소화기는 적응화재에만 사용한다.
② 성능에 따라 화점 가까이 접근하여 사용한다.
③ 소화 시는 바람을 등지고 풍상에서 풍하의 방향으로 방사한다.
④ 소화작업은 양옆으로 비로 쓸 듯이 골고루 소화약제를 방사한다.

(2) 각 소화기의 공통사항

① 소화기의 설치위치는 바닥으로부터 1.5m 이하의 높이에 설치한다.
② 통행이나 피난 등에 지장이 없고 사용 시 쉽게 반출할 수 있는 위치에 있어야 한다.
③ 소화약제가 동결, 변질 또는 분출할 우려가 없는 곳에 비치한다.
④ 주위의 잘 보이는 곳에 '소화기'라는 표지를 한다.

(3) 소화기 관리상 주의사항

① 전도되지 않도록 안전한 장소에 설치한다.
② 직사광선을 피하며 온도가 높지 않은 서늘한 곳에 저장한다.
③ 겨울철에 소화약제가 동결되지 않도록 보온조치를 한다.
④ 사용 후 즉시 교체한다.
⑤ 소화기 상부 레버부분에 물건 등을 올려두지 않아야 한다.
⑥ 소화기의 뚜껑은 함부로 열지 말고 봉인한다.

(4) 소화기 외부의 표시사항

① 소화기의 명칭
② 적응화재표시
③ 사용방법
④ 용기합격 및 중량표시
⑤ 취급상 주의사항
⑥ 능력단위
⑦ 제조연월일

CHAPTER 07 위험물

1 ▶▶ 제1류 위험물(산화성 고체)

(1) 위험등급·품명 및 지정수량

위험등급	품 명	지정수량	위험등급	품 명	지정수량
Ⅰ	아염소산염류 염소산염류 과염소산염류 무기과산화물	50kg 50kg 50kg 50kg	Ⅲ	과망간산염류 중크롬산염류	1,000kg 1,000kg
Ⅱ	브롬산염류 요오드산염류 질산염류	300kg 300kg 300kg	기 타	행정안전부령으로 정하는 것	50kg

※ 그 밖에 행정안전부령으로 정하는 것 : 과요오드산염류, 과요오드산, 크롬, 납 또는 요오드의 산화물, 아질산염류, 차아염소산염류, 염소화이소시아눌산, 퍼옥소이황산염류, 퍼옥소붕산염류

(2) 공통성질

① 대부분 무색결정 또는 백색분말로서 비중이 1보다 크다.
② 대부분 물에 잘 녹는다.
③ 일반적으로 불연성이다.
④ 산소를 많이 함유하고 있는 강산화제이다.
⑤ 반응성이 풍부하여 열, 타격, 마찰 또는 분해를 촉진하는 약품과 접촉하여 산소를 발생한다.

(3) 저장 및 취급방법

① 대부분 조해성을 가지므로 습기 등에 주의하며 밀폐용기에 저장할 것
② 통풍이 잘되는 차가운 곳에 저장할 것
③ 열원이나 산화되기 쉬운 물질 및 화재위험이 있는 곳에서 멀리할 것
④ 가열, 충격, 마찰 등을 피하고 분해를 촉진하는 약품류와의 접촉을 피할 것
⑤ 취급 시 용기 등의 파손에 의한 위험물의 누설에 주의할 것

(4) 소화방법

① 대량의 물을 주수하는 냉각소화(분해온도 이하로 유지하기 위하여)
② 무기과산화물(알칼리금속의 과산화물)은 급격히 발열반응하므로 탄산수소염류의 분말소화기, 건조사에 의한 피복소화

② ▶▶ 제2류 위험물(가연성 고체)

(1) 위험등급 · 품명 및 지정수량

위험등급	품 명	지정수량	위험등급	품 명	지정수량
Ⅱ	황화린 적린 유황	100kg 100kg 100kg	Ⅲ	철분 마그네슘 금속분 인화성 고체	500kg 500kg 500kg 1,000kg
			기 타	그 밖에 행정안전부령으로 정하는 것	100kg 또는 500kg

(2) 공통성질

① 상온에서 고체이고 강환원제로서 비중이 1보다 크다.
② 비교적 낮은 온도에서 착화되기 쉬운 가연성 물질이다.
③ 연소 시 유독가스를 발생하는 것도 있다.
④ 철분, 마그네슘, 금속분류는 물 또는 산과의 접촉으로 발열한다.
⑤ 산화제와 접촉, 마찰로 인하여 착화되면 급격히 연소한다.

(3) 저장 및 취급방법

① 점화원으로부터 멀리하고 가열을 피할 것
② 산화제와의 접촉을 피할 것
③ 철분, 마그네슘, 금속분류는 산 또는 물과의 접촉을 피할 것
④ 용기 등의 파손으로 위험물의 누설에 주의할 것

(4) 소화방법

① 주수에 의한 냉각소화
② 마그네슘, 금속분류는 건조사피복에 의한 질식소화

3 ▸▸ 제3류 위험물(자연발화성 물질 및 금수성 물질)

(1) 위험등급·품명 및 지정수량

위험등급	품 명	지정수량	위험등급	품 명	지정수량
I	칼륨 나트륨 알킬알루미늄 알킬리튬 황린	10kg 10kg 10kg 10kg 20kg	Ⅲ	금속수소화합물 금속인화합물 칼슘 또는 알루미늄의 탄화물	300kg 300kg 300kg
Ⅱ	알칼리금속 및 알칼리 토금속 유기금속화합물	50kg 50kg	기 타	그 밖에 행정안전부령으로 정하는 것	10kg

※ 행정안전부령으로 정하는 것 : 염소화규소화합물

(2) 3류 위험물의 공통성질

① 대부분 무기물의 고체이다.
② 자연발화성 물질로서 공기와의 접촉으로 자연발화의 우려가 있다.
③ 금수성 물질로서 물과 접촉하면 발열·발화한다.

(3) 제3류 위험물의 저장 및 취급방법

① 용기의 파손, 부식을 막고 공기와의 접촉을 피할 것
② 금수성 물질로서 수분과의 접촉을 피할 것
③ 보호액 속에 저장하는 위험물은 위험물이 보호액 표면에 노출되지 않도록 할 것
④ 다량을 저장하는 경우에는 소분하여 저장할 것

(4) 제3류 위험물의 소화방법

① 건조사, 팽창질석, 팽창진주암을 이용한 질식소화(주수소화는 절대엄금)
② 금속화재용(탄산수소염류) 분말소화약제에 의한 질식소화
③ 황린 – 주수냉각소화

4 ▶▶ 제4류 위험물(인화성 액체)

(1) 위험등급 · 품명 및 지정수량

위험등급	품 명		지정수량	위험등급	품 명		지정수량
Ⅰ	특수인화물		50리터	Ⅲ	제2석유류	비수용성 액체	1,000리터
						수용성 액체	2,000리터
Ⅱ	제1석유류	비수용성 액체	200리터		제3석유류	비수용성 액체	2,000리터
		수용성 액체	400리터			수용성 액체	4,000리터
	알코올류		400리터		제4석유류		6,000리터
					동·식물유류		10,000리터

(2) 제4류 위험물의 공통성질

① 상온에서 액체이며 인화의 위험이 높다.
② 대부분 물보다 가볍고 물에 녹지 않는다.
③ 증기는 공기보다 무겁다.(단, HCN은 제외)
④ 비교적 낮은 착화점을 가지고 있다.
⑤ 증기는 공기와 약간만 혼합되어 있어도 연소의 우려가 있다.

(3) 제4류 위험물의 저장 및 취급방법

① 용기는 밀전하고 통풍이 잘되는 찬 곳에 저장할 것
② 화기 및 점화원으로부터 먼 곳에 저장할 것
③ 증기 및 액체의 누설에 주의하며 저장할 것
④ 인화점 이상으로 취급하지 말 것
⑤ 정전기의 발생에 주의하여 저장·취급할 것
⑥ 증기는 높은 곳으로 배출할 것

(4) 제4류 위험물의 소화방법

① 수용성 위험물
  ㉠ 초기(소규모) 화재시 : 물분무, 탄산가스, 분말방사에 의한 질식소화
  ㉡ 대형화재의 경우 : 알코올포 방사에 의한 질식소화
② 비수용성 위험물
  ㉠ 초기(소규모) 화재시 : 탄산가스, 분말, 할론방사에 의한 질식소화
  ㉡ 대형화재의 경우 : 포말 방사에 의한 질식소화

(5) 지정품명 및 성질에 따른 품명

① 지정품명
- ㉠ 특수인화물 : 디에틸에테르, 이황화탄소
- ㉡ 제1석유류 : 아세톤, 휘발유
- ㉢ 제2석유류 : 등유, 경유
- ㉣ 제3석유류 : 중유, 클레오소트유
- ㉤ 제4석유류 : 기어유, 실린더유

② 성질에 따른 품명
- ㉠ 특수인화물 : 1기압에서 발화점이 100℃ 이하인 것 또는 인화점이 -20℃ 이하이고 비점이 40℃ 이하인 것
- ㉡ 제1석유류 : 1기압에서 인화점이 21℃ 미만인 것
- ㉢ 제2석유류 : 1기압에서 인화점이 21℃ 이상, 70℃ 미만인 것
- ㉣ 제3석유류 : 1기압에서 인화점이 70℃ 이상, 200℃ 미만인 것
- ㉤ 제4석유류 : 1기압에서 인화점이 200℃ 이상, 250℃ 미만인 것

(6) 특수인화물류

① 지정품명 : 에테르, 이황화탄소

② 성상의 기준
- ㉠ 1기압에서 액체로서 발화점이 100℃ 이하인 것
- ㉡ 1기압에서 액체로서 인화점이 -20℃ 이하이며 비점이 40℃ 이하인 것

③ 특징적인 물성
- ㉠ 에테르($C_2H_5OC_2H_5$)
  - ⓐ 인화점이 가장 낮다.(-45℃)
  - ⓑ 직사광선을 받으면 과산화물을 생성한다.
  - ⓒ 물에 약간 녹고 증기는 마취성이 있다.
- ㉡ 이황화탄소(CS_2)
  - ⓐ 착화점이 가장 낮다.(100℃)
  - ⓑ 물속에 저장한다.
- ㉢ 아세트알데히드(CH_3CHO)
  - ⓐ 반응성이 풍부하여 산화, 환원반응을 한다.
  - ⓑ 구리, 은, 수은, 마그네슘과 접촉 시 폭발성 아세틸라이드를 생성한다.
  - ⓒ 저장용기 상부에 질소 등 불연성 가스를 봉입한다.

ⓔ 산화프로필렌(CH_3CH_2CHO)
ⓐ 증기압이 대단히 높다.
ⓑ 구리, 은, 수은, 마그네슘과 접촉 시 폭발성 아세틸라이드를 생성한다.
ⓒ 저장용기 상부에 질소 등 불연성 가스를 봉입한다.
ⓓ 피부에 접촉 시 동상의 우려가 있다.

(7) 제1석유류

① **지정품명** : 가솔린, 아세톤
② **성상의 기준** : 1기압에서 액체로서 인화점이 21℃ 미만인 것
③ **특징적인 물성**
㉠ 가솔린
ⓐ 주성분은 탄소수가 5~9개까지의 포화, 불포화탄화수소의 혼합물이다.
ⓑ 물보다 가볍고 전기의 부도체이므로 정전기의 발생의 주의한다.
㉡ 아세톤(CH_3COCH_3)
ⓐ 물과 유기용매에 잘 녹는다.
ⓑ 일광을 받으면 분해되어 황색으로 변색된다.
ⓒ 소화방법은 분무주수가 적당하고 **알코올포를 사용**한다.
㉢ 벤젠(C_6H_6)
ⓐ 무색의 투명한 휘발성 액체로 증기는 마취성과 독성이 있다.
ⓑ 물에 녹지 않는다.
ⓒ 여러 가지 부가반응 및 치환반응을 한다.
ⓓ 연소 시 그을음을 내면서 탄다.

(8) 알코올류(R-OH)

소방법상 알코올류란 한 분자 내의 탄소 원자수가 1개 내지 3개인 포화 1가알코올로서 **변성알코올을 포함**한다.

① **종류** : 메틸알코올, 에틸알코올, 프로필알코올, 변성알코올
② **특징적인 물성**
㉠ 메틸알코올(CH_3OH)
ⓐ 무색 투명한 휘발성 액체로 물에 잘 녹고 독성이 있다.
ⓑ 밝은 곳에서 연소 시 불꽃이 잘 보이지 않는다.
㉡ 에틸알코올(C_2H_5OH)
ⓐ 무색 투명한 휘발성 액체로 물에 잘 녹으며 독성은 없다.

ⓑ 밝은 곳에서 연소 시 불꽃이 잘 보이지 않는다.
ⓒ 변성알코올 : 에틸알코올에 메틸알코올을 첨가하여 공업용으로 사용하는 알코올로 독성이 있어 음료로 사용하지 못한다.

(9) 제2석유류

① 지정품명 : 등유, 경유
② 성상의 기준 : 1기압에서 액체로서 인화점이 21℃ 이상 70℃ 미만인 것
③ 특징적인 물성
  ㉠ 등유
    ⓐ 탄소수가 9~18개의 포화, 불포화탄화수소의 혼합물이다.
    ⓑ 순수한 것은 무색이며 오래 방치하면 연한 담황색을 띤다.
  ㉡ 경유
    ⓐ 탄소수가 15~20개의 포화, 불포화탄화수소의 혼합물이다.
    ⓑ 담황색 또는 담갈색의 액체로 등유와 비슷한 성질을 지닌다.

(10) 제3석유류

① 지정품명 : 중유, 클레오소트유
② 성상의 기준 : 1기압에서 액체로서 인화점이 70℃ 이상 200℃ 미만인 것

(11) 제4석유류

① 지정품명 : 기어유, 실린더유
② 성상의 기준 : 1기압에서 액체로서 인화점이 200℃ 이상 250℃ 미만인 것

(12) 동·식물유류

① 성상의 기준 : 동물의 지육 등 또는 식물의 종자나 과육으로부터 추출한 것으로서 1기압에서 인화점이 250℃ 미만인 것
② 종류
  ㉠ 건성유
    ⓐ 요오드값이 130 이상인 것
    ⓑ 종류 : 들기름, 정어리기름, 아마인유, 동유, 해바라기기름 등
  ㉡ 반건성유
    ⓐ 요오드값이 100 이상 130 미만인 것
    ⓑ 종류 : 청어기름, 콩기름, 옥수수기름, 참기름, 면실유, 채종유 등

ⓒ 불건성유
  ⓐ 요오드값이 100 미만인 것
  ⓑ 종류 : 땅콩기름, 올리브유, 피마자유, 팜유, 야자유 등

> **요오드값(옥소값)**
> 유지(기름) 100g에 부가되는 요오드의 g수

5 ▸▸ 제5류 위험물(자기반응성 물질)

(1) 위험등급 · 품명 및 지정수량

위험등급	품 명	지정수량	위험등급	품 명	지정수량
Ⅰ	질산에스테르류 유기과산화물	10kg 10kg	Ⅱ	니트로화합물 니트로소화합물 아조화합물 디아조화합물 히드라진 유도체 히드록실아민 히드록실아민염류	200kg 200kg 200kg 200kg 200kg 100kg 100kg
			Ⅰ, Ⅱ	그 밖에 행정안전부령으로 정하는 것	10kg, 100kg 또는 100kg

※ 행정안전부령으로 정하는 것 : 금속의 아지화합물, 질산구아니딘

(2) 공통 성질

① 가연성이면서 분자 내에 산소를 함유하고 있는 **자기연소성** 물질이다.
② 유기물질로 **연소속도가 매우 빨라** 폭발적으로 연소한다.
③ 가열, 충격, 마찰 등에 의하여 폭발의 위험이 있다.
④ 공기 중에서 장시간 방치하면 **자연발화**를 일으키는 경우도 있다.

(3) 저장 및 취급방법

① 화재 시 소화가 어려우므로 소분하여 저장할 것
② 가열, 충격, 마찰을 피하고 화기 및 점화원으로부터 멀리할 것
③ 용기의 파손 및 균열에 주의하고 **통풍이 잘되는 냉암소에 저장할 것**
④ 용기는 밀전·밀봉하고 운반용기 및 포장 외부에는 "화기엄금", "충격주의" 등의 주의사항을 게시할 것

(4) 소화방법

초기소화에는 주수에 의한 냉각소화

6 ▶▶ 제6류 위험물(산화성 액체)

(1) 위험등급 · 품명 및 지정수량

위험등급	품 명	지정수량	위험등급	품 명	지정수량
Ⅰ	과염소산 과산화수소 질산	300kg 300kg 300kg	Ⅱ	그 밖에 행정안전부령으로 정하는 것	300kg

※ 행정안전부령으로 정하는 것 : 할로겐간화합물

(2) 공통 성질

① 산화성 액체로 비중이 1보다 크며 물에 잘 녹는다.
② 불연성이지만 분자 내에 산소를 많이 함유하고 있어 다른 물질의 연소를 돕는 조연성 물질이다.
③ 부식성이 강하며 증기는 유독하다.
④ 가연물 및 분해를 촉진하는 약품과 접촉 시 폭발한다.

(3) 저장 및 취급방법

① 물, 가연물, 유기물 및 환원제와의 접촉을 피할 것
② 저장용기는 내산성 용기를 사용하며 밀전 · 밀봉하여 누설에 주의할 것
③ 증기는 유독하므로 보호구를 착용할 것

(4) 소화방법

① 소량일 때는 대량의 물로 희석소화
② 대량일 때는 주수소화가 곤란하므로 건조사, 인산염류의 분말로 질식소화

7 ▸▸ 특수가연물

(1) 품명 및 지정수량

품 명		지정수량
면화류		200kg
나무껍질 및 대패밥		400kg
넝마 및 종이부스러기		1,000kg
볏짚류		1,000kg
사 류		1,000kg
가연성 고체류		3,000kg
석탄 및 목탄		10,000kg
목재가공품 및 나무부스러기		10m^3
가연성 액체류		2m^3
합성수지류	발포시킨 것	20m^3
	기타의 것	3,000kg

(2) 특수가연물의 정의

① 면화류

불연성 또는 난연성이 아닌 면상 또는 팽이모양의 섬유 및 마사원료를 말한다.

② 넝마 및 종이부스러기

불연성 또는 난연성이 아닌 것에 한한다.

③ 볏짚류

마른볏짚, 마른북대기 또는 이들의 제품 및 건초를 말한다.

④ 사류

불연성 또는 난연성이 아닌 실과 누에고치를 말한다.

⑤ 가연성 고체류

㉠ 인화점이 40℃ 이상 100℃ 미만인 것

㉡ 인화점이 100℃ 이상 200℃ 미만이고 연소열량이 8,000cal/g 이상인 것

㉢ 인화점이 200℃ 이상이고 연소열량이 8,000cal/g 이상이며 융점이 100℃ 미만인 것

㉣ 1기압, 20℃ 초과 40℃ 이하에서 액상인 것으로서 인화점이 70℃ 이상 200℃ 미만이거나 ㉡ 또는 ㉢에 해당하는 것

⑥ 석탄 및 목탄

코우크스, 석탄가루를 물에 갠 것, 조개탄, 연탄, 석유코우크스, 활성탄 및 이와 유사한 것을 포함한다.

⑦ 가연성 액체류
   ㉠ 1기압, 20℃ 이하에서 액상인 것으로서 가연성 액체량이 40중량% 이하이면서 인화점이 40℃ 이상 70℃ 미만이고 연소점이 60℃ 이상인 물품
   ㉡ 1기압과 20℃에서 액상인 것으로서 가연성 액체량이 40중량% 이하이고 인화점이 70℃ 이상 250℃ 미만인 물품
   ㉢ 동물의 기름기와 살코기 또는 식물의 씨나 과일의 살로부터 추출한 것으로 다음에 해당하는 것
      ⓐ 1기압과 20℃ 이하에서 액상이고, 인화점이 250℃ 미만인 것으로 위험물 운반규정에 의한 용기기준과 수납, 저장기준에 적합하고 용기 외부에 물품명, 수량 및 화기엄금 등의 표시를 한 것
      ⓑ 1기압과 20℃ 이하에서 액상이고 인화점이 250℃ 이상인 것

⑧ 합성수지류

불연성 또는 난연성이 아닌 고체의 합성수지제품, 합성수지반제품, 원료합성수지 및 합성수지의 부스러기(불연성 또는 난연성이 아닌 고무제품, 고무반제품, 원료고무 및 고무부스러기를 포함한다.)를 말하며 합성수지의 섬유, 옷감, 종이 및 실과 이들의 넝마와 부스러기를 제외한다.

MEMO

[예상문제]

소방원론

예상문제

001 불꽃연소의 기본 4요소라 할 수 없는 것은?
① 가연물 ② 인화점
③ 산소 ④ 연쇄반응

해설 [연소의 필요 요소]
① 연소의 3요소 : 가연물, 산소공급원, 점화원 – 표면연소(불꽃×)
② 연소의 4요소 : 가연물, 산소공급원, 점화원, 연쇄반응(지속적인 가연성기체의 생성)
 – 불꽃연소(불꽃 ○)

002 공기 중에 산소가 차지하는 체적은 약 몇 % 정도인가?
① 15% ② 18%
③ 21% ④ 23%

해설 공기 중의 산소(O_2) : 체적비 21vol% / 중량비 : 23wt%

003 다음 가연물 중 분해연소하는 물질은?
① 가솔린 ② 종이
③ 목탄 ④ 프로판가스

해설 [가연물 상태별 연소의 종류]

기체	확산연소	• 가연성 기체가 대기 중으로 확산되면서 공기와 혼합기체를 형성하며 연소형태. • 화재 시. 대부분의 기체가연물 연소가 확산연소에 해당
	예혼합연소	• 가연성기체와 공기를 적당한 혼합비로 미리 혼합시킨 후 연소. • 비화재 시 해당. 연소효율 높이기 위해 인위적 조작 필요
액체	증발연소	저비점 액체가연물의 연소형태. 액체 증발에 의한 기체가 산소와 반응하여 연소하는 형태 예 알코올류, 가솔린 등 저비점 액체가연물
	분해연소	고비점 액체가연물의 연소형태. 복잡한 경로의 열분해 과정을 거쳐 탄소수가 적은 저급 탄화수소가 되어 연소 예 중유, 기계유, 실린더유 등 고비점 액체가연물
고체	표면연소	고체표면에서 불꽃을 내지 않고 연소 예 숯, 코크스, 목탄, 금속분 등
	분해연소	고체가연물이 온도상승에 의한 열분해를 통하여 여러 가지 가연성 기체를 발생시켜 연소하는 형태 예 목재, 종이, 섬유, 플라스틱 등

정답 : 001.② 002.③ 003.②

고체	증발연소	고체가연물 중 승화성 물질의 단순증발에 의해 발생된 가연성 기체가 연소하는 형태 ◎ 나프탈렌, 성냥(황), 장뇌 등 승화성 물질
	자기연소	가연물이면서 그 분자 내에 충분한 양의 산소공급원을 함유하고 있는 물질의 연소형태 ◎ 질산에스테르류, 니트로화합물 등의 5류 위험물, TNT 등

004 다음 연소 중 물질이 불꽃을 내면서 연소하는 현상과 관계없는 것은?

① 분해연소 ② 증발연소
③ 확산연소 ④ 표면연소

005 다음 가연성 가스 중 폭발범위가 가장 넓은 것은?

① 수소 ② 이황화탄소
③ 아세틸렌 ④ 에테르

해설
- 인화점 : 점화원에 의해 불이 붙을 수 있는 최저온도로서 **액체가연물의 위험도 기준**
- 발화점 : 점화원을 가하지 않아도 스스로 착화될 수 있는 최저온도로서 **고체가연물의 위험도 기준**이 된다.
- 연소범위 : **기체가연물의 위험도 기준.** 연소가 진행될 수 있는 가연성 가스와 공기의 혼합가스 중 가연성 가스의 체적%이며, 낮은 농도를 하한 값, 높은 농도를 상한 값이라 한다.

【 주요 가연성 가스의 폭발범위 】

가 스	하한계(%)	상한계(%)	가 스	하한계(%)	상한계(%)
아세틸렌	2.5	81.0	황화수소	4.3	45.0
산화에틸렌	3.0	80.0	메 탄	5.0	15.0
수 소	4.0	75.0	에 탄	3.0	12.4
에테르	1.9	48.0	프로판	2.1	9.5
이황화탄소	1.2	44.0	부 탄	1.8	8.4

006 가연물에 대한 설명으로 옳은 것은?

① 산화반응이지만 발열반응이 아닌 것은 가연물이 될 수 없다.
② 구성원소가 산소로 되어 있는 유기물은 가연물이 될 수 없다.
③ 활성화에너지가 클수록 가연물이 되기 쉽다.
④ 산소와의 친화력이 작을수록 가연물이 되기 쉽다.

정답 : 004.④ 005.③ 006.①

예상문제

해설
- 가연물 : 불에 탈 수 있는 물질 → 산화반응 시 발열반응을 할 수 있는 물질

[가연물이 되기 쉬운 조건]
㉠ 열전도율이 작을수록
㉡ 활성화 에너지가 작을수록
㉢ 발열량이 클수록
㉣ 산소와 친화력이 클수록
㉤ 표면적이 클수록
㉥ 주위온도가 높을수록
㉦ 화학적으로 불안정할수록(기체 > 액체 > 고체)

[가연물이 될 수 없는 물질]
㉠ 화학적으로 안정하여 산소와 더 이상 화학반응 할 수 없는 물질(CO_2, H_2O 등)
㉡ 불활성 기체(0족원소 : He, Ne, Ar 등)
㉢ 산화반응 시 흡열반응 하는 화합물(N_2, NO, NO_2 등)

007 가연물이 서서히 산화되어 열의 축적, 발열, 발화하는 현상을 무엇이라고 하는가?
① 분해연소   ② 자기연소
③ 자연발화   ④ 폭굉

해설
자연발화 : 외부에서 에너지 공급없이 물질 스스로 서서히 산화되면서 발생된 열을 축적하여 발화점에 이르게 되면 발화하는 현상

[자연발화의 5가지 원인과 종류]
㉠ 분해열에 의한 발열 : 셀룰로이드류, 니트로셀룰로오스 등
㉡ 산화열에 의한 발열 : 석탄, 건성유(기름걸레) 등
㉢ 흡착열에 의한 발열 : 활성탄, 목탄 등
㉣ 미생물에 의한 발열 : 퇴비, 먼지 등
㉤ 중합열에 의한 발열 : 시안화수소(HCN) 등

[자연발화하기 쉬운 조건]
㉠ 습도↑   ㉡ 주위 온도↑   ㉢ 열전도율↓   ㉣ 발열량↑   ㉤ 열의 축적이 잘될수록
㉥ 표면적↑   ㉦ 공기유통↓

008 다음 연소의 정의로서 가장 적당한 것은 어느 것인가?
① 빛과 열을 수반하는 산화반응이다.
② 가연물이 타서 기체상태로 되는 것이다.
③ 전도, 대류, 복사의 과정을 거치는 반응이다.
④ 탄소와 수소가 화합하는 것이다.

정답 : 007.③ 008.①

009 연소의 주 생성물을 4가지로 분류한 것으로 옳은 것은?
① 연소가스, 불꽃, 열, 연기
② 연기, 불꽃, 산소, 열
③ 연소가스, 불꽃, 연기, 암모니아
④ 연소가스, 불꽃, 열, 질소

해설 연소생성물 4가지 : 열, 연기, 불꽃, 가스

010 기체의 연소속도와 가장 밀접한 관계가 있는 것은?
① 점화속도
② 열의 발생속도
③ 확산속도
④ 환원속도

011 화재 시 검은색 연기가 발생하는 것은?
① 아세틸렌, 벤젠 등의 석유류 및 유도체가 연소할 때
② 수분을 포함한 가연물이 연소할 때
③ 표면연소가 가능한 활성탄이 연소할 때
④ 알코올이 연소할 때

해설 검은색 연기 - 탄소 성분 : C_2H_2(아세틸렌), C_6H_6(벤젠) → 일반적인 메탄계 탄화수소 결합에 비해 상대적으로 탄소수가 많아 그을음이나 CO가 많이 발생하게 됨.
– 불완전연소 : CO↑, 그을음↑

012 자연발화의 방지대책으로 옳지 않은 것은?
① 습도를 높게 할 것
② 주위의 온도를 낮출 것
③ 통풍을 잘 시킬 것
④ 불활성 가스를 주입하여 공기와 접촉을 피할 것

해설 [자연발화] 발화점이 낮아지는 경우(위험해지는 경우)
– 산소친화력 클수록
– 발열량이 클수록
– 주변압력↑
– 주변온도↑
– 습도↑
– 분자구조가 복잡할수록(열축적 용이), 분자↑
– 증기압이 낮을수록(고체일수록), 탄소분자량이 많을수록

정답 : 009.① 010.③ 011.① 012.①

예상문제

013 자연발화에 대한 예방책으로 적당치 않은 것은?
① 통풍이나 환기 방법 등을 고려하여 열의 축적을 방지한다.
② 활성이 강한 황린은 물속에 저장한다.
③ 반응속도가 온도에 좌우되므로 주위온도를 낮게 유지한다.
④ 가능한 한 물질을 분말상태로 저장한다.

▪해설 문제 12 해설 참조

014 햇볕에 방치한 기름걸레가 자연발화하였다. 가장 관계가 깊은 것은?
① 산소공급원 ② 산화열 축적
③ 점화원 ④ 단열·압축

▪해설 문제 7 해설 참조

015 다음 중 자연발화의 위험이 없는 것은?
① 석탄 ② 팽창질석
③ 목탄 ④ 퇴비

▪해설 문제 7 해설 참조

016 가연성 물질이 공기와 혼합되었을 경우 최소발화에너지가 가장 작을 것으로 추정되는 물질은?
① 아세틸렌 ② 에탄
③ 벤젠 ④ 헥산

017 수소의 최소 정전기 점화에너지는 일반적으로 몇 [mJ] 정도 되는가?
① 0.01[mJ] ② 0.02[mJ]
③ 0.2[mJ] ④ 0.3[mJ]

▪해설 (수소, 아세틸렌, 이황화탄소) 최소 정전기 점화에너지=0.02[mJ]

018 다음 중 최소착화에너지에 영향을 주는 요인이 아닌 것은?
① 온도 ② 농도
③ 압력 ④ 촉매

정답 : 013.④ 014.② 015.② 016.① 017.② 018.④

> **해설** 최소착화에너지에 영향을 주는 요인 : 온도, 압력, 농도(조성), 혼입물

019 최소발화에너지(MIE)에 대한 설명으로 틀린 것은?
① 수소, 이황화탄소는 작은 착화원에도 폭발이 용이하다.
② 온도, 압력이 높으면 최소착화에너지가 낮아지므로 위험도는 증가한다.
③ 연소속도가 클수록 MIE값은 크다.
④ 가연성 가스의 조성이 완전연소조성농도 부근일 경우 MIE는 최저가 된다.

020 등유의 공기 중 완전연소 조성농도를 구하면? (단, C_5H_{12}, C_6H_{14}, $C_{10}H_{22}$ 중 등유의 분자식을 찾아 적용하시오)
① 3.22 ② 1.33
③ 4.37 ④ 2.55

> **해설** 완전연소 조성농도 $C_{st} = \dfrac{100}{1+4.773\left(a+\dfrac{b-d-2c}{4}\right)}$
>
> [a : 탄소수, b : 수소수, c : 산소수, d : 할로겐원소수]
>
> 등유($C_{10}H_{22}$)의 완전연소 농도 $= \dfrac{100}{1+4.773\left(10+\dfrac{22-0-0}{4}\right)}$
>
> $= \dfrac{100}{1+4.773 \times 15.5} = 1.3336 ≒ 1.33$
>
> - C_5H_{12}(펜탄), C_6H_{14}(헥산), $C_{10}H_{22}$(등유)
>
> [탄소수에 따른 상태]
> - 기체 : 1~4개
> - 액체 : 5~17개
> - 고체 : 17개 이상
> - LPG : C_2 ~ C_4
> - 휘발유 : C_5 ~ C_9
> - 경유 : C_{15} ~ C_{20}

021 착화온도(착화점)가 가장 높은 물질은?
① 석탄 ② 프로판
③ 메탄 ④ 셀룰로이드

> **해설** 착화온도 : 석탄 - 400℃, 프로판 - 460~520℃, 메탄 - 537℃, 셀룰로이드 - 180℃

 정답 : 019.③ 020.② 021.③

예상문제

022 정전기에 의한 발화과정이 옳은 것은?
① 전하의 축적 – 방전 – 전하의 발생 – 발화
② 방전 – 전하의 축적 – 전하의 발생 – 발화
③ 전하의 발생 – 전하의 축적 – 방전 – 발화
④ 전하의 발생 – 방전 – 전하의 축적 – 발화

023 연소를 이루기 위한 열원으로서 전기에너지에 해당되지 않는 것은?
① 아크열
② 유도열
③ 마찰열
④ 저항열

해설 [점화원]
㉠ 화학적 에너지 : 연소열, 자연발열, 분해열, 용해열
㉡ 기계적 에너지 : 마찰열, 마찰스파크, 압축열
㉢ 전기적 에너지 : 저항가열(제품발열), 유도가열(전위차), 유전가열(누설전류), 아크가열(전기불꽃), 정전기가열, 낙뢰에 의한 발열
• 점화원이 될 수 있는 것 : 불씨, 불꽃, 고온표면, 단열압축, 마찰, 충격, 전기불꽃, 복사열, 자연발화, 정전기 등
• 점화원이 될 수 없는 것 : 단열팽창, 기화열, 증발열, 냉각열 등

024 증기밀도(Vapor Density) = $\dfrac{분자량}{\boxed{}}$ 이다. $\boxed{}$ 속에 알맞은 숫자는?
① 15
② 17
③ 25
④ 29

해설 증기밀도=증기비중

• 비중 = $\dfrac{측정\ 액 \cdot 고체의\ 밀도(\mathrm{kg/m^3})}{물의\ 밀도(\mathrm{kg/m^3})}$

• 증기비중 = $\dfrac{표준상태에서의\ 측정기체의\ 밀도}{표준상태에서의\ 공기의\ 밀도} = \dfrac{\dfrac{M_{기체}}{22.4}}{\dfrac{M_{공기}}{22.4}} = \dfrac{M_{기체}}{M_{공기}}$

$= \dfrac{M_{기체}}{29(공기분자량)}$

cf) 문제에서 $O_2=21\%$, $N_2=79\%$라는 조건이 주어진다면
$M_{공기} = (32 \times 0.21) + (28 \times 0.79) = 28.84$

정답 : 022.③ 023.③ 024.④

110 • PART 01. 소방원론

025 25[℃]에서 증기압이 76[mmHg]이고, 증기밀도가 2인 인화성 액체가 있다. 25[℃]에서 증기
    -공기의 밀도는? (단, 대기압은 760[mmHg]이다)
    ① 0.9   ② 1.0
    ③ 1.1   ④ 1.2

    해설 증기-공기 밀도 $= \dfrac{pd}{P_0} + \dfrac{P_0 - P}{P_0} = \dfrac{76 \times 2}{760} + \dfrac{760 - 76}{760} = 1.1$
         (P_0 : 대기압, p : 증기압, d : 증기밀도)

026 백열전구에서 발열하는 것은 무엇 때문인가?
    ① 아크열   ② 정전기열
    ③ 저항열   ④ 유도열

027 다음 용어 설명 중 적합하지 않은 것은?
    ① 자연발열이란 어떤 물질이 외부로부터 열의 공급을 받지 아니하고 온도가 상승하는 현상이다.
    ② 분해열이란 화합물이 분해할 때 발생하는 열을 말한다.
    ③ 용해열이란 어떤 물질이 분해될 때 발생하는 열을 말한다.
    ④ 연소열은 어떤 물질이 완전히 산화되는 과정에서 발생하는 열을 말한다.

028 다음 중 정전기 방지법 중 틀린 것은?
    ① 접지한다.
    ② 공기를 이온화한다.
    ③ 상대습도를 70[%] 이상으로 한다.
    ④ 열의 부도체를 사용한다.

    해설 [정전기 방지법]
         ㉠ 상대습도를 70% 이상으로 한다.
         ㉡ 공기를 이온화한다.
         ㉢ 접지를 한다.
         ㉣ 도체를 사용한다.
         ㉤ 유류 수송배관의 유속을 낮춘다.

정답 : 025.③ 026.③ 027.③ 028.④

예상문제

029 정전기에 대한 설명으로 옳은 것은?
① 정전기방전은 시간이 많이 소요된다.
② 가연성 물질을 발화시킬 수가 있다.
③ 많은 열을 발생시킨다.
④ 두 물질이 접촉하여 떨어질 때 양쪽 모두 전하가 축적되는 전기이다.

030 버너의 화염에서 혼합기의 유출속도가 연소속도를 상회할 때 일어나는 연소현상은?
① 역화(Back Fire)   ② 선화(Lift)
③ 블로우오프   ④ 천이영역

해설 [연소 시 발생하는 이상현상]
㉠ 불완전 연소 : 연소의 필요 요소 중 한 가지 이상 부적합하여 미연소
　대표적 생성물-CO, 그을음
㉡ 선화(Lifting) : 가스분출속도 > 연소속도
㉢ 역화(Back Fire) : 가스분출속도 < 연소속도
㉣ 블로오프(Blow Off) : 화염주위 공기의 유동이 심하여 불꽃이 노즐에 정착되지 못하고 떨어지면서 꺼지는 현상
㉤ 옐로우 팁(Yellow Tip) : 불꽃의 끝이 적황색이 되어 연소하는 현상. 보통 1차공기가 부족할 때 발생

031 다음의 반응식은 무엇을 설명하는가?

$$N_2 + \frac{1}{2}O_2 \rightarrow N_2O - Qkcal$$

① 산화반응을 하고 발열반응을 갖는 물질
② 산화반응을 하고 흡열반응을 갖는 물질
③ 산화반응을 하지 않고 발열반응을 갖는 물질
④ 산화반응, 환원반응이 동시에 일어나는 물질

032 정전기의 발생이 가장 적은 것은?
① 자동차를 장시간 주행하는 경우
② 위험물 옥외탱크에 석유류를 주입하는 경우
③ 공기 중의 습도가 높은 경우
④ 부도체를 마찰시키는 경우

정답 : 029.④ 030.② 031.② 032.③

033 석유류 제품 취급 시 정전기 발생이 증가하는 경우가 아닌 것은?
① 필터를 통과할 때
② 유속이 높을 때
③ 비전도성 부유물질이 적을 때
④ 와류가 형성될 때

034 실내에서 화재가 발생하였을 경우 처음 실내의 온도가 21[℃]에서 화재 시 실내의 온도가 650[℃]가 되었다면 이로 인하여 팽창된 공기의 부피는 처음의 약 몇 배가 되는가? (단, 대기압은 공기가 유통하여 화재 전이나 후가 거의 같다고 가정한다)
① 3배
② 6배
③ 9배
④ 12배

해설 [샤를의 법칙]

$$\frac{V}{T} = 일정, \quad \frac{V_1}{T_1} = \frac{V_2}{T_2} \quad (T: 절대온도, \ V: 기체의 체적)$$

sol> $\frac{V_1}{T_1} = \frac{V_2}{T_2} \rightarrow V_2 = \frac{T_2}{T_1} \times V_1 = \frac{(273+650)}{(273+21)} \times V_1 = 3.139 V_1 ≒ 3.14 V_1$

035 "압력이 일정할 때 기체의 부피는 온도에 비례하여 변화한다"라는 법칙과 관계가 있는 것은?
① 보일의 법칙
② 샤를의 법칙
③ 보일-샤를의 법칙
④ 뉴턴 제1법칙

해설 문제 34 해설 참조

036 소화의 원리에 해당하지 않는 것은?
① 산화제의 농도를 낮추어 연소가 지속될 수 없도록 한다.
② 가연성 물질을 발화점 이하로 냉각시킨다.
③ 가열원을 계속 공급한다.
④ 화학적인 방법으로 화재를 억제시킨다.

037 연소생성물인 일산화탄소(CO)를 1시간 정도 마셨을 때 사망에 이르게 하는 위험 농도는?
① 0.1%
② 0.2%
③ 0.3%
④ 0.4%

정답 : 033.③ 034.① 035.② 036.③ 037.④

해설 [일산화탄소(CO) 흡입 농도별 증상]
0.06% → 1시간 - 두통, 2시간 - 실신
0.1% → 1시간 - 실신, 4시간 - 사망
0.4% → 1시간 - 사망

038 소화방법 중 제거소화에 해당하지 않는 것은?
① 액체 연료탱크에 화재발생 시 다른 빈 탱크로 이송한다.
② 산림의 화재 시 불의 진행 방향을 앞질러 벌목하여 진화한다.
③ 알코올류화재에 다량의 물을 방사, 희석소화한다.
④ 가정의 방에 화재발생 시 담요로 화재면을 덮어씌운다.

039 포말로 연소물을 감싸거나 불연성 기체, 고체 등으로 연소물을 감싸 산소공급을 차단하는 소화방법은?
① 질식소화   ② 냉각소화
③ 피난소화   ④ 희석소화

040 질식소화를 할 경우 공기 중의 산소의 농도는?
① 1~5[%]   ② 5~10[%]
③ 10~15[%]   ④ 15~20[%]

해설 [최소산소농도(MOC : Minimum Oxygen Concentration)]
• 가연물이 연소하기 위하여 필요로 하는 최소한의 산소농도. 일반적인 가연물의 경우 15%
• 가연물의 종류에 따라 매우 작은 경우도 있다. 탄화수소의 경우 다음 식에 의한 추정이 가능
 MOC=산소의 몰수(mol수)×연소하한계

041 화재 초기에 연소가 활발하지 않고 연기가 많이 발생한 단계에서 연소에 참여하는 공기 중의 산소농도는 용적으로 몇 [%] 정도인가?
① 5~7   ② 8~10
③ 16~19   ④ 20~30

해설 화재 초기 단계에서 연소에 참여하는 공기중의 산소농도는 8~10%

정답 : 038.④ 039.① 040.③ 041.②

042 화재의 소화방법에 대한 설명으로 적당하지 않은 것은?
① 폭풍에 가까운 기류를 일으켜서 연소가 중단되게 한다.
② 물은 불에 닿을 때 증발하면서 열을 다량으로 흡수하여 소화하는 것이다.
③ 분말소화약제는 화재표면을 냉각해서 소화하는 것이다.
④ 할론가스는 독특한 화재 억제작용으로 소화작용을 한다.

해설 ① 블로오프 – 제거소화
② 냉각소화
③ 질식, 부촉매소화
④ 억제소화(부촉매소화)

【 화재의 소화방법 】

가연물	산소공급원	점화원	연쇄반응
↓	↓	↓	↓
제거소화 +희석소화	질식소화 +피복소화 +유화효과	냉각소화	부촉매(억제) 소화
물리적 소화			화학적 소화

043 주수소화 시 소화효과를 높이기 위한 방법은?
① 물줄기를 높은 곳에서 낮은 곳으로 방사
② 압력을 세게 하여 방사
③ 다량의 물을 한 번에 방사
④ 안개모양으로 분무하여 방사

해설 주수소화 시 가장 효과가 높은 것은 무상(안개모양)주수 (분무주수) : 질식, 냉각, 희석, 유화효과

044 목재화재 시 다량의 물을 뿌려 소화하고자 한다. 이때 가장 기대되는 소화효과는?
① 질식소화효과
② 냉각소화효과
③ 부촉매소화효과
④ 희석소화효과

정답 : 042.③ 043.④ 044.②

예상문제

045 화재를 소화하는 방법 중 물리적 방법에 의한 소화라고 볼 수 없는 것은?
① 연쇄반응의 억제작용에 의한 방법
② 냉각에 의한 방법
③ 혼합기체의 조성 변화에 의한 방법
④ 화염의 불안정화에 의한 방법

046 다음 중 알킬알루미늄의 소화에 적합한 소화제는?
① 마른 모래
② 분무상의 물
③ 포말
④ 이산화탄소

> 해설 금수성 물질 소화약제 → 마른모래

047 유전지대의 화재는 질소폭약을 투하해서 소화를 한다. 이렇게 소화하는 효과는?
① 제거효과
② 부촉매효과
③ 냉각효과
④ 유화효과

048 경유화재가 발생할 때 주수소화가 부적당한 이유는?
① 경유는 물보다 비중이 가벼워 물 위에 떠서 화재확대의 우려가 있으므로
② 경유는 물과 반응하여 유독가스를 발생하므로
③ 경유의 연소열로 인하여 산소가 방출되어 연소를 돕기 때문에
④ 경유가 연소할 때 수소가스를 발생하여 연소를 돕기 때문에

049 물의 소화효과(작용)와 가장 거리가 먼 것은?
① 냉각
② 희석
③ 억제
④ 유화

050 화재의 소화원리에 따른 소화방법의 적용이 잘못된 것은?
① 냉각소화 - 스프링클러설비
② 질식소화 - 이산화탄소소화설비
③ 제거소화 - 포소화설비
④ 억제소화 - 할로겐화합물소화설비

> 해설 포소화설비 → 질식소화

 정답 : 045.① 046.① 047.① 048.① 049.③ 050.③

051 질식효과가 있는 소화기가 아닌 것은?

① 포말소화기　　　　　　　② 분말소화기
③ 산, 알칼리소화기　　　　 ④ CO_2 소화기

해설 포말 · 분말 · CO_2 소화기 → 질식효과/산, 알칼리 소화기 → 냉각효과

[소화기의 종류별 적응화재]

소화기명	소화효과	적응화재
물	냉각효과(질식, 유화, 희석효과)	A급(무상일 때 B, C급)
포 말	질식효과(냉각, 유화, 희석효과)	A, B급
이산화탄소	질식효과(냉각효과)	B, C급
할 론	억제효과(질식효과, 냉각효과)	A, B, C급
청 정	할로겐화합물 : 억제효과(질식, 냉각효과) 불연성, 불활성 : 질식효과(냉각효과)	A, B, C급
분 말	억제효과(질식효과, 냉각효과)	B, C급(3종 : A, B, C급)
강화액	냉각효과(질식효과)	A급(무상일 때 B, C급)
산알칼리	냉각효과	A급

052 물이 냉각소화제로 효과가 가장 큰 이유는?

① 비열과 비점　　　　　　② 비열과 증발잠열
③ 기화열과 비점　　　　　④ 융점과 비열

해설 물이 냉각소화제로 효과가 가장 큰 이유 : 비열과 증발잠열
※ 물의 소화효과 : 냉각효과, 질식효과, 희석효과, 유화효과(분무주수시)
※ 물의 특성
　㉠ 물의 비열은 1kcal/kg℃로 다른 약제에 비해 매우 크다.
　㉡ 물의 증발잠열은 539kcal/kg이다.
　㉢ 얼음의 융해잠열은 80kcal/kg이다.
　　 (잠열 : 상태변화 ○, 온도변화 × - 잠열량 $Q = m \cdot \gamma$)
　　 (현열 : 상태변화 ×, 온도변화 ○ - 현열량 $Q = m \cdot c \cdot \Delta T$)
　㉣ 액체의 물이 기화 시 약 1,700배의 수증기가 된다.
　　 → 상대적으로 주변 산소농도 저하 → 질식효과
　㉤ 겨울철에 동결의 우려가 있으므로 동결방지조치를 강구해야 한다.
　㉥ 인체에 독성이 없고 쉽게 구할 수 있다.
　　　⑩ 물의 비열 = 1 kcal/kg℃
　　　　 얼음의 비열 = 0.5 kcal/kg℃
　　　　 수증기의 비열 = 0.44kcal/kg℃

정답 : 051.③　052.②

예상문제

053 가연성 액체의 화재나 유류화재 시 물로 소화할 수 없는 이유로서 옳은 것은?
① 인화점이 강하다.
② 연소면을 확대
③ 수용성으로 인한 인화점의 상승
④ 발화점이 강하다.

054 물의 소화능력에 관한 설명 중 틀린 것은?
① 다른 물질보다 비열이 크다.
② 다른 물질보다 융해잠열이 크다.
③ 밀폐된 장소에서 증발가열하면 산소희석작용을 한다.
④ 다른 물질보다 증발잠열이 크다.

055 소화기의 소화능력 시험에 관한 기준 중 옳은 것은?
① A급 화재용 소화기의 소화능력 단위시험을 목재와 휘발유를 대상으로 한다.
② B급 화재용 소화기의 소화능력 단위시험을 휘발유와 중유를 대상으로 한다.
③ 소화기를 조작하는 사람은 안전을 위해서 방화복을 착용한다.
④ 소화기의 소화능력단위시험은 무풍상태와 사용상태에서 실시한다.

> **해설** ② 중유 ×
> ③ 방화복착용 ×

056 소화기의 가압 방식에 의한 분류 중 축압식의 충전가스는?
① N_2　　　　　　　　　② C_3H_8
③ O_2　　　　　　　　　④ H_2

057 가연물의 소화에 관한 설명으로 옳지 않은 것은?
① 물 1[g]은 약 1,700배의 수증기를 발산시키므로 수증기에 의한 질식효과를 이용하여 소화한다.
② 물의 증발로 인한 열의 흡수효과로 소화한다.
③ 가연물의 발화점 이하로 주수냉각 소화시킨다.
④ 물을 주수하는 방법에는 직사주수, 분무주수로 대별한다.

정답 : 053.② 054.② 055.①,④ 056.① 057.④

해설 물의 방사형태(물을 주수하는 방법)
  ㉠ 직사(봉상)주수 : 옥내소화전, 옥외소화전설비의 노즐에 의한 방사와 같이 **대량의 물을 방사**하는 방사형태
  ㉡ 적상(우상)주수 : 스프링클러설비의 헤드를 통한 방사와 같이 **빗방울형태로 방사**하는 방사형태
  ㉢ 무상(분무)주수 : 물분무소화설비 헤드를 통한 방사와 같이 물 입자를 **안개모양으로 미세하게 방사**하는 형태
  ㉣ 분무주수의 물 입자는 매우 미세하기 때문에 냉각효과 및 질식효과가 뛰어나며 **전기절연성도 우수하여 전기화재에도 사용 가능**

058 소화약제인 물을 소화제로 사용하는 가장 큰 이유는?
① 용해열로 가연물을 냉각시킬 수 있으므로
② 기화열로 가연물을 냉각시킬 수 있으므로
③ 손쉽게 구할 수 없고 사용시 인체에 해가 없기 때문에
④ 가격이 싸기 때문에

059 물의 소화효과를 크게 하기 위한 방법으로 가장 타당한 것은?
① 강한 압력으로 방사한다.
② 대량의 물을 단시간에 방사한다.
③ 안개처럼 분무상으로 방사한다.
④ 분무상과 봉상을 교대로 방사한다.

060 소화기 중 대형소화기에 충전하는 소화약제의 양이 잘못 연결된 것은?
① 물소화기 : 80[L] 이상
② 강화액소화기 : 60[L] 이상
③ 이산화탄소소화기 : 40[kg] 이상
④ 할로겐화합물소화기 : 30[kg] 이상

해설 대형소화기 → 능력단위 : A급 10단위 이상, B급 20단위 이상으로 운반대와 바퀴가 설치된 것(#소형소화기 : A, B급 화재용 소화기의 능력단위 1 이상)

【 대형소화기의 소화약제 종류별 충전량 】

충전재	충전용량	충전재	충전용량
물	80L	CO_2	50kg
강화액	60L	할론	30kg
포	20L	분말	20kg

정답 : 058.② 059.③ 060.③

예상문제

061 소화기 분류 중 대형소화기일 때 A급 화재의 능력단위는 몇 단위 이상인가?
① 10단위 ② 20단위
③ 30단위 ④ 40단위

해설 문제 60 해설 참조

062 대형소화기의 충전된 소화약제의 양이 맞지 않는 것은?
① 포 : 20[L] ② 강화액 : 60[L]
③ 할로겐화합물 : 30[kg] ④ 이산화탄소 : 20[kg]

해설 문제 60 해설 참조

063 물분무소화설비가 적용되지 않는 소방대상물은 어느 것인가?
① 알칼리금속류 ② 질산나트륨
③ 아세톤 ④ 질산에스테르류

해설 물분무소화설비가 적용되지 않는 소방대상물 → 금수성 물질(제3류 위험물 참조)
① 알칼리금속류 – 금수성
② 질산나트륨 – 제1류 위험물
③ 아세톤 – 제4류 위험물
④ 질산에스테르류 – 제5류 위험물

064 산 · 알칼리소화기의 화학반응식은?
① $6NaHCO_3 + Al_2(SO_4)_3 \cdot 18H_2O \rightarrow Na_2SO_4 + 2Al(OH)_3 + 18H_2O + 6CO_2 \uparrow$
② $H_2SO_4 + 2NaHCO_3 \rightarrow Na_2SO_4 + 2H_2O + 2CO_2 \uparrow$
③ $2NaHCO_3 \rightarrow Na_2CO_3 + H_2O + CO_2 \uparrow$
④ $H_2SO_4 + H_2O + K_2CO_3 \rightarrow K_2SO_4 + 2H_2O + CO_2 \uparrow$

해설
① $6NaHCO_3 + Al_2(SO_4)_3 \cdot 18H_2O \rightarrow Na_2SO_4 + 2Al(OH)_3 + 18H_2O + 6CO_2 \uparrow$: 화학포소화기
② $H_2SO_4 + 2NaHCO_3 \rightarrow Na_2SO_4 + 2H_2O + 2CO_2 \uparrow$: 산 · 알칼리소화기
③ $2NaHCO_3 \rightarrow Na_2CO_3 + H_2O + CO_2 \uparrow$: 1종 분말소화기
④ $H_2SO_4 + H_2O + K_2CO_3 \rightarrow K_2SO_4 + 2H_2O + CO_2 \uparrow$: 강화액소화기

065 강화액소화기(무상주수)가 적용되는 화재가 아닌 것은?
① A급 ② B급
③ C급 ④ D급

정답 : 061.① 062.④ 063.① 064.② 065.④

해설 강화액소화기(무상주수)는 A급 외에 B, C급 화재에도 적응성이 있다(A급 – 일반화재, B급 – 유류화재, C급 – 전기화재, D급 – 금속화재, E급 – 가스화재, K급 – 식용유화재).

066 다음 중 강화액소화기의 사용온도 범위로 가장 적합한 것은?

① -20[℃] 이상 40[℃] 이하
② -30[℃] 이상 40[℃] 이하
③ -10[℃] 이상 50[℃] 이하
④ 0[℃] 이상 50[℃] 이하

해설 강화액소화기 사용온도 범위 : -20℃ 이상 40℃ 이하 일반소화기 : 0℃ 이상 40℃ 이하

067 강화액소화약제의 형식승인기준 응고점은 몇 도 이하이어야 하는가?

① -5[℃]
② -10[℃]
③ -15[℃]
④ -20[℃]

해설 강화액소화약제 형식승인기준 응고점 : -20℃ 이하

068 물분무소화설비로 제4류 위험물(비수용성)에 소화시 기대할 수 없는 소화작용은?

① 질식작용
② 냉각작용
③ 희석작용
④ 유화작용

해설 물분무소화설비로 수용성일 경우 희석효과에 해당한다.

069 다음은 포소화설비의 소화작용에 대한 것이다. 주된 소화작용은?

① 질식작용
② 희석작용
③ 유화작용
④ 피복작용

070 다음 소화약제의 소화작용으로 잘못 연결된 것은?

① 분말 – 질식, 부촉매작용
② 할론 – 질식, 부촉매작용
③ 화학포 – 질식, 부촉매작용
④ 물 – 냉각작용

해설 문제 51 해설 [소화기의 종류별 적응화재] 참조

071 포소화약제로 사용할 수 없는 것은 어느 것인가?

① 내알코올포소화약제
② 합성계면활성제포소화약제
③ 수성막포소화약제
④ 이산화탄소소화약제

정답 : 066.① 067.④ 068.③ 069.① 070.③ 071.④

예상문제

해설
- 화학포 : 탄산수소나트륨($NaHCO_3$)과 황산알루미늄수용액($Al_2(SO_4)_3 \cdot 18H_2O$)에 포안정제로 카세인, 젤라틴, 샤포닝, 계면활성제를 첨가한 것으로 화학반응에 의해 포를 생성

$$6NaHCO_3 + Al_2(SO_4)_3 \cdot 18H_2O \rightarrow 3Na_2SO_4 + 2Al(OH)_3 + 6CO_2 + 18H_2O$$

- 기계포(공기포) 분류
  ㉠ 소화약제 주성분에 따른 구분 : 수성막포/단백포/불화단백포/합성계면활성제포/알콜포 (수용성)
  ㉡ 팽창비에 따른 구분
  • 저팽창포 : 팽창비가 20 이하인 포
  • 고팽창포 : 팽창비가 80 이상 1,000 미만인 포

구 분	팽창비
제1종 기계포	80 이상 250 미만
제2종 기계포	250 이상 500 미만
제3종 기계포	500 이상 1,000 미만

팽창비

$$팽창비 = \frac{방출\ 후\ 포의\ 체적}{방출\ 전\ 포수용액의\ 체적}$$

072 화학포소화기의 사용온도 범위는?

① 0~20[℃] ② 0~30[℃]
③ 0~40[℃] ④ 5~40[℃]

해설 문제 71 해설 참조

073 변전실 화재의 소화제로 적당하지 않은 것은?

① 이산화탄소 ② 포
③ 분말 ④ 할로겐화합물

해설 문제 71 해설 참조

074 포말의 화학포소화기의 반응식은?

① $6NaHCO_3 + Al_2(SO_4)_3 \cdot 18H_2O \rightarrow 2Al(OH)_3 + 3Na_2SO_4 + 6CO_2 + 18H_2O$
② $2NaHCO_3 \rightarrow Na_2CO_3 + CO_2 + H_2O$
③ $NH_4H_2PO_4 \rightarrow HPO_3 + NH_3 + H_2O$
④ $2NaHCO_3 + H_2SO_4 \rightarrow Na_2SO_4 + CO_2 + H_2O$

해설 문제 71 해설 참조

정답 : 072.③ 073.② 074.①

075 다음 설명 중 옳지 못한 것은?
① 지방산 화재 시의 소화약제로는 중탄산나트륨이 효과적이다.
② 금속분의 화재 시에 대한 소화로 주수에 의한 방법은 오히려 위험하다.
③ 제4류 위험물 화재 시의 소화방법으로는 분무주수나 수용성의 액체로는 화학포소화약제가 적당하다.
④ 이산화탄소가스는 부촉매효과와는 관련이 없다.

해설 ③ 제4류 위험물 화재 시의 소화방법으로는 분무주수나 수용성의 액체로는 **알코올포**가 적당하다.

076 이산화탄소소화설비의 소화작용이 아닌 것은?
① 질식작용
② 냉각작용
③ 피복작용
④ 부촉매작용

해설 이산화탄소의 소화효과 : 질식효과, 냉각효과, 피복효과

077 CO_2소화기의 구조에 대한 설명 중 틀린 것은?
① CO_2가스를 가압하여 고압, 기상의 상태로 저장되어 있다.
② 제5류 위험물에는 적응성이 없다.
③ 본체 용기는 고압가스 취급법에 따라 용기증명이 있는 것을 사용하여야 한다.
④ 용기 보관은 직사 일광을 피해서 저장, 배치하는 것이 좋다.

해설 ① 액상 상태로 저장되어 있다.

078 탄산가스소화기의 소화약제에 함유된 수분의 양은 얼마를 초과하지 말아야 하는가?
① 0.05[%]
② 0.5[%]
③ 0.1[%]
④ 1[%]

해설 CO2의 순도 : CO_2 소화약제의 순도는 99.5% 이상, 수분함량은 0.5% 이하이어야 한다.

079 다음 중 여과망을 설치하지 않아도 되는 것은?
① 가압식 물소화기
② Halon1301소화기
③ 화학포소화기
④ 산·알칼리소화기

해설 여과망은 수(水)계열(액체계열) 소화기에만 해당한다.

정답 : 075.③ 076.④ 077.① 078.② 079.②

예상문제

080 할로겐화합물소화약제의 특성 중 맞지 않는 것은?

① 전기 절연성이 크다.
② 무색, 무취이다.
③ 독성이 없다.
④ 매우 안정한 화합물로서 변색, 분해, 부식에 대해서도 우수하다.

> 해설 [할론 약제의 공통 특성]
> ㉠ 화학적 부촉매작용에 의한 억제작용으로 소화효과가 크다.
> ㉡ 전기의 불량도체로 전기화재에 우수한 소화효과가 있다.
> ㉢ 약제의 변질 및 분해가 없다.
> ㉣ 금속에 대한 부식성이 비교적 적다.

081 할로겐화합물소화기는 연소의 어느 요소를 제거함으로써 소화작용을 하는가?

① 점화에너지   ② 가연물
③ 산화제   ④ 연쇄반응

082 할로겐화합물소화기의 소화효과가 아닌 것은?

① 질식   ② 냉각
③ 부촉매   ④ 희석

> 해설 [할론약제의 소화효과] 주된효과
> ㉠ 억제효과 : 화재면에 방사시 열분해에 의한 라디칼 생성, 가연물과 <u>산소의 반응을 억제</u>하는 효과에 의한 소화 작용이 있다.
> ㉡ 냉각효과 : 고압의 할론이 방사되면서 <u>줄-톰슨효과</u>에 의한 저온상태로 방사, 열분해 반응 시 필요한 에너지에 의하여 주변온도를 떨어뜨리는 냉각작용이 있다.
> ㉢ 질식효과 : 화재실에 방사 시 상대적으로 산소의 농도를 떨어뜨려 연소반응을 저해시키는 기능이 있다.

083 소화기의 방사성능에 관한 설명 중 적합하지 않은 것은?

① 방사시간은 20[℃]에서 충전 소화약제의 중량이 1[kg]을 초과하는 것은 8초 이상이어야 한다.
② 방사압력은 0.1[MPa] 이상이어야 한다.
③ 방사거리는 소화에 유효한 거리를 유지하여야 한다.
④ 충전된 소화약제 용량의 90[%] 이상의 양이 방사되어야 한다.

> 해설 소화기 방사압력에 대한 기준은 없음.

정답 : 080.③ 081.④ 082.④ 083.②

084 통신기기실의 소화설비에 가장 적합한 것은?
① 스프링클러설비 ② 옥내소화전설비
③ 분말소화설비 ④ 할로겐화합물소화설비

085 부촉매소화효과를 나타낼 수 있는 소화기는?
① 분말소화기 ② CO_2 소화기
③ 산・알칼리소화기 ④ 포말소화기

해설 부촉매소화효과를 나타낼 수 있는 소화기는 할론소화기와 분말소화기 두 종류가 있다.
※ 문제 51 해설 참조

086 다음 중 TLV(Threshold Limit Value)에 대한 설명으로 옳은 것은?
① 독성 물질의 섭취량과 인간에 대한 그 반응정도를 나타내는 관계에서 손상을 입히지 않는 농도 중 가장 큰 값
② 실험쥐의 50%를 사망시킬 수 있는 물질의 양
③ 실험쥐의 50%를 사망시킬 수 있는 물질의 농도
④ 실험쥐의 50%를 10분 이내에 사망시킬 수 있는 허용농도

해설 TLV(Threshold Limit Value) : 독성 물질의 섭취량과 인간에 대한 그 반응정도를 나타내는 관계에서 손상을 입히지 않는 농도 중 가장 큰 값
• LD_{50} : 실험쥐의 50%를 사망시킬 수 있는 물질의 양
• LC_{50} : 실험쥐의 50%를 사망시킬 수 있는 물질의 농도

087 제2종 분말소화약제인 중탄산칼륨($KHCO_3$)은 어떤 색상으로 착색되어 있는가?
① 백색 ② 담자색
③ 담홍색 ④ 회색

해설 제2종분말은 담자색으로 착색

정답 : 084.④ 085.① 086.① 087.②

예상문제

【 분말소화약제의 종류 및 특징 】

약제종류	주성분	열분해 반응식	착색	적응화재
제1종 분말	탄산수소나트륨 ($NaHCO_3$)	$2NaHCO_3 \xrightarrow{\triangle} Na_2CO_3 + CO_2 + H_2O - Q$ kcal	백색	B, C급
제2종 분말	탄산수소칼륨 ($KHCO_3$)	$2KHCO_3 \xrightarrow{\triangle} K_2CO_3 + CO_2 + H_2O - Q$ kcal	보라색 (담자색)	B, C급
제3종 분말	인산암모늄 ($NH_4H_2PO_4$)	$NH_4H_2PO_4 \xrightarrow{\triangle} NH_3 + HPO_3 + H_2O - Q$ kcal ★ 제3종분말이 A급화재에도 적응성이 있는 이유는 HPO_3(메타인산)의 **방진작용** 때문	핑크색 (담홍색)	A, B, C급
제4종 분말	탄산수소칼륨+요소 ($KHCO_3 + NH_2CONH_2$)	$2KHCO_3 + NH_2CONH_2 \xrightarrow{\triangle}$ $2NH_3 + K_2CO_3 + 2CO_2 - Q$ kcal	회색	B, C급

※ B급 화재 시 가장 소화효과가 큰 것은 → 제4종분말

088 제1종 분말인 중탄산나트륨(중조, 탄산수소나트륨)의 열분해시 생성되는 가스는?

① CO
② CO_2
③ NH_3
④ N_2

해설 제1종분말 열분해 시 생성되는 가스는 CO_2

089 가스가압식 분말소화기의 봄베에 충전하는 가스는?

① 질소
② 이산화탄소
③ 공기
④ 일산화탄소

해설 [가압방식에 의한 구분]
㉠ 축압식 : 소화기에 분말약제를 넣고 소화약제 방출원으로 **질소가스(N_2)**를 충전. **압력계 (황-녹-적)가 부착**되어 있다.
주로 ABC분말소화기에 사용되며 상용압력은 7.0~9.8kgf/cm²이다.
㉡ 가압식 : 소화기에 분말약제를 넣고 소화기 내부의 별도 용기 속에 소화약제 방출원으로 **탄산가스(CO_2)**를 넣어 충전하는 방식으로 주로 BC분말소화기 및 ABC분말소화기에 사용

090 다음 중 소화기의 가압용 가스용기를 검정받을 때 실시하는 시험 종류가 아닌 것은?

① 수압시험
② 파괴압시험
③ 압괴시험
④ 작용봉판의 강도시험

해설 [소화기 가압용 가스용기 점검 시험 종류]
㉠ 파괴압시험

정답 : 088.② 089.② 090.①

　　　　ⓒ 압괴시험
　　　　ⓒ 작용봉판의 강도시험
　　　　ⓔ 내압시험
　　　　ⓜ 기밀시험

091 호스를 반드시 부착하여야 하는 소화기는?
① 소화약제의 중량이 5kg 미만인 강화액소화기
② 소화약제의 중량이 4kg 미만인 할로겐화물소화기
③ 소화약제의 중량이 3kg 미만인 이산화탄소소화기
④ 소화약제의 중량이 2kg 미만의 분말소화기

092 A, B, C급 분말소화기의 주성분은?
① $NaHCO_3$
② $KHCO_3$
③ $NH_4H_2PO_4$
④ $KHCO_3 + (NH_2)_2CO$

해설 A, B, C급 분말소화기 → 제3종분말소화기. 제3종분말의 주성분은 인산암모늄($NH_4H_2PO_4$)

093 제1종 분말소화약제의 열분해반응식은?
① $2NaHCO_3 \rightarrow Na_2CO_3 + CO_2 + H_2O$
② $KHCO_3 \rightarrow K_2CO_3 + CO_2 + H_2O$
③ $NH_4H_2PO_4 \rightarrow HPO_3 + NH_3 + H_2O$
④ $2KHCO_3 + (NH_2)_2CO \rightarrow K_2CO_3 + 2NH_3 + 2CO_2$

해설 제1종 분말소화약제의 열분해반응식 : $2NaHCO_3 \rightarrow Na_2CO_3 + CO_2 + H_2O - Q\,kcal$

094 분말소화기의 사용온도 범위는?
① 0~40[℃]
② 5~40[℃]
③ 10~40[℃]
④ -20~40[℃]

해설 강화액소화기와 분말소화기의 사용온도 범위 : -20℃ 이상 40℃ 이하

095 밀폐된 공간에 화재발생 시 사용하는 소화약제로 유독가스를 발생하는 것은?
① 분말
② 이산화탄소
③ 강화액
④ 사염화탄소

정답 : 091.① 092.③ 093.① 094.④ 095.④

예상문제

> **해설**
> - CCl₄ : 사염화탄소
> - 할론1040(CCl₄) : 무색 투명하고 특이한 냄새가 있는 불연성 액체로 증기 자체에도 독성이 있으며 반응에 의해서도 맹독성 가스인 **포스겐(COCl₂)**을 생성시킨다.

096 다음 설명 중 옳지 않은 것은?

① 포말 또는 무상의 강화액소화약제는 유화소화작용을 갖는다.
② LNG는 LPG에 비해 연소열이 높아 청정연료로 많이 사용되고 있다.
③ 고무류, 면화류 등의 특수가연물 화재에 적합한 소화약제로는 제1종 분말, 할로겐화합물 소화약제가 효과적이다.
④ 철근콘크리트조 또는 철골철근콘크리트조로 된 계단은 건축물의 내화구조와 관계가 있다.

> **해설** ③ 고무류, 면화류 등의 화재는 A급 화재이므로, 적합한 소화약제는 제3종분말이다.

097 자동차용 소화기로 설치할 수 없는 소화기는?

① 분말소화기
② 산·알칼리소화기
③ 포말소화기
④ 할로겐화합물소화기

> **해설** [자동차용 소화기의 종류]
> ㉠ 분말소화기
> ㉡ 포말소화기
> ㉢ 할로겐화합물소화기
> ㉣ 강화액소화기(안개모양)
> ㉤ 이산화탄소소화기

098 사염화탄소(CCl₄)를 소화제로 사용하지 않게 된 주요 이유는?

① 물질에 대한 부식성
② 유독가스 발생
③ 전기전도성
④ 공기보다 비중이 큼

> **해설** 문제 95 해설 참조

099 소화기 사용방법 중 잘못된 것은?

① 적응화재에만 사용한다.
② 성능에 따라서 불에서 떨어져서 사용한다.
③ 바람을 등지고 풍상에서 풍하로 사용한다.
④ 양옆으로 비로 쓸듯이 골고루 사용한다.

정답 : 096.③ 097.② 098.② 099.②

해설 [소화기의 사용방법]
㉠ 소화기는 적응화재에만 사용한다.
㉡ 성능에 따라 화점 가까이 접근하여 사용한다.
㉢ 소화 시는 바람을 등지고 풍상에서 풍하의 방향으로 방사한다.
㉣ 소화 작업은 양옆으로 비로 쓸 듯이 골고루 소화약제를 방사한다.

100 소화기 설치장소 중 바르지 않은 것은?
① 통행 또는 피난에 지장을 주지 않는 장소
② 사용시 방출이 용이한 장소
③ 장난을 방지하기 위하여 사람들의 눈에 띄지 않는 장소
④ 위험물 등 각 부분으로부터 규정된 거리 이내의 장소

101 이산화탄소에 의한 질식소화를 시킬 때 소화를 위한 한계 산소량은 최대 몇 [%] 이하 정도인가?
① 5[%] ② 7[%]
③ 11[%] ④ 14[%]

해설 질식소화 시 최소산소농도 15% 이하로 떨어뜨린다.

102 프로판 10kg을 완전 연소시키는데 필요한 공기의 체적은 몇 m³인가?
① 12.1m³ ② 121m³
③ 44.8m³ ④ 448m³

해설 프로판 10kg을 완전연소 시키는데 필요한 공기의 체적(m³)
예 지방족 탄화수소의 완전연소

구 분	화학식	완전연소 반응식	연소반응식 의미 예 프로판
메탄(methane)	CH_4	$CH_4 + 2O_2 \rightarrow CO_2 + 2H_2O + Q\text{kcal}$	프로판 1mol이 연소하기 위해서는 산소가 5mol이 필요하고(프로판과 산소 결합비) 이 반응으로 인해 CO_2 3mol과 H_2O 4mol이 생성되면서 발열한다.
에탄(ethane)	C_2H_6	$C_2H_6 + \frac{7}{2}O_2 \rightarrow 2CO_2 + 3H_2O + Q\text{kcal}$	
프로판(propane)	C_3H_8	$C_3H_8 + 5O_2 \rightarrow 3CO_2 + 4H_2O + Q\text{kcal}$	
부탄(butane)	C_4H_{10}	$C_4H_{10} + \frac{13}{2}O_2 \rightarrow 4CO_2 + 5H_2O + Q\text{kcal}$	

정답 : 100.③ 101.④ 102.②

예상문제

원 자	H	C	N	O	F	Cl	Ar	Br
원자량	1	12	14	16	19	35.5	40	80
분 자	H_2	O_2	N_2	CO_2	H_2O	CF_2Br		
분자량 (kg/kmol)=(g/mol)	2	32	28	44	18	149		

☞ C_3H_8의 분자량 M = 44

sol> 프로판 완전연소식 $C_3H_8 + 5O_2 \rightarrow 3CO_2 + 4H_2O + Q$kcal

프로판 10kg 연소 → $\frac{10}{40}$kmol이 연소

이때 필요한 O_2의 몰수=$\frac{10}{44} \times 5$kmol(완전연소식에서 프로판과 산소의 결합비율이 1 : 5)

여기서 필요한 O_2의 체적=$\frac{10}{44} \times 5$kmol$\times \frac{22.4m^3}{1kmol}$(공기 100% 중 산소 21%의 체적)

ⓘ 아보가드로의 법칙 : 모든 기체는 표준상태(0℃, 1atm)에서 1kmol은 $22.4m^3$의 부피를 갖는다.(=1mol은 22.4L)

필요한 공기의 체적은=$\frac{10}{44} \times 5$kmol$\times \frac{22.4m^3}{1kmol} \times \frac{1}{0.21}$(공기의 체적=100%, 공기 중 산소의 체적은 21%)=$121.21m^3 ≒ 121m^3$

103 수소 1kg이 완전연소할 때 생성되는 수증기는 몇 kmol인가?

① 0.5kmol
② 1kmol
③ 1.5kmol
④ 2kmol

해설 수소의 완전연소 반응식

$H_2 + \frac{1}{2}O_2 \rightarrow H_2O + Q$kcal $H_2 : O_2 : H_2O = 1 : \frac{1}{2} : 1$

$2H_2 + O_2 \rightarrow 2H_2O + Q$kcal

- 수소의 분자량=2kg/kmol에서 수소 1kg이 완전연소 → 수소 0.5kmol이 완전연소한다는 뜻 → 산소 0.25kmol이 필요하고 생성되는 H_2O는 **0.5kmol**이다.

104 프로판 5L가 완전 연소 시 생성되는 이산화탄소의 부피는 표준상태에서 몇 L인가?

① 5L
② 10L
③ 15L
④ 20L

해설 프로판 완전연소 반응식 $C_3H_8 + 5O_2 \rightarrow 3CO_2 + 4H_2O + Q$kcal
↳ $C_3H_8 : O_2 : CO_2 : H_2O = 1 : 5 : 3 : 4$
프로판 5L 연소 시 $C_3H_8 : O_2 : CO_2 : H_2O = 5 : 25 : 15 : 20$
∴ CO_2 부피는 **15L**

정답 : 103.① 104.③

105 화재의 정의라고 할 수 없는 것은?

① 인간이 이를 제어하여 인류의 문화, 문명의 발달을 가져오게 한 근본적인 존재를 말한다.
② 불이 그 사용목적을 넘어 다른 곳으로 연소하여 사람들의 예기치 않은 경제상의 손해를 발생하는 현상을 말한다.
③ 자연 또는 인위적인 원인에 의하여 불이 물체를 연소시키고 인명과 재산의 손해를 주는 현상을 말한다.
④ 사람의 의도에 반(反)하여 출화(出火) 또는 방화에 의하여 불이 발생하고 확대하는 현상을 말한다.

해설 [화재의 정의]
화재란 인간의 통제를 벗어난 광적인 연소 확대 현상으로 사람의 의도에 반하거나 고의에 의해서 발생하여 인명 및 재산의 피해를 주는 것. 우리나라의 경우 외국에 비하여 발생건수 및 재산피해는 비교적 적은 반면 인명피해가 큰 특징을 가지고 있다.

106 다음은 화재의 원인에 대한 설명이다. 틀린 것은?

① 열전도율이 클수록 불에 타기 쉽다.
② 화학적 친화력이 클수록 불에 타기 쉽다.
③ 온도가 높을 때에는 화재가 잘 일어난다.
④ 산소의 농도가 16[%] 이상일 때 연소가 잘 된다.

107 화재예방을 위해 위험성 평가(안전성 평가), 예방진단, 안전관리 등을 실시하고 있는데, 이는 다음 중 어느 것의 사전대책에 해당되는가?

① 원인계(原因系) ② 현상계(現像系)
③ 결과계(結果系) ④ 방호계(防護系)

108 산불화재의 유형이 아닌 것은?

① 지표화(地表火) ② 지면화(地面火)
③ 수관화(樹冠火) ④ 수간화(樹幹火)

해설 [산불화재의 유형]
㉠ 지표화(地表火) – 낙엽연소
㉡ 수관화(樹冠火) – 나뭇가지연소
㉢ 수간화(樹幹火) – 나무기둥연소
㉣ 지중화 – 바닥의 썩은나무연소

 정답 : 105.① 106.① 107.① 108.②

예상문제

【 화재의 종류 및 특징 】

가연물의 종류에 따라 화재를 분류하면 다음과 같다.

화재의 분류		소화기 표시색	소화방법	특 징
A급	일반화재	백 색	냉각효과	① 백색 연기 발생 ② 연소 후 재를 남김
B급	유류화재	황 색	질식효과	① 검은색 연기 발생 ② 연소 후 재가 없음 ③ 정전기로 인한 착화 가능성 있음
C급	전기화재	청 색	질식효과	통전 중인 전기시설물이 점화원의 기능을 함
D급	금속화재	-	건조사 피복	금속이 열을 생성
E급	가스화재	-	질식효과	재를 남기지 않음
K급	주방화재	-	질식, 냉각	식용유 화재

109 화재의 종류에 따른 가연물로 틀린 것은?

① 일반화재 – 목재, 고무, 섬유, 종이
② 유류화재 – 등유, 가솔린, 에틸알코올, 시안화수소
③ 금속화재 – 나트륨, 칼륨, 마그네슘, 유황
④ 가스화재 – LNG, LPG, 도시가스, 메탄

110 연소물에 의한 분류에서 A급 화재에 속하는 것은?

① 유류   ② 목재
③ 전기   ④ 가스

해설 A급 일반화재 : 목재, 고무, 섬유, 종이 등

111 유류화재를 일으키는 물질이 아닌 것은?

① 가솔린   ② 에테르
③ 나트륨   ④ 페놀

해설 ③ 나트륨 – D급 금속화재

112 알코올화재에 대한 설명으로 옳지 않은 것은?

① 연소 시 발열량이 비교적 크다.   ② 포소화약제로 소화가 가능하다.
③ 물분무로 소화가 가능하다.   ④ 화염이 없고 화재가 급격히 진행된다.

 정답 : 109.③ 110.② 111.③ 112.④

해설 알코올화재 시에도 화염이 발생한다.

113 전기화재의 원인으로 볼 수 없는 것은?

① 승압에 의한 발화
② 과전류에 의한 발화
③ 누전에 의한 발화
④ 단락에 의한 발화

해설 [전기화재(C급)의 발생원인]
㉠ 단락에 의한 발화
㉡ 과부하(과전류)에 의한 발화
㉢ 정전기에 의한 발화
㉣ 낙뢰에 의한 발화
㉤ 접속기 과열에 의한 발화
㉥ 전기불꽃에 의한 발화
㉦ 누전에 의한 발화

114 전기화재는 몇 급 화재인가?

① A급
② B급
③ C급
④ D급

해설 문제 113 해설 참조

115 D급 화재란 다음 중 어느 것을 의미하는가?

① A·B급 화재 또는 A·C급 화재 등의 복합화재
② 모든 화재 중 인명 손실이 있는 화재
③ 선박화재 또는 임야화재 등의 특수화재
④ 가연성 금속화재

해설 D급 화재 : 금속화재

116 금속화재를 일으킬 수 있는 금속, 분진의 양으로 적합한 것은?

① 30~80[mg/L]
② 25~180[mg/L]
③ 60~80[mg/L]
④ 40~160[mg/L]

해설 금속화재를 일으킬 수 있는 금속, 분진의 양 : 30~80[mg/L]

정답 : 113.① 114.③ 115.④ 116.①

예상문제

117 금속화재 시 물과 반응하면 주로 발생하는 가스는?
① 질소
② 수소
③ 이산화탄소
④ 일산화탄소

해설 $2K + 2H_2O \rightarrow 2KOH + H_2 \uparrow$ / $2Na + 2H_2O \rightarrow 2NaOH + H_2 \uparrow$

118 화재로 인한 피해는 직접 피해와 간접피해로 나눌 수 있다. 간접피해에 속하는 것은?
① 소화수에 의한 설비피해
② 인명피해
③ 업무중지에 의한 피해
④ 내장재료의 피해

119 다음 중 화재와 관계없는 것은?
① 전기용접 온도 : 3,000~4,000[℃]
② 촛불 : 1,400[℃]
③ 목재화재 : 1,200~1,300[℃]
④ 기화온도 : 100[℃]

120 다음 설명 중 옳은 것은?
① PVC나 폴리에틸렌의 저장창고에서 발생한 화재는 D급 화재이다.
② 탄화칼슘은 물과 반응하여 가연성 가스인 수소를 발생하며, 발열한다.
③ 가연물질의 연소색상 중 가장 낮은 온도는 일반적으로 암적색이다.
④ 우리나라의 화재발생 건수를 발생 장소별로 구분할 때 그 빈도수가 가장 높은 곳은 사무실건물이다.

해설
① A급
② $CaC_2 + H_2O \rightarrow CaO + C_2H_2 \uparrow$ (아세틸렌-연소범위 : 2.5~81)
④ 화재장소별 빈도수가 가장 높은 곳은 주택

121 불꽃색깔에 의한 온도의 측정에서 낮은 온도부터 높은 온도의 순서로 옳게 나열한 것은?
① 암적색, 백적색, 황적색, 휘백색
② 암적색, 휘백색, 적색, 황적색
③ 암적색, 황적색, 백적색, 휘백색
④ 암적색, 휘백색, 황적색, 적색

해설
[불꽃의 온도별 색깔]

색 깔	암적색	적색	휘적색	황적색	백적색	휘백색
온 도	700℃	850℃	950℃	1,100℃	1,300℃	1,500℃

정답 : 117.② 118.③ 119.④ 120.③ 121.③

122 인화성, 가연성 물질의 취급 장소에 대한 화재와 폭발의 방지방법이 아닌 것은?

① 발화원을 없앤다.
② 취급장소 주위의 공기 대신 불활성 기체로 바꾼다.
③ 밀폐된 용기 내에 보관한다.
④ 환기시설을 하지 않는다.

123 화재의 소실정도에 의한 화재분류로 건물의 30[%] 이상 70[%] 미만이 소손됐을 경우에 해당하는 것은?

① 부분소 화재
② 반소 화재
③ 전소 화재
④ 즉소 화재

> **해설** [화재피해의 구분]
> • 화재의 소실정도에 따라
> ㉠ 부분소화재 : 전체의 30% 미만이 소손된 경우
> ㉡ 반소화재 : 전체의 30% 이상 70% 미만이 소손된 경우
> ㉢ 전소화재 : 전체의 70% 이상이 소손되거나 70% 미만이라 할지라도 재수리 사용이 불가능하도록 소손된 경우

124 사망자 정의에 관한 설명 중 맞는 것은?

① 화재현장에서 사망 또는 부상을 당한 사람
② 화재현장에서 부상을 당한 후 72시간 이내에 사망한 경우
③ 화재현장에서 부상을 당한 후 48시간 이내에 사망한 경우
④ 화재현장에서 부상을 당한 후 24시간 이내에 사망한 경우

> **해설** [인명피해의 종류]
> ㉠ 사상자 : 화재현장에서 사망 또는 부상을 당한 사람
> ㉡ 사망자 : 화재현장에서 부상을 당한 후 72시간 이내에 사망한 경우
> ㉢ 중상자 : 의사의 진단을 기초로 하여 3주 이상의 입원치료를 필요로 하는 부상
> ㉣ 경상자 : 중상 이외의 (입원치료를 필요로 하지 않는 것도 포함) 부상

정답 : 122.④ 123.② 124.②

예상문제

125 화상 부위가 분홍색으로 되고 분비액이 많이 분비되는 화상의 정도는?
① 1도 화상　　　　　　② 2도 화상
③ 3도 화상　　　　　　④ 4도 화상

해설　[화상의 구분]
① 1도 화상 : 일광욕 후에도 발생될 정도의 가벼운 화상으로 표피층에만 손상을 입어 **피부가 붉게 변하는 정도**의 화상
② 2도 화상 : 화상부의 표피와 진피의 일부가 손상을 받아 **수포가 생기는 정도**의 화상
③ 3도 화상 : 진피 전체와 피하지방까지 손상을 받아 회색 또는 다갈색으로 변하며 **감각이 마비되는 정도**의 화상
④ 4도 화상 : **뼛속까지 손상**되는 정도의 화상

126 화재의 위험에 관한 사항 중 맞지 않는 것은?
① 인화점, 착화점이 낮을수록 위험하다.
② 연소범위(폭발한계)는 넓을수록 위험하다.
③ 착화에너지는 작을수록 위험하다.
④ 증기압이 클수록, 비점, 융점이 높을수록 위험하다.

해설　④ 비점과 융점은 낮을수록 위험 – 모든 점들은 낮을수록 위험하다.

127 위험물질의 위험성을 나타내는 성질에 대한 설명으로 틀린 것은?
① 비등점이 낮아지면 인화의 위험성이 높다.
② 융점이 낮아질수록 위험성은 높다.
③ 점성이 낮아질수록 위험성은 높다.
④ 비중의 값이 클수록 위험성은 높다.

해설　④ 비중의 값은 작을수록 위험성이 높다.

128 가연성 기체 또는 액체의 연소범위에 대한 설명 중 틀린 것은?
① 하한이 낮을수록 발화위험이 높다.　　② 연소범위가 넓을수록 발화위험이 높다.
③ 상한이 높을수록 발화위험이 적다.　　④ 연소범위는 주위온도에 관계가 깊다.

해설　③ 상한이 높을수록 발화위험이 높다.
※ 연소범위는 넓을수록 위험하므로, 하한은 낮을수록, 상한은 높을수록 위험하다.

 정답 : 125.② 126.④ 127.④ 128.③

129 화재의 연소한계에 관한 설명 중 옳지 않은 것은?

① 가연성 가스와 공기의 혼합가스에는 연소에 도달할 수 있는 농도의 범위가 있다.
② 농도가 낮은 편을 연소하한계라 하고, 농도가 높은 편을 연소상한계라고 한다.
③ 휘발유의 연소상한계는 10.5[%]이고 연소하한계는 2.7[%]이다.
④ 혼합가스가 농도의 범위를 벗어날 때에는 연소하지 않는다.

해설 ③ 휘발유의 연소 상한계는 7.6%이고, 연소 하한계는 1.4%이다.

130 연료로 사용하는 가스에 관한 설명 중 옳지 않은 것은?

① 도시가스, LPG는 모두 공기보다 무겁다.
② $1[m^3]$의 도시가스를 완전연소시키는 데는 실제 필요공기량은 $4\sim5[m^3]$이다.
③ 메탄의 폭발범위는 산소 중의 농도 5~15[%]이다.
④ 부탄의 폭발범위는 산소 중의 농도 1.8~8.4[%]이다.

해설 ① 도시가스는 공기보다 가볍다.
② $CH_4 + 2O_2 \rightarrow CO_2 + 2H_2O + Q$ kcal – 메탄 $1m^3$ 연소 시 산소 $2m^2$ 필요하다.
☞ 따라서 필요한 공기는 $2m^2 \times \dfrac{1}{0.21} = 9.52 m^3$

【 공기 중에서 가연성 가스의 폭발범위 】

가 스	하한계(%)	상한계(%)	가 스	하한계(%)	상한계(%)
메 탄	5.0	15.0	아세트알데히드	4.1	57.0
에 탄	3.0	12.4	에테르	1.9	48.0
프로판	2.1	9.5	산화에틸렌	3.0	80.0
부 탄	1.8	8.4	벤 젠	1.4	7.1
에틸렌	2.7	36.0	톨루엔	1.4	6.7
아세틸렌	2.5	81.0	이황화탄소	1.2	44.0
황화수소	4.3	45.4	메틸알코올	7.3	36.0
수 소	4.0	75.0	에틸알코올	4.3	19.0
암모니아	15.0	28.0	일산화탄소	12.5	74.0

131 가연성 가스를 사용하는 공정에서 연소·폭발을 예방하기 위하여 산소농도를 관리하게 된다. 다음 중 한계산소농도가 가장 낮은 물질은?

① 암모니아 ② 수소
③ 일산화탄소 ④ 메탄

 정답 : 129.③ 130.① 131.②

예상문제

> **해설** ① 암모니아 : 15.0~28.0
> ② 수소 : 4.0~75.0
> ③ 일산화탄소 : 12.0~74.0
> ④ 메탄 : 5.0~15.0

132 액화석유가스(LPG)에 대한 설명 중 틀린 것은?
① 무색, 무취이다.
② 물에는 녹지 않으나 유기용매에 용해된다.
③ 공기 중에서 쉽게 연소·폭발하지 않는다.
④ 천연고무를 잘 녹인다.

133 아세틸렌의 폭발한계는 얼마인가?
① 4.0~75.0[%]   ② 4.3~45.0[%]
③ 2.5~81.0[%]   ④ 1.8~8.4[%]

> **해설** ① 4.0~75.0 : 수소
> ② 4.3~45.0 : 황화수소(H_2S)
> ③ 2.5~81.0 : 아세틸렌
> ④ 1.8~8.4 : 부탄

134 수소의 폭발한계는 얼마인가?
① 4.0~75.0[%]   ② 4.3~45.0[%]
③ 2.5~81.0[%]   ④ 1.8~8.4[%]

> **해설** 수소의 폭발 한계 : 4.0~75.0[%]

135 다음 가스 중 폭발한계가 넓은 순서대로 나열된 것 중 맞는 것은?

| ㉠ 수소   ㉡ 아세틸렌   ㉢ 황화수소   ㉣ 일산화탄소 |

① ㉠ - ㉡ - ㉢ - ㉣   ② ㉡ - ㉣ - ㉠ - ㉢
③ ㉣ - ㉢ - ㉠ - ㉡   ④ ㉡ - ㉠ - ㉣ - ㉢

> **해설** ㉡ 아세틸렌(2.5~81.0) > ㉠ 수소(4.0~75.0) > ㉣ 일산화탄소(12.0~74.0) > ㉢ 황화수소(4.3~45.0)

 정답 : 132.③   133.③   134.①   135.④

136 다음 물질의 증기가 공기와 혼합기체를 형성하였을 때 연소범위가 가장 넓은 혼합비를 형성하는 물질은?

① 수소(H_2)
② 이황화탄소(CS_2)
③ 아세틸렌(C_2H_2)
④ 에테르[$(C_2H_5)_2O$]

해설 ③ 아세틸렌(C_2H_2) > ① 수소(H_2) > ④ 에테르[$(C_2H_5)_2O$] > ② 이황화탄소(CS_2)

137 황화수소의 폭발한계는 얼마인가? (상온, 상압)

① 4.0~75.0[%]
② 4.3~45.0[%]
③ 2.5~81.0[%]
④ 2.1~9.5[%]

해설 황화수소의 폭발한계 : 4.3~45.4[%]

138 에틸에테르의 연소범위는 1.9~48[%]이다. 이것에 대한 설명으로 틀린 것은?

① 공기 중 에테르 증기가 48[%] 이상일 때 연소한다.
② 공기 중 에테르 증기가 1.9[%]일 때 폭발위험이 있다.
③ 공기 중 에테르 증기가 용적비율로 1.9~48[%] 사이에 있을 때만 연소한다.
④ 연소범위의 하한점이 1.9[%]이다.

해설 ① 공기 중 에테르 증기가 48[%] 이하일 때 연소한다.

139 다음 중 공기와 혼합되었을 때 공기보다 무거운 가스는?

① CO
② CO_2
③ CH_4
④ H_2

해설 공기분자량 : 29
① CO : 28 ② CO_2 : 44 ③ CH_4 : 16 ④ H_2 : 2

140 암모니아의 위험도는 얼마인가? (단, 암모니아 공기 중의 폭발한계는 15.0~28.0[%]이다)

① 17.75
② 31.4
③ 3.67
④ 0.867

해설 위험도 $H = \dfrac{연소상한계(U) - 연소하한계(L)}{연소하한계(L)} = \dfrac{28-15}{15} = 0.867$

정답 : 136.③ 137.② 138.① 139.② 140.④

예상문제

141 다음 〈보기〉 중 위험도가 작은 것부터 큰 것으로 나열한 것은?

> A : 메탄   하한계 5.0%, 상한계 15.0%
> B : 에탄   하한계 3.0%, 상한계 12.4%
> C : 프로판 하한계 2.1%, 상한계 9.5%
> D : 부탄   하한계 1.8%, 상한계 8.4%

① B-A-C-D
② C-B-A-D
③ A-B-C-D
④ D-A-B-C

해설

A : 메탄 $H = \dfrac{15-5}{5} = 2$ / B : 에탄 $H = \dfrac{12.4-3}{3} ≒ 3.13$ /

C : 프로판 $H = \dfrac{9-2.1}{2.1} ≒ 3.28$ / D : 부탄 $H = \dfrac{8.4-1.8}{1.8} ≒ 3.66$

☞ A → B → C → D

142 부피의 비율로 아세틸렌 50[%], 프로판 30[%], 부탄 20[%]의 혼합가스가 존재할 경우 폭발범위는 얼마인가?

① 3.0~12.0[%]
② 2.2~9.5[%]
③ 2.20~16.2[%]
④ 4.1~77.2[%]

해설 르샤틀리에의 법칙(혼합가연성가스의 폭발범위 계산)

- $\dfrac{100}{혼합가연성가스의\ 하한계} = \dfrac{V_1}{L_1} + \dfrac{V_2}{L_2} + \dfrac{V_3}{L_3} + \cdots$

  → $\dfrac{100}{L} = \dfrac{50}{2.5} + \dfrac{30}{2.1} + \dfrac{20}{1.8}$ → $\dfrac{100}{L} = 45.397$ ∴ $L = 2.2$

- $\dfrac{100}{혼합가연성가스의\ 상한계} = \dfrac{V_1}{U_1} + \dfrac{V_2}{U_2} + \dfrac{V_3}{U_3} + \cdots$

  → $\dfrac{100}{U} = \dfrac{50}{81} + \dfrac{30}{9.5} + \dfrac{20}{8.4}$ → $\dfrac{100}{U} = 6.156$ ∴ $U = 16.24$

☞ 폭발범위 : 2.2~16.2[%]

143 폭연(Deflagration)에 대한 설명으로 옳은 것은?

① 발열반응으로 연소의 전파속도가 음속보다 느린 현상
② 중요한 가열기구는 충격파에 의한 충격압력
③ 혼합비가 연소범위의 상한보다 약간 높은 곳에서 발생
④ 발열반응으로 연소의 전파속도가 음속보다 빠른 현상

정답 : 141.③ 142.③ 143.①

> **해설** 폭연(Deflagration) : 압력파가 미반응 물질 속으로 **음속보다 느리게 이동하는 연소현상**이며, 그 속도는 0.1~10m/sec이다.

144 연소반응의 디토네이션(Detonation)현상에서의 열에너지 공급원은?

① 전도 ② 대류
③ 복사 ④ 충격파

> **해설** 디토네이션의 에너지 공급원은 충격파이다.

145 디토네이션(Detonation)과 관계없는 것은?

① 충격파에 의한 폭발의 진행 ② 초음속의 반응확산
③ 핵폭발 ④ 초대형 산림화재

> **해설** 폭굉(Detonation) : 압력파가 미반응 물질 속으로 전파하는 속도가 음속보다 빠른 것으로 파면 선단에서 심한 파괴작용을 동반한다.
> 압력파의 이동속도는 1,000~3,500m/sec이다.

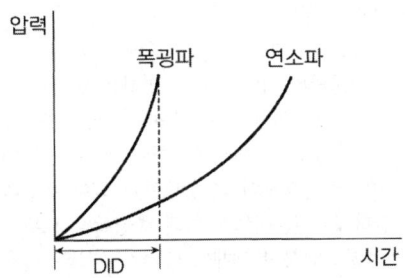

【 폭굉파와 연소파의 비교 】

> **DID(Detonation Lnduced Distance, 폭굉유도거리)**
> 최초의 완만한 연소로부터 폭굉까지 이르는 데 필요한 거리
>
> **DID가 짧아질 수 있는 조건**
> • 점화에너지가 강할수록
> • 연소속도가 큰 가스일수록
> • 관경이 가늘거나 관 속에 이물질이 있을수록
> • 압력이 높을수록
> • 주위온도가 높을수록

정답 : 144.④ 145.④

예상문제

146 다음 중 폭굉유도거리가 짧아지는 요인이 아닌 것은?

① 압력이 높을수록
② 관경이 클수록
③ 관 속에 장애물이 있는 경우
④ 점화원의 에너지가 강할수록

해설 DID 짧아질 수 있는 조건. 문제 145 해설 참조

147 분진폭발의 위험이 없는 것은?

① 알루미늄분
② 황
③ 생석회
④ 적린

해설
- 분진폭발의 위험이 없는 것 : 생석회, 소석회, 시멘트, 모래 등

[폭발의 종류]
㉠ 물리적인 폭발(상태변화, 부피팽창, 압력상승)
  ⓐ 화산폭발
  ⓑ 과열액체비등에 의한 증기폭발(BLEVE)
  ⓒ 고압용기 과압, 과충전폭발
  ⓓ 수증기폭발
㉡ 화학적인 폭발
  ⓐ 산화폭발 : 가스가 공기 중에 누설 또는 인화성액체탱크에 공기가 유입되어 탱크 내에 점화원이 유입되어 폭발하는 현상
  ⓑ 분해폭발 : 아세틸렌, 산화에틸렌, 히드라진과 같이 분해하면서 폭발하는 현상
  ⓒ 중합폭발 : 산화에틸렌, 시안화수소와 같이 단량체가 일정온도와 압력으로 반응이 진행되어 분자량이 큰 중합체가 되어 폭발하는 현상
  ★ 산화에틸렌은 분해폭발과 중합폭발 모두 한다.
  ㉢ 가스폭발 : 인화성 액체의 증기가 산소와 반응하여 점화원에 의해 폭발하는 현상
  [메탄, 에탄, 프로판, 부탄, 수소, 아세틸렌 폭발]
  ㉣ 분진폭발 : 공기속을 떠다니는 아주 작은 미립자(75μm 이하의 고체입자로서 공기 중에 떠있는 분체)가 적당한 농도 범위에 있을 때 불꽃이나 점화원으로 인하여 폭발하는 현상
   • 분진폭발 가능물질 : 밀가루, 쌀가루, 솜 등 가연성 물질
   • 분진폭발 불가능물질 : 생석회, 소석회, 시멘트, 모래 – 불연성 물질
  ⓐ 분진의 폭발범위 : 25~45mg/L(하한값)~80mg/L(상한값)

148 저장시 분해 또는 중합되어 폭발을 일으킬 수 있는 위험물은?

① 아세틸렌
② 시안화수소
③ 산화에틸렌
④ 염소산칼륨

해설 분해 또는 중합폭발을 일으킬 수 있는 위험물 : 산화에틸렌

정답 : 146.② 147.③ 148.③

149 다음 중 중합폭발을 하는 물질은?

① 히드라진
② 셀룰로이드
③ 시안화수소
④ 염소산나트륨

해설 중합폭발 하는 물질 : 시안화수소

150 공기나 질소와 같이 불연성 가스를 용기 내부에 압입시켜 내부압력을 유지함으로써 외부의 폭발성 가스가 용기 내부에 침입하지 못하게 하는 구조를 무엇이라 하는가?

① 유입 방폭구조
② 안전증 방폭구조
③ 압력 방폭구조
④ 본질안전 방폭구조

해설 [방폭구조의 종류]
㉠ 내압 방폭구조 : 폭발에 견디는 구조
 용기 내부에서 가연성 가스를 폭발시켰을 때 그 폭발압력에 견딜 수 있는 특수한 구조로 설계하는 것으로 가장 많이 이용되고 있는 방식이다.
㉡ 압력 방폭구조 : 불연성(불활성) 기체 주입
 용기 내부에 불활성 가스 등을 압입시켜 외부의 폭발성 가스의 유입을 방지하는 구조로 내압의 유지방식에 따라 통풍식, 봉입식, 밀봉식으로 구분한다.
㉢ 유입 방폭구조 : 절연유(기름) 봉입
 전기불꽃이 발생될 우려가 있는 부분을 기름 속에 넣어 폭발성 가스와 격리시키는 구조
㉣ 충전 방폭구조 : 석영가루, 유리입자 봉입
 전기불꽃이 발생될 우려가 있는 부분을 석영가루나 유리입자 등의 충전물로 완전히 덮어 폭발성 가스와 격리시키는 구조
㉤ 몰드 방폭구조 : 절연성 컴파운드 봉입
 전기불꽃이 발생될 우려가 있는 부분을 절연성이 있는 콤파운드로 포입하는 구조
㉥ 안전증 방폭구조 : 안전도 증가(스파크 ×)
 전기불꽃 발생부나 고온부가 존재하지 않는 구조로서 특별히 안전도를 증가시켜 고장을 일으키지 않도록 한 구조
㉦ 본질안전 방폭구조 : 점화원 ×, 전기에너지(전류, 전압) ×
 안전지역과 위험지역 사이에 안전장치를 설치하여 위험지역으로 유입되는 전압과 전류를 제거하여 폭발을 일으킬 수 있는 최소 에너지보다 작게 하는 구조

151 최대안전틈새범위에 대한 설명으로 틀린 것은?

① 내용적이 8[L]이고 틈새 깊이가 25[mm]인 표준용기 안에서 가스가 폭발할 때 발생한 화염이 용기 밖으로 전파하여 가연성 가스에 점화되지 않는 최대값을 말한다.
② 메탄, 에탄의 최대안전틈새범위는 0.9[mm] 이상이다.
③ 시안화수소, 산화에틸렌의 최대안전틈새범위는 0.5[mm] 초과 0.9[mm] 미만이다.
④ 수소나 아세틸렌의 최대안전틈새범위는 0.5[mm] 이상이다.

정답 : 149.③ 150.③ 151.④

> **해설** ④ 수소나 아세틸렌의 최대안전틈새범위는 0.5[mm] 이하이다.

【 폭발등급(Explosion Class)(최대안전틈새범위) 】

등 급	틈새의 직경(mm)	해당 가스
A	0.9 이상	메탄, 에탄, 프로판가스
B	0.5 초과 0.9 미만	시안화수소, 산화에틸렌
C	0.5 이하	수소, 아세틸렌

★ 폭발등급 위험도 : C>B>A(C등급이 가장 위험)

152 위험장소의 분류에서 제2종 장소에 해당하는 것은?

① 위험분위기가 통상 상태에서 장시간 지속되는 장소
② 통상 상태에서 위험분위기를 생성할 우려가 있는 장소
③ 예상사고로 폭발성 가스가 대량 유출되어 위험분위기가 되는 장소
④ 이상상태에서 위험분위기를 생성할 우려가 있는 장소

> **해설** 위험장소(Hazardous Location)

구 분	대상장소	방폭구조의 종류
0종 장소	항상 폭발분위기이거나, 장기간 위험성이 존재하는 지역, 인화성 액체용기나 탱크 내부, 가연성 가스용기 내부 등	본질안전 방폭구조
1종 장소	정상상태에서 **간헐적으로** 폭발분위기로 유지되는 지역이나 **릴리프밸브** 부근	내압, 압력 방폭구조
2종 장소	**비정상상태**에서만 폭발분위기가 유지되는 지역	내압, 압력, 안전증 방폭구조

153 프로판이 연소할 때 필요한 최소산소농도를 구하면 다음 중 어느 것인가? (단, 프로판의 연소범위는 2.1~9.5[%]이다)

① 1.05
② 10.5
③ 1.5
④ 15.5

> **해설** **최소산소농도**(MOC : Minimum Oxygen Concentration) : 가연물이 연소하기 위하여 필요로 하는 최소한의 산소농도. 일반적인 가연물의 경우 15%. 가연물의 종류에 따라 매우 작은 경우도 있다. 탄화수소의 경우 다음 식에 의한 추정이 가능하다.
> - 탄화수소의 MOC = 산소의 몰수(mol수) × 연소하한계
>   프로판의 연소범위 : 2.1~9.5[%]
> - $C_3H_8 + 5O_2 \rightarrow 3CO_2 + 4H_2O + Q$ kcal
>   → 프로판의 MOC = 5×2.1(프로판 연소하한계) = 10.5[%]

정답 : 152.④ 153.②

154 목조건물화재의 일반 현상이 아닌 것은?

① 처음에는 흑색연기가 창, 환기구 등으로 분출된다.
② 차차 연기량이 많아지고 지붕, 처마 등에서 연기가 새어 나온다.
③ 옥내에서 탈 때, 타는 소리가 요란하다.
④ 결국은 화염이 외부에 나타난다.

해설 ① 흑색연기 × → 목재 내에 저장되어 있던 함수율이 감소하기 때문에 수분 증발로 인해 백색연기가 나는 것이 특징이다.

155 목재가 탈 때 불꽃이 발생하는 주된 이유로 옳은 것은?

① 목재의 주된 구성원소인 탄소성분이 급격히 연소하기 때문이다.
② 목재를 구성하는 고분자물질이 열분해하여 목재표면에서 가스 상태로 방출되어 연소하기 때문이다.
③ 목재 내부에 존재하는 응축물(타르)이 목재표면 밖으로 증발하여 연소하기 때문이다.
④ 목재의 표면에는 목재마다 정도의 차이는 있으나 소나무의 송진과 유사한 불꽃연소성을 가진 물질이 항상 존재하기 때문이다.

해설 ② 목재가 탈 때 불꽃이 발생하는 주된 이유는
→ 목재를 구성하는 고분자물질이 열분해하여 목재표면에서 가스 상태로 방출되어 연소하기 때문이다.

156 건축물 화재의 진행과정을 나열한 것 중 올바른 것은?

① 화원 → 최성기 → 성장기 → 감쇠기
② 화원 → 감쇠기 → 성장기 → 최성기
③ 화원 → 성장기 → 최성기 → 감쇠기
④ 화원 → 감쇠기 → 최성기 → 성장기

해설 ③ 건축물 화재 진행과정 : 화원 → 성장기 → 최성기 → 감쇠기

157 목재건축물에서 화재가 발생하였을 때 화재의 진행상황 중 전기 상태의 순서로 옳은 것은?

① 원인 - 무염착화 - 발염착화 - 화재출화
② 무염착화 - 발염착화 - 화재출화 - 원인
③ 발염착화 - 화재출화 - 원인 - 무염착화
④ 화재출화 - 무염착화 - 발염착화 - 원인

정답 : 154.① 155.② 156.③ 157.①

해설 ① 목조건축물 화재의 진행단계

화재원인 → 무염착화 → 발염착화 → 출화 → 최성기 → 연소낙하 → 소화
　　　　　250℃ 부근　　420℃　　　　　　1,300℃

158 목재로 된 건축물이 화재가 발생하여 진화될 때까지의 과정을 설명하였다. 그 중 알맞은 것은?

① 무염착화-발염착화-최성기-연소낙하
② 발화-무염착화-연소낙하-진화
③ 무염착화-최성기-연소낙하-진화
④ 발염착화-무염착화-발화-진화

해설 ① 무염착화 - 발염착화 - 최성기 - 연소낙하

159 목재를 가열할 때 가열온도 160~360[℃]에서 많이 발생되는 기체는?

① 일산화탄소
② 수소가스
③ 아세틸렌가스
④ 염화수소가스

해설 목재 가열 시 가열온도 160~360℃에서 많이 발생되는 기체는 일산화탄소
※ 목재의 열분해단계
- ~100℃ : 목재에 함유된 수분의 증발로 목재 내의 **함수율 감소**
- ~160℃ : 흑갈색으로 변색되면서 열분해 되어 가연성 기체인 CO, H_2, CH_4, 개미산, 탄화수소생성
- 220~260℃ : 급격한 분해가 일어나며 점화원에 의해 착화(**무염착화**)
- 420℃(목재의 발화점) 이상 : 착화점 이상에서 착화되어 폭발적으로 연소(**발염착화, 발화점**)

160 목재인 가연물이 착화에너지가 충분하지 못하여 연소하지 못하고 분해가스만 방출하는 현상을 무엇이라 하는가?

① 탄화현상
② 경화현상
③ 조해현상
④ 풍해현상

해설 착화에너지가 충분하지 못하여 연소하지 못하고 분해가스만 방출하는 현상을 **탄화현상**이라 한다.

161 화재 시 위험성이 가장 적은 부분은?

① 바닥
② 벽
③ 천정
④ 지붕

해설 ④ 지붕

정답 : 158.① 159.① 160.① 161.④

162. 화재의 진행상황을 시간에 대한 온도의 변화로 나타내고 있는 Flash Over는 다음 중 어느 시기에서 발생하는가?

① 성장기에서 최성기로 넘어가는 분기점
② 제1성장기에서 제2성장기로 넘어가는 분기점
③ 최성기에서 감쇄기로 넘어가는 분기점
④ 최성기의 어느 시점이라도 조건만 형성되면 발생

해설
① 플래시오버 발생시키는 **성장기에서 최성기로 넘어가는 분기점**
☞ 플래시오버(Flash Over) 현상 : 실내화재는 실외화재에 비해 화재로 인한 연소열을 외부로 방출하기 어렵다. 이런 이유로 실내의 온도가 급격히 상승하여 가연물의 열분해 또는 증발을 촉진하게 된다. 어느 순간 화재실 전체에 가연성 혼합기가 형성되면 실 전체로 화염이 확대되는데 이를 플래시오버 현상이라 한다.
㉠ 플래시오버는 화재의 성장기에 발생되며 플래시오버 이후를 최성기라 한다.
㉡ 플래시오버 발생시간까지가 피난허용시간이다.
㉢ 플래시오버 발생시간에 영향을 주는 인자
  ⓐ 내장재의 재질 및 두께
  ⓑ 화원의 크기
  ⓒ 개구부의 크기

> **Flash Over 발생시간이 빨라질 수 있는 조건**
> - 내장재가 열분해되기 쉽고, 열전도율이 작을수록
> - 내장재의 두께가 얇고, 표면적이 클수록
> - 화원의 크기가 클수록
> - 개구부의 크기가 작을수록
> - 불에 잘 타는 재질일수록
>   - 가연성 재료 : 3~4분
>   - 난연성 재료 : 5~6분
>   - 준불연성 재료 : 7~8분

163. 목조건축물의 화재 원인으로 맞지 않는 것은?

① 접염   ② 복사열
③ 비화   ④ 전도

해설 목조건축물의 화재원인 : 접염, 복사열, 비화

정답 : 162.① 163.④

예상문제

164 목재화재 시 초기의 연소속도가 매분 평균 0.75~1[m]씩 원형으로 확대한다면 발화 5분 후 연소된 면적은 약 몇 [m²] 정도 되는가?

① 38~70　　　　　　　　　② 38~78.5
③ 40~65　　　　　　　　　④ 44~78.5

해설　5분 후 직경 7.5~10m → $\frac{\pi}{4}(7.5)^2 \sim \frac{\pi}{4}(10)^2 = 44.17 \sim 78.5$

165 목조건물의 화재가 발생하여 최성기에 도달할 때, 연소온도는 약 몇 [℃] 정도 되는가?

① 300~400　　　　　　　　② 800~900
③ 1,200~1,300　　　　　　④ 1,800~2,000

해설　최성기 온도 : 목조건축물 1,300℃ ※ 화재의 비교 - 목조건축물 : 고온단기형
　　　　　　　　내화구조건축물 800℃　　　　　　　　- 내화건축물 : 저온장기형

166 목조건축물의 화재에 대한 설명으로 잘못된 것은?

① 최성기를 지나면 지붕과 벽이 무너진다.
② 최성기까지의 소요시간은 평균 15분이다.
③ 최성기에 이르면 최고 1,300[℃]까지 온도가 오른다.
④ 최성기에 이르면 연기의 색깔은 흑색으로 변한다.

167 일반 건축물의 화재 시 최성기에서 연소낙하까지의 시간은?

① 5~10분　　　　　　　　② 5~15분
③ 6~19분　　　　　　　　④ 13~24분

해설　목조건축물의 화재 : 풍속 0~3m/s, 발화 → 최성기 : 5~15분, 최성기 → 연소낙하 : 6~19분, 발화 → 연소낙하 : 13~24분

168 목재와 목재연소의 과정에 대한 다음 설명 중 적합하지 아니한 것은?

① 목재는 자연 건조한 상태에서도 보통 10~20[%]의 수분을 함유하고 있다.
② 목재를 가열하면 함유되어 있는 수분은 증발 기화되고 160[℃] 정도에서 분해되기 시작한다.
③ 분해를 시작한 목재는 300~350[℃] 정도에서 탄화를 종료한다.
④ 탄화가 종료된 목재는 800~1,000[℃] 정도에서 발화한다.

정답 : 164.④　165.③　166.②　167.③　168.④

해설 ④ 탄화가 종료된 목재는 420℃ 이상에서 발염착화한다.

169 목재가 고온에 장기간 접촉해도 착화하기 어려운 수분 함유량은 최소 몇 [%] 이상인가?
① 10[%] ② 15[%]
③ 20[%] ④ 25[%]

해설 목재가 착화하기 어려운 수분 함유량은 15% 이상이다.

170 가연물질이 재로 덮힌 숯불모양으로 불꽃없이 착화하는 것은?
① 무염착화 ② 발염착화
③ 맹화 ④ 진화

해설 무염착화 : 불꽃 없이 착화하는 것으로서 이런 현상을 탄화현상이라고 한다.

171 일반가연물의 비화연소(飛火燃燒) 현상은 풍향의 어느 쪽으로 발전하는가?
① 풍상(風上) ② 풍하(風下)
③ 풍상 및 풍하 ④ 화점을 중심으로 하는 원주방향

해설 ② 풍하

172 목조건물에 화재가 발생하여 잔화정리를 할 때의 주의사항으로 잘못된 것은?
① 타서 떨어지기 쉬운 물건에 주의한다.
② 불티가 남기 쉬운 천정 속을 주의한다.
③ 도괴된 건물 밑은 위험하므로 살피지 않는다.
④ 연소된 인접건물의 지붕 등의 잔화정리에도 주의한다.

173 문틈으로 연기가 새어 들어오는 화재를 발견할 때의 안전대책으로 잘못된 것은?
① 빨리 문을 열고 복도로 대피한다.
② 바닥에 엎드려 숨을 짧게 쉬면서 대피대책을 세운다.
③ 문을 열지 않고 수건 등으로 문틈을 완전히 밀폐한 후 창문을 열고 화재를 알린다.
④ 창문으로 가서 외부에 자신의 구원을 요청한다.

정답 : 169.② 170.① 171.② 172.③ 173.①

예상문제

174 목재표면에 남겨진 흔적을 무엇이라 하는가?
① 완소흔 ② 강연흔
③ 열소흔 ④ 훈소흔

> 해설 출화부 부근의 목재표면에 남겨진 흔적 - 훈소흔
> ① 완소흔-700~800℃
> ② 강연흔-900℃
> ③ 열소흔-1,000℃

175 출화 가옥의 기둥, 벽 등은 발화부를 향하여 도괴되는 경향이 있으므로 이곳을 출화부로 추정하는 것을 무엇이라 하는가?
① 접염비교법 ② 탄화심도비교법
③ 도괴방향법 ④ 연소비교법

> 해설 도괴방향법 : 출화 가옥의 기둥, 벽 등은 발화부를 향하여 도괴되는 경향이 있으므로 이곳을 출화부로 추정하는 것

176 목조건축물과 내화구조건축물의 화재성상에 대한 설명 중 옳지 않은 것은?
① 내화구조건축물의 화재 진행상황은 초기 → 성장기 → 최성기 → 종기의 순서로 진행된다.
② 목조건축물은 공기의 유통이 좋아 순식간에 플래시오버에 도달하고 온도는 약 1,000[℃] 이상에 달한다.
③ 내화구조건축물은 견고하여 공기의 유통조건이 거의 일정하고 최고온도는 목조의 경우보다 낮다.
④ 목조건축물은 최성기를 지나면 급속히 타버리고, 공기의 유통이 좋으므로 장시간 고온을 유지한다.

> 해설 ④ 목조건출물의 화재는 <u>고온단기형</u>
> • 내화건축물화재의 진행단계 : 초기 - 발화 - 성장기 - 최성기 - 감퇴기 - 종기
> • 목조건축물 화재의 진행단계
>   화재원인 → 무염착화 → 발염착화 → 출화 → 최성기 → 연소낙하 → 소화
>   250℃ 부근   420℃   1,300℃
> • 목조건축물은 공기의 유통이 좋아 순식간에 플래시오버에 도달하고 최성기시점의 온도는 약 1300℃
> • 내화건축물은 견고하여 공기의 유통조건이 거의 일정하고 최고온도는 목조의 경우보다 낮다.

 정답 : 174.④ 175.③ 176.④

177 내화건축물화재의 표준시간 온도 곡선에 있어서 화재발생 후 1시간이 경과할 경우 내부온도는 대략 어느 정도인가?

① 950[℃]　　　　　　　　② 1,200[℃]
③ 800[℃]　　　　　　　　④ 600[℃]

178 내화구조건물의 표준화재 온도곡선에서 화재발생 후 30분 경과 시의 내부 온도는 약 몇 [℃]인가?

① 500　　　　　　　　　② 840
③ 950　　　　　　　　　④ 1,010

해설　[내화건축물 화재의 온도]
경과시간 30분 : 840℃ / 1시간 : 950℃ / 2시간 : 1,015℃ / 3시간 : 1,050℃

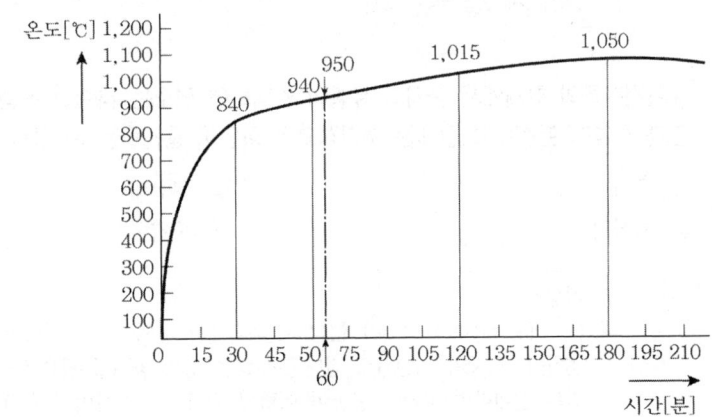

【 표준온도시간곡선 】

179 다음 섬유 중 화재 위험성이 가장 낮은 것은?

① 식물성 섬유　　　　　　② 동물성 섬유
③ 합성 섬유　　　　　　　④ 레이온

해설　섬유 중 화재 위험성이 가장 낮은 것은 동물성 섬유이다.

180 플라스틱 재료와 그 특성에 관한 대비로 옳은 것은?

① PVC 수지 – 열가소성　　② 페놀 수지 – 열가소성
③ 폴리에틸렌 수지 – 열경화성　④ 멜라민 수지 – 열가소성

정답 : 177.①　178.②　179.②　180.①

해설
① PVC 수지 - 열가소성
☞ 합성수지의 분류
  ㉠ 열가소성 수지(화재의 확대위험성이 크다) : 가열하면 용융되어 액체로 되고 식으면 다시 굳어지는 수지 예 폴리-, 아크릴수지, PVC
  ㉡ 열경화성 수지(화재의 확대위험성이 작다) : 가열하여도 용융되지 않고 바로 분해되는 수지 예 페놀수지, 요소수지, 멜라민수지

181 불티가 바람에 날리거나 또는 화재 현장에서 상승하는 열 기류 중심에 휩쓸려 원거리 가연물에 착화하는 현상을 무엇이라 하는가?

① 비화   ② 전도
③ 대류   ④ 복사

해설
① 비화 : 불티가 바람에 날리거나 화재현장에서 상승하는 열 기류 중심에 휩쓸려 원거리 가연물에 착화하는 현상

182 내화건축물의 화재에서 공기의 유통이 원활하면 연소는 급속히 진행되어 개구부에 진한 매연과 화염이 분출하고 실내는 순간적으로 화염이 충만하는 시기는?

① 초기   ② 성장기
③ 최성기   ④ 중기

해설
③ 최성기
※ 백드래프트(Back Draft) 현상 : 실내화재는 실외화재에 비하여 공기의 유통이 자유롭지 못하다. 화재가 최성기로 접어들면 많은 양의 공기를 필요로 하지만 개구부가 폐쇄되어 있는 실내라면 공기의 공급이 어렵게 되어 연소현상이 원활치 못하게 된다. 이때 문을 열거나 공기를 공급하게 되면 실내에 축적되어 있던 가연성 가스가 폭발적으로 연소하는데 이를 백드래프트 현상이라 한다.
㉠ 백드래프트현상은 최성기 이후에 발생된다.
㉡ 개방된 개구부를 통하여 화염이 외부로 분출된다.
㉢ 급격한 압력상승으로 건물이 붕괴될 수 있다.
㉣ 백드래프트가 발생되기 위한 조건
  ⓐ 밀폐된 공간에서 연소가 일어날 때
  ⓑ 실내에 다량의 가연성 가스가 존재할 때
  ⓒ 실내의 온도가 매우 높을 때

【 플래시오버와 백드래프트의 차이점 】

구 분	원 인	발생시기
플래시오버(Flash Over)	에너지의 축적	성장기(말)
백드래프트(Back Draft)	산소의 공급	최성기 이후

정답 : 181.① 182.③

183 화재 최성기의 상태가 아닌 것은?

① 건물 전체에 검은 연기가 돌고 있다.
② 온도는 국부적으로 1,200~1,300[℃] 정도가 된다.
③ 상층으로 완전히 연소되고 농연은 건물 전체에 충만하다.
④ 유리가 타서 녹아떨어지는 상태가 목격된다.

184 그림에서 내화건물의 화재온도 표준곡선은 어느 것인가?

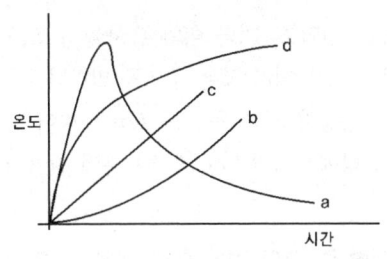

① a
② b
③ c
④ d

해설 내화건물 화재온도 표준곡선 ④ d

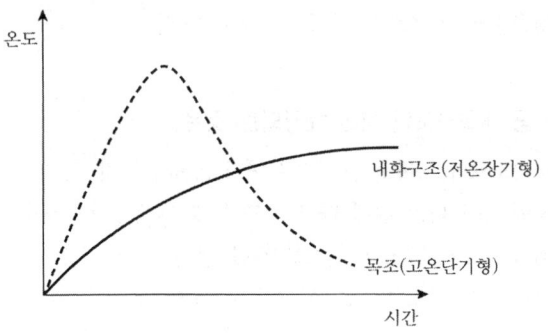

[목조건축물과 내화건축물의 연소특성]

185 황을 함유한 플라스틱이 연소할 때 연소생성물이 아닌 것은?

① 아황산가스
② 염화수소
③ 황화수소
④ 이산화질소

해설 황을 함유한 플라스틱 연소 시 생성물 : 아황산가스(SO_2), 황화수소(H_2S), 이산화질소(NO_2)

정답 : 183.④ 184.④ 185.②

예상문제

186 화재에 견딜 수 있는 성능을 가진 구조로서 전소한다 하더라도 수리하여 재사용할 수 있는 구조는 무엇인가?

① 방화구조   ② 내화구조
③ 난연구조   ④ 불연구조

해설 내화구조 : 화재에 견딜 수 있는 성능을 가진 구조 화재 진화 후 재사용이 가능한 구조

187 내화구조에 대한 설명으로 옳지 않은 것은?

① 철근콘크리트조, 연와조, 기타 이와 유사한 구조를 말한다.
② 화재 시 쉽게 연소가 되지 않는 구조를 말한다.
③ 화재에 대하여 상당한 시간 동안 구조상 내력이 감소되지 않아야 한다.
④ 보통 방화구획 밖에서 진화되어 인접부분에 화기의 전달이 되어야 한다.

188 특수 건축물의 외벽 중 모든 벽에 대한 내화구조의 기준으로 옳은 것은?

① 철근콘크리트조로서 두께가 5[cm] 이상
② 철근콘크리트조로서 두께가 7[cm] 이상
③ 철근콘크리트조로서 두께가 10[cm] 이상
④ 철근콘크리트조로서 두께가 12[cm] 이상

189 다음 중 내화구조의 벽에 해당되는 것은?

① 철망모르타르 바르기로 그 두께가 2[cm]인 것
② 시멘트모르타르 위에 타일을 붙여 그 두께가 2.5[cm]
③ 철골에 두께 5[cm]의 콘크리트를 덮은 것
④ 무근콘크리트조로서 그 두께가 5[cm]인 것

190 다음 중 내화구조라고 볼 수 없는 것은?

① 철근콘크리트조   ② 유리
③ 석조   ④ 기와

해설 [내화구조로서의 벽]
㉠ 철근콘크리트조 또는 철골철근콘크리트조로서 두께가 10cm 이상인 것
㉡ 골구를 철골조로 하고 그 양면을 두께 4cm 이상의 철망모르타르 또는 두께 5cm 이상의 콘크리트블록·벽돌 또는 석재로 덮은 것

 정답 : 186.② 187.④ 188.③ 189.③ 190.②

ⓒ 철재로 보강된 콘크리트블록조·벽돌조 또는 석조로서 철재에 덮은 콘크리트 블록의 두께가 5cm 이상인 것
ⓔ 벽돌조로서 두께가 19cm 이상인 것
ⓜ 고온·고압의 증기로 양생된 경량기포 콘크리트판넬 또는 경량기포 콘크리트블록조로서 두께가 10cm 이상인 것

191 내력벽, 기둥, 바닥, 보, 지붕틀 및 주계단을 무엇이라 하는가?
① 내화구조부　　　　　　② 건축설비부
③ 보조구조부　　　　　　④ 주요구조부

해설　④ 주요구조부

192 건축물에서 내화구조물로 하지 않아도 되는 것은?
① 건축물의 옥외계단　　　② 건축물의 벽체
③ 건축물의 기둥　　　　　④ 건축물의 보

해설　① 옥외계단
[주요구조부]
- 건축물의 골격을 유지하는 부분
- 종류 : 내력벽, 기둥, 바닥, 보, 지붕 및 주계단
※ 제외 : 사잇벽, 사잇기둥, 최하층바닥, 작은보, 차양, 옥외계단 등

193 철근콘크리트조로서 외벽 중 비내력벽의 내화구조에 해당하는 것은?
① 두께 7[cm] 이상　　　　② 두께 10[cm] 이상
③ 두께 15[cm] 이상　　　④ 두께 20[cm] 이상

해설　① 두께 7[cm] 이상
[외벽 중 비내력벽]
㉠ 철근콘크리트조 또는 철골철근콘크리트조로서 두께가 7cm 이상인 것
㉡ 골구를 철골조로 하고 그 양면을 두께 3cm 이상의 철망모르타르 또는 두께 4cm 이상의 콘크리트블록·벽돌 또는 석재로 덮은 것
㉢ 철재로 보강된 콘크리트블록조·벽돌조 또는 석조로서 철재에 덮은 콘크리트 블록 등의 두께가 4cm 이상인 것
㉣ 무근콘크리트조·콘크리트블록조·벽돌조 또는 석조로서 그 두께가 7cm 이상인 것

정답 : 191.④ 192.① 193.①

예상문제

194 내화구조의 철근콘크리트조 기둥은 그 작은 지름을 최소 몇 [cm] 이상으로 하는가?
① 10 ② 15
③ 20 ④ 25

해설 [기둥(그 작은 지름이 25cm 이상인 것 중)]
㉠ 철근콘크리트조 또는 철골콘크리트조
㉡ 철골을 두께 6cm 이상의 철망모르타르 또는 두께 7cm 이상의 콘크리트블록·벽돌 또는 석재로 덮은 것
㉢ 철골을 두께 5cm 이상의 콘크리트보로 덮은 것

195 다음 내화구조의 기준 중 바닥에 대해서 맞지 않는 것은?
① 철근콘크리트조 또는 철골철근콘크리트조로서 두께가 10[cm] 이상인 것
② 철재로 보강된 콘크리트블록조, 벽돌조로서 철재에 덮은 두께가 5[cm] 이상인 것
③ 철재 양면을 두께 5[cm] 이상의 철망모르타르 또는 콘크리트로 덮은 것
④ 무근콘크리트, 콘크리트블록조, 벽돌조 또는 석조로서 두께가 7[cm] 이상인 것

해설 [바닥]
㉠ 철근콘크리트조 또는 철골철근콘크리트조로서 두께 10cm 이상인 것
㉡ 철재로 보강된 콘크리트블록조·벽돌조 또는 석조로서 철재로 덮은 콘크리트 블록의 두께가 5cm 이상인 것
㉢ 철재의 양면을 두께 5cm 이상의 철망모르타르 또는 콘크리트로 덮은 것

196 내장재의 발화시간에 영향을 주는 요소가 아닌 것은?
① 열전도율 ② 발화점
③ 화염확산 속도 ④ 복사 플럭스

해설 내장재의 발화시간에 영향을 주는 요소 : 열전도율, 발화점, 복사플럭스

	내화구조	☞ 내화구조의 벽·바닥으로 구획
건축물	비내화구조	☞ 방화구조로 구획 방화구조는 화염의 확산을 막을 수 있는 성능을 가진 구조로 다음의 기준에 적합한 구조
	목조구조	㉠ 철망모르타르로서 그 바름두께가 2cm 이상인 것 ㉡ 석면시멘트판 또는 석고판 위에 시멘트모르타르 또는 회반죽을 바른 것으로서 그 두께의 합계가 2.5cm 이상 ㉢ 시멘트모르타르 위에 타일을 붙인 것으로서 그 두께의 합계가 2.5cm 이상인 것 ㉣ 심벽에 흙으로 맞벽치기한 것 ㉤ 기타 방화2급 이상에 해당하는 것

정답 : 194.④ 195.④ 196.③

197 방화구조 기준을 올바르게 나타낸 것은?

① 석고판 위 회반죽 바름두께 3[cm]
② 석고판 위 시멘트모르타르 바름두께 1.5[cm]
③ 시멘트모르타르 위 타일 붙임두께 2[cm]
④ 시멘트모르타르 위 타일 붙임두께 2.5[cm]

198 골재를 사용한 콘크리트 중 내화성이 가장 좋지 못한 것은?

① 화강암
② 현무암
③ 인공경량 골재
④ 안산암

해설 ① 내화성이 가장 좋지 못한 것 : 화강암

199 비내화구조건축물에 설치하는 방화벽의 구조로서 적당치 않은 것은?

① 방화구조이어야 한다.
② 자립할 수 있는 구조이어야 한다.
③ 방화벽의 양쪽 끝과 위쪽 끝은 지붕면으로부터 0.5[m] 이상 튀어나오게 한다.
④ 방화벽을 관통하는 틈은 불연재료로 메워야 한다.

해설 ① 비내화구조건축물에 설치하는 방화벽은 내화구조이어야 한다.

200 대규모 건축물의 방화벽에 관한 구조로 옳지 않은 것은?

① 방화벽에 설치하는 개구부의 폭은 3[m] 이하로 할 것
② 방화벽에 설치하는 개구부의 높이는 2.5[m] 이하로 할 것
③ 내화구조이고 자립할 수 있는 구조로 할 것
④ 방화벽의 양쪽 끝과 위쪽 끝은 건축물의 외벽면으로부터 0.5[m] 이상으로 할 것

해설 ① 개구부의 폭은 2.5m 이하로 할 것
☞ 비내화구조건축물의 방화벽 : 연면적 1,000m² 이상인 건축물로서 그 주요구조부가 내화구조 또는 불연재료가 아닌 건축물에는 다음 기준에 의하여 1,000m² 미만마다 방화벽을 설치하여야 한다.
㉠ 내화구조로서 **홀로 설 수 있는 구조**일 것
㉡ 방화벽의 양쪽 끝과 위쪽 끝은 건축물의 외벽면 및 지붕면으로부터 **0.5m 이상** 돌출되도록 할 것
㉢ 방화벽에 설치하는 **출입문의 너비 및 높이는 각각 2.5m** 이하로 하고 당해 출입문은 **60분+ 또는 60분 방화문**으로 설치할 것

정답 : 197.④ 198.① 199.① 200.①

ⓐ 연면적 1,000m² 이상인 목조건축물의 방화벽 설치기준
  ⓐ 방화구조로 하거나 불연재료로 할 것
  ⓑ 외벽 및 처마 밑의 연소할 우려가 있는 부분을 방화구조로 하되 그 지붕은 불연재료로 할 것

201
화재 시 상당한 시간 동안 연소를 차단할 수 있도록 하기 위하여 방화구획선상 또는 방화벽의 개구부 부분에 설치하는 것은?

① 덕트 ② 경계벽
③ 셔터 ④ 방화문

해설 ④ 방화벽 개구부 부분에 설치하는 것은 방화문이다.

202
60분 방화문은 비차열 몇 분 이상의 성능이 확보되어야 하는가?

① 10분 ② 20분
③ 30분 ④ 60분

해설 ④ 60분
※ 60분 방화문은 비차열시험 1시간 이상 60분+ 방화문은 비차열 1시간, 차열 30분 이상, 30분 방화문은 비차열시험 30분 이상

203
방화지구 내에 있는 건축물의 외벽의 개구부로서 연소의 우려가 있는 부분의 방화 설비가 아닌 것은?

① 갑종방화문 ② 을종방화문
③ 드렌처설비 ④ 연결살수설비

해설 ④ 방화문을 설치하지 못하는 경우 드렌처설비 또는 개방형스프링클러설비를 설치한다.
☞ 방화지구 내에 있는 건축물의 외벽의 개구부로서 연소의 우려가 있는 부분의 방화설비 : 60분+, 60분 방화문, 30분 방화문, 방화문을 설치하지 못하는 경우 드렌처설비 또는 개방형스프링클러설비

204
방화상 유효한 구획 중 일정규모 이상이면 건축물에 적용되는 방화구획을 하여야 한다. 다음 중에서 구획 종류가 아닌 것은?

① 면적단위 ② 층단위
③ 용도단위 ④ 수용인원단위

정답 : 201.④ 202.④ 203.④ 204.④

▶해설 방화구획 : 화재로 인한 피해를 최소화하기 위해 건축 구조적 측면에서 화염의 전파방지를 위한 내화구조의 벽, 바닥, 방화문, 방화셔터, 방화댐퍼 등을 설치하여 화재의 확대를 방지

【 방화구획의 구분 】

층별구획(수직구획)		모든 층구획	
면적별구획(수평구획)	10층 이하	자동식소화설비 ×	1,000m² 마다
		자동식소화설비 ○	3,000m² 마다
	11층 이상	자동식소화설비 ×	200m² 마다
		자동식소화설비 ○	600m² 마다
	11층이상 (불연재마감)	자동식소화설비 ×	500m² 마다
		자동식소화설비 ○	1,500m² 마다
수직관통부구획(수직구획)		E/V, 계단, PIT	
용도별구획(용도별구획)		내화구조 / 비내화구조	

205 방화구획 면적을 작게 할 경우의 특징이 아닌 것은?

① 정보를 전달하기 쉽다.
② 화재성장의 억제가 유리하다.
③ 시각적 장애를 일으킨다.
④ 연기의 평면적 확대를 억제한다.

206 난연재료에 대한 설명으로 옳은 것은?

① 철근콘크리트조, 연와조, 기타 이와 유사한 성능의 재료
② 불연재료에 준하는 방화성능을 가진 건축재료
③ 철망모르타르로서 바름두께가 2[cm] 이상인 것
④ 불에 잘 타지 아니하는 성능을 가진 건축재료

▶해설

불연재료 (난연1급)	• 불에 타지 않는 성질을 가진 재료로서 불연성 시험 및 가스유해성 시험 결과 기준을 만족하는 것
	• 종류 : 콘크리트, 석재, 벽돌, 기와, 석면판, 철강, 알루미늄, 유리, 시멘트모르타르, 회 기타 난연 1급에 해당하는 것
준불연재료 (난연2급)	• 불연재료에 준하는 성질을 가진 재료로서 열방출률 시험 및 가스유해성 시험결과 기준을 만족하는 것
	• 종류 : 석고보드, 목모시멘트판 기타 난연 2급에 해당하는 것
난연재료 (난연3급)	• 불에 잘 타지 않는 성질을 가진 재료로서 열방출률 시험 및 가스유해성 시험결과 기준을 만족하는 것
	• 종류 : 난연합판, 난연플라스틱 기타 난연 3급에 해당하는 것

정답 : 205.① 206.④

예상문제

[화재에 대한 인간의 대응]
㉠ 공간적 대응
  ⓐ 대항성(對抗性) - 내화구조 : 건축물의 내화성능, 방화구획성능, 화재방어력, 방연성능, 초기소화대응력 등의 화재사상과 대항하여 저항하는 성능을 가진 항력
  ⓑ 회피성(回避性) - 불연재 : 건축물의 불연화, 난연화, 내장제한, 구획의 세분화, 방화훈련, 불조심 등과 화기취급의 제한 등과 같은 화재의 예방적 조치 및 상황
  ⓒ 도피성(逃避性) - 피난계단, 피난로 확보 : 화재발생시 사람이 궁지에 몰리지 않고 안전하게 피난할 수 있는 공간성과 시스템을 말하며 거실의 배치, 피난통로의 확보, 피난시설의 설치 및 건축물의 구조계획서, 방재계획서 등
㉡ 설비적 대응 - 소방시설 설치 : 화재에 대응하여 설치하는 소화설비, 경보설비, 피난설비 등의 소방시설

207 건축방재의 계획에 있어서 건축의 설비적 대응과 공간적 대응이 있다. 공간적 대응 중 대항성에 대한 설명으로 맞는 것은 어느 것인가?

① 불연화, 난연화, 내장제한, 구획의 세분화로 예방 조치강구
② 방화훈련(소방훈련), 불조심 등 출화유발, 대응을 저감시키는 조치
③ 화재가 발생한 경우보다 안전하게 계단으로부터 피난할 수 있는 공간성 시스템
④ 내화성능, 방연성능, 초기소화대응 등의 화재사상의 저항능력

해설   ④ 대항성(① 회피성, ② 회피성, ③ 도피성)

208 다음 중 건축물의 방화계획에서 공간적 대응에 해당하지 않는 것은?

① 대항성   ② 회피성
③ 도피성   ④ 피난성

209 건축방화계획에서 건축구조 및 재료를 불연화함으로써 화재를 미연에 방지하고자 하는 공간적 대응은?

① 회피성 대응(回避性 對應)   ② 도피성 대응(逃避性 對應)
③ 대항성 대응(對抗性 對應)   ④ 설비적 대응(設備的 對應)

해설   ① 회피성

210 다음은 설비적 대응의 내용과 관련 방재계획서에 작성한 내용이 아닌 것은?

① 화재의 탐지와 통보   ② 부지, 도로
③ 피난설비   ④ 소화설비

정답 : 207.④ 208.④ 209.① 210.②

해설 ② 공간적 대응

211 공간적 대응에서 방재계획에 해당되지 않는 것은?
① 방화구획 및 피난계단의 위치와 구성
② 안전구획의 위치와 구성
③ 피난층의 출입구
④ 기준층, 특수층에 대한 피난시설의 위치 및 피난로 선정

해설 ③[①②④ 공간적 대응(도피성)]

212 소방안전관리 시에 화점(화기)의 관리사항으로 볼 수 없는 것은?
① 화기책임자를 선정한다.
② 화기의 사용시간과 장소를 제한한다.
③ 스프링클러설비 등을 사용하여 화재를 진압한다.
④ 가연물과 위험물의 보관방법을 개선한다.

213 연소(燃燒)확대의 방지대책으로 볼 수 없는 것은?
① 방화구획　　　　　　② 방연구획
③ 특별피난계단　　　　④ 방화문

해설 ③ 특별피난계단 – 피난로 확보(도피성)

214 건축물에 화재가 발생할 때 연소확대를 방지하기 위한 계획에 해당되지 않는 것은?
① 수직계획　　　　　　② 입면계획
③ 수평계획　　　　　　④ 용도계획

215 건축물의 화재 시 그 성장을 한정된 범위로 억제하기 위하여 공간을 구획하는데, 이에 해당되지 않는 것은?
① 수직구획　　　　　　② 측면구획
③ 수평구획　　　　　　④ 용도구획

정답 : 211.③　212.③　213.③　214.②　215.②

예상문제

216 건축물의 방화대책 중 건물 전체의 불연화에 맞지 않는 것은?
① 내장재의 불연화
② 보온재의 불연화
③ 가연물의 수납을 적재하고 가연물의 양을 규제
④ 보냉재의 불연화

217 거주, 집무, 작업, 집회, 오락 기타 이와 유사한 목적을 위하여 사용하는 방은?
① 내실
② 응접실
③ 거실
④ 집무실

218 실내 피난계단의 구조는 내화구조로 하고, 어디까지 직접 연결되도록 하는가?
① 피난층 또는 옥상
② 피난층 또는 지상
③ 개구부 또는 옥상
④ 개구부 또는 지상

◀해설 실내 피난계단의 구조는 내화구조로 하고 피난층 또는 지상까지 직접 연결되도록 할 것

219 화재 시 위험성이 가장 적은 내장재로 볼 수 있는 부분은?
① 천장
② 벽
③ 바닥
④ 문

◀해설 화재 시 위험성이 가장 적은 내장재는 바닥이다.

220 옥외 피난계단의 계단폭은 최소 어느 정도가 가장 적당한가?
① 70[cm] 이상
② 80[cm] 이상
③ 90[cm] 이상
④ 100[cm] 이상

◀해설 ③ 옥외 피난계단의 계단폭은 90[cm] 이상으로 할 것

221 다음 중 연소 차단장치가 아닌 것은?
① 인터폰
② 방화문
③ 방연 수직벽
④ 제연 설비

정답 : 216.② 217.③ 218.② 219.③ 220.③ 221.①

222 제연 방법 중 모니터(Monitors)를 올바르게 나타낸 것은?

① 제연용 덕트
② 톱니 모양의 지붕창
③ 창살이나 엷은 유리창이 달린 지붕 위의 구조물
④ 외벽창

> **해설** ③ 모니터 – 창살이나 엷은 유리창이 달린 지붕위의 구조물

223 피난시설의 안전구획을 설정하는 데 해당되지 않는 것은?

① 거실
② 복도
③ 계단 부속실(전실)
④ 계단

> **해설** **안전구획** : 화재 발생장소에서 안전한 장소로 신속하게 대피할 수 있도록 구획한 것을 안전구획이라 하고 다음과 같이 분류한다.
> ⓐ 제1차 안전구획 : 복도 – 일시적으로 안전하게 수용하기 위한 구획
> ⓑ 제2차 안전구획 : 계단전실 또는 부속실 – 불과 연기로부터 장시간 안전하게 보호되는 구획
> ⓒ 제3차 안전구획 : 계단 – 최종적인 피난 경로

224 방재센터에 대한 설명 중 옳지 않은 것은?

① 방재센터는 피난인원의 유도를 위하여 피난층으로부터 가능한 한 높은 위치에 설치한다.
② 방재센터는 연소위험이 없도록 하고 충분한 면적을 갖도록 한다.
③ 자동화재탐지설비의 수신기에는 경계구역 부근에 대한 소방설비 등의 위치를 명시한다.
④ 소화설비 등의 기동에 대하여 감시제어기능을 갖추어야 한다.

> **해설** ① 방재센터는 피난층으로부터 가능한 한 가깝고 낮은 위치에 설치해야 한다.

225 피난을 위한 시설물이라고 볼 수 없는 것은?

① 객석유도등
② 내화구조
③ 방연 커텐
④ 특별 피난계단 전실

226 피난 계획에 관한 다음 기술 중 적합하지 않은 것은?

① 계단의 배치는 집중화를 피하고 분산한다.
② 피난동선에는 상용의 통로, 계단을 이용하도록 한다.
③ 방화구획은 단순 명확하게 하고 가능한 한 세분화한다.
④ 한 방향으로 피난로를 확보한다.

  정답 : 222.③ 223.① 224.① 225.② 226.④

예상문제

해설 [피난계획의 기본원칙]
　㉠ 피난수단은 원시적인 방법으로 한다.
　㉡ 피난통로는 2개방향의 피난으로 한다.
　㉢ 피난설비는 고정적인 시설로 한다.
　㉣ 피난계단 및 특별피난계단 등은 가급적 분산 배치한다.
　㉤ 피난통로의 종단에는 충분한 안전공간을 확보한다.
　㉥ 피난의 경로는 간단, 명료하게 한다.
　㉦ 인간의 피난특성을 고려한다.
　㉧ Fool Proof, Fail Safe의 원칙에 따른다.

227 건축물의 피난시설 계획 시 고려해야 할 일반 원칙 중 옳지 않은 것은?
① 피난경로는 간단명료해야 한다.
② 피난설비는 피난 시 쉽게 설치할 수 있는 기구나 장치에 의한다.
③ 피난경로에 따라서는 피난존(Zone)을 설정하는 것이 합리적이다.
④ 피난로는 패닉(Panic)현상이 일어나지 않도록 상호반대방향으로 대칭인 형태가 좋다.

해설 ② 피난설비는 평상시 설치되어 있어야 한다.

228 다음 중 건물 내 피난동선의 조건으로 적합한 것은?
① 피난동선은 그 말단이 길수록 좋다.
② 피난동선의 한 쪽은 막다른 통로와 연결되어 화재 시 연소(撚燒)가 되지 않도록 하여야 한다.
③ 어느 곳에서도 2개 이상의 방향으로 피난할 수 있으며 그 말단은 화재로부터 안전한 장소이어야 한다.
④ 모든 피난동선은 건물 중심부 한곳으로 향하고 중심부에서 지면 등 안전한 장소로 피난할 수 있도록 하여야 한다.

해설 ③ 피난동선은 어느 곳에서도 2개 이상의 방향으로 피난 가능해야 하며, 그 말단은 화재로부터 안전한 장소여야 한다.

229 고층 건축물의 피난계획을 수립할 때의 유의사항으로 적당하지 않은 것은?
① 피난동선은 일상생활의 동선과 일치시킨다.
② 평면계획에 대한 복잡성을 지양하고 단순성에 치중하여 피난동선을 단순화한다.
③ 막다른 복도를 만들지 않는다.
④ 2방향보다는 1방향의 단순한 피난로를 만든다.

정답 : 227.② 228.③ 229.④

> **해설** 양방향의 피난로를 만든다.

230 피난대책의 일반적인 원칙으로 옳지 않은 것은?
① 피난경로는 간단명료하게 한다.
② 피난설비는 고정식 설비보다 이동식 설비를 위주로 설치한다.
③ 피난수단은 원시적 방법에 의한 것을 원칙으로 한다.
④ 2방향의 피난통로를 확보한다.

> **해설** 피난설비는 고정적인 시설로 한다.

231 화재 시 피난시간을 여러 가지 요소에 의해 영향을 받는다. 피난 시 체류를 일으키는 요인으로 볼 수 없는 것은?
① 출구폭의 협소
② 복도폭의 협소
③ 가구 칸막이 등의 배치
④ 전실의 협소

> **해설** 전실의 크기는 피난 시 체류를 일으키는 요인과는 거리가 멀다. 중요한 것은 전실의 출입구 폭이다.

232 건물의 피난동선에 대한 설명으로 옳지 않은 것은?
① 피난동선은 가급적 단순형태가 좋다.
② 피난동선은 가급적 상호반대방향으로 다수의 출구와 연결되는 것이 좋다.
③ 피난동선은 수평동선과 수직동선으로 구분된다.
④ 피난동선이라 함은 복도, 계단, 엘리베이터와 같은 피난전용의 통행구조를 말한다.

> **해설** 피난 동선에 엘리베이터는 포함되지 않는다.

233 피난계획으로 부적합한 것은?
① 화재층의 피난을 최우선으로 고려한다.
② 피난동선은 2방향 피난을 가장 중시한다.
③ 피난시설 중 피난로는 출입구 및 계단을 말한다.
④ 인간의 본능적 행동을 무시하지 않도록 고려한다.

> **해설** 보편적으로 피난통로는 각 거실에서 피난계단 또는 피난구까지의 중간통로를 말한다.

 정답 : 230.② 231.④ 232.④ 233.③

예상문제

234 화재현장에서 인명구조 활동 시 주의하여야 할 사항이 아닌 것은?
① 요(要)구조자 위치 확인
② 필요한 장비 장착
③ 세심한 주의로 명확한 판단
④ 용기는 금물

235 안전관리와 관련하여 색광으로 상황을 나타내는 방법으로 타당하지 않은 것은?
① 녹색 – 안전, 구급
② 백색 – 보안
③ 황색 – 주의
④ 적색 – 위험, 방화

  ◀해설 백색은 주로 안내를 표현한다.

236 안전사고를 분석하기 위한 방법으로 옳지 않은 것은?
① 안전사고를 개별적으로 분석한다.
② 사고내용의 공통점을 찾아낸다.
③ 사고내용의 주된 사항을 찾아낸다.
④ 유사한 사고를 사전에 예방하기 위하여 결함사항을 찾아낸다.

237 건물화재에 대비하는 것으로 가장 중요시하는 것은?
① 인명의 피난
② 시설의 보호
③ 소방대원의 진입
④ 화재부하의 대소

238 다음 사항 중 건물 내부에서 연소 확대 방지 수단이 아닌 것은?
① 방화구획
② 날개벽 설치
③ 방화문 설치
④ 건축설비(Duct)에의 연소방지 조치

239 건물 내부에서 화재가 발생하였을 때 피난 시의 군집보행속도는 약 몇 [m/s]로 보는가?
① 0.5
② 1.0
③ 1.5
④ 15

  ◀해설
  • 피난 시 군집 보행속도 : 1m/s
  • 자유보행속도 : 0.5~2m/s
  • 군집유동계수 : 평균 1.33인/m·s

정답 : 234.④ 235.② 236.② 237.① 238.② 239.②

[인간의 피난특성 5가지]

귀소본능	인간은 본능적으로 자신의 신체를 보호하기 위해 **자주 이용하는 경로 및 원래 온 길로 돌아가려는 특성**이 있다.
퇴피본능	위험사태가 발생하면 반사적으로 **멀어지려는 경향**이 있다.
지광본능	화재 시 정전이나 검은 연기에 의해 암흑상태가 되면 **사람들은 밝은 곳으로 모이게 된다.**
좌회본능	대부분이 오른손잡이이며 이로 인해 오른발이 발달해 어둠 속에서 걷게 되면 **왼쪽으로 돌게 된다.**
추종본능	급박한 상황에서 리더 한 사람의 행동을 **따라하는 경향**이 있다.

240 화재 발생 시 인간의 피난 특성으로 틀린 것은?

① 무의식 중에 평상시 사용하는 출입구나 통로를 사용한다.
② 화재의 공포감으로 인하여 빛을 피해 어두운 곳으로 몸을 숨긴다.
③ 화염, 연기에 대한 공포감으로 발화의 반대방향으로 이동한다.
④ 화재 시 최초로 행동을 개시한 사람을 따라 전체가 움직이는 경향이 있다.

해설 ② 어둠을 피해 밝은 곳으로 모이게 된다.
① 귀소본능
③ 퇴피본능
④ 추종본능

241 화재 발생 시 인간들의 본능적 피난행동 중 인간들이 밝은 곳으로 도피하려는 것은 어디에 속하는가?

① 지광본능   ② 귀소본능
③ 추종본능   ④ 토피본능

해설 ① 지광본능

242 건축물 화재 시 제2차 안전구획은?

① 복도   ② 전실
③ 지상   ④ 계단

해설 제2차 안전구획 : 전실 또는 부속실

 정답 : 240.② 241.① 242.②

예상문제

243 다음 중 피난경로로 틀린 것은?
① X형 ② Y형
③ T형 ④ 중앙으로 집중

해설 가장 확실한 피난경로 : X, Y, T, Z형. 중앙집중형(H형, CO형)은 피난이 용이하지 못함.

244 소방안전을 정착시키기 위해서는 안전관리의 3요소(3E)를 적극 활용하여야 한다. 다음 중 3요소가 아닌 것은?
① 시행・규제(Enforcement) ② 기술(Engineering)
③ 교육(Education) ④ 열정(Enthusiasm)

해설 안전관리의 3요소(3E) : 시행・규제(Enforcement), 기술(Engineering), 교육(Education)

245 화재 시 열의 이동방식에서 화염의 전자파가 가장 크게 작용하는 열의 이동방식은?
① 대류 ② 복사
③ 전도 ④ 비화

해설 화염의 전자파가 가장 크게 작용하는 열의 이동방식은 복사다.

246 열전도율을 표시하는 단위는?
① [kcal/m² · h · ℃] ② [kcal · m²/h · ℃]
③ [W/m · deg] ④ [J/m² · deg]

해설 **전도 : 고체에서의 열전달현상**. 고온체와 저온체의 직접적인 접촉에 의해서 고온에서 저온으로 이동하는 것으로 **저온에서 지배적**이며 분자 자신은 **진동만 일어날 뿐 이동하지 않는다**.
• 전도열량 $Q(\text{kcal/hr}) = \dfrac{\lambda \cdot A \cdot \Delta T}{l}$

[A : 접촉면적, ΔT : 온도차(℃), l : 두께(m), λ : 열전도도(율)(kcal/m・hr・℃)]
• kcal/m・hr・℃ → J/m・hr・℃ → WS/m・hr・℃ → W/m・℃

247 복사에 대한 설명으로 틀린 것은?
① 복사는 전자파의 형태로 에너지를 전달한다.
② 복사에너지의 전파속도는 빛과 같다.
③ 복사에너지의 파장이 가시광선대에 들어가면 빛을 발한다.
④ 진공 속에서는 복사에 의한 전열이 이루어지지 아니한다.

정답 : 243.④ 244.④ 245.② 246.③ 247.④

해설 ④ 진공 속에서도 복사에 의한 전열이 이루어진다.

248 난류화염으로부터 20[℃]의 벽으로 전달되는 대류열류는? (단, h=5[W/m² · ℃], 평균시간 최대화염온도는 800[℃]이다)

① 1.9[kW/m²]
② 2.9[kW/m²]
③ 3.9[kW/m²]
④ 4.9[kW/m²]

해설 대류열류 $Q(W/m^2) = h(T_2 - T_1)$
$Q = 5(W/m^2℃) \times (800-20)℃ = 3900W/m^2 = 3.9kW/m^2$

249 복사열이 통과할 때 복사열이 흡수되지 않고 아무런 손실 없이 통과되는 것은?

① 질소
② 탄산가스
③ 아황산가스
④ 수증기

해설 ※ 복사열이 흡수되지 않고 아무런 손실없이 통과되는 것은 이원자분자인 ① 질소이다.
- 단원자, 이원자분자는 복사에너지를 흡수, 투과한다.
- 삼원자분자는 복사에너지를 흡수한다.

[분자의 구분]
- 단원자 분자 : 1개의 원자로 이루어진 분자(He, Ne, Ar 등)
- 이원자 분자 : 2개의 원자로 이루어진 분자(H_2, O_2, CO, F_2, Cl_2 등)
- 삼원자 분자 : 3개의 원자로 이루어진 분자(H_2O, O_3, CO_2 등)
- 고분자 : 많은 수의 원자로 이루어진 분자(녹말, 합성수지 등)

250 Stefan-Boltzman의 법칙에서 복사열은 절대온도의 몇 승에 비례하는가?

① 2승
② 3승
③ 4승
④ 5승

해설 복사 : **절대 0도보다 높은 온도를 가지는 모든 물체**는 그 온도에 따라 그 표면에서부터 모든 방향으로 **전자파의 형태로 열에너지를 발산**한다. 이 에너지가 공간을 통과해서 물체에 도달하면 일부는 표면에서 반사되고 일부는 물체에 흡수되며 일부는 물체를 통과한다. 이때 흡수된 에너지는 그 물체의 온도를 상승시키며 이와 같은 열전달현상을 복사라 한다.

[스테판-볼츠만의 법칙]

$$Q = 4.88 A\varepsilon \left\{ \left(\frac{T_1}{100}\right)^4 - \left(\frac{T_2}{100}\right)^4 \right\}$$

Q : 복사열량(kcal/hr), Q : 단면적(m²), ε : 계수
T_1 : 고온체의 절대온도(K), T_2 : 저온체의 절대온도(K)
→ 즉, 복사에너지는 면적에 비례하고 **절대온도의 4승에 비례**한다.

정답 : 248.③ 249.① 250.③

예상문제

251 표면온도가 350[℃]에서 전기 히터를 가열하여 750[℃]가 되었다. 복사열은 몇 배로 증가하였는가?

① 1.64배 ② 2배
③ 4배 ④ 7.27배

해설
$$4.88A\varepsilon\left(\frac{273+350}{100}\right)^4 : 4.88A\varepsilon\left(\frac{273+750}{100}\right)^4 = 1 : x$$

$$\frac{4.88A\varepsilon\left(\frac{273+750}{100}\right)^4}{4.88A\varepsilon\left(\frac{273+350}{100}\right)^4} = 7.27$$

252 가연물 등의 연소 시 건축물의 붕괴 등을 고려하여 무엇을 설계하여야 하는가?

① 연소하중 ② 내화하중
③ 화재하중 ④ 파괴하중

해설 화재하중(Fire Load)
화재하중이란 단위면적당 가연물의 질량이다. 일정구역 안에 있는 가연물 전체발열량을 목재의 단위질량당 발열량으로 나누면 목재의 질량으로 환산된다. 이를 다시 그 구역의 바닥면적으로 나누면 단위면적당 가연물(목재)의 질량이 되는데 이를 화재하중이라 하고 주수시간을 결정하는 주요인이 된다.

$$Q(\text{kg/m}^2) = \frac{\Sigma(Gt \cdot Ht)}{Hw \cdot A} = \frac{\Sigma Qt}{4,500A}$$

Q : 화재하중(kg/m²), Gt : 가연물 질량(kg), Ht : 가연물의 단위질량당 발열량(kcal/kg)
A : 바닥면적(m²), Gt : 가연물의 전체 발열량(kcal), Hw : 목재의 발열량(kcal/kg)

253 화재하중(Fire Load)과 직접적인 관련이 없는 것은?

① 단위면적 ② 온도
③ 발열량 ④ 가연물의 중량

해설 화재하중과 직접적인 관련이 없는 것은 온도이다.

254 건물의 화재하중을 감소하는 방법은?

① 방화구획의 세분화 ② 내장재 불연화
③ 소화시설의 증강 ④ 건물높이의 제한

정답 : 251.④ 252.③ 253.② 254.②

해설   건물의 화재하중을 감소하는 방법은 내장재 불연화이다.

255 건축물 설계 시 화재하중에 대한 내화요구도로서 적합한 것은?

① $50[kg/m^2]$: 1.5~2시간
② $100[kg/m^2]$: 2~3시간
③ $200[kg/m^2]$: 3~4시간
④ $300[kg/m^2]$: 4~6시간

해설   [화재하중에 따른 내화도]
㉠ $50kg/m^2$: 1 ~ 1.5시간
㉡ $100kg/m^2$: 1.5 ~ 3시간
㉢ $200kg/m^2$: 3 ~ 4시간

256 일반적으로 실내의 화재하중이 가장 많은 곳은?

① 주택
② 호텔
③ 도서관
④ 사무실

해설   실내의 화재하중이 가장 많은 곳은 도서관이다.
☞ 소방대상물의 용도별 화재하중
㉠ 사무실 : $10~20kg/m^2$
㉡ 주택 : $30~60kg/m^2$
㉢ 점포 : $100~200kg/m^2$
㉣ 창고 : $200~1,000kg/m^2$

257 화재강도(Fire Intensity)와 관계가 없는 것은?

① 가연물의 비표면적
② 점화원 또는 발화원의 온도
③ 화재실의 구조
④ 가연물의 배열상태

해설   [화재가혹도(Fire Severity)]
• 화재 시 최고온도와 지속시간은 화재의 규모를 판단하는 중요한 요소가 된다.
• 화재가혹도는 **최고온도×지속시간**으로 표현되며 화재로 인한 피해의 정도를 판단할 수 있는 척도가 된다.
• 화재가혹도의 주요소는 **가연물의 연소열, 비표면적, 공기의 공급조절, 화재실의 구조** 등이다.

┌─ 화재하중과 화재가혹도의 비교 ─
• 화재하중 : 화재의 규모를 판단하는 척도로 주수시간을 결정하는 인자이다.
• 화재가혹도 : 화재강도를 판단하는 척도로 주수율($L/m^2·min$)을 결정하는 인자이다.

 정답 : 255.③ 256.③ 257.②

예상문제

258 연소생성물이 아닌 것은?
① 불꽃
② 열
③ 연기
④ 산소

▶해설 연소생성물 : 열, 연기, 불꽃, 가스

【 연소생성물 중 가스의 종류 】

종 류	특 징
일산화탄소 (CO)	㉠ 탄소함유 물질의 **불완전연소 시** 발생된다. ㉡ 무색, 무취의 유독성가스이다. ㉢ 일반가연물 화재 시 **가장 많이 발생되는 독성가스**로 허용농도는 50PPM 이다.
이산화탄소 (CO_2)	㉠ 탄소함유 물질의 **완전연소 시** 발생된다. ㉡ 일산화탄소처럼 인체에 대한 독성은 없지만 화재 시 다량 발생하므로 공기 중의 산소부족에 따른 질식의 우려 및 호흡속도가 빨라져 기타 유독가스의 흡입을 촉진시킬 수 있다. ㉢ 일반가연물 화재시 가장 많이 발생되는 가스로 허용농도는 5,000PPM 이다.
포스겐 ($COCl_2$)	㉠ **염소(Cl)가 함유된 가연물이 연소 시** 발생된다. ㉡ 인체에 **맹독성인 독성가스**이다.(허용농도 : 0.1PPM)
아황산가스 (SO_2)	황화합물이 완전연소 시 발생되는 가스로 공기보다 무거운 기체이다. $S + O_2 \rightarrow SO_2$
염화수소 (HCl)	PVC와 같이 염소(Cl)가 함유된 수지류가 탈 때 발생하고 공기보다 무겁고 물에 잘 녹으며 금속에 대한 부식성이 크다.
황화수소 (H_2S)	㉠ 황을 함유하고 있는 유기화합물이 **불완전연소 시** 발생되며 연소 시 유독성 기체인 아황산가스를 발생한다. ㉡ 특징 - 계란 썩는 냄새(악취)
암모니아 (NH_3)	**질소**를 함유한 가연물이 연소 시 발생되는 **유독가스**로 허용농도가 25ppm 이다.
시안화수소 (HCN)	플라스틱의 **불완전연소 시** 발생되며, 허용농도 10PPM의 **유독성 가스**로 가연성 기체이다.
질소산화물 (NOx)	**니트로셀룰로오스**가 연소 또는 분해 시 발생되는 가스로 질소산화물 중 NO, NO_2 등은 독성이 크고 특히 수분이 존재 시 금속을 부식시킨다.
아크로레인 (CH_2CHCHO)	**석유제품이나 유지류** 등이 탈 때 발생되는 가스로 일반적인 화재에서 발생되는 경우는 극히 드물며 10PPM 이상의 농도를 흡입하면 즉시 사망한다.

★ 화재 시 **가장 많이 발생하는 가스**는 CO_2(**이산화탄소**)이고, **가장 많이 발생하는 독성가스**는 CO(**일산화탄소**)이다.
★ **가장 독성이 강한 가스**는 **포스겐($COCl_2$)**이다.

정답 : 258.④

259 화재 시 발생하는 연소가스 중에서 유황분이 포함되어 있는 물질의 불완전연소에 의하여 발생하는 가스는?

① H_2SO_4 ② H_2S
③ SO_2 ④ $PbSO_4$

해설 ② H_2S(황화수소) - 특징 : 계란 썩는 냄새
③ SO_2(아황산가스) → 완전연소 시 발생하는 가스

260 연소생성물 중 가장 독성이 큰 것은?

① CO ② 포스겐
③ CO_2 ④ 염화수소

해설 연소생성물 중 가장 독성이 강한 것 - 포스겐($COCl_2$)

261 목재와 같이 일반 가연물 연소 시 생성하는 가스 중 인체에는 해가 없으나 공기보다 무겁고 많은 양을 흡입하면 질식의 우려가 있는 가스는?

① CO_2 ② 메탄
③ CO ④ HCN

해설 공기 분자량 29
① CO_2 - 44 ② CH_4 - 16 ③ CO - 28 ④ HCN - 27

262 연소 시 생성물로서 인체에 유해한 영향을 미치는 것으로 옳게 설명된 것은?

① 암모니아는 냉매로 쓰이고 있으므로, 누출 시 동해의 위험은 있으나 자극성은 없다.
② 황화수소가스는 무자극성이나, 조금만 호흡해도 감지능력을 상실케 한다.
③ 일산화탄소는 산소와의 결합력이 극히 강하여 질식작용에 의한 독성을 나타낸다.
④ 아크로레인은 독성은 약하나 화학제품의 연소 시 다량 발생하므로 쉽게 치사농도로 이르게 한다.

263 석유, 고무, 동물의 털, 가죽 등과 같이 황성분을 함유하고 있는 물질이 불완전연소될 때 발생하는 연소가스로 계란 썩는 듯한 냄새가 나는 기체는?

① 아황산가스 ② 시안화수소
③ 황화수소 ④ 암모니아

정답 : 259.② 260.② 261.① 262.③ 263.③

> **해설**　계란썩는 냄새 - 황화수소

264 습기가 많을 때 그 전달속도가 빨라져서 사람이 방호할 수 있는 능력을 떨어지게 하며 폐 속으로 급히 흡입하면 혈압이 떨어져 혈액순환에 장애를 초래하게 되어 사망할 수 있는 화재의 생성물은?

① 수분　　　　　　　　　　② 분진
③ 열　　　　　　　　　　　④ 연기

> **해설**　④ 연기

265 화재 시에 발생하는 연소생성물을 크게 분류하면 4가지로 분류할 수 있다. 이에 해당되지 않는 것은?

① 암모니아, 시안화수소 등의 연소가스 및 연기
② 대기 중에서 물질이 탈 때 나타나는 화염
③ 열(Heat)
④ 점화원

> **해설**　④ 점화원
> ☞ 연소생성물 : 열, 연기, 불꽃, 가스

266 에틸렌의 연소생성물에 속하지 않는 것은?

① 이산화탄소　　　　　　　② 일산화탄소
③ 수증기　　　　　　　　　④ 염화수소

> **해설**　에틸렌(C_2H_4)이 연소하면 탄화가스, 수증기 등이 발생한다.
> ④ 염화수소(HCl)는 PVC의 연소생성물이다.
>
> | 가연물의 종류 | 연소생성물 | 가연물의 종류 | 연소생성물 |
> |---|---|---|---|
> | 탄소 함유 가연물 | CO, CO_2 | 석탄, 코우크스 | 일산화탄소(CO) |
> | 나무, 나일론, 페놀수지 | 알데이드(R-CHO) | 양모, 고무, 목재, LPG | 아황산가스(SO_2) |
> | PVC | 염화수소(HCl) | 셀룰로오스, 암모니아 | 이산화질소(NO_2) |
> | 석유제품, 유지, 비닐론 | 아크로레인(C_2H_3CHO) | 멜라민수지, 요소수지 | 암모니아(NH_3) |
> | 명주, 양모, 우레탄 | 시안화수소(HCN) | 폴리스티렌(스티로폴) | 벤젠(C_6H_6) |
> | 천연가스, 석유류 | 카본블랙(C) | 양모, 피혁 | 황화수소(H_2S) |

정답 : 264.④　265.④　266.④

267 다음 기체 중 인체의 폐에 가장 큰 자극을 주는 것은?

① CO_2
② H_2
③ CO
④ N_2

◀해설 ③ 일산화탄소

268 독성이 매우 높은 가스로서 석유제품, 유지 등이 연소할 때 생성되는 가스는?

① 시안화수소
② 암모니아
③ 포스겐
④ 아크로레인

◀해설 석유제품, 유지류 등의 연소로 생성되는 가스는 아크로레인

269 화재 시 발생하는 연소가스에 포함되어 인체에서 혈액의 산소운반을 저해하고 두통, 근육 조절의 장애를 일으키는 것은?

① CO_2
② CO
③ HCN
④ H_2S

◀해설 일산화탄소를 흡입하면 혈액 내에 헤모글로빈과 결합하여 혈액을 응고제 역할을 하는 COHb(카르복시헤모글로빈)을 생성 → 혈액의 산소운반을 저해 → 두통 및 근육조절 장애 유발

270 인체에 노출될 때 가장 위험한 물질은?

① HCN
② NO
③ HCl
④ NH_3

◀해설 ① HCN(시안화수소)

271 연소 시 부식성 가스를 가장 많이 방출하는 물질은?

① 폴리에틸렌
② PVC
③ 폴리우레탄
④ 폴리스티렌

◀해설 부식성 가스 → 염소
∴ 염소를 연소생성물로 갖는 물질은 PVC이다.

정답 : 267.③ 268.④ 269.② 270.① 271.②

예상문제

272 상온에서 무색의 기체로서 암모니아와 유사한 냄새를 가지는 물질은?
① 에틸벤젠
② 에틸아민
③ 산화프로필렌
④ 사이클로프로판

273 어떤 입자에 의해서 연소가스가 눈에 보이는가?
① 아황산가스 및 타르입자
② 페놀 및 멜라민수지 입자
③ 탄소 및 타르입자
④ 황화수소 및 수증기 입자

해설　연소가스가 눈에 보이는 이유는 탄소 및 타르입자의 함유 때문이다.

274 연기에 대한 설명 중 맞지 않는 것은?
① 가연물의 연소 시에 가열에 의해서 방출하는 열분해된 생성물을 말한다.
② 완전 연소되지 않는 불완전연소에 많이 발생한다.
③ 연소 시 발생가스로서 산소공급이 부족할 때 적은 양이 발생한다.
④ 화재 시에 발생되는데 호흡기 장애, 질식사를 유발한다.

해설　③ 산소공급이 부족하여 불완전연소하게 되면 더 많은 양의 연기가 발생한다.

275 화재 시 패닉(Panic)의 발생원인과 직접적인 관계가 없는 것은?
① 연기에 의한 시계제한
② 유독가스에 의한 호흡장애
③ 외부와 단절되어 고립
④ 건물의 가연 내장재

해설　화재 시 패닉은 생리적, 시계적, 심리적 유해성에 기인한다.

276 연기의 수평방향에서의 이동속도는?
① 0.3~0.5[m/s]
② 0.5~1.0[m/s]
③ 0.7~1.0[m/s]
④ 0.1~0.5[m/s]

해설　[연기의 유동속도]

수평방향	수직방향	수직공간
0.5~1m/sec	2~3m/sec	3~5m/sec

  정답 : 272.② 273.③ 274.③ 275.④ 276.②

277 연소 시 불완전연소하여 짙은 연기를 생성하게 될 때는 어떤 때인가?

① 온도가 낮을 때   ② 온도가 높을 때
③ 공기가 부족할 때   ④ 공기가 충분할 때

해설 연기가 많이 발생하는 것은 공기의 부족이 주원인이다.
예) 온도가 낮을 때는 액적연소 한다.

278 화재 시 연기가 인체에 영향을 미치는 요인 중 가장 중요한 요인은?

① 연기 중의 미립자   ② 일산화탄소의 증가와 산소의 감소
③ 탄산가스의 증가로 인한 산소의 희석   ④ 연기 속에 포함된 수분의 양

해설 연기가 인체에 미치는 요인(심리적 유해성)은 일산화탄소 증가와 산소의 감소이다.
[연기 유동의 요인]
• 저층건축물 : 열, 대류에 의한 이동, 화재에 의한 압력상승 등
• 고층건축물 : 온도상승에 의한 기체의 팽창, 굴뚝효과, 외부풍압의 영향, 건물 내에서의 강제적인 공기유동 등

[굴뚝효과(Stack Effect)]
건물의 내, 외부 공기 사이의 온도와 밀도차에 의하여 건물의 수직공간을 통한 자연적인 공기의 수직이동현상

279 화재 시 연기로 인한 사람의 투시거리에 영향을 주는 주된 인자가 아닌 것은?

① 연기농도   ② 연기의 질
③ 보는 표식의 휘도, 형상, 색   ④ 연기의 흐름 속도

280 가연물질의 연소생성물인 연기가 인체에 미치는 영향과 가장 관계가 없는 것은?

① 시력장애   ② 인지능력 감소
③ 질식   ④ 촉각의 둔화

281 화재 시 공기의 이동현상을 옳게 설명한 것은?

① 건물 외부의 온도가 내부의 온도보다 높으면 공기는 수직으로 이동한다.
② 건물 내·외부의 온도가 같을 경우 공기는 수평으로 이동한다.
③ 건물 외부의 온도가 내부의 온도보다 높으면 공기는 소용돌이를 치게 된다.
④ 건물 내부의 온도가 외부의 온도보다 높으면 공기는 수직으로 이동한다.

정답 : 277.③ 278.② 279.② 280.④ 281.④

예상문제

282 건물화재 시 연기가 건물 밖으로 이동하는 주된 요인이 아닌 것은?
① 굴뚝효과
② 건물 내부의 냉방 작동
③ 온도상승에 따른 기체의 팽창
④ 기후조건

283 굴뚝효과(Stack Effect)에서 나타나는 중성대에 관계되는 설명으로 틀린 것은?
① 건물 내의 기류는 항상 중성대의 하부에서 상부로 이동한다.
② 중성대는 상하의 기압이 일치하는 위치에 있다.
③ 중성대의 위치는 건물 내·외부의 온도차에 따라 변할 수 있다.
④ 중성대의 위치는 건물 내의 공조상태에 따라 달라질 수 있다.

284 화재 시 발생하는 연기의 색이 검은 것은 무엇때문인가?
① 휘발성 알코올류
② 수분이 많은 물질
③ 건조된 가연물이나 종이류
④ 탄소를 많이 함유한 석유류

285 연기의 농도표시방법 중 단위체적당 연기입자의 개수를 나타내는 방법은?
① 중량농도법
② 입자농도법
③ 투과율법
④ 상대농도법

해설 [연기의 농도표시]
㉠ 중량농도 : 단위체적당 연기입자의 질량(mg/m^3)을 측정하는 표시법
㉡ 입자농도 : 단위체적당 연기입자의 개수(개/cm^3)를 측정하는 표시법
㉢ 광학적 농도 : 연기 속을 투과하는 빛의 양을 측정하는 방법으로 감광계수(m^{-1})로 나타낸다.

$$Cs = (1/L) \cdot \log(Io/I)$$

Cs : 감광계수(m^{-1}), L : 光路의 길이(m)
Io : 연기가 없을 때 빛의 세기(lm/m^2)
I : 연기가 있을 때의 빛의 세기(lm/m^2)

286 건물 내부의 화재 시에 발생한 연기의 농도가 감광계수로 10일 때의 상황을 알맞게 설명한 것은?
① 화재 최성기 때의 농도
② 어두운 것을 느낄 정도의 농도
③ 연기감지기가 작동할 때의 농도
④ 출화실에서 연기가 분출할 때의 농도

정답 : 282.② 283.① 284.④ 285.② 286.①

해설 [시계적 유해성]
연기농도의 증가에 따라 시계가 좁아져 피난 및 소화활동에 많은 지장을 초래하게 된다.

감광계수	가시거리	상황 설명
0.1Cs	20~30m	• 희미하게 연기가 감도는 정도의 농도 • 연기감지기가 작동되는 농도 • 건물구조에 익숙지 않은 사람이 피난에 지장을 받을 수 있는 농도
0.3Cs	5m	건물구조를 잘 아는 사람이 피난에 지장을 받을 수 있는 농도
0.5Cs	3m	약간 어두운 정도의 농도
1.0Cs	1~2m	전방이 거의 보이지 않을 정도의 농도
10Cs	수십 cm	• 최성기 때 화재층의 연기 농도 • 유도등도 보이지 않는 암흑상태의 농도
30Cs	–	출화실에서 연기가 배출될 때의 농도

287 연기에 의한 감광계수가 0.1, 가시거리가 20~30[m]일 때 상황을 바르게 설명한 것은?
① 건물 내부에 익숙한 사람이 피난에 지장을 느낄 정도
② 연기감지기가 작동할 정도
③ 어두침침한 것을 느낄 정도
④ 거의 앞이 보이지 않을 정도

해설 문제 268 해설 참조

288 다음 중 Flash Over를 바르게 나타낸 것은?
① 에너지가 느리게 집적되는 현상
② 가연성 가스가 방출되는 현상
③ 가연성 가스가 분해되는 현상
④ 폭발적인 착화현상

해설 문제 162 플래시오버 해설 참조

289 건물의 화재성상 중 플래시오버에 대한 설명으로 옳은 것은?
① 열원이 가연물에 인화되는 현상
② 실내의 가연물이 연소됨에 따라 생성되는 가연성 가스가 실내에 누적되어 폭발적으로 연소하여 실 전체가 순간적으로 불길에 쌓이는 현상
③ 불길이 상층으로 확대되는 과정
④ 건물화재가 커지는 과정

해설 문제 162 플래시오버 해설 참조

 정답 : 287.② 288.④ 289.②

예상문제

290 플래시오버(Flash Over)란?
① 건물화재에서 가연물이 착화하여 연소하기 시작하는 단계이다.
② 건물화재에서 발생한 가연가스가 일시에 인화하여 화염이 충만하는 단계이다.
③ 건물화재에서 화재가 쇠퇴기에 이른 단계이다.
④ 건물화재에서 가연물의 연소가 끝난 단계이다.

해설 문제 162 플래시오버 해설 참조

291 플래시오버의 화재의 온도는 얼마인가?
① 600~800[℃]
② 800~900[℃]
③ 900~1,100[℃]
④ 1,000~1,100[℃]

해설 (내화건축물)플래시오버의 화재온도는 800~900℃

292 Flash Over에 영향을 미치지 아니하는 것은?
① 개구율
② 내장 재료
③ 화원의 크기
④ 방화구획

해설 문제 162 플래시오버 해설 참조

293 플래시오버의 발생시각에 대한 설명으로 틀린 것은?
① 건물의 개구부가 적으면 발생 시각이 늦다.
② 화원이 크면 발생 시각이 빠르다.
③ 가연 내장재료 중 벽재료보다 천정재가 발생시각에 큰 영향을 미친다.
④ 열전도율이 큰 내장재가 발생시각을 늦게 한다.

해설 문제 162 플래시오버 해설 참조

294 내화건축물의 화재 시 플래시오버현상은 어느 과정에서 주로 발생하는가?
① 화재의 초기
② 화재의 성장기
③ 화재의 최성기
④ 화재의 종기

해설 문제 162번 플래시오버 해설 참조

정답 : 290.② 291.② 292.④ 293.① 294.②

295 다음 중 백드래프트(Back Draft)현상은 어느 시기에 나타나는가?

① 초기   ② 성장기
③ 최성기 ④ 감쇠기

▶해설 백드래프트 발생시기는 최성기. 문제 182 백드래프트 해설 참조

296 중질유탱크에서 장시간 조용히 연소하다 탱크 내의 잔존 기름이 갑자기 분출하는 현상을 무엇이라고 하는가?

① 보일오버(Boil Over)   ② 플래시오버(Flash Over)
③ 슬롭오버(Slop Over)   ④ 프로스오버(Froth Over)

▶해설 [고비점 액체위험물에서 발생될 수 있는 현상]
㉠ 보일오버(Boil Over)현상 : 화재 시 탱크 내에 잔존해있던 물이 비등
유류탱크 화재 시 액체위험물의 밑 부분에 존재하고 있던 물이 열파에 의해 비점 이상으로 되면 급격히 증발하면서 가연성 액체를 탱크 밖으로 비산시켜 화재를 확대시키는 현상

보일오버의 발생조건
• 탱크 내부에 수분이 존재할 것 • 열파를 형성하는 유류일 것 • 적당한 점성과 거품을 가진 유류일 것 • 비점이 물보다 높은 유류일 것

㉡ 슬롭오버(Slop Over) 현상 : 화재 시(탱크 내 잔존물 ×) 소화수가 비등하는 현상
액체위험물 화재 시 연소유면이 가열된 상태에서 물이 포함되어 있는 소화약제를 방사할 경우 물이 비등·기화하면서 액체 위험물을 탱크 밖으로 비산시키는 현상
㉢ 프로스오버(Froth Over) 현상 : 비화재시 외부원인에 의해 탱크 내 잔존해 있던 물이 비등하는 현상
화재가 아닌 경우에 발생하는 현상으로 점도가 높은 유류를 저장하는 탱크의 바닥에 있는 수분이 어떤 원인에 의해 비등하면서 액체위험물을 탱크 밖으로 넘치게 하는 현상

297 유류저장탱크의 화재 중 열류층을 형성 화재의 진행과 더불어 열류층이 점차 탱크 바닥으로 도달해 탱크저부에 물 또는 물-기름 에멀션이 수증기로 변해 부피 팽창에 의해 유류의 갑작스런 탱크 외부로의 분출을 발생시키면서 화재를 확대시키는 현상은?

① 보일오버(Boil Over)   ② 슬롭오버(Slop Over)
③ 프로스오버(Froth Over) ④ 플래시오버(Flash Over)

▶해설 문제 296 해설 참조

  정답 : 295.④ 296.① 297.①

예상문제

298 액화가스 저장탱크의 누설로 부유 또는 확산된 액화가스가 착화원과 접촉하여, 액화가스가 공기 중으로 확산, 폭발하는 현상은?

① Slop Over
② Flash Over
③ Boil Over
④ BLEVE

해설 [블레비(BLEVE ; Boiling Liquid Expanding Vapor Explosion, 비등액체팽창증기폭발)]
액화가스를 저장하는 용기 주변에 화재 등의 발생으로 용기가 가열되는 경우 액화가스의 비등으로 급격한 압력의 상승이 있다. 이때 안전장치(안전밸브, 봉판)를 통하여 이루어지는 압력의 완화율보다 내부의 압력증가율이 큰 경우 용기가 파열되는 현상을 BLEVE라 한다. 또한 액화가스가 가연성인 경우 거대한 화구를 형성하게 되는데 이런 현상을 파이어볼(Fire ball)이라고 한다.

299 복도에서 피난개시부터 종료까지의 복도피난허용시간을 계산하는 식은?

① $2\sqrt{(층의\ 거실연면적의\ 합\ +\ 층의\ 복도면적의\ 합)}$
② $3\sqrt{(층의\ 거실연면적의\ 합\ +\ 층의\ 복도면적의\ 합)}$
③ $4\sqrt{(층의\ 거실연면적의\ 합\ +\ 층의\ 복도면적의\ 합)}$
④ $5\sqrt{(층의\ 거실연면적의\ 합\ +\ 층의\ 복도면적의\ 합)}$

해설 복도에서 피난개시부터 종료까지의 복도피난허용시간 계산식
$4\sqrt{(층의\ 거실연면적의\ 합\ +\ 층의\ 복도면적의\ 합)}$

300 섬유 중 발화온도로 가장 높은 것은?

① 나일론
② 순면
③ 양모
④ 폴리에스테르

해설 동물성 섬유가 발화점이 가장 높다.
◎ 견사, 양모, 토끼털, 모피 등

정답 : 298.④ 299.③ 300.③

PART 02

소방관계법규

CHAPTER 01 소방기본법

1. 목 적

이 법은 화재를 예방·경계하거나 진압하고 화재, 재난·재해, 그 밖의 위급한 상황에서의 구조·구급 활동 등을 통하여 국민의 생명·신체 및 재산을 보호함으로써 공공의 안녕 및 질서 유지와 복리증진에 이바지함을 목적으로 한다.

2. 정 의

① "소방대상물"이란 건축물, 차량, 선박(「선박법」 제1조의2제1항에 따른 선박으로서 항구에 매어둔 선박만 해당한다), 선박 건조 구조물, 산림, 그 밖의 인공 구조물 또는 물건을 말한다.

> 예 운항중인 선박 × 비행중인 비행기 ×

② "관계지역"이란 소방대상물이 있는 장소 및 그 이웃 지역으로서 화재의 예방·경계·진압, 구조·구급 등의 활동에 필요한 지역을 말한다.
③ "관계인"이란 소방대상물의 소유자·관리자 또는 점유자를 말한다.
④ "소방본부장"이란 특별시·광역시·특별자치시·도 또는 특별자치도(이하 "시·도"라 한다)에서 화재의 예방·경계·진압·조사 및 구조·구급 등의 업무를 담당하는 부서의 장을 말한다.

> **! Reference**
> ◎ 소방사 – 소방교 – 소방장– 소방위 – 소방경 – 소방령 – 소방정 – 소방준감 – 소방감 – 소방정감 – 소방총감
> ◎ 119안전센터장 – 소방서장 – 소방본부장 – 소방청장

⑤ "소방대"(消防隊)란 화재를 진압하고 화재, 재난·재해, 그 밖의 위급한 상황에서 구조·구급 활동 등을 하기 위하여 다음 각 목의 사람으로 구성된 조직체를 말한다.
㉠ 「소방공무원법」에 따른 소방공무원
㉡ 「의무소방대설치법」 제3조에 따라 임용된 의무소방원(義務消防員)

ⓒ 「의용소방대 설치 및 운영에 관한 법률」에 따른 의용소방대원(義勇消防隊員)
⑥ "소방대장"(消防隊長)이란 소방본부장 또는 소방서장 등 화재, 재난·재해, 그 밖의 위급한 상황이 발생한 현장에서 소방대를 지휘하는 사람을 말한다.

③ ▶▶ 소방기관의 설치

① 소방기관의 설치 – 대통령령[별도법률 – 지방소방기관 설치에 관한 규정]
② 소방업무(예방·경계·진압 및 조사, 소방안전교육·홍보와 화재, 재난·재해, 그 밖의 위급한 상황에서의 구조·구급)를 수행하는 소방본부장 또는 소방서장은 그 소재지를 관할하는 특별시장·광역시장·특별자치시장·도지사 또는 특별자치도지사(이하 "시·도지사"라 한다)의 지휘와 감독을 받는다.
③ ②에도 불구하고 소방청장은 화재 예방 및 대형 재난 등 필요한 경우 시·도 소방본부장 및 소방서장을 지휘·감독할 수 있다.
④ 시·도에서 소방업무를 수행하기 위하여 시·도지사 직속으로 소방본부를 둔다.

④ ▶▶ 119 종합상황실 설치와 운영

① 종합상황실 설치운영권자 : 소방청장, 소방본부장 및 소방서장
② 119종합상황실의 설치·운영에 필요한 사항은 행정안전부령으로 정한다.
  [소방청, 소방본부, 소방서에 각각 설치운영, 24시간 운영체제구축, 유무선통신시설 등]
③ 종합상황실 실장의 업무
  ㉠ 화재, 재난·재해 그 밖에 구조·구급이 필요한 상황(이하 "재난상황"이라 한다)의 발생의 신고접수
  ㉡ 접수된 재난상황을 검토하여 가까운 소방서에 인력 및 장비의 동원을 요청하는 등의 사고수습
  ㉢ 하급소방기관에 대한 출동지령 또는 동급 이상의 소방기관 및 유관기관에 대한 지원요청
  ㉣ 재난상황의 전파 및 보고
  ㉤ 재난상황이 발생한 현장에 대한 지휘 및 피해현황의 파악
  ㉥ 재난상황의 수습에 필요한 정보수집 및 제공
④ 상부 종합상황실 보고사항
  ㉠ 다음 각목의 1에 해당하는 화재
    ⓐ 사망자가 5인 이상 발생하거나 사상자가 10인 이상 발생한 화재

ⓑ 이재민이 100인 이상 발생한 화재
ⓒ 재산피해액이 50억원 이상 발생한 화재
ⓓ 관공서·학교·정부미도정공장·문화재·지하철 또는 지하구의 화재
ⓔ 관광호텔, 층수(「건축법 시행령」 제119조제1항제9호의 규정에 의하여 산정한 층수를 말한다. 이하 이 목에서 같다)가 11층 이상인 건축물, 지하상가, 시장, 백화점, 「위험물안전관리법」 제2조제2항의 규정에 의한 지정수량의 3천배 이상의 위험물의 제조소·저장소·취급소, 층수가 5층 이상이거나 객실이 30실 이상인 숙박시설, 층수가 5층 이상이거나 병상이 30개 이상인 종합병원·정신병원·한방병원·요양소, 연면적 1만5천제곱미터 이상인 공장 또는 소방기본법 시행령(이하 "영"이라 한다) 제4조제1항 각 목에 따른 화재경계지구에서 발생한 화재
ⓕ 철도차량, 항구에 매어둔 총 톤수가 1천톤 이상인 선박, 항공기, 발전소 또는 변전소에서 발생한 화재
ⓖ 가스 및 화약류의 폭발에 의한 화재
ⓗ 「다중이용업소의 안전관리에 관한 특별법」 제2조에 따른 다중이용업소의 화재
ⓛ 「긴급구조대응활동 및 현장지휘에 관한 규칙」에 의한 통제단장의 현장지휘가 필요한 재난상황
ⓒ 언론에 보도된 재난상황
ⓔ 그 밖에 소방청장이 정하는 재난상황

5 ▸▸ 소방기술민원센터의 설치 및 운영

① 소방기술민원센터 설치운영권자 : 소방청장, 소방본부장
② 소방기술민원센터의 설치·운영에 필요한 사항은 대통령령으로 정한다.
③ 소방기술민원센터는 센터장을 포함하여 18명 이내로 구성한다.
④ 소방기술민원센터의 업무
  ㉠ 소방시설, 소방공사와 위험물 안전관리 등과 관련된 법령해석 등의 민원(이하 "소방기술민원"이라 한다)의 처리
  ㉡ 소방기술민원과 관련된 질의회신집 및 해설서 발간
  ㉢ 소방기술민원과 관련된 정보시스템의 운영·관리
  ㉣ 소방기술민원과 관련된 현장 확인 및 처리
  ㉤ 그 밖에 소방기술민원과 관련된 업무로서 소방청장 또는 소방본부장이 필요하다

고 인정하여 지시하는 업무
⑤ 소방청장 또는 소방본부장은 소방기술민원센터의 업무수행을 위하여 필요하다고 인정하는 경우에는 관계 기관의 장에게 소속 공무원 또는 직원의 파견을 요청할 수 있다.
⑥ 제1항부터 제4항까지에서 규정한 사항 외에 소방기술민원센터의 설치·운영에 필요한 사항은 소방청에 설치하는 경우에는 소방청장이 정하고, 소방본부에 설치하는 경우에는 해당 특별시·광역시·특별자치시·도 또는 특별자치도(이하 "시·도"라 한다)의 규칙으로 정한다.

6 ▶▶ 소방박물관 및 소방체험관

① 소방박물관 설립운영권자 : 소방청장
② 소방체험관 설립운영권자 : 시·도지사
③ 소방박물관 설립운영에 관하여 필요한 사항 : 행정안전부령
④ 소방체험관 설립운영에 관하여 필요한 사항 : 행정안전부령으로 정하는 바에 따라 시·도의 조례로 정함.
⑤ 소방청장은 법 제5조제2항의 규정에 의하여 소방박물관을 설립·운영하는 경우에는 소방박물관에 소방박물관장 1인과 부관장 1인을 두되, 소방박물관장은 소방공무원중에서 소방청장이 임명한다.
⑥ 소방박물관에는 그 운영에 관한 중요한 사항을 심의하기 위하여 7인 이내의 위원으로 구성된 운영위원회를 둔다.
⑦ 소방체험관의 기능
  ㉠ 재난 및 안전사고 유형에 따른 예방, 대처, 대응 등에 관한 체험교육(이하 "체험교육" 이라 한다)의 제공
  ㉡ 체험교육 프로그램의 개발 및 국민 안전의식 향상을 위한 홍보·전시
  ㉢ 체험교육 인력의 양성 및 유관기관·단체 등과의 협력
  ㉣ 그 밖에 체험교육을 위하여 시·도지사가 필요하다고 인정하는 사업의 수행

7 ▶▶ 소방업무에 관한 종합계획의 수립, 시행 등

① 소방업무에 관한 종합계획 수립 시행 : 소방청장(5년마다)
② 종합계획 포함사항
  ㉠ 소방서비스의 질 향상을 위한 정책의 기본방향
  ㉡ 소방업무에 필요한 체계의 구축, 소방기술의 연구·개발 및 보급

ⓒ 소방업무에 필요한 장비의 구비
② 소방전문인력 양성
⑩ 소방업무에 필요한 기반조성
ⓗ 소방업무의 교육 및 홍보(제21조에 따른 소방자동차의 우선 통행 등에 관한 홍보를 포함한다)
ⓢ 그 밖에 소방업무의 효율적 수행을 위하여 필요한 사항으로서 대통령령으로 정하는 사항

! Reference

◯ 시행령 제1조의2 제2항(대통령으로 정하는 사항)
1. 재난·재해 환경 변화에 따른 소방업무에 필요한 대응 체계 마련
2. 장애인, 노인, 임산부, 영유아 및 어린이 등 이동이 어려운 사람을 대상으로 한 소방활동에 필요한 조치

③ 세부계획 수립 시행 : 시·도지사(매년마다)
④ 소방청장은 소방업무의 체계적 수행을 위하여 필요한 경우 시·도지사가 제출한 세부계획의 보완 또는 수정을 요청할 수 있다.
⑤ 소방청장은 「소방기본법」(이하 "법"이라 한다) 제6조제1항에 따른 소방업무에 관한 종합계획을 관계 중앙행정기관의 장과의 협의를 거쳐 계획 시행 전년도 10월 31일까지 수립하여야 한다.
⑥ 특별시장·광역시장·특별자치시장·도지사 또는 특별자치도지사는 법 제6조제4항에 따른 종합계획의 시행에 필요한 세부계획을 계획 시행 전년도 12월 31일까지 수립하여 소방청장에게 제출하여야 한다.

8 ▶ 소방의날

① 소방의 날 : 매년 11월 9일
② 소방의 날 행사에 관하여 필요한 사항 : 소방청장 또는 시·도지사가 따로 정하여 시행할 수 있다.

9 ▶ 소방력의 기준

① 소방력 : 인력, 장비, 용수
② 소방력의 기준 : 행정안전부령으로 정함[소방력기준에 관한 규칙]

③ 시·도지사는 관할구역의 소방력을 확충하기 위하여 필요한 계획을 수립하여 시행하여야 한다.
④ 소방자동차 등 소방장비의 분류·표준화와 그 관리 등에 필요한 사항은 따로 법률에서 정한다.[소방장비관리법]

10 ▶ 소방장비등에 대한 국고보조

① 국가는 소방장비의 구입 등 시·도의 소방업무에 필요한 경비의 일부를 보조한다.
② 보조 대상사업의 범위와 기준보조율은 대통령령으로 정한다.
③ 국고보조 대상사업의 범위
    ㉠ 다음 각 목의 소방활동장비와 설비의 구입 및 설치
        ⓐ 소방자동차
        ⓑ 소방헬리콥터 및 소방정
        ⓒ 소방전용통신설비 및 전산설비
        ⓓ 그 밖에 방화복 등 소방활동에 필요한 소방장비
    ㉡ 소방관서용 청사의 건축(「건축법」 제2조제1항제8호에 따른 건축을 말한다)
        예 평상복 ×, 소방관서내 사무용집기 ×, 소방용수시설 ×, 소방서 직원숙소 ×
④ 국고보조 소방활동장비 및 설비의 종류와 규격은 행정안전부령으로 정한다.

11 ▶ 소방용수시설 및 비상소화장치

① 시·도지사는 소방활동에 필요한 소화전(消火栓)·급수탑(給水塔)·저수조(貯水槽)(이하 "소방용수시설"이라 한다)를 설치하고 유지·관리하여야 한다.
② 시·도지사는 제21조제1항에 따른 소방자동차의 진입이 곤란한 지역 등 화재발생 시에 초기 대응이 필요한 지역으로서 대통령령으로 정하는 지역에 소방호스 또는 호스릴 등을 소방용수시설에 연결하여 화재를 진압하는 시설이나 장치(이하 "비상소화장치"라 한다)를 설치하고 유지·관리할 수 있다.
③ 소방용수시설과 비상소화장치의 설치기준은 행정안전부령으로 정한다.
④ 소방용수시설 설치기준
    ㉠ 공통기준
        ⓐ 주거지역·상업지역 및 공업지역 : 수평거리 100[m] 이하
        ⓑ 그 외의 지역에 설치하는 경우 : 수평거리 140[m] 이하
    ㉡ 소방용수시설별 설치기준

ⓐ 소화전의 설치기준 : 상수도와 연결하여 지하식 또는 지상식의 구조로 하고, 소방용호스와 연결하는 소화전의 연결금속구의 구경은 65[mm]로 할 것
ⓑ 급수탑의 설치기준 : 급수배관의 구경은 100[mm] 이상으로 하고, 개폐밸브는 지상에서 1.5[m] 이상 1.7[m] 이하의 위치에 설치하도록 할 것
ⓒ 저수조의 설치기준
  ㉮ 지면으로부터의 낙차가 4.5[m] 이하일 것
  ㉯ 흡수부분의 수심이 0.5[m] 이상일 것
  ㉰ 소방펌프자동차가 쉽게 접근할 수 있도록 할 것
  ㉱ 흡수에 지장이 없도록 토사 및 쓰레기 등을 제거할 수 있는 설비를 갖출 것
  ㉲ 흡수관의 투입구가 사각형의 경우에는 한 변의 길이가 60[cm] 이상, 원형의 경우에는 지름이 60[cm] 이상일 것
  ㉳ 저수조에 물을 공급하는 방법은 상수도에 연결하여 자동으로 급수되는 구조일 것
ⓒ 비상소화장치의 구성 : 비상소화장치함, 소화전, 소방호스, 관창
ⓔ 비상소화장치의 설치대상지역
  ⓐ 법 제13조제1항에 따라 지정된 화재경계지구
  ⓑ 시·도지사가 법 제10조제2항에 따른 비상소화장치의 설치가 필요하다고 인정하는 지역
ⓜ 비상소화장치의 설치기준 : 행정안전부령
  ⓐ 비상소화장치는 비상소화장치함, 소화전, 소방호스(소화전의 방수구에 연결하여 소화용수를 방수하기 위한 도관으로서 호스와 연결금속구로 구성되어 있는 소방용릴호스 또는 소방용고무내장호스를 말한다), 관창(소방호스용 연결금속구 또는 중간연결금속구 등의 끝에 연결하여 소화용수를 방수하기 위한 나사식 또는 차입식 토출기구를 말한다)을 포함하여 구성할 것
  ⓑ 소방호스 및 관창은 「화재예방, 소방시설 설치·유지 및 안전관리에 관한 법률」 제36조제5항에 따라 소방청장이 정하여 고시하는 형식승인 및 제품검사의 기술기준에 적합한 것으로 설치할 것
  ⓒ 비상소화장치함은 「화재예방, 소방시설 설치·유지 및 안전관리에 관한 법률」 제39조제4항에 따라 소방청장이 정하여 고시하는 성능인증 및 제품검사의 기술기준에 적합한 것으로 설치할 것
  ⓓ 비상소화장치의 설치기준에 관한 세부 사항은 소방청장이 정한다.

■ 소방기본법 시행규칙 [별표 2] 〈개정 2020. 2. 20.〉

소방용수표지(제6조제1항 관련)

1. 지하에 설치하는 소화전 또는 저수조의 경우 소방용수표지는 다음 각 목의 기준에 따라 설치한다.
   가. 맨홀 뚜껑은 지름 648밀리미터 이상의 것으로 할 것. 다만, 승하강식 소화전의 경우에는 이를 적용하지 않는다.
   나. 맨홀 뚜껑에는 "소화전·주정차금지" 또는 "저수조·주정차금지"의 표시를 할 것
   다. 맨홀뚜껑 부근에는 노란색 반사도료로 폭 15센티미터의 선을 그 둘레를 따라 칠할 것
2. 지상에 설치하는 소화전, 저수조 및 급수탑의 경우 소방용수표지는 다음 각 목의 기준에 따라 설치한다.
   가. 규격

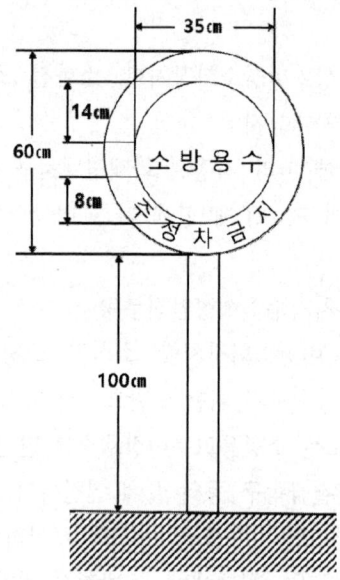

   나. 안쪽 문자는 흰색, 바깥쪽 문자는 노란색으로, 안쪽 바탕은 붉은색, 바깥쪽 바탕은 파란색으로 하고, 반사재료를 사용해야 한다.
   다. 가목의 규격에 따른 소방용수표지를 세우는 것이 매우 어렵거나 부적당한 경우에는 그 규격 등을 다르게 할 수 있다.

12 소방용수시설 및 지리에 대한 조사

① 소방본부장 또는 소방서장은 원활한 소방활동을 위하여 다음 각호의 조사를 월 1회 이상 실시하여야 한다.
　㉠ 법 제10조의 규정에 의하여 설치된 소방용수시설에 대한 조사
　㉡ 소방대상물에 인접한 도로의 폭·교통상황, 도로주변의 토지의 고저·건축물의 개황 그 밖의 소방활동에 필요한 지리에 대한 조사
② ①㉠의 조사는 별지 제2호서식에 의하고, ①㉡의 조사는 별지 제3호서식에 의하되, 그 조사결과를 2년간 보관하여야 한다.

13 소방업무의 응원

① 소방본부장이나 소방서장은 소방활동을 할 때에 긴급한 경우에는 이웃한 소방본부장 또는 소방서장에게 소방업무의 응원(應援)을 요청할 수 있다.
② ①에 따라 소방업무의 응원 요청을 받은 소방본부장 또는 소방서장은 정당한 사유 없이 그 요청을 거절하여서는 아니 된다.
③ ①에 따라 소방업무의 응원을 위하여 파견된 소방대원은 응원을 요청한 소방본부장 또는 소방서장의 지휘에 따라야 한다.
④ 시·도지사는 ①에 따라 소방업무의 응원을 요청하는 경우를 대비하여 출동 대상지역 및 규모와 필요한 경비의 부담 등에 관하여 필요한 사항을 행정안전부령으로 정하는 바에 따라 이웃하는 시·도지사와 협의하여 미리 규약(規約)으로 정하여야 한다.
⑤ 시·도지사들간의 상호응원협정사항
　㉠ 다음 각목의 소방활동에 관한 사항
　　ⓐ 화재의 경계·진압활동
　　ⓑ 구조·구급업무의 지원
　　ⓒ 화재조사활동
　㉡ 응원출동대상지역 및 규모
　㉢ 다음 각목의 소요경비의 부담에 관한 사항
　　ⓐ 출동대원의 수당·식사 및 의복의 수선
　　ⓑ 소방장비 및 기구의 정비와 연료의 보급
　　ⓒ 그 밖의 경비
　㉣ 응원출동의 요청방법
　㉤ 응원출동훈련 및 평가

14 ▸ 소방력의 동원

① 소방청장은 해당 시·도의 소방력만으로는 소방활동을 효율적으로 수행하기 어려운 화재, 재난·재해, 그 밖의 구조·구급이 필요한 상황이 발생하거나 특별히 국가적 차원에서 소방활동을 수행할 필요가 인정될 때에는 각 시·도지사에게 행정안전부령으로 정하는 바에 따라 소방력을 동원할 것을 요청할 수 있다.

② ①에 따라 동원 요청을 받은 시·도지사는 정당한 사유 없이 요청을 거절하여서는 아니 된다.

③ 소방청장은 시·도지사에게 ①에 따라 동원된 소방력을 화재, 재난·재해 등이 발생한 지역에 지원·파견하여 줄 것을 요청하거나 필요한 경우 직접 소방대를 편성하여 화재진압 및 인명구조 등 소방에 필요한 활동을 하게 할 수 있다.

④ ①에 따라 동원된 소방대원이 다른 시·도에 파견·지원되어 소방활동을 수행할 때에는 특별한 사정이 없으면 화재, 재난·재해 등이 발생한 지역을 관할하는 소방본부장 또는 소방서장의 지휘에 따라야 한다. 다만, 소방청장이 직접 소방대를 편성하여 소방활동을 하게 하는 경우에는 소방청장의 지휘에 따라야 한다.

⑤ ③ 및 ④에 따른 소방활동을 수행하는 과정에서 발생하는 경비 부담에 관한 사항, ③ 및 ④에 따라 소방활동을 수행한 민간 소방 인력이 사망하거나 부상을 입었을 경우의 보상주체·보상기준 등에 관한 사항, 그 밖에 동원된 소방력의 운용과 관련하여 필요한 사항은 대통령령으로 정한다.

! Reference

○ **시행령 제2조의3**(소방력의 동원)
① 법 제11조의2제3항 및 제4항에 따라 동원된 소방력의 소방활동 수행 과정에서 발생하는 경비는 화재, 재난·재해 또는 그 밖의 구조·구급이 필요한 상황이 발생한 특별시·광역시·도 또는 특별자치도(이하 "시·도"라 한다)에서 부담하는 것을 원칙으로 하되, 구체적인 내용은 해당 시·도가 서로 협의하여 정한다.
② 법 제11조의2제3항 및 제4항에 따라 동원된 민간 소방 인력이 소방활동을 수행하다가 사망하거나 부상을 입은 경우 화재, 재난·재해 또는 그 밖의 구조·구급이 필요한 상황이 발생한 시·도가 해당 시·도의 조례로 정하는 바에 따라 보상한다.
③ 제1항 및 제2항에서 규정한 사항 외에 법 제11조의2에 따라 동원된 소방력의 운용과 관련하여 필요한 사항은 소방청장이 정한다.

15 ▸▸ 소방지원활동

① 소방청장·소방본부장 또는 소방서장은 공공의 안녕질서 유지 또는 복리증진을 위하여 필요한 경우 소방활동 외에 다음 각 호의 활동(이하 "소방지원활동"이라 한다)을 하게 할 수 있다.
② 소방지원활동의 종류
　　㉠ 산불에 대한 예방·진압 등 지원활동
　　㉡ 자연재해에 따른 급수·배수 및 제설 등 지원활동
　　㉢ 집회·공연 등 각종 행사 시 사고에 대비한 근접대기 등 지원활동
　　㉣ 화재, 재난·재해로 인한 피해복구 지원활동
　　㉤ 삭제 〈2015.7.24.〉
　　㉥ 그 밖에 행정안전부령으로 정하는 활동
　　　　ⓐ 군·경찰 등 유관기관에서 실시하는 훈련지원 활동
　　　　ⓑ 소방시설 오작동 신고에 따른 조치활동
　　　　ⓒ 방송제작 또는 촬영 관련 지원활동

16 ▸▸ 생활안전활동

① 소방청장·소방본부장 또는 소방서장은 신고가 접수된 생활안전 및 위험제거 활동(화재, 재난·재해, 그 밖의 위급한 상황에 해당하는 것은 제외한다)에 대응하기 위하여 소방대를 출동시켜 다음 각 호의 활동(이하 "생활안전활동" 이라 한다)을 하게 하여야 한다.
② 생활안전활동의 종류
　　㉠ 붕괴, 낙하 등이 우려되는 고드름, 나무, 위험 구조물 등의 제거활동
　　㉡ 위해동물, 벌 등의 포획 및 퇴치 활동
　　㉢ 끼임, 고립 등에 따른 위험제거 및 구출 활동
　　㉣ 단전사고 시 비상전원 또는 조명의 공급
　　㉤ 그 밖에 방치하면 급박해질 우려가 있는 위험을 예방하기 위한 활동
③ 누구든지 정당한 사유 없이 ①에 따라 출동하는 소방대의 생활안전활동을 방해하여서는 아니 된다. ⇨ 생활안전활동 방해 100만원 이하의 벌금

17 ▶▶ 소방교육 및 훈련

① 소방청장, 소방본부장 또는 소방서장은 소방업무를 전문적이고 효과적으로 수행하기 위하여 소방대원에게 필요한 교육·훈련을 실시하여야 한다.
② 다음 각 호 대상으로 소방안전교육 및 훈련을 실시할 수 있다.
　　㉠「영유아보육법」제2조에 따른 어린이집의 영유아
　　㉡「유아교육법」제2조에 따른 유치원의 유아
　　㉢「초·중등교육법」제2조에 따른 학교의 학생
③ 소방대원에 대한 교육 및 훈련 [2년마다 1회, 2주 이상]

종 류	교육·훈련을 받아야 할 대상자
가. 화재진압훈련	1) 화재진압업무를 담당하는 소방공무원 2) 「의무소방대설치법 시행령」제20조제1항제1호에 따른 임무를 수행하는 의무소방원 3) 「의용소방대 설치 및 운영에 관한 법률」제3조에 따라 임명된 의용소방대원
나. 인명구조훈련	1) 구조업무를 담당하는 소방공무원 2) 「의무소방대설치법 시행령」제20조제1항제1호에 따른 임무를 수행하는 의무소방원 3) 「의용소방대 설치 및 운영에 관한 법률」제3조에 따라 임명된 의용소방대원
다. 응급처치훈련	1) 구급업무를 담당하는 소방공무원 2) 「의무소방대설치법」제3조에 따라 임용된 의무소방원 3) 「의용소방대 설치 및 운영에 관한 법률」제3조에 따라 임명된 의용소방대원
라. 인명대피훈련	1) 소방공무원 2) 「의무소방대설치법」제3조에 따라 임용된 의무소방원 3) 「의용소방대 설치 및 운영에 관한 법률」제3조에 따라 임명된 의용소방대원
마. 현장지휘훈련	소방공무원 중 다음의 계급에 있는 사람 1) 소방정　2) 소방령　3) 소방경　4) 소방위

18 ▶▶ 소방안전교육사 [2년마다 1회시행]

① 소방청장이 실시한 시험에 합격한 사람에게 소방안전교육사 자격을 부여한다.
② 소방안전교육사 시험의 응시자격, 시험방법, 시험과목, 시험위원, 그 밖에 소방안전교육사 시험의 실시에 필요한 사항은 대통령령으로 정한다.
③ 1차시험과 2차시험으로 구분

㉠ 제1차 시험 : 소방학개론, 구급·응급처치론, 재난관리론 및 교육학개론 중 응시자가 선택하는 3과목
㉡ 제2차 시험 : 국민안전교육 실무
④ 응시 결격사유
㉠ 피성년후견인
㉡ 금고 이상의 실형을 선고받고 그 집행이 끝나거나(집행이 끝난 것으로 보는 경우를 포함한다) 집행이 면제된 날부터 2년이 지나지 아니한 사람
㉢ 금고 이상의 형의 집행유예를 선고받고 그 유예기간 중에 있는 사람
㉣ 법원의 판결 또는 다른 법률에 따라 자격이 정지되거나 상실된 사람
⑤ 소방안전교육사 배치기준

배치대상	배치기준(단위 : 명)	비고
1. 소방청	2 이상	
2. 소방본부	2 이상	
3. 소방서	1 이상	
4. 한국소방안전원	본원 : 2 이상 시·도지부 : 1 이상	
5. 한국소방산업기술원	2 이상	

19. 한국 119청소년단

① 청소년에게 소방안전에 관한 올바른 이해와 안전의식을 함양시키기 위하여 한국119청소년단을 설립한다.
② 한국119청소년단은 법인으로 하고, 그 주된 사무소의 소재지에 설립등기를 함으로써 성립한다.
③ 국가나 지방자치단체는 한국119청소년단에 그 조직 및 활동에 필요한 시설·장비를 지원할 수 있으며, 운영경비와 시설비 및 국내외 행사에 필요한 경비를 보조할 수 있다.
④ 개인·법인 또는 단체는 한국119청소년단의 시설 및 운영 등을 지원하기 위하여 금전이나 그 밖의 재산을 기부할 수 있다.
⑤ 이 법에 따른 한국119청소년단이 아닌 자는 한국119청소년단 또는 이와 유사한 명칭을 사용할 수 없다.
⑥ 한국119청소년단의 정관 또는 사업의 범위·지도·감독 및 지원에 필요한 사항은 행정안전부령으로 정한다.
⑦ 한국119청소년단에 관하여 이 법에서 규정한 것을 제외하고는 「민법」 중 사단법인에 관한 규정을 준용한다.

> **! Reference**
>
> ◆ 시행규칙 제9조의6(한국119청소년단의 사업 범위 등)
> ① 법 제17조의6에 따른 한국119청소년단의 사업 범위는 다음 각 호와 같다.
>   1. 한국119청소년단 단원의 선발·육성과 활동 지원
>   2. 한국119청소년단의 활동·체험 프로그램 개발 및 운영
>   3. 한국119청소년단의 활동과 관련된 학문·기술의 연구·교육 및 홍보
>   4. 한국119청소년단 단원의 교육·지도를 위한 전문인력 양성
>   5. 관련 기관·단체와의 자문 및 협력사업
>   6. 그 밖에 한국119청소년단의 설립목적에 부합하는 사업
> ② 소방청장은 한국119청소년단의 설립목적 달성 및 원활한 사업 추진 등을 위하여 필요한 지원과 지도·감독을 할 수 있다.
> ③ 제1항 및 제2항에서 규정한 사항 외에 한국119청소년단의 구성 및 운영 등에 필요한 사항은 한국119청소년단 정관으로 정한다

20 ▶▶ 소방자동차 전용구역 설치대상

법 제21조의2제1항에서 "대통령령으로 정하는 공동주택"이란 다음 각 호의 주택을 말한다.
① 「건축법 시행령」 별표 1 제2호가목의 아파트 중 세대수가 100세대 이상인 아파트
② 「건축법 시행령」 별표 1 제2호라목의 기숙사 중 3층 이상의 기숙사

21 ▶▶ 소방자동차 전용구역의 설치 기준·방법

① 제7조의12에 따른 공동주택의 건축주는 소방자동차가 접근하기 쉽고 소방활동이 원활하게 수행될 수 있도록 각 동별 전면 또는 후면에 소방자동차 전용구역(이하 "전용구역"이라 한다)을 1개소 이상 설치하여야 한다. 다만, 하나의 전용구역에서 여러 동에 접근하여 소방활동이 가능한 경우로서 소방청장이 정하는 경우에는 각 동별로 설치하지 아니할 수 있다.
② 전용구역의 설치 방법은 별표 2의5와 같다.

> **! Reference**
>
> ◆ 시행령 [별표 2의5] [비고]
>   1. 전용구역 노면표지의 외곽선은 빗금무늬로 표시하되, 빗금은 두께를 30센티미터로 하여 50센티미터 간격으로 표시한다.
>   2. 전용구역 노면표지 도료의 색채는 황색을 기본으로 하되, 문자(P, 소방차 전용)는 백색으로 표시한다.

> **Reference**
> ◎ 시행령 제7조의 14 [전용구역 방해행위의 기준]
>   1. 전용구역에 물건 등을 쌓거나 주차하는 행위
>   2. 전용구역의 앞면, 뒷면 또는 양 측면에 물건 등을 쌓거나 주차하는 행위. 다만, 「주차장법」 제19조에 따른 부설주차장의 주차구획 내에 주차하는 경우는 제외한다.
>   3. 전용구역 진입로에 물건 등을 쌓거나 주차하여 전용구역으로의 진입을 가로막는 행위
>   4. 전용구역 노면표지를 지우거나 훼손하는 행위
>   5. 그 밖의 방법으로 소방자동차가 전용구역에 주차하는 것을 방해하거나 전용구역으로 진입하는 것을 방해하는 행위

22. 소방신호

① 화재예방, 소방활동 또는 소방훈련을 위하여 사용되는 소방신호의 종류와 방법은 행정안전부령으로 정한다.
② 소방신호의 종류
  ㉠ 경계신호 : 화재예방상 필요하다고 인정되거나 법 제14조의 규정에 의한 화재위험경보시 발령
  ㉡ 발화신호 : 화재가 발생한 때 발령
  ㉢ 해제신호 : 소화활동이 필요없다고 인정되는 때 발령
  ㉣ 훈련신호 : 훈련상 필요하다고 인정되는 때 발령
③ 소방신호

종별\신호방법	타종신호	사이렌신호
경계신호	1타와 연2타를 반복	5초 간격을 두고 30초씩 3회
발화신호	난타	5초 간격을 두고 5초씩 3회
해제신호	상당한 간격을 두고 1타씩 반복	1분간 1회
훈련신호	연3타반복	10초 간격을 두고 1분씩 3회

23. 화재등의 통지

다음 각 호의 어느 하나에 해당하는 지역 또는 장소에서 화재로 오인할 만한 우려가 있는 불을 피우거나 연막(煙幕) 소독을 하려는 자는 시·도의 조례로 정하는 바에 따라 관할 소방본부장 또는 소방서장에게 신고하여야 한다. ⇨ 신고하지 아니하여 오인신고, 출

동하게 한 자 : 20만원 이하 과태료
① 시장지역
② 공장·창고가 밀집한 지역
③ 목조건물이 밀집한 지역
④ 위험물의 저장 및 처리시설이 밀집한 지역
⑤ 석유화학제품을 생산하는 공장이 있는 지역
⑥ 그 밖에 시·도의 조례로 정하는 지역 또는 장소

24 ▶▶ 소방자동차 우선통행 및 사이렌

① 모든 차와 사람은 소방자동차(지휘를 위한 자동차와 구조·구급차를 포함한다. 이하 같다)가 화재진압 및 구조·구급 활동을 위하여 출동을 할 때에는 이를 방해하여서는 아니 된다.
② 소방자동차가 화재진압 및 구조·구급 활동을 위하여 출동하거나 훈련을 위하여 필요할 때에는 사이렌을 사용할 수 있다.
③ 모든 차와 사람은 소방자동차가 화재진압 및 구조·구급 활동을 위하여 제2항에 따라 사이렌을 사용하여 출동하는 경우에는 다음 각 호의 행위를 하여서는 아니 된다.
　㉠ 소방자동차에 진로를 양보하지 아니하는 행위
　㉡ 소방자동차 앞에 끼어들거나 소방자동차를 가로막는 행위
　㉢ 그 밖에 소방자동차의 출동에 지장을 주는 행위
④ ③의 경우를 제외하고 소방자동차의 우선 통행에 관하여는 「도로교통법」에서 정하는 바에 따른다.

25 ▶▶ 소방대 긴급통행

소방대는 화재, 재난·재해, 그 밖의 위급한 상황이 발생한 현장에 신속하게 출동하기 위하여 긴급할 때에는 일반적인 통행에 쓰이지 아니하는 도로·빈터 또는 물 위로 통행할 수 있다.

26 ▶▶ 소방활동구역

① 소방대장은 화재, 재난·재해, 그 밖의 위급한 상황이 발생한 현장에 소방활동구역을 정하여 소방활동에 필요한 사람으로서 대통령령으로 정하는 사람 외에는 그 구역에

출입하는 것을 제한할 수 있다.
② 경찰공무원은 소방대가 ①에 따른 소방활동구역에 있지 아니하거나 소방대장의 요청이 있을 때에는 ①에 따른 조치를 할 수 있다.
③ 소방활동구역 출입자
  ㉠ 소방활동구역 안에 있는 소방대상물의 소유자·관리자 또는 점유자
  ㉡ 전기·가스·수도·통신·교통의 업무에 종사하는 사람으로서 원활한 소방활동을 위하여 필요한 사람
  ㉢ 의사·간호사 그 밖의 구조·구급업무에 종사하는 사람
  ㉣ 취재인력 등 보도업무에 종사하는 사람
  ㉤ 수사업무에 종사하는 사람
  ㉥ 그 밖에 소방대장이 소방활동을 위하여 출입을 허가한 사람

27 ▸▸ 소방활동 종사명령

① 소방본부장, 소방서장 또는 소방대장은 화재, 재난·재해, 그 밖의 위급한 상황이 발생한 현장에서 소방활동을 위하여 필요할 때에는 그 관할구역에 사는 사람 또는 그 현장에 있는 사람으로 하여금 사람을 구출하는 일 또는 불을 끄거나 불이 번지지 아니하도록 하는 일을 하게 할 수 있다.
② ①에 따른 명령에 따라 소방활동에 종사한 사람은 시·도지사로부터 소방활동의 비용을 지급받을 수 있다. 다만, 다음 각 호의 어느 하나에 해당하는 사람의 경우에는 그러하지 아니하다.
  ㉠ 소방대상물에 화재, 재난·재해, 그 밖의 위급한 상황이 발생한 경우 그 관계인
  ㉡ 고의 또는 과실로 화재 또는 구조·구급 활동이 필요한 상황을 발생시킨 사람
  ㉢ 화재 또는 구조·구급 현장에서 물건을 가져간 사람

28 ▸▸ 강제처분등

① 소방본부장, 소방서장 또는 소방대장은 사람을 구출하거나 불이 번지는 것을 막기 위하여 필요할 때에는 화재가 발생하거나 불이 번질 우려가 있는 소방대상물 및 토지를 일시적으로 사용하거나 그 사용의 제한 또는 소방활동에 필요한 처분을 할 수 있다.
  ⇨ 3년 이하 징역 또는 3,000만원 이하의 벌금
② 소방대상물 또는 토지 외의 소방대상물과 토지에 대하여 ①에 따른 처분을 할 수 있다. ⇨ 300만원 이하의 벌금

③ 소방자동차의 통행과 소방활동에 방해가 되는 주차 또는 정차된 차량 및 물건 등을 제거하거나 이동시킬 수 있다. ⇨ 300만원 이하의 벌금

29 ▶▶ 피난명령

① 소방본부장, 소방서장 또는 소방대장은 화재, 재난·재해, 그 밖의 위급한 상황이 발생하여 사람의 생명을 위험하게 할 것으로 인정할 때에는 일정한 구역을 지정하여 그 구역에 있는 사람에게 그 구역 밖으로 피난할 것을 명할 수 있다. ⇨ 피난명령 거부 방해 100만원 이하 벌금
② 소방본부장, 소방서장 또는 소방대장은 ①에 따른 명령을 할 때 필요하면 관할 경찰서장 또는 자치경찰단장에게 협조를 요청할 수 있다.

30 ▶▶ 긴급조치

① 소방본부장, 소방서장 또는 소방대장은 화재 진압 등 소방활동을 위하여 필요할 때에는 소방용수 외에 댐·저수지 또는 수영장 등의 물을 사용하거나 수도(水道)의 개폐장치 등을 조작할 수 있다.
② 소방본부장, 소방서장 또는 소방대장은 화재 발생을 막거나 폭발 등으로 화재가 확대되는 것을 막기 위하여 가스·전기 또는 유류 등의 시설에 대하여 위험물질의 공급을 차단하는 등 필요한 조치를 할 수 있다.

> **! Reference**
>
> ◎ 명령권자
> 1. **소방청장, 소방본부장, 소방서장** : 종합상황실 설치, 소방활동, 소방지원활동, 생활안전활동, 소송지원, 소방교육 및 훈련(공무원, 초중등, 유아), 화재발생 시 피난 및 행동방법 홍보
> 2. **소방본부장 또는 소방서장** : 시·도지사의 지휘와 감독을 받음, 소방업무 응원요청,
> 3. **소방청장** : 소방박물관 설립, 종합계획 5년마다 수립, 명예직 소방대원 위촉, 소방력 동원요청, 화재경계지구 지정요청, 소방안전교육사 자격부여, 국제화사업 추진, 안전원 인가 및 승인, 안전원 업무감독
> 4. **소방대장** : 소방활동구역 설정
> 5. **소방본부장, 소방서장 또는 소방대장** : 소방활동종사명령, 강제처분명령, 피난명령, 긴급조치명령, 소방활동종사명령

31 ▶▶ 소방용수시설 사용금지등

누구든지 다음 각 호의 어느 하나에 해당하는 행위를 하여서는 아니 된다.
① 정당한 사유 없이 소방용수시설 또는 비상소화장치를 사용하는 행위
② 정당한 사유 없이 손상·파괴, 철거 또는 그 밖의 방법으로 소방용수시설 또는 비상소화장치의 효용을 해치는 행위
③ 소방용수시설 또는 비상소화장치의 정당한 사용을 방해하는 행위 ⇨ 5년 이하의 징역 또는 5,000만원 이하의 벌금

32 ▶▶ 화재의 조사

화재조사에 관한 법률로 정한다.

33 ▶▶ 구조대 및 구급대의 편성과 운영에 관하여는 별도의 법률로 정한다.

34 ▶▶ 의용소방대의 설치 및 운영에 관하여는 별도의 법률로 정한다.

35 ▶▶ 소방산업의 육성, 진흥 및 지원 등

① 국가는 소방산업(소방용 기계·기구의 제조, 연구·개발 및 판매 등에 관한 일련의 산업을 말한다. 이하 같다)의 육성·진흥을 위하여 필요한 계획의 수립 등 행정상·재정상의 지원시책을 마련하여야 한다.
② 소방산업과 관련된 기술개발 등의 지원
  ㉠ 국가는 소방산업과 관련된 기술(이하 "소방기술"이라 한다)의 개발을 촉진하기 위하여 기술개발을 실시하는 자에게 그 기술개발에 드는 자금의 전부나 일부를 출연하거나 보조할 수 있다.
  ㉡ 국가는 우수소방제품의 전시·홍보를 위하여 「대외무역법」 제4조제2항에 따른 무역전시장 등을 설치한 자에게 다음 각 호에서 정한 범위에서 재정적인 지원을 할 수 있다.
    ⓐ 소방산업전시회 운영에 따른 경비의 일부
    ⓑ 소방산업전시회 관련 국외 홍보비

ⓒ 소방산업전시회 기간 중 국외의 구매자 초청 경비
③ 소방기술의 연구·개발사업 수행
  ㉠ 국가는 국민의 생명과 재산을 보호하기 위하여 다음 각 호의 어느 하나에 해당하는 기관이나 단체로 하여금 소방기술의 연구·개발사업을 수행하게 할 수 있다.
    ⓐ 국공립 연구기관
    ⓑ 「과학기술분야 정부출연연구기관 등의 설립·운영 및 육성에 관한 법률」에 따라 설립된 연구기관
    ⓒ 「특정연구기관 육성법」 제2조에 따른 특정연구기관
    ⓓ 「고등교육법」에 따른 대학·산업대학·전문대학 및 기술대학
    ⓔ 「민법」이나 다른 법률에 따라 설립된 소방기술 분야의 법인인 연구기관 또는 법인 부설 연구소
    ⓕ 「기초연구진흥 및 기술개발지원에 관한 법률」 제14조의2제1항에 따라 인정받은 기업부설연구소
    ⓖ 「소방산업의 진흥에 관한 법률」 제14조에 따른 한국소방산업기술원
    ⓗ 그 밖에 대통령령으로 정하는 소방에 관한 기술개발 및 연구를 수행하는 기관·협회
  ㉡ 국가가 ㉠에 따른 기관이나 단체로 하여금 소방기술의 연구·개발사업을 수행하게 하는 경우에는 필요한 경비를 지원하여야 한다.
④ 소방기술 및 소방산업의 국제화사업
  ㉠ 국가는 소방기술 및 소방산업의 국제경쟁력과 국제적 통용성을 높이는 데에 필요한 기반 조성을 촉진하기 위한 시책을 마련하여야 한다.
  ㉡ 소방청장은 소방기술 및 소방산업의 국제경쟁력과 국제적 통용성을 높이기 위하여 다음 각 호의 사업을 추진하여야 한다.
    ⓐ 소방기술 및 소방산업의 국제 협력을 위한 조사·연구
    ⓑ 소방기술 및 소방산업에 관한 국제 전시회, 국제 학술회의 개최 등 국제 교류
    ⓒ 소방기술 및 소방산업의 국외시장 개척
    ⓓ 그 밖에 소방기술 및 소방산업의 국제경쟁력과 국제적 통용성을 높이기 위하여 필요하다고 인정하는 사업

36 ▶▶ 한국소방안전원

① 한국소방안전원의 설립 등
  ㉠ 소방기술과 안전관리기술의 향상 및 홍보, 그 밖의 교육·훈련 등 행정기관이 위

탁하는 업무의 수행과 소방 관계 종사자의 기술 향상을 위하여 한국소방안전원(이하 "안전원"이라 한다)을 소방청장의 인가를 받아 설립한다.
ⓛ ㉠에 따라 설립되는 안전원은 법인으로 한다.
ⓒ 안전원에 관하여 이 법에 규정된 것을 제외하고는 「민법」 중 재단법인에 관한 규정을 준용한다.

② 교육계획의 수립 및 평가 등
㉠ 안전원의 장(이하 "안전원장"이라 한다)은 소방기술과 안전관리의 기술향상을 위하여 매년 교육 수요조사를 실시하여 교육계획을 수립하고 소방청장의 승인을 받아야 한다.
ⓛ 안전원장은 소방청장에게 해당 연도 교육결과를 평가·분석하여 보고하여야 하며, 소방청장은 교육평가 결과를 ㉠의 교육계획에 반영하게 할 수 있다.
ⓒ 안전원장은 ⓛ의 교육결과를 객관적이고 정밀하게 분석하기 위하여 필요한 경우 교육 관련 전문가로 구성된 위원회를 운영할 수 있다.
㉣ ⓒ에 따른 위원회의 구성·운영에 필요한 사항은 대통령령으로 정한다.

③ 안전원의 업무
안전원은 다음 각 호의 업무를 수행한다.
㉠ 소방기술과 안전관리에 관한 교육 및 조사·연구
ⓛ 소방기술과 안전관리에 관한 각종 간행물 발간
ⓒ 화재 예방과 안전관리의식 고취를 위한 대국민 홍보
㉣ 소방업무에 관하여 행정기관이 위탁하는 업무
㉤ 소방안전에 관한 국제협력
㉥ 그 밖에 회원에 대한 기술지원 등 정관으로 정하는 사항

④ 회원의 관리
안전원은 소방기술과 안전관리 역량의 향상을 위하여 다음 각 호의 사람을 회원으로 관리할 수 있다.
㉠ 「화재예방, 소방시설 설치·유지 및 안전관리에 관한 법률」, 「소방시설공사업법」 또는 「위험물안전관리법」에 따라 등록을 하거나 허가를 받은 사람으로서 회원이 되려는 사람
ⓛ 「화재예방, 소방시설 설치·유지 및 안전관리에 관한 법률」, 「소방시설공사업법」 또는 「위험물안전관리법」에 따라 소방안전관리자, 소방기술자 또는 위험물안전관리자로 선임되거나 채용된 사람으로서 회원이 되려는 사람
ⓒ 그 밖에 소방 분야에 관심이 있거나 학식과 경험이 풍부한 사람으로서 회원이 되려는 사람

⑤ 안전원의 정관
　㉠ 안전원의 정관에는 다음 각 호의 사항이 포함되어야 한다.
　　ⓐ 목적
　　ⓑ 명칭
　　ⓒ 주된 사무소의 소재지
　　ⓓ 사업에 관한 사항
　　ⓔ 이사회에 관한 사항
　　ⓕ 회원과 임원 및 직원에 관한 사항
　　ⓖ 재정 및 회계에 관한 사항
　　ⓗ 정관의 변경에 관한 사항
　㉡ 안전원은 정관을 변경하려면 소방청장의 인가를 받아야 한다.

37 ▶▶ 손실보상

① 소방청장 또는 시·도지사는 다음 각 호의 어느 하나에 해당하는 자에게 ③의 손실보상심의위원회의 심사·의결에 따라 정당한 보상을 하여야 한다.
　㉠ 생활안전활동에 따른 조치로 인하여 손실을 입은 자
　㉡ 소방활동종사명령에 따른 소방활동 종사로 인하여 사망하거나 부상을 입은 자
　㉢ 강제처분명령에 따른 처분으로 인하여 손실을 입은 자. 다만, 같은조 제3항(차량강제처분)에 해당하는 경우로서 법령을 위반하여 소방자동차의 통행과 소방활동에 방해가 된 경우는 제외한다.
　㉣ 긴급조치명령에 따른 조치로 인하여 손실을 입은 자
　㉤ 그 밖에 소방기관 또는 소방대의 적법한 소방업무 또는 소방활동으로 인하여 손실을 입은 자
② ①에 따라 손실보상을 청구할 수 있는 권리는 손실이 있음을 안 날부터 3년, 손실이 발생한 날부터 5년간 행사하지 아니하면 시효의 완성으로 소멸한다.
③ ①에 따른 손실보상청구 사건을 심사·의결하기 위하여 손실보상심의위원회를 둔다.
④ ①에 따른 손실보상의 기준, 보상금액, 지급절차 및 방법, ③에 따른 손실보상심의위원회의 구성 및 운영, 그 밖에 필요한 사항은 대통령령으로 정한다.

38 ▶▶ 벌칙

① 5년 이하의 징역 또는 5,000만원 이하의 벌금
  ㉠ 소방활동 방해
    ⓐ 위력(威力)을 사용하여 출동한 소방대의 화재진압·인명구조 또는 구급활동을 방해하는 행위
    ⓑ 소방대가 화재진압·인명구조 또는 구급활동을 위하여 현장에 출동하거나 현장에 출입하는 것을 고의로 방해하는 행위
    ⓒ 출동한 소방대원에게 폭행 또는 협박을 행사하여 화재진압·인명구조 또는 구급활동을 방해하는 행위
    ⓓ 출동한 소방대의 소방장비를 파손하거나 그 효용을 해하여 화재진압·인명구조 또는 구급활동을 방해하는 행위
  ㉡ 소방자동차의 출동을 방해한 사람
  ㉢ 사람을 구출하는 일 또는 불을 끄거나 불이 번지지 아니하도록 하는 일을 방해한 사람
  ㉣ 정당한 사유 없이 소방용수시설 또는 비상소화장치를 사용하거나 소방용수시설 또는 비상소화장치의 효용을 해치거나 그 정당한 사용을 방해한 사람
② 3년 이하의 징역 또는 3,000만원 이하의 벌금 : 강제처분방해
③ 300만원 이하의 벌금 : ② 외의 대상물 강제처분방해, 주차된 차량 강제처분방해
④ 100만원 이하의 벌금
  ㉠ 정당한 사유 없이 소방대의 생활안전활동을 방해한 자
  ㉡ 정당한 사유 없이 소방대가 현장에 도착할 때까지 사람을 구출하는 조치 또는 불을 끄거나 불이 번지지 아니하도록 하는 조치를 하지 아니한 사람(관계인)
  ㉢ 피난 명령을 위반한 사람
  ㉣ 긴급조치 : 정당한 사유 없이 물의 사용이나 수도의 개폐장치의 사용 또는 조작을 하지 못하게 하거나 방해한 자
  ㉤ 긴급조치 : 가스차단 등의 조치를 정당한 사유 없이 방해한 자
⑤ 500만원 이하의 과태료 :
  ㉠ 제19조제1항을 위반하여 화재 또는 구조구급이 필요한 상황을 거짓으로 알린 사람
  ㉡ 정당한 사유 없이 제20조제2항을 위반하여 화재, 재난·재해, 그 밖의 위급한 상황을 소방본부, 소방서 또는 관계 행정기관에 알리지 아니한 관계인
⑥ 200만원 이하의 과태료
  ㉠ 제17조의6 제5항을 위반하여 한국119청소년단 또는 이와 유사한 명칭을 사용한 자

ⓒ 제21조제3항을 위반하여 소방자동차의 출동에 지장을 준 자
ⓒ 제23조제1항을 위반하여 소방활동구역을 출입한 사람[100만원]
ⓔ 제44조의3을 위반하여 한국소방안전원 또는 이와 유사한 명칭을 사용한 자
⑦ 100만원 이하의 과태료 : 전용구역에 차를 주차하거나 전용구역에의 진입을 가로막는 등의 방해행위를 한 자에게는 100만원 이하의 과태료를 부과한다.
⑧ 20만원 이하의 과태료 : 제19조제2항에 따른 신고를 하지 아니하여 소방자동차를 출동하게 한 자에게는 20만원 이하의 과태료를 부과한다.

[예상문제]

소방기본법

예상문제

001 소방기본법 목적에 해당하는 다음 괄호 안에 들어갈 알맞은 말은?

> 이 법은 화재를 예방·(㉮)하거나 (㉯)하고 화재, 재난·재해, 그 밖의 위급한 상황에서의 구조·구급 활동 등을 통하여 국민의 생명·신체 및 재산을 보호함으로써 (㉰) 및 질서 유지와 (㉱)에 이바지함을 목적으로 한다.

	㉮	㉯	㉰	㉱
①	주의	진압	공익 확보	복지증진
②	경계	진압	공공의 안녕	복리증진
③	경계	소화	공공의 안녕	복지증진
④	진압	조사	사회 안전	복리증진

해설 제1조(목적)
이 법은 화재를 예방·경계하거나 진압하고 화재, 재난·재해, 그 밖의 위급한 상황에서의 구조·구급 활동 등을 통하여 국민의 생명·신체 및 재산을 보호함으로써 공공의 안녕 및 질서 유지와 복리증진에 이바지함을 목적으로 한다.

002 소방기본법령상 소방기관의 설치에 관하여 필요한 사항은 누구의 령으로 정하는가?
① 대통령령
② 행정안전부령
③ 소방청 고시
④ 시·도의 조례

해설 제3조(소방기관의 설치 등)
① 시·도의 화재 예방·경계·진압 및 조사, 소방안전교육·홍보와 화재, 재난·재해, 그 밖의 위급한 상황에서의 구조·구급 등의 업무(이하 "소방업무"라 한다)를 수행하는 소방기관의 설치에 필요한 사항은 대통령령으로 정한다. 〈개정 2015. 7. 24.〉
② 소방업무를 수행하는 소방본부장 또는 소방서장은 그 소재지를 관할하는 특별시장·광역시장·특별자치시장·도지사 또는 특별자치도지사(이하 "시·도지사"라 한다)의 지휘와 감독을 받는다.
③ 제2항에도 불구하고 소방청장은 화재 예방 및 대형 재난 등 필요한 경우 시·도 소방본부장 및 소방서장을 지휘·감독할 수 있다. 〈신설 2019. 12. 10.〉
④ 시·도에서 소방업무를 수행하기 위하여 시·도지사 직속으로 소방본부를 둔다

003 소방기본법령상 소방업무에 관한 종합계획은 누가 몇 년마다 수립·시행하여야 하는가?
① 대통령, 4년
② 행정안전부장관, 5년
③ 시·도지사, 5년
④ 소방청장, 5년

정답 : 001.② 002.① 003.④

해설 제6조(소방업무에 관한 종합계획의 수립·시행 등)
① 소방청장은 화재, 재난·재해, 그 밖의 위급한 상황으로부터 국민의 생명·신체 및 재산을 보호하기 위하여 소방업무에 관한 종합계획(이하 이 조에서 "종합계획"이라 한다)을 5년마다 수립·시행하여야 하고, 이에 필요한 재원을 확보하도록 노력하여야 한다. 〈개정 2015. 7. 24., 2017. 7. 26.〉

004. 소방기본법령상 소방업무에 관한 종합계획에 포함되어야 하는 사항이 아닌 것은?

① 소방서비스의 질 향상을 위한 정책의 기본방향
② 소방업무에 필요한 체계의 구축, 소방기술의 연구·개발 및 보급
③ 소방업무에 필요한 장비의 구비
④ 소방전문기관 설립

해설 종합계획에는 다음 각 호의 사항이 포함되어야 한다.〈신설 2015. 7. 24.〉
1. 소방서비스의 질 향상을 위한 정책의 기본방향
2. 소방업무에 필요한 체계의 구축, 소방기술의 연구·개발 및 보급
3. 소방업무에 필요한 장비의 구비
4. 소방전문인력 양성
5. 소방업무에 필요한 기반조성
6. 소방업무의 교육 및 홍보(제21조에 따른 소방자동차의 우선 통행 등에 관한 홍보를 포함한다)
7. 그 밖에 소방업무의 효율적 수행을 위하여 필요한 사항으로서 대통령령으로 정하는 사항

> **참고 시행령**
> 제1조의2(소방업무에 관한 종합계획 및 세부계획의 수립·시행)
> ① 소방청장은 「소방기본법」(이하 "법"이라 한다) 제6조제1항에 따른 소방업무에 관한 종합계획을 관계 중앙행정기관의 장과의 협의를 거쳐 계획 시행 전년도 10월 31일까지 수립하여야 한다.〈개정 2017. 7. 26.〉
> ② 법 제6조제2항제7호에서 "대통령령으로 정하는 사항"이란 다음 각 호의 사항을 말한다.
> 1. 재난·재해 환경 변화에 따른 소방업무에 필요한 대응 체계 마련
> 2. 장애인, 노인, 임산부, 영유아 및 어린이 등 이동이 어려운 사람을 대상으로 한 소방활동에 필요한 조치
> ③ 특별시장·광역시장·특별자치시장·도지사 또는 특별자치도지사(이하 "시·도지사"라 한다)는 법 제6조제4항에 따른 종합계획의 시행에 필요한 세부계획을 계획 시행 전년도 12월 31일까지 수립하여 소방청장에게 제출하여야 한다.

정답 : 004.④

예상문제

005 다음 중 소방의 날은 언제인가?
① 매년 1월 19일 ② 매년 11월 9일
③ 매년 10월 31일 ④ 매년 12월 31일

해설 **제7조(소방의 날 제정과 운영 등)**
① 국민의 안전의식과 화재에 대한 경각심을 높이고 안전문화를 정착시키기 위하여 매년 11월 9일을 소방의 날로 정하여 기념행사를 한다.
② 소방의 날 행사에 관하여 필요한 사항은 소방청장 또는 시·도지사가 따로 정하여 시행할 수 있다.〈개정 2014. 11. 19., 2017. 7. 26.〉
③ 소방청장은 다음 각 호에 해당하는 사람을 명예직 소방대원으로 위촉할 수 있다.〈개정 2014. 11. 19., 2017. 7. 26.〉
  1. 「의사상자 등 예우 및 지원에 관한 법률」 제2조에 따른 의사상자(義死傷者)로서 같은 법 제3조제3호 또는 제4호에 해당하는 사람
  2. 소방행정 발전에 공로가 있다고 인정되는 사람

006 소방기본법 제8조 소방력의 기준 등에 대한 다음 괄호 안에 들어갈 말로 옳은 것은?

> 제8조(소방력의 기준 등) ① 소방기관이 소방업무를 수행하는 데에 필요한 (㉮)과 (㉯) 등[이하 "소방력"(消防力)이라 한다]에 관한 기준은 (㉰)으로 정한다.
> ② (㉱)는 제1항에 따른 소방력의 기준에 따라 관할구역의 소방력을 확충하기 위하여 필요한 계획을 수립하여 시행하여야 한다.
> ③ 소방자동차 등 소방장비의 분류·표준화와 그 관리 등에 필요한 사항은 (㉲) 정한다.

	㉮	㉯	㉰	㉱	㉲
①	인력	장비	행정안전부령	시·도지사	따로 법률에서
②	인력	장비	대통령령	시·도지사	대통령령으로
③	장비	인력	행정안전부령	시·도지사	행정안전부령으로
④	장비	인력	대통령령	시·도지사	따로 법률에서

해설 **제8조(소방력의 기준 등)**
① 소방기관이 소방업무를 수행하는 데에 필요한 인력과 장비 등[이하 "소방력"(消防力)이라 한다]에 관한 기준은 행정안전부령으로 정한다.
② 시·도지사는 제1항에 따른 소방력의 기준에 따라 관할구역의 소방력을 확충하기 위하여 필요한 계획을 수립하여 시행하여야 한다.
③ 소방자동차 등 소방장비의 분류·표준화와 그 관리 등에 필요한 사항은 따로 법률에서 정한다.

정답 : 005.② 006.①

007 비상소화장치를 설치하는 대통령령으로 정하는 지역이 아닌 곳은?
① 시장지역
② 목조건물이 밀집한 지역
③ 석유화학제품을 생산하는 공장이 있는 지역
④ 소방청장이 비상소화장치의 설치가 필요하다고 인정하는 지역

해설 **시행령 제2조의2(비상소화장치의 설치대상 지역)**
법 제10조제2항에서 "대통령령으로 정하는 지역"이란 다음 각 호의 어느 하나에 해당하는 지역을 말한다.
1. 화재의 예방 및 안전관리에 관한 법률 제18조제1항에 따라 지정된 화재예방강화지구
2. 시·도지사가 법 제10조제2항에 따른 비상소화장치의 설치가 필요하다고 인정하는 지역

008 소방기본법 시행규칙에서 규정하고 있는 비상소화장치의 설치기준으로 틀린 것은?
① 비상소화장치는 비상소화장치함, 소화전, 소방호스(소화전의 방수구에 연결하여 소화용수를 방수하기 위한 도관으로서 호스와 연결금속구로 구성되어 있는 소방용릴호스 또는 소방용고무내장호스를 말한다), 관창(소방호스용 연결금속구 또는 중간연결금속구 등의 끝에 연결하여 소화용수를 방수하기 위한 나사식 또는 차입식 토출기구를 말한다)을 포함하여 구성할 것
② 소방호스 및 관창은 「소방시설 설치 및 관리에 관한 법률」 제37조제5항에 따라 소방청장이 정하여 고시하는 형식승인 및 제품검사의 기술기준에 적합한 것으로 설치할 것
③ 비상소화장치함은 「소방시설 설치 및 관리에 관한 법률」 제40조제4항에 따라 소방청장이 정하여 고시하는 성능인증 및 제품검사의 기술기준에 적합한 것으로 설치할 것
④ 기타 비상소화장치의 설치기준에 관한 세부사항은 행정안전부령으로 정한다.

해설 기타 비상소화장치의 설치기준에 관한 세부사항은 소방청장이 정한다.

009 소방기본법에서 규정하는 소방업무응원에 대한 설명으로 틀린 것은?
① 소방본부장이나 소방서장은 소방활동을 할 때에 긴급한 경우에는 이웃한 소방본부장 또는 소방서장에게 소방업무의 응원(應援)을 요청할 수 있다.
② 시·도지사는 제1항에 따라 소방업무의 응원을 요청하는 경우를 대비하여 출동 대상지역 및 규모와 필요한 경비의 부담 등에 관하여 필요한 사항을 대통령령으로 정하는 바에 따라 이웃하는 시·도지사와 협의하여 미리 규약(規約)으로 정하여야 한다.
③ 소방업무의 응원 요청을 받은 소방본부장 또는 소방서장은 정당한 사유 없이 그 요청을 거절하여서는 아니 된다.
④ 소방업무의 응원을 위하여 파견된 소방대원은 응원을 요청한 소방본부장 또는 소방서장의 지휘에 따라야 한다.

정답 : 007.④ 008.④ 009.②

예상문제

> **해설** 행정안전부령으로 정하는 바에 따라 미리 규약으로 정한다.

010 소방기본법에서 규정하는 소방력의 동원에 관한 설명으로 틀린 것은?

① 소방청장은 해당 시·도의 소방력만으로는 소방활동을 효율적으로 수행하기 어려운 화재, 재난·재해, 그 밖의 구조·구급이 필요한 상황이 발생하거나 특별히 국가적 차원에서 소방활동을 수행할 필요가 인정될 때에는 각 시·도지사에게 행정안전부령으로 정하는 바에 따라 소방력을 동원할 것을 요청할 수 있다.
② 동원 요청을 받은 시·도지사는 정당한 사유 없이 요청을 거절하여서는 아니 된다.
③ 소방청장은 시·도지사에게 제1항에 따라 동원된 소방력을 화재, 재난·재해 등이 발생한 지역에 지원·파견하여 줄 것을 요청하거나 필요한 경우 각 소방본부에 소방대를 편성하여 화재진압 및 인명구조 등 소방에 필요한 활동을 하도록 명령할 수 있다.
④ 동원된 소방대원이 다른 시·도에 파견·지원되어 소방활동을 수행할 때에는 특별한 사정이 없으면 화재, 재난·재해 등이 발생한 지역을 관할하는 소방본부장 또는 소방서장의 지휘에 따라야 한다. 다만, 소방청장이 직접 소방대를 편성하여 소방활동을 하게 하는 경우에는 소방청장의 지휘에 따라야 한다.

> **해설** 소방청장은 필요한 경우 직접 소방대를 편성하여 소방에 필요한 활동을 하게 할 수 있다.

> **참고** ⑤항 제3항 및 제4항에 따른 소방활동을 수행하는 과정에서 발생하는 경비 부담에 관한 사항, 제3항 및 제4항에 따라 소방활동을 수행한 민간 소방 인력이 사망하거나 부상을 입었을 경우의 보상주체·보상기준 등에 관한 사항, 그 밖에 동원된 소방력의 운용과 관련하여 필요한 사항은 대통령령으로 정한다.

011 소방기본법령상 소방청장이 수립·시행하는 종합계획에 포함되어야 하는 사항에 해당하지 않는 것은?

① 소방전문인력 양성
② 화재안전분야 국제경쟁력 향상
③ 소방업무의 교육 및 홍보
④ 소방기술의 연구·개발 및 보급

> **해설** 종합계획에는 다음 각 호의 사항이 포함되어야 한다.
> 1. 소방서비스의 질 향상을 위한 정책의 기본방향
> 2. 소방업무에 필요한 체계의 구축, 소방기술의 연구·개발 및 보급
> 3. 소방업무에 필요한 장비의 구비
> 4. 소방전문인력 양성
> 5. 소방업무에 필요한 기반조성
> 6. 소방업무의 교육 및 홍보(제21조에 따른 소방자동차의 우선 통행 등에 관한 홍보를 포함한다)
> 7. 그 밖에 소방업무의 효율적 수행을 위하여 필요한 사항으로서 대통령령으로 정하는 사항

정답 : 010.③ 011.②

시행령 제1조의3(소방업무에 관한 종합계획 및 세부계획의 수립·시행) ① 소방청장은 법 계획 시행 전년도 10월 31일까지 수립해야 한다. 〈개정 2017. 7. 26., 2022. 1. 4.〉
② 법 제6조제2항제7호에서 "대통령령으로 정하는 사항"이란 다음 각 호의 사항을 말한다.
1. 재난·재해 환경 변화에 따른 소방업무에 필요한 대응 체계 마련
2. 장애인, 노인, 임산부, 영유아 및 어린이 등 이동이 어려운 사람을 대상으로 한 소방활동에 필요한 조치
③ 특별시장·광역시장·특별자치시장·도지사 또는 특별자치도지사(이하 "시·도지사"라 한다)는 법 제6조제4항에 따른 종합계획의 시행에 필요한 세부계획을 계획 시행 전년도 12월 31일까지 수립하여 소방청장에게 제출하여야 한다

012 소방기본법령상 소방활동에 필요한 소방용수시설을 설치하고 유지·관리하여야 하는 자는? (단, 권한의 위임 등 기타 사항은 고려하지 않음)

① 소방본부장·소방서장 ② 시장·군수
③ 시·도지사 ④ 소방청장

해설 소방기본법 제10조(소방용수시설의 설치 및 관리 등)
① 시·도지사는 소방활동에 필요한 소화전(消火栓)·급수탑(給水塔)·저수조(貯水槽)(이하 "소방용수시설"이라 한다)를 설치하고 유지·관리하여야 한다. 다만, 「수도법」 제45조에 따라 소화전을 설치하는 일반수도사업자는 관할 소방서장과 사전협의를 거친 후 소화전을 설치하여야 하며, 설치 사실을 관할 소방서장에게 통지하고, 그 소화전을 유지·관리하여야 한다. 〈개정 2007. 4. 11., 2011. 3. 8.〉
② 시·도지사는 제21조제1항에 따른 소방자동차의 진입이 곤란한 지역 등 화재발생 시에 초기 대응이 필요한 지역으로서 대통령령으로 정하는 지역에 소방호스 또는 호스 릴 등을 소방용수시설에 연결하여 화재를 진압하는 시설이나 장치(이하 "비상소화장치"라 한다)를 설치하고 유지·관리할 수 있다. 〈개정 2017. 12. 26.〉
③ 제1항에 따른 소방용수시설과 제2항에 따른 비상소화장치의 설치기준은 행정안전부령으로 정한다.

013 소방기본법령상 소방신호의 종류별 신호방법에 관한 설명으로 옳은 것은?

① 경계신호의 타종신호는 1타와 2타를 반복하며, 사이렌신호는 5초 간격을 두고 10초씩 3회이다.
② 발화신호의 타종신호는 난타이며, 사이렌신호는 5초 간격을 두고 5초씩 3회이다.
③ 해제신호의 타종신호는 상당한 간격을 두고 1타씩 반복하며, 사이렌신호는 30초간 1회이다.
④ 훈련신호의 타종신호는 연 3타 반복이며, 사이렌신호는 30초 간격을 두고 1분씩 3회이다.

정답 : 012.③ 013.②

예상문제

> **해설** **소방신호**
> 1) 화재예방, 소방활동 또는 소방훈련을 위하여 사용되는 소방신호의 종류와 방법은 행정안전부령으로 정한다.
> 2) 소방신호의 종류
>   1. 경계신호 : 화재예방상 필요하다고 인정되거나 「화재의 예방 및 안전관리에 관한 법률」 제20조의 규정에 의한 화재위험경보시 발령
>   2. 발화신호 : 화재가 발생한 때 발령
>   3. 해제신호 : 소화활동이 필요없다고 인정되는 때 발령
>   4. 훈련신호 : 훈련상 필요하다고 인정되는 때 발령

014 소방기본법령상 소방활동 종사명령에 관한 설명으로 옳지 않은 것은?

① 소방서장은 소방활동 종사명령을 받은 자에게 소방활동에 필요한 보호장구를 지급하는 등 안전을 위한 조치를 하여야 한다.
② 소방대장은 화재 등 위급한 상황이 발생한 현장에서 소방활동을 위하여 필요할 때에는 그 현장에 있는 자에게 소방활동 종사명령을 할 수 있다.
③ 소방대상물에 화재 등 위급한 상황이 발생한 경우 소방활동에 종사한 소방대상물의 점유자는 소방활동 비용을 지급받을 수 있다.
④ 시·도지사는 소방활동 종사명령에 따라 소방활동에 종사한 자가 그로 인하여 사망하거나 부상을 입은 경우에는 보상하여야 한다.

> **해설** **소방활동 종사명령**
> 1) 소방본부장, 소방서장 또는 소방대장은 화재, 재난·재해, 그 밖의 위급한 상황이 발생한 현장에서 소방활동을 위하여 필요할 때에는 그 관할구역에 사는 사람 또는 그 현장에 있는 사람으로 하여금 사람을 구출하는 일 또는 불을 끄거나 불이 번지지 아니하도록 하는 일을 하게 할 수 있다.
> 2) 제1항에 따른 명령에 따라 소방활동에 종사한 사람은 시·도지사로부터 소방활동의 비용을 지급받을 수 있다. 다만, 다음 각 호의 어느 하나에 해당하는 사람의 경우에는 그러하지 아니하다.
>   1. 소방대상물에 화재, 재난·재해, 그 밖의 위급한 상황이 발생한 경우 그 관계인
>   2. 고의 또는 과실로 화재 또는 구조·구급 활동이 필요한 상황을 발생시킨 사람
>   3. 화재 또는 구조·구급 현장에서 물건을 가져간 사람

015 소방기본법령상 소방용수시설 중 저수조의 설치기준으로 옳지 않은 것은?

① 지면으로부터의 낙차가 4.5미터 이하일 것
② 흡수부분의 수심이 0.5미터 이상일 것
③ 흡수관의 투입구가 원형의 경우에는 지름이 50센티미터 이상일 것
④ 저수조에 물을 공급하는 방법은 상수도에 연결하여 자동으로 급수되는 구조일 것

정답 : 014.③ 015.③

▶해설   **저수조의 설치기준**
(1) 지면으로부터의 낙차가 4.5미터 이하일 것
(2) 흡수부분의 수심이 0.5미터 이상일 것
(3) 소방펌프자동차가 쉽게 접근할 수 있도록 할 것
(4) 흡수에 지장이 없도록 토사 및 쓰레기 등을 제거할 수 있는 설비를 갖출 것
(5) 흡수관의 투입구가 사각형의 경우에는 한 변의 길이가 60센티미터 이상, 원형의 경우에는 지름이 60센티미터 이상일 것
(6) 저수조에 물을 공급하는 방법은 상수도에 연결하여 자동으로 급수되는 구조일 것

016 소방기본법령에 관한 설명으로 옳지 않은 것은?
① 소방자동차의 우선 통행에 관하여는 소방기본법이 정하는 바에 따른다.
② 소방활동에 필요한 사람으로서 취재인력 등 보도업무에 종사하는 사람은 소방대장이 출입을 제한할 수 없다.
③ 소방대상물에 화재가 발생한 경우 그 관계인은 소방활동에 종사하여도 소방활동의 비용을 지급받을 수 없다.
④ 소방활동구역을 정하는 자는 소방대장이다.

▶해설   소방자동차의 우선 통행에 관하여는 「도로교통법」에서 정하는 바에 따른다.

017 화재, 재난·재해, 그 밖의 위급한 상황이 발생하였을 때에 소방대를 현장에 신속하게 출동시켜 화재진압과 인명구조·구급 등 소방에 필요한 활동을 하게 하여야 하는 사람에 해당하지 않는 자는?
① 소방청장
② 소방본부장
③ 소방서장
④ 소방대장

▶해설   **제16조(소방활동)**
① 소방청장, 소방본부장 또는 소방서장은 화재, 재난·재해, 그 밖의 위급한 상황이 발생하였을 때에는 소방대를 현장에 신속하게 출동시켜 화재진압과 인명구조·구급 등 소방에 필요한 활동(이하 이 조에서 "소방활동"이라 한다)을 하게 하여야 한다. 〈개정 2014. 11. 19., 2017. 7. 26., 2021. 1. 5.〉
② 누구든지 정당한 사유 없이 제1항에 따라 출동한 소방대의 소방활동을 방해하여서는 아니 된다. 〈개정 2021. 1. 5.〉

정답 : 016.① 017.④

예상문제

018 소방기본법상 다음 중 소방지원활동에 해당하지 않는 것은?

① 산불에 대한 예방·진압 등 지원활동
② 단전사고 시 비상전원 또는 조명의 공급 지원활동
③ 자연재해에 따른 급수·배수 및 제설 등 지원활동
④ 집회·공연 등 각종 행사 시 사고에 대비한 근접대기 등 지원활동

해설 소방지원활동

1) 소방청장·소방본부장 또는 소방서장은 공공의 안녕질서 유지 또는 복리증진을 위하여 필요한 경우 소방활동 외에 다음 각 호의 활동(이하 "소방지원활동"이라 한다)을 하게 할 수 있다.
2) 소방지원활동의 종류
   1. 산불에 대한 예방·진압 등 지원활동
   2. 자연재해에 따른 급수·배수 및 제설 등 지원활동
   3. 집회·공연 등 각종 행사 시 사고에 대비한 근접대기 등 지원활동
   4. 화재, 재난·재해로 인한 피해복구 지원활동
   5. 삭제〈2015. 7. 24.〉
   6. 그 밖에 행정안전부령으로 정하는 활동
      1. 군·경찰 등 유관기관에서 실시하는 훈련지원 활동
      2. 소방시설 오작동 신고에 따른 조치활동
      3. 방송제작 또는 촬영 관련 지원활동

생활안전활동

1) 소방청장·소방본부장 또는 소방서장은 신고가 접수된 생활안전 및 위험제거 활동(화재, 재난·재해, 그 밖의 위급한 상황에 해당하는 것은 제외한다)에 대응하기 위하여 소방대를 출동시켜 다음 각 호의 활동(이하 "생활안전활동"이라 한다)을 하게 하여야 한다.
2) 생활안전활동의 종류
   1. 붕괴, 낙하 등이 우려되는 고드름, 나무, 위험 구조물 등의 제거활동
   2. 위해동물, 벌 등의 포획 및 퇴치 활동
   3. 끼임, 고립 등에 따른 위험제거 및 구출 활동
   4. 단전사고 시 비상전원 또는 조명의 공급
   5. 그 밖에 방치하면 급박해질 우려가 있는 위험을 예방하기 위한 활동
3) 누구든지 정당한 사유 없이 제1항에 따라 출동하는 소방대의 생활안전활동을 방해하여서는 아니 된다. : 생활안전활동 방해 100만 원 이하의 벌금

019 소방기본법상 다음 중 소방본부장 또는 소방서장의 업무사항만으로 옳은 것은?

① 소방활동구역 설정
② 소방대원에게 필요한 교육 및 훈련실시
③ 국민의 안전의식을 높이기 위한 피난방법 홍보
④ 화재로 오인할만한 우려가 있는 불을 피우는 경우 신고

정답 : 018.② 019.④

> **해설**
> ① : 소방대장
> ② : 소방청장, 소방본부장, 소방서장
> ③ : 소방청장, 소방본부장, 소방서장
> ④ : 소방본부장, 소방서장
>
> 제19조(화재 등의 통지)
> ① 화재 현장 또는 구조·구급이 필요한 사고 현장을 발견한 사람은 그 현장의 상황을 소방본부, 소방서 또는 관계 행정기관에 지체 없이 알려야 한다.
> ② 다음 각 호의 어느 하나에 해당하는 지역 또는 장소에서 화재로 오인할 만한 우려가 있는 불을 피우거나 연막(煙幕) 소독을 하려는 자는 시·도의 조례로 정하는 바에 따라 관할 소방본부장 또는 소방서장에게 신고하여야 한다.
> 1. 시장지역
> 2. 공장·창고가 밀집한 지역
> 3. 목조건물이 밀집한 지역
> 4. 위험물의 저장 및 처리시설이 밀집한 지역
> 5. 석유화학제품을 생산하는 공장이 있는 지역
> 6. 그 밖에 시·도의 조례로 정하는 지역 또는 장소
>
> > **참고 명령권자**
> > 1. 소방청장, 소방본부장, 소방서장 : 종합상황실 설치, 소방활동, 소방지원활동, 생활안전활동, 소송지원, 소방교육 및 훈련(공무원, 초중등, 유아), 화재발생 시 피난 및 행동방법 홍보, 화재조사,이상기상예보시 경보, 예방조치명령(보관등), 화재예방강화지구에 대한 화재안전조사,설치명령, 화재예방강화지구 안의 관계인에 대한 훈련 및 교육
> > 2. 소방본부장 또는 소방서장 : 시·도지사의 지휘와 감독을 받음, 소방업무응원요청, 서류신청시 제출대상,건축물허가동의
> > 3. 소방청장 : 소방박물관 설립, 종합계획 5년마다 수립, 명예직 소방대원위촉, 소방력 동원요청, 화재예방강화지구지정 요청, 소방안전교육사 자격부여, 국제화 사업 추진, 안전원은 소방청장의 인가 및 승인, 안전원 업무감독, 화재안전영향평가, 화재 위험경보 발령 절차 및 조치사항에 관하여 필요한 사항은 소방청장이 정한다. 소방안전관리자시험, 교육, 발급, 소방안전특별관리계획5년마다수립,소방안전특별관리대상물관리
> > 4. 소방대장 : 소방활동구역 설정
> > 5. 소방본부장, 소방서장 또는 소방대장 : 소방활동 종사명령, 강제처분명령, 피난명령, 긴급조치명령, 소방활동 종사명령

020 소방대원에게 실시하는 교육, 훈련의 횟수와 기간으로 옳은 것은?

① 매년 1회, 2주 이상 ② 2년마다 1회, 2주 이상
③ 2년마다 1회, 8주 이상 ④ 2년마다 1회, 3주 이상

정답 : 020.②

예상문제

해설 소방대원에게 실시할 교육·훈련의 종류 등(제9조제1항 관련)
1. 교육·훈련의 종류 및 교육·훈련을 받아야 할 대상자

종류	교육·훈련을 받아야 할 대상자
가. 화재진압 훈련	1) 화재진압업무를 담당하는 소방공무원 2) 「의무소방대설치법 시행령」 제20조제1항제1호에 따른 임무를 수행하는 의무소방원 3) 「의용소방대 설치 및 운영에 관한 법률」 제3조에 따라 임명된 의용소방대원
나. 인명구조 훈련	1) 구조업무를 담당하는 소방공무원 2) 「의무소방대설치법 시행령」 제20조제1항제1호에 따른 임무를 수행하는 의무소방원 3) 「의용소방대 설치 및 운영에 관한 법률」 제3조에 따라 임명된 의용소방대원
다. 응급처치 훈련	1) 구급업무를 담당하는 소방공무원 2) 「의무소방대설치법」 제3조에 따라 임용된 의무소방원 3) 「의용소방대 설치 및 운영에 관한 법률」 제3조에 따라 임명된 의용소방대원
라. 인명대피 훈련	1) 소방공무원 2) 「의무소방대설치법」 제3조에 따라 임용된 의무소방원 3) 「의용소방대 설치 및 운영에 관한 법률」 제3조에 따라 임명된 의용소방대원
마. 현장지휘 훈련	소방공무원 중 다음의 계급에 있는 사람 1) 소방정 2) 소방령 3) 소방경 4) 소방위

2. 교육·훈련 횟수 및 기간

횟수	기간
2년마다 1회	2주 이상

3. 제1호 및 제2호에서 규정한 사항 외에 소방대원의 교육·훈련에 필요한 사항은 소방청장이 정한다.

021 소방기본법상 소방안전교육사 시험에 대한 설명으로 틀린 것은?

① 소방청장은 소방안전교육을 위하여 소방청장이 실시하는 시험에 합격한 사람에게 소방안전교육사 자격을 부여한다.
② 소방안전교육사는 소방안전교육의 기획·진행·분석·평가 및 교수업무를 수행한다.
③ 소방안전교육사 시험의 응시자격, 시험방법, 시험과목, 시험위원, 그 밖에 소방안전교육사 시험의 실시에 필요한 사항은 대통령령으로 정한다.
④ 소방안전교육사 시험에 응시하려는 사람은 행정안전부령으로 정하는 바에 따라 수수료를 내야 한다.

해설 대통령령으로 정하는 바에 따라 수수료를 내야 한다.

정답 : 021.④

022 소방안전교육사의 결격사유에 해당하지 않는 사람은?
① 피성년후견인
② 금고 이상의 실형을 선고받고 그 집행이 끝나거나(집행이 끝난 것으로 보는 경우를 포함한다) 집행이 면제된 날부터 2년이 지나지 아니한 사람
③ 금고 이상의 형의 집행유예를 선고받고 그 유예기간 중에 있는 사람
④ 법원의 판결 또는 다른 법률에 따라 자격이 정지되거나 상실되지 않은 사람

해설 제17조의3(소방안전교육사의 결격 사유)
다음 각 호의 어느 하나에 해당하는 사람은 소방안전교육사가 될 수 없다.
1. 피성년후견인
2. 금고 이상의 실형을 선고받고 그 집행이 끝나거나(집행이 끝난 것으로 보는 경우를 포함한다) 집행이 면제된 날부터 2년이 지나지 아니한 사람
3. 금고 이상의 형의 집행유예를 선고받고 그 유예기간 중에 있는 사람
4. 법원의 판결 또는 다른 법률에 따라 자격이 정지되거나 상실된 사람

023 다음 중 소방안전교육사를 2명 이상 배치하여야 하는 대상은?
① 한국소방산업기술원
② 영등포소방서
③ 한국소방안전원부산지원
④ 구로소방서

해설
- 소방청, 소방본부, 한국소방산업기술원, 한국소방안전원(본원) 2명 이상
- 소방서, 한국소방안전원(시·도, 지원) 1명 이상

024 화재예방, 소방활동 또는 소방훈련을 위하여 사용되는 소방신호의 종류와 방법은 누구의 령으로 정하는가?
① 대통령령
② 행정안전부령
③ 소방청 고시
④ 별도 법률

025 5년 이하의 징역 또는 5,000만 원 이하의 벌금에 해당하지 않는 사항은?
① 위력(威力)을 사용하여 출동한 소방대의 화재진압·인명구조 또는 구급활동을 방해하는 행위
② 소방대가 화재진압·인명구조 또는 구급활동을 위하여 현장에 출동하거나 현장에 출입하는 것을 고의로 방해하는 행위
③ 출동한 소방대원에게 폭언 또는 위력을 행사하여 화재진압·인명구조 또는 구급활동을 방해하는 행위
④ 출동한 소방대의 소방장비를 파손하거나 그 효용을 해하여 화재진압·인명구조 또는 구급활동을 방해하는 행위

 정답 : 022.④ 023.① 024.② 025.③

예상문제

> **해설** **제50조(벌칙)**
> 다음 각 호의 어느 하나에 해당하는 사람은 5년 이하의 징역 또는 5천만원 이하의 벌금에 처한다. 〈개정 2017. 12. 26., 2018. 3. 27.〉
> 1. 제16조제2항을 위반하여 다음 각 목의 어느 하나에 해당하는 행위를 한 사람
>   가. 위력(威力)을 사용하여 출동한 소방대의 화재진압·인명구조 또는 구급활동을 방해하는 행위
>   나. 소방대가 화재진압·인명구조 또는 구급활동을 위하여 현장에 출동하거나 현장에 출입하는 것을 고의로 방해하는 행위
>   다. 출동한 소방대원에게 폭행 또는 협박을 행사하여 화재진압·인명구조 또는 구급활동을 방해하는 행위
>   라. 출동한 소방대의 소방장비를 파손하거나 그 효용을 해하여 화재진압·인명구조 또는 구급활동을 방해하는 행위
> 2. 제21조제1항을 위반하여 소방자동차의 출동을 방해한 사람
> 3. 제24조제1항에 따른 사람을 구출하는 일 또는 불을 끄거나 불이 번지지 아니하도록 하는 일을 방해한 사람
> 4. 제28조를 위반하여 정당한 사유 없이 소방용수시설 또는 비상소화장치를 사용하거나 소방용수시설 또는 비상소화장치의 효용을 해치거나 그 정당한 사용을 방해한 사람

026 다음 중 소방기본법에서 규정하는 100만 원 이하의 벌금에 해당하는 것은?

① 예방조치명령에 따르지 아니하거나 이를 방해한 자
② 관계인의 정당한 업무를 방해하거나 화재안전조사를 수행하면서 알게 된 비밀을 다른 사람에게 누설한 사람
③ 화재예방강화지구 안의 소방대상물에 대한 화재안전조사를 거부, 방해 또는 기피한 자
④ 피난명령을 위반한 사람

> **해설** **소방기본법 제54조(벌칙)**
> 다음 각 호의 어느 하나에 해당하는 자는 100만원 이하의 벌금에 처한다. 〈개정 2011. 8. 4., 2015. 7. 24., 2016. 1. 27., 2022. 4. 26.〉
> 1. 삭제 〈2021. 11. 30.〉
> 1의2. 제16조의3제2항을 위반하여 정당한 사유 없이 소방대의 생활안전활동을 방해한 자
> 2. 제20조제1항을 위반하여 정당한 사유 없이 소방대가 현장에 도착할 때까지 사람을 구출하는 조치 또는 불을 끄거나 불이 번지지 아니하도록 하는 조치를 하지 아니한 사람
> 3. 제26조제1항에 따른 피난 명령을 위반한 사람
> 4. 제27조제1항을 위반하여 정당한 사유 없이 물의 사용이나 수도의 개폐장치의 사용 또는 조작을 하지 못하게 하거나 방해한 자
> 5. 제27조제2항에 따른 조치를 정당한 사유 없이 방해한 자

정답 : 026.④

화재예방법 제50조(벌칙)

① 다음 각 호의 어느 하나에 해당하는 자는 3년 이하의 징역 또는 3천만원 이하의 벌금에 처한다.
   1. 제14조제1항 및 제2항에 따른 조치명령을 정당한 사유 없이 위반한 자
   2. 제28조제1항 및 제2항에 따른 명령을 정당한 사유 없이 위반한 자
   3. 제41조제5항에 따른 보수·보강 등의 조치명령을 정당한 사유 없이 위반한 자
   4. 거짓이나 그 밖의 부정한 방법으로 제42조제1항에 따른 진단기관으로 지정을 받은 자

② 다음 각 호의 어느 하나에 해당하는 자는 1년 이하의 징역 또는 1천만원 이하의 벌금에 처한다.
   1. 제12조제2항을 위반하여 관계인의 정당한 업무를 방해하거나, 조사업무를 수행하면서 취득한 자료나 알게 된 비밀을 다른 사람 또는 기관에게 제공 또는 누설하거나 목적 외의 용도로 사용한 자(화재조사업무시)
   2. 제30조제4항을 위반하여 자격증을 다른 사람에게 빌려 주거나 빌리거나 이를 알선한 자
   3. 제41조제1항을 위반하여 진단기관으로부터 화재예방안전진단을 받지 아니한 자

③ 다음 각 호의 어느 하나에 해당하는 자는 300만원 이하의 벌금에 처한다.
   1. 제7조제1항에 따른 화재안전조사를 정당한 사유 없이 거부·방해 또는 기피한 자
   2. 제17조제2항 각 호의 어느 하나에 따른 명령(예방조치명령)을 정당한 사유 없이 따르지 아니하거나 방해한 자
   3. 제24조제1항·제3항, 제29조제1항 및 제35조제1항·제2항을 위반하여 소방안전관리자, 총괄소방안전관리자 또는 소방안전관리보조자를 선임하지 아니한 자
   4. 제27조제3항을 위반하여 소방시설·피난시설·방화시설 및 방화구획 등이 법령에 위반된 것을 발견하였음에도 필요한 조치를 할 것을 요구하지 아니한 소방안전관리자
   5. 제27조제4항을 위반하여 소방안전관리자에게 불이익한 처우를 한 관계인
   6. 제41조제6항 및 제48조제3항을 위반하여 업무를 수행하면서 알게 된 비밀을 이 법에서 정한 목적 외의 용도로 사용하거나 다른 사람 또는 기관에 제공하거나 누설한 자(화재예방안전진단업체종사자, 위탁업무종사자)

027 모든 차와 사람은 소방자동차가 사이렌을 사용하여 출동하는 경우 어떠한 행위를 하여서는 안 된다. 이 행위에 해당하지 않는 것은?

① 소방자동차에 진로를 양보하지 아니하는 행위
② 소방자동차 앞에 끼어들거나 소방자동차를 가로막는 행위
③ 소방자동차의 출동에 지장을 주는 행위
④ 소방자동차의 후면을 따라 주행하는 행위

정답 : 027.④

◀해설 **제21조(소방자동차의 우선 통행 등)**
① 모든 차와 사람은 소방자동차(지휘를 위한 자동차와 구조·구급차를 포함한다. 이하 같다)가 화재진압 및 구조·구급 활동을 위하여 출동을 할 때에는 이를 방해하여서는 아니 된다.
② 소방자동차가 화재진압 및 구조·구급 활동을 위하여 출동하거나 훈련을 위하여 필요할 때에는 사이렌을 사용할 수 있다.
③ 모든 차와 사람은 소방자동차가 화재진압 및 구조·구급 활동을 위하여 제2항에 따라 사이렌을 사용하여 출동하는 경우에는 다음 각 호의 행위를 하여서는 아니 된다. 〈신설 2017. 12. 26.〉
  1. 소방자동차에 진로를 양보하지 아니하는 행위
  2. 소방자동차 앞에 끼어들거나 소방자동차를 가로막는 행위
  3. 그 밖에 소방자동차의 출동에 지장을 주는 행위
④ 제3항의 경우를 제외하고 소방자동차의 우선 통행에 관하여는 「도로교통법」에서 정하는 바에 따른다.

028 소방자동차 전용구역을 설치하여야 하는 공동주택에 해당하는 것은?
① 아파트 중 세대수가 100세대 이상인 아파트 및 5층 이상 기숙사
② 아파트 중 세대수가 300세대 이상인 아파트 및 3층 이상 기숙사
③ 아파트 중 세대수가 100세대 이상인 아파트 및 3층 이상 기숙사
④ 아파트 중 세대수가 300세대 이상인 아파트 및 5층 이상 기숙사

◀해설 **제21조의2(소방자동차 전용구역 등)**
① 「건축법」 제2조제2항제2호에 따른 공동주택 중 대통령령으로 정하는 공동주택의 건축주는 제16조제1항에 따른 소방활동의 원활한 수행을 위하여 공동주택에 소방자동차 전용구역(이하 "전용구역"이라 한다)을 설치하여야 한다.
② 누구든지 전용구역에 차를 주차하거나 전용구역에의 진입을 가로막는 등의 방해행위를 하여서는 아니 된다.
③ 전용구역의 설치 기준·방법, 제2항에 따른 방해행위의 기준, 그 밖의 필요한 사항은 대통령령으로 정한다.

시행령 제7조의12(소방자동차 전용구역 설치 대상)
법 제21조의2제1항에서 "대통령령으로 정하는 공동주택"이란 다음 각 호의 주택을 말한다. 다만, 하나의 대지에 하나의 동(棟)으로 구성되고 「도로교통법」 제32조 또는 제33조에 따라 정차 또는 주차가 금지된 편도 2차선 이상의 도로에 직접 접하여 소방자동차가 도로에서 직접 소방활동이 가능한 공동주택은 제외한다. 〈개정 2021. 5. 4.〉
1. 「건축법 시행령」 별표 1 제2호가목의 아파트 중 세대수가 100세대 이상인 아파트
2. 「건축법 시행령」 별표 1 제2호라목의 기숙사 중 3층 이상의 기숙사

정답 : 028.③

029 다음 중 소방본부장, 소방서장 또는 소방대장의 소방활동 종사 명령에 따라 종사하였을 경우 시·도지사로부터 소방활동의 비용을 지급받을 수 있는 사람은?

① 소방대상물에 화재, 재난·재해, 그 밖의 위급한 상황이 발생한 경우 그 관계인
② 고의 또는 과실로 화재 또는 구조·구급 활동이 필요한 상황을 발생시킨 사람
③ 화재 또는 구조·구급 현장에서 물건을 가져간 사람
④ 그 관할구역에 사는 사람

해설 **소방활동 종사명령**
1) 소방본부장, 소방서장 또는 소방대장은 화재, 재난·재해, 그 밖의 위급한 상황이 발생한 현장에서 소방활동을 위하여 필요할 때에는 그 관할구역에 사는 사람 또는 그 현장에 있는 사람으로 하여금 사람을 구출하는 일 또는 불을 끄거나 불이 번지지 아니하도록 하는 일을 하게 할 수 있다.
2) 제1항에 따른 명령에 따라 소방활동에 종사한 사람은 시·도지사로부터 소방활동의 비용을 지급받을 수 있다. 다만, 다음 각 호의 어느 하나에 해당하는 사람의 경우에는 그러하지 아니하다.
   1. 소방대상물에 화재, 재난·재해, 그 밖의 위급한 상황이 발생한 경우 그 관계인
   2. 고의 또는 과실로 화재 또는 구조·구급 활동이 필요한 상황을 발생시킨 사람
   3. 화재 또는 구조·구급 현장에서 물건을 가져간 사람

참고 ⑤ 시·도지사는 제4항에 따라 견인차량과 인력 등을 지원한 자에게 시·도의 조례로 정하는 바에 따라 비용을 지급할 수 있다.

030 강제처분에 대한 다음 설명 중 틀린 설명은?

① 소방본부장, 소방서장 또는 소방대장은 사람을 구출하거나 불이 번지는 것을 막기 위하여 필요할 때에는 화재가 발생하거나 불이 번질 우려가 있는 소방대상물 및 토지를 일시적으로 사용하거나 그 사용의 제한 또는 소방활동에 필요한 처분을 할 수 있다.
② 소방본부장, 소방서장 또는 소방대장은 사람을 구출하거나 불이 번지는 것을 막기 위하여 긴급하다고 인정할 때에는 불이 번질 우려가 없는 소방대상물 또는 토지 외의 소방대상물과 토지에 대하여 강제처분을 할 수 있다.
③ 소방본부장, 소방서장 또는 소방대장은 소방활동을 위하여 긴급하게 출동할 때에는 소방자동차의 통행과 소방활동에 방해가 되는 주차 또는 정차된 차량 및 물건 등을 제거하거나 이동시킬 수 있다.
④ 소방본부장, 소방서장 또는 소방대장은 소방활동에 방해가 되는 주차 또는 정차된 차량의 제거나 이동을 위하여 관할지방자치단체 등 관련 기관에 견인차량과 인력 등에 대한 지원을 요청할 수 있고, 요청을 받은 관련 기관의 장은 정당한 사유가 없으면 이에 협조하여야 한다.

정답 : 029.④ 030.②

> **해설** 소방본부장, 소방서장 또는 소방대장은 사람을 구출하거나 불이 번지는 것을 막기 위하여 필요한 때에는 화재가 발생하거나 불이 번질 우려가 있는 소방대상물 및 토지를 일시적으로 사용하거나 그 사용의 제한 또는 소방활동에 필요한 처분을 할 수 있다.

031 소방청장이 소방기술 및 소방산업의 국제경쟁력과 국제적 통용성을 높이기 위하여 추진하는 사업이 아닌 것은?

① 소방기술 및 소방산업의 국제 협력을 위한 조사·연구
② 소방기술 및 소방산업에 관한 국제 전시회, 국제 학술회의 개최 등 국제 교류
③ 소방기술 및 소방산업의 국외시장 개척
④ 그 밖에 소방기술 및 소방산업의 시장경쟁력과 국제적 위상을 높이기 위하여 필요하다고 인정하는 사업

> **해설** 제39조의7(소방기술 및 소방산업의 국제화사업)
> ① 국가는 소방기술 및 소방산업의 국제경쟁력과 국제적 통용성을 높이는 데에 필요한 기반 조성을 촉진하기 위한 시책을 마련하여야 한다.
> ② 소방청장은 소방기술 및 소방산업의 국제경쟁력과 국제적 통용성을 높이기 위하여 다음 각 호의 사업을 추진하여야 한다.
> 1. 소방기술 및 소방산업의 국제 협력을 위한 조사·연구
> 2. 소방기술 및 소방산업에 관한 국제 전시회, 국제 학술회의 개최 등 국제 교류
> 3. 소방기술 및 소방산업의 국외시장 개척
> 4. 그 밖에 소방기술 및 소방산업의 국제경쟁력과 국제적 통용성을 높이기 위하여 필요하다고 인정하는 사업

032 한국소방안전원에 대한 설명으로 틀린 것은?

① 소방기술과 안전관리기술의 향상 및 홍보, 그 밖의 교육·훈련 등 행정기관이 위탁하는 업무의 수행과 소방 관계 종사자의 기술 향상을 위하여 한국소방안전원(이하 "안전원"이라 한다)을 소방청장의 승인을 받아 설립한다.
② 안전원에 관하여 이 법에 규정된 것을 제외하고는 「민법」 중 재단법인에 관한 규정을 준용한다.
③ 안전원의 장(이하 "안전원장"이라 한다)은 소방기술과 안전관리의 기술향상을 위하여 매년 교육 수요조사를 실시하여 교육계획을 수립하고 소방청장의 승인을 받아야 한다.
④ 안전원장은 소방청장에게 해당 연도 교육결과를 평가·분석하여 보고하여야 하며, 소방청장은 교육평가결과를 교육계획에 반영하게 할 수 있다.

> **해설** 소방청장의 인가를 받아 설립한다

정답 : 031.④ 032.①

033 소방청장 또는 시·도지사는 손실보상심의위원회의 심사, 의결에 따라 정당한 보상을 하여야 하는데 손실보상을 받을 수 있는 자가 아닌 자는?
① 소방지원활동에 따른 조치로 인하여 손실을 입은 자
② 소방활동 종사로 인하여 사망하거나 부상을 입은 자
③ 불이 번질 우려가 있는 소방대상물 및 토지 외의 소방대상물 및 토지에 대한 강제처분으로 인하여 손실을 입은 자
④ 긴급조치로 인하여 손실을 입은 자

◆해설 소방청장 또는 시·도지사는 다음 각 호의 어느 하나에 해당하는 자에게 제3항의 손실보상심의위원회의 심사·의결에 따라 정당한 보상을 하여야 한다.
1. 제16조의3제1항(생활안전활동)에 따른 조치로 인하여 손실을 입은 자
2. 제24조제1항 전단(소방활동종사명령)에 따른 소방활동 종사로 인하여 사망하거나 부상을 입은 자
3. 제25조제2항(불이 번질 우려가 있는 소방대상물 및 토지 외의 소방대상물 및 토지에 대한 강제처분) 또는 제3항(소방자동차의 통행과 소방활동에 방해가 되는 주차 또는 정차된 차량 및 물건 등을 제거하거나 이동시키는 강제처분)에 따른 처분으로 인하여 손실을 입은 자. 다만, 같은 조 제3항에 해당하는 경우로서 법령을 위반하여 소방자동차의 통행과 소방활동에 방해가 된 경우는 제외한다.
4. 제27조제1항(소방용수 외에 댐·저수지 또는 수영장 등의 물을 사용하거나 수도(水道)의 개폐장치 등을 조작) 또는 제2항(가스·전기 또는 유류 등의 시설에 대하여 위험물질의 공급을 차단하는 등) 조치로 인하여 손실을 입은 자
5. 그 밖에 소방기관 또는 소방대의 적법한 소방업무 또는 소방활동으로 인하여 손실을 입은 자

034 소방기본법상 과태료에 대한 다음 보기 중 틀린 설명은?
① 제19조제1항을 위반하여 화재 또는 구조·구급이 필요한 상황을 거짓으로 알린 사람은 500만 원 이하의 과태료를 부과한다.
② 한국119청소년단 또는 이와 유사한 명칭을 사용한 자는 200만 원의 과태료를 관할 시·도지사, 소방본부장 또는 소방서장이 부과·징수한다.
③ 한국소방안전원 또는 이와 유사한 명칭을 사용한 자는 200만 원 이하의 과태료를 부과한다.
④ 화재로 오인할 만한 우려가 있는 장소에서 신고를 하지 아니하고 연막소독을 하여 소방자동차를 출동하게 한 자에게는 20만 원 이하의 과태료를 관할 시·도지사, 소방본부장 또는 소방서장이 부과·징수한다.

정답 : 033.① 034.④

예상문제

> **해설**
>
> **제56조(과태료)**
> ① 다음 각 호의 어느 하나에 해당하는 자에게는 500만원 이하의 과태료를 부과한다. 〈개정 2022. 4. 26.〉
>   1. 제19조제1항을 위반하여 화재 또는 구조·구급이 필요한 상황을 거짓으로 알린 사람
>   2. 정당한 사유 없이 제20조제2항을 위반하여 화재, 재난·재해, 그 밖의 위급한 상황을 소방본부, 소방서 또는 관계 행정기관에 알리지 아니한 관계인
> ② 다음 각 호의 어느 하나에 해당하는 자에게는 200만원 이하의 과태료를 부과한다. 〈개정 2016. 1. 27., 2017. 12. 26., 2020. 6. 9., 2020. 10. 20.〉
>   1. 삭제 〈2021. 11. 30.〉
>   2. 삭제 〈2021. 11. 30.〉
>   2의2. 제17조의6제5항을 위반하여 한국119청소년단 또는 이와 유사한 명칭을 사용한 자
>   3. 삭제 〈2020. 10. 20.〉
>   3의2. 제21조제3항을 위반하여 소방자동차의 출동에 지장을 준 자
>   4. 제23조제1항을 위반하여 소방활동구역을 출입한 사람
>   5. 삭제 〈2021. 6. 8.〉
>   6. 제44조의3을 위반하여 한국소방안전원 또는 이와 유사한 명칭을 사용한 자
> ③ 제21조의2제2항을 위반하여 전용구역에 차를 주차하거나 전용구역에의 진입을 가로막는 등의 방해행위를 한 자에게는 100만원 이하의 과태료를 부과한다. 〈신설 2018. 2. 9., 2020. 10. 20.〉
> ④ 제1항부터 제3항까지에 따른 과태료는 대통령령으로 정하는 바에 따라 관할 시·도지사, 소방본부장 또는 소방서장이 부과·징수한다. 〈개정 2018. 2. 9., 2020. 10. 20.〉
>
> **제57조(과태료)**
> ① 제19조제2항에 따른 신고를 하지 아니하여 소방자동차를 출동하게 한 자에게는 20만원 이하의 과태료를 부과한다.
> ② 제1항에 따른 과태료는 조례로 정하는 바에 따라 관할 소방본부장 또는 소방서장이 부과·징수한다.

035 소방기본법 시행령상 다음 괄호 안에 들어갈 순서로 옳은 것은?

> ① 소방청장은 「소방기본법」(이하 "법"이라 한다) 제6조제1항에 따른 소방업무에 관한 종합계획을 관계 중앙행정기관의 장과의 협의를 거쳐 계획 시행 전년도 (㉮)까지 수립하여야 한다.
> ② 특별시장·광역시장·특별자치시장·도지사 또는 특별자치도지사(이하 "시·도지사"라 한다)는 법 제6조제4항에 따른 종합계획의 시행에 필요한 세부계획을 계획 시행 전년도 (㉯)일까지 수립하여 (㉰)에게 제출하여야 한다.

	㉮	㉯	㉰
①	11월 30일	12월 30일	소방청장
②	10월 31일	12월 31일	소방청장
③	12월 31일	10월 31일	행정안전부장관
④	10월 31일	12월 31일	관할 소방본부장

정답 : 035.②

036 소방기본법상 다음 보기 중 100만 원 이하의 벌금에 해당하는 사항이 아닌 것은?

① 가스시설에 대한 긴급조치를 정당한 사유없이 방해한자
② 정당한 사유 없이 소방대의 생활안전활동을 방해한 자
③ 정당한 사유 없이 소방대가 현장에 도착할 때까지 사람을 구출하는 조치 또는 불을 끄거나 불이 번지지 아니하도록하는 조치를 하지 아니한 사람
④ 정당한 사유 없이 소방본부장이나 소방서장의 예방조치명령에 따르지 아니하거나 이를 방해한 자

해설 제54조(벌칙)
다음 각 호의 어느 하나에 해당하는 자는 100만원 이하의 벌금에 처한다.
1. 삭제 〈2021. 11. 30.〉
1의2. 제16조의3제2항을 위반하여 정당한 사유 없이 소방대의 생활안전활동을 방해한 자
2. 제20조제1항을 위반하여 정당한 사유 없이 소방대가 현장에 도착할 때까지 사람을 구출하는 조치 또는 불을 끄거나 불이 번지지 아니하도록 하는 조치를 하지 아니한 사람
3. 제26조제1항에 따른 피난 명령을 위반한 사람
4. 제27조제1항을 위반하여 정당한 사유 없이 물의 사용이나 수도의 개폐장치의 사용 또는 조작을 하지 못하게 하거나 방해한 자
5. 제27조제2항에 따른 조치(긴급조치)를 정당한 사유 없이 방해한 자

참고 예방조치명령 방해한자 : 300만원이하의 벌금(화재예방법)

037 다음 중 소방안전교육사 시험의 응시자격이 없는 사람은?

① 소방공무원으로 3년 이상 근무한 경력이 있는 사람
② "초·중등교육법"에 따라 교원 자격을 취득한 사람
③ 소방시설관리사 자격을 취득한 사람
④ 2급 응급구조사 자격을 취득한 후 응급의료업무분야에 2년 이상 종사한 사람

해설 소방안전교육사 응시자격
1. 「소방공무원법」 제2조에 따른 소방공무원으로 다음 각 목의 어느 하나에 해당하는 사람
   가. 소방공무원으로 3년 이상 근무한 경력이 있는 사람
   나. 중앙소방학교 또는 지방소방학교에서 2주 이상의 소방안전교육사 관련 전문교육과정을 이수한 사람
2. 「초·중등교육법」 제21조에 따라 교원의 자격을 취득한 사람
3. 「유아교육법」 제22조에 따라 교원의 자격을 취득한 사람
4. 「영유아보육법」 제21조에 따라 어린이집의 원장 또는 보육교사의 자격을 취득한 사람 (보육교사 자격을 취득한 사람은 보육교사 자격을 취득한 후 3년 이상의 보육업무 경력이 있는 사람만 해당한다)
5. 다음 각 목의 어느 하나에 해당하는 기관에서 소방안전교육 관련 교과목(응급구조학과,

정답 : 036.④ 037.④

예상문제

교육학과 또는 제15조제2호에 따라 소방청장이 정하여 고시하는 소방 관련 학과에 개설된 전공과목을 말한다)을 총 6학점 이상 이수한 사람
   가. 「고등교육법」 제2조제1호부터 제6호까지의 규정의 어느 하나에 해당하는 학교
   나. 「학점인정 등에 관한 법률」 제3조에 따라 학습과정의 평가인정을 받은 교육훈련기관
6. 「국가기술자격법」 제2조제3호에 따른 국가기술자격의 직무분야 중 안전관리 분야(국가기술자격의 직무분야 및 국가기술자격의 종목 중 중직무분야의 안전관리를 말한다. 이하 같다)의 기술사 자격을 취득한 사람
7. 「화재예방, 소방시설 설치·유지 및 안전관리에 관한 법률」 제26조에 따른 소방시설관리사 자격을 취득한 사람
8. 「국가기술자격법」 제2조제3호에 따른 국가기술자격의 직무분야 중 안전관리 분야의 기사 자격을 취득한 후 안전관리 분야에 1년 이상 종사한 사람
9. 「국가기술자격법」 제2조제3호에 따른 국가기술자격의 직무분야 중 안전관리 분야의 산업기사 자격을 취득한 후 안전관리 분야에 3년 이상 종사한 사람
10. 「의료법」 제7조에 따라 간호사 면허를 취득한 후 간호업무 분야에 1년 이상 종사한 사람
11. 「응급의료에 관한 법률」 제36조제2항에 따라 1급 응급구조사 자격을 취득한 후 응급의료 업무 분야에 1년 이상 종사한 사람
12. 「응급의료에 관한 법률」 제36조제3항에 따라 2급 응급구조사 자격을 취득한 후 응급의료 업무 분야에 3년 이상 종사한 사람

038 소방기본법상 다음 괄호 안에 들어갈 말로 옳은 것은?

> ① 소방안전교육사시험은 (　)년마다 (　)회 시행함을 원칙으로 하되, 소방청장이 필요하다고 인정하는 때에는 그 횟수를 증감할 수 있다.
> ② 소방청장은 소방안전교육사 시험을 시행하려는 때에는 응시자격·시험과목·일시·장소 및 응시절차 등에 관하여 필요한 사항을 모든 응시 희망자가 알 수 있도록 소방안전교육사 시험의 시행일 (　)일 전까지 소방청의 인터넷 홈페이지 등에 공고해야 한다.

① 1, 2, 30
② 1, 2, 60
③ 2, 1, 90
④ 2, 1, 60

039 소방기본법 시행령상 소방자동차 전용구역의 설치방법에서 다음 괄호 안에 들어갈 알맞은 말은?

> 1. 전용구역 노면표지의 외곽선은 빗금무늬로 표시하되, 빗금은 두께를 (㉠)센티미터로 하여 (㉡)센티미터 간격으로 표시한다.
> 2. 전용구역 노면표지 도료의 색채는 (㉢)을 기본으로 하되, 문자(P, 소방차 전용)는 (㉣)으로 표시한다.

정답 : 038.③ 039.②

	㉠	㉡	㉢	㉣			㉠	㉡	㉢	㉣
①	30	30	황색	백색		②	30	50	황색	백색
③	20	30	백색	황색		④	30	50	백색	황색

040 다음 중 소방활동구역에 출입가능한 대통령령으로 정하는 자에 해당하지 않는 사람은?

① 소방활동구역 안에 있는 소방대상물의 관계인
② 소방본부장 또는 소방서장이 소방활동을 위하여 출입을 허가한 사람
③ 의사·간호사 그 밖의 구조·구급업무에 종사하는 사람
④ 취재인력 등 보도업무에 종사하는 사람

해설 **소방활동구역 출입자**
1. 소방활동구역 안에 있는 소방대상물의 소유자·관리자 또는 점유자
2. 전기·가스·수도·통신·교통의 업무에 종사하는 사람으로서 원활한 소방활동을 위하여 필요한 사람
3. 의사·간호사 그 밖의 구조·구급업무에 종사하는 사람
4. 취재인력 등 보도업무에 종사하는 사람
5. 수사업무에 종사하는 사람
6. 그 밖에 소방대장이 소방활동을 위하여 출입을 허가한 사람

041 소방기본법 시행령상 손실보상에 대한 다음 보기 중 옳은 것은?

① 소방기관 또는 소방대의 적법한 소방업무 또는 소방활동으로 인하여 발생한 손실을 보상받으려는 자는 대통령령으로 정하는 보상금 지급 청구서에 손실내용과 손실금액을 증명할 수 있는 서류를 첨부하여 소방청장 또는 시·도지사(이하 "소방청장 등"이라 한다)에게 제출하여야 한다.
② 소방청장 등은 손실보상심의위원회의 심사·의결을 거쳐 특별한 사유가 없으면 보상금 지급 청구서를 받은 날부터 10일 이내에 보상금 지급 여부 및 보상금액을 결정하여야 한다.
③ 소방청장 등은 손실보상에 따른 결정일부터 10일 이내에 행정안전부령으로 정하는 바에 따라 결정 내용을 청구인에게 통지하고, 보상금을 지급하기로 결정한 경우에는 특별한 사유가 없으면 통지한 날부터 30일 이내에 보상금을 지급하여야 한다.
④ 보상금은 분할하여 지급함을 원칙으로 한다.

해설 **제12조(손실보상의 지급절차 및 방법)**
① 법 제49조의2제1항에 따라 소방기관 또는 소방대의 적법한 소방업무 또는 소방활동으로 인하여 발생한 손실을 보상받으려는 자는 행정안전부령으로 정하는 보상금 지급 청구서에 손실내용과 손실금액을 증명할 수 있는 서류를 첨부하여 소방청장 또는 시·도지사(이하 "소방청장등"이라 한다)에게 제출하여야 한다. 이 경우 소방청장등은 손실보상금

정답 : 040.② 041.③

예상문제

의 산정을 위하여 필요하면 손실보상을 청구한 자에게 증빙·보완 자료의 제출을 요구할 수 있다.

② 소방청장등은 제13조에 따른 손실보상심의위원회의 심사·의결을 거쳐 특별한 사유가 없으면 보상금 지급 청구서를 받은 날부터 60일 이내에 보상금 지급 여부 및 보상금액을 결정하여야 한다.

③ 소방청장등은 다음 각 호의 어느 하나에 해당하는 경우에는 그 청구를 각하(却下)하는 결정을 하여야 한다.
  1. 청구인이 같은 청구 원인으로 보상금 청구를 하여 보상금 지급 여부 결정을 받은 경우. 다만, 기각 결정을 받은 청구인이 손실을 증명할 수 있는 새로운 증거가 발견되었음을 소명(疎明)하는 경우는 제외한다.
  2. 손실보상 청구가 요건과 절차를 갖추지 못한 경우. 다만, 그 잘못된 부분을 시정할 수 있는 경우는 제외한다.

④ 소방청장등은 제2항 또는 제3항에 따른 결정일부터 10일 이내에 행정안전부령으로 정하는 바에 따라 결정 내용을 청구인에게 통지하고, 보상금을 지급하기로 결정한 경우에는 특별한 사유가 없으면 통지한 날부터 30일 이내에 보상금을 지급하여야 한다.

⑤ 소방청장등은 보상금을 지급받을 자가 지정하는 예금계좌(「우체국예금·보험에 관한 법률」에 따른 체신관서 또는 「은행법」에 따른 은행의 계좌를 말한다)에 입금하는 방법으로 보상금을 지급한다. 다만, 보상금을 지급받을 자가 체신관서 또는 은행이 없는 지역에 거주하는 등 부득이한 사유가 있는 경우에는 그 보상금을 지급받을 자의 신청에 따라 현금으로 지급할 수 있다.

⑥ 보상금은 일시불로 지급하되, 예산 부족 등의 사유로 일시불로 지급할 수 없는 특별한 사정이 있는 경우에는 청구인의 동의를 받아 분할하여 지급할 수 있다.

⑦ 제1항부터 제6항까지에서 규정한 사항 외에 보상금의 청구 및 지급에 필요한 사항은 소방청장이 정한다.

042 화재 또는 구조급이 필요한 상황을 거짓으로 알린 경우 1회에 부과되는 과태료는?

① 100만원 ② 200만원
③ 300만원 ④ 500만원

해설 과태료 개별기준

위반행위	근거 법조문	과태료 금액(만원)			
		1회	2회	3회	4회 이상
라. 법 제17조의6제5항을 위반하여 한국119청소년단 또는 이와 유사한 명칭을 사용한 경우	법 제56조제2항 제2호의2	50	100	150	200
마. 법 제19조제1항을 위반하여 화재 또는 구조·구급이 필요한 상황을 거짓으로 알린 경우	법 제56조제1항 제1호	200	400	500	500

정답 : 042.②

바. 정당한 사유 없이 법 제20조제2항을 위반하여 화재, 재난·재해, 그 밖의 위급한 상황을 소방본부, 소방서 또는 관계 행정기관에 알리지 않은 경우	법 제56조제1항 제2호	500			
사. 법 제21조3항을 위반하여 소방자동차의 출동에 지장을 준 경우	법 제56조제2항 제3호의2	100			
아. 법 제21조의2제2항을 위반하여 전용구역에 차를 주차하거나 전용구역에의 진입을 가로막는 등의 방해행위를 한 경우	법 제56조제3항	50	100	100	100
자. 법 제23조제1항을 위반하여 소방활동구역을 출입한 경우	법 제56조제2항 제4호	100			
차. 법 제44조의3을 위반하여 한국소방안전원 또는 이와 유사한 명칭을 사용한 경우	법 제56조제2항 제6호	200			

043 다음 중 종합상황실의 실장의 업무사항이 아닌 것은?

① 화재, 재난·재해 그 밖에 구조·구급이 필요한 상황(이하 "재난상황"이라 한다) 발생의 신고접수
② 접수된 재난상황을 검토하여 관할 시·도 모든 소방서에 인력 및 장비의 동원을 요청하는 등의 사고수습
③ 하급소방기관에 대한 출동지령 또는 동급 이상의 소방기관 및 유관기관에 대한 지원요청
④ 재난상황의 전파 및 보고

> **해설** 종합상황실의 실장[종합상황실에 근무하는 자 중 최고직위에 있는 자(최고직위에 있는 자가 2인 이상인 경우에는 선임자)를 말한다. 이하 같다]는 다음 각 호의 업무를 행하고, 그에 관한 내용을 기록·관리하여야 한다.
> 1. 화재, 재난·재해 그 밖에 구조·구급이 필요한 상황(이하 "재난상황"이라 한다)의 발생의 신고접수
> 2. 접수된 재난상황을 검토하여 가까운 소방서에 인력 및 장비의 동원을 요청하는 등의 사고수습
> 3. 하급소방기관에 대한 출동지령 또는 동급 이상의 소방기관 및 유관기관에 대한 지원요청
> 4. 재난상황의 전파 및 보고
> 5. 재난상황이 발생한 현장에 대한 지휘 및 피해현황의 파악
> 6. 재난상황의 수습에 필요한 정보수집 및 제공

정답 : 043.②

예상문제

044 종합상황실의 실장은 보고상황이 발생하는 때에는 그 사실을 지체 없이 서면·모사전송 등으로 소방서의 종합상황실의 경우는 소방본부의 종합상황실에, 소방본부의 종합상황실의 경우는 소방청의 종합상황실에 각각 보고하여야 한다. 이에 해당하지 않는 것은?

① 사망자가 5인 이상 발생하거나 사상자가 10인 이상 발생한 화재
② 이재민이 100인 이상 발생한 화재
③ 재산피해액이 10억 원 이상 발생한 화재
④ 관공서·학교·정부미도정공장·문화재·지하철 또는 지하구의 화재

해설 상부 종합상황실 보고사항
1. 다음 각 목의 1에 해당하는 화재
 가. 사망자가 5인 이상 발생하거나 사상자가 10인 이상 발생한 화재
 나. 이재민이 100인 이상 발생한 화재
 다. 재산피해액이 50억 원 이상 발생한 화재
 라. 관공서·학교·정부미도정공장·문화재·지하철 또는 지하구의 화재
 마. 관광호텔, 층수(「건축법 시행령」제119조제1항제9호의 규정에 의하여 산정한 층수를 말한다. 이하 이 목에서 같다)가 11층 이상인 건축물, 지하상가, 시장, 백화점, 「위험물안전관리법」제2조제2항의 규정에 의한 지정수량의 3천배 이상의 위험물의 제조소·저장소·취급소, 층수가 5층 이상이거나 객실이 30실 이상인 숙박시설, 층수가 5층 이상이거나 병상이 30개 이상인 종합병원·정신병원·한방병원·요양소, 연면적 1만5천제곱미터 이상인 공장 또는 화재예방법 시행령(이하 "영"이라 한다) 제4조제1항 각 목에 따른 화재예방강화지구에서 발생한 화재
 바. 철도차량, 항구에 매어둔 총 톤수가 1천톤 이상인 선박, 항공기, 발전소 또는 변전소에서 발생한 화재
 사. 가스 및 화약류의 폭발에 의한 화재
 아. 「다중이용업소의 안전관리에 관한 특별법」제2조에 따른 다중이용업소의 화재
2. 「긴급구조대응활동 및 현장지휘에 관한 규칙」에 의한 통제단장의 현장지휘가 필요한 재난상황
3. 언론에 보도된 재난상황
4. 그 밖에 소방청장이 정하는 재난상황

045 소방박물관 설립에 대한 다음 설명 중 틀린 것은?

① 소방청장은 법 제5조제2항의 규정에 의하여 소방박물관을 설립·운영하는 경우에는 소방박물관에 소방박물관장 1인과 부관장 1인을 두되, 소방박물관장은 소방공무원 중에서 소방청장이 임명한다.
② 소방박물관은 국내·외의 소방의 역사, 소방공무원의 복장 및 소방장비 등의 변천 및 발전에 관한 자료를 수집·보관 및 전시한다.
③ 소방박물관에는 그 운영에 관한 중요한 사항을 심의하기 위하여 7인 이내의 위원으로 구성된 운영위원회를 둔다.
④ 소방박물관의 관광업무·조직·운영위원회의 구성 등에 관하여 필요한 사항은 행정안전부령으로 정한다.

정답 : 044.③ 045.④

■해설   보기 ④ 소방청장이 정한다.

046 다음 중 소방체험관이 수행하는 기능이 아닌 것은?
① 재난 및 안전사고 유형에 따른 예방, 대처, 대응 등에 관한 체험교육(이하 "체험교육"이라 한다)의 제공
② 체험교육 프로그램의 개발 및 국민 안전의식 향상을 위한 홍보·전시
③ 체험교육 인력의 양성 및 유관기관·단체 등과의 협력
④ 그 밖에 체험교육을 위하여 소방본부장 또는 소방서장이 필요하다고 인정하는 사업의 수행

■해설   행정안전부령내용[그 밖에 시·도지사가 필요하다고 인정하는 사업의 수행]

047 다음 중 소방장비 등의 국고보조에 대한 설명으로 알맞지 않은 것은?
① 국고보조산정을 위한 기준가격 중 국내조달품은 정부고시가격으로 한다.
② 국고보조산정을 위한 기준가격 중 수입물품은 조달청에서 조사한 해외시장의 시가로 한다.
③ 소방관서용 청사의 건축은 국고보조 대상사업의 범위에 해당한다.
④ 정부고시가격 또는 조달청에서 조사한 해외시장의 시가가 없는 물품은 소요비용의 2분의 1 이상을 국고보조한다.

■해설   **소방장비 등에 대한 국고보조**
1) 국가는 소방장비의 구입 등 시·도의 소방업무에 필요한 경비의 일부를 보조한다.
2) 보조 대상사업의 범위와 기준보조율은 대통령령으로 정한다.
3) 국고보조 대상사업의 범위
    1. 다음 각 목의 소방활동장비와 설비의 구입 및 설치
      가. 소방자동차
      나. 소방헬리콥터 및 소방정
      다. 소방전용통신설비 및 전산설비
      라. 그 밖에 방화복 등 소방활동에 필요한 소방장비
    2. 소방관서용 청사의 건축(「건축법」 제2조제1항제8호에 따른 건축을 말한다)
4) 국고보조 소방활동장비 및 설비의 종류와 규격은 행정안전부령으로 정한다.

시행규칙 제5조(소방활동장비 및 설비의 규격 및 종류와 기준가격)
① 영 제2조제2항의 규정에 의한 국고보조의 대상이 되는 소방활동장비 및 설비의 종류 및 규격은 별표 1의2와 같다.〈개정 2007. 2. 1., 2017. 7. 6.〉
② 영 제2조제2항의 규정에 의한 국고보조산정을 위한 기준가격은 다음 각 호와 같다.
   1. 국내조달품 : 정부고시가격
   2. 수입물품 : 조달청에서 조사한 해외시장의 시가

정답 : 046.④ 047.④

예상문제

3. 정부고시가격 또는 조달청에서 조사한 해외시장의 시가가 없는 물품 : 2 이상의 공신력 있는 물가조사기관에서 조사한 가격의 평균가격

048 다음 중 원활한 소방활동을 위하여 소방본부장 또는 소방서장이 월 1회 실시하는 지리조사에 해당하지 않는 것은?

① 소방대상물에 인접한 소방용수시설에 대한 조사
② 소방대상물에 인접한 도로의 폭 조사
③ 소방대상물에 인접한 교통상황 조사
④ 소방대상물에 인접한 도로주변의 토지의 고저 조사

> **해설** 소방용수시설 및 지리에 대한 조사
> 1) 소방본부장 또는 소방서장은 원활한 소방활동을 위하여 다음 각 호의 조사를 월 1회 이상 실시하여야 한다.
>   1. 법 제10조의 규정에 의하여 설치된 소방용수시설에 대한 조사
>   2. 소방대상물에 인접한 도로의 폭·교통상황, 도로주변의 토지의 고저·건축물의 개황 그 밖의 소방활동에 필요한 지리에 대한 조사
> 2) 제1항제1호의 조사는 별지 제2호서식에 의하고, 제1항제2호의 조사는 별지 제3호서식에 의하되, 그 조사결과를 2년간 보관하여야 한다.

049 다음 중 소방업무의 응원에 대한 설명으로 옳지 않은 것은?

① 소방본부장이나 소방서장은 소방활동을 할 때에 긴급한 경우에는 이웃한 소방본부장 또는 소방서장에게 소방업무의 응원(應援)을 요청할 수 있다.
② 소방업무의 응원 요청을 받은 소방본부장 또는 소방서장은 정당한 사유 없이 그 요청을 거절하여서는 아니 된다.
③ 소방업무의 응원을 위하여 파견된 소방대원은 응원을 요청받은 소방본부장 또는 소방서장의 지휘에 따라야 한다.
④ 시·도지사는 제1항에 따라 소방업무의 응원을 요청하는 경우를 대비하여 출동 대상지역 및 규모와 필요한 경비의 부담 등에 관하여 필요한 사항을 행정안전부령으로 정하는 바에 따라 이웃하는 시·도지사와 협의하여 미리 규약(規約)으로 정하여야 한다.

> **해설** 소방업무의 응원
> 1) 소방본부장이나 소방서장은 소방활동을 할 때에 긴급한 경우에는 이웃한 소방본부장 또는 소방서장에게 소방업무의 응원(應援)을 요청할 수 있다.
> 2) 제1항에 따라 소방업무의 응원 요청을 받은 소방본부장 또는 소방서장은 정당한 사유 없이 그 요청을 거절하여서는 아니 된다.
> 3) 제1항에 따라 소방업무의 응원을 위하여 파견된 소방대원은 응원을 요청한 소방본부장 또는 소방서장의 지휘에 따라야 한다.

정답 : 048.① 049.③

4) 시·도지사는 제1항에 따라 소방업무의 응원을 요청하는 경우를 대비하여 출동 대상지역 및 규모와 필요한 경비의 부담 등에 관하여 필요한 사항을 행정안전부령으로 정하는 바에 따라 이웃하는 시·도지사와 협의하여 미리 규약(規約)으로 정하여야 한다.
5) 시·도지사들 간의 상호응원협정사항
  1. 다음 각 목의 소방활동에 관한 사항
    가. 화재의 경계·진압활동
    나. 구조·구급업무의 지원
    다. 화재조사활동
  2. 응원출동대상지역 및 규모
  3. 다음 각 목의 소요경비의 부담에 관한 사항
    가. 출동대원의 수당·식사 및 피복의 수선
    나. 소방장비 및 기구의 정비와 연료의 보급
    다. 그 밖의 경비
  4. 응원출동의 요청방법
  5. 응원출동훈련 및 평가

050 소방력의 동원요청은 누가 누구에게 하는가?

① 소방청장이 소방본부장에게
② 행정안전부장관이 소방청장에게
③ 소방청장이 시·도지사에게
④ 소방본부장이 타 소방본부장에게

해설 시행규칙 제8조의2(소방력의 동원 요청)
① 소방청장은 법 제11조의2제1항에 따라 각 시·도지사에게 소방력 동원을 요청하는 경우 동원 요청 사실과 다음 각 호의 사항을 팩스 또는 전화 등의 방법으로 통지하여야 한다. 다만, 긴급을 요하는 경우에는 시·도 소방본부 또는 소방서의 종합상황실장에게 직접 요청할 수 있다.
  1. 동원을 요청하는 인력 및 장비의 규모
  2. 소방력 이송 수단 및 집결장소
  3. 소방활동을 수행하게 될 재난의 규모, 원인 등 소방활동에 필요한 정보
② 제1항에서 규정한 사항 외에 그 밖의 시·도 소방력 동원에 필요한 사항은 소방청장이 정한다.

051 국고보조의 대상이 되는 소방활동장비 및 설비의 종류와 규격 중 소방자동차의 종류에 해당하지 않는 것은?

① 펌프차 대형 240마력 이상
② 화학소방차 중 비활성가스를 이용한 소방차
③ 사다리소방차 중 고가(사다리 길이가 20m 이상인 것에 한한다)사다리차
④ 구조차 대형 240마력 이상

정답 : 050.③ 051.③

예상문제

해설 국고보조 소방활동장비

종류			규격	종류		규격
소방 자동차	펌프차	대형	240마력 이상	소방 자동차	조명차 중형	170마력
		중형	170마력 이상 240마력 미만		배연차 중형	170마력 이상
		소형	120마력 이상 170마력 미만		구조차 대형	240마력 이상
	물탱크 소방차	대형	240마력 이상		구조차 중형	170마력 이상 240마력 미만
		중형	170마력 이상 240마력 미만		구급차 특수	90마력 이상
	화학 소방차	비활성 가스를 이용한 소방차			구급차 일반	85마력 이상 90마력 미만
		고성능	340마력 이상	소방정	소방정	100톤 이상급, 50톤급
		내폭	340마력 이상		구조정	30톤급
	사다리 소방차	일반 대형	240마력 이상	소방헬리콥터		5~17인승
		일반 중형	170마력 이상 240마력 미만			
		고가(사다리의 길이가 33m 이상인 것에 한한다)	330마력 이상			
		굴절 27 이상급	330마력 이상			
		굴절 18m 이상 27m 미만급	240마력 이상			

052 소화전에 설치하는 소방용수표지에 대한 다음 설명의 괄호 안에 알맞은 말은?

> 1. 지하에 설치하는 소화전 또는 저수조의 경우 소방용수표지는 다음 각 목의 기준에 의한다.
>   가. 맨홀뚜껑은 지름 (   )밀리미터 이상의 것으로 할 것. 다만, 승하강식 소화전의 경우에는 이를 적용하지 아니한다.
>   나. 맨홀뚜껑에는 "소화전·주정차금지" 또는 "저수조·주정차금지"의 표시를 할 것
>   다. 맨홀뚜껑 부근에는 (   )반사도료로 폭 (   )센티미터의 선을 그 둘레를 따라 칠할 것

① 628, 황색, 10　　② 648, 황색, 10
③ 648, 황색, 15　　④ 658, 황색, 15

정답 : 052.③

해설 **소방용수표지(제6조제1항 관련)**
1. 지하에 설치하는 소화전 또는 저수조의 경우 소방용수표지는 다음 각 목의 기준에 의한다.
    가. 맨홀 뚜껑은 지름 648밀리미터 이상의 것으로 할 것. 다만, 승하강식 소화전의 경우에는 이를 적용하지 아니한다.
    나. 맨홀 뚜껑에는 "소화전·주정차금지" 또는 "저수조·주정차금지"의 표시를 할 것
    다. 맨홀뚜껑 부근에는 황색반사도료로 폭 15센티미터의 선을 그 둘레를 따라 칠할 것

[비고]
1. 안쪽 문자는 흰색, 바깥쪽 문자는 노란색, 내측바탕은 붉은색, 외측바탕은 파란색으로 하고 반사도료를 사용하여야 한다.
2. 위의 표지를 세우는 것이 매우 어렵거나 부적당한 경우에는 그 규격 등을 다르게 할 수 있다.

053 소방업무의 상호응원협정 중 소방활동에 관한 사항이 아닌 것은?

① 화재조사활동
② 구조·구급업무의 지원
③ 화재의 경계·진압활동
④ 피복의 수선

해설 **시·도지사들 간의 상호응원협정사항**
1. 다음 각 목의 소방활동에 관한 사항
    가. 화재의 경계·진압활동
    나. 구조·구급업무의 지원
    다. 화재조사활동
2. 응원출동대상지역 및 규모
3. 다음 각 목의 소요경비의 부담에 관한 사항
    가. 출동대원의 수당·식사 및 피복의 수선
    나. 소방장비 및 기구의 정비와 연료의 보급
    다. 그 밖의 경비
4. 응원출동의 요청방법
5. 응원출동훈련 및 평가

054 다음 중 현장지휘훈련의 대상자가 아닌 것은?

① 소방위   ② 소방경
③ 소방정   ④ 소방준감

정답 : 053.④ 054.④

예상문제

해설

종류	교육·훈련을 받아야 할 대상자
가. 화재진압훈련	1) 화재진압업무를 담당하는 소방공무원 2) 「의무소방대설치법 시행령」 제20조제1항제1호에 따른 임무를 수행하는 의무소방원 3) 「의용소방대 설치 및 운영에 관한 법률」 제3조에 따라 임명된 의용소방대원
나. 인명구조훈련	1) 구조업무를 담당하는 소방공무원 2) 「의무소방대설치법 시행령」 제20조제1항제1호에 따른 임무를 수행하는 의무소방원 3) 「의용소방대 설치 및 운영에 관한 법률」 제3조에 따라 임명된 의용소방대원
다. 응급처치훈련	1) 구급업무를 담당하는 소방공무원 2) 「의무소방대설치법」 제3조에 따라 임용된 의무소방원 3) 「의용소방대 설치 및 운영에 관한 법률」 제3조에 따라 임명된 의용소방대원
라. 인명대피훈련	1) 소방공무원 2) 「의무소방대설치법」 제3조에 따라 임용된 의무소방원 3) 「의용소방대 설치 및 운영에 관한 법률」 제3조에 따라 임명된 의용소방대원
마. 현장지휘훈련	소방공무원 중 다음의 계급에 있는 사람 1) 소방정 2) 소방령 3) 소방경 4) 소방위

055 사람을 구출하거나 불이 번지는 것을 막기 위하여 필요할 때에는 화재가 발생하거나 불이 번질 우려가 있는 소방대상물 및 토지를 일시적으로 사용하거나 그 사용의 제한 또는 소방활동에 필요한 처분을 할 수 있는데, 다음 중 그 처분권자에 해당하지 않는 것은?

① 소방본부장 ② 소방서장
③ 소방대장 ④ 시·도지사

해설 강제처분 등
1) 소방본부장, 소방서장 또는 소방대장은 사람을 구출하거나 불이 번지는 것을 막기 위하여 필요할 때에는 화재가 발생하거나 불이 번질 우려가 있는 소방대상물 및 토지를 일시적으로 사용하거나 그 사용의 제한 또는 소방활동에 필요한 처분을 할 수 있다. : 3년 이하의 징역 또는 3,000만 원 이하의 벌금
2) 소방대상물 또는 토지 외의 소방대상물과 토지에 대하여 제1항에 따른 처분을 할 수 있다. : 300만 원 이하의 벌금
3) 소방자동차의 통행과 소방활동에 방해가 되는 주차 또는 정차된 차량 및 물건 등을 제거하거나 이동시킬 수 있다. : 300만 원 이하의 벌금

정답 : 055.④

056 다음 중 소방본부장, 소방서장 또는 소방대장의 권한 사항이 아닌 것은?(단서규정 제외)
① 화재의 예방상 위험하다고 인정되는 행위를 하는 사람에 대한 화재의 예방조치 명령
② 소방활동에 필요한 소화전(消火栓)·급수탑(給水塔)·저수조(貯水槽)의 설치·유지 및 관리
③ 소방활동에 있어서 긴급한 때 이웃한 소방본부장에게 소방업무의 응원 요청
④ 화재, 재난·재해 그 밖의 위급한 상황이 발생한 현장에 소방활동구역의 설정

◀해설 ② 시·도지사는 소방활동에 필요한 소화전(消火栓)·급수탑(給水塔)·저수조(貯水槽)(이하 "소방용수시설"이라 한다)를 설치하고 유지·관리하여야 한다. 다만, 「수도법」 제45조에 따라 소화전을 설치하는 일반수도사업자는 관할 소방서장과 사전협의를 거친 후 소화전을 설치하여야 하며, 설치 사실을 관할 소방서장에게 통지하고, 그 소화전을 유지·관리하여야 한다.

057 다음 중 과태료 부과기준이 아닌 것은?
① 화재예방강화지구 안의 소방대상물에 대한 화재안전조사를 거부·방해 또는 기피한 자
② 불을 사용할 때 지켜야 하는 사항 및 특수가연물의 저장 및 취급 기준을 위반한 자
③ 소방자동차에 진로를 양보하지 아니하여 소방자동차의 출동에 지장을 준자
④ 소방차전용구역에 차를 주차하거나 전용구역에의 진입을 가로막는 등의 방해행위를 한 자

◀해설 ① : 300만 원 이하의 벌금(화재예방법)
② : 200만 원 이하 과태료(화재예방법)
③ : 200만 원 이하 과태료 (소방기본법)
④ : 100만원 이하 과태료 (소방기본법)

058 「소방기본법 시행령」상 규정하는 소방자동차 전용구역 방해행위 기준으로 옳지 않은 것은?
① 전용구역에 물건 등을 쌓거나 주차하는 행위
② 「주차장법」 제19조에 따른 부설주차장의 주차구획 내에 주차하는 행위
③ 전용구역 진입로에 물건 등을 쌓거나 주차하여 전용구역으로의 진입을 가로막는 행위
④ 전용구역 노면표지를 지우거나 훼손하는 행위

◀해설 **소방기본법 시행령 제7조의14(전용구역 방해행위의 기준)**
법 제21조의2제2항에 따른 방해행위의 기준은 다음 각 호와 같다.
1. 전용구역에 물건 등을 쌓거나 주차하는 행위
2. 전용구역의 앞면, 뒷면 또는 양측면에 물건 등을 쌓거나 주차하는 행위. 다만, 「주차장법」 제19조에 따른 부설주차장의 주차구획 내에 주차하는 경우는 제외한다.

정답 : 056.② 057.① 058.②

예상문제

3. 전용구역 진입로에 물건 등을 쌓거나 주차하여 전용구역으로의 진입을 가로막는 행위
4. 전용구역 노면표지를 지우거나 훼손하는 행위
5. 그 밖의 방법으로 소방자동차가 전용구역에 주차하는 것을 방해하거나 전용구역으로 진입하는 것을 방해하는 행위

059 「소방기본법」상 소방청장 또는 시·도지사가 손실보상 심의위원회의 심사·의결에 따라 정당한 손실보상을 하여야 하는 대상으로 옳지 않은 것은?

① 생활안전활동에 따른 조치로 인하여 손실을 입은 자
② 화재가 확대되는 것을 막기 위하여 가스·전기 또는 유류 등의 시설에 대하여 위험물질의 공급을 차단하는 등의 조치로 인하여 손실을 입은 자
③ 소방활동 종사명령으로 인하여 사망하거나 부상을 입은 자
④ 소방활동에 방해가 되는 불법 주차 차량을 제거하거나 이동시키는 처분으로 인하여 손실을 입은 자

해설 소방활동에 방해가 되는 불법 주차 차량을 제거하거나 이동시키는 처분으로 인하여 손실을 입은 자는 손실보상을 받을 수 없다.

060 소방체험관 설립 시 소방안전체험실로 사용되는 부분의 바닥면적 합계는 몇 제곱미터 이상이 되어야 하는가?

① 600
② 900
③ 1,000
④ 2,000

해설
1. 설립 입지 및 규모 기준
   가. 소방체험관은 도로 등 교통시설을 갖추고, 재해 및 재난 위험요소가 없는 등 국민의 접근성과 안전성이 확보된 지역에 설립되어야 한다.
   나. 소방체험관 중 제2호의 소방안전 체험실로 사용되는 부분의 바닥면적의 합이 900제곱미터 이상이 되어야 한다.
2. 소방체험관의 시설 기준
   가. 소방체험관에는 다음 표에 따른 체험실을 모두 갖추어야 한다. 이 경우 체험실별 바닥면적은 100제곱미터 이상이어야 한다.

061 소방장비 등에 대한 국고보조 대상사업의 범위와 기준보조율은 무엇으로 정하는가?

① 행정안전부령
② 대통령령
③ 시·도의 조례
④ 국토교통부령

정답 : 059.④ 060.② 061.②

062 다음 중 소방박물관 등의 설립과 운영에 대한 설명으로 옳은 것은?

① 소방박물관의 설립과 운영에 필요한 사항은 대통령령으로 정한다.
② 소방체험관의 설립과 운영에 필요한 사항은 행정안전부령에 따른다.
③ 소방청장은 소방박물관을, 시·도지사는 소방체험관을 설립하여 운영할 수 있다.
④ 소방박물관의 관광업무·조직·운영위원회의 구성 등에 관하여 필요한 사항은 시·도지사가 정한다.

해설 소방박물관 및 소방체험관
1) 소방박물관 설립운영권자 : 소방청장
2) 소방체험관 설립운영권자 : 시·도지사
3) 소방박물관 설립운영에 관하여 필요한 사항 : 행정안전부령
4) 소방체험관 설립운영에 관하여 필요한 사항 : 행정안전부령에 따라 시·도의 조례로 정한다.
5) 소방청장은 법 제5조제2항의 규정에 의하여 소방박물관을 설립·운영하는 경우에는 소방박물관에 소방박물관장 1인과 부관장 1인을 두되, 소방박물관장은 소방공무원 중에서 소방청장이 임명한다.
6) 소방박물관에는 그 운영에 관한 중요한 사항을 심의하기 위하여 7인 이내의 위원으로 구성된 운영위원회를 둔다.

063 다음 소방기본법에서 정하는 벌칙 중 그 성격이 다른 하나는?

① 화재 또는 구조·구급에 필요한 사항을 거짓으로 알린 사람
② 출동한 소방대원에게 폭행 또는 협박을 행사하여 화재진압·인명구조 또는 구급활동을 방해하는 행위
③ 사람을 구출하는 일 또는 불을 끄거나 불이 번지지 아니하도록 하는 일을 방해한 사람
④ 소방대가 화재진압·인명구조 또는 구급활동을 위하여 현장에 출동하거나 현장에 출입하는 것을 고의로 방해하는 행위

해설 ① : 500만 원 이하 과태료
벌칙
1) 5년 이하의 징역 또는 5,000만 원 이하의 벌금
① 소방활동 방해
가. 위력(威力)을 사용하여 출동한 소방대의 화재진압·인명구조 또는 구급활동을 방해하는 행위
나. 소방대가 화재진압·인명구조 또는 구급활동을 위하여 현장에 출동하거나 현장에 출입하는 것을 고의로 방해하는 행위
다. 출동한 소방대원에게 폭행 또는 협박을 행사하여 화재진압·인명구조 또는 구급활동을 방해하는 행위

정답 : 062.③ 063.①

예상문제

　　라. 출동한 소방대의 소방장비를 파손하거나 그 효용을 해하여 화재진압 · 인명구조 또는 구급활동을 방해하는 행위
　② 소방자동차의 출동을 방해한 사람
　③ 사람을 구출하는 일 또는 불을 끄거나 불이 번지지 아니하도록 하는 일을 방해한 사람
　④ 정당한 사유 없이 소방용수시설 또는 비상소화장치를 사용하거나 소방용수시설 또는 비상소화장치의 효용을 해치거나 그 정당한 사용을 방해한 사람
2) 3년 이하의 징역 또는 3,000만 원 이하의 벌금 : 강제처분방해
3) 300만 원 이하의 벌금 : 외의 대상물 강제처분방해, 주차된 차량 강제처분방해
4) 100만 원 이하의 벌금
　① 정당한 사유 없이 소방대의 생활안전활동을 방해한 자
　② 정당한 사유 없이 소방대가 현장에 도착할 때까지 사람을 구출하는 조치 또는 불을 끄거나 불이 번지지 아니하도록 하는 조치를 하지 아니한 사람(관계인)
　③ 피난 명령을 위반한 사람
　⑤ 긴급조치 : 정당한 사유 없이 물의 사용이나 수도의 개폐장치의 사용 또는 조작을 하지 못하게 하거나 방해한 자
　⑥ 긴급조치 : 가스차단 등의 조치를 정당한 사유 없이 방해한 자
5) 500만원이하의 과태료
　① 제19조제1항을 위반하여 화재 또는 구조 · 구급이 필요한 상황을 거짓으로 알린 사람
　② 정당한 사유 없이 제20조제2항을 위반하여 화재, 재난 · 재해, 그 밖의 위급한 상황을 소방본부, 소방서 또는 관계 행정기관에 알리지 아니한 관계인
6) 200만 원 이하의 과태료
　① 제17조의6 제5항을 위반하여 한국 119청소년단 또는 이와 유사한 명칭을 사용한 경우
　② 제21조제3항을 위반하여 소방자동차의 출동에 지장을 준 자
　③ 제23조제1항을 위반하여 소방활동구역을 출입한 사람[100만 원]
　④ 제44조의3을 위반하여 한국소방안전원 또는 이와 유사한 명칭을 사용한 자
7) 100만 원 이하의 과태료 : 전용구역에 차를 주차하거나 전용구역에의 진입을 가로막는 등의 방해행위를 한 자에게는 100만 원 이하의 과태료를 부과한다.[100만원까지는 시도지사, 본부장, 서장이 부과징수]
8) 20만 원 이하의 과태료 : 제19조제2항에 따른 신고를 하지 아니하여 소방자동차를 출동하게 한 자에게는 20만 원 이하의 과태료를 부과한다.(관할본부장 또는 서장이 부과징수)

064 다음 중 한국소방안전원의 업무에 해당하는 것은?
① 소방기술 및 소방산업의 국제 협력을 위한 조사 · 연구
② 화재 예방과 안전관리의식 고취를 위한 대국민 홍보
③ 소방기술 및 소방산업의 국외시장 개척
④ 소방기술 및 소방산업에 관한 국제 전시회, 국제 학술회의 개최 등 국제 교류

정답 : 064.②

> **해설** 제41조(안전원의 업무)
> 1. 소방기술과 안전관리에 관한 교육 및 조사·연구
> 2. 소방기술과 안전관리에 관한 각종 간행물 발간
> 3. 화재 예방과 안전관리의식 고취를 위한 대국민 홍보
> 4. 소방업무에 관하여 행정기관이 위탁하는 업무
> 5. 소방안전에 관한 국제협력
> 6. 그 밖에 회원에 대한 기술지원 등 정관으로 정하는 사항

065 소방기본법상 다음 중 종합계획의 시행에 필요한 세부계획은 매년 수립하여 소방청장에게 제출하며, 세부계획에 따른 소방업무를 성실히 수행하여야 하는 자는 누구인가, 그리고 세부계획은 계획 시행 전년도 몇 월 며칠까지 수립하여 누구에게 제출하여야 하는가?

① 소방청장, 12월 31일, 행정안전부장관
② 시·도지사, 10월 31일, 소방청장
③ 시·도지사, 12월 31일, 소방본부장 또는 소방서장
④ 시·도지사, 12월 31일, 소방청장

066 소방안전교육사 시험의 1차 시험의 과목이 아닌 것은?

① 소방학개론
② 구급, 응급처치론
③ 재난관리론
④ 국민안전교육 실무

> **해설** 1. 제1차 시험 : 소방학개론, 구급·응급처치론, 재난관리론 및 교육학개론 중 응시자가 선택하는 3과목
> 2. 제2차 시험 : 국민안전교육 실무
> 과목별 출제범위는 행정안전부령으로 정한다.

067 다음 중 과태료에 대한 설명으로 옳은 것은?

① 과태료는 행정처분에 갈음하여 부과하는 제재적 금전부담이다.
② 화재예방강화지구 안의 소방대상물에 대한 화재안전조사를 거부·방해 또는 기피한 자
③ 정당한 사유 없이 소방대가 현장에 도착할 때까지 사람을 구출하는 조치 또는 불을 끄거나 불이 번지지 아니하도록 하는 조치를 하지 아니한 관계인에게 부과
④ 전용구역에 차를 주차하거나 전용구역에의 진입을 가로막는 등의 방해행위를 한 자

정답 : 065.④ 066.④ 067.④

예상문제

해설 ① 과징금이란 영업정지처분에 갈음하여 부과징수하는 금액이다.
② 화재예방강화지구 안의 소방대상물에 대한 화재안전조사를 거부·방해하는 경우 300만 원 이하의 벌금에 처한다.
③ 정당한 사유 없이 소방대가 현장에 도착할 때까지 사람을 구출하는 조치 또는 불을 끄거나 불이 번지지 아니하도록 하는 조치를 하지 아니한 관계인에게는 100만 원 이하의 벌금을 부과한다.
④ 전용구역에 차를 주차하거나 전용구역에의 진입을 가로막는 등의 방해행위를 한 자는 100만 원 이하의 과태료를 부과한다.

068 다음 중 소방안전교육사의 업무가 아닌 것은?

① 소방안전 교육의 기획
② 소방안전 교육의 감사
③ 소방안전 교육의 분석
④ 소방안전 교육의 평가

해설 **소방안전교육사**
1) 소방청장은 제17조제2항에 따른 소방안전교육을 위하여 소방청장이 실시하는 시험에 합격한 사람에게 소방안전교육사 자격을 부여한다.
2) 소방안전교육사는 소방안전교육의 기획·진행·분석·평가 및 교수업무를 수행한다.
3) 제1항에 따른 소방안전교육사 시험의 응시자격, 시험방법, 시험과목, 시험위원, 그 밖에 소방안전교육사 시험의 실시에 필요한 사항은 대통령령으로 정한다.
4) 제1항에 따른 소방안전교육사 시험에 응시하려는 사람은 대통령령으로 정하는 바에 따라 수수료를 내야 한다.

069 소방자동차 전용구역에 대한 설명으로 옳지 않은 것은?

① 공동주택의 건축주는 소방자동차가 접근하기 쉽고 소방활동이 원활하게 수행될 수 있도록 각 동별 전면에 소방자동차 전용구역(이하 "전용구역"이라 한다)을 1개소 이상 설치할 수 있다.
② 전용구역 진입로에 물건 등을 쌓거나 주차하여 전용구역으로의 진입을 가로막는 행위는 과태료 부과대상이다.
③ 소방자동차 전용구역은 하나의 전용구역에서 여러 동에 접근하여 소방활동이 가능한 경우로서 소방청장이 정하는 경우에는 각 동별로 설치하지 않을 수 있다
④ 소방자동차 전용구역의 노면표지를 지우거나 훼손하는 행위를 하여서는 안된다.

해설 **제7조의13(소방자동차 전용구역의 설치 기준·방법)**
① 제7조의12 각 호 외의 부분 본문에 따른 공동주택의 건축주는 소방자동차가 접근하기 쉽고 소방활동이 원활하게 수행될 수 있도록 각 동별 전면 또는 후면에 소방자동차 전용구역(이하 "전용구역"이라 한다)을 1개소 이상 설치해야 한다. 다만, 하나의 전용구역에서 여러 동에 접근하여 소방활동이 가능한 경우로서 소방청장이 정하는 경우에는 각

정답 : 068.② 069.①

동별로 설치하지 않을 수 있다. 〈개정 2021. 5. 4.〉
② 전용구역의 설치 방법은 별표 2의5와 같다.
[본조신설 2018. 8. 7.]

제7조의14(전용구역 방해행위의 기준)
법 제21조의2제2항에 따른 방해행위의 기준은 다음 각 호와 같다.
1. 전용구역에 물건 등을 쌓거나 주차하는 행위
2. 전용구역의 앞면, 뒷면 또는 양 측면에 물건 등을 쌓거나 주차하는 행위. 다만, 「주차장법」 제19조에 따른 부설주차장의 주차구획 내에 주차하는 경우는 제외한다.
3. 전용구역 진입로에 물건 등을 쌓거나 주차하여 전용구역으로의 진입을 가로막는 행위
4. 전용구역 노면표지를 지우거나 훼손하는 행위
5. 그 밖의 방법으로 소방자동차가 전용구역에 주차하는 것을 방해하거나 전용구역으로 진입하는 것을 방해하는 행위

070 다음 중 소방기본법에 규정된 "소방대(消防隊)"에 해당되지 않는 사람은?
① 소방공무원
② 의무소방원
③ 의용소방대원
④ 자체소방대원

▲해설 "소방대"(消防隊)란 화재를 진압하고 화재, 재난·재해, 그 밖의 위급한 상황에서 구조·구급 활동 등을 하기 위하여 다음 각 목의 사람으로 구성된 조직체를 말한다.
　가. 「소방공무원법」에 따른 소방공무원
　나. 「의무소방대설치법」 제3조에 따라 임용된 의무소방원(義務消防員)
　다. 「의용소방대 설치 및 운영에 관한 법률」에 따른 의용소방대원(義勇消防隊員)

071 소방기술민원센터에 대한 설명으로 옳은 것은?
① 소방관서장은 「소방기본법」(이하 "법"이라 한다) 제4조의2제1항에 따른 소방기술민원센터(이하 "소방기술민원센터"라 한다)를 소방청 또는 소방본부, 소방서에 각각 설치·운영한다.
② 소방기술민원센터는 센터장을 포함하여 17명 이내로 구성한다.
③ 주요업무로서 소방기술민원과 관련된 질의회신집 및 해설서 발간이 있다
④ 소방기술민원센터의 설치·운영에 필요한 사항은 소방청에 설치하는 경우에는 소방청장이 정하고, 소방본부에 설치하는 경우에는 행정안전령으로 정한다.

▲해설 제1조의2(소방기술민원센터의 설치·운영)
① 소방청장 또는 소방본부장은 「소방기본법」(이하 "법"이라 한다) 제4조의2제1항에 따른 소방기술민원센터(이하 "소방기술민원센터"라 한다)를 소방청 또는 소방본부에 각각 설치·운영한다.

정답 : 070.④ 071.③

② 소방기술민원센터는 센터장을 포함하여 18명 이내로 구성한다.
③ 소방기술민원센터는 다음 각 호의 업무를 수행한다.
   1. 소방시설, 소방공사와 위험물 안전관리 등과 관련된 법령해석 등의 민원(이하 "소방기술민원"이라 한다)의 처리
   2. 소방기술민원과 관련된 질의회신집 및 해설서 발간
   3. 소방기술민원과 관련된 정보시스템의 운영·관리
   4. 소방기술민원과 관련된 현장 확인 및 처리
   5. 그 밖에 소방기술민원과 관련된 업무로서 소방청장 또는 소방본부장이 필요하다고 인정하여 지시하는 업무
④ 소방청장 또는 소방본부장은 소방기술민원센터의 업무수행을 위하여 필요하다고 인정하는 경우에는 관계 기관의 장에게 소속 공무원 또는 직원의 파견을 요청할 수 있다.
⑤ 제1항부터 제4항까지에서 규정한 사항 외에 소방기술민원센터의 설치·운영에 필요한 사항은 소방청에 설치하는 경우에는 소방청장이 정하고, 소방본부에 설치하는 경우에는 해당 특별시·광역시·특별자치시·도 또는 특별자치도(이하 "시·도"라 한다)의 규칙으로 정한다.

072 소방기본법령상 국고보조 대상사업의 범위와 기준보조율에 관한 설명으로 옳은 것은?

① 국고보조 대상사업의 범위에 따른 소방활동장비 및 설비의 종류와 규격은 대통령령으로 정한다.
② 방화복 등 소방활동에 필요한 소방장비의 구입 및 설치는 국고보조 대상사업의 범위에 해당한다.
③ 소방헬리콥터 및 소방정의 구입 및 설치는 국고보조 대상사업의 범위에 해당하지 않는다.
④ 국고보조 대상사업의 기준보조율은 [보조금 관리에 관한 법률]에서 정하는 바에 따른다.

▲해설 **소방장비 등에 대한 국고보조**
1) 국가는 소방장비의 구입 등 시·도의 소방업무에 필요한 경비의 일부를 보조한다.
2) 보조 대상사업의 범위와 기준보조율은 대통령령으로 정한다.
3) 국고보조 대상사업의 범위
   1. 다음 각 목의 소방활동장비와 설비의 구입 및 설치
      가. 소방자동차
      나. 소방헬리콥터 및 소방정
      다. 소방전용통신설비 및 전산설비
      라. 그 밖에 방화복 등 소방활동에 필요한 소방장비
   2. 소방관서용 청사의 건축(「건축법」 제2조제1항제8호에 따른 건축을 말한다)
4) 국고보조 소방활동장비 및 설비의 종류와 규격은 행정안전부령으로 정한다.

정답 : 072.②

073 소방자동차의 공무상 운행 중 교통사고가 발생하는 경우 운전자의 법률상 분쟁에 소요되는 비용을 지원할 수 있는 보험에 의무적으로 가입하여야 하는자는?

① 소방청장
② 소방본부장
③ 소방서장
④ 시도지사

해설 제16조의4(소방자동차의 보험 가입 등)
① 시·도지사는 소방자동차의 공무상 운행 중 교통사고가 발생한 경우 그 운전자의 법률상 분쟁에 소요되는 비용을 지원할 수 있는 보험에 가입하여야 한다.
② 국가는 제1항에 따른 보험 가입비용의 일부를 지원할 수 있다.

074 소방신호의 방법으로 맞지 않은 것은?

① 사이렌에 의한 경계신호는 5초 간격을 두고 30초씩 3회 취명
② 사이렌에 의한 발화신호는 3초 간격을 두고 3회 취명
③ 타종에 의한 해제신호는 상당한 기간을 두고 1타씩 반복
④ 타종에 의한 훈련신호는 연 3타 반복

해설 소방신호의 방법(기본법 규칙 별표 4)

신호의 종류	발하는 시기	타종 신호	사이렌 신호
경계신호	• 화재예방상 필요할 때 • 화재위험경보 시 발령	1타와 연 2타를 반복	5초 간격을 두고 30초씩 3회
발화신호	화재가 발생한 때 발령	난타	5초 간격을 두고 5초씩 3회
해제신호	소화활동이 필요없다고 인정되는 때 발령	상당한 간격을 두고 1타씩 반복	1분간 1회
훈련신호	훈련상 필요하다고 인정되는 때 발령	연 3타 반복	10초 간격을 두고 1분씩 3회

075 한국119청소년단에 대한 다음 보기중 틀린 것은?

① 개인·법인 또는 단체는 한국119청소년단의 시설 및 운영 등을 지원하기 위하여 금전이나 그 밖의 재산을 기부할 수 있다.
② 이 법에 따른 한국119청소년단이 아닌 자는 한국119청소년단 또는 이와 유사한 명칭을 사용할 수 없다.
③ 한국119청소년단의 정관 또는 사업의 범위·지도·감독 및 지원에 필요한 사항은 소방청장이 정하여 고시한다.
④ 한국119청소년단에 관하여 이 법에서 규정한 것을 제외하고는 「민법」 중 사단법인에 관한 규정을 준용한다.

정답 : 073.④ 074.② 075.③

예상문제

> **해설** 제17조의6(한국119청소년단)
> ① 청소년에게 소방안전에 관한 올바른 이해와 안전의식을 함양시키기 위하여 한국119청소년단을 설립한다.
> ② 한국119청소년단은 법인으로 하고, 그 주된 사무소의 소재지에 설립등기를 함으로써 성립한다.
> ③ 국가나 지방자치단체는 한국119청소년단에 그 조직 및 활동에 필요한 시설·장비를 지원할 수 있으며, 운영경비와 시설비 및 국내외 행사에 필요한 경비를 보조할 수 있다.
> ④ 개인·법인 또는 단체는 한국119청소년단의 시설 및 운영 등을 지원하기 위하여 금전이나 그 밖의 재산을 기부할 수 있다.
> ⑤ 이 법에 따른 한국119청소년단이 아닌 자는 한국119청소년단 또는 이와 유사한 명칭을 사용할 수 없다.
> ⑥ 한국119청소년단의 정관 또는 사업의 범위·지도·감독 및 지원에 필요한 사항은 행정안전부령으로 정한다.
> ⑦ 한국119청소년단에 관하여 이 법에서 규정한 것을 제외하고는 「민법」 중 사단법인에 관한 규정을 준용한다.

076 화재현장 또는 구조가 필요한 사고 현장을 발견한 사람은 화재 등의 상황을 알려야 하는데 해당되지 않는 대상은?

① 소방본부 ② 소방서
③ 관계행정기관 ④ 관계인

> **해설** 제19조(화재 등의 통지)
> ① 화재 현장 또는 구조·구급이 필요한 사고 현장을 발견한 사람은 그 현장의 상황을 소방본부, 소방서 또는 관계 행정기관에 지체 없이 알려야 한다.
> ② 다음 각 호의 어느 하나에 해당하는 지역 또는 장소에서 화재로 오인할 만한 우려가 있는 불을 피우거나 연막(煙幕) 소독을 하려는 자는 시·도의 조례로 정하는 바에 따라 관할 소방본부장 또는 소방서장에게 신고하여야 한다.
>   1. 시장지역
>   2. 공장·창고가 밀집한 지역
>   3. 목조건물이 밀집한 지역
>   4. 위험물의 저장 및 처리시설이 밀집한 지역
>   5. 석유화학제품을 생산하는 공장이 있는 지역
>   6. 그 밖에 시·도의 조례로 정하는 지역 또는 장소

077 소방용수시설 중 저수조는 지면으로부터의 낙차를 몇 m로 해야 하는가?

① 0.5m 이하 ② 0.5m 이상
③ 4.5m 이하 ④ 4.5m 이상

정답 : 076.④ 077.③

해설 저수조의 설치기준(기본법 규칙 별표 3)
(1) 지면으로부터의 낙차가 4.5m 이하일 것
(2) 흡수부분의 수심이 0.5m 이상일 것
(3) 소방펌프자동차가 쉽게 접근할 수 있도록 할 것
(4) 흡수에 지장이 없도록 토사 및 쓰레기 등을 제거할 수 있는 설비를 갖출 것
(5) 흡수관의 투입구가 사각형의 경우에는 한 변의 길이가 60cm 이상, 원형의 경우에는 지름이 60cm 이상일 것
(6) 저수조에 물을 공급하는 방법은 상수도에 연결하여 자동으로 급수되는 구조일 것

078 다음 중 100만 원 이하의 벌금에 해당되지 않는 것은?
① 정당한 사유 없이 소방대의 생활안전활동을 방해한 자
② 피난명령을 위반한 자
③ 위험시설 등에 대한 긴급조치를 방해한 자
④ 소방용수시설의 정당한 사용을 방해한 자

해설 제54조(벌칙)
다음 각 호의 어느 하나에 해당하는 자는 100만원 이하의 벌금에 처한다.
1. 삭제 〈2021. 11. 30.〉
1의2. 제16조의3제2항을 위반하여 정당한 사유 없이 소방대의 생활안전활동을 방해한 자
2. 제20조제1항을 위반하여 정당한 사유 없이 소방대가 현장에 도착할 때까지 사람을 구출하는 조치 또는 불을 끄거나 불이 번지지 아니하도록 하는 조치를 하지 아니한 사람
3. 제26조제1항에 따른 피난 명령을 위반한 사람
4. 제27조제1항을 위반하여 정당한 사유 없이 물의 사용이나 수도의 개폐장치의 사용 또는 조작을 하지 못하게 하거나 방해한 자
5. 제27조제2항에 따른 조치(긴급조치)를 정당한 사유 없이 방해한 자

079 화재현장에 소방활동구역을 설정하여 그 구역의 출입을 제한시킬 수 있는 자는?
① 소방대상물의 관계인   ② 소방대상물의 근무자
③ 소방안전관리자   ④ 소방대장

해설 소방활동구역의 설정권자 : 소방대장(기본법 제23조)

080 시·도 간의 소방업무에 관하여 상호응원협정을 체결하고자 할 때 포함사항이 아닌 것은?
① 소방신호방법의 통일   ② 응원출동 대상지역 및 규모
③ 소요경비의 부담에 관한 사항 ④ 응원출동의 요청방법

정답 : 078.④　079.④　080.①

예상문제

> **[해설] 소방업무의 상호 응원 협정(기본법 규칙 제8조)**
> (1) 소방활동에 관한 사항
> (2) 응원출동 대상지역 및 규모
> (3) 소요경비의 부담에 관한 사항
> (4) 응원출동의 요청방법
> (5) 응원출동훈련 및 평가

081 다음 중 소방활동구역에 출입할 수 없는 자는?
① 기계, 전기, 수도업무 종사자로서 소화 작업에 관계가 있는 자
② 의사, 간호사, 기타 구급업무 종사자
③ 보도업무 종사자
④ 소방대장이 소방활동을 위하여 출입을 허가한 자

> **[해설] 소방활동구역의 출입자(기본법 령 제8조)**
> (1) 소방활동구역 안에 있는 소방대상물의 소유자·관리자 또는 점유자
> (2) 전기·가스·수도·통신·교통의 업무에 종사하는 자로서 원활한 소방활동을 위하여 필요한 자
> (3) 의사·간호사 그 밖의 구조·구급업무에 종사하는 자
> (4) 취재인력 등 보도업무에 종사하는 자
> (5) 수사업무에 종사하는 자
> (6) 그 밖에 소방대장이 소방활동을 위하여 출입을 허가한 자

082 소방활동에 관련한 설명으로 틀린 것은?
① 화재현장 또는 구조·구급이 필요한 사고현장을 발견한 사람은 그 현장의 상황을 소방본부·소방서 또는 관계 행정기관에 지체 없이 알려야 한다.
② 소방자동차가 소방용수를 확보하기 위하여 주행할 때라도 모든 차와 사람은 통로를 양보하여야 한다.
③ 소방자동차의 우선 통행에 관하여는 도로교통법이 정하는 바에 따른다.
④ 소방자동차가 소방훈련을 위하여 필요한 때에는 사이렌을 사용할 수 있다.

> **[해설] 소방활동(기본법 제19조, 21조)**
> (1) 화재현장 또는 구조·구급이 필요한 사고현장을 발견한 사람은 그 현장의 상황을 소방본부·소방서 또는 관계 행정기관에 지체 없이 알려야 한다.
> (2) 모든 차와 사람은 소방자동차가 화재진압 및 구조·구급활동을 위하여 출동하는 때에는 이를 방해하여서는 아니 된다.
> (3) 소방자동차의 우선 통행에 관하여는 도로교통법이 정하는 바에 따른다.
> (4) 소방자동차가 화재진압 및 구조·구급활동을 위하여 출동하거나 훈련을 위하여 필요한 때에는 사이렌을 사용할 수 있다.

 정답 : 081.① 082.②

083 소화용수설비의 설치기준으로서 맞는 것은?
① 저수조의 경우 지면으로부터 낙차가 4.5m 이하이고 흡수부분의 수심이 0.5m 이상일 것
② 주거지역, 상업지역에 설치하는 경우 수평거리를 140m 이하가 되도록 설치할 것
③ 소방용수시설의 유지관리책임자는 소방본부장 또는 소방서장이다.
④ 저수조에 물을 공급하는 방법은 상수도에 연결하여 수동으로 급수되는 구조일 것

해설 **소방용수시설의 설치기준(기본법 규칙 별표 3)**
(1) 공통기준
① 국토의 계획 및 이용에 관한 법률의 규정에 의한 주거지역·상업지역 및 공업지역에 설치하는 경우 : 소방대상물과의 수평거리를 100미터 이하가 되도록 할 것
② 그 밖의 지역에 설치하는 경우 : 소방대상물과의 수평거리를 140m 이하가 되도록 할 것
(2) 소방용수시설별 설치기준
① 소화전의 설치기준 : 상수도와 연결하여 지하식 또는 지상식의 구조로 하고, 소방용호스와 연결하는 소화전의 연결금속구의 구경은 65mm로 할 것
② 급수탑의 설치기준 : 급수배관의 구경은 100mm 이상으로 하고, 개폐밸브는 지상에서 1.5m 이상 1.7m 이하의 위치에 설치하도록 할 것
③ 저수조의 설치기준
㉠ 지면으로부터의 낙차가 4.5m 이하일 것
㉡ 흡수부분의 수심이 0.5m 이상일 것
㉢ 소방펌프자동차가 쉽게 접근할 수 있도록 할 것
㉣ 흡수에 지장이 없도록 토사 및 쓰레기 등을 제거할 수 있는 설비를 갖출 것
㉤ 흡수관투입구가 사각형의 경우에는 한 변의 길이가 60cm 이상, 원형의 경우에는 지름이 60cm 이상일 것
㉥ 저수조에 물을 공급하는 방법은 상수도에 연결하여 자동으로 급수되는 구조일 것
(3) 시·도지사는 소방용수시설(소화전, 급수탑, 저수조)을 설치하고 유지·관리한다.

084 소방산업과 관련된 기술개발의 지원에 대한 다음 보기중 틀리것은?
① 국가는 소방산업과 관련된 기술(이하 "소방기술"이라 한다)의 개발을 촉진하기 위하여 기술개발을 실시하는 자에게 그 기술개발에 드는 자금의 전부나 일부를 출연하거나 보조할 수 있다.
② 국가는 우수소방제품의 전시·홍보를 위하여 「무역전시장 등을 설치한 자에게 소방산업전시회 운영에 따른 경비의 전부에 대한 재정적인 지원을 할 수 있다.
③ 국가는 우수소방제품의 전시·홍보를 위하여 「무역전시장 등을 설치한 자에게 소방산업전시회 관련 국외 홍보비에 대한 재정적인 지원을 할 수 있다.
④ 국가는 우수소방제품의 전시·홍보를 위하여 「무역전시장 등을 설치한 자에게 소방산업전시회 기간 중 국외의 구매자 초청 경비에 대한 재정적인 지원을 할 수 있다.

정답 : 083.① 084.②

> **해설** 제39조의5(소방산업과 관련된 기술개발 등의 지원)
> ① 국가는 소방산업과 관련된 기술(이하 "소방기술"이라 한다)의 개발을 촉진하기 위하여 기술개발을 실시하는 자에게 그 기술개발에 드는 자금의 전부나 일부를 출연하거나 보조할 수 있다.
> ② 국가는 우수소방제품의 전시·홍보를 위하여 「대외무역법」 제4조제2항에 따른 무역전시장 등을 설치한 자에게 다음 각 호에서 정한 범위에서 재정적인 지원을 할 수 있다.
>   1. 소방산업전시회 운영에 따른 경비의 일부
>   2. 소방산업전시회 관련 국외 홍보비
>   3. 소방산업전시회 기간 중 국외의 구매자 초청 경비

085 소방기본법령상 소방산업의 육성·진흥 및 지원 등에 관한 설명으로 옳지 않은 것은?

① 국가는 소방산업의 육성·진흥을 위하여 행정상·재정상의 지원시책을 마련하여야 한다.
② 국가는 우수 소방제품의 전시·홍보를 위하여 대외무역법에 의한 무역전시장을 설치한 자에게 소방산업전시회 관련 국외홍보비의 재정적인 지원을 할 수 있다.
③ 국가는 고등교육법에 따른 전문대학에 소방기술의 연구·개발사업을 수행하게 할 수 있다.
④ 국가는 소방기술 및 소방산업의 국외시장 개척을 위한 사업을 추진하여야 한다.

> **해설** 소방기본법 제7장의2 소방산업의 육성·진흥 및 지원 등
> 제39조의3(국가의 책무)
> 국가는 소방산업(소방용 기계·기구의 제조, 연구·개발 및 판매 등에 관한 일련의 산업을 말한다. 이하 같다)의 육성·진흥을 위하여 필요한 계획의 수립 등 행정상·재정상의 지원시책을 마련하여야 한다.
>
> 제39조의5(소방산업과 관련된 기술개발 등의 지원)
> ① 국가는 소방산업과 관련된 기술(이하 "소방기술"이라 한다)의 개발을 촉진하기 위하여 기술개발을 실시하는 자에게 그 기술개발에 드는 자금의 전부나 일부를 출연하거나 보조할 수 있다.
> ② 국가는 우수소방제품의 전시·홍보를 위하여 「대외무역법」 제4조제2항에 따른 무역전시장 등을 설치한 자에게 다음 각 호에서 정한 범위에서 재정적인 지원을 할 수 있다.
>   1. 소방산업전시회 운영에 따른 경비의 일부
>   2. 소방산업전시회 관련 국외 홍보비
>   3. 소방산업전시회 기간 중 국외의 구매자 초청 경비
>
> 제39조의6(소방기술의 연구·개발사업 수행)
> ① 국가는 국민의 생명과 재산을 보호하기 위하여 다음 각 호의 어느 하나에 해당하는 기관이나 단체로 하여금 소방기술의 연구·개발사업을 수행하게 할 수 있다.
> ② 국가가 제1항에 따른 기관이나 단체로 하여금 소방기술의 연구·개발사업을 수행하게 하는 경우에는 필요한 경비를 지원하여야 한다.

정답 : 085.④

제39조의7(소방기술 및 소방산업의 국제화사업)
① 국가는 소방기술 및 소방산업의 국제경쟁력과 국제적 통용성을 높이는 데에 필요한 기반 조성을 촉진하기 위한 시책을 마련하여야 한다.
② 소방청장은 소방기술 및 소방산업의 국제경쟁력과 국제적 통용성을 높이기 위하여 다음 각 호의 사업을 추진하여야 한다.
　1. 소방기술 및 소방산업의 국제 협력을 위한 조사·연구
　2. 소방기술 및 소방산업에 관한 국제 전시회, 국제 학술회의 개최 등 국제 교류
　3. 소방기술 및 소방산업의 국외시장 개척
　4. 그 밖에 소방기술 및 소방산업의 국제경쟁력과 국제적 통용성을 높이기 위하여 필요하다고 인정하는 사업

086 소방기본법령상 5년 이하의 징역 또는 5천만 원 이하의 벌금에 처하는 사람이 아닌 것은?
① 화재진압 및 구조·구급 활동을 위하여 출동하는 소방자동차의 출동을 방해한 사람
② 정당한 사유 없이 소방용수시설을 사용하거나 소방용수시설의 효용을 해치거나 그 정당한 사용을 방해한 사람
③ 출동한 소방대원에게 폭행 또는 협박을 행사하여 화재진압·인명구조 또는 구급활동을 방해한 사람
④ 화재의 원인 및 피해상황 조사를 위한 관계 공무원의 출입 또는 조사를 정당한 사유 없이 거부·방해 또는 기피한 사람

해설 5년 이하의 징역 또는 5,000만 원 이하의 벌금
① 소방활동 방해
　가. 위력(威力)을 사용하여 출동한 소방대의 화재진압·인명구조 또는 구급활동을 방해하는 행위
　나. 소방대가 화재진압·인명구조 또는 구급활동을 위하여 현장에 출동하거나 현장에 출입하는 것을 고의로 방해하는 행위
　다. 출동한 소방대원에게 폭행 또는 협박을 행사하여 화재진압·인명구조 또는 구급활동을 방해하는 행위
　라. 출동한 소방대의 소방장비를 파손하거나 그 효용을 해하여 화재진압·인명구조 또는 구급활동을 방해하는 행위
② 소방자동차의 출동을 방해한 사람
③ 사람을 구출하는 일 또는 불을 끄거나 불이 번지지 아니하도록 하는 일을 방해한 사람
④ 정당한 사유 없이 소방용수시설 또는 비상소화장치를 사용하거나 소방용수시설 또는 비상소화장치의 효용을 해치거나 그 정당한 사용을 방해한 사람

정답 : 086.④

예상문제

087 소방기본법령상 소방교육·훈련의 종류와 종류별 소방교육·훈련의 대상자의 연결이 옳지 않은 것은?

① 화재진압훈련 – 화재진압업무를 담당하는 소방공무원
② 인명구조훈련 – 구조업무를 담당하는 소방공무원
③ 응급처치훈련 – 구조업무를 담당하는 소방공무원
④ 인명대피훈련 – 소방공무원

해설 소방교육 및 훈련

1) 소방청장, 소방본부장 또는 소방서장은 소방업무를 전문적이고 효과적으로 수행하기 위하여 소방대원에게 필요한 교육·훈련을 실시하여야 한다.
2) 다음 각 호 대상으로 소방안전교육 및 훈련을 실시할 수 있다.
   1. 「영유아보육법」 제2조에 따른 어린이집의 영유아
   2. 「유아교육법」 제2조에 따른 유치원의 유아
   3. 「초·중등교육법」 제2조에 따른 학교의 학생
3) 소방대원에 대한 교육 및 훈련[2년마다 1회, 2주 이상]

종류	교육·훈련을 받아야 할 대상자
가. 화재진압훈련	1) 화재진압업무를 담당하는 소방공무원 2) 「의무소방대설치법 시행령」 제20조제1항제1호에 따른 임무를 수행하는 의무소방원 3) 「의용소방대 설치 및 운영에 관한 법률」 제3조에 따라 임명된 의용소방대원
나. 인명구조훈련	1) 구조업무를 담당하는 소방공무원 2) 「의무소방대설치법 시행령」 제20조제1항제1호에 따른 임무를 수행하는 의무소방원 3) 「의용소방대 설치 및 운영에 관한 법률」 제3조에 따라 임명된 의용소방대원
다. 응급처치훈련	1) 구급업무를 담당하는 소방공무원 2) 「의무소방대설치법」 제3조에 따라 임용된 의무소방원 3) 「의용소방대 설치 및 운영에 관한 법률」 제3조에 따라 임명된 의용소방대원
라. 인명대피훈련	1) 소방공무원 2) 「의무소방대설치법」 제3조에 따라 임용된 의무소방원 3) 「의용소방대 설치 및 운영에 관한 법률」 제3조에 따라 임명된 의용소방대원
마. 현장지휘훈련	소방공무원 중 다음의 계급에 있는 사람 1) 소방정 2) 소방령 3) 소방경 4) 소방위

정답 : 087.③

088 소방기본법상 손실보상에 대한 다음 보기중 손실을 보상받을 수 있는 자로만 묶여진 것은?

> ㄱ. 소방지원활동에 따른 조치로 인하여 손실을 입은 자
> ㄴ. 소방활동 종사로 인하여 사망하거나 부상을 입은 자
> ㄷ. 주차된 차량의 강제처분으로 인하여 손실을 입은 자. (법령을 위반하여 소방자동차의 통행과 소방활동에 방해가 된 경우가 아님).
> ㄹ. 위험물질공급차단에 따른 조치로 인하여 손실을 입은 자
> ㅁ. 소방대의 소방용수시설을 이용한 적법한 소방활동으로 인하여 손실을 입은 자

① ㄱ, ㄴ, ㄷ
② ㄱ, ㄷ, ㄹ, ㅁ
③ ㄴ, ㄷ, ㄹ, ㅁ
④ ㄱ, ㄴ, ㄷ, ㄹ, ㅁ

해설 제49조의2(손실보상)
① 소방청장 또는 시·도지사는 다음 각 호의 어느 하나에 해당하는 자에게 제3항의 손실보상심의위원회의 심사·의결에 따라 정당한 보상을 하여야 한다.
  1. 제16조의3제1항에 따른 조치로 인하여 손실을 입은 자
  2. 제24조제1항 전단에 따른 소방활동 종사로 인하여 사망하거나 부상을 입은 자
  3. 제25조제2항 또는 제3항에 따른 처분으로 인하여 손실을 입은 자. 다만, 같은 조 제3항에 해당하는 경우로서 법령을 위반하여 소방자동차의 통행과 소방활동에 방해가 된 경우는 제외한다.
  4. 제27조제1항 또는 제2항에 따른 조치로 인하여 손실을 입은 자
  5. 그 밖에 소방기관 또는 소방대의 적법한 소방업무 또는 소방활동으로 인하여 손실을 입은 자
② 제1항에 따라 손실보상을 청구할 수 있는 권리는 손실이 있음을 안 날부터 3년, 손실이 발생한 날부터 5년간 행사하지 아니하면 시효의 완성으로 소멸한다.
③ 제1항에 따른 손실보상청구 사건을 심사·의결하기 위하여 손실보상심의위원회를 둔다.
④ 제1항에 따른 손실보상의 기준, 보상금액, 지급절차 및 방법, 제3항에 따른 손실보상심의위원회의 구성 및 운영, 그 밖에 필요한 사항은 대통령령으로 정한다.

089 소방기본법령상 소방활동 종사명령에 관한 설명으로 옳지 않은 것은?

① 소방서장은 소방활동 종사명령을 받은 자에게 소방활동에 필요한 보호장구를 지급하는 등 안전을 위한 조치를 하여야 한다.
② 소방대장은 화재 등 위급한 상황이 발생한 현장에서 소방활동을 위하여 필요할 때에는 그 현장에 있는 자에게 소방활동 종사명령을 할 수 있다.
③ 소방대상물에 화재 등 위급한 상황이 발생한 경우 소방활동에 종사한 소방대상물의 점유자는 소방활동 비용을 지급받을 수 있다.
④ 시·도지사는 소방활동 종사명령에 따라 소방활동에 종사한 자가 그로 인하여 사망하거나 부상을 입은 경우에는 보상하여야 한다.

정답 : 088.③ 089.③

해설 **소방활동 종사명령**
1) 소방본부장, 소방서장 또는 소방대장은 화재, 재난·재해, 그 밖의 위급한 상황이 발생한 현장에서 소방활동을 위하여 필요할 때에는 그 관할구역에 사는 사람 또는 그 현장에 있는 사람으로 하여금 사람을 구출하는 일 또는 불을 끄거나 불이 번지지 아니하도록 하는 일을 하게 할 수 있다.
2) 제1항에 따른 명령에 따라 소방활동에 종사한 사람은 시·도지사로부터 소방활동의 비용을 지급받을 수 있다. 다만, 다음 각 호의 어느 하나에 해당하는 사람의 경우에는 그러하지 아니하다.
   1. 소방대상물에 화재, 재난·재해, 그 밖의 위급한 상황이 발생한 경우 그 관계인
   2. 고의 또는 과실로 화재 또는 구조·구급 활동이 필요한 상황을 발생시킨 사람
   3. 화재 또는 구조·구급 현장에서 물건을 가져간 사람

090 소방기본법령상 소방청장이 수립·시행하는 종합계획에 포함되어야 하는 사항에 해당하지 않는 것은?

① 소방전문인력 양성
② 화재안전분야 국제경쟁력 향상
③ 소방업무의 교육 및 홍보
④ 소방기술의 연구·개발 및 보급

해설 ② 화재안전분야 국제경쟁력 향상은 소방시설법의 기본계획 포함 사항
소방업무에 관한 종합계획의 수립, 시행 등
1) 소방업무에 관한 종합계획 수립 시행 : 소방청장(5년마다)
2) 종합계획 포함사항
   1. 소방서비스의 질 향상을 위한 정책의 기본방향
   2. 소방업무에 필요한 체계의 구축, 소방기술의 연구·개발 및 보급
   3. 소방업무에 필요한 장비의 구비
   4. 소방전문인력 양성
   5. 소방업무에 필요한 기반조성
   6. 소방업무의 교육 및 홍보(제21조에 따른 소방자동차의 우선 통행 등에 관한 홍보를 포함한다)
   7. 그 밖에 소방업무의 효율적 수행을 위하여 필요한 사항으로서 대통령령으로 정하는 사항
   [그 밖에 대통령령
   1. 재난·재해 환경 변화에 따른 소방업무에 필요한 대응 체계 마련
   2. 장애인, 노인, 임산부, 영유아 및 어린이 등 이동이 어려운 사람을 대상으로 한 소방활동에 필요한 조치]
3) 세부계획 수립 시행 : 시·도지사(매년마다)
4) 소방청장은 소방업무의 체계적 수행을 위하여 필요한 경우 제4항에 따라 시·도지사가 제출한 세부계획의 보완 또는 수정을 요청할 수 있다.
5) 소방청장은 「소방기본법」(이하 "법"이라 한다) 제6조제1항에 따른 소방업무에 관한 종합계획을 관계 중앙행정기관의 장과의 협의를 거쳐 계획 시행 전년도 10월 31일까지 수립

정답 : 090.②

하여야 한다.
6) 특별시장·광역시장·특별자치시장·도지사 또는 특별자치도지사는 법 제6조제4항에 따른 종합계획의 시행에 필요한 세부계획을 계획 시행 전년도 12월 31일까지 수립하여 소방청장에게 제출하여야 한다.

091 소방기본법령상 소방대의 생활안전활동에 해당하지 않는 것은?

① 붕괴, 낙하 등이 우려되는 고드름, 나무 위험 구조물 등의 제거 활동
② 위해동물, 벌 등의 포획 및 퇴치 활동
③ 단전사고 시 비상전원 또는 조명의 공급
④ 집회·공연 등 각종 행사 시 사고에 대비한 근접대기 등 지원활동

해설 생활안전활동
1) 소방청장·소방본부장 또는 소방서장은 신고가 접수된 생활안전 및 위험제거 활동(화재, 재난·재해, 그 밖의 위급한 상황에 해당하는 것은 제외한다)에 대응하기 위하여 소방대를 출동시켜 다음 각 호의 활동(이하 "생활안전활동"이라 한다)을 하게 하여야 한다.
2) 생활안전활동의 종류
 1. 붕괴, 낙하 등이 우려되는 고드름, 나무, 위험 구조물 등의 제거활동
 2. 위해동물, 벌 등의 포획 및 퇴치 활동
 3. 끼임, 고립 등에 따른 위험제거 및 구출 활동
 4. 단전사고 시 비상전원 또는 조명의 공급
 5. 그 밖에 방치하면 급박해질 우려가 있는 위험을 예방하기 위한 활동
3) 누구든지 정당한 사유 없이 제1항에 따라 출동하는 소방대의 생활안전활동을 방해하여서는 아니 된다. : 생활안전활동 방해 100만 원 이하의 벌금

092 소방기본법령상 보상 제도에 관한 설명이다. ( )에 들어갈 말을 순서대로 바르게 나열한 것은?

소방청장 또는 시·도지사는 「소방기본법」 제16조의3 제1항에 따른 조치로 인하여 손실을 입은 자 등에게 ( )의 심사·의결에 따라 정당한 보상을 하여야 한다. 이러한 보상을 청구할 수 있는 권리는 손실이 있음을 안 날로부터 ( ), 손실이 발생한 날부터 ( )간 행사하지 아니하면 시효의 완성으로 소멸한다.

① 손해보상심의위원회-3년-5년　　② 손실보상심의위원회-3년-5년
③ 손해보상심의위원회-5년-10년　　④ 손실보상심의위원회-5년-10년

해설 ① 소방청장 또는 시·도지사는 다음 각 호의 어느 하나에 해당하는 자에게 제3항의 손실보상심의위원회의 심사·의결에 따라 정당한 보상을 하여야 한다.
② 제1항에 따라 손실보상을 청구할 수 있는 권리는 손실이 있음을 안 날부터 3년, 손실이 발생한 날부터 5년간 행사하지 아니하면 시효의 완성으로 소멸한다.

정답 : 091.④　092.②

예상문제

093 소방기본법령상 소방자동차 전용구역에 관한 설명으로 옳지 않은 것은?

① 세대수가 100세대 이상인 아파트의 건축주는 소방자동차 전용구역을 설치하여야 한다.
② 소방자동차 전용구역 노면표지 도료의 색채는 황색을 기본으로 하되, 문자(P, 소방차 전용)는 백색으로 표시한다.
③ 소방자동차 전용구역에 물건 등을 쌓거나 주차하는 등의 방해 행위를 하여서는 아니 된다.
④ 전용구역 방해행위를 한 자는 100만 원 이하의 벌금에 처한다.

> **해설** 전용구역에 차를 주차하거나 전용구역에의 진입을 가로막는 등의 방해행위를 한 자에게는 100만 원 이하의 과태료를 부과한다.

094 소방기본법령상 소방본부 종합상황실 실장이 소방청의 종합상황실에 서면·모사전송 또는 컴퓨터통신 등으로 보고하여야 하는 화재의 기준 중 틀린 것은?

① 항구에 매어둔 총 톤수가 1,000톤 이상인 선박에서 발생한 화재
② 층수가 5층 이상이거나 병상이 30개 이상인 종합병원·정신병원·한방병원·요양소에서 발생한 화재
③ 지정수량의 1,000배 이상의 위험물의 제조소·저장소·취급소에서 발생한 화재
④ 연면적 15,000m² 이상인 공장 또는 화재예방강화지구에서 발생한 화재

> **해설** 상부 종합상황실 보고사항
> 1. 다음 각 목의 1에 해당하는 화재
>   가. 사망자가 5인 이상 발생하거나 사상자가 10인 이상 발생한 화재
>   나. 이재민이 100인 이상 발생한 화재
>   다. 재산피해액이 50억 원 이상 발생한 화재
>   라. 관공서·학교·정부미도정공장·문화재·지하철 또는 지하구의 화재
>   마. 관광호텔, 층수(「건축법 시행령」 제119조제1항제9호의 규정에 의하여 산정한 층수를 말한다. 이하 이 목에서 같다)가 11층 이상인 건축물, 지하상가, 시장, 백화점, 「위험물안전관리법」 제2조제2항의 규정에 의한 지정수량의 3천배 이상의 위험물의 제조소·저장소·취급소, 층수가 5층 이상이거나 객실이 30실 이상인 숙박시설, 층수가 5층 이상이거나 병상이 30개 이상인 종합병원·정신병원·한방병원·요양소, 연면적 1만5천제곱미터 이상인 공장 또는 화재예방법 시행령(이하 "영"이라 한다) 제4조제1항 각 목에 따른 화재예방강화지구에서 발생한 화재
>   바. 철도차량, 항구에 매어둔 총 톤수가 1천톤 이상인 선박, 항공기, 발전소 또는 변전소에서 발생한 화재
>   사. 가스 및 화약류의 폭발에 의한 화재
>   아. 「다중이용업소의 안전관리에 관한 특별법」 제2조에 따른 다중이용업소의 화재
> 2. 「긴급구조대응활동 및 현장지휘에 관한 규칙」에 의한 통제단장의 현장지휘가 필요한 재난상황
> 3. 언론에 보도된 재난상황
> 4. 그 밖에 소방청장이 정하는 재난상황

정답 : 093.④ 094.③

095 소방기본법령상 소방용수시설별 설치기준 중 틀린 것은?
① 급수탑 개폐밸브는 지상에서 1.5m 이상 1.7m 이하의 위치에 설치하도록 할 것
② 소화전은 상수도와 연결하여 지하식 또는 지상식의 구조로 하고, 소방용 호스와 연결하는 소화전의 연결금속구의 구경은 100mm로 할 것
③ 저수조 흡수관의 투입구가 사각형의 경우에는 한 변의 길이가 60cm 이상, 원형의 경우에는 지름이 60cm 이상일 것
④ 저수조는 지면으로부터의 낙차가 4.5m 이하일 것

096 소방기본법상 소방본부장, 소방서장 또는 소방대장의 권한이 아닌 것은?
① 화재, 재난·재해, 그 밖의 위급한 상황이 발생한 현장에서 소방활동을 위하여 필요할 때에는 그 관할구역에 사는 사람 또는 그 현장에 있는 사람으로 하여금 사람을 구출하는 일 또는 불을 끄거나 불이 번지지 아니하도록 하는 일을 하게 할 수 있다.
② 소방활동을 할 때에 긴급한 경우에는 이웃한 소방본부장 또는 소방서장에게 소방업무와 응원을 요청할 수 있다.
③ 사람을 구출하거나 불이 번지는 것을 막기 위하여 필요할 때에는 화재가 발생하거나 불이 번질 우려가 있는 소방대상물 및 토지를 일시적으로 사용하거나 그 사용의 제한 또는 소방활동에 필요한 처분을 할 수 있다.
④ 소방활동을 위하여 긴급하게 출동할 때에는 소방자동차의 통행과 소방활동에 방해가 되는 주차 또는 정차된 차량 및 물건 등을 제거하거나 이동시킬 수 있다.

해설 ② 소방본부장, 소방서장의 권한

097 「소방기본법 시행령」상 소방안전교육사 시험 응시자격에 대한 설명으로 옳은 것은?

> ㄱ. 「영유아보육법」제21조에 따라 보육교사 자격을 취득한 후 2년 이상의 보육업무 경력이 있는 사람
> ㄴ. 「국가기술자격법」제2조제3호에 따른 국가기술자격의 직무분야 중 안전관리 분야의 산업기사 자격을 취득한 후 안전관리 분야에 3년 이상 종사한 사람
> ㄷ. 「의료법」제7조에 따라 간호조무사 자격을 취득한 후 간호업무 분야에 2년 이상 종사한 사람
> ㄹ. 「응급의료에 관한 법률」제36조제3항에 따라 2급 응급구조사 자격을 취득한 후 응급의료 업무 분야에 3년 이상 종사한 사람
> ㅁ. 「소방공무원법」제2조에 따른 소방공무원으로 2년 이상 근무한 경력이 있는 사람
> ㅂ. 「의용소방대 설치 및 운영에 관한 법률」제3조에 따라 의용소방대원으로 임명된 후 5년 이상 의용소방대 활동을 한 경력이 있는 사람

① ㄱ, ㄷ, ㅁ
② ㄴ, ㄹ, ㅂ
③ ㄷ, ㄹ, ㅁ
④ ㄹ, ㅁ, ㅂ

정답 : 095.② 096.② 097.②

예상문제

> **해설** 소방안전교육사 응시자격
> 1. 「소방공무원법」 제2조에 따른 소방공무원으로 다음 각 목의 어느 하나에 해당하는 사람
>   가. 소방공무원으로 3년 이상 근무한 경력이 있는 사람
>   나. 중앙소방학교 또는 지방소방학교에서 2주 이상의 소방안전교육사 관련 전문교육과정을 이수한 사람
> 2. 「초·중등교육법」 제21조에 따라 교원의 자격을 취득한 사람
> 3. 「유아교육법」 제22조에 따라 교원의 자격을 취득한 사람
> 4. 「영유아보육법」 제21조에 따라 어린이집의 원장 또는 보육교사의 자격을 취득한 사람(보육교사 자격을 취득한 사람은 보육교사 자격을 취득한 후 3년 이상의 보육업무 경력이 있는 사람만 해당한다)
> 5. 다음 각 목의 어느 하나에 해당하는 기관에서 소방안전교육 관련 교과목(응급구조학과, 교육학과 또는 제15조제2호에 따라 소방청장이 정하여 고시하는 소방 관련 학과에 개설된 전공과목을 말한다)을 총 6학점 이상 이수한 사람
>   가. 「고등교육법」 제2조제1호부터 제6호까지의 규정의 어느 하나에 해당하는 학교
>   나. 「학점인정 등에 관한 법률」 제3조에 따라 학습과정의 평가인정을 받은 교육훈련기관
> 6. 「국가기술자격법」 제2조제3호에 따른 국가기술자격의 직무분야 중 안전관리 분야(국가기술자격의 직무분야 및 국가기술자격의 종목 중 중직무분야의 안전관리를 말한다. 이하 같다)의 기술사 자격을 취득한 사람
> 7. 「화재예방, 소방시설 설치·유지 및 안전관리에 관한 법률」 제26조에 따른 소방시설관리사 자격을 취득한 사람
> 8. 「국가기술자격법」 제2조제3호에 따른 국가기술자격의 직무분야 중 안전관리 분야의 기사 자격을 취득한 후 안전관리 분야에 1년 이상 종사한 사람
> 9. 「국가기술자격법」 제2조제3호에 따른 국가기술자격의 직무분야 중 안전관리 분야의 산업기사 자격을 취득한 후 안전관리 분야에 3년 이상 종사한 사람
> 10. 「의료법」 제7조에 따라 간호사 면허를 취득한 후 간호업무 분야에 1년 이상 종사한 사람
> 11. 「응급의료에 관한 법률」 제36조제2항에 따라 1급 응급구조사 자격을 취득한 후 응급의료 업무 분야에 1년 이상 종사한 사람
> 12. 「응급의료에 관한 법률」 제36조제3항에 따라 2급 응급구조사 자격을 취득한 후 응급의료 업무 분야에 3년 이상 종사한 사람
> 13. 「화재예방, 소방시설 설치·유지 및 안전관리에 관한 법률 시행령」 제23조제1항 각 호의 어느 하나에 해당하는 사람
> 14. 「화재예방, 소방시설 설치·유지 및 안전관리에 관한 법률 시행령」 제23조제2항 각 호의 어느 하나에 해당하는 자격을 갖춘 후 소방안전관리대상물의 소방안전관리에 관한 실무경력이 1년 이상 있는 사람
> 15. 「화재예방, 소방시설 설치·유지 및 안전관리에 관한 법률 시행령」 제23조제3항 각 호의 어느 하나에 해당하는 자격을 갖춘 후 소방안전관리대상물의 소방안전관리에 관한 실무경력이 3년 이상 있는 사람
> 16. 「의용소방대 설치 및 운영에 관한 법률」 제3조에 따라 의용소방대원으로 임명된 후 5년 이상 의용소방대 활동을 한 경력이 있는 사람

098 「소방기본법 시행령」상 소방안전교육사의 배치대상별 배치기준에 관한 설명이다. ( ) 안의 내용으로 옳은 것은?

> 소방안전교육사의 배치대상별 배치기준에 따르면 소방청 (가)명 이상, 소방본부 (나)명 이상, 소방서 (다)명 이상이다.

	(가)	(나)	(다)		(가)	(나)	(다)
①	1	1	1	②	1	2	2
③	2	1	2	④	2	2	1

해설
- 소방청, 소방본부, 한국소방산업기술원, 한국소방안전원(본원) : 2명 이상
- 소방서, 한국소방안전원(시·도, 지원) : 1명 이상

099 「소방기본법」 및 같은 법 시행령상 손실보상에 관한 내용 중 소방청장 또는 시·도지사가 '손실보상심의위원회'의 심사·의결에 따라 정당한 보상을 하여야 하는 대상으로 옳지 않은 것은?

① 생활안전활동에 따른 조치로 인하여 손실을 입은 자
② 소방활동 종사 명령에 따른 소방활동 종사로 인하여 사망하거나 부상을 입은 자
③ 위험물 또는 물건의 보관기간 경과 후 매각이나 폐기로 손실을 입은 자
④ 소방기관 또는 소방대의 적법한 소방업무 또는 소방활동으로 인하여 손실을 입은 자

해설 소방청장 또는 시·도지사는 다음 각 호의 어느 하나에 해당하는 자에게 제3항의 손실보상심의위원회의 심사·의결에 따라 정당한 보상을 하여야 한다.
1. 제16조의3제1항(생활안전활동)에 따른 조치로 인하여 손실을 입은 자
2. 제24조제1항 전단(소방활동종사명령)에 따른 소방활동 종사로 인하여 사망하거나 부상을 입은 자
3. 제25조제2항(불이 번질 우려가 있는 소방대상물 및 토지 외의 소방대상물 및 토지에 대한 강제처분) 또는 제3항(소방자동차의 통행과 소방활동에 방해가 되는 주차 또는 정차된 차량 및 물건 등을 제거하거나 이동시키는 강제처분)에 따른 처분으로 인하여 손실을 입은 자. 다만, 같은 조 제3항에 해당하는 경우로서 법령을 위반하여 소방자동차의 통행과 소방활동에 방해가 된 경우는 제외한다.
4. 제27조제1항(소방용수 외에 댐·저수지 또는 수영장 등의 물을 사용하거나 수도(水道)의 개폐장치 등을 조작) 또는 제2항(가스·전기 또는 유류 등의 시설에 대하여 위험물질의 공급을 차단하는 등) 조치로 인하여 손실을 입은 자
5. 그 밖에 소방기관 또는 소방대의 적법한 소방업무 또는 소방활동으로 인하여 손실을 입은 자

정답 : 098.④ 099.③

예상문제

100 「소방기본법」상 소방력의 기준 등에 관한 설명으로 옳은 것은?
① 소방업무를 수행하는 데에 필요한 소방력에 관한 기준은 대통령령으로 정한다.
② 소방청장은 소방력의 기준에 따라 관할구역의 소방력을 확충하기 위하여 필요한 계획을 수립하여 시행하여야 한다.
③ 소방자동차 등 소방장비의 분류·표준화와 그 관리 등에 필요한 사항은 따로 법률에서 정한다.
④ 국가는 소방장비의 구입 등 시·도의 소방업무에 필요한 경비의 일부를 보조하고, 보조대상사업의 범위와 기준 보조율은 행정안전부령으로 정한다.

해설 제8조(소방력의 기준 등)
① 소방기관이 소방업무를 수행하는 데에 필요한 인력과 장비 등[이하 "소방력"(消防力)이라 한다]에 관한 기준은 행정안전부령으로 정한다.
② 시·도지사는 제1항에 따른 소방력의 기준에 따라 관할구역의 소방력을 확충하기 위하여 필요한 계획을 수립하여 시행하여야 한다.
③ 소방자동차 등 소방장비의 분류·표준화와 그 관리 등에 필요한 사항은 따로 법률에서 정한다.

101 「소방기본법」상 사람을 구출하거나 불이 번지는 것을 막기 위하여 필요한 때에는 강제처분 등을 할 수 있다. 이와 같은 권한을 가진 자로 옳지 않은 것은?
① 소방청장
② 소방본부장
③ 소방서장
④ 소방대장

해설 소방본부장, 소방서장 또는 소방대장은 사람을 구출하거나 불이 번지는 것을 막기 위하여 필요할 때에는 화재가 발생하거나 불이 번질 우려가 있는 소방대상물 및 토지를 일시적으로 사용하거나 그 사용의 제한 또는 소방활동에 필요한 처분을 할 수 있다.

102 다음중 행정안전부령으로 정하는 소방지원활동만 옳게 답한 것은?

가. 산불에 대한 예방·진압 등 지원활동
나. 자연재해에 따른 급수·배수 및 제설 등 지원활동
다. 군,경찰등 유관기관에서 실시하는 훈련지원활동
라. 화재, 재난·재해로 인한 피해복구 지원활동
마. 붕괴, 낙하 등이 우려되는 고드름, 나무, 위험 구조물 등의 제거활동
바. 위해동물, 벌 등의 포획 및 퇴치 활동
사. 소방시설 오작동신고에 따른 조치활동
아. 방송제작 또는 촬영관련 지원활동

정답 : 100.③ 101.① 102.②

① 바 - 사 - 아   ② 다 - 사 - 아
③ 가 - 나 - 다   ④ 나 - 다 - 바

해설 **소방지원활동**
1) 소방청장·소방본부장 또는 소방서장은 공공의 안녕질서 유지 또는 복리증진을 위하여 필요한 경우 소방활동 외에 다음 각 호의 활동(이하 "소방지원활동"이라 한다)을 하게 할 수 있다.
2) 소방지원활동의 종류
   1. 산불에 대한 예방·진압 등 지원활동
   2. 자연재해에 따른 급수·배수 및 제설 등 지원활동
   3. 집회·공연 등 각종 행사 시 사고에 대비한 근접대기 등 지원활동
   4. 화재, 재난·재해로 인한 피해복구 지원활동
   5. 삭제〈2015.7.24.〉
   6. 그 밖에 행정안전부령으로 정하는 활동
      1. 군·경찰 등 유관기관에서 실시하는 훈련지원 활동
      2. 소방시설 오작동 신고에 따른 조치활동
      3. 방송제작 또는 촬영 관련 지원활동

생활안전활동
1) 소방청장·소방본부장 또는 소방서장은 신고가 접수된 생활안전 및 위험제거 활동(화재, 재난·재해, 그 밖의 위급한 상황에 해당하는 것은 제외한다)에 대응하기 위하여 소방대를 출동시켜 다음 각 호의 활동(이하 "생활안전활동"이라 한다)을 하게 하여야 한다.
2) 생활안전활동의 종류
   1. 붕괴, 낙하 등이 우려되는 고드름, 나무, 위험 구조물 등의 제거활동
   2. 위해동물, 벌 등의 포획 및 퇴치 활동
   3. 끼임, 고립 등에 따른 위험제거 및 구출 활동
   4. 단전사고 시 비상전원 또는 조명의 공급
   5. 그 밖에 방치하면 급박해질 우려가 있는 위험을 예방하기 위한 활동

103 「소방기본법 시행규칙」상 급수탑 및 지상에 설치하는 소화전·저수조의 소방용수표지 기준으로 옳은 것은?

	안쪽 문자	바깥쪽 문자	안쪽 바탕	바깥쪽 바탕
①	흰색	노란색	붉은색	파란색
②	노란색	흰색	붉은색	파란색
③	흰색	붉은색	파란색	노란색
④	흰색	파란색	노란색	붉은색

정답 : 103.①

해설 **소방용수표지(제6조제1항 관련)**
1. 지하에 설치하는 소화전 또는 저수조의 경우 소방용수표지는 다음 각 목의 기준에 의한다.
   가. 맨홀 뚜껑은 지름 648밀리미터 이상의 것으로 할 것. 다만, 승하강식 소화전의 경우에는 이를 적용하지 아니한다.
   나. 맨홀 뚜껑에는 "소화전·주정차금지" 또는 "저수조·주정차금지"의 표시를 할 것
   다. 맨홀뚜껑 부근에는 황색반사도료로 폭 15센티미터의 선을 그 둘레를 따라 칠할 것

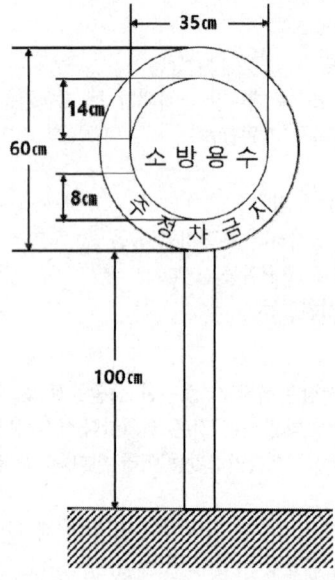

[비고]
1. 안쪽 문자는 흰색, 바깥쪽 문자는 노란색, 내측바탕은 붉은색, 외측바탕은 파란색으로 하고 반사도료를 사용하여야 한다.
2. 위의 표지를 세우는 것이 매우 어렵거나 부적당한 경우에는 그 규격 등을 다르게 할 수 있다.

104 다음 중 소방안전원에 대하여 옳지 않은 것은?

① 소방안전원은 법인으로 한다.
② 소방안전관리자 또는 소방기술자로 선임된 사람도 회원이 될 수 있다.
③ 안전원의 운영경비는 국가 보조금으로 충당한다.
④ 안전원이 정관을 변경하려면 소방청장의 인가를 받아야 한다.

해설 **제40조(한국소방안전원의 설립 등)**
① 소방기술과 안전관리기술의 향상 및 홍보, 그 밖의 교육·훈련 등 행정기관이 위탁하는 업무의 수행과 소방 관계 종사자의 기술 향상을 위하여 한국소방안전원(이하 "안전원"이

정답 : 104.③

라 한다)을 소방청장의 인가를 받아 설립한다.
② 제1항에 따라 설립되는 안전원은 법인으로 한다.〈개정 2017. 12. 26.〉
③ 안전원에 관하여 이 법에 규정된 것을 제외하고는 「민법」 중 재단법인에 관한 규정을 준용한다.

제42조(회원의 관리)
안전원은 소방기술과 안전관리 역량의 향상을 위하여 다음 각 호의 사람을 회원으로 관리할 수 있다.〈개정 2011. 8. 4., 2017. 12. 26.〉
1. 「화재예방, 소방시설 설치・유지 및 안전관리에 관한 법률」, 「소방시설공사업법」 또는 「위험물안전관리법」에 따라 등록을 하거나 허가를 받은 사람으로서 회원이 되려는 사람
2. 「화재예방, 소방시설 설치・유지 및 안전관리에 관한 법률」, 「소방시설공사업법」 또는 「위험물안전관리법」에 따라 소방안전관리자, 소방기술자 또는 위험물안전관리자로 선임되거나 채용된 사람으로서 회원이 되려는 사람
3. 그 밖에 소방 분야에 관심이 있거나 학식과 경험이 풍부한 사람으로서 회원이 되려는 사람

제43조(안전원의 정관)
① 안전원의 정관에는 다음 각 호의 사항이 포함되어야 한다.
   1. 목적
   2. 명칭
   3. 주된 사무소의 소재지
   4. 사업에 관한 사항
   5. 이사회에 관한 사항
   6. 회원과 임원 및 직원에 관한 사항
   7. 재정 및 회계에 관한 사항
   8. 정관의 변경에 관한 사항
② 안전원은 정관을 변경하려면 소방청장의 인가를 받아야 한다.

제44조(안전원의 운영 경비)
안전원의 운영 및 사업에 소요되는 경비는 다음 각 호의 재원으로 충당한다.
1. 제41조제1호 및 제4호의 업무 수행에 따른 수입금
2. 제42조에 따른 회원의 회비
3. 자산운영수익금
4. 그 밖의 부대수입

105 소방활동 등에 대한 설명으로 옳은 것은?
① 생활안전활동에는 소방시설 오작동 신고에 따른 조치활동이 포함된다.
② 소방지원활동에는 단전사고 시 비상전원 또는 조명의 공급이 있다.
③ 소방활동은 소방지원활동 수행에 지장을 주지 아니하는 범위에서 할 수 있다.
④ 유관기관, 단체 등의 요청에 따른 소방지원활동에 드는 비용은 지원요청을 한 유관기관, 단체 등에게 부담하게 할 수 있다.

정답 : 105.④

해설 **소방지원활동**
1) 소방청장·소방본부장 또는 소방서장은 공공의 안녕질서 유지 또는 복리증진을 위하여 필요한 경우 소방활동 외에 다음 각 호의 활동(이하 "소방지원활동"이라 한다)을 하게 할 수 있다.
2) 소방지원활동의 종류
   1. 산불에 대한 예방·진압 등 지원활동
   2. 자연재해에 따른 급수·배수 및 제설 등 지원활동
   3. 집회·공연 등 각종 행사 시 사고에 대비한 근접대기 등 지원활동
   4. 화재, 재난·재해로 인한 피해복구 지원활동
   5. 삭제〈2015.7.24.〉
   6. 그 밖에 행정안전부령으로 정하는 활동
      1. 군·경찰 등 유관기관에서 실시하는 훈련지원 활동
      2. 소방시설 오작동 신고에 따른 조치활동
      3. 방송제작 또는 촬영 관련 지원활동
3) 소방지원활동은 제16조의 소방활동 수행에 지장을 주지 아니하는 범위에서 할 수 있다.
4) 유관기관·단체 등의 요청에 따른 소방지원활동에 드는 비용은 지원요청을 한 유관기관·단체 등에게 부담하게 할 수 있다. 다만, 부담금액 및 부담방법에 관하여는 지원요청을 한 유관기관·단체 등과 협의하여 결정한다.

생활안전활동
1) 소방청장·소방본부장 또는 소방서장은 신고가 접수된 생활안전 및 위험제거 활동(화재, 재난·재해, 그 밖의 위급한 상황에 해당하는 것은 제외한다)에 대응하기 위하여 소방대를 출동시켜 다음 각 호의 활동(이하 "생활안전활동"이라 한다)을 하게 하여야 한다.
2) 생활안전활동의 종류
   1. 붕괴, 낙하 등이 우려되는 고드름, 나무, 위험 구조물 등의 제거활동
   2. 위해동물, 벌 등의 포획 및 퇴치 활동
   3. 끼임, 고립 등에 따른 위험제거 및 구출 활동
   4. 단전사고 시 비상전원 또는 조명의 공급
   5. 그 밖에 방치하면 급박해질 우려가 있는 위험을 예방하기 위한 활동
3) 누구든지 정당한 사유 없이 제1항에 따라 출동하는 소방대의 생활안전활동을 방해하여서는 아니 된다. : 생활안전활동 방해 100만 원 이하의 벌금

106 소방안전교육사의 결격사유에 해당하지 않은 것은?

① 피성년후견인
② 금고 이상의 형의 집행유예를 선고 받고 그 유예기간 중에 있는 자
③ 법원의 판결 또는 다른 법률에 의하여 자격이 정지 또는 상실된 자
④ 금고 이상의 실형을 선고 받고 그 집행이 끝나거나(집행이 끝나는 것으로 보는 경우를 포함한다) 집행이 면제된 날부터 2년이 경과된 사람

정답 : 106.④

해설 응시 결격사유
1. 피성년후견인
2. 금고 이상의 실형을 선고받고 그 집행이 끝나거나(집행이 끝난 것으로 보는 경우를 포함한다) 집행이 면제된 날부터 2년이 지나지 아니한 사람
3. 금고 이상의 형의 집행유예를 선고받고 그 유예기간 중에 있는 사람
4. 법원의 판결 또는 다른 법률에 따라 자격이 정지되거나 상실된 사람

107 다음 중 실시권자가 다른 하나는?

① 화재의 예방조치명령
② 소방교육·훈련
③ 소방지원활동
④ 긴급조치명령

해설
① 화재의 예방조치 : 소방청장, 소방본부장 또는 소방서장
② 소방교육, 훈련 : 소방청장, 소방본부장 또는 소방서장
③ 소방지원활동 : 소방청장, 소방본부장 또는 소방서장
④ 긴급조치명령 : 소방본부장 또는 소방서장, 소방대장

108 다음 중 소방기본법의 총칙에 포함되지 않는 것은?

ㄱ. 소방기관의 설치 등
ㄴ. 소방업무에 관한 종합계획의 수립·시행 등
ㄷ. 소방의 날 제정과 운영 등
ㄹ. 소방력의 기준 등
ㅁ. 화재의 예방과 경계(警戒)

① ㄱ, ㄷ
② ㄷ, ㄹ
③ ㄴ, ㄷ
④ ㄹ, ㅁ

해설 소방기본법 제1장 총칙
제1조 목적
제2조 정의
제3조 소방기관의 설치 등
제4조 119종합상황실의 설치와 운영
제5조 소방박물관 등의 설립과 운영
제6조 소방업무에 관한 종합계획의 수립시행 등
제7조 소방의 날 제정과 운영 등

정답 : 107.④ 108.④

예상문제

예상문제

109 다음 중 소방관서장의 권한 및 업무에 해당하는 것은?

① 이상기상(異常氣象)의 예보 또는 특보가 있을 때에는 화재에 관한 경보를 발령하고 그에 따른 조치를 할 수 있다.
② 화재경계지구를 지정할 수 있다.
③ 소방박물관을 설립하여 운영할 수 있다.
④ 한국소방안전원의 업무를 감독할 수 있다.

해설
② : 시·도지사
③ : 소방청장
④ : 소방청장

110 소방자동차 전용구역에 대한 설명으로 맞는 설명은?

① 세대수가 50세대 이상인 아파트의 경우 소방자동차 전용구역을 설치하여야 한다.
② 지상 2층 이상의 기숙사는 소방자동차 전용구역을 설치하여야 한다.
③ 건축주는 소방활동이 원활하게 수행될 수 있도록 각 동별 전면 및 후면에 전용구역을 2개소 설치하여야 한다.
④ 전용구역의 노면표지를 지우거나 훼손하는 경우 100만 원 이하의 과태료가 부과된다.

해설 소방자동차 전용구역 설치 대상
1. 「건축법 시행령」 별표 1 제2호가목의 아파트 중 세대수가 100세대 이상인 아파트
2. 「건축법 시행령」 별표 1 제2호라목의 기숙사 중 3층 이상의 기숙사

제7조의13(소방자동차 전용구역의 설치 기준·방법)
① 제7조의12에 따른 공동주택의 건축주는 소방자동차가 접근하기 쉽고 소방활동이 원활하게 수행될 수 있도록 각 동별 전면 또는 후면에 소방자동차 전용구역(이하 "전용구역"이라 한다)을 1개소 이상 설치하여야 한다. 다만, 하나의 전용구역에서 여러 동에 접근하여 소방활동이 가능한 경우로서 소방청장이 정하는 경우에는 각 동별로 설치하지 아니할 수 있다.

제7조의14(전용구역 방해행위의 기준)
법 제21조의2제2항에 따른 방해행위의 기준은 다음 각 호와 같다.
1. 전용구역에 물건 등을 쌓거나 주차하는 행위
2. 전용구역의 앞면, 뒷면 또는 양측면에 물건 등을 쌓거나 주차하는 행위. 다만, 「주차장법」 제19조에 따른 부설주차장의 주차구획 내에 주차하는 경우는 제외한다.
3. 전용구역 진입로에 물건 등을 쌓거나 주차하여 전용구역으로의 진입을 가로막는 행위
4. 전용구역 노면표지를 지우거나 훼손하는 행위
5. 그 밖의 방법으로 소방자동차가 전용구역에 주차하는 것을 방해하거나 전용구역으로 진입하는 것을 방해하는 행위

정답 : 109.① 110.④

111 다음 보기 중 비상소화장치의 구성요소로 옳게 짝지어진 것은?

ㄱ. 소화전	ㄴ. 소화기구
ㄷ. 방화복	ㄹ. 비상소화장치함
ㅁ. 소방호스	ㅂ. 관창

① ㄱ, ㄴ, ㄹ, ㅁ ② ㄱ, ㄷ, ㄹ, ㅂ
③ ㄱ, ㄴ, ㄷ, ㅁ ④ ㄱ, ㄹ, ㅁ, ㅂ

◢해설 비상소화장치는 비상소화장치함, 소화전, 소방호스(소화전의 방수구에 연결하여 소화용수를 방수하기 위한 도관으로서 호스와 연결금속구로 구성되어 있는 소방용 릴호스 또는 소방용 고무내장호스를 말한다), 관창(소방호스용 연결금속구 또는 중간연결금속구 등의 끝에 연결하여 소화용수를 방수하기 위한 나사식 또는 차입식 토출기구를 말한다)을 포함하여 구성할 것

112 비상소화장치의 설치기준에 관한 세부사항은 누가 또는 무엇으로 정하는가?

① 대통령령 ② 행정안전부령
③ 시·도의 조례 ④ 소방청장

113 소방안전교육사 시험의 응시자격 심사위원의 수, 시험과목별 출제위원의 수, 채점위원의 수로 옳은 것은?

① 3명, 5명, 5명 ② 3명, 3명, 3명
③ 5명, 5명, 3명 ④ 3명, 3명, 5명

114 소방안전교육사 시험의 심사위원, 출제위원에 위촉될 수 없는 사람은?

① 소방관련학과, 교육학과 또는 응급구조학과 박사학위 취득자
② 「고등교육법」하나에 해당하는 학교에서 소방관련학과, 교육학과 또는 응급구조학과에서 조교수 이상으로 1년 이상 재직한 자
③ 소방위 이상의 소방공무원
④ 소방안전교육사 자격을 취득한 자

◢해설 2년 이상 재직한 자

정답 : 111.④ 112.④ 113.④ 114.②

예상문제

115 다음 보기 중 소방대가 소방활동구역에 있지 아니하거나 소방대장의 요청이 있는 경우 소방활동구역을 설정할 수 있는 자는?

① 경찰공무원 ② 방재공무원
③ 군인 ④ 동사무소직원

116 강제처분에 대한 다음 설명 중 맞는 설명은?

① 소방본부장, 소방서장 또는 소방대장은 사람을 구출하거나 불이 번지는 것을 막기 위하여 필요할 때에는 화재가 발생하거나 불이 번질 우려가 있는 소방대상물 및 토지를 영구적으로 사용하거나 그 사용의 제한 또는 소방활동에 필요한 처분을 할 수 있다.
② 소방본부장, 소방서장 또는 소방대장은 사람을 구출하거나 불이 번지는 것을 막기 위하여 긴급하다고 인정할 때에는 제1항에 따른 소방대상물 또는 토지 외의 소방대상물과 토지에 대하여 제1항에 따른 처분을 할 수 없다.
③ 소방본부장, 소방서장 또는 소방대장은 소방활동을 위하여 긴급하게 출동할 때에는 소방자동차의 통행과 소방활동에 방해가 되는 주차 또는 정차된 차량 및 물건 등을 제거하거나 이동시킬 수 있다.
④ 시·도지사는 제4항에 따라 견인차량과 인력 등을 지원한 자에게 행정안전부령으로 정하는 바에 따라 비용을 지급할 수 있다.

해설
① 일시적으로
② 할 수 있다.
④ 시·도의 조례로

117 국가는 소방기술의 연구, 개발사업을 기관이나 단체로 하여금 수행하게 할 수 있는데 이러한 기관이나 단체에 속하지 않는 단체는?

① 국공립 연구기관
② 대학·산업대학·전문대학 및 기술대학
③ 소방기술 분야의 법인인 연구기관 또는 법인 부설 연구소
④ 한국소방안전원

해설 제39조의6(소방기술의 연구·개발사업 수행)
① 국가는 국민의 생명과 재산을 보호하기 위하여 다음 각 호의 어느 하나에 해당하는 기관이나 단체로 하여금 소방기술의 연구·개발사업을 수행하게 할 수 있다.
1. 국공립 연구기관
2. 「과학기술분야 정부출연연구기관 등의 설립·운영 및 육성에 관한 법률」에 따라 설립된 연구기관

정답 : 115.①　116.③　117.④

3. 「특정연구기관 육성법」 제2조에 따른 특정연구기관
4. 「고등교육법」에 따른 대학·산업대학·전문대학 및 기술대학
5. 「민법」이나 다른 법률에 따라 설립된 소방기술 분야의 법인인 연구기관 또는 법인부설연구소
6. 「기초연구진흥 및 기술개발지원에 관한 법률」 제14조의2제1항에 따라 인정받은 기업부설연구소
7. 「소방산업의 진흥에 관한 법률」 제14조에 따른 한국소방산업기술원
8. 그 밖에 대통령령으로 정하는 소방에 관한 기술개발 및 연구를 수행하는 기관·협회
② 국가가 제1항에 따른 기관이나 단체로 하여금 소방기술의 연구·개발사업을 수행하게 하는 경우에는 필요한 경비를 지원하여야 한다.

제41조(안전원의 업무)
안전원은 다음 각 호의 업무를 수행한다. 〈개정 2017. 12. 26.〉
1. 소방기술과 안전관리에 관한 교육 및 조사·연구
2. 소방기술과 안전관리에 관한 각종 간행물 발간
3. 화재 예방과 안전관리의식 고취를 위한 대국민 홍보
4. 소방업무에 관하여 행정기관이 위탁하는 업무
5. 소방안전에 관한 국제협력
6. 그 밖에 회원에 대한 기술지원 등 정관으로 정하는 사항

118 한국소방안전원의 회원으로 등록될 수 없는 사람은?
① 소방시설공사업법에 따라 등록을 한 사람으로서 회원이 되려는 사람
② 위험물안전관리법에 따라 위험물안전관리자로 선임된 사람으로서 회원이 되려는 사람
③ 소방시설법에 따라 소방기술자로 채용된 사람으로서 회원이 되려는 사람
④ 그 밖에 소방분야에 학식과 경험이 풍부한 사람

해설 안전원은 소방기술과 안전관리 역량의 향상을 위하여 다음 각 호의 사람을 회원으로 관리할 수 있다.
1. 「화재예방, 소방시설 설치·유지 및 안전관리에 관한 법률」, 「소방시설공사업법」 또는 「위험물안전관리법」에 따라 등록을 하거나 허가를 받은 사람으로서 회원이 되려는 사람
2. 「화재예방, 소방시설 설치·유지 및 안전관리에 관한 법률」, 「소방시설공사업법」 또는 「위험물안전관리법」에 따라 소방안전관리자, 소방기술자 또는 위험물안전관리자로 선임되거나 채용된 사람으로서 회원이 되려는 사람
3. 그 밖에 소방 분야에 관심이 있거나 학식과 경험이 풍부한 사람으로서 회원이 되려는 사람

정답 : 118.④

예상문제

119 안전원의 정관에 포함되지 않는 사항은?
① 안전원장의 인적사항
② 목적
③ 명칭
④ 주된 사무소의 소재지

해설 ① 안전원의 정관에는 다음 각 호의 사항이 포함되어야 한다.
1. 목적
2. 명칭
3. 주된 사무소의 소재지
4. 사업에 관한 사항
5. 이사회에 관한 사항
6. 회원과 임원 및 직원에 관한 사항
7. 재정 및 회계에 관한 사항
8. 정관의 변경에 관한 사항

120 과태료 부과기준 중 일반기준에 대한 다음 설명 중 옳은 것은?
① 과태료 부과권자는 위반행위자가 감경사유에 해당하는 경우 과태료 금액의 100분의 20의 범위에서 그 금액을 감경하여 부과할 수 있다.
② 위반행위의 횟수에 따른 과태료의 가중된 부과기준은 최근 2년간 같은 위반행위로 과태료 부과처분을 받은 경우에 적용한다.
③ 위 ②의 경우 기간의 계산은 위반행위에 대하여 과태료 부과처분을 받은 날과 그 처분 후 다시 같은 위반행위를 하여 적발된 날을 기준으로 한다.
④ 가중된 부과처분을 하는 경우 가중처분의 적용 차수는 그 위반행위 전 부과처분 차수의 이전 차수로 한다.

해설 **과태료의 부과기준(제19조 관련)**
일반기준
가. 과태료 부과권자는 위반행위자가 다음 중 어느 하나에 해당하는 경우에는 제2호 각 목의 과태료 금액의 100분의 50의 범위에서 그 금액을 감경하여 부과할 수 있다. 다만, 감경할 사유가 여러 개 있는 경우라도 「질서위반행위규제법」 제18조에 따른 감경을 제외하고는 감경의 범위는 100분의 50을 넘을 수 없다.
1) 위반행위자가 화재 등 재난으로 재산에 현저한 손실이 발생한 경우 또는 사업의 부도·경매 또는 소송 계속 등 사업여건이 악화된 경우로서 과태료 부과권자가 자체 위원회의 의결을 거쳐 감경하는 것이 타당하다고 인정하는 경우[위반행위자가 최근 1년 이내에 소방 관계 법령(「소방기본법」, 「화재의 예방 및 안전관리에 관한 법률」, 「소방시설 설치 및 관리에 관한 법률」, 「소방시설공사업법」, 「위험물안전관리법」, 「다중이용업소의 안전관리에 관한 특별법」 및 그 하위법령을 말한다)을 2회 이상 위반한 자는 제외한다]

정답 : 119.① 120.③

2) 위반행위자가 위반행위로 인한 결과를 시정하거나 해소한 경우
나. 위반행위의 횟수에 따른 과태료의 가중된 부과기준은 최근 1년간 같은 위반행위로 과태료 부과처분을 받은 경우에 적용한다. 이 경우 기간의 계산은 위반행위에 대하여 과태료 부과처분을 받은 날과 그 처분 후 다시 같은 위반행위를 하여 적발된 날을 기준으로 한다.
다. 나목에 따라 가중된 부과처분을 하는 경우 가중처분의 적용 차수는 그 위반행위 전 부과처분 차수(나목에 따른 기간 내에 과태료 부과처분이 둘 이상 있었던 경우에는 높은 차수를 말한다)의 다음 차수로 한다.

MEMO

CHAPTER 02 소방시설공사업법

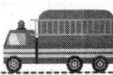

① 목적

이 법은 소방시설공사 및 소방기술의 관리에 필요한 사항을 규정함으로써 소방시설업을 건전하게 발전시키고 소방기술을 진흥시켜 화재로부터 공공의 안전을 확보하고 국민경제에 이바지함을 목적으로 한다.

② "소방시설업"의 종류

① 소방시설설계업
② 소방시설공사업
③ 소방공사감리업
④ 방염처리업(섬유류방염업, 합성수지류방염업, 합판목재류방염업)

③ 소방시설업의 등록

① 특정소방대상물의 소방시설공사등을 하려는 자는 업종별로 자본금(개인 : 자산 평가액), 기술인력 등 대통령령으로 정하는 요건을 갖추어 "시·도지사"에게 소방시설업을 등록하여야 한다.
② ①에 따른 소방시설업의 업종별 영업범위는 대통령령으로 정한다.
③ 소방시설업의 등록신청과 등록증·등록수첩의 발급·재발급 신청, 그 밖에 소방시설업 등록에 필요한 사항은 행정안전부령으로 정한다.
④ 지방공사나 지방공단이 다음 각 호의 요건을 모두 갖춘 경우에는 시·도지사에게 등록을 하지 아니하고 자체 기술인력을 활용하여 설계·감리를 할 수 있다.
　㉠ 주택의 건설·공급을 목적으로 설립되었을 것
　㉡ 설계·감리 업무를 주요 업무로 규정하고 있을 것
⑤ 최초 소방시설업등록신청시 15일 이내에 발급 [서류보완기간 : 10일]

1. 소방시설설계업

항목 업종별		기술인력	영업범위
전문 소방시설 설계업		가. 주된 기술인력 : 소방기술사 1명 이상 나. 보조기술인력 : 1명 이상	모든 특정소방대상물에 설치되는 소방시설의 설계
일반 소방 시설 설계업	기계 분야	가. 주된 기술인력 : 소방기술사 또는 기계분야 소방설비기사 1명 이상 나. 보조기술인력 : 1명 이상	가. 아파트에 설치되는 기계분야 소방시설(제연설비는 제외한다)의 설계 나. 연면적 3만제곱미터(공장의 경우에는 1만제곱미터) 미만 기계설계 다. 위험물제조소등에 설치되는 기계분야 소방시설의 설계
	전기 분야	가. 주된 기술인력 : 소방기술사 또는 전기분야 소방설비기사 1명 이상 나. 보조기술인력 : 1명 이상	가. 아파트에 설치되는 전기분야 소방시설의 설계 나. 연면적 3만제곱미터(공장의 경우에는 1만제곱미터) 미만 전기분야 소방시설의 설계 다. 위험물제조소등에 설치되는 전기분야 소방시설의 설계

2. 소방시설공사업

항목 업종별		기술인력	자본금 (자산평가액)	영업범위
전문 소방시설 공사업		가. 주된 기술인력 : 소방기술사 또는 기계분야와 전기분야의 소방설비기사 각 1명(기계분야 및 전기분야의 자격을 함께 취득한 사람 1명) 이상 나. 보조기술인력 : 2명 이상	가. 법인 : 1억원 이상 나. 개인 : 자산평가액 1억원 이상	특정소방대상물에 설치되는 기계분야 및 전기분야 소방시설의 공사·개설·이전 및 정비
일반 소방 시설 공사업	기계 분야	가. 주된 기술인력 : 소방기술사 또는 기계분야소방설비기사 1명 이상 나. 보조기술인력 : 1명 이상	가. 법인 : 1억원 이상 나. 개인 : 자산평가액 1억원 이상	가. 연면적 1만제곱미터 미만의 특정소방대상물에 설치되는 기계분야 소방시설의 공사·개설·이전 및 정비 나. 위험물제조소등에 설치되는 기계분야 소방시설의 공사·개설·이전 및 정비
	전기 분야	가. 주된 기술인력 : 소방기술사 또는 전기분야소방설비기사 1명 이상 나. 보조기술인력 : 1명 이상	가. 법인 : 1억원 이상 나. 개인 : 자산평가액 1억원 이상	가. 연면적 1만제곱미터 미만의 특정소방대상물에 설치되는 전기분야 소방시설의 공사·개설·이전·정비 나. 위험물제조소등에 설치되는 전기분야 소방시설의 공사·개설·이전·정비

3. 소방공사감리업

업종별 \ 항목		기술인력	영업범위
전문 소방공사 감리업		가. 소방기술사 1명 이상 나. 기계분야 및 전기분야의 특급 감리원 각 1명(기계분야 및 전기분야의 자격을 함께 가지고 있는 사람이 있는 경우에는 그에 해당하는 사람 1명. 이하 다목부터 마목까지에서 같다) 이상 다. 기계분야 및 전기분야의 고급 감리원 이상의 감리원 각 1명 이상 라. 기계분야 및 전기분야의 중급 감리원 이상의 감리원 각 1명 이상 마. 기계분야 및 전기분야의 초급 감리원 이상의 감리원 각 1명 이상	모든 특정소방대상물에 설치되는 소방시설공사 감리
일반 소방 공사 감리업	기계 분야	가. 기계분야 특급 감리원 1명 이상 나. 기계분야 고급 감리원 또는 중급 감리원 이상의 감리원 1명 이상 다. 기계분야 초급 감리원 이상의 감리원 1명 이상	가. 연면적 3만제곱미터(공장의 경우에는 1만제곱미터) 미만의 특정소방대상물(제연설비가 설치되는 특정소방대상물은 제외한다)에 설치되는 기계분야 소방시설의 감리 나. 아파트에 설치되는 기계분야 소방시설(제연설비는 제외한다)의 감리 다. 위험물제조소등에 설치되는 기계분야 소방시설의 감리
	전기 분야	가. 전기분야 특급 감리원 1명 이상 나. 전기분야 고급 감리원 또는 중급 감리원 이상의 감리원 1명 이상 다. 전기분야 초급 감리원 이상의 감리원 1명 이상	가. 연면적 3만제곱미터(공장의 경우에는 1만제곱미터) 미만의 특정소방대상물에 설치되는 전기분야 소방시설의 감리 나. 아파트에 설치되는 전기분야 소방시설의 감리 다. 위험물제조소등에 설치되는 전기분야 소방시설의 감리

4. 방염처리업

업종별 \ 항목	실험실	방염처리시설 및 시험기기	영업범위
섬유류 방염업	1개 이상 갖출 것	부표에 따른 섬유류 방염업의 방염처리시설 및 시험기기를 모두 갖추어야 한다.	커튼·카펫 등 섬유류를 주된 원료로 하는 방염대상물품을 제조 또는 가공 공정에서 방염처리
합성수지류 방염업		부표에 따른 합성수지류 방염업의 방염처리시설 및 시험기기를 모두 갖추어야 한다.	합성수지류를 주된 원료로 하는 방염대상물품을 제조 또는 가공 공정에서 방염처리
합판·목재류 방염업		부표에 따른 합판·목재류 방염업의 방염처리시설 및 시험기기를 모두 갖추어야 한다.	합판 또는 목재류를 제조·가공 공정 또는 설치 현장에서 방염처리

⑥ 필요서류
　㉠ 신청인(외국인을 포함하되, 법인의 경우에는 대표자를 포함한 임원을 말한다)의 성명, 주민등록번호 및 주소지 등의 인적사항이 적힌 서류
　㉡ 등록기준 중 기술인력에 관한 사항을 확인할 수 있는 다음 각 목의 어느 하나에 해당하는 서류(이하 "기술인력 증빙서류"라 한다)
　　ⓐ 국가기술자격증
　　ⓑ 법 제28조제2항에 따라 발급된 소방기술 인정 자격수첩(이하 "자격수첩"이라 한다) 또는 소방기술자 경력수첩(이하 "경력수첩"이라 한다)
　㉢ 영 제2조제2항에 따라 소방청장이 지정하는 금융회사 또는 소방산업공제조합에 출자·예치·담보한 금액 확인서(이하 "출자·예치·담보 금액 확인서"라 한다) 1부(소방시설공사업만 해당한다). 다만, 소방청장이 지정하는 금융회사 또는 소방산업공제조합에 해당 금액을 확인할 수 있는 경우에는 그 확인으로 갈음할 수 있다.
　㉣ 다음 각 목의 어느 하나에 해당하는 자가 신청일 전 최근 90일 이내에 작성한 자산평가액 또는 소방청장이 정하여 고시하는 바에 따라 작성된 기업진단 보고서(소방시설공사업만 해당한다)
　　ⓐ 「공인회계사법」 제7조에 따라 금융위원회에 등록한 공인회계사
　　ⓑ 「세무사법」 제6조에 따라 기획재정부에 등록한 세무사
　　ⓒ 「건설산업기본법」 제49조제2항에 따른 전문경영진단기관
　㉤ 신청인(법인인 경우에는 대표자를 말한다)이 외국인인 경우에는 법 제5조 각 호의 어느 하나에 해당하는 사유와 같거나 비슷한 사유에 해당하지 아니함을 확인할 수 있는 서류로서 다음 각 목의 어느 하나에 해당하는 서류
　　ⓐ 해당 국가의 정부나 공증인(법률에 따른 공증인의 자격을 가진 자만 해당한다), 그 밖의 권한이 있는 기관이 발행한 서류로서 해당 국가에 주재하는 우리나라 영사가 확인한 서류
　　ⓑ 「외국공문서에 대한 인증의 요구를 폐지하는 협약」을 체결한 국가의 경우에는 해당 국가의 정부나 공증인(법률에 따른 공증인의 자격을 가진 자만 해당한다), 그 밖의 권한이 있는 기관이 발행한 서류로서 해당 국가의 아포스티유(Apostille) 확인서 발급 권한이 있는 기관이 그 확인서를 발급한 서류
⑦ 다음에 해당하는 서류는 협회확인사항[전자정부법 이용, 서류확인]
　㉠ 법인등기사항 전부증명서(법인인 경우만 해당한다)
　㉡ 사업자등록증(개인인 경우만 해당한다)
　㉢ 「출입국관리법」 제88조제2항에 따른 외국인등록 사실증명(외국인인 경우만 해당한다)

ⓔ 「국민연금법」 제16조에 따른 국민연금가입자 증명서(이하 "국민연금가입자 증명서"라 한다) 또는 「국민건강보험법」 제11조에 따라 건강보험의 가입자로서 자격을 취득하고 있다는 사실을 확인할 수 있는 증명서("건강보험자격취득 확인서"라 한다)

4 ▶▶ 등록의 결격사유

① 피성년후견인
② 삭제 〈2015. 7. 20.〉
③ 이 법, 「소방기본법」, 「화재예방, 소방시설 설치·유지 및 안전관리에 관한 법률」 또는 「위험물안전관리법」에 따른 금고 이상의 실형을 선고받고 그 집행이 끝나거나(집행이 끝난 것으로 보는 경우를 포함한다) 면제된 날부터 2년이 지나지 아니한 사람
④ 이 법, 「소방기본법」, 「화재예방, 소방시설 설치·유지 및 안전관리에 관한 법률」 또는 「위험물안전관리법」에 따른 금고 이상의 형의 집행유예를 선고받고 그 유예기간 중에 있는 사람
⑤ 등록하려는 소방시설업 등록이 취소(제1호에 해당하여 등록이 취소된 경우는 제외한다)된 날부터 2년이 지나지 아니한 자
⑥ 법인의 대표자가 ①부터 ⑤까지의 규정에 해당하는 경우 그 법인
⑦ 법인의 임원이 ③부터 ⑤까지의 규정에 해당하는 경우 그 법인

5 ▶▶ 헐어못쓰거나 분실한 경우 재발급신청

3일 이내 재발급

6 ▶▶ 변경신고

① 소방시설업자는 제4조에 따라 등록한 사항 중 행정안전부령으로 정하는 중요 사항을 변경할 때에는 행정안전부령으로 정하는 바에 따라 시·도지사에게 신고하여야 한다. [변경일로부터 30일 이내]
② 변경신고 중요사항
  ㉠ 상호(명칭) 또는 영업소 소재지
  ㉡ 대표자
  ㉢ 기술인력

③ 변경신고 필요서류
    ㉠ 상호(명칭) 또는 영업소 소재지가 변경된 경우 : 소방시설업 등록증 및 등록수첩
    ㉡ 대표자가 변경된 경우 : 다음 각 목의 서류
       ⓐ 소방시설업 등록증 및 등록수첩
       ⓑ 변경된 대표자의 성명, 주민등록번호 및 주소지 등의 인적사항이 적힌 서류
       ⓒ 외국인인 경우에는 제2조제1항제5호 가 목이 어느 하나에 해당하는 서류
    ㉢ 기술인력이 변경된 경우 : 다음 각 목의 서류
       ⓐ 소방시설업 등록수첩
       ⓑ 기술인력 증빙서류
       ⓒ 삭제 〈2014. 9. 2.〉
④ 변경신고한 경우 재발급신청 : 5일 이내 재발급[타시도 변경의 경우 7일 이내]

7. 휴 · 폐업신고

소방시설업자는 소방시설업을 휴업 · 폐업 또는 재개업하는 때에는 행정안전부령으로 정하는 바에 따라 시 · 도지사에게 신고하여야 한다. [30일 이내]

8. 지위승계신고

① 소방시설업자의 지위를 승계한 자는 행정안전부령으로 정하는 바에 따라 시 · 도지사에게 신고하여야 한다. [승계일로부터 30일 이내]

> **! Reference**
>
> ● 지위승계
> 1. 소방시설업자가 사망한 경우 그 상속인
> 2. 소방시설업자가 그 영업을 양도한 경우 그 양수인
> 3. 법인인 소방시설업자가 다른 법인과 합병한 경우 합병 후 존속하는 법인이나 합병으로 설립되는 법인
> 4. 소방시설업 등록이 말소된 후 6개월 이내에 같은 업종의 소방시설업을 다시 제4조에 따라 등록한 경우 해당 소방시설업자는 폐업신고 전 소방시설업자의 지위를 승계한다.

② 지위승계신고한 경우 재발급신청 : 10일 이내 재발급[7일 이내 시 · 도지사 보고, 3일 이내 협회경유 후 발급]

⑨ 소방시설업의 운영

① 소방시설업자는 소방시설업의 등록증 또는 등록수첩을 다른 자에게 빌려 주어서는 아니 된다. [300만원 이하의 벌금, 6개월 이하의 영업정지]
② 영업정지처분이나 등록취소처분을 받은 소방시설업자는 그 날부터 소방시설공사 등을 하여서는 아니된다. 다만, 소방시설의 착공신고가 수리(受理)되어 공사를 하고 있는 자로서 도급계약이 해지되지 아니한 소방시설공사업자 또는 소방공사감리업자가 그 공사를 하는 동안이나 제4조제1항에 따라 방염처리업을 등록한 자(이하 "방염처리업자"라 한다)가 도급을 받아 방염 중인 것으로서 도급계약이 해지되지 아니한 상태에서 그 방염을 하는 동안에는 그러하지 아니하다.
③ 소방시설업자는 다음 각 호의 어느 하나에 해당하는 경우에는 소방시설공사 등을 맡긴 특정소방대상물의 관계인에게 지체 없이 그 사실을 알려야 한다.
　㉠ 제7조에 따라 소방시설업자의 지위를 승계한 경우
　㉡ 제9조제1항에 따라 소방시설업의 등록취소처분 또는 영업정지처분을 받은 경우
　㉢ 휴업하거나 폐업한 경우

⑩ 등록취소와 영업정지등

① 시·도지사는 소방시설업자가 영업정지 및 취소사유에 해당하면 행정안전부령으로 정하는 바에 따라 그 등록을 취소하거나 6개월 이내의 기간을 정하여 시정이나 그 영업의 정지를 명할 수 있다.
② 등록취소사유
　㉠ 거짓이나 그 밖의 부정한 방법으로 등록한 경우
　㉡ 제5조 각 호의 등록 결격사유에 해당하게 된 경우
　㉢ 제8조제2항을 위반하여 영업정지 기간 중에 소방시설공사등을 한 경우

⑪ 과징금처분

① 처분권자 : 시·도지사
② 영업정지처분에 갈음하여 부과·징수
③ 최대 2억원

12 ▶ 소방시설업자가 하자보수보증기간동안 보관하여야 하는 서류

① 소방시설설계업 : 별지 제10호서식의 소방시설 설계기록부 및 소방시설 설계도서
② 소방시설공사업 : 별지 제11호서식의 소방시설공사 기록부
③ 소방공사감리업 : 별지 제12호서식의 소방공사 감리기록부, 별지 제13호서식의 소방공사 감리일지 및 소방시설의 완공 당시 설계도서

13 ▶ 성능위주설계

① 성능위주설계를 할 수 있는 자의 자격, 기술인력 및 자격에 따른 설계의 범위와 그 밖에 필요한 사항은 대통령령으로 정한다.
② 자격등 : 전문소방시설설계업을 등록한 자, 소방기술사 2명 이상
③ 성능위주설계대상[소방시설법]
　㉠ 연면적 20만제곱미터 이상인 특정소방대상물. 다만, 별표 2 제1호에 따른 공동주택 중 주택으로 쓰이는 층수가 5층 이상인 주택(이하 이 조에서 "아파트등"이라 한다)은 제외한다.
　㉡ 다음 각 목의 어느 하나에 해당하는 특정소방대상물. 다만, 아파트등은 제외한다.
　　ⓐ 건축물의 높이가 100미터 이상인 특정소방대상물
　　ⓑ 지하층을 포함한 층수가 30층 이상인 특정소방대상물
　㉢ 연면적 3만제곱미터 이상인 특정소방대상물로서 다음 각 목의 어느 하나에 해당하는 특정소방대상물
　　ⓐ 별표 2 제6호나목의 철도 및 도시철도 시설
　　ⓑ 별표 2 제6호다목의 공항시설
　㉣ 하나의 건축물에 「영화 및 비디오물의 진흥에 관한 법률」 제2조제10호에 따른 영화상영관이 10개 이상인 특정소방대상물

14 ▶ 착공신고

① 공사업자는 대통령령으로 정하는 소방시설공사를 하려면 행정안전부령으로 정하는 바에 따라 그 공사의 내용, 시공 장소, 그 밖에 필요한 사항을 소방본부장이나 소방서장에게 신고하여야 한다.
② 공사업자가 ①에 따라 신고한 사항 가운데 행정안전부령으로 정하는 중요한 사항을 변경하였을 때에는 행정안전부령으로 정하는 바에 따라 변경신고를 하여야 한다. 이

경우 중요한 사항에 해당하지 아니하는 변경 사항은 제20조에 따른 공사감리 결과보고서에 포함하여 소방본부장이나 소방서장에게 보고하여야 한다.
③ 착공신고대상
　㉠ 모든 특정소방대상물에 신설하는 공사 : 전체 소방시설[제외되는 사항 정리필요] 제연설비(소방용 외의 용도와 겸용되는 제연설비를 「건설산업기본법 시행령」 별표 1에 따른 기계설비공사업자가 공사하는 경우는 제외한다), 소화용수설비(소화용수설비를 「건설산업기본법 시행령」 별표 1에 따른 기계설비공사업자 또는 상·하수도설비공사업자가 공사하는 경우는 제외한다) 비상방송설비(소방용 외의 용도와 겸용되는 비상방송설비를 「정보통신공사업법」에 따른 정보통신공사업자가 공사하는 경우는 제외한다), 비상콘센트설비(비상콘센트설비를 「전기공사업법」에 따른 전기공사업자가 공사하는 경우는 제외한다) 또는 무선통신보조설비(소방용 외의 용도와 겸용되는 무선통신보조설비를 「정보통신공사업법」에 따른 정보통신공사업자가 공사하는 경우는 제외한다) and 단독경보형감지기, 누전경보기, 가스누설경보기, 자동화재속보설비
　㉡ 모든 특정소방대상물에 다음 각 목의 어느 하나에 해당하는 설비 또는 구역 등을 증설하는 공사
　　ⓐ 옥내·옥외소화전설비
　　ⓑ 스프링클러설비·간이스프링클러설비 또는 물분무등소화설비의 방호구역, 자동화재탐지설비의 경계구역, 제연설비의 제연구역(소방용 외의 용도와 겸용되는 제연설비를 「건설산업기본법 시행령」 별표 1에 따른 기계설비공사업자가 공사하는 경우는 제외한다), 연결살수설비의 살수구역, 연결송수관설비의 송수구역, 비상콘센트설비의 전용회로, 연소방지설비의 살수구역
　㉢ 전부 또는 일부를 개설(改設), 이전(移轉) 또는 정비(整備)하는 공사. 다만, 고장 또는 파손 등으로 인하여 작동시킬 수 없는 소방시설을 긴급히 교체하거나 보수하여야 하는 경우에는 신고하지 않을 수 있다.
　　ⓐ 수신반(受信盤)
　　ⓑ 소화펌프
　　ⓒ 동력(감시)제어반
④ 착공신고 서류
　㉠ 공사업자의 소방시설공사업 등록증 사본 1부 및 등록수첩 사본 1부
　㉡ 해당 소방시설공사의 책임시공 및 기술관리를 하는 기술인력의 기술등급을 증명하는 서류 사본 1부
　㉢ 법 제21조의3제2항에 따라 체결한 소방시설공사 계약서 사본 1부

ⓔ 설계도서(설계설명서를 포함한다) 1부. 다만, 영 제4조제3호에 해당하는 소방시설 공사인 경우 또는 「화재예방, 소방시설 설치·유지 및 안전관리에 관한 법률 시행규칙」 제4조제2항에 따라 건축허가등의 동의요구서에 첨부된 서류 중 설계도서가 변경되지 않은 경우에는 설계도서를 첨부하지 않을 수 있다.
　　ⓜ 소방시설공사를 하도급하는 경우 다음 각 목의 서류
　　　ⓐ 제20조제1항 및 별지 제31호서식에 따른 소방시설공사등의 하도급통지서 사본 1부
　　　ⓑ 하도급대금 지급에 관한 다음의 어느 하나에 해당하는 서류
　　　　㉮ 「하도급거래 공정화에 관한 법률」 제13조의2에 따라 공사대금 지급을 보증한 경우에는 하도급대금 지급보증서 사본 1부
　　　　㉯ 「하도급거래 공정화에 관한 법률」 제13조의2제1항 각 호 외의 부분 단서 및 같은 법 시행령 제8조제1항에 따라 보증이 필요하지 않거나 보증이 적합하지 않다고 인정되는 경우에는 이를 증빙하는 서류 사본 1부
⑤ 착공신고사항 중 중요한 사항 변경사항들[변경일로부터 30일 이내 소방본부장 또는 소방서장에게 신고]
　㉠ 시공자
　㉡ 설치되는 소방시설의 종류
　㉢ 책임시공 및 기술관리 소방기술자
⑥ 착공신고의 변경신고를 받은 경우 2일 이내에 공사현장에 배치되는 기술자 내용기재 발급, 7일 이내 협회에 통보

15 완공검사

① 공사업자는 소방시설공사를 완공하면 소방본부장 또는 소방서장의 완공검사를 받아야 한다.
② 공사감리자가 지정되어 있는 경우에는 공사감리 결과보고서로 완공검사를 갈음하되, 대통령령으로 정하는 특정소방대상물의 경우에는 소방본부장이나 소방서장이 소방시설공사가 공사감리 결과보고서대로 완공되었는지를 현장에서 확인할 수 있다.
③ 현장확인 소방대상물
　㉠ 문화 및 집회시설, 종교시설, 판매시설, 노유자(老幼者)시설, 수련시설, 운동시설, 숙박시설, 창고시설, 지하상가 및 「다중이용업소의 안전관리에 관한 특별법」에 따른 다중이용업소

ⓒ 다음 각 목의 어느 하나에 해당하는 설비가 설치되는 특정소방대상물
    ⓐ 스프링클러설비등
    ⓑ 물분무등소화설비(호스릴 방식의 소화설비는 제외한다)
ⓒ 연면적 1만제곱미터 이상이거나 11층 이상인 특정소방대상물(아파트는 제외한다)
ⓔ 가연성가스를 제조·저장 또는 취급하는 시설 중 지상에 노출된 가연성가스탱크의 저장용량 합계가 1천톤 이상인 시설

16 ▶ 공사의 하자보수등

① 하자보수 보증기간
    ㉠ 피난기구, 유도등, 유도표지, 비상경보설비, 비상조명등, 비상방송설비 및 무선통신보조설비 : 2년
    ㉡ 자동소화장치, 옥내소화전설비, 스프링클러설비, 간이스프링클러설비, 물분무등소화설비, 옥외소화전설비, 자동화재탐지설비, 상수도소화용수설비 및 소화활동설비(무선통신보조설비는 제외한다), 비상콘센트설비 : 3년
② 관계인은 ①에 따른 기간에 소방시설의 하자가 발생하였을 때에는 공사업자에게 그 사실을 알려야 하며, 통보를 받은 공사업자는 3일 이내에 하자를 보수하거나 보수 일정을 기록한 하자보수계획을 관계인에게 서면으로 알려야 한다.

17 ▶ 감리의 업무

① 소방시설등의 설치계획표의 적법성 검토
② 소방시설등 설계도서의 적합성(적법성과 기술상의 합리성을 말한다. 이하 같다) 검토
③ 소방시설등 설계 변경 사항의 적합성 검토
④ 「화재예방, 소방시설 설치·유지 및 안전관리에 관한 법률」 제2조제1항제4호의 소방용품의 위치·규격 및 사용 자재의 적합성 검토
⑤ 공사업자가 한 소방시설등의 시공이 설계도서와 화재안전기준에 맞는지에 대한 지도·감독
⑥ 완공된 소방시설등의 성능시험
⑦ 공사업자가 작성한 시공 상세 도면의 적합성 검토
⑧ 피난시설 및 방화시설의 적법성 검토
⑨ 실내장식물의 불연화(不燃化)와 방염 물품의 적법성 검토

18. 감리의 종류, 방법, 대상 [대통령령]

① 상주공사감리 [연면적 3만제곱미터 이상(아파트 제외), 지하층 포함 16층 이상으로서 500세대 이상 아파트]
② 일반공사감리 [상주공사감리대상 아닌 것]
③ 일반공사감리 시 주1회 방문, 14일 이내 부득이한 사유로 없는 경우 업무대행자 지정, 주2회 방문

19. 감리지정대상 특정소방대상물

① 옥내소화전설비를 신설·개설 또는 증설할 때
② 스프링클러설비등(캐비닛형 간이스프링클러설비는 제외한다)을 신설·개설하거나 방호·방수 구역을 증설할 때
③ 물분무등소화설비(호스릴 방식의 소화설비는 제외한다)를 신설·개설하거나 방호·방수 구역을 증설할 때
④ 옥외소화전설비를 신설·개설 또는 증설할 때
⑤ 자동화재탐지설비를 신설 또는 개설할 때
⑤의2. 비상방송설비를 신설 또는 개설할 때
⑥ 통합감시시설을 신설 또는 개설할 때
⑥의2. 비상조명등을 신설 또는 개설할 때
⑦ 소화용수설비를 신설 또는 개설할 때
⑧ 다음 각 목에 따른 소화활동설비에 대하여 각 목에 따른 시공을 할 때
　㉠ 제연설비를 신설·개설하거나 제연구역을 증설할 때
　㉡ 연결송수관설비를 신설 또는 개설할 때
　㉢ 연결살수설비를 신설·개설하거나 송수구역을 증설할 때
　㉣ 비상콘센트설비를 신설·개설하거나 전용회로를 증설할 때
　㉤ 무선통신보조설비를 신설 또는 개설할 때
　㉥ 연소방지설비를 신설·개설하거나 살수구역을 증설할 때

20. 감리자의 지정

대통령령으로 정하는 특정소방대상물의 관계인이 특정소방대상물에 대하여 자동화재탐지설비, 옥내소화전설비 등 대통령령으로 정하는 소방시설을 시공할 때에는 소방시설공

사의 감리를 위하여 감리업자를 공사감리자로 지정하여야 한다 - 미지정 관계인 [1년 이하 징역 또는 1,000만원 이하의 벌금]

21 ▸▸ 감리원 세부 배치기준

① 영 별표 3에 따른 상주 공사감리 대상인 경우
  ㉠ 기계분야의 감리원 자격을 취득한 사람과 전기분야의 감리원 자격을 취득한 사람 각 1명 이상을 감리원으로 배치할 것. 다만, 기계분야 및 전기분야의 감리원 자격을 함께 취득한 사람이 있는 경우에는 그에 해당하는 사람 1명 이상을 배치할 수 있다.
  ㉡ 소방시설용 배관(전선관을 포함한다. 이하 같다)을 설치하거나 매립하는 때부터 소방시설 완공검사증명서를 발급받을 때까지 소방공사감리현장에 감리원을 배치할 것
② 영 별표 3에 따른 일반 공사감리 대상인 경우
  ㉠ 기계분야의 감리원 자격을 취득한 사람과 전기분야의 감리원 자격을 취득한 사람 각 1명 이상을 감리원으로 배치할 것. 다만, 기계분야 및 전기분야의 감리원 자격을 함께 취득한 사람이 있는 경우에는 그에 해당하는 사람 1명 이상을 배치할 수 있다.
  ㉡ 별표 3에 따른 기간 동안 감리원을 배치할 것
  ㉢ 감리원은 주 1회 이상 소방공사감리현장에 배치되어 감리할 것
  ㉣ 1명의 감리원이 담당하는 소방공사감리현장은 5개 이하(자동화재탐지설비 또는 옥내소화전설비 중 어느 하나만 설치하는 2개의 소방공사감리현장이 최단 차량주행거리로 30킬로미터 이내에 있는 경우에는 1개의 소방공사감리현장으로 본다)로서 감리현장 연면적의 총 합계가 10만제곱미터 이하일 것. 다만, 일반 공사감리 대상인 아파트의 경우에는 연면적의 합계에 관계없이 1명의 감리원이 5개 이내의 공사현장을 감리할 수 있다.

22. 감리원 배치기준

① 감리원의 배치기준

감리원의 배치기준		소방시설공사 현장의 기준
책임감리원	보조감리원	
1. 행정안전부령으로 정하는 특급감리원 중 소방기술사	행정안전부령으로 정하는 초급감리원 이상의 소방공사 감리원 (기계분야 및 전기분야)	가. 연면적 20만제곱미터 이상인 특정소방대상물의 공사 현장 나. 지하층을 포함한 층수가 40층 이상인 특정소방대상물의 공사 현장
2. 행정안전부령으로 정하는 특급감리원 이상의 소방공사 감리원 (기계분야 및 전기분야)	행정안전부령으로 정하는 초급감리원 이상의 소방공사 감리원 (기계분야 및 전기분야)	가. 연면적 3만제곱미터 이상 20만제곱미터 미만인 특정소방대상물(아파트는 제외한다)의 공사 현장 나. 지하층을 포함한 층수가 16층 이상 40층 미만인 특정소방대상물의 공사 현장
3. 행정안전부령으로 정하는 고급감리원 이상의 소방공사 감리원 (기계분야 및 전기분야)	행정안전부령으로 정하는 초급감리원 이상의 소방공사 감리원 (기계분야 및 전기분야)	가. 물분무등소화설비(호스릴 방식의 소화설비는 제외한다) 또는 제연설비가 설치되는 특정소방대상물의 공사 현장 나. 연면적 3만제곱미터 이상 20만제곱미터 미만인 아파트의 공사 현장
4. 행정안전부령으로 정하는 중급감리원 이상의 소방공사 감리원(기계분야 및 전기분야)		연면적 5천제곱미터 이상 3만제곱미터 미만인 특정소방대상물의 공사 현장
5. 행정안전부령으로 정하는 초급감리원 이상의 소방공사 감리원(기계분야 및 전기분야)		가. 연면적 5천제곱미터 미만인 특정소방대상물의 공사 현장 나. 지하구의 공사 현장

비고

가. "책임감리원"이란 해당 공사 전반에 관한 감리업무를 총괄하는 사람을 말한다.

나. "보조감리원"이란 책임감리원을 보좌하고 책임감리원의 지시를 받아 감리업무를 수행하는 사람을 말한다.

다. 소방시설공사 현장의 연면적 합계가 20만제곱미터 이상인 경우에는 20만제곱미터를 초과하는 연면적에 대하여 10만제곱미터(20만제곱미터를 초과하는 연면적이 10만제곱미터에 미달하는 경우에는 10만제곱미터로 본다)마다 보조감리원 1명 이상을 추가로 배치해야 한다.

라. 위 표에도 불구하고 상주 공사감리에 해당하지 않는 소방시설의 공사에는 보조감리원을 배치하지 않을 수 있다.

마. 특정 공사 현장이 2개 이상의 공사 현장 기준에 해당하는 경우에는 해당 공사 현장 기준에 따라 배치해야 하는 감리원을 각각 배치하지 않고 그 중 상위 등급 이상의 감리원을 배치할 수 있다.

② 소방공사 감리원의 배치기간
　㉠ 감리업자는 ①의 기준에 따른 소방공사 감리원을 상주 공사감리 및 일반 공사감리로 구분하여 소방시설공사의 착공일부터 소방시설 완공검사증명서 발급일까지의 기간 중 행정안전부령으로 정하는 기간 동안 배치한다.
　㉡ 감리업자는 ㉠에도 불구하고 시공관리, 품질 및 안전에 지장이 없는 경우로서 다음의 어느 하나에 해당하여 발주자가 서면으로 승낙하는 경우에는 해당 공사가 중단된 기간 동안 감리원을 공사현장에 배치하지 않을 수 있다.
　　ⓐ 민원 또는 계절적 요인 등으로 해당 공정의 공사가 일정 기간 중단된 경우
　　ⓑ 예산의 부족 등 발주자(하도급의 경우에는 수급인을 포함한다. 이하 이 목에서 같다)의 책임 있는 사유 또는 천재지변 등 불가항력으로 공사가 일정기간 중단된 경우
　　ⓒ 발주자가 공사의 중단을 요청하는 경우

23 감리결과 통보 및 보고

① 감리업자는 공사가 완료된 날부터 7일 이내에 서면으로 관계인, 도급인, 공사를 감리한 건축사에게 통보
② 감리업자는 공사가 완료된 날부터 7일 이내에 소방본부장 또는 소방서장에게 감리결과보고서 제출

24 감리원 기술등급

구분	기계분야	전기분야
특급 감리원	• 소방기술사 자격을 취득한 사람	
	• 소방설비기사 기계분야 자격을 취득한 후 8년 이상 소방 관련 업무를 수행한 사람 • 소방설비산업기사 기계분야 자격을 취득한 후 12년 이상 소방 관련 업무를 수행한 사람	• 소방설비기사 전기분야 자격을 취득한 후 8년 이상 소방 관련 업무를 수행한 사람 • 소방설비산업기사 전기분야 자격을 취득한 후 12년 이상 소방 관련 업무를 수행한 사람

고급 감리원	• 소방설비기사 기계분야 자격을 취득한 후 5년 이상 소방 관련 업무를 수행한 사람 • 소방설비산업기사 기계분야 자격을 취득한 후 8년 이상 소방 관련 업무를 수행한 사람	• 소방설비기사 전기분야 자격을 취득한 후 5년 이상 소방 관련 업무를 수행한 사람 • 소방설비산업기사 전기분야 자격을 취득한 후 8년 이상 소방 관련 업무를 수행한 사람
중급 감리원	• 소방설비기사 기계분야 자격을 취득한 후 3년 이상 소방 관련 업무를 수행한 사람 • 소방설비산업기사 기계분야 자격을 취득한 후 6년 이상 소방 관련 업무를 수행한 사람	• 소방설비기사 전기분야 자격을 취득한 후 3년 이상 소방 관련 업무를 수행한 사람 • 소방설비산업기사 전기분야 자격을 취득한 후 6년 이상 소방 관련 업무를 수행한 사람
	• 제1호나목1)에 해당하는 학과 학사학위를 취득한 후 1년 이상 소방 관련 업무를 수행한 사람 • 「고등교육법」 제2조제1호부터 제6호까지의 규정 중 어느 하나에 해당하는 학교에서 제1호나목1)에 해당하는 학과 전문학사학위를 취득한 후 3년 이상 소방 관련 업무를 수행한 사람 • 소방공무원으로서 3년 이상 근무한 경력이 있는 사람 • 5년 이상 소방 관련 업무를 수행한 사람	
초급 감리원	• 소방설비기사 기계분야 자격을 취득한 후 1년 이상 소방 관련 업무를 수행한 사람 • 소방설비산업기사 기계분야 자격을 취득한 후 2년 이상 소방 관련 업무를 수행한 사람 • 제1호나목3)부터 6)까지의 규정 중 어느 하나에 해당하는 학과 학사학위를 취득한 후 1년 이상 소방 관련 업무를 수행한 사람 • 「고등교육법」 제2조제1호부터 제6호까지의 규정 중 어느 하나에 해당하는 학교에서 제1호나목3)부터 6)까지의 규정에 해당하는 학과 전문학사학위를 취득한 후 3년 이상 소방 관련 업무를 수행한 사람	• 소방설비기사 전기분야 자격을 취득한 후 1년 이상 소방 관련 업무를 수행한 사람 • 소방설비산업기사 전기분야 자격을 취득한 후 2년 이상 소방 관련 업무를 수행한 사람 • 제1호나목2)에 해당하는 학과 학사학위를 취득한 후 1년 이상 소방 관련 업무를 수행한 사람 • 「고등교육법」 제2조제1호부터 제6호까지의 규정 중 어느 하나에 해당하는 학교에서 제1호나목2)에 해당하는 학과 전문학사학위를 취득한 후 3년 이상 소방 관련 업무를 수행한 사람

비고
1. 동일한 기간에 수행한 경력이 두 가지 이상의 자격 기준에 해당하는 경우에는 하나의 자격 기준에 대해서만 그 기간을 인정하고 기간이 중복되지 아니하는 경우에는 각각의 기간을 경력으로 인정한다. 이 경우 동일 기술등급의 자격 기준별 경력기간을 해당 경력기준기간으로 나누어 합한 값이 1 이상이면 해당 기술등급의 자격 기준을 갖춘 것으로 본다.
2. "소방 관련 업무"란 다음 각 목의 어느 하나에 해당하는 업무를 말한다.
   가. 제1호다목에 해당하는 경력으로 인정되는 업무
   나. 소방공무원으로서 근무한 업무
3. 비고 제2호에 따른 소방 관련 업무를 수행한 경력으로서 위 표에서 정한 국가기술자격 취득 전의 경력은 그 경력의 50퍼센트만 인정한다.

25 ▸▸ 하도급

① 시공의 경우 1차에 한하여 하도급할 수 있다.
② 법 제22조제1항 단서에서 "대통령령으로 정하는 경우"란 소방시설공사업과 다음 각 호의 어느 하나에 해당하는 사업을 함께 하는 소방시설공사업자가 소방시설공사와 해당 사업의 공사를 함께 도급받은 경우를 말한다.
　㉠「주택법」제4조에 따른 주택건설사업
　㉡「건설산업기본법」제9조에 따른 건설업
　㉢「전기공사업법」제4조에 따른 전기공사
　㉣「정보통신공사업법」제14조에 따른 정보통신공사

26 ▸▸ 도급계약의 해지

특정소방대상물의 관계인 또는 발주자는 해당 도급계약의 수급인이 다음 각 호의 어느 하나에 해당하는 경우에는 도급계약을 해지할 수 있다.
① 소방시설업이 등록취소되거나 영업정지된 경우
② 소방시설업을 휴업하거나 폐업한 경우
③ 정당한 사유 없이 30일 이상 소방시설공사를 계속하지 아니하는 경우
④ 제22조의2제2항에 따른 요구에 정당한 사유 없이 따르지 아니하는 경우

27 ▸▸ 시공능력 평가 및 방염처리능력평가

소방청장이 실시

28 ▸▸ 소방기술경력등의 인정등

① 소방기술경력수첩 등 인정자 : 소방청장
② 소방청장은 제2항에 따라 자격수첩 또는 경력수첩을 발급받은 사람이 다음 각 호의 어느 하나에 해당하는 경우에는 행정안전부령으로 정하는 바에 따라 그 자격을 취소하거나 6개월 이상 2년 이하의 기간을 정하여 그 자격을 정지시킬 수 있다. 다만, ㉠과 ㉡에 해당하는 경우에는 그 자격을 취소하여야 한다.
　㉠ 거짓이나 그 밖의 부정한 방법으로 자격수첩 또는 경력수첩을 발급받은 경우
　㉡ 제27조제2항을 위반하여 자격수첩 또는 경력수첩을 다른 사람에게 빌려준 경우

ⓒ 제27조제3항을 위반하여 동시에 둘 이상의 업체에 취업한 경우
ⓔ 이 법 또는 이 법에 따른 명령을 위반한 경우
③ 자격이 취소된 사람은 취소된 날부터 2년간 자격수첩 또는 경력수첩을 발급받을 수 없다.

29 ▶▶ 소방기술자 실무교육 : 2년마다 1회

한국소방안전협회의 장은 소방기술자에 대한 실무교육을 실시하려면 교육일정등 교육에 필요한 계획을 수립하여 소방청장에게 보고한 후 교육 10일 전까지 대상자에게 알려야 한다.

30 ▶▶ 소방기술자 배치기준

소방기술자의 배치기준	소방시설공사 현장의 기준
1. 행정안전부령으로 정하는 특급기술자인 소방기술자(기계분야 및 전기분야)	가. 연면적 20만제곱미터 이상인 특정소방대상물의 공사 현장 나. 지하층을 포함한 층수가 40층 이상인 특정소방대상물의 공사 현장
2. 행정안전부령으로 정하는 고급기술자 이상의 소방기술자(기계분야 및 전기분야)	가. 연면적 3만제곱미터 이상 20만제곱미터 미만인 특정소방대상물(아파트는 제외한다)의 공사 현장 나. 지하층을 포함한 층수가 16층 이상 40층 미만인 특정소방대상물의 공사 현장
3. 행정안전부령으로 정하는 중급기술자 이상의 소방기술자(기계분야 및 전기분야)	가. 물분무등소화설비(호스릴 방식의 소화설비는 제외한다) 또는 제연설비가 설치되는 특정소방대상물의 공사 현장 나. 연면적 5천제곱미터 이상 3만제곱미터 미만인 특정소방대상물(아파트는 제외한다)의 공사 현장 다. 연면적 1만제곱미터 이상 20만제곱미터 미만인 아파트의 공사현장
4. 행정안전부령으로 정하는 초급기술자 이상의 소방기술자(기계분야 및 전기분야)	가. 연면적 1천제곱미터 이상 5천제곱미터 미만인 특정소방대상물(아파트는 제외한다)의 공사 현장 나. 연면적 1천제곱미터 이상 1만제곱미터 미만인 아파트의 공사 현장 다. 지하구(地下溝)의 공사 현장
5. 법 제28조에 따라 자격수첩을 발급받은 소방기술자	연면적 1천제곱미터 미만인 특정소방대상물의 공사 현장

비고
가. 다음의 어느 하나에 해당하는 기계분야 소방시설공사의 경우에는 소방기술자의 배치기준에 따른 기

계분야의 소방기술자를 공사 현장에 배치해야 한다.
1) 옥내소화전설비, 스프링클러설비등, 물분무등소화설비 또는 옥외소화전설비의 공사
2) 상수도소화용수설비, 소화수조·저수조 또는 그 밖의 소화용수설비의 공사
3) 제연설비, 연결송수관설비, 연결살수설비 또는 연소방지설비의 공사
4) 기계분야 소방시설에 부설되는 전기시설의 공사. 다만, 비상전원, 동력회로, 제어회로, 기계분야의 소방시설을 작동하기 위해 설치하는 화재감지기에 의한 화재감지장치 및 전기신호에 의한 소방시설의 작동장치의 공사는 제외한다.

나. 다음의 어느 하나에 해당하는 전기분야 소방시설공사의 경우에는 소방기술자의 배치기준에 따른 전기분야의 소방기술자를 공사 현장에 배치해야 한다.
1) 비상경보설비, 시각경보기, 자동화재탐지설비, 비상방송설비, 자동화재속보설비 또는 통합감시시설의 공사
2) 비상콘센트설비 또는 무선통신보조설비의 공사
3) 기계분야 소방시설에 부설되는 전기시설 중 가목4) 단서의 전기시설 공사

다. 가목 및 나목에도 불구하고 기계분야 및 전기분야의 자격을 모두 갖춘 소방기술자가 있는 경우에는 소방시설공사를 분야별로 구분하지 않고 그 소방기술자를 배치할 수 있다.

라. 가목 및 나목에도 불구하고 소방공사감리업자가 감리하는 소방시설공사가 다음의 어느 하나에 해당하는 경우에는 소방기술자를 소방시설공사 현장에 배치하지 않을 수 있다.
1) 소방시설의 비상전원을 「전기공사업법」에 따른 전기공사업자가 공사하는 경우
2) 상수도소화용수설비, 소화수조·저수조 또는 그 밖의 소화용수설비를 「건설산업기본법 시행령」 별표 1에 따른 기계설비공사업자 또는 상·하수도설비공사업자가 공사하는 경우
3) 소방 외의 용도와 겸용되는 제연설비를 「건설산업기본법 시행령」 별표 1에 따른 기계설비공사업자가 공사하는 경우
4) 소방 외의 용도와 겸용되는 비상방송설비 또는 무선통신보조설비를 「정보통신공사업법」에 따른 정보통신공사업자가 공사하는 경우

마. 공사업자는 다음의 경우를 제외하고는 1명의 소방기술자를 2개의 공사 현장을 초과하여 배치해서는 안 된다. 다만, 연면적 3만제곱미터 이상의 특정소방대상물(아파트는 제외한다)이거나 지하층을 포함한 층수가 16층 이상으로서 500세대 이상인 아파트에 대한 소방시설 공사의 경우에는 1개의 공사 현장에만 배치해야 한다.
1) 건축물의 연면적이 5천제곱미터 미만인 공사 현장에만 배치하는 경우. 다만, 그 연면적의 합계는 2만제곱미터를 초과해서는 안 된다.
2) 건축물의 연면적이 5천제곱미터 이상인 공사 현장 2개 이하와 5천제곱미터 미만인 공사 현장에 같이 배치하는 경우. 다만, 5천제곱미터 미만의 공사 현장의 연면적의 합계는 1만제곱미터를 초과해서는 안 된다.

바. 특정 공사 현장이 2개 이상의 공사 현장 기준에 해당하는 경우에는 해당 공사 현장 기준에 따라 배치해야 하는 소방기술자를 각각 배치하지 않고 그 중 상위 등급 이상의 소방기술자를 배치할 수 있다.

2. 소방기술자의 배치기간
가. 공사업자는 제1호에 따른 소방기술자를 소방시설공사의 착공일부터 소방시설 완공검사증명서 발급일까지 배치한다.
나. 공사업자는 가목에도 불구하고 시공관리, 품질 및 안전에 지장이 없는 경우로서 다음의 어느 하나에 해당하여 발주자가 서면으로 승낙하는 경우에는 해당 공사가 중단된 기간 동안 소방기술자를

공사 현장에 배치하지 않을 수 있다.
1) 민원 또는 계절적 요인 등으로 해당 공정의 공사가 일정 기간 중단된 경우
2) 예산의 부족 등 발주자(하도급의 경우에는 수급인을 포함한다. 이하 이 목에서 같다)의 책임 있는 사유 또는 천재지변 등 불가항력으로 공사가 일정기간 중단된 경우
3) 발주자가 공사의 중단을 요청하는 경우

31 ▶▶ 청문

① 소방시설업 등록취소처분 이나 영업정지처분 청문권자 : 시·도지사
② 소방기술인정자격취소처분 청문권자 : 소방청장

32 ▶▶ 벌칙

① 3년 이하의 징역 또는 3,000만원 이하의 벌금 : 소방시설업 등록을 하지 아니하고 영업을 한 자
② 1년 이하의 징역 또는 1,000만원 이하의 벌금
  ㉠ 영업정지처분을 받고 그 영업정지 기간에 영업을 한 자
  ㉡ 불법으로(화재안전기준 위반) 설계나 시공을 한 자
  ㉢ 불법으로(규정을 위반) 감리를 하거나 거짓으로 감리한 자
  ㉣ 공사감리자를 지정하지 아니한 자
  ㉣의2. 공사업자에대한 시정요구 이행하지 않거나 그 사실 보고를 거짓으로 한 자
  ㉣의3. 공사감리 결과의 통보 또는 공사감리 결과보고서의 제출을 거짓으로 한 자
  ㉤ 해당 소방시설업자가 아닌 자에게 소방시설공사등을 도급한 자
  ㉥ 제3자에게 소방시설공사 시공을 하도급한 자
  ㉦ 법 또는 명령을 따르지 아니하고 업무를 수행한 자(기술자)
③ 300만원이하의 벌금
  ㉠ 등록증이나 등록수첩을 다른 자에게 빌려준 자
  ㉡ 소방시설공사 현장에 감리원을 배치하지 아니한 자
  ㉢ 감리업자의 보완 요구에 따르지 아니한 자
  ㉣ 공사감리 계약을 해지하거나 대가 지급을 거부하거나 지연시키거나 불이익을 준 자
  ㉤ 자격수첩 또는 경력수첩을 빌려 준 사람
  ㉥ 동시에 둘 이상의 업체에 취업한 사람

ⓢ 관계인의 정당한 업무를 방해하거나 업무상 알게 된 비밀을 누설한 사람
④ 100만원 이하의 벌금
  ㉠ 감독권자 명령위반하여 보고 또는 자료 제출을 하지 아니하거나 거짓으로 한 자
  ㉡ 감독규정을 위반하여 정당한 사유 없이 관계 공무원의 출입 또는 검사·조사를 거부·방해 또는 기피한 자
⑤ 200만원 이하의 과태료
  ㉠ 제6조, 제6조의2제1항, 제7조제3항, 제13조제1항 및 제2항 전단, 제17조제2항을 위반하여 신고를 하지 아니하거나 거짓으로 신고한 자
  ㉡ 관계인에게 지위승계, 행정처분 또는 휴업·폐업의 사실을 거짓으로 알린 자
  ㉢ 제8조제4항을 위반하여 관계 서류를 보관하지 아니한 자
  ㉣ 소방기술자를 공사 현장에 배치하지 아니한 자
  ㉤ 완공검사를 받지 아니한 자
  ㉥ 3일 이내에 하자를 보수하지 아니하거나 하자보수계획을 관계인에게 거짓으로 알린 자
  ㉦ 감리 관계 서류를 인수·인계하지 아니한 자
  ㉧ 감리원배치통보 및 변경통보를 하지 아니하거나 거짓으로 통보한 자
  ㉨ 제20조의2를 위반하여 방염성능기준 미만으로 방염을 한 자
  ㉩ 도급계약 체결 시 의무를 이행하지 아니한 자
  ㉪ 하도급 등의 통지를 하지 아니한 자
  ㉫ 자료제출을 거짓으로 한 자
  ㉬ 명령을 위반하여 보고 또는 자료 제출을 하지 아니하거나 거짓으로 보고 또는 자료 제출한 자

MEMO

[예상문제]

소방시설공사업법

예상문제

001 공사업법의 목적에 대한 다음 빈칸에 들어갈 말로 올바른 것은?

> 이 법은 소방시설공사 및 소방기술의 관리에 필요한 사항을 규정함으로써 (㉠)을 건전하게 발전시키고 (㉡)시켜 화재로부터 공공의 안전을 확보하고 (㉢)에 이바지함을 목적으로 한다.

	㉠	㉡	㉢
①	소방시설공사업	소방기술을 진흥	복리증진
②	소방시설설계업등	소방기술을 향상	국민경제
③	소방시설업	소방기술을 향상	복리증진
④	소방시설업	소방기술을 진흥	국민경제

해설 소방시설공사업법의 목적
제1조(목적)
이 법은 소방시설공사 및 소방기술의 관리에 필요한 사항을 규정함으로써 소방시설업을 건전하게 발전시키고 소방기술을 진흥시켜 화재로부터 공공의 안전을 확보하고 국민경제에 이바지함을 목적으로 한다.

002 소방시설공사업법상 용어의 정의로 틀린 것은?
① "소방시설업"이란 소방시설설계업, 소방시설공사업, 소방공사감리업, 방염처리업, 소방시설유지관리업을 말한다.
② "소방시설업자"란 소방시설업을 경영하기 위하여 소방시설업을 등록한 자를 말한다.
③ "감리원"이란 소방공사감리업자에 소속된 소방기술자로서 해당 소방시설공사를 감리하는 사람을 말한다.
④ "소방기술자"란 소방기술 경력 등을 인정받은 사람과 소방시설관리사, 소방기술사, 소방설비산업기사, 위험물 기능장, 위험물산업기사, 위험물기능사로서 소방시설업과 소방시설관리업의 기술인력으로 등록된 사람을 말한다.

해설 소방시설업이란 소방시설설계업, 소방시설공사업, 소방공사감리업, 방염처리업을 말한다.

003 소방시설공사업법상 '소방시설업'의 영업에 해당하지 않는 것은?
① 소방시설공사에 기본이 되는 공사계획, 설계도면, 설계설명서, 기술계산서 및 이와 관련된 서류를 작성하는 영업
② 설계도서에 따라 소방시설을 신설, 증설, 개설, 이전 및 정비하는 영업
③ 소방안전관리 업무의 대행 또는 소방시설 등의 점검 및 유지·관리하는 영업
④ 방염대상물품에 대하여 방염처리하는 영업

정답 : 001.④ 002.① 003.③

> **해설** **용어정의**
> "소방시설업"이란 다음 각 목의 영업을 말한다.
> 가. 소방시설설계업 : 소방시설공사에 기본이 되는 공사계획, 설계도면, 설계 설명서, 기술계산서 및 이와 관련된 서류(이하 "설계도서"라 한다)를 작성(이하 "설계"라 한다)하는 영업
> 나. 소방시설공사업 : 설계도서에 따라 소방시설을 신설, 증설, 개설, 이전 및 정비(이하 "시공"이라 한다)하는 영업
> 다. 소방공사감리업 : 소방시설공사에 관한 발주자의 권한을 대행하여 소방시설공사가 설계도서와 관계 법령에 따라 적법하게 시공되는지를 확인하고, 품질·시공 관리에 대한 기술지도를 하는(이하 "감리"라 한다) 영업
> 라. 방염처리업 : 「화재예방, 소방시설 설치·유지 및 안전관리에 관한 법률」제12조제1항에 따른 방염대상물품에 대하여 방염처리(이하 "방염"이라 한다)하는 영업

004 다음에서 괄호 안에 들어갈 올바른 것은?

> 소방시설공사 등을 하려는 자는 업종별로 자본금(개인인 경우 자산평가액), 기술인력 등 (㉠)으로 정하는 요건을 갖추어 (㉡)에게 등록하여야 하며, 등록신청과 등록증, 수첩발급, 재발급신청 등 필요한 사항은 (㉢)으로 정한다.

	㉠	㉡	㉢
①	대통령령	행정안전부장관	행정안전부령
②	대통령령	시·도지사	행정안전부령
③	행정안전부령	시·도지사	행정안전부령
④	행정안전부령	시·도지사	대통령령

005 소방시설업을 등록 시 공기업, 준정부기관 등이 어떠한 요건을 갖춘 경우 시·도지사에게 등록하지 아니하고 자체 기술인력을 활용하여 설계감리를 할 수 있는가?

① 주택의 건설, 공급을 목적으로 설립되고 설계, 감리업무를 주요업무로 규정하고 있을 것
② 주택의 건설, 공급을 목적으로 설립되고 공사, 점검업무를 주요업무로 규정하고 있을 것
③ 주택의 건설, 공급을 목적으로 설립되고 시·도지사의 허가를 받을 것
④ 주택의 건설, 공급을 목적으로 설립되고 대통령령으로 정하는 업무를 주요업무로 규정하고 있을 것

> **해설** **제4조(소방시설업의 등록)**
> ① 특정소방대상물의 소방시설공사 등을 하려는 자는 업종별로 자본금(개인인 경우에는 자산 평가액을 말한다), 기술인력 등 대통령령으로 정하는 요건을 갖추어 특별시장·광역시장·특별자치시장·도지사 또는 특별자치도지사(이하 "시·도지사"라 한다)에게 소방

정답 : 004.② 005.①

예상문제

시설업을 등록하여야 한다.〈개정 2014. 12. 30.〉
② 제1항에 따른 소방시설업의 업종별 영업범위는 대통령령으로 정한다.
③ 제1항에 따른 소방시설업의 등록신청과 등록증·등록수첩의 발급·재발급 신청, 그 밖에 소방시설업 등록에 필요한 사항은 행정안전부령으로 정한다.〈개정 2013. 3. 23., 2014. 11. 19., 2017. 7. 26.〉
④ 제1항에도 불구하고 「공공기관의 운영에 관한 법률」 제5조에 따른 공기업·준정부기관 및 「지방공기업법」 제49조에 따라 설립된 지방공사나 같은 법 제76조에 따라 설립된 지방공단이 다음 각 호의 요건을 모두 갖춘 경우에는 시·도지사에게 등록을 하지 아니하고 자체 기술인력을 활용하여 설계·감리를 할 수 있다. 이 경우 대통령령으로 정하는 기술인력을 보유하여야 한다.
1. 주택의 건설·공급을 목적으로 설립되었을 것
2. 설계·감리 업무를 주요 업무로 규정하고 있을 것

006 소방시설업의 등록결격사유에 해당하지 않는 것은?

① 피성년후견인
② 피한정후견인
③ 금고 이상의 실형을 선고받고 그 집행이 끝나거나(집행이 끝난 것으로 보는 경우를 포함한다) 면제된 날부터 2년이 지나지 아니한 사람
④ 금고 이상의 형의 집행유예를 선고받고 그 유예기간 중에 있는 사람

해설 제5조(등록의 결격사유)
다음 각 호의 어느 하나에 해당하는 자는 소방시설업을 등록할 수 없다.〈개정 2013. 5. 22., 2015. 7. 20., 2018. 2. 9.〉
1. 피성년후견인
2. 삭제〈2015. 7. 20.〉
3. 이 법, 「소방기본법」, 「화재예방, 소방시설 설치·유지 및 안전관리에 관한 법률」 또는 「위험물안전관리법」에 따른 금고 이상의 실형을 선고받고 그 집행이 끝나거나(집행이 끝난 것으로 보는 경우를 포함한다) 면제된 날부터 2년이 지나지 아니한 사람
4. 이 법, 「소방기본법」, 「화재예방, 소방시설 설치·유지 및 안전관리에 관한 법률」 또는 「위험물안전관리법」에 따른 금고 이상의 형의 집행유예를 선고받고 그 유예기간 중에 있는 사람
5. 등록하려는 소방시설업 등록이 취소(제1호에 해당하여 등록이 취소된 경우는 제외한다)된 날부터 2년이 지나지 아니한 자
6. 법인의 대표자가 제1호부터 제5호까지의 규정에 해당하는 경우 그 법인
7. 법인의 임원이 제3호부터 제5호까지의 규정에 해당하는 경우 그 법인

정답 : 006.②

007 다음 중 괄호안에 들어갈 단어로 옳은 것은?

제2조의2(소방시설공사등 관련 주체의 책무)
① [ㄱ]은 소방시설공사등의 품질과 안전이 확보되도록 소방시설공사등에 관한 기준 등을 정하여 보급하여야 한다.
② [ㄴ](은)는 소방시설이 공공의 안전과 복리에 적합하게 시공되도록 공정한 기준과 절차에 따라 능력 있는 소방시설업자를 선정하여야 하고, 소방시설공사등이 적정하게 수행되도록 노력하여야 한다.
③ 소방시설업자는 소방시설공사등의 품질과 안전이 확보되도록 소방시설공사등에 관한 법령을 준수하고, 설계도서·시방서(示方書) 및 도급계약의 내용 등에 따라 성실하게 소방시설공사 등을 수행하여야 한다.

	ㄱ	ㄴ
①	소방본부장 또는 소방서장	도급인
②	소방청장	발주자
③	시도지사	발주자
④	소방청장	도급인

008 다음 중 소방시설설계업의 등록기준 및 영업범위가 옳지 않은 것은?
① 전문소방시설설계업은 모든 특정소방대상물에 설치되는 소방시설 설계를 영업범위로 지정할 수 있다.
② 일반소방시설설계업의 기계분야는 아파트에 설치되는 제연설비를 설계할 수 있다.
③ 일반소방시설설계업의 기계분야 영업범위는 연면적 3만제곱미터(공장의 경우에는 1만제곱미터) 미만의 특정소방대상물(제연설비가 설치되는 특정소방대상물은 제외한다)에 설치되는 기계분야 소방시설의 설계이다.
④ 일반소방시설설계업의 전기분야 영업범위는 연면적 3만제곱미터(공장의 경우에는 1만제곱미터) 미만의 특정소방대상물에 설치되는 전기분야 소방시설의 설계이다.

■해설 1. 소방시설설계업

업종별 \ 항목	기술인력	영업범위
전문 소방시설 설계업	가. 주된 기술인력 : 소방기술사 1명 이상 나. 보조기술인력 : 1명 이상	모든 특정소방대상물에 설치되는 소방시설의 설계

정답 : 007.② 008.②

예상문제

		기술인력	영업범위
일반 소방 시설 설계업	기계분야	가. 주된 기술인력 : 소방기술사 또는 기계분야 소방설비기사 1명 이상 나. 보조기술인력 : 1명 이상	가. 아파트에 설치되는 기계분야 소방시설(제연설비는 제외한다)의 설계 나. 연면적 3만제곱미터(공장의 경우에는 1만제곱미터) 미만 기계설계 다. 위험물제조소 등에 설치되는 기계분야 소방시설의 설계
	전기분야	가. 주된 기술인력 : 소방기술사 또는 전기분야 소방설비기사 1명 이상 나. 보조기술인력 : 1명 이상	가. 아파트에 설치되는 전기분야 소방시설의 설계 나. 연면적 3만제곱미터(공장의 경우에는 1만제곱미터) 미만 전기분야 소방시설의 설계 다. 위험물제조소 등에 설치되는 전기분야 소방시설의 설계

2. 소방시설공사업

업종별	항목	기술인력	자본금 (자산평가액)	영업범위
전문 소방시설 공사업		가. 주된 기술인력 : 소방기술사 또는 기계분야와 전기분야의 소방설비기사 각 1명(기계분야 및 전기분야의 자격을 함께 취득한 사람 1명) 이상 나. 보조기술인력 : 2명 이상	가. 법인 : 1억 원 이상 나. 개인 : 자산평가액 1억 원 이상	특정소방대상물에 설치되는 기계분야 및 전기분야 소방시설의 공사·개설·이전 및 정비
일반 소방 시설 공사업	기계분야	가. 주된 기술인력 : 소방기술사 또는 기계분야 소방설비기사 1명 이상 나. 보조기술인력 : 1명 이상	가. 법인 : 1억 원 이상 나. 개인 : 자산평가액 1억 원 이상	가. 연면적 1만제곱미터 미만의 특정소방대상물에 설치되는 기계분야 소방시설의 공사·개설·이전 및 정비 나. 위험물제조소 등에 설치되는 기계분야 소방시설의 공사·개설·이전 및 정비
	전기분야	가. 주된 기술인력 : 소방기술사 또는 전기분야 소방설비 기사 1명 이상 나. 보조기술인력 : 1명 이상	가. 법인 : 1억 원이상 나. 개인 : 자산평가액 1억 원 이상	가. 연면적 1만제곱미터 미만의 특정소방대상물에 설치되는 전기분야 소방시설의 공사·개설·이전·정비 나. 위험물제조소 등에 설치되는 전기분야 소방시설의 공사·개설·이전·정비

3. 소방공사감리업

업종별	항목	기술인력	영업범위
전문 소방공사 감리업		가. 소방기술사 1명 이상 나. 기계분야 및 전기분야의 특급 감리원 각 1명(기계분야 및 전기분야의 자격을 함께 가지고 있는 사람이 있는 경우에는 그에 해당하는 사람 1명. 이하 다목 부터 마목까지에서 같다) 이상 다. 기계분야 및 전기분야의 고급 감리원 이상의 감리원 각 1명 이상 라. 기계분야 및 전기분야의 중급 감리원 이상의 감리원 각 1명 이상 마. 기계분야 및 전기분야의 초급 감리원 이상의 감리원 각 1명 이상	모든 특정소방대상물에 설치되는 소방시설 공사 감리

일반 소방 공사 감리업	기계분야	가. 기계분야 특급 감리원 1명 이상 나. 기계분야 고급 감리원 또는 중급 감리원 이상의 감리원 1명 이상 다. 기계분야 초급 감리원 이상의 감리원 1명 이상	가. 연면적 3만제곱미터(공장의 경우에는 1만제곱미터) 미만의 특정소방대상물(제연설비가 설치되는 특정소방대상물은 제외한다)에 설치되는 기계분야 소방시설의 감리 나. 아파트에 설치되는 기계분야 소방시설(제연설비는 제외한다)의 감리 다. 위험물제조소 등에 설치되는 기계분야 소방시설의 감리
일반 소방 공사 감리업	전기분야	가. 전기분야 특급 감리원 1명 이상 나. 전기분야 고급 감리원 또는 중급 감리원 이상의 감리원 1명 이상 다. 전기분야 초급 감리원 이상의 감리원 1명 이상	가. 연면적 3만제곱미터(공장의 경우에는 1만제곱미터) 미만의 특정소방대상물에 설치되는 전기분야 소방시설의 감리 나. 아파트에 설치되는 전기분야 소방시설의 감리 다. 위험물제조소 등에 설치되는 전기분야 소방시설의 감리

4. 방염처리업

항목 업종별	실험실	방염처리시설 및 시험기기	영업범위
섬유류 방염업	1개 이상 갖출 것	부표에 따른 섬유류 방염업의 방염처리시설 및 시험기기를 모두 갖추어야 한다.	커튼·카펫 등 섬유류를 주된 원료로 하는 방염대상물품을 제조 또는 가공 공정에서 방염처리
합성수지류 방염업		부표에 따른 합성수지류 방염업의 방염처리시설 및 시험기기를 모두 갖추어야 한다.	합성수지류를 주된 원료로 하는 방염대상물품을 제조 또는 가공 공정에서 방염처리
합판·목재류 방염업		부표에 따른 합판·목재류 방염업의 방염처리시설 및 시험기기를 모두 갖추어야 한다.	합판 또는 목재류를 제조·가공 공정 또는 설치 현장에서 방염처리

009 소방시설업의 업종별 등록기준 중 옳은 설명은?

① 전문소방시설설계업의 등록기준에는 소방기술사 1명, 보조기술인력 2명이 필요하다.
② 일반소방시설설계업의 영업범위는 연면적 3만제곱미터 미만의 공장에 설치되는 기계, 전기분야 설계까지 할 수 있다.
③ 일반 소방시설설계업의 기계분야 및 전기분야를 함께 하는 경우 주된 기술인력은 소방기술사 1명 또는 기계분야 소방설비기사와 전기분야 소방설비기사 자격을 함께 취득한 사람 1명 이상으로 할 수 있다.
④ 일반 소방시설설계업과 전문 소방시설공사업을 함께 하려는 경우 소방기술사 자격을 취득하거나 기계분야 및 전기분야 소방설비산업기사 자격을 함께 취득한 사람을 주인력으로 선임할 수 있다.

해설 1. 일반 소방시설설계업의 기계분야 및 전기분야를 함께 하는 경우 주된 기술인력은 소방기술사 1명 또는 기계분야 소방설비기사와 전기분야 소방설비기사 자격을 함께 취득한 사람 1명 이상으로 할 수 있다.

정답 : 009.②

예상문제

2. 소방시설설계업을 하려는 자가 소방시설공사업, 「소방시설 설치·유지 및 안전관리에 관한 법률」 제29조에 따른 소방시설관리업(이하 "소방시설관리업"이라 한다) 또는 「다중이용업소의 안전관리에 관한 특별법」 제16조에 따른 화재위험평가 대행 업무(이하 "화재위험평가 대행업"이라 한다) 중 어느 하나를 함께 하려는 경우 소방시설공사업, 소방시설관리업 또는 화재위험평가 대행업 기술인력으로 등록된 기술인력은 다음 각 목의 기준에 따라 소방시설설계업 등록 시 갖추어야 하는 해당 자격을 가진 기술인력으로 볼 수 있다.
   가. 전문 소방시설설계업과 소방시설관리업을 함께 하는 경우 : 소방기술사 자격과 소방시설관리사 자격을 함께 취득한 사람
   나. 전문 소방시설설계업과 전문 소방시설공사업을 함께 하는 경우 : 소방기술사 자격을 취득한 사람
   다. 전문 소방시설설계업과 화재위험평가 대행업을 함께 하는 경우 : 소방기술사 자격을 취득한 사람
   라. 일반 소방시설설계업과 소방시설관리업을 함께 하는 경우 다음의 어느 하나에 해당하는 사람
      1) 소방기술사 자격과 소방시설관리사 자격을 함께 취득한 사람
      2) 기계분야 소방설비기사 또는 전기분야 소방설비기사 자격을 취득한 사람 중 소방시설관리사 자격을 취득한 사람
   마. 일반 소방시설설계업과 일반 소방시설공사업을 함께 하는 경우 : 소방기술사 자격을 취득하거나 기계분야 또는 전기분야 소방설비기사 자격을 취득한 사람
   바. 일반 소방시설설계업과 전문 소방시설공사업을 함께 하는 경우 : 소방기술사 자격을 취득하거나 기계분야 및 전기분야 소방설비기사 자격을 함께 취득한 사람
   사. 전문 소방시설설계업과 일반 소방시설공사업을 함께하는 경우 : 소방기술사 자격을 취득한 사람
3. "보조기술인력"이란 다음 각 목의 어느 하나에 해당하는 사람을 말한다.
   가. 소방기술사, 소방설비기사 또는 소방설비산업기사 자격을 취득한 사람
   나. 소방공무원으로 재직한 경력이 3년 이상인 사람으로서 자격수첩을 발급받은 사람
   다. 법 제28조제3항에 따라 행정안전부령으로 정하는 소방기술과 관련된 자격·경력 및 학력을 갖춘 사람으로서 자격수첩을 발급받은 사람

010 다음 중 일반감리업 구분에서 전기분야 대상이 되는 소방시설이 아닌 것은?

① 기계분야 소방시설에 부설되는 전기시설
② 비상전원, 동력회로, 제어회로
③ 기계분야 소방시설을 작동하기 위하여 설치하는 화재감지기에 의한 화재감지장치 및 전기신호
④ 비상콘센트설비 및 무선통신보조설비

정답 : 010.①

해설 일반 소방공사감리업에서 기계분야 및 전기분야의 대상이 되는 소방시설의 범위는 다음 각 목과 같다.
  가. 기계분야
    1) 소화기구, 옥내소화전설비, 스프링클러설비, 간이스프링클러설비, 물분무등소화설비, 옥외소화전설비, 피난기구, 상수도소화용수설비, 소화수조, 저수조, 제연설비, 연결송수관설비, 연결살수설비 및 연소방지설비
    2) 기계분야 소방시설에 부설되는 전기시설. 다만, 비상전원, 동력회로, 제어회로, 기계분야 소방시설을 작동하기 위하여 설치하는 화재감지기에 의한 화재감지장치 및 전기신호에 의한 소방시설의 작동장치는 제외한다.
    3) 실내장식물 및 방염대상물품
  나. 전기분야
    1) 비상경보설비, 비상방송설비, 누전경보기, 자동화재탐지설비, 시각경보기, 자동화재속보설비, 가스누설경보기, 통합감시시설, 유도등, 유도표지, 비상조명등, 휴대용비상조명등, 비상콘센트설비 및 무선통신보조설비
    2) 기계분야 소방시설에 부설되는 전기시설 중 가목2) 단서의 전기시설

011 공사업법상 소방시설업의 등록에 대한 다음 설명 중 틀린 것은?

① 특정소방대상물의 소방시설공사 등을 하려는 자는 업종별로 자본금(개인인 경우에는 자산 평가액을 말한다), 기술인력 등 대통령령으로 정하는 요건을 갖추어 특별시장·광역시장·특별자치시장·도지사 또는 특별자치도지사(이하 "시·도지사"라 한다)에게 소방시설업을 등록하여야 한다.
② 소방시설업의 업종별 영업범위는 대통령령으로 정한다.
③ 소방시설업의 등록신청과 등록증·등록수첩의 발급·재발급 신청, 그 밖에 소방시설업 등록에 필요한 사항은 행정안전부령으로 정한다.
④ 「공공기관의 운영에 관한 법률」 제5조에 따른 공기업·준정부기관 및 「지방공기업법」 제49조에 따라 설립된 지방공사나 같은 법 제76조에 따라 설립된 지방공단이 공사·점검 업무를 주요 업무로 규정하고 있는 경우에는 시·도지사에게 등록을 하지 아니하고 자체 기술인력을 활용하여 설계·감리를 할 수 있다. 이 경우 대통령령으로 정하는 기술인력을 보유하여야 한다.

해설 다음 요건을 모두 갖춘 경우
  1. 주택의 건설·공급을 목적으로 설립되었을 것
  2. 설계·감리 업무를 주요 업무로 규정하고 있을 것

정답 : 011.④

예상문제

012 소방시설공사업법 시행령상 업종별 등록기준에 대한 다음 설명 중 옳은 것은?

① 전문소방시설설계업의 등록 기술인력은 주된 기술인력으로 소방기술사 1명 이상, 보조기술인력 2명 이상이다.
② 일반소방시설설계업 중 전기분야의 경우 아파트에 설치되는 모든 전기분야의 소방시설 설계를 할 수 있다.
③ 전문소방시설공사업의 경우 법인은 자본금 1억, 개인은 자산평가액이 2억 이상 필요하다.
④ 기계분야 일반소방시설공사업은 연면적 3만제곱미터 미만의 특정소방대상물에 설치되는 기계분야 소방시설 공사, 개설, 이전, 정비 등을 할 수 있다.

해설
① 보조 1명
③ 개인 자산평가액 1억
④ 연면적 1만제곱미터 미만

013 소방시설업의 등록신청 사항 중 공사업의 등록 시 제출하여야 하는 첨부서류에 해당하지 않는 것은?

① 신청인(외국인을 포함하되, 법인의 경우에는 대표자를 포함한 임원을 말한다)의 성명, 주민등록번호 및 주소지 등의 인적사항이 적힌 서류
② 소방청장이 지정하는 금융회사 또는 소방산업공제조합에 출자·예치·담보한 금액 확인서(이하 "출자·예치·담보 금액 확인서"라 한다) 1부
③ 전문경영진단기관이 신청일 전 최근 90일 이내에 작성한 자산평가액 또는 소방청장이 정하여 고시하는 바에 따라 작성된 기업진단 보고서
④ 법인등기사항 전부증명서(법인인 경우만 해당한다)

해설 제1항에 따라 등록신청을 받은 협회는 「전자정부법」 제36조제1항에 따른 행정정보의 공동이용을 통하여 다음 각 호의 서류를 확인하여야 한다. 다만, 신청인이 제2호부터 제4호까지의 서류의 확인에 동의하지 아니하는 경우에는 해당 서류를 제출하도록 하여야 한다. 〈개정 2015. 8. 4.〉
1. 법인등기사항 전부증명서(법인인 경우만 해당한다)
2. 사업자등록증(개인인 경우만 해당한다)
3. 「출입국관리법」 제88조제2항에 따른 외국인등록 사실증명(외국인인 경우만 해당한다)
4. 「국민연금법」 제16조에 따른 국민연금가입자 증명서(이하 "국민연금가입자 증명서"라 한다) 또는 「국민건강보험법」 제11조에 따라 건강보험의 가입자로서 자격을 취득하고 있다는 사실을 확인할 수 있는 증명서("건강보험자격취득 확인서"라 한다)

정답 : 012.② 013.④

014 소방시설업의 등록신청을 받은 경우 며칠 이내에 발급해주어야 하며 이때 서류보완기간은?

① 15일, 10일
② 15일, 7일
③ 10일, 3일
④ 10일, 5일

해설 공사업법 시행규칙
제2조의2(등록신청 서류의 보완)
협회는 제2조에 따라 받은 소방시설업의 등록신청 서류가 다음 각 호의 어느 하나에 해당되는 경우에는 10일 이내의 기간을 정하여 이를 보완하게 할 수 있다.
1. 첨부서류(전자문서를 포함한다)가 첨부되지 아니한 경우
2. 신청서(전자문서로 된 소방시설업 등록신청서를 포함한다) 및 첨부서류(전자문서를 포함한다)에 기재되어야 할 내용이 기재되어 있지 아니하거나 명확하지 아니한 경우

015 소방시설업의 등록 시 시·도지사에게 제출하는 서류가 아닌 것은?

① 소방기술자경력수첩 및 기술자격증(자격수첩)
② 소방청장이 지정하는 금융회사 또는 소방산업공제조합에 출자·예치·담보한 금액확인서 (소방시설공사업인 경우에 한한다.)
③ 신청일 전 최근 90일 이내에 작성한 자산평가액 또는 기업진단보고서(소방시설공사업인 경우에 한한다)
④ 법인등기부등본(법인의 경우에 한한다)

해설 필요 서류
1. 신청인(외국인을 포함하되, 법인의 경우에는 대표자를 포함한 임원을 말한다)의 성명, 주민등록번호 및 주소지 등의 인적사항이 적힌 서류
2. 등록기준 중 기술인력에 관한 사항을 확인할 수 있는 다음 각 목의 어느 하나에 해당하는 서류(이하 "기술인력 증빙서류"라 한다)
   가. 국가기술자격증
   나. 법 제28조제2항에 따라 발급된 소방기술 인정 자격수첩(이하 "자격수첩"이라 한다) 또는 소방기술자 경력수첩(이하 "경력수첩"이라 한다)
3. 영 제2조제2항에 따라 소방청장이 지정하는 금융회사 또는 소방산업공제조합에 출자·예치·담보한 금액 확인서(이하 "출자·예치·담보 금액 확인서"라 한다) 1부(소방시설공사업만 해당한다). 다만, 소방청장이 지정하는 금융회사 또는 소방산업공제조합에 해당 금액을 확인할 수 있는 경우에는 그 확인으로 갈음할 수 있다.
4. 다음 각 목의 어느 하나에 해당하는 자가 신청일 전 최근 90일 이내에 작성한 자산평가액 또는 소방청장이 정하여 고시하는 바에 따라 작성된 기업진단 보고서(소방시설공사업만 해당한다)
   가. 「공인회계사법」 제7조에 따라 금융위원회에 등록한 공인회계사
   나. 「세무사법」 제6조에 따라 기획재정부에 등록한 세무사

정답 : 014.① 015.④

예상문제

　　다. 「건설산업기본법」 제49조제2항에 따른 전문경영진단기관
5. 신청인(법인인 경우에는 대표자를 말한다)이 외국인인 경우에는 법 제5조 각 호의 어느 하나에 해당하는 사유와 같거나 비슷한 사유에 해당하지 아니함을 확인할 수 있는 서류로서 다음 각 목의 어느 하나에 해당하는 서류
　　가. 해당 국가의 정부나 공증인(법률에 따른 공증인의 자격을 가진 자만 해당한다), 그 밖의 권한이 있는 기관이 발행한 서류로서 해당 국가에 주재하는 우리나라 영사가 확인한 서류
　　나. 「외국공문서에 대한 인증의 요구를 폐지하는 협약」을 체결한 국가의 경우에는 해당 국가의 정부나 공증인(법률에 따른 공증인의 자격을 가진 자만 해당한다), 그 밖의 권한이 있는 기관이 발행한 서류로서 해당 국가의 아포스티유(Apostille) 확인서 발급 권한이 있는 기관이 그 확인서를 발급한 서류

016 다음 중 소방시설공사업법에 규정된 소방기술자에 해당하지 않는 사람은?
① 소방시설관리사　　　　　　　　② 소방설비기사
③ 위험물산업기사　　　　　　　　④ 특급소방안전관리자

> 해설　"소방기술자"란 제28조에 따라 소방기술 경력 등을 인정받은 사람과 다음 각 목의 어느 하나에 해당하는 사람으로서 소방시설업과 「화재예방, 소방시설설치유지 및 안전관리에 관한 법률」에 따른 소방시설관리업의 기술인력으로 등록된 사람을 말한다.
> 　가. 「소방시설설치유지 및 안전관리에 관한 법률」에 따른 소방시설관리사
> 　나. 국가기술자격 법령에 따른 소방기술사, 소방설비기사, 소방설비산업기사, 위험물기능장, 위험물산업기사, 위험물기능사

017 소방시설업을 하는 사람이 소방서에 전화를 걸어 다음 내용을 물었다. 대답으로 옳은 것은?

> ㉠ 등록사항의 변경이 있는데 소방시설업 등록사항변경신고서를 누구에게 며칠 이내에 제출하는가?
> ㉡ 소방시설업 합병신고서로 소방시설업의 지위를 승계시키고자 할 때 누구에게 제출하는가?
> ㉢ 소방시설공사의 착공 전까지 소방시설공사 착공(변경)신고서를 누구에게 신고하는가?

① ㉠ 시·도지사, 60일 / ㉡ 소방본부장 또는 소방서장 / ㉢ 시·도지사
② ㉠ 협회, 30일 / ㉡ 협회 / ㉢ 소방본부장 또는 소방서장
③ ㉠ 소방본부장 또는 소방서장, 30일 / ㉡ 소방본부장 또는 소방서장 / ㉢ 시·도지사
④ ㉠ 소방본부장 또는 소방서장, 60일 / ㉡ 시·도지사 / ㉢ 소방본부장 또는 소방서장

정답 : 016.④　017.②

▶해설 **제6조(등록사항의 변경신고 등)**
① 법 제6조에 따라 소방시설업자는 제5조 각 호의 어느 하나에 해당하는 등록사항이 변경된 경우에는 변경일부터 30일 이내에 별지 제7호서식의 소방시설업 등록사항 변경신고서(전자문서로 된 소방시설업 등록사항 변경신고서를 포함한다)에 변경사항별로 다음 각 호의 구분에 따른 서류(전자문서를 포함한다)를 첨부하여 협회에 제출하여야 한다. 다만, 「전자정부법」제36조제1항에 따른 행정정보의 공동이용을 통하여 첨부서류에 대한 정보를 확인할 수 있는 경우에는 그 확인으로 첨부서류를 갈음할 수 있다.
1. 상호(명칭) 또는 영업소 소재지가 변경된 경우 : 소방시설업 등록증 및 등록수첩
2. 대표자가 변경된 경우 : 다음 각 목의 서류
   가. 소방시설업 등록증 및 등록수첩
   나. 변경된 대표자의 성명, 주민등록번호 및 주소지 등의 인적사항이 적힌 서류
   다. 외국인인 경우에는 제2조제1항제5호 각 목의 어느 하나에 해당하는 서류
3. 기술인력이 변경된 경우 : 다음 각 목의 서류
   가. 소방시설업 등록수첩
   나. 기술인력 증빙서류
   다. 삭제〈2014.9.2.〉

018 공사업법 시행규칙상 소방시설업자는 휴업, 폐업 또는 재개업신고를 하려면 휴업, 폐업, 재개업일로부터 며칠 이내에 협회를 경유하여 시·도지사에게 제출하여야 하는가?

① 10일 ② 15일
③ 30일 ④ 45일

▶해설 **공사업법 시행규칙 제6조의2(소방시설업의 휴업·폐업 등의 신고)**
① 소방시설업자는 법 제6조의2제1항에 따라 휴업·폐업 또는 재개업 신고를 하려면 휴업·폐업 또는 재개업일부터 30일 이내에 별지 제7호의3서식의 소방시설업 휴업·폐업·재개업 신고서(전자문서로 된 신고서를 포함한다)에 다음 각 호의 구분에 따른 서류(전자문서를 포함한다)를 첨부하여 협회를 경유하여 시·도지사에게 제출하여야 한다. 다만, 「전자정부법」제36조제1항에 따른 행정정보의 공동이용을 통하여 첨부서류에 대한 정보를 확인할 수 있는 경우에는 그 확인으로 첨부서류를 갈음할 수 있다.
1. 휴업·폐업의 경우 : 등록증 및 등록수첩
2. 재개업의 경우 : 제2조제1항제2호 및 제3호, 같은 조 제3항제4호에 해당하는 서류
② 제1항에 따른 신고서를 제출받은 협회는 「전자정부법」제36조제1항에 따라 행정정보의 공동이용을 통하여 국민연금가입자 증명서 또는 건강보험자격취득 확인서를 확인하여야 한다. 다만, 신고인이 서류의 확인에 동의하지 아니하는 경우에는 해당 서류를 제출하도록 하여야 한다.
③ 제1항에 따른 신고서를 제출받은 협회는 법 제6조의2제2항에 따라 다음 각 호의 사항을 협회 인터넷 홈페이지에 공고하여야 한다.
1. 등록업종 및 등록번호
2. 휴업·폐업 또는 재개업 연월일

정답 : 018.③

예상문제

3. 상호(명칭) 및 성명(법인의 경우에는 대표자의 성명을 말한다)
4. 영업소 소재지

> **참고** 공사업법 제6조의2(휴업·폐업 등의 신고)
> ① 소방시설업자는 소방시설업을 휴업·폐업 또는 재개업하는 때에는 행정안전부령으로 정하는 바에 따라 시·도지사에게 신고하여야 한다. 〈개정 2017. 7. 26.〉
> ② 제1항에 따른 폐업신고를 받은 시·도지사는 소방시설업 등록을 말소하고 그 사실을 행정안전부령으로 정하는 바에 따라 공고하여야 한다. 〈개정 2017. 7. 26.〉

019 공사업법상 소방시설업자의 지위승계를 하여야 하는 자에 해당하지 않는 사람은?

① 소방시설업자가 사망한 경우 그 상속인
② 소방시설업자가 그 영업을 양도한 경우 그 양수인
③ 법인인 소방시설업자가 다른 법인과 합병한 경우 합병 후 존속하는 법인이나 합병으로 설립되는 법인
④ 폐업신고로 소방시설업 등록이 말소된 후 1년 이내에 다시 소방시설업을 등록한 자

해설 6개월 이내 재등록한 자

공사업법 제6조의2(휴업·폐업 신고 등)
① 소방시설업자는 소방시설업을 휴업·폐업 또는 재개업하는 때에는 행정안전부령으로 정하는 바에 따라 시·도지사에게 신고하여야 한다. 〈개정 2017. 7. 26.〉
② 제1항에 따른 폐업신고를 받은 시·도지사는 소방시설업 등록을 말소하고 그 사실을 행정안전부령으로 정하는 바에 따라 공고하여야 한다. 〈개정 2017. 7. 26.〉
③ 제1항에 따른 폐업신고를 한 자가 제2항에 따라 소방시설업 등록이 말소된 후 6개월 이내에 같은 업종의 소방시설업을 다시 제4조에 따라 등록한 경우 해당 소방시설업자는 폐업신고 전 소방시설업자의 지위를 승계한다. 〈신설 2020. 6. 9.〉
④ 제3항에 따라 소방시설업자의 지위를 승계한 자에 대해서는 폐업신고 전의 소방시설업자에 대한 행정처분의 효과가 승계된다. 〈신설 2020. 6. 9.〉

020 소방시설공사업법령상 소방시설업자의 지위승계가 가능한 자에게 해당하는 것을 모두 고른 것은?

ㄱ. 소방시설업자가 사망한 경우 그 상속인
ㄴ. 소방시설업자가 그 영업을 양도한 경우 그 양수인
ㄷ. 법인인 소방시설업자가 다른 법인과 합병한 경우 합병 후 존속하는 법인이나 합병으로 설립되는 법인
ㄹ. 폐업신고로 소방시설업 등록이 말소된 후 6개월 이내에 다시 소방시설업을 등록한 자

① ㄱ, ㄴ, ㄷ
② ㄱ, ㄷ, ㄹ
③ ㄴ, ㄷ, ㄹ
④ ㄱ, ㄴ, ㄷ, ㄹ

정답 : 019.④ 020.④

> **해설** 제7조(소방시설업자의 지위승계)
> ① 다음 각 호의 어느 하나에 해당하는 자가 종전의 소방시설업자의 지위를 승계하려는 경우에는 그 상속일, 양수일 또는 합병일부터 30일 이내에 행정안전부령으로 정하는 바에 따라 그 사실을 시·도지사에게 신고하여야 한다. 〈개정 2016. 1. 27., 2020. 6. 9.〉
> 1. 소방시설업자가 사망한 경우 그 상속인
> 2. 소방시설업자가 그 영업을 양도한 경우 그 양수인
> 3. 법인인 소방시설업자가 다른 법인과 합병한 경우 합병 후 존속하는 법인이나 합병으로 설립되는 법인
> 4. 삭제 〈2020. 6. 9.〉

021 지위승계신고를 협회가 접수한 경우 협회는 며칠 이내에 지위승계사실을 확인 후 시·도지사에게 보고하여야 하며 시·도지사는 지위승계신고 확인사실을 보고받은 날부터 며칠 이내에 협회를 경유하여 발급해주어야 하는가?

① 5일, 5일
② 6일, 4일
③ 7일, 3일
④ 8일, 2일

> **해설** 제3조(소방시설업 등록증 및 등록수첩의 발급)
> 시·도지사는 제2조에 따른 접수일부터 15일 이내에 협회를 경유하여 별지 제3호서식에 따른 소방시설업 등록증 및 별지 제4호서식에 따른 소방시설업 등록수첩을 신청인에게 발급해 주어야 한다.
>
> 제4조(소방시설업 등록증 또는 등록수첩의 재발급 및 반납)
> ① 법 제4조제3항에 따라 소방시설업자는 소방시설업 등록증 또는 등록수첩을 잃어버리거나 소방시설업 등록증 또는 등록수첩이 헐어 못 쓰게 된 경우에는 시·도지사에게 소방시설업 등록증 또는 등록수첩의 재발급을 신청할 수 있다.
> ② 소방시설업자는 제1항에 따라 재발급을 신청하는 경우에는 별지 제6호서식의 소방시설업 등록증(등록수첩) 재발급신청서 [전자문서로 된 소방시설업 등록증(등록수첩) 재발급신청서를 포함한다] 를 협회를 경유하여 시·도지사에게 제출하여야 한다. 〈개정 2015. 8. 4.〉
> ③ 시·도지사는 제2항에 따른 재발급신청서 [전자문서로 된 소방시설업 등록증(등록수첩) 재발급신청서를 포함한다] 를 제출받은 경우에는 3일 이내에 협회를 경유하여 소방시설업 등록증 또는 등록수첩을 재발급하여야 한다. 〈개정 2015. 8. 4.〉
> ④ 소방시설업자는 다음 각 호의 어느 하나에 해당하는 경우에는 지체 없이 협회를 경유하여 시·도지사에게 그 소방시설업 등록증 및 등록수첩을 반납하여야 한다. 〈개정 2015. 8. 4.〉
> 1. 법 제9조에 따라 소방시설업 등록이 취소된 경우
> 2. 삭제 〈2016. 8. 25.〉
> 3. 제1항에 따라 재발급을 받은 경우. 다만, 소방시설업 등록증 또는 등록수첩을 잃어버리고 재발급을 받은 경우에는 이를 다시 찾은 경우에만 해당한다.

정답 : 021.③

예상문제

제7조(지위승계 신고 등)

④ 제1항에 따른 지위승계 신고 서류를 제출받은 협회는 접수일부터 7일 이내에 지위를 승계한 사실을 확인한 후 그 결과를 시·도지사에게 보고하여야 한다. 〈개정 2015. 8. 4., 2020. 1. 15.〉

⑤ 시·도지사는 제4항에 따라 소방시설업의 지위승계 신고의 확인 사실을 보고받은 날부터 3일 이내에 협회를 경유하여 법 제7조제1항에 따른 지위승계인에게 등록증 및 등록수첩을 발급하여야 한다. 〈신설 2015. 8. 4., 2020. 1. 15.〉

022 소방시설공사업법상 소방시설업의 운영에 대한 다음 설명 중 틀린 것은?

① 소방시설업자는 소방시설업의 등록증 또는 등록수첩을 다른 자에게 빌려주어서는 아니 된다.
② 영업정지 처분이나 등록취소 처분을 받은 소방시설업자는 그 날부터 소방시설공사 등을 하여서는 아니 된다.
③ 소방시설업자는 소방시설업자의 지위를 승계한 경우 소방시설공사 등을 맡긴 특정소방대상물의 관계인에게 승계일로부터 30일 이내에 그 사실을 알려야 한다.
④ 소방시설업자는 행정안전부령으로 정하는 관계 서류를 하자보수 보증기간 동안 보관하여야 한다.

해설 제8조(소방시설업의 운영)

① 소방시설업자는 소방시설업의 등록증 또는 등록수첩을 다른 자에게 빌려 주어서는 아니 된다.
② 제9조제1항에 따라 영업정지처분이나 등록취소처분을 받은 소방시설업자는 그 날부터 소방시설공사 등을 하여서는 아니 된다. 다만, 소방시설의 착공신고가 수리(受理)되어 공사를 하고 있는 자로서 도급계약이 해지되지 아니한 소방시설공사업자 또는 소방공사감리업자가 그 공사를 하는 동안이나 제4조제1항에 따라 방염처리업을 등록한 자(이하 "방염처리업자"라 한다)가 도급을 받아 방염 중인 것으로서 도급계약이 해지되지 아니한 상태에서 그 방염을 하는 동안에는 그러하지 아니하다. 〈개정 2014. 12. 30., 2018. 2. 9.〉
③ 소방시설업자는 다음 각 호의 어느 하나에 해당하는 경우에는 소방시설공사 등을 맡긴 특정소방대상물의 관계인에게 지체 없이 그 사실을 알려야 한다. 〈개정 2014. 12. 30.〉
  1. 제7조에 따라 소방시설업자의 지위를 승계한 경우
  2. 제9조제1항에 따라 소방시설업의 등록취소처분 또는 영업정지처분을 받은 경우
  3. 휴업하거나 폐업한 경우
④ 소방시설업자는 행정안전부령으로 정하는 관계 서류를 제15조제1항에 따른 하자보수 보증기간 동안 보관하여야 한다. 〈개정 2013. 3. 23., 2014. 11. 19., 2017. 7. 26.〉

> **참고** "행정안전부령으로 정하는 관계 서류"란 다음 각 호의 구분에 따른 해당 서류(전자문서를 포함한다)를 말한다.
> 1. 소방시설설계업 : 별지 제10호서식의 소방시설 설계기록부 및 소방시설 설계도서
> 2. 소방시설공사업 : 별지 제11호서식의 소방시설공사 기록부
> 3. 소방공사감리업 : 별지 제12호서식의 소방공사 감리기록부, 별지 제13호서식의 소방공사 감리일지 및 소방시설의 완공 당시 설계도서

정답 : 022. ③

023 소방시설업자가 특정소방대상물의 관계인에 대한 통보 의무사항이 아닌 것은?

① 지위를 승계한 때
② 등록취소 또는 영업정지 처분을 받은 때
③ 휴업 또는 폐업한 때
④ 주소지가 변경된 때

해설 소방시설공사업법 제8조(소방시설업의 운영)
③ 소방시설업자는 다음 각 호의 어느 하나에 해당하는 경우에는 소방시설공사 등을 맡긴 특정소방대상물의 관계인에게 지체없이 그 사실을 알려야 한다.
1. 제7조에 따라 소방시설업자의 지위를 승계한 경우
2. 제9조제1항에 따라 소방시설업의 등록취소처분 또는 영업정지처분을 받은 경우
3. 휴업하거나 폐업한 경우

024 소방시설공사업법상 소방시설업의 등록이 취소되는 사유가 아닌 것은?

① 거짓이나 그 밖의 부정한 방법으로 등록한 경우
② 등록 결격사유에 해당하게 된 경우
③ 영업정지 기간 중에 소방시설공사 등을 한 경우
④ 등록을 한 후 정당한 사유 없이 1년이 지날 때까지 영업을 시작하지 아니하거나 계속하여 1년 이상 휴업한 때

해설 등록취소와 영업정지 등
1) 시·도지사는 소방시설업자가 다음 각 호의 어느 하나에 해당하면 행정안전부령으로 정하는 바에 따라 그 등록을 취소하거나 6개월 이내의 기간을 정하여 시정이나 그 영업의 정지를 명할 수 있다.
2) 등록취소사유
1. 거짓이나 그 밖의 부정한 방법으로 등록한 경우
3. 제5조 각 호의 등록 결격사유에 해당하게 된 경우
7. 제8조제2항을 위반하여 영업정지 기간 중에 소방시설공사 등을 한 경우

025 다음 중 소방시설업의 등록, 운영, 취소에 대한 설명 중 가장 옳은 것은?

① 소방시설업의 영업정지처분을 받은 경우 즉시 감리업자에게 알려야 한다.
② 소방시설업의 영업정지 기간 중에 소방시설공사 등을 한 경우 영업정지기간을 연장한다.
③ 소방시설업의 등록의 취소권자는 소방본부장 또는 소방서장이 한다.
④ 영업정지 처분기간 중 영업정지에 해당하는 위반사항이 있는 경우에는 종전의 처분기간 만료일의 다음날부터 새로운 위반사항에 대한 영업정지의 행정처분을 한다.

정답 : 023.④ 024.④ 025.④

예상문제

> **해설**
> ① 소방시설업의 등록취소처분 또는 영업정지처분을 받은 경우 소방시설업자는 소방시설공사 등을 맡긴 특정소방대상물의 관계인에게 지체 없이 그 사실을 알려야 한다.
> ② 영업정지 기간 중에 소방시설공사 등을 한 경우 그 등록을 취소하여야 한다.
> ③ 소방시설업의 등록의 취소권자는 시·도지사이다.
> ④ 소방시설공사업법 시행규칙 별표 1, 1. 일반기준(나항) 참조

026 소방시설공사업법상 (　　)처분에 갈음하여 최대 (　　) 이하의 과징금을 부과할 수 있으며, 위반행위의 종류와 위반정도 등에 따른 과징금에 필요한 사항은 (　　　)(으)로 정한다.에서 괄호순서대로 올바르게 답한 것은?

① 영업취소, 1억원, 대통령령
② 영업정지, 5천만 원, 행정안전부령
③ 영업정지, 2억원, 행정안전부령
④ 판매중지, 2억원, 대통령령

> **해설** 제10조(과징금처분)
> ① 시·도지사는 제9조제1항 각 호의 어느 하나에 해당하는 경우로서 영업정지가 그 이용자에게 불편을 주거나 그 밖에 공익을 해칠 우려가 있을 때에는 영업정지처분을 갈음하여 2억원 이하의 과징금을 부과할 수 있다. 〈개정 2020. 6. 9.〉
> ② 제1항에 따른 과징금을 부과하는 위반행위의 종류와 위반 정도 등에 따른 과징금과 그 밖에 필요한 사항은 행정안전부령으로 정한다. 〈개정 2013. 3. 23., 2014. 11. 19., 2017. 7. 26.〉
> ③ 시·도지사는 제1항에 따른 과징금을 내야 할 자가 납부기한까지 과징금을 내지 아니하면 「지방행정제재·부과금의 징수 등에 관한 법률」에 따라 징수한다.

027 시도지사가 설계업의 등록을 해줄수 있는 사항에 해당하는 것은?

① 소방시설업 등록기준을 갖추지 못한 경우
② 자본금기준금액의 100분의 20이상에 해당하는 관련 확인서를 제출하지 아니한 경우
③ 등록을 신청한자가 피성년인 인 경우
④ 소방시설법에 따른 제한에 위반되는 경우

> **해설** 시행령 제2조(소방시설업의 등록기준 및 영업범위)
> ① 「소방시설공사업법」(이하 "법"이라 한다) 제4조제1항 및 제2항에 따른 소방시설업의 업종별 등록기준 및 영업범위는 별표 1과 같다.
> ② 소방시설공사업의 등록을 하려는 자는 별표 1의 기준을 갖추어 소방청장이 지정하는 금융회사 또는 「소방산업의 진흥에 관한 법률」 제23조에 따른 소방산업공제조합이 별표 1에 따른 자본금 기준금액의 100분의 20 이상에 해당하는 금액의 담보를 제공받거나 현금의 예치 또는 출자를 받은 사실을 증명하여 발행하는 확인서를 특별시장·광역시장·특별자치시장·도지사 또는 특별자치도지사(이하 "시·도지사"라 한다)에게 제출하여야 한다. 〈개정 2014. 11. 19., 2015. 6. 22., 2017. 7. 26.〉

정답 : 026.③　027.②

③ 시·도지사는 법 제4조제1항에 따른 등록신청이 다음 각 호의 어느 하나에 해당되는 경우를 제외하고는 등록을 해주어야 한다. 〈신설 2011. 12. 13.〉
  1. 제1항에 따른 등록기준을 갖추지 못한 경우
  2. 제2항에 따른 확인서를 제출하지 아니한 경우
  3. 등록을 신청한 자가 법 제5조 각 호의 어느 하나에 해당하는 경우
  4. 그 밖에 법, 이 영 또는 다른 법령에 따른 제한에 위반되는 경우

028 소방시설공사업의 등록을 하려는 자는 소방청장이 지정하는 금융회사 또는 소방산업공제조합에 자본금 기준금액의 몇 분의 몇 이상에 해당하는 금액의 담보를 제공받거나 현금예치 또는 출자받은 사실을 증명하여 발행하는 확인서를 제출하여야 하는가?

① 10/100
② 20/100
③ 30/100
④ 40/100

해설 27번 해설 참조

029 소방시설공사의 신설공사에서 착공신고 대상이 아닌 것은?

① 옥내소화전설비, 자동화재탐지설비
② 누전경보기, 자동화재속보설비
③ 스프링클러설비, 소화용수설비
④ 비상경보설비, 무선통신보조설비

해설 착공신고
1) 공사업자는 대통령령으로 정하는 소방시설공사를 하려면 행정안전부령으로 정하는 바에 따라 그 공사의 내용, 시공 장소, 그 밖에 필요한 사항을 소방본부장이나 소방서장에게 신고하여야 한다.
2) 공사업자가 제1항에 따라 신고한 사항 가운데 행정안전부령으로 정하는 중요한 사항을 변경하였을 때에는 행정안전부령으로 정하는 바에 따라 변경신고를 하여야 한다. 이 경우 중요한 사항에 해당하지 아니하는 변경 사항은 제20조에 따른 공사감리 결과보고서에 포함하여 소방본부장이나 소방서장에게 보고하여야 한다.
3) 착공신고대상
  1. 신축, 증축 등으로 신설하는 공사
    가. 옥내소화전설비(호스릴옥내소화전설비를 포함한다. 이하 같다), 옥외소화전설비, 스프링클러설비·간이스프링클러설비(캐비닛형 간이스프링클러설비를 포함한다. 이하 같다) 및 화재조기 진압용 스프링클러설비(이하 "스프링클러설비등"이라 한다), 물분무소화설비·포소화설비·이산화탄소소화설비·할로겐화합물소화설비·청정소화약제소화설비·미분무소화설비·강화액소화설비 및 분말소화설비(이하 "물분무등소화설비"라 한다), 연결송수관설비, 연결살수설비, 제연설비(소방용

정답 : 028.② 029.②

예상문제

외의 용도와 겸용되는 제연설비를 「건설산업기본법 시행령」 별표 1에 따른 기계설비공사업자가 공사하는 경우는 제외한다), 소화용수설비(소화용수설비를 「건설산업기본법 시행령」 별표 1에 따른 기계설비공사업자 또는 상·하수도설비공사업자가 공사하는 경우는 제외한다) 또는 연소방지설비

나. 자동화재탐지설비, 비상경보설비, 비상방송설비(소방용 외의 용도와 겸용되는 비상방송설비를 「정보통신공사업법」에 따른 정보통신공사업자가 공사하는 경우는 제외한다), 비상콘센트설비(비상콘센트설비를 「전기공사업법」에 따른 전기공사업자가 공사하는 경우는 제외한다) 또는 무선통신보조설비(소방용 외의 용도와 겸용되는 무선통신보조설비를 「정보통신공사업법」에 따른 정보통신공사업자가 공사하는 경우는 제외한다)

2. 증축, 개축, 재축, 대수선 또는 구조변경·용도변경되는 특정소방대상물에 다음 각 목의 어느 하나에 해당하는 설비 또는 구역 등을 증설하는 공사
   가. 옥내·옥외소화전설비
   나. 스프링클러설비·간이스프링클러설비 또는 물분무등소화설비의 방호구역, 자동화재탐지설비의 경계구역, 제연설비의 제연구역(소방용 외의 용도와 겸용되는 제연설비를 「건설산업기본법 시행령」 별표 1에 따른 기계설비공사업자가 공사하는 경우는 제외한다), 연결살수설비의 살수구역, 연결송수관설비의 송수구역, 비상콘센트설비의 전용회로, 연소방지설비의 살수구역

3. 전부 또는 일부를 개설(改設), 이전(移轉) 또는 정비(整備)하는 공사. 다만, 고장 또는 파손 등으로 인하여 작동시킬 수 없는 소방시설을 긴급히 교체하거나 보수하여야 하는 경우에는 신고하지 않을 수 있다.
   가. 수신반(受信盤)
   나. 소화펌프
   다. 동력(감시)제어반

030 소방시설공사업자가 착공신고서에 첨부하여야 할 서류가 아닌 것은?

① 설계도서
② 건축허가서
③ 기술관리를 하는 기술인력의 기술자격증 사본
④ 소방시설공사업등록증 사본

해설 **착공신고 서류**
1. 공사업자의 소방시설공사업 등록증 사본 1부 및 등록수첩 사본 1부
2. 해당 소방시설공사의 책임시공 및 기술관리를 하는 기술인력의 기술등급을 증명하는 서류 사본 1부
3. 법 제21조의3제2항에 따라 체결한 소방시설공사 계약서 사본 1부
4. 설계도서(설계설명서를 포함하되, 「소방시설 설치·유지 및 안전관리에 관한 법률」 제7조에 따른 건축허가 동의 시 제출된 설계도서가 변경된 경우에만 첨부한다) 1부
5. 별지 제31호서식의 소방시설공사 하도급통지서 사본(소방시설공사를 하도급하는 경우에만 첨부한다) 1부

정답 : 030.②

031 다음 중 반드시 착공신고를 해야 하는 경우로 옳은 것은?
① 단독경보형 감지기를 설치하는 경우
② 소화용수설비를 「건설산업기본법 시행령」에 따른 기계설비공사업자가 공사하는 경우
③ 신축하는 특정대상물에 옥내소화전설비를 신설하는 경우
④ 동력(감시)제어반을 고장 또는 파손 등으로 인하여 작동시킬 수 없어 긴급히 교체하거나 보수하여야 하는 경우

> 해설 소방시설공사업법 시행령 제4조 착공신고 대상
> ① 단독경보형 감지기는 착공신고 대상이 아니다.
> ② 소화용수설비를 「건설산업기본법 시행령」 별표 1에 따른 기계설비공사업자 또는 상·하수도설비공사업자가 공사하는 경우는 제외한다.
> ③ 신축하는 특정대상물에 옥내소화전설비를 신설하는 경우는 반드시 착공신고해야 하는 대상이다.
> ④ 수신반(受信盤), 소화펌프, 동력(감시)제어반 고장 또는 파손 등으로 인하여 작동시킬 수 없는 소방시설을 긴급히 교체하거나 보수하여야 하는 경우에는 신고하지 않을 수 있다.

032 소방시설공사의 착공신고의 대상이 아닌 것은?
① 옥내소화전 옥외소화전설비공사
② 스프링클러설비 간이스프링클러설비공사
③ 가스누설경보기 탐지부 교체·보수공사
④ 비상경보설비 및 비상방송설비 신설공사

033 소방시설공사업법 시행령상 소방본부장이나 소방서장이 소방시설공사가 공사감리결과보고서대로 완공되었는지를 현장에서 확인할 수 있는 특정소방대상물이 아닌 것은?
① 문화 및 집회시설   ② 수련시설
③ 11층 이상인 아파트   ④ 지하상가

> 해설 완공검사 현장확인 소방대상물
> 1. 문화 및 집회시설, 종교시설, 판매시설, 노유자(老幼者)시설, 수련시설, 운동시설, 숙박시설, 창고시설, 지하상가 및 「다중이용업소의 안전관리에 관한 특별법」에 따른 다중이용업소
> 2. 다음 각 목의 어느 하나에 해당하는 설비가 설치되는 특정소방대상물
>   가. 스프링클러설비 등
>   나. 물분무등소화설비(호스릴방식의 소화설비는 제외한다)
> 3. 연면적 1만제곱미터 이상이거나 11층 이상인 특정소방대상물(아파트는 제외한다)
> 4. 가연성 가스를 제조·저장 또는 취급하는 시설 중 지상에 노출된 가연성 가스탱크의 저장용량 합계가 1천톤 이상인 시설

정답 : 031.③   032.③   033.③

예상문제

034 소방시설공사업법상 완공검사에 대한 설명으로 맞는 것은?

① 공사업자는 소방시설공사를 완공하면 소방본부장 또는 소방서장의 완공검사를 받아야 한다. 다만, 공사감리자가 지정되어 있는 경우에는 공사감리결과보고서로 완공검사를 갈음하되, 행정안전부령으로 정하는 특정소방대상물의 경우에는 소방본부장이나 소방서장이 소방시설공사가 공사감리결과보고서대로 완공되었는지를 현장에서 확인할 수 있다.

② 공사업자가 소방대상물 일부분의 소방시설공사를 마친 경우로서 전체 시설이 준공되기 전에 부분적으로 사용할 필요가 있는 경우에는 그 일부분에 대하여 소방본부장이나 소방서장에게 완공검사(이하 "부분완공검사"라 한다)를 신청할 수 있다. 이 경우 소방본부장이나 소방서장은 그 일부분의 공사가 완공되었는지를 확인할 수 있다.

③ 소방본부장이나 소방서장은 부분완공검사를 하였을 때에도 완공검사증명서를 발급하여야 한다.

④ 완공검사 및 부분완공검사의 신청과 검사증명서의 발급, 그 밖에 완공검사 및 부분완공검사에 필요한 사항은 행정안전부령으로 정한다.

> **해설** ① 대통령령
> ② 확인하여야 한다.
> ③ 부분완공검사 시 부분완공검사증명서 발급

035 공사의 하자보수에 대한 설명으로 틀린 것은?

① 공사업자는 소방시설공사 결과 자동화재탐지설비에 하자가 있을 때에는 완공일로부터 3년동안 그 하자를 보수하여야 한다.

② 관계인은 하자보수기간에 소방시설의 하자가 발생하였을 때에는 공사업자에게 그 사실을 알려야 하며, 통보를 받은 공사업자는 3일 이내에 하자를 보수하거나 보수 일정을 기록한 하자보수계획을 관계인에게 서면으로 알려야 한다.

③ 관계인은 3일 이내에 공사업자가 하자보수계획을 서면으로 알리지 아니하는 경우 소방본부장이나 소방서장에게 그 사실을 알릴 수 있다.

④ 소방본부장이나 소방서장은 관계인의 하자보수 불이행통보를 받았을 때에는 「화재예방, 소방시설 설치·유지 및 안전관리에 관한 법률」 제11조의2제2항에 따른 중앙소방기술심의위원회에 심의를 요청하여야 하며, 그 심의 결과 하자로 인정할 때에는 시공자에게 기간을 정하여 하자보수를 명하여야 한다.

> **해설** 제15조(공사의 하자보수 등)
> ① 공사업자는 소방시설공사 결과 자동화재탐지설비 등 대통령령으로 정하는 소방시설에 하자가 있을 때에는 대통령령으로 정하는 기간 동안 그 하자를 보수하여야 한다. 〈개정

정답 : 034.④ 035.④

2015. 7. 20.〉
② 삭제〈2015. 7. 20.〉
③ 관계인은 제1항에 따른 기간에 소방시설의 하자가 발생하였을 때에는 공사업자에게 그 사실을 알려야 하며, 통보를 받은 공사업자는 3일 이내에 하자를 보수하거나 보수 일정을 기록한 하자보수계획을 관계인에게 서면으로 알려야 한다.
④ 관계인은 공사업자가 다음 각 호의 어느 하나에 해당하는 경우에는 소방본부장이나 소방서장에게 그 사실을 알릴 수 있다.
  1. 제3항에 따른 기간에 하자보수를 이행하지 아니한 경우
  2. 제3항에 따른 기간에 하자보수계획을 서면으로 알리지 아니한 경우
  3. 하자보수계획이 불합리하다고 인정되는 경우
⑤ 소방본부장이나 소방서장은 제4항에 따른 통보를 받았을 때에는 「소방시설 설치 및 관리에 관한 법률」 제18조제2항에 따른 지방소방기술심의위원회에 심의를 요청하여야 하며, 그 심의 결과 제4항 각 호의 어느 하나에 해당하는 것으로 인정할 때에는 시공자에게 기간을 정하여 하자보수를 명하여야 한다.

036 소방시설공사업법상 공사의 도급 및 하도급 계약에 대한 설명으로 틀린 것은?

① 특정소방대상물의 관계인 또는 발주자는 소방시설공사 등을 도급할 때에는 해당 소방시설업자에게 도급하여야 한다.
② 도급을 받은 자는 소방시설공사의 시공을 제3자에게 하도급 할 수 없다. 다만, 대통령령으로 정하는 경우에는 도급받은 소방시설공사의 일부를 한 번만 제3자에게 하도급 할 수 있다.
③ 하수급인이 정당한 사유 없이 60일 이상 소방시설공사를 계속하지 아니하는 경우 도급계약을 해지할 수 있다.
④ 하도급계약 자료의 공개와 관련된 절차 및 방법, 공개대상 계약규모 등에 관하여 필요한 사항은 대통령령으로 정한다.

■해설 **제23조(도급계약의 해지)**
특정소방대상물의 관계인 또는 발주자는 해당 도급계약의 수급인이 다음 각 호의 어느 하나에 해당하는 경우에는 도급계약을 해지할 수 있다.
1. 소방시설업이 등록취소되거나 영업정지된 경우
2. 소방시설업을 휴업하거나 폐업한 경우
3. 정당한 사유 없이 30일 이상 소방시설공사를 계속하지 아니하는 경우
4. 제22조의2제2항(발주자는 제1항에 따라 심사한 결과 하수급인의 시공 및 수행능력 또는 하도급계약 내용이 적정하지 아니한 경우에는 그 사유를 분명하게 밝혀 수급인에게 하수급인 또는 하도급계약 내용의 변경을 요구할 수 있다)에 따른 요구에 정당한 사유 없이 따르지 아니하는 경우

정답 : 036.③

예상문제

037 다음 보기 중 하자보수기간이 다른 것은?
① 유도등
② 비상방송설비
③ 무선통신보조설비
④ 비상콘센트설비

> **해설** 제6조(하자보수 대상 소방시설과 하자보수 보증기간)
> 법 제15조제1항에 따라 하자를 보수하여야 하는 소방시설과 소방시설별 하자보수 보증기간은 다음 각 호의 구분과 같다. 〈개정 2015. 1. 6.〉
> 1. 피난기구, 유도등, 유도표지, 비상경보설비, 비상조명등, 비상방송설비 및 무선통신보조설비 : 2년
> 2. 자동소화장치, 옥내소화전설비, 스프링클러설비, 간이스프링클러설비, 물분무등소화설비, 옥외소화전설비, 자동화재탐지설비, 상수도소화용수설비 및 소화활동설비(무선통신보조설비는 제외한다) : 3년

038 소방시설 중 하자보수대상과 그 기간이 바르게 짝지어진 것은?
① 자동소화장치-3년
② 무선통신보조설비-3년
③ 피난기구-1년
④ 자동화재탐지설비-2년

> **해설** 공사의 하자보수 등
> 1) 하자보수 보증기간
>   1. 피난기구, 유도등, 유도표지, 비상경보설비, 비상조명등, 비상방송설비 및 무선통신보조설비 : 2년
>   2. 자동소화장치, 옥내소화전설비, 스프링클러설비, 간이스프링클러설비, 물분무등소화설비, 옥외소화전설비, 자동화재탐지설비, 상수도소화용수설비 및 소화활동설비(무선통신보조설비는 제외한다) : 3년
> 2) 관계인은 제1항에 따른 기간에 소방시설의 하자가 발생하였을 때에는 공사업자에게 그 사실을 알려야 하며, 통보를 받은 공사업자는 3일 이내에 하자를 보수하거나 보수 일정을 기록한 하자보수계획을 관계인에게 서면으로 알려야 한다.

039 소방시설공사의 하자보수에 대한 설명으로 옳은 것은?
① 공사업자는 소방시설공사 결과 자동화재탐지설비 등 대통령령으로 정하는 소방시설에 하자가 있을 때에는 대통령령으로 정하는 기간 동안 그 하자를 보수하여야 한다.
② 관계인은 대통령령으로 정하는 기간에 소방시설의 하자가 발생하였을 때에는 공사업자에게 그 사실을 알려야 하며, 통보를 받은 공사업자는 10일 이내에 하자를 보수하거나 보수 일정을 기록한 하자보수계획을 설계업자에게 구두로 알려야 한다.
③ 관계인은 하자보수를 이행하지 아니한 경우 시·도지사에게 그 사실을 알려야 한다.
④ 시·도지사는 관계인으로부터 공사업자가 정해진 기간에 하자보수를 이행하지 아니한 경우 등의 통보를 받았을 때에는 지방소방기술심의위원회에 심의를 요청하여야 한다.

정답 : 037.④ 038.① 039.①

◀해설 ② 3일 이내
③ 관계인은 공사업자가 다음 각 호의 어느 하나에 해당하는 경우에는 소방본부장이나 소방서장에게 그 사실을 알릴 수 있다.
    1. 제3항에 따른 기간에 하자보수를 이행하지 아니한 경우
    2. 제3항에 따른 기간에 하자보수계획을 서면으로 알리지 아니한 경우
    3. 하자보수계획이 불합리하다고 인정되는 경우
④ 소방본부장이나 소방서장은 제4항에 따른 통보를 받았을 때에는 「소방시설 설치·유지 및 안전관리에 관한 법률」제11조의2 제2항에 따른 지방소방기술심의위원회에 심의를 요청하여야 하며, 그 심의 결과 제4항 각 호의 어느 하나에 해당하는 것으로 인정할 때에는 시공자에게 기간을 정하여 하자보수를 명하여야 한다.

040 소방시설공사업법상 특정소방대상물의 관계인 또는 발주자가 해당 도급계약의 수급인을 도급계약 해지할 수 있는 경우의 기준 중 틀린 것은?

① 하도급계약의 적정성 심사 결과 하수급인 또는 하도급계약 내용의 변경 요구에 정당한 사유 없이 따르지 아니하는 경우
② 정당한 사유 없이 15일 이상 소방시설공사를 계속하지 아니하는 경우
③ 소방시설업이 등록취소되거나 영업정지된 경우
④ 소방시설업을 휴업하거나 폐업한 경우

◀해설 15일 이상 → 30일 이상

041 다음 보기 중 소방시설공사의 하도급을 1차에 한하여 할 수 있는 경우가 아닌 것은?

① 소방공사업과 주택건설사업을 함께 하는 소방시설공사업자가 소방시설공사와 해당사업 공사를 함께 도급받은 경우
② 소방공사업과 건설업을 함께 하는 소방시설공사업자가 소방시설공사와 해당사업 공사를 함께 도급받은 경우
③ 소방공사업과 전기공사업을 함께 하는 소방시설공사업자가 소방시설공사와 해당사업 공사를 함께 도급받은 경우
④ 소방공사업과 방송통신업을 함께 하는 소방시설공사업자가 소방시설공사와 해당사업 공사를 함께 도급받은 경우

◀해설 **시행령 제12조(소방시설공사의 시공을 하도급 할 수 있는 경우)**
① 법 제22조제1항 단서에서 "대통령령으로 정하는 경우"란 소방시설공사업과 다음 각 호의 어느 하나에 해당하는 사업을 함께 하는 소방시설공사업자가 소방시설공사와 해당 사업의 공사를 함께 도급받은 경우를 말한다. 〈개정 2016. 8. 11.〉
    1. 「주택법」 제4조에 따른 주택건설사업
    2. 「건설산업기본법」 제9조에 따른 건설업

정답 : 040.② 041.④

예상문제

3. 「전기공사업법」 제4조에 따른 전기공사
4. 「정보통신공사업법」 제14조에 따른 정보통신공사업
② 법 제22조제1항 단서에서 "도급받은 소방시설공사의 일부"란 제4조제1호 각 목의 어느 하나에 해당하는 소방설비 중 하나 이상의 소방설비를 설치하는 공사를 말한다.

042 공사업법상 발주자는 하수급인이 계약내용을 수행하기에 현저하게 부적당하다고 인정되거나 하도급계약금액이 대통령령으로 정하는 비율에 따른 금액에 미달하는 경우에는 하수급인의 시공 및 수행능력, 하도급계약 내용의 적정성 등을 심사할 수 있는데 여기서 하도급계약금액이 도급금액 중 하도급 부분에 상당하는 금액이 얼마에 해당하는 금액에 미달하는 경우 적정성 심사를 할 수 있는가?

① 100분의 65 ② 100분의 75
③ 100분의 82 ④ 100분의 90

해설 ① 법 제22조의2제1항 전단에서 "하도급계약금액이 대통령령으로 정하는 비율에 따른 금액에 미달하는 경우"란 다음 각 호의 어느 하나에 해당하는 경우를 말한다.
1. 하도급계약금액이 도급금액 중 하도급부분에 상당하는 금액[하도급하려는 소방시설공사 등에 대하여 수급인의 도급금액 산출내역서의 계약단가(직접·간접 노무비, 재료비 및 경비를 포함한다)를 기준으로 산출한 금액에 일반관리비, 이윤 및 부가가치세를 포함한 금액을 말하며, 수급인이 하수급인에게 직접 지급하는 자재의 비용 등 관계 법령에 따라 수급인이 부담하는 금액은 제외한다]의 100분의 82에 해당하는 금액에 미달하는 경우
2. 하도급계약금액이 소방시설공사 등에 대한 발주자의 예정가격의 100분의 60에 해당하는 금액에 미달하는 경우

043 소방시설 완공검사신청 또는 부분완공검사신청을 받은 소방본부장 또는 소방서장은 현장확인 결과 또는 감리결과보고서를 검토한 결과 해당 소방시설공사가 법령과 화재안전기준에 적합하다고 인정하면 완공검사증명서 또는 소방시설 부분완공검사증명서를 발급하여야 하는데, 다음 중 완공검사증명서는 누구에게 발부하여야 하는가?

① 소방시설 공사업자 ② 건축주
③ 소방시설 감리업자 ④ 소방시설 설계업자

해설 제13조(소방시설의 완공검사 신청 등)
① 공사업자는 소방시설공사의 완공검사 또는 부분완공검사를 받으려면 법 제14조제4항에 따라 별지 제17호서식의 소방시설공사 완공검사신청서(전자문서로 된 소방시설공사 완공검사신청서를 포함한다) 또는 별지 제18호서식의 소방시설 부분완공검사신청서(전자문서로 된 소방시설 부분완공검사신청서를 포함한다)를 소방본부장 또는 소방서장에게 제출하여야 한다. 다만, 「전자정부법」 제36조제1항에 따른 행정정보의 공동이용을 통하여 첨부서류에 대한 정보를 확인할 수 있는 경우에는 그 확인으로 첨부서류를 갈음할 수 있다.

정답 : 042.③ 043.①

② 제1항에 따라 소방시설 완공검사신청 또는 부분완공검사신청을 받은 소방본부장 또는 소방서장은 법 제14조제1항 및 제2항에 따른 현장 확인 결과 또는 감리 결과보고서를 검토한 결과 해당 소방시설공사가 법령과 화재안전기준에 적합하다고 인정하면 별지 제19호서식의 소방시설 완공검사증명서 또는 별지 제20호서식의 소방시설 부분완공검사증명서를 공사업자에게 발급하여야 한다.

044. 다음 보기의 ( )에 들어갈 알맞은 것은?

> 정당한 사유 없이 ( ) 이상 소방시설공사를 계속하지 않은 경우에는 관계인은 수급인에게 도급계약을 해지할 수 있다.

① 7일 ② 15일
③ 30일 ④ 60일

[해설] 소방시설공사업법 제23조(도급계약의 해지)
특정소방대상물의 관계인 또는 발주자는 해당 도급계약의 수급인이 다음 각 호의 어느 하나에 해당하는 경우에는 도급계약을 해지할 수 있다.
1. 소방시설업이 등록취소되거나 영업정지된 경우
2. 소방시설업을 휴업하거나 폐업한 경우
3. 정당한 사유 없이 30일 이상 소방시설공사를 계속하지 아니하는 경우
4. 제22조의2제2항에 따른 요구에 정당한 사유 없이 따르지 아니하는 경우

045. 다음 중 완공검사를 위한 현장확인 대상 특정소방대상물이 아닌 것은?

① 문화 및 집회시설
② 물분무등소화설비(호스릴소화설비 제외)가 설치된 특정소방대상물
③ 가연성 가스를 제조·저장 또는 취급하는 시설 중 지상에 노출된 가연성 가스탱크의 저장용량 합계가 1천톤 이상인 시설
④ 11층 이상인 특정소방대상물(아파트는 포함한다)

[해설] 소방시설공사업법 시행령 제5조(완공검사를 위한 현장확인 대상 특정소방대상물의 범위)
법 제14조제1항 단서에서 "대통령령으로 정하는 특정소방대상물"이란 특정소방대상물 중 다음 각 호의 대상물을 말한다.
1. 문화 및 집회시설, 종교시설, 판매시설, 노유자(老幼者)시설, 수련시설, 운동시설, 숙박시설, 창고시설, 지하상가 및 「다중이용업소의 안전관리에 관한 특별법」에 따른 다중이용업소
2. 다음 각 목의 어느 하나에 해당하는 설비가 설치되는 특정소방대상물
   가. 스프링클러설비 등
   나. 물분무등소화설비(호스릴방식의 소화설비는 제외한다)
3. 연면적 1만제곱미터 이상이거나 11층 이상인 특정소방대상물(아파트는 제외한다)
4. 가연성 가스를 제조·저장 또는 취급하는 시설 중 지상에 노출된 가연성 가스탱크의 저장용량 합계가 1천톤 이상인 시설

정답 : 044.③ 045.④

예상문제

046 다음 설명 중 완공 후 소방시설업자가 보관하여야 하는 관계서류에 대한 설명으로 틀린 것은?

① 소방시설설계업 : 소방시설 설계기록부 및 소방시설 설계도서
② 소방시설공사업 : 소방시설공사기록부
③ 소방공사감리업 : 소방공사감리기록부
④ 소방공사감리업 : 소방공사감리일지 및 소방시설의 건축허가 당시 설계도서

해설 소방시설의 완공당시 설계도서

제8조(소방시설업자가 보관하여야 하는 관계 서류) 법 제8조제4항에서 "행정안전부령으로 정하는 관계 서류"란 다음 각 호의 구분에 따른 해당 서류(전자문서를 포함한다)를 말한다. 〈개정 2013. 3. 23., 2014. 11. 19., 2017. 7. 26.〉
1. 소방시설설계업 : 별지 제10호서식의 소방시설 설계기록부 및 소방시설 설계도서
2. 소방시설공사업 : 별지 제11호서식의 소방시설공사 기록부
3. 소방공사감리업 : 별지 제12호서식의 소방공사 감리기록부, 별지 제13호서식의 소방공사 감리일지 및 소방시설의 완공 당시 설계도서

047 소방서장의 완공검사 시 당해 소방시설공사에 감리자가 지정되어 있는 경우 감리결과보고서로 갈음하나 당해 소방시설공사가 감리결과보고서대로 공사를 마쳤는지 여부를 공사 현장에서 확인할 수 있는 특정소방대상물에 해당되지 않는 것은?

① 수련시설
② 노유자시설
③ 판매시설
④ 관광휴게시설

해설 완공검사

1) 공사업자는 소방시설공사를 완공하면 소방본부장 또는 소방서장의 완공검사를 받아야 한다.
2) 공사감리자가 지정되어 있는 경우에는 공사감리 결과보고서로 완공검사를 갈음하되, 대통령령으로 정하는 특정소방대상물의 경우에는 소방본부장이나 소방서장이 소방시설공사가 공사감리 결과보고서대로 완공되었는지를 현장에서 확인할 수 있다.
3) 현장확인 소방대상물
   1. 문화 및 집회시설, 종교시설, 판매시설, 노유자(老幼者)시설, 수련시설, 운동시설, 숙박시설, 창고시설, 지하상가 및 「다중이용업소의 안전관리에 관한 특별법」에 따른 다중이용업소
   2. 다음 각 목의 어느 하나에 해당하는 설비가 설치되는 특정소방대상물
      가. 스프링클러설비 등
      나. 물분무등소화설비(호스릴방식의 소화설비는 제외한다)
   3. 연면적 1만제곱미터 이상이거나 11층 이상인 특정소방대상물(아파트는 제외한다)
   4. 가연성 가스를 제조·저장 또는 취급하는 시설 중 지상에 노출된 가연성 가스탱크의 저장용량 합계가 1천톤 이상인 시설

정답 : 046.④ 047.④

048 다음 중 소방본부장 또는 소방서장 권한이 아닌 것은?
① 소방시설업 완공검사에 관한 사항
② 소방시설업 등록취소 및 영업정지에 관한 사항
③ 소방시설업 착공신고에 관한 사항
④ 소방시설업 공사감리자 지정 후 신고 및 서류제출에 관한 사항

해설   ② 소방시설업 등록취소 및 영업정지에 관한 사항 : 시·도지사

049 「소방시설공사업법 시행령」상 소방시설공사의 착공신고 대상으로 옳지 않은 것은?
① 비상경보설비를 신설하는 특정소방대상물 신축공사
② 자동화재속보설비를 신설하는 특정소방대상물 신축공사
③ 연결송수관설비의 송수구역을 증설하는 특정소방대상물 증축공사
④ 자동화재탐지설비의 경계구역을 증설하는 특정소방대상물 증축공사

050 완공검사를 위한 현장확인 대상 특정소방대상물의 범위에 해당하는 것을 모두 고르시오.

| ㉠ 다중이용업소 | ㉡ 노유자시설 | ㉢ 지하상가 |
| ㉣ 판매시설 | ㉤ 창고 | ㉥ 근린생활시설 |

① ㉠, ㉡, ㉢
② ㉠, ㉡, ㉢, ㉣
③ ㉠, ㉡, ㉢, ㉣, ㉤
④ ㉠, ㉡, ㉢, ㉣, ㉤, ㉥

051 공사업법 시행규칙상 소방시설업에 대한 행정처분기준으로 옳은 것은?
① 위반행위가 동시에 둘 이상 발생한 경우에는 그 중 중한 처분기준(중한 처분기준이 동일한 경우에는 그 중 하나의 처분기준을 말한다. 이하 같다)에 따르되, 둘 이상의 처분기준이 동일한 영업정지인 경우에는 중한 처분의 4분의 1까지 가중하여 처분할 수 있다.
② 영업정지 처분기간 중 영업정지에 해당하는 위반사항이 있는 경우에는 종전의 처분기간 만료일의 다음날부터 새로운 위반사항에 대한 영업정지의 행정처분을 한다.
③ 위반행위의 차수에 따른 행정처분기준은 최근 2년간 같은 위반행위로 행정처분을 받은 경우에 적용한다. 이 경우 기준 적용일은 위반사항에 대한 행정처분일과 그 처분 후 다시 적발한 날을 기준으로 한다.
④ 다목에 따라 가중된 행정처분을 하는 경우 가중처분의 적용차수는 그 위반행위 전 행정처분 차수(다목에 따른 기간 내에 행정처분이 둘 이상 있었던 경우에는 높은 차수를 말한다)의 다음 차수로 한다. 다만, 적발된 날부터 소급하여 6개월이 되는 날 전에 한 행정처분은 가중처분의 차수 산정 대상에서 제외한다.

정답 : 048.② 049.② 050.③ 051.②

예상문제

> **해설**
> ① 2분의 1
> ② 최근1년간
> ③ 1년이 되는날 전에

052 소방시설 완공검사신청 또는 부분완공검사신청을 받은 소방본부장 또는 소방서장은 현장확인 결과 또는 감리결과보고서를 검토한 결과 해당 소방시설공사가 법령과 화재안전기준에 적합하다고 인정하면 완공검사증명서 또는 소방시설 부분완공검사증명서를 발급하여야 하는데, 다음 중 완공검사증명서는 누구에게 발부하여야 하는가?

① 소방시설 공사업자
② 소방시설 감리업자
③ 소방시설 설계업자
④ 건축주

> **해설** 제13조(소방시설의 완공검사 신청 등)
> ① 공사업자는 소방시설공사의 완공검사 또는 부분완공검사를 받으려면 법 제14조제4항에 따라 별지 제17호서식의 소방시설공사 완공검사신청서(전자문서로 된 소방시설공사 완공검사신청서를 포함한다) 또는 별지 제18호서식의 소방시설 부분완공검사신청서(전자문서로 된 소방시설 부분완공검사신청서를 포함한다)를 소방본부장 또는 소방서장에게 제출하여야 한다. 다만, 「전자정부법」 제36조제1항에 따른 행정정보의 공동이용을 통하여 첨부서류에 대한 정보를 확인할 수 있는 경우에는 그 확인으로 첨부서류를 갈음할 수 있다.
> ② 제1항에 따라 소방시설 완공검사신청 또는 부분완공검사신청을 받은 소방본부장 또는 소방서장은 법 제14조제1항 및 제2항에 따른 현장 확인 결과 또는 감리 결과보고서를 검토한 결과 해당 소방시설공사가 법령과 화재안전기준에 적합하다고 인정하면 별지 제19호서식의 소방시설 완공검사증명서 또는 별지 제20호서식의 소방시설 부분완공검사증명서를 공사업자에게 발급하여야 한다.

053 다음 중 소방시설업을 반드시 등록을 취소하여야 하는 경우는?

① 등록 결격사유에 해당하게 된 경우
② 등록기준에 미달하게 된 후 30일이 경과한 경우
③ 등록을 한 후 정당한 사유 없이 1년이 지날 때까지 영업을 시작하지 아니하거나 계속하여 1년 이상 휴업한 때
④ 점검을 하지 아니하거나 점검 결과를 거짓으로 보고한 경우

> **해설** 등록취소와 영업정지 등
> 1) 시·도지사는 소방시설업자가 다음 각 호의 어느 하나에 해당하면 행정안전부령으로 정하는 바에 따라 그 등록을 취소하거나 6개월 이내의 기간을 정하여 시정이나 그 영업의 정지를 명할 수 있다.
> 2) 등록취소사유
> 　1. 거짓이나 그 밖의 부정한 방법으로 등록한 경우
> 　3. 제5조 각 호의 등록 결격사유에 해당하게 된 경우
> 　7. 제8조제2항을 위반하여 영업정지기간 중에 소방시설공사 등을 한 경우

정답 : 052.① 053.①

054 시·도지사는 소방시설업 등록수첩을 신청인에게 며칠 이내에 협회를 경유하여 발급해 주어야 하는가?

① 5일   ② 7일
③ 15일 ④ 20일

해설
1) 소방시설업의 등록신청과 등록증·등록수첩의 발급·재발급 신청, 그 밖에 소방시설업 등록에 필요한 사항은 행정안전부령으로 정한다.
2) 지방공사나 지방공단이 다음 각 호의 요건을 모두 갖춘 경우에는 시·도지사에게 등록을 하지 아니하고 자체 기술인력을 활용하여 설계·감리를 할 수 있다.
  1. 주택의 건설·공급을 목적으로 설립되었을 것
  2. 설계·감리 업무를 주요 업무로 규정하고 있을 것
  3. 최초 소방시설업등록신청 시 15일 이내에 발급[서류보완기간 : 10일]

055 영업정지등의 위반사항중 그 처분기준의 2분의1을 감경할 수 있는 사유에 해당하지 않는 것은?

① 위반행위가 고의나 중대한 과실이 아닌 사소한 부주의나 오류로 인한 것으로 인정되는 경우
② 위반의 내용·정도가 경미하여 관계인에게 미치는 피해가 적다고 인정되는 경우
③ 위반행위자의 위반행위가 처음이며 3년 이상 소방시설업을 모범적으로 해 온 사실이 인정되는 경우
④ 위반행위자가 그 위반행위로 인하여 검사로부터 기소유예 처분을 받거나 법원으로부터 선고유예 판결을 받은 경우

해설 5년이상

참고 가중사유
가) 위반행위가 사소한 부주의나 오류가 아닌 고의나 중대한 과실에 의한 것으로 인정되는 경우
나) 위반의 내용·정도가 중대하여 관계인에게 미치는 피해가 크다고 인정되는 경우

056 공사업자가 소속 소방기술자를 공사현장에 배치하지 아니하거나 거짓으로 한경우의 1차 행정처분기준은 무엇인가?

① 경고(시정명령)   ② 영업정지 1개월
③ 영업정지 3개월   ④ 등록취소

정답 : 054.③ 055.③ 056.①

예상문제

해설 개별기준 표 참조
1차에 취소사유만 확인
① 거짓이나 그밖의 부정한 방법으로 등록한 경우
② 등록결격사유에 해당하게 된 경우
③ 영업정지기간중에 소방시설공사등을 한 경우

057 소방청장 또는 시도지사는 과징금을 부과하는 경우 처분일로부터 몇일이내에 협회에 그 사실을 알려주어야 하는가?

① 지체없이　　② 3일이내
③ 7일이내　　④ 10일이내

해설 제11조(과징금 징수절차)
법 제10조제2항에 따른 과징금의 징수절차는 「국고금관리법 시행규칙」을 준용한다.

제11조의2(소방시설업자 등의 처분통지)
소방청장 또는 시·도지사는 다음 각 호의 경우에는 처분일부터 7일 이내에 협회에 그 사실을 알려주어야 한다. 〈개정 2021. 6. 10.〉
1. 법 제9조제1항에 따라 등록취소·시정명령 또는 영업정지를 하는 경우
2. 법 제10조제1항에 따라 과징금을 부과하는 경우
3. 법 제28조제4항에 따라 자격을 취소하거나 정지하는 경우

058 소방시설공사업법령상 중급기술자 이상의 소방기술자(기계 및 전기분야) 배치기준으로 옳지 않은 것은?

① 호스릴방식의 포소화설비가 설치되는 특정소방대상물의 공사 현장
② 아파트가 아닌 특정소방대상물로서 연면적 2만[m²]인 공사 현장
③ 연면적 2만[m²]인 아파트 공사 현장
④ 제연설비가 설치되는 특정소방대상물의 공사 현장

해설 소방기술자의 배치기준(제3조 관련)

소방기술자의 배치기준	소방시설공사 현장의 기준
1. 행정안전부령으로 정하는 특급기술자인 소방기술자(기계분야 및 전기분야)	가. 연면적 20만제곱미터 이상인 특정소방대상물의 공사 현장 나. 지하층을 포함한 층수가 40층 이상인 특정소방대상물의 공사 현장
2. 행정안전부령으로 정하는 고급기술자 이상의 소방기술자(기계분야 및 전기분야)	가. 연면적 3만제곱미터 이상 20만제곱미터 미만인 특정소방대상물(아파트는 제외한다)의 공사 현장 나. 지하층을 포함한 층수가 16층 이상 40층 미만인 특정소방대상물의 공사 현장

정답 : 057.③　058.①

3. 행정안전부령으로 정하는 중급기술자 이상의 소방기술자(기계분야 및 전기분야)	가. 물분무등소화설비(호스릴방식의 소화설비는 제외한다) 또는 제연설비가 설치되는 특정소방대상물의 공사 현장 나. 연면적 5천제곱미터 이상 3만제곱미터 미만인 특정소방대상물(아파트는 제외한다)의 공사 현장 다. 연면적 1만제곱미터 이상 20만제곱미터 미만인 아파트의 공사 현장
4. 행정안전부령으로 정하는 초급기술자 이상의 소방기술자(기계분야 및 전기분야)	가. 연면적 1천제곱미터 이상 5천제곱미터 미만인 특정소방대상물(아파트는 제외한다)의 공사 현장 나. 연면적 1천제곱미터 이상 1만제곱미터 미만인 아파트의 공사 현장 다. 지하구(地下溝)의 공사 현장
5. 법 제28조에 따라 자격수첩을 발급받은 소방기술자	연면적 1천제곱미터 미만인 특정소방대상물의 공사 현장

059 소방시설공사업법령상 지하층을 포함한 층수가 40층이고, 연면적이 20만제곱미터인 특정소방대상물의 공사 현장에 배치해야 하는 소방기술자의 배치기준으로 옳은 것은?

① 행정안전부령으로 정하는 특급기술자인 소방기술자(기계분야 및 전기분야)
② 행정안전부령으로 정하는 고급기술자 이상의 소방기술자(기계분야 및 전기분야)
③ 행정안전부령으로 정하는 중급기술자 이상의 소방기술자(기계분야 및 전기분야)
④ 행정안전부령으로 정하는 초급기술자 이상의 소방기술자(기계분야 및 전기분야)

060 공사업법 시행령상 소방기술자의 배치기준에 대한 다음 설명 중 옳은 것은?

① 연면적 3만제곱미터 이상 20만제곱미터 미만인 아파트 공사현장의 경우 고급기술자 이상의 소방기술자가 배치되어야 한다.
② 물분무등소화설비(호스릴방식 포함) 또는 제연설비가 설치되는 특정소방대상물의 공사현장의 경우 중급기술자 이상의 소방기술자가 배치되어야 한다.
③ 연면적 1천제곱미터 이상 1만제곱미터 미만인 아파트의 공사현장의 경우 초급기술자 이상의 소방기술자가 배치되어야 한다.
④ 연면적 5천제곱미터 미만인 특정소방대상물의 경우 자격수첩을 발급받은 소방기술자가 배치되어야 한다.

해설 [비고]
1. 다음 각 목의 어느 하나에 해당하는 기계분야 소방시설공사의 경우에는 소방기술자의 배치기준에 따른 기계분야의 소방기술자를 공사 현장에 배치하여야 한다.
   가. 옥내소화전설비, 옥외소화전설비, 스프링클러설비등, 물분무등소화설비의 공사
   나. 소화용수설비의 공사
   다. 제연설비, 연결송수관설비, 연결살수설비, 연소방지설비의 공사
   라. 기계분야 소방시설에 부설되는 전기시설의 공사. 다만, 비상전원, 동력회로, 제어회

정답 : 059.① 060.③

예상문제

로, 기계분야의 소방시설을 작동하기 위하여 설치하는 화재감지기에 의한 화재감지장치 및 전기신호에 의한 소방시설의 작동장치의 공사는 제외한다.
2. 다음 각 목의 어느 하나에 해당하는 전기분야 소방시설공사의 경우에는 소방기술자의 배치기준에 따른 전기분야의 소방기술자를 공사 현장에 배치하여야 한다.
   가. 비상경보설비, 시각경보기, 자동화재탐지설비, 비상방송설비, 자동화재속보설비 또는 통합감시시설의 공사
   나. 비상콘센트설비 또는 무선통신보조설비의 공사
   다. 기계분야 소방시설에 부설되는 비상전원, 동력회로 또는 제어회로의 공사
   라. 기계분야 소방시설에 부설되는 전기시설 중 제1호라목 단서의 전기시설의 공사
3. 제1호 및 제2호에도 불구하고 기계분야 및 전기분야의 자격을 모두 갖춘 소방기술자가 있는 경우에는 소방시설공사를 분야별로 구분하지 않고 그 소방기술자를 배치할 수 있다.
4. 제1호 및 제2호에도 불구하고 소방공사감리업자가 감리하는 소방시설공사가 다음 각 목의 어느 하나에 해당하는 경우에는 소방기술자를 소방시설공사 현장에 배치하지 않을 수 있다.
   가. 소방시설의 비상전원을 「전기공사업법」에 따른 전기공사업자가 공사하는 경우
   나. 소화용수설비를 「건설산업기본법 시행령」 별표 1에 따른 기계설비공사업자 또는 상·하수도설비공사업자가 공사하는 경우
   다. 소방 외의 용도와 겸용되는 제연설비를 「건설산업기본법 시행령」 별표 1에 따른 기계설비공사업자가 공사하는 경우
   라. 소방 외의 용도와 겸용되는 비상방송설비 또는 무선통신보조설비를 「정보통신공사업법」에 따른 정보통신공사업자가 공사하는 경우
5. 공사업자는 다음 각 목의 경우를 제외하고는 1명의 소방기술자를 2개의 공사 현장을 초과하여 배치해서는 안 된다. 다만, 연면적 3만제곱미터 이상의 특정소방대상물(아파트는 제외한다)이거나 지하층을 포함한 층수가 16층 이상으로서 500세대 이상인 아파트에 대한 소방시설 공사의 경우에는 1개의 공사 현장에만 배치해야 한다.
   가. 건축물의 연면적이 5천제곱미터 미만인 공사 현장에만 배치하는 경우. 다만, 그 연면적의 합계는 2만제곱미터를 초과해서는 안 된다.
   나. 건축물의 연면적이 5천제곱미터 이상인 공사 현장 2개 이하와 5천제곱미터 미만인 공사 현장에 같이 배치하는 경우. 다만, 5천제곱미터 미만의 공사 현장의 연면적의 합계는 1만제곱미터를 초과해서는 안 된다.

061 다음 용어의 정의 중 틀린 것은?

① 자본금(자산평가액)은 해당 소방시설공사업의 최근 결산일 현재(새로 등록한 자는 등록을 위한 기업진단기준일 현재)의 총자산에서 총부채를 뺀 금액을 말하고, 소방시설공사업 외의 다른 업(業)을 함께 하는 경우에는 자본금에서 겸업 비율에 해당하는 금액을 뺀 금액을 말한다.
② "증설"이란 이미 특정소방대상물에 설치된 소방시설 등의 전부 또는 일부를 철거하고 새로 설치하는 것을 말한다.
③ "이전"이란 이미 설치된 소방시설 등을 현재 설치된 장소에서 다른 장소로 옮겨 설치하는 것을 말한다.
④ "정비"란 이미 설치된 소방시설 등을 구성하고 있는 기계·기구를 교체하거나 보수하는 것을 말한다.

정답 : 061.②

해설 "개설"이란 이미 특정소방대상물에 설치된 소방시설 등의 전부 또는 일부를 철거하고 새로 설치하는 것을 말한다.

062 다음 중 감리업자의 업무내용으로 옳지 않은 것은?

① 소방시설 등의 설치계획표의 적법성 검토
② 피난시설 및 방화시설의 유지관리
③ 완공된 소방시설 등의 성능시험
④ 소방시설 등 설계 변경 사항의 적합성 검토

해설 **제16조(감리)**
① 제4조제1항에 따라 소방공사감리업을 등록한 자(이하 "감리업자"라 한다)는 소방공사를 감리할 때 다음 각 호의 업무를 수행하여야 한다. 〈개정 2014.12.30, 2018.2.9, 2021.11.30〉
  1. 소방시설등의 설치계획표의 적법성 검토
  2. 소방시설등 설계도서의 적합성(적법성과 기술상의 합리성을 말한다. 이하 같다) 검토
  3. 소방시설등 설계 변경 사항의 적합성 검토
  4. 「소방시설 설치 및 관리에 관한 법률」 제2조제1항제7호의 소방용품의 위치·규격 및 사용 자재의 적합성 검토
  5. 공사업자가 한 소방시설등의 시공이 설계도서와 화재안전기준에 맞는지에 대한 지도·감독
  6. 완공된 소방시설등의 성능시험
  7. 공사업자가 작성한 시공 상세 도면의 적합성 검토
  8. 피난시설 및 방화시설의 적법성 검토
  9. 실내장식물의 불연화(不燃化)와 방염 물품의 적법성 검토
② 용도와 구조에서 특별히 안전성과 보안성이 요구되는 소방대상물로서 대통령령으로 정하는 장소에서 시공되는 소방시설물에 대한 감리는 감리업자가 아닌 자도 할 수 있다.
③ 감리업자는 제1항 각 호의 업무를 수행할 때에는 대통령령으로 정하는 감리의 종류 및 대상에 따라 공사기간 동안 소방시설공사 현장에 소속 감리원을 배치하고 업무수행 내용을 감리일지에 기록하는 등 대통령령으로 정하는 감리의 방법에 따라야 한다

063 다음 중 공사감리자를 지정하는 사람은?

① 관계인
② 소방청장
③ 시·도지사
④ 소방본부장

해설 **감리자의 지정**
대통령령으로 정하는 특정소방대상물의 관계인이 특정소방대상물에 대하여 자동화재탐지설비, 옥내소화전설비 등 대통령령으로 정하는 소방시설을 시공할 때에는 소방시설공사의 감리를 위하여 감리업자를 공사감리자로 지정하여야 한다. -미지정 관계인[1년 이하 징역 또는 1,000만 원 이하의 벌금]

정답 : 062.② 063.①

예상문제

064 감리의 업무사항중 "용도와 구조에서 특별히 안전성과 보안성이 요구되는 소방대상물로서 대통령령으로 정하는 장소에서 시공되는 소방시설물에 대한 감리는 감리업자가 아닌 자도 할 수 있다."라는 조항이 있다. 여기서 말하는 대통령령으로 정하는 장소는 무엇을 말하는가?
① 정수장, 수영장, 목욕장등
② 원자력안전법 상 관계시설이 설치되는 장소
③ 전통시장 (점포 100개이상)
④ 위험물제조소등

> 해설 제8조(감리업자가 아닌 자가 감리할 수 있는 보안성 등이 요구되는 소방대상물의 시공 장소) 법 제16조제2항에서 "대통령령으로 정하는 장소"란 「원자력안전법」 제2조제10호에 따른 관계시설이 설치되는 장소를 말한다.

065 소방시설공사업법 시행령상 공사감리자를 지정해야 하는 소방시설을 시공할 때가 아닌 것은?
① 옥내소화전설비를 신설·개설 또는 증설할 때
② 스프링클러설비 등(캐비닛형 간이스프링클러설비는 제외한다)을 신설·개설하거나 방호·방수 구역을 증설할 때
③ 물분무등소화설비(호스릴 방식의 소화설비는 포함한다)를 신설·개설하거나 방호·방수 구역을 증설할 때
④ 자동화재탐지설비를 신설·개설할 때

> 해설
> 1. 옥내소화전설비를 신설·개설 또는 증설할 때
> 2. 스프링클러설비등(캐비닛형 간이스프링클러설비는 제외한다)을 신설·개설하거나 방호·방수 구역을 증설할 때
> 3. 물분무등소화설비(호스릴방식의 소화설비는 제외한다)를 신설·개설하거나 방호·방수 구역을 증설할 때
> 4. 옥외소화전설비를 신설·개설 또는 증설할 때
> 5. 자동화재탐지설비를 신설·개설할 때
> 5의2. 비상방송설비를 신설 또는 개설할 때
> 6. 통합감시시설을 신설 또는 개설할 때
> 6의2. 비상조명등을 신설 또는 개설할 때
> 7. 소화용수설비를 신설 또는 개설할 때
> 8. 다음 각 목에 따른 소화활동설비에 대하여 각 목에 따른 시공을 할 때
>   가. 제연설비를 신설·개설하거나 제연구역을 증설할 때
>   나. 연결송수관설비를 신설 또는 개설할 때
>   다. 연결살수설비를 신설·개설하거나 송수구역을 증설할 때
>   라. 비상콘센트설비를 신설·개설하거나 전용회로를 증설할 때
>   마. 무선통신보조설비를 신설 또는 개설할 때
>   바. 연소방지설비를 신설·개설하거나 살수구역을 증설할 때

정답 : 064.② 065.③

066 소방시설공사업법 시행규칙상 소방공사감리자 지정신고 시 소방본부장 또는 소방서장에게 제출하여야 하는 서류가 맞는 것은?

① 소방공사감리업 등록증 및 등록수첩
② 해당 소방시설공사를 감리하는 소속 감리원의 감리원 등급을 증명하는 서류(전자문서를 포함한다) 1부
③ 소방공사계획서 1부
④ 소방시설설계 계약서 및 소방공사감리 계약서

해설
1. 소방공사감리업 등록증 사본 1부 및 등록수첩 사본 1부
2. 해당 소방시설공사를 감리하는 소속 감리원의 감리원 등급을 증명하는 서류(전자문서를 포함한다) 각 1부
3. 별지 제22호서식의 소방공사감리계획서 1부
4. 법 제21조의3제2항에 따라 체결한 소방시설설계 계약서 사본 1부 및 소방공사감리 계약서 사본 1부

067 소방시설공사업법 시행규칙상 특정소방대상물의 관계인은 공사감리자가 변경된 경우에는 변경일로부터 며칠 이내에 변경신고서를 제출하여야 하며, 제출받은 소방본부장 또는 소방서장은 며칠 이내에 이를 처리하고 변경 내용을 기재, 발급하여야 하는가?

① 30일, 2일
② 30일, 3일
③ 10일, 7일
④ 10일, 5일

해설 **제15조(소방공사감리자의 지정신고 등)**
① 법 제17조제2항에 따라 특정소방대상물의 관계인은 공사감리자를 지정한 경우에는 해당 소방시설공사의 착공 전까지 별지 제21호서식의 소방공사감리자 지정신고서에 다음 각 호의 서류(전자문서를 포함한다)를 첨부하여 소방본부장 또는 소방서장에게 제출해야 한다. 다만, 「전자정부법」 제36조제1항에 따른 행정정보의 공동이용을 통하여 첨부서류에 대한 정보를 확인할 수 있는 경우에는 그 확인으로 첨부서류를 갈음할 수 있다. 〈개정 2014. 9. 2., 2015. 8. 4., 2016. 8. 25., 2021. 6. 10., 2022. 12. 1.〉
1. 소방공사감리업 등록증 사본 1부 및 등록수첩 사본 1부
2. 해당 소방시설공사를 감리하는 소속 감리원의 감리원 등급을 증명하는 서류(전자문서를 포함한다) 각 1부
3. 별지 제22호서식의 소방공사감리계획서 1부
4. 법 제21조의3제2항에 따라 체결한 소방시설설계 계약서 사본(「소방시설 설치 및 관리에 관한 법률 시행규칙」 제3조제2항에 따라 건축허가등의 동의요구서에 소방시설설계 계약서가 첨부되지 않았거나 첨부된 서류 중 소방시설설계 계약서가 변경된 경우에만 첨부한다) 1부 및 소방공사감리 계약서 사본 1부
② 특정소방대상물의 관계인은 공사감리자가 변경된 경우에는 법 제17조제2항 후단에 따라 변경일부터 30일 이내에 별지 제23호서식의 소방공사감리자 변경신고서(전자문서로 된

정답 : 066.② 067.①

예상문제

소방공사감리자 변경신고서를 포함한다)에 제1항 각 호의 서류(전자문서를 포함한다)를 첨부하여 소방본부장 또는 소방서장에게 제출하여야 한다. 다만, 「전자정부법」 제36조 제1항에 따른 행정정보의 공동이용을 통하여 첨부서류에 대한 정보를 확인할 수 있는 경우에는 그 확인으로 첨부서류를 갈음할 수 있다.

③ 소방본부장 또는 소방서장은 제1항 및 제2항에 따라 공사감리자의 지정신고 또는 변경신고를 받은 경우에는 2일 이내에 처리하고 그 결과를 신고인에게 통보해야 한다.

068 다음 빈칸에 들어갈 순서로 옳은 것은?

> 제18조(감리원의 배치 등)
> ① 감리업자는 소방시설공사의 감리를 위하여 소속 감리원을 (㉮)으로 정하는 바에 따라 소방시설공사 현장에 배치하여야 한다.
> ② 감리업자는 제1항에 따라 소속 감리원을 배치하였을 때에는 (㉯)으로 정하는 바에 따라 소방본부장이나 소방서장에게 통보하여야 한다. 감리원의 배치를 변경하였을 때에도 또한 같다.
> ③ 제1항에 따른 감리원의 세부적인 배치 기준은 (㉰)으로 정한다.

	㉮	㉯	㉰
①	대통령령	행정안전부령	행정안전부령
②	대통령령	대통령령	행정안전부령
③	행정안전부령	대통령령	대통령령
④	대통령령	행정안전부령	대통령령

069 다음 중 상주공사감리의 대상인 것은?

① 연면적 1만제곱미터 이상의 특정소방대상물
② 연면적 2만제곱미터 이상의 특정소방대상물
③ 연면적 3만제곱미터 이상의 특정소방대상물
④ 연면적 1천제곱미터 이상의 특정소방대상물

해설 **감리의 종류, 방법, 대상(대통령령)**
1) 상주공사감리[연면적 3만제곱미터 이상(아파트 제외), 지하층 포함 16층 이상으로서 500세대 이상 아파트]
2) 일반공사감리[상주공사감리대상 아닌 것]
3) 일반공사감리 시 주 1회 방문, 14일 이내 부득이한 사유로 없는 경우 업무대행자 지정, 주 2회 방문

정답 : 068.① 069.③

070 소방시설공사업상 다음 중 일반공사감리기간에 대한 설명으로 틀린 것은?

① 옥내소화전설비의 경우 : 가압송수장치의 설치를 하는 기간
② 이산화탄소소화설비의 경우 : 소화약제 저장용기와 집합관의 접속, 수동기동장치의 설치 및 음향경보 장치의 설치를 하는 기간
③ 자동화재탐지설비의 경우 : 비상전원의 설치 및 소방시설과의 접속을 하는 기간
④ 피난기구의 경우 : 고정금속구를 설치하는 기간

해설 일반 공사감리기간(제16조 관련)

1. 옥내소화전설비·스프링클러설비·포소화설비·물분무소화설비·연결살수설비 및 연소방지설비의 경우 : 가압송수장치의 설치, 가지배관의 설치, 개폐밸브·유수검지장치·체크밸브·템퍼스위치의 설치, 앵글밸브·소화전함의 매립, 스프링클러헤드·포헤드·포방출구·포노즐·포호스릴·물분무헤드·연결살수헤드·방수구의 설치, 포소화약제 탱크 및 포혼합기의 설치, 포소화약제의 충전, 입상배관과 옥상탱크의 접속, 옥외 연결송수구의 설치, 제어반의 설치, 동력전원 및 각종 제어회로의 접속, 음향장치의 설치 및 수동조작함의 설치를 하는 기간
2. 이산화탄소소화설비·할로겐화합물소화설비·청정소화약제소화설비 및 분말소화설비의 경우 : 소화약제 저장용기와 집합관의 접속, 기동용기 등 작동장치의 설치, 제어반·화재표시반의 설치, 동력전원 및 각종 제어회로의 접속, 가지배관의 설치, 선택밸브의 설치, 분사헤드의 설치, 수동기동장치의 설치 및 음향경보장치의 설치를 하는 기간
3. 자동화재탐지설비·시각경보기·비상경보설비·비상방송설비·통합감시시설·유도등·비상콘센트설비 및 무선통신보조설비의 경우 : 전선관의 매립, 감지기·유도등·조명등 및 비상콘센트의 설치, 증폭기의 접속, 누설동축케이블 등의 부설, 무선기기의 접속단자·분배기·증폭기의 설치 및 동력전원의 접속공사를 하는 기간
4. 피난기구의 경우 : 고정금속구를 설치하는 기간
5. 제연설비의 경우 : 가동식 제연경계벽·배출구·공기유입구의 설치, 각종 댐퍼 및 유입구 폐쇄장치의 설치, 배출기 및 공기유입기의 설치 및 풍도와의 접속, 배출풍도 및 유입풍도의 설치·단열조치, 동력전원 및 제어회로의 접속, 제어반의 설치를 하는 기간
6. 비상전원이 설치되는 소방시설의 경우 : 비상전원의 설치 및 소방시설과의 접속을 하는 기간

[비고]
위 각 호에 따른 소방시설의 일반공사 감리기간은 소방시설의 성능시험, 소방시설 완공검사 증명서의 발급·인수인계 및 소방공사의 정산을 하는 기간을 포함한다.

정답 : 070.③

예상문제

071 상주공사감리에서 '행정안전부령이 정하는 기간'이란?

① 착공신고 때부터 완공검사를 신청한 때까지
② 착공신고 때부터 완공검사필증을 교부받는 때까지
③ 착공 때부터 완공 때까지
④ 소방시설용 배관을 설치하거나 매립하는 때부터 소방시설 완공검사필증을 교부받는 때까지

해설 **감리원 세부 배치기준**
1. 영 별표 3에 따른 상주공사감리 대상인 경우
   가. 기계분야의 감리원 자격을 취득한 사람과 전기분야의 감리원 자격을 취득한 사람 각 1명 이상을 감리원으로 배치할 것. 다만, 기계분야 및 전기분야의 감리원 자격을 함께 취득한 사람이 있는 경우에는 그에 해당하는 사람 1명 이상을 배치할 수 있다.
   나. 소방시설용 배관(전선관을 포함한다. 이하 같다)을 설치하거나 매립하는 때부터 소방시설 완공검사증명서를 발급받을 때까지 소방공사감리현장에 감리원을 배치할 것
2. 영 별표 3에 따른 일반 공사감리 대상인 경우
   가. 기계분야의 감리원 자격을 취득한 사람과 전기분야의 감리원 자격을 취득한 사람 각 1명 이상을 감리원으로 배치할 것. 다만, 기계분야 및 전기분야의 감리원 자격을 함께 취득한 사람이 있는 경우에는 그에 해당하는 사람 1명 이상을 배치할 수 있다.
   나. 별표 3에 따른 기간 동안 감리원을 배치할 것
   다. 감리원은 주 1회 이상 소방공사감리현장에 배치되어 감리할 것
   라. 1명의 감리원이 담당하는 소방공사감리현장은 5개 이하(자동화재탐지설비 또는 옥내소화전설비 중 어느 하나만 설치하는 2개의 소방공사감리현장이 최단 차량주행거리로 30킬로미터 이내에 있는 경우에는 1개의 소방공사감리현장으로 본다)로서 감리현장 연면적의 총합계가 10만제곱미터 이하일 것. 다만, 일반 공사감리 대상인 아파트의 경우에는 연면적의 합계에 관계없이 1명의 감리원이 5개 이내의 공사현장을 감리할 수 있다.

072 다음 중 감리원의 세부 배치 기준 등에 대한 설명으로 옳지 않은 것은?

① 상주공사감리 대상인 경우 소방시설용 배관을 설치하거나 매립하는 때부터 소방시설 완공검사증명서를 발급받을 때까지 소방 공사감리현장에 감리원을 배치할 것
② 일반 공사감리 대상인 경우 1명의 감리원이 담당하는 소방공사감리현장은 5개 이하로서 감리현장 연면적의 총 합계가 10만제곱미터 이하일 것. 다만, 상주공사감리 대상에 해당하지 않는 아파트의 경우에는 연면적의 합계에 관계없이 1명의 감리원이 5개 이내의 공사현장을 감리할 수 있다.
③ 일반 공사감리 대상인 경우 감리원은 주 2회 이상 소방공사감리현장을 방문하여 감리할 것
④ 상주공사감리 대상인 경우 기계분야의 감리원 자격을 취득한 사람과 전기분야의 감리원 자격을 취득한 사람 각 1명 이상을 감리원으로 배치할 것. 다만, 기계분야 및 전기분야의 감리원 자격을 함께 취득한 사람이 있는 경우에는 그에 해당하는 사람 1명 이상을 배치할 수 있다.

정답 : 071.④ 072.③

해설 **감리원 세부 배치기준**
1. 영 별표 3에 따른 상주공사감리 대상인 경우
   가. 기계분야의 감리원 자격을 취득한 사람과 전기분야의 감리원 자격을 취득한 사람 각 1명 이상을 감리원으로 배치할 것. 다만, 기계분야 및 전기분야의 감리원 자격을 함께 취득한 사람이 있는 경우에는 그에 해당하는 사람 1명 이상을 배치할 수 있다.
   나. 소방시설용 배관(전선관을 포함한다. 이하 같다)을 설치하거나 매립하는 때부터 소방시설 완공검사증명서를 발급받을 때까지 소방공사감리현장에 감리원을 배치할 것
2. 영 별표 3에 따른 일반 공사감리 대상인 경우
   가. 기계분야의 감리원 자격을 취득한 사람과 전기분야의 감리원 자격을 취득한 사람 각 1명 이상을 감리원으로 배치할 것. 다만, 기계분야 및 전기분야의 감리원 자격을 함께 취득한 사람이 있는 경우에는 그에 해당하는 사람 1명 이상을 배치할 수 있다.
   나. 별표 3에 따른 기간 동안 감리원을 배치할 것
   다. 감리원은 주 1회 이상 소방공사감리현장에 배치되어 감리할 것
   라. 1명의 감리원이 담당하는 소방공사감리현장은 5개 이하(자동화재탐지설비 또는 옥내소화전설비 중 어느 하나만 설치하는 2개의 소방공사감리현장이 최단 차량주행거리로 30킬로미터 이내에 있는 경우에는 1개의 소방공사감리현장으로 본다)로서 감리현장 연면적의 총 합계가 10만제곱미터 이하일 것. 다만, 일반 공사감리 대상인 아파트의 경우에는 연면적의 합계에 관계없이 1명의 감리원이 5개 이내의 공사현장을 감리할 수 있다.

073 공사업법 시행령 별표 3에 따른 소방공사 감리의 종류 및 방법에서 일반공사감리의 방법에 대한 설명 중 옳은 설명은?

① 책임감리원은 공사 현장에 배치되어 감리업무를 수행한다. 다만, 실내장식물의 불연화와 방염물품의 적법성 검토업무는 대통령령으로 정하는 기간 동안 공사가 이루어지는 경우만 해당한다.
② 책임감리원은 행정안전부령으로 정하는 기간 중에는 주 1회 이상 공사 현장에 배치되어 감리업무를 수행하고 감리일지에 기록해야 한다.
③ 감리업자는 감리원이 부득이한 사유로 10일 이내의 범위에서 감리업무를 수행할 수 없는 경우에는 업무대행자를 지정하여 그 업무를 수행하게 해야 한다.
④ 지정된 업무대행자는 주 3회 이상 공사 현장에 배치되어 감리업무를 수행하며, 그 업무 수행 내용을 감리원에게 통보하고 감리일지에 기록해야 한다.

해설 **일반공사감리 방법**
① 감리원은 공사 현장에 배치되어 법 제16조제1항 각 호에 따른 업무를 수행한다. 다만, 법 제16조제1항제9호에 따른 업무는 행정안전부령으로 정하는 기간 동안 공사가 이루어지는 경우만 해당한다.

정답 : 073.②

예상문제

② 감리원은 행정안전부령으로 정하는 기간 중에는 주 1회 이상 공사 현장에 배치되어 제1호의 업무를 수행하고 감리일지에 기록해야 한다.
③ 감리업자는 감리원이 부득이한 사유로 14일 이내의 범위에서 제2호의 업무를 수행할 수 없는 경우에는 업무대행자를 지정하여 그 업무를 수행하게 해야 한다.
④ 제3호에 따라 지정된 업무대행자는 주 2회 이상 공사 현장에 배치되어 제1호의 업무를 수행하며, 그 업무수행 내용을 감리원에게 통보하고 감리일지에 기록해야 한다.

074 다음 중 행정안전부령으로 정하는 특급감리원 이상의 소방공사감리원이 책임감리원으로 상주하여야 하는 공사현장으로 옳은 것은?

① 지하층 포함 층수가 40층 이상인 특정소방대상물 공사현장
② 연면적 3만제곱미터 이상 20만제곱미터 미만인 아파트 공사현장
③ 지하층 포함 층수가 16층 이상 40층 미만인 특정소방대상물 공사현장
④ 물분무등소화설비가 설치되는 특정소방대상물 공사현장

해설

감리원의 배치기준		소방시설공사 현장의 기준
책임감리원	보조감리원	
1. 행정안전부령으로 정하는 특급감리원 중 소방기술사	행정안전부령으로 정하는 초급감리원 이상의 소방공사 감리원(기계분야 및 전기분야)	가. 연면적 20만제곱미터 이상인 특정소방대상물의 공사 현장 나. 지하층을 포함한 층수가 40층 이상인 특정소방대상물의 공사 현장
2. 행정안전부령으로 정하는 특급감리원 이상의 소방공사 감리원(기계분야 및 전기분야)	행정안전부령으로 정하는 초급감리원 이상의 소방공사 감리원(기계분야 및 전기분야)	가. 연면적 3만제곱미터 이상 20만제곱미터 미만인 특정소방대상물(아파트는 제외한다)의 공사 현장 나. 지하층을 포함한 층수가 16층 이상 40층 미만인 특정소방대상물의 공사 현장
3. 행정안전부령으로 정하는 고급감리원 이상의 소방공사 감리원(기계분야 및 전기분야)	행정안전부령으로 정하는 초급감리원 이상의 소방공사 감리원(기계분야 및 전기분야)	가. 물분무등소화설비(호스릴방식의 소화설비는 제외한다) 또는 제연설비가 설치되는 특정소방대상물의 공사 현장 나. 연면적 3만제곱미터 이상 20만제곱미터 미만인 아파트의 공사 현장
4. 행정안전부령으로 정하는 중급감리원 이상의 소방공사 감리원(기계분야 및 전기분야)		연면적 5천제곱미터 이상 3만제곱미터 미만인 특정소방대상물의 공사 현장
5. 행정안전부령으로 정하는 초급감리원 이상의 소방공사 감리원(기계분야 및 전기분야)		가. 연면적 5천제곱미터 미만인 특정소방대상물의 공사 현장 나. 지하구의 공사 현장

정답 : 074.③

075 다음 중 소방시설공사현장의 연면적 합계가 20만제곱미터 이상인 경우 20만제곱미터를 초과하는 연면적 몇 제곱미터마다 보조감리원이 1명 이상 추가 배치되어야 하는가?
① 10만제곱미터 ② 20만제곱미터
③ 30만제곱미터 ④ 추가할 필요 없다

해설
1. "책임감리원"이란 해당 공사 전반에 관한 감리업무를 총괄하는 사람을 말한다.
2. "보조감리원"이란 책임감리원을 보좌하고 책임감리원의 지시를 받아 감리업무를 수행하는 사람을 말한다.
3. 소방시설공사 현장의 연면적 합계가 20만제곱미터 이상인 경우에는 20만제곱미터를 초과하는 연면적에 대하여 10만제곱미터(연면적이 10만제곱미터에 미달하는 경우에는 10만제곱미터로 본다)마다 보조감리원 1명 이상을 추가로 배치해야 한다.
4. 상주공사감리에 해당하지 않는 소방시설의 공사에는 보조감리원을 배치하지 않을 수 있다.

076 소방공사감리원의 배치기준 및 소방시설공사 현장의 기준이 잘못 연결된 것은?
① 행정안전부령으로 정하는 특급감리원 중 소방기술사 : 연면적 20만제곱미터 이상인 특정소방대상물의 공사 현장
② 행정안전부령으로 정하는 특급감리원 이상의 소방공사 감리원 : 연면적 3만제곱미터 이상 20만제곱미터 미만인 특정소방대상물(아파트는 제외한다)의 공사 현장
③ 행정안전부령으로 정하는 고급감리원 이상의 소방공사 감리원 : 물분무등소화설비(호스릴 소화설비는 제외한다) 또는 제연설비가 설치되는 특정소방대상물의 공사 현장
④ 행정안전부령으로 정하는 중급감리원 이상의 소방공사 감리원 : 연면적 5천제곱미터 미만인 특정소방대상물의 공사 현장 또는 지하구(地下溝)의 공사 현장

해설 감리원 배치기준
74번 표 내용 참조

077 감리업자가 감리를 할 때 소방시설공사가 설계도서나 화재안전기준에 맞지 아니할 때 취할 수 있는 조치로 볼 수 없는 것은?
① 관계인에게 알리고, 공사업자에게 그 공사의 시정 또는 보완 등을 요구하여야 한다.
② 공사업자가 요구를 이행하지 아니하고 그 공사를 계속할 때에는 행정안전부령으로 정하는 바에 따라 소방본부장이나 소방서장에게 그 사실을 보고하여야 한다.
③ 공사업자가 시정 또는 보완을 하지 않을 경우 공사를 중지시킬 수 있다.
④ 관계인은 감리업자가 소방본부장이나 소방서장에게 보고한 것을 이유로 감리계약을 해지하거나 감리의 대가 지급을 거부하거나 지연시키거나 그 밖의 불이익을 주어서는 아니 된다.

정답 : 075.① 076.④ 077.③

예상문제

> **해설** 제19조(위반사항에 대한 조치)
> ① 감리업자는 감리를 할 때 소방시설공사가 설계도서나 화재안전기준에 맞지 아니할 때에는 관계인에게 알리고, 공사업자에게 그 공사의 시정 또는 보완 등을 요구하여야 한다.
> ② 공사업자가 제1항에 따른 요구를 받았을 때에는 그 요구에 따라야 한다.
> ③ 감리업자는 공사업자가 제1항에 따른 요구를 이행하지 아니하고 그 공사를 계속할 때에는 행정안전부령으로 정하는 바에 따라 소방본부장이나 소방서장에게 그 사실을 보고하여야 한다.
> ④ 관계인은 감리업자가 제3항에 따라 소방본부장이나 소방서장에게 보고한 것을 이유로 감리계약을 해지하거나 감리의 대가 지급을 거부하거나 지연시키거나 그 밖의 불이익을 주어서는 아니 된다.

078 소방시설공사업법령상 상주공사감리 대상 기준 중 다음 (   ) 안에 알맞은 것은?

- 연면적 (㉠)m² 이상의 특정소방대상물(아파트는 제외)에 대한 소방시설의 공사
- 지하층을 포함한 층수가 (㉡)층 이상으로서 (㉢)세대 이상인 아파트에 대한 소방시설의 공사

① ㉠ 10,000, ㉡ 11, ㉢ 600
② ㉠ 10,000, ㉡ 16, ㉢ 500
③ ㉠ 30,000, ㉡ 11, ㉢ 600
④ ㉠ 30,000, ㉡ 16, ㉢ 500

> **해설** 감리의 종류, 방법, 대상(대통령령)
> 1) 상주공사감리
>   - 연면적 3만 제곱미터 이상(아파트 제외)
>   - 지하층 포함 16층 이상으로서 500세대 이상 아파트
> 2) 일반공사감리(상주공사감리대상 아닌 것)
> 3) 일반공사감리 시 주 1회 방문, 14일 이내 부득이한 사유로 없는 경우 업무대행자 지정, 주 2회 방문

079 감리업자는 소방공사의 감리를 마쳤을 때에는 행정안전부령으로 정하는 바에 따라 그 감리결과를 서면으로 알려야 하는데, 다음 중 그 대상이 아닌 것은?

① 그 소방공사의 행정기관
② 그 특정소방대상물의 관계인
③ 그 소방시설공사의 도급인
④ 그 특정소방대상물의 공사를 감리한 건축(乾縮)사

정답 : 078.④ 079.①

해설 **감리결과 통보 및 보고**
1) 감리업자는 공사가 완료된 날부터 7일 이내에 서면으로 관계인, 도급인, 공사를 감리한 건축사에게 통보
2) 감리업자는 공사가 완료된 날부터 7일 이내에 소방본부장 또는 소방서장에게 감리결과 보고서 제출

080 다음 중 소방기술자의 실무교육에 관하여 해당하지 않는 것은?

① 실무교육기관의 지정신청을 받은 소방청장은 지정기준을 충족하였는지를 현장 확인하여야 한다.
② 소방기술자는 실무교육을 2년마다 1회 이상 받아야 한다.
③ 소방청장은 신청자가 제출한 신청서 및 첨부서류가 미비되거나 현장 확인 결과 지정기준을 충족하지 못하였을 때에는 15일 이내의 기간을 정하여 이를 보완하게 할 수 있다.
④ 실무교육기관으로 지정된 기관은 대표자 또는 각 지부의 책임임원을 변경하려면 변경일부터 14일 이내에 소방청장에게 보고하여야 한다.

해설 **공사업법 시행규칙[소방기술자 실무교육기관의 지정 등]**
제29조(소방기술자 실무교육기관의 지정기준)
① 법 제29조제4항에 따라 소방기술자에 대한 실무교육기관의 지정을 받으려는 자가 갖추어야 하는 실무교육에 필요한 기술인력 및 시설장비는 별표 6과 같다.
② 제1항에 따라 실무교육기관의 지정을 받으려는 자는 비영리법인이어야 한다.

제30조(지정신청)
① 법 제29조제4항에 따라 실무교육기관의 지정을 받으려는 자는 별지 제41호서식의 실무교육기관 지정신청서(전자문서로 된 실무교육기관 지정신청서를 포함한다)에 다음 각 호의 서류(전자문서를 포함한다)를 첨부하여 소방청장에게 제출하여야 한다. 다만, 「전자정부법」 제36조제1항에 따른 행정정보의 공동이용을 통하여 첨부서류에 대한 정보를 확인할 수 있는 경우에는 그 확인으로 첨부서류를 갈음할 수 있다.
1. 정관 사본 1부
2. 대표자, 각 지부의 책임임원 및 기술인력의 자격을 증명할 수 있는 서류(전자문서를 포함한다)와 기술인력의 명단 및 이력서 각 1부
3. 건물의 소유자가 아닌 경우 건물임대차계약서 사본 및 그 밖에 사무실 보유를 증명할 수 있는 서류(전자문서를 포함한다) 각 1부
4. 교육장 도면 1부
5. 시설 및 장비명세서 1부
② 제1항에 따른 신청서를 제출받은 담당 공무원은 「전자정부법」 제36조제1항에 따라 행정정보의 공동이용을 통하여 다음 각 호의 서류를 확인하여야 한다. 〈개정 2013. 11. 22.〉
1. 법인등기사항 전부증명서 1부
2. 건물등기사항 전부증명서(건물의 소유자인 경우에만 첨부한다)

정답 : 080.④

예상문제

제31조(서류심사 등)
① 제30조에 따라 실무교육기관의 지정신청을 받은 소방청장은 제29조의 지정기준을 충족하였는지를 현장 확인하여야 한다. 이 경우 소방청장은 「소방기본법」 제40조에 따른 한국소방안전협회에 소속된 사람을 현장 확인에 참여시킬 수 있다.〈개정 2014. 11. 19., 2017. 7. 26.〉
② 소방청장은 신청자가 제출한 신청서(전자문서로 된 신청서를 포함한다) 및 첨부서류(전자문서를 포함한다)가 미비되거나 현장 확인 결과 제29조에 따른 지정기준을 충족하지 못하였을 때에는 15일 이내의 기간을 정하여 이를 보완하게 할 수 있다. 이 경우 보완기간 내에 보완하지 않으면 신청서를 되돌려 보내야 한다.

제32조(지정서 발급 등)
① 소방청장은 제30조에 따라 제출된 서류(전자문서를 포함한다)를 심사하고 현장 확인한 결과 제29조의 지정기준을 충족한 경우에는 신청일부터 30일 이내에 별지 제42호서식의 실무교육기관 지정서(전자문서로 된 실무교육기관 지정서를 포함한다)를 발급하여야 한다.〈개정 2014. 11. 19., 2017. 7. 26.〉
② 제1항에 따라 실무교육기관을 지정한 소방청장은 지정한 실무교육기관의 명칭, 대표자, 소재지, 교육실시 범위 및 교육업무 개시일 등 교육에 필요한 사항을 관보에 공고하여야 한다.

제33조(지정사항의 변경)
제32조제1항에 따라 실무교육기관으로 지정된 기관은 다음 각 호의 어느 하나에 해당하는 사항을 변경하려면 변경일부터 10일 이내에 소방청장에게 보고하여야 한다.
1. 대표자 또는 각 지부의 책임임원
2. 기술인력 또는 시설장비 등 지정기준
3. 교육기관의 명칭 또는 소재지

081 소방시설공사업법령상 1년 이하의 징역 또는 1천만 원 이하의 벌금에 처해질 수 없는 자는?

① 소방시설공사업법을 위반하여 시공을 한 소방시설공사업을 등록한 자
② 해당 소방시설업자가 아닌 자에게 소방시설공사 등을 도급한 특정소방대상물의 관계인
③ 공사감리 결과의 통보 또는 공사감리 결과보고서의 제출을 거짓으로 한 소방공사감리업을 등록한 자
④ 등록증이나 등록수첩을 다른 자에게 빌려준 소방시설업자

해설 **공사업법 벌칙**
1) 3년 이하의 징역 또는 3,000만 원 이하의 벌금
 : 소방시설업 등록을 하지 아니하고 영업을 한 자
2) 1년 이하의 징역 또는 1,000만 원 이하의 벌금
 ① 영업정지처분을 받고 그 영업정지 기간에 영업을 한 자
 ② 불법으로(화재안전기준 위반) 설계나 시공을 한 자
 ③ 불법으로(규정을 위반) 감리를 하거나 거짓으로 감리한 자
 ④ 공사감리자를 지정하지 아니한 자

정답 : 081.④

④의2. 공사업자에 대한 시정요구 이행하지 않거나 그 사실 보고를 거짓으로 한 자
④의3. 공사감리 결과의 통보 또는 공사감리 결과보고서의 제출을 거짓으로 한 자
⑤ 해당 소방시설업자가 아닌 자에게 소방시설공사 등을 도급한 자
⑥ 제3자에게 소방시설공사 시공을 하도급한 자
⑦ 법 또는 명령을 따르지 아니하고 업무를 수행한 자(기술자)

3) 300만 원 이하의 벌금
① 등록증이나 등록수첩을 다른 자에게 빌려준 자
② 소방시설공사 현장에 감리원을 배치하지 아니한 자
③ 감리업자의 보완 요구에 따르지 아니한 자
④ 공사감리 계약을 해지하거나 대가 지급을 거부하거나 지연시키거나 불이익을 준 자
⑤ 자격수첩 또는 경력수첩을 빌려 준 사람
⑥ 동시에 둘 이상의 업체에 취업한 사람
⑦ 관계인의 정당한 업무를 방해하거나 업무상 알게 된 비밀을 누설한 사람

4) 100만 원 이하의 벌금
① 감독권자 명령을 위반하여 보고 또는 자료 제출을 하지 아니하거나 거짓으로 한 자
② 감독규정을 위반하여 정당한 사유 없이 관계 공무원의 출입 또는 검사·조사를 거부·방해 또는 기피한 자

5) 200만 원 이하의 과태료
1. 제6조, 제6조의2제1항, 제7조제3항, 제13조제1항 및 제2항 전단, 제17조제2항을 위반하여 신고를 하지 아니하거나 거짓으로 신고한 자
2. 관계인에게 지위승계, 행정처분 또는 휴업·폐업의 사실을 거짓으로 알린 자
3. 제8조제4항을 위반하여 관계 서류를 보관하지 아니한 자
4. 소방기술자를 공사 현장에 배치하지 아니한 자
5. 완공검사를 받지 아니한 자
6. 3일 이내에 하자를 보수하지 아니하거나 하자보수계획을 관계인에게 거짓으로 알린 자
7. 감리 관계 서류를 인수·인계하지 아니한 자
8. 감리원배치통보 및 변경통보를 하지 아니하거나 거짓으로 통보한 자
9. 제20조의2를 위반하여 방염성능기준 미만으로 방염을 한 자
10. 도급계약 체결 시 의무를 이행하지 아니한 자
11. 하도급 등의 통지를 하지 아니한 자
12. 자료제출을 거짓으로 한 자
13. 명령을 위반하여 보고 또는 자료 제출을 하지 아니하거나 거짓으로 보고 또는 자료 제출을 한 자

082
소방시설공사업법령상 감리업자가 감리원 배치 규정을 위반하여 소속 감리원을 소방시설공사 현장에 배치하지 아니한 경우에 해당되는 벌칙 기준은?

① 100만 원 이하의 벌금 ② 200만 원 이하의 과태료
③ 300만 원 이하의 벌금 ④ 500만 원 이하의 벌금

■해설 **300만 원 이하의 벌금**
① 등록증이나 등록수첩을 다른 자에게 빌려준 자

 정답 : 082.③

예상문제

② 소방시설공사 현장에 감리원을 배치하지 아니한 자
③ 감리업자의 보완 요구에 따르지 아니한 자
④ 공사감리 계약을 해지하거나 대가 지급을 거부하거나 지연시키거나 불이익을 준 자
⑤ 자격수첩 또는 경력수첩을 빌려 준 사람
⑥ 동시에 둘 이상의 업체에 취업한 사람
⑦ 관계인의 정당한 업무를 방해하거나 업무상 알게 된 비밀을 누설한 사람

083 다음 중 벌칙사항이 맞는 것은?

① 방염업 또는 관리업의 등록을 하지 아니하고 영업을 한 자는 1년 이하의 징역 또는 1천만 원 이하의 벌금에 처한다.
② 동시에 둘 이상의 업체에 취업한 사람은 1년 이하의 징역 또는 1천만 원 이하의 벌금에 처한다.
③ 소방기술자를 공사 현장에 배치하지 아니한 자는 300만 원 이하의 벌금에 처한다.
④ 등록증이나 등록수첩을 다른 자에게 빌려준 자는 300만 원 이하의 벌금에 처한다.

084 소방시설공사업법상 과태료 부과 시 과태료 금액의 1/2 범위에서 감경하여 부과할 수 있는데 그에 해당하지 않는 경우는?

① 위반행위자가 처음 위반행위를 하는 경우로서 1년 이상 해당 업종을 모범적으로 영위한 사실이 인정되는 경우
② 위반행위자가 화재 등 재난으로 재산에 현저한 손실이 발생하거나 사업여건의 악화로 사업이 중대한 위기에 처하는 등의 사정이 있는 경우
③ 위반행위가 사소한 부주의나 오류 등 과실로 인한 것으로 인정되는 경우
④ 위반행위자가 같은 위반행위로 다른 법률에 따라 과태료 · 벌금 · 영업정지 등의 처분을 받은 경우

◢해설 3년 이상

085 공사업법상 200만 원 이하의 과태료에 해당하는 사항이 아닌 것은?

① 소방기술자를 공사현장에 배치하지 않은 경우
② 소방감리원을 감리현장에 배치하지 않은 경우
③ 3일 이내에 하자를 보수하지 아니한 공사업자
④ 지위승계, 행정처분 또는 휴 · 폐업사실을 거짓으로 알린 경우

◢해설 300만 원 이하의 벌금
82번 해설 참조

  정답 : 083.④ 084.① 085.②

086 다음 중 소방시설공사업법에서 규정하고 있는 청문 대상은?
① 소방기술 인정 자격취소처분
② 소방공사업 휴업정지처분
③ 소방기술자의 실무교육
④ 소방시설업의 자격 정지

▣해설 **청문**
1) 소방시설업 등록취소처분이나 영업정지처분 청문권자 : 시·도지사
2) 소방기술인정자격취소처분 청문권자 : 소방청장

087 다음 중 소방기술자의 실무교육에 대한 설명으로 옳은 것은?
① 소방기술자는 실무교육을 1년마다 1회 이상 받아야 한다.
② 소방기술자는 실무교육을 1년마다 2회 이상 받아야 한다.
③ 소방기술자는 실무교육을 2년마다 1회 이상 받아야 한다.
④ 소방기술자는 실무교육을 2년마다 3회 이상 받아야 한다.

▣해설 소방기술자 실무교육 : 2년마다 1회
한국소방안전원의 장은 소방기술자에 대한 실무교육을 실시하려면 교육일정 등 교육에 필요한 계획을 수립하여 소방청장에게 보고한 후 교육 10일 전까지 대상자에게 알려야 한다.

088 소방시설공사업자의 시공능력평가항목에 속하지 않는 것은?
① 실적평가액
② 자본금평가액
③ 기술력평가액
④ 부채상환평가액

▣해설 시공능력평가액=실적평가액+자본금평가액+기술력평가액+경력평가액±신인도평가액

089 「소방시설공사업법 시행령」상 업무의 위탁에 대한 설명으로 옳지 않은 것은?
① 시·도지사는 소방시설업 등록신청의 접수 및 신청내용의 확인에 관한 업무를 소방시설업자협회에 위탁한다.
② 소방청장은 소방기술과 관련된 자격·학력·경력의 인정 업무를 소방시설업자협회, 소방기술과 관련된 법인 또는 단체에 위탁한다.
③ 소방청장은 소방시설공사업을 등록한 자의 시공능력 평가 및 공시에 관한 업무를 소방시설업자협회에 위탁한다.
④ 소방청장은 소방기술자 실무교육에 관한 업무를 소방청장이 지정하는 실무교육기관 또는 대한소방공제회에 위탁한다.

▣해설 소방청장은 소방기술자 실무교육에 관한 업무를 소방청장이 지정하는 실무교육기관 또는 한국소방안전협회(한국소방안전원)에 위탁한다.

정답 : 086.① 087.③ 088.④ 089.④

예상문제

090 다음 중 소방시설공사업자의 시공능력을 평가하여 공시하는 사람은?
① 대통령
② 소방기술사
③ 소방청장
④ 소방시설업자협회

해설 소방시설공사업법 제26조(시공능력 평가 및 공시)
① 소방청장은 관계인 또는 발주자가 적절한 공사업자를 선정할 수 있도록 하기 위하여 공사업자의 신청이 있으면 그 공사업자의 소방시설공사 실적, 자본금 등에 따라 시공능력을 평가하여 공시할 수 있다.
② 제1항에 따른 평가를 받으려는 공사업자는 전년도 소방시설공사 실적, 자본금, 그 밖에 행정안전부령으로 정하는 사항을 소방청장에게 제출하여야 한다.
③ 제1항 및 제2항에 따른 시공능력 평가신청 절차, 평가방법, 공시방법 등에 관하여 필요한 사항은 행정안전부령으로 정한다.

091 다음 중 특급감리원에 해당하지 않는 사람은?
① 소방기술사 자격을 취득한 사람
② 소방설비기사 자격을 취득한 후 8년 이상 소방관련업무를 수행한 사람
③ 소방설비산업기사 자격을 취득한 후 12년 이상 소방관련업무를 수행한 사람
④ 소방공무원으로서 20년 이상 소방관련업무를 수행한 사람

해설 감리원 기술등급

구분	기술자격기준
특급 감리원	1. 소방기술사 자격을 취득한 사람 2. 소방설비기사 자격을 취득한 후 8년 이상 소방 관련 업무를 수행한 사람 3. 소방설비산업기사 자격을 취득한 후 12년 이상 소방 관련 업무를 수행한 사람
고급 감리원	1. 소방설비기사 자격을 취득한 후 5년 이상 소방 관련 업무를 수행한 사람 2. 소방설비산업기사 자격을 취득한 후 8년 이상 소방 관련 업무를 수행한 사람
중급 감리원	1. 소방설비기사 자격을 취득한 후 3년 이상 소방 관련 업무를 수행한 사람 2. 소방설비산업기사 자격을 취득한 후 6년 이상 소방 관련 업무를 수행한 사람
초급 감리원	1. 소방설비기사 자격을 취득한 후 1년 이상 소방 관련 업무를 수행한 사람 2. 소방설비산업기사 자격을 취득한 후 2년 이상 소방 관련 업무를 수행한 사람 3. 제1호나목에 해당하는 학과 학사학위를 취득한 후 1년 이상 소방 관련 업무를 수행한 사람 4. 「고등교육법」 제2조제1호부터 제6호까지의 규정 중 어느 하나에 해당하는 학교에서 제1호나목에 해당하는 학과 전문학사학위를 취득한 후 3년 이상 소방 관련 업무를 수행한 사람 5. 소방공무원으로서 3년 이상 근무한 경력이 있는 사람 6. 제1호부터 제5호까지의 규정에 해당하지 않는 사람으로서 5년 이상 소방 관련 업무를 수행한 사람

정답 : 090.② 091.④

092 「소방시설공사업법 시행규칙」상 일반기준에 대한 사항으로 다음에 들어갈 말로 적당한 것은?

> 위반행위의 차수에 따른 행정처분기준은 최근 (㉠) 같은 위반행위로 행정처분을 받은 경우에 적용한다. 이 경우 기준 적용일은 위반사항에 대한 (㉡)과 그 처분 후 다시 적발한 날을 기준으로 한다.

① 6개월간 - 위반일
② 6개월간 - 행정처분일
③ 1년간 - 위반일
④ 1년간 - 행정처분일

해설 「소방시설공사업법 시행규칙」 [별표 1] 제1호 - 다. 위반행위의 차수에 따른 행정처분기준은 최근 1년간 같은 위반행위로 행정처분을 받은 경우에 적용한다. 이 경우 기준 적용일은 위반사항에 대한 행정처분일과 그 처분 후 다시 적발한 날을 기준으로 한다.

093 「소방시설공사업법」상 소방시설공사업 등록기준으로 옳은 것은?

① 기술인력, 장비
② 사무실, 기술인력
③ 자본금(개인은 자산평가액), 기술인력
④ 사무실, 장비

해설 **소방시설공사업법 제4조(소방시설업의 등록)**
① 특정소방대상물의 소방시설공사 등을 하려는 자는 업종별로 자본금(개인인 경우에는 자산 평가액을 말한다), 기술인력 등 대통령령으로 정하는 요건을 갖추어 특별시장·광역시장·특별자치시장·도지사 또는 특별자치도지사(이하 "시·도지사"라 한다)에게 소방시설업을 등록하여야 한다.

094 다음 중 소방시설업의 등록사항의 변경신고 사항이 아닌 것은?

① 상호(명칭)
② 대표자
③ 기술인력
④ 자본금

해설 **소방시설공사업법 시행규칙 제5조(등록사항의 변경신고사항)**
법 제6조에서 "행정안전부령으로 정하는 중요 사항"이란 다음 각 호의 어느 하나에 해당하는 사항을 말한다.
1. 상호(명칭) 또는 영업소 소재지
2. 대표자
3. 기술인력

정답 : 092.④ 093.③ 094.④

예상문제

095 소방시설업자협회의 정관에 포함되어야 할 사항이 아닌 것은?
① 명칭
② 회원의 가입 및 탈퇴에 관한 사항
③ 사업에 관한 사항
④ 대표자의 성명

해설 소방시설공사업법 시행령 제19조의3(정관의 기재사항)
협회의 정관에는 다음 각 호의 사항이 포함되어야 한다.
1. 목적
2. 명칭
3. 주된 사무소의 소재지
4. 사업에 관한 사항
5. 회원의 가입 및 탈퇴에 관한 사항
6. 회비에 관한 사항
7. 자산과 회계에 관한 사항
8. 임원의 정원·임기 및 선출방법
9. 기구와 조직에 관한 사항
10. 총회와 이사회에 관한 사항
11. 정관의 변경에 관한 사항

096 다음 중 착공신고된 사항 중 중요사항이 변경되는 경우 변경일로부터 30일 이내에 소방본부장 또는 소방서장에게 변경신고하여야 하는데 변경사항에 해당하지 않는 것은?
① 시공자
② 설치되는 소방시설의 종류
③ 책임시공 소방기술자
④ 시공상세도면

해설 착공신고사항 중 중요한 사항 변경사항들(변경일로부터 30일 이내 소방본부장 또는 소방서장에게 신고)
1. 시공자
2. 설치되는 소방시설의 종류
3. 책임시공 및 기술관리 소방기술자

097 「소방시설공사업법」상 '소방시설업'의 영업에 해당하지 않는 것은?
① 소방시설공사에 기본이 되는 공사계획, 설계도면, 설계설명서, 기술계산서 및 이와 관련된 서류를 작성하는 영업
② 설계도서에 따라 소방시설을 신설, 증설, 개설, 이전 및 정비하는 영업
③ 소방안전관리 업무의 대행 또는 소방시설 등의 점검 및 유지·관리하는 영업
④ 방염대상물품에 대하여 방염처리하는 영업

해설 용어정의
"소방시설업"이란 다음 각 목의 영업을 말한다.
가. 소방시설설계업 : 소방시설공사에 기본이 되는 공사계획, 설계도면, 설계 설명서, 기술계산서 및 이와 관련된 서류(이하 "설계도서"라 한다)를 작성(이하 "설계"라 한다)하는 영업
나. 소방시설공사업 : 설계도서에 따라 소방시설을 신설, 증설, 개설, 이전 및 정비(이하 "시공"이라 한다)하는 영업

정답 : 095.④ 096.④ 097.③

다. 소방공사감리업 : 소방시설공사에 관한 발주자의 권한을 대행하여 소방시설공사가 설계도서와 관계 법령에 따라 적법하게 시공되는지를 확인하고, 품질·시공 관리에 대한 기술지도를 하는(이하 "감리"라 한다) 영업
라. 방염처리업 : 「화재예방, 소방시설 설치·유지 및 안전관리에 관한 법률」제12조제1항에 따른 방염대상물품에 대하여 방염처리(이하 "방염"이라 한다)하는 영업

098 「소방시설공사업법 시행규칙」상 감리업자가 소방공사의 감리를 마쳤을 때, 소방공사감리결과보고(통보)서를 알려야 하는 대상으로 옳지 않은 것은?

① 소방시설공사의 도급인
② 특정소방대상물의 관계인
③ 소방시설설계업의 설계사
④ 특정소방대상물의 공사를 감리한 건축사

해설 **감리결과 통보 및 보고**
1) 감리업자는 공사가 완료된 날부터 7일 이내에 서면으로 관계인, 도급인, 공사를 감리한 건축사에게 통보
2) 감리업자는 공사가 완료된 날부터 7일 이내에 소방본부장 또는 소방서장에게 감리결과보고서 제출

099 소방시설공사업법령상 영업정지가 그 이용자에게 불편을 주거나 그 밖에 공익을 해칠 우려가 있을 때에 시·도지사가 영업정지처분을 갈음하여 과징금을 부과할 수 있는 경우는?

① 사업수행능력 평가에 관한 서류를 위조하거나 변조하는 등 거짓이나 그 밖의 부정한 방법으로 입찰에 참여한 경우
② 동일한 특정소방대상물의 소방시설에 대한 시공과 감리를 함께 할 수 없으나 이를 위반하여 시공과 감리를 함께 한 경우
③ 정당한 사유 없이 관계 공무원의 출입 또는 검사·조사를 기피한 경우
④ 공사감리자를 변경하였을 때에는 새로 지정된 공사감리자와 종전의 공사감리자는 감리업무 수행에 관한 사항과 관계 서류를 인수·인계하여야 하나, 인수·인계를 기피한 경우

해설 **공사업법 제10조(과징금 처분)**
① 시·도지사는 제9조제1항 각 호의 어느 하나에 해당하는 경우로서 영업정지가 그 이용자에게 불편을 주거나 그 밖에 공익을 해칠 우려가 있을 때에는 영업정지처분을 갈음하여 2억 원 이하의 과징금을 부과할 수 있다.
② 제1항에 따른 과징금을 부과하는 위반행위의 종류와 위반 정도 등에 따른 과징금과 그 밖에 필요한 사항은 행정안전부령으로 정한다.
③ 시·도지사는 제1항에 따른 과징금을 내야 할 자가 납부기한까지 과징금을 내지 아니하면 「지방세 외 수입금의 징수 등에 관한 법률」에 따라 징수한다.

정답 : 098.③ 099.②

예상문제

과징금의 부과기준(제10조 관련)

1. 일반기준
   가. 영업정지 1개월은 30일로 계산한다.
   나. 과징금 산정은 별표 1 제2호의 영업정기기간(일)에 제2호가목부터 다목까지의 영업정지 1일에 해당하는 금액란의 금액을 곱한 금액으로 한다.
   다. 위반행위가 둘 이상 발생한 경우 과징금 부과에 따른 영업정지기간(일) 산정은 별표 1 제2호의 개별기준에 따른 각각의 영업정지처분기간을 합산한 기간으로 한다.
   라. 영업정지에 해당하는 위반사항으로서 위반행위의 동기·내용·횟수 또는 그 결과를 고려하여 그 처분기준의 2분의 1까지 감경한 경우 과징금 부과에 따른 영업정지기간(일) 산정은 감경한 영업정지기간으로 한다.
   마. 제2호나목에 따른 도급(계약)금액은 위반사항이 적발된 소방시설공사현장의 해당 공사 도급금액(법 제22조에 적합한 하도급인 경우 그 하도급금액은 제외한다) 또는 소방시설 설계·공사감리 기술용역대가를 말하며, 연간 매출액은 위반사업자에 대한 처분일이 속한 연도의 전년도의 1년간 위반사항이 적발된 방염처리업의 매출금액을 기준으로 한다. 다만, 신규사업·휴업 등에 따라 1년간의 위반사항이 적발된 방염처리업의 매출금액을 기준으로 하는 것이 불합리하다고 인정되는 경우에는 분기별·월별 또는 일별 매출금액을 기준으로 산출 또는 조정한다.
   바. 별표 1 제2호 행정처분 개별기준 중 나목·바목·거목·퍼목·허목 및 고목의 위반사항에는 법 제10조제1항에 따른 영업정지를 갈음하여 과징금을 부과할 수 없다.

나목·바목·거목·퍼목·허목 및 고목의 위반사항

나. 제4조제1항에 따른 등록기준에 미달하게 된 후 30일이 경과한 경우. 다만, 자본금기준에 미달한 경우 중 「채무자 회생 및 파산에 관한 법률」에 따라 법원이 회생절차의 개시의 결정을 하고 그 절차가 진행 중인 경우 등 대통령령으로 정하는 경우는 30일이 경과한 경우에도 예외로 한다.
바. 제8조제1항을 위반하여 다른 자에게 등록증 또는 등록수첩을 빌려준 경우
거. 제17조제3항을 위반하여 인수·인계를 거부·방해·기피한 경우
퍼. 제26조의2제2항에 따른 사업수행능력 평가에 관한 서류를 위조하거나 변조하는 등 거짓이나 그 밖의 부정한 방법으로 입찰에 참여한 경우
허. 제31조에 따른 명령을 위반하여 보고 또는 자료 제출을 하지 아니하거나 거짓으로 보고 또는 자료 제출을 한 경우고. 정당한 사유 없이 제31조에 따른 관계 공무원의 출입 또는 검사·조사를 거부·방해 또는 기피한 경우

100 소방시설공사업법령상 하도급계약심사위원회의 구성 및 운영에 관한 설명으로 옳은 것은?

① 하도급계약심사위원회는 위원장 1명과 부위원장 1명을 제외한 10명 이내의 위원으로 구성한다.
② 소방 분야 연구기관의 연구위원급 이상인 사람은 위원회의 부위원장으로 위촉될 수 있다.
③ 위원회의 회의는 재적위원 과반수의 출석으로 개의하고, 출석위원 3분의 2 이상 찬성으로 의결한다.
④ 위원의 임기는 2년으로 하되, 두 차례까지 연임할 수 있다.

정답 : 100.②

> **해설** 공사업법 시행령 제12조의3(하도급계약심사위원회의 구성 및 운영)
> ① 법 제22조의2제4항에 따른 하도급계약심사위원회(이하 "위원회"라 한다)는 위원장 1명과 부위원장 1명을 포함하여 10명 이내의 위원으로 구성한다.
> ② 위원회의 위원장(이하 "위원장"이라 한다)은 발주기관의 장(발주기관이 특별시·광역시·특별자치시·도 및 특별자치도인 경우에는 해당 기관 소속 2급 또는 3급 공무원 중에서, 발주기관이 제12조의2제2항에 따른 공공기관인 경우에는 1급 이상 임직원 중에서 발주기관의 장이 지명하는 사람을 각각 말한다)이 되고, 부위원장과 위원은 다음 각 호의 어느 하나에 해당하는 사람 중에서 위원장이 임명하거나 성별을 고려하여 위촉한다.
>   1. 해당 발주기관의 과장급 이상 공무원(제12조의2제2항에 따른 공공기관의 경우에는 2급 이상의 임직원을 말한다)
>   2. 소방 분야 연구기관의 연구위원급 이상인 사람
>   3. 소방 분야의 박사학위를 취득하고 그 분야에서 3년 이상 연구 또는 실무경험이 있는 사람
>   4. 대학(소방 분야로 한정한다)의 조교수 이상인 사람
>   5. 「국가기술자격법」에 따른 소방기술사 자격을 취득한 사람
> ③ 제2항제2호부터 제5호까지의 규정에 해당하는 위원의 임기는 3년으로 하며, 한 차례만 연임할 수 있다.
> ④ 위원회의 회의는 재적위원 과반수의 출석으로 개의(開議)하고, 출석위원 과반수의 찬성으로 의결한다.
> ⑤ 제1항부터 제4항까지에서 규정한 사항 외에 위원회의 운영에 필요한 사항은 위원회의 의결을 거쳐 위원장이 정한다.

101 소방시설공사업법령상 수수료 기준으로 옳지 않은 것은?

① 전문 소방시설설계업을 등록하려는 자 — 4만 원
② 소방시설업 등록증을 재발급하려는 자 — 2만 원
③ 소방시설업자의 지위승계 신고를 하려는 자 — 2만 원
④ 일반 소방시설공사업을 등록하려는 자 — 분야별 2만 원

> **해설** ② 소방시설업 등록증을 재발급 하려는 자 — 소방시설업 등록증 또는 등록수첩별 각각 1만 원 공사업법 시행규칙 별표 7[수수료 및 교육비]
>   1. 법 제4조제1항에 따라 소방시설업을 등록하려는 자
>   가. 전문 소방시설설계업 : 4만 원
>   나. 일반 소방시설설계업 : 분야별 2만 원
>   다. 전문 소방시설공사업 : 4만 원
>   라. 일반 소방시설공사업 : 분야별 2만 원
>   마. 전문 소방공사감리업 : 4만 원
>   바. 일반 소방공사감리업 : 분야별 2만 원
>   사. 방염처리업 : 업종별 4만 원

정답 : 101. ②

예상문제

2. 법 제4조제3항에 따라 소방시설업 등록증 또는 등록수첩을 재발급 받으려는 자 : 소방시설업 등록증 또는 등록수첩별 각각 1만 원
3. 법 제7조제3항에 따라 소방시설업자의 지위승계 신고를 하려는 자 : 2만 원
4. 법 제20조의3제2항에 따라 방염처리능력 평가를 받으려는 자 : 소방청장이 정하여 고시하는 금액
5. 법 제26조제2항에 따라 시공능력 평가를 받으려는 자 : 소방청장이 정하여 고시하는 금액
6. 법 제28조제2항에 따라 자격수첩 또는 경력수첩을 발급받으려는 자 : 소방청장이 정하여 고시하는 금액
7. 법 제29조제1항에 따라 실무교육을 받으려는 사람 : 소방청장이 정하여 고시하는 금액

102 소방시설공사업법령상 합병의 경우 소방시설업자 지위 승계를 신고하려는 자가 제출하여야 하는 서류가 아닌 것은?

① 소방시설업 합병신고서
② 합병계약서 사본
③ 합병 후 법인의 소방시설업 등록증 및 등록수첩
④ 합병공고문 사본

해설 공사업법 시행규칙 제7조(지위승계 신고 등)
① 법 제7조제3항에 따라 소방시설업자 지위 승계를 신고하려는 자는 그 지위를 승계한 날부터 30일 이내에 다음 각 호의 구분에 따른 서류(전자문서를 포함한다)를 협회에 제출하여야 한다.
3. 합병의 경우 : 다음 각 목의 서류
   가. 별지 제9호서식에 따른 소방시설업 합병신고서
   나. 합병 전 법인의 소방시설업 등록증 및 등록수첩
   다. 합병계약서 사본(합병에 관한 사항을 의결한 총회 또는 창립총회 결의서 사본을 포함한다)
   라. 제2조제1항 각 호에 해당하는 서류. 이 경우 같은 항제1호 및 제5호의 "신청인"을 "신고인"으로 본다.
   마. 합병공고문 사본

103 소방시설공사업법령상 1년 이하의 징역 또는 1천만 원 이하의 벌금에 처해질 수 없는 자는?

① 소방시설공사업법을 위반하여 시공을 한 소방시설공사업을 등록한 자
② 해당 소방시설업자가 아닌 자에게 소방시설공사 등을 도급한 특정소방대상물의 관계인
③ 공사감리 결과의 통보 또는 공사감리결과보고서의 제출을 거짓으로 한 소방공사감리업을 등록한 자
④ 등록증이나 등록수첩을 다른 자에게 빌려준 소방시설업자

정답 : 102.③ 103.④

▲해설 **1년 이하의 징역 또는 1,000만 원 이하의 벌금**
① 영업정지처분을 받고 그 영업정지 기간에 영업을 한 자
② 불법으로(화재안전기준 위반) 설계나 시공을 한 자
③ 불법으로(규정을 위반) 감리를 하거나 거짓으로 감리한 자
④ 공사감리자를 지정하지 아니한 자
④의2. 공사업자에 대한 시정요구를 이행하지 않거나 그 사실 보고를 거짓으로 한 자
④의3. 공사감리 결과의 통보 또는 공사감리 결과보고서의 제출을 거짓으로 한 자
⑤ 해당 소방시설업자가 아닌 자에게 소방시설공사 등을 도급한 자
⑥ 제3자에게 소방시설공사 시공을 하도급한 자
⑦ 법 또는 명령을 따르지 아니하고 업무를 수행한 자(기술자)

300만 원 이하의 벌금
① 등록증이나 등록수첩을 다른 자에게 빌려준 자
② 소방시설공사 현장에 감리원을 배치하지 아니한 자
③ 감리업자의 보완 요구에 따르지 아니한 자
④ 공사감리 계약을 해지하거나 대가 지급을 거부하거나 지연시키거나 불이익을 준 자
⑤ 자격수첩 또는 경력수첩을 빌려 준 사람
⑥ 동시에 둘 이상의 업체에 취업한 사람
⑦ 관계인의 정당한 업무를 방해하거나 업무상 알게 된 비밀을 누설한 사람

104 소방시설공사업법령상 감리업자가 감리원 배치규정을 위반하여 소속 감리원을 소방시설공사 현장에 배치하지 아니한 경우에 해당되는 벌칙 기준은?

① 100만 원 이하의 벌금
② 200만 원 이하의 과태료
③ 300만 원 이하의 벌금
④ 500만 원 이하의 벌금

▲해설 103번 300만 원 이하의 벌금 내용 참조

105 소방시설공사업법령상 지하층을 포함한 층수가 40층이고, 연면적이 20만 제곱미터인 특정소방대상물의 공사 현장에 배치해야 하는 소방기술자의 배치기준으로 옳은 것은?

① 행정안전부령으로 정하는 특급기술자인 소방기술자(기계분야 및 전기분야)
② 행정안전부령으로 정하는 고급기술자 이상의 소방기술자(기계분야 및 전기분야)
③ 행정안전부령으로 정하는 중급기술자 이상의 소방기술자(기계분야 및 전기분야)
④ 행정안전부령으로 정하는 초급기술자 이상의 소방기술자(기계분야 및 전기분야)

정답 : 104.③ 105.①

예상문제

해설 소방기술자 배치기준

소방기술자의 배치기준	소방시설공사 현장의 기준
1. 행정안전부령으로 정하는 특급 기술자인 소방기술자(기계분야 및 전기분야)	가. 연면적 20만제곱미터 이상인 특정소방대상물의 공사 현장 나. 지하층을 포함한 층수가 40층 이상인 특정소방대상물의 공사 현장
2. 행정안전부령으로 정하는 고급기술자 이상의 소방기술자(기계분야 및 전기분야)	가. 연면적 3만제곱미터 이상 20만제곱미터 미만인 특정소방대상물(아파트는 제외한다)의 공사 현장 나. 지하층을 포함한 층수가 16층 이상 40층 미만인 특정소방대상물의 공사 현장
3. 행정안전부령으로 정하는 중급기술자 이상의 소방기술자(기계분야 및 전기분야)	가. 물분무등소화설비(호스릴방식의 소화설비는 제외한다) 또는 제연설비가 설치되는 특정소방대상물의 공사 현장 나. 연면적 5천제곱미터 이상 3만제곱미터 미만인 특정소방대상물(아파트는 제외한다)의 공사 현장 다. 연면적 1만제곱미터 이상 20만제곱미터 미만인 아파트의 공사 현장
4. 행정안전부령으로 정하는 초급기술자 이상의 소방기술자(기계분야 및 전기분야)	가. 연면적 1천제곱미터 이상 5천제곱미터 미만인 특정소방대상물(아파트는 제외한다)의 공사 현장 나. 연면적 1천제곱미터 이상 1만제곱미터 미만인 아파트의 공사 현장 다. 지하구(地下溝)의 공사 현장
5. 법 제28조에 따라 자격수첩을 발급받은 소방기술자	연면적 1천제곱미터 미만인 특정소방대상물의 공사 현장

[비고]
1. 다음 각 목의 어느 하나에 해당하는 기계분야 소방시설공사의 경우에는 소방기술자의 배치기준에 따른 기계분야의 소방기술자를 공사 현장에 배치하여야 한다.
   가. 옥내소화전설비, 옥외소화전설비, 스프링클러설비등, 물분무등소화설비의 공사
   나. 소화용수설비의 공사
   다. 제연설비, 연결송수관설비, 연결살수설비, 연소방지설비의 공사
   라. 기계분야 소방시설에 부설되는 전기시설의 공사. 다만, 비상전원, 동력회로, 제어회로, 기계분야의 소방시설을 작동하기 위하여 설치하는 화재감지기에 의한 화재감지장치 및 전기신호에 의한 소방시설의 작동장치의 공사는 제외한다.
2. 다음 각 목의 어느 하나에 해당하는 전기분야 소방시설공사의 경우에는 소방기술자의 배치기준에 따른 전기분야의 소방기술자를 공사 현장에 배치하여야 한다.
   가. 비상경보설비, 시각경보기, 자동화재탐지설비, 비상방송설비, 자동화재속보설비 또는 통합감시시설의 공사
   나. 비상콘센트설비 또는 무선통신보조설비의 공사
   다. 기계분야 소방시설에 부설되는 비상전원, 동력회로 또는 제어회로의 공사
   라. 기계분야 소방시설에 부설되는 전기시설 중 제1호라목 단서의 전기시설의 공사
3. 제1호 및 제2호에도 불구하고 기계분야 및 전기분야의 자격을 모두 갖춘 소방기술자가 있는 경우에는 소방시설공사를 분야별로 구분하지 않고 그 소방기술자를 배치할 수 있다.
4. 제1호 및 제2호에도 불구하고 소방공사감리업자가 감리하는 소방시설공사가 다음 각 목

의 어느 하나에 해당하는 경우에는 소방기술자를 소방시설공사 현장에 배치하지 않을 수 있다.
  가. 소방시설의 비상전원을 「전기공사업법」에 따른 전기공사업자가 공사하는 경우
  나. 소화용수설비를 「건설산업기본법 시행령」 별표 1에 따른 기계설비공사업자 또는 상·하수도설비공사업자가 공사하는 경우
  다. 소방 외의 용도와 겸용되는 제연설비를 「건설산업기본법 시행령」 별표 1에 따른 기계설비공사업자가 공사하는 경우
  라. 소방 외의 용도와 겸용되는 비상방송설비 또는 무선통신보조설비를 「정보통신공사업법」에 따른 정보통신공사업자가 공사하는 경우
5. 공사업자는 다음 각 목의 경우를 제외하고는 1명의 소방기술자를 2개의 공사 현장을 초과하여 배치해서는 안 된다. 다만, 연면적 3만제곱미터 이상의 특정소방대상물(아파트는 제외한다)이거나 지하층을 포함한 층수가 16층 이상으로서 500세대 이상인 아파트에 대한 소방시설 공사의 경우에는 1개의 공사 현장에만 배치해야 한다.
  가. 건축물의 연면적이 5천제곱미터 미만인 공사 현장에만 배치하는 경우. 다만, 그 연면적의 합계는 2만제곱미터를 초과해서는 안 된다.
  나. 건축물의 연면적이 5천제곱미터 이상인 공사 현장 2개 이하와 5천제곱미터 미만인 공사 현장에 같이 배치하는 경우. 다만, 5천제곱미터 미만의 공사 현장의 연면적의 합계는 1만제곱미터를 초과해서는 안 된다.

106 소방시설공사업법령상 소방시설업에 대한 행정처분기준 중 2차 위반 시 등록취소 사항에 해당하는 것은?(단, 가중 또는 감경 사유는 고려하지 않음)

① 거짓이나 그 밖의 부정한 방법으로 등록한 경우
② 다른 자에게 등록증 또는 등록수첩을 빌려준 경우
③ 영업정지 기간 중에 설계·시공 또는 감리를 한 경우
④ 등록의 결격사유에 해당하게 된 경우

◀해설 공사업법 시행규칙 [별표 1] 행정처분기준

107 소방시설공사업법령에 관한 설명으로 옳지 않은 것은?

① 감리업자가 소방공사의 감리를 마쳤을 때에는 소방공사감리 결과보고(통보)서에 소방시설공사 완공검사신청서, 소방시설 성능시험조사표, 소방공사 감리일지를 첨부하여 소방본부장 또는 소방서장에게 알려야 한다.
② 특정소방대상물의 관계인은 공사감리자가 변경된 경우에는 변경일부터 30일 이내에 소방공사감리자 변경신고서를 소방본부장 또는 소방서장에게 제출하여야 한다.
③ 소방공사감리업자는 감리원을 소방공사감리현장에 배치하는 경우에는 소방공사감리원 배치통보서를 감리원 배치일부터 7일 이내에 소방본부장 또는 소방서장에게 알려야 한다.
④ 소방시설공사업자는 해당 소방시설공사의 착공 전까지 소방시설공사 착공(변경)신고서를 소방본부장 또는 소방서장에게 신고하여야 한다.

정답 : 106.② 107.①

예상문제

> **해설** **공사업 시행규칙 제19조(감리결과의 통보 등)**
> 법 제20조에 따라 감리업자가 소방공사의 감리를 마쳤을 때에는 별지 제29호서식의 소방공사감리 결과보고(통보)서[전자문서로 된 소방공사감리 결과보고(통보)서를 포함한다]에 다음 각 호의 서류(전자 문서를 포함한다)를 첨부하여 공사가 완료된 날부터 7일 이내에 특정소방대상물의 관계인, 소방시설공사의 도급인 및 특정소방대상물의 공사를 감리한 건축사에게 알리고, 소방본부장 또는 소방서장에게 보고하여야 한다.
> 1. 별지 제30호서식의 소방시설 성능시험조사표 1부(소방청장이 정하여 고시하는 소방시설 세부성능시험조사표 서식을 첨부한다)
> 2. 착공신고 후 변경된 소방시설설계도면(변경사항이 있는 경우에만 첨부하되, 법 제11조에 따른 설계업자가 설계한 도면만 해당된다) 1부
> 3. 별지 제13호서식의 소방공사 감리일지(소방본부장 또는 소방서장에게 보고하는 경우에만 첨부한다)
>
> **제17조(감리원 배치통보 등)**
> ① 소방공사감리업자는 법 제18조제2항에 따라 감리원을 소방공사감리현장에 배치하는 경우에는 별지 제24호서식의 소방공사감리원 배치통보서(전자문서로 된 소방공사감리원 배치통보서를 포함한다)에, 배치한 감리원이 변경된 경우에는 별지 제25호서식의 소방공사감리원 배치변경통보서(전자문서로 된 소방공사감리원 배치변경통보서를 포함한다)에 다음 각 호의 구분에 따른 해당 서류(전자문서를 포함한다)를 첨부하여 감리원 배치일부터 7일 이내에 소방본부장 또는 소방서장에게 알려야 한다. 이 경우 소방본부장 또는 소방서장은 통보된 내용을 7일 이내에 소방기술자 인정자에게 통보하여야 한다.

108 소방시설공사업법령상 감리업자가 소방공사를 감리할 때 반드시 수행하여야 할 업무가 아닌 것은?

① 완공된 소방시설 등의 성능시험
② 공사업자가 한 소방시설 등의 시공이 설계도서와 화재안전기준에 맞는지에 대한 지도·감독
③ 소방시설 등 설계 변경 사항의 도면수정
④ 공사업자가 작성한 시공 상세 도면의 적합성 검토

> **해설** **감리의 업무**
> 1. 소방시설 등의 설치계획표의 적법성 검토
> 2. 소방시설 등 설계도서의 적합성(적법성과 기술상의 합리성을 말한다. 이하 같다) 검토
> 3. 소방시설 등 설계 변경 사항의 적합성 검토
> 4. 「화재예방, 소방시설 설치·유지 및 안전관리에 관한 법률」제2조제1항제4호의 소방용품의 위치·규격 및 사용 자재의 적합성 검토
> 5. 공사업자가 한 소방시설 등의 시공이 설계도서와 화재안전기준에 맞는지에 대한 지도·감독
> 6. 완공된 소방시설 등의 성능시험
> 7. 공사업자가 작성한 시공 상세 도면의 적합성 검토
> 8. 피난시설 및 방화시설의 적법성 검토
> 9. 실내장식물의 불연화(不燃化)와 방염물품의 적법성 검토

정답 : 108.③

109 소방시설공사업법령상 소방시설업의 등록을 반드시 취소해야 하는 경우에 해당하지 않는 것은?

① 거짓이나 그 밖의 부정한 방법으로 등록한 경우
② 법인의 대표자가 위험물안전관리법에 따른 금고 이상의 형의 집행유예를 선고받고 그 유예기간 중에 있어서 등록의 결격사유에 해당하는 경우
③ 등록을 한 후 정당한 사유 없이 1년이 지날 때까지 영업을 시작하지 아니한 때의 경우
④ 영업정지처분을 받고 영업정지기간 중에 새로운 설계·시공 또는 감리를 한 경우

해설 등록을 한 후 정당한 사유 없이 1년이 지날 때까지 영업을 시작하지 아니하거나 계속하여 1년 이상 휴업한 때는 6개월 이내의 기간을 정하여 시정이나 그 영업의 정지를 명할 수 있다.

110 소방시설공사업법령상 소방기술자(및 소방안전관리자)에 해당하지 않는 자는?

① 섬유기사
② 공조냉동기계산업기사
③ 광산보안기사
④ 건축전기설비기술사

해설 **소방기술과 관련된 자격의 종류**
가. 「화재예방, 소방시설 설치·유지 및 안전관리에 관한 법률 시행령」 별표 9 제2호라목 및 「소방시설공사업법 시행령」 별표1 제1호 비고 제4호다목에서 "소방기술과 관련된 자격"이란 다음 각 목의 어느 하나에 해당하는 자격을 말한다.
  1) 소방기술사, 소방시설관리사, 소방설비기사, 소방설비산업기사
  2) 건축사, 건축기사, 건축산업기사
  3) 건축기계설비기술사, 건축설비기사, 건축설비산업기사
  4) 건설기계기술사, 건설기계설비기사, 건설기계설비산업기사, 일반기계기사
  5) 공조냉동기계기술사, 공조냉동기계기사, 공조냉동기계산업기사
  6) 화공기술사, 화공기사, 화공산업기사
  7) 가스기술사, 가스기능장, 가스기사, 가스산업기사
  8) 건축전기설비기술사, 전기기능장, 전기기사, 전기산업기사, 전기공사기사, 전기공사산업기사
  9) 산업안전기사, 산업안전산업기사
  10) 위험물기능장, 위험물산업기사, 위험물기능사

정답 : 109.③ 110.①

예상문제

111 소방시설공사업법령상 소방시설공사에 관한 설명으로 옳지 않은 것은?

① 하나의 건축물에 영화상영관이 10개 이상인 신축 특정소방대상물은 성능위주설계를 하여야 한다.
② 공사업자가 구조변경·용도변경되는 특정소방대상물에 연소방지설비의 살수구역을 증설하는 공사를 할 경우 소방서장에게 착공신고를 하여야 한다.
③ 하자보수 대상 소방시설 중 자동소화장치의 하자보수 보증기간은 3년이다.
④ 연면적이 1,000제곱미터 이상인 특정소방대상물에 비상경보설비를 설치하는 경우에는 공사감리자를 지정해야 한다.

> **해설** **감리지정대상 특정소방대상물**
> 1. 옥내소화전설비를 신설·개설 또는 증설할 때
> 2. 스프링클러설비 등(캐비닛형 간이스프링클러설비는 제외한다)을 신설·개설하거나 방호·방수 구역을 증설할 때
> 3. 물분무등소화설비(호스릴방식의 소화설비는 제외한다)를 신설·개설하거나 방호·방수 구역을 증설할 때
> 4. 옥외소화전설비를 신설·개설 또는 증설할 때
> 5. 자동화재탐지설비를 신설 또는 개설할 때
> 5의2. 비상방송설비를 신설 또는 개설할 때
> 6. 통합감시시설을 신설 또는 개설할 때
> 6의2. 비상조명등을 신설 또는 개설할 때
> 7. 소화용수설비를 신설 또는 개설할 때
> 8. 다음 각 목에 따른 소화활동설비에 대하여 각 목에 따른 시공을 할 때
>   가. 제연설비를 신설·개설하거나 제연구역을 증설할 때
>   나. 연결송수관설비를 신설 또는 개설할 때
>   다. 연결살수설비를 신설·개설하거나 송수구역을 증설할 때
>   라. 비상콘센트설비를 신설·개설하거나 전용회로를 증설할 때
>   마. 무선통신보조설비를 신설 또는 개설할 때
>   바. 연소방지설비를 신설·개설하거나 살수구역을 증설할 때
>
> **소방시설법 성능위주설계대상**
> **소방시설법 시행령**
> **제9조(성능위주설계를 해야 하는 특정소방대상물의 범위)**
> 법 제8조제1항에서 "대통령령으로 정하는 특정소방대상물"이란 다음 각 호의 어느 하나에 해당하는 특정소방대상물(신축하는 것만 해당한다)을 말한다.
> 1. 연면적 20만제곱미터 이상인 특정소방대상물. 다만, 별표 2 제1호가목에 따른 아파트등(이하 "아파트등"이라 한다)은 제외한다.
> 2. 50층 이상(지하층은 제외한다)이거나 지상으로부터 높이가 200미터 이상인 아파트등
> 3. 30층 이상(지하층을 포함한다)이거나 지상으로부터 높이가 120미터 이상인 특정소방대상물(아파트등은 제외한다)
> 4. 연면적 3만제곱미터 이상인 특정소방대상물로서 다음 각 목의 어느 하나에 해당하는 특정소방대상물

정답 : 111.④

가. 별표 2 제6호나목의 철도 및 도시철도 시설
나. 별표 2 제6호다목의 공항시설
5. 별표 2 제16호의 창고시설 중 연면적 10만제곱미터 이상인 것 또는 지하층의 층수가 2개 층 이상이고 지하층의 바닥면적의 합계가 3만제곱미터 이상인 것
6. 하나의 건축물에 「영화 및 비디오물의 진흥에 관한 법률」 제2조제10호에 따른 영화상영관이 10개 이상인 특정소방대상물
7. 「초고층 및 지하연계 복합건축물 재난관리에 관한 특별법」 제2조제2호에 따른 지하연계 복합건축물에 해당하는 특정소방대상물
8. 별표 2 제27호의 터널 중 수저(水底)터널 또는 길이가 5천미터 이상인 것

112. 소방기술자의 소방시설 공사현장의 배치기준으로 옳은 것은?

① 기계분야의 소방설비기사는 기계분야 소방시설의 부대시설에 대한 공사에 배치할 수 없다.
② 비상콘센트설비 및 비상방송설비의 공사는 전기분야의 소방설비기사가 담당한다.
③ 전기분야의 소방설비기사는 기계분야 소방시설에 부설되는 자동화재탐지설비의 공사에 배치하여서는 아니 된다.
④ 무선통신보조설비의 공사는 기계분야의 소방설비기사도 배치할 수 있다.

해설 소방기술자 배치기준

소방기술자의 배치기준	소방시설공사 현장의 기준
1. 행정안전부령으로 정하는 특급 기술자인 소방기술자(기계분야 및 전기분야)	가. 연면적 20만제곱미터 이상인 특정소방대상물의 공사 현장 나. 지하층을 포함한 층수가 40층 이상인 특정소방대상물의 공사 현장
2. 행정안전부령으로 정하는 고급 기술자 이상의 소방기술자(기계분야 및 전기분야)	가. 연면적 3만제곱미터 이상 20만제곱미터 미만인 특정소방대상물(아파트는 제외한다)의 공사 현장 나. 지하층을 포함한 층수가 16층 이상 40층 미만인 특정소방대상물의 공사 현장
3. 행정안전부령으로 정하는 중급 기술자 이상의 소방기술자(기계분야 및 전기분야)	가. 물분무등소화설비(호스릴방식의 소화설비는 제외한다) 또는 제연설비가 설치되는 특정소방대상물의 공사 현장 나. 연면적 5천제곱미터 이상 3만제곱미터 미만인 특정소방대상물(아파트는 제외한다)의 공사 현장 다. 연면적 1만제곱미터 이상 20만제곱미터 미만인 아파트의 공사 현장
4. 행정안전부령으로 정하는 초급 기술자 이상의 소방기술자(기계분야 및 전기분야)	가. 연면적 1천제곱미터 이상 5천제곱미터 미만인 특정소방대상물(아파트는 제외한다)의 공사 현장 나. 연면적 1천제곱미터 이상 1만제곱미터 미만인 아파트의 공사 현장 다. 지하구(地下溝)의 공사 현장
5. 법 제28조에 따라 자격수첩을 발급받은 소방기술자	연면적 1천제곱미터 미만인 특정소방대상물의 공사 현장

정답 : 112.②

예상문제

[비고]
1. 다음 각 목의 어느 하나에 해당하는 기계분야 소방시설공사의 경우에는 소방기술자의 배치기준에 따른 기계분야의 소방기술자를 공사 현장에 배치하여야 한다.
   가. 옥내소화전설비, 옥외소화전설비, 스프링클러설비등, 물분무등소화설비의 공사
   나. 소화용수설비의 공사
   다. 제연설비, 연결송수관설비, 연결살수설비, 연소방지설비의 공사
   라. 기계분야 소방시설에 부설되는 전기시설의 공사. 다만, 비상전원, 동력회로, 제어회로, 기계분야의 소방시설을 작동하기 위하여 설치하는 화재감지기에 의한 화재감지장치 및 전기신호에 의한 소방시설의 작동장치의 공사는 제외한다.
2. 다음 각 목의 어느 하나에 해당하는 전기분야 소방시설공사의 경우에는 소방기술자의 배치기준에 따른 전기분야의 소방기술자를 공사 현장에 배치하여야 한다.
   가. 비상경보설비, 시각경보기, 자동화재탐지설비, 비상방송설비, 자동화재속보설비 또는 통합감시시설의 공사
   나. 비상콘센트설비 또는 무선통신보조설비의 공사
   다. 기계분야 소방시설에 부설되는 비상전원, 동력회로 또는 제어회로의 공사
   라. 기계분야 소방시설에 부설되는 전기시설 중 제1호라목 단서의 전기시설의 공사
3. 제1호 및 제2호에도 불구하고 기계분야 및 전기분야의 자격을 모두 갖춘 소방기술자가 있는 경우에는 소방시설공사를 분야별로 구분하지 않고 그 소방기술자를 배치할 수 있다.
4. 제1호 및 제2호에도 불구하고 소방공사감리업자가 감리하는 소방시설공사가 다음 각 목의 어느 하나에 해당하는 경우에는 소방기술자를 소방시설공사 현장에 배치하지 않을 수 있다.
   가. 소방시설의 비상전원을 「전기공사업법」에 따른 전기공사업자가 공사하는 경우
   나. 소화용수설비를 「건설산업기본법 시행령」 별표 1에 따른 기계설비공사업자 또는 상·하수도설비공사업자가 공사하는 경우
   다. 소방 외의 용도와 겸용되는 제연설비를 「건설산업기본법 시행령」 별표 1에 따른 기계설비공사업자가 공사하는 경우
   라. 소방 외의 용도와 겸용되는 비상방송설비 또는 무선통신보조설비를 「정보통신공사업법」에 따른 정보통신공사업자가 공사하는 경우
5. 공사업자는 다음 각 목의 경우를 제외하고는 1명의 소방기술자를 2개의 공사 현장을 초과하여 배치해서는 안 된다. 다만, 연면적 3만제곱미터 이상의 특정소방대상물(아파트는 제외한다)이거나 지하층을 포함한 층수가 16층 이상으로서 500세대 이상인 아파트에 대한 소방시설 공사의 경우에는 1개의 공사 현장에만 배치해야 한다.
   가. 건축물의 연면적이 5천제곱미터 미만인 공사 현장에만 배치하는 경우. 다만, 그 연면적의 합계는 2만제곱미터를 초과해서는 안 된다.
   나. 건축물의 연면적이 5천제곱미터 이상인 공사 현장 2개 이하와 5천제곱미터 미만인 공사 현장에 같이 배치하는 경우. 다만, 5천제곱미터 미만의 공사 현장의 연면적의 합계는 1만제곱미터를 초과해서는 안 된다.

113 다음 중 기술자격에 의한 기술등급 구분으로 고급기술자에 해당되지 않는 자는?

① 소방설비기사 기계분야의 자격을 소지한 자로서 5년 이상 소방기술업무를 수행한 자
② 소방설비산업기사 기계분야의 자격을 소지한 자로서 8년 이상 소방기술업무를 수행한 자
③ 건축설비기사 자격을 소지한 자로서 10년 이상 소방기술업무를 수행한 자
④ 위험물산업기사 자격을 소지한 자로서 13년 이상 소방기술업무를 수행한 자

해설 기술자격에 따른 등급

등급	기계분야	전기분야
특급 기술자	• 소방기술사 • 소방시설관리사 자격을 취득한 후 5년 이상 소방 관련 업무를 수행한 사람	
	건축사, 건축기계설비기술사, 건설기계기술사, 공조냉동기계기술사, 화공기술사, 가스기술사 자격을 취득한 후 5년 이상 소방 관련 업무를 수행한 사람	건축전기설비기술사 자격을 취득한 후 5년 이상 소방 관련 업무를 수행한 사람
	소방설비기사 기계분야의 자격을 취득한 후 8년 이상 소방 관련 업무를 수행한 사람	소방설비기사 전기분야의 자격을 취득한 후 8년 이상 소방 관련 업무를 수행한 사람
	소방설비산업기사 기계분야의 자격을 취득한 후 11년 이상 소방 관련 업무를 수행한 사람	소방설비산업기사 전기분야의 자격을 취득한 후 11년 이상 소방 관련 업무를 수행한 사람
	건축기사, 건축설비기사, 건설기계설비기사, 일반기계기사, 공조냉동기계기사, 화공기사, 가스기능장, 가스기사, 산업안전기사, 위험물기능장 자격을 취득한 후 13년 이상 소방 관련 업무를 수행한 사람	전기기능장, 전기기사, 전기공사기사 자격을 취득한 후 13년 이상 소방 관련 업무를 수행한 사람
고급 기술자	소방시설관리사	
	건축사, 건축기계설비기술사, 건설기계기술사, 공조냉동기계기술사, 화공기술사, 가스기술사 자격을 취득한 후 3년 이상 소방 관련 업무를 수행한 사람	건축전기설비기술사 자격을 취득한 후 3년 이상 소방 관련 업무를 수행한 사람
	소방설비기사 기계분야의 자격을 취득한 후 5년 이상 소방 관련 업무를 수행한 사람	소방설비기사 전기분야의 자격을 취득한 후 5년 이상 소방 관련 업무를 수행한 사람
	소방설비산업기사 기계분야의 자격을 취득한 후 8년 이상 소방 관련 업무를 수행한 사람	소방설비산업기사 전기분야의 자격을 취득한 후 8년 이상 소방 관련 업무를 수행한 사람
	건축기사, 건축설비기사, 건설기계설비기사, 일반기계기사, 공조냉동기계기사, 화공기사, 가스기능장, 가스기사, 산업안전기사, 위험물기능장 자격을 취득한 후 11년 이상 소방 관련 업무를 수행한 사람	전기기능장, 전기기사, 전기공사기사 자격을 취득한 후 11년 이상 소방 관련 업무를 수행한 사람

정답 : 113.③

예상문제

중급기술자	건축산업기사, 건축설비산업기사, 건설기계설비산업기사, 공조냉동기계산업기사, 화공산업기사, 가스산업기사, 산업안전산업기사, 위험물산업기사 자격을 취득한 후 13년 이상 소방 관련 업무를 수행한 사람	전기산업기사, 전기공사산업기사 자격을 취득한 후 13년 이상 소방 관련 업무를 수행한 사람
	건축사, 건축기계설비기술사, 건설기계기술사, 공조냉동기계기술사, 화공기술사, 가스기술사	건축전기설비기술사
중급기술자	소방설비기사(기계분야)	소방설비기사(전기분야)
	소방설비산업기사 기계분야의 자격을 취득한 후 3년 이상 소방 관련 업무를 수행한 사람	소방설비산업기사 전기분야의 자격을 취득한 후 3년 이상 소방 관련 업무를 수행한 사람
	건축기사, 건축설비기사, 건설기계설비기사, 일반기계기사, 공조냉동기계기사, 화공기사, 가스기능장, 가스기사, 산업안전기사, 위험물기능장 자격을 취득한 후 5년 이상 소방 관련 업무를 수행한 사람	전기기능장, 전기기사, 전기공사기사 자격을 취득한 후 5년 이상 소방 관련 업무를 수행한 사람
	건축산업기사, 건축설비산업기사, 건설기계설비산업기사, 공조냉동기계산업기사, 화공산업기사, 가스산업기사, 산업안전산업기사, 위험물산업기사 자격을 취득한 후 8년 이상 소방 관련 업무를 수행한 사람	전기산업기사, 전기공사산업기사 자격을 취득한 후 8년 이상 소방 관련 업무를 수행한 사람
초급기술자	소방설비산업기사(기계분야)	소방설비산업기사(전기분야)
	건축기사, 건축설비기사, 건설기계설비기사, 일반기계기사, 공조냉동기계기사, 화공기사, 가스기능장, 가스기사, 산업안전기사, 위험물기능장 자격을 취득한 후 2년 이상 소방 관련 업무를 수행한 사람	전기기능장, 전기기사, 전기공사기사 자격을 취득한 후 2년 이상 소방 관련 업무를 수행한 사람
	건축산업기사, 건축설비산업기사, 건설기계설비산업기사, 공조냉동기계산업기사, 화공산업기사, 가스산업기사, 산업안전산업기사, 위험물산업기사 자격을 취득한 후 4년 이상 소방 관련 업무를 수행한 사람	전기산업기사, 전기공사산업기사 자격을 취득한 후 4년 이상 소방 관련 업무를 수행한 사람
	위험물기능사 자격을 취득한 후 6년 이상 소방 관련 업무를 수행한 사람	

114 일반공사감리 대상의 경우 1인의 책임감리원이 담당하는 소방공사감리현장은 몇 개 이하인가?

① 2개　　　　　　　　　　　② 3개
③ 4개　　　　　　　　　　　④ 5개

 해설 1인의 책임 감리원이 담당하는 소방공사 감리현장은 5개 이하로서 감리 현장의 연면적의 총 합계가 10만 m² 이하일 것(공사업법 규칙 제16조)

정답 : 114.④

115 성능위주설계를 할 수 있는 자가 보유하여야 하는 기술인력의 기준은?

① 소방기술사 2인 이상
② 소방기술사 1인 및 소방설비기사 2인(기계 및 전기분야 각 1인) 이상
③ 소방분야 공학박사 2인 이상
④ 소방기술사 1인 및 소방분야 공학박사 1인 이상

▶해설 **성능위주설계를 할 수 있는 자의 자격·기술인력**

성능위주설계자의 자격	기술인력
성능위주설계자의 자격은 다음 각 목의 어느 하나와 같다. 가. 전문소방시설설계업을 등록한 자 나. 전문소방시설설계업 등록기준에 따른 기술인력을 갖춘 자로서 소방청장이 정하여 고시하는 연구기관 또는 단체	소방기술사 2인 이상

116 소방시설공사의 설계와 감리에 관한 약정을 함에 있어서 그 대가를 산정하는 기준으로 옳은 것은?

① 발주자와 도급자 간의 약정에 따라 산정한다.
② 국가를 당사자로 하는 계약에 관한 법률에 따라 산정한다.
③ 민법에서 정하는 바에 따라 산정한다.
④ 「엔지니어링산업 진흥법」에 따른 실비정액 가산방식으로 산정한다.

▶해설 **공사업법 규칙 제21조(소방기술용역의 대가기준 산정방식) 참조**
「엔지니어링산업 진흥법」 제31조제2항에 따라 산업통상자원부장관이 인가한 엔지니어링사업의 대가 기준 중 다음 각 호에 따른 방식을 말한다.〈개정 2013. 3. 23〉
1. 소방시설설계의 대가 : 통신부문에 적용하는 공사비 요율에 따른 방식
2. 소방공사감리의 대가 : 실비정액 가산방식

117 방염업자가 다른 사람에게 등록증을 빌려준 경우 1차 행정처분으로 옳은 것은?

① 6개월 이내의 영업정지   ② 9개월 이내의 영업정지
③ 12개월 이내의 영업정지   ④ 등록 취소

▶해설 시설업자가 등록증을 빌려준 경우 1차 6개월 영업정지 2차 등록취소

정답 : 115.① 116.④ 117.①

예상문제

118 소방시설공사업자는 소방시설공사를 하려면 소방시설착공(변경)신고서 등의 서류를 첨부하여 소방본부장 또는 소방서장에게 언제까지 신고하여야 하는가?

① 착공 전까지
② 착공 후 7일 이내
③ 착공 후 14일 이내
④ 착공 후 30일 이내

해설 공사업법 규칙 제12조(착공신고 등) ①항 참조

119 소방공사감리원 배치 시 배치일로부터 며칠 이내에 관련 서류를 첨부하여 소방본부장 또는 소방서장에게 알려야 하는가?

① 3일
② 7일
③ 14일
④ 30일

해설 **소방시설공사업법 시행규칙 제17조(감리배치통보 등)**
제17조(감리원 배치통보 등)
① 소방공사감리업자는 법 제18조제2항에 따라 감리원을 소방공사감리현장에 배치하는 경우에는 별지 제24호서식의 소방공사감리원 배치통보서(전자문서로 된 소방공사감리원 배치통보서를 포함한다)에, 배치한 감리원이 변경된 경우에는 별지 제25호서식의 소방공사감리원 배치변경통보서(전자문서로 된 소방공사감리원 배치변경통보서를 포함한다)에 다음 각 호의 구분에 따른 해당 서류(전자문서를 포함한다)를 첨부하여 감리원 배치일부터 7일 이내에 소방본부장 또는 소방서장에게 알려야 한다. 이 경우 소방본부장 또는 소방서장은 배치되는 감리원의 성명, 자격증 번호·등급, 감리현장의 명칭·소재지·면적 및 현장 배치기간을 법 제26조의3제1항에 따른 소방시설업 종합정보시스템에 입력해야 한다. 〈개정 2015. 8. 4., 2020. 1. 15.〉
1. 소방공사감리원 배치통보서에 첨부하는 서류(전자문서를 포함한다)
  가. 별표 4의2 제3호나목에 따른 감리원의 등급을 증명하는 서류
  나. 법 제21조의3제2항에 따라 체결한 소방공사 감리계약서 사본 1부
  다. 삭제〈2014. 9. 2.〉
2. 소방공사감리원 배치변경통보서에 첨부하는 서류(전자문서를 포함한다)
  가. 변경된 감리원의 등급을 증명하는 서류(감리원을 배치하는 경우에만 첨부한다)
  나. 변경 전 감리원의 등급을 증명하는 서류
  다. 삭제〈2014. 9. 2.〉

120 소방시설공사업자의 시공능력평가 방법에 대한 설명 중 틀린 것은?

① 시공능력평가액은 실적평가액+자본금평가액+기술력평가액±신인도평가액으로 산출한다.
② 신인도평가액 산정 시 최근 1년간 국가기관으로부터 우수시공업자로 선정된 경우에는 3% 가산한다.
③ 신인도평가액 산정 시 최근 1년간 부도가 발생된 사실이 있는 경우에는 2%를 감산한다.
④ 실적평가액은 최근 5년간의 연평균 공사실적액을 의미한다.

정답 : 118.① 119.② 120.④

해설 ④ 최근 3년간의 공사실적을 합산하여 3으로 나눈 금액을 연평균 공사실적액으로 한다.

> **참고** 공사업을 한 기간이 산정일을 기준으로 1년 이상 3년 미만인 경우에는 그 기간의 공사실적을 합산한 금액을 그 기간의 개월 수로 나눈 금액에 12를 곱한 금액을 연평균 공사실적액으로 한다. 1년 미만인 경우 그 기간의 공사실적액을 말한다.

121 다음 중 소방시설공사업법에서 규정하고 있는 청문 대상은?
① 소방기술 인정 자격취소처분
② 소방공사업 휴업정지처분
③ 소방기술자의 실무교육
④ 소방시설업의 자격 정지

해설 ① 소방기술 인정 자격취소처분
② 소방공사업 휴업정지처분
③ 소방기술자의 실무교육
④ 소방시설업의 자격 정지
청문
1) 소방시설업 등록취소처분이나 영업정지처분 청문권자 : 시·도지사
2) 소방기술인정자격취소처분 청문권자 : 소방청장

122 시도지사가 협회에 위탁하는 업무사항으로 옳지 않은 것은?
① 소방시설업 등록신청의 접수 및 신청내용의 확인
② 소방시설업 휴업·폐업 등 신고의 접수 및 신고내용의 확인
③ 방염처리능력 평가 및 공시
④ 소방기술과 관련된 자격·학력 및 경력의 인정 업무

해설 **공사업법 제33조**
③ 소방청장 또는 시·도지사는 다음 각 호의 업무를 대통령령으로 정하는 바에 따라 협회에 위탁할 수 있다. 〈개정 2014. 11. 19., 2014. 12. 30., 2016. 1. 27., 2017. 7. 26., 2018. 2. 9., 2020. 6. 9.〉
   1. 제4조제1항에 따른 소방시설업 등록신청의 접수 및 신청내용의 확인
   2. 제6조에 따른 소방시설업 등록사항 변경신고의 접수 및 신고내용의 확인
   2의2. 제6조의2에 따른 소방시설업 휴업·폐업 등 신고의 접수 및 신고내용의 확인
   3. 제7조제3항에 따른 소방시설업자의 지위승계 신고의 접수 및 신고내용의 확인
   4. 제20조의3에 따른 방염처리능력 평가 및 공시
   5. 제26조에 따른 시공능력 평가 및 공시
   6. 제26조의3제1항에 따른 소방시설업 종합정보시스템의 구축·운영
④ 소방청장은 다음 각 호의 업무를 대통령령으로 정하는 바에 따라 협회, 소방기술과 관련된 법인 또는 단체에 위탁할 수 있다. 〈개정 2014. 11. 19., 2017. 7. 26., 2021. 4. 20.〉
   1. 제28조에 따른 소방기술과 관련된 자격·학력 및 경력의 인정 업무
   2. 제28조의2에 따른 소방기술자 양성·인정 교육훈련 업무

정답 : 121.① 122.④

MEMO

CHAPTER 03 화재예방 및 안전관리에 관한 법률

1 ▸▸ 목적

이 법은 화재의 예방과 안전관리에 필요한 사항을 규정함으로써 화재로부터 국민의 생명·신체 및 재산을 보호하고 공공의 안전과 복리 증진에 이바지함을 목적으로 한다.

2 ▸▸ 용어정의

① "예방"이란 화재의 위험으로부터 사람의 생명·신체 및 재산을 보호하기 위하여 화재발생을 사전에 제거하거나 방지하기 위한 모든 활동을 말한다.
② "안전관리"란 화재로 인한 피해를 최소화하기 위한 예방, 대비, 대응 등의 활동을 말한다.
③ "화재안전조사"란 소방청장, 소방본부장 또는 소방서장(이하 "소방관서장"이라 한다)이 소방대상물, 관계지역 또는 관계인에 대하여 소방시설등(「소방시설 설치 및 관리에 관한 법률」 제2조제1항제2호에 따른 소방시설등을 말한다. 이하 같다)이 소방 관계 법령에 적합하게 설치·관리되고 있는지, 소방대상물에 화재의 발생 위험이 있는지 등을 확인하기 위하여 실시하는 현장조사·문서열람·보고요구 등을 하는 활동을 말한다.
④ "화재예방강화지구"란 특별시장·광역시장·특별자치시장·도지사 또는 특별자치도지사(이하 "시·도지사"라 한다)가 화재발생 우려가 크거나 화재가 발생할 경우 피해가 클 것으로 예상되는 지역에 대하여 화재의 예방 및 안전관리를 강화하기 위해 지정·관리하는 지역을 말한다.
⑤ "화재예방안전진단"이란 화재가 발생할 경우 사회·경제적으로 피해 규모가 클 것으로 예상되는 소방대상물에 대하여 화재위험요인을 조사하고 그 위험성을 평가하여 개선대책을 수립하는 것을 말한다.

3 ▸▸ 화재의 예방 및 안전관리에 관한 기본계획 수립·시행

① 소방청장은 화재예방정책을 체계적·효율적으로 추진하고 이에 필요한 기반 확충을 위하여 화재의 예방 및 안전관리에 관한 기본계획(이하 "기본계획"이라 한다)을 5년마다 수립·시행하여야 한다.
② 기본계획은 대통령령으로 정하는 바에 따라 소방청장이 관계 중앙행정기관의 장과 협의하여 수립한다.
③ 기본계획 포함사항
  ㉠ 화재예방정책의 기본목표 및 추진방향
  ㉡ 화재의 예방과 안전관리를 위한 법령·제도의 마련 등 기반 조성
  ㉢ 화재의 예방과 안전관리를 위한 대국민 교육·홍보
  ㉣ 화재의 예방과 안전관리 관련 기술의 개발·보급
  ㉤ 화재의 예방과 안전관리 관련 전문인력의 육성·지원 및 관리
  ㉥ 화재의 예방과 안전관리 관련 산업의 국제경쟁력 향상
④ 소방청장은 기본계획을 시행하기 위하여 매년 시행계획을 수립·시행
⑤ 소방청장은 제1항 및 제4항에 따라 수립된 기본계획과 시행계획을 관계 중앙행정기관의 장과 시·도지사에게 통보하여야 한다.
⑥ 제5항에 따라 기본계획과 시행계획을 통보받은 관계 중앙행정기관의 장과 시·도지사는 소관 사무의 특성을 반영한 세부시행계획을 수립·시행하고 그 결과를 소방청장에게 통보하여야 한다.
⑦ 소방청장은 기본계획 및 시행계획을 수립하기 위하여 필요한 경우에는 관계 중앙행정기관의 장 또는 시·도지사에게 관련 자료의 제출을 요청할 수 있다. 이 경우 자료 제출을 요청받은 관계 중앙행정기관의 장 또는 시·도지사는 특별한 사유가 없으면 이에 따라야 한다.
⑧ 제1항부터 제7항까지에서 규정한 사항 외에 기본계획, 시행계획 및 세부시행계획의 수립·시행에 필요한 사항은 대통령령으로 정한다.

4 ▸▸ 화재안전조사

① 화재안전조사권자 : 소방청장, 소방본부장, 소방서장[소방관서장]
② 화재안전조사 실시사유
  ㉠ 「소방시설 설치 및 관리에 관한 법률」 제22조에 따른 자체점검이 불성실하거나 불완전하다고 인정되는 경우

ⓛ 화재예방강화지구 등 법령에서 화재안전조사를 하도록 규정되어 있는 경우
ⓒ 화재예방안전진단이 불성실하거나 불완전하다고 인정되는 경우
ⓔ 국가적 행사 등 주요 행사가 개최되는 장소 및 그 주변의 관계 지역에 대하여 소방안전관리 실태를 조사할 필요가 있는 경우
ⓜ 화재가 자주 발생하였거나 발생할 우려가 뚜렷한 곳에 대한 조사가 필요한 경우
ⓗ 재난예측정보, 기상예보 등을 분석한 결과 소방대상물에 화재의 발생 위험이 크다고 판단되는 경우
ⓢ 제1호부터 제6호까지에서 규정한 경우 외에 화재, 그 밖의 긴급한 상황이 발생할 경우 인명 또는 재산 피해의 우려가 현저하다고 판단되는 경우

③ 화재안전조사 대상 선정권자 : 소방청장, 소방본부장, 소방서장
④ 화재안전조사단 : 소방관서장은 화재안전조사를 효율적으로 수행하기 위하여 대통령령으로 정하는 바에 따라 소방청에는 중앙화재안전조사단을, 소방본부 및 소방서에는 지방화재안전조사단을 편성하여 운영할 수 있다.
⑤ 화재안전조사위원회 구성권자 : 소방청장, 소방본부장, 소방서장
⑥ 화재안전조사위원회 구성
  ㉠ 화재안전조사위원회(이하 "위원회"라 한다)는 위원장 1명을 포함하여 7명 이내의 위원으로 성별을 고려하여 구성한다.
  ㉡ 위원장 : 소방관서장
  ㉢ 위원회의 위원은 다음 각 호의 어느 하나에 해당하는 사람 중에서 소방관서장이 임명하거나 위촉한다.
    ⓐ 과장급 직위 이상의 소방공무원
    ⓑ 소방기술사
    ⓒ 소방시설관리사
    ⓓ 소방 관련 분야의 석사 이상 학위를 취득한 사람
    ⓕ 소방 관련 법인 또는 단체에서 소방 관련 업무에 5년 이상 종사한 사람
    ⓖ 「소방공무원 교육훈련규정」 제3조제2항에 따른 소방공무원 교육훈련기관, 「고등교육법」 제2조의 학교 또는 연구소에서 소방과 관련한 교육 또는 연구에 5년 이상 종사한 사람
⑦ 화재안전조사시 합동조사반 편성 기관
  ㉠ 관계 중앙행정기관 또는 지방자치단체
  ㉡ 「소방기본법」 제40조에 따른 한국소방안전원(이하 "안전원"이라 한다)
  ㉢ 「소방산업의 진흥에 관한 법률」 제14조에 따른 한국소방산업기술원(이하 "기술원"이라 한다)

ⓔ 「화재로 인한 재해보상과 보험가입에 관한 법률」 제11조에 따른 한국화재보험협회(이하 "화재보험협회"라 한다)

ⓜ 「고압가스 안전관리법」 제28조에 따른 한국가스안전공사(이하 "가스안전공사"라 한다)

ⓑ 「전기안전관리법」 제30조에 따른 한국전기안전공사(이하 "전기안전공사"라 한다)

ⓢ 그 밖에 소방청장이 정하여 고시하는 소방 관련 법인 또는 단체

⑧ 화재안전조사 통보

소방관서장은 화재안전조사를 실시하려는 경우 사전에 법 제8조제2항 각 호 외의 부분 본문에 따라 조사대상, 조사기간 및 조사사유 등 조사계획을 소방청, 소방본부 또는 소방서(이하 "소방관서"라 한다)의 인터넷 홈페이지나 법 제16조제3항에 따른 전산시스템을 통해 7일 이상 공개해야 한다.(조사 3일 전 연기신청 가능)

⑨ 통보예외사항 / 해가 진 뒤나 뜨기 전 조사 / 개인주거 승낙없이 조사할 수 있는 사항

㉠ 화재가 발생할 우려가 뚜렷하여 긴급하게 조사할 필요가 있는 경우

㉡ 제1호 외에 화재안전조사의 실시를 사전에 통지하거나 공개하면 조사목적을 달성할 수 없다고 인정되는 경우

⑩ 연기신청사유

㉠ 「재난 및 안전관리 기본법」 제3조제1호에 해당하는 재난이 발생한 경우

㉡ 관계인의 질병, 사고, 장기출장의 경우

㉢ 권한 있는 기관에 자체점검기록부, 교육·훈련일지 등 화재안전조사에 필요한 장부·서류 등이 압수되거나 영치(領置)되어 있는 경우

㉣ 소방대상물의 증축·용도변경 또는 대수선 등의 공사로 화재안전조사를 실시하기 어려운 경우

⑪ 화재안전조사결과 조치명령권자 : 소방청장, 소방본부장, 소방서장

⑫ 조치명령 내용 : 관계인에게 그 소방대상물의 개수(改修)·이전·제거, 사용의 금지 또는 제한, 사용폐쇄, 공사의 정지 또는 중지, 그 밖의 필요한 조치를 명할 수 있다.

⑬ 조치명령으로 손실을 입은 자가 있는 경우 보상 : 소방청장, 시·도지사

5 ▸▸ 화재의 예방조치등

① 화재예방강화지구 및 이에 준하는 대통령령으로 정하는 장소[제조소등, 가스저장소, 석유가스저장소, 판매소, 수소연료공급시설, 화약류등]에서는 다음 각호의 행위를 해서는 안된다

㉠ 모닥불, 흡연 등 화기의 취급
㉡ 풍등 등 소형열기구 날리기
㉢ 용접・용단 등 불꽃을 발생시키는 행위
㉣ 그 밖에 대통령령으로 정하는 화재 발생 위험이 있는 행위
　※ 다만, 다음의 안전조치등을 한 경우 그러하지 아니하다.
　　1. 「국민건강증진법」 제9조제4항 각 호 외의 부분 후단에 따라 설치한 흡연실 등 법령에 따라 지정된 장소에서 화기 등을 취급하는 경우
　　2. 소화기 등 소방시설을 비치 또는 설치한 장소에서 화기 등을 취급하는 경우
　　3. 「산업안전보건기준에 관한 규칙」 제241조의2제1항에 따른 화재감시자 등 안전요원이 배치된 장소에서 화기 등을 취급하는 경우
　　4. 그 밖에 소방관서장과 사전 협의하여 안전조치를 한 경우

② 예방조치명령
소방관서장은 화재 발생 위험이 크거나 소화 활동에 지장을 줄 수 있다고 인정되는 행위나 물건에 대하여 행위 당사자나 그 물건의 소유자, 관리자 또는 점유자에게 다음 각 호의 명령을 할 수 있다. 다만, 제2호 및 제3호에 해당하는 물건의 소유자, 관리자 또는 점유자를 알 수 없는 경우 소속 공무원으로 하여금 그 물건을 옮기거나 보관하는 등 필요한 조치를 하게 할 수 있다.
㉠ 제1항 각 호의 어느 하나에 해당하는 행위의 금지 또는 제한
㉡ 목재, 플라스틱 등 가연성이 큰 물건의 제거, 이격, 적재 금지 등
㉢ 소방차량의 통행이나 소화 활동에 지장을 줄 수 있는 물건의 이동

③ 보관기관 및 보관기관 경과후 처리
㉠ 소방관서장은 법 제17조제2항 각 호 외의 부분 단서에 따라 옮긴 물건 등(이하 "옮긴물건등"이라 한다)을 보관하는 경우에는 그날부터 14일 동안 해당 소방관서의 인터넷 홈페이지에 그 사실을 공고해야 한다.
㉡ 옮긴물건등의 보관기간은 제1항에 따른 공고기간의 종료일 다음 날부터 7일까지로 한다.
㉢ 소방관서장은 제2항에 따른 보관기간이 종료된 때에는 보관하고 있는 옮긴물건등을 매각해야 한다. 다만, 보관하고 있는 옮긴물건등이 부패・파손 또는 이와 유사한 사유로 정해진 용도로 계속 사용할 수 없는 경우에는 폐기할 수 있다.
㉣ 소방관서장은 보관하던 옮긴물건등을 제3항 본문에 따라 매각한 경우에는 지체 없이 「국가재정법」에 따라 세입조치를 해야 한다.

6. 불을 사용하는 설비의 관리기준 등

■ 화재의 예방 및 안전관리에 관한 법률 시행령 [별표 1]

보일러 등의 설비 또는 기구 등의 위치·구조 및 관리와 화재예방을 위하여
불을 사용할 때 지켜야 하는 사항(제18조제2항 관련)

1. 보일러
   가. 가연성 벽·바닥 또는 천장과 접촉하는 증기기관 또는 연통의 부분은 규조토 등 난연성 또는 불연성 단열재로 덮어씌워야 한다.
   나. 경유·등유 등 액체연료를 사용할 때에는 다음 사항을 지켜야 한다.
      1) 연료탱크는 보일러 본체로부터 수평거리 1미터 이상의 간격을 두어 설치할 것
      2) 연료탱크에는 화재 등 긴급상황이 발생하는 경우 연료를 차단할 수 있는 개폐밸브를 연료탱크로부터 0.5미터 이내에 설치할 것
      3) 연료탱크 또는 보일러 등에 연료를 공급하는 배관에는 여과장치를 설치할 것
      4) 사용이 허용된 연료 외의 것을 사용하지 않을 것
      5) 연료탱크가 넘어지지 않도록 받침대를 설치하고, 연료탱크 및 연료탱크 받침대는 「건축법 시행령」 제2조제10호에 따른 불연재료(이하 "불연재료"라 한다)로 할 것
   다. 기체연료를 사용할 때에는 다음 사항을 지켜야 한다.
      1) 보일러를 설치하는 장소에는 환기구를 설치하는 등 가연성 가스가 머무르지 않도록 할 것
      2) 연료를 공급하는 배관은 금속관으로 할 것
      3) 화재 등 긴급 시 연료를 차단할 수 있는 개폐밸브를 연료용기 등으로부터 0.5미터 이내에 설치할 것
      4) 보일러가 설치된 장소에는 가스누설경보기를 설치할 것
   라. 화목(火木) 등 고체연료를 사용할 때에는 다음 사항을 지켜야 한다.
      1) 고체연료는 보일러 본체와 수평거리 2미터 이상 간격을 두어 보관하거나 불연재료로 된 별도의 구획된 공간에 보관할 것
      2) 연통은 천장으로부터 0.6미터 떨어지고, 연통의 배출구는 건물 밖으로 0.6미터 이상 나오도록 설치할 것
      3) 연통의 배출구는 보일러 본체보다 2미터 이상 높게 설치할 것
      4) 연통이 관통하는 벽면, 지붕 등은 불연재료로 처리할 것
      5) 연통재질은 불연재료로 사용하고 연결부에 청소구를 설치할 것
   마. 보일러 본체와 벽·천장 사이의 거리는 0.6미터 이상이어야 한다.
   바. 보일러를 실내에 설치하는 경우에는 콘크리트바닥 또는 금속 외의 불연재료로 된 바닥 위에 설치해야 한다.
2. 난로
   가. 연통은 천장으로부터 0.6미터 이상 떨어지고, 연통의 배출구는 건물 밖으로 0.6미터 이상 나오게 설치해야 한다.
   나. 가연성 벽·바닥 또는 천장과 접촉하는 연통의 부분은 규조토 등 난연성 또는 불연성의 단열재로 덮어씌워야 한다.

다. 이동식난로는 다음의 장소에서 사용해서는 안 된다. 다만, 난로가 쓰러지지 않도록 받침대를 두어 고정시키거나 쓰러지는 경우 즉시 소화되고 연료의 누출을 차단할 수 있는 장치가 부착된 경우에는 그렇지 않다.
1) 「다중이용업소의 안전관리에 관한 특별법」 제2조제1항제4호에 따른 다중이용업소
2) 「학원의 설립·운영 및 과외교습에 관한 법률」 제2조제1호에 따른 학원
3) 「학원의 설립·운영 및 과외교습에 관한 법률 시행령」 제2조제1항제4호에 따른 독서실
4) 「공중위생관리법」 제2조제1항제2호에 따른 숙박업, 같은 항 제3호에 따른 목욕장업 및 같은 항 제6호에 따른 세탁업의 영업장
5) 「의료법」 제3조제2항제1호에 따른 의원·치과의원·한의원, 같은 항 제2호에 따른 조산원 및 같은 항 제3호에 따른 병원·치과병원·한방병원·요양병원·정신병원·종합병원
6) 「식품위생법 시행령」 제21조제8호에 따른 식품접객업의 영업장
7) 「영화 및 비디오물의 진흥에 관한 법률」 제2조제10호에 따른 영화상영관
8) 「공연법」 제2조제4호에 따른 공연장
9) 「박물관 및 미술관 진흥법」 제2조제1호에 따른 박물관 및 같은 조 제2호에 따른 미술관
10) 「유통산업발전법」 제2조제7호에 따른 상점가
11) 「건축법」 제20조에 따른 가설건축물
12) 역·터미널

3. 건조설비
  가. 건조설비와 벽·천장 사이의 거리는 0.5미터 이상이어야 한다.
  나. 건조물품이 열원과 직접 접촉하지 않도록 해야 한다.
  다. 실내에 설치하는 경우에 벽·천장 및 바닥은 불연재료로 해야 한다.

4. 가스·전기시설
  가. 가스시설의 경우 「고압가스 안전관리법」, 「도시가스사업법」 및 「액화석유가스의 안전관리 및 사업법」에서 정하는 바에 따른다.
  나. 전기시설의 경우 「전기사업법」 및 「전기안전관리법」에서 정하는 바에 따른다.

5. 불꽃을 사용하는 용접·용단 기구
  용접 또는 용단 작업장에서는 다음 각 목의 사항을 지켜야 한다. 다만, 「산업안전보건법」 제38조의 적용을 받는 사업장에는 적용하지 않는다.
  가. 용접 또는 용단 작업장 주변 반경 5미터 이내에 소화기를 갖추어 둘 것
  나. 용접 또는 용단 작업장 주변 반경 10미터 이내에는 가연물을 쌓아두거나 놓아두지 말 것. 다만, 가연물의 제거가 곤란하여 방화포 등으로 방호조치를 한 경우는 제외한다.

6. 노·화덕설비
  가. 실내에 설치하는 경우에는 흙바닥 또는 금속 외의 불연재료로 된 바닥에 설치해야 한다.
  나. 노 또는 화덕을 설치하는 장소의 벽·천장은 불연재료로 된 것이어야 한다.
  다. 노 또는 화덕의 주위에는 녹는 물질이 확산되지 않도록 높이 0.1미터 이상의 턱을 설치해야 한다.
  라. 시간당 열량이 30만킬로칼로리 이상인 노를 설치하는 경우에는 다음의 사항을 지켜야 한다.
    1) 「건축법」 제2조제1항제7호에 따른 주요구조부(이하 "주요구조부"라 한다)는 불연재료 이상으로 할 것
    2) 창문과 출입구는 「건축법 시행령」 제64조에 따른 60분+ 방화문 또는 60분 방화문으로

　　　　설치할 것
　　3) 노 주위에는 1미터 이상 공간을 확보할 것

7. 음식조리를 위하여 설치하는 설비
「식품위생법 시행령」제21조제8호에 따른 식품접객업 중 일반음식점 주방에서 조리를 위하여 불을 사용하는 설비를 설치하는 경우에는 다음 각 목의 사항을 지켜야 한다.
　가. 주방설비에 부속된 배출덕트(공기 배출통로)는 0.5밀리미터 이상의 아연도금강판 또는 이와 같거나 그 이상의 내식성 불연재료로 설치할 것
　나. 주방시설에는 동물 또는 식물의 기름을 제거할 수 있는 필터 등을 설치할 것
　다. 열을 발생하는 조리기구는 반자 또는 선반으로부터 0.6미터 이상 떨어지게 할 것
　라. 열을 발생하는 조리기구로부터 0.15미터 이내의 거리에 있는 가연성 주요구조부는 단열성이 있는 불연재료로 덮어 씌울 것

비고
1. "보일러"란 사업장 또는 영업장 등에서 사용하는 것을 말하며, 주택에서 사용하는 가정용 보일러는 제외한다.
2. "건조설비"란 산업용 건조설비를 말하며, 주택에서 사용하는 건조설비는 제외한다.
3. "노·화덕설비"란 제조업·가공업에서 사용되는 것을 말하며, 주택에서 조리용도로 사용되는 화덕은 제외한다.
4. 보일러, 난로, 건조설비, 불꽃을 사용하는 용접·용단기구 및 노·화덕설비가 설치된 장소에는 소화기 1개 이상을 갖추어 두어야 한다.

7 ▶▶ 특수가연물의 종류

품명		수량
면화류		200킬로그램 이상
나무껍질 및 대팻밥		400킬로그램 이상
넝마 및 종이부스러기		1,000킬로그램 이상
사류(絲類)		1,000킬로그램 이상
볏짚류		1,000킬로그램 이상
가연성 고체류		3,000킬로그램 이상
석탄·목탄류		10,000킬로그램 이상
가연성 액체류		2세제곱미터 이상
목재가공품 및 나무부스러기		10세제곱미터 이상
고무류·플라스틱류	발포시킨 것	20세제곱미터 이상
	그 밖의 것	3,000킬로그램 이상

비고
1. "면화류"란 불연성 또는 난연성이 아닌 면상(綿狀) 또는 팽이모양의 섬유와 마사(麻絲) 원료를 말한다.

2. 넝마 및 종이부스러기는 불연성 또는 난연성이 아닌 것(동물 또는 식물의 기름이 깊이 스며들어 있는 옷감·종이 및 이들의 제품을 포함한다)으로 한정한다.
3. "사류"란 불연성 또는 난연성이 아닌 실(실부스러기와 솜털을 포함한다)과 누에고치를 말한다.
4. "볏짚류"란 마른 볏짚·북데기와 이들의 제품 및 건초를 말한다. 다만, 축산용도로 사용하는 것은 제외한다.
5. "가연성 고체류"란 고체로서 다음 각 목에 해당하는 것을 말한다.
   가. 인화점이 섭씨 40도 이상 100도 미만인 것
   나. 인화점이 섭씨 100도 이상 200도 미만이고, 연소열량이 1그램당 8킬로칼로리 이상인 것
   다. 인화점이 섭씨 200도 이상이고 연소열량이 1그램당 8킬로칼로리 이상인 것으로서 녹는점(융점)이 100도 미만인 것
   라. 1기압과 섭씨 20도 초과 40도 이하에서 액상인 것으로서 인화점이 섭씨 70도 이상 섭씨 200도 미만이거나 나목 또는 다목에 해당하는 것
6. 석탄·목탄류에는 코크스, 석탄가루를 물에 갠 것, 마세크탄(조개탄), 연탄, 석유코크스, 활성탄 및 이와 유사한 것을 포함한다.
7. "가연성 액체류"란 다음 각 목의 것을 말한다.
   가. 1기압과 섭씨 20도 이하에서 액상인 것으로서 가연성 액체량이 40중량퍼센트 이하이면서 인화점이 섭씨 40도 이상 섭씨 70도 미만이고 연소점이 섭씨 60도 이상인 것
   나. 1기압과 섭씨 20도에서 액상인 것으로서 가연성 액체량이 40중량퍼센트 이하이고 인화점이 섭씨 70도 이상 섭씨 250도 미만인 것
   다. 동물의 기름과 살코기 또는 식물의 씨나 과일의 살에서 추출한 것으로서 다음의 어느 하나에 해당하는 것
      1) 1기압과 섭씨 20도에서 액상이고 인화점이 250도 미만인 것으로서 「위험물안전관리법」 제20조제1항에 따른 용기기준과 수납·저장기준에 적합하고 용기외부에 물품명·수량 및 "화기엄금" 등의 표시를 한 것
      2) 1기압과 섭씨 20도에서 액상이고 인화점이 섭씨 250도 이상인 것
8. "고무류·플라스틱류"란 불연성 또는 난연성이 아닌 고체의 합성수지제품, 합성수지반제품, 원료 합성수지 및 합성수지 부스러기(불연성 또는 난연성이 아닌 고무제품, 고무반제품, 원료고무 및 고무 부스러기를 포함한다)를 말한다. 다만, 합성수지의 섬유·옷감·종이 및 실과 이들의 넝마와 부스러기는 제외한다.

8 ▶▶ 특수가연물의 저장 취급기준

① 특수가연물의 저장·취급 기준
특수가연물은 다음 각 목의 기준에 따라 쌓아 저장해야 한다. 다만, 석탄·목탄류를 발전용(發電用)으로 저장하는 경우는 제외한다.
㉠ 품명별로 구분하여 쌓을 것
㉡ 다음의 기준에 맞게 쌓을 것

구분	살수설비를 설치하거나 방사능력 범위에 해당 특수가연물이 포함되도록 대형수동식소화기를 설치하는 경우	그 밖의 경우
높이	15미터 이하	10미터 이하
쌓는 부분의 바닥면적	200제곱미터(석탄·목탄류의 경우에는 300제곱미터) 이하	50제곱미터(석탄·목탄류의 경우에는 200제곱미터) 이하

㉢ 실외에 쌓아 저장하는 경우 쌓는 부분이 대지경계선, 도로 및 인접 건축물과 최소 6미터 이상 간격을 둘 것. 다만, 쌓는 높이보다 0.9미터 이상 높은 「건축법 시행령」 제2조제7호에 따른 내화구조(이하 "내화구조"라 한다) 벽체를 설치한 경우는 그렇지 않다.
㉣ 실내에 쌓아 저장하는 경우 주요구조부는 내화구조이면서 불연재료여야 하고, 다른 종류의 특수가연물과 같은 공간에 보관하지 않을 것. 다만, 내화구조의 벽으로 분리하는 경우는 그렇지 않다.
㉤ 쌓는 부분 바닥면적의 사이는 실내의 경우 1.2미터 또는 쌓는 높이의 1/2 중 큰 값 이상으로 간격을 두어야 하며, 실외의 경우 3미터 또는 쌓는 높이 중 큰 값 이상으로 간격을 둘 것

② 특수가연물 표지
㉠ 특수가연물을 저장 또는 취급하는 장소에는 품명, 최대저장수량, 단위부피당 질량 또는 단위체적당 질량, 관리책임자 성명·직책, 연락처 및 화기취급의 금지표시가 포함된 특수가연물 표지를 설치해야 한다.
㉡ 특수가연물 표지의 규격은 다음과 같다.
ⓐ 특수가연물 표지는 한 변의 길이가 0.3미터 이상, 다른 한 변의 길이가 0.6미터 이상인 직사각형으로 할 것
ⓑ 특수가연물 표지의 바탕은 흰색으로, 문자는 검은색으로 할 것. 다만, "화기엄금" 표시 부분은 제외한다.
ⓒ 특수가연물 표지 중 화기엄금 표시 부분의 바탕은 붉은색으로, 문자는 백색으로 할 것
㉢ 특수가연물 표지는 특수가연물을 저장하거나 취급하는 장소 중 보기 쉬운 곳에 설치해야 한다.

9 ▶▶ 화재예방강화지구 지정

① 시·도지사는 다음 각 호의 어느 하나에 해당하는 지역을 화재예방강화지구로 지정하여 관리할 수 있다.
  ㉠ 시장지역
  ㉡ 공장·창고가 밀집한 지역
  ㉢ 목조건물이 밀집한 지역
  ㉣ 노후·불량건축물이 밀집한 지역
  ㉤ 위험물의 저장 및 처리 시설이 밀집한 지역
  ㉥ 석유화학제품을 생산하는 공장이 있는 지역
  ㉦ 「산업입지 및 개발에 관한 법률」 제2조제8호에 따른 산업단지
  ㉧ 소방시설·소방용수시설 또는 소방출동로가 없는 지역
  ㉨ 그 밖에 ㉠부터 ㉧까지에 준하는 지역으로서 소방관서장이 화재예방강화지구로 지정할 필요가 있다고 인정하는 지역
② 제1항에도 불구하고 시·도지사가 화재예방강화지구로 지정할 필요가 있는 지역을 화재예방강화지구로 지정하지 아니하는 경우 소방청장은 해당 시·도지사에게 해당 지역의 화재예방강화지구 지정을 요청할 수 있다.
③ 소방관서장은 대통령령으로 정하는 바에 따라 제1항에 따른 화재예방강화지구 안의 소방대상물의 위치·구조 및 설비 등에 대하여 화재안전조사를 연 1회 이상 실시해야 한다.
④ 소방관서장은 법 제18조제5항에 따라 화재예방강화지구 안의 관계인에 대하여 소방에 필요한 훈련 및 교육을 연 1회 이상 실시할 수 있다.
⑤ 소방관서장은 훈련 및 교육을 실시하려는 경우에는 화재예방강화지구 안의 관계인에게 훈련 또는 교육 10일 전까지 그 사실을 통보해야 한다.
⑥ 시·도지사는 법 제18조제6항에 따라 다음 각 호의 사항을 행정안전부령으로 정하는 화재예방강화지구 관리대장에 작성하고 관리해야 한다.
  ㉠ 화재예방강화지구의 지정 현황
  ㉡ 화재안전조사의 결과
  ㉢ 법 제18조제4항에 따른 소화기구, 소방용수시설 또는 그 밖에 소방에 필요한 설비(이하 "소방설비등"이라 한다)의 설치(보수, 보강을 포함한다) 명령 현황
  ㉣ 법 제18조제5항에 따른 소방훈련 및 교육의 실시 현황
  ㉤ 그 밖에 화재예방 강화를 위하여 필요한 사항

10. 화재위험경보

소방관서장은 「기상법」 제13조에 따른 기상현상 및 기상영향에 대한 예보·특보에 따라 화재의 발생 위험이 높다고 분석·판단되는 경우에는 행정안전부령으로 정하는 바에 따라 화재에 관한 위험경보를 발령하고 그에 따른 필요한 조치를 할 수 있다.

11. 특정소방대상물의 소방안전관리

① 특정소방대상물에 대하여 소방안전관리 업무를 수행하기 위하여 소방안전관리자를 선임하여야 하는자 : 관계인
② 소방안전관리자 및 소방안전관리보조자 선임
완공일, 증축완공일, 용도변경사실 건축물관리대장에 기재한 날, 경매등의 경우 해당 권리를 취득한 날 또는 관할소방서장으로부터 소방안전관리자 선임안내를 받은 날, 해임한 날, 소방안전관리업무대행이 끝난 날로부터 30일 이내 선임, 선임일로부터 14일 이내 신고
③ 소방안전관리대상물의 범위와 선임대상별 자격 및 인원기준

■ 화재의 예방 및 안전관리에 관한 법률 시행령 [별표 4]

**소방안전관리자를 선임해야 하는 소방안전관리대상물의 범위와
소방안전관리자의 선임 대상별 자격 및 인원기준**(제25조제1항 관련)

1. 특급 소방안전관리대상물
   가. 특급 소방안전관리대상물의 범위
   「소방시설 설치 및 관리에 관한 법률 시행령」 별표 2의 특정소방대상물 중 다음의 어느 하나에 해당하는 것
   1) 50층 이상(지하층은 제외한다)이거나 지상으로부터 높이가 200미터 이상인 아파트
   2) 30층 이상(지하층을 포함한다)이거나 지상으로부터 높이가 120미터 이상인 특정소방대상물(아파트는 제외한다)
   3) 2)에 해당하지 않는 특정소방대상물로서 연면적이 10만제곱미터 이상인 특정소방대상물(아파트는 제외한다)
   나. 특급 소방안전관리대상물에 선임해야 하는 소방안전관리자의 자격
   다음의 어느 하나에 해당하는 사람으로서 특급 소방안전관리자 자격증을 발급받은 사람
   1) 소방기술사 또는 소방시설관리사의 자격이 있는 사람
   2) 소방설비기사의 자격을 취득한 후 5년 이상 1급 소방안전관리대상물의 소방안전관리자로 근무한 실무경력(법 제24조제3항에 따라 소방안전관리자로 선임되어 근무한 경력은 제외한다. 이하 이 표에서 같다)이 있는 사람

3) 소방설비산업기사의 자격을 취득한 후 7년 이상 1급 소방안전관리대상물의 소방안전관리자로 근무한 실무경력이 있는 사람
4) 소방공무원으로 20년 이상 근무한 경력이 있는 사람
5) 소방청장이 실시하는 특급 소방안전관리대상물의 소방안전관리에 관한 시험에 합격한 사람

다. 선임인원 : 1명 이상

2. 1급 소방안전관리대상물

가. 1급 소방안전관리대상물의 범위
「소방시설 설치 및 관리에 관한 법률 시행령」 별표 2의 특정소방대상물 중 다음의 어느 하나에 해당하는 것(제1호에 따른 특급 소방안전관리대상물은 제외한다)
1) 30층 이상(지하층은 제외한다)이거나 지상으로부터 높이가 120미터 이상인 아파트
2) 연면적 1만5천제곱미터 이상인 특정소방대상물(아파트 및 연립주택은 제외한다)
3) 2)에 해당하지 않는 특정소방대상물로서 지상층의 층수가 11층 이상인 특정소방대상물 (아파트는 제외한다)
4) 가연성 가스를 1천톤 이상 저장·취급하는 시설

나. 1급 소방안전관리대상물에 선임해야 하는 소방안전관리자의 자격
다음의 어느 하나에 해당하는 사람으로서 1급 소방안전관리자 자격증을 발급받은 사람 또는 제1호에 따른 특급 소방안전관리대상물의 소방안전관리자 자격증을 발급받은 사람
1) 소방설비기사 또는 소방설비산업기사의 자격이 있는 사람
2) 소방공무원으로 7년 이상 근무한 경력이 있는 사람
3) 소방청장이 실시하는 1급 소방안전관리대상물의 소방안전관리에 관한 시험에 합격한 사람

다. 선임인원 : 1명 이상

3. 2급 소방안전관리대상물

가. 2급 소방안전관리대상물의 범위
「소방시설 설치 및 관리에 관한 법률 시행령」 별표 2의 특정소방대상물 중 다음의 어느 하나에 해당하는 것(제1호에 따른 특급 소방안전관리대상물 및 제2호에 따른 1급 소방안전관리대상물은 제외한다)
1) 「소방시설 설치 및 관리에 관한 법률 시행령」 별표 4 제1호다목에 따라 옥내소화전설비를 설치해야 하는 특정소방대상물, 같은 호 라목에 따라 스프링클러설비를 설치해야 하는 특정소방대상물 또는 같은 호 바목에 따라 물분무등소화설비[화재안전기준에 따라 호스릴(hose reel) 방식의 물분무등소화설비만을 설치할 수 있는 특정소방대상물은 제외한다]를 설치해야 하는 특정소방대상물
2) 가스 제조설비를 갖추고 도시가스사업의 허가를 받아야 하는 시설 또는 가연성 가스를 100톤 이상 1천톤 미만 저장·취급하는 시설
3) 지하구
4) 「공동주택관리법」 제2조제1항제2호의 어느 하나에 해당하는 공동주택(「소방시설 설치 및 관리에 관한 법률 시행령」 별표 4 제1호다목 또는 라목에 따른 옥내소화전설비 또는 스프링클러설비가 설치된 공동주택으로 한정한다)
5) 「문화재보호법」 제23조에 따라 보물 또는 국보로 지정된 목조건축물

나. 2급 소방안전관리대상물에 선임해야 하는 소방안전관리자의 자격

다음의 어느 하나에 해당하는 사람으로서 2급 소방안전관리자 자격증을 발급받은 사람, 제1호에 따른 특급 소방안전관리대상물 또는 제2호에 따른 1급 소방안전관리대상물의 소방안전관리자 자격증을 발급받은 사람
1) 위험물기능장·위험물산업기사 또는 위험물기능사 자격이 있는 사람
2) 소방공무원으로 3년 이상 근무한 경력이 있는 사람
3) 소방청장이 실시하는 2급 소방안전관리대상물의 소방안전관리에 관한 시험에 합격한 사람
4) 「기업활동 규제완화에 관한 특별조치법」 제29조, 제30조 및 제32조에 따라 소방안전관리자로 선임된 사람(소방안전관리자로 선임된 기간으로 한정한다)

다. 선임인원 : 1명 이상

4. 3급 소방안전관리대상물
  가. 3급 소방안전관리대상물의 범위
    「소방시설 설치 및 관리에 관한 법률 시행령」 별표 2의 특정소방대상물 중 다음의 어느 하나에 해당하는 것(제1호에 따른 특급 소방안전관리대상물, 제2호에 따른 1급 소방안전관리대상물 및 제3호에 따른 2급 소방안전관리대상물은 제외한다)
    1) 「소방시설 설치 및 관리에 관한 법률 시행령」 별표 4 제1호마목에 따라 간이스프링클러설비(주택전용 간이스프링클러설비는 제외한다)를 설치해야 하는 특정소방대상물
    2) 「소방시설 설치 및 관리에 관한 법률 시행령」 별표 4 제2호다목에 따른 자동화재탐지설비를 설치해야 하는 특정소방대상물
  나. 3급 소방안전관리대상물에 선임해야 하는 소방안전관리자의 자격
    다음의 어느 하나에 해당하는 사람으로서 3급 소방안전관리자 자격증을 발급받은 사람 또는 제1호부터 제3호까지의 규정에 따라 특급 소방안전관리대상물, 1급 소방안전관리대상물 또는 2급 소방안전관리대상물의 소방안전관리자 자격증을 발급받은 사람
    1) 소방공무원으로 1년 이상 근무한 경력이 있는 사람
    2) 소방청장이 실시하는 3급 소방안전관리대상물의 소방안전관리에 관한 시험에 합격한 사람
    3) 「기업활동 규제완화에 관한 특별조치법」 제29조, 제30조 및 제32조에 따라 소방안전관리자로 선임된 사람(소방안전관리자로 선임된 기간으로 한정한다)

다. 선임인원 : 1명 이상

비고
1. 동·식물원, 철강 등 불연성 물품을 저장·취급하는 창고, 위험물 저장 및 처리 시설 중 제조소 등과 지하구는 특급 소방안전관리대상물 및 1급 소방안전관리대상물에서 제외한다.
2. 이 표 제1호에 따른 특급 소방안전관리대상물에 선임해야 하는 소방안전관리자의 자격을 산정할 때에는 동일한 기간에 수행한 경력이 두 가지 이상의 자격기준에 해당하는 경우 하나의 자격기준에 대해서만 그 기간을 인정하고 기간이 중복되지 않는 소방안전관리자 실무경력의 경우에는 각각의 기간을 실무경력으로 인정한다. 이 경우 자격기준별 실무경력 기간을 해당 실무경력 기준기간으로 나누어 합한 값이 1 이상이면 선임자격을 갖춘 것으로 본다.

④ 소방안전관리보조자를 추가로 선임해야 하는 소방안전관리대상물의 범위와 같은 조 제4항에 따른 소방안전관리보조자의 선임 대상별 자격 및 인원기준

■ 화재의 예방 및 안전관리에 관한 법률 시행령 [별표 5]

소방안전관리보조자를 선임해야 하는 소방안전관리대상물의 범위와 선임 대상별 자격 및 인원기준(제25조제2항 관련)

1. 소방안전관리보조자를 선임해야 하는 소방안전관리대상물의 범위
   별표 4에 따라 소방안전관리자를 선임해야 하는 소방안전관리대상물 중 다음 각 목의 어느 하나에 해당하는 소방안전관리대상물
   가. 「건축법 시행령」 별표 1 제2호가목에 따른 아파트 중 300세대 이상인 아파트
   나. 연면적이 1만5천제곱미터 이상인 특정소방대상물(아파트 및 연립주택은 제외한다)
   다. 가목 및 나목에 따른 특정소방대상물을 제외한 특정소방대상물 중 다음의 어느 하나에 해당하는 특정소방대상물
      1) 공동주택 중 기숙사
      2) 의료시설
      3) 노유자 시설
      4) 수련시설
      5) 숙박시설(숙박시설로 사용되는 바닥면적의 합계가 1천500제곱미터 미만이고 관계인이 24시간 상시 근무하고 있는 숙박시설은 제외한다)

2. 소방안전관리보조자의 자격
   가. 별표 4에 따른 특급 소방안전관리대상물, 1급 소방안전관리대상물, 2급 소방안전관리대상물 또는 3급 소방안전관리대상물의 소방안전관리자 자격이 있는 사람
   나. 「국가기술자격법」 제2조제3호에 따른 국가기술자격의 직무분야 중 건축, 기계제작, 기계장비설비·설치, 화공, 위험물, 전기, 전자 및 안전관리에 해당하는 국가기술자격이 있는 사람
   다. 「공공기관의 소방안전관리에 관한 규정」 제5조제1항제2호나목에 따른 강습교육을 수료한 사람
   라. 법 제34조제1항제1호에 따른 강습교육 중 이 영 제33조제1호부터 제4호까지에 해당하는 사람을 대상으로 하는 강습교육을 수료한 사람
   마. 소방안전관리대상물에서 소방안전 관련 업무에 2년 이상 근무한 경력이 있는 사람

3. 선임인원
   가. 제1호가목에 따른 소방안전관리대상물의 경우에는 1명. 다만, 초과되는 300세대마다 1명 이상을 추가로 선임해야 한다.
   나. 제1호나목에 따른 소방안전관리대상물의 경우에는 1명. 다만, 초과되는 연면적 1만5천제곱미터(특정소방대상물의 방재실에 자위소방대가 24시간 상시 근무하고 「소방장비관리법 시행령」 별표 1 제1호가목에 따른 소방자동차 중 소방펌프차, 소방물탱크차, 소방화학차 또는 무인방수차를 운용하는 경우에는 3만제곱미터로 한다)마다 1명 이상을 추가로 선임해야 한다.
   다. 제1호다목에 따른 소방안전관리대상물의 경우에는 1명. 다만, 해당 특정소방대상물이 소재하는 지역을 관할하는 소방서장이 야간이나 휴일에 해당 특정소방대상물이 이용되지 않는다는 것을 확인한 경우에는 소방안전관리보조자를 선임하지 않을 수 있다.

⑤ 소방안전관리자의 업무사항

특정소방대상물(소방안전관리대상물은 제외한다)의 관계인과 소방안전관리대상물의 소방안전관리자는 다음 각 호의 업무를 수행한다. 다만, ㉠·㉡·㉤ 및 ㉥의 업무는 소방안전관리대상물의 경우에만 해당한다.

㉠ 제36조에 따른 피난계획에 관한 사항과 대통령령으로 정하는 사항이 포함된 소방계획서의 작성 및 시행
㉡ 자위소방대(自衛消防隊) 및 초기대응체계의 구성, 운영 및 교육
㉢ 「소방시설 설치 및 관리에 관한 법률」 제16조에 따른 피난시설, 방화구획 및 방화시설의 관리
㉣ 소방시설이나 그 밖의 소방 관련 시설의 관리
㉤ 제37조에 따른 소방훈련 및 교육
㉥ 화기(火氣) 취급의 감독
㉦ 행정안전부령으로 정하는 바에 따른 소방안전관리에 관한 업무수행에 관한 기록·유지(제3호·제4호 및 제6호의 업무를 말한다)
㉧ 화재발생 시 초기대응
㉨ 그 밖에 소방안전관리에 필요한 업무

⑥ 소방안전관리자 정보의 게시
㉠ 소방안전관리대상물의 명칭 및 등급
㉡ 소방안전관리자의 성명 및 선임일자
㉢ 소방안전관리자의 연락처
㉣ 소방안전관리자의 근무 위치(화재 수신기 또는 종합방재실을 말한다)

⑦ 관리의 권원이 분리된 특정소방대상물 소방안전관리

다음 각 호의 어느 하나에 해당하는 특정소방대상물로서 그 관리의 권원(權原)이 분리되어 있는 특정소방대상물의 경우 그 관리의 권원별 관계인은 대통령령으로 정하는 바에 따라 제24조제1항에 따른 소방안전관리자를 선임하여야 한다.

㉠ 복합건축물(지하층을 제외한 층수가 11층 이상 또는 연면적 3만제곱미터 이상인 건축물)
㉡ 지하가(지하의 인공구조물 안에 설치된 상점 및 사무실, 그 밖에 이와 비슷한 시설이 연속하여 지하도에 접하여 설치된 것과 그 지하도를 합한 것을 말한다)
㉢ 그 밖에 대통령령으로 정하는 특정소방대상물[판매시설 중 도매시장, 소매시장 및 전통시장]

12 ▸ 건설현장 소방안전관리

① 「소방시설 설치 및 관리에 관한 법률」 제15조제1항에 따른 공사시공자가 화재발생 및 화재피해의 우려가 큰 대통령령으로 정하는 특정소방대상물(이하 "건설현장 소방안전관리대상물"이라 한다)을 신축·증축·개축·재축·이전·용도변경 또는 대수선 하는 경우에는 제24조제1항에 따른 소방안전관리자로서 제34조에 따른 교육을 받은 사람을 소방시설공사 착공 신고일부터 건축물 사용승인일(「건축법」 제22조에 따라 건축물을 사용할 수 있게 된 날을 말한다)까지 소방안전관리자로 선임하고 행정안전부령으로 정하는 바에 따라 소방본부장 또는 소방서장에게 신고하여야 한다.
   ㉠ 신축·증축·개축·재축·이전·용도변경 또는 대수선을 하려는 부분의 연면적의 합계가 1만5천제곱미터 이상인 것
   ㉡ 신축·증축·개축·재축·이전·용도변경 또는 대수선을 하려는 부분의 연면적이 5천제곱미터 이상인 것으로서 다음 각 목의 어느 하나에 해당하는 것
      ⓐ 지하층의 층수가 2개 층 이상인 것
      ⓑ 지상층의 층수가 11층 이상인 것
      ⓒ 냉동창고, 냉장창고 또는 냉동·냉장창고

13 ▸ 소방안전관리자 교육

① 강습교육
   ㉠ 소방안전관리자의 자격을 인정받으려는 사람으로서 대통령령으로 정하는 사람
   ㉡ 업무대행자를 감독하는자가 소방안전관리자로 선임되고자 하는 사람
   ㉢ 건설현장 소방안전관리자로 선임되고자 하는 사람
② 실무교육
   ㉠ 제24조제1항에 따라 선임된 소방안전관리자 및 소방안전관리보조자
   ㉡ 업무대행자를 감독하는 자로서 선임된 소방안전관리자
③ 강습교육의 실시
   소방청장은 강습교육을 실시하려는 경우에는 강습교육 실시 20일 전까지 일시·장소, 그 밖에 강습교육 실시에 필요한 사항을 인터넷 홈페이지에 공고해야 한다.
④ 실무교육의 실시
   ㉠ 소방청장은 법 제34조제1항제2호에 따른 실무교육(이하 "실무교육"이라 한다)의 대상·일정·횟수 등을 포함한 실무교육의 실시 계획을 매년 수립·시행해야 한다.

ⓒ 소방청장은 실무교육을 실시하려는 경우에는 실무교육 실시 30일 전까지 일시·장소, 그 밖에 실무교육 실시에 필요한 사항을 인터넷 홈페이지에 공고하고 교육대상자에게 통보해야 한다.
ⓒ 소방안전관리자는 소방안전관리자로 선임된 날부터 6개월 이내에 실무교육을 받아야 하며, 그 이후에는 2년마다(최초 실무교육을 받은 날을 기준일로 하여 매 2년이 되는 해의 기준일과 같은 날 전까지를 말한다) 1회 이상 실무교육을 받아야 한다. 다만, 소방안전관리 강습교육 또는 실무교육을 받은 후 1년 이내에 소방안전관리자로 선임된 사람은 해당 강습교육을 수료하거나 실무교육을 이수한 날에 실무교육을 이수한 것으로 본다.
ⓔ 소방안전관리보조자는 그 선임된 날부터 6개월(영 별표 5 제2호마목에 따라 소방안전관리보조자로 지정된 사람의 경우 3개월을 말한다) 이내에 실무교육을 받아야 하며, 그 이후에는 2년마다(최초 실무교육을 받은 날을 기준일로 하여 매 2년이 되는 해의 기준일과 같은 날 전까지를 말한다) 1회 이상 실무교육을 받아야 한다. 다만, 소방안전관리자 강습교육 또는 실무교육이나 소방안전관리보조자 실무교육을 받은 후 1년 이내에 소방안전관리보조자로 선임된 사람은 해당 강습교육을 수료하거나 실무교육을 이수한 날에 실무교육을 이수한 것으로 본다.

14. 피난유도 안내정보의 제공

피난유도 안내정보는 다음 각 호의 어느 하나의 방법으로 제공한다.
㉠ 연 2회 피난안내 교육을 실시하는 방법
㉡ 분기별 1회 이상 피난안내방송을 실시하는 방법
㉢ 피난안내도를 층마다 보기 쉬운 위치에 게시하는 방법
㉣ 엘리베이터, 출입구 등 시청이 용이한 장소에 피난안내영상을 제공하는 방법

15. 소방안전 특별관리시설물의 안전관리

① 소방안전 특별관리시설물 : 화재 등 재난이 발생할 경우 사회·경제적으로 피해가 큰 시설을 말한다.
② 소방안전 특별관리시설물의 안전관리의 주체 : 소방청장
③ 소방안전 특별관리시설물의 대상
  ㉠ 「항공법」 제2조제8호의 공항시설
  ㉡ 「철도산업발전기본법」 제3조제2호의 철도시설

ⓒ 「도시철도법」 제2조제3호의 도시철도시설
ⓓ 「항만법」 제2조제5호의 항만시설
ⓔ 「문화재보호법」 제2조제2항의 지정문화재인 시설
ⓕ 「산업기술단지 지원에 관한 특례법」 제2조제1호의 산업기술단지
ⓖ 「산업입지 및 개발에 관한 법률」 제2조제8호의 산업단지
ⓗ 「초고층 및 지하연계 복합건축물 재난관리에 관한 특별법」제2조제1호 및 제2호의 초고층 건축물 및 지하연계복합건축물
ⓘ 영화상영관 중 수용인원 1,000명 이상인 영화상영관
ⓙ 전력용 및 통신용 지하구
ⓚ 「한국석유공사법」 제10조제1항제3호의 석유비축시설
ⓛ 「한국가스공사법」 제11조제1항제2호의 천연가스 인수기지 및 공급망
ⓜ 전통시장으로서 대통령령으로 정하는 전통시장(점포 500개 이상)
ⓝ 그 밖에 대통령령으로 정하는 시설물(발전소, 물류창고 10만제곱미터 이상, 가스공급시설)

④ 소방안전 특별관리기본계획을 수립시행권자 : 소방청장[년마다 시·도지사와 사전협의] 특별관리기본계획
  ㉠ 화재예방을 위한 중기·장기 안전관리정책
  ㉡ 화재예방을 위한 교육·홍보 및 점검·진단
  ㉢ 화재대응을 위한 훈련
  ㉣ 화재대응 및 사후조치에 관한 역할 및 공조체계
  ㉤ 그 밖에 화재 등의 안전관리를 위하여 필요한 사항

16 ▶▶ 화재예방안전진단

대통령령으로 정하는 소방안전 특별관리시설물의 관계인은 화재의 예방 및 안전관리를 체계적·효율적으로 수행하기 위하여 대통령령으로 정하는 바에 따라 「소방기본법」 제40조에 따른 한국소방안전원(이하 "안전원"이라 한다) 또는 소방청장이 지정하는 화재예방안전진단기관(이하 "진단기관"이라 한다)으로부터 정기적으로 화재예방안전진단을 받아야 한다.

시행령 제43조(화재예방안전진단의 대상) 법 제41조제1항에서 "대통령령으로 정하는 소방안전 특별관리시설물"이란 다음 각 호의 시설을 말한다.
1. 법 제40조제1항제1호에 따른 공항시설 중 여객터미널의 연면적이 1천제곱미터 이상인 공항시설
2. 법 제40조제1항제2호에 따른 철도시설 중 역 시설의 연면적이 5천제곱미터 이상인 철도시설
3. 법 제40조제1항제3호에 따른 도시철도시설 중 역사 및 역 시설의 연면적이 5천제곱미터 이상인 도시철도시설
4. 법 제40조제1항제4호에 따른 항만시설 중 여객이용시설 및 지원시설의 연면적이 5천제곱미터 이상인 항만시설
5. 법 제40조제1항제10호에 따른 전력용 및 통신용 지하구 중「국토의 계획 및 이용에 관한 법률」제2조제9호에 따른 공동구
6. 법 제40조제1항제12호에 따른 천연가스 인수기지 및 공급망 중「소방시설 설치 및 관리에 관한 법률 시행령」별표 2 제17호나목에 따른 가스시설
7. 제41조제2항제1호에 따른 발전소 중 연면적이 5천제곱미터 이상인 발전소
8. 제41조제2항제3호에 따른 가스공급시설 중 가연성 가스 탱크의 저장용량의 합계가 100톤 이상이거나 저장용량이 30톤 이상인 가연성 가스 탱크가 있는 가스공급시설

17 ▶▶ 소방훈련등

① 소방안전관리대상물의 관계인은 그 장소에 근무하거나 거주하는 사람 등(이하 이 조에서 "근무자등"이라 한다)에게 소화·통보·피난 등의 훈련(이하 "소방훈련"이라 한다)과 소방안전관리에 필요한 교육을 하여야 하고, 피난훈련은 그 소방대상물에 출입하는 사람을 안전한 장소로 대피시키고 유도하는 훈련을 포함하여야 한다. 이 경우 소방훈련과 교육의 횟수 및 방법 등에 관하여 필요한 사항은 행정안전부령으로 정한다. [연1회 이상 실시, 특급 및 1급은 소방기관과 합동실시, 결과기록은 2년간 보관, 특급 및 1급은 훈련 및 교육실시일로부터 30일 이내에 결과서를 소방본부장 또는 소방서장에게 제출]

② 불시 소방훈련 교육대상[교육10일전까지 통지]
㉠「소방시설 설치 및 관리에 관한 법률 시행령」별표 2 제7호에 따른 의료시설
㉡「소방시설 설치 및 관리에 관한 법률 시행령」별표 2 제8호에 따른 교육연구시설
㉢「소방시설 설치 및 관리에 관한 법률 시행령」별표 2 제9호에 따른 노유자 시설
㉣ 그 밖에 화재 발생 시 불특정 다수의 인명피해가 예상되어 소방본부장 또는 소방서장이 소방훈련·교육이 필요하다고 인정하는 특정소방대상물

18 ▸▸ 특정소방대상물의 관계인에 대한 소방안전교육

① 교육권자 : 소방본부장, 소방서장
② 교육 10일 전까지 대상자에게 통보
③ 대상
  ㉠ 소화기 또는 비상경보설비가 설치된 공장·창고 등의 특정소방대상물
  ㉡ 그 밖에 관할 소방본부장 또는 소방서장이 화재에 대한 취약성이 높다고 인정하는 특정소방대상물

19 ▸▸ 벌칙

(1) 벌칙(제50조)

① 다음 각 호의 어느 하나에 해당하는 자는 3년 이하의 징역 또는 3천만원 이하의 벌금에 처한다.
  ㉠ 제14조제1항 및 제2항에 따른 조치명령을 정당한 사유 없이 위반한 자
  ㉡ 제28조제1항 및 제2항에 따른 명령을 정당한 사유 없이 위반한 자
  ㉢ 제41조제5항에 따른 보수·보강 등의 조치명령을 정당한 사유 없이 위반한 자
  ㉣ 거짓이나 그 밖의 부정한 방법으로 제42조제1항에 따른 진단기관으로 지정을 받은 자
② 다음 각 호의 어느 하나에 해당하는 자는 1년 이하의 징역 또는 1천만원 이하의 벌금에 처한다.
  ㉠ 제12조제2항을 위반하여 관계인의 정당한 업무를 방해하거나, 조사업무를 수행하면서 취득한 자료나 알게 된 비밀을 다른 사람 또는 기관에게 제공 또는 누설하거나 목적 외의 용도로 사용한 자
  ㉡ 제30조제4항을 위반하여 자격증을 다른 사람에게 빌려 주거나 빌리거나 이를 알선한 자
  ㉢ 제41조제1항을 위반하여 진단기관으로부터 화재예방안전진단을 받지 아니한 자
③ 다음 각 호의 어느 하나에 해당하는 자는 300만원 이하의 벌금에 처한다.
  ㉠ 제7조제1항에 따른 화재안전조사를 정당한 사유 없이 거부·방해 또는 기피한 자
  ㉡ 제17조제2항 각 호의 어느 하나에 따른 명령을 정당한 사유 없이 따르지 아니하거나 방해한 자
  ㉢ 제24조제1항·제3항, 제29조제1항 및 제35조제1항·제2항을 위반하여 소방안전

관리자, 총괄소방안전관리자 또는 소방안전관리보조자를 선임하지 아니한 자
- ㉣ 제27조제3항을 위반하여 소방시설·피난시설·방화시설 및 방화구획 등이 법령에 위반된 것을 발견하였음에도 필요한 조치를 할 것을 요구하지 아니한 소방안전관리자
- ㉤ 제27조제4항을 위반하여 소방안전관리자에게 불이익한 처우를 한 관계인
- ㉥ 제41조제6항 및 제48조제3항을 위반하여 업무를 수행하면서 알게 된 비밀을 이 법에서 정한 목적 외의 용도로 사용하거나 다른 사람 또는 기관에 제공하거나 누설한 자

(2) 과태료(제52조)

① 다음 각 호의 어느 하나에 해당하는 자에게는 300만원 이하의 과태료를 부과한다.
  - ㉠ 정당한 사유 없이 제17조제1항 각 호의 어느 하나에 해당하는 행위를 한 자
  - ㉡ 제24조제2항을 위반하여 소방안전관리자를 겸한 자
  - ㉢ 제24조제5항에 따른 소방안전관리업무를 하지 아니한 특정소방대상물의 관계인 또는 소방안전관리대상물의 소방안전관리자
  - ㉣ 제27조제2항을 위반하여 소방안전관리업무의 지도·감독을 하지 아니한 자
  - ㉤ 제29조제2항에 따른 건설현장 소방안전관리대상물의 소방안전관리자의 업무를 하지 아니한 소방안전관리자
  - ㉥ 제36조제3항을 위반하여 피난유도 안내정보를 제공하지 아니한 자
  - ㉦ 제37조제1항을 위반하여 소방훈련 및 교육을 하지 아니한 자
  - ㉧ 제41조제4항을 위반하여 화재예방안전진단 결과를 제출하지 아니한 자
② 다음 각 호의 어느 하나에 해당하는 자에게는 200만원 이하의 과태료를 부과한다.
  - ㉠ 제17조제4항에 따른 불을 사용할 때 지켜야 하는 사항 및 같은 조 제5항에 따른 특수가연물의 저장 및 취급 기준을 위반한 자
  - ㉡ 제18조제4항에 따른 소방설비등의 설치 명령을 정당한 사유 없이 따르지 아니한 자
  - ㉢ 제26조제1항을 위반하여 기간 내에 선임신고를 하지 아니하거나 소방안전관리자의 성명 등을 게시하지 아니한 자
  - ㉣ 제29조제1항을 위반하여 기간 내에 선임신고를 하지 아니한 자
  - ㉤ 제37조제2항을 위반하여 기간 내에 소방훈련 및 교육 결과를 제출하지 아니한 자
③ 제34조제1항제2호를 위반하여 실무교육을 받지 아니한 소방안전관리자 및 소방안전관리보조자에게는 100만원 이하의 과태료를 부과한다.
④ 제1항부터 제3항까지에 따른 과태료는 대통령령으로 정하는 바에 따라 소방청장, 시·도지사, 소방본부장 또는 소방서장이 부과·징수한다.

화재예방법

[예상문제]

예상문제

001 다음 용어정의중 틀린설명은?

① "예방"이란 화재의 위험으로부터 사람의 생명·신체 및 재산을 보호하기 위하여 화재발생을 사전에 제거하거나 방지하기 위한 모든 활동을 말한다.
② "안전관리"란 화재로 인한 피해를 최소화하기 위한 예방, 대비, 대응 등의 활동을 말한다.
③ "화재안전조사"란 소방청장, 소방본부장 또는 소방서장(이하 "소방관서장"이라 한다)이 소방대상물, 관계지역 또는 관계인에 대하여 소방시설등(「화재의 예방 및 안전 관리에 관한 법률」에 따른 소방시설등을 말한다. 이하 같다)이 소방 관계 법령에 적합하게 설치·관리되고 있는지, 소방대상물에 화재의 발생 위험이 있는지 등을 확인하기 위하여 실시하는 현장조사·문서열람·보고요구 등을 하는 활동을 말한다.
④ "화재예방강화지구"란 특별시장·광역시장·특별자치시장·도지사 또는 특별자치도지사(이하 "시·도지사"라 한다)가 화재발생 우려가 크거나 화재가 발생할 경우 피해가 클 것으로 예상되는 지역에 대하여 화재의 예방 및 안전관리를 강화하기 위해 지정·관리하는 지역을 말한다.

해설 제2조(정의)

① 이 법에서 사용하는 용어의 뜻은 다음과 같다.
  1. "예방"이란 화재의 위험으로부터 사람의 생명·신체 및 재산을 보호하기 위하여 화재발생을 사전에 제거하거나 방지하기 위한 모든 활동을 말한다.
  2. "안전관리"란 화재로 인한 피해를 최소화하기 위한 예방, 대비, 대응 등의 활동을 말한다.
  3. "화재안전조사"란 소방청장, 소방본부장 또는 소방서장(이하 "소방관서장"이라 한다)이 소방대상물, 관계지역 또는 관계인에 대하여 소방시설등(「소방시설 설치 및 관리에 관한 법률」 제2조제1항제2호에 따른 소방시설등을 말한다. 이하 같다)이 소방 관계 법령에 적합하게 설치·관리되고 있는지, 소방대상물에 화재의 발생 위험이 있는지 등을 확인하기 위하여 실시하는 현장조사·문서열람·보고요구 등을 하는 활동을 말한다.
  4. "화재예방강화지구"란 특별시장·광역시장·특별자치시장·도지사 또는 특별자치도지사(이하 "시·도지사"라 한다)가 화재발생 우려가 크거나 화재가 발생할 경우 피해가 클 것으로 예상되는 지역에 대하여 화재의 예방 및 안전관리를 강화하기 위해 지정·관리하는 지역을 말한다.
  5. "화재예방안전진단"이란 화재가 발생할 경우 사회·경제적으로 피해 규모가 클 것으로 예상되는 소방대상물에 대하여 화재위험요인을 조사하고 그 위험성을 평가하여 개선대책을 수립하는 것을 말한다.
② 이 법에서 사용하는 용어의 뜻은 제1항에서 규정하는 것을 제외하고는 「소방기본법」, 「소방시설 설치 및 관리에 관한 법률」, 「소방시설공사업법」, 「위험물안전관리법」 및 「건축법」에서 정하는 바에 따른다.

 정답 : 001.③

002 화재예방을 체계적,효율적으로 추진하고 이에 필요한 기반확충을 위하여 화재의 예방 및 안전관리에 관한 기본계획을 누가 몇 년마다 수립,시행하여야 하는가?

① 시도지사 , 5년마다
② 소방청장 , 5년마다
③ 시도지사 , 매년마다
④ 소방청장 , 매년마다

해설 제4조(화재의 예방 및 안전관리 기본계획 등의 수립 · 시행)
① 소방청장은 화재예방정책을 체계적 · 효율적으로 추진하고 이에 필요한 기반 확충을 위하여 화재의 예방 및 안전관리에 관한 기본계획(이하 "기본계획"이라 한다)을 5년마다 수립 · 시행하여야 한다.

003 다음 빈칸에 들어갈 단어로 옳게 정리된 것은?

> **시행령 제2조(화재의 예방 및 안전관리 기본계획의 협의 및 수립)** 소방청장은 「화재의 예방 및 안전관리에 관한 법률」(이하 "법"이라 한다) 제4조제1항에 따른 화재의 예방 및 안전관리에 관한 기본계획(이하 "기본계획"이라 한다)을 계획 시행 전년도 [ㄱ]관계 중앙행정기관의 장과 협의한 후 계획 시행 전년도 [ㄴ] 수립해야 한다.
> **시행령 제4조(시행계획의 수립 · 시행)** ① 소방청장은 법 제4조제4항에 따라 기본계획을 시행하기 위한 계획(이하 "시행계획"이라 한다)을 계획 시행 전년도 [ㄷ]일까지 수립해야 한다.
> ② 시행계획에는 다음 각 호의 사항이 포함되어야 한다.
> 1. 기본계획의 시행을 위하여 필요한 사항
> 2. 그 밖에 화재의 예방 및 안전관리와 관련하여 소방청장이 필요하다고 인정하는 사항
> **시행령 제5조(세부시행계획의 수립 · 시행)** ① 소방청장은 법 제4조제5항에 따라 관계 중앙행정기관의 장과 특별시장·광역시장·특별자치시장·도지사 또는 특별자치도지사(이하 "시·도지사"라 한다)에게 기본계획 및 시행계획을 각각 계획 시행 전년도 [ㄹ]일까지 통보해야 한다.
> ② 제1항에 따라 통보를 받은 관계 중앙행정기관의 장 및 시·도지사는 법 제4조제6항에 따른 세부시행계획(이하 "세부시행계획"이라 한다)을 수립하여 계획 시행 전년도 [ㅁ]일까지 소방청장에게 통보해야 한다.
> ③ 세부시행계획에는 다음 각 호의 사항이 포함되어야 한다.
> 1. 기본계획 및 시행계획에 대한 관계 중앙행정기관 또는 특별시·광역시·특별자치시·도·특별자치도(이하 "시·도"라 한다)의 세부 집행계획
> 2. 직전 세부시행계획의 시행 결과
> 3. 그 밖에 화재안전과 관련하여 관계 중앙행정기관의 장 또는 시·도지사가 필요하다고 결정한 사항

① ㄱ. 8월 30일까지 ㄴ. 9월 30일까지 ㄷ. 10월 31일까지
   ㄹ. 10월 31일까지 ㅁ. 12월 31일까지
② ㄱ. 9월 30일까지 ㄴ. 10월 31일까지 ㄷ. 10월 31일까지
   ㄹ. 12월 31일까지 ㅁ. 12월 31일까지
③ ㄱ. 8월 31일까지 ㄴ. 9월 30일까지 ㄷ. 10월 31일까지
   ㄹ. 10월 31일까지 ㅁ. 12월 31일까지
④ ㄱ. 8월 31일까지 ㄴ. 9월 30일까지 ㄷ. 10월 31일까지
   ㄹ. 12월 31일까지 ㅁ. 12월 31일까지

정답 : 002.② 003.③

예상문제

004 화재예방법상 기본계획에 포함되어야 하는 사항중 대통령령으로 정하는 화재의 예방과 안전관리에 필요한 사항이 아닌 것은?

① 소방대상물의 환경 및 화재위험특성 변화 추세 등 화재예방정책의 여건 변화에 관한 사항
② 소방시설의 설치·관리 및 화재안전기준의 개선에 관한 사항
③ 계절별·시기별·소방대상물별 화재예방대책의 추진 및 평가 등에 관한 사항
④ 그 밖에 화재의 예방 및 안전관리와 관련하여 시도지사가 필요하다고 인정하는 사항

해설 **시행령 제3조(기본계획의 내용)**
법 제4조제3항제7호에서 "대통령령으로 정하는 화재의 예방과 안전관리에 필요한 사항"이란 다음 각 호의 사항을 말한다.
1. 화재발생 현황
2. 소방대상물의 환경 및 화재위험특성 변화 추세 등 화재예방정책의 여건 변화에 관한 사항
3. 소방시설의 설치·관리 및 화재안전기준의 개선에 관한 사항
4. 계절별·시기별·소방대상물별 화재예방대책의 추진 및 평가 등에 관한 사항
5. 그 밖에 화재의 예방 및 안전관리와 관련하여 소방청장이 필요하다고 인정하는 사항

> **참고** **화재예방법 제4조**
> ③ 기본계획에는 다음 각 호의 사항이 포함되어야 한다.
> 1. 화재예방정책의 기본목표 및 추진방향
> 2. 화재의 예방과 안전관리를 위한 법령·제도의 마련 등 기반 조성
> 3. 화재의 예방과 안전관리를 위한 대국민 교육·홍보
> 4. 화재의 예방과 안전관리 관련 기술의 개발·보급
> 5. 화재의 예방과 안전관리 관련 전문인력의 육성·지원 및 관리
> 6. 화재의 예방과 안전관리 관련 산업의 국제경쟁력 향상
> 7. 그 밖에 대통령령으로 정하는 화재의 예방과 안전관리에 필요한 사항

005 기본계획 및 시행계획의 수립,시행에 필요한 기초자료를 확보하기 위하여 실태조사를 실시할 수 있는 권한자는?

① 소방청장
② 소방본부장 또는 소방서장
③ 시도지사
④ 행정안전부장관

해설 **제5조(실태조사)**
① 소방청장은 기본계획 및 시행계획의 수립·시행에 필요한 기초자료를 확보하기 위하여 다음 각 호의 사항에 대하여 실태조사를 할 수 있다. 이 경우 관계 중앙행정기관의 장의 요청이 있는 때에는 합동으로 실태조사를 할 수 있다.
1. 소방대상물의 용도별·규모별 현황
2. 소방대상물의 화재의 예방 및 안전관리 현황
3. 소방대상물의 소방시설등 설치·관리 현황
4. 그 밖에 기본계획 및 시행계획의 수립·시행을 위하여 필요한 사항

정답 : 004.④ 005.①

006 화재의 예방 및 안전관리에 관한 통계의 작성 및 관리에 관한 다음 설명중 틀린설명은?

① 소방청장은 화재의 예방 및 안전관리에 관한 통계를 매분기마다 작성·관리하여야 한다.
② 소방청장은 제1항의 통계자료를 작성·관리하기 위하여 관계 중앙행정기관의 장, 지방자치단체의 장, 공공기관의 장 또는 관계인 등에게 필요한 자료와 정보의 제공을 요청할 수 있다. 이 경우 자료와 정보의 제공을 요청받은 자는 특별한 사정이 없으면 이에 따라야 한다.
③ 소방청장은 제1항에 따른 통계자료의 작성·관리에 관한 업무의 전부 또는 일부를 행정안전부령으로 정하는 바에 따라 전문성이 있는 기관을 지정하여 수행하게 할 수 있다.
④ 제1항에 따른 통계의 작성·관리 등에 필요한 사항은 대통령령으로 정한다.

해설 매년마다

007 통계자료의 작성관리에 관한 업무를 지정, 수행하게 할 수 있는 기관이 아닌 것은?

① 한국소방안전원
② 한국소방산업기술원
③ 정부출연연구기관
④ 통계작성지정기관

해설 **시행규칙 제3조(통계의 작성·관리)**
소방청장은 법 제6조제3항에 따라 다음 각 호의 기관으로 하여금 통계자료의 작성·관리에 관한 업무를 수행하게 할 수 있다.
1. 「소방기본법」 제40조제1항에 따라 설립된 한국소방안전원(이하 "안전원"이라 한다)
2. 「정부출연연구기관 등의 설립·운영 및 육성에 관한 법률」 제8조에 따라 설립된 정부출연연구기관
3. 「통계법」 제15조에 따라 지정된 통계작성지정기관

008 화재안전조사의 실시권자가 아닌 자는?

① 소방청장
② 소방본부장
③ 소방서장
④ 시도지사

해설 **제7조(화재안전조사)**
① 소방관서장은 다음 각 호의 어느 하나에 해당하는 경우 화재안전조사를 실시할 수 있다. 다만, 개인의 주거(실제 주거용도로 사용되는 경우에 한정한다)에 대한 화재안전조사는 관계인의 승낙이 있거나 화재발생의 우려가 뚜렷하여 긴급한 필요가 있는 때에 한정한다.
1. 「소방시설 설치 및 관리에 관한 법률」 제22조에 따른 자체점검이 불성실하거나 불완전하다고 인정되는 경우
2. 화재예방강화지구 등 법령에서 화재안전조사를 하도록 규정되어 있는 경우

정답 : 006.① 007.② 008.④

예상문제

3. 화재예방안전진단이 불성실하거나 불완전하다고 인정되는 경우
4. 국가적 행사 등 주요 행사가 개최되는 장소 및 그 주변의 관계 지역에 대하여 소방안전관리 실태를 조사할 필요가 있는 경우
5. 화재가 자주 발생하였거나 발생할 우려가 뚜렷한 곳에 대한 조사가 필요한 경우
6. 재난예측정보, 기상예보 등을 분석한 결과 소방대상물에 화재의 발생 위험이 크다고 판단되는 경우
7. 제1호부터 제6호까지에서 규정한 경우 외에 화재, 그 밖의 긴급한 상황이 발생할 경우 인명 또는 재산 피해의 우려가 현저하다고 판단되는 경우

009 화재안전조사에 관한 설명으로 옳은 것은?

① 시도지사는 화재안전조사를 실시하는 경우 다른 목적을 위하여 조사권을 남용하여서는 아니 된다.
② 화재안전조사의 항목은 행정안전부령으로 정한다. 이 경우 화재안전조사의 항목에는 화재의 예방조치 상황, 소방시설등의 관리 상황 및 소방대상물의 화재 등의 발생 위험과 관련된 사항이 포함되어야 한다.
③ 개인의 주거(실제 주거용도로 사용되는 경우에 한정한다)에 대한 화재안전조사는 관계인의 승낙이 있거나 화재발생의 우려가 뚜렷하여 긴급한 필요가 있는 때에 한정하여 실시할 수 있다
④ 소방관서장은 「화재예방법」제21조의2에 따른 소방자동차 전용구역의 설치에 관한 사항에 대해 화재안전조사를 실시할 수 있다.

해설 화재예방법 제7조
② 화재안전조사의 항목은 대통령령으로 정한다. 이 경우 화재안전조사의 항목에는 화재의 예방조치 상황, 소방시설등의 관리 상황 및 소방대상물의 화재 등의 발생 위험과 관련된 사항이 포함되어야 한다.
③ 소방관서장은 화재안전조사를 실시하는 경우 다른 목적을 위하여 조사권을 남용하여서는 아니 된다.

시행령 제7조
제7조(화재안전조사의 항목)
소방청장, 소방본부장 또는 소방서장(이하 "소방관서장"이라 한다)은 법 제7조제1항에 따라 다음 각 호의 항목에 대하여 화재안전조사를 실시한다.
1. 법 제17조에 따른 화재의 예방조치 등에 관한 사항
2. 법 제24조, 제25조, 제27조 및 제29조에 따른 소방안전관리 업무 수행에 관한 사항
3. 법 제36조에 따른 피난계획의 수립 및 시행에 관한 사항
4. 법 제37조에 따른 소화·통보·피난 등의 훈련 및 소방안전관리에 필요한 교육(이하 "소방훈련·교육"이라 한다)에 관한 사항
5. 「소방기본법」제21조의2에 따른 소방자동차 전용구역의 설치에 관한 사항
6. 「소방시설공사업법」제12조에 따른 시공, 같은 법 제16조에 따른 감리 및 같은 법 제18

정답 : 009.③

조에 따른 감리원의 배치에 관한 사항
7. 「소방시설 설치 및 관리에 관한 법률」 제12조에 따른 소방시설의 설치 및 관리에 관한 사항
8. 「소방시설 설치 및 관리에 관한 법률」 제15조에 따른 건설현장 임시소방시설의 설치 및 관리에 관한 사항
9. 「소방시설 설치 및 관리에 관한 법률」 제16조에 따른 피난시설, 방화구획(防火區劃) 및 방화시설의 관리에 관한 사항
10. 「소방시설 설치 및 관리에 관한 법률」 제20조에 따른 방염(防炎)에 관한 사항
11. 「소방시설 설치 및 관리에 관한 법률」 제22조에 따른 소방시설등의 자체점검에 관한 사항
12. 「다중이용업소의 안전관리에 관한 특별법」 제8조, 제9조, 제9조의2, 제10조, 제10조의2 및 제11조부터 제13조까지의 규정에 따른 안전관리에 관한 사항
13. 「위험물안전관리법」 제5조, 제6조, 제14조, 제15조 및 제18조에 따른 위험물 안전관리에 관한 사항
14. 「초고층 및 지하연계 복합건축물 재난관리에 관한 특별법」 제9조, 제11조, 제12조, 제14조, 제16조 및 제22조에 따른 초고층 및 지하연계 복합건축물의 안전관리에 관한 사항
15. 그 밖에 소방대상물에 화재의 발생 위험이 있는지 등을 확인하기 위해 소방관서장이 화재안전조사가 필요하다고 인정하는 사항

010 소방관서장은 화재안전조사를 실시하려는 경우 조사대상, 조사기간 및 조사사유등 조사계획은 소방청, 소방본부 또는 소방서 인터넷홈페이지나 전산시스템을 통해 몇일 이상 공개해야 하는가?

① 3일 이상   ② 5일 이상
③ 7일 이상   ④ 10일 이상

해설 **시행령 제8조(화재안전조사의 방법·절차 등)**
① 소방관서장은 화재안전조사의 목적에 따라 다음 각 호의 어느 하나에 해당하는 방법으로 화재안전조사를 실시할 수 있다.
  1. 종합조사 : 제7조의 화재안전조사 항목 전부를 확인하는 조사
  2. 부분조사 : 제7조의 화재안전조사 항목 중 일부를 확인하는 조사
② 소방관서장은 화재안전조사를 실시하려는 경우 사전에 법 제8조제2항 각 호 외의 부분 본문에 따라 조사대상, 조사기간 및 조사사유 등 조사계획을 소방청, 소방본부 또는 소방서(이하 "소방관서"라 한다)의 인터넷 홈페이지나 법 제16조제3항에 따른 전산시스템을 통해 7일 이상 공개해야 한다.

정답 : 010.③

예상문제

011 화재안전조사시 합동으로 조사반을 편성하여 조사를 진행할 수 있는 기관의 종류가 아닌 것은?

① 한국가스안전공사
② 한국전기안전공사
③ 한국석유안전공사
④ 한국화재보험협회

해설 소방관서장은 화재안전조사를 효율적으로 실시하기 위하여 필요한 경우 다음 각 호의 기관의 장과 합동으로 조사반을 편성하여 화재안전조사를 할 수 있다.
1. 관계 중앙행정기관 또는 지방자치단체
2. 「소방기본법」제40조에 따른 한국소방안전원(이하 "안전원"이라 한다)
3. 「소방산업의 진흥에 관한 법률」제14조에 따른 한국소방산업기술원(이하 "기술원"이라 한다)
4. 「화재로 인한 재해보상과 보험가입에 관한 법률」제11조에 따른 한국화재보험협회(이하 "화재보험협회"라 한다)
5. 「고압가스 안전관리법」제28조에 따른 한국가스안전공사(이하 "가스안전공사"라 한다)
6. 「전기안전관리법」제30조에 따른 한국전기안전공사(이하 "전기안전공사"라 한다)
7. 그 밖에 소방청장이 정하여 고시하는 소방 관련 법인 또는 단체

012 다음중 화재안전조사의 연기사유로만 옳게 모은 것은?

ㄱ. 「재난 및 안전관리 기본법」제3조제1호에 해당하는 재난이 발생한 경우
ㄴ. 관계인의 질병, 사고, 장기출장의 경우
ㄷ. 권한 있는 기관에 자체점검기록부, 교육·훈련일지 등 화재안전조사에 필요한 장부·서류 등이 압수되거나 영치(領置)되어 있는 경우
ㄹ. 소방대상물의 종합점검의 실시로 인하여 화재안전조사를 실시하기 어려운 경우

① ㄱ, ㄷ, ㄹ
② ㄱ, ㄴ, ㄷ
③ ㄱ, ㄴ, ㄷ, ㄹ
④ ㄴ, ㄷ, ㄹ

해설 **제9조(화재안전조사의 연기)**
① 법 제8조제4항 전단에서 "대통령령으로 정하는 사유"란 다음 각 호의 어느 하나에 해당하는 사유를 말한다.
1. 「재난 및 안전관리 기본법」제3조제1호에 해당하는 재난이 발생한 경우
2. 관계인의 질병, 사고, 장기출장의 경우
3. 권한 있는 기관에 자체점검기록부, 교육·훈련일지 등 화재안전조사에 필요한 장부·서류 등이 압수되거나 영치(領置)되어 있는 경우
4. 소방대상물의 증축·용도변경 또는 대수선 등의 공사로 화재안전조사를 실시하기 어려운 경우

정답 : 011.③ 012.②

013 다음중 화재안전조사계획의 수립등 화재안전조사에 필요한 사항은 누가 정하는가?
① 소방청장　　　　　　　　② 소방본부장
③ 소방서장　　　　　　　　④ 시도지사

해설 대통령령 제8조 제1항부터 제5항까지에서 규정한 사항 외에 화재안전조사 계획의 수립 등 화재안전조사에 필요한 사항은 소방청장이 정한다.

014 다음 괄호의 빈칸에 들어갈 답을 순서대로 나열한 것은?

> **제9조(화재안전조사단 편성·운영)**
> ① 소방관서장은 화재안전조사를 효율적으로 수행하기 위하여 대통령령으로 정하는 바에 따라 소방청에는 [　ㄱ　]을, 소방본부 및 소방서에는 [　ㄴ　]을 편성하여 운영할 수 있다.
>
> **시행령 제10조(화재안전조사단 편성·운영)**
> ① 법 제9조제1항에 따른 [　ㄱ　] 및 [　ㄴ　](이하 "조사단"이라 한다)은 각각 단장을 포함하여 [　ㄷ　]명 이내의 단원으로 성별을 고려하여 구성한다.

① ㄱ - 중앙소방안전조사단　ㄴ- 지방소방안전조사단　ㄷ-50명
② ㄱ - 중앙소방안전조사단　ㄴ- 지방소방안전조사단　ㄷ-20명
③ ㄱ - 중앙화재안전조사단　ㄴ- 지방화재안전조사단　ㄷ-30명
④ ㄱ - 중앙화재안전조사단　ㄴ- 지방화재안전조사단　ㄷ-50명

015 화재안전조사위원회에 대한 다음 설명중 틀린설명은?
① 소방관서장은 화재안전조사의 대상을 객관적이고 공정하게 선정하기 위하여 필요한 경우 화재안전조사위원회를 구성하여 화재안전조사의 대상을 선정할 수 있다.
② 화재안전조사위원회의 구성·운영 등에 필요한 사항은 대통령령으로 정한다.
③ 법 제10조제1항에 따른 화재안전조사위원회(이하 "위원회"라 한다)는 위원장 1명을 포함하여 8명 이내의 위원으로 성별을 고려하여 구성한다.
④ 위원회의 위원장은 소방관서장이 된다.

해설 7명 이내의 위원

> **참고 시행령 제11조(화재안전조사위원회의 구성·운영 등)**
> ① 법 제10조제1항에 따른 화재안전조사위원회(이하 "위원회"라 한다)는 위원장 1명을 포함하여 7명 이내의 위원으로 성별을 고려하여 구성한다.
> ② 위원회의 위원장은 소방관서장이 된다.
> ③ 위원회의 위원은 다음 각 호의 어느 하나에 해당하는 사람 중에서 소방관서장이 임명하거나 위촉한다.
> 　1. 과장급 직위 이상의 소방공무원

정답 : 013.①　014.④　015.③

예상문제

2. 소방기술사
3. 소방시설관리사
4. 소방 관련 분야의 석사 이상 학위를 취득한 사람
5. 소방 관련 법인 또는 단체에서 소방 관련 업무에 5년 이상 종사한 사람
6. 「소방공무원 교육훈련규정」 제3조제2항에 따른 소방공무원 교육훈련기관, 「고등교육법」 제2조의 학교 또는 연구소에서 소방과 관련한 교육 또는 연구에 5년 이상 종사한 사람

④ 위촉위원의 임기는 2년으로 하며, 한 차례만 연임할 수 있다.
⑤ 소방관서장은 위원회의 위원이 다음 각 호의 어느 하나에 해당하는 경우에는 해당 위원을 해임하거나 해촉(解囑)할 수 있다.
  1. 심신장애로 직무를 수행할 수 없게 된 경우
  2. 직무와 관련된 비위사실이 있는 경우
  3. 직무태만, 품위손상이나 그 밖의 사유로 위원으로 적합하지 않다고 인정되는 경우
  4. 제12조제1항 각 호의 어느 하나에 해당함에도 불구하고 회피하지 않은 경우
  5. 위원 스스로 직무를 수행하기 어렵다는 의사를 밝히는 경우
⑥ 위원회에 출석한 위원에게는 예산의 범위에서 수당, 여비, 그 밖에 필요한 경비를 지급할 수 있다. 다만, 공무원인 위원이 소관 업무와 직접 관련하여 위원회에 출석하는 경우에는 그렇지 않다.

016 화재안전조사의 결과통보 및 조치명령에 대한 다음 설명중 옳은 설명은?

① 소방관서장은 화재안전조사를 마친 때에는 그 조사 결과를 인터넷홈페이지에 7일이상 공개하여야 한다.
② 소방관서장은 화재안전조사 결과에 따른 소방대상물의 위치·구조·설비 또는 관리의 상황이 화재예방을 위하여 보완될 필요가 있는 경우 대통령령으로 정하는 바에 따라 관계인에게 개수(改修)·이전·제거 등 그 밖에 필요한 조치를 명할 수 있다
③ 소방관서장은 소방대상물의 개수(改修)·이전·제거, 사용의 금지 또는 제한, 사용폐쇄, 공사의 정지 또는 중지, 그 밖에 필요한 조치를 명할 때에는 화재안전조사 조치명령서를 해당 소방대상물의 관계인에게 발급하고, 화재안전조사 조치명령 대장에 이를 기록하여 관리해야 한다.
④ 소방관서장은 조치명령으로 인하여 손실을 입은 자가 있는 경우에는 즉시 손실보상위원회를 개최하여 손실을 보상하여야 한다

 해설
① 소방관서장은 화재안전조사를 마친 때에는 그 조사 결과를 서면으로 통지하여야 한다. 다만, 화재안전조사의 현장에서 관계인에게 조사의 결과를 설명하고 화재안전조사 결과서의 부본을 교부한 경우에는 그러하지 아니하다.
② 행정안전부령으로 정하는 바에 따라
④ 소방관서장은 법 제14조에 따른 명령으로 인하여 손실을 입은 자가 있는 경우에는 별지 제5호서식의 화재안전조사 조치명령 손실확인서를 작성하여 관련 사진 및 그 밖의 증명자료와 함께 보관해야 한다.

정답 : 016.③

017 조치명령으로 인한 손실보상에 대한 설명으로 틀린 것은?

① 소방청장 또는 시·도지사는 제14조제1항에 따른 명령으로 인하여 손실을 입은 자가 있는 경우에는 대통령령으로 정하는 바에 따라 보상하여야 한다.
② 소방청장 또는 시·도지사가 손실을 보상하는 경우에는 시가(時價)로 보상해야 한다.
③ 손실보상에 관하여는 손실보상심의위원회 위원장과 손실을 입은 자가 협의해야 한다.
④ 소방청장 또는 시·도지사는 보상금액에 관한 협의가 성립되지 않은 경우에는 그 보상금액을 지급하거나 공탁하고 이를 상대방에게 알려야 한다.

해설 손실보상에 관하여는 소방청장 또는 시·도지사와 손실을 입은 자가 협의해야 한다.

> **참고** 보상금의 지급 또는 공탁의 통지에 불복하는 자는 지급 또는 공탁의 통지를 받은 날부터 30일 이내에 「공익사업을 위한 토지 등의 취득 및 보상에 관한 법률」 제49조에 따른 중앙토지수용위원회 또는 관할 지방토지수용위원회에 재결(裁決)을 신청할 수 있다.

018 소방관서장은 화재안전조사를 실시한 경우 인터넷홈페이지나 전산시스템을 통하여 그 내용의 전부 또는 일부를 공개할수있는데 이 사항에 해당하지 않는 것은?

① 소방대상물의 위치, 연면적, 용도 등 현황
② 소방시설등의 설치 및 관리 현황
③ 피난시설, 방화구획 및 방화시설의 설치 및 관리 현황
④ 화재안전조사결과

해설 **제16조(화재안전조사 결과 공개)**
① 소방관서장은 화재안전조사를 실시한 경우 다음 각 호의 전부 또는 일부를 인터넷 홈페이지나 제3항의 전산시스템 등을 통하여 공개할 수 있다.
  1. 소방대상물의 위치, 연면적, 용도 등 현황
  2. 소방시설등의 설치 및 관리 현황
  3. 피난시설, 방화구획 및 방화시설의 설치 및 관리 현황
  4. 그 밖에 대통령령으로 정하는 사항
    [대통령령 : 1. 제조소등 설치 현황
        2. 소방안전관리자 선임 현황
        3. 화재예방안전진단 실시 결과]

정답 : 017.③ 018.④

예상문제

019 화재안전조사결과를 공개하는 경우 인터넷홈페이지등에 몇일이상 공개하여야 하는가?
① 7일 이상
② 10일 이상
③ 30일 이상
④ 6개월 이상

해설 제15조(화재안전조사 결과 공개)
② 소방관서장은 법 제16조제1항에 따라 화재안전조사 결과를 공개하는 경우 30일 이상 해당 소방관서 인터넷 홈페이지나 같은 조 제3항에 따른 전산시스템을 통해 공개해야 한다.
③ 소방관서장은 제2항에 따라 화재안전조사 결과를 공개하려는 경우 공개 기간, 공개 내용 및 공개 방법을 해당 소방대상물의 관계인에게 미리 알려야 한다.
④ 소방대상물의 관계인은 제3항에 따른 공개 내용 등을 통보받은 날부터 10일 이내에 소방관서장에게 이의신청을 할 수 있다.
⑤ 소방관서장은 제4항에 따라 이의신청을 받은 날부터 10일 이내에 심사·결정하여 그 결과를 지체 없이 신청인에게 알려야 한다.
⑥ 화재안전조사 결과의 공개가 제3자의 법익을 침해하는 경우에는 제3자와 관련된 사실을 제외하고 공개해야 한다.

020 화재의 예방조치상 어떠한 행위를 하여서는 안되는데 이 행위에 해당하는 사항이 아닌 것은?
① 화재예방강화지구에서 모닥불, 흡연 등 화기의 취급하는 행위
② 액화석유가스 판매소에서 풍등 등 소형열기구 날리기
③ 수소연료사용시설에서 용접·용단 등 불꽃을 발생시키는 행위
④ 위험물안전관리법에 따른 위험물을 저장하는 행위

해설 화재예방법 제17조(화재의 예방조치 등)
① 누구든지 화재예방강화지구 및 이에 준하는 대통령령으로 정하는 장소에서는 다음 각 호의 어느 하나에 해당하는 행위를 하여서는 아니 된다. 다만, 행정안전부령으로 정하는 바에 따라 안전조치를 한 경우에는 그러하지 아니한다.
1. 모닥불, 흡연 등 화기의 취급
2. 풍등 등 소형열기구 날리기
3. 용접·용단 등 불꽃을 발생시키는 행위
4. 그 밖에 대통령령으로 정하는 화재 발생 위험이 있는 행위

시행령 제16조(화재의 예방조치 등)
① 법 제17조제1항 각 호 외의 부분 본문에서 "대통령령으로 정하는 장소"란 다음 각 호의 장소를 말한다.
1. 제조소등
2. 「고압가스 안전관리법」 제3조제1호에 따른 저장소
3. 「액화석유가스의 안전관리 및 사업법」 제2조제1호에 따른 액화석유가스의 저장소·판매소

정답 : 019.③ 020.④

4. 「수소경제 육성 및 수소 안전관리에 관한 법률」 제2조제7호에 따른 수소연료공급시설 및 같은 조 제9호에 따른 수소연료사용시설
5. 「총포·도검·화약류 등의 안전관리에 관한 법률」 제2조제3항에 따른 화약류를 저장하는 장소

② 법 제17조제1항제4호에서 "대통령령으로 정하는 화재 발생 위험이 있는 행위"란 「위험물안전관리법」 제2조제1항제1호에 따른 위험물을 방치하는 행위를 말한다.

021 소방관서장의 예방조치명령사항에 해당하는 명령이 아닌 것은?

① 모닥불, 흡연 등 화기의 취급의 금지 또는 제한
② 목재, 플라스틱 등 가연성이 큰 물건의 제거, 이격, 적재 금지 등
③ 소방차량의 통행이나 소화 활동에 지장을 줄 수 있는 물건의 이동
④ 액화석유가스 제조소에서의 용접,용단등 불꽃을 발생시키는 행위의 금지 또는 제한

해설 소방관서장은 화재 발생 위험이 크거나 소화 활동에 지장을 줄 수 있다고 인정되는 행위나 물건에 대하여 행위 당사자나 그 물건의 소유자, 관리자 또는 점유자에게 다음 각 호의 명령을 할 수 있다. 다만, 제2호 및 제3호에 해당하는 물건의 소유자, 관리자 또는 점유자를 알 수 없는 경우 소속 공무원으로 하여금 그 물건을 옮기거나 보관하는 등 필요한 조치를 하게 할 수 있다.
1. 제1항 각 호의 어느 하나에 해당하는 행위의 금지 또는 제한
2. 목재, 플라스틱 등 가연성이 큰 물건의 제거, 이격, 적재 금지 등
3. 소방차량의 통행이나 소화 활동에 지장을 줄 수 있는 물건의 이동

022 다음 설명중 틀린설명은?

① 옮긴 물건 등에 대한 보관기간 및 보관기간 경과 후 처리 등에 필요한 사항은 대통령령으로 정한다.
② 보일러, 난로, 건조설비, 가스·전기시설, 그 밖에 화재 발생 우려가 있는 대통령령으로 정하는 설비 또는 기구 등의 위치·구조 및 관리와 화재 예방을 위하여 불을 사용할 때 지켜야 하는 사항은 대통령령으로 정한다.
③ 화재가 발생하는 경우 불길이 빠르게 번지는 고무류·플라스틱류·석탄 및 목탄 등 대통령령으로 정하는 특수가연물(特殊可燃物)의 저장 및 취급 기준은 행정안전부령으로 정한다.
④ 소방관서장은 옮긴 물건 등(이하 "옮긴물건등"이라 한다)을 보관하는 경우에는 그날부터 14일 동안 해당 소방관서 의 인터넷 홈페이지에 그 사실을 공고해야 한다.

해설 대통령령으로 정한다

정답 : 021.④ 022.③

예상문제

023 소화활동에 지장을 주는 물건의 소유자를 알 수 없어 옮길 경우 처리사항에 대한 설명으로 옳은 것은?

① 소방관서장은 법 제17조제2항 각 호 외의 부분 단서에 따라 옮긴 물건 등(이하 "옮긴물건등"이라 한다)을 보관하는 경우에는 그날부터 10일 동안 해당 소방관서의 인터넷 홈페이지에 그 사실을 공고해야 한다.
② 옮긴물건등의 보관기간은 제1항에 따른 공고기간의 종료일 다음 날부터 7일까지로 한다.
③ 소방관서장은 제2항에 따른 보관기간이 종료된 때에는 보관하고 있는 옮긴물건등을 폐기할 수 있다.
④ 소방관서장은 보관하던 옮긴물건등을 제3항 본문에 따라 매각한 경우에는 매각일로부터 3일이내 「국가재정법」에 따라 세입조치를 해야 한다.

◆해설
① 소방관서장은 법 제17조제2항 각 호 외의 부분 단서에 따라 옮긴 물건 등(이하 "옮긴물건등"이라 한다)을 보관하는 경우에는 그날부터 14일 동안 해당 소방관서의 인터넷 홈페이지에 그 사실을 공고해야 한다.
② 옮긴물건등의 보관기간은 제1항에 따른 공고기간의 종료일 다음 날부터 7일까지로 한다.
③ 소방관서장은 제2항에 따른 보관기간이 종료된 때에는 보관하고 있는 옮긴물건등을 매각해야 한다. 다만, 보관하고 있는 옮긴물건등이 부패·파손 또는 이와 유사한 사유로 정해진 용도로 계속 사용할 수 없는 경우에는 폐기할 수 있다.
④ 소방관서장은 보관하던 옮긴물건등을 제3항 본문에 따라 매각한 경우에는 지체 없이 「국가재정법」에 따라 세입조치를 해야 한다.

024 옮기거나 치운 위험물을 매각,폐기한 경우 소유자가 보상을 요구하게 되면 누가 소유자와 협의를 거쳐 이를 보상하여야 하는가?

① 시도지사
② 소방청장 또는 시도지사
③ 소방청장,소방본부장,소방서장
④ 소방본부장 또는 소방서장

◆해설 소방관서장은 제3항에 따라 매각되거나 폐기된 옮긴물건등의 소유자가 보상을 요구하는 경우에는 보상금액에 대하여 소유자와의 협의를 거쳐 이를 보상해야 한다.

025 불을 사용하는 설비의 관리기준등에서 규정하는 설비 또는 기구등이 아닌 것은?

① 수소가스를 사용하는 기구
② 화목보일러
③ 건조설비
④ 음식조리를 위하여 설치하는 설비

정답 : 023.② 024.③ 025.①

▶해설 18조(불을 사용하는 설비의 관리기준 등)
① 법 제17조제4항에서 "대통령령으로 정하는 설비 또는 기구 등"이란 다음 각 호의 설비 또는 기구를 말한다.
  1. 보일러
  2. 난로
  3. 건조설비
  4. 가스·전기시설
  5. 불꽃을 사용하는 용접·용단 기구
  6. 노(爐)·화덕설비
  7. 음식조리를 위하여 설치하는 설비

026 보일러등 불을 사용할 때 지켜야 하는사항에 대한 설명중 틀린설명을?
① 경유·등유 등 액체연료를 사용하는 보일러에서 연료탱크는 보일러 본체로부터 수평거리 1미터 이상의 간격을 두어 설치할 것
② 기체연료를 사용하는 보일러를 설치하는 장소에는 환기구를 설치하는 등 가연성 가스가 머무르지 않도록 할 것
③ 화목(火木) 등 고체연료를 사용하는 보일러 본체와 수평거리 1미터 이상 간격을 두어 보관하거나 불연재료로 된 별도의 구획된 공간에 보관할 것
④ 보일러 본체와 벽·천장 사이의 거리는 0.6미터 이상이어야 한다.

▶해설 2미터이상

027 화목보일러에 대한 설명중 틀린설명은?
① 연통은 천장으로부터 0.6미터 떨어지고, 연통의 배출구는 건물 밖으로 0.6미터 이상 나오도록 설치할 것
② 연통의 배출구는 보일러 본체보다 2.5미터 이상 높게 설치할 것
③ 연통이 관통하는 벽면, 지붕 등은 불연재료로 처리할 것
④ 연통재질은 불연재료로 사용하고 연결부에 청소구를 설치할 것

▶해설 화목(火木) 등 고체연료를 사용할 때에는 다음 사항을 지켜야 한다.
  1) 고체연료는 보일러 본체와 수평거리 2미터 이상 간격을 두어 보관하거나 불연재료로 된 별도의 구획된 공간에 보관할 것
  2) 연통은 천장으로부터 0.6미터 떨어지고, 연통의 배출구는 건물 밖으로 0.6미터 이상 나오도록 설치할 것
  3) 연통의 배출구는 보일러 본체보다 2미터 이상 높게 설치할 것
  4) 연통이 관통하는 벽면, 지붕 등은 불연재료로 처리할 것
  5) 연통재질은 불연재료로 사용하고 연결부에 청소구를 설치할 것

정답 : 026.③ 027.②

예상문제

[공통사항]
가. 가연성 벽·바닥 또는 천장과 접촉하는 증기기관 또는 연통의 부분은 규조토 등 난연성 또는 불연성 단열재로 덮어씌워야 한다.
마. 보일러 본체와 벽·천장 사이의 거리는 0.6미터 이상이어야 한다.
바. 보일러를 실내에 설치하는 경우에는 콘크리트바닥 또는 금속 외의 불연재료로 된 바닥 위에 설치해야 한다.

028 소방기본법상 음식조리를 위하여 설치하는 설비 기준 중 다음 괄호 안에 들어갈 말은?

가. 주방설비에 부속된 배출덕트(공기배출통로)는 (㉠)밀리미터 이상의 아연도금강판 또는 이와 동등 이상의 내식성 불연재료로 설치할 것
나. 주방시설에는 동물 또는 식물의 기름을 제거할 수 있는 필터 등을 설치할 것
다. 열을 발생하는 조리기구는 반자 또는 선반으로부터 (㉡)미터 이상 떨어지게 할 것
라. 열을 발생하는 조리기구로부터 (㉢)미터 이내의 거리에 있는 가연성 주요구조부는 석면판 또는 단열성이 있는 불연재료로 덮어씌울 것

	㉠	㉡	㉢		㉠	㉡	㉢
①	0.6	0.6	0.2	②	0.5	0.6	0.15
③	0.5	0.6	0.1	④	0.5	0.5	0.2

해설 **음식조리를 위하여 설치하는 설비**
「식품위생법 시행령」 제21조제8호에 따른 식품접객업 중 일반음식점 주방에서 조리를 위하여 불을 사용하는 설비를 설치하는 경우에는 다음 각 목의 사항을 지켜야 한다.
가. 주방설비에 부속된 배출덕트(공기 배출통로)는 0.5밀리미터 이상의 아연도금강판 또는 이와 같거나 그 이상의 내식성 불연재료로 설치할 것
나. 주방시설에는 동물 또는 식물의 기름을 제거할 수 있는 필터 등을 설치할 것
다. 열을 발생하는 조리기구는 반자 또는 선반으로부터 0.6미터 이상 떨어지게 할 것
라. 열을 발생하는 조리기구로부터 0.15미터 이내의 거리에 있는 가연성 주요구조부는 단열성이 있는 불연재료로 덮어 씌울 것

029 불을 사용하는 설비 중 1m 이상의 공간을 확보해야 하는 노·화덕 설비의 방출 열량은 시간당 얼마 이상인가?

① 5만kcal
② 10만kcal
③ 20만kcal
④ 30만kcal

해설 **노·화덕설비**
가. 실내에 설치하는 경우에는 흙바닥 또는 금속 외의 불연재료로 된 바닥에 설치해야 한다.
나. 노 또는 화덕을 설치하는 장소의 벽·천장은 불연재료로 된 것이어야 한다.
다. 노 또는 화덕의 주위에는 녹는 물질이 확산되지 않도록 높이 0.1미터 이상의 턱을 설치해야 한다.

정답 : 028.② 029.④

라. 시간당 열량이 30만킬로칼로리 이상인 노를 설치하는 경우에는 다음의 사항을 지켜야 한다.
  1) 「건축법」 제2조제1항제7호에 따른 주요구조부(이하 "주요구조부"라 한다)는 불연재료 이상으로 할 것
  2) 창문과 출입구는 「건축법 시행령」 제64조에 따른 60분+ 방화문 또는 60분 방화문으로 설치할 것
  3) 노 주위에는 1미터 이상 공간을 확보할 것

030 「소방기본법 시행령」상 보일러 등의 위치·구조 및 관리와 화재예방을 위하여 불의 사용에 있어서 지켜야 하는 사항 중 '난로'에 대한 설명이다. ( ) 안의 내용으로 옳게 연결된 것은?

> 연통은 천장으로부터 (㉠)m 이상 떨어지고, 건물 밖으로 (㉡)m 이상 나오게 설치하여야 한다.

	㉠	㉡		㉠	㉡
①	0.5	0.6	②	0.6	0.6
③	0.5	0.5	④	0.6	0.5

▸해설 **난로**
  가. 연통은 천장으로부터 0.6미터 이상 떨어지고, 연통의 배출구는 건물 밖으로 0.6미터 이상 나오게 설치해야 한다.
  나. 가연성 벽·바닥 또는 천장과 접촉하는 연통의 부분은 규조토 등 난연성 또는 불연성의 단열재로 덮어씌워야 한다.

031 화재예방법 시행령상 불꽃을 사용하는 용접, 용단기구 사용 시 지켜야 하는 다음 사항의 괄호에 들어갈 말로 올바른 것은?

> 1. 용접 또는 용단 작업자로부터 반경 ( )m 이내에 소화기를 갖추어 둘 것
> 2. 용접 또는 용단 작업장 주변 반경 ( )m 이내에는 가연물을 쌓아두거나 놓아두지 말 것. 다만, 가연물의 제거가 곤란하여 방지포 등으로 방호조치를 한 경우는 제외한다.

① 5, 5   ② 10, 5
③ 10, 10   ④ 5, 10

▸해설 **불꽃을 사용하는 용접·용단 기구**
  용접 또는 용단 작업장에서는 다음 각 목의 사항을 지켜야 한다. 다만, 「산업안전보건법」 제38조의 적용을 받는 사업장에는 적용하지 않는다.
  가. 용접 또는 용단 작업장 주변 반경 5미터 이내에 소화기를 갖추어 둘 것
  나. 용접 또는 용단 작업장 주변 반경 10미터 이내에는 가연물을 쌓아두거나 놓아두지 말 것. 다만, 가연물의 제거가 곤란하여 방화포 등으로 방호조치를 한 경우는 제외한다.

정답 : 030.② 031.④

예상문제

032 화재예방법 시행령 별표1의 비고에 대한 설명중 옳은 것은?

① "보일러"란 사업장 또는 영업장 등에서 사용하는 것을 말하며, 주택에서 사용하는 가정용 보일러를 포함한다.
② "건조설비"란 산업용 건조설비를 말하며, 주택에서 사용하는 건조설비는 제외한다.
③ "노·화덕설비"란 제조업에서 사용되는 것을 말하며, 가공업에서 조리용도로 사용되는 화덕은 제외한다.
④ 보일러, 난로, 건조설비, 불꽃을 사용하는 용접·용단기구 및 노·화덕설비가 설치된 장소에는 소화기 2개 이상을 갖추어 두어야 한다.

해설 [비고]
1. "보일러"란 사업장 또는 영업장 등에서 사용하는 것을 말하며, 주택에서 사용하는 가정용 보일러는 제외한다.
2. "건조설비"란 산업용 건조설비를 말하며, 주택에서 사용하는 건조설비는 제외한다.
3. "노·화덕설비"란 제조업·가공업에서 사용되는 것을 말하며, 주택에서 조리용도로 사용되는 화덕은 제외한다.
4. 보일러, 난로, 건조설비, 불꽃을 사용하는 용접·용단기구 및 노·화덕설비가 설치된 장소에는 소화기 1개 이상을 갖추어 두어야 한다.

033 화재예방법 시행령 별표1에서 규정한 사항외에 발생 우려가 있는 설비 또는 기구의 종류, 해당 설비 또는 기구의 위치·구조 및 관리와 화재 예방을 위하여 불을 사용할 때 지켜야 하는 사항은 무엇으로 정하는가?

① 대통령령   ② 행정안전부령
③ 소방청고시 ④ 시도의 조례

해설 규정한 사항 외에 화재 발생 우려가 있는 설비 또는 기구의 종류, 해당 설비 또는 기구의 위치·구조 및 관리와 화재 예방을 위하여 불을 사용할 때 지켜야 하는 사항은 시·도의 조례로 정한다.

034 특수가연물(석탄류 제외)의 저장 및 취급기준에 관한 설명으로 옳은 것은?

① 실외에 쌓아 저장하는 경우 대지경계선, 도로 및 인접건축물과 최소 6미터이하 간격을 둘 것
② 살수설비를 설치하는 경우에 쌓는 높이는 10[m] 이하가 되도록 할 것
③ 쌓는 부분의 바닥면적 사이는 실내의 경우 1.2[m] 이상 또는 쌓는 높이의 1/2중 큰값 이상이 되도록 할 것
④ 특수가연물을 저장 또는 취급하는 장소에는 품명·최대저장수량, 단위부피당질량 또는 단위체적당 질량, 관리책임자성명, 직책연락처 및 화기취급의 금지표지를 별도로 설치할 것

정답 : 032.② 033.④ 034.③

해설 **특수가연물의 저장·취급 기준**

특수가연물은 다음 각 목의 기준에 따라 쌓아 저장해야 한다. 다만, 석탄·목탄류를 발전용(發電用)으로 저장하는 경우는 제외한다.
가. 품명별로 구분하여 쌓을 것
나. 다음의 기준에 맞게 쌓을 것

구분	살수설비를 설치하거나 방사능력 범위에 해당 특수가연물이 포함되도록 대형수동식소화기를 설치하는 경우	그 밖의 경우
높이	15미터 이하	10미터 이하
쌓는 부분의 바닥면적	200제곱미터(석탄·목탄류의 경우에는 300제곱미터) 이하	50제곱미터(석탄·목탄류의 경우에는 200제곱미터) 이하

다. 실외에 쌓아 저장하는 경우 쌓는 부분이 대지경계선, 도로 및 인접 건축물과 최소 6미터 이상 간격을 둘 것. 다만, 쌓는 높이보다 0.9미터 이상 높은 「건축법 시행령」 제2조제7호에 따른 내화구조(이하 "내화구조"라 한다) 벽체를 설치한 경우는 그렇지 않다.
라. 실내에 쌓아 저장하는 경우 주요구조부는 내화구조이면서 불연재료여야 하고, 다른 종류의 특수가연물과 같은 공간에 보관하지 않을 것. 다만, 내화구조의 벽으로 분리하는 경우는 그렇지 않다.
마. 쌓는 부분 바닥면적의 사이는 실내의 경우 1.2미터 또는 쌓는 높이의 1/2 중 큰 값 이상으로 간격을 두어야 하며, 실외의 경우 3미터 또는 쌓는 높이 중 큰 값 이상으로 간격을 둘 것
2. 특수가연물 표지
가. 특수가연물을 저장 또는 취급하는 장소에는 품명, 최대저장수량, 단위부피당 질량 또는 단위체적당 질량, 관리책임자 성명·직책, 연락처 및 화기취급의 금지표시가 포함된 특수가연물 표지를 설치해야 한다.

035 특수가연물의 표지에 대한 다음 설명중 틀린 것은?

① 특수가연물 표지는 한 변의 길이가 0.2미터 이상, 다른 한 변의 길이가 0.4미터 이상인 직사각형으로 할 것
② 특수가연물 표지의 바탕은 흰색으로, 문자는 검은색으로 할 것. 다만, "화기엄금" 표시 부분은 제외한다.
③ 특수가연물 표지 중 화기엄금 표시 부분의 바탕은 붉은색으로, 문자는 백색으로 할 것
④ 특수가연물 표지는 특수가연물을 저장하거나 취급하는 장소 중 보기 쉬운 곳에 설치해야 한다.

정답 : 035.①

예상문제

▶해설 특수가연물 표지의 규격은 다음과 같다.

특수가연물	
화기엄금	
품 명	합성수지류
최대저장수량 (배수)	000톤(00배)
단위부피당 질량 (단위체적당 질량)	000kg/m³
관리책임자 (직 책)	홍길동 팀장
연락처	02-000-0000

① 특수가연물 표지는 한 변의 길이가 0.3미터 이상, 다른 한 변의 길이가 0.6미터 이상인 직사각형으로 할 것
② 특수가연물 표지의 바탕은 흰색으로, 문자는 검은색으로 할 것. 다만, "화기엄금" 표시 부분은 제외한다.
③ 특수가연물 표지 중 화기엄금 표시 부분의 바탕은 붉은색으로, 문자는 백색으로 할 것
④ 특수가연물 표지는 특수가연물을 저장하거나 취급하는 장소 중 보기 쉬운 곳에 설치해야 한다.

036 특수가연물에 대한 다음 설명 중 틀린 것은?

① "면화류"라 함은 가연성 또는 인화성이 아닌 면상 또는 팽이모양의 섬유와 마사(麻絲) 원료를 말한다.
② 넝마 및 종이부스러기는 불연성 또는 난연성이 아닌 것(동식물유가 깊이 스며들어 있는 옷감·종이 및 이들의 제품을 포함한다)에 한한다.
③ "사류"라 함은 불연성 또는 난연성이 아닌 실(실부스러기와 솜털을 포함한다)과 누에고치를 말한다.
④ "볏짚류"라 함은 마른 볏짚·마른 북더기와 이들의 제품 및 건초를 말한다.

▶해설 **특수가연물**(제19조제1항 관련)

품명	수량
면화류	200킬로그램 이상
나무껍질 및 대팻밥	400킬로그램 이상
넝마 및 종이부스러기	1,000킬로그램 이상
사류(絲類)	1,000킬로그램 이상
볏짚류	1,000킬로그램 이상

 정답 : 036.①

가연성 고체류		3,000킬로그램 이상
석탄·목탄류		10,000킬로그램 이상
가연성 액체류		2세제곱미터 이상
목재가공품 및 나무부스러기		10세제곱미터 이상
고무류·플라스틱류	발포시킨 것	20세제곱미터 이상
	그 밖의 것	3,000킬로그램 이상

[비고]
1. "면화류"란 불연성 또는 난연성이 아닌 면상(綿狀) 또는 팽이모양의 섬유와 마사(麻絲) 원료를 말한다.
2. 넝마 및 종이부스러기는 불연성 또는 난연성이 아닌 것(동물 또는 식물의 기름이 깊이 스며들어 있는 옷감·종이 및 이들의 제품을 포함한다)으로 한정한다.
3. "사류"란 불연성 또는 난연성이 아닌 실(실부스러기와 솜털을 포함한다)과 누에고치를 말한다.
4. "볏짚류"란 마른 볏짚·북데기와 이들의 제품 및 건초를 말한다. 다만, 축산용도로 사용하는 것은 제외한다.
5. "가연성 고체류"란 고체로서 다음 각 목에 해당하는 것을 말한다.
   가. 인화점이 섭씨 40도 이상 100도 미만인 것
   나. 인화점이 섭씨 100도 이상 200도 미만이고, 연소열량이 1그램당 8킬로칼로리 이상인 것
   다. 인화점이 섭씨 200도 이상이고 연소열량이 1그램당 8킬로칼로리 이상인 것으로서 녹는점(융점)이 100도 미만인 것
   라. 1기압과 섭씨 20도 초과 40도 이하에서 액상인 것으로서 인화점이 섭씨 70도 이상 섭씨 200도 미만이거나 나목 또는 다목에 해당하는 것
6. 석탄·목탄류에는 코크스, 석탄가루를 물에 갠 것, 마세크탄(조개탄), 연탄, 석유코크스, 활성탄 및 이와 유사한 것을 포함한다.
7. "가연성 액체류"란 다음 각 목의 것을 말한다.
   가. 1기압과 섭씨 20도 이하에서 액상인 것으로서 가연성 액체량이 40중량퍼센트 이하이면서 인화점이 섭씨 40도 이상 섭씨 70도 미만이고 연소점이 섭씨 60도 이상인 것
   나. 1기압과 섭씨 20도에서 액상인 것으로서 가연성 액체량이 40중량퍼센트 이하이고 인화점이 섭씨 70도 이상 섭씨 250도 미만인 것
   다. 동물의 기름과 살코기 또는 식물의 씨나 과일의 살에서 추출한 것으로서 다음의 어느 하나에 해당하는 것
      1) 1기압과 섭씨 20도에서 액상이고 인화점이 250도 미만인 것으로서 「위험물안전관리법」 제20조제1항에 따른 용기기준과 수납·저장기준에 적합하고 용기외부에 물품명·수량 및 "화기엄금" 등의 표시를 한 것
      2) 1기압과 섭씨 20도에서 액상이고 인화점이 섭씨 250도 이상인 것
8. "고무류·플라스틱류"란 불연성 또는 난연성이 아닌 고체의 합성수지제품, 합성수지반제품, 원료합성수지 및 합성수지 부스러기(불연성 또는 난연성이 아닌 고무제품, 고무반제품, 원료고무 및 고무 부스러기를 포함한다)를 말한다. 다만, 합성수지의 섬유·옷감·종이 및 실과 이들의 넝마와 부스러기는 제외한다.

예상문제

037 다음 중 특수가연물과 수량의 연결이 잘못된 것은?
① 면화류 – 200kg 이상
② 가연성 액체류 – 1m³ 이상
③ 가연성 고체류 – 3,000kg 이상
④ 목재가공품 – 10m³ 이상

038 특수가연물 중 가연성 고체에 대한 다음 설명 중 틀린 것은?
① 인화점이 섭씨 40도 이상 100도 미만인 것
② 인화점이 섭씨 100도 이상 200도 미만이고, 연소열량이 1그램당 8킬로칼로리 이상인 것
③ 인화점이 섭씨 200도 이상이고 연소열량이 1그램당 8킬로칼로리 이상인 것으로서 융점이 50도 미만인 것
④ 1기압과 섭씨 20도 초과 40도 이하에서 액상인 것으로서 인화점이 섭씨 70도 이상 섭씨 200도 미만인 것

039 다음 중 특수가연물에 해당되지 않는 것은?
① 가연성 고체류
② 유황
③ 나무껍질 및 대팻밥
④ 석탄 및 목탄

040 특수가연물에 관한 설명으로 옳은 것은?
① 100킬로그램 이상의 면화류는 특수가연물로 분류된다.
② 800킬로그램 이상의 사류(絲類)는 특수가연물로 분류된다.
③ 가연성액체류란 1기압과 섭씨 20도 이하에서 액상인 것으로서 가연성 액체량이 40중량 퍼센트 이하이면서 인화점이 섭씨 40도 이상 섭씨 70도 미만이고 연소점이 섭씨 60도 이상인 것을 말한다
④ 합성수지류에는 합성수지의 섬유·옷감·종이 및 실과 이들의 넝마와 부스러기가 포함된다.

041 다음 중 화재예방강화지구로 지정될수 없는 지역은?
① 시장이 밀집한 지역
② 노후건축물이 밀집한 지역
③ 석유화학제품을 유통하는 공장이 있는 지역
④ 소방관서장이 지정할 필요가 있다고 인정하는 지역

정답 : 037.② 038.③ 039.② 040.③ 041.③

▶해설 시·도지사는 다음 각 호의 어느 하나에 해당하는 지역을 화재예방강화지구로 지정하여 관리할 수 있다.
1. 시장지역
2. 공장·창고가 밀집한 지역
3. 목조건물이 밀집한 지역
4. 노후·불량건축물이 밀집한 지역
5. 위험물의 저장 및 처리 시설이 밀집한 지역
6. 석유화학제품을 생산하는 공장이 있는 지역
7. 「산업입지 및 개발에 관한 법률」 제2조제8호에 따른 산업단지
8. 소방시설·소방용수시설 또는 소방출동로가 없는 지역
9. 그 밖에 제1호부터 제8호까지에 준하는 지역으로서 소방관서장이 화재예방강화지구로 지정할 필요가 있다고 인정하는 지역

042 다음 중 시도지사가 화재예방강화지구로 지정할 필요가 있는 지역을 지정하지 아니한 경우 지정을 요청할 수 있는 권한자는?

① 소방청장
② 행정안전부장과
③ 소방본부장 또는 소방서장
④ 대통령

043 다음 빈칸에 들어갈 권한자를 옳게 나열한 것은?

① [ㄱ](이)가 화재예방강화지구로 지정할 필요가 있는 지역을 화재예방강화지구로 지정하지 아니하는 경우 소방청장은 해당 시·도지사에게 해당 지역의 화재예방강화지구 지정을 요청할 수 있다.
② [ㄴ]은 대통령령으로 정하는 바에 따라 제1항에 따른 화재예방강화지구 안의 소방대상물의 위치·구조 및 설비 등에 대하여 화재안전조사를 하여야 한다.
③ [ㄷ]은 화재예방강화지구 안의 관계인에 대하여 대통령령으로 정하는 바에 따라 소방에 필요한 훈련 및 교육을 실시할 수 있다.
④ [ㄹ](은)는 대통령령으로 정하는 바에 따라 제1항에 따른 화재예방강화지구의 지정 현황, 제3항에 따른 화재안전조사의 결과, 제4항에 따른 소방설비등의 설치 명령 현황, 제5항에 따른 소방훈련 및 교육 현황 등이 포함된 화재예방강화지구에서의 화재예방에 필요한 자료를 매년 작성·관리하여야 한다.

① ㄱ – 시도지사, ㄴ – 소방본부장 또는 소방서장, ㄷ – 소방관서장, ㄹ – 소방청장
② ㄱ – 소방청장, ㄴ – 소방본부장 또는 소방서장, ㄷ – 소방관서장, ㄹ – 시도지사
③ ㄱ – 시도지사, ㄴ – 소방청장, ㄷ – 소방관서장, ㄹ – 소방청장
④ ㄱ – 시도지사, ㄴ – 소방관서장, ㄷ – 소방관서장, ㄹ – 시도지사

정답 : 042.① 043.④

예상문제

044 다음중 화재예방강화지구의 관리에 관한 설명중 틀린설명은?

① 소방관서장은 법 제18조제3항에 따라 화재예방강화지구 안의 소방대상물의 위치·구조 및 설비 등에 대한 화재안전조사를 연 1회 이상 실시해야 한다.
② 소방관서장은 법 제18조제5항에 따라 화재예방강화지구 안의 관계인에 대하여 소방에 필요한 훈련 및 교육을 연 1회 이상 실시할 수 있다.
③ 소방관서장은 제2항에 따라 훈련 및 교육을 실시하려는 경우에는 화재예방강화지구 안의 관계인에게 훈련 또는 교육 10일 전까지 그 사실을 통보해야 한다.
④ 시·도지사는 화재예방강화지구의 지정 현황을 대통령령으로 정하는 화재예방강화지구 관리대장에 작성하고 관리해야 한다.

해설 시·도지사는 법 제18조제6항에 따라 다음 각 호의 사항을 행정안전부령으로 정하는 화재예방강화지구 관리대장에 작성하고 관리해야 한다.
1. 화재예방강화지구의 지정 현황
2. 화재안전조사의 결과
3. 법 제18조제4항에 따른 소화기구, 소방용수시설 또는 그 밖에 소방에 필요한 설비(이하 "소방설비등"이라 한다)의 설치(보수, 보강을 포함한다) 명령 현황
4. 법 제18조제5항에 따른 소방훈련 및 교육의 실시 현황
5. 그 밖에 화재예방 강화를 위하여 필요한 사항

045 다음 중 기상현상 및 기상영향에 대한 예보에 따라 화재발생위험이 높다고 분석·판단되는 경우 화재에 관한 위험경보를 발령하고 그에 따른 필요한 조치를 할 수 있는 권한자가 아닌자는?

① 행정안전부장관
② 소방청장
③ 소방본부장
④ 소방서장

해설 제20조(화재 위험경보)
소방관서장은 「기상법」 제13조에 따른 기상현상 및 기상영향에 대한 예보·특보에 따라 화재의 발생 위험이 높다고 분석·판단되는 경우에는 행정안전부령으로 정하는 바에 따라 화재에 관한 위험경보를 발령하고 그에 따른 필요한 조치를 할 수 있다.

정답 : 044.④ 045.①

046 다음 중 화재안전형향평가에 대한 설명으로 틀린 것은?
① 소방청장은 화재발생 원인 및 연소과정을 조사·분석하는 등의 과정에서 법령이나 정책의 개선이 필요하다고 인정되는 경우 그 법령이나 정책에 대한 화재 위험성의 유발요인 및 완화 방안에 대한 평가(이하 "화재안전영향평가"라 한다)를 실시할 수 있다.
② 소방청장은 제1항에 따라 화재안전영향평가를 실시한 경우 그 결과를 해당 법령이나 정책의 소관 기관의 장에게 통보하여야 한다.
③ 제2항에 따라 결과를 통보받은 소관 기관의 장은 특별한 사정이 없는 한 이를 해당 법령이나 정책에 반영하도록 노력하여야 한다.
④ 화재안전영향평가의 방법·절차·기준 등에 필요한 사항은 행정안전부령으로 정한다.

해설 대통령령

047 화재안전영향평가의 기준에 포함되어야 할 사항이 아닌 것은?
① 법령이나 정책의 화재위험 유발요인
② 법령이나 정책이 소방대상물의 재료, 공간, 이용자 특성 및 화재 확산 경로에 미치는 영향
③ 법령이나 정책이 화재피해에 미치는 영향 등 사회경제적 파급 효과
④ 화재위험 유발요인을 제어 또는 관리하기 어려운 법령이나 정책의 개선 방안

해설 소방청장은 다음 각 호의 사항이 포함된 화재안전영향평가의 기준을 법 제22조에 따른 화재안전영향평가심의회(이하 "심의회"라 한다)의 심의를 거쳐 정한다.
  1. 법령이나 정책의 화재위험 유발요인
  2. 법령이나 정책이 소방대상물의 재료, 공간, 이용자 특성 및 화재 확산 경로에 미치는 영향
  3. 법령이나 정책이 화재피해에 미치는 영향 등 사회경제적 파급 효과
  4. 화재위험 유발요인을 제어 또는 관리할 수 있는 법령이나 정책의 개선 방안

048 화재안전영향평가의 방법, 절차, 기준등에 관하여 필요한 사항은 무엇으로 정하는가?
① 시도의 조례   ② 대통령령
③ 행정안전부령   ④ 소방청고시

예상문제

049 화재안전영향평가 심의위원회에 대한 설명으로 옳은 것은?
① 심의회는 위원장 1명을 포함한 10명 이내의 위원으로 구성한다.
② 소방관서장은 화재안전영향평가에 관한 업무를 수행하기 위하여 화재안전영향평가심의회(이하 "심의회"라 한다)를 구성·운영할 수 있다.
③ 화재안전과 관련되는 법령이나 정책을 담당하는 관계 기관의 소속 직원으로서 행정안전부령으로 정하는 사람은 위원이 될 수 있다
④ 기타 심의회의 구성·운영 등에 필요한 사항은 대통령령으로 정한다.

▲해설 제22조(화재안전영향평가심의회)
① 소방청장은 화재안전영향평가에 관한 업무를 수행하기 위하여 화재안전영향평가심의회(이하 "심의회"라 한다)를 구성·운영할 수 있다.
② 심의회는 위원장 1명을 포함한 12명 이내의 위원으로 구성한다.
③ 위원장은 위원 중에서 호선하고, 위원은 다음 각 호의 사람으로 한다.
  1. 화재안전과 관련되는 법령이나 정책을 담당하는 관계 기관의 소속 직원으로서 대통령령으로 정하는 사람
  2. 소방기술사 등 대통령령으로 정하는 화재안전과 관련된 분야의 학식과 경험이 풍부한 전문가로서 소방청장이 위촉한 사람
④ 제2항 및 제3항에서 규정한 사항 외에 심의회의 구성·운영 등에 필요한 사항은 대통령령으로 정한다.

050 특정소방대상물의 소방안전관리에 대한 다음 설명중 틀린 것은?
① 특정소방대상물 중 전문적인 안전관리가 요구되는 대통령령으로 정하는 특정소방대상물의 관계인은 소방안전관리업무를 수행하기 위하여 소방안전관리자 자격증을 발급받은 사람을 소방안전관리자로 선임하여야 한다.
② 다른 안전관리자(다른 법령에 따라 전기·가스·위험물 등의 안전관리 업무에 종사하는 자를 말한다. 이하 같다)는 소방안전관리대상물 중 소방안전관리업무의 전담이 필요한 대통령령으로 정하는 소방안전관리대상물의 소방안전관리자를 겸할수 있다
③ 소방안전관리자 및 소방안전관리보조자의 선임 대상별 자격 및 인원기준은 대통령령으로 정하고, 선임 절차 등 그 밖에 필요한 사항은 행정안전부령으로 정한다.
④ 소방안전관리자의 업무수행중 자위소방대와 초기대응체계의 구성, 운영 및 교육 등에 필요한 사항은 행정안전부령으로 정한다.

▲해설 겸할 수 없다. 다만, 다른 법령에 특별한 규정이 있는 경우에는 그러하지 아니하다.

정답 : 049.④ 050.②

051 소방안전관리대상물에 해당하지 아니하는 특정소방대상물에서의 관계인의 업무사항으로 옳지 않은 것은?

① 피난시설, 방화구획 및 방화시설의 관리
② 소방시설이나 그 밖의 소방 관련 시설의 관리
③ 화기(火氣) 취급의 감독
④ 소방훈련 및 교육

▶해설 특정소방대상물(소방안전관리대상물은 제외한다)의 관계인과 소방안전관리대상물의 소방안전관리자는 다음 각 호의 업무를 수행한다. 다만, 제1호·제2호·제5호 및 제7호의 업무는 소방안전관리대상물의 경우에만 해당한다.
1. 제36조에 따른 피난계획에 관한 사항과 대통령령으로 정하는 사항이 포함된 소방계획서의 작성 및 시행
2. 자위소방대(自衛消防隊) 및 초기대응체계의 구성, 운영 및 교육
3. 「소방시설 설치 및 관리에 관한 법률」 제16조에 따른 피난시설, 방화구획 및 방화시설의 관리
4. 소방시설이나 그 밖의 소방 관련 시설의 관리
5. 제37조에 따른 소방훈련 및 교육
6. 화기(火氣) 취급의 감독
7. 행정안전부령으로 정하는 바에 따른 소방안전관리에 관한 업무수행에 관한 기록·유지 (제3호·제4호 및 제6호의 업무를 말한다)
8. 화재발생 시 초기대응
9. 그 밖에 소방안전관리에 필요한 업무

052 다음 중 특급소방안전관리대상물에 포함되지 않는 것은?

① 지하층제외 50층이상인 아파트
② 지하층포함 30층이상인 아파트를 제외한 일반대상물
③ 연면적이 10만제곱미터 이상인 아파트(50층미만)
④ 지상으로부터 높이가 200미터 이상인 아파트

▶해설 **특급 소방안전관리대상물**
가. 특급 소방안전관리대상물의 범위
「소방시설 설치 및 관리에 관한 법률 시행령」 별표 2의 특정소방대상물 중 다음의 어느 하나에 해당하는 것
1) 50층 이상(지하층은 제외한다)이거나 지상으로부터 높이가 200미터 이상인 아파트
2) 30층 이상(지하층을 포함한다)이거나 지상으로부터 높이가 120미터 이상인 특정소방대상물(아파트는 제외한다)
3) 2)에 해당하지 않는 특정소방대상물로서 연면적이 10만제곱미터 이상인 특정소방대상물(아파트는 제외한다)

정답 : 051.④ 052.③

예상문제

나. 특급 소방안전관리대상물에 선임해야 하는 소방안전관리자의 자격
　　다음의 어느 하나에 해당하는 사람으로서 특급 소방안전관리자 자격증을 발급받은 사람
　　1) 소방기술사 또는 소방시설관리사의 자격이 있는 사람
　　2) 소방설비기사의 자격을 취득한 후 5년 이상 1급 소방안전관리대상물의 소방안전관리자로 근무한 실무경력(법 제24조제3항에 따라 소방안전관리자로 선임되어 근무한 경력은 제외한다. 이하 이 표에서 같다)이 있는 사람
　　3) 소방설비산업기사의 자격을 취득한 후 7년 이상 1급 소방안전관리대상물의 소방안전관리자로 근무한 실무경력이 있는 사람
　　4) 소방공무원으로 20년 이상 근무한 경력이 있는 사람
　　5) 소방청장이 실시하는 특급 소방안전관리대상물의 소방안전관리에 관한 시험에 합격한 사람
다. 선임인원 : 1명 이상

053 특급소방안전관리자의 자격요건에 해당하지 않는사람은?

① 소방기술사
② 소방공무원 경력 20년이상
③ 소방설비기사 자격을 취득한후 1급소방안전관리자 실무경력4년이상
④ 특급소방안전관리자 시험에 합격한 사람

054 1급 소방안전관리대상물에 해당하지 않는 것은?

① 특급소방안전관리대상물을 포함한 30층이상(지하층제외)이거나 지상으로부터 높이가 120미터이상인 아파트
② 연면적 1만5천제곱미터 이상인 특정소방대상물(아파트 및 연립주택은 제외한다)
③ 연면적 1만5천제곱미터 미만인 특정소방대상물로서 지상층의 층수가 11층 이상인 특정소방대상물(아파트는 제외한다)
④ 가연성 가스를 1천톤 이상 저장·취급하는 시설

해설 **1급 소방안전관리대상물**
　가. 1급 소방안전관리대상물의 범위
　　「소방시설 설치 및 관리에 관한 법률 시행령」 별표 2의 특정소방대상물 중 다음의 어느 하나에 해당하는 것(제1호에 따른 특급 소방안전관리대상물은 제외한다)
　　1) 30층 이상(지하층은 제외한다)이거나 지상으로부터 높이가 120미터 이상인 아파트
　　2) 연면적 1만5천제곱미터 이상인 특정소방대상물(아파트 및 연립주택은 제외한다)
　　3) 2)에 해당하지 않는 특정소방대상물로서 지상층의 층수가 11층 이상인 특정소방대상물(아파트는 제외한다)
　　4) 가연성 가스를 1천톤 이상 저장·취급하는 시설

정답 : 053.③　054.①

나. 1급 소방안전관리대상물에 선임해야 하는 소방안전관리자의 자격
다음의 어느 하나에 해당하는 사람으로서 1급 소방안전관리자 자격증을 발급받은 사람 또는 제1호에 따른 특급 소방안전관리대상물의 소방안전관리자 자격증을 발급받은 사람
1) 소방설비기사 또는 소방설비산업기사의 자격이 있는 사람
2) 소방공무원으로 7년 이상 근무한 경력이 있는 사람
3) 소방청장이 실시하는 1급 소방안전관리대상물의 소방안전관리에 관한 시험에 합격한 사람
다. 선임인원 : 1명 이상

055 다음중 2급 소방안전관리대상물만 옳게 묶은 것은?

㉠ 가스 제조설비를 갖추고 도시가스사업의 허가를 받아야 하는 시설 또는 가연성 가스를 100톤 이상 1천톤 미만 저장·취급하는 시설
㉡ 「소방시설 설치 및 관리에 관한 법률 시행령」 별표 4 제1호마목에 따라 간이스프링클러설비(주택전용 간이스프링클러설비는 제외한다)를 설치해야 하는 특정소방대상물
㉢ 지하구
㉣ 연면적 1만5천제곱미터 이상인 특정소방대상물(아파트 및 연립주택은 제외한다)
㉤ 「문화재보호법」 제23조에 따라 보물 또는 국보로 지정된 목조건축물

① ㉠, ㉡, ㉢
② ㉠, ㉢, ㉤
③ ㉠, ㉡, ㉢, ㉣
④ ㉡, ㉣, ㉤

해설 2급 소방안전관리대상물

가. 2급 소방안전관리대상물의 범위
「소방시설 설치 및 관리에 관한 법률 시행령」 별표 2의 특정소방대상물 중 다음의 어느 하나에 해당하는 것(제1호에 따른 특급 소방안전관리대상물 및 제2호에 따른 1급 소방안전관리대상물은 제외한다)
1) 「소방시설 설치 및 관리에 관한 법률 시행령」 별표 4 제1호다목에 따라 옥내소화전설비를 설치해야 하는 특정소방대상물, 같은 호 라목에 따라 스프링클러설비를 설치해야 하는 특정소방대상물 또는 같은 호 바목에 따라 물분무등소화설비[화재안전기준에 따라 호스릴(hose reel) 방식의 물분무등소화설비만을 설치할 수 있는 특정소방대상물은 제외한다]를 설치해야 하는 특정소방대상물
2) 가스 제조설비를 갖추고 도시가스사업의 허가를 받아야 하는 시설 또는 가연성 가스를 100톤 이상 1천톤 미만 저장·취급하는 시설
3) 지하구
4) 「공동주택관리법」 제2조제1항제2호의 어느 하나에 해당하는 공동주택(「소방시설 설치 및 관리에 관한 법률 시행령」 별표 4 제1호다목 또는 라목에 따른 옥내소화전설비 또는 스프링클러설비가 설치된 공동주택으로 한정한다)
5) 「문화재보호법」 제23조에 따라 보물 또는 국보로 지정된 목조건축물
나. 2급 소방안전관리대상물에 선임해야 하는 소방안전관리자의 자격
다음의 어느 하나에 해당하는 사람으로서 2급 소방안전관리자 자격증을 발급받은 사람,

정답 : 055.②

제1호에 따른 특급 소방안전관리대상물 또는 제2호에 따른 1급 소방안전관리대상물의 소방안전관리자 자격증을 발급받은 사람
1) 위험물기능장·위험물산업기사 또는 위험물기능사 자격이 있는 사람
2) 소방공무원으로 3년 이상 근무한 경력이 있는 사람
3) 소방청장이 실시하는 2급 소방안전관리대상물의 소방안전관리에 관한 시험에 합격한 사람
4) 「기업활동 규제완화에 관한 특별조치법」 제29조, 제30조 및 제32조에 따라 소방안전관리자로 선임된 사람(소방안전관리자로 선임된 기간으로 한정한다)
다. 선임인원 : 1명 이상

3급 소방안전관리대상물
가. 3급 소방안전관리대상물의 범위
「소방시설 설치 및 관리에 관한 법률 시행령」 별표 2의 특정소방대상물 중 다음의 어느 하나에 해당하는 것(제1호에 따른 특급 소방안전관리대상물, 제2호에 따른 1급 소방안전관리대상물 및 제3호에 따른 2급 소방안전관리대상물은 제외한다)
1) 「소방시설 설치 및 관리에 관한 법률 시행령」 별표 4 제1호마목에 따라 간이스프링클러설비(주택전용 간이스프링클러설비는 제외한다)를 설치해야 하는 특정소방대상물
2) 「소방시설 설치 및 관리에 관한 법률 시행령」 별표 4 제2호다목에 따른 자동화재탐지설비를 설치해야 하는 특정소방대상물
나. 3급 소방안전관리대상물에 선임해야 하는 소방안전관리자의 자격
다음의 어느 하나에 해당하는 사람으로서 3급 소방안전관리자 자격증을 발급받은 사람 또는 제1호부터 제3호까지의 규정에 따라 특급 소방안전관리대상물, 1급 소방안전관리대상물 또는 2급 소방안전관리대상물의 소방안전관리자 자격증을 발급받은 사람
1) 소방공무원으로 1년 이상 근무한 경력이 있는 사람
2) 소방청장이 실시하는 3급 소방안전관리대상물의 소방안전관리에 관한 시험에 합격한 사람
3) 「기업활동 규제완화에 관한 특별조치법」 제29조, 제30조 및 제32조에 따라 소방안전관리자로 선임된 사람(소방안전관리자로 선임된 기간으로 한정한다)
다. 선임인원 : 1명 이상

056 소방안전관리에 대한 다음 설명중 틀린설명은?
① 철강 등 불연성 물품을 저장·취급하는 창고로서 연면적 10만 제곱미터 이상은 특급소방안전관리대상물에 속한다
② 특급 소방안전관리대상물에 선임해야 하는 소방안전관리자의 자격을 산정할 때에는 동일한 기간에 수행한 경력이 두 가지 이상의 자격기준에 해당하는 경우 하나의 자격기준에 대해서만 그 기간을 인정한다.
③ 특급 소방안전관리대상물에 선임해야 하는 소방안전관리자의 자격을 산정할 때에는 중복되지 않는 소방안전관리자 실무경력의 경우에는 각각의 기간을 실무경력으로 인정한다.
④ 자격기준별 실무경력 기간을 해당 실무경력 기준기간으로 나누어 합한 값이 1 이상이면 선임자격을 갖춘 것으로 본다.

정답 : 056.①

해설 [비고]
1. 동·식물원, 철강 등 불연성 물품을 저장·취급하는 창고, 위험물 저장 및 처리 시설 중 제조소등과 지하구는 특급 소방안전관리대상물 및 1급 소방안전관리대상물에서 제외한다.
2. 이 표 제1호에 따른 특급 소방안전관리대상물에 선임해야 하는 소방안전관리자의 자격을 산정할 때에는 동일한 기간에 수행한 경력이 두 가지 이상의 자격기준에 해당하는 경우 하나의 자격기준에 대해서만 그 기간을 인정하고 기간이 중복되지 않는 소방안전관리자 실무경력의 경우에는 각각의 기간을 실무경력으로 인정한다. 이 경우 자격기준별 실무경력 기간을 해당 실무경력 기준기간으로 나누어 합한 값이 1 이상이면 선임자격을 갖춘 것으로 본다.

057 다음 중 소방안전관리보조자를 두어야 하는 특정소방대상물로서 틀린 것은?

① 300세대 이상 아파트
② 아파트를 제외한 연면적 15,000제곱미터 이상 특정소방대상물
③ 의료시설 및 노유자시설
④ 숙박시설(숙박시설로 사용되는 바닥면적 합계가 1천제곱미터 미만이고 관계인이 24시간 상시 근무하는 숙박시설은 제외)

해설 소방안전관리보조자를 선임해야 하는 소방안전관리대상물의 범위
별표 4에 따라 소방안전관리자를 선임해야 하는 소방안전관리대상물 중 다음 각 목의 어느 하나에 해당하는 소방안전관리대상물
가. 「건축법 시행령」 별표 1 제2호가목에 따른 아파트 중 300세대 이상인 아파트
나. 연면적이 1만5천제곱미터 이상인 특정소방대상물(아파트 및 연립주택은 제외한다)
다. 가목 및 나목에 따른 특정소방대상물을 제외한 특정소방대상물 중 다음의 어느 하나에 해당하는 특정소방대상물
  1) 공동주택 중 기숙사
  2) 의료시설
  3) 노유자 시설
  4) 수련시설
  5) 숙박시설(숙박시설로 사용되는 바닥면적의 합계가 1천500제곱미터 미만이고 관계인이 24시간 상시 근무하고 있는 숙박시설은 제외한다)

058 다음중 소방안전관리보조자의 자격요건에 해당하지 않는 사람은?

① 특급 소방안전관리대상물, 1급 소방안전관리대상물, 2급 소방안전관리대상물 또는 3급 소방안전관리대상물의 소방안전관리자 자격이 있는 사람
② 국가기술자격의 직무분야 중 건축, 기계제작, 기계장비설비·설치, 화공, 위험물, 전기, 전자 및 안전관리에 해당하는 국가기술자격이 있는 사람
③ 「공공기관의 소방안전관리에 관한 규정」 제5조제1항제2호나목에 따른 실무교육을 수료한 사람
④ 소방안전관리대상물에서 소방안전 관련 업무에 2년 이상 근무한 경력이 있는 사람

정답 : 057.④ 058.③

예상문제

해설 **소방안전관리보조자의 자격**
가. 별표 4에 따른 특급 소방안전관리대상물, 1급 소방안전관리대상물, 2급 소방안전관리대상물 또는 3급 소방안전관리대상물의 소방안전관리자 자격이 있는 사람
나. 「국가기술자격법」 제2조제3호에 따른 국가기술자격의 직무분야 중 건축, 기계제작, 기계장비설비·설치, 화공, 위험물, 전기, 전자 및 안전관리에 해당하는 국가기술자격이 있는 사람
다. 「공공기관의 소방안전관리에 관한 규정」 제5조제1항제2호나목에 따른 강습교육을 수료한 사람
라. 법 제34조제1항제1호에 따른 강습교육 중 이 영 제33조제1호부터 제4호까지에 해당하는 사람을 대상으로 하는 강습교육을 수료한 사람
마. 소방안전관리대상물에서 소방안전 관련 업무에 2년 이상 근무한 경력이 있는 사람

059 화재예방 법령상 연면적 126,000[m²]의 업무시설인 건축물에서 소방안전관리보조자를 최소 몇 명을 선임하여야 하는가?

① 5 ② 6
③ 8 ④ 9

해설 $\dfrac{126,000m^2 - 15,000m^2}{15,000m^2} = 7.4$ ∴ 올림수 8명

선임인원
가. 제1호가목에 따른 소방안전관리대상물의 경우에는 1명. 다만, 초과되는 300세대마다 1명 이상을 추가로 선임해야 한다.
나. 제1호나목에 따른 소방안전관리대상물의 경우에는 1명. 다만, 초과되는 연면적 1만5천제곱미터(특정소방대상물의 방재실에 자위소방대가 24시간 상시 근무하고 「소방장비관리법 시행령」 별표 1 제1호가목에 따른 소방자동차 중 소방펌프차, 소방물탱크차, 소방화학차 또는 무인방수차를 운용하는 경우에는 3만제곱미터로 한다)마다 1명 이상을 추가로 선임해야 한다.
다. 제1호다목에 따른 소방안전관리대상물의 경우에는 1명. 다만, 해당 특정소방대상물이 소재하는 지역을 관할하는 소방서장이 야간이나 휴일에 해당 특정소방대상물이 이용되지 않는다는 것을 확인한 경우에는 소방안전관리보조자를 선임하지 않을 수 있다.

060 소방공무원 경력으로 소방안전관리자의 자격요건을 나타낸 것이다. 괄호 안에 알맞은 답은?

- 특급소방안전관리자 : 소방공무원(㉠)년 이상
- 1급소방안전관리자 : 소방공무원(㉡)년 이상
- 2급소방안전관리자 : 소방공무원(㉢)년 이상
- 3급소방안전관리자 : 소방공무원(㉣)년 이상

	㉠	㉡	㉢	㉣		㉠	㉡	㉢	㉣
①	10	7	3	1	②	20	7	3	2
③	20	7	3	1	④	10	5	3	1

 정답 : 059.③ 060.③

061 소방안전관리자 실무교육에 대한 다음 설명의 괄호 안에 들어갈 알맞은 말은?

제36조(소방안전관리자 및 소방안전관리보조자의 실무교육 등) ① 안전원장은 법 제41조제1항에 따른 소방안전관리자 및 소방안전관리보조자에 대한 실무교육의 교육대상, 교육일정 등 실무교육에 필요한 계획을 수립하여 매년 (㉠)의 승인을 얻어 교육실시 (㉡)일 전까지 교육대상자에게 통보하여야 한다.〈개정 2014. 11. 19., 2015. 1. 9., 2017. 7. 26., 2018. 9. 5.〉
② 소방안전관리자는 그 선임된 날부터 (㉢)개월 이내에 법 제41조제1항에 따른 실무교육을 받아야 하며, 그 후에는 (㉣)년마다(최초 실무교육을 받은 날을 기준일로 하여 매 2년이 되는 해의 기준일과 같은 날 전까지를 말한다) 1회 이상 실무교육을 받아야 한다. 다만, 소방안전관리 강습교육 또는 실무교육을 받은 후 1년 이내에 소방안전관리자로 선임된 사람은 해당 강습교육 또는 실무교육을 받은 날에 실무교육을 받은 것으로 본다.〈개정 2017. 2. 10.〉

	㉠	㉡	㉢	㉣		㉠	㉡	㉢	㉣
①	행정안전부장관	60	1	1	②	소방청장	30	6	1
③	소방청장	30	6	2	④	소방청장	60	6	2

062 다음 중 소방안전관리대상물에 있어 소방안전관리업무 중 소방계획서에 포함되어야 할 사항이 아닌 것은?

① 소방안전관리대상물의 위치·구조·연면적·용도 및 수용인원 등 일반 현황
② 화재 예방을 위한 자체점검계획 및 진압대책
③ 소방시설·피난시설 및 방화시설의 점검·정비계획
④ 예방규정을 정하는 제조소 등에 있어 예방규정의 준수 및 관리계획

해설 시행령 제27조(소방안전관리대상물의 소방계획서 작성 등)
① 법 제24조제5항제1호에서 "대통령령으로 정하는 사항"이란 다음 각 호의 사항을 말한다.
1. 소방안전관리대상물의 위치·구조·연면적(「건축법 시행령」 제119조제1항제4호에 따라 산정된 면적을 말한다. 이하 같다)·용도 및 수용인원 등 일반 현황
2. 소방안전관리대상물에 설치한 소방시설, 방화시설, 전기시설, 가스시설 및 위험물시설의 현황
3. 화재 예방을 위한 자체점검계획 및 대응대책
4. 소방시설·피난시설 및 방화시설의 점검·정비계획
5. 피난층 및 피난시설의 위치와 피난경로의 설정, 화재안전취약자의 피난계획 등을 포함한 피난계획
6. 방화구획, 제연구획(除煙區劃), 건축물의 내부 마감재료 및 방염대상물품의 사용 현황과 그 밖의 방화구조 및 설비의 유지·관리계획
7. 법 제35조제1항에 따른 관리의 권원이 분리된 특정소방대상물의 소방안전관리에 관한 사항
8. 소방훈련·교육에 관한 계획

정답 : 061.③ 062.④

9. 법 제37조를 적용받는 소방안전관리대상물의 근무자 및 거주자의 자위소방대 조직과 대원의 임무(화재안전취약자의 피난 보조 임무를 포함한다)에 관한 사항
10. 화기 취급 작업에 대한 사전 안전조치 및 감독 등 공사 중 소방안전관리에 관한 사항
11. 소화에 관한 사항과 연소 방지에 관한 사항
12. 위험물의 저장·취급에 관한 사항(「위험물안전관리법」 제17조에 따라 예방규정을 정하는 제조소등은 제외한다)
13. 소방안전관리에 대한 업무수행에 관한 기록 및 유지에 관한 사항
14. 화재발생 시 화재경보, 초기소화 및 피난유도 등 초기대응에 관한 사항
15. 그 밖에 소방본부장 또는 소방서장이 소방안전관리대상물의 위치·구조·설비 또는 관리 상황 등을 고려하여 소방안전관리에 필요하여 요청하는 사항

② 소방본부장 또는 소방서장은 소방안전관리대상물의 소방계획서의 작성 및 그 실시에 관하여 지도·감독한다.

063 소방안전관리자의 업무수행에 대한 기록유지에 대한 다음 설명중 옳지않은 설명은?

① 소방안전관리대상물의 소방안전관리자는 소방안전관리업무 수행에 관한 기록을 별지 제12호서식에 따라 월 1회 이상 작성·관리해야 한다.
② 소방안전관리자는 소방안전관리업무 수행 중 보수 또는 정비가 필요한 사항을 발견한 경우에는 이를 지체 없이 관계인에게 알리고, 별지 제12호서식에 기록해야 한다.
③ 소방안전관리자는 업무 수행에 관한 기록을 작성한 날부터 2년간 보관해야 한다.
④ 소방안전관리에 대한 업무수행에 관한 기록 및 유지에 관한 사항을 소방본부장 또는 소방서장에게 보고하여야 한다.

해설 ④의 기준은 없음

064 소방안전관리자 선임기준일에 해당하는 날이 아닌 것은?

① 신축·증축·개축·재축·대수선 또는 용도변경으로 해당 특정소방대상물의 소방안전관리자를 신규로 선임해야 하는 경우: 해당 특정소방대상물의 사용승인일
② 증축 또는 용도변경으로 인하여 특정소방대상물이 영 제25조제1항에 따른 소방안전관리대상물로 된 경우 또는 특정소방대상물의 소방안전관리 등급이 변경된 경우: 증축공사의 사용승인일 또는 관할 소방서장으로부터 소방안전관리자 선임 안내를 받은 날
③ 특정소방대상물을 양수하거나 「민사집행법」에 따른 경매, 「채무자 회생 및 파산에 관한 법률」에 따른 환가(換價), 「국세징수법」·「관세법」 또는 「지방세기본법」에 따른 압류재산의 매각이나 그 밖에 이에 준하는 절차에 따라 관계인의 권리를 취득한 경우: 해당 권리를 취득한 날 또는 관할 소방서장으로부터 소방안전관리자 선임 안내를 받은 날
④ 소방안전관리자의 해임, 퇴직 등으로 해당 소방안전관리자의 업무가 종료된 경우: 소방안전관리자가 해임된 날, 퇴직한 날 등 근무를 종료한 날

정답: 063.④ 064.②

▲해설 **시행규칙 제14조(소방안전관리자의 선임신고 등)**
① 소방안전관리대상물의 관계인은 법 제24조 및 제35조에 따라 소방안전관리자를 다음 각 호의 구분에 따라 해당 호에서 정하는 날부터 30일 이내에 선임해야 한다.
1. 신축·증축·개축·재축·대수선 또는 용도변경으로 해당 특정소방대상물의 소방안전관리자를 신규로 선임해야 하는 경우 : 해당 특정소방대상물의 사용승인일(건축물의 경우에는 「건축법」 제22조에 따라 건축물을 사용할 수 있게 된 날을 말한다. 이하 이 조 및 제16조에서 같다)
2. 증축 또는 용도변경으로 인하여 특정소방대상물이 영 제25조제1항에 따른 소방안전관리대상물로 된 경우 또는 특정소방대상물의 소방안전관리 등급이 변경된 경우 : 증축공사의 사용승인일 또는 용도변경 사실을 건축물관리대장에 기재한 날
3. 특정소방대상물을 양수하거나 「민사집행법」에 따른 경매, 「채무자 회생 및 파산에 관한 법률」에 따른 환가(換價), 「국세징수법」·「관세법」 또는 「지방세기본법」에 따른 압류재산의 매각이나 그 밖에 이에 준하는 절차에 따라 관계인의 권리를 취득한 경우 : 해당 권리를 취득한 날 또는 관할 소방서장으로부터 소방안전관리자 선임 안내를 받은 날. 다만, 새로 권리를 취득한 관계인이 종전의 특정소방대상물의 관계인이 선임신고한 소방안전관리자를 해임하지 않는 경우는 제외한다.
4. 법 제35조에 따른 특정소방대상물의 경우 : 관리의 권원이 분리되거나 소방본부장 또는 소방서장이 관리의 권원을 조정한 날
5. 소방안전관리자의 해임, 퇴직 등으로 해당 소방안전관리자의 업무가 종료된 경우 : 소방안전관리자가 해임된 날, 퇴직한 날 등 근무를 종료한 날
6. 법 제24조제3항에 따라 소방안전관리업무를 대행하는 자를 감독할 수 있는 사람을 소방안전관리자로 선임한 경우로서 그 업무대행 계약이 해지 또는 종료된 경우 : 소방안전관리업무 대행이 끝난 날
7. 법 제31조제1항에 따라 소방안전관리자 자격이 정지 또는 취소된 경우 : 소방안전관리자 자격이 정지 또는 취소된 날

065 소방본부장 또는 소방서장은 소방안전관리자 선임연기신청서를 제출받은 경우 몇일 이내에 소방안전관리자 선임기간을 정하여 관계인에게 통보하여야 하는가?
① 2일   ② 3일
③ 7일   ④ 10일

▲해설 ① 영 별표 4 제3호 및 제4호에 따른 2급 또는 3급 소방안전관리대상물의 관계인은 제20조에 따른 소방안전관리자 자격시험이나 제25조에 따른 소방안전관리자에 대한 강습교육이 제1항에 따른 소방안전관리자 선임기간 내에 있지 않아 소방안전관리자를 선임할 수 없는 경우에는 소방안전관리자 선임의 연기를 신청할 수 있다.
② 소방안전관리자 선임의 연기를 신청하려는 2급 또는 3급 소방안전관리대상물의 관계인은 별지 제14호서식의 소방안전관리자·소방안전관리보조자 선임 연기 신청서를 작성하여 소방본부장 또는 소방서장에게 제출해야 한다. 이 경우 소방본부장 또는 소방서장은 법 제33조에 따른 종합정보망(이하 "종합정보망"이라 한다)에서 강습교육의 접수 또는 시험응시 여부를 확인해야 하며, 2급 또는 3급 소방안전관리대상물의 관계인은 소방안

정답 : 065.②

예상문제

전관리자가 선임될 때까지 법 제24조제5항의 소방안전관리업무를 수행해야 한다.
③ 소방본부장 또는 소방서장은 제3항에 따라 선임 연기 신청서를 제출받은 경우에는 3일 이내에 소방안전관리자 선임기간을 정하여 2급 또는 3급 소방안전관리대상물의 관계인에게 통보해야 한다.

066 다음 중 소방안전관리 업무의 대행을 맡길 수 있는 대상물이 아닌 것은?
① 1급소방안전관리대상물중 연면적15000제곱미터미만인 아파트
② 2급소방안전관리대상물
③ 3급소방안전관리대상물
④ 연면적 15000제곱미터 미만이고 지상층수가 11층이상인 일반특정소방대상물

> **해설** 제28조(소방안전관리 업무의 대행 대상 및 업무)
> ① 법 제25조제1항 전단에서 "대통령령으로 정하는 소방안전관리대상물"이란 다음 각 호의 소방안전관리대상물을 말한다.
>   1. 별표 4 제2호가목3)에 따른 지상층의 층수가 11층 이상인 1급 소방안전관리대상물 (연면적 1만5천제곱미터 이상인 특정소방대상물과 아파트는 제외한다)
>   2. 별표 4 제3호에 따른 2급 소방안전관리대상물
>   3. 별표 4 제4호에 따른 3급 소방안전관리대상물
> ② 법 제25조제1항 전단에서 "대통령령으로 정하는 업무"란 다음 각 호의 업무를 말한다.
>   1. 법 제24조제5항제3호에 따른 피난시설, 방화구획 및 방화시설의 관리
>   2. 법 제24조제5항제4호에 따른 소방시설이나 그 밖의 소방 관련 시설의 관리

067 소방안전관리자의 선임신고등에 대한 설명으로 옳지 않은 설명은?
① 소방안전관리대상물의 관계인이 소방안전관리자 또는 소방안전관리보조자를 선임한 경우에는 행정안전부령으로 정하는 바에 따라 선임한 날부터 14일 이내에 소방본부장 또는 소방서장에게 신고하고, 소방안전관리대상물의 출입자가 쉽게 알 수 있도록 소방안전관리자의 성명과 그 밖에 행정안전부령으로 정하는 사항을 게시하여야 한다.
② 소방안전관리대상물의 관계인이 소방안전관리자 또는 소방안전관리보조자를 해임한 경우에는 그 관계인 또는 해임된 소방안전관리자 또는 소방안전관리보조자는 소방본부장이나 소방서장에게 그 사실을 알려 해임한 사실의 확인을 받을 수 있다.
③ 2급 또는 3급 소방안전관리대상물의 관계인은 소방안전관리자 자격시험이나 소방안전관리자에 대한 강습교육이 소방안전관리자 선임기간 내에 있지 않아 소방안전관리자를 선임할 수 없는 경우에는 소방안전관리자 선임의 연기를 신청할 수 있다.
④ 소방본부장 또는 소방서장은 선임 연기 신청서를 제출받은 경우에는 2일 이내에 소방안전관리자 선임기간을 정하여 2급 또는 3급 소방안전관리대상물의 관계인에게 통보해야 한다.

> **해설** 3일 이내에

정답 : 066.① 067.④

068 소방안전관리자 정보의 게시에 대한 각호의 사항에 해당하지 않는 것은?

① 소방안전관리대상물의 명칭 및 등급
② 소방안전관리자의 성명 및 선임일자
③ 소방안전관리자의 연락처
④ 소방안전관리자의 근무 위치(관리사무실을 말한다)

해설 시행규칙 제5조(소방안전관리자 정보의 게시)
① 법 제26조제1항에서 "행정안전부령으로 정하는 사항"이란 다음 각 호의 사항을 말한다.
   1. 소방안전관리대상물의 명칭 및 등급
   2. 소방안전관리자의 성명 및 선임일자
   3. 소방안전관리자의 연락처
   4. 소방안전관리자의 근무 위치(화재 수신기 또는 종합방재실을 말한다)
② 제1항에 따른 소방안전관리자 성명 등의 게시는 별표 2의 소방안전관리자 현황표에 따른다. 이 경우 「소방시설 설치 및 관리에 관한 법률 시행규칙」 별표 5에 따른 소방시설 등 자체점검기록표를 함께 게시할 수 있다.

069 다음 보기중 관계인의 의무 및 선임명령에 관한 사항으로 틀린설명은?

① 특정소방대상물의 관계인은 그 특정소방대상물에 대하여 소방안전관리업무를 수행하여야 한다.
② 소방본부장 또는 소방서장은 소방안전관리자가 소방안전관리업무를 성실하게 수행할 수 있도록 지도·감독하여야 한다.
③ 소방본부장 또는 소방서장은 제24조제1항에 따른 소방안전관리자 또는 소방안전관리보조자를 선임하지 아니한 소방안전관리대상물의 관계인에게 소방안전관리자 또는 소방안전관리보조자를 선임하도록 명할 수 있다.
④ 소방안전관리자로부터 제3항에 따른 조치요구 등을 받은 소방안전관리대상물의 관계인은 지체 없이 이에 따라야 하며, 이를 이유로 소방안전관리자를 해임하거나 보수(報酬)의 지급을 거부하는 등 불이익한 처우를 하여서는 아니 된다.

해설 [관계인은]

> **참고** 소방안전관리자는 인명과 재산을 보호하기 위하여 소방시설·피난시설·방화시설 및 방화구획 등이 법령에 위반된 것을 발견한 때에는 지체 없이 소방안전관리대상물의 관계인에게 소방대상물의 개수·이전·제거·수리 등 필요한 조치를 할 것을 요구하여야 하며, 관계인이 시정하지 아니하는 경우 소방본부장 또는 소방서장에게 그 사실을 알려야 한다. 이 경우 소방안전관리자는 공정하고 객관적으로 그 업무를 수행하여야 한다.

소방본부장 또는 소방서장은 제24조제5항에 따른 업무를 다하지 아니하는 특정소방대상물의 관계인 또는 소방안전관리자에게 그 업무의 이행을 명할 수 있다.

정답 : 068.④ 069.②

예상문제

070 공사시공자가 건설현장 소방안전관리자를 선임하여야 하는 대상물의 규모에 해당하지 않는 것은?

① 연면적의 합계가 1만5천제곱미터이상인 것
② 연면적이 5천제곱미터 이상인 것으로서 지층의 층수가 2개층 이상인 것
③ 연면적이 5천제곱미터 이상인 것으로서 지상층의 층수가 6층이상인 것
④ 연면적이 5천제곱미터 이상인 것으로서 냉동창고,냉장창고

> **해설** **시행령 제29조(건설현장 소방안전관리대상물)**
> 법 제29조제1항에서 "대통령령으로 정하는 특정소방대상물"이란 다음 각 호의 어느 하나에 해당하는 특정소방대상물을 말한다.
> 1. 신축·증축·개축·재축·이전·용도변경 또는 대수선을 하려는 부분의 연면적의 합계가 1만5천제곱미터 이상인 것
> 2. 신축·증축·개축·재축·이전·용도변경 또는 대수선을 하려는 부분의 연면적이 5천제곱미터 이상인 것으로서 다음 각 목의 어느 하나에 해당하는 것
>   가. 지하층의 층수가 2개 층 이상인 것
>   나. 지상층의 층수가 11층 이상인 것
>   다. 냉동창고, 냉장창고 또는 냉동·냉장창고

071 특급소방안전관리자 자격시험의 횟수와 1,2,3급 소방안전관리자 자격시험의 횟수에 대한 설명이 올바른 것은?

① 1. 특급 소방안전관리자 자격시험 : 연 2회 이상
   2. 1급·2급·3급 소방안전관리자 자격시험 : 월 1회 이상
② 1. 특급 소방안전관리자 자격시험 : 연 2회 이상
   2. 1급·2급·3급 소방안전관리자 자격시험 : 월 2회 이상
③ 1. 특급 소방안전관리자 자격시험 : 연 1회 이상
   2. 1급·2급·3급 소방안전관리자 자격시험 : 연 2회 이상
④ 1. 특급 소방안전관리자 자격시험 : 연 1회 이상
   2. 1급·2급·3급 소방안전관리자 자격시험 : 분기별 1회 이상

072 소방안전관리자 자격의 정지 및 취소의 사유에 해당하지 않는 것은?

① 거짓이나 그 밖의 부정한 방법으로 소방안전관리자 자격증을 발급받은 경우
② 제24조제5항에 따른 소방안전관리업무를 게을리한 경우
③ 제30조제4항을 위반하여 소방안전관리자 자격증을 다른 사람에게 빌려준 경우
④ 제34조에 따른 강습교육을 받지 아니한 경우

 정답 : 070.③ 071.① 072.④

> **해설** 제31조(소방안전관리자 자격의 정지 및 취소)
> ① 소방청장은 제30조제2항에 따라 소방안전관리자 자격증을 발급받은 사람이 다음 각 호의 어느 하나에 해당하는 경우에는 행정안전부령으로 정하는 바에 따라 그 자격을 취소하거나 1년 이하의 기간을 정하여 그 자격을 정지시킬 수 있다. 다만, 제1호 또는 제3호에 해당하는 경우에는 그 자격을 취소하여야 한다.
> 1. 거짓이나 그 밖의 부정한 방법으로 소방안전관리자 자격증을 발급받은 경우
> 2. 제24조제5항에 따른 소방안전관리업무를 게을리한 경우
> 3. 제30조제4항을 위반하여 소방안전관리자 자격증을 다른 사람에게 빌려준 경우
> 4. 제34조에 따른 실무교육을 받지 아니한 경우
> 5. 이 법 또는 이 법에 따른 명령을 위반한 경우
> ② 제1항에 따라 소방안전관리자 자격이 취소된 사람은 취소된 날부터 2년간 소방안전관리자 자격증을 발급받을 수 없다.

073 다음 중 3급 소방안전관리자 자격시험에 응시할 수 있는 사람이 아닌자는?

① 「의용소방대 설치 및 운영에 관한 법률」 제3조에 따라 의용소방대원으로 임명되어 의용소방대원으로 2년 이상 근무한 경력이 있는 사람
② 「위험물안전관리법」 제19조에 따른 자체소방대의 소방대원으로 1년 이상 근무한 경력이 있는 사람
③ 「대통령 등의 경호에 관한 법률」에 따른 경호공무원 또는 별정직공무원으로 1년 이상 안전검측 업무에 종사한 경력이 있는 사람
④ 경찰공무원으로 1년 이상 근무한 경력이 있는 사람

> **해설** 소방안전관리자 자격시험에 응시할 수 있는 사람의 자격(제31조 관련)
> 1. 특급 소방안전관리자
>   가. 1급 소방안전관리대상물의 소방안전관리자로 5년(소방설비기사의 경우에는 자격 취득 후 2년, 소방설비산업기사의 경우에는 자격 취득 후 3년) 이상 근무한 실무경력(법 제24조제3항에 따라 소방안전관리자로 선임되어 근무한 경력은 제외한다. 이하 이 표에서 같다)이 있는 사람
>   나. 1급 소방안전관리대상물의 소방안전관리자로 선임될 수 있는 자격을 갖춘 후 특급 또는 1급 소방안전관리대상물의 소방안전관리보조자로 7년 이상 근무한 실무경력이 있는 사람
>   다. 소방공무원으로 10년 이상 근무한 경력이 있는 사람
>   라. 「고등교육법」 제2조제1호부터 제6호까지 규정 중 어느 하나에 해당하는 학교(이하 "대학"이라 한다) 또는 「초·중등교육법 시행령」 제90조제1항제10호 및 제91조에 따른 고등학교(이하 "고등학교"라 한다)에서 소방안전관리학과(소방청장이 정하여 고시하는 학과를 말한다. 이하 이 표에서 같다)를 전공하고 졸업한 사람(법령에 따라 이와 같은 수준의 학력이 있다고 인정되는 사람을 포함한다)으로서 해당 학과를 졸업한 후 2년 이상 1급 소방안전관리대상물의 소방안전관리자로 근무한 실무경력이

정답 : 073.④

예상문제

있는 사람
마. 다음의 어느 하나에 해당하는 요건을 갖춘 후 3년 이상 1급 소방안전관리대상물의 소방안전관리자로 근무한 실무경력이 있는 사람
  1) 대학 또는 고등학교에서 소방안전 관련 교과목(소방청장이 정하여 고시하는 교과 목을 말한다. 이하 이 표에서 같다)을 12학점 이상 이수하고 졸업한 사람
  2) 법령에 따라 1)에 해당하는 사람과 같은 수준의 학력이 있다고 인정되는 사람 으로서 해당 학력 취득 과정에서 소방안전 관련 교과목을 12학점 이상 이수한 사람
  3) 대학 또는 고등학교에서 소방안전 관련 학과(소방청장이 정하여 고시하는 학과를 말한다. 이하 이 표에서 같다)를 전공하고 졸업한 사람(법령에 따라 이와 같은 수준의 학력이 있다고 인정되는 사람을 포함한다)
바. 소방행정학(소방학 및 소방방재학을 포함한다) 또는 소방안전공학(소방방재공학 및 안전공학을 포함한다) 분야에서 석사 이상 학위를 취득한 후 2년 이상 1급 소방안 전관리대상물의 소방안전관리자로 근무한 실무경력이 있는 사람
사. 특급 소방안전관리대상물의 소방안전관리보조자로 10년 이상 근무한 실무경력이 있 는 사람
아. 법 제34조제1항제1호에 따른 강습교육 중 이 영 제33조제1호에 해당하는 사람을 대 상으로 하는 강습교육을 수료한 사람
자. 「초고층 및 지하연계 복합건축물 재난관리에 관한 특별법」 제12조제1항 각 호 외의 부분 본문에 따라 총괄재난관리자로 지정되어 1년 이상 근무한 경력이 있는 사람

2. 1급 소방안전관리자
가. 대학 또는 고등학교에서 소방안전관리학과를 전공하고 졸업한 사람(법령에 따라 이 와 같은 수준의 학력이 있다고 인정되는 사람을 포함한다)으로서 해당 학과를 졸업 한 후 2년 이상 2급 소방안전관리대상물 또는 3급 소방안전관리대상물의 소방안전 관리자로 근무한 실무경력이 있는 사람
나. 다음의 어느 하나에 해당하는 요건을 갖춘 후 3년 이상 2급 소방안전관리대상물 또 는 3급 소방안전관리대상물의 소방안전관리자로 근무한 실무경력이 있는 사람
  1) 대학 또는 고등학교에서 소방안전 관련 교과목을 12학점 이상 이수하고 졸업한 사람
  2) 법령에 따라 1)에 해당하는 사람과 같은 수준의 학력이 있다고 인정되는 사람으로 서 해당 학력 취득 과정에서 소방안전 관련 교과목을 12학점 이상 이수한 사람
  3) 대학 또는 고등학교에서 소방안전 관련 학과를 전공하고 졸업한 사람(법령에 따 라 이와 같은 수준의 학력이 있다고 인정되는 사람을 포함한다)
다. 소방행정학(소방학 및 소방방재학을 포함한다) 또는 소방안전공학(소방방재공학 및 안전공학을 포함한다) 분야에서 석사 이상 학위를 취득한 사람
라. 5년 이상 2급 소방안전관리대상물의 소방안전관리자로 근무한 실무경력이 있는 사 람
마. 법 제34조제1항제1호에 따른 강습교육 중 이 영 제33조제1호 및 제2호에 해당하는 사람을 대상으로 하는 강습교육을 수료한 사람
바. 2급 소방안전관리대상물의 소방안전관리자로 선임될 수 있는 자격을 갖춘 후 특급 또는 1급 소방안전관리대상물의 소방안전관리보조자로 5년 이상 근무한 실무경력이

있는 사람
사. 2급 소방안전관리대상물의 소방안전관리자로 선임될 수 있는 자격을 갖춘 후 2급 소방안전관리대상물의 소방안전관리보조자로 7년 이상 근무한 실무경력(특급 또는 1급 소방안전관리대상물의 소방안전관리보조자로 근무한 실무경력이 있는 경우에는 이를 포함하여 합산한다)이 있는 사람
아. 산업안전기사 또는 산업안전산업기사의 자격을 취득한 후 2년 이상 2급 소방안전관리대상물 또는 3급 소방안전관리대상물의 소방안전관리자로 근무한 실무경력이 있는 사람
자. 제1호에 따라 특급 소방안전관리대상물의 소방안전관리자 시험응시 자격이 인정되는 사람

3. 2급 소방안전관리자
가. 대학 또는 고등학교에서 소방안전관리학과를 전공하고 졸업한 사람(법령에 따라 이와 같은 수준의 학력이 있다고 인정되는 사람을 포함한다)
나. 다음의 어느 하나에 해당하는 사람
 1) 대학 또는 고등학교에서 소방안전 관련 교과목을 6학점 이상 이수하고 졸업한 사람
 2) 법령에 따라 1)에 해당하는 사람과 같은 수준의 학력이 있다고 인정되는 사람으로서 해당 학력 취득 과정에서 소방안전 관련 교과목을 6학점 이상 이수한 사람
 3) 대학 또는 고등학교에서 소방안전 관련 학과를 전공하고 졸업한 사람(법령에 따라 이와 같은 수준의 학력이 있다고 인정되는 사람을 포함한다)
다. 소방본부 또는 소방서에서 1년 이상 화재진압 또는 그 보조 업무에 종사한 경력이 있는 사람
라. 「의용소방대 설치 및 운영에 관한 법률」 제3조에 따라 의용소방대원으로 임명되어 3년 이상 근무한 경력이 있는 사람
마. 군부대(주한 외국군부대를 포함한다) 및 의무소방대의 소방대원으로 1년 이상 근무한 경력이 있는 사람
바. 「위험물안전관리법」 제19조에 따른 자체소방대의 소방대원으로 3년 이상 근무한 경력이 있는 사람
사. 「대통령 등의 경호에 관한 법률」에 따른 경호공무원 또는 별정직공무원으로서 2년 이상 안전검측 업무에 종사한 경력이 있는 사람
아. 경찰공무원으로 3년 이상 근무한 경력이 있는 사람
자. 법 제34조제1항제1호에 따른 강습교육 중 이 영 제33조제1호부터 제3호까지에 해당하는 사람을 대상으로 하는 강습교육을 수료한 사람
차. 「공공기관의 소방안전관리에 관한 규정」 제5조제1항제2호나목에 따른 강습교육을 수료한 사람
카. 특급 소방안전관리대상물, 1급 소방안전관리대상물, 2급 소방안전관리대상물 또는 3급 소방안전관리대상물의 소방안전관리보조자로 3년 이상 근무한 실무경력이 있는 사람
타. 3급 소방안전관리대상물의 소방안전관리자로 2년 이상 근무한 실무경력이 있는 사람
파. 건축사・산업안전기사・산업안전산업기사・건축기사・건축산업기사・일반기계기사・전기기능장・전기기사・전기산업기사・전기공사기사・전기공사산업기사・건설안

예상문제

전기사 또는 건설안전산업기사 자격을 가진 사람
하. 제1호 및 제2호에 따라 특급 또는 1급 소방안전관리대상물의 소방안전관리자 시험 응시 자격이 인정되는 사람

4. 3급 소방안전관리자
가. 「의용소방대 설치 및 운영에 관한 법률」 제3조에 따라 의용소방대원으로 임명되어 의용소방대원으로 2년 이상 근무한 경력이 있는 사람
나. 「위험물안전관리법」 제19조에 따른 자체소방대의 소방대원으로 1년 이상 근무한 경력이 있는 사람
다. 「대통령 등의 경호에 관한 법률」에 따른 경호공무원 또는 별정직공무원으로 1년 이상 안전검측 업무에 종사한 경력이 있는 사람
라. 경찰공무원으로 2년 이상 근무한 경력이 있는 사람
마. 법 제34조제1항제1호에 따른 강습교육 중 이 영 제33조제1호부터 제4호까지에 해당하는 사람을 대상으로 하는 강습교육을 수료한 사람
바. 「공공기관의 소방안전관리에 관한 규정」 제5조제1항제2호나목에 따른 강습교육을 수료한 사람
사. 특급 소방안전관리대상물, 1급 소방안전관리대상물, 2급 소방안전관리대상물 또는 3급 소방안전관리대상물의 소방안전관리보조자로 2년 이상 근무한 실무경력이 있는 사람
아. 제1호부터 제3호까지의 규정에 따라 특급 소방안전관리대상물, 1급 소방안전관리대상물 또는 2급 소방안전관리대상물의 소방안전관리자 시험응시 자격이 인정되는 사람

074 다음 중 소방안전관리자의 선임신고 등에 관한 설명으로 옳은 것은?

① 증축으로 해당 특정소방대상물의 소방안전관리자를 신규로 선임하여야 하는 경우는 해당 특정소방대상물의 완공검사필증을 교부한 날로부터 30일 이내에 소방안전관리자를 선임하여야 한다.
② 기존의 소방안전관리자를 해임한 경우는 그 해임한 날로부터 14일 이내에 소방안전관리자를 선임하여야 한다.
③ 특정소방대상물을 양수하거나 경매, 환가 또는 압류재산의 매각 그 밖에 이에 준하는 절차에 의하여 관계인의 권리를 취득한 경우 해당 권리를 취득한 날 또는 관할 소방서장으로부터 소방안전관리자 선임 안내를 받은 날로부터 14일 이내에 소방안전관리자를 선임하여야 한다.
④ 증축 또는 용도변경으로 인하여 특정소방대상물이 특급·1급·2급 소방안전관리대상물로 된 경우 증축공사의 완공일 또는 용도변경 사실을 건축물관리대장에 기재한 날로부터 30일 이내 소방안전관리자를 선임하여야 한다.

정답 : 074.④

075 다음 중 소방안전관리자의 강습교육 및 실무교육에 대한 설명으로 옳지 않은 것은?

① 소방청장은 법 제34조제1항제1호에 따른 강습교육(이하 "강습교육"이라 한다)의 대상·일정·횟수 등을 포함한 강습교육의 실시계획을 매년 수립·시행해야 한다.
② 소방청장은 강습교육을 실시하려는 경우에는 강습교육 실시 10일 전까지 일시·장소, 그 밖에 강습교육 실시에 필요한 사항을 인터넷 홈페이지에 공고해야 한다.
③ 소방청장은 법 제34조제1항제2호에 따른 실무교육(이하 "실무교육"이라 한다)의 대상·일정·횟수 등을 포함한 실무교육의 실시 계획을 매년 수립·시행해야 한다.
④ 소방청장은 실무교육을 실시하려는 경우에는 실무교육 실시 30일 전까지 일시·장소, 그 밖에 실무교육 실시에 필요한 사항을 인터넷 홈페이지에 공고하고 교육대상자에게 통보해야 한다.

해설 20일전까지

제25조(강습교육의 실시)
① 소방청장은 법 제34조제1항제1호에 따른 강습교육(이하 "강습교육"이라 한다)의 대상·일정·횟수 등을 포함한 강습교육의 실시계획을 매년 수립·시행해야 한다.
② 소방청장은 강습교육을 실시하려는 경우에는 강습교육 실시 20일 전까지 일시·장소, 그 밖에 강습교육 실시에 필요한 사항을 인터넷 홈페이지에 공고해야 한다.
③ 소방청장은 강습교육을 실시한 경우에는 수료자에게 별지 제24호서식의 수료증(전자문서를 포함한다)을 발급하고 강습교육의 과정별로 별지 제25호서식의 강습교육수료자 명부대장(전자문서를 포함한다)을 작성·보관해야 한다.

제29조(실무교육의 실시)
① 소방청장은 법 제34조제1항제2호에 따른 실무교육(이하 "실무교육"이라 한다)의 대상·일정·횟수 등을 포함한 실무교육의 실시 계획을 매년 수립·시행해야 한다.
② 소방청장은 실무교육을 실시하려는 경우에는 실무교육 실시 30일 전까지 일시·장소, 그 밖에 실무교육 실시에 필요한 사항을 인터넷 홈페이지에 공고하고 교육대상자에게 통보해야 한다.
③ 소방안전관리자는 소방안전관리자로 선임된 날부터 6개월 이내에 실무교육을 받아야 하며, 그 이후에는 2년마다(최초 실무교육을 받은 날을 기준일로 하여 매 2년이 되는 해의 기준일과 같은 날 전까지를 말한다) 1회 이상 실무교육을 받아야 한다. 다만, 소방안전관리 강습교육 또는 실무교육을 받은 후 1년 이내에 소방안전관리자로 선임된 사람은 해당 강습교육을 수료하거나 실무교육을 이수한 날에 실무교육을 이수한 것으로 본다.
④ 소방안전관리보조자는 그 선임된 날부터 6개월(영 별표 5 제2호마목에 따라 소방안전관리보조자로 지정된 사람의 경우 3개월을 말한다) 이내에 실무교육을 받아야 하며, 그 이후에는 2년마다(최초 실무교육을 받은 날을 기준일로 하여 매 2년이 되는 해의 기준일과 같은 날 전까지를 말한다) 1회 이상 실무교육을 받아야 한다. 다만, 소방안전관리자 강습교육 또는 실무교육이나 소방안전관리보조자 실무교육을 받은 후 1년 이내에 소방안전관리보조자로 선임된 사람은 해당 강습교육을 수료하거나 실무교육을 이수한 날에 실무교육을 이수한 것으로 본다.

정답 : 075.②

예상문제

076 관리의 권원이 분리되어있는 특정소방대상물의 권원별관계인은 소방안전관리자를 선임하여야 한다. 다만 권원이 많아 효율적인 소방안전관리가 이루어지지 아니한다고 판단되는 경우 소방본부장 또는 소방서장은 조정하여 선임하도록 할수있는데 이러한 권원이 분리된 건축물에 대한 설명으로 틀린 것은?

① 복합건축물로서 지하층을 제외한 층수가 11층 이상인 건축물
② 지하가(지하의 인공구조물 안에 설치된 상점 및 사무실, 그 밖에 이와 비슷한 시설이 연속하여 지하도에 접하여 설치된 것과 그 지하도를 합한 것을 말한다)
③ 판매시설 중 도매시장, 소매시장 및 전통시장
④ 복합건축물로서 연면적 5천제곱미터 이상인 건축물

해설 ① 다음 각 호의 어느 하나에 해당하는 특정소방대상물로서 그 관리의 권원(權原)이 분리되어 있는 특정소방대상물의 경우 그 관리의 권원별 관계인은 대통령령으로 정하는 바에 따라 제24조제1항에 따른 소방안전관리자를 선임하여야 한다. 다만, 소방본부장 또는 소방서장은 관리의 권원이 많아 효율적인 소방안전관리가 이루어지지 아니한다고 판단되는 경우 대통령령으로 정하는 바에 따라 관리의 권원을 조정하여 소방안전관리자를 선임하도록 할 수 있다.

1. 복합건축물(지하층을 제외한 층수가 11층 이상 또는 연면적 3만제곱미터 이상인 건축물)
2. 지하가(지하의 인공구조물 안에 설치된 상점 및 사무실, 그 밖에 이와 비슷한 시설이 연속하여 지하도에 접하여 설치된 것과 그 지하도를 합한 것을 말한다)
3. 그 밖에 대통령령으로 정하는 특정소방대상물 [판매시설 중 도매시장, 소매시장 및 전통시장]

> **참고** 시행령
> **제34조(관리의 권원별 소방안전관리자 선임 및 조정 기준)** ① 법 제35조제1항 본문에 따라 관리의 권원이 분리되어 있는 특정소방대상물의 관계인은 소유권, 관리권 및 점유권에 따라 각각 소방안전관리자를 선임해야 한다. 다만, 둘 이상의 소유권, 관리권 또는 점유권이 동일인에게 귀속된 경우에는 하나의 관리 권원으로 보아 소방안전관리자를 선임할 수 있다.
> ② 제1항에도 불구하고 다음 각 호의 어느 하나에 해당하는 경우에는 해당 호에서 정하는 바에 따라 소방안전관리자를 선임할 수 있다.
> 1. 법령 또는 계약 등에 따라 공동으로 관리하는 경우 : 하나의 관리 권원으로 보아 소방안전관리자 1명 선임
> 2. 화재 수신기 또는 소화펌프(가압송수장치를 포함한다. 이하 이 항에서 같다)가 별도로 설치되어 있는 경우 : 설치된 화재 수신기 또는 소화펌프가 화재를 감지·소화 또는 경보할 수 있는 부분을 각각 하나의 관리 권원으로 보아 각각 소방안전관리자 선임
> 3. 하나의 화재 수신기 및 소화펌프가 설치된 경우 : 하나의 관리 권원으로 보아 소방안전관리자 1명 선임

정답 : 076.④

③ 제1항 및 제2항에도 불구하고 소방본부장 또는 소방서장은 법 제35조제1항 각 호 외의 부분 단서에 따라 관리의 권원이 많아 효율적인 소방안전관리가 이루어지지 않는다고 판단되는 경우 제1항 각 호의 기준 및 해당 특정소방대상물의 화재위험성 등을 고려하여 관리의 권원이 분리되어 있는 특정소방대상물의 관리의 권원을 조정하여 소방안전관리자를 선임하도록 할 수 있다.

077 다음 중 피난계획에 포함되는 사항이 아닌 것은?

① 화재경보의 수단 및 방식
② 층별, 구역별 피난대상 인원의 연령별·성별 현황
③ 피난약자의 현황
④ 각 거실에서 옥외(옥상 또는 피난안전구역을 제외한다)로 이르는 피난경로

해설 제34조(피난계획의 수립·시행)
① 법 제36조제1항에 따른 피난계획(이하 "피난계획"이라 한다)에는 다음 각 호의 사항이 포함되어야 한다.
  1. 화재경보의 수단 및 방식
  2. 층별, 구역별 피난대상 인원의 연령별·성별 현황
  3. 피난약자의 현황
  4. 각 거실에서 옥외(옥상 또는 피난안전구역을 포함한다)로 이르는 피난경로
  5. 피난약자 및 피난약자를 동반한 사람의 피난동선과 피난방법
  6. 피난시설, 방화구획, 그 밖에 피난에 영향을 줄 수 있는 제반 사항
② 소방안전관리대상물의 관계인은 해당 소방안전관리대상물의 구조·위치, 소방시설 등을 고려하여 피난계획을 수립해야 한다.
③ 소방안전관리대상물의 관계인은 해당 소방안전관리대상물의 피난시설이 변경된 경우에는 그 변경사항을 반영하여 피난계획을 정비해야 한다.
④ 제1항부터 제3항까지에서 규정한 사항 외에 피난계획의 수립·시행에 필요한 세부 사항은 소방청장이 정하여 고시한다.

078 피난유도안내정보를 제공하는 방법이 올바르게 설명된 것은?

① 연2회 피난안내 교육을 실시하는 방법
② 반기별 1회 이상 피난안내방송을 실시하는 방법
③ 피난안내도를 모든 거실마다 보기 쉬운 위치에 게시하는 방법
④ 엘리베이터, 각 계단실등 보기쉬운 장소에 피난안내영상을 제공하는 방법

해설 제35조(피난유도 안내정보의 제공)
① 법 제36조제3항에 따른 피난유도 안내정보는 다음 각 호의 어느 하나의 방법으로 제공한다.

정답 : 077.④ 078.①

예상문제

　　1. 연 2회 피난안내 교육을 실시하는 방법
　　2. 분기별 1회 이상 피난안내방송을 실시하는 방법
　　3. 피난안내도를 층마다 보기 쉬운 위치에 게시하는 방법
　　4. 엘리베이터, 출입구 등 시청이 용이한 장소에 피난안내영상을 제공하는 방법
② 제1항에서 규정한 사항 외에 피난유도 안내정보의 제공에 필요한 세부 사항은 소방청장이 정하여 고시한다.

079 소방안전관리대상물의 관계인이 실시하는 소방훈련과 교육을 지도감독할 수 있는 권한자는?

① 소방본부장　　　　　　　　　　② 소방청장
③ 시도지사　　　　　　　　　　　④ 119안전센터장

> **해설** 소방본부장 또는 소방서장은 제1항에 따라 소방안전관리대상물의 관계인이 실시하는 소방훈련과 교육을 지도·감독할 수 있다.

080 특급 및 1급소방안전관리대상물은 소방훈련 및 교육을 실시한 날로부터 몇 일 이내에 누구령으로 정하는 바에 따라 소방본부장 또는 소방서장에게 제출하여야 하는가?

① 10일, 대통령령　　　　　　　　② 20일, 행정안전부령
③ 30일, 행정안전부령　　　　　　④ 30일, 소방청고시

> **해설** 소방안전관리대상물 중 소방안전관리업무의 전담이 필요한 대통령령으로 정하는 소방안전관리대상물의 관계인은 제1항에 따른 소방훈련 및 교육을 한 날부터 30일 이내에 소방훈련 및 교육 결과를 행정안전부령으로 정하는 바에 따라 소방본부장 또는 소방서장에게 제출하여야 한다.

> **참고** 시행규칙
> **제36조(근무자 및 거주자에 대한 소방훈련과 교육)** ① 소방안전관리대상물의 관계인은 법 제37조제1항에 따른 소방훈련과 교육을 연 1회 이상 실시해야 한다. 다만, 소방본부장 또는 소방서장이 화재예방을 위하여 필요하다고 인정하여 2회의 범위에서 추가로 실시할 것을 요청하는 경우에는 소방훈련과 교육을 추가로 실시해야 한다.
> ② 소방본부장 또는 소방서장은 특급 및 1급 소방안전관리대상물의 관계인으로 하여금 제1항에 따른 소방훈련과 교육을 소방기관과 합동으로 실시하게 할 수 있다.
> ③ 소방안전관리대상물의 관계인은 소방훈련과 교육을 실시하는 경우 소방훈련 및 교육에 필요한 장비 및 교재 등을 갖추어야 한다.
> ④ 소방안전관리대상물의 관계인은 제1항에 따라 소방훈련과 교육을 실시했을 때에는 그 실시 결과를 별지 제28호서식의 소방훈련·교육 실시 결과 기록부에 기록하고, 이를 소방훈련 및 교육을 실시한 날부터 2년간 보관해야 한다.

정답 : 079.① 080.③

081 소방본부장 또는 소방서장은 소방안전관리대상물 중 불특정 다수인이 이용하는 대통령령으로 정하는 특정소방대상물의 근무자등에게 불시에 소방훈련과 교육을 실시할 수 있는데 여기서 대통령령으로 정하는 특정소방대상물이 아닌 것은?

① 의료시설 ② 근린생활시설
③ 교육연구시설 ④ 노유자시설

해설 **시행령 제39조(불시 소방훈련 · 교육의 대상)**
법 제37조제4항에서 "대통령령으로 정하는 특정소방대상물"이란 소방안전관리대상물 중 다음 각 호의 특정소방대상물을 말한다.
1. 「소방시설 설치 및 관리에 관한 법률 시행령」 별표 2 제7호에 따른 의료시설
2. 「소방시설 설치 및 관리에 관한 법률 시행령」 별표 2 제8호에 따른 교육연구시설
3. 「소방시설 설치 및 관리에 관한 법률 시행령」 별표 2 제9호에 따른 노유자 시설
4. 그 밖에 화재 발생 시 불특정 다수의 인명피해가 예상되어 소방본부장 또는 소방서장이 소방훈련 · 교육이 필요하다고 인
   정하는 특정소방대상물

082 소방본부장 또는 소방서장은 불시 소방훈련을 실시하려는 경우 관계인에게 몇일전까지 통지해야 하는가?

① 10일전까지 ② 14일전까지
③ 30일전까지 ④ 불시에

해설 **제38조(불시 소방훈련 및 교육 사전통지)** 소방본부장 또는 소방서장은 법 제37조제4항에 따라 불시 소방훈련과 교육(이하 "불시 소방훈련 · 교육"이라 한다)을 실시하려는 경우에는 소방안전관리대상물의 관계인에게 불시 소방훈련 · 교육 실시 10일 전까지 별지 제30호서식의 불시 소방훈련 · 교육 계획서를 통지해야 한다.

083 다음 빈칸에 들어갈 단어로 올바른 것은?

> **시행규칙 제40조(소방안전교육 대상자 등)** ① 법 제38조제1항에 따른 소방안전교육의 교육대상자는 법 제37조를 적용받지 않는 특정소방대상물 중 다음 각 호의 어느 하나에 해당하는 특정소방대상물의 관계인으로서 관할 소방서장이 소방안전교육이 필요하다고 인정하는 사람으로 한다.
> 1. (   )가 설치된 공장 · 창고 등의 특정소방대상물
> 2. 그 밖에 관할 소방본부장 또는 소방서장이 화재에 대한 취약성이 높다고 인정하는 특정소방대상물

① 소화기 또는 옥내소화전 ② 소화기 또는 비상경보설비
③ 소화기 또는 자동소화장치 ④ 옥내소화전 또는 스프링클러설비

 정답 : 081.② 082.① 083.②

예상문제

084 다음 중 소방안전특별관리대상물에 해당하지 않는 것은?

① 「공항시설법」 제2조제7호의 공항시설
② 「항만법」 제2조제5호의 항만시설
③ 점포가 300개 이상인 전통시장
④ 물류창고로서 연면적 10만제곱미터 이상인 것

▎해설 제40조(소방안전 특별관리시설물의 안전관리)
① 소방청장은 화재 등 재난이 발생할 경우 사회·경제적으로 피해가 큰 다음 각 호의 시설(이하 "소방안전 특별관리시설물"이라 한다)에 대하여 소방안전 특별관리를 하여야 한다.
  1. 「공항시설법」 제2조제7호의 공항시설
  2. 「철도산업발전기본법」 제3조제2호의 철도시설
  3. 「도시철도법」 제2조제3호의 도시철도시설
  4. 「항만법」 제2조제5호의 항만시설
  5. 「문화재보호법」 제2조제3항의 지정문화재인 시설(시설이 아닌 지정문화재를 보호하거나 소장하고 있는 시설을 포함한다)
  6. 「산업기술단지 지원에 관한 특례법」 제2조제1호의 산업기술단지
  7. 「산업입지 및 개발에 관한 법률」 제2조제8호의 산업단지
  8. 「초고층 및 지하연계 복합건축물 재난관리에 관한 특별법」 제2조제1호·제2호의 초고층 건축물 및 지하연계 복합건축물
  9. 「영화 및 비디오물의 진흥에 관한 법률」 제2조제10호의 영화상영관 중 수용인원 1천명 이상인 영화상영관
  10. 전력용 및 통신용 지하구
  11. 「한국석유공사법」 제10조제1항제3호의 석유비축시설
  12. 「한국가스공사법」 제11조제1항제2호의 천연가스 인수기지 및 공급망
  13. 「전통시장 및 상점가 육성을 위한 특별법」 제2조제1호의 전통시장으로서 대통령령으로 정하는 전통시장
  14. 그 밖에 대통령령으로 정하는 시설물

> **참고** 시행령 제41조(소방안전 특별관리시설물)
> ① 법 제40조제1항제13호에서 "대통령령으로 정하는 전통시장"이란 점포가 500개 이상인 전통시장을 말한다.
> ② 법 제40조제1항제14호에서 "대통령령으로 정하는 시설물"이란 다음 각 호의 시설물을 말한다.
>   1. 「전기사업법」 제2조제4호에 따른 발전사업자가 가동 중인 발전소(「발전소주변지역 지원에 관한 법률 시행령」 제2조제2항에 따른 발전소는 제외한다)
>   2. 「물류시설의 개발 및 운영에 관한 법률」 제2조제5호의2에 따른 물류창고로서 연면적 10만제곱미터 이상인 것
>   3. 「도시가스사업법」 제2조제5호에 따른 가스공급시설

정답 : 084.③

085 다음 괄호안에 들어갈 단어로 옳은 것은?

> 제42조(소방안전 특별관리기본계획·시행계획의 수립·시행)
> ① [ㄱ]은 법 제40조제2항에 따른 소방안전 특별관리기본계획(이하 "특별관리기본계획"이라 한다)을 5년마다 수립하여 시·도에 통보해야 한다.
> ② [ㄴ]는 특별관리기본계획을 시행하기 위하여 매년 법 제40조제3항에 따른 소방안전 특별관리시행계획(이하 "특별관리시행계획"이라 한다)을 수립·시행하고, 그 결과를 다음 연도 1월 31일까지 [ㄷ] 에게 통보해야 한다.

① ㄱ : 소방본부장 또는 소방서장, ㄴ : 시도지사, ㄷ : 소방본부장 또는 소방서장
② ㄱ : 시도지사, ㄴ : 소방청장, ㄷ : 소방본부장 또는 소방서장
③ ㄱ : 소방청장, ㄴ : 시도지사, ㄷ : 소방본부장
④ ㄱ : 소방청장, ㄴ : 시도지사, ㄷ : 소방청장

086 한국소방안전원 또는 소방청장이 지정하는 화재예방안전진단기관으로부터 정기적으로 화재예방안전진단을 받아야 하는 시설의 종류에 해당하지 않는 것은?

① 공항시설 중 여객터미널의 연면적이 5천제곱미터 이상인 공항시설
② 철도시설 중 역 시설의 연면적이 5천제곱미터 이상인 철도시설
③ 도시철도시설 중 역사 및 역 시설의 연면적이 5천제곱미터 이상인 도시철도시설
④ 항만시설 중 여객이용시설 및 지원시설의 연면적이 5천제곱미터 이상인 항만시설

▶해설 **제43조(화재예방안전진단의 대상)**
법 제41조제1항에서 "대통령령으로 정하는 소방안전 특별관리시설물"이란 다음 각 호의 시설을 말한다.
1. 법 제40조제1항제1호에 따른 공항시설 중 여객터미널의 연면적이 1천제곱미터 이상인 공항시설
2. 법 제40조제1항제2호에 따른 철도시설 중 역 시설의 연면적이 5천제곱미터 이상인 철도시설
3. 법 제40조제1항제3호에 따른 도시철도시설 중 역사 및 역 시설의 연면적이 5천제곱미터 이상인 도시철도시설
4. 법 제40조제1항제4호에 따른 항만시설 중 여객이용시설 및 지원시설의 연면적이 5천제곱미터 이상인 항만시설
5. 법 제40조제1항제10호에 따른 전력용 및 통신용 지하구 중 「국토의 계획 및 이용에 관한 법률」 제2조제9호에 따른 공동구
6. 법 제40조제1항제12호에 따른 천연가스 인수기지 및 공급망 중 「소방시설 설치 및 관리에 관한 법률 시행령」 별표 2 제17호나목에 따른 가스시설
7. 제41조제2항제1호에 따른 발전소 중 연면적이 5천제곱미터 이상인 발전소
8. 제41조제2항제3호에 따른 가스공급시설 중 가연성 가스 탱크의 저장용량의 합계가 100톤 이상이거나 저장용량이 30톤 이상인 가연성 가스 탱크가 있는 가스공급시설

정답 : 085.④ 086.①

예상문제

087 우수소방대상물의 포상에 대한 다음 괄호안에 들어갈 올바른 답은?

> 제44조(우수 소방대상물 관계인에 대한 포상 등) ① [ㄱ]은 소방대상물의 자율적인 안전관리를 유도하기 위하여 안전관리 상태가 우수한 소방대상물을 선정하여 우수 소방대상물 표지를 발급하고, 소방대상물의 관계인을 포상할 수 있다.
> ② 제1항에 따른 우수 소방대상물의 선정 방법, 평가 대상물의 범위 및 평가 절차 등에 필요한 사항은 [ㄴ]으로 정한다.

① 시도지사, 대통령령
② 소방청장, 대통령령
③ 소방청장, 행정안전부령
③ 소방본부장 또는 소방서장, 행정안전부령

088 화재예방법 47조에 따라 행정안전부령으로 정해진 수수료 또는 교육비 대상에 해당하지 않는 것은?

① 소방안전관리자 자격시험에 응시하려는 사람
② 소방안전관리자 자격증을 발급 또는 재발급 받으려는 사람
③ 소방안전교육을 받으려는 사람
④ 화재예방안전진단을 받으려는 관계인

해설 제47조(수수료 등)
다음 각 호의 어느 하나에 해당하는 자는 행정안전부령으로 정하는 수수료 또는 교육비를 내야 한다.
1. 제30조제1항에 따른 소방안전관리자 자격시험에 응시하려는 사람
2. 제30조제2항 및 제3항에 따른 소방안전관리자 자격증을 발급 또는 재발급 받으려는 사람
3. 제34조에 따른 강습교육 또는 실무교육을 받으려는 사람
4. 제41조제1항에 따라 화재예방안전진단을 받으려는 관계인

089 다음 중 화재예방법상 3년이하의 징역 또는 3천만원이하의 벌금에 처해지는 사항이 아닌 것은?

① 화재안전조사결과에 따른 조치명령을 정당한 사유없이 위반한자
② 소방안전관리자 선임명령을 정당한 사유없이 위반한자
③ 화재예방안전진단기관으로부터 화재예방안전진단을 받지 아니한자
④ 거짓이나 그밖 부정한 방법으로 화재예방안전진단기관으로 지정을 받은자

해설 제50조(벌칙)
① 다음 각 호의 어느 하나에 해당하는 자는 3년 이하의 징역 또는 3천만원 이하의 벌금에 처한다.
1. 제14조제1항 및 제2항(화재안전조사결과)에 따른 조치명령을 정당한 사유 없이 위반한 자

정답 : 087.③ 088.③ 089.③

2. 제28조제1항 및 제2항(소방안전관리자선임명령)에 따른 명령을 정당한 사유 없이 위반한 자
3. 제41조제5항(화재예방안전진단결과)에 따른 보수·보강 등의 조치명령을 정당한 사유 없이 위반한 자
4. 거짓이나 그 밖의 부정한 방법으로 제42조제1항에 따른 진단기관으로 지정을 받은 자

② 다음 각 호의 어느 하나에 해당하는 자는 1년 이하의 징역 또는 1천만원 이하의 벌금에 처한다.
1. 제12조제2항(화재안전조사 증표제시의무)을 위반하여 관계인의 정당한 업무를 방해하거나, 조사업무를 수행하면서 취득한 자료나 알게 된 비밀을 다른 사람 또는 기관에게 제공 또는 누설하거나 목적 외의 용도로 사용한 자
2. 제30조제4항(소방안전관리자자격증발급)을 위반하여 자격증을 다른 사람에게 빌려주거나 빌리거나 이를 알선한 자
3. 제41조제1항을 위반하여 진단기관으로부터 화재예방안전진단을 받지 아니한 자

090 다음중 벌금사항이 아닌 것은?

① 화재안전조사를 정당한 사유없이 거부, 방해 또는 기피한자
② 화재예방조치명령을 정당한 사유없이 따르지 아니하거나 방해한자
③ 소방안전관리자를 선임하지 아니한자
④ 화재예방안전진단 결과를 제출하지 아니한자

해설 다음 각 호의 어느 하나에 해당하는 자는 300만원 이하의 벌금에 처한다.
1. 제7조제1항에 따른 화재안전조사를 정당한 사유 없이 거부·방해 또는 기피한 자
2. 제17조제2항 각 호의 어느 하나에 따른 명령을 정당한 사유 없이 따르지 아니하거나 방해한 자
3. 제24조제1항·제3항, 제29조제1항 및 제35조제1항·제2항을 위반하여 소방안전관리자, 총괄소방안전관리자 또는 소방안전관리보조자를 선임하지 아니한 자
4. 제27조제3항을 위반하여 소방시설·피난시설·방화시설 및 방화구획 등이 법령에 위반된 것을 발견하였음에도 필요한 조치를 할 것을 요구하지 아니한 소방안전관리자
5. 제27조제4항을 위반하여 소방안전관리자에게 불이익한 처우를 한 관계인
6. 제41조제6항 및 제48조제3항을 위반하여 업무를 수행하면서 알게 된 비밀을 이 법에서 정한 목적 외의 용도로 사용하거나 다른 사람 또는 기관에 제공하거나 누설한 자

091 다음 중 300만원이하과태료 사항이 아닌 것은?

① 화재예방강화지구등에서 정당한 사유없이 풍등등 소형열기구날리기를 한자
② 소방안전관리업무를 하지 아니한 특정소방대상물의 관계인 또는 소방안전관리대상물의 소방안전관리자
③ 불을 사용할 때 지켜야 하는 사항 및 같은 조 제5항에 따른 특수가연물의 저장 및 취급 기준을 위반한 자
④ 피난유도 안내정보를 제공하지 아니한 자

 정답 : 090.④ 091.③

예상문제

> **해설** 제52조(과태료)
> ① 다음 각 호의 어느 하나에 해당하는 자에게는 300만원 이하의 과태료를 부과한다.
>   1. 정당한 사유 없이 제17조제1항 각 호의 어느 하나에 해당하는 행위를 한 자
>   2. 제24조제2항(전기,가스등)을 위반하여 소방안전관리자를 겸한 자
>   3. 제24조제5항에 따른 소방안전관리업무를 하지 아니한 특정소방대상물의 관계인 또는 소방안전관리대상물의 소방안전관리자
>   4. 제27조제2항을 위반하여 소방안전관리업무의 지도·감독을 하지 아니한 자
>   5. 제29조제2항에 따른 건설현장 소방안전관리대상물의 소방안전관리자의 업무를 하지 아니한 소방안전관리자
>   6. 제36조제3항을 위반하여 피난유도 안내정보를 제공하지 아니한 자
>   7. 제37조제1항을 위반하여 소방훈련 및 교육을 하지 아니한 자
>   8. 제41조제4항을 위반하여 화재예방안전진단 결과를 제출하지 아니한 자
> ② 다음 각 호의 어느 하나에 해당하는 자에게는 200만원 이하의 과태료를 부과한다.
>   1. 제17조제4항에 따른 불을 사용할 때 지켜야 하는 사항 및 같은 조 제5항에 따른 특수가연물의 저장 및 취급 기준을 위반한 자
>   2. 제18조제4항에 따른 소방설비등의 설치 명령을 정당한 사유 없이 따르지 아니한 자
>   3. 제26조제1항을 위반하여 기간 내에 선임신고를 하지 아니하거나 소방안전관리자의 성명 등을 게시하지 아니한 자
>   4. 제29조제1항을 위반하여 기간 내에 선임신고를 하지 아니한 자
>   5. 제37조제2항을 위반하여 기간 내에 소방훈련 및 교육 결과를 제출하지 아니한 자
> ③ 제34조제1항제2호를 위반하여 실무교육을 받지 아니한 소방안전관리자 및 소방안전관리보조자에게는 100만원 이하의 과태료를 부과한다.
> ④ 제1항부터 제3항까지에 따른 과태료는 대통령령으로 정하는 바에 따라 소방청장, 시·도지사, 소방본부장 또는 소방서장이 부과·징수한다.

092 과태료 일반기준에 해당하는 설명중 틀린 것은?

① 위반행위의 횟수에 따른 과태료의 가중된 부과기준은 최근 1년간 같은 위반행위로 과태료 부과처분을 받은 경우에 적용한다. 이 경우 기간의 계산은 위반행위에 대하여 과태료 부과처분을 받은 날과 그 처분 후 다시 같은 위반행위를 하여 적발된 날을 기준으로 한다.

② 위반행위가 사소한 부주의나 오류로 인한 것으로 인정되는 경우 과태료의 2분의 1 범위에서 그 금액을 줄여 부과할 수 있다

③ 위반행위자가 처음 위반행위를 한 경우로서 5년 이상 해당 업종을 모범적으로 영위한 사실이 인정되는 경우 과태료의 2분의 1 범위에서 그 금액을 줄여 부과할 수 있다

④ 가중된 부과처분을 하는 경우 가중처분의 적용 차수는 그 위반행위 전 부과처분 차수(보기1에 따른 기간 내에 과태료 부과처분이 둘 이상 있었던 경우에는 높은 차수를 말한다)의 다음 차수로 한다.

정답 : 092.③

일반기준

가. 위반행위의 횟수에 따른 과태료의 가중된 부과기준은 최근 1년간 같은 위반행위로 과태료 부과처분을 받은 경우에 적용한다. 이 경우 기간의 계산은 위반행위에 대하여 과태료 부과처분을 받은 날과 그 처분 후 다시 같은 위반행위를 하여 적발된 날을 기준으로 한다.

나. 가목에 따라 가중된 부과처분을 하는 경우 가중처분의 적용 차수는 그 위반행위 전 부과처분 차수(가목에 따른 기간 내에 과태료 부과처분이 둘 이상 있었던 경우에는 높은 차수를 말한다)의 다음 차수로 한다.

다. 부과권자는 다음의 어느 하나에 해당하는 경우에는 제2호의 개별기준에 따른 과태료의 2분의 1 범위에서 그 금액을 줄여 부과할 수 있다. 다만, 과태료를 체납하고 있는 위반행위자에 대해서는 그렇지 않다.
  1) 위반행위가 사소한 부주의나 오류로 인한 것으로 인정되는 경우
  2) 위반행위자가 법 위반상태를 시정하거나 해소하기 위하여 노력한 사실이 인정되는 경우
  3) 위반행위자가 처음 위반행위를 한 경우로서 3년 이상 해당 업종을 모범적으로 영위한 사실이 인정되는 경우
  4) 위반행위자가 화재 등 재난으로 재산에 현저한 손실을 입거나 사업 여건의 악화로 그 사업이 중대한 위기에 처하는 등 사정이 있는 경우
  5) 위반행위자가 같은 위반행위로 다른 법률에 따라 과태료·벌금·영업정지 등의 처분을 받은 경우
  6) 그 밖에 위반행위의 정도, 위반행위의 동기와 그 결과 등을 고려하여 과태료 금액을 줄일 필요가 있다고 인정되는 경우

MEMO

CHAPTER 04. 소방시설 설치 및 관리에 관한 법률

1. 목적

이 법은 특정소방대상물 등에 설치하여야 하는 소방시설등의 설치·관리와 소방용품 성능관리에 필요한 사항을 규정함으로써 국민의 생명·신체 및 재산을 보호하고 공공의 안전과 복리 증진에 이바지함을 목적으로 한다.

2. 용어정의

① "소방시설"이란 소화설비, 경보설비, 피난구조설비, 소화용수설비, 그 밖에 소화활동설비로서 대통령령으로 정하는 것을 말한다.
② "소방시설등"이란 소방시설과 비상구(非常口), 그 밖에 소방 관련 시설로서 대통령령으로 정하는 것을 말한다. [방화문, 방화셔터]
③ "특정소방대상물"이란 건축물 등의 규모·용도 및 수용인원 등을 고려하여 소방시설을 설치하여야 하는 소방대상물로서 대통령령으로 정하는 것을 말한다.
④ "화재안전성능"이란 화재를 예방하고 화재발생 시 피해를 최소화하기 위하여 소방대상물의 재료, 공간 및 설비 등에 요구되는 안전성능을 말한다.
⑤ "성능위주설계"란 건축물 등의 재료, 공간, 이용자, 화재 특성 등을 종합적으로 고려하여 공학적 방법으로 화재 위험성을 평가하고 그 결과에 따라 화재안전성능이 확보될 수 있도록 특정소방대상물을 설계하는 것을 말한다.
⑥ "화재안전기준"이란 소방시설 설치 및 관리를 위한 다음 각 목의 기준을 말한다.
  ㉠ 성능기준 : 화재안전 확보를 위하여 재료, 공간 및 설비 등에 요구되는 안전성능으로서 소방청장이 고시로 정하는 기준
  ㉡ 기술기준 : ㉠에 따른 성능기준을 충족하는 상세한 규격, 특정한 수치 및 시험방법 등에 관한 기준으로서 행정안전부령으로 정하는 절차에 따라 소방청장의 승인을 받은 기준
⑦ "소방용품"이란 소방시설등을 구성하거나 소방용으로 사용되는 제품 또는 기기로서 대통령령으로 정하는 것을 말한다.

⑧ "무창층"(無窓層)이란 지상층 중 다음 각 목의 요건을 모두 갖춘 개구부(건축물에서 채광·환기·통풍 또는 출입 등을 위하여 만든 창·출입구, 그 밖에 이와 비슷한 것을 말한다. 이하 같다)의 면적의 합계가 해당 층의 바닥면적(「건축법 시행령」 제119조제1항제3호에 따라 산정된 면적을 말한다. 이하 같다)의 30분의 1 이하가 되는 층을 말한다.
  ㉠ 크기는 지름 50센티미터 이상의 원이 통과할 수 있을 것
  ㉡ 해당 층의 바닥면으로부터 개구부 밑부분까지의 높이가 1.2미터 이내일 것
  ㉢ 도로 또는 차량이 진입할 수 있는 빈터를 향할 것
  ㉣ 화재 시 건축물로부터 쉽게 피난할 수 있도록 창살이나 그 밖의 장애물이 설치되지 않을 것
  ㉤ 내부 또는 외부에서 쉽게 부수거나 열 수 있을 것
⑨ "피난층"이란 곧바로 지상으로 갈 수 있는 출입구가 있는 층을 말한다.

■ 소방시설 설치 및 관리에 관한 법률 시행령 [별표 1] [시행일 : 2023. 12. 1.] 제2호마목

소방시설(제3조 관련)

1. 소화설비 : 물 또는 그 밖의 소화약제를 사용하여 소화하는 기계·기구 또는 설비로서 다음 각 목의 것
   가. 소화기구
      1) 소화기
      2) 간이소화용구 : 에어로졸식 소화용구, 투척용 소화용구, 소공간용 소화용구 및 소화약제 외의 것을 이용한 간이소화용구
      3) 자동확산소화기
   나. 자동소화장치
      1) 주거용 주방자동소화장치
      2) 상업용 주방자동소화장치
      3) 캐비닛형 자동소화장치
      4) 가스자동소화장치
      5) 분말자동소화장치
      6) 고체에어로졸자동소화장치
   다. 옥내소화전설비[호스릴(hose reel) 옥내소화전설비를 포함한다]
   라. 스프링클러설비등
      1) 스프링클러설비
      2) 간이스프링클러설비(캐비닛형 간이스프링클러설비를 포함한다)
      3) 화재조기진압용 스프링클러설비
   마. 물분무등소화설비
      1) 물분무소화설비
      2) 미분무소화설비

3) 포소화설비
4) 이산화탄소소화설비
5) 할론소화설비
6) 할로겐화합물 및 불활성기체(다른 원소와 화학반응을 일으키기 어려운 기체를 말한다. 이하 같다) 소화설비
7) 분말소화설비
8) 강화액소화설비
9) 고체에어로졸소화설비

바. 옥외소화전설비

2. 경보설비 : 화재발생 사실을 통보하는 기계·기구 또는 설비로서 다음 각 목의 것
    가. 단독경보형 감지기
    나. 비상경보설비
        1) 비상벨설비
        2) 자동식사이렌설비
    다. 자동화재탐지설비
    라. 시각경보기
    마. 화재알림설비
    바. 비상방송설비
    사. 자동화재속보설비
    아. 통합감시시설
    자. 누전경보기
    차. 가스누설경보기

3. 피난구조설비 : 화재가 발생할 경우 피난하기 위하여 사용하는 기구 또는 설비로서 다음 각 목의 것
    가. 피난기구
        1) 피난사다리
        2) 구조대
        3) 완강기
        4) 간이완강기
        5) 그 밖에 화재안전기준으로 정하는 것
    나. 인명구조기구
        1) 방열복, 방화복(안전모, 보호장갑 및 안전화를 포함한다)
        2) 공기호흡기
        3) 인공소생기
    다. 유도등
        1) 피난유도선
        2) 피난구유도등
        3) 통로유도등
        4) 객석유도등
        5) 유도표지
    라. 비상조명등 및 휴대용비상조명등

4. 소화용수설비 : 화재를 진압하는 데 필요한 물을 공급하거나 저장하는 설비로서 다음 각 목의 것
   가. 상수도소화용수설비
   나. 소화수조·저수조, 그 밖의 소화용수설비
5. 소화활동설비 : 화재를 진압하거나 인명구조활동을 위하여 사용하는 설비로서 다음 각 목의 것
   가. 제연설비
   나. 연결송수관설비
   다. 연결살수설비
   라. 비상콘센트설비
   마. 무선통신보조설비
   바. 연소방지설비

■ 소방시설 설치 및 관리에 관한 법률 시행령 [별표 2] [시행일 : 2024. 12. 1.] 제1호나목, 제1호다목

특정소방대상물(제5조 관련)

1. 공동주택
   가. 아파트등 : 주택으로 쓰는 층수가 5층 이상인 주택
   나. 연립주택 : 주택으로 쓰는 1개 동의 바닥면적(2개 이상의 동을 지하주차장으로 연결하는 경우에는 각각의 동으로 본다) 합계가 660㎡를 초과하고, 층수가 4개 층 이하인 주택
   다. 다세대주택 : 주택으로 쓰는 1개 동의 바닥면적(2개 이상의 동을 지하주차장으로 연결하는 경우에는 각각의 동으로 본다) 합계가 660㎡ 이하이고, 층수가 4개 층 이하인 주택
   라. 기숙사 : 학교 또는 공장 등의 학생 또는 종업원 등을 위하여 쓰는 것으로서 1개 동의 공동취사시설 이용 세대 수가 전체의 50퍼센트 이상인 것(「교육기본법」제27조제2항에 따른 학생복지주택 및 「공공주택 특별법」제2조제1호의3에 따른 공공매입임대주택 중 독립된 주거의 형태를 갖추지 않은 것을 포함한다)
2. 근린생활시설
   가. 슈퍼마켓과 일용품(식품, 잡화, 의류, 완구, 서적, 건축자재, 의약품, 의료기기 등) 등의 소매점으로서 같은 건축물(하나의 대지에 두 동 이상의 건축물이 있는 경우에는 이를 같은 건축물로 본다. 이하 같다)에 해당 용도로 쓰는 바닥면적의 합계가 1천㎡ 미만인 것
   나. 휴게음식점, 제과점, 일반음식점, 기원(棋院), 노래연습장 및 단란주점(단란주점은 같은 건축물에 해당 용도로 쓰는 바닥면적의 합계가 150㎡ 미만인 것만 해당한다)
   다. 이용원, 미용원, 목욕장 및 세탁소(공장에 부설된 것과 「대기환경보전법」, 「물환경보전법」 또는 「소음·진동관리법」에 따른 배출시설의 설치허가 또는 신고의 대상인 것은 제외한다)
   라. 의원, 치과의원, 한의원, 침술원, 접골원(接骨院), 조산원, 산후조리원 및 안마원(「의료법」 제82조제4항에 따른 안마시술소를 포함한다)
   마. 탁구장, 테니스장, 체육도장, 체력단련장, 에어로빅장, 볼링장, 당구장, 실내낚시터, 골프연습장, 물놀이형 시설(「관광진흥법」 제33조에 따른 안전성검사의 대상이 되는 물놀이형 시설을 말한다. 이하 같다), 그 밖에 이와 비슷한 것으로서 같은 건축물에 해당 용도로 쓰는 바닥면적의 합계가 500㎡ 미만인 것

바. 공연장(극장, 영화상영관, 연예장, 음악당, 서커스장, 「영화 및 비디오물의 진흥에 관한 법률」 제2조제16호가목에 따른 비디오물감상실업의 시설, 같은 호 나목에 따른 비디오물소극장업의 시설, 그 밖에 이와 비슷한 것을 말한다. 이하 같다) 또는 종교집회장[교회, 성당, 사찰, 기도원, 수도원, 수녀원, 제실(祭室), 사당, 그 밖에 이와 비슷한 것을 말한다. 이하 같다]으로서 같은 건축물에 해당 용도로 쓰는 바닥면적의 합계가 300㎡ 미만인 것

사. 금융업소, 사무소, 부동산중개사무소, 결혼상담소 등 소개업소, 출판사, 서점, 그 밖에 이와 비슷한 것으로서 같은 건축물에 해당 용도로 쓰는 바닥면적의 합계가 500㎡ 미만인 것

아. 제조업소, 수리점, 그 밖에 이와 비슷한 것으로서 같은 건축물에 해당 용도로 쓰는 바닥면적의 합계가 500㎡ 미만인 것(「대기환경보전법」, 「물환경보전법」 또는 「소음·진동관리법」에 따른 배출시설의 설치허가 또는 신고의 대상인 것은 제외한다)

자. 「게임산업진흥에 관한 법률」 제2조제6호의2에 따른 청소년게임제공업 및 일반게임제공업의 시설, 같은 조 제7호에 따른 인터넷컴퓨터게임시설제공업의 시설 및 같은 조 제8호에 따른 복합유통게임제공업의 시설로서 같은 건축물에 해당 용도로 쓰는 바닥면적의 합계가 500㎡ 미만인 것

차. 사진관, 표구점, 학원(같은 건축물에 해당 용도로 쓰는 바닥면적의 합계가 500㎡ 미만인 것만 해당하며, 자동차학원 및 무도학원은 제외한다), 독서실, 고시원(「다중이용업소의 안전관리에 관한 특별법」에 따른 다중이용업 중 고시원업의 시설로서 독립된 주거의 형태를 갖추지 않은 것으로서 같은 건축물에 해당 용도로 쓰는 바닥면적의 합계가 500㎡ 미만인 것을 말한다), 장의사, 동물병원, 총포판매사, 그 밖에 이와 비슷한 것

카. 의약품 판매소, 의료기기 판매소 및 자동차영업소로서 같은 건축물에 해당 용도로 쓰는 바닥면적의 합계가 1천㎡ 미만인 것

3. 문화 및 집회시설
  가. 공연장으로서 근린생활시설에 해당하지 않는 것
  나. 집회장 : 예식장, 공회당, 회의장, 마권(馬券) 장외 발매소, 마권 전화투표소, 그 밖에 이와 비슷한 것으로서 근린생활시설에 해당하지 않는 것
  다. 관람장 : 경마장, 경륜장, 경정장, 자동차 경기장, 그 밖에 이와 비슷한 것과 체육관 및 운동장으로서 관람석의 바닥면적의 합계가 1천㎡ 이상인 것
  라. 전시장 : 박물관, 미술관, 과학관, 문화관, 체험관, 기념관, 산업전시장, 박람회장, 견본주택, 그 밖에 이와 비슷한 것
  마. 동·식물원 : 동물원, 식물원, 수족관, 그 밖에 이와 비슷한 것

4. 종교시설
  가. 종교집회장으로서 근린생활시설에 해당하지 않는 것
  나. 가목의 종교집회장에 설치하는 봉안당(奉安堂)

5. 판매시설
  가. 도매시장 : 「농수산물 유통 및 가격안정에 관한 법률」 제2조제2호에 따른 농수산물도매시장, 같은 조 제5호에 따른 농수산물공판장, 그 밖에 이와 비슷한 것(그 안에 있는 근린생활시설을 포함한다)
  나. 소매시장 : 시장, 「유통산업발전법」 제2조제3호에 따른 대규모점포, 그 밖에 이와 비슷한 것(그 안에 있는 근린생활시설을 포함한다)
  다. 전통시장 : 「전통시장 및 상점가 육성을 위한 특별법」 제2조제1호에 따른 전통시장(그 안에 있는 근린생활시설을 포함하며, 노점형시장은 제외한다)

라. 상점 : 다음의 어느 하나에 해당하는 것(그 안에 있는 근린생활시설을 포함한다)
   1) 제2호가목에 해당하는 용도로서 같은 건축물에 해당 용도로 쓰는 바닥면적 합계가 1천㎡ 이상인 것
   2) 제2호자목에 해당하는 용도로서 같은 건축물에 해당 용도로 쓰는 바닥면적 합계가 500㎡ 이상인 것
6. 운수시설
   가. 여객자동차터미널
   나. 철도 및 도시철도 시설[정비창(整備廠) 등 관련 시설을 포함한다]
   다. 공항시설(항공관제탑을 포함한다)
   라. 항만시설 및 종합여객시설
7. 의료시설
   가. 병원 : 종합병원, 병원, 치과병원, 한방병원, 요양병원
   나. 격리병원 : 전염병원, 마약진료소, 그 밖에 이와 비슷한 것
   다. 정신의료기관
   라. 「장애인복지법」 제58조제1항제4호에 따른 장애인 의료재활시설
8. 교육연구시설
   가. 학교
   1) 초등학교, 중학교, 고등학교, 특수학교, 그 밖에 이에 준하는 학교 : 「학교시설사업 촉진법」 제2조제1호나목의 교사(校舍)(교실·도서실 등 교수·학습활동에 직접 또는 간접적으로 필요한 시설물을 말하되, 병설유치원으로 사용되는 부분은 제외한다. 이하 같다), 체육관, 「학교급식법」 제6조에 따른 급식시설, 합숙소(학교의 운동부, 기능선수 등이 집단으로 숙식하는 장소를 말한다. 이하 같다)
   2) 대학, 대학교, 그 밖에 이에 준하는 각종 학교 : 교사 및 합숙소
   나. 교육원(연수원, 그 밖에 이와 비슷한 것을 포함한다)
   다. 직업훈련소
   라. 학원(근린생활시설에 해당하는 것과 자동차운전학원·정비학원 및 무도학원은 제외한다)
   마. 연구소(연구소에 준하는 시험소와 계량계측소를 포함한다)
   바. 도서관
9. 노유자 시설
   가. 노인 관련 시설 : 「노인복지법」에 따른 노인주거복지시설, 노인의료복지시설, 노인여가복지시설, 주·야간보호서비스나 단기보호서비스를 제공하는 재가노인복지시설(「노인장기요양보험법」에 따른 장기요양기관을 포함한다), 노인보호전문기관, 노인일자리지원기관, 학대피해노인 전용쉼터, 그 밖에 이와 비슷한 것
   나. 아동 관련 시설 : 「아동복지법」에 따른 아동복지시설, 「영유아보육법」에 따른 어린이집, 「유아교육법」에 따른 유치원[제8호가목1)에 따른 학교의 교사 중 병설유치원으로 사용되는 부분을 포함한다], 그 밖에 이와 비슷한 것
   다. 장애인 관련 시설 : 「장애인복지법」에 따른 장애인 거주시설, 장애인 지역사회재활시설(장애인 심부름센터, 한국수어통역센터, 점자도서 및 녹음서 출판시설 등 장애인이 직접 그 시설 자체를 이용하는 것을 주된 목적으로 하지 않는 시설은 제외한다), 장애인 직업재활시설, 그 밖에 이와 비슷한 것
   라. 정신질환자 관련 시설 : 「정신건강증진 및 정신질환자 복지서비스 지원에 관한 법률」에 따

른 정신재활시설(생산품판매시설은 제외한다), 정신요양시설, 그 밖에 이와 비슷한 것
마. 노숙인 관련 시설 : 「노숙인 등의 복지 및 자립지원에 관한 법률」 제2조제2호에 따른 노숙인 복지시설(노숙인일시보호시설, 노숙인자활시설, 노숙인재활시설, 노숙인요양시설 및 쪽방 상담소만 해당한다), 노숙인종합지원센터 및 그 밖에 이와 비슷한 것
바. 가목부터 마목까지에서 규정한 것 외에 「사회복지사업법」에 따른 사회복지시설 중 결핵환자 또는 한센인 요양시설 등 다른 용도로 분류되지 않는 것

10. 수련시설
가. 생활권 수련시설 : 「청소년활동 진흥법」에 따른 청소년수련관, 청소년문화의집, 청소년특화시설, 그 밖에 이와 비슷한 것
나. 자연권 수련시설 : 「청소년활동 진흥법」에 따른 청소년수련원, 청소년야영장, 그 밖에 이와 비슷한 것
다. 「청소년활동 진흥법」에 따른 유스호스텔

11. 운동시설
가. 탁구장, 체육도장, 테니스장, 체력단련장, 에어로빅장, 볼링장, 당구장, 실내낚시터, 골프연습장, 물놀이형 시설, 그 밖에 이와 비슷한 것으로서 근린생활시설에 해당하지 않는 것
나. 체육관으로서 관람석이 없거나 관람석의 바닥면적이 1천㎡ 미만인 것
다. 운동장 : 육상장, 구기장, 볼링장, 수영장, 스케이트장, 롤러스케이트장, 승마장, 사격장, 궁도장, 골프장 등과 이에 딸린 건축물로서 관람석이 없거나 관람석의 바닥면적이 1천㎡ 미만인 것

12. 업무시설
가. 공공업무시설 : 국가 또는 지방자치단체의 청사와 외국공관의 건축물로서 근린생활시설에 해당하지 않는 것
나. 일반업무시설 : 금융업소, 사무소, 신문사, 오피스텔[업무를 주로 하며, 분양하거나 임대하는 구획 중 일부의 구획에서 숙식을 할 수 있도록 한 건축물로서 「건축법 시행령」 별표 1 제14호나목2)에 따라 국토교통부장관이 고시하는 기준에 적합한 것을 말한다], 그 밖에 이와 비슷한 것으로서 근린생활시설에 해당하지 않는 것
다. 주민자치센터(동사무소), 경찰서, 지구대, 파출소, 소방서, 119안전센터, 우체국, 보건소, 공공도서관, 국민건강보험공단, 그 밖에 이와 비슷한 용도로 사용하는 것
라. 마을회관, 마을공동작업소, 마을공동구판장, 그 밖에 이와 유사한 용도로 사용되는 것
마. 변전소, 양수장, 정수장, 대피소, 공중화장실, 그 밖에 이와 유사한 용도로 사용되는 것

13. 숙박시설
가. 일반형 숙박시설 : 「공중위생관리법 시행령」 제4조제1호에 따른 숙박업의 시설
나. 생활형 숙박시설 : 「공중위생관리법 시행령」 제4조제2호에 따른 숙박업의 시설
다. 고시원(근린생활시설에 해당하지 않는 것을 말한다)
라. 그 밖에 가목부터 다목까지의 시설과 비슷한 것

14. 위락시설
가. 단란주점으로서 근린생활시설에 해당하지 않는 것
나. 유흥주점, 그 밖에 이와 비슷한 것
다. 「관광진흥법」에 따른 유원시설업(遊園施設業)의 시설, 그 밖에 이와 비슷한 시설(근린생활시설에 해당하는 것은 제외한다)
라. 무도장 및 무도학원

마. 카지노영업소
15. 공장

물품의 제조·가공[세탁·염색·도장(塗裝)·표백·재봉·건조·인쇄 등을 포함한다] 또는 수리에 계속적으로 이용되는 건축물로서 근린생활시설, 위험물 저장 및 처리 시설, 항공기 및 자동차 관련 시설, 자원순환 관련 시설, 묘지 관련 시설 등으로 따로 분류되지 않는 것
16. 창고시설(위험물 저장 및 처리 시설 또는 그 부속용도에 해당하는 것은 제외한다)

　가. 창고(물품저장시설로서 냉장·냉동 창고를 포함한다)
　나. 하역장
　다. 「물류시설의 개발 및 운영에 관한 법률」에 따른 물류터미널
　라. 「유통산업발전법」 제2조제15호에 따른 집배송시설
17. 위험물 저장 및 처리 시설

　가. 제조소등
　나. 가스시설 : 산소 또는 가연성 가스를 제조·저장 또는 취급하는 시설 중 지상에 노출된 산소 또는 가연성 가스 탱크의 저장용량의 합계가 100톤 이상이거나 저장용량이 30톤 이상인 탱크가 있는 가스시설로서 다음의 어느 하나에 해당하는 것
　　1) 가스 제조시설
　　　가) 「고압가스 안전관리법」 제4조제1항에 따른 고압가스의 제조허가를 받아야 하는 시설
　　　나) 「도시가스사업법」 제3조에 따른 도시가스사업허가를 받아야 하는 시설
　　2) 가스 저장시설
　　　가) 「고압가스 안전관리법」 제4조제5항에 따른 고압가스 저장소의 설치허가를 받아야 하는 시설
　　　나) 「액화석유가스의 안전관리 및 사업법」 제8조제1항에 따른 액화석유가스 저장소의 설치 허가를 받아야 하는 시설
　　3) 가스 취급시설
　　　「액화석유가스의 안전관리 및 사업법」 제5조에 따른 액화석유가스 충전사업 또는 액화석유가스 집단공급사업의 허가를 받아야 하는 시설
18. 항공기 및 자동차 관련 시설(건설기계 관련 시설을 포함한다)

　가. 항공기 격납고
　나. 차고, 주차용 건축물, 철골 조립식 주차시설(바닥면이 조립식이 아닌 것을 포함한다) 및 기계장치에 의한 주차시설
　다. 세차장
　라. 폐차장
　마. 자동차 검사장
　바. 자동차 매매장
　사. 자동차 정비공장
　아. 운전학원·정비학원
　자. 다음의 건축물을 제외한 건축물의 내부(「건축법 시행령」 제119조제1항제3호다목에 따른 필로티와 건축물의 지하를 포함한다)에 설치된 주차장
　　1) 「건축법 시행령」 별표 1 제1호에 따른 단독주택
　　2) 「건축법 시행령」 별표 1 제2호에 따른 공동주택 중 50세대 미만인 연립주택 또는 50세

대 미만인 다세대주택
차. 「여객자동차 운수사업법」, 「화물자동차 운수사업법」 및 「건설기계관리법」에 따른 차고 및 주기장(駐機場)

19. 동물 및 식물 관련 시설
    가. 축사[부화장(孵化場)을 포함한다]
    나. 가축시설 : 가축용 운동시설, 인공수정센터, 관리사(管理舍), 가축용 창고, 가축시장, 동물검역소, 실험동물 사육시설, 그 밖에 이와 비슷한 것
    다. 도축장
    라. 도계장
    마. 작물 재배사(栽培舍)
    바. 종묘배양시설
    사. 화초 및 분재 등의 온실
    아. 식물과 관련된 마목부터 사목까지의 시설과 비슷한 것(동·식물원은 제외한다)

20. 자원순환 관련 시설
    가. 하수 등 처리시설
    나. 고물상
    다. 폐기물재활용시설
    라. 폐기물처분시설
    마. 폐기물감량화시설

21. 교정 및 군사시설
    가. 보호감호소, 교도소, 구치소 및 그 지소
    나. 보호관찰소, 갱생보호시설, 그 밖에 범죄자의 갱생·보호·교육·보건 등의 용도로 쓰는 시설
    다. 치료감호시설
    라. 소년원 및 소년분류심사원
    마. 「출입국관리법」 제52조제2항에 따른 보호시설
    바. 「경찰관 직무집행법」 제9조에 따른 유치장
    사. 국방·군사시설(「국방·군사시설 사업에 관한 법률」 제2조제1호가목부터 마목까지의 시설을 말한다)

22. 방송통신시설
    가. 방송국(방송프로그램 제작시설 및 송신·수신·중계시설을 포함한다)
    나. 전신전화국
    다. 촬영소
    라. 통신용 시설
    마. 그 밖에 가목부터 라목까지의 시설과 비슷한 것

23. 발전시설
    가. 원자력발전소
    나. 화력발전소
    다. 수력발전소(조력발전소를 포함한다)
    라. 풍력발전소
    마. 전기저장시설[20킬로와트시(kWh)를 초과하는 리튬·나트륨·레독스플로우 계열의 2차

전지를 이용한 전기저장장치의 시설을 말한다. 이하 같다]
바. 그 밖에 가목부터 마목까지의 시설과 비슷한 것(집단에너지 공급시설을 포함한다)
24. 묘지 관련 시설
　가. 화장시설
　나. 봉안당(제4호나목의 봉안당은 제외한다)
　다. 묘지와 자연장지에 부수되는 건축물
　라. 동물화장시설, 동물건조장(乾燥葬)시설 및 동물 전용의 납골시설
25. 관광 휴게시설
　가. 야외음악당
　나. 야외극장
　다. 어린이회관
　라. 관망탑
　마. 휴게소
　바. 공원·유원지 또는 관광지에 부수되는 건축물
26. 장례시설
　가. 장례식장[의료시설의 부수시설(「의료법」 제36조제1호에 따른 의료기관의 종류에 따른 시설을 말한다)은 제외한다]
　나. 동물 전용의 장례식장
27. 지하가
지하의 인공구조물 안에 설치되어 있는 상점, 사무실, 그 밖에 이와 비슷한 시설이 연속하여 지하도에 면하여 설치된 것과 그 지하도를 합한 것
　가. 지하상가
　나. 터널 : 차량(궤도차량용은 제외한다) 등의 통행을 목적으로 지하, 수저 또는 산을 뚫어서 만든 것
28. 지하구
　가. 전력·통신용의 전선이나 가스·냉난방용의 배관 또는 이와 비슷한 것을 집합수용하기 위하여 설치한 지하 인공구조물로서 사람이 점검 또는 보수를 하기 위하여 출입이 가능한 것 중 다음의 어느 하나에 해당하는 것
　　1) 전력 또는 통신사업용 지하 인공구조물로서 전력구(케이블 접속부가 없는 경우는 제외한다) 또는 통신구 방식으로 설치된 것
　　2) 1)외의 지하 인공구조물로서 폭이 1.8m 이상이고 높이가 2m 이상이며 길이가 50m 이상인 것
　나. 「국토의 계획 및 이용에 관한 법률」 제2조제9호에 따른 공동구
29. 문화재
「문화재보호법」 제2조제3항에 따른 지정문화재 중 건축물
30. 복합건축물
　가. 하나의 건축물이 제1호부터 제27호까지의 것 중 둘 이상의 용도로 사용되는 것. 다만, 다음의 어느 하나에 해당하는 경우에는 복합건축물로 보지 않는다.
　　1) 관계 법령에서 주된 용도의 부수시설로서 그 설치를 의무화하고 있는 용도 또는 시설
　　2) 「주택법」 제35조제1항제3호 및 제4호에 따라 주택 안에 부대시설 또는 복리시설이 설치되는 특정소방대상물

3) 건축물의 주된 용도의 기능에 필수적인 용도로서 다음의 어느 하나에 해당하는 용도
　가) 건축물의 설비(제23호마목의 전기저장시설을 포함한다), 대피 또는 위생을 위한 용도, 그 밖에 이와 비슷한 용도
　나) 사무, 작업, 집회, 물품저장 또는 주차를 위한 용도, 그 밖에 이와 비슷한 용도
　다) 구내식당, 구내세탁소, 구내운동시설 등 종업원후생복리시설(기숙사는 제외한다) 또는 구내소각시설의 용도, 그 밖에 이와 비슷한 용도
나. 하나의 건축물이 근린생활시설, 판매시설, 업무시설, 숙박시설 또는 위락시설의 용도와 주택의 용도로 함께 사용되는 것

비고
1. 내화구조로 된 하나의 특정소방대상물이 개구부 및 연소 확대 우려가 없는 내화구조의 바닥과 벽으로 구획되어 있는 경우에는 그 구획된 부분을 각각 별개의 특정소방대상물로 본다. 다만, 제9조에 따라 성능위주설계를 해야 하는 범위를 정할 때에는 하나의 특정소방대상물로 본다.
2. 둘 이상의 특정소방대상물이 다음 각 목의 어느 하나에 해당되는 구조의 복도 또는 통로(이하 이 표에서 "연결통로"라 한다)로 연결된 경우에는 이를 하나의 특정소방대상물로 본다.
　가. 내화구조로 된 연결통로가 다음의 어느 하나에 해당되는 경우
　　1) 벽이 없는 구조로서 그 길이가 6m 이하인 경우
　　2) 벽이 있는 구조로서 그 길이가 10m 이하인 경우. 다만, 벽 높이가 바닥에서 천장까지의 높이의 2분의 1 이상인 경우에는 벽이 있는 구조로 보고, 벽 높이가 바닥에서 천장까지의 높이의 2분의 1 미만인 경우에는 벽이 없는 구조로 본다.
　나. 내화구조가 아닌 연결통로로 연결된 경우
　다. 컨베이어로 연결되거나 플랜트설비의 배관 등으로 연결되어 있는 경우
　라. 지하보도, 지하상가, 지하가로 연결된 경우
　마. 자동방화셔터 또는 60분+ 방화문이 설치되지 않은 피트(전기설비 또는 배관설비 등이 설치되는 공간을 말한다)로 연결된 경우
　바. 지하구로 연결된 경우
3. 제2호에도 불구하고 연결통로 또는 지하구와 특정소방대상물의 양쪽에 다음 각 목의 어느 하나에 해당하는 시설이 적합하게 설치된 경우에는 각각 별개의 특정소방대상물로 본다.
　가. 화재 시 경보설비 또는 자동소화설비의 작동과 연동하여 자동으로 닫히는 자동방화셔터 또는 60분+ 방화문이 설치된 경우
　나. 화재 시 자동으로 방수되는 방식의 드렌처설비 또는 개방형 스프링클러헤드가 설치된 경우
4. 위 제1호부터 제30호까지의 특정소방대상물의 지하층이 지하가와 연결되어 있는 경우 해당 지하층의 부분을 지하가로 본다. 다만, 다음 지하가와 연결되는 지하층에 지하층 또는 지하가에 설치된 자동방화셔터 또는 60분+ 방화문이 화재 시 경보설비 또는 자동소화설비의 작동과 연동하여 자동으로 닫히는 구조이거나 그 윗부분에 드렌처설비가 설치된 경우에는 지하가로 보지 않는다.

■ 소방시설 설치 및 관리에 관한 법률 시행령 [별표 3]

소방용품(제6조 관련)

1. 소화설비를 구성하는 제품 또는 기기
   가. 별표 1 제1호가목의 소화기구(소화약제 외의 것을 이용한 간이소화용구는 제외한다)
   나. 별표 1 제1호나목의 자동소화장치
   다. 소화설비를 구성하는 소화전, 관창(菅槍), 소방호스, 스프링클러헤드, 기동용 수압개폐장치, 유수제어밸브 및 가스관선택밸브
2. 경보설비를 구성하는 제품 또는 기기
   가. 누전경보기 및 가스누설경보기
   나. 경보설비를 구성하는 발신기, 수신기, 중계기, 감지기 및 음향장치(경종만 해당한다)
3. 피난구조설비를 구성하는 제품 또는 기기
   가. 피난사다리, 구조대, 완강기(지지대를 포함한다) 및 간이완강기(지지대를 포함한다)
   나. 공기호흡기(충전기를 포함한다)
   다. 피난구유도등, 통로유도등, 객석유도등 및 예비 전원이 내장된 비상조명등
4. 소화용으로 사용하는 제품 또는 기기
   가. 소화약제[별표 1 제1호나목2) 및 3)의 자동소화장치와 같은 호 마목3)부터 9)까지의 소화설비용만 해당한다]
   나. 방염제(방염액·방염도료 및 방염성물질을 말한다)
5. 그 밖에 행정안전부령으로 정하는 소방 관련 제품 또는 기기

3 ▶▶ 건축허가등의 동의

① 관할건축허가 행정기관이 관할 소방본부장 또는 소방서장에게 건축허가 동의
   이 경우 5일 이내 회신(특급 : 10일 이내), 서류보완 4일
② 건축허가 동의시 제출서류
   ㉠ 건축허가신청서 및 건축허가서 또는 건축·대수선·용도변경신고서 등 건축허가 등을 확인할 수 있는 서류의 사본
   ㉡ 설계도서
      ⓐ 건축물 설계도서
         ㉮ 건축물 개요 및 배치도
         ㉯ 주단면도 및 입면도(立面圖 : 물체를 정면에서 본 대로 그린 그림을 말한다. 이하 같다)
         ㉰ 층별 평면도(용도별 기준층 평면도를 포함한다. 이하 같다)
         ㉱ 방화구획도(창호도를 포함한다)
         ㉲ 실내·실외 마감재료표

　　　　㉻ 소방자동차 진입 동선도 및 부서 공간 위치도(조경계획을 포함한다)
　　ⓑ 소방시설 설계도서
　　　　㉮ 소방시설(기계·전기 분야의 시설을 말한다)의 계통도(시설별 계산서를 포함한다)
　　　　㉯ 소방시설별 층별 평면도
　　　　㉰ 실내장식물 방염대상물품 설치 계획(「건축법」제52조에 따른 건축물의 마감재료는 제외한다)
　　　　㉱ 소방시설의 내진설계 계통도 및 기준층 평면도(내진 시방서 및 계산서 등 세부 내용이 포함된 상세 설계도면은 제외한다)
　ⓒ 소방시설 설치계획표
　ⓓ 임시소방시설 설치계획서
　ⓔ 소방시설설계업등록증과 소방시설을 설계한 기술인력자의 기술자격증 사본
　ⓕ 소방시설설계계약서 사본1부
③ 건축허가 동의 대상물의 범위(대통령령)
　㉠ 연면적(「건축법 시행령」제119조제1항제4호에 따라 산정된 면적을 말한다. 이하 같다)이 400제곱미터 이상인 건축물이나 시설. 다만, 다음 각 목의 어느 하나에 해당하는 건축물이나 시설은 해당 목에서 정한 기준 이상인 건축물이나 시설로 한다.
　　ⓐ 「학교시설사업 촉진법」제5조의2제1항에 따라 건축등을 하려는 학교시설 : 100제곱미터
　　ⓑ 별표 2의 특정소방대상물 중 노유자(老幼者) 시설 및 수련시설 : 200제곱미터
　　ⓒ 「정신건강증진 및 정신질환자 복지서비스 지원에 관한 법률」제3조제5호에 따른 정신의료기관(입원실이 없는 정신건강의학과 의원은 제외하며, 이하 "정신의료기관"이라 한다) : 300제곱미터
　　ⓓ 「장애인복지법」제58조제1항제4호에 따른 장애인 의료재활시설(이하 "의료재활시설"이라 한다) : 300제곱미터
　㉡ 지하층 또는 무창층이 있는 건축물로서 바닥면적이 150제곱미터(공연장의 경우에는 100제곱미터) 이상인 층이 있는 것
　㉢ 차고·주차장 또는 주차 용도로 사용되는 시설로서 다음 각 목의 어느 하나에 해당하는 것
　　ⓐ 차고·주차장으로 사용되는 바닥면적이 200제곱미터 이상인 층이 있는 건축물이나 주차시설
　　ⓑ 승강기 등 기계장치에 의한 주차시설로서 자동차 20대 이상을 주차할 수 있는

시설
ⓛ 층수(「건축법 시행령」 제119조제1항제9호에 따라 산정된 층수를 말한다. 이하 같다)가 6층 이상인 건축물
ⓜ 항공기 격납고, 관망탑, 항공관제탑, 방송용 송수신탑
ⓗ 별표 2의 특정소방대상물 중 의원(입원실이 있는 것으로 한정한다)·조산원·산후조리원, 위험물 저장 및 처리 시설, 발전시설 중 풍력발전소·전기저장시설, 지하구(地下溝)
ⓢ 제1호나목에 해당하지 않는 노유자 시설 중 다음 각 목의 어느 하나에 해당하는 시설. 다만, 가목2) 및 나목부터 바목까지의 시설 중 「건축법 시행령」 별표 1의 단독주택 또는 공동주택에 설치되는 시설은 제외한다.
　ⓐ 별표 2 제9호가목에 따른 노인 관련 시설 중 다음의 어느 하나에 해당하는 시설
　　㉮ 「노인복지법」 제31조제1호에 따른 노인주거복지시설, 같은 조 제2호에 따른 노인의료복지시설 및 같은 조 제4호에 따른 재가노인복지시설
　　㉯ 「노인복지법」 제31조제7호에 따른 학대피해노인 전용쉼터
　ⓑ 「아동복지법」 제52조에 따른 아동복지시설(아동상담소, 아동전용시설 및 지역아동센터는 제외한다)
　ⓒ 「장애인복지법」 제58조제1항제1호에 따른 장애인 거주시설
　ⓓ 정신질환자 관련 시설(「정신건강증진 및 정신질환자 복지서비스 지원에 관한 법률」 제27조제1항제2호에 따른 공동생활가정을 제외한 재활훈련시설과 같은 법 시행령 제16조제3호에 따른 종합시설 중 24시간 주거를 제공하지 않는 시설은 제외한다)
　ⓔ 별표 2 제9호마목에 따른 노숙인 관련 시설 중 노숙인자활시설, 노숙인재활시설 및 노숙인요양시설
　ⓕ 결핵환자나 한센인이 24시간 생활하는 노유자 시설
ⓞ 「의료법」 제3조제2항제3호라목에 따른 요양병원(이하 "요양병원"이라 한다). 다만, 의료재활시설은 제외한다.
ⓩ 별표 2의 특정소방대상물 중 공장 또는 창고시설로서 「화재의 예방 및 안전관리에 관한 법률 시행령」 별표 2에서 정하는 수량의 750배 이상의 특수가연물을 저장·취급하는 것
ⓩ 별표 2 제17호나목에 따른 가스시설로서 지상에 노출된 탱크의 저장용량의 합계가 100톤 이상인 것

④ 건축허가 동의 제외대상
  ㉠ 별표 4에 따라 특정소방대상물에 설치되는 소화기구, 자동소화장치, 누전경보기, 단독경보형감지기, 가스누설경보기 및 피난구조설비(비상조명등은 제외한다)가 화재안전기준에 적합한 경우 해당 특정소방대상물
  ㉡ 건축물의 증축 또는 용도변경으로 인하여 해당 특정소방대상물에 추가로 소방시설이 설치되지 않는 경우 해당 특정소방대상물
  ㉢ 「소방시설공사업법 시행령」 제4조에 따른 소방시설공사의 착공신고 대상에 해당하지 않는 경우 해당 특정소방대상물

④ 내진설계기준

① 내진설계기준 대상설비 : 옥내소화전설비, 스프링클러설비 및 물분무등소화설비
② 내진설계기준 : 소방청장이 정하여 고시한다

⑤ 성능위주설계

① 성능위주설계 대상 특정소방대상물
  ㉠ 연면적 20만제곱미터 이상인 특정소방대상물. 다만, 별표 2 제1호가목에 따른 아파트등(이하 "아파트등"이라 한다)은 제외한다.
  ㉡ 50층 이상(지하층은 제외한다)이거나 지상으로부터 높이가 200미터 이상인 아파트등
  ㉢ 30층 이상(지하층을 포함한다)이거나 지상으로부터 높이가 120미터 이상인 특정소방대상물(아파트등은 제외한다)
  ㉣ 연면적 3만제곱미터 이상인 특정소방대상물로서 다음 각 목의 어느 하나에 해당하는 특정소방대상물
    ⓐ 별표 2 제6호나목의 철도 및 도시철도 시설
    ⓑ 별표 2 제6호다목의 공항시설
  ㉤ 별표 2 제16호의 창고시설 중 연면적 10만제곱미터 이상인 것 또는 지하층의 층수가 2개 층 이상이고 지하층의 바닥면적의 합계가 3만제곱미터 이상인 것
  ㉥ 하나의 건축물에 「영화 및 비디오물의 진흥에 관한 법률」 제2조제10호에 따른 영화상영관이 10개 이상인 특정소방대상물
  ㉦ 「초고층 및 지하연계 복합건축물 재난관리에 관한 특별법」 제2조제2호에 따른 지하연계 복합건축물에 해당하는 특정소방대상물
  ㉧ 별표 2 제27호의 터널 중 수저(水底)터널 또는 길이가 5천미터 이상인 것

6. 주택에 설치하는 소방시설

① 대상 : 단독주택, 공동주택(아파트 및 기숙사 제외)
② 설치 소방시설 : 소화기 및 단독경보형감지기
③ 주택용소방시설의 설치기준 및 자율적인 안전관리등에 관한 사항 : 시·도의 조례

7. 차량용소화기 비치대상 차량

① 5인승 이상의 승용자동차
② 승합자동차
③ 화물자동차
④ 특수자동차

8. 특정소방대상물의 관계인이 특정소방대상물의 규모,용도 및 수용인원등을 고려하여 갖추어야 하는 소방시설의 종류

■ 소방시설 설치 및 관리에 관한 법률 시행령 [별표 4] [시행일 : 2023. 12. 1.] 제1호나목2), 제2호마목

특정소방대상물의 관계인이 특정소방대상물에 설치·관리해야하는 소방시설의 종류(제11조 관련)

1. 소화설비
   가. 화재안전기준에 따라 소화기구를 설치해야 하는 특정소방대상물은 다음의 어느 하나에 해당하는 것으로 한다.
      1) 연면적 33㎡ 이상인 것. 다만, 노유자 시설의 경우에는 투척용 소화용구 등을 화재안전기준에 따라 산정된 소화기 수량의 2분의 1 이상으로 설치할 수 있다.
      2) 1)에 해당하지 않는 시설로서 가스시설, 발전시설 중 전기저장시설 및 문화재
      3) 터널
      4) 지하구
   나. 자동소화장치를 설치해야 하는 특정소방대상물은 다음의 어느 하나에 해당하는 특정소방대상물 중 후드 및 덕트가 설치되어 있는 주방이 있는 특정소방대상물로 한다. 이 경우 해당 주방에 자동소화장치를 설치해야 한다.
      1) 주거용 주방자동소화장치를 설치해야 하는 것 : 아파트등 및 오피스텔의 모든 층
      2) 상업용 주방자동소화장치를 설치해야 하는 것
         가) 판매시설 중「유통산업발전법」제2조제3호에 해당하는 대규모점포에 입점해 있는 일반음식점

나) 「식품위생법」 제2조제12호에 따른 집단급식소
3) 캐비닛형 자동소화장치, 가스자동소화장치, 분말자동소화장치 또는 고체에어로졸자동소화장치를 설치해야 하는 것 : 화재안전기준에서 정하는 장소
다. 옥내소화전설비를 설치해야 하는 특정소방대상물은 다음의 어느 하나에 해당하는 것으로 한다. 다만, 위험물 저장 및 처리 시설 중 가스시설, 지하구 및 업무시설 중 무인변전소(방재실 등에서 스프링클러설비 또는 물분무등소화설비를 원격으로 조정할 수 있는 무인변전소로 한정한다)는 제외한다.
1) 다음의 어느 하나에 해당하는 경우에는 모든 층
  가) 연면적 3천㎡ 이상인 것(지하가 중 터널은 제외한다)
  나) 지하층·무창층(축사는 제외한다)으로서 바닥면적이 600㎡ 이상인 층이 있는 것
  다) 층수가 4층 이상인 것 중 바닥면적이 600㎡ 이상인 층이 있는 것
2) 1)에 해당하지 않는 근린생활시설, 판매시설, 운수시설, 의료시설, 노유자 시설, 업무시설, 숙박시설, 위락시설, 공장, 창고시설, 항공기 및 자동차 관련 시설, 교정 및 군사시설 중 국방·군사시설, 방송통신시설, 발전시설, 장례시설 또는 복합건축물로서 다음의 어느 하나에 해당하는 경우에는 모든 층
  가) 연면적 1천5백㎡ 이상인 것
  나) 지하층·무창층으로서 바닥면적이 300㎡ 이상인 층이 있는 것
  다) 층수가 4층 이상인 것 중 바닥면적이 300㎡ 이상인 층이 있는 것
3) 건축물의 옥상에 설치된 차고·주차장으로서 사용되는 면적이 200㎡ 이상인 경우 해당 부분
4) 지하가 중 터널로서 다음에 해당하는 터널
  가) 길이가 1천m 이상인 터널
  나) 예상교통량, 경사도 등 터널의 특성을 고려하여 행정안전부령으로 정하는 터널
5) 1) 및 2)에 해당하지 않는 공장 또는 창고시설로서 「화재의 예방 및 안전관리에 관한 법률 시행령」 별표 2에서 정하는 수량의 750배 이상의 특수가연물을 저장·취급하는 것
라. 스프링클러설비를 설치해야 하는 특정소방대상물(위험물 저장 및 처리 시설 중 가스시설 및 지하구는 제외한다)은 다음의 어느 하나에 해당하는 것으로 한다.
1) 층수가 6층 이상인 특정소방대상물의 경우에는 모든 층. 다만, 다음의 어느 하나에 해당하는 경우는 제외한다.
  가) 주택 관련 법령에 따라 기존의 아파트등을 리모델링하는 경우로서 건축물의 연면적 및 층의 높이가 변경되지 않는 경우. 이 경우 해당 아파트등의 사용검사 당시의 소방시설의 설치에 관한 대통령령 또는 화재안전기준을 적용한다.
  나) 스프링클러설비가 없는 기존의 특정소방대상물을 용도변경하는 경우. 다만, 2)부터 6)까지 및 9)부터 12)까지의 규정에 해당하는 특정소방대상물로 용도변경하는 경우에는 해당 규정에 따라 스프링클러설비를 설치한다.
2) 기숙사(교육연구시설·수련시설 내에 있는 학생 수용을 위한 것을 말한다) 또는 복합건축물로서 연면적 5천㎡ 이상인 경우에는 모든 층
3) 문화 및 집회시설(동·식물원은 제외한다), 종교시설(주요구조부가 목조인 것은 제외한다), 운동시설(물놀이형 시설 및 바닥이 불연재료이고 관람석이 없는 운동시설은 제외한다)로서 다음의 어느 하나에 해당하는 경우에는 모든 층
  가) 수용인원이 100명 이상인 것

나) 영화상영관의 용도로 쓰는 층의 바닥면적이 지하층 또는 무창층인 경우에는 500㎡ 이상, 그 밖의 층의 경우에는 1천㎡ 이상인 것
다) 무대부가 지하층·무창층 또는 4층 이상의 층에 있는 경우에는 무대부의 면적이 300㎡ 이상인 것
라) 무대부가 다) 외의 층에 있는 경우에는 무대부의 면적이 500㎡ 이상인 것
4) 판매시설, 운수시설 및 창고시설(물류터미널로 한정한다)로서 바닥면적의 합계가 5천㎡ 이상이거나 수용인원이 500명 이상인 경우에는 모든 층
5) 다음의 어느 하나에 해당하는 용도로 사용되는 시설의 바닥면적의 합계가 600㎡ 이상인 것은 모든 층
  가) 근린생활시설 중 조산원 및 산후조리원
  나) 의료시설 중 정신의료기관
  다) 의료시설 중 종합병원, 병원, 치과병원, 한방병원 및 요양병원
  라) 노유자 시설
  마) 숙박이 가능한 수련시설
  바) 숙박시설
6) 창고시설(물류터미널은 제외한다)로서 바닥면적 합계가 5천㎡ 이상인 경우에는 모든 층
7) 특정소방대상물의 지하층·무창층(축사는 제외한다) 또는 층수가 4층 이상인 층으로서 바닥면적이 1천㎡ 이상인 층이 있는 경우에는 해당 층
8) 랙식 창고(rack warehouse) : 랙(물건을 수납할 수 있는 선반이나 이와 비슷한 것을 말한다. 이하 같다)을 갖춘 것으로서 천장 또는 반자(반자가 없는 경우에는 지붕의 옥내에 면하는 부분을 말한다)의 높이가 10m를 초과하고, 랙이 설치된 층의 바닥면적의 합계가 1천5백㎡ 이상인 경우에는 모든 층
9) 공장 또는 창고시설로서 다음의 어느 하나에 해당하는 시설
  가) 「화재의 예방 및 안전관리에 관한 법률 시행령」 별표 2에서 정하는 수량의 1천 배 이상의 특수가연물을 저장·취급하는 시설
  나) 「원자력안전법 시행령」 제2조제1호에 따른 중·저준위방사성폐기물(이하 "중·저준위방사성폐기물"이라 한다)의 저장시설 중 소화수를 수집·처리하는 설비가 있는 저장시설
10) 지붕 또는 외벽이 불연재료가 아니거나 내화구조가 아닌 공장 또는 창고시설로서 다음의 어느 하나에 해당하는 것
  가) 창고시설(물류터미널로 한정한다) 중 4)에 해당하지 않는 것으로서 바닥면적의 합계가 2천5백㎡ 이상이거나 수용인원이 250명 이상인 경우에는 모든 층
  나) 창고시설(물류터미널은 제외한다) 중 6)에 해당하지 않는 것으로서 바닥면적의 합계가 2천5백㎡ 이상인 경우에는 모든 층
  다) 공장 또는 창고시설 중 7)에 해당하지 않는 것으로서 지하층·무창층 또는 층수가 4층 이상인 것 중 바닥면적이 500㎡ 이상인 경우에는 모든 층
  라) 랙식 창고 중 8)에 해당하지 않는 것으로서 바닥면적의 합계가 750㎡ 이상인 경우에는 모든 층
  마) 공장 또는 창고시설 중 9)가)에 해당하지 않는 것으로서 「화재의 예방 및 안전관리에 관한 법률 시행령」 별표 2에서 정하는 수량의 500배 이상의 특수가연물을 저장·취급하는 시설

11) 교정 및 군사시설 중 다음의 어느 하나에 해당하는 경우에는 해당 장소
  가) 보호감호소, 교도소, 구치소 및 그 지소, 보호관찰소, 갱생보호시설, 치료감호시설, 소년원 및 소년분류심사원의 수용거실
  나) 「출입국관리법」 제52조제2항에 따른 보호시설(외국인보호소의 경우에는 보호대상자의 생활공간으로 한정한다. 이하 같다)로 사용하는 부분. 다만, 보호시설이 임차건물에 있는 경우는 제외한다.
  다) 「경찰관 직무집행법」 제9조에 따른 유치장
12) 지하가(터널은 제외한다)로서 연면적 1천㎡ 이상인 것
13) 발전시설 중 전기저장시설
14) 1)부터 13)까지의 특정소방대상물에 부속된 보일러실 또는 연결통로 등

마. 간이스프링클러설비를 설치해야 하는 특정소방대상물은 다음의 어느 하나에 해당하는 것으로 한다.
 1) 공동주택 중 연립주택 및 다세대주택(연립주택 및 다세대주택에 설치하는 간이스프링클러설비는 화재안전기준에 따른 주택전용 간이스프링클러설비를 설치한다)
 2) 근린생활시설 중 다음의 어느 하나에 해당하는 것
  가) 근린생활시설로 사용하는 부분의 바닥면적 합계가 1천㎡ 이상인 것은 모든 층
  나) 의원, 치과의원 및 한의원으로서 입원실이 있는 시설
  다) 조산원 및 산후조리원으로서 연면적 600㎡ 미만인 시설
 3) 의료시설 중 다음의 어느 하나에 해당하는 시설
  가) 종합병원, 병원, 치과병원, 한방병원 및 요양병원(의료재활시설은 제외한다)으로 사용되는 바닥면적의 합계가 600㎡ 미만인 시설
  나) 정신의료기관 또는 의료재활시설로 사용되는 바닥면적의 합계가 300㎡ 이상 600㎡ 미만인 시설
  다) 정신의료기관 또는 의료재활시설로 사용되는 바닥면적의 합계가 300㎡ 미만이고, 창살(철재·플라스틱 또는 목재 등으로 사람의 탈출 등을 막기 위하여 설치한 것을 말하며, 화재 시 자동으로 열리는 구조로 되어 있는 창살은 제외한다)이 설치된 시설
 4) 교육연구시설 내에 합숙소로서 연면적 100㎡ 이상인 경우에는 모든 층
 5) 노유자 시설로서 다음의 어느 하나에 해당하는 시설
  가) 제7조제1항제7호 각 목에 따른 시설[같은 호 가목2) 및 같은 호 나목부터 바목까지의 시설 중 단독주택 또는 공동주택에 설치되는 시설은 제외하며, 이하 "노유자 생활시설"이라 한다]
  나) 가)에 해당하지 않는 노유자 시설로 해당 시설로 사용하는 바닥면적의 합계가 300㎡ 이상 600㎡ 미만인 시설
  다) 가)에 해당하지 않는 노유자 시설로 해당 시설로 사용하는 바닥면적의 합계가 300㎡ 미만이고, 창살(철재·플라스틱 또는 목재 등으로 사람의 탈출 등을 막기 위하여 설치한 것을 말하며, 화재 시 자동으로 열리는 구조로 되어 있는 창살은 제외한다)이 설치된 시설
 6) 숙박시설로 사용되는 바닥면적의 합계가 300㎡ 이상 600㎡ 미만인 시설
 7) 건물을 임차하여 「출입국관리법」 제52조제2항에 따른 보호시설로 사용하는 부분
 8) 복합건축물(별표 2 제30호나목의 복합건축물만 해당한다)로서 연면적 1천㎡ 이상인 것은 모든 층

바. 물분무등소화설비를 설치해야 하는 특정소방대상물(위험물 저장 및 처리 시설 중 가스시설 및 지하구는 제외한다)은 다음의 어느 하나에 해당하는 것으로 한다.
  1) 항공기 및 자동차 관련 시설 중 항공기 격납고
  2) 차고, 주차용 건축물 또는 철골 조립식 주차시설. 이 경우 연면적 800㎡ 이상인 것만 해당한다.
  3) 건축물의 내부에 설치된 차고·주차장으로서 차고 또는 주차의 용도로 사용되는 면적이 200㎡ 이상인 경우 해당 부분(50세대 미만 연립주택 및 다세대주택은 제외한다)
  4) 기계장치에 의한 주차시설을 이용하여 20대 이상의 차량을 주차할 수 있는 시설
  5) 특정소방대상물에 설치된 전기실·발전실·변전실(가연성 절연유를 사용하지 않는 변압기·전류차단기 등의 전기기기와 가연성 피복을 사용하지 않은 전선 및 케이블만을 설치한 전기실·발전실 및 변전실은 제외한다)·축전지실·통신기기실 또는 전산실, 그 밖에 이와 비슷한 것으로서 바닥면적이 300㎡ 이상인 것[하나의 방화구획 내에 둘 이상의 실(室)이 설치되어 있는 경우에는 이를 하나의 실로 보아 바닥면적을 산정한다]. 다만, 내화구조로 된 공정제어실 내에 설치된 주조정실로서 양압시설(외부 오염 공기 침투를 차단하고 내부의 나쁜 공기가 자연스럽게 외부로 흐를 수 있도록 한 시설을 말한다)이 설치되고 전기기기에 220볼트 이하인 저전압이 사용되며 종업원이 24시간 상주하는 곳은 제외한다.
  6) 소화수를 수집·처리하는 설비가 설치되어 있지 않은 중·저준위방사성폐기물의 저장시설. 이 시설에는 이산화탄소소화설비, 할론소화설비 또는 할로겐화합물 및 불활성기체 소화설비를 설치해야 한다.
  7) 지하가 중 예상 교통량, 경사도 등 터널의 특성을 고려하여 행정안전부령으로 정하는 터널. 이 시설에는 물분무소화설비를 설치해야 한다.
  8) 문화재 중 「문화재보호법」 제2조제3항제1호 또는 제2호에 따른 지정문화재로서 소방청장이 문화재청장과 협의하여 정하는 것
사. 옥외소화전설비를 설치해야 하는 특정소방대상물(아파트등, 위험물 저장 및 처리 시설 중 가스시설, 지하구 및 지하가 중 터널은 제외한다)은 다음의 어느 하나에 해당하는 것으로 한다.
  1) 지상 1층 및 2층의 바닥면적의 합계가 9천㎡ 이상인 것. 이 경우 같은 구(區) 내의 둘 이상의 특정소방대상물이 행정안전부령으로 정하는 연소(延燒) 우려가 있는 구조인 경우에는 이를 하나의 특정소방대상물로 본다.
  2) 문화재 중 「문화재보호법」 제23조에 따라 보물 또는 국보로 지정된 목조건축물
  3) 1)에 해당하지 않는 공장 또는 창고시설로서 「화재의 예방 및 안전관리에 관한 법률 시행령」 별표 2에서 정하는 수량의 750배 이상의 특수가연물을 저장·취급하는 것
2. 경보설비
  가. 단독경보형 감지기를 설치해야 하는 특정소방대상물은 다음의 어느 하나에 해당하는 것으로 한다. 이 경우 5)의 연립주택 및 다세대주택에 설치하는 단독경보형 감지기는 연동형으로 설치해야 한다.
    1) 교육연구시설 내에 있는 기숙사 또는 합숙소로서 연면적 2천㎡ 미만인 것
    2) 수련시설 내에 있는 기숙사 또는 합숙소로서 연면적 2천㎡ 미만인 것
    3) 다목7)에 해당하지 않는 수련시설(숙박시설이 있는 것만 해당한다)
    4) 연면적 400㎡ 미만의 유치원

5) 공동주택 중 연립주택 및 다세대주택
나. 비상경보설비를 설치해야 하는 특정소방대상물(모래·석재 등 불연재료 공장 및 창고시설, 위험물 저장 및 처리 시설 중 가스시설, 사람이 거주하지 않거나 벽이 없는 축사 등 동물 및 식물 관련 시설 및 지하구는 제외한다)은 다음의 어느 하나에 해당하는 것으로 한다.
  1) 연면적 400㎡ 이상인 것은 모든 층
  2) 지하층 또는 무창층의 바닥면적이 150㎡(공연장의 경우 100㎡) 이상인 것은 모든 층
  3) 지하가 중 터널로서 길이가 500m 이상인 것
  4) 50명 이상의 근로자가 작업하는 옥내 작업장
다. 자동화재탐지설비를 설치해야 하는 특정소방대상물은 다음의 어느 하나에 해당하는 것으로 한다.
  1) 공동주택 중 아파트등·기숙사 및 숙박시설의 경우에는 모든 층
  2) 층수가 6층 이상인 건축물의 경우에는 모든 층
  3) 근린생활시설(목욕장은 제외한다), 의료시설(정신의료기관 및 요양병원은 제외한다), 위락시설, 장례시설 및 복합건축물로서 연면적 600㎡ 이상인 경우에는 모든 층
  4) 근린생활시설 중 목욕장, 문화 및 집회시설, 종교시설, 판매시설, 운수시설, 운동시설, 업무시설, 공장, 창고시설, 위험물 저장 및 처리 시설, 항공기 및 자동차 관련 시설, 교정 및 군사시설 중 국방·군사시설, 방송통신시설, 발전시설, 관광 휴게시설, 지하가(터널은 제외한다)로서 연면적 1천㎡ 이상인 경우에는 모든 층
  5) 교육연구시설(교육시설 내에 있는 기숙사 및 합숙소를 포함한다), 수련시설(수련시설 내에 있는 기숙사 및 합숙소를 포함하며, 숙박시설이 있는 수련시설은 제외한다), 동물 및 식물 관련 시설(기둥과 지붕만으로 구성되어 외부와 기류가 통하는 장소는 제외한다), 자원순환 관련 시설, 교정 및 군사시설(국방·군사시설은 제외한다) 또는 묘지 관련 시설로서 연면적 2천㎡ 이상인 경우에는 모든 층
  6) 노유자 생활시설의 경우에는 모든 층
  7) 6)에 해당하지 않는 노유자 시설로서 연면적 400㎡ 이상인 노유자 시설 및 숙박시설이 있는 수련시설로서 수용인원 100명 이상인 경우에는 모든 층
  8) 의료시설 중 정신의료기관 또는 요양병원으로서 다음의 어느 하나에 해당하는 시설
    가) 요양병원(의료재활시설은 제외한다)
    나) 정신의료기관 또는 의료재활시설로 사용되는 바닥면적의 합계가 300㎡ 이상인 시설
    다) 정신의료기관 또는 의료재활시설로 사용되는 바닥면적의 합계가 300㎡ 미만이고, 창살(철재·플라스틱 또는 목재 등으로 사람의 탈출 등을 막기 위하여 설치한 것을 말하며, 화재 시 자동으로 열리는 구조로 되어 있는 창살은 제외한다)이 설치된 시설
  9) 판매시설 중 전통시장
  10) 지하가 중 터널로서 길이가 1천m 이상인 것
  11) 지하구
  12) 3)에 해당하지 않는 근린생활시설 중 조산원 및 산후조리원
  13) 4)에 해당하지 않는 공장 및 창고시설로서 「화재의 예방 및 안전관리에 관한 법률 시행령」 별표 2에서 정하는 수량의 500배 이상의 특수가연물을 저장·취급하는 것
  14) 4)에 해당하지 않는 발전시설 중 전기저장시설
라. 시각경보기를 설치해야 하는 특정소방대상물은 다목에 따라 자동화재탐지설비를 설치해야 하는 특정소방대상물 중 다음의 어느 하나에 해당하는 것으로 한다.

1) 근린생활시설, 문화 및 집회시설, 종교시설, 판매시설, 운수시설, 의료시설, 노유자 시설
2) 운동시설, 업무시설, 숙박시설, 위락시설, 창고시설 중 물류터미널, 발전시설 및 장례시설
3) 교육연구시설 중 도서관, 방송통신시설 중 방송국
4) 지하가 중 지하상가

마. 화재알림설비를 설치해야 하는 특정소방대상물은 판매시설 중 전통시장으로 한다.

바. 비상방송설비를 설치해야 하는 특정소방대상물(위험물 저장 및 처리 시설 중 가스시설, 사람이 거주하지 않거나 벽이 없는 축사 등 동물 및 식물 관련 시설, 지하가 중 터널 및 지하구는 제외한다)은 다음의 어느 하나에 해당하는 것으로 한다.
1) 연면적 3천5백㎡ 이상인 것은 모든 층
2) 층수가 11층 이상인 것은 모든 층
3) 지하층의 층수가 3층 이상인 것은 모든 층

사. 자동화재속보설비를 설치해야 하는 특정소방대상물은 다음의 어느 하나에 해당하는 것으로 한다. 다만, 방재실 등 화재 수신기가 설치된 장소에 24시간 화재를 감시할 수 있는 사람이 근무하고 있는 경우에는 자동화재속보설비를 설치하지 않을 수 있다.
1) 노유자 생활시설
2) 노유자 시설로서 바닥면적이 500㎡ 이상인 층이 있는 것
3) 수련시설(숙박시설이 있는 것만 해당한다)로서 바닥면적이 500㎡ 이상인 층이 있는 것
4) 문화재 중 「문화재보호법」 제23조에 따라 보물 또는 국보로 지정된 목조건축물
5) 근린생활시설 중 다음의 어느 하나에 해당하는 시설
   가) 의원, 치과의원 및 한의원으로서 입원실이 있는 시설
   나) 조산원 및 산후조리원
6) 의료시설 중 다음의 어느 하나에 해당하는 것
   가) 종합병원, 병원, 치과병원, 한방병원 및 요양병원(의료재활시설은 제외한다)
   나) 정신병원 및 의료재활시설로 사용되는 바닥면적의 합계가 500㎡ 이상인 층이 있는 것
7) 판매시설 중 전통시장

아. 통합감시시설을 설치해야 하는 특정소방대상물은 지하구로 한다.

자. 누전경보기는 계약전류용량(같은 건축물에 계약 종류가 다른 전기가 공급되는 경우에는 그 중 최대계약전류용량을 말한다)이 100암페어를 초과하는 특정소방대상물(내화구조가 아닌 건축물로서 벽·바닥 또는 반자의 전부나 일부를 불연재료 또는 준불연재료가 아닌 재료에 철망을 넣어 만든 것만 해당한다)에 설치해야 한다. 다만, 위험물 저장 및 처리 시설 중 가스시설, 지하가 중 터널 및 지하구의 경우에는 그렇지 않다.

차. 가스누설경보기를 설치해야 하는 특정소방대상물(가스시설이 설치된 경우만 해당한다)은 다음의 어느 하나에 해당하는 것으로 한다.
1) 문화 및 집회시설, 종교시설, 판매시설, 운수시설, 의료시설, 노유자 시설
2) 수련시설, 운동시설, 숙박시설, 창고시설 중 물류터미널, 장례시설

3. 피난구조설비

가. 피난기구는 특정소방대상물의 모든 층에 화재안전기준에 적합한 것으로 설치해야 한다. 다만, 피난층, 지상 1층, 지상 2층(노유자 시설 중 피난층이 아닌 지상 1층과 피난층이 아닌 지상 2층은 제외한다), 층수가 11층 이상인 층과 위험물 저장 및 처리시설 중 가스시설, 지하가 중 터널 및 지하구의 경우에는 그렇지 않다.

나. 인명구조기구를 설치해야 하는 특정소방대상물은 다음의 어느 하나에 해당하는 것으로 한다.
　　1) 방열복 또는 방화복(안전모, 보호장갑 및 안전화를 포함한다), 인공소생기 및 공기호흡기를 설치해야 하는 특정소방대상물 : 지하층을 포함하는 층수가 7층 이상인 것 중 관광호텔 용도로 사용하는 층
　　2) 방열복 또는 방화복(안전모, 보호장갑 및 안전화를 포함한다) 및 공기호흡기를 설치해야 하는 특정소방대상물 : 지하층을 포함하는 층수가 5층 이상인 것 중 병원 용도로 사용하는 층
　　3) 공기호흡기를 설치해야 하는 특정소방대상물은 다음의 어느 하나에 해당하는 것으로 한다.
　　　가) 수용인원 100명 이상인 문화 및 집회시설 중 영화상영관
　　　나) 판매시설 중 대규모점포
　　　다) 운수시설 중 지하역사
　　　라) 지하가 중 지하상가
　　　마) 제1호바목 및 화재안전기준에 따라 이산화탄소소화설비(호스릴이산화탄소소화설비는 제외한다)를 설치해야 하는 특정소방대상물
다. 유도등을 설치해야 하는 특정소방대상물은 다음의 어느 하나에 해당하는 것으로 한다.
　　1) 피난구유도등, 통로유도등 및 유도표지는 특정소방대상물에 설치한다. 다만, 다음의 어느 하나에 해당하는 경우는 제외한다.
　　　가) 동물 및 식물 관련 시설 중 축사로서 가축을 직접 가두어 사육하는 부분
　　　나) 지하가 중 터널
　　2) 객석유도등은 다음의 어느 하나에 해당하는 특정소방대상물에 설치한다.
　　　가) 유흥주점영업시설(「식품위생법 시행령」 제21조제8호라목의 유흥주점영업 중 손님이 춤을 출 수 있는 무대가 설치된 카바레, 나이트클럽 또는 그 밖에 이와 비슷한 영업시설만 해당한다)
　　　나) 문화 및 집회시설
　　　다) 종교시설
　　　라) 운동시설
　　3) 피난유도선은 화재안전기준에서 정하는 장소에 설치한다.
라. 비상조명등을 설치해야 하는 특정소방대상물(창고시설 중 창고 및 하역장, 위험물 저장 및 처리 시설 중 가스시설 및 사람이 거주하지 않거나 벽이 없는 축사 등 동물 및 식물 관련 시설은 제외한다)은 다음의 어느 하나에 해당하는 것으로 한다.
　　1) 지하층을 포함하는 층수가 5층 이상인 건축물로서 연면적 3천㎡ 이상인 경우에는 모든 층
　　2) 1)에 해당하지 않는 특정소방대상물로서 그 지하층 또는 무창층의 바닥면적이 450㎡ 이상인 경우에는 해당 층
　　3) 지하가 중 터널로서 그 길이가 500m 이상인 것
마. 휴대용비상조명등을 설치해야 하는 특정소방대상물은 다음의 어느 하나에 해당하는 것으로 한다.
　　1) 숙박시설
　　2) 수용인원 100명 이상의 영화상영관, 판매시설 중 대규모점포, 철도 및 도시철도 시설 중 지하역사, 지하가 중 지하상가
4. 소화용수설비
　상수도소화용수설비를 설치해야 하는 특정소방대상물은 다음 각 목의 어느 하나에 해당하는 것으로 한다. 다만, 상수도소화용수설비를 설치해야 하는 특정소방대상물의 대지 경계선으로부터 180m 이내에 지름 75㎜ 이상인 상수도용 배수관이 설치되지 않은 지역의 경우에는 화재안전기준에 따른 소화수조 또는 저수조를 설치해야 한다.

가. 연면적 5천㎡ 이상인 것. 다만, 위험물 저장 및 처리 시설 중 가스시설, 지하가 중 터널 또는 지하구의 경우에는 제외한다.
나. 가스시설로서 지상에 노출된 탱크의 저장용량의 합계가 100톤 이상인 것
다. 자원순환 관련 시설 중 폐기물재활용시설 및 폐기물처분시설

5. 소화활동설비
가. 제연설비를 설치해야 하는 특정소방대상물은 다음의 어느 하나에 해당하는 것으로 한다.
  1) 문화 및 집회시설, 종교시설, 운동시설 중 무대부의 바닥면적이 200㎡ 이상인 경우에는 해당 무대부
  2) 문화 및 집회시설 중 영화상영관으로서 수용인원 100명 이상인 경우에는 해당 영화상영관
  3) 지하층이나 무창층에 설치된 근린생활시설, 판매시설, 운수시설, 숙박시설, 위락시설, 의료시설, 노유자 시설 또는 창고시설(물류터미널로 한정한다)로서 해당 용도로 사용되는 바닥면적의 합계가 1천㎡ 이상인 경우 해당 부분
  4) 운수시설 중 시외버스정류장, 철도 및 도시철도 시설, 공항시설 및 항만시설의 대기실 또는 휴게시설로서 지하층 또는 무창층의 바닥면적이 1천㎡ 이상인 경우에는 모든 층
  5) 지하가(터널은 제외한다)로서 연면적 1천㎡ 이상인 것
  6) 지하가 중 예상 교통량, 경사도 등 터널의 특성을 고려하여 행정안전부령으로 정하는 터널
  7) 특정소방대상물(갓복도형 아파트등은 제외한다)에 부설된 특별피난계단, 비상용 승강기의 승강장 또는 피난용 승강기의 승강장

나. 연결송수관설비를 설치해야 하는 특정소방대상물(위험물 저장 및 처리 시설 중 가스시설 및 지하구는 제외한다)은 다음의 어느 하나에 해당하는 것으로 한다.
  1) 층수가 5층 이상으로서 연면적 6천㎡ 이상인 경우에는 모든 층
  2) 1)에 해당하지 않는 특정소방대상물로서 지하층을 포함하는 층수가 7층 이상인 경우에는 모든 층
  3) 1) 및 2)에 해당하지 않는 특정소방대상물로서 지하층의 층수가 3층 이상이고 지하층의 바닥면적의 합계가 1천㎡ 이상인 경우에는 모든 층
  4) 지하가 중 터널로서 길이가 1천m 이상인 것

다. 연결살수설비를 설치해야 하는 특정소방대상물(지하구는 제외한다)은 다음의 어느 하나에 해당하는 것으로 한다.
  1) 판매시설, 운수시설, 창고시설 중 물류터미널로서 해당 용도로 사용되는 부분의 바닥면적의 합계가 1천㎡ 이상인 경우에는 해당 시설
  2) 지하층(피난층으로 주된 출입구가 도로와 접한 경우는 제외한다)으로서 바닥면적의 합계가 150㎡ 이상인 경우에는 지하층의 모든 층. 다만, 「주택법 시행령」 제46조제1항에 따른 국민주택규모 이하인 아파트등의 지하층(대피시설로 사용하는 것만 해당한다)과 교육연구시설 중 학교의 지하층의 경우에는 700㎡ 이상인 것으로 한다.
  3) 가스시설 중 지상에 노출된 탱크의 용량이 30톤 이상인 탱크시설
  4) 1) 및 2)의 특정소방대상물에 부속된 연결통로

라. 비상콘센트설비를 설치해야 하는 특정소방대상물(위험물 저장 및 처리 시설 중 가스시설 및 지하구는 제외한다)은 다음의 어느 하나에 해당하는 것으로 한다.
  1) 층수가 11층 이상인 특정소방대상물의 경우에는 11층 이상의 층
  2) 지하층의 층수가 3층 이상이고 지하층의 바닥면적의 합계가 1천㎡ 이상인 것은 지하층의 모든 층

3) 지하가 중 터널로서 길이가 500m 이상인 것
마. 무선통신보조설비를 설치해야 하는 특정소방대상물(위험물 저장 및 처리 시설 중 가스시설은 제외한다)은 다음의 어느 하나에 해당하는 것으로 한다.
   1) 지하가(터널은 제외한다)로서 연면적 1천㎡ 이상인 것
   2) 지하층의 바닥면적의 합계가 3천㎡ 이상인 것 또는 지하층의 층수가 3층 이상이고 지하층의 바닥면적의 합계가 1천㎡ 이상인 것은 지하층의 모든 층
   3) 지하가 중 터널로서 길이가 500m 이상인 것
   4) 지하구 중 공동구
   5) 층수가 30층 이상인 것으로서 16층 이상 부분의 모든 층
바. 연소방지설비는 지하구(전력 또는 통신사업용인 것만 해당한다)에 설치해야 한다.

비고
1. 별표 2 제1호부터 제27호까지 중 어느 하나에 해당하는 시설(이하 이 호에서 "근린생활시설등"이라 한다)의 소방시설 설치기준이 복합건축물의 소방시설 설치기준보다 강화된 경우 복합건축물 안에 있는 해당 근린생활시설등에 대해서는 그 근린생활시설등의 소방시설 설치기준을 적용한다.
2. 원자력발전소 중 「원자력안전법」 제2조에 따른 원자로 및 관계시설에 설치하는 소방시설에 대해서는 「원자력안전법」 제11조 및 제21조에 따른 허가기준에 따라 설치한다.
3. 특정소방대상물의 관계인은 제8조제1항에 따른 내진설계 대상 특정소방대상물 및 제9조에 따른 성능위주설계 대상 특정소방대상물에 설치·관리해야 하는 소방시설에 대해서는 법 제7조에 따른 소방시설의 내진설계기준 및 법 제8조에 따른 성능위주설계의 기준에 맞게 설치·관리해야 한다.

시행규칙 제16조(소방시설을 설치해야 하는 터널) ① 영 별표 4 제1호다목4)나)에서 "행정안전부령으로 정하는 터널"이란 「도로의 구조·시설 기준에 관한 규칙」 제48조에 따라 국토교통부장관이 정하는 도로의 구조 및 시설에 관한 세부 기준에 따라 옥내소화전설비를 설치해야 하는 터널을 말한다.
② 영 별표 4 제1호바목7) 전단에서 "행정안전부령으로 정하는 터널"이란 「도로의 구조·시설 기준에 관한 규칙」 제48조에 따라 국토교통부장관이 정하는 도로의 구조 및 시설에 관한 세부 기준에 따라 물분무소화설비를 설치해야 하는 터널을 말한다.
③ 영 별표 4 제5호가목6)에서 "행정안전부령으로 정하는 터널"이란 「도로의 구조·시설 기준에 관한 규칙」 제48조에 따라 국토교통부장관이 정하는 도로의 구조 및 시설에 관한 세부 기준에 따라 제연설비를 설치해야 하는 터널을 말한다.
시행규칙 제17조(연소 우려가 있는 건축물의 구조) 영 별표 4 제1호사목1) 후단에서 "행정안전부령으로 정하는 연소(延燒) 우려가 있는 구조"란 다음 각 호의 기준에 모두 해당하는 구조를 말한다.
 1. 건축물대장의 건축물 현황도에 표시된 대지경계선 안에 둘 이상의 건축물이 있는 경우
 2. 각각의 건축물이 다른 건축물의 외벽으로부터 수평거리가 1층의 경우에는 6미터 이하, 2층 이상의 층의 경우에는 10미터 이하인 경우
 3. 개구부(영 제2조제1호 각 목 외의 부분에 따른 개구부를 말한다)가 다른 건축물을 향하여 설치되어 있는 경우

9. 내용연수

① 대상 : 분말형태의 소화약제를 사용하는 소화기
② 내용연수 : 10년

10. 수용인원 산정

> ■ 소방시설 설치 및 관리에 관한 법률 시행령 [별표 7]
>
> **수용인원의 산정 방법**(제17조 관련)
>
> 1. 숙박시설이 있는 특정소방대상물
>   가. 침대가 있는 숙박시설 : 해당 특정소방대상물의 종사자 수에 침대 수(2인용 침대는 2개로 산정한다)를 합한 수
>   나. 침대가 없는 숙박시설 : 해당 특정소방대상물의 종사자 수에 숙박시설 바닥면적의 합계를 $3m^2$로 나누어 얻은 수를 합한 수
> 2. 제1호 외의 특정소방대상물
>   가. 강의실·교무실·상담실·실습실·휴게실 용도로 쓰는 특정소방대상물 : 해당 용도로 사용하는 바닥면적의 합계를 $1.9m^2$로 나누어 얻은 수
>   나. 강당, 문화 및 집회시설, 운동시설, 종교시설 : 해당 용도로 사용하는 바닥면적의 합계를 $4.6m^2$로 나누어 얻은 수(관람석이 있는 경우 고정식 의자를 설치한 부분은 그 부분의 의자 수로 하고, 긴 의자의 경우에는 의자의 정면너비를 0.45m로 나누어 얻은 수로 한다)
>   다. 그 밖의 특정소방대상물 : 해당 용도로 사용하는 바닥면적의 합계를 $3m^2$로 나누어 얻은 수
>
> 비고
> 1. 위 표에서 바닥면적을 산정할 때에는 복도(「건축법 시행령」 제2조제11호에 따른 준불연재료 이상의 것을 사용하여 바닥에서 천장까지 벽으로 구획한 것을 말한다), 계단 및 화장실의 바닥면적을 포함하지 않는다.
> 2. 계산 결과 소수점 이하의 수는 반올림한다.

11. 임시소방시설

① 임시소방시설을 설치하여야 하는 작업(대통령령으로 정하는 작업)
   ㉠ 인화성·가연성·폭발성 물질을 취급하거나 가연성 가스를 발생시키는 작업
   ㉡ 용접·용단(금속·유리·플라스틱 따위를 녹여서 절단하는 일을 말한다) 등 불꽃을 발생시키거나 화기(火氣)를 취급하는 작업
   ㉢ 전열기구, 가열전선 등 열을 발생시키는 기구를 취급하는 작업

ⓔ 알루미늄, 마그네슘 등을 취급하여 폭발성 부유분진(공기 중에 떠다니는 미세한 입자를 말한다)을 발생시킬 수 있는 작업
ⓜ 그 밖에 제1호부터 제4호까지와 비슷한 작업으로 소방청장이 정하여 고시하는 작업

② 임시소방시설의 종류 및 설치기준 등

■ 소방시설 설치 및 관리에 관한 법률 시행령 [별표 8] [시행일 : 2023. 7. 1.] 제1호라목, 제1호바목, 제1호사목, 제2호라목, 제2호바목, 제2호사목

임시소방시설의 종류와 설치기준 등(제18조제2항 및 제3항 관련)

1. 임시소방시설의 종류
   가. 소화기
   나. 간이소화장치 : 물을 방사(放射)하여 화재를 진화할 수 있는 장치로서 소방청장이 정하는 성능을 갖추고 있을 것
   다. 비상경보장치 : 화재가 발생한 경우 주변에 있는 작업자에게 화재사실을 알릴 수 있는 장치로서 소방청장이 정하는 성능을 갖추고 있을 것
   라. 가스누설경보기 : 가연성 가스가 누설되거나 발생된 경우 이를 탐지하여 경보하는 장치로서 법 제37조에 따른 형식승인 및 제품검사를 받은 것
   마. 간이피난유도선 : 화재가 발생한 경우 피난구 방향을 안내할 수 있는 장치로서 소방청장이 정하는 성능을 갖추고 있을 것
   바. 비상조명등 : 화재가 발생한 경우 안전하고 원활한 피난활동을 할 수 있도록 자동 점등되는 조명장치로서 소방청장이 정하는 성능을 갖추고 있을 것
   사. 방화포 : 용접·용단 등의 작업 시 발생하는 불티로부터 가연물이 점화되는 것을 방지해주는 천 또는 불연성 물품으로서 소방청장이 정하는 성능을 갖추고 있을 것

2. 임시소방시설을 설치해야 하는 공사의 종류와 규모
   가. 소화기 : 법 제6조제1항에 따라 소방본부장 또는 소방서장의 동의를 받아야 하는 특정소방대상물의 신축·증축·개축·재축·이전·용도변경 또는 대수선 등을 위한 공사 중 법 제15조제1항에 따른 화재위험작업의 현장(이하 이 표에서 "화재위험작업현장"이라 한다)에 설치한다.
   나. 간이소화장치 : 다음의 어느 하나에 해당하는 공사의 화재위험작업현장에 설치한다.
      1) 연면적 3천㎡ 이상
      2) 지하층, 무창층 또는 4층 이상의 층. 이 경우 해당 층의 바닥면적이 600㎡ 이상인 경우만 해당한다.
   다. 비상경보장치 : 다음의 어느 하나에 해당하는 공사의 화재위험작업현장에 설치한다.
      1) 연면적 400㎡ 이상
      2) 지하층 또는 무창층. 이 경우 해당 층의 바닥면적이 150㎡ 이상인 경우만 해당한다.
   라. 가스누설경보기 : 바닥면적이 150㎡ 이상인 지하층 또는 무창층의 화재위험작업현장에 설치한다.
   마. 간이피난유도선 : 바닥면적이 150㎡ 이상인 지하층 또는 무창층의 화재위험작업현장에 설치한다.
   바. 비상조명등 : 바닥면적이 150㎡ 이상인 지하층 또는 무창층의 화재위험작업현장에 설치한다.

사. 방화포 : 용접·용단 작업이 진행되는 화재위험작업현장에 설치한다.
3. 임시소방시설과 기능 및 성능이 유사한 소방시설로서 임시소방시설을 설치한 것으로 보는 소방시설
    가. 간이소화장치를 설치한 것으로 보는 소방시설 : 소방청장이 정하여 고시하는 기준에 맞는 소화기(연결송수관설비의 방수구 인근에 설치한 경우로 한정한다) [대형소화기를 작업지점으로부터 25[m] 이내 쉽게 보이는 장소에 6개 이상을 배치한 경우] 또는 옥내소화전설비
    나. 비상경보장치를 설치한 것으로 보는 소방시설 : 비상방송설비 또는 자동화재탐지설비
    다. 간이피난유도선을 설치한 것으로 보는 소방시설 : 피난유도선, 피난구유도등, 통로유도등 또는 비상조명등

12 ▸▸ 소방시설 기준 적용의 특례기준

① 대통령령 또는 화재안전기준이 변경되어 그 기준이 강화되는 경우
  ㉠ 원칙 : 기존의 특정소방대상물(건축물의 신축·개축·재축·이전 및 대수선 중인 특정소방대상물을 포함한다)의 소방시설에 대하여는 변경 전의 대통령령 또는 화재안전기준을 적용한다.
  ㉡ 예외 : 다음의 경우 강화된 기준을 적용한다.
    ⓐ 다음 각 목의 소방시설 중 대통령령 또는 화재안전기준으로 정하는 것
      ㉮ 소화기구
      ㉯ 비상경보설비
      ㉰ 자동화재탐지설비
      ㉱ 자동화재속보설비
      ㉲ 피난구조설비
    ⓑ 다음 각 목의 특정소방대상물에 설치하는 소방시설 중 대통령령 또는 화재안전기준으로 정하는 것
      ㉮ 「국토의 계획 및 이용에 관한 법률」 제2조제9호에 따른 공동구
      ㉯ 전력 및 통신사업용 지하구
      ㉰ 노유자(老幼者) 시설
      ㉱ 의료시설

> 시행령 제13조(강화된 소방시설기준의 적용대상) 법 제13조제1항제2호 각 목 외의 부분에서 "대통령령으로 정하는 것"이란 다음 각 호의 소방시설을 말한다.
> 1. 「국토의 계획 및 이용에 관한 법률」 제2조제9호에 따른 공동구에 설치하는 소화기, 자동소화장치, 자동화재탐지설비, 통합감시시설, 유도등 및 연소방지설비
> 2. 전력 및 통신사업용 지하구에 설치하는 소화기, 자동소화장치, 자동화재탐지설비, 통합감시시설, 유도등 및 연소방지설비
> 3. 노유자 시설에 설치하는 간이스프링클러설비, 자동화재탐지설비 및 단독경보형 감지기
> 4. 의료시설에 설치하는 스프링클러설비, 간이스프링클러설비, 자동화재탐지설비 및 자동화재속보설비

② 증축되는 경우
  ㉠ 원칙 : 소방본부장이나 소방서장은 기존의 특정소방대상물이 증축되는 경우에는 대통령령으로 정하는 바에 따라 건물전체에 대하여 증축 당시의 소방시설의 설치에 관한 대통령령 또는 화재안전기준을 적용한다.
  ㉡ 예외 : 다음의 경우 기존부분에 대하여는 증축당시의 기준을 적용하지 아니한다.
    ⓐ 기존 부분과 증축 부분이 내화구조(耐火構造)로 된 바닥과 벽으로 구획된 경우
    ⓑ 기존 부분과 증축 부분이 「건축법 시행령」 제46조제1항제2호에 따른 자동방화셔터(이하 "자동방화셔터"라 한다) 또는 같은 영 제64조제1항제1호에 따른 60분+ 방화문(이하 "60분+ 방화문"이라 한다)으로 구획되어 있는 경우
    ⓒ 자동차 생산공장 등 화재 위험이 낮은 특정소방대상물 내부에 연면적 33제곱미터 이하의 직원 휴게실을 증축하는 경우
    ⓓ 자동차 생산공장 등 화재 위험이 낮은 특정소방대상물에 캐노피(기둥으로 받치거나 매달아 놓은 덮개를 말하며, 3면 이상에 벽이 없는 구조의 것을 말한다)를 설치하는 경우
③ 용도가 변경되는 경우
  ㉠ 원칙 : 소방본부장이나 소방서장은 기존의 특정소방대상물이 용도가 변경되는 경우에는 대통령령으로 정하는바에 따라 용도변경되는 부분에 한하여 용도변경당시의 소방시설의 설치에 관한 대통령령 또는 화재안전기준을 적용한다.
  ㉡ 예외 : 다음의 경우 전체부분에 대하여는 용도변경당시의 기준을 적용하지 아니한다.[전체 그대로 둔다]
    ⓐ 특정소방대상물의 구조·설비가 화재연소 확대 요인이 적어지거나 피난 또는 화재진압활동이 쉬워지도록 변경되는 경우
    ⓑ 용도변경으로 인하여 천장·바닥·벽 등에 고정되어 있는 가연성 물질의 양이 줄어드는 경우

13. 소방시설 설치면제 기준

■ 소방시설 설치 및 관리에 관한 법률 시행령 [별표 5]

특정소방대상물의 소방시설 설치의 면제 기준(제14조 관련)

설치가 면제되는 소방시설	설치가 면제되는 기준
1. 자동소화장치	자동소화장치(주거용 주방자동소화장치 및 상업용 주방자동소화장치는 제외한다)를 설치해야 하는 특정소방대상물에 물분무등소화설비를 화재안전기준에 적합하게 설치한 경우에는 그 설비의 유효범위(해당 소방시설이 화재를 감지·소화 또는 경보할 수 있는 부분을 말한다. 이하 같다)에서 설치가 면제된다.
2. 옥내소화전설비	소방본부장 또는 소방서장이 옥내소화전설비의 설치가 곤란하다고 인정하는 경우로서 호스릴 방식의 미분무소화설비 또는 옥외소화전설비를 화재안전기준에 적합하게 설치한 경우에는 그 설비의 유효범위에서 설치가 면제된다.
3. 스프링클러설비	가. 스프링클러설비를 설치해야 하는 특정소방대상물(발전시설 중 전기저장시설은 제외한다)에 적응성 있는 자동소화장치 또는 물분무등소화설비를 화재안전기준에 적합하게 설치한 경우에는 그 설비의 유효범위에서 설치가 면제된다. 나. 스프링클러설비를 설치해야 하는 전기저장시설에 소화설비를 소방청장이 정하여 고시하는 방법에 따라 설치한 경우에는 그 설비의 유효범위에서 설치가 면제된다.
4. 간이스프링클러 설비	간이스프링클러설비를 설치해야 하는 특정소방대상물에 스프링클러설비, 물분무소화설비 또는 미분무소화설비를 화재안전기준에 적합하게 설치한 경우에는 그 설비의 유효범위에서 설치가 면제된다.
5. 물분무등소화설비	물분무등소화설비를 설치해야 하는 차고·주차장에 스프링클러설비를 화재안전기준에 적합하게 설치한 경우에는 그 설비의 유효범위에서 설치가 면제된다.
6. 옥외소화전설비	옥외소화전설비를 설치해야 하는 문화재인 목조건축물에 상수도소화용수설비를 화재안전기준에서 정하는 방수압력·방수량·옥외소화전함 및 호스의 기준에 적합하게 설치한 경우에는 설치가 면제된다.
7. 비상경보설비	비상경보설비를 설치해야 할 특정소방대상물에 단독경보형 감지기를 2개 이상의 단독경보형 감지기와 연동하여 설치한 경우에는 그 설비의 유효범위에서 설치가 면제된다.
8. 비상경보설비 또는 단독경보형 감지기	비상경보설비 또는 단독경보형 감지기를 설치해야 하는 특정소방대상물에 자동화재탐지설비 또는 화재알림설비를 화재안전기준에 적합하게 설치한 경우에는 그 설비의 유효범위에서 설치가 면제된다.
9. 자동화재탐지설비	자동화재탐지설비의 기능(감지·수신·경보기능을 말한다)과 성능을

		가진 화재알림설비, 스프링클러설비 또는 물분무등소화설비를 화재안전기준에 적합하게 설치한 경우에는 그 설비의 유효범위에서 설치가 면제된다.
10. 화재알림설비		화재알림설비를 설치해야 하는 특정소방대상물에 자동화재탐지설비를 화재안전기준에 적합하게 설치한 경우에는 그 설비의 유효범위에서 설치가 면제된다.
11. 비상방송설비		비상방송설비를 설치해야 하는 특정소방대상물에 자동화재탐지설비 또는 비상경보설비와 같은 수준 이상의 음향을 발하는 장치를 부설한 방송설비를 화재안전기준에 적합하게 설치한 경우에는 그 설비의 유효범위에서 설치가 면제된다.
12. 자동화재속보설비		자동화재속보설비를 설치해야 하는 특정소방대상물에 화재알림설비를 화재안전기준에 적합하게 설치한 경우에는 그 설비의 유효범위에서 설치가 면제된다.
13. 누전경보기		누전경보기를 설치해야 하는 특정소방대상물 또는 그 부분에 아크경보기(옥내 배전선로의 단선이나 선로 손상 등으로 인하여 발생하는 아크를 감지하고 경보하는 장치를 말한다) 또는 전기 관련 법령에 따른 지락차단장치를 설치한 경우에는 그 설비의 유효범위에서 설치가 면제된다.
14. 피난구조설비		피난구조설비를 설치해야 하는 특정소방대상물에 그 위치·구조 또는 설비의 상황에 따라 피난상 지장이 없다고 인정되는 경우에는 화재안전기준에서 정하는 바에 따라 설치가 면제된다.
15. 비상조명등		비상조명등을 설치해야 하는 특정소방대상물에 피난구유도등 또는 통로유도등을 화재안전기준에 적합하게 설치한 경우에는 그 유도등의 유효범위에서 설치가 면제된다.
16. 상수도소화용수 설비		가. 상수도소화용수설비를 설치해야 하는 특정소방대상물의 각 부분으로부터 수평거리 140m 이내에 공공의 소방을 위한 소화전이 화재안전기준에 적합하게 설치되어 있는 경우에는 설치가 면제된다. 나. 소방본부장 또는 소방서장이 상수도소화용수설비의 설치가 곤란하다고 인정하는 경우로서 화재안전기준에 적합한 소화수조 또는 저수조가 설치되어 있거나 이를 설치하는 경우에는 그 설비의 유효범위에서 설치가 면제된다.
17. 제연설비		가. 제연설비를 설치해야 하는 특정소방대상물[별표 4 제5호가목6)은 제외한다]에 다음의 어느 하나에 해당하는 설비를 설치한 경우에는 설치가 면제된다. 1) 공기조화설비를 화재안전기준의 제연설비기준에 적합하게 설치하고 공기조화설비가 화재 시 제연설비기능으로 자동전환되는 구조로 설치되어 있는 경우 2) 직접 외부 공기와 통하는 배출구의 면적의 합계가 해당 제연구역[제연경계(제연설비의 일부인 천장을 포함한다)에 의하여 구획된 건축물 내의 공간을 말한다] 바닥면적의 100분의 1 이상이

	고, 배출구부터 각 부분까지의 수평거리가 30m 이내이며, 공기유입구가 화재안전기준에 적합하게(외부 공기를 직접 자연 유입할 경우에 유입구의 크기는 배출구의 크기 이상이어야 한다) 설치되어 있는 경우 나. 별표 4 제5호가목6)에 따라 제연설비를 설치해야 하는 특정소방대상물 중 노대(露臺)와 연결된 특별피난계단, 노대가 설치된 비상용 승강기의 승강장 또는 「건축법 시행령」 제91조제5호의 기준에 따라 배연설비가 설치된 피난용 승강기의 승강장에는 설치가 면제된다.
18. 연결송수관설비	연결송수관설비를 설치해야 하는 소방대상물에 옥외에 연결송수구 및 옥내에 방수구가 부설된 옥내소화전설비, 스프링클러설비, 간이스프링클러설비 또는 연결살수설비를 화재안전기준에 적합하게 설치한 경우에는 그 설비의 유효범위에서 설치가 면제된다. 다만, 지표면에서 최상층 방수구의 높이가 70m 이상인 경우에는 설치해야 한다.
19. 연결살수설비	가. 연결살수설비를 설치해야 하는 특정소방대상물에 송수구를 부설한 스프링클러설비, 간이스프링클러설비, 물분무소화설비 또는 미분무소화설비를 화재안전기준에 적합하게 설치한 경우에는 그 설비의 유효범위에서 설치가 면제된다. 나. 가스 관계 법령에 따라 설치되는 물분무장치 등에 소방대가 사용할 수 있는 연결송수구가 설치되거나 물분무장치 등에 6시간 이상 공급할 수 있는 수원(水源)이 확보된 경우에는 설치가 면제된다.
20. 무선통신보조설비	무선통신보조설비를 설치해야 하는 특정소방대상물에 이동통신 구내 중계기 선로설비 또는 무선이동중계기(「전파법」 제58조의2에 따른 적합성평가를 받은 제품만 해당한다) 등을 화재안전기준의 무선통신보조설비기준에 적합하게 설치한 경우에는 설치가 면제된다.
21. 연소방지설비	연소방지설비를 설치해야 하는 특정소방대상물에 스프링클러설비, 물분무소화설비 또는 미분무소화설비를 화재안전기준에 적합하게 설치한 경우에는 그 설비의 유효범위에서 설치가 면제된다.

14. 소방시설을 설치하지 아니할 수 있는 특정소방대상물 및 소방시설의 범위

■ 소방시설 설치 및 관리에 관한 법률 시행령 [별표 6]

소방시설을 설치하지 않을 수 있는 특정소방대상물 및 소방시설의 범위
(제16조 관련)

구분	특정소방대상물	설치하지 않을 수 있는 소방시설
1. 화재 위험도가 낮은 특정소방대상물	석재, 불연성금속, 불연성 건축재료 등의 가공공장·기계조립공장 또는 불연성 물품을 저장하는 창고	옥외소화전 및 연결살수설비
2. 화재안전기준을 적용하기 어려운 특정소방대상물	펄프공장의 작업장, 음료수 공장의 세정 또는 충전을 하는 작업장, 그 밖에 이와 비슷한 용도로 사용하는 것	스프링클러설비, 상수도소화용수설비 및 연결살수설비
	정수장, 수영장, 목욕장, 농예·축산·어류양식용 시설, 그 밖에 이와 비슷한 용도로 사용되는 것	자동화재탐지설비, 상수도소화용수설비 및 연결살수설비
3. 화재안전기준을 달리 적용해야 하는 특수한 용도 또는 구조를 가진 특정소방대상물	원자력발전소, 중·저준위방사성폐기물의 저장시설	연결송수관설비 및 연결살수설비
4. 「위험물 안전관리법」 제19조에 따른 자체소방대가 설치된 특정소방대상물	자체소방대가 설치된 제조소등에 부속된 사무실	옥내소화전설비, 소화용수설비, 연결살수설비 및 연결송수관설비

15. 소방기술심의위원회

① 중앙소방기술심의위원회
  ㉠ 설치 : 소방청
  ㉡ 구성 : 위원장 포함 60명 이내
  ㉢ 위원장 : 소방청장이 위원 중 위촉(회의는 위원장과 위원장이 회의마다 지정하는 6명 이상 12명 이하로 구성)
  ㉣ 위원이 될 수 있는 자
    ⓐ 과장급 직위 이상의 소방공무원
    ⓑ 소방기술사
    ⓒ 소방시설관리사

ⓓ 석사 이상의 소방 관련 학위를 취득한 사람
ⓔ 소방 관련 법인 또는 단체에서 소방 관련 업무에 5년 이상 종사한 사람
ⓕ 소방공무원 교육기관, 대학교 또는 연구소에서 소방과 관련한 교육 또는 연구에 5년 이상 종사한 사람

㉤ 심의사항
ⓐ 화재안전기준에 관한 사항
ⓑ 소방시설의 구조 및 원리 등에서 공법이 특수한 설계 및 시공에 관한 사항
ⓒ 소방시설의 설계 및 공사감리의 방법에 관한 사항
ⓓ 소방시설공사의 하자를 판단하는 기준에 관한 사항
ⓔ 신기술, 신공법 등 검토, 평가에 고도의 기술이 필요한 경우로서 중앙위원회에 심의를 요청한 사항
ⓕ 그 밖에 소방기술 등에 관하여 대통령령으로 정하는 사항
  [1. 연면적 10만제곱미터 이상의 특정소방대상물에 설치된 소방시설의 설계·시공·감리의 하자 유무에 관한 사항
  2. 새로운 소방시설과 소방용품 등의 도입 여부에 관한 사항
  3. 그 밖에 소방기술과 관련하여 소방청장이 심의에 부치는 사항]

② 지방소방기술심의위원회
㉠ 설치 : 시·도
㉡ 구성 : 위원장 포함 5명 이상 9명 이하
㉢ 위원장 : 시·도지사가 위원 중 위촉
㉣ 위원이 될 수 있는 자
  ⓐ 해당 시·도 소속 소방공무원
  ⓑ 소방기술사
  ⓒ 소방시설관리사
  ⓓ 석사 이상의 소방 관련 학위를 취득한 사람
  ⓔ 소방 관련 법인 또는 단체에서 소방 관련 업무에 5년 이상 종사한 사람
  ⓕ 소방공무원 교육기관, 대학교 또는 연구소에서 소방과 관련한 교육 또는 연구에 5년 이상 종사한 사람
㉤ 심의사항
  ⓐ 소방시설에 하자가 있는지의 판단에 관한 사항
  ⓑ 그 밖에 소방기술 등에 관하여 대통령령으로 정하는 사항
  [1. 연면적 10만제곱미터 미만의 특정소방대상물에 설치된 소방시설의 설계·시공·감리의 하자 유무에 관한 사항

2. 소방본부장 또는 소방서장이 화재안전기준 또는 위험물 제조소등의 시설기준의 적용에 관하여 기술검토를 요청하는 사항
3. 그 밖에 소방기술과 관련하여 시·도지사가 심의에 부치는 사항]

16 ▶▶ 방염

① 방염성능기준 이상의 실내장식물등을 설치하여야 하는 특정소방대상물의 종류
    ㉠ 근린생활시설 중 의원, 조산원, 산후조리원, 체력단련장, 공연장 및 종교집회장
    ㉡ 건축물의 옥내에 있는 시설로서 다음 각 목의 시설
        ⓐ 문화 및 집회시설
        ⓑ 종교시설
        ⓒ 운동시설(수영장은 제외한다)
    ㉢ 의료시설
    ㉣ 교육연구시설 중 합숙소
    ㉤ 노유자시설
    ㉥ 숙박이 가능한 수련시설
    ㉦ 숙박시설
    ㉧ 방송통신시설 중 방송국 및 촬영소
    ㉨ 다중이용업소
    ㉩ ㉠부터 ㉨까지의 시설에 해당하지 않는 것으로서 층수가 11층 이상인 것(아파트는 제외한다)

② 방염대상물품의 종류
    ㉠ 제조 또는 가공 공정에서 방염처리를 한 물품(합판·목재류의 경우에는 설치 현장에서 방염처리를 한 것을 포함한다)으로서 다음 각 목의 어느 하나에 해당하는 것
        ⓐ 창문에 설치하는 커튼류(블라인드를 포함한다)
        ⓑ 카펫, 두께가 2밀리미터 미만인 벽지류(종이벽지는 제외한다)
        ⓒ 전시용 합판 또는 섬유판, 무대용 합판 또는 섬유판
        ⓓ 암막·무대막(영화상영관에 설치하는 스크린과 가상체험 체육시설업에 설치하는 스크린을 포함한다)
        ⓔ 섬유류 또는 합성수지류 등을 원료로 하여 제작된 소파·의자(단란주점영업, 유흥주점영업 및 노래연습장업의 영업장에 설치하는 것만 해당한다)
    ㉡ 건축물 내부의 천장이나 벽에 부착하거나 설치하는 것으로서 다음 각 목의 어느 하나에 해당하는 것. 다만, 가구류(옷장, 찬장, 식탁, 식탁용 의자, 사무용 책상,

사무용 의자, 계산대 및 그 밖에 이와 비슷한 것을 말한다. 이하 이 조에서 같다)와 너비 10센티미터 이하인 반자돌림대 등과 「건축법」 제52조에 따른 내부마감재료는 제외한다.

ⓐ 종이류(두께 2밀리미터 이상인 것을 말한다)·합성수지류 또는 섬유류를 주원료로 한 물품
ⓑ 합판이나 목재
ⓒ 공간을 구획하기 위하여 설치하는 간이 칸막이(접이식 등 이동 가능한 벽체나 천장 또는 반자가 실내에 접하는 부분까지 구획하지 아니하는 벽체를 말한다)
ⓓ 흡음(吸音)이나 방음(防音)을 위하여 설치하는 흡음재(흡음용 커튼을 포함한다) 또는 방음재(방음용 커튼을 포함한다)

③ 방염성능기준(대통령령)
  ㉠ 버너의 불꽃을 제거한 때부터 불꽃을 올리며 연소하는 상태가 그칠 때까지 시간은 20초 이내일 것 [잔염시간 : 20초 이내]
  ㉡ 버너의 불꽃을 제거한 때부터 불꽃을 올리지 아니하고 연소하는 상태가 그칠 때까지 시간은 30초 이내일 것 [잔진시간 : 30초 이내]
  ㉢ 탄화(炭化)한 면적은 50제곱센티미터 이내, 탄화한 길이는 20센티미터 이내일 것
  ㉣ 불꽃에 의하여 완전히 녹을 때까지 불꽃의 접촉 횟수는 3회 이상일 것
  ㉤ 소방청장이 정하여 고시한 방법으로 발연량(發煙量)을 측정하는 경우 최대연기밀도는 400 이하일 것

④ 방염성능기준 이상 권장물품의 종류 : 소방본부장 또는 소방서장은 제1항에 따른 물품 외에 다음 각 호의 어느 하나에 해당하는 물품의 경우에는 방염처리된 물품을 사용하도록 권장할 수 있다.
  ㉠ 다중이용업소, 의료시설, 노유자시설, 숙박시설 또는 장례식장에서 사용하는 침구류·소파 및 의자
  ㉡ 건축물 내부의 천장 또는 벽에 부착하거나 설치하는 가구류

⑤ 방염성능검사
  ㉠ 방염성능검사권자 : 소방청장
  ㉡ 방염대상물품 중 설치현장에서 방염처리를 하는 합판, 목재에 대한 방염성능검사권자 : 시·도지사

⑥ 방염처리능력평가 : 소방청장이 실시

17 ▶▶ 소방시설의 자체점검 등

① 소방시설등에 대한 자체점검은 다음 각 목과 같이 구분한다.
  ㉠ 작동점검 : 소방시설등을 인위적으로 조작하여 소방시설이 정상적으로 작동하는지를 소방청장이 정하여 고시하는 소방시설등 작동점검표에 따라 점검하는 것을 말한다.
  ㉡ 종합점검 : 소방시설등의 작동점검을 포함하여 소방시설등의 설비별 주요 구성 부품의 구조기준이 화재안전기준과「건축법」등 관련 법령에서 정하는 기준에 적합한 지 여부를 소방청장이 정하여 고시하는 소방시설등 종합점검표에 따라 점검하는 것을 말하며, 다음과 같이 구분한다.
    ⓐ 최초점검 : 법 제22조제1항제1호에 따라 소방시설이 새로 설치되는 경우「건축법」제22조에 따라 건축물을 사용할 수 있게 된 날부터 60일 이내 점검하는 것을 말한다.
    ⓑ 그 밖의 종합점검 : 최초점검을 제외한 종합점검을 말한다.

② 점검대상 및 시기, 점검자자격

대상			횟수·시기		점검자
작동 점검	모든 특정소방대상물 [3급이상에 해당] 〈제외 대상〉 1. 특급소방안전관리대상물 (종합점검만 연 2회) 2. 소방안전관리대상물에 속하지 않는 대상물 3. 위험물 제조소등		• 원칙 : 연 1회		관계인 (자탐,간이만해당) 소방안전관리자 (기술사, 관리사) 관리업자[관리사] (자탐,간이는 특급점검자가능)
작동 점검			종합 점검 대상 ×	안전관리대상물의 사용승인일이 속하는 달의 말일까지	
작동 점검			종합 점검 대상 ○	종합실시월로부터 6개월이 되는 달에 실시	
종합 점검	최초 점검	3급이상대상중 최초사용승인 건축물	사용승인일로부터 60일이내		소방안전 관리자 (기술사, 관리사) 관리업자[관리사]
종합 점검	그밖 점검	스프링클러설비가 설치된 특정소방대상물	• 원칙 : 연 1회 (최초사용승인해 다음해부터 사용승인일이 속하는 달의 말일까지) ⓔ 학교 : 1~6월이 사용승인일인 경우 6월 말일까지 • 특급 소방안전관리대상물 : 연2회 (반기별 1회)		
종합 점검	그밖 점검	물분무등소화설비가 설치된 연면적 5,000[㎡] 이상인 특정소방대상물			
종합 점검	그밖 점검	연면적 2,000[㎡] 이상 다중이용업소(9종)			
종합 점검	그밖 점검	옥내소화전설비 또는 자동화재탐지설비가 설치된 연면적 1,000[㎡] 이상 공공기관(소방대 제외)			
종합 점검	그밖 점검	제연설비가 설치된 터널			

[점검대상 및 시기 그 외 기타사항]

4. 제1호에도 불구하고 「공공기관의 소방안전관리에 관한 규정」제2조에 따른 공공기관의 장은 공공기관에 설치된 소방시설등의 유지·관리상태를 맨눈 또는 신체감각을 이용하여 점검하는 외관점검을 월 1회 이상 실시(작동점검 또는 종합점검을 실시한 달에는 실시하지 않을 수 있다)하고, 그 점검 결과를 2년간 자체 보관해야 한다. 이 경우 외관점검의 점검자는 해당 특정소방대상물의 관계인, 소방안전관리자 또는 관리업자(소방시설관리사를 포함하여 등록된 기술인력을 말한다)로 해야 한다.
5. 제1호 및 제4호에도 불구하고 공공기관의 장은 해당 공공기관의 전기시설물 및 가스시설에 대하여 다음 각 목의 구분에 따른 점검 또는 검사를 받아야 한다.
   가. 전기시설물의 경우 : 「전기사업법」제63조에 따른 사용전검사
   나. 가스시설의 경우 : 「도시가스사업법」제17조에 따른 검사, 「고압가스 안전관리법」제16조의2 및 제20조제4항에 따른 검사 또는 「액화석유가스의 안전관리 및 사업법」제37조 및 제44조제2항·제4항에 따른 검사
6. 공동주택(아파트등으로 한정한다) 세대별 점검방법은 다음과 같다.
   가. 관리자(관리소장, 입주자대표회의 및 소방안전관리자를 포함한다. 이하 같다) 및 입주민(세대 거주자를 말한다)은 2년 이내 모든 세대에 대하여 점검을 해야 한다.
   나. 가목에도 불구하고 아날로그감지기 등 특수감지기가 설치되어 있는 경우에는 수신기에서 원격 점검할 수 있으며, 점검할 때마다 모든 세대를 점검해야 한다. 다만, 자동화재탐지설비의 선로 단선이 확인되는 때에는 단선이 난 세대 또는 그 경계구역에 대하여 현장점검을 해야 한다.
   다. 관리자는 수신기에서 원격 점검이 불가능한 경우 매년 작동점검만 실시하는 공동주택은 1회 점검 시 마다 전체 세대수의 50퍼센트 이상, 종합점검을 실시하는 공동주택은 1회 점검 시 마다 전체 세대수의 30퍼센트 이상 점검하도록 자체점검 계획을 수립·시행해야 한다.
   라. 관리자 또는 해당 공동주택을 점검하는 관리업자는 입주민이 세대 내에 설치된 소방시설등을 스스로 점검할 수 있도록 소방청 또는 사단법인 한국소방시설관리협회의 홈페이지에 게시되어 있는 공동주택 세대별 점검 동영상을 입주민이 시청할 수 있도록 안내하고, 점검서식(별지 제36호서식 소방시설 외관점검표를 말한다)을 사전에 배부해야 한다.
   마. 입주민은 점검서식에 따라 스스로 점검하거나 관리자 또는 관리업자로 하여금 대신 점검하게 할 수 있다. 입주민이 스스로 점검한 경우에는 그 점검 결과를

관리자에게 제출하고 관리자는 그 결과를 관리업자에게 알려주어야 한다.
바. 관리자는 관리업자로 하여금 세대별 점검을 하고자 하는 경우에는 사전에 점검 일정을 입주민에게 사전에 공지하고 세대별 점검 일자를 파악하여 관리업자에게 알려주어야 한다. 관리업자는 사전 파악된 일정에 따라 세대별 점검을 한 후 관리자에게 점검 현황을 제출해야 한다.
사. 관리자는 관리업자가 점검하기로 한 세대에 대하여 입주민의 사정으로 점검을 하지 못한 경우 입주민이 스스로 점검할 수 있도록 다시 안내해야 한다. 이 경우 입주민이 관리업자로 하여금 다시 점검받기를 원하는 경우 관리업자로 하여금 추가로 점검하게 할 수 있다.
아. 관리자는 세대별 점검현황(입주민 부재 등 불가피한 사유로 점검을 하지 못한 세대 현황을 포함한다)을 작성하여 자체점검이 끝난 날부터 2년간 자체 보관해야 한다.

비고
1. 신축·증축·개축·재축·이전·용도변경 또는 대수선 등으로 소방시설이 새로 설치된 경우에는 해당 특정소방대상물의 소방시설 전체에 대하여 실시한다.
2. 작동점검 및 종합점검(최초점검은 제외한다)은 건축물 사용승인 후 그 다음 해부터 실시한다.
3. 특정소방대상물이 증축·용도변경 또는 대수선 등으로 사용승인일이 달라지는 경우 사용승인일이 빠른 날을 기준으로 자체점검을 실시한다.

③ **점검결과보고서의 제출**
㉠ 관리업자 또는 소방안전관리자로 선임된 소방시설관리사 및 소방기술사(이하 "관리업자등"이라 한다)는 자체점검을 실시한 경우에는 법 제22조제1항 각 호 외의 부분 후단에 따라 그 점검이 끝난 날부터 10일 이내에 별지 제9호서식의 소방시설등 자체점검 실시결과 보고서(전자문서로 된 보고서를 포함한다)에 소방청장이 정하여 고시하는 소방시설등점검표를 첨부하여 관계인에게 제출해야 한다.
㉡ 제1항에 따른 자체점검 실시결과 보고서를 제출받거나 스스로 자체점검을 실시한 관계인은 법 제23조제3항에 따라 자체점검이 끝난 날부터 15일 이내에 별지 제9호서식의 소방시설등 자체점검 실시결과 보고서(전자문서로 된 보고서를 포함한다)에 다음 각 호의 서류를 첨부하여 소방본부장 또는 소방서장에게 서면이나 소방청장이 지정하는 전산망을 통하여 보고해야 한다.
1. 점검인력 배치확인서(관리업자가 점검한 경우만 해당한다)

2. 별지 제10호서식의 소방시설등의 자체점검 결과 이행계획서
ⓒ 제1항 및 제2항에 따른 자체점검 실시결과의 보고기간에는 공휴일 및 토요일은 산입하지 않는다.
② 제2항에 따라 소방본부장 또는 소방서장에게 자체점검 실시결과 보고를 마친 관계인은 소방시설등 자체점검 실시결과 보고서(소방시설등점검표를 포함한다)를 점검이 끝난 날부터 2년간 자체 보관해야 한다.
ⓜ 제2항에 따라 소방시설등의 자체점검 결과 이행계획서를 보고받은 소방본부장 또는 소방서장은 다음 각 호의 구분에 따라 이행계획의 완료 기간을 정하여 관계인에게 통보해야 한다. 다만, 소방시설등에 대한 수리·교체·정비의 규모 또는 절차가 복잡하여 다음 각 호의 기간 내에 이행을 완료하기가 어려운 경우에는 그 기간을 달리 정할 수 있다.
ⓐ 소방시설등을 구성하고 있는 기계·기구를 수리하거나 정비하는 경우 : 보고일부터 10일 이내
ⓑ 소방시설등의 전부 또는 일부를 철거하고 새로 교체하는 경우 : 보고일부터 20일 이내
ⓗ 제5항에 따른 완료기간 내에 이행계획을 완료한 관계인은 이행을 완료한 날부터 10일 이내에 별지 제11호서식의 소방시설등의 자체점검 결과 이행완료 보고서(전자문서로 된 보고서를 포함한다)에 다음 각 호의 서류(전자문서를 포함한다)를 첨부하여 소방본부장 또는 소방서장에게 보고해야 한다.
ⓐ 이행계획 건별 전·후 사진 증명자료
ⓑ 소방시설공사 계약서

④ 점검배치통보
㉠ 법 제29조에 따라 소방시설관리업을 등록한 자(이하 "관리업자"라 한다)는 제1항에 따라 자체점검을 실시하는 경우 점검 대상과 점검 인력 배치상황을 점검인력을 배치한 날 이후 자체점검이 끝난 날부터 5일 이내에 법 제50조제5항에 따라 관리업자에 대한 점검능력 평가 등에 관한 업무를 위탁받은 법인 또는 단체(이하 "평가기관"이라 한다)에 통보해야 한다.
㉡ 자체점검 구분에 따른 점검사항, 소방시설등점검표, 점검인원 배치상황 통보 및 세부 점검방법 등 자체점검에 필요한 사항은 소방청장이 정하여 고시한다.

18. 점검인력 배치기준

■ 소방시설 설치 및 관리에 관한 법률 시행규칙 [별표 4]

소방시설등의 자체점검 시 점검인력의 배치기준 (제20조제1항 관련)

1. 점검인력 1단위는 다음과 같다.
    가. 관리업자가 점검하는 경우에는 소방시설관리사 또는 특급점검자 1명과 영 별표 9에 따른 보조 기술인력 2명을 점검인력 1단위로 하되, 점검인력 1단위에 2명(같은 건축물을 점검할 때는 4명) 이내의 보조 기술인력을 추가할 수 있다.
    나. 소방안전관리자로 선임된 소방시설관리사 및 소방기술사가 점검하는 경우에는 소방시설관리사 또는 소방기술사 중 1명과 보조 기술인력 2명을 점검인력 1단위로 하되, 점검인력 1단위에 2명 이내의 보조 기술인력을 추가할 수 있다. 다만, 보조 기술인력은 해당 특정소방대상물의 관계인 또는 소방안전관리보조자로 할 수 있다.
    다. 관계인 또는 소방안전관리자가 점검하는 경우에는 관계인 또는 소방안전관리자 1명과 보조 기술인력 2명을 점검인력 1단위로 하되, 보조 기술인력은 해당 특정소방대상물의 관리자, 점유자 또는 소방안전관리보조자로 할 수 있다.

2. 관리업자가 점검하는 경우 특정소방대상물의 규모 등에 따른 점검인력의 배치기준은 다음과 같다.

구분	주된 기술인력	보조 기술인력
가. 50층 이상 또는 성능위주설계를 한 특정소방대상물	소방시설관리사 경력 5년 이상 1명 이상	고급점검자 이상 1명 이상 및 중급점검자 이상 1명 이상
나. 「화재의 예방 및 안전관리에 관한 법률 시행령」 별표 4 제1호에 따른 특급 소방안전관리대상물(가목의 특정소방대상물은 제외한다)	소방시설관리사 경력 3년 이상 1명 이상	고급점검자 이상 1명 이상 및 초급점검자 이상 1명 이상
다. 「화재의 예방 및 안전관리에 관한 법률 시행령」 별표 4 제2호 및 제3호에 따른 1급 또는 2급 소방안전관리대상물	소방시설관리사 1명 이상	중급점검자 이상 1명 이상 및 초급점검자 이상 1명 이상
라. 「화재의 예방 및 안전관리에 관한 법률 시행령」 별표 4 제4호에 따른 3급 소방안전관리대상물	소방시설관리사 1명 이상	초급점검자 이상의 기술인력 2명 이상

비고
라목에는 주된 기술인력으로 특급점검자를 배치할 수 있다.
2. 보조 기술인력의 등급구분(특급점검자, 고급점검자, 중급점검자, 초급점검자)은 「소방시설공사업법 시행규칙」 별표 4의2에서 정하는 기준에 따른다.

3. 점검인력 1단위가 하루 동안 점검할 수 있는 특정소방대상물의 연면적(이하 "점검한도 면적"이라 한다)은 다음 각 목과 같다.
   가. 종합점검 : 8,000㎡
   나. 작동점검 : 10,000㎡
4. 점검인력 1단위에 보조 기술인력을 1명씩 추가할 때마다 종합점검의 경우에는 2,000㎡, 작동점검의 경우에는 2,500㎡씩을 점검한도 면적에 더한다. 다만, 하루에 2개 이상의 특정소방대상물을 배치할 경우 1일 점검 한도면적은 특정소방대상물별로 투입된 점검인력에 따른 점검 한도면적의 평균값으로 적용하여 계산한다.
5. 점검인력은 하루에 5개의 특정소방대상물에 한하여 배치할 수 있다. 다만 2개 이상의 특정소방대상물을 2일 이상 연속하여 점검하는 경우에는 배치기한을 초과해서는 안 된다.
6. 관리업자등이 하루 동안 점검한 면적은 실제 점검면적(지하구는 그 길이에 폭의 길이 1.8m를 곱하여 계산된 값을 말하며, 터널은 3차로 이하인 경우에는 그 길이에 폭의 길이 3.5m를 곱하고, 4차로 이상인 경우에는 그 길이에 폭의 길이 7m를 곱한 값을 말한다. 다만, 한쪽 측벽에 소방시설이 설치된 4차로 이상인 터널의 경우에는 그 길이와 폭의 길이 3.5m를 곱한 값을 말한다. 이하 같다)에 다음의 각 목의 기준을 적용하여 계산한 면적(이하 "점검면적"이라 한다)으로 하되, 점검면적은 점검한도 면적을 초과해서는 안 된다.
   가. 실제 점검면적에 다음의 가감계수를 곱한다.

구분	대상용도	가감계수
1류	문화 및 집회시설, 종교시설, 판매시설, 의료시설, 노유자시설, 수련시설, 숙박시설, 위락시설, 창고시설, 교정시설, 발전시설, 지하가, 복합건축물	1.1
2류	공동주택, 근린생활시설, 운수시설, 교육연구시설, 운동시설, 업무시설, 방송통신시설, 공장, 항공기 및 자동차 관련 시설, 군사시설, 관광휴게시설, 장례시설, 지하구	1.0
3류	위험물 저장 및 처리시설, 문화재, 동물 및 식물 관련 시설, 자원순환 관련 시설, 묘지 관련 시설	0.9

   나. 점검한 특정소방대상물이 다음의 어느 하나에 해당할 때에는 다음에 따라 계산된 값을 가목에 따라 계산된 값에서 뺀다.
      1) 영 별표 4 제1호라목에 따라 스프링클러설비가 설치되지 않은 경우 : 가목에 따라 계산된 값에 0.1을 곱한 값
      2) 영 별표 4 제1호바목에 따라 물분무등소화설비(호스릴 방식의 물분무등소화설비는 제외한다)가 설치되지 않은 경우 : 가목에 따라 계산된 값에 0.1을 곱한 값
      3) 영 별표 4 제5호가목에 따라 제연설비가 설치되지 않은 경우 : 가목에 따라 계산된 값에 0.1을 곱한 값
   다. 2개 이상의 특정소방대상물을 하루에 점검하는 경우에는 특정소방대상물 상호간의 좌표 최단거리 5km마다 점검 한도면적에 0.02를 곱한 값을 점검 한도면적에서 뺀다.
7. 제3호부터 제6호까지의 규정에도 불구하고 아파트등(공용시설, 부대시설 또는 복리시설은 포함하고, 아파트등이 포함된 복합건축물의 아파트등 외의 부분은 제외한다. 이하 이 표에서 같다)를 점검할 때에는 다음 각 목의 기준에 따른다.
   가. 점검인력 1단위가 하루 동안 점검할 수 있는 아파트등의 세대수(이하 "점검한도 세대수"라

한다)는 종합점검 및 작동점검에 관계없이 250세대로 한다.
나. 점검인력 1단위에 보조 기술인력을 1명씩 추가할 때마다 60세대씩을 점검한도 세대수에 더한다.
다. 관리업자등이 하루 동안 점검한 세대수는 실제 점검 세대수에 다음의 기준을 적용하여 계산한 세대수(이하 "점검세대수"라 한다)로 하되, 점검세대수는 점검한도 세대수를 초과해서는 안 된다.
  1) 점검한 아파트등이 다음의 어느 하나에 해당할 때에는 다음에 따라 계산된 값을 실제 점검 세대수에서 뺀다.
    가) 영 별표 4 제1호라목에 따라 스프링클러설비가 설치되지 않은 경우 : 실제 점검 세대수에 0.1을 곱한 값
    나) 영 별표 4 제1호바목에 따라 물분무등소화설비(호스릴 방식의 물분무등소화설비는 제외한다)가 설치되지 않은 경우 : 실제 점검 세대수에 0.1을 곱한 값
    다) 영 별표 4 제5호가목에 따라 제연설비가 설치되지 않은 경우 : 실제 점검 세대수에 0.1을 곱한 값
  2) 2개 이상의 아파트를 하루에 점검하는 경우에는 아파트 상호간의 좌표 최단거리 5km마다 점검 한도세대수에 0.02를 곱한 값을 점검한도 세대수에서 뺀다.
8. 아파트등과 아파트등 외 용도의 건축물을 하루에 점검할 때에는 종합점검의 경우 제7호에 따라 계산된 값에 32, 작동점검의 경우 제7호에 따라 계산된 값에 40을 곱한 값을 점검대상 연면적으로 보고 제2호 및 제3호를 적용한다.
9. 종합점검과 작동점검을 하루에 점검하는 경우에는 작동점검의 점검대상 연면적 또는 점검대상 세대수에 0.8을 곱한 값을 종합점검 점검대상 연면적 또는 점검대상 세대수로 본다.
10. 제3호부터 제9호까지의 규정에 따라 계산된 값은 소수점 이하 둘째 자리에서 반올림한다.

19 점검장비

소방시설	점검 장비	규격
모든 소방시설	방수압력측정계, 절연저항계(절연저항측정기), 전류전압측정계	
소화기구	저울	
옥내소화전설비 옥외소화전설비	소화전밸브압력계	
스프링클러설비 포소화설비	헤드결합렌치(볼트, 너트, 나사 등을 죄거나 푸는 공구)	
이산화탄소소화설비 분말소화설비 할론소화설비 할로겐화합물 및 불활성기체 소화설비	검량계, 기동관누설시험기, 그 밖에 소화약제의 저장량을 측정할 수 있는 점검기구	

자동화재탐지설비 시각경보기	열감지기시험기, 연(煙)감지기시험기, 공기주입시험기, 감지기시험기연결막대, 음량계	
누전경보기	누전계	누전전류 측정용
무선통신보조설비	무선기	통화시험용
제연설비	풍속풍압계, 폐쇄력측정기, 차압계(압력차 측정기)	
통로유도등 비상조명등	조도계(밝기 측정기)	최소눈금이 0.1럭스 이하인 것

20. 자체점검 결과 조치

(1) 소방시설등의 자체점검 결과의 조치 등(법 제23조 제1항)

특정소방대상물의 관계인은 제22조제1항에 따른 자체점검 결과 소화펌프 고장 등 대통령령으로 정하는 중대위반사항(이하 이 조에서 "중대위반사항"이라 한다)이 발견된 경우에는 지체 없이 수리 등 필요한 조치를 하여야 한다

(2) 소방시설등의 자체점검 결과의 조치 등(시행령 제24조)

법 제23조제1항에서 "소화펌프 고장 등 대통령령으로 정하는 중대위반사항"이란 다음 각 호의 어느 하나에 해당하는 경우를 말한다.
① 소화펌프(가압송수장치를 포함한다. 이하 같다), 동력·감시 제어반 또는 소방시설용 전원(비상전원을 포함한다)의 고장으로 소방시설이 작동되지 않는 경우
② 화재 수신기의 고장으로 화재경보음이 자동으로 울리지 않거나 화재 수신기와 연동된 소방시설의 작동이 불가능한 경우
③ 소화배관 등이 폐쇄·차단되어 소화수(消火水) 또는 소화약제가 자동 방출되지 않는 경우
④ 방화문 또는 자동방화셔터가 훼손되거나 철거되어 본래의 기능을 못하는 경우

(3) 자체점검 결과 공개(시행령 제36조)

① 소방본부장 또는 소방서장은 법 제24조제2항에 따라 자체점검 결과를 공개하는 경우 30일 이상 법 제48조에 따른 전산시스템 또는 인터넷 홈페이지 등을 통해 공개해야 한다.
② 소방본부장 또는 소방서장은 제1항에 따라 자체점검 결과를 공개하려는 경우 공개 기간, 공개 내용 및 공개 방법을 해당 특정소방대상물의 관계인에게 미리 알려야 한다.
③ 특정소방대상물의 관계인은 제2항에 따라 공개 내용 등을 통보받은 날부터 10일 이내에 관할 소방본부장 또는 소방서장에게 이의신청을 할 수 있다.

④ 소방본부장 또는 소방서장은 제3항에 따라 이의신청을 받은 날부터 10일 이내에 심사·결정하여 그 결과를 지체 없이 신청인에게 알려야 한다.
⑤ 자체점검 결과의 공개가 제3자의 법익을 침해하는 경우에는 제3자와 관련된 사실을 제외하고 공개해야 한다.

21 ▶▶ 자체점검 결과의 게시(시행규칙 제25조)

소방본부장 또는 소방서장에게 자체점검 결과 보고를 마친 관계인은 법 제24조제1항에 따라 보고한 날부터 10일 이내에 별표 5의 소방시설등 자체점검기록표를 작성하여 특정소방대상물의 출입자가 쉽게 볼 수 있는 장소에 30일 이상 게시해야 한다.

22 ▶▶ 우수 소방대상물에 대한 포상 : 소방청장이 선정

3년간 종합점검 면제

23 ▶▶ 소방시설관리사

① 소방시설관리사 시험실시권자 : 소방청장
② 관리사시험에 필요한 사항 : 대통령령
③ 관리사시험과목 일부면제 : 소방기술사 등
④ 관리사는 소방시설관리사증을 다른 자에게 빌려주어서는 아니 된다. : 1년 이하 징역 또는 1천만원 이하 벌금
⑤ 관리사는 동시에 둘 이상의 업체에 취업하여서는 아니 된다. : 1년 이하 징역 또는 1천만원 이하 벌금
⑥ 부정행위자에 대한 제재
  소방청장은 시험에서 부정한 행위를 한 응시자에 대하여는 그 시험을 정지 또는 무효로 하고, 그 처분이 있은 날부터 2년간 시험 응시자격을 정지한다.
⑦ 소방시설관리사 시험응시자격
  ㉠ 소방기술사·위험물기능장·건축사·건축기계설비기술사·건축전기설비기술사 또는 공조냉동기계기술사
  ㉡ 소방설비기사 자격을 취득한 후 2년 이상 소방청장이 정하여 고시하는 소방에 관한 실무경력(이하 "소방실무경력"이라 한다)이 있는 사람
  ㉢ 소방설비산업기사 자격을 취득한 후 3년 이상 소방실무경력이 있는 사람
  ㉣ 이공계 분야를 전공한 사람으로서 이공계 분야의 박사학위를 취득한 사람, 이공계 분야의 석사학위를 취득한 후 2년 이상 소방실무경력이 있는 사람, 이공계 분

야의 학사학위를 취득한 후 3년 이상 소방실무경력이 있는 사람
ⓜ 소방안전공학(소방방재공학, 안전공학을 포함한다) 분야를 전공한 후 해당 분야의 석사학위 이상을 취득한 사람이거나 2년 이상 소방실무경력이 있는 사람
ⓑ 위험물산업기사 또는 위험물기능사 자격을 취득한 후 3년 이상 소방실무경력이 있는 사람
ⓢ 소방공무원으로 5년 이상 근무한 경력이 있는 사람
ⓞ 소방안전 관련 학과의 학사학위를 취득한 후 3년 이상 소방실무경력이 있는 사람
ⓩ 산업안전기사 자격을 취득한 후 3년 이상 소방실무경력이 있는 사람
ⓒ 다음 각 목의 어느 하나에 해당하는 사람
  ⓐ 특급 소방안전관리대상물의 소방안전관리자로 2년 이상 근무한 실무경력이 있는 사람
  ⓑ 1급 소방안전관리대상물의 소방안전관리자로 3년 이상 근무한 실무경력이 있는 사람
  ⓒ 2급 소방안전관리대상물의 소방안전관리자로 5년 이상 근무한 실무경력이 있는 사람
  ⓓ 3급 소방안전관리대상물의 소방안전관리자로 7년 이상 근무한 실무경력이 있는 사람
  ⓔ 10년 이상 소방실무경력이 있는 사람

[22.12.1 시행/26.12.1까지 유예]
소방시설관리사 시험응시자격
1. 소방기술사·건축사·건축기계설비기술사·건축전기설비기술사 또는 공조냉동기계기술사
2. 위험물기능장
3. 소방설비기사
4. 「국가과학기술 경쟁력 강화를 위한 이공계지원 특별법」 제2조제1호에 따른 이공계 분야의 박사학위를 취득한 사람
5. 소방청장이 정하여 고시하는 소방안전 관련 분야의 석사 이상의 학위를 취득한 사람
6. 소방설비산업기사 또는 소방공무원 등 소방청장이 정하여 고시하는 사람 중 소방에 관한 실무경력(자격취득 후의 실무경력으로 한정한다)이 3년 이상인 사람

⑧ 관리사의 결격사유
  ㉠ 피성년후견인
  ㉡ 금고 이상의 실형을 선고받고 그 집행이 끝나거나 집행이 면제된 날부터 2년이 지나지 아니한 사람
  ㉢ 금고 이상의 형의 집행유예를 선고받고 그 유예기간 중에 있는 사람
  ㉣ 자격이 취소(피성년후견인으로 자격이 취소된 경우는 제외한다)된 날부터 2년이 지나지 아니한 사람

⑨ 시험의 시행방법
  ㉠ 관리사시험은 제1차시험과 제2차시험으로 구분하여 시행한다. 다만, 소방청장은 필요하다고 인정하는 경우에는 제1차시험과 제2차시험을 구분하되, 같은 날에 순서대로 시행할 수 있다.
  ㉡ 제1차시험은 선택형을 원칙으로 하고, 제2차시험은 논문형을 원칙으로 하되, 제2차시험의 경우에는 기입형을 포함할 수 있다.
  ㉢ 제1차시험에 합격한 사람에 대해서는 다음 회의 관리사시험에 한정하여 제1차시험을 면제한다. 다만, 면제받으려는 시험의응시자격을 갖춘 경우로 한정한다.
  ㉣ 제2차시험은 제1차시험에 합격한 사람만 응시할 수 있다. 다만, 제1항 단서에 따라 제1차시험과 제2차시험을 병행하여 시행하는 경우에 제1차시험에 불합격한 사람의 제2차시험 응시는 무효로 한다.

⑩ 시험위원
  ㉠ 소방청장은 법 제26조제2항에 따라 관리사시험의 출제 및 채점을 위하여 다음 각 호의 어느 하나에 해당하는 사람 중에서 시험위원을 임명하거나 위촉하여야 한다.
    ⓐ 소방 관련 분야의 박사학위를 가진 사람
    ⓑ 대학에서 소방안전 관련 학과 조교수 이상으로 2년 이상 재직한 사람
    ⓒ 소방위 이상의 소방공무원
    ⓓ 소방시설관리사
    ⓔ 소방기술사
  ㉡ 시험위원의 수는 다음 각 호의 구분에 따른다.
    ⓐ 출제위원 : 시험 과목별 3명
    ⓑ 채점위원 : 시험 과목별 5명 이내(제2차시험의 경우로 한정한다)
  ㉢ 시험위원으로 임명되거나 위촉된 사람은 소방청장이 정하는 시험문제 등의 출제 시 유의사항 및 서약서 등에 따른 준수사항을 성실히 이행하여야 한다.
  ㉣ 임명되거나 위촉된 시험위원과 시험감독 업무에 종사하는 사람에게는 예산의 범위에서 수당과 여비를 지급할 수 있다.

⑪ 시험의 시행 및 공고
  ㉠ 관리사시험은 1년마다 1회 시행하는 것을 원칙으로 하되, 소방청장이 필요하다고 인정하는 경우에는 그 횟수를 늘리거나 줄일 수 있다.
  ㉡ 소방청장은 관리사시험을 시행하려면 응시자격, 시험 과목, 일시·장소 및 응시절차 등에 관하여 필요한 사항을 모든 응시 희망자가 알 수 있도록 관리사시험 시행일 90일 전까지 소방청 홈페이지 등에 공고하여야 한다.

⑫ 시험의 합격자 결정 등
  ㉠ 제1차시험에서는 과목당 100점을 만점으로 하여 모든 과목의 점수가 40점 이상이고, 전 과목 평균 점수가 60점 이상인 사람을 합격자로 한다.
  ㉡ 제2차시험에서는 과목당 100점을 만점으로 하되, 시험위원의 채점점수 중 최고점수와 최저점수를 제외한 점수가 모든 과목에서 40점 이상, 전 과목에서 평균 60점 이상인 사람을 합격자로 한다.
  ㉢ 소방청장은 ㉠과 ㉡에 따라 관리사시험 합격자를 결정하였을 때에는 이를 소방청 홈페이지 등에 공고하여야 한다.

⑬ 자격의 취소·정지
소방청장은 관리사가 다음 어느 하나에 해당할 때에는 그 자격을 취소하거나 2년 이내의 기간을 정하여 그 자격의 정지를 명할 수 있다.

자격취소사유	1. 거짓이나 그 밖의 부정한 방법으로 시험에 합격한 경우 2. 규정을 위반하여 소방시설관리사증을 다른 자에게 빌려준 경우 3. 규정을 위반하여 동시에 둘 이상의 업체에 취업한 경우 4. 결격사유에 해당하게 된 경우
자격정지사유	1. 소방안전관리 업무를 하지 아니하거나 거짓으로 한 경우 2. 자체점검을 하지 아니하거나 거짓으로 한 경우 3. 규정을 위반하여 성실하게 자체점검 업무를 수행하지 아니한 경우

24 ▶▶ 소방시설관리업

① 관리업의 등록
  ㉠ 시도지사에게 등록
  ㉡ 등록기준
    ⓐ 인력기준
      ㉮ 주된 기술인력 : 소방시설관리사 1명 이상
      ㉯ 보조 기술인력 : 2명 이상
        • 소방설비기사 또는 소방설비산업기사
        • 소방공무원으로 3년 이상 근무한 사람(소방기술 인정 자격수첩을 발급받은 사람)
        • 소방 관련 학과의 학사학위를 취득한 사람(소방기술 인정 자격수첩을 발급받은 사람)
        • 행정안전부령으로 정하는 소방기술과 관련된 자격·경력 및 학력이 있는 사람(소방기술 인정 자격수첩을 발급받은 사람)

[참고 : 22.12.1시행/24.12.1까지 유예] 등록기준 및 영업범위
■ 소방시설 설치 및 관리에 관한 법률 시행령 [별표 9]

소방시설관리업의 업종별 등록기준 및 영업범위(제45조제1항 관련)

기술인력 등 업종별	기술인력	영업범위
전문 소방시설 관리업	가. 주된 기술인력 1) 소방시설관리사 자격을 취득한 후 소방 관련 실무경력이 5년 이상인 사람 1명 이상 2) 소방시설관리사 자격을 취득한 후 소방 관련 실무경력이 3년 이상인 사람 1명 이상 나. 보조 기술인력 1) 고급점검자 이상의 기술인력: 2명 이상 2) 중급점검자 이상의 기술인력: 2명 이상 3) 초급점검자 이상의 기술인력: 2명 이상	모든 특정소방대상물
일반 소방시설 관리업	가. 주된 기술인력: 소방시설관리사 자격을 취득한 후 소방 관련 실무경력이 1년 이상인 사람 1명 이상 나. 보조 기술인력 1) 중급점검자 이상의 기술인력: 1명 이상 2) 초급점검자 이상의 기술인력: 1명 이상	특정소방대상물 중 「화재의 예방 및 안전관리에 관한 법률 시행령」 별표 4에 따른 1급, 2급, 3급 소방안전관리대상물

비고
1. "소방 관련 실무경력"이란 「소방시설공사업법」 제28조제3항에 따른 소방기술과 관련된 경력을 말한다.
2. 보조 기술인력의 종류별 자격은 「소방시설공사업법」 제28조제3항에 따라 소방기술과 관련된 자격·학력 및 경력을 가진 사람 중에서 행정안전부령으로 정한다.

  ⓒ 최초 등록 시 15일 이내 발급(서류보완 10일), 분실·훼손 시 재발급신청 시 3일 이내, 발급변경신고 시 5일(타 시·도 7일) 이내 발급, 지위승계신고 시 10일 이내 발급
  ② 변경신고사항, 등록결격사유 : 공사업법과 동일
 ② 점검능력 평가 공시 : 소방청장
 ③ 등록의 취소와 영업정지등
  ㉠ 관리업의 등록취소와 영업정지권자 : 시·도지사

ⓒ 등록의 취소와 영업정지(6개월 이내) 사유

등록취소사유	1. 거짓이나 그 밖의 부정한 방법으로 등록을 한 경우 2. 등록의 결격사유에 해당하게 된 경우 　① 등록결격사유에 해당되는 법인으로서 결격사유에 해당하게 된 날부터 2개월 이내에 그 임원을 결격사유가 없는 임원으로 바꾸어 선임한 경우는 제외한다. 　② 관리업자의 지위를 승계한 상속인이 등록결격사유에 해당하는 경우에는 상속을 개시한 날부터 6개월 동안은 등록취소를 적용하지 아니한다.
영업정지사유	1. 점검을 하지 아니하거나 거짓으로 한 경우 2. 등록기준에 미달하게 된 경우

25 ▶▶ 과징금

부과권자는 시·도지사, 최대 3,000만원

26 ▶▶ 소방용품의 형식승인, 성능인증 등

① 대통령령으로 정하는 소방용품을 제조하거나 수입하려는 자는 소방청장의 형식승인을 받아야 한다. 다만, 연구개발 목적으로 제조하거나 수입하는 소방용품은 그러하지 아니하다.
② 형식승인을 받으려는 자는 행정안전부령으로 정하는 바에 따라 형식승인을 위한 시험시설을 갖추고 소방청장의 심사를 받아야 한다.
③ 형식승인을 받은 자는 그 소방용품에 대하여 소방청장이 실시하는 제품검사를 받아야 한다.(사전제품검사, 사후제품검사)
④ 누구든지 다음 어느 하나에 해당하는 소방용품을 판매하거나 판매목적으로 진열하거나 공사에 사용할 수 없다.
　㉠ 형식승인을 받지 아니한 것
　㉡ 형상등을 임의로 변경한 것
　㉢ 제품검사를 받지 아니한 것
　㉣ 합격표시를 하지 아니한 것
⑤ 형식승인의 취소
　㉠ 형식승인을 취소하거나 6개월 이내의 기간을 정하여 제품검사의 중지를 명령권자 : 소방청장

ⓒ 형식승인 취소 및 제품검사 중지 사유

형식승인 취소	1. 거짓이나 그 밖의 부정한 방법으로 형식승인을 받은 경우 2. 거짓이나 그 밖의 부정한 방법으로 제품검사를 받은 경우 3. 변경승인을 받지 아니하거나 거짓이나 그 밖의 부정한 방법으로 변경승인을 받은 경우
제품검사 중지	1. 시험시설의 시설기준에 미달되는 경우 2. 기술기준에 미달되는 경우

ⓒ 소방용품의 형식승인이 취소된 자는 그 취소된 날부터 2년 이내에는 형식승인이 취소된 동일 품목에 대하여 형식승인을 받을 수 없다.
⑥ 성능인증권자 : 소방청장 [형식승인과 동일]
⑦ 우수품질제품에 대한 인증권자 : 소방청장 [우수품질 인증 유효기간 : 5년]
⑧ 소방용품 수집검사권자 : 소방청장
⑨ 제품검사 전문기관 지정권자 : 소방청장

27 ▶▶ 청문

① 청문실시권자 : 소방청장 또는 시·도지사
② 청문사유 및 실시권자
　ⓐ 관리업의 등록취소 및 영업정지 : 시·도지사
　ⓑ 관리사 자격의 취소 및 정지 : 소방청장
　ⓒ 소방용품의 형식승인 취소 및 제품검사 중지 : 소방청장
　ⓓ 성능인증의 취소 : 소방청장
　ⓔ 우수품질인증의 취소 : 소방청장
　ⓕ 전문기관의 지정취소 및 업무정지 : 소방청장

28 ▶▶ 벌칙

① 5년 이하의 징역 또는 5천만원 이하의 벌금
　ⓐ 소방시설의 기능과 성능에 지장을 초래하는 폐쇄·차단 등의 행위를 한 자
　ⓑ 사람을 상해에 이르게 한 때에는 7년 이하의 징역 또는 7천만원 이하의 벌금
　ⓒ 사망에 이르게 한 때에는 10년 이하의 징역 또는 1억원 이하의 벌금
② 3년 이하의 징역 또는 3천만원 이하의 벌금
　ⓐ 소방시설이 화재안전기준에 따라 설치되어있지 않을때의 조치명령을 위반한 사람

⑥ 피난·방화시설, 방화구획의 유지관리 조치명령을 위반한 사람
⑥ 방염성능물품 조치명령 위반
⑥ 이행계획 조치명령 위반한 사람
⑥ 임시소방시설 또는 소방시설 등의 조치명령을 위반한 사람
⑥ 소방시설관리업 등록을 하지 아니하고 영업을 한 사람
⑥ 소방용품의 형식승인을 받지 아니하고 소방용품을 제조하거나 수입한 자
⑥ 제품검사를 받지 아니한 자
⑥ 규정을 위반하여 소방용품을 판매·진열하거나 소방시설공사에 사용한 자
⑥ 소방용품 제조자·수입자에 대한 회수·교환·폐기 및 판매중지 명령을 위반한 사람
⑥ 거짓이나 그 밖의 부정한 방법으로 전문기관으로 지정을 받은 자

③ 1년 이하의 징역 또는 1천만원 이하의 벌금
  ㉠ 규정을 위반하여 관리업의 등록증이나 등록수첩을 다른 자에게 빌려준 자
  ㉡ 영업정지처분을 받고 그 영업정지기간 중에 관리업의 업무를 한 자
  ㉢ 규정을 위반하여 소방시설등에 대한 자체점검을 하지 아니하거나 관리업자 등으로 하여금 정기적으로 점검하게 하지 아니한 자
  ㉣ 규정을 위반하여 소방시설관리사증을 다른 자에게 빌려주거나 동시에 둘 이상의 업체에 취업한 사람
  ㉤ 소방용품 형식승인의 변경승인을 받지 아니한 자
  ㉥ 소방용품 성능인증의 변경인증을 받지 아니한 자
  ㉦ 감독업무 수행 시 관계인의 정당한 업무를 방해한 자, 조사·검사 업무를 수행하면서 알게 된 비밀을 제공 또는 누설하거나 목적 외의 용도로 사용한 자

④ 300만원 이하의 벌금
  ㉠ 중대한 위반사항에 대하여 필요한 조치를 하지 아니한 관계인 또는 관계인이게 중대위반사항을 알리지 아니한 관리업자등
  ㉡ 방염성능검사에 합격하지 아니한 물품에 합격표시를 하거나 합격표시를 위조하거나 변조하여 사용한 자
  ㉢ 방염처리업 등록자가 규정을 위반하여 거짓 시료를 제출한 자
  ㉣ 성능위주설계평가단 업무를 수행하면서 알게 된 비밀 또는 위탁단체에서 업무를 수행하면서 알게된 비밀을 이 법에서 정한 목적 외의 용도로 사용하거나 다른 사람 또는 기관에 제공하거나 누설한 사람

⑤ 300만원 이하의 과태료
  ㉠ 제12조제1항을 위반하여 소방시설을 화재안전기준에 따라 설치·관리하지 아니한 자

ⓛ 제15조제1항을 위반하여 공사 현장에 임시소방시설을 설치·관리하지 아니한 자
ⓒ 제16조제1항을 위반하여 피난시설, 방화구획 또는 방화시설의 폐쇄·훼손·변경 등의 행위를 한 자
ⓔ 제20조제1항을 위반하여 방염대상물품을 방염성능기준 이상으로 설치하지 아니한 자
ⓜ 제22조제1항 전단을 위반하여 점검능력 평가를 받지 아니하고 점검을 한 관리업자
ⓗ 제22조제1항 후단을 위반하여 관계인에게 점검 결과를 제출하지 아니한 관리업자등
ⓢ 제22조제2항에 따른 점검인력의 배치기준 등 자체점검 시 준수사항을 위반한 자
ⓞ 제23조제3항을 위반하여 점검 결과를 보고하지 아니하거나 거짓으로 보고한 자
ⓩ 제23조제4항을 위반하여 이행계획을 기간 내에 완료하지 아니한 자 또는 이행계획 완료 결과를 보고하지 아니하거나 거짓으로 보고한 자
ⓒ 제24조제1항을 위반하여 점검기록표를 기록하지 아니하거나 특정소방대상물의 출입자가 쉽게 볼 수 있는 장소에 게시하지 아니한 관계인
ⓚ 제31조 또는 제32조제3항을 위반하여 신고를 하지 아니하거나 거짓으로 신고한 자
ⓣ 제33조제3항을 위반하여 지위승계, 행정처분 또는 휴업·폐업의 사실을 특정소방대상물의 관계인에게 알리지 아니하거나 거짓으로 알린 관리업자
ⓟ 제33조제4항을 위반하여 소속 기술인력의 참여 없이 자체점검을 한 관리업자
ⓗ 제34조제2항에 따른 점검실적을 증명하는 서류 등을 거짓으로 제출한 자
ⓟ 제52조제1항에 따른 명령을 위반하여 보고 또는 자료제출을 하지 아니하거나 거짓으로 보고 또는 자료제출을 한 자 또는 정당한 사유 없이 관계 공무원의 출입 또는 검사를 거부·방해 또는 기피한 자

29 과태료

■ 소방시설 설치 및 관리에 관한 법률 시행령 [별표 10]

과태료의 부과기준(제52조 관련)

1. 일반기준
   가. 위반행위의 횟수에 따른 과태료의 가중된 부과기준은 최근 1년간 같은 위반행위로 과태료 부과처분을 받은 경우에 적용한다. 이 경우 기간의 계산은 위반행위에 대하여 과태료 부과처분을 받은 날과 그 처분 후 다시 같은 위반행위를 하여 적발된 날을 기준으로 한다.
   나. 가목에 따라 가중된 부과처분을 하는 경우 가중처분의 적용 차수는 그 위반행위 전 부과처분 차수(가목에 따른 기간 내에 과태료 부과처분이 둘 이상 있었던 경우에는 높은 차수를 말한다)의 다음 차수로 한다.

다. 부과권자는 다음의 어느 하나에 해당하는 경우에는 제2호의 개별기준에 따른 과태료의 2분의 1 범위에서 그 금액을 줄여 부과할 수 있다. 다만, 과태료를 체납하고 있는 위반행위자에 대해서는 그렇지 않다.
  1) 위반행위가 사소한 부주의나 오류로 인한 것으로 인정되는 경우
  2) 위반행위자가 법 위반상태를 시정하거나 해소하기 위하여 노력한 사실이 인정되는 경우
  3) 위반행위자가 처음 위반행위를 한 경우로서 3년 이상 해당 업종을 모범적으로 영위한 사실이 인정되는 경우
  4) 위반행위자가 화재 등 재난으로 재산에 현저한 손실을 입거나 사업 여건의 악화로 그 사업이 중대한 위기에 처하는 등 사정이 있는 경우
  5) 위반행위자가 같은 위반행위로 다른 법률에 따라 과태료·벌금·영업정지 등의 처분을 받은 경우
  6) 그 밖에 위반행위의 정도, 위반행위의 동기와 그 결과 등을 고려하여 과태료 금액을 줄일 필요가 있다고 인정되는 경우

2. 개별기준

위반행위	근거 법조문	과태료 금액 (단위 : 만원)		
		1차 위반	2차 위반	3차 이상 위반
가. 법 제12조제1항을 위반한 경우	법 제61조 제1항제1호			
1) 2) 및 3)의 규정을 제외하고 소방시설을 최근 1년 이내에 2회 이상 화재안전기준에 따라 관리하지 않은 경우			100	

2) 소방시설을 다음에 해당하는 고장 상태 등으로 방치한 경우
    가) 소화펌프를 고장 상태로 방치한 경우
    나) 화재 수신기, 동력·감시 제어반 또는 소방시설용 전원(비상전원을 포함한다)을 차단하거나, 고장난 상태로 방치하거나, 임의로 조작하여 자동으로 작동이 되지 않도록 한 경우
    다) 소방시설이 작동할 때 소화배관을 통하여 소화수가 방수되지 않는 상태 또는 소화약제가 방출되지 않는 상태로 방치한 경우
			200	

3) 소방시설을 설치하지 않은 경우			300	
나. 법 제15조제1항을 위반하여 공사 현장에 임시소방시설을 설치·관리하지 않은 경우	법 제61조 제1항제2호		300	
다. 법 제16조제1항을 위반하여 피난시설, 방화구획 또는 방화시설을 폐쇄·훼손·변경하는 등의 행위를 한 경우	법 제61조 제1항제3호	100	200	300
라. 법 제20조제1항을 위반하여 방염대상물품을 방염성능기준 이상으로 설치하지 않은 경우	법 제61조 제1항제4호		200	
마. 법 제22조제1항 전단을 위반하여 점검능력평가를 받지 않고 점검을 한 경우	법 제61조 제1항제5호		300	

바. 법 제22조제1항 후단을 위반하여 관계인에게 점검 결과를 제출하지 않은 경우	법 제61조 제1항제6호			300	
사. 법 제22조제2항에 따른 점검인력의 배치기준 등 자체점검 시 준수사항을 위반한 경우	법 제61조 제1항제7호			300	
아. 법 제23조제3항을 위반하여 점검 결과를 보고하지 않거나 거짓으로 보고한 경우	법 제61조 제1항제8호				
1) 지연 보고 기간이 10일 미만인 경우				50	
2) 지연 보고 기간이 10일 이상 1개월 미만인 경우				100	
3) 지연 보고 기간이 1개월 이상이거나 보고하지 않은 경우				200	
4) 점검 결과를 축소·삭제하는 등 거짓으로 보고한 경우				300	
자. 법 제23조제4항을 위반하여 이행계획을 기간 내에 완료하지 않은 경우 또는 이행계획 완료 결과를 보고하지 않거나 거짓으로 보고한 경우	법 제61조 제1항제9호				
1) 지연 완료 기간 또는 지연 보고 기간이 10일 미만인 경우				50	
2) 지연 완료 기간 또는 지연 보고 기간이 10일 이상 1개월 미만인 경우				100	
3) 지연 완료 기간 또는 지연 보고 기간이 1개월 이상이거나, 완료 또는 보고를 하지 않은 경우				200	
4) 이행계획 완료 결과를 거짓으로 보고한 경우				300	
차. 법 제24조제1항을 위반하여 점검기록표를 기록하지 않거나 특정소방대상물의 출입자가 쉽게 볼 수 있는 장소에 게시하지 않은 경우	법 제61조 제1항제10호	100	200	300	
카. 법 제31조 또는 제32조제3항을 위반하여 신고를 하지 않거나 거짓으로 신고한 경우	법 제61조 제1항제11호				
1) 지연 신고 기간이 1개월 미만인 경우				50	
2) 지연 신고 기간이 1개월 이상 3개월 미만인 경우				100	
3) 지연 신고 기간이 3개월 이상이거나 신고를 하지 않은 경우				200	
4) 거짓으로 신고한 경우				300	
타. 법 제33조제3항을 위반하여 지위승계, 행정처분 또는 휴업·폐업의 사실을 특정소방대상물의 관계인에게 알리지 않거나 거짓으로 알린 경우	법 제61조 제1항제12호			300	
파. 법 제33조제4항을 위반하여 소속 기술인력의 참여 없이 자체점검을 한 경우	법 제61조 제1항제13호			300	
하. 법 제34조제2항에 따른 점검실적을 증명하는 서류 등을 거짓으로 제출한 경우	법 제61조 제1항제14호			300	
거. 법 제52조제1항에 따른 명령을 위반하여 보고 또는 자료제출을 하지 않거나 거짓으로 보고 또는 자료제출을 한 경우 또는 정당한 사유 없이 관계 공무원의 출입 또는 검사를 거부·방해 또는 기피한 경우	법 제61조 제1항제15호	50	100	300	

MEMO

[예상문제]

소방시설법

예상문제

001 소방시설법상 용어의 정의로 옳지 않은 것은?
① "소방시설"이란 소화설비, 경보설비, 피난구조설비, 소화용수설비, 그 밖에 소화활동설비로서 대통령령으로 정하는 것을 말한다.
② "소방시설 등"이란 소방시설과 피난구, 그 밖에 소방관련시설로서 대통령령으로 정하는 것을 말한다.
③ "특정소방대상물"이란 소방시설을 설치하여야 하는 소방대상물로서 대통령령으로 정하는 것을 말한다.
④ "소방용품"이란 소방시설 등을 구성하거나 소방용으로 사용되는 제품 또는 기기로서 대통령령으로 정하는 것을 말한다.

> 해설 "소방시설등"이란 소방시설과 비상구(非常口), 그 밖에 소방 관련 시설로서 대통령령으로 정하는 것을 말한다.
> [방화문, 자동방화셔터]

002 소방시설법 상 용어정의로 옳지 않은 것은?
① "화재안전성능"이란 화재를 예방하고 화재발생 시 피해를 최소화하기 위하여 소방대상물의 재료, 공간 및 설비 등에 요구되는 안전성능을 말한다.
② "성능위주설계"란 건축물 등의 재료, 공간, 이용자, 화재 특성 등을 종합적으로 고려하여 공학적 방법으로 화재 위험성을 평가하고 그 결과에 따라 화재안전성능이 확보될 수 있도록 특정소방대상물을 설계하는 것을 말한다.
③ "화재안전기준"이란 소방시설 설치 및 관리를 위한 기준으로서 성능기준이란 화재안전 확보를 위하여 재료, 공간 및 설비 등에 요구되는 안전성능으로서 소방청장이 고시로 정하는 기준을 말한다
④ "화재안전기준"이란 소방시설 설치 및 관리를 위한 기준으로서 기술기준이란 성능기준을 충족하는 상세한 규격, 특정한 수치 및 시험방법 등에 관한 기준으로서 행정안전부령으로 정하는 절차에 따라 소방청장이 고시로 정하는 기준을 말한다

> 해설 기술기준이란 성능기준을 충족하는 상세한 규격, 특정한 수치 및 시험방법 등에 관한 기준으로서 행정안전부령으로 정하는 절차에 따라 소방청장의 승인을 받은 기준을 말한다

정답 : 001.② 002.④

003 무창층이란 개구부의 면적의 합계가 해당층 바닥면적의 몇분의 몇이하가 되는 층을 말하는가?
① 1/10이하   ② 1/20이하
③ 1/30 이하   ④ 1/50이하

004 무창층의 조건 중 개구부에 해당하는 설명중 옳은 것은?
① 해당 층의 바닥면으로부터 개구부 밑부분까지의 높이가 1미터 이내일 것
② 도로 또는 차량이 진입할 수 있는 출입구를 향할 것
③ 화재 시 건축물로부터 쉽게 피난할 수 있도록 완강기 및 피난기구를 설치할것
④ 내부 또는 외부에서 쉽게 부수거나 열 수 있을 것

> **해설** 개구부(건축물에서 채광·환기·통풍 또는 출입 등을 위하여 만든 창·출입구, 그 밖에 이와 비슷한 것을 말한다. 이하 같다)
> 가. 크기는 지름 50센티미터 이상의 원이 통과할 수 있을 것
> 나. 해당 층의 바닥면으로부터 개구부 밑부분까지의 높이가 1.2미터 이내일 것
> 다. 도로 또는 차량이 진입할 수 있는 빈터를 향할 것
> 라. 화재 시 건축물로부터 쉽게 피난할 수 있도록 창살이나 그 밖의 장애물이 설치되지 않을 것
> 마. 내부 또는 외부에서 쉽게 부수거나 열 수 있을 것

005 다음중 자동소화장치의 종류에 해당하지 않는 것은?
① 주거용 주방자동소화장치   ② 캐비닛형 자동소화장치
③ 가스자동소화장치   ④ 고체분말자동소화장치

> **해설** **자동소화장치**
> 1) 주거용 주방자동소화장치
> 2) 상업용 주방자동소화장치
> 3) 캐비닛형 자동소화장치
> 4) 가스자동소화장치
> 5) 분말자동소화장치
> 6) 고체에어로졸자동소화장치

006 다음 중 물분무등 소화설비의 종류에 해당하지 않는 것은?
① 물분무소화설비   ② 포소화설비
③ 이산화탄소소화설비   ④ 캐비닛형간이스프링클러설비

 정답 : 003.③ 004.④ 005.④ 006.④

예상문제

> **해설** **물분무등소화설비**
> 1) 물분무소화설비
> 2) 미분무소화설비
> 3) 포소화설비
> 4) 이산화탄소소화설비
> 5) 할론소화설비
> 6) 할로겐화합물 및 불활성기체(다른 원소와 화학반응을 일으키기 어려운 기체를 말한다. 이하 같다) 소화설비
> 7) 분말소화설비
> 8) 강화액소화설비
> 9) 고체에어로졸소화설비

007 다음중 소화활동설비에 해당하는 것은?

① 제연설비
② 공기호흡기
③ 상수도소화용수설비
④ 자동화재속보설비

> **해설** 소화활동설비 : 화재를 진압하거나 인명구조활동을 위하여 사용하는 설비로서 다음 각 목의 것
> 가. 제연설비
> 나. 연결송수관설비
> 다. 연결살수설비
> 라. 비상콘센트설비
> 마. 무선통신보조설비
> 바. 연소방지설비

008 다음의 의료시설 중 그 성격이 다른 것은?

① 종합병원
② 치과병원
③ 전염병원
④ 요양병원

> **해설** **의료시설**
> 가. 병원 : 종합병원, 병원, 치과병원, 한방병원, 요양병원
> 나. 격리병원 : 전염병원, 마약진료소, 그 밖에 이와 비슷한 것
> 다. 정신의료기관
> 라. 「장애인복지법」 제58조제1항제4호에 따른 장애인 의료재활시설

정답 : 007.① 008.③

009 다음 중 근린생활시설에 해당하지 않는 것은?

① 슈퍼마켓과 일용품(식품, 잡화, 의류, 완구, 서적, 건축자재, 의약품, 의료기기 등) 등의 소매점으로서 같은 건축물(하나의 대지에 두 동 이상의 건축물이 있는 경우에는 이를 같은 건축물로 본다. 이하 같다)에 해당 용도로 쓰는 바닥면적의 합계가 1천m^2 미만인 것
② 휴게음식점, 제과점, 일반음식점, 기원(棋院), 노래연습장 및 단란주점(단란주점은 같은 건축물에 해당 용도로 쓰는 바닥면적의 합계가 100m^2 미만인 것만 해당한다)
③ 이용원, 미용원, 목욕장 및 세탁소(공장이 부설된 것과 「대기환경보전법」, 「물환경보전법」 또는 「소음·진동관리법」에 따른 배출시설의 설치허가 또는 신고의 대상이 되는 것은 제외한다)
④ 의원, 치과의원, 한의원, 침술원, 접골원(接骨院), 조산원,산후조리원 및 안마원(「의료법」 제82조제4항에 따른 안마시술소를 포함한다)

해설

가. 슈퍼마켓과 일용품(식품, 잡화, 의류, 완구, 서적, 건축자재, 의약품, 의료기기 등) 등의 소매점으로서 같은 건축물(하나의 대지에 두 동 이상의 건축물이 있는 경우에는 이를 같은 건축물로 본다. 이하 같다)에 해당 용도로 쓰는 바닥면적의 합계가 1천㎡ 미만인 것
나. 휴게음식점, 제과점, 일반음식점, 기원(棋院), 노래연습장 및 단란주점(단란주점은 같은 건축물에 해당 용도로 쓰는 바닥면적의 합계가 150㎡ 미만인 것만 해당한다)
다. 이용원, 미용원, 목욕장 및 세탁소(공장에 부설된 것과 「대기환경보전법」, 「물환경보전법」 또는 「소음·진동관리법」에 따른 배출시설의 설치허가 또는 신고의 대상인 것은 제외한다)
라. 의원, 치과의원, 한의원, 침술원, 접골원(接骨院), 조산원, 산후조리원 및 안마원(「의료법」 제82조제4항에 따른 안마시술소를 포함한다)
마. 탁구장, 테니스장, 체육도장, 체력단련장, 에어로빅장, 볼링장, 당구장, 실내낚시터, 골프연습장, 물놀이형 시설(「관광진흥법」 제33조에 따른 안전성검사의 대상이 되는 물놀이형 시설을 말한다. 이하 같다), 그 밖에 이와 비슷한 것으로서 같은 건축물에 해당 용도로 쓰는 바닥면적의 합계가 500㎡ 미만인 것
바. 공연장(극장, 영화상영관, 연예장, 음악당, 서커스장, 「영화 및 비디오물의 진흥에 관한 법률」 제2조제16호가목에 따른 비디오물감상실업의 시설, 같은 호 나목에 따른 비디오물소극장업의 시설, 그 밖에 이와 비슷한 것을 말한다. 이하 같다) 또는 종교집회장[교회, 성당, 사찰, 기도원, 수도원, 수녀원, 제실(祭室), 사당, 그 밖에 이와 비슷한 것을 말한다. 이하 같다]으로서 같은 건축물에 해당 용도로 쓰는 바닥면적의 합계가 300㎡ 미만인 것
사. 금융업소, 사무소, 부동산중개사무소, 결혼상담소 등 소개업소, 출판사, 서점, 그 밖에 이와 비슷한 것으로서 같은 건축물에 해당 용도로 쓰는 바닥면적의 합계가 500㎡ 미만인 것
아. 제조업소, 수리점, 그 밖에 이와 비슷한 것으로서 같은 건축물에 해당 용도로 쓰는 바닥면적의 합계가 500㎡ 미만인 것(「대기환경보전법」, 「물환경보전법」 또는 「소음·진

정답 : 009.②

예상문제

동관리법」에 따른 배출시설의 설치허가 또는 신고의 대상인 것은 제외한다)
자. 「게임산업진흥에 관한 법률」 제2조제6호의2에 따른 청소년게임제공업 및 일반게임제공업의 시설, 같은 조 제7호에 따른 인터넷컴퓨터게임시설제공업의 시설 및 같은 조 제8호에 따른 복합유통게임제공업의 시설로서 같은 건축물에 해당 용도로 쓰는 바닥면적의 합계가 500㎡ 미만인 것
차. 사진관, 표구점, 학원(같은 건축물에 해당 용도로 쓰는 바닥면적의 합계가 500㎡ 미만인 것만 해당하며, 자동차학원 및 무도학원은 제외한다), 독서실, 고시원(「다중이용업소의 안전관리에 관한 특별법」에 따른 다중이용업 중 고시원업의 시설로서 독립된 주거의 형태를 갖추지 않은 것으로서 같은 건축물에 해당 용도로 쓰는 바닥면적의 합계가 500㎡ 미만인 것을 말한다), 장의사, 동물병원, 총포판매사, 그 밖에 이와 비슷한 것
카. 의약품 판매소, 의료기기 판매소 및 자동차영업소로서 같은 건축물에 해당 용도로 쓰는 바닥면적의 합계가 1천㎡ 미만인 것

010 음 중 대통령령으로 정하는 특정소방대상물의 연결이 옳지 않은 것은?

① 근린생활시설 : 종교집회장으로서 같은 건축물에 해당 용도로 쓰는 바닥면적의 합계가 300㎡ 미만인 것
② 항공기 및 자동차 관련시설 : 여객자동차터미널, 철도 및 도시철도시설(정비창 등 관련시설을 포함한다), 공항시설(항공관제탑을 포함한다)
③ 문화 및 집회시설 : 예식장, 동물원, 식물원
④ 업무시설 : 오피스텔, 공중화장실

해설 **운수시설**
가. 여객자동차터미널
나. 철도 및 도시철도 시설[정비창(整備廠) 등 관련 시설을 포함한다]
다. 공항시설(항공관제탑을 포함한다)
라. 항만시설 및 종합여객시설

문화 및 집회시설
가. 공연장으로서 근린생활시설에 해당하지 않는 것
나. 집회장 : 예식장, 공회당, 회의장, 마권(馬券) 장외 발매소, 마권 전화투표소, 그 밖에 이와 비슷한 것으로서 근린생활시설에 해당하지 않는 것
다. 관람장 : 경마장, 경륜장, 경정장, 자동차 경기장, 그 밖에 이와 비슷한 것과 체육관 및 운동장으로서 관람석의 바닥면적의 합계가 1천㎡ 이상인 것
라. 전시장 : 박물관, 미술관, 과학관, 문화관, 체험관, 기념관, 산업전시장, 박람회장, 견본주택, 그 밖에 이와 비슷한 것
마. 동·식물원 : 동물원, 식물원, 수족관, 그 밖에 이와 비슷한 것

항공기 및 자동차 관련 시설(건설기계 관련 시설을 포함한다)
가. 항공기 격납고
나. 차고, 주차용 건축물, 철골 조립식 주차시설(바닥면이 조립식이 아닌 것을 포함한다) 및

정답 : 010.②

기계장치에 의한 주차시설
다. 세차장
라. 폐차장
마. 자동차 검사장
바. 자동차 매매장
사. 자동차 정비공장
아. 운전학원·정비학원
자. 다음의 건축물을 제외한 건축물의 내부(「건축법 시행령」 제119조제1항제3호다목에 따른 필로티와 건축물의 지하를 포함한다)에 설치된 주차장
  1) 「건축법 시행령」 별표 1 제1호에 따른 단독주택
  2) 「건축법 시행령」 별표 1 제2호에 따른 공동주택 중 50세대 미만인 연립주택 또는 50세대 미만인 다세대주택차. 「여객자동차 운수사업법」, 「화물자동차 운수사업법」 및 「건설기계관리법」에 따른 차고 및 주기장(駐機場)

011 다음은 특정소방대상물의 종류와 그에 해당하는 특정소방대상물을 바르게 연결한 것은?

① 의료시설 – 의원, 치과의원, 한의원
② 위락시설 – 야외음악당, 야외극장, 공원·유원지
③ 숙박시설 – 청소년야영장, 청소년수련관, 유스호스텔
④ 노유자시설 – 유치원, 노인여가복지시설, 정신요양시설

해설 **위락시설**
가. 단란주점으로서 근린생활시설에 해당하지 않는 것
나. 유흥주점, 그 밖에 이와 비슷한 것
다. 「관광진흥법」에 따른 유원시설업(遊園施設業)의 시설, 그 밖에 이와 비슷한 시설(근린생활시설에 해당하는 것은 제외한다)
라. 무도장 및 무도학원
마. 카지노영업소

숙박시설
가. 일반형 숙박시설 : 「공중위생관리법 시행령」 제4조제1호에 따른 숙박업의 시설
나. 생활형 숙박시설 : 「공중위생관리법 시행령」 제4조제2호에 따른 숙박업의 시설
다. 고시원(근린생활시설에 해당하지 않는 것을 말한다)
라. 그 밖에 가목부터 다목까지의 시설과 비슷한 것

수련시설
가. 생활권 수련시설 : 「청소년활동 진흥법」에 따른 청소년수련관, 청소년문화의집, 청소년특화시설, 그 밖에 이와 비슷한 것
나. 자연권 수련시설 : 「청소년활동 진흥법」에 따른 청소년수련원, 청소년야영장, 그 밖에 이와 비슷한 것
다. 「청소년활동 진흥법」에 따른 유스호스텔

정답 : 011.④

노유자 시설
가. 노인 관련 시설 : 「노인복지법」에 따른 노인주거복지시설, 노인의료복지시설, 노인여가복지시설, 주·야간보호서비스나 단기보호서비스를 제공하는 재가노인복지시설(「노인장기요양보험법」에 따른 장기요양기관을 포함한다), 노인보호전문기관, 노인일자리지원기관, 학대피해노인 전용쉼터, 그 밖에 이와 비슷한 것
나. 아동 관련 시설 : 「아동복지법」에 따른 아동복지시설, 「영유아보육법」에 따른 어린이집, 「유아교육법」에 따른 유치원[제8호가목1)에 따른 학교의 교사 중 병설유치원으로 사용되는 부분을 포함한다], 그 밖에 이와 비슷한 것
다. 장애인 관련 시설 : 「장애인복지법」에 따른 장애인 거주시설, 장애인 지역사회재활시설(장애인 심부름센터, 한국수어통역센터, 점자도서 및 녹음서 출판시설 등 장애인이 직접 그 시설 자체를 이용하는 것을 주된 목적으로 하지 않는 시설은 제외한다), 장애인 직업재활시설, 그 밖에 이와 비슷한 것
라. 정신질환자 관련 시설 : 「정신건강증진 및 정신질환자 복지서비스 지원에 관한 법률」에 따른 정신재활시설(생산품판매시설은 제외한다), 정신요양시설, 그 밖에 이와 비슷한 것
마. 노숙인 관련 시설 : 「노숙인 등의 복지 및 자립지원에 관한 법률」 제2조제2호에 따른 노숙인복지시설(노숙인일시보호시설, 노숙인자활시설, 노숙인재활시설, 노숙인요양시설 및 쪽방상담소만 해당한다), 노숙인종합지원센터 및 그 밖에 이와 비슷한 것
바. 가목부터 마목까지에서 규정한 것 외에 「사회복지사업법」에 따른 사회복지시설 중 결핵환자 또는 한센인 요양시설 등 다른 용도로 분류되지 않는 것

관광 휴게시설
가. 야외음악당
나. 야외극장
다. 어린이회관
라. 관망탑
마. 휴게소
바. 공원·유원지 또는 관광지에 부수되는 건축물

012 다음 보기 중 문화 및 집회시설에 해당하지 않는 것은?
① 동물원, 식물원, 그 밖에 이와 비슷한 것
② 공연장으로서 근린생활시설에 해당하지 않는 것
③ 예식장, 회의장, 마권장외발매소, 그 밖에 이와 비슷한 것으로서 근린생활시설에 해당하지 않는 것
④ 경마장, 경륜장 그 밖에 이와 비슷한 것으로서 관람석의 바닥면적 합계가 500m² 이상인 것

해설 경마장, 경륜장 그 밖에 이와 비슷한 것으로서 관람석의 바닥면적 합계가 1000m² 이상인 것

정답 : 012.④

013 다음 특정소방대상물 중 근린생활시설에 해당하는 것은?
① 예식장
② 어린이회관
③ 치과의원
④ 오피스텔

014 다음 보기 중 교육연구시설에 해당하지 않는 것은?
① 초등학교, 중학교
② 교육원(연수원 등)
③ 직업훈련소
④ 초등학교의 병설유치원

> **해설** 교육연구시설
> 가. 학교
>   1) 초등학교, 중학교, 고등학교, 특수학교, 그 밖에 이에 준하는 학교 : 「학교시설사업 촉진법」 제2조제1호나목의 교사(校舍)(교실·도서실 등 교수·학습활동에 직접 또는 간접적으로 필요한 시설물을 말하되, 병설유치원으로 사용되는 부분은 제외한다. 이하 같다), 체육관, 「학교급식법」 제6조에 따른 급식시설, 합숙소(학교의 운동부, 기능선수 등이 집단으로 숙식하는 장소를 말한다. 이하 같다)
>   2) 대학, 대학교, 그 밖에 이에 준하는 각종 학교 : 교사 및 합숙소
> 나. 교육원(연수원, 그 밖에 이와 비슷한 것을 포함한다)
> 다. 직업훈련소
> 라. 학원(근린생활시설에 해당하는 것과 자동차운전학원·정비학원 및 무도학원은 제외한다)
> 마. 연구소(연구소에 준하는 시험소와 계량계측소를 포함한다)
> 바. 도서관

015 다음 중 특정소방대상물의 분류가 옳지 않은 것은?
① 방송국 – 업무시설
② 박물관 – 문화 및 집회시설
③ 요양병원 – 의료시설
④ 무도학원 – 위락시설

> **해설** 방송통신시설
> 가. 방송국(방송프로그램 제작시설 및 송신·수신·중계시설을 포함한다)
> 나. 전신전화국
> 다. 촬영소
> 라. 통신용 시설
> 마. 그 밖에 가목부터 라목까지의 시설과 비슷한 것
>
> **업무시설**
> 가. 공공업무시설 : 국가 또는 지방자치단체의 청사와 외국공관의 건축물로서 근린생활시설에 해당하지 않는 것
> 나. 일반업무시설 : 금융업소, 사무소, 신문사, 오피스텔[업무를 주로 하며, 분양하거나 임대하는 구획 중 일부의 구획에서 숙식을 할 수 있도록 한 건축물로서 「건축법 시행령」

정답 : 013.③ 014.④ 015.①

예상문제

별표 1 제14호나목2)에 따라 국토교통부장관이 고시하는 기준에 적합한 것을 말한다], 그 밖에 이와 비슷한 것으로서 근린생활시설에 해당하지 않는 것
다. 주민자치센터(동사무소), 경찰서, 지구대, 파출소, 소방서, 119안전센터, 우체국, 보건소, 공공도서관, 국민건강보험공단, 그 밖에 이와 비슷한 용도로 사용하는 것
라. 마을회관, 마을공동작업소, 마을공동구판장, 그 밖에 이와 유사한 용도로 사용되는 것
마. 변전소, 양수장, 정수장, 대피소, 공중화장실, 그 밖에 이와 유사한 용도로 사용되는 것

016 발전시설의 종류에 대한 설명이다 틀린 것은?
① 원자력발전소는 발전시설에 포함된다
② 조력발전소를 제외한 수력발전소는 발전시설에 포함된다
③ 20kWh를 초과하는 리튬계열의 2차전지를 이용한 전기저장시설은 발전시설에 포함된다
④ 풍력발전소 및 화력발전소는 발전시설에 포함된다

해설 발전시설
가. 원자력발전소
나. 화력발전소
다. 수력발전소(조력발전소를 포함한다)
라. 풍력발전소
마. 전기저장시설[20킬로와트시(kWh)를 초과하는 리튬·나트륨·레독스플로우 계열의 2차전지를 이용한 전기저장장치의 시설을 말한다. 이하 같다]
바. 그 밖에 가목부터 마목까지의 시설과 비슷한 것(집단에너지 공급시설을 포함한다)

017 특정소방대상물 중 지하구는 [전력·통신용의 전선이나 가스·냉난방용의 배관 또는 이와 비슷한 것을 집합수용하기 위하여 설치한 지하 인공구조물로서 사람이 점검 또는 보수를 하기 위하여 출입이 가능한 것 중 폭 1.8m 이상이고 높이가 2m 이상이며 길이가 (   )m 이상]인 것이다. (   )에 들어갈 알맞은 것은?
① 50
② 100
③ 500
④ 1,000

해설 지하구
가. 전력·통신용의 전선이나 가스·냉난방용의 배관 또는 이와 비슷한 것을 집합수용하기 위하여 설치한 지하 인공구조물로서 사람이 점검 또는 보수를 하기 위하여 출입이 가능한 것 중 다음의 어느 하나에 해당하는 것
  1) 전력 또는 통신사업용 지하 인공구조물로서 전력구(케이블 접속부가 없는 경우는 제외한다) 또는 통신구 방식으로 설치된 것
  2) 1)외의 지하 인공구조물로서 폭이 1.8m 이상이고 높이가 2m 이상이며 길이가 50m 이상인 것
나. 「국토의 계획 및 이용에 관한 법률」 제2조제9호에 따른 공동구

정답 : 016.② 017.①

018 하나의 건축물이 근린생활시설부터 지하가까지의 용도 중 2 이상의 용도로 사용되는 경우 복합건축물로 본다. 하지만 어떠한 경우 복합건축물로 보지 않는데, 그에 해당하지 않는 것은?

① 관계 법령에서 주된 용도의 부수시설로서 그 설치를 의무화하고 있는 용도 또는 시설
② 주택 안에 부대시설 또는 복리시설이 설치되는 특정소방대상물
③ 건축물의 주된 용도의 기능에 필수적인 용도로서 건축물의 설비, 대피 또는 위생을 위한 용도, 그 밖에 이와 비슷한 용도
④ 건축물의 주된 용도의 기능에 필수적인 용도로서 구내식당, 구내세탁소, 구내운동시설 등 종업원후생복리시설(기숙사를 포함한다) 또는 구내소각시설의 용도, 그 밖에 이와 비슷한 용도

◀해설 하나의 건축물이 제1호부터 제27호까지의 것 중 둘 이상의 용도로 사용되는 것. 다만, 다음의 어느 하나에 해당하는 경우에는 복합건축물로 보지 않는다.
1) 관계 법령에서 주된 용도의 부수시설로서 그 설치를 의무화하고 있는 용도 또는 시설
2) 「주택법」 제35조제1항제3호 및 제4호에 따라 주택 안에 부대시설 또는 복리시설이 설치되는 특정소방대상물
3) 건축물의 주된 용도의 기능에 필수적인 용도로서 다음의 어느 하나에 해당하는 용도
  가) 건축물의 설비(제23호마목의 전기저장시설을 포함한다), 대피 또는 위생을 위한 용도, 그 밖에 이와 비슷한 용도
  나) 사무, 작업, 집회, 물품저장 또는 주차를 위한 용도, 그 밖에 이와 비슷한 용도
  다) 구내식당, 구내세탁소, 구내운동시설 등 종업원후생복리시설(기숙사는 제외한다) 또는 구내소각시설의 용도, 그 밖에 이와 비슷한 용도

019 다음 괄호안에 들어갈 특정소방대상물의 종류로 옳게 나열된 것은?

| 하나의 건축물이 (ㄱ), (ㄴ), (ㄷ), 숙박시설 또는 위락시설의 용도와 주택의 용도로 함께 사용되는 것 |

① ㄱ – 근린생활시설   ㄴ – 판매시설   ㄷ – 업무시설
② ㄱ – 노유자시설   ㄴ – 판매시설   ㄷ – 방송통신시설
③ ㄱ – 근린생활시설   ㄴ – 창고시설   ㄷ – 업무시설
④ ㄱ – 노유자시설   ㄴ – 창고시설   ㄷ – 방송통신시설

◀해설 하나의 건축물이 근린생활시설, 판매시설, 업무시설, 숙박시설 또는 위락시설의 용도와 주택의 용도로 함께 사용되는 것은 복합건축물로 본다

정답 : 018.④ 019.①

예상문제

020 소방시설의 설치 및 관리에 관한 법률상 둘 이상의 특정소방대상물을 하나의 소방대상물로 볼 수 있는 연결통로의 구조로 옳지 않은 것은?

① 내화구조로 된 연결통로가 벽이 없는 구조로서 그 길이가 6m 이하인 경우
② 내화구조로 된 연결통로가 벽이 있는 구조로서 그 길이가 10m 이하인 경우
③ 자동방화셔터 또는 60분+ 또는 60분방화문이 설치되어 있는 피트로 연결된 경우
④ 지하보도, 지하상가, 지하가 또는 지하구로 연결된 경우

해설 둘 이상의 특정소방대상물이 다음 각 목의 어느 하나에 해당되는 구조의 복도 또는 통로(이하 이 표에서 "연결통로"라 한다)로 연결된 경우에는 이를 하나의 특정소방대상물로 본다.
가. 내화구조로 된 연결통로가 다음의 어느 하나에 해당되는 경우
　1) 벽이 없는 구조로서 그 길이가 6m 이하인 경우
　2) 벽이 있는 구조로서 그 길이가 10m 이하인 경우. 다만, 벽 높이가 바닥에서 천장까지의 높이의 2분의 1 이상인 경우에는 벽이 있는 구조로 보고, 벽 높이가 바닥에서 천장까지의 높이의 2분의 1 미만인 경우에는 벽이 없는 구조로 본다.
나. 내화구조가 아닌 연결통로로 연결된 경우
다. 컨베이어로 연결되거나 플랜트설비의 배관 등으로 연결되어 있는 경우
라. 지하보도, 지하상가, 지하가로 연결된 경우
마. 자동방화셔터 또는 60분+ 방화문이 설치되지 않은 피트(전기설비 또는 배관설비 등이 설치되는 공간을 말한다)로 연결된 경우
바. 지하구로 연결된 경우

021 두 건축물의 연결통로 또는 지하구와 소방대상물의 양쪽에 다음 각 목의 어느 하나에 적합한 경우 각각 별개의 소방대상물로 본다. 다음 괄호 안에 알맞은 말은?

> 가. 화재 시 경보설비 또는 자동소화설비의 작동과 연동하여 자동으로 닫히는 (㉠) 또는 (㉡) 방화문이 설치된 경우
> 나. 화재 시 자동으로 방수되는 방식의 (㉢) 또는 개방형 스프링클러헤드가 설치된 경우

	㉠	㉡	㉢
①	자동방화셔터	60분+	물분무설비
②	자동방화셔터	60분+	드렌처설비
③	자동방화셔터	60분+ 또는 60분	미분무설비
④	일반방화셔터	60분+ 또는 60분	미분무설비

정답 : 020.③ 021.②

022 다음 중 대통령령으로 정하는 소방용품이 아닌 것은?
① 소화설비 중 자동소화장치
② 경보설비 중 가스누설경보기 누전경보기
③ 피난구조설비 중 피난유도선
④ 방염도료

해설 **소방용품(제6조 관련)**
1. 소화설비를 구성하는 제품 또는 기기
   가. 별표 1 제1호가목의 소화기구(소화약제 외의 것을 이용한 간이소화용구는 제외한다)
   나. 별표 1 제1호나목의 자동소화장치
   다. 소화설비를 구성하는 소화전, 관창(菅槍), 소방호스, 스프링클러헤드, 기동용 수압개폐장치, 유수제어밸브 및 가스관선택밸브
2. 경보설비를 구성하는 제품 또는 기기
   가. 누전경보기 및 가스누설경보기
   나. 경보설비를 구성하는 발신기, 수신기, 중계기, 감지기 및 음향장치(경종만 해당한다)
3. 피난구조설비를 구성하는 제품 또는 기기
   가. 피난사다리, 구조대, 완강기(지지대를 포함한다) 및 간이완강기(지지대를 포함한다)
   나. 공기호흡기(충전기를 포함한다)
   다. 피난구유도등, 통로유도등, 객석유도등 및 예비 전원이 내장된 비상조명등
4. 소화용으로 사용하는 제품 또는 기기
   가. 소화약제[별표 1 제1호나목2) 및 3)의 자동소화장치와 같은 호 마목3)부터 9)까지의 소화설비용만 해당한다]
   나. 방염제(방염액·방염도료 및 방염성물질을 말한다)
5. 그 밖에 행정안전부령으로 정하는 소방 관련 제품 또는 기기

023 소방시설 설치 및 관리에 관한 법령상 소방용품이 아닌 것은?
① 소화약제 외의 것을 이용한 간이소화용구
② 자동소화장치
③ 가스누설경보기
④ 소화용으로 사용하는 방염제

024 다음 중 소방청장의 형식승인을 받아야 하는 소방용품이 아닌 것은?
① 관창(菅槍)
② 음향장치 중 사이렌
③ 기동용 수압개폐장치
④ 완강기(간이완강기 및 지지대를 포함한다)

정답 : 022.③ 023.① 024.②

예상문제

025 다음 중 화재안전기준 중 기술기준을 제정,개정하는 자로 옳은 자는?

① 한국소방안전원장
② 한국소방산업기술원장
③ 국립소방연구원장
④ 소방청장

> **해설** 국립소방연구원장은 화재안전기준 중 기술기준(이하 "기술기준"이라 한다)을 제정·개정하려는 경우 제정안·개정안을 작성하여 「소방시설 설치 및 관리에 관한 법률」(이하 "법"이라 한다) 제18조제1항에 따른 중앙소방기술심의위원회(이하 "중앙위원회"라 한다)의 심의·의결을 거쳐야 한다. 이 경우 제정안·개정안의 작성을 위해 소방 관련 기관·단체 및 개인 등의 의견을 수렴할 수 있다.

026 다음 중 소방시설법상 규정하는 관계인의 의무에 해당하지 않는 것은?

① 관계인(「소방기본법」제2조제3호에 따른 관계인을 말한다. 이하 같다)은 소방시설등의 기능과 성능을 보전·향상시키고 이용
자의 편의와 안전성을 높이기 위하여 노력하여야 한다.
② 관계인은 매년 소방시설등의 관리에 필요한 재원을 확보하도록 노력하여야 한다.
③ 관계인은 국가 및 지방자치단체의 소방시설등의 설치 및 관리 활동에 적극 협조하여야 한다.
④ 관계인 중 소유자는 점유자 및 관리자의 소방시설등 관리 업무에 적극 협조하여야 한다.

> **해설** 제4조(관계인의 의무)
> ① 관계인(「소방기본법」제2조제3호에 따른 관계인을 말한다. 이하 같다)은 소방시설등의 기능과 성능을 보전·향상시키고 이용자의 편의와 안전성을 높이기 위하여 노력하여야 한다.
> ② 관계인은 매년 소방시설등의 관리에 필요한 재원을 확보하도록 노력하여야 한다.
> ③ 관계인은 국가 및 지방자치단체의 소방시설등의 설치 및 관리 활동에 적극 협조하여야 한다.
> ④ 관계인 중 점유자는 소유자 및 관리자의 소방시설등 관리 업무에 적극 협조하여야 한다.

027 소방시설의 설치 및 관리에 관한 법령상 소방본부장이나 소방서장에게 건축허가 동의를 받아야 하는 건축물은?

① 연면적 150[m^2]인 수련시설
② 주차장으로 사용되는 바닥면적 150[m^2]인 층이 있는 주차시설
③ 연면적 100[m^2]인 산후조리원
④ 연면적 250[m^2]인 장애인 의료재활시설

정답 : 025.③ 026.④ 027.③

해설 시행령 제7조(건축허가등의 동의대상물의 범위 등)
① 법 제6조제1항에 따라 건축물 등의 신축·증축·개축·재축·이전·용도변경 또는 대수선의 허가·협의 및 사용승인(「주택법」 제15조에 따른 승인 및 같은 법 제49조에 따른 사용검사, 「학교시설사업 촉진법」 제4조에 따른 승인 및 같은 법 제13조에 따른 사용승인을 포함하며, 이하 "건축허가등"이라 한다)을 할 때 미리 소방본부장 또는 소방서장의 동의를 받아야 하는 건축물 등의 범위는 다음 각 호와 같다.
1. 연면적(「건축법 시행령」 제119조제1항제4호에 따라 산정된 면적을 말한다. 이하 같다)이 400제곱미터 이상인 건축물이나 시설. 다만, 다음 각 목의 어느 하나에 해당하는 건축물이나 시설은 해당 목에서 정한 기준 이상인 건축물이나 시설로 한다.
   가. 「학교시설사업 촉진법」 제5조의2제1항에 따라 건축등을 하려는 학교시설 : 100제곱미터
   나. 별표 2의 특정소방대상물 중 노유자(老幼者) 시설 및 수련시설 : 200제곱미터
   다. 「정신건강증진 및 정신질환자 복지서비스 지원에 관한 법률」 제3조제5호에 따른 정신의료기관(입원실이 없는 정신건강의학과 의원은 제외하며, 이하 "정신의료기관"이라 한다) : 300제곱미터
   라. 「장애인복지법」 제58조제1항제4호에 따른 장애인 의료재활시설(이하 "의료재활시설"이라 한다) : 300제곱미터
2. 지하층 또는 무창층이 있는 건축물로서 바닥면적이 150제곱미터(공연장의 경우에는 100제곱미터) 이상인 층이 있는 것
3. 차고·주차장 또는 주차 용도로 사용되는 시설로서 다음 각 목의 어느 하나에 해당하는 것
   가. 차고·주차장으로 사용되는 바닥면적이 200제곱미터 이상인 층이 있는 건축물이나 주차시설
   나. 승강기 등 기계장치에 의한 주차시설로서 자동차 20대 이상을 주차할 수 있는 시설
4. 층수(「건축법 시행령」 제119조제1항제9호에 따라 산정된 층수를 말한다. 이하 같다)가 6층 이상인 건축물
5. 항공기 격납고, 관망탑, 항공관제탑, 방송용 송수신탑
6. 별표 2의 특정소방대상물 중 의원(입원실이 있는 것으로 한정한다)·조산원·산후조리원, 위험물 저장 및 처리 시설, 발전시설 중 풍력발전소·전기저장시설, 지하구(地下溝)
7. 제1호나목에 해당하지 않는 노유자 시설 중 다음 각 목의 어느 하나에 해당하는 시설. 다만, 가목2) 및 나목부터 바목까지의 시설 중「건축법 시행령」 별표 1의 단독주택 또는 공동주택에 설치되는 시설은 제외한다.
   가. 별표 2 제9호가목에 따른 노인 관련 시설 중 다음의 어느 하나에 해당하는 시설
      1) 「노인복지법」 제31조제1호에 따른 노인주거복지시설, 같은 조 제2호에 따른 노인의료복지시설 및 같은 조 제4호에 따른 재가노인복지시설
      2) 「노인복지법」 제31조제7호에 따른 학대피해노인 전용쉼터
   나. 「아동복지법」 제52조에 따른 아동복지시설(아동상담소, 아동전용시설 및 지역아동센터는 제외한다)

예상문제

다. 「장애인복지법」 제58조제1항제1호에 따른 장애인 거주시설
라. 정신질환자 관련 시설(「정신건강증진 및 정신질환자 복지서비스 지원에 관한 법률」 제27조제1항제2호에 따른 공동생활가정을 제외한 재활훈련시설과 같은 법 시행령 제16조제3호에 따른 종합시설 중 24시간 주거를 제공하지 않는 시설은 제외한다)
마. 별표 2 제9호마목에 따른 노숙인 관련 시설 중 노숙인자활시설, 노숙인재활시설 및 노숙인요양시설
바. 결핵환자나 한센인이 24시간 생활하는 노유자 시설

8. 「의료법」 제3조제2항제3호라목에 따른 요양병원(이하 "요양병원"이라 한다). 다만, 의료재활시설은 제외한다.
9. 별표 2의 특정소방대상물 중 공장 또는 창고시설로서 「화재의 예방 및 안전관리에 관한 법률 시행령」 별표 2에서 정하는 수량의 750배 이상의 특수가연물을 저장·취급하는 것
10. 별표 2 제17호나목에 따른 가스시설로서 지상에 노출된 탱크의 저장용량의 합계가 100톤 이상인 것

028 소방시설법상 건축허가 등의 동의에 대한 설명 중 틀린 것은?

① 건축물 등의 신축·증축·개축·재축(再築)·이전·용도변경 또는 대수선(大修繕)의 허가·협의 및 사용승인의 권한이 있는 행정기관은 건축허가 등을 할 때 미리 그 건축물 등의 시공지(施工地) 또는 소재지를 관할하는 소방본부장이나 소방서장의 동의를 받아야 한다.

② 건축물 등의 대수선·증축·개축·재축 또는 용도변경의 신고를 수리(受理)할 권한이 있는 행정기관은 그 신고를 수리하면 그 건축물 등의 시공지 또는 소재지를 관할하는 소방본부장이나 소방서장에게 신고수리를 한 날로부터 3일 이내에 그 사실을 알려야 한다.

③ 소방본부장이나 소방서장은 제1항에 따른 동의를 요구받으면 그 건축물 등이 이 법 또는 이 법에 따른 명령을 따르고 있는지를 검토한 후 행정안전부령으로 정하는 기간 이내에 해당 행정기관에 동의 여부를 알려야 한다.

④ 건축허가 등을 할 때에 소방본부장이나 소방서장의 동의를 받아야 하는 건축물 등의 범위는 대통령령으로 정한다.

해설 건축물 등의 증축·개축·재축·용도변경 또는 대수선의 신고를 수리(受理)할 권한이 있는 행정기관은 그 신고를 수리하면 그 건축물 등의 시공지 또는 소재지를 관할하는 소방본부장이나 소방서장에게 지체 없이 그 사실을 알려야 한다.

정답 : 028.②

029 소방본부장 또는 소방서장은 건축물등의 화재안전성을 확보하기 위하여 소방자동차의 접근이 가능한 통로의 설치등 대통령령으로 정하는 사항에 대한 검토자료 또는 의견서를 첨부할수있는데 이에 해당하는 사항이 아닌 것은?

① 「건축법」 제64조 및 「주택건설기준 등에 관한 규정」 제15조에 따른 승강기의 설치
② 「주택건설기준 등에 관한 규정」 제26조에 따른 주택단지 안 도로의 설치
③ 「건축법 시행령」 제40조제2항에 따른 옥상광장, 같은 조 제3항에 따른 비상문자동개폐장치 또는 같은 조 제4항에 따른 헬리포트의 설치
④ 그 밖에 소방청장 또는 시도지사가 소화활동 및 피난을 위해 필요하다고 인정하는 사항

해설 소방본부장 또는 소방서장은 제4항에 따른 건축허가등의 동의 여부를 알릴 경우에는 원활한 소방활동 및 건축물 등의 화재안전성능을 확보하기 위하여 필요한 다음 각 호의 사항에 대한 검토 자료 또는 의견서를 첨부할 수 있다.
1. 「건축법」 제49조제1항 및 제2항에 따른 피난시설, 방화구획(防火區劃)
2. 「건축법」 제49조제3항에 따른 소방관 진입창
3. 「건축법」 제50조, 제50조의2, 제51조, 제52조, 제52조의2 및 제53조에 따른 방화벽, 마감재료 등(이하 "방화시설"이라 한다)
4. 그 밖에 소방자동차의 접근이 가능한 통로의 설치 등 대통령령으로 정하는 사항

> 법 제6조제5항제4호에서 "소방자동차의 접근이 가능한 통로의 설치 등 대통령령으로 정하는 사항"이란 다음 각 호의 사항을 말한다.
> 1. 소방자동차의 접근이 가능한 통로의 설치
> 2. 「건축법」 제64조 및 「주택건설기준 등에 관한 규정」 제15조에 따른 승강기의 설치
> 3. 「주택건설기준 등에 관한 규정」 제26조에 따른 주택단지 안 도로의 설치
> 4. 「건축법 시행령」 제40조제2항에 따른 옥상광장, 같은 조 제3항에 따른 비상문자동개폐장치 또는 같은 조 제4항에 따른 헬리포트의 설치
> 5. 그 밖에 소방본부장 또는 소방서장이 소화활동 및 피난을 위해 필요하다고 인정하는 사항

030 건축허가등의 동의요구는 권한이 있는 행정기관이 동의대상물의 시공지 또는 소재지를 관할하는 소방본부장 또는 소방서장에게 하여야 하는데 권한이 있는 행정기관에 해당하지 않는 것은?

① 「건축법」 제11조에 따른 허가 및 같은 법 제29조제2항에 따른 협의의 권한이 있는 행정기관
② 「주택법」 제15조에 따른 승인 및 같은 법 제49조에 따른 사용검사의 권한이 있는 행정기관
③ 「고압가스 안전관리법」 제4조에 따른 허가의 권한이 있는 행정기관
④ 「전기안전관리법」 제8조에 따른 영업용전기설비의 공사계획의 인가의 권한이 있는 행정기관

정답 : 029.④ 030.④

> **해설** 권한있는 행정기관의 종류
> 1. 「건축법」 제11조에 따른 허가 및 같은 법 제29조제2항에 따른 협의의 권한이 있는 행정기관
> 2. 「주택법」 제15조에 따른 승인 및 같은 법 제49조에 따른 사용검사의 권한이 있는 행정기관
> 3. 「학교시설사업 촉진법」 제4조에 따른 승인 및 같은 법 제13조에 따른 사용승인의 권한이 있는 행정기관
> 4. 「고압가스 안전관리법」 제4조에 따른 허가의 권한이 있는 행정기관
> 5. 「도시가스사업법」 제3조에 따른 허가의 권한이 있는 행정기관
> 6. 「액화석유가스의 안전관리 및 사업법」 제5조 및 제6조에 따른 허가의 권한이 있는 행정기관
> 7. 「전기안전관리법」 제8조에 따른 자가용전기설비의 공사계획의 인가의 권한이 있는 행정기관
> 8. 「전기사업법」 제61조에 따른 전기사업용전기설비의 공사계획에 대한 인가의 권한이 있는 행정기관
> 9. 「국토의 계획 및 이용에 관한 법률」 제88조제2항에 따른 도시·군계획시설사업 실시계획 인가의 권한이 있는 행정기관

031 다음은 건축허가 등의 동의 요구 시 갖추어야 할 구비서류를 나열한 것이다. 옳지 않은 것은?

① 창호도
② 소방시설 설치계획표
③ 건축물 배치도
④ 소방시설설계계약서 원본

> **해설** 건축허가등의 동의를 요구하는 경우에는 동의요구서(전자문서로 된 요구서를 포함한다)에 다음 각 호의 서류(전자문서를 포함한다)를 첨부해야 한다.
> 1. 「건축법 시행규칙」 제6조에 따른 건축허가신청서, 같은 법 시행규칙 제8조에 따른 건축허가서 또는 같은 법 시행규칙 제12조에 따른 건축·대수선·용도변경신고서 등 건축허가등을 확인할 수 있는 서류의 사본. 이 경우 동의 요구를 받은 담당 공무원은 특별한 사정이 있는 경우를 제외하고는 「전자정부법」 제36조제1항에 따른 행정정보의 공동이용을 통하여 건축허가서를 확인함으로써 첨부서류의 제출을 갈음할 수 있다.
> 2. 다음 각 목의 설계도서. 다만, 가목 및 나목2)·4)의 설계도서는 「소방시설공사업법 시행령」 제4조에 따른 소방시설공사 착공신고 대상에 해당되는 경우에만 제출한다.
>   가. 건축물 설계도서
>   1) 건축물 개요 및 배치도
>   2) 주단면도 및 입면도(立面圖 : 물체를 정면에서 본 대로 그린 그림을 말한다. 이하 같다)
>   3) 층별 평면도(용도별 기준층 평면도를 포함한다. 이하 같다)
>   4) 방화구획도(창호도를 포함한다)
>   5) 실내·실외 마감재료표
>   6) 소방자동차 진입 동선도 및 부서 공간 위치도(조경계획을 포함한다)
>   나. 소방시설 설계도서
>   1) 소방시설(기계·전기 분야의 시설을 말한다)의 계통도(시설별 계산서를 포함한다)

정답 : 031.④

2) 소방시설별 층별 평면도
3) 실내장식물 방염대상물품 설치 계획(「건축법」 제52조에 따른 건축물의 마감재료는 제외한다)
4) 소방시설의 내진설계 계통도 및 기준층 평면도(내진 시방서 및 계산서 등 세부 내용이 포함된 상세 설계도면은 제외한다)
3. 소방시설 설치계획표
4. 임시소방시설 설치계획서(설치시기·위치·종류·방법 등 임시소방시설의 설치와 관련된 세부 사항을 포함한다)
5. 「소방시설공사업법」 제4조제1항에 따라 등록한 소방시설설계업등록증과 소방시설을 설계한 기술인력의 기술자격증 사본
6. 「소방시설공사업법」 제21조 및 제21조의3제2항에 따라 체결한 소방시설설계 계약서 사본

032 건축허가 동의요구서 및 첨부서류의 보완이 필요한 경우 소방본부장 또는 소방서장은 며칠 이내의 기간을 정하여 보완을 요구할 수 있는가?

① 3일
② 4일
③ 5일
④ 10일

해설 ③ 제1항에 따른 동의 요구를 받은 소방본부장 또는 소방서장은 법 제6조제4항에 따라 건축허가등의 동의 요구서류를 접수한 날부터 5일(허가를 신청한 건축물 등이 「화재의 예방 및 안전관리에 관한 법률 시행령」 별표 4 제1호가목의 어느 하나에 해당하는 경우에는 10일) 이내에 건축허가등의 동의 여부를 회신해야 한다.
④ 소방본부장 또는 소방서장은 제3항에도 불구하고 제2항에 따른 동의요구서 및 첨부서류의 보완이 필요한 경우에는 4일 이내의 기간을 정하여 보완을 요구할 수 있다. 이 경우 보완 기간은 제3항에 따른 회신 기간에 산입하지 않으며 보완 기간 내에 보완하지 않는 경우에는 동의요구서를 반려해야 한다.
⑤ 제1항에 따라 건축허가등의 동의를 요구한 기관이 그 건축허가등을 취소했을 때에는 취소한 날부터 7일 이내에 건축물 등의 시공지 또는 소재지를 관할하는 소방본부장 또는 소방서장에게 그 사실을 통보해야 한다.
⑥ 소방본부장 또는 소방서장은 제3항에 따라 동의 여부를 회신하는 경우에는 별지 제1호서식의 건축허가등의 동의대장에 이를 기록하고 관리해야 한다.
⑦ 법 제6조제8항 후단에서 "행정안전부령으로 정하는 기간"이란 7일을 말한다.

> 법제6조 ⑧ 다른 법령에 따른 인가·허가 또는 신고 등(건축허가등과 제2항에 따른 신고는 제외하며, 이하 이 항에서 "인허가등"이라 한다)의 시설기준에 소방시설등의 설치·관리 등에 관한 사항이 포함되어 있는 경우 해당 인허가등의 권한이 있는 행정기관은 인허가등을 할 때 미리 그 시설의 소재지를 관할하는 소방본부장이나 소방서장에게 그 시설이 이 법 또는 이 법에 따른 명령을 따르고 있는지를 확인하여 줄 것을 요청할 수 있다. 이 경우 요청을 받은 소방본부장 또는 소방서장은 행정안전부령으로 정하는 기간 내에 확인 결과를 알려야 한다.

정답 : 032.②

예상문제

033 건축허가 등의 동의에 대한 다음 괄호 안에 알맞은 말은?

- 동의요구를 받은 소방본부장 또는 소방서장은 법 제7조제3항에 따라 건축허가 등의 동의요구 서류를 접수한 날부터 (㉠)일(허가를 신청한 건축물 등이 영 제22조제1항제1호 각 목의 어느 하나에 해당하는 경우에는 (㉡)일) 이내에 건축허가 등의 동의여부를 회신하여야 한다.
- 소방본부장 또는 소방서장은 제3항의 규정에 불구하고 제2항의 규정에 의한 동의 요구서 및 첨부서류의 보완이 필요한 경우에는 (㉢)일 이내의 기간을 정하여 보완을 요구할 수 있다. 이 경우 보완기간은 제3항의 규정에 의한 회신기간에 산입하지 아니하고, 보완기간 내에 보완하지 아니하는 때에는 동의요구서를 반려하여야 한다.
- 건축허가 등의 동의를 요구한 기관이 그 건축허가 등을 취소하였을 때에는 취소한 날부터 (㉣)일 이내에 건축물 등의 시공지 또는 소재지를 관할하는 소방본부장 또는 소방서장에게 그 사실을 통보하여야 한다.

	㉠	㉡	㉢	㉣		㉠	㉡	㉢	㉣
①	5,	10,	4,	7	②	5,	15,	4,	7
③	5,	10,	3,	7	④	5,	15,	3,	7

034 건축물 등의 신축·증축 등에 있어서 건축허가동의를 요청하는 자는?
① 건축주
② 소방시설 설계업자
③ 사용승인의 권한이 있는 행정기관
④ 소방시설 공사업자

035 다음 보기 중 건축허가 등의 동의대상에서 제외되는 대상물이 아닌 것은?
① 소화기구 및 누전경보기가 화재안전기준에 적합하게 설치되는 특정소방대상물
② 건축물이 용도변경으로 인하여 추가로 소방시설이 설치되지 않는 특정소방대상물
③ 착공신고대상에 해당하지 않는 특정소방대상물
④ 비상경보설비가 화재안전기준에 적합하게 설치되는 특정소방대상물

> **해설** 다음 각 호의 어느 하나에 해당하는 특정소방대상물은 소방본부장 또는 소방서장의 건축허가등의 동의대상에서 제외한다.
> 1. 별표 4에 따라 특정소방대상물에 설치되는 소화기구, 자동소화장치, 누전경보기, 단독경보형감지기, 가스누설경보기 및 피난구조설비(비상조명등은 제외한다)가 화재안전기준에 적합한 경우 해당 특정소방대상물
> 2. 건축물의 증축 또는 용도변경으로 인하여 해당 특정소방대상물에 추가로 소방시설이 설치되지 않는 경우 해당 특정소방대상물
> 3. 「소방시설공사업법 시행령」 제4조에 따른 소방시설공사의 착공신고 대상에 해당하지 않는 경우 해당 특정소방대상물

정답 : 033.① 034.③ 035.④

036 내진설계를 하여야 하는 소방시설과 내진설계기준은 누구의 령으로 정하는지를 옳게 답한 것은?

① 간이스프링클러설비, 소방청장의 고시
② 옥내소화전설비, 소방청장의 고시
③ 물분무등소화설비, 행정안전부령
④ 스프링클러설비, 대통령령

해설 제7조(소방시설의 내진설계기준)
「지진·화산재해대책법」 제14조제1항 각 호의 시설 중 대통령령으로 정하는 특정소방대상물에 대통령령으로 정하는 소방시설을 설치하려는 자는 지진이 발생할 경우 소방시설이 정상적으로 작동될 수 있도록 소방청장이 정하는 내진설계기준에 맞게 소방시설을 설치하여야 한다.

> 시행령 제8조(소방시설의 내진설계) ① 법 제7조에서 "대통령령으로 정하는 특정소방대상물"이란 「건축법」 제2조제1항제2호에 따른 건축물로서 「지진·화산재해대책법 시행령」 제10조제1항 각 호에 해당하는 시설을 말한다.
> ② 법 제7조에서 "대통령령으로 정하는 소방시설"이란 소방시설 중 옥내소화전설비, 스프링클러설비 및 물분무등소화설비를 말한다.

037 성능위주설계를 하여야 하는 특정소방대상물에 해당하지 않는 것은?

① 수저터널 6천미터인 것
② 연면적 23만[m^2]인 아파트
③ 지하 5층이며 지상 29층인 의료시설
④ 연면적 4만[m^2]인 공항시설

해설 시행령 제9조(성능위주설계를 해야 하는 특정소방대상물의 범위)
법 제8조제1항에서 "대통령령으로 정하는 특정소방대상물"이란 다음 각 호의 어느 하나에 해당하는 특정소방대상물(신축하는 것만 해당한다)을 말한다.
1. 연면적 20만제곱미터 이상인 특정소방대상물. 다만, 별표 2 제1호가목에 따른 아파트등 (이하 "아파트등"이라 한다)은 제외한다.
2. 50층 이상(지하층은 제외한다)이거나 지상으로부터 높이가 200미터 이상인 아파트등
3. 30층 이상(지하층을 포함한다)이거나 지상으로부터 높이가 120미터 이상인 특정소방대상물(아파트등은 제외한다)
4. 연면적 3만제곱미터 이상인 특정소방대상물로서 다음 각 목의 어느 하나에 해당하는 특정소방대상물
   가. 별표 2 제6호나목의 철도 및 도시철도 시설
   나. 별표 2 제6호다목의 공항시설
5. 별표 2 제16호의 창고시설 중 연면적 10만제곱미터 이상인 것 또는 지하층의 층수가 2개 층 이상이고 지하층의 바닥면적의 합계가 3만제곱미터 이상인 것
6. 하나의 건축물에 「영화 및 비디오물의 진흥에 관한 법률」 제2조제10호에 따른 영화상영관이 10개 이상인 특정소방대상물
7. 「초고층 및 지하연계 복합건축물 재난관리에 관한 특별법」 제2조제2호에 따른 지하연계 복합건축물에 해당하는 특정소방대상물
8. 별표 2 제27호의 터널 중 수저(水底)터널 또는 길이가 5천미터 이상인 것

정답 : 036.② 037.②

예상문제

038 성능위주설계를 하여야 하는 창고시설에 대한 다음 빈칸에 들어갈 순서로 옳은 것은?

> 창고시설 중 연면적 ( )만제곱미터 이상인 것 또는 지하층의 층수가 ( )개 층 이상이고 지하층의 바닥면적의 합계가 ( )만제곱미터 이상인 것

① 10 , 2 , 3
② 20 , 2 , 5
③ 10 , 3 , 3
④ 20 , 2 , 3

039 성능위주설계에 대한 다음 설명중 틀린설명은?
① 소방서장은 성능위주설계신고 또는 변경신고를 받은 경우 그 내용을 검토하여 이 법에 적합하면 신고를 수리하여야 한다.
② 성능위주설계의 신고 또는 변경신고를 하려는 자는 해당 특정소방대상물이 「건축법」 제4조의2에 따른 건축위원회의 심의를 받아야 하는 건축물인 경우에는 그 심의를 신청하기 전에 성능위주설계의 기본설계도서(基本設計圖書) 등에 대해서 해당 특정소방대상물의 시공지 또는 소재지를 관할하는 소방서장의 사전검토를 받아야 한다.
③ 소방서장은 성능위주설계의 신고, 변경신고 또는 사전검토 신청을 받은 경우에는 소방청 또는 관할 소방본부에 설치된 성능위주설계평가단의 검토·평가를 거쳐야 한다. 다만, 소방서장은 신기술·신공법 등 검토·평가에 고도의 기술이 필요한 경우에는 지방소방기술심의위원회에 심의를 요청할 수 있다.
④ 소방서장은 검토·평가 결과 성능위주설계의 수정 또는 보완이 필요하다고 인정되는 경우에는 성능위주설계를 한 자에게 그 수정 또는 보완을 요청할 수 있으며, 수정 또는 보완 요청을 받은 자는 정당한 사유가 없으면 그 요청에 따라야 한다.

▲해설 중앙소방기술심의위원회에 심의를 요청할 수 있다

040 성능위주설계 신고시 포함되는 소방시설 설계도면의 종류에 해당하지 않는 것은?
① 소방시설 계통도 및 층별 평면도
② 소화용수설비 및 연결송수구 설치위치 평면도
③ 소방시설의 내진설계 계통도 및 기준층 평면도
④ 방화구획도(화재확대방지계획을 포함한다)

▲해설 **시행규칙 제4조(성능위주설계의 신고)**
① 성능위주설계를 한 자는 법 제8조제2항에 따라 「건축법」 제11조에 따른 건축허가를 신청하기 전에 별지 제2호서식의 성능위주설계 신고서(전자문서로 된 신고서를 포함한다)에 다음 각 호의 서류(전자문서를 포함한다)를 첨부하여 관할 소방서장에게 신고해야 한다. 이 경우 다음 각 호의 서류에는 사전검토 결과에 따라 보완된 내용을 포함해야 하며, 제7조제1항에 따른 사전검토 신청 시 제출한 서류와 동일한 내용의 서류는 제외한다.

 정답 : 038.① 039.③ 040.④

1. 다음 각 목의 사항이 포함된 설계도서
   가. 건축물의 개요(위치, 구조, 규모, 용도)
   나. 부지 및 도로의 설치 계획(소방차량 진입 동선을 포함한다)
   다. 화재안전성능의 확보 계획
   라. 성능위주설계 요소에 대한 성능평가(화재 및 피난 모의실험 결과를 포함한다)
   마. 성능위주설계 적용으로 인한 화재안전성능 비교표
   바. 다음의 건축물 설계도면
      1) 주단면도 및 입면도
      2) 층별 평면도 및 창호도
      3) 실내·실외 마감재료표
      4) 방화구획도(화재 확대 방지계획을 포함한다)
      5) 건축물의 구조 설계에 따른 피난계획 및 피난 동선도
   사. 소방시설의 설치계획 및 설계 설명서
   아. 다음의 소방시설 설계도면
      1) 소방시설 계통도 및 층별 평면도
      2) 소화용수설비 및 연결송수구 설치 위치 평면도
      3) 종합방재실 설치 및 운영계획
      4) 상용전원 및 비상전원의 설치계획
      5) 소방시설의 내진설계 계통도 및 기준층 평면도(내진 시방서 및 계산서 등 세부 내용이 포함된 상세 설계도면은 제외한다)
   자. 소방시설에 대한 전기부하 및 소화펌프 등 용량계산서
2. 「소방시설공사업법 시행령」 별표 1의2에 따른 성능위주설계를 할 수 있는 자의 자격·기술인력을 확인할 수 있는 서류
3. 「소방시설공사업법」 제21조 및 제21조의3제2항에 따라 체결한 성능위주설계 계약서 사본
② 소방서장은 제1항에 따라 성능위주설계 신고서를 받은 경우 성능위주설계 대상 및 자격여부 등을 확인하고, 첨부서류의 보완이 필요한 경우에는 7일 이내의 기간을 정하여 성능위주설계를 한 자에게 보완을 요청할 수 있다.

041 다음 괄호안에 들어갈 단어순으로 옳은 것은?

> 제9조(성능위주설계평가단) ① 성능위주설계에 대한 전문적·기술적인 검토 및 평가를 위하여 [ㄱ] 또는 [ㄴ]에 성능위주설계 평가단(이하 "평가단"이라 한다)을 둔다.
> ② 평가단에 소속되거나 소속되었던 사람은 평가단의 업무를 수행하면서 알게 된 비밀을 이 법에서 정한 목적 외의 용도로 사용하거나 다른 사람 또는 기관에 제공하거나 누설하여서는 아니 된다.
> ③ 평가단의 구성 및 운영 등에 필요한 사항은 [ㄷ]으로 정한다.

① ㄱ - 소방청, ㄴ - 소방서, ㄷ - 대통령령
② ㄱ - 소방청, ㄴ - 소방본부, ㄷ - 대통령령
③ ㄱ - 소방청, ㄴ - 소방본부, ㄷ - 행정안전부령
④ ㄱ - 소방청, ㄴ - 소방서, ㄷ - 소방청장령

정답 : 041.③

예상문제

042 성능위주설계평가단의 평가단원으로 위촉될수 없는 자는?

① 특급감리원 자격을 취득한 사람으로 소방공사 현장 감리업무를 8년 이상 수행한 사람
② 소방설비기사 이상의 자격을 가진 소방공무원으로서 중앙소방학교의 성능위주설계관련 교육과정을 이수하고 건축허가등의 동의업무를 1년이상 담당한 사람
③ 건축 또는 소방관련 석사이상의 학위를 취득한 소방공무원으로서 중앙소방학교의 성능위주설계관련 교육과정을 이수하고 건축허가등의 동의업무를 1년이상 담당한 사람
④ 소방시설관리사 자격증을 취득한 자로서 소방공무원

해설 평가단원은 다음 각 호의 어느 하나에 해당하는 사람 중에서 소방청장 또는 관할 소방본부장이 임명하거나 위촉한다. 다만, 관할 소방서의 해당 업무 담당 과장은 당연직 평가단원으로 한다.

1. 소방공무원 중 다음 각 목의 어느 하나에 해당하는 사람
   가. 소방기술사
   나. 소방시설관리사
   다. 다음의 어느 하나에 해당하는 자격을 갖춘 사람으로서 「소방공무원 교육훈련규정」 제3조제2항에 따른 중앙소방학교에서 실시하는 성능위주설계 관련 교육과정을 이수한 사람
      1) 소방설비기사 이상의 자격을 가진 사람으로서 제3조에 따른 건축허가등의 동의 업무를 1년 이상 담당한 사람
      2) 건축 또는 소방 관련 석사 이상의 학위를 취득한 사람으로서 제3조에 따른 건축허가등의 동의 업무를 1년 이상 담당한 사람

2. 건축 분야 및 소방방재 분야 전문가 중 다음 각 목의 어느 하나에 해당하는 사람
   가. 위원회 위원 또는 법 제18조제2항에 따른 지방소방기술심의위원회 위원
   나. 「고등교육법」 제2조에 따른 학교 또는 이에 준하는 학교나 공인된 연구기관에서 부교수 이상의 직(職) 또는 이에 상당하는 직에 있거나 있었던 사람으로서 화재안전 또는 관련 법령이나 정책에 전문성이 있는 사람
   다. 소방기술사
   라. 소방시설관리사
   마. 건축계획, 건축구조 또는 도시계획과 관련된 업종에 종사하는 사람으로서 건축사 또는 건축구조기술사 자격을 취득한 사람
   바. 「소방시설공사업법」 제28조제3항에 따른 특급감리원 자격을 취득한 사람으로 소방공사 현장 감리업무를 10년 이상 수행한 사람

정답 : 042.①

043 평가단구성에 대한 다음 빈칸에 들어갈 올바른 답은?

> **시행규칙 제10조(평가단의 구성)** ① 평가단은 평가단장을 포함하여 (ㄱ)명 이내의 평가단원으로 성별을 고려하여 구성한다.
> ② 평가단장은 화재예방 업무를 담당하는 부서의 장 또는 제3항에 따라 임명 또는 위촉된 평가단원 중에서 학식·경험·전문성 등을 종합적으로 고려하여 소방청장 또는 소방본부장이 임명하거나 위촉한다.
> **시행규칙 제11조(평가단의 운영)** ① 평가단의 회의는 평가단장과 평가단장이 회의마다 지명하는 (ㄴ)명 이상 (ㄷ)명 이하의 평가단원으로 구성·운영하며, 과반수의 출석으로 개의(開議)하고 출석 평가단원 과반수의 찬성으로 의결한다. 다만, 제6조제2항에 따른 성능위주설계의 변경신고에 대한 심의·의결을 하는 경우에는 제5조제2항에 따라 건축물의 성능위주설계를 검토·평가한 평가단원 중 (ㄹ)명 이상으로 평가단을 구성·운영할 수 있다.

① ㄱ - 50 , ㄴ - 6 , ㄷ - 8 , ㄹ - 5
② ㄱ - 50 , ㄴ - 5 , ㄷ - 7 , ㄹ - 5
③ ㄱ - 50 , ㄴ - 7 , ㄷ - 9 , ㄹ - 3
④ ㄱ - 50 , ㄴ - 3 , ㄷ - 4 , ㄹ - 3

044 소방시설법상 단독주택에 설치하는 소방시설은?
① 소화기 및 단독경보형 감지기
② 유도표지
③ 피난기구
④ 비상방송설비

▶해설 **제10조(주택에 설치하는 소방시설)**
① 다음 각 호의 주택의 소유자는 소화기 등 대통령령으로 정하는 소방시설(이하 "주택용소방시설"이라 한다)을 설치하여야 한다.
　1. 「건축법」 제2조제2항제1호의 단독주택
　2. 「건축법」 제2조제2항제2호의 공동주택(아파트 및 기숙사는 제외한다)

> **시행령 제10조(주택용소방시설)** 법 제10조제1항 각 호 외의 부분에서 "소화기 등 대통령령으로 정하는 소방시설"이란 소화기 및 단독경보형 감지기를 말한다.

045 주택용 소방시설을 설치하여야 하는 대상을 모두 고른 것은?

| ㄱ. 다중주택 | ㄴ. 다가구주택 |
| ㄷ. 연립주택 | ㄹ. 기숙사 |

① ㄱ, ㄹ
② ㄴ, ㄹ
③ ㄱ, ㄴ, ㄷ
④ ㄴ, ㄷ, ㄹ

 정답 : 043.① 044.① 045.③

예상문제

046 주택용소방시설의 설치기준은 무엇으로 정하는가?
① 대통령령 ② 행정안전부령
③ 소방청고시 ④ 시도의 조례

해설 ② 국가 및 지방자치단체는 주택용소방시설의 설치 및 국민의 자율적인 안전관리를 촉진하기 위하여 필요한 시책을 마련하여야 한다.
③ 주택용소방시설의 설치기준 및 자율적인 안전관리 등에 관한 사항은 특별시·광역시·특별자치시·도 또는 특별자치도(이하 "시·도"라 한다)의 조례로 정한다.

047 다음의 소방시설 중 수용인원을 고려하지 않고 설치해도 되는 것은?
① 제연설비 ② 자동화재탐지설비
③ 휴대용 비상조명등설비 ④ 옥내소화전설비

해설 [제연설비 설치대상]
1) 문화 및 집회시설, 종교시설, 운동시설 중 무대부의 바닥면적이 200㎡ 이상인 경우에는 해당 무대부
2) 문화 및 집회시설 중 영화상영관으로서 수용인원 100명 이상인 경우에는 해당 영화상영관
3) 지하층이나 무창층에 설치된 근린생활시설, 판매시설, 운수시설, 숙박시설, 위락시설, 의료시설, 노유자 시설 또는 창고시설(물류터미널로 한정한다)로서 해당 용도로 사용되는 바닥면적의 합계가 1천㎡ 이상인 경우 해당 부분
4) 운수시설 중 시외버스정류장, 철도 및 도시철도 시설, 공항시설 및 항만시설의 대기실 또는 휴게시설로서 지하층 또는 무창층의 바닥면적이 1천㎡ 이상인 경우에는 모든 층
5) 지하가(터널은 제외한다)로서 연면적 1천㎡ 이상인 것
6) 지하가 중 예상 교통량, 경사도 등 터널의 특성을 고려하여 행정안전부령으로 정하는 터널
7) 특정소방대상물(갓복도형 아파트등은 제외한다)에 부설된 특별피난계단, 비상용 승강기의 승강장 또는 피난용 승강기의 승강장

[자동화재탐지설비 설치대상]
1) 공동주택 중 아파트등·기숙사 및 숙박시설의 경우에는 모든 층
2) 층수가 6층 이상인 건축물의 경우에는 모든 층
3) 근린생활시설(목욕장은 제외한다), 의료시설(정신의료기관 및 요양병원은 제외한다), 위락시설, 장례시설 및 복합건축물로서 연면적 600㎡ 이상인 경우에는 모든 층
4) 근린생활시설 중 목욕장, 문화 및 집회시설, 종교시설, 판매시설, 운수시설, 운동시설, 업무시설, 공장, 창고시설, 위험물 저장 및 처리 시설, 항공기 및 자동차 관련 시설, 교정 및 군사시설 중 국방·군사시설, 방송통신시설, 발전시설, 관광 휴게시설, 지하가(터널은 제외한다)로서 연면적 1천㎡ 이상인 경우에는 모든 층
5) 교육연구시설(교육시설 내에 있는 기숙사 및 합숙소를 포함한다), 수련시설(수련시설 내

정답 : 046.④ 047.④

에 있는 기숙사 및 합숙소를 포함하며, 숙박시설이 있는 수련시설은 제외한다), 동물 및 식물 관련 시설(기둥과 지붕만으로 구성되어 외부와 기류가 통하는 장소는 제외한다), 자원순환 관련 시설, 교정 및 군사시설(국방·군사시설은 제외한다) 또는 묘지 관련 시설로서 연면적 2천㎡ 이상인 경우에는 모든 층

6) 노유자 생활시설의 경우에는 모든 층
7) 6)에 해당하지 않는 노유자 시설로서 연면적 400㎡ 이상인 노유자 시설 및 숙박시설이 있는 수련시설로서 수용인원 100명 이상인 경우에는 모든 층
8) 의료시설 중 정신의료기관 또는 요양병원으로서 다음의 어느 하나에 해당하는 시설
   가) 요양병원(의료재활시설은 제외한다)
   나) 정신의료기관 또는 의료재활시설로 사용되는 바닥면적의 합계가 300㎡ 이상인 시설
   다) 정신의료기관 또는 의료재활시설로 사용되는 바닥면적의 합계가 300㎡ 미만이고, 창살(철재·플라스틱 또는 목재 등으로 사람의 탈출 등을 막기 위하여 설치한 것을 말하며, 화재 시 자동으로 열리는 구조로 되어 있는 창살은 제외한다)이 설치된 시설
9) 판매시설 중 전통시장
10) 지하가 중 터널로서 길이가 1천m 이상인 것
11) 지하구
12) 3)에 해당하지 않는 근린생활시설 중 조산원 및 산후조리원
13) 4)에 해당하지 않는 공장 및 창고시설로서 「화재의 예방 및 안전관리에 관한 법률 시행령」 별표 2에서 정하는 수량의 500배 이상의 특수가연물을 저장·취급하는 것
14) 4)에 해당하지 않는 발전시설 중 전기저장시설

[휴대용비상조명등 설치대상]
1) 숙박시설
2) 수용인원 100명 이상의 영화상영관, 판매시설 중 대규모점포, 철도 및 도시철도 시설 중 지하역사, 지하가 중 지하상가

[옥내소화전설비 설치대상]
옥내소화전설비를 설치해야 하는 특정소방대상물은 다음의 어느 하나에 해당하는 것으로 한다. 다만, 위험물 저장 및 처리 시설 중 가스시설, 지하구 및 업무시설 중 무인변전소(방재실 등에서 스프링클러설비 또는 물분무등소화설비를 원격으로 조정할 수 있는 무인변전소로 한정한다)는 제외한다.

1) 다음의 어느 하나에 해당하는 경우에는 모든 층
   가) 연면적 3천㎡ 이상인 것(지하가 중 터널은 제외한다)
   나) 지하층·무창층(축사는 제외한다)으로서 바닥면적이 600㎡ 이상인 층이 있는 것
   다) 층수가 4층 이상인 것 중 바닥면적이 600㎡ 이상인 층이 있는 것
2) 1)에 해당하지 않는 근린생활시설, 판매시설, 운수시설, 의료시설, 노유자 시설, 업무시설, 숙박시설, 위락시설, 공장, 창고시설, 항공기 및 자동차 관련 시설, 교정 및 군사시설 중 국방·군사시설, 방송통신시설, 발전시설, 장례시설 또는 복합건축물로서 다음의 어느 하나에 해당하는 경우에는 모든 층
   가) 연면적 1천5백㎡ 이상인 것
   나) 지하층·무창층으로서 바닥면적이 300㎡ 이상인 층이 있는 것
   다) 층수가 4층 이상인 것 중 바닥면적이 300㎡ 이상인 층이 있는 것

예상문제

3) 건축물의 옥상에 설치된 차고·주차장으로서 사용되는 면적이 200㎡ 이상인 경우 해당 부분
4) 지하가 중 터널로서 다음에 해당하는 터널
 가) 길이가 1천m 이상인 터널
 나) 예상교통량, 경사도 등 터널의 특성을 고려하여 행정안전부령으로 정하는 터널
5) 1) 및 2)에 해당하지 않는 공장 또는 창고시설로서 「화재의 예방 및 안전관리에 관한 법률 시행령」 별표 2에서 정하는 수량의 750배 이상의 특수가연물을 저장·취급하는 것

048 다음 중 물분무등소화설비의 설치대상으로 틀린 것은?

① 항공기 및 자동차 관련 시설 중 항공기격납고
② 차고, 주차용 건축물 또는 철골 조립식 주차시설. 이 경우 연면적 600㎡ 이상인 것만 해당한다.
③ 건축물 내부에 설치된 차고 또는 주차장으로서 차고 또는 주차의 용도로 사용되는 부분의 바닥면적이 200㎡ 이상인 층
④ 기계장치에 의한 주차시설을 이용하여 20대 이상의 차량을 주차할 수 있는 것

해설 [물분무등소화설비 설치대상]
물분무등소화설비를 설치해야 하는 특정소방대상물(위험물 저장 및 처리 시설 중 가스시설 및 지하구는 제외한다)은 다음의 어느 하나에 해당하는 것으로 한다.
1) 항공기 및 자동차 관련 시설 중 항공기 격납고
2) 차고, 주차용 건축물 또는 철골 조립식 주차시설. 이 경우 연면적 800㎡ 이상인 것만 해당한다.
3) 건축물의 내부에 설치된 차고·주차장으로서 차고 또는 주차의 용도로 사용되는 면적이 200㎡ 이상인 경우 해당 부분(50세대 미만 연립주택 및 다세대주택은 제외한다)
4) 기계장치에 의한 주차시설을 이용하여 20대 이상의 차량을 주차할 수 있는 시설
5) 특정소방대상물에 설치된 전기실·발전실·변전실(가연성 절연유를 사용하지 않는 변압기·전류차단기 등의 전기기기와 가연성 피복을 사용하지 않은 전선 및 케이블만을 설치한 전기실·발전실 및 변전실은 제외한다)·축전지실·통신기기실 또는 전산실, 그 밖에 이와 비슷한 것으로서 바닥면적이 300㎡ 이상인 것[하나의 방화구획 내에 둘 이상의 실(室)이 설치되어 있는 경우에는 이를 하나의 실로 보아 바닥면적을 산정한다]. 다만, 내화구조로 된 공정제어실 내에 설치된 주조정실로서 양압시설(외부 오염 공기 침투를 차단하고 내부의 나쁜 공기가 자연스럽게 외부로 흐를 수 있도록 한 시설을 말한다)이 설치되고 전기기기에 220볼트 이하인 저전압이 사용되며 종업원이 24시간 상주하는 곳은 제외한다.
6) 소화수를 수집·처리하는 설비가 설치되어 있지 않은 중·저준위방사성폐기물의 저장시설. 이 시설에는 이산화탄소소화설비, 할론소화설비 또는 할로겐화합물 및 불활성기체 소화설비를 설치해야 한다.
7) 지하가 중 예상 교통량, 경사도 등 터널의 특성을 고려하여 행정안전부령으로 정하는 터

정답 : 048.②

널. 이 시설에는 물분무소화설비를 설치해야 한다.
8) 문화재 중 「문화재보호법」 제2조제3항제1호 또는 제2호에 따른 지정문화재로서 소방청장이 문화재청장과 협의하여 정하는 것

049 다음 중 자동화재탐지설비를 설치하여야 하는 대상에 해당하지 않는 것은?

① 근린생활시설(목욕장은 제외한다), 의료시설(정신의료기관 또는 요양병원은 제외한다), 숙박시설, 위락시설, 장례시설 및 복합건축물로서 연면적 600m^2 이상인 것
② 공동주택, 근린생활시설 중 목욕장, 문화 및 집회시설, 종교시설, 판매시설, 운수시설, 운동시설, 업무시설, 공장, 창고시설, 위험물 저장 및 처리시설, 항공기 및 자동차 관련시설, 교정 및 군사시설 중 국방·군사시설, 방송통신시설, 발전시설, 관광 휴게시설, 지하가(터널은 제외한다)로서 연면적 1천m^2 이상인 것
③ 교육연구시설(교육시설 내에 있는 기숙사 및 합숙소를 포함한다), 수련시설(수련시설 내에 있는 기숙사 및 합숙소를 포함하며, 숙박시설이 있는 수련시설은 제외한다), 동물 및 식물 관련시설(기둥과 지붕만으로 구성되어 외부와 기류가 통하는 장소는 제외한다), 분뇨 및 쓰레기 처리시설, 교정 및 군사시설(국방·군사시설은 제외한다) 또는 묘지 관련시설로서 연면적 1천500m^2 이상인 것
④ 지하가 중 터널로서 길이가 1천m 이상인 것

050 다음 중 단독경보형 감지기를 설치하여야 하는 대상으로 옳지 않은 것은?

① 연면적 1천m^2 미만의 공동주택
② 수련시설 내에 있는 합숙소 또는 기숙사로서 연면적 2천m^2 미만인 것
③ 교육연구시설 내에 있는 합숙소 또는 기숙사로서 연면적 2천m^2 미만인 것
④ 연면적 400m^2 미만의 유치원

▣해설 **[단독경보형감지기 설치대상]**
단독경보형 감지기를 설치해야 하는 특정소방대상물은 다음의 어느 하나에 해당하는 것으로 한다. 이 경우 5)의 연립주택 및 다세대주택에 설치하는 단독경보형 감지기는 연동형으로 설치해야 한다.
1) 교육연구시설 내에 있는 기숙사 또는 합숙소로서 연면적 2천m^2 미만인 것
2) 수련시설 내에 있는 기숙사 또는 합숙소로서 연면적 2천m^2 미만인 것
3) 다목7)에 해당하지 않는 수련시설(숙박시설이 있는 것만 해당한다)
4) 연면적 400m^2 미만의 유치원
5) 공동주택 중 연립주택 및 다세대주택

정답 : 049.③　050.①

예상문제

051 다음 중 비상방송설비의 설치대상에 해당하지 않는 것은?

① 연면적 5,000제곱미터인 특정소방대상물
② 지상 15층 특정소방대상물
③ 지하 3층, 지상 5층 특정소방대상물
④ 지하 2층, 지상 10층 특정소방대상물

해설 **[비상방송설비 설치대상]**
비상방송설비를 설치해야 하는 특정소방대상물(위험물 저장 및 처리 시설 중 가스시설, 사람이 거주하지 않거나 벽이 없는 축사 등 동물 및 식물 관련 시설, 지하가 중 터널 및 지하구는 제외한다)은 다음의 어느 하나에 해당하는 것으로 한다.
1) 연면적 3천5백㎡ 이상인 것은 모든 층
2) 층수가 11층 이상인 것은 모든 층
3) 지하층의 층수가 3층 이상인 것은 모든 층

052 소방시설법상 비상경보설비를 설치하여야 할 특정소방대상물의 기준 중 옳은 것은? (단, 지하구 모래·석재 등 불연재료 창고 및 위험물 저장·처리시설 중 가스시설은 제외한다.)

① 지하층 또는 무창층의 바닥면적이 50㎡ 이상인 것
② 연면적이 400㎡ 이상인 것
③ 지하가 중 터널로서 길이가 300m 이상인 것
④ 30명 이상의 근로자가 작업하는 옥내 작업장

해설 **[비상경보설비 설치대상]**
비상경보설비를 설치해야 하는 특정소방대상물(모래·석재 등 불연재료 공장 및 창고시설, 위험물 저장 및 처리 시설 중 가스시설, 사람이 거주하지 않거나 벽이 없는 축사 등 동물 및 식물 관련 시설 및 지하구는 제외한다)은 다음의 어느 하나에 해당하는 것으로 한다.
1) 연면적 400㎡ 이상인 것은 모든 층
2) 지하층 또는 무창층의 바닥면적이 150㎡(공연장의 경우 100㎡) 이상인 것은 모든 층
3) 지하가 중 터널로서 길이가 500m 이상인 것
4) 50명 이상의 근로자가 작업하는 옥내 작업장

053 특정소방대상물의 관계인이 특정소방대상물의 규모·용도 및 수용인원 등을 고려하여 갖추어야 하는 소방시설 등의 종류에서 지하가 중 터널에 설치해야 하는 소방시설이 아닌 것은?

① 소화기구
② 자동화재속보설비
③ 비상콘센트설비
④ 연결송수관설비

정답 : 051.④ 052.② 053.②

▲해설 [도로터널 소방시설]
모든터널 : 소화기
500m이상 터널 : 비상경보설비, 비상콘센트설비, 비상조명등설비, 무선통신보조설비
1000m이상 터널 : 옥내소화전설비, 자동화재탐지설비, 연결송수관설비
위험등급이상 터널 : 제연설비, 물분무소화설비

054 소방시설법상 무선통신보조설비를 설치하여야 하는 특정소방대상물에 해당하지 않는 것은?(단, 위험물 저장 및 처리 시설 중 가스시설은 제외함)

① 공동구
② 지하가(터널은 제외)로서 연면적 1천m^2 이상인 것
③ 층수가 30층 이상인 것으로서 11층 이상 부분의 모든 층
④ 지하층의 층수가 3층 이상이고 지하층의 바닥면적의 합계가 1천m^2 이상인 것은 지하층의 모든 층

▲해설 [무선통신보조설비 설치대상]
무선통신보조설비를 설치해야 하는 특정소방대상물(위험물 저장 및 처리 시설 중 가스시설은 제외한다)은 다음의 어느 하나에 해당하는 것으로 한다.
1) 지하가(터널은 제외한다)로서 연면적 1천m^2 이상인 것
2) 지하층의 바닥면적의 합계가 3천m^2 이상인 것 또는 지하층의 층수가 3층 이상이고 지하층의 바닥면적의 합계가 1천m^2 이상인 것은 지하층의 모든 층
3) 지하가 중 터널로서 길이가 500m 이상인 것
4) 지하구 중 공동구
5) 층수가 30층 이상인 것으로서 16층 이상 부분의 모든 층

055 옥외소화전설비 설치대상 및 행정안전부령으로 정하는 연소우려가 있는 구조라는 설명에 해당되는 다음 빈칸에 들어갈 순서로 옳은 것은?

옥외소화전설비를 설치해야 하는 특정소방대상물(아파트등, 위험물 저장 및 처리 시설 중 가스시설, 지하구 및 지하가 중 터널은 제외한다)은 다음의 어느 하나에 해당하는 것으로 한다.
1) 지상 1층 및 2층의 바닥면적의 합계가 [ㄱ]m^2 이상인 것. 이 경우 같은 구(區) 내의 둘 이상의 특정소방대상물이 행정안전부령으로 정하는 연소(延燒) 우려가 있는 구조인 경우에는 이를 하나의 특정소방대상물로 본다.
2) 문화재 중 「문화재보호법」 제23조에 따라 보물 또는 국보로 지정된 목조건축물
3) 1)에 해당하지 않는 공장 또는 창고시설로서 「화재의 예방 및 안전관리에 관한 법률 시행령」 별표 2에서 정하는 수량의 [ㄴ] 배 이상의 특수가연물을 저장ㆍ취급하는 것

시행규칙 제17조(연소 우려가 있는 건축물의 구조) 영 별표 4 제1호사목1) 후단에서 "행정안전부

정답 : 054.③ 055.②

예상문제 • 531

예상문제

령으로 정하는 연소(延燒) 우려가 있는 구조"란 다음 각 호의 기준에 모두 해당하는 구조를 말한다.
1. 건축물대장의 건축물 현황도에 표시된 대지경계선 안에 둘 이상의 건축물이 있는 경우
2. 각각의 건축물이 다른 건축물의 외벽으로부터 수평거리가 1층의 경우에는 [ㄷ]미터 이하, 2층 이상의 층의 경우에는 [ㄹ]미터 이하인 경우
3. 개구부(영 제2조제1호 각 목 외의 부분에 따른 개구부를 말한다)가 다른 건축물을 향하여 설치되어 있는 경우

① ㄱ - 9천, ㄴ - 500, ㄷ - 6, ㄹ - 9
② ㄱ - 9천, ㄴ - 750, ㄷ - 6, ㄹ - 10
③ ㄱ - 9천, ㄴ - 500, ㄷ - 6, ㄹ - 10
④ ㄱ - 8천, ㄴ - 750, ㄷ - 6, ㄹ - 9

056 소방본부장 또는 소방서장은 대통령령 또는 화재안전기준이 변경되어 그 기준이 강화되는 경우 기존의 특정소방대상물의 소방시설에 대하여는 변경 전의 대통령령 또는 화재안전기준을 적용한다. 다음 중 강화된 기준을 적용하여야 하는 것으로 옳은 것만 고른 것은?

ㄱ. 소화기구
ㄴ. 자동화재탐지설비
ㄷ. 노유자(老幼者)시설에 설치하는 스프링클러설비 및 자동화재탐지설비
ㄹ. 의료시설에 설치하는 스프링클러설비, 간이스프링클러설비, 자동화재탐지설비 및 자동화재속보설비

① ㄱ
② ㄴ, ㄷ
③ ㄱ, ㄹ
④ ㄱ, ㄴ, ㄹ

해설 **제13조(소방시설기준 적용의 특례)**
① 소방본부장이나 소방서장은 제12조제1항 전단에 따른 대통령령 또는 화재안전기준이 변경되어 그 기준이 강화되는 경우 기존의 특정소방대상물(건축물의 신축·개축·재축·이전 및 대수선 중인 특정소방대상물을 포함한다)의 소방시설에 대하여는 변경 전의 대통령령 또는 화재안전기준을 적용한다. 다만, 다음 각 호의 어느 하나에 해당하는 소방시설의 경우에는 대통령령 또는 화재안전기준의 변경으로 강화된 기준을 적용할 수 있다.
 1. 다음 각 목의 소방시설 중 대통령령 또는 화재안전기준으로 정하는 것
  가. 소화기구
  나. 비상경보설비
  다. 자동화재탐지설비
  라. 자동화재속보설비
  마. 피난구조설비

정답 : 056.④

2. 다음 각 목의 특정소방대상물에 설치하는 소방시설 중 대통령령 또는 화재안전기준으로 정하는 것
   가. 「국토의 계획 및 이용에 관한 법률」 제2조제9호에 따른 공동구
   나. 전력 및 통신사업용 지하구
   다. 노유자(老幼者) 시설
   라. 의료시설

> **시행령 제13조(강화된 소방시설기준의 적용대상)** 법 제13조제1항제2호 각 목 외의 부분에서 "대통령령으로 정하는 것"이란 다음 각 호의 소방시설을 말한다.
> 1. 「국토의 계획 및 이용에 관한 법률」 제2조제9호에 따른 공동구에 설치하는 소화기, 자동소화장치, 자동화재탐지설비, 통합감시시설, 유도등 및 연소방지설비
> 2. 전력 및 통신사업용 지하구에 설치하는 소화기, 자동소화장치, 자동화재탐지설비, 통합감시시설, 유도등 및 연소방지설비
> 3. 노유자 시설에 설치하는 간이스프링클러설비, 자동화재탐지설비 및 단독경보형 감지기
> 4. 의료시설에 설치하는 스프링클러설비, 간이스프링클러설비, 자동화재탐지설비 및 자동화재속보설비

057 화재안전기준의 변경으로 강화된 기준을 적용하는 소방시설이 아닌 것은(대통령령 또는 화재안전기준으로 정함)?

① 소화기구
② 비상경보설비
③ 제연설비
④ 자동화재속보설비

058 다음 중 강화된 소방시설을 적용하여야 하는 공동구의 경우 강화된기준을 적용하여야 하는 소방시설에 해당하지 않는 것은?

① 소화기
② 자동소화장치
③ 유도등
④ 연결송수관설비

059 화재위험도가 낮은 특정소방대상물 중 석재, 불연성 금속 등 공장에 설치가 제외되는 소방시설은?

① 옥외소화전 및 연결살수설비
② 옥외소화전 및 연결송수관설비
③ 자동화재탐지설비 및 연결살수설비
④ 연결송수관설비 및 연결살수설비

정답 : 057.③ 058.④ 059.①

예상문제

해설 소방시설을 설치하지 않을 수 있는 특정소방대상물 및 소방시설의 범위(제16조 관련)

구분	특정소방대상물	설치하지 않을 수 있는 소방시설
1. 화재 위험도가 낮은 특정소방대상물	석재, 불연성금속, 불연성 건축재료 등의 가공공장·기계조립공장 또는 불연성 물품을 저장하는 창고	옥외소화전 및 연결살수설비
2. 화재안전기준을 적용하기 어려운 특정소방대상물	펄프공장의 작업장, 음료수 공장의 세정 또는 충전을 하는 작업장, 그 밖에 이와 비슷한 용도로 사용하는 것	스프링클러설비, 상수도소화용수설비 및 연결살수설비
	정수장, 수영장, 목욕장, 농예·축산·어류양식용 시설, 그 밖에 이와 비슷한 용도로 사용되는 것	자동화재탐지설비, 상수도소화용수설비 및 연결살수설비
3. 화재안전기준을 달리 적용해야 하는 특수한 용도 또는 구조를 가진 특정소방대상물	원자력발전소, 중·저준위방사성 폐기물의 저장시설	연결송수관설비 및 연결살수설비
4. 「위험물 안전관리법」 제19조에 따른 자체소방대가 설치된 특정소방대상물	자체소방대가 설치된 제조소등에 부속된 사무실	옥내소화전설비, 소화용수설비, 연결살수설비 및 연결송수관설비

060 화재안전기준을 달리 적용하여야 하는 특수한 용도 또는 구조를 가진 특정소방대상물 중 원자력발전소에 설치하지 아니할 수 있는 소방시설은?

① 소화용수설비　　② 옥외소화전설비
③ 물분무등소화설비　　④ 연결송수관설비 및 연결살수설비

061 특정소방대상물의 소방시설 설치의 면제기준 중 자동화재탐지설비의 설치면제 기준은?

① 스프링클러설비 또는 물분무등소화설비
② 건식 스프링클러설비
③ 습식 스프링클러설비
④ ESFR 스프링클러설비

해설 9. 자동화재탐지설비 | 자동화재탐지설비의 기능(감지·수신·경보기능을 말한다)과 성능을 가진 화재알림설비, 스프링클러설비 또는 물분무등소화설비를 화재안전기준에 적합하게 설치한 경우에는 그 설비의 유효범위에서 설치가 면제된다.

정답 : 060.④　061.①

534 • PART 02. 소방관계법규

062 제연설비의 설치면제기준에 대한 설명이다. 괄호 안에 들어갈 말로 올바른 것은?

> 1) 공기조화설비를 화재안전기준의 제연설비기준에 적합하게 설치하고 공기조화설비가 화재 시 제연설비기능으로 자동전환되는 구조로 설치되어 있는 경우
> 2) 직접 외부 공기와 통하는 배출구의 면적의 합계가 해당 제연구역[제연경계(제연설비의 일부인 천장을 포함한다)에 의하여 구획된 건축물 내의 공간을 말한다] 바닥면적의 (㉠) 이상이고, 배출구부터 각 부분까지의 수평거리가 (㉡)m 이내이며, 공기유입구가 화재안전기준에 적합하게(외부 공기를 직접 자연 유입할 경우에 유입구의 크기는 배출구의 크기 이상이어야 한다) 설치되어 있는 경우

	㉠	㉡		㉠	㉡
①	1/10	20	②	1/100	30
③	3/100	30	④	5/100	20

해설 17. 제연설비
가. 제연설비를 설치해야 하는 특정소방대상물[별표 4 제5호가목6)은 제외한다]에 다음의 어느 하나에 해당하는 설비를 설치한 경우에는 설치가 면제된다.
  1) 공기조화설비를 화재안전기준의 제연설비기준에 적합하게 설치하고 공기조화설비가 화재 시 제연설비기능으로 자동전환되는 구조로 설치되어 있는 경우
  2) 직접 외부 공기와 통하는 배출구의 면적의 합계가 해당 제연구역[제연경계(제연설비의 일부인 천장을 포함한다)에 의하여 구획된 건축물 내의 공간을 말한다] 바닥면적의 100분의 1 이상이고, 배출구부터 각 부분까지의 수평거리가 30m 이내이며, 공기유입구가 화재안전기준에 적합하게(외부 공기를 직접 자연 유입할 경우에 유입구의 크기는 배출구의 크기 이상이어야 한다) 설치되어 있는 경우
나. 별표 4 제5호가목6)에 따라 제연설비를 설치해야 하는 특정소방대상물 중 노대(露臺)와 연결된 특별피난계단, 노대가 설치된 비상용 승강기의 승강장 또는 「건축법 시행령」 제91조제5호의 기준에 따라 배연설비가 설치된 피난용 승강기의 승강장에는 설치가 면제된다.

063 다음 중 특정소방대상물의 소방시설 설치의 면제기준에 대한 설명으로 옳지 않은 것은?

① 스프링클러설비를 설치하여야 하는 특정소방대상물에 물분무등소화설비를 화재안전기준에 적합하게 설치한 경우에는 그 설비의 유효범위(해당 소방시설이 화재를 감지·소화 또는 경보할 수 있는 부분을 말한다. 이하 같다)에서 설치가 면제된다.
② 물분무등소화설비를 설치하여야 하는 차고·주차장에 스프링클러설비를 화재안전기준에 적합하게 설치한 경우에는 그 설비의 유효범위에서 설치가 면제된다.
③ 간이스프링클러설비를 설치하여야 하는 특정소방대상물에 스프링클러설비 및 물분무등소화설비를 화재안전기준에 적합하게 설치한 경우에는 그 설비의 유효범위에서 설치가 면제된다.
④ 비상경보설비 또는 단독경보형 감지기를 설치하여야 하는 특정소방대상물에 자동화재탐지설비 또는 화재알림설비를 화재안전기준에 적합하게 설치한 경우에는 그 설비의 유효범위에서 설치가 면제된다.

정답 : 062.② 063.③

예상문제

해설		
	4. 간이스프링클러 설비	간이스프링클러설비를 설치해야 하는 특정소방대상물에 스프링클러설비, 물분무소화설비 또는 미분무소화설비를 화재안전기준에 적합하게 설치한 경우에는 그 설비의 유효범위에서 설치가 면제된다.
	3. 스프링클러설비	가. 스프링클러설비를 설치해야 하는 특정소방대상물(발전시설 중 전기저장시설은 제외한다)에 적응성 있는 자동소화장치 또는 물분무등소화설비를 화재안전기준에 적합하게 설치한 경우에는 그 설비의 유효범위에서 설치가 면제된다. 나. 스프링클러설비를 설치해야 하는 전기저장시설에 소화설비를 소방청장이 정하여 고시하는 방법에 따라 설치한 경우에는 그 설비의 유효범위에서 설치가 면제된다.

064 소방시설 설치의 면제기준에 대한 다음 설명 중 옳은 것은?

① 누전경보기를 설치하여야 하는 대상에 아크경보기를 설치한 경우 그 설비의 유효범위에서 설치가 면제된다.
② 상수도소화용수설비를 설치하여야 하는 대상에 각 부분으로부터 100m 이내에 공공의 소방을 위한 소화전이 화재안전기준에 적합하게 설치된 경우 면제된다.
③ 연소방지설비를 설치하여야 하는 특정소방대상물에 물분무등소화설비를 화재안전기준에 적합하게 설치한 경우 그 설비의 유효범위에서 설치가 면제된다.
④ 옥외소화전설비를 설치하여야 하는 보물 또는 국보로 지정된 목조문화재에 옥내소화전설비를 옥외소화전 화재안전기준에서 정하는 방수압력, 방수량, 함, 호스기준에 적합하게 설치한 경우 면제된다.

해설		
	13. 누전경보기	누전경보기를 설치해야 하는 특정소방대상물 또는 그 부분에 아크경보기(옥내 배전선로의 단선이나 선로 손상 등으로 인하여 발생하는 아크를 감지하고 경보하는 장치를 말한다) 또는 전기 관련 법령에 따른 지락차단장치를 설치한 경우에는 그 설비의 유효범위에서 설치가 면제된다.
	16. 상수도소화용수 설비	가. 상수도소화용수설비를 설치해야 하는 특정소방대상물의 각 부분으로부터 수평거리 140m 이내에 공공의 소방을 위한 소화전이 화재안전기준에 적합하게 설치되어 있는 경우에는 설치가 면제된다. 나. 소방본부장 또는 소방서장이 상수도소화용수설비의 설치가 곤란하다고 인정하는 경우로서 화재안전기준에 적합한 소화수조 또는 저수조가 설치되어 있거나 이를 설치하는 경우에는 그 설비의 유효범위에서 설치가 면제된다.
	16. 상수도소화용수 설비	가. 상수도소화용수설비를 설치해야 하는 특정소방대상물의 각 부분으로부터 수평거리 140m 이내에 공공의 소방을 위한 소화전이 화재안전기준에 적합하게 설치되어 있는 경우에는 설치가 면제된다. 나. 소방본부장 또는 소방서장이 상수도소화용수설비의 설치가 곤란하다고 인정하는 경우로서 화재안전기준에 적합한 소화수조 또는 저수조가 설치되어 있거나 이를 설치하는 경우에는 그 설비의 유효범위에서 설치가 면제된다.

정답 : 064.①

21. 연소방지설비	연소방지설비를 설치해야 하는 특정소방대상물에 스프링클러설비, 물분무소화설비 또는 미분무소화설비를 화재안전기준에 적합하게 설치한 경우에는 그 설비의 유효범위에서 설치가 면제된다.
6. 옥외소화전설비	옥외소화전설비를 설치해야 하는 문화재인 목조건축물에 상수도소화용수설비를 화재안전기준에서 정하는 방수압력·방수량·옥외소화전함 및 호스의 기준에 적합하게 설치한 경우에는 설치가 면제된다.

065 다음은 연결살수설비의 설치면제기준이다. 다음 괄호 안에 알맞은 말은?

가. 연결살수설비를 설치하여야 하는 특정소방대상물에 송수구를 부설한 (㉠)를 화재안전기준에 적합하게 설치한 경우에는 그 설비의 유효범위에서 설치가 면제된다.
나. 가스 관계 법령에 따라 설치되는 물분무장치 등에 소방대가 사용할 수 있는 연결송수구가 설치되거나 물분무장치 등에 (㉡)시간 이상 공급할 수 있는 수원(水源)이 확보된 경우에는 설치가 면제된다.

	㉠	㉡
①	스프링클러설비, 간이스프링클러설비, 물분무소화설비 또는 미분무소화설비	6
②	스프링클러설비, 간이스프링클러설비, 물분무소화설비 또는 미분무소화설비	4
③	스프링클러설비, 간이스프링클러설비, 물분무소화설비 또는 가스계소화설비	6
④	스프링클러설비, 간이스프링클러설비, 물분무소화설비등소화설비	4

◀ 해설

19. 연결살수설비	가. 연결살수설비를 설치해야 하는 특정소방대상물에 송수구를 부설한 스프링클러설비, 간이스프링클러설비, 물분무소화설비 또는 미분무소화설비를 화재안전기준에 적합하게 설치한 경우에는 그 설비의 유효범위에서 설치가 면제된다. 나. 가스 관계 법령에 따라 설치되는 물분무장치 등에 소방대가 사용할 수 있는 연결송수구가 설치되거나 물분무장치 등에 6시간 이상 공급할 수 있는 수원(水源)이 확보된 경우에는 설치가 면제된다.

066 소방시설법상 특정소방대상물이 증축되는 경우에 기존 부분에 대해서는 증축 당시의 소방시설의 설치에 관한 대통령령 또는 화재안전기준을 적용하지 아니하는 경우가 있다. 이 경우에 해당하지 않는 것은?

① 기존 부분과 증축 부분이 자동방화셔터 또는 60분+방화문으로 구획되어 있는 경우
② 기존 부분과 증축 부분이 내화구조로 된 바닥과 벽으로 구획된 경우
③ 자동차 생산공장 내부에 연면적 50제곱미터의 직원 휴게실을 증축하는 경우
④ 자동차 생산공장 3면 이상에 벽이 없는 구조의 캐노피를 설치하는 경우

정답 : 065.① 066.③

예상문제

> **해설** 시행령 제15조(특정소방대상물의 증축 또는 용도변경 시의 소방시설기준 적용의 특례)
> ① 법 제13조제3항에 따라 소방본부장 또는 소방서장은 특정소방대상물이 증축되는 경우에는 기존 부분을 포함한 특정소방대상물의 전체에 대하여 증축 당시의 소방시설의 설치에 관한 대통령령 또는 화재안전기준을 적용해야 한다. 다만, 다음 각 호의 어느 하나에 해당하는 경우에는 기존 부분에 대해서는 증축 당시의 소방시설의 설치에 관한 대통령령 또는 화재안전기준을 적용하지 않는다.
> 1. 기존 부분과 증축 부분이 내화구조(耐火構造)로 된 바닥과 벽으로 구획된 경우
> 2. 기존 부분과 증축 부분이 「건축법 시행령」 제46조제1항제2호에 따른 자동방화셔터(이하 "자동방화셔터"라 한다) 또는 같은 영 제64조제1항제1호에 따른 60분+ 방화문(이하 "60분+ 방화문"이라 한다)으로 구획되어 있는 경우
> 3. 자동차 생산공장 등 화재 위험이 낮은 특정소방대상물 내부에 연면적 33제곱미터 이하의 직원 휴게실을 증축하는 경우
> 4. 자동차 생산공장 등 화재 위험이 낮은 특정소방대상물에 캐노피(기둥으로 받치거나 매달아 놓은 덮개를 말하며, 3면 이상에 벽이 없는 구조의 것을 말한다)를 설치하는 경우

067 정소방대상물의 증축 또는 용도변경 시의 소방시설기준 적용의 특례에 대한 설명 중 옳지 않은 것은?

① 특정소방대상물이 증축되는 경우에는 기존 부분을 포함한 특정소방대상물의 전체에 대하여 증축 당시의 소방시설의 설치에 관한 대통령령 또는 화재안전기준을 적용하여야 하는 것이 원칙이다.

② 기존 부분과 증축 부분이 내화구조(耐火耇造)로 된 바닥과 벽으로 구획된 경우 증축된 부분에 대해서만 증축 당시의 소방시설의 설치에 관한 대통령령 또는 화재안전기준을 적용한다.

③ 특정소방대상물이 용도변경되는 경우에는 건물 전체 부분에 대해서 용도변경 당시의 소방시설의 설치에 관한 대통령령 또는 화재안전기준을 적용한다.

④ 용도변경으로 인하여 천장, 바닥, 벽 등에 고정되어 있는 가연성 물질의 양이 줄어드는 경우 전체에 대하여 용도변경 전에 해당 특정소방대상물에 적용되던 소방시설의 설치에 관한 대통령령 또는 화재안전기준을 적용한다.

> **해설** 시행령 제15조(특정소방대상물의 증축 또는 용도변경 시의 소방시설기준 적용의 특례)
> ② 법 제13조제3항에 따라 소방본부장 또는 소방서장은 특정소방대상물이 용도변경되는 경우에는 용도변경되는 부분에 대해서만 용도변경 당시의 소방시설의 설치에 관한 대통령령 또는 화재안전기준을 적용한다. 다만, 다음 각 호의 어느 하나에 해당하는 경우에는 특정소방대상물 전체에 대하여 용도변경 전에 해당 특정소방대상물에 적용되던 소방시설의 설치에 관한 대통령령 또는 화재안전기준을 적용한다.
> 1. 특정소방대상물의 구조·설비가 화재연소 확대 요인이 적어지거나 피난 또는 화재진압활동이 쉬워지도록 변경되는 경우
> 2. 용도변경으로 인하여 천장·바닥·벽 등에 고정되어 있는 가연성 물질의 양이 줄어드는 경우

정답 : 067.③

068 구조 및 원리등에서 공법이 특수한 설계로 인정된 소방시설을 설치하는 경우에는 누구의 심의를 거쳐 화재안전기준을 적용하지 아니할수있는가?

① 소방청장
② 성능위주설계평가단
③ 지방소방기술심의위원회
④ 중앙소방기술심의위원회

069 소방청장은 건축환경 및 화재위험특성변화사항을 효과적으로 반영할수 있도록 소방시설 규정을 몇 년에 몇회 이상 정비하여야 하는가?

① 2년에 1회 이상
② 3년에 1회 이상
③ 5년에 1회 이상
④ 매년 1회 이상

070 수용인원의 산정방법에 대한 설명 중 괄호 안에 들어갈 알맞은 말은?

수용인원의 산정 방법(제15조 관련)
1. 숙박시설이 있는 특정소방대상물
  가. 침대가 있는 숙박시설 : 해당 특정소방물의 종사자 수에 침대 수(2인용 침대는 2개로 산정한다)를 합한 수
  나. 침대가 없는 숙박시설 : 해당 특정소방대상물의 종사자 수에 숙박시설 바닥면적의 합계를 (㉠)m^2로 나누어 얻은 수를 합한 수
2. 제1호 외의 특정소방대상물
  가. 강의실·교무실·상담실·실습실·휴게실 용도로 쓰이는 특정소방대상물 : 해당 용도로 사용하는 바닥면적의 합계를 (㉡)m^2로 나누어 얻은 수
  나. 강당, 문화 및 집회시설, 운동시설, 종교시설 : 해당 용도로 사용하는 바닥면적의 합계를 (㉢)m^2로 나누어 얻은 수(관람석이 있는 경우 고정식 의자를 설치한 부분은 그 부분의 의자 수로 하고, 긴 의자의 경우에는 의자의 정면너비를 (㉣)m로 나누어 얻은 수로 한다)
  다. 그 밖의 특정소방대상물 : 해당 용도로 사용하는 바닥면적의 합계를 (㉤)m^2로 나누어 얻은 수

[비고]
1. 위 표에서 바닥면적을 산정할 때에는 복도(「건축법 시행령」 제2조제11호에 따른 준불연재료 이상의 것을 사용하여 바닥에서 천장까지 벽으로 구획한 것을 말한다), 계단 및 화장실의 바닥면적을 포함하지 않는다.
2. 계산 결과 소수점 이하의 수는 반올림한다.

	㉠	㉡	㉢	㉣	㉤
①	3	1.8	4.2	0.5	3
②	3	1.9	4.6	0.4	3
③	3	1.9	4.6	0.45	3
④	3	1.8	4.6	0.45	5

정답 : 068.④ 069.② 070.③

예상문제

071 다음 중 수용인원이 가장 적은 것은?

① 종사자 3명, 침대 수 110개(2인용 90, 1인용 20)인 숙박시설
② 종사자 3명, 연면적 600m²인 침대가 없는 숙박시설(복도, 화장실의 면적은 60m²이다)
③ 바닥면적의 합계가 600m²인 강의실(복도, 화장실의 면적은 30m²이다)
④ 관람석이 없고 바닥면적의 합계가 920m²인 운동시설

해설
① $3 + 2 \times 90 + 1 \times 20 = 203$
② $3 + \dfrac{600m^2 - 60m^2}{3m^2} = 183$
③ $\dfrac{600m^2 - 30m^2}{1.9m^2} = 300$
④ $\dfrac{920m^2}{4.6m^2} = 200$

072 소방시설법상 임시소방시설에 해당하지 않는 것은?

① 간이소화장치
② 스프링클러설비
③ 비상경보장치
④ 간이피난유도선

해설 **임시소방시설의 종류**

가. 소화기
나. 간이소화장치 : 물을 방사(放射)하여 화재를 진화할 수 있는 장치로서 소방청장이 정하는 성능을 갖추고 있을 것
다. 비상경보장치 : 화재가 발생한 경우 주변에 있는 작업자에게 화재사실을 알릴 수 있는 장치로서 소방청장이 정하는 성능을 갖추고 있을 것
라. 가스누설경보기 : 가연성 가스가 누설되거나 발생된 경우 이를 탐지하여 경보하는 장치로서 법 제37조에 따른 형식승인 및 제품검사를 받은 것[23.7.1시행]
마. 간이피난유도선 : 화재가 발생한 경우 피난구 방향을 안내할 수 있는 장치로서 소방청장이 정하는 성능을 갖추고 있을 것
바. 비상조명등 : 화재가 발생한 경우 안전하고 원활한 피난활동을 할 수 있도록 자동 점등되는 조명장치로서 소방청장이 정하는 성능을 갖추고 있을 것[23.7.1시행]
사. 방화포 : 용접·용단 등의 작업 시 발생하는 불티로부터 가연물이 점화되는 것을 방지해주는 천 또는 불연성 물품으로서 소방청장이 정하는 성능을 갖추고 있을 것[23.7.1시행]

정답 : 071.② 072.②

073 임시소방시설에 대한 설명으로 틀린 것은?

① 간이소화장치를 설치하여야 하는 공사작업현장은 연면적이 3천㎡ 이상인 공사현장이다.
② 임시소방시설의 종류는 소화기, 간이소화장치, 비상방송설비, 간이피난유도선 4가지이다.
③ 바닥면적이 150㎡ 이상인 지하층의 경우 간이피난유도선을 설치하여야 한다.
④ 옥내소화전을 설치한 경우 간이소화장치를 설치한 것으로 본다.

해설 임시소방시설을 설치해야 하는 공사의 종류와 규모

가. 소화기 : 법 제6조제1항에 따라 소방본부장 또는 소방서장의 동의를 받아야 하는 특정소방대상물의 신축·증축·개축·재축·이전·용도변경 또는 대수선 등을 위한 공사 중 법 제15조제1항에 따른 화재위험작업의 현장(이하 이 표에서 "화재위험작업현장"이라 한다)에 설치한다.
나. 간이소화장치 : 다음의 어느 하나에 해당하는 공사의 화재위험작업현장에 설치한다.
  1) 연면적 3천㎡ 이상
  2) 지하층, 무창층 또는 4층 이상의 층. 이 경우 해당 층의 바닥면적이 600㎡ 이상인 경우만 해당한다.
다. 비상경보장치 : 다음의 어느 하나에 해당하는 공사의 화재위험작업현장에 설치한다.
  1) 연면적 400㎡ 이상
  2) 지하층 또는 무창층. 이 경우 해당 층의 바닥면적이 150㎡ 이상인 경우만 해당한다.
라. 가스누설경보기 : 바닥면적이 150㎡ 이상인 지하층 또는 무창층의 화재위험작업현장에 설치한다.[23.7.1시행]
마. 간이피난유도선 : 바닥면적이 150㎡ 이상인 지하층 또는 무창층의 화재위험작업현장에 설치한다.
바. 비상조명등 : 바닥면적이 150㎡ 이상인 지하층 또는 무창층의 화재위험작업현장에 설치한다.[23.7.1시행]
사. 방화포 : 용접·용단 작업이 진행되는 화재위험작업현장에 설치한다.[23.7.1시행]

임시소방시설과 기능 및 성능이 유사한 소방시설로서 임시소방시설을 설치한 것으로 보는 소방시설

가. 간이소화장치를 설치한 것으로 보는 소방시설 : 소방청장이 정하여 고시하는 기준에 맞는 소화기(연결송수관설비의 방수구 인근에 설치한 경우로 한정한다) 또는 옥내소화전설비
["소방청장이 정하여 고시하는 기준에 맞는 소화기"란 "대형소화기를 작업지점으로부터 25 m 이내의 쉽게 보이는 장소에 6개 이상을 배치한 경우"를 말한다.]
나. 비상경보장치를 설치한 것으로 보는 소방시설 : 비상방송설비 또는 자동화재탐지설비
다. 간이피난유도선을 설치한 것으로 보는 소방시설 : 피난유도선, 피난구유도등, 통로유도등 또는 비상조명등

정답 : 073.②

예상문제

074 소방시설법 시행령상 임시소방시설을 설치하여야 하는 인화성 물품을 취급하는 작업 등 대통령령으로 정하는 작업에 해당하지 않는 것은?

① 인화성·가연성·폭발성 물질을 취급하거나 가연성 가스를 발생시키는 작업
② 용접·용단 등 불꽃을 발생시키거나 화기(火氣)를 취급하는 작업
③ 전열기구, 가열전선 등 열을 발생시키는 기구를 취급하는 작업
④ 팽창질석,건조사를 취급하여 가연성 부유분진을 발생시킬 수 있는 작업

해설 시행령 제18조(화재위험작업 및 임시소방시설 등)
① 법 제15조제1항에서 "인화성(引火性) 물품을 취급하는 작업 등 대통령령으로 정하는 작업"이란 다음 각 호의 어느 하나에 해당하는 작업을 말한다.
  1. 인화성·가연성·폭발성 물질을 취급하거나 가연성 가스를 발생시키는 작업
  2. 용접·용단(금속·유리·플라스틱 따위를 녹여서 절단하는 일을 말한다) 등 불꽃을 발생시키거나 화기(火氣)를 취급하는 작업
  3. 전열기구, 가열전선 등 열을 발생시키는 기구를 취급하는 작업
  4. 알루미늄, 마그네슘 등을 취급하여 폭발성 부유분진(공기 중에 떠다니는 미세한 입자를 말한다)을 발생시킬 수 있는 작업
  5. 그 밖에 제1호부터 제4호까지와 비슷한 작업으로 소방청장이 정하여 고시하는 작업

075 소방시설법 시행령상 임시소방시설을 설치한 것으로 보는 소방시설에 대한 설명으로 틀린 것은?

① 옥내소화전설비를 설치하는 경우 간이소화장치를 설치한 것으로 본다.
② 자동화재탐지설비를 설치하는 경우 비상경보장치를 설치한 것으로 본다.
③ 피난유도선, 피난구유도등, 통로유도등 또는 휴대용 비상조명등을 설치한 경우 간이피난유도선을 설치한 것으로 본다.
④ 소방청장이 정하여 고시하는 소화기(대형 소화기를 작업지점으로부터 25m 이내에 쉽게 보이는 장소에 6개 이상을 배치한 경우)를 설치한 경우 간이소화장치를 설치한 것으로 본다.

076 임시소방시설을 설치하여야 하는 공사의 작업현장에 대한 설명으로 틀린 것은?

① 간이소화장치는 연면적 3천제곱미터 이상의 공사 작업현장에 설치한다.
② 비상경보장치는 연면적 400제곱미터 이상의 공사 작업현장에 설치한다.
③ 간이피난유도선은 바닥면적이 150제곱미터 이상인 지하층 작업현장에 설치한다.
④ 소화기는 완공검사 현장확인을 반드시 해야 하는 특정소방대상물에 설치한다.

정답 : 074.④ 075.③ 076.④

077 소방시설법상 '분말형태의 소화약제를 사용하는 소화기'의 내용연수로 옳은 것은?

① 10년
② 15년
③ 20년
④ 25년

해설 **제17조(소방용품의 내용연수 등)**
① 특정소방대상물의 관계인은 내용연수가 경과한 소방용품을 교체하여야 한다. 이 경우 내용연수를 설정하여야 하는 소방용품의 종류 및 그 내용연수 연한에 필요한 사항은 대통령령으로 정한다.

> **시행령 제19조(내용연수 설정대상 소방용품)** ① 법 제17조제1항 후단에 따라 내용연수를 설정해야 하는 소방용품은 분말형태의 소화약제를 사용하는 소화기로 한다.
> ② 제1항에 따른 소방용품의 내용연수는 10년으로 한다.

② 제1항에도 불구하고 행정안전부령으로 정하는 절차 및 방법 등에 따라 소방용품의 성능을 확인받은 경우에는 그 사용기한을 연장할 수 있다.

078 다음 중 중앙소방기술심의위원회의 심의 내용으로 틀린 것은?

① 화재안전기준에 관한 사항
② 소방시설의 구조 및 원리 등에서 공법이 특수한 설계 및 시공에 관한 사항
③ 소방시설의 설계 및 공사감리의 방법에 관한 사항
④ 소방시설에 하자가 있는지의 판단에 관한 사항

해설 **제18조(소방기술심의위원회)**
① 다음 각 호의 사항을 심의하기 위하여 소방청에 중앙소방기술심의위원회(이하 "중앙위원회"라 한다)를 둔다.
  1. 화재안전기준에 관한 사항
  2. 소방시설의 구조 및 원리 등에서 공법이 특수한 설계 및 시공에 관한 사항
  3. 소방시설의 설계 및 공사감리의 방법에 관한 사항
  4. 소방시설공사의 하자를 판단하는 기준에 관한 사항
  5. 제8조제5항 단서에 따라 신기술·신공법 등 검토·평가에 고도의 기술이 필요한 경우로서 중앙위원회에 심의를 요청한 사항
  6. 그 밖에 소방기술 등에 관하여 대통령령으로 정하는 사항

시행령 제20조(소방기술심의위원회의 심의사항)
① 법 제18조제1항제6호에서 "대통령령으로 정하는 사항"이란 다음 각 호의 사항을 말한다.
  1. 연면적 10만제곱미터 이상의 특정소방대상물에 설치된 소방시설의 설계·시공·감리의 하자 유무에 관한 사항
  2. 새로운 소방시설과 소방용품 등의 도입 여부에 관한 사항
  3. 그 밖에 소방기술과 관련하여 소방청장이 소방기술심의위원회의 심의에 부치는 사항

정답 : 077.① 078.④

예상문제

079 소방기술심의위원회에 대한 설명 중 옳지 않은 것은?

① 중앙소방기술심의위원회는 위원장을 포함하여 60명 이내로 구성하고, 지방소방기술심의위원회는 위원장을 포함하여 5명 이상 9명 이하의 위원으로 구성한다.
② 중앙위원회의 회의는 위원장이 회의마다 지정하는 13명으로 구성하고, 중앙위원회는 분야별 소위원회를 구성·운영할 수 있다.
③ 지방위원회의 위원은 해당 특별시·광역시·특별자치시·도 및 특별자치도 소속 소방공무원과 소방기술사 등 요건을 갖춘 사람 중에서 소방본부장이 임명하거나 성별을 고려하여 위촉한다.
④ 중앙위원회의 위원장은 소방청장이 해당 위원 중에서 위촉하고, 지방위원회의 위원장은 시·도지사가 해당 위원 중에서 위촉한다.

해설 **시행령 제21조(소방기술심의위원회의 구성 등)**
① 법 제18조제1항에 따른 중앙소방기술심의위원회(이하 "중앙위원회"라 한다)는 위원장을 포함하여 60명 이내의 위원으로 성별을 고려하여 구성한다.
② 법 제18조제2항에 따른 지방소방기술심의위원회(이하 "지방위원회"라 한다)는 위원장을 포함하여 5명 이상 9명 이하의 위원으로 구성한다.
③ 중앙위원회의 회의는 위원장과 위원장이 회의마다 지정하는 6명 이상 12명 이하의 위원으로 구성한다.
④ 중앙위원회는 분야별 소위원회를 구성·운영할 수 있다.

시행령 제22조(위원의 임명·위촉)
① 중앙위원회의 위원은 과장급 직위 이상의 소방공무원과 다음 각 호의 어느 하나에 해당하는 사람 중에서 소방청장이 임명하거나 성별을 고려하여 위촉한다.
  1. 소방기술사
  2. 석사 이상의 소방 관련 학위를 소지한 사람
  3. 소방시설관리사
  4. 소방 관련 법인·단체에서 소방 관련 업무에 5년 이상 종사한 사람
  5. 소방공무원 교육기관, 대학교 또는 연구소에서 소방과 관련된 교육이나 연구에 5년 이상 종사한 사람
② 지방위원회의 위원은 해당 시·도 소속 소방공무원과 제1항 각 호의 어느 하나에 해당하는 사람 중에서 시·도지사가 임명하거나 성별을 고려하여 위촉한다.
③ 중앙위원회의 위원장은 소방청장이 해당 위원 중에서 위촉하고, 지방위원회의 위원장은 시·도지사가 해당 위원 중에서 위촉한다.
④ 중앙위원회 및 지방위원회의 위원 중 위촉위원의 임기는 2년으로 하되, 한 차례만 연임할 수 있다.

정답 : 079.③

080 지방소방기술심의위원회의 심의사항으로 옳은 것은?
① 화재안전기준에 관한 사항
② 소방시설의 설계 및 공사감리의 방법에 관한 사항
③ 소방시설에 하자가 있는지의 판단에 관한 사항
④ 소방시설공사의 하자를 판단하는 기준에 관한 사항

해설 제18조(소방기술심의위원회)
② 다음 각 호의 사항을 심의하기 위하여 시·도에 지방소방기술심의위원회(이하 "지방위원회"라 한다)를 둔다.
  1. 소방시설에 하자가 있는지의 판단에 관한 사항
  2. 그 밖에 소방기술 등에 관하여 대통령령으로 정하는 사항
③ 중앙위원회 및 지방위원회의 구성·운영 등에 필요한 사항은 대통령령으로 정한다.

시행령 제20조(소방기술심의위원회의 심의사항)
② 법 제18조제2항제2호에서 "대통령령으로 정하는 사항"이란 다음 각 호의 사항을 말한다.
  1. 연면적 10만제곱미터 미만의 특정소방대상물에 설치된 소방시설의 설계·시공·감리의 하자 유무에 관한 사항
  2. 소방본부장 또는 소방서장이 「위험물안전관리법」 제2조제1항제6호에 따른 제조소등(이하 "제조소등"이라 한다)의 시설기준 또는 화재안전기준의 적용에 관하여 기술검토를 요청하는 사항
  3. 그 밖에 소방기술과 관련하여 특별시장·광역시장·특별자치시장·도지사 또는 특별자치도지사(이하 "시·도지사"라 한다)가 소방기술심의위원회의 심의에 부치는 사항

081 방염성능기준 이상의 실내장식물 등을 설치하여야 하는 특정소방대상물이 아닌 것은?
① 공항시설
② 숙박시설
③ 의료시설 중 종합병원
④ 노유자시설

해설 시행령 제30조(방염성능기준 이상의 실내장식물 등을 설치해야 하는 특정소방대상물)
법 제20조제1항에서 "대통령령으로 정하는 특정소방대상물"이란 다음 각 호의 것을 말한다.
1. 근린생활시설 중 의원, 조산원, 산후조리원, 체력단련장, 공연장 및 종교집회장
2. 건축물의 옥내에 있는 다음 각 목의 시설
   가. 문화 및 집회시설
   나. 종교시설
   다. 운동시설(수영장은 제외한다)
3. 의료시설
4. 교육연구시설 중 합숙소
5. 노유자 시설
6. 숙박이 가능한 수련시설
7. 숙박시설

정답 : 080.③ 081.①

예상문제

8. 방송통신시설 중 방송국 및 촬영소
9. 「다중이용업소의 안전관리에 관한 특별법」제2조제1항제1호에 따른 다중이용업의 영업소(이하 "다중이용업소"라 한다)
10. 제1호부터 제9호까지의 시설에 해당하지 않는 것으로서 층수가 11층 이상인 것(아파트 등은 제외한다)

082 다음 중 방염에 대한 설명으로 틀린 것은?

① 대통령령으로 정하는 특정소방대상물에 실내장식 등의 목적으로 설치 또는 부착하는 물품으로서 대통령령으로 정하는 물품(이하 "방염대상물품"이라 한다)은 방염성능기준 이상의 것으로 설치하여야 한다.
② 소방본부장이나 소방서장은 방염대상물품이 제1항에 따른 방염성능기준에 미치지 못하거나 제13조제1항에 따른 방염성능검사를 받지 아니한 것이면 소방대상물의 관계인에게 방염대상물품을 제거하도록 하거나 방염성능검사를 받도록 하는 등 필요한 조치를 명할 수 있다.
③ 방염성능기준은 행정안전부령으로 정한다.
④ 특정소방대상물에서 사용하는 방염대상물품은 소방청장(대통령령으로 정하는 방염대상물품의 경우에는 시·도지사를 말한다)이 실시하는 방염성능검사를 받은 것이어야 한다.

해설   대통령령으로 정한다
   시행령 제31조
   ② 법 제20조제3항에 따른 방염성능기준은 다음 각 호의 기준에 따르되, 제1항에 따른 방염대상물품의 종류에 따른 구체적인 방염성능기준은 다음 각 호의 기준의 범위에서 소방청장이 정하여 고시하는 바에 따른다.
   1. 버너의 불꽃을 제거한 때부터 불꽃을 올리며 연소하는 상태가 그칠 때까지 시간은 20초 이내일 것
   2. 버너의 불꽃을 제거한 때부터 불꽃을 올리지 않고 연소하는 상태가 그칠 때까지 시간은 30초 이내일 것
   3. 탄화(炭化)한 면적은 50제곱센티미터 이내, 탄화한 길이는 20센티미터 이내일 것
   4. 불꽃에 의하여 완전히 녹을 때까지 불꽃의 접촉 횟수는 3회 이상일 것
   5. 소방청장이 정하여 고시한 방법으로 발연량(發煙量)을 측정하는 경우 최대연기밀도는 400 이하일 것

083 다음 중 방염대상물품이 아닌 것은?

① 가상체험 체육시설업에 설치하는 스크린
② 건축물내부 벽에 부착하는 종이류(두께 2밀리미터 이상인 것을 말한다)
③ 노래연습장에 설치하는 소파
④ 공간을 구획하기 위하여 설치하는 간이 칸막이(접이식 등 이동 가능한 벽체나 천장 또는 반자가 실내에 접하는 부분까지 구획되는 벽체를 말한다)

정답 : 082.③ 083.④

해설 **시행령 제31조(방염대상물품 및 방염성능기준)**
① 법 제20조제1항에서 "대통령령으로 정하는 물품"이란 다음 각 호의 것을 말한다.
  1. 제조 또는 가공 공정에서 방염처리를 한 다음 각 목의 물품
     가. 창문에 설치하는 커튼류(블라인드를 포함한다)
     나. 카펫
     다. 벽지류(두께가 2밀리미터 미만인 종이벽지는 제외한다)
     라. 전시용 합판·목재 또는 섬유판, 무대용 합판·목재 또는 섬유판(합판·목재류의 경우 불가피하게 설치 현장에서 방염처리한 것을 포함한다)
     마. 암막·무대막(「영화 및 비디오물의 진흥에 관한 법률」 제2조제10호에 따른 영화상영관에 설치하는 스크린과 「다중이용업소의 안전관리에 관한 특별법 시행령」 제2조제7호의4에 따른 가상체험 체육시설업에 설치하는 스크린을 포함한다)
     바. 섬유류 또는 합성수지류 등을 원료로 하여 제작된 소파·의자(「다중이용업소의 안전관리에 관한 특별법 시행령」 제2조제1호나목 및 같은 조 제6호에 따른 단란주점영업, 유흥주점영업 및 노래연습장업의 영업장에 설치하는 것으로 한정한다)
  2. 건축물 내부의 천장이나 벽에 부착하거나 설치하는 다음 각 목의 것. 다만, 가구류(옷장, 찬장, 식탁, 식탁용 의자, 사무용 책상, 사무용 의자, 계산대, 그 밖에 이와 비슷한 것을 말한다. 이하 이 조에서 같다)와 너비 10센티미터 이하인 반자돌림대 등과 「건축법」 제52조에 따른 내부 마감재료는 제외한다.
     가. 종이류(두께 2밀리미터 이상인 것을 말한다)·합성수지류 또는 섬유류를 주원료로 한 물품
     나. 합판이나 목재
     다. 공간을 구획하기 위하여 설치하는 간이 칸막이(접이식 등 이동 가능한 벽체나 천장 또는 반자가 실내에 접하는 부분까지 구획하지 않는 벽체를 말한다)
     라. 흡음(吸音)을 위하여 설치하는 흡음재(흡음용 커튼을 포함한다)
     마. 방음(防音)을 위하여 설치하는 방음재(방음용 커튼을 포함한다)

084 방염성능검사 결과가 방염성능기준에 부합하지 않는 것은?

① 탄화한 길이는 22[cm]이었다.
② 버너의 불꽃을 제거한 때부터 불꽃을 올리며 연소하는 상태가 그칠 때까지 시간이 18초 이었다.
③ 버너의 불꽃을 제거한 때부터 불꽃을 올리지 아니하고 연소하는 상태가 그칠 때까지 시간이 27초이었다.
④ 탄화한 면적은 45[cm²]이었다.

해설 ② 법 제20조제3항에 따른 방염성능기준은 다음 각 호의 기준에 따르되, 제1항에 따른 방염대상물품의 종류에 따른 구체적인 방염성능기준은 다음 각 호의 기준의 범위에서 소방청장이 정하여 고시하는 바에 따른다.
  1. 버너의 불꽃을 제거한 때부터 불꽃을 올리며 연소하는 상태가 그칠 때까지 시간은 20초 이내일 것

정답 : 084.①

예상문제

2. 버너의 불꽃을 제거한 때부터 불꽃을 올리지 않고 연소하는 상태가 그칠 때까지 시간은 30초 이내일 것
3. 탄화(炭化)한 면적은 50제곱센티미터 이내, 탄화한 길이는 20센티미터 이내일 것
4. 불꽃에 의하여 완전히 녹을 때까지 불꽃의 접촉 횟수는 3회 이상일 것
5. 소방청장이 정하여 고시한 방법으로 발연량(發煙量)을 측정하는 경우 최대연기밀도는 400 이하일 것

085 연소 우려가 있는 건축물의 구조에 대한 설명이다. 빈칸에 들어갈 말로 옳은 것은?

> 제7조(연소 우려가 있는 건축물의 구조) 영 별표 5 제1호사목1) 후단에서 "행정안전부령으로 정하는 연소(延燒) 우려가 있는 구조"란 다음 각 호의 기준에 모두 해당하는 구조를 말한다.
> 1. 건축물대장의 건축물 현황도에 표시된 (㉠) 안에 둘 이상의 건축물이 있는 경우
> 2. 각각의 건축물이 다른 건축물의 외벽으로부터 수평거리가 1층의 경우에는 (㉡)미터 이하, 2층 이상의 층의 경우에는 (㉢)미터 이하인 경우
> 3. 개구부(영 제2조제1호에 따른 개구부를 말한다)가 다른 건축물을 향하여 설치되어 있는 경우

	㉠	㉡	㉢		㉠	㉡	㉢
①	대지경계선	6	10	②	대지경계선	10	6
③	부지경계선	6	10	④	부지경계선	10	6

086 특정소방대상물의 관계인은 해당특정소방대상물의 소방시설등이 신설된 경우 건축물을 사용할 수 있게 된 날부터 몇일 이내에 종합점검을 실시하여야 하는가?

① 10일
② 30일
③ 60일
④ 내년 사용승인일이 속하는 달의 말일

해설 제22조(소방시설등의 자체점검)
① 특정소방대상물의 관계인은 그 대상물에 설치되어 있는 소방시설등이 이 법이나 이 법에 따른 명령 등에 적합하게 설치·관리되고 있는지에 대하여 다음 각 호의 구분에 따른 기간 내에 스스로 점검하거나 제34조에 따른 점검능력 평가를 받은 관리업자 또는 행정안전부령으로 정하는 기술자격자(이하 "관리업자등"이라 한다)로 하여금 정기적으로 점검(이하 "자체점검"이라 한다)하게 하여야 한다. 이 경우 관리업자등이 점검한 경우에는 그 점검 결과를 행정안전부령으로 정하는 바에 따라 관계인에게 제출하여야 한다.
1. 해당 특정소방대상물의 소방시설등이 신설된 경우 : 「건축법」 제22조에 따라 건축물을 사용할 수 있게 된 날부터 60일
2. 제1호 외의 경우 : 행정안전부령으로 정하는 기간

정답 : 085.① 086.③

087. 자체점검결과 보고서 제출에 대한 다음 빈 칸에 들어갈 순서로 옳은 것은?

시행규칙 제23조(소방시설등의 자체점검 결과의 조치 등) ① 관리업자 또는 소방안전관리자로 선임된 소방시설관리사 및 소방기술사(이하 "관리업자등"이라 한다)는 자체점검을 실시한 경우에는 법 제22조제1항 각 호 외의 부분 후단에 따라 그 점검이 끝난 날부터 [ㄱ] 이내에 별지 제9호서식의 소방시설등 자체점검 실시결과 보고서(전자문서로 된 보고서를 포함한다)에 소방청장이 정하여 고시하는 소방시설등점검표를 첨부하여 관계인에게 제출해야 한다.
② 제1항에 따른 자체점검 실시결과 보고서를 제출받거나 스스로 자체점검을 실시한 관계인은 법 제23조제3항에 따라 자체점검이 끝난 날부터 [ㄴ]이내에 별지 제9호서식의 소방시설등 자체점검 실시결과 보고서(전자문서로 된 보고서를 포함한다)에 다음 각 호의 서류를 첨부하여 소방본부장 또는 소방서장에게 서면이나 소방청장이 지정하는 전산망을 통하여 보고해야 한다.
1. 점검인력 배치확인서(관리업자가 점검한 경우만 해당한다)
2. 별지 제10호서식의 소방시설등의 자체점검 결과 이행계획서
③ 제1항 및 제2항에 따른 자체점검 실시결과의 보고기간에는 공휴일 및 토요일은 산입하지 않는다.
④ 제2항에 따라 소방본부장 또는 소방서장에게 자체점검 실시결과 보고를 마친 관계인은 소방시설등 자체점검 실시결과 보고서(소방시설등점검표를 포함한다)를 점검이 끝난 날부터 [ㄷ]간 자체 보관해야 한다.
⑤ 제2항에 따라 소방시설등의 자체점검 결과 이행계획서를 보고받은 소방본부장 또는 소방서장은 다음 각 호의 구분에 따라 이행계획의 완료 기간을 정하여 관계인에게 통보해야 한다. 다만, 소방시설등에 대한 수리·교체·정비의 규모 또는 절차가 복잡하여 다음 각 호의 기간 내에 이행을 완료하기가 어려운 경우에는 그 기간을 달리 정할 수 있다.
1. 소방시설등을 구성하고 있는 기계·기구를 수리하거나 정비하는 경우 : 보고일부터 [ㄹ] 이내
2. 소방시설등의 전부 또는 일부를 철거하고 새로 교체하는 경우 : 보고일부터 [ㅁ] 이내
⑥ 제5항에 따른 완료기간 내에 이행계획을 완료한 관계인은 이행을 완료한 날부터 10일 이내에 별지 제11호서식의 소방시설등의 자체점검 결과 이행완료 보고서(전자문서로 된 보고서를 포함한다)에 다음 각 호의 서류(전자문서를 포함한다)를 첨부하여 소방본부장 또는 소방서장에게 보고해야 한다.
1. 이행계획 건별 전·후 사진 증명자료
2. 소방시설공사 계약서

① ㄱ - 10일 , ㄴ - 30일, ㄷ -2년 , ㄹ - 30일, ㅁ - 20일
② ㄱ - 10일 , ㄴ - 30일, ㄷ -2년 , ㄹ - 10일, ㅁ - 20일
③ ㄱ - 10일 , ㄴ - 15일, ㄷ -2년 , ㄹ - 20일, ㅁ - 10일
④ ㄱ - 10일 , ㄴ - 15일, ㄷ -2년 , ㄹ - 10일, ㅁ - 20일

정답 : 087.④

예상문제

088 자체점검에 대한 다음 설명중 옳은 설명은?

① 자체점검 구분에 따른 점검사항, 소방시설등점검표, 점검인원 배치상황 통보 및 세부 점검방법 등 자체점검에 필요한 사항은 행정안전부령으로 정한다
② 소방시설관리업을 등록한 자(이하 "관리업자"라 한다)는 제1항에 따라 자체점검을 실시하는 경우 점검 대상과 점검 인력 배치상황을 점검인력을 배치한 날 이후 자체점검이 끝난 날부터 10일 이내에 법 제50조제5항에 따라 관리업자에 대한 점검능력 평가 등에 관한 업무를 위탁받은 법인 또는 단체(이하 "평가기관"이라 한다)에 통보해야 한다.
③ 작동점검이란 소방시설등을 인위적으로 조작하여 소방시설이 정상적으로 작동하는지를 소방청장이 정하여 고시하는 소방시설등 작동점검표에 따라 점검하는 것을 말한다.
④ 종합점검이란 소방시설등의 작동점검을 제외하고 소방시설등의 설비별 주요 구성 부품의 구조기준이 화재안전기준과 「건축법」 등 관련 법령에서 정하는 기준에 적합한 지 여부를 소방청장이 정하여 고시하는 소방시설등 종합점검표에 따라 점검하는 것을 말한다

해설
① 소방청장이 정하여 고시한다.
② 5일이내에
④ 작동점검을 포함하여

089 다음 중 작동점검을 실시하여야 하는 건축물은?

① 비상경보설비, 소화기, 유도등이 설치된 공장
② 간이스프링클러설비가 설치된 노유자시설
③ 연면적120,000m^2인 특정소방대상물
④ 위험물저장소

해설 작동점검은 영 제5조에 따른 특정소방대상물을 대상으로 한다. 다만, 다음의 어느 하나에 해당하는 특정소방대상물은 제외한다.
1) 특정소방대상물 중 「화재의 예방 및 안전관리에 관한 법률」 제24조제1항에 해당하지 않는 특정소방대상물(소방안전관리자를 선임하지 않는 대상을 말한다)
2) 「위험물안전관리법」 제2조제6호에 따른 제조소등(이하 "제조소등"이라 한다)
3) 「화재의 예방 및 안전관리에 관한 법률 시행령」 별표 4 제1호가목의 특급소방안전관리 대상물

정답 : 088.③ 089.②

090 다음 중 종합점검대상에 해당하지 않는건축물은?
① 스프링클러설비가 설치된 특정소방대상물
② 물분무등 소화설비가 설치된 연면적 5,000㎡ 이상인 특정소방대상물(제조소등은 제외한다)
③ 노래연습장업이 설치된 연면적이 2,000㎡ 이상인 특정소방대상물
④ 물분무소화설비가 설치된 터널

해설 종합점검은 다음의 어느 하나에 해당하는 특정소방대상물을 대상으로 한다.
1) 법 제22조제1항제1호에 해당하는 특정소방대상물(신축, 최초점검대상)
2) 스프링클러설비가 설치된 특정소방대상물
3) 물분무등소화설비[호스릴(hose reel) 방식의 물분무등소화설비만을 설치한 경우는 제외한다]가 설치된 연면적 5,000㎡ 이상인 특정소방대상물(제조소등은 제외한다)
4) 「다중이용업소의 안전관리에 관한 특별법 시행령」 제2조제1호나목, 같은 조 제2호(비디오물소극장업은 제외한다)·제6호·제7호·제7호의2 및 제7호의5의 다중이용업의 영업장이 설치된 특정소방대상물로서 연면적이 2,000㎡ 이상인 것
5) 제연설비가 설치된 터널
6) 「공공기관의 소방안전관리에 관한 규정」 제2조에 따른 공공기관 중 연면적(터널·지하구의 경우 그 길이와 평균 폭을 곱하여 계산된 값을 말한다)이 1,000㎡ 이상인 것으로서 옥내소화전설비 또는 자동화재탐지설비가 설치된 것. 다만, 「소방기본법」 제2조제5호에 따른 소방대가 근무하는 공공기관은 제외한다.

091 종합점검의 점검시기에 대한 다음 설명중 틀린 것은?
① 신축특정소방대상물은 「건축법」 제22조에 따라 건축물을 사용할 수 있게 된 날부터 60일 이내 실시한다.
② 종합점검대상 특정소방대상물은 건축물의 사용승인일이 속하는 달에 실시한다. 다만, 「공공기관의 안전관리에 관한 규정」 제2조제2호 또는 제5호에 따른 학교의 경우에는 해당 건축물의 사용승인일이 1월에서 6월 사이에 있는 경우에는 6월 30일까지 실시할 수 있다.
③ 건축물 사용승인일 이후 다중업소해당 종합점검 대상에 해당하게 된 경우에는 그 다음 해부터 실시한다.
④ 하나의 대지경계선 안에 2개 이상의 자체점검 대상 건축물 등이 있는 경우에는 그 건축물 중 사용승인일이 가장 느린 연도의 건축물의 사용승인일을 기준으로 점검할 수 있다.

해설 가장 빠른

정답 : 090.④ 091.④

예상문제

092 공동주택의 세대별 점검방법에 대한 다음의 괄호안에 들어갈 순서로 옳은 것은?

> 공동주택(아파트등으로 한정한다) 세대별 점검방법은 다음과 같다.
> 가. 관리자(관리소장, 입주자대표회의 및 소방안전관리자를 포함한다. 이하 같다) 및 입주민(세대 거주자를 말한다)은 [ㄱ]년 이내 모든 세대에 대하여 점검을 해야 한다.
> 나. 가목에도 불구하고 아날로그감지기 등 특수감지기가 설치되어 있는 경우에는 수신기에서 원격 점검할 수 있으며, 점검할 때마다 모든 세대를 점검해야 한다. 다만, 자동화재탐지설비의 선로 단선이 확인되는 때에는 단선이 난 세대 또는 그 경계구역에 대하여 현장점검을 해야 한다.
> 다. 관리자는 수신기에서 원격 점검이 불가능한 경우 매년 작동점검만 실시하는 공동주택은 1회 점검 시 마다 전체 세대수의 [ㄴ]퍼센트 이상, 종합점검을 실시하는 공동주택은 1회 점검 시 마다 전체 세대수의 [ㄷ]퍼센트 이상 점검하도록 자체점검 계획을 수립·시행해야 한다.
> 라. 관리자 또는 해당 공동주택을 점검하는 관리업자는 입주민이 세대 내에 설치된 소방시설등을 스스로 점검할 수 있도록 소방청 또는 사단법인 한국소방시설관리협회의 홈페이지에 게시되어 있는 공동주택 세대별 점검 동영상을 입주민이 시청할 수 있도록 안내하고, 점검서식(별지 제36호서식 소방시설 외관점검표를 말한다)을 사전에 배부해야 한다.
> 마. 입주민은 점검서식에 따라 스스로 점검하거나 관리자 또는 관리업자로 하여금 대신 점검하게 할 수 있다. 입주민이 스스로 점검한 경우에는 그 점검 결과를 관리자에게 제출하고 관리자는 그 결과를 관리업자에게 알려주어야 한다.
> 바. 관리자는 관리업자로 하여금 세대별 점검을 하고자 하는 경우에는 사전에 점검 일정을 입주민에게 사전에 공지하고 세대별 점검 일자를 파악하여 관리업자에게 알려주어야 한다. 관리업자는 사전 파악된 일정에 따라 세대별 점검을 한 후 관리자에게 점검 현황을 제출해야 한다.
> 사. 관리자는 관리업자가 점검하기로 한 세대에 대하여 입주민의 사정으로 점검을 하지 못한 경우 입주민이 스스로 점검할 수 있도록 다시 안내해야 한다. 이 경우 입주민이 관리업자로 하여금 다시 점검받기를 원하는 경우 관리업자로 하여금 추가로 점검하게 할 수 있다.
> 아. 관리자는 세대별 점검현황(입주민 부재 등 불가피한 사유로 점검을 하지 못한 세대 현황을 포함한다)을 작성하여 자체점검이 끝난 날부터 [ㄹ]년간 자체 보관해야 한다.

① ㄱ - 2, ㄴ - 50, ㄷ - 30, ㄹ - 2
② ㄱ - 3, ㄴ - 50, ㄷ - 30, ㄹ - 2
③ ㄱ - 2, ㄴ - 30, ㄷ - 50, ㄹ - 2
④ ㄱ - 3, ㄴ - 50, ㄷ - 30, ㄹ - 2

093 다음 중 모든소방시설에 적용되는 점검장비가 아닌 것은?

① 저울
② 방수압력측정계
③ 절연저항계
④ 전류전압측정계

정답 : 092.① 093.①

해설

소방시설	점검 장비	규격
모든 소방시설	방수압력측정계, 절연저항계(절연저항측정기), 전류전압측정계	
소화기구	저울	
옥내소화전설비 옥외소화전설비	소화전밸브압력계	
스프링클러설비 포소화설비	헤드결합렌치(볼트, 너트, 나사 등을 죄거나 푸는 공구)	
이산화탄소소화설비 분말소화설비 할론소화설비 할로겐화합물 및 불활성기체소화설비	검량계, 기동관누설시험기, 그 밖에 소화약제의 저장량을 측정할 수 있는 점검기구	
자동화재탐지설비 시각경보기	열감지기시험기, 연(煙)감지기시험기, 공기주입시험기, 감지기시험기연결막대, 음량계	
누전경보기	누전계	누전전류 측정용
무선통신보조설비	무선기	통화시험용
제연설비	풍속풍압계, 폐쇄력측정기, 차압계(압력차 측정기)	
통로유도등 비상조명등	조도계(밝기 측정기)	최소눈금이 0.1럭스 이하인 것

094 다음 중 제연설비의 점검장비에 해당하지 않는 것은?
① 풍속풍압계
② 공기주입시험기
③ 폐쇄력측정기
④ 차압계

095 다음 중 점검인력 1단위에 대한 설명으로 옳지 않은 설명은?
① 관리업자가 점검하는 경우에는 소방시설관리사 또는 특급점검자 1명과 영 별표 9에 따른 보조 기술인력 2명을 점검인력 1단위로 하되, 점검인력 1단위에 2명(같은 건축물을 점검할 때는 4명) 이내의 보조 기술인력을 추가할 수 있다.
② 소방안전관리자로 선임된 소방시설관리사 및 소방기술사가 점검하는 경우에는 소방시설관리사 또는 소방기술사 중 1명과 보조 기술인력 2명을 점검인력 1단위로 하되, 점검인력 1단위에 2명 이내의 보조 기술인력을 추가할 수 있다. 다만, 보조 기술인력은 해당 특정소방대상물의 관계인 또는 소방안전관리보조자로 할 수 있다.
③ 관계인이 점검하는 경우에는 관계인 1명과 보조 기술인력 2명을 점검인력 1단위로 하되, 보조 기술인력은 해당 특정소방대상물의 관리자, 점유자 또는 소방안전관리보조자로 할 수 있다.
④ 소방안전관리자가 점검하는 경우에는 소방안전관리자 1명과 보조 기술인력 2명을 점검인력 1단위로 하되, 보조 기술인력은 해당 특정소방대상물의 소유자 또는 점유자로 할 수 있다.

정답 : 094.② 095.④

예상문제

096 다음 빈칸에 들어갈 순서로 옳은 것은?

> 1. 점검인력 1단위가 하루 동안 점검할 수 있는 특정소방대상물의 연면적(이하 "점검한도 면적"이라 한다)은 다음 각 목과 같다.
>   가. 종합점검 : [ㄱ]m²
>   나. 작동점검 : [ㄴ]m²
> 2. 점검인력 1단위에 보조 기술인력을 1명씩 추가할 때마다 종합점검의 경우에는 [ㄷ]m², 작동점검의 경우에는 [ㄹ]m²씩을 점검한도 면적에 더한다. 다만, 하루에 2개 이상의 특정소방대상물을 배치할 경우 1일 점검 한도면적은 특정소방대상물별로 투입된 점검인력에 따른 점검 한도면적의 평균값으로 적용하여 계산한다.

① ㄱ - 10,000 ㄴ 13,000 ㄷ 2,000 ㄹ 3,500
② ㄱ - 8,000   ㄴ 10,000 ㄷ 2,000 ㄹ 2,500
③ ㄱ - 10,000 ㄴ 12,000 ㄷ 2,000 ㄹ 3,500
④ ㄱ - 8,000   ㄴ 13,000 ㄷ 2,500 ㄹ 3,500

097 실제점검면적에 대한 다음 설명중 빈칸에 들어갈 알맞은 답은?

> 관리업자등이 하루 동안 점검한 면적은 실제 점검면적(지하구는 그 길이에 폭의 길이 [ㄱ]m를 곱하여 계산된 값을 말하며, 터널은 3차로 이하인 경우에는 그 길이에 폭의 길이 [ㄴ]m를 곱하고, 4차로 이상인 경우에는 그 길이에 폭의 길이 [ㄷ] m를 곱한 값을 말한다. 다만, 한쪽 측벽에 소방시설이 설치된 4차로 이상인 터널의 경우에는 그 길이와 폭의 길이 3.5m를 곱한 값을 말한다. 이하 같다)에 다음의 각 목의 기준을 적용하여 계산한 면적(이하 "점검면적"이라 한다)으로 하되, 점검면적은 점검한도 면적을 초과해서는 안 된다.

① ㄱ - 1.8 ㄴ - 3.5 ㄷ - 7   ② ㄱ - 1.8 ㄴ - 4.5 ㄷ - 9
③ ㄱ - 2.8 ㄴ - 3.5 ㄷ - 7   ④ ㄱ - 2.8 ㄴ - 4.5 ㄷ - 9

해설

참고 다음 각목
가. 실제 점검면적에 다음의 가감계수를 곱한다.

구분	대상용도	가감계수
1류	문화 및 집회시설, 종교시설, 판매시설, 의료시설, 노유자시설, 수련시설, 숙박시설, 위락시설, 창고시설, 교정시설, 발전시설, 지하가, 복합건축물	1.1
2류	공동주택, 근린생활시설, 운수시설, 교육연구시설, 운동시설, 업무시설, 방송통신시설, 공장, 항공기 및 자동차 관련 시설, 군사시설, 관광휴게시설, 장례시설, 지하구	1.0
3류	위험물 저장 및 처리시설, 문화재, 동물 및 식물 관련 시설, 자원순환 관련 시설, 묘지 관련 시설	0.9

정답 : 096.② 097.①

나. 점검한 특정소방대상물이 다음의 어느 하나에 해당할 때에는 다음에 따라 계산된 값을 가목에 따라 계산된 값에서 뺀다.
1) 영 별표 4 제1호라목에 따라 스프링클러설비가 설치되지 않은 경우 : 가목에 따라 계산된 값에 0.1을 곱한 값
2) 영 별표 4 제1호바목에 따라 물분무등소화설비(호스릴 방식의 물분무등소화설비는 제외한다)가 설치되지 않은 경우 : 가목에 따라 계산된 값에 0.1을 곱한 값
3) 영 별표 4 제5호가목에 따라 제연설비가 설치되지 않은 경우 : 가목에 따라 계산된 값에 0.1을 곱한 값
다. 2개 이상의 특정소방대상물을 하루에 점검하는 경우에는 특정소방대상물 상호간의 좌표 최단거리 5km마다 점검 한도면적에 0.02를 곱한 값을 점검 한도면적에서 뺀다.

098 아파트를 점검할 때 점검인력 1단위가 하루동안 점검할 수 있는 세대수는 몇세대인가?

① 200세대   ② 250세대
③ 300세대   ④ 350세대

해설 아파트등(공용시설, 부대시설 또는 복리시설은 포함하고, 아파트등이 포함된 복합건축물의 아파트등 외의 부분은 제외한다. 이하 이 표에서 같다)를 점검할 때에는 다음 각 목의 기준에 따른다.
가. 점검인력 1단위가 하루 동안 점검할 수 있는 아파트등의 세대수(이하 "점검한도 세대수"라 한다)는 종합점검 및 작동점검에 관계없이 250세대로 한다.
나. 점검인력 1단위에 보조 기술인력을 1명씩 추가할 때마다 60세대씩을 점검한도 세대수에 더한다.

099 관계인이 질병등의 경우 자체점검을 연기신청할수 있는데 연기신청은 자체점검 실시만료일 몇일 전까지 연기신청서를 누구에게 제출하여야 하는가?

① 2일전까지, 소방청장
② 3일전까지, 소방본부장 또는 소방서장
③ 5일전까지, 소방본부장 또는 소방서장
④ 7일전까지, 소방본부장 또는 소방서장

해설 **시행규칙 제22조(소방시설등의 자체점검 면제 또는 연기 등)**
① 법 제22조제6항 및 영 제33조제2항에 따라 자체점검의 면제 또는 연기를 신청하려는 특정소방대상물의 관계인은 자체점검의 실시 만료일 3일 전까지 별지 제7호서식의 소방시설등의 자체점검 면제 또는 연기신청서(전자문서로 된 신청서를 포함한다)에 자체점검을 실시하기 곤란함을 증명할 수 있는 서류(전자문서를 포함한다)를 첨부하여 소방본부장 또는 소방서장에게 제출해야 한다.
② 제1항에 따른 자체점검의 면제 또는 연기 신청서를 제출받은 소방본부장 또는 소방서장

정답 : 098.② 099.②

예상문제

은 면제 또는 연기의 신청을 받은 날부터 3일 이내에 자체점검의 면제 또는 연기 여부를 결정하여 별지 제8호서식의 자체점검 면제 또는 연기 신청 결과 통지서를 면제 또는 연기 신청을 한 자에게 통보해야 한다.

100 자체점검결과 중대위반사항에 해당하지 않는 것은?

① 소화펌프(가압송수장치를 포함한다), 동력·감시 제어반 또는 소방시설용 전원(비상전원을 제외한 상용전원을 말한다)의 고장으로 소방시설이 작동되지 않는 경우
② 화재 수신기의 고장으로 화재경보음이 자동으로 울리지 않거나 화재 수신기와 연동된 소방시설의 작동이 불가능한 경우
③ 소화배관 등이 폐쇄·차단되어 소화수(消火水) 또는 소화약제가 자동 방출되지 않는 경우
④ 방화문 또는 자동방화셔터가 훼손되거나 철거되어 본래의 기능을 못하는 경우

해설 비상전원을 포함한다

101 시행령 제36조에 해당하는 다음 중 빈칸에 들어갈 순서로 옳은 것은?

> **시행령 제36조(자체점검 결과 공개)** ① 소방본부장 또는 소방서장은 법 제24조제2항에 따라 자체점검 결과를 공개하는 경우 [ㄱ] 이상 법 제48조에 따른 전산시스템 또는 인터넷 홈페이지 등을 통해 공개해야 한다.
> ② 소방본부장 또는 소방서장은 제1항에 따라 자체점검 결과를 공개하려는 경우 공개 기간, 공개 내용 및 공개 방법을 해당 특정소방대상물의 관계인에게 미리 알려야 한다.
> ③ 특정소방대상물의 관계인은 제2항에 따라 공개 내용 등을 통보받은 날부터 [ㄴ] 이내에 관할 소방본부장 또는 소방서장에게 이의신청을 할 수 있다.
> ④ 소방본부장 또는 소방서장은 제3항에 따라 이의신청을 받은 날부터 [ㄷ] 이내에 심사·결정하여 그 결과를 지체 없이 신청인에게 알려야 한다.
> ⑤ 자체점검 결과의 공개가 제3자의 법익을 침해하는 경우에는 제3자와 관련된 사실을 제외하고 공개해야 한다.

① ㄱ - 20일, ㄴ - 10일, ㄷ - 20일
② ㄱ - 20일, ㄴ - 10일, ㄷ - 10일
③ ㄱ - 30일, ㄴ - 10일, ㄷ - 20일
④ ㄱ - 30일, ㄴ - 10일, ㄷ - 10일

정답 : 100.① 101.④

102 점검기록표 게시에 대한 다음 설명중 옳지 않은 설명은?

① 자체점검 결과 보고를 마친 관계인은 관리업자등, 점검일시, 점검자 등 자체점검과 관련된 사항을 점검기록표에 기록하여 특정소방대상물의 출입자가 쉽게 볼 수 있는 장소에 게시하여야 한다. 이 경우 점검기록표의 기록 등에 필요한 사항은 대통령령으로 정한다.
② 소방본부장 또는 소방서장에게 자체점검 결과 보고를 마친 관계인은 자체점검결과를 보고한 날부터 10일 이내에 별표 5의 소방시설등 자체점검기록표를 작성하여 특정소방대상물의 출입자가 쉽게 볼 수 있는 장소에 30일 이상 게시해야 한다.
③ 자체점검기록표의 규격은 A4 용지(가로 297mm × 세로 210mm) 이다
④ 점검기록표를 기록하지 아니하거나 특정소방대상물의 출입자가 쉽게 볼 수 있는 장소에 게시하지 아니한 관계인은 300만원이하의 과태료에 처한다.

해설 행정안전부령으로 정한다

103 소방시설관리사가 되려는 사람은 누가 실시하는 시험에 합격하여야 하는가?

① 소방본부장
② 한국소방안전원장
③ 시도지사
④ 소방청장

104 관리사시험에 관한 다음 설명중 틀린설명은?

① 관리사시험의 응시자격, 시험방법, 시험과목, 시험위원, 그 밖에 관리사시험에 필요한 사항은 대통령령으로 정한다.
② 소방기술사·건축사·건축기계설비기술사는 관리사시험에 응시할 수 있다
③ 관리사시험은 제1차시험과 제2차시험으로 구분하여 시행한다. 이 경우 소방청장은 제1차시험과 제2차시험을 같은 날에 시행할 수 있다.
④ 관리사시험 과목의 세부 항목은 대통령령으로 정한다.

해설 행정안전부령으로 정한다.

정답 : 102.① 103.④ 104.④

예상문제

105 관리사시험의 시험위원, 시행 및 공고에 해당하는 다음 설명중 빈칸에 알맞은 답은?

> **시행령 제40조(시험위원의 임명·위촉)** ① 소방청장은 법 제25조제2항에 따라 관리사시험의 출제 및 채점을 위하여 다음 각 호의 어느 하나에 해당하는 사람 중에서 시험위원을 임명하거나 위촉해야 한다.
> 1. 소방 관련 분야의 박사학위를 취득한 사람
> 2. 대학에서 소방안전 관련 학과 조교수 이상으로 2년 이상 재직한 사람
> 3. 소방위 이상의 소방공무원
> 4. 소방시설관리사
> 5. 소방기술사
> ② 제1항에 따른 시험위원의 수는 다음 각 호의 구분에 따른다.
> 1. 출제위원 : 시험 과목별 [ㄱ]명
> 2. 채점위원 : 시험 과목별 [ㄴ]명 이내(제2차시험의 경우로 한정한다)
> ③ 제1항에 따라 시험위원으로 임명되거나 위촉된 사람은 소방청장이 정하는 시험문제 등의 출제 시 유의사항 및 서약서 등에 따른 준수사항을 성실히 이행해야 한다.
> ④ 제1항에 따라 임명되거나 위촉된 시험위원과 시험감독 업무에 종사하는 사람에게는 예산의 범위에서 수당과 여비를 지급할 수 있다.
>
> **시행령 제42조(시험의 시행 및 공고)** ① 관리사시험은 매년 1회 시행하는 것을 원칙으로 하되, 소방청장이 필요하다고 인정하는 경우에는 그 횟수를 늘리거나 줄일 수 있다.
> ② 소방청장은 관리사시험을 시행하려면 응시자격, 시험 과목, 일시·장소 및 응시절차 등을 모든 응시 희망자가 알 수 있도록 관리사시험 시행일 [ㄷ]일 전까지 인터넷 홈페이지에 공고해야 한다.

① ㄱ - 3, ㄴ - 3, ㄷ - 60
② ㄱ - 3, ㄴ - 5, ㄷ - 90
③ ㄱ - 5, ㄴ - 3, ㄷ - 60
④ ㄱ - 3, ㄴ - 5, ㄷ - 90

106 다음 중 관리사시험의 결격사유에 해당하는 자가 아닌사람은?

① 피성년후견인
② 이 법, 「소방기본법」, 「화재의 예방 및 안전관리에 관한 법률」, 「소방시설공사업법」 또는 「위험물안전관리법」을 위반하여 금고 이상의 실형을 선고받고 그 집행이 끝나거나(집행이 끝난 것으로 보는 경우를 포함한다) 집행이 면제된 날부터 2년이 지나지 아니한 사람
③ 이 법, 「소방기본법」, 「화재의 예방 및 안전관리에 관한 법률」, 「소방시설공사업법」 또는 「위험물안전관리법」을 위반하여 금고 이상의 형의 집행유예를 선고받고 그 유예기간이 지난 사람
④ 제28조에 따라 자격이 취소(이 조 제1호에 해당하여 자격이 취소된 경우는 제외한다)된 날부터 2년이 지나지 아니한 사람

정답 : 105.② 106.③

107 다음 중 관리사자격이 한번에 취소되는 사유가 아닌 것은?

① 거짓이나 그 밖의 부정한 방법으로 시험에 합격한 경우
② 소방시설관리사증을 다른 사람에게 빌려준 경우
③ 동시에 둘 이상의 업체에 취업한 경우
④ 점검을 하지 아니하거나 거짓으로 한 경우

해설 제28조(자격의 취소·정지)
소방청장은 관리사가 다음 각 호의 어느 하나에 해당할 때에는 행정안전부령으로 정하는 바에 따라 그 자격을 취소하거나 1년 이내의 기간을 정하여 그 자격의 정지를 명할 수 있다. 다만, 제1호, 제4호, 제5호 또는 제7호에 해당하면 그 자격을 취소하여야 한다.
1. 거짓이나 그 밖의 부정한 방법으로 시험에 합격한 경우
2. 「화재의 예방 및 안전관리에 관한 법률」 제25조제2항에 따른 대행인력의 배치기준·자격·방법 등 준수사항을 지키지 아니한 경우
3. 제22조에 따른 점검을 하지 아니하거나 거짓으로 한 경우
4. 제25조제7항을 위반하여 소방시설관리사증을 다른 사람에게 빌려준 경우
5. 제25조제8항을 위반하여 동시에 둘 이상의 업체에 취업한 경우
6. 제25조제9항을 위반하여 성실하게 자체점검 업무를 수행하지 아니한 경우
7. 제27조 각 호의 어느 하나에 따른 결격사유에 해당하게 된 경우

108 관리업의 등록은 누구에게 하여야 하며 등록기준 및 영업범위에 필요한 사항은 누구령으로 정하는가?

① 소방청장, 행정안전부령
② 시도지사, 행정안전부령
③ 소방청장, 대통령령
④ 시도지사, 대통령령

109 관리업의 등록사항중 행정안전부령으로 정하는 중요사항이 변경된 경우 변경신고를 하여야 한다. 중요사항에 해당하지 않는 것은?

① 회사의 명칭
② 대표자
③ 소속 소방시설관리사
④ 시설 및 장비

해설 시행규칙 제33조(등록사항의 변경신고 사항)
법 제31조에서 "행정안전부령으로 정하는 중요 사항"이란 다음 각 호의 어느 하나에 해당하는 사항을 말한다.
1. 명칭·상호 또는 영업소 소재지
2. 대표자
3. 기술인력

정답 : 107.④ 108.④ 109.④

예상문제

110 점검능력을 평가하여 공시하는 자는 누구이며 점검능력평가 및 공시방법,수수료등 필요한 사항은 누구령으로 정하는가?
① 소방청장, 소방청고시
② 소방본부장, 행정안전부령
③ 소방청장, 행정안전부령
④ 소방본부장, 대통령령

111 시도지사는 관리업의 행정처분으로서 영업정지를 명하는 경우 영업정지가 이용자에게 불편을 주거나 그 밖에 공익을 해칠 우려가 있을 때에는 영업정지처분을 갈음하여 무엇을 부과할수있는가?
① 3천만원 이하의 과징금을 부과할 수 있다.
② 3천만원 이하의 벌금을 부과할 수 있다
③ 2억원 이하의 과징금을 부과할 수 있다
④ 2억원 이하의 벌금을 부과할 수 있다

112 다음 중 형식승인대상 소방용품에 해당하지 않는 것은?
① 주거용주방자동소화장치
② 상업용주방자동소화장치
③ 경종
④ 예비전원내장된 비상조명등

> **해설** 시행령 제46조(형식승인 대상 소방용품)
> 법 제37조제1항 본문에서 "대통령령으로 정하는 소방용품"이란 별표 3의 소방용품(같은 표 제1호나목의 자동소화장치 중 상업용 주방자동소화장치는 제외한다)을 말한다.

113 형식승인 및 제품검사에 해당하는 다음 설명중 틀린설명은?
① 형식승인을 받으려는 자는 행정안전부령으로 정하는 기준에 따라 형식승인을 위한 시험시설을 갖추고 소방청장의 심사를 받아야 한다. 다만, 소방용품을 수입하는 자가 판매를 목적으로 하지 아니하고 자신의 건축물에 직접 설치하거나 사용하려는 경우 등 행정안전부령으로 정하는 경우에는 시험시설을 갖추지 아니할 수 있다.
② 형식승인을 받은 자는 그 소방용품에 대하여 소방청장이 실시하는 제품검사를 받아야 한다.
③ 형식승인의 방법·절차 등과 제품검사의 구분·방법·순서·합격표시 등에 필요한 사항은 대통령령으로 정한다.
④ 소방용품의 형상·구조·재질·성분·성능 등(이하 "형상등"이라 한다)의 형식승인 및 제품검사의 기술기준 등에 필요한 사항은 소방청장이 정하여 고시한다.

> **해설** 행정안전부령으로 정한다

정답 : 110.③ 111.① 112.② 113.③

114 다음 중 판매목적으로 진열하거나 공사에 사용할 수 없는 소방용품이 아닌 것은?

① 형식승인을 받지 아니한 것
② 형상등을 임의로 변경한 것
③ 제품검사를 받지 아니한 것
④ 인증표시를 하지 아니한 것

해설 합격표시를 하지 아니한 것.
누구든지 다음 각 호의 어느 하나에 해당하는 소방용품을 판매하거나 판매 목적으로 진열하거나 소방시설공사에 사용할 수 없다.
1. 형식승인을 받지 아니한 것
2. 형상등을 임의로 변경한 것
3. 제품검사를 받지 아니하거나 합격표시를 하지 아니한 것

참고
⑦ 소방청장, 소방본부장 또는 소방서장은 제6항을 위반한 소방용품에 대하여는 그 제조자·수입자·판매자 또는 시공자에게 수거·폐기 또는 교체 등 행정안전부령으로 정하는 필요한 조치를 명할 수 있다.
⑧ 소방청장은 소방용품의 작동기능, 제조방법, 부품 등이 제5항에 따라 소방청장이 고시하는 형식승인 및 제품검사의 기술기준에서 정하고 있는 방법이 아닌 새로운 기술이 적용된 제품의 경우에는 관련 전문가의 평가를 거쳐 행정안전부령으로 정하는 바에 따라 제4항에 따른 방법 및 절차와 다른 방법 및 절차로 형식승인을 할 수 있으며, 외국의 공인기관으로부터 인정받은 신기술 제품은 형식승인을 위한 시험 중 일부를 생략하여 형식승인을 할 수 있다.
⑨ 다음 각 호의 어느 하나에 해당하는 소방용품의 형식승인 내용에 대하여 공인기관의 평가 결과가 있는 경우 형식승인 및 제품검사 시험 중 일부만을 적용하여 형식승인 및 제품검사를 할 수 있다.
  1. 「군수품관리법」 제2조에 따른 군수품
  2. 주한외국공관 또는 주한외국군 부대에서 사용되는 소방용품
  3. 외국의 차관이나 국가 간의 협약 등에 따라 건설되는 공사에 사용되는 소방용품으로서 사전에 합의된 것
  4. 그 밖에 특수한 목적으로 사용되는 소방용품으로서 소방청장이 인정하는 것
⑩ 하나의 소방용품에 두 가지 이상의 형식승인 사항 또는 형식승인과 성능인증 사항이 결합된 경우에는 두 가지 이상의 형식승인 또는 형식승인과 성능인증 시험을 함께 실시하고 하나의 형식승인을 할 수 있다.
⑪ 제9항 및 제10항에 따른 형식승인의 방법 및 절차 등에 필요한 사항은 행정안전부령으로 정한다.

정답 : 114.④

예상문제

115 소방용품의 성능인증에 대한 다음 설명중 옳은 설명은?

① 소방본부장 또는 소방서장은 제조자 또는 수입자 등의 요청이 있는 경우 소방용품에 대하여 성능인증을 할 수 있다.
② 성능인증의 대상·신청·방법 및 성능인증서 발급에 관한 사항과 제2항에 따른 제품검사의 구분·대상·절차·방법·합격표시 및 수수료 등에 필요한 사항은 대통령령으로 정한다.
③ 하나의 소방용품에 성능인증 사항이 두 가지 이상 결합된 경우에는 해당 성능인증 시험을 모두 실시하고 하나의 성능인증을 할 수 있다.
④ 소방청장은 소방용품의 성능인증을 받았거나 제품검사를 받은 자가 거짓이나 그 밖의 부정한 방법으로 제40조제2항에 따른 제품검사를 받은 경우 대통령령으로 정하는 바에 따라 해당 소방용품의 성능인증을 취소하거나 6개월 이내의 기간을 정하여 해당 소방용품의 제품검사 중지를 명할 수 있다.

> 해설 제40조(소방용품의 성능인증 등)
> ① 소방청장은 제조자 또는 수입자 등의 요청이 있는 경우 소방용품에 대하여 성능인증을 할 수 있다.
> ② 제1항에 따라 성능인증을 받은 자는 그 소방용품에 대하여 소방청장의 제품검사를 받아야 한다.
> ③ 제1항에 따른 성능인증의 대상·신청·방법 및 성능인증서 발급에 관한 사항과 제2항에 따른 제품검사의 구분·대상·절차·방법·합격표시 및 수수료 등에 필요한 사항은 행정안전부령으로 정한다.
> ④ 제1항에 따른 성능인증 및 제2항에 따른 제품검사의 기술기준 등에 필요한 사항은 소방청장이 정하여 고시한다.
> ⑤ 제2항에 따른 제품검사에 합격하지 아니한 소방용품에는 성능인증을 받았다는 표시를 하거나 제품검사에 합격하였다는 표시를 하여서는 아니 되며, 제품검사를 받지 아니하거나 합격표시를 하지 아니한 소방용품을 판매 또는 판매 목적으로 진열하거나 소방시설공사에 사용하여서는 아니 된다.
> ⑥ 하나의 소방용품에 성능인증 사항이 두 가지 이상 결합된 경우에는 해당 성능인증 시험을 모두 실시하고 하나의 성능인증을 할 수 있다.
> ⑦ 제6항에 따른 성능인증의 방법 및 절차 등에 필요한 사항은 행정안전부령으로 정한다.
>
> 제42조(성능인증의 취소 등)
> ① 소방청장은 소방용품의 성능인증을 받았거나 제품검사를 받은 자가 다음 각 호의 어느 하나에 해당하는 때에는 행정안전부령으로 정하는 바에 따라 해당 소방용품의 성능인증을 취소하거나 6개월 이내의 기간을 정하여 해당 소방용품의 제품검사 중지를 명할 수 있다. 다만, 제1호·제2호 또는 제5호에 해당하는 경우에는 해당 소방용품의 성능인증을 취소하여야 한다.
>   1. 거짓이나 그 밖의 부정한 방법으로 제40조제1항 및 제6항에 따른 성능인증을 받은 경우

정답 : 115.③

2. 거짓이나 그 밖의 부정한 방법으로 제40조제2항에 따른 제품검사를 받은 경우
3. 제품검사 시 제40조제4항에 따른 기술기준에 미달되는 경우
4. 제40조제5항을 위반한 경우
5. 제41조에 따라 변경인증을 받지 아니하고 해당 소방용품에 대하여 형상등의 일부를 변경하거나 거짓이나 그 밖의 부정한 방법으로 변경인증을 받은 경우

② 제1항에 따라 소방용품의 성능인증이 취소된 자는 그 취소된 날부터 2년 이내에는 성능인증이 취소된 소방용품과 동일한 품목에 대하여는 성능인증을 받을 수 없다.

116. 다음 중 소방시설에 폐쇄,차단등의 행위를 하여 사람을 상해에 이르게 한때에는 어떠한 벌칙에 처하게 되는가?

① 5년 이하의 징역 또는 5천만원 이하의 벌금
② 7년 이하의 징역 또는 7천만원 이하의 벌금
③ 3년 이하의 징역 또는 3천만원 이하의 벌금
④ 5년 이하의 징역 또는 1억원 이하의 벌금

해설 제56조(벌칙)
① 제12조제3항 본문을 위반하여 소방시설에 폐쇄·차단 등의 행위를 한 자는 5년 이하의 징역 또는 5천만원 이하의 벌금에 처한다.
② 제1항의 죄를 범하여 사람을 상해에 이르게 한 때에는 7년 이하의 징역 또는 7천만원 이하의 벌금에 처하며, 사망에 이르게 한 때에는 10년 이하의 징역 또는 1억원 이하의 벌금에 처한다.

117. 다음 중 3년이하의 징역 또는 3천만원이하의 벌금에 처해지는 사항이 아닌 것은?

① 관리업의 등록을 하지 아니하고 영업을 한 자
② 소방용품의 형식승인을 받지 아니하고 소방용품을 제조하거나 수입한 자 또는 거짓이나 그 밖의 부정한 방법으로 형식승인을 받은 자
③ 제품검사를 받지 아니한 자 또는 거짓이나 그 밖의 부정한 방법으로 제품검사를 받은 자
④ 소방시설등에 대하여 스스로 점검을 하지 아니하거나 관리업자등으로 하여금 정기적으로 점검하게 하지 아니한 자

해설 ■ 3년 이하의 징역 또는 3천만원 이하의 벌금
㉠ 소방시설이 화재안전기준에 따라 설치되어있지 않을때의 조치명령을 위반한 사람
㉡ 피난·방화시설, 방화구획의 유지관리 조치명령을 위반한 사람
㉢ 방염성능물품 조치명령 위반
㉣ 이행계획 조치명령 위반한 사람
㉤ 임시소방시설 또는 소방시설 등의 조치명령을 위반한 사람
㉥ 소방시설관리업 등록을 하지 아니하고 영업을 한 사람

정답 : 116.② 117.④

예상문제

ⓑ 소방용품의 형식승인을 받지 아니하고 소방용품을 제조하거나 수입한 자
ⓒ 제품검사를 받지 아니한 자
ⓓ 규정을 위반하여 소방용품을 판매·진열하거나 소방시설공사에 사용한 자
ⓔ 소방용품 제조자·수입자에 대한 회수·교환·폐기 및 판매중지 명령을 위반한 사람
ⓕ 거짓이나 그 밖의 부정한 방법으로 전문기관으로 지정을 받은 자

■ **1년 이하의 징역 또는 1천만원 이하의 벌금**
㉠ 규정을 위반하여 관리업의 등록증이나 등록수첩을 다른 자에게 빌려준 자
㉡ 영업정지처분을 받고 그 영업정지기간 중에 관리업의 업무를 한 자
㉢ 규정을 위반하여 소방시설등에 대한 자체점검을 하지 아니하거나 관리업자 등으로 하여금 정기적으로 점검하게 하지 아니한 자
㉣ 규정을 위반하여 소방시설관리사증을 다른 자에게 빌려주거나 동시에 둘 이상의 업체에 취업한 사람
㉤ 소방용품 형식승인의 변경승인을 받지 아니한 자
㉥ 소방용품 성능인증의 변경인증을 받지 아니한 자
㉦ 감독업무 수행 시 관계인의 정당한 업무를 방해한 자, 조사·검사 업무를 수행하면서 알게 된 비밀을 제공 또는 누설하거나 목적 외의 용도로 사용한 자

118 다음 중 벌금사항이 아닌 것은?

① 중대한 위반사항에 대하여 필요한 조치를 하지 아니한 관계인 또는 관계인이게 중대위반사항을 알리지 아니한 관리업자등
② 방염성능검사에 합격하지 아니한 물품에 합격표시를 하거나 합격표시를 위조하거나 변조하여 사용한 자
③ 공사 현장에 임시소방시설을 설치·관리하지 아니한 자
④ 방염처리업 등록자가 규정을 위반하여 거짓 시료를 제출한 자

 해설
■ **300만원 이하의 벌금**
㉠ 중대한 위반사항에 대하여 필요한 조치를 하지 아니한 관계인 또는 관계인이게 중대위반사항을 알리지 아니한 관리업자등
㉡ 방염성능검사에 합격하지 아니한 물품에 합격표시를 하거나 합격표시를 위조하거나 변조하여 사용한 자
㉢ 방염처리업 등록자가 규정을 위반하여 거짓 시료를 제출한 자
㉣ 성능위주설계평가단 업무를 수행하면서 알게 된 비밀 또는 위탁단체에서 업무를 수행하면서 알게된 비밀을 이 법에서 정한 목적 외의 용도로 사용하거나 다른 사람 또는 기관에 제공하거나 누설한 사람

■ **300만원 이하의 과태료**
1. 제12조제1항을 위반하여 소방시설을 화재안전기준에 따라 설치·관리하지 아니한 자
2. 제15조제1항을 위반하여 공사 현장에 임시소방시설을 설치·관리하지 아니한 자
3. 제16조제1항을 위반하여 피난시설, 방화구획 또는 방화시설의 폐쇄·훼손·변경 등

정답 : 118.③

의 행위를 한 자
4. 제20조제1항을 위반하여 방염대상물품을 방염성능기준 이상으로 설치하지 아니한 자
5. 제22조제1항 전단을 위반하여 점검능력 평가를 받지 아니하고 점검을 한 관리업자
6. 제22조제1항 후단을 위반하여 관계인에게 점검 결과를 제출하지 아니한 관리업자등
7. 제22조제2항에 따른 점검인력의 배치기준 등 자체점검 시 준수사항을 위반한 자
8. 제23조제3항을 위반하여 점검 결과를 보고하지 아니하거나 거짓으로 보고한 자
9. 제23조제4항을 위반하여 이행계획을 기간 내에 완료하지 아니한 자 또는 이행계획 완료 결과를 보고하지 아니하거나 거짓으로 보고한 자
10. 제24조제1항을 위반하여 점검기록표를 기록하지 아니하거나 특정소방대상물의 출입자가 쉽게 볼 수 있는 장소에 게시하지 아니한 관계인
11. 제31조 또는 제32조제3항을 위반하여 신고를 하지 아니하거나 거짓으로 신고한 자
12. 제33조제3항을 위반하여 지위승계, 행정처분 또는 휴업·폐업의 사실을 특정소방대 상물의 관계인에게 알리지 아니하거나 거짓으로 알린 관리업자
13. 제33조제4항을 위반하여 소속 기술인력의 참여 없이 자체점검을 한 관리업자
14. 제34조제2항에 따른 점검실적을 증명하는 서류 등을 거짓으로 제출한 자
15. 제52조제1항에 따른 명령을 위반하여 보고 또는 자료제출을 하지 아니하거나 거짓으로 보고 또는 자료제출을 한 자 또는 정당한 사유 없이 관계 공무원의 출입 또는 검사를 거부·방해 또는 기피한 자

119 다음중 200만원의 과태료에 부과되는 사항이 아닌 것은?

① 소화펌프를 고장 상태로 방치한 경우
② 화재 수신기, 동력·감시 제어반 또는 소방시설용 전원(비상전원을 포함한다)을 차단하거나, 고장난 상태로 방치하거나, 임의로 조작하여 자동으로 작동이 되지 않도록 한 경우
③ 소방시설이 작동할 때 소화배관을 통하여 소화수가 방수되지 않는 상태 또는 소화약제가 방출되지 않는 상태로 방치한 경우
④ 소방시설을 설치하지 않은 경우

해설 2. 개별기준

위반행위	근거 법조문	과태료 금액 (단위 : 만원)		
		1차 위반	2차 위반	3차 이상 위반
가. 법 제12조제1항을 위반한 경우	법 제61조 제1항제1호			
1) 2) 및 3)의 규정을 제외하고 소방시설을 최근 1년 이내에 2회 이상 화재안전기준에 따라 관리하지 않은 경우		100		
2) 소방시설을 다음에 해당하는 고장 상태 등으로 방치한 경우		200		

정답 : 119.④

예상문제

가) 소화펌프를 고장 상태로 방치한 경우 나) 화재 수신기, 동력·감시 제어반 또는 소방시설용 전원(비상전원을 포함한다)을 차단하거나, 고장난 상태로 방치하거나, 임의로 조작하여 자동으로 작동이 되지 않도록 한 경우 다) 소방시설이 작동할 때 소화배관을 통하여 소화수가 방수되지 않는 상태 또는 소화약제가 방출되지 않는 상태로 방치한 경우				
3) 소방시설을 설치하지 않은 경우				300
나. 법 제15조제1항을 위반하여 공사 현장에 임시소방시설을 설치·관리하지 않은 경우	법 제61조 제1항제2호			300
다. 법 제16조제1항을 위반하여 피난시설, 방화구획 또는 방화시설을 폐쇄·훼손·변경하는 등의 행위를 한 경우	법 제61조 제1항제3호	100	200	300

120 다음중 과태료 부과기준에 따라 200만원의 과태료를 부과하는 사항은?

① 방염대상물품을 방염성능기준 이상으로 설치하지 않은 경우
② 점검능력평가를 받지 않고 점검을 한 경우
③ 관계인에게 점검 결과를 제출하지 않은 경우
④ 점검인력의 배치기준 등 자체점검 시 준수사항을 위반한 경우

해설

라. 법 제20조제1항을 위반하여 방염대상물품을 방염성능기준 이상으로 설치하지 않은 경우	법 제61조 제1항제4호	200
마. 법 제22조제1항 전단을 위반하여 점검능력평가를 받지 않고 점검을 한 경우	법 제61조 제1항제5호	300
바. 법 제22조제1항 후단을 위반하여 관계인에게 점검 결과를 제출하지 않은 경우	법 제61조 제1항제6호	300
사. 법 제22조제2항에 따른 점검인력의 배치기준 등 자체점검 시 준수사항을 위반한 경우	법 제61조 제1항제7호	300

121 작동점검의 경우 점검자에 해당하는 설명중 틀린설명은?

① 자동화재탐지설비가 설치된 특정소방대상물은 관계인이 점검할 수 있다
② 간이스프링클러설비가 설치된 특정소방대상물은 관계인이 점검할 수 있다
③ 옥내소화전이 설치된 특정소방대상물은 관계인이 점검할 수 있다
④ 스프링클러가 설치된 특정소방대상물은 기술사가 있는 소방안전관리자가 점검할 수 있다

정답 : 120.① 121.③

해설 점검대상 및 시기, 점검자자격

대상			횟수·시기		점검자
작동점검		모든 특정소방대상물 [3급이상에 해당]	• 원칙 : 연 1회		관계인 (자탐, 간이만해당)
			종합점검 대상 ×	안전관리대상물의 사용 승인일이 속하는 달의 말일까지	소방안전관리자 (기술사, 관리사)
		〈제외 대상〉 1. 특급소방안전관리대상물 (종합점검만 연 2회) 2. 소방안전관리대상물에 속하지 않는 대상물 3. 위험물 제조소등	종합점검 대상 ○	종합실시월로부터 6개월이 되는 달에 실시	관리업재[관리사] (자탐, 간이는 특급점검자가능)
종합점검	최초점검	3급이상대상중 최초사용승인 건축물	사용승인일로부터 60일이내		소방안전관리자 (기술사, 관리사) 관리업재[관리사]
	그밖점검	스프링클러설비가 설치된 특정소방대상물	• 원칙 : 연 1회 (최초사용승인해 다음해부터 사용승인일이 속하는 달의 말일까지) 예 학교 : 1~6월이 사용승인일인 경우 6월 말일까지 • 특급 소방안전관리대상물 : 연2회 (반기별 1회)		
		물분무등소화설비가 설치된 연면적 5,000[m²] 이상인 특정소방대상물			
		연면적 2,000[m²] 이상 다중이용업소(9종)			
		옥내소화전설비 또는 자동화재탐지설비가 설치된 연면적 1,000[m²] 이상 공공기관(소방대 제외)			
		제연설비가 설치된 터널			

122 우수소방대상물은 누가 선정하며 몇 년간 종합점검을 면제받을수 있는가?

① 소방청장 , 3년
② 소방청장 , 5년
③ 소방본부장 , 3년
④ 소방본부장 , 5년

정답 : 122.①

MEMO

CHAPTER 05 위험물안전관리법 [시행규칙 별표 제외]

1 ▸▸ 목적

이 법은 위험물의 저장·취급 및 운반과 이에 따른 안전관리에 관한 사항을 규정함으로써 위험물로 인한 위해를 방지하여 공공의 안전을 확보함을 목적으로 한다.

2 ▸▸ 용어정의

① "위험물"이라 함은 인화성 또는 발화성 등의 성질을 가지는 것으로서 대통령령이 정하는 물품을 말한다.
② "지정수량"이라 함은 위험물의 종류별로 위험성을 고려하여 대통령령이 정하는 수량으로서 제6호의 규정에 의한 제조소등의 설치허가 등에 있어서 최저의 기준이 되는 수량을 말한다.
③ "제조소"라 함은 위험물을 제조할 목적으로 지정수량 이상의 위험물을 취급하기 위하여 제6조제1항의 규정에 따른 허가(동조제3항의 규정에 따라 허가가 면제된 경우 및 제7조제2항의 규정에 따라 협의로써 허가를 받은 것으로 보는 경우를 포함한다. 이하 제4호 및 제5호에서 같다)를 받은 장소를 말한다.
④ "저장소"라 함은 지정수량 이상의 위험물을 저장하기 위한 대통령령이 정하는 장소로서 제6조제1항의 규정에 따른 허가를 받은 장소를 말한다.
⑤ "취급소"라 함은 지정수량 이상의 위험물을 제조외의 목적으로 취급하기 위한 대통령령이 정하는 장소로서 제6조제1항의 규정에 따른 허가를 받은 장소를 말한다.
⑥ "제조소등"이라 함은 제3호 내지 제5호의 제조소·저장소 및 취급소를 말한다.

위험등급 \ 종류	제1류 위험물 산화성고체		제2류 위험물 가연성고체		제3류 위험물 금수성·자연발화성		제4류 위험물 인화성액체		제5류 위험물 자기연소성		제6류 위험물 산화성액체	
	품명 (10)	지정수량 (kg)	품명 (7)	지정수량 (kg)	품명 (13)	지정수량 (kg)	품명 (7)	지정수량 (L)	품명 (9)	지정수량 (kg)	품명 (3)	지정수량 (kg)
I	아염소산염류 염소산염류 과염소산염류 무기과산화물	50	–		칼륨 나트륨 알킬알루미늄 알킬리튬	10	특수인화물	50	유기과산화물 질산에스테르류	10	과산화수소 과염소산 질산	300
					황린	20						
II	요오드산염류 브롬산염류 질산염류	300	황화린 적린 유황	100	알칼리금속 알칼리토금속 유기금속화합물	50	제1석유류	비수용성 200 수용성 400	히드록실아민 히드록실아민염류	100	–	
							알코올류	400	니트로화합물 니트로소합물 아조화합물 디아조화합물 히드라진 유도체	200		
III	과망간산염류 중크롬산염류	1,000	철분 마그네슘 금속분류	500	금속의 수소화물 금속의 인화물 칼슘의 탄화물 알루미늄의 탄화물 염소화규소화합물	300	제2석유류	비수용성 1,000 수용성 2,000	–		–	
							제3석유류	비수용성 2,000 수용성 4,000				
	무수크롬산 (삼산화크롬)	300	인화성고체	1,000			제4석유류	6,000				
							동식물유류	10,000				

3. 유황은 순도가 60중량퍼센트 이상인 것을 말한다. 이 경우 순도측정에 있어서 불순물은 활석 등 불연성물질과 수분에 한한다.
4. "철분"이라 함은 철의 분말로서 53마이크로미터의 표준체를 통과하는 것이 50중량퍼센트 미만인 것은 제외한다.
5. "금속분"이라 함은 알칼리금속·알칼리토류금속·철 및 마그네슘외의 금속의 분말을

말하고, 구리분·니켈분 및 150마이크로미터의 체를 통과하는 것이 50중량퍼센트 미만인 것은 제외한다.

6. 마그네슘 및 제2류제8호의 물품 중 마그네슘을 함유한 것에 있어서는 다음 각목의 1에 해당하는 것은 제외한다.

    가. 2밀리미터의 체를 통과하지 아니하는 덩어리 상태의 것

    나. 직경 2밀리미터 이상의 막대 모양의 것

7. "인화성고체"라 함은 고형알코올 그 밖에 1기압에서 인화점이 섭씨 40도 미만인 고체를 말한다.

12. "특수인화물"이라 함은 이황화탄소, 디에틸에테르 그 밖에 1기압에서 발화점이 섭씨 100도 이하인 것 또는 인화점이 섭씨영하 20도 이하이고 비점이 섭씨 40도 이하인 것을 말한다.

13. "제1석유류"라 함은 아세톤, 휘발유 그 밖에 1기압에서 인화점이 섭씨 21도 미만인 것을 말한다.

14. "알코올류"라 함은 1분자를 구성하는 탄소원자의 수가 1개부터 3개까지인 포화1가 알코올(변성알코올을 포함한다)을 말한다. 다만, 다음 각목의 1에 해당하는 것은 제외한다.

    가. 1분자를 구성하는 탄소원자의 수가 1개 내지 3개의 포화1가 알코올의 함유량이 60중량퍼센트 미만인 수용액

    나. 가연성액체량이 60중량퍼센트 미만이고 인화점 및 연소점(태그개방식인화점측정기에 의한 연소점을 말한다. 이하 같다)이 에틸알코올 60중량퍼센트 수용액의 인화점 및 연소점을 초과하는 것

15. "제2석유류"라 함은 등유, 경유 그 밖에 1기압에서 인화점이 섭씨 21도 이상 70도 미만인 것을 말한다. 다만, 도료류 그밖의 물품에 있어서 가연성 액체량이 40중량퍼센트 이하이면서 인화점이 섭씨 40도 이상인 동시에 연소점이 섭씨 60도 이상인 것은 제외한다.

16. "제3석유류"라 함은 중유, 클레오소트유 그 밖에 1기압에서 인화점이 섭씨 70도 이상 섭씨 200도 미만인 것을 말한다. 다만, 도료류 그 밖의 물품은 가연성 액체량이 40중량퍼센트 이하인 것은 제외한다.

17. "제4석유류"라 함은 기어유, 실린더유 그 밖에 1기압에서 인화점이 섭씨 200도 이상 섭씨 250도 미만의 것을 말한다. 다만 도료류 그 밖의 물품은 가연성 액체량이 40중량퍼센트 이하인 것은 제외한다.

18. "동식물유류"라 함은 동물의 지육 등 또는 식물의 종자나 과육으로부터 추출한 것으로서 1기압에서 인화점이 섭씨 250도미만인 것을 말한다. 다만, 법 제20조제1항의

규정에 의하여 행정안전부령으로 정하는 용기기준과 수납·저장기준에 따라 수납되어 저장·보관되고 용기의 외부에 물품의 통칭명, 수량 및 회기엄금(회기엄금과 동일한 의미를 갖는 표시를 포함한다)의 표시가 있는 경우를 제외한다.
22. 과산화수소는 그 농도가 36중량퍼센트 이상인 것에 한한다.
23. 질산은 그 비중이 1.49 이상인 것에 한한다.

【 저장소의 구분 】

지정수량 이상의 위험물을 저장하기 위한 장소	저장소의 구분
1. 옥내(지붕과 기둥 또는 벽 등에 의하여 둘러싸인 곳을 말한다. 이하 같다)에 저장(위험물을 저장하는데 따르는 취급을 포함한다. 이하 이 표에서 같다)하는 장소. 다만, 제3호의 장소를 제외한다.	옥내저장소
2. 옥외에 있는 탱크(제4호 내지 제6호 및 제8호에 규정된 탱크를 제외한다. 이하 제3호에서 같다)에 위험물을 저장하는 장소	옥외탱크저장소
3. 옥내에 있는 탱크에 위험물을 저장하는 장소	옥내탱크저장소
4. 지하에 매설한 탱크에 위험물을 저장하는 장소	지하탱크저장소
5. 간이탱크에 위험물을 저장하는 장소	간이탱크저장소
6. 차량(피견인자동차에 있어서는 앞차축을 갖지 아니하는 것으로서 당해 피견인자동차의 일부가 견인자동차에 적재되고 당해 피견인자동차와 그 적재물의 중량의 상당부분이 견인자동차에 의하여 지탱되는 구조의 것에 한한다)에 고정된 탱크에 위험물을 저장하는 장소	이동탱크저장소
7. 옥외에 다음 각목의 1에 해당하는 위험물을 지정하는 장소. 다만, 제2호의 장소를 제외한다. 가. 제2류 위험물 중 유황 또는 인화성고체(인화점이 섭씨 0도 이상인 것에 한한다) 나. 제4류 위험물 중 제1석유류(인화점이 섭씨 0도 이상인 것에 한한다)·알코올류·제2석유류·제3석유류·제4석유류 및 동식물유류 다. 제6류 위험물 라. 제2류 위험물 및 제4류 위험물 중 특별시·광역시 또는 도의 조례에서 정하는 위험물(「관세법」제154조의 규정에 의한 보세구역안에 저장하는 경우에 한한다) 마. 「국제해사기구에 관한 협약」에 의하여 설치된 국제해사기구가 채택한 「국제해상위험물규칙」(IMDG Code)에 적합한 용기에 수납된 위험물	옥외저장소
8. 일반 내의 공간을 이용한 탱크에 액체의 위험물을 저장하는 장소	암반탱크저장소

[취급소의 구분]

위험물을 제조 외의 목적으로 취급하기 위한 장소	취급소의 구분
1. 고정된 주유설비(항공기에 주유하는 경우에는 차량에 설치된 주유설비를 포함한다)에 의하여 자동차·항공기 또는 선박 등의 연료탱크에 직접 주유하기 위하여 위험물(「석유 및 석유대체연료 사업법」 제29조의 규정에 의한 가짜석유제품에 해당하는 물품을 제외한다. 이하 제2호에서 같다)을 취급하는 장소(위험물을 용기에 옮겨 담거나 차량에 고정된 3천리터 이하의 탱크에 주입하기 위하여 고정된 급유설비를 병설한 장소를 포함한다)	주유취급소
2. 점포에서 위험물을 용기에 담아 판매하기 위하여 지정수량의 40배 이하의 위험물을 취급하는 장소	판매취급소
3. 배관 및 이에 부속된 설비에 의하여 위험물을 이송하는 장소. 다만, 다음 각목의 1에 해당하는 경우의 장소를 제외한다. 가. 「송유관 안전관리법」에 의한 송유관에 의하여 위험물을 이송하는 경우 나. 제조소등에 관계된 시설(배관을 제외한다) 및 그 부지가 같은 사업소 안에 있고 당해 사업소 안에서만 위험물을 이송하는 경우 다. 사업소와 사업소의 사이에 도로(폭 2미터 이상의 일반교통에 이용되는 도로로서 자동차의 통행이 가능한 것을 말한다)만 있고 사업소와 사업소 사이의 이송배관이 그 도로를 횡단하는 경우 라. 사업소와 사업소 사이의 이송배관이 제3자(당해 사업소와 관련이 있거나 유사한 사업을 하는 자에 한한다)로서 당해 해상구조물에 설치된 배관이 길이가 20미터 이하인 경우 바. 사업소와 사업소 사이의 이송배관이 다목 내지 마목의 규정에 의한 경우 중 2 이상에 해당하는 경우 사. 「농어촌 전기공급사업 촉진법」에 따라 설치된 자가발전시설에 사용되는 위험물을 이송하는 경우	이송취급소
4. 제1호 내지 제3호 외의 장소(「석유 및 석유대체연료 사업법」 제29조의 규정에 의한 가짜석유제품에 해당하는 위험물을 취급하는 경우의 장소를 제외한다)	일반취급소

3. 적용제외

항공기·선박(선박법 제1조의2제1항의 규정에 따른 선박을 말한다)·철도 및 궤도에 의한 위험물의 저장·취급 및 운반에 있어서는 이를 적용하지 아니한다.

4. 국가의 책무

① 국가는 위험물에 의한 사고를 예방하기 위하여 다음 사항을 포함하는 시책을 수립·

시행하여야 한다.
　　㉠ 위험물의 유통실태 분석
　　㉡ 위험물에 의한 사고 유형의 분석
　　㉢ 사고 예방을 위한 안전기술 개발
　　㉣ 전문인력 양성
　　㉤ 그 밖에 사고 예방을 위하여 필요한 사항
② 국가는 지방자치단체가 위험물에 의한 사고의 예방·대비 및 대응을 위한 시책을 추진하는 데에 필요한 행정적·재정적 지원을 하여야 한다.

5 ▶▶ 지정수량 미만인 위험물의 저장, 취급

지정수량 미만인 위험물의 저장 또는 취급에 관한 기술상의 기준은 시·도의 조례로 정한다.

6 ▶▶ 위험물의 저장 및 취급의 제한

① 지정수량 이상의 위험물을 저장소가 아닌 장소에서 저장하거나 제조소등이 아닌 장소에서 취급하여서는 아니된다.
② 제조소등이 아닌 장소에서 지정수량 이상의 위험물을 취급할 수 있는 경우
　　▷ 임시로 저장 또는 취급하는 장소에서의 저장 또는 취급의 기준과 임시로 저장 또는 취급하는 장소의 위치·구조 및설비의 기준은 시·도의 조례로 정한다.
　　㉠ 시·도의 조례가 정하는 바에 따라 관할소방서장의 승인을 받아 지정수량 이상의 위험물을 90일 이내의 기간 동안 임시로 저장 또는 취급하는 경우
　　㉡ 군부대가 지정수량 이상의 위험물을 군사목적으로 임시로 저장 또는 취급하는 경우
③ 제조소등에서의 위험물의 저장 또는 취급에 관한 기술상의 기준(행정안전부령)
　　㉠ 중요기준 : 화재 등 위해의 예방과 응급조치에 있어서 큰 영향을 미치거나 그 기준을 위반하는 경우 직접적으로 화재를 일으킬 가능성이 큰 기준으로서 행정안전부령이 정하는 기준
　　㉡ 세부기준 : 화재 등 위해의 예방과 응급조치에 있어서 중요기준보다 상대적으로 적은 영향을 미치거나 그 기준을위반하는 경우 간접적으로 화재를 일으킬 수 있는 기준 및 위험물의 안전관리에 필요한 표시와 서류·기구 등의 비치에관한 기준으로서 행정안전부령이 정하는 기준

④ 둘 이상의 위험물을 같은 장소에서 저장 또는 취급하는 경우 당해 장소에서 저장 또는 취급하는 각 위험물의 수량을 그 위험물의 지정수량으로 각각 나누어 얻은 수의 합계가 1이상인 경우 당해 위험물은 지정수량 이상의 위험물로 본다.

7 ▶▶ 위험물시설의 설치 및 변경

① 제조소등을 설치하고자 하는 자는 시·도지사의 허가를 받아야 한다.
② 제조소등의 위치·구조 또는 설비를 변경하고자 하는 자는 시·도지사의 허가를 받아야 한다.
③ 취급하는 위험물의 품명·수량 또는 지정수량의 배수를 변경하고자 하는 자는 시도지사에게 변경하고자 하는 날의 1일 전까지 시·도지사에게 신고하여야 한다.
④ 제조소등이 아닌 경우에 허가를 받지 아니하고 당해 제조소등을 설치하거나 그 위치 구조 또는 설비를 변경할 수 있는 경우, 신고를 하지 아니하고 위험물의 품명·수량 또는 지정수량의 배수를 변경할 수 있는 경우
　㉠ 주택의 난방시설(공동주택의 중앙난방시설을 제외한다)을 위한 저장소 또는 취급소
　㉡ 농예용·축산용 또는 수산용으로 필요한 난방시설 또는 건조시설을 위한 지정수량 20배 이하의 저장소

8 ▶▶ 군용위험물시설의 설치 및 변경에 대한 특례

① 군사목적 또는 군부대시설을 위한 제조소등을 설치하거나 그 위치·구조 또는 설비를 변경하고자 하는 군부대의 장은 대통령령이 정하는 바에 따라 미리 제조소등의 소재지를 관할하는 시·도지사와 협의하여야 한다.
② 군부대의 장이 제조소등의 소재지를 관할하는 시·도지사와 협의한 경우에는 규정에 따른 허가를 받은 것으로 본다.
③ 군부대의 장은 규정에 따라 협의한 제조소등에 대하여는 탱크안전성능검사와 완공검사를 자체적으로 실시할 수 있다. 이 경우 완공검사를 자체적으로 실시한 군부대의 장은 지체 없이 행정안전부령으로 정하는 사항을 시·도지사에게 통보하여야 한다.
　㉠ 제조소등의 완공일 및 사용개시일
　㉡ 탱크안전성능검사의 결과(탱크안전성능검사의 대상이 되는 위험물탱크가 있는 경우에 한한다)
　㉢ 완공검사의 결과

ⓔ 안전관리자 선임 계획
ⓜ 예방규정(예방규정을 작성해야 할 제조소등에 한한다)

9 ▶▶ 탱크안전성능검사

① 탱크안전성능검사권자 : 시·도지사
  ㉠ 탱크안전성능검사신청 : 완공검사를 받기 전에 시·도지사에게 신청
  ㉡ 탱크안전성능시험을 받고자 하는 자는 기술원 또는 탱크시험자에게 신청서 제출

> **Reference**
>
> ● 시행규칙(탱크안전성능검사의 신청 등)
> ① 탱크안전성능검사를 받아야 하는 자는 신청서를 해당 위험물탱크의 설치장소를 관할하는 소방서장 또는 기술원에 제출하여야 한다.
> ② 다만, 설치장소에서 제작하지 아니하는 위험물탱크에 대한 탱크안전성능검사(충수·수압검사에 한한다)의 경우에는 신청서에 해당 위험물탱크의 구조명세서 1부를 첨부하여 해당 위험물탱크의 제작지를 관할하는 소방서장에게 신청할 수 있다.
> ③ 탱크안전성능시험을 받고자 하는 자는 신청서에 해당 위험물탱크의 구조명세서 1부를 첨부하여 기술원 또는 탱크시험자에게 신청할 수 있다.
> ④ 충수·수압검사를 면제받고자 하는 자는 탱크시험합격확인증에 탱크시험성적서를 첨부하여 소방서장에게 제출하여야 한다.

② 탱크안전성능검사의 종류
  ㉠ 기초·지반검사
  ㉡ 충수·수압검사
  ㉢ 용접부검사
  ㉣ 암반탱크검사
③ 탱크안전성능검사 종류 및 대상
  ㉠ 기초·지반검사: 옥외탱크저장소의 액체위험물탱크 중 그 용량이 100만리터 이상인 탱크
  ㉡ 충수(充水)·수압검사: 액체위험물을 저장 또는 취급하는 탱크
    다만, 다음 각 목의 어느 하나에 해당하는 탱크는 제외한다.
    ⓐ 제조소 또는 일반취급소에 설치된 탱크로서 용량이 지정수량 미만인 것
    ⓑ 「고압가스 안전관리법」에 따른 특정설비에 관한 검사에 합격한 탱크
    ⓒ 「산업안전보건법」에 따른 안전인증을 받은 탱크

ⓒ 용접부검사: 옥외탱크저장소의 액체위험물탱크 중 그 용량이 100만리터 이상인 탱크
　　ⓔ 암반탱크검사: 액체위험물을 저장 또는 취급하는 암반내의 공간을 이용한 탱크
④ 탱크안전성능검사의 전부 또는 일부 면제
　　㉠ 시·도지사는 탱크안전성능시험자 또는 한국소방산업기술원으로부터 탱크안전성능시험을 받은 경우에는 탱크안전성능 검사의 전부 또는 일부 면제할 수 있다.
　　㉡ 시·도지사가 면제할 수 있는 탱크안전성능검사는 충수·수압검사로 한다.
　　㉢ 위험물탱크에 대한 충수·수압검사를 면제받고자 하는 자는 "탱크시험자" 또는 기술원으로부터 충수·수압검사에 관한탱크안전성능시험을 받아 완공검사를 받기 전(지하에 매설하는 위험물탱크에 있어서는 지하에 매설하기 전)에 해당 시험에 합격하였음을 증명하는 서류("탱크시험합격확인증")를 시·도지사에게 제출해야 한다.
⑤ 탱크안전성능검사의 신청시기
　　㉠ 기초·지반검사 : 위험물탱크의 기초 및 지반에 관한 공사의 개시 전
　　㉡ 충수·수압검사 : 위험물을 저장 또는 취급하는 탱크에 배관 그 밖의 부속설비를 부착하기 전
　　㉢ 용접부검사 : 탱크본체에 관한 공사의 개시 전
　　㉣ 암반탱크검사 : 암반탱크의 본체에 관한 공사의 개시 전

10 ▶▶ 완공검사

① 완공검사권자 : 시·도지사
② 완공검사 결과 보고서 : 기술원은 완공검사를 실시한 경우에는 완공검사결과서를 소방서장에게 송부하고, 검사대상명·접수일시·검사일·검사번호·검사자·검사결과 및 검사결과서 발송일 등을 기재한 완공검사업무대장을 작성하여 10년간 보관하여야 한다.
③ 완공검사 신청시기
　　㉠ 지하탱크가 있는 제조소등의 경우 : 당해 지하탱크를 매설하기 전
　　㉡ 이동탱크저장소의 경우 : 이동저장탱크를 완공하고 상시 설치장소(이하 "상치장소")를 확보한 후
　　㉢ 이송취급소의 경우 : 이송배관 공사의 전체 또는 일부를 완료한 후. 다만, 지하·하천 등에 매설하는 이송배관의 공사의경우에는 이송배관을 매설하기 전

ⓔ 전체 공사가 완료된 후에는 완공검사를 실시하기 곤란한 경우
- ⓐ 위험물설비 또는 배관의 설치가 완료되어 기밀시험 또는 내압시험을 실시하는 시기
- ⓑ 배관을 지하에 설치하는 경우에는 시·도지사, 소방서장 또는 기술원이 지정하는 부분을 매몰하기 직전
- ⓒ 기술원이 지정하는 부분의 비파괴시험을 실시하는 시기

ⓜ ㉠ ~ ㉣에 해당하지 아니하는 제조소등의 경우 : 제조소등의 공사를 완료한 후

⑪ ▸▸ 제조소등 설치자의 지위승계

① 지위승계자
  - ㉠ 상속인
  - ㉡ 제조소등을 양수·인수한 자
  - ㉢ 합병 후 존속하는 법인이나 합병에 의하여 설립되는 법인
  - ㉣ 민사집행법에 의한 경매, 「채무자 회생 및 파산에 관한 법률」에 의한 환가, 국세징수법·관세법 또는 「지방세징수법」에 따른 압류재산의 매각과 그 밖에 이에 준하는 절차에 따라 제조소등의 시설의 전부를 인수한 자
② 지위를 승계한 자는 승계한날부터 30일이내에 시도지사에게 지위승계신고하여야 한다.

⑫ ▸▸ 제조소등의 폐지

제조소등의 관계인은 제조소등의 용도를 폐지한 경우 폐지한 날부터 14일 이내에 시·도지사에게 신고하여야 한다.

⑬ ▸▸ 제조소등 설치허가의 취소와 사용정지 등

① 제조소등 설치허가의 취소와 사용정지권자 : 시·도지사
② 허가를 취소하거나 6월 이내의 기간을 정하여 제조소등의 전부 또는 일부의 사용정지를 명할 수 있는 사유
  - ㉠ 규정에 따른 변경허가를 받지 아니하고 제조소등의 위치·구조 또는 설비를 변경한 때
  - ㉡ 완공검사를 받지 아니하고 제조소등을 사용한 때
  - ㉡의2 안전조치 이행명령을 따르지 아니한 때

ⓒ 규정에 따른 수리·개조 또는 이전의 명령을 위반한 때
② 위험물안전관리자를 선임하지 아니한 때
⑩ 규정을 위반하여 대리자를 지정하지 아니한 때
ⓑ 정기점검을 하지 아니한 때
ⓢ 정기검사를 받지 아니한 때
ⓞ 규정에 따른 저장·취급기준 준수명령을 위반한 때

14 ▶▶ 과징금 처분

① 과징금 부과권자 : 시·도지사
② 최대2억원

15 ▶▶ 위험물안전관리

① 위험물안전관리자
   ㉠ 위험물안전관리자 선임권자: 제조소등의 관계인
   ㉡ 위험물의 취급에 관한 자격이 있는 자

【 위험물취급자격자의 자격(제11조제1항 관련) 】

위험물취급자격자의 구분	취급할 수 있는 위험물
1. 「국가기술자격법」에 따라 위험물기능장, 위험물산업기사, 위험물기능사의 자격을 취득한 사람	별표 1의 모든 위험물
2. 안전관리자교육이수자(법 28조제1항에 따라 소방청장이 실시하는 안전관리자교육을 이수한 자를 말한다. 이하 별표 6에서 같다)	별표 1의 위험물 중 제4류 위험물
3. 소방공무원 경력자(소방공무원으로 근무한 경력이 3년 이상인 자를 말한다. 이하 별표 6에서 같다)	별표 1의 위험물 중 제4류 위험물

   ㉢ 제조소등에서 저장·취급하는 위험물이 「화학물질관리법」에 따른 유독물질에 해당하는 경우 당해 제조소등을 설치한 자는 다른 법률에 의하여 안전관리업무를 하는 자로 선임된 자 가운데 대통령령이 정하는 자를 안전관리자로 선임할 수 있다.
   ㉣ 제조소등의 관계인은 안전관리자가 해임, 퇴직한 날부터 30일 이내에 선임하여 선임한날부터 14일 이내에 소방본부장 또는 소방서장에게 신고하여야 한다.
   ㉤ 안전관리자 선임신고시 제출해야 할 서류
      ⓐ 위험물안전관리업무대행계약서(안전관리대행기관에 한한다)

ⓑ 위험물안전관리교육 수료증(안전관리자 강습교육을 받은 자에 한한다)
ⓒ 위험물안전관리자를 겸직할 수 있는 관련 안전관리자로 선임된 사실을 증명할 수 있는 서류
ⓓ 소방공무원 경력증명서(소방공무원 경력자에 한한다)
ⓑ 제조소등의 관계인은 안전관리자의 해임, 퇴직한 사실을 소방본부장 또는 소방서장에게 확인받을 수 있다.
ⓢ 위험물안전관리 직무 대리자 지정
ⓐ 위험물안전관리 직무 대리자 지정권자: 제조소등의 관계인
ⓑ 직무 대리자 지정사유
㉮ 선임된 안전관리자가 여행·질병 그 밖의 사유로 인하여 일시적으로 직무를 수행할 수 없는 경우
㉯ 안전관리자의 해임 또는 퇴직과 동시에 다른 안전관리자를 선임하지 못하는 경우
ⓒ 직무 대리자 자격조건
㉮ 국가기술자격법에 따른 위험물의 취급에 관한 자격취득자
㉯ 안전교육을 받은 자
㉰ 제조소등의 위험물 안전관리업무에 있어서 안전관리자를 지휘·감독하는 직위에 있는 자
ⓓ 직무 대리자의 직무 대행기간: 30일을 초과할 수 없다.
ⓞ 안전관리자의 업무와 의무
ⓐ 위험물을 취급하는 작업을 하는 때에는 작업자에게 안전관리에 관한 필요한 지시
ⓑ 위험물의 취급에 관한 안전관리와 감독
ⓒ 제조소등의 관계인과 그 종사자는 안전관리자의 위험물 안전관리에 관한 의견을 존중하고 그 권고에 따라야 한다.
② 1인의 안전관리자를 중복하여 선임할 수 있는 경우
㉠ 보일러·버너 또는 이와 비슷한 것으로서 위험물을 소비하는 장치로 이루어진 7개 이하의 일반취급소와 그 일반취급소에 공급하기 위한 위험물을 저장하는 저장소[일반취급소 및 저장소가 모두 동일구내에 있는 경우에 한한다]를 동일인이 설치한 경우
㉡ 위험물을 차량에 고정된 탱크 또는 운반용기에 옮겨 담기 위한 5개 이하의 일반취급소[일반취급소간의 거리(보행거리)가 300미터 이내인 경우에 한한다]와 그 일반취급소에 공급하기 위한 위험물을 저장하는 저장소를 동일인이 설치한 경우

ⓒ 동일구내에 있거나 상호 100미터 이내의 거리에 있는 저장소로서 저장소의 규모, 저장하는 위험물의 종류 등을 고려하여 행정안전부령이 정하는 저장소를 동일인이 설치한 경우[행정안전부령으로 정하는 저장소]
  ⓐ 10개 이하의 옥내저장소
  ⓑ 30개 이하의 옥외탱크저장소
  ⓒ 옥내탱크저장소
  ⓓ 지하탱크저장소
  ⓔ 간이탱크저장소
  ⓕ 10개 이하의 옥외저장소
  ⓖ 10개 이하의 암반탱크저장소
ⓔ 다음 각목의 기준에 모두 적합한 5개 이하의 제조소등을 동일인이 설치한 경우
  ⓐ 각 제조소등이 동일구내에 위치하거나 상호 100미터 이내의 거리에 있을 것
  ⓑ 각 제조소등에서 저장 또는 취급하는 위험물의 최대수량이 지정수량의 3천배 미만일 것. 다만, 저장소의 경우에는 그러하지 아니하다.
ⓜ 선박주유취급소의 고정주유설비에 공급하기 위한 위험물을 저장하는 저장소와 당해 선박주유취급소

16 ▶▶ 탱크시험자의 등록 등

① 시·도지사 또는 제조소등의 관계인은 탱크시험자로 하여금 탱크안전성능검사 또는 점검의 일부를 실시하게 할 수 있다.
② 등록신청
  ㉠ 탱크시험자가 되고자 하는 자는 기술능력, 시설, 장비를 갖추어 시·도지사에게 등록하여야 한다.
  ㉡ 등록기준
    ⓐ 기술능력
      ㉮ 필수인력
        • 위험물기능장·위험물산업기사 또는 위험물기능사 중 1명 이상
        • 비파괴검사기술사 1명 이상 또는 초음파비파괴검사·자기비파괴검사 및 침투비파괴검사별로 기사 또는 산업기사 각 1명 이상
      ㉯ 필요한 경우에 두는 인력
        • 충·수압시험, 진공시험, 기밀시험 또는 내압시험의 경우: 누설비파괴검사 기사, 산업기사 또는 기능사

- 수직 · 수평도시험의 경우: 측량 및 지형공간정보 기술사, 기사, 산업기사 또는 측량기능사
- 방사선투과시험의 경우: 방사선비파괴검사 기사 또는 산업기사
- 필수 인력의 보조: 방사선비파괴검사 · 초음파비파괴검사 · 자기비파괴검사 또는 침투비파괴검사기능사

ⓑ 시설: 전용사무실

ⓒ 장비

㉮ 필수장비: 자기탐상시험기, 초음파두께측정기 및 다음 중 어느 하나
- 영상초음파시험기
- 방사선투과시험기 및 초음파시험기

㉯ 필요한 경우에 두는 장비
- 충 · 수압시험, 진공시험, 기밀시험 또는 내압시험의 경우
  - 진공능력 53[KPa] 이상의 진공누설시험기
  - 기밀시험장치(안전장치가 부착된 것으로서 가압능력 200[KPa] 이상, 감압의 경우에는 감압능력 10[KPa] 이상 · 감도 10[Pa] 이하의 것으로서 각각의 압력 변화를 스스로 기록할 수 있는 것)
- 수직 · 수평도 시험의 경우 : 수직 · 수평도 측정기
  ※ 비고 : 둘 이상의 기능을 함께 가지고 있는 장비를 갖춘 경우에는 각각의 장비를 갖춘 것으로 본다.

③ 탱크시험자 등록취소등

[등록취소]

㉠ 허위 그 밖의 부정한 방법으로 등록을 한 경우
㉡ 등록의 결격사유에 해당하게 된 경우
㉢ 등록증을 다른 자에게 빌려준 경우

[6월 이하의 업무정지]

㉠ 등록기준에 미달하게 된 경우
㉡ 탱크안전성능시험 또는 점검을 허위로 하거나 이 법에 의한 기준에 맞지 아니하게 탱크안전성능시험 또는 점검을 실시하는 경우 등 탱크시험자로서 적합하지 아니하다고 인정하는 경우

17 ▸▸ 예방규정등

① 제조소등의 관계인은 당해 제조소등을 사용하기 전에 시·도지사에게 예방규정을 제출하여야 한다.
② 예방규정을 작성, 제출하여야 하는 대상
   ㉠ 지정수량의 10배 이상의 위험물을 취급하는 제조소
   ㉡ 지정수량의 100배 이상의 위험물을 저장하는 옥외저장소
   ㉢ 지정수량의 150배 이상의 위험물을 저장하는 옥내저장소
   ㉣ 지정수량의 200배 이상의 위험물을 저장하는 옥외탱크저장소
   ㉤ 암반탱크저장소
   ㉥ 이송취급소
   ㉦ 지정수량의 10배 이상의 위험물을 취급하는 일반취급소
   ※ 다만, 제4류 위험물(특수인화물을 제외한다)만을 지정수량의 50배 이하로 취급하는 일반취급소(제1석유류·알코올류의 취급량이 지정수량의 10배 이하인 경우에 한한다)로서 다음 어느 하나에 해당하는 것을 제외한다.
      ⓐ 보일러·버너 또는 이와 비슷한 것으로서 위험물을 소비하는 장치로 이루어진 일반취급소
      ⓑ 위험물을 용기에 옮겨 담거나 차량에 고정된 탱크에 주입하는 일반취급소
③ 예방규정 작성사항
   ㉠ 위험물의 안전관리업무를 담당하는 자의 직무 및 조직에 관한 사항
   ㉡ 안전관리자가 여행·질병 등으로 인하여 그 직무를 수행할 수 없을 경우 그 직무의 대리자에 관한 사항
   ㉢ 영 제18조의 규정에 의하여 자체소방대를 설치하여야 하는 경우에는 자체소방대의 편성과 화학소방자동차의배치에 관한 사항
   ㉣ 위험물의 안전에 관계된 작업에 종사하는 자에 대한 안전교육 및 훈련에 관한 사항
   ㉤ 위험물시설 및 작업장에 대한 안전순찰에 관한 사항
   ㉥ 위험물시설·소방시설 그 밖의 관련시설에 대한 점검 및 정비에 관한 사항
   ㉦ 위험물시설의 운전 또는 조작에 관한 사항
   ㉧ 위험물 취급작업의 기준에 관한 사항
   ㉨ 이송취급소에 있어서는 배관공사 현장책임자의 조건 등 배관공사 현장에 대한 감독체제에 관한 사항과 배관주위에 있는 이송취급소 시설 외의 공사를 하는 경우 배관의 안전확보에 관한 사항
   ㉩ 재난 그 밖의 비상시의 경우에 취하여야 하는 조치에 관한 사항

ⓚ 위험물의 안전에 관한 기록에 관한 사항
ⓔ 제조소등의 위치·구조 및 설비를 명시한 서류와 도면의 정비에 관한 사항
ⓟ 그 밖에 위험물의 안전관리에 관하여 필요한 사항

18 ▸▸ 정기점검 및 정기검사(정밀정기검사, 중간정기검사)

① 정기점검
  ㉠ 정기점검자
    ⓐ 원칙 : 제조소등의 관계인
    ⓑ 실시자
      ㉮ 위험물운송자(이동탱크저장소의 경우에 한함)
      ㉯ 위험물안전관리자
      ㉰ 탱크시험자
      ㉱ 안전관리대행기관(특정옥외탱크저장소의 정기점검은 제외)
  ㉡ 정기점검의 대상인 제조소등
    ⓐ 예방규정을 작성해야 하는 제조소등(7가지)
    ⓑ 지하탱크저장소
    ⓒ 이동탱크저장소
    ⓓ 위험물을 취급하는 탱크로서 지하에 매설된 탱크가 있는 제조소·주유취급소 또는 일반취급소
  ㉢ 정기점검의 횟수
    제조소등의 관계인은 당해 제조소등에 대하여 연 1회 이상 정기점검을 실시하여야 한다.
  ㉣ 특정·준특정옥외탱크저장소(액체위험물의 최대수량이 50만리터 이상인 것)의 정기점검(=구조안전점검)
    ⓐ 연 1회 이상 실시하는 정기점검 외에 다음에 해당하는 기간 이내에 1회 이상 준, 특정옥외저장탱크의 구조 등에 관한 안전점검("구조안전점검")을 하여야 한다.
      ㉮ 특정·준특정옥외탱크저장소의 설치허가에 따른 완공검사합격확인증을 발급받은 날부터 12년
      ㉯ 최근의 정밀정기검사를 받은 날부터 11년
      ㉰ 특정·준특정옥외저장탱크에 안전조치를 한 후 기술원에 구조안전점검시기 연장신청을 하여 해당 안전조치가 적정한 것으로 인정받은 경우에는 최

근의 정밀정기검사를 받은 날부터 13년
    ⓑ 구조안전점검의 연장신청
      해당 기간 이내에 특정·준특정옥외저장탱크의 사용중단 등으로 구조안전점검을 실시하기가 곤란한 경우에는 관할소방서장에게 구조안전점검의 실시기간 연장신청을 할 수 있으며, 그 신청을 받은 소방서장은 1년(특정·준특정옥외탱크저장소의 사용을 중지한 경우에는 사용중지기간)의 범위 내에서 당해 기간을 연장할 수 있다.
    ⓒ 점검자 : 위험물안전관리자, 탱크시험자
    ⓓ 구조안전점검 기록보관 : 25년(단, 기술원에서 연장받은 경우는 30년)
  ⑩ 해당 제조소등의 안전관리자는 안전관리대행기관 또는 탱크시험자의 점검현장에 참관하여야 한다.
  ⑪ 탱크시험자는 정기점검을 실시한 결과 그 탱크 등의 유지관리상황이 적합하다고 인정되는 때에는 점검을 완료한 날부터 10일 이내에 정기점검결과서에 위험물탱크안전성능시험자등록증 사본 및 시험성적서를 첨부하여 제조소등의 관계인에게 교부하고, 적합하지 아니한 경우에는 개선하여야 하는 사항을 통보하여야 한다.
  ⑭ 점검결과 기록보존: 3년
② 정기검사
  ㉠ 정기검사자 : 소방본부장 또는 소방서장
  ㉡ 정기검사의 대상 : 액체위험물을 저장 또는 취급하는 50만리터 이상의 옥외탱크저장소[준특정옥외탱크저장소 - 50만리터 이상, 특정옥외탱크저장소 - 100만리터 이상]
  ㉢ 정기검사의 시기
    ⓐ 정밀정기검사 : 다음 각 목의 어느 하나에 해당하는 기간 내에 1회
      ㉮ 특정·준특정옥외탱크저장소의 설치허가에 따른 완공검사합격확인증을 발급받은 날부터 12년
      ㉯ 최근의 정밀정기검사를 받은 날부터 11년
    ⓑ 중간정기검사 : 다음 각 목의 어느 하나에 해당하는 기간 내에 1회
      ㉮ 특정·준특정옥외탱크저장소의 설치허가에 따른 완공검사합격확인증을 발급받은 날부터 4년
      ㉯ 최근의 정밀정기검사 또는 중간정기검사를 받은 날부터 4년
  ㉣ 정밀정기검사를 받아야 하는 특정·준특정옥외탱크저장소의 관계인은 정밀정기검사를 제65조제1항에 따른 구조안전점검을 실시하는 때에 함께 받을 수 있다.

ⓜ 정기검사의 기록보관
정기검사를 받은 제조소등의 관계인과 정기검사를 실시한 기술원은 정기검사합격 확인증 등 정기검사에 관한 서류를 해당 제조소등에 대한 차기 정기검사시까지 보관하여야 한다.

19 ▶▶ 자체소방대

① 자체소방대 설치자: 당해 제조소등의 관계인
② 자체소방대를 설치해야 하는 제조소등
  ㉠ 제4류 위험물을 취급하는 지정수량 3천배 이상의 제조소 또는 일반취급소
  ㉡ 제4류 위험물을 저장하는 옥외탱크저장소
③ 자체소방대 조직구성
  ㉠ 자체소방대를 설치하는 사업소의 관계인은 자체소방대에 화학소방자동차 및 자체소방대원을 두어야 한다.

【 자체소방대에 두는 화학소방자동차 및 인원 】

사업소의 구분	화학소방자동차	자체소방대원의 수
1. 제조소 또는 일반취급소에서 취급하는 제4류 위험물의 최대수량의 합이 지정수량의 3천배 이상 12만배 미만인 사업소	1대	5인
2. 제조소 또는 일반취급소에서 취급하는 제4류 위험물의 최대수량의 합이 지정수량의 12만배 이상 24만배 미만인 사업소	2대	10인
3. 제조소 또는 일반취급소에서 취급하는 제4류 위험물의 최대수량의 합이 지정수량의 24만배 이상 48만배 미만인 사업소	3대	15인
4. 제조소 또는 일반취급소에서 취급하는 제4류 위험물의 최대수량의 합이 지정수량의 48만배 이상인 사업소	4대	20인
5. 옥외탱크저장소에 저장하는 제4류 위험물의 최대 수량이 지정수량의 50만배 이상인 사업소	2대	10인

㉡ 다만, 화재 그 밖의 재난발생시 다른 사업소 등과 상호응원에 관한 협정을 체결하고 있는 사업소에 있어서는 행정안전부령이 정하는 바에 따라 화학소방자동차 및 인원의 수를 달리할 수 있다.
  ⇨ 2 이상의 사업소가 상호응원에 관한 협정을 체결하고 있는 경우에는 당해 모

든 사업소를 하나의 사업소로 보고 제조소 또는 취급소에서 취급하는 제4류 위험물을 합산한 양을 하나의 사업소에서 취급하는 제4류 위험물의 최대수량으로 간주하여 화학소방자동차의 대수 및 자체소방대원을 정할 수 있다. 이 경우 상호응원에 관한 협정을 체결하고 있는 각 사업소의 자체소방대에는 화학소방차 대수의 2분의 1 이상의 대수와 화학소방자동차마다 5인 이상의 자체소방대원을 두어야 한다.

④ 자체소방대의 설치 제외대상인 일반취급소
  ㉠ 보일러, 버너 그 밖에 이와 유사한 장치로 위험물을 소비하는 일반취급소
  ㉡ 이동저장탱크 그 밖에 이와 유사한 것에 위험물을 주입하는 일반취급소
  ㉢ 용기에 위험물을 옮겨 담는 일반취급소
  ㉣ 유압장치, 윤활유순환장치 그 밖에 이와 유사한 장치로 위험물을 취급하는 일반취급소
  ㉤ 「광산안전법」의 적용을 받는 일반취급소

⑤ 화학소방차의 기준 등
  ㉠ 화학소방자동차(내폭화학차 및 제독차를 포함한다)에 갖추어야 하는 소화능력 및 설비의 기준

화학소방자동차의 구분	소화능력 및 설비의 기준
포수용액 방사차	포수용액의 방사능력이 매분 2,000[L] 이상일 것
	소화약액탱크 및 소화약액혼합장치를 비치할 것
	10만[L] 이상의 포수용액을 방사할 수 있는 양의 소화약제를 비치할 것
분말 방사차	분말의 방사능력이 매초 35[kg] 이상일 것
	분말탱크 및 가압용가스설비를 비치할 것
	1,400[kg] 이상의 분말을 비치할 것
할로겐화합물 방사차	할로겐화합물의 방사능력이 매초 40[kg] 이상일 것
	할로겐화합물탱크 및 가압용가스설비를 비치할 것
	1,000[kg] 이상의 할로겐화합물을 비치할 것
이산화탄소 방사차	이산화탄소의 방사능력이 매초 40[kg] 이상일 것
	이산화탄소저장용기를 비치할 것
	3,000[kg] 이상의 이산화탄소를 비치할 것
제독차	가성소오다 및 규조토를 각각 50[kg] 이상 비치할 것

  ㉡ 포수용액을 방사하는 화학소방자동차의 대수는 화학소방자동차의 대수의 3분의 2 이상으로 하여야 한다.

20 ▸▸ 위험물의 운반 등

① 위험물의 운반
  ㉠ 위험물의 운반은 그 용기·적재방법 및 운반방법에 관한 중요기준과 세부기준에 따라 행하여야 한다.
    ⓐ 중요기준 : 화재 등 위해의 예방과 응급조치에 있어서 큰 영향을 미치거나 그 기준을 위반하는 경우 직접적으로 화재를 일으킬 가능성이 큰 기준으로서 행정안전부령이 정하는 기준
    ⓑ 세부기준 : 화재 등 위해의 예방과 응급조치에 있어서 중요기준보다 상대적으로 적은 영향을 미치거나 그 기준을 위반하는 경우 간접적으로 화재를 일으킬 수 있는 기준 및 위험물의 안전관리에 필요한 표시와 서류·기구 등의 비치에 관한 기준으로서 행정안전부령이 정하는 기준
  ㉡ 운반용기의 검사 : 시·도지사가 실시(한국소방산업기술원에 위탁)
    기술원의 원장은 전년도의 운반용기 검사업무 처리결과를 매년 1월 31일까지 시·도지사에게 보고하여야 하고, 시·도지사는 기술원으로부터 보고받은 운반용기 검사업무 처리결과를 매년 2월 말까지 소방청장에게 제출해야 한다.
② 위험물의 운송
  ㉠ 이동탱크저장소에 의하여 위험물을 운송하는 자
    당해 위험물을 취급할 수 있는 국가기술자격자 또는 위험물 안전교육을 받은 운송책임자 및 이동탱크저장소운전자인 "위험물운송자"이어야 한다.
  ㉡ 위험물의 운송에 있어서 운송책임자의 감독 또는 지원을 받아 운송해야 할 위험물
    ⓐ 알킬알루미늄
    ⓑ 알킬리튬
    ⓒ 알킬알루미늄 또는 알킬리튬의 물질을 함유하는 위험물
  ㉢ 위험물운송자의 주의 의무
    이동탱크저장소에 의하여 위험물을 운송하는 때에는 위험물의 운송 기준을 준수하는 등 당해 위험물의 안전확보를 위하여 세심한 주의를 기울여야 한다.
  ㉣ 운송책임자
    ⓐ 당해 위험물의 취급에 관한 국가기술자격을 취득하고 관련 업무에 1년 이상 종사한 경력이 있는 자
    ⓑ 위험물의 운송에 관한 안전교육을 수료하고 관련 업무에 2년 이상 종사한 경력이 있는 자

㉤ 운송책임자의 감독 또는 지원의 방법
 ⓐ 운송책임자가 이동탱크저장소에 동승하여 운송 중인 위험물의 안전확보에 관하여 운전자에게 필요한 감독 또는 지원을 하는 방법. 다만, 운전자가 운반책임자의 자격이 있는 경우에는 운송책임자의 자격이 없는 자가 동승할 수 있다.
 ⓑ 운송의 감독 또는 지원을 위하여 마련한 별도의 사무실에 운송책임자가 대기하면서 다음의 사항을 이행하는 방법
  ㉮ 운송경로를 미리 파악하고 관할소방관서 또는 관련업체(비상대응에 관한 협력을 얻을 수 있는 업체를 말한다)에 대한 연락체계를 갖추는 것
  ㉯ 이동탱크저장소의 운전자에 대하여 수시로 안전확보 상황을 확인하는 것
  ㉰ 비상시의 응급처치에 관하여 조언을 하는 것
  ㉱ 그 밖에 위험물의 운송중 안전확보에 관하여 필요한 정보를 제공하고 감독 또는 지원하는 것(위험물 운송책임자의 감독 또는 지원의 방법과 위험물의 운송 시에 준수하여야 하는 사항)

㉥ 이동탱크저장소에 의한 위험물의 운송 시에 준수하여야 하는 기준
 ⓐ 위험물운송자는 운송의 개시 전에 이동저장탱크의 배출밸브 등의 밸브와 폐쇄장치, 맨홀 및 주입구의 뚜껑, 소화기 등의 점검을 충분히 실시할 것
 ⓑ 위험물운송자는 장거리(고속국도에 있어서는 340[km] 이상, 그 밖의 도로에 있어서는 200[km] 이상을 말한다)에 걸치는 운송을 하는 때에는 2명 이상의 운전자로 할 것.
  ※ 다만, 다음에 해당하는 경우에는 그러하지 아니하다.
   ㉮ 운송책임자를 동승시킨 경우
   ㉯ 운송하는 위험물이 제2류 위험물·제3류 위험물(칼슘 또는 알루미늄의 탄화물과 이것만을 함유한 것에 한한다) 또는 제4류 위험물(특수인화물을 제외한다)인 경우
   ㉰ 운송도중에 2시간 이내마다 20분 이상씩 휴식하는 경우
 ⓒ 위험물운송자는 이동탱크저장소를 휴식·고장 등으로 일시 정차시킬 때에는 안전한 장소를 택하고 당해 이동탱크저장소의 안전을 위한 감시를 할 수 있는 위치에 있는 등 운송하는 위험물의 안전확보에 주의할 것
 ⓓ 위험물운송자는 이동저장탱크로부터 위험물이 현저하게 새는 등 재해발생의 우려가 있는 경우에는 재난을 방지하기 위한 응급조치를 강구하는 동시에 소방관서 그 밖의 관계기관에 통보할 것
 ⓔ 위험물(제4류 위험물에 있어서는 특수인화물 및 제1석유류에 한한다)을 운송하게 하는 자는 위험물안전카드를 위험물운송자로 하여금 휴대하게 할 것

ⓕ 위험물운송자는 위험물안전카드를 휴대하고 당해 카드에 기재된 내용에 따를 것. 다만, 재난 그 밖의 불가피한 이유가 있는 경우에는 당해 기재된 내용에 따르지 아니할 수 있다.

21 ▶▶ 안전교육

① 안전관리자・탱크시험자・위험물운반자・위험물운송자 등 위험물의 안전관리와 관련된 업무를 수행하는 자로서 대통령령이 정하는 자는 해당 업무에 관한 능력의 습득 또는 향상을 위하여 소방청장이 실시하는 교육을 받아야 한다.
② 안전교육대상자
　㉠ 안전관리자로 선임된 자
　㉡ 탱크시험자의 기술인력으로 종사하는 자
　㉢ 위험물운반자로 종사하는 자
　㉣ 위험물운송자로 종사하는 자
③ 안전교육실시자: 소방청장
④ 제조소등의 관계인은 교육대상자에 대하여 필요한 안전교육을 받게 하여야 한다.
⑤ 안전교육의 과정 및 기간과 그 밖에 교육의 실시에 관하여 필요한 사항(행정안전부령)
⑥ 시・도지사, 소방본부장 또는 소방서장은 안전교육대상자가 교육을 받지 아니한 때에는 그 교육대상자가 교육을 받을 때까지 이 법의 규정에 따라 그 자격으로 행하는 행위를 제한할 수 있다.
⑦ 안전교육의 구분 : 소방청장은 안전교육을 강습교육과 실무교육으로 구분하여 실시한다.
⑧ 기술원 또는 한국소방안전원은 매년 교육실시계획을 수립하여 교육을 실시하는 해의 전년도 말까지 소방청장의 승인을 받아야 하고, 해당 연도 교육실시결과를 교육을 실시한 해의 다음 연도 1월 31일까지 소방청장에게 보고하여야 한다.
⑨ 소방본부장은 매년 10월말까지 관할구역 안의 실무교육대상자 현황을 안전원에 통보하고 관할구역 안에서 안전원이 실시하는 안전교육에 관하여 지도・감독하여야 한다.

22 ▶▶ 청문

① 실시권자 : 시・도지사, 소방본부장 또는 소방서장
② 청문사유
　㉠ 제조소등 설치허가의 취소

ⓒ 탱크시험자의 등록취소

23. 벌칙

벌 칙	사유 및 대상자
1년 이상 10년 이하의 징역	제조소 등에서 위험물을 유출·방출 또는 확산시켜 사람의 생명·신체 또는 재산에 대하여 위험을 발생시킨 자
무기 또는 5년 이하의 징역	제조소 등에서 위험물을 유출·방출 또는 확산시켜 사람을 사망에 이르게 한 때
무기 또는 3년 이하의 징역	제조소 등에서 위험물을 유출·방출 또는 확산시켜 사람을 상해(傷害)에 이르게 한 때
10년 이하의 징역 또는 금고나 1억원 이하의 벌금	업무상 과실로 제조소 등에서 위험물을 유출·방출 또는 확산시켜 사람을 사상(死傷)에 이르게 한 자
7년 이하의 금고 또는 7,000만 원 이하의 벌금	업무상 과실로 제조소 등에서 위험물을 유출·방출 또는 확산시켜 사람의 생명·신체 또는 재산에 대하여 위험을 발생시킨 자
3년 이하의 징역 또는 3,000만 원 이하의 벌금	저장소 또는 제조소 등이 아닌 장소에서 지정수량 이상의 위험물을 저장 또는 취급한 자
5년 이하의 징역 또는 1억 원 이하의 벌금	제조소 등의 설치허가를 받지 아니하고 제조소 등을 설치한 자
1년 이하의 징역 또는 1,000만 원 이하의 벌금	• 탱크시험자로 등록하지 아니하고 탱크시험자의 업무를 한 자 • 정기점검을 하지 아니하거나 점검기록을 허위로 작성한 관계인으로서 제조소 등의 허가를 받은 자 • 정기검사를 받지 아니한 관계인으로서 제조소 등의 허가를 받은 자 • 자체소방대를 두지 아니한 관계인으로서 제조소 등의 허가를 받은 자 • 운반용기 검사를 받지 않고 운반용기를 사용하거나 유통시킨 자 • 관계공무원에 대하여 필요한 보고 또는 자료제출을 하지 아니하거나 허위로 보고 또는 자료 제출을 한 자 또는 관계공무원의 출입·검사 또는 수거를 거부·방해 또는 기피한 자 • 제조소 등에 대한 긴급 사용정지·제한명령을 위반한 자
1,500만 원 이하의 벌금	• 위험물의 저장 또는 취급에 관한 중요기준에 따르지 아니한 자 • 변경허가를 받지 아니하고 제조소 등을 변경한 자 • 제조소 등의 완공검사를 받지 아니하고 위험물을 저장·취급한 자 • 안전조치이행명령을 따르지 아니한 자 • 제조소 등의 사용정지명령을 위반한 자 • 수리·개조 또는 이전의 명령에 따르지 아니한 자 • 안전관리자를 선임하지 아니한 관계인으로서 제조소 등의 허가를 받은 자

	• 대리자를 지정하지 아니한 관계인으로서 제조소 등의 허가를 받은 자 • 업무정지명령을 위반한 사 • 탱크안전성능시험 또는 점검에 관한 업무를 허위로 하거나 그 결과를 증명하는 서류를 허위로 교부한 자 • 예방규정을 제출하지 아니하거나 변경명령을 위반한 관계인으로서 제조소 등의 허가를 받은 자 • 정지지시를 거부하거나 국가기술자격증, 교육수료증·신원확인을 위한 증명서의 제시 요구 또는 신원확인을 위한 질문에 응하지 아니한 사람 • 탱크시험자에 대하여 필요한 보고 또는 자료 제출을 하지 아니하거나 허위의 보고 또는 자료제출을 한 자 및 관계공무원의 출입 또는 조사·검사를 거부·방해 또는 기피한 자 • 탱크시험자에 대한 감독상 명령에 따르지 아니한 자 • 무허가 장소의 위험물에 대한 조치명령에 따르지 아니한 자 • 저장·취급기준 준수명령 또는 응급조치명령을 위반한 자
1,000만 원 이하의 벌금	• 위험물의 취급에 관한 안전관리와 감독을 하지 아니한 자 • 안전관리자 또는 그 대리자가 참여하지 아니한 상태에서 위험물을 취급한 자 • 변경한 예방규정을 제출하지 아니한 관계인으로서 허가를 받은 자 • 위험물의 운반에 관한 중요기준에 따르지 아니한 자 • 국가기술자격자 또는 안전교육을 받지 않고 위험물을 운송하는 자 • 관계인의 정당한 업무를 방해하거나 출입·검사 등을 수행하면서 알게 된 비밀을 누설한 자

【 과태료 】

벌 칙	사유 및 대상자
500만 원 이하의 과태료	• 임시저장기간의 승인을 받지 아니한 자 • 위험물의 저장 또는 취급에 관한 세부기준을 위반한 자 • 위험물의 품명 등의 변경신고를 기간 이내에 하지 아니하거나 허위로 한 자 • 위험물제조소 등의 지위승계신고를 기간 이내에 하지 아니하거나 허위로 한 자 • 제조소 등의 폐지신고, 안전관리자의 선임신고를 기간 이내에 하지 아니하거나 허위로 한 자 • 등록사항의 변경신고를 기간 이내에 하지 아니하거나 허위로 한 자 • 위험물제조소 등의 정기 점검결과를 기록·보존하지 아니한 자 • 위험물의 운반에 관한 세부기준을 위반한 자 • 국가기술자격증 또는 교육수료증을 지니지 아니하거나 위험물의 운송에 관한 기준을 따르지 아니한 자

[예상문제]

위험물안전관리법

예상문제

001 위험물안전관리법상 용어정의로 틀린 것은?
① "위험물"이라 함은 인화성 또는 발화성 등의 성질을 가지는 것으로서 대통령령이 정하는 물품을 말한다.
② "지정수량"이라 함은 위험물의 종류별로 위험성을 고려하여 대통령령이 정하는 수량으로서 제조소 등의 설치허가 등에 있어서 최저의 기준이 되는 수량을 말한다.
③ "제조소"라 함은 위험물을 제조할 목적으로 지정수량 이상의 위험물을 취급하기 위하여 제6조제1항의 규정에 따른 허가(협의로써 허가를 받은 것으로 보는 경우는 제외한다.)를 받은 장소를 말한다.
④ "저장소"라 함은 지정수량 이상의 위험물을 저장하기 위한 대통령령이 정하는 장소로서 제6조제1항의 규정에 따른 허가를 받은 장소를 말한다.

해설 "제조소"라 함은 위험물을 제조할 목적으로 지정수량 이상의 위험물을 취급하기 위하여 제6조제1항의 규정에 따른 허가(동조제3항의 규정에 따라 허가가 면제된 경우 및 제7조제2항의 규정에 따라 협의로써 허가를 받은 것으로 보는 경우를 포함한다. 이하 제4호 및 제5호에서 같다)를 받은 장소를 말한다.

002 위험물안전관리법상 "위험물"이란?
① 인화성 물질로서 대통령령으로 정하는 물품
② 발화성 물질로서 대통령령으로 정하는 물품
③ 인화성 또는 발화성 등의 성질을 가지는 것으로서 대통령령이 정하는 물품
④ 대통령령이 정하는 위험성 물품

해설 위험물안전관리법 제2조(정의)
① 이 법에서 사용하는 용어의 정의는 다음과 같다.
1. "위험물"이라 함은 인화성 또는 발화성 등의 성질을 가지는 것으로서 대통령령이 정하는 물품을 말한다.
2. "지정수량"이라 함은 위험물의 종류별로 위험성을 고려하여 대통령령이 정하는 수량으로서 제6호의 규정에 의한 제조소 등의 설치허가 등에 있어서 최저의 기준이 되는 수량을 말한다.
3. "제조소"라 함은 위험물을 제조할 목적으로 지정수량 이상의 위험물을 취급하기 위하여 제6조제1항의 규정에 따른 허가(동조제3항의 규정에 따라 허가가 면제된 경우 및 제7조제2항의 규정에 따라 협의로써 허가를 받은 것으로 보는 경우를 포함한다. 이하 제4호 및 제5호에서 같다)를 받은 장소를 말한다.
4. "저장소"라 함은 지정수량 이상의 위험물을 저장하기 위한 대통령령이 정하는 장소로서 제6조제1항의 규정에 따른 허가를 받은 장소를 말한다.
5. "취급소"라 함은 지정수량 이상의 위험물을 제조 외의 목적으로 취급하기 위한 대통령령이 정하는 장소로서 제6조제1항의 규정에 따른 허가를 받은 장소를 말한다.

정답 : 001.③ 002.③

003 위험물제조소 등이란?

① 제조만을 목적으로 하는 위험물의 제조소
② 제조소, 저장소 및 취급소
③ 위험물의 저장시설을 갖춘 제조소
④ 제조 및 저장시설을 갖춘 판매취급소

004 다음 중 위험물안전관리법상 올바르지 못한 것은?

① "도로"라 함은 일반교통에 이용되는 너비 2[m] 이상의 도로로서 자동차의 통행이 가능한 것
② "불연재료"라 함은 건축법시행령에 의한 불연재료 중 유리를 포함한다.
③ "탱크의 용량"이라 함은 당해 탱크의 내용적에서 공간용적을 뺀 용적으로 한다.
④ 탱크의 내용적 및 공간용적의 계산방법은 소방청장이 정하여 고시한다.

해설 위험물안전관리법 시행규칙 제2조(정의)
이 규칙에서 사용하는 용어의 뜻은 다음과 같다.
1. "고속국도"란 「도로법」제10조제1호에 따른 고속국도를 말한다.
2. "도로"란 다음 각 목의 어느 하나에 해당하는 것을 말한다.
   가. 「도로법」제2조제1호에 따른 도로
   나. 「항만법」제2조제5호에 따른 항만시설 중 임항교통시설에 해당하는 도로
   다. 「사도법」제2조의 규정에 의한 사도
   라. 그 밖에 일반교통에 이용되는 너비 2미터 이상의 도로로서 자동차의 통행이 가능한 것
3. "하천"이란 「하천법」제2조제1호에 따른 하천을 말한다.
4. "내화구조"란 「건축법 시행령」제2조제7호에 따른 내화구조를 말한다.
5. "불연재료"란 「건축법 시행령」제2조제10호에 따른 불연재료 중 유리 외의 것을 말한다.

005 위험물안전관리법에서 위험물 용어에 대한 설명 중 틀린 것은?

① 위험물이라 함은 인화성 또는 발화성 등의 성질을 가지는 것으로서 대통령령이 정하는 물품을 말한다.
② 제조소라 함은 위험물을 제조할 목적으로 지정 수량 이상의 위험물을 취급하기 위하여 허가를 받은 장소를 말한다.
③ 저장소라 함은 지정수량 이상의 위험물을 용기에 담아 취급하기 위한 대통령이 정하는 장소로서 규정에 따른 허가를 받은 장소를 말한다.
④ 판매취급소라 함은 점포에서 위험물을 용기에 담아 판매하기 위하여 지정수량의 20배 이하의 위험물을 취급하는 장소를 말한다.

정답 : 003.② 004.② 005.④

예상문제

> **해설** 용어정의
>
> 【 취급소의 구분 】
>
> | 위험물을 제조 외의 목적으로 취급하기 위한 장소 | 취급소의 구분 |
> |---|---|
> | 1. 고정된 주유설비(항공기에 주유하는 경우에는 차량에 설치된 주유설비를 포함한다)에 의하여 자동차·항공기 또는 선박 등의 연료탱크에 직접 주유하기 위하여 위험물(「석유 및 석유대체연료 사업법」제29조의 규정에 의한 가짜석유제품에 해당하는 물품을 제외한다. 이하 제2호에서 같다)을 취급하는 장소(위험물을 용기에 옮겨 담거나 차량에 고정된 3천리터 이하의 탱크에 주입하기 위하여 고정된 급유설비를 병설한 장소를 포함한다) | 주유취급소 |
> | 2. 점포에서 위험물을 용기에 담아 판매하기 위하여 지정수량의 40배 이하의 위험물을 취급하는 장소 | 판매취급소 |
> | 3. 배관 및 이에 부속된 설비에 의하여 위험물을 이송하는 장소. 다만, 다음 각목의 1에 해당하는 경우의 장소를 제외한다.
가. 「송유관 안전관리법」에 의한 송유관에 의하여 위험물을 이송하는 경우
나. 제조소등에 관계된 시설(배관을 제외한다) 및 그 부지가 같은 사업소 안에 있고 당해 사업소 안에서만 위험물을 이송하는 경우
다. 사업소와 사업소의 사이에 도로(폭 2미터 이상의 일반교통에 이용되는 도로로서 자동차의 통행이 가능한 것을 말한다)만 있고 사업소와 사업소 사이의 이송배관이 그 도로를 횡단하는 경우
라. 사업소와 사업소 사이의 이송배관이 제3자(당해 사업소와 관련이 있거나 유사한 사업을 하는 자에 한한다)로서 당해 해상구조물에 설치된 배관이 길이가 20미터 이하인 경우
바. 사업소와 사업소 사이의 이송배관이 다목 내지 마목의 규정에 의한 경우 중 2 이상에 해당하는 경우
사. 「농어촌 전기공급사업 촉진법」에 따라 설치된 자가발전시설에 사용되는 위험물을 이송하는 경우 | 이송취급소 |
> | 4. 제1호 내지 제3호 외의 장소(「석유 및 석유대체연료 사업법」제29조의 규정에 의한 가짜석유제품에 해당하는 위험물을 취급하는 경우의 장소를 제외한다) | 일반취급소 |

006 위험물안전관리법에서 정하는 위험물질에 대한 설명으로 다음 중 옳은 것은?

① 철분이란 철의 분말로서 53[㎛]의 표준체를 통과하는 것이 60[wt%] 미만인 것은 제외한다.
② 인화성 고체란 고형 알코올 그 밖에 1기압에서 인화점이 21[℃] 미만인 고체를 말한다.
③ 유황은 순도가 60[wt%] 이상인 것을 말한다.
④ 과산화수소는 그 농도가 36[wt%] 이하인 것에 한한다.

> **해설** ① 철분 : 50[wt%] 미만인 것은 제외
> ② 인화점이 40[℃] 미만인 고체
> ④ 농도가 36[wt%] 이상인 것

 정답 : 006.③

007 위험물안전관리법상 도로에 해당하지 않는 것은?

① 사도법에 의한 사도
② 일반교통에 이용되는 너비 1[m] 이상의 도로로서 자동차의 통행이 가능한 것
③ 도로법에 의한 도로
④ 항만법에 의한 항만시설 중 임항교통시설에 해당하는 도로

해설 ② 1[m] → 2[m]

008 다음 중 위험물 유별 성질로서 옳지 않은 것은?

① 제1류 위험물 : 산화성 고체
② 제2류 위험물 : 가연성 고체
③ 제4류 위험물 : 인화성 액체
④ 제6류 위험물 : 인화성 고체

해설 제6류 위험물 : 산화성 액체

종류 위험 등급	제1류 위험물		제2류 위험물		제3류 위험물		제4류 위험물		제5류 위험물		제6류 위험물	
	산화성고체		가연성고체		금수성· 자연발화성		인화성액체		자기연소성		산화성액체	
	품명 (10)	지정 수량 (kg)	품명 (7)	지정 수량 (kg)	품명 (13)	지정 수량 (kg)	품명 (7)	지정 수량 (L)	품명 (9)	지정 수량 (kg)	품명 (3)	지정 수량 (kg)
I	아염소산염류 염소산염류 과염소산염류 무기과산화물	50	-	-	칼륨 나트륨 알킬알루미늄 알킬리튬	10	특수인화물	50	유기과산화물 질산에스테르류	10	과산화수소 과염소산 질산	300
					황린	20						
II	요오드산염류 브롬산염류 질산염류	300	황화린 적린 유황	100	알칼리금속 알칼리토금속 유기금속화합물	50	제1석유류	비수용성 200 수용성 400	히드록실아민 히드록실아민염류	100	-	
							알코올류	400	니트로화합물 니트로소화합물 아조화합물 디아조화합물 히드라진 유도체	200		
III	과망간산염류 중크롬산염류	1,000	철분 마그네슘 금속분류	500	금속의 수소화물 금속의 인화물 칼슘의 탄화물 알루미늄의 탄화물 염소화규소화합물	300	제2석유류	비수용성 1,000 수용성 2,000	-		-	
							제3석유류	비수용성 2,000 수용성 4,000				
	무수크롬산 (삼산화크롬)	300	인화성고체	1,000			제4석유류	6,000				
							동식물유류	10,000				

정답 : 007.② 008.④

예상문제

009 인화성 액체인 제4류 위험물의 품명별 지정수량이다. 다음 중 옳지 않은 것은?

① 특수인화물 50[L]
② 제1석유류 중 비수용성 액체는 200[L], 수용성 액체는 400[L]
③ 알코올류 300[L]
④ 제4석유류 6,000[L]

해설 ③ 알코올류 400[L]

010 위험물에 해당되는 질산은 비중이 얼마 이상인 것을 말하는가?

① 1.39   ② 1.49
③ 2.39   ④ 2.49

해설 질산은 비중이 1.49 이상인 것만 해당

011 다음 설명 중 옳은 것은?

① "특수인화물"이라 함은 이황화탄소, 디에틸에테르 그 밖에 1기압에서 발화점이 섭씨 100도 이하인 것 또는 인화점이 섭씨영하 10도 이하이고 비점이 섭씨 20도 이하인 것을 말한다.
② "제1석유류"라 함은 아세톤, 휘발유 그 밖에 1기압에서 인화점이 섭씨 20도 미만인 것을 말한다.
③ "제2석유류"라 함은 등유, 경유 그 밖에 1기압에서 인화점이 섭씨 20도 이상 70도 미만인 것을 말한다. 다만, 도료류 그 밖의 물품에 있어서 가연성 액체량이 40중량퍼센트 이하이면서 인화점이 섭씨 40도 이상인 동시에 연소점이 섭씨 60도 이상인 것은 제외한다.
④ "제3석유류"라 함은 중유, 클레오소트유 그 밖에 1기압에서 인화점이 섭씨 70도 이상 섭씨 200도 미만인 것을 말한다. 다만, 도료류 그 밖의 물품은 가연성 액체량이 40중량퍼센트 이하인 것은 제외한다.

해설 ① "특수인화물"이라 함은 이황화탄소, 디에틸에테르 그 밖에 1기압에서 발화점이 섭씨 100도 이하인 것 또는 인화점이 섭씨영하 20도 이하이고 비점이 섭씨 40도 이하인 것을 말한다.
② "제1석유류"라 함은 아세톤, 휘발유 그 밖에 1기압에서 인화점이 섭씨 21도 미만인 것을 말한다.
③ "제2석유류"라 함은 등유, 경유 그 밖에 1기압에서 인화점이 섭씨 21도 이상 70도 미만인 것을 말한다. 다만, 도료류 그 밖의 물품에 있어서 가연성 액체량이 40중량퍼센트 이하이면서 인화점이 섭씨 40도 이상인 동시에 연소점이 섭씨 60도 이상인 것은 제외한다.
④ "제3석유류"라 함은 중유, 클레오소트유 그 밖에 1기압에서 인화점이 섭씨 70도 이상 섭씨 200도 미만인 것을 말한다. 다만, 도료류 그 밖의 물품은 가연성 액체량이 40중량퍼센트 이하인 것은 제외한다.

 정답 : 009.③ 010.② 011.④

012 위험물의 정의에 대한 설명으로 틀린 것은?
① 유황은 순도가 60중량퍼센트 이상인 것을 말한다. 이 경우 순도측정에 있어서 불순물은 활석 등 불연성 물질과 수분에 한한다.
② "철분"이라 함은 철의 분말로서 53마이크로미터의 표준체를 통과하는 것이 50중량퍼센트 미만인 것은 제외한다.
③ "금속분"이라 함은 알칼리금속·알칼리토류금속·철 및 마그네슘 외의 금속의 분말을 말하고, 구리분·니켈분 및 150마이크로미터의 체를 통과하는 것이 50중량퍼센트 미만인 것은 제외한다.
④ 마그네슘 및 제2류제8호의 물품 중 마그네슘을 함유한 것에 있어서는 직경 4밀리미터 이상 막대모양의 것을 제외한다.

■해설 마그네슘 및 제2류제8호의 물품 중 마그네슘을 함유한 것에 있어서는 다음 각 목의 1에 해당하는 것은 제외한다.
가. 2밀리미터의 체를 통과하지 아니하는 덩어리 상태의 것
나. 직경 2밀리미터 이상의 막대 모양의 것

013 지정수량 미만인 위험물의 저장취급기준은 무엇으로 정하는가?
① 대통령령   ② 행정안전부령
③ 소방청 고시   ④ 시·도의 조례

014 위험물안전관리법상 다음 각 호의 어느 하나에 해당하는 경우에는 제조소 등이 아닌 장소에서 지정수량 이상의 위험물을 취급할 수 있다. 괄호 안에 들어갈 말로 옳은 것은?

1. (㉮)가(이) 정하는 바에 따라 관할소방서장의 (㉯)을(를) 받아 지정수량 이상의 위험물을 (㉰)일 이내의 기간 동안 임시로 저장 또는 취급하는 경우
2. 군부대가 지정수량 이상의 위험물을 군사목적으로 임시로 저장 또는 취급하는 경우

	㉮	㉯	㉰		㉮	㉯	㉰
①	시·도의 조례	승인	90일	②	시·도의 조례	허가	60일
③	대통령령	승인	90일	④	대통령령	허가	60일

015 위험물안전관리법상 제조소 등의 위치, 구조 및 설비의 기술기준은 누구의 령으로 정하는가?
① 대통령령   ② 행정안전부령
③ 소방청장 고시   ④ 시·도의 조례

정답 : 012.④ 013.④ 014.① 015.②

예상문제

016 위험물에서 지정수량은 무엇으로 정하는가?
① 대통령령
② 행정안전부령
③ 국가화재안전기준
④ 시·도의 조례

017 위험물의 저장·취급 및 운반에 있어서 위험물안전관리법의 적용을 받아야 하는 것은?
① 차량
② 선박
③ 항공기
④ 철도

> 해설 위험물안전관리법 제3조(적용 제외)
> 이 법은 항공기·선박(선박법 제1조의2 제1항의 규정에 따른 선박을 말한다)·철도 및 궤도에 의한 위험물의 저장·취급 및 운반에 있어서는 이를 적용하지 아니한다.

018 행정안전부령으로 정하는 제조소 등의 기술기준에 포함되지 않는 것은?
① 제조소 등의 위치
② 제조소 등의 구조
③ 제조소 등의 설비
④ 제조소 등의 용도

019 제조소 등의 설치 및 변경은 누구의 허가를 받아야 하는가?
① 시·도지사
② 시장·군수
③ 행정안전부장관
④ 한국소방안전원장

> 해설 위험물안전관리법 제6조(위험물시설의 설치 및 변경 등)
> ① 제조소 등을 설치하고자 하는 자는 대통령령이 정하는 바에 따라 그 설치장소를 관할하는 특별시장·광역시장·특별자치시장· 도지사 또는 특별자치도지사(이하 "시·도지사"라 한다)의 허가를 받아야 한다. 제조소 등의 위치·구조 또는 설비 가운데 행정안전부령이 정하는 사항을 변경하고자 하는 때에도 또한 같다.
> ② 제조소 등의 위치·구조 또는 설비의 변경 없이 당해 제조소 등에서 저장하거나 취급하는 위험물의 품명·수량 또는 지정수량의 배수를 변경하고자 하는 자는 변경하고자 하는 날의 1일 전까지 행정안전부령이 정하는 바에 따라 시·도지사에게 신고하여야 한다.
> ③ 제1항 및 제2항의 규정에 불구하고 다음 각 호의 어느 하나에 해당하는 제조소 등의 경우에는 허가를 받지 아니하고 당해 제 조소 등을 설치하거나 그 위치·구조 또는 설비를 변경할 수 있으며, 신고를 하지 아니하고 위험물의 품명·수량 또는 지정수량의 배수를 변경할 수 있다.
>   1. 주택의 난방시설(공동주택의 중앙난방시설을 제외한다)을 위한 저장소 또는 취급소
>   2. 농예용·축산용 또는 수산용으로 필요한 난방시설 또는 건조시설을 위한 지정수량 20배 이하의 저장소

정답 : 016.① 017.① 018.④ 019.①

020 위험물제조소 등에서 위치, 구조 또는 설비의 변경허가를 받고자 할 때 변경신고서에 첨부하여야 할 서류가 아닌 것은?

① 위치, 구조 설비도면
② 위험물제조소의 기술능력
③ 제조소 등의 완공검사필증
④ 구조설비명세표

해설 위험물안전관리법 시행규칙 제7조(제조소 등의 변경허가의 신청)
법 제6조제1항 후단 및 영 제6조제1항의 규정에 의하여 제조소 등의 위치·구조 또는 설비의 변경허가를 받고자 하는 자는 별지 제16호서식 또는 별지 제17호서식의 신청서(전자문서로 된 신청서를 포함한다)에 다음 각 호의 서류(전자문서를 포함한다)를 첨부하여 설치허가를 한 시·도지사 또는 소방서장에게 제출하여야 한다. 다만, 「전자정부법」제36조제1항에 따른 행정정보의 공동이용을 통하여 첨부서류에 대한 정보를 확인할 수 있는 경우에는 그 확인으로 첨부서류에 갈음할 수 있다.
1. 제조소 등의 완공검사필증
2. 제6조제1호의 규정에 의한 서류(라목 내지 바목의 서류는 변경에 관계된 것에 한한다)
3. 제6조제2호 내지 제10호의 규정에 의한 서류 중 변경에 관계된 서류
4. 법 제9조제1항 단서의 규정에 의한 화재예방에 관한 조치사항을 기재한 서류(변경공사와 관계가 없는 부분을 완공검사 전에 사용하고자 하는 경우에 한한다)

021 위험물취급소의 구분에 해당되지 않는 것은?

① 주유취급소
② 관리취급소
③ 일반취급소
④ 판매취급소

해설 취급소의 종류
① 주유취급소
② 판매취급소
③ 이송취급소
④ 일반취급소

022 고정된 주유설비에 의하여 자동차·항공기 또는 선박 등의 연료탱크에 직접 주유하기 위하여 위험물을 취급하는 장소는?

① 판매취급소
② 주유취급소
③ 이송취급소
④ 일반취급소

정답 : 020.② 021.② 022.②

예상문제

023 위험물의 운반 취급 때 위험물 관련 법규상의 적용을 받지 않는 것은?
① 차량을 이용하여 위험물을 운반하는 경우
② 군사시설인 항공기에 급유하기 위하여 위험물을 저장·취급하는 경우
③ 항공기, 선박 등에 주유 및 급유하기 위한 위험물제조소
④ 철도 및 궤도에 의한 위험물을 저장·취급 및 운반하는 경우

해설 적용제외
항공기·선박(선박법 제1조의2제1항의 규정에 따른 선박을 말한다)·철도 및 궤도에 의한 위험물의 저장·취급 및 운반에 있어서는 이를 적용하지 아니한다.

024 위험물의 운반 시 용기·적재방법 및 운반방법에 관하여는 화재 등의 위해예방과 응급조치상의 중요성을 감안하여 중요기준 및 세부기준은 어느 기준에 따라야 하는가?
① 행정안전부령
② 대통령령
③ 소방본부장
④ 시·도 조례

해설 제조소 등에서의 위험물의 저장 또는 취급에 관한 기술상의 기준(행정안전부령)
① 중요기준 : 화재 등 위해의 예방과 응급조치에 있어서 큰 영향을 미치거나 그 기준을 위반하는 경우 직접적으로 화재를 일으킬 가능성이 큰 기준으로서 행정안전부령이 정하는 기준
② 세부기준 : 화재 등 위해의 예방과 응급조치에 있어서 중요기준보다 상대적으로 적은 영향을 미치거나 그 기준을 위반하는 경우 간접적으로 화재를 일으킬 수 있는 기준 및 위험물의 안전관리에 필요한 표시와 서류·기구 등의 비치에 관한 기준으로서 행정안전부령이 정하는 기준

025 둘 이상의 위험물의 지정수량 산정에서 당해 위험물은 지정수량 이상의 위험물로 보는 것으로 옳은 것은?
① 둘 이상의 위험물 2개를 각각 합으로 하여 1로 한다.
② 둘 이상의 위험물 2개를 각각 합으로 하여 2로 본다.
③ 둘 이상의 위험물을 그 위험물의 지정수량으로 각각 나누어 얻은 수의 합계가 2분의 1 이상인 경우로 한다.
④ 둘 이상의 위험물을 그 위험물의 지정수량으로 각각 나누어 얻은 수의 합계가 1 이상인 경우로 한다.

해설 둘 이상의 위험물을 같은 장소에서 저장 또는 취급하는 경우 당해 장소에서 저장 또는 취급하는 각 위험물의 수량을 그 위험물의 지정수량으로 각각 나누어 얻은 수의 합계가 1 이상인 경우 당해 위험물은 지정수량 이상의 위험물로 본다.

정답 : 023.④ 024.① 025.④

026 다음 중 위험물의 지정수량의 단위가 다른 하나는?
① 제1류 위험물   ② 제3류 위험물
③ 제4류 위험물   ④ 제6류 위험물

▲해설   제4류 위험물[L], 나머지[kg]

027 제조소 등의 위치·구조 또는 설비의 변경 없이 당해 제조소 등에서 저장하거나 취급하는 위험물의 품명·수량 또는 지정수량의 배수를 변경하고자 하는 자는 변경하고자 하는 날의 며칠 전까지 행정안전부령이 정하는 바에 따라 시·도지사에게 신고하여야 하는가?
① 1일   ② 3일
③ 5일   ④ 7일

028 위험물안전관리법령상 위험물시설의 설치 및 변경에 관한 설명으로 옳지 않은 것은?(단, 권한의 위임들 기타 사항을 고려하지 않음)
① 제조소 등을 설치하고자 하는 자는 그 설치장소를 관할하는 시·도지사의 허가를 받아야 한다.
② 제조소 등의 위치·구조 등의 변경 없이 당해 제조소 등에서 저장하는 위험물의 품명·수량 등을 변경하고자 하는 자는 변경하고자 하는 날까지 시·도지사의 허가를 받아야 한다.
③ 군사목적으로 제조소 등을 설치하고자 하는 군부대의 장이 제조소 등의 소재지를 관할하는 시·도지사와 협의한 경우에는 허가를 받은 것으로 본다.
④ 군부대의 장은 국가기밀에 속하는 제조소 등의 설비를 변경하고자 하는 경우에는 당해 제조소 등의 변경공사를 착수하기 전에 그 공사의 설계도와 서류제출을 생략할 수 있다.

▲해설   취급하는 위험물의 품명, 수량 또는 지정수량의 배수를 변경하고자 하는 자는 시·도지사에게 변경하고자 하는 날의 1일 전까지 시·도지사에게 신고하여야 한다.

029 위험물안전관리법령상 허가를 받고 설치하여야 하는 제조소 등을 모두 고른 것은?

ㄱ. 공동주택의 중앙난방시설을 위한 취급소
ㄴ. 농예용으로 필요한 건조시설을 위한 지정수량 20배 이하의 저장소
ㄷ. 축산용으로 필요한 난방시설을 위한 지정수량 20배 이하의 취급소

① ㄱ, ㄴ   ② ㄱ, ㄷ
③ ㄴ, ㄷ   ④ ㄱ, ㄴ, ㄷ

정답 : 026.③ 027.① 028.② 029.②

예상문제

> **해설** 제조소 등이 아닌 경우에 허가를 받지 아니하고 당해 제조소 등을 설치하거나 그 위치 구조 또는 설비를 변경할 수 있는 경우, 신고를 하지 아니하고 위험물의 품명, 수량 또는 지정수량의 배수를 변경할 수 있는 경우
> ① 주택의 난방시설(공동주택의 중앙난방시설을 제외한다)을 위한 저장소 또는 취급소
> ② 농예용·축산용 또는 수산용으로 필요한 난방시설 또는 건조시설을 위한 지정수량 20배 이하의 저장소

030 위험물 성질과 지정수량이 바르게 연결된 것은?
① 질산에스테르류 – 자기반응성 물질 – 20kg
② 황린 – 자연발화성 물질 – 20kg
③ 아염소산염류 – 산화성 고체 – 30kg
④ 칼륨·나트륨 – 금수성 물질 – 20kg

031 위험물안전관리법령상 탱크안전성능검사의 내용에 해당하지 않는 것은?
① 수직·수평검사
② 충수·수압검사
③ 기초·지반검사
④ 암반탱크검사

> **해설** **탱크안전성능검사의 종류**
> ㉠ 기초·지반검사
> ㉡ 충수·수압검사
> ㉢ 용접부검사
> ㉣ 암반탱크검사

032 다음 설명 중 올바르지 않은 것은?
① 탱크안전성능검사에 있어서 소방본부장 또는 소방서장에게 완공검사를 받는다.
② 탱크안전성능검사에 있어서 암반탱크검사가 포함된다.
③ 탱크안전성능검사의 종류는 기초·지반검사, 충수·수압검사, 용접부검사, 암반탱크검사가 있다.
④ 탱크안전성능검사신청은 완공검사를 받기 전에 시·도지사에게 신청한다.

> **해설** **탱크안전성능검사**
> 1) 탱크안전성능검사권자 : 시·도지사
>   ① 탱크안전성능검사신청 : 완공검사를 받기 전에 시·도지사에게 신청
>   ② 탱크안전성능시험을 받고자 하는 자는 기술원 또는 탱크시험자에게 신청서 제출시행 규칙(탱크안전성능검사의 신청 등)
>   • 탱크안전성능검사를 받아야 하는 자는 신청서를 해당 위험물탱크의 설치장소를 관

정답 : 030.② 031.① 032.①

할하는 소방서장 또는 기술원에 제출하여야 한다.
- 다만, 설치장소에서 제작하지 아니하는 위험물탱크에 대한 탱크안전성능검사(충수·수압검사에 한한다)의 경우에는 신청서에 해당 위험물탱크의 구조명세서 1부를 첨부하여 해당 위험물탱크의 제작지를 관할하는 소방서장에게 신청할 수 있다.

③ 탱크안전성능시험을 받고자 하는 자는 신청서에 해당 위험물탱크의 구조명세서 1부를 첨부하여 기술원 또는 탱크시험자에게 신청할 수 있다.
④ 충수·수압검사를 면제받고자 하는 자는 탱크시험필증에 탱크시험성적서를 첨부하여 소방서장에게 제출하여야 한다.

2) 탱크안전성능검사의 종류
   ㉠ 기초·지반검사
   ㉡ 충수·수압검사
   ㉢ 용접부검사
   ㉣ 암반탱크검사

3) 탱크안전성능검사 종류 및 대상
   ㉠ 기초·지반검사 : 옥외탱크저장소의 액체위험물탱크 중 그 용량이 100만리터 이상인 탱크
   ㉡ 충수(充水)·수압검사 : 액체위험물을 저장 또는 취급하는 탱크. 다만, 다음 각 목의 어느 하나에 해당하는 탱크는 제외한다.
      가. 제조소 또는 일반취급소에 설치된 탱크로서 용량이 지정수량 미만인 것
      나. 「고압가스 안전관리법」에 따른 특정설비에 관한 검사에 합격한 탱크
      다. 「산업안전보건법」에 따른 안전인증을 받은 탱크
   ㉢ 용접부검사 : 옥외탱크저장소의 액체위험물탱크 중 그 용량이 100만리터 이상인 탱크
   ㉣ 암반탱크검사 : 액체위험물을 저장 또는 취급하는 암반 내의 공간을 이용한 탱크

4) 탱크안전성능검사의 전부 또는 일부 면제
   ① 시·도지사는 탱크안전성능시험자 또는 한국소방산업기술원으로부터 탱크안전성능시험을 받은 경우에는 탱크안전성능 검사의 전부 또는 일부 면제할 수 있다.
   ② 시·도지사가 면제할 수 있는 탱크안전성능검사는 충수·수압검사로 한다.
   ③ 위험물탱크에 대한 충수·수압검사를 면제받고자 하는 자는 "탱크시험자" 또는 기술원으로부터 충수·수압검사에 관한 탱크안전성능시험을 받아 완공검사를 받기 전(지하에 매설하는 위험물탱크에 있어서는 지하에 매설하기 전)에 당해 시험에 합격하였음을 증명하는 서류("탱크시험필증")를 시·도지사에게 제출하여야 한다.

5) 탱크안전성능검사의 신청시기
   ① 기초·지반검사 : 위험물탱크의 기초 및 지반에 관한 공사의 개시 전
   ② 충수·수압검사 : 위험물을 저장 또는 취급하는 탱크의 배관 그 밖의 부속설비를 부착하기 전
   ③ 용접부검사 : 탱크본체에 관한 공사의 개시 전
   ④ 암반탱크검사 : 암반탱크의 본체에 관한 공사의 개시 전

예상문제

033 다음은 위험물안전관리법에서 규정하고 있는 위험물탱크 안전성능검사와 관련된 사항이다. 가장 바른 것은?

① 제조소 등에 설치되는 탱크안전성능검사는 완공 검사와 동시에 실시한다.
② 위험물탱크에 대한 충수·수압검사를 하고자 할 경우 당해 탱크에 배관 그 밖의 부속설비를 부착한 후 탱크 안전검사를 신청하여야 한다.
③ 용량이 100만 리터 이상인 옥외탱크의 경우에는 기초·지반검사와 용접부 검사를 실시한다.
④ 안전성능검사 중 용접부 검사는 탱크 안전성능 검사를 받아야 하는 모든 탱크에 있어서 실시하여야 한다.

034 탱크안전성능검사의 신청시기로 틀린 것은?

① 기초·지반검사 : 위험물탱크의 기초 및 지반에 관한 공사의 개시 전
② 충수·수압검사 : 위험물을 저장 또는 취급하는 탱크에 배관 그 밖의 부속설비를 부착한 후 충수 전
③ 용접부검사 : 탱크본체에 관한 공사의 개시 전
④ 암반탱크검사 : 암반탱크의 본체에 관한 공사의 개시 전

> **해설** 충수·수압검사
> 위험물을 저장 또는 취급하는 탱크에 배관 그 밖의 부속설비를 부착하기 전

035 탱크성능시험에서 누설 및 변형에 대한 안정성에 관련된 부분까지 해당하는 것은?

① 기초·지반검사
② 용접부검사
③ 충수·수압검사
④ 암반탱크검사

> **해설** 충수·수압검사에 관한 기준 등
> ① 영 별표 4 제2호에서 "행정안전부령으로 정하는 기준"이라 함은 다음 각 호의 1에 해당하는 기준을 말한다.
>   1. 100만리터 이상의 액체위험물탱크의 경우
>   별표 6 Ⅵ 제1호의 규정에 의한 기준[충수시험(물 외의 적당한 액체를 채워서 실시하는 시험을 포함한다. 이하 같다) 또는 수압시험에 관한 부분에 한한다]
>   2. 100만리터 미만의 액체위험물탱크의 경우
>   별표 4 Ⅸ 제1호 가목, 별표 6 Ⅵ 제1호, 별표 7 Ⅰ 제1호 마목, 별표 8 Ⅰ제6호·Ⅱ 제1호·제4호·제6호·Ⅲ, 별표 9 제6호, 별표 10 Ⅱ 제1호·Ⅹ제1호 가목, 별표 13 Ⅲ 제3호, 별표 16 Ⅰ제1호의 규정에 의한 기준(충수시험·수압시험 및 그 밖의 탱크의 누설·변형에 대한 안전성에 관련된 탱크안전성능시험의 부분에 한한다)

정답 : 033.③ 034.② 035.③

② 법 제8조제2항의 규정에 의하여 기술원은 제18조제6항의 규정에 의한 이중벽탱크에 대하여 제1항제2호의 규정에 의한 수압검사를 법 제16조제1항의 규정에 의한 탱크안전성능시험자(이하 "탱크시험자"라 한다)가 실시하는 수압시험의 과정 및 결과를 확인하는 방법으로 할 수 있다.

cf. 별표 16

Ⅰ. 일반취급소의 기준

1. 별표 4 Ⅰ부터 Ⅹ까지의 규정은 일반취급소의 위치·구조 및 설비의 기술기준에 대하여 준용한다.

036 위험물안전관리법령상 탱크시험자로 등록하거나 탱크시험자의 업무에 종사할 수 있는 경우는?

① 피성년후견인
② [소방기본법]에 따른 금고 이상의 형의 집행유예기간 중에 있는 자
③ [소방시설공사업법]에 따른 금고 이상의 실형의 선고를 받고 그 집행이 종료되거나 집행이 면제된 날부터 1년이 된 자
④ 탱크시험자의 등록이 취소된 날부터 3년이 된 자

해설 다음 각 호의 어느 하나에 해당하는 자는 탱크시험자로 등록하거나 탱크시험자의 업무에 종사할 수 없다.

1. 피성년후견인
2. 삭제〈2006. 9. 22.〉
3. 이 법, 「소방기본법」, 「화재예방, 소방시설 설치·유지 및 안전관리에 관한 법률」 또는 「소방시설공사업법」에 따른 금고 이상의 실형의 선고를 받고 그 집행이 종료(집행이 종료된 것으로 보는 경우를 포함한다)되거나 집행이 면제된 날부터 2년이 지나지 아니한 자
4. 이 법, 「소방기본법」, 「화재예방, 소방시설 설치·유지 및 안전관리에 관한 법률」 또는 「소방시설공사업법」에 따른 금고 이상의 형의 집행유예 선고를 받고 그 유예기간 중에 있는 자
5. 제5항의 규정에 따라 탱크시험자의 등록이 취소(제1호에 해당하여 자격이 취소된 경우는 제외한다)된 날부터 2년이 지나지 아니한 자
6. 법인으로서 그 대표자가 제1호 내지 제5호의 1에 해당하는 경우

037 다음 중 탱크 시험자에 대한 감독상 필요한 명령권한이 없는 사람은?

① 소방청장 ② 시·도지사
③ 소방본부장 ④ 소방서장

해설 탱크시험자에 대한 감독상 필요한 명령권자 : 시·도지사, 소방본부장, 소방서장

정답 : 036.④ 037.①

예상문제

038 위험물탱크 시험자가 갖추어야 할 장비가 아닌 것은?
① 방사선투과시험기
② 기밀시험장비
③ 수직·수평도 측정기
④ 절연저항계

해설 **위험물안전관리법 시행령[별표 7]**
탱크시험자의 기술능력·시설 및 장비(제14조제1항 관련)
1. 기술능력
   가. 필수인력
      1) 위험물기능장·위험물산업기사 또는 위험물기능사 중 1명 이상
      2) 비파괴검사기술사 1명 이상 또는 초음파비파괴검사·자기비파괴검사 및 침투비파괴검사별로 기사 또는 산업기사 각 1명 이상
   나. 필요한 경우에 두는 인력
      1) 충·수압시험, 진공시험, 기밀시험 또는 내압시험의 경우 : 누설비파괴검사 기사, 산업기사 또는 기능사
      2) 수직·수평도시험의 경우 : 측량 및 지형공간정보 기술사, 기사, 산업기사 또는 측량기능사
      3) 방사선투과시험의 경우 : 방사선비파괴검사 기사 또는 산업기사
      4) 필수 인력의 보조 : 방사선비파괴검사·초음파비파괴검사·자기비파괴검사 또는 침투비파괴검사 기능사
2. 시설 : 전용사무실
3. 장비
   가. 필수장비 : 자기탐상시험기, 초음파두께측정기 및 다음 1) 또는 2) 중 어느 하나
      1) 영상초음파탐상시험기
      2) 방사선투과시험기 및 초음파탐상시험기
   나. 필요한 경우에 두는 장비
      1) 충·수압시험, 진공시험, 기밀시험 또는 내압시험의 경우
         가) 진공능력 53[kPa] 이상의 진공누설시험기
         나) 기밀시험장치(안전장치가 부착된 것으로서 가압능력 200[kPa] 이상, 감압의 경우에는 감압능력10[kPa] 이상·감도 10[Pa] 이하의 것으로서 각각의 압력변화를 스스로 기록할 수 있는 것)
      2) 수직·수평도 시험의 경우 : 수직·수평도 측정기

[비고]
둘 이상의 기능을 함께 가지고 있는 장비를 갖춘 경우에는 각각의 장비를 갖춘 것으로 본다.

정답 : 038.④

039 탱크 안전성능시험자가 되고자 하는 사람은 행정안전부령이 정하는 기술능력, 시설 및 장비를 갖추어 시·도지사에게 등록하여야 한다. 이 경우 행정안전부령이 정하는 중요사항을 변경한 경우에는 그 날로부터 며칠 이내에 변경 신고를 하여야 하는가?

① 10
② 20
③ 30
④ 40

040 다량의 위험물을 저장·취급하는 제조소 등으로서 대통령령이 정하는 제조소 등이 있는 동일한 사업소에서 대통령령이 정하는 수량 이상의 위험물을 저장 또는 취급하는 경우 당해 사업소의 관계인은 대통령령이 정하는 바에 따라 당해 사업소에 자체소방대를 설치하여야 하는데, 다음 중 자체소방대를 설치하여야 하는 사업소에 해당하지 않는 것은?

① 지정수량의 3천배 이상의 위험물을 취급하는 제조소
② 지정수량의 3천배 이상의 위험물을 취급하는 일반취급소
③ 지정수량의 4천배 이상의 위험물을 취급하는 제조소
④ 지정수량의 4천배 이상의 위험물을 취급하는 저장소

◆해설 **자체소방대**
① 자체소방대 설치자 : 당해 제조소등의 관계인
② 자체소방대를 설치해야 하는 제조소등
  ㉠ 제4류 위험물을 취급하는 지정수량 3천배 이상의 제조소 또는 일반취급소
  ㉡ 제4류 위험물을 저장하는 옥외탱크저장소
③ 자체소방대 조직구성
  ㉠ 자체소방대를 설치하는 사업소의 관계인은 자체소방대에 화학소방자동차 및 자체소방대원을 두어야 한다.

【 자체소방대에 두는 화학소방자동차 및 인원 】

사업소의 구분	화학소방자동차	자체소방대원의 수
1. 제조소 또는 일반취급소에서 취급하는 제4류 위험물의 최대 수량의 합이 지정수량의 3천배 이상 12만배 미만인 사업소	1대	5인
2. 제조소 또는 일반취급소에서 취급하는 제4류 위험물의 최대 수량의 합이 지정수량의 12만배 이상 24만배 미만인 사업소	2대	10인
3. 제조소 또는 일반취급소에서 취급하는 제4류 위험물의 최대 수량의 합이 지정수량의 24만배 이상 48만배 미만인 사업소	3대	15인
4. 제조소 또는 일반취급소에서 취급하는 제4류 위험물의 최대 수량의 합이 지정수량의 48만배 이상인 사업소	4대	20인
5. 옥외탱크저장소에 저장하는 제4류 위험물의 최대 수량이 지정수량의 50만배 이상인 사업소	2대	10인

정답 : 039.③ 040.④

예상문제

ⓒ 다만, 화재 그 밖의 재난발생시 다른 사업소 등과 상호응원에 관한 협정을 체결하고 있는 사업소에 있어서는 행정안전부령이 정하는 바에 따라 화학소방자동차 및 인원의 수를 달리할 수 있다.
⇨ 2 이상의 사업소가 상호응원에 관한 협정을 체결하고 있는 경우에는 당해 모든 사업소를 하나의 사업소로 보고 제조소 또는 취급소에서 취급하는 제4류 위험물을 합산한 양을 하나의 사업소에서 취급하는 제4류 위험물의 최대수량으로 간주하여 화학소방자동차의 대수 및 자체소방대원을 정할 수 있다. 이 경우 상호응원에 관한 협정을 체결하고 있는 각 사업소의 자체소방대에는 화학소방차 대수의 2분의 1 이상의 대수와 화학소방자동차마다 5인 이상의 자체소방대원을 두어야 한다.
④ 자체소방대의 설치 제외대상인 일반취급소
   ㉠ 보일러, 버너 그 밖에 이와 유사한 장치로 위험물을 소비하는 일반취급소
   ㉡ 이동저장탱크 그 밖에 이와 유사한 것에 위험물을 주입하는 일반취급소
   ㉢ 용기에 위험물을 옮겨 담는 일반취급소
   ㉣ 유압장치, 윤활유순환장치 그 밖에 이와 유사한 장치로 위험물을 취급하는 일반취급소
   ㉤ 「광산안전법」의 적용을 받는 일반취급소

041 위험물안전관리법에 의하여 자체소방대를 두는 제조소로서 제4류 위험물의 최대 수량의 합이 지정수량 24만 배 이상 48만 배 미만인 경우 보유하여야 할 화학소방차와 자체 소방대원의 기준으로 옳은 것은?

① 2대, 10인
② 3대, 10인
③ 3대, 15인
④ 4대, 20인

해설 위험물안전관리법 시행령[별표 8]
자체소방대에 두는 화학소방자동차 및 인원(제18조제3항 관련)

【 자체소방대에 두는 화학소방자동차 및 인원 】

사업소의 구분	화학소방자동차	자체소방대원의 수
1. 제조소 또는 일반취급소에서 취급하는 제4류 위험물의 최대 수량의 합이 지정수량의 3천배 이상 12만배 미만인 사업소	1대	5인
2. 제조소 또는 일반취급소에서 취급하는 제4류 위험물의 최대 수량의 합이 지정수량의 12만배 이상 24만배 미만인 사업소	2대	10인
3. 제조소 또는 일반취급소에서 취급하는 제4류 위험물의 최대 수량의 합이 지정수량의 24만배 이상 48만배 미만인 사업소	3대	15인
4. 제조소 또는 일반취급소에서 취급하는 제4류 위험물의 최대 수량의 합이 지정수량의 48만배 이상인 사업소	4대	20인
5. 옥외탱크저장소에 저장하는 제4류 위험물의 최대 수량이 지정수량의 50만배 이상인 사업소	2대	10인

[비고]
화학소방자동차에는 행정안전부령으로 정하는 소화능력 및 설비를 갖추어야 하고, 소화활동에 필요한 소화약제 및 기구(방열복 등 개인장구를 포함한다)를 비치하여야 한다.

정답 : 041.③

042 위험물법령에서 관계인이 예방규정을 정하는 제조소 등의 기준으로 옳지 않은 것은?
① 지정수량 10배 이상의 제조소
② 지정수량 50배 이상의 옥외저장소
③ 지정수량 150배 이상의 옥내저장소
④ 지정수량 200배 이상의 옥외탱크저장소

▪해설 예방규정을 작성, 제출하여야 하는 대상
① 지정수량의 10배 이상의 위험물을 취급하는 제조소
② 지정수량의 100배 이상의 위험물을 저장하는 옥외저장소
③ 지정수량의 150배 이상의 위험물을 저장하는 옥내저장소
④ 지정수량의 200배 이상의 위험물을 저장하는 옥외탱크저장소
⑤ 암반탱크저장소
⑥ 이송취급소
⑦ 지정수량의 10배 이상의 위험물을 취급하는 일반취급소

043 다음 중 위험물안전관리법에서 규정하고 있는 관계인이 예방규정을 정하여야 하는 제조소 등에 해당되지 않는 것은?
① 이송취급소
② 보일러에 사용되는 경유 5,000리터를 취급하는 일반취급소
③ 지정수량의 150배 이상의 위험물을 저장하는 옥내저장소
④ 지정수량의 200배 이상의 위험물을 저장하는 옥외탱크저장소

▪해설 예방규정을 작성, 제출하여야 하는 대상
① 지정수량의 10배 이상의 위험물을 취급하는 제조소
② 지정수량의 100배 이상의 위험물을 저장하는 옥외저장소
③ 지정수량의 150배 이상의 위험물을 저장하는 옥내저장소
④ 지정수량의 200배 이상의 위험물을 저장하는 옥외탱크저장소
⑤ 암반탱크저장소
⑥ 이송취급소
⑦ 지정수량의 10배 이상의 위험물을 취급하는 일반취급소

044 위험물안전관리법령상 과징금에 관한 설명으로 옳지 않은 것은?
① 시·도지사는 제조소 등에 대한 사용의 취소가 공익을 해칠 우려가 있는 때에는 사용취소처분에 갈음하여 1억 원 이하의 과징금을 부과할 수 있다.
② 과징금의 징수절차에 관하여는 [국고금 관리법 시행규칙]을 준용한다.
③ 1일당 과징금의 금액은 당해 제조소 등의 연간 매출액을 기준으로 하여 산정한다.
④ 시·도지사는 과징금을 납부하여야 하는 자가 납부기한까지 이를 납부하지 아니한 때에는 [지방세외수입금의 징수 등에 관한 법률]에 따라 징수한다.

▪해설 과징금 : 2억 원 이하

정답 : 042.② 043.② 044.①

예상문제

045 다음 위험물안전관리법에 관한 설명 중 옳지 않은 것은?
① 제조소 등의 영업정지 및 취소 시 과징금은 모두 2억 원 이하로 한다.
② 탱크시험자의 등록기준은 기술능력, 시설 및 장비이다.
③ 자체소방대를 두어야 하는 위험물은 4류 위험물에 한정하고 있다.
④ 위험물탱크에 대한 충수·수압검사를 하고자 할 경우에는 당해 탱크에 배관 및 그 밖의 부속설비를 부착하기 전에 탱크안전성능검사를 신청하여야 한다.

▸해설 **과징금 처분**
시·도지사는 제12조 각 호의 어느 하나에 해당하는 경우로서 제조소 등에 대한 사용의 정지가 그 이용자에게 심한 불편을 주거나 그 밖에 공익을 해칠 우려가 있는 때에는 사용정지처분에 갈음하여 2억 원 이하의 과징금을 부과할 수 있다.
① 과징금 처분
　1) 과징금 부과권자 : 시·도지사
　2) 최대 2억 원
② 탱크시험자가 되고자 하는 자는 기술능력, 시설, 장비를 갖추어 시·도지사에게 등록하여야 한다.

046 위험물 안전관리에 관한 법률에서 위험물 제조소 등의 폐지신고는 며칠 이내에 신고하는가?
① 7일 이내에 소방본부장 또는 소방서장에게 신고한다.
② 10일 이내에 소방본부장 또는 소방서장에게 신고한다.
③ 14일 이내에 시·도지사에게 신고한다.
④ 30일 이내에 시·도지사에게 신고한다.

▸해설 **제조소 등의 폐지**
제조소 등의 관계인은 제조소 등의 용도를 폐지한 경우 폐지한 날부터 14일 이내에 시·도지사에게 신고하여야 한다.

047 위험물시설의 설치 및 변경, 안전관리에 대한 설명으로 옳지 않은 것은?
① 제조소 등의 설치자의 지위를 승계한 자는 승계한 날로부터 30일 이내에 시·도지사에게 신고하여야 한다.
② 제조소 등의 용도를 폐지한 때에는 폐지한 날부터 30일 이내에 시·도지사에게 신고하여야 한다.
③ 위험물안전관리자가 퇴직한 때에는 퇴직한 날부터 30일 이내에 다시 위험물안전관리자를 선임하여야 한다.
④ 위험물안전관리자를 선임한 때에는 선임한 날부터 14일 이내에 소방본부장 또는 소방서장에게 신고하여야 한다.

 정답 : 045.① 046.③ 047.②

▸해설
- 지위승계 : 30일 이내
- 용도폐지 : 14일 이내
- 해임(퇴직) : 30일 이내
- 선임 : 14일 이내

048 다음 중 예방규정에 작성되어야 하는 사항이아닌 것은?

① 위험물안전관리 업무를 담당하는 자의 직무 및 조직에 관한사항
② 위험물시설의 운전 또는 조작에 관한 사항
③ 자체소방대의 편성과 화학소방자동차의 배치에 관한 사항
④ 이동탱크저장소에 있어서 배관공사 현장책임자의 조건등 배관의 안전확보에 관한 사항

▸해설 **예방규정 작성사항**
㉠ 위험물의 안전관리업무를 담당하는 자의 직무 및 조직에 관한 사항
㉡ 안전관리자가 여행·질병 등으로 인하여 그 직무를 수행할 수 없을 경우 그 직무의 대리자에 관한 사항
㉢ 영 제18조의 규정에 의하여 자체소방대를 설치하여야 하는 경우에는 자체소방대의 편성과 화학소방자동차의배치에 관한 사항
㉣ 위험물의 안전에 관계된 작업에 종사하는 자에 대한 안전교육 및 훈련에 관한 사항
㉤ 위험물시설 및 작업장에 대한 안전순찰에 관한 사항
㉥ 위험물시설·소방시설 그 밖의 관련시설에 대한 점검 및 정비에 관한 사항
㉦ 위험물시설의 운전 또는 조작에 관한 사항
㉧ 위험물 취급작업의 기준에 관한 사항
㉨ 이송취급소에 있어서는 배관공사 현장책임자의 조건 등 배관공사 현장에 대한 감독체제에 관한 사항과 배관주위에 있는 이송취급소 시설 외의 공사를 하는 경우 배관의 안전확보에 관한 사항
㉩ 재난 그 밖의 비상시의 경우에 취하여야 하는 조치에 관한 사항
㉪ 위험물의 안전에 관한 기록에 관한 사항
㉫ 제조소등의 위치·구조 및 설비를 명시한 서류와 도면의 정비에 관한 사항
㉬ 그 밖에 위험물의 안전관리에 관하여 필요한 사항

049 위험물제조소등의 정기점검의 점검자에 해당하지않는 것은?

① 위험물운송자(이동탱크저장소에 한함)
② 위험물안전관리자
③ 탱크시험자
④ 안전관리대행기관(특정옥외탱크저장소 포함)

정답 : 048.④ 049.④

> **해설** 정기점검자
> ⓐ 원칙 : 제조소등의 관계인
> ⓑ 실시자
>   ㉮ 위험물운송자(이동탱크저장소의 경우에 한함)
>   ㉯ 위험물안전관리자
>   ㉰ 탱크시험자
>   ㉱ 안전관리대행기관(특정옥외탱크저장소의 정기점검은 제외)

050 제조소 등의 위치·구조 또는 설비의 변경 없이 당해 제조소 등에서 저장하거나 취급하는 위험물의 품명·수량 또는 지정수량의 배수를 변경하고자 하는 자는 변경하고자 하는 날의 며칠 전까지 행정안전부령이 정하는 바에 따라 시·도지사에게 신고하여야 하는가?

① 1일　　　　　　　　　　② 3일
③ 5일　　　　　　　　　　④ 7일

051 다음 중 정기점검 대상인 제조소 등은?

① 주유취급소
② 옥외탱크저장소
③ 위험물 취급탱크로서 지하에 매설된 탱크가 있는 제조소, 주유취급소 또는 일반취급소
④ 지정수량 이상의 제조소

> **해설** 정기점검의 대상인 제조소 등
> 법 제18조제1항에서 "대통령령이 정하는 제조소 등"이라 함은 다음 각 호의 1에 해당하는 제조소 등을 말한다.
> 1. 제15조 각 호의 1에 해당하는 제조소 등[예방규정 적용대상]
> 2. 지하탱크저장소
> 3. 이동탱크저장소
> 4. 위험물을 취급하는 탱크로서 지하에 매설된 탱크가 있는 제조소·주유취급소 또는 일반취급소

052 특정옥외탱크저장소의 설치허가에 따른 완공검사필증을 발급받은 날부터 몇 년 이내에 정밀정기검사를 받아야 하는가?

① 3년　　　　　　　　　　② 5년
③ 11년　　　　　　　　　 ④ 12년

정답 : 050.① 051.③ 052.④

해설 정기검사
  ㉠ 정기검사자 : 소방본부장 또는 소방서장
  ㉡ 정기검사의 대상 : 액체위험물을 저장 또는 취급하는 50만리터 이상의 옥외탱크저장소
     [준특정옥외탱크저장소 – 50만리터 이상, 특정옥외탱크저장소 – 100만리터이상]
  ㉢ 정기검사의 시기
    ⓐ 정밀정기검사 : 다음 각 목의 어느 하나에 해당하는 기간 내에 1회
      ㉮ 특정·준특정옥외탱크저장소의 설치허가에 따른 완공검사합격확인증을 발급받은 날부터 12년
      ㉯ 최근의 정밀정기검사를 받은 날부터 11년
    ⓑ 중간정기검사 : 다음 각 목의 어느 하나에 해당하는 기간 내에 1회
      ㉮ 특정·준특정옥외탱크저장소의 설치허가에 따른 완공검사합격확인증을 발급받은 날부터 4년
      ㉯ 최근의 정밀정기검사 또는 중간정기검사를 받은 날부터 4년
  ㉣ 정밀정기검사를 받아야 하는 특정·준특정옥외탱크저장소의 관계인은 정밀정기검사를 제65조제1항에 따른 구조안전점검을 실시하는 때에 함께 받을 수 있다.
  ㉤ 정기검사의 기록보관
     정기검사를 받은 제조소등의 관계인과 정기검사를 실시한 기술원은 정기검사합격확인증 등 정기검사에 관한 서류를 해당 제조소등에 대한 차기 정기검사시까지 보관하여야 한다.

053 위험물의 운송에 관한 다음 설명 중 틀린 것은?

① 이동탱크저장소에 의하여 위험물을 운송하는 자는 당해 위험물을 취급할 수 있는 국가기술자격자 또는 안전교육을 받은 자이어야 한다.
② 대통령령이 정하는 위험물의 운송에 있어서는 운송책임자의 감독 또는 지원을 받아 이를 운송하여야 한다.
③ 운송책임자의 범위, 감독 또는 지원의 방법 등에 관한 구체적인 기준은 대통령령으로 정한다.
④ 위험물운송자는 이동탱크저장소에 의하여 위험물을 운송하는 때에는 행정안전부령으로 정하는 기준을 준수하는 등 당해 위험물의 안전확보를 위하여 세심한 주의를 기울여야 한다.

해설 구체적인 기준은 행정안전부령으로 정한다.

054 위험물의 누출, 화재, 폭발 등의 사고가 발생한 경우 사고의 원인 및 피해 등에 대한 조사를 실시하는 자가 아닌 자는?

① 소방청장 ② 소방본부장
③ 소방서장 ④ 시·도지사

정답 : 053.③ 054.④

예상문제

> **해설** 제22조의2(위험물 누출 등의 사고 조사)
> ① 소방청장, 소방본부장 또는 소방서장은 위험물의 누출·화재·폭발 등의 사고가 발생한 경우 사고의 원인 및 피해 등을 조사하여야 한다. 〈개정 2017. 7. 26.〉
> ② 제1항에 따른 조사에 관하여는 제22조제1항·제3항·제4항 및 제6항을 준용한다.
> ③ 소방청장, 소방본부장 또는 소방서장은 제1항에 따른 사고 조사에 필요한 경우 자문을 하기 위하여 관련 분야에 전문지식이 있는 사람으로 구성된 사고조사위원회를 둘 수 있다. 〈개정 2017. 7. 26.〉
> ④ 제3항에 따른 사고조사위원회의 구성과 운영 등에 필요한 사항은 대통령령으로 정한다.

055 위험물법 중 지정수량에 대한 설명으로 맞는 것은?

① 제조소 등에서 최저수량의 위험물은 위험물관리법령에 따른다.
② 지정수량은 클수록 위험하다.
③ 군사목적으로 임시로 저장·취급하는 경우는 대통령령으로 한다.
④ 지정수량 미만이더라도 위험물은 위험물관리법령에 따른다.

> **해설** "지정수량"이라 함은 위험물의 종류별로 위험성을 고려하여 대통령령이 정하는 수량으로서 제6호의 규정에 의한 제조소 등의 설치허가 등에 있어서 최저의 기준이 되는 수량을 말한다.
> ③ 제조소 등이 아닌 장소에서 지정수량 이상의 위험물을 취급할 수 있는 경우
> → 임시로 저장 또는 취급하는 장소에서의 저장 또는 취급의 기준과 임시로 저장 또는 취급하는 장소의 위치·구조 및 설비의 기준은 시·도의 조례로 정한다.
>   1) 시·도의 조례가 정하는 바에 따라 관할소방서장의 승인을 받아 지정수량 이상의 위험물을 90일 이내의 기간 동안 임시로 저장 또는 취급하는 경우
>   2) 군부대가 지정수량 이상의 위험물을 군사목적으로 임시로 저장 또는 취급하는 경우
> ④ 지정수량 미만인 위험물의 저장, 취급 : 지정수량 미만인 위험물의 저장 또는 취급에 관한 기술상의 기준은 시·도의 조례로 정한다.

056 다음 중 위험물관리법상 시·도 조례가 아닌 것은?

① 위험물제조소 등의 위치·구조·설비의 기준
② 관할 소방서장 승인을 받아 지정수량 이상의 위험물을 임시로 저장·취급하는 경우
③ 임시로 저장·취급하는 장소에서의 저장 또는 취급의 기준
④ 지정수량 미만인 위험물의 저장 또는 취급에 관한 기술상의 기준

> **해설** ① 행정안전부령
> ②, ③, ④ : 시·도의 조례

정답 : 055.① 056.①

057 자체소방대의 설치제외대상인 일반취급소가 아닌 것은?

① 보일러, 버너 그 밖에 이와 유사한 장치로 위험물을 소비하는 일반취급소
② 이동저장탱크 그 밖에 이와 유사한 것에 위험물을 주입하는 일반취급소
③ 용기에 위험물을 보관하는 일반취급소
④ 유압장치, 윤활유순환장치 그 밖에 이와 유사한 장치로 위험물을 취급하는 일반취급소

◀해설 **자체소방대의 설치 제외대상인 일반취급소**
① 보일러, 버너 그 밖에 이와 유사한 장치로 위험물을 소비하는 일반취급소
② 이동저장탱크 그 밖에 이와 유사한 것에 위험물을 주입하는 일반취급소
③ 용기에 위험물을 옮겨 담는 일반취급소
④ 유압장치, 윤활유순환장치 그 밖에 이와 유사한 장치로 위험물을 취급하는 일반취급소
⑤ 「광산보안법」의 적용을 받는 일반취급소

058 다음 중 저장소의 종류가 아닌 것은?

① 간이탱크저장소　　　　　　② 암벽탱크저장소
③ 지하탱크저장소　　　　　　④ 옥외탱크저장소

059 지정수량의 몇 배 이하의 판매취급소를 1종판매취급소라고 하는가?

① 10배　　　　　　　　　　② 20배
③ 40배　　　　　　　　　　④ 60배

060 다음 중 1인의 위험물안전관리자를 중복하여 선임할 수 있는 경우가 아닌 것은?

① 보일러·버너 또는 이와 비슷한 것으로서 위험물을 소비하는 장치로 이루어진 7개 이하의 일반취급소와 그 일반취급소에 공급하기 위한 위험물을 저장하는 저장소를 동일인이 설치한 경우
② 위험물을 차량에 고정된 탱크 또는 운반용기에 옮겨 담기 위한 5개 이하의 일반취급소와 그 일반취급소에 공급하기 위한 위험물을 저장하는 저장소를 동일인이 설치한 경우
③ 동일구 내에 있거나 상호 100미터 이내의 거리에 있는 저장소로서 10개 이하의 옥내저장소를 동일인이 설치한 경우
④ 동일구 내에 있거나 상호 100미터 이내의 거리에 있는 저장소로서 20개 이하의 옥외탱크저장소를 동일인이 설치한 경우

정답 : 057.③　058.②　059.②　060.④

예상문제

▶해설 1인의 안전관리자를 중복하여 선임할 수 있는 경우
1. 보일러·버너 또는 이와 비슷한 것으로서 위험물을 소비하는 장치로 이루어진 7개 이하의 일반취급소와 그 일반취급소에 공급하기 위한 위험물을 저장하는 저장소[일반취급소 및 저장소가 모두 동일구내에 있는 경우에 한한다.]를 동일인이 설치한 경우
2. 위험물을 차량에 고정된 탱크 또는 운반용기에 옮겨 담기 위한 5개 이하의 일반취급소[일반취급소 간의 거리(보행거리)가 300미터 이내인 경우에 한한다]와 그 일반취급소에 공급하기 위한 위험물을 저장하는 저장소를 동일인이 설치한 경우
3. 동일구내에 있거나 상호 100미터 이내의 거리에 있는 저장소로서 저장소의 규모, 저장하는 위험물의 종류 등을 고려하여 행정안전부령이 정하는 저장소를 동일인이 설치한 경우

[행정안전부령으로 정하는 저장소]
1. 10개 이하의 옥내저장소
2. 30개 이하의 옥외탱크저장소
3. 옥내탱크저장소
4. 지하탱크저장소
5. 간이탱크저장소
6. 10개 이하의 옥외저장소
7. 10개 이하의 암반탱크저장소

4. 다음 각 목의 기준에 모두 적합한 5개 이하의 제조소 등을 동일인이 설치한 경우
   ① 각 제조소 등이 동일 구내에 위치하거나 상호 100미터 이내의 거리에 있을 것
   ② 각 제조소 등에서 저장 또는 취급하는 위험물의 최대수량이 지정수량의 3천배 미만일 것. 다만, 저장소의 경우에는 그러하지 아니하다.
5. 선박주유취급소의 고정주유설비에 공급하기 위한 위험물을 저장하는 저장소와 당해 선박주유취급소

061 「위험물 안전관리법」상 다수의 제조소 등을 동일인이 설치한 경우 관계인은 1인의 안전관리자를 중복하여 선임할 수 있다. 다음 중 1인의 안전관리자를 중복하여 선임할 수 있는 경우를 옳게 고른 것은?

ㄱ. 보일러를 이용하여 위험물을 소비하는 장치로 이루어진 5개 이하의 일반취급소
ㄴ. 동일구 내에 있는 11개 이하의 옥내저장소
ㄷ. 동일구 내에 있는 11개 이하의 옥외저장소
ㄹ. 동일구 내에 있는 31개 이하의 옥외탱크저장소

① ㄱ
② ㄱ, ㄴ
③ ㄱ, ㄴ, ㄷ
④ ㄱ, ㄴ, ㄷ, ㄹ

정답 : 061.①

062 소방공무원으로서 근무한 경력이 5년인 사람이 위험물취급자격자로서 취급할 수 있는 위험물의 종류로 옳은 것은?

① 1류 위험물
② 2류 위험물
③ 3류 위험물
④ 4류 위험물

해설 위험물의 취급에 관한 자격이 있는 자

위험물취급자격자의 자격(제11조제1항 관련)

위험물취급자격자의 구분	취급할 수 있는 위험물
1. 「국가기술자격법」에 따라 위험물기능장, 위험물산업기사, 위험물기능사의 자격을 취득한 사람	별표 1의 모든 위험물
2. 안전관리자교육이수자(법 28조제1항에 따라 소방청장이 실시하는 안전관리자교육을 이수한 자를 말한다. 이하 별표 6에서 같다)	별표 1의 위험물 중 제4류 위험물
3. 소방공무원 경력자(소방공무원으로 근무한 경력이 3년 이상인 자를 말한다. 이하 별표 6에서 같다)	별표 1의 위험물 중 제4류 위험물

063 다음중 화학소방차의 소화능력에 해당하는 설명중 틀린설명은?

① 포수용액방사차는 포수용액의 방사능력이 매분 2000L이상일것
② 분말방사차는 분말의 방사능력이 매초 35kg이상일것
③ 할로겐화합물방사차는 방사능력이 매초 40kg이상일것
④ 이산화탄소 방사차는 방사능력이 매초 45kg이상일것

해설 화학소방자동차(내폭화학차 및 제독차를 포함한다)에 갖추어야 하는 소화능력 및 설비의 기준

화학소방자동차의 구분	소화능력 및 설비의 기준
포수용액 방사차	포수용액의 방사능력이 매분 2,000[L] 이상일 것
	소화약액탱크 및 소화약액혼합장치를 비치할 것
	10만[L] 이상의 포수용액을 방사할 수 있는 양의 소화약제를 비치할 것
분말 방사차	분말의 방사능력이 매초 35[kg] 이상일 것
	분말탱크 및 가압용가스설비를 비치할 것
	1,400[kg] 이상의 분말을 비치할 것
할로겐화합물 방사차	할로겐화합물의 방사능력이 매초 40[kg] 이상일 것
	할로겐화합물탱크 및 가압용가스설비를 비치할 것
	1,000[kg] 이상의 할로겐화합물을 비치할 것
이산화탄소 방사차	이산화탄소의 방사능력이 매초 40[kg] 이상일 것
	이산화탄소저장용기를 비치할 것
	3,000[kg] 이상의 이산화탄소를 비치할 것
제독차	가성소오다 및 규조토를 각각 50[kg] 이상 비치할 것

정답 : 062.④ 063.④

예상문제

064 다음 중 제조소 등의 전부 또는 일부의 사용정지를 명할 수 없는 경우는?

① 변경허가를 받지 아니하고 제조소 등의 위치·구조 또는 설비를 변경할 때
② 완공검사를 받지 아니하고 제조소 등을 사용한 때
③ 제조소 등의 정기점검을 하지 아니한 때
④ 제조소 등에 위험물시설 안전원을 선임하지 아니한 때

해설 제조소 등 설치허가의 취소와 사용정지 등
1) 제조소 등 설치허가의 취소와 사용정지권자 : 시·도지사
2) 허가를 취소하거나 6월 이내의 기간을 정하여 제조소 등의 전부 또는 일부의 사용정지를 명할 수 있는 사유
 ① 규정에 따른 변경허가를 받지 아니하고 제조소 등의 위치·구조 또는 설비를 변경한 때
 ② 완공검사를 받지 아니하고 제조소 등을 사용한 때
 ③ 규정에 따른 수리·개조 또는 이전의 명령을 위반한 때
 ④ 위험물안전관리자를 선임하지 아니한 때
 ⑤ 규정을 위반하여 대리자를 지정하지 아니한 때
 ⑥ 정기점검을 하지 아니한 때
 ⑦ 정기검사를 받지 아니한 때
 ⑧ 규정에 따른 저장·취급기준 준수명령을 위반한 때

065 다음의 경우 지정수량 배수를 환산하면?

- 1석유류(비수용성) 400리터
- 2석유류(비수용성) 2,000리터
- 3석유류(비수용성) 4,000리터

① 2배 ② 4배
③ 6배 ④ 8배

해설 • 1석유류(비수용성) 지정수량 : 200리터, 2석유류(비수용성) 지정수량 : 1,000리터
• 3석유류(비수용성) 지정수량 : 2,000리터 따라서 6배

066 위험물안전관리법상 위험물 운송 시에 운송 책임자의 감독·지원 하에 운송하여야 하는 위험물에 해당되는 것은?

① 알킬리튬, 알킬알루미늄 ② 휘발유
③ 금속분 ④ 니트로글리세린

정답 : 064.④ 065.③ 066.①

해설 위험물의 운송에 있어서 운송책임자의 감독 또는 지원을 받아 운송해야 할 위험물
㉠ 알킬알루미늄
㉡ 알킬리튬
㉢ 알킬알루미늄 또는 알킬리튬의 물질을 함유하는 위험물

067 다음 중 위험물안전관리법에서 규정한 내용과 기간이 옳은 것은?

① 제조소 등의 지위승계 신고 – 30일 이내
② 위험물의 임시 저장기간 – 60일 이내
③ 탱크시험자의 등록신고 – 20일 이내
④ 제조소 등의 용도폐지 신고기간 – 7일 이내

해설
① 지위를 승계한 자는 승계한 날부터 30일 이내에 시·도지사에게 지위승계신고를 하여야 한다.
② 제조소 등이 아닌 장소에서 지정수량 이상의 위험물을 취급할 수 있는 경우
→ 임시로 저장 또는 취급하는 장소에서의 저장 또는 취급의 기준과 임시로 저장 또는 취급하는 장소의 위치·구조 및 설비의 기준은 시·도의 조례로 정한다.
  1) 시·도의 조례가 정하는 바에 따라 관할소방서장의 승인을 받아 지정수량 이상의 위험물을 90일 이내의 기간 동안 임시로 저장 또는 취급하는 경우
  2) 군부대가 지정수량 이상의 위험물을 군사목적으로 임시로 저장 또는 취급하는 경우
③ 탱크시험자 등록의 경우 며칠 이내 등록기준은 없고, 최초 등록신청 시 15일 이내에 발급은 있음
④ 제조소 등의 폐지 : 제조소 등의 관계인은 제조소 등의 용도를 폐지한 경우 폐지한 날부터 14일 이내에 시·도지사에게 신고하여야 한다.

068 지정수량 이상의 위험물을 저장하기 위한 장소와 그에 따른 저장소의 구분에서 옥내탱크저장소에 대한 설명으로 옳은 것은?

① 위험물을 옥내에 보관하는 장소
② 간이탱크에 위험물을 저장하는 장소
③ 옥내에 있는 탱크에 위험물을 저장하는 장소
④ 옥외에 있는 탱크에 위험물을 저장하는 장소

해설

지정수량 이상의 위험물을 저장하기 위한 장소	저장소의 구분
1. 옥내(지붕과 기둥 또는 벽 등에 의하여 둘러싸인 곳을 말한다. 이하 같다)에 저장(위험물을 저장하는 데 따르는 취급을 포함한다. 이하 이 표에서 같다)하는 장소. 다만, 제3호의 장소를 제외한다.	옥내 저장소

정답 : 067.① 068.③

예상문제

2. 옥외에 있는 탱크(제4호 내지 제6호 및 제8호에 규정된 탱크를 제외한다. 이하 제3호에서 같다)에 위험물을 저장하는 장소	옥외탱크 저장소
3. 옥내에 있는 탱크에 위험물을 저장하는 장소	옥내탱크 저장소
4. 지하에 매설된 탱크에 위험물을 저장하는 장소	지하탱크 저장소
5. 간이탱크에 위험물을 저장하는 장소	간이탱크 저장소
6. 차량(피견인자동차에 있어서는 앞차축을 갖지 아니하는 것으로서 피견인자동차의 일부가 견인자동차에 적재되고 당해 피견인자동차와 그 적재물의 중량의 상당부분이 견인자동차에 의하여 지탱되는 구조의 것에 한한다)에 고정된 탱크에 위험물을 저장하는 장소	이동탱크 저장소
7. 옥외에 다음 각 목의 1에 해당하는 위험물을 저장하는 장소. 다만, 제2호의 장소를 제외한다) 가. 제2류 위험물 중 유황 또는 인화성 고체(인화점이 섭씨 0도 이상인 것에 한한다) 나. 제4류 위험물중 제1석유류(인화점이 섭씨 0도 이상인 것에 한한다)·알코올류·제2석유류·제3석유류·제4석유류 및 동식물유류 다. 제6류 위험물 라. 제2류 위험물 및 제4류 위험물 중 특별시·광역시 또는 도의 조례에서 정하는 위험물(「관세법」 제154조의 규정에 의한 보세구역 안에 저장하는 경우에 한한다) 마. 「국제해사기구에 관한 협약」에 의하여 설치된 국제해사기구가 채택한 「국제해상위험물규칙」(IMDG Code)에 적합한 용기에 수납된 위험물	옥외 저장소
8. 암반 내의 공간을 이용한 탱크에 액체의 위험물을 저장하는 장소	암반탱크 저장소

069 위험물안전관리법령상 위험물의 안전관리와 관련된 업무를 수행하는 자로서 소방청장이 실시하는 안전교육대상자가 아닌 것은?

① 안전관리자로 선임된 자
② 탱크시험자의 기술인력으로 종사하는 자
③ 위험물운송자로 종사하는 자
④ 제조소 등의 관계인

해설 **안전교육**
1) 안전관리자·탱크시험자·위험물운송자 등 위험물의 안전관리와 관련된 업무를 수행하는 자로서 대통령령이 정하는 자는 해당 업무에 관한 능력의 습득 또는 향상을 위하여 소방청장이 실시하는 교육을 받아야 한다.
2) 안전교육대상자
① 안전관리자로 선임된 자
② 탱크시험자의 기술인력으로 종사하는 자
③ 위험물운송자로 종사하는 자
3) 안전교육실시자 : 소방청장
4) 제조소 등의 관계인은 교육대상자에 대하여 필요한 안전교육을 받게 하여야 한다.

정답 : 069.④

5) 안전교육의 과정 및 기간과 그 밖에 교육의 실시에 관하여 필요한 사항(행정안전부령)
6) 시·도지사, 소방본부장 또는 소방서장은 안전교육대상자가 교육을 받지 아니한 때에는 그 교육대상자가 교육을 받을 때까지 이 법의 규정에 따라 그 자격으로 행하는 행위를 제한할 수 있다.
7) 안전교육의 구분 : 소방청장은 안전교육을 강습교육과 실무교육으로 구분하여 실시한다.
8) 기술원 또는 한국소방안전원은 매년 교육실시계획을 수립하여 교육을 실시하는 해의 전년도 말까지 소방청장의 승인을 받아야 하고, 해당 연도 교육실시결과를 교육을 실시한 해의 다음 연도 1월 31일까지 소방청장에게 보고하여야 한다.
9) 소방본부장은 매년 10월말까지 관할구역 안의 실무교육대상자 현황을 협회에 통보하고 관할구역 안에서 협회가 실시하는 안전교육에 관하여 지도·감독하여야 한다.

070 다음 위험물의 분류가 잘못된 것은?

① 제1류 – 산화성 고체 – 무기과산화물, 알킬알루미늄
② 제2류 – 가연성 고체 – 황화린, 적린
③ 제3류 – 자연발화성 및 금수성 물질 – 칼륨, 나트륨
④ 제4류 – 인화성 액체 – 제4석유류, 동식물유류

해설 알킬알루미늄 : 3류 위험물

071 위험물제조소 등의 허가취소 또는 사용정지 사유가 아닌 것은?

① 변경허가를 받지 아니하고 제조소 등의 위치·구조 또는 설비를 변경한 때
② 위험물 시설안전원을 두지 않았을 때
③ 완공검사를 받지 아니하고 제조소 등을 사용한 때
④ 위험물안전관리자를 선임하지 아니한 때

해설 **위험물안전관리법 제12조(제조소 등 설치허가의 취소와 사용정지 등)**
시·도지사는 제조소 등의 관계인이 다음 각 호의 어느 하나에 해당하는 때에는 행정안전부령이 정하는 바에 따라 제6조제1항의 규정에 따른 허가를 취소하거나 6월 이내의 기간을 정하여 제조소 등의 전부 또는 일부의 사용정지를 명할 수 있다.
1. 제6조제1항 후단의 규정에 따른 변경허가를 받지 아니하고 제조소 등의 위치·구조 또는 설비를 변경한 때
2. 제9조의 규정에 따른 완공검사를 받지 아니하고 제조소 등을 사용한 때
3. 제14조제2항의 규정에 따른 수리·개조 또는 이전의 명령을 위반한 때
4. 제15조제1항 및 제2항의 규정에 따른 위험물안전관리자를 선임하지 아니한 때
5. 제15조제5항을 위반하여 대리자를 지정하지 아니한 때
6. 제18조제1항의 규정에 따른 정기점검을 하지 아니한 때
7. 제18조제2항의 규정에 따른 정기검사를 받지 아니한 때
8. 제26조의 규정에 따른 저장·취급기준 준수명령을 위반한 때

정답 : 070.① 071.②

예상문제

072 안전관리자가 여행·질병 등으로 인하여 일시적으로 직무를 수행할 수 없는 경우에 지정된 대리자의 직무대행기간은?
① 7일
② 14일
③ 30일
④ 60일

073 위험물운송책임자는 당해 위험물의 취급에 관한 기술자격을 취득하고 관련 업무에 몇 년 이상 종사한 경력이 있는 자이어야 하는가?
① 1
② 2
③ 3
④ 5

> **해설** 위험물안전관리법 시행규칙 제52조(위험물의 운송기준)
> ① 법 제21조제2항의 규정에 의한 위험물 운송책임자는 다음 각 호의 1에 해당하는 자로 한다.
>   1. 당해 위험물의 취급에 관한 국가기술자격을 취득하고 관련 업무에 1년 이상 종사한 경력이 있는 자
>   2. 법 제28조제1항의 규정에 의한 위험물의 운송에 관한 안전교육을 수료하고 관련 업무에 2년 이상 종사한 경력이 있는 자
> ② 법 제21조제2항의 규정에 의한 위험물 운송책임자의 감독 또는 지원의 방법과 법 제21조제3항의 규정에 의한 위험물의 운송 시에 준수하여야 하는 사항은 별표 21과 같다.

074 다음 중 제조소 등의 완공검사 신청시기로 옳지 않은 것은?
① 지하탱크가 있는 제조소 등의 경우 : 당해 지하탱크를 매설하기 전
② 이동탱크저장소의 경우 : 이동저장탱크를 완공하고 상치장소를 확보한 후
③ 이송취급소의 경우 : 이송배관 공사의 전체 또는 일부를 완료한 후. 다만, 지하·하천 등에 매설하는 이송배관의 공사의 경우에는 이송배관을 매설하기 전
④ 전체 공사가 완료된 후에는 완공검사를 실시하기 곤란한 경우 : 배관을 지하에 설치하는 경우에는 소방청장이 지정하는 부분을 매몰하기 직전

> **해설** 위험물안전관리법 제20조(완공검사의 신청시기)
> 법 제9조제1항의 규정에 의한 제조소 등의 완공검사 신청시기는 다음 각 호의 구분에 의한다.
>   1. 지하탱크가 있는 제조소 등의 경우 : 당해 지하탱크를 매설하기 전
>   2. 이동탱크저장소의 경우 : 이동저장탱크를 완공하고 상치장소를 확보한 후
>   3. 이송취급소의 경우 : 이송배관 공사의 전체 또는 일부를 완료한 후. 다만, 지하·하천 등에 매설하는 이송배관의 공사의 경우에는 이송배관을 매설하기 전
>   4. 전체 공사가 완료된 후에는 완공검사를 실시하기 곤란한 경우 : 다음 각 목에서 정하는 시기

정답 : 072.③ 073.① 074.④

가. 위험물설비 또는 배관의 설치가 완료되어 기밀시험 또는 내압시험을 실시하는 시기
나. 배관을 지하에 설치하는 경우에는 시·도지사, 소방서장 또는 기술원이 지정하는 부분을 매몰하기 직전
다. 기술원이 지정하는 부분의 비파괴시험을 실시하는 시기
5. 제1호 내지 제4호에 해당하지 아니하는 제조소 등의 경우 : 제조소 등의 공사를 완료한 후

075 다음 ( ) 안에 알맞은 순서의 답은?

옥외탱크저장소 중 저장 또는 취급하는 액체위험물의 최대수량이 50만 리터 이상인 것에 대하여 실시하는 정기점검은 정기점검 외에 다음 각 호의 1에 해당하는 기간 이내에 1회 이상 특정, 준특정옥외저장탱크의 구조 등에 관한 안전점검(이하 "구조안전점검"이라 한다)을 하여야 한다.
1. 제조소 등의 설치허가에 따른 영 제10조 제2항의 완공검사필증을 교부받은 날부터 (㉠)년
2. 법 제18조 제2항의 규정에 의한 최근의 정밀정기검사를 받은 날부터 (㉡)년
3. 제2항의 규정에 의하여 특정옥외저장탱크에 안전조치를 한 후 제71조 제2항의 규정에 의하여 기술원에 구조안전 점검시기 연장신청을 하여 당해 안전조치가 적정한 것으로 인정받은 경우에는 법 제18조제2항의 규정에 의한 최근의 정밀정기검사를 받은 날부터 13년

① ㉠ 11, ㉡ 12
② ㉠ 12, ㉡ 11
③ ㉠ 10, ㉡ 20
④ ㉠ 10, ㉡ 15

해설 위험물안전관리법 제65조(특정옥외탱크저장소의 정기점검)
① 법 제18조제1항의 규정에 의하여 옥외탱크저장소 중 저장 또는 취급하는 액체위험물의 최대수량이 50만리터 이상인 것(이하 "특정·준특정옥외탱크저장소"라 한다)에 대하여 실시하는 정기점검은 제64조의 규정에 의한 정기점검 외에 다음 각 호의 1에 해당하는 기간 이내에 1회 이상 특정옥외저장탱크(특정옥외탱크저장소의 탱크를 말한다. 이하 같다)의 구조 등에 관한 안전점검(이하 "구조안전점검"이라 한다)을 하여야 한다. 다만, 당해 기간 이내에 특정옥외저장탱크의 사용중단 등으로 구조안전점검을 실시하기가 곤란한 경우에는 별지 제39호의2 서식에 의하여 관할소방서장에게 구조안전점검의 실시기간 연장신청(전자문서에 의한 신청을 포함한다)을 할 수 있으며, 그 신청을 받은 소방서장은 1년(특정옥외저장탱크의 사용을 중지한 경우에는 사용중지기간)의 범위 내에서 당해 기간을 연장할 수 있다.
1. 제조소 등의 설치허가에 따른 영 제10조제2항의 완공검사필증을 교부받은 날부터 12년
2. 법 제18조제2항의 규정에 의한 최근의 정기검사를 받은 날부터 11년
3. 제2항의 규정에 의하여 특정옥외저장탱크에 안전조치를 한 후 제71조제2항의 규정에 의하여 기술원에 구조안전점검시기 연장신청을 하여 당해 안전조치가 적정한 것으로 인정받은 경우에는 법 제18조제2항의 규정에 의한 최근의 정기검사를 받은 날부터 13년

정답 : 075.②

예상문제

076 구조안전점검의 기록은 몇 년간 보관하여야 하는가?
① 10년 ② 20년
③ 25년 ④ 30년

077 위험물안전관리법상 업무상 과실로 제조소 등에서 위험물을 유출·방출 또는 확산시켜 사람의 생명·신체 또는 재산에 대하여 위험을 발생시킨 자에 대한 벌칙 기준으로 옳은 것은?
① 10년 이하의 징역 또는 금고나 1억 원 이하의 벌금
② 7년 이하의 금고 또는 7천만 원 이하의 벌금
③ 5년 이하의 징역 또는 1억 원 이하의 벌금
④ 3년 이하의 징역 또는 3천만 원 이하의 벌금

> **해설** 위험물안전관리법
> - 업무상 과실로 제조소 등에서 위험물을 유출·방출 또는 확산시켜 사람의 생명·신체 또는 재산에 대하여 위험을 발생시킨 자 → 7년 이하의 금고 또는 7천만 원 이하의 벌금
> - 사람을 사상에 이르게 한 자 → 10년 이하의 징역 또는 금고나 1억 원 이하의 벌금
>
> 화재예방 소방시설 설치유지 및 안전관리에 관한 법률
> - 소방시설에 폐쇄·차단 등의 행위를 한 자 → 5년 이하의 징역 또는 5,000만 원 이하의 벌금
> - 사람을 상해에 이르게 한 때 → 7년 이하의 징역 또는 7,000만 원 이하의 벌금
> - 사망에 이르게 한 때 → 10년 이하의 징역 또는 1억 원 이하의 벌금

078 위험물안전관리법상 제조소 등의 설치허가를 받지 아니하고 제조소 등을 설치한 자는 어떠한 벌칙에 처하는가?
① 10년 이하의 징역 또는 금고나 1억 원 이하의 벌금
② 5년 이하의 징역 또는 1억 원 이하의 벌금
③ 3년 이하의 징역 또는 3천만 원 이하의 벌금
④ 1년 이하의 징역 또는 1천만 원 이하의 벌금

> **해설** 제33조(벌칙)
> ① 제조소 등에서 위험물을 유출·방출 또는 확산시켜 사람의 생명·신체 또는 재산에 대하여 위험을 발생시킨 자는 1년 이상 10년 이하의 징역에 처한다.
> ② 제1항의 규정에 따른 죄를 범하여 사람을 상해(傷害)에 이르게 한 때에는 무기 또는 3년 이상의 징역에 처하며, 사망에 이르게 한 때에는 무기 또는 5년 이상의 징역에 처한다.
>
> 제34조(벌칙)
> ① 업무상 과실로 제조소 등에서 위험물을 유출·방출 또는 확산시켜 사람의 생명·신체 또는 재산에 대하여 위험을 발생시킨 자는 7년 이하의 금고 또는 7천만 원 이하의 벌금에 처한다.〈개정 2016. 1. 27.〉

정답 : 076.③ 077.② 078.②

② 제1항의 죄를 범하여 사람을 사상(死傷)에 이르게 한 자는 10년 이하의 징역 또는 금고나 1억 원 이하의 벌금에 처한다. 〈개정 2016. 1. 27.〉

제34조의2(벌칙)
제6조제1항 전단을 위반하여 제조소 등의 설치허가를 받지 아니하고 제조소 등을 설치한 자는 5년 이하의 징역 또는 1억 원 이하의 벌금에 처한다.

제34조의3(벌칙)
제5조제1항을 위반하여 저장소 또는 제조소 등이 아닌 장소에서 지정수량 이상의 위험물을 저장 또는 취급한 자는 3년 이하의 징역 또는 3천만 원 이하의 벌금에 처한다.

벌칙	사유 및 대상자
5년 이하의 징역 또는 1억 원 이하의 벌금	제조소 등의 설치허가를 받지 아니하고 제조소 등을 설치한 자
1년 이하의 징역 또는 1,000만 원 이하의 벌금	• 탱크시험자로 등록하지 아니하고 탱크시험자의 업무를 한 자 • 정기점검을 하지 아니하거나 점검기록을 허위로 작성한 관계인으로서 제조소 등의 허가를 받은 자 • 정기검사를 받지 아니한 관계인으로서 제조소 등의 허가를 받은 자 • 자체소방대를 두지 아니한 관계인으로서 제조소 등의 허가를 받은 자 • 운반용기 검사를 받지 않고 운반용기를 사용·유통한 자 • 관계공무원에 대하여 필요한 보고 또는 자료제출을 하지 아니하거나 허위로 보고 또는 자료 제출을 한 자 또는 관계공무원의 출입·검사 또는 수거를 거부·방해 또는 기피한 자 • 제조소등에 대한 긴급 사용정지·제한명령을 위반한 자
1,500만 원 이하의 벌금	• 위험물의 저장 또는 취급에 관한 중요기준에 따르지 아니한 자 • 변경허가를 받지 아니하고 제조소 등을 변경한 자 • 제조소 등의 완공검사를 받지 아니하고 위험물을 저장·취급한 자 • 제조소 등의 사용정지명령을 위반한 자 • 수리·개조 또는 이전의 명령에 따르지 아니한 자 • 안전관리자를 선임하지 아니한 관계인으로서 제조소 등의 허가를 받은 자 • 대리자를 지정하지 아니한 관계인으로서 제조소 등의 허가를 받은 자 • 업무정지명령을 위반한 자 • 탱크안전성능시험 또는 점검에 관한 업무를 허위로 하거나 그 결과를 증명하는 서류를 허위로 교부한 자 • 예방규정을 제출하지 아니하거나 변경명령을 위반한 관계인으로서 제조소 등의 허가를 받은 자 • 정지지시를 거부하거나 국가기술자격증 또는 교육수료증의 제시를 거부 또는 기피한 자 • 탱크시험자에 대하여 필요한 보고 또는 자료 제출을 하지 아니하거나 허위의 보고 또는 자료제출을 한 자 및 관계공무원의 출입 또는 조사·검사를 거부·방해 또는 기피한 자 • 탱크시험자에 대한 감독상 명령에 따르지 아니한 자 • 무허가 장소의 위험물에 대한 조치명령에 따르지 아니한 자 • 저장·취급기준 준수명령 또는 응급조치명령을 위반한 자

예상문제

벌칙	사유 및 대상자
1,000만 원 이하의 벌금	• 위험물의 취급에 관한 안전관리와 감독을 하지 아니한 자 • 안전관리자 또는 그 대리자가 참여하지 아니한 상태에서 위험물을 취급한 자 • 변경한 예방규정을 제출하지 아니한 관계인으로서 허가를 받은 자 • 위험물의 운반에 관한 중요기준에 따르지 아니한 자 • 국가기술자격자 또는 안전교육을 받지 않고 위험물을 운송하는 자 • 관계인의 정당한 업무를 방해하거나 출입·검사 등을 수행하면서 알게 된 비밀을 누설한 자

079 다음 중 벌금이 가장 무거운 것은?

① 제조소 등이 아닌 장소에서 지정수량 이상의 위험물을 저장·취급한 자
② 무허가 장소에서 위험물에 대한 조치명령을 위반한 자
③ 제조소 등의 사용정지 명령을 위반한 자
④ 제조소 등의 위치·구조·설비의 수리, 개조, 이전 명령을 위반한 자

해설 벌칙

① : 3년 이하의 징역 또는 3천만 원 이하의 벌금

벌 칙	사유 및 대상자
1년 이상 10년 이하의 징역	제조소 등에서 위험물을 유출·방출 또는 확산시켜 사람의 생명·신체 또는 재산에 대하여 위험을 발생시킨 자
무기 또는 5년 이상의 징역	제조소 등에서 위험물을 유출·방출 또는 확산시켜 사람을 사망에 이르게 한 때
무기 또는 3년 이상의 징역	제조소 등에서 위험물을 유출·방출 또는 확산시켜 사람을 상해(傷害)에 이르게 한 때
10년 이하의 징역 또는 금고나 1억 원 이하의 벌금	업무상 과실로 제조소 등에서 위험물을 유출·방출 또는 확산시켜 사람을 사상(死傷)에 이르게 한 자
7년 이하의 금고 또는 7,000만 원 이하의 벌금	업무상 과실로 제조소 등에서 위험물을 유출·방출 또는 확산시켜 사람의 생명·신체 또는 재산에 대하여 위험을 발생시킨 자
3년 이하의 징역 또는 3,000만 원 이하의 벌금	저장소 또는 제조소 등이 아닌 장소에서 지정수량 이상의 위험물을 저장 또는 취급한 자

②, ③, ④ : 1천500만 원 이하의 벌금

080 위험물안전관리자를 선임하지 않고 위험물제조소 등의 허가를 받은 자에 대한 벌칙은?

① 500만 원 이하의 벌금
② 1년 이하의 징역 또는 500만 원 이하의 벌금
③ 1년 이하의 징역 또는 1,000만 원 이하의 벌금
④ 1,500만 원 이하의 벌금

해설 1,500만 원 이하의 벌금

정답 : 079.① 080.④

081 다음 중 위험물탱크 안전성능검사의 검사내용이 아닌 것은?

① 기초검사 ② 지반검사
③ 비파괴검사 ④ 용접부검사

해설 위험물탱크의 탱크안전성능 검사(위험물법 령 제8조)
(1) 기초·지반검사
(2) 충수·수압검사
(3) 용접부검사
(4) 암반탱크검사

082 위험물안전관리법령상 제1류 위험물의 지정수량으로 옳지 않은 것은?

① 과염소산염류-50킬로그램 ② 브롬산염류-200킬로그램
③ 요오드산염류-300킬로그램 ④ 중크롬산염류-1,000킬로그램

해설 브롬산염류-300킬로그램

083 위험물안전관리법령상 위험물시설의 설치 및 변경 등에 관한 조문의 일부이다. (   )에 들어갈 말을 바르게 나열한 것은?

> 제조소 등의 위치·구조 또는 설비의 변경 없이 당해 제조소 등에서 저장하거나 취급하는 위험물의 품명·수량 또는 지정수량의 배수를 변경하고자 하는 자는 변경하고자 하는 날의 (ㄱ) 전까지 (ㄴ)이 정하는 바에 따라 (ㄷ)에게 신고하여야 한다.

① ㄱ : 1일,   ㄴ : 대통령령,   ㄷ : 소방서장
② ㄱ : 1일,   ㄴ : 행정안전부령, ㄷ : 시·도지사
③ ㄱ : 3일,   ㄴ : 대통령령,   ㄷ : 소방서장
④ ㄱ : 3일,   ㄴ : 행정안전부령, ㄷ : 시·도지사

해설 위험물안전관리법 제6조(위험물시설의 설치 및 변경 등)
① 제조소 등을 설치하고자 하는 자는 대통령령이 정하는 바에 따라 그 설치장소를 관할하는 특별시장·광역시장·특별자치시장·도지사 또는 특별자치도지사(이하 "시·도지사"라 한다)의 허가를 받아야 한다. 제조소 등의 위치·구조 또는 설비 가운데 행정안전부령이 정하는 사항을 변경하고자 하는 때에도 또한 같다.
② 제조소 등의 위치·구조 또는 설비의 변경 없이 당해 제조소 등에서 저장하거나 취급하는 위험물의 품명·수량 또는 지정수량의 배수를 변경하고자 하는 자는 변경하고자 하는 날의 1일 전까지 행정안전부령이 정하는 바에 따라 시·도지사에게 신고하여야 한다.

정답 : 081.③ 082.② 083.②

③ 제1항 및 제2항의 규정에 불구하고 다음 각 호의 어느 하나에 해당하는 제조소 등의 경우에는 허가를 받지 아니하고 당해 제조소 등을 설치하거나 그 위치·구조 또는 설비를 변경할 수 있으며, 신고를 하지 아니하고 위험물의 품명·수량 또는 지정수량의 배수를 변경할 수 있다.
  1. 주택의 난방시설(공동주택의 중앙난방시설을 제외한다)을 위한 저장소 또는 취급소
  2. 농예용·축산용 또는 수산용으로 필요한 난방시설 또는 건조시설을 위한 지정수량 20배 이하의 저장소

084. 위험물안전관리법령상 안전교육의 교육대상자와 교육시기의 연결이 옳지 않은 것은?

① 안전관리자 – 신규 종사 후 3년마다 1회
② 위험물운송자 – 신규 종사 후 3년마다 1회
③ 탱크시험자의 기술인력 – 신규 종사 후 6개월 이내
④ 위험물운송자가 되고자 하는 자 – 신규 종사 전

해설 [별표 24] 〈개정 2019. 1. 3.〉
안전교육의 과정·기간과 그 밖의 교육의 실시에 관한 사항 등(제78조제2항 관련)
1. 교육과정·교육대상자·교육시간·교육시기 및 교육기관

교육과정	교육대상자	교육시간	교육시기	교육기관
강습교육	안전관리자가 되고자 하는 자	24시간	신규종사 전	안전원
	위험물운송자가 되고자 하는 자	16시간		안전원
실무교육	안전관리자	8시간 이내	신규종사 후 2년마다 1회	안전원
	위험물운송자	8시간 이내	신규종사 후 3년마다 1회	안전원
	탱크시험자의 기술인력	8시간 이내	가. 신규 종사 후 6개월 이내 나. 가목에 따른 교육을 받은 후 2년마다 1회	기술원

[비고]
1. 안전관리자 강습교육 및 위험물운송자 강습교육의 공통과목에 대하여 둘 중 어느 하나의 강습교육 과정에서 교육을 받은 경우에는 나머지 강습교육 과정에서도 교육을 받은 것으로 본다.
2. 안전관리자 실무교육 및 위험물운송자 실무교육의 공통과목에 대하여 둘 중 어느 하나의 실무교육 과정에서 교육을 받은 경우에는 나머지 실무교육 과정에서도 교육을 받은 것으로 본다.
3. 안전관리자 및 위험물운송자의 실무교육 시간 중 일부(4시간 이내)를 사이버교육의 방법으로 실시할 수 있다. 다만, 교육대상자가 사이버교육의 방법으로 수강하는 것에 동의하는 경우에 한정한다.

정답 : 084.①

교육 과정	교육기관	
안전 관리자 강습 교육	제4류 위험물의 품명별 일반성질, 화재예방 및 소화의 방법	• 연소 및 소화에 관한 기초이론 • 모든 위험물의 유별 공통성질과 화재예방 및 소화의 방법 • 위험물안전관리법령 및 위험물의 안전관리에 관계된 법령
위험물 운송자 강습 교육	• 이동탱크저장소의 구조 및 설비작동법 • 위험물운송에 관한 안전기준	

2. 교육계획의 공고 등
   가. 안전원의 원장은 강습교육을 하고자 하는 때에는 매년 1월 5일까지 일시, 장소, 그 밖에 강습의 실시에 관한 사항을 공고할 것
   나. 기술원 또는 안전원은 실무교육을 하고자 하는 때에는 교육실시 10일 전까지 교육대상자에게 그 내용을 통보할 것
3. 교육신청
   가. 강습교육을 받고자 하는 자는 안전원이 지정하는 교육일정 전에 교육수강을 신청할 것
   나. 실무교육 대상자는 교육일정 전까지 교육수강을 신청할 것
4. 교육일시 통보
   기술원 또는 안전원은 제3호에 따라 교육신청이 있는 때에는 교육실시 전까지 교육대상자에게 교육장소와 교육일시를 통보하여야 한다.
5. 기타
   기술원 또는 안전원은 교육대상자별 교육의 과목·시간, 강사의 자격, 교육의 신청, 교육수료증의 교부·재교부, 교육수료증의 기재사항, 교육수료자 명부의 작성·보관 등 교육의 실시에 관하여 필요한 세부사항을 정하여 소방청장의 승인을 받아야 한다.

085 위험물안전관리법령상 허가를 받지 아니하고 지정수량 이상의 위험물을 저장 또는 취급하는 자에 대한 조치명령에 관한 설명으로 옳은 것은?
① 소방서장은 수산용으로 필요한 난방시설을 위한 지정수량 20배의 저장소를 설치한 자에 대하여 제거 등 필요한 조치를 명할 수 있다.
② 소방본부장은 주택의 난방시설(공동주택의 중앙난방시설은 제외한다)을 위한 취급소를 설치한 자에 대하여 제거 등 필요한 조치를 명할 수 있다.
③ 시·도지사는 축산용으로 필요한 난방시설을 위한 지정수량 20배의 저장소를 설치한 자에 대하여 제거 등 필요한 조치를 명할 수 있다.
④ 소방서장은 농예용으로 필요한 건조시설을 위한 지정수량 30배의 저장소를 설치한 자에 대하여 제거 등 필요한 조치를 명할 수 있다.

정답 : 085.④

> **해설** **위험물시설의 설치 및 변경**
> 1) 제조소 등을 설치하고자 하는 자는 시·도지사의 허가를 받아야 한다.
> 2) 제조소 등의 위치, 구조 또는 설비를 변경하고자 하는 자는 시·도지사의 허가를 받아야 한다.
> 3) 취급하는 위험물의 품명, 수량 또는 지정수량의 배수를 변경하고자 하는 자는 시·도지사에게 변경하고자 하는 날의 1일 전까지 시·도지사에게 신고하여야 한다.
> 4) 제조소 등이 아닌 경우에 허가를 받지 아니하고 당해 제조소 등을 설치하거나 그 위치 구조 또는 설비를 변경할 수 있는 경우, 신고를 하지 아니하고 위험물의 품명, 수량 또는 지정수량의 배수를 변경할 수 있는 경우
>   ① 주택의 난방시설(공동주택의 중앙난방시설을 제외한다)을 위한 저장소 또는 취급소
>   ② 농예용·축산용 또는 수산용으로 필요한 난방시설 또는 건조시설을 위한 지정수량 20배 이하의 저장소

086 위험물안전관리법령상 정기점검의 대상인 제조소 등이 아닌 것은?

① 판매취급소 ② 이동탱크저장소
③ 이송취급소 ④ 지하탱크저장소

> **해설** **정기점검의 대상인 제조소 등**
> ㉠ 예방규정을 작성해야 하는 제조소 등(7가지)
>   ① 지정수량의 10배 이상의 위험물을 취급하는 제조소
>   ② 지정수량의 100배 이상의 위험물을 저장하는 옥외저장소
>   ③ 지정수량의 150배 이상의 위험물을 저장하는 옥내저장소
>   ④ 지정수량의 200배 이상의 위험물을 저장하는 옥외탱크저장소
>   ⑤ 암반탱크저장소
>   ⑥ 이송취급소
>   ⑦ 지정수량의 10배 이상의 위험물을 취급하는 일반취급소
> ㉡ 지하탱크저장소
> ㉢ 이동탱크저장소
> ㉣ 위험물을 취급하는 탱크로서 지하에 매설된 탱크가 있는 제조소·주유취급소 또는 일반취급소

087 위험물안전관리법령상 과태료 처분에 해당하는 경우는?

① 정기점검 결과를 기록·보존하지 아니한 자
② 제조소 등의 설치허가를 받지 아니하고 제조소 등을 설치한 자
③ 안전관리자 또는 그 대리자가 참여하지 아니한 상태에서 위험물을 취급한 자
④ 위험물의 운반에 관한 중요기준에 따르지 아니한 자

정답 : 086.① 087.①

해설
① 500만 원 이하 과태료
② 5년 이하의 징역 또는 1억 원 이하의 벌금
③ 1천만 원 이하의 벌금
④ 1천만 원 이하의 벌금

088 위험물안전관리법령상 제조소 등의 위험물안전관리자(이하 "안전관리자"라 함)에 관한 설명으로 옳은 것은?

① 제조소 등의 관계인이 안전관리자가 질병 등의 사유로 일시적으로 직무를 수행할 수 없어 대리자를 지정하는 경우, 대리자가 안전관리자의 직무를 대행하는 기간은 15일을 초과할 수 없다.
② 제조소 등의 관계인이 안전관리자를 해임한 경우 그 관계인 또는 안전관리자는 소방본부장이나 소방서장에게 그 사실을 알려 해임된 사실을 확인받을 수 있다.
③ 제조소 등의 관계인이 안전관리자를 선임한 경우에는 선임한 날부터 30일 이내에 소방본부장 또는 소방서장에게 신고하여야 한다.
④ 안전관리자를 선임한 제조소 등의 관계인은 안전관리자가 퇴직한 경우 퇴직한 날부터 60일 이내에 다시 안전관리자를 선임하여야 한다.

해설
① 직무 대리자의 직무 대행기간 : 30일을 초과할 수 없다.
③ 선임한 날부터 14일 이내에 신고
④ 퇴직한 날부터 30일 이내에 재선임

089 위험물안전관리법령상 탱크안전성능검사의 대상이 되는 탱크 등에 관한 내용이다. (   )에 들어갈 숫자로 옳은 것은?

기초・지반검사 : 옥외탱크저장소의 액체위험물탱크 중 그 용량이 (   )만 리터 이상인 탱크

① 20   ② 50
③ 70   ④ 100

해설 **탱크안전성능검사 종류 및 대상**
㉠ 기초・지반검사 : 옥외탱크저장소의 액체위험물탱크 중 그 용량이 100만리터 이상인 탱크
㉡ 충수(充水)・수압검사 : 액체위험물을 저장 또는 취급하는 탱크. 다만, 다음 각 목의 어느 하나에 해당하는 탱크는 제외한다.
  가. 제조소 또는 일반취급소에 설치된 탱크로서 용량이 지정수량 미만인 것
  나. 「고압가스 안전관리법」에 따른 특정설비에 관한 검사에 합격한 탱크
  다. 「산업안전보건법」에 따른 안전인증을 받은 탱크
㉢ 용접부검사 : 옥외탱크저장소의 액체위험물탱크 중 그 용량이 100만 리터 이상인 탱크
㉣ 암반탱크검사 : 액체위험물을 저장 또는 취급하는 암반 내의 공간을 이용한 탱크

정답 : 088.② 089.④

예상문제

090 위험물안전관리법령상 시·도지사의 허가를 받아야 설치할 수 있는 제조소 등은?

① 주택의 난방시설을 위한 취급소
② 축산용으로 필요한 건조시설을 위한 지정수량 20배 이하의 저장소
③ 공동주택의 중앙난방시설을 위한 저장소
④ 농예용으로 필요한 난방시설을 위한 지정수량 20배 이하의 저장소

해설 제조소 등이 아닌 경우에 허가를 받지 아니하고 당해 제조소 등을 설치하거나 그 위치 구조 또는 설비를 변경할 수 있는 경우, 신고를 하지 아니하고 위험물의 품명, 수량 또는 지정수량의 배수를 변경할 수 있는 경우
① 주택의 난방시설(공동주택의 중앙난방시설을 제외한다)을 위한 저장소 또는 취급소
② 농예용·축산용 또는 수산용으로 필요한 난방시설 또는 건조시설을 위한 지정수량 20배 이하의 저장소

091 위험물안전관리법령상 탱크시험자로 등록하거나 탱크시험자의 업무에 종사할 수 있는 경우는?

① 피성년후견인 또는 피한정후견인
② [소방기본법]에 따른 금고 이상의 형의 집행유예 선고를 받고 그 유예기간 중에 있는 자
③ [소방시설공사업법]에 따른 금고 이상의 실형의 선고를 받고 그 집행이 종료되거나 집행이 면제된 날부터 1년이 된 자
④ 탱크시험자의 등록이 취소된 날부터 3년이 된 자

해설 위험물법 제16조 탱크시험자의 등록 등 중 4항
④ 다음 각 호의 어느 하나에 해당하는 자는 탱크시험자로 등록하거나 탱크시험자의 업무에 종사할 수 없다.
1. 피성년후견인 또는 피한정후견인
2. 이 법, 「소방기본법」, 「화재예방, 소방시설 설치·유지 및 안전관리에 관한 법률」 또는 「소방시설공사업법」에 따른 금고 이상의 실형의 선고를 받고 그 집행이 종료(집행이 종료된 것으로 보는 경우를 포함한다)되거나 집행이 면제된 날부터 2년이 지나지 아니한 자
3. 이 법, 「소방기본법」, 「화재예방, 소방시설 설치·유지 및 안전관리에 관한 법률」 또는 「소방시설공사업법」에 따른 금고 이상의 형의 집행유예 선고를 받고 그 유예기간 중에 있는 자
4. 제5항의 규정에 따라 탱크시험자의 등록이 취소(제1호에 해당하여 자격이 취소된 경우는 제외한다)된 날부터 2년이 지나지 아니한 자
5. 법인으로서 그 대표자가 제1호 내지 제5호의 1에 해당하는 경우

정답 : 090.③ 091.④

092 「위험물안전관리법」상 신고를 하지 아니하고 위험물의 품명·수량 또는 지정수량의 배수를 변경할 수 있는 경우로 옳은 것은?

① 농예용으로 필요한 건조시설을 위한 지정수량 20배 이하의 취급소
② 축산용으로 필요한 난방시설을 위한 지정수량 20배 이하의 저장소
③ 수산용으로 필요한 건조시설을 위한 지정수량 30배 이하의 저장소
④ 공동주택의 중앙난방시설을 위한 지정수량 30배 이하의 취급소

해설 제조소 등이 아닌 경우에 허가를 받지 아니하고 당해 제조소 등을 설치하거나 그 위치 구조 또는 설비를 변경할 수 있는 경우, 신고를 하지 아니하고 위험물의 품명, 수량 또는 지정수량의 배수를 변경할 수 있는 경우
① 주택의 난방시설(공동주택의 중앙난방시설을 제외한다)을 위한 저장소 또는 취급소
② 농예용·축산용 또는 수산용으로 필요한 난방시설 또는 건조시설을 위한 지정수량 20배 이하의 저장소

093 관계인은 정기점검후 점검사항을 기록하여야 하는데 기록사항에 해당하지 않는 것은?

① 이전 점검결과조치사항
② 점검의 방법 및 결과
③ 점검연월일
④ 점검을 한 안전관리자 또는 점검을 한 탱크시험자와 점검에 참관한 안전관리자의 성명

해설 시행규칙 제68조(정기점검의 기록·유지)
① 법 제18조제1항에 따라 제조소등의 관계인은 정기점검 후 다음 각 호의 사항을 기록해야 한다. 〈개정 2021. 7. 13.〉
1. 점검을 실시한 제조소등의 명칭
2. 점검의 방법 및 결과
3. 점검연월일
4. 점검을 한 안전관리자 또는 점검을 한 탱크시험자와 점검에 참관한 안전관리자의 성명
② 제1항의 규정에 의한 정기점검기록은 다음 각호의 구분에 의한 기간 동안 이를 보존하여야 한다.
1. 제65조제1항의 규정에 의한 옥외저장탱크의 구조안전점검에 관한 기록 : 25년(동항제3호에 규정한 기간의 적용을 받는 경우에는 30년)
2. 제1호에 해당하지 아니하는 정기점검의 기록 : 3년

094 위험물안전관리법상 정기점검대상으로 옳지 않은 것은?

① 80배 옥외저장소
② 암반탱크저장소
③ 이동탱크저장소
④ 210배 옥외탱크저장소

정답 : 092.② 093.① 094.①

해설 **정기점검의 대상인 제조소 등**
법 제18조제1항에서 "대통령령이 정하는 제조소 등"이라 함은 다음 각 호의 1에 해당하는 제조소 등을 말한다.
1. 제15조 각 호의 1에 해당하는 제조소 등
2. 지하탱크저장소
3. 이동탱크저장소
4. 위험물을 취급하는 탱크로서 지하에 매설된 탱크가 있는 제조소·주유취급소 또는 일반취급소

제15조(관계인이 예방규정을 정하여야 하는 제조소 등)
1. 지정수량의 10배 이상의 위험물을 취급하는 제조소
2. 지정수량의 100배 이상의 위험물을 저장하는 옥외저장소
3. 지정수량의 150배 이상의 위험물을 저장하는 옥내저장소
4. 지정수량의 200배 이상의 위험물을 저장하는 옥외탱크저장소
5. 암반탱크저장소
6. 이송취급소
7. 지정수량의 10배 이상의 위험물을 취급하는 일반취급소. 다만, 제4류 위험물(특수인화물을 제외한다)만을 지정수량의 50배 이하로 취급하는 일반취급소(제1석유류·알코올류의 취급량이 지정수량의 10배 이하인 경우에 한한다)로서 다음 각 목의 어느 하나에 해당하는 것을 제외한다.
   가. 보일러·버너 또는 이와 비슷한 것으로서 위험물을 소비하는 장치로 이루어진 일반취급소
   나. 위험물을 용기에 옮겨 담거나 차량에 고정된 탱크에 주입하는 일반취급소

095 다음은 위험물안전관리법의 목적에 대한 설명이다. 빈칸에 들어갈 단어로 옳은 것은?

> 이 법은 위험물의 (가)·(나) 및 (다)과 이에 따른 안전관리에 관한 사항을 규정함으로써 위험물로 인한 위해를 방지하여 공공의 안전을 확보함을 목적으로 한다.

	(가)	(나)	(다)		(가)	(나)	(다)
①	저장	취급	운반	②	제조	취급	운반
③	제조	저장	이송	④	저장	취급	이송

해설 **위험물안전관리법의 목적**
이 법은 위험물의 저장·취급 및 운반과 이에 따른 안전관리에 관한 사항을 규정함으로써 위험물로 인한 위해를 방지하여 공공의 안전을 확보함을 목적으로 한다.

정답 : 095.①

096 위험물안전관리자에 대한 설명 중 옳지 않은 것은?

① 안전관리자를 선임한 경우에는 소방본부장 또는 소방서장에게 신고하여야 한다.
② 위험물의 취급에 관한 자격취득자는 경력이 없어도 대리자로 지정할 수 있다.
③ 대리자가 위험물의 취급에 관한 자격증을 취득하지 못했을 경우 전기·기계자격증으로 대체하면 된다.
④ 위험물안전관리자가 일시적으로 직무를 수행할 수 없어 대리자(代理者)를 지정하였을 경우에는 소방본부장·소방서장에게 신고하지 않아도 된다.

해설 **위험물안전관리자**
① 위험물안전관리자 선임권자 : 제조소 등의 관계인
[위험물취급자격자의 자격(제11조제1항 관련)]

위험물취급자격자의 구분	취급할 수 있는 위험물
1. 「국가기술자격법」에 따라 위험물기능장, 위험물산업기사, 위험물기능사의 자격을 취득한 사람	별표 1의 모든 위험물
2. 안전관리자교육이수자(법 28조제1항에 따라 소방청장이 실시하는 안전관리자교육을 이수한 자를 말한다. 이하 별표 6에서 같다)	별표 1의 위험물 중 제4류 위험물
3. 소방공무원 경력자(소방공무원으로 근무한 경력이 3년 이상인 자를 말한다. 이하 별표 6에서 같다)	별표 1의 위험물 중 제4류 위험물

② 위험물의 취급에 관한 자격이 있는 자
③ 제조소 등에서 저장·취급하는 위험물이 「화학물질관리법」에 따른 유독물질에 해당하는 경우 당해 제조소 등을 설치한 자는 다른 법률에 의하여 안전관리업무를 하는 자로 선임된 자 가운데 대통령령이 정하는 자를 안전관리자로 선임할 수 있다.
④ 제조소 등의 관계인은 안전관리자가 해임, 퇴직한 날부터 30일 이내에 선임하여 선임한 날부터 14일 이내에 소방본부장 또는 소방서장에게 신고하여야 한다.
⑤ 안전관리자 선임신고 시 제출해야 할 서류
  1. 위험물안전관리업무대행계약서(안전관리대행기관에 한한다)
  2. 위험물안전관리교육 수료증(안전관리자 강습교육을 받은 자에 한한다)
  3. 위험물안전관리자를 겸직할 수 있는 관련 안전관리자로 선임된 사실을 증명할 수 있는 서류
  4. 소방공무원 경력증명서(소방공무원 경력자에 한한다)
⑥ 제조소 등의 관계인은 안전관리자의 해임, 퇴직한 사실을 소방본부장 또는 소방서장에게 확인받을 수 있다.
⑦ 위험물안전관리 직무 대리자 지정
  ㉠ 위험물안전관리 직무 대리자 지정권자 : 제조소 등의 관계인
  ㉡ 직무 대리자 지정사유
    가. 선임된 안전관리자가 여행·질병 그 밖의 사유로 인하여 일시적으로 직무를 수행할 수 없는 경우
    나. 안전관리자의 해임 또는 퇴직과 동시에 다른 안전관리자를 선임하지 못하는 경우

정답 : 096.③

예상문제

ⓒ 직무 대리자 자격조건
  가. 국가기술자격법에 따른 위험물의 취급에 관한 자격취득자
  나. 안전교육을 받은 자
  다. 제조소 등의 위험물 안전관리업무에 있어서 안전관리자를 지휘·감독하는 직위에 있는 자
ⓔ 직무 대리자의 직무 대행기간 : 30일을 초과할 수 없다.
⑧ 안전관리자의 업무와 의무
  ㉠ 위험물을 취급하는 작업을 하는 때에는 작업자에게 안전관리에 관한 필요한 지시
  ㉡ 위험물의 취급에 관한 안전관리와 감독
  ㉢ 제조소 등의 관계인과 그 종사자는 안전관리자의 위험물 안전관리에 관한 의견을 존중하고 그 권고에 따라야 한다.

097 시도지사가 제조소등의 설치허가를 해주어야 하는 경우가 아닌 것은?

① 지정수량의 3천배이상의 위험물을 취급하는 제조소의 구조설비에 관한 사항을 한국소방산업기술원의 기술검토를 받고 그 결과 행정안전부령으로 정하는 기준에 적합한 것으로 인정된 경우
② 제조소등의 위치·구조 및 설비가 법 제5조제4항의 규정에 의한 기술기준에 적합한 경우
③ 제조소등에서의 위험물의 저장 또는 취급이 공공의 안전유지 또는 재해의 발생방지에 지장을 줄 우려가 없다고 인정되는 경우
④ 옥외탱크저장소(저장용량이 50만 리터 이상인 것만 해당한다) 또는 암반탱크저장소 : 위험물탱크의 기초·지반, 탱크본체 및 소화설비에 관한 사항을 한국소방산업기술원의 기술검토를 받고 그 결과 행정안전부령으로 정하는 기준에 적합한 것으로 인정된 경우

해설 시행령 제6조(제조소등의 설치 및 변경의 허가)
① 법 제6조제1항에 따라 제조소등의 설치허가 또는 변경허가를 받으려는 자는 설치허가 또는 변경허가신청서에 행정안전부령으로 정하는 서류를 첨부하여 특별시장·광역시장·특별자치시장·도지사 또는 특별자치도지사(이하 "시·도지사"라 한다)에게 제출하여야 한다. 〈개정 2008. 12. 17., 2013. 3. 23., 2014. 11. 19., 2015. 12. 15., 2017. 7. 26.〉
② 시·도지사는 제1항에 따른 제조소등의 설치허가 또는 변경허가 신청 내용이 다음 각 호의 기준에 적합하다고 인정하는 경우에는 허가를 하여야 한다. 〈개정 2005. 5. 26., 2007. 11. 30., 2008. 12. 3., 2008. 12. 17., 2013. 2. 5., 2013. 3. 23., 2014. 11. 19., 2017. 7. 26., 2020. 7. 14.〉
  1. 제조소등의 위치·구조 및 설비가 법 제5조제4항의 규정에 의한 기술기준에 적합할 것
  2. 제조소등에서의 위험물의 저장 또는 취급이 공공의 안전유지 또는 재해의 발생방지에 지장을 줄 우려가 없다고 인정될 것
  3. 다음 각 목의 제조소등은 해당 목에서 정한 사항에 대하여 「소방산업의 진흥에 관한 법률」 제14조에 따른 한국소방산업기술원(이하 "기술원"이라 한다)의 기술검토를 받

정답 : 097.①

고 그 결과가 행정안전부령으로 정하는 기준에 적합한 것으로 인정될 것. 다만, 보수 등을 위한 부분적인 변경으로서 소방청장이 정하여 고시하는 사항에 대해서는 기술원의 기술검토를 받지 않을 수 있으나 행정안전부령으로 정하는 기준에는 적합해야 한다.

　가. 지정수량의 1천배 이상의 위험물을 취급하는 제조소 또는 일반취급소 : 구조·설비에 관한 사항
　나. 옥외탱크저장소(저장용량이 50만 리터 이상인 것만 해당한다) 또는 암반탱크저장소 : 위험물탱크의 기초·지반, 탱크본체 및 소화설비에 관한 사항

③ 제2항제3호 각 목의 어느 하나에 해당하는 제조소등에 관한 설치허가 또는 변경허가를 신청하는 자는 그 시설의 설치계획에 관하여 미리 기술원의 기술검토를 받아 그 결과를 설치허가 또는 변경허가신청서류와 함께 제출할 수 있다.

098 위험물안전관리법상 업무상 과실로 제조소 등에서 위험물을 유출·방출 또는 확산시켜 사람의 생명·신체 또는 재산에 대하여 위험을 발생시킨 자에 대한 벌칙 기준으로 옳은 것은?

① 5년 이하의 금고 또는 2,000만 원 이하의 벌금
② 5년 이하의 금고 또는 7,000만 원 이하의 벌금
③ 7년 이하의 금고 또는 2,000만 원 이하의 벌금
④ 7년 이하의 금고 또는 7,000만 원 이하의 벌금

해설 위험물안전관리법 벌칙

제33조(벌칙)
① 제조소 등에서 위험물을 유출·방출 또는 확산시켜 사람의 생명·신체 또는 재산에 대하여 위험을 발생시킨 자 → 1년 이상 10년 이하의 징역에 처한다.
② 제1항의 규정에 따른 죄를 범하여 사람을 상해(傷害)에 이르게 한 때에는 무기 또는 3년 이상의 징역 사망에 이르게 한 때에는 무기 또는 5년 이상의 징역에 처한다.

제34조(벌칙)
① 업무상 과실로 제조소 등에서 위험물을 유출·방출 또는 확산시켜 사람의 생명·신체 또는 재산에 대하여 위험을 발생시킨 자는 7년 이하의 금고 또는 7천만 원 이하의 벌금에 처한다.
② 제1항의 죄를 범하여 사람을 사상(死傷)에 이르게 한 자는 10년 이하의 징역 또는 금고나 1억 원 이하의 벌금에 처한다.

정답 : 098.④

예상문제

099 위험물안전관리법령상 제조소 등의 완공검사 신청 시기 기준으로 틀린 것은?

① 지하탱크가 있는 제조소 등의 경우에는 당해 지하탱크를 매설하기 전
② 이동탱크저장소의 경우에는 이동저장탱크를 완공하고 상치장소를 확보한 후
③ 이송취급소의 경우에는 이송배관 공사의 전체 또는 일부 완료한 후
④ 배관을 지하에 설치하는 경우에는 소방서장이 지정하는 부분을 매몰하고 난 직후

해설 **제20조(완공검사의 신청시기)**
법 제9조제1항의 규정에 의한 제조소 등의 완공검사 신청시기는 다음 각 호의 구분에 의한다.
1. 지하탱크가 있는 제조소 등의 경우 : 당해 지하탱크를 매설하기 전
2. 이동탱크저장소의 경우 : 이동저장탱크를 완공하고 상치장소를 확보한 후
3. 이송취급소의 경우 : 이송배관 공사의 전체 또는 일부를 완료한 후. 다만, 지하·하천 등에 매설하는 이송배관의 공사의 경우에는 이송배관을 매설하기 전
4. 전체 공사가 완료된 후에는 완공검사를 실시하기 곤란한 경우 : 다음 각 목에서 정하는 시기
   가. 위험물설비 또는 배관의 설치가 완료되어 기밀시험 또는 내압시험을 실시하는 시기
   나. 배관을 지하에 설치하는 경우에는 시·도지사, 소방서장 또는 기술원이 지정하는 부분을 매몰하기 직전
   다. 기술원이 지정하는 부분의 비파괴시험을 실시하는 시기
5. 제1호 내지 제4호에 해당하지 아니하는 제조소 등의 경우 : 제조소 등의 공사를 완료한 후

100 위험물 누출사고시 사고조사위원회의 구성에 대한 다음 설명중 틀린 것은?

① 법 제22조의2제3항에 따른 사고조사위원회(이하 이 조에서 "위원회"라 한다)는 위원장 1명을 포함하여 7명 이내의 위원으로 구성한다.
② 위원회의 위원은 다음 각 호의 어느 하나에 해당하는 사람 중에서 소방청장, 소방본부장 또는 소방서장이 임명하거나 위촉하고, 위원장은 위원 중에서 소방청장, 소방본부장 또는 소방서장이 임명하거나 위촉한다
③ 기술원의 임직원 중 위험물 안전관리 관련 업무에 4년 이상 종사한 사람은 위원이 될 수 있다.
④ 위촉되는 민간위원의 임기는 2년으로 하며, 한 차례만 연임할 수 있다.

해설 **시행령 제19조의2(사고조사위원회의 구성 등)**
① 법 제22조의2제3항에 따른 사고조사위원회(이하 이 조에서 "위원회"라 한다)는 위원장 1명을 포함하여 7명 이내의 위원으로 구성한다.
② 위원회의 위원은 다음 각 호의 어느 하나에 해당하는 사람 중에서 소방청장, 소방본부장 또는 소방서장이 임명하거나 위촉하고, 위원장은 위원 중에서 소방청장, 소방본부장 또는 소방서장이 임명하거나 위촉한다. 〈개정 2021. 6. 8.〉
  1. 소속 소방공무원

정답 : 099.④ 100.③

2. 기술원의 임직원 중 위험물 안전관리 관련 업무에 5년 이상 종사한 사람
3. 「소방기본법」 제40조에 따른 한국소방안전원(이하 "안전원"이라 한다)의 임직원 중 위험물 안전관리 관련 업무에 5년 이상 종사한 사람
4. 위험물로 인한 사고의 원인·피해 조사 및 위험물 안전관리 관련 업무 등에 관한 학식과 경험이 풍부한 사람

③ 제2항제2호부터 제4호까지의 규정에 따라 위촉되는 민간위원의 임기는 2년으로 하며, 한 차례만 연임할 수 있다.
④ 위원회에 출석한 위원에게는 예산의 범위에서 수당, 여비, 그 밖에 필요한 경비를 지급할 수 있다. 다만, 공무원인 위원이 그 소관 업무와 직접적으로 관련되어 위원회에 출석하는 경우에는 지급하지 않는다.
⑤ 제1항부터 제4항까지에서 규정한 사항 외에 위원회의 구성 및 운영에 필요한 사항은 소방청장이 정하여 고시할 수 있다.

MEMO

CHAPTER 06 위험물의 시설기준

01 저장소 및 취급소의 구분

1 ▸▸ 저장소의 구분

① **옥내저장소** : 옥내에 저장하는 장소
② **옥외탱크저장소** : 옥외에 있는 탱크에 위험물을 저장하는 장소
③ **옥내탱크저장소** : 옥내에 있는 탱크에 위험물을 저장하는 장소
④ **지하탱크저장소** : 지하에 매설한 탱크에 위험물을 저장하는 장소
⑤ **간이탱크저장소** : 간이탱크에 위험물을 저장하는 장소
⑥ **이동탱크저장소** : 차량에 고정된 탱크에 위험물을 저장하는 장소
⑦ **옥외저장소** : 옥외에 다음에 해당하는 위험물을 저장하는 장소
  ㉠ 제2류 위험물 중 유황 또는 인화성 고체(인화점이 섭씨 0도 이상인 것에 한한다.)
  ㉡ 제4류 위험물 중 제1석유류(인화점 0℃ 이상인 것)·알코올류·제2석유류·제3석유류·제4석유류·동식물유류
  ㉢ 제6류 위험물
  ㉣ 제2류 위험물·제4류 위험물 및 제6류 위험물 중 특별시·광역시 또는 도의 조례에서 정하는 위험물
⑧ **암반탱크저장소** : 암반 내의 공간을 이용한 탱크에 액체의 위험물을 저장하는 장소

2 ▸▸ 취급소의 구분

① **주유취급소** : 고정된 주유설비에 의하여 자동차·항공기 또는 선박 등의 연료탱크에 직접 주유하기 위하여 위험물을 취급하는 장소
② **판매취급소** : 점포에서 위험물을 용기에 담아 판매하기 위하여 지정수량의 40배 이하의 위험물을 취급하는 장소

③ 이송취급소 : 배관 및 이에 부속된 설비에 의하여 위험물을 이송하는 장소
④ 일반취급소 : 제1호 내지 제3호 외의 장소

02 제조소의 위치·구조 및 설비의 기준

1 ▶▶ 안전거리

건축물의 외벽 또는 이에 상당하는 공작물의 외측으로부터 당해 제조소의 외벽 또는 이에 상당하는 공작물의 외측까지의 사이에 다음의 규정에 의한 수평거리(안전거리)를 두어야 한다(6류위험물은 제외).

① 문화재보호법에 의한 지정문화재 : 50m
② 학교, 병원, 공연장(3백 명 이상 수용) : 30m
③ 아동복지시설, 노인복지시설, 장애인복지시설로서 20인 이상 수용시설 : 30m
④ 고압가스, 액화석유가스, 도시가스를 저장, 취급하는 시설 : 20m
⑤ 건축물 그 밖의 공작물로서 주거용으로 사용되는 것 : 10m
⑥ 사용전압이 35,000V를 초과하는 특고압가공전선 : 5m
⑦ 사용전압이 7,000V 초과 35,000V 이하의 특고압가공전선 : 3m

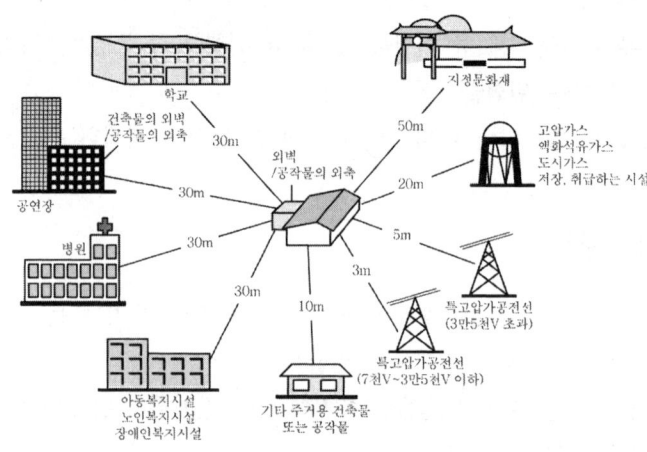

【 안전거리 】

❷ 안전거리의 단축

불연재료로 된 방화상 유효한 담 또는 벽을 설치하는 경우에는 안전거리를 단축할 수 있다.

(1) 방화상 유효한 담의 높이 산정식

① $H \leq pD^2+a$인 경우 $h=2m$
② $H > pD^2+a$인 경우 $h=H-p(D^2-d^2)$

D : 제조소 등과 인근 건축물 또는 공작물과의 거리(m), H : 인근 건축물 또는 공작물의 높이(m)
a : 제조소 등의 외벽의 높이(m), d : 제조소 등과 방화상 유효한 담과의 거리(m)
h : 방화상 유효한 담의 높이(m), p : 상수

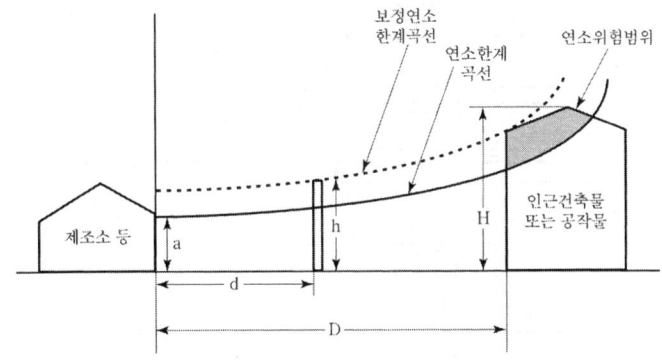

③ 산출된 벽의 높이가 2m 미만인 경우 2m로 한다.
④ 방화상 유효한 담은 제조소 등으로부터 5m 미만의 거리에 설치하는 경우에는 내화구조로, 5m 이상의 거리에 설치하는 경우에는 불연재료로 하고, 제조소 등의 벽을 높게 하여 방화상 유효한 담을 갈음하는 경우에는 그 벽을 내화구조로 하고 개구부를 설치하여서는 아니된다.

【 제조소 등의 높이(a) 】

구분	제조소 등의 높이(a)	비 고
제조소 · 일반취급소 · 옥내저장소		벽체가 내화구조로 되어 있고, 인접 측에 면한 개구부가 없거나, 개구부에 갑종방화문이 있는 경우

옥외탱크 저장소	(그림) a	벽체가 내화구조이고, 개구부에 갑종방화문이 없는 경우
	(그림) a=0	벽체가 내화구조 외의 것으로 된 경우
	(그림) a	옮겨 담는 작업장 그 밖의 공작물
	(그림) 방유제	옥외에 있는 종형탱크
옥외저장소	(그림) a	옥외에 있는 횡형탱크. 다만, 탱크 내의 증기를 상부로 방출하는 구조로 된 것은 탱크의 최상단까지의 높이로 한다.
	(그림) 경계표시 a=0	

【 상수(p) 】

연소의 우려가 있는 인접 건축물의 구분	P의 값
• 학교·주택·문화재 등의 건축물이 목조인 경우 • 학교·주택·문화재 등의 건축물이 방화구조 또는 내화구조이고, 제조소 등에 면한 부분의 개구부에 방화문이 설치되지 아니한 경우	0.04
• 학교·주택·문화재 등의 건축물이 방화구조인 경우 • 학교·주택·문화재 등의 건축물이 방화구조 또는 내화구조이고, 제조소 등에 면한 부분의 개구부에 을종방화문이 설치된 경우	0.15
• 학교·주택·문화재 등의 건물이 내화구조이고, 제조소 등에 면한 개구부에 갑종방화문이 설치된 경우	∞

(2) 소화설비의 보강

(1)에 의하여 산출된 담의 높이가 4m 이상일 때에는 담의 높이를 4m로 하고 다음의 소화설비를 보강하여야 한다.

① 소형소화기 설치대상인 것에 있어서는 대형소화기를 1개 이상 증설을 할 것
② 대형소화기 설치대상인 것에 있어서는 대형소화기 대신 옥내소화전설비·옥외소화전설비·스프링클러설비·물분무소화설비·포소화설비·불활성가스소화설비·할로겐화합물소화설비·분말소화설비 중 적응소화설비를 설치할 것
③ 옥내소화전설비·옥외소화전설비·스프링클러설비·물분무소화설비·포소화설비·불활성가스소화설비·할로겐화합물소화설비 또는 분말소화설비의 설치대상인 것에 있어서는 반경 30m마다 대형소화기 1개 이상을 증설할 것

(3) 방화상 유효한 담의 길이

제조소 등의 외벽의 양단(a_1, a_2)을 중심으로 (1)각목에 정한 인근 건축물 또는 공작물에 따른 안전거리를 반지름으로 한 원을 그려서 당해 원의 내부에 들어오는 인근 건축물 등의 부분 중 최외측 양단(p_1, p_2)을 구한 다음, a_1과 p_1을 연결한 선분(l_1)과 a_2와 p_2를 연결한 선분(l_2) 상호 간의 간격(L)으로 한다.

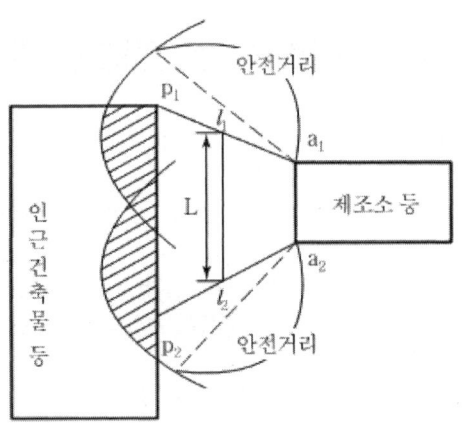

【 방화상 유효한 벽을 설치한 경우의 안전거리 】

(단위 : m)

구 분	취급하는 위험물의 최대수량(지정수량의 배수)	안전거리(이상)		
		주거용 건축물	학교·유치원 등	문화재
제조소·일반취급소(취급하는 위험물의 양이 주거지역에 있어서는 30배, 상업지역에 있어서는 35배, 공업지역에 있어서는 50배 이상인 것을 제외한다.)	10배 미만	6.5	20	35
	10배 이상	7.0	22	33

구분	규모			
옥내저장소(취급하는 위험물의 양이 주거지역에 있어서는 지정수량의 120배, 상업지역에 있어서는 150배, 공업지역에 있어서는 200배 이상인 것을 제외한다.)	5배 미만	4.0	12.0	23.0
	5배 이상 10배 미만	4.5	12.0	23.0
	10배 이상 20배 미만	5.0	14.0	26.0
	20배 이상 50배 미만	6.0	18.0	32.0
	50배 이상 200배 미만	7.0	22.0	38.0
옥외탱크저장소(취급하는 위험물의 양이 주거지역에 있어서는 지정수량의 600배, 상업지역에 있어서는 700배, 공업지역에 있어서는 1,000배 이상인 것을 제외한다.)	500배 미만	6.0	18.0	32.0
	500배 이상 1,000배 미만	7.0	22.0	38.0
옥외저장소(취급하는 위험물의 양이 주거지역에 있어서는 지정수량의 10배, 상업지역에 있어서는 15배, 공업지역에 있어서는 20배 이상인 것을 제외한다.)	10배 미만	6.0	18.0	32.0
	10배 이상 20배 미만	8.5	25.0	44.0

히드록실아민을 취급하는 제조소의 특례기준

1. 안전거리 : $D = 51.1 \times \sqrt[3]{N}$
   D : 거리(m), N : 당해 제조소에서 취급하는 히드록실아민 등의 지정수량의 배수
2. 담 또는 토제의 설치기준
   ① 당해 제조소의 외벽 또는 이에 상당하는 공작물의 외측으로부터 2m 이상 떨어진 장소에 설치할 것
   ② 높이는 당해 제조소에 있어서 히드록실아민 등을 취급하는 부분의 높이 이상으로 할 것
   ③ 담은 두께 15cm 이상의 철근・철골철근콘크리트조 또는 두께 20cm 이상의 보강콘크리트 블록조로 할 것
   ④ 토제 경사면의 경사도는 60도 미만으로 할 것
3. 히드록실아민 등을 취급하는 설비에는 히드록실아민 등의 온도 및 농도의 상승에 의한 위험한 반응을 방지하기 위한 조치를 강구할 것
4. 히드록실아민 등을 취급하는 설비에는 철이온 등의 혼입에 의한 위험한 반응을 방지하기 위한 조치를 강구할 것

! Reference

방화상 유효한 담은 제조소 등으로부터 5m 미만의 거리에 설치하는 경우에는 내화구조로, 5m 이상의 거리에 설치하는 경우에는 불연재료로 하고, 제조소등의 벽을 높게 하여 방화상 유효한 담을 갈음하는 경우에는 그 벽을 내화구조로 하고 개구부를 설치하여서는 안된다.

3 ▶▶ 보유공지(연소확대방지, 피난의 원활, 소화활동공간확보)

보유공지의 계산은 위험물 시설의 외벽 또는 이에 상응하는 공작물의 외벽으로부터 계산한다. 보유공지 기준을 적용함에 있어 시설별로 중복되는 경우에는 최대거리를 적용한다.

(1) 위험물의 최대수량에 따른 보유공지

취급하는 위험물의 최대수량	공지의 너비
지정수량의 10배 이하	3m 이상
지정수량의 10배 초과	5m 이상

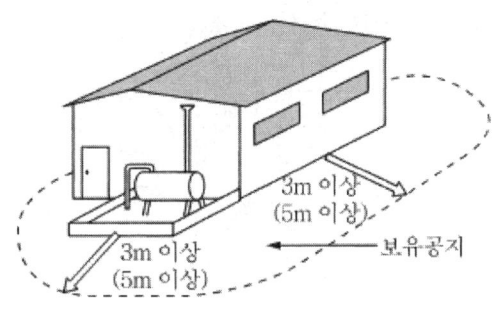

【 보유공지 】

※ 동일부지 내에 2개 이상의 위험물 취급시설이 설치된 경우 그 상호 간의 보유공지는 각각 보유해야 할 공지 중 가장 큰 공지의 폭을 보유하여야 한다.

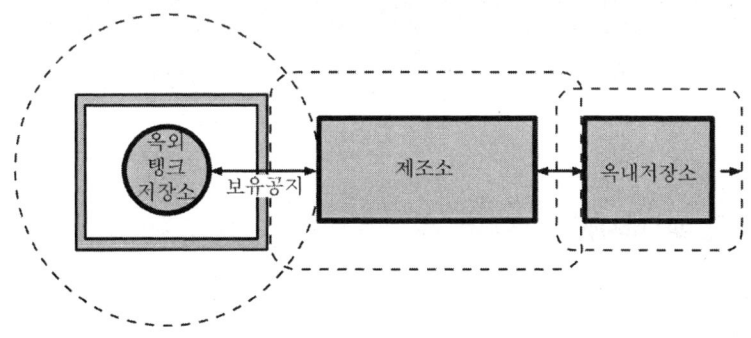

【 취급시설 상호 간의 보유공지 】

(2) 보유공지를 보유하지 않아도 되는 경우

제조소의 건축물 그 밖의 공작물의 주위에 공지를 두게 되는 경우 그 제조소의 작업에 현저한 지장이 생길 우려가 있고 당해 제조소와 다른 작업장 사이에 다음의 기준에 따라 방화상 유효한 격벽을 설치한 경우에는 공지를 보유하지 아니할 수 있다.
① 방화벽은 내화구조로 할 것(6류 위험물인 경우에는 불연재료)
② 방화벽의 출입구 및 창 등의 개구부는 가능한 한 최소로 하고 출입구 및 창에는 자동폐쇄식의 갑종방화문을 설치할 것
③ 방화벽의 양단 및 상단이 외벽 또는 지붕으로부터 50cm 이상 돌출하도록 할 것

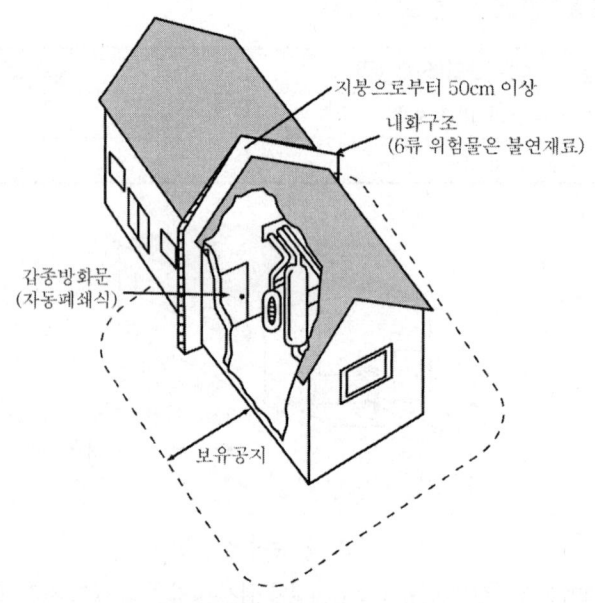

【 보유공지를 두지 않아도 되는 경우 】

2개 이상의 위험물을 취급, 저장하는 경우의 지정수량의 배수산정

$$지정수량의\ 배수 = \frac{A품명의\ 저장량}{A품명의\ 지정수량} + \frac{B품명의\ 저장량}{B품명의\ 지정수량} + \frac{C품명의\ 저장량}{C품명의\ 지정수량} + \cdots\cdots$$

④ 표지 및 게시판

(1) 표지판

제조소에는 보기 쉬운 곳에 "위험물 제조소"라는 표시를 한 표지를 설치하여야 한다.
① 표지는 한 변의 길이가 0.3m 이상, 다른 한 변의 길이가 0.6m 이상인 직사각형으로 할 것
② 표지의 바탕은 백색으로, 문자는 흑색으로 할 것

(2) 게시판

제조소에는 보기 쉬운 곳에 방화에 관하여 필요한 사항을 게시한 게시판을 설치하여야 한다.

① 게시판은 한 변의 길이가 0.3m 이상, 다른 한 변의 길이가 0.6m 이상인 직사각형으로 할 것
② 게시판의 바탕은 백색으로, 문자는 흑색으로 할 것
③ 게시판에 기재하여야 할 사항
　㉠ 저장·취급하는 위험물의 유별 및 품명
　㉡ 저장·취급 최대수량 및 지정수량의 배수
　㉢ 안전관리자의 성명 또는 직명

【 표지판, 게시판 】

④ 위험물에 따른 주의사항을 표시한 게시판을 설치할 것

게시판의 내용	화기엄금 (적색바탕, 백색문자)	물기엄금 (청색바탕, 백색문자)	화기주의 (적색바탕, 백색문자)
위험물의 종류	• 제2류위험물 중 인화성고체 • 제3류위험물 중 자연발화성 물질 • 제4류 위험물 • 제5류 위험물	• 제1류 위험물 중 알칼리금속의 과산화물 • 제3류 위험물 중 금수성 물질	• 제2류 위험물 (인화성 고체 제외)

제1류위험물(알카리금속의 과산화물 제외) 제6류 위험물 : 별도의 표시없음.

5 ▶▶ 건축물의 구조

위험물을 취급하는 건축물의 구조는 다음 각호의 기준에 의하여야 한다.
① 지하층이 없도록 하여야 한다. 다만, 위험물을 취급하지 아니하는 지하층으로서 위험물의 취급장소에서 새어나온 위험물 또는 가연성의 증기가 흘러 들어갈 우려가 없는 구조로 된 경우에는 그러하지 아니하다.
② 벽·기둥·바닥·보·서까래 및 계단을 불연재료로 하고, 연소(延燒)의 우려가 있는 외벽(소방청장이 정하여 고시하는 것에 한한다. 이하 같다)은 출입구 외의 개구부가 없는 내화구조의 벽으로 하여야 한다. 이 경우 제6류 위험물을 취급하는 건축물에 있어서 위험물이 스며들 우려가 있는 부분에 대하여는 아스팔트 그 밖에 부식되지 아니하는 재료로 피복하여야 한다.
③ 지붕(작업공정상 제조기계시설 등이 2층 이상에 연결되어 설치된 경우에는 최상층의 지붕을 말한다)은 폭발력이 위로 방출될 정도의 가벼운 불연재료로 덮어야 한다. 다만, 위험물을 취급하는 건축물이 다음 각목의 1에 해당하는 경우에는 그 지붕을 내화구조로 할 수 있다.
　㉠ 제2류 위험물(분상의 것과 인화성고체를 제외한다), 제4류 위험물 중 제4석유류·동식물유류 또는 제6류 위험물을 취급하는 건축물인 경우
　㉡ 다음의 기준에 적합한 밀폐형 구조의 건축물인 경우
　　㉮ 발생할 수 있는 내부의 과압(過壓) 또는 부압(負壓)에 견딜 수 있는 철근콘크리트조일 것
　　㉯ 외부화재에 90분 이상 견딜 수 있는 구조일 것
④ 출입구와 「산업안전보건기준에 관한 규칙」 제17조에 따라 설치하여야 하는 비상구에는 갑종방화문 또는 을종방화문을 설치하되, 연소의 우려가 있는 외벽에 설치하는 출입구에는 수시로 열 수 있는 자동폐쇄식의 갑종방화문을 설치하여야 한다.
⑤ 위험물을 취급하는 건축물의 창 및 출입구에 유리를 이용하는 경우에는 망입유리로 하여야 한다.
⑥ 액체의 위험물을 취급하는 건축물의 바닥은 위험물이 스며들지 못하는 재료를 사용하고, 적당한 경사를 두어 그 최저부에 집유설비를 하여야 한다.

6 ▶▶ 채광·조명 및 환기설비

위험물을 취급하는 건축물에는 다음 각목의 기준에 의하여 위험물을 취급하는데 필요한 채광·조명 및 환기의 설비를 설치하여야 한다.

① **채광설비** : 채광설비는 불연재료로 하고, 연소의 우려가 없는 장소에 설치하되 채광면적을 최소로 할 것
② **조명설비** : 조명설비는 다음의 기준에 적합하게 설치할 것
  ㉠ 가연성가스 등이 체류할 우려가 잇는 장소의 조명등은 방폭등으로 할 것
  ㉡ 전선은 내화·내열전선으로 할 것
  ㉢ 점멸스위치는 출입구 바깥부분에 설치할 것. 다만, 스위치의 스파크로 인한 화재·폭발의 우려가 없을 경우에는 그러하지 아니하다.
③ **환기설비** : 환기설비는 다음의 기준에 의할 것
  ㉠ 환기는 자연배기방식으로 할 것
  ㉡ 급기구는 당해 급기구가 설치된 실의 바닥면적 150㎡마다 1개 이상으로 하되, 급기구의 크기는 800㎠ 이상으로 할 것. 다만 바닥면적이 150㎡ 미만인 경우에는 다음의 크기로 하여야 한다.

바닥면적	급기구의 면적
60㎡ 미만	150㎠ 이상
60㎡ 이상 90㎡ 미만	300㎠ 이상
90㎡ 이상 120㎡ 미만	450㎠ 이상
120㎡ 이상 150㎡ 미만	600㎠ 이상

  ㉢ 급기구는 낮은 곳에 설치하고 가는 눈의 구리망 등으로 인화방지망을 설치할 것
  ㉣ 환기구는 지붕위 또는 지상 2m 이상의 높이에 회전식 고정벤티레이터 또는 루푸팬방식으로 설치할 것

> 배출설비가 설치되어 유효하게 환기가 되는 건축물에는 환기설비를 하지 아니 할 수 있고, 조명설비가 설치되어 유효하게 조도가 확보되는 건축물에는 채광설비를 하지 아니할 수 있다.

7 ▶ 배출설비

가연성 증기 또는 미분이 체류할 우려가 있는 건축물에는 옥외의 높은 곳으로 배출할 수 있도록 배출설비를 설치하여야 한다.
① 배출설비는 국소방식으로 하여야 한다. 다만, 다음 각목의 1에 해당하는 경우에는 전역방식으로 할 수 있다.
  ㉠ 위험물취급설비가 배관이음 등으로만 된 경우
  ㉡ 건축물의 구조·작업장소의 분포 등의 조건에 의하여 전역방식이 유효한 경우

② 배출설비는 배풍기・배출닥트・후드 등을 이용하여 강제적으로 배출하는 것으로 하여야 한다.
③ 배출능력은 1시간당 배출장소 용적의 20배 이상인 것으로 하여야 한다. 다만, 전역방식의 경우에는 바닥면적 1m²당 18m³ 이상으로 할 수 있다.
④ 배출설비의 급기구 및 배출구는 다음 각목의 기준에 의하여야 한다.
   ㉠ 급기구는 높은 곳에 설치하고, 가는 눈의 구리망 등으로 인화방지망을 설치할 것
   ㉡ 배출구는 지상 2m 이상으로서 연소의 우려가 없는 장소에 설치하고, 배출닥트가 관통하는 벽부분의 바로 가까이에 화재시 자동으로 폐쇄되는 방화댐퍼를 설치할 것
⑤ 배풍기는 강제배기방식으로 하고, 옥내닥트의 내압이 대기압 이상이 되지 아니하는 위치에 설치하여야 한다.

8 옥외설비의 바닥

옥외에서 액체위험물을 취급하는 설비의 바닥은 다음의 기준에 의하여야 한다.
① 바닥의 둘레에 높이 0.15m 이상의 턱을 설치하는 등 위험물이 외부로 흘러나가지 아니하도록 하여야 한다.
② 바닥은 콘크리트 등 위험물이 스며들지 아니하는 재료로 하고, 제1호의 턱이 있는 쪽이 낮게 경사지게 하여야 한다.
③ 바닥의 최저부에 집유설비를 하여야 한다.
④ 위험물(온도 20℃의 물 100g에 용해되는 양이 1g 미만인 것에 한한다)을 취급하는 설비에 있어서는 당해 위험물이 직접 배수구에 흘러들어가지 아니하도록 집유설비에 유분리장치를 설치하여야 한다.

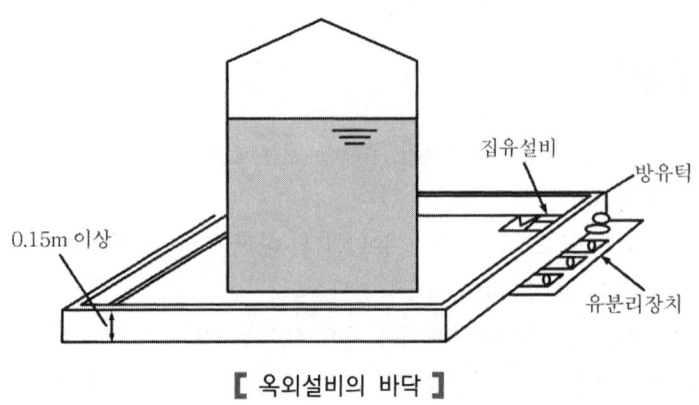

【 옥외설비의 바닥 】

9 ▸▸ 기타 설비

위험물을 취급하는 기계·기구 그 밖의 설비는 위험물이 새거나 넘치거나 비산하는 것을 방지할 수 있는 구조로 하여야 한다. 다만, 당해 설비에 위험물의 누출 등으로 인한 재해를 방지할 수 있는 부대설비(되돌림관·수막 등)를 한 때에는 그러하지 아니하다.

① **압력계 및 안전장치** : 위험물을 가압하는 설비 또는 그 취급하는 위험물의 압력이 상승할 우려가 있는 설비에는 압력계 및 다음 각목의 1에 해당하는 안전장치를 설치하여야 한다. 다만, ㉣의 파괴판은 위험물의 성질에 따라 안전밸브의 작동이 곤란한 가압설비에 한한다.
  ㉠ 자동적으로 압력의 상승을 정지시키는 장치
  ㉡ 감압측에 안전밸브를 부착한 감압밸브
  ㉢ 안전밸브를 병용하는 경보장치
  ㉣ 파괴판

② **정전기 제거설비** : 위험물을 취급함에 있어서 정전기가 발생할 우려가 있는 설비에는 다음 각목의 1에 해당하는 방법으로 정전기를 유효하게 제거할 수 있는 설비를 설치하여야 한다.
  ㉠ 접지에 의한 방법
  ㉡ 공기 중의 상대습도를 70% 이상으로 하는 방법
  ㉢ 공기를 이온화하는 방법

③ **피뢰설비** : 지정수량의 10배 이상의 위험물을 취급하는 제조소(제6류 위험물을 취급하는 위험물제조소를 제외한다)에는 피뢰침(「산업표준화법」 제12조에 따른 한국산업표준 중 피뢰설비 표준에 적합한 것을 말한다. 이하 같다)을 설치하여야 한다. 다만, 제조소의 주위의 상황에 따라 안전상 지장이 없는 경우에는 피뢰침을 설치하지 아니할 수 있다.

④ 기타 가열·냉각설비 등의 온도측정장치, 가열건조설비, 전기설비, 전동기 등

10 ▸▸ 옥외에 있는 위험물취급탱크의 방유제 용량(지정수량의 5분의 1 미만인 것을 제외)

① 방유제에 탱크가 1개 설치된 때 : 탱크 용량의 50% 이상
② 방유제에 탱크가 2개 이상 설치된 때 : 최대탱크 용량의 50%에 나머지 탱크용량 합계의 10%를 가산한 양 이상(이 경우, 방유제의 용량은 당해 방유제의 내용적에서 용량이 최대인 탱크 외의 탱크의 방유제 높이 이하 부분의 용적, 당해 방유제 내에 있는 모든 탱크의 지반면 이상 부분의 기초의 체적, 간막이둑의 체적 및 당해 방유제 내에 있는 배관 등의 체적을 뺀 것으로 한다)

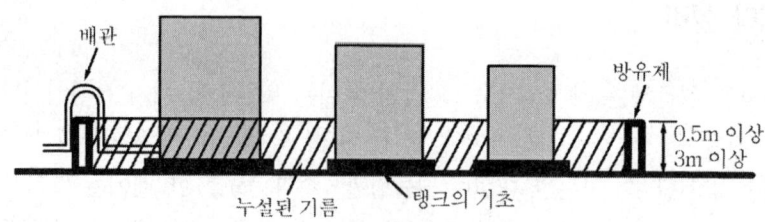

【 방유제의 용량 】

11 ▸▸ 탱크의 내용적 및 용량

(1) 내용적

① 양쪽이 볼록한 것

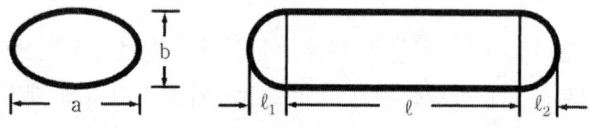

$$V = \frac{\pi ab}{4}\left(l + \frac{l_1 + l_2}{3}\right)$$

② 한쪽은 오목하고 한쪽은 볼록한 것

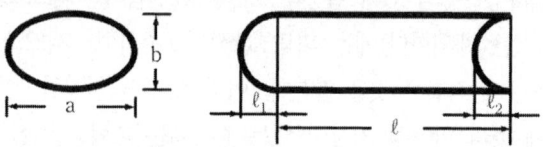

$$V = \frac{\pi ab}{4}\left(l + \frac{l_1 - l_2}{3}\right)$$

③ 횡으로 설치한 것

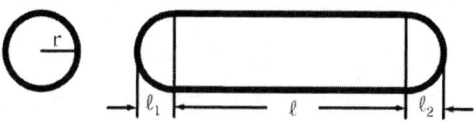

$$V = \pi r^2\left(l + \frac{l_1 + l_2}{3}\right)$$

④ 종으로 설치한 것

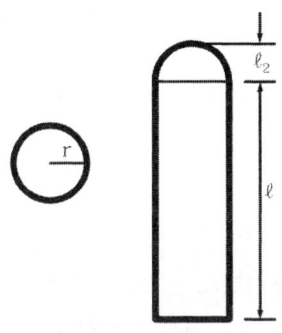

$$V = \pi r^2 l$$

⑤ **기타의 탱크** : 통상의 수학적 계산방법에 의한다. 다만, 쉽게 그 내용적을 계산하기 어려운 탱크에 있어서는 당해 탱크 내용적의 근사계산에 의할 수 있다.

(2) 공간용적

탱크의 공간용적은 탱크 내부에 여유를 가질 수 있는 공간이다. 이는 위험물의 과주입 또는 온도의 상승에 의한 부피 증가에 따른 체적팽창으로 위험물의 넘침을 막아주는 기능을 가지고 있다.

① 일반적인 탱크의 공간용적 : 탱크 내용적의 5/100 이상 10/100 이하
② 소화약제 방출구를 탱크 안의 윗부분에 설치한 탱크 : 당해 탱크의 내용적 중 당해 소화약제 방출구의 아래 0.3m 내지 1m 사이의 면으로부터 윗부분의 용적

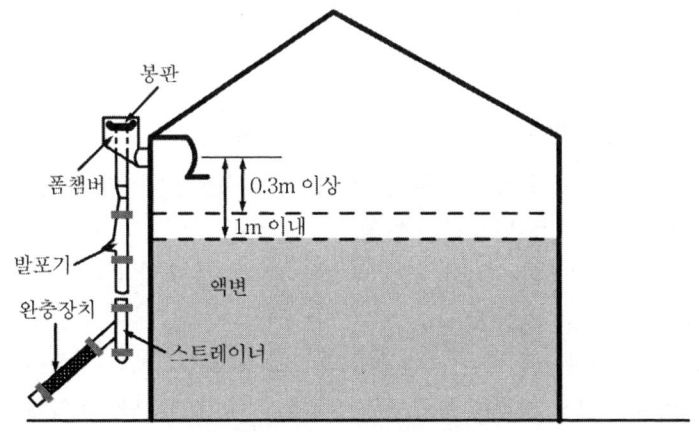

【 탱크의 용량 및 공간용적 】

③ **부상지붕식 탱크** : 부상지붕식 탱크는 당해 탱크의 특성상 지붕판이 최대로 상승할 수 있는 곳까지의 용적을 탱크의 허가량으로 보는 것이 타당하다.

(3) 탱크의 용량 = 탱크의 내용적 − 공간용적

12 ▸▸ 배 관

① 배관에 걸리는 최대상용압력의 1.5배 이상의 압력으로 수압시험(불연성의 액체 또는 기체를 이용하여 실시하는 시험을 포함한다.)을 실시하여 누설 그 밖의 이상이 없는 것으로 하여야 한다.
② 배관을 지하에 매설하는 경우에는 다음 각목의 기준에 적합하게 하여야 한다.
  ㉠ 금속성 배관의 외면에는 부식방지를 위하여 도복장·코팅 또는 전기방식등의 필요한 조치를 할 것
  ㉡ 배관의 접합부분(용접에 의한 접합부 또는 위험물의 누설의 우려가 없다고 인정되는 방법에 의하여 접합된 부분을 제외한다)에는 위험물의 누설여부를 점검할 수 있는 점검구를 설치할 것
  ㉢ 지면에 미치는 중량이 당해 배관에 미치지 아니하도록 보호할 것

13 ▸▸ 위험물의 성질에 따른 제조소의 특례

(1) 알킬알루미늄 등을 취급하는 제조소의 특례
  ① 누설범위를 국한하기 위한 설비와 누설된 알킬알루미늄 등을 안전한 장소에 설치된 저장실에 유입시킬 수 있는 설비를 갖출 것
  ② 불활성 기체를 봉입하는 장치를 갖출 것

(2) 아세트알데히드 등을 취급하는 제조소의 특례
  ① 아세트알데히드 등을 취급하는 설비는 은·수은·동·마그네슘 또는 이들을 성분으로 하는 합금으로 만들지 아니할 것
  ② 연소성 혼합기체의 생성에 의한 폭발을 방지하기 위한 불활성 기체 또는 수증기를 봉입하는 장치를 갖출 것
  ③ 탱크에는 냉각장치 또는 보냉장치 및 연소성 혼합기체의 생성에 의한 폭발을 방지하기 위한 불활성 기체를 봉입하는 장치를 갖출 것. 다만, 지하에 있는 탱크가 아세트알데히드 등의 온도를 저온으로 유지할 수 있는 구조인 경우에는 냉각장치 및 보냉장치를 갖추지 아니할 수 있다.

④ 냉각장치 또는 보냉장치는 2 이상 설치하여 하나의 냉각장치 또는 보냉장치가 고장난 때에도 일정온도를 유지할 수 있도록 하고 다음 기준에 적합한 비상전원을 갖출 것
　㉠ 상용전력원이 고장난 경우에 자동으로 비상전원으로 전환되어 가동되도록 할 것
　㉡ 비상전원의 용량은 냉각장치 또는 보냉장치를 유효하게 작동할 수 있는 정도일 것
⑤ 탱크를 지하에 매설하는 경우에는 당해 탱크를 탱크전용실에 설치할 것

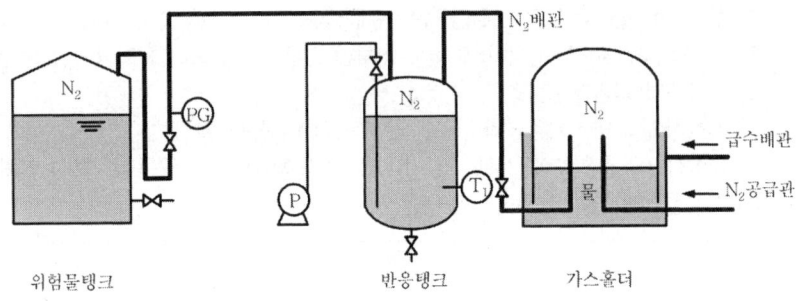

【 불연성 가스 봉입장치 】

03 옥내저장소의 위치 · 구조 및 설비의 기준

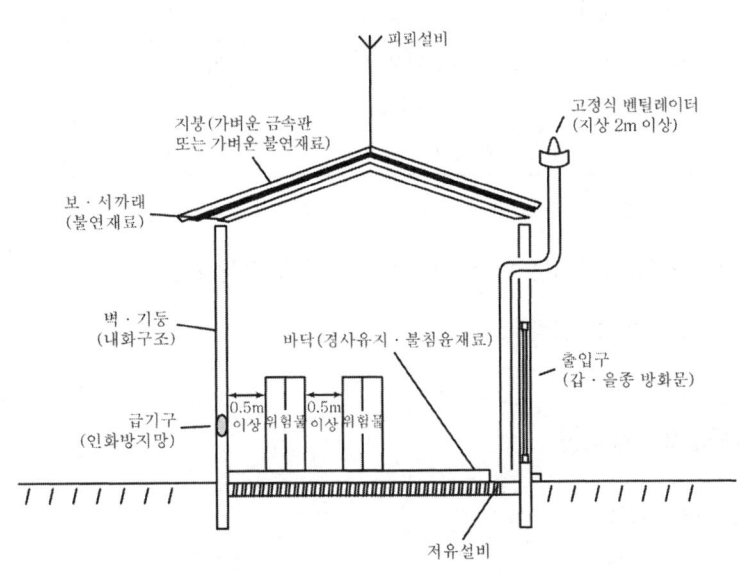

【 옥내저장소 건축물의 구조 】

1. 안전거리

제조소의 안전거리에 준한다.

> **안전거리를 두지 않아도 되는 경우**
> ① 제4석유류 또는 동식물유류를 지정수량 20배 미만으로 저장·취급하는 옥내저장소
> ② 제6류 위험물을 저장 또는 취급하는 옥내저장소
> ③ 지정수량의 20배(바닥면적이 150m² 이하인 경우 50배) 이하를 저장·취급하는 옥내저장소로서 다음에 적합한 것
>   ㉮ 저장창고의 벽·기둥·바닥·보 및 지붕이 내화구조일 것
>   ㉯ 저장창고의 출입구에 수시로 열 수 있는 자동폐쇄방식의 갑종방화문이 설치되어 있을 것
>   ㉰ 저장창고에 창을 설치하지 아니할 것

2. 보유공지

저장 또는 취급하는 위험물의 최대수량	공지의 너비	
	벽·기둥 및 바닥이 내화구조로 된 건축물	그 밖의 건축물
지정수량의 5배 이하	–	0.5m 이상
지정수량의 5배 초과 10배 이하	1m 이상	1.5m 이상
지정수량의 10배 초과 20배 이하	2m 이상	3m 이상
지정수량의 20배 초과 50배 이하	3m 이상	5m 이상
지정수량의 50배 초과 200배 이하	5m 이상	10m 이상
지정수량의 200배 초과	10m 이상	15m 이상

※ 다만, 지정수량의 20배를 초과하는 옥내저장소와 동일한 부지내에 있는 다른 옥내저장소와의 사이에는 위 표 공지의 $\frac{1}{3}$(당해 수치가 3배 미만인 경우에는 3m)의 공지를 보유할 수 있다.

3. 표지 및 게시판

제조소에 준한다.

4 ▶▶ 건축물의 구조

① 저장창고는 위험물의 저장을 전용으로 하는 독립된 건축물로 하여야 한다.
② 저장창고는 지면에서 처마까지의 높이가 6m 미만인 단층건물로 하고 그 바닥을 지반면보다 높게 하여야 한다.

> **처마높이를 20m 이하로 할 수 있는 경우**
> 제2류 또는 제4류 위험물만을 저장하는 창고로서 다음의 기준에 적합한 때
> ① 벽·기둥·보 및 바닥을 내화구조로 할 것
> ② 출입구에 갑종방화문을 설치할 것
> ③ 피뢰침을 설치할 것

③ 하나의 저장창고 바닥면적(각 실 바닥면적의 합계)은 다음의 면적 이하로 하여야 한다.
　㉠ 1,000m² 이하
　　㉮ 제1류 위험물 중 아염소산염류, 염소산염류, 과염소산염류, 무기과산화물 그 밖에 지정수량이 50kg인 위험물
　　㉯ 제3류 위험물 중 칼륨, 나트륨, 알킬알루미늄, 알킬리튬 그 밖에 지정수량이 10kg인 위험물 및 황린
　　㉰ 제4류 위험물 중 특수인화물, 제1석유류 및 알코올류
　　㉱ 제5류 위험물 중 유기과산화물, 질산에스테르류 그 밖에 지정수량이 10kg인 위험물
　　㉲ 제6류 위험물
　㉡ 2,000m² 이하 : 그 밖의 위험물
　㉢ 1,500m² 이하 : ㉠과 ㉡의 위험물을 내화구조의 격벽으로 완전히 구획된 실에 각각 저장하는 경우(이 경우 ㉠의 위험물을 저장하는 실의 면적은 500m²를 초과할 수 없다.)
④ 저장창고의 벽·기둥 및 바닥은 내화구조로 하고 보와 서까래는 불연재료로 하여야 한다.

> **벽·기둥 및 바닥을 불연재료로 할 수 있는 경우**
> • 지정수량의 10배 이하의 위험물을 저장하는 경우
> • 제2류 위험물(인화성 고체 제외)을 저장하는 경우
> • 제4류 위험물(인화점 70℃ 미만은 제외)을 저장하는 경우

⑤ 바닥에 물이 스며들지 아니하도록 해야 하는 위험물의 종류
  ㉠ 제1류 위험물 중 알칼리금속의 과산화물 또는 이를 함유하는 것
  ㉡ 제2류 위험물 중 철분·금속분·마그네슘 또는 이 중 어느 하나 이상을 함유하는 것
  ㉢ 제3류 위험물 중 금수성 물품
  ㉣ 제4류 위험물
⑥ 선반 등의 수납장 설치기준
  ㉠ 수납장은 불연재료로 만들어 견고한 기초 위에 고정할 것
  ㉡ 수납장은 당해 수납장 및 그 부속설비의 자중, 저장하는 위험물의 중량 등의 하중에 의하여 생기는 응력에 대하여 안전한 것으로 할 것
  ㉢ 수납장에는 위험물을 수납한 용기가 쉽게 떨어지지 아니하게 하는 조치를 할 것
⑦ 저장창고는 지붕을 폭발력이 위로 방출될 정도의 가벼운 불연재료로 하고, 천장을 만들지 아니하여야 한다. 다만, 제2류 위험물(분상의 것과 인화성고체를 제외한다)과 제6류 위험물만의 저장창고에 있어서는 지붕을 내화구조로 할 수 있고, 제5류 위험물만의 저장창고에 있어서는 당해 저장창고내의 온도를 저온으로 유지하기 위하여 난연재료 또는 불연재료로 된 천장을 설치할 수 있다.
⑧ 저장창고의 출입구는 갑종방화문 또는 을종방화문을 설치하되, 연소의 우려가 있는 외벽에 설치하는 출입구에는 수시로 열 수 있는 자동폐쇄식의 갑종방화문을 설치하여야 한다.
⑨ 창 및 출입구에 유리를 이용하는 경우에는 망입유리로 하여야 한다.
⑩ 액체 위험물을 취급하는 건축물의 바닥은 위험물이 스며들지 못하는 재료를 사용하고 적당한 경사를 두어 그 최저부에 집유설비를 하여야 한다.
⑪ 저장창고에는 별표 4 Ⅴ 및 Ⅵ의 규정에 준하여 채광·조명 및 환기의 설비를 갖추어야 하고, 인화점이 70℃ 미만인 위험물의 저장창고에 있어서는 내부에 체류한 가연성의 증기를 지붕 위로 배출하는 설비를 갖추어야 한다.
⑫ 저장창고에 설치하는 전기설비는 「전기사업법」에 의한 전기설비기술기준에 의하여야 한다.
⑬ 지정수량의 10배 이상의 저장창고(제6류 위험물의 저장창고를 제외한다)에는 피뢰침을 설치하여야 한다. 다만, 저장창고의 주위의 상황에 따라 안전상 지장이 없는 경우에는 피뢰침을 설치하지 아니할 수 있다.
⑭ 제5류 위험물 중 셀룰로이드 그 밖에 온도의 상승에 의하여 분해·발화할 우려가 있는 것의 저장창고는 당해 위험물이 발화하는 온도에 달하지 아니하는 온도를 유지하는 구조로 하거나 다음 각목의 기준에 적합한 비상전원을 갖춘 통풍장치 또는 냉방장치 등의 설비를 2 이상 설치하여야 한다.

㉠ 상용전력원이 고장인 경우에 자동으로 비상전원으로 전환되어 가동되도록 할 것
㉡ 비상전원의 용량은 통풍장치 또는 냉방장치 등의 설비를 유효하게 작동할 수 있는 정도일 것

⑤ 다층건물의 옥내저장소의 설치기준

대상 : 제2류 위험물(인화성 고체 제외) 또는 제4류 위험물(인화점 70℃ 미만 제외)만을 저장 또는 취급하는 때

① 저장창고는 각 층의 바닥을 지면보다 높게 하고 바닥면으로부터 상층의 바닥까지의 높이를 6m 미만으로 하여야 한다.
② 하나의 저장창고 바닥면적 합계는 1,000m² 이하로 하여야 한다.
③ 저장창고의 벽·기둥·바닥 및 보를 내화구조로 하고 계단을 불연재료로 하며 연소의 우려가 있는 외벽은 출입구 외의 개구부를 갖지 아니하는 벽으로 하여야 한다.
④ 2층 이상의 층 바닥에는 개구부를 두지 아니하여야 한다(단, 내화구조벽, 갑종방화문, 을종방화문, 구획된 계획실 제외).

⑥ 복합용도 건축물의 옥내저장소의 설치기준

대상 : 지정수량의 20배 이하의 것

① 벽·기둥·바닥 및 보가 내화구조인 건축물의 1층 또는 2층의 어느 하나의 층에 설치하여야 한다.
② 바닥은 지면보다 높게 설치하고 그 층고를 6m 미만으로 하여야 한다.
③ 바닥면적은 75m² 이하로 하여야 한다.
④ 벽·기둥·바닥·보 및 지붕(상층의 바닥)을 내화구조로 하고 출입구 외의 개구부가 없는 두께 70mm 이상의 철근콘크리트조 또는 이와 동등 이상의 강도가 있는 구조의 바닥 또는 벽으로 당해 건축물의 다른 부분과 구획되도록 하여야 한다.
⑤ 출입구에는 수시로 열 수 있는 자동폐쇄방식의 갑종방화문을 설치하여야 한다.
⑥ 창을 설치하지 아니하여야 한다.
⑦ 환기설비 및 배출설비에는 방화상 유효한 댐퍼 등을 설치하여야 한다.

⑦ 소규모 옥내저장소

대상 : 지정수량 50배 이하인 옥내저장소

04 옥외탱크저장소의 위치·구조 및 설비의 기준

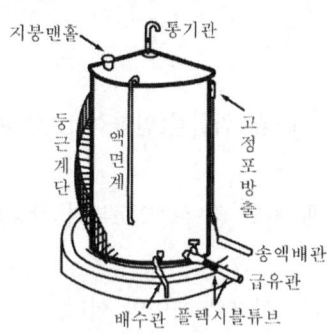

【 콘루프 탱크 】

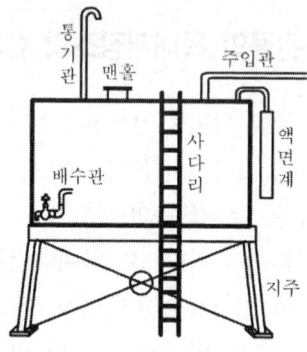

【 각형 탱크 】

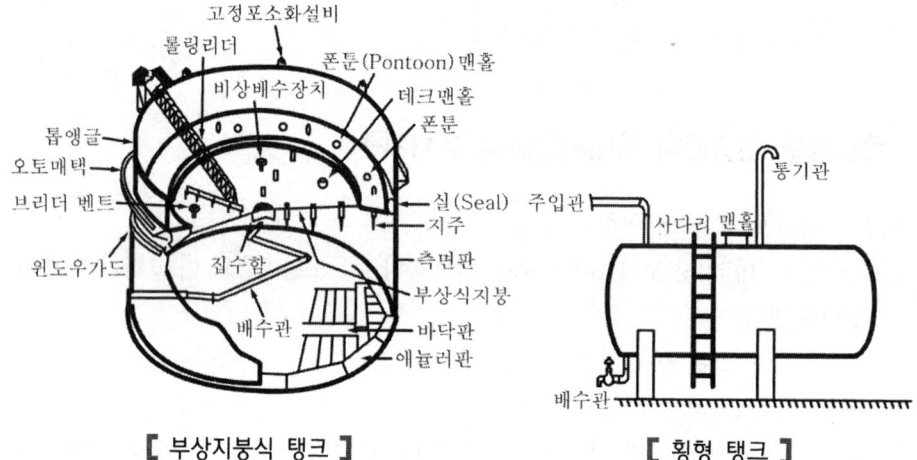

【 부상지붕식 탱크 】　　【 횡형 탱크 】

1 ▸▸ 안전거리

제조소에 준한다.

② 보유공지

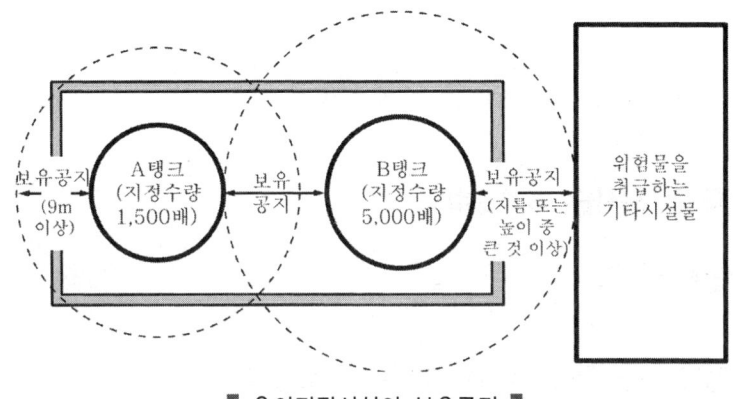

[옥외저장시설의 보유공지]

옥외저장탱크의 주위에는 그 저장 또는 취급하는 위험물의 최대수량에 따라 옥외저장탱크의 측면으로부터 다음 표에 의한 너비의 공지를 보유하여야 한다.

저장 또는 취급하는 위험물의 최대수량	공지의 너비
지정수량의 500배 이하	3m 이상
지정수량의 500배 초과 1,000배 이하	5m 이상
지정수량의 1,000배 초과 2,000배 이하	9m 이상
지정수량의 2,000배 초과 3,000배 이하	12m 이상
지정수량의 3,000배 초과 4,000배 이하	15m 이상
지정수량의 4,000배 초과	당해 탱크의 수평단면의 최대지름(횡형인 경우에는 긴 변)과 높이 중 큰 것과 같은 거리 이상. 다만, 30m 초과의 경우에는 30m 이상으로 할 수 있고, 15m 미만의 경우에는 15m 이상으로 하여야 한다.

▶ 특례 1) 동일한 방유제 안에 2개 이상 인접하여 설치하는 경우 보유공지는 규정에 의한 보유공지의 3분의 1 이상의 너비로 할 수 있다. 이 경우 보유공지의 너비는 3m 이상이 되어야 한다(제6류 위험물 또는 지정수량의 4,000배를 초과할 경우 제외).
▶ 특례 2) 제6류 위험물을 저장·취급하는 경우
　　　　 가. 옥외저장탱크는 규정에 의한 보유공지의 3분의 1 이상의 너비로 할 수 있다.
　　　　　　 이 경우 보유공지의 너비는 1.5m 이상이 되어야 한다.
　　　　 나. 옥외저장탱크를 동일구내에 2개 이상 인접하여 설치하는 경우 그 인접하는 방향의 보유공지는 가.의 규정에 의하여 산출된 너비의 3분의 1 이상의 너비로 할 수 있다. 이 경우 보유공지의 너비는 1.5m 이상이 되어야 한다.
▶ 특례 3) 옥외저장탱크에 다음 기준에 적합한 물분무설비로 방호조치를 하는 경우에는 그 보유공지를 규정에 의한 보유공지의 2분의 1 이상(최소 3m 이상)의 너비로 할 수 있다.

가. 탱크의 표면에 방사하는 물의 양은 탱크의 원주길이 1m에 대하여 분당 37ℓ 이상으로 할 것
나. 수원의 양은 가.의 규정에 의한 수량으로 20분 이상 방사할 수 있는 수량으로 할 것
다. 탱크에 보강링이 설치된 경우에는 보강링의 아래에 분무헤드를 설치하되 분무헤드는 탱크의 높이 및 구조를 고려하여 분무가 적정하게 이루어질 수 있도록 배치할 것
라. 물분무소화설비의 설치기준에 준할 것

3 ▸▸ 표지 및 게시판, 피뢰설비

제조소에 준한다.

4 ▸▸ 특정옥외저장탱크 및 준특정옥외저장탱크

① **기초 및 지반** : 저장탱크 및 그 부속설비의 자중, 위험물 중량 등의 하중에 의하여 발생하는 응력에 대하여 안전할 것
② 특정옥외탱크의 용접부는 방사선투과시험·진공시험 등의 비파괴시험에 적합할 것
③ 지진 및 풍압에 견딜 수 있는 구조로 하고 그 지주는 철근콘크리트조, 철골콘크리트조 등의 내화성능이 있는 것으로 할 것

> **특정옥외탱크저장소 및 준특정옥외탱크저장소의 구분**
> - 특정옥외탱크저장소 : 옥외탱크저장소 중 액체위험물의 최대수량이 100만ℓ 이상의 것
> - 준특정옥외탱크저장소 : 옥외탱크저장소 중 액체위험물의 최대수량이 50만ℓ 이상 100만ℓ 미만의 것

5 ▸▸ 옥외저장탱크의 외부구조 및 설비

① **탱크의 재료** : 3.2mm 이상의 강철판 또는 소방청장이 정하여 고시하는 규격에 적합한 재료
② **시험방법**
  ㉠ 압력탱크 : 수압시험(최대 상용압력의 1.5배 압력으로 10분간)
  ㉡ 압력탱크 외의 탱크 : 충수시험
③ **기초 및 지반** : 지진 등에 의한 관성력 또는 풍하중에 의한 응력이 옥외저장탱크의 옆판 또는 지주의 특정한 점에 집중하지 아니하도록 탱크를 견고하게 고정할 것
④ 외면에는 녹을 방지하기 위한 도장을 할 것(단, 부식 우려 없는 스테인리스, 강판 등은 가능)

⑤ 위험물의 폭발 등에 의하여 탱크 내의 압력이 비정상적으로 상승하는 경우 내부의 가스 또는 증기를 상부로 방출할 수 있는 구조로 할 것
⑥ 밑판의 부식방지조치 방법
  ㉠ 탱크의 밑판 아래에 밑판의 부식을 유효하게 방지할 수 있도록 아스팔트샌드 등의 방식재료를 댈 것
  ㉡ 탱크의 밑판에 전기방식의 조치를 강구할 것
  ㉢ 위 ㉠ 및 ㉡ 규제에 의한 것과 동등 이상으로 밑판의 부식을 방지할 수 있는 조치를 강구할 것
⑦ **압력탱크 외 탱크의 통기관**
  ㉠ 밸브 없는 통기관
    ㉮ 직경은 30mm 이상일 것
    ㉯ 선단은 수평면보다 45도 이상 구부려 빗물 등의 침투를 막는 구조로 할 것
    ㉰ 가는 눈의 구리망 등으로 인화방지장치를 할 것
    ㉱ 가연성의 증기를 회수하기 위한 밸브를 통기관에 설치하는 경우에 있어서는 당해 통기관의 밸브는 저장탱크에 위험물을 주입하는 경우를 제외하고는 항상 개방되어 있는 구조로 하는 한편, 폐쇄하였을 경우에 있어서는 10kPa 이하의 압력에서 개방되는 구조로 할 것. 이 경우 개방된 부분의 유효단면적은 777.15㎟ 이상이어야 한다.
  ㉡ 대기밸브부착 통기관
    ㉮ 5kPa 이하의 압력차이로 작동할 수 있을 것
    ㉯ 가는 눈의 구리망 등으로 인화방지장치를 할 것
⑧ **옥외저장탱크의 주입구**
  ㉠ 화재예방상 지장이 없는 장소에 설치할 것
  ㉡ 주입호스 또는 주입관과 결합할 수 있고 결합하였을 때 위험물이 새지 아니할 것
  ㉢ 주입구에는 밸브 또는 뚜껑을 설치할 것
  ㉣ 정전기가 발생할 우려가 있는 액체위험물 주입구 부근에는 정전기를 제거하기 위한 접지전극을 설치할 것
  ㉤ 인화점이 21℃ 미만인 옥외저장탱크 주입구에는 게시판을 설치할 것
    ㉮ 한 변이 0.3m 이상, 다른 한 변이 0.6m 이상인 직사각형으로 할 것
    ㉯ "옥외저장탱크 주입구"라고 표시하는 것 외에 취급하는 위험물의 유별, 품명 및 주의사항을 표시할 것
    ㉰ 게시판은 백색바탕에 흑색문자로 할 것

ⓑ 주입구 주위에는 새어나온 기름 등 액체가 외부로 유출되지 아니하도록 방유턱을 설치하거나 집유설비 등의 장치를 설치할 것

⑨ 펌프설비의 설치기준
  ㉠ 펌프설비의 주위에는 너비 3m 이상의 공지를 보유할 것. 다만, 방화상 유효한 격벽을 설치하는 경우와 제6류 위험물 또는 지정수량의 10배 이하 위험물의 옥외저장탱크의 펌프설비에 있어서는 그러하지 아니하다.
  ㉡ 옥외저장탱크까지의 사이에는 당해 옥외저장탱크의 보유공지 너비의 3분의 1 이상의 거리를 유지할 것
  ㉢ 펌프설비는 견고한 기초 위에 고정할 것
  ㉣ 펌프 및 이에 부속하는 전동기를 위한 건축물 그 밖의 공작물의 벽·기둥·바닥 및 보는 불연재료로 할 것
  ㉤ 펌프실의 지붕은 폭발력이 위로 방출될 정도의 가벼운 불연재료로 할 것
  ㉥ 펌프실의 창 및 출입구에는 갑종방화문 또는 을종방화문을 설치할 것
  ㉦ 펌프실의 창 및 출입구에 유리를 이용하는 경우에는 망입유리로 할 것
  ㉧ 펌프실의 바닥 주위에는 높이 0.2m 이상의 턱을 만들고 그 최저부에는 집유설비를 설치할 것
  ㉨ 펌프실에는 위험물을 취급하는 데 필요한 채광, 조명 및 환기설비를 설치할 것
  ㉩ 가연성 증기가 체류할 우려가 있는 펌프실에는 그 증기를 옥외의 높은 곳으로 배출하는 설비를 설치할 것
  ㉪ 펌프실 외의 장소에 설치하는 펌프설비에는 그 직하의 지반면 주위에 높이 0.15m 이상의 턱을 만들고, 그 최저부에는 집유설비를 할 것. 이 경우 제4류 위험물(온도 20℃의 물 100g에 용해되는 양이 1g 미만인 것에 한한다)을 취급하는 펌프설비에 있어서는 당해 위험물이 직접 배수구에 유입하지 아니하도록 집유설비에 유분리장치를 설치하여야 한다.

⑩ 옥외저장탱크의 배수관은 탱크의 옆판에 설치할 것
⑪ 고체인 금수성 물품의 옥외저장탱크에는 방수성의 불연재료로 만든 피복설비를 설치할 것
⑫ 이황화탄소의 옥외저장탱크는 벽 및 바닥의 두께가 0.2m 이상이고 누수가 되지 아니하는 철근콘크리트의 수조에 넣어 보관하여야 한다. 이 경우 보유공지·통기관 및 자동계량장치는 생략할 수 있다.

> **탱크의 내진 및 내풍압구조**
> 옥외탱크저장소의 탱크는 다음 기준에 따라 진동력 및 풍압력에 견딜 수 있는 구조로 하여야 한다.
> ① 탱크의 자중, 저장 위험물의 자중, 지반계수 및 출렁임 현상 등을 고려할 것
> ② 풍하중산출식⟨Q⟩= $0.588K\sqrt{h}$
>   Q = 풍하중(kN/m²)
>   K : 풍력계수
>   h : 지면으로부터의 높이(m)
>   ※ 풍력계수 : 원형탱크 : 0.7, 그 밖의 탱크 : 1
> ③ 옥외탱크저장소의 탱크는 견고한 지면 또는 기초 위에 고정시켜야 한다.
> ④ 진동력 또는 풍압력에 대한 대응력이 탱크의 측면·지주 등 어느 한쪽에만 집중되지 아니하도록 하여야 한다.

6. 방유제의 설치기준

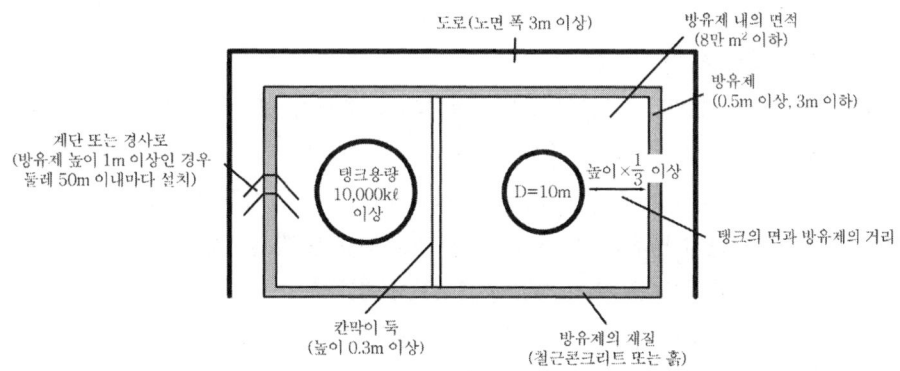

【 방유제의 구조 】

액체위험물(이황화탄소 제외)의 옥외저장탱크 주위에는 위험물이 누설되었을 경우에 그 유출을 방지하기 위한 방유제를 설치하여야 한다.

① 방유제의 용량은 방유제 안에 설치된 탱크가 하나인 때에는 그 탱크 용량의 110% 이상, 2기 이상인 때에는 그 탱크 중 용량이 최대인 것 용량의 110% 이상으로 할 것. 다만, 인화성이 없는 액체위험물의 경우는 탱크 용량의 100% 이상으로 한다.
② 방유제의 높이는 0.5m 이상, 3m 이하로 할 것. 두께 0.2m 이상, 지하매설깊이 1m 이상으로 할 것
③ 방유제 내의 면적은 8만m² 이하로 할 것

④ 방유제 내에 설치하는 옥외저장탱크의 수
  ㉠ 10기 이하일 것
  ㉡ 방유제 내의 전 탱크 용량이 20만*l* 이하이고, 저장·취급하는 위험물의 인화점이 70℃ 이상, 200℃ 미만인 경우 : 20기 이하
  ㉢ 인화점이 200℃ 이상인 위험물을 저장 또는 취급하는 경우 : 무제한
⑤ 방유제 외면의 2분의 1 이상은 자동차 등이 통행할 수 있는 3m 이상의 노면 폭을 확보한 구내도로에 직접 접하도록 할 것
⑥ 방유제는 옥외저장탱크의 지름에 따라 그 탱크의 옆판으로부터 다음에 정하는 거리를 유지할 것. 다만, 인화점이 200℃ 이상인 위험물을 저장 또는 취급하는 것에 있어서는 그러하지 아니하다.
  ㉠ 지름이 15m 미만인 경우에는 탱크 높이의 3분의 1 이상
  ㉡ 지름이 15m 이상인 경우에는 탱크 높이의 2분의 1 이상
⑦ 방유제는 철근콘크리트로 하고, 방유제와 옥외저장탱크 사이의 지표면은 불연성과 불침윤성이 있는 구조(철근콘크리트 등)로 할 것. 다만, 누출된 위험물을 수용할 수 있는 전용유조 및 펌프 등의 설비를 갖춘 경우에는 방유제와 옥외저장탱크 사이의 지표면을 흙으로 할 수 있다.
⑧ 용량이 1,000만 *l* 이상인 옥외저장탱크의 주위에 설치하는 방유제에는 다음의 규정에 따라 당해 탱크마다 간막이 둑을 설치할 것
  ㉠ 간막이 둑의 높이는 0.3m(옥외저장탱크 용량 합계가 2억*l*를 넘는 경우 1m) 이상으로 하되 방유제의 높이보다 0.2m 이상 낮게 할 것
  ㉡ 간막이 둑은 흙 또는 철근콘크리트로 할 것
  ㉢ 간막이 둑의 용량은 간막이 둑 안에 설치된 탱크 용량의 10% 이상일 것
⑨ 방유제 또는 간막이 둑에는 당해 방유제를 관통하는 배관을 설치하지 아니할 것
⑩ 높이가 1m를 넘는 방유제 및 간막이 둑의 안팎에는 방유제 내에 출입하기 위한 계단 또는 경사로를 약 50m마다 설치할 것

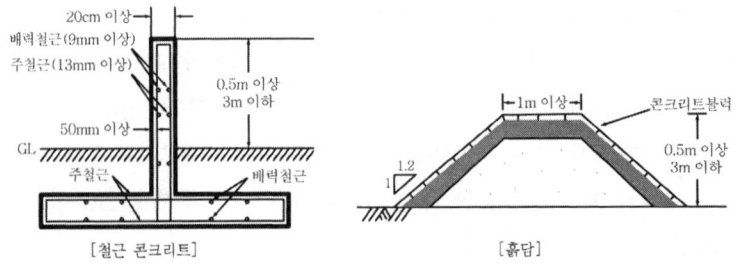

【 방유제의 구조 】

7 ▶▶ 위험물의 성질에 따른 옥외탱크저장소의 특례

(1) 알킬알루미늄 등의 옥외탱크저장소
   ① 주위에는 누설범위를 국한하기 위한 설비 및 누설된 알킬알루미늄 등을 안전한 장소에 설치된 조에 이끌어들일 수 있는 설비를 설치할 것
   ② 옥외저장탱크에는 불활성의 기체를 봉입하는 장치를 설치할 것

(2) 아세트알데히드 등의 옥외탱크저장소
   ① 옥외저장탱크의 설비는 동·마그네슘·은·수은 또는 이들을 성분으로 하는 합금으로 만들지 아니할 것
   ② 옥외저장탱크에는 냉각장치 또는 보냉장치 그리고 연소성 혼합기체의 생성에 의한 폭발을 방지하기 위한 불활성의 기체를 봉입하는 장치를 설치할 것

(3) 히드록실아민등의 옥외탱크저장소
   ① 옥외탱크저장소에는 히드록실아민 등의 온도상승에 의한 위험한 반응을 방지하기 위한 조치를 강구할 것
   ② 옥외탱크저장소에는 철이온 등의 혼입에 의한 위험한 반응을 방지하기 위한 조치를 강구할 것

05 옥내탱크저장소의 위치·구조 및 설비의 기준

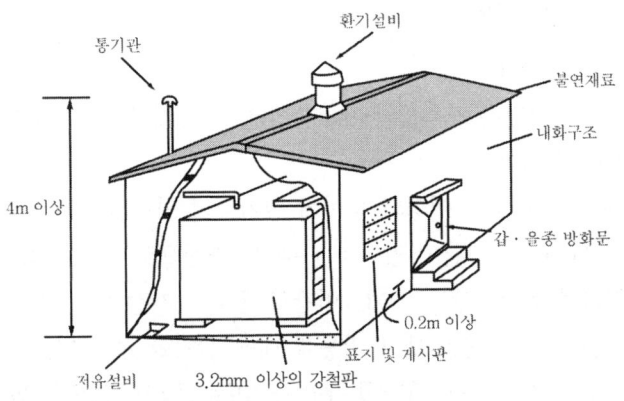

【 단층건축물의 옥내탱크저장소 】

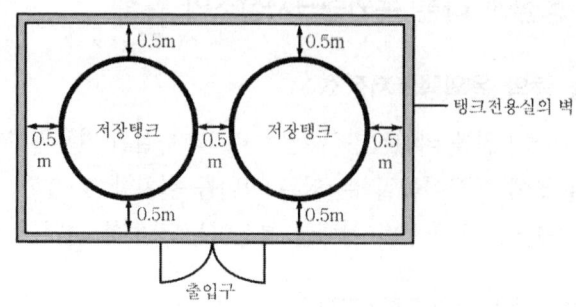

【 저장소 내부의 간격 】

1. 탱크전용실을 단층건축물에 설치하는 경우 설치기준

(1) 상호 간 간격

① 옥내저장탱크와 탱크전용실의 벽 : 0.5m 이상
② 옥내저장탱크의 상호거리 : 0.5m 이상

(2) 표지판 및 게시판

제소소에 준한다.

(3) 옥내저장탱크의 용량

탱크전용실의 탱크용량의 합계는 지정수량의 40배 이하일 것
단, 제4석유류 및 동식물유류 외의 제4류 위험물에 있어서는 20,000l 이하일 것

(4) 압력탱크 외의 통기관

① 밸브 없는 통기관
　㉠ 통기관의 선단은 건축물의 창·출입구 등의 개구부로부터 1m 이상 떨어진 옥외의 장소에 설치할 것
　㉡ 지면으로부터 4m 이상의 높이에 설치하되 인화점이 40℃ 미만인 위험물의 탱크에 설치하는 통기관에 있어서는 부지경계선으로부터 1.5m 이상 이격할 것. 다만, 고인화점 위험물만을 100℃ 미만의 온도로 저장 또는 취급하는 탱크에 설치하는 통기관은 그 선단을 탱크 전용실 내에 설치할 수 있다.
　㉢ 통기관은 가스 등이 체류할 우려가 있는 굴곡이 없도록 할 것
　㉣ 직경은 30mm 이상일 것

㉤ 선단은 수평면보다 45° 이상 구부려 빗물 등의 침투를 막는 구조로 할 것
　　　㉥ 가는 눈의 구리망 등으로 인화방지장치를 할 것
　　　㉦ 가연성 증기를 회수하기 위한 밸브를 통기관에 설치하는 경우에 있어서는 당해 통기관의 밸브는 저장탱크에 위험물을 주입하는 경우를 제외하고는 항상 개방되어 있는 구조로 하는 한편 폐쇄하였을 경우에 있어서는 10kPa 이하의 압력에서 개방되는 구조로 할 것
　② 대기밸브 부착통기관
　　　㉠ 통기관의 선단은 건축물의 창·출입구 등의 개구부로부터 1m 이상 떨어진 옥외의 장소에 설치할 것
　　　㉡ 지면으로부터 4m 이상의 높이에 설치하되 인화점이 40℃ 미만인 위험물의 탱크에 설치하는 통기관에 있어서는 부지경계선으로부터 1.5m 이상 이격할 것. 다만, 고인화점 위험물만을 100℃ 미만의 온도로 저장 또는 취급하는 탱크에 설치하는 통기관은 그 선단을 탱크 전용실 내에 설치할 수 있다.
　　　㉢ 통기관은 가스 등이 체류할 우려가 있는 굴곡이 없도록 할 것
　　　㉣ 5kPa 이하의 압력차이로 작동할 수 있을 것
　　　㉤ 가는 눈의 구리망 등으로 인화방지장치를 할 것

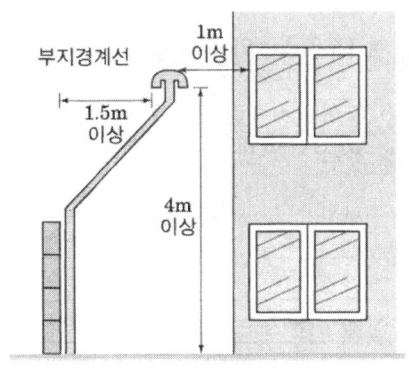

【 밸브없는 통기관의 설치방법 】

(5) 옥내저장탱크의 주입구
옥외저장탱크의 주입구에 준한다.

(6) 채광·조명·환기 및 배출설비
제조소에 준한다.

(7) 기타 사항

① 옥내저장탱크의 외면에는 녹을 방지하기 위한 도장을 할 것
② 옥내저장탱크에는 액체위험물의 양을 자동적으로 표시하는 장치를 설치할 것
③ 탱크전용실은 벽·기둥 및 바닥을 내화구조로 하고, 보는 불연재료로 할 것
④ 연소의 우려가 있는 외벽은 출입구 외에는 개구부가 없도록 할 것
⑤ 탱크전용실은 지붕을 불연재료로 하고, 천장을 설치하지 아니할 것(출입구 : 자동폐쇄식, 갑종방화문)
⑥ 탱크전용실의 창 및 출입구에는 갑종방화문 또는 을종방화문을 설치할 것
⑦ 탱크전용실의 창 또는 출입구에 유리를 이용하는 경우에는 망입유리로 할 것
⑧ 탱크전용실의 바닥은 위험물이 침투하지 아니하는 구조로 할 것(액상위험물에 한한다.)
⑨ 탱크전용실의 바닥은 적당한 경사를 두고 집유설비를 설치할 것(액상위험물에 한한다.)
⑩ 탱크전용실 출입구의 턱의 높이 : 탱크 전용실 내의 옥내저장탱크 중 최대용량의 탱크용량을 수용할 수 있는 높이 이상으로 하거나 옥내저장탱크로부터 누설된 위험물이 탱크전용실 외의 부분으로 유출하지 아니하는 구조로 할 것

2 ▶▶ 탱크전용실을 단층건축물 이외의 건축물에 설치하는 경우 설치기준(다층건축물)

(1) 단층이외의 건축물에 탱크전용실을 설치할수 있는 대상위험물의 종류

① 제2류 위험물 중 황화린·적린 및 덩어리 유황
② 제3류 위험물 중 황린
③ 제4류 위험물 중 인화점이 38℃ 이상인 위험물
④ 제6류 위험물 중 질산

(2) 위 (1)중 탱크전용실을 1층 또는 지하층에 설치하여야 하는 위험물

① 제2류 위험물 중 황화린·적린 및 덩어리 유황
② 제3류 위험물 중 황린
③ 제6류 위험물 중 질산

(3) 옥내저장탱크의 용량

(동일한 탱크전용실에 옥내저장탱크를 2 이상 설치하는 경우에는 각 탱크의 용량의 합계)

구분	지정수량	비고
1층 이하의 층	지정수량의 40배 이하	제4석유류, 동식물유류외의 제4류 위험물은 당해 수량이 20,000l 초과 시 20,000l 이하

2층 이상의 층	지정수량의 10배 이하	제4석유류, 동식물유류외의 제4류 위험물은 당해 수량이 5,000l 초과 시 5,000l 이하

(4) 기타 단층건물 이외의 건축물에 설치하는 경우 탱크전용실의 설치기준(다층건축물)

구분	내용
환기 및 배출설비	방화상 유효한 댐퍼 등을 설치
탱크전용실 출입구 턱의 높이	당해 탱크전용실내의 옥내저장탱크의 용량을 수용할 수 있는 높이 이상으로 하거나 옥내저장탱크로부터 누설된 위험물이 탱크전용실 외의 부분으로 유출하지 아니하는 구조(옥내저장탱크가 2 이상인 경우에는 모든 탱크)
벽·기둥, 바닥 및 보	내화구조
지붕	상층이 없는 경우에 있어서는 지붕을 불연재료로 설치
천장	설치하지 아니할 것
출입구	수시로 열 수 있는 자동폐쇄식의 갑종방화문을 설치
창	설치하지 아니할 것

(5) 탱크전용실이 있는 건축물에 설치하는 옥내저장탱크의 펌프설비 기준

구분	내용
탱크전용실외의 장소에 펌프설비를 설치하는 경우	• 펌프실 설치기준 - 벽, 기둥, 바닥 및 보를 내화구조로 할 것 - 상층이 없는 경우에 지붕 : 불연재료 - 천장을 설치하지 아니할 것 - 창을 설치하지 아니할 것(제6류 위험물은 제외) - 출입구에는 갑종방화문을 설치할 것(제6류 위험물 : 을종 방화문) - 펌프실의 환기 및 배출의 설비에는 방화상 유효한 댐퍼 등을 설치할 것 - 불연재료의 턱을 0.2m 이상의 높이로 설치
탱크전용실에 펌프설비를 설치하는 경우	불연재료로 된 턱을 0.2m 이상의 높이로 설치

③ ▸▸ 옥내탱크저장소의 특례

알킬알루미늄, 아세트알데히드 및 히드록실아민 등을 저장 또는 취급하는 옥내탱크저장소에 있어서는 옥외탱크저장소에 준한다.

06 지하탱크저장소의 위치·구조 및 설비의 기준

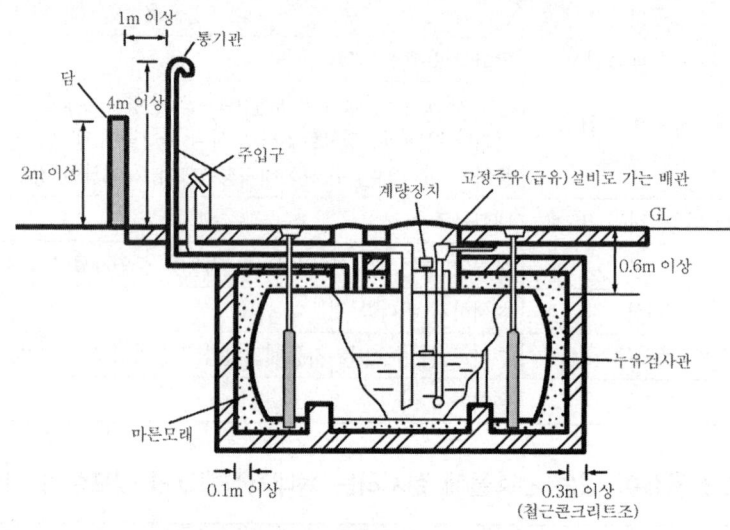

【 탱크전용실에 설치한 지하저장탱크 】

위험물을 저장 또는 취급하는 지하탱크는 지면하에 설치된 탱크전용실에 설치하여야 한다.

1 ▸▸ 탱크전용실의 이격거리

① 지하의 가장 가까운 벽·피트·가스관 등의 시설물 및 대지경계선 : 0.1m 이상
② 지하저장탱크와 탱크전용실의 안쪽 : 0.1m 이상
③ 지하저장탱크의 윗부분과 지면과의 거리 : 0.6m 이상
④ 지하저장탱크 상호 간 거리 : 1m 이상(용량의 합계가 지정수량의 100배 이하인 때 : 0.5m 이상). 다만, 2 사이 탱크전용실의 벽이나 두께 20cm 이상의 콘크리트 구조물이 있는 경우에는 그러하지 아니하다.

2 ▸▸ 표지판 및 게시판

제조소에 준한다.

탱크 전용실을 설치하지 않아도 되는 경우

4류위험물의 지하탱크가 다음 기준에 적합한 때
① 당해 탱크를 지하철·지하가 또는 지하터널로부터 수평거리 10m 이내의 장소에 설치하지 아니할 때
② 당해 탱크를 그 수평투영의 세로 및 가로보다 각각 0.6m 이상 크고 두께가 0.3m 이상인 철근콘크리트조의 뚜껑으로 덮을 것
③ 뚜껑에 걸리는 중량이 직접 당해 탱크에 걸리지 아니하는 구조일 것
④ 당해 탱크를 견고한 기초 위에 고정할 것
⑤ 당해 탱크를 지하의 가장 가까운 벽·피트·가스관 등의 시설물 및 대지경계선으로부터 0.6m 이상 떨어진 곳에 매설할 것

3 ▸▸ 탱크의 기준

① 다음 표에 정하는 기준에 적합하게 강철판 또는 동등 이상의 성능이 있는 금속재질로 할 것

탱크용량(단위 l)	탱크의 최대직경(단위 mm)	강철판의 최소두께(단위 mm)
1,000 이하	1,067	3.20
1,000 초과 2,000 이하	1,219	3.20
2,000 초과 4,000 이하	1,625	3.20
4,000 초과 15,000 이하	2,450	4.24
15,000 초과 45,000 이하	3,200	6.10
45,000 초과 75,000 이하	3,657	7.67
75,000 초과 189,000 이하	3,657	9.27
189,000 초과	—	10.00

② 완전 용입용접 또는 양면겹침 이음용접으로 틈이 없도록 할 것
③ 탱크의 시험 : 다음의 방식으로 시험하여 새거나 변형되지 아니하여야 한다.
  ㉠ 압력탱크 외의 탱크 : 70kPa의 압력으로 10분간 수압시험
  ㉡ 압력탱크 : 최대상용압력의 1.5배의 압력으로 10분간 수압시험
   ※ 압력탱크 : 최대 상용압력이 46.7kPa 이상인 탱크

4 ▶▶ 압력탱크 외의 통기관

① 밸브 없는 통기관
  ㉠ 통기관은 지하저장탱크의 윗부분에 연결할 것
  ㉡ 통기관 중 지하의 부분은 그 상부지면에 걸리는 중량이 직접 해당 부분에 미치지 아니하도록 보호하고, 해당 통기관의 접합부분(용접, 그 밖의 위험물 누설의 우려가 없다고 인정되는 방법에 의하여 접합된 것은 제외한다.)에 대하여는 해당 접합부분의 손상유무를 점검할 수 있는 조치를 할 것
  ㉢ 통기관의 선단은 건축물의 창·출입구 등의 개구부로부터 1m 이상 떨어진 옥외의 장소에 설치할 것
  ㉣ 지면으로부터 4m 이상의 높이에 설치하되 인화점이 40℃ 미만인 위험물의 탱크에 설치하는 통기관에 있어서는 부지경계선으로부터 1.5m 이상 이격할 것 다만, 고인화점 위험물만을 100℃ 미만의 온도로 저장 또는 취급하는 탱크에 설치하는 통기관은 그 선단을 탱크 전용실 내에 설치할 수 있다.
  ㉤ 통기관은 가스 등이 체류할 우려가 있는 굴곡이 없도록 할 것
  ㉥ 직경은 30mm 이상일 것
  ㉦ 선단은 수평면보다 45° 이상 구부려 빗물 등의 침투를 막는 구조로 할 것
  ㉧ 가는 눈의 구리망 등으로 인화방지장치를 할 것
  ㉨ 가연성 증기를 회수하기 위한 밸브를 통기관에 설치하는 경우에 있어서는 당해 통기관의 밸브는 저장탱크에 위험물을 주입하는 경우를 제외하고는 항상 개방되어 있는 구조로 하는 한편 폐쇄하였을 경우에 있어서는 10kPa 이하의 압력에서 개방되는 구조로 할 것

② 대기밸브 부착통기관
  ㉠ 통기관은 지하저장탱크의 윗부분에 연결할 것
  ㉡ 통기관 중 지하의 부분은 그 상부지면에 걸리는 중량이 직접 해당 부분에 미치지 아니하도록 보호하고, 해당 통기관의 접합부분(용접, 그 밖의 위험물 누설의 우려가 없다고 인정되는 방법에 의하여 접합된 것은 제외한다.)에 대하여는 해당 접합부분의 손상유무를 점검할 수 있는 조치를 할 것
  ㉢ 5kPa 이하의 압력차이로 작동할 수 있을 것. 다만, 제4류 위험물 중 제1석유류를 저장하는 탱크는 다음의 압력차에서 작동할 수 있을 것
    ㉮ 정압 : 0.6kPa 이상 1.5kPa 이하
    ㉯ 부압 : 1.5kPa 이상 3kPa 이하
  ㉣ 가는 눈의 구리망 등으로 인화방지장치를 할 것

ⓜ 통기관의 선단은 건축물의 창·출입구 등의 개구부로부터 1m 이상 떨어진 옥외의 장소에 설치할 것
ⓗ 지면으로부터 4m 이상의 높이에 설치하되 인화점이 40℃ 미만인 위험물의 탱크에 설치하는 통기관에 있어서는 부지경계선으로부터 1.5m 이상 이격할 것
다만, 고인화점 위험물만을 100℃ 미만의 온도로 저장또는 취급하는 탱크에 설치하는 통기관은 그 선단을 탱크 전용실 내에 설치할 수 있다.
ⓢ 통기관은 가스 등이 체류할 우려가 있는 굴곡이 없도록 할 것

5. 지하저장탱크의 주입구

옥외탱크저장소에 준한다.

6. 누유검사관의 기준

지하저장탱크의 주위에는 액체위험물의 누설을 검사하기 위한 관을 다음 기준에 따라 설치하여야 한다.
① 4개소 이상 적당한 위치에 설치할 것
② 이중관으로 할 것, 다만 소공이 없는 상부는 단관으로 할수 있다.
③ 재료는 금속관 또는 경질합성수지관으로 할 것
④ 관은 탱크실바닥 또는 탱크의 기초까지 닿게 할 것
⑤ 관의 밑부분에서 탱크의 중심 높이까지는 소공이 뚫려 있을 것. 다만, 지하수위가 높은 장소에 있어서는 지하수위 높이까지의 부분에 소공이 뚫여 있어야 한다.
⑥ 상부는 물이 침투하지 아니하는 구조로 하고, 뚜껑은 검사 시에 쉽게 열 수 있도록 할 것

7. 탱크전용실의 구조

① 벽 및 바닥 : 두께 0.3m 이상의 철근콘크리트 또는 이와 동등 이상의 강도가 있는 구조
② 뚜껑 : 두께 0.3m 이상의 철근콘크리트 또는 이와 동등 이상의 강도가 있는 구조
③ 벽, 바닥 및 뚜껑의 내부에는 직경 9mm부터 13mm까지의 철근을 가로 및 세로로 5cm부터 20cm까지의 간격으로 배치할 것
④ 벽, 바닥, 뚜껑의 재료에 수밀콘크리트를 혼입하거나 벽, 바닥, 뚜껑의 중간에 아스팔트층을 만드는 방법으로 적정한 방수조치를 할 것

8 과충전 방지장치

① 탱크용량을 초과하여 주입될 때 자동으로 그 주입구를 폐쇄 또는 공급을 자동으로 차단하는 방법
② 탱크용량의 90%가 찰 때 경보음을 울리는 방법

9 기타 사항

① 탱크와 탱크전용실 사이에는 마른 모래 또는 습기 등에 응고되지 아니하는 직경 5mm 이하의 마른 자갈분을 채울 것
② 지하저장탱크의 외면에 녹방지를 위한 도장을 할 것
③ 액체 위험물의 지하저장탱크에는 위험물의 양을 자동적으로 표시하는 장치 또는 계량구를 설치할 것

07 간이탱크저장소의 위치 · 구조 및 설비의 기준

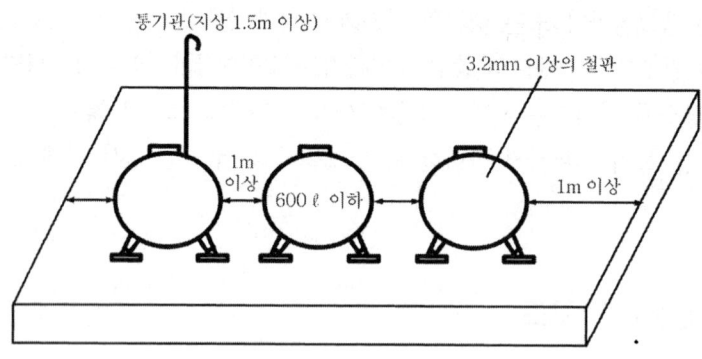

【 옥외에 설치된 간이탱크 간격 및 보유공지 】

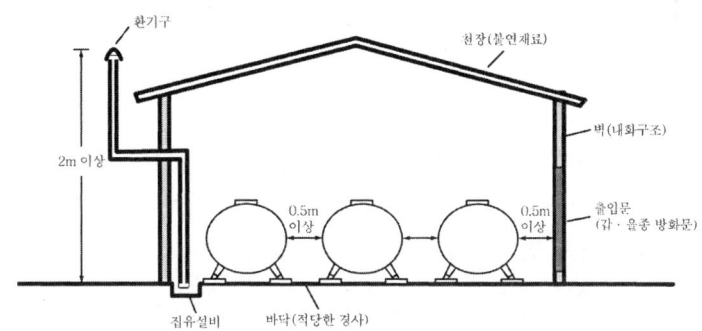

[옥내에 설치된 간이탱크 및 보유공지]

간이탱크는 옥외에 설치하는 것을 원칙으로 하되 탱크전용실이 옥내탱크저장소의 기준에 적합한 때에는 전용실 안에 설치할 수 있다.

> **전용실안에 설치할수 있는 경우**
> - 전용실의 구조, 창, 출입구, 바닥은 옥내탱크저장소의 설치 기준에 적합할 것
> - 전용실의 채광·조명·환기 및 배출의 설비는 옥내저장소의 설치 기준에 적합할 것
> - 전용실안에 설치하는 경우에는 탱크와 전용실의 벽과의 사이에 0.5m 이상의 간격을 유지하여야 한다.

① 간이탱크의 설치 수

간이탱크저장소에 설치하는 간이저장탱크의 수는 3 이하로 할 것
다만, 동일 품질의 위험물 간이저장탱크는 2 이상 설치하면 아니된다.

② 표지판 및 게시판

제조소에 준한다.

③ 밸브 없는 통기관

① 밸브 없는 통기관
  ㉠ 통기관의 지름은 25mm 이상으로 할 것
  ㉡ 통기관은 옥외에 설치하되 그 선단의 높이는 지상 1.5m 이상으로 할 것

ⓒ 선단은 수평면보다 45° 이상 구부려 빗물 등의 침투를 막는 구조로 할 것
ⓔ 가는 눈의 구리망 등으로 인화방지장치를 할 것
② 대기밸브 부착통기관
㉠ 통기관은 옥외에 설치하되 그 선단의 높이는 지상 1.5m 이상으로 할 것
㉡ 가는 눈의 구리망 등으로 인화방지장치를 할 것
㉢ 5kPa 이하의 압력차이로 작동할 수 있을 것

4 ▸▸ 고정주유설비 또는 고정급유설비

간이저장탱크에 고정주유설비 또는 고정급유설비를 설치하는 경우는 주유취급소의 고정주유설비 또는 고정급유설비의 기준에 준한다.

5 ▸▸ 기타 사항

① 간이저장탱크는 움직이거나 넘어지지 아니하도록 지면 또는 가설대에 고정시킬 것
② 옥외에 탱크를 설치하는 경우에는 그 탱크의 주위에 너비 1m 이상의 공지를 둘 것
③ 탱크를 전용실 안에 설치하는 경우에는 탱크와 전용실 벽과의 사이에 0.5m 이상의 간격을 둘 것
④ 간이저장탱크의 용량은 600*l* 이하일 것
⑤ 탱크는 흠이 없는 두께 3.2mm 이상의 강판으로 제작하고, 70kPa의 압력으로 10분간 수압시험을 실시하여 새거나 변형되지 아니할 것
⑥ 간이저장탱크의 외면에는 녹을 방지하기 위한 도장을 할 것

08 이동탱크저장소의 위치·구조 및 설비의 기준

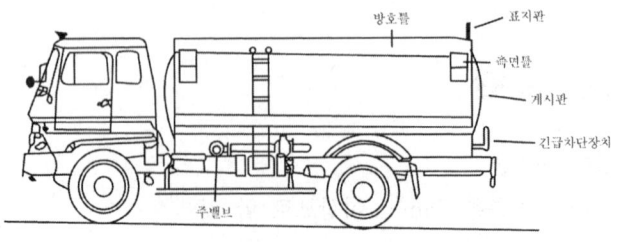

【 이동탱크 저장소의 측면 】

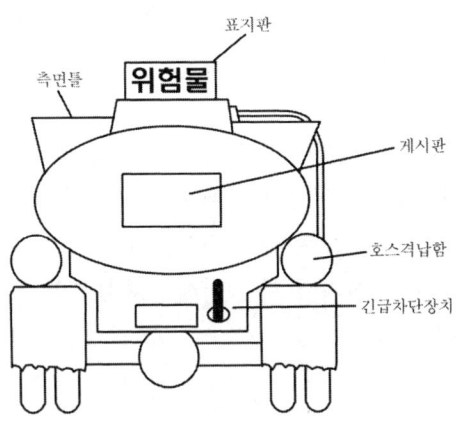

[이동탱크 저장소의 뒷면]

1 ▸▸ 상치장소

① 옥외에 있는 상치장소 : 화기를 취급하는 장소 또는 인근의 건축물로부터 5m 이상(인근의 건축물이 1층인 경우 3m 이상)의 거리를 확보할 것
② 옥내에 있는 상치장소 : 벽·바닥·보·서까래 및 지붕이 내화구조 또는 불연재료로 된 건축물의 1층에 설치할 것

2 ▸▸ 이동저장탱크의 구조

① 탱크는 두께 3.2mm 이상의 강철판 등의 재료로 할 것
② 탱크의 시험
  ㉠ 압력탱크 외의 탱크 : 70kPa의 압력으로 수압시험
  ㉡ 압력탱크 : 최대상용압력의 1.5배의 압력으로 10분간 수압시험하여 새거나 변형되지 아니할 것
    ※ 압력탱크 : 최대상용압력이 46.7kPa 이상인 탱크
③ 내부에 4,000*l* 이하마다 3.2mm 이상의 강철판 등으로 칸막이를 설치할 것
④ 칸막이로 구획된 각 부분마다 맨홀과 안전장치 및 방파판을 설치할 것. 다만, 칸막이의 용량이 2,000*l* 미만인 부분에는 방파판을 설치하지 아니할 수 있다.
  ㉠ 안전장치의 작동압력
    ㉮ 상용압력이 20kPa 이하인 탱크 : 20kPa 이상, 24kPa 이하의 압력에서 작동할 것

㉯ 상용압력이 20kPa을 초과하는 탱크 : 상용압력의 1.1배 이하의 압력에서 작동할 것
ⓒ 방파판
㉮ 두께 1.6mm 이상의 강철판 등으로 할 것
㉯ 칸막이마다 2개 이상의 방파판을 진행방향과 평행으로 설치하고, 각 방파판은 높이 및 칸막이로부터의 거리를 다르게 할 것
㉰ 각 방파판 면적의 합계는 당해 구획부분의 최대 수직단면적의 50% 이상으로 할 것

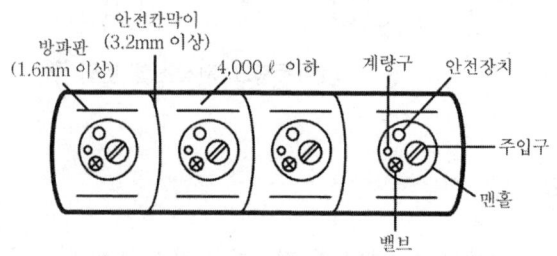

【 이동탱크저장소의 칸막이 】

⑤ 맨홀·주입구 및 안전장치 등이 탱크의 상부에 돌출되어 있는 탱크의 구조기준
㉠ 측면틀
㉮ 외부로부터의 하중에 견딜 수 있는 구조로 할 것
㉯ 탱크 상부의 네 모퉁이에 당해 탱크의 전단 또는 후단으로부터 각각 1m 이내의 위치에 설치할 것
㉰ 측면틀에 걸리는 하중에 의하여 탱크가 손상되지 아니하도록 측면틀의 부착부분에 받침판을 설치할 것
㉱ 탱크 뒷부분의 입면도에 있어서 측면틀의 최외측과 탱크의 최외측을 연결하는 직선(이하 Ⅱ에서 "최외측선"이라 한다)의 수평면에 대한 내각이 75도 이상이 되도록 하고, 최대수량의 위험물을 저장한 상태에 있을 때의 당해 탱크중량의 중심점과 측면틀의 최외측을 연결하는 직선과 그 중심점을 지나는 직선 중 최외측선과 직각을 이루는 직선과의 내각이 35도 이상이 되도록 할 것
ⓒ 방호틀
㉮ 두께 2.3mm 이상의 강철판 등으로 산모양의 형상으로 할 것
㉯ 정상부분은 부속장치보다 50mm 이상 높게 할 것
⑥ 탱크의 외면에는 방청도장을 하여야 한다. 다만, 탱크의 재질이 부식의 우려가 없는 스테인레스 강판 등의 경우에는 그러하지 아니하다.

3 ▸▸ 배출밸브 및 폐쇄장치

① 탱크의 배출구에 밸브를 설치하고 비상시에 배출밸브를 폐쇄할 수 있는 수동폐쇄장치 또는 자동폐쇄장치를 설치할 것
② 수동식 폐쇄장치에 설치하는 레버의 설치기준
　㉠ 손으로 잡아당겨 수동폐쇄장치를 작동시킬 수 있도록 할 것
　㉡ 길이는 15cm 이상으로 할 것
③ 탱크 배관의 선단부에는 개폐밸브를 설치하여야 한다.
④ 위 ① 규정에 의하여 배출밸브를 설치하는 경우 그 배출밸브에 대하여 외부로부터의 충격으로 인한 손상을 방지하기 위하여 필요한 장치를 하여야 한다.

4 ▸▸ 주유설비

이동탱크저장소에 주입설비를 설치하는 경우에는 다음의 기준에 의하여야 한다.
① 위험물이 샐 우려가 없고 화재예방상 안전한 구조로 할 것
② 주입설비의 길이는 50m 이내로 하고, 그 선단에 축적되는 정전기를 유효하게 제거할 수 있는 장치를 할 것
③ 분당 토출량은 200 ℓ 이하로 할 것

5 ▸▸ 표지 및 게시판

① 표지판
　㉠ 차량의 전면 및 후면의 보기 쉬운 곳에 설치할 것
　㉡ 한 변의 길이가 0.6m 이상, 다른 한 변의 길이가 0.3m 이상으로 할 것
　㉢ 흑색바탕에 황색의 반사도료 그 밖의 반사성이 있는 재료로 "위험물"이라고 표시한 표지를 설치할 것

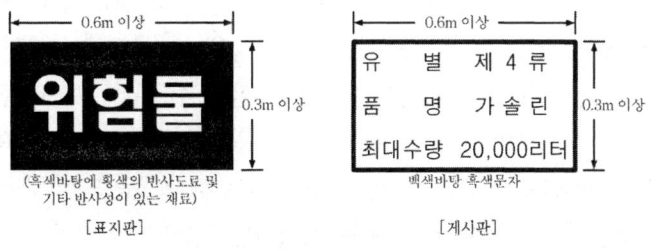

【 표지판 및 게시판 】

6 ▸ 접지도선

대상위험물 : 제4류 위험물 중 특수인화물, 제1석유류 또는 제2석유류

7 ▸ 기타사항

① 이동저장탱크로부터 액체위험물을 용기에 옮겨 담지 아니할 것
   다만, 인화점 40℃ 이상의 제4류 위험물은 그러하지 아니하다.
② 이동저장탱크로부터 위험물을 주입할 때에는 이동탱크저장소의 원동기를 정지시킬 것. 다만, 인화점 40℃ 이상의 제4류 위험물은 그러하지 아니하다.
③ 이동저장탱크로부터 직접 위험물을 자동차의 연료탱크에 주입하지 말 것
④ 정전기로 인한 재해발생의 우려가 있는 액체 위험물을 주입, 배출하는 경우
   ㉠ 접지할 것
   ㉡ 주입관의 선단을 이동저장탱크의 밑바닥에 밀착할 것
   ㉢ 위험물의 액표면이 주입관의 선단을 넘는 높이가 될 때까지 유속을 1m/sec 이하로 할 것

8 ▸ 위험물의 성질에 따른 이동탱크저장소의 특례

① 알킬알루미늄 등을 저장 또는 취급하는 이동탱크저장소
   ㉠ 이동저장탱크는 두께 10mm 이상의 강판 등으로 할 것
   ㉡ 1MPa 이상의 압력으로 10분간 실시하는 수압시험에서 새거나 변형하지 아니하는 것일 것
   ㉢ 이동저장탱크의 용량은 1,900l 미만일 것
   ㉣ 안전장치는 이동저장탱크의 수압시험 압력의 3분의 2를 초과하고 5분의 4 이하에서 작동할 것
   ㉤ 이동저장탱크의 맨홀 및 주입구의 뚜껑은 두께 10mm 이상의 강판 등으로 할 것
   ㉥ 이동저장탱크의 배관 및 밸브 등은 당해 탱크의 윗부분에 설치할 것
   ㉦ 이동저장탱크는 불활성의 기체를 봉입할 수 있는 구조로 할 것
   ㉧ 이동저장탱크에는 긴급 시 연락처, 응급조치에 관하여 필요한 사항을 기재한 서류, 방호복, 고무장갑, 밸브 등을 죄는 결합공구 및 휴대용 확성기를 비치할 것
② 아세트알데히드 등을 저장 또는 취급하는 이동탱크저장소
   ㉠ 이동저장탱크는 불활성의 기체를 봉입할 수 있는 구조로 할 것

ⓒ 이동저장탱크 및 그 설비는 은·수은·동·마그네슘 또는 이들을 성분으로 하는 합금으로 만들지 아니할 것

09 옥외저장소의 위치·구조 및 설비의 기준

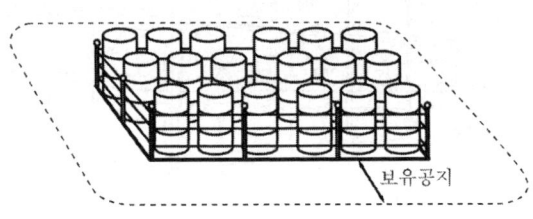

[옥외저장소]

1 ▸▸ 안전거리

제조소에 준한다.

2 ▸▸ 보유공지

경계표시 주위에는 위험물의 최대수량에 따라 다음 표에 의한 너비의 공지를 보유할 것

저장 또는 취급하는 위험물의 최대수량	공지의 너비
지정수량의 10배 이하	3m 이상
지정수량의 10배 초과 20배 이하	5m 이상
지정수량의 20배 초과 50배 이하	9m 이상
지정수량의 50배 초과 200배 이하	12m 이상
지정수량의 200배 초과	15m 이상

다만, 제4류 위험물 중 제4석유류와 제6류 위험물의 경우는 다음 표에 의한 보유공지의 3분의 1이상으로 할 수 있다.

3 ▸▸ 표지판 및 게시판

제조소에 준한다.

4 ▶▶ 선반의 설치기준

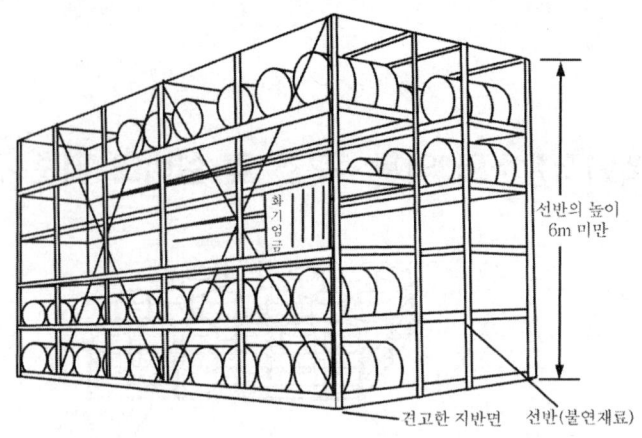

【 선반의 설치기준 】

① 선반은 불연재료로 만들고 견고한 지반면에 고정할 것
② 선반은 당해 선반 및 그 부속설비의 자중·저장하는 위험물의 중량·풍하중·지진의 영향 등에 의하여 생기는 응력에 대하여 안전할 것
③ 선반의 높이는 6m를 초과하지 아니할 것
④ 선반에는 위험물을 수납한 용기가 쉽게 낙하하지 아니하는 조치를 강구할 것
⑤ 과산화수소, 과염소산을 저장하는 옥외저장소는 불연성 또는 난연성의 천막등을 설치하여 햇빛을 가릴것
⑥ 캐노피 또는 지붕을 설치하는 경우 환기 및 소화활동에 지장을 주지 아니하는 구조로 할 것. 이 경우 기둥은 내화구조로 하고 캐노피 또는 지붕을 불연재료로 하며 벽을 설치하지 아니할 것.

5 ▶▶ 옥외저장소에 저장할 수 있는 위험물의 종류

① 제2류위험물 중 유황·인화성 고체(인화점이 0℃ 이상인 것)
② 제1석유류(인화점이 0℃ 이상인 것)
③ 알코올류, 제2석유류, 제3석유류, 제4석유류, 동·식물류
④ 제6류 위험물

6 ▸▸ 덩어리 유황을 저장하는 경우의 설치기준

① 하나의 경계표시의 내부 면적은 100m² 이하일 것
② 2 이상의 경계표시를 설치하는 경우 각각의 경계표시 내부의 면적을 합산한 면적은 1,000m² 이하로 할 것
③ 경계표시는 불연재료로 만드는 동시에 유황 등이 새지 아니하는 구조로 할 것
④ 경계표시의 높이는 1.5m 이하로 할 것
⑤ 경계표시에는 유황 등이 넘치거나 비산하는 것을 방지하기 위한 천막 등을 고정하는 장치를 설치할 것
⑥ 천막 등을 고정하는 장치는 경계표시의 길이 2m마다 한 개 이상 설치할 것
⑦ 유황 등을 저장 또는 취급하는 장소의 주위에는 배수구와 분리장치를 설치할 것

7 ▸▸ 옥외저장소의 설치기준

① 옥외저장소는 습기가 없고 배수가 잘 되는 장소에 설치할 것
② 경계표시(울타리의 기능이 있는 것)를 하여 명확하게 구분할 것
③ 과산화수소 또는 과염소산을 저장하는 경우는 불연성 또는 난연성의 천막 등을 설치하여 햇빛을 가릴 것
④ 눈·비 등을 피하거나 차광 등을 위하여 캐노피 또는 지붕을 설치하는 경우에는 환기 및 소화활동에 지장을 주지 아니하는 구조로 할 것

8 ▸▸ 인화성 고체, 제1석유류 또는 알코올류의 옥외저장소의 특례

제2류 위험물 중 인화성 고체(인화점이 21℃ 미만인 것) 또는 제4류 위험물 중 제1석유류 또는 알코올류를 저장 또는 취급하는 옥외저장소의 설치기준은 다음과 같다.
① 인화성 고체, 제1석유류, 알코올류를 저장, 취급하는 장소에는 위험물을 적당한 온도로 유지하기 위한 살수설비 등을 설치할 것
② 제1석유류 또는 알코올류를 저장 또는 취급하는 장소의 주위에는 배수구 및 집유설비를 설치할 것

10 암반탱크저장소의 위치·구조 및 설비의 기준

1 ▸▸ 암반탱크의 설치기준

① 암반탱크는 암반투수계수가 1초당 10만 분의 1m(10^{-5}m/sec) 이하인 천연 암반 내에 설치할 것
② 암반탱크는 저장할 위험물의 증기압을 억제할 수 있는 지하수면하에 설치할 것
③ 암반탱크의 내벽은 암반균열에 의한 낙반을 방지할 수 있도록 볼트·콘크리트 등으로 보강할 것

2 ▸▸ 지하수위 관측공의 설치

암반탱크저장소 주위에는 지하수위 및 지하수의 흐름 등을 확인·통제할 수 있는 관측공을 설치할 것

3 ▸▸ 계량장치

암반탱크저장소에는 위험물의 양과 내부로 유입되는 지하수의 양을 측정할 수 있는 계량구와 자동측정이 가능한 계량장치를 설치할 것

4 ▸▸ 배수시설

암반탱크저장소에는 주변 암반으로부터 유입되는 침출수를 자동으로 배출할 수 있는 시설을 설치하고 침출수에 섞인 위험물이 직접 배수구로 흘러 들어가지 아니하도록 유분리장치를 설치할 것

5 ▸▸ 펌프설비

암반탱크저장소의 펌프설비는 점검 및 보수를 위하여 사람의 출입이 용이한 구조의 전용공동에 설치하여야 한다.

6 ▸▸ 표지판, 게시판, 압력계, 안전장치 및 정전기 제거설비

제조소에 준한다.

11. 주유취급소의 위치·구조 및 설비의 기준

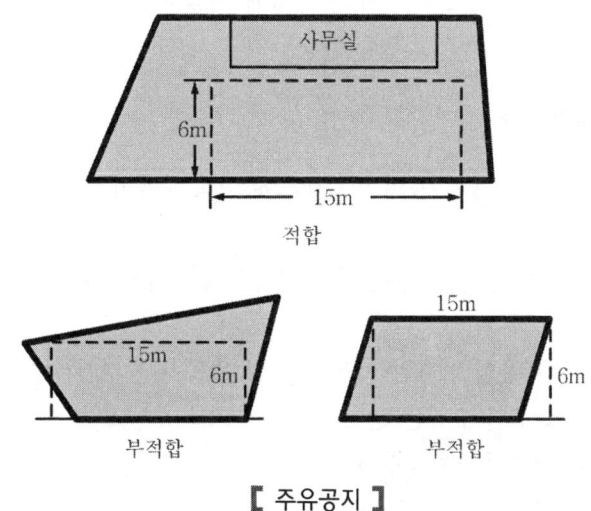

[주유공지]

1 ▸▸ 주유공지

① 너비 15m 이상, 길이 6m 이상의 콘크리트 등으로 포장한 공지를 보유할 것
② 공지의 바닥은 주위 지면보다 높게 하고, 그 표면을 적당하게 경사지게 하여 새어나온 기름 그 밖의 액체가 공지의 외부로 유출되지 아니하도록 배수구·집유설비 및 유분리장치를 할 것

2 ▸▸ 표지 및 게시판

① 황색바탕에 흑색문자로 "주유 중 엔진정지"라는 표시를 한 게시판을 설치할 것
② 그 밖의 내용은 제조소에 준한다.

3 ▶▶ 탱크

① 주유취급소에 설치할 수 있는 탱크의 종류 및 용량
　㉠ 자동차 등에 주유하기 위한 고정주유설비에 직접 접속하는 전용탱크 : 50,000l(고속도로변 60,000l) 이하
　㉡ 고정급유설비에 직접 접속하는 전용탱크 : 50,000l(고속도로변 60,000l) 이하
　㉢ 보일러 등에 직접 접속하는 전용탱크 : 10,000l 이하
　㉣ 자동차 등을 점검·정비하는 작업장 등에서 사용하는 폐유탱크 : 2,000l 이하
　㉤ 고정주유설비 또는 고정급유설비에 직접 접속하는 3기 이하의 간이탱크
② 옥외의 지하 또는 캐노피 아래의 지하에 매설하여야 한다.

4 ▶▶ 고정주유설비 등

① 주유취급소에는 자동차 등의 연료탱크에 직접 주유하기 위한 고정주유설비를 설치할 것
② 고정주유설비 또는 고정급유설비는 하나의 탱크만으로부터 위험물을 공급받을 수 있도록 할 것
③ 자동차 등에 주유할 때에는 자동차 등의 원동기를 정지시킬 것
④ 유분리장치에 고인 유류는 넘치지 아니하도록 수시로 퍼낼 것
⑤ 주유관 선단에서의 최대토출량
　㉠ 제1석유류의 경우 : 분당 50l 이하
　㉡ 경유의 경우 : 분당 180l 이하
　㉢ 등유의 경우 : 분당 80l 이하
　㉣ 이동저장탱크에 주입하기 위한 고정급유설비 : 분당 300l 이하
　　※ 이동저장탱크에 주입하기 위한 고정급유설비의 펌프기기는 분당 토출량이 200l 이상인 것의 경우에는 주유설비에 관계된 모든 배관의 안지름을 40mm 이상으로 하여야 한다.
⑥ 고정주유설비 또는 고정급유설비의 주유관의 길이는 5m(현수식의 경우에는 지면 위 0.5m의 수평면에 수직으로 내려 만나는 점을 중심으로 반경 3m) 이내로 할 것

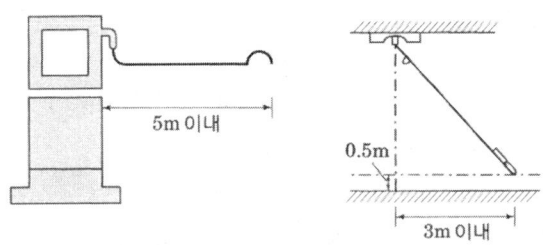

[주유관의 길이]

⑦ 고정주유설비 또는 고정급유설비의 선단에는 축적된 정전기를 유효하게 제거할 수 있는 장치를 설치할 것
⑧ 고정주유설비 또는 고정급유설비의 중심선에서 이격거리
  ㉠ 도로경계선 : 4m 이상
  ㉡ 부지경계선·담 및 건축물의 벽 : 2m(개구부가 없는 벽까지는 1m) 이상
    [고정급유설비의 경우 부지경계선 및 담까지는 1m 이상, 벽까지 2m 이상]
  ㉢ 고정주유설비와 고정급유설비의 사이 : 4m 이상

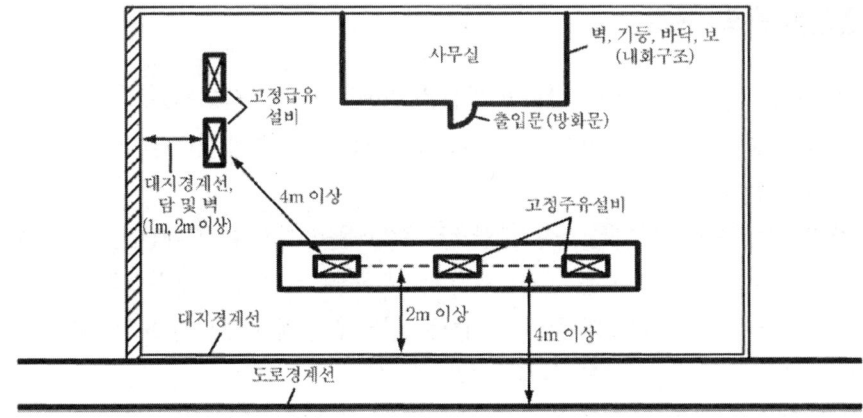

[주유취급소의 설치기준]

[이격거리 기준 정리]

구분(중심선을 기점)	고정주유설비	고정급유설비
건축물의 벽	2m 이상(개구부가 없는 벽까지는 1m 이상)	
부지경계선, 담	2m 이상	1m 이상
도로경계선	4m 이상	
고정주유설비, 고정급유설비 상호간	4m 이상	

5 ▸▸ 건축물 등의 제한 등

주유취급소에 설치할 수 있는 건축물 또는 공작물의 종류
① 주유 또는 등유·경유를 채우기 위한 작업장
② 주유취급소의 업무를 행하기 위한 사무소
③ 자동차 등의 점검 및 간이정비를 위한 작업장
④ 자동차 등의 세정을 위한 작업장
⑤ 주유취급소에 출입하는 사람을 대상으로 한 점포·휴게음식점 또는 전시장
⑥ 주유취급소의 관계자가 거주하는 주거시설
⑦ 전기자동차용 충전설비(전기를 동력원으로 하는 자동차에 직접 전기를 공급하는 설비)
⑧ 그 밖의 주유취급에 관련된 용도로서 소방청장이 정하여 고시하는 건축물 또는 시설
  ※ 주유소 직원외의 자가 출입하는 ②, ③, ⑤ 의 용도에 제공하는 부분의 면적의 합은 $1000m^2$을 초과할 수 없다.

6 ▸▸ 건축물 등의 구조

① 건축물은 벽·기둥·바닥·보 및 지붕을 내화구조 또는 불연재료로 할 것[다만, 5)의 ※에 해당하는 면적의 합이 $500m^2$을 초과하는 경우에는 건축물의 벽을 내화구조로 하여야 한다]
② 창 및 출입구에는 방화문 또는 불연재료로 된 문을 설치할 것[다만, 5)의 ※에 해당하는 면적의 합이 $500m^2$를 초과하는 주유취급소로서 하나의 구획실의 면적이 $500m^2$를 초과하거나 2층이상의 층에 설치하는 경우에는 해당 구획실 또는 해당층의 2면이상의 벽에 각각 출입구를 설치하여야 한다]
③ 사무실 등의 창 및 출입구에 유리를 사용하는 경우에는 망입유리 또는 강화유리로 할 것 이 경우 강화유리의 두께는 창에는 8mm 이상, 출입구에는 12mm 이상으로 하여야 한다.
④ 주유취급소의 관계자가 거주하는 주거시설의 경우에는 개구부가 없는 내화구조의 바닥 또는 벽으로 당해 건축물의 다른 부분과 구획하고 주유를 위한 작업장 등 위험물 취급장소에 면한 쪽의 벽에는 출입구를 설치하지 아니할 것
⑤ 건축물중 사무실 그밖의 화기를 사용하는 곳은 누설한 가연성의 증기가 그 내부에 유입되지 아니하도록 다음 기준에 적합한 구조로 할 것

㉠ 출입구는 건축물의 안에서 밖으로 수시로 개방할 수 있는 자동폐쇄식의 것으로 할 것
㉡ 출입구 또는 사이통로의 문턱의 높이를 15cm 이상으로 할 것
㉢ 높이 1m 이하의 부분에 있는 창 등은 밀폐시킬 것

⑥ 자동차 등의 점검·정비를 행하는 설비는 다음의 기준에 적합하게 할 것
㉠ 고정주유설비로부터 4m 이상, 도로경계선으로부터 2m 이상 떨어지게 할 것.
㉡ 위험물을 취급하는 설비는 위험물의 누설·넘침 또는 비산을 방지할 수 있는 구조로 할 것

⑦ 자동차 등의 세정을 행하는 설비는 다음의 기준에 적합하게 할 것
㉠ 증기세차기를 설치하는 경우에는 그 주위의 불연재료로 된 높이 1m 이상의 담을 설치하고 출입구가 고정주유설비에 면하지 아니하도록 할 것. 이 경우 담은 고정주유설비로부터 4m 이상 떨어지게 하여야 한다.
㉡ 증기세차기 외의 세차기를 설치하는 경우에는 고정주유설비로부터 4m이상, 도로경계선으로부터 2m 이상 떨어지게 할 것.

⑧ 주유원간이대기실은 다음의 기준에 적합할 것
㉠ 불연재료로 할 것
㉡ 바퀴가 부착되지 아니한 고정식일 것
㉢ 차량의 출입 및 주유작업에 장애를 주지 아니하는 위치에 설치할 것
㉣ 바닥면적이 $2.5m^2$ 이하일 것. 다만, 주유공지 및 급유공지 외의 장소에 설치하는 것은 그러하지 아니하다.

⑨ 전기자동차용 충전설비는 다음의 기준에 적합할 것
㉠ 충전기기(충전케이블로 전기자동차에 전기를 직접 공급하는 기기를 말한다. 이하 같다)의 주위에 전기자동차 충전을 위한 전용 공지(주유공지 또는 급유공지 외의 장소를 말하며, 이하 "충전공지"라 한다)를 확보하고, 충전공지 주위를 페인트 등으로 표시하여 그 범위를 알아보기 쉽게 할 것
㉡ 전기자동차용 충전설비를 Ⅴ. 건축물 등의 제한 등의 제1호 각 목의 건축물 밖에 설치하는 경우 충전공지는 고정주유설비 및 고정급유설비의 주유관을 최대한 펼친 끝 부분에서 1m 이상 떨어지도록 할 것
㉢ 전기자동차용 충전설비를 5)의 각 목의 건축물 안에 설치하는 경우에는 다음의 기준에 적합할 것
㉮ 해당 건축물의 1층에 설치할 것
㉯ 해당 건축물에 가연성 증기가 남아 있을 우려가 없도록 환기설비 또는 배출설비를 설치할 것

7. 캐노피

① 배관이 캐노피 내부를 통과할 경우에는 1개 이상의 점검구를 설치할 것
② 캐노피 외부의 점검이 곤란한 장소에 배관을 설치하는 경우에는 용접이음으로 할 것
③ 캐노피 외부의 배관이 일광열의 영향을 받을 우려가 있는 경우에는 단열재로 피복할 것

8. 담 또는 벽

① 주유취급소의 주위에는 자동차 등이 출입하는 쪽 외의 부분에 높이 2m 이상 담을 설치할 것
② 담은 내화구조 또는 불연재료로 하고 주유취급소의 인근에 연소의 우려가 있는 건축물이 있는 경우에는 소방청장이 정하여 고시하는 방화상 유효한 높이로 할 것

> **담 또는 벽의 일부분에 방화상 유효한 구조의 유리를 부착할수 있는 경우**
> - 유리를 부착하는 위치는 주입구, 고정주유설비 및 고정급유설비로부터 4m 이상 이격될 것
> - 유리를 부착하는 방법
>   - 주유취급소 내의 지반면으로부터 70cm를 초과하는 부분에 한하여 유리를 부착할 것
>   - 하나의 유리판의 가로의 길이는 2m 이내일 것
>   - 유리관의 테두리를 금속제의 구조물에 견고하게 고정하고 해당 구조물을 담 또는 벽에 견고하게 부착
>   - 유리의 구조는 접합유리(두장의 유리를 두께 0.76mm 이상의 폴리비닐부티랄 필름으로 접합한 구조를 말한다)로 하되, 「유리구획 부분의 내화시험방법(KS F 2845)」에 따라 시험하여 비차열 30분 이상의 방화성능이 인정될 것
> - 유리를 부착하는 범위는 전체의 담 또는 벽의 길이의 10분의 2를 초과하지 아니할 것

[방화유리]

9. 주유취급소의 펌프실 등의 구조

① 바닥은 위험물이 침투하지 아니하는 구조로 하고 적당한 경사를 두어 집유설비를 설치할 것
② 펌프실 등에는 위험물을 취급하는데 필요한 채광, 조명 및 환기를 설비할 것
③ 가연성증기가 체류할 우려가 있는 펌프실 등에는 그 증기를 옥외에 배출하는 설비를 설치할 것

④ 고정주유설비 또는 고정급유설비 중 펌프기기를 호스기기와 분리하여 설치하는 경우에는 펌프실의 출입구를 주유공지 또는 급유공지에 접하도록 하고, 자동폐쇄식의 갑종방화문을 설치할 것
⑤ 펌프실 등의 표지 및 게시판
　㉠ "위험물 펌프실", "위험물 취급실"이라는 표지를 설치
　　ⓐ 표지의 크기 : 한변의 길이 0.3m 이상, 다른 한변의 길이 0.6m 이상
　　ⓑ 표지의 색상 : 백색바탕에 흑색 문자
　㉡ 방화에 관하여 필요한 사항을 게시한 게시판 : 제조소와 동일함
⑥ 출입구에는 바닥으로부터 0.1m 이상의 턱을 설치할 것

10 ▸▸ 고객이 직접 주유하는 주유취급소의 특례

(1) 셀프용 고정주유설비의 기준
　① 주유호스의 선단부에 수동개폐장치를 부착한 주유노즐을 설치할 것
　② 주유노즐은 자동차등의 연료탱크가 가득 찬 경우 자동적으로 정지시키는 구조일 것
　③ 주유호스는 200kg 중 이하의 하중에 의하여 파단 또는 이탈되어야 하고, 파단 또는 이탈된 부분으로부터의 위험물 누출을 방지할 수 있는 구조일 것
　④ 휘발유와 경유 상호 간의 오인에 의한 주유를 방지할 수 있는 구조일 것
　⑤ 1회의 연속 주유량 및 주유시간의 상한을 미리 설정할 수 있는 구조일 것
　　㉠ 주유량의 상한 : 휘발유 : 100l 이하, 경유 : 200l 이하
　　㉡ 주유시간의 상한 : 4분 이하

(2) 셀프용 고정급유설비의 기준
　① 급유호스의 선단부에 수동개폐장치를 부착한 급유노즐을 설치할 것
　② 급유노즐은 용기가 가득 찬 경우 자동적으로 정지시키는 구조일 것
　③ 1회의 연속 급유량 및 급유시간의 상한을 미리 설정할 수 있는 구조일 것
　　㉠ 주유량의 상한 : 100l 이하
　　㉡ 주유시간의 상한 : 6분 이하

11 ▸▸ 기타 주유취급소의 특례

고속국도 주유취급소의 특례, 철도 주유취급소의 특례, 항공기 주유취급소의 특례, 선박 주유취급소의 특례, 수소충전설비를 설치한 주유취급소의 특례, 자가용 주유취급소의 특례

12 판매취급소의 위치·구조 및 설비의 기준

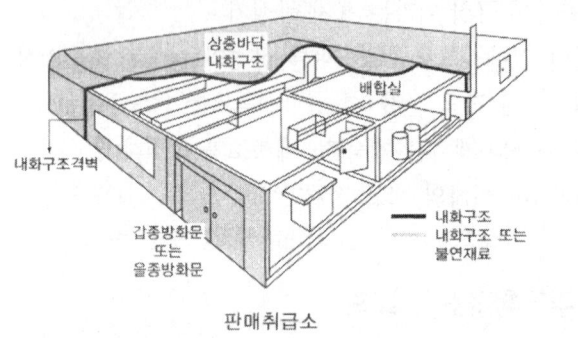

판매취급소

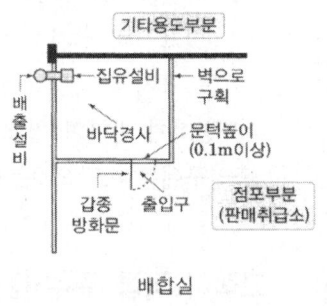

배합실

1 ▶▶ 1종 판매취급소

저장 또는 취급하는 위험물의 수량이 지정수량의 20배 이하인 판매취급소
① 건축물의 1층에 설치할 것
② 게시판 및 표지판은 제소소에 준할 것
③ 건축물의 부분은 내화구조 또는 불연재료로 할 것
④ 판매취급소로 사용되는 부분과 다른 부분과의 격벽은 내화구조로 할 것
⑤ 건축물의 보를 불연재료로 하고 반자를 설치하는 경우에는 반자를 불연재료로 할 것
⑥ 상층이 있는 경우 상층의 바닥을 내화구조로 하고, 상층이 없는 경우 지붕을 내화구조 또는 불연재료로 할 것
⑦ 창 및 출입구에는 갑종방화문 또는 을종방화문을 설치할 것
⑧ 창 또는 출입구에 유리를 이용하는 경우에는 망입유리로 할 것
⑨ 위험물을 배합하는 실은 다음에 의할 것
  ㉠ 바닥면적은 6m² 이상 15m² 이하일 것
  ㉡ 내화구조로 된 벽으로 구획할 것(내화구조 또는 불연재료)
  ㉢ 바닥은 위험물이 침투하지 아니하는 구조로 하여 적당한 경사를 두고 집유설비를 할 것
  ㉣ 출입구에는 수시로 열 수 있는 자동폐쇄식의 갑종방화문을 설치할 것
  ㉤ 출입구 문턱의 높이는 바닥면으로부터 0.1m 이상으로 할 것

ⓑ 내부에 체류한 가연성의 증기 또는 가연성의 미분을 지붕 위로 방출하는 설비를 할 것

② 2종 판매취급소

저장 또는 취급하는 위험물의 수량이 지정수량의 40배 이하인 판매취급소
① 벽·기둥·바닥 및 보를 내화구조로 할 것
② 판매취급소로 사용되는 부분과 다른 부분과의 격벽은 내화구조로 할 것
③ 상층이 있는 경우 상층의 바닥을 내화구조로 하는 동시에 상층으로의 연소를 방지하기 위한 조치를 강구하고, 상층이 없는 경우에는 지붕을 내화구조로 할 것
④ 연소의 우려가 없는 부분에 한하여 창을 두되, 당해 창에는 갑종방화문 또는 을종방화문을 설치할 것
⑤ 출입구는 갑종방화문 또는 을종방화문을 설치할 것

【 제1종 판매취급소와 제2종 판매취급소 구조의 차이점 】

	벽, 기둥	바닥	보	천장	지붕
제1종	불연재료 이상	내화구조	불연재료	불연재료	불연재료 이상
제2종	내화구조	내화구조	내화구조	불연재료	내화구조

13 이송취급소의 위치·구조 및 설비의 기준

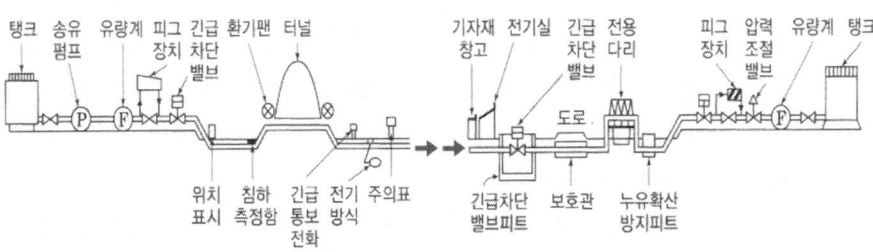

【 이송취급소 】

1 ▸▸ 설치장소

이송취급소는 다음의 장소 외의 장소에 설치하여야 한다.
① 철도 및 도로의 터널 안
② 고속국도 및 자동차 전용도로의 차도·길어깨 및 중앙분리대
③ 호수·저수지 등으로서 수리의 수원이 되는 곳
④ 급경사지역으로서 붕괴의 위험이 있는 지역

2 ▸▸ 배관 등의 재료 및 구조

① 배관·관이음쇠 및 밸브의 재료
   ㉠ 배관 : 고압배관용 탄소강관, 압력배관용 탄소강관, 고온배관용 탄소강관 또는 배관용 스테인리스강관
   ㉡ 관이음쇠 : 배관용 강제 맞대기용접식 관이음쇠, 철강제 관플랜지 압력단계, 관플랜지의 치수허용차, 강제 용접식 관플랜지, 철강제 관플랜지의 기본치수 또는 관플랜지의 개스킷자리치수
   ㉢ 밸브 : 주강 플랜지형 밸브
② 배관 등의 구조는 다음의 하중에 의하여 생기는 응력에 대한 안전성이 있어야 한다.
   ㉠ 위험물의 중량, 배관 등의 내압, 배관 등과 그 부속설비의 자중, 토압, 수압, 열차하중, 자동차하중 및 부력 등의 주하중
   ㉡ 풍하중, 설하중, 온도변화의 영향, 진동의 영향, 지진의 영향, 배의 닻에 의한 충격의 영향, 파도와 조류의 영향, 설치 공정상의 영향 및 다른 공사에 의한 영향 등의 종하중
   ㉢ 교량에 설치하는 배관은 교량의 굴곡·신축·진동 등에 대하여 안전한 구조로 하여야 한다.
   ㉣ 배관의 두께는 최소 4.5mm 이상일 것(외경이 114.3mm 미만인 경우)
③ 지상 또는 해상에 설치한 배관 등에는 외면부식을 방지하기 위한 도장을 할 것
④ 지하 또는 해저에 설치한 배관 등에는 내구성이 있고 전기절연저항이 큰 도복장재료를 사용하여 외면부식을 방지하기 위한 조치를 할 것
⑤ 지하 또는 해저에 설치한 배관 등에는 다음 기준에 의한 전기방식조치를 할 것
   ㉠ 방식전위는 포화황산동전극 기준으로 마이너스 0.8V 이하로 할 것
   ㉡ 적절한 간격(200m 내지 500m)으로 전위측정단자를 설치할 것

ⓒ 전기철근 부식 등 전류의 영향을 받는 장소에 배관 등을 매설하는 경우에는 강제 배류법 등에 의한 조치를 할 것

③ 배관설치의 기준

① 지하 매설
  ㉠ 배관의 외면으로부터 다음의 안전거리를 둘 것
    ⓐ 건축물 : 1.5m 이상
    ⓑ 지하가 및 터널 : 10m 이상
    ⓒ 수도법에 의한 수도시설 : 300m 이상
  ㉡ 배관은 그 외면으로부터 다른 공작물에 대하여 0.3m 이상의 거리를 보유할 것
  ㉢ 배관의 외면과 지표면과의 거리는 산이나 들에 있어서는 0.9m 이상, 그 밖에 있어서는 1.2m 이상으로 할 것
  ㉣ 배관은 지반의 동결로 인한 손상을 받지 아니하는 적절한 깊이로 매설할 것
  ㉤ 배관의 하부에는 사질토 또는 모래로 20cm(자동차 등의 하중이 없는 경우 10cm) 이상, 배관의 상부에는 사질토 또는 모래로 30cm(자동차 등의 하중이 없는 경우 20cm) 이상 채울 것

② 도로 밑 매설
  ㉠ 배관은 원칙적으로 자동차하중의 영향이 적은 장소에 매설할 것
  ㉡ 배관은 그 외면으로부터 도로의 경계에 대하여 1m 이상의 안전거리를 둘 것
  ㉢ 시가지 도로의 밑에 매설하는 경우에는 배관의 외경보다 10cm 이상 넓은 견고하고 내구성이 있는 재질의 판을 배관의 상부로부터 30cm 이상 위에 설치할 것
  ㉣ 배관은 그 외면으로부터 다른 공작물에 대하여 0.3m 이상의 거리를 보유할 것
  ㉤ 시가지 도로의 노면 아래에 매설하는 경우에는 배관의 외면과 노면과의 거리는 1.5m 이상, 보호판 또는 방호 구조물의 외면과 노면과의 거리는 1.2m 이상으로 할 것
  ㉥ 시가지 외의 도로의 노면 아래에 매설하는 경우에는 배관의 외면과 노면과의 거리는 1.2m 이상으로 할 것
  ㉦ 포장된 차도에 매설하는 경우에는 포장부분의 노반의 밑에 매설하고, 배관의 외면과 노반의 최하부와의 거리는 0.5m 이상으로 할 것
  ㉧ 노면 밑 외의 도로 밑에 매설하는 경우에는 배관의 외면과 지표면과의 거리는 1.2m[보호판 또는 방화구조물에 의하여 보호된 배관에 있어서는 0.6m(시가지의 도로 밑에 매설하는 경우 0.9m)] 이상으로 할 것

㉣ 전선·수도관·하수도관·가스관 또는 이와 유사한 것이 매설되어 있거나 매설할 계획이 있는 도로에 매설하는 경우에는 이들의 상부에 매설하지 아니할 것. 다만, 다른 매설물의 깊이가 2m 이상인 때에는 그러하지 아니하다.

③ 지상설치

【 이송취급소의 지상설치시 안전거리 기준 】

건축물 등	안전거리
• 철도(화물수송용으로만 쓰이는 것을 제외) 또는 도로의 경계선 • 주택 또는 다수의 사람이 출입하거나 근무하는 장소	25m 이상
• 학교, 병원 • 공연장, 영화상영관 - 300명 이상 • 공공공지 또는 도시공원 • 판매시설, 숙박시설, 위락시설 등 불특정다중을 수용하는 시설 중 연면적 1,000m² 이상인 것 • 1일 평균 20,000명 이상 이용하는 기차역 또는 버스터미널	45m 이상
유형문화재와 기념물 중 지정문화재	65m 이상
가스시설(고압가스, 액화석유가스, 도시가스)	35m 이상
수도시설 중 위험물이 유입될 가능성이 있는 것	300m 이상

【 배관의 상용압력에 따른 공지의 너비 】

배관의 최대상용압력	공지의 너비
0.3MPa 미만	5m 이상
0.3MPa 이상 1MPa 미만	9m 이상
1MPa 이상	15m 이상

④ **철도부지 밑 매설** : 배관은 외면으로부터 철도중심선에 대해 4m이상, 철도부지의 용지경계에 대해 1m 이상 이격될 것. 배관의 외면과 지표면과의 거리는 1.2m 이상일 것

⑤ **해저설치** : 배관은 원칙적으로 이미 설치된 배관에 대하여 30m이상의 안전거리를 둘 것

⑥ **해상설치** : 지진, 풍압, 파도 등에 대비, 선박충돌에 대비, 다른 공작물과 필요한 간격 유지

⑦ **도로횡단설치** : 도로 아래 매설, 매설시 금속관 또는 방호구조물 안에 설치할 것, 도로상공을 횡단하는 경우 노면과 5m이상의 수직거리를 유지할 것

⑧ 하천등 횡단설치 : 하천을 횡단하는 경우 4m 이상, 수로 중 하수도 또는 운하를 횡단하는 경우 2.5m 이상, 수로 중 좁은 수로를 횡단하는 경우 1.2m이상 안전거리 확보할 것

④ 기타 설치기준

① 긴급차단밸브 설치장소
  ㉠ 시가지 : 약 4km의 간격, 산림지역 : 약 10km의 간격마다 설치
  ㉡ 하천·호수 등을 횡단하여 설치하는 경우에는 횡단하는 부분의 양 끝
  ㉢ 해상 또는 해저를 통과하여 설치하는 경우에는 통과하는 부분의 양 끝
  ㉣ 도로 또는 철도를 횡단하여 설치하는 경우에는 통과하는 부분의 양 끝
② 펌프를 설치하는 펌프실의 기준

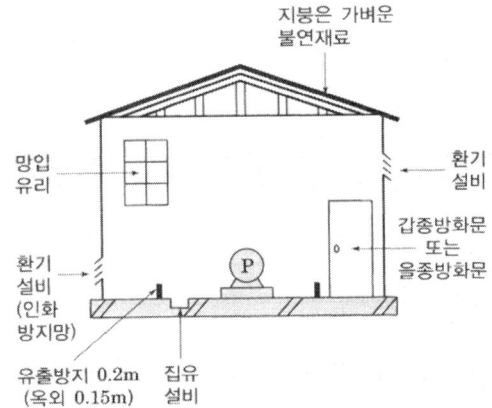

  ㉠ 불연재료의 구조 - 지붕은 폭발력이 위로 방출될 정도의 가벼운 불연재료
  ㉡ 창 또는 출입구를 설치하는 경우에는 갑종방화문 또는 을종방화문으로 할 것
  ㉢ 창 또는 출입구에 유리를 이용하는 경우에는 망입유리로 할 것
  ㉣ 바닥은 위험물이 침투하지 아니하는 구조로 하고 그 주변에 높이 20cm 이상의 턱을 설치할 것
  ㉤ 누설한 위험물이 외부로 유출되지 아니하도록 바닥은 적당한 경사를 두고 그 최저부에 집유설비 설치
  ㉥ 가연성증기가 체류할 우려가 있는 펌프실에는 배출설비를 할 것
  ㉦ 펌프실에는 위험물을 취급하는데 필요한 채광·조명 및 환기 설비를 할 것

③ 피그장치 설치기준

> ! Reference
>
> 피그장치는 이송배관의 내 이물질, 먼지, 수분 등을 제거하는 기기로서 유류의 혼합을 억제하는 피그, 배관을 청소하는 피그, 위험물의 제거용 피그 등을 보내거나 받는 장치이다.

  ㉠ 피그장치는 배관의 강도와 동등 이상의 강도를 가질 것
  ㉡ 피그장치는 당해 장치의 내부압력을 안전하게 방출할 수 있고 내부압력을 방출한 후가 아니면 피그를 삽입하거나 배출할 수 없는 구조로 할 것
  ㉢ 피그장치는 배관 내에 이상응력이 발생하지 아니하도록 설치할 것
  ㉣ 피그장치를 설치한 장소의 바닥은 위험물이 침투하지 아니하는 구조로 하고 누설한 위험물이 외부로 유출되지 아니하도록 배수구 및 집유설비를 설치할 것
  ㉤ 피그장치의 주변에는 너비 3m 이상의 공지를 보유할 것

14 제조소 등에서 위험물의 저장 및 취급에 관한 기준

1 저장·취급의 공통기준

① 허가 및 신고와 관련되는 품명 외의 위험물 또는 이러한 허가 및 신고와 관련되는 수량 또는 지정수량의 배수를 초과하는 위험물을 저장 또는 취급하지 아니할 것
② 위험물을 저장 또는 취급하는 건축물 그 밖의 공작물 또는 설비는 당해 위험물의 성질에 따라 차광 또는 환기를 실시할 것
③ 위험물은 온도계, 습도계, 압력계 그 밖의 계기를 감시하여 당해 위험물의 성질에 맞는 적정한 온도, 습도 또는 압력을 유지하도록 저장 또는 취급할 것
④ 위험물을 저장 또는 취급하는 경우에는 위험물의 변질, 이물의 혼입 등에 의하여 당해 위험물의 위험성이 증대되지 아니하도록 필요한 조치를 강구할 것
⑤ 위험물이 남아 있거나 남아 있을 우려가 있는 설비, 기계·기구, 용기 등을 수리하는 경우에는 안전한 장소에서 위험물을 완전하게 제거한 후에 실시할 것
⑥ 위험물을 용기에 수납하여 저장 또는 취급할 때에는 그 용기는 당해 위험물의 성질에 적응하고 파손·부식·균열 등이 없는 것으로 할 것

⑦ 가연성의 액체·증기 또는 가스가 새거나 체류할 우려가 있는 장소 또는 가연성의 미분이 현저하게 부유할 우려가 있는 장소에서는 전선과 전기기구를 완전히 접속하고 불꽃을 발하는 기계·기구·공구·신발 등을 사용하지 아니할 것
⑧ 위험물을 보호액 중에 보존하는 경우에는 당해 위험물이 보호액으로부터 노출되지 아니하도록 할 것

2 ▶▶ 위험물의 유별 저장·취급의 공통기준

① 제1류 위험물 : 가연물과의 접촉·혼합이나 분해를 촉진하는 물품과의 접근 또는 과열·충격·마찰 등을 피할 것. 다만, 알칼리금속의 과산화물 및 이를 함유한 것에 있어서는 물과의 접촉을 피하여야 한다.
② 제2류 위험물 : 산화제와의 접촉·혼합이나 불티·불꽃·고온체와의 접근 또는 과열을 피할 것. 다만, 철분·금속분·마그네슘 및 이를 함유한 것에 있어서는 물이나 산과의 접촉을 피하고 인화성 고체에 있어서는 함부로 증기를 발생시키지 아니하도록 할 것
③ 제3류 위험물 : 자연발화성 물품은 불티·불꽃 또는 고온체와의 접근·과열 또는 공기와의 접촉을 피할 것. 다만, 금수성 물품에 있어서는 물과의 접촉을 피하여야 한다.
④ 제4류 위험물 : 불티·불꽃·고온체와의 접근 또는 과열을 피하고, 함부로 증기를 발생시키지 아니할 것
⑤ 제5류 위험물 : 불티·불꽃·고온체와의 접근이나 과열·충격 또는 마찰을 피할 것
⑥ 제6류 위험물 : 가연물과의 접촉·혼합이나 분해를 촉진하는 물품과의 접근 또는 과열을 피할 것

3 ▶▶ 저장의 기준

① 저장소에는 위험물 외의 물품을 저장하지 말 것
② 유별을 달리하는 위험물은 동일한 저장소에 저장하지 말 것

> **동일저장소에 저장할 수 있는 경우**
> 옥내저장소 또는 옥외저장소에 다음 위험물을 1m 이상의 간격을 두는 경우
> • 제1류 위험물(알칼리금속의 과산화물 또는 이를 함유한 것을 제외)과 제5류 위험물
> • 제1류 위험물과 제6류 위험물
> • 제1류 위험물과 자연발화성물품(황린)
> • 제2류 위험물 중 인화성 고체와 제4류 위험물

- 제3류 위험물 중 알킬알루미늄 등(알킬알루미늄 또는 알킬리튬)과 제4류 위험물
- 제4류 위험물 중 유기과산화물 또는 이를 함유하는 것과 제5류 위험물 중 유기과산화물

③ 황린 등 물속에 저장하는 물품과 금수성 물품은 동일한 저장소에서 저장하지 말 것
④ 옥외저장탱크·옥내저장탱크·지하저장탱크 또는 간이저장탱크의 계량구는 계량할 때 외에는 폐쇄할 것
⑤ 옥외저장탱크·옥내저장탱크 또는 지하저장탱크의 주된 밸브 및 주입구의 밸브 또는 뚜껑은 위험물을 넣거나 빼낼 때 외에는 폐쇄할 것
⑥ 알킬알루미늄의 저장기준
  ㉠ 옥외저장탱크 또는 옥내저장탱크
    ㉮ 압력탱크 : 알킬알루미늄의 취출에 의하여 탱크 내의 압력이 상용압력 이하로 저하하지 아니하도록 할 것
    ㉯ 압력탱크 외의 탱크 : 알킬알루미늄 등의 취출이나 온도 저하에 의한 공기의 혼입을 방지할 수 있도록 불활성의 기체를 봉입할 것
    ※ 압력탱크 : 최대상용압력이 대기압을 초과하는 탱크
  ㉡ 옥외저장탱크·옥내저장탱크 또는 이동저장탱크에 새롭게 알킬알루미늄 등을 주입하는 때에는 미리 당해 탱크 안의 공기를 불활성기체와 치환하여 둘 것
  ㉢ 이동저장탱크에 알킬알루미늄 등을 저장하는 경우에는 200kPa 이하의 압력으로 불활성의 기체를 봉입하여 둘 것
⑦ 아세트알데히드의 저장기준
  ㉠ 옥외저장탱크·옥내저장탱크 또는 지하저장탱크
    ㉮ 압력탱크 : 아세트알데히드 등의 취출에 의하여 탱크 내의 압력이 상용압력 이하로 저하하지 아니하도록 할 것
    ㉯ 압력탱크 외의 탱크 : 아세트알데히드 등의 취출이나 온도의 저하에 의한 공기의 혼입을 방지할 수 있도록 불활성 기체를 봉입할 것
  ㉡ 옥외저장탱크·옥내저장탱크·지하저장탱크 또는 이동저장탱크에 새롭게 아세트알데히드 등을 주입하는 때에는 미리 당해 탱크 안의 공기를 불활성 기체와 치환하여 둘 것
  ㉢ 이동저장탱크에 아세트알데히드 등을 저장하는 경우에는 항상 불활성의 기체를 봉입하여 둘 것
⑧ 옥외저장탱크·옥내저장탱크 또는 지하저장탱크의 유지온도
  ㉠ 압력탱크 외의 탱크 : 에틸에테르 등에 있어서는 30℃ 이하, 아세트알데히드에 있어서는 15℃ 이하로 할 것

ⓒ 압력탱크 : 아세트알데히드 등 또는 디에틸에테르 등의 온도는 40℃ 이하로 유지할 것
ⓒ 보냉장치가 있는 이동저장탱크 : 아세트알데히드 등 또는 디에틸에테르 등의 온도는 비점 이하로 유지할 것
ⓔ 보냉장치가 없는 이동저장탱크 : 아세트알데히드 등 또는 디에틸에테르 등의 온도는 40℃ 이하로 유지할 것

4 ▸▸ 알킬알루미늄 등 및 아세트알데히드 등의 취급기준

① 알킬알루미늄 등의 제조소 또는 일반취급소에 있어서 알킬알루미늄 등을 취급하는 설비에는 불활성의 기체를 봉입할 것
② 알킬알루미늄 등의 이동탱크저장소에 있어서 이동저장탱크로부터 알킬알루미늄 등을 꺼낼 때에는 동시에 200kPa 이하의 압력으로 불활성의 기체를 봉입할 것
③ 아세트알데히드 등의 제조소 또는 일반취급소에 있어서 아세트알데히드 등을 취급하는 설비에는 연소성 혼합기체의 생성에 의한 폭발의 위험이 생겼을 경우에 불활성의 기체 또는 수증기를 봉입할 것
④ 아세트알데히드 등의 이동탱크저장소에 있어서 이동저장탱크로부터 아세트알데히드 등을 꺼낼 때에는 동시에 100kPa 이하의 압력으로 불활성의 기체를 봉입할 것

15 위험물의 운반에 관한 기준

1 ▸▸ 운반용기의 재질

강판·알루미늄판·양철판·유리·금속판·종이·플라스틱·섬유판·고무류·합성섬유·삼·짚·나무 등

2 ▸▸ 적재방법

① 위험물이 온도변화 등에 의하여 누설되지 아니하도록 운반용기를 밀봉하여 수납할 것

② 수납하는 위험물과 위험한 반응을 일으키지 아니하는 적합한 재질의 운반용기에 수납할 것
③ 고체위험물은 운반용기 내용적의 95% 이하의 수납률로 수납할 것
④ 액체위험물은 운반용기 내용적의 98% 이하의 수납률로 수납하되, 55℃에서 누설되지 아니하도록 충분한 공간용적을 유지하도록 할 것(다만, 알킬알루미늄 등은 운반용기 내용적의 90% 이하의 수납률로 수납하되, 50℃의 온도에서 5% 이상의 공간용적을 유지하도록 할 것)
⑤ 제3류 위험물은 다음 기준에 따라 운반용기에 수납할 것
  ㉠ 자연발화성 물품에 있어서는 불활성 기체를 봉입하여 밀봉하는 등 공기와 접하지 아니하도록 할 것
  ㉡ 자연발화성 물품 외의 물품에 있어서는 파라핀·경유·등유 등의 보호액으로 채워 밀봉하거나 불활성 기체를 봉입하여 밀봉하는 등 수분과 접하지 아니하도록 할 것
⑥ **차광성 덮개**를 하여야 하는 위험물의 종류 : 제1류 위험물, 3류위험물 중 자연발화성 물품, 제4류 위험물 중 특수인화물, 제5류 위험물 또는 제6류 위험물
⑦ **방수성 덮개**를 하여야 하는 위험물의 종류 : 제1류 위험물 중 알칼리금속의 과산화물, 제2류 위험물 중 철분·금속분·마그네슘 또는 3류 위험물 중 금수성 물품
⑧ 제5류 위험물 중 55℃ 이하의 온도에서 분해될 우려가 있는 것은 보냉 컨테이너에 수납하는 등 적정한 온도관리를 할 것
⑨ 위험물을 수납한 운반용기를 겹쳐 쌓는 경우에는 그 높이를 3m 이하로 할 것
⑩ 운반용기의 외부에 표시하여야 할 사항
  ㉠ 위험물의 품명·위험등급·화학명 및 수용성("수용성" 표시는 제4류 위험물로서 수용성인 것에 한한다.)
  ㉡ 위험물의 수량
  ㉢ 수납하는 위험물에 따른 주의사항

위험물별 주의사항

- 제1류 위험물
  - 알칼리금속의 과산화물 : "화기·충격주의", "물기엄금" 및 "가연물접촉주의"
  - 그 밖의 것 : "화기·충격주의" 및 "가연물접촉주의"
- 제2류 위험물
  - 철분·금속분·마그네슘 : "화기주의" 및 "물기엄금"
  - 인화성 고체 : "화기엄금"
  - 그 밖의 것 : "화기주의"

- 제3류 위험물
  - 자연발화성물품 : "화기엄금" 및 "공기접촉엄금"
  - 금수성 물품 : "물기엄금"
- 제4류 위험물 : "화기엄금"
- 제5류 위험물 : "화기엄금" 및 "충격주의"
- 제6류 위험물 : "가연물접촉주의"

③ 운반방법

① 위험물 또는 위험물을 수납한 운반용기가 현저하게 마찰 또는 동요를 일으키지 아니하도록 운반할 것
② 지정수량 이상의 위험물을 차량으로 운반하는 경우 표지의 설치기준
  ㉠ 한 변의 길이가 0.3m 이상, 다른 한 변의 길이가 0.6m 이상인 직사각형의 판으로 할 것
  ㉡ 바탕은 흑색으로 하고, 황색의 반사도료 그 밖의 반사성이 있는 재료로 "위험물"이라고 표시할 것
  ㉢ 표지는 차량의 전면 및 후면의 보기 쉬운 곳에 내걸 것
③ 지정수량 이상의 위험물을 차량으로 운반하는 경우에는 능력단위 이상의 소형수동식 소화기를 갖출 것

④ 유별을 달리하는 위험물의 혼재기준

위험물의 구분	제1류	제2류	제3류	제4류	제5류	제6류
제1류		×	×	×	×	○
제2류	×		×	○	○	×
제3류	×	×		○	×	×
제4류	×	○	○		○	×
제5류	×	○	×	○		×
제6류	○	×	×	×	×	

비고 : 이 표는 지정수량의 10분의 1 이하의 위험물에 대하여는 적용하지 아니한다.

5. 운반용기의 최대용적 또는 중량

① 고체 위험물

운반용기				수납 위험물의 종류								
내장용기		외장용기		제1류			제2류		제3류			제5류	
용기의 종류	최대용적 또는 중량	용기의 종류	최대용적 또는 중량	I	II	III	II	III	I	II	III	I	II
유리용기 또는 플라스틱용기	10*l*	나무상자 또는 플라스틱상자(필요에 따라 불활성의 완충재를 채울 것)	125kg	○	○	○	○	○	○	○	○	○	○
			225kg		○	○		○		○	○		○
		파이버판상자(필요에 따라 불활성의 완충재를 채울 것)	40kg	○	○	○	○	○	○	○	○	○	○
			55kg					○			○		○
금속제용기	30*l*	나무상자 또는 플라스틱상자	125kg	○	○	○	○	○	○	○	○	○	○
			225kg		○	○		○		○	○		○
		파이버판상자	40kg	○	○	○	○	○	○	○	○	○	○
			55kg		○	○		○		○	○		○
플라스틱필름포대 또는 종이포대	5kg	나무상자 또는 플라스틱상자	50kg	○	○	○	○	○		○	○	○	○
	50kg		50kg	○	○	○	○	○					
	125kg		125kg		○	○	○	○					
	225kg		225kg					○					
	5kg	파이버판상자	40kg	○	○	○	○	○		○	○	○	○
	40kg		40kg	○	○	○	○	○			○		○
	55kg		55kg					○			○		
		금속제용기(드럼 제외)	60*l*	○	○	○	○	○	○	○	○	○	○
		플라스틱용기(드럼 제외)	10*l*		○	○	○	○		○	○		○
			30*l*				○	○			○		○
		금속제드럼	250*l*	○	○	○	○	○	○	○	○	○	○
		플라스틱드럼 또는 파이버드럼 (방수성이 있는 것)	60*l*	○	○	○	○	○		○	○	○	○
			250*l*		○	○	○	○			○		○
		합성수지포대(방수성이 있는 것), 플라스틱필름포대, 섬유포대(방수성이 있는 것) 또는 종이포대(여러 겹으로서 방수성이 있는 것)	50kg		○	○	○	○		○	○		○

비고) 1. "○" 표시는 수납위험물의 종류별 각 란에 정한 위험물에 대하여 당해 각 란에 정한 운반용기가 적응성이 있음을 표시한다.
2. 내장용기는 외장용기에 수납하여야 하는 용기로서 위험물을 직접 수납하기 위한 것을 말한다.

3. 내장용기의 용기 종류란이 공란인 것은 외장용기에 위험물을 직접 수납하거나 유리용기, 플라스틱용기, 금속제용기, 폴리에틸렌포대 또는 종이포대를 내장용기로 할 수 있음을 표시한다.

② 액체 위험물

운반용기				수납위험물의 종류								
내장용기		외장용기		제3류			제4류			제5류		제6류
용기의 종류	최대용적 또는 중량	용기의 종류	최대용적 또는 중량	I	II	III	I	II	III	I	II	I
유리용기	5ℓ	나무 또는 플라스틱상자(불활성의 완충재를 채울 것)	75kg	○	○	○	○	○	○	○	○	○
	10ℓ		125kg		○	○		○	○		○	
			225kg						○			
	5ℓ	파이버판상자(불활성의 완충재를 채울 것)	40kg	○	○	○	○	○	○	○	○	○
	10ℓ		55kg						○			
플라스틱용기	10ℓ	나무 또는 플라스틱상자(필요에 따라 불활성의 완충재를 채울 것)	75kg		○	○		○	○		○	
			125kg		○	○		○	○		○	
			225kg						○			
플라스틱용기	10ℓ	파이버판상자(필요에 따라 불활성의 완충재를 채울 것)	40kg	○	○	○	○	○	○	○	○	○
			55kg						○			
금속제용기	30ℓ	나무 또는 플라스틱상자	125kg	○	○	○	○	○	○	○	○	○
			225kg						○			
		파이버판상자	40kg	○	○	○	○	○	○	○	○	○
			55kg		○	○		○	○		○	
		금속제용기(금속제드럼제외)	60ℓ		○	○		○	○		○	
		플라스틱용기 (플라스틱드럼제외)	10ℓ		○	○		○	○		○	
			20ℓ					○	○			
			30ℓ						○		○	
		금속제드럼(뚜껑고정식)	250ℓ	○	○	○	○	○	○	○	○	○
		금속제드럼(뚜껑탈착식)	250ℓ					○	○			
		플라스틱 또는 파이버드럼 (플라스틱내용기부착의 것)	250ℓ		○	○			○		○	

비고) 1. "○" 표시는 수납위험물의 종류별 각 란에 정한 위험물에 대하여 해당 각 란에 정한 운반용기가 적응성이 있음을 표시한다.
2. 내장용기는 외장용기에 수납하여야 하는 용기로서 위험물을 직접 수납하기 위한 것을 말한다.
3. 내장용기의 용기 종류란이 공란인 것은 외장용기에 위험물을 직접 수납하거나 유리용기, 플라스틱용기 또는 금속제용기를 내장용기로 할 수 있음을 표시한다.

16 소화설비, 경보설비 및 피난설비의 기준

1 ▶▶ 소화설비

(1) 소화난이도등급Ⅰ의 제조소등 종류 및 소화설비 종류

① 소화난이도등급Ⅰ에 해당하는 제조소등

제조소 등의 구분	제조소 등의 규모, 저장 또는 취급하는 위험물의 품명 및 최대수량 등
제조소 일반취급소	연면적 1,000㎡ 이상인 것
	지정수량의 100배 이상인 것(고인화점위험물만을 100℃ 미만의 온도에서 취급하는 것 및 제48조의 위험물을 취급하는 것은 제외)
	지반면으로부터 6m 이상의 높이에 위험물 취급설비가 있는 것(고인화점위험물만을 100℃ 미만의 온도에서 취급하는 것은 제외)
	일반취급소로 사용되는 부분 외의 부분을 갖는 건축물에 설치된 것(내화구조로 개구부없이 구획된 것 및 고인화점위험물만을 100℃ 미만의 온도에서 취급하는 것은 제외
주유취급소	별표 13 Ⅴ제2호에 따른 면적의 합이 500㎡를 초과하는 것
옥내저장소	지정수량의 150배 이상인 것(고인화점위험물만을 저장하는 것 및 제48조의 위험물을 저장하는 것은 제외)
	연면적 150㎡를 초과하는 것(150㎡ 이내마다 불연재료로 개구부없이 구획된 것 및 인화성고체 외의 제2류 위험물 또는 인화점 70℃ 이상의 제4류 위험물만을 저장하는 것은 제외)
	처마높이가 6m 이상인 단층건물의 것
	옥내저장소로 사용되는 부분 외의 부분이 있는 건축물에 설치된 것(내화구조로 개구부없이 구획된 것 및 인화성고체 외의 제2류 위험물 또는 인화점 70℃ 이상의 제4류 위험물만을 저장하는 것은 제외)
옥외탱크 저장소	액표면적이 40㎡ 이상인 것(제6류 위험물을 저장하는 것 및 고인화점위험물만을 100℃ 미만의 온도에서 저장하는 것은 제외)
	지반면으로부터 탱크 옆판의 상단까지 높이가 6m 이상인 것(제6류 위험물을 저장하는 것 및 고인화점위험물만을 100℃ 미만의 온도에서 저장하는 것은 제외)
	지중탱크 또는 해상탱크로서 지정수량의 100배 이상인 것(제6류 위험물을 저장하는 것 및 고인화점위험물만을 100℃ 미만의 온도에서 저장하는 것은 제외)
	고체위험물을 저장하는 것으로서 지정수량의 100배 이상인 것
옥내탱크 저장소	액표면적이 40㎡ 이상인 것(제6류 위험물을 저장하는 것 및 고인화점위험물만을 100℃ 미만의 온도에서 저장하는 것은 제외)

옥외저장소	바닥면으로부터 탱크 옆판의 상단까지 높이가 6m 이상인 것(제6류 위험물을 저장하는 것 및 고인화점위험물만을 100℃ 미만의 온도에서 저장하는 것은 제외)
	탱크전용실이 단층건물 외의 건축물에 있는 것으로서 인화점 38℃ 이상 70℃ 미만의 위험물을 지정수량의 5배 이상 저장하는 것(내화구조로 개구부없이 구획된 것은 제외한다)
	덩어리 상태의 유황을 저장하는 것으로서 경계표시 내부의 면적(2 이상의 경계표시가 있는 경우에는 각 경계표시의 내부의 면적을 합한 면적)이 100㎡ 이상인 것
	별표 11 Ⅲ의 위험물을 저장하는 것으로서 지정수량의 100배 이상인 것
암반탱크 저장소	액표면적이 40㎡ 이상인 것(제6류 위험물을 저장하는 것 및 고인화점위험물만을 100℃ 미만의 온도에서 저장하는 것은 제외)
	고체위험물만을 저장하는 것으로서 지정수량의 100배 이상인 것
이송취급소	모든 대상

② 소화난이도등급 Ⅰ의 제조소등에 설치하여야 하는 소화설비

제조소등의 구분			소화설비
제조소 및 일반취급소			옥내소화전설비, 옥외소화전설비, 스프링클러설비 또는 물분무등소화설비(화재발생시 연기가 충만할 우려가 있는 장소에는 스프링클러설비 또는 이동식 외의 물분무등소화설비에 한한다)
주유취급소			스프링클러설비(건축물에 한정한다), 소형수동식소화기등(능력단위의 수치가 건축물 그 밖의 공작물 및 위험물의 소요단위의 수치에 이르도록 설치할 것)
옥내 저장소	처마높이가 6m 이상인 단층건물 또는 다른 용도의 부분이 있는 건축물에 설치한 옥내저장소		스프링클러설비 또는 이동식 외의 물분무등소화설비
	그 밖의 것		옥외소화전설비, 스프링클러설비, 이동식 외의 물분무등소화설비 또는 이동식 포소화설비(포소화전을 옥외에 설치하는 것에 한한다)
옥외 탱크 저장소	지중탱크 또는 해상탱크 외의 것	유황만을 저장 취급하는 것	물분무소화설비
		인화점 70℃ 이상의 제4류 위험물만을 저장취급하는 것	물분무소화설비 또는 고정식 포소화설비
		그 밖의 것	고정식 포소화설비(포소화설비가 적응성이 없는 경우에는 분말소화설비)
	지중탱크		고정식 포소화설비, 이동식 이외의 불활성가스소화설비 또는 이동식 이외이 할로겐화합물소화설비
	해상탱크		고정식 포소화설비, 물분무포소화설비, 이동식이외의 불활성가스소화설비 또는 이동식 이외의 할로겐화합물소화설비

옥내 탱크 저장소	유황만을 저장취급하는 것	물분무소화설비
	인화점 70℃ 이상의 제4류 위험물만을 저장취급하는 것	물분무소화설비, 고정식 포소화설비, 이동식 이외의 불활성가스소화설비, 이동식 이외의 할로겐화합물소화설비 또는 이동식 이외의 분말소화설비
	그 밖의 것	고정식 포소화설비, 이동식 이외의 불활성가스소화설비, 이동식 이외의 할로겐화합물소화설비 또는 이동식 이외의 분말소화설비
옥외저장소 및 이송취급소		옥내소화전설비, 옥외소화전설비, 스프링클러설비 또는 물분무등소화설비(화재발생시 연기가 충만할 우려가 있는 장소에는 스프링클러설비 또는 이동식 이외의 물분무등소화설비에 한한다)
암반 탱크 저장소	유황만을 저장취급하는 것	물분무소화설비
	인화점 70℃ 이상의 제4류 위험물만을 저장취급하는 것	물분부소화설비 또는 고정식 포소화설비
	그 밖의 것	고정식 포소화설비(포소화설비가 적응성이 없는 경우에는 분말소화설비)

비고
1. 위 표 오른쪽란의 소화설비를 설치함에 있어서는 당해 소화설비의 방사범위가 당해 제조소, 일반취급소, 옥내저장소, 옥외탱크저장소, 옥내탱크저장소, 옥외저장소, 암반탱크저장소(암반탱크에 관계되는 부분을 제외한다) 또는 이송취급소(이송기지 내에 한한다)의 건축물, 그 밖의 공작물 및 위험물을 포함하도록 하여야 한다. 다만, 고인화점위험물만을 100℃ 미만의 온도에서 취급하는 제조소 또는 일반취급소의 경우에는 당해 제조소 또는 일반취급소의 건축물 및 그 밖의 공작물만 포함하도록 할 수 있다.
2. 고인화점위험물만을 100℃ 미만의 온도에서 취급하는 제조소 또는 일반취급소의 위험물에 대해서는 대형수동식소화기 1개 이상과 당해 위험물의 소요단위에 해당하는 능력단위의 소형수동식소화기를 설치하여야 한다. 다만, 당해 제조소 또는 일반취급소에 옥내·외소화전설비, 스프링클러설비 또는 물분무등소화설비를 설치한 경우에는 당해 소화설비의 방사능력범위 내에는 대형수동식소화기를 설치하지 아니할 수 있다.
3. 가연성증기 또는 가연성미분이 체류할 우려가 있는 건축물 또는 실내에는 대형수동식소화기 1개 이상과 당해 건축물, 그 밖의 공작물 및 위험물의 소요단위에 해당하는 능력단위의 소형수동식소화기 등을 추가로 설치하여야 한다.
4. 제4류 위험물을 저장 또는 취급하는 옥외탱크저장소 또는 옥내탱크저장소에는 소형수동식소화기 등을 2개 이상 설치하여야 한다.
5. 제조소, 옥내탱크저장소, 이송취급소, 또는 일반취급소의 작업공정상 소화설비의 방사능력범위 내에 당해 제조소등에서 저장 또는 취급하는 위험물의 전부가 포함되지 아니하는 경우에는 당해 위험물에 대하여 대형수동식소화기 1개 이상과 당해 위험물의 소요단위에 해당하는 능력단위의 소형수동식소화기 등을 추가로 설치하여야 한다.

(2) 소화난이도등급Ⅱ의 제조소등 및 소화설비

① 소화난이도등급Ⅱ에 해당하는 제조소등

제조소등의 구분	제조소등의 규모, 저장 또는 취급하는 위험물의 품명 및 최대수량 등
제조소 일반취급소	연면적 600㎡ 이상인 것
	지정수량의 10배 이상인(고인화점위험물만을 100℃ 미만의 온도에서 취급하는 것 및 제48조의 위험물을 취급하는 것은 제외)
	별표 16 Ⅱ·Ⅲ·Ⅳ·Ⅴ·Ⅷ·Ⅸ 또는 Ⅹ의 일반취급소로서 소화난이도등급Ⅰ의 제조소등에 해당하지 아니하는 것(고인화점위험물만을 100℃ 미만의 온도에서 취급하는 것은 제외)
옥내저장소	단층건물 이외의 것
	별표 5 Ⅱ 또는 Ⅳ제1호의 옥내저장소
	지정수량의 10배 이상인 것(고인화점위험물만을 저장하는 것 및 제48조의 위험물을 저장하는 것은 제외)
	연면적 150㎡ 초과인 것
	별표 5 Ⅲ의 옥내저장소로서 소화난이도등급Ⅰ의 제조소등에 해당하지 아니하는 것
옥외탱크저장소 옥내탱크저장소	소화난이도등급Ⅰ의 제조소등 외의 것(고인화점위험물만을 100℃ 미만의 온도로 저장하는 것 및 제6류 위험물만을 저장하는 것은 제외)
옥외저장소	덩어리 상태의 유황을 저장하는 것으로서 경계표시 내부의 면적(2 이상의 경계표시가 있는 경우에는 각 경계표시의 내부의 면적을 합한 면적)이 5㎡ 이상 100㎡ 미만인 것
	별표 11 Ⅲ의 위험물을 저장하는 것으로서 지정수량의 10배 이상 100배 미만인 것
	지정수량의 100배 이상인 것(덩어리 상태의 유황 또는 고인화점위험물을 저장하는 것은 제외)
주유취급소	옥내주유취급소로서 소화난이도등급Ⅰ의 제조소등에 해당하지 아니하는 것
판매취급소	제2종 판매취급소

② 소화난이도등급Ⅱ의 제조소등에 설치하여야 하는 소화설비

제조소등의 구분	소화설비
제조소 옥내저장소 옥외저장소 주유취급소 판매취급소 일반취급소	방사능력범위 내에 당해 건축물, 그 밖의 공작물 및 위험물이 포함되도록 대형수동식소화기를 설치하고, 당해 위험물의 소요단위의 1/5 이상에 해당되는 능력단위의 소형수동식소화기 등을 설치할 것

| 옥외탱크저장소
옥내탱크저장소 | 대형수동식소화기 및 소형수동식소화기등을 각각 1개 이상 설치할 것 |

비고
1. 옥내소화전설비, 옥외소화전설비, 스프링클러설비 또는 물분무등소화설비를 설치한 경우에는 당해 소화설비의 방사능력범위 내의 부분에 대해서는 대형수동식소화기를 설치하지 아니할 수 있다.
2. 소형수동식소화기등이란 제4호의 규정에 의한 소형수동식소화기 또는 기타 소화설비를 말한다. 이하 같다.

(3) 소화난이도등급Ⅲ의 제조소등 및 소화설비

① 소화난이도등급Ⅲ에 해당하는 제조소등

제조소등의 구분	제조소등의 규모, 저장 또는 취급하는 위험물의 품명 및 최대수량등
제조소 일반취급소	제48조의 위험물을 취급하는 것
	제48조의 위험물외의 것을 취급하는 것으로서 소화난이도등급Ⅰ 또는 소화난이도등급Ⅱ의 제조소등에 해당하지 아니하는 것
옥내저장소	제48조의 위험물을 취급하는 것
	제48조의 위험물외의 것을 취급하는 것으로서 소화난이도등급Ⅰ 또는 소화난이도등급Ⅱ의 제조소등에 해당하지 아니하는 것
지하탱크저장소 간이탱크저장소 이동탱크저장소	모든 대상
옥외저장소	덩어리 상태의 유황을 저장하는 것으로서 경계표시 내부의 면적(2 이상의 경계표시가 있는 경우에는 각 경계표시의 내부의 면적을 합한 면적)이 5㎡ 미만인 것
	덩어리 상태의 유황외의 것을 저장하는 것으로서 소화난이도등급Ⅰ 또는 소화난이도등급Ⅱ의 제조소등에 해당하지 아니하는 것
주유취급소	옥내주유취급소 외의 것으로서 소화난이도등급Ⅰ의 제조소등에 해당하지 아니하는 것
제1종 판매취급소	모든 대상

② 소화난이도등급Ⅲ의 제조소등에 설치하여야 하는 소화설비

제조소등의 구분	소화설비	설치기준	
지하탱크저장소	소형수동식소화기등	능력단위의 수치가 3 이상	2개 이상
이동탱크저장소	자동차용소화기	무상의 강화액 8ℓ 이상	2개 이상
		이산화탄소 3.2킬로그램 이상	

		일브롬화일염화이플루오르화메탄 (CF₂ClBr) 2ℓ 이상
		일브롬화삼플루오르화메탄(CF₃Br) 2ℓ 이상
		이브롬화사플루화메탄(C₂F₄BR₂) 1ℓ 이상
		소화분말 3.5킬로그램 이상
	마른 모래 및 팽창질석 또는 팽창진주암	마른모래 150ℓ 이상
		팽창질석 또는 팽창진주암 640ℓ 이상
그 밖의 제조소등	소형수동식소화기등	능력단위의 수치가 건축물 그 밖의 공작물및 위험물의 소요단위의 수치에 이르도록 설치할 것. 다만, 옥내외소화전설비,SP설비, 물분무등소화설비 또는 대형수동식소화기를 설치한 경우에는 당해 소화설비의 방사능력범위 내의 부분에 대하여는 수동식소화기등을 그 능력단위의 수치가 당해 소요단위의 수치의 1/5 이상이 되도록 하는 것으로 족하다

비고 : 알킬알루미늄 등을 저장 또는 취급하는 이동탱크저장소에 있어서는 자동차용소화기를 설치하는 외에 마른모래나 팽창질석 또는 팽창진주암을 추가로 설치하여야 한다.

(4) 소화설비의 설치기준

① **전기설비의 소화설비** : 제조소등에 전기설비(전기배선, 조명기구 등은 제외한다)가 설치된 경우에는 당해 장소의 면적 100㎡마다 소형수동식소화기를 1개 이상 설치할 것

② **소요단위 및 능력단위**
  ㉠ 소요단위 : 소화설비의 설치대상이 되는 건축물 그 밖의 공작물의 규모 또는 위험물의 양의 기준단위
  ㉡ 능력단위 : ㉠의 소요단위에 대응하는 소화설비의 소화능력의 기준단위

③ **소요단위의 계산방법** : 건축물 그 밖의 공작물 또는 위험물의 소요단위의 계산방법은 다음의 기준에 의할 것
  ㉠ 제조소 또는 취급소의 건축물은 외벽이 내화구조인 것은 연면적(제조소등의 용도로 사용되는 부분 외의 부분이 있는 건축물에 설치된 제조소등에 있어서는 당해 건축물중 제조소등에 사용되는 부분의 바닥면적의 합계를 말한다. 이하 같다) 100㎡를 1소요단위로 하며, 외벽이 내화구조가 아닌 것은 연면적 50㎡를 1소요단위로 할 것
  ㉡ 저장소의 건축물은 외벽이 내화구조인 것은 연면적 150㎡를 1소요단위로 하고, 외벽이 내화구조가 아닌 것은 연면적 75㎡를 1소요단위로 할 것

ⓒ 제조소등의 옥외에 설치된 공작물은 외벽이 내화구조인 것으로 간주하고 공작물의 최대수평투영면적을 연면적으로 간주하여 1) 및 2)의 규정에 의하여 소요단위를 산정할 것
ⓔ 위험물은 지정수량의 10배를 1소요단위로 할 것

④ 소화설비의 능력단위
  ㉠ 수동식소화기의 능력단위는 수동식소화기의형식승인및검정기술기준에 의하여 형식승인 받은 수치로 할 것
  ㉡ 기타 소화설비의 능력단위는 다음의 표에 의할 것

소화설비	용량	능력단위
소화전용(轉用)물통	8*l*	0.3
수조(소화전용물통 3개 포함)	80*l*	1.5
수조(소화전용물통 6개 포함)	190*l*	2.5
마른 모래(삽 1개 포함)	50*l*	0.5
팽창질석 또는 팽창진주암(삽 1개 포함)	160*l*	1.0

⑤ 옥내소화전설비의 설치기준은 다음의 기준에 의할 것
  ㉠ 옥내소화전은 제조소등의 건축물의 층마다 당해 층의 각 부분에서 하나의 호스접속구까지의 수평거리가 25m 이하가 되도록 설치할 것. 이 경우 옥내소화전은 각 층의 출입구 부근에 1개 이상 설치하여야 한다.
  ㉡ 수원의 수량은 옥내소화전이 가장 많이 설치된 층의 옥내소화전 설치개수(설치개수가 5개 이상인 경우는 5개)에 7.8m³를 곱한 양 이상이 되도록 설치할 것
  ㉢ 옥내소화전설비는 각층을 기준으로 하여 당해 층의 모든 옥내소화전(설치개수가 5개 이상인 경우는 5개의 옥내소화전)을 동시에 사용할 경우에 각 노즐선단의 방수압력이 350kPa 이상이고 방수량이 1분당 260L 이상의 성능이 되도록 할 것
  ㉣ 옥내소화전설비에는 비상전원을 설치할 것

⑥ 옥외소화전설비의 설치기준은 다음의 기준에 의할 것
  ㉠ 옥외소화전은 방호대상물(당해 소화설비에 의하여 소화하여야 할 제조소등의 건축물, 그 밖의 공작물 및 위험물을 말한다. 이하 같다)의 각 부분(건축물의 경우에는 당해 건축물의 1층 및 2층의 부분에 한한다)에서 하나의 호스접속구까지의 수평거리가 40m 이하가 되도록 설치할 것. 이 경우 그 설치개수가 1개일 때는 2개로 하여야 한다.
  ㉡ 수원의 수량은 옥외소화전의 설치개수(설치개수가 4개 이상인 경우는 4개의 옥외소화전)에 13.5m³를 곱한 양 이상이 되도록 설치할 것

ⓒ 옥외소화전설비는 모든 옥외소화전(설치개수가 4개 이상인 경우는 4개의 옥외소화전)을 동시에 사용할 경우에 각 노즐선단의 방수압력이 350KPa 이상이고, 방수량이 1분당 450L 이상의 성능이 되도록 할 것
ⓓ 옥외소화전설비에는 비상전원을 설치할 것

⑦ 스프링클러설비의 설치기준은 다음의 기준에 의할 것
ⓐ 스프링클러헤드는 방호대상물의 천장 또는 건축물의 최상부 부근(천장이 설치되지 아니한 경우)에 설치하되, 방호대상물의 각 부분에서 하나의 스프링클러헤드까지의 수평거리가 1.7m(제4호 비고 제1호의 표에 정한 살수밀도의 기준을 충족하는 경우에는 2.6m) 이하가 되도록 설치할 것
ⓑ 개방형 스프링클러헤드를 이용한 스프링클러설비의 방사구역(하나의 일제개방밸브에 의하여 동시에 방사되는 구역을 말한다. 이하 같다)은 150㎡이상(방호대상물의 바닥면적이 150㎡ 미만인 경우에는 당해 바닥면적)으로 할 것
ⓒ 수원의 수량은 폐쇄형 스프링클러헤드를 사용하는 것은 30(헤드의 설치개수가 30 미만인 방호대상물인 경우에는 당해 설치개수), 개방형 스프링클러헤드를 사용하는 것은 스프링클러헤드가 가장 많이 설치된 방사구역의 스프링클러헤드 설치개수에 2.4㎥를 곱한 양 이상이 되도록 설치할 것
ⓓ 스프링클러설비는 3)의 규정에 의한 개수의 스프링클러헤드를 동시에 사용할 경우에 각 선단의 방사압력이 100KPa(제4호 비고 제1호의 표에 정한 살수밀도의 기준을 충족하는 경우에는 50KPa) 이상이고, 방수량이 1분당 80L(제4호 비고 제1호의 표에 정한 살수밀도의 기준을 충족하는 경우에는 56L) 이상의 성능이 되도록 할 것
ⓔ 스프링클러설비에는 비상전원을 설치할 것

⑧ 물분무소화설비의 설치기준은 다음의 기준에 의할 것
ⓐ 분무헤드의 개수 및 배치는 다음 각목에 의할 것
  ⓐ 분무헤드로부터 방사되는 물분무에 의하여 방호대상물의 모든 표면을 유효하게 소화할 수 있도록 설치할 것
  ⓑ 방호대상물의 표면적(건축물에 있어서는 바닥면적. 이하 이 목에서 같다) 1㎡당 3)의 규정에 의한 양의 비율로 계산한 수량을 표준방사량(당해 소화설비의 헤드의 설계압력에 의한 방사량을 말한다. 이하 같다)으로 방사할 수 있도록 설치할 것
ⓑ 물분무소화설비의 방사구역은 150㎡ 이상(방호대상물의 표면적이 150㎡ 미만인 경우에는 당해 표면적)으로 할 것
ⓒ 수원의 수량은 분무헤드가 가장 많이 설치된 방사구역의 모든 분무헤드를 동시에

사용할 경우에 당해 방사구역의 표면적 1m²당 1분당 20L의 비율로 계산한 양으로 30분간 방사할 수 있는 양 이상이 되도록 설치할 것
ⓔ 물분무소화설비는 ⓒ의 규정에 의한 분무헤드를 동시에 사용할 경우에 각 선단의 방사압력이 350kPa 이상으로 표준방사량을 방사할 수 있는 성능이 되도록 할 것
ⓜ 물분무소화설비에는 비상전원을 설치할 것

⑨ 포소화설비의 설치기준은 다음의 기준에 의할 것
ⓐ 고정식 포소화설비의 포방출구 등은 방호대상물의 형상, 구조, 성질, 수량 또는 취급방법에 따라 표준방사량으로 당해 방호대상물의 화재를 유효하게 소화할 수 있도록 필요한 개수를 적당한 위치에 설치할 것
ⓑ 이동식 포소화설비(포소화전 등 고정된 포수용액 공급장치로부터 호스를 통하여 포수용액을 공급받아 이동식 노즐에 의하여 방사하도록 된 소화설비를 말한다. 이하 같다)의 포소화전은 옥내에 설치하는 것은 마목1), 옥외에 설치하는 것은 바목1)의 규정을 준용할 것
ⓒ 수원의 수량 및 포소화약제의 저장량은 방호대상물의 화재를 유효하게 소화할 수 있는 양 이상이 되도록 할 것
ⓓ 포소화설비에는 비상전원을 설치할 것

⑩ 불활성가스소화설비의 설치기준은 다음의 기준에 의할 것
ⓐ 전역방출방식 불활성가스소화설비의 분사헤드는 불연재료의 벽·기둥·바닥·보 및 지붕(천장이 있는 경우에는 천장)으로 구획되고 개구부에 자동폐쇄장치(갑종방화문, 을종방화문 또는 불연재료의 문으로 불활성가스소화약제가 방사되기 직전에 개구부를 자동적으로 폐쇄하는 장치를 말한다)가 설치되어 있는 부분(이하 "방호구역"이라 한다)에 당해 부분의 용적 및 방호대상물의 성질에 따라 표준방사량으로 방호대상물의 화재를 유효하게 소화할 수 있도록 필요한 개수를 적당한 위치에 설치할 것. 다만, 당해 부분에서 외부로 누설되는 양 이상의 불활성가스소화약제를 유효하게 추가하여 방출할 수 있는 설비가 있는 경우는 당해 개구부의 자동폐쇄장치를 설치하지 아니할 수 있다.
ⓑ 국소방출방식 불활성가스소화설비의 분사헤드는 방호대상물의 형상, 구조, 성질, 수량 또는 취급방법에 따라 방호대상물에 불활성가스소화약제를 직접 방사하여 표준방사량으로 방호대상물의 화재를 유효하게 소화할 수 있도록 필요한 개수를 적당한 위치에 설치할 것
ⓒ 이동식 불활성가스소화설비(고정된 이산화탄소소화약제 공급장치로부터 호스를 통하여 불활성가스소화약제를 공급받아 이동식 노즐에 의하여 방사하도록 된 소화설비를 말한다. 이하 같다)의 호스접속구는 모든 방호대상물에 대하여 당해 방

호 대상물의 각 부분으로부터 하나의 호스접속구까지의 수평거리가 15m 이하가 되도록 설치할 것

ㄹ 불활성가스소화약제용기에 저장하는 불활성가스소화약제의 양은 방호대상물의 화재를 유효하게 소화할 수 있는 양 이상이 되도록 할 것

ㅁ 전역방출방식 또는 국소방출방식의 불활성가스소화설비에는 비상전원을 설치할 것

⑪ 할로겐화합물소화설비의 설치기준은 ⑩의 불활성가스소화설비의 기준을 준용할 것

⑫ 분말소화설비의 설치기준은 ⑩의 불활성가스소화설비의 기준을 준용할 것

⑬ 대형수동식소화기의 설치기준은 방호대상물의 각 부분으로부터 하나의 대형수동식소화기까지의 보행거리가 30m 이하가 되도록 설치할 것. 다만, 옥내소화전설비, 옥외소화전설비, 스프링클러설비 또는 물분무등소화설비와 함께 설치하는 경우에는 그러하지 아니하다.

⑭ 소형수동식소화기등의 설치기준은 소형수동식소화기 또는 그 밖의 소화설비는 지하탱크저장소, 간이탱크저장소, 이동탱크저장소, 주유취급소 또는 판매취급소에서는 유효하게 소화할 수 있는 위치에 설치하여야 하며, 그 밖의 제조소등에서는 방호대상물의 각 부분으로부터 하나의 소형수동식소화기까지의 보행거리가 20m 이하가 되도록 설치할 것. 다만, 옥내소화전설비, 옥외소화전설비, 스프링클러설비, 물분무등소화설비 또는 대형수동식소화기와 함께 설치하는 경우에는 그러하지 아니하다.

2 ▶▶ 경보설비

(1) 제조소등별로 설치하여야 하는 경보설비의 종류

제조소등의 구분	제조소등의 규모, 저장 또는 취급하는 위험물의 종류 및 최대수량 등	경보설비
1. 제조소 및 일반취급소	• 연면적 500㎡ 이상인 것 • 옥내에서 지정수량의 100배 이상을 취급하는 것(고인화점 위험물만을 100℃ 미만의 온도에서 자동화재취급하는 것을 제외한다) • 일반취급소로 사용되는 부분 외의 부분이 있는건축물에 설치된 일반취급소(일반취급소와 일반취급소 외의 부분이 내화구조의 바닥 또는 벽으로 개구부 없이 구획된 것을 제외한다)	자동화재 탐지설비
2. 옥내저장소	• 지정수수량의 100배 이상을 저장 또는 취급하는 것(고인화점 위험물만을 저장 또는 취급하는 것을 제외한다) • 저장창고의 연면적이 150㎡를 초과하는 것[당해저장창고가	자동화재 탐지설비

	연면적 150㎡ 이내마다 불연재료의 격벽으로 개구부 없이 완전히 구획된 것과 제2류 또는 제4류의 위험물(인화성고체 및 인화점이 70℃ 미만인 제4류 위험물을 제외한다)만을 저장 또는 취급하는 것에 있어서는 저장창고의 연면적이 500㎡ 이상의 것에 한한다] • 처마높이가 6m 이상인 단층건물의 것 • 옥내저장소로 사용되는 부분 외의 부분이 있는 건축물에 설치된 옥내저장소[옥내저장소와 옥내저장소 외의 부분이 내화구조의 바닥 또는 벽으로 개구부 없이 구획된 것과 제2류 또는 제4류의 위험물(인화성고체 및 인화점이 70℃ 미만인 제4류 위험물을 제외한다)만을 저장 또는 취급 하는 것을 제외한다]	
3. 옥내탱크저장소	단층 건물 외의 건축물에 설치된 옥내탱크저장소로서 소화난이도등급Ⅰ에 해당하는 것	자동화재 탐지설비
4. 주유취급소	옥내주유취급소	자동화재 탐지설비
5. 옥외탱크저장소	특수인화물, 제1석유류 및 알코올류를 저장 또는 취급하는 탱크의 용량이 1,000만리터 이상인 것	• 자동화재탐지설비 • 자동화재속보설비
6. 제1호 내지 제4호의 자동화재탐지설비 설치 대상에 해당하지 아니하는 제조소등	지정수량의 10배 이상을 저장 또는 취급하는 것	자동화재 탐지설비, 비상경보설비, 확성장치 또는 비상방송설비중 1종 이상

(2) 자동화재탐지설비의 설치기준

① 자동화재탐지설비의 경계구역(화재가 발생한 구역을 다른 구역과 구분하여 식별할 수 있는 최소단위의 구역을 말한다. 이하 이 호 및 제2호에서 같다)은 건축물 그 밖의 공작물의 2 이상의 층에 걸치지 아니하도록 할 것. 다만, 하나의 경계구역의 면적이 500㎡ 이하이면서 당해 경계구역이 두개의 층에 걸치는 경우이거나 계단·경사로·승강기의 승강로 그 밖에 이와 유사한 장소에 연기감지기를 설치하는 경우에는 그러하지 아니하다.

② 하나의 경계구역의 면적은 600㎡ 이하로 하고 그 한변의 길이는 50m(광전식분리형 감지기를 설치할 경우에는 100m)이하로 할 것. 다만, 당해 건축물 그 밖의 공작물의 주요한 출입구에서 그 내부의 전체를 볼 수 있는 경우에 있어서는 그 면적을 1,000㎡ 이하로 할 수 있다.

③ 자동화재탐지설비의 감지기는 지붕(상층이 있는 경우에는 상층의 바닥) 또는 벽의 옥내에 면한 부분(천장이 있는 경우에는 천장 또는 벽의 옥내에 면한 부분 및 천장의 뒷 부분)에 유효하게 화재의 발생을 감지할 수 있도록 설치할 것
④ 자동화재탐지설비에는 비상전원을 설치할 것

③▸▸ 피난설비

① 주유취급소 중 건축물의 2층 이상의 부분을 점포·휴게음식점 또는 전시장의 용도로 사용하는 것에 있어서는 당해 건축물의 2층 이상으로부터 주유취급소의 부지 밖으로 통하는 출입구와 당해 출입구로 통하는 통로·계단 및 출입구에 유도등을 설치하여야 한다.
② 옥내주유취급소에 있어서는 당해 사무소 등의 출입구 및 피난구와 당해 피난구로 통하는 통로·계단 및 출입구에 유도등을 설치하여야 한다.
③ 유도등에는 비상전원을 설치하여야 한다.

17 위험물 안전관리에 관한 세부기준

법제처 → 행정규칙 → 위험물안전관리에 관한 세부기준 원문 참조

[대영소방전문학원 자료실에서 다운받아 참조하시기 바랍니다.]

MEMO

[예상문제]

위험물시설기준

예상문제

001 다음의 위험물안전관리법 시행규칙에서 규정하고 있는 제조소의 안전거리에 관한 사항이다. 바르지 않은 것은?

① 제조소와 학교·병원·극장 등과의 안전거리는 30m 이상이어야 한다.
② 제조소와 지정문화재와의 안전거리는 50m 이상이어야 한다.
③ 제조소와 공동주택 등 주거시설과의 안전거리는 10m 이상이어야 한다.
④ 제조소와 고압가스, 액화석유가스 또는 도시가스를 저장·취급하는 시설과의 안전거리는 10m 이상이어야 한다.

◀해설 **안전거리**
제조소(제6류 위험물을 취급하는 제조소를 제외)는 건축물의 외벽 또는 이에 상당하는 공작물의 외측으로부터 당해 제조소의 외벽 또는 이에 상당하는 공작물의 외측까지의 사이에 수평거리를 두어야 한다. 다만, 불연재료로 된 방화상 유효한 담 또는 벽을 설치하는 경우에는 안전거리를 단축할 수 있다.

1. 주거용 : 10m 이상
2. 학교·병원·극장 그 밖에 다수인을 수용하는 시설 : 30m 이상
   ① 학교
   ② 병원급 의료기관
   ③ 공연장, 영화상영관 및 그 밖에 이와 유사한 시설로서 3백 명 이상의 인원을 수용할 수 있는 것
   ④ 아동복지시설, 노인복지시설, 장애인복지시설, 한부모가족복지시설, 어린이집, 성매매피해자 등을 위한 지원시설, 정신보건시설, 「가정폭력방지 및 피해자보호 등에 관한 법률」에 따른 보호시설 및 그 밖에 이와 유사한 시설로서 20명 이상의 인원을 수용할 수 있는 것
3. 유형문화재와 기념물 중 지정문화재에 있어서는 50m 이상
4. 고압가스, 액화석유가스 또는 도시가스를 저장 또는 취급하는 시설 : 20m 이상
   ① 고압가스제조시설(용기에 충전하는 것을 포함한다) 또는 고압가스 사용시설로서 1일 30m³ 이상의 용적을 취급하는 시설이 있는 것
   ② 고압가스저장시설
   ③ 액화산소를 소비하는 시설
   ④ 액화석유가스제조시설 및 액화석유가스저장시설
   ⑤ 도시가스공급시설
5. 사용전압이 7,000V 초과 35,000V 이하의 특고압가공전선 : 3m 이상
6. 사용전압이 35,000V를 초과하는 특고압가공전선 : 5m 이상

정답 : 001.④

002 다음은 위험물안전관리법령에서 규정하고 있는 보유공지에 관한 사항이다. 바르지 않은 것은?

① 보유공지는 위험물의 위험성을 차단, 완화시킬 수 있는 가장 일차적인 공간이며 또한 화재시 연소확대 방지 및 소방활동의 공간확보에 그 취지가 있다.
② 보유공지에 영향을 주는 요인은 위험물의 양, 위험물의 종류, 제조소 등에 설치된 소방시설 등이 있다.
③ 위험물제조소 등 중 제조소, 옥내저장소, 옥외탱크저장소, 옥외저장소는 보유공지의 규정의 적용을 받는다.
④ 보유공지는 제조소 등의 주위에 설치하여야 하는 시설의 개념이며, 제조소 등에 위험물을 이송하기 위한 배관, 소화설비 배관 등의 주위에도 확보하여야 한다.

> **해설** **보유공지**
> 1. 위험물을 취급하는 건축물 그 밖의 시설(위험물을 이송하기 위한 배관 등 제외)의 주위에는 그 취급하는 위험물의 최대수량에 따라 다음 표에 의한 너비의 공지를 보유하여야 한다.
>
> | 취급하는 위험물의 최대수량 | 공지의 너비 |
> |---|---|
> | 지정수량의 10배 이하 | 3m 이상 |
> | 지정수량의 10배 초과 | 5m 이상 |
>
> 2. 제조소의 작업공정이 다른 작업장의 작업공정과 연속되어 있어, 제조소의 건축물 그 밖의 공작물의 주위에 공지를 두게 되면 그 제조소의 작업에 현저한 지장이 생길 우려가 있는 경우 당해 제조소와 다른 작업장 사이에 다음 각 목의 기준에 따라 방화상 유효한 격벽을 설치한 때에는 당해 제조소와 다른 작업장 사이에 공지를 보유하지 아니할 수 있다.
>   ① 방화벽은 내화구조로 할 것(다만, 제6류 위험물인 경우에는 불연재료로 할 수 있다)
>   ② 방화벽에 설치하는 출입구 및 창 등의 개구부는 가능한 한 최소로 하고, 출입구 및 창에는 자동폐쇄식의 갑종방화문을 설치할 것
>   ③ 방화벽의 양단 및 상단이 외벽 또는 지붕으로부터 50cm 이상 돌출하도록 할 것

003 다음 중 옥외탱크저장소에 설치하는 방유제에 대한 설명으로 옳지 않은 것은?

① 방유제의 높이는 0.5m 이상 3m 이하로 할 것
② 방유제 내의 면적은 80,000m² 이하로 할 것
③ 방유제 안에 탱크가 하나인 때에는 탱크용량의 40%로 한다.
④ 방유제 안에 탱크가 2기 이상인 때는 가장 큰 탱크용량의 110% 이상으로 할 것

> **해설** ① 방유제는 높이 0.5m 이상 3m 이하, 두께 0.2m 이상, 지하매설깊이 1m 이상으로 할 것. 다만, 방유제와 옥외저장탱크 사이의 지반면 아래에 불침윤성(不浸潤性) 구조물을 설치하는 경우에는 지하매설깊이를 해당 불침윤성 구조물까지로 할 수 있다.

정답 : 002.④ 003.③

예상문제

② 방유제 내의 면적은 8만m² 이하로 할 것
③ 방유제의 용량
 • 옥외탱크저장소 : 용량＝최대탱크용량의 110% 이상
 • 제조소 : 용량＝최대탱크용량의 50%＋기타탱크 용량 합계의 10%
④ 2기 이상인 때에는 그 탱크 중 용량이 최대인 것의 용량의 110% 이상으로 할 것

004 위험물안전관리법령상 인화성 액체위험물(이황화탄소를 제외)의 옥외탱크저장소의 탱크 주위에 설치하여야 하는 방유제의 설치기준 중 틀린 것은?

① 방유제 내의 면적은 60,000m² 이하로 하여야 한다.
② 방유제는 높이 0.5m 이상 3m 이하, 두께 0.2 이상, 지하매설깊이 1m 이상으로 할 것. 다만, 방유제와 옥외저장탱크 사이의 지반면 아래에 불침윤성 구조물을 설치하는 경우에는 지하매설깊이를 해당 불침윤성 구조물까지로 할 수 있다.
③ 방유제의 용량은 방유제 안에 설치된 탱크가 하나인 때에는 그 탱크 용량의 110% 이상, 2기 이상인 때에는 그 탱크 중 용량이 최대인 것의 용량의 110% 이상으로 하여야 한다.
④ 방유제는 철근콘크리트로 하고, 방유제와 옥외저장탱크 사이의 지표면은 불연성과 불침윤성이 있는 구조(철근콘크리트 등)로 할 것. 다만, 누출된 위험물을 수용할 수 있는 전용유조 및 펌프 등의 설비를 갖춘 경우에는 방유제와 옥외저장탱크 사이의 지표면을 흙으로 할 수 있다.

해설 60,000m² 이하 → 80,000m² 이하

005 위험물안전관리법령에 따른 위험물제조소의 옥외에 있는 위험물취급탱크 용량이 100m³ 및 180m³인 2개의 취급탱크 주위에 하나의 방유제를 설치하는 경우 방유제의 최소 용량은 몇 m³이어야 하는가?

① 100
② 140
③ 180
④ 280

해설 2개 이상 탱크이므로
'최대탱크용량의 '50%'＋'기타 탱크용량의 '합의 '10%
＝'180m³×0.5＋100m³×0.1＝'100m³

옥외탱크저장소의 방유제
1) 높이 : 0.5m~3m 이하
2) 탱크 : 10기(모든 탱크용량이 20만liter 이하, 인화점이 70~200℃ 미만은 20기) 이하
3) 면적 : 80,000m² 이하

정답 : 004.① 005.①

4) 용량
- 1기 이상 : 탱크용량의 110%
- 2기 이상 : 최대탱크용량의 110%

제조소 방유제 설치기준(용량부분 상이함)
용량='최대탱크용량의 50%+기타 탱크용량 합계의 10%

006 위험물안전관리법령에 따른 인화성 액체위험물(이황화탄소를 제외)의 옥외탱크저장소의 탱크 주위에 설치하는 방유제의 설치기준 중 옳은 것은?

① 방유제의 높이는 0.5m 이상 2.0m 이하로 할 것
② 방유제 내의 면적은 100,000m² 이하로 할 것
③ 방유제의 용량은 방유제 안에 설치된 탱크가 2기 이상인 때에는 그 탱크 중 용량이 최대인 것의 용량의 120% 이상으로 할 것
④ 높이가 1m를 넘는 방유제 및 간막이 둑의 안팎에는 방유제 내에 출입하기 위한 계단 또는 경사로를 약 50m마다 설치할 것

007 주유취급소에 대한 설명으로 옳지 않은 것은?

① 주유취급소 관계자가 거주하는 주거시설은 설치할 수 없다.
② 주유취급소 중 옥내주유취급소는 소화난이도 등급Ⅱ, 일반주유취급소는 소화난이도 등급Ⅰ에 해당한다.
③ 주유취급소에는 황색바탕에 흑색문자로 "주유중엔진정지"라는 게시판을 설치하여야 한다.
④ 주유취급소에 자동차 등이 출입할 수 있도록 너비 15m, 길이 6m 이상의 공지를 보유하도록 한다.

▶해설 주유취급소에는 주유 또는 그에 부대하는 업무를 위하여 사용되는 다음 건축물 또는 시설 외에는 다른 건축물 그 밖의 공작물을 설치할 수 없다.
① 주유 또는 등유·경유를 옮겨 담기 위한 작업장
② 주유취급소의 업무를 행하기 위한 사무소
③ 자동차 등의 점검 및 간이정비를 위한 작업장
④ 자동차 등의 세정을 위한 작업장
⑤ 주유취급소에 출입하는 사람을 대상으로 한 점포·휴게음식점 또는 전시장
⑥ 주유취급소의 관계자가 거주하는 주거시설
⑦ 전기자동차용 충전설비(전기를 동력원으로 하는 자동차에 직접 전기를 공급하는 설비를 말한다. 이하 같다)
⑧ 그 밖의 소방청장이 정하여 고시하는 건축물 또는 시설

정답 : 006.④ 007.①

예상문제 • 729

예상문제

008 다음 주유취급소에 대한 설명 중 옳은 것은?

① 주유를 받으려는 자동차 등이 출입할 수 있도록 너비 10m 이상, 길이 5m 이상의 콘크리트 등으로 포장한 공지를 보유하여야 한다.
② 고정주유설비 또는 고정급유설비의 주유관의 길이는 5m 이내로 하고 그 선단에는 축적된 정전기를 유효하게 제거할 수 있는 장치를 설치하여야 한다.
③ 주유취급소의 주위에는 자동차 등이 출입하는 쪽 외의 부분에 높이 1m 이상의 내화구조 또는 불연재료의 담 또는 벽을 설치하여야 한다.
④ 흑색바탕에 황색문자로 "주유중엔진정지"라는 표시를 한 게시판을 설치하여야 한다.

해설 주유취급소의 위치·구조 및 설비의 기준(제37조 관련)

Ⅰ. 주유공지 및 급유공지
1. 주유취급소의 고정주유설비(펌프기기 및 호스기기로 되어 위험물을 자동차 등에 직접 주유하기 위한 설비로서 현수식의 것을 포함한다. 이하 같다)의 주위에는 주유를 받으려는 자동차 등이 출입할 수 있도록 너비 15m 이상, 길이 6m 이상의 콘크리트 등으로 포장한 공지(이하 "주유공지"라 한다)를 보유하여야 하고, 고정급유설비(펌프기기 및 호스기기로 되어 위험물을 용기에 옮겨 담거나 이동저장탱크에 주입하기 위한 설비로서 현수식의 것을 포함한다. 이하 같다)를 설치하는 경우에는 고정급유설비의 호스기기의 주위에 필요한 공지(이하 "급유공지"라 한다)를 보유하여야 한다.
2. 제1호의 규정에 의한 공지의 바닥은 주위 지면보다 높게 하고, 그 표면을 적당하게 경사지게 하여 새어나온 기름 그 밖의 액체가 공지의 외부로 유출되지 아니하도록 배수구·집유설비 및 유분리장치를 하여야 한다.

Ⅱ. 표지 및 게시판
주유취급소에는 별표 4 Ⅲ제1호의 기준에 준하여 보기 쉬운 곳에 "위험물 주유취급소"라는 표시를 한 표지, 동표 Ⅲ제2호의 기준에 준하여 방화에 관하여 필요한 사항을 게시한 게시판 및 황색바탕에 흑색문자로 "주유중엔진정지"라는 표시를 한 게시판을 설치하여야 한다.

Ⅶ. 담 또는 벽
1. 주유취급소의 주위에는 자동차 등이 출입하는 쪽 외의 부분에 높이 2m 이상의 내화구조 또는 불연재료의 담 또는 벽을 설치하되, 주유취급소의 인근에 연소의 우려가 있는 건축물이 있는 경우에는 소방청장이 정하여 고시하는 바에 따라 방화상 유효한 높이로 하여야 한다.
2. 제1호에도 불구하고 다음 각 목의 기준에 모두 적합한 경우에는 담 또는 벽의 일부분에 방화상 유효한 구조의 유리를 부착할 수 있다.
   가. 유리를 부착하는 위치는 주입구, 고정주유설비 및 고정급유설비로부터 4m 이상 이격될 것
   나. 유리를 부착하는 방법은 다음의 기준에 모두 적합할 것
      1) 주유취급소 내의 지반면으로부터 70cm를 초과하는 부분에 한하여 유리를 부착할 것
      2) 하나의 유리판의 가로의 길이는 2m 이내일 것

정답 : 008.②

3) 유리판의 테두리를 금속제의 구조물에 견고하게 고정하고 해당 구조물을 담 또는 벽에 견고하게 부착할 것
4) 유리의 구조는 접합유리(두 장의 유리를 두께 0.76 mm 이상의 폴리비닐부티랄 필름으로 접합한 구조를 말한다)로 하되, 「유리구획 부분의 내화시험방법(KS F 2845)」에 따라 시험하여 비차열 30분 이상의 방화성능이 인정될 것

다. 유리를 부착하는 범위는 전체의 담 또는 벽의 길이의 10분의 2를 초과하지 아니할 것

Ⅳ. 고정주유설비 등
1. 주유취급소에는 자동차 등의 연료탱크에 직접 주유하기 위한 고정주유설비를 설치하여야 한다.
2. 주유취급소의 고정주유설비 또는 고정급유설비는 Ⅲ제1호 가목·나목 또는 마목의 규정에 의한 탱크 중 하나의 탱크만으로부터 위험물을 공급받을 수 있도록 하고, 다음 각 목의 기준에 적합한 구조로 하여야 한다.
   가. 펌프기기는 주유관 선단에서의 최대토출량이 제1석유류의 경우에는 분당 50l 이하, 경유의 경우에는 분당 180l 이하, 등유의 경우에는 분당 80l 이하인 것으로 할 것. 다만, 이동저장탱크에 주입하기 위한 고정급유설비의 펌프기기는 최대토출량이 분당 300l 이하인 것으로 할 수 있으며, 분당 토출량이 200l 이상인 것의 경우에는 주유설비에 관계된 모든 배관의 안지름을 40mm 이상으로 하여야 한다.
   나. 이동저장탱크의 상부를 통하여 주입하는 고정급유설비의 주유관에는 당해 탱크의 밑부분에 달하는 주입관을 설치하고, 그 토출량이 분당 80l를 초과하는 것은 이동저장탱크에 주입하는 용도로만 사용할 것
   다. 고정주유설비 또는 고정급유설비는 난연성 재료로 만들어진 외장을 설치할 것. 다만, Ⅸ의 규정에 의한 기준에 적합한 펌프실에 설치하는 펌프기기 또는 액중펌프에 있어서는 그러하지 아니하다.
   라. 고정주유설비 또는 고정급유설비의 본체 또는 노즐 손잡이에 주유작업자의 인체에 축적되는 정전기를 유효하게 제거할 수 있는 장치를 설치할 것
3. 고정주유설비 또는 고정급유설비의 주유관의 길이(선단의 개폐밸브를 포함한다)는 5m(현수식의 경우에는 지면 위 0.5m의 수평면에 수직으로 내려 만나는 점을 중심으로 반경 3m) 이내로 하고 그 선단에는 축적된 정전기를 유효하게 제거할 수 있는 장치를 설치하여야 한다.
4. 고정주유설비 또는 고정급유설비는 다음 각 목의 기준에 적합한 위치에 설치하여야 한다.
   가. 고정주유설비의 중심선을 기점으로 하여 도로경계선까지 4m 이상, 부지경계선·담 및 건축물의 벽까지 2m(개구부가 없는 벽까지는 1m) 이상의 거리를 유지하고, 고정급유설비의 중심선을 기점으로 하여 도로경계선까지 4m 이상, 부지경계선 및 담까지 1m 이상, 건축물의 벽까지 2m(개구부가 없는 벽까지는 1m) 이상의 거리를 유지할 것
   나. 고정주유설비와 고정급유설비의 사이에는 4m 이상의 거리를 유지할 것

예상문제

009 다음은 위험물안전관리법 시행규칙에서 규정하고 있는 옥외저장소의 기준에 관한 사항이다. 바르지 않은 것은?

① 저장창고의 벽·기둥 및 바닥은 방화구조로 한다.
② 옥외저장소에 선반을 설치하는 경우에 선반의 높이는 6m를 초과하지 않아야 한다.
③ 지정수량 10배 이상의 저장창고에는 피뢰침을 설치해야 한다.
④ 옥외저장소의 보유공지의 너비는 저장 또는 취급하는 위험물의 최대수량이 기준이 되나 예외로 위험물의 종류에 따라 수량에 따른 보유공지를 단축할 수 있도록 하고 있다.

◀해설 ① 법상 규정되어있지 않음

010 「위험물 안전관리법」상 지하저장탱크의 주위에는 당해 탱크로부터의 액체위험물의 누설을 검사하기 위한 관을 설치하여야 한다. 옳지 않은 것은?

① 이중관으로 할 것. 다만, 소공이 없는 상부는 단관으로 할 수 있다.
② 재료는 금속관 또는 경질합성수지관으로 할 것
③ 관은 탱크전용실의 바닥 또는 탱크의 기초까지 닿게 할 것
④ 상부는 물이 침투하지 아니하는 구조로 하고, 뚜껑은 검사 후에 쉽게 열 수 없도록 할 것

◀해설 당해 탱크로부터의 액체위험물의 누설을 검사하기 위한 관(누설검사관)
1) 4개소 이상 적당한 위치에 설치하여야 한다.
2) 이중관으로 할 것. 다만, 소공이 없는 상부는 단관으로 할 수 있다.
3) 재료는 금속관 또는 경질합성수지관으로 할 것
4) 관은 탱크전용실의 바닥 또는 탱크의 기초까지 닿게 할 것
5) 관의 밑부분으로부터 탱크의 중심 높이까지의 부분에는 소공이 뚫려 있을 것. 다만, 지하수위가 높은 장소에 있어서는 지하수위 높이까지의 부분에 소공이 뚫려 있어야 한다.
6) 상부는 물이 침투하지 아니하는 구조로 하고, 뚜껑은 검사 시에 쉽게 열 수 있도록 할 것

011 저장 또는 취급하는 위험물의 수량이 지정수량의 20배 이하인 제1종 판매취급소의 위치로서 옳은 것은?

① 건축물의 지하층에 설치하여야 한다.
② 건축물의 1층에 설치하여야 한다.
③ 지하층만 있는 건축물에 설치하여야 한다.
④ 건축물의 2층 이상에 설치하여야 한다.

정답 : 009.① 010.④ 011.②

해설 저장 또는 취급하는 위험물의 수량이 지정수량의 20배 이하인 판매취급소(이하 "제1종 판매취급소"라 한다)의 위치·구조 및 설비의 기준은 다음 각 목과 같다.
가. 제1종 판매취급소는 건축물의 1층에 설치할 것
나. 제1종 판매취급소에는 별표 4 Ⅲ제1호의 기준에 따라 보기 쉬운 곳에 "위험물 판매취급소(제1종)"라는 표시를 한 표지와 동표 Ⅲ제2호의 기준에 따라 방화에 관하여 필요한 사항을 게시한 게시판을 설치하여야 한다.
다. 제1종 판매취급소의 용도로 사용되는 건축물의 부분은 내화구조 또는 불연재료로 하고, 판매취급소로 사용되는 부분과 다른 부분과의 격벽은 내화구조로 할 것
라. 제1종 판매취급소의 용도로 사용하는 건축물의 부분은 보를 불연재료로 하고, 천장을 설치하는 경우에는 천장을 불연재료로 할 것
마. 제1종 판매취급소의 용도로 사용하는 부분에 상층이 있는 경우에 있어서는 그 상층의 바닥을 내화구조로 하고, 상층이 없는 경우에 있어서는 지붕을 내화구조 또는 불연재료로 할 것
바. 제1종 판매취급소의 용도로 사용하는 부분의 창 및 출입구에는 갑종방화문 또는 을종방화문을 설치할 것
사. 제1종 판매취급소의 용도로 사용하는 부분의 창 또는 출입구에 유리를 이용하는 경우에는 망입유리로 할 것
아. 제1종 판매취급소의 용도로 사용하는 건축물에 설치하는 전기설비는 전기사업법에 의한 전기설비기술기준에 의할 것
자. 위험물을 배합하는 실은 다음에 의할 것
1) 바닥면적은 6m^2 이상 15m^2 이하로 할 것
2) 내화구조 또는 불연재료로 된 벽으로 구획할 것
3) 바닥은 위험물이 침투하지 아니하는 구조로 하여 적당한 경사를 두고 집유설비를 할 것
4) 출입구에는 수시로 열 수 있는 자동폐쇄식의 갑종방화문을 설치할 것
5) 출입구 문턱의 높이는 바닥면으로부터 0.1m 이상으로 할 것
6) 내부에 체류한 가연성의 증기 또는 가연성의 미분을 지붕 위로 방출하는 설비를 할 것

012 제1종 판매취급소의 위험물을 배합하는 실의 기준으로 맞는 것은?

① 바닥면적은 5m^2 이상 10m^2 이하일 것
② 출입구 문턱의 높이는 바닥면으로부터 0.1m 이상으로 할 것
③ 바닥은 위험물이 침투하지 아니하는 구조로 하고 경사를 두지 말 것
④ 내부에 체류한 가연성의 증기는 벽면에 있는 창문으로 방출할 것

해설 제1종 판매취급소의 배합실의 기준(위험물법 규칙 별표 14)
(1) 바닥면적은 6m^2 이상 15m^2 이하일 것
(2) 출입구 문턱의 높이는 바닥면으로부터 0.1m 이상으로 할 것
(3) 내화구조 또는 불연재료로 된 벽으로 구획할 것
(4) 바닥은 물이 침투하지 아니하는 구조로 하여 적당한 경사를 두고 집유 설비를 할 것
(5) 출입구에는 수시로 문을 열 수 있는 자동폐쇄식의 갑종방화문을 설치할 것
(6) 내부에 체류한 가연성의 증기 또는 가연성의 미분을 지붕 위로 방출하는 설비를 할 것

정답 : 012.②

예상문제

013 위험물제조소와 학교와의 이격거리는?

① 30m ② 50m
③ 70m ④ 100m

해설 **안전거리**
제조소(제6류 위험물을 취급하는 제조소를 제외)는 건축물의 외벽 또는 이에 상당하는 공작물의 외측으로 부터 당해 제조소의 외벽 또는 이에 상당하는 공작물의 외측까지의 사이에 수평거리를 두어야 한다. 다만, 불연재료로 된 방화상 유효한 담 또는 벽을 설치하는 경우에는 안전거리를 단축할 수 있다.
1. 주거용 : 10m 이상
2. 학교·병원·극장 그 밖에 다수인을 수용하는 시설 : 30m 이상
   ① 학교
   ② 병원급 의료기관
   ③ 공연장, 영화상영관 및 그 밖에 이와 유사한 시설로서 3백 명 이상의 인원을 수용할 수 있는 것
   ④ 아동복지시설, 노인복지시설, 장애인복지시설, 한부모가족복지시설, 어린이집, 성매매피해자 등을 위한 지원시설, 정신보건시설, 「가정폭력방지 및 피해자보호 등에 관한 법률」에 따른 보호시설 및 그 밖에 이와 유사한 시설로서 20명 이상의 인원을 수용할 수 있는 것
3. 유형문화재와 기념물 중 지정문화재에 있어서는 50m 이상
4. 고압가스, 액화석유가스 또는 도시가스를 저장 또는 취급하는 시설 : 20m 이상
   ① 고압가스제조시설(용기에 충전하는 것을 포함한다) 또는 고압가스 사용시설로서 1일 30m³ 이상의 용적을 취급하는 시설이 있는 것
   ② 고압가스저장시설
   ③ 액화산소를 소비하는 시설
   ④ 액화석유가스제조시설 및 액화석유가스저장시설
   ⑤ 도시가스공급시설
5. 사용전압이 7,000V 초과 35,000V 이하의 특고압가공전선 : 3m 이상
6. 사용전압이 35,000V를 초과하는 특고압가공전선 : 5m 이상

014 다음 중 옥외탱크저장소에 반드시 필요한 내용으로 볼 수 없는 것은?

① 표지 및 게시판 ② 보유공지 및 안전거리
③ 탱크의 구조 ④ 건축물의 구조

해설 **옥외탱크저장소의 위치, 구조 및 설비의 기준**
1. 안전거리
2. 보유공지
3. 표지 및 게시판
4. 특정옥외저장탱크의 기초 및 지반

정답 : 013.① 014.④

5. 준특정옥외저장탱크의 기초 및 지반
6. 외부구조 및 설비
7. 특정옥외저장탱크의 구조
8. 준특정옥외저장탱크의 구조
9. 방유제

015 위험물안전관리법령상 제조소의 위치·구조 및 설비의 기준 중 위험물을 취급하는 건축물 그 밖의 시설의 주위에는 그 취급하는 위험물의 최대수량이 지정수량의 10배 이하인 경우 보유하여야 할 공지의 너비는 몇 m 이상이어야 하는가?

① 3
② 5
③ 8
④ 10

해설 보유공지

취급하는 위험물의 최대수량	공지의 너비
지정수량의 10배 이하	3m 이상
지정수량의 10배 초과	5m 이상

016 위험물을 저장 또는 취급하는 위험물 탱크의 용량산정 방법은?

① 탱크의 용량=탱크의 내용적+탱크의 공간용적
② 탱크의 용량=탱크의 내용적-탱크의 공간용적
③ 탱크의 용량=탱크의 내용적×탱크의 공간용적
④ 탱크의 용량=탱크의 내용적÷탱크의 공간용적

해설 탱크의 용량(위험물법 규칙 제5조)
(1) 탱크의 용량=탱크의 내용적-탱크의 공간용적
(2) 탱크의 공간 용적 : $\frac{5}{100}$ 이상 $\frac{10}{100}$ 이하

017 제4류 위험물을 저장하는 옥외탱크저장소에 설치하는 밸브 없는 통기관의 지름은?

① 30mm 이하
② 30mm 이상
③ 45mm 이하
④ 45mm 이상

해설 옥외탱크저장소, 옥내탱크저장소, 지하탱크저장소의 통기관의 지름 : 30mm 이상

간이탱크저장소의 통기관의 지름 : 25mm 이상

정답 : 015.① 016.② 017.②

예상문제

018 탱크의 매설에서 지하탱크저장소 탱크의 본체 윗부분은 지면으로부터 몇 m 이상 아래에 있어야 하는가?

① 0.6　　　② 0.8
③ 1.0　　　④ 1.2

▶해설　지하탱크저장소의 탱크는 저장탱크의 윗부분은 지면으로부터 0.6m 이상 아래에 있어야 한다.(위험물법 규칙 별표 8)

019 위험물제조소의 배출설비의 배출능력은 1시간당 배출장소 용적의 몇 배 이상으로 하여야 하는가?

① 10　　　② 20
③ 30　　　④ 40

▶해설　배출설비의 설치 기준(위험물법 규칙 별표 4)
(1) 배출설비 : 국소방식

> [전역방출방식으로 할 수 있는 경우]
> ① 위험물취급설비가 배관이음 등으로만 된 경우
> ② 건축물의 구조·작업장소의 분포 등의 조건에 의하여 전역방식이 유효한 경우

(2) 배출설비는 배풍기·배출덕트·후드 등을 이용하여 강제적으로 배출하는 것으로 할 것
(3) 배출능력은 1시간당 배출장소 용적의 20배 이상인 것으로 할 것(전역방식의 경우 : 바닥면적 $1m^2$당 $18m^3$ 이상)
(4) 급기구는 높은 곳에 설치하고, 가는 눈의 구리망 등으로 인화방지망을 설치할 것
(5) 배출구는 지상 2m 이상으로서 연소의 우려가 없는 장소에 설치하고, 배출덕트가 바로 가까이에 화재 시 자동으로 폐쇄되는 방화댐퍼를 설치할 것
(6) 배풍기 : 강제배기방식

020 위험물제조소별 주의사항으로 옳지 않은 것은?

① 황화린 – 화기주의
② 인화성 고체 – 화기주의
③ 휘발유 – 화기엄금
④ 셀룰로이드 – 화기엄금

정답 : 018.① 019.② 020.②

해설 위험물제조소별 주의사항

위험물의 종류	주의사항	게시판의 색상
제1류 위험물 중 알칼리금속의 과산화물 제3류 위험물 중 금수성 물질	물기엄금	청색바탕에 백색문자
제2류 위험물(인화성 고체는 제외)	화기주의	적색바탕에 백색문자
제2류 위험물 중 인화성 고체 제3류 위험물 중 자연발화성 물질 제4류 위험물 제5류 위험물	화기엄금	적색바탕에 백색문자

① 황화린 : 제2류 위험물
② 인화성 고체 : 제2류 위험물
③ 휘발유 : 제4류 위험물
④ 셀룰로이드 : 제5류 위험물

021 위험물제조소의 환기설비 중 급기구의 바닥면적이 150m² 이상일 때 급기구의 크기는?

① 150cm² 이상
② 30cm² 이상
③ 450cm² 이상
④ 800cm² 이상

해설 위험물 제조소의 환기설비(위험물법 규칙 별표 4)
  (1) 환기는 자연배기방식으로 할 것
  (2) 급기구는 바닥면적 150m²마다 1개 이상으로 하되, 급기구의 크기는 800cm² 이상으로 할 것
  [바닥면적이 150m² 미만인 경우의 크기]

바닥면적	급기구의 면적
60m² 미만	150cm² 이상
60m² 이상 90m² 미만	300cm² 이상
90m² 이상 120m² 미만	450cm² 이상
120m² 이상 150m² 미만	600cm² 이상

  (1) 급기구는 낮은 곳에 설치하고 가는 눈의 구리망 등으로 인화방지망을 설치할 것
  (2) 환기구는 지붕위 또는 지상 2m 이상의 높이에 회전식 고정벤틸레이터 또는 루프팬 방식으로 설치할 것

022 옥외탱크저장소의 탱크의 두께는 몇 mm 이상의 강철판을 틈이 없도록 제작하여야 하는가?

① 1.2
② 1.6
③ 2.0
④ 3.2

해설 옥외저장탱크는 두께 : 3.2mm 이상의 강철판

 정답 : 021.④ 022.④

예상문제

023 경유를 취급하는 주유취급소의 고정주유설비의 펌프기기는 주유관 선단에서의 최대 토출량이 몇 *l*/min 이하인 것으로 하여야 하는가?

① 40
② 50
③ 80
④ 180

해설 고정주유설비의 펌프기기는 주유관 선단에서의 최대 토출량(위험물법 규칙 별표 13)

위험물	제1석유류(휘발유)	등유	경유
토출량	50*l*/min 이하	80*l*/min 이하	180*l*/min 이하

024 제3류 위험물(자연발화성 물질)을 취급하는 위험물제조소의 표지 및 게시판의 주의사항은?

① 화기주의
② 물기엄금
③ 화기엄금
④ 물기주의

해설 위험물 제조소의 게시내용(위험물법 규칙 별표 4)

류별	주의사항	색상
• 제1류위험물(알칼리금속의 과산화물) • 제3류위험물(금수성 물질)	물기엄금	청색바탕에 백색문자
제2류위험물(인화성 고체 제외)	화기주의	적색바탕에 백색문자
• 제2류위험물(인화성 고체) • 제3류위험물(자연발화성 물질) • 제4류위험물, 제5류 위험물	화기엄금	적색바탕에 백색문자

025 지정수량 10배 이상을 취급하는 위험물제조소에서 피뢰침을 설치하지 않아도 되는 곳은?

① 제1류 위험물
② 제2류 위험물
③ 제5류 위험물
④ 제6류 위험물

해설 **피뢰침 설치**
지정수량의 10배 이상(제6류 위험물은 제외)(위험물법 규칙 별표 4)

정답 : 023.④ 024.③ 025.④

026 옥내저장소 하나의 저장창고 바닥면적을 1,000m² 이하로 하는 것으로 틀린 것은?

① 제1류 위험물 중 아염소산염류, 염소산염류, 과염소산염류, 무기과산화물, 그 밖에 지정수량이 50kg인 위험물
② 제3류 위험물 중 칼륨, 나트륨, 알킬알루미늄, 알킬리튬, 그 밖에 지정수량이 10kg인 위험물 및 황린
③ 제4류 위험물 중 특수인화물, 제2석유류 및 알코올류
④ 제6류 위험물

해설 옥내저장소 하나의 저장창고 바닥면적(위험물법 규칙 별표 5)
(1) 바닥면적 1,000m² 이하
① 제1류 위험물 : 아염소산염류, 염소산염류, 과염소산염류, 무기과산화물, 지정수량 50kg인 위험물
② 제3류 위험물 : 칼륨, 나트륨, 알킬알루미늄, 알킬리튬, 황린, 지정수량 10kg인 위험물
③ 제4류 위험물 : 특수인화물, 제1석유류, 알코올류
④ 제5류 위험물 : 유기과산화물, 질산에스테르류, 지정수량 10kg인 위험물
⑤ 제6류 위험물
(2) 바닥면적 2,000m² 이하 : (1)의 위험물 외의 위험물
(3) 바닥면적 1,500m² 이하 : (1), (2)의 위험물을 내화구조의 격벽으로 완전히 구획된 실에 각각 저장하는 창고

027 위험물 저장탱크의 내용적을 산출하기 위한 식 중 다음 그림에 해당되는 것은?

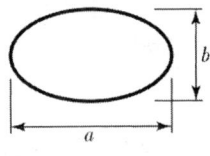 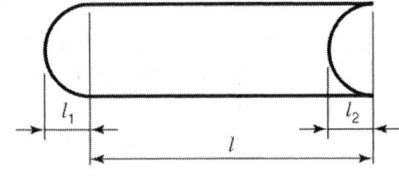

① $\dfrac{\pi ab}{4}\left(l+\dfrac{l_1+l_2}{3}\right)$ ② $\dfrac{\pi ab}{4}\left(l+\dfrac{l_1-l_2}{3}\right)$

③ $\pi r^2\left(l+\dfrac{l_1+l_2}{3}\right)$ ④ $\pi r^2 l$

해설 내용적 $V=\dfrac{\pi ab}{4}\left(l+\dfrac{l_1-l_2}{3}\right)$

정답 : 026.③ 027.②

예상문제

028 위험물을 취급하는 주유취급소의 시설기준 중 옳은 것은?
① 보일러 등에 직접 접속하는 전용탱크의 용량은 20,000*l* 이하이다.
② 휴게음식점을 설치할 수 있다.
③ 고정주유설비와 도로경계선과는 거리제한이 없다.
④ 주유관의 길이는 20m 이내이어야 한다.

해설 주유취급소의 시설기준(위험물법 규칙 별표 13)
(1) 탱크의 용량
① 자동차 등에 주유하기 위한 고정주유설비에 직접 접속하는 전용탱크 : 50,000*l* 이하
② 고정급유설비에 직접 접속하는 전용탱크 : 50,000*l* 이하
③ 보일러 등에 직접 접속하는 전용탱크 : 10,000*l* 이하
④ 자동차 등을 점검·정비하는 작업장 등에서 사용하는 폐유·윤활유 등의 위험물 저장탱크 : 2,000*l* 이하
(2) 주유취급소에 설치가능한 건축물
① 주유 또는 등유, 경유를 채우기 위한 작업장
② 주유취급소의 업무를 행하기 위한 사무소
③ 자동차 등의 점검 및 간이정비를 위한 작업장
④ 자동차 등의 세정을 위한 작업장
⑤ 점포, 휴게음식점, 전시장
⑥ 관계자의 주거시설
(3) 고정주유설비와 고정급유설비의 설치 기준
① 고정주유설비의 중심선을 기점으로 하여
ⓐ 도로경계선까지 : 4m 이상
ⓑ 부지경계선·담 및 건축물의 벽까지 : 2m(개구부가 없는 벽으로부터는 1m) 이상
② 고정급유설비의 중심선을 기점으로 하여
ⓐ 도로경계선까지 : 4m 이상
ⓑ 부지경계선·담까지 : 1m 이상
③ 건축물의 벽까지 : 2m(개구부가 없는 벽으로부터는 1m) 이상
④ 고정주유설비와 고정급유설비의 사이에는 4m 이상의 거리를 유지할 것
(4) 주유관의 길이 : 5m 이내(현수식은 지면에서 0.5m 높이에서 반경 3m 이내)

029 제조소에 전기설비가 설치된 경우 면적이 500m² 라면 소형 수동식 소화기의 설치개수는?
① 1개 이상　　　　　　　　　　② 3개 이상
③ 5개 이상　　　　　　　　　　④ 7개 이상

정답 : 028.② 029.③

해설 소화설비의 설치 기준(위험물법 규칙 별표 17)
(1) 전기설비의 소화설비 : 면적 100m²마다 소형 수동식 소화기를 1개 이상 설치할 것
(2) 소요단위의 계산방법
　① 제조소 또는 취급소의 건축물
　　ⓐ 외벽이 내화구조 : 연면적 100m²를 1소요단위
　　ⓑ 외벽이 내화구조가 아닌 것 : 연면적 50m²를 1소요단위
　② 저장소의 건축물
　　ⓐ 외벽이 내화구조 : 연면적 150m²를 1소요단위
　　ⓑ 외벽이 내화구조가 아닌 것 : 연면적 75m²를 1소요단위
　③ 위험물은 지정수량의 10배 : 1소요단위
∴ 수동식 소화기 설치 개수 = 면적 ÷ 100m²
　　　　　　　　　　　　 = 500 ÷ 100 = 5개 이상

030 운반 시 위험물을 혼합하여 적재 가능한 것은?
① 제1류 위험물 + 제5류 위험물
② 제3류 위험물 + 제5류 위험물
③ 제1류 위험물 + 제4류 위험물
④ 제2류 위험물 + 제5류 위험물

해설 운반 시 혼재 가능한 위험물
(1) 제1류와 제6류 위험물
(2) 제2류, 제4류, 제5류 위험물
(3) 제3류와 제4류 위험물

031 옥외저장소에 선반을 설치하는 경우 선반의 높이는?
① 1m 이하
② 1.5m 이하
③ 2m 이하
④ 6m 이하

해설 옥외저장소의 선반의 높이
6m를 초과하지 아니할 것(위험물법 규칙 별표 11)

032 옥외탱크저장소의 방유제 설치기준 중 틀린 것은?
① 면적은 80,000m² 이하로 할 것
② 방유제는 철근콘크리트 이외의 구조로 할 것
③ 높이는 0.5m 이상 3m 이하로 할 것
④ 방유제 내에는 배수구를 설치할 것

정답 : 030.④ 031.④ 032.②

예상문제

> **해설** 방유제의 설치 기준(위험물법 규칙 별표 6)
> (1) 용량 : 방유제 안에 탱크가 하나인 때에는 그 탱크용량의 110% 이상, 2기 이상인 때에는 가장 큰 탱크용량의 110% 이상으로 할 것
> (2) 높이 : 0.5m 이상 3m 이하, 두께 0.2m 이상, 지하매설깊이 1m 이상으로 할 것. 다만, 방유제와 옥외저장탱크 사이의 지반면 아래에 불침윤성(不浸潤性) 구조물을 설치하는 경우에는 지하매설깊이를 해당 불침윤성 구조물까지로 할 수 있다.
> (3) 면적 : 80,000m² 이하
> (4) 방유제 내에 최대설치 개수 : 10기 이하(인화점이 200℃ 이상은 예외)
>
> > 탱크의 용량이 20만l 이하이고,
> > 인화점이 70℃ 이상 200℃ 미만인 경우 : 20기 이하
>
> (5) 방유제의 탱크 옆판으로부터 유지거리(인화점 200℃ 이상은 제외)
>
> | 탱크의 지름 | 이격거리 |
> | --- | --- |
> | 지름이 15m 미만 | 탱크높이의 1/3 이상 |
> | 지름이 15m 이상 | 탱크높이의 1/2 이상 |
>
> (6) 방유제의 재질 : 방유제는 철근콘크리트로 하고, 방유제와 옥외저장탱크 사이의 지표면은 불연성과 불침윤성이 있는 구조(철근콘크리트 등)로 할 것. 다만, 누출된 위험물을 수용할 수 있는 전용유조(專用油槽) 및 펌프 등의 설비를 갖춘 경우에는 방유제와 옥외저장탱크 사이의 지표면을 흙으로 할 수 있다.

033 위험물을 배합하는 제1종 판매취급소의 실의 기준에 적합하지 않은 것은 어느 것인가?

① 바닥면적을 6m² 이상 15m² 이하로 할 것
② 내화구조 또는 불연재료로 된 벽을 구획할 것
③ 바닥에는 적당한 경사를 두고, 집유설비를 할 것
④ 출입구에는 갑종방화문 또는 을종방화문을 설치할 것

> **해설** 제1종 판매취급소의 배합실의 기준(위험물법 규칙 별표 14)
> (1) 바닥면적을 6m² 이상 15m² 이하로 할 것
> (2) 내화구조 또는 불연재료로 된 벽을 구획할 것
> (3) 바닥은 위험물이 침투하지 아니하는 구조로 하여 적당한 경사를 두고, 집유설비를 할 것
> (4) 출입구에는 수시로 열 수 있는 자동폐쇄식의 갑종방화문을 설치할 것
> (5) 출입구 문턱의 높이는 바닥면으로부터 0.1m 이상으로 할 것

034 주유취급소의 주유공지란 주유를 받으려는 자동차 등이 출입할 수 있도록 너비 몇 m 이상, 길이 몇 m 이상의 콘크리트로 포장한 공지를 말하는가?

① 너비 : 3m, 길이 : 6m
② 너비 : 6m, 길이 : 3m
③ 너비 : 6m, 길이 : 15m
④ 너비 : 15m, 길이 : 6m

 정답 : 033.④ 034.④

해설 주유취급소의 주유공지
너비 15m 이상, 길이 6m 이상(위험물법 규칙 별표 13)

035 다음은 위험물제조소에 설치하는 안전장치 중 위험물의 성질에 따라 안전밸브의 작동이 곤란한 가압설비에 한하여 설치하는 것은?

① 자동적으로 압력의 상승을 정지시키는 장치
② 감압측에 안전밸브를 부착한 감압밸브
③ 안전밸브를 병용하는 경보장치
④ 파괴판

해설 안전장치(위험물법 규칙 별표 4)
(1) 자동적으로 압력의 상승을 정지시키는 장치
(2) 감압측에 안전밸브를 부착한 감압밸브
(3) 안전밸브를 병용하는 경보장치
(4) 파괴판(위험물의 성질에 따라 안전밸브의 작동이 곤란한 가압설비에 한함)

036 이동탱크저장소의 방호틀의 두께는 몇 mm 이상의 강철판으로 제작하여야 하는가?

① 1.6mm 이상　　　　　　② 2.3mm 이상
③ 3.2mm 이상　　　　　　④ 5.0mm 이상

해설 강철판의 두께

구분	이동탱크저장소					지하 탱크	옥내 탱크	옥외 탱크
	탱크본체	측면틀	안전 칸막이	방호틀	방파판			
두께 (mm)	3.2	3.2	3.2	2.3	1.6	3.2	3.2	3.2

037 옥외탱크저장소 주위에는 공지를 보유하여야 한다. 저장 또는 취급하는 위험물의 최대 저장량이 지정수량의 600배라면 몇 m 이상인 너비의 공지를 보유하여야 하는가?

① 3　　　　　　　　　　② 5
③ 9　　　　　　　　　　④ 12

정답 : 035.④　036.②　037.②

예상문제

▶해설 **옥외 탱크저장소의 보유공지(위험물법 규칙 별표 6)**

저장 또는 취급하는 위험물의 최대수량	공지의 너비
지정수량의 500배 이하	3m 이상
지정수량의 500배 초과 1,000배 이하	5m 이상
지정수량의 1,000배 초과 2,000배 이하	9m 이상
지정수량의 2,000배 초과 3,000배 이하	12m 이상
지정수량의 3,000배 초과 4,000배 이하	15m 이상
지정수량의 4,000배 초과	탱크의 수평단면의 최대지름과 높이 중 큰 것과 같은 거리 이상 (30m 초과는 30m 이상으로, 15m 미만은 15m로 한다)

038 지하저장탱크의 주위에 당해 탱크로부터 액체위험물의 누설을 검사하기 위한 관의 설치기준으로 옳지 않은 것은?

① 소공이 없는 상부는 단관으로 할 수 있다.
② 재료는 금속관 또는 경질합성수지관으로 한다.
③ 관은 탱크실의 바닥에서 0.2m 이격하여 설치한다.
④ 관의 밑부분으로부터 탱크의 중심 높이까지의 부분에는 소공이 뚫려 있어야 한다.

▶해설 **누유검사관의 설치 기준(위험물법 규칙 별표 8)**
(1) 이중관으로 할 것. 다만, 소공이 없는 상부는 단관으로 할 수 있다.
(2) 재료는 금속관 또는 경질합성수지관으로 할 것
(3) 관은 탱크전용실바닥 또는 탱크의 기초까지 닿게 할 것
(4) 관의 밑부분으로부터 탱크의 중심 높이까지의 부분에는 소공이 뚫려 있을 것. 다만, 지하수위가 높은 장소에 있어서는 지하수위 높이까지의 부분에 소공이 뚫려 있어야 한다.
(5) 상부는 물이 침투하지 아니하는 구조로 하고, 뚜껑은 검사 시에 쉽게 열 수 있도록 할 것

> 누유검사관 : 4개소 이상 설치

039 인화점이 200℃ 미만인 위험물을 저장하는 옥외탱크저장소의 방유제는 탱크의 지름이 15m 이상인 경우 그 탱크의 측면으로부터 탱크 높이의 얼마 이상 거리를 확보하여야 하는가?

① $\frac{1}{2}$
② $\frac{1}{3}$
③ $\frac{1}{4}$
④ $\frac{1}{5}$

정답 : 038.③ 039.①

해설 방유제의 탱크 옆판으로부터 유지거리(인화점 200℃ 이상은 제외)

탱크의 지름	이격거리
지름이 15m 미만	탱크높이의 $\frac{1}{3}$ 이상
지름이 15m 이상	탱크높이의 $\frac{1}{2}$ 이상

040 위험물제조소의 배출설비의 배출능력은 1시간당 배출장소 용적의 몇 배 이상으로 하여야 하는가?
① 10
② 20
③ 30
④ 40

해설 배출설비의 설치 기준(위험물법 규칙 별표 4)
(1) 배출설비 : 국소방식

[전역방출방식으로 할 수 있는 경우]
① 위험물취급설비가 배관이음 등으로만 된 경우
② 건축물의 구조·작업장소의 분포 등의 조건에 의하여 전역방식이 유효한 경우

(2) 배출설비는 배풍기·배출덕트·후드 등을 이용하여 강제적으로 배출하는 것으로 할 것
(3) 배출능력은 1시간당 배출장소 용적의 20배 이상인 것으로 할 것(전역방식의 경우 : 바닥면적 1m²당 18m³ 이상)
(4) 급기구는 높은 곳에 설치하고, 가는 눈의 구리망 등으로 인화방지망을 설치할 것
(5) 배출구는 지상 2m 이상으로서 연소의 우려가 없는 장소에 설치하고, 배출덕트가 관통하는 벽부분의 바로 가까이에 화재 시 자동으로 폐쇄되는 방화댐퍼를 설치할 것
(6) 배풍기 : 강제배기방식

041 제조소 등의 경우 지하탱크의 완공검사 신청시기로 맞는 것은?
① 탱크를 완공하고 상치장소를 확보한 후
② 지하탱크를 매설하기 전
③ 공사 전체 또는 일부를 완료한 후
④ 공사의 일부를 완료한 후

해설 완공검사의 신청시기(위험물법 규칙 제20조)
(1) 지하탱크가 있는 제조소 등의 경우 : 당해 지하탱크를 매설하기 전
(2) 이동탱크저장소의 경우 : 이동저장탱크를 완공하고 상치장소를 확보한 후
(3) 이송취급소의 경우 : 이송배관 공사의 전체 또는 일부를 완료한 후. 다만, 지하·하천 등에 매설하는 이송배관의 공사의 경우에는 이송배관을 매설하기 전

정답 : 040.② 041.②

예상문제

(4) 전체 공사가 완료된 후에는 완공검사를 실시하기 곤란한 경우
   ① 위험물설비 또는 배관의 설치가 완료되어 기밀시험 또는 내압시험을 실시하는 시기
   ② 배관을 지하에 설치하는 경우에는 소방서장 또는 공사가 지정하는 부분을 매몰하기 직전
   ③ 공사가 지정하는 부분의 비파괴시험을 실시하는 시기
(5) 제1호 내지 제4호에 해당하지 아니하는 제조소 등의 경우 : 제조소 등의 공사를 완료한 후

042 고체위험물은 운반용기 내용적의 몇 % 이하의 수납률로 수납하여야 하는가?
① 36　　　　　　　　　　② 60
③ 95　　　　　　　　　　④ 98

해설 수납률(위험물법 규칙 별표 19)
  (1) 고체위험물 : 95% 이하
  (2) 액체위험물 : 98% 이하

043 이송취급소에서 배관을 지하에 매설하는 경우 배관은 그 외면으로부터 지하가 및 터널까지 몇 m 이상의 안전거리를 두어야 하는가?
① 0.3　　　　　　　　　② 1.5
③ 10　　　　　　　　　　④ 300

해설 배관을 지하에 매설할 경우 안전거리(위험물법 규칙 별표 15)

대상물	건축물 (지하가 내의 건축물은 제외)	지하가 및 터널	
안전거리	1.5m 이상	10m 이상	300m 이상

044 위험물저장소로서 옥내저장소의 저장 창고는 위험물 저장을 전용으로 하여야 하며, 지면에서 처마까지의 높이는 몇 m 미만인 단층건축물로 하여야 하는가?
① 6　　　　　　　　　　② 6.5
③ 7　　　　　　　　　　④ 7.5

해설 옥내저장소의 건축물의 구조(위험물법 규칙 별표 5)
옥내저장소의 저장창고는 위험물의 저장을 전용으로 하며 지면에서 처마까지의 높이 6m 미만인 단층건물로 하고 그 바닥은 지면보다 높게 하여야 한다.

 정답 : 042.③　043.③　044.①

045 위험물제조소의 옥외에 있는 액체위험물을 취급하는 100m³ 및 200m³의 용량인 2개의 탱크 주위에 설치하여야 하는 방유제의 최소 기준용량은?
① 50m³
② 90m³
③ 110m³
④ 150m³

해설 위험물 취급탱크(지정수량 1/5 미만은 제외)
(1) 위험물제조소의 옥외에 있는 위험물 취급탱크
① 하나의 취급탱크 주위에 설치하는 방유제의 용량 : 당해 탱크용량의 50% 이상
② 2 이상의 취급탱크 주위에 하나의 방유제를 설치하는 경우 방유제의 용량 : 당해 탱크 중 용량이 최대인 것의 50%에 나머지 탱크용량 합계의 10%를 가산한 양 이상이 되게 할 것
(2) 위험물제조소의 옥내에 있는 위험물 취급탱크
① 하나의 취급탱크의 주위에 설치하는 방유턱의 용량 : 당해 탱크용량 이상
② 2 이상의 취급탱크 주위에 설치하는 방유턱의 용량 : 최대 탱크용량 이상
∴ 방유제의 용량 = 최대탱크용량 × 0.5 + 나머지 탱크용량 × 0.1
= 200m³ × 0.5 + 100m³ × 0.1 = 110m³

046 제조소에 환기설비를 설치하지 않아도 되는 경우는?
① 비상발전설비를 갖춘 조명설비를 유효하게 설치한 경우
② 배출설비를 유효하게 설치한 경우
③ 채광설비를 유효하게 설치한 경우
④ 공기조화설비를 유효하게 설치한 경우

해설 제외 대상(위험물법 규칙 별표 4)
(1) 환기설비 제외 : 배출설비가 설치되어 유효하게 환기가 되는 건축물
(2) 채광설비 제외 : 조명설비가 설치되어 유효하게 조도가 확보되는 건축물

047 위험물제조소의 "화기엄금"의 표지 및 게시판의 바탕색은?
① 청색
② 적색
③ 백색
④ 흑색

해설 위험물제조소 등의 표지 및 게시판
(1) 위험물제조소 : 백색바탕에 흑색문자
(2) 이동탱크저장소의 "위험물" : 흑색바탕에 황색반사도료
(3) 주유취급소의 "주유 중 엔진정지" : 황색바탕에 흑색문자
(4) 화기엄금, 화기주의 : 적색바탕에 백색문자
(5) 물기엄금 : 청색바탕에 백색문자

 정답 : 045.③ 046.② 047.②

예상문제

048 위험물제조소의 환기설비 중 급기구의 바닥면적이 150m² 이상일 때 급기구의 크기는?

① 150cm² 이상
② 30cm² 이상
③ 450cm² 이상
④ 800cm² 이상

해설 위험물 제조소의 환기설비(위험물법 규칙 별표 4)
(1) 환기는 자연배기방식으로 할 것
(2) 급기구는 바닥면적 150m²마다 1개 이상으로 하되, 급기구의 크기는 800cm² 이상으로 할 것

바닥면적이 150m² 미만인 경우의 크기

바닥면적	급기구의 면적
60m² 미만	150cm² 이상
60m² 이상 90m² 미만	300cm² 이상
90m² 이상 120m² 미만	450cm² 이상
120m² 이상 150m² 미만	600cm² 이상

(1) 급기구는 낮은 곳에 설치하고 가는 눈의 구리망 등으로 인화방지망을 설치할 것
(2) 환기구는 지붕위 또는 지상 2m 이상의 높이에 회전식 고정벤틸레이터 또는 루프팬방식으로 설치할 것

049 위험물저장소로서 옥내저장소의 저장창고의 기준으로 옳은 것은?

① 지면에서 처마까지의 높이가 8m 미만인 단층건축물로 하고 그 바닥은 지반면보다 낮게 하여야 한다.
② 지면에서 처마까지의 높이가 8m 미만인 단층건축물로 하고 그 바닥은 지반면보다 높게 하여야 한다.
③ 지면에서 처마까지의 높이가 6m 미만인 단층건축물로 하고 그 바닥은 지반면보다 낮게 하여야 한다.
④ 지면에서 처마까지의 높이가 6m 미만인 단층건축물로 하고 그 바닥은 지반면보다 높게 하여야 한다.

해설 옥내저장소의 저장창고는 지면에서 처마까지의 높이가 6m 미만인 단층건축물로 하고 그 바닥을 지반면보다 높게 하여야 한다.(위험물법 규칙 별표 5)

정답 : 048.④ 049.④

050 지하탱크저장소의 액체위험물의 누설을 검사하기 위한 관의 기준으로 틀린 것은?

① 단관으로 할 것
② 관은 탱크실의 바닥에 닿게 할 것
③ 재료는 금속관 또는 경질합성수지관으로 할 것
④ 관의 밑부분으로부터 탱크의 중심높이까지의 부분에는 소공이 뚫려 있을 것

해설 누유검사관의 설치 기준(위험물법 규칙 별표 8)
(1) 이중관으로 할 것. 다만, 소공이 없는 상부는 단관으로 할 수 있다.
(2) 재료는 금속관 또는 경질합성수지관으로 할 것
(3) 관은 탱크전용실바닥 또는 탱크의 기초까지 닿게 할 것
(4) 관의 밑부분으로부터 탱크의 중심 높이까지의 부분에는 소공이 뚫려 있을 것. 다만, 지하수위가 높은 장소에 있어서는 지하수위 높이까지의 부분에 소공이 뚫려 있어야 한다.
(5) 상부는 물이 침투하지 아니하는 구조로 하고, 뚜껑은 검사 시에 쉽게 열 수 있도록 할 것

누유검사관 : 4개소 이상 설치

051 지정수량이 10배 이상인 위험물을 취급하는 제조소에 설치하여야 할 설비가 아닌 것은?

① 확성장치
② 비상방송설비
③ 자동화재탐지설비
④ 무선통신보조설비

해설 지정수량 10배 이상 : 경보설비(자동화재탐지설비, 비상경보설비, 비상방송설비, 확성장치) 설치

무선통신보조설비 : 소화활동설비

052 이동탱크저장소의 상용압력이 20kPa을 초과할 경우 안전장치의 작동압력은?

① 상용압력의 1.1배 이하
② 상용압력의 1.5배 이하
③ 20kPa 이상 14kPa 이하
④ 40kPa 이상 48kPa 이하

해설 이동탱크저장소의 안전장치(위험물법 규칙 별표 10)

상용압력	작동압력
20kPa 이하	20kPa 이상 24kPa 이하
20kPa 초과	상용압력의 1.1배 이하

정답 : 050.① 051.④ 052.①

예상문제

053 다음 중 위험물제조소 등에 설치하는 경보설비의 종류가 아닌 것은?

① 자동화재탐지설비
② 비상경보설비
③ 무선통신보조설비
④ 확성장치

해설 위험물 제조소의 경보설비

제조소등의 구분	제조소등의 규모, 저장 또는 취급하는 위험물의 종류 및 최대수량 등	경보설비
1. 제조소 및 일반취급소	• 연면적 500㎡ 이상인 것 • 옥내에서 지정수량의 100배 이상을 취급하는 것(고인화점 위험물만을 100℃ 미만의 온도에서 자동화재취급하는 것을 제외한다) • 일반취급소로 사용되는 부분 외의 부분이 있는건축물에 설치된 일반취급소(일반취급소와 일반취급소 외의 부분이 내화구조의 바닥 또는 벽으로 개구부 없이 구획된 것을 제외한다)	자동화재 탐지설비
2. 옥내저장소	• 지정수수량의 100배 이상을 저장 또는 취급하는 것(고인화점위험물만을 저장 또는 취급하는 것을 제외한다) • 저장창고의 연면적이 150㎡를 초과하는 것[당해저장창고가 연면적 150㎡ 이내마다 불연재료의 격벽으로 개구부 없이 완전히 구획된 것과 제2류 또는 제4류의 위험물(인화성고체 및 인화점이 70℃ 미만인 제4류 위험물을 제외한다)만을저장 또는 취급하는 것에 있어서는 저장창고의 연면적이 500㎡ 이상의 것에 한한다] • 처마높이가 6m 이상인 단층건물의 것 • 옥내저장소로 사용되는 부분 외의 부분이 있는건축물에 설치된 옥내저장소[옥내저장소와 옥내저장소 외의 부분이 내화구조의 바닥 또는 벽으로 개구부 없이 구획된 것과 제2류 또는 제4류의 위험물(인화성고체 및 인화점이 70℃ 미만인제4류 위험물을 제외한다)만을 저장 또는 취급 하는 것을 제외한다]	자동화재 탐지설비
3. 옥내탱크 저장소	단층 건물 외의 건축물에 설치된 옥내탱크저장소로서 소화난이도등급Ⅰ에 해당하는 것	자동화재 탐지설비
4. 주유취급소	옥내주유취급소	자동화재 탐지설비
5. 옥외탱크 저장소	특수인화물, 제1석유류 및 알코올류를 저장 또는 취급하는 탱크의 용량이 1,000만리터 이상인 것	• 자동화재탐지설비 • 자동화재속보설비
6. 제1호 내지 제4호의 자동화재탐지설비 설치 대상에 해당하지 아니하는 제조소등	지정수량의 10배 이상을 저장 또는 취급하는 것	자동화재 탐지설비, 비상경보설비, 확성장치 또는 비상방송설비중 1종 이상

정답 : 053.③

054 다음 중 위험물기능사가 취급할 수 있는 위험물의 종류로 옳은 것은?

① 제1~2류 위험물
② 제1~5류 위험물
③ 제1~6류 위험물
④ 국가기술자격증에 기재된 유(類)의 위험물

해설 위험물취급자격자의 자격(제11조제1항 관련)

위험물취급자격자의 구분		취급할 수 있는 위험물
1. 「국가기술자격법」에 의하여 위험물의 취급에 관한 자격을 취득한 자	위험물기능장	별표 1의 위험물 (제1류~제6류 위험물)
	위험물 산업기사	별표 1의 위험물 (제1류~제6류 위험물)
	위험물기능사	별표 1의 위험물 (제1류~제6류 위험물)
2. 안전관리자교육이수자(법 제28조제1항의 규정에 의하여 소방청장이 실시하는 안전관리자교육을 이수한 자를 말한다. 이하 별표 6에서 같다)		별표 1의 위험물 중 제4류 위험물
3. 소방공무원경력자(소방공무원으로 근무한 경력이 3년 이상인 자를 말한다. 이하 별표 6에서 같다)		별표 1의 위험물 중 제4류 위험물

055 소화난이도 등급Ⅲ의 지하탱크저장소에 설치하여야 할 소화설비는?

① 능력단위의 수치가 2단위 이상인 소형 수동식 소화기 1개 이상
② 능력단위의 수치가 2단위 이상인 소형 수동식 소화기 2개 이상
③ 능력단위의 수치가 3단위 이상인 소형 수동식 소화기 2개 이상
④ 능력단위의 수치가 3단위 이상인 소형 수동식 소화기 3개 이상

해설 소화난이도 등급 Ⅲ의 설치하는 소화설비

제조소 등의 구분	소화설비	설치기준	
지하탱크 저장소	소형 수동식 소화기 등	능력단위의 수치가 3 이상	2개 이상
이동탱크 저장소	자동차용 소화기	무상의 강화액 8L 이상	2개 이상
		이산화탄소 3.2킬로그램 이상	
		일브롬화일염화이플루오르화메탄 (CF2ClBr) 2L 이상	
		일브롬화삼플루오르화메탄 (CF3Br) 2L 이상	
		이브롬화사플루오르화에탄 (C2F3Br2) 1L 이상	
		소화분말 3.5킬로그램 이상	
	마른 모래 및 팽창질석 또는 팽창진주암	마른 모래 150L 이상	
		팽창질석 또는 팽창진주암 640L 이상	

정답 : 054.③ 055.③

예상문제

056 소화난이도 등급Ⅲ의 알킬알루미늄을 저장하는 이동탱크저장소에 자동차용 소화기 2개 이상을 설치한 후 추가로 설치하여야 할 마른 모래의 양은 몇 L인가?

① 50L 이상
② 100L 이상
③ 150L 이상
④ 200L 이상

057 위험물제조소 등에 옥외소화전을 4개 설치하고자 할 때 필요한 수원의 양은 얼마인가?

① 13m³ 이상
② 14m³ 이상
③ 24m³ 이상
④ 54m³ 이상

> **해설** **옥외소화전설비의 수원**
> = N(최대 4개)×450L/min×30min
> = N×13,500L = N×13.5m³
> = 4×13.5m³ = 54m³
>
> 마. 옥내소화전설비의 설치기준은 다음의 기준에 의할 것
>   1) 옥내소화전은 제조소 등의 건축물의 층마다 당해 층의 각 부분에서 하나의 호스접속구까지의 수평거리가 25m 이하가 되도록 설치할 것. 이 경우 옥내소화전은 각 층의 출입구 부근에 1개 이상 설치하여야 한다.
>   2) 수원의 수량은 옥내소화전이 가장 많이 설치된 층의 옥내소화전 설치개수(설치개수가 5개 이상인 경우는 5개)에 7.8m³를 곱한 양 이상이 되도록 설치할 것
>   3) 옥내소화전설비는 각 층을 기준으로 하여 당해 층의 모든 옥내소화전(설치개수가 5개 이상인 경우는 5개의 옥내소화전)을 동시에 사용할 경우에 각 노즐선단의 방수압력이 350kPa 이상이고 방수량이 1분당 260ℓ 이상의 성능이 되도록 할 것
>   4) 옥내소화전설비에는 비상전원을 설치할 것
>
> 바. 옥외소화전설비의 설치기준은 다음의 기준에 의할 것
>   1) 옥외소화전은 방호대상물(당해 소화설비에 의하여 소화하여야 할 제조소 등의 건축물, 그 밖의 공작물 및 위험물을 말한다. 이하 같다)의 각 부분(건축물의 경우에는 당해 건축물의 1층 및 2층의 부분에 한한다)에서 하나의 호스접속구까지의 수평거리가 40m 이하가 되도록 설치할 것. 이 경우 그 설치개수가 1개일 때는 2개로 하여야 한다.
>   2) 수원의 수량은 옥외소화전의 설치개수(설치개수가 4개 이상인 경우는 4개의 옥외소화전)에 13.5m³를 곱한 양 이상이 되도록 설치할 것
>   3) 옥외소화전설비는 모든 옥외소화전(설치개수가 4개 이상인 경우는 4개의 옥외소화전)을 동시에 사용할 경우에 각 노즐선단의 방수압력이 350kPa 이상이고, 방수량이 1분당 450ℓ 이상의 성능이 되도록 할 것
>   4) 옥외소화전설비에는 비상전원을 설치할 것

정답 : 056.③ 057.④

058
소화난이도 등급Ⅰ의 옥내탱크저장소나 옥외탱크저장소에서 유황을 저장·취급할 경우 설치하여야 하는 소화설비는?

① 물분무소화설비
② 옥외소화전설비
③ 포소화설비
④ 옥내소화전설비

해설 소화난이도등급Ⅰ의 제조소 등에 설치하여야 하는 소화설비

제조소 등의 구분			소화설비
제조소 및 일반취급소			옥내소화전설비, 옥외소화전설비, 스프링클러설비 또는 물분무등소화설비(화재발생시 연기가 충만할 우려가 있는 장소에는 스프링클러설비 또는 이동식 외의 물분무등 소화설비에 한한다)
옥내저장소	처마높이가 6m 이상인 단층건물 또는 다른 용도의 부분이 있는 건축물에 설치한 옥내저장소		스프링클러설비 또는 이동식 외의 물분무등소화설비
	그 밖의 것		옥외소화전설비, 스프링클러설비, 이동식 외의 물분무등소화설비 또는 이동식 포소화설비(포소화전을 옥외에 설치하는 것에 한한다.
옥외탱크저장소	지중탱크 또는 해상탱크 외의 것	유황을 저장취급하는 것	물분무소화설비
		인화점 70℃ 이상의 제4류 위험물만을 저장취급하는 것	물분무소화설비 또는 고정식 포소화설비
		그 밖의 것	고정식 포소화설비(포소화설비가 적응성이 없는 경우에는 분말소화설비)
	지중탱크		고정식 포소화설비, 이동식 이외의 이산화탄소소화설비 또는 이동식 이외의 할로겐화합물소화설비
	해상탱크		고정식 포소화설비, 물분무소화설비, 이동식 이외의 이산화탄소소화설비 또는 이동식 이외의 할로겐화합물 소화설비
옥내탱크저장소	유황을 저장 취급하는 것		물분무소화설비
	인화점 70℃ 이상의 제4류 위험물만을 저장 취급하는 것		물분무소화설비, 고정식 포소화설비, 이동식 이외의 이산화탄소소화설비, 이동식 이외의 할로겐화합물소화설비 또는 이동식 이외의 분말소화설비
	그 밖의 것		고정식 포소화설비, 이동식 이외의 이산화탄소소화설비, 이동식 이외의 할로겐화합물소화설비 또는 이동식 이외의 분말소화설비
옥외저장소 및 이송취급소			옥내소화전설비, 옥외소화전설비, 스프링클러설비 또는 물분무등소화설비(화재발생 시 연기가 충만할 우려가 있는 장소에는 스프링클러설비 또는 이동식 이외의 물분무등 소화설비에 한한다)

정답 : 058.①

예상문제

암반탱크저장소	유황을 저장 취급하는 것	물분무소화설비
	인화점 70℃ 이상의 제4류 위험물만을 저장 취급하는 것	물분무소화설비 또는 고정식 포소화설비
	그 밖의 것	고정식 포소화설비(포소화설비가 적응성이 없는 경우에는 분말소화설비)

059 위험물제조소의 안전거리로서 옳지 않은 것은?

① 3m 이상 – 7,000V 이상 35,000V 이하의 특고압가공전선
② 5m 이상 – 35,000V를 초과하는 특고압가공전선
③ 20m 이상 – 주거용으로 사용하는 것
④ 50m 이상 – 유형 문화재

◀해설 **위험물제조소의 안전거리(위험물법 규칙 별표 4)**

안전거리	해당대상물
50m 이상	유형문화재, 지정문화재
30m 이상	① 학교 ② 종합병원, 병원, 치과병원, 한방병원, 요양병원 ③ 공연장, 영화상영관, 유사한 시설로서 300명 이상 수용할 수 있는 것 ④ 아동복지시설, 장애인 복지시설, 모·부자복지시설, 보육시설, 가정폭력피해자시설로서 20명 이상의 인원을 수용할 수 있는 것
20m 이상	고압가스, 액화석유가스, 도시가스를 저장 또는 취급하는 시설
10m 이상	주거 용도에 사용되는 것
5m 이상	사용전압 35,000[V]를 초과하는 특고압가공전선
3m 이상	사용전압 7,000[V] 초과 35,000[V] 이항의 특고압가공전선

060 지하탱크저장소에 대한 설명으로 맞는 것은?

① 지하저장탱크 윗부분과 지면과의 거리는 0.6m 이상일 것
② 지하저장탱크와 탱크전용실의 간격은 0.8m 이상일 것
③ 지하저장탱크 상호 간 거리는 0.5m 이상일 것
④ 지하의 가장 가까운 벽, 피트 등의 시설물 및 대지경계선은 0.5m 이상일 것

◀해설 **지하탱크저장소의 설치 기준**
(1) 탱크전용실은 지하의 가장 가까운 벽·피트·가스관 등의 시설물 및 대지경계선으로부터 0.1m 이상 떨어진 곳에 설치하여야 한다.
(2) 지하저장탱크의 윗 부분은 지면으로부터 0.6m 이상 아래에 있어야 한다.
(3) 지하저장탱크를 2 이상 인접해 설치하는 경우에는 그 상호 간에 1m(당해 2 이상의 지하저장탱크의 용량의 합계가 지정수량의 100배 이하인 때에는 0.5m) 이상의 간격을 유지하여야 한다.

정답 : 059.③ 060.①

(4) 지하저장탱크의 재질은 두께 3.2mm 이상의 강철판으로 하여야 한다.
(5) 탱크전용실은 벽 및 바닥 : 두께 0.3m 이상의 콘크리트구조

061 위험물을 저장한 탱크에서 화재가 발생하였을 때 Slop Over 현상이 일어날 수 있는 위험물은?

① 제1류 위험물　　　　　② 제2류 위험물
③ 제3류 위험물　　　　　④ 제4류 위험물

해설 **유류탱크의 발생 현상**
(1) 보일 오버(Boil over) : 저유를 저장한 개방탱크의 화재 발생 시에 자연히 발생하는 현상, 장시간 조용히 연소하다가 탱크 내의 잔존기름의 갑작스런 오버플로나 분출이 일어나는 현상이다. 급속히 팽창하는 증기-기름거품을 형성하는 것은 끓는 물이 원인이다.
(2) 슬롭 오버(Slop over) : 물이 연소유의 뜨거운 표면에 들어갈 때 일어나는 현상으로 그리 격렬하지는 않다.
(3) 프로스 오버(Froth over) : 물이 점성의 뜨거운 기름표면 아래서 끓을 때 화재를 수반하지 않는 용기의 over flowing하는 현상으로서 뜨거운 아스팔트에서 물이 있는 탱크차에 넣을 때 이 현상이 일어난다.

062 위험물안전관리법령상 옥외탱크저장소의 위치·구조 및 설비의 기준에서 인화성 액체위험물(이황화탄소를 제외한다) 옥외탱크저장소의 탱크 주위에 설치하는 방유제의 설치높이 기준으로 옳은 것은?

① 0.1m 이상 1m 이하
② 0.3m 이상 2m 이하
③ 0.5m 이상 3m 이하
④ 0.7m 이상 4m 이하

해설 **옥외탱크저장소의 방유제**
① 용량 : 방유제 안에 탱크가 하나인 때에는 그 탱크용량의 110% 이상, 2기 이상인 때에는 가장 큰 탱크용량의 110% 이상으로 할 것
② 높이 : 0.5m 이상 3m 이하
③ 면적 : 80,000m^2 이하
④ 방유제 내에 최대설치 개수 : 10기 이하(인화점이 200℃ 이상은 예외)

정답 : 061.④　062.③

예상문제

063 다음은 위험물안전관리법령상 제조소의 위치·구조 및 설비의 기준에 관한 내용이다. ( ) 에 알맞은 숫자를 순서대로 나열한 것은?

> Ⅱ. 보유공지
> 1. 위험물을 취급하는 건축물 그 밖의 시설(위험물을 이송하기 위한 배관 그 밖에 이와 유사한 시설을 제외한다)의 주위에는 그 취급하는 위험물의 최대수량에 따라 다음 표에 의한 너비의 공지를 보유하여야 한다.
>
> | 취급하는 위험물의 최대 수량 | 공지의 너비 |
> | --- | --- |
> | 지정수량의 10배 이하 | (   )m 이상 |
> | 지정수량의 10배 이상 | (   )m 이상 |

① 1, 3
② 2, 3
③ 3, 5
④ 5, 7

해설 제조소의 보유공지

위험물을 취급하는 건축물 그 밖의 시설(위험물을 이송하기 위한 배관 그 밖에 이와 유사한 시설을 제외한다)의 주위에는 그 취급하는 위험물의 최대수량에 따라 다음 표에 의한 너비의 공지를 보유하여야 한다.

취급하는 위험물의 최대수량	공지의 너비
지정수량의 10배 이하	3m 이상
지정수량의 10배 초과	5m 이상

064 「위험물안전관리법 시행규칙」상 제조소의 위치·구조 및 설비의 기준에 대한 설명으로 옳지 않은 것은?

① 환기설비는 자연배기 방식으로 하여야 한다.
② 제6류 위험물을 취급하는 제조소는 안전거리 적용제외 대상이다.
③ "위험물 제조소"라는 표시를 한 표지의 바탕은 흑색으로, 문자는 백색으로 하여야 한다.
④ 제5류 위험물을 저장 또는 취급하는 제조소에는 "화기 엄금"을 표시한 게시판을 설치하여야 한다.

해설 제조소에는 보기 쉬운 곳에 "위험물 제조소"라는 표시를 한 표지를 설치하여야 한다.
① 표지는 한 변의 길이가 0.3m 이상, 다른 한 변의 길이가 0.6m 이상인 직사각형으로 할 것
② 표지의 바탕은 백색으로, 문자는 흑색으로 할 것

정답 : 063.③ 064.③

065 다음 중 고객이 직접 주유하는 주유취급소에 대한 설명으로 옳지 않은 것은?

① 주유노즐은 자동차 등의 연료탱크가 가득 찬 경우 수동으로 정지시키는 구조이어야 한다.
② 주유호스는 200kg 중 이하의 하중에 의하여 파단(破斷) 또는 이탈되어야 하고, 파단 또는 이탈된 부분으로부터의 위험물 누출을 방지할 수 있는 구조이어야 한다.
③ 휘발유와 경유 상호 간의 오인에 의한 주유를 방지할 수 있는 구조이어야 한다.
④ 1회의 연속주유량 및 주유시간의 상한을 미리 설정할 수 있는 구조이어야 한다.

해설 고객이 직접 주유하는 주유취급소의 특례

1. 고객이 직접 자동차 등의 연료탱크 또는 용기에 위험물을 주입하는 고정주유설비 또는 고정급유설비(이하 "셀프용 고정주유설비" 또는 "셀프용 고정급유설비"라 한다)를 설치하는 주유취급소의 특례는 제2호 내지 제5호와 같다.
2. 셀프용 고정주유설비의 기준은 다음의 각 목과 같다.
   가. 주유호스의 선단부에 수동개폐장치를 부착한 주유노즐을 설치할 것. 다만, 수동개폐장치를 개방한 상태로 고정시키는 장치가 부착된 경우에는 다음의 기준에 적합하여야 한다.
      1) 주유작업을 개시함에 있어서 주유노즐의 수동개폐장치가 개방상태에 있을 때에는 당해 수동개폐장치를 일단 폐쇄시켜야만 다시 주유를 개시할 수 있는 구조로 할 것
      2) 주유노즐이 자동차 등의 주유구로부터 이탈된 경우 주유를 자동적으로 정지시키는 구조일 것
   나. 주유노즐은 자동차 등의 연료탱크가 가득 찬 경우 자동적으로 정지시키는 구조일 것
   다. 주유호스는 200kg 중 이하의 하중에 의하여 파단(破斷) 또는 이탈되어야 하고, 파단 또는 이탈된 부분으로부터의 위험물 누출을 방지할 수 있는 구조일 것
   라. 휘발유와 경유 상호 간의 오인에 의한 주유를 방지할 수 있는 구조일 것
   마. 1회의 연속주유량 및 주유시간의 상한을 미리 설정할 수 있는 구조일 것. 이 경우 주유량의 상한은 휘발유는 100l 이하, 경유는 200l 이하로 하며, 주유시간의 상한은 4분 이하로 한다.
3. 셀프용 고정급유설비의 기준은 다음 각 목과 같다.
   가. 급유호스의 선단부에 수동개폐장치를 부착한 급유노즐을 설치할 것
   나. 급유노즐은 용기가 가득찬 경우에 자동적으로 정지시키는 구조일 것
   다. 1회의 연속급유량 및 급유시간의 상한을 미리 설정할 수 있는 구조일 것. 이 경우 급유량의 상한은 100l 이하, 급유시간의 상한은 6분 이하로 한다.
4. 셀프용 고정주유설비 또는 셀프용 고정급유설비의 주위에는 다음 각 목에 의하여 표시를 하여야 한다.
   가. 셀프용 고정주유설비 또는 셀프용 고정급유설비의 주위의 보기 쉬운 곳에 고객이 직접 주유할 수 있다는 의미의 표시를 하고 자동차의 정차위치 또는 용기를 놓는 위치를 표시할 것
   나. 주유호스 등의 직근에 호스기기 등의 사용방법 및 위험물의 품목을 표시할 것

정답 : 056.①

예상문제

다. 셀프용 고정주유설비 또는 셀프용 고정급유설비와 셀프용이 아닌 고정주유설비 또는 고정급유설비를 함께 설치하는 경우에는 셀프용이 아닌 것의 주위에 고객이 직접 사용할 수 없다는 의미의 표시를 할 것

5. 고객에 의한 주유작업을 감시·제어하고 고객에 대한 필요한 지시를 하기 위한 감시대와 필요한 설비를 다음 각 목의 기준에 의하여 설치하여야 한다.
   가. 감시대는 모든 셀프용 고정주유설비 또는 셀프용 고정급유설비에서의 고객의 취급작업을 직접 볼 수 있는 위치에 설치할 것
   나. 주유 중인 자동차 등에 의하여 고객의 취급작업을 직접 볼 수 없는 부분이 있는 경우에는 당해 부분의 감시를 위한 카메라를 설치할 것
   다. 감시대에는 모든 셀프용 고정주유설비 또는 셀프용 고정급유설비로의 위험물 공급을 정지시킬 수 있는 제어장치를 설치할 것
   라. 감시대에는 고객에게 필요한 지시를 할 수 있는 방송설비를 설치할 것

066 다음 중 복합용도 건축물의 옥내저장소의 기준에 대한 설명으로 옳지 않은 것은?

① 옥내저장소의 용도에 사용되는 부분의 바닥면적은 $75m^2$ 이하로 하여야 한다.
② 옥내저장소의 용도에 사용되는 부분의 바닥은 지면보다 높게 설치하고 그 층고를 6m 미만으로 하여야 한다.
③ 옥내저장소의 용도에 사용되는 부분의 출입구에는 수시로 열 수 있는 자동폐쇄방식의 갑종방화문 또는 을종방화문을 설치하여야 한다.
④ 옥내저장소의 용도에 사용되는 부분에는 창을 설치하지 아니하여야 한다.

해설 **복합용도 건축물의 옥내저장소의 기준**
옥내저장소 중 지정수량의 20배 이하의 것(옥내저장소외의 용도로 사용하는 부분이 있는 건축물에 설치하는 것에 한한다)의 위치·구조 및 설비의 기술기준은 Ⅰ제3호, 제11호 내지 제17호의 규정에 의하는 외에 다음 각 호의 기준에 의하여야 한다.

1. 옥내저장소는 벽·기둥·바닥 및 보가 내화구조인 건축물의 1층 또는 2층의 어느 하나의 층에 설치하여야 한다.
2. 옥내저장소의 용도에 사용되는 부분의 바닥은 지면보다 높게 설치하고 그 층고를 6m 미만으로 하여야 한다.
3. 옥내저장소의 용도에 사용되는 부분의 바닥면적은 $75m^2$ 이하로 하여야 한다.
4. 옥내저장소의 용도에 사용되는 부분은 벽·기둥·바닥·보 및 지붕(상층이 있는 경우에는 상층의 바닥)을 내화구조로 하고, 출입구 외의 개구부가 없는 두께 70mm 이상의 철근콘크리트조 또는 이와 동등 이상의 강도가 있는 구조의 바닥 또는 벽으로 당해 건축물의 다른 부분과 구획되도록 하여야 한다.
5. 옥내저장소의 용도에 사용되는 부분의 출입구에는 수시로 열 수 있는 자동폐쇄방식의 갑종방화문을 설치하여야 한다.
6. 옥내저장소의 용도에 사용되는 부분에는 창을 설치하지 아니하여야 한다.
7. 옥내저장소의 용도에 사용되는 부분의 환기설비 및 배출설비에는 방화상 유효한 댐퍼 등을 설치하여야 한다.

정답 : 066.③

067 다음 판매취급소에 대한 설명 중 옳은 것은?

① 제1종 판매취급소는 제2종 판매취급소보다 더 강화된 기준을 적용할 것
② 제2종 판매취급소는 건축물의 1층에 설치할 것
③ 제1종 판매취급소의 용도로 사용하는 부분의 창 또는 출입구에 유리를 이용하는 경우에는 강화유리로 할 것
④ 제2종 판매취급소의 용도로 사용하는 부분은 벽·기둥·바닥 및 보를 불연재료로 할 것

해설 판매취급소의 위치·구조 및 설비의 기준

Ⅰ. 판매취급소의 기준
1. 저장 또는 취급하는 위험물의 수량이 지정수량의 20배 이하인 판매취급소(이하 "제1종 판매취급소"라 한다)의 위치·구조 및 설비의 기준은 다음 각 목과 같다.
   가. 제1종 판매취급소는 건축물의 1층에 설치할 것
   나. 제1종 판매취급소에는 별표 4 Ⅲ제1호의 기준에 따라 보기 쉬운 곳에 "위험물 판매취급소(제1종)"라는 표시를 한 표지와 동표 Ⅲ제2호의 기준에 따라 방화에 관하여 필요한 사항을 게시한 게시판을 설치하여야 한다.
   다. 제1종 판매취급소의 용도로 사용되는 건축물의 부분은 내화구조 또는 불연재료로 하고, 판매취급소로 사용되는 부분과 다른 부분과의 격벽은 내화구조로 할 것
   라. 제1종 판매취급소의 용도로 사용하는 건축물의 부분은 보를 불연재료로 하고, 천장을 설치하는 경우에는 천장을 불연재료로 할 것
   마. 제1종 판매취급소의 용도로 사용하는 부분에 상층이 있는 경우에 있어서는 그 상층의 바닥을 내화구조로 하고, 상층이 없는 경우에 있어서는 지붕을 내화구조 또는 불연재료로 할 것
   바. 제1종 판매취급소의 용도로 사용하는 부분의 창 및 출입구에는 갑종방화문 또는 을종방화문을 설치할 것
   사. 제1종 판매취급소의 용도로 사용하는 부분의 창 또는 출입구에 유리를 이용하는 경우에는 망입유리로 할 것
   아. 제1종 판매취급소의 용도로 사용하는 건축물에 설치하는 전기설비는 전기사업법에 의한 전기설비기술기준에 의할 것
   자. 위험물을 배합하는 실은 다음에 의할 것
      1) 바닥면적은 $6m^2$ 이상 $15m^2$ 이하로 할 것
      2) 내화구조 또는 불연재료로 된 벽으로 구획할 것
      3) 바닥은 위험물이 침투하지 아니하는 구조로 하여 적당한 경사를 두고 집유설비를 할 것
      4) 출입구에는 수시로 열 수 있는 자동폐쇄식의 갑종방화문을 설치할 것
      5) 출입구 문턱의 높이는 바닥면으로부터 0.1m 이상으로 할 것
      6) 내부에 체류한 가연성의 증기 또는 가연성의 미분을 지붕 위로 방출하는 설비를 할 것
2. 저장 또는 취급하는 위험물의 수량이 지정수량의 40배 이하인 판매취급소(이하 "제2종 판매취급소"라 한다)의 위치·구조 및 설비의 기준은 제1호가목·나목 및 사목

정답 : 067.②

예상문제

내지 자목의 규정을 준용하는 외에 다음 각 목의 기준에 의한다.
가. 제2종 판매취급소의 용도로 사용하는 부분은 벽·기둥·바닥 및 보를 내화구조로 하고, 천장이 있는 경우에는 이를 불연재료로 하며, 판매취급소로 사용되는 부분과 다른 부분과의 격벽은 내화구조로 할 것
나. 제2종 판매취급소의 용도로 사용하는 부분에 상층이 있는 경우에 있어서는 상층의 바닥을 내화구조로 하는 동시에 상층으로의 연소를 방지하기 위한 조치를 강구하고, 상층이 없는 경우에는 지붕을 내화구조로 할 것
다. 제2종 판매취급소의 용도로 사용하는 부분 중 연소의 우려가 없는 부분에 한하여 창을 두되, 당해 창에는 갑종방화문 또는 을종방화문을 설치할 것
라. 제2종 판매취급소의 용도로 사용하는 부분의 출입구에는 갑종방화문 또는 을종방화문을 설치할 것. 다만, 당해 부분 중 연소의 우려가 있는 벽 또는 창의 부분에 설치하는 출입구에는 수시로 열 수 있는 자동폐쇄식의 갑종방화문을 설치하여야 한다.

068 옥외탱크저장소의 방유제의 설치기준으로 옳지 않은 것은?

① 방유제의 용량은 방유제 안에 설치된 탱크가 하나인 때에는 그 탱크 용량의 110% 이상으로 할 것
② 방유제 내의 면적은 8만㎡ 이하로 할 것
③ 방유제는 높이 0.5m 이상 3m 이하, 두께 0.2m 이상, 지하매설깊이 1m 이상으로 할 것
④ 높이가 1m를 넘는 방유제 및 간막이 둑의 안팎에는 방유제 내에 출입하기 위한 계단 또는 경사로를 약 100m마다 설치할 것

해설 인화성 액체위험물(이황화탄소를 제외한다)의 옥외탱크저장소의 탱크 주위에는 다음 각 목의 기준에 의하여 방유제를 설치하여야 한다.
가. 방유제의 용량은 방유제 안에 설치된 탱크가 하나인 때에는 그 탱크 용량의 110% 이상, 2기 이상인 때에는 그 탱크 중 용량이 최대인 것의 용량의 110% 이상으로 할 것. 이 경우 방유제의 용량은 당해 방유제의 내용적에서 용량이 최대인 탱크 외의 탱크의 방유제 높이 이하 부분의 용적, 당해 방유제 내에 있는 모든 탱크의 지반면 이상 부분의 기초의 체적, 간막이 둑의 체적 및 당해 방유제 내에 있는 배관 등의 체적을 뺀 것으로 한다.
나. 방유제는 높이 0.5m 이상 3m 이하, 두께 0.2m 이상, 지하매설깊이 1m 이상으로 할 것. 다만, 방유제와 옥외저장탱크 사이의 지반면 아래에 불침윤성(不浸潤性) 구조물을 설치하는 경우에는 지하 매설깊이를 해당 불침윤성 구조물까지로 할 수 있다.
다. 방유제 내의 면적은 8만㎡ 이하로 할 것
라. 방유제 내의 설치하는 옥외저장탱크의 수는 10(방유제 내에 설치하는 모든 옥외저장탱크의 용량이 20만ℓ 이하이고, 당해 옥외저장탱크에 저장 또는 취급하는 위험물의 인화점이 70℃ 이상 200℃ 미만인 경우에는 20) 이하로 할 것. 다만, 인화점이 200℃ 이상인 위험물을 저장 또는 취급하는 옥외저장탱크에 있어서는 그러하지 아니하다.
마. 방유제 외면의 2분의 1 이상은 자동차 등이 통행할 수 있는 3m 이상의 노면폭을 확보

정답 : 068.④

한 구내도로(옥외저장탱크가 있는 부지 내의 도로를 말한다. 이하 같다)에 직접 접하도록 할 것. 다만, 방유제 내에 설치하는 옥외저장탱크의 용량합계가 20만l 이하인 경우에는 소화활동에 지장이 없다고 인정되는 3m 이상의 노면폭을 확보한 도로 또는 공지에 접하는 것으로 할 수 있다.

바. 방유제는 옥외저장탱크의 지름에 따라 그 탱크의 옆판으로부터 다음에 정하는 거리를 유지할 것. 다만, 인화점이 200℃ 이상인 위험물을 저장 또는 취급하는 것에 있어서는 그러하지 아니하다.
  1) 지름이 15m 미만인 경우에는 탱크 높이의 3분의 1 이상
  2) 지름이 15m 이상인 경우에는 탱크 높이의 2분의 1 이상

사. 방유제는 철근콘크리트로 하고, 방유제와 옥외저장탱크 사이의 지표면은 불연성과 불침윤성이 있는 구조(철근콘크리트 등)로 할 것. 다만, 누출된 위험물을 수용할 수 있는 전용유조(專用油槽) 및 펌프 등의 설비를 갖춘 경우에는 방유제와 옥외저장탱크 사이의 지표면을 흙으로 할 수 있다.

아. 용량이 1,000만L 이상인 옥외저장탱크의 주위에 설치하는 방유제에는 다음의 규정에 따라 당해 탱크마다 간막이 둑을 설치할 것
  1) 간막이 둑의 높이는 0.3m(방유제 내에 설치되는 옥외저장탱크의 용량의 합계가 2억L를 넘는 방유제에 있어서는 1m)이상으로 하되, 방유제의 높이보다 0.2m 이상 낮게 할 것
  2) 간막이 둑은 흙 또는 철근콘크리트로 할 것
  3) 간막이 둑의 용량은 간막이 둑 안에 설치된 탱크 용량의 10% 이상일 것

자. 방유제 내에는 당해 방유제 내에 설치하는 옥외저장탱크를 위한 배관(당해 옥외저장탱크의 소화설비를 위한 배관을 포함한다), 조명설비 및 계기시스템과 이들에 부속하는 설비 그 밖의 안전확보에 지장이 없는 부속설비 외에는 다른 설비를 설치하지 아니할 것

차. 방유제 또는 간막이 둑에는 해당 방유제를 관통하는 배관을 설치하지 아니할 것. 다만, 위험물을 이송하는 배관의 경우에는 배관이 관통하는 지점의 좌우방향으로 각 1m 이상까지의 방유제 또는 간막이 둑의 외면에 두께 0.1m 이상, 지하매설깊이 0.1m 이상의 구조물을 설치하여 방유제 또는 간막이 둑을 이중구조로 하고, 그 사이에 토사를 채운 후, 관통하는 부분을 완충재 등으로 마감하는 방식으로 설치할 수 있다.

카. 방유제에는 그 내부에 고인 물을 외부로 배출하기 위한 배수구를 설치하고 이를 개폐하는 밸브 등을 방유제의 외부에 설치할 것

타. 용량이 100만l 이상인 위험물을 저장하는 옥외저장탱크에 있어서는 카목의 밸브 등에 그 개폐상황을 쉽게 확인할 수 있는 장치를 설치할 것

파. 높이가 1m를 넘는 방유제 및 간막이 둑의 안팎에는 방유제 내에 출입하기 위한 계단 또는 경사로를 약 50m마다 설치할 것

하. 용량이 50만리터 이상인 옥외탱크저장소가 해안 또는 강변에 설치되어 방유제 외부로 누출된 위험물이 바다 또는 강으로 유입될 우려가 있는 경우에는 해당 옥외탱크저장소가 설치된 부지 내에 전용유조(專用油槽) 등 누출위험물 수용설비를 설치할 것

예상문제

069 위험물안전관리법령상 용량 80L 수조(소화전용물통 3개 포함)의 능력단위는?

① 0.5
② 1.0
③ 1.5
④ 2.0

해설 소화설비의 능력단위

소화설비	용량	능력단위
소화전용(專用) 물통	8[L]	0.3
수조(소화전용 물통 3개 포함)	80[L]	1.5
수조(소화전용 물통 6개 포함)	190[L]	2.5
마른 모래(삽 1개 포함)	50[L]	0.5
팽창질석 또는 팽창진주암(삽 1개 포함)	160[L]	1.0

070 위험물안전관리법령상 판매취급소의 위치·구조 및 설비의 기준으로 옳지 않은 것은?

① 제1종 판매취급소는 건축물의 1층에 설치할 것
② 제1종 판매취급소의 용도로 사용하는 부분의 창 및 출입구에는 갑종방화문 또는 을종방화문을 설치할 것
③ 제2종 판매취급소의 용도로 사용하는 부분은 벽·기둥·바닥 및 보를 내화구조로 할 것
④ 제2종 판매취급소의 용도로 사용하는 부분에 천장이 있는 경우에는 이를 난연재료로 할 것

해설 판매취급소의 위치·구조 및 설비의 기준
① 제1종 판매취급소(지정수량의 20배 이하)
  (1) 제1종 판매취급소는 건축물의 1층에 설치할 것
  (2) 제1종 판매취급소의 용도로 사용되는 건축물의 부분은 내화구조 또는 불연재료로 하고, 판매취급소로 사용되는 부분과 다른 부분과의 격벽은 내화구조로 할 것
  (3) 제1종 판매취급소의 용도로 사용하는 건축물의 부분은 보를 불연재료로 하고, 천장을 설치하는 경우에는 천장을 불연재료로 할 것
  (4) 제1종 판매취급소의 용도로 사용하는 부분에 상층이 있는 경우에 있어서는 그 상층의 바닥을 내화구조로 하고, 상층이 없는 경우에 있어서는 지붕을 내화구조 또는 불연재료로 할 것
  (5) 제1종 판매취급소의 용도로 사용하는 부분의 창 및 출입구에는 갑종방화문 또는 을종방화문을 설치할 것
  (6) 위험물을 배합하는 실의 기준
    • 바닥면적은 6[m²] 이상 15[m²] 이하로 할 것
    • 내화구조 또는 불연재료로 된 벽으로 구획할 것
    • 바닥은 위험물이 침투하지 아니하는 구조로 하여 적당한 경사를 두고 집유설비를 할 것
    • 출입구에는 수시로 열 수 있는 자동폐쇄식의 갑종방화문을 설치할 것

정답 : 069.③ 070.④

- 출입구 문턱의 높이는 바닥면으로부터 0.1[m] 이상으로 할 것
- 내부에 체류한 가연성의 증기 또는 가연성의 미분을 지붕 위로 방출하는 설비를 할 것

② 제2종 판매취급소(지정수량의 40배 이하)
  (1) 제2종 판매취급소의 용도로 사용하는 부분은 벽·기둥·바닥 및 보를 내화구조로 하고, 천장이 있는 경우에는 이를 불연재료로 하며, 판매취급소로 사용되는 부분과 다른 부분과의 격벽은 내화구조로 할 것
  (2) 제2종 판매취급소의 용도로 사용하는 부분에 상층이 있는 경우에 있어서는 상층의 바닥을 내화구조로 하는 동시에 상층으로의 연소를 방지하기 위한 조치를 강구하고, 상층이 없는 경우에는 지붕을 내화구조로 할 것
  (3) 제2종 판매취급소의 용도로 사용하는 부분 중 연소의 우려가 없는 부분에 한하여 창을 두되, 당해 창에는 갑종방화문 또는 을종방화문을 설치할 것
  (4) 제2종 판매취급소의 용도로 사용하는 부분의 출입구에는 갑종방화문 또는 을종방화문을 설치할 것. 다만, 당해 부분 중 연소의 우려가 있는 벽 또는 창의 부분에 설치하는 출입구에는 수시로 열 수 있는 자동폐쇄식의 갑종방화문을 설치하여야 한다.

071 위험물안전관리법령상 옥내저장소의 표지 및 게시판의 기준으로 옳지 않은 것은?

① 표지의 바탕은 백색으로, 문자는 흑색으로 할 것
② 표지는 한 변의 길이가 0.3m 이상, 다른 한 변의 길이가 0.6m 이상인 직사각형으로 할 것
③ 인화성 고체를 제외한 제2류 위험물에 있어서는 "화기엄금"의 게시판을 설치할 것
④ "물기엄금"을 표시하는 게시판에 있어서는 청색바탕에 백색문자로 할 것

해설 옥내저장소의 표지 및 게시판의 기준
(1) 표지의 바탕은 백색으로, 문자는 흑색으로 할 것
(2) 표지는 한 변의 길이가 0.3[m] 이상, 다른 한 변의 길이가 0.6[m] 이상인 직사각형으로 할 것
(3) 제2류 위험물
  - 인화성 고체 : 화기엄금(적색바탕에 백색문자)
  - 그 밖의 것(인화성 고체는 제외) : 화기주의
(4) 표시하는 게시판에 있어서는 청색바탕에 백색문자로 할 것

072 위험물안전관리법령상 간이탱크저장소의 위치·구조 및 설비의 기준에 관한 조문의 일부이다. ( )에 들어갈 숫자가 바르게 나열된 것은?

> 간이저장탱크는 두께 (ㄱ)mm 이상 강판으로 흠이 없도록 제작하여야 하며, (ㄴ)kPa의 압력으로 10분간의 수압시험을 실시하여 새거나 변형되지 아니하여야 한다.

① ㄱ : 2.3, ㄴ : 60
② ㄱ : 2.3, ㄴ : 70
③ ㄱ : 3.2, ㄴ : 60
④ ㄱ : 3.2, ㄴ : 70

정답 : 071.③ 072.④

> **해설** 간이탱크저장소의 수압시험
> 간이저장탱크는 두께 3.2[mm] 이상의 강판으로 흠이 없도록 제작하여야 하며, 70[kPa]의 압력으로 10분간의 수압시험을 실시하여 새거나 변형되지 아니하여야 한다.

073 위험물안전관리법령상 알코올류 2,000L를 취급하는 제조소 건축물 주위에 보유하여야 할 공지의 너비기준으로 옳은 것은?

① 2m 이상
② 3m 이상
③ 4m 이상
④ 5m 이상

> **해설** 공지의 너비
> (1) 지정수량의 배수 = $\dfrac{저장량}{지정수량}$ = $\dfrac{2,000[L]}{400[L]}$ = 5.0배
> (2) 보유공지
>
> | 지정배수 | 10배 이하 | 10배 초과 |
> |---|---|---|
> | 보유공지의 너비 | 3[m] 이상 | 5[m] 이상 |

074 위험물제조소의 옥외에 있는 위험물 취급탱크 2기가 방유제 내에 있다. 방유제의 최소 내용적[m³]은 얼마인가?

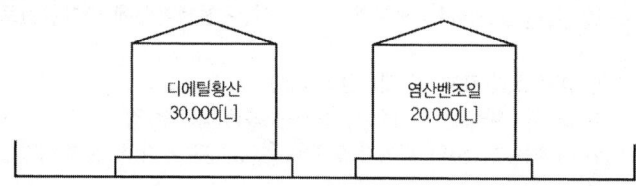

① 15
② 17
③ 32
④ 33

> **해설** 위험물 제조소의 방유제, 방유턱의 용량(위험물법 시행규칙 별표 4)
> ① 옥외에 있는 위험물 취급탱크의 방유제 용량
>   (1) 탱크 1기일 때 : 탱크용량×0.5
>   (2) 탱크 2기 이상일 때 : (탱크용량×0.5)+나머지 탱크용량합계×0.1
> ② 옥내에 있는 위험물 취급탱크의 방유턱 용량
>   (1) 탱크 1기일 때 : 탱크용량 이상
>   (2) 탱크 2기 이상일 때 : 최대탱크용량 이상
> ※ 방유제 용량 = (30,000[L]×0.5)+20,000[L]×0.1
>   = 17,000[L] = 17[m³]
>
> $1[m^3] = 1,000[L]$

정답 : 073.② 074.②

075 위험물안전관리법령상 옥내저장탱크의 대기밸브 부착 통기관은 얼마 이하의 압력차[kPa]로 작동되어야 하는가?

① 5
② 7
③ 10
④ 20

해설 옥내저장탱크의 대기밸브 부착 통기관(위험물법 시행규칙 별표 7)
① 통기관의 선단은 건축물의 창·출입구 등의 개구부로부터 1[m] 이상 떨어진 옥외의 장소에 지면으로부터 4[m] 이상의 높이로 설치하되, 인화점이 40[℃] 미만인 위험물의 탱크에 설치하는 통기관에 있어서는 부지경계선으로부터 1.5[m] 이상 이격할 것. 다만, 고인화점 위험물만을 100[℃] 미만의 온도로 저장 또는 취급하는 탱크에 설치하는 통기관은 그 선단을 탱크전용실 내에 설치할 수 있다.
② 통기관은 가스 등이 체류할 우려가 있는 굴곡이 없도록 할 것
③ 5[kPa] 이하의 압력차이로 작동할 수 있을 것
④ 가는 눈의 구리망 등으로 인화방지장치를 할 것. 다만, 인화점 70[℃] 이상의 위험물만을 해당 위험물의 인화점 미만의 온도로 저장 또는 취급하는 탱크에 설치하는 통기관에 있어서는 그러하지 아니하다.

076 위험물안전관리법령상 제1종 판매취급소의 위치·구조 및 설비의 기준에 관한 설명으로 옳지 않은 것은?

① 상층이 없는 경우 지붕은 내화구조 또는 불연재료로 한다.
② 취급하는 위험물은 지정수량의 20배 이하로 한다.
③ 상층이 있는 경우 상층의 바닥을 내화구조로 한다.
④ 저장하는 위험물은 지정수량의 40배 이하로 한다.

해설 제1종 판매취급소의 위치·구조 및 설비의 기준(위험물법 시행규칙 별표 17)
① 제1종 판매취급소 : 저장 또는 취급하는 위험물의 수량이 지정수량의 20배 이하인 판매취급소
② 제1종 판매취급소는 건축물의 1층에 설치할 것
③ 제1종 판매취급소의 용도로 사용되는 건축물의 부분은 내화구조 또는 불연재료로 하고, 판매취급소로 사용되는 부분과 다른 부분과의 격벽은 내화구조로 할 것
④ 제1종 판매취급소의 용도로 사용하는 건축물의 부분은 보를 불연재료로 하고, 천장을 설치하는 경우에는 천장을 불연재료로 할 것
⑤ 제1종 판매취급소의 용도로 사용하는 부분에 상층이 있는 경우에 있어서는 그 상층의 바닥을 내화구조로 하고, 상층이 없는 경우에 있어서는 지붕을 내화구조 또는 불연재료로 할 것
⑥ 제1종 판매취급소의 용도로 사용하는 부분의 창 및 출입구에는 갑종방화문 또는 을종방화문을 설치할 것
⑦ 제1종 판매취급소의 용도로 사용하는 부분의 창 또는 출입구에 유리를 이용하는 경우에는 망입유리로 할 것

정답 : 075.① 076.④

예상문제

077 위험물안전관리법령상 제조소 등의 소화난이도 I등급 중 유황만을 저장·취급하는 옥내탱크저장소에 설치하는 소화설비는?

① 물분무소화설비
② 강화액소화설비
③ 이산화탄소소화설비
④ 청정소화약제소화설비

해설 소화난이도등급 I 의 제조소 등에 설치하여야 하는 소화설비

제조소 등의 구분			소화설비
제조소 및 일반취급소			옥내소화전설비, 옥외소화전설비, 스프링클러설비 또는 물분무등소화설비(화재발생시 연기가 충만할 우려가 있는 장소에는 스프링클러설비 또는 이동식 외의 물분무등소화설비에 한한다)
옥내 저장소	처마높이가 6m 이상인 단층건물 또는 다른 용도의 부분이 있는 건축물에 설치한 옥내저장소		스프링클러설비 또는 이동식 외의 물분무등소화설비
	그 밖의 것		옥외소화전설비, 스프링클러설비, 이동식 외의 물분무등소화설비 또는 이동식 포소화설비(포소화전을 옥외에 설치하는 것에 한한다.
옥외 탱크 저장소	지중탱크 또는 해상탱크 외의 것	유황을 저장취급하는 것	물분무소화설비
		인화점 70℃ 이상의 제4류 위험물만을 저장취급하는 것	물분무소화설비 또는 고정식 포소화설비
		그 밖의 것	고정식 포소화설비(포소화설비가 적응성이 없는 경우에는 분말소화설비)
	지중탱크		고정식 포소화설비, 이동식 이외의 이산화탄소소화설비 또는 이동식 이외의 할로겐화합물소화설비
	해상탱크		고정식 포소화설비, 물분무소화설비, 이동식 이외의 이산화탄소소화설비 또는 이동식 이외의 할로겐화합물소화설비
옥내 탱크 저장소	유황을 저장 취급하는 것		물분무소화설비
	인화점 70℃ 이상의 제4류 위험물만을 저장 취급하는 것		물분무소화설비, 고정식 포소화설비, 이동식 이외의 이산화탄소소화설비, 이동식 이외의 할로겐화합물소화설비 또는 이동식 이외의 분말소화설비
	그 밖의 것		고정식 포소화설비, 이동식 이외의 이산화탄소소화설비, 이동식 이외의 할로겐화합물소화설비 또는 이동식 이외의 분말소화설비

정답 : 077.①

		옥내소화전설비, 옥외소화전설비, 스프링클러설비 또는 물분무등소화설비, 화재발생 시 연기가 충만할 우려가 있는 장소에는 스프링클러설비 또는 이동식 이외의 물분무등 소화설비에 한한다)
암반탱크저장소	유황을 저장 취급하는 것	물분무소화설비
	인화점 70℃ 이상의 제4류 위험물만을 저장 취급하는 것	물분무소화설비 또는 고정식 포소화설비
	그 밖의 것	고정식 포소화설비(포소화설비가 적응성이 없는 경우에는 분말소화설비)

078 위험물안전관리법령상 제1류 위험물 중 알칼리금속의 과산화물 운반용기 외부에 표시해야 할 주의사항으로 옳지 않은 것은?(단, 국제해상위험물규칙(IMDG Code)에 정한 기준 또는 소방청장이 정하여 고시하는 기준에 적합한 표시를 한 경우는 제외한다.)

① 물기엄금 ② 화기·충격주의
③ 공기접촉엄금 ④ 가연물 접촉주의

해설 운반용기의 주의사항
(1) 제1류 위험물
- 알칼리금속의 과산화물 : 화기·충격주의, 물기엄금, 가연물접촉주의
- 그 밖의 것 : 화기·충격주의, 가연물접촉주의
(2) 제2류 위험물
- 철분·금속분·마그네슘 : 화기주의, 물기엄금
- 인화성 고체 : 화기엄금
- 그 밖의 것 : 화기주의
(3) 제3류 위험물
- 자연발화성 물질 : 화기엄금, 공기접촉엄금
- 금수성 물질 : 물기엄금
(4) 제4류 위험물 : 화기엄금
(5) 제5류 위험물 : 화기엄금, 충격주의
(6) 제6류 위험물 : 가연물접촉주의

079 위험물안전관리법령상 위험물제조소의 안전거리 적용대상에서 제외되는 위험물은?

① 제3류 위험물 ② 제4류 위험물
③ 제5류 위험물 ④ 제6류 위험물

해설 제6류 위험물은 안전거리와 피뢰설비(지정수량 10배 이상) 제외대상이다.

정답 : 078.③ 079.④

예상문제

080 위험물안전관리법령상 이동탱크저장소의 기준 중 이동저장탱크에 설치하는 강철판으로 된 칸막이, 방파판, 방호틀 각각의 최소 두께를 합한 값은?

① 4.8mm
② 6.9mm
③ 7.1mm
④ 9.6mm

해설 강철판으로 된 칸막이 3.2mm, 방파판 1.6mm, 방호틀 2.3mm이므로 두께의 합은 7.1mm이다.

081 위험물안전관리법령상 제조소 건축물의 외벽이 내화구조인 경우 2 소요단위에 해당하는 연면적은?

① 100m²
② 150m²
③ 200m²
④ 300m²

해설 2소요단위는 100m²×2=200m²
제조소 또는 취급소의 건축물은 외벽이 내화구조인 것은 연면적 100m²를 1소요단위로 하며, 외벽이 내화구조가 아닌 것은 연면적 50m²를 1소요단위로 할 것

082 위험물안전관리법령상 제조소 등의 시설 중 각종 턱에 관한 기준으로 옳지 않은 것은?

① 액체위험물을 취급하는 제조소의 옥외설비는 바닥의 둘레에 높이 0.15m 이상의 턱을 설치하여야 한다.
② 판매취급소에서 위험물을 배합하는 실의 출입구 문턱 높이는 바닥면으로부터 0.05m 이상이어야 한다.
③ 옥외탱크저장소에서 옥외저장탱크 펌프실의 바닥 주위에는 높이 0.2m 이상의 턱을 만들어야 한다.
④ 주유취급소의 펌프실 출입구에는 바닥으로부터 0.1m 이상의 턱을 설치하여야 한다.

해설 판매취급소에서 위험물을 배합하는 실의 출입구 문턱의 높이는 바닥면으로부터 0.1m 이상으로 할 것

083 위험물안전관리법령상 제조소의 환기설비 시설기준에 관한 설명으로 옳지 않은 것은?

① 급기구는 해당 급기구가 설치된 실의 바닥면적 150m²마다 1개 이상으로 하여야 한다.
② 환기구는 지붕 위 또는 지상 1m 이상의 높이에 설치하여야 한다.
③ 바닥면적이 120m²인 경우, 급기구의 크기를 600cm² 이상으로 하여야 한다.
④ 급기구는 낮은 곳에 설치하고 가는 눈의 구리망 등으로 인화방지망을 설치하여야 한다.

해설 환기구는 지붕위 또는 지상 2m 이상의 높이에 회전식 고정벤틸레이터 또는 루프팬 방식으로 설치할 것

 정답 : 080.③ 081.③ 082.② 083.②

084 위험물안전관리법령상 제조소의 안전거리 규정에 관한 설명으로 옳지 않은 것은?

① 고등교육법에서 정하는 학교는 수용인원에 관계없이 30m 이상 이격하여야 한다.
② 영유아보육법에 의한 어린이집이 20명의 인원을 수용하는 경우는 30m 이상 이격하여야 한다.
③ 공연법에 의한 공연장이 300명의 인원을 수용하는 경우는 10m 이상 이격하여야 한다.
④ 노인복지법에 의한 노인복지시설이 20명의 인원을 수용하는 경우는 30m 이상 이격하여야 한다.

해설 안전거리 30m 이상
공연장, 영화상영관 및 그 밖에 이와 유사한 시설로서 3백 명 이상의 인원을 수용할 수 있는 것

085 위험물 안전관리법령상 팽창진주암(삽 1개 포함)의 1.0 능력단위에 해당하는 용량으로 옳은 것은?

① 50L ② 80L
③ 100L ④ 160L

해설 간이소화용구의 능력단위

간이소화용구		능력단위
마른 모래	삽을 상비한 50L 이상의 것 1포	0.5단위
팽창질석 또는 팽창진주암	삽을 상비한 80L 이상의 것 1포	

086 위험물안전관리법령상 이동탱크저장소의 시설기준에 관한 내용으로 옳은 것은?

① 옥외 상치장소로서 인근에 1층 건축물이 있는 경우에는 5m 이상 거리를 두어야 한다.
② 압력탱크 외의 탱크는 70kPa의 압력으로 30분간 수압시험을 실시하여 새거나 변형되지 않아야 한다.
③ 액체위험물의 탱크내부에는 4,000L 이하마다 3.2mm 이상의 강철판 등으로 칸막이를 설치해야 한다.
④ 차량의 전면 및 후면에는 사각형의 백색바탕에 적색의 반사도료로 "위험물"이라고 표시한 표지를 설치해야 한다.

정답 : 084.③ 085.④ 086.③

예상문제

해설 이동탱크저장소의 설치기준
(1) 상치장소
- 옥외에 있는 상치장소는 화기를 취급하는 장소 또는 인근의 건축물로부터 5[m] 이상 (인근의 건축물이 1층인 경우에는 3[m] 이상)의 거리를 확보하여야 한다. 다만, 하천의 공지나 수면, 내화구조 또는 불연재료의 담 또는 벽 그 밖에 이와 유사한 것에 접하는 경우를 제외한다.
- 옥내에 있는 상치장소는 벽·바닥·보·서까래 및 지붕이 내화구조 또는 불연재료로 된 건축물의 1층에 설치하여야 한다.

(2) 압력탱크(최대상용압력이 46.7[kPa] 이상인 탱크를 말한다) 외의 탱크는 70[kPa]의 압력으로, 압력탱크는 최대상용압력의 1.5배의 압력으로 각각 10분간의 수압시험을 실시하여 새거나 변형되지 아니할 것. 이 경우 수압시험은 용접부에 대한 비파괴시험과 기밀시험으로 대신할 수 있다.

(3) 이동저장탱크는 그 내부에 4,000[l] 이하마다 3.2[mm] 이상의 강철판 또는 이와 동등 이상의 강도·내열성 및 내식성이 있는 금속성의 것으로 칸막이를 설치하여야 한다.

(4) 표지 및 게시판
- 이동탱크저장소에는 차량의 전면 및 후면의 보기 쉬운 곳에 사각형(한 변의 길이가 0.6[m] 이상, 다른 한 변의 길이가 0.3[m] 이상)의 흑색바탕에 황색의 반사도료 그 밖의 반사성이 있는 재료로 "위험물"이라고 표시한 표지를 설치하여야 한다.
- 이동저장탱크의 뒷면 중 보기 쉬운 곳에는 당해탱크에 저장 또는 취급하는 위험물의 유별·품명·최대수량 및 적재중량을 게시한 게시판을 설치하여야 한다. 이 경우 표시문자의 크기는 가로 40[mm], 세로 45[mm] 이상(여러 품명의 위험물을 혼재하는 경우에는 적재품명별 문자의 크기를 가로 20[mm] 이상, 세로 20[mm] 이상)으로 하여야 한다.

087 위험물안전관리법령상 이황화탄소를 제외한 인화성 액체위험물을 저장하는 기준에 관한 내용으로 옳지 않은 것은?

① 방유제의 높이는 0.5m 이상, 3m 이하로 한다.
② 옥외저장탱크의 총용량이 20만l 초과인 경우 방유제 내에 설치하는 탱크수는 10 이하로 한다.
③ 방유제 안에 탱크가 1개 설치된 경우 방유제의 용량은 그 탱크 용량으로 한다.
④ 높이가 1m를 넘는 방유제의 안팎에는 계단 또는 경사로를 약 50m마다 설치해야 한다.

해설 방유제의 설치기준
(1) 방유제의 높이는 0.5[m] 이상 3[m] 이하로 할 것
(2) 방유제 내의 면적은 8만[m^2] 이하로 할 것
(3) 방유제 내에 설치하는 옥외저장탱크의 수는 10(방유제 내에 설치하는 모든 옥외저장탱크의 용량이 20만[L] 이하이고, 당해 옥외저장탱크에 저장 또는 취급하는 위험물의 인화점이 70[℃] 이상 200[℃] 미만인 경우에는 20) 이하로 할 것. 다만, 인화점이 200[℃] 이상인 위험물을 저장 또는 취급하는 옥외저장탱크에 있어서는 그러하지 아니하다.

정답 : 087.③

(4) 방유제의 용량은 방유제 안에 설치된 탱크가 하나인 때에는 그 탱크 용량의 110[%] 이상, 2기 이상인 때에는 그 탱크 중 용량이 최대인 것의 용량의 110[%] 이상으로 할 것. 이 경우 방유제의 용량은 당해 방유제의 내용적에서 용량이 최대인 탱크 외의 탱크의 방유제 높이 이하 부분의 용적, 당해 방유제 내에 있는 모든 탱크의 지반면 이상 부분의 기초의 체적, 간막이 둑의 체적 및 당해 방유제 내에 있는 배관 등의 체적을 뺀 것으로 한다.
(5) 방유제는 옥외저장탱크의 지름에 따라 그 탱크의 옆판으로부터 다음에 정하는 거리를 유지할 것. 다만, 인화점이 200[℃] 이상인 위험물을 저장 또는 취급하는 것에 있어서는 그러하지 아니하다.
  • 지름이 15[m] 미만인 경우에는 탱크 높이의 3분의 1 이상
  • 지름이 15[m] 이상인 경우에는 탱크 높이의 2분의 1 이상
(6) 높이가 1[m]를 넘는 방유제 및 간막이 둑의 안팎에는 방유제 내에 출입하기 위한 계단 또는 경사로를 약 50[m]마다 설치할 것

088
위험물안전관리법령상 금속분, 마그네슘을 저장하는 곳에 적응성이 있는 소화설비를 다음 보기에서 모두 고른 것은?

| ㄱ. 팽창질석 | ㄴ. 이산화탄소소화설비 |
| ㄷ. 분말소화설비(탄산수소염류) | ㄹ. 대형 무상강화액소화기 |

① ㄱ, ㄷ
② ㄱ, ㄹ
③ ㄱ, ㄴ, ㄷ
④ ㄴ, ㄷ, ㄹ

해설 금속분, 마그네슘 소화약제
 (1) 마른 모래
 (2) 팽창질석, 팽창진주암
 (3) 탄산수소염류분말약제

089
위험물안전관리법령상 과산화수소 5,000kg을 저장하는 옥외저장소에 설치하여야 할 경보설비의 종류에 해당되지 않는 것은?

① 자동화재탐지설비
② 비상경보설비
③ 확성장치
④ 자동화재속보설비

해설 위험물제조소 등에는 지정수량의 10배 이상이면 자동화재탐지설비, 비상경보설비, 비상방송설비, 확성장치 중 1종 이상을 설치하여야 한다.
과산화수소는 5,000[kg]/300[kg] = 16.7배

정답 : 088.① 089.④

예상문제

090 위험물안전관리법령상 주유취급소에 설치할 수 있는 건축물이나 공작물 등에 해당되지 않는 것은?

① 주유취급소에 출입하는 사람을 대상으로 하는 일반음식점
② 자동차 등의 간이정비를 위한 작업장
③ 자동차 등의 세정을 위한 작업장
④ 전기자동차용 충전설비

해설 주유취급소에 설치할 수 있는 건축물이나 공작물
(1) 주유 또는 등유·경유를 옮겨 담기 위한 작업장
(2) 주유취급소의 업무를 행하기 위한 사무소
(3) 자동차 등의 점검 및 간이정비를 위한 작업장
(4) 자동차 등의 세정을 위한 작업장
(5) 주유취급소에 출입하는 사람을 대상으로 한 점포·휴게음식점 또는 전시장
(6) 주유취급소의 관계자가 거주하는 주거시설
(7) 전기자동차용 충전설비

091 위험물안전관리법령상 이송취급소의 시설기준에 관한 내용으로 옳지 않은 것은?

① 해상에 설치한 배관에는 외면부식을 방지하기 위한 도장을 실시하여야 한다.
② 도장을 한 배관은 지표면에 접하여 지상에 설치할 수 있다.
③ 지하매설배관은 지하가 내의 건축물을 제외하고는 그 외면으로부터 건축물까지 1.5m 이상 안전거리를 두어야 한다.
④ 해저에 배관을 설치하는 경우에는 원칙적으로 이미 설치된 배관에 대하여 30m 이상의 안전거리를 두어야 한다.

해설 이송취급소의 시설기준
(1) 해상에 설치한 배관에는 외면부식을 방지하기 위한 도장을 실시하여야 한다.
(2) 배관은 지표면에 접하지 아니하도록 지상에 설치하여야 있다.
(3) 지하매설배관은 지하가 내의 건축물을 제외하고는 그 외면으로부터 건축물까지 1.5[m] 이상 안전거리를 두어야 한다.
(4) 해저에 배관을 설치하는 경우에는 원칙적으로이미 설치된 배관에 대하여 30[m] 이상의 안전거리를 두어야 한다.

092 위험물안전관리법령상 위험물제조소에서 저장 또는 취급하는 위험물에 표시해야 하는 게시판의 주의사항이 옳게 연결된 것은?

① 마그네슘, 인화성 고체 – 화기주의
② 질산메틸, 적린 – 화기주의
③ 칼슘카바이드, 철분 – 물기엄금
④ 톨루엔, 황린 – 화기엄금

정답 : 090.① 091.② 092.④

해설 제조소 등의 주의사항

위험물의 종류	주의사항	게시판의 색상
• 제1류 위험물 중 알칼리금속의 과산화물 • 제3류 위험물 중 금수성 물질(칼슘카바이드)	물기 엄금	청색바탕에 백색문자
제2류 위험물(인화성 고체는 제외) – 마그네슘, 인, 철분	화기 주의	적색바탕에 백색문자
• 제2류 위험물 중 인화성 고체 • 제3류 위험물 중 자연발화성 물질(황린) • 제4류 위험물(톨루엔) • 제5류 위험물(질산메틸)	화기 엄금	적색바탕에 백색문자
• 알칼리금속의 과산화물 외의 제1류 위험물 • 제6류 위험물	주의사항의 규정이 없음	

093 이동탱크저장소의 구조에 대한 설명 중 맞는 것은?

① 방파판은 두께 1.6[mm] 이상의 강철판으로 할 것
② 하나의 구획 부분에 2개 이상의 방파판을 이동탱크저장소의 반대방향과 평행으로 설치하되, 각 방파판은 그 높이 및 칸막이로부터의 거리를 다르게 할 것
③ 하나의 구획 부분에 설치하는 각 방파판의 면적의 합계는 해당 구획 부분의 최대 수직단면적의 40[%] 이상으로 할 것
④ 방호틀의 두께는 3.2[mm] 이상의 강철판 또는 이와 동등 이상의 기계적 성질이 있는 재료로써 산모양의 형상으로 하거나 이와 동등 이상의 강도가 있는 형상으로 할 것

해설 이동탱크저장소의 구조
(1) 방파판
  • 두께 1.6[mm] 이상의 강철판 또는 이와 동등 이상의 강도·내열성 및 내식성이 있는 금속성의 것으로 할 것
  • 하나의 구획 부분에 2개 이상의 방파판을 이동탱크저장소의 진행방향과 평행으로 설치하되, 각 방파판은 그 높이 및 칸막이로부터의 거리를 다르게 할 것
  • 하나의 구획 부분에 설치하는 각 방파판의 면적의 합계는 해당 구획 부분의 최대 수직단면적의 50[%] 이상으로 할 것. 다만, 수직단면이 원형이거나 짧은 지름이 1[m] 이하의 타원형일 경우에는 40[%] 이상으로 할 수 있다.
(2) 방호틀
  • 두께 2.3[mm] 이상의 강철판 또는 이와 동등 이상의 기계적 성질이 있는 재료로써 산모양의 형상으로 하거나 이와 동등 이상의 강도가 있는 형상으로 할 것
  • 정상 부분은 부속장치보다 50[mm] 이상 높게 하거나 이와 동등 이상의 성능이 있는 것으로 할 것

정답 : 093.①

예상문제

094 위험물안전관리법령상 주유취급소에 캐노피를 설치하는 경우 주유취급소의 위치·구조 및 설비의 기준에 해당하지 않는 것은?

① 배관이 캐노피 내부를 통과할 경우에는 1개 이상의 점검구를 설치할 것
② 캐노피의 면적은 주유를 취급하는 곳의 바닥면적의 1/3 이하로 할 것
③ 캐노피 외부의 점검이 곤란한 장소에 배관을 설치하는 경우에는 용접이음으로 할 것
④ 캐노피 외부의 배관이 일광열의 영향을 받을 우려가 있는 경우에는 단열재로 피복할 것

해설 주유취급소 캐노피 설치 기준
㉠ 배관이 캐노피 내부를 통과할 경우에는 1개 이상의 점검구를 설치할 것
㉡ 캐노피 외부의 점검이 곤란한 장소에 배관을 설치하는 경우에는 용접이음으로 할 것
㉢ 캐노피 외부의 배관이 일광열의 영향을 받을 우려가 있는 경우에는 단열재로 피복할 것

095 위험물안전관리법령상 옥외저장소에 지정수량 이상을 저장할 수 있는 위험물을 모두 고른 것은? (단, 옥외에 있는 탱크에 위험물을 저장하는 장소는 제외한다)

| ㉠ 과산화수소 | ㉡ 메틸알코올 |
| ㉢ 황린 | ㉣ 올리브유 |

① ㉠, ㉢
② ㉡, ㉣
③ ㉠, ㉡, ㉣
④ ㉠, ㉢, ㉣

해설 과산화수소(6류), 메틸알코올(알코올류), 올리브유(동·식물류)【황린은 제3류 위험물로서 해당 안됨】
옥외저장소에 저장할 수 있는 위험물의 종류
① 제2류 위험물 중 유황·인화성 고체(인화점이 0[℃] 이상인 것)
② 제1석유류(인화점이 0[℃] 이상인 것)
③ 알코올류, 제2석유류, 제3석유류, 제4석유류, 동·식물류
④ 제6류 위험물

096 위험물안전관리법령상 제조소에 설치하는 배출설비에 관한 설명으로 옳지 않은 것은?

① 배출능력은 1시간당 배출장소 용적의 10배 이상인 것으로 하여야 한다. 다만, 전역방식의 경우에는 바닥면적 1[m²]당 18[m³] 이상으로 할 수 있다.
② 위험물취급설비가 배관이음 등으로만 된 경우에는 전역방식으로 할 수 있다.
③ 배출구는 지상 2[m] 이상으로서 연소의 우려가 없는 장소에 설치하여야 한다.
④ 배풍기·배출 덕트(duct)·후드 등을 이용하여 강제적으로 배출하는 것으로 해야 한다.

정답 : 094.② 095.③ 096.①

해설 배출능력은 1시간당 배출장소 용적의 20배 이상이다.

[배출설비 설치기준]
가연성 증기 또는 미분이 체류할 우려가 있는 건축물에는 옥외의 높은 곳으로 배출할 수 있도록 배출설비를 설치하여야 한다.
① 배출설비는 국소방식으로 하여야 한다. 다만, 다음 각목의 1에 해당하는 경우에는 전역 방식으로 할 수 있다.
  ㉠ 위험물취급설비가 배관이음 등으로만 된 경우
  ㉡ 건축물의 구조·작업장소의 분포 등의 조건에 의하여 전역방식이 유효한 경우
② 배출설비는 배풍기·배출덕트·후드 등을 이용하여 강제적으로 배출하는 것으로 하여야 한다
③ 배출능력은 1시간당 배출장소 용적의 20배 이상인 것으로 하여야 한다. 다만, 전역방식의 경우에는 바닥면적 1[m²]당 18[m³] 이상으로 할 수 있다.
④ 배출설비의 급기구 및 배출구는 다음 각목의 기준에 의하여야 한다.
  ㉠ 급기구는 높은 곳에 설치하고, 가는 눈의 구리망 등으로 인화방지망을 설치할 것
  ㉡ 배출구는 지상 2[m] 이상으로서 연소의 우려가 없는 장소에 설치하고, 배출덕트가 관통하는 벽부분의 바로 가까이에 화재 시 자동으로 폐쇄되는 방화댐퍼를 설치할 것
⑤ 배풍기는 강제배기방식으로 하고, 옥내덕트의 내압이 대기압 이상이 되지 아니하는 위치에 설치하여야 한다.

097
위험물안전관리법령상 소화설비, 경보설비 및 피난설비의 기준에서 제조소등에 전기설비가 설치된 경우 당해 장소의 면적이 400[m²]일 때, 소형수동식소화기를 최소 몇 개 이상 설치해야 하는가? (단, 전기배선, 조명기구 등은 제외한다)

① 1개　　　　　　　　　　② 2개
③ 3개　　　　　　　　　　④ 4개

해설 전기설비의 소화설비
제조소등에 전기설비(전기배선, 조명기구 등은 제외한다)가 설치된 경우에는 당해 장소의 면적 100[m²]마다 소형수동식소화기를 1개 이상 설치할 것
$400m^2 / 100m^2 = 4$
∴ 소형수동식소화기 4개 이상 설치해야 함

098
위험물안전관리법령상 제1류 위험물을 저장하는 옥내저장소의 저장창고는 지면에서 처마까지의 높이를 몇 [m] 미만은 단층건물로 하는가?

① 6[m]　　　　　　　　　② 8[m]
③ 10[m]　　　　　　　　　④ 12[m]

해설 저장창고는 지면에서 처마까지의 높이가 6[m] 미만인 단층건물로 하고 그 바닥을 지반면보다 높게 하여야 한다.

정답 : 097.④　098.①

예상문제

099 위험물안전관리법령상 위험물제조소에서 위험물을 가압하는 설비 또는 그 취급하는 위험물의 압력이 상승할 우려가 있는 설비에 설치하는 안전장치가 아닌 것은?

① 대기밸브부착 통기관
② 자동적으로 압력의 상승을 정지시키는 장치
③ 안전밸브를 병용하는 경보장치
④ 감압측에 안전밸브를 부착한 감압밸브

해설 압력계 및 안전장치
위험물을 가압하는 설비 또는 그 취급하는 위험물의 압력이 상승할 우려가 있는 설비에는 압력계 및 다음 각목의 1에 해당하는 안전장치를 설치하여야 한다. 다만, ㉣의 파괴판은 위험물의 성질에 따라 안전밸브의 작동이 곤란한 가압설비에 한한다.
㉠ 자동적으로 압력의 상승을 정지시키는 장치
㉡ 감압측에 안전밸브를 부착한 감압밸브
㉢ 안전밸브를 병용하는 경보장치
㉣ 파괴판

100 위험물안전관리법령상 염소산칼륨을 1일 1,000[kg] 생산하고 있는 제조소의 소화기 비치량을 산정하기 위한 총 소요단위는? (단, 제조소의 연면적은 300[m²]이고, 제조소의 외벽은 내화구조이다)

① 5
② 6
③ 7
④ 8

해설 $\dfrac{1000\text{kg}}{50\text{kg}/1\text{배}} \div 10\text{배}/1\text{단위} + \dfrac{300\text{m}^2}{100\text{m}^2/1\text{단위}} = 5\text{단위}$

정답 : 099.① 100.①

PART 03

소방유체역학

CHAPTER 01 유체의 기본성질

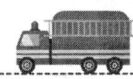

1. 물질의 구분

(1) 고체(Solid, 固體)
전단력(Shear Force, 剪斷力)을 가하면 전단력에 비례하여 변형을 이루다가 전단력을 제거하면 곧바로 평형을 이룬 상태로 정지하는 물질

(2) 유체(Fluid, 流體)
아무리 작은 값이라도 전단력이 물질 내부에 작용하면 비교적 크게 변형을 이루다가 전단력을 제거하여도 유체 내부에 전단응력이 작용하는 동안 **연속적으로 변형**을 일으키는 물질

> **전단력(외력)**
> 일종의 마찰력으로 유체의 운동방향과 평행한 면에 작용하는 힘이며 점성에 의해 운동을 방해하는 힘이다. 모든 물체는 전단력을 받으면 반드시 변형을 일으키고 점성이 없다면 전단력도 작용하지 않는다. 즉, 마찰손실도 없다.

> **전단력과 수직력**
> - 전단력(剪斷力) : 유체의 운동방향과 평행한 면에 작용하는 힘
> - 수직력(垂直力) : 유체에 수직으로 작용하는 일종의 누르는 힘

2 ▶ 유체의 분류

(1) 밀도의 변화에 따른 분류

① 압축성 유체(Compressible Fluid) : 주위의 변화에 따라 밀도(ρ)가 변하는 유체
   - 예
     - 기체
     - 수압 철판 속의 수격작용
     - 디젤엔진에 있어서 연료 수송관의 충격파
     - 음속보다 빠른 비행물체 주위의 공기흐름

② 비압축성 유체(Incompressible Fluid) : 주위 변화에도 밀도(ρ)의 변화가 없는 유체
   - 예
     - 액체
     - 달리는 물체 주위의 기류
     - 물속을 주행하는 잠수함 둘레의 수류
     - 물체(굴뚝, 건물 등) 둘레를 흐르는 기류

(2) 점성의 유무에 따른 분류

① 실제유체(점성 유체, Viscous Fluid) : 유체의 점성(Viscosity)을 고려한 유체로서 유체 간 또는 유체와 고체 간에 전단응력이 작용하는 유체
   - 예
     - 레이놀즈수가 작은 유체
     - 일반적으로 속도가 느린 유체

② 이상유체(완전유체, 비점성 유체, Inviscous Fluid) : 유체의 점성과 압축성을 고려하지 않아 전단응력이 작용하지 않으며 압력이 변하여도 밀도의 변화가 없는 **비점성, 비압축성 유체**
   - 예
     - 레이놀즈수가 큰 유체
     - 일반적으로 속도가 빠른 유체

> **Reference**
>
> ▶ 이상유체(Ideal Fluid)와 실제유체(Real Fluid)
>   - 실제유체 : 점성을 가지는 실제유체
>   - 이상유체(완전유체) : 점성이 없고 비압축성이라고 가정한 유체, 즉 비점성, 비압축성 유체

(3) 변형률에 의한 분류

① 뉴톤 유체(Newtonian Fluid) : 전단응력과 전단변형률이 비례하는 유체로 기체 및 대부분의 용액, 비교질성 유체

　예 • 뉴톤의 점성법칙을 만족하는 유체
　　• 모든 기체와 분자량이 작은 대부분의 액체
　　• 유체의 점성계수가 유속에 관계없이 일정한 유체
　　• 물체(굴뚝, 건물 등) 둘레를 흐르는 기류

② 비뉴톤 유체(Non-Newtonian Fluid) : 전단응력과 전단변형률이 비례하지 않는 유체

　예 • 뉴톤의 점성법칙을 따르지 않는 유체
　　• 유체의 점성계수가 유속에 따라 변화되는 유체

CHAPTER 02 차원과 단위

길이, 면적, 시간처럼 사물의 크고 작음과 많고 적음을 구별하는 것을 양(Quantity, 量)이라 한다. 이러한 물리적 양은 단지 한 개의 차원을 갖지만 이 한 개의 차원은 여러 개의 다른 단위로 표시할 수 있다. 차원을 나타내는 단위들은 서로 환산이 가능하지만 차원만으로는 환산이 불가능하다. 이들 물성치는 차원과 단위에 따라 다음과 같이 나타낼 수 있다.

1 ▶▶ 차원(Dimension, 次元)

서로 침범할 수 없는 각각의 고유한 물리학적 영역

(1) 차원의 종류

질량(Mass), 길이(Length), 시간(Time), 중량(Force), 광도, 각도, 온도 등등

(2) 차원식

질량(Mass) : [M], 길이(Length) : [L], 시간(Time) : [T], 중량(Force) : [F]

2 ▶▶ 단위(Unit, 單位)

각 차원의 크고 작음을 표현하기 위해 만들어낸 것.

(1) 절대단위계(Absolute Unit System, 絕對單位係)

물리량을 질량, 길이, 시간으로 나타낼 수 있는 단위계
① 기본단위 : 길이, 질량, 시간의 단위를 다음과 같이 나타낸다.
  ㉠ C.G.S계 : cm, g, sec
  ㉡ M.K.S계 : m, kg, sec

② 유도단위 : 기본단위 두 개 이상의 조합으로 유도된 단위
  ㉠ C.G.S계 : 면적(cm^2), 체적(cm^3), 밀도(g/cm^3), 힘($g \cdot cm/sec^2$) 등
  ㉡ M.K.S계 : 면적(m^2), 체적(m^3), 밀도(kg/m^3), 힘($kg \cdot m/sec^2$) 등

(2) 중력단위계(Gravitational Unit System, 重力單位係)

물리량을 중량, 길이, 시간으로 나타낼 수 있는 단위계
① 기본단위 : 길이, 중량, 시간의 단위를 다음과 같이 나타낸다.
  ㉠ C.G.S계 : cm, gf, sec
  ㉡ M.K.S계 : m, kgf, sec
② 유도단위 : 기본단위 두 개 이상의 조합으로 이루어진 단위
  ㉠ C.G.S계 : 면적(cm^2), 체적(cm^3), 비중량(gf/cm^3), 힘(gf) 등
  ㉡ M.K.S계 : 면적(m^2), 체적(m^3), 비중량(kgf/m^3), 힘(kgf) 등

(3) 국제단위계(SI 단위계 : System International Unit)

국제적으로 규정한 단위로 7개의 실용단위와 2개의 보조단위를 이용한 실용적인 단위

물리량	SI 단위의 명칭	기호
질량(Mass)	킬로그램(Kilogram)	kg
길이(Length)	미터(Meter)	m
시간(Time)	초(Second)	s
열역학온도(Thermodynamic Temperature)	켈빈(Kelvin)	K
물질의 양(Amount of Substance)	몰(Mole)	mol
전류(Electric Current)	암페어(Ampare)	A
광도(Luminous Intensity)	칸델라(Candela)	cd
평면각(Plane Angle)	라디안(Radian)	rad
입체각(Solid Angle)	스테라디안(Steradian)	sr

【 주요물리량의 단위와 차원 】

물리량	공학단위(MKS계)	SI 단위	FLT계	MLT계
길이(L)	m	m	L	L
질량(m)	$kgf \cdot sec^2/m$	kg	$FL^{-1}T^2$	M
시간(t)	sec	sec	T	T
면적(A)	m^2	m^2	L^2	L^2
체적(V)	m^3	m^3	L^3	L^3
속도(U)	m/sec	m/sec	LT^{-1}	LT^{-1}
가속도(α)	m/sec^2	m/sec^2	LT^{-2}	LT^{-2}
각속도(ω)	rad/sec	rad/sec	T^{-1}	T^{-1}
비중량(γ)	kgf/m^3	$kg/m^2 \cdot sec^2$	FL^{-3}	$ML^{-2}T^{-2}$
밀도(ρ)	$kgf \cdot sec^2/m^4$	kg/m^3	$FL^{-4}T^2$	ML^{-3}
운동량(M)	$kgf \cdot sec$	$kg \cdot m/sec$	FT	MLT^{-1}
힘(F)	kgf	$kg \cdot m/sec^2$	F	MLT^{-2}
압력, 응력(P)	kgf/m^2	N/m^2(Pa)	FL^{-2}	$ML^{-1}T^{-2}$
일, 에너지(W)	$kgf \cdot m$	$J(N \cdot m)$	FL	$ML^{-2}T^{-2}$
동력(P)	$kgf \cdot m/sec$	$W(kg \cdot m^2/sec^3)$	FLT^{-1}	$ML^{-2}T^{-3}$
점성계수(μ)	$kgf \cdot sec/m^2$	$N \cdot sec/m^2$	$FL^{-2}T$	$ML^{-1}T^{-1}$
동점성계수(υ)	m^2/sec	m^2/sec	L^2T^{-1}	L^2T^{-1}

【 단위계 접두어 】

크 기	명 칭	기 호	크 기	명 칭	기 호
10^1	deca	da	10^{-1}	deci	d
10^2	hecto	h	10^{-2}	centi	c
10^3	kilo	k	10^{-3}	milli	m
10^6	mega	M	10^{-6}	micro	μ
10^9	giga	G	10^{-9}	nano	n
10^{12}	tera	T	10^{-12}	pico	p
10^{15}	peta	P	10^{-15}	femto	f
10^{18}	exa	E	10^{-18}	atto	a

3. 주요 물리량의 단위

(1) 힘(Force)

① 정 의
   힘=질량×가속도
   중량=질량×중력가속도

② 기 호
   F(힘과 중량의 기호=F)

③ 단 위
   ㉠ 절대단위
      MKS계 : 1N(Newton)=1kg·m/sec^2
      CGS계 : 1dyne=1g·cm/sec^2
      즉, 1N=10^{5}dyne이며 차원식은 [MLT^{-2}]이다.
   ㉡ 중력단위
      1kgf=9.8N=9.8×10^{5}dyne이며 차원식은 [F]이다.

> **Reference**
>
> ◎ 중력가속도와 중력환산계수
>   ① **중력가속도** : 중력가속도는 지구상의 모든 물체에 작용하는 가속도로서 일반적으로 9.8m/sec^2(980cm/sec^2) 이지만 측정장소에 따라 다른 값을 가진다. 즉, 지상에서 높아질수록 중력가속도는 작아진다.
>   ② **중력환산계수** : 항상 변하지 않는 기준 값으로 9.8kg·m/kgf·sec^2(980g·cm/gf·sec^2) 이다.
>
> ◎ 힘과 중량
>   ① **힘(Force)** : 물체에 작용하여 모양을 변형시키는 원인을 힘(Force)이라 하며 뉴톤의 운동 2법칙에 의해 정의된다.
>
> $$F = m \cdot a$$
>
>   ② **중량(Weight)** : 지구가 물체를 잡아당기고 있는 힘의 크기를 중량이라 하며 힘의 단위를 가지는 물체의 무게이다.
>
> $$F = m \cdot g$$

(2) 일(Work)

① 정의 : 일 = 힘 × 거리

② 기호 : W

③ 단 위

　㉠ 절대단위

　　MKS계 : $1N \times 1m = 1kg \cdot m/sec^2 \times 1m = 1kg \cdot m^2/sec^2 = 1Joule$

　　CGS계 : $1dyne \times 1cm = 1g \cdot cm/sec^2 \times 1cm = 1g \cdot cm^2/sec^2 = 1erg$

　　즉, MKS계의 일은 줄(Joule)이며, CGS계로는 에르그(erg)이다.

　　$1Joule = 10^7 erg$이며 차원식은 $[ML^2T^{-2}]$이다.

　㉡ 중력단위

　　ⓐ MKS계 : $kgf \times m = kgf \cdot m$

　　ⓑ CGS계 : $gf \times cm = gf \cdot cm$

> **! Reference**
>
> ● 열, 일, 에너지
>
> 에너지(Energy)는 일을 할 수 있는 능력이다.
>
> 열량(Heat)은 열의 이동량을 말하는 것으로 온도차이로 인하여 다른 물체로 이동하는 에너지이다. 일과 에너지 및 열량은 모두 일의 단위를 갖는다.
>
> 일의 단위는 줄(J), 열의 단위는 칼로리(cal)를 사용하며 $1cal = 4.184J(4.184N \cdot m)$이다.

(3) 동력(Power, 動力)

① 정의 : 동력 = 일 / 시간

② 기호 : P(Power)

③ 단 위

　㉠ 절대단위

　　$1Joule/sec = 1N \cdot m/sec = 1kg \cdot m^2/sec^3 = 1Watt$

　　MKS계의 동력은 와트(W)이며 차원식은 $[ML^2T^{-3}]$이다.

　㉡ 중력단위 : 중력단위의 동력의 단위는 $kgf \cdot m/sec$이며 보통 마력(Horse Power) 과 킬로와트(kW)를 많이 쓴다.

$$\text{중력단위의 동력} = \frac{\text{와트}}{\text{중력환산계수}} = \frac{\frac{1\text{kg} \times \text{m}^2}{\text{sec}^3}}{\frac{9.8\text{kg} \times \text{m}}{\text{kgf} \times \text{sec}^2}} = 0.102\text{kgf} \cdot \text{m/sec}$$

> **Reference**
>
> 1kW=102kgf · m/sec, 1HP=76kgf · m/sec, 1PS=75kgf · m/sec

> **Reference**
>
> 마력에는 PS와 HP가 있으며 미국, 영국, 캐나다 등에서는 영국마력(HP)을 사용하고 우리나라와 프랑스에서는 미터마력(PS)을 사용한다.

(4) 압력(Pressure, 壓力)

① 정의 : 압력 = 힘 / 면적

② 기호 : P(Pressure)

③ 단 위

㉠ 절대단위

$1\text{N/m}^2(\text{Pa}) = 1 \times 10^{-3}\text{kPa} = 1 \times 10^{-2}\text{mbar} = 1 \times 10^{-5}\text{bar}$

즉, 1kPa=1,000Pa이며, 1bar=1,000mbar이다.

MKS계의 압력의 단위는 파스칼(pascal)이며 차원식은 $[ML^{-1}T^{-2}]$이다.

㉡ 중력단위 : 압력의 단위는 kgf/m^2, kgf/cm^2, $\text{lbf/in}^2(\text{PSI})$ 등이며 차원식은 $[FL^{-2}]$이다.

> **Reference**
>
> ◎ 표준대기압
>
> 1atm=1.0332kgf/cm²=10,332kgf/m²=10.332mH₂O(mAq)=760mmHg=29.92inHg
>   =1.01325 × 10⁵N/m²(Pa)=101.325kPa=1,013mbar=14.7PSI(lbf/in²)
>
> ◎ 단위의 상호관계
> - 1lb=453.595g=0.4536kg
> - 1in=2.54cm=25.4mm
> - 1ft=30.48cm=0.3048m

(5) 온도(Temperature, 溫度)

물질의 차갑고 뜨거운 정도를 나타내는 것으로 다음과 같이 구분된다.

① 섭씨온도(℃) : 표준대기압하에서 순수한 물의 어는점(빙점)을 0℃, 끓는점(비등점)을 100℃로 하여 그 사이를 100등분한 온도

② 화씨온도(℉) : 표준대기압하에서 순수한 물의 어는점(빙점)을 32℉, 끓는점(비등점)을 212℉로 하여 그 사이를 180등분한 온도

③ 절대온도
   ㉠ 켈빈(Kelvin)온도 : $K = ℃ + 273.15$
   ㉡ 랭킨(Rankine)온도 : $R = ℉ + 460$

> **! Reference**
>
> ◉ 섭씨온도와 화씨온도의 온도환산
> ① 섭씨온도와 화씨온도의 온도환산 : $℉ = \dfrac{9}{5}℃ + 32$
> ② 화씨온도를 섭씨온도로 바꿀 때 : $℃ = \dfrac{5}{9}(℉ - 32)$

(6) 밀도(Density, 密度)

① 정의 : 밀도 = 질량 / 부피

② 기호 : ρ

③ 단 위
   ㉠ 절대단위 : $kg/m^3 [ML^{-3}]$
   ㉡ 중력단위 : $kgf \cdot s^2/m^4 [FL^{-4}T^2]$

   예 물의 밀도 $= 1000 kg/m^3 = 102 kgf \cdot s^2/m^4$

   $$\dfrac{1000 kg}{m^3} \times \dfrac{1}{9.8 kg \cdot m/kg_f \cdot s^2} = 102 kgf \cdot s^2/m^4$$

④ 액체와 기체의 밀도
   ㉠ 액체의 밀도 : 액체는 온도와 압력이 변하여도 부피가 변하지 않으므로 밀도가 변하지 않는 비압축성 유체이다. 물이 4℃일 때의 밀도는 SI 단위로 1,000kg/m³이다. $1,000 kg/m^3 = 1,000 N \cdot sec^2/m^4 = 102 kgf \cdot sec^2/m^4$
   ㉡ 기체의 밀도 : 기체는 **압축성 유체**이므로 온도, 압력변화에 의해 부피가 변하여 밀도가 변한다. 기체의 밀도는 기체의 법칙인 아보가드로의 법칙과 이상기체 상태 방정식에 의해 구할 수 있다.

ⓐ 표준상태(0℃, 1기압)일 때

$$\rho = \frac{분자량(kg)}{22.4(m^3)} = \frac{분자량(g)}{22.4(l)}$$

> **아보가드로의 법칙**
> 모든 기체 1mol이 표준상태(0℃, 1기압)에서 차지하는 체적은 22.4L이고 그 속에는 6.023×10^{23}개의 분자가 존재한다.

ⓑ 표준상태가 아닐 때

$$\rho = \frac{PM}{RT}$$

ρ : 밀도(kg/m^3), P : 압력(N/m^2), M : 분자량(kg/k-mol), T : 절대온도(K)
R : 기체상수(N·m/k-mol·K)

예상문제

압력이 600kPa, 온도가 90℃인 이산화탄소(분자량 : 44)의 밀도는 몇 kg/m^3인가? (단, 기체상수는 8.314J/k-mol·K이다)

㉮ 8.75   ㉯ 19.3
㉰ 44   ㉱ 188.9

풀이 $PV = \frac{W}{M}RT$

P : 압력(kN/m^2), V : 체적(m^3), n : 몰수(k-mol),
R : 기체정수(kN·m/k-mol·K), T : 절대온도(K), M : 분자량(kg), W : 질량(kg)

$$\rho = \frac{PM}{RT} = \frac{600kN/m^2 \times 44kg/kmol}{8.314kN \cdot m/k-mol \cdot K \times (273+90)K} = 8.75 kg/m^3$$

답 ㉮

(7) 비중량(Specific Weight, 比重量) : γ

① 정의

$$비중량 = \frac{중량}{부피} = \frac{질량 \times 중력가속도}{부피} = 밀도 \times 중력가속도$$

② 기호 : γ

③ 단위

㉠ 절대단위

$$\gamma = \frac{중량}{부피} = \frac{W}{V} = \frac{mg}{V} = \rho \cdot g \cdots\cdots(N/m^3)$$

ⓛ 중력단위

$$\gamma = \frac{\text{절대단위의 비중량}}{g_c} = \frac{g}{g_c} \times \rho \cdots\cdots\cdots (\text{kgf/m}^3)$$

! Reference

중력가속도가 9.8m/sec²(980cm/sec²)일 때 질량(kg)과 중량(kgf)이 같으므로 밀도(kg/m³)와 비중량(kgf/m³)도 그 크기가 같다.

(8) 비중(Specific Gravity, 比重) : s

① 정 의

$$\text{비중} = \frac{\text{측정물질의 밀도}}{\text{기준물질의 밀도}} = \text{무차원 수}$$

② 기호 : s

③ 단위 : 무차원의 수

㉠ 액체, 고체의 비중 $= \dfrac{\text{물질의 밀도}}{4℃ \text{ 물의 밀도}} = \dfrac{\rho}{\rho_w} = \dfrac{\gamma}{\gamma_w}$

즉, $\rho = \rho_w \cdot s$, $\gamma = \gamma_w \cdot s$ 이다.

㉡ 기체의 비중 $= \dfrac{\text{기체의 밀도}}{\text{표준상태의 공기의 밀도}} = \dfrac{\rho}{\rho_{Air}}$

기체의 비중을 증기비중이라고 한다.

! Reference

액체, 고체의 비중이 1보다 크면 물보다 무겁고, 1보다 작으면 물보다 가볍다.
기체의 비중이 1보다 크면 공기보다 무겁고 작으면 공기보다 가볍다.
특히 대부분의 화재는 기체상태의 연소이므로 발생된 증기의 비중에 따라 연소의 특성이 달라진다.

예상문제

무게가 45,000N이고 체적이 5.3m³인 유체의 비중은?

㉮ 0.623   ㉯ 0.682   ㉰ 0.866   ㉱ 0.901

풀이 액체의 비중 $= \dfrac{\text{물질의 밀도}}{4℃ \text{ 물의 밀도}} = \dfrac{\text{물질의 비중량}}{4℃\text{의 물의 비중량}}$

$$\gamma = \frac{45,000\text{N}}{5.3\text{m}^3} = 8,490.56\text{N/m}^3$$

$$\therefore \text{비중} = \frac{8,490.56\text{N/m}^3}{9,800\text{N/m}^3} = 0.866$$

답 ㉰

(9) 비체적(Specific Volume, 比體積) : v_s

비체적이란 단위질량당의 부피를 말한다. 즉, 밀도와 역수관계에 있다.

① 절대단위

$$v_s = \frac{부피}{질량} = \frac{V}{m} = \frac{1}{\rho} \cdots\cdots (m^3/kg)$$

② 중력단위

$$v_s = \frac{부피}{질량} = \frac{부피}{\left(\dfrac{중량}{중력가속도}\right)} = (m^4/kgf \cdot s^2)$$

CHAPTER 03 유체의 성질

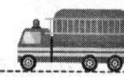

1. 기체의 성질

(1) 기체의 분류

① 실제기체 : 지구상에 존재하는 모든 기체는 실제기체이며 실제기체가 고온, 저압일 때 이상기체에 가까운 성질을 가진다.
② 이상기체 : 실제기체가 어떤 가정의 조건들을 만족하면 이상기체(완전기체)라 한다. 공학에서는 편의상 모든 기체를 이상기체로 본다.

> **Reference**
>
> ◎ 이상기체의 가정 조건
> - 보일-샤를의 법칙을 만족한다.
> - 아보가드로의 법칙을 만족한다.
> - 이상기체 상태방정식을 만족한다.
> - 기체는 완전탄성체($e=1$)이다.
> - 기체의 인력 및 기체 자신의 부피를 무시한다.
> - 내부 에너지는 체적에 무관하고 온도에 의해서만 변한다.
> - 압축인수 $Z=1$이다.
> - 혼합기체인 경우 돌턴의 분압법칙, 아마가트의 분용의 법칙을 만족한다.

(2) 이상기체에 적용되는 식

① 보일(Boyle)의 법칙 : 온도가 일정할 때 기체의 체적은 압력에 반비례한다.

$$PV = 일정, \quad P_1V_1 = P_2V_2 \;(T = \text{constant}\,일\,때)$$

P : 절대압력, V : 기체의 체적

② 샤를(Charles)의 법칙 : 압력이 일정할 때 기체의 체적은 절대온도에 비례한다.

$$\frac{V}{T} = 일정, \quad \frac{V_1}{T_1} = \frac{V_2}{T_2} \ (P=constant 일 때)$$

T : 절대온도(K), V : 기체의 체적

③ 보일-샤를(Boyle-Charles)의 법칙 : 기체의 체적은 절대온도에 비례하고 압력에 반비례한다.

$$\frac{PV}{T} = 일정, \quad \frac{P_1V_1}{T_1} = \frac{P_2V_2}{T_2}$$

P : 절대압력, V : 기체의 체적, T : 절대온도(K)

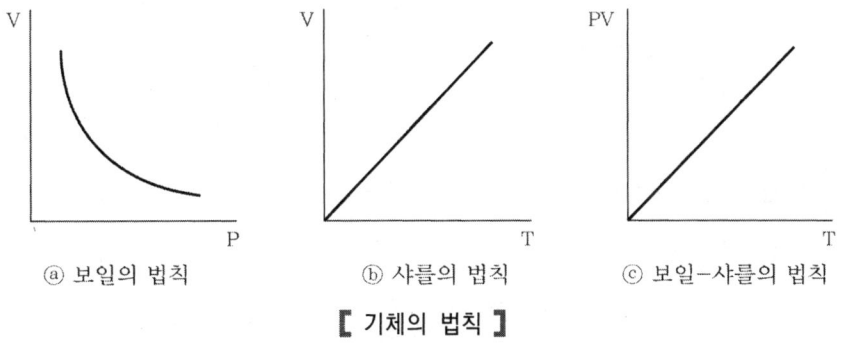

ⓐ 보일의 법칙   ⓑ 샤를의 법칙   ⓒ 보일-샤를의 법칙

【 기체의 법칙 】

④ 아보가드로의 법칙 : 표준상태(0℃, 1atm)에서 모든 기체 1k-mol(mol)이 차지하는 부피는 22.4m³(L)이며 그 속에는 6.023×10^{23}개의 분자가 존재한다. 즉, 기체는 온도와 압력이 같다면 같은 체적 속에는 같은 수의 분자수를 갖는다.

⑤ 이상기체 상태방정식

$$PV=nRT 에서 \ n = \frac{W}{M}, \ PV = \frac{W}{M}RT$$

P : 압력(atm), V : 체적(m³), n : 몰수(k-mol)
R : 기체상수(atm·m³/k-mol·K), T : 절대온도(K), M : 분자량(kg/kmol), W : 질량(kg)

위 식을 이상기체 상태방정식이라 하고 앞으로 기체의 체적, 온도, 압력, 무게, 밀도 등을 계산할 때 가장 많이 쓰이는 식이다.

기체상수(R)

$PV = nRT$ 식에서 $R = \dfrac{PV}{nT}$ 이다.

위 식에 아보가드로의 법칙을 적용시키면

① $R = \dfrac{1\text{atm} \times 22.4\text{m}^3}{1\text{k}-\text{mol} \times 273\text{K}} = 0.082\text{atm} \cdot \text{m}^3/\text{k}-\text{mol} \cdot \text{K}$

② $R = \dfrac{1.0332\text{kgf/cm}^2 \times 22.4\text{m}^3}{1\text{k}-\text{mol} \times 273\text{K}} = 0.08477\text{kgf/cm}^2 \cdot \text{m}^3/\text{k}-\text{mol} \cdot \text{K}$

③ $R = \dfrac{760\text{mmHg} \times 22.4\text{m}^3}{1\text{k}-\text{mol} \cdot 273\text{K}} = 62.359\text{mmHg} \cdot \text{m}^3/\text{k}-\text{mol} \cdot \text{K}$

④ $R = \dfrac{101{,}325\text{N/m}^2 \times 22.4\text{m}^3}{1\text{k}-\text{mol} \times 273\text{K}} = 8{,}313.85\text{N} \cdot \text{m}/\text{k}-\text{mol} \cdot \text{K}$

⑤ $R = \dfrac{10{,}332\text{kgf/m}^2 \times 22.4\text{m}^3}{1\text{k}-\text{mol} \times 273\text{K}} = 847.8\text{kgf} \cdot \text{m}/\text{k}-\text{mol} \cdot \text{K}$

특정 이상기체 상태방정식

$PV = GRT$

P : 압력(N/m^2), V : 체적(m^3), G : 기체의 질량(kg), R : 기체정수(N·m /kg·K), T : 절대온도(K)

특정 기체상수(R)

$R = \dfrac{PV}{GT}$ 이다.

① CO_2의 경우 $R = \dfrac{101{,}325\text{N/m}^2 \times 0.5091\text{m}^3}{1\text{kg} \times 273\text{K}} = 188.95\text{N} \cdot \text{m/kg} \cdot \text{K}$

② N_2의 경우 $R = \dfrac{101{,}325\text{N/m}^2 \times 0.8\text{m}^3}{1\text{kg} \times 273\text{K}} = 296.92\text{N} \cdot \text{m/kg} \cdot \text{K}$

※ 특정 기체상수는 압력의 단위가 같더라도 기체의 종류에 따라 다른 값을 갖는다.
　이는 기체마다 분자량이 서로 달라 단위질량당의 체적이 다르기 때문이다.

실제기체 상태방정식(Van der Waals 상태방정식)

$$\left(P + \dfrac{n^2 a}{V^2}\right)(V - nb) = nRT$$

$\dfrac{a}{V^2}$: 기체분자 상호 간의 인력, b : 분자 자신의 체적

a, b : Van der Waals정수

예상문제

체적 2,000L의 용기 내에서 압력 0.4MPa, 온도 55℃의 혼합기체의 체적비가 각각 메탄(CH_4) : 35%, 수소(H_2) : 40%, 질소(N_2) : 25%이다. 이 혼합기체의 질량은 몇 kg인가?

㉮ 3.65   ㉯ 3.73
㉰ 3.83   ㉱ 3.93

풀이 $PV = \dfrac{W}{M}RT$

P : 압력(kPa), V : 체적(m^3), n : 몰수(kg-mol), R : 기체정수(kPa·m^3/k-mol·K)
T : 절대온도(K), M : 분자량(kg), W : 질량(kg)

$R = \dfrac{101.325 kPa \times 22.4 m^3}{1 k-mol \times 273°K} = 8.314 kpa \cdot m^3/k-mol \cdot °K$

M = (16kg × 0.35) + (2kg × 0.4) + (28kg × 0.25) = 13.4kg

∴ $W = \dfrac{PVM}{RT} = \dfrac{400 kPa \times 2 m^3 \times 13.4 kg/kmol}{8.314 kPa \cdot m^3/k-mol \cdot K \times (273 + 55)K} = 3.93 kg$

답 ㉱

⑥ 돌턴의 분압법칙 : 혼합기체가 차지하는 전체 압력은 각 성분기체의 분압의 합과 같다.

$$P_t = P_A + P_B + P_C + \cdots$$

P_t : 혼합기체의 전체 압력, P_A, P_B, P_C : A, B, C 각 성분기체의 분압

∴ 분압 = 전체 압력 × 성분기체의 압력분율

$P_A = P_t \times$ A기체의 압력분율(체적분율, 몰분율)

⑦ 아마가트의 분용의 법칙 : 혼합기체가 차지하는 전체 체적은 각 성분기체의 분용의 합과 같다.

$$V_t = V_A + V_B + V_C + \cdots$$

V_t : 혼합기체의 전체 체적, V_A, V_B, V_C : A, B, C 각 성분기체의 체적

∴ 분용 = 전체 체적 × 성분기체의 체적분율

$V_A = V_t \times$ A기체의 체적분율(압력분율, 몰분율)

> **Reference**
> - **기체의 분율** : 체적분율 = 압력분율 = 몰분율
> - **액체, 고체의 분율** : 중량분율(질량분율)

⑧ 그레이엄의 확산속도의 법칙 : 기체의 확산속도는 그 기체의 분자량(밀도)의 제곱근에 반비례한다.

$$\frac{U_2}{U_1} = \sqrt{\frac{M_1}{M_2}} = \sqrt{\frac{\rho_1}{\rho_2}}$$

U : 확산속도, M : 분자량, ρ : 밀도

2 ▸▸ 액체의 성질

(1) Newton의 점성법칙

그림과 같이 평행한 두 평판 사이에 유체가 있다. 이때 이동평판을 일정한 속도로 운동시키는 데는 어떤 힘 F가 필요한데 이때의 힘 F를 전단력이라 한다. 전단력은 평판의 면적 A와 이동속도에는 비례하지만 두 평판 사이의 거리 y에는 반비례한다.

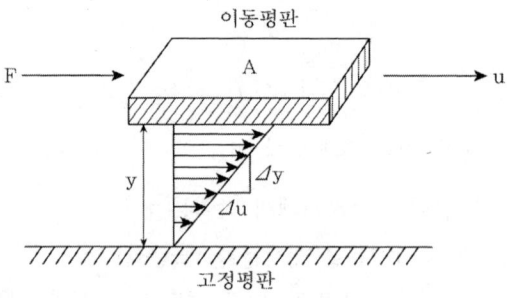

【 Newton의 점성의 법칙 】

이를 식으로 표현하면

$$F = A\frac{\Delta u}{\Delta y}$$

유체의 점성계수 μ가 작용되면

$$F = \mu A \frac{\Delta u}{\Delta y}$$

이때 단위면적당의 마찰력 $\left(\dfrac{F}{A}\right)$을 τ라 하고 미분하여 수학식으로 표현하면

$$\tau = \mu \dfrac{du}{dy}$$

τ : 전단응력(N/m^2), F : 전단력(N), μ : 점성계수(kg/m·sec), $\dfrac{du}{dy}$: 속도구배

> **Reference**
> - **뉴톤유체** : Newton의 점성법칙을 만족하는 유체
> - **비뉴톤유체** : Newton의 점성법칙을 만족하지 않는 유체
> - **이상유체** : 점성이 없고 비압축성인 유체

(2) 점성계수(Coefficient of Viscosity)

유체의 점성이란 유체가 유동할 때 흐름의 방향에 저항을 주어 전단응력을 일으키는 성질로 이는 유체가 유동할 때 손실저항을 일으키는 주 요인이 된다.
지구상의 모든 실제유체는 점성을 가지며, 유체의 종류에 따라 그 크기는 다르다.
예를 들어 꿀은 물보다 점성이 크고 액체는 기체보다 점성이 훨씬 크다.
액체의 점성은 분자 간의 응집력 때문에 생기지만 기체의 점성은 분자 간의 운동에 의해 생긴다.

① **절대점성계수(Absolute Viscosity) : μ**

물질이 갖는 끈끈한 정도를 나타내는 것으로 역학점도(Dynamic Viscosity)라고도 한다. 즉, 글리세린은 물보다 점성계수가 크고 온도에 따라 그 값은 변하게 된다.
Newton의 점성법칙에 의해
$\mu = \dfrac{\tau}{du/dy} = \dfrac{전단력/면적}{속도/거리}$ 으로 표현이 가능하다.

점성계수 중 CGS계인 **g/cm·sec**를 푸아즈(Poise)라 하고 물의 점성계수는 1CP (Centi Poise)이다.
1P = 100CP = 1g/cm·sec = 0.1kg/m·sec = 0.1N·sec/m^2

> **Reference**
> ◎ 점성계수의 단위 및 차원
> - 절대단위 : kg/m·sec, g/cm·sec [ML^{-1}T^{-1}]
> - 중력단위 : kgf·sec/m^2, gf·sec/cm^2 [FTL^{-2}]

예상문제

1kgf · s/m²은 몇 Poise인가?

㉮ 9.8
㉯ 98
㉰ 980
㉱ 9,800

풀이 Poise는 절대단위의 점도이다.

절대단위=중력단위 × g_c

∴ 1kgf · s/m² × 9.8kg · m/kgf · sec² = 9.8kg/m · sec

1Poise=1g/cm · sec=0.1kg/m · sec

∴ 9.8kg/m · sec=98Poise

답 ㉯

② 동점성계수(Kinematic Viscosity) : ν

동점성계수(동점도)는 절대점성계수를 유체의 밀도로 나눈 것이다.

$$\nu = \frac{\mu}{\rho} = \frac{g/cm \cdot sec}{g/cm^3} = \frac{cm^2}{sec}$$

동점성계수 중 CGS계인 cm²/sec를 스토크스(Stokes)라 한다.

1St=100cSt=1cm²/sec=1×10⁻⁴m²/sec ············ [L^2T^{-1}]

> **! Reference**
>
> 온도상승에 따른 점성의 변화
> - 액체는 점성이 작아진다.
> - 기체는 점성이 커진다.

(3) 표면장력(Surface Tension, 表面張力)

표면장력이란 단위길이당 액체의 표면을 최소로 하려는 힘이다.

표면장력은 액체 분자 간에 서로 잡아당겨 액표면을 최소로 하려는 힘인 응집력(Cohesion)에 의한 것이다. 응집력은 온도의 상승에 따라 감소하므로 표면장력 역시 작아지고 액체의 점성이 클수록 작아진다.

물방울, 수은방울이 구형을 이루고 있는 것도 표면장력에 의한 것으로 볼 수 있다.

곡선상에 작용하는 표면장력은 표면에 작용하는 응집력을 곡선의 길이로 나눈 값이다.

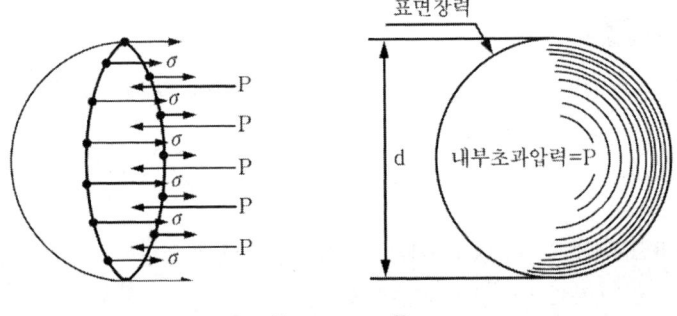

[표면장력]

그림과 같이 지름 d인 작은 구형방울의 표면장력 σ와 내부초과압력 P가 서로평형을 이루고 있다면

$$\sigma = \frac{F_1}{\pi d}, \quad F_1 = \sigma \pi d$$

$$P = \frac{F_2}{\frac{\pi d^2}{4}}, \quad F_2 = P \frac{\pi d^2}{4}$$

$$F_1 = F_2, \quad \sigma \pi d = P \frac{\pi d^2}{4} \quad \therefore \sigma = \frac{Pd}{4}$$

F_1 : 응집력, F_2 : 유체내부의 힘, σ : 표면장력, P : 내부초과압력, d : 만곡면의 지름

표면장력의 단위 = N/m, kgf/m ········ $[FL^{-1}]$

응집력과 부착력

- **응집력**(Cohesion) : 같은 분자 간에 서로 잡아당기는 힘
- **부착력**(Adhesion) : 서로 다른 분자 간에 잡아당기는 힘

> **예상문제**
>
> 직경이 40mm인 비눗방울에서 내부 초과압력이 30N/m²일 때 비눗방울의 표면장력은 몇 N/m인가?
>
> ㉮ 0.15 ㉯ 0.3
> ㉰ 0.5 ㉱ 0.6
>
> **풀이** 표면장력이란 단위길이당 액체의 표면을 최소로 하려는 힘으로
> $\sigma = \dfrac{F}{\pi d}$ 또는 $\sigma = \dfrac{Pd}{4}$ 로 표현된다.
> F : 응집력, σ : 표면장력, P : 내부초과압력, d : 만곡면의 지름
> ∴ $\sigma = \dfrac{Pd}{4}$ 에 의해 $\sigma = \dfrac{30\text{N/m}^2 \times 0.04\text{m}}{4} = 0.3\text{N/m}$
>
> **답** ㉯

(4) 모세관현상(Capillary Phenomenon, 毛細管現象)

액체 속에 내경이 작은 세관(細管)을 수직으로 세우면 세관 속의 액체가 상승하는 것을 모세관현상이라 한다.

석유곤로나 알코올램프의 심지에 액체가 올라오는 것도 모세관현상에 의한 것이다.

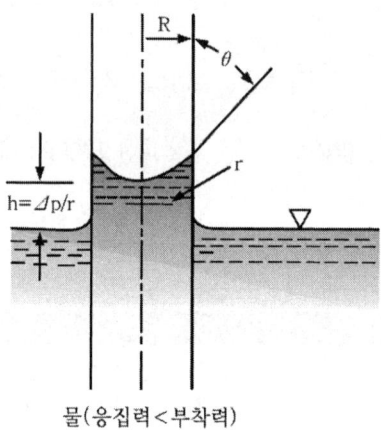

물(응집력<부착력)

【 모세관현상 】

액면이 상승하거나 강하하는 것은 액체가 가지는 응집력과 부착력의 크기에 따른 것이다. 액면상승 높이 h는 다음 식에 의해 구한다.

$$h = \frac{4\sigma\cos\theta}{\gamma d}$$

h : 상승높이(m), σ : 표면장력(kgf/m), θ : 접촉각,
γ : 유체의 비중량(kgf/m³), d : 모세관의 직경(m)

(5) 체적탄성계수와 압축률

① 체적탄성계수(Bulk Modulus, 體積彈性係數) : E
체적 변화율에 대한 압력의 변화를 체적탄성계수라 하고 압력과 같은 차원을 갖는다. 액체를 비압축성으로 분류하였지만 매우 큰 압력을 가하면 작은 체적의 감소가 있게 되는데 이때 동일압력에 대한 체적의 변화율은 각 액체마다 다르게 나타난다.
체적이 V인 액체에 ΔP만큼의 압력을 가했을 때, 체적이 ΔV만큼 감소하였다면 ΔV가 (−)값을 가지기 때문에 $E = -\frac{\Delta P}{\frac{\Delta V}{V}}$가 된다. 하지만 체적탄성계수는 음(−)의 수가 될 수 없으므로

$$E = \frac{\Delta P}{\frac{\Delta V}{V}}$$

체적이 감소하면 밀도와 비중량은 증가하게 되므로 다음과 같은 표현도 가능하다.

$$E = \frac{\Delta P}{\frac{\Delta \rho}{\rho}} = \frac{\Delta P}{\frac{\Delta \gamma}{\gamma}}$$

기체의 체적탄성계수
- 등온압축일 때 : E=P
- 단열압축일 때 : E=kP(k : 비열비, P : 절대압력)
---

② 압축률(Compressibility, 壓縮率) : β
체적탄성계수의 역수를 압축률이라 한다.

$$\beta = \frac{1}{E} = \frac{\frac{\Delta V}{V}}{\Delta P}$$

(6) 부력(Buoyant Force, 浮力)

유체 속에 잠겨 있거나 떠있는 물체는 유체 속에 잠겨 있는 부분의 둘레에 정수압을 받는데 그 유체로부터 받는 전압력을 부력이라 한다.

부력의 크기는 물체가 유체 속에 잠긴 체적만큼의 유체의 중량과 같으며 그 방향은 수직상방향으로 작용한다.

$$F = \gamma V$$

F : 부력(kgf, N), γ : 유체의 비중량(kgf/m^3, N/m^3), V : 배제된 유체의 체적(m^3)

위 식은 아르키메데스(Archimedes)의 원리이며 다음과 같이 정의된다.
① 유체 속에 잠겨 있는 물체가 받는 부력은 그 물체가 **배제하는 유체의 무게**와 같다.
② 유체 위에 떠있는 **부양체**는 자체의 무게와 같은 무게의 유체를 배제한다.

예상문제

개방된 용기 내에 비중이 10인 액체 면에 쇳덩어리가 떠있다. 이 쇳덩어리가 안 보일 때까지 물을 부었을 때 쇳덩어리가 액체 속에 있는 부분과 물 속에 있는 부분의 부피비는 약 얼마인가? (단, 쇠의 비중은 7.8이다)

㉮ 2.9 : 1　　　　　　　　　　　㉯ 3.1 : 1
㉰ 3.3 : 1　　　　　　　　　　　㉱ 3.5 : 1

풀이 유체 속에 잠긴 물체의 % = $\frac{물체의\ 비중}{유체의\ 비중} \times 100 = \frac{7.8}{10} \times 100 = 78\%$

잠긴 % : 떠있는 % = 78% : 22%
∴ 3.5 : 1

답 ㉱

CHAPTER 04 유체의 정역학

1 ▸▸ 압력(Pressure, 壓力)

압력이란 "단위면적당 수직으로 작용하는 힘(전압력)"을 말한다.

$$P = \frac{F}{A}, \quad P = \gamma h$$

P : 압력(kgf/cm², N/m²), F : 힘(kgf, N), A : 단면적(cm², m²),
γ : 비중량(kgf/m³, N/m³), h : 깊이(m)

(1) 대기압의 구분

지구를 둘러싸고 있는 공기가 누르는 압력을 대기압이라 하며 다음과 같이 구분된다.

① 표준대기압(Standard Atmospheric Pressure)
   1atm=1.0332kgf/cm²=10,332kgf/m²=10.332mH₂O=760mmHg
        =1.01325×10⁵N/m²(Pa)=101.325kPa=0.101325MPa=1,013mbar=1.013bar
        =14.7PSI(lbf/in²)

② 국소대기압(Local Atmospheric Pressure) : 대기압은 측정장소에 따라 서로 다른데 그 측정장소에서의 기압을 국소대기압이라 한다.

③ 공학기압(Technical Pressure)
   1ata=1kgf/cm²=10,000kgf/m²=10mH₂O=0.968atm=735.6mmHg
        =9.8069×10⁴N/m²(Pa)=980.69mbar=0.98bar=14.23PSI(lbf/in²)

예상문제

다음 압력 값 중 가장 값이 큰 것은?

㉮ 0.1atm
㉯ 0.2MPa
㉰ 1.3kgf/cm²
㉱ 17mAq

풀이 압력의 환산
모든 압력의 단위를 atm으로 통일하면
㉠ 0.1atm
㉡ 0.2MPa=1.974atm
㉢ 1.3kgf/cm²=1.26atm
㉣ 17mAq=1.65atm

답 ㉯

(2) 압력의 구분

① **절대압력(Absolute Pressure)** : 절대압력은 "완전 진공을 기준으로 하여 측정한 압력"이다.

② **게이지압력(Gauge Pressure)** : 게이지압력은 "국소대기압을 기준으로 한 압력"으로 압력계가 지시하는 압력이다. 즉, 대기압을 0으로 본 압력이다.

③ **진공압력(Vacuum Pressure)** : 진공압력은 "대기압보다 작은 정도의 압력"으로 진공계가 지시하는 압력이다. 진공압을 백분율로 나타낸 것을 진공도라 하고 다음 식에 의해 구한다.

$$진공도(\%) = \frac{진공압}{대기압} \times 100 = \frac{대기압 - 절대압력}{대기압} \times 100$$

위 식에서 알 수 있듯이 진공도 100%는 완전진공을 의미한다.

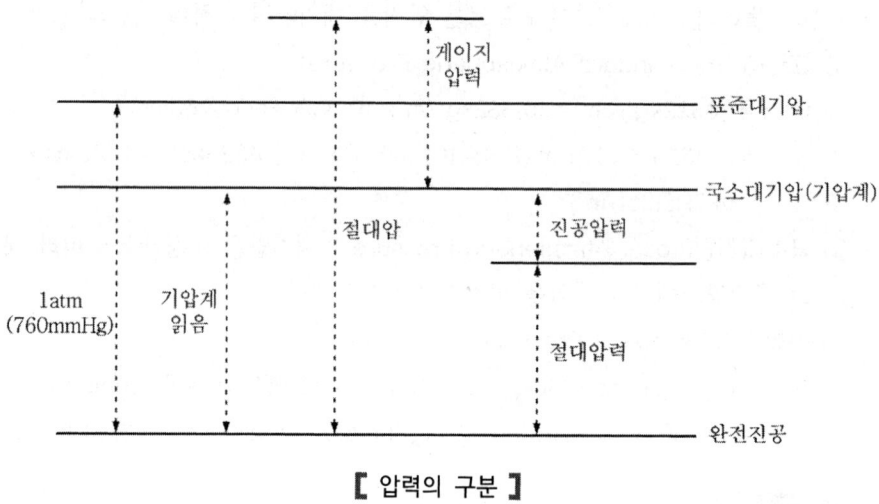

【 압력의 구분 】

예상문제

펌프에 흡입되는 물의 압력을 진공계로 측정하였더니 80mmHg였다. 이때 절대압력은 몇 kPa인가? (단, 이때의 기압계는 750mmHg를 가리키고 있다)

㉮ 110.6 ㉯ 103.5
㉰ 89.3   ㉱ 10.9

풀이 절대압력 = 대기압 − 진공압

$750\text{mmHg} - 80\text{mmHg} = 670\text{mmHg}$

$670\text{mmHg} \times \dfrac{101.325\text{kPa}}{760\text{mmHg}} = 89.3\text{kPa}$

※ 진공계의 눈금이 진공압력이다.

답 ㉰

> **Reference**
>
> ● 게이지별 압력의 구분
>   ① **압력계** : 대기압보다 큰 압력을 측정하는 압력계
>   ② **진공계** : 대기압보다 작은 압력을 측정하는 압력계
>   ③ **연성계** : 대기압보다 큰 정압과 대기압보다 작은 부압을 측정하는 압력계
>   ㉠ 정압(+압력) : 대기압 이상의 압력
>   ㉡ 부압(−압력) : 대기압 미만의 압력
>
> ● 압력의 계산
>   ① 절대압력 = 대기압력 + 계기압력
>   ② 절대압력 = 대기압력 − 진공압력
>   ③ 계기압력 = 절대압력 − 대기압력
>   ④ 진공압력 = 대기압력 − 절대압력

2 ▸▸ 압력의 측정

(1) 유체 속의 압력 측정

① 액체의 표면에서 깊이 h인 곳의 압력

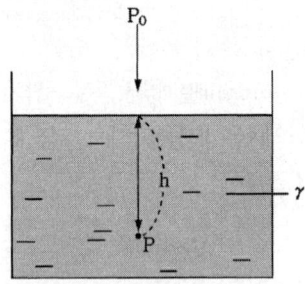

【 수조 내의 압력 측정 】

$$P = \frac{F}{A} = \gamma h$$

㉠ 게이지압력 $= \gamma h$
㉡ 절대압력 $= Po + \gamma h$

    Po : 대기압력(kgf/m^2), γ : 비중량(kgf/m^3), h : 깊이(m)

② 액면에 압력 P_A가 작용될 때의 압력

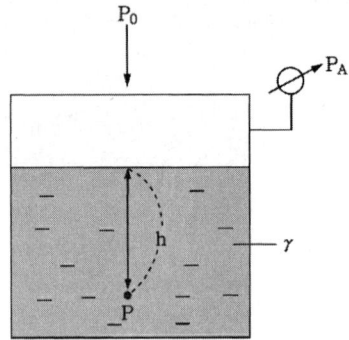

【 압력수조 내의 압력측정 】

㉠ 게이지압력 $= P_A + \gamma h$
㉡ 절대압력 $= Po + P_A + \gamma h$

    P_A : 게이지압력(kgf/m^2), Po : 대기압력(kgf/m^2), γ : 비중량(kgf/m^3), h : 깊이(m)

예상문제

어떤 액체를 표면으로부터 20m 깊이에서 압력을 측정하니 계기압력이 0.25MPa이라면 이 액체의 비중량은 몇 kN/m³인가?

㉮ 1.25
㉯ 0.125
㉰ 12.5
㉱ 125

풀이 압력계산

$P = \gamma h$

P : 압력(kgf/m², N/m²), γ : 비중량(kgf/m³, N/m³), h : 깊이(m)

$$\therefore \gamma = \frac{P}{h} = \frac{0.25 \times 10^3 \text{kN/m}^2}{20\text{m}} = 12.5 \text{kN/m}^3$$

답 ㉰

Reference

◎ 정지유체 속 압력의 특징
- 압력은 모든 면에 수직으로 작용한다.
- 임의의 한 점에서 작용하는 압력은 모든 방향에서 그 크기가 같다.
- 동일 수평선상의 모든 점의 압력은 그 크기가 같다.
- 밀폐된 용기 속에 유체에 가한 압력은 모든 방향에 같은 크기로 전달된다(파스칼의 원리)

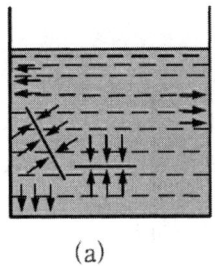
(a)

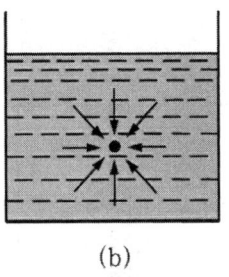
(b)

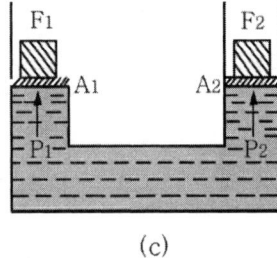
(c)

【 정지유체 속에서의 압력 】

(2) 유체 속에 잠긴 면의 전압력

전압력(Resultant Force)이란 유체 속에 잠긴 면에 작용하는 압력에 의해 받는 전체 힘을 말한다. 유체의 정압은 면에 수직 방향으로만 작용하므로 전압력의 방향 또한 면에 수직이다.

① **수평면에 작용하는 전압력**: 그림과 같이 비중량 γ인 유체의 자유표면으로부터 깊이 h인 지점에 면적 A인 평판에 작용되는 전압력은 다음과 같이 정의된다.

$$P = \frac{F}{A} = \gamma h \text{이므로 } F = A \cdot \gamma \cdot h$$

F : 전압력(kgf, N), γ : 비중량(kgf/m^3, N/m^3), h : 깊이(m), A : 평판의 면적(m^2)

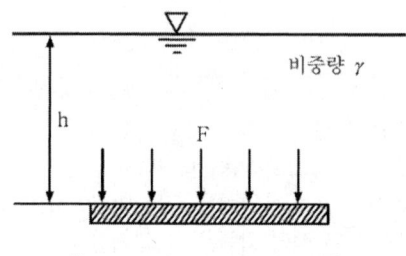

【 수평면에 작용하는 힘 】

② **수직면에 작용하는 전압력**: 수직으로 세워진 평판에 작용하는 전압력은 다음 식으로 표현된다.

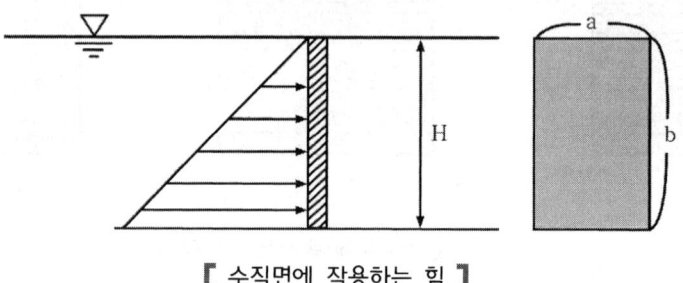

【 수직면에 작용하는 힘 】

평판의 폭을 a, 평판의 높이를 b라 하고 평판의 면적중심까지의 깊이를 h라 하면

전압력(F) $= \gamma \cdot h \cdot A = \gamma \cdot h \cdot a \cdot b$가 되며 $h = \frac{H}{2}$이므로

$$F = \frac{\gamma \cdot H \cdot a \cdot b}{2} = \frac{\gamma \cdot H^2 \cdot a}{2}$$

전압력은 압력의 평균을 가지고 구하는 것이므로 **평판의 면적중심을 기준**으로 한다. 하지만 실질적인 압력분포는 그렇지 않기 때문에 힘의 작용점은 면적의 중심점과 다르며 힘의 작용점은 다음과 같다.

$$y_P = y + \frac{I_G}{y \times A} = y + \frac{\frac{가로 \times 세로^3}{12}}{y \times A}$$

y_P : 힘의 작용점, y : 수면으로부터 면적중심까지의 깊이(m)
I_G : 도심에 관한 단면의 2차 관성모멘트, A : 평판의 면적(m^2)

위 식에 의해 알 수 있듯이 수면으로부터 수직으로 잠긴 직사각형 평판의 힘의 작용점은 수면에서 깊이 2/3 되는 지점에 있다.

③ 경사면에 작용하는 전압력

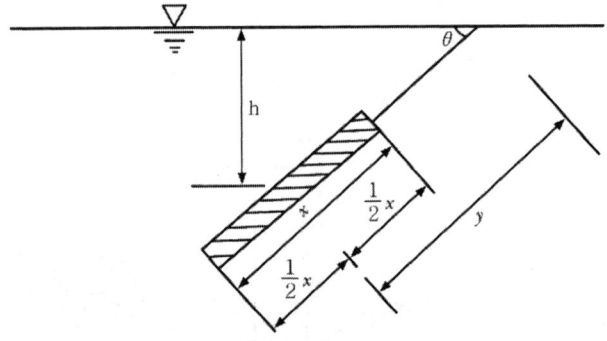

【 경사면에 작용하는 힘 】

$$F = A \cdot \gamma \cdot h = A \cdot \gamma \cdot y\sin\theta$$

(3) 액주계(Manometer, 液柱計)

액주계는 액주의 높이에 의해 유체의 압력차를 측정하는 장치이다.
한 개의 유리관을 연직으로 세워 측정하려는 용기 또는 관에 연결하면 관내에 어느 높이까지 유체가 상승하는데 이를 이용하여 압력차를 측정한다.
구조가 간단하고 편리하면서도 비교적 정확한 값을 측정할 수 있는 장점을 가지고 있다.

① 수은기압계(Mercury Barometer) : 액주계 중 가장 간단한 것으로 액주계 내에 비중이 큰 수은을 넣고 수은의 상승높이를 이용하여 대기압을 측정하는 장치이다.

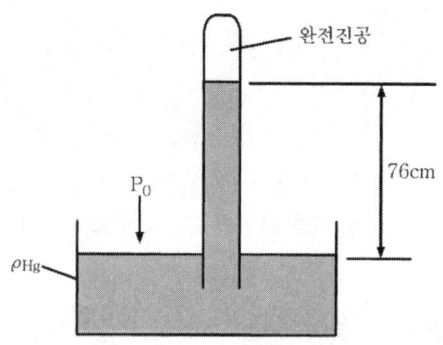

【 수은기압계 】

② 피에조미터(Piezometer) : 액주계 내의 액체가 측정하려는 유체와 같은 경우를 피에조미터라 한다. 압력이 별로 크지 않은 용기나 관내의 압력을 측정할 때 사용된다.

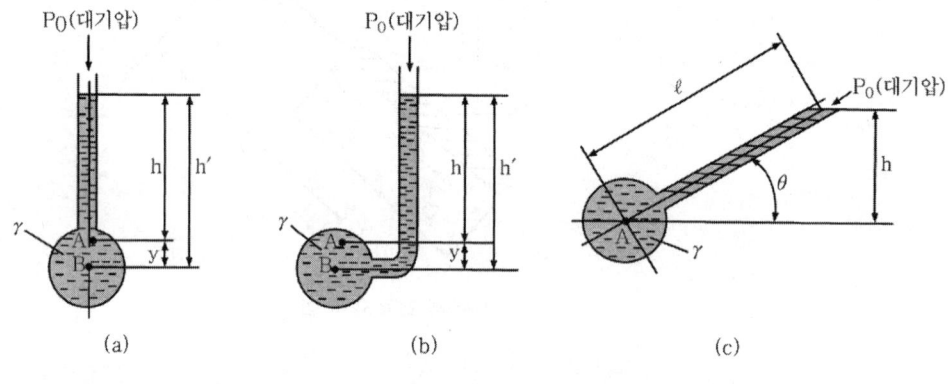

【 피에조미터 】

㉠ A점의 압력
  ㉮ 게이지압력 : $P_{A(guage)} = \gamma h$
  ㉯ 절대압력 : $P_{A(abs)} = P_0 + \gamma h$ 또는 $P_{A(abs)} = P_0 + \gamma L \sin\theta$

㉡ B점의 압력
  ㉮ 게이지압력 : $P_{B(guage)} = P_A + \gamma y = \gamma h'$
  ㉯ 절대압력 : $P_{B(abs)} = P_0 + P_A + \gamma y = P_0 + \gamma h'$

> **Reference**
> Piezometer와 정압관은 교란되지 않는 유체의 정압을 측정하는 데 이용된다.

③ **U자형 액주계(U-type Manometer)** : U자로 구부러진 관에 측정하려는 유체와 다른 유체를 넣고 압력차이로 인한 높이차를 이용하여 용기나 관 내부의 압력차를 측정한다.

㉠ 대기압과의 압력차 측정

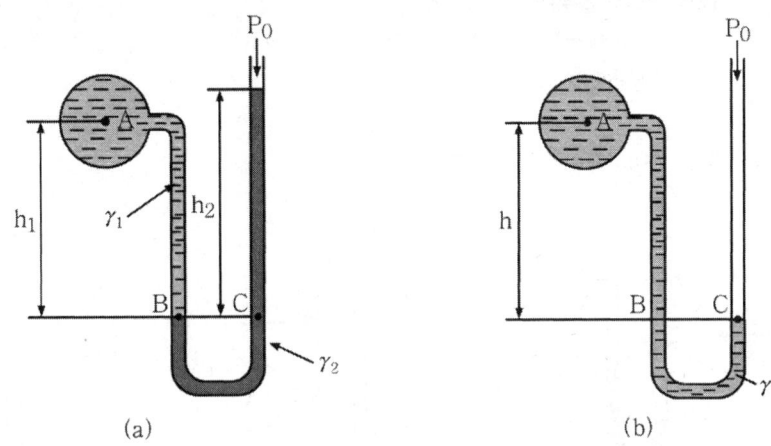

[U자형 액주계]

㉮ 그림(a)의 경우
ⓐ A점의 게이지압력 : $P_{A(guage)} = \gamma_2 h_2 - \gamma_1 h_1$
ⓑ A점의 절대압력 : $P_{A(abs)} = P_0 + \gamma_2 h_2 - \gamma_1 h_1$

㉯ 그림(b)의 경우
ⓐ A점의 진공압력 : $P_{A(vaccum)} = \gamma h$
ⓑ A점의 절대압력 : $P_{A(abs)} = P_0 - \gamma h$

Series ❷ 소방설비(산업)기사 [기계분야] 필기 1차

예상문제

그림과 같은 액주계에서 원 중심의 압력은 계기압력으로 몇 Pa인가?

㉮ 3,900
㉯ 5,880
㉰ 7,850
㉱ 9,800

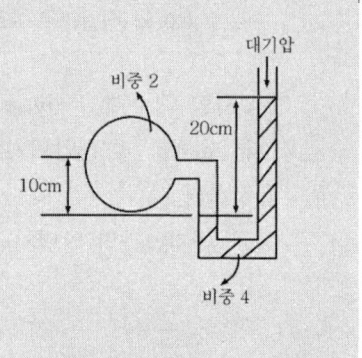

풀이 **U자형 액주계**

A점의 게이지 압력(P_A) = $\gamma_2 h_2 - \gamma_1 h_1$

∴ P_A = (4,000kgf/m³ × 0.2m) − (2,000kgf/m³ × 0.1m)
      = 600kgf/m² = 5,880N/m²

답 ㉯

ⓛ 용기 또는 관로의 압력차 측정

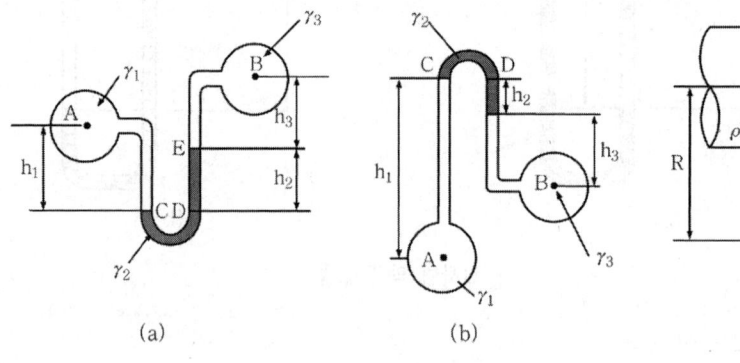

(a)   (b)   (c)

【 시차액주계 】

㉮ 그림(a)의 경우

$P_C = P_D$, $P_A + \gamma_1 h_1 = P_B + \gamma_3 h_3 + \gamma_2 h_2$

∴ $P_A - P_B = \gamma_3 h_3 + \gamma_2 h_2 - \gamma_1 h_1$

㉯ 그림(b)의 경우

$P_C = P_D$, $P_A - \gamma_1 h_1 = P_B - \gamma_3 h_3 - \gamma_2 h_2$

∴ $P_A - P_B = \gamma_1 h_1 - \gamma_3 h_3 - \gamma_2 h_2$

㉰ 그림(c)의 경우

$P_A - P_B = (\gamma_{Hg} - \gamma_{H_2O})H = \dfrac{g}{g_c}(\rho_{Hg} - \rho_{H_2O})H$

예상문제

그림에서 각 높이는 $h_1=60cm$, $h_2=30cm$, $h_3=120cm$이고, 각각의 비중은 $S_1=1$, $S_2=0.65$, $S_3=0.8$일 때 P_B-P_A의 압력차를 물의 수두로 표시하면 몇 m인가?

㉮ 0.555 ㉯ 0.750
㉰ 0.165 ㉱ 1.65

풀이 $P_A - S_1 h_1 - S_2 h_2 = P_B - S_3 h_3$

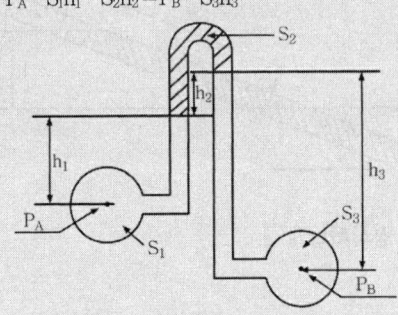

$P_B - P_A = S_3 h_3 - S_1 h_1 - S_2 h_2$
$= (800 kgf/m^3 \times 1.2m) - (1,000 kgf/m^3 \times 0.6m) - (650 kgf/m^3 \times 0.3m)$
$= 165 kgf/m^2 = 0.165m$

답 ㉰

예상문제

그림에서와 같이 단면 1, 2에서의 수은의 높이차가 h(m)이다. 압력차 P_1-P_2는 몇 Pa인가? (단, 축소관에서의 부차적 손실은 무시하고 수은의 비중은 13.5, 물의 비중은 1이다)

㉮ 122,500h
㉯ 12.25h
㉰ 132,500h
㉱ 13.25h

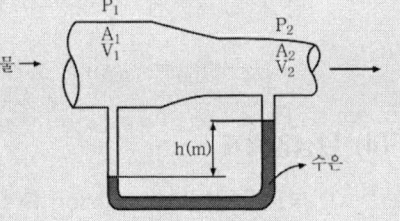

풀이 $P_1 - P_2 = (\gamma_1 - \gamma_2)h$
수은의 비중량 $= 13,500 kgf/m^3 \times 9.8 N/kgf = 132,300 N/m^3$
∴ $P_1 - P_2 = (132,300 N/m^3 - 9,800 N/m^3)h = 122,500h$

답 ㉮

④ 경사미압계(Inclined-tube Manometer, 傾斜微壓計) : 두 지점의 압력차이가 아주 작은 경우 액주계의 높이차이가 너무 낮아 정확한 측정이 어려울 때 경사시킴에 의해 긴 길이를 가지도록 하여 보다 정확한 압력의 차이를 측정할 수 있는 계측기기이다.

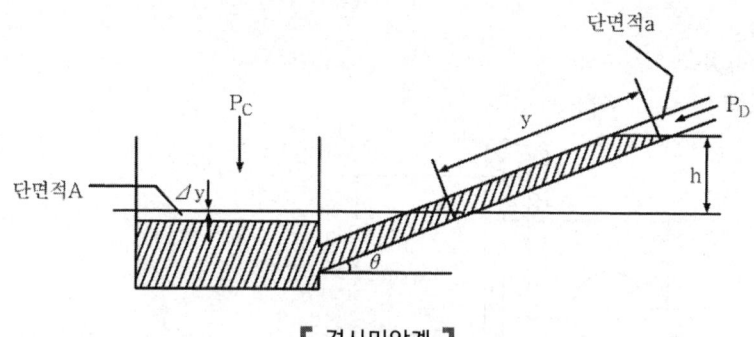

[경사미압계]

$$P_C = P_D + \gamma \left(y\sin\theta + \frac{a}{A}y \right)$$

$$P_C - P_D = \gamma y \left(\sin\theta + \frac{a}{A} \right)$$

만일 A≫a이면 $\frac{a}{A}$ 항은 미소하므로 무시할 수 있다.

∴ $P_C - P_D = \gamma y \sin\theta$

(4) 탄성압력계

① 부로돈 압력계(Bourdon Pressure Gauge) : 배관계통의 압력 측정에 많이 사용되는 압력계로 금속의 탄성을 이용한 것이다. 압력의 변동이 생기면 부로돈관에 압력이 가해지고 이로 인해 관의 곡률 반경에 변화를 주게 되어 지침을 회전시켜 압력을 지시한다.

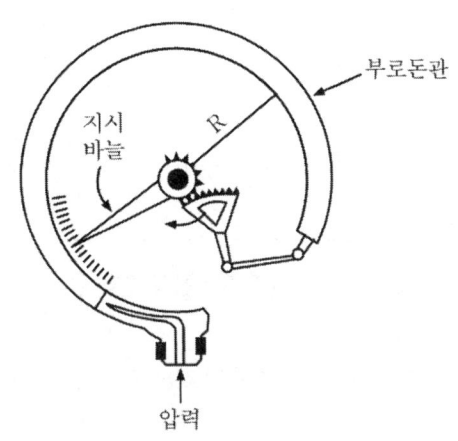

[부로돈 압력계]

　㉠ 부로돈의 재질 : 고압용 – 특수강
　　　　　　　　　저압용 – 청동, 황동, 특수청동
　㉡ 측정압력 : 0~3,000kgf/cm²
② 다이어프램 압력계(Diaphragm Pressure Gauge) : 극히 미소한 압력을 측정하기 위한 압력계로 박판(다이어프램)이 변형하는 것을 이용하여 압력을 측정한다.
　㉠ 다이어프램의 재질 : 고무, 양은, 인청동, 스테인리스 등
　㉡ 측정압력 : 20~5,000mmH₂O
③ 벨로우즈 압력계(Bellows Type Pressure Gauge) : 금속 벨로우즈가 압력에 의해 신축하는 것을 이용하는 것으로 구조가 간단하여 많이 쓰이고 있다.
　㉠ 벨로우즈의 재질 : 인청동, 스테인리스 등
　㉡ 측정압력 : 0.01~10kgf/cm²

③ 파스칼의 원리

밀폐된 용기 속의 유체에 가한 압력은 모든 방향에 같은 크기로 전달된다. 그러므로 액체의 일부에 힘을 가하면 액체 내의 모든 부분의 압력은 다 같이 증가한다.
이것이 수압기에 이용되는 파스칼의 원리이다.

 소방설비(산업)기사 [기계분야] 필기 1차

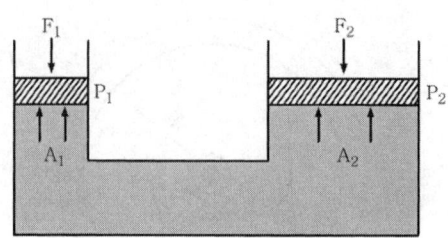

[파스칼의 원리]

그림과 같이 크기가 서로 다른 피스톤의 면적이 A_1, A_2이고 각각의 피스톤에 가해지는 힘의 크기를 F_1, F_2라고 할 때

$$P_1 = P_2, \quad \frac{F_1}{A_1} = \frac{F_2}{A_2}, \quad \frac{F_1}{\frac{\pi}{4}D_1^2} = \frac{F_2}{\frac{\pi}{4}D_2^2}$$

위의 식에서 알 수 있듯 압력이 일정할 때 작용하는 힘은 면적에 비례하고 직경의 제곱에 비례한다.

예상문제

피스톤 A_2의 반지름이 A_1의 반지름의 2배이며 A_1과 A_2에 작용하는 압력을 각각 P_1, P_2라 하면 평형상태일 때 P_1과 P_2 사이의 관계는?

㉮ $P_1 = 2P_2$
㉯ $P_2 = 4P_1$
㉰ $P_1 = P_2$
㉱ $P_2 = 2P_1$

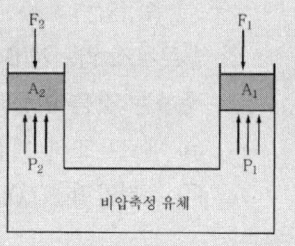

풀이 정지유체에서 동일 수평선상의 모든 점의 압력은 그 크기가 같다.
그림과 같이 두 평판이 서로 수평이므로 두 평판이 받는 압력은 서로 같다. **답** ㉰

CHAPTER 05 유체의 운동학

1. 유체의 흐름형태

(1) 정상류와 비정상류

① 정상류(Steady Flow, 定常流) : 유동상태의 임의의 한 점에서 유체의 흐름 특성(속도, 밀도, 압력, 온도 등)이 시간의 경과에 따라 변화되지 않는 흐름

$$\frac{\partial V}{\partial t}=0, \ \frac{\partial \rho}{\partial t}=0, \ \frac{\partial P}{\partial t}=0, \ \frac{\partial T}{\partial t}=0$$

t : 시간, V : 속도, ρ : 밀도, P : 압력, T : 온도

② 비정상류(Unsteady Flow, 非正常流) : 유동상태의 임의의 한 점에서 유체의 흐름 특성(속도, 밀도, 압력, 온도 등) 중 하나 이상이 시간의 경과에 따라 변화되는 흐름

$$\frac{\partial V}{\partial t}\neq 0, \ \frac{\partial \rho}{\partial t}\neq 0, \ \frac{\partial P}{\partial t}\neq 0, \ \frac{\partial T}{\partial t}\neq 0$$

(2) 등속류와 비등속류

① 등속류(Uniform Flow) : 흐르는 유체의 임의의 순간에 모든 점에서 속도 벡터(Vector)가 동일한 흐름, 즉 거리의 변화에 따른 속도의 변화가 없는 흐름

$$\frac{\partial V}{\partial s}=0$$

② 비등속류(Nonuniform Flow) : 흐르는 유체의 임의의 순간에 한 점에서 다른 점으로 속도 벡터(Vector)가 변하는 흐름, 즉 거리의 변화에 따라 속도가 변하는 흐름

$$\frac{\partial V}{\partial s}\neq 0$$

(3) 등온흐름과 단열흐름

① 등온흐름 : 유체가 온도의 변화 없이 흐르는 흐름
② 단열흐름 : 유체가 경계면을 지날 때 열의 유출입이 없는 흐름

유체의 흐름형태 정리

- 정상 등속류 유동 : $\dfrac{\partial V}{\partial t}=0,\ \dfrac{\partial V}{\partial s}=0$
- 정상 비등속류 유동 : $\dfrac{\partial V}{\partial t}=0,\ \dfrac{\partial V}{\partial s}\neq 0$
- 비정상 등속류 유동 : $\dfrac{\partial V}{\partial t}\neq 0,\ \dfrac{\partial V}{\partial s}=0$
- 비정상 비등속류 유동 : $\dfrac{\partial V}{\partial t}\neq 0,\ \dfrac{\partial V}{\partial s}\neq 0$

유선, 유적선, 유관

- 유선(Stream Line) : 유체의 흐름에 있어서 모든 점에서 유체흐름이 속도 벡터(Vector)의 방향을 갖는 연속적인 가상곡선
- 유적선(Path Line) : 일정한 시간동안 한 유체입자가 흐르면서 그리는 경로로 정상류인 경우 유선과 유적선은 일치한다.
- 유관(Stream Tube) : 유선에 의해 둘러싸여 하나의 관이 만들어지는데 이러한 가상적인 관

2. 유량의 종류

① 체적유량 $Q(\text{m}^3/\text{sec})=A(\text{m}^2)\times U(\text{m}/\text{sec})$
② 질량유량 $m(\text{kg}/\text{sec})=A(\text{m}^2)\times U(\text{m}/\text{sec})\times \rho(\text{kg}/\text{m}^3)$
③ 중량유량 $w(\text{kgf}/\text{sec})=A(\text{m}^2)\times U(\text{m}/\text{sec})\times \gamma(\text{kgf}/\text{m}^3)$
$\qquad\qquad w(\text{N}/\text{sec})=A(\text{m}^2)\times U(\text{m}/\text{sec})\times \gamma(\text{N}/\text{m}^3)$

3. 연속방정식(Equation of Continuity)

유체의 흐름에 질량보존의 법칙을 적용시킨 방정식을 연속방정식이라 하며 유체의 운동에서 가장 기본이 되는 지배방정식이다.

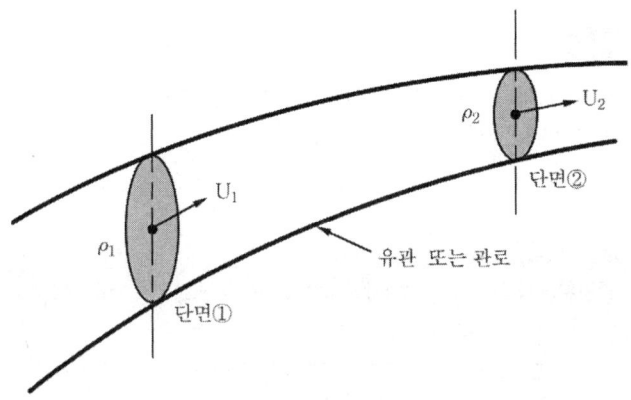

[연속방정식]

그림에서 단면1과 단면2를 통과하는 질량은 항상 같다.
질량유량(Mass Flowrate)은 $AU\rho$ 이므로

> **Reference**
> - 질량유량$(m) = AU\rho$, $m_1 = m_2$이므로 $A_1U_1\rho_1 = A_2U_2\rho_2$
> - 중량유량$(w) = AU\gamma$, $w_1 = w_2$이므로 $A_1U_1\gamma_1 = A_2U_2\gamma_2$

비압축성 유체는 밀도(비중량)의 변화가 없으므로 $\rho_1 = \rho_2$ 이다.

> - 체적유량$(Q) = AU$, $Q_1 = Q_2$이므로 $A_1U_1 = A_2U_2$

A : 단면적(m^2), U : 유속(m/sec), ρ : 밀도(kg/m^3), γ : 비중량(kgf/m^3)

> **예상문제**
>
> 평균속도 4m/s로 지름 75mm인 관로 속을 물이 흐르고 있을 때 중량 유량은 몇 N/s인가?
> ㉮ 165.2 ㉯ 169.2
> ㉰ 173.2 ㉱ 176.2
>
> **풀이** 중량유량$(W) = AU\gamma$
> W : 중량유량(N/sec), A : 단면적(m^2), U : 유속(m/sec), γ : 비중량(N/m^3)
> $W = \dfrac{\pi \times 0.075^2}{4} m^2 \times 4 m/sec \times 9,800 N/m^3 = 173.2 N/sec$
>
> **답** ㉰

예상문제

비중량이 9,980N/m³인 유체가 소화설비 배관 내를 분당 50kN씩 흐른다. 관경이 150mm라면 평균유속은 몇 m/s인가?

㉮ 3.1 ㉯ 4.72
㉰ 83.3 ㉱ 283.8

풀이 중량유량(W) = $AU\gamma$
W : 중량유량(N/sec), A : 단면적(m²), U : 유속(m/sec), γ : 비중량(N/m³)

$$U = \frac{W}{A\gamma} = \frac{\frac{50}{60}\text{kN/sec}}{\frac{\pi \times 0.15^2}{4}\text{m}^2 \times 9.98\text{kN/m}^3} = 4.72\text{m/sec}$$

답 ㉯

4 ▶▶ 오일러의 운동방정식(Euler Equation of Motion)

유체입자가 유선 또는 유관을 따라 움직일 때 Newton의 운동 제2법칙을 적용시켜 얻은 미분방정식을 Euler의 운동방정식이라 한다.

오일러의 운동방정식은 압축성, 비압축성의 완전유체에 대하여 적용되는 식이다.

$$\frac{dP}{\gamma} + \frac{udu}{g} + dZ = 0$$

! Reference

○ Euler 방정식의 가정 조건
- 정상상태의 흐름이다(정상유동이다).
- 비점성 유체이다(마찰력이 없다).
- 유체입자는 유선을 따라 움직인다(적용되는 임의의 두 점은 같은 유선상에 있다).

5 ▶▶ 베르누이 방정식(Bernoulli's Equation)

베르누이 방정식은 에너지보존의 법칙을 유체의 유동에 적용시킨 것으로 관내에 임의의 두 점에서 에너지의 총합은 항상 일정하다는 법칙이다.

베르누이 방정식은 오일러의 방정식을 적분하면 얻어진다.

(1) 베르누이 방정식

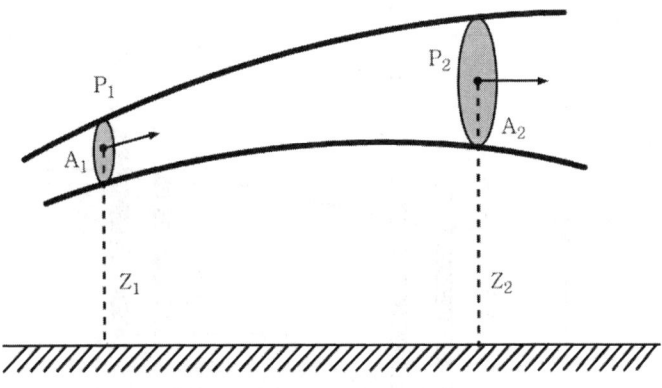

[기계적 에너지수지식]

Euler의 방정식을 적분하면

$$\int \frac{dP}{\gamma} + \int \frac{udu}{g} + \int dZ = \text{const}$$

$$\frac{P}{\gamma} + \frac{U^2}{2g} + Z = H$$

임의의 두 지점에 적용되므로

$$\frac{P_1}{\gamma} + \frac{U_1^2}{2g} + Z_1 = \frac{P_2}{\gamma} + \frac{U_2^2}{2g} + Z_2$$

P : 압력(kgf/m^2), γ : 비중량(kgf/m^3), U : 유속(m/sec), g : 중력가속도(m/sec^2),

Z : 높이(m), $\frac{P}{\gamma}$: 압력수두, $\frac{U^2}{2g}$: 속도수두, Z : 위치수두

압력수두+속도수두+위치수두=전수두

∴ 전수두(H) = $\frac{P}{\gamma} + \frac{U^2}{2g} + Z$

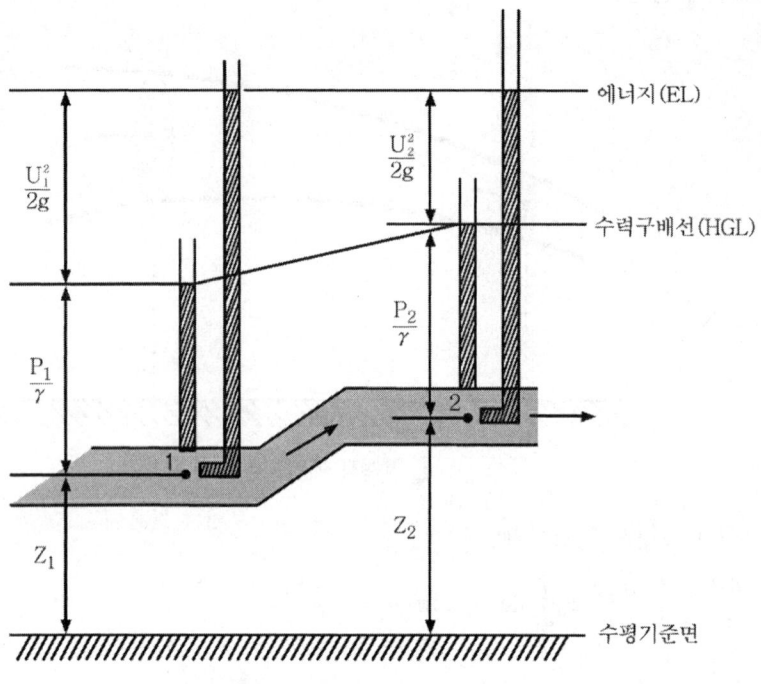

[유관에서 유체의 에너지]

$\dfrac{P}{\gamma}+\dfrac{U^2}{2g}+Z$ 을 연결한 선을 전수두선(Total Head Line) 또는 에너지선(Energy Lline)
이라 하고 $\dfrac{P}{\gamma}+Z$ 을 연결한 선을 수력구배선(Hydraulic Grade Line)이라 한다.

따라서 수력구배선은 항상 에너지선보다 속도수두만큼 아래에 위치한다.

> **! Reference**
>
> ◎ 베르누이 방정식의 가정 조건
> - 정상상태의 흐름이다(정상유동이다).
> - 비점성 유체이다(마찰력이 없다).
> - 유체입자는 유선을 따라 움직인다(적용되는 임의의 두 점은 같은 유선상에 있다).
> - 비압축성 유체의 흐름이다.

관속을 물이 유속 10m/s로 유동하다가 관경의 변화로 유속이 5m/s로 변화되었다면 압력수두의 변화는? (단, 유동마찰손실은 무시하고 위치에너지는 동일한 것으로 한다)

㉮ 3.83m 증가 ㉯ 3.44m 증가
㉰ 2.38m 증가 ㉱ 2.78m 증가

[풀이] 베르누이 방정식
임의의 두 점에서 에너지의 합은 항상 일정하다.

$$\frac{P_1}{\gamma}+\frac{U_1^2}{2g}+Z_1 = \frac{P_2}{\gamma}+\frac{U_2^2}{2g}+Z_2$$

P : 압력(kgf/m²), γ : 비중량(kgf/m³), U : 유속(m/sec), g : 중력가속도(m/sec²), Z : 높이(m)
위치에너지는 일정하므로 $Z_1=Z_2$

$$\therefore \frac{P_1}{\gamma}+\frac{U_1^2}{2g}=\frac{P_2}{\gamma}+\frac{U_2^2}{2g}$$

$$\frac{\Delta P}{\gamma}=\frac{10^2}{2\times 9.8}-\frac{5^2}{2\times 9.8}=3.83m$$

[답] ㉮

(2) 실제유체에 대한 베르누이 방정식의 적용

베르누이 방정식의 가정조건과는 달리 실제유체는 점성을 가지고 있어 유동 시 마찰손실이 발생되고 배관설비에서 에너지의 공급은 주로 펌프를 사용하고 있다. 따라서 실제유체의 유동에 관한 에너지 방정식은 베르누이 방정식에 마찰손실수두와 펌프가 공급한 단위중량당 에너지(수두, 양정)를 반영하여야 한다.

$$\frac{P_1}{\gamma}+\frac{U_1^2}{2g}+Z_1+E_P = \frac{P_2}{\gamma}+\frac{U_2^2}{2g}+Z_2+h_L$$

E_p : 펌프가 공급한 단위중량당 에너지(kgf·m/kg, N·m/kg), h_L : 손실수두(m)

6 ▶▶ 베르누이 방정식의 응용

(1) 토리첼리의 정리(Torricelli Principle)

그림과 같이 수조의 수면으로부터 H(m)인 지점에 오리피스(배관)를 설치하고 수면의 수위가 변하지 않는다는 가정하에 베르누이 방정식을 적용시키면,

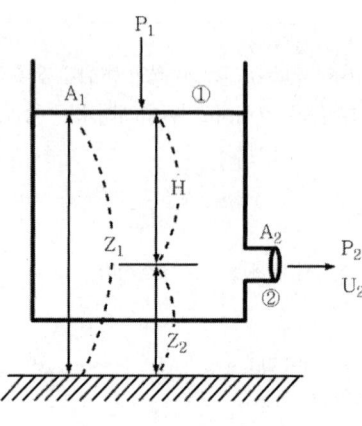

[토리첼리의 정리]

$$\frac{P_1}{\gamma} + \frac{U_1^2}{2g} + Z_1 = \frac{P_2}{\gamma} + \frac{U_2^2}{2g} + Z_2$$

P_1, P_2는 대기압이므로 $P_1 = P_2$이고, 용기가 충분히 커서 $A_1 \gg A_2$이면 상대적으로 U_1을 0으로 볼 수 있다.

$$Z_1 = \frac{U_2^2}{2g} + Z_2 \text{이므로} \ \frac{U_2^2}{2g} = Z_1 - Z_2 = H$$

$U_2 = \sqrt{2gh}$ 이며 이 식을 토리첼리의 정리라 한다.

이 속도는 물체의 자유낙하 속도와 같다.
토리첼리의 정리에 의한 유출속도식은 이론속도이므로 실제의 유출속도와는 차이가 있다. 실제속도는 점성효과로 인하여 이론속도보다 작으며 다음과 같은 관계가 있다.
실제속도=속도계수(C_V)×이론속도이고 물의 경우 C_V는 0.97~0.99이다.
실제유체가 유출되는 유출제트의 단면적도 오리피스의 단면적보다는 작다.
유출제트의 단면적=오리피스의 단면적×수축계수(C_C)이다.

실제로 유출되는 유량은 다음과 같이 표현된다.

$$Q = C_C \cdot A \times C_V \cdot U = CA\sqrt{2gH}$$

Q : 유출유량(m^3/sec), C : 유량계수, A : 오리피스의 단면적(m^2)

여기서, $C = C_C \times C_V$이다.

예상문제

그림에서 손실을 무시할 때 원형 노즐로부터 나오는 유량은 약 몇 m^3/s인가? (단, 기름의 비중은 0.75이다)

㉮ 0.0476
㉯ 0.721
㉰ 0.0975
㉱ 0.246

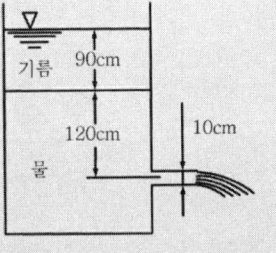

풀이 $Q = AU$
 Q : 체적유량(m^3/sec), A : 배관의 단면적(m^2), U : 유속(m/sec)
 노즐의 중심에서 압력$(P) = \gamma_1 h_1 + \gamma_2 h_2$
  $= (750 kgf/m^3 \times 0.9m) + (1,000 kgf/m^3 \times 1.2m)$
  $= 1,875 kgf/m^2 = 0.1875 kgf/cm^2$
 $u = \sqrt{2 \times g \times h} = \sqrt{2 \times g \times 10P} = 14\sqrt{P}$
 $\therefore Q = \dfrac{\pi \times 0.1^2}{4} m^2 \times 14\sqrt{0.1875} = 0.0476 m^3/sec$

답 ㉮

(2) 피토우관(Pitot Tube)

운동하는 유체가 정지된 물체에 부딪히게 되면 압력이 상승하게 된다.

베르누이법칙에 의해 에너지의 총합은 일정하므로 이러한 압력의 증가는 유체의 속도에 영향을 주게 된다. 이러한 원리를 이용하여 유체의 속도를 측정하는 계측기기를 피토우관이라 한다.

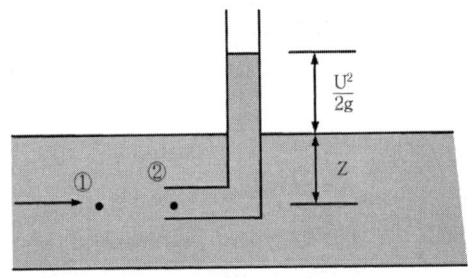

【 피토우관 】

그림의 ①과 ②에 대하여 베르누이 방정식을 적용하면

$$\dfrac{P_1}{\gamma} + \dfrac{U_1^2}{2g} + Z_1 = \dfrac{P_2}{\gamma} + \dfrac{U_2^2}{2g} + Z_2$$

$Z_1=Z_2$이고 $U_2=0$이므로

$$\frac{P_1}{\gamma}+\frac{U_1^2}{2g}=\frac{P_2}{\gamma} \qquad \frac{U_1^2}{2g}=\frac{P_2-P_1}{\gamma}$$

$$\therefore h=\frac{U_1^2}{2g} \qquad \therefore U_1=\sqrt{2gh}$$

유동하는 유선에 평행한 관을 설치하고 관 벽면에 작은 구멍을 뚫어 연결하여 두 지점의 압력차를 측정, 유속을 구할 수 있다.

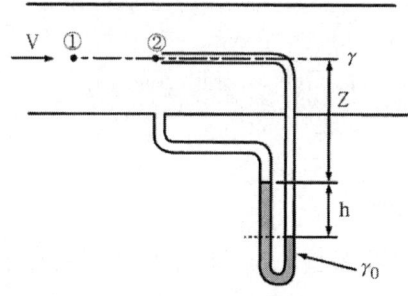

【 전압과 정압의 측정 】

그림 ①과 ②에 대하여 베르누이 방정식을 적용하면

$$\frac{P_1}{\gamma}+\frac{U_1^2}{2g}+Z_1=\frac{P_2}{\gamma}+\frac{U_2^2}{2g}+Z_2$$

$Z_1=Z_2$이고 $U_2=0$이므로

$$\frac{P_1}{\gamma}+\frac{U_1^2}{2g}=\frac{P_2}{\gamma} \qquad \frac{U_1^2}{2g}=\frac{P_2-P_1}{\gamma}$$

시차액주계에서 $P_2-P_1=(\gamma_o-\gamma)h$이므로

$$\frac{U^2}{2g}=\left(\frac{\gamma_o-\gamma}{\gamma}\right)h=\left(\frac{\gamma_o}{\gamma}-1\right)h \text{ 이다.}$$

$$\therefore U=\sqrt{2gh\left(\frac{\gamma_o}{\gamma}-1\right)}$$

예상문제

물이 흐르는 배관 내에 피토우(Pitot)관을 수은이 든 U자관에 연결하여 전압과 정압을 측정하였더니 85mm의 액면차가 생겼다. 피토우관 위치에 있어서 유속은 몇 m/s인가? (단, 수은의 비중은 13.6이다)

㉮ 2.34 ㉯ 3.14
㉰ 4.31 ㉱ 4.58

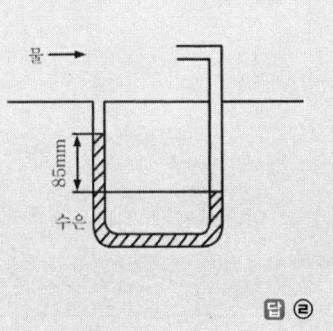

풀이 $U = \sqrt{2gH\left(\dfrac{\gamma_0}{\gamma}-1\right)}$

$= \sqrt{2 \times 9.8\text{m/sec}^2 \times 0.085\text{m}\left(\dfrac{13.6-1}{1}\right)} = 4.58\text{m/sec}$

답 ㉱

! Reference

- 전압(Total Pressure, 全壓) : 유체의 흐름을 막아서 잰 압력으로 정체압이라고도 한다.
- 정압(Static Pressure, 靜壓) : 유체 자체의 압력으로 교란되지 않는 압력이다.
- 동압(Dynamic Pressure, 動壓) : 유체의 운동에 의한 압력으로 유속 측정에 이용된다.

(3) 벤투리관(Venturi Tube)

배관의 관경을 점차 축소, 확대시킨 벤투리관의 정압을 측정하여 유량을 구할 수 있다.

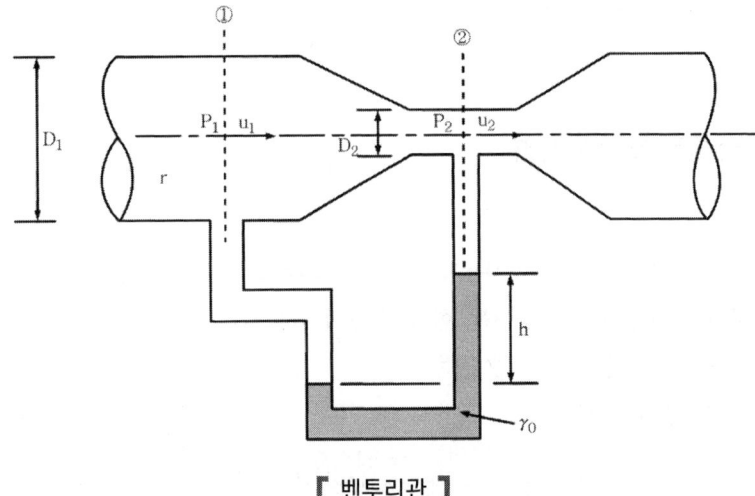

【 벤투리관 】

관로의 ① 지점과 ② 지점에 대하여 베르누이 방정식을 적용하면

$$\frac{P_1}{\gamma} + \frac{U_1^2}{2g} + Z_1 = \frac{P_2}{\gamma} + \frac{U_2^2}{2g} + Z_2$$

$Z_1 = Z_2$ 이므로

$\dfrac{P_1}{r} + \dfrac{U_1^2}{2g} = \dfrac{P_2}{r} + \dfrac{U_2^2}{2g}$ 이다.

연속방정식 $A_1 U_1 = A_2 U_2$ 에서 $U_1 = \dfrac{A_2}{A_1} \cdot U_2$ 이므로

$$\frac{P_1 - P_2}{\gamma} = \frac{U_2^2 - U_1^2}{2g} = \frac{U_2^2}{2g}\left(1 - \frac{U_1^2}{U_2^2}\right) = \frac{U_2^2}{2g}\left\{1 - \left(\frac{A_2}{A_1}\right)^2\right\}$$

$$\therefore U_2 = \frac{1}{\sqrt{1 - \left(\dfrac{A_2}{A_1}\right)^2}} \sqrt{\frac{2g}{\gamma}(P_1 - P_2)}$$

시차액주계에서 $P_1 - P_2 = (\gamma_o - \gamma)h$ 이며, 유량(Q) = AU 이므로

$$\therefore Q_2 = \frac{A_2}{\sqrt{1 - \left(\dfrac{A_2}{A_1}\right)^2}} \sqrt{2gh\left(\frac{\gamma_o}{\gamma} - 1\right)}$$

또는 $Q_2 = \dfrac{A_2}{\sqrt{1 - \left(\dfrac{D_2}{D_1}\right)^4}} \sqrt{2gh\left(\dfrac{\gamma_o}{\gamma} - 1\right)}$

7 ▸▸ 운동량방정식의 응용

(1) 분류가 평판에 작용하는 힘

소방호스의 노즐로부터 방사된 유체가 벽 또는 물체에 충돌할 때 발생되는 힘을 외력이라 하고 반대방향으로 생기는 힘을 반동력이라 한다.

충돌에 의해 발생되는 힘은 다음과 같다.

① 고정평판에 작용하는 힘

$$F = \rho Q U \sin\theta = \rho A U^2 \sin\theta$$

F : 힘(kgf, N), Q : 유량(m^3/sec), ρ : 밀도(kgf·sec^2/m^4, kg/m^3)
U : 유속(m/sec), A : 노즐의 단면적(m^2)

② 이동평판에 작용하는 힘

$$F = \rho Q(U_2 - U_1)\sin\theta = \rho A(U_2 - U_1)^2 \sin\theta$$

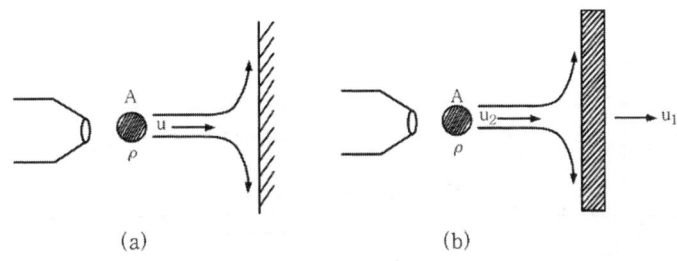

【 평판에 작용하는 힘 】

예상문제

그림과 같이 노즐에서 분사되는 물의 속도가 V=12m/s이고, 분류에 수직인 평판은 속도 u=4m/s로 움직일 때, 평판이 받는 힘은 몇 N인가? (단, 노즐(분류)의 단면적은 0.01m²이다)

㉮ 640
㉯ 960
㉰ 1,280
㉱ 1,440

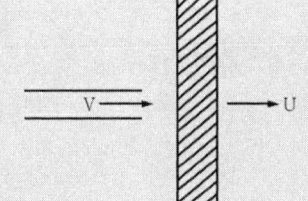

풀이 $F = \rho A(U_2 - U_1)^2 \sin\theta$
  F : 힘(N), ρ : 밀도(kg/m³), U : 유속(m/sec), A : 노즐의 단면적(m²)
  F = 1,000kg/m³ × 0.01m² × (12m/sec − 4m/sec)² sin90 = 640kg·m/sec² = 640N

답 ㉮

(2) 분류에 의한 추진

선박이나 항공기는 물이나 공기를 뒤로 분사시켜 앞으로 나가는 힘을 얻게 되는데 이를 추력(Thrust, 推力)이라 하고 운동량방정식을 이용하여 계산이 가능하다.

① 탱크에 연결된 노즐에 의한 추진

$$F = \rho Q U = \rho Q (Cv\sqrt{2gh})$$

  F : 추력(kgf, N), Q : 유량(m³/sec), ρ : 밀도(kgf·sec²/m⁴, kg/m³)
  U : 유속(m/sec), A : 노즐의 단면적(m²)

② 제트기의 추진

$$F = \rho Q (U_2 - U_1)$$

U_1 : 흡입구에서 흡입되는 속도(m/sec), U_2 : 배기구에서 배출되는 속도(m/sec)

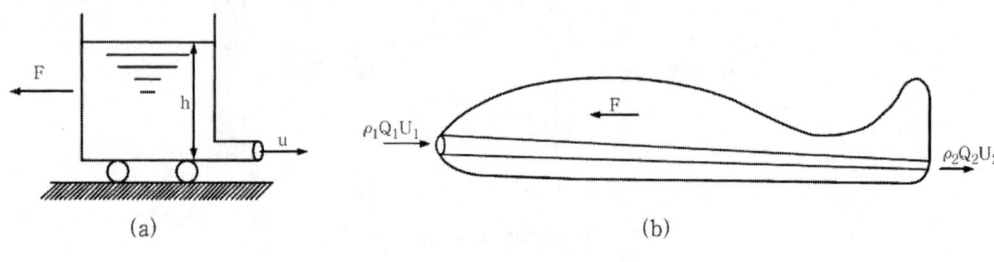

【 분사추진 및 제트추진 】

CHAPTER 06 실제유체의 흐름

1. 유체유동의 형태

(1) 층류와 난류

① 층류(Laminar Flow, 層流) : 유체가 원관 속을 흐를 때 유체 입자들이 흐트러지지 않고 가지런한 흐름의 형태를 가지는 흐름을 층류라 하며 뉴톤의 점성법칙을 만족하는 흐름이다.

$$\tau = \mu \frac{du}{dy}$$

② 난류(Turbulent Flow, 亂流) : 유체의 흐름이 일정한 방향의 가지런한 흐름이 아닌 불규칙하고 어지러운 흐름형태를 가지는 흐름을 난류라 한다. 전단응력이 점성계수 이외에 난류의 정도에도 영향을 받으므로 뉴톤의 점성의 법칙에 따르지 않는 흐름이다.

$$\tau = (\mu + \eta)\frac{du}{dy} \quad \eta = 와점성계수(Eddy\ Viscosity)$$

(2) 레이놀즈수(Reynolds Number)

유체의 흐름이 층류인지 난류인지를 구분할 수 있는 정량적으로 나타낸 값을 레이놀즈수라 하고 무차원수이다.

$$ReNo = \frac{D \cdot U \cdot \rho}{\mu} = \frac{DU}{v}$$

D : 배관의 직경(m, cm), U : 유체의 유속(m/sec, cm/sec), ρ : 유체의 밀도(kg/m^3, g/cm^3)
μ : 절대점도(kg/m·sec, g/cm·sec), v : 동점도(m^2/sec, cm^2/sec)

① 층류와 난류의 구분
   ㉠ 층류 : 레이놀즈수가 2,100 이하인 흐름(Re No<2,100)
   ㉡ 난류 : 레이놀즈수가 4,000 이상인 흐름(Re No>4,000)
   ㉢ 임계영역 : 층류와 난류 사이의 흐름(2,100<Re No<4,000)

② 임계 레이놀즈수
   ㉠ 하임계 레이놀즈수 : 난류에서 층류로 전이되는 레이놀즈수(Re No=2,100)
   ㉡ 상임계 레이놀즈수 : 층류에서 난류로 전이되는 레이놀즈수(Re No=4,000)

③ 전이길이(Transition Length) : 유체의 흐름이 완전히 발달된 정상적인 흐름까지 이르는 데 필요한 거리
   ㉠ 층류일 때 : Lt=0.05 × Re No × D
   ㉡ 난류일 때 : Lt=40D~50D

④ 평균유속
   ㉠ 층류일 때 : U=0.5Umax
   ㉡ 난류일 때 : U=0.8Umax

예상문제

20℃에서 물이 지름 75mm인 관속을 1.9L/s로 흐르고 있다. 이때 레이놀즈수를 구하면?
(단, 20℃일 때 물의 동점성계수는 $1.006 \times 10^{-6} m^2/s$이다)

㉮ 11,284　　　　　　　　　㉯ 19,874
㉰ 28,294　　　　　　　　　㉱ 32,057

풀이 레이놀즈수

$Re\ No = \dfrac{DU}{v}$

D : 배관의 직경(m), U : 유체의 유속(m/sec), v : 동점도(m^2/sec)

∴ $U = \dfrac{Q}{A} = \dfrac{0.0019 m^3/sec}{\dfrac{\pi \times 0.075^2}{4} m^2} = 0.43 m/sec$

$Re\ No = \dfrac{0.075 \times 0.43}{1.006 \times 10^{-6}} = 32,057.65$

답 ㉱

예상문제

직경 5cm의 원 관에 20℃ 물이 흐르는데 층류로 흐를 수 있는 최대 유량은 몇 L/min인가?
(단, 20℃ 물의 동점성계수는 $1.0064 \times 10^{-6} m^2/s$이고 임계 레이놀즈수는 2,100이다)

㉮ 1.27 ㉯ 2.67
㉰ 4.94 ㉱ 5.57

풀이

$Re\ No = \dfrac{D \cdot U \cdot \rho}{\mu} = \dfrac{DU}{v}$

D : 배관의 직경(m), U : 유체의 유속(m/sec) ρ : 유체의 밀도(kg/m³)
μ : 절대점도(kg/m·sec), v : 동점도(m²/sec)

$2,100 = \dfrac{D \cdot U}{v}$

$2,100 = \dfrac{0.05m \times U}{1.0064 \times 10^{-6} m^2/s}$

U = 0.042 m/sec

$Q = \dfrac{\pi \times 0.05^2}{4} m^2 \times 0.042 m/sec = 8.24 \times 10^{-5} m^3/sec$

∴ 4.94 L/min

답 ㉰

(3) 하겐-포아즈웰 방정식(Hagen Poiseuille Equation)

수평 원관 속에 비압축성 유체가 층류로 유동하고 있을 때 속도분포는 관의 중심에서 최고속도를 나타내는 포물선형태를 갖는다. 즉, 전단응력은 관 중심에서 0이고 반지름에 비례하면서 관 벽까지 직선적으로 증가한다.

하겐-포아즈웰 방정식은 층류유동에만 해당되는 식이다.

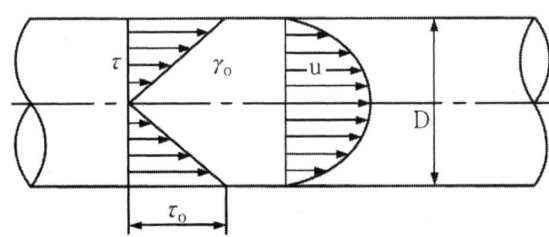

【 전단응력과 속도분포 】

수평 원관의 관중심에서 최대속도 U_{max}

$U_{max} = \dfrac{\Delta PD^2}{16\mu L}$

평균유속은 최대속도의 1/2이므로 $U = \dfrac{\Delta P D^2}{32\mu L}$

연속의 방정식에 의해 Q=AU이므로

유량(Q) = $\dfrac{\pi D^2}{4} \left(\dfrac{\Delta P D^2}{32\mu L} \right) = \dfrac{\Delta P \pi D^4}{128\mu L}$

압력강하(ΔP) = $\dfrac{128\mu L Q}{\pi D^4}$

손실수두(H) = $\dfrac{\Delta P}{\gamma}$ 이므로 $\dfrac{128\mu L Q}{\gamma \pi D^4}$

예상문제

안지름이 5cm인 직 원관에 기름이 속도 1.5m/s의 층류로 흐른다. 관의 길이가 10m라면 압력손실은 몇 kPa인가? (단, 기름의 밀도는 1,264kg/m³, 동점성계수는 0.00118m²/s이다)

㉮ 285.7　　㉯ 226.4
㉰ 0.05684　㉱ 188.6

풀이 하겐-포아즈웰방정식

압력강하(ΔP) = $\dfrac{128\mu L Q}{\pi D^4}$

$\nu = \dfrac{\mu}{\rho}$ 이므로

$\mu = \rho \times \nu = 1{,}264\text{kg/m}^3 \times 0.00118\text{m}^2/\text{s} = 1.49\text{kg/m}\cdot\text{sec} = 1.49\text{N}\cdot\text{sec/m}^2$

Q = AU = 0.00196m² × 1.5m/s = 0.00294m³/s

$\Delta P = \dfrac{128 \times 1.49 \times 10 \times 0.00294}{\pi \times 0.05^4} = 285{,}715.57\text{N/m}^2 = 285.72\text{kPa}$

답 ㉮

2 ▶▶ 배관의 마찰손실

실제유체가 유동 시 점성의 영향에 의해 유체 상호 간 또는 고체접촉면에 마찰력, 즉 전단력이 작용하게 된다. 이러한 전단력으로 인하여 마찰손실(에너지손실)이 발생하는데 다음 식에 의해서 계산이 가능하다.

(1) 달시-와이스바하 방정식(Darcy-Weisbach Equation)

길고 곧은 직관에서 유체의 흐름이 정상류일 때 마찰손실수두를 계산하는 데 이용되는 식으로 층류와 난류 모두에서 적용할 수 있다.

$$h_L = f \frac{L}{D} \frac{U^2}{2g}$$

h_L : 마찰손실수두(m), f : 마찰계수, D : 배관의 직경(m), L : 직관의 길이(m),
U : 유체의 유속(m/sec)

위 식에서 알 수 있듯 손실수두는 배관의 길이에 비례하고, 유속의 제곱에 비례하며, 직경에는 반비례한다.

예상문제

직경 7.5cm인 원관을 통하여 3m/s의 유속으로 물을 흘려보내려 한다. 관의 길이가 200m이면 압력강하는 몇 kgf/cm²인가? (단, 마찰계수 f=0.03이다)

㉮ 1.22
㉯ 3.67
㉰ 7.34
㉱ 1.35

풀이 Darcy-Weisbach식

$$h_L = f \frac{L}{D} \frac{U^2}{2g}$$

$$h_L = 0.03 \times \frac{200}{0.075} \times \frac{3^2}{2 \times 9.8} = 36.73m = 3.67 kgf/cm^2$$

답 ㉯

Reference

- 모든 유체에 적용 가능한 식 : 달시-와이스바하 방정식
- 물에 적용할 수 있는 식 : 하젠-윌리엄스식
- 하젠-윌리엄스식(Hazen-Williams Equation)
  물 소화설비의 배관 1m당의 마찰손실압력 계산에 이용되는 식으로 다음과 같다.

$$\Delta P_m = 6.174 \times 10^5 \times \frac{Q^{1.85}}{C^{1.85} \times D^{4.87}}$$

ΔP_m : 배관 1m당의 마찰손실압력(kgf/cm²/m) Q : 배관을 흐르는 유량(L/min)
C : 조도(거칠음계수), D : 배관의 직경(mm)

예상문제

수평배관의 길이가 25m이며, 직경이 40mm인 배관에 유량 40L/min으로 흐른다고 하면 이때 배관의 손실압력은 얼마인가? (단, 조도는 110, Hazen-Williams식을 사용)

㉮ 0.0375kgf/cm^2
㉯ 0.6165kgf/cm^2
㉰ 0.7165kgf/cm^2
㉱ 0.8165kgf/cm^2

풀이 하젠-윌리엄스(Hazen Williams)식

$$\Delta P = 6.174 \times 10^5 \times \frac{Q^{1.85}}{C^{1.85} \times D^{4.87}} \times L$$

ΔP : 마찰손실압력(kgf/cm^2)
Q : 배관을 흐르는 유량(L/min)
C : 조도(거칠음계수)
D : 배관의 직경(mm)
L : 배관의 길이

$$\Delta P = 6.174 \times 10^5 \times \frac{40^{1.85}}{110^{1.85} \times 40^{4.87}} \times 25\text{m} = 0.0375 \text{kgf/cm}^2$$

답 ㉮

(2) 관 마찰계수(Pipe Friction Coefficient)

① 층류 흐름일 때(Re No<2,100) : 관 마찰계수(f)는 레이놀즈수만의 함수이다.

$$f = \frac{64}{\text{ReNo}}$$

② 임계영역의 흐름일 때(2,100<Re No<4,000) : 관 마찰계수(f)는 상대조도($\frac{\rho}{D}$)와 레이놀즈수의 함수로 무디선도(Moody Diagram)로부터 구한다.

③ 난류 흐름일 때(Re No>4,000) : 관 마찰계수(f)는 상대조도와 레이놀즈수에 의해 무디선도로부터 구한다. 다만, Re No≦10^5일 때는 아래의 Blasius식에 의해 구할 수 있다.

$$f = 0.3164 \text{ Re}^{-\frac{1}{4}}$$

예상문제

지름 150mm인 원관에 비중이 0.85, 동점성계수가 1.33×10⁻⁴m²/s인 기름이 0.01m³/s의 유량으로 흐르고 있다. 이때 관 마찰계수는 약 얼마인가?

㉮ 0.1   ㉯ 0.12
㉰ 0.14   ㉱ 0.16

풀이 유체의 흐름이 층류일 때 관 마찰계수(f)는 레이놀즈수만의 함수이며 $f = \dfrac{64}{ReNo}$ 식을 통하여 구한다. 그러므로 레이놀즈수를 구하여 층류인지를 확인한다.

$$ReNo = \dfrac{DU}{v}$$

D : 배관의 직경(m·sec), U : 유체의 유속(m/sec·cm/sec), v : 동점도(m²/sec·cm²/sec)

$$ReNo = \dfrac{0.15m \times 0.566m/s}{1.33 \times 10^{-4} m^2/s} = 638.35$$

흐름상태가 층류이므로

$$f = \dfrac{64}{ReNo} = \dfrac{64}{638.63} = 0.1$$

답 ㉮

(3) 수력반경(Hydraulic Radius)

원관 이외의 관이나 덕트 등에서의 마찰손실을 계산 시에는 수력반지름이라는 개념이 도입된다.

$$수력반경(R_h) = \dfrac{유동단면적(m^2)}{접수길이(m)}$$

위 식에 의해 수력반경을 알았다면 손실수두는 다음 식에 의해 구할 수 있다.

$$h_L = f \dfrac{L}{4R_h} \dfrac{U^2}{2g}$$

① 단면이 원형인 관의 수력반경

$$R_h = \dfrac{\dfrac{\pi D^2}{4}}{\pi D} = \dfrac{D}{4} \therefore D = 4R_h$$

② 단면이 사각형인 관의 수력반경

$$R_h = \frac{가로 \times 세로}{(가로 \times 2) + (세로 \times 2)}$$

③ 단면이 동심 2중관의 수력반경 : 내경이 d, 외경이 D인 동심 2중관의 수력반경

$$R_h = \frac{\frac{\pi D^2}{4} - \frac{\pi d^2}{4}}{(\pi D + \pi d)} = \frac{\frac{\pi}{4}(D^2 - d^2)}{\pi(D + d)} = \frac{1}{4}(D - d)$$

> **예상문제**
>
> 직사각형인 개수로의 깊이가 4m, 폭이 8m인 수력반경은 몇 m인가?
> ㉮ 2 ㉯ 4
> ㉰ 6 ㉱ 8
>
> **풀이** 수력반경 = $\dfrac{유동단면적}{접수길이} = \dfrac{4 \times 8}{4 + 8 + 4} = 2m$
>
> **답** ㉮

(4) 부차적 손실(Minor Loss, 副次的 損失)

배관 설비에 유체가 흐를 때 직관에서의 마찰손실 이외에 단면의 변화, 곡관부 및 밸브(Valve), 엘보(Elbow), 티(Tee) 등과 같은 관 부속물에서도 마찰손실이 발생하는데, 이와 같이 직관 이외에서 발생되는 마찰손실을 부차적 손실이라 한다.

$$h_L = K \frac{U^2}{2g}$$

h_L : 손실수두(m), K : 손실계수

위 식에서 알 수 있듯 부차적 손실은 속도수두에 비례한다.

① 돌연확대 손실

$$h_L = \frac{(U_1 - U_2)^2}{2g}, \quad A_1 U_1 = A_2 U_2 이므로 \ U_2 = \frac{A_1}{A_2} U_1 이다.$$

$$h_L = \left(1 - \frac{A_1}{A_2}\right)^2 \frac{U_1^2}{2g} = K \frac{U_1^2}{2g}$$

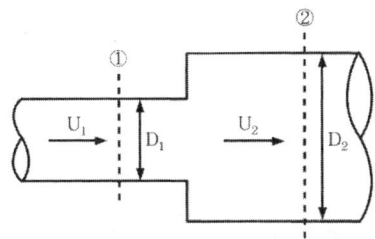

[관의 급격한 확대]

② 돌연축소 손실

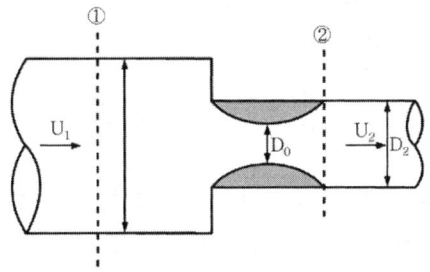

[관의 급격한 축소]

$$h_L = \frac{(U_0 - U_2)^2}{2g}, \quad A_0 U_0 = A_2 U_2 \text{이므로 } U_0 = \frac{A_2}{A_0} U_2 \text{이다.}$$

$$\therefore h_L = \left(\frac{A_2}{A_0} - 1\right)^2 \frac{U_2^2}{2g} \text{에서 } C_C = \frac{A_0}{A_2} \text{라 하면}$$

$$h_L = \left(\frac{1}{C_C} - 1\right)^2 \frac{U_2^2}{2g} = K \frac{U_2^2}{2g}$$

여기서 C_C를 수축계수, K는 손실계수라 한다.

예상문제

지름 30cm인 원관과 지름 45cm인 원관이 직접 연결되어 있을 때 작은 관에서 큰 관쪽으로 매초 230L의 물을 보내면 연결부의 손실수두는 몇 m인가?

㉮ 0.308 ㉯ 0.125
㉰ 0.135 ㉱ 0.167

풀이 확대관의 수두손실

$$H = \frac{(U_1 - U_2)^2}{2g}$$

Q=A·U식을 이용 각각의 유속을 구하면
U_1=3.255m/sec, U_2=1.447m/sec

$$\therefore H = \frac{(3.255-1.447)^2}{2\times 9.8} = 0.167\text{m}$$

답 ㉣

③ 완만한 확대 손실

$$h_L = K\frac{(U_1-U_2)^2}{2g}$$

손실계수 K는 Gibson의 실험치이며 확대각이 6~7°에서 **최소**이고, 62° 부근에서 **최대**이다.

④ 관 부속물에 의한 손실
  ㉠ 손실계수 K가 주어진 경우

$$h_L = K\frac{U^2}{2g}$$

  ㉡ 상당길이(등가길이)가 주어진 경우 : 상당길이란 유체가 관 부속물을 흐를 때 발생하는 마찰손실과 같은 크기의 마찰손실을 갖는 동일구경의 직관의 길이이다. 부속물을 배관의 길이로 환산한 것이므로 달시-와이스바하 방정식을 통해 계산이 가능하다.

$$h_L = f\frac{L_e}{D}\frac{U^2}{2g}$$

h_L : 손실수두(m), L_e : 상당길이(m), f : 관의 마찰계수

등가길이계산

손실수두 계산식을 보면
$h_L = f\frac{L_e}{D}\frac{U^2}{2g} = K\frac{U^2}{2g}$ 이므로 $K = f\frac{L}{D}$

$L_e = \frac{KD}{f}$

  L_e : 상당길이(m), K : 손실계수, f : 관의 마찰계수, D : 관의 내경(m)

예상문제

관의 등가길이(등가관장)의 정의는? (단, 손실계수 K, 관 지름 d, 마찰계수 f)

㉮ Kfd ㉯ fd/K
㉰ Kd/f ㉱ Kf/d

풀이 손실수두 계산식

$$h_L = f\frac{L_e}{D}\frac{U^2}{2g}, \quad h_L = K\frac{U^2}{2g}$$

h_L : 손실수두(m), L_e : 상당길이(m), f : 마찰계수, D : 배관의 직경(m)
U : 유속(m/sec), K : 손실계수

$$\therefore K = f\frac{L_e}{D} \quad L_e = \frac{KD}{f}$$

답 ㉰

CHAPTER 07 유체의 계측

1. 압력의 측정

(1) 정압의 측정

유체의 압력을 측정한다는 것은 유체의 정압을 측정한다는 것이다.

정지유체의 압력은 압력계 등을 이용하여 쉽게 측정할 수 있지만, 유동하고 있는 유체의 정압을 측정하기란 그리 쉬운 일이 아니며 다음의 방법을 통한다.

① **피에조미터를 이용하는 방법** : 관 속을 흐르는 유체의 정압을 측정하기 위하여 관 벽이 매끈한 곳에 작은 구멍을 뚫고 유체의 흐름과 직각을 이루도록 액주계를 설치한다.

② **정압관을 이용하는 방법** : 관 벽이 거친 경우 측정장치를 유체 속에 집어넣어서 정압을 측정한다. 정압관은 앞이 둥글게 막힌 원통의 측면에 작은 구멍이 뚫려 있고 마노미터와 연결되어 있다.

(2) 동압의 측정

유체의 유속을 알기 위해서는 동압을 측정하여야 한다.

유체의 흐름에 정면으로 막는 정체점(Stagnation Point, 停滯點)에 걸리는 압력을 정체압(Stagnation Pressure, 停滯壓) 또는 전압(Total Pressure, 全壓)이라 한다.

전압은 정압과 동압의 합이다.

① **피토우관(Pitot Tube)** : 직각으로 굽은 관의 선단에 구멍이 뚫려 있어 유속을 측정한다.

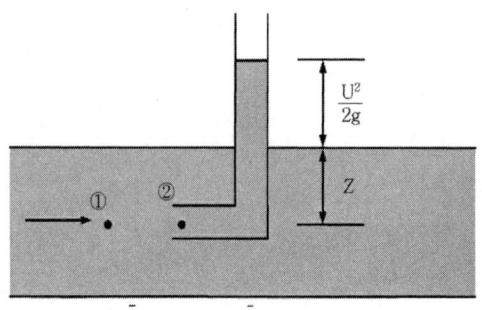

【 피토우관 】

그림의 ①과 ②에 대하여 베르누이 방정식을 적용하면

$$\frac{P_1}{\gamma}+\frac{U_1^2}{2g}+Z_1=\frac{P_2}{\gamma}+\frac{U_2^2}{2g}+Z_2$$

$Z_1=Z_2$이고 $U_2=0$이므로

$$\frac{P_1}{\gamma}+\frac{U_1^2}{2g}=\frac{P_2}{\gamma} \qquad \frac{U_1^2}{2g}=\frac{P_1-P_2}{\gamma}$$

$$\therefore h=\frac{U_1^2}{2g} \qquad \therefore U=\sqrt{2gH}$$

예상문제

물을 소방호스로 살수할 때 노즐 끝에서의 순간 유속은 몇 m/sec인가? (단, P : 압력(kPa), h : 수두(m))

㉮ $\sqrt{2P}$　　　　　　　　㉯ $\sqrt{2h}$
㉰ $2\sqrt{P}$　　　　　　　　㉱ $2\sqrt{h}$

풀이 $U=\sqrt{2gh}$
U : 유속(m/sec), g : 중력가속도(m/sec^2), h : 수두(m)
$10.332\text{mH}_2\text{O}=101.325\text{kPa}$이므로 $h=\frac{10.332}{101.325}P$
$\therefore U=\sqrt{2\times 9.8\text{m/sec}^2\times 0.102\times P}=\sqrt{2\times P}$

답 ㉮

② **시차액주계** : 액주계의 양끝을 피에조미터와 피토우관에 각각 연결하여 동압을 측정함으로써 유속을 측정할 수 있다.

동압(마노미터의 높이 차)=전압-정압

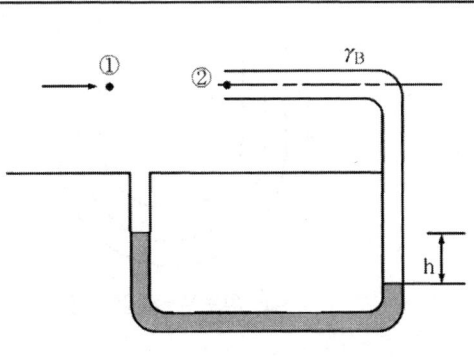

【 시차액주계 】

그림 ①과 ②에 대하여 베르누이 방정식을 적용하면

$$\frac{P_1}{\gamma}+\frac{U_1^2}{2g}+Z_1 = \frac{P_2}{\gamma}+\frac{U_2^2}{2g}+Z_2$$

$Z_1=Z_2$이고 $U_2=0$이므로

$$\frac{P_1}{\gamma}+\frac{U_1^2}{2g}=\frac{P_2}{\gamma} \qquad \frac{U_1^2}{2g}=\frac{P_2-P_1}{\gamma}$$

시차액주계에서 $P_1-P_2=(\gamma_A-\gamma_B)h$이므로

$$\frac{U^2}{2g}=\left(\frac{\gamma_A-\gamma_B}{\gamma_B}\right)h=\left(\frac{\gamma_A}{\gamma_B}-1\right)h$$

$$\therefore U=\sqrt{2gH\left(\frac{\gamma_A}{\gamma_B}-1\right)}$$

③ 피토우-정압관(Pitot-Static Tube) : 피토우관과 정압관을 결합하여 유동하는 유체의 유속을 측정한다.

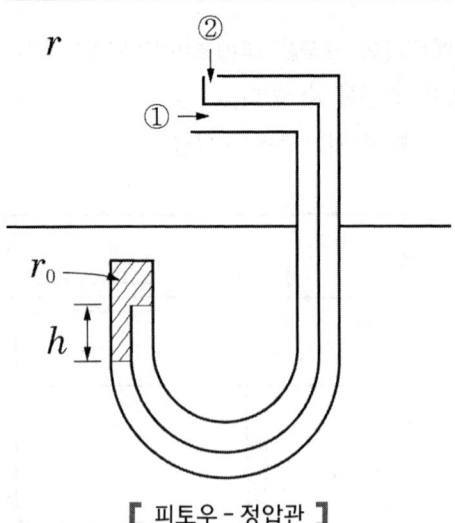

【 피토우-정압관 】

$$U=\sqrt{2g\frac{P_1-P_2}{\gamma}}$$

$P_1 - P_2 = \Delta P$이며 $\Delta P = (\gamma_A - \gamma_B)H$이므로

$$U = \sqrt{2gh\left(\frac{\gamma_0 - \gamma}{\gamma}\right)} = \sqrt{2gh\left(\frac{\gamma_0}{\gamma} - 1\right)}$$

P_1=전압, P_2=정압

실제의 경우 피토우-정압관의 설치로 인하여 교란이 생기므로 보정계수 C값이 필요하다.

$$\therefore U = C\sqrt{2gh\left(\frac{\gamma_0}{\gamma} - 1\right)}$$

예상문제

풍동에서 유속을 측정하기 위하여 피토우 정압관을 사용하였다. 이때 비중이 0.8인 알코올의 높이 차이가 10cm가 되었다. 압력이 101.3kPa이고, 온도가 20℃일 때 풍동에서 공기의 속도는 몇 m/s인가? (단, 공기의 기체상수는 287N·m/kg·K이다)

㉮ 26.5　　　　　　　　　　㉯ 28.5
㉰ 29.4　　　　　　　　　　㉱ 36.1

풀이 $U = \sqrt{2gh\left(\frac{\gamma_B - \gamma_A}{\gamma_A}\right)}$

$\rho = \dfrac{P}{RT} = \dfrac{101.3 \times 10^3 N/m^2}{287N \cdot m/kg \cdot K \times 293K} = 1.205 kg/m^3$

$\therefore U = \sqrt{2 \times 9.8 \times 0.1m \times \left(\dfrac{800 - 1.205}{1.205}\right)} = 36.1 m/sec$

답 ㉱

② 유량의 측정

(1) 간접법

① 오리피스(Orifice)미터 : 유체의 흐름에 수직으로 방해판을 설치하고 오리피스 전·후의 유속변화에 의해 생기는 압력차를 이용하여 유량을 측정하는 장치이다.
비교적 장치가 간단하여 제작, 설치가 쉽고 가격도 저렴하지만 압력손실이 크고 내구성이 부족한 단점이 있다.

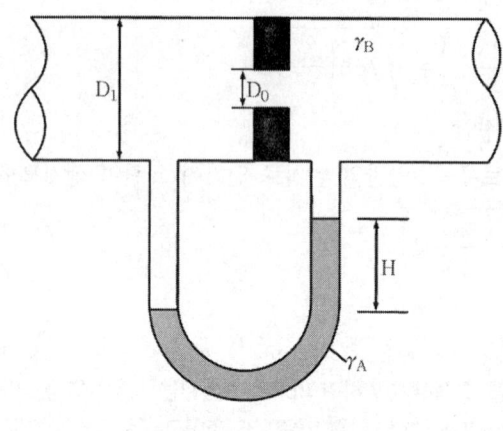

【 오리피스미터 】

$U_0 = \left(\dfrac{C_0}{\sqrt{1-m^2}}\right)\sqrt{2gH\left(\dfrac{\gamma_A - \gamma_B}{\gamma_B}\right)}$ 이므로

$Q = \dfrac{\pi D_0^2}{4}\left(\dfrac{C_0}{\sqrt{1-m^2}}\right)\sqrt{2gH\left(\dfrac{\gamma_A - \gamma_B}{\gamma_B}\right)}$

$m(개구비) = \dfrac{A_0}{A_1} = \left(\dfrac{D_0}{D_1}\right)^2 < 1$

   Q : 유량, A_0 : 오리피스의 단면적, U_0 : 오리피스에서의 유속, C_0 : 오리피스 계수
   g : 중력가속도, H : 마노미터의 높이차, γ_A : A물질의 비중량, γ_B : B물질의 비중량

② **벤투리(Venturi)미터** : 유량측정장치 중 비교적 정확도가 높고 압력손실이 적은 반면 구조가 복잡하고, 가격이 비싼 단점도 있다. 확대부의 손실을 최소화하기 위한 설치 각은 6~7°이다.

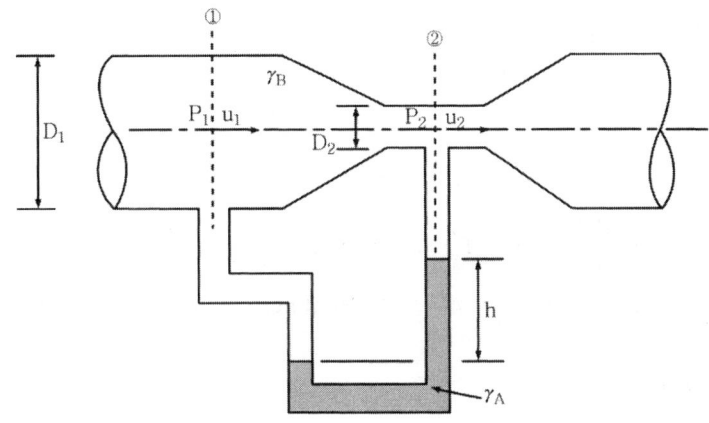

【 벤투리미터 】

$Q = A_2 U_2$

$U_2 = \left(\dfrac{C_V}{\sqrt{1-m^2}}\right)\sqrt{2gH\left(\dfrac{\gamma_A - \gamma_B}{\gamma_B}\right)}$ 이므로

$Q = \dfrac{\pi D_2^2}{4}\left(\dfrac{C_V}{\sqrt{1-m^2}}\right)\sqrt{2gH\left(\dfrac{\gamma_A - \gamma_B}{\gamma_B}\right)}$

$m(개구비) = \dfrac{A_2}{A_1} = \left(\dfrac{D_2}{D_1}\right)^2 < 1$

Q : 유량, A_2 : 벤투리의 단면적, U_2 : 벤투리에서의 유속, C_V : 벤투리 계수,
g : 중력가속도, H : 마노미터의 높이차, γ_A : A물질의 비중량, γ_B : B물질의 비중량

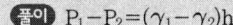

예상문제

그림에서 $P_1 - P_2$는 몇 kN/m²인가? (단, h의 단위는 m, 수은의 비중은 13.5, 물의 비중은 1, 비중량은 9,800N/m³이다)

㉮ 1,355,000h
㉯ 122,500h
㉰ 135.5h
㉱ 122.5h

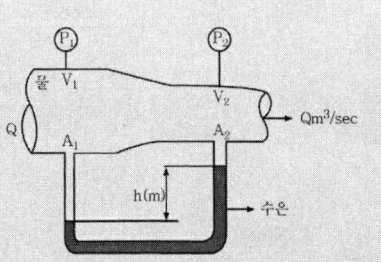

풀이 $P_1 - P_2 = (\gamma_1 - \gamma_2)h$

　　수은의 비중량 = 13,500kgf/m³ × 9.8N/kgf = 132,300N/m³

　　∴ $P_1 - P_2 = (132,300\text{N/m}^3 - 9,800\text{N/m}^3)h = (122,500\text{N/m}^3)h = (122.5\text{kN/m}^3)h$

답 ㉱

③ 방사압력을 이용한 유량측정 : 옥내소화전 노즐의 방사압력 및 스프링클러 헤드의 방사압력을 이용하여 유량을 측정할 수 있다.

㉠ 노즐에서의 유량측정

$Q = AU$ 에서

$U = C\sqrt{2gh} = 14C\sqrt{P}$ 이므로

$Q = \dfrac{\pi D^2}{4} \times 14C\sqrt{P} = 10.99D^2 C\sqrt{P}$

Q : 유량(m^3/sec), D : 노즐의 구경(m), C : 계수, P : 방사압력(kgf/cm^2)

> **Reference**
>
> $Q = 0.6597D^2 C\sqrt{P} = 0.653D^2\sqrt{P}$
>
> Q : 유량(L/min), D : 노즐의 구경(mm), C : 계수, P : 방사압력(kgf/cm^2)

㉡ 분사헤드에서의 유량측정

$Q = K\sqrt{P}$

Q : 유량(L/min), K : 방출계수, P : 방사압력(kgf/cm^2)

예상문제

용량 2,000L의 탱크에 물을 가득 채운 소방차가 화재 현장에 출동하여 노즐압력 390kPa, 노즐구경 2.5cm를 사용하여 방수한다면 소방차 내의 물이 전부 방수되는 데 소요되는 시간은?

㉮ 약 2분 30초 ㉯ 약 3분 30초
㉰ 약 4분 30초 ㉱ 약 5분 30초

풀이 노즐을 통한 방사량 계산식

$Q = 0.653D^2\sqrt{P}$

Q : 방사량(L/min), D : 노즐의 구경(mm), P : 방사압력(kgf/cm^2)

$P(kgf/cm^2) = \dfrac{390KPa}{101.325KPa} \times 1.0332 kgf/cm^2 = 3.98 kgf/cm^2$

$\therefore Q = 0.653 \times 25^2 \times \sqrt{3.98} = 814.2 L/min = 13.57 L/sec$

$\dfrac{2,000l}{13.57l/sec} = 147.48sec$ $\therefore$ 2분 27초

답 ㉮

(2) 직접법

① **로타미터(Rotameter)** : 테이퍼 관속의 부체(Float, 浮體)가 유체의 흐름에 따라 움직일 때 눈금을 읽어 유량을 측정하는 **직접식 유량계**이다. 로타미터는 벤투리나 오리피스에 비해 정확성은 떨어지지만 설계가 간편하여 널리 사용되고 있다.

【 로타미터 】

! Reference

◎ 로타미터의 특징
- 가격이 저렴하다.
- 사용이 편리하고 압력손실이 적다.
- 고점도 유체나 부식성 액체의 유량측정에 적합하다.
- 온도와 압력에 영향을 적게 받는다.
- 유체의 종류에 따라 검정을 해야 하는 단점이 있다.

② 위어(Weir) : 개수로의 유량측정에 이용되는 장치로서 장애물로 유체의 흐름을 막고 넘쳐흐르는 부분의 눈금 또는 높이를 측정함으로써 유량을 계산한다.

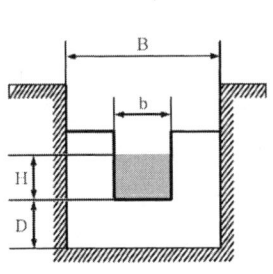 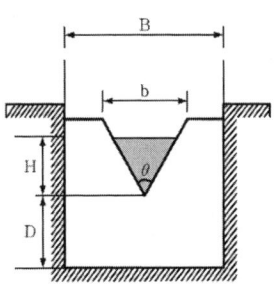

【 위어 】

㉠ 사각위어 : 위어의 폭이 개수로의 폭에 비해 작을 때 사용하며, 유량이 작은 경우에는 사각위어의 물 높이가 작기 때문에 정확한 유량을 측정하기 어렵다.

$Q = KbH^{\frac{3}{2}}$ ········ (m^3/min)

Q : 유량(m^3/min), K : 계수, b : 위어의 폭(m), H : 유체의 흐름 높이(m)

㉡ 직각위어 : 유량이 적고 정확한 유량을 측정하고자 할 때 사용되며 직각위어의 경우 유량은 다음 식에 의해 구할 수 있다.

$$Q = KH^{\frac{5}{2}} \cdots\cdots\cdots (m^3/min)$$

    Q : 유량(m^3/min), K : 계수, H : 유체의 흐름 높이(m)

> **Reference**
>
> 유량측정방법에 의한 분류
> - 직접법 : 유량을 직접 눈금으로 읽을 수 있는 유량계(로타미터, 위어)
> - 간접법 : 유량을 계산에 의해 측정하는 유량계(오리피스미터, 벤투리미터, 노즐에 의한 방법)

CHAPTER 08 소화설비의 배관

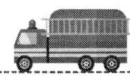

1. 배관의 종류

(1) 강관(Steel Pipe)

① 강관의 종류 : 소화배관으로 가장 많이 사용되는 배관은 탄소강관이며 사용압력, 사용온도의 범위에 따라 다음과 같이 구분된다.

㉠ 배관용 탄소강관(SPP)(Carbon Steel Pipes for Ordinary Piping)(KS D 3507)
  ㉮ 사용압력 1.2MPa 미만의 비교적 낮은 압력의 유체에 사용되는 배관이다.
  ㉯ 내식성을 주기 위해 아연도금을 한 배관을 백관, 1차 방청도장만 한 것을 흑관이라 한다.

㉡ 압력 배관용 탄소강관(SPPS)(Carbon Steel Pipes for Pressure Service)(KS D 3562)
  ㉮ 사용압력 1.2MPa 이상, 10MPa 이하인 유체에 사용되는 배관이다.
  ㉯ 관의 두께는 스케줄 번호(Schedule Number)로 나타낸다.

㉢ 고압 배관용 탄소강관(SPPH)(Carbon Steel Pipes for High Pressure Service)(KS D 3564) : 사용압력 10MPa 이상의 고압의 배관에 사용하는 배관이다.

㉣ 고온 배관용 탄소강관(SPHT)(Carbon Steel Pipes for High Temperature Service)(KS D 3570) : 사용온도 350℃ 이상의 고온 증기관에 사용되는 배관이다.

㉤ 저온 배관용 탄소강관(SPLT)(Steel Pipe for Low Temperature Service)(KS D 3569) : 빙점 이하의 저온 유체의 이송에 사용되는 배관이다.

㉥ 수도용 아연도금 강관(SPPW)(Steel Pipe Piping Water)(KS D 3537) : 배관용 탄소강관에 아연도금을 한 것으로 수도배관으로 많이 사용된다.

㉦ 배관용 합금강 강관(SPA)(Carbon Steel Pipe)(KS D 3573) : 내식성이 우수하여 증기관이나 석유정제관 등 고온배관용으로 사용된다.

㉧ 염소화염화비닐수지 배관(CPVC)(Chlorinated Poly Vinyl Chloride) : 흔히 사용하고 있는 PVC(Poly Vinyl Chloride)를 염소화시킨 것으로 PVC의 단점인 내열성, 내후성, 내연성을 향상시킨 것이다.
부식성이 없어 C factor 150으로 마찰손실이 없고 반영구적으로 사용 가능하다.

【 배관의 표시법 】

【 강관의 제조방법 표시 】

-E	전기저항 용접관	-E-C	냉간완성 전기저항 용접관
-B	단접관	-B-C	냉간완성 단접관
-A	아크용접관	-A-C	냉간완성 아크 용접관
-S-H	열간가공 이음매 없는 관	-S-C	냉간완성 이음매 없는 관

② 강관의 두께 계산식

$$스케줄수 = \frac{P}{S} \times 10$$

P : 사용압력(kgf/cm²), S : 허용응력(kgf/mm²) = $\frac{인장강도}{안전율}$

스케줄수는 무차원수로 10, 20, 30, 40, 80 등이 있으며 번호가 클수록 두꺼운 관이다.

③ 강관의 특성
  ㉠ 충격에 강하고 관이음이 비교적 쉽다.
  ㉡ 관의 접합작업이 용이하다.
  ㉢ 내식성이 적다.
  ㉣ 가격이 저렴하다.
  ㉤ 연관이나 주철관에 비해 가볍고 인장강도가 크다.

(2) 동 및 동합금관

동(Cu)은 전기 및 열의 전도성이 우수하고 내식성이 뛰어나며 전성, 연성이 풍부하여 가공성이 우수하다.

하지만 순도가 높은 동은 지나치게 연하여 기계적 성질이 약하므로 아연(Zn), 주석(Sn), 규소(Si), 니켈(Ni) 등을 첨가시켜 기계적인 성질을 개량한 동합금관을 사용한다.
동합금관의 종류는 다음과 같다.
① 인탈산 이음매 없는 동관(DCuP) : 수소취성이 없어 수소용접에 적합하고 가공이 쉬우며 관의 길이는 1m 이상의 직관 또는 코일상으로 되어 있다. 냉난방기용, 급수관, 급탕관, 송유관, 가스관 등에 사용된다.
② 무산소 이음매 없는 동관(DCuO) : 전기 및 열의 전도성, 전연성이 풍부하고 용접성과 내식성이 좋으므로 전기용, 화학용으로 적합하다.
③ 이음매 없는 황동관(BsST) : 구리와 아연의 합금으로 기계적 성질과 내식성이 우수하다.
④ 터프피치 이음매 없는 동관(TCuP) : 인성동관이라고도 한다.

(3) 스테인리스 강관(STS)

내식성이 우수하여 부식의 우려가 높은 화학공장, 폐수처리용 배관 등으로 사용된다. 강관에 비해 저온 충격성, 기계적 성질이 우수하여 두께가 얇고 위생적이다.

금속관과 비금속관
- 금속관 : 강관, 동관, 주철관, 납관, 알루미늄관, 스테인리스관 등
- 비금속관 : 석면시멘트관, 철근콘크리트관, 도관, 플라스틱관, 고무관 등

관 재료의 선택조건
- 관 내부를 흐르는 유체의 압력
- 관 내부를 흐르는 유체의 온도
- 관내를 흐르는 유체의 화학적 성질
- 관의 중량과 수송조건
- 관의 접합방법

---

2 ▶▶ 배관의 이음

(1) 강관의 이음

강관이음은 이음방법에 따라 나사식, 용접식, 플랜지식 이음이 있다.
① 나사식 이음 : 50A 이하의 물, 증기, 기름, 공기 등의 저압용 일반배관에 사용되는 이음방법으로 마모, 충격, 진동, 부식 및 균열 등이 생길 우려가 없는 곳에 사용되는 방법이다.

② 용접식 이음 : 50A 이상의 배관에 사용되는 이음방법으로 접속부의 모양에 따라 맞대기 용접, 삽입형 용접, 플랜지 용접 등으로 구분된다.
　㉠ 맞대기 용접
　　㉮ 일반배관용 : 사용압력이 비교적 낮은 증기, 물, 기름, 가스 등 일반 배관을 맞대기 용접으로 이음하는 이음쇠로서 배관용 탄소강관의 이음에 사용한다.
　　㉯ 특수용 : 주로 고압배관, 압력배관, 고온배관, 저온배관, 합금강배관의 맞대기 용접으로 이음하는 강제품의 관 이음쇠이다.
　㉡ 삽입형 용접 : 고압배관, 압력배관, 고온배관, 저온배관, 합금강배관, 스테인리스 배관 등 특수용도의 배관 이음방법이다.
　㉢ 플랜지 용접 : 플랜지 접속 후 용접이음하는 방식

용접이음의 장점
- 접합부의 강도가 크고 누설 등의 우려가 없다.
- 접합시간이 적고 비용이 저렴하다.
- 부속장치가 필요치 않으므로 중량이 비교적 가볍다.
- 시설의 유지 및 보수가 용이하다.
- 단면의 변화가 없어 접합에 의한 마찰손실이 적다.

용접이음의 단점
- 재질이 변형된다.
- 품질검사가 곤란하다.
- 균열 및 용접 결함이 생긴다.
- 배관의 증설, 이설이 어렵다.

③ 플랜지 이음 : 65A 이상의 볼트, 너트로 플랜지를 접속시키는 이음으로 각종 기기의 접속 및 관을 자주 해체 또는 교환할 필요가 있는 곳에 적합하다. 플랜지 사이에는 개스킷(Gasket)을 넣어 유체가 새는 것을 방지한다.
플랜지 이음의 종류로는 나사이음, 삽입용접, 소켓용접, 랩조인트, 맞대기용접, 블라인드형 등이 있다.

(2) 동관의 이음
① 납땜 접합 : 납땜 접합용 이음쇠를 이용하는 방법과 스웨이징하는 방법이 있다.
② 플레어 접합 : 동관의 끝부분을 나팔모양으로 넓혀 압축이음쇠를 사용하여 체결하는 방법이다.
③ 용접 접합 : 이음쇠를 사용하지 않고 동관과 동관을 직접 수소용접하는 방법이다.

(3) 스테인리스 강관의 이음

① 몰코 조인트(Molco Joint) 이음 : 몰코 조인트 이음쇠를 스테인리스 강관에 삽입하고 전용 압착공구(Press Tool)를 사용하여 접합하는 방법이다. 급수, 급탕, 냉난방 등의 분야에서의 용접이나 현장 나사접합에 사용하는 최신 배관 이음쇠이다.
② 용접식 이음 : 65A 이상의 스테인리스 강관을 부재가공하여 랩조인트(Lap Joint Flange Type)로 접합한다.

❸ ▶▶ 관 부속물

(1) 관 이음쇠의 종류

① 관의 방향을 바꿀 때 : 엘보(Elbow), 벤드(Bend)
② 2개의 관을 연결할 때 : 유니온(Union), 플랜지(Flange), 니플(Nipple), 소켓(Socket)
③ 관의 지름을 바꿀 때 : 리듀서(Reducer), 부싱(Bushing)
④ 관의 끝을 막을 때 : 플러그(Plug), 캡(Cap)
⑤ 지름이 큰 관을 연결할 때 : 플랜지(Flange), 볼트(Bolt), 너트(Nut)
⑥ 관의 수리, 교체가 필요할 때 : 유니온(Union), 플랜지(Flange)
⑦ 관을 도중에 분기할 때 : 티(Tee), 와이(Y), 크로스(Cross)

(2) 신축이음(Expansion Joints)

직선거리가 긴 배관의 경우 온도변화에 의한 팽창 또는 수축으로 인하여 관 접합부나 기타 기기가 파손될 우려가 있다. 이와 같은 우려가 있는 곳에 배관계의 열팽창을 흡수할 수 있는 이음을 한 것을 신축이음이라 한다. 철은 온도가 1℃ 변할 때마다 1m에 대하여 0.012mm 신축하게 된다.

신축이음의 종류는 다음과 같다.

① 슬리브형(Sleeve Type) : 슬리브와 본체 사이에 석면으로 만든 패킹을 넣어 온수나 증기의 누설을 방지하며 $8kgf/cm^2$ 이하의 공기, 가스, 기름배관에 사용된다.
  ㉠ 신축량이 크고 신축으로 인한 응력이 생기지 않는다.
  ㉡ 직선이음이므로 설치공간이 루프형에 비해 적게 필요하다.
  ㉢ 배관에 곡선부분이 있으면 비틀림이 생길 수 있다.
  ㉣ 장시간 사용할 때 패킹이 마모되어 누수의 원인이 된다.
② 스위블형(Swivel Type) : 2개 이상의 엘보를 연결하여 한 쪽이 팽창하면 비틀림을 일으켜 팽창을 흡수한다. 신축량이 큰 경우 배관의 나사이음부가 헐거워져 누설의 우려가 있다.

㉠ 굴곡부에서 압력손실이 크다.
㉡ 신축량이 큰 배관에는 부적당하다.
㉢ 설치비가 저렴하다.
③ 벨로우즈형(Bellows Type) : 청동 또는 스테인리스강을 주름잡아 만든 이음으로 부식의 우려가 없으며 나사이음과 플랜지이음이 있다. 설치공간을 넓게 차지하지 않으며 자체응력 및 누설이 없지만 고압배관에는 부적합하다.
④ 루프형(Loop Type) : 강관 또는 동관 등을 루프모양으로 구부리고 그 구부림을 이용하여 배관의 신축을 흡수한다. 고온, 고압의 옥외배관에 많이 사용되고 설치공간을 많이 차지하지만 진동에 대한 완충효과가 크다. 굽힘 반지름은 관지름의 6배 이상으로 한다.
⑤ 상온 스프링형(Cold Spring) : 열에 의해 배관이 자유팽창하는 것을 미리 계산하고 미리 배관의 길이를 조절하여 시공하는 이음방식이다. 절단길이는 계산에서 얻은 자유팽창량의 1/2 정도로 한다.

> **Reference**
> 신축이음의 신축흡수율의 크기
> 루프형 > 슬리브형 > 벨로우즈형 > 스위블형

> **Reference**
> ● 열 팽창량 계산
> $\lambda = l \alpha \Delta t$
> λ : 팽창된 길이(m), L : 배관길이(m), α : 선팽창계수, Δt : 온도차(℃)

(3) 스트레이너(Strainer)

배관을 유동하는 유체에 섞여 있는 모래 등 이물질을 여과하기 위한 여과장치로 밸브, 트랩 등의 앞에 설치하여 각 기기의 성능을 보호하기 위한 장치이다. 용도에 따라 물, 기름, 증기, 공기용으로 나누며 **모양에 따라서는 Y형, U형, V형 등으로 구분된다.**

① Y형 스트레이너 : 45° 경사진 Y형의 본체에 원통형 금속망을 넣은 것으로 유체의 저항을 줄이기 위해서 유체가 망의 안쪽에서 바깥쪽으로 흐르게 되어 있으며 밑부분에 플러그를 달아 쌓여있는 불순물을 제거하게 되어 있다.
② U형 스트레이너 : 주철제의 본체 안에 원통형 여과망을 수직으로 넣어 유체가 망의 안쪽에서 바깥쪽으로 흐른다. 구조상 Y형 스트레이너에 비해 저항은 크지만 보수나 점검 등이 매우 편리하다.

③ V형 스트레이너 : 주철제의 본체 안에 금속여과망을 V형으로 끼운 것으로 유체가 직선으로 흐르게 되어 저항이 적어지며 여과망의 교환, 점검, 보수 등이 편리하다.

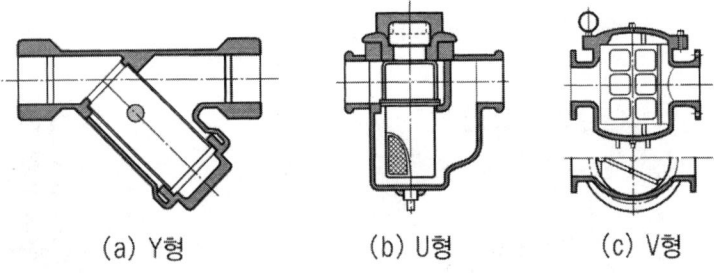

(a) Y형　　　　(b) U형　　　　(c) V형

4 밸브(Valve)

(1) 게이트밸브(Gate Valve)

직각으로 움직이는 게이트(Gate)에 의해 완전 열림 또는 완전 닫힘의 용도로 사용되는 밸브로 슬루스밸브(Sluice Valve)라고도 한다. 유량조절 목적으로는 사용되지 않는다.

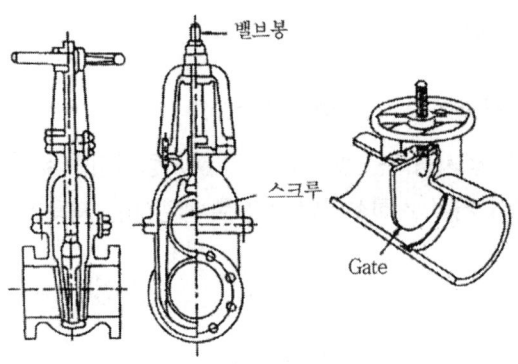

- 유체흐름에 대한 저항이 적다.
- 리프트가 커서 개폐시간이 오래 걸린다.
- 완전 개방되지 않았을 때는 진동이 생기며 디스크의 마모가 생기기 쉽다.

(2) 글로브밸브(Globe Valve), 스톱밸브

유량조절이 가능한 유량조절밸브로 공모양의 Valve Body를 가지며 입구와 출구의 중심선이 일직선상에 있고 유체의 흐름이 S자 모양이다.
- 유체의 압력손실이 크다.
- 밸브의 개폐가 신속하다.

① 앵글밸브(Angle Valve) : 유체의 흐름방향이 직각일 때 사용되는 밸브이다. 옥내소화전 방수구, 유수검지장치의 테스트 배수밸브에 사용된다.
② Y형 글로브밸브 : Globe Valve와 같은 용도로 사용되며 저항을 감소시키기 위하여 밸브통을 중심으로 45° 경사지게 한 것이다.

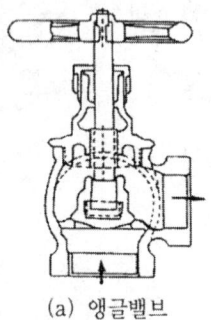
(a) 앵글밸브

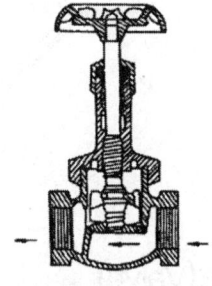
(b) Y형 글로브 밸브

(3) 볼밸브(Ball Valve)

액체, 기체뿐 아니라 부식성 유체, 고점도 액체 등에도 사용이 가능한 밸브이다.
- 개폐가 신속하다(1/4 회전, 90도).
- 압력강하 및 누설이 적다.

(4) 버터플라이 밸브(Butterfly Valve)

저 압력 대 구경에 사용되는 밸브로 가격은 저렴하지만 누설의 우려가 많고 게이트밸브보다 마찰손실이 커서 소화설비의 흡입측 배관에는 사용할 수 없는 밸브이다.

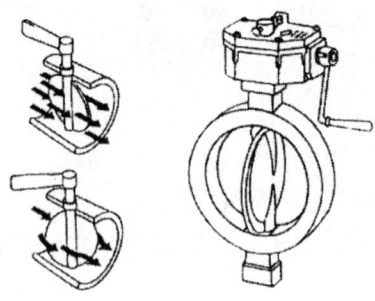

(5) 체크밸브(Check Valve)

유체의 흐름을 한 쪽 방향으로만 흐르도록 하는 밸브로서 역류방지를 목적으로 사용되는 밸브이다.

① **스윙 체크밸브(Swing Check Valve)** : 핀을 축으로 회전운동을 할 수 있는 밸브로서 물의 흐름에 따라 자중에 의해 개폐되는 밸브이다. 마찰손실은 리프트형보다 작지만 클래퍼와 시트 사이에 이물질이 있을 때 신뢰성이 낮아지며, 수평배관보다 수직배관에 적합하다.

 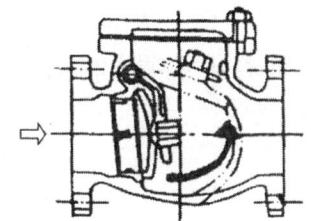

② **리프트 체크밸브(Lift Check Valve)** : 유체의 압력에 의해 밸브가 수직운동을 하여 개폐되는 형식으로 수평, 수직배관에 모두 사용가능하며 대표적인 밸브가 스모렌스키 체크밸브이다.

스모렌스키 체크밸브는 수격작용에 강하여 소방설비용 배관에 많이 사용되며 By-pass밸브를 개방하면 2차 측의 물을 1차 측으로 역류시킬 수 있다.

 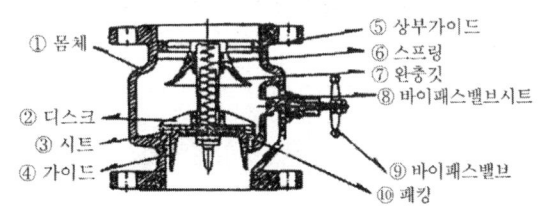

(6) 안전밸브(Safety Valve)

고압용기 및 고압배관의 내부압력이 규정된 압력 이상이 되면 스스로 개방되어 외부로 압력을 방출하여 **고압장치를 항상 안전한 상태로 유지시켜주는** 밸브이다.

① **스프링식** : 스프링의 장력을 이용하여 폐쇄상태를 유지하다가 내부압력이 이상 상승하여 스프링의 장력 이상의 힘이 가해지면 밸브가 개방되는 형식의 안전밸브이다. 일반적으로 고압장치에 가장 많이 사용되는 형식이다.

② **중추식** : 추의 중량에 의해 밸브가 닫힌 상태로 유지되다가 압력상승에 따라 밸브가 개방되는 형식이다.

③ **파열판식** : 압력용기에 설치하여 내부압력이 이상 상승하였을 때 박판이 파열되어 가스를 분출하는 것으로 한번 사용하면 새로운 것으로 교체하여야 한다. 분출구경의 크

기에 따라 플랜지형(대구경), 유니온형(중구경), 나사형(소구경)으로 구분한다.
④ **가용전식** : 가용합금의 주성분은 납, 주석, 안티몬, 카드뮴, 비스무트 등으로 되어 있으며 녹는 온도는 68~78℃ 정도이다.

(7) 릴리프밸브(Relief Valve)

설비가 비정상적으로 유지되어 설비의 정상작동에 문제가 생기는 것을 방지하기 위한 일종의 설비 정상 유지밸브이다.

밸브의 사용목적

유체의 차단, 유량의 조절, 압력의 조절, 유속의 조절, 유체의 방향전환, 장치의 안전확보

CHAPTER 09 펌프(Pump)

1 ▸▸ 펌프(Pump)의 종류

액체의 이송에 사용되는 펌프의 종류를 형식별로 대별하면 다음과 같다. 또한 펌프의 구조에 따라 입축형과 횡축형, 편흡입과 양흡입, 단단과 다단, 고정익과 가동익 등으로 세분할 수 있다.

(1) 원심펌프(Centrifugal Pump)

소화펌프 중 가장 널리 사용되고 있는 펌프로서 회전차(Impeller)의 원심력을 이용하여 액체를 송수하는 펌프이다.

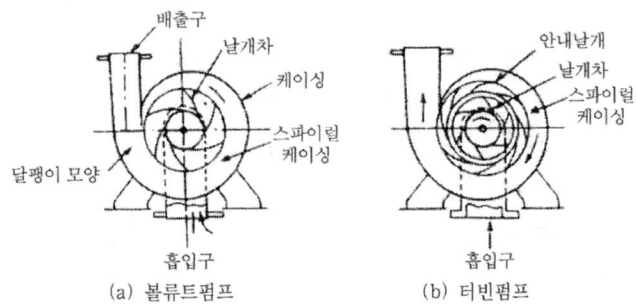

(a) 볼류트펌프   (b) 터빈펌프

① 안내 깃(Guide Vane)의 유무에 따른 분류
　㉠ 볼류트 펌프(Volute Pump) : 케이싱 내부에 안내 깃(Guide Vane)이 없는 펌프로 低양정용으로 사용
　㉡ 터빈 펌프(Turbine Pump) : 케이싱 내부에 안내 깃(Guide Vane)이 있는 펌프로 高양정용으로 사용

> **Reference**
> ◎ 안내 깃(Guide Vane)
>   회전차 출구의 흐름을 감속하여 속도에너지를 압력에너지로 변환시켜주는 역할을 한다.

② 흡입구에 의한 분류
  ㉠ 단흡입펌프(Single Suction Pump) : 회전차의 한쪽에서만 흡입되는 펌프
  ㉡ 양흡입펌프(Double Suction Pump) : 회전차의 양쪽에서 흡입되는 펌프
③ 축의 방향에 의한 분류
  ㉠ 횡축펌프(Horizontal Pump) : 펌프의 축이 수평인 펌프로 일반적으로 사용되는 펌프의 형식이다.
  ㉡ 입축펌프(Vertical Pump) : 펌프의 축이 수직인 펌프로 주로 심정용으로 많이 사용된다. 설치장소가 작고 양정이 높아 공동현상이 발생될 우려가 있는 곳에 설치하면 효과적이다.

구 분	횡축펌프	입축펌프
장 점	① 보수 및 점검이 쉽다. ② 주요부분이 수면상에 있어 부식의 우려가 적다. ③ 가격이 대체로 저렴하다.	① 설치면적이 작다. ② 임펠러가 수중에 있어 캐비테이션 발생의 우려가 없다. ③ 프라이밍이 불필요하다.
단 점	① 설치면적이 크다. ② 흡입양정이 큰 경우 캐비테이션 발생의 우려가 있다. ③ 기동 시에 프라이밍이 필요하다. ④ 대구경 펌프에는 부적합하다.	① 보수, 점검이 어렵다. ② 주요부분이 수중에 있으므로 부식되기 쉽다. ③ 가격이 일반적으로 비싸다.

④ 단수에 의한 분류
  ㉠ 단단펌프(Single Stage Pump) : 펌프 1대에 Impeller 1개를 단 것
  ㉡ 다단펌프(Multi Stage Pump) : 여러 개의 Impeller를 직렬로 배치한 것으로 주로 고양정용으로 사용된다.

! Reference

◎ 원심펌프의 특징
  ① 구조가 간단하고 운전성능이 우수하다.
  ② 가격이 저렴하다.
  ③ 케이싱 내에 물을 채워야 하는 단점이 있다.
  ④ 효율이 높고 맥동이 적게 발생한다.
  ⑤ 설계상 펌프의 양정 및 토출량은 넓은 범위로 제작가능하다.

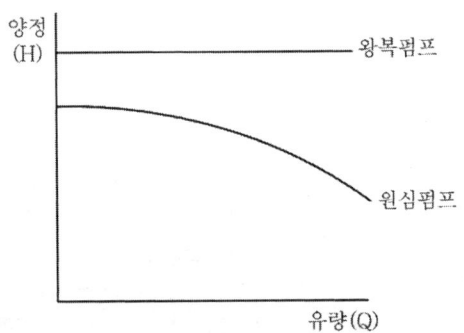

[펌프의 성능곡선(H - Q 곡선)]

> **원심펌프의 성능곡선의 모양에 따른 특징**
> ① 완만한 커브
>   - 임펠러가 넓을 때
>   - 베인이 많을 때
>   - 베인의 각도가 작을 때
> ② 급격한 커브
>   - 임펠러가 좁을 때
>   - 베인이 적을 때
>   - 베인의 각도가 클 때

(2) 왕복펌프

피스톤의 왕복운동에 의해 액체를 송수하는 펌프로 점성이 큰 액체나 고양정에 이용되는 펌프이다.

(3) 회전펌프

케이싱 내의 회전자를 회전시켜 액체를 연속으로 수송하는 펌프로 점성이 큰 액체의 압송에 적합하다.

2 ▸▸ 펌프의 계산

(1) 펌프의 전(全)양정

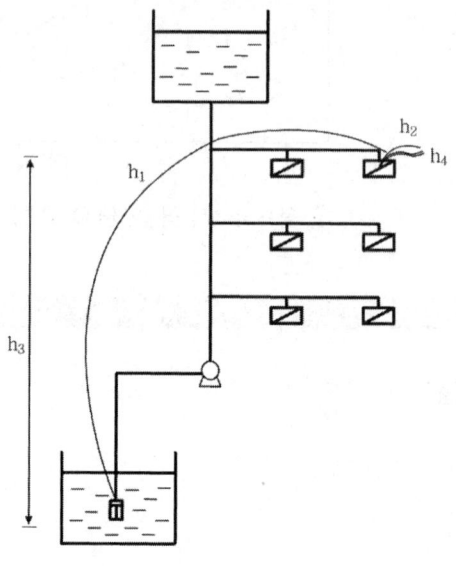

【 펌프의 전양정 】

$$H = h_1 + h_2 + h_3 + h_4$$

H : 전양정(m), h_1 : 배관 및 관부속물의 마찰손실양정(m), h_2 : 호스의 마찰손실양정(m)
h_3 : 실양정(m), h_4 : 방사압력 환산양정(m)

① 배관 및 관 부속물의 마찰손실양정 : 소화설비의 흡입구로부터 가장 먼 방수구까지 유체가 유동할 때 발생하는 마찰손실양정
② 호스에서 발생되는 마찰손실양정 : 방수구로부터 노즐까지 유체가 유동할 때 발생되는 마찰손실양정
③ 실(實)양정(Actual Head) : 소화설비의 흡입구로부터 가장 높은 위치의 방수구까지 수직높이
   실양정 = 흡입측 실양정 + 토출측 실양정
④ 방사압력 환산양정 : 소화설비의 필요 방사압력을 양정으로 환산한 값

> **Reference**
> 양정은 수두와 같은 개념의 것으로 단위는 m로 쓰지만 압력을 나타내는 단위이므로 mH₂O와 같다. 즉 10m=10mH₂O=1kgf/cm²이다.

(2) 동력계산

① 수동력(Water Horse Power, 수동력) : 펌프에 의해 액체로 공급되는 동력

$$L = H \times \gamma \times Q = \text{kgf} \cdot \text{m/sec}$$

하지만 일반적으로 쓰이는 동력의 단위는 kW, HP, PS이며 다음과 같은 관계가 있다.

1kW=102kgf·m/sec, 1HP=76kgf·m/sec, 1PS=75kgf·m/sec

그러므로

$$kW = \frac{H \times \gamma \times Q}{102}, \quad HP = \frac{H \times \gamma \times Q}{76}, \quad PS = \frac{H \times \gamma \times Q}{75}$$

② 축동력(Brake Horse Power) : 모터에 의해 실제로 펌프에 주어지는 동력

$$L = \frac{H \times \gamma \times Q}{\eta} = \text{kgf} \cdot \text{m/sec}$$

$$kW = \frac{H \times \gamma \times Q}{\eta \times 102}, \quad HP = \frac{H \times \gamma \times Q}{\eta \times 76}, \quad PS = \frac{H \times \gamma \times Q}{\eta \times 75}$$

③ 전달동력(Electrical or Engine Horse Power) : 펌프를 구동하는 원동기의 소요동력이다.

$$L = \frac{H \times \gamma \times Q}{\eta} \times K = \text{kgf} \cdot \text{m/sec}$$

$$kW = \frac{H \times \gamma \times Q}{\eta \times 102} \times K$$

$$HP = \frac{H \times \gamma \times Q}{\eta \times 76} \times K$$

$$PS = \frac{H \times \gamma \times Q}{\eta \times 75} \times K$$

L : 동력(kgf·m/sec), H : 전양정(m), γ : 비중량(kgf/m³), Q : 유량(m³/sec)
η_P : 펌프효율, K : 전달계수(전동기일 때 1.1, 전동기 이외일 때 1.15~1.2)

소방설비(산업)기사[기계분야] 필기 1차

예상문제

펌프의 양수량 0.8m³/min, 관로의 전 손실수두 5m인 펌프의 중심으로부터 4m 지하에 있는 물을 25m의 송출 액면에 양수하고자 할 때 펌프의 축동력은 몇 kW인가? (단, 펌프의 효율은 80%이다)

㉮ 5.56 ㉯ 4.74
㉰ 4.09 ㉱ 6.95

풀이 $kW = \dfrac{H \times \gamma \times Q}{\eta \times 102}$

H : 전양정(m), γ : 비중량(kgf/m³), Q : 유량(m³/sec), η_p : 펌프효율

H = 29m + 5m = 34m

$kW = \dfrac{34m \times 1,000kg/m^3 \times 0.8m^3}{0.8 \times 102 \times 60sec/min} = 5.56kW$

답 ㉮

예상문제

펌프의 압력계가 출구 쪽에서 440kPa, 입구 쪽에서 −30kPa을 나타내고 출구 쪽 압력계는 입구 쪽의 것보다 60cm 높은 곳에 설치되어 있으며 흡입관과 송출관의 지름은 같다. 도중에 에너지 손실이 없고 펌프의 유량이 3m³/min일 때 펌프의 동력은 약 몇 kW인가?

㉮ 22 ㉯ 24
㉰ 26 ㉱ 28

풀이 $kW = \dfrac{H \times \gamma \times Q}{\eta \times 102}$

H : 전양정(m), γ : 비중량(kgf/m³), Q : 유량(m³/sec)

전양정(H) = 토출양정 − 흡입양정 + 수직높이

$\dfrac{(440+30)kPa}{101.325kPa} \times 10.332m = 47.93m$

∴ H = 47.93m + 0.6m = 48.53m

∴ $kW = \dfrac{48.52m \times 1,000 \times 3}{102 \times 60} = 23.78kW$

답 ㉯

❗ Reference

① 다른 방법의 동력계산

$P(kW) = 0.163 \dfrac{H \times Q}{E} \times K$

Q : 정격 토출량(m³/min), H : 전양정(m), E : 펌프효율, K : 동력전달계수

② 펌프효율의 계산
- 펌프효율(η_p) = 체적효율 × 수력효율 × 기계효율
- 펌프효율(η_p) = $\dfrac{수동력}{축동력}$

(3) 펌프의 상사(相似)법칙

① 유량은 펌프 회전수에 정비례하고 임펠러 직경의 3승에 비례한다.

$$Q_2 = \frac{N_2}{N_1} \times \left(\frac{D_2}{D_1}\right)^3 \times Q_1$$

② 양정은 펌프 회전수의 제곱에 비례하고 임펠러 직경의 2승에 비례한다.

$$H_2 = \left(\frac{N_2}{N_1}\right)^2 \times \left(\frac{D_2}{D_1}\right)^2 \times H_1$$

③ 축동력은 펌프 회전수의 3승에 비례하고 임펠러 직경의 5승에 비례한다.

$$L_2 = \left(\frac{N_2}{N_1}\right)^3 \times \left(\frac{D_2}{D_1}\right)^5 \times L_1$$

Q : 유량, D : 임펠러 직경, N : 회전수, H : 양정, L : 축동력

(4) 비속도(비교회전도)

토출량 1m³/min, 양정 1m가 발생되도록 설계할 경우 임펠러의 분당 회전수를 의미한다.

$$N_s = \frac{N\sqrt{Q}}{\left(\dfrac{H}{n}\right)^{\frac{3}{4}}}$$

N_s : 비속도(rpm), N : 임펠러의 회전속도(rpm), Q : 토출량(m³/min)
H : 펌프의 전양정(m), n : 단수

예상문제

원심 팬이 1,700rpm으로 회전할 때의 전압은 155mmAq, 풍량은 240m³/min이다. 팬의 비교 회전도는? (단, 공기의 밀도는 1.2kg/m³이다)

㉮ 502 ㉯ 652
㉰ 687 ㉱ 827

[풀이] $N_s = \dfrac{N\sqrt{Q}}{\left(\dfrac{H}{n}\right)^{\frac{3}{4}}}$, $H = \dfrac{P}{\gamma} = \dfrac{155\text{kg/m}^2}{1.2\text{kgf/m}^3} = 129.17\text{m}$

∴ $N_s = \dfrac{1,700\sqrt{240}}{129.17^{\frac{3}{4}}} = 687$

답 ㉰

(5) 펌프의 압축비

$$K = \sqrt[n]{\frac{P_2}{P_1}} = \left(\frac{P_2}{P_1}\right)^{\frac{1}{n}}$$

K : 압축비, n : 펌프의 단수, P_1 : 펌프의 흡입압력, P_2 : 펌프의 토출압력

(6) 연합운전

토출량 Q, 양정 H인 펌프 2대를 직렬 또는 병렬로 연결했을 때
① **직렬연결** : 유량은 불변이지만 양정은 2배가 된다($Q_2 = Q_1$, $H_2 = 2H_1$)
② **병렬연결** : 양정은 불변이지만 유량은 2배가 된다($H_2 = H_1$, $Q_2 = 2Q_1$)

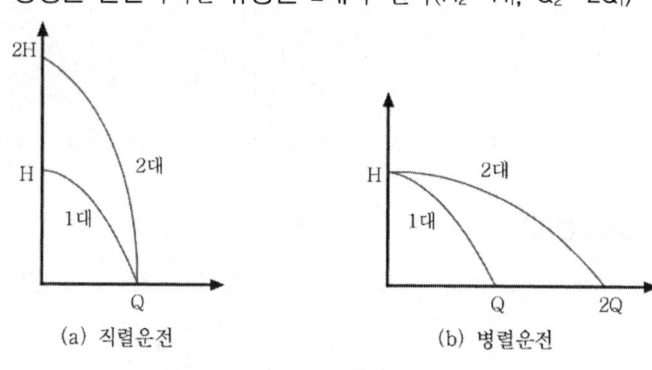

【 펌프의 직렬운전, 병렬운전 】

③ ▶▶ 흡입양정(NPSH ; Net Positive Suction Head)

(1) 유효흡입양정(NPSHav ; Available Net Positive Suction Head)

펌프가 설치되어 사용될 때 펌프 그 자체와는 무관하게 배관 시스템에 따라 결정되는 양정이다. 유효흡입양정은 펌프 중심으로 유입되는 액체의 절대압력을 나타낸다.

① 수조가 펌프보다 낮은 경우

$$\text{NPSH}_{av} = \frac{P}{\gamma} - \frac{P_V}{\gamma} - \frac{P_h}{\gamma} - h$$

② 수조가 펌프보다 높은 경우

$$\text{NPSH}_{av} = \frac{P}{\gamma} - \frac{P_V}{\gamma} - \frac{P_h}{\gamma} + h$$

NPSH_{av} : 유효흡입양정(m), P : 수면에 접하는 절대압력(kgf/m^2), P_V : 포화증기압(kgf/m^2)
P_h : 흡입측 배관의 마찰손실압력(kgf/m^2), γ : 비중량(kgf/m^3), h : 흡입 실양정(m)

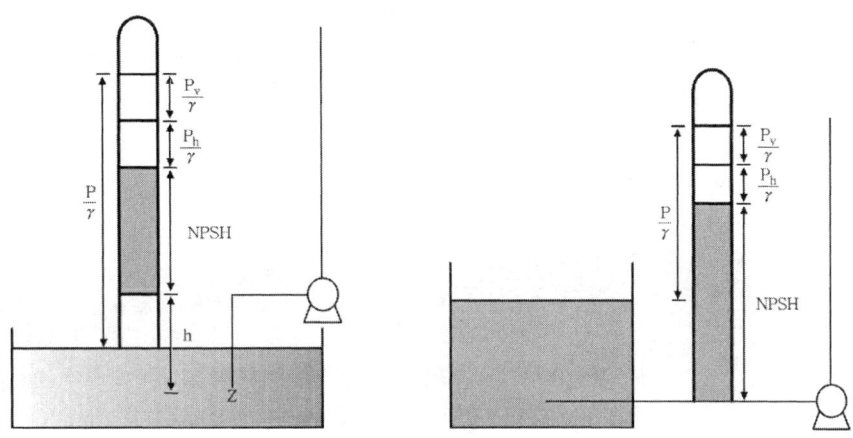

[유효흡입양정]

[온도별 물의 증기압]

온도(℃)	수두(mH₂O)	압력(kgf/cm²)
6.6	0.1	0.01
12.7	0.15	0.015
17.1	0.2	0.02
20.7	0.25	0.025
23.7	0.3	0.03
28.6	0.4	0.04
32.5	0.5	0.05
99.1	10.0	1.0

(2) 필요흡입양정(NPSHre ; Required Net Positive Suction Head)

펌프가 캐비테이션현상을 일으키지 않고 정상 작동되기 위해서 필요로 하는 흡입양정이다. 펌프의 종류, 형식 및 양정에 따라 다른 값을 가지며 다음과 같은 식을 통해 계산 가능하다.

① Thoma의 캐비테이션 계수 이용방법

$$NPSH_{re} = \sigma H$$

σ : 캐비테이션 계수, H : 펌프의 전양정(m)

② 실험에 의한 방법 : 토출량에 대한 전양정 저하가 3% 되는 때의 흡입조건에서 계산

$$\frac{NPSH_{re}}{H} = 0.03 \qquad \therefore NPSH_{re} = 0.03 \times H$$

③ 비속도에 의한 계산

$$N_s = \frac{N\sqrt{Q}}{H^{\frac{3}{4}}} \qquad \therefore H = \left(\frac{N\sqrt{Q}}{N_s}\right)^{\frac{4}{3}}$$

N_s : 비속도(rpm), N : 임펠러의 회전속도(rpm), Q : 토출량(m^3/min)
H : 펌프의 전양정(m), n : 단수, H_{re} : 필요흡입양정(m)

! Reference

◎ Cavitation이 발생되지 않을 조건
  • $NPSH_{av} > NPSH_{re}$
◎ 설계의 조건
  • $NPSH_{av} \geqq NPSHre \times 1.3$
  • $NPSH_{av}$: 유효흡입양정, $NPSH_{re}$: 필요흡입양정

예상문제

펌프의 흡입양정이 4m이고 흡입관로의 손실수두가 2m일 때 NPSH는 약 몇 m인가? (단, 수면은 표준대기압(101.3kPa) 상태이고 이때의 포화 수증기압은 3,300Pa이다)

㉮ 10   ㉯ 2
㉰ 6   ㉱ 4

풀이 $NPSH_{av} = \dfrac{P}{\gamma} - \dfrac{P_v}{\gamma} - \dfrac{P_h}{\gamma} - h$

$NPSH_{av}$: 유효흡입양정(m), P : 대기압(N/m^2), P_v : 포화증기압(N/m^2)
P_h : 흡입측 배관의 마찰손실압력(N/m^2), γ : 비중량(N/m^3), h : 흡입 실양정(m)

$NPSH_{av} = \dfrac{101.3 \times 10^3 N/m^2}{9,800 N/m^2} - \dfrac{3,300 N/m^2}{9,800 N/m^2} - 2m - 4m = 4m$

답 ㉱

④ 펌프에서 발생하는 이상현상

(1) 공동(Cavitation) 현상

펌프 흡입측 배관에서 발생될 수 있는 현상으로 흡수되는 물의 압력이 그 온도에서의 포화증기압보다 작게 되면 물이 급격하게 증발되어 기포가 생성되는 현상이다. 기포가 흐

름을 따라 이동하면서 진동, 소음을 수반하고 심한 경우 양수불능까지도 초래하게 된다.
① 발생원인
　㉠ 펌프가 수원보다 높고 흡입수두가 클 때
　㉡ 펌프의 임펠러 회전속도가 클 때
　㉢ 펌프의 흡입관경이 작을 때
　㉣ 흡입측 배관의 유속이 빠를 때
　㉤ 흡입측 배관의 마찰손실이 클 때
　㉥ 물의 온도가 높을 때
② 발생현상
　㉠ 소음과 진동이 생긴다.
　㉡ 침식이 생긴다.
　㉢ 토출량 및 양정이 감소되고 전체적인 펌프의 효율이 감소된다.
③ 방지법
　㉠ 펌프의 설치위치를 가급적 낮춘다.
　㉡ 회전차를 수중에 완전히 잠기게 한다.
　㉢ 흡입 관경을 크게 한다.
　㉣ 펌프의 회전수를 낮춘다.
　㉤ 2대 이상의 펌프를 사용한다.
　㉥ 양(兩)흡입 펌프를 사용한다.

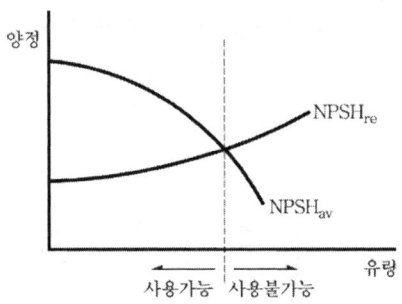

【 H-Q 곡선과 Cavitation 】

(2) 수격(Water Hammering) 작용

펌프나 밸브를 갑작스럽게 조작하면 관속을 흐르는 액체의 속도가 급격히 변하면서 운동에너지가 압력에너지로 바뀌게 된다. 이때 고압이 발생되어 배관이나 관 부속물에 무리한 힘을 가하게 되는데 이러한 현상을 수격작용이라 한다.

① 발생원인
　㉠ 펌프의 급격한 기동 또는 급격한 정지 시
　㉡ 밸브의 급격한 폐쇄 또는 급격한 개방 시
② 방지법
　㉠ 배관의 관경을 가능한 크게 하여 유속을 낮춘다.
　㉡ 펌프에 플라이휠(Fly Wheel)을 설치하여 펌프의 급격한 속도변화를 방지한다.
　㉢ 조압수조(Surge Tank)를 관선에 설치한다.
　㉣ 토출 측에 수격방지기(Water Hammering Cushion)를 설치한다.
　㉤ 밸브는 송출구 가까이 설치하고 적당히 제어한다.

(3) 맥동(Surging) 현상

펌프의 운전 중 송출유량이 주기적으로 변하면서 압력계의 눈금이 흔들리고 토출배관에 진동과 소음을 수반하는 현상이다. 맥동현상이 계속되면 배관의 장치나 기계의 파손을 일으킨다.

① 발생원인
　㉠ 펌프의 양정곡선이 산형곡선이고 곡선의 상승부에서 운전할 때
　㉡ 배관 중에 물탱크나 공기탱크가 있을 때
　㉢ 유량조절밸브가 탱크 뒤쪽에 있을 때
② 방지법
　㉠ 유량조절밸브를 펌프 토출측 직후에 설치한다.
　㉡ 배관 중에 수조 또는 기체상태인 부분이 없도록 한다.
　㉢ 펌프의 양수량을 증가시키거나 임펠러의 회전수를 변경한다.

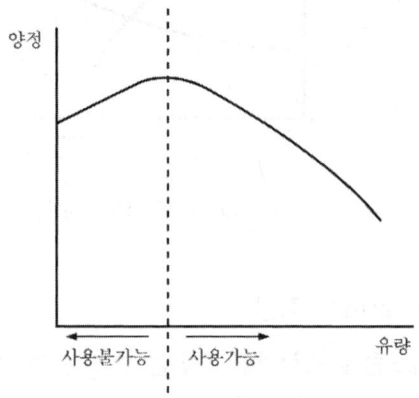

【 H - Q 곡선과 맥동현상 】

5 송풍기

(1) 송풍기의 분류

① 풍압에 의한 분류
  ㉠ Fan : 압력상승이 0.1kgf/cm^2 이하인 것
  ㉡ Blower : 압력상승이 0.1 이상, 1.0kgf/cm^2 이하인 것
  ㉢ 압축기 : 압력상승이 1.0kgf/cm^2 이상인 것

② 형식에 의한 분류
  ㉠ 원심식 송풍기
    ㉮ 다익형 송풍기 : 구조상 고속 회전에 적합하지 않기 때문에 많은 풍량을 취급하는 곳에는 부적합하며 소음이 높고 효율이 낮다. 주로 국소통풍용, 저속덕트용, 소방의 배연 및 급기가압용으로 사용된다.
    ㉯ 터보형 송풍기 : 풍량과 동력의 변화가 비교적 많아 고속덕트 공조용으로 사용된다.
    ㉰ 리밋 로드형 송풍기 : 고속회전에 적합하지 않으므로 고압용으로는 부적합하며 소음은 다익형보다 크지만 효율은 높다. 주로 공장의 환기 및 공조의 저속덕트용으로 사용된다.
    ㉱ 익형 송풍기 : 깃 모양이 비행기 날개모양으로 효율이 대단히 높고 소음이 적다. 고속회전이 가능하여 고속덕트용으로 사용된다.
  ㉡ 축류식 송풍기 : 베인형, 튜브형, 프로펠러형 송풍기 등이 있으며, 프로펠러형 송풍기의 특징은 다음과 같다.
    ㉮ 고속운전에 적합하며 효율이 높다.
    ㉯ 풍량은 크지만 풍압이 낮다.
    ㉰ 소음이 심하다.
    ㉱ 환기, 배기용으로 사용한다.

(2) 송풍기의 동력

① 공기동력[kW] = $\dfrac{P \times Q}{102}$

② 축동력[kW] = $\dfrac{P \times Q}{\eta \times 102}$

③ 송풍기동력[kW]= $\dfrac{P \times Q}{\eta \times 102} \times K$

　　P : 풍압(kgf/m^2), Q : 풍량(m^3/sec), η : 효율
　　K : 전달계수(전동기일 때 1.1, 전동기 이외일 때 1.15, 1.2)

> **예상문제**
>
> 송풍기의 전압이 150mmAq, 풍량이 20m^3/min, 전압효율이 0.6일 때 축동력은 몇 W인가?
> ㉮ 463　　　　　　　　　　　　㉯ 816
> ㉰ 1,110　　　　　　　　　　　　㉱ 1,264
>
> **풀이** 축동력(kW)= $\dfrac{P \times Q}{\eta \times 102}$
> 　　P : 배출풍압(kgf/m^2), Q : 배출풍량(m^3/sec), η : 효율, K : 전달계수
> 　∴ 축동력= $\dfrac{150 \times \dfrac{20}{60}}{0.6 \times 102}$ =0.816kW=816W
>
> **답** ㉯

(3) 송풍기의 번호

① 원심식 송풍기

$$No = \dfrac{\text{임펠러의 바깥지름(mm)}}{150}$$

② 축류식 송풍기

$$No = \dfrac{\text{임펠러의 바깥지름(mm)}}{100}$$

[예상문제]

소방유체역학

예상문제

001 다음 중 비압축성 유체에 관하여 바르게 말한 것은?
① 유체 내의 모든 곳에서 압력이 일정하다.
② 유체의 속도나 압력의 변화에 관계없이 밀도가 일정하다.
③ 모든 실제 유체를 말한다.
④ 액체만을 말한다.

> 해설 압축성유체 → 부피변화 ○ → 밀도변화 ○
> 비압축성유체 → 부피변화 × → 밀도변화 ×

002 실제 유체란 어느 것인가?
① 이상유체를 말한다.   ② 유동 시 마찰이 존재하는 유체
③ 마찰 전단응력이 존재하지 않는 유체   ④ 비점성 유체를 말한다.

> 해설 실제유체 : 점성 ○, 압축성 ○ 유체 → 마찰 ○
> 이상유체 : 점성 ×, 압축성 × 유체 → 마찰 ×

003 다음 유체에 관한 사항 중 옳은 것은?
① 유체는 속도가 빠르면 압력이 작아진다.   ② 유체의 속도는 압력과 관계없다.
③ 유체의 속도는 압력에 비례한다.   ④ 유체의 속도는 직경과 관계없다.

> 해설
> $$\frac{P_1}{r}+\frac{U_1^2}{2g}+Z_1 = \frac{P_2}{r}+\frac{U_2^2}{2g}+Z_2$$
> 위치가 동일한 경우 압력과 속도는 반비례

004 이상유체란 무엇을 가리키는가?
① 점성이 없고 비압축성인 유체   ② 점성이 없고 PV=RT를 만족시키는 유체
③ 비압축성 유체   ④ 점성이 없고 마찰손실이 없는 유체

005 이상기체에 대한 설명으로 틀린 것은?
① 아보가드로의 법칙을 만족하는 기체
② 기체 입자는 완전 탄성체이다.
③ 내부에너지는 체적에 무관하며 온도에 의해 변화한다.
④ 기체의 인력 및 기체 자신의 부피를 고려한 기체이다.

정답 : 001.② 002.② 003.① 004.① 005.④

해설　이상기체란 인력 및 기체 자신의 부피를 무시

006 다음 설명 중 완전기체에 해당하는 것은?

① $P = \rho RT$를 만족하는 기체
② $PV = nRT$를 만족하는 기체
③ $PV = ZRT$를 만족하는 기체
④ 온도가 높고 압력이 낮아지면 완전기체의 성질이 나타난다.

해설　이상기체 상태방정식
　　　$PV = nRT$

007 유체문제를 다루는 데 있어서 유체를 연속체(Continuum)로 볼 수 없는 것은 어느 것인가?

① 분자평균 자유행로(Molecular Mean Free Path)가 대표 길이에 비하여 매우 작을 때
② 분자운동의 통계적 특성이 보존될 때
③ 분자 간의 충돌시간이 매우 길어 분자운동이 간헐적으로 발생할 때
④ 유체를 하나의 연결된 균질성 질량체로 볼 수 있을 때

해설　연속체란 분자 간의 충돌시간이 매우 길어 분자운동이 주기적으로 발생

008 다음 중 운동량의 단위는 어느 것인가?

① [N]　　　　　　　　　　② [J]
③ [N·S²/m]　　　　　　　④ [N·S]

해설　운동량 = 힘×시간 = N×sec = kg·m/s²×sec = kg·m/s
　　　　　　 = 질량×속도

009 질량을 M, 길이 L, 시간 T로 표시할 때 운동량의 차원은 어느 것인가?

① [MLT]　　　　　　　　② [ML⁻¹T]
③ [MLT⁻²]　　　　　　　④ [MLT⁻¹]

해설　운동량 = 힘×시간
　　　1) 절대단위 : N×sec = kg·m/s²×sec = kg·m/s[MLT⁻¹]
　　　2) 중력단위 : kgf·sec[FT]

정답 : 006.② 007.③ 008.④ 009.④

예상문제

010 다음 중 힘의 단위 [dyne]를 나타내는 단위는?

① [g·m/s^2] ② [g·cm/s^2]
③ [kg·m/s^2] ④ [kg/m^4·s^2]

해설 1dyne=1g·cm/s^2

011 1[BTU]는 몇 [cal]인가?

① 152 ② 252
③ 352 ④ 452

해설 1kcal : 물 1kg을 1℃만큼 올리는데 필요한 열량
1BTU : 물 1lb(pound)을 1°F만큼 올리는데 필요한 열량
1CHU : 물 1lb(pound)을 1℃만큼 올리는데 필요한 열량
1kcal=3.968BTU=2.205CHU

∴ 1BTU = $\dfrac{1000\text{cal}}{3.968\text{BTU}}$ = 252cal

012 열량단위는 [cal]는 물 1[g]의 온도를 14.5[℃]에서 15.5[℃]까지 올리는 데 필요한 열량으로 정의된다. 1[cal]은 몇 [J]인가?

① 0.24 ② 1.00
③ 2.38 ④ 4.18

해설 1cal=4.184J, 1J=0.24cal

013 1[kw·h]는 몇 [kcal]인가?

① 843 ② 860
③ 3,600 ④ 4,184

해설 1kWh=1000W×3600sec=3.6×10^{6}W·sec=3.6×10^{6}J
cal로 변환
∴ 0.24×3.6×10^{6}cal=864000cal=864kcal≒860kcal

014 표준대기압 1[atm]의 표시방법 중 틀린 것은?

① 1.0332[kgf/cm^2] ② 10.332[mAq]
③ 760[mmHg] ④ 0.98[bar]

정답 : 010.② 011.② 012.④ 013.② 014.④

해설 표준대기압 $1atm = 1.0332 kgf/cm^2 = 1.332 kgf/m^2$
$= 101.325 kPa = 0.101325 MPa = 101325 Pa$
$= 10.332 mH_2O = 760 mmHg = 14.7 PSI (lbf/m^2)$
$= 1.013 bar = 1013 mbar$

015 다음의 단위 환산 중 옳지 않은 것은?

① $1[atm] = 1.013[bar] = 760[mmHg]$
② $1[kgf/cm^2] = 10.332[mAq] = 735.5[mmHg]$
③ $1[bar] = 1.02[kgf/cm^2] = 750[mmHg]$
④ $1[Pa] = 0.102[kgf/cm^2] = 75[mmHg]$

해설 $1Pa \times \dfrac{1.0332 kgf/cm^2}{101325 Pa} = 1.02 \times 10^{-5} kgf/cm^2$

016 50[m]의 수두를 [kgf/cm²]과 [kPa]로 환산한 것은?

① $5[kgf/cm^2]$, $490[kPa]$
② $6[kgf/cm^2]$, $510[kPa]$
③ $6[kgf/cm^2]$, $490[kPa]$
④ $7[kgf/cm^2]$, $510[kPa]$

해설 $50 mH_2O \times \dfrac{1.0332 kgf/cm^2}{10.332 mH_2O} = 5 kgf/cm^2$

$50 mH_2O \times \dfrac{101.325 kPa}{10.332 mH_2O} = 490.35 kPa$

017 압력의 단위환산에서 틀린 것은?

① $2.5[kg_f/cm^2 \cdot abs] = 2.5[kg_f/cm^2 \cdot gauge]$
② $0.8[kg_f/cm^2] = 588.4[mmHg]$
③ $0.55[kg_f/cm^2] = 405[mmHg]$
④ $3[kg_f/cm^2] = 30[mAq]$

해설 절대압력(abs) = 대기압 + 게이지압
$2.5 kgf/cm^2 \cdot abs = 1.5 kgf/cm^2 \cdot gauge$ (대기압이 $1 kgf/cm^2$인 경우)

정답 : 015.④ 016.① 017.①

예상문제

018 비중 S인 액체가 액면으로부터 H[cm] 깊이에 있는 점의 압력은 수은주로 몇 [mmHg]인가? (단, 수은의 비중은 13.6이다)

① 13.6SH
② 1,000SH/13.6
③ 1SH/13.6
④ 10SH/13.6

◆해설
$$1000S \times \frac{1}{100}H = 13600 \times \frac{1}{1000}h \quad (h : 수은주 \text{ mmHg})$$
$$\therefore h = \frac{1000 \times 1000}{100 \times 13600}S \cdot H = \frac{10}{13.6}S \cdot H$$

019 완전 진공을 기준으로 측정한 압력을 무엇이라고 하는가?

① 공학기압
② 표준대기압
③ 국소대기압
④ 절대압

◆해설
절대압 : 완전진공을 기준으로 측정한 압력
게이지압 : 국소대기압을 기준으로 측정한 높은 압력
진공압 : 국소대기압을 기준으로 측정한 낮은 압력

020 240[mmHg]의 압력은 계기압력으로 몇 [kgf/cm^2]인가? (단, 대기압의 크기는 760[mmHg]이고, 수은의 비중은 13.6이다)

① $-0.3158[\text{kgf/cm}^2]$
② $-0.6842[\text{kgf/cm}^2]$
③ $-0.7072[\text{kgf/cm}^2]$
④ $-0.8565[\text{kgf/cm}^2]$

◆해설
$$(240\text{mmHg} - 760\text{mmHg}) \times \frac{1.0332\text{kgf/cm}^2}{760\text{mmHg}} = -0.7069\text{kgf/cm}^2$$

021 절대압력 0.48[kgf/cm^2]을 진공으로 환산하면 얼마인가?

① 0.50
② 0.48
③ 0.55
④ 0.45

◆해설
절대압 = 대기압 - 진공압
∴ 진공압 = 대기압 - 절대압
$= 1.0332 - 0.48 = 0.5532\text{kgf/cm}^2_{\text{vacuum}}$

정답 : 018.④ 019.④ 020.③ 021.③

022 다음은 압력에 관한 설명이다. 적합하게 설명된 것은 어느 것인가?
① 대기압을 기준해서 나타내는 압력은 절대압력이다.
② 완전진공을 기준으로 해서 나타내는 압력은 계기압력이다.
③ 대기압은 절대압력에서 계기압력을 감한 것이다.
④ 대기압은 절대압력에서 계기압력을 더한 것이다.

해설 절대압 = 대기압 + 게이지압
대기압 = 절대압 − 게이지압

023 대기압 750[mmHg]인 곳에서 0.5[kgf/cm² · abs]인 가스용기는 계기압력으로 얼마인가? (단, 수은의 비중은 13.6이다)
① 0.5[kgf/cm²] gauge
② 0.52[kgf/cm²] vacuum
③ 0.5[kgf/cm²] vacuum
④ 0.52[kgf/cm²] gauge

해설 $750\text{mmHg} \times \dfrac{1.0332\text{kgf/cm}^2}{760\text{mmHg}} - 0.5\text{kgf/cm}^2 = 0.519 ≒ 0.52\text{kgf/cm}^2$ vacuum

024 유체의 절대점도의 단위를 바르게 나타낸 것은?
① g/cm.sec
② m²/sec
③ g.cm/sec
④ cm/g.sec

해설 절대점성계수 μ(단위 : poise = g/cm·sec)

025 바다 속 A지점에서의 압력을 측정하였더니 15[kgf/cm²·abs]이었다. 이 A지점은 수면에서부터 얼마의 깊이[m]에 있는 곳인가? (단, 해수의 비중은 1.20이다)
① 96.4
② 106.4
③ 116.4
④ 101.4

해설 $P_{abs} = r \cdot h + P_o$
$150000\text{kgf/m}^2_{abs} = 1200\text{kgf/m}^3 \times h(\text{m}) + 10332\text{kgf/m}^2$
∴ $h = 116.39\text{m} ≒ 116.4\text{m}$

026 20[℃]에서 비중량이 600[kgf/m³]이고, 증기압이 0.1[kgf/cm²]인 액체를 흡입할 수 있는 이론최대높이는 몇 [m]인가? (단, 대기압은 1[kgf/cm²])
① 15[m]
② 12[m]
③ 8[m]
④ 5[m]

 정답 : 022.③ 023.② 024.① 025.③ 026.①

예상문제

해설 $NPSH(H) = \dfrac{P_o}{r} - \dfrac{P_v}{r} = \dfrac{10000 \text{kgf/m}^2}{600 \text{kgf/m}^3} - \dfrac{1000 \text{kgf/m}^2}{600 \text{kgf/m}^3} = 15\text{m}$

027 액체산소탱크에 부분적으로 10[m] 깊이까지 -196[℃]의 액체산소가 들어 있다. 액면 위의 증기압력이 101.3[kPa]로 유지될 경우 탱크의 바닥에 작용하는 압력을 계산하시오 (단, 액체산소의 밀도는 1,206[kg/m³]이다)

① 12161.5[kPa] ② 227.5[kPa]
③ 219.5[kPa]   ④ 1216.1[kPa]

해설
$P = 101.3\text{kPa} + r \cdot h$
$= 101.3\text{kPa} + (1206\text{kgf/m}^3 \times 10\text{m}) \times \dfrac{101.325\text{kPa}}{10332\text{kgf/m}^2}$
$= 219.57\text{kPa}$

028 진공계기압력이 0.18[kgf/cm²], 20[℃]인 기체가 계기압력 8[kgf/cm²]으로 등온 압축되었다면 처음 체적에 대한 최후의 체적비는 얼마인가? (단, 대기압은 730[mmHg]이다)

① $\dfrac{1}{11.1}$ ② $\dfrac{1}{9.8}$
③ $\dfrac{1}{8.4}$ ④ $\dfrac{1}{7.8}$

해설 $P_1 V_1 = P_2 V_2$

$\dfrac{V_2}{V_1} = \dfrac{P_1}{P_2} = \dfrac{\left(730 \times \dfrac{1.0332}{760}\right) - 0.18}{8 + \left(730 \times \dfrac{1.0332}{760}\right)} = 0.0903 ≒ \dfrac{1}{11}$

029 다음 단위 중 점성계수의 단위가 아닌 것은?

① stokes   ② kg/m·s
③ centipoise   ④ N·S/m²

해설 절대점성계수는 μ(poise = g/cm·sec), stokes는 동점성계수

030 다음 중 물의 점도(25[℃])를 나타낸 수치로 맞는 것은?

① 1[gr/cm·s]   ② 1[poise]
③ 0.1[kg/m·s]   ④ 1[cP]

 정답 : 027.③ 028.① 029.① 030.④

▶해설 [물의 절대점성계수]
1cP = 0.01poise

031 다음 중 점도의 단위가 아닌 것은?

① g/cm · s
② poise
③ dyne · s/cm²
④ dyne · s/cm

▶해설
① g/cm · sec
② poise = g/cm · sec
③ dyne · s/cm² = g · cm/s² × sec/cm² = g/cm · sec
④ dyne · s/cm = g/sec

032 1[kg_f · s/m²]은 몇 [poise]인가?

① 9.8
② 98
③ 1/98
④ 1/9.8

▶해설
$$\frac{1\text{kgf} \cdot \text{s}}{\text{m}^2} = \frac{9.8\text{kg} \cdot \text{m}}{1\text{kgf} \cdot \text{s}^2} \times \frac{1000\text{g}}{1\text{kg}} \times \frac{1\text{m}}{100\text{cm}} = 98\text{g/cm} \cdot \text{sec}$$

033 비중 0.9인 유체의 동점도(ν)가 2[stokes]이면 절대점도는 얼마인가?

① 1.5[poise]
② 1.8[poise]
③ 0.15[poise]
④ 0.18[poise]

▶해설 동점성계수 $\nu = \dfrac{\mu}{\rho}$ ∴ $\mu = \nu \cdot \rho$

$\mu = 2\text{cm}^2/\text{s} \times 0.9\text{g/cm}^3 = 1.8\text{g/cm} \cdot \text{sec} = 1.8\text{poise}$

034 어떤 액체의 동점성계수가 2[stokes]이며, 비중량이 8×10⁻³[N/cm³]이다. 이 액체의 점성계수는 얼마인가?

① 1.633×10⁻⁵[N · s/cm²]
② 2.633×10⁻⁵[N · s/cm²]
③ 16.333×10⁻⁵[N · s/cm²]
④ 26.333×10⁻⁵[N · s/cm²]

▶해설 $\mu = \nu \times \rho$, $\rho = \dfrac{r}{g}$

∴ $\mu = 2\text{cm}^2/\text{sec} \times \dfrac{0.008\text{N/cm}^3}{980\text{cm/s}^2} = 1.63 \times 10^{-5}\text{N} \cdot \text{s/cm}^2$

정답 : 031.④ 032.② 033.② 034.①

예상문제

035 20[℃]에서 물의 점성계수는 1.008×10^{-3}[Pa·s]이었다. 상대밀도가 0.998이라면 동점성계수는 얼마인가?

① 1.01×10^{-3}[m²/s]　　② 1.01×10^{-6}[m²/s]
③ 1.008×10^{-3}[m²/s]　④ 1.008×10^{-6}[m²/s]

■ 해설
$$\nu = \frac{\mu}{\rho} = \frac{1.008 \times 10^{-3} \text{Pa·sec}}{998 \text{kg/m}^3} = \frac{1.008 \times 10^{-3} \text{kg/m·s}}{998 \text{kg/m}^3}$$
$$= 1.01 \times 10^{-6} \text{m}^2/\text{s}$$

036 점성계수가 0.9[poise]이고 밀도가 95[kgf·s²/m⁴]인 유체의 동점성계수는 몇 [stokes]인가?

① 9.66×10^{-2}　　② 9.66×10^{-4}
③ 9.66×10^{-1}　　④ 9.66×10^{-3}

■ 해설
$$\nu = \frac{\mu}{\rho} = \frac{0.9 \text{g/cm·sec}}{0.931 \text{g/cm}^3} = 0.966 \text{cm}^2/\text{sec}$$
$$95 \text{kgf·s}^2/\text{m}^4 \times \frac{9.8 \text{kg·m}}{1 \text{kgf·s}^2} = 931 \text{kg/m}^3 = 0.931 \text{g/cm}^3$$

037 유체의 비중량 γ, 밀도 ρ 및 중력가속도 g와의 관계는?

① $\gamma = \rho/g$　　② $\gamma = \rho g$
③ $\gamma = g/\rho$　　④ $\gamma = \rho/g^2$

■ 해설 $\gamma = \rho \times g$

038 액체 속에 담겨진 곡면에 작용하는 힘의 수평분력은?

① 곡면의 수직상방의 액체의 무게와 같다.
② 곡면에 의해서 지지된 액체의 무게와 같다.
③ 그 면심에서 압력에 면적을 곱한 것과 같다.
④ 곡면의 수직 투영면에 작용하는 힘과 같다.

039 호주에서 무게가 2[kg_f]인 어느 물체를 한국에서 재어보니 1.98[kg_f]이었다면 한국에서의 중력가속도는? (단, 호주에서의 중력가속도는 9.82[m/s²])

① 9.80[m/s²]　　② 9.78[m/s²]
③ 9.75[m/s²]　　④ 9.72[m/s²]

정답 : 035.② 036.③ 037.② 038.④ 039.④

해설
$$x\text{kg} \times 9.82\text{m/s}^2 = 2\text{kgf} \times \frac{9.8\text{N}}{1\text{kgf}}$$
$$x = 1.996\text{kg}$$
$$1.996\text{kg} \times g(\text{m/s}^2) = 1.98\text{kgf} \times \frac{9.8\text{N}}{1\text{kgf}}$$
$$g = 9.72\text{m/s}^2$$

040 액면으로부터 40[m] 지점의 압력이 5.26[kgf/cm²]일 때 이 액체의 비중량은 얼마인가?

① 1,125[kgf/m³] ② 1,215[kgf/m³]
③ 1,315[kgf/m³] ④ 1,415[kgf/m³]

해설
$52600\text{kgf/m}^2 = \gamma(\text{kgf/m}^3) \times 40\text{m}$
∴ $\gamma = 1315\text{kgf/m}^3$

041 수면 15[m] 지점의 압력이 2.04[kgf/cm²]이다. 이 액체의 비중량은?

① 1,050[kgf/m³] ② 1,260[kgf/m³]
③ 1,360[kgf/m³] ④ 1,560[kgf/m³]

해설
$P = \gamma \cdot h$
$20400\text{kgf/m}^2 = \gamma \times 15\text{m}$
$\gamma = 1360\text{kgf/m}^3$

042 공기 중에서 무게가 900[N]인 돌이 물속에서의 무게가 400[N]일 때 이 돌의 비중은?

① 1.4 ② 1.6
③ 1.8 ④ 2.25

해설
부력 = 900N − 400N = 500N
$500\text{N} = 9800\text{N/m}^3 \times V\text{m}^3$
∴ $V\text{m}^3 = \dfrac{500\text{N}}{9800\text{N/m}^3} = 0.051\text{m}^3$
비중 $= \dfrac{\left(\dfrac{900}{0.051}\right)}{9800} = 1.8$

정답 : 040.③ 041.③ 042.③

예상문제

043 비중이 1.03인 바닷물에 전체 부피의 15[%]가 밖에 떠있는 빙산이 있다. 이 빙산의 비중은 얼마인가?

① 0.875
② 0.297
③ 1.927
④ 0.155

해설 비중 $1.03 \times 0.85 = 0.8755$

044 물이 들어 있는 U자관 속에 기름을 넣었더니 기름 25[cm]와 물 15[cm]의 액주가 평형을 이루었다면 이 기름의 비중은 얼마인가?

① 0.3
② 0.6
③ 0.7
④ 1.7

해설
$\gamma_{기름} \times 0.25m = 1000 kgf/m^3 \times 0.15m$
$\gamma_{기름} = 600 kgf/m^3$
∴ 비중=0.6

045 체적이 4.2[m³]인 유체의 무게가 3,402[kgf]이면 비중과 비체적은 얼마인가?

① 0.81, 1.2×10^{-2}
② 0.81, 1.2×10^{-3}
③ 0.81, 810
④ 0.81, 0.81

해설
$비중 = \dfrac{3402 kgf/4.2m^3}{1000 kgf/m^3} = 0.81$

$비체적 = \dfrac{4.2m^3}{3402kg} = 1.23 \times 10^{-3}$

046 공기는 산소와 질소의 혼합가스로서 체적이 산소가 1/5이고 나머지는 질소이다. 표준상태(0[℃], 1[atm])에서 공기의 비중량은 얼마인가?

① 약 $24.4[kg_f/m^3]$
② 약 $1.29[kg_f/m^3]$
③ 약 $1.43[kg_f/m^3]$
④ 약 $1.25[kg_f/m^3]$

해설
$M = 32 \times 0.2 + 28 \times 0.8 = 28.8 kg/kmol$
$\rho = \dfrac{M}{22.4} = \dfrac{28.8}{24.4} = 1.285 kg/m^3 ≒ 1.285 kgf/m^3$

정답 : 043.① 044.② 045.② 046.②

047 다음 중 밀도를 나타내는 단위는?

① [N/m] ② [kg/cm^2]
③ [kg/m^3] ④ [m/s^2]

048 비중 0.88인 벤젠의 밀도[kg$_f$ · s^2/m^4]는 얼마인가?

① 88.0 ② 89.8
③ 102 ④ 880

해설 물의 밀도=1000kg/m^3=102kgf · s^2/m^4
∴ 102kgf · s^2/m^4 × 0.88 = 89.76kgf · s^2/m^4

049 어떤 기름이 0.5[m^3]의 무게가 400[kg$_f$]일 때 기름의 밀도는 몇 [kg$_f$ · s^2/m^4]인가?

① 980 ② 81.63
③ 816.3 ④ 98

해설 $\rho = \dfrac{r}{g} = \dfrac{400 \text{kgf}/0.5\text{m}^3}{9.8\text{m/s}^2} = \dfrac{400 \times 9.8\text{N}/0.5\text{m}^3}{9.8\text{m/s}^2} = 800 \text{kg/m}^3$
$= 81.63 \text{kgf} \cdot \text{s}^2/\text{m}^4$

050 수은의 비중은 13.55이다. 수은의 비체적[m^3/kg]은?

① 13.55 ② $\dfrac{1}{13.55} \times 10^{-3}$
③ $\dfrac{1}{13.55}$ ④ 13.55×10^{-3}

해설 비중=13.55 ∴ 밀도=13550kg/m^3
비체적 = $\dfrac{1}{13550}$ m^3/kg = $\dfrac{1}{13.55 \times 10^3} = \dfrac{1}{13.55} \times 10^{-3}$

051 어떤 유체의 밀도가 86[kg$_f$ · s^2/m^4]이다. 이 액체의 비체적은 몇 [m^3/kg]인가?

① 1.186×10^{-5}
② 1.186×10^{-3}
③ 2.03×10^{-3}
④ 2.03×10^{-5}

 정답 : 047.③ 048.② 049.② 050.② 051.②

예상문제

▸해설
$$\frac{86\text{kgf} \cdot \text{s}^3}{\text{m}^4} \times \frac{9.8\text{kg} \cdot \text{m}}{1\text{kgf} \cdot \text{s}^2} = 842.8\text{kg/m}^3$$
$$\therefore \text{비체적} = \frac{1}{842.8} = 1.186 \times 10^{-3} \text{m}^3/\text{kg}$$

052 이산화탄소가 압력 2×10^5[Pa], 비체적 0.04[m^3/kg] 상태로 저장되었다가, 온도가 일정한 상태로 압축되어 압력이 8×10^5[Pa]되었다면, 변화 후 비체적은 몇 [m^3/kg]인가?
① 0.01　　　　　　　　　② 0.02
③ 0.16　　　　　　　　　④ 0.32

▸해설
$P_1 V_1 = P_2 V_2$
$V_2 = V_1 \times \dfrac{P_1}{P_2} = V_1 \times \dfrac{2 \times 10^5}{8 \times 10^5}$
$V_2 = \dfrac{1}{4} V_1$
$0.04 \text{m}^3/\text{kg} \rightarrow 0.01 \text{m}^3/\text{kg}$

053 다음 중 단위가 틀린 것은?
① 1[N] = 1[kg·m/s^2]　　② 1[J] = 1[N·m]
③ 1[W] = 1[J/s]　　　　　④ 1[dyne] = 1[kg·m]

▸해설　1dyne=1g·cm/s^2

054 [L·atm]은 무슨 단위인가?
① 일　　　　　　　　　　② 에너지
③ 압력　　　　　　　　　④ 힘

▸해설　L·atm → m^3·N/m^2 → N·m → J

055 다음의 물리적인 양과 단위가 잘못 결합된 것은?
① 1[Joule] = 1[N·m] = 1[kg·m^2/s^2]　② 1[Watt] = 1[N·m/s] = 1[kg·m^2/s^3]
③ 1[Newton] = 9.8[kg_f] = 1[kg·m/s^2]　④ 1[Pascal] = 1[N/m^2] = 1[kg/m·s^2]

▸해설　1kgf=9.8N=9.8kg·m/s^2

 정답 : 052.①　053.④　054.①　055.③

056 수압 50[kgf/cm²]의 물 5[kg]이 갖는 압력에너지는 얼마인가? (단, 게이지압력이 영(Zero)일 때 압력에너지는 없다고 한다)

① 25[kgf·m] ② 250[kgf·m]
③ 2,500[kgf·m] ④ 25,000[kgf·m]

해설 압력에너지＝힘×거리(에너지, 일)＝압력×부피
∴ 500,000kgf/m²×0.005m³＝2500kgf·m
or ∴ 50kgf/cm²＝500mH₂O
∴ 500m×5kgf＝2500kgf·m

057 수평으로 놓인 노즐에서 물이 분출되고 있을 때 이 노즐의 지름은 5[cm]이고, 압력이 20[kgf/cm²]이다. 노즐에 걸리는 힘은 몇 [kgf]인가?

① 255.3 ② 363.5
③ 392.5 ④ 455.3

해설 F＝P·A＝20kgf/cm²×$\frac{\pi}{4}$(5cm)²＝392.69kgf

058 그림과 같이 차 위에 물탱크와 펌프가 장치되어 펌프 끝의 지름 5cm의 노즐에서 매초 0.09m³의 물이 수평으로 분출된다고 하면 그 추력은 몇 N인가?

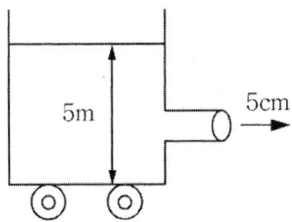

① 4125 ② 2079
③ 412   ④ 212

해설 추력 F＝ρ·Q·U＝1000kgf/m³×0.09m³/s×45.836m/s
＝4125.24kg·m/s²＝4125.24N

$U = \frac{Q}{A} = \frac{0.09\text{m}^3/\text{s}}{\frac{\pi}{4}(0.05\text{m})^2} = 45.836\text{m/s}$

정답 : 056.③ 057.③ 058.①

예상문제

059 분류관의 지름이 5[cm]이고 매분당 1.8[m³]의 물을 평면판에 직각으로 토출할 때 작용하는 힘[kgf]은 얼마인가?

① 0.4677 ② 4.677
③ 46.77 ④ 467.7

해설
$F = \rho \cdot Q \cdot U$

$U = \dfrac{Q}{A} = \dfrac{\left(\dfrac{1.8}{60}\right)}{\dfrac{\pi}{4}(0.05)^2} = 15.28 \text{m/s}$

$\therefore F = 102 \text{kgf} \cdot \text{s}^2/\text{m}^4 \times \left(\dfrac{1.8}{60}\right) \text{m}^3/\text{s} \times 15.28 \text{m/s} = 46.76 \text{N}$

060 다음의 열역학적 법칙을 설명한 것 중 틀린 것은?

① 열적평형이 된 상태를 설명하는 것이 열역학 제0법칙이다.
② 에너지보존의 법칙을 설명하는 것이 열역학 제1법칙이다.
③ 에너지 변환의 방향성이 제한(비가역)됨을 나타내는 것이 열역학 제2법칙이다.
④ 열은 그 자신만으로 저온에서 고온으로 이동할 수 없다는 것이 열역학 제3법칙이다.

해설
열역학2법칙 : 열은 그 자신만으로 저온에서 고온으로 이동할 수 없다.
열역학3법칙 : 순수한 물질이 1atm 하에서 완전히 결정상태이면 엔트로피는 0K에서는 0이다. 절대 −273.15℃에는 도달할 수 없다.

061 Newton의 점성법칙과 관련되는 것은 어느 것인가?

① 전단응력, 속도, 점성계수 ② 속도구배, 점성계수, 압력
③ 전단응력, 속도구배, 압력 ④ 속도구배, 전단응력, 점성계수

해설
뉴턴의 점성법칙 $\tau = \mu \cdot \dfrac{du}{dy}$

τ : 전단응력, μ : 점성계수, $\dfrac{du}{dy}$: 속도구배

062 전단응력이 증가할 때 속도기울기는 어떻게 변화하는가?

① 비례 ② 반비례
③ 제곱에 비례 ④ 제곱에 반비례

정답 : 059.③ 060.④ 061.④ 062.①

063 두 개의 평행한 평판 사이로 점성이 있는 유체가 흐르고 있다. 이 유체에 미치는 전단응력은 어떤 상태인가?

① 유체의 전체 단면에 걸쳐 일정하다.
② 흐름의 중심에서는 0이고, 벽면까지 직선으로 상승한다.
③ 벽면에서는 0이고, 중심까지 직선으로 상승한다.
④ 일반적으로 흐름의 중심에서 벽면까지 곡선의 형태를 가지고 변한다.

064 원관에서 유체가 층류로 흐를 때 전단응력은?

① 전단면에서 일정하다.
② 포물선모양이다.
③ 관 중심에서 0이고, 관 벽까지 직선적으로 증가한다.
④ 관 벽에서 0이고, 중심까지 선형적으로 증가한다.

065 직경 300[mm]인 수평 원관측을 물이 층류로 흐르고 있다. 관의 길이 50[m]에 대한 압력 강하가 100[kPa]이라면 관벽에서 전단응력은 몇 [N/m^2]인가?

① 100
② 150
③ 200
④ 250

◀해설

$\tau = \dfrac{F}{\pi DL}$, $\Delta P = \dfrac{F}{\dfrac{\pi}{4}D^2}$ ∴ $100\text{kN/m}^2 = \dfrac{F}{\dfrac{\pi}{d}D^2}$

∴ $F = 100\text{kN/m}^2 \times \dfrac{\pi}{4}D^2$

∴ $\tau = \dfrac{100kN/m^2 \times \dfrac{\pi}{4}D^2}{\pi DL} = \dfrac{100 \times 10^3 \text{N/m}^2 \times \dfrac{1}{4}(0.3\text{m})}{50\text{m}} = 150\text{N/m}^2$

cf) $\tau = \dfrac{\Delta P}{l} \times \dfrac{r}{2}$

066 다음 중 무차원인 것은?

① 체적탄성계수
② 레이놀즈수
③ 압력
④ 비중량

정답 : 063.② 064.③ 065.② 066.②

예상문제

067 어떤 가스의 기체상수 R = 2,077[N·m/kg·K]을 [kcal/kg·K]로 환산하면 얼마인가?

① 0.496　　　　　　② 1.045
③ 2.517　　　　　　④ 3.051

해설 $\dfrac{2077\text{N}\cdot\text{m}}{\text{kg}\cdot\text{K}} \times \dfrac{0.24\text{cal}}{1\text{J}} \times \dfrac{1\text{kcal}}{1000\text{cal}} = 0.498\text{kcal/kg}\cdot\text{K}$

068 뉴턴유체는 다음 어느 것을 만족시키는 유체인가?

① $PV_s = RT$　　　　② $F = ma$
③ $\tau = \mu \dfrac{du}{dy}$　　　　④ $\tau = \mu \dfrac{du}{dg} + Z$

069 "어떤 방법으로도 어떤 계를 절대 0도에 이르게 할 수 없다"는 것과 가장 관련이 있는 것은?

① 열역학 제0법칙　　　　② 열역학 제1법칙
③ 열역학 제2법칙　　　　④ 열역학 제3법칙

070 비중이 0.7인 물체를 물에 띄우면 전체 체적의 몇 [%]가 물속에 잠기는가?

① 30[%]　　　　② 65[%]
③ 70[%]　　　　④ 75[%]

071 유체 속에 잠겨진 물체에 작용되는 부력은?

① 물체의 중력과 같다.
② 물체의 중력보다 크다.
③ 그 물체에 의해서 배제된 액체의 무게와 같다.
④ 유체의 비중량과는 관계없다.

072 부유체에서 메타센터란?

① 부체의 무게중심이다.
② 부체가 기울어졌을 때의 부력 작용선이다.
③ 부체의 무게중심과 부체가 기울어졌을 때의 부심과의 거리이다.
④ 부체의 중립축과 부체가 기울어졌을 때의 부력작용선과의 교점이다.

정답 : 067.① 068.③ 069.④ 070.③ 071.③ 072.④

073 무게가 90N으로 측정된 돌이 물에 잠기면 무게가 50N으로 측정된다. 이 돌의 체적과 비중은 각각 얼마인가?

① 0.004m³, 2.3
② 0.01m³, 1.0
③ 0.007m³, 2.25
④ 0.07m³, 3.75

해설 부력=90-50=40N
$40N = 9800N/m^3 \times V m^3$
∴ $V m^3 = 0.004 m^3$
비중 = $\dfrac{(90N/0.004m^3)}{9800N/m^3} = 2.29$

074 밑변 2[m]×2[m], 높이 2[m]인 나무토막 위에 500[kgf]의 추를 올려놓고 물에 띄웠다. 나무의 비중을 0.65라 할 때 나무토막이 물속에 잠긴 부분의 부피는 몇 [m³] 인가?

① 5
② 5.2
③ 5.7
④ 6

해설 $500kgf + 8m^3 \times 650kgf/m^3 = 1000kgf/m^3 \times V m^3$
∴ $V = 5.7 m^3$

075 그림과 같이 노즐에서 분사되는 물의 속도가 V=12m/s이고, 분류에 수직인 평판은 속도 U=4m/s로 움직일 때, 평판이 받는 힘은 몇 N인가? (단, 노즐(분류)의 단면적은 0.01m²이다)

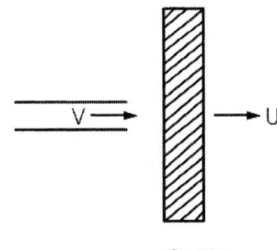

① 640
② 960
③ 1,280
④ 1,440

해설 $F = \rho \cdot A \cdot (U_2 - U_1)^2$
$= 1000 kg/m^3 \times 0.01 m^2 \times (12m/s - 4m/s)^2$
$= 640 kg \cdot m/s^2 = 640 N$

예상문제

076 그림과 같이 수조의 밑부분에 구멍을 뚫고 물을 유량 Q로 방출시키고 있다. 손실을 무시할 때 수위가 처음 높이의 1/2로 되었을 때 방출되는 유량은 어떻게 되는가?

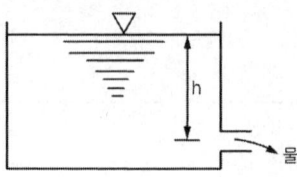

① $\dfrac{1}{\sqrt{2}}$
② $\dfrac{1}{2}Q$
③ $\dfrac{1}{\sqrt{3}}$
④ $\dfrac{1}{3}Q$

해설

$Q_1 = A \cdot \sqrt{2gh}$

$Q_2 = A\sqrt{2g \cdot \dfrac{1}{2}h} = A \cdot \sqrt{\dfrac{1}{2}} \cdot \sqrt{2gh}$

$\therefore \dfrac{1}{\sqrt{2}}$ 배

077 표준상태에서 60[m³]의 용적을 가진 이산화탄소 가스를 액화하여 얻을 수 있는 액화 탄산 가스의 무게[kg]는 얼마인가?

① 110
② 117.8
③ 127
④ 130

해설

$\dfrac{60m^3}{22.4m^3/kmol} = 2.68kmol$

$\therefore 2.68kmol \times \dfrac{44kg}{1kmol} = 117.92kg$

078 어떤 용기에 CO_2가 88[g]이 들어있다. 이 CO_2를 표준상태로 했을 때 CO_2가 차지하는 부피[L]는?

① 22.4[L]
② 44.8[L]
③ 11.2[L]
④ 100[L]

해설

CO_2 88g = CO_2 2mol

$\therefore 2mol \times 22.4L/mol = 44.8L$

정답 : 076.① 077.② 078.②

079 유체가 V[m/s]의 속도로 움직일 경우 이 유체 2[kgf] 중량이 할 수 있는 운동에너지는 얼마인가?

① $\dfrac{2V^2}{g}$ ② $\dfrac{V^2}{2g}$

③ $\dfrac{5V^2}{g}$ ④ $\dfrac{2V^2}{2g}$

[해설] $E = \dfrac{1}{2}mV^2 = \dfrac{1}{2} \times \dfrac{2}{g} \times V^2 = \dfrac{2V^2}{2g}$

080 완전기체의 엔탈피는?

① 마찰 때문에 항상 증가한다. ② 압력만의 함수이다.
③ 온도만의 함수이다. ④ 내부에너지가 감소하면 그만큼 증가한다.

081 가역단열과정에서의 엔트로피의 변화는?

① $\Delta S = 1$ ② $\Delta S = 0$
③ $\Delta S > 1$ ④ $0 < \Delta S < 1$

[해설] 가역단열과정 : $\Delta S = 0$ 열역학제1법칙
비가역단열과정 : $\Delta S > 0$ 열역학제2법칙

082 완전기체의 내부에너지는?

① 압력만의 함수이다. ② 마찰 때문에 항상 증가한다.
③ 온도만의 함수이다. ④ 정답이 없다.

083 밀폐된 기체를 피스톤으로 압축하였더니 3.2[kcal]의 열량이 방출되고 압축일은 2,200[kgf·m]이었다. 이때 이 기체의 내부에너지 증가는 얼마인가?

① 1.35[kcal] ② 1.55[kcal]
③ 8.35[kcal] ④ 1.95[kcal]

[해설] 내부에너지 $U = H - PV$
$= 2200 \text{kgf} \cdot \text{m} \times \dfrac{1\text{kcal}}{427\text{kgf} \cdot \text{m}} - 3.2\text{kcal}$
$= 1.95\text{kcal}$

정답 : 079.④ 080.③ 081.② 082.③ 083.④

예상문제

084 표준상태에서 1.5×10^{23}개의 산소분자가 들어있는 용기의 내용적은 몇 [L]인가? (단, 아보가드로의 수는 6.02×10^{23}이다)

① 3.824[L] ② 4.695[L]
③ 5.581[L] ④ 6.306[L]

해설 $22.4L \times \dfrac{1.5 \times 10^{23}}{6.02 \times 10^{23}} = 5.581L$

085 공기가 게이지압력 2.06bar의 상태로 지름이 0.15m인 관속을 흐르고 있다. 이 때 대기압은 1.03bar이고 공기의 유속이 4m/sec일 때 질량유량을 계산하면 약 몇 kg/sec인가? (단, 공기의 온도는 37°C이고, 기체상수는 287.1J/kg·k이며, 1bar=10^5pa이다)

① 0.245 ② 2.45
③ 0.026 ④ 25

해설 $m = A \cdot U \cdot \rho$

$\rho = \dfrac{P}{RT} = \dfrac{(2.06+1.03) \times \dfrac{101325 \text{N/m}^2}{1.013 \text{bar}}}{287.1 \text{N} \cdot \text{m/kg} \cdot \text{K} \times (273+37)\text{K}} = 3.47 \text{kg/m}^3$

$\therefore m = \dfrac{\pi}{4}(0.15\text{m})^2 \times 4\text{m/s} \times 3.47\text{kg/m}^3 = 0.245 \text{kg/s}$

086 1kg의 물이 100°C의 수증기로 되었다면 대략 얼마의 체적[L]을 나타내는가?

① 165[L] ② 534[L]
③ 1700[L] ④ 1000[L]

087 어느 용기에 3[g]의 수소가 채워졌다. 만일 같은 압력조건하에서 이 용기에 수소대신 메탄(CH_4)을 채운다면 이 용기에 채운 메탄의 무게는 얼마인가?

① 12[g] ② 18[g]
③ 24[g] ④ 30[g]

해설 H_2 : 2g/mol ∴ 3g=1.5mol
CH_4 : 16g/mol ∴ 1.5mol×16g/mol=24g

정답 : 084.③ 085.① 086.③ 087.③

088 수평원관속에 비압축성유체가 층류로 흐를 때 전단응력은?
① 관의 중심에서 0이고 반지름의 제곱에 비례하여 증가한다.
② 관의 중심에서 0이고 반지름에 비례하면서 직선적으로 증가한다.
③ 관의 중심에서 가장 크고 반지름의 제곱에 비례하여 감소한다.
④ 관의 중심에서 가장 크고 반지름에 비례하면서 직선적으로 감소한다.

089 유체의 유동상태 중 정상류(Steady Flow)의 설명으로 옳은 것은?
① 모든 점에서 유동특성이 시간에 따라 변하지 않는다.
② 모든 점에서 유체의 상태가 시간에 따라 일정한 비율로 변한다.
③ 유체의 입자들이 모두 열을 지어 질서있게 흐른다.
④ 어느 순간에 서로 이웃하는 입자들의 상태가 같다.

090 다음 정상류에 대한 설명 중 맞는 것은?
① 관로에서 유속 변화하고 있는 흐름
② 흐름의 조건에 따라 점차적으로 변하고 있는 흐름
③ 속도, 온도, 밀도, 압력 등 평균값이 시간에 따라 변하지 않고 일정한 흐름
④ 흐름에 따라 수격현상을 일으키는 흐름

091 연속방정식(Continuity Equation)의 설명에 대한 이론적 근거가 되는 것은?
① 에너지보존의 법칙   ② 질량보존의 법칙
③ 뉴턴의 운동 제2법칙   ④ 관성의 법칙

092 유체흐름의 연속방정식과 관계없는 것은?
① 질량불변의 법칙   ② $Q = Au$
③ $G = Au r$ ④ $R_e = \dfrac{D\rho u}{\mu}$

093 다음 중 연속의 방정식이 아닌 것은 어느 것인가?
① $\dfrac{\partial}{\partial t}(\rho A) + \dfrac{\partial}{\partial s}(\rho A v) = 0$ ② $\rho_1 A_1 v_1 = \rho_2 A_2 v_2$
③ $\dfrac{\partial u}{\partial t} + \dfrac{\partial p}{\partial t} + \dfrac{\partial \rho}{\partial t} = 0$ ④ $\dfrac{dx}{u} = \dfrac{dy}{v} = \dfrac{dz}{w}$

정답 : 088.② 089.① 090.③ 091.② 092.④ 093.④

예상문제

094 직경 20[cm]의 소화용 호스에 물이 392[N/s]로 흐를 때 평균유속은 몇 m/s인가?

① 2.96　　　　　　　　　② 4.34
③ 3.68　　　　　　　　　④ 1.27

해설
$w = A \cdot u \cdot \gamma$

$U = \dfrac{w}{A \cdot \gamma} = \dfrac{392\text{N/s}}{\dfrac{\pi}{4}(0.2\text{m})^2 \times 9800\text{N/m}^3} = 1.273\text{m/s}$

095 질량유량(질량속도)이 50[kg/s]인 물이 100[mm]의 관에서 65[mm]관으로 흐를 때 65[mm] 관에서의 평균유속은 얼마인가?

① 151[m/s]　　　　　　　② 15.1[m/s]
③ 1.51[m/s]　　　　　　　④ 0.15[m/s]

해설
$m = A \cdot U \cdot \rho$

$50\text{kg/s} = \dfrac{\pi}{4}(0.065\text{m})^2 \times U(\text{m/s}) \times 1000\text{kg/m}^3$

$\therefore U = \dfrac{50}{\dfrac{\pi}{4}(0.065)^2 \times 1000} = 15.067 ≒ 15.07\text{m/s}$

096 중량 유동률이 1,200kgf/sec인 물이 다음 그림과 같은 배관을 흐르고 있다. 각 구간에서의 평균 유속은 몇 m/sec인가?

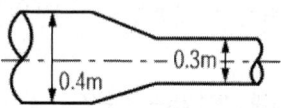

① 9.55m/sec, 17m/sec　　　　② 12.45m/sec, 22m/sec
③ 18.4m/sec, 22m/sec　　　　④ 20.4m/sec, 28.25m/sec

해설
$U_1 = \dfrac{1200\text{kgf/sec}}{\dfrac{\pi}{4}(0.4\text{m})^2 \times 1000\text{kgf/m}^3} = 9.549 ≒ 9.55\text{m/s}$

$U_2 = \dfrac{1200\text{kgf/sec}}{\dfrac{\pi}{4}(0.3\text{m})^2 \times 1000\text{kgf/m}^3} = 16.976 ≒ 16.98\text{m/s}$

정답 : 094.④　095.②　096.①

097 비중량이 1[kg_f/m³]인 유체가 지름 20[cm]인 관 내를 6.28[kg_f/s]로 흐른다. 이때 평균 유속은 몇 [m/s]인가?

① 1
② 20
③ 200
④ 400

해설 $U = \dfrac{w}{A \cdot \gamma} = \dfrac{6.28 \text{kgf/s}}{\dfrac{\pi}{4}(0.2\text{m})^2 \times 1\text{kgf/m}^3} = 199.89 ≒ 200\text{m/s}$

098 그림과 같이 지름이 300[mm]에서 200[mm]로 축소된 관으로 물이 흐르고 있는데, 이때 중량유량을 130[kg_f/s]로 하면 작은 관의 평균속도는 얼마인가?

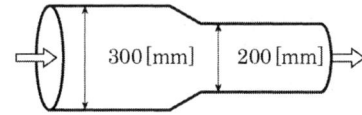

① 3.840[m/s]
② 4.140[m/s]
③ 6.240[m/s]
④ 18.3[m/s]

해설 $U = \dfrac{w}{A \cdot \gamma} = \dfrac{130 \text{kgf/s}}{\dfrac{\pi}{4}(0.2\text{m})^2 \times 1000\text{kgf/m}^3} = 4.138 ≒ 4.14\text{m/s}$

099 안지름이 100[mm]인 파이프를 통하여 5[m/s]의 속도로 흐르는 물의 유량은 몇 [m³/min]인가?

① 23.55[m³/min]
② 2.355[m³/min]
③ 0.517[m³/min]
④ 5.17[m³/min]

해설 $Q = A \cdot U = \dfrac{\pi}{4}(0.1\text{m})^2 \times 5\text{m/s} \times \dfrac{60\text{sec}}{1\text{min}} = 2.356 m^3/\text{min}$

100 내경 40[cm]인 관에 유속 0.5[m/s]로 물이 흐르고 있다면 유량(Q)은 얼마인가?

① 0.06[m³/s]
② 0.6[m³/s]
③ 1.5[m³/s]
④ 16[m³/s]

해설 $Q = A \cdot U$
$= \dfrac{\pi}{4}(0.4\text{m})^2 \times 0.5\text{m/s} = 0.062\text{m}^3/\text{s}$

정답 : 097.③ 098.② 099.② 100.①

예상문제

101 다음 그림과 같이 물이 단면 A에서 B로 흐르고 있다. A의 내경이 0.5[m]이고 평균유속이 3[m/s]이다. B의 내경이 1[m]일 때 B의 유속은 몇 [m/s]인가?

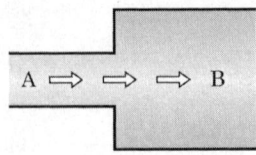

① 0.55
② 0.75
③ 0.95
④ 1.05

해설
$Q_1 = Q_2$
$A_1 U_1 = A_2 U_2$
$\dfrac{\pi}{4}(0.5\text{m})^2 \times 3\text{m/s} = \dfrac{\pi}{4}(1\text{m})^2 \times U_2$
$U_2 = 0.75 \text{m/s}$

102 내경 20[cm]인 배관에 정상류로 흐르는 물의 동압은 0.1[kg_f/cm^2]이었다. 이때물의 유량은? (단, 계산의 편의상 중력가속도는 10[m/s^2], π의 값은 3, $\sqrt{20}$의 값은 4.5로 하며, 물의 밀도는 1[kg/L]이다)

① 2,400[L/min]
② 6,300[L/min]
③ 8,100[L/min]
④ 9,800[L/min]

해설
$Q = A \cdot U$
$= \dfrac{\pi}{4}(0.2\text{m})^2 \times \sqrt{2 \times 10 \times 1} \times \dfrac{1000\text{L}}{1\text{m}^3} \times \dfrac{60\text{sec}}{1\text{min}}$
$= \dfrac{3}{4}(0.2)^2 \times 4.5 \times \dfrac{1000\text{L}}{1\text{m}^3} \times \dfrac{60\text{sec}}{1\text{min}}$
$= 8100 \text{L/min}$

103 정상류에서 유체의 유속은?

① 관의 단면적에 비례
② 관의 지름에 비례
③ 관의 지름에 반비례
④ 관의 지름의 제곱에 반비례

정답 : 101.② 102.③ 103.④

해설

$A_1 U_1 = A_2 U_2, \quad U = \dfrac{Q}{A}$

$\dfrac{\pi}{4}(D_1)^2 U_1 = \dfrac{\pi}{4}(D_2)^2 U_2 \quad U$는 A에 반비례 $\quad \therefore U$는 D^2에 반비례

104 안지름 25[cm]의 관에 비중이 0.998의 물이 5[m/s]의 유속으로 흐른다. 하류에서 파이프의 내경이 10[cm]로 축소되었다면 이 부분에서의 유속은 얼마인가?

① 25.0[m/s]   ② 12.5[m/s]
③ 3.125[m/s]   ④ 31.25[m/s]

해설

$A_1 U_1 = A_2 U_2$

$\dfrac{\pi}{4}(0.25\text{m})^2 \times 5\text{m/s} = \dfrac{\pi}{4}(0.1\text{m})^2 \times U$

$U = 31.25 \text{m/s}$

105 다음 그림과 같이 유체가 흐르고 있는데 B지점의 유속[m/s]은 얼마인가?

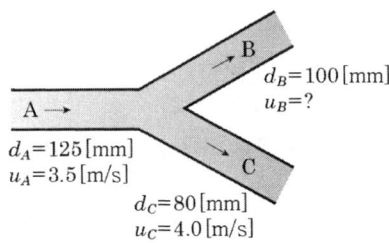

① 1.92   ② 2.92
③ 3.92   ④ 4.92

해설

$Q_A = Q_B + Q_C$

$\dfrac{\pi}{4}(0.125\text{m})^2 \times 3.5\text{m/s} = \dfrac{\pi}{4}(0.1\text{m})^2 \times U_B + \dfrac{\pi}{4}(0.08\text{m})^2 \times 4\text{m/s}$

$U_B = 2.908 ≒ 2.91 \text{m/s}$

106 다음 설명 중 유선의 내용 중 맞는 것은?

① 한 유체입자가 일정한 기간 내에 움직여 간 경로를 말함
② 유동장의 모든 점에서 속도 벡터에 수직한 방향을 갖는 식이다.
③ 모든 유체입자의 순간적인 부피를 말하며, 연소하는 물질의 체적 등을 말한다.
④ 유동장의 한 선상의 모든 점에서 그은 접선이 그 점에서 속도방향과 일치되는 선이다.

정답 : 104.④ 105.② 106.④

예상문제

107 유체의 흐름에서 유적선이란 무엇인가?
① 한 유체 입자가 일정한 기간에 움직인 경로
② 모든 점에서 속도 벡터의 방향을 가지는 연속적인 선, 즉 유선과 일치한다.
③ 유동단면의 중심을 연결한 선
④ 유체입자의 순간궤적

108 베르누이 방정식을 적용할 수 있는 조건만으로 구성된 항은 어느 것인가?
① 비정상흐름, 비압축성흐름, 점성흐름
② 정상흐름, 비압축성흐름, 점성흐름
③ 비정상흐름, 비압축성흐름, 비점성흐름
④ 정상흐름, 비압축성흐름, 비점성흐름

109 베르누이 방정식 $\dfrac{U^2}{2g}+\dfrac{p}{r}+Z=H$에서 각 항의 단위로서 옳은 것은?
① [m]
② [kg·m/s]
③ [dyne]
④ [kg·m]

110 베르누이의 식 $\dfrac{P}{r}+\dfrac{U^2}{2g}+Z=C$에서 $\dfrac{U^2}{2g}$은 어떤 수두인가?
① 압력수두
② 속도수두
③ 위치수두
④ 중력수두

111 유효낙차가 150[m]이고, 수압관 내의 평균유속이 4[m/s]일 때 속도수두는 압력수두의 약 몇 [%]가 되는가?
① 0.35
② 0.44
③ 0.54
④ 4.4

해설
$$\dfrac{\left(\dfrac{4^2}{2\times 9.8}\right)\text{m}}{150\text{m}}=0.00544 \Rightarrow 0.54\%$$

정답 : 107.① 108.④ 109.① 110.② 111.③

112 베르누이 방정식이 아닌 것은?

① $\dfrac{dA}{A} + \dfrac{d\rho}{\rho} + \dfrac{dV}{V} = 0$ ② $\dfrac{dp}{\gamma} + d\left(\dfrac{V^2}{2g}\right) + dZ = 0$

③ $\dfrac{p_1}{\gamma} + \dfrac{V_1^2}{2g} + Z_1 = \dfrac{p_2}{\gamma} + \dfrac{V_2^2}{2g} + Z_2$ ④ $\dfrac{p}{\gamma} + \dfrac{V^2}{2g} + Z = const$

해설 ①은 연속방정식이다.

113 물이 흐르는 파이프 안에 A점은 직경이 2[m], 압력은 2[kgf/cm^2], 속도 2[m/s]이다. A점보다 2[m] 위에 있는 B점은 직경이 1[m], 압력 1[kgf/cm^2]이다. 이 때 물은 어느 방향으로 흐르는가?

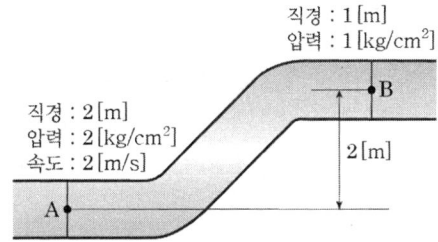

① B에서 A로 흐른다.   ② A에서 B로 흐른다.
③ 흐르지 않는다.   ④ 알 수 없다.

해설
$\dfrac{\pi}{4}(2m)^2 \times 2m/s = \dfrac{\pi}{4}(1m)^2 \times U_B$
$U_B = 8m/s$
$\therefore \dfrac{P_A}{\gamma} + \dfrac{U_A^2}{2g} + Z_1 = \dfrac{P_B}{\gamma} + \dfrac{U_B^2}{2g} + Z_2$ 에서
$20m + \dfrac{2^2}{2 \times 9.8} + 0 = 10m + \dfrac{8^2}{2 \times 9.8} + 2$
$20.2m = 15.265m$ $\therefore$ A위치 전수두가 더 큼

114 수면의 수직하부 H에 위치한 오리피스에서 유출하는 물의 속도 수두는 어떻게 표시되는가? (단, 속도계수는 C_v이고, 오리피스에서 나온 직후의 유속은 $u = C_v\sqrt{2gH}$로 표시된다)

① $\dfrac{C_v}{H}$ ② $\dfrac{C_v^2}{H}$
③ $C_v^2 H$ ④ $C_v H$

정답 : 112.① 113.② 114.③

해설
$$\frac{U^2}{2g} = \frac{(C_v\sqrt{2gh})^2}{2g} = \frac{C_v^2 \cdot 2gh}{2g} = C_v^2 \cdot H$$

115 다음 그림과 같이 탱크의 측면에서 설치된 노즐에서 물이 유출되고 있다. 노즐에서의 총손실수두는 $\frac{3u^2}{2g}$ 이다. 노즐로 유출되는 물의 유속 [m/s]은 얼마인가?

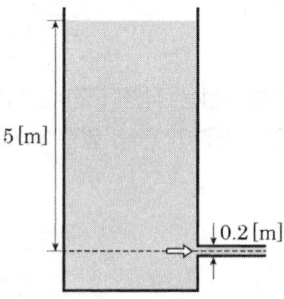

① 2.69[m/s] ② 4.90[m/s]
③ 8.07[m/s] ④ 10.75[m/s]

해설
$$\frac{P_1}{\gamma} + \frac{U_1^2}{2g} + Z_1 = \frac{P_2}{\gamma} + \frac{U_2^2}{2g} + Z_2 + h_L$$
$U_1 = 0$, $P_1 = P_2 = 0$, $Z_2 = 0$
$$\therefore Z_1 = \frac{U_2^2}{2g} + h_L$$
$$5 = \frac{U_2^2}{2g} + \frac{3U_2^2}{2g} = \frac{4U_2^2}{2g}$$
$\therefore U_2 = 4.95 \text{m/s}$

116 내경이 100[mm]의 수평배관 내로 물이 흐르고 있는데 이때 압력이 3[kgf/cm²]이고 이때 전수두는 39[m]이다. 배관 내를 흐르는 물의 유속은 얼마인가?

① 27.65[m/s] ② 13.28[m/s]
③ 15.4[m/s] ④ 1.328[m/s]

해설
$$39 = \frac{P}{\gamma} + \frac{U^2}{2g} + Z$$
$$39 = 30 + \frac{U^2}{2g} \quad \therefore 9 = \frac{U^2}{2g} \quad U = 13.28 \text{m/s}$$

정답 : 115.② 116.②

117 내경 100[mm]인 배관에 정상류의 물이 매분 900[L]의 유량으로 흐르고 있다면 속도 수두는 몇 m인가?

① 1.9　　　　　　　　　　② 1.3
③ 0.186　　　　　　　　　④ 0.05

해설

$$H = \frac{U^2}{2g}$$

$$U = \frac{\left(\frac{0.9}{60}\right) \text{m}^3/\text{s}}{\frac{\pi}{4}(0.1\text{m})^2} = 1.91 \text{m/s} \quad \therefore H = \frac{1.91^2}{2 \times 9.8} = 0.186$$

118 내경 100[mm]의 수평배관 내로 물이 5[m/s]의 속도로 흐르고 있다. 배관 내에 작용하는 압력은 2.5[kgf/cm²]이다. 이 배관 내의 전수두[mH₂O]는 얼마인가?

① 24.27　　　　　　　　　② 25.27
③ 26.27　　　　　　　　　④ 27.27

해설

$$H = \frac{P}{\gamma} + \frac{U^2}{2g} + Z$$

$$= 25\text{m} + \frac{5^2}{2 \times 9.8} = 26.275\text{m}$$

119 베르누이 방정식을 실제유체에 적용시키려면?

① 실제유체에는 적용이 불가능하다.
② 베르누이 방정식의 위치수두를 수정해야 한다.
③ 손실수두의 항을 삽입시키면 된다.
④ 베르누이 방정식은 이상유체와 실제유체에 같이 적용된다.

120 두 개의 가벼운 공이 천정에 매달려 있다. 공 사이로 공기를 불어 넣으면 두 개의공은 어떻게 되겠는가?

① 뉴턴의 법칙에 따라 벌어진다.
② 뉴턴의 법칙에 따라 달라붙는다.
③ 베르누이의 법칙에 따라 벌어진다.
④ 베르누이의 법칙에 따라 달라붙는다.

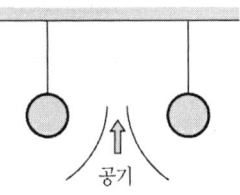

정답 : 117.③　118.③　119.③　120.④

예상문제

121 오일러 방정식을 유도하는데 관계가 없는 가정은?
① 정상 유동할 때
② 유선따라 입자가 운동할 때
③ 유체의 마찰이 없을 때
④ 비압축성 유체일 때

122 단면 A를 흐르는 유체속도를 변수 u 라 하며 이 때 미소 단면적을 dA 라고 할 경우 운동량 보정계수(β)를 나타내는 식은 어느 것인가?

① $\beta = \dfrac{1}{AV^3}\displaystyle\int_A u^3 dA$
② $\beta = \dfrac{1}{A^3V^3}\displaystyle\int_A u^2 dA$
③ $\beta = \dfrac{1}{AV^2}\displaystyle\int_A u^2 dA$
④ $\beta = \dfrac{1}{A^2V^2}\displaystyle\int_A u^2 dA$

123 유속 4.9[m/s]의 속도로 소방호스의 노즐로부터 물이 방사되고 있을 때 피토관인 흡입구를 Vena Contracta 위치에 갖다 대었다고 하자. 이때 피토관의 수직부에 나타나는 수주의 높이는 몇 [m]인가? (단, 중력가속도는 9.8[m/s²]이다)
① 1.225
② 1.767
③ 2.687
④ 3.696

▶ 해설
$U = \sqrt{2gh}$
$h = \dfrac{U^2}{2g} = \dfrac{4.9^2}{2 \times 9.8} = 1.225\text{m}$

124 지름이 75[mm]이고 수정계수가 0.96인 노즐이 지름이 200[mm]인 관에 부착되어 물을 분출시키고 있다. 200[mm]관의 수두가 8.4[m]일 때 노즐출구에서의 유속은?
① 64.26[m/s]
② 88.8[m/s]
③ 87.6[m/s]
④ 69.5[m/s]

▶ 해설
200mm 관에서의 유속
$U = \sqrt{2gh} = \sqrt{2 \times 9.8 \times 8.4} = 12.83\text{m/s}$
∴ 75mm 관에서의 유속
$U_2 = 12.83\text{m/s} \times \dfrac{200^2}{75^2} \times 10.96 = 87.56\text{m/s} ≒ 87.6\text{m/s}$

정답 : 121.④ 122.③ 123.① 124.③

125
그림에서 H=5.75[m]일 때 유량은 몇 [m³/s]인가?

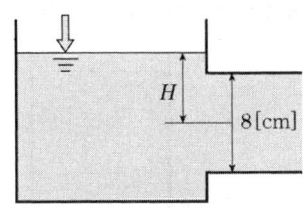

① 0.0545
② 0.2135
③ 0.0533
④ 0.2181

▶해설
$$Q = AU = \frac{\pi}{4}(0.08\text{m})^2 \times \sqrt{2 \times 9.8 \times 5.75} = 0.0533 \text{m}^3/\text{s}$$

126
그림과 같이 큰 수조에서 관을 통하여 물을 분출시킬 때 관에 의한 수두손실이 1.50[m]라면 물의 분출속도는 몇 [m/s]인가?

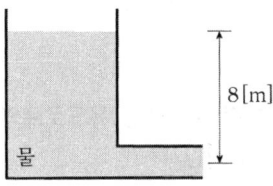

① 8.85
② 11.3
③ 12.5
④ 14.7

▶해설
$$U = \sqrt{2gh} = \sqrt{2 \times 9.8 \times (8-1.5)} = 11.29 \text{m/s}$$

127
다음 그림과 같이 물탱크 밑부분으로 물이 흐르고 있다. 이 구멍으로 유출되는 물의 유속 [m/s]은 얼마인가?

① 5.0
② 8.8
③ 14.0
④ 15.2

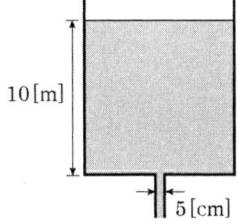

▶해설
$$U = \sqrt{2gh} = \sqrt{2 \times 9.8 \times 10} = 14 \text{m/s}$$

예상문제

128 다음 그림과 같이 물탱크에 수면으로부터 6[m]되는 지점에서 직경 15[cm]가 되는 노즐을 부착하였을 경우 출구속도와 유량을 계산하시오.

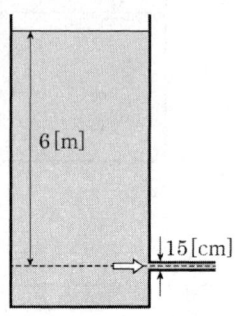

① 10.84[m/s], 0.766[m³/s]　② 7.67[m/s], 0.766[m³/s]
③ 10.84[m/s], 0.191[m³/s]　④ 7.67[m/s], 0.191[m³/s]

해설　$U = \sqrt{2gh} = \sqrt{2 \times 9.8 \times 6} = 10.84 \text{m/s}$
$Q = A \cdot U = \dfrac{\pi}{4}(0.15)^2 \times 10.84 = 0.191 \text{m}^3/\text{s}$

129 지상 30[m]의 창문으로부터 구조대용 유도로프의 모래주머니를 자연낙하시켰을 때 지상에 도착할 때의 속도는 몇 [m/s]인가?

① 14.25　② 24.25
③ 588　④ 688

해설　$U = \sqrt{2gh} = \sqrt{2 \times 9.8 \times 30} = 24.25 \text{m/s}$

130 다음 그림에서 유속 V(물의 흐름)는 얼마인가? (단, 기름의 비중은 0.81이다)

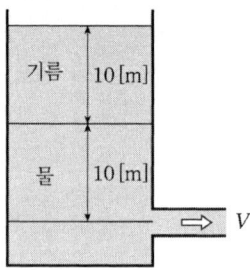

① 19.8[m/s]　② 18.8[m/s]
③ 39.6[m/s]　④ 39.8[m/s]

정답 : 128.③　129.②　130.②

해설 $U=\sqrt{2gh}=\sqrt{2\times9.8\times(10+8.1)}=18.8\text{m/s}$
$P=\gamma\cdot h=810\text{kgf/m}^3\times10\text{m}=8100\text{kgf/m}^2=8.1\text{mH}_2\text{O}$

131 물이 노즐을 통해서 대기로 방출한다. 노즐입구에서의 압력이 계기압력으로 $P[\text{kgf/cm}^2]$라면 방출속도는 몇 [m/s]인가? (단, 마찰손실은 전혀 없고 속도수두는 무시하며, 중력가속도는 9.8[m/s²]이다)

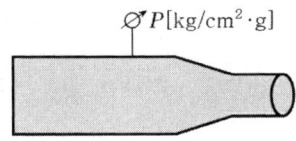

① 19.6 ② $19.6\sqrt{P}$
③ $14P$ ④ $14\sqrt{P}$

해설 $U=\sqrt{2gh}=\sqrt{2g10P}$ $h:P=10.332:1.0332$
$\quad=\sqrt{2\times9.8\times10\times P}$ $10.332P=1.0332h$
$\quad=14\sqrt{P}$ $\therefore h=10P$

132 흐르는 물속에 피토관을 삽입하여 압력을 측정하였더니 전압이 200[kPa], 정압이 100[kPa]이었다. 이 위치에서 유속은 몇 [m/s]인가? (단, 물의 밀도는 1,000[kg/m³]이다)

① 14.1 ② 10
③ 3.16 ④ 1.02

해설 $U=\sqrt{2gh}$ h : 동압의 수두
$\therefore$ 동압 = 전압 - 정압 = 200kPa - 100kPa = 100kPa
$100\text{kPa}\times\dfrac{10.332\text{m}}{101.325\text{kPa}}=10.196\fallingdotseq10.2\text{m}$
cf) $U=\sqrt{2\times9.8\times10^2}=14.139\fallingdotseq14.14\text{m/s}$
$U=\sqrt{2g0.102P}$ $h:P=10.332:101.325$
$U=\sqrt{2\times9.8\times0.102\times100}$ $10.332P=101.325h$
$\quad=14.14\text{m/s}$ $h=0.102P$

133 관 내를 흐르는 공기의 유속을 측정하기 위해 피토관을 설치하여 마노미터의 높이가 0.05[mHg]이었다. 공기의 유속은[m/s]은 얼마인가? (단, 공기의 비중량은 1.20[kgf/m³]이다)

① 95.4 ② 105.4
③ 85.4 ④ 100.4

 정답 : 131.④ 132.① 133.②

예상문제

해설 $U = \sqrt{2gh\left(\dfrac{\gamma_o}{\gamma} - 1\right)} = \sqrt{2 \times 9.8 \times 0.05 \times \left(\dfrac{13600}{1.2} - 1\right)} = 105.4\text{m/s}$

134 피토관(Pitot Tube)으로 물의 속도를 측정하였더니 수주의 지시차가 10[cm]이었다. 이때 물의 속도는 얼마인가? (단, 피토관의 측정계수 c=0.99임)

① 1.386[m/s] ② 2.587[m/s]
③ 3.256[m/s] ④ 4.467[m/s]

해설 $U = C \cdot \sqrt{2gh} = 0.99 \times \sqrt{2 \times 9.8 \times 0.1} = 1.386\text{m/s}$

135 오리피스 헤드가 6[m]이고 실제 물의 유출속도가 9.7[m/s]일 때 손실수두는?

① 0.6[m] ② 1.2[m]
③ 1.3[m] ④ 2.4[m]

해설
$U = \sqrt{2g(6 - x)}$
$9.7 = \sqrt{2 \times 9.8 \times (6 - x)}$
$(9.7)^2 = 2 \times 9.8 \times (6 - x)$
$x = 1.2\text{m}$

136 수압기는 다음 어느 정리를 응용한 것인가?

① 토리첼리의 정리 ② 베르누이의 정리
③ 아르키메데스의 정리 ④ 파스칼의 정리

137 피스톤 A_2의 반지름이 A_1의 반지름의 2배일 때 힘 F_1과 F_2 사이의 관계가 옳은 것은 어느 것인가?

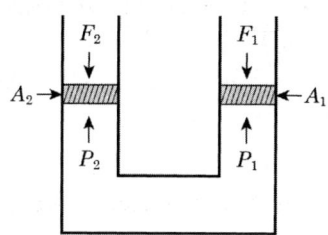

① $F_1 = 2F_2$ ② $F_1 = 4F_2$
③ $F_2 = 2F_1$ ④ $F_2 = 4F_1$

정답 : 134.① 135.② 136.④ 137.④

해설

$P_1 = P_2$, $\dfrac{F_1}{A_1} = \dfrac{F_2}{A_2}$, $A_2 = 4A_1$

∴ $F_2 = 4F_1$

138 두 피스톤의 지름이 각각 25[cm]와 5[cm]이다. 큰 피스톤(25[cm])을 1[cm] 만큼 움직이면 작은 피스톤(5[cm])은 몇 [cm]를 움직이겠는가? (단, 누설량과 압축은 무시한다)

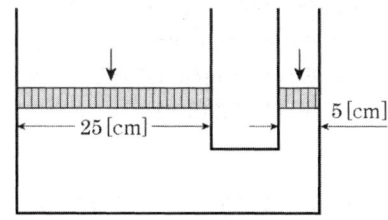

① 15　　　　　　　　　　　　　② 20
③ 25　　　　　　　　　　　　　④ 5

해설 누른 부피만큼 상승함

∴ $\dfrac{\pi}{4}(25\text{cm})^2 \times 1\text{cm} = \dfrac{\pi}{4}(5\text{cm})^2 \times x\text{cm}$

$x = 25\text{cm}$

139 표면장력의 차원은 다음 중 어느 것인가?

① FL　　　　　　　　　　　　② FL^{-1}
③ FL^{-2}　　　　　　　　　　　④ FL^{-3}

해설 표면장력 시그마$(\sigma) = \dfrac{F}{L} = \dfrac{\text{응집력}}{\text{둘레}}$

140 1[kg]의 액화 이산화탄소가 15[℃]에서 대기 중으로 방출될 경우 부피는 몇 [L]가 되겠는가?

① 334　　　　　　　　　　　　② 537
③ 734　　　　　　　　　　　　④ 934

해설 $PV = \dfrac{W}{M}RT$

$V = \dfrac{WRT}{PM} = \dfrac{1\text{kg} \times 0.082\text{atm} \cdot \text{m}^3/\text{kmol} \cdot \text{K} \times 288\text{K}}{1\text{atm} \times 44\text{kg/kmol}} = 0.5367 ≒ 0.537\text{m}^3 = 537\text{L}$

 정답 : 138.③　139.②　140.②

예상문제

141 이상기체 상태방정식 PV=nRT에서 기체상수 R의 계수로서 맞는 것은? (단, R의 단위는 [J/kg-mol·K]이다)

① 8.2056×10^{-2}
② 8.3141×10^{3}
③ 8.3143
④ 8.2056

해설 이상기체상수 $R = 0.082 \text{atm} \cdot \text{m}^3/\text{kmol} \cdot \text{K}$
$R = 8.314 \text{kPa} \cdot \text{m}^3/\text{kmol} \cdot \text{K}$
$= 8314 \text{Pa} \cdot \text{m}^3/\text{kmol} \cdot \text{K}$
$= 8.314 \text{N} \cdot \text{m}/\text{kmol} \cdot \text{K}$
$= 8.314 \text{J}/\text{kmol} \cdot \text{K}$

142 이산화탄소소화약제가 대기 중으로 1.5[kg] 방출되었다. 대기의 온도가 25[℃]일 경우, 방출된 이산화탄소의 체적[L]은 얼마인가?

① 783
② 813
③ 833
④ 863

해설 $PV = \dfrac{W}{M}RT$

$V = \dfrac{WRT}{PM} = \dfrac{1.5\text{kg} \times 0.082\text{atm} \cdot \text{m}^3/\text{kmol} \cdot \text{K} \times (273+25)\text{K}}{1\text{atm} \times 44\text{kg}/\text{kmol}}$
$= 0.833\text{m}^3 = 833\text{L}$

143 압력 8[kgf/cm²], 온도 20[℃]의 CO_2 기체 8[kg]을 수용한 용기의 체적은 얼마인가? (단, CO_2의 기체상수 R=19.26[kgf·m/kg·K])

① 0.34[m³]
② 0.56[m³]
③ 2.4[m³]
④ 19.3[m³]

해설 $PV = GRT$

$V = \dfrac{GRT}{P} = \dfrac{8\text{kg} \times 19.26 \text{kgf} \cdot \text{m}/\text{kg} \cdot \text{K} \times 293\text{K}}{80,000 \text{kgf}/\text{m}^2} = 0.564\text{m}^3$

144 질소 3[kg]이 25[℃]에서 0.6[m³]의 용기에 들어있다. 이때 압력[Pa]은 얼마인가? (단, R=296[J/kg·K])

① 440,040
② 441,040
③ 442,040
④ 443,040

정답: 141.② 142.③ 143.② 144.②

해설 $PV = GRT$, $P = \dfrac{GRT}{V}$

$$P = \dfrac{3\text{kg} \times 296\text{J/kg} \cdot \text{K} \times (273+25)\text{K}}{0.6\text{m}^3} = 441{,}040\text{J/m}^3$$

$$= 441{,}040\text{N} \cdot \text{m/m}^3 = 441{,}040\text{N/m}^2 = 441{,}040\text{Pa}$$

145 1기압, 0[°C]에서의 공기밀도를 알고 있다. 자동차 타이어 속에 들어있는 공기의밀도를 알고자하면 이 공기에 대한 어떤 물리량을 측정해야 하는가?

① 부피와 압력
② 부피와 온도
③ 압력과 온도
④ 질량과 압력

146 이상기체 상태방정식에 포함되어 있는 기체상수와 관계가 없는 것은?

① 보일-샤를의 법칙을 만족한다.
② 1[kg]의 기체를 1[K]만큼 정압 가열했을 때 기체의 팽창에 따른 일의 양을 뜻한다.
③ 절대온도에 반비례하고 절대압력과 비체적에 비례한다.
④ 달톤의 분압법칙을 만족한다.

147 이상기체의 성질을 틀리게 나타낸 그래프는?

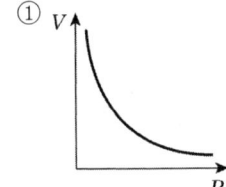
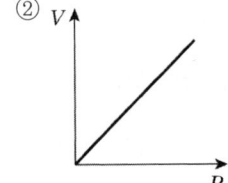
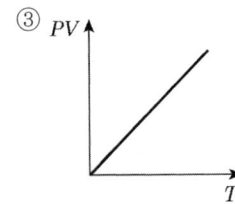
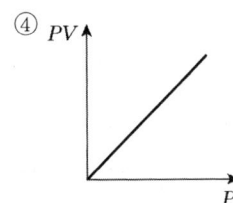

148 25[°C], 4[L], 1[atm]의 공기를 같은 압력하에서 325[°C]로 하였을 때 부피는 몇 [L]인가?

① 4[L]
② 8[L]
③ 12[L]
④ 16[L]

정답 : 145.③ 146.④ 147.④ 148.②

예상문제

해설
$$\frac{V_1}{T_1} = \frac{V_2}{T_2}$$
$$\therefore V_2 = V_1 \times \frac{T_2}{T_1} = 4\text{L} \times \frac{273+325}{273+25} = 8.02\text{L}$$

149
이산화탄소의 온도가 30[℃], 730[mmHg]에서 체적이 15[m³]일 때, 55[℃], 1.76[kgf/cm²]에서의 체적[m³]은 얼마인가?

① 8.2 ② 9.2
③ 10.2 ④ 11.2

해설
$$\frac{P_1 V_1}{T_1} = \frac{P_2 V_2}{T_2}, \quad V_2 = V_1 \times \frac{T_2}{T_1} \times \frac{P_1}{P_2}$$

$$V_2 = 15\text{m}^3 \times \frac{(273+55)\text{K}}{(273+30)\text{K}} = \frac{730 \times \frac{1.0332}{760}}{1.76} = 9.155 \fallingdotseq 9.16\text{m}^3$$

150
유체에 대한 설명 중 부적합한 것은?

① 작은 전단력에도 저항하지 못하고 쉽게 변형한다.
② 유체에 작용하는 압력은 절대압력과 계기압력으로 구분할 수 있다.
③ 일반적으로 액체의 체적탄성계수는 압력이 일정할 때 온도의 증가에 따라 직선적으로 증가한다.
④ 유체가 정지상태에 있을 때는 전단력을 받지 않는다.

해설 체적탄성계수는 압력에 따라 증가한다.
$$E = \frac{\Delta P}{\frac{\Delta V}{V}}$$

151
체적탄성계수는?

① 비압축성 유체보다 압축성 유체일 때가 크다.
② 압력차원의 역수이다.
③ 압력에 따라 증가한다.
④ 온도와 무관하다.

정답 : 149.② 150.③ 151.③

152 체적탄성계수와 차원이 같은 것은?
① 체적
② 힘
③ 압력
④ 레이놀즈수

153 이상기체를 등온압축시킬 때 체적탄성계수는? (단, P : 절대압력, k : 비열비, V : 비체적)
① P
② V
③ kP
④ kV

> 해설 등온변화시 $E = P$
> 단열변화시 $E = k \cdot P$ (k : 비열비)

154 압력이 P일 때 체적 V인 유체에 압력을 ΔP만큼 증가시켰을 때 체적이 ΔV만큼 감소되었다면 이 유체의 체적탄성계수[K]는 어떻게 표현할 수 있는가?

① $K = -\dfrac{\Delta V}{\Delta P / \Delta V}$
② $K = -\dfrac{\Delta P}{\Delta V / V}$
③ $K = -\dfrac{\Delta P}{\Delta P / V}$
④ $K = -\dfrac{V}{\Delta V / P}$

> 해설 $E = -\dfrac{\Delta P}{\dfrac{\Delta V}{V}}$ ($-$부호가 붙는 것이 정답)

155 온도 20[℃], 압력 5[kgf/cm²abs]의 질소 10[m³]을 등온압축하여 체적이 5[m³]가 되었을 때 압축 후의 체적탄성계수[kgf/cm²]는 얼마인가?
① 2
② 5
③ 10
④ 20

> 해설 $E = \dfrac{\Delta P}{\dfrac{\Delta V}{V}}$
> $\Delta V = 10\text{m}^3 - 5\text{m}^3 = 5\text{m}^3$, $V = 10\text{m}^3$
> 등온압축 $P_1 V_1 = P_2 V_2$
> $P_2 = P_1 \times \dfrac{V_1}{V_2} = 5 \times \dfrac{10}{5} = 10 \text{kgf/cm}^2$
> $\therefore \Delta P = 10 - 5 = 5 \text{kgf/cm}^2$
> $\therefore E = \dfrac{5}{\dfrac{5}{10}} = 10 \text{kgf/cm}^2$

정답 : 152.③ 153.① 154.② 155.③

예상문제

156 상온 상압의 물의 체적을 1[%] 축소시키는 데 요하는 압력은 몇 [kg$_f$/cm^2]인가? (단, 압축률의 값은 4.75×10^{-5}[cm^2/kg$_f$]이다)

① 200
② 211
③ 2,100
④ 2,000

해설

$$\beta = \frac{1}{Z} = \frac{1}{\frac{\Delta P}{\Delta V / V}} = \frac{\left(\frac{\Delta V}{V}\right)}{\Delta P}$$

$$\Delta P = \frac{\left(\frac{\Delta V}{V}\right)}{\beta} = \frac{0.01}{4.75 \times 10^{-5} \text{cm}^2/\text{kgf}} = 210.526 ≒ 210.53$$

∴ 210.53kgf/cm^2

157 체적탄성계수 $K = 2.086 \times 10^4$[kg$_f$/cm^2]의 기름을 상온에서 체적을 $\frac{1}{100}$로 압축하는 데 필요한 압력은 몇 [kg$_f$/cm^2]인가?

① 2.08×10^6
② 2.086×10^3
③ 2.086×10^2
④ 2.086×10

해설

$E(k) = \frac{\Delta P}{\frac{\Delta V}{V}}$ ∴ $\Delta P = E \times \frac{\Delta V}{V}$

$\Delta P = 2.086 \times 10^4 \text{kgf/cm}^2 \times \frac{1}{100} = 2.086 \times 10^2 \text{kgf/cm}^2$

158 배관 속의 물에 압력을 가했더니 물의 체적이 0.5[%] 감소하였다. 이때 가해진 압력은 얼마인가? (단, 물의 압축률은 50×10^{-6}[cm^2/kgf]이다)

① 100[kgf/cm^2]
② 980[kgf/cm^2]
③ 10,000[kgf/cm^2]
④ 9,800[kgf/cm^2]

해설

$\beta = \frac{1}{E}$ ∴ $E = \frac{1}{\beta} = \frac{1}{50 \times 10^{-6} \text{cm}^2/\text{kgf}} = 20,000 \text{kgf/cm}^2$

$E = \frac{\Delta P}{\frac{\Delta V}{V}}$ $20,000 \text{kgf/cm}^2 = \frac{\Delta P}{\frac{0.5}{100}}$

∴ $\Delta P = 100 \text{kgf/cm}^2$

정답 : 156.② 157.③ 158.①

159 상온, 상압의 물의 부피를 2[%] 압축하는데 필요한 압력은 몇 [kgf/cm²]인가? (단, 상온, 상압시의 물의 압축률은 4.75×10^{-5}[cm²/kgf])

① 198 ② 210
③ 396 ④ 421

해설
$$E = \frac{1}{\beta} = \frac{1}{4.75 \times 10^{-5} \text{cm}^2/\text{kgf}} = 21052.63 \text{kgf/cm}^2$$
$$E = \frac{\Delta P}{\frac{\Delta V}{V}} \quad 21052.63 = \frac{\Delta P}{\frac{2}{100}}$$
$$\therefore \Delta P = 421.05 \text{kgf/cm}^2$$

160 열은 에너지의 한 형태로서 기계적 일이 열로, 열이 기계적인 일로 변화할 수 있는바, 열량 Q는 J*Q의 기계적인 일과 동등하고, J=4.185[kJ/kcal]인데 이 J를 무엇이라고 하는가?

① 열량 ② 열의 일당량
③ 내부에너지 증가량 ④ 에너지 변환량

161 수력 구배선 H.G.L이란?

① 에너지선 E.L보다 위에 있어야 한다.
② 항상 수평이 된다.
③ 위치수두와 속도수두의 합을 나타내며 주로 에너지선 밑에 위치한다.
④ 위치수두와 압력수두와의 합을 나타내며 주로 에너지선보다 아래에 위치한다.

162 탄산가스 5[kg]을 일정한 압력하에 10[℃]에서 50[℃]까지 가열하는데 필요한 열량[kcal]은? (이때 정압비열은 0.19[kcal/kg·℃]이다)

① 9.5 ② 38
③ 47.4 ④ 58

해설 $Q = m \cdot c \cdot \Delta t = 5 \text{kg} \times 0.19 \text{kcal/kg°C} \times (50-10)°C = 38 \text{kcal}$

163 공기 1[kg]을 정적과정으로 40[℃]에서 120[℃]까지 가열하고 다음에 정압과정으로 120[℃]에서 220[℃]까지 가열한다면 전체 가열에 필요한 열량은 몇 [kJ/kg]인가? (단, C_v : 0.71[kJ/kg·℃], C_p : 1.00[kJ/kg·℃]이다)

① 156 ② 151.0
③ 127.8 ④ 180.0

정답 : 159.④ 160.② 161.④ 162.② 163.①

▶해설
$$Q = C_v \Delta t + C_p \Delta t$$
$$= 0.71 \text{kJ/kg} \, ℃ \times (120-40) ℃ + 1 \text{kJ/kg} \, ℃ \times (220-120) ℃$$
$$= 156.8 \text{kJ/kg}$$

164 배관 내를 흐르는 유체의 마찰손실에 대한 설명 중 옳은 것은?
① 유속과 관 길이에 비례하고 지름에 반비례한다.
② 유속의 2승과 관 길이에 비례하고 지름에 반비례한다.
③ 유속의 평방근과 관 길이에 비례하고 지름에 반비례한다.
④ 유속의 2승과 관 길이에 비례하고 지름의 평방근에 반비례한다.

▶해설
$$h_L = f \cdot \frac{L}{D} \cdot \frac{U^2}{2g}$$

165 정상상태의 관유동에서 압력강하(ΔP)는 속도 V, 관직경 D, 관길이 L, 마찰계수 f, 유체의 밀도 ρ, 비중량 γ과 어떤 식으로 표시되는가?

① $\rho f \dfrac{L}{D} \dfrac{V^2}{2}$ ② $\rho f \dfrac{D}{L} \dfrac{V^2}{2}$
③ $\gamma f \dfrac{L}{D} \dfrac{V^2}{2}$ ④ $\gamma f \dfrac{D}{L} \dfrac{V^2}{2}$

▶해설
$$h_L = f \cdot \frac{L}{D} \cdot \frac{U^2}{2g} \qquad h_L = \frac{\Delta P}{\gamma}$$
$$\therefore \frac{\Delta P}{\gamma} = f \cdot \frac{L}{D} \cdot \frac{U^2}{2g}$$
$$\Delta P = f \cdot \frac{L}{D} \cdot \frac{U^2}{2g} \cdot \gamma \qquad \gamma = \rho \cdot g$$
$$\therefore \Delta P = f \cdot \frac{L}{D} \cdot \frac{U^2}{2\cancel{g}} \cdot \rho \cancel{g}$$
$$\Delta P = f \cdot \frac{L}{D} \cdot \frac{U^2}{2} \cdot \rho$$

166 0.02[m³/s]의 유량으로 직경 50[cm]인 주철관 속을 기름이 흐르고 있다. 길이 1,000[m]에 대한 손실수두는 몇 [m]인가? (기름의 점성계수 0.0105[$kg_f \cdot s/m^2$], 비중 0.9)
① 0.15 ② 0.3
③ 0.45 ④ 0.5

정답 : 164.② 165.① 166.①

해설

$$h_L = f \cdot \frac{L}{D} \cdot \frac{U^2}{2g} \qquad L = 1000\text{m}$$

$$U = \frac{Q}{A} = \frac{0.02\text{m}^3/\text{s}}{\frac{\pi}{4}(0.5\text{m})^2} = 0.102\text{m/s}$$

$$f = \frac{64}{\text{Re No}}$$

$$\text{Re No} = \frac{D \cdot U \cdot \rho}{\mu} = \frac{0.5\text{m} \times 0.102\text{m/s} \times (102 \times 0.9)\text{kgf} \cdot \text{s}^2/\text{m}^4}{0.0105\text{kgf} \cdot \text{s}/\text{m}^2} = 445.88$$

$$f = \frac{64}{445.88} = 0.143$$

$$\therefore h_L = 0.143 \times \frac{1000}{0.5} \times \frac{(0.102)^2}{2 \times 9.8} = 0.151\text{m}$$

167 안지름이 305[mm], 길이가 500[m]인 주철관을 통하여 유속 2.5[m/s]로 흐를 때 압력수두 손실은 몇 [m]인가? (단, 관마찰계수 f는 0.03이다)

① 5.47 ② 13.6
③ 15.7 ④ 30

해설

$$h_L = f \cdot \frac{L}{D} \cdot \frac{U^2}{2g} = 0.03 \times \frac{500}{0.305} \times \frac{(2.5)^2}{2 \times 9.8} = 15.68\text{m}$$

168 관경 400[mm]의 원관으로 100[m] 떨어진 곳에 물을 수송하려고 한다. 2시간에 300[m³]의 물을 보내는 데 얼마의 압력이 필요한가? (단, 관 마찰계수는 0.02이다)

① 2.778×10^{-3}[kgf/cm²] ② 2.778×10^{-4}[kgf/cm²]
③ 2.778×10^{-2}[kgf/cm²] ④ 27.78[kgf/cm²]

해설

$$h_L = f \cdot \frac{L}{D} \cdot \frac{U^2}{2g}$$

$$\frac{\Delta P}{\gamma} = f \cdot \frac{L}{D} \cdot \frac{U^2}{2g}$$

$$\Delta P = f \cdot \frac{L}{D} \cdot \frac{U^2}{2g} \cdot \gamma = 0.02 \times \frac{100}{0.4} \times \frac{(0.33)^2}{2 \times 9.8} \times 1000\text{kgf/m}^3$$

$$= 27.78\text{kgf/m}^2 = 0.002778\text{kgf/cm}^2$$

$$U = \frac{Q}{A} = \frac{\left(\frac{300m^2}{7200\text{sec}}\right)}{\frac{\pi}{4}(0.4\text{m})^2} = 0.33\text{m/s}$$

정답 : 167.③ 168.①

예상문제

169 지름 10[cm], 길이 100[m]인 수평원관 속을 10[L/s]의 유량으로 기름($\nu = 1 \times 10^{-4}$[m²/s], $S = 0.8$)을 수송하기 위해서는 관입구와 관출구 사이에 얼마의 압력차[kg$_f$/m²]를 주면 되는가?

① 3,291
② 1,027
③ 6,731
④ 10,591

해설

$U = \dfrac{Q}{A} = \dfrac{0.01}{\dfrac{\pi}{4}(0.1)^2} = 1.27 \text{m/s}$

$\text{Re No} = \dfrac{D \cdot U}{\nu} = \dfrac{0.1 \times 1.27}{1 \times 10^{-4} \text{m}^2/\text{s}} = 1270$

$f = \dfrac{64}{1270} = 0.05$

$\Delta P = f \cdot \dfrac{L}{D} \cdot \dfrac{U^2}{2g} \times \gamma = 0.05 \times \dfrac{100}{0.1} \times \dfrac{1.27^2}{2 \times 9.8} \times 800 \text{kgf/m}^3 = 3291.63 \text{kgf/m}^2$

170 유체의 흐름에서 층류에 대한 설명 중 틀린 것은?

① 유체입자가 질서정연하게 층과 층이 미끄러지면서 흐르는 흐름이다.
② Reynolds 수가 4,000 이상인 유체의 흐름이다.
③ 관 내의 속도 분포가 정상포물선을 이룬다.
④ 평균 유속은 최대 유속의 약 1/2이다.

171 내경 40[mm]인 관 속의 유속 10[cm/s]이고 동점도가 0.01[cm²/s]인 유체가 흐를 때 Re수는 얼마인가?

① 1,000
② 2,000
③ 3,000
④ 4,000

해설

$\text{Re No} = \dfrac{D \cdot U}{\nu} = \dfrac{4\text{cm} \times 10\text{cm/s}}{0.01\text{cm}^2/\text{s}} = 4,000$

172 20[℃]인 물이 직경 40[cm]인 관속을 0.5[m³/s]로 흐르고 있을 때, 레이놀즈수는 얼마인가? (단, 20[℃]에서 물의 동점성계수는 $\nu = 1.2 \times 10^{-4}$[m²/s]이다)

① 13000.5
② 1300.05
③ 1326.67
④ 13266.7

정답 : 169.① 170.② 171.④ 172.④

해설
$$U = \frac{Q}{A} = \frac{0.5}{\frac{\pi}{4}(0.4)^2} = 3.98 \text{m/s}$$

$$\text{Re No} = \frac{D \cdot U}{\nu} = \frac{0.4 \times 3.98}{1.2 \times 10^{-4}} = 13266.7$$

173 내경 100[mm]의 관 속을 유속 5[m/s], 동점도가 10[stokes]인 유체가 흐를 때, 이때 흐름의 종류는?

① 층류 ② 임계 영역
③ 난류 ④ Plug Flow

해설
$$\text{Re No} = \frac{D \cdot U}{\nu} = \frac{10 \text{cm} \times 500 \text{cm/s}}{10 \text{cm}^2/\text{s}} = 500 \text{ (층류)}$$

174 관 속의 흐름에 대하여 레이놀즈수를 Q, d 및 v의 함수로 표시하면 다음 중 어느 것인가?

① $N_R = \dfrac{Q}{4\pi dv}$ ② $N_R = \dfrac{4Q}{\pi dv}$

③ $N_R = \dfrac{dQ}{4\pi v}$ ④ $N_R = \dfrac{\pi dv}{4Q}$

해설
$$\text{Re No} = \frac{D \cdot U}{\nu} = \frac{D \cdot \left(\frac{Q}{A}\right)}{\nu} = \frac{D}{\nu} \cdot \frac{Q}{\frac{\pi}{4}d^2} = \frac{4Q}{\pi \nu d}$$

175 레이놀즈수에 대한 설명으로 타당한 것은?

① 등속류와 비등속류를 구별해주는 척도가 된다.
② 정상류와 비정상류를 구별하는 기준이 된다.
③ 층류와 난류를 구별하는 척도가 된다.
④ 이상유체와 실제유체의 차이를 구별해주는 기준이 된다.

176 다음 상임계 레이놀즈수를 옳게 설명한 것은?

① 난류에서 층류로 변할 때의 임계속도 ② 층류에서 난류로 변할 때의 임계속도
③ 난류에서 층류로 변할 때의 레이놀즈수 ④ 층류에서 난류로 변할 때의 레이놀즈수

정답 : 173.① 174.② 175.③ 176.④

예상문제

177 직경 5[cm]의 원관에 10[℃] 물이 평균속도 0.6[m/s]로 흐르고 있다. 레이놀즈수를 구하고, 층류, 난류를 판별하면? (10[℃]일 때 물의 동점성계수는 0.013065[stokes]이다)

① 1,967(층류) ② 1,967(난류)
③ 22,962(층류) ④ 22,962(난류)

해설

$$\text{Re No} = \frac{D \cdot U}{\nu} = \frac{5\text{cm} \times 60\text{cm/s}}{0.013065\text{cm}^2/\text{s}} = 22,962 \text{ (난류)}$$

178 $\nu = 1 \times 10^{-3}$[m²/s]인 물이 직경 20[cm]인 관 내를 임계유속으로 흐르고 있을 때 최대유속 [m/s]은 얼마인가?

① 0.15 ② 1.05
③ 10.5 ④ 1.95

해설

$$\text{Re No} = \frac{D \cdot U}{\nu}$$

$$U = \frac{\text{Re No} \times \nu}{D} = \frac{2100 \times 1 \times 10^{-3}}{0.2} = 10.5 \text{m/s}$$

179 내경이 10[cm]의 원관 내를 비중이 0.9, 점도가 50[cP]의 비압축성 유체가 3.50[kg/s]의 유속으로 흐를 때 유체의 유속을 측정하기 위해 관입구에서 얼마나 떨어져서 유량계를 설치하여야 하는가?

① 1.95[m] ② 2.95[m]
③ 3.95[m] ④ 4.45[m]

해설 층류의 경우 전이길이 Lt = 0.05 × ReNo × D

$$\text{ReNo} = \frac{D \cdot U \cdot \rho}{\mu}$$

$$m = A \cdot U \cdot \rho$$

$$3.5\text{kg/s} = \frac{\pi}{4}(0.1\text{m})^2 \times U(\text{m/s}) \times 900\text{kg/m}^3$$

$$U = 0.495 \text{m/s}$$

$$\text{ReNo} = \frac{10\text{cm} \times 49.5\text{cm/s} \times 0.9\text{g/cm}^3}{50 \times 0.01\text{g/cm} \cdot \text{sec}} = 891$$

Lt = 0.05 × 891 × 0.1m = 4.455m

정답 : 177.④ 178.③ 179.④

180 밀도가 0.9[g/cm³], 점도 1[cP]인 비압축성 유체가 매초 5[cm]의 유속으로 원관내를 통할 때 마찰계수가 0.04이 되는 원관의 내경[cm]은 얼마인가? (단, 이 흐름은 층류이다)

① 0.889　　　　　　　　　　　② 3.56
③ 35.6　　　　　　　　　　　　④ 889

해설　층류의 경우 $f = \dfrac{64}{\text{ReNo}}$　　$0.04 = \dfrac{64}{\text{ReNo}}$

∴ ReNo = 1600

$$1600 = \dfrac{D\text{cm} \times 5\text{cm/s} \times 0.9\text{g/cm}^3}{1 \times 0.01\text{g/cm} \cdot \text{sec}}$$

$D\text{cm} = 3.56\text{cm}$

181 동점성계수가 1.15×10^{-6}[m²/s]인 물이 30[mm] 지름인 원관 속을 흐르고 있다. 층류가 기대될 수 있는 최대의 유량을 계산하면 얼마인가?

① 4.69×10^{-5}[m³/s]　　　　② 5.69×10^{-5}[m³/s]
③ 4.69×10^{-7}[m³/s]　　　　④ 5.69×10^{-7}[m³/s]

해설　층류로 흐를 수 있는 최대유량(ReNo = 2100일 때의 유속 이용)

$$2100 = \dfrac{D \cdot U}{\nu}$$

$$2100 = \dfrac{0.03\text{m} \times U(\text{m/s})}{1.15 \times 10^{-6}\text{m}^2/\text{s}} \quad U = 8.05 \times 10^{-2}\text{m/s}$$

∴ $Q = A \cdot U = \dfrac{\pi}{4}(0.03\text{m})^2 \times 8.05 \times 10^{-2}\text{m/s} = 5.69 \times 10^{-5}\text{m}^3/\text{s}$

182 지름 4[cm]인 매끈한 원관에 물(동점성계수 $\nu = 1.15 \times 10^{-6}$[m²/s])이 2[m/s]의 속도로 흐르고 있다. 길이 50[m]에 대한 손실수두는 얼마인가?

① 4.97[m]　　　　　　　　　　② 6.8[m]
③ 8.7[m]　　　　　　　　　　　④ 10.1[m]

해설　$h_L = f \cdot \dfrac{L}{D} \cdot \dfrac{U^2}{2g}$

$\text{ReNo} = \dfrac{D \cdot U}{\nu} = \dfrac{0.04\text{m} \times 2\text{m/s}}{1.15 \times 10^{-6}\text{m}^2/\text{s}} = 69565.2$

$4000 \leq \text{ReNo} \leq 10^5 \quad f = 0.3164 \, \text{ReNo}^{-\frac{1}{4}} = 0.3164 \times 69565.2^{-\frac{1}{4}} = 0.01948$

$h_L = 0.01948 \times \dfrac{50}{0.04} \times \dfrac{2^2}{2 \times 9.8} = 4.97\text{m}$

정답 : 180.② 181.② 182.①

예상문제

183 비중 0.86, $\mu = 0.27$[poise]인 기름이 안지름 45[cm]의 파이프를 통하여 0.3[m³/s]의 유량으로 흐를 때의 레이놀즈수는 얼마인가?

① 19,038　　　　　　② 21,123
③ 23,032　　　　　　④ 27,047

해설

$$\text{ReNo} = \frac{D \cdot U \cdot \rho}{\mu}$$

$$U = \frac{Q}{A} = \frac{0.3 \text{m}^3/\text{s}}{\frac{\pi}{4}(0.45\text{m})^2} = 1.887 \text{m/s}$$

$$\text{ReNo} = \frac{45\text{cm} \times 188.7\text{cm/s} \times 0.86\text{g/cm}^3}{0.27\text{g/cm} \cdot \text{sec}} = 27,047$$

184 직경 40[mm]인 관에서 Re=10,000일 때, 직경이 80[mm]인 관에서 Re수는 얼마인가? (단, 모든 마찰손실은 무시한다)

① 5,000　　　　　　② 40,000
③ 20,000　　　　　　④ 50,000

해설

$$\text{ReNo} = \frac{D \cdot U \cdot \rho}{\mu} = \frac{D \cdot U}{\nu}$$

직경의 2배 → 면적은 4배 → 유속은 $\frac{1}{4}$ 배

∴ ReNo는 $\frac{1}{2}$ 배, 10000 → 5000

185 내경 20[mm]인 관 내를 0.5[m/s]의 유속으로 물이 흐르고 있을 때 배관 1[m]당 압력 강하 [kgf/m²]는 얼마인가? (단, 물의 점도 1[cP], 마찰계수 : 0.02이다)

① 1.276　　　　　　② 12.76
③ 127.6　　　　　　④ 1276

해설

$$h_L = f \cdot \frac{L}{D} \cdot \frac{U^2}{2g} \qquad h_L = \frac{f}{\gamma}$$

$$\therefore \Delta P = f \cdot \frac{L}{D} \cdot \frac{U^2}{2g} \cdot \gamma = 0.02 \times \frac{1}{0.02} \times \frac{(0.5)^2}{2 \times 9.8} \times 1000 \text{kgf/m}^3$$

$$= 12.755 \text{kgf/m}^2$$

정답 : 183.④　184.①　185.②

186 원관 속을 액체가 층류로 흐를 때 최대 속도는 평균속도의 몇 배가 되는가?

① 같다. ② 2배

③ $\frac{2}{3}$ 배 ④ $\frac{1}{2}$ 배

◀해설 층류 $U_{av} = 0.5 U_{max}$
난류 $U_{av} = 0.8 U_{max}$

187 원관 내를 중심유속이 50[m/s]이고 유체가 층류로 흐를 때 평균유속[m/s]은 얼마인가?

① 25 ② 35
③ 45 ④ 100

◀해설 $50\text{m/s} \times 0.5 = 25\text{m/s}$

188 온도 64[℃], 압력 50[kPa]인 산소가 지름 10[cm]인 관 속을 흐르고 있다. 하임계 레이놀즈 수가 2,100일 때 층류로 흐를 수 있는 최대유량은 약 몇 [m³/s]인가? (단, 산소의 점성계 수는 $\mu = 23.16 \times 10^{-6}$[kg/m·s]라 한다)

① 6.7×10^{-1} ② 6.7×10^{-2}
③ 6.7×10^{-3} ④ 6.7×10^{-4}

◀해설 $2100 = \dfrac{D \cdot U \cdot \rho}{\mu}$

$PV = \dfrac{W}{M} RT$ 에서

$\rho = \dfrac{PM}{RT} = \dfrac{50\text{kPa} \times 32\text{kg/kmol}}{8.314\text{kPa} \cdot \text{m}^3/\text{kmol} \cdot \text{K} \times (273+64)\text{K}} = 0.571\text{kg/m}^3$

$2100 = \dfrac{0.1 \times U \times 0.571}{23.16 \times 10^{-6}}$

$U = 0.85\text{m/s}$

$Q = A \cdot U = \dfrac{\pi}{4}(0.1\text{m})^2 \times 0.85\text{m/s} = 6.67 \times 10^{-3} \text{m}^3/\text{s}$

189 직경 5[cm]의 원관에 20[℃] 물이 흐르는데 층류로 흐를 수 있는 최대 유량에 제일 가까운 것은? (단, 20[℃] 물의 동점성계수는 1.0064×10^{-6}[m²/s]임)

① 1.27[L/분] ② 2.57[L/분]
③ 4.95[L/분] ④ 5.57[L/분]

정답 : 186.② 187.① 188.③ 189.③

예상문제

해설
$$2100 = \frac{D \cdot U}{\nu}$$
$$2100 = \frac{0.05\text{m} \times U(\text{m/s})}{1.0064 \times 10^{-6} \text{m}^2/\text{s}}$$
$$U = 0.042 \text{m/s}$$
$$Q = A \cdot U = \frac{\pi}{4}(0.05\text{m})^2 \times 0.042\text{m/s} \times \frac{1000\text{L}}{1\text{m}^3} \times \frac{60\text{sec}}{1\text{min}} = 4.948 \text{L/min}$$

190 수평원관 내를 유체가 층류 흐름으로 흐를 경우 유량은?
① 직경의 4승에 비례한다. ② 관의 길이에 비례한다.
③ 압력 강하에 반비례한다. ④ 점도에 비례한다.

해설 층류 흐름 → 하겐포아즈웰방정식
$$U_{\max} = \frac{\Delta P \cdot D^2}{16\mu \cdot L}$$
$$U_{av} = \frac{\Delta P \cdot D^2}{32\mu L}$$
$$Q = A \cdot U = \frac{\pi}{4}D^2 \times \frac{\Delta P \cdot D^2}{32\mu L} = \frac{\pi \Delta P \cdot D^4}{128\mu L}$$
$$\Delta P = \frac{128\mu L Q}{\pi D^4}$$

191 지름이 1[cm]인 원관에 어떤 액체가 흐르고 있다. 이때 레이놀즈수가 1,600이고 손실수두가 100[m]당 20[m]이었다. 유량은 몇 [cm³/s]인가?
① 32.7 ② 77.7
③ 46.8 ④ 26.8

해설
$$Q = A \cdot U$$
$$f = \frac{64}{1600} = 0.04$$
$$h_L = f \cdot \frac{L}{D} \cdot \frac{U^2}{2g}$$
$$20\text{m} = 0.04 \times \frac{100}{0.01} \times \frac{U^2}{2 \times 9.8}$$
$$U = 0.99 \text{m/s}$$
$$Q = A \cdot U = \frac{\pi}{4}(0.01\text{m})^2 \times 0.99\text{m/s} = 7.775 \times 10^{-5} \text{m}^3/\text{s} = 77.75 \text{cm}^3/\text{s}$$

정답 : 190.① 191.②

192 유체가 난류로 흐를 때 마찰손실 구하는 식은 어느 것인가?
① Darcy식
② Hagen-poiseuille식
③ Bernoulli식
④ Fanning식

193 관 내에서 유체가 흐를 경우 유체의 흐름이 빨라 난류로 되면 수두 손실은?
① 난류의 수두손실은 대략 속도의 제곱에 비례한다.
② 난류의 수두손실은 대략 속도의 제곱에 반비례한다.
③ 난류의 수두손실은 대략 속도에 비례한다.
④ 난류의 수두손실은 대략 속도에 반비례한다.

194 파이프 내의 흐름에 있어서 마찰계수(f)에 대한 설명으로 옳은 것은?
① f는 파이프의 조도와 레이놀즈수에 관계가 있다.
② f는 파이프 내의 조도에는 전혀 관계가 없고 압력에만 관계있다.
③ 레이놀즈수에는 전혀 관계없고 조도에만 관계있다.
④ 레이놀즈수와 마찰손실수두에 의하여 결정된다.

195 완전 층류구역에서 관마찰계수(f)는?
① 단지 레이놀즈수의 함수이다.
② 단지 상대조도의 함수이다.
③ 프루드수와 레이놀즈수의 함수이다.
④ 프루드수와 상대조도의 함수이다.

196 원관에서 유체가 층류로 흐를 때 속도분포는?
① 전단면에서 일정하다.
② 관 벽에서 0이고, 중심까지 선형적으로 증가한다.
③ 관 중심에서 0이고, 관 벽까지 직선적으로 증가한다.
④ 2차포물선으로 관 벽에서 속도는 0이고, 관 중심에서 속도는 최대속도이다.

197 내경이 10[cm], 비중 0.9인 유체가 Plug Flow로 흐를 때 유체의 관 중심에서의 속도가 40[cm/s]이라면 관 벽에서 2[cm] 떨어진 곳의 국부속도[cm/s]는 얼마인가?
① 13.6
② 25.6
③ 33.6
④ 43.6

정답 : 192.④ 193.① 194.① 195.① 196.④ 197.②

예상문제

◀해설
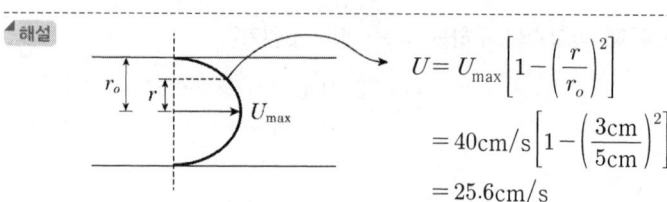

$$U = U_{max}\left[1-\left(\frac{r}{r_o}\right)^2\right]$$
$$= 40\text{cm/s}\left[1-\left(\frac{3\text{cm}}{5\text{cm}}\right)^2\right]$$
$$= 25.6\text{cm/s}$$

198 게이트 밸브(K=10)와 Tee(K=2.0)이 부착되어 있는 4[cm]의 관 속을 물이 흐르고 있을 때 이 때 관의 상당길이는 몇 [m]인가? [f=0.04]

① 1.2 ② 12
③ 1.0 ④ 10

◀해설
$h_L = f \cdot \dfrac{L}{D} \cdot \dfrac{U^2}{2g}$, $h_L = K \cdot \dfrac{U^2}{2g}$

$K = f \cdot \dfrac{L}{D}$

$L = \dfrac{KD}{f}$

상당길이 L : 동일한 마찰손실을 갖게 되는 동일재질·동일직경의 길고 곧은 직관으로서의 길이(m)

$L = \dfrac{10 \times 0.04\text{m}}{0.04} + \dfrac{2 \times 0.04\text{m}}{0.04} = 12\text{m}$

199 항력에 관한 설명 중 틀린 것은 어느 것인가?
① 항력계수는 무차원이다.
② 물체가 받는 항력은 마찰저항과 압력항력이 있다.
③ 항력은 유체의 밀도에 비례한다.
④ 항력은 유속에 비례한다.

200 다음 중 수력반경을 올바르게 나타낸 것은?
① 접수길이를 면적으로 나눈 것   ② 면적을 접수길이의 제곱으로 나눈 것
③ 면적의 제곱근   ④ 면적을 접수길이로 나눈 것

◀해설
수력반경 $Rh = \dfrac{\text{유동단면적}(m^2)}{\text{접수길이}(m)}$

정답 : 198.② 199.④ 200.④

201 내경이 d, 외경이 D인 동심 2중관에 액체가 가득 차 흐를 때 수력반경 R_h는?

① $\frac{1}{6}(D-d)$ ② $\frac{1}{6}(D+d)$

③ $\frac{1}{4}(D-d)$ ④ $\frac{1}{4}(D+d)$

◢해설

동심 2중관 Rh $= \dfrac{\frac{\pi}{4}D^2 - \frac{\pi}{4}d^2}{\pi D + \pi d} = \dfrac{\frac{\pi}{4}(D+d)(D-d)}{\pi(D+d)} = \dfrac{1}{4}(D-d)$

202 다음의 무차원수 중 압축력과 관성력의 비로 표시되는 수는 무엇인가?

① 코시수(Cauchy Number)
② 프란틀수(Prandtl Number)
③ 오일러수(Euler Number)
④ 레이놀즈수(Reynold Number)

◢해설

① 코시수 : $\dfrac{관성력}{탄성력}$ ② 프란틀수 : $\dfrac{점성력 \cdot 정압비열}{열전도도}$

③ 오일러수 : $\dfrac{압축력}{관성력}$ ④ 레이놀즈수 : $\dfrac{관성력}{점성력}$

cf) 웨버수 : $\dfrac{관성력}{표면장력}$, 마하수 : $\dfrac{관성력}{탄성력}$, 프루드수 : $\dfrac{관성력}{중력}$

203 지름이 d인 원 관의 수력반경(Hydraulic Radius)은 얼마인가?

① 4d   ② $\dfrac{d}{4}$

③ 2d   ④ $\dfrac{d}{2}$

◢해설

Rh $= \dfrac{1}{4}d$

204 원관 유동에서 중요한 무차원수는 다음 중 어느 것인가?

① 레이놀즈수   ② 프루드수
③ 오일러수   ④ 코시수

정답 : 201.③ 202.③ 203.② 204.①

예상문제

205 유체가 어떤 힘으로 관내를 흐르고 있는가?
① 중력과 관성력
② 중력과 점성력
③ 점성력과 관성력
④ 관성력과 부력

해설 ReNo 관련

206 개방된 물통에 깊이 2[m]로 물이 들어 있고, 이 물위에 깊이 2[m]의 기름이 떠있다. 기름의 비중이 0.5일 때, 물통 밑바닥에서의 압력은 몇 [N/m²]인가? (단, 유체 상부면에 작용하는 대기압은 무시한다)

① 14,500[N/m²]
② 16,280[N/m²]
③ 29,400[N/m²]
④ 34,200[N/m²]

해설
$P = \gamma_1 h_1 + \gamma_2 h_2$
$= (0.5 \times 9800)\text{N/m}^3 \times 2\text{m} + 9800\text{N/m}^3 \times 2\text{m}$
$= 29,400\text{N/m}^2$

207 다음 그림과 같이 마노미터 읽음이 40[cm]일 때의 압력차(ΔP)는 얼마인가? (단, 수은의 비중은 13.6이고, 물의 비중은 1이다)

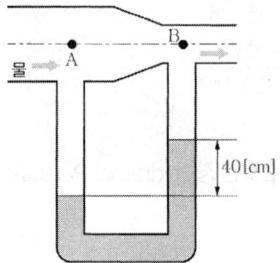

① 5.04[kg/cm²]
② 0.594[kg/cm²]
③ 0.504[kg/cm²]
④ 5.94[kg/cm²]

해설
$\Delta P = (\gamma_o - \gamma)h$
$= (13600\text{kgf/m}^3 - 1000\text{kg/m}^3) \times 0.4\text{m} = 5040\text{kgf/m}^2$
$= 0.504\text{kgf/cm}^2$

정답 : 205.③ 206.③ 207.③

208 다음과 같이 관로의 유량을 측정하기 위하여 오리피스를 설치한다. 오리피스에서 생기는 압력차를 계산하면 얼마인가? (단, 액주계 액체의 비중은 2.5, 흐르는 유체의 비중은 0.85, 마노미터 읽음은 400[mm]이다)

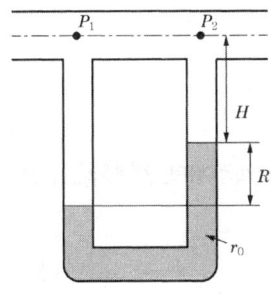

① 9.8[kPa]
② 63.21[kPa]
③ 6.47[kPa]
④ 98.0[kPa]

해설
$\Delta P = (\gamma_o - \gamma)h$
$= (2.5 \times 9.8 \text{kN/m}^3 - 0.85 \times 9.8 \text{kN/m}^3) \times 0.4 \text{m}$
$= 6.468 \text{kN/m}^2 (\text{kPa})$

209 Piezometer는 무엇을 측정하기 위한 것인가?

① 정지하고 있는 유체의 정압
② 유동하고 있는 유체의 정압
③ 유동하고 있는 유체의 속도
④ 정지하고 있는 유체의 속도

해설 정압측정

210 그림과 같이 액주계에서 γ_1 =1,000[kgf/m³], γ_2 =13,600[kgf/m³]이고 h_1 = 500[mm], h_2 = 800[mm]일 때 관중심 A의 게이지압은 얼마인가?

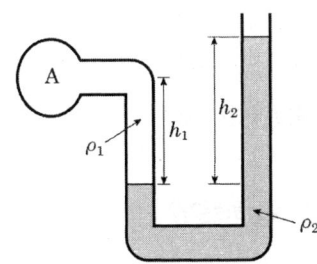

① 101.7[kPa]
② 109.6[kPa]
③ 126.4[kPa]
④ 131.7[kPa]

정답 : 208.③ 209.①,② 210.①

예상문제

◀해설 경계선 평행선 긋기
$P_B = P_C$
∴ $P_A + \gamma_1 h_1 = \gamma_2 h_2$
$P_A = \gamma_2 h_2 - \gamma_1 h_1 = 13600 \text{kgf/m}^3 \times 0.8\text{m} - 1000\text{kgf/m}^3 \times 0.5\text{m} = 10380 \text{kgf/m}^2$
∴ $10380 \text{kgf/m}^2 \times \dfrac{101.325 \text{kPa}}{10.332 \text{kgf/m}^2} = 101.795 \text{kPa}$

211 다음 그림과 같이 시차 액주계의 압력차(ΔP)를 계산하시오.

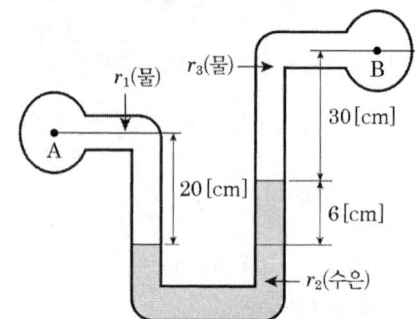

① 0.0916[kgf/cm²] ② 0.916[kgf/cm²]
③ 9.16[kgf/cm²]   ④ 91.6[kgf/cm²]

◀해설 $P_C = P_D$
$P_A + 1000\text{kgf/m}^2 \times 0.2\text{m} = P_B + 1000\text{kgf/m}^3 \times 0.3\text{m} + 13600\text{kgf/m}^3 \times 0.06\text{m}$
$P_A - P_B = 916 \text{kgf/m}^2 = 0.0916 \text{kgf/cm}^2$

212 피토 정압관(Pitot Statictube)에서 측정되어지는 것은?
① 유동하고 있는 유체에 대한 정압과 동압의 차
② 유동하고 있는 유체에 대한 정압
③ 유동하고 있는 유체에 대한 동압
④ 유동하고 있는 유체에 대한 전압

213 피토-정압관은 무엇을 측정하는가?
① 정압   ② 동압
③ 전압   ④ 전압과 동압의 차

정답 : 211.① 212.③ 213.②

214 피토-정압관과 액주계를 이용하여 공기의 속도를 측정하였다. 비중이 1.0인 액주계의 차압은 10[mm]이고 공기밀도는 1.22[kg/m³]이다. 공기의 속도는 몇 [m/s]인가?
  ① 2.1
  ② 12.7
  ③ 68.4
  ④ 160.2

> **해설**
> $U = \sqrt{2gh\left(\dfrac{r_o}{r} - 1\right)} = \sqrt{2 \times 9.8 \times 0.01 \times \left(\dfrac{1000}{1.22} - 1\right)} = 12.67 \text{m/s}$

215 측정되는 압력에 의하여 생기는 금속의 탄성변형을 기계적으로 확대 지시하여 유체의 압력을 재는 계기는?
  ① 마노미터(Manometer)
  ② 시차액주계(Differential Manometer)
  ③ 불돈(Bourdon)관 압력계
  ④ 기압계(Barometer)

216 벤투리작용을 이용하는 유량계는 어떤 원리를 이용한 것인가?
  ① 베르누이 정리
  ② 파스칼의 원리
  ③ 토리첼리의 원리
  ④ 아르키메데스의 원리

> **해설** 속도 ↑ ∴ 압력 ↓ 베르누이방정식 이용

217 다음 보기 중에서 유량 측정과 관계가 없는 것은?
  ① 오리피스(Orifice)
  ② 벤투리(Venturi)미터
  ③ 피토(Pitot)관
  ④ 위어(Weir)

> **해설** 유속측정

218 유량을 측정하는 장치가 아닌 것은?
  ① 오리피스
  ② 위어
  ③ 벤투리미터
  ④ 마노미터

> **해설** 압력차측정

219 유체의 국부속도를 측정하는 장치는?
  ① Orifice
  ② Nozzle
  ③ Pitot Tube
  ④ Rotameter

정답 : 214.② 215.③ 216.① 217.③ 218.④ 219.③

예상문제

220 배관에 설치되어 있는 유량 측정장치 중 유량을 부자에 의해서 직접 눈으로 읽을 수 있는 장치는 어느 것인가?

① Orifice
② Venturimeter
③ Nozzle
④ Rotameter

221 V-notch 위어를 통하여 흐르는 유량은? (단, H는 위어상봉으로부터 수면까지의 깊이이다)

① $H^{-\frac{1}{2}}$에 비례한다.
② $H^{\frac{1}{2}}$에 비례한다.
③ $H^{\frac{3}{2}}$에 비례한다.
④ $H^{\frac{5}{2}}$에 비례한다.

◀해설

위어 ┬ 사각위어 $Q(\text{m}^3/\text{min}) = K \cdot b \cdot H^{\frac{3}{2}}$
     └ 직각위어(V위어) $Q(\text{m}^3/\text{min}) = K \cdot H^{\frac{5}{2}}$

H : 유체흐름높이(m), b : 위어의 폭(m), K : 상수

222 낙구식 점도계에서 측정되는 점성계수(μ)와 낙구의 속도(V)의 관계는?

① $\mu \propto V$
② $\mu \propto V^2$
③ $\mu \propto \dfrac{1}{V}$
④ $\mu \propto \dfrac{1}{\sqrt{V}}$

◀해설

$\text{ReNo} = \dfrac{D \cdot U \cdot \rho}{\mu}$

$\text{ReNo} \propto U$, $\text{ReNo} \propto \dfrac{1}{\mu}$, $U \propto \dfrac{1}{\mu}$

223 낙구식 점도계는 어떤 법칙을 이론적 근거로 하는가?

① Stokes의 법칙
② 열역학 제1법칙
③ Hagen-Poiseuille의 법칙
④ Boyle의 법칙

224 뉴턴(Newton)의 점성법칙을 이용한 회전원통식 점도계는?

① 세이볼트(Saybolt) 점도계
② 오스왈트(Ostwald) 점도계
③ 레드우드(Redwood) 점도계
④ 스토머(Stormer) 점도계

정답 : 220.④ 221.④ 222.③ 223.① 224.④

225 스케줄No.는 배관의 무엇을 나타내는 것인가?

① 배관의 길이 ② 배관의 상태
③ 배관의 강도 ④ 배관의 재질

226 스케줄No.를 바르게 나타낸 것은?

① Schedule No. = $\dfrac{\text{재료의 허용응력}}{\text{내부작업 압력}} \times 1{,}000$

② Schedule No. = $\dfrac{\text{내부작업 압력}}{\text{재료의 허용응력}} \times 1{,}000$

③ Schedule No. = $\dfrac{\text{재료의 허용응력}}{\text{내부작업 압력}} \times 100$

④ Schedule No. = $\dfrac{\text{내부작업 압력}}{\text{재료의 허용응력}} \times 100$

227 내부 작업 압력이 20[kgf/cm^2]이고 배관의 허용 응력이 100[kgf/cm^2]일 때 Schedule No.는 얼마인가?

① 50 ② 100
③ 150 ④ 200

해설 $\text{Sch No} = \dfrac{P}{S} \times 1000 = \dfrac{20}{100} \times 1000 = 200$

228 다음은 스케줄수이다. 관의 가장 얇은 것은 어느 것인가?

① 50 ② 100
③ 150 ④ 200

229 다음 설명 중 배관의 지지 간격을 결정하는 조건이 아닌 것은?

① 배관 속을 흐르는 유체의 속도
② 배관 속을 흐르는 유체의 압력
③ 접속하는 기기의 진동
④ 사용하는 관의 자중

정답 : 225.③ 226.② 227.④ 228.① 229.①

예상문제

230 다음 중 배관용 탄소강관(SPP)에 대한 설명이 옳지 않은 것은?

① 사용압력이 10[kg/cm^2] 이하인 물과 공기의 배관에 많이 사용된다.
② 주철관에 비해서 내식성이 크다.
③ 관 1개의 길이는 KS 규격이 6[m]이다.
④ 호칭 지름 50[A] 이하의 관은 양 끝에 나사를 내거나 플레인 엔드로 한다.

231 다음 중 두 개의 관을 연결할 때 사용하지 않는 것은?

① Flange
② Nipple
③ Socket
④ Reducer

해설 2개의 관 연결 : 플랜지, 유니온, 소켓
2개의 부품연결 : 니플
관경 변경 : 레듀샤(2개의 관 연결)

232 두 개의 관을 연결할 때 회전하면서 연결하는 관 부속품이 아닌 것은?

① Nipple
② Socket
③ Flange
④ Coupling

233 관경이 서로 다를 때 사용하는 관부속품은?

① Elbow
② Socket
③ Union
④ Reducer

234 다음은 유로를 차단할 때 사용되는 관부속품은?

① Cap
② Nipple
③ Elbow
④ Union

235 다음의 밸브 중 스톱밸브가 아닌 것은?

① 글로우브밸브(Glove Valve)
② 슬루우스밸브(Sluice Valve)
③ 체크밸브(Check Valve)
④ 안전밸브(Safety Valve)

정답 : 230.② 231.② 232.③ 233.④ 234.① 235.③

236 유체를 한 방향으로만 흐르게 되어 있는 밸브가 아닌 것은?
① 스모렌스키밸브 ② 웨이퍼밸브
③ Angle밸브 ④ 스윙밸브

237 다음은 배관의 마찰손실을 나타낸 것 중 주손실에 해당되는 것은 어느 것인가?
① 급격한 확대손실 ② 급격한 축소손실
③ 관부속품에 의한 손실 ④ 관로에 의한 마찰손실

238 관로의 다음과 같은 변화 중 부차적 손실에 해당되지 않는 것은?
① 관벽의 마찰 ② 급격한 확대
③ 급격한 축소 ④ 부속물 설치

239 원관이 급격한 확대관일 때의 마찰손실수두는?
① 유량에 비례한다. ② 압력에 비례한다.
③ 속도의 제곱에 비례한다. ④ 속도의 제곱에 반비례한다.

해설
$$h_L = \frac{(U_1 - U_2)^2}{2g} = \left(1 - \frac{A_1}{A_2}\right)^2 \cdot \frac{U_1^2}{2g} = K \cdot \frac{U_1^2}{2g}$$

240 부차 손실수두는?
① 유량의 제곱에 비례한다. ② 속도의 제곱에 비례한다.
③ 점성계수에 반비례한다. ④ 관의 길이에 반비례한다.

241 축소, 확대 노즐의 확대 부분의 유속은?
① 언제나 아음속이다. ② 언제나 음속이다.
③ 초음속이 불가능하다. ④ 초음속이 가능하다.

242 유체가 관 속을 흐를 때 점진 확대관로에서 손실이 최대가 되는 최대각과 최소가 되는 확대각으로 적당한 것은?
① 65°, 2° ② 65°, 6°
③ 95°, 12° ④ 95°, 17°

해설 최대 65°, 최소 6~7°

 정답 : 236.③ 237.④ 238.① 239.③ 240.② 241.④ 242.②

예상문제

243 부품손실계수(K)가 0.8이고, 유체가 2.5[m/s]의 속도로 흐를 때 이때 손실수두[m]는 얼마인가?

① 0.255
② 0.55
③ 2.55
④ 25.5

해설 압력계수=부품손실계수=0.8

$$h_L = K \cdot \frac{U^2}{2g} = 0.8 \times \frac{2.5^2}{2 \times 9.8} = 0.255 \text{m}$$

244 지름 30[cm]인 원관과 지름 45[cm]인 원관이 직접 연결되어 있을 때 작은 관에서 큰 관쪽으로 매초 230[L]의 물을 보내면 연결부의 손실수두는 몇 [m]인가?

① 0.308
② 0.125
③ 0.135
④ 0.166

해설
$$h_L = \frac{(U_1 - U_2)^2}{2g}$$

$$U_1 = \frac{Q}{A_1} = \frac{0.23 \text{m}^3/\text{s}}{\frac{\pi}{4}(0.3\text{m})^2} = 3.255 \text{m/s}$$

$$U_2 = \frac{Q}{A_2} = \frac{0.23 \text{m}^3/\text{s}}{\frac{\pi}{4}(0.45\text{m})^2} = 1.447 \text{m/s}$$

$$\therefore h_L = \frac{(3.255 - 1.447)^2}{2 \times 9.8} = 0.166 \text{m}$$

245 동일구경, 동일재질의 배관부속류 중 압력손실이 가장 큰 것은 어느 것인가?

① 티(측류)
② 45°엘보
③ 게이트밸브
④ 유니온

246 수력도약이란?

① 아임계 흐름에서 초임계흐름으로 변하면서 일어나는 현상이다.
② 유체가 빠른 흐름에서 느린 흐름으로 변하면서 수심이 깊어지는 현상이다.
③ 비정상 균일 유동에서 흔히 일어나는 현상이다.
④ 흐르고 있는 유체 속에 있는 밸브를 급히 닫을 때 일어나는 현상이다.

정답 : 243.① 244.④ 245.① 246.②

247 강관배관의 절단기가 아닌 것은?
① 쇠톱
② 리머
③ 톱반(Sawing Machine)
④ 파이프 커터

248 전선배관을 절단하는데 파이프 커터를 사용하지 않는 이유는?
① 작업속도가 늦기 때문에
② 절단면이 안으로 오그라들기 때문에
③ 직각으로 절단되지 않기 때문에
④ 넓은 작업장소를 필요로 하기 때문에

249 강관의 나사 내기에 사용하는 공구와 관계없는 것은?
① 오스타형 또는 리이드형 절삭기
② 파이프 바이스
③ 파이프렌치와 리머
④ 파이프 벤더

250 강관을 용접 접속할 때 접속 방법 중 알맞지 않는 것은?
① 맞대기 용접
② 전호 용접
③ 차입형 용접
④ 플랜지 용접

251 강관의 용접 작업에 있어서 전기용접과 가스용접의 장단점을 비교한 것이다. 틀린 설명은?
① 관의 두께가 얇은 때에는 전기 용접을 하는 것이 좋다.
② 가스 용접은 용접 변형이 크다.
③ 용접 속도는 전기 용접이 더 빠르다.
④ 양쪽 모두 안전사고의 위험이 수반된다.

252 주철관의 연결 방법으로 기계식 이음의 특징이 아닌 것은?
① 기밀성이 좋고 고압에 대한 저항이 크다.
② 납물을 부어 넣어야 하므로 물속에서의 연결 작업이 불편하다.
③ 간단한 공구로 신속하게 작업할 수 있고, 숙련공이 필요하지 않다.
④ 작업이 간단하나 조잡한 이음은 누수의 원인이 된다.

 정답 : 247.② 248.② 249.④ 250.② 251.① 252.②

예상문제

253 배관의 연결 방법 중 용접이음의 특징이 아닌 것은?
① 이음부의 강도가 약하다.
② 유체의 압력손실이 적다.
③ 배관 보온작업이 용이하고 보온재가 절약된다.
④ 배관의 중량이 비교적 가볍다.

254 다음 중 소화수 펌프 특성에 가장 적합하며 소화수 펌프로 가장 많이 사용되는 것은?
① 원심펌프 ② 수격펌프
③ 분사펌프 ④ 왕복펌프

255 왕복 피스톤펌프의 유량변동을 평균화하기 위하여 설치하는 것은?
① 서지탱크(Surge Tank) ② 체크밸브(Check Valve)
③ 공기실(Air Chamber) ④ 스트레이너(Strainer)

256 일정한 용적의 액체를 흡입측에서 송출측으로 이동시키는 펌프의 명칭은?
① 원심펌프 ② 사류펌프
③ 축류펌프 ④ 왕복펌프

257 다음 중 왕복식 펌프에 속하는 것은?
① 플런저펌프(Plunger Pump) ② 기어펌프(Gear Pump)
③ 벌류트펌프(Volute Pump) ④ 에어 리프트(Air Lift)

258 회전펌프의 특징이 아닌 것은?
① 소유량, 고압의 양정을 요구하는 경우에 적합하다.
② 구조가 간단하고 취급이 용이하다.
③ 송출량의 맥동이 크다.
④ 비교적 점도가 높은 유체에도 성능이 좋다.

259 다음 펌프 중 안내깃에 의해서 분류되는 펌프는 어느 것인가?
① 벌류트펌프 ② 피스톤펌프
③ 플런저펌프 ④ 다이어프램펌프

 정답 : 253.① 254.① 255.③ 256.④ 257.① 258.③ 259.①

260 펌프에 대한 설명 중 틀린 것은?
① 가이드베인이 있는 원심 펌프를 벌류트(Volute Pump)라 한다.
② 기어펌프는 회전식 펌프의 일종이다.
③ 플런저펌프는 왕복식 펌프이다.
④ 터빈펌프는 고양정, 양수량이 많을 때 사용하면 적합하다.

261 다음 중 회전속도 범위가 가장 넓고, 효율이 가장 높은 펌프는 어느 것인가?
① 베인펌프
② 반지름 방향 피스톤펌프
③ 축방향 피스톤펌프
④ 내접기어펌프

262 유독성 기체(가스)를 수송하는 데 적합한 Pump는 어느 것인가?
① Nash펌프
② fan
③ 원심펌프
④ 왕복펌프

263 성능이 같은 두 대의 펌프(토출량 Q=L/min)를 직렬연결했을 때 전체 토출량은?
① Q
② 2Q
③ 3Q
④ 4Q

264 펌프의 비속도(n_s)를 구하는 식으로 맞는 것은? (단, 기호는 Q : 유량, N : 회전수, H : 전양정)

① $n_s = N\dfrac{\sqrt{Q}}{H^{\frac{4}{3}}}$
② $n_s = N\dfrac{\sqrt{H}}{Q^{\frac{3}{4}}}$
③ $n_s = Q\dfrac{\sqrt{N}}{H^{\frac{3}{4}}}$
④ $n_s = N\dfrac{\sqrt{Q}}{H^{\frac{3}{4}}}$

▲해설
$$n_s = \frac{N\sqrt{Q}}{\left(\dfrac{H}{n}\right)^{\frac{3}{4}}}$$

정답 : 260.① 261.① 262.① 263.① 264.④

예상문제

265 펌프의 비속도 값의 크기 배열이 가장 적합한 것은?
① 터빈펌프 > 벌류트펌프 > 사류펌프 > 축류펌프
② 터빈펌프 > 벌류트펌프 > 축류펌프
③ 축류펌프 > 벌류트펌프 > 터빈펌프
④ 사류펌프 > 터빈펌프 > 축류펌프

266 설계온도는 20[℃]이고, 20[℃]에서의 수증기압 0.15[kgf/cm^2], 펌프 흡입배관에서의 마찰손실수두 2[m]일 때 펌프의 현재상태의 흡입양정(NPSH)은 몇 [m]인가?

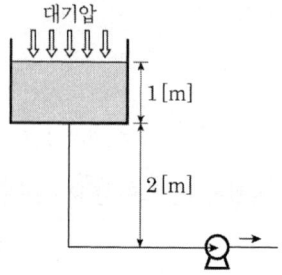

① 6.83[m] ② 7.83[m]
③ 8.83[m] ④ 9.83[m]

해설 현재상태의 NPSH $= \dfrac{P_o}{r} - \dfrac{P_r}{r} - \dfrac{P_h}{r} + h$
이 경우 $+h = +3m$
∴ NPSH = 10.332m − 1.5m − 2m + 3m = 9.83m

267 펌프에서 전양정이란 어느 것인가?
① 흡입수면에서 펌프의 중심까지의 수직거리
② 펌프의 중심에서 최상층의 송출수면까지의 수직거리
③ 실양정과 관부속품의 마찰손실수두, 직관의 마찰손실수두의 합
④ 실양정과 흡입양정의 합이다.

268 Pump의 전동기 용량 계산식 $P = \dfrac{\gamma QH}{\eta}$ 에서 γ은 무엇인가?
① 유량 ② 효율
③ 비중량 ④ 손실

정답 : 265.③ 266.④ 267.③ 268.③

269 운전하고 있는 펌프의 압력계는 출구에서 3.5[kgf/cm^2]이고 흡입구에서는 −0.2[kgf/cm^2]이다. 펌프의 전양정은?

① 37[m]　② 35[m]　③ 33[m]　④ 31[m]

해설　$H = 35m + 2m = 37m$

270 유효 NPSH가 6.2[m]일 때 설치 가능한 펌프의 최대 높이는 얼마인가? (단, 대기압은 1.034[kgf/cm^2]이다)

① 5.82[m]
② 5.13[m]
③ 4.68[m]
④ 4.14[m]

해설
$$NPSH = \frac{P_o}{r} - H$$
$6.2m = 10.34m - H(m)$　∴　$H = 4.14m$

271 펌프에 의하여 유체에 실제로 주어지는 동력은? (단, L_W : 동력[kW], γ : 의 비중량[N/m^3], Q : 토출량[m^3/min], H : 전양정[m], g : 중력가속도[m/s^2])

① $L_W = \dfrac{\gamma QH}{102 \times 60}$
② $L_W = \dfrac{\gamma QH}{1,000 \times 60}$
③ $L_W = \dfrac{\gamma QHg}{102 \times 60}$
④ $L_W = \dfrac{\gamma QHg}{106 \times 60}$

해설
$$P(kW) = \frac{\gamma \cdot Q \cdot H}{102 \cdot \eta} = \frac{1000 \cdot Q \cdot H}{102 \cdot \eta} = \frac{9.8QH}{\eta} = \frac{9.8QH}{60 \cdot \eta}$$
$P(kW) = \gamma \cdot Q \cdot H = 9800(N/m^3) \times Q(m^3/s) \times H(m)$
$\quad = 9800 Q \cdot H(N \cdot m/s) = 9800QH = 9.8QH(kN \cdot m/s)$
∴　$9800QH \div 1000$

272 유량 1[m^3/min], 전양정이 25[m]인 원심펌프를 설계하고자 한다. 펌프의 축동력은? (단, 펌프의 효율은 75[%]이다)

① 1.567[kW]
② 5.447[kW]
③ 0.565[kW]
④ 4.447[kW]

해설
$$P(kW) = \frac{\gamma \cdot Q \cdot H}{102 \cdot \eta} = \frac{1000 \times \left(\dfrac{1}{60}\right) \times 25}{102 \times 0.75} = 5.447 kW$$

정답 : 269.①　270.④　271.②　272.②

예상문제

273 전양정이 80[m]이고 유량이 2.4[m³/min]이고 펌프의 전동기 효율은 60[%]이다. 이때 펌프의 수동력[kW]을 구하시오.

① 0.314
② 3.44
③ 31.4
④ 0.344

해설

$$P(\text{kW}) = \frac{\gamma \cdot Q \cdot H}{102} = \frac{1000 \times \left(\frac{2.4}{60}\right) \times 80}{102} = 31.37 \text{kW}$$

274 다음 유량 $Q = 0.5[\text{m}^3/\text{s}]$, 길이 $L = 50[\text{m}]$, 관경 $D = 30[\text{cm}]$, 마찰손실계수 $f = 0.03$인 관을 통하여 높이 20[m]까지 양수할 경우 필요한 이론소요동력(HP)은 얼마인가? (k = 1.1)

① 237[HP]
② 2.37×10^3[HP]
③ 12.76[HP]
④ 127.6[HP]

해설

$$P(\text{kW}) = \frac{\gamma \cdot Q \cdot H}{76 \cdot \eta} K = \frac{1000 \times 0.5 \times H}{76 \times 1} \times 1.1$$

$H = 20\text{m} + h_L,\ h_L = f \cdot \dfrac{L}{D} \cdot \dfrac{U^2}{2g}$

$U = \dfrac{Q}{A} = \dfrac{0.5}{\dfrac{\pi}{4}(0.3)^2} = 7.07 \text{m/s}$

$\therefore\ h_L = 0.03 \times \dfrac{50}{0.3} \times \dfrac{7.07^2}{2 \times 9.8} = 12.75 \text{m}$

$\therefore\ H = 20\text{m} + 12.75\text{m} = 32.75\text{m}$

$P(\text{HP}) = \dfrac{1000 \times 0.5 \times 32.75}{76 \times 1} \times 1.1 = 237 \text{HP}$

275 12층 사무실에 스프링클러소화설비를 설치하려고 한다. 전양정 80[m], Pump의 효율은 70[%], 전동기의 전달계수는 1.1일 때 Pump의 전동기 용량[kW]은 얼마인가?

① 4.918
② 49.18
③ 0.4018
④ 40.18

해설

$Q = 30 \times 80\text{L/min} = 2400\text{L/min}$
$H = 80\text{m},\ \eta = 0.7,\ K = 1.1$

$$P(\text{kW}) = \dfrac{1000 \times \left(\dfrac{2.4}{60}\right) \times 80}{102 \times 0.7} \times 1.1 = 49.29 \text{kW}$$

정답 : 273.③ 274.① 275.②

276 건축물 내벽에 옥내소화전이 4개 설치되어 있으며 옥내소화전의 노즐구경은 13[mm], 총양정이 80[m], 펌프의 효율은 55[%], 이때 이곳에 설치하는 펌프의 전동기 용량[kW]은 얼마인가? (k=1.1)

① 0.1350
② 1.350
③ 13.50
④ 135.0

해설 $Q = 4 \times 130 \text{L/min} = 520 \text{L/min}$, $H = 80\text{m}$

$$P(\text{kW}) = \frac{1000 \times \left(\frac{0.52}{60}\right) \times 80}{102 \times 0.55} \times 1.1 = 13.59 \text{kW}$$

277 단면적이 0.3[m²]인 원관 속을 유속 2.8[m/s], 압력 0.4[kgf/cm²]의 물이 흐르고 있다. 수동력은 몇 PS인가?

① 44.8
② 0.84
③ 56
④ 4,200

해설 $P(\text{PS}) = \dfrac{\gamma \cdot Q \cdot H}{75} = \dfrac{1000 \times 0.84 \times 4}{75} = 44.8 \text{PS}$

$Q = A \cdot U = 0.3\text{m}^2 \times 2.8\text{m/s} = 0.84\text{m}^3/\text{s}$

278 펌프로서 지하 5[m]에 있는 물을 지상 50[m]의 물탱크까지 1분간에 1.8[m³]을 올리려면 몇 마력[PS]이 필요한가? (단, 펌프의 효율 η=0.6, 관로의 전손실수두를 10[m], 동력전달계수를 1.1이라 한다)

① 47.7
② 53.3
③ 63.3
④ 73.3

해설 $P(\text{PS}) = \dfrac{\gamma \cdot Q \cdot H}{75 \cdot \eta} \cdot K = \dfrac{1000 \times \left(\frac{1.8}{60}\right) \times 65}{75 \times 0.6} \times 1.1 = 47.67 \text{PS}$

279 물분무소화설비의 가압송수장치로서 전동기 구동형의 펌프를 사용하였다. 펌프의 토출량 800[L/min], 양정 50[m], 효율 65[%], 전달계수 1.1인 경우 전동기 용량은 얼마가 적당한가?

① 10[HP]
② 15[HP]
③ 20[HP]
④ 25[HP]

정답 : 276.③ 277.① 278.① 279.②

해설

$$P(\text{HP}) = \frac{\gamma \cdot Q \cdot H}{76 \cdot \eta} K = \frac{1000 \times \left(\frac{0.8}{60}\right) \times 50}{76 \times 0.65} \times 1.1 = 14.84\text{HP}$$

280 수평배관의 길이가 25[m]이며 직경이 40[mm]인 배관에 유량 40[L/min]으로 흐른다고 하면 이때 배관의 손실압력은 얼마인가? (단, 관조도는 110, Hagen-willam's식을 사용한다)

① 0.00375[MPa]　　　　　　　　② 0.06165[MPa]
③ 0.07165[MPa]　　　　　　　　④ 0.08165[MPa]

해설

$$\Delta P = 6.05 \times 10^4 \times \frac{Q^{1.85}}{C^{1.85} \times d^{4.87}} \times L$$

$$= 6.05 \times 10^4 \times \frac{40^{1.85}}{110^{1.85} \times 40^{4.87}} \times 25$$

$$= 0.00367\text{MPa}$$

281 관입구의 압력이 0.5[MPa]이고 내경 100[mm], 유량은 400[L/min], 관의 길이 40[m]되는 곳까지 물을 송수하려고 한다. 이때 관출구(관 끝)의 압력[MPa]은 얼마인가? (단, 관의 조도는 100이고 $\Delta Pm = 6.05 \times 10^4 \times \frac{Q^{1.85}}{C^{1.85} \times d^{4.87}}[MPa]$)

① 0.404　　　　　　　　② 0.505
③ 0.494　　　　　　　　④ 0.596

해설

$$\Delta P = 6.05 \times 10^4 \times \frac{400^{1.85}}{100^{1.85} \times 100^{4.87}} \times 40 = 0.00572\text{MPa}$$

∴ 0.5 − 0.00572 = 0.49428MPa

282 제연급기 FAN의 풍량 Q=40,000[CMH], 정압 P_t=60[mmAq]일 때 축동력[kW]은 얼마인가? (효율=60%)

① 10.9　　　　　　　　② 11.9
③ 15.4　　　　　　　　④ 653.6

해설

$$P(\text{kW}) = \frac{P \cdot Q}{102 \cdot \eta} = \frac{60 \times \left(\frac{40000}{3600}\right)}{102 \times 0.6} = 10.89\text{kW}$$

정답 : 280.①　281.③　282.①

283 그림과 같이 어느 고가수조와 연결된 배관 말단에 설치된 물분무 노즐로부터 쏟아지는 물을 5분 동안 용기에 받았더니 1,000[L]이었다. 물 흐름에 의한 마찰손실압이 0.05[MPa]이었다고 한다면 노즐 오리피스로부터 수조의 수면까지의 수직거리는 얼마인가? (단, K는 100이다)

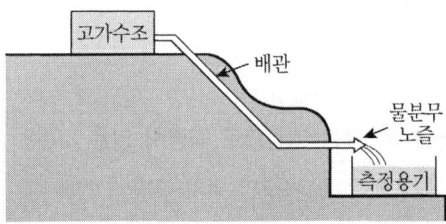

① 25[m] ② 35[m]
③ 46[m] ④ 56[m]

해설
$Q = K\sqrt{10P}$ $K = 100$, $Q = \dfrac{1000L}{5\min} = 200 L/\min$
$200 = 100\sqrt{10P}$
$P = 0.4 \text{MPa}$
낙차 − 손실 = 0.4MPa
낙차 = 0.4MPa + 0.05MPa = 0.45MPa ≒ 46m

284 Pump의 흡입측 압력이 4[kgf/cm^2]이고 토출측의 압력이 50[kg/cm^2]이다. 펌프를 4단으로 압축할 경우 압축비는 얼마인가?

① 1.08 ② 1.88
③ 1.48 ④ 2.48

해설
$K = \sqrt[n]{\dfrac{P_2}{P_1}} = \sqrt[4]{\dfrac{50}{4}} = \left(\dfrac{50}{4}\right)^{\frac{1}{4}} = 1.88$

285 유량이 2[m^3/min]인 5단의 다단펌프가 2,000[rpm]의 회전으로 50[m]의 양정이 필요하다면 비속도[m^3/min · rpm · m]는?

① 403 ② 503
③ 425 ④ 525

해설
$N_s = \dfrac{N\sqrt{Q}}{\left(\dfrac{H}{n}\right)^{\frac{3}{4}}} = \dfrac{2000\sqrt{2}}{\left(\dfrac{50}{5}\right)^{\frac{3}{4}}} = 502.97$

정답 : 283.③ 284.② 285.②

예상문제

286 케비테이션(Cavitation)의 발생원인과 관계없는 것은 어느 것인가?
① 펌프의 설치위치가 물탱크보다 높을 때
② 펌프의 흡입수두가 클 때
③ 펌프의 임펠러 속도가 클 때
④ 관 내의 물의 정압이 그 때의 증기압보다 클 때

287 관의 서징(Surging)의 발생 조건으로 적당치 않은 것은?
① 유량조절밸브가 배관 중 수조의 위치 후방에 있을 때
② 배관 중에 수조가 있을 때
③ 배관 중에 기체상태의 부분이 있을 때
④ 펌프의 입상곡선이 우향강하(右向降下)구배일 때

288 공동현상(Cavitation)의 예방 대책이 아닌 것은?
① 펌프의 설치위치를 수원보다 낮게 한다.
② 펌프의 임펠러속도를 가속한다.
③ 펌프의 흡입측을 가압한다.
④ 펌프의 흡입측 관경을 크게 한다.

289 펌프나 송풍기 운전시 서징현상이 발생될 수 있는데 이 현상과 관계가 없는 것은?
① 서징이 일어나면 진동과 소음이 일어난다.
② 펌프에서는 워터 해머보다 더 빈번하게 발생한다.
③ 펌프의 특성곡선이 산 모양이고 운전점이 그 정상부일 때 발생하기 쉽다.
④ 풍량 또는 토출량을 줄여 서징을 방지할 수 있다.

290 배관 내를 흐르는 물에서 흔히 발생하는 서징(Surging)현상에 대한 설명 중 옳은 것은?
① 정상류에서 물의 유동에 의한 압력파의 급격한 변화이다.
② 정지된 펌프를 가동할 때 발생할 수 있다.
③ 운전 중인 펌프를 정지할 때 발생할 수 있다.
④ 물이 흐르는 배관의 개폐밸브를 잠글 때 발생할 수 있다.

정답 : 286.④ 287.④ 288.② 289.② 290.②

291 수격작용에 대한 설명이다. 알맞은 것은?

① 흐르는 물에 갑자기 정지시킬 때 수압이 급격히 변화하는 현상을 말한다.
② 물의 온도는 낮을 때 생긴다.
③ 물의 유속이 늦을 때 일어난다.
④ 물이 연속적으로 흐를 때 물의 온도가 상승하면 일어난다.

292 물의 압력파에 의한 수격작용을 방지하기 위한 방법 중 맞지 않는 것은?

① 관로의 관경을 크게 한다.
② 관로의 관경을 축소한다.
③ Surge Tank를 설치하여 적정압력을 유지한다.
④ 관로 내의 유속을 낮게 한다.

293 수격작용의 방지대책이 아닌 것은?

① 관 내 유속이 빠를수록 수격이 발생하므로 관경을 크게 하거나 유속을 조절한다.
② 에어챔버(Air Chamber)를 설치한다.
③ 펌프의 운전 중 각종 밸브를 급격히 개폐하여 충격을 최소화한다.
④ 펌프측에 Fly Wheel을 설치하여야 한다.

294 배관 내에 흐르는 물이 수격현상(Water Hammer)을 일으키는 수가 있는데 이를 방지하기 위한 조치와 관계없는 것은?

① 관 내 유속을 적게 한다.   ② 펌프에 Fly Wheel 부착한다.
③ 에어챔버를 설치한다.   ④ 흡수양정을 작게 한다.

295 임펠러의 회전속도가 1,700[rpm]일 때 토출압 5[kgf/cm²] 토출량 1,000[L/분]의 성능을 보여주는 어떤 원심펌프를 3,400[rpm]으로 작동시켜 주었다고 하면 그 토출압과 토출량은 각각 얼마가 될 것인가?

① 20[kg/cm²] 및 2,000[L/min]   ② 10[kg/cm²] 및 2,000[L/min]
③ 10[kg/cm²] 및 1,000[L/min]   ④ 5[kg/cm²] 및 2,000[L/min]

▶해설

$$Q_2 = \left(\frac{N_2}{N_1}\right)^1 \times Q_1 = \left(\frac{3400}{1700}\right)^1 \times 1000 \text{L/min} = 2000 \text{L/min}$$

$$H_2 = \left(\frac{N_2}{N_1}\right)^2 \times H_1 = \left(\frac{3400}{1700}\right)^2 \times 5 \text{kgf/cm}^2 = 20 \text{kgf/cm}^2$$

정답: 291.① 292.② 293.③ 294.④ 295.①

예상문제

296 일정 길이의 배관 속을 200[l/min]의 물이 흐르고 있을 때 마찰손실 압력이 20[kPa]이었다. 동일한 배관에 물의 양을 증가시켜 300[l/min]을 흘렸다면 마찰 손실압력[kPa]은 얼마로 되겠는가? (단, 마찰손실 계산은 하젠-윌리엄스의 공식을 이용한다)

① 47.35　　　　　　　　　② 42.34
③ 37.35　　　　　　　　　④ 32.35

해설

$$\Delta P_2 = \Delta P_1 \times \frac{Q_2^{1.85}}{Q_1^{1.85}} = 20\text{kPa} \times \frac{300^{1.85}}{200^{1.85}} \fallingdotseq 42.34\text{kPa}$$

정답 : 296.②

PART

04

소방기계시설의 구조 및 원리

CHAPTER 01 소화기구 및 자동소화장치(NFTC101)

1 ▸▸ 소화기의 설치대상

(1) 소화기

① 연면적 $33m^2$ 이상인 것
② 지정문화재 및 가스시설
③ 터널
④ 지하구

(2) 주방자동소화장치

① 주거용 주방자동소화장치 : 아파트등 및 오피스텔의 모든 층
② 상업용 주방자동소화장치 : ㉠ 대규모 점포 내 일반음식점
　　　　　　　　　　　　　　㉡ 집단급식소

(3) 캐비닛형, 가스, 분말, 고체에어로졸 자동소화장치

화재안전기준에서 정하는 장소

2 ▸▸ 소화기의 종류

(1) 소화기

① 약제종류별 구분
　㉠ 분말소화기
　㉡ 이산화탄소소화기
　㉢ 할론소화약제소화기
　㉣ 할로겐화합물 및 불활성기체소화약제소화기
　㉤ 강화액소화기
　㉥ 산알카리소화기
　㉦ 포소화기

ⓞ 물소화기

! Reference

분말의 구분

종류	소화약제	착색	화학반응식	적응화재
제1종	중탄산나트륨 ($NaHCO_3$)	백색	$2NaHCO_3 \rightarrow Na_2CO_3 + CO_2 + H_2O$	BC급
제2종	중탄산칼륨 ($KHCO_3$)	담자색 (담회색)	$2KHCO_3 \rightarrow K_2CO_3 + CO_2 + H_2O$	BC급
제3종	인산암모늄 ($NH_4H_2PO_4$)	담홍색	$NH_4H_2PO_4 \rightarrow HPO_3 + NH_3 + H_2O$	ABC급
제4종	중탄산칼륨+요소 ($KHCO_3 + (NH_2)_2CO$)	회(백색)	$2KHCO_3 + (NH_2)_2CO \rightarrow K_2CO_3 + 2NH_3 + 2CO_2$	BC급

② 용량별 구분

㉠ 소형소화기 : 소형소화기란 능력단위가 1단위 이상이고 대형소화기의 능력단위 미만인 소화기를 말한다

㉡ 대형소화기 : 대형소화기란 화재 시 사람이 운반할 수 있도록 운반대와 바퀴가 설치되어 있고 A급 10단위 이상, B급 20단위 이상인 소화기를 말한다.

【 대형소화기의 소화약제 충전량 】

소화기의 종류	소화약제의 양
물 소화기	80L
기계포소화기	20L
강화액 소화기	60L
이산화탄소 소화기	50kg
할론 소화기	30kg
분말 소화기	20kg

③ 가압방식별 구분

㉠ 가압식 소화기 : 소화약제의 방출원이 되는 추진가스를 별도의 전용용기에 충전하였다가 방출 시 전용용기의 봉판을 파괴하는 조작과정 등을 거쳐 소화약제 저장용기로 보내져 이때의 압력으로 소화약제가 방사되는 소화기

㉡ 축압식 소화기 : 소화약제의 방출원이 되는 추진가스를 소화약제 저장용기에 함께 충전하여 저장하는 방식으로 추진가스가 압축가스인 경우는 압력계를 부착한 소화기

④ 용어정의
  ㉠ 소형소화기 : 능력단위가 1단위 이상이고 대형소화기의 능력단위 미만인 소화기
  ㉡ 대형소화기 : 화재 시 사람이 운반할 수 있도록 운반대와 바퀴가 설치되어 있고 능력단위가 A급 10단위 이상, B급 20단위 이상인 소화기
  ㉢ 자동확산소화기 : 화재를 감지하여 자동으로 소화약제를 방출 확산시켜 국소적으로 소화하는 소화기
  ㉣ 자동소화장치 : 소화약제를 자동으로 방사하는 고정된 소화장치로서 형식승인이나 성능인증을 받은 유효설치 범위(설계방호체적, 최대설치높이, 방호면적 등을 말한다) 이내에 설치하여 소화하는 다음 각 목의 것
    ㉮ "주거용 주방자동소화장치"란 주거용 주방에 설치된 열발생 조리기구의 사용으로 인한 화재 발생 시 열원(전기 또는 가스)을 자동으로 차단하며 소화약제를 방출하는 소화장치
    ㉯ "상업용 주방자동소화장치"란 상업용 주방에 설치된 열발생 조리기구의 사용으로 인한 화재 발생 시 열원(전기 또는 가스)을 자동으로 차단하며 소화약제를 방출하는 소화장치
    ㉰ "캐비닛형 자동소화장치"란 열, 연기 또는 불꽃 등을 감지하여 소화약제를 방사하여 소화하는 캐비닛형태의 소화장치
    ㉱ "가스자동소화장치"란 열, 연기 또는 불꽃 등을 감지하여 가스계 소화약제를 방사하여 소화하는 소화장치
    ㉲ "분말자동소화장치"란 열, 연기 또는 불꽃 등을 감지하여 분말의 소화약제를 방사하여 소화하는 소화장치
    ㉳ "고체에어로졸자동소화장치"란 열, 연기 또는 불꽃 등을 감지하여 에어로졸의 소화약제를 방사하여 소화하는 소화장치
  ㉤ 능력단위 : 소화기 및 소화약제에 따른 간이소화용구에 있어서는 법 제36조 제1항에 따라 형식승인된 수치를 말하며, 소화약제 외의 것을 이용한 간이소화용구에 있어서는 별표 2에 따른 수치를 말한다.
  ㉥ 일반화재(A급 화재) : 나무, 섬유, 종이, 고무, 플라스틱류와 같은 일반 가연물이 타고 나서 재가 남는 화재를 말한다. 일반화재에 대한 소화기의 적응 화재별 표시는 'A'로 표시한다.
  ㉦ 유류화재(B급 화재) : 인화성 액체, 가연성 액체, 석유 그리스, 타르, 오일, 유성도료, 솔벤트, 래커, 알코올 및 인화성 가스와 같은 유류가 타고 나서 재가 남지 않는 화재를 말한다. 유류화재에 대한 소화기의 적응 화재별 표시는 'B'로 표시한다.

◎ 전기화재(C급 화재) : 전류가 흐르고 있는 전기기기, 배선과 관련된 화재를 말한다. 전기화재에 대한 소화기의 적응 화재별 표시는 'C'로 표시한다.
◎ 주방화재(K급 화재) : 주방에서 동식물유를 취급하는 조리기구에서 일어나는 화재를 말한다. 주방화재에 대한 소화기의 적응 화재별 표시는 'K'로 표시한다.

(2) 자동소화장치

① 주방자동소화장치[주거용, 상업용]

> **Reference**
>
> 주방자동소화장치의 구성
>
>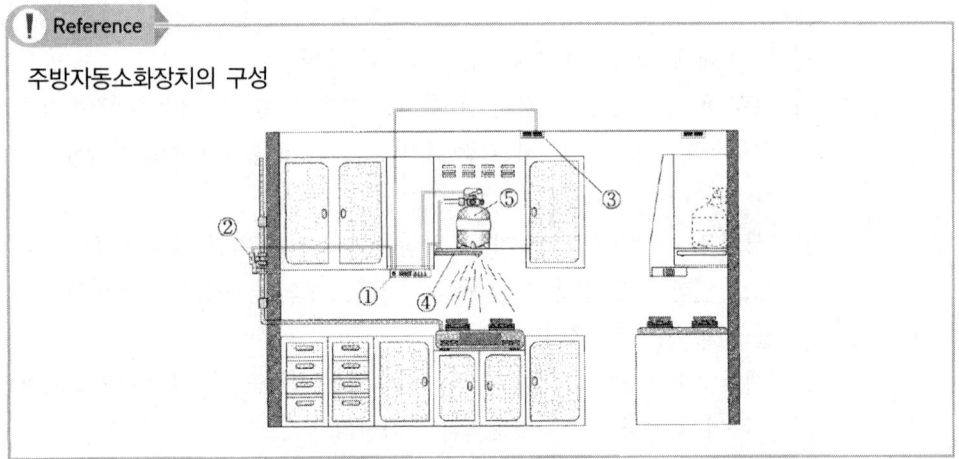

㉠ 수신부 : 탐지부에 의해 가스누설 신호를 송신받아 경보를 울리고 가스누설표시등이 점등된다. 감지부에 의해 화재신호를 송신받아 경보를 울리고 화재등이 점등된다.

㉡ 가스차단장치 : 가스가 누설되거나 화재가 발생할 경우 가스배관에 설치된 밸브를 구동력으로 자동차단하는 장치를 말한다. 주방배관의 개폐밸브로부터 2미터 이내의 위치에 설치하고 확인·점검이 가능하도록 설치하여야 한다.

㉢ 탐지부 : 가스가 누설되면 가스를 탐지하여 수신부에 송신하는 장치이다. 공기보다 무거운 가스를 사용하는 경우 바닥에서 30cm 이내에, 공기보다 가벼운 가스를 사용하는 경우 천장에서 30cm 이내에 설치하여야 한다.

㉣ 감지부/소화약제 방출구
  ㉮ 감지부 : 화재를 감지하는 역할을 하는 것으로 화재의 열을 감지하는 부분이다. 설치위치는 자동식 소화기의 형식 승인된 유효높이에 설치하여야 한다.
  ㉯ 소화약제 방출구 : 소화약제가 방출되는 부분을 말하며 가스레인지 등 가스사용장소의 중앙에 설치하여 해당 방호면적을 유효하게 소화할 수 있어야 하고 환기구 청소구부분과 분리하여 설치하여야 한다.

ⓜ 소화약제 용기 : 소량의 약제를 가진 간이형 용구가 설치되며 주로 BC분말약제나 강화액의 소화약제가 충전된 소화용기를 사용한다.

주방자동소화장치의 동작순서
- 가스 누설시 : 탐지부에서 가스누설탐지 → 수신부에서 경보 및 가스누설표시등 점등 → 가스차단장치 동작
- 화재 발생시 : 1차 온도센서동작(약 90℃) → 수신부에서 경보 및 예비화재표시등 점등 → 가스차단장치 동작 → 2차 온도센서동작(약 135℃) → 화재표시등 점등 및 소화약제 방사

② **캐비넷형 자동소화장치** : 모듈러방식의 소화기(이산화탄소, 분말, 할론 등 이용)

【 캐비넷형 자동소화장치 】

③ 가스, 분말, 고체에어로졸 자동소화장치

(3) 자동확산소화기 : 보일러실, 주방등의 천장에 설치하여 열에 의한 개방시 소화하는 장치

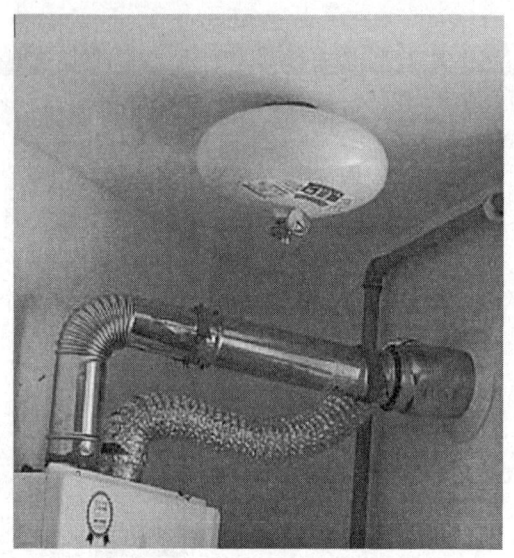

(4) 간이소화용구

① 종류
  ㉠ 마른모래, 팽창질석, 팽창진주암(소화약제 외의 것을 이용한 간이소화용구)
  ㉡ 투척용소화용구
  ㉢ 에어로졸식소화용구
  ㉣ 소공간용소화용구

② 간이소화용구의 능력단위

간이소화용구		능력단위
1. 마른모래	삽을 상비한 50L 이상의 것 1포	0.5단위
2. 팽창질석 또는 팽창진주암	삽을 상비한 80L 이상의 것 1포	0.5단위

3 ▸▸ 설치기준

(1) 소화기의 설치기준

① 소화기구는 다음 각 호의 기준에 따라 설치하여야 한다.
  ㉠ 특정소방대상물의 설치장소에 따라 다음 표에 적합한 종류의 것으로 할 것

[소화약제의 적응성]

소화약제 구분 적응대상	가스			분말		액체				기타		
	이산화탄소소화약제	할론소화약제	할로겐화합물 및 불활성기체소화약제	인산염류소화약제	중탄산염류소화약제	산알칼리소화약제	강화액소화약제	포소화약제	물·침윤소화약제	고체에어로졸화합물	마른모래	팽창질석·팽창진주암	그밖의 것
일반화재 (A급 화재)	-	○	○	○	-	○	○	○	○	○	○	○	-
유류화재 (B급 화재)	○	○	○	○	○	○	○	○	○	○	○	○	-
전기화재 (C급 화재)	○	○	○	○	○	*	*	*	*	○	-	-	-
주방화재 (K급 화재)	-	-	-	-	*	-	*	*	*	-	-	-	*

"*"의 적응성은 형식승인 및 제품검사기준에 따라 화재종류별 적응성에 적합한 것으로 인정되는 경우에 한한다.

ⓒ 특정소방대상물에 따라 소화기구의 능력단위는 다음 표의 기준에 따를 것

[특정소방대상물별 소화기구의 능력단위기준(제4조제1항제2호 관련)]

특정소방대상물	소화기구의 능력단위
1. 위락시설	해당 용도의 바닥면적 30㎡ 마다 능력단위 1단위 이상
2. 공연장·집회장·관람장·문화재·장례시설 및 의료시설	해당 용도의 바닥면적 50㎡ 마다 능력단위 1단위 이상
3. 근린생활시설·판매시설·운수시설·숙박시설·노유자시설·전시장·공동주택·업무시설·방송통신시설·공장·창고시설·항공기 및 자동차 관련 시설 및 관광휴게시설	해당 용도의 바닥면적 100㎡ 마다 능력단위 1단위 이상
4. 그 밖의 것	해당 용도의 바닥면적 200㎡ 마다 능력단위 1단위 이상

(주) 소화기구의 능력단위를 산출함에 있어서 건축물의 주요구조부가 내화구조이고, 벽 및 반자의 실내에 면하는 부분이 불연재료·준불연재료 또는 난연재료로 된 특정소방대상물에 있어서는 위 표의 기준면적의 2배를 해당 특정소방대상물의 기준면적으로 한다.

ⓒ ⓛ에 따른 능력단위 외에 다음 표에 따라 부속용도별로 사용되는 부분에 대하여는 소화기구 및 자동소화장치를 추가하여 설치할 것

용도별		소화기구의 능력단위
1. 다음 각목의 시설. 다만, 스프링클러설비·간이스프링클러설비·물분무등소화설비 또는 상업용주방자동소화장치가 설치된 경우에는 자동확산소화기를 설치하지 아니 할 수 있다. 가. 보일러실(아파트의 경우 방화구획된 것을 제외한다)·건조실·세탁소·대량화기취급소 나. 음식점(지하가의 음식점을 포함한다)·다중이용업소·호텔·기숙사·노유자 시설·의료시설·업무시설·공장·장례식장·교육연구시설·교정 및 군사시설의 주방 다만, 의료시설·업무시설 및 공장의 주방은 공동취사를 위한 것에 한한다. 다. 관리자의 출입이 곤란한 변전실·송전실·변압기실 및 배전반실(불연재료로된 상자안에 장치된 것을 제외한다)		1. 해당 용도의 바닥면적 25㎡마다 능력단위 1단위 이상의 소화기로 하고, 그 외에 자동확산소화기를 바닥면적 10㎡ 이하는 1개, 10㎡ 초과는 2개를 설치 할 것. 2. 나목의 주방의 경우 1호에 의하여 설치하는 소화기중 1개 이상은 주방화재용 소화기(K급)를 설치하여야 한다.
2. 발전실·변전실·송전실·변압기실·배전반실·통신기기실·전산기기실·기타 이와 유사한 시설이 있는 장소. 다만, 제1호 다목의 장소를 제외한다.		해당 용도의 바닥면적 50㎡마다 적응성이 있는 소화기 1개 이상또는 유효설치방호체적 이내의 가스·분말·고체에어로졸 자동소화장치, 캐비넷형자동소화장치(다만, 통신기기실·전자기기실을 제외한 장소에 있어서는 교류 600V 또는 직류750V 이상의 것에 한한다)
3. 위험물안전관리법시행령 별표1에 따른 지정수량의 1/5 이상 지정수량 미만의 위험물을 저장 또는 취급하는 장소		능력단위 2단위 이상 또는 유효설치방호체적 이내의 가스·분말·고체에어로졸 자동소화장치, 캐비넷형자동소화장치
4. 소방기본법시행령 별표2에 따른 특수가연물을 저장 또는 취급하는 장소	소방기본법시행령 별표2에서 정하는 수량 이상	소방기본법시행령 별표2에서 정하는 수량의 50배 이상마다 능력단위 1단위 이상
	소방기본법시행령 별표2에서 정하는 수량의 500배 이상	대형소화기 1개 이상
5. 고압가스안전관리법·액화석유가스의 안전관리 및 사업법 및 도시가스사업법에서 규정하는 가연성가스를 연료로 사용하는 장소	액화석유가스 기타 가연성가스를 연료로 사용하는 연소기기가 있는 장소	각 연소기로부터 보행거리 10m 이내에 능력단위 3단위 이상의 소화기 1개 이상. 다만, 상업용 주방자동소화장치가 설치된 장소는 제외한다.
	액화석유가스 기타 가연성가스를 연료로 사용하기 위하여 저장하는 저장실(저장량 300kg 미만은 제외한다)	능력단위 5단위 이상의 소화기 2개 이상 및 대형소화기 1대 이상

6. 고압가스안전관리법·액화석유가스의 안전관리 및 사업법 또는 도시가스사업법에서 규정하는 가연성가스를 제조하거나 연료외의 용도로 저장·사용하는 장소	1개월 동안 제조·사용하는 양	200kg 미만	저장하는 장소	능력단위 3단위 이상의 소화기 2개 이상
			제조·사용하는 장소	능력단위 3단위 이상의 소화기 2개 이상
		200kg 이상 300kg 미만	저장하는 장소	능력단위 5단위 이상의 소화기 2개 이상
			제조·사용하는 장소	바닥면적 50m²마다 능력단위 5단위 이상의 소화기 1개 이상
		300kg 이상	저장하는 장소	대형소화기 2개 이상
			제조·사용하는 장소	바닥면적 50m²마다 능력단위 5단위 이상의 소화기 1개 이상

비고 : 액화석유가스·기타 가연성가스를 제조하거나 연료외의 용도로 사용하는 장소에 소화기를 설치하는 때에는 해당 장소 바닥면적 50m² 이하인 경우에도 해당 소화기를 2개 이상 비치하여야 한다.

　ⓔ 소화기는 다음 각 목의 기준에 따라 설치할 것
　　ⓐ 각층마다 설치하되, 특정소방대상물의 각 부분으로부터 1개의 소화기까지의 보행거리가 소형소화기의 경우에는 20m 이내, 대형소화기의 경우에는 30m 이내가 되도록 배치할 것. 다만, 가연성물질이 없는 작업장의 경우에는 작업장의 실정에 맞게 보행거리를 완화하여 배치할 수 있다.
　　ⓑ 특정소방대상물의 각층이 2 이상의 거실로 구획된 경우에는 가목의 규정에 따라 각 층마다 설치하는 것 외에 바닥면적이 33㎡ 이상으로 구획된 각 거실(아파트의 경우에는 각 세대를 말한다)에도 배치할 것
　ⓜ 능력단위가 2단위 이상이 되도록 소화기를 설치하여야 할 특정소방대상물 또는 그 부분에 있어서는 간이소화용구의 능력단위가 전체 능력단위의 2분의 1을 초과하지 아니하게 할 것 다만, 노유자시설의 경우에는 그렇지 않다.
　ⓗ 소화기구(자동확산소화기를 제외한다)는 거주자 등이 손쉽게 사용할 수 있는 장소에 바닥으로부터 높이 1.5m 이하의 곳에 비치하고, 소화기에 있어서는 "소화기", 투척용소화용구에 있어서는 "투척용소화용구", 마른모래에 있어서는 "소화용모래", 팽창질석 및 팽창진주암에 있어서는 "소화질석"이라고 표시한 표지를 보기 쉬운 곳에 부착할 것. 다만, 소화기 및 투척용소화용구의 표지는 「축광표지의 성능인증 및 제품검사의 기술기준」에 적합한 축광식표지로 설치하고, 주차장의 경우 표지를 바닥으로부터 1.5m 이상의 높이에 설치할 것
　ⓔ 이산화탄소 또는 할로겐화합물을 방사하는 소화기구(자동확산소화기를 제외한다)는 지하층이나 무창층 또는 밀폐된 거실로서 그 바닥면적이 20㎡ 미만의 장소에는 설치

할 수 없다. 다만, 배기를 위한 유효한 개구부가 있는 장소인 경우에는 그러하지 아니하다.

(2) 자동확산소화기의 설치기준
① 방호대상물에 소화약제가 유효하게 방사될 수 있도록 설치할 것
② 작동에 지장이 없도록 견고하게 고정할 것

(3) 주거용주방자동소화장치의 설치기준
① 소화약제 방출구는 환기구(주방에서 발생하는 열기류 등을 밖으로 배출하는 장치를 말한다. 이하 같다)의 청소부분과 분리되어 있어야 하며, 형식승인 받은 유효설치 높이 및 방호면적에 따라 설치할 것
② 감지부는 형식승인 받은 유효한 높이 및 위치에 설치할 것
③ 차단장치(가스 또는 전기)는 상시 확인 및 점검이 가능하도록 설치할 것
④ 가스용 주방자동소화장치를 사용하는 경우 탐지부는 수신부와 분리하여 설치하되, 공기보다 가벼운 가스를 사용하는 경우에는 천장 면으로부터 30㎝ 이하의 위치에 설치하고, 공기보다 무거운 가스를 사용하는 장소에는 바닥 면으로부터 30㎝ 이하의 위치에 설치할 것
⑤ 수신부는 주위의 열기류 또는 습기 등과 주위온도에 영향을 받지 아니하고 사용자가 상시 볼 수 있는 장소에 설치할 것

(4) 상업용 주방자동소화장치의 설치기준
① 소화장치는 조리기구의 종류별로 성능인증 받은 설계 매뉴얼에 적합하게 설치할 것
② 감지부는 성능인증 받은 유효높이 및 위치에 설치할 것
③ 차단장치(전기 또는 가스)는 상시 확인 및 점검이 가능하도록 설치할 것
④ 후드에 방출되는 분사헤드는 후드의 가장 긴 변의 길이까지 방출될 수 있도록 약제 방출 방향 및 거리를 고려하여 설치할 것
⑤ 덕트에 방출되는 분사헤드는 성능인증 받은 길이 이내로 설치할 것

(5) 가스, 분말, 고체에어로졸 자동소화장치 설치기준
가스, 분말, 고체에어로졸 자동소화장치는 다음 각 목의 기준에 따라 설치하여야 한다.
① 소화약제 방출구는 형식승인 받은 유효설치범위 내에 설치할 것
② 자동소화장치는 방호구역내에 형식승인 된 1개의 제품을 설치할 것. 이 경우 연동방식으로서 하나의 형식을 받은 경우에는 1개의 제품으로 본다.

③ 감지부는 형식승인된 유효설치범위 내에 설치하여야 하며 설치장소의 평상시 최고주위온도에 따라 다음 표에 따른 표시온도의 것으로 설치할 것. 다만, 열감지선의 감지부는 형식승인 받은 최고주위온도범위 내에 설치하여야 한다.

설치장소의 최고주위온도	표시온도
39℃ 미만	79℃ 미만
39℃ 이상 64℃ 미만	79℃ 이상 121℃ 미만
64℃ 이상 106℃ 미만	121℃ 이상 162℃ 미만
106℃ 이상	162℃ 이상

④ ③에도 불구하고 화재감지기를 감지부로 사용하는 경우에는 캐비넷형자동소화장치 설치기준 ②~⑤에 따를 것

(6) 캐비넷형자동소화장치 설치기준

캐비넷형자동소화장치는 다음 각 목의 기준에 따라 설치하여야 한다.
① 분사헤드의 설치 높이는 방호구역의 바닥으로부터 최소 0.2m 이상 최대 3.7m 이하로 하여야 한다. 다만, 별도의 높이로 형식승인 받은 경우에는 그 범위 내에서 설치할 수 있다.
② 화재감지기는 방호구역내의 천장 또는 옥내에 면하는 부분에 설치하되「자동화재탐지설비의 화재안전기준(NFTC 203)」제7조에 적합하도록 설치할 것
③ 방호구역내의 화재감지기의 감지에 따라 작동되도록 할 것
④ 화재감지기의 회로는 교차회로방식으로 설치할 것. 다만, 화재감지기를「자동화재탐지설비의 화재안전기준(NFTC 203)」제7조제1항 단서의 각 호의 감지기로 설치하는 경우에는 그러하지 아니하다.
⑤ 교차회로내의 각 화재감지기회로별로 설치된 화재감지기 1개가 담당하는 바닥면적은「자동화재탐지설비의 화재안전기준(NFTC 203)」제7조제3항제5호·제8호 및 제10호에 따른 바닥면적으로 할 것
⑥ 개구부 및 통기구(환기장치를 포함한다. 이하 같다)를 설치한 것에 있어서는 약제가 방사되기 전에 해당 개구부 및 통기구를 자동으로 폐쇄할 수 있도록 할 것. 다만, 가스압에 의하여 폐쇄되는 것은 소화약제방출과 동시에 폐쇄할 수 있다.
⑦ 작동에 지장이 없도록 견고하게 고정시킬 것
⑧ 구획된 장소의 방호체적 이상을 방호할 수 있는 소화성능이 있을 것

4 ▸▸ 소화기의 감소

① 소형소화기를 설치하여야 할 특정소방대상물 또는 그 부분에 옥내소화전설비·스프링클러설비·물분무등소화설비·옥외소화전설비 또는 대형소화기를 설치한 경우에는 해당 설비의 유효범위의 부분에 대하여는 제4조제1항제2호 및 제3호에 따른 소화기의 3분의 2(대형소화기를 둔 경우에는 2분의 1)를 감소할 수 있다. 다만, 층수가 11층 이상인 부분, 근린생활시설, 위락시설, 문화 및 집회시설, 운동시설, 판매시설, 운수시설, 숙박시설, 노유자시설, 의료시설, 아파트, 업무시설(무인변전소를 제외한다), 방송통신시설, 교육연구시설, 항공기 및 자동차관련시설, 관광 휴게시설은 그러하지 아니하다.

② 대형소화기를 설치하여야 할 특정소방대상물 또는 그 부분에 옥내소화전설비·스프링클러설비·물분무등소화설비 또는 옥외소화전설비를 설치한 경우에는 해당 설비의 유효범위안의 부분에 대하여는 대형소화기를 설치하지 아니할 수 있다.

CHAPTER 02. 옥내소화전(NFTC102)

1 ▶▶ 옥내소화전(옥내화전)의 설치대상

옥내소화전설비를 설치해야 하는 특정소방대상물은 다음의 어느 하나에 해당하는 것으로 한다. 다만, 위험물 저장 및 처리 시설 중 가스시설, 지하구 및 업무시설 중 무인변전소(방재실 등에서 스프링클러설비 또는 물분무등소화설비를 원격으로 조정할 수 있는 무인변전소로 한정한다)는 제외한다.

① 다음의 어느 하나에 해당하는 경우에는 모든 층
  ㉠ 연면적 3천㎡ 이상인 것(지하가 중 터널은 제외한다)
  ㉡ 지하층·무창층(축사는 제외한다)으로서 바닥면적이 600㎡ 이상인 층이 있는 것
  ㉢ 층수가 4층 이상인 것 중 바닥면적이 600㎡ 이상인 층이 있는 것
② ①에 해당하지 않는 근린생활시설, 판매시설, 운수시설, 의료시설, 노유자 시설, 업무시설, 숙박시설, 위락시설, 공장, 창고시설, 항공기 및 자동차 관련 시설, 교정 및 군사시설 중 국방·군사시설, 방송통신시설, 발전시설, 장례시설 또는 복합건축물로서 다음의 어느 하나에 해당하는 경우에는 모든 층
  ㉠ 연면적 1천5백㎡ 이상인 것
  ㉡ 지하층·무창층으로서 바닥면적이 300㎡ 이상인 층이 있는 것
  ㉢ 층수가 4층 이상인 것 중 바닥면적이 300㎡ 이상인 층이 있는 것
③ 건축물의 옥상에 설치된 차고·주차장으로서 사용되는 면적이 200㎡ 이상인 경우 해당 부분
④ 지하가 중 터널로서 다음에 해당하는 터널
  가) 길이가 1천m 이상인 터널
  나) 예상교통량, 경사도 등 터널의 특성을 고려하여 행정안전부령으로 정하는 터널
⑤ ① 및 ②에 해당하지 않는 공장 또는 창고시설로서 「화재의 예방 및 안전관리에 관한 법률 시행령」 별표 2에서 정하는 수량의 750배 이상의 특수가연물을 저장·취급하는 것

2 ▶▶ 옥내소화전(호스릴)설비의 구성 및 계통도

(1) 구성
① 수원
② 가압송수장치
③ 배관 등
④ 함 및 방수구
⑤ 전원
⑥ 제어반
⑦ 배선 등
⑧ 방수구제외
⑨ 수원 및 가압송수장치등의 겸용

(2) 계통도

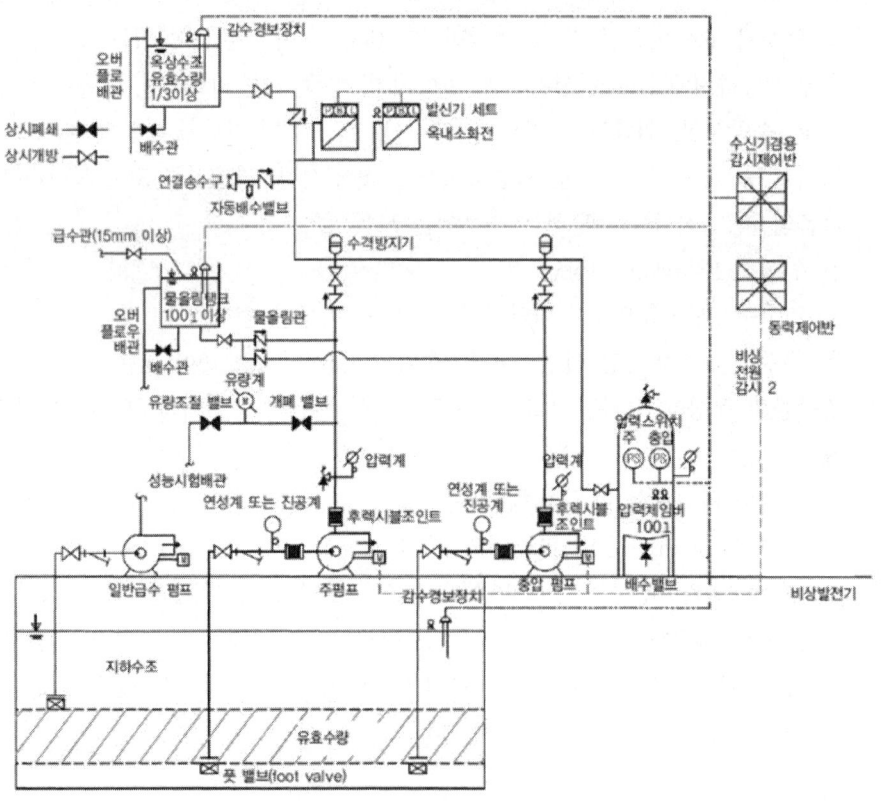

3 ▸ 수원

(1) 수원의 양

옥내소화전설비의 수원은 그 저수량이 옥내소화전의 설치개수가 가장 많은 층의 설치개수(2개 이상 설치된 경우에는 2개)에 2.6㎥(호스릴옥내소화전설비를 포함한다)를 곱한 양 이상이 되도록 하여야 한다. 다만, 층수가 30층 이상 49층 이하는 5.2㎥를, 50층 이상은 7.8㎥를 곱한 양 이상이 되도록 하여야 한다.(30층 이상의 경우 5개)

> 30층 미만의 경우 : 수원의 양(㎥)= $N \times 2.6m^3$ 이상= $N \times 130l/min \times 20min$ 이상(최대 2개)
> 30층 이상 49층 이하의 경우 : 수원의 양(㎥)= $N \times 5.2m^3$ 이상(최대 5개)
> $\qquad\qquad\qquad\qquad\qquad\qquad = N \times 130l/min \times 40min$ 이상
> 50층 이상의 경우 : 수원의 양(㎥)= $N \times 7.8m^3$ 이상= $N \times 130l/min \times 60min$ 이상(최대 5개)

(2) 옥상수원의 양

옥내소화전설비의 수원은 제1항에 따라 산출된 유효수량 외에 유효수량의 3분의 1 이상을 옥상(옥내소화전설비가 설치된 건축물의 주된 옥상을 말한다. 이하 같다)에 설치하여야 한다.

(3) 옥상수조제외

① 지하층만 있는 건축물
② 고가수조를 가압송수장치로 설치한 옥내소화전설비
③ 수원이 건축물의 최상층에 설치된 방수구보다 높은 위치에 설치된 경우
④ 건축물의 높이가 지표면으로부터 10m 이하인 경우
⑤ 주펌프와 동등 이상의 성능이 있는 별도의 펌프로서 내연기관의 기동과 연동하여 작동되거나 비상전원을 연결하여 설치한 경우
⑥ 학교·공장·창고시설(제4조제2항에 따라 옥상수조를 설치한 대상은 제외한다)로서 동결의 우려가 있는 장소에 있어서는 기동스위치에 보호판을 부착하여 옥내소화전함 내에 설치하는 경우
⑦ 가압수조를 가압송수장치로 설치한 옥내소화전설비

※ 옥상수조제외규정시에도 층수가 30층 이상의 특정소방대상물의 수원은 산출된 유효수량 외에 유효수량의 3분의 1 이상을 옥상(옥내소화전설비가 설치된 건축물의 주된 옥상을 말한다)에 설치하여야 한다. 다만, 고가수조방식인 경우와 수원이 건축물의 최상층에 설치된 방수구보다 높은 위치에 설치된 경우 그러하지 아니하다.

(4) 전용 및 겸용

옥내소화전설비의 수원을 수조로 설치하는 경우에는 소방설비의 전용수조로 하여야 한다. 다만, 다음의 어느 하나에 해당하는 경우에는 그러하지 아니하다.

① 옥내소화전펌프의 후드밸브 또는 흡수배관의 흡수구(수직회전축펌프의 흡수구를 포함한다. 이하 같다)를 다른 설비(소방용설비 외의 것을 말한다. 이하 같다)의 후드밸브 또는 흡수구보다 낮은 위치에 설치한 때
② 고가수조로부터 옥내소화전설비의 수직배관에 물을 공급하는 급수구를 다른 설비의 급수구보다 낮은 위치에 설치한 때

※ 저수량을 산정함에 있어서 다른 설비와 겸용하여 옥내소화전설비용 수조를 설치하는 경우에는 옥내소화전설비의 후드밸브·흡수구 또는 수직배관의 급수구와 다른 설비의 후드밸브·흡수구 또는 수직배관의 급수구와의 사이의 수량을 그 유효수량으로 한다.

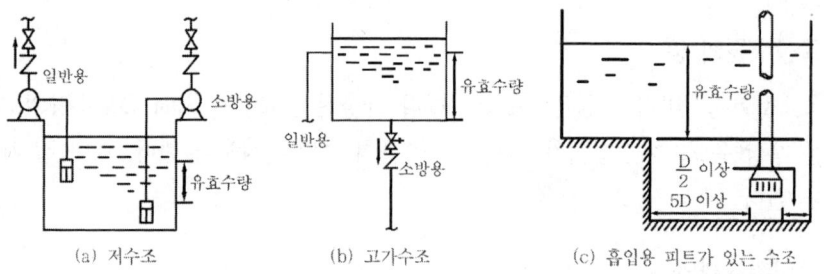

【 다른 설비와 겸용하는 경우의 유효수량 】

(5) 수조설치기준

① 점검에 편리한 곳에 설치할 것
② 동결방지조치를 하거나 동결의 우려가 없는 장소에 설치할 것
③ 수조의 외측에 수위계를 설치할 것. 다만, 구조상 불가피한 경우에는 수조의 맨홀 등을 통하여 수조 안의 물의 양을 쉽게 확인할 수 있도록 하여야 한다.
④ 수조의 상단이 바닥보다 높은 때에는 수조의 외측에 고정식 사다리를 설치할 것
⑤ 수조가 실내에 설치된 때에는 그 실내에 조명설비를 설치할 것
⑥ 수조의 밑 부분에는 청소용 배수밸브 또는 배수관을 설치할 것
⑦ 수조의 외측의 보기 쉬운 곳에 "옥내소화전설비용 수조"라고 표시한 표지를 할 것. 이 경우 그 수조를 다른 설비와 겸용하는 때에는 그 겸용되는 설비의 이름을 표시한 표지를 함께 하여야 한다.

⑧ 옥내소화전펌프의 흡수배관 또는 옥내소화전설비의 수직배관과 수조의 접속부분에는 "옥내소화전설비용 배관"이라고 표시한 표지를 할 것.

4. 가압송수장치

(1) 전동기 또는 내연기관에 따른 펌프를 이용하는 가압송수장치
[주펌프는 전동기에 따른 펌프로 설치하여야 한다]

① 쉽게 접근할 수 있고 점검하기에 충분한 공간이 있는 장소로서 화재 및 침수 등의 재해로 인한 피해를 받을 우려가 없는 곳에 설치할 것
② 동결방지조치를 하거나 동결의 우려가 없는 장소에 설치할 것
③ 특정소방대상물의 어느 층에 있어서도 해당 층의 옥내소화전(2개 이상 설치된 경우에는 2개의 옥내소화전)을 동시에 사용할 경우 각 소화전의 노즐선단에서의 방수압력이 0.17MPa(호스릴옥내소화전설비를 포함한다) 이상이고, 방수량이 130L/min(호스릴옥내소화전설비를 포함한다) 이상이 되는 성능의 것으로 할 것. 다만, 하나의 옥내소화전을 사용하는 노즐선단에서의 방수압력이 0.7MPa을 초과할 경우에는 호스접결구의 인입 측에 감압장치를 설치하여야 한다.
④ 펌프의 토출량은 옥내소화전이 가장 많이 설치된 층의 설치개수(옥내소화전이 2개 이상 설치된 경우에는 2개)에 130L/min를 곱한 양 이상이 되도록 할 것
⑤ 펌프는 전용으로 할 것. 다만, 다른 소화설비와 겸용하는 경우 각각의 소화설비의 성능에 지장이 없을 때에는 그러하지 아니하다.
⑤ 의2. ⑤ 단서에도 불구하고 층수가 30층 이상의 특정소방대상물은 스프링클러설비와 겸용할 수 없다.
⑥ 펌프의 토출 측에는 압력계를 체크밸브 이전에 펌프토출 측 플랜지에서 가까운 곳에 설치하고, 흡입 측에는 연성계 또는 진공계를 설치할 것. 다만, 수원의 수위가 펌프의 위치보다 높거나 수직회전축 펌프의 경우에는 연성계 또는 진공계를 설치하지 아니할 수 있다.
⑦ 펌프의 성능은 체절운전 시 정격토출압력의 140%를 초과하지 않고, 정격토출량의 150%로 운전 시 정격토출압력의 65% 이상이 되어야 하며, 펌프의 성능을 시험할 수 있는 성능시험배관을 설치할 것. 다만, 충압펌프의 경우에는 그렇지 않다.
⑧ 가압송수장치에는 체절운전 시 수온의 상승을 방지하기 위한 순환배관을 설치할 것. 다만, 충압펌프의 경우에는 그러하지 아니하다.

⑨ 기동장치로는 기동용수압개폐장치 또는 이와 동등 이상의 성능이 있는 것을 설치할 것. 다만, 학교·공장·창고시설(옥상수조를 설치한 대상은 제외한다)로서 동결의 우려가 있는 장소에 있어서는 기동스위치에 보호판을 부착하여 옥내소화전함 내에 설치할 수 있다.

⑨의 2. ⑨ 단서의 경우에는 주펌프와 동등 이상의 성능이 있는 별도의 펌프로서 내연기관과 연동하여 작동하거나 비상전원을 연결한 펌프를 추가 설치할 것. 다만, 다음 각 목의 경우는 제외한다.
　㉠ 지하층만 있는 건축물
　㉡ 고가수조를 가압송수장치로 설치한 경우
　㉢ 수원이 건축물의 최상층에 설치된 방수구보다 높은 위치에 설치된 경우
　㉣ 건축물의 높이가 지표면으로부터 10m 이하인 경우
　㉤ 가압수조를 가압송수장치로 설치한 경우

⑩ 기동용수압개폐장치(압력챔버)를 사용할 경우 그 용적은 100L 이상의 것으로 할 것

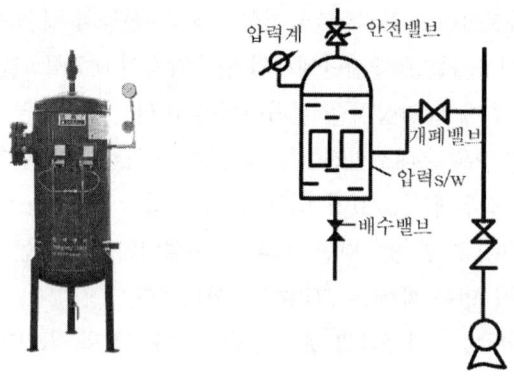

【 기동용 수압개폐장치 】

⑪ 수원의 수위가 펌프보다 낮은 위치에 있는 가압송수장치에는 다음 각 목의 기준에 따른 물올림장치를 설치할 것
　㉠ 물올림장치에는 전용의 탱크를 설치할 것
　㉡ 탱크의 유효수량은 100L 이상으로 하되, 구경 15mm 이상의 급수배관에 따라 해당 탱크에 물이 계속 보급되도록 할 것

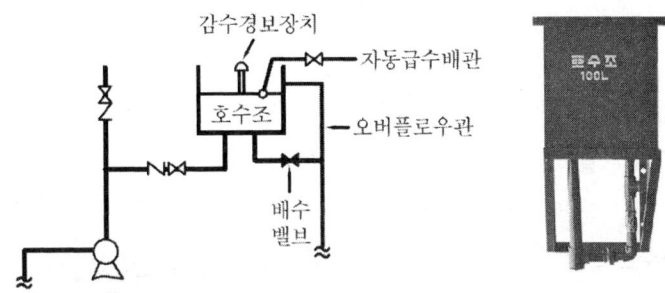

【 물올림장치 】

⑫ 기동용수압개폐장치를 기동장치로 사용할 경우에는 다음 각 목의 기준에 따른 충압펌프를 설치할 것. 다만, 옥내소화전이 각층에 1개씩 설치된 경우로서 소화용 급수펌프로도 상시 충압이 가능하고 다음 가목의 성능을 갖춘 경우에는 충압펌프를 별도로 설치하지 아니할 수 있다.
　㉠ 펌프의 토출압력은 그 설비의 최고위 호스접결구의 자연압보다 적어도 0.2MPa이 더 크도록 하거나 가압송수장치의 정격토출압력과 같게 할 것
　㉡ 펌프의 정격토출량은 정상적인 누설량보다 적어서는 아니 되며, 옥내소화전설비가 자동적으로 작동할 수 있도록 충분한 토출량을 유지할 것
⑬ 내연기관을 사용하는 경우에는 다음 각 목의 기준에 적합한 것으로 할 것
　㉠ 내연기관의 기동은 ⑨의 기동장치를 설치하거나 또는 소화전함의 위치에서 원격조작이 가능하고 기동을 명시하는 적색등을 설치할 것
　㉡ 제어반에 따라 내연기관의 자동기동 및 수동기동이 가능하고, 상시 충전되어 있는 축전지설비를 갖출 것
　㉢ 내연기관의 연료량은 펌프를 20분(층수가 30층 이상 49층 이하는 40분, 50층 이상은 60분) 이상 운전할 수 있는 용량일 것
⑭ 가압송수장치에는 "옥내소화전펌프"라고 표시한 표지를 할 것. 이 경우 그 가압송수장치를 다른 설비와 겸용하는 때에는 그 겸용되는 설비의 이름을 표시한 표지를 함께 하여야 한다.
⑮ 가압송수장치가 기동이 된 경우에는 자동으로 정지되지 아니하도록 하여야 한다. 다만, 충압펌프의 경우에는 그러하지 아니하다.
⑯ 가압송수장치는 부식 등으로 인한 펌프의 고착을 방지할 수 있도록 다음 각 목의 기준에 적합한 것으로 할 것. 다만, 충압펌프는 제외한다.
　㉠ 임펠러는 청동 또는 스테인리스 등 부식에 강한 재질을 사용할 것
　㉡ 펌프축은 스테인리스 등 부식에 강한 재질을 사용할 것

(2) 고가수조의 자연낙차를 이용하는 가압송수장치

① 고가수조의 자연낙차수두 산출식

$$H = h_1 + h_2 + 17m(옥내소화전 및 호스릴옥내소화전설비)$$

H : 필요한 낙차(m)(수조의 하단으로부터 최고층의 호스 접결구까지 수직거리)
h_1 : 소방용 호스 마찰손실수두(m), h_2 : 배관의 마찰손실수두(m)

② 고가수조설치
  ㉠ 수위계
  ㉡ 배수관
  ㉢ 급수관
  ㉣ 오버플로우관
  ㉤ 맨홀

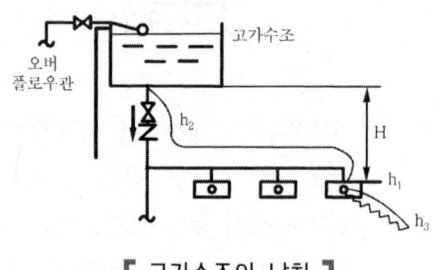

【 고가수조의 낙차 】

(3) 압력수조를 이용하는 가압송수장치

① 압력수조의 필요압력 산출식

$$P = P_1 + P_2 + P_3 + 0.17MPa(옥내소화전 및 호스릴옥내소화전설비)$$

P : 필요한 압력(MPa), P_1 : 배관 및 관부속물의 마찰손실압력(MPa)
P_2 : 소방용 호스의 마찰손실압력(MPa), P_3 : 낙차의 환산압력(MPa)

② 압력수조설치
  ㉠ 수위계
  ㉡ 배수관
  ㉢ 급수관
  ㉣ 급기관
  ㉤ 맨홀
  ㉥ 압력계
  ㉦ 안전장치
  ㉧ 자동식공기압축기

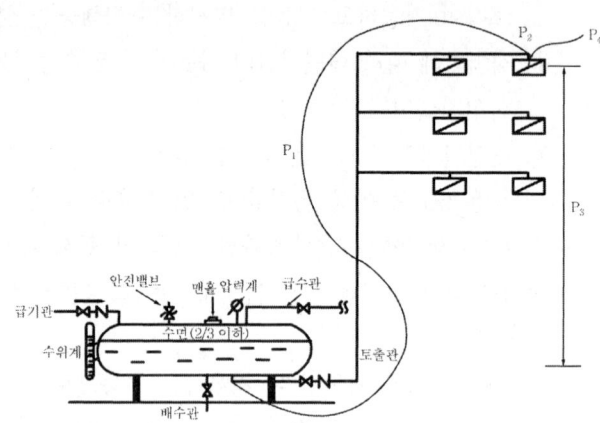

(4) 가압수조를 이용하는 가압송수장치

① 가압수조의 압력은 제1항제3호에 따른 방수량 및 방수압이 20분 이상 유지되도록 할 것
② 가압수조 및 가압원은 방화구획 된 장소에 설치 할 것

③ 가압수조를 이용한 가압송수장치는 소방청장이 정하여 고시한「가압수조식가압송수장치의 성능인증 및 제품검사의 기술기준」에 적합한 것으로 설치할 것

5 ▶▶ 배관 등

(1) 배관의 종류

배관과 배관이음쇠는 다음의 어느 하나에 해당하는 것 또는 동등 이상의 강도·내식성 및 내열성을 국내의 공인기관으로부터 인정받은 것을 사용하여야 하고, 배관용 스테인리스강관(KS D 3576)의 이음을 용접으로 할 경우에는 알곤용접방식에 따른다.
① 배관 내 사용압력이 1.2MPa 미만일 경우에는 다음 각 목의 어느 하나에 해당하는 것
  ㉠ 배관용 탄소강관(KS D 3507)
  ㉡ 이음매 없는 구리 및 구리합금관(KS D 5301). 다만, 습식의 배관에 한한다.
  ㉢ 배관용 스테인리스강관(KS D 3576) 또는 일반배관용 스테인리스강관(KS D 3595)
  ㉣ 덕타일 주철관(KS D 4311)
② 배관 내 사용압력이 1.2MPa 이상일 경우에는 다음 각목 어느 하나에 해당하는 것
  ㉠ 압력배관용 탄소강관(KS D 3562)
  ㉡ 배관용 아크용접 탄소강강관(KS D 3583)

(2) 합성수지배관 설치할 수 있는 경우

다음의 어느 하나에 해당하는 장소에는 소방청장이 정하여 고시한「소방용합성수지배관의 성능인증 및 제품검사의 기술기준」에 적합한 소방용 합성수지배관으로 설치할 수 있다.
① 배관을 지하에 매설하는 경우
② 다른 부분과 내화구조로 구획된 덕트 또는 피트의 내부에 설치하는 경우

③ 천장(상층이 있는 경우에는 상층바닥의 하단을 포함한다. 이하 같다)과 반자를 불연 재료 또는 준불연 재료로 설치하고 그 내부에 습식으로 배관을 설치하는 경우

(3) 전용 및 겸용

급수배관은 전용으로 하여야 한다. 다만, 옥내소화전의 기동장치의 조작과 동시에 다른 설비의 용도에 사용하는 배관의 송수를 차단할 수 있거나, 옥내소화전설비의 성능에 지장이 없는 경우에는 다른 설비와 겸용할 수 있다. 다만, 층수가 30층 이상의 특정소방대상물은 스프링클러설비와 겸용할 수 없다.

(4) 흡입측배관 설치기준

① 공기고임이 생기지 아니하는 구조로 하고 여과장치를 설치할 것
② 수조가 펌프보다 낮게 설치된 경우에는 각펌프(충압펌프를 포함한다)마다 수조로부터 별도로 설치할 것

(5) 배관의 관경

① 펌프의 토출 측 주배관의 구경은 유속이 4㎧ 이하가 될 수 있는 크기 이상으로 하여야 하고, 옥내소화전방수구와 연결되는 가지배관의 구경은 40㎜(호스릴옥내소화전설비의 경우에는 25㎜) 이상으로 하여야 하며, 주배관중 수직배관의 구경은 50㎜(호스릴옥내소화전설비의 경우에는 32㎜) 이상으로 하여야 한다.
② 연결송수관설비의 배관과 겸용할 경우의 주배관은 구경 100㎜ 이상, 방수구로 연결되는 배관의 구경은 65㎜ 이상의 것으로 하여야 한다.

(6) 펌프의 성능시험배관

펌프의 성능은 체절운전 시 정격토출압력의 140%를 초과하지 아니하고, 정격토출량의 150%로 운전 시 정격토출압력의 65% 이상이 되어야 하며, 펌프의 성능시험배관은 다음의 기준에 적합하여야 한다.
① 성능시험배관은 펌프의 토출측에 설치된 개폐밸브 이전에서 분기하여 설치하고, 유량측정장치를 기준으로 전단 직관부에 개폐밸브를 후단 직관부에는 유량조절밸브를 설치할 것
② 유량측정장치는 성능시험배관의 직관부에 설치하되, 펌프의 정격토출량의 175% 이상 측정할 수 있는 성능이 있을 것

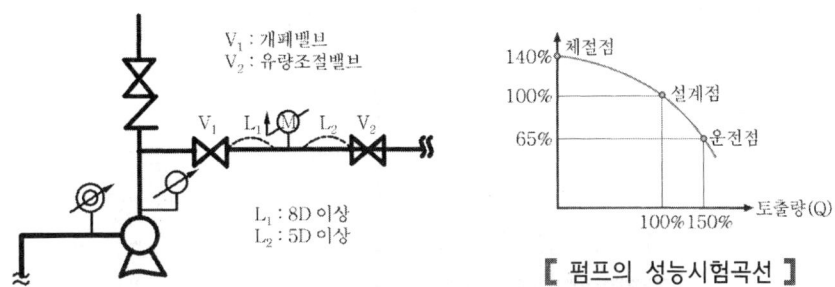

【 펌프의 성능시험곡선 】

(7) 순환배관

가압송수장치의 체절운전 시 수온의 상승을 방지하기 위하여 체크밸브와 펌프사이에서 분기한 구경 20mm 이상의 배관에 체절압력 미만에서 개방되는 릴리프밸브를 설치하여야 한다.

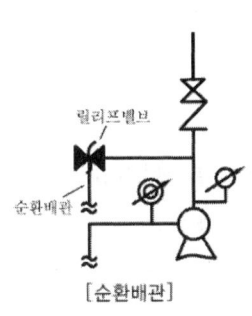

(8) 송수구

① 송수구는 소방차가 쉽게 접근할 수 있는 잘 보이는 장소에 설치하되 화재층으로부터 지면으로 떨어지는 유리창 등이 송수 및 그 밖의 소화작업에 지장을 주지 아니하는 장소에 설치할 것
② 송수구로부터 주 배관에 이르는 연결배관에는 개폐밸브를 설치하지 아니할 것. 다만, 스프링클러설비·물분무소화설비·포소화설비 또는 연결송수관 설비의 배관과 겸용하는 경우에는 그러하지 아니하다.
③ 지면으로부터 높이가 0.5m 이상 1m 이하의 위치에 설치할 것
④ 구경 65mm의 쌍구형 또는 단구형으로 할 것
⑤ 송수구의 가까운 부분에 자동배수밸브(또는 직경 5mm의 배수공) 및 체크밸브를 설치할 것. 이 경우 자동배수밸브는 배관안의 물이 잘 빠질 수 있는 위치에 설치하되, 배수로 인하여 다른 물건 또는 장소에 피해를 주지 아니하여야 한다.

⑥ 송수구에는 이물질을 막기 위한 마개를 씌울 것

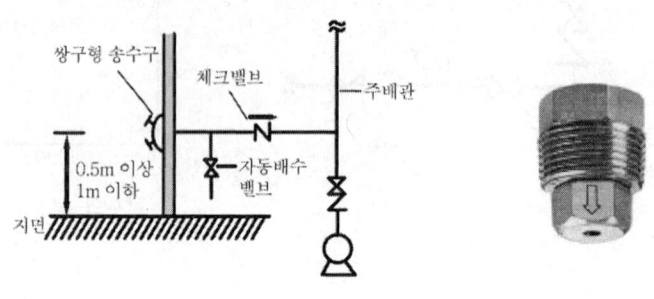

[송수구 설치기준]

> ! Reference
>
> 송수구의 설치목적
> 소방대가 화재현장에 도착하여 소방펌프 자동차가 송수구를 통해 가압수를 공급하여 원활한 소화활동을 하기 위함이다.

(9) 기타 배관기준

① 동결방지조치를 하거나 동결의 우려가 없는 장소에 설치하여야 한다. 다만, 보온재를 사용할 경우에는 난연재료 성능 이상의 것으로 하여야 한다.
② 급수배관에 설치되어 급수를 차단할 수 있는 개폐밸브(옥내소화전방수구를 제외한다)는 개폐표시형으로 하여야 한다. 이 경우 펌프의 흡입측 배관에는 버터플라이밸브 외의 개폐표시형밸브를 설치하여야 한다.
③ 배관은 다른 설비의 배관과 쉽게 구분이 될 수 있는 위치에 설치하거나, 그 배관표면 또는 배관 보온재표면의 색상은 「한국산업표준(배관계의 식별 표시, KS A 0503)」 또는 적색으로 식별이 가능하도록 소방용설비의 배관임을 표시하여야 한다.
④ 분기배관을 사용할 경우에는 소방청장이 정하여 고시한 「분기배관의 성능인증 및 제품검사의 기술기준」에 적합한 것으로 설치하여야 한다.

6 ▸▸ 함 및 방수구 등

(1) 함

① 함은 소방청장이 정하여 고시한 「소화전함 성능인증 및 제품검사의 기술기준」에 적합한 것으로 설치하되 밸브의 조작, 호스의 수납 및 문의 개방 등 옥내소화전 사용에 장애가 없도록 설치할 것. 연결송수관의 방수구를 같이 설치하는 경우에도 또한 같다.

② 특정소방대상물의 각 부분으로부터 방수구까지의 수평거리가 25m를 초과하는 경우로서 기둥 또는 벽이 설치되지 아니한 대형공간의 경우는 다음 각 기준에 따라 설치할 수 있다.
    ㉠ 호스 및 관창은 방수구의 가장 가까운 장소의 벽 또는 기둥 등에 함을 설치하여 비치 할 것
    ㉡ 방수구의 위치표지는 표시등 또는 축광도료 등으로 상시 확인이 가능토록 할 것

(2) 방수구

① 특정소방대상물의 층마다 설치하되, 해당 특정소방대상물의 각 부분으로부터 하나의 옥내소화전방수구까지의 수평거리가 25m(호스릴옥내소화전설비를 포함한다) 이하가 되도록 할 것. 다만, 복층형 구조의 공동주택의 경우에는 세대의 출입구가 설치된 층에만 설치할 수 있다.
② 바닥으로부터의 높이가 1.5m 이하가 되도록 할 것
③ 호스는 구경 40㎜(호스릴옥내소화전설비의 경우에는 25㎜) 이상의 것으로서 특정소방대상물의 각 부분에 물이 유효하게 뿌려질 수 있는 길이로 설치할 것
④ 호스릴옥내소화전설비의 경우 그 노즐에는 노즐을 쉽게 개폐할 수 있는 장치를 부착할 것

(3) 표시등

① 옥내소화전설비의 위치를 표시하는 표시등은 함의 상부에 설치하되, 소방청장이 고시하는 「표시등의 성능인증 및 제품검사의 기술기준」에 적합한 것으로 할것.
② 가압송수장치의 기동을 표시하는 표시등은 옥내소화전함의 상부 또는 그 직근에 설치하되 적색등으로 할 것.

(4) 표시 및 표지판

옥내소화전설비의 함에는 그 표면에 "소화전"이라는 표시와 그 사용요령을 기재한 표지판(외국어 병기)을 붙여야 한다.

7 ▶▶ 전원

(1) 상용전원

옥내소화전설비에는 그 특정소방대상물의 수전방식에 따라 다음 각 기준에 따른 상용전원회로의 배선을 설치하여야 한다. 다만, 가압수조방식으로서 모든 기능이 20분 이상 유

효하게 지속될 수 있는 경우에는 그러하지 아니하다.
① 저압수전인 경우에는 인입개폐기의 직후에서 분기하여 전용배선으로 하여야 하며, 전용의 전선관에 보호 되도록 할 것
② 특별고압수전 또는 고압수전일 경우에는 전력용 변압기 2차측의 주차단기 1차측에서 분기하여 전용배선으로 하되, 상용전원의 상시공급에 지장이 없을 경우에는주차단기 2차측에서 분기하여 전용배선으로 할 것. 다만, 가압송수장치의 정격입력전압이 수전전압과 같은 경우에는 제1호의 기준에 따른다.

> **Reference**
>
> 전원의 수전방법
> - 저압 : 인입개폐기의 직후에서 분기하여 전용배선으로 할 것
>
>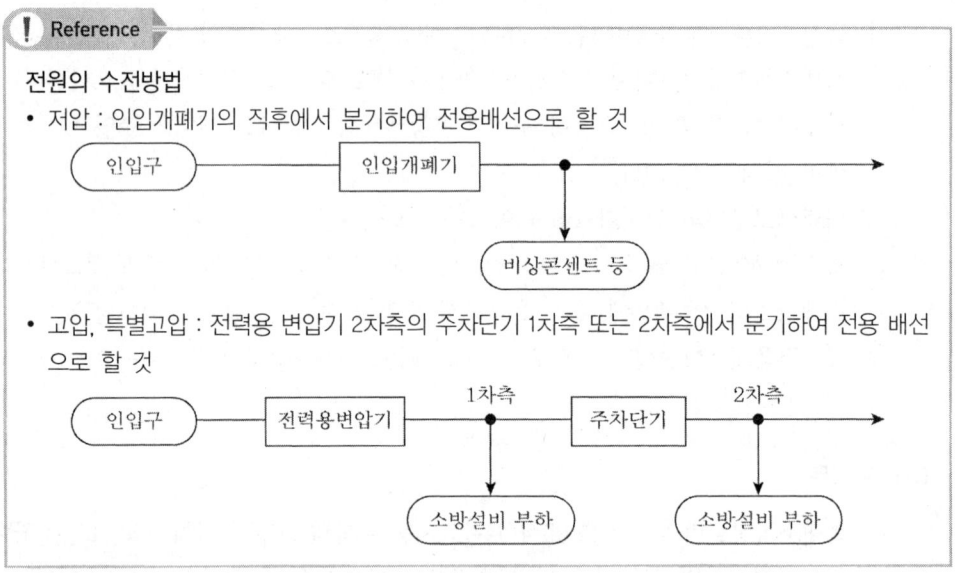
>
> - 고압, 특별고압 : 전력용 변압기 2차측의 주차단기 1차측 또는 2차측에서 분기하여 전용 배선으로 할 것

(2) 비상전원

① 비상전원의 종류 : 자가발전설비 또는 축전지설비(내연기관에 따른 펌프를 사용하는 경우에는 내연기관의 기동 및 제어용 축전지를 말한다), 전기저장장치(외부 전기에너지를 저장해 두었다가 필요한 때 전기를 공급하는 장치)

② 비상전원의 설치대상
  ㉠ 층수가 7층 이상으로서 연면적이 2,000㎡ 이상인 것
  ㉡ 제1호에 해당하지 아니하는 특정소방대상물로서 지하층의 바닥면적의 합계가 3,000㎡ 이상인 것

③ 비상전원의 설치제외 경우
  ㉠ 2 이상의 변전소(「전기사업법」 제67조에 따른 변전소를 말한다. 이하 같다)에서 전력을 동시에 공급받을 수 있는 경우

ⓛ 하나의 변전소로부터 전력의 공급이 중단되는 때에는 자동으로 다른 변전소로부터 전원을 공급받을 수 있도록 상용전원을 설치한 경우
ⓒ 가압수조방식의 경우
④ 비상전원의 설치기준 : 비상전원은 자가발전설비 또는 축전지설비(내연기관에 따른 펌프를 사용하는 경우에는 내연기관의 기동 및 제어용 축전지를 말한다) 또는 전기저장장치(외부전기에너지를 저장해 두었다가 필요한 때 전기를 공급하는 장치)로서 다음 각 기준에 따라 설치하여야 한다.
㉠ 점검에 편리하고 화재 및 침수 등의 재해로 인한 피해를 받을 우려가 없는 곳에 설치할 것
㉡ 옥내소화전설비를 유효하게 20분 이상, 층수가 30층 이상 49층 이하는 40분 이상, 50층 이상은 60분 이상 작동할 수 있어야 할 것
㉢ 상용전원으로부터 전력의 공급이 중단된 때에는 자동으로 비상전원으로부터 전력을 공급받을 수 있도록 할 것
㉣ 비상전원(내연기관의 기동 및 제어용 축전기를 제외한다)의 설치장소는 다른 장소와 방화구획 할 것. 이 경우 그 장소에는 비상전원의 공급에 필요한 기구나 설비외의 것(열병합발전설비에 필요한 기구나 설비는 제외한다)을 두어서는 아니 된다.
㉤ 비상전원을 실내에 설치하는 때에는 그 실내에 비상조명등을 설치할 것

8 제어반

(1) 감시제어반

① 감시제어반의 기능
㉠ 각 펌프의 작동여부를 확인할 수 있는 표시등 및 음향경보기능이 있어야 할 것
㉡ 각 펌프를 자동 및 수동으로 작동시키거나 중단시킬 수 있어야 할 것
㉢ 비상전원을 설치한 경우에는 상용전원 및 비상전원의 공급여부를 확인할 수 있어야 할 것
㉣ 수조 또는 물올림탱크가 저수위로 될 때 표시등 및 음향으로 경보할 것
㉤ 각 확인회로(기동용수압개폐장치의 압력스위치회로 · 수조 또는 물올림탱크의 감시회로를 말한다)마다 도통시험 및 작동시험을 할 수 있어야 할 것
㉥ 예비전원이 확보되고 예비전원의 적합여부를 시험할 수 있어야 할 것
② 감시제어반의 설치기준
㉠ 화재 및 침수 등의 재해로 인한 피해를 받을 우려가 없는 곳에 설치할 것

ⓒ 감시제어반은 옥내소화전설비의 전용으로 할 것. 다만, 옥내소화전설비의 제어에 지장이 없는 경우에는 다른 설비와 겸용할 수 있다.

ⓒ 감시제어반은 다음 각 목의 기준에 따른 전용실안에 설치할 것. 다만 감시제어반과 동력제어반을 같은 장소에 설치할수 있는 경우와 공장, 발전소 등에서 설비를 집중 제어·운전할 목적으로 설치하는 중앙제어실내에 감시제어반을 설치하는 경우에는 그러하지 아니하다.

㉮ 다른 부분과 방화구획을 할 것. 이 경우 전용실의 벽에는 기계실 또는 전기실 등의 감시를 위하여 두께 7mm 이상의 망입유리(두께 16.3mm 이상의 접합유리 또는 두께 28mm 이상의 복층유리를 포함한다)로 된 4㎡ 미만의 붙박이창을 설치할 수 있다.

㉯ 피난층 또는 지하 1층에 설치할 것. 다만, 다음 각 세목의 어느 하나에 해당하는 경우에는 지상 2층에 설치하거나 지하 1층 외의 지하층에 설치할 수 있다.
- 「건축법시행령」 제35조에 따라 특별피난계단이 설치되고 그 계단(부속실을 포함한다)출입구로부터 보행거리 5m 이내에 전용실의 출입구가 있는 경우
- 아파트의 관리동(관리동이 없는 경우에는 경비실)에 설치하는 경우

㉰ 비상조명등 및 급·배기설비를 설치할 것

㉱ 「무선통신보조설비의 화재안전기준(NFTC 505)」 제5조제3항에 따라 유효하게 통신이 가능할 것(영 별표 5의 제5호마목에 따른 무선통신보조설비가 설치된 특정소방대상물에 한한다)

㉲ 바닥면적은 감시제어반의 설치에 필요한 면적 외에 화재 시 소방대원이 그 감시제어반의 조작에 필요한 최소면적 이상으로 할 것

④ 전용실에는 특정소방대상물의 기계·기구 또는 시설 등의 제어 및 감시설비외의 것을 두지 아니할 것

(2) 동력제어반

① 앞면은 적색으로 하고 "옥내소화전설비용 동력제어반"이라고 표시한 표지를 설치할 것

② 외함은 두께 1.5mm 이상의 강판 또는 이와 동등 이상의 강도 및 내열성능이 있는 것으로 할 것

③ 화재 및 침수 등의 재해로 인한 피해를 받을 우려가 없는 곳에 설치할 것

④ 동력제어반은 옥내소화전설비의 전용으로 할 것. 다만, 옥내소화전설비의 제어에 지장이 없는 경우에는 다른 설비와 겸용할 수 있다.

(3) 감시제어반과 동력제어반을 구분하여 설치하지 아니할수 있는 경우
① 비상전원 설치대상에 해당하지 아니하는 특정소방대상물에 설치되는 옥내소화전설비
② 내연기관에 따른 가압송수장치를 사용하는 옥내소화전설비
③ 고가수조에 따른 가압송수장치를 사용하는 옥내소화전설비
④ 가압수조에 따른 가압송수장치를 사용하는 옥내소화전설비

9 ▸▸ 배선 등

① 옥내소화전설비의 배선은「전기사업법」제67조에 따른 기술기준에서 정한 것 외에 다음 각 기준에 따라 설치하여야 한다.
　㉠ 비상전원으로부터 동력제어반 및 가압송수장치에 이르는 전원회로의 배선은 내화배선으로 할 것. 다만, 자가발전설비와 동력제어반이 동일한 실에 설치된 경우에는 자가발전기로부터 그 제어반에 이르는 전원회로의 배선은 그러하지 아니하다.
　㉡ 상용전원으로부터 동력제어반에 이르는 배선, 그 밖의 옥내소화전설비의 감시·조작 또는 표시등회로의 배선은 내화배선 또는 내열배선으로 할 것. 다만, 감시제어반 또는 동력제어반 안의 감시·조작 또는 표시등회로의 배선은 그러하지 아니하다.
② 옥내소화전설비의 과전류차단기 및 개폐기에는 "옥내소화전설비용"이라고 표시한 표지를 하여야 한다.
③ 옥내소화전설비용 전기배선의 양단 및 접속단자에는 다음 각 호의 기준에 따라 표지하여야 한다.
　㉠ 단자에는 "옥내소화전단자"라고 표시한 표지를 부착할 것
　㉡ 옥내소화전설비용 전기배선의 양단에는 다른 배선과 식별이 용이하도록 표시할 것
④ 내화배선 및 내열배선에 사용되는 전선 및 설치방법은 다음 기준에 따른다.
　㉠ 내화배선

사용전선의 종류	공사방법
1. 450/750V 저독성 난연 가교 폴리올레핀 절연 전선 2. 0.6/1kV 가교 폴리에틸렌 절연 저독성 난연 폴리올레핀 시스 전력케이블 3. 6/10kV 가교 폴리에틸렌 절연 저독성 난연 폴리올레핀 시스 전력용 케이블 4. 가교 폴리에틸렌 절연 비닐시스 트레이용 난연 전력 케이블	금속관·2종 금속제 가요전선관 또는 합성 수지관에 수납하여 내화구조로 된 벽 또는 바닥 등에 벽 또는 바닥의 표면으로부터 25㎜ 이상의 깊이로 매설하여야 한다. 다만 다음 각목의 기준에 적합하게 설치하는 경우에는 그러하지 아니하다. 가. 배선을 내화성능을 갖는 배선전용실 또는 배선용 샤프트·피트·덕트 등에 설치하

5. 0.6/1kV EP 고무절연 클로로프렌 시스 케이블 6. 300/500V 내열성 실리콘 고무 절연전선(180℃) 7. 내열성 에틸렌-비닐 아세테이트 고무절연 케이블 8. 버스덕트(Bus Duct) 9. 기타 「전기용품 및 생활용품 안전관리법」 및 「전기설비기술기준」에 따라 동등 이상의 내화성능이 있다고 주무부장관이 인정하는 것	는 경우 나. 배선전용실 또는 배선용 샤프트·피트·덕트 등에 다른 설비의 배선이 있는 경우에는 이로부터 15cm 이상 떨어지게 하거나 소화설비의 배선과 이웃하는 다른 설비의 배선 사이에 배선지름(배선의 지름이 다른 경우에는 가장 큰 것을 기준으로 한다)의 1.5배 이상의 높이의 불연성 격벽을 설치하는 경우
내화전선	케이블공사의 방법에 따라 설치하여야 한다.

비고 : 내화전선의 내화성능은 KS C IEC 60331-1과 2(온도 830℃/가열시간 120분) 표준 이상을 충족하고, 난연성능 확보를 위해 KS C IEC 60332-3-24 성능 이상을 충족할 것

ⓒ 내열배선

사용전선의 종류	공사방법
1. 450/750V 저독성 난연 가교 폴리올레핀 절연전선 2. 0.6/1kV 가교 폴리에틸렌 절연 저독성 난연 폴리올레핀 시스 전력용 케이블 3. 6/10kV 가교 폴리에틸렌 절연 저독성 난연 폴리올레핀 시스 전력용 케이블 4. 가교 폴리에틸렌 절연 비닐시스 트레이용 난연 전력 케이블 5. 0.6/1kV EP 고무절연 클로로프렌 시스 케이블 6. 300/500V 내열성 실리콘 고무 절연전선(180℃) 7. 내열성 에틸렌-비닐 아세테이트 고무절연 케이블 8. 버스덕트(Bus Duct) 9. 기타 「전기용품 및 생활용품 안전관리법」 및 「전기설비기술기준」에 따라 동등 이상의 내화성능이 있다고 주무부장관이 인정하는 것	금속관·금속제 가요전선관·금속덕트 또는 케이블(불연성덕트에 설치하는 경우에 한한다) 공사방법에 따라야 한다. 다만, 다음 각목의 기준에 적합하게 설치하는 경우에는 그러하지 아니하다. 가. 배선을 내화성능을 갖는 배선전용실 또는 배선용 샤프트·피트·덕트 등에 설치하는 경우 나. 배선전용실 또는 배선용 샤프트·피트·덕트 등에 다른 설비의 배선이 있는 경우에는 이로부터 15cm 이상 떨어지게 하거나 소화설비의 배선과 이웃하는 다른 설비의 배선 사이에 배선지름(배선의 지름이 다른 경우에는 지름이 가장 큰 것을 기준으로 한다)의 1.5배 이상의 높이의 불연성 격벽을 설치하는 경우
내화전선	케이블공사의 방법에 따라 설치하여야 한다.

❿ ▶▶ 방수구 설치제외

불연재료로 된 특정소방대상물 또는 그 부분으로서 다음 각 호의 어느 하나에 해당하는 곳에는 옥내소화전 방수구를 설치하지 아니할 수 있다.
① 냉장창고 중 온도가 영하인 냉장실또는 냉동창고의 냉동실

② 고온의 노가 설치된 장소 또는 물과 격렬하게 반응하는 물품의 저장 또는 취급 장소
③ 발전소·변전소 등으로서 전기시설이 설치된 장소
④ 식물원·수족관·목욕실·수영장(관람석 부분을 제외한다) 또는 그 밖의 이와 비슷한 장소
⑤ 야외음악당·야외극장 또는 그 밖의 이와 비슷한 장소

11 ▶▶ 수원 및 가압송수장치의 펌프 등의 겸용

① 옥내소화전설비의 수원을 스프링클러설비·간이스프링클러설비·화재조기진압용 스프링클러설비·물분무소화설비·포소화전설비 및 옥외소화전설비의 수원과 겸용하여 설치하는 경우의 저수량은 각 소화설비에 필요한 저수량을 합한 양 이상이 되도록 하여야 한다. 다만, 이들 소화설비 중 고정식 소화설비(펌프·배관과 소화수 또는 소화약제를 최종 방출하는 방출구가 고정된 설비를 말한다. 이하 같다)가 2 이상 설치되어 있고, 그 소화설비가 설치된 부분이 방화벽과 방화문으로 구획되어 있는 경우에는 각 고정식 소화설비에 필요한 저수량 중 최대의 것 이상으로 할 수 있다.
② 옥내소화전설비의 가압송수장치로 사용하는 펌프를 스프링클러설비·간이스프링클러설비·화재조기진압용 스프링클러설비·물분무소화설비·포소화설비 및 옥외소화전설비의 가압송수장치와 겸용하여 설치하는 경우의 펌프의 토출량은 각 소화설비에 해당하는 토출량을 합한 양 이상이 되도록 하여야 한다. 다만, 이들 소화설비 중 고정식 소화설비가 2 이상 설치되어 있고, 그 소화설비가 설치된 부분이 방화벽과 방화문으로 구획되어 있으며 각 소화설비에 지장이 없는 경우에는 펌프의 토출량 중 최대의 것 이상으로 할 수 있다.
③ 옥내소화전설비·스프링클러설비·간이스프링클러설비·화재조기진압용 스프링클러설비·물분무소화설비·포소화설비 및 옥외소화전설비의 가압송수장치에 있어서 각 토출측배관과 일반급수용의 가압송수장치의 토출측배관을 상호 연결하여 화재시 사용할 수 있다. 이 경우 연결배관에는 개폐표시형밸브를 설치하여야 하며, 각 소화설비의 성능에 지장이 없도록 하여야 한다.
④ 옥내소화전설비의 송수구를 스프링클러설비·간이스프링클러설비·화재조기진압용 스프링클러설비·물분무소화설비·포소화설비 또는 연결송수관비의 송수구와 겸용으로 설치하는 경우에는 스프링클러설비의 송수구의 설치기준에 따르고, 연결살수설비의 송수구와 겸용으로 설치하는 경우에는 옥내소화전설비의 송수구의 설치기준에 따르되 각각의 소화설비의 기능에 지장이 없도록 하여야 한다.

CHAPTER 03 스프링클러(NFTC103)

1 ▶▶ 스프링클러설비의 설치대상

스프링클러설비를 설치해야 하는 특정소방대상물(위험물 저장 및 처리 시설 중 가스시설 및 지하구는 제외한다)은 다음의 어느 하나에 해당하는 것으로 한다.

① 층수가 6층 이상인 특정소방대상물의 경우에는 모든 층. 다만, 다음의 어느 하나에 해당하는 경우는 제외한다.
  ㉠ 주택 관련 법령에 따라 기존의 아파트등을 리모델링하는 경우로서 건축물의 연면적 및 층의 높이가 변경되지 않는 경우. 이 경우 해당 아파트등의 사용검사 당시의 소방시설의 설치에 관한 대통령령 또는 화재안전기준을 적용한다.
  ㉡ 스프링클러설비가 없는 기존의 특정소방대상물을 용도변경하는 경우. 다만, ②부터 ⑥까지 및 ⑨부터 ⑫까지의 규정에 해당하는 특정소방대상물로 용도변경하는 경우에는 해당 규정에 따라 스프링클러설비를 설치한다.
② 기숙사(교육연구시설·수련시설 내에 있는 학생 수용을 위한 것을 말한다) 또는 복합건축물로서 연면적 5천m² 이상인 경우에는 모든 층
③ 문화 및 집회시설(동·식물원은 제외한다), 종교시설(주요구조부가 목조인 것은 제외한다), 운동시설(물놀이형 시설 및 바닥이 불연재료이고 관람석이 없는 운동시설은 제외한다)로서 다음의 어느 하나에 해당하는 경우에는 모든 층
  ㉠ 수용인원이 100명 이상인 것
  ㉡ 영화상영관의 용도로 쓰는 층의 바닥면적이 지하층 또는 무창층인 경우에는 500m² 이상, 그 밖의 층의 경우에는 1천m² 이상인 것
  ㉢ 무대부가 지하층·무창층 또는 4층 이상의 층에 있는 경우에는 무대부의 면적이 300m² 이상인 것
  ㉣ 무대부가 ㉢ 외의 층에 있는 경우에는 무대부의 면적이 500m² 이상인 것
④ 판매시설, 운수시설 및 창고시설(물류터미널로 한정한다)로서 바닥면적의 합계가 5천m² 이상이거나 수용인원이 500명 이상인 경우에는 모든 층
⑤ 다음의 어느 하나에 해당하는 용도로 사용되는 시설의 바닥면적의 합계가 600m² 이상인 것은 모든 층

㉠ 근린생활시설 중 조산원 및 산후조리원
㉡ 의료시설 중 정신의료기관
㉢ 의료시설 중 종합병원, 병원, 치과병원, 한방병원 및 요양병원
㉣ 노유자 시설
㉤ 숙박이 가능한 수련시설
㉥ 숙박시설

⑥ 창고시설(물류터미널은 제외한다)로서 바닥면적 합계가 5천m^2 이상인 경우에는 모든 층
⑦ 특정소방대상물의 지하층·무창층(축사는 제외한다) 또는 층수가 4층 이상인 층으로서 바닥면적이 1천m^2 이상인 층이 있는 경우에는 해당 층
⑧ 랙식 창고(rack warehouse) : 랙(물건을 수납할 수 있는 선반이나 이와 비슷한 것을 말한다. 이하 같다)을 갖춘 것으로서 천장 또는 반자(반자가 없는 경우에는 지붕의 옥내에 면하는 부분을 말한다)의 높이가 10m를 초과하고, 랙이 설치된 층의 바닥면적의 합계가 1천5백m^2 이상인 경우에는 모든 층
⑨ 공장 또는 창고시설로서 다음의 어느 하나에 해당하는 시설
　㉠ 「화재의 예방 및 안전관리에 관한 법률 시행령」 별표 2에서 정하는 수량의 1천 배 이상의 특수가연물을 저장·취급하는 시설
　㉡ 「원자력안전법 시행령」 제2조제1호에 따른 중·저준위방사성폐기물(이하 "중·저준위방사성폐기물"이라 한다)의 저장시설 중 소화수를 수집·처리하는 설비가 있는 저장시설
⑩ 지붕 또는 외벽이 불연재료가 아니거나 내화구조가 아닌 공장 또는 창고시설로서 다음의 어느 하나에 해당하는 것
　㉠ 창고시설(물류터미널로 한정한다) 중 ④에 해당하지 않는 것으로서 바닥면적의 합계가 2천5백m^2 이상이거나 수용인원이 250명 이상인 경우에는 모든 층
　㉡ 창고시설(물류터미널은 제외한다) 중 ⑥에 해당하지 않는 것으로서 바닥면적의 합계가 2천5백m^2 이상인 경우에는 모든 층
　㉢ 공장 또는 창고시설 중 ⑦에 해당하지 않는 것으로서 지하층·무창층 또는 층수가 4층 이상인 것 중 바닥면적이 500m^2 이상인 경우에는 모든 층
　㉣ 랙식 창고 중 8)에 해당하지 않는 것으로서 바닥면적의 합계가 750m^2 이상인 경우에는 모든 층
　㉤ 공장 또는 창고시설 중 ⑨ ㉠에 해당하지 않는 것으로서 「화재의 예방 및 안전관리에 관한 법률 시행령」 별표 2에서 정하는 수량의 500배 이상의 특수가연물을 저장·취급하는 시설

⑪ 교정 및 군사시설 중 다음의 어느 하나에 해당하는 경우에는 해당 장소
  ㉠ 보호감호소, 교도소, 구치소 및 그 지소, 보호관찰소, 갱생보호시설, 치료감호시설, 소년원 및 소년분류심사원의 수용거실
  ㉡ 「출입국관리법」 제52조제2항에 따른 보호시설(외국인보호소의 경우에는 보호대상자의 생활공간으로 한정한다. 이하 같다)로 사용하는 부분. 다만, 보호시설이 임차건물에 있는 경우는 제외한다.
  ㉢ 「경찰관 직무집행법」 제9조에 따른 유치장
⑫ 지하가(터널은 제외한다)로서 연면적 1천m^2 이상인 것
⑬ 발전시설 중 전기저장시설
⑭ ①부터 ⑬까지의 특정소방대상물에 부속된 보일러실 또는 연결통로 등

2 스프링클러설비의 구성 및 종류

(1) 구성

① 수원 ② 가압송수장치 ③ 방호구역, 방수구역, 유수검지장치등
④ 배관 ⑤ 음향장치 및 기동장치 ⑥ 헤드 ⑦ 송수구 ⑧ 전원 ⑨ 제어반
⑩ 배선 ⑪ 헤드제외

(2) 스프링클러설비의 종류

【 스프링클러설비의 종류 및 특징 】

설비의 종류	사용 헤드	유수검지장치 등	배관상태(1차측/2차측)	감지기와 연동성
습식	폐쇄형	습식유수검지장치	가압수/가압수	없음
건식	폐쇄형	건식유수검지장치	가압수/압축공기	없음
준비작동식	폐쇄형	준비작동식유수검지장치	가압수/저압공기	있음
부압식	폐쇄형	준비작동식유수검지장치	가압수/부압수	있음
일제살수식	개방형	일제개방밸브	가압수/대기압	있음

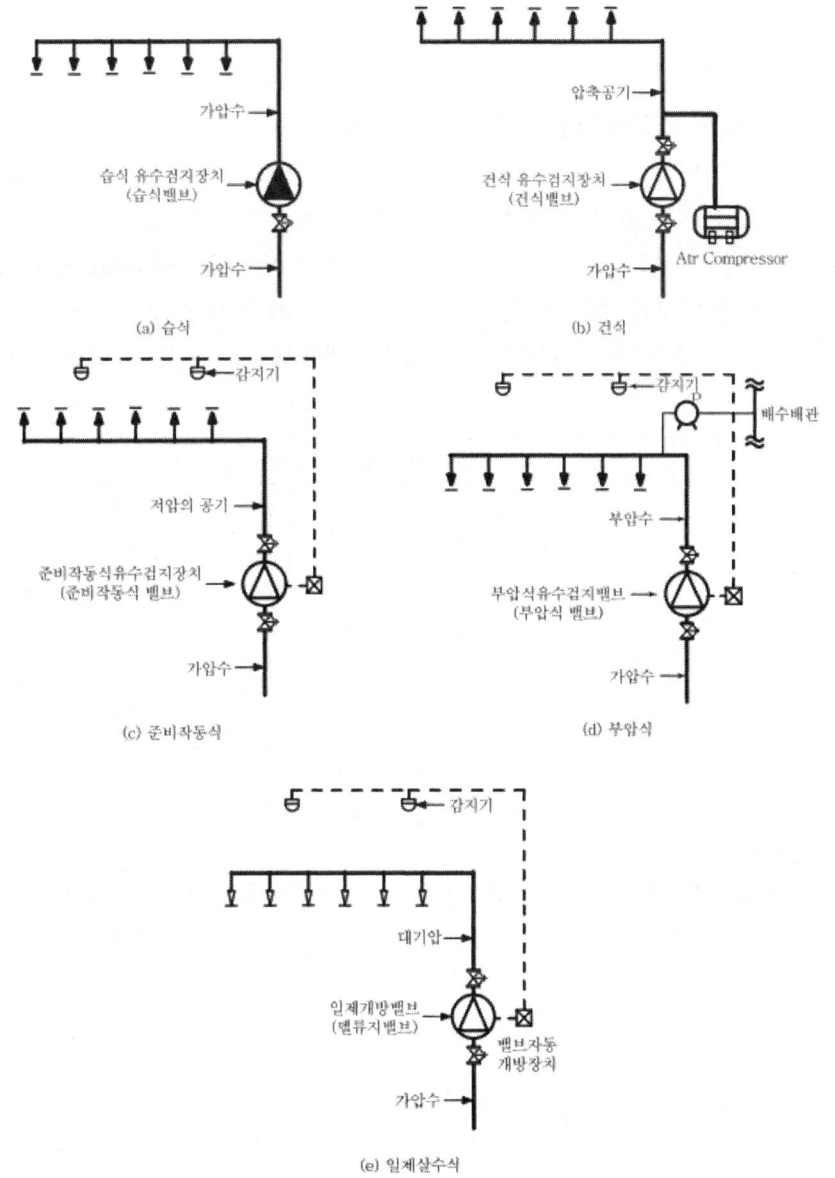

【 스프링클러설비의 계통도 】

③ 수원

(1) 수원의 양

① 폐쇄형 스프링클러헤드를 사용하는 경우

30층 미만의 경우 : 수원의 양$(m^3) = N \times 1.6 m^3$ 이상 $= N \times 80 l/min \times 20 min$ 이상

30층 이상 49층 이하의 경우 : 수원의 양$(m^3) = N \times 3.2 m^3$ 이상
$= N \times 80 l/min \times 40 min$ 이상

50층 이상의 경우 : 수원의 양$(m^3) = N \times 4.8 m^3$ 이상 $= N \times 80 l/min \times 60 min$ 이상

N : 스프링클러헤드의 설치개수가 가장 많은 층의 설치수(최대기준개수 이하)

【 기준개수 】

스프링클러설비 설치장소			기준개수
지하층을 제외한 층수가 10층 이하인 소방대상물	공장 또는 창고 (랙크식 창고를 포함한다)	특수가연물을 저장·취급하는 것	30
		그 밖의 것	20
	근린생활시설·판매시설· 운수시설 또는 복합건축물	판매시설 또는 복합건축물(판매시설이 설치되는 복합건축물을 말한다.)	30
		그 밖의 것	20
	그 밖의 것	헤드의 부착높이가 8m 이상인 것	20
		헤드의 부착높이가 8m 미만인 것	10
아파트			10
지하층을 제외한 층수가 11층 이상인 소방대상물(아파트를 제외한다)·지하가 또는 지하역사			30

비고 : 하나의 소방대상물이 2 이상의 "스프링클러헤드의 기준개수"란에 해당하는 때에는 기준개수가 많은 난을 기준으로 한다. 다만, 각 기준개수에 해당하는 수원을 별도로 설치하는 경우에는 그러하지 아니하다.

② 개방형 헤드를 사용하는 경우

㉠ 최대 방수구역의 헤드 수가 30개 이하일 때

$$\text{수원}(m^3) = N \times 1.6 m^3 \text{ 이상}$$

N : 최대 방수구역의 헤드 수

㉡ 최대 방수구역의 헤드 수가 30개를 초과할 때

$$\text{수원}(m^3) = Q \times 20 min \text{ 이상}$$

Q : 가압송수장치의 분당송수량(m^3/min)

(2) 옥상수원의 양

스프링클러의 수원은 제1항에 따라 산출된 유효수량 외에 유효수량의 3분의 1 이상을 옥상(스프링클러설비가 설치된 건축물의 주된 옥상을 말한다. 이하 같다)에 설치하여야 한다.

(3) 옥상수조제외

① 지하층만 있는 건축물
② 고가수조를 가압송수장치로 설치한 스프링클러설비
③ 수원이 건축물의 최상층에 설치된 헤드보다 높은 위치에 설치된 경우
④ 건축물의 높이가 지표면으로부터 10m 이하인 경우
⑤ 주펌프와 동등 이상의 성능이 있는 별도의 펌프로서 내연기관의 기동과 연동하여 작동되거나 비상전원을 연결하여 설치한 경우
⑥ 가압수조를 가압송수장치로 설치한 스프링클러설비
　※ 옥상수조제외규정시에도 층수가 30층 이상의 특정소방대상물의 수원은 산출된 유효수량 외에 유효수량의 3분의 1 이상을 옥상(스프링클러설비가 설치된 건축물의 주된 옥상을 말한다)에 설치하여야 한다. 다만, 고가수조방식인 경우와 수원이 건축물의 최상층헤드보다 높은 위치에 설치된 경우 그러하지 아니하다.

(4) 전용 및 겸용

옥내소화전설비와 동일

(5) 수조설치기준

① 점검에 편리한 곳에 설치할 것
② 동결방지조치를 하거나 동결의 우려가 없는 장소에 설치할 것
③ 수조의 외측에 수위계를 설치할 것. 다만, 구조상 불가피한 경우에는 수조의 맨홀 등을 통하여 수조 안의 물의 양을 쉽게 확인할 수 있도록 하여야 한다.
④ 수조의 상단이 바닥보다 높은 때에는 수조의 외측에 고정식 사다리를 설치할 것
⑤ 수조가 실내에 설치된 때에는 그 실내에 조명설비를 설치할 것
⑥ 수조의 밑 부분에는 청소용 배수밸브 또는 배수관을 설치할 것
⑦ 수조의 외측의 보기 쉬운 곳에 "스프링클러설비용 수조"라고 표시한 표지를 할 것. 이 경우 그 수조를 다른 설비와 겸용하는 때에는 그 겸용되는 설비의 이름을 표시한 표지를 함께 하여야 한다.

⑧ 스프링클러펌프의 흡수배관 또는 스프링클러설비의 수직배관과 수조의 접속부분에는 "스프링클러설비용 배관"이라고 표시한 표지를 할 것.

4 ▶▶ 가압송수장치

(1) 전동기 또는 내연기관에 따른 펌프를 이용하는 가압송수장치

① 가압송수장치의 정격토출압력은 하나의 헤드선단에 0.1MPa 이상 1.2MPa 이하의 방수압력이 될 수 있게 하는 크기일 것
② 가압송수장치의 송수량은 0.1MPa의 방수압력 기준으로 80L/min 이상의 방수성능을 가진 기준개수의 모든 헤드로부터의 방수량을 충족시킬 수 있는 양 이상의 것으로 할 것. 이 경우 속도수두는 계산에 포함하지 아니할 수 있다.
③ ②의 기준에 불구하고 가압송수장치의 1분당 송수량은 폐쇄형스프링클러헤드를 사용하는 설비의 경우 제4조제1항제1호에 따른 기준개수에 80L를 곱한 양 이상으로도 할 수 있다.
④ ② 의 기준에 불구하고 가압송수장치의 1분당 송수량은 개방형스프링클러 헤드수가 30개 이하의 경우에는 그 개수에 80L를 곱한 양 이상으로 할 수 있으나 30개를 초과하는 경우에는 ① 및 ② 에 따른 기준에 적합하게 할 것
⑤ 펌프는 전용으로 할 것. 다만, 다른 소화설비와 겸용하는 경우 각각의 소화설비의 성능에 지장이 없을 때에는 그러하지 아니하다.
⑤의2. ⑤ 단서에도 불구하고 층수가 30층 이상의 특정소방대상물은 전용할것.
⑥ 기타 옥내소화전과 동일.

(2) 고가수조의 자연낙차를 이용하는 가압송수장치

① 고가수조의 자연낙차수두 산출식

$$H = h_1 + 10m$$

H : 필요한 낙차(m)(수조의 하단으로부터 최고층의 헤드까지 수직거리)
h_1 : 배관의 마찰손실수두(m)

② 고가수조설치
1. 수위계 2. 배수관 3. 급수관 4. 오버플로우관 5. 맨홀

(3) 압력수조를 이용하는 가압송수장치

① 압력수조의 필요압력 산출식

$$P = P_1 + P_2 + 0.1\text{MPa}$$

P : 필요한 압력(MPa), P_1 : 배관 및 관부속물의 마찰손실압력(MPa)
P_2 : 낙차의 환산압력(MPa)

② 압력수조설치
1. 수위계 2. 배수관 3. 급수관 4. 급기관 5. 맨홀 6. 압력계 7. 안전장치
8. 자동식공기압축기

(4) 가압수조를 이용하는 가압송수장치

옥내소화전설비 설치기준과 동일

5 ▶ 방호구역, 방수구역, 유수검지장치등

(1) 폐쇄형스프링클러헤드를 사용하는 설비의 방호구역 및 유수검지장치

① 하나의 방호구역의 바닥면적은 3,000㎡를 초과하지 아니할 것. 다만, 폐쇄형스프링클러설비에 격자형배관방식(2 이상의 수평주행배관 사이를 가지배관으로 연결하는 방식을 말한다)을 채택하는 때에는 3,700㎡ 범위 내에서 펌프용량, 배관의 구경 등을 수리학적으로 계산한 결과 헤드의 방수압 및 방수량이 방호구역 범위 내에서 소화목적을 달성하는 데 충분할 것
② 하나의 방호구역에는 1개 이상의 유수검지장치를 설치하되, 화재발생시 접근이 쉽고 점검하기 편리한 장소에 설치할 것
③ 하나의 방호구역은 2개 층에 미치지 아니하도록 할 것. 다만, 1개 층에 설치되는 스프링클러헤드의 수가 10개 이하인 경우와 복층형구조의 공동주택에는 3개 층 이내로 할 수 있다.
④ 유수검지장치를 실내에 설치하거나 보호용 철망 등으로 구획하여 바닥으로부터 0.8m 이상 1.5m 이하의 위치에 설치하되, 그 실 등에는 개구부가 가로 0.5m 이상 세로 1m 이상의 출입문을 설치하고 그 출입문 상단에 "유수검지장치실"이라고 표시한 표지를 설치할 것. 다만, 유수검지장치를 기계실(공조용기계실을 포함한다)안에 설치하는 경우에는 별도의 실 또는 보호용 철망을 설치하지 아니하고 기계실 출입문 상단에 "유수검지장치실"이라고 표시한 표지를 설치할 수 있다.

⑤ 스프링클러헤드에 공급되는 물은 유수검지장치를 지나도록 할 것. 다만, 송수구를 통하여 공급되는 물은 그러하지 아니하다.
⑥ 자연낙차에 따른 압력수가 흐르는 배관 상에 설치된 유수검지장치는 화재시 물의 흐름을 검지할 수 있는 최소한의 압력이 얻어질 수 있도록 수조의 하단으로부터 낙차를 두어 설치할 것
⑦ 조기반응형 스프링클러헤드를 설치하는 경우에는 습식유수검지장치 또는 부압식스프링클러설비를 설치할 것

(2) 개방형스프링클러헤드를 사용하는 설비의 방수구역 및 일제개방밸브

① 하나의 방수구역은 2개 층에 미치지 아니 할 것
② 방수구역마다 일제개방밸브를 설치할 것
③ 하나의 방수구역을 담당하는 헤드의 개수는 50개 이하로 할 것. 다만, 2개 이상의 방수구역으로 나눌 경우에는 하나의 방수구역을 담당하는 헤드의 개수는 25개 이상으로 할 것
④ 일제개방밸브의 설치위치는 제6조제4호의 기준에 따르고, 표지는 "일제개방밸브실"이라고 표시할 것

6 ▶▶ 배관 등

(1) 배관의 종류

옥내소화전설비와 동일

(2) 합성수지배관 설치할 수 있는 경우

옥내소화전설비와 동일

(3) 전용 및 겸용

① 전용으로 할 것. 다만, 스프링클러설비의 기동장치의 조작과 동시에 다른 설비의 용도에 사용하는 배관의 송수를 차단할 수 있거나, 스프링클러설비의 성능에 지장이 없는 경우에는 다른 설비와 겸용할 수 있다.
①의2. 층수가 30층 이상의 특정소방대상물은 전용으로 할 것

(4) 흡입측배관 설치기준

옥내소화전설비와 동일

(5) 배관의 관경

① 수리계산방식 : 수리계산에 따르는 경우 가지배관의 유속은 6㎧, 그 밖의 배관의 유속은 10㎧를 초과할 수 없다. 0.1MPa의 방수압력 기준으로 80L/min 이상의 방수성능을 가진 기준개수의 모든 헤드로부터의 방수량을 충족시킬 수 있는 배관구경이 되도록 할 것

② 규약배관방식 : 별표1에 따를 것

【 [별표1]스프링클러헤드 수별 급수관의 구경(제8조제3항제3호관련) 】

(단위 : mm)

급수관의 구경 구분	25	32	40	50	65	80	90	100	125	150
가	2	3	5	10	30	60	80	100	160	161 이상
나	2	4	7	15	30	60	65	100	160	161 이상
다	1	2	5	8	15	27	40	55	90	91 이상

(주)
1. 폐쇄형스프링클러헤드를 사용하는 설비의 경우로서 1개층에 하나의 급수배관(또는밸브 등)이 담당하는 구역의 최대면적은 3,000㎡를 초과하지 아니할 것
2. 폐쇄형스프링클러헤드를 설치하는 경우에는 "가"란의 헤드 수에 따를 것. 다만, 100개 이상의 헤드를 담당하는 급수배관(또는 밸브)의 구경을 100㎜로 할 경우에는 수리계산을 통하여 제8조제3항제3호에서 규정한 배관의 유속에 적합하도록 할 것
3. 폐쇄형스프링클러헤드를 설치하고 반자 아래의 헤드와 반자속의 헤드를 동일 급수관의 가지관상에 병설하는 경우에는 "나"란의 헤드 수에 따를 것
4. 제10조제3항제1호의 경우로서 폐쇄형스프링클러헤드를 설치하는 설비의 배관구경은 "다"란에 따를 것
5. 개방형스프링클러헤드를 설치하는 경우 하나의 방수구역이 담당하는 헤드의 개수가 30개 이하 일 때는 "다"란의 헤드수에 의하고, 30개를 초과할 때는 수리계산 방법에 따를 것

(6) 펌프의 성능시험배관

옥내소화전설비와 동일

(7) 순환배관

옥내소화전설비와 동일

(8) 가지배관 설치기준

① 토너먼트(tournament)방식이 아닐 것
② 교차배관에서 분기되는 지점을 기점으로 한쪽 가지배관에 설치되는 헤드의 개수(반자

아래와 반자속의 헤드를 하나의 가지배관 상에 병설하는 경우에는 반자 아래에 설치하는 헤드의 개수)는 8개 이하로 할 것. 다만, 다음 각 목의 어느 하나에 해당하는 경우에는 그러하지 아니하다.
㉠ 기존의 방호구역안에서 칸막이 등으로 구획하여 1개의 헤드를 증설하는 경우
㉡ 습식스프링클러설비 또는 부압식스프링클러설비에 격자형 배관방식(2 이상의 수평주행배관 사이를 가지배관으로 연결하는 방식을 말한다)을 채택하는 때에는 펌프의 용량, 배관의 구경 등을 수리학적으로 계산한 결과 헤드의 방수압 및 방수량이 소화목적을 달성하는 데 충분하다고 인정되는 경우
③ 가지배관과 스프링클러헤드 사이의 배관을 신축배관으로 하는 경우에는 소방청장이 정하여 고시한 [스프링클러설비 신축배관 성능인증 및 제품검사의 기술기준]에 적합한 것으로 설치할 것. 이 경우 신축배관의 설치길이는 소방대상물의 각부분으로부터 헤드까지의 수평거리를 초과하지 아니할 것

소방대상물	수평거리(m)
무대부, 특수가연물 저장 또는 취급하는 장소	1.7m 이하
일반건축물	2.1m 이하
내화건축물	2.3m 이하
랙크식 창고	2.5m 이하
공동주택(아파트) 세대 내의 거실	3.2m 이하

※ 특수가연물을 저장 또는 취급하는 랙크식 창고의 경우에는 1.7m 이하

스프링클러설비의 배관방식

- 트리방식(Tree System) : 주배관 → 수평주행배관 → 교차배관 → 가지배관 → 헤드의 단일 방향으로 유수되며, 화재안전기준에 따라 일반적으로 사용하는 스프링클러 배관방식

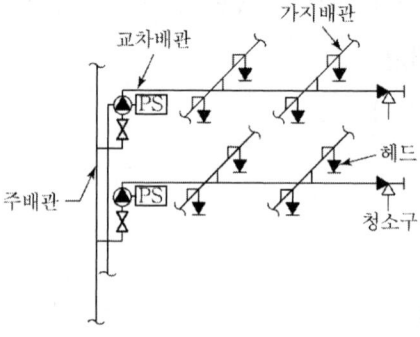

- 루프방식(Loop System)
  - 2개의 수평주행배관 사이에 가지배관이 접속되어 SP작동 시 2방향 이상으로 급수가 공급되나 가지배관 상호간은 연결되지 않는 방식

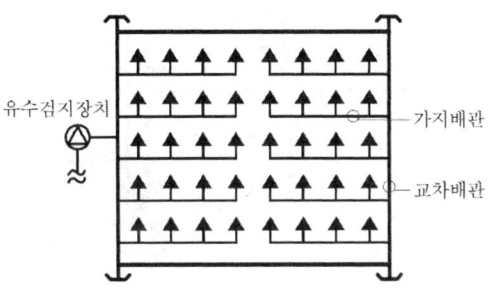

- 격자방식(Grid System)
  - 2개의 수평주행배관 사이에 가지배관이 접속되어 SP작동 시 2방향 이상으로 급수가 공급되는 방식
  - 압력손실이 적고 방사압력이 균일하다.
  - 충격파의 분산이 가능하고 증설·이설이 쉽다.

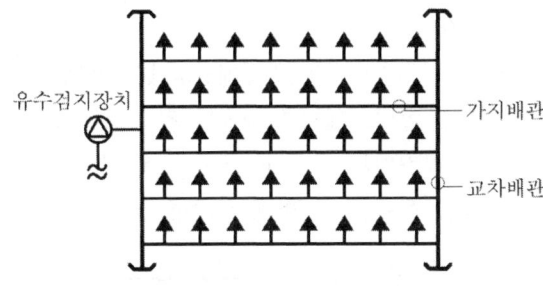

(9) 교차배관의 위치, 청소구 및 가지배관의 헤드설치기준

① 교차배관은 가지배관과 수평으로 설치하거나 또는 가지배관 밑에 설치하고, 그 구경은 제3항제3호에 따르되 최소구경이 40㎜ 이상이 되도록 할 것. 다만, 패들형유수검지장치를 사용하는 경우에는 교차배관의 구경과 동일하게 설치할 수 있다.

② 청소구는 교차배관 끝에 개폐밸브를 설치하고, 호스접결이 가능한 나사식 또는 고정배수 배관식으로 할 것. 이 경우 나사식의 개폐밸브는 옥내소화전 호스접결용의 것으로 하고, 나사보호용의 캡으로 마감하여야 한다.

③ 하향식헤드를 설치하는 경우에 가지배관으로부터 헤드에 이르는 헤드접속배관은 가지관상부에서 분기할 것. 다만, 소화설비용 수원의 수질이 「먹는물관리법」제5조에 따라 먹는물의 수질기준에 적합하고 덮개가 있는 저수조로부터 물을 공급받는 경우에는 가지배관의 측면 또는 하부에서 분기할 수 있다.

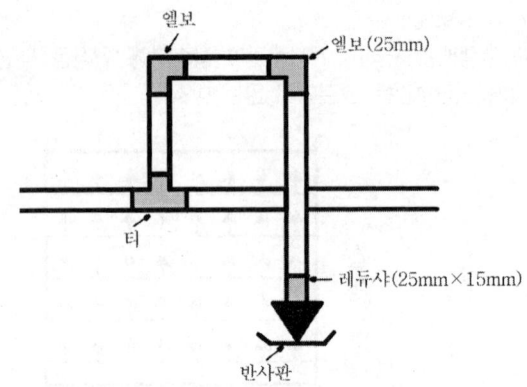

【 스프링클러헤드의 분기 】

(10) 준비작동식유수검지장치 또는 일제개방밸브 2차측 부대설비기준
 ① 개폐표시형밸브를 설치할 것
 ② 제1호에 따른 밸브와 준비작동식유수검지장치 또는 일제개방밸브 사이의 배관은 다음 각 목과 같은 구조로 할 것
  ㉠ 수직배수배관과 연결하고 동 연결배관상에는 개폐밸브를 설치할 것
  ㉡ 자동배수장치 및 압력스위치를 설치할 것
  ㉢ ㉡목에 따른 압력스위치는 수신부에서 준비작동식유수검지장치 또는 일제개방밸브의 개방여부를 확인할 수 있게 설치할 것

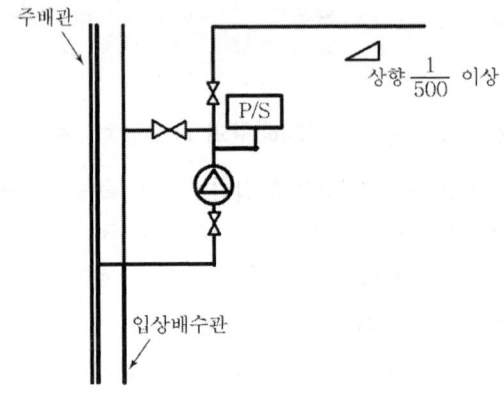

【 일제개방밸브 2차측 배관 】

(11) 시험장치 설치기준[습식, 건식, 부압식]
 ① 습식스프링클러설비 및 부압식스프링클러설비에 있어서는 유수검지장치 2차측 배관에 연결하여 설치하고 건식스프링클러설비인 경우 유수검지장치에서 가장 먼 거리에

위치한 가지배관의 끝으로부터 연결하여 설치할 것. 유수검지장치 2차측 설비의 내용적이 2,840L를 초과하는 건식스프링클러설비의 경우 시험장치 개폐밸브를 완전 개방 후 1분 이내에 물이 방사되어야 한다.

② 시험장치 배관의 구경은 25mm 이상으로 하고, 그 끝에 개폐밸브 및 개방형헤드 또는 스프링클러헤드와 동등한 방수성능을 가진 오리피스를 설치할 것. 이 경우 개방형 헤드는 반사판 및 프레임을 제거한 오리피스만으로 설치할 수 있다

③ 시험배관의 끝에는 물받이 통 및 배수관을 설치하여 시험 중 방사된 물이 바닥에 흘러내리지 아니하도록 할 것. 다만, 목욕실·화장실 또는 그 밖의 곳으로서 배수처리가 쉬운 장소에 시험배관을 설치한 경우에는 그러하지 아니하다.

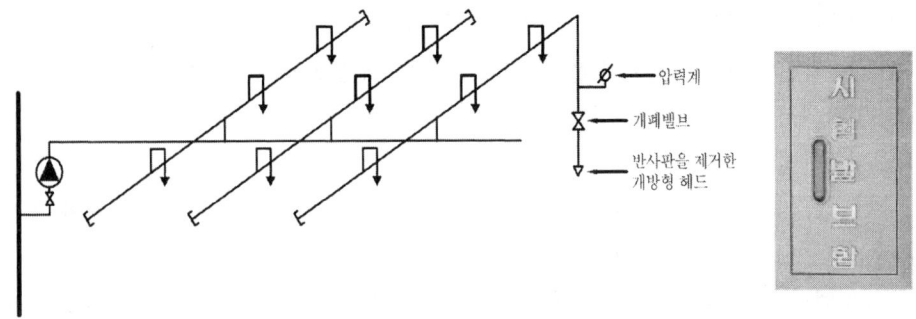

【 말단시험장치 】

(12) 행가 설치기준

① 가지배관에는 헤드의 설치지점 사이마다 1개 이상의 행가를 설치하되, 헤드간의 거리가 3.5m를 초과하는 경우에는 3.5m 이내마다 1개 이상 설치할 것. 이 경우 상향식 헤드와 행가 사이에는 8cm 이상의 간격을 두어야 한다.

② 교차배관에는 가지배관과 가지배관 사이마다 1개 이상의 행가를 설치하되, 가지배관 사이의 거리가 4.5m를 초과하는 경우에는 4.5m 이내마다 1개 이상 설치할 것

③ 수평주행배관에는 4.5m 이내마다 1개 이상 설치할 것

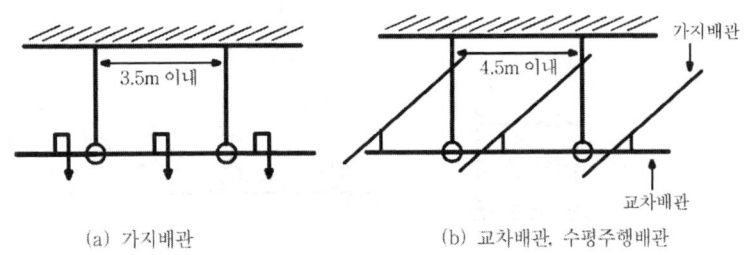

【 행거의 설치 】

(13) 수직배수배관 설치기준

수직배수배관의 구경은 50mm 이상으로 하여야 한다. 다만, 수직배관의 구경이 50mm 미만인 경우에는 수직배관과 동일한 구경으로 할 수 있다.

(14) 주차장스프링클러설비

주차장의 스프링클러설비는 습식외의 방식으로 하여야 한다. 다만, 다음 각 호의 어느 하나에 해당하는 경우에는 그러하지 아니하다.
① 동절기에 상시 난방이 되는 곳이거나 그 밖에 동결의 염려가 없는 곳
② 스프링클러설비의 동결을 방지할 수 있는 구조 또는 장치가 된 것

(15) 급수개폐밸브 작동표시 스위치(탬퍼스위치)

급수배관에 설치되어 급수를 차단할 수 있는 개폐밸브에는 그 밸브의 개폐상태를 감시제어반에서 확인할 수 있도록 급수개폐밸브 작동표시 스위치를 다음 각 호의 기준에 따라 설치하여야 한다.
① 급수개폐밸브가 잠길 경우 탬퍼 스위치의 동작으로 인하여 감시제어반 또는 수신기에 표시되어야 하며 경보음을 발할 것
② 탬퍼 스위치는 감시제어반 또는 수신기에서 동작의 유무확인과 동작시험, 도통시험을 할 수 있을 것
③ 급수개폐밸브의 작동표시 스위치에 사용되는 전기배선은 내화전선 또는 내열전선으로 설치할 것

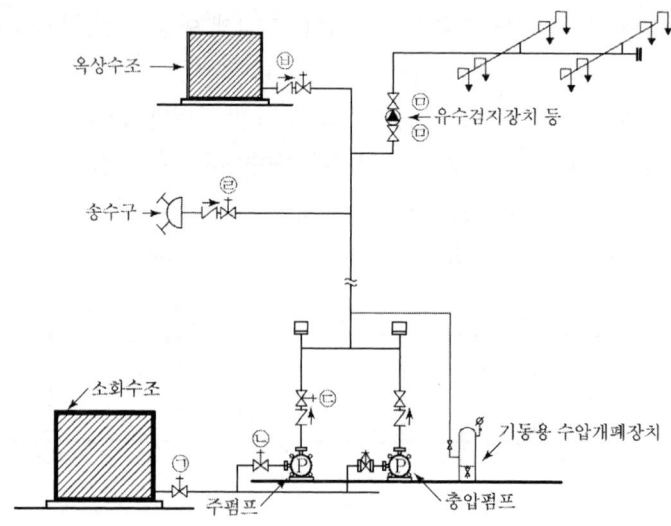

【 탬퍼스위치 설치위치 】

> **탬퍼스위치 설치위치**
> - 지하 수조로부터 펌프 흡입측 배관에 설치된 개폐밸브(㉠)
> - 주펌프의 흡입측 개폐밸브(㉡)
> - 주펌프의 토출측 개폐밸브(㉢)
> - 스프링클러설비의 송수구에 설치하는 개폐표시형밸브/준비작동식 유수검지장치 및 일제개방밸브의 1차측 및 2차측 개폐밸브(㉣, ㉤)
> - 스프링클러설비 입상관과 접속된 고가수조의 개폐밸브(㉥)

(16) 배관의 배수를 위한 기울기

① 습식스프링클러설비 또는 부압식 스프링클러설비의 배관을 수평으로 할 것. 다만, 배관의 구조상 소화 수가 남아 있는 곳에는 배수밸브를 설치하여야 한다.

② 습식스프링클러설비 또는 부압식 스프링클러설비 외의 설비에는 헤드를 향하여 상향으로 수평주행배관의 기울기를 500분의 1 이상, 가지배관의 기울기를 250분의 1 이상으로 할 것. 다만, 배관의 구조상 기울기를 줄 수 없는 경우에는 배수를 원활하게 할 수 있도록 배수밸브를 설치하여야 한다.

7 ▶▶ 음향장치 및 기동장치

(1) 음향장치 작동기준

① 습식유수검지장치 또는 건식유수검지장치를 사용하는 설비에 있어서는 헤드가 개방되면 유수검지장치가 화재신호를 발신하고 그에 따라 음향장치가 경보되도록 할 것

② 준비작동식유수검지장치 또는 일제개방밸브를 사용하는 설비에는 화재감지기의 감지에 따라 음향장치가 경보되도록 할 것. 이 경우 화재감지기회로를 교차회로방식(하나의 준비작동식유수검지장치 또는 일제개방밸브의 담당구역 내에 2 이상의 화재감지기회로를 설치하고 인접한 2 이상의 화재감지기가 동시에 감지되는 때에 준비작동식 유수검지장치 또는 일제개방밸브가 개방·작동되는 방식을 말한다)으로 하는 때에는 하나의 화재감지기회로가 화재를 감지하는 때에도 음향장치가 경보되도록 하여야 한다.

> **Reference**
>
> 교차회로배선
> - 배선방식 : 1개 밸브의 담당구역 내에 2 이상의 화재감지기 회로를 설치하고, 인접한 2개 이상의 화재감지기가 동시에 감지되는 때에 준비작동식밸브 또는 일제개방밸브가 개방·작동되게 하는 감지기 배선방식
> - 배선목적 : 감지기오동작에 의한 설비의 오동작 방지
> - 교차배선의 설계
>
>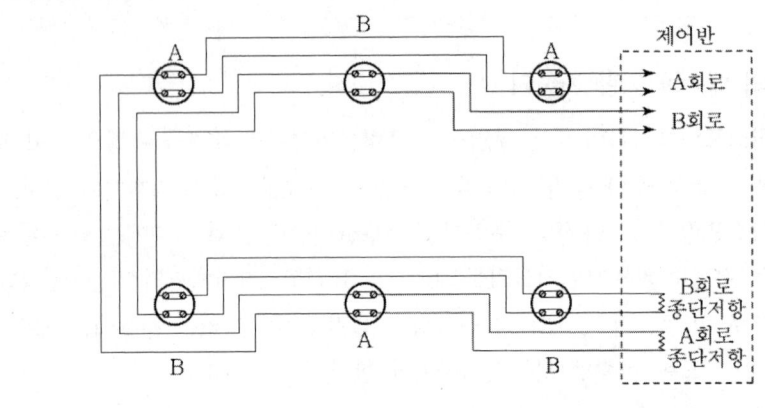

③ 음향장치는 유수검지장치 및 일제개방밸브 등의 담당구역마다 설치하되 그 구역의 각 부분으로부터 하나의 음향장치까지의 수평거리는 25m 이하가 되도록 할 것

④ 음향장치는 경종 또는 사이렌(전자식 사이렌을 포함한다)으로 하되, 주위의 소음 및 다른 용도의 경보와 구별이 가능한 음색으로 할 것. 이 경우 경종 또는 사이렌은 자동화재탐지설비·비상벨설비 또는 자동식사이렌설비의 음향장치와 겸용할 수 있다.

⑤ 주 음향장치는 수신기의 내부 또는 그 직근에 설치할 것.

⑥ 층수가 5층 이상으로서 연면적이 3,000m²를 초과하는 특정소방대상물은 다음 각목에 따라 경보를 발할 수 있도록 하여야 한다.
  ㉠ 2층 이상의 층에서 발화한 때에는 발화층 및 그 직상층에 경보를 발할 것
  ㉡ 1층에서 발화한 때에는 발화층·그 직상층 및 지하층에 경보를 발할 것
  ㉢ 지하층에서 발화한 때에는 발화층·그 직상층 및 기타의 지하층에 경보를 발할 것

⑥의2. ⑥에도 불구하고 층수가 30층 이상의 특정소방대상물은 다음 각목에 따라 경보를 발할 수 있도록 하여야 한다.
  ㉠ 2층 이상의 층에서 발화한 때에는 발화층 및 그 직상 4개층에 경보를 발할 것
  ㉡ 1층에서 발화한 때에는 발화층·그 직상 4개층 및 지하층에 경보를 발할 것
  ㉢ 지하층에서 발화한 때에는 발화층·그 직상층 및 기타의 지하층에 경보를 발할 것

⑦ 음향장치는 다음 각 목의 기준에 따른 구조 및 성능의 것으로 할 것
  ㉠ 정격전압의 80% 전압에서 음향을 발할 수 있는 것으로 할 것
  ㉡ 음량은 부착된 음향장치의 중심으로부터 1m 떨어진 위치에서 90dB 이상이 되는 것으로 할 것.

(2) 펌프 작동기준
① 습식유수검지장치 또는 건식유수검지장치를 사용하는 설비에 있어서는 유수검지장치의 발신이나 기동용수압개폐장치에 의하여 작동되거나 또는 이 두 가지의 혼용에 따라 작동 될 수 있도록 할 것
② 준비작동식유수검지장치 또는 일제개방밸브를 사용하는 설비에 있어서는 화재감지기의 화재감지나 기동용수압개폐장치에 따라 작동되거나 또는 이 두 가지의 혼용에 따라 작동할 수 있도록 할 것

(3) 준비작동식유수검지장치 또는 일제개방밸브 작동기준
① 담당구역내의 화재감지기의 동작에 따라 개방 및 작동될 것
② 화재감지회로는 교차회로방식으로 할 것. 다만, 다음 각 목의 어느 하나에 해당하는 경우에는 그러하지 아니하다.
  ㉠ 스프링클러설비의 배관 또는 헤드에 누설경보용 물 또는 압축공기가 채워지거나 부압식스프링클러설비의 경우
  ㉡ 화재감지기를「자동화재탐지설비의 화재안전기준(NFTC 203)」제7조제1항 단서의 각 호의 감지기로 설치한 때[오동작없는 감지기]
③ 준비작동식유수검지장치 또는 일제개방밸브의 인근에서 수동기동(전기식 및 배수식)에 따라서도 개방 및 작동될 수 있게 할 것
④ 화재감지기의 설치기준에 관하여는「자동화재탐지설비의 화재안전기준(NFTC 203)」제7조 및 제11조를 준용할 것. 이 경우 교차회로방식에 있어서의 화재감지기의 설치는 각 화재감지기 회로별로 설치하되, 각 화재감지기회로별 화재감지기 1개가 담당하는 바닥면적은「자동화재탐지설비의 화재안전기준(NFTC 203)」제7조제3항제5호・제8호부터 제10호까지에 따른 바닥면적으로 한다.
⑤ 화재감지기 회로에는 다음 각 기준에 따른 발신기를 설치할 것. 다만, 자동화재탐지설비의 발신기가 설치된 경우에는 그러하지 아니하다.
  ㉠ 조작이 쉬운 장소에 설치하고, 스위치는 바닥으로부터 0.8m 이상 1.5m 이하의 높이에 설치할 것
  ㉡ 특정소방대상물의 층마다 설치하되, 해당 특정소방대상물의 각 부분으로부터 하

나의 발신기까지의 수평거리가 25m 이하가 되도록 할 것. 다만, 복도 또는 별도로 구획된 실로서 보행거리가 40m 이상일 경우에는 추가로 설치하여야 한다.

ⓒ 발신기의 위치를 표시하는 표시등은 함의 상부에 설치하되, 그 불빛은 부착 면으로부터 15° 이상의 범위 안에서 부착지점으로부터 10m 이내의 어느 곳에서도 쉽게 식별할 수 있는 적색등으로 할 것

8 ▸▸ 헤드

(1) 헤드의 설치장소

① 스프링클러헤드는 특정소방대상물의 천장·반자·천장과 반자사이·덕트·선반 기타 이와 유사한 부분(폭이 1.2m를 초과하는 것에 한한다)에 설치하여야 한다. 다만, 폭이 9m 이하인 실내에 있어서는 측벽에 설치할 수 있다.

② 랙크식창고의 경우로서「소방기본법시행령」별표 2의 특수가연물을 저장 또는 취급하는 것에 있어서는 랙크높이 4m 이하 마다, 그 밖의 것을 취급하는 것에 있어서는 랙크높이 6m 이하 마다 스프링클러헤드를 설치하여야 한다. 다만, 랙크식창고의 천장높이가 13.7m 이하로서 「화재조기진압용 스프링클러설비의 화재안전기준(NFTC 103B)」에 따라 설치하는 경우에는 천장에만 스프링클러헤드를 설치할 수 있다.

(2) 헤드의 수평거리

스프링클러헤드를 설치하는 천장·반자·천장과 반자사이·덕트·선반 등의 각 부분으로부터 하나의 스프링클러헤드까지의 수평거리는 다음과 같이 하여야 한다. 다만, 성능이 별도로 인정된 스프링클러헤드를 수리계산에 따라 설치하는 경우에는 그러하지 아니하다.

소방대상물	수평거리(m)
무대부, 특수가연물 저장 또는 취급하는 장소	1.7m 이하
일반건축물	2.1m 이하
내화건축물	2.3m 이하
랙크식 창고	2.5m 이하
공동주택(아파트) 세대 내의 거실	3.2m 이하

※ 특수가연물을 저장 또는 취급하는 랙크식 창고의 경우에는 1.7m 이하

(3) 헤드의 배치

① **정방형 배치** : 헤드 간의 거리 중 가로의 거리와 세로의 거리가 동일한 헤드의 배치방식

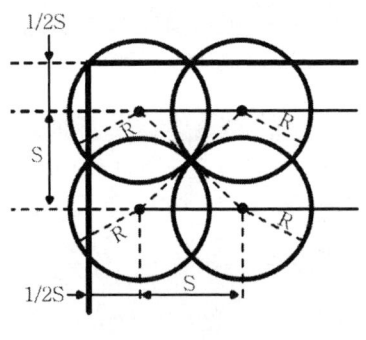

[정방형 배치]

$$S = 2r\cos 45°$$

S : 헤드 간의 거리(m), r : 수평 거리(m)

② **장방형 배치** : 헤드 간의 거리 중 가로의 거리 또는 세로의 거리가 서로 다른 배치 방식
  ㉠ 가로열의 헤드 간의 거리 $= 2r\cos\theta$
  ㉡ 세로열의 헤드 간의 거리 $= 2r\sin\theta\,(\theta = 30 \sim 60°)$

그러므로 배치각이 일정치 않을 때에는

$$Pt = 2r$$

Pt : 대각선의 길이(m), r : 수평거리(m)

> **장방형의 경우**
> - 긴변의 길이 = 2R · sin(큰각)
> - 짧은변의 길이 = 2R · sin(작은각)

(4) 개방형헤드 및 조기반응형헤드 설치대상

① 무대부 또는 연소할 우려가 있는 개구부에 있어서는 개방형스프링클러헤드를 설치하여야 한다.
② 다음 어느 하나에 해당하는 장소에는 조기반응형 스프링클러헤드를 설치하여야 한다.
  ㉠ 공동주택 · 노유자시설의 거실
  ㉡ 오피스텔 · 숙박시설의 침실, 병원의 입원실

> **조기반응형 헤드**
> RTI 50 이하인 속동형 헤드로 습식설비에 한하여 설치할 수 있다.
>
> **반응시간지수(RTI)**
> RTI(Response Time Index)란 헤드의 열에 대한 민감도 즉, 열감도를 의미하며 폐쇄형 헤드 감열부의 개방에 필요한 열을 주위로부터 얼마나 빠른 시간에 흡수할 수 있는지를 나타내는 헤드 작동시간에 따른 지수이다.
> $$RTI = \tau\sqrt{u}$$
> RTI : $\sqrt{m \cdot sec}$, τ : 감열체의 시간상수(sec), u : 기류의 속도(m/sec)
>
> **반응시간지수(RTI)에 따른 분류**
> - 표준반응형(Standard Response) 헤드 : RTI가 80 초과 350 이하인 헤드로 가장 일반적인 헤드
> - 특수반응형(Special Response) 헤드 : RTI가 50 초과 80 이하인 헤드
> - 조기반응형(Fast Response) 헤드 : RTI가 50 이하인 헤드로 속동형 헤드 또는 조기반응형 헤드라 한다.

(5) 폐쇄형헤드의 최고주위온도에 따른 표시온도

설치장소의 최고 주위온도	표시온도
39℃ 미만	79℃ 미만
39℃ 이상 64℃ 미만	79℃ 이상 121℃ 미만
64℃ 이상 106℃ 미만	121℃ 이상 162℃ 미만
106℃ 이상	162℃ 이상

다만, 높이가 4m 이상인 공장 및 창고(랙크식 창고를 포함한다.)에 설치하는 스프링클러헤드는 표시온도 121℃ 이상의 것으로 할 수 있다.

(6) 헤드의 설치방법

① 살수가 방해되지 아니하도록 스프링클러헤드로부터 반경 60cm 이상의 공간을 보유할 것. 다만, 벽과 스프링클러헤드간의 공간은 10cm 이상으로 한다.

② 스프링클러헤드와 그 부착면(상향식헤드의 경우에는 그 헤드의 직상부의 천장·반자 또는 이와 비슷한 것을 말한다. 이하 같다)과의 거리는 30cm 이하로 할 것.

③ 배관·행가 및 조명기구 등 살수를 방해하는 것이 있는 경우에는 ① 및 ② 에도 불구하고 그로부터 아래에 설치하여 살수에 장애가 없도록 할 것. 다만, 스프링클러헤드와 장애물과의 이격거리를 장애물 폭의 3배 이상 확보한 경우에는 그러하지 아니하다.

④ 스프링클러헤드의 반사판은 그 부착 면과 평행하게 설치할 것. 다만, 측벽형헤드 또는 연소할 우려가 있는 개구부에 설치하는 스프링클러헤드의 경우에는 그러하지 아

니하다.
⑤ 천장의 기울기가 10분의 1을 초과하는 경우에는 가지관을 천장의 마루와 평행하게 설치하고, 스프링클러헤드는 다음 각 목의 어느 하나의 기준에 적합하게 설치할 것
   ㉠ 천장의 최상부에 스프링클러헤드를 설치하는 경우에는 최상부에 설치하는 스프링클러헤드의 반사판을 수평으로 설치할 것
   ㉡ 천장의 최상부를 중심으로 가지관을 서로 마주보게 설치하는 경우에는 최상부의 가지관 상호간의 거리가 가지관상의 스프링클러헤드 상호간의 거리의 2분의 1 이하 (최소 1m 이상이 되어야 한다)가 되게 스프링클러헤드를 설치하고, 가지관의 최상부에 설치하는 스프링클러헤드는 천장의 최상부로부터의 수직거리가 90㎝ 이하가 되도록 할 것. 톱날지붕, 둥근지붕 기타 이와 유사한 지붕의 경우에도 이에 준한다.

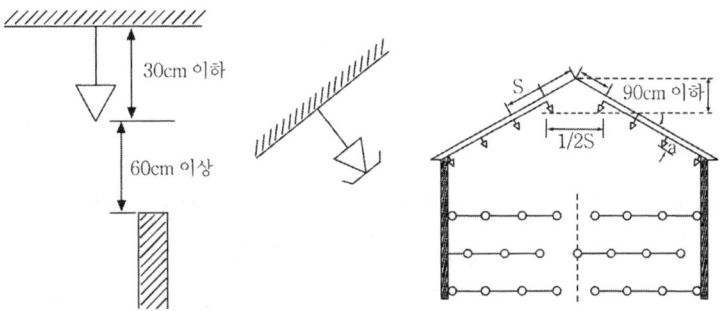

⑥ 연소할 우려가 있는 개구부에는 그 상하좌우에 2.5m 간격으로(개구부의 폭이 2.5m 이하인 경우에는 그 중앙에) 스프링클러헤드를 설치하되, 스프링클러헤드와 개구부의 내측 면으로부터 직선거리는 15㎝ 이하가 되도록 할 것. 이 경우 사람이 상시 출입하는 개구부로서 통행에 지장이 있는 때에는 개구부의 상부 또는 측면(개구부의 폭이 9m 이하인 경우에 한한다)에 설치하되, 헤드 상호간의 간격은 1.2m 이하로 설치하여야 한다.

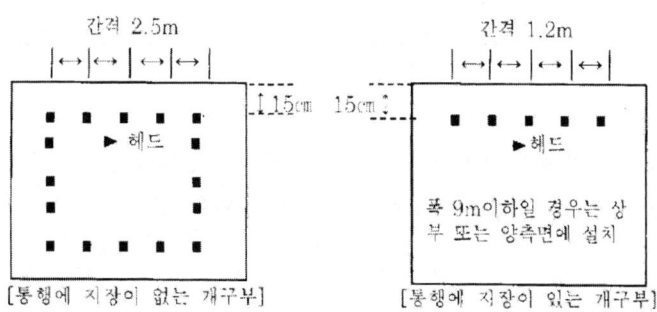

⑦ 습식스프링클러설비 및 부압식스프링클러설비 외의 설비에는 상향식스프링클러헤드를 설치할 것. 다만, 다음 각 목의 어느 하나에 해당하는 경우에는 그러하지 아니하다.
　㉠ 드라이펜던트스프링클러헤드를 사용하는 경우
　㉡ 스프링클러헤드의 설치장소가 동파의 우려가 없는 곳인 경우
　㉢ 개방형스프링클러헤드를 사용하는 경우

> **드라이 펜던트형 헤드(Dry Pendent Head)**
> 배관 내의 물이 스프링클러 몸체에 유입되지 않도록 상단에 유로를 차단하는 플런저(Plunger)가 설치되어 있어 헤드가 개방되지 않으면 물이 헤드 몸체로 유입되지 못하도록 되어 있는 헤드

⑧ 측벽형스프링클러헤드를 설치하는 경우 긴 변의 한쪽 벽에 일렬로 설치(폭이 4.5m 이상 9m 이하인 실에 있어서는 긴변의 양쪽에 각각 일렬로 설치하되 마주보는 스프링클러헤드가 나란히꼴이 되도록 설치)하고 3.6m 이내마다 설치할 것

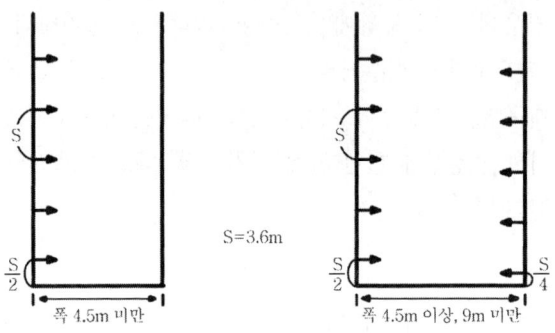

⑨ 상부에 설치된 헤드의 방출수에 따라 감열부에 영향을 받을 우려가 있는 헤드에는 방출수를 차단할 수 있는 유효한 차폐판을 설치할 것

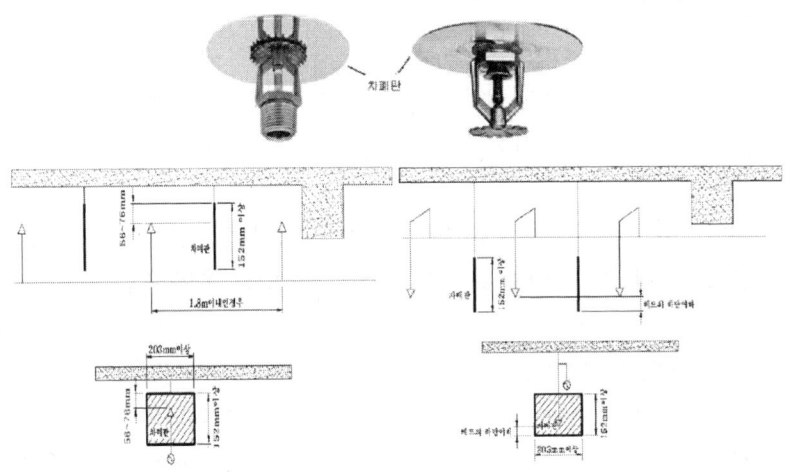

【 하향형 및 상향형 스프링클러헤드 설치 시 차폐판 설치 예 】

(7) 헤드와 보와의 이격거리

특정소방대상물의 보와 가장 가까운 스프링클러 헤드는 다음 표의 기준에 따라 설치하여야 한다. 다만, 천장 면에서 보의 하단까지의 길이가 55㎝를 초과하고 보의 하단 측면 끝부분으로부터 스프링클러헤드까지의 거리가 스프링클러헤드 상호간 거리의 2분의 1 이하가 되는 경우에는 스프링클러헤드와 그 부착 면과의 거리를 55㎝ 이하로 할 수 있다.

스프링클러헤드의 반사판 중심과 보의 수평거리	스프링클러헤드의 반사판 높이와 보의 하단 높이의 수직거리
0.75m 미만	보의 하단보다 낮을 것
0.75m 이상 1m 미만	0.1m 미만일 것
1m 이상 1.5m 미만	0.15m 미만일 것
1.5m 이상	0.3m 미만일 것

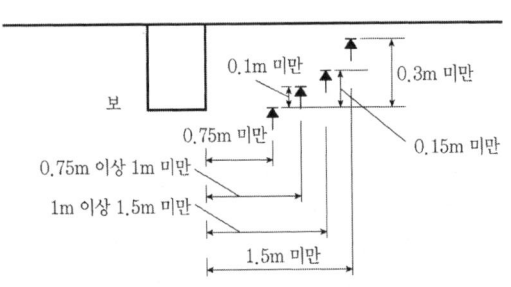

【 보의 깊이 55cm까지의 예 】

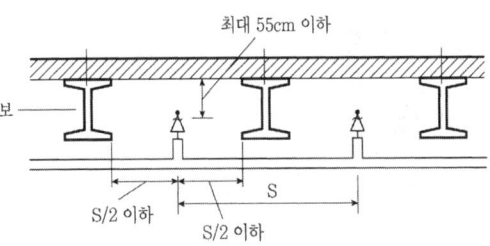

【 보의 깊이가 55cm를 초과할 경우의 예 】

9. 송수구

① 송수구는 소방차가 쉽게 접근할 수 있는 잘 보이는 장소에 설치하되 화재 층으로부터 지면으로 떨어지는 유리창 등이 송수 및 그 밖의 소화작업에 지장을 주지 아니하는 장소에 설치할 것
② 송수구로부터 스프링클러설비의 주배관에 이르는 연결배관에 개폐밸브를 설치한 때에는 그 개폐상태를 쉽게 확인 및 조작할 수 있는 옥외 또는 기계실 등의 장소에 설치할 것
③ 구경 65mm의 쌍구형으로 할 것
④ 송수구에는 그 가까운 곳의 보기 쉬운 곳에 송수압력범위를 표시한 표지를 할 것
⑤ 폐쇄형스프링클러헤드를 사용하는 스프링클러설비의 송수구는 하나의 층의 바닥면적이 3,000㎡를 넘을 때마다 1개 이상(5개를 넘을 경우에는 5개로 한다)을 설치할 것
⑥ 지면으로부터 높이가 0.5m 이상 1m 이하의 위치에 설치할 것
⑦ 송수구의 가까운 부분에 자동배수밸브(또는 직경 5mm의 배수공) 및 체크밸브를 설치할 것. 이 경우 자동배수밸브는 배관안의 물이 잘 빠질 수 있는 위치에 설치하되, 배수로 인하여 다른 물건 또는 장소에 피해를 주지 아니하여야 한다.
⑧ 송수구에는 이물질을 막기 위한 마개를 씌워야 한다.

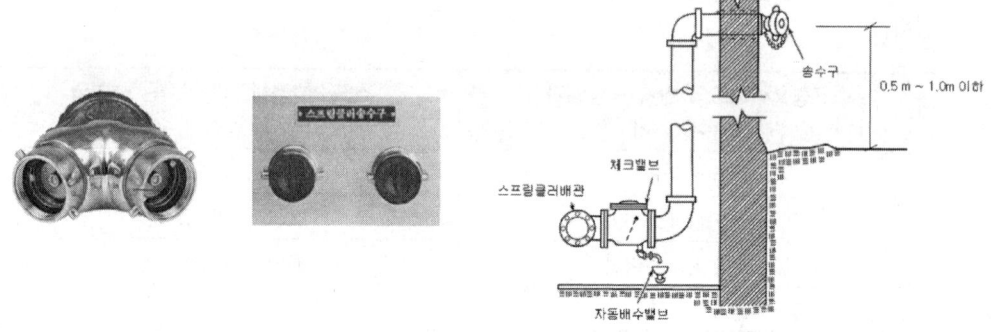

10. 전원

(1) 상용전원

옥내소화전설비와 동일

(2) 비상전원

① 비상전원의 종류 : 자가발전설비 또는 축전지설비, 전기저장장치
  다만, 차고·주차장으로서 스프링클러설비가 설치된 부분의 바닥면적의 합계가 1,000㎡ 미만인 경우에는 비상전원수전설비로 설치할 수 있다.
② **비상전원의 설치대상** : 모든 스프링클러설비
③ **비상전원의 설치제외 경우**
  ㉠ 2 이상의 변전소(「전기사업법」제67조에 따른 변전소를 말한다. 이하 같다)에서 전력을 동시에 공급받을 수 있는 경우
  ㉡ 하나의 변전소로부터 전력의 공급이 중단되는 때에는 자동으로 다른 변전소로부터 전원을 공급받을 수 있도록 상용전원을 설치한 경우
  ㉢ 가압수조방식의 경우
④ **비상전원의 설치기준** : 비상전원은 자가발전설비 또는 축전지설비, 전기저장장치(내연기관에 따른 펌프를 사용하는 경우에는 내연기관의 기동 및 제어용 축전지를 말한다)로서 다음 각 기준에 따라 설치하여야 한다. 비상전원수전설비의 경우 소방시설용 비상전원수전설비의 화재안전기준(NFTC 602)」에 따라 설치하여야 한다.
  ㉠ 점검에 편리하고 화재 및 침수 등의 재해로 인한 피해를 받을 우려가 없는 곳에 설치할 것
  ㉡ 스프링클러설비를 유효하게 20분 이상, 층수가 30층 이상 49층 이하는 40분 이상, 50층 이상은 60분 이상 작동할 수 있어야 할 것
  ㉢ 상용전원으로부터 전력의 공급이 중단된 때에는 자동으로 비상전원으로부터 전력을 공급받을 수 있도록 할 것
  ㉣ 비상전원(내연기관의 기동 및 제어용 축전기를 제외한다)의 설치장소는 다른 장소와 방화구획 할 것. 이 경우 그 장소에는 비상전원의 공급에 필요한 기구나 설비 외의 것(열병합발전설비에 필요한 기구나 설비는 제외한다)을 두어서는 아니된다.
  ㉤ 비상전원을 실내에 설치하는 때에는 그 실내에 비상조명등을 설치할 것
  ㉥ 옥내에 설치하는 비상전원실에는 옥외로 직접 통하는 충분한 용량의 급배기설비를 설치할 것
  ㉦ 비상전원의 출력용량은 다음 각 목의 기준을 충족할 것
    ㉮ 비상전원 설비에 설치되어 동시에 운전될 수 있는 모든 부하의 합계 입력용량을 기준으로 정격출력을 선정할 것. 다만, 소방전원 보존형발전기를 사용할 경우에는 그러하지 아니하다.
    ㉯ 기동전류가 가장 큰 부하가 기동될 때에도 부하의 허용 최저입력전압 이상의 출력전압을 유지할 것

㉰ 단시간 과전류에 견디는 내력은 입력용량이 가장 큰 부하가 최종 기동할 경우에도 견딜 수 있을 것

㉧ 자가발전설비는 부하의 용도와 조건에 따라 다음 각 목 중의 하나를 설치하고 그 부하용도별 표지를 부착하여야 한다. 다만, 자가발전설비의 정격출력용량은 하나의 건축물에 있어서 소방부하의 설비용량을 기준으로 하고, 나목의 경우 비상부하는 국토해양부장관이 정한 건축전기설비설계기준의 수용률 범위 중 최대값 이상을 적용한다.

  ㉮ 소방전용 발전기 : 소방부하용량을 기준으로 정격출력용량을 산정하여 사용하는 발전기

  ㉯ 소방부하 겸용 발전기 : 소방 및 비상부하 겸용으로서 소방부하와 비상부하의 전원용량을 합산하여 정격출력용량을 산정하여 사용하는 발전기

  ㉰ 소방전원 보존형 발전기 : 소방 및 비상부하 겸용으로서 소방부하의 전원용량을 기준으로 정격출력용량을 산정하여 사용하는 발전기

㉨ 비상전원실의 출입구 외부에는 실의 위치와 비상전원의 종류를 식별할 수 있도록 표지판을 부착할 것

11 ▶▶ 제어반

(1) 감시제어반

① 감시제어반의 기능
  ㉠ 각 펌프의 작동여부를 확인할 수 있는 표시등 및 음향경보기능이 있어야 할 것
  ㉡ 각 펌프를 자동 및 수동으로 작동시키거나 중단시킬 수 있어야 한다.
  ㉢ 비상전원을 설치한 경우에는 상용전원 및 비상전원의 공급여부를 확인할 수 있어야 할 것
  ㉣ 수조 또는 물올림탱크가 저수위로 될 때 표시등 및 음향으로 경보할 것
  ㉤ 예비전원이 확보되고 예비전원의 적합여부를 시험할 수 있어야 할 것

② 감시제어반의 설치기준
  ㉠ 화재 및 침수 등의 재해로 인한 피해를 받을 우려가 없는 곳에 설치할 것
  ㉡ 감시제어반은 스프링클러설비의 전용으로 할 것. 다만, 스프링클러설비의 제어에 지장이 없는 경우에는 다른 설비와 겸용할 수 있다.
  ㉢ 감시제어반은 다음 각 목의 기준에 따른 전용실안에 설치할 것. 다만, 제1항 각 호의 어느 하나에 해당하는 경우와 공장, 발전소 등에서 설비를 집중 제어·운전

할 목적으로 설치하는 중앙제어실내에 감시제어반을 설치하는 경우에는 그러하지 아니하다.

　㉮ 다른 부분과 방화구획을 할 것. 이 경우 전용실의 벽에는 기계실 또는 전기실 등의 감시를 위하여 두께 7㎜ 이상의 망입유리(두께 16.3㎜ 이상의 접합유리 또는 두께 28㎜ 이상의 복층유리를 포함한다)로 된 4㎡ 미만의 붙박이창을 설치할 수 있다.

　㉯ 피난층 또는 지하 1층에 설치할 것. 다만, 다음 각 세목의 어느 하나에 해당하는 경우에는 지상 2층에 설치하거나 지하 1층 외의 지하층에 설치할 수 있다.
　　• 「건축법시행령」제35조에 따라 특별피난계단이 설치되고 그 계단(부속실을 포함한다)출입구로부터 보행거리 5m 이내에 전용실의 출입구가 있는 경우
　　• 아파트의 관리동(관리동이 없는 경우에는 경비실)에 설치하는 경우

　㉰ 비상조명등 및 급·배기설비를 설치할 것

　㉱ 「무선통신보조설비의 화재안전기준(NFTC 505)」제5조제3항에 따라 유효하게 통신이 가능할 것(영 별표 5의 제5호마목에 따른 무선통신보조설비가 설치된 특정소방대상물에 한한다)

　㉲ 바닥면적은 감시제어반의 설치에 필요한 면적 외에 화재 시 소방대원이 그 감시제어반의 조작에 필요한 최소면적 이상으로 할 것

ⓔ 전용실에는 특정소방대상물의 기계·기구 또는 시설 등의 제어 및 감시설비외의 것을 두지 아니할 것

ⓜ 각 유수검지장치 또는 일제개방밸브의 작동여부를 확인할 수 있는 표시 및 경보기능이 있도록 할 것

ⓗ 일제개방밸브를 개방시킬 수 있는 수동조작스위치를 설치할 것

ⓢ 일제개방밸브를 사용하는 설비의 화재감지는 각 경계회로별로 화재표시가 되도록 할 것

ⓞ 다음의 각 확인회로마다 도통시험 및 작동시험을 할 수 있도록 할 것
　㉮ 기동용수압개폐장치의 압력스위치회로
　㉯ 수조 또는 물올림탱크의 저수위감시회로
　㉰ 유수검지장치 또는 일제개방밸브의 압력스위치회로
　㉱ 일제개방밸브를 사용하는 설비의 화재감지기회로
　㉲ 개폐밸브의 폐쇄상태 확인회로
　㉳ 그 밖의 이와 비슷한 회로

ⓩ 감시제어반과 자동화재탐지설비의 수신기를 별도의 장소에 설치하는 경우에는 이들 상호간 연동하여 화재발생 및 ① 감시제어반기능의 제1호·제3호와 제4호의

기능을 확인할 수 있도록 할 것

(2) 동력제어반
① 앞면은 적색으로 하고 "스프링클러설비용 동력제어반"이라고 표시한 표지를 설치할 것
② 외함은 두께 1.5㎜ 이상의 강판 또는 이와 동등 이상의 강도 및 내열성능이 있는 것으로 할 것
③ 화재 및 침수 등의 재해로 인한 피해를 받을 우려가 없는 곳에 설치할 것
④ 동력제어반은 스프링클러설비의 전용으로 할 것. 다만, 스프링클러설비의 제어에 지장이 없는 경우에는 다른 설비와 겸용할 수 있다.

(3) 감시제어반과 동력제어반을 구분하여 설치하지 아니할수 있는 경우
① 옥내소화전 비상전원 설치대상에 해당하지 아니하는 특정소방대상물에 설치되는 스프링클러설비
② 내연기관에 따른 가압송수장치를 사용하는 스프링클러설비
③ 고가수조에 따른 가압송수장치를 사용하는 스프링클러설비
④ 가압수조에 따른 가압송수장치를 사용하는 스프링클러설비

(4) 자가발전설비 제어반의 제어장치(소방전원 보존형 발전기 제어장치)
① 소방전원 보존형임을 식별할 수 있도록 표기할 것
② 발전기 운전 시 소방부하 및 비상부하에 전원이 동시 공급되고, 그 상태를 확인할 수 있는 표시가 되도록 할 것
③ 발전기가 정격용량을 초과할 경우 비상부하는 자동적으로 차단되고, 소방부하만 공급되는 상태를 확인할 수 있는 표시가 되도록 할 것

12 ▸▸ 배선 등

옥내소화전설비와 동일

13 ▸▸ 헤드의 제외

① 계단실(특별피난계단의 부속실을 포함한다)·경사로·승강기의 승강로·비상용승강기의 승강장·파이프덕트 및 덕트피트(파이프·덕트를 통과시키기 위한 구획된 구멍

에 한한다)·목욕실·수영장(관람석부분을 제외한다)·화장실·직접 외기에 개방되어 있는 복도·기타 이와 유사한 장소
② 통신기기실·전자기기실·기타 이와 유사한 장소
③ 발전실·변전실·변압기·기타 이와 유사한 전기설비가 설치되어 있는 장소
④ 병원의 수술실·응급처치실·기타 이와 유사한 장소
⑤ 천장과 반자 양쪽이 불연재료로 되어 있는 경우로서 그 사이의 거리 및 구조가 다음 각 목의 어느 하나에 해당하는 부분
　㉠ 천장과 반자사이의 거리가 2m 미만인 부분
　㉡ 천장과 반자사이의 벽이 불연재료이고 천장과 반자사이의 거리가 2m 이상으로서 그 사이에 가연물이 존재하지 아니하는 부분
⑥ 천장·반자중 한쪽이 불연재료로 되어있고 천장과 반자사이의 거리가 1m 미만인 부분
⑦ 천장 및 반자가 불연재료 외의 것으로 되어 있고 천장과 반자사이의 거리가 0.5m 미만인 부분
⑧ 펌프실·물탱크실 엘리베이터 권상기실 그 밖의 이와 비슷한 장소
⑨ 현관 또는 로비 등으로서 바닥으로부터 높이가 20m 이상인 장소
⑩ 영하의 냉장창고의 냉장실 또는 냉동창고의 냉동실
⑪ 고온의 노가 설치된 장소 또는 물과 격렬하게 반응하는 물품의 저장 또는 취급장소
⑫ 불연재료로 된 특정소방대상물 또는 그 부분으로서 다음 각 목의 어느 하나에 해당하는 장소
　㉠ 정수장·오물처리장 그 밖의 이와 비슷한 장소
　㉡ 펄프공장의 작업장·음료수공장의 세정 또는 충전하는 작업장그 밖의 이와 비슷한 장소
　㉢ 불연성의 금속·석재 등의 가공공장으로서 가연성물질을 저장또는 취급하지 아니하는 장소
　㉣ 가연성 물질이 존재하지 않는「건축물의 에너지절약설계기준」에 따른 방풍실
⑬ 실내에 설치된 테니스장·게이트볼장·정구장 또는 이와 비슷한 장소로서 실내 바닥·벽·천장이 불연재료 또는 준불연재료로 구성되어 있고 가연물이 존재하지 않는 장소로서 관람석이 없는 운동시설(지하층은 제외한다)
⑭「건축법 시행령」제46조제4항에 따른 공동주택 중 아파트의 대피공간

14 드렌처설비(수막설비) 설치기준

연소할 우려가 있는 개구부에 다음 각 호의 기준에 따른 드렌처설비를 설치한 경우에는 해당 개구부에 한하여 스프링클러헤드를 설치하지 아니할 수 있다.

① 드렌처헤드는 개구부 위 측에 2.5m 이내마다 1개를 설치할 것
② 제어밸브(일제개방밸브·개폐표시형밸브 및 수동조작부를 합한 것을 말한다. 이하 같다)는 특정소방대상물 층마다에 바닥 면으로부터 0.8m 이상 1.5m 이하의 위치에 설치할 것
③ 수원의 수량은 드렌처헤드가 가장 많이 설치된 제어밸브의 드렌처헤드의 설치개수에 1.6㎥를 곱하여 얻은 수치 이상이 되도록 할 것
④ 드렌처설비는 드렌처헤드가 가장 많이 설치된 제어밸브에 설치된 드렌처헤드를 동시에 사용하는 경우에 각각의 헤드선단에 방수압력이 0.1MPa 이상, 방수량이 80L/min 이상이 되도록 할 것
⑤ 수원에 연결하는 가압송수장치는 점검이 쉽고 화재 등의 재해로 인한 피해우려가 없는 장소에 설치할 것

【 드렌처헤드 설치 】

【 드렌처헤드 】

CHAPTER 04 간이스프링클러(NFTC103A)

1. 간이스프링클러설비의 설치대상

간이스프링클러설비를 설치해야 하는 특정소방대상물은 다음의 어느 하나에 해당하는 것으로 한다.

① 공동주택 중 연립주택 및 다세대주택(연립주택 및 다세대주택에 설치하는 간이스프링클러설비는 화재안전기준에 따른 주택전용 간이스프링클러설비를 설치한다)
② 근린생활시설 중 다음의 어느 하나에 해당하는 것
  ㉠ 근린생활시설로 사용하는 부분의 바닥면적 합계가 1천㎡ 이상인 것은 모든 층
  ㉡ 의원, 치과의원 및 한의원으로서 입원실이 있는 시설
  ㉢ 조산원 및 산후조리원으로서 연면적 600㎡ 미만인 시설
③ 의료시설 중 다음의 어느 하나에 해당하는 시설
  ㉠ 종합병원, 병원, 치과병원, 한방병원 및 요양병원(의료재활시설은 제외한다)으로 사용되는 바닥면적의 합계가 600㎡ 미만인 시설
  ㉡ 정신의료기관 또는 의료재활시설로 사용되는 바닥면적의 합계가 300㎡ 이상 600㎡ 미만인 시설
  ㉢ 정신의료기관 또는 의료재활시설로 사용되는 바닥면적의 합계가 300㎡ 미만이고, 창살(철재・플라스틱 또는 목재 등으로 사람의 탈출 등을 막기 위하여 설치한 것을 말하며, 화재 시 자동으로 열리는 구조로 되어 있는 창살은 제외한다)이 설치된 시설
④ 교육연구시설 내에 합숙소로서 연면적 100㎡ 이상인 경우에는 모든 층
⑤ 노유자 시설로서 다음의 어느 하나에 해당하는 시설
  ㉠ 제7조제1항제7호 각 목에 따른 시설[같은 호 가목2) 및 같은 호 나목부터 바목까지의 시설 중 단독주택 또는 공동주택에 설치되는 시설은 제외하며, 이하 "노유자생활시설"이라 한다]
  ㉡ ㉠에 해당하지 않는 노유자 시설로 해당 시설로 사용하는 바닥면적의 합계가 300㎡ 이상 600㎡ 미만인 시설
  ㉢ ㉠에 해당하지 않는 노유자 시설로 해당 시설로 사용하는 바닥면적의 합계가 300㎡

미만이고, 창살(철재·플라스틱 또는 목재 등으로 사람의 탈출 등을 막기 위하여 설치한 것을 말하며, 화재 시 자동으로 열리는 구조로 되어 있는 창살은 제외한다)이 설치된 시설
⑥ 숙박시설로 사용되는 바닥면적의 합계가 300㎡ 이상 600㎡ 미만인 시설
⑦ 건물을 임차하여 「출입국관리법」 제52조제2항에 따른 보호시설로 사용하는 부분
⑧ 복합건축물(별표 2 제30호나목의 복합건축물만 해당한다)로서 연면적 1천㎡ 이상인 것은 모든 층
⑨ 다중이용업소 안전관리법 시행령 별표
  ㉠ 지하층에 설치된 영업장
  ㉡ 밀폐구조의 영업장
  ㉢ 산후조리원 및 고시원영업장(다만, 지사1층 또는 지상과 직접 맞닿아있는 층 제외)
  ㉣ 권총사격장 영업장

2. 간이스프링클러설비의 구성 및 종류

(1) 구성
① 수원 ② 가압송수장치 ③ 방호구역, 유수검지장치 ④ 배관 및 밸브
⑤ 음향장치 및 기동장치 ⑥ 간이헤드 ⑦ 송수구 ⑧ 비상전원 ⑨ 제어반

(2) 스프링클러설비의 종류 :
① 폐쇄형 간이헤드[50l/min]를 이용하는 습식 (습식유수검지장치 사용)
② 간이스프링클러가 설치되는 특정소방대상물에 부설된 주차장부분에는 습식외의 방식 이용(해당 주차장의 경우 표준형헤드 설치가능[80l/min])

3. 가압송수장치

(1) 상수도직결방식

(2) 전동기 또는 내연기관에 따른 펌프를 이용하는 방식

(3) 고가수조의 낙차를 이용하는 방식
– 스프링클러설비와 동일

(4) 압력수조의 압력을 이용하는 방식

- 스프링클러설비와 동일

(5) 가압수조를 이용하는 방식

① 가압수조의 압력은 간이헤드 2개를 동시에 개방할 때 적정방수량 및 방수압이 10분 (근린생활시설의 경우에는 20분) 이상 유지되도록 할 것
② 가압수조의 수조는 최대상용압력 1.5배의 물의 압력을 가하는 경우 물이 새거나 변형이 없어야 할 것
③ 가압수조에는 수위계·급수관·배수관·급기관·압력계 및 안전장치를 설치할 것
④ 소방청장이 정하여 고시한 「가압수조식가압송수장치의 성능인증 및 제품검사의 기술기준」에 적합한 것으로 설치할 것

(6) 캐비넷형 가압송수장치 이용하는 방식

- 소방청장이 정하여 고시한 「캐비넷형간이스프링클러설비 성능인증 및 제품검사의 기술기준」에 적합한 것으로 설치하여야 한다.

(7) 공통기준

① 방수압력(상수도직결형의 상수도압력)은 가장 먼 가지배관에서 2개의 간이헤드를 동시에 개방할 경우 각각의 간이헤드 선단 방수압력은 0.1MPa 이상, 방수량은 50L/min 이상이어야 한다. 다만, 간이스프링클러설비가 설치되는 특정소방대상물에 부설된 주차장부분에 표준반응형스프링클러헤드를 사용할 경우 헤드 1개의 방수량은 80L/min 이상이어야 한다.
② 위 설치대상중 ①의 ㉠ 또는 ⑥과 ⑦에 해당하는 특정소방대상물의 경우에는 상수도직결형 및 캐비닛형 간이스프링클러설비를 제외한 가압송수장치를 설치하여야 한다.

4. 수원

(1) 수원의 양

① 상수도직결형의 경우 : 수돗물
② 수조를 사용하는 경우 : 최소 1개 이상의 자동급수장치를 갖출 것
  위 설치대상중 ①의 ㉡, ②~⑤, ⑧의 경우
  수원의 양$(m^3) = 2 \times 0.5 m^3$ 이상 $= 2 \times 50 l/min \times 10 min$ 이상
  위 설치대상중 ①의 ㉠, ⑥, ⑦의 경우
  수원의 양$(m^3) = 5 \times 1 m^3$ 이상 $= 5 \times 50 l/min \times 20 min$ 이상

(2) 수원의 전용, 수조 설치기준
스프링클러설비와 동일.

(3) 옥상수조 및 옥상수원 미설치
참고 : 옥상수조(수원) 설치대상
① 옥내소화전설비
② 스프링클러설비(폐쇄형)
③ 화재조기진압용스프링클러설비

5 ▶▶ 간이스프링클러설비의 방호구역 및 유수검지장치

① 하나의 방호구역의 바닥면적은 1,000㎡를 초과하지 아니할 것
② 하나의 방호구역에는 1개 이상의 유수검지장치를 설치하되, 화재발생시 접근이 쉽고 점검하기 편리한 장소에 설치할 것
③ 하나의 방호구역은 2개층에 미치지 아니하도록 할 것. 다만, 1개층에 설치되는 간이헤드의 수가 10개 이하인 경우에는 3개층 이내로 할 수 있다.
④ 유수검지장치는 실내에 설치하거나 보호용 철망 등으로 구획하여 바닥으로부터 0.8m 이상 1.5m 이하의 위치에 설치하되, 그 실 등에는 가로 0.5m 이상 세로 1m 이상의 출입문을 설치하고 그 출입문 상단에 "유수검지장치실"이라고 표시한 표지를 설치할 것. 다만, 유수검지장치를 기계실(공조용기계실을 포함한다)안에 설치하는 경우에는 별도의 실 또는 보호용 철망을 설치하지 아니하고 기계실 출입문 상단에 "유수검지장치실"이라고 표시한 표지를 설치할 수 있다.
⑤ 간이헤드에 공급되는 물은 유수검지장치를 지나도록 할 것. 다만, 송수구를 통하여 공급되는 물은 그러하지 아니하다.
⑥ 자연낙차에 따른 압력수가 흐르는 배관 상에 설치된 유수검지장치는 화재 시 물의 흐름을 검지할 수 있는 최소한의 압력이 얻어질 수 있도록 수조의 하단으로부터 낙차를 두어 설치할 것
⑦ 간이스프링클러설비가 설치되는 특정소방대상물에 부설된 주차장부분에는 습식 외의 방식으로 하여야 한다. 다만, 동결의 우려가 없거나 동결을 방지할 수 있는 구조 또는 장치가 된 곳은 그러하지 아니하다.
※ 캐비넷형의 경우 ③ 기준 만족할것.

6 ▸▸ 제어반

① 상수도 직결형의 경우에는 급수배관에 설치되어 급수를 차단할 수 있는 개폐밸브 및 유수검지장치의 작동상태를 확인할 수 있어야 하며, 예비전원이 확보되고 예비전원의 적합여부를 시험할 수 있어야 한다.
② 상수도 직결형을 제외한 방식의 것에 있어서는 「스프링클러설비의 화재안전기준(NFTC 103)」제13조를 준용한다.

7 ▸▸ 배관 및 밸브

(1) 배관 및 밸브,부속류등 설치기준

스프링클러설비와 동일.

(2) 배관 및 밸브의 설치순서

① 상수도직결형은 다음 각 목의 기준에 따라 설치할 것
  ㉠ 수도용계량기, 급수차단장치, 개폐표시형밸브, 체크밸브, 압력계, 유수검지장치(압력스위치 등 유수검지장치와 동등 이상의 기능과 성능이 있는 것을 포함한다. 이하 같다), 2개의 시험밸브의 순으로 설치할 것
  ㉡ 간이스프링클러설비 이외의 배관에는 화재시 배관을 차단할 수 있는 급수차단장치를 설치할 것
② 펌프 등의 가압송수장치를 이용하여 배관 및 밸브 등을 설치하는 경우에는 수원, 연성계 또는 진공계(수원이 펌프보다 높은 경우를 제외한다. 이하 같다), 펌프 또는 압력수조, 압력계, 체크밸브, 성능시험배관, 개폐표시형밸브, 유수검지장치, 시험밸브의 순으로 설치할 것.
③ 가압수조를 가압송수장치로 이용하여 배관 및 밸브등을 설치하는 경우에는 수원, 가압수조, 압력계, 체크밸브, 성능시험배관, 개폐표시형밸브, 유수검지장치, 2개의 시험밸브의 순으로 설치할 것
④ 캐비닛형의 가압송수장치에 배관 및 밸브 등을 설치하는 경우에는 수원, 연성계 또는 진공계(수원이 펌프보다 높은 경우를 제외한다. 이하 같다), 펌프 또는 압력수조, 압력계, 체크밸브, 개폐표시형밸브, 2개의 시험밸브의 순으로 설치할 것. 다만, 소화용수의 공급은 상수도와 직결된 바이패스관 또는 펌프에서 공급받아야 한다.

8 간이헤드

① 폐쇄형간이헤드를 사용할 것
② 간이헤드의 작동온도는 실내의 최대 주위천장온도가 0℃ 이상 38℃ 이하인 경우 공칭작동온도가 57℃에서 77℃의 것을 사용하고, 39℃ 이상 66℃ 이하인 경우에는 공칭작동온도가 79℃에서 109℃의 것을 사용할 것
③ 간이헤드를 설치하는 천장·반자·천장과 반자사이·덕트·선반 등의 각 부분으로부터 간이헤드까지의 수평거리는 2.3m(「스프링클러헤드의 형식승인 및 제품검사의 기술기준」 유효반경의 것으로 한다.) 이하가 되도록 하여야 한다. 다만, 성능이 별도로 인정된 간이헤드를 수리계산에 따라 설치하는 경우에는 그러하지 아니하다.
④ 상향식간이헤드 또는 하향식간이헤드의 경우에는 간이헤드의 디플렉터에서 천장 또는 반자까지의 거리는 25mm에서 102mm 이내가 되도록 설치하여야 하며, 측벽형간이헤드의 경우에는 102mm에서 152mm사이에 설치할 것 다만, 플러쉬 스프링클러헤드의 경우에는 천장 또는 반자까지의 거리를 102mm 이하가 되도록 설치할 수 있다.
⑤ 간이헤드는 천장 또는 반자의 경사·보·조명장치 등에 따라 살수장애의 영향을 받지 아니하도록 설치할 것
⑥ ④의 규정에도 불구하고 소방대상물의 보와 가장 가까운 간이헤드는 다음 표의 기준에 따라 설치할 것. 다만, 천장면에서 보의 하단까지의 길이가 55cm를 초과하고 보의 하단 측면 끝부분으로부터 간이헤드까지의 거리가 간이헤드 상호간 거리의 2분의 1 이하가 되는 경우에는 간이헤드와 그 부착면과의 거리를 55cm 이하로 할 수 있다.

간이헤드의 반사판 중심과 보의 수평거리	간이헤드의 반사판 높이와 보의 하단 높이의 수직거리
0.75m 미만	보의 하단보다 낮을 것
0.75m 이상 1m 미만	0.1m 미만일 것
1m 이상 1.5m 미만	0.15m 미만일 것
1.5m 이상	0.3m 미만일 것

⑦ 상향식간이헤드 아래에 설치되는 하향식간이헤드에는 상향식 헤드의 방출수를 차단할 수 있는 유효한 차폐판을 설치할 것
⑧ 간이스프링클러설비를 설치하여야 할 소방대상물에 있어서는 간이헤드 설치 제외에 관한 사항은 「스프링클러설비의 화재안전기준」 제15조제1항을 준용한다.
⑨ 특정소방대상물에 부설된 주차장부분에는 표준반응형스프링클러헤드를 설치하여야 하며 설치기준은 「스프링클러설비의 화재안전기준(NFTC 103)」 헤드설치기준을 준용한다.

9 ▸▸ 비상전원

간이스프링클러설비에는 다음 각 호의 기준에 적합한 비상전원 또는 「소방시설용비상전원수전설비의 화재안전기준(NFTC 602)」의 규정에 따른 비상전원수전설비를 설치하여야 한다. 다만, 무전원으로 작동되는 간이스프링클러설비의 경우에는 모든 기능이 10분(근린생활시설의 경우에는 20분) 이상 유효하게 지속될 수 있는 구조를 갖추어야 한다.
① 간이스프링클러설비를 유효하게 10분(근린생활시설의 경우에는 20분) 이상 작동할 수 있도록 할 것
② 상용전원으로부터 전력의 공급이 중단된 때에는 자동으로 비상전원으로부터 전원을 공급받을 수 있는 구조로 할 것

CHAPTER 05 화재조기진압용스프링클러 (NFTC103B)

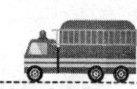

1 ▸▸ 설치장소의 구조

① 해당층의 높이가 13.7m 이하 일 것. 다만, 2층 이상일 경우에는 해당층의 바닥을 내화구조로 하고 다른 부분과 방화구획 할 것
② 천장의 기울기가 1,000분의 168을 초과하지 않아야 하고, 이를 초과하는 경우에는 반자를 지면과 수평으로 설치할 것
③ 천장은 평평하여야 하며 철재나 목재트러스 구조인 경우, 철재나 목재의 돌출부분이 102mm를 초과하지 아니할 것
④ 보로 사용되는 목재·콘크리트 및 철재사이의 간격이 0.9m 이상 2.3m 이하 일 것. 다만, 보의 간격이 2.3m 이상인 경우에는 화재조기진압용 스프링클러헤드의 동작을 원활히 하기 위하여 보로 구획된 부분의 천장 및 반자의 넓이가 28㎡를 초과하지 아니할 것
⑤ 창고내의 선반의 형태는 하부로 물이 침투되는 구조로 할 것

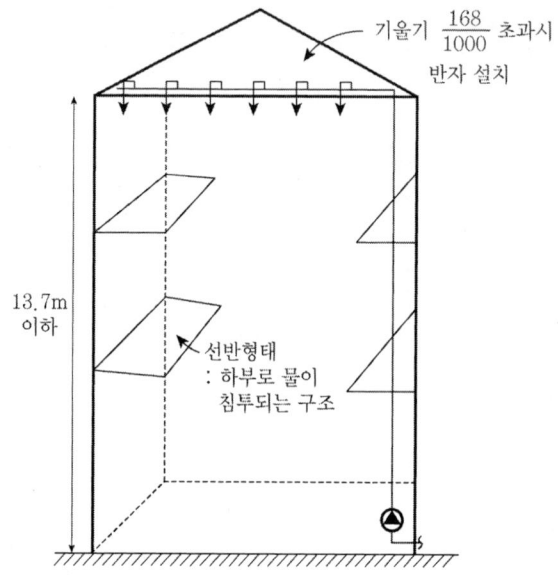

② 수원

(1) 수원의 양

① 화재조기진압용 스프링클러설비의 수원은 수리학적으로 가장 먼가지배관 3개에 각각 4개의 스프링클러헤드가 동시에 개방되었을 때 헤드선단의 압력이 별표3에 의한 값 이상으로 60분간 방사할 수 있는 양으로 계산식은 다음과 같다.

$$\text{수원의 양}\quad Q(l) = 12 \times K\sqrt{10P} \times 60$$

K : 방출계수($l/\min \cdot \text{MPa}^{\frac{1}{2}}$), P : 헤드선단방수압(MPa), 12 : 12개, 60 : 60[min]

(2) 수원의 전용, 수조 설치기준

스프링클러설비와 동일.

(3) 옥상수원 용량 및 설치제외기준

스프링클러설비와 동일.

> **! Reference**
>
> [별표 3] 수원의 양 선정시 헤드의 최소방사압력(MPa) [수원량 및 양정 관련]
>
> | 최대층고 | 최대저장높이 | 화재조기진압용 스프링클러헤드 |||||
> |---|---|---|---|---|---|---|
> | | | K=360 하향식 | K=320 하향식 | K=240 하향식 | K=240 상향식 | K=200 하향식 |
> | 13.7 m | 12.2 m | 0.28 | 0.28 | – | – | – |
> | 13.7 m | 10.7 m | 0.28 | 0.28 | – | – | – |
> | 12.2 m | 10.7 m | 0.17 | 0.28 | 0.36 | 0.36 | 0.52 |
> | 10.7 m | 9.1 m | 0.14 | 0.24 | 0.36 | 0.36 | 0.52 |
> | 9.1 m | 7.6 m | 0.10 | 0.17 | 0.24 | 0.24 | 0.34 |

③ 가압송수장치

스프링클러설비와 동일. [방사압 기준 : 별표3 참조]

4 ▶▶ 방호구역 및 유수검지장치

① 하나의 방호구역의 바닥면적은 3,000㎡를 초과하지 아니할 것
② 하나의 방호구역에는 1개 이상의 유수검지장치를 설치하되, 화재발생시 접근이 쉽고 점검하기 편리한 장소에 설치할 것.
③ 하나의 방호구역은 2개층에 미치지 아니하도록 할 것. 다만, 1개층에 설치되는 화재조기진압용 스프링클러헤드의 수가 10개 이하인 경우에는 3개층 이내로 할 수 있다.
④ 유수검지장치를 실내에 설치하거나 보호용 철망 등으로 구획하여 바닥으로부터 0.8m 이상 1.5m 이하의 위치에 설치하되, 그 실 등에는 가로 0.5m 이상 세로 1m 이상의 출입문을 설치하고 그 출입문 상단에 "유수검지장치실"이라고 표시한 표지를 설치할 것. 다만, 유수검지장치를 기계실(공조용기계실을 포함한다)안에 설치하는 경우에는 별도의 실 또는 보호용 철망을 설치하지 아니하고 기계실 출입문 상단에 "유수검지장치실"이라고 표시한 표지를 설치할 수 있다.
⑤ 화재조기진압용 스프링클러헤드에 공급되는 물은 유수검지장치를 지나도록 할 것. 다만, 송수구를 통하여 공급되는 물은 그러하지 아니하다.
⑥ 자연낙차에 따른 압력수가 흐르는 배관 상에 설치된 유수검지장치는 화재시 물의 흐름을 검지할 수 있는 최소한의 압력이 얻어질 수 있도록 수조의 하단으로부터 낙차를 두어 설치할 것

5 ▶▶ 배관

① 화재조기진압용 스프링클러설비의 배관은 습식으로 하여야 한다
② 배관은 배관용탄소강관(KS D 3507) 또는 배관내 사용압력이 1.2MPa 이상일 경우에는 압력배관용탄소강관(KS D 3562) 또는 이음매 없는 동 및 동합금(KS D 5301)의 배관용 동관이나 이와 동등 이상의 강도·내식성 및 내열성을 가진 것으로 하여야 한다.
③ 가지배관의 배열은 다음 각 호의 기준에 따른다.
　㉠ 토너먼트(tournament)방식이 아닐 것
　㉡ 가지배관 사이의 거리는 2.4m 이상 3.7m 이하로 할 것. 다만, 천장의 높이가 9.1m 이상 13.7m 이하인 경우에는 2.4m 이상 3.1m 이하로 한다.
　㉢ 교차배관에서 분기되는 지점을 기점으로 한쪽 가지배관에 설치되는 헤드의 개수(반자 아래와 반자속의 헤드를 하나의 가지배관 상에 병설하는 경우에는 반자 아래에 설치하는 헤드의 개수)는 8개 이하로 할 것. 다만, 다음 각 목의 어느 하나

에 해당하는 경우에는 그러하지 아니하다.
 ㉮ 기존의 방호구역 안에서 칸막이 등으로 구획하여 1개의 헤드를 증설하는 경우
 ㉯ 격자형 배관방식(2 이상의 수평주행배관 사이를 가지배관으로 연결하는 방식을 말한다)을 채택하는 때에는 펌프의 용량, 배관의 구경 등을 수리학적으로 계산한 결과 헤드의 방수압 및 방수량이 소화목적을 달성하는 데 충분하다고 인정되는 경우. 다만, 중앙소방기술심의위원회 또는 지방소방기술심의위원회의 심의를 거친 경우에 한한다.
 ㉰ 가지배관과 화재조기진압용 스프링클러헤드 사이의 배관을 신축배관으로 하는 경우에는 소방청장이 정하여 고시한 [스프링클러설비 신축배관 성능인증 및 제품검사의 기술기준]에 적합한 것으로 설치할 것. 이 경우 신축배관의 설치길이는 소방대상물의 각부분으로부터 헤드까지의 수평거리를 초과하지 아니할 것

소방대상물	수평거리(m)
무대부, 특수가연물 저장 또는 취급하는 장소	1.7m 이하
일반건축물	2.1m 이하
내화건축물	2.3m 이하
랙크식 창고	2.5m 이하
공동주택(아파트) 세대 내의 거실	3.2m 이하

※ 특수가연물을 저장 또는 취급하는 랙크식 창고의 경우에는 1.7m 이하
④ 기타 배관기준 스프링클러설비와 동일.

6. 음향장치 및 기동장치

① 유수검지장치를 사용하는 설비는 헤드가 개방되면 유수검지장치가 화재신호를 발신하고 그에 따라 음향장치가 경보되도록 할 것
② 음향장치는 유수검지장치의 담당구역마다 설치하되 그 구역의 각 부분으로부터 하나의 음향장치까지의 수평거리는 25m 이하가 되도록 할 것
③ 음향장치는 경종 또는 사이렌(전자식 사이렌을 포함한다)으로 하되, 주위의 소음 및 다른 용도의 경보와 구별이 가능한 음색으로 할 것. 이 경우 경종 또는 사이렌은 자동화재탐지설비·비상벨설비 또는 자동식사이렌설비의 음향장치와 겸용할 수 있다.
④ 주음향장치는 수신기의 내부 또는 그 직근에 설치할 것
⑤ 층수가 5층 이상으로서 연면적이 3,000㎡를 초과하는 특정소방대상물은 다음 각 목에 따라 경보를 발할 수 있도록 하여야 한다.

㉠ 2층 이상의 층에서 발화한 때에는 발화층 및 그직상층에 경보를 발할 수 있도록 할 것
㉡ 1층에서 발화한 때에는 발화층·그 직상층 및지하층에 경보를 발할 수 있도록 할 것
㉢ 지하층에서 발화한 때에는 발화층·그 직상층및 기타의 지하층에 경보를 발할 수 있도록 할 것
⑥ 음향장치는 다음 각 목의 기준에 따른 구조 및 성능의 것으로 할 것
㉠ 정격전압의 80% 전압에서 음향을 발할 수 있는 것으로 할 것
㉡ 음량은 부착된 음향장치의 중심으로부터 1m 떨어진 위치에서 90db 이상이 되는 것으로 할 것
⑦ 화재조기진압용 스프링클러설비의 가압송수장치로서 펌프가 설치되는 경우에는 그 펌프의 작동은 유수검지장치의 발신이나 기동용수압개폐장치에 따라 작동되거나 또는 이 두 가지의 혼용에 따라 작동될 수 있도록 하여야 한다.

7 ▶▶ 헤드

① 헤드 하나의 방호면적은 $6.0m^2$ 이상 $9.3m^2$ 이하로 할 것
② 가지배관의 헤드 사이의 거리는 천장의 높이가 9.1m 미만인 경우에는 2.4m 이상 3.7m 이하 로, 9.1m 이상 13.7m 이하인 경우에는 3.1m 이하 으로 할 것
③ 헤드의 반사판은 천장 또는 반자와 평행하게 설치하고 저장물의 최상부와 914mm 이상 확보되도록 할 것
④ 하향식 헤드의 반사판의 위치는 천장이나 반자 아래 125mm 이상 355mm 이하 일 것
⑤ 상향식 헤드의 감지부 중앙은 천장 또는 반자와 101mm 이상 152mm 이하 이어야 하며, 반사판의 위치는 스프링클러배관의 윗부분에서 최소 178mm 상부에 설치되도록 할 것
⑥ 헤드와 벽과의 거리는 헤드 상호간 거리의 2분의 1을 초과하지 않아야 하며 최소 102mm 이상일 것
⑦ 헤드의 작동온도는 74℃ 이하 일 것. 다만, 헤드 주위의 온도가 38℃ 이상의 경우에는 그 온도에서의 화재시험 등에서 헤드작동에 관하여 공인기관의 시험을 거친 것을 사용할 것
⑧ 헤드의 살수분포에 장애를 주는 장애물이 있는 경우에는 다음 각 목의 어느 하나에 적합할 것
㉠ 천장 또는 천장근처에 있는 장애물과 반사판의 위치는 별도 1 또는 별도 2와 같이 하며, 천장 또는 천장근처에 보·덕트·기둥·난방기구·조명기구·전선관 및 배

관 등의 기타 장애물이 있는 경우에는 장애물과 헤드 사이의 수평거리에 따른 장애물의 하단과 그 보다 윗부분에 설치되는 헤드 반사판 사이의 수직거리는 별표 1 또는 별도 3에 따를 것.
ⓒ 헤드 아래에 덕트·전선관·난방용배관 등이 설치되어 헤드의 살수를 방해하는 경우에 는 별표 1 또는 별도 3에 따를 것. 다만, 2개 이상의 헤드의 살수를 방해하는 경우에는 별표 2를 참고로 한다.
⑨ 상부에 설치된 헤드의 방출수에 따라 감열부에 영향을 받을 우려가 있는 헤드에는 방출수를 차단할 수 있는 유효한 차폐판을 설치할 것

[별표 1]

【 보 또는 기타 장애물 아래에 헤드가 설치된 경우의 반사판 위치(제10조제8호 관련) 】

장애물과 헤드 사이의 수평거리	장애물의 하단과 헤드의 반사판 사이의 수직거리	장애물과 헤드 사이의 수평거리	장애물의 하단과 헤드의 반사판 사이의 수직거리
0.3m 미만	0mm	1.1m 이상~1.2m 미만	300mm
0.3m 이상~0.5m 미만	40mm	1.2m 이상~1.4m 미만	380mm
0.5m 이상~0.7m 미만	75mm	1.4m 이상~1.5m 미만	460mm
0.7m 이상~0.8m 미만	140mm	1.5m 이상~1.7m 미만	560mm
0.8m 이상~0.9m 미만	200mm	1.7m 이상~1.8m 미만	660mm
1.0m 이상~1.1m 미만	250mm	1.8m 이상	790mm

[별표 2]

【 저장물 위에 장애물이 있는 경우의 헤드설치 기준(제10조제8호 관련) 】

장애물의 류(폭)		조건
돌출장애물	0.6m 이하	1. 별표 1 또는 별표 2에 적합하거나 2. 장애물의 끝부근에서 헤드 반사판까지의 수평거리가 0.3m 이하로 설치할 것
	0.6m 초과	별표 1 또는 별표 3에 적합할 것
연속장애물	5cm 이하	1. 별표 1 또는 별표 3에 적합하거나 2. 장애물이 헤드 반사판 아래 0.6m 이하로 설치된 경우는 허용한다.
	5cm 초과~0.3m 이하	1. 별표 1 또는 별표 3에 적합하거나 2. 장애물의 끝부근에서 헤드 반사판까지의 수평거리가 0.3m 이하로 설치할 것
	0.3m 초과~0.6m 이하	1. 별표 1 또는 별표 3에 적합하거나

	2. 장애물의 끝부근에서 헤드 반사판까지의 수평거리가 0.6m 이하로 설치할 것
0.6m 초과	1. 별표 1 또는 별표 3에 적합하거나 2. 장애물이 평편하고 견고하며 수평적인 경우에는 저장물의 최상단과 헤드반사판의 간격이 0.9m 이하로 설치할 것 3. 장애물이 평편하지 않거나 비연속적인 경우에는 저장물 아래에 평편한 판을 설치한 후 헤드를 설치할 것

[별도 1]

보 또는 기타 장애물 위에 헤드가 설치된 경우의 반사판 위치
(별도 3 또는 별표 1을 함께 사용할 것)

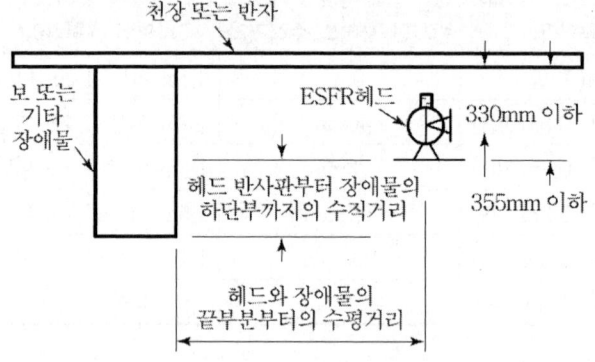

[별도 2]

장애물이 헤드 아래에 연속적으로 설치된 경우의 반사판 위치
(별도 2 또는 별표 1을 함께 사용할 것)

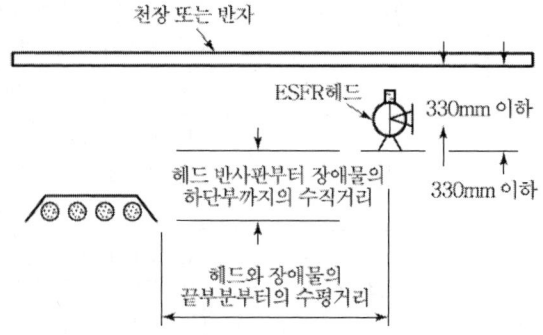

[별도 3]

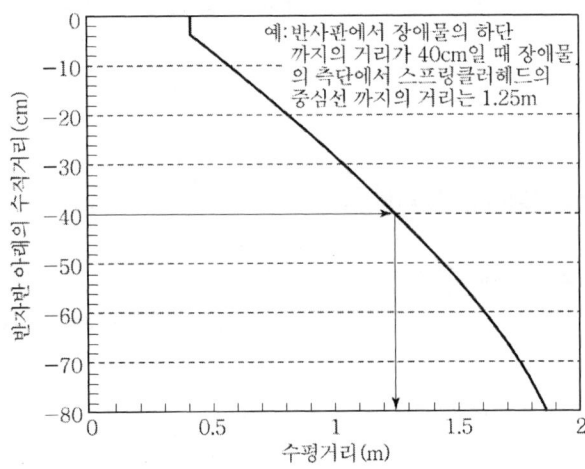

장애물 아래에 설치되는 헤드 반사판의 위치

예: 반사판에서 장애물의 하단까지의 거리가 40cm일 때 장애물의 측단에서 스프링클러헤드의 중심선 까지의 거리는 1.25m

8 ▶▶ 저장물간격

저장물품 사이의 간격은 모든 방향에서 152mm 이상의 간격을 유지하여야 한다.

9 ▶▶ 환기구

① 공기의 유동으로 인하여 헤드의 작동온도에 영향을 주지 않는 구조일 것
② 화재감지기와 연동하여 동작하는 자동식 환기장치를 설치하지 아니할 것. 다만, 자동식 환기장치를 설치할 경우에는 최소작동온도가 180℃ 이상일 것

10 ▶▶ 설치제외

① 제4류 위험물
② 타이어, 두루마리 종이 및 섬유류, 섬유제품 등 연소 시 화염의 속도가 빠르고 방사된 물이 하부까지에 도달하지 못하는 것

11 ▶▶ 기타기준

스프링클러설비와 동일

CHAPTER 06 물분무소화설비(NFTC104)

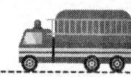

1 ▶▶ 물분무소화설비의 설치대상

① 항공기 및 자동차 관련 시설 중 항공기 격납고
② 차고, 주차용 건축물 또는 철골 조립식 주차시설. 이 경우 연면적 800㎡ 이상인 것만 해당한다.
③ 건축물의 내부에 설치된 차고·주차장으로서 차고 또는 주차의 용도로 사용되는 면적이 200㎡ 이상인 경우 해당 부분(50세대 미만 연립주택 및 다세대주택은 제외한다)
④ 기계장치에 의한 주차시설을 이용하여 20대 이상의 차량을 주차할 수 있는 시설
⑤ 특정소방대상물에 설치된 전기실·발전실·변전실(가연성 절연유를 사용하지 않는 변압기·전류차단기 등의 전기기기와 가연성 피복을 사용하지 않은 전선 및 케이블만을 설치한 전기실·발전실 및 변전실은 제외한다)·축전지실·통신기기실 또는 전산실, 그 밖에 이와 비슷한 것으로서 바닥면적이 300㎡ 이상인 것[하나의 방화구획 내에 둘 이상의 실(室)이 설치되어 있는 경우에는 이를 하나의 실로 보아 바닥면적을 산정한다]. 다만, 내화구조로 된 공정제어실 내에 설치된 주조정실로서 양압시설(외부 오염 공기 침투를 차단하고 내부의 나쁜 공기가 자연스럽게 외부로 흐를 수 있도록 한 시설을 말한다)이 설치되고 전기기기에 220볼트 이하인 저전압이 사용되며 종업원이 24시간 상주하는 곳은 제외한다.
⑥ 소화수를 수집·처리하는 설비가 설치되어 있지 않은 중·저준위방사성폐기물의 저장시설. 이 시설에는 이산화탄소소화설비, 할론소화설비 또는 할로겐화합물 및 불활성기체 소화설비를 설치해야 한다.
⑦ 지하가 중 예상 교통량, 경사도 등 터널의 특성을 고려하여 행정안전부령으로 정하는 터널. 이 시설에는 물분무소화설비를 설치해야 한다.
⑧ 문화재 중 「문화재보호법」 제2조제3항제1호 또는 제2호에 따른 지정문화재로서 소방청장이 문화재청장과 협의하여 정하는 것

2 ▸▸ 물분무소화설비의 구성 및 종류

(1) 구성

① 수원 ② 가압송수장치 ③ 배관등 ④ 송수구 ⑤ 기동장치 ⑥ 제어밸브등
⑦ 물분무헤드 ⑧ 배수설비 ⑨ 전원 ⑩ 제어반 ⑪ 배선 등 ⑫ 물분무헤드제외

(2) 물분무소화설비의 종류

개방형 물분무헤드를 이용하는 일제살수식 (일제개방밸브 : 제어밸브 사용)

 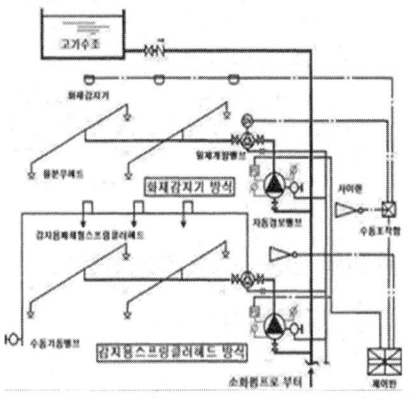

3 ▸▸ 수원

(1) 수원의 양

① 특수가연물을 저장 또는 취급하는 소방대상물

$$Q = A(m^2) \times 10 l/m^2 \cdot min \times 20 min$$

Q : 수원(l), A : 바닥면적(최대방수구역 바닥면적, 최소 $50m^2$ 이상)

② 차고 또는 주차장

$$Q = A(m^2) \times 20 l/m^2 \cdot min \times 20 min$$

Q : 수원(l), A : 바닥면적(최대방수구역 바닥면적, 최소 $50m^2$ 이상)

③ 절연유 봉입변압기

$$Q = A(m^2) \times 10 l/m^2 \cdot min \times 20 min$$

Q : 수원(l), A : 바닥면적을 제외한 표면적을 합한 면적(m^2)

④ 케이블 트레이, 덕트

$$Q = A(m^2) \times 12l/m^2 \cdot min \times 20min$$

Q : 수원(l), A : 투영된 바닥면적(m^2)

※ 투영(投影)된 바닥면적 : 위에서 빛을 비출 때 바닥 그림자의 면적

⑤ 컨베이어 벨트 등

$$Q = A(m^2) \times 10l/m^2 \cdot min \times 20min$$

Q : 수원(l), A : 벨트부분의 바닥면적(m^2)

⑥ 위험물 저장탱크

$$Q = L(m) \times 37l/m \cdot min \times 20min$$

Q : 수원(l), L : 탱크의 원주둘레길이(m)

(2) 수원의 전용, 수조 설치기준

스프링클러설비와 동일.

(3) 옥상수조 및 옥상수원 미설치

참고 : 옥상수조(수원) 설치대상
① 옥내소화전설비
② 스프링클러설비(폐쇄형)
③ 화재조기진압용스프링클러설비

4 ▸▸ 가압송수장치

(1) 토출량

수원량 산정공식에서 20분 시간제외

(2) 양정

스프링클러양정공식에서 방사압환산수두는 설계압력이용.

(3) 기타

스프링클러설비와 동일

(4) 송수구

① 송수구는 화재층으로부터 지면으로 떨어지는 유리창 등이 송수 및 그 밖의 소화작업에 지장을 주지 아니하는 장소에 설치할 것. 이 경우 가연성가스의 저장·취급시설에 설치하는 송수구는 그 방호대상물로부터 20m 이상의 거리를 두거나 방호대상물에 면하는 부분이 높이 1.5m 이상 폭 2.5m 이상의 철근콘크리트 벽으로 가려진 장소에 설치하여야 한다. 〈개정 2015.1.23.〉
② 송수구로부터 물분무소화설비의 주배관에 이르는 연결배관에 개폐밸브를 설치한 때에는 그 개폐상태를 쉽게 확인 및 조작할 수 있는 옥외 또는 기계실 등의 장소에 설치할 것
③ 구경 65mm의 쌍구형으로 할 것
④ 송수구에는 그 가까운 곳의 보기 쉬운 곳에 송수압력범위를 표시한 표지를 할 것
⑤ 송수구는 하나의 층의 바닥면적이 3,000㎡를 넘을 때마다 1개(5개를 넘을 경우에는 5개로 한다) 이상을 설치할 것
⑥ 지면으로부터 높이가 0.5m 이상 1m 이하의 위치에 설치할 것
⑦ 송수구의 가까운 부분에 자동배수밸브(또는 직경 5mm의 배수공) 및 체크밸브를 설치할 것. 이 경우 자동배수밸브는 배관안의 물이 잘 빠질 수 있는 위치에 설치하되, 배수로 인하여 다른 물건 또는 장소에 피해를 주지 아니하여야 한다.
⑧ 송수구에는 이물질을 막기 위한 마개를 씌울 것

5. 기동장치

① 수동식 기동장치의 설치기준
  ㉠ 직접조작 또는 원격조작에 의하여 각각의 가압송수장치 및 수동식 개방밸브 또는 가압송수장치 및 자동개방밸브를 개방할 수 있도록 설치할 것
  ㉡ 기동장치의 가까운 곳의 보기 쉬운 곳에 '기동장치'라고 표시한 표지를 할 것
② 자동식 기동장치의 설치기준 : 자동화재탐지설비 감지기의 작동 및 폐쇄형 스프링클러헤드의 개방과 연동하여 경보를 발하고 가압송수장치 및 자동개방밸브를 기동할 수 있는 것으로 할 것. 다만, 자동화재탐지설비의 수신기가 설치되어 있는 장소에 상시 사람이 근무하고 있고 화재 시 물분무소화설비를 즉시 작동시킬 수 있는 경우에는 그렇지 않다.

6 ▶▶ 제어밸브

① 제어밸브의 설치기준
　㉠ 제어밸브는 바닥으로부터 0.8m 이상 1.5m 이하의 위치에 설치할 것
　㉡ 제어밸브의 가까운 곳의 보기 쉬운 곳에 '제어밸브'라고 표시한 표지를 할 것
② 자동개방밸브 및 수동개방밸브의 설치기준
　㉠ 자동개방밸브의 기동조작부 및 수동식 개방밸브는 화재 시 용이하게 접근할 수 있는 곳에 설치하고 바닥으로부터 0.8m 이상 1.5m 이하의 위치에 설치할 것
　㉡ 자동개방밸브 및 수동식 개방밸브의 2차측 배관부분에는 당해 방수구역 외에 밸브의 작동을 시험할 수 있는 장치를 설치할 것

7 ▶▶ 물분무헤드

① 물분무헤드는 표준방사량으로 당해 방호대상물의 화재를 유효하게 소화하는 데 필요한 수를 적정한 위치에 설치하여야 한다.

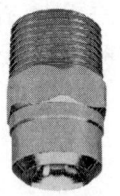  

(a) 일반형 헤드　　　　　　　　(b) 지하통로 및 터널용 헤드

【 물분무헤드 】

> **Reference**
>
> 물분무헤드의 종류
> - 충돌형 : 유수와 유수의 충돌에 의해 무상형태의 물방울을 만드는 물분무헤드
> - 분사형 : 소구경의 오리피스로부터 고압으로 분사하여 무상형태의 물방울을 만드는 물분무헤드
> - 선회류형 : 선회류에 의한 확산 방출 또는 선회류와 직선류의 충돌에 의한 확산 방출에 의하여 무상형태의 물방울을 만드는 물분무헤드
> - 디플렉터형 : 수류를 살수판에 충돌하여 미세한 물방울을 만드는 물분무헤드
> - 슬리트형 : 수류를 슬리트에 의해 방출하여 수막상의 분무를 만드는 물분무헤드

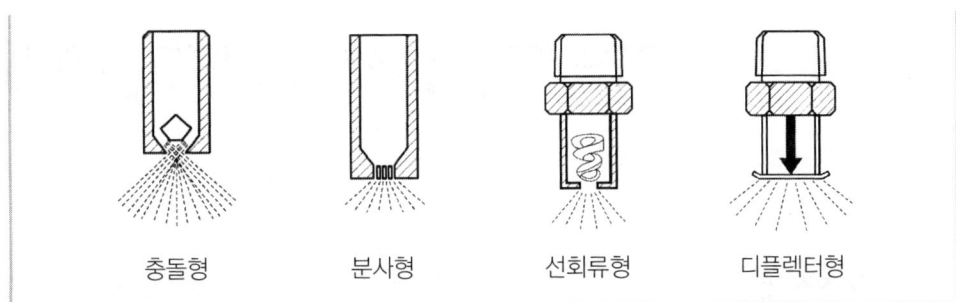

| 충돌형 | 분사형 | 선회류형 | 디플렉터형 |

② 고압의 전기기기와 물분무헤드 사이의 유지거리

전압(kV)	거리(cm)	전압(kV)	거리(cm)
66 이하	70이상	154 초과 181 이하	180 이상
66 초과 77 이하	80 이상	181 초과 220 이하	210 이상
77 초과 110 이하	110 이상	220 초과 275 이하	260 이상
110 초과 154 이하	150 이상	–	–

8. 차고 또는 주차장에 설치하는 배수설비

① 차량이 주차하는 장소의 적당한 곳에 높이 10㎝ 이상의 경계턱으로 배수구를 설치할 것
② 배수구에는 새어나온 기름을 모아 소화할 수 있도록 길이 40m 이하 마다 집수관·소화핏트 등 기름분리장치를 설치할 것
③ 차량이 주차하는 바닥은 배수구를 향하여 100분의 2 이상의 기울기를 유지할 것
④ 배수설비는 가압송수장치의 최대송수능력의 수량을 유효하게 배수할 수 있는 크기 및 기울기로 할 것

9. 설치제외대상

① 물과 심하게 반응하는 물질 또는 물과 반응하여 위험한 물질을 생성하는 물질을 저장 또는 취급하는 장소
② 고온의 물질 및 증류범위가 넓어 끓어 넘칠 위험이 있는 물질을 저장 또는 취급하는 장소
③ 운전 시에 표면의 온도가 260℃ 이상으로 되는 등 직접 분무를 하는 경우 그 부분에 손상을 입힐 우려가 있는 기계장치 등이 있는 장소

미분무소화설비(NFTC104A)

1 ▸▸ 용어정의

① "미분무소화설비"란 가압된 물이 헤드 통과 후 미세한 입자로 분무됨으로써 소화성능을 가지는 설비를 말하며, 소화력을 증가시키기 위해 강화액 등을 첨가할 수 있다.
② "미분무"란 물만을 사용하여 소화하는 방식으로 최소설계압력에서 헤드로부터 방출되는 물입자 중 99 %의 누적체적분포가 400㎛ 이하로 분무되고 A,B,C급화재에 적응성을 갖는 것을 말한다.
③ "미분무헤드"란 하나 이상의 오리피스를 가지고 미분무소화설비에 사용되는 헤드를 말한다.
④ "개방형 미분무헤드"란 감열체 없이 방수구가 항상 열려져 있는 헤드를 말한다.
⑤ "폐쇄형 미분무헤드"란 정상상태에서 방수구를 막고 있는 감열체가 일정온도에서 자동적으로 파괴·용융 또는 이탈됨으로써 방수구가 개방되는 헤드를 말한다.
⑥ "저압 미분무 소화설비"란 최고사용압력이 1.2MPa 이하인 미분무소화설비를 말한다.
⑦ "중압 미분무 소화설비"란 사용압력이 1.2MPa을 초과하고 3.5MPa 이하인 미분무소화설비를 말한다.
⑧ "고압 미분무 소화설비"란 최저사용압력이 3.5MPa을 초과하는 미분무소화설비를 말한다.
⑨ "폐쇄형 미분무소화설비"란 배관 내에 항상 물 또는 공기 등이 가압되어 있다가 화재로 인한 열로 폐쇄형 미분무헤드가 개방되면서 소화수를 방출하는 방식의 미분무소화설비를 말한다.
⑩ "개방형 미분무소화설비"란 화재감지기의 신호를 받아 가압송수장치를 동작시켜 미분무수를 방출하는 방식의 미분무소화설비를 말한다.

2 ▸▸ 미분무소화설비의 구성 및 종류

(1) 구성

① 수원 ② 가압송수장치 ③ 폐쇄형미분무소화설비의 방호구역

④ 개방형미분무소화설비의 방수구역 ⑤ 배관등 ⑥ 음향장치 및 기동장치
⑦ 헤드 ⑧ 전원 ⑨ 제어반 ⑩ 배선 등 ⑪ 설계도서작성기준

(2) 종류
① 습식설비 ② 건식설비 ③ 준비작동식설비 ④ 일제살수식설비

(3) 방출방식에 따른 분류
① 전역방출방식 ② 국소방출방식 ③ 호스릴방출방식

(4) 사용압력별 분류
① 저압설비(최고사용압력이 1.2MPa 이하인 설비)
② 중압설비(사용압력이 1.2MPa을 초과하고 3.5MPa 이하인 설비)
③ 고압설비(최저사용압력이 3.5MPa을 초과하는 설비)

(5) 헤드종류별 분류
① 자동식헤드 [평상시 폐쇄상태를 유지하다가 열감지소자의 동작으로 개방]
② 비자동식헤드 [평상시 개방상태를 유지하다가 별도 감지설비에 따라 작동하여 전체구역 헤드에서 살수]
③ 복합식헤드 [자동식헤드와 비자동식헤드의 기능이 복합된 헤드, 평상시 자동식헤드처럼 열감지소자를 가지고 있는 폐쇄형의 헤드이나 동시에 제어반으로부터 신호에 따라 개방이 가능한 구조의 헤드]

3 ▶▶ 설계도서의 작성

① 미분무소화설비의 성능을 확인하기 위하여 하나의 발화원을 가정한 설계도서는 다음 각 호 및 별표 1을 고려하여 작성되어야 하며, 설계도서는 일반설계도서와 특별설계도서로 구분한다.
  1. 점화원의 형태
  2. 초기 점화되는 연료 유형
  3. 화재 위치
  4. 문과 창문의 초기상태(열림, 닫힘) 및 시간에 따른 변화상태
  5. 공기조화설비, 자연형(문, 창문) 및, 기계형 여부
  6. 시공 유형과 내장재 유형

② 일반설계도서는 유사한 특정소방대상물의 화재사례 등을 이용하여 작성하고, 특별설계도서는 일반설계도서에서 발화 장소 등을 변경하여 위험도를 높게 만들어 작성하여야 한다.
③ ① 및 ② 에도 불구하고 검증된 기준에서 정하고 있는 것을 사용할 경우에는 적합한 도서로 인정할 수 있다.

[별표 1] 설계도서 작성 기준(제4조 관련)
1. 공통사항
   설계도서는 건축물에서 발생 가능한 상황을 선정하되, 건축물의 특성에 따라 제2호의 설계도서 유형 중 가목의 일반설계도서와 나목부터 사목까지의 특별설계도서 중 1개 이상을 작성한다.
2. 설계도서 유형
   가. 일반설계도서
      1) 건물용도, 사용자 중심의 일반적인 화재를 가상한다.
      2) 설계도서에는 다음 사항이 필수적으로 명확히 설명되어야 한다.
         가) 건물사용자 특성
         나) 사용자의 수와 장소
         다) 실 크기
         라) 가구와 실내 내용물
         마) 연소 가능한 물질들과 그 특성 및 발화원
         바) 환기조건
         사) 최초 발화물과 발화물의 위치
      3) 설계자가 필요한 경우 기타 설계도서에 필요한 사항을 추가할 수 있다.
   나. 특별설계도서 1
      1) 내부 문들이 개방되어 있는 상황에서 피난로에 화재가 발생하여 급격한 화재연소가 이루어지는 상황을 가상한다.
      2) 화재시 가능한 피난방법의 수에 중심을 두고 작성한다.
   다. 특별설계도서 2
      1) 사람이 상주하지 않는 실에서 화재가 발생하지만, 잠재적으로 많은 재실자에게 위험이 되는 상황을 가상한다.
      2) 건축물 내의 재실자가 없는 곳에서 화재가 발생하여 많은 재실자가 있는 공간으로 연소 확대되는 상황에 중심을 두고 작성한다.
   라. 특별설계도서 3

1) 많은 사람들이 있는 실에 인접한 벽이나 덕트 공간 등에서 화재가 발생한 상황을 가상한다.
2) 화재감지기가 없는 곳이나 자동으로 작동하는 소화설비가 없는 장소에서 화재가 발생하여 많은 재실자가 있는 곳으로의 연소 확대가 가능한 상황에 중심을 두고 작성한다.

마. 특별설계도서 4
1) 많은 거주자가 있는 아주 인접한 장소 중 소방시설의 작동범위에 들어가지 않는 장소에서 아주 천천히 성장하는 화재를 가상한다.
2) 작은 화재에서 시작하지만 큰 대형화재를 일으킬 수 있는 화재에 중심을 두고 작성한다.

바. 특별설계도서 5
1) 건축물의 일반적인 사용 특성과 관련, 화재하중이 가장 큰 장소에서 발생한 아주 심각한 화재를 가상한다.
2) 재실자가 있는 공간에서 급격하게 연소 확대되는 화재를 중심으로 작성한다.

사. 특별설계도서 6
1) 외부에서 발생하여 본 건물로 화재가 확대되는 경우를 가상한다.
2) 본 건물에서 떨어진 장소에서 화재가 발생하여 본 건물로 화재가 확대되거나 피난로를 막거나 거주가 불가능한 조건을 만드는 화재에 중심을 두고 작성한다.

4 ▶▶ 미분무소화설비의 설치기준

(1) 수원

① 미분무수 소화설비에 사용되는 용수는 「먹는물관리법」 제5조에 적합하고, 저수조 등에 충수할 경우 필터 또는 스트레이너를 통하여야 하며, 사용되는 물에는 입자·용해고체 또는 염분이 없어야 한다.
② 배관의 연결부(용접부 제외) 또는 주배관의 유입측에는 필터 또는 스트레이너를 설치하여야 하고, 사용되는 스트레이너에는 청소구가 있어야 하며, 검사·유지관리 및 보수 시에 배치위치를 변경하지 아니하여야 한다. 다만, 노즐이 막힐 우려가 없는 경우에는 설치하지 아니할 수 있다.
③ 사용되는 필터 또는 스트레이너의 메쉬는 헤드 오리피스 지름의 80% 이하가 되어야 한다.

④ 수원의 양은 다음의 식을 이용하여 계산한 양 이상으로 하여야 한다.

$$Q = N \times D \times T \times S + V$$

Q : 수원의 양[m³], N : 방호구역(방수구역) 내 헤드의 개수, D : 설계유량(m³/min),
T : 설계방수시간(min), S : 안전율(1.2 이상), V : 배관의 총체적(m³)

⑤ 첨가제의 양은 설계방수시간 내에 충분히 사용될 수 있는 양 이상으로 산정한다. 이 경우 첨가제가 소화약제인 경우「소화약제의 형식승인 및 제품검사의 기술기준」에 적합한 것으로 사용하여야 한다.

(2) 수조

① 수조의 재료는 냉간 압연 스테인리스 강판 및 강대(KS D 3698)의 STS 304 또는 이와 동등 이상의 강도·내식성·내열성이 있는 것으로 하여야 한다.
② 수조를 용접할 경우 용접찌꺼기 등이 남아 있지 아니하여야 하며, 부식의 우려가 없는 용접방식으로 하여야 한다.
③ 미분무 소화설비용 수조는 다음 각 호의 기준에 따라 설치하여야 한다.
　㉠ 전용으로 하며 점검에 편리한 곳에 설치할 것
　㉡ 동결방지조치를 하거나 동결의 우려가 없는 장소에 설치할 것
　㉢ 수조의 외측에 수위계를 설치할 것. 다만, 구조상 불가피한 경우에는 수조의 맨홀 등을 통하여 수조 내 물의 양을 쉽게 확인할 수 있도록 하여야 한다.
　㉣ 수조의 상단이 바닥보다 높은 때에는 수조의 외측에 고정식 사다리를 설치할 것
　㉤ 수조가 실내에 설치된 때에는 그 실내에 조명 설비를 설치할 것
　㉥ 수조의 밑 부분에는 청소용 배수밸브 또는 배수관을 설치할 것
　㉦ 수조 외측의 보기 쉬운 곳에 "미분무설비용 수조"라고 표시한 표지를 할 것
　㉧ 미분무펌프의 흡수배관 또는 수직배관과 수조의 접속부분에는 "미분무설비용 배관"이라고 표시한 표지를 할 것. 다만, 수조와 가까운 장소에 미분무펌프가 설치되고 미분무펌프에 표지를 설치한 때에는 그러하지 아니하다.

(3) 가압송수장치

① 전동기 또는 내연기관에 따른 펌프를 이용하는 가압송수장치는 다음 각 호의 기준에 따라 설치하여야 한다.
　㉠ 쉽게 접근할 수 있고 점검하기에 충분한 공간이 있는 장소로서 화재 및 침수등의 재해로 인한 피해를 받을 우려가 없는 곳에 설치할 것
　㉡ 동결방지조치를 하거나 동결의 우려가 없는 장소에 설치할 것

ⓒ 펌프는 전용으로 할 것
ⓔ 펌프의 토출 측에는 압력계를 체크밸브 이전에 펌프토출 측 가까운 곳에 설치할 것
ⓜ 가압송수장치에는 정격부하 운전시 펌프의 성능을 시험하기 위한 배관을 설치할 것
ⓑ 가압송수장치의 송수량은 최저설계압력에서 설계유량(L/min) 이상의 방수성능을 가진 기준개수의 모든 헤드로부터의 방수량을 충족시킬 수 있는 양 이상의 것으로 할 것
ⓢ 내연기관을 사용하는 경우에는 제어반에 따라 내연기관의 자동기동 및 수동기동이 가능하고, 상시 충전되어 있는 축전지설비를 갖출 것
ⓞ 가압송수장치에는 "미분무펌프"라고 표시한 표지를 할 것. 다만, 호스릴방식의 경우 "호스릴방식 미분무펌프"라고 표시한 표지를 할 것
ⓩ 가압송수장치가 기동되는 경우에는 자동으로 정지되지 아니하도록 할 것

② 압력수조를 이용하는 가압송수장치는 다음 각 호의 기준에 따라 설치하여야 한다.
ㄱ 압력수조는 배관용 스테인리스 강관(KS D 3676) 또는 이와 동등 이상의 강도·내식성, 내열성을 갖는 재료를 사용할 것
ㄴ 용접한 압력수조를 사용할 경우 용접찌꺼기 등이 남아 있지 아니하여야 하며, 부식의 우려가 없는 용접방식으로 하여야 한다.
ㄷ 쉽게 접근할 수 있고 점검하기에 충분한 공간이 있는 장소로서 화재 및 침수등의 재해로 인한 피해를 받을 우려가 없는 곳에 설치할 것
ㄹ 동결방지조치를 하거나 동결의 우려가 없는 장소에 설치할 것
ㅁ 압력수조는 전용으로 할 것
ㅂ 압력수조에는 수위계·급수관·배수관·급기관·맨홀·압력계·안전장치 및 압력저하방지를 위한 자동식 공기압축기를 설치할 것
ㅅ 압력수조의 토출 측에는 사용압력의 1.5배 범위를 초과하는 압력계를 설치하여야 한다.
ㅇ 작동장치의 구조 및 기능은 다음 각 목의 기준에 적합하여야 한다.
  ㉮ 화재감지기의 신호에 의하여 자동적으로 밸브를 개방하고 소화수를 배관으로 송출할 것
  ㉯ 수동으로 작동할 수 있게 하는 장치를 설치할 경우에는 부주의로 인한 작동을 방지하기 위한 보호 장치를 강구할 것

③ 가압수조를 이용하는 가압송수장치는 다음 각 호의 기준에 따라 설치하여야 한다.
ㄱ 가압수조의 압력은 설계 방수량 및 방수압이 설계방수시간 이상 유지되도록 할 것

ⓒ 가압수조의 수조는 최대상용압력 1.5배의 수압을 가하는 경우 물이 새지 않고 변형이 없을 것 [삭제 2014.8.18]
ⓒ 가압수조 및 가압원은 「건축법 시행령」제46조에 따른 방화구획 된 장소에 설치할 것
② 가압수조에는 수위계·급수관·배수관·급기관·압력계·안전장치 및 수조에 소화수와 압력을 보충할 수 있는 장치를 설치할 것 [삭제 2014.8.18]
ⓒ 가압수조를 이용한 가압송수장치는 소방청장이 정하여 고시한 「가압수조식 가압송수장치의 성능인증 및 제품검사의 기술기준」에 적합한 것으로 설치할 것.
ⓑ 가압수조는 전용으로 설치할 것

(4) 폐쇄형 미분무소화설비의 방호구역

폐쇄형 미분무헤드를 사용하는 설비의 방호구역(미분무소화설비의 소화범위에 포함된 영역을 말한다. 이하 같다)은 다음 각 호의 기준에 적합하여야 한다.
① 하나의 방호구역의 바닥면적은 펌프용량, 배관의 구경 등을 수리학적으로 계산한 결과 헤드의 방수압 및 방수량이 방호구역 범위 내에서 소화목적을 달성할 수 있도록 산정하여야 한다.
② 하나의 방호구역은 2개 층에 미치지 아니하도록 할 것

(5) 개방형 미분무소화설비의 방수구역

개방형 미분무 소화설비의 방수구역은 다음 각 호의 기준에 적합하여야 한다.
① 하나의 방수구역은 2개 층에 미치지 아니 할 것
② 하나의 방수구역을 담당하는 헤드의 개수는 최대 설계개수 이하로 할 것. 다만, 2개 이상의 방수구역으로 나눌 경우에는 하나의 방수구역을 담당하는 헤드의 개수는 최대설계개수의 1/2 이상으로 할 것
③ 터널, 지하가 등에 설치할 경우 동시에 방수되어야 하는 방수구역은 화재가 발생된 방수구역 및 접한 방수구역으로 할 것

(6) 배관 등

① 설비에 사용되는 구성요소는 STS 304 이상의 재료를 사용하여야 한다.
② 배관은 배관용 스테인리스 강관(KS D 3576)이나 이와 동등 이상의 강도·내식성 및 내열성을 가진 것으로 하여야 하고, 용접할 경우 용접찌꺼기 등이 남아 있지아니하여야 하며, 부식의 우려가 없는 용접방식으로 하여야 한다.
③ 급수배관은 다음 각 호의 기준에 따라 설치하여야 한다.

㉠ 전용으로 할 것
㉡ 급수를 차단할 수 있는 개폐밸브는 개폐표시형으로 할 것
④ 펌프를 이용하는 가압송수장치에는 펌프의 성능이 체절운전 시 정격토출압력의 140%를 초과하지 아니하고, 정격토출량의 150%로 운전 시 정격토출압력의 65 % 이상이 되어야 하며 다음 각 호의 기준에 적합하도록 설치하여야 한다. 다만, 공인된 방법에 의한 별도의 성능을 제시할 경우에는 그러하지 아니하며 그 성능을 별도의 기준에 따라 확인하여야 한다.
  ㉠ 성능시험배관은 펌프의 토출 측에 설치된 개폐밸브 이전에서 분기하여 직선으로 설치하고, 유량측정장치를 기준으로 전단 직관부에는 개폐밸브를 후단 직관부에는 유량조절밸브를 설치할 것
  ㉡ 유입구에는 개폐밸브를 둘 것
  ㉢ 개폐밸브와 유량측정장치 사이의 직선거리 및 유량측정장치와 유량조절밸브 사이의 직선거리는 해당 유량측정장치 제조사의 설치사양에 따른다.
  ㉣ 유량측정장치는 펌프의 정격토출량의 175 % 이상까지 측정할 수 있는 성능이 있을 것
  ㉤ 성능시험배관의 호칭은 유량계 호칭에 따를 것
⑤ 동결방지조치를 하거나 동결의 우려가 없는 장소에 설치하여야 한다.
⑥ 교차배관의 위치·청소구 및 가지배관의 헤드설치는 다음 각 호의 기준에 따른다.
  ㉠ 교차배관은 가지배관과 수평으로 설치하거나 또는 가지배관 밑에 설치할 것
  ㉡ 청소구는 교차배관 끝에 개폐밸브를 설치하고, 호스접결이 가능한 나사식 또는 고정배수 배관식으로 할 것. 이 경우 나사식의 개폐밸브는 나사보호용의 캡으로 마감할 것
⑦ 미분무설비에는 그 성능을 확인하기 위한 시험장치를 다음 각 호의 기준에 따라 설치하여야 한다. 다만, 개방형헤드를 설치한 경우에는 그러하지 아니하다.
  ㉠ 가압장치에서 가장 먼 가지배관의 끝으로부터 연결하여 설치할 것
  ㉡ 시험장치 배관의 구경은 가압장치에서 가장 먼 가지배관의 구경과 동일한 구경으로 하고, 그 끝에 개방형헤드를 설치할 것. 이 경우 개방형헤드는 동일 형태의 오리피스만으로 설치할 수 있다.
  ㉢ 시험배관의 끝에는 물받이 통 및 배수관을 설치하여 시험 중 방사된 물이 바닥에 흘러내리지 아니하도록 할 것. 다만, 목욕실·화장실 또는 그 밖의 곳으로서 배수처리가 쉬운 장소에 시험배관을 설치한 경우에는 그러하지 아니하다.
⑧ 배관에 설치되는 행가는 다음 각 호의 기준에 따라 설치하여야 한다.
  ㉠ 가지배관에는 헤드의 설치지점 사이마다, 교차배관에는 가지배관과 가지배관 사

이마다 1개 이상의 행가를 설치할 것
ⓛ 제1호의 수평주행배관에는 4.5m 이내마다 1개 이상 설치할 것
⑨ 수직배수배관의 구경은 50mm 이상으로 하여야 한다. 다만, 수직배관의 구경이 50mm 미만인 경우에는 수직배관과 동일한 구경으로 할 수 있다.
⑩ 주차장의 미분무 소화설비는 습식외의 방식으로 하여야 한다. 다만, 주차장이 벽등으로 차단되어 있고 출입구가 자동으로 열리고 닫히는 구조인 것으로서 다음 각호의 어느 하나에 해당하는 경우에는 그러하지 아니하다.
ⓐ 동절기에 상시 난방이 되는 곳이거나 그 밖에 동결의 염려가 없는 곳
ⓛ 미분무 소화설비의 동결을 방지할 수 있는 구조 또는 장치가 된 것
⑪ 급수배관에 설치되어 급수를 차단할 수 있는 개폐밸브에는 그 밸브의 개폐상태를 감시제어반에서 확인할 수 있도록 급수개폐밸브 작동표시 스위치를 다음 각 호의기준에 따라 설치하여야 한다.
ⓐ 급수개폐밸브가 잠길 경우 탬퍼스위치의 동작으로 인하여 감시제어반 또는 수신기에 표시되어야 하며 경보음을 발할 것
ⓛ 탬퍼스위치는 감시제어반 또는 수신기에서 동작의 유무확인과 동작시험, 도통시험을 할 수 있을 것
ⓒ 급수개폐밸브의 작동표시 스위치에 사용되는 전기배선은 내화전선 및 내열전선으로 설치할 것
⑫ 미분무설비 배관의 배수를 위한 기울기는 다음 각 호의 기준에 따른다.
ⓐ 폐쇄형 미분무 소화설비의 배관을 수평으로 할 것. 다만, 배관의 구조상 소화수가 남아 있는 곳에는 배수밸브를 설치하여야 한다.
ⓛ 개방형 미분무 소화설비에는 헤드를 향하여 상향으로 수평주행배관의 기울기를 500분의 1 이상, 가지배관의 기울기를 250분의 1 이상으로 할 것. 다만, 배관의 구조상 기울기를 줄 수 없는 경우에는 배수를 원활하게 할 수 있도록 배수밸브를 설치하여야 한다.
⑬ 배관은 다른 설비의 배관과 쉽게 구분이 될수 있는 위치에 설치하거나, 그 배관표면 또는 배관 보온재표면의 색상은 한국산업표준(배관계의 식별표시, KS A 0503) 또는 적색으로 소방용설비의 배관임을 표시하여야 한다.
⑭ 호스릴방식의 설치는 다음 각 호에 따라 설치하여야 한다.
ⓐ 방호대상물의 각 부분으로부터 하나의 호스 접결구까지의 수평거리가 25m 이하가 되도록 할 것
ⓛ 소화약제 저장용기의 개방밸브는 호스의 설치 장소에서 수동으로 개폐할 수 있는 것으로 할 것

ⓒ 소화약제 저장용기의 가장 가까운 곳의 보기 쉬운 곳에 표시등을 설치하고 호스릴미분무 소화설비가 있다는 뜻을 표시한 표지를 할 것
ⓔ 그 밖의 사항은 「옥내소화전설비의 화재안전기준」 제7조(함 및 방수구 등)에 적합할 것

(7) 음향장치 및 기동장치

① 미분무 소화설비의 음향장치 및 기동장치는 다음 각호의 기준에 따라 설치하여야 한다.
  ㉠ 폐쇄형 미분무헤드가 개방되면 화재신호를 발신하고 그에 따라 음향장치가 경보되도록 할 것
  ㉡ 개방형 미분무설비는 화재감지기의 감지에 따라 음향장치가 경보되도록 할 것. 이 경우 화재감지기 회로를 교차회로방식으로 하는 때에는 하나의 화재감지기회로가 화재를 감지하는 때에도 음향장치가 경보되도록 하여야 한다.
  ㉢ 음향장치는 방호구역 또는 방수구역마다 설치하되 그 구역의 각 부분으로부터 하나의 음향장치까지의 수평거리는 25m 이하가 되도록 할 것
  ㉣ 음향장치는 경종 또는 사이렌(전자식 사이렌을 포함한다)으로 하되, 주위의 소음 및 다른 용도의 경보와 구별이 가능한 음색으로 할 것. 이 경우 경종 또는 사이렌은 자동화재탐지설비·비상벨설비 또는 자동식사이렌설비의 음향장치와 겸용할 수 있다.
  ㉤ 주음향장치는 수신기의 내부 또는 그 직근에 설치할 것
  ㉥ 5층(지하층을 제외한다) 이상의 소방대상물 또는 그 부분에 있어서는 2층 이상의 층에서 발화한 때에는 발화층 및 그 직상층에 한하여, 1층에서 발화한 때에는 발화층과 그 직상층 및 지하층에 한하여, 지하층에서 발화한 때에는 발화층·그 직상층 및 기타의 지하층에 한하여 경보를 발할 수 있도록 할 것
  ㉦ 음향장치는 다음 각 목의 기준에 따른 구조 및 성능의 것으로 할 것
    ㉮ 정격전압의 80% 전압에서 음향을 발할 수 있는 것으로 할 것
    ㉯ 음량은 부착된 음향장치의 중심으로부터 1m 떨어진 위치에서 90dB 이상이 되는 것으로 할 것
  ㉧ 화재감지기 회로에는 다음 각 목의 기준에 따른 발신기를 설치할 것. 다만, 자동화재탐지설비의 발신기가 설치된 경우에는 그러하지 아니하다. : 스프링클러설비와 동일

(8) 헤드

① 미분무헤드는 소방대상물의 천장·반자·천장과 반자사이·덕트·선반 기타 이와 유사한 부분에 설계자의 의도에 적합하도록 설치하여야 한다.
② 하나의 헤드까지의 수평거리 산정은 설계자가 제시하여야 한다.
③ 미분무 설비에 사용되는 헤드는 조기반응형 헤드를 설치하여야 한다.
④ 폐쇄형 미분무헤드는 그 설치장소의 평상시 최고주위온도에 따라 다음 식에 따른 표시온도의 것으로 설치하여야 한다.

$$Ta = 0.9Tm - 27.3\,℃$$

Ta : 최고주위온도, Tm : 헤드의 표시온도

⑤ 미분무 헤드는 배관, 행거 등으로부터 살수가 방해되지 아니하도록 설치하여야 한다.
⑥ 미분무 헤드는 설계도면과 동일하게 설치하여야 한다.
⑦ 미분무 헤드는 '한국소방산업기술원' 또는 법 제42조제1항의 규정에 따라 성능시험기관으로 지정받은 기관에서 검증받아야 한다.

(9) 전원

스프링클러설비와 동일

(10) 제어반

스프링클러설비와 동일

(11) 배선

스프링클러설비와 동일

CHAPTER 08 포소화설비(NFTC105)

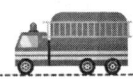

1 ▶▶ 포소화설비의 종류 및 적응성

① **포워터스프링클러설비** : 방호대상물의 천장 또는 반자에 포워터스프링클러헤드를 설치하고 폐쇄형 헤드 또는 화재감지기의 동작으로 헤드를 통해 발포시켜 방사하는 방식

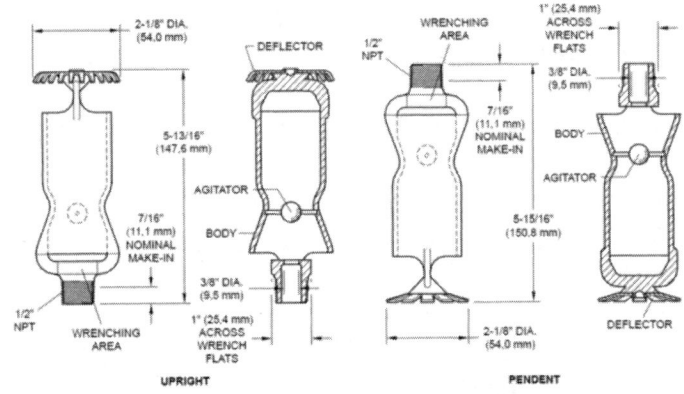

② **포헤드설비** : 방호대상물의 천장 또는 반자에 포헤드를 설치하고 폐쇄형 헤드 또는 화재감지기의 동작으로 헤드를 통해 발포시켜 방사하는 방식

③ **고정포방출설비** : 고정포방출구를 설치하여 방출구를 통해 발포시켜 방사하는 방식
   ㉠ **고발포용 고정포방출구** : 창고, 차고·주차장, 항공기 격납고 등의 실내에 설치하는 방출구

ⓒ 고정포방출구 : 위험물 탱크 화재를 소화하기 위하여 탱크 내부에 설치하는 방출구

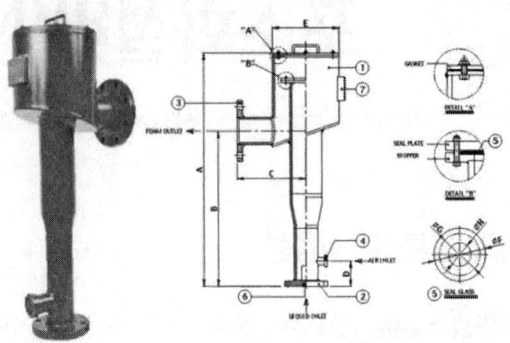

고정포방출구의 종류

- Ⅰ형 방출구 : 고정 지붕구조의 탱크에 상부포주입법을 이용하는 것으로서 방출된 포가 액면 아래로 몰입되거나 액면을 뒤섞지 않고 액면상을 덮을 수 있는 통계단 또는 미끄럼판 등의 설비 및 탱크 내의 위험물증기가 외부로 역류되는 것을 저지할 수 있는 구조·기구를 갖는 포방출구
- Ⅱ형 방출구 : 고정지붕구조 또는 부상덮개부착 고정지붕구조의 탱크에 상부포주입법을 이용하는 것으로서 방출된 포가 탱크 옆판의 내면을 따라 흘러내려 가면서 액면 아래로 몰입되거나 액면을 뒤섞지 않고 액면상을 덮을 수 있는 반사판 및 탱크 내의 위험물증기가 외부로 역류되는 것을 저지할 수 있는 구조·기구를 갖는 포방출구

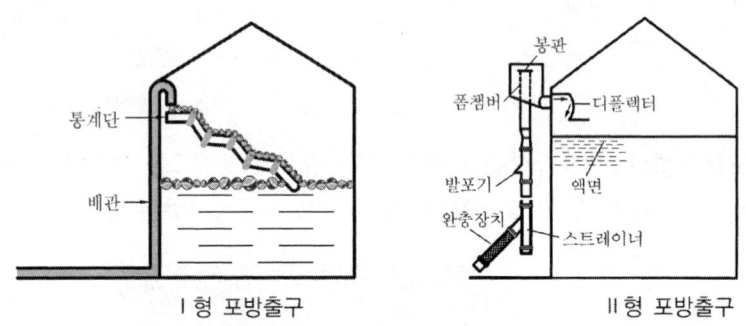

Ⅰ형 포방출구   Ⅱ형 포방출구

- Ⅲ형 방출구 : 고정지붕구조의 탱크에 저부포주입법을 이용하는 것으로서 송포관으로부터 포를 방출하는 포방출구
- Ⅳ형 방출구 : 고정지붕구조의 탱크에 저부포주입법을 이용하는 것으로서 평상시에는 탱크의 액면하의 저부에 설치된 격납통에 수납되어 있는 특수호스 등이 송포관의 말단에 접속되어 있다가 포를 보내는 것에 의하여 특수호스 등이 전개되어 그 선단이 액면까지 도달한 후 포를 방출하는 포방출구

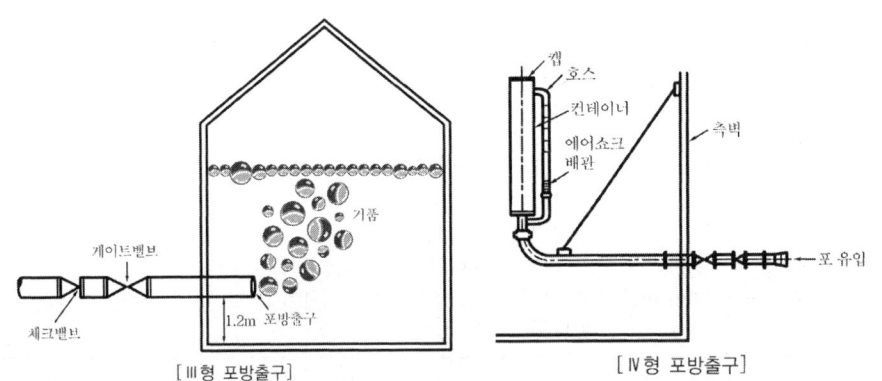

[Ⅲ형 포방출구]   [Ⅳ형 포방출구]

- 특형 방출구 : 부상지붕구조의 탱크에 상부포주입법을 이용하는 것으로서 부상지붕의 부상부 분상에 높이 0.9[m] 이상의 금속제의 칸막이를 탱크 옆판의 내측으로부터 1.2[m] 이상 이격하여 설치하고 탱크 옆판과 칸막이에 의하여 형성된 환상부분에 포를 주입하는 것이 가능한 구조의 반사판을 갖는 포방출구

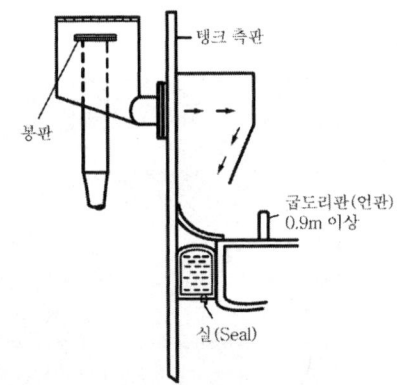

특형 포방출구

탱크의 구조 및 포방출구의 종류	포방출구의 개수			
	고정지붕구조		부상덮개부착 고정지붕구조	부상지붕구조
탱크직경	Ⅰ형 또는 Ⅱ형	Ⅲ형 또는 Ⅳ형	Ⅱ형	특형
13m 미만	2	1	2	2
13m 이상 19m 미만	2	1	3	3
19m 이상 24m 미만	2	1	4	4
24m 이상 35m 미만	2	2	5	5
35m 이상 42m 미만	3	3	6	6
42m 이상 46m 미만	4	4	7	7
46m 이상 53m 미만	6	6	8	8

53m 이상 60m 미만	8	8	10	10
60m 이상 67m 미만	왼쪽란에 해당하는 직경의 탱크에는 Ⅰ형 또는 Ⅱ형의 포방출구를 8개 설치하는 것 외에, 오른쪽란에 표시한 직경에 따른 포방출구의 수에서 8을 뺀 수의 Ⅲ형 또는 Ⅳ형의 포방출구를 폭 30m의 환상부분을 제외한 중심부의 액표면에 방출할 수 있도록 추가로 설치할 것	10		10
67m 이상 73m 미만		12		12
73m 이상 79m 미만		14		12
79m 이상 85m 미만		16		14
85m 이상 90m 미만		18		14
90m 이상 95m 미만		20		16
95m 이상 99m 미만		22		16
99m 이상		24		18

④ **호스릴 포소화설비** : 노즐이 이동식 호스릴에 연결되어 포약제를 발포시켜 방사하는 방식

⑤ **포소화전설비** : 노즐이 고정된 방수구와 연결된 호스와 연결되어 포약제를 발포시켜 방사하는 방식

⑥ **보조포소화전설비** : 옥외탱크저장소 방유제 주변에 설치하는 포소화전설비

⑦ **포모니터노즐설비** : 원유선 정박지 또는 해안가설치, 선박내에 설치하는 포소화설비

⑧ **압축공기포소화설비** : 압축공기 또는 압축질소를 일정비율로 포수용액에 강제주입 혼합하는 방식을 말한다.

[소방대상물에 따른 포소화설비의 종류]

구분	소방대상물	포소화설비의 종류
1	특수가연물을 저장·취급하는 공장 또는 창고	포워터스프링클러설비 포헤드설비 고정포방출구설비 압축공기포소화설비
2	차고 주차장	포워터스프링클러설비 포헤드설비 고정포방출구설비 압축공기포소화설비
2	※ 차고 주차장 중 ① 완전 개방된 옥상주차장 또는 고가 밑의 주차장 등으로서 주된 벽이 없고 기둥뿐이거나 주위가 위해방지용 철주 등으로 둘러쌓인 부분 ② 지상 1층으로서 지붕이 없는 부분	호스릴 포소화설비 포소화전설비
3	항공기 격납고	포워터스프링클러설비 포헤드설비 고정포방출구설비 압축공기포소화설비
3	※ 항공기 격납고 중 바닥면적의 합계가 1,000m² 이상이고 항공기의 격납위치가 한정되어 있는 경우에는 그 한정된 장소 외의 부분	호스릴 포소화설비
4	발전기실, 엔진 펌프실, 변압기, 전기케이블실, 유압설비(바닥면적 300m² 미만)	고정식압축공기포소화설비
5	위험물 제조소 등	포헤드설비 고정포방출구설비 호스릴포소화설비
6	위험물 옥외탱크저장소(고정포방출구방식)	고정포방출구＋보조포소화전

2 ▸ 계통도

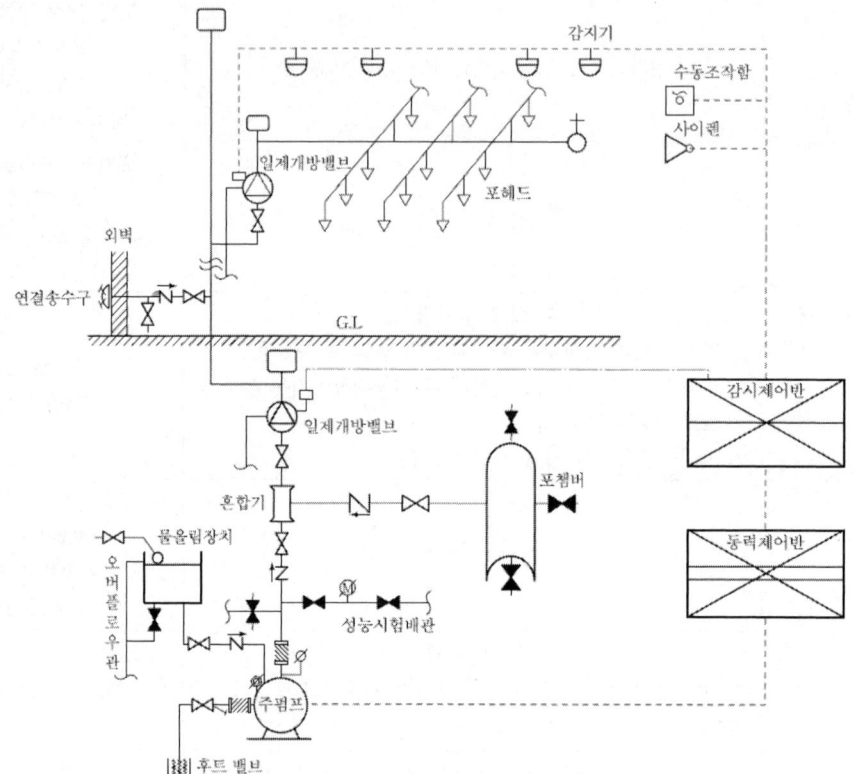

3 ▸ 설치장소에 따른 설비별 수원량[수용액량] 산정

(1) 항공기격납고, 차고주차장, 특수가연물 저장취급하는 공장 또는 창고

① 포워터스프링클러설비

$$Q = N \times \alpha l/\text{min} \cdot \text{개} \times 10\text{min}$$

Q : 포수용액체적(l), N : 포워터스프링클러헤드수($N = \dfrac{A m^2}{8 m^2/\text{개}}$),

α : 표준방사량(최소 $75 l/\text{min}$)

N : 바닥면적이 $200 m^2$를 초과하는 경우에는 $200 m^2$에 설치된 헤드의 개수

② 포헤드설비

$$Q = N \times \alpha l/\text{min} \cdot \text{개} \times 10\text{min}$$

Q : 포수용액체적(l), N : 포헤드수($N = \dfrac{Am^2}{9m^2/개}$), α : 표준방사량($l/\min$)

N : 바닥면적이 200m²를 초과하는 경우에는 200m²에 설치된 헤드의 개수

표준방사량 $\alpha(l/\min) = Am^2 \times \beta l/m^2 \cdot \min \div N$

【 β 소방대상물별 포헤드의 분당 방사량($l/m^2 \cdot \min$) 】

소방대상물	포 소화약제의 종류	바닥면적 1m²당 방사량
차고·주차장 및 항공기격납고	단백포 소화약제	6.5L 이상
	합성계면활성제포 소화약제	8.0L 이상
	수성막포 소화약제	3.7L 이상
특수가연물을 저장·취급하는 소방대상물	단백포 소화약제	6.5L 이상
	합성계면활성제포 소화약제	6.5L 이상
	수성막포 소화약제	6.5L 이상

③ 고발포용고정포방출구설비

㉠ 전역방출방식

$$Q = N \times \alpha\, l/\min \cdot 개 \times 10\min$$

Q : 포수용액체적(l), N : 고정포방출구수($N = \dfrac{Am^2}{500m^2/개}$), α : 표준방사량($l/\min$)

표준방사량 $\alpha(l/\min) = Vm^3 \times \beta l/m^3 \cdot \min \div N$

$V(m^3)$: 관포체적

! Reference

관포체적과 방호면적
- 관포체적 : 당해 바닥면으로부터 방호대상물의 높이보다 0.5m 높은 위치까지의 체적
- 방호면적 : 방호대상물의 각 부분에서 각각 당해 방호대상물 높이의 3배(1m 미만의 경우에는 1m)의 거리를 수평으로 연장한 선으로 둘러싸인 부분의 면적

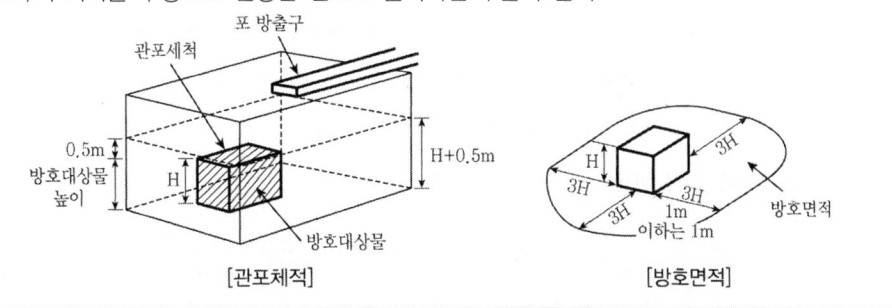

[관포체적]   [방호면적]

【 β 소방대상물별, 팽창비별 고정포방출구의 분당 방사량($l/m^3 \cdot min$) 】

소방대상물	포의 팽창비	1m³에 대한 포수용액 방출량
항공기 격납고	팽창비 80 이상 250 미만	2.00l
	팽창비 250 이상 500 미만	0.50l
	팽창비 500 이상 1,000 미만	0.29l
차고 또는 주차장	팽창비 80 이상 250 미만	1.11l
	팽창비 250 이상 500 미만	0.28l
	팽창비 500 이상 1,000 미만	0.16l
특수가연물을 저장, 취급하는 소방대상물	팽창비 80 이상 250 미만	1.25l
	팽창비 250 이상 500 미만	0.31l
	팽창비 500 이상 1,000 미만	0.18l

ⓛ 국소방출방식

$$Q = N \times \alpha\, l/min\cdot 개 \times 10min = A m^2 \times \beta l/m^2 \cdot min \times 10min$$

Q : 포수용액체적(l), N : 고정포방출구수(N = $\dfrac{Am^2}{설계면적/개}$), α : 표준방사량(l/min)

표준방사량 $\alpha(l/min) = A m^2 \times \beta l/m^2 \cdot min \div N$

$A(m^2)$: 방호면적

【 β 방호면적 1m²의 분당 방사량($l/m^2 \cdot min$) 】

방호대상물	방호면적 1m²에 대한 1분당 방출량
특수가연물	3l
기타의 것	2l

④ 포소화전설비, 호스릴포소화설비

$$Q = N \times 300L/min \times 20min = N \times 6,000L$$

Q : 수원의 양(L), N : 호스 접결구의 수(5개 이상의 경우 5개)

바닥면적이 200m² 미만인 차고주차장의 경우 75%로 할 수 있다.

⑤ 압축공기포소화설비

$$Q = A[m^2] \times \alpha[L/m^2 \cdot min] \times 10min$$

Q : 수원의 양(L), A : 설치장소의 바닥면적

α : 일반가연물, 탄화수소류=1.63, 특수가연물, 알코올류, 케톤류=2.3

(2) 위험물제조소, 저장소, 취급소

① 포헤드설비

$$Q = A(m^2) \times \alpha(L/m^2 \cdot min) \times 10min$$

Q : 수원의 양(L), A : 최대방사면적(m^2), α : 분당 방사량(L/m^2·min)

[대상물별 포헤드의 분당 방사량]

소방대상물	포소화약제의 종류	바닥면적 1m^2당 방사량
위험물제조소 등	단백포소화약제	6.5L 이상
	합성계면활성제 포소화약제	6.5L 이상
	수성막포소화약제	6.5L 이상
제4류 위험물 중 수용성 액체를 저장, 취급하는 소방대상물	알코올형포소화약제	13L 이상

② 고정포방출구

㉠ 4류 위험물 중 수용성이 없는 것

$$Q = A(m^2) \times Q_1(L/m^2 \cdot min) \times T(min) = A(m^2) \times Q_2(L/m^2)$$

Q : 수원의 양(L), A : 탱크의 액표면적(m^2), Q_1 : 표면적 1m^2당의 분당 방사량(L/m^2·min)
T : 방출시간(min), Q_2 : 표면적 1m^2당의 방사량(L/m^2)

[고정포방출구의 종류별 방출률]

포방출구의 종류 / 위험물의 구분	I형 포수용액량 (L/m^2)	I형 방출률 (L/m^2·min)	II형 포수용액량 (L/m^2)	II형 방출률 (L/m^2·min)	특형 포수용액량 (L/m^2)	특형 방출률 (L/m^2·min)	III형 포수용액량 (L/m^2)	III형 방출률 (L/m^2·min)	IV형 포수용액량 (L/m^2)	IV형 방출률 (L/m^2·min)
제4류위험물 중 인화점이 21℃ 미만인 것	120	4	220	4	240	8	220	4	220	4
제4류위험물 중 인화점이 21℃ 이상 70℃ 미만인 것	80	4	120	4	160	8	120	4	120	4
제4류위험물 중 인화점이 70℃ 이상인 것	60	4	100	4	120	8	100	4	100	4

ⓒ 4류 위험물 중 수용성이 있는 것

$$Q=A(m^2) \times Q_1(L/m^2 \cdot min) \times T(min) \times N=A(m^2) \times Q_2(L/m^2) \times N$$

Q : 수원의 양(L), A : 탱크의 액표면적(m^2), Q_1 : 표면적 $1m^2$당의 분당 방사량(L/m^2 · min),
T : 방출시간(min), Q_2 : 표면적 $1m^2$당의 방사량(L/m^2), N : 계수

【 고정포방출구의 종류별 방출률 】

Ⅰ형		Ⅱ형		특형		Ⅲ형		Ⅳ형	
포수용액량 (L/m^2)	방출률 (L/m^2 · min)	포수용액량 (L/m^2)	방출률 (L/m^2 · min)	포수용액량 (L/m^2)	방출률 (L/m^2 · min)	포수용액량 (L/m^2)	방출률 (L/m^2 · min)	포수용액량 (L/m^2)	방출률 (L/m^2 · min)
160	8	240	8	—	—	—	—	240	8

③ 보조포소화전설비

$$Q=N \times 400L/min \times 20min = N \times 8,000L$$

Q : 수원의 양(L), N : 호스 접결구의 수(3개 이상의 경우 3개)

④ 호스릴포설비(이동식 포소화설비)

㉠ 실내에 설치하는 경우

$$Q=N \times 200L/min \times 30min$$

㉡ 실외에 설치하는 경우

$$Q=N \times 400L/min \times 30min$$

Q : 수원의 양(L), N : 호스 접결구의 수(4개 이상의 경우 4개)

⑤ 포모니터노즐

$$Q=N \times 1,900L/min \times 30min$$

N : 노즐의 수(최소2개)

(3) 대상물별 수원(수용액)의 산정

① 특수가연물을 저장·취급하는 공장 또는 창고 : 하나의 공장 또는 창고에 포워터스프링클러설비·포헤드설비 또는 고정포방출설비가 함께 설치된 때에는 각 설비별로 산출된 저수량 중 최대의 것을 수원의 양으로 한다.

② 차고 또는 주차장 : 하나의 차고 또는 주차장에 호스릴 포소화설비·포소화전설비·포워터스프링클러설비·포헤드설비 또는 고정포방출설비가 함께 설치된 때에는 각 설비별로 산출된 저수량 중 최대의 것을 수원의 양으로 한다.
③ 항공기 격납고 : 포워터스프링클러설비, 포헤드설비, 고정포방출설비에서 각각 산출량 중 최대의 양으로 하되 호스릴포설비가 설치된 경우에는 이를 합한 양 이상으로 한다.
④ 위험물 제조소 등 : 포워터스프링클러설비, 포헤드설비, 고정포방출설비에서 각각 산출량 중 최대의 양+송액관의 배관 내용적
⑤ 옥외탱크저장소 : 고정포방출구에서 필요한 양+보조 포소화전에서 필요한 양+송액관의 배관 내용적(모든 배관)

4 ▶▶ 가압송수장치

① 전동기 또는 내연기관에 의한 펌프이용방식
　㉠ 소화약제가 변질될 우려가 없는 곳에 설치할 것
　㉡ 펌프의 토출량은 포헤드·고정포방출구 또는 이동식 포노즐의 설계압력 또는 노즐의 방사압력의 허용범위 안에서 포수용액을 방출 또는 방사할 수 있는 양 이상이 되도록 할 것
　㉢ 펌프의 양정 산출식

$$H = h_1 + h_2 + h_3 + h_4$$

　　h_1 : 배관의 마찰손실수두(m), h_2 : 소방용 호스의 마찰손실수두(m), h_3 : 낙차(m)
　　h_4 : 방출구의 설계압력 환산수두 또는 노즐 선단의 방사압력 환산수두(m)

　㉣ 그 밖의 사항은 옥내소화전과 동일
② 고가수조의 자연낙차를 이용한 방식
　㉠ 고가수조의 자연낙차수두 산출식

$$H = h_1 + h_2 + h_3$$

　　H : 필요한 낙차, h_1 : 배관의 마찰손실수두(m), h_2 : 소방용 호스의 마찰손실수두(m),
　　h_3 : 방출구의 설계압력 환산수두 또는 노즐선단의 방사압력 환산수두(m)

　㉡ 고가수조에는 수위계·배수관·급수관·오버플로우관 및 맨홀을 설치할 것

③ 압력수조를 이용한 방식
　㉠ 압력수조의 필요압력 산출식

$$P = P_1 + P_2 + P_3 + P_4$$

　　P : 필요한 압력(MPa), P_1 : 방출구의 설계압력 또는 노즐선단의 방사압력(MPa)
　　P_2 : 배관의 마찰손실수두압(MPa), P_3 : 낙차의 환산수두압(MPa)
　　P_4 : 소방용 호스의 마찰손실수두압(MPa)

　㉡ 압력수조에는 수위계·급수관·배수관·급기관·맨홀·압력계·안전장치 및 압력저하방지를 위한 자동식 공기압축기를 설치할 것
④ **가압수조를 이용한 방식** : 옥내소화전과 동일
⑤ 가압송수장치에는 포헤드·고정방출구 또는 이동식 포노즐의 방사압력이 설계압력 또는 방사압력의 허용범위를 넘지 아니하도록 감압장치를 설치하여야 한다.
⑥ 가압송수장치는 다음 표에 따른 표준 방사량을 방사할 수 있도록 하여야 한다.

구분	표준방사량
포워터스프링클러헤드	75l/min 이상
포헤드·고정포방출구 또는 이동식 포노즐·압축공기포헤드	각 포헤드·고정포방출구 또는 이동식 포노즐의 설계압력에 따라 방출되는 소화약제의 양

⑦ 압축공기포소화설비에 설치되는 펌프의 양정은 0.4MPa 이상이 되어야 한다. 다만, 자동으로 급수장치를 설치한 때에는 전용펌프를 설치하지 아니할 수 있다.

⑤ ▶▶ 배관 등

① 송액관은 포의 방출 종료 후 배관 안의 액을 배출하기 위하여 적당한 기울기를 유지하도록 하고 그 낮은 부분에 배액밸브를 설치하여야 한다
② 포워터스프링클러설비 또는 포헤드설비의 가지배관의 배열은 토너먼트방식이 아니어야 하며, 교차배관에서 분기하는 지점을 기점으로 한쪽 가지배관에 설치하는 헤드의 수는 8개 이하로 한다.
③ 그 밖의 사항은 스프링클러설비와 동일
④ 압축공기포소화설비를 스프링클러 보조설비로 설치하거나 압축공기포소화설비에 자동으로 급수되는 장치를 설치한 때에는 송수구 설치를 아니할 수 있다.
⑤ 압축공기포소화설비의 배관은 토너먼트방식으로 하여야 하고 소화약제가 균일하게 방출되는 등거리 배관구조로 설치하여야 한다.

6 ▸▸ 저장탱크

포 소화약제의 저장탱크(용기를 포함한다. 이하 같다)는 다음 각기준에 따라 설치하고 혼합장치와 배관 등으로 연결하여 두어야 한다.
① 화재 등의 재해로 인한 피해를 받을 우려가 없는 장소에 설치할 것
② 기온의 변동으로 포의 발생에 장애를 주지 아니하는 장소에 설치할 것. 다만, 기온의 변동에 영향을 받지 아니하는 포 소화약제의 경우에는 그러하지 아니하다.
③ 포 소화약제가 변질될 우려가 없고 점검에 편리한 장소에 설치할 것
④ 가압송수장치 또는 포 소화약제 혼합장치의 기동에 따라 압력이 가해지는 것 또는 상시 가압된 상태로 사용되는 것은 압력계를 설치할 것
⑤ 포 소화약제 저장량의 확인이 쉽도록 액면계 또는 계량봉 등을 설치할 것
⑥ 가압식이 아닌 저장탱크는 그라스게이지를 설치하여 액량을 측정할 수 있는 구조로 할 것

7 ▸▸ 혼합장치

포소화약제의 혼합장치는 포소화약제의 사용농도에 적합한 수용액으로 혼합할 수 있도록 하고 그 종류는 다음과 같다.
① 펌프 푸로포셔너방식(Pump Proportioner Type) : 펌프의 토출관과 흡입관 사이의 배관 도중에서 분기된 바이패스배관 상에 설치된 흡입기에 펌프에서 토출된 물의 일부를 보내고 농도조절밸브에서 조정된 포소화약제의 필요량을 포소화약제 탱크에서 펌프 흡입측으로 보내어 이를 혼합하는 방식

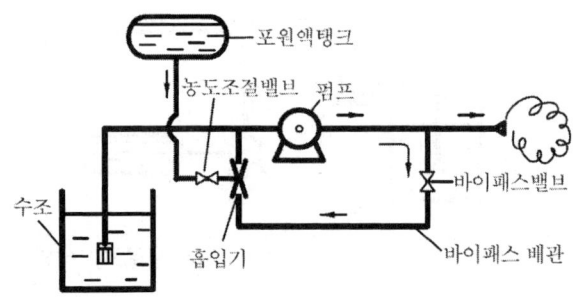

펌프 푸로포셔너방식

② 라인 푸로포셔너방식(Line Proportioner Type) : 펌프와 발포기 중간에 설치된 벤튜리관의 벤튜리작용에 의하여 포소화약제를 흡입, 혼합하는 방식

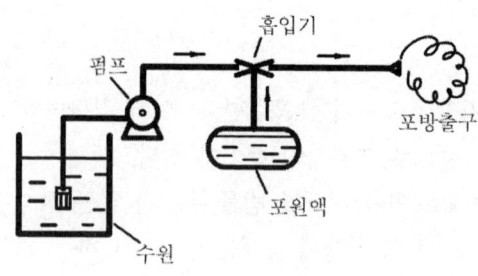

라인 푸로포셔너방식

③ **프레져 푸로포셔너방식(Pressure Proportioner Type)** : 펌프와 발포기의 중간에 설치된 벤튜리관의 벤튜리작용과 펌프가압수의 포소화약제 저장탱크에 대한 압력에 의하여 포소화약제를 흡입·혼합하는 방식

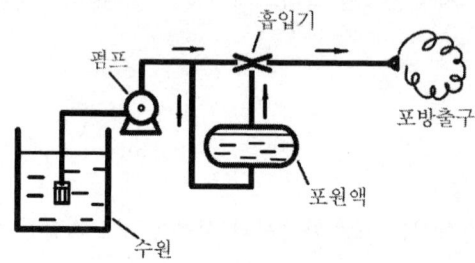

프레져 푸로포셔너방식

④ **프레져 사이드 푸로포셔너방식(Pressure Side Proportioner Type)** : 펌프의 토출관에 압입기를 설치하여 포소화약제 압입용 펌프로 포소화약제를 압입시켜 혼합하는 방식

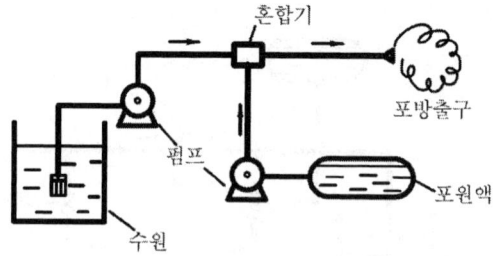

프레져 사이드 푸로포셔너방식

⑤ **압축공기포 믹심챔버방식** : 압축공기 또는 압축질소를 일정 비율로 포수용액에 강제 주입 혼합하는 방식을 말한다.

8 ▶▶ 개방밸브

① 자동개방밸브는 화재감지장치의 작동에 따라 자동으로 개방되는 것으로 할 것
② 수동식 개방밸브는 화재시 쉽게 접근할 수 있는 곳에 설치할 것

9 ▶▶ 기동장치

(1) 수동식 기동장치의 설치기준

① 직접조작 또는 원격조작에 따라 가압송수장치·수동식 개방밸브 및 소화약제 혼합장치를 기동할 수 있는 것으로 할 것
② 2 이상의 방사구역을 가진 포소화설비에는 방사구역을 선택할 수 있는 구조로 할 것
③ 기동장치의 조작부는 화재시 쉽게 접근할 수 있는 곳에 설치하되, 바닥으로부터 0.8m 이상 1.5m 이하의 위치에 설치하고 유효한 보호장치를 설치할 것
④ 기동장치의 조작부 및 호스 접결구에는 가까운 곳의 보기 쉬운 곳에 각각 "기동장치의조작부" 및 "접결구"라고 표시한 표지를 설치할 것
⑤ 차고 또는 주차장에 설치하는 포소화설비의 수동식 기동장치는 방사구역마다 1개 이상 설치할 것
⑥ 항공기 격납고에 설치하는 포소화설비의 수동식 기동장치는 각 방사구역마다 2개 이상을 설치하되, 그 중 1개는 각 방사구역으로부터 가장 가까운 곳 또는 조작에 편리한 장소에 설치하고, 1개는 화재감지수신기를 설치한 감시실 등에 설치할 것

(2) 자동식 기동장치의 설치기준

자동화재탐지설비의 감지기의 작동 또는 폐쇄형 스프링클러헤드의 개방과 연동하여 가압송수장치, 일제개방밸브 및 포소화약제 혼합장치를 기동시킬 수 있도록 다음의 기준에 따라 설치하여야 한다.

① 폐쇄형 스프링클러헤드를 사용하는 경우에는 다음에 따를 것
   ㉠ 표시온도가 79℃ 미만인 것을 사용하고, 1개의 스프링클러헤드의 경계면적은 20m² 이하로 할 것
   ㉡ 부착면의 높이는 바닥으로부터 5m 이하로 하고, 화재를 유효하게 감지할 수 있도록 할 것
   ㉢ 하나의 감지장치 경계구역은 하나의 층이 되도록 할 것
② 화재감지기를 사용하는 경우에는 다음에 따를 것
   ㉠ 화재감지기는 자동화재탐지설비의 화재안전기준 제7조의 기준에 따라 설치할 것

ⓒ 화재감지기 회로에는 다음 기준에 따른 발신기를 설치할 것
  ㉮ 조작이 쉬운 장소에 설치하고, 스위치는 바닥으로부터 0.8m 이상 1.5m 이하의 높이에 설치할 것
  ㉯ 소방대상물의 층마다 설치하되, 당해 소방대상물의 각 부분으로부터 수평거리가 25m 이하가 되도록 할 것. 다만, 복도 또는 별도로 구획된 실로서 보행거리가 40m 이상일 경우에는 추가로 설치하여야 한다.
  ㉰ 발신기의 위치를 표시하는 표시등은 함의 상부에 설치하되, 그 불빛은 부착면으로부터 15° 이상의 범위 안에서 부착지점으로부터 10m 이내의 어느 곳에서도 쉽게 식별할수 있는 적색등으로 할 것
③ 동결 우려가 있는 장소의 포소화설비의 자동식 기동장치는 자동화재탐지설비와 연동으로 할 것

(3) 기동장치에 설치하는 자동경보장치의 설치기준
① 방사구역마다 일제개방밸브와 그 일제개방밸브의 작동 여부를 발신하는 발신부를 설치할 것. 이 경우 각 일제개방밸브에 설치되는 발신부 대신 1개층에 1개의 유수검지장치를 설치할 수 있다.
② 상시 사람이 근무하고 있는 장소에 수신기를 설치하되, 수신기에는 폐쇄형 스프링클러헤드의 개방 또는 감지기의 작동 여부를 알 수 있는 표시장치를 설치할 것
③ 하나의 소방대상물에 2 이상의 수신기를 설치하는 경우에는 수신기가 설치된 장소 상호간에 동시 통화가 가능한 설비를 할 것

10 ▶▶ 포헤드 및 고정포방출구

(1) 팽창비율에 따른 포방출구의 종류

팽창비율에 따른 포의 종류	포방출구의 종류
팽창비가 20 이하인 것(저발포)	포헤드, 압축공기포헤드
팽창비가 80 이상 1,000 미만인 것(고발포)	고발포용 고정포방출구

고발포의 구분	팽창비
제1종 기계포	80 이상 250 미만
제2종 기계포	250 이상 500 미만
제3종 기계포	500 이상 1,000 미만

> **팽창비**
>
> $$\text{팽창비} = \frac{\text{방출 후 포의 체적}}{\text{방출 전 포수용액의 체적}}$$

(2) 포헤드의 설치기준

① 포워터스프링클러헤드는 소방대상물의 천장 또는 반자에 설치하되, 바닥면적 $8m^2$마다 1개 이상으로 하여 당해 방호대상물의 화재를 유효하게 소화할 수 있도록 할 것

② 포헤드는 소방대상물의 천장 또는 반자에 설치하되, 바닥면적 $9m^2$마다 1개 이상으로 하여당해 방호대상물의 화재를 유효하게 소화할 수 있도록 할 것

③ 소방대상물의 보가 있는 부분의 포헤드는 다음 표의 기준에 따라 설치할 것

포헤드와 보의 하단의 수직거리	포헤드와 보의 수평거리
0	0.75m 미만
0.1m 미만	0.75m 이상 1m 미만
0.1m 이상 0.15m 미만	1m 이상 1.5m 미만
0.15m 이상 0.30m 미만	1.5m 이상

④ 포헤드 상호 간에는 다음의 기준에 따른 거리 이하가 되도록 할 것

   ㉠ 정방형으로 배치한 경우

$$S = 2r \times \cos 45°$$

S : 포헤드 상호 간의 거리(m), r : 유효반경(2.1m)

   ㉡ 장방형으로 배치한 경우

$$pt = 2r$$

pt : 대각선의 길이(m), r : 유효반경(2.1m)

> **헤드의 개수 산정식**
>
> ① 면적에 따른 개수 산정
>   ㉠ 포워터스프링클러헤드의 설치개수
>
> $$N = \frac{\text{바닥면적}(m^2)}{8m^2}$$
>
>   ㉡ 포헤드의 설치개수
>
> $$N = \frac{\text{바닥면적}(m^2)}{9m^2}$$

② 수평거리에 따른 개수 산정 : 유효반경(r)을 이용하여 헤드 간의 수평거리를 이용하여 얻은 헤드의 수

③ 헤드의 표준방사량에 따른 개수 산정

$$N = \frac{\text{방호구역의 분당방사량}(l/\min)}{\text{헤드의 분당방사량}(l/\min \cdot \text{개})}$$

※ 위의 ①, ②, ③에 의한 헤드 수 중 많은 개수의 헤드를 설치한다.

⑤ 포헤드와 벽 방호구역의 경계선과는 ④의 규정에 따른 거리의 2분의 1 이하의 거리를 둘 것

(3) 차고, 주차장에 설치하는 호스릴포소화설비 또는 포소화전설비 설치기준

① 소방대상물의 어느 층에 있어서도 그 층에 설치된 호스릴포방수구 또는 포소화전방수구(호스릴포방수구 또는 포소화전방수구가 5개 이상 설치된 경우에는 5개)를 동시에 사용할 경우 각 이동식 포노즐 선단의 포수용액 방사압력이 0.35MPa 이상이고 300L/min 이상(1개층의 바닥면적이 200m² 이하인 경우에는 230L/min 이상)의 포수용액을 수평거리 15m 이상으로 방사할 수 있도록 할 것

② 저발포의 포소화약제를 사용할 수 있는 것으로 할 것

③ 호스릴 또는 호스를 호스릴 포방수구 또는 포소화전방수구로 분리하여 비치하는 때에는 그로부터 3m 이내의 거리에 호스릴함 또는 호스함을 설치할 것

④ 호스릴함 또는 호스함은 바닥으로부터 높이 1.5m 이하의 위치에 설치하고 그 표면에는 "포호스릴함(또는 포소화전함)"이라고 표시한 표지와 적색의 위치표시등을 설치할 것

⑤ 방호대상물의 각 부분으로부터 하나의 호스릴 포방수구까지의 수평거리는 15m 이하(포소화전 방수구의 경우에는 25m 이하)가 되도록 하고 호스릴 또는 호스의 길이는 방호대상물의 각 부분에 포가 유효하게 뿌려질 수 있도록 할 것

(4) 고발포용 고정포 방출구 설치기준

① 전역방출방식의 고발포용 고정포방출구는 다음에 따를 것

㉠ 개구부에 자동폐쇄장치(갑종방화문・을종방화문 또는 불연재료로된 문으로 포수용액이 방출되기 직전에 개구부가 자동적으로 폐쇄될 수 있는 장치를 말한다.)를 설치할 것. 다만, 당해 방호구역에서 외부로 새는 양 이상의 포수용액을 유효하게 추가하여 방출하는 설비가 있는 경우에는 그러하지 아니하다.

㉡ 고정포방출구(포발생기가 분리되어 있는 것에 있어서는 당해 포발생기를 포함한다.)는 소방대상물 및 포의 팽창비에 따른 종별에 따라 당해 방호구역의 관포체적

(당해 바닥면으로부터 방호대상물의 높이보다 0.5m 높은 위치까지의 체적을 말한다.) 1m³에 대하여 1분당 방출량이 다음 표에 따른 양 이상이 되도록 할 것

소방대상물	포의 팽창비	1m³에 대한 포수용액방출량
항공기 격납고	팽창비 80 이상 250 미만	2.00l
	팽창비 250 이상 500 미만	0.50l
	팽창비 500 이상 1,000 미만	0.29l
차고 또는 주차장	팽창비 80 이상 250 미만	1.11l
	팽창비 250 이상 500 미만	0.28l
	팽창비 500 이상 1,000 미만	0.16l
특수가연물을 저장, 취급하는 소방대상물	팽창비 80 이상 250 미만	1.25l
	팽창비 250 이상 500 미만	0.31l
	팽창비 500 이상 1,000 미만	0.18l

ⓒ 고정포방출구는 바닥면적 500m²마다 1개 이상으로 하여 방호대상물의 화재를 유효하게 소화할 수 있도록 할 것
ⓔ 고정포방출구는 방호대상물의 최고부분보다 높은 위치에 설치할 것. 다만, 밀어올리는 능력을 가진 것에 있어서는 방호대상물과 같은 높이로 할 수 있다.
② 국소방출방식의 고발포용 고정포방출구는 다음에 따를 것
  ㉠ 방호대상물이 서로 인접하여 불이 쉽게 붙을 우려가 있는 경우에는 불이 옮겨 붙을 우려가 있는 범위 내의 방호대상물을 하나의 방호대상물로 하여 설치할 것
  ㉡ 고정포방출구(포발생기가 분리되어 있는 것에 있어서는 당해 포발생기를 포함한다.)는 방호 대상물의 구분에 따라 당해 방호대상물의 높이의 3배(1m 미만의 경우에는 1m)의 거리를 수평으로 연장한 선으로 둘러싸인 부분의 면적 1m²에 대하여 1분당 방출량이 다음 표에 따른 양 이상이 되도록 할 것

방호대상물	방호면적 1m²에 대한 1분당 방출량
특수가연물	3l
기타의 것	2l

(5) 이동식 포소화설비의 설치기준[위험물제조소등]

노즐을 동시에 사용할 경우(호스접속구가 4개 이상인 경우는 4개) 각 노즐선단의 방사압력이 0.35MPa 이상이고, 방사량은 옥내에 설치하는 것은 200L/min 이상, 옥외에 설치하는 것은 400L/min 이상으로 30분간 방사할 수 있는 양

(6) 위험물옥외탱크저장소에 설치하는 보조포소화전 설치기준[위험물제조소등]

① 방유제 외측의 소화활동상 유효한 위치에 설치하되 각각의 보조포소화전 상호간의 보행거리가 75m 이하가 되도록 설치할 것
② 보조포소화전은 3개(호스접속구가 3개 미만인 경우에는 그 개수)의 노즐을 동시에 사용할 경우에 각각의 노즐선단의 방사압력이 0.35MPa 이상이고 방사량이 400L/min 이상의 성능이 되도록 설치할 것

(7) 포모니터노즐의 설치기준[위험물제조소등]

① 옥외저장탱크 또는 이송취급소의 펌프설비 등이 안벽, 부두, 해상구조물, 그 밖의 이와 유사한 장소에 설치되어 있는 경우는 당해 장소의 끝선(해면과 접하는선)으로부터 수평거리 15m 이내의해면 및 주입구 등 위험물취급설비의 모든 부분이 수평방사거리 내에 있도록 설치할 것. 이 경우에 그 설치개수가 1개인 경우에는 2개로 할 것
② 모든 노즐을 동시에 사용할 경우에 각 노즐선단의 방사량이 1,900L/min 이상이고, 수평방사 거리가 30m 이상이 되도록 설치할 것

(8) 압축공기포소화설비의 분사헤드설치기준

압축공기포소화설비의 분사헤드는 천장 또는 반자에 설치하되 방호대상물에 따라 측벽에 설치할 수 있으며 유류탱크 주위에는 바닥면적 13.9m²마다 1개 이상, 특수가연물저장소에는 바닥면적 9.3m²마다 1개 이상으로 당해 방호대상물의 화재를 유효하게 소화할 수 있도록 할 것

방호대상물	방호면적 1m²에 대한 1분당 방출량
특수가연물	2.3L
기타의 것	1.63L

11 ▸▸ 전원

① 포소화설비에는 자가발전설비 또는 축전지설비, 전기저장장치에 따른 비상전원을 설치하되, 다음에 해당하는 경우에는 비상전원수전설비로 설치할 수 있다. 다만, 2 이상의 변전소로부터 동시에 전력을 공급받을 수 있거나 하나의 변전소로 부터 전력의 공급이 중단되는 때에는 자동으로 다른 변전소로부터 전력을 공급받을 수 있도록 상용전원을 설치한 경우와 가압수조방식에는 비상전원을 설치하지 아니할 수 있다.

㉠ 호스릴 포소화설비 또는 포소화전만을 설치한 차고·주차장
㉡ 포헤드설비 또는 고정포방출설비가 설치된 부분의 바닥면적의 합계가 1,000m² 미만인 것
② 그 밖의 사항은 옥내소화전과 동일

12 ▶▶ 기타

그 밖의 사항은 스프링클러설비와 동일

CHAPTER 09 이산화탄소소화설비(NFTC106)

1 ▶▶ 계통도 및 작동순서

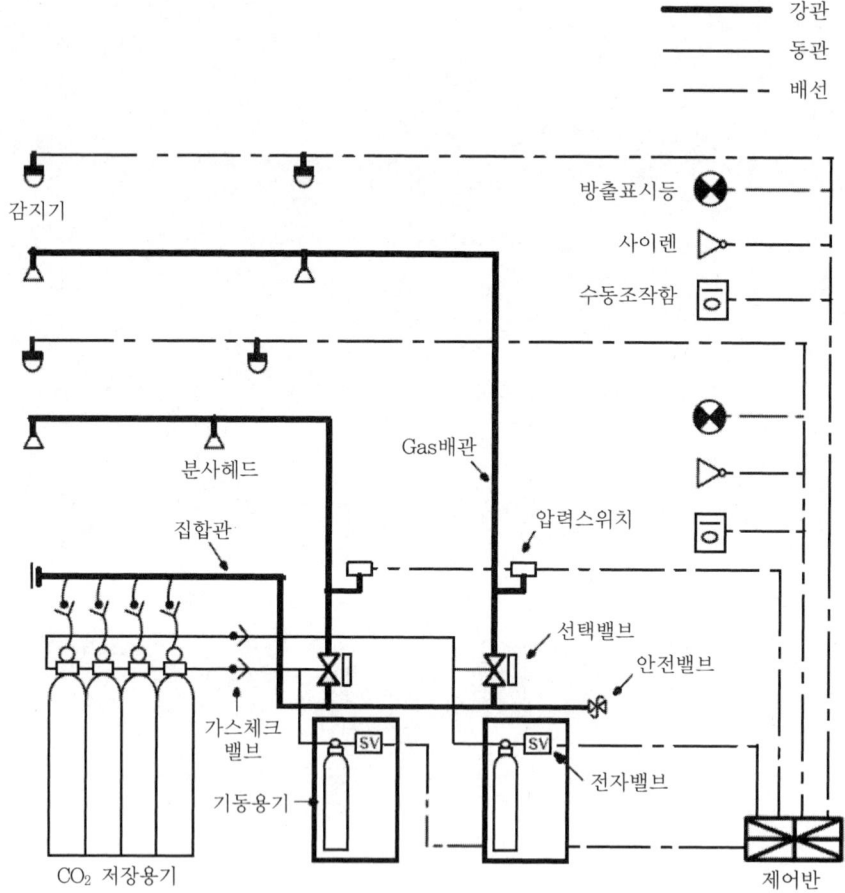

【 이산화탄소소화설비 계통도 】

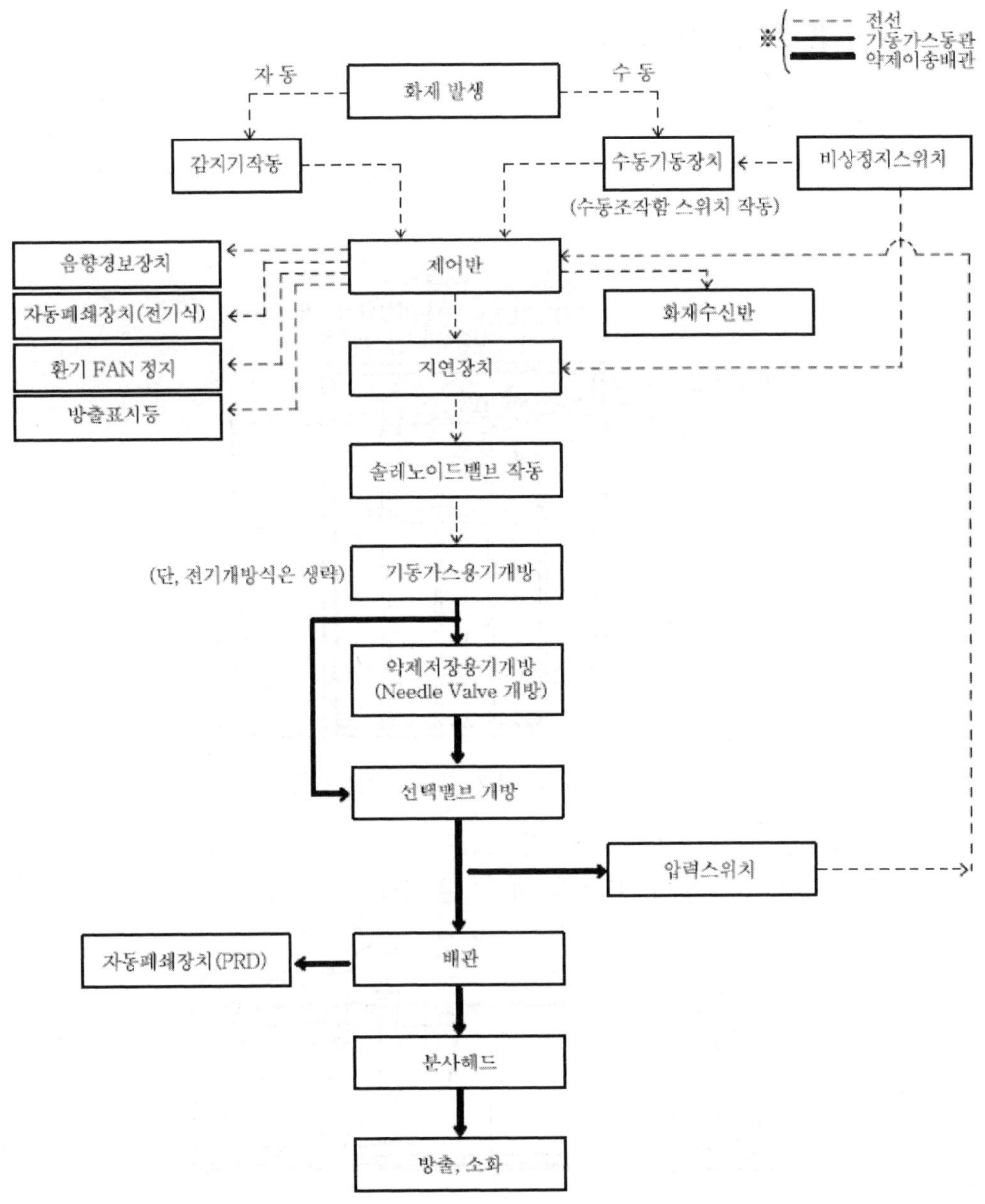

【 이산화탄소소화설비 동작순서 】

2 ▸▸ 이산화탄소소화설비의 분류

(1) 저장방식에 따른 분류

① **고압식** : CO_2 저장용기에 액화탄산가스를 저장하고 2.1MPa 이상의 압력으로 방사하는 방식

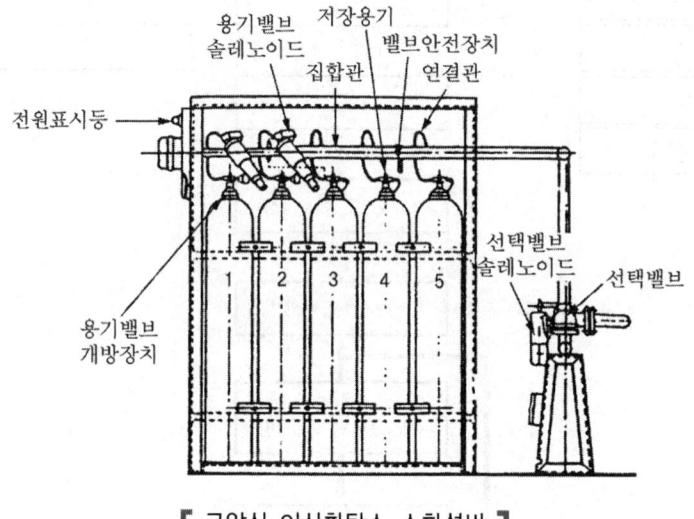

【 고압식 이산화탄소 소화설비 】

② **저압식** : CO_2 저장용기에 액화탄산가스를 −18℃ 이하에서 2.1MPa의 압력으로 유지하고 1.05MPa 이상의 압력으로 방사하는 방식

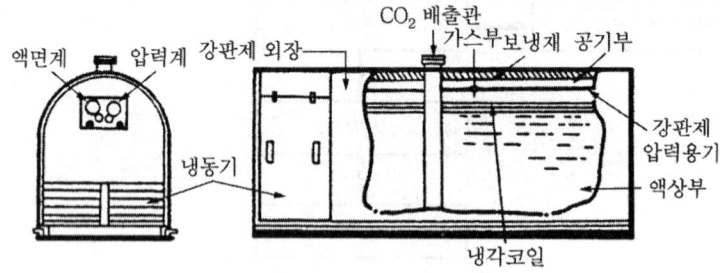

【 저압식 이산화탄소 소화설비 】

(2) 방출방식에 따른 분류

① **전역방출방식** : 방호구역의 개구부가 작고 약제 방출전 밀폐 가능한 곳으로 가연물이 화재실 전체에 균일하게 분포되어 있을 때 방호구역 전역에 균일하고 신속하게 소화약제를 방사하여 산소의 농도를 낮추어 소화하는 방식

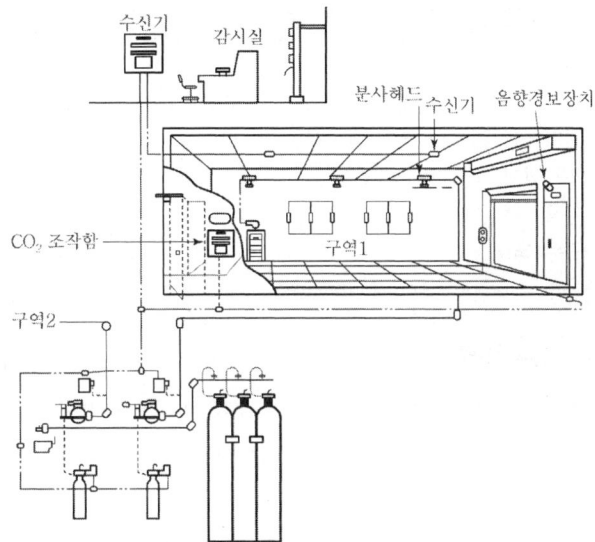

② **국소방출방식** : 방호구역의 개구부가 넓어 밀폐가 불가능하거나 넓은 방호구역 중 어느 일부분에만 가연물이 있을 때 가연물을 중심으로 일정공간에 분사헤드를 설치하여 집중적으로 약제를 방사하는 방식

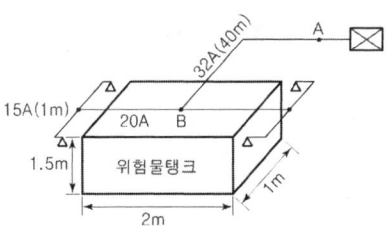

③ **호스릴방출방식** : 전역방출방식, 국소방출방식은 분사헤드가 고정설치되어 있는 반면 호스릴방출방식은 호스를 끌고 화점가까이 접근하여 수동밸브를 개방하여 약제를 방사하는 방식

> **호스릴 이산화탄소설비의 설치 가능장소(할론, 분말설비 동일)**
> 화재시 현저하게 연기가 찰 우려가 없는 장소로서 다음의 장소(차고 또는 주차장 제외)
> • 지상 1층 및 피난층 중 지상에서 수동 또는 원격조작에 따라 개방할 수 있는 개구부의 유효면적의 합계가 바닥면적의 15% 이상이 되는 부분
> • 전기설비가 설치되어 있는 부분 또는 다량의 화기를 사용하는 부분(당해 설비의 주위 5m 이내의 부분을 포함한다.)의 바닥면적이 당해 설비가 설치되어 있는 구획 바닥면적의 5분의 1 미만이 되는 부분

(3) 기동방식에 따른 분류

① 가스압력식 : 화재감지기의 동작 또는 수동조작스위치의 조작에 의해 기동용기의 전자밸브가 개방되며 기동용기의 압력에 의해 선택밸브 및 CO_2 저장용기의 밸브가 개방되는 방식

② 전기식 : 화재감지기의 작동 또는 수동조작스위치의 동작에 의해 CO_2 저장용기 및 선택밸브에 설치된 전자밸브가 개방되는 방식

③ 기계식 : 밸브 내의 압력차에 의해 개방되는 방식

3. 이산화탄소소화설비의 약제 및 저장용기등

(1) 저장용기 설치장소 기준

① 방호구역 외의 장소에 설치할 것. 다만, 방호구역 내에 설치할 경우에는 피난 및 조작이 용이하도록 피난구 부근에 설치할 것
② 온도가 40℃ 이하이고 온도변화가 적은 곳에 설치할 것
③ 직사광선 및 빗물이 침투할 우려가 없는 곳에 설치할 것
④ 방화문으로 구획된 실에 설치할 것
⑤ 용기의 설치장소에는 당해 용기가 설치된 곳임을 표시하는 표지를 할 것
⑥ 용기 간의 간격은 점검에 지장이 없도록 3cm 이상의 간격을 유지할 것
⑦ 저장용기와 집합관을 연결하는 연결배관에는 체크밸브를 설치할 것. 다만, 저장용기가 하나의 방호구역만을 담당하는 경우에는 그러하지 아니하다.

(2) 저장용기 설치기준

① 충전비
  ㉠ 고압식 : 1.5 이상 1.9 이하
  ㉡ 저압식 : 1.1 이상 1.4 이하

> **Reference**
>
> 저장용기의 약제 충전량 계산식
>
> $$G = \frac{V}{C}$$
>
> G : 충전질량(kg), C : 충전비, V : 용기의 내용적(l)

② 저압식 저장용기의 부속장치
  ㉠ 안전장치(안전밸브, 봉판)
  ㉡ 액면계
  ㉢ 압력계
  ㉣ 압력경보장치 : 2.3MPa 이상 1.9MPa 이하의 압력에서 작동
  ㉤ 자동냉동장치 : 용기 내부의 온도가 -18℃ 이하로 유지될 수 있도록 설치

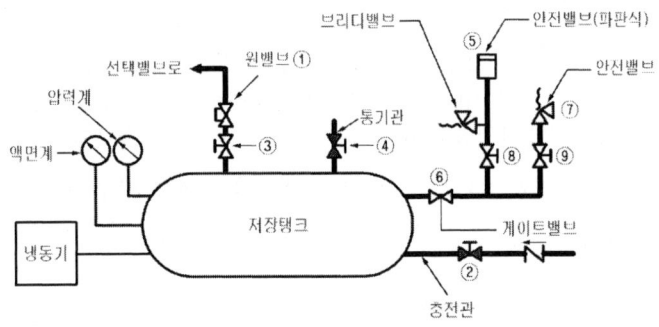

【 저압식 저장용기 】

> **Reference**
>
> 안전장치 작동압력
> ① 기동용 가스용기 : 내압시험압력의 0.8배 내지 내압시험압력 이하에서 작동
> ② 저장용기와 선택밸브 또는 개폐밸브 사이 : 내압시험압력의 0.8배에서 작동
> ③ 저압식 저장용기
>   ㉠ 안전밸브 : 내압시험압력의 0.64~0.8배에서 작동
>   ㉡ 봉판 : 내압시험압력의 0.8~내압시험압력에서 작동
>
> 내압시험압력
> ① 고압식 저장용기 : 25MPa 이상
> ② 저압식 저장용기 : 3.5MPa 이상
> ③ 기동용기 및 밸브 : 25MPa 이상

(3) 소화약제의 저장량

① 전역방출방식

$$W = (V \times \alpha) + (A \times \beta)$$

W : 이산화탄소의 약제량(kg), V : 방호구역의 체적(m^3), α : 체적계수(kg/m^3)
A : 자동폐쇄장치가 없는 개구부의 면적(m^2), β : 면적계수(kg/m^2)

㉠ 표면화재인 때(가연성액체 또는 가연성가스 등)
　㉮ 방호구역의 체적 1m^3에 대한 기본약제량

방호구역의 체적	방호구역의 체적 1m^3에 대한 소화약제의 양	소화약제 저장량의 최저한도
45m^3 미만	1.00kg	45kg
45m^3 이상 150m^3 미만	0.90kg	45kg
150m^3 이상 1,450m^3 미만	0.80kg	135kg
1,450m^3 이상	0.75kg	1.125kg

※ 산출한 양이 최저한도의 양 미만인 경우에는 그 최저한도의 양으로 한다.
※ 불연재료나 내열성의 재료로 밀폐된 구조물이 있는 경우에는 그 체적을 제외한다.

㉯ 설계농도가 34% 이상인 방호대상물의 소화약제량은 상기 ㉮의 기준에 의한 산출량에 다음 표에 의한 보정계수를 곱하여 산출한다.

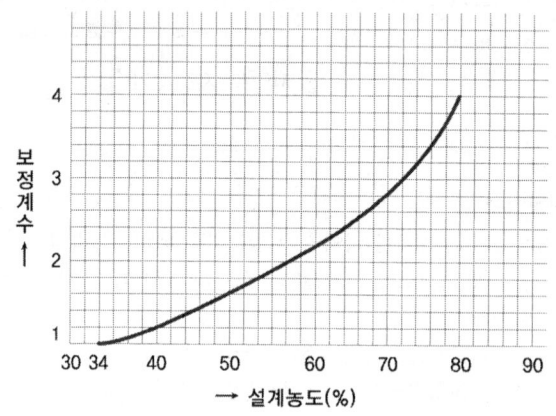

【 가연성액체 또는 가연성가스의 소화에 필요한 설계농도 】

방호대상물	설계농도(%)
수소(Hydrogen)	75
아세틸렌(Acetylene)	66

일산화탄소(Carbon Monoxide)	64
산화에틸렌(Ethylene Oxide)	53
에틸렌(Ethylene)	49
에탄(Ethane)	40
석탄가스, 천연가스(Coal, Natural Gas)	37
스킬로프로판(Cyclo Propane)	37
이소부탄(Iso Betane)	36
프로판(Propane)	36
부탄(Butane)	34
메탄(Methane)	34

! Reference

설계농도가 34% 이상인 경우의 약제량 산정식

$$W = (V \times \alpha) \times N + (A \times \beta)$$

W : 이산화탄소의 약제량(kg), V : 방호구역의 체적(m^3)
α : 체적계수(kg/m^3), N : 보정계수
A : 자동폐쇄장치가 없는 개구부의 면적(m^2), β : 면적계수(kg/m^2)

㉰ 방호구역의 개구부에 자동폐쇄장치를 설치하지 아니한 경우에는 ㉮ 및 ㉯의 기준에 따라 산출한 양에 개구부면적 1m^2당 5kg을 가산하여야 한다. 이 경우 개구부의 면적은 방호구역 전체 표면적의 3% 이하로 하여야 한다.

! Reference

전체 표면적 : 방호구역의 4벽면과 천장, 바닥면적을 모두 합한 면적

ⓒ 심부화재인 때(종이·목재·석탄·섬유류·합성수지류 등)
　㉮ 방호구역의 체적 1m^3에 대한 기본약제량

방호대상물	방호구역 1m^3에 대한 약제량	설계농도
유압기를 제외한 전기설비, 케이블실	1.3kg	50%
체적 55m^3 미만의 전기설비	1.6kg	50%
서고, 전자제품창고, 목재가공품 창고, 박물관	2.0kg	65%
고무류, 면화류창고, 모피창고, 석탄창고, 집진설비	2.7kg	75%

※ 불연재료나 내열성의 재료로 밀폐된 구조물이 있는 경우에는 그 체적을 제외한다.

㉯ 방호구역의 개구부에 자동폐쇄장치를 설치하지 아니한 경우에는 ㉮의 기준에 따라 산출한 양에 개구부 면적 1m²당 10kg을 가산하여야 한다. 이 경우 개구부의 면적은 방호구역 전체 표면적의 3% 이하로 하여야 한다.

> **! Reference**
>
> **설계농도**
> 보통의 탄화수소인 경우 질식소화를 위한 산소의 농도는 15% 정도이다. 산소의 농도를 15%로 하기 위한 CO_2의 농도는 28.6% 정도이며 여기에 안전율 20%를 고려하면 28.6×1.2=34%이다. CO_2 소화설비를 설치 시 약제저장량은 최소 34% 이상을 유지할 수 있는 양을 저장한다.

② 국소방출방식

㉠ 윗면이 개방된 용기에 저장하고 연소면이 한정되고 가연물이 비산할 우려가 없는 경우

$$W = A \times 13\text{kg/m}^2 \times \alpha$$

W : 이산화탄소의 약제량(kg), A : 방호대상물의 표면적(m²)
α : 고압식은 1.4, 저압식은 1.1

㉡ 그 밖의 경우

$$W = V \times Q \times \alpha$$

W : 이산화탄소의 약제량(kg), V : 방호공간의 체적(m³)
Q : 방호공간 1m³당의 약제량(kg/m³), α : 고압식은 1.4, 저압식은 1.1

※ 방호공간 : 방호대상물의 각 부분으로부터 0.6m의 거리에 따라 둘러싸인 공간

> **! Reference**
>
> **방호공간 1m³당의 약제량**
>
> $$Q = 8 - 6\frac{a}{A}$$
>
> Q : 방호공간 1m³에 대한 이산화탄소 소화약제의 양(kg/m³)
> a : 방호대상물 주위에 설치된 벽 면적의 합계(m²)
> A : 방호공간의 벽 면적(벽이 없는 경우에는 벽이 있는 것으로 가정한 면적)의 합계(m²)

③ 호스릴 방출방식 : 하나의 노즐에 대하여 90kg 이상 저장할 것

4 ▶▶ 기동장치

(1) 수동식기동장치

① 전역방출방식에 있어서는 방호구역마다, 국소방출방식에 있어서는 방호대상물마다 설치할 것
② 당해 방호구역의 출입구부분 등 조작을 하는 자가 쉽게 피난할 수 있는 장소에 설치할 것
③ 기동장치의 조작부는 바닥으로부터 높이 0.8m 이상 1.5m 이하의 위치에 설치하고 보호판 등에 따른 보호장치를 설치할 것
④ 기동장치에는 그 가까운 곳의 보기 쉬운 곳에 "이산화탄소소화설비 기동장치"라고 표시한 표지를 할 것
⑤ 전기를 사용하는 기동장치에는 전원표시등을 설치할 것
⑥ 기동장치의 방출용 스위치는 음향경보장치와 연동하여 조작될 수 있는 것으로 할 것
⑦ 수동식 기동장치의 부근에는 소화약제의 방출을 지연시킬 수 있는 비상스위치(자동복귀형 스위치로서 수동식 기동장치의 타이머를 순간 정지시키는 기능의 스위치를 말한다.)를 설치할 것

(2) 자동식기동장치

① 자동화재탐지설비 감지기의 작동과 연동할 것
② 자동식 기동장치에는 수동으로도 기동할 수 있는 구조로 할 것
③ 전기식 기동장치로서 7병 이상의 저장용기를 동시에 개방하는 설비에 있어서는 2병 이상의 저장용기에 전자개방밸브를 부착할 것
④ 가스압력식 기동장치는 다음의 기준에 따를 것
  ㉠ 기동용 가스용기 및 당해 용기에 사용하는 밸브는 25MPa 이상의 압력에 견딜 수 있는 것으로 할 것
  ㉡ 기동용 가스용기에는 내압시험압력의 0.8배 내지 내압시험압력 이하 에서 작동하는 안전장치를 설치할 것
  ㉢ 기동용 가스용기의 용적은 5L 이상으로 하고 해당 용기에 저장하는 질소등의 비활성기체는 6.0MPa 이상(21℃기준)의 압력으로 충전할 것
  ㉣ 기동용 가스용기에는 충전여부를 확인할 수 있는 압력게이지를 설치할 것.
⑤ 기계식 기동장치에 있어서는 저장용기를 쉽게 개방할 수 있는 구조로 할 것

(3) 출입구등의 보기쉬운곳에 소화약제의 방사를 표시하는 표시등을 설치할 것

5. 제어반 및 화재표시반

(1) 제어반의 기능

제어반은 수동기동장치 또는 감지기에서의 신호를 수신하여 음향경보장치의 작동, 소화약제의 방출 또는 지연 기타의 제어기능을 가진 것으로 하고, 제어반에는 전원표시등을 설치할 것

(2) 화재표시반의 기능 및 설치기준

화재표시반은 제어반에서의 신호를 수신하여 작동하는 기능을 가진 것으로 하되, 다음 각 목의 기준에 따라 설치할 것
① 각 방호구역마다 음향경보장치의 조작 및 감지기의 작동을 명시하는 표시등과 이와 연동하여 작동하는 벨·부자 등의 경보기를 설치할 것. 이 경우 음향경보장치의 조작 및 감지기의 작동을 명시하는 표시등을 겸용할 수 있다.
② 수동식 기동장치는 그 방출용스위치의 작동을 명시하는 표시등을 설치할 것
③ 소화약제의 방출을 명시하는 표시등을 설치할 것
④ 자동식 기동장치는 자동·수동의 절환을 명시하는 표시등을 설치할 것

(3) 제어반 및 화재표시반의 설치장소는 화재에 따른 영향, 진동 및 충격에 따른 영향 및 부식의 우려가 없고 점검에 편리한 장소에 설치할 것

(4) 제어반 및 화재표시반에는 해당 회로도 및 취급설명서를 비치할 것

(5) 기동장치와 방출배관 사이에 설치한 수동잠금밸브의 개폐여부를 확인할 수 있는 표시등을 설치할 것(신설 2015.1.23)

6. 배관 등

(1) 배관의 설치기준

① 배관은 전용으로 할 것
② 강관을 사용하는 경우의 배관은 압력배관용탄소강관(KS D 3562) 중 스케줄 80(저압식에 있어서는 스케줄 40) 이상의 것 또는 이와 동등 이상의 강도를 가진 것으로 아연도금 등으로 방식처리된 것을 사용할 것. 다만, 배관의 호칭구경이 20mm 이하인 경우에는 스케줄 40 이상인 것을 사용할 수 있다.
③ 동관을 사용하는 경우의 배관은 이음이 없는 동 및 동합금관(KS D 5301)으로서 고압

식은 16.5MPa 이상, 저압식은 3.75MPa 이상의 압력에 견딜 수 있는 것을 사용할 것
④ 고압식의 경우 개폐밸브 또는 선택밸브의 2차측 배관부속은 2MPa의 압력에 견딜 수 있는 것을 사용하여야 하며 1차측 배관부속은 4MPa의 압력에 견딜 수 있는 것을 사용하여야 하고 저압식의 경우에는 2MPa의 압력에 견딜 수 있는 배관부속을 사용할 것

(2) 배관의 구경

소요량이 다음의 기준에 따른 시간 내에 방사될 수 있는 것으로 할 것
① 전역방출방식
  ㉠ 표면화재(가연성액체 또는 가연성가스 등) 방호대상물의 경우에는 1분
  ㉡ 심부화재(종이, 목재, 석탄, 석유류, 합성수지류 등) 방호대상물의 경우에는 7분, 이 경우 설계농도가 2분 이내에 30%에 도달하여야 한다.
② 국소방출방식의 경우에는 30초

(3) 수동잠금밸브

소화약제의 저장용기와 선택밸브 사이의 집합배관에는 수동잠금밸브를 설치하되 선택밸브 직전에 설치할 것. 다만, 선택밸브가 없는 설비의 경우에는 저장용기실 내에 설치하되 조작 및 점검이 쉬운 위치에 설치하여야 한다

7 ▸▸ 선택밸브

하나의 소방대상물 또는 그 부분에 2 이상의 방호구역 또는 방호대상물이 있어 이산화탄소 저장용기를 공용하는 경우에는 다음 각호의 기준에 따라 선택밸브를 설치할 것
① 방호구역 또는 방호대상물마다 설치할 것
② 각 선택밸브에는 그 담당 방호구역 또는 방호대상물을 표시할 것

8 ▶ 분사헤드

① **전역방출방식의 분사헤드**
  ㉠ 방사된 소화약제가 방호구역의 전역에 균일하게 신속히 확산할 수 있도록 할 것
  ㉡ 분사헤드의 방사압력이 2.1MPa(저압식은 1.05MPa) 이상의 것으로 할 것
  ㉢ 소화약제의 저장량을 표면화재는 1분, 심부화재는 7분 이내에 방사할 수 있을 것

② **국소방출방식의 분사헤드**
  ㉠ 방사된 소화약제가 방호구역의 전역에 균일하게 신속히 확산할 수 있도록 할 것
  ㉡ 분사헤드의 방사압력이 2.1MPa(저압식은 1.05MPa) 이상의 것으로 할 것
  ㉢ 소화약제의 저장량은 30초 이내에 방사할 수 있는 것으로 할 것
  ㉣ 소화약제의 방사에 따라 가연물이 비산하지 아니하는 장소에 설치할 것

③ **분사헤드의 오리피스 구경**
  ㉠ 분사헤드에는 부식방지조치를 하여야 하며 오리피스의 크기, 제조일자, 제조업체가 표시되도록 할 것
  ㉡ 분사헤드의 개수는 방호구역에 방사시간이 충족되도록 설치할 것
  ㉢ 분사헤드의 방출률 및 방출압력은 제조업체에서 정한 값으로 할 것
  ㉣ 분사헤드 오리피스의 면적은 분사헤드가 연결되는 배관구경 면적의 70%를 초과하지 아니할 것

> **Reference**
> 분사헤드의 분출구면적 산출식
> $$\text{분출구의 면적(cm}^2\text{)} = \frac{\text{헤드 1개당의 방사량(kg)}}{\text{방출률(kg/cm}^2 \cdot \text{min)} \times \text{방사시간(min)}}$$

④ 호스릴이산화탄소소화설비 설치기준
  ㉠ 방호대상물의 각 부분으로부터 하나의 호스접결구까지의 수평거리가 15m 이하가 되도록 할 것
  ㉡ 노즐은 20℃에서 하나의 노즐마다 60kg/min 이상의 소화약제를 방사할 수 있는 것으로 할 것
  ㉢ 소화약제 저장용기는 호스릴을 설치하는 장소마다 설치할 것
  ㉣ 소화약제 저장용기의 개방밸브는 호스의 설치장소에서 수동으로 개폐할 수 있는 것으로 할 것
  ㉤ 소화약제 저장용기의 가장 가까운 곳의 보기 쉬운 곳에 표시등을 설치하고, 호스릴이산화탄소 소화설비가 있다는 뜻을 표시한 표지를 할 것

9. 분사헤드 설치제외 장소

① 방재실·제어실 등 사람이 상시 근무하는 장소
② 니트로셀룰로오스·셀룰로이드제품 등 자기연소성 물질을 저장·취급하는 장소
③ 나트륨·칼륨·칼슘 등 활성금속물질을 저장·취급하는 장소
④ 전시장 등의 관람을 위하여 다수인이 출입·통행하는 통로 및 전시실 등

10. 자동식기동장치의 화재감지기

① 각 방호구역 내의 화재감지기의 감지에 따라 작동되도록 할 것
② 화재감지기의 회로는 교차회로방식으로 설치할 것. 다만, 화재감지기를 자동화재탐지설비의 화재안전기준(NFTC 203)의 오동작 없는 감지기를 설치하는 경우에는 그러하지 아니하다.
③ 교차회로 내의 각 화재감지기 회로별로 설치된 화재감지기 1개가 담당하는 바닥면적은 자동화재탐지설비의 화재안전기준(NFTC 203) 규정에 따른 바닥면적으로 할 것

11. 음향경보장치

① 음향경보장치의 설치기준
  ㉠ 수동식 기동장치를 설치한 것에 있어서는 그 기동장치의 조작과정에서, 자동식 기동장치를 설치한 것에 있어서는 화재감지기와 연동하여 자동으로 경보를 발하는 것으로 할 것

ⓒ 소화약제의 방사 개시 후 1분 이상 경보를 계속할 수 있는 것으로 할 것
ⓒ 방호구역 또는 방호대상물이 있는 구획 안에 있는 자에게 유효하게 경보할 수 있는 것으로 할 것
② 방송에 따른 경보장치의 설치기준
 ⊙ 증폭기 재생장치는 화재 시 연소의 우려가 없고 유지관리가 쉬운 장소에 설치할 것
 ⓒ 방호구역 또는 방호대상물이 있는 구획의 각 부분으로부터 하나의 확성기까지의 수평거리는 25m 이하가 되도록 할 것
 ⓒ 제어반의 복구스위치를 조작하여도 경보를 계속 발할 수 있는 것으로 할 것

12. 자동폐쇄장치

① 환기장치를 설치한 것에 있어서는 이산화탄소가 방사되기 전에 당해 환기장치가 정지할 수 있도록 할 것
② 개구부가 있거나 천장으로부터 1m 이상의 아랫부분 또는 바닥으로부터 당해 층의 높이의 3분의 2 이내의 부분에 통기구가 있어 이산화탄소의 유출에 따라 소화효과를 감소시킬 우려가 있는 것에 있어서는 이산화탄소가 방사되기 전에 당해 개구부 및 통기구를 폐쇄할 수 있도록 할 것
③ 자동폐쇄장치는 방호구역 또는 방호대상물이 있는 구획의 밖에서 복구할 수 있는 구조로 하고 그 위치를 표시하는 표지를 할 것

13. 비상전원[자가발전설비, 축전지설비 또는 전기저장장치]

① 점검에 편리하고 화재 및 침수 등의 재해로 인한 피해를 받을 우려가 없는 곳에 설치할 것
② 이산화탄소소화설비를 유효하게 20분 이상 작동할 수 있어야 할 것
③ 상용전원으로부터 전력의 공급이 중단된 때에는 자동으로 비상전원으로부터 전력을 공급받을 수 있도록 할 것
④ 비상전원의 설치장소는 다른 장소와 방화구획 할 것. 이 경우 그 장소에는 비상전원의 공급에 필요한 기구나 설비외의 것(열병합발전설비에 필요한 기구나 설비는 제외한다)을 두어서는 아니 된다.
⑤ 비상전원을 실내에 설치하는 때에는 그 실내에 비상조명등을 설치할 것

> **비상전원 제외 경우**
> 2 이상의 변전소(「전기사업법」제67조에 따른 변전소를 말한다. 이하 같다)에서 전력을 동시에 공급받을 수 있거나 하나의 변전소로부터 전력의 공급이 중단되는 때에는 자동으로 다른 변전소로부터 전력을 공급받을 수 있도록 상용전원을 설치한 경우에는 비상전원을 설치하지 아니할 수 있다.

⑭ 배출설비

지하층, 무창층 및 밀폐된 거실 등에 이산화탄소소화설비를 설치한 경우에는 소화약제의 농도를 희석시키기 위한 배출설비를 갖추어야 한다.

⑮ 과압배출구

이산화탄소소화설비의 방호구역에 소화약제가 방출시 과압으로 인하여 구조물 등에 손상이 생길 우려가 있는 장소에는 과압배출구를 설치하여야 한다.

⑯ 설계프로그램

컴퓨터프로그램을 이용하여 설계할 경우에는 [가스계소화설비의 설계프로그램 성능인증 및 제품검사의 기술기준]에 적합한 설계프로그램을 사용하여야 한다.

⑰ 안전시설 등

이산화탄소소화설비가 설치된 장소에는 다음 각호의 기준에 따른 안전시설을 설치하여야 한다.
① 소화약제 방출시 방호구역 내와 부근에 가스방출시 영향을 미칠 수 있는 장소에 시각경보장치를 설치하여 소화약제가 방출되었음을 알도록 할 것
② 방호구역의 출입구 부근 잘 보이는 장소에 약제방출에 따른 위험경고표지를 부착할 것

CHAPTER 10 할론소화설비(NFTC107)

1 ▸▸ 할론소화설비의 분류

(1) 가압방식에 따른 분류

① **가압식** : 할론약제와 압축가스인 N_2가스를 서로 다른 용기에 저장하고 배관을 연결하고 있다가 화재로 인한 방출시 N_2가스 용기를 먼저 개방하여 할론약제를 밀어내어 방사하는 방식

② **축압식** : 할론약제와 N_2를 동일한 용기에 충전시켜두었다가 화재시 용기밸브의 개방에 의해 방사하는 방식

> **Reference**
>
> 할론약제는 증기압이 작아 할론약제 단독으로는 필요압력으로 방출이 어려우므로 압축가스인 N_2를 가압 또는 축압의 방식을 통하여 할론용기와 연결하고 N_2의 압력을 이용하여 방사하는 방식을 택한다.
>
> **할론약제별 비교**
>
> | 할론약제의 종류 | 증기압(20℃ 기준) | 방사압력 | 방식 |
> |---|---|---|---|
> | 할론 2402 | 0.5kgf/cm² | 0.1MPa | 가압식 또는 축압식 |
> | 할론 1211 | 2.5kgf/cm² | 0.2MPa | 축압식 |
> | 할론 1301 | 14kgf/cm² | 0.9MPa | 축압식 |

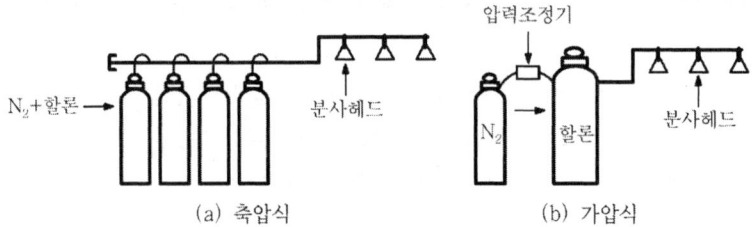

【 할론소화설비 】

(2) 방출방식에 따른 분류
① 전역방출방식
② 국소방출방식
③ 호스릴방출방식

(3) 기동(개방)방식에 따른 분류
① 가스압력식
② 전기식
③ 기계식

2 할론소화설비의 약제 및 저장용기등

(1) 할론소화약제의 저장용기 등
① 저장용기 설치장소의 기준 : 이산화탄소 소화설비와 동일
② 저장용기의 설치기준
　㉠ 축압식 저장용기의 압력은 온도 20℃에서 할론 1211을 저장하는 것에 있어서는 1.1MPa 또는 2.5MPa, 할론 1301을 저장하는 것에 있어서는 2.5MPa 또는 4.2MPa이 되도록 질소가스로 축압하여야 한다.
　㉡ 동일 집합관에 접속되는 용기의 소화약제 충전량은 동일 충전비의 것이어야 한다.
　㉢ 저장용기의 충전비
　　㉮ 할론 2402
　　　• 가압식 : 0.51 이상, 0.67 미만
　　　• 축압식 : 0.67 이상, 2.75 이하
　　㉯ 할론 1211
　　　• 0.7 이상, 1.4 이하
　　㉰ 할론 1301
　　　• 0.9 이상, 1.6 이하
　㉣ 가압용 가스용기는 질소가스가 충전된 것으로 하고, 그 압력은 21℃에서 2.5MPa 또는 4.2MPa이 되도록 하여야 한다.
　㉤ 할론소화약제 저장용기의 개방밸브는 전기식·가스압력식 또는 기계식에 따라 자동으로 개방되고 수동으로도 개방되는 것으로서 안전장치가 부착된 것으로 하여야 한다.

ⓑ 가압식 저장용기에는 2MPa 이하의 압력으로 조정할 수 있는 압력조정장치를 설치하여야 한다.

ⓢ 하나의 구역을 담당하는 소화약제 저장용기의 소화약제량의 체적합계보다 그 소화약제 방출 시 방출경로가 되는 배관(집합관 포함)의 내용적이 1.5배 이상일 경우에는 당해 방호구역에 대한 설비는 별도 독립방식으로 하여야 한다.

(2) 소화약제의 저장량

① 전역방출방식

$$W = (V \times \alpha) + (A \times \beta)$$

W : 할론 약제량(kg), V : 방호구역의 체적(m^3), α : 체적계수(kg/m^3)
A : 자동폐쇄장치가 없는 개구부의 면적(m^2), β : 면적계수(kg/m^2)

소방대상물 또는 그 부분		소화약제의 종별	방호구역의 체적 $1m^3$당 소화약제의 양	가산량 (개구부 $1m^3$당)
차고, 주차장, 전기실, 통신기기실, 전산실, 기타 이와 유사한 전기설비가 설치되어 있는 부분		할론 1301	0.32~0.64kg	2.4kg
특수가연물을 저장, 취급하는 소방대상물 또는 그 부분	가연성 고체류 가연성 액체류	할론 2402	0.40~1.1kg	3.0kg
		할론 1211	0.36~0.71kg	2.7kg
		할론 1301	0.32~0.64kg	2.4kg
	면화류, 나무껍질 및 대팻밥, 넝마 및 종이부스러기, 사류, 볏짚류, 목재 가공품 및 나무부스러기를 저장·취급하는 것	할론 1211	0.60~0.71kg	4.5kg
		할론 1301	0.52~0.64kg	3.9kg
	합성수지류를 저장·취급하는 것	할론 1211	0.36~0.74kg	2.7kg
		할론 1301	0.32~0.64kg	2.4kg

② 국소방출방식

㉠ 윗면이 개방된 용기에 저장하는 경우와 연소면이 1면에 한정되고 가연물이 비산할 우려가 없는 경우

$$W = A \times \alpha \times \beta$$

W : 할론 약제량(kg), A : 방호대상물의 표면적(m^2)
α : 방호대상물의 표면적 $1m^3$에 대한 소화약제의 양(kg/m^2)
β : 약제별 계수(2402, 1211은 1.1, 할론 1301은 1.25)

소화약제의 종별	방호대상물 표면적 1m²에 대한 소화약제량	약제별 계수
할론 2402	8.8kg	1.1
할론 1211	7.6kg	1.1
할론 1301	6.8kg	1.25

※ 4류 위험물의 경우는 위 식에 의해 산출된 약제량에 위험물별 계수를 곱한 양 이상을 저장한다.

    ⓒ 그 밖의 경우

$$W = V \times Q \times \beta$$

W : 할론 약제량(kg), V : 방호공간의 체적(m³), Q : 방호공간 1m²당의 약재량(kg/m²), β : 약제별 계수(2402, 1211은 1.1, 할론 1301은 1.25)

    ㉮ 방호공간 : 방호대상물의 각 부분으로부터 0.6m의 거리에 따라 둘러싸인 공간
    ㉯ 방호공간 1m³당의 약제량

$$Q = X - Y\frac{a}{A}$$

Q : 방호공간 1m³에 대한 소화약제의 양(kg/m³)
a : 방호대상물 주위에 설치된 벽 면적의 합계(m²)
A : 방호공간의 벽 면적(벽이 없는 경우에는 벽이 있는 것으로 가정한 면적)의 합계(m²)

소화약제의 종별	X의 수치	Y의 수치
할론 2402	5.2	3.9
할론 1211	4.4	3.3
할론 1301	4.0	3.0

③ 호스릴 방식 : 하나의노즐에 대하여 다음 표에 의한 양 이상으로 할 것

소화약제의 종별	소화약제의 양
할론 2402 또는 할론 1211	50kg
할론 1301	45kg

③ 기동장치

이산화탄소 소화설비와 동일

4 ▸▸ 제어반

이산화탄소 소화설비와 동일

5 ▸▸ 배관

① 배관은 전용으로 할 것
② 강관을 사용하는 경우의 배관은 압력배관용탄소강관(KS D 3562) 중 스케줄 40 이상의 것 또는 이와 동등 이상의 강도를 가진 것으로서 아연도금 등에 따라 방식처리된 것을 사용할 것
③ 동관을 사용하는 경우에는 이음이 없는 동 및 동합금관(KS D 5301)의 것으로서 고압식은 16.5MPa 이상, 저압식은 3.75MPa 이상의 압력에 견딜 수 있는 것을 사용할 것
④ 배관부속 및 밸브류는 강관 또는 동관과 동등 이상의 강도 및 내식성이 있는 것으로 할 것

6 ▸▸ 선택밸브

이산화탄소 소화설비와 동일

7 ▸▸ 분사헤드

① 전역방출방식의 분사헤드
  ㉠ 방사된 소화약제가 방호구역의 전역에 균일하게 신속히 확산할 수 있도록 할 것
  ㉡ 할론 2402를 방출하는 분사헤드는 당해 소화약제가 무상으로 분무되는 것으로 할 것
  ㉢ 분사헤드의 방사압력은 할론 2402를 방사하는 것에 있어서는 0.1MPa 이상, 할론 1211을 방사하는 것에 있어서는 0.2MPa 이상, 할론 1301을 방사하는 것에 있어서는 0.9MPa 이상으로 할 것
  ㉣ 기준저장량의 소화약제를 10초 이내에 방사할 수 있는 것으로 할 것
② 국소방출방식의 분사헤드
  ㉠ 소화약제의 방사에 따라 가연물이 비산하지 아니하는 장소에 설치할 것
  ㉡ 할론 2402를 방사하는 분사헤드는 당해 소화약제가 무상으로 분무되는 것으로 할 것

ⓒ 분사헤드의 방사압력은 할론 2402를 방사하는 것에 있어서는 0.1MPa 이상, 할론 1211을 방사하는 것에 있어서는 0.2MPa 이상, 할론 1301을 방사하는 것에 있어서는 0.9MPa 이상으로 할 것
　　ⓓ 기준저장량의 소화약제를 10초 이내에 방사할 수 있는 것으로 할 것
③ **호스릴 설치 가능장소** : 화재시 현저하게 연기가 찰 우려가 없는 장소로서 다음에 해당하는 장소(차고 또는 주차장 제외)
　　㉠ 지상 1층 및 피난층에 있는 부분으로서 지상에서 수동 또는 원격조작에 따라 개방할 수 있는 개구부의 유효면적의 합계가 바닥면적의 15% 이상이 되는 부분
　　㉡ 전기설비가 설치되어 있는 부분 또는 다량의 화기를 사용하는 부분(당해 설비의 주위 5m 이내의 부분을 포함한다.)의 바닥면적이 당해 설비가 설치되어 있는 구획의 바닥면적의 5분의 1 미만이 되는 부분
④ **호스릴 할론소화설비의 설치기준**
　　㉠ 방호대상물의 각 부분으로부터 하나의 호스접결구까지의 수평거리가 20m 이하가 되도록 할 것
　　㉡ 소화약제의 저장용기의 개방밸브는 호스릴의 설치장소에서 수동으로 개폐할 수 있는 것으로 할 것
　　㉢ 소화약제의 저장용기는 호스릴을 설치하는 장소마다 설치할 것
　　㉣ 노즐은 20℃에서 하나의 노즐마다 1분당 다음 표에 따른 소화약제를 방사할 수 있는 것으로 할 것

소화약제의 종별	소화약제의 양(kg)
할론 2402	45
할론 1211	40
할론 1301	35

　　㉤ 소화약제 저장용기의 가까운 곳의 보기 쉬운 곳에 적색의 표시등을 설치하고, 호스릴할로겐 화합물소화설비가 있다는 뜻을 표시한 표지를 할 것
⑤ **분사헤드의 오리피스구경·방출률·크기 등에 관한 기준** : 이산화탄소 소화설비와 동일

8 ▶▶ 화재감지기, 음향경보장치, 자동폐쇄장치, 비상전원, 프로그램 등

이산화탄소 소화설비와 동일

CHAPTER 11 할로겐화합물 및 불활성기체 소화설비(NFTC107A)

1 ▶▶ 할로겐화합물 및 불활성기체소화약제의 정의 및 종류

(1) 할로겐화합물 및 불활성기체소화약제의 정의

① "할로겐화합물 및 불활성기체소화약제"라 함은 할로겐화합물(할론 1301, 할론 2402, 할론 1211 제외) 및 불활성 기체로서 전기적으로 비전도성이며 휘발성이 있거나 증발 후 잔여물을 남기지 않는 소화약제를 말한다.
② "할로겐화합물소화약제"라 함은 불소, 염소, 브롬 또는 요오드 중 하나 이상의 원소를 포함하고 있는 유기화합물을 기본성분으로 하는 소화약제를 말한다.
③ "불활성기체소화약제"라 함은 헬륨, 네온, 아르곤 또는 질소가스 중 하나 이상의 원소를 기본성분으로 하는 소화약제를 말한다.
④ "충전밀도"라 함은 용기의 단위용적당 소화약제의 중량의 비율을 말한다.

(2) 소화약제의 종류

소화약제	화학식
퍼플루오로부탄(이하 "FC-3-1-10"이라 한다.)	C_4F_{10}
하이드로클로로플루오로카본혼화제(이하 "HCFC BLEND A"라 한다.)	HCFC-123($CHCl_2CF_3$) : 4.75% HCFC-22($CHClF_2$) : 82% HCFC-124($CHClFCF_3$) : 9.5% $C_{10}H_{16}$: 3.75%
클로로테트라플루오로에탄(이하 "HCFC-124"라 한다.)	$CHClFCF_3$
펜타플루오로에탄(이하 "HFC-125"라 한다.)	CHF_2CF_3
헵타플루오로프로판(이하 "HFC-227ea"라 한다.)	CF_3CHFCF_3
트리플루오로메탄(이하 "HFC-23"라 한다.)	CHF_3
헥사플루오로프로판(이하 "HFC-236fa"라 한다.)	$CF_3CH_2CF_3$
트리플루오로이오다이드(이하 "FIC-13I1"라 한다.)	CF_3I
도데카플루오르-2-메틸펜탄-3-원(이하 "FK-5-1-12"라 한다.)	$CF_3CF_2C(O)CF(CF_3)_2$
불연성·불활성 기체혼합가스(이하 "IG-01"라 한다.)	Ar

불연성·불활성 기체혼합가스(이하 "IG-100"라 한다.)	N_2
불연성·불활성 기체혼합가스(이하 "IG-541"라 한다.)	N_2 : 52%, Ar : 40%, CO_2 : 8%
불연성·불활성 기체혼합가스(이하 "IG-55"라 한다.)	N_2 : 50%, Ar : 50%

② 할로겐화합물 및 불활성기체소화설비의 약제 및 저장용기등

(1) 할로겐화합물 및 불활성기체소화약제의 저장용기 등

① 저장용기 설치장소의 기준
  ㉠ 온도가 55℃ 이하이고 온도의 변화가 적은 곳에 설치할 것
  ㉡ 그 밖의 사항은 이산화탄소 소화설비와 동일

② 소화약제 저장용기의 충전밀도·충전압력 및 배관의 최소사용설계압력
  ㉠ 할로겐화합물소화약제

소화약제 항목	HFC-227ea			FC-3-1-10	HCFC BLEND A	
최대충전밀도 (kg/m³)	1,201.4	1,153.3	1,153.3	1,281.4	900.2	900.2
21℃ 충전압력 (kPa)	1,034*	2,482*	4,137*	2,482*	4,137*	2,482*
최소사용 설계압력 (kPa)	1,379	2,868	5,654	2,482	4,689	2,979

소화약제 항목	HFC-23				
최대충전밀도 (kg/m³)	768.9	720.8	640.7	560.6	480.6
21℃ 충전압력 (kPa)	4,198**	4,198**	4,198**	4,198**	4,198**
최소사용 설계압력 (kPa)	9,453	8,605	7,626	6,943	6,392

소화약제 항목	HCFC-124		HFC-125		HFC-236fa		FK-5-1-12	
최대충전밀도 (kg/m³)	1,185.4	1,185.4	865	897	1,185.4	1,201.4	1,185.4	1,441.7
21℃ 충전압력 (kPa)	1,655*	2,482*	2,482*	4,137*	1,655*	2,482*	4,137*	2,482* 4,206*
최소사용 설계압력 (kPa)	1,951	3,199	3,392	5,764	1,931	3,310	6,068	2,482

비고) ① "*" 표시는 질소로 축압한 경우를 표시한다.
　　　② "**" 표시는 질소로 축압하지 아니한 경우를 표시한다.

ⓒ 불활성기체소화약제

소화약제 항목		IG-01		IG-541			IG-55			IG-100		
21℃ 충전압력 (kPa)		16,341	20,436	14,997	19,996	31,125	15,320	20,423	30,634	16,575	22,312	28,000
최소사용 설계압력 (kPa)	1차측	16,341	20,436	14,997	19,996	31,125	15,320	20,423	30,634	16,575	22,312	227.4
	2차측	비고 2 참조										

비고) 1. 1차측과 2차측은 강압장치를 기준으로 한다.
　　　2. 2차측 최소사용설계압력은 제조사의 설계프로그램에 의한 압력값에 따른다.

ⓒ 저장용기는 약제명·저장용기의 자체중량과 총중량·충전일시·충전압력 및 약제의 체적을 표시할 것
ⓔ 집합관에 접속되는 저장용기는 동일한 내용적을 가진 것으로 충전량 및 충전압력이 같도록 할 것
ⓜ 저장용기에 충전량 및 충전압력을 확인할 수 있는 장치를 하는 경우에는 해당 소화약제에 적합한 구조로 할 것
ⓗ 저장용기의 약제량 손실이 5%를 초과하거나 압력손실이 10%를 초과할 경우에는 재충전하거나 저장용기를 교체할 것 다만, 불활성기체소화약제 저장용기의 경우에는 압력손실이 5%를 초과할 경우 재충전하거나 저장용기를 교체하여야 한다.

③ 하나의 방호구역을 담당하는 저장용기의 소화약제의 체적합계보다 소화약제의 방출 시 방출경로가 되는 배관(집합관을 포함한다.) 내용적의 비율이 소화약제 제조업체(이하 "제조업체"라 한다.)의 설계기준에서 정한 값 이상일 경우에는 당해 방호구역에 대한 설비는 별도 독립방식으로 하여야 한다.

(2) 할로겐화합물 및 불활성기체소화설비 설치제외장소

① 사람이 상주하는 곳으로서 최대허용설계농도를 초과하는 장소
② 제3류 위험물 및 제5류 위험물을 사용하는 장소 다만, 소화성능이 인정되는 위험물은 제외한다.

【 할로겐화합물 및 불활성기체소화약제 최대허용 설계농도 】

소화약제	최대허용 설계농도(%)
FC-3-1-10	40
HCFC BLEND A	10
HCFC-124	1.0
HFC-125	11.5
HFC-227ea	10.5
HFC-23	30
HFC-236fa	12.5
FIC-13I1	0.3
FK-5-1-12	10
IG-01	43
IG-100	43
IG-541	43
IG-55	43

(3) 소화약제량의 산정

① 할로겐화합물소화약제는 다음 공식에 따라 산출한 양 이상으로 할 것

$$W = \frac{V}{S} \times \left[\frac{C}{(100-C)} \right]$$

W : 소화약제의 무게(kg), V : 방호구역의 체적(m^3)
S : 소화약제별 선형상수[$K_1+K_2 \times t$](m^3/kg)
C : 체적에 따른 소화약제의 설계농도(%)=소화농도×안전계수(A·C급화재 1.2, B급화재 1.3)
t : 방호구역의 최소예상온도(℃)

소화약제	K₁	K₂
FC-3-1-10	0.094104	0.00034455
HCFC BLEND A	0.2413	0.00088
HCFC-124	0.1575	0.0006
HFC-125	0.1825	0.0007
HFC-227ea	0.1269	0.0005
HFC-23	0.3164	0.0012
HFC-236fa	0.1413	0.0006
FIC-1311	0.1138	0.0005
FK-5-1-12	0.00664	0.0002741

② 불활성기체소화약제는 다음 공식에 의하여 산출된 량 이상이 되도록 할 것

$$Q(m^3) = V(m^3) \times X(m^3/m^3)$$

Q : 소화약제의 체적(m^3), V : 방호구역의 체적(m^3), X : 방호구역 $1m^3$당 필요한 약제(m^3)

$$X = 2.303 \left(\frac{V_S}{S}\right) \times Log\left(\frac{100}{100-C}\right)$$

X : 공간체적당 더해진 소화약제의 부피(m^3/m^3)
S : 소화약제별 선형상수($K_1 + K_2 \times t$)(m^3/kg)
C : 체적에 따른 소화약제의 설계농도(%)(소화농도×안전계수(A·C급화재 1.2, B급화재 1.3))
V_S : 20℃에서 소화약제의 비체적(m^3/kg), t : 방호구역의 최소예상온도(℃)

소화약제	K₁	K₂
IG-01	0.5685	0.00208
IG-100	0.7997	0.00293
IG-541	0.65799	0.00239
IG-55	0.6598	0.00242

3 ▶▶ 기동장치

(1) 수동식기동장치의 설치기준

① 방호구역마다 설치할 것
② 당해 방호구역의 출입구 부근 등 조작을 하는 자가 쉽게 피난할 수 있는 장소에 설치할 것

③ 기동장치의 조작부는 바닥으로부터 0.8m 이상, 1.5m 이하의 위치에 설치하고, 보호판 등에 따른 보호장치를 설치할 것
④ 기동장치에는 가깝고 보기 쉬운 곳에 "할로겐화합물 및 불활성기체소화약제 소화설비 기동장치"라는 표지를 할 것
⑤ 전기를 사용하는 기동장치에는 전원표시등을 설치할 것
⑥ 기동장치의 방출용 스위치는 음향경보장치와 연동하여 조작될 수 있는 것으로 할 것
⑦ 5kg 이하의 힘을 가하여 기동할 수 있는 구조로 설치할 것

(2) 자동식기동장치의 설치기준
① 자동화재탐지설비의 감지기 작동과 연동할 것
② 자동식 기동장치에는 (1)의 기준에 따른 수동식기동장치를 함께 설치할 것
③ 기계식, 전기식 또는 가스압력식에 따른 방법으로 기동하는 구조로 설치할 것

(3) 할로겐화합물 및 불활성기체소화설비가 설치된 구역의 출입구에는 소화약제가 방출되고 있음을 나타내는 표시등을 설치할 것

4 제어반등

이산화탄소화소화설비와 동일

5 배관

① 배관의 설치기준
  ㉠ 배관은 전용으로 할 것
  ㉡ 배관·배관부속 및 밸브류는 저장용기의 방출내압을 견딜 수 있어야 하며 다음의 각목의 기준에 적합할 것
    ㉮ 강관을 사용하는 경우의 배관은 압력배관용 탄소강관(KS D 3562) 또는 이와 동등 이상의 강도를 가진 것으로서 아연도금 등에 따라 방식 처리된 것을 사용할 것
    ㉯ 동관을 사용하는 경우의 배관은 이음이 없는 동 및 동합금관(KS D 5301)의 것을 사용할 것
  ㉢ 배관부속 및 밸브류는 강관 또는 동관과 동등 이상의 강도 및 내식성이 있는 것으로 할 것

② 배관과 배관, 배관과 배관부속 및 밸브류의 접속은 나사접합, 용접접합, 압축접합 또는 플랜지 접합 등의 방법을 사용하여야 한다.
③ 배관의 구경은 당해 방호구역에 할로겐화합물소화약제가 10초(불활성기체소화약제는 A·C급화재 2분, B급화재 1분) 이내에 방호구역 각 부분에 최소설계농도의 95% 이상 해당하는 약제량이 방출되도록 하여야 한다.
④ 배관의 두께는 다음의 계산식에서 구한 값(t) 이상일 것 다만, 분사헤드 설치부는 제외한다.

$$관의\ 두께(t) = \frac{PD}{2SE} + A$$

P : 최대허용압력(kPa), D : 배관의 바깥지름(mm)
SE : 최대허용응력(kPa)(배관재질 인장강도의 1/4값과 항복점의 2/3값 중 적은 값×배관이음효율×1.2)
A : 나사이음, 홈이음 등의 허용값(mm)(헤드설치부분은 제외한다.)
• 나사이음 : 나사의 높이 • 절단홈이음 : 홈의 깊이 • 용접이음 : 0

배관이음 효율
- 이음매 없는 배관 : 1.0
- 전기저항 용접배관 : 0.85
- 가열맞대기 용접배관 : 0.60

6 ▶▶ 분사헤드

① 분사헤드의 설치기준
  ㉠ 분사헤드의 설치 높이는 방호구역의 바닥으로부터 최소 0.2m 이상, 최대 3.7m 이하로 하여야 하며 천장높이가 3.7m를 초과할 경우에는 추가로 다른 열의 분사헤드를 설치할 것. 다만, 분사헤드의 성능인정 범위 내에서 설치하는 경우에는 그러하지 아니하다.
  ㉡ 분사헤드의 개수는 방호구역에 할로겐화합물소화약제가 10초(불활성기체소화약제는 A·C급화재 2분, B급화재 1분) 이내에 방호구역 각 부분에 최소설계농도의 95% 이상 해당하는 약제량이 방출할 수 있는 수량으로 할 것
  ㉢ 분사헤드에는 부식방지조치를 하여야 하며 오리피스의 크기, 제조일자, 제조업체가 표시되도록 할 것

② 분사헤드의 방출률 및 방출압력은 제조업체에서 정한 값으로 한다.
③ 분사헤드의 오리피스 면적은 분사헤드가 연결되는 배관구경 면적의 70%를 초과하여서는 아니된다.

7 ▶▶ 선택밸브

하나의 소방대상물 또는 그 부분에 2 이상의 방호구역이 있어 소화약제의 저장용기를 공용하는 경우에 있어서 방호구역마다 선택밸브를 설치하고 선택밸브에는 각각의 방호구역을 표시하여야 한다.

8 ▶▶ 기타 설치기준

자동식기동장치의 화재감지기, 음향경보장치, 자동폐쇄장치, 비상전원, 과압배출 등 이산화탄소소화설비와 동일

CHAPTER 12 분말소화약제소화설비 (NFTC108)

1. 분말소화약제의 종류 및 설비의 종류

대상물별 소화약제의 종류
- 차고 또는 주차장 : 3종 분말
- 그 밖의 소방대상물 : 1종 분말, 2종 분말, 3종 분말, 4종 분말

(1) 방출방식에 의한 분류

전역방출방식, 국소방출방식, 호스릴방출방식

(2) 가압방식에 의한 분류

① 가압식 : 분말약제와 가압가스인 N_2 또는 CO_2가스를 서로 다른 용기에 저장, 설치하고 방출 시 이들 가스가 분말약제용기 안으로 들어가 분말약제를 밀어 내어 분사하는 방식으로 정압작동장치가 필요하다.

② 축압식 : 분말약제와 가압가스인 N_2가스를 동일한 용기에 사전에 충전시켜두고 이를 분사하는 방식으로 항상 필요압력의 확인을 위해 압력계가 부착되어 있다

(3) 기동방식에 따른 분류

① 가스압력식 : 화재감지기의 동작 또는 수동조작스위치의 조작에 의해 기동용기의 전자밸브가 개방되며 기동용기의 압력에 의해 선택밸브 및 가압가스용기 또는 축압식 저장용기의 밸브가 개방되는 방식

② 전기식 : 화재감지기의 작동 또는 수동조작스위치의 동작에 의해 축압식저장용기 및 선택밸브에 설치된 전자밸브가 개방되는 방식

③ 기계식 : 밸브 내의 압력차에 의해 개방되는 방식

❷ 계통도 및 작동순서

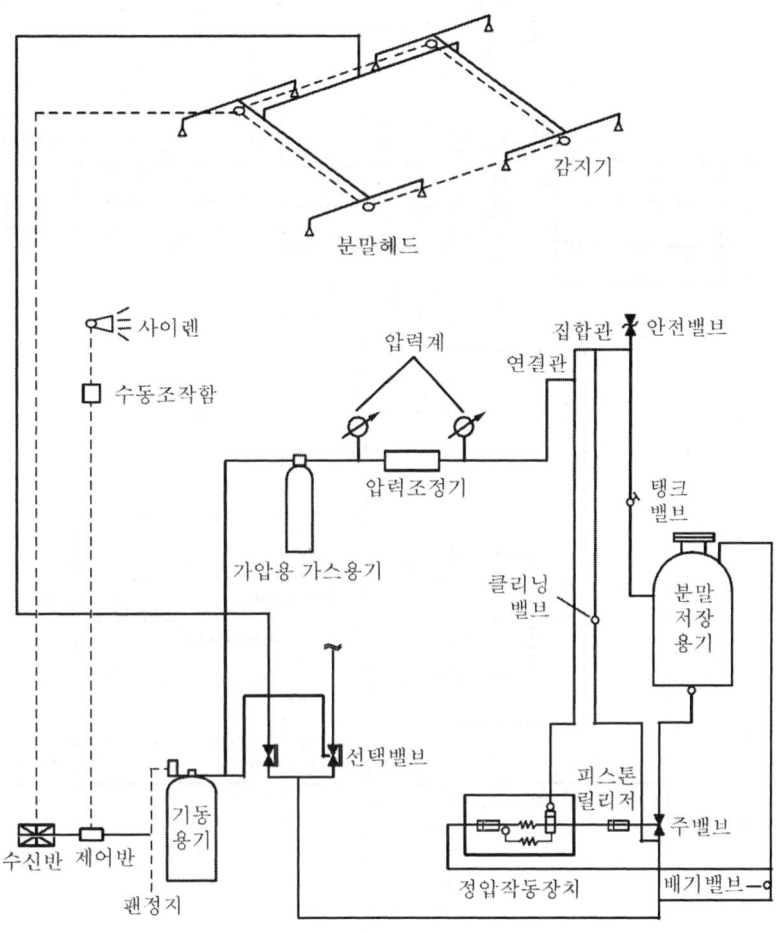

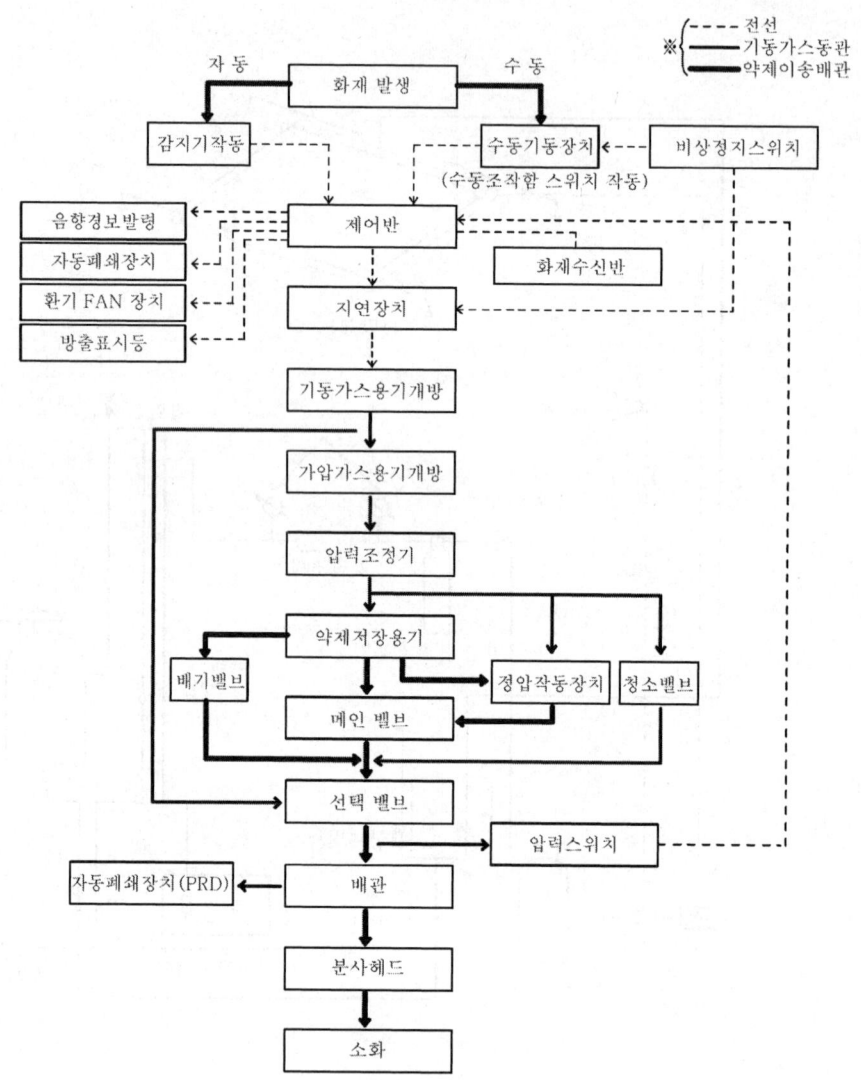

【 분말소화설비의 작동순서 】

3 ▶▶ 분말소화설비의 약제 및 저장용기 및 가압용기 등

(1) 저장용기 등
① 저장용기 설치장소의 기준 : 이산화탄소 소화설비와 동일
② 저장용기의 설치기준
　㉠ 저장용기의 내용적은 다음 표에 따를 것

소화약제의 종별	소화약제 1kg당 저장용기의 내용적
제1종 분말(탄산수소나트륨을 주성분으로 한 분말)	0.8l
제2종 분말(탄산수소칼륨을 주성분으로 한 분말)	1l
제3종 분말(인산염을 주성분으로 한 분말)	1l
제4종 분말(탄산수소칼륨과 요소가 화합된 분말)	1.25l

　㉡ 저장용기에는 가압식의 것에 있어서는 최고사용압력의 1.8배 이하, 축압식의 것에 있어서는 용기 내압시험압력의 0.8배 이하의 압력에서 작동하는 안전밸브를 설치할 것
　㉢ 저장용기에는 저장용기의 내부압력이 설정압력으로 되었을 때 주밸브를 개방하는 정압작동 장치를 설치할 것
　㉣ 저장용기의 충전비는 0.8 이상으로 할 것
　㉤ 저장용기 및 배관에는 잔류 소화약제를 처리할 수 있는 청소장치를 설치할 것
　㉥ 축압식의 분말소화설비는 사용압력의 범위를 표시한 지시압력계를 설치할 것

(2) 가압용가스용기
① 분말소화약제의 가스용기는 분말소화약제 저장용기에 접속하여 설치하여야 한다.
② 분말소화약제의 가압용가스 용기를 3병 이상 설치한 경우에 있어서는 2개 이상의 용기에 전자개방밸브를 부착하여야 한다.
③ 분말소화약제의 가압용가스 용기에는 2.5MPa 이하의 압력에서 조정이 가능한 압력조정기를 설치하여야 한다.
④ 가압용가스 또는 축압용가스는 다음 각 호의 기준에 따라 설치하여야 한다.
　㉠ 가압용가스 또는 축압용가스는 질소가스 또는 이산화탄소로 할 것
　㉡ 가압용가스에 질소가스를 사용하는 것에 있어서 질소가스는 소화약제 1kg마다 40L(35℃에서 1기압의 압력상태로 환산한 것) 이상, 이산화탄소를 사용하는 것에 있어서 이산화탄소는 소화약제 1kg에 대하여 20g에 배관의 청소에 필요한 양을 가산한 양 이상으로 할 것

ⓒ 축압용 가스에 질소가스를 사용하는 것에 있어서 질소가스는 소화약제 1kg에 대하여 10L(35℃에서 1기압의 압력상태로 환산한 것) 이상, 이산화탄소를 사용하는 것에 있어서 이산화탄소는 소화약제 1kg에 대하여 20g에 배관의 청소에 필요한 양을 가산한 양 이상으로 할 것

ⓓ 배관의 청소에 필요한 양의 가스는 별도의 용기에 저장할 것

(3) 소화약제량의 산정

① 전역방출방식

$$W = (V \times \alpha) + (A \times \beta)$$

W : 분말소화약제량(kg), V : 방호구역의 체적(m^3)
α : 방호구역의 체적 $1m^3$당의 약제량(kg/m^3)
A : 자동폐쇄장치기 없는 개구부의 면적(m^2)
β : 개구부의 면적 $1m^2$당의 약제량

【 방호구역 $1m^3$에 대한 약제량과 자동폐쇄장치가 없는 개구부 $1m^3$당 가산량 】

소화약제의 종별	방호구역 $1m^3$에 대한 약제량	가산량(개구부 $1m^3$에 대한 약제량)
제1종 분말	0.6kg	4.5kg
제2종, 3종 분말	0.36kg	2.7kg
제4종 분말	0.24kg	1.8kg

② 국소방출방식

$$W = V \times Q \times 1.1$$

W : 분말소화약제량(kg), V : 방호공간의 체적(m^3), Q : 방호공간 $1m^3$당의 약제량(kg/m^3)

㉠ 방호공간 : 방호대상물의 각 부분으로부터 0.6m의 거리에 따라 둘러싸인 공간
㉡ 방호공간 $1m^3$당의 약제량

$$Q = X - Y\frac{a}{A}$$

Q : 방호공간 $1m^3$에 대한 분말소화약제의 양(kg/m^3)
a : 방호대상물 주위에 설치된 벽 면적의 합계(m^2)
A : 방호공간의 벽 면적(벽이 없는 경우에는 벽이 있는 것으로 가정한 면적)의 합계(m^2)

소화약제의 종별	X의 수치	Y의 수치
제1종 분말	5.2	3.9
제2종, 3종 분말	3.2	2.4
제4종 분말	2.0	1.5

③ 호스릴 방출방식

[노즐 1개마다의 약제 보유량 및 방사량]

소화약제의 종별	소화약제 보유량	1분간 방사량
제1종 분말	50kg	45kg
제2종, 3종 분말	30kg	27kg
제4종 분말	20kg	18kg

대상물별 소화약제의 종류
- 차고 또는 주차장 : 3종 분말
- 그 밖의 소방대상물 : 1종 분말, 2종 분말, 3종 분말, 4종 분말

4. 기동장치

이산화탄소 소화설비와 동일

5. 제어반등

이산화탄소화소화설비와 동일

6. 배관

① 배관은 전용으로 할 것
② 강관을 사용하는 경우의 배관은 아연도금에 따른 배관용탄소강관(KS D 3507)이나 이와 동등 이상의 강도·내식성 및 내열성을 가진 것으로 할 것 다만, 축압식 분말소화설비에 사용하는 것 중 20℃에서 압력이 2.5MPa 이상, 4.2MPa 이하인 것에 있어서는 압력배관용 탄소강관(KS D 3562) 중 이음이 없는 스케줄 40 이상의 것 또는 이와 동등 이상의 강도를 가진 것으로서 아연도금으로 방식 처리된 것을 사용하여야 한다.
③ 동관을 사용하는 경우의 배관은 고정압력 또는 최고사용압력의 1.5배 이상의 압력에 견딜 수 있는 것을 사용할 것
④ 밸브류는 개폐위치 또는 개폐방향을 표시한 것으로 할 것
⑤ 배관의 관부속 및 밸브류는 배관과 동등 이상의 강도 및 내식성이 있는 것으로 할 것

7 ▶▶ 분사헤드

① 전역방출방식의 분사헤드
  ㉠ 방사된 소화약제가 방호구역의 전역에 균일하고 신속하게 확산할 수 있도록 할 것
  ㉡ 규정에 따른 소화약제 저장량을 30초 이내에 방사할 수 있는 것으로 할 것
② 국소방출방식의 분사헤드
  ㉠ 소화약제의 방사에 따라 가연물이 비산하지 아니하는 장소에 설치할 것
  ㉡ 규정에 따른 기준저장량의 소화약제를 30초 이내에 방사할 수 있는 것으로 할 것
③ 호스릴 분말소화설비의 설치기준
  ㉠ 방호대상물의 각 부분으로부터 하나의 호스접결구까지의 수평거리가 15m 이하가 되도록 할 것
  ㉡ 소화약제 저장용기의 개방밸브는 호스릴의 설치장소에서 수동으로 개폐할 수 있는 것으로 할 것
  ㉢ 소화약제 저장용기는 호스릴을 설치하는 장소마다 설치할 것
  ㉣ 노즐은 하나의 노즐마다 1분당 다음 표에 따른 소화약제를 방사할 수 있는 것으로 할 것

소화약제의 종별	1분당 방사하는 소화약제의 양
제1종 분말	45kg/min
제2종, 3종 분말	27kg/min
제4종 분말	18kg/min

  ㉤ 저장용기에는 그 가까운 곳의 보기 쉬운 곳에 적색의 표시등을 설치하고, 이동식 분말 소화설비가 있다는 뜻을 표시한 표지를 할 것

8 ▶▶ 선택밸브

하나의 소방대상물 또는 그 부분에 2 이상의 방호구역이 있어 소화약제의 저장용기를 공용하는 경우에 있어서 방호구역마다 선택밸브를 설치하고 선택밸브에는 각각의 방호구역을 표시하여야 한다.

9 ▶▶ 기타 설치기준

자동식기동장치의 화재감지기, 음향경보장치, 자동폐쇄장치, 비상전원 등 이산화탄소소화설비와 동일

CHAPTER 13 옥외소화전설비(NFTC109)

1 ▸▸ 설치대상

① 지상 1층 및 2층의 바닥면적의 합계가 9,000m² 이상인 것
   이 경우 동일구내에 2 이상의 특정소방대상물이 행정안전부령이 정하는 연소 우려가 있는 구조인 경우에는 이를 하나의 특정 소방대상물로 본다.
② 「문화재보호법」제5조에 따라 국보 또는 보물로 지정된 목조건축물
③ 공장 또는 창고로서 지정수량의 750배 이상의 특수가연물을 저장·취급하는 것

2 ▸▸ 수원

(1) 수원의 양

옥외소화전설비의 수원은 그 저수량이 옥외소화전의 설치개수(옥외소화전이 2개 이상 설치된 경우에는 2개)에 7m³를 곱한 양 이상이 되도록 하여야 한다.

(2) 전용 및 겸용

옥외소화전설비의 수원을 수조로 설치하는 경우에는 소방설비의 전용수조로 하여야 한다. 다만, 다음의 어느 하나에 해당하는 경우에는 그러하지 아니하다.
① 옥외소화전펌프의 후드밸브 또는 흡수배관의 흡수구(수직회전축펌프의 흡수구를 포함한다. 이하 같다)를 다른 설비(소방용설비 외의 것을 말한다. 이하 같다)의 후드밸브 또는 흡수구보다 낮은 위치에 설치한 때
② 고가수조로부터 옥외소화전설비의 수직배관에 물을 공급하는 급수구를 다른 설비의 급수구보다 낮은 위치에 설치한 때
   ※ 저수량을 산정함에 있어서 다른 설비와 겸용하여 옥외소화전설비용 수조를 설치하는 경우에는 옥외소화전설비의 후드밸브·흡수구 또는 수직배관의 급수구와 다른 설비의 후드밸브·흡수구 또는 수직배관의 급수구와의 사이의 수량을 그 유효수량으로 한다.

(3) 수조설치기준

① 점검에 편리한 곳에 설치할 것
② 동결방지조치를 하거나 동결의 우려가 없는 장소에 설치할 것
③ 수조의 외측에 수위계를 설치할 것. 다만, 구조상 불가피한 경우에는 수조의 맨홀 등을 통하여 수조 안의 물의 양을 쉽게 확인할 수 있도록 하여야 한다.
④ 수조의 상단이 바닥보다 높은 때에는 수조의 외측에 고정식 사다리를 설치할 것
⑤ 수조가 실내에 설치된 때에는 그 실내에 조명설비를 설치할 것
⑥ 수조의 밑 부분에는 청소용 배수밸브 또는 배수관을 설치할 것
⑦ 수조의 외측의 보기 쉬운 곳에 "옥외소화전설비용 수조"라고 표시한 표지를 할 것. 이 경우 그 수조를 다른 설비와 겸용하는 때에는 그 겸용되는 설비의 이름을 표시한 표지를 함께 하여야 한다.
⑧ 옥외소화전펌프의 흡수배관 또는 옥외소화전설비의 수직배관과 수조의 접속부분에는 "옥외소화전설비용 배관"이라고 표시한 표지를 할 것.

3 ▶▶ 가압송수장치

(1) 전동기 또는 내연기관에 따른 펌프를 이용하는 가압송수장치

① 당해 소방대상물에 설치된 옥외소화전(2개 이상 설치된 경우에는 2개의 옥외소화전)을 동시에 사용할 경우 각 옥외소화전의 노즐선단에서의 방수압력이 0.25MPa 이상이고, 방수량이 350L/min 이상이 되는 성능의 것으로 할 것. 이 경우 하나의 옥외소화전을 사용하는 노즐선단에서의 방수압력이 0.7MPa을 초과할 경우에는 호스접결구의 인입측에 감압장치를 설치하여야 한다.

$$\text{전양정 } H = h_1 + h_2 + h_3 + 25m$$

h_1 : 소방용 호스 마찰손실수두(m), h_2 : 배관의 마찰손실수두(m), h_3 : 실양정(m)

② 그 밖의 옥내소화전설비와 동일

(2) 고가수조의 자연낙차를 이용하는 가압송수장치

① 고가수조의 자연낙차수두 산출식

$$H = h_1 + h_2 + 25m$$

H : 필요한 낙차(m)(수조의 하단으로부터 최고층의 호스 접결구까지 수직거리)
h_1 : 소방용 호스 마찰손실수두(m), h_2 : 배관의 마찰손실수두(m)

② 고가수조설치
  ㉠ 수위계
  ㉡ 배수관
  ㉢ 급수관
  ㉣ 오버플로우관
  ㉤ 맨홀

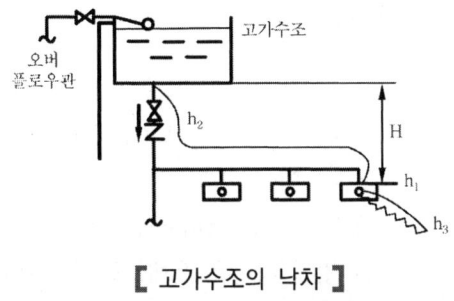

【 고가수조의 낙차 】

(3) 압력수조를 이용하는 가압송수장치

① 압력수조의 필요압력 산출식

$$P = P_1 + P_2 + P_3 + 0.25\text{MPa}$$

P : 필요한 압력(MPa), P_1 : 배관 및 관부속물의 마찰손실압력(MPa)
P_2 : 소방용 호스의 마찰손실압력(MPa), P_3 : 낙차의 환산압력(MPa)

② 압력수조설치
  ㉠ 수위계
  ㉡ 배수관
  ㉢ 급수관
  ㉣ 급기관
  ㉤ 맨홀
  ㉥ 압력계
  ㉦ 안전장치
  ㉧ 자동식공기압축기

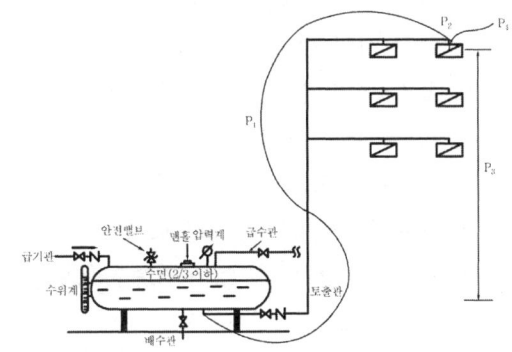

(4) 가압수조를 이용하는 가압송수장치

① 가압수조의 압력은 규정에 따른 방수량 및 방수압이 20분 이상 유지되도록 할 것
② 가압수조는 최대상용압력 1.5배의 물의 압력을 가하는 경우 물이 새지 않고 변형이 없을 것[삭제 2015.1.23]
③ 가압수조 및 가압원은 「건축법 시행령」제46조에 따른 방화구획 된 장소에 설치할 것
④ 가압수조에는 수위계·급수관·배수관·급기관·압력계·안전장치 및 수조에 소화수와 압력을 보충할 수 있는 장치를 설치할 것[삭제 2015.1.23]
⑤ 소방청장이 정하여 고시한 [가압수조식 가압송수장치의 성능인증 및 제품검사의 기술기준]에 적합한 것으로 설치할 것.

4 ▸▸ 배관 등

① 호스접결구는 지면으로부터 높이가 0.5m 이상 1m 이하의 위치에 설치하고 특정소방 대상물의 각 부분으로부터 하나의 호스접결구까지의 수평거리가 40m 이하가 되도록 설치하여야 한다
② 호스는 구경 65mm의 것으로 하여야 한다.
③ 그 밖의 사항은 옥내소화전과 동일

5 ▸▸ 소화전함 등

① 옥외소화전설비에는 옥외소화전마다 그로부터 5m 이내의 장소에 소화전함을 설치하여야 한다.
  ㉠ 옥외소화전이 10개 이하 설치된 때에는 옥외소화전마다 5m 이내의 장소에 1개 이상의 소화전함을 설치하여야 한다.
  ㉡ 옥외소화전이 11개 이상, 30개 이하 설치된 때에는 11개 이상의 소화전함을 각각 분산 하여 설치하여야 한다.
  ㉢ 옥외소화전이 31개 이상 설치된 때에는 옥외소화전 3개마다 1개 이상의 소화전함을 설치하여야 한다.
② 옥외소화전설비의 함은 소방청장이 정하여 고시한 「소화전함 성능인증 및 제품검사의 기술기준」에 적합한 것으로 설치하되 밸브의 조작, 호스의 수납 등에 충분한 여유를 가질 수 있도록 할 것.연결송수관의 방수구를 같이 설치하는 경우에도 또한 같다.
③ 그 밖의 사항은 옥내소화전과 동일

6 ▸▸ 전원, 제어반, 배선, 겸용 등

옥내소화전설비와 동일

CHAPTER 14 고체에어로졸소화설비(NFTC110)

1 ▶▶ 용어정의

① "고체에어로졸소화설비"란 설계밀도 이상의 고체에어로졸을 방호구역 전체에 균일하게 방출하는 설비로서 분산(Dispersed)방식이 아닌 압축(Condensed)방식을 말한다.
② "고체에어로졸화합물"이란 과산화물질, 가연성물질 등의 혼합물로서 화재를 소화하는 비전도성의 미세입자인 에어로졸을 만드는 고체화합물을 말한다.
③ "고체에어로졸"이란 고체에어로졸화합물의 연소과정에 의해 생성된 직경 $10\mu m$ 이하의 고체 입자와 기체 상태의 물질로 구성된 혼합물을 말한다.
④ "고체에어로졸발생기"란 고체에어로졸화합물, 냉각장치, 작동장치, 방출구, 저장용기로 구성되어 에어로졸을 발생시키는 장치를 말한다.
⑤ "소화밀도"란 방호공간내 규정된 시험조건의 화재를 소화하는데 필요한 단위체적(m^3)당 고체에어로졸화합물의 질량(g)을 말한다.
⑥ "안전계수"란 설계밀도를 결정하기 위한 안전율을 말하며 1.3으로 한다.
⑦ "설계밀도"란 소화설계를 위하여 필요한 것으로 소화밀도에 안전계수를 곱하여 얻어지는 값을 말한다.
⑧ "상주장소"란 일반적으로 사람들이 거주하는 장소 또는 공간을 말한다.
⑨ "비상주장소"란 짧은 기간 동안 간헐적으로 사람들이 출입할 수는 있으나 일반적으로 사람들이 거주하지 않는 장소 또는 공간을 말한다.
⑩ "방호체적"이란 벽 등의 건물 구조 요소들로 구획된 방호구역의 체적에서 기둥 등 고정적인 구조물의 체적을 제외한 것을 말한다.
⑪ "열 안전이격거리"란 고체에어로졸 방출 시 발생하는 온도에 영향을 받을 수 있는 모든 구조·구성요소와 고체에어로졸 발생기 사이에 안전확보를 위해 필요한 이격거리를 말한다.

2 ▶▶ 일반조건

고체에어로졸소화설비는 다음 각 호의 기준을 충족하여야 한다.

① 고체에어로졸은 전기 전도성이 없어야 한다.
② 약제 방출 후 해당 화재의 재발화 방지를 위하여 최소 10분간 소화밀도를 유지하여야 한다.
③ 고체에어로졸소화설비에 사용되는 주요 구성품은 「화재예방, 소방시설 설치·유지 및 안전관리에 관한 법률」에 따른 형식승인 및 제품검사를 받은 것이어야 한다.
④ 고체에어로졸소화설비는 비상주장소에 한하여 설치한다. 다만, 고체에어로졸소화설비 약제의 성분이 인체에 무해함을 국내·외 국가공인 시험기관에서 인증받고, 과학적으로 입증된 최대허용설계밀도를 초과하지 않는 양으로 설계하는 경우 상주장소에 설치할 수 있다.
⑤ 고체에어로졸소화설비의 소화성능이 발휘될 수 있도록 방호구역 내부의 밀폐성을 확보하여야 한다.
⑥ 방호구역 출입구 인근에 고체에어로졸 방출 시 주의사항에 관한 내용의 표지를 설치하여야 한다.
⑦ 이 기준에서 규정하지 않은 사항은 형식승인 받은 제조업체의 설계 매뉴얼에 따른다.

3 ▸▸ 설치제외

고체에어로졸소화설비는 다음 각 목의 물질을 포함한 화재 또는 장소에는 사용할 수 없다. 단, 그 사용에 대한 국가공인 시험기관의 인증이 있는 경우에는 그러하지 아니하다.
① 니트로셀룰로오스, 화약 등의 산화성 물질
② 리튬, 나트륨, 칼륨, 마그네슘, 티타늄, 지르코늄, 우라늄 및 플루토늄과 같은 자기반응성 금속
③ 금속 수소화물
④ 유기 과산화수소, 히드라진 등 자동 열분해를 하는 화학물질
⑤ 가연성 증기 또는 분진 등 폭발성 물질이 대기에 존재할 가능성이 있는 장소

4 ▸▸ 고체에어로졸발생기

고체에어로졸발생기는 다음 각 호의 기준에 따라 설치한다.
① 밀폐성이 보장된 방호구역 내에 설치하거나, 밀폐성능을 인정할 수 있는 별도의 조치를 취할 것
② 천장이나 벽면 상부에 설치하되 고체에어로졸 화합물이 균일하게 방출되도록 설치할 것

③ 직사광선 및 빗물이 침투할 우려가 없는 곳에 설치할 것
④ 고체에어로졸 발생기는 다음 각 목의 열 안전이격거리를 준수하여 설치할 것
　㉠ 인체와의 최소 이격거리는 고체에어로졸 방출 시 75℃를 초과하는 온도가 인체에 영향을 미치지 아니하는 거리
　㉡ 가연물과의 최소 이격거리는 고체에어로졸 방출 시 200℃를 초과하는 온도가 가연물에 영향을 미치지 아니하는 거리
⑤ 하나의 방호구역에는 동일 제품군 및 동일한 크기의 고체에어로졸발생기를 설치할 것
⑥ 방호구역의 높이는 형식승인 받은 고체에어로졸발생기의 최대 설치높이 이하로 할 것

5 고체에어로졸화합물의 양

방호구역 내 소화를 위한 고체에어로졸화합물의 최소 질량은 다음 공식에 따라 산출한 양 이상으로 산정하여야 한다.

$$m = d \times V$$

m = 필수소화약제량(g)
d : 설계밀도(g/m^3) = 소화밀도(g/m^3) × 1.3(안전계수)
　소화밀도 : 형식승인받은 제조사의 설계 매뉴얼에 제시된 소화밀도
V = 방호체적(m^3)

6 기동

① 고체에어로졸소화설비는 화재감지기 및 수동식 기동장치의 작동과 연동하여 기계적 또는 전기적 방식으로 작동하여야 한다.
② 고체에어로졸소화설비 기동 시에는 1분 이내에 고체에어로졸 설계밀도의 95% 이상을 방호구역에 균일하게 방출하여야 한다.
③ 고체에어로졸소화설비의 수동식 기동장치는 다음 각 호의 기준에 따라 설치하여야 한다.
　㉠ 제어반마다 설치할 것
　㉡ 방호구역의 출입구마다 설치하되 출입구 인근에 사람이 쉽게 조작할 수 있는 위치에 설치할 것
　㉢ 기동장치의 조작부는 바닥으로부터 0.8m 이상 1.5m 이하의 위치에 설치할 것
　㉣ 기동장치의 조작부에 보호판 등의 보호장치를 부착할 것

ⓜ 기동장치 인근의 보기 쉬운 곳에 "고체에어로졸소화설비 수동식 기동장치"라고 표시한 표지를 부착할 것
ⓑ 전기를 사용하는 기동장치에는 전원표시등을 설치할 것
ⓢ 방출용 스위치의 작동을 명시하는 표시등을 설치할 것
ⓞ 50N 이하의 힘으로 방출용 스위치를 기동할 수 있도록 할 것

④ 고체에어로졸의 방출을 지연시키기 위해 방출지연스위치를 다음 각 호의 기준에 따라 설치하여야 한다.
㉠ 수동으로 작동하는 방식으로 설치하되 방출지연스위치를 누르고 있는 동안만 지연되도록 할 것
㉡ 방호구역의 출입구마다 설치하되 피난이 용이한 출입구 인근에 사람이 쉽게 조작할 수 있는 위치에 설치할 것
㉢ 방출지연스위치 작동 시에는 음향경보를 발할 것
㉣ 방출지연스위치 작동 중 수동식 기동장치가 작동되면 수동식 기동장치의 기능이 우선될 것

7 ▶▶ 제어반등

① 고체에어로졸소화설비의 제어반은 다음 각 호의 기준에 따라 설치하여야 한다.
㉠ 전원표시등을 설치할 것
㉡ 화재, 진동 및 충격에 따른 영향과 부식의 우려가 없고 점검에 편리한 장소에 설치할 것
㉢ 제어반에는 해당 회로도 및 취급설명서를 비치할 것
㉣ 고체에어로졸소화설비의 작동방식(자동 또는 수동)을 선택할 수 있는 장치를 설치할 것
㉤ 수동식 기동장치 또는 화재감지기에서 신호를 수신할 경우 다음 각 목의 기능을 수행할 것
  ㉮ 음향경보 장치의 작동
  ㉯ 고체에어로졸의 방출
  ㉰ 기타 제어기능 작동

② 고체에어로졸소화설비의 화재표시반은 다음 각 호의 기준에 따라 설치하여야 한다. 다만, 자동화재탐지설비 수신기의 제어반이 화재표시반의 기능을 가지고 있는 경우 화재표시반을 설치하지 아니할 수 있다.
㉠ 전원표시등을 설치할 것

ⓒ 화재, 진동 및 충격에 따른 영향 및 부식의 우려가 없고 점검에 편리한 장소에 설치할 것
　　ⓒ 화재표시반에는 해당 회로도 및 취급설명서를 비치할 것
　　ⓔ 고체에어로졸소화설비의 작동방식(자동 또는 수동)을 표시등으로 명시할 것
　　ⓜ 고체에어로졸소화설비가 기동할 경우 음향장치를 통해 경보를 발할 것
　　ⓗ 제어반에서 신호를 수신할 경우 방호구역별 경보장치의 작동, 수동식 기동장치의 작동 및 화재감지기의 작동 등을 표시등으로 명시할 것
③ 고체에어로졸소화설비가 설치된 구역의 출입구에는 고체에어로졸의 방출을 명시하는 표시등을 설치하여야 한다.
④ 고체에어로졸소화설비의 오작동을 제어하기 위해 제어반 인근에 설비정지스위치를 설치하여야 한다.

8 음향장치

고체에어로졸소화설비의 음향장치는 다음 각 호의 기준에 따라 설치하여야 한다.
① 화재감지기가 작동하거나 수동식 기동장치가 작동할 경우 음향장치가 작동할 것
② 음향장치는 방호구역마다 설치하되 해당 구역의 각 부분으로부터 하나의 음향장치까지의 수평거리는 25m 이하가 되도록 할 것
③ 음향장치는 경종 또는 사이렌(전자식 사이렌을 포함한다)으로 하되, 주위의 소음 및 다른 용도의 경보와 구별이 가능한 음색으로 할 것. 이 경우 경종 또는 사이렌은 자동화재탐지설비·비상벨설비 또는 자동식사이렌설비의 음향장치와 겸용할 수 있다.
④ 주 음향장치는 화재표시반의 내부 또는 그 직근에 설치할 것
⑤ 음향장치는 다음 각 목의 기준에 따른 구조 및 성능의 것으로 할 것
　　㉠ 정격전압의 80% 전압에서 음향을 발할 수 있는 것으로 할 것
　　㉡ 음량은 부착된 음향장치의 중심으로부터 1m 떨어진 위치에서 90dB 이상이 되는 것으로 할 것
⑥ 고체에어로졸의 방출 개시 후 1분 이상 경보를 계속 발할 것

9 화재감지기

고체에어로졸소화설비의 화재감지기는 다음 각 호의 기준에 따라 설치하여야 한다.
① 고체에어로졸소화설비에는 다음 각 목의 감지기 중 하나를 설치할 것
　　㉠ 광전식 공기흡입형 감지기

ⓒ 아날로그 방식의 광전식 스포트형 감지기
ⓒ 중앙소방기술심의위원회의 심의를 통해 고체에어로졸소화설비에 적응성이 있다고 인정된 감지기
② 화재감지기 1개가 담당하는 바닥면적은 「자동화재탐지설비의 화재안전기준(NFTC 203)」 제7조제3항의 규정에 따른 바닥면적으로 할 것

⑩ 방호구역의 자동폐쇄

고체에어로졸소화설비의 방호구역은 고체에어로졸소화설비가 기동할 경우 다음 각 호의 기준에 따라 자동적으로 폐쇄되어야 한다.
① 방호구역 내의 개구부와 통기구는 고체에어로졸이 방출되기 전에 폐쇄되도록 할 것
② 방호구역 내의 환기장치는 고체에어로졸이 방출되기 전에 정지되도록 할 것
③ 자동폐쇄장치의 복구장치는 제어반 또는 그 직근에 설치하고, 해당 장치를 표시하는 표지를 부착할 것

⑪ 비상전원

고체에어로졸소화설비의 비상전원은 자가발전설비, 축전지설비(제어반에 내장하는 경우를 포함한다) 또는 전기저장장치(외부 전기에너지를 저장해 두었다가 필요한 때 전기를 공급하는 장치)를 다음 각 호의 기준에 따라 설치하여야 한다. 다만, 2 이상의 변전소(「전기사업법」 제67조에 따른 변전소를 말한다. 이하 같다)에서 전력을 동시에 공급받을 수 있거나 하나의 변전소로부터 전력의 공급이 중단되는 때에는 자동으로 다른 변전소로부터 전력을 공급받을 수 있도록 상용전원을 설치한 경우에는 비상전원을 설치하지 아니할 수 있다.
① 점검에 편리하고 화재 및 침수 등의 재해로 인한 피해를 받을 우려가 없는 곳에 설치할 것
② 고체에어로졸소화설비에 최소 20분 이상 유효하게 전원을 공급할 것
③ 상용전원으로부터 전력의 공급이 중단된 때에는 자동으로 비상전원으로부터 전력을 공급받을 수 있도록 할 것
④ 비상전원의 설치장소는 다른 장소와 방화구획할 것(제어반에 내장하는 경우는 제외한다). 이 경우 그 장소에는 비상전원의 공급에 필요한 기구나 설비 외의 것(열병합발전설비에 필요한 기구나 설비는 제외한다)을 두어서는 안된다.
⑤ 비상전원을 실내에 설치하는 때에는 그 실내에 비상조명등을 설치할 것

12 ▸▸ 배선 등

① 고체에어로졸소화설비의 배선은 「전기사업법」 제67조에 따른 기술기준에서 정한 것 외에 다음 각 호의 기준에 따라 설치하여야 한다.
  ㉠ 비상전원으로부터 제어반에 이르는 전원회로배선은 내화배선으로 할 것. 다만, 자가발전설비와 제어반이 동일한 실에 설치된 경우에는 자가발전기로부터 그 제어반에 이르는 전원회로배선은 그러하지 아니하다.
  ㉡ 상용전원으로부터 제어반에 이르는 배선, 그 밖의 고체에어로졸소화설비의 감시회로·조작회로 또는 표시등회로의 배선은 내화배선 또는 내열배선으로 할 것. 다만, 제어반 안의 감시회로·조작회로 또는 표시등회로의 배선은 그러하지 아니하다.
  ㉢ 화재감지기의 배선은 「자동화재탐지설비 및 시각경보장치의 화재안전기준(NFTC 203)」 제11조의 기준에 따른다.
② 제1항에 따른 내화배선 또는 내열배선에 사용되는 전선의 종류 및 설치방법은 「옥내소화전설비의 화재안전기준(NFTC 102)」의 별표 1의 기준에 따른다.
③ 고체에어로졸소화설비의 과전류차단기 및 개폐기에는 "고체에어로졸소화설비용"이라고 표시한 표지를 부착하여야 한다.
④ 고체에어로졸소화설비용 전기배선의 양단 및 접속단자에는 다음 각 호의 기준에 따른 표시를 하여야 한다.
  ㉠ 단자에는 "고체에어로졸소화설비단자"라고 표시한 표지를 부착할 것
  ㉡ 고체에어로졸소화설비용 전기배선의 양단에는 다른 배선과 식별이 용이하도록 표시할 것

13 ▸▸ 과압배출구

고체에어로졸소화설비의 방호구역에는 고체에어로졸 방출 시 과압으로 인한 구조물 등의 손상을 방지하기 위하여 과압배출구를 설치하여야 한다.

CHAPTER 15. 피난기구(NFTC301)

① ›› 설치대상

피난기구는 특정소방대상물의 모든 층에 화재안전기준에 적합한 것으로 설치하여야 한다. 다만, 피난층, 지상 1층, 지상 2층(노유자시설 중 피난층이 아닌 지상 1층과 피난층이 아닌 지상 2층은 제외) 및 층수가 11층 이상인 층과 위험물 저장 및 처리시설 중 가스시설, 지하가 중 터널 및 지하구의 경우에는 그러하지 아니하다.

② ›› 종류 및 용어정의

① "피난사다리"란 화재 시 긴급대피를 위해 사용하는 사다리를 말한다.
  ㉠ 고정식 사다리 : 상시 사용할 수 있도록 소방대상물의 벽면에 고정시켜 사용되는 것으로 구조상 수납식, 접어개기식 및 신축식 등이 있다.

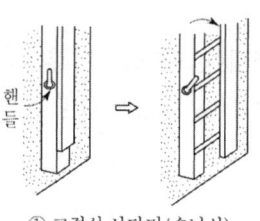
① 고정식 사다리(수납식)

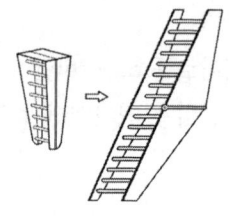
② 고정식 사다리(접어개기식)

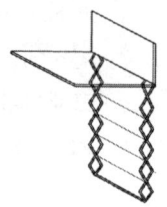
③ 고정식 사다리(신축식)

  ㉡ 올림식 사다리 : 소방대상물에 올림식 사다리의 상부 지지점을 걸고 올려 받혀서 사용하는 것으로서 신축식과 접어 굽히는 식이 있다.

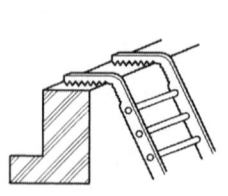
① 올림식 사다리(접어굽히는 식)

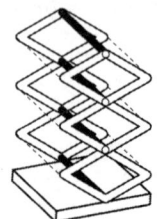
② 올림식 사다리(신축식)

ⓒ 내림식 사다리 : 소방대상물의 견고한 부분에 달아 매어서 접어 개든가 축소시켜 보관하고 사용하는 것으로 접어개기식, 와이어식, 체인식 등이 있다.

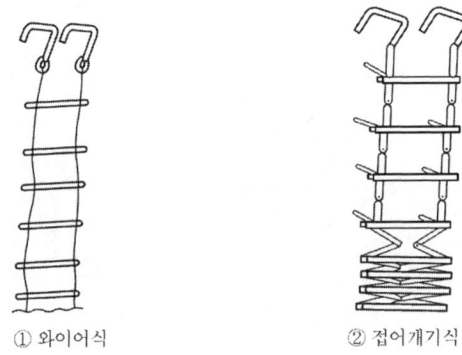

① 와이어식　　② 접어개기식

② "완강기"란 사용자의 몸무게에 따라 자동적으로 내려올 수 있는 기구중 사용자가 교대하여 연속적으로 사용할 수 있는 것을 말한다.

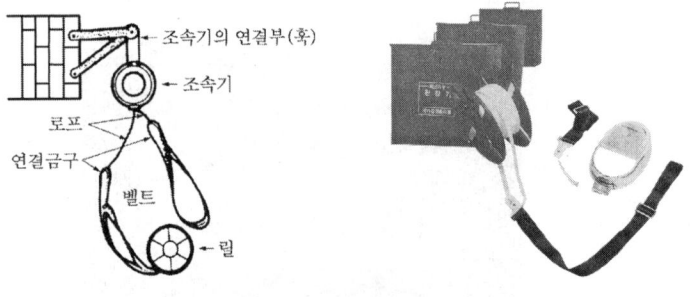

[완강기]

③ "간이완강기"란 사용자의 몸무게에 따라 자동적으로 내려올 수 있는 기구중 사용자가 연속적으로 사용할 수 없는 것을 말한다.

④ "구조대"란 포지 등을 사용하여 자루형태로 만든 것으로서 화재시 사용자가 그 내부에 들어가서 내려옴으로써 대피할 수 있는 것을 말한다.

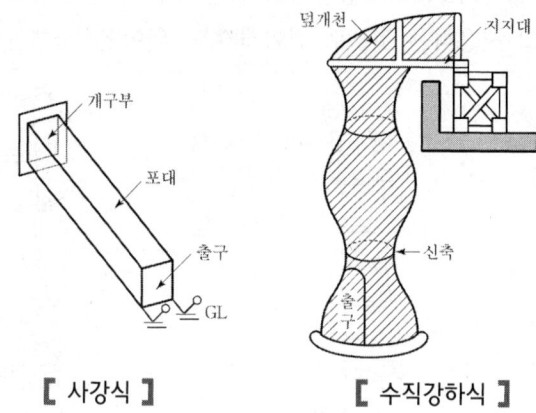

【 사강식 】　　【 수직강하식 】

⑤ "공기안전매트"란 화재 발생시 사람이 건축물 내에서 외부로 긴급히 뛰어 내릴 때 충격을 흡수하여 안전하게 지상에 도달할 수 있도록 포지에 공기 등을 주입하는 구조로 되어 있는 것을 말한다.

⑥ "피난밧줄"란 급격한 하강을 방지하기 위한 매듭 등을 만들어 놓은 밧줄을 말한다.
　[삭제 2015.1.23]

⑦ "다수인피난장비"란 화재 시 2인 이상의 피난자가 동시에 해당층에서 지상 또는 피난층으로 하강하는 피난기구를 말한다.

⑧ "승강식 피난기"란 사용자의 몸무게에 의하여 자동으로 하강하고 내려서면 스스로 상승하여 연속적으로 사용할 수 있는 무동력 승강식피난기를 말한다.

⑨ "하향식 피난구용 내림식사다리"란 하향식 피난구 해치에 격납하여 보관하고 사용 시에는 사다리 등이 소방대상물과 접촉되지 아니하는 내림식 사다리를 말한다.

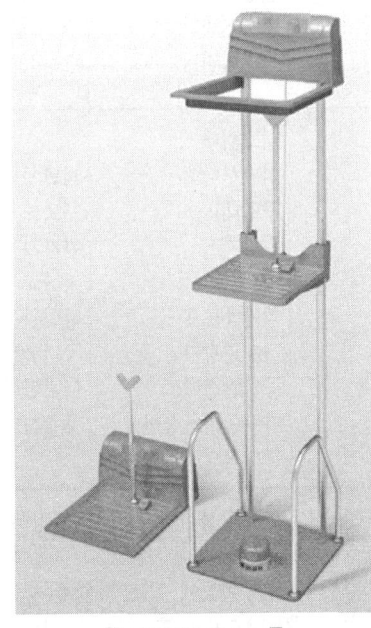

【 승강식피난기 】

【 하향식피난구용 내림식사다리 】

3. 피난기구의 적응성

층별 설치장소별 구분	1층	2층	3층	4층 이상 10층 이하
1. 노유자시설	미끄럼대 · 구조대 · 피난교 · 다수인피난장비 · 승강식피난기	미끄럼대 · 구조대 · 피난교 · 다수인피난장비 · 승강식피난기	미끄럼대 · 구조대 · 피난교 · 다수인피난장비 · 승강식피난기	구조대[1] · 피난교 · 다수인피난장비 · 승강식피난기
2. 의료시설·근린생활시설 중 입원실이 있는 의원·접골원·조산원			미끄럼대 · 구조대 · 피난교 · 피난용트랩 · 다수인피난장비 · 승강식피난기	구조대 · 피난교 · 피난용트랩 · 다수인피난장비 · 승강식피난기
3. 「다중이용업소의 안전관리에 관한 특별법 시행령」제2조에 따른 다중이용업소로서 영업장의 위치가 4층 이하인 다중이용업소		미끄럼대 · 피난사다리 · 구조대 · 완강기 · 다수인피난장비 · 승강식피난기	미끄럼대 · 피난사다리 · 구조대 · 완강기 · 다수인피난장비 · 승강식피난기	미끄럼대 · 피난사다리 · 구조대 · 완강기 · 다수인피난장비 · 승강식피난기
4. 그 밖의 것			미끄럼대 · 피난사다리 · 구조대 · 완강기 · 피난교 · 피난용트랩 · 간이완강기 · 공기안전매트 · 다수인피난장비 · 승강식피난기	피난사다리 · 구조대 · 완강기 · 피난교 · 간이완강기[2] · 공기안전매트[3] · 다수인피난장비 · 승강식피난기

1) 구조대의 적응성은 장애인 관련 시설로서 주된 사용자 중 스스로 피난이 불가한 자가 있는 경우 제4조제2항 제4호에 따라 추가로 설치하는 경우에 한한다.
2), 3) 간이완강기의 적응성은 제4조제2항제2호에 따라 숙박시설의 3층 이상에 있는 객실에, 공기안전매트의 적응성은 제4조제2항제3호에 따라 공동주택(「공동주택관리법」제2조제1항제2호 가목부터 라목까지 중 어느 하나에 해당하는 공동주택)에 추가로 설치하는 경우에 한한다.

4 피난기구의 설치수 선정

피난기구는 다음 각 호의 기준에 따른 개수 이상을 설치하여야 한다.
① 층마다 설치하되, 숙박시설·노유자시설 및 의료시설로 사용되는 층에 있어서는 그 층의 바닥면적 500㎡마다, 위락시설·문화집회 및 운동시설·판매시설로 사용되는 층 또는 복합용도의 층에 있어서는 그 층의 바닥면적 800㎡마다, 계단실형 아파트에 있어서는 각 세대마다, 그 밖의 용도의 층에 있어서는 그 층의 바닥면적 1,000㎡마다 1개 이상 설치할 것
② ①에 따라 설치한 피난기구 외에 숙박시설(휴양콘도미니엄을 제외한다)의 경우에는 추가로 객실마다 완강기 또는 둘 이상의 간이완강기를 설치할 것
③ ①에 따라 설치한 피난기구 외에 아파트(주택법시행령 제48조의 규정에 따른 아파트에 한한다)의 경우에는 하나의 관리주체가 관리하는 아파트 구역마다 공기안전매트 1개 이상을 추가로 설치할 것. 다만, 옥상으로 피난이 가능하거나 인접세대로 피난할 수 있는 구조인 경우에는 추가로 설치하지 아니할 수 있다.

5 피난기구의 설치기준

(1) 피난기구[완강기, 사다리, 미끄럼봉, 피난로프, 구조대등]

① 피난기구는 계단·피난구 기타 피난시설로부터 적당한 거리에 있는 안전한 구조로 된 피난 또는 소화활동상 유효한 개구부(가로 0.5m 이상 세로 1m 이상인 것을 말한다. 이 경우 개부구 하단이 바닥에서 1.2m 이상이면 발판 등을 설치하여야 하고, 밀폐된 창문은 쉽게 파괴할 수 있는 파괴장치를 비치하여야 한다)에 고정하여 설치하거나 필요한 때에 신속하고 유효하게 설치할 수 있는 상태에 둘 것
② 피난기구를 설치하는 개구부는 서로 동일직선상이 아닌 위치에 있을 것. 다만, 미끄럼봉·피난교·피난용트랩·피난밧줄 또는 간이완강기·아파트에 설치되는 피난기구(다수인 피난장비는 제외한다) 기타 피난 상 지장이 없는 것에 있어서는 그러하지 아니하다.
③ 피난기구는 소방대상물의 기둥·바닥·보 기타 구조상 견고한 부분에 볼트조임·매입·용접 기타의 방법으로 견고하게 부착할 것
④ 4층 이상의 층에 피난사다리(하향식 피난구용 내림식사다리는 제외한다)를 설치하는 경우에는 금속성 고정사다리를 설치하고, 당해 고정사다리에는 쉽게 피난할 수 있는 구조의 노대를 설치할 것
⑤ 완강기는 강하 시 로프가 소방대상물과 접촉하여 손상되지 아니하도록 할 것

⑥ 완강기로프의 길이는 부착위치에서 지면 기타 피난상 유효한 착지 면까지의 길이로 할 것
⑦ 미끄럼대는 안전한 강하속도를 유지하도록 하고, 전락방지를 위한 안전조치를 할 것
⑧ 구조대의 길이는 피난 상 지장이 없고 안정한 강하속도를 유지할 수 있는 길이로 할 것

(2) 다수인 피난장비

① 피난에 용이하 고 안전하게 하강할 수 있는 장소에 적재 하중을 충분히 견딜 수 있도록「건축물의 구조기준 등에 관한 규칙」제3조에서 정하는 구조안전의 확인을 받아 견고하게 설치할 것
② 다수인피난장비 보관실(이하 "보관실"이라 한다)은 건물 외측보다 돌출되지 아니하고, 빗물·먼지 등으로부터 장비를 보호할 수 있는 구조일 것
③ 사용 시에 보관실 외측 문이 먼저 열리고 탑승기가 외측으로 자동으로 전개될 것
④ 하강 시에 탑승기가 건물 외벽이나 돌출물에 충돌하지 않도록 설치할 것
⑤ 상·하층에 설치할 경우에는 탑승기의 하강경로가 중첩되지 않도록 할 것
⑥ 하강 시에는 안전하고 일정한 속도를 유지하도록 하고 전복, 흔들림, 경로이탈 방지를 위한 안전조치를 할 것
⑦ 보관실의 문에는 오작동 방지조치를 하고, 문 개방 시에는 당해 소방대상물에 설치된 경보설비와 연동하여 유효한 경보음을 발하도록 할 것
⑧ 피난층에는 해당 층에 설치된 피난기구가 착지에 지장이 없도록 충분한 공간을 확보할 것
⑨ 한국소방산업기술원 또는 법 제42조제1항에 따라 성능시험기관으로 지정받은 기관에서 그 성능을 검증받은 것으로 설치할 것

(3) 승강식 피난기 및 하향식 피난구용 내림식사다리

① 승강식피난기 및 하향식 피난구용 내림식사다리는 설치경로가 설치층에서 피난층까지 연계될 수 있는 구조로 설치할 것. 단, 건축물 규모가 지상 5층 이하 로서 구조 및 설치 여건상 불가피한 경우는 그러하지 아니 한다.
② 대피실의 면적은 $2m^2$(2세대 이상일 경우에는 $3m^2$) 이상으로 하고, 건축법시행령 제46조제4항의 규정에 적합하여야 하며 하강구(개구부) 규격은 직경60㎝ 이상일 것. 단, 외기와 개방된 장소에는 그러하지 아니 한다.
③ 하강구 내측에는 기구의 연결 금속구 등이 없어야 하며 전개된 피난기구는 하강구 수평투영면적 공간 내의 범위를 침범하지 않는 구조이어야 할 것. 단, 직경 60㎝ 크기의 범위를 벗어난 경우이거나, 직하층의 바닥 면으로부터 높이 50㎝ 이하의 범위는

제외한다.
④ 대피실의 출입문은 갑종방화문으로 설치하고, 피난방향에서 식별할 수 있는 위치에 "대피실" 표지판을 부착할 것. 단, 외기와 개방된 장소에는 그러하지 아니 한다.
⑤ 착지점과 하강구는 상호 수평거리 15㎝ 이상의 간격을 둘 것
⑥ 대피실 내에는 비상조명등을 설치 할 것
⑦ 대피실에는 층의 위치표시와 피난기구 사용설명서 및 주의사항 표지판을 부착 할 것
⑧ 대피실 출입문이 개방되거나, 피난기구 작동 시 해당층 및 직하층 거실에 설치된 표시등 및 경보장치가 작동되고, 감시 제어반에서는 피난기구의 작동을 확인할 수 있어야 할 것
⑨ 사용 시 기울거나 흔들리지 않도록 설치할 것
⑩ 승강식피난기는 한국소방산업기술원 또는 법 제42조제1항에 따라 성능시험기관으로 지정받은 기관에서 그 성능을 검증받은 것으로 설치할 것

6 ▶▶ 표지 설치기준

① 피난기구를 설치한 장소에는 가까운 곳의 보기 쉬운 곳에 피난기구의 위치를 표시하는 발광식 또는 축광식표지와 그 사용방법을 표시한 표지를 부착하되, 축광식표지는 소방청장이 정하여 고시한 「축광표지의 성능인증 및 제품검사의 기술기준」에 적합하여야 한다. 다만, 방사성물질을 사용하는 위치표지는 쉽게 파괴되지 아니하는 재질로 처리할 것
② 축광식 표지는 다음 기준에 적합한 것으로 할 것 [2015.1.23. 삭제]
　㉠ 방사성물질을 사용하는 위치표지는 쉽게 파괴되지 아니하는 재질로 처리할 것
　㉡ 위치표지는 주위 조도 0lx에서 60분간 발광 후 직선거리 10m 떨어진 위치에서 보통시력으로 표시면의 문자 또는 화살표 등을 쉽게 식별할 수 있는 것으로 할 것
　㉢ 위치표지의 표시면은 쉽게 변형·변질 또는 변색되지 아니할 것
　㉣ 위치표지의 표시면의 휘도는 주위 조도 0lx에서 60분간 발광 후 $7mcd/m^2$로 할 것

7 ▶▶ 피난기구설치의 감소

① 다음의 기준에 적합한 층에는 피난기구의 2분의 1을 감소할 수 있다. 이 경우 설치하여야 할 피난기구의 수에 있어서 소수점 이하의 수는 1로 한다.
　㉠ 주요구조부가 내화구조로 되어 있을 것
　㉡ 직통계단인 피난계단 또는 특별피난계단이 2 이상 설치되어 있을 것

② 주요구조부가 내화구조이고 다음의 기준에 적합한 건널복도가 설치되어 있는 층에는 피난기구의 수에서 당해 건널복도 수의 2배의 수를 뺀 수로 한다.
　㉠ 내화구조 또는 철골조로 되어 있을 것
　㉡ 건널복도 양단의 출입구에 자동폐쇄장치를 한 갑종방화문이 설치되어 있을 것
　㉢ 피난·통행 또는 운반의 전용 용도일 것
③ 다음의 기준에 적합한 노대가 설치된 거실의 바닥면적은 피난기구의 설치개수 산정을 위한 바닥면적에서 이를 제외한다.
　㉠ 노대를 포함한 소방대상물의 주요구조부가 내화구조일 것
　㉡ 노대가 거실의 외기에 면하는 부분에 피난상 유효하게 설치되어 있어야 할 것
　㉢ 노대가 소방사다리차가 쉽게 통행할 수 있는 도로 또는 공지에 면하여 설치되어 있거나 또는 거실부분과 방화구획되어 있거나 또는 노대에 지상으로 통하는 계단 그 밖의 피난기구가 설치되어 있어야 할 것

8 ▸▸ 피난기구의 설치제외

다음에 해당하는 소방대상물 또는 그 부분에는 피난기구를 설치하지 아니할 수 있다. 다만, 숙박시설(휴양콘도미니엄을 제외한다.)에 설치되는 완강기 및 간이완강기의 경우에는 그러하지 아니하다.
① 다음의 기준에 적합한 층
　㉠ 주요구조부가 내화구조로 되어 있어야 할 것
　㉡ 실내의 면하는 부분의 마감이 불연재료·준불연재료 또는 난연재료로 되어 있고 방화구획이 되어야 할 것
　㉢ 거실의 각 부분으로부터 직접 복도로 쉽게 통할 수 있어야 할 것
　㉣ 복도에 2 이상의 특별피난계단 또는 피난계단이 적합하게 설치되어 있어야 할 것
　㉤ 복도의 어느 부분에서도 2 이상의 방향으로 각각 다른 계단에 도달할 수 있어야 할 것
② 다음 기준에 적합한 소방대상물 중 그 옥상의 직하층 또는 최상층
　㉠ 주요구조부가 내화구조로 되어 있어야 할 것
　㉡ 옥상의 면적이 1,500m² 이상이어야 할 것
　㉢ 옥상으로 쉽게 통할 수 있는 창 또는 출입구가 설치되어 있어야 할 것
　㉣ 옥상이 소방사다리차가 쉽게 통행할 수 있는 도로 또는 공지에 면하여 설치되어 있거나 옥상으로부터 피난층 또는 지상으로 통하는 2 이상의 피난계단 또는 특별피난계단이 설치되어 있을 것

③ 주요구조부가 내화구조이고 지하층을 제외한 층수가 4층 이하 이며 소방사다리차가 쉽게 통행할 수 있는 도로 또는 공지에 면하는 부분에 다음 기준을 모두 만족하는 개구부가 2 이상 설치되어 있는 층
　㉠ 개구부의 크기가 지름 50cm 이상의 원이 내접할 수 있을 것
　㉡ 그 층의 바닥으로부터 개구부 밑부분까지의 높이가 1.2m 이내일 것
　㉢ 도로 또는 차량의 진입이 가능한 공지에 면할 것
　㉣ 화재시 건물로부터 쉽게 피난할 수 있도록 창살 그 밖의 장애물이 설치되지 아니할 것
　㉤ 내부 또는 외부에서 쉽게 파괴 또는 개방이 가능할 것
④ 편복도형 아파트 또는 발코니 등을 통하여 인접세대로 피난할 수 있는 구조로 되어 있는 계단실형 아파트
⑤ 주요구조부가 내화구조로서 거실의 각 부분으로 직접 복도로 피난할 수 있는 학교
⑥ 무인공장 또는 자동창고로서 사람의 출입이 금지된 장소
⑦ 건축물의 옥상 부분으로서 거실에 해당하지 아니하고「건축법시행령」제119조 제1항 제9호에 해당하여 층수로 산정된 층으로 사람이 근무하거나 거주하지 아니하는 장소

CHAPTER 16 · 인명구조기구(NFTC302)

❶ ▶▶ 설치대상

특정소방대상물	인명구조기구의 종류	설치 수량
• 지하층을 포함하는 층수가 7층 이상인 관광호텔 및 5층 이상인 병원	• 방열복 또는 방화복(헬멧, 보호장갑 및 안전화 포함) • 공기호흡기 • 인공소생기	• 각 2개 이상 비치할 것. 다만, 병원의 경우에는 인공소생기를 설치하지 않을 수 있다.
• 문화 및 집회시설 중 수용인원 100명 이상의 영화상영관 • 판매시설 중 대규모 점포 • 운수시설 중 지하역사 • 지하가 중 지하상가	• 공기호흡기	• 층마다 2개 이상 비치할 것. 다만, 각 층마다 갖추어 두어야 할 공기호흡기 중 일부를 직원이 상주하는 인근 사무실에 갖추어 둘 수 있다.
• 물분무소화설비 중 이산화탄소소화설비를 설치하여야 하는 특정소방대상물	• 공기호흡기	• 이산화탄소소화설비가 설치된 장소의 출입구 외부 인근에 1대 이상 비치할 것

❷ ▶▶ 용어정의

① "방열복"이란 고온의 복사열에 가까이 접근하여 소방활동을 수행할 수 있는 내열피복을 말한다.
② "공기호흡기"란 소화활동 시에 화재로 인하여 발생하는 각종 유독가스 중에서 일정시간 사용할 수 있도록 제조된 압축공기식 개인호흡장비(보조마스크를 포함한다)를 말한다.
③ "인공소생기"란 호흡 부전 상태인 사람에게 인공호흡을 시켜 환자를 보호하거나 구급하는 기구를 말한다.
④ "방화복"이란 화재진압등의 소방활동을 수행할 수 있는 피복을 말한다.

③ 설치기준

① 화재시 쉽게 반출 사용할 수 있는 장소에 비치할 것
② 인명구조기구가 설치된 가까운 장소의 보기 쉬운 곳에 "인명구조기구"라는 축광식표지와 그 사용방법을 표시한 표지를 부착하되 축광식표지는 소방청장이 고시한 「축광표지의 성능인증 및 제품검사의 기술기준」적합한 것으로 설치할 것
③ 방열복은 소방청장이 고시한 「소방용방열복의 성능인증 및 제품검사의 기술기준」적합한 것으로 설치할 것
④ 방화복(헬멧, 보호장갑 및 안전화 포함)은 「소방장비 표준규격 및 내용연수에 관한 규정」 제3조에 적합한 것으로 설치할 것

CHAPTER 17 상수도소화용수설비(NFTC401)

① ▸▸ 설치대상

상수도소화용수설비를 설치하여야 하는 특정소방대상물은 다음 각 목의 어느 하나와 같다. 다만, 상수도소화용수설비를 설치하여야 하는 특정소방대상물의 대지 경계선으로부터 180m 이내에 지름 75㎜ 이상인 상수도용 배수관이 설치되지 않은 지역의 경우에는 화재안전기준에 따른 소화수조 또는 저수조를 설치하여야 한다.

  ㉠ 연면적 5천㎡ 이상인 것. 다만, 위험물 저장 및 처리 시설 중 가스시설, 지하가 중 터널 또는 지하구의 경우에는 그러하지 아니하다.
  ㉡ 가스시설로서 지상에 노출된 탱크의 저장용량의 합계가 100톤 이상인 것

② ▸▸ 용어의 정의

① "호칭지름"이라 함은 일반적으로 표기하는 배관의 직경을 말한다.
② "수평투영면"이라 함은 건축물을 수평으로 투영하였을 경우의 면을 말한다.

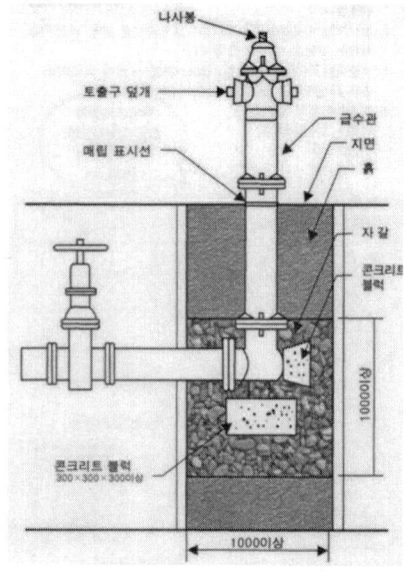

③ 설치기준

상수도 소화용수설비는 수도법의 규정에 따른 기준 외에 다음 기준에 따라 설치하여야 한다.

① 호칭지름 75mm 이상의 수도배관에 호칭지름 100mm 이상의 소화전을 접속할 것
② ①의 규정에 따른 소화전은 소방자동차 등의 진입이 쉬운 도로변 또는 공지에 설치할 것
③ ①의 규정에 따른 소화전은 소방대상물의 수평투영면의 각 부분으로부터 140m 이하가 되도록 설치할 것

CHAPTER 18 소화수조 및 저수조설비(NFTC402)

1 ▶▶ 설치대상

상수도소화용수설비를 설치하여야 하는 특정소방대상물은 다음 각 목의 어느 하나와 같다. 다만, 상수도소화용수설비를 설치하여야 하는 특정소방대상물의 대지 경계선으로부터 180m 이내에 지름 75㎜ 이상인 상수도용 배수관이 설치되지 않은 지역의 경우에는 화재안전기준에 따른 소화수조 또는 저수조를 설치하여야 한다.
  ⊙ 연면적 5천㎡ 이상인 것. 다만, 위험물 저장 및 처리 시설 중 가스시설, 지하가 중 터널 또는 지하구의 경우에는 그러하지 아니하다.
  ⓒ 가스시설로서 지상에 노출된 탱크의 저장용량의 합계가 100톤 이상인 것

2 ▶▶ 용어의 정의

① "소화수조 또는 저수조"라 함은 수조를 설치하고 여기에 소화에 필요한 물을 항시 채워두는 것을 말한다.
② "채수구"라 함은 소방차의 소방호스와 접결되는 흡입구를 말한다.

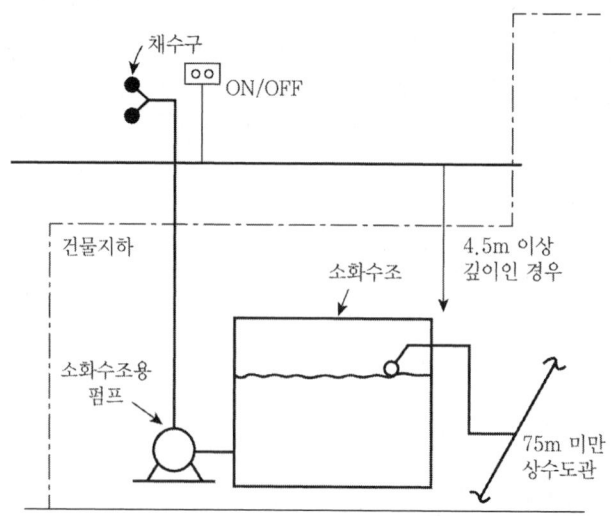

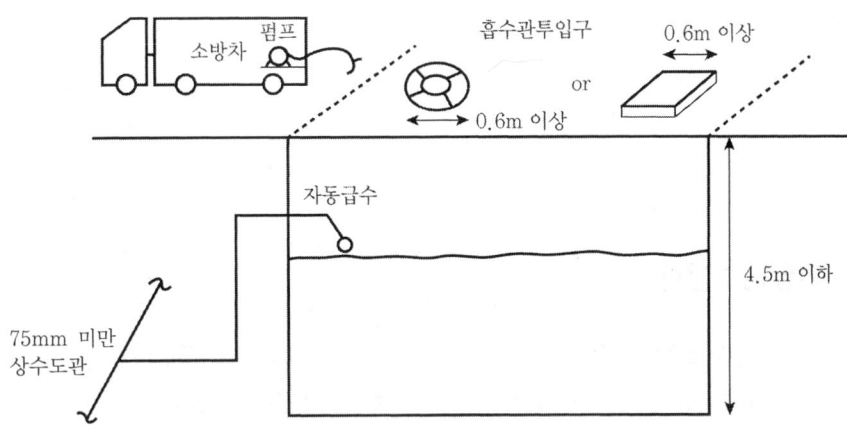

3 ▸▸ 소화수조 등

① 소화수조, 저수조의 채수구 또는 흡수관투입구는 소방차가 2m 이내의 지점까지 접근할 수 있는 위치에 설치하여야 한다.

② 소화수조 또는 저수조의 저수량은 소방대상물의 연면적을 다음 표에 따른 기준면적으로 나누어 얻은 수(소수점 이하의 수는 1로 본다.)에 $20m^3$를 곱한 양 이상이 되도록 하여야 한다.

소방대상물의 구분	면적
1층 및 2층의 바닥면적 합계가 $15,000m^2$ 이상인 소방대상물	$7,500m^2$
그 밖의 소방대상물	$12,500m^2$

③ 소화수조 또는 저수조는 다음의 기준에 따라 흡수관투입구 또는 채수구를 설치하여야 한다.
　㉠ 지하에 설치하는 소화용수설비의 흡수관투입구는 그 한 변이 0.6m 이상이거나 직경이 0.6m 이상인 것으로 하고, 소요수량이 $80m^3$ 미만인 것에 있어서는 1개 이상, $80m^3$ 이상인 것에 있어서는 2개 이상을 설치하여야 하며, "흡수관투입구"라고 표시한 표지를 할 것
　㉡ 소화용수설비에 설치하는 채수구는 다음 각목의 기준에 따라 설치할 것
　　㉮ 채수구는 다음 표에 따라 소방용 호스 또는 소방용 흡수관에 사용하는 구경 65mm 이상의 나사식 결합 금속구를 설치할 것

소요수량	$20m^3$ 이상 $40m^3$미만	$40m^3$ 이상 $100m^3$ 미만	$100m^3$ 이상
채수구의 수	1개	2개	3개

㉯ 채수구는 지면으로부터의 높이가 0.5m 이상, 1m 이하의 위치에 설치하고 "채수구"라고 표시한 표지를 할 것
④ 소화용수설비를 설치하여야 할 소방대상물에 있어서 유수의 양이 0.8m³/min 이상인 유수를 사용할 수 있는 경우에는 소화수조를 설치하지 아니할 수 있다.

4. 가압송수장치

① 소화수조 또는 저수조가 지표면으로부터의 깊이(수조 내부바닥까지의 길이를 말한다.)가 4.5m 이상인 지하에 있는 경우에는 다음 표에 따라 가압송수장치를 설치하여야 한다. 다만, 규정에 따른 저수량을 지표면으로부터 4.5m 이하인 지하에서 확보할 수 있는 경우에는 소화수조 또는 저수조의 지표면으로부터의 깊이에 관계없이 가압송수장치를 설치하지 아니할 수 있다.

소요수량	20m³ 이상 40m³ 미만	40m³ 이상 100m³ 미만	100m³ 이상
가압송수장치의 1분당 양수량	1,100 l 이상	2,200 l 이상	3,300 l 이상

② 소화수조가 옥상 또는 옥탑의 부분에 설치된 경우에는 지상에 설치된 채수구에서의 압력이 0.15MPa 이상이 되도록 하여야 한다.

③ 전동기 또는 내연기관에 따른 펌프를 이용하는 가압송수장치는 다음 각호의 기준에 따라 설치하여야 한다.
  ㉠ 기동장치로는 보호판을 부착한 기동스위치를 채수구 직근에 설치할 것
  ㉡ 그 밖의 사항은 옥내소화전과 동일

CHAPTER 19 제연설비(NFTC501)

1 ▶▶ 설치대상

① 문화 및 집회시설, 종교시설, 운동시설로서 무대부의 바닥면적이 200㎡ 이상 또는 문화 및 집회 시설 중 영화상영관으로서 수용인원 100명 이상인 것
② 지하층이나 무창층에 설치된 근린생활시설, 판매시설, 운수시설, 숙박시설, 위락시설 또는 창고 시설(물류터미널만 해당한다)로서 해당 용도로 사용되는 바닥면적의 합계가 1천㎡ 이상인 것
③ 운수시설 중 시외버스정류장, 철도 및 도시철도 시설, 공항시설 및 항만시설의 대합실 또는 휴게 시설로서 지하층 또는 무창층의 바닥면적이 1천㎡ 이상인 것
④ 지하가(터널은 제외한다)로서 연면적 1천㎡ 이상인 것
⑤ 지하가 중 예상 교통량, 경사도 등 터널의 특성을 고려하여 행정안전부령으로 정하는 위험등급 이상에 해당하는 터널
⑥ 특정소방대상물(갓복도형 아파트는 제외한다)에 부설된 특별피난계단, 비상용 승강기의 승강장 또는 피난용 승강기의 승강장

2 ▶▶ 용어의 정의

① "제연구역"이라 함은 제연경계(제연설비의 일부인 천장을 포함한다.)에 의해 구획된 건물 내의 공간을 말한다.
② "예상제연구역"이라 함은 화재발생 시 연기의 제어가 요구되는 제연구역을 말한다.
③ "제연경계의 폭"이라 함은 제연경계의 천장 또는 반자로부터 그 수직하단까지의 거리를 말한다.
④ "수직거리"라 함은 제연경계의 바닥으로부터 그 수직하단까지의 거리를 말한다.
⑤ "공동예상제연구역"이라 함은 2개 이상의 예상제연구역을 말한다.
⑥ "방화문"이라 함은 건축법시행령 제64조의 규정에 따른 갑종방화문 또는 을종방화문으로서 언제나 닫힌 상태를 유지하거나 화재로 인한 연기의 발생 또는 온도의 상승에 따라 자동적으로 닫히는 구조를 말한다.

⑦ "유입풍도"라 함은 예상제연구역으로 공기를 유입하도록 하는 풍도를 말한다.
⑧ "배출풍도"라 함은 예상제연구역의 공기를 외부로 배출하도록 하는 풍도를 말한다.

❸ ▶▶ 제연설비의 제연구역

① 제연구역의 구획기준
   ㉠ 하나의 제연구역의 면적은 $1,000m^2$ 이내로 할 것
   ㉡ 거실과 통로는 상호 제연구획할 것
   ㉢ 통로상의 제연구역은 보행중심선의 길이가 60m를 초과하지 아니할 것
   ㉣ 하나의 제연구역은 직경 60m 원내에 들어갈 수 있을 것
   ㉤ 하나의 제연구역은 2개 이상 층에 미치지 아니하도록 할 것. 다만, 층의 구분이 불분명한 부분은 그 부분을 다른 부분과 별도로 제연구획하여야 한다.

② 제연구역의 구획은 보·제연경계벽(이하 "제연경계"라 한다.) 및 벽(화재시 자동으로 구획되는 가동벽·셔터·방화문을 포함한다. 이하 같다.)으로 하되, 다음의 기준에 적합하여야 한다.
   ㉠ 재질은 내화재료, 불연재료 또는 제연경계벽으로 성능을 인정받은 것으로서 화재시 쉽게 변형·파괴되지 아니하고 연기가 누설되지 않는 기밀성 있는 재료로 할 것
   ㉡ 제연경계는 제연경계의 폭이 0.6m 이상이고, 수직거리는 2m 이내이어야 한다. 다만, 구조상 불가피한 경우는 2m를 초과할 수 있다.
   ㉢ 제연경계벽은 배연 시 기류에 따라 그 하단이 쉽게 흔들리지 아니하여야 하며, 또한 가동식의 경우에는 급속히 하강하여 인명에 위해를 주지 아니하는 구조일 것

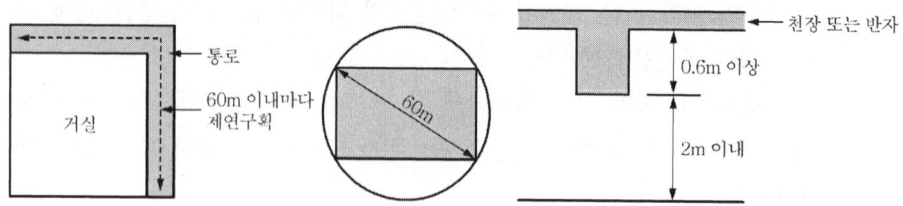

4 ▶ 제연방식

① 예상제연구역에 대하여는 화재시 연기배출(이하 "배출"이라 한다.)과 동시에 공기유입이 될 수 있게 하고, 배출구역이 거실일 경우에는 통로에 동시에 공기가 유입될 수 있도록 하여야 한다.
② ①의 규정에도 불구하고 통로와 인접하고 있는 거실의 바닥면적이 50m² 미만으로 구획되고 그 거실에 통로가 인접하여 있는 경우에는 화재시 그 거실에서 직접 배출하지 아니하고 인접한 통로의 배출로 갈음할 수 있다. 다만, 그 거실이 다른 거실의 피난을 위한 경유 거실인 경우에는 그 거실에서 직접 배출하여야 한다.
③ 통로의 주요 구조부가 내화구조이며 마감이 불연재료 또는 난연재료로 처리되고 가연성 내용물이 없는 경우에 그 통로는 예상제연구역으로 간주하지 아니할 수 있다. 다만, 화재발생 시 연기의 유입이 우려되는 통로는 그러하지 아니하다

5 ▶ 배출량 및 배출방식

각 예상제연구역에서의 배출량은 제연구역의 면적, 배출방식 및 수직거리에 따라 다음 기준에 의해 얻어진 양 이상으로 하며, 수직거리가 구획부분에 따라 다른 경우는 수직거리가 긴 것을 기준으로 한다.

(1) 거실의 바닥면적이 400m² 미만으로 구획된 예상제연구역의 배출량

$$Q = 바닥면적(m^2) \times 1m^3/m^2 \cdot min \times 60min/hr (최저\ 5,000m^3/hr\ 이상으로\ 할\ 것)$$

(2) 바닥면적이 50m² 미만인 예상제연구역을 통로배출방식으로 하는 경우

통로길이	수직거리	배출량	비고
40m 이하	2m 이하	25,000m³/hr 이상	벽으로 구획된 경우 포함
	2m 초과 2.5m 이하	30,000m³/hr 이상	
	2.5m 초과 3m 이하	35,000m³/hr 이상	
	3m 초과	45,000m³/hr 이상	
40m 초과 60m 이하	2m 이하	30,000m³/hr 이상	벽으로 구획된 경우 포함
	2m 초과 2.5m 이하	35,000m³/hr 이상	
	2.5m 초과 3m 이하	40,000m³/hr 이상	
	3m 초과	50,000m³/hr 이상	

(3) 거실의 바닥면적이 400m² 이상 1,000m² 이하로 구획된 예상제연구역인 경우

직경	수직거리	배출량
40m 이하	2m 이하	40,000m³/hr 이상
	2m 초과 2.5m 이하	45,000m³/hr 이상
	2.5m 초과 3m 이하	50,000m³/hr 이상
	3m 초과	60,000m³/hr 이상
40m 초과 60m 이하	2m 이하	45,000m³/hr 이상
	2m 초과 2.5m 이하	50,000m³/hr 이상
	2.5m 초과 3m 이하	55,000m³/hr 이상
	3m 초과	65,000m³/hr 이상

(4) 예상제연구역이 통로인 경우

수직거리	배출량
2m 이하	45,000m³/hr 이상
2m 초과 2.5m 이하	50,000m³/hr 이상
2.5m 초과 3m 이하	55,000m³/hr 이상
3m 초과	65,000m³/hr 이상

(5) 배출방식별 배출량
① 독립배출방식 : 각 예상제연구역별로 산출된 배출량 이상을 배출할 것
② 공동배출방식
 ㉠ 예상제연구역이 벽으로 구획된 경우 : 각 예상제연구역의 배출량을 합한 것 이상을 배출할 것
 ㉡ 예상제연구역이 제연경계로 구획된 경우 : 각 예상제연구역의 배출량 중 최대의 것으로 할 것. 이 경우 공동제연예상구역이 거실일 때에는 그 바닥면적이 1,000m² 이하 이며, 직경 40m 원 안에 들어가야 하고, 공동제연예상구역이 통로일 때에는 보행중심선의 길이를 40m 이하로 하여야 한다.
 ※ 거실과 통로는 공동배출방식으로 할 수 없다.

6 ▶▶ 배출구의 설치위치

① 바닥면적이 400m² 미만인 예상제연구역
 ㉠ 예상제연구역이 벽으로 구획되어 있는 경우 : 천장 또는 반자와 바닥 사이의 중간 윗부분에 설치할 것

ⓒ 예상제연구역 중 어느 한 부분이 제연경계로 구획되어 있는 경우 : 천장·반자 또는 이에 가까운 벽의 부분에 설치할 것. 다만, 배출구를 벽에 설치하는 경우에는 배출구의 하단이 당해 예상제연구역에서 제연경계의 폭이 가장 짧은 제연경계의 하단보다 높이되도록 하여야 한다.
② 통로인 예상제연구역과 바닥면적이 400㎡ 이상인 통로 외의 예상제연구역
　　㉠ 예상제연구역이 벽으로 구획되어 있는 경우 : 천장·반자 또는 이에 가까운 벽의 부분에 설치할 것. 다만, 배출구를 벽에 설치한 경우에는 배출구의 하단과 바닥 간의 최단거리가 2m 이상이어야 한다.
　　ⓒ 예상제연구역 중 어느 한 부분이 제연경계로 구획되어 있을 경우 : 천장·반자 또는 이에 가까운 벽의 부분(제연경계를 포함한다.)에 설치할 것. 다만, 배출구를 벽 또는 제연경계에 설치하는 경우에는 배출구의 하단이 당해 예상제연구역에서 제연경계의 폭이 가장 짧은 제연경계의 하단보다 높이 되도록 설치하여야 한다.
③ 예상제연구역의 각 부분으로부터 하나의 배출구까지의 수평거리는 10m 이내가 되도록 하여야 한다.

7 ▶▶ 공기유입방식 및 유입구

① 예상제연구역에 대한 공기유입방식
　　㉠ 유입풍도를 경유한 강제유입방식
　　ⓒ 자연유입방식
　　ⓒ 인접한 제연구역 또는 통로에 유입되는 공기가 당해구역으로 유입되는 방식
② 예상제연구역에 설치되는 공기유입구의 기준
　　㉠ 바닥면적 400㎡ 미만의 거실인 예상제연구역(제연경계에 따른 구획을 제외한다. 다만, 거실과 통로와의 구획은 그렇지 않다)에 대해서는 공기유입구와 배출구간의 직선거리는 5m 이상 또는 구획된 실의 장변의 2분의 1 이상으로 할 것. 다만, 공연장·집회장·위락시설의 용도로 사용되는 부분의 바닥면적이 200㎡를 초과하는 경우의 공기유입구는 아래 ⓒ 기준에 따를 것
　　ⓒ 바닥면적이 400㎡ 이상의 거실인 예상제연구역(제연경계에 따른 구획을 제외한다. 다만, 거실과 통로와의 구획은 그렇지 않다)에 대해서는 바닥으로부터 1.5m 이하의 높이에 설치하고 그 주변은 공기의 유입에 장애가 없도록 할 것
　　ⓒ 위 ㉠과 ⓒ에 해당하는 것 외의 예상제연구역(통로인 예상제연구역을 포함한다)에 대한 유입구는 다음의 기준에 따를 것. 다만, 제연경계로 인접하는 구역의 유입공기가 당해 예상제연구역으로 유입되게 한 때에는 그렇지 않다.

㉮ 유입구를 벽에 설치할 경우에는 위 ㉡의 기준에 따를 것
㉯ 유입구를 벽 외의 장소에 설치할 경우에는 유입구 상단이 천장 또는 반자와 바닥 사이의 중간 아랫부분보다 낮게 되도록 하고, 수직거리가 가장 짧은 제연 경계 하단보다 낮게 되도록 설치할 것

③ 공동예상제연구역에 설치되는 공기 유입구의 기준
㉠ 공동예상제연구역 안에 설치된 각 예상제연구역이 벽으로 구획되어 있을 때에는 각 예상제연구역의 바닥면적에 따라 ②의 ㉠ 및 ②의 ㉡에 따라 설치할 것
㉡ 공동예상제연구역 안에 설치된 각 예상제연구역의 일부 또는 전부가 제연경계로 구획되어 있을 때에는 공동예상제연구역 안의 1개 이상의 장소에 ②의 ㉢에 따라 설치할 것

④ 인접한 제연구역 또는 통로에 유입되는 공기를 당해 예상제연구역에 대한 공기유입으로 하는 경우에는 그 인접한 제연구역 또는 통로의 유입구가 제연경계 하단보다 높은 경우에는 그 인접한 제연구역 또는 통로의 화재시 그 유입구는 다음의 기준에 적합할 것
㉠ 각 유입구는 자동폐쇄될 것
㉡ 당해 구역 내에 설치된 유입풍도가 당해 제연구획부분을 지나는 곳에 설치된 댐퍼는 자동폐쇄될 것

⑤ 예상제연구역에 공기가 유입되는 순간의 풍속은 5m/s 이하가 되도록 하고, ② 내지 ④의 유입구의 구조는 유입공기를 상향으로 분출하지 않도록 해야 한다.

⑥ 예상제연구역에 대한 공기유입구의 크기는 당해 예상제연구역의 배출량 1m³/min에 대하여 35cm² 이상으로 하여야 한다.

⑦ 예상제연구역에 대한 공기유입량은 규정에 따른 배출량 이상이 되도록 하여야 한다.

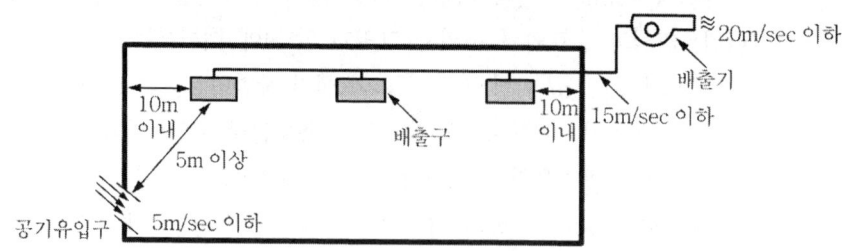

8 ▸▸ 배출기 및 배출풍도

① 배출기의 설치기준
　㉠ 배출기의 배출능력은 규정에 의한 배출량 이상이 되도록 할 것
　㉡ 배출기와 배출풍도의 접속부분에 사용하는 캔버스는 내열성이 있는 것으로 할 것
　㉢ 배출기의 전동기 부분과 배풍기 부분은 분리하여 설치하고, 배풍기 부분은 유효한 내열처리를 할 것
② 배출풍도의 기준
　㉠ 배출풍도는 아연도금강판 또는 이와 동등 이상의 내식성·내열성이 있는 것으로 하며, 내열성의 단열재로 유효한 단열처리를 하고, 강판의 두께는 배출풍도의 크기에 따라 다음 표에 따른 기준 이상으로 할 것

풍도단면의 긴변 또는 직경의 크기	450mm 이하	450mm 초과 750mm 이하	750mm 초과 1,500mm 이하	1,500mm 초과 2,250mm 이하	2,250mm 초과
강판두께	0.5mm	0.6mm	0.8mm	1.0mm	1.2mm

　㉡ 배출기의 흡입측 풍도 안의 풍속은 15m/sec 이하, 배출측 풍속은 20m/sec 이하로 할 것

9 ▸▸ 유입풍도 등

① 유입풍도 안의 풍속은 20m/sec 이하로 하여야 하고 유입풍도의 강판두께는 배출풍도의 강판두께 기준에 따른다.
② 옥외에 면하는 배출구 및 공기유입구는 비 또는 눈 등이 들어가지 아니하도록 하고, 배출된 연기가 공기유입구로 순환 유입되지 아니하도록 하여야 한다.

10 ▸▸ 제연설비의 전원 및 기동

① 비상전원은 자가발전설비, 축전지설비 또는 전기저장장치로서 다음의 기준에 따라 설치하여야 한다.
　㉠ 점검에 편리하고 화재 및 침수 등의 재해로 인한 피해를 받을 우려가 없는 곳에 설치할 것
　㉡ 제연설비를 유효하게 20분 이상 작동할 수 있도록 할 것

ⓒ 상용전원으로부터 전력의 공급이 중단된 때에는 자동으로 비상전원으로부터 전력을 공급받을 수 있도록 할 것
　　ⓔ 비상전원의 설치장소는 다른 장소와 방화구획할 것. 이 경우 그 장소에는 비상전원의 공급에 필요한 기구나 설비 외의 것을 두어서는 아니 된다.
　　ⓜ 비상전원을 실내에 설치하는 때에는 그 실내에 비상조명등을 설치할 것
② 가동식의 벽·제연경계벽·댐퍼 및 배출기의 작동은 자동화재감지기와 연동되어야 하고, 예상제연구역(또는 인접장소) 및 제어반에서 수동으로 기동이 가능하도록 하여야 한다.

11 설치제외

제연설비를 설치하여야 할 소방대상물 중 화장실·목욕실·주차장·발코니를 설치한 숙박시설(가족호텔 및 휴양콘도미니엄에 한한다.)의 객실과 사람이 상주하지 아니하는 기계실·전기실·공조실·50m^2 미만의 창고 등으로 사용되는 부분에 대하여는 배출구·공기유입구의 설치 및 배출량 산정에서 이를 제외한다.

CHAPTER 20. 특별피난계단의 계단실 및 부속실·비상용 승강기 승강장 제연설비(NFTC501A)

1 ▶▶ 설치대상

특정소방대상물(갓복도형 아파트는 제외한다)에 부설된 특별피난계단, 비상용 승강기의 승강장 또는 피난용승강기의 승강장

[제연설비 설치대상]

적용대상	관련법률
특정소방대상물(갓복도형 아파트 제외)에 부설된 특별피난계단 비상용승강기 승강장, 피난용승강기 승강장	「화재예방, 소방시설 설치·유지 및 안전관리에 관한 법률 시행령」 별표 5
• 특별피난계단장치 : 지상 11층 이상, 지하 3층 이하 16층 이상 공동주택 • 비상용승강기 : 높이 31m 이상, 10층 이상 공동주택	「건축법」 제64조 「건축법 시행령」 제35조 「주택건설기준 등에 관한 규정」 제15조 제2항

> **! Reference**
>
> **건축법 시행령 35조**
> ① 법 제49조제1항에 따라 5층 이상 또는 지하 2층 이하인 층에 설치하는 직통계단은 국토해양부령으로 정하는 기준에 따라 피난계단 또는 특별피난계단으로 설치하여야 한다. 다만, 건축물의 주요구조부가 내화구조 또는 불연재료로 되어 있는 경우로서 다음 각 호의 어느 하나에 해당하는 경우에는 그러하지 아니하다.
>   1. 5층 이상인 층의 바닥면적의 합계가 200제곱미터 이하인 경우
>   2. 5층 이상인 층의 바닥면적 200제곱미터 이내마다 방화구획이 되어 있는 경우
> ② 건축물(갓복도식 공동주택은 제외한다)의 11층(공동주택의 경우에는 16층) 이상인 층(바닥면적이 400제곱미터 미만인 층은 제외한다) 또는 지하 3층 이하인 층(바닥면적이 400제곱미터 미만인 층은 제외한다)으로부터 피난층 또는 지상으로 통하는 직통계단은 제1항에도 불구하고 특별피난계단으로 설치하여야 한다.
> ③ 제1항에서 판매시설의 용도로 쓰는 층으로부터의 직통계단은 그 중 1개소 이상을 특별피난계단으로 설치하여야 한다.
> ④ 건축물의 5층 이상인 층으로서 문화 및 집회시설 중 전시장 또는 동·식물원, 판매시설, 운수시설(여객용 시설만 해당한다), 운동시설, 위락시설, 관광휴게시설(다중이 이용하는 시설만 해당한다) 또는 수련시설 중 생활권 수련시설의 용도로 쓰는 층에는 제34조에 따른 직통계 외에 그 층의 해당 용도로 쓰는 바닥면적의 합계가 2천 제곱미터를 넘는 경우에는 그 넘는 2천 제곱미터 이내마다 1개소의 피난계단 또는 특별피난계단(4층 이하의 층에는 쓰지 아니하는 피난계단 또는 특별피난계단만 해당한다)을 설치하여야 한다.

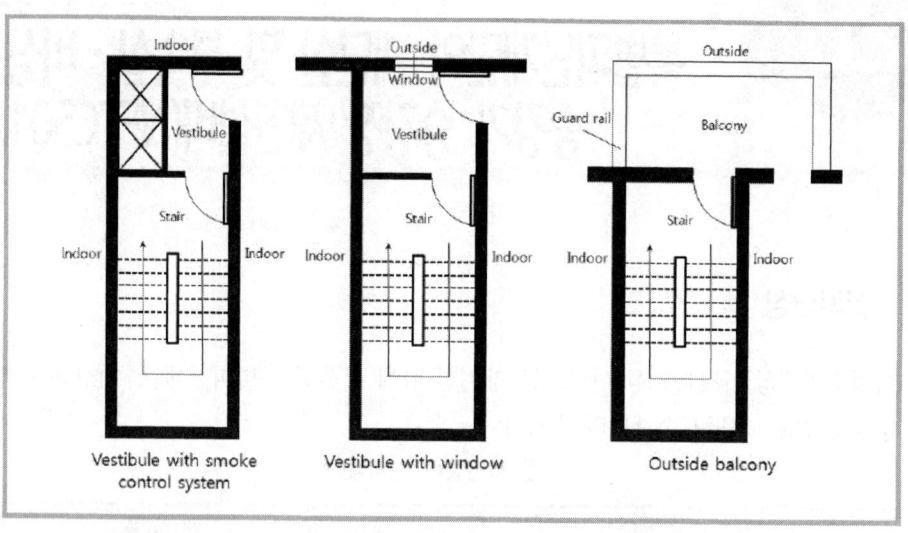

【 특별피난계단의 종류 】

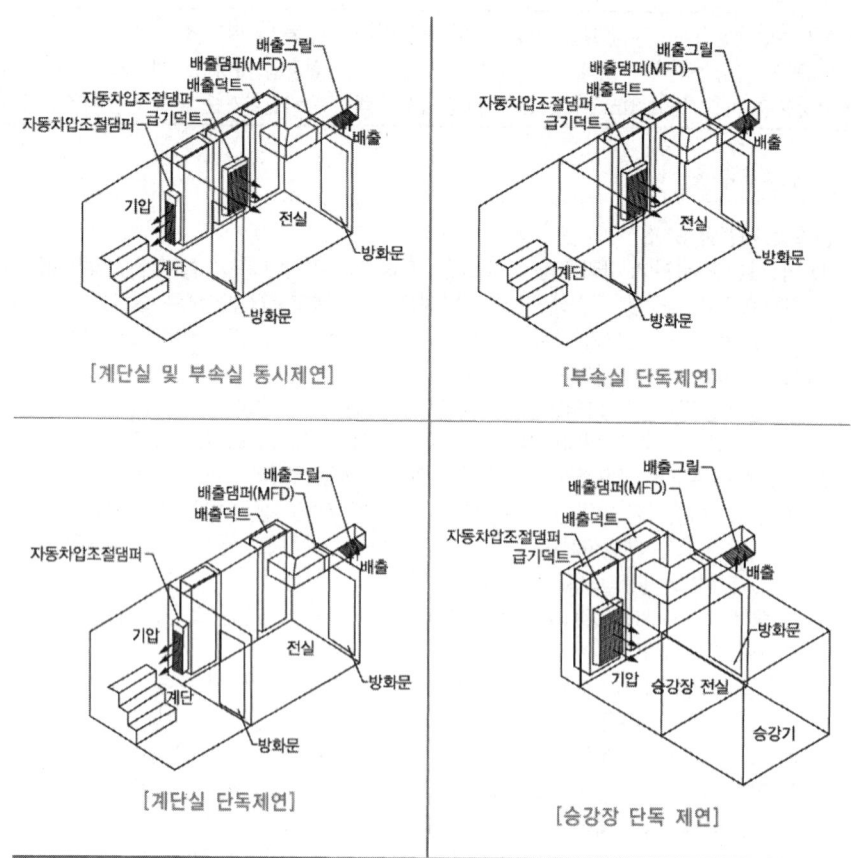

2 ▸▸ 용어의 정의

① "제연구역"이라 함은 제연하고자 하는 계단실 및 부속실을 말한다.
② "방연풍속"이라 함은 옥내로부터 제연구역 내로 연기의 유입을 유효하게 방지할 수 있는 풍속을 말한다.
③ "급기량"이라 함은 제연구역에 공급하여야 할 공기의 양을 말한다.
④ "누설량"이라 함은 틈새를 통하여 제연구역으로부터 흘러나가는 공기량을 말한다.
⑤ "보충량"이라 함은 방연풍속을 유지하기 위하여 제연구역에 보충하여야 할 공기량을 말한다.
⑥ "플랩댐퍼"라 함은 부속실의 설정압력범위를 초과하는 경우 압력을 배출하여 설정압범위를 유지하게 하는 과압방지장치를 말한다.
⑦ "유입공기"라 함은 제연구역으로부터 옥내로 유입하는 공기로서 차압에 따라 누설하는 것과 출입문의 일시적인 개방에 따라 유입하는 것을 말한다.
⑧ "거실제연설비"라 함은 제연설비의 화재안전기준(NFTC 501)의 기준에 따른 옥내의 제연설비를 말한다.
⑨ "자동차압·과압조절형 급기댐퍼"라 함은 제연구역과 옥내 사이의 차압을 압력센서 등으로 감지하여 제연구역에 공급되는 풍량의 조절로 제연구역의 차압유지 및 과압방지를 자동으로 제어할 수 있는 댐퍼를 말한다.

3 ▸▸ 제연방식

① 제연구역에 옥외의 신선한 공기를 공급하여 제연구역의 기압을 제연구역 이외의 옥내(이하 "옥내"라 한다)보다 높게 하되 일정한 기압의 차이(이하 "차압"이라한다.)를 유지하게 함으로써 옥내로부터 제연구역 내로 연기가 침투하지 못하도록 할 것
② 피난을 위하여 제연구역의 출입문이 일시적으로 개방되는 경우 방연풍속을 유지하도록 옥외의 공기를 제연구역 내로 보충공급하도록 할 것
③ 출입문이 다시 닫히는 경우 제연구역의 과압을 방지할 수 있는 유효한 조치를 하여 차압을 유지할 것

4 ▸▸ 제연구역의 선정

① 계단실 및 그 부속실을 동시에 제연하는 것
② 부속실만을 단독으로 제연하는 것

③ 계단실 단독 제연하는 것
④ 비상용 승강기 승강장 단독 제연하는 것

5 ▸▸ 제연설비의 설치기준

(1) 차압등

① 제연구역과 옥내와의 사이에 유지하여야 하는 최소차압은 40Pa(옥내에 스프링클러설비가 설치된 경우에는 12.5Pa) 이상으로 하여야 한다.
② 제연설비가 가동되었을 경우 출입문의 개방에 필요한 힘은 110N 이하로 하여야 한다.
③ 출입문이 일시적으로 개방되는 경우 개방되지 아니하는 제연구역과 옥내와의 차압은 ①의 기준에 따른 차압의 70% 미만이 되어서는 아니 된다.
④ 계단실과 부속실을 동시에 제연하는 경우 부속실의 기압은 계단실과 같게 하거나 계단실의 기압보다 낮게 할 경우에는 부속실과 계단실의 압력 차이는 5Pa 이하가 되도록 하여야 한다.

(2) 급기량

> 급기량 = 누설량 + 보충량

① **누설량** : 제연구역의 압력이 주변 화재실의 압력보다 크기 때문에 출입문이 폐쇄되어 있어도 틈새를 통해서 공기가 누설되는데 이때 누설되는 양을 말하며, 출입문이 2개소 이상인 경우에는 각 출입문의 누설틈새면적을 합한 것으로 한다.

> **! Reference**
>
> 누설풍량 계산식
>
> $$Q = 0.827 \times A \times P^{\frac{1}{n}}$$
>
> Q : 누설풍량(m^3/sec), A : 틈새면적(m^2), P : 실내외의 압력차(Pa)
> n : 상수(일반출입문 : 2, 창문 : 1.6)

② **보충량** : 피난을 위하여 제연구역의 출입문이 일시적으로 개방되는 경우 방연풍속을 유지하도록 공기를 제연구역 내로 보충하는 공기량으로 부속실(또는 승강장)의 수가 20 이하는 1개층 이상, 20을 초과하는 경우에는 2개층 이상의 출입문이 개방되는 경우로 한다.

(3) 방연풍속

【 제연구역의 선정방식에 따른 방연풍속 】

제연구역		방연풍속
계단실 및 그 부속실을 동시에 제연하는 것 또는 계단실만 단독으로 제연하는 것		0.5m/s 이상
부속실만 단독으로 제연하는 것 또는 비상용 승강기의 승강장만 단독으로 제연하는 것	부속실 또는 승강장이 면하는 옥내가 거실인 경우	0.7m/s 이상
	부속실 또는 승강장이 면하는 옥내가 복도로서 그 구조가 방화구조(내화시간이 30분 이상인 구조를 포함한다)인 것	0.5m/s 이상

(4) 과압방지조치

제연구역의 과압방지를 위하여 당해 제연구역에 자동차압·과압조절댐퍼 과압방지장치를 다음 각호의 기준에 따라 설치하여야 한다.
① 과압방지장치는 제연구역의 압력을 자동으로 조절하는 성능이 있는 것으로 할 것
② 과압방지를 위한 과압방지장치는 차압기준과 방연풍속기준을 만족하여야 한다.
③ 플랩댐퍼는 소방청장이 고시하는 성능인증 및 제품검사의 기술기준에 적합한 것으로 설치하여야 한다.
④ 플랩댐퍼에 사용하는 철판은 두께 1.5mm 이상의 열간압연 연강판(KS D 3501) 또는 이와 동등 이상의 내식성 및 내열성이 있는 것으로 할 것
⑤ 자동차압과압조절형댐퍼를 설치하는 경우에는 10)급기구 ③ 급기댐퍼 ⓒ ~ⓜ 기준에 적합할 것

(5) 누설틈새의 면적 등

제연구역으로부터 공기가 누설하는 틈새면적은 다음의 기준에 따라야 한다.
① 출입문의 틈새면적 산출식

$$A = (L/l) \times Ad$$

A : 출입문의 틈새(m^2)
L : 출입문 틈새의 길이(m) 다만, L의 수치가 l의 수치 이하인 경우에는 l의 수치로 할 것
l : 외여닫이문이 설치되어 있는 경우에는 5.6, 쌍여닫이문이 설치되어 있는 경우에는 9.2, 승강기의 출입문이 설치되어 있는 경우에는 8.0으로 할 것
Ad : 외여닫이문으로 제연구역의 실내 쪽으로 열리도록 설치하는 경우에는 0.01, 제연구역의 실외 쪽으로 열리도록 설치하는 경우에는 0.02, 쌍여닫이문의 경우에는 0.03,

승강기의 출입문에 대하여는 0.06으로 할 것

다만, [한국산업표준]에서 정하는 [창세트 (KS F 3117)]에 따른 기준을 고려하여 선정할 수 있다.

② **창문의 틈새면적 산출** : 창문의 틈새길이 1m당 틈새면적은 다음과 같다.

창문의 종류		틈새면적(m^2/m)
여닫이식	창틀에 방수패킹이 없는 경우	2.55×10^{-4}
	창틀에 방수패킹이 있는 경우	3.61×10^{-5}
미닫이식		1.00×10^{-4}

③ 제연구역으로부터 누설하는 공기가 승강기의 승강로를 경유하여 승강로의 외부로 유출하는 유출면적은 승강로 상부의 승강로와 기계실사이의 개구부 면적을 합한것을 기준으로 할 것

④ 제연구역을 구성하는 벽체(반자 속의 벽체를 포함한다.)가 벽돌 또는 시멘트블록 등의 조적 구조이거나 석고판 등의 조립구조인 경우에는 불연재료를 사용하여 틈새를 조정할 것. 다만, 제연구역의 내부 또는 외부면을 시멘트모르터로 마감하거나 철근콘크리트 구조의 벽체로 하는 경우에는 그 벽체의 공기누설은 무시할 수 있다.

⑤ 제연설비의 완공 시 제연구역의 출입문 등은 크기 및 개방방식이 해당 설비의 설계 시와 같도록 할 것

(6) 유입공기의 배출

① 유입공기는 화재층의 제연구역과 면하는 옥내로부터 옥외로 배출되도록 하여야 한다.
② **유입공기의 배출방식**
  ㉠ 수직풍도에 따른 배출 : 옥상으로 직통하는 전용의 배출용 수직풍도를 설치하여 배출하는 것으로서 다음에 해당하는 것
    ㉮ 자연배출식 : 굴뚝효과에 따라 배출하는 것
    ㉯ 기계배출식 : 수직풍도의 상부에 전용의 배출용 송풍기를 설치하여 강제로 배출하는 것. 다만, 지하층만을 제연하는 경우 배출용송풍기의 설치위치는 배출된 공기로 인하여 피난 및 소화활동에 지장을 주지 아니하는 곳에 설치할 수 있다.
  ㉡ 배출구에 따른 배출 : 건물의 옥내와 면하는 외벽마다 옥외와 통하는 배출구를 설치하여 배출하는 것
  ㉢ 제연설비에 따른 배출 : 거실제연설비가 설치되어 있고 당해 옥내로부터 옥외로 배출하여야 하는 유입공기의 양을 거실제연설비의 배출량에 합하여 배출하는 경우 유입공기의 배출은 당해 거실제연설비에 따른 배출로 갈음할 수 있다.

(7) 수직풍도에 따른 배출

수직풍도에 따른 배출은 다음의 기준에 적합하여야 한다.
① 수직풍도는 내화구조로 하되 [건축물의 피난·방화구조 등의 기준에 관한 규칙]제3조 제1호 또는 제2호의 기준 이상의 성능으로 할 것.
② 수직풍도의 내부면은 두께 0.5mm 이상의 아연도금강판 또는 동등 이상의 내식성·내열성이 있는 것으로 마감하되 접합부에 대하여는 통기성이 없도록 조치할 것
③ 각 층의 옥내와 면하는 수직풍도의 관통부에는 다음의 기준에 적합한 댐퍼(이하 "배출댐퍼"라 한다.)를 설치하여야 한다.
　㉠ 배출댐퍼는 두께 1.5mm 이상의 강판 또는 이와 동등 이상의 성능이 있는 것으로 설치하여야 하며 비내식성 재료의 경우에는 부식방지 조치를 할 것
　㉡ 평상시 닫힌 구조로 기밀상태를 유지할 것
　㉢ 개폐 여부를 당해 장치 및 제어반에서 확인할 수 있는 감지기능을 내장하고 있을 것
　㉣ 구동부의 작동상태와 닫혀 있을 때의 기밀상태를 수시로 점검할 수 있는 구조일 것
　㉤ 풍도의 내부마감상태에 대한 점검 및 댐퍼의 정비가 가능한 이·탈착구조로 할 것
　㉥ 화재층의 옥내에 설치된 화재감지기의 동작에 따라 당해 층의 댐퍼가 개방될 것
　㉦ 개방 시의 실제개구부(개구율을 감안한 것을 말한다.)의 크기는 수직풍도의 내부단면적과 같도록 할 것
　㉧ 댐퍼는 풍도 내의 공기흐름에 지장을 주지 않도록 수직풍도의 내부로 돌출하지 않게 설치할 것
④ **수직풍도의 내부단면적**
　㉠ 자연배출식의 경우 다음 식에 따라 산출하는 수치 이상으로 할 것. 다만, 수직풍도의 길이가 100m를 초과하는 경우에는 산출수치의 1.2배 이상의 수치를 기준으로 하여야 한다.

$$A_P = Q_N/2$$

A_P : 수직풍도의 내부단면적(m^2)
Q_N : 수직풍도가 담당하는 1개 층의 제연구역의 출입문(옥내와 면하는 출입문을 말한다.) 1개의 면적(m^2)과 방연풍속(m/s)을 곱한 값(m^3/s)

　㉡ 송풍기를 이용한 기계배출식의 경우 풍속 15m/sec 이하로 할 것
⑤ 기계배출식에 따라 배출하는 경우 배출용 송풍기는 다음의 기준에 적합할 것
　㉠ 열기류에 노출되는 송풍기 및 그 부품들은 250℃의 온도에서 1시간 이상 가동상태를 유지할 것

ⓒ 송풍기의 풍량은 ④의 ㉠목의 기준에 따른 QN에 여유량을 더한량을 기준으로 할 것

ⓒ 송풍기는 옥내의 화재감지기의 동작에 따라 연동하도록 할 것

⑥ 수직풍도의 상부의 말단은 빗물이 흘러들지 아니하는 구조로 하고 옥외의 풍압에 따라 배출성능이 감소하지 아니하도록 유효한 조치를 할 것

(8) 배출구에 따른 배출

배출구에 따른 배출은 다음의 기준에 적합하여야 한다.

① 배출구에는 다음 각 목의 기준에 적합한 장치(이하 "개폐기"라 한다.)를 설치할 것
  ㉠ 빗물과 이물질이 유입하지 아니하는 구조로 할 것
  ㉡ 옥외 쪽으로만 열리도록 하고 옥외의 풍압에 따라 자동으로 닫히도록 할 것
  ㉢ 배출댐퍼는 두께 1.5mm 이상의 강판 또는 이와 동등 이상의 성능이 있는 것으로 설치하여야 하며 비내식성 재료의 경우에는 부식방지조치를 할 것
  ㉣ 평상시 닫힌 구조로 기밀상태를 유지할 것
  ㉤ 개폐 여부를 당해 장치 및 제어반에서 확인할 수 있는 감지기능을 내장하고 있을 것
  ㉥ 구동부의 작동상태와 닫혀 있을 때의 기밀상태를 수시로 점검할 수 있는 구조일 것
  ㉦ 풍도의 내부마감상태에 대한 점검 및 댐퍼의 정비가 가능한 이·탈착구조로 할 것
  ㉧ 화재층의 옥내에 설치된 화재감지기의 동작에 따라 당해 층의 댐퍼가 개방될 것. 다만, 스프링클러설비의 설치에 따라 화재감지기를 설치하지 아니하는 경우에는 제연구역 출입문 직근의 옥내에 전용의 연기감지기를 설치하고 당해 연기감지기 또는 당해 층의 스프링클러헤드 중 어느 것이 작동하더라도 당해 층의 댐퍼가 개방되도록 하여야 한다.
  ㉨ 개방 시의 실제개구부의 크기는 수직풍도의 내부단면적과 같도록 할 것

② 개폐기의 개구면적은 다음 식에 따라 산출한 수치 이상으로 할 것

$$A_O = Q_N / 2.5$$

A_O : 개폐기의 개구면적(m^2)
Q_N : 수직풍도가 담당하는 1개 층의 제연구역의 출입문(옥내와 면하는 출입문을 말한다.) 1개의 면적(m^2)과 방연풍속(m/s)을 곱한 값(m^3/s)

(9) 급 기

① 부속실을 제연하는 경우 동일수직선상의 모든 부속실은 하나의 전용수직풍도를 통해 동시에 급기할 것. 다만, 동일수직선상에 2대 이상의 급기송풍기가 설치되는 경우에

는 수직풍도를 분리하여 설치할 수 있다.
② 계단실 및 부속실을 동시에 제연하는 경우 계단실에 대하여는 그 부속실의 수직풍도를 통해 급기할 수 있다.
③ 계단실만 제연하는 경우에는 전용수직풍도를 설치하거나 계단실에 급기풍도 또는 급기 송풍기를 직접 연결하여 급기하는 방식으로 할 것
④ 하나의 수직풍도마다 전용의 송풍기로 급기할 것
⑤ 비상용승강기의 승강장을 제연하는 경우에는 비상용승강기의 승강로를 급기풍도로 사용할 수 있다. 다만, 승강장과 부속실을 겸용하는 경우에는 그러하지 아니하다.

(10) 급기구

① 급기용 수직풍도와 직접 면하는 벽체 또는 천장에 고정하되, 급기되는 기류 흐름이 출입문으로 인하여 차단되거나 방해받지 아니하도록 옥내와 면하는 출입문으로부터 가능한 먼 위치에 설치할 것
② 계단실과 그 부속실을 동시에 제연하거나 또는 계단실만을 제연하는 경우 급기구는 계단실 매 3개 층 이하의 높이마다 설치할 것. 다만, 계단실의 높이가 31m 이하로서 계단실만을 제연하는 경우에는 하나의 계단실에 하나의 급기구만을 설치할 수 있다.
③ 급기구의 댐퍼 설치는 다음의 기준에 적합할 것
　㉠ 급기댐퍼는 두께 1.5mm 이상의 강판 또는 이와 동등 이상의 강도가 있는 것으로 설치하여야 하며, 비내식성 재료의 경우에는 부식방지조치를 할 것
　㉡ 자동차압·과압조절형 댐퍼를 설치하는 경우 차압범위의 수동설정기능과 설정범위의 차압이 유지되도록 개구율을 자동조절하는 기능이 있을 것
　㉢ 자동차압·과압조절형 댐퍼는 옥내와 면하는 개방된 출입문이 완전히 닫히기 전에 개구율을 자동감소시켜 과압을 방지하는 기능이 있을 것
　㉣ 자동차압·과압조절형 댐퍼는 주위온도 및 습도의 변화에 의해 기능이 영향을 받지 아니하는 구조일 것
　㉤ 자동차압 과압조절형 댐퍼는 [자동차압과압조절형댐퍼의 성능인증 및 제품검사의 기술기준]에 적합한 것으로 설치할 것.
　㉥ 자동차압·과압조절형이 아닌 댐퍼는 개구율을 수동으로 조절할 수 있는 구조로 할 것
　㉦ 옥내에 설치된 화재감지기에 따라 모든 제연구역의 댐퍼가 개방되도록 할 것. 다만, 둘 이상의 특정소방대상물이 지하에 설치된 주차장으로 연결되어 있는 경우에는 주차장에서 하나의 특정소방대상물의 제연구역으로 들어가는 입구에 설치된 제연용 연기감지기의 작동에 따라 특정소방대상물의 해당 수직풍도에 연결된 모

든 제연구역의 댐퍼가 개방되도록 할 것
ⓒ 그 밖의 설치기준은 수직풍도의 관통부에 설치하는 댐퍼의 설치기준과 동일

(11) 급기풍도

① 급기풍도는 내화구조로 할 것
② 급기풍도의 내부면은 두께 0.5mm 이상의 아연도금강판으로 마감하되 강판의 접합부에 대하여는 통기성이 없도록 조치할 것
③ 수직풍도 이외의 풍도로서 금속판으로 설치하는 풍도는 다음의 기준에 적합할 것
  ㉠ 풍도는 아연도금강판 또는 이와 동등 이상의 내식성·내열성이 있는 것으로 하며, 불연재료의(석면재료를 제외한다)단열재로 유효한 단열처리를 하고, 강판의 두께는 풍도의 크기에 따라 다음 표에 따른 기준 이상으로 할 것. 다만, 방화구획이 되는 전용실에 급기송풍기와 연결되는 닥트는 단열이 필요 없다.

풍도단면의 긴변 또는 직경의 크기	450mm 이하	450mm 초과 750mm 이하	750mm 초과 1,500mm 이하	1,500mm 초과 2,250mm 이하	2,250mm 초과
강판두께	0.5mm	0.6mm	0.8mm	1.0mm	1.2mm

  ㉡ 풍도에서의 누설량은 급기량의 10%를 초과하지 아니할 것
④ 풍도는 정기적으로 풍도 내부를 청소할 수 있는 구조로 설치할 것

(12) 급기송풍기

① 송풍기의 송풍능력은 송풍기가 담당하는 제연구역에 대한 급기량의 1.15배 이상으로 할 것. 다만 풍도에서의 누설을 실측하여 조정하는 경우에는 그러하지 아니하다.
② 송풍기에는 풍량조절장치를 설치하여 풍량조절을 할 수 있도록 할 것
③ 송풍기에는 풍량 및 풍량을 실측할 수 있는 유효한 조치를 할 것
④ 송풍기는 인접장소의 화재로부터 영향을 받지 아니하고 접근 및 점검이 용이한 곳에 설치할 것
⑤ 송풍기는 옥내 화재감지기의 동작에 따라 작동하도록 할 것
⑥ 송풍기와 연결되는 캔버스는 내열성(석면재료를 제외한다.)이 있는 것으로 할 것

(13) 외기 취입구

① 외기를 옥외로부터 취입하는 경우 취입구는 연기 또는 공해물질 등으로 오염된 공기를 취입 하지 아니하는 위치에 설치하여야 하며, 배기구등(유입공기, 주방의 조리대의 배출공기 또는 화장실의 배출공기 등을 배출하는 배기구를 말한다)으로부터 수평거리 5m 이상, 수직거리 1m 이상 낮은 위치에 설치할 것

② 취입구를 옥상에 설치하는 경우에는 옥상의 외곽면으로부터 수평거리 5m 이상, 외곽면의 상단으로부터 하부로 수직거리 1m 이하의 위치에 설치할 것
③ 취입구는 빗물과 이물질이 유입하지 아니하는 구조로 할 것
④ 취입구는 취입공기가 옥외 바람의 속도와 방향에 따라 영향을 받지 아니하는 구조로 할 것

(14) 제연구역 및 옥내의 출입문

① 제연구역 출입문의 기준
  ㉠ 제연구역의 출입문(창문을 포함)은 언제나 닫힌 상태를 유지하거나 자동폐쇄장치에 의해 자동으로 닫히는 구조로 할 것. 다만, 아파트인 경우 제연구역과 계단실 사이의 출입문은 자동폐쇄장치에 의하여 자동으로 닫히는 구조로 하여야 한다.
  ㉡ 제연구역의 출입문에 설치하는 자동폐쇄장치는 제연구역의 기압에도 불구하고 출입문을 용이하게 닫을 수 있는 충분한 폐쇄력이 있을 것
  ㉢ 제연구역의 출입문 등에 자동폐쇄장치를 사용하는 경우에는 [자동폐쇄장치의 성능인증 및 제품검사의 기술기준]에 적합한 것으로 설치하여야 한다.

② 옥내 출입문의 기준
  ㉠ 언제나 닫힌 상태를 유지하거나 자동폐쇄장치에 따라 자동으로 닫히는 구조로 설치할 것
  ㉡ 거실 쪽으로 열리는 구조의 출입문에 설치하는 자동폐쇄장치는 출입문의 개방 시 유입공기의 압력에도 불구하고 출입문을 용이하게 닫을 수 있는 충분한 폐쇄력이 있는 것으로 할 것

(15) 수동기동장치

① 배출댐퍼 및 개폐기의 직근과 제연구역에는 다음의 기준에 따른 장치의 작동을 위하여 전용의 수동기동장치를 설치하여야 한다. 다만, 계단실 및 그 부속실을 동시에 제연하는 제연구역에는 그 부속실에만 설치할 수 있다.
  ㉠ 전 층의 제연구역에 설치된 급기댐퍼의 개방
  ㉡ 당해 층의 배출댐퍼 또는 개폐기의 개방
  ㉢ 급기송풍기 및 유입공기의 배출용 송풍기의 작동
  ㉣ 개방·고정된 모든 출입문(제연구역과 옥내 사이의 출입문에 한한다.)의 개폐장치의 작동
② 수동기동장치는 옥내에 설치된 수동발신기의 조작에 의해서도 작동될 수 있도록 할 것

(16) 제어반

① 제어반에는 제어반의 기능을 1시간 이상 유지할 수 있는 용량의 비상용 축전지를 내장할 것

② 제어반은 다음의 기능을 보유할 것
　㉠ 급기용 댐퍼의 개폐에 대한 감시 및 원격조작기능
　㉡ 배출댐퍼 또는 개폐기의 작동 여부에 대한 감시 및 원격조작기능
　㉢ 급기송풍기와 유입공기의 배출용 송풍기의 작동 여부에 대한 감시 및 원격조작기능
　㉣ 제연구역 출입문의 일시적인 고정개방 및 해정에 대한 감시 및 원격조작기능
　㉤ 수동기동장치의 작동 여부에 대한 감시기능
　㉥ 급기구 개구율의 자동조절장치의 작동 여부에 대한 감시기능. 다만, 급기구에 차압표시계를 고정부착한 자동차압·과압조절형 댐퍼를 설치하고 당해 제어반에도 차압표시계를 설치한 경우에는 그러하지 아니하다.
　㉦ 감시선로의 단선에 대한 감시기능
　㉧ 예비전원이 확보되고 예비전원의 적합여부를 시험할수 있어야 할것.

(17) 비상전원

비상전원은 자가발전설비, 축전지설비 또는 전기저장장치로서 다음의 기준에 따라 설치하여야 한다. 다만, 2 이상의 변전소(전기사업법 제67조의 규정에 따른 변전소를 말한다.)에서 전력을 동시에 공급받을 수 있거나 하나의 변전소로부터 전력공급이 중단되는 때에 자동으로 다른 변전소로부터 전원을 공급받을 수 있도록 상용전원을 설치한 경우에는 그러하지 아니하다.

① 점검에 편리하고 화재 및 침수 등의 재해로 인한 피해를 받을 우려가 없는 곳에 설치할 것
② 제연설비를 유효하게 20분(층수가 30층 이상 49층 이하는 40분, 50층 이상은 60분) 이상 작동할 수 있도록 할 것
③ 상용전원으로부터 전력의 공급이 중단된 때에는 자동으로 비상전원으로부터 전력을 공급 받을 수 있도록 할 것
④ 비상전원의 설치장소는 다른 장소와 방화구획할 것. 이 경우 그 장소에는 비상전원의 공급에 필요한 기구나 설비 외의 것을 두어서는 아니 된다.
⑤ 비상전원을 실내에 설치하는 때에는 그 실내에 비상조명등을 설치할 것

(18) 시험, 측정 및 조정등

① 제연설비는 설계목적에 적합한지 사전에 검토하고 건물의 모든 부분을 완성하는 시점부터 시험 등을 하여야 한다.

② 제연설비의 시험 등은 다음의 기준에 따라 실시하여야 한다.

㉠ 제연구역의 모든 출입문 등의 크기와 열리는 방향이 설계 시와 동일한지 여부를 확인하고, 동일하지 아니한 경우 급기량과 보충량 등을 다시 산출하여 조정가능 여부 또는 재설계·개수의 여부를 결정할 것

㉡ ㉠의 기준에 따른 확인결과 출입문 등이 설계 시와 동일한 경우에는 출입문마다 그 바닥사이의 틈새가 평균적으로 균일한지 여부를 확인하고 큰 편차가 있는 출입문 등에 대하여는 그 바닥의 마감을 재시공하거나, 출입문 등에 불연재료를 사용하여 틈새를 조정할 것

㉢ 제연구역의 출입문 및 복도와 거실(옥내가 복도와 거실로 되어 있는 경우에 한한다.) 사이의 출입문마다 제연설비가 작동하고 있지 아니한 상태에서 그 폐쇄력을 측정할 것

㉣ 옥내의 층별로 화재감지기(수동기동장치를 포함한다.)를 동작시켜 제연설비가 작동하는지 여부를 확인할 것. 다만, 둘 이상의 특정소방대상물이 지하에 설치된 주차장으로 연결되어 있는 경우에는 주차장에서 하나의 특정소방대상물의 제연구역으로 들어가는 입구에 설치된 제연용 연기감지기의 작동에 따라 특정소방대상물의 해당 수직풍도에 연결된 모든 제연구역의 댐퍼가 개방되도록 하고 비상전원을 작동시켜 급기 및 배기용 송풍기의 성능이 정상인지 확인할 것

㉤ ㉣의 기준에 따라 제연설비가 작동하는 경우 다음 각 목의 기준에 따른 시험 등을 실시할 것

㉮ 부속실과 면하는 옥내 및 계단실의 출입문을 동시 개방할 경우, 유입공기의 풍속이 규정에 따른 방연풍속에 적합한지 여부를 확인하고, 적합하지 아니한 경우에는 급기구의 개구율과 송풍기의 풍량조절댐퍼 등을 조정하여 적합하게 할 것 이 경우 유입공기의 풍속은 출입문의 개방에 따른 개구부를 대칭적으로 균등분할하는 10 이상의 지점에서 측정하는 풍속의 평균치로 할 것

㉯ ㉮의 기준에 따른 시험 등의 과정에서 출입문을 개방하지 아니하는 제연구역의 실제 차압이 기준에 적합한지 여부를 출입문 등에 차압측정공을 설치하고 이를 통하여 차압측정기구로 실측하여 확인·조정할 것

㉢ 제연구역의 출입문이 모두 닫혀 있는 상태에서 제연설비를 가동시킨 후 출입문의 개방에 필요한 힘을 측정하여 규정에 따른 개방력에 적합한지 여부를 확인하고, 적합하지 아니한 경우에는 급기구의 개구율 조정 및 플랩댐퍼와 풍량조절용 댐퍼 등의 조정에 따라 적합하도록 조치할 것

㉣ ㉮의 기준에 따른 시험 등의 과정에서 부속실의 개방된 출입문이 자동으로 완전히 닫히는지 여부를 확인하고, 닫힌 상태를 유지할 수 있도록 조정할 것

CHAPTER 21 연결송수관설비(NFTC502)

1 ▸▸ 설치대상

① 층수가 5층 이상으로서 연면적 6천㎡ 이상인 것
② ①에 해당하지 않는 특정소방대상물로서 지하층을 포함하는 층수가 7층 이상인 것
② ① 및 ②에 해당하지 않는 특정소방대상물로서 지하층의 층수가 3층 이상이고 지하층의 바닥면적의 합계가 1천㎡ 이상인 것
④ 지하가 중 터널로서 길이가 1천m 이상인 것

2 ▸▸ 계통도

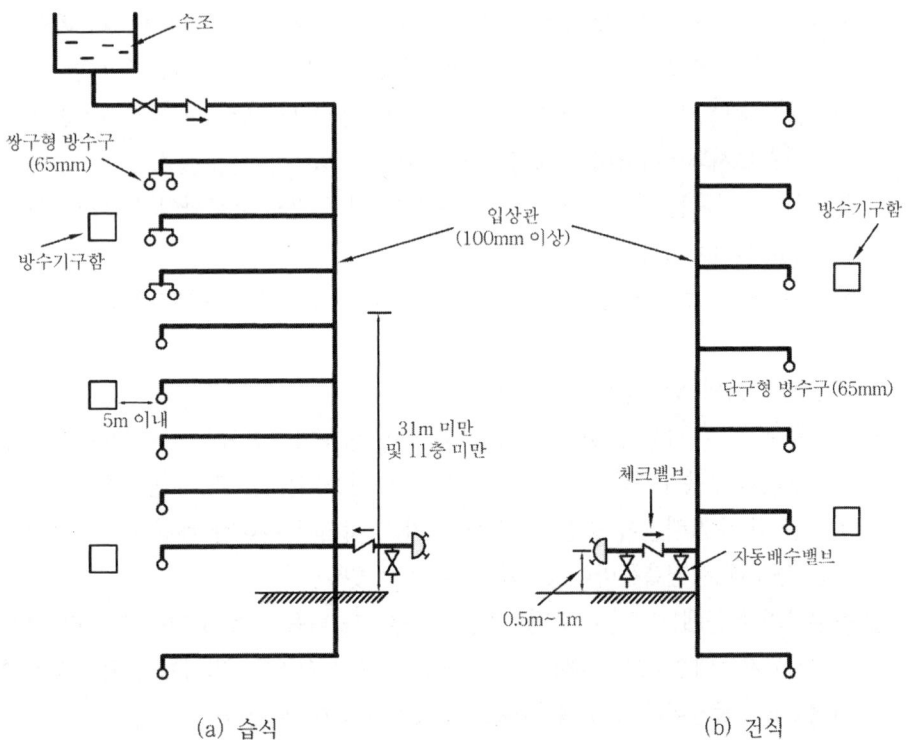

(a) 습식　　　　　(b) 건식

③ ▸▸ 용어의 정의

① "송수구"라 함은 소화설비에 소화용수를 보급하기 위하여 건물 외벽 또는 구조물의 외벽에 설치하는 관을 말한다.
② "방수구"라 함은 소화설비로부터 소화용수를 방수하기 위하여 건물내벽 또는 구조물의 외벽에 설치하는 관을 말한다.

④ ▸▸ 설치기준

(1) 송수구

① 소방차가 쉽게 접근할 수 있고 잘보이는 장소에 설치할 것
② 지면으로부터 높이가 0.5m 이상, 1m 이하의 위치에 설치할 것
③ 송수구는 화재층으로부터 지면으로 떨어지는 유리창 등이 송수 및 그 밖의 소화작업에 지장을 주지 아니하는 장소에 설치할 것
④ 송수구로부터 연결송수관설비의 주배관에 이르는 연결배관에 개폐밸브를 설치한 때에는 그 개폐상태를 쉽게 확인 및 조작할 수 있는 옥외 또는 기계실 등의 장소에 설치할 것. 이 경우 개폐밸브에는 그 밸브의 개폐상태를 감시제어반에서 확인할 수 있도록 급수개폐밸브 작동표시 스위치를 다음 기준에 따라 설치할여야 한다.
　㉠ 급수개폐밸브가 잠길 경우 탬퍼 스위치의 동작으로 인하여 감시제어반 또는 수신기에 표시되어야하며 경보음을 발할 것
　㉡ 탬퍼 스위치는 감시제어반 또는 수신기에서 동작의 유무확인과 동작시험, 도통시험을 할 수 있을 것
　㉢ 급수개폐밸브의 작동표시 스위치에 사용되는 전기배선은 내화전선 또는 내열전선으로 설치할 것
⑤ 구경 65mm의 쌍구형으로 할 것
⑥ 송수구에는 그 가까운 곳의 보기 쉬운 곳에 송수압력범위를 표시한 표지를 할 것
⑦ 송수구는 연결송수관의 수직배관마다 1개 이상을 설치할 것. 다만, 하나의 건축물에 설치된 각 수직배관이 중간에 개폐밸브가 설치되지 아니한 배관으로 상호 연결되어 있는 경우에는 건축물마다 1개씩 설치할 수 있다.
⑧ 송수구의 부근에는 자동배수밸브 및 체크밸브를 다음 각목의 기준에 따라 설치할 것. 이 경우 자동배수밸브는 배관 안의 물이 잘 빠질 수 있는 위치에 설치하되 배수로 인하여 다른 물건이나 장소에 피해를 주지 아니하여야 한다.

⊙ 습식의 경우에는 송수구·자동배수밸브·체크밸브의 순으로 설치할 것
ⓒ 건식의 경우에는 송수구·자동배수밸브·체크밸브·자동배수밸브의 순으로 설치할 것
⑨ 송수구에는 가까운 곳의 보기 쉬운 곳에 "연결송수관설비송수구"라고 표시한 표지를 설치할 것
⑩ 송수구에는 이물질을 막기 위한 마개를 씌울 것

(2) 배관 등

① 배관은 다음의 기준에 따라 설치하여야 한다.
   ⊙ 주배관의 구경은 100mm 이상의 것으로 할 것
   ⓒ 지면으로부터의 높이가 31m 이상인 소방대상물 또는 지상 11층 이상인 소방대상물에 있어서는 습식설비로 할 것
② 연결송수관설비의 배관은 주배관의 구경이 100mm 이상인 옥내소화전설비·스프링클러 설비 또는 물분무 등 소화설비의 배관과 겸용할 수 있다. 다만, 층수가 30층 이상의 특정소방대상물은 스프링클러설비의 배관과 겸용할 수 없다.
③ 연결송수관설비의 수직배관은 내화구조로 구획된 계단실(부속실을 포함한다.) 또는 파이프덕트 등 화재의 우려가 없는 장소에 설치하여야 한다. 다만, 학교 또는 공장이거나 배관주위를 1시간 이상의 내화성능이 있는 재료로 보호하는 경우에는 그러하지 아니하다.
④ 기타 배관규정은 옥내소화전 배관규정과 동일.

(3) 방수구

① 연결송수관설비의 방수구는 그 소방대상물의 층마다 설치할 것

> **방수구를 설치하지 않아도 되는 층**
> - 아파트의 1층 및 2층
> - 소방차의 접근이 가능하고 소방대원이 소방차로부터 각 부분에 쉽게 도달할 수 있는 피난층
> - 송수구가 부설된 옥내소화전을 설치한 소방대상물로서 다음에 해당하는 층
>   - 지하층을 제외한 층수가 4층 이하이고 연면적이 6,000m² 미만인 소방대상물의 지상층
>   - 지하층의 층수가 2 이하인 소방대상물의 지하층

② 방수구는 아파트 또는 바닥면적이 1,000m² 미만인 층에 있어서는 계단으로부터 5m 이내에, 바닥면적 1,000m² 이상인 층에 있어서는 각 계단으로부터 5m 이내에 설치할 것

③ 각 부분으로부터 방수구까지의 수평거리
  ㉠ 지하가 또는 지하층의 바닥면적의 합계가 3,000m² 이상인 것 : 25m
  ㉡ ㉠에 해당하지 아니하는 것 : 50m
④ 11층 이상의 부분에 설치하는 방수구는 쌍구형으로 할 것

> **11층 이상인 층 중 단구형 방수구를 설치할 수 있는 경우**
> - 아파트의 용도로 사용되는 층
> - 스프링클러설비가 유효하게 설치되어 있고 방수구가 2개소 이상 설치된 층

⑤ 방수구의 호스접결구는 바닥으로부터 높이 0.5m 이상, 1m 이하의 위치에 설치할 것
⑥ 방수구는 연결송수관설비의 전용방수구 또는 옥내소화전방수구로서 구경 65mm의 것으로 설치할 것
⑦ 방수구의 위치표시는 표시등 또는 축광식표지로 하되 다음의 기준에 따라 설치 할 것
  ㉠ 표시등을 설치하는 경우에는 함의 상부에 설치하되 그 불빛은 부착면으로부터 15° 이상의 범위 안에서 부착지점으로부터 10m 이내의 어느 곳에서도 쉽게 식별할 수 있는 적색등으로 할 것 [표시등의 성능인증 및 제품검사의 기술기준]
  ㉡ ㉠의 규정에 따른 적색등은 사용전압의 130%인 전압을 24시간 연속하여 가하는 경우에도 단선, 현저한 광속변화, 전류변화 등의 현상이 발생되지 아니할 것
  ㉢ 축광식 표지를 설치하는 경우에는 [축광표지의 성능인증 및 제품검사의 기술기준]에 적합할 것
⑧ 방수구는 개폐기능을 가진 것으로 설치하여야하며, 평상시 닫힌 상태를 유지할 것

(4) 방수기구함

연결송수관설비의 방수용기구함을 다음의 기준에 따라 설치하여야 한다.
① 방수기구함은 피난층과 가장 가까운 층을 기준으로 3개 층마다 설치하되, 그 층의 방수구마다 보행거리 5m 이내에 설치할 것
② 방수기구함에는 길이 15m의 호스와 방사형 관창을 다음 각목의 기준에 따라 비치할 것
  ㉠ 호스는 방수구에 연결하였을 때 그 방수구가 담당하는 구역의 각 부분에 유효하게 물이 뿌려질 수 있는 개수 이상을 비치할 것. 이 경우 쌍구형 방수구는 단구형 방수구의 2배 이상의 개수를 설치하여야 한다.
  ㉡ 방사형 관창은 단구형 방수구의 경우에는 1개, 쌍구형 방수구의 경우에는 2개 이상 비치할 것
③ 방수기구함에는 "방수기구함"이라고 표시한 축광식 표지를 할 것

(5) 가압송수장치

지표면에서 최상층 방수구의 높이가 70m 이상의 소방대상물에는 다음의 기준에 따라 연결송수관설비의 가압송수장치를 설치하여야 한다.

① 펌프의 토출량은 다음 기준에 적합할 것

대상물의 층 당 방수구	1~3개	4개	5개 이상
일반 대상물	2,400ℓ/min 이상	3,200ℓ/min 이상	4,000ℓ/min 이상
계단실형 아파트	1,200ℓ/min 이상	1,600ℓ/min 이상	2,000ℓ/min 이상

② 펌프의 양정은 최상층에 설치된 노즐선단의 압력이 0.35MPa 이상의 압력이 되도록 할 것

③ 가압송수장치는 방수구가 개방될 때 자동으로 기동되거나 또는 수동스위치의 조작에 따라 기동되도록 할 것. 이 경우 수동스위치는 2개 이상을 설치하되, 그 중 1개는 다음 각목의 기준에 따라 송수구의 부근에 설치하여야 한다.
  ㉠ 송수구로부터 5m 이내의 보기 쉬운 장소에 바닥으로부터 높이 0.8m 이상, 1.5m 이하로 설치할 것
  ㉡ 1.5mm 이상의 강판함에 수납하여 설치할 것. 이 경우 문짝은 불연재료로 설치할 수 있다.
  ㉢ 접지하고 빗물 등이 들어가지 아니하는 구조로 할 것

④ 그 밖의 사항은 옥내소화전과 동일[내연기관의 경우 연료량 20분, 40분, 60분]

CHAPTER 22 연결살수설비(NFTC503)

1 ▸▸ 설치대상

① 판매시설, 운수시설, 창고시설 중 물류터미널로서 해당 용도로 사용되는 부분의 바닥면적의 합계가 1천㎡ 이상인 것
② 지하층(피난층으로 주된 출입구가 도로와 접한 경우는 제외한다)으로서 바닥면적의 합계가 150㎡ 이상인 것. 다만, 「주택법 시행령」 제21조제4항에 따른 국민주택규모 이하인 아파트의 지하층(대피시설로 사용하는 것만 해당한다)과 교육연구시설 중 학교의 지하층의 경우에는 700㎡ 이상인 것으로 한다.
③ 가스시설 중 지상에 노출된 탱크의 용량이 30톤 이상인 탱크시설
④ ① 및 ②의 특정소방대상물에 부속된 연결통로

2 ▸▸ 계통도

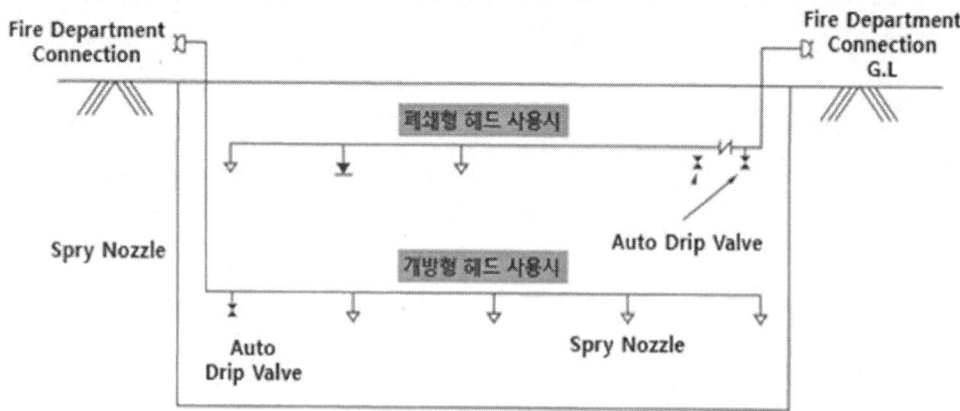

③ 설치기준

(1) 송수구 등

① 송수구의 설치기준
- ㉠ 소방차가 쉽게 접근할 수 있고 노출된 장소에 설치할 것. 이 경우 가연성 가스의 저장·취급시설에 설치하는 연결살수설비의 송수구는 그 방호대상물로부터 20m 이상의 거리를 두거나 방호대상물에 면하는 부분이 높이 1.5m 이상, 폭 2.5m 이상의 철근콘크리트 벽으로 가려진 장소에 설치하여야 한다.
- ㉡ 송수구는 구경 65mm의 쌍구형으로 설치할 것. 다만, 하나의 송수구역에 부착하는 살수헤드의 수가 10개 이하인 것에 있어서는 단구형으로 할 수 있다.
- ㉢ 개방형 헤드를 사용하는 송수구의 호스접결구는 각 송수구역마다 설치할 것. 다만, 송수구역을 선택할 수 있는 선택밸브가 설치되어 있고 각 송수구역의 주요구조부가 내화구조로 되어 있는 경우에는 그러하지 아니하다.
- ㉣ 지면으로부터 높이가 0.5m 이상, 1m 이하의 위치에 설치할 것
- ㉤ 송수구로부터 주배관에 이르는 연결배관에는 개폐밸브를 설치하지 아니할 것. 다만, 스프링클러설비·물분무소화설비·포소화설비 또는 연결송수관설비의 배관과 겸용하는 경우에는 그러하지 아니하다.
- ㉥ 송수구의 부근에는 "연결살수설비송수구"라고 표시한 표지와 송수구역 일람표를 설치할 것
- ㉦ 송수구에는 이물질을 막기 위한 마개를 씌워야 한다.

② 연결살수설비의 선택밸브의 설치기준
- ㉠ 화재시 연소의 우려가 없는 장소로서 조작 및 점검이 쉬운 위치에 설치할 것
- ㉡ 자동개방밸브에 따른 선택밸브를 사용하는 경우에 있어서는 송수구역에 방수하지 아니하고 자동밸브의 작동시험이 가능하도록 할 것
- ㉢ 선택밸브의 부근에는 송수구역 일람표를 설치할 것

③ 송수구의 가까운 부분에 자동배수밸브 및 체크밸브의 설치기준
- ㉠ 폐쇄형 헤드를 사용하는 설비의 경우에는 송수구·자동배수밸브·체크밸브의 순으로 설치할 것
- ㉡ 개방형 헤드를 사용하는 설비의 경우에는 송수구·자동배수밸브의 순으로 설치할 것
- ㉢ 자동배수밸브는 배관 안의 물이 잘 빠질 수 있는 위치에 설치하되, 배수로 인하여 다른 물건 또는 장소에 피해를 주지 아니할 것

④ 개방형 헤드를 사용하는 연결살수설비에 있어서 하나의 송수구역에 설치하는 살수헤드의 수는 10개 이하가 되도록 하여야 한다.

(2) 배관 등

① 배관의 구경

㉠ 연결살수설비 전용헤드를 사용하는 경우

하나의 배관에 부착하는 살수헤드의 개수	1개	2개	3개	4개 또는 5개	6개 이상 10개 이하
배관의 구경(mm)	32	40	50	65	80

㉡ 스프링클러헤드를 사용하는 경우

구분 \ 급수관의 직경	25	32	40	50	65	80	90	100	125	150
가	2	3	5	10	30	60	80	100	160	161 이상
나	2	4	7	15	30	60	65	100	160	161 이상
다	1	2	5	8	15	27	40	55	90	90 이상

② 폐쇄형 헤드를 사용하는 연결살수설비의 주배관은 옥내소화전설비의 주배관 및 수도배관 또는 옥상에 설치된 수조에 접속하여야 한다. 이 경우 연결살수설비의 주배관과 옥내소화전설비의 주배관·수도배관·옥상에 설치된 수조의 접속부분에는 체크밸브를 설치하되 점검하기 쉽게 하여야 한다.

③ 폐쇄형 헤드를 사용하는 연결살수설비에는 다음의 기준에 따른 시험배관을 설치하여야 한다.

㉠ 송수구에서 가장 먼 거리에 위치한 가지배관의 끝으로부터 연결하여 설치할 것

㉡ 시험장치 배관의 구경은 25mm로 하고, 그 끝에는 물받이통 및 배수관을 설치하여 시험 중 방사된 물이 바닥으로 흘러내리지 아니하도록 할 것. 다만, 목욕실·화장실 또는 그 밖의 배수처리가 쉬운 장소의 경우에는 물받이통 또는 배수관을 설치하지 아니할 수 있다.

④ 개방형 헤드를 사용하는 연결살수설비에 있어서의 수평주행배관은 헤드를 향하여 상향으로 100분의 1 이상의 기울기로 설치하고 주배관 중 낮은 부분에는 자동배수밸브를 설치하여야 한다.

⑤ 가지배관 또는 교차배관을 설치하는 경우에는 가지배관의 배열은 토너먼트방식이 아니어야 하며, 가지배관은 교차배관 또는 주배관에서 분기되는 지점을 기점으로 한쪽

가지배관에 설치되는 헤드의 개수는 8개 이하로 하여야 한다.
⑥ 습식 연결살수설비의 배관은 동결방지조치를 하거나 동결의 우려가 없는 장소에 설치하여야 한다.
⑦ 급수배관에 설치되어 급수를 차단할 수 있는 개폐밸브는 개폐표시형으로 하여야한다. 이 경우 펌프의 흡입측 배관에는 버터플라이밸브 외의 개폐표시형 밸브를 설치하여야 한다.
⑧ 연결살수설비 교차배관의 위치·청소구 및 가지배관의 설치기준은 다음과 같다.
  ㉠ 교차배관은 가지배관과 수평으로 설치하거나 또는 가지배관 밑에 설치하고 그 구경은 ①의 규정에 따르되 최소구경이 40mm 이상이 되도록 할 것
  ㉡ 폐쇄형 헤드를 사용하는 연결살수설비의 청소구는 주배관 또는 교차배관 끝에 40mm 이상 크기의 개폐밸브를 설치하고, 호스접결이 가능한 나사식 또는 고정 배수 배관식으로 할 것
  ㉢ 폐쇄형 헤드를 사용하는 연결살수설비에 하향식 헤드를 설치하는 경우에는 가지배관으로부터 헤드에 이르는 헤드접속배관은 가지관상부에서 분기할 것. 다만, 소화설비용 수원의 수질이 먹는물관리법 규정에 따라 먹는물의 수질기준에 적합하고 덮개가 있는 저수조로부터 물을 공급받는 경우에는 가지배관의 측면 또는 하부에서 분기할 수 있다.

(3) 연결살수설비 헤드

① 연결살수설비의 헤드는 연결살수설비 전용헤드 또는 스프링클러헤드로 설치하여야 한다.
② **연결살수설비 헤드의 설치기준**
  ㉠ 천장 또는 반자의 실내에 면하는 부분에 설치할 것
  ㉡ 천장 또는 반자의 각 부분으로부터 하나의 살수헤드까지의 수평거리가 연결살수설비 전용헤드의 경우은 3.7m 이하, 스프링클러헤드의 경우는 2.3m 이하로 할 것. 다만, 살수헤드의 부착면과 바닥과의 높이가 2.1m 이하인 부분에 있어서는 살수헤드의 살수분포에 따른 거리로 할 수 있다.
③ **폐쇄형 스프링클러헤드를 설치하는 경우의 설치기준**
  ㉠ 그 설치장소의 평상시 최고 주위온도에 따라 다음 표에 따른 표시온도의 것으로 설치할 것. 다만, 높이가 4m 이상인 공장 및 창고(랙크식 창고를 포함한다.)에 설치하는 스프링클러헤드는 그 설치장소의 평상시 최고 주위온도에 관계없이 표시온도 121℃ 이상의 것으로 할 수 있다.

설치장소의 최고 주위온도	표시온도
39℃ 미만	79℃ 미만
39℃ 이상 64℃ 미만	79℃ 이상 121℃ 미만
64℃ 이상 106℃ 미만	121℃ 이상 162℃ 미만
106℃ 이상	162℃ 이상

ⓒ 살수가 방해되지 아니하도록 스프링클러헤드로부터 반경 60cm 이상의 공간을 보유할 것. 다만, 벽과 스프링클러헤드 간의 공간은 10cm 이상으로 한다.

ⓒ 스프링클러헤드와 그 부착면(상향식 헤드의 경우에는 그 헤드의 직상부의 천장·반자 또는 이와 비슷한 것을 말한다. 이하 같다.)과의 거리는 30cm 이하로 할 것

ⓔ 배관·행가 및 조명기구 등 살수를 방해하는 것이 있는 경우에는 ⓒ의 규정에 불구하고 그로부터 아래에 설치하여 살수에 장애가 없도록 할 것. 다만, 연결살수헤드와 장애물과의 이격거리를 장애물 폭의 3배 이상 확보한 경우에는 그러하지 아니하다.

ⓜ 스프링클러헤드의 반사판은 그 부착면과 평행하게 설치할 것

ⓑ 천장의 기울기가 10분의 1을 초과하는 경우에는 가지관을 천장의 마루와 평행하게 설치하고, 스프링클러헤드는 다음의 기준에 적합하게 설치할 것

㉮ 천장의 최상부에 스프링클러헤드를 설치하는 경우에는 최상부에 설치하는 스프링클러헤드의 반사판을 수평으로 설치할 것

㉯ 천장의 최상부를 중심으로 가지관을 서로 마주보게 설치하는 경우에는 최상부의 가지관 상호 간의 거리가 가지관상의 스프링클러헤드 상호 간의 거리의 2분의 1 이하 (최소 1m 이상이 되어야 한다.)가 되게 스프링클러헤드를 설치하고, 가지관의 최상부에 설치하는 스프링클러헤드는 천장의 최상부로부터의 수직거리가 90cm 이하가 되도록 할 것. 톱날지붕, 둥근지붕 기타 이와 유사한 지붕의 경우에도 이에 준한다.

ⓢ 연소할 우려가 있는 개구부에는 그 상하좌우에 2.5m 간격으로(개구부의 폭이 2.5m 이하인 경우에는 그 중앙에) 스프링클러헤드를 설치하되, 스프링클러헤드와 개구부의 내측면으로부터의 직선거리는 15cm 이하가 되도록 할 것 이 경우 사람이 상시 출입하는 개구부로서 통행에 지장이 있는 때에는 개구부의 상부 또는 측면(개구부의 폭이 9m 이하인 경우에 한한다.)에 설치하되, 헤드 상호 간의 간격은 1.2m 이하로 설치하여야 한다.

ⓞ 습식 연결살수설비 외의 설비에는 상향식 스프링클러헤드를 설치할 것. 다만, 다음에 해당하는 경우에는 그러하지 아니하다.

㉮ 드라이펜던트 스프링클러헤드를 사용하는 경우
㉯ 스프링클러헤드의 설치장소가 동파의 우려가 없는 곳인 경우
㉰ 개방형 스프링클러헤드를 사용하는 경우
㉱ 측벽형 스프링클러헤드를 설치하는 경우 긴변의 한쪽 벽에 일렬로 설치(폭이 4.5m 이상 9m 이하인 실에 있어서는 긴변의 양쪽에 각각 일렬로 설치하되 마주보는 스프링클러헤드가 나란하도록 설치)하고 3.6m 이내마다 설치할 것
④ 가연성 가스의 저장·취급시설에 설치하는 연결살수설비의 헤드의 설치기준
㉠ 연결살수설비 전용의 개방형 헤드를 설치할 것
㉡ 가스저장탱크·가스홀더 및 가스발생기의 주위에 설치하되, 헤드상호 간의 거리는 3.7m 이하로 할 것
㉢ 헤드의 살수범위는 가스저장탱크·가스홀더 및 가스발생기의 몸체의 중간 윗부분의 모든 부분이 포함되도록 하여야 하고 살수된 물이 흘러내리면서 살수범위에 포함되지 아니한 부분에도 모두 적셔질 수 있도록 할 것

(4) 헤드의 설치 제외장소

① 상점으로서 주요구조부가 내화구조 또는 방화구조로 되어 있고 바닥면적이 $500m^2$ 미만으로 방화구획되어 있는 소방대상물 또는 그 부분
② 계단실·경사로·승강기의 승강로·파이프덕트·목욕실·화장실·직접 외기에 개방되어 있는 복도 기타 이와 유사한 장소
③ 통신기기실·전자기기실·기타 이와 유사한 장소
④ 발전실·변전실·변압기·기타 이와 유사한 전기설비가 설치되어 있는 장소
⑤ 병원의 수술실·응급처치실·기타 이와 유사한 장소
⑥ 천장과 반자 양쪽이 불연재료로 되어 있는 경우로서 그 사이의 거리 및 구조가 다음에 해당하는 부분
㉠ 천장과 반자 사이의 거리가 2m 미만인 부분
㉡ 천장과 반자 사이의 벽이 불연재료이고 천장과 반자 사이의 거리가 2m 이상으로서 그 사이에 가연물이 존재하지 아니하는 부분
⑦ 천장·반자 중 한쪽이 불연재료로 되어있고 천장과 반자 사이의 거리가 1m 미만인 부분
⑧ 천장 및 반자가 불연재료 외의 것으로 되어 있고 천장과 반자 사이의 거리가 0.5m 미만인 부분
⑨ 펌프실·물탱크실 그 밖의 이와 비슷한 장소
⑩ 현관 또는 로비 등으로서 바닥으로부터 높이가 20m 이상인 장소

⑪ 냉장창고의 냉장실 또는 냉동창고의 냉동실
⑫ 고온의 노가 설치된 장소 또는 물과 격렬하게 반응하는 물품의 저장 또는 취급장소
⑬ 불연재료로 된 소방대상물 또는 그 부분으로서 다음에 해당하는 장소
  ㉠ 정수장·오물처리장 그 밖의 이와 비슷한 장소
  ㉡ 펄프공장의 작업장·음료수공장의 세정 또는 충전하는 작업장 그 밖의 이와 비슷한 장소
  ㉢ 불연성의 금속·석재 등의 가공공장으로서 가연성 물질을 저장 또는 취급하지 아니하는 장소

CHAPTER 23 도로터널(NFTC603)

① 설치대상

[터널 길이에 따른 소방시설의 종류]
① 500m 이상 : 비상경보설비, 비상조명등설비, 비상콘센트설비, 무선통신보조설비
② 1,000m 이상 : 옥내소화전설비, 자동화재탐지설비, 연결송수관설비
③ 모든 터널 : 소화기
④ 지하가 중 예상 교통량, 경사도 등 터널의 특성을 고려하여 행정안전부령으로 정하는 위험등급 이상에 해당하는 터널 : 물분무소화설비, 제연설비

② 용어정의

① "도로터널"이란 「도로법」제8조에서 규정한 도로의 일부로서 자동차의 통행을 위해 지붕이 있는 지하 구조물을 말한다.
② "설계화재강도"란 터널 화재시 소화설비 및 제연설비 등의 용량산정을 위해 적용하는 차종별 최대열방출률(MW)을 말한다.
③ "종류환기방식"이란 터널 안의 배기가스와 연기 등을 배출하는 환기설비로서 기류를 종방향(출입구 방향)으로 흐르게 하여 환기하는 방식을 말한다.
④ "횡류환기방식"이란 터널 안의 배기가스와 연기 등을 배출하는 환기설비로서 기류를 횡방향(바닥에서 천장)으로 흐르게 하여 환기하는 방식을 말한다.
⑤ "반횡류환기방식"이란 터널 안의 배기가스와 연기 등을 배출하는 환기설비로서 터널에 수직배기구를 설치해서 횡방향과 종방향으로 기류를 흐르게 하여 환기하는 방식을 말한다.
⑥ "양방향터널"이란 하나의 터널 안에서 차량의 흐름이 서로 마주보게 되는 터널을 말한다.
⑦ "일방향터널"이란 하나의 터널 안에서 차량의 흐름이 하나의 방향으로만 진행되는 터널을 말한다.

⑧ "연기발생률"이란 일정한 설계화재강도의 차량에서 단위 시간당 발생하는 연기량을 말한다.
⑨ "피난연결통로"란 본선터널과 병설된 상대터널이나 본선터널과 평행한 피난통로를 연결하기 위한 연결통로를 말한다.
⑩ "배기구"란 터널 안의 오염공기를 배출하거나 화재발생시 연기를 배출하기 위한 개구부를 말한다.

3. 소화기 설치기준

① 소화기의 능력단위(「소화기구의 화재안전기준(NFTC 101)」 제3조제6호에 따른 수치를 말한다. 이하 같다)는 A급 화재는 3단위 이상, B급 화재는 5단위 이상 및 C급 화재에 적응성이 있는 것으로 할 것
② 소화기의 총중량은 사용 및 운반이 편리성을 고려하여 7kg 이하로 할 것
③ 소화기는 주행차로의 우측 측벽에 50m 이내의 간격으로 2개 이상을 설치하며, 편도2차선 이상의 양방향 터널과 4차로 이상의 일방향 터널의 경우에는 양쪽 측벽에 각각 50m 이내의 간격으로 엇갈리게 2개 이상을 설치할 것
④ 바닥면(차로 또는 보행로를 말한다. 이하 같다)으로부터 1.5m 이하의 높이에 설치할 것
⑤ 소화기구함의 상부에 "소화기"라고 조명식 또는 반사식의 표지판을 부착하여 사용자가 쉽게 인지할 수 있도록 할 것

4. 옥내소화전 설치기준

① 소화전함과 방수구는 주행차로 우측 측벽을 따라 50m 이내의 간격으로 설치하며, 편도 2차선 이상의 양방향 터널이나 4차로 이상의 일방향 터널의 경우에는 양쪽 측벽에 각각 50m 이내의 간격으로 엇갈리게 설치할 것
② 수원은 그 저수량이 옥내소화전의 설치개수 2개(4차로 이상의 터널의 경우 3개)를 동시에 40분 이상 사용할 수 있는 충분한 양 이상을 확보할 것
③ 가압송수장치는 옥내소화전 2개(4차로 이상의 터널인 경우 3개)를 동시에 사용할 경우 각 옥내소화전의 노즐선단에서의 방수압력은 0.35MPa 이상이고 방수량은 190L/min 이상이 되는 성능의 것으로 할 것. 다만, 하나의 옥내소화전을 사용하는 노즐선단에서의 방수압력이 0.7MPa을 초과할 경우에는 호스접결구의 인입측에 감압장치를 설치하여야 한다.

④ 압력수조나 고가수조가 아닌 전동기 및 내연기관에 의한 펌프를 이용하는 가압송수장치는 주펌프와 동등 이상인 별도의 예비펌프를 설치할 것
⑤ 방수구는 40mm 구경의 단구형을 옥내소화전이 설치된 벽면의 바닥면으로부터 1.5m 이하의 높이에 설치할 것
⑥ 소화전함에는 옥내소화전 방수구 1개, 15m 이상의 소방호스 3본 이상 및 방수노즐을 비치할 것
⑦ 옥내소화전설비의 비상전원은 40분 이상 작동할 수 있을 것

5. 물분무소화설비 설치기준

① 물분무 헤드는 도로면에 1㎡당 6L/min 이상의 수량을 균일하게 방수할 수 있도록 할 것
② 물분무설비의 하나의 방수구역은 25m 이상으로 하며, 3개 방수구역을 동시에 40분 이상 방수할 수 있는 수량을 확보 할 것
③ 물분무설비의 비상전원은 40분 이상 기능을 유지할 수 있도록 할 것

6. 비상경보설비 설치기준

① 발신기는 주행차로 한쪽 측벽에 50m 이내의 간격으로 설치하며, 편도 2차선 이상의 양방향 터널이나 4차로 이상의 일방향 터널의 경우에는 양쪽의 측벽에 각각 50m 이내의 간격으로 엇갈리게 설치할 것
② 발신기는 바닥면으로부터 0.8m 이상 1.5m 이하의 높이에 설치할 것
③ 음향장치는 발신기 설치위치와 동일하게 설치할 것. 다만, 「비상방송설비의 화재안전기준(NFTC 202)」에 적합하게 설치된 방송설비를 비상경보설비와 연동하여 작동하도록 설치한 경우에는 비상경보설비의 지구음향장치를 설치하지 아니할 수 있다.
④ 음량장치의 음량은 부착된 음향장치의 중심으로부터 1m 떨어진 위치에서 90dB 이상이 되도록 할 것
⑤ 음향장치는 터널내부 전체에 동시에 경보를 발하도록 설치할 것
⑥ 시각경보기는 주행차로 한쪽 측벽에 50m 이내의 간격으로 비상경보설비 상부 직근에 설치하고, 전체 시각경보기는 동기방식에 의해 작동될 수 있도록 할 것

7 ▸▸ 자동화재탐지설비 설치기준

① 터널에 설치할 수 있는 감지기의 종류는 다음 각 호의 어느 하나와 같다.
  ㉠ 차동식분포형감지기
  ㉡ 정온식감지선형감지기(아날로그식에 한한다. 이하 같다.)
  ㉢ 중앙기술심의위원회의 심의를 거쳐 터널화재에 적응성이 있다고 인정된 감지기
② 하나의 경계구역의 길이는 100m 이하로 하여야 한다.
③ ①에 의한 감지기의 설치기준은 다음 각 호와 같다. 다만, 중앙기술심의위원회의 심의를 거쳐 제조사 시방서에 따른 설치방법이 터널화재에 적합하다고 인정되는 경우에는 다음 각 호의 기준에 의하지 아니하고 심의결과에 의한 제조사 시방서에 따라 설치할 수 있다.
  ㉠ 감지기의 감열부(열을 감지하는 기능을 갖는 부분을 말한다. 이하 같다)와 감열부 사이의 이격거리는 10m 이하로, 감지기와 터널 좌·우측 벽면과의 이격거리는 6.5m 이하로 설치할 것
  ㉡ ㉠에도 불구하고 터널 천장의 구조가 아치형의 터널에 감지기를 터널 진행방향으로 설치하고자 하는 경우에는 감열부와 감열부 사이의 이격거리를 10m 이하로 하여 아치형 천장의 중앙 최상부에 1열로 감지기를 설치하여야 하며, 감지기를 2열 이상으로 설치하고자 하는 경우에는 감열부와 감열부 사이의 이격거리는 10m 이하로 감지기 간의 이격거리는 6.5m 이하로 설치할 것
  ㉢ 감지기를 천장면(터널 안 도로 등에 면한 부분 또는 상층의 바닥 하부면을 말한다. 이하 같다)에 설치하는 경우에는 감기기가 천장면에 밀착되지 않도록 고정금구 등을 사용하여 설치할 것
  ㉣ 형식승인 내용에 설치방법이 규정된 경우에는 형식승인 내용에 따라 설치할 것. 다만, 감지기와 천장면과의 이격거리에 대해 제조사의 시방서에 규정되어 있는 경우에는 시방서의 규정에 따라 설치할 수 있다.
④ ②에도 불구하고 감지기의 작동에 의하여 다른 소방시설 등이 연동되는 경우로서 해당 소방시설 등의 작동을 위한 정확한 발화위치를 확인할 필요가 있는 경우에는 경계구역의 길이가 해당 설비의 방호구역 등에 포함되도록 설치하여야 한다.
⑤ 발신기 및 지구음향장치는 비상경보설비설치기준을 준용하여 설치하여야 한다.

8 비상조명등 설치기준

① 상시 조명이 소등된 상태에서 비상조명등이 점등되는 경우 터널안의 차도 및 보도의 바닥면의 조도는 10ℓx 이상, 그 외 모든 지점의 조도는 1ℓx 이상이 될 수 있도록 설치할 것
② 비상조명등은 상용전원이 차단되는 경우 자동으로 비상전원으로 60분 이상 점등되도록 설치할 것
③ 비상조명등에 내장된 예비전원이나 축전지설비는 상용전원의 공급에 의하여 상시 충전상태를 유지할 수 있도록 설치할 것

9 제연설비 설치기준

① 제연설비는 다음 각 호의 사양을 만족하도록 설계하여야 한다.
　㉠ 설계화재강도 20MW를 기준으로 하고, 이 때 연기발생률은 80㎥/s로 하며, 배출량은 발생된 연기와 혼합된 공기를 충분히 배출할 수 있는 용량 이상을 확보할 것
　㉡ 제1호에도 불구하고 화재강도가 설계화재강도 보다 높을 것으로 예상될 경우 위험도분석을 통하여 설계화재강도를 설정하도록 할 것
② 제연설비는 다음 각 호의 기준에 따라 설치하여야 한다.
　㉠ 종류환기방식의 경우 제트팬의 소손을 고려하여 예비용 제트팬을 설치하도록 할 것
　㉡ 횡류환기방식(또는 반횡류환기방식) 및 대배기구 방식의 배연용 팬은 덕트의 길이에 따라서 노출온도가 달라질 수 있으므로 수치해석 등을 통해서 내열온도 등을 검토한 후에 적용하도록 할 것
　㉢ 대배기구의 개폐용 전동모터는 정전 등 전원이 차단되는 경우에도 조작상태를 유지할 수 있도록 할 것
　㉣ 화재에 노출이 우려되는 제연설비와 전원공급선 및 제트팬 사이의 전원공급장치 등은 250℃의 온도에서 60분 이상 운전상태를 유지할 수 있도록 할 것
③ 제연설비의 기동은 다음 각 호의 어느 하나에 의하여 자동 또는 수동으로 기동될 수 있도록 하여야 한다.
　㉠ 화재감지기가 동작되는 경우
　㉡ 발신기의 스위치 조작 또는 자동소화설비의 기동장치를 동작시키는 경우
　㉢ 화재수신기 또는 감시제어반의 수동조작스위치를 동작시키는 경우
④ 비상전원은 60분 이상 작동할 수 있도록 하여야 한다.

10 ▶▶ 연결송수관설비 설치기준

① 방수압력은 0.35MPa 이상, 방수량은 400L/min 이상을 유지할 수 있도록 할 것
② 방수구는 50m 이내의 간격으로 옥내소화전함에 병설하거나 독립적으로 터널출입구 부근과 피난연결 통로에 설치할 것
③ 방수기구함은 50m 이내의 간격으로 옥내소화전함 안에 설치하거나 독립적으로 설치하고, 하나의 방수기구함에는 65㎜ 방수노즐 1개와 15m 이상의 호스 3본을 설치하도록 할 것

11 ▶▶ 무선통신보조설비 설치기준

① 무선통신보조설비의 무전기접속단자는 방재실과 터널의 입구 및 출구, 피난연결통로에 설치하여야 한다.
② 라디오 재방송설비가 설치되는 터널의 경우에는 무선통신보조설비와 겸용으로 설치할 수 있다.

12 ▶▶ 비상콘센트설비 설치기준

① 비상콘센트설비의 전원회로는 단상교류 220V인 것으로서, 그 공급용량은 1.5KVA 이상인 것으로 할 것
② 전원회로는 주배전반에서 전용회로로 할 것. 다만, 다른 설비의 회로의 사고에 따른 영향을 받지 아니하도록 되어 있는 것은 그러하지 아니하다.
③ 콘센트마다 배선용 차단기(KS C 8321)를 설치하여야 하며, 충전부가 노출되지 아니하도록 할 것
④ 주행차로의 우측 측벽에 50m 이내의 간격으로 바닥으로부터 0.8m 이상 1.5m 이하의 높이에 설치할 것

CHAPTER 24 고층건축물(NFTC604)

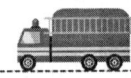

1. 용어정의

① 이 기준에서 사용하는 용어의 정의는 다음과 같다.
  ㉠ "고층건축물"이란 건축법 제2조제1항제19호 규정에 따른 건축물을 말한다.
  ㉡ "급수배관"이란 수원 및 옥외송수구로부터 옥내소화전 방수구 또는 스프링클러헤드, 연결송수관 방수구에 급수하는 배관을 말한다.
② 이 기준에서 사용하는 용어는 제1항에서 규정한 것을 제외하고는 관계법령 및 개별 화재안전기준에서 정하는 바에 따른다.

[건축법 용어정의]
"고층건축물"이란 층수가 30층 이상이거나 높이가 120미터 이상인 건축물을 말한다

2. 옥내소화전 설치기준

① 수원은 그 저수량이 옥내소화전의 설치개수가 가장 많은 층의 설치개수(5개 이상 설치된 경우에는 5개)에 5.2㎥(호스릴옥내소화전설비를 포함한다)를 곱한 양 이상이 되도록 하여야 한다. 다만, 층수가 50층 이상인 건축물의 경우에는 7.8㎥를 곱한 양 이상이 되도록 하여야 한다.
② 수원은 제1호에 따라 산출된 유효수량 외에 유효수량의 3분의 1 이상을 옥상(옥내소화전설비가 설치된 건축물의 주된 옥상을 말한다. 이하 같다)에 설치하여야 한다. 다만, 옥내소화전설비의 화재안전기준(NFTC 102) 제4조제2항제3호 또는 제4호에 해당하는 경우에는 그러하지 아니하다.
③ 전동기 또는 내연기관을 이용한 펌프방식의 가압송수장치는 옥내소화전설비 전용으로 설치하여야 하며, 옥내소화전설비 주펌프 이외에 동등 이상인 별도의 예비펌프를 설치하여야 한다.
④ 급수배관은 전용으로 하여야 한다. 다만, 옥내소화전설비의 성능에 지장이 없는 경우에는 연결송수관설비의 배관과 겸용할 수 있다.

⑤ 50층 이상인 건축물의 옥내소화전 주배관 중 수직배관은 2개 이상(주배관 성능을 갖는 동일호칭배관)으로 설치하여야 하며, 하나의 수직배관의 파손 등 작동 불능 시에도 다른 수직배관으로부터 소화용수가 공급되도록 구성하여야 한다.
⑥ 비상전원은 자가발전설비, 축전지설비(내연기관에 따른 펌프를 사용하는 경우에는 내연기관의 기동 및 제어용 축전지를 말한다) 또는 전기저장장치로서 옥내소화전설비를 40분 이상 작동할 수 있을 것. 다만, 50층 이상인 건축물의 경우에는 60분 이상 작동할 수 있어야 한다.

❸ ▶▶ 스프링클러 설치기준

① 수원은 스프링클러설비 설치장소별 스프링클러헤드의 기준개수에 3.2㎥를 곱한 양 이상이 되도록 하여야 한다. 다만, 50층 이상인 건축물의 경우에는 4.8㎥를 곱한 양 이상이 되도록 하여야 한다.
② 스프링클러설비의 수원은 제1호에 따라 산출된 유효수량 외에 유효수량의 3분의 1 이상을 옥상(스프링클러설비가 설치된 건축물의 주된 옥상을 말한다. 이하 같다)에 설치하여야 한다. 다만, 스프링클러설비의 화재안전기준(NFTC103) 제4조제2항제3호 또는 제4호에 해당하는 경우에는 그러하지 아니하다.
③ 전동기 또는 내연기관을 이용한 펌프방식의 가압송수장치는 스프링클러설비 전용으로 설치하여야 하며, 스프링클러설비 주펌프 이외에 동등 이상인 별도의 예비펌프를 설치하여야 한다.
④ 급수배관은 전용으로 설치하여야 한다.
⑤ 50층 이상인 건축물의 스프링클러설비 주배관 중 수직배관은 2개 이상(주배관 성능을 갖는 동일호칭배관)으로 설치하고, 하나의 수직배관이 파손 등 작동 불능 시에도 다른 수직배관으로부터 소화용수가 공급되도록 구성하여야 하며, 각 각의 수직배관에 유수검지장치를 설치하여야 한다.
⑥ 50층 이상인 건축물의 스프링클러 헤드에는 2개 이상의 가지배관 양방향에서 소화용수가 공급되도록 하고, 수리계산에 의한 설계를 하여야 한다.
⑦ 스프링클러설비의 음향장치는 스프링클러설비의 화재안전기준(NFTC 103) 제9조에 따라 설치하되, 다음 각 호의 기준에 따라 경보를 발할 수 있도록 하여야 한다
㉠ 2층 이상의 층에서 발화한 때에는 발화층 및 그 직상 4개층에 경보를 발할 것
㉡ 1층에서 발화한 때에는 발화층·그 직상 4개층 및 지하층에 경보를 발할 것
㉢ 지하층에서 발화한 때에는 발화층·그 직상층 및 기타의 지하층에 경보를 발할 것

⑧ 비상전원을 설치할 경우 자가발전설비, 축전지설비(내연기관에 따른 펌프를 사용하는 경우에는 내연기관의 기동 및 제어용 축전지를 말한다) 또는 전기저장장치로서 스프링클러설비를 40분 이상 작동할 수 있을 것. 다만, 50층 이상인 건축물의 경우에는 60분 이상 작동할 수 있어야 한다.

4 ▶▶ 비상방송설비 설치기준

① 비상방송설비의 음향장치는 다음 각 호의 기준에 따라 경보를 발할 수 있도록 하여야 한다.
  ㉠ 2층 이상의 층에서 발화한 때에는 발화층 및 그 직상 4개층에 경보를 발할 것
  ㉡ 1층에서 발화한 때에는 발화층·그 직상 4개층 및 지하층에 경보를 발할 것
  ㉢ 지하층에서 발화한 때에는 발화층·그 직상층 및 기타의 지하층에 경보를 발할 것
② 비상방송설비에는 그 설비에 대한 감시상태를 60분간 지속한 후 유효하게 30분 이상 경보할 수 있는 축전지설비(수신기에 내장하는 경우를 포함한다) 또는 전기저장장치를 설치할 것

5 ▶▶ 자동화재탐지설비 설치기준

① 감지기는 아날로그방식의 감지기로서 감지기의 작동 및 설치지점을 수신기에서 확인할 수 있는 것으로 설치하여야 한다. 다만, 공동주택의 경우에는 감지기별로 작동 및 설치지점을 수신기에서 확인할 수 있는 아날로그방식 외의 감지기로 설치할 수 있다.
② 자동화재탐지설비의 음향장치는 다음 각 호의 기준에 따라 경보를발할 수 있도록 하여야 한다.
  ㉠ 2층 이상의 층에서 발화한 때에는 발화층 및 그 직상 4개층에 경보를 발할 것
  ㉡ 1층에서 발화한 때에는 발화층·그 직상 4개층 및 지하층에 경보를 발할 것
  ㉢ 지하층에서 발화한 때에는 발화층·그 직상층 및 기타의 지하층에 경보를 발할 것
③ 50층 이상인 건축물에 설치하는 통신·신호배선은 이중배선을 설치하도록 하고 단선(斷線) 시에도 고장표시가 되며 정상 작동할 수 있는 성능을 갖도록 설비를 하여야 한다.
  ㉠ 수신기와 수신기 사이의 통신배선
  ㉡ 수신기와 중계기 사이의 신호배선
  ㉢ 수신기와 감지기 사이의 신호배선

④ 자동화재탐지설비에는 그 설비에 대한 감시상태를 60분간 지속한 후 유효하게 30분 이상 경보할 수 있는 축전지설비(수신기에 내장하는 경우를 포함한다) 또는 전기저장장치를 설치하여야 한다. 다만, 상용전원이 축전지설비인 경우에는 그러하지 아니하다.

6. 특별피난계단의 계단실 및 부속실 제연설비 설치기준

특별피난계단의 계단실 및 그 부속실 제연설비의 화재안전기준(NFTC 501A)에 따라 설치하되, 비상전원은 자가발전설비 등으로 하고 제연설비를 유효하게 40분 이상 작동할 수 있도록 할 것. 다만, 50층 이상인 건축물의 경우에는 60분 이상 작동할 수 있어야 한다.

7. 피난안전구역의 소방시설 설치기준

「초고층 및 지하연계 복합건축물 재난관리에 관한 특별법시행령」 제14조제2항

제14조(피난안전구역 설치기준 등)
① 초고층 건축물등의 관리주체는 법 제18조제1항에 따라 다음 각 호의 구분에 따른 피난안전구역을 설치하여야 한다.
  1. 초고층 건축물 : 「건축법 시행령」 제34조제3항에 따른 피난안전구역을 설치할 것
  2. 16층 이상 29층 이하인 지하연계 복합건축물 : 지상층별 거주밀도가 제곱미터당 1.5명을 초과하는 층은 해당 층의 사용형태별 면적의 합의 10분의 1에 해당하는 면적을 피난안전구역으로 설치할 것
  3. 초고층 건축물등의 지하층이 법 제2조제2호나목의 용도로 사용되는 경우 : 해당 지하층에 별표 2의 피난안전구역 면적 산정기준에 따라 피난안전구역을 설치하거나, 선큰[지표 아래에 있고 외기(外氣)에 개방된 공간으로서 건축물 사용자 등의 보행·휴식 및 피난 등에 제공되는 공간을 말한다. 이하 같다]을 설치할 것
② 제1항에 따라 설치하는 피난안전구역은 「건축법 시행령」 제34조제5항에 따른 피난안전구역의 규모와 설치기준에 맞게 설치하여야 하며, 다음 각 호의 소방시설(「소방시설 설치·유지 및 안전관리에 관한 법률 시행령」 별표 1에 따른 소방시설을 말한다)을 모두 갖추어야 한다. 이 경우 소방시설은 「소방시설 설치·유지 및 안전관리에 관한 법률」 제9조제1항에 따른 화재안전기준에 맞는 것이어야 한다.
  1. 소화설비 중 소화기구(소화기 및 간이소화용구만 해당한다), 옥내소화전설비 및 스프링클러설비
  2. 경보설비 중 자동화재탐지설비
  3. 피난설비 중 방열복, 공기호흡기(보조마스크를 포함한다), 인공소생기, 피난유도선(피난안전구역으로 통하는 직통계단 및 특별피난계단을 포함한다), 피난안전구역으로 피난을 유도하기 위한 유도등·유도표지, 비상조명등 및 휴대용비상조명등
  4. 소화활동설비 중 제연설비, 무선통신보조설비

(피난안전구역의 소방시설) 「초고층 및 지하연계 복합건축물 재난관리에 관한 특별법시행령」 제14조제2항에 따라 피난안전구역에 설치하는 소방시설은 별표 1과 같이 설치하여야 하며, 이 기준에서 정하지 아니한 것은 개별 화재안전기준에 따라 설치하여야 한다.

〔별표 1〕

피난안전구역에 설치하는 소방시설 설치기준(제10조관련)

구 분	설치기준
1. 제연설비	피난안전구역과 비 제연구역간의 차압은 50pa(옥내에 스프링클러설비가 설치된 경우에는 12.5Pa) 이상으로 하여야 한다. 다만 피난안전구역의 한쪽 면 이상이 외기에 개방된 구조의 경우에는 설치하지 아니할 수 있다.
2. 피난유도선	피난유도선은 다음 각호의 기준에 따라 설치하여야 한다. 가. 피난안전구역이 설치된 층의 계단실 출입구에서 피난안전구역 주 출입구 또는 비상구까지 설치할 것 나. 계단실에 설치하는 경우 계단 및 계단참에 설치할 것 다. 피난유도 표시부의 너비는 최소 25mm 이상으로 설치할 것 라. 광원점등방식(전류에 의하여 빛을 내는 방식)으로 설치하되, 60분 이상 유효하게 작동할 것
3. 비상조명등	피난안전구역의 비상조명등은 상시 조명이 소등된 상태에서그 비상조명등이 점등되는 경우 각 부분의 바닥에서 조도는 10㎗x 이상이 될 수 있도록 설치할 것
4. 휴대용 비상조명등	가. 피난안전구역에는 휴대용비상조명등을 다음 각호의 기준에 따라 설치하여야 한다. 　1) 초고층 건축물에 설치된 피난안전구역 : 피난안전구역 위층의 재실자수(「건축물의 피난·방화구조 등의 기준에 관한 규칙」 별표 1의2에 따라 산정된 재실자 수를 말한다)의 10분의 1 이상 　2) 지하연계 복합건축물에 설치된 피난안전구역 : 피난안전구역이 설치된 층의 수용인원(영 별표 2에 따라 산정된 수용인원을 말한다)의 10분의 1 이상 나. 건전지 및 충전식 건전지의 용량은 40분 이상 유효하게 사용할 수 있는 것으로 한다. 다만, 피난안전구역이 50층 이상에 설치되어 있을 경우의 용량은 60분 이상으로 할 것
5. 인명구조기구	가. 방열복, 인공소생기를 각 2개 이상 비치할 것 나. 45분 이상 사용할 수 있는 성능의 공기호흡기(보조마스크를 포함한다)를 2개 이상 비치하여야 한다. 다만, 피난안전구역이 50층 이상에 설치되어 있을 경우에는 동일한 성능의 예비용기를 10개 이상 비치할 것 다. 화재시 쉽게 반출할 수 있는 곳에 비치할 것 라. 인명구조기구가 설치된 장소의 보기 쉬운 곳에 "인명구조기구"라는 표지판 등을 설치할 것

8 ▸▸ 연결송수관설비 설치기준

① 연결송수관설비의 배관은 전용으로 한다. 다만, 주배관의 구경이 100mm 이상인 옥내소화전설비와 겸용할 수 있다.
② 연결송수관설비의 비상전원은 자가발전설비, 축전지설비(내연기관에 따른 펌프를 사용하는 경우에는 내연기관의 기동 및 제어용 축전지를 말한다) 또는 전기저장장치로서 연결송수관설비를 유효하게 40분 이상 작동할 수 있어야 할 것. 다만, 50층 이상인 건축물의 경우에는 60분 이상 작동할 수 있어야 한다.

CHAPTER 25 지하구(NFTC605)

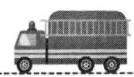

1 ▶▶ 설치대상

지하구[용어정의]
① 전력·통신용의 전선이나 가스·냉난방용의 배관 또는 이와 비슷한 것을 집합수용하기 위하여 설치한 지하 인공구조물로서 사람이 점검 또는 보수를 하기 위하여 출입이 가능한 것 중 다음의 어느 하나에 해당하는 것
  ㉠ 전력 또는 통신사업용 지하 인공구조물로서 전력구(케이블 접속부가 없는 경우에는 제외한다) 또는 통신구 방식으로 설치된 것
  ㉡ ㉠ 외의 지하 인공구조물로서 폭이 1.8미터 이상이고 높이가 2미터 이상이며 길이가 50미터 이상인 것
②「국토의 계획 및 이용에 관한 법률」제2조제9호에 따른 공동구

2 ▶▶ 지하구에 설치되는 소방시설

① 소화기구 및 자동소화장치
② 자동화재탐지설비
③ 유도등
④ 연소방지설비
⑥ 연소방지재
⑦ 방화벽
⑧ 무선통신보조설비
⑨ 통합감시시설

3 ▶▶ 용어정의

① "지하구"란 영 [별표2] 제28호에서 규정한 지하구를 말한다.

② "제어반"이란 설비, 장치 등의 조작과 확인을 위해 제어용 계기류, 스위치 등을 금속제 외함에 수납한 것을 말한다.
③ "분전반"이란 분기개폐기·분기과전류차단기 그밖에 배선용기기 및 배선을 금속제 외함에 수납한 것을 말한다.
④ "방화벽"이란 화재 시 발생한 열, 연기 등의 확산을 방지하기 위하여 설치하는 벽을 말한다.
⑤ "분기구"란 전기, 통신, 상하수도, 난방 등의 공급시설의 일부를 분기하기 위하여 지하구의 단면 또는 형태를 변화시키는 부분을 말한다.
⑥ "환기구"란 지하구의 온도, 습도의 조절 및 유해가스를 배출하기 위해 설치되는 것으로 자연환기구와 강제환기구로 구분된다.
⑦ "작업구"란 지하구의 유지관리를 위하여 자재, 기계기구의 반·출입 및 작업자의 출입을 위하여 만들어진 출입구를 말한다.
⑧ "케이블접속부"란 케이블이 지하구 내에 포설되면서 발생하는 직선 접속 부분을 전용의 접속재로 접속한 부분을 말한다.
⑨ "특고압 케이블"이란 사용전압이 7,000V를 초과하는 전로에 사용하는 케이블을 말한다.

4 ▸▸ 소화기구 및 자동소화장치의 설치기준

① 소화기구는 다음 각 호의 기준에 따라 설치하여야 한다.
  ㉠ 소화기의 능력단위(「소화기구 및 자동소화장치의 화재안전기준(NFTC 101)」제3조제6호에 따른 수치를 말한다. 이하같다)는 A급 화재는 개당 3단위 이상, B급 화재는 개당 5단위 이상 및 C급 화재에 적응성이 있는 것으로 할 것
  ㉡ 소화기 한대의 총중량은 사용 및 운반의 편리성을 고려하여 7kg 이하로 할 것
  ㉢ 소화기는 사람이 출입할 수 있는 출입구(환기구, 작업구를 포함한다) 부근에 5개 이상 설치할 것
  ㉣ 소화기는 바닥면으로부터 1.5m 이하의 높이에 설치할 것
  ㉤ 소화기의 상부에 "소화기"라고 표시한 조명식 또는 반사식의 표지판을 부착하여 사용자가 쉽게 인지할 수 있도록 할 것
② 지하구 내 발전실·변전실·송전실·변압기실·배전반실·통신기기실·전산기기실·기타 이와 유사한 시설이 있는 장소 중 바닥면적이 300㎡ 미만인 곳에는 유효설치 방호체적 이내의 가스·분말·고체에어로졸·캐비닛형 자동소화장치를 설치하여야 한다. 다만 해당 장소에 물분무등소화설비를 설치한 경우에는 설치하지 않을 수 있다.

③ 제어반 또는 분전반마다 가스·분말·고체에어로졸 자동소화장치 또는 유효설치 방호체적 이내의 소공간용 소화용구를 설치하여야 한다.
④ 케이블접속부(절연유를 포함한 접속부에 한한다.)마다 다음 각 호의 자동소화장치를 설치하되 소화성능이 확보될 수 있도록 방호공간을 구획하는 등 유효한 조치를 하여야 한다.
　㉠ 가스·분말·고체에어로졸 자동소화장치
　㉡ 중앙소방기술심의위원회의 심의를 거쳐 소방청장이 인정하는 자동소화장치

5. 자동화재탐지설비의 설치기준

① 감지기는 다음 각 호에 따라 설치하여야 한다.
　㉠ 「자동화재탐지설비 및 시각경보장치의 화재안전기준(NFTC 203)」 제7조제1항 각 호의 감지기 중 먼지·습기 등의 영향을 받지 아니하고 발화지점(1m 단위)과 온도를 확인할 수 있는 것을 설치할 것.
　㉡ 지하구 천장의 중심부에 설치하되 감지기와 천장 중심부 하단과의 수직거리는 30cm 이내로 할 것. 다만, 형식승인 내용에 설치방법이 규정되어 있거나, 중앙기술심의위원회의 심의를 거쳐 제조사 시방서에 따른 설치방법이 지하구 화재에 적합하다고 인정되는 경우에는 형식승인 내용 또는 심의결과에 의한 제조사 시방서에 따라 설치할 수 있다.
　㉢ 발화지점이 지하구의 실제거리와 일치하도록 수신기 등에 표시할 것.
　㉣ 공동구 내부에 상수도용 또는 냉·난방용 설비만 존재하는 부분은 감지기를 설치하지 않을 수 있다.
② 발신기, 지구음향장치 및 시각경보기는 설치하지 않을 수 있다.

6. 유도등의 설치기준

사람이 출입할 수 있는 출입구(환기구, 작업구를 포함한다.)에는 해당 지하구 환경에 적합한 크기의 설치하여야 한다.

7. 연소방지설비 설치기준

① 연소방지설비의 배관은 다음 각 호의 기준에 따라 설치하여야 한다.
　㉠ 배관용 탄소강관(KS D 3507) 또는 압력배관용 탄소강관(KS D 3562)이나 이와

동등 이상의 강도·내식성 및 내열성을 가진 것으로 하여야 한다.
ⓒ 급수배관(송수구로부터 연소방지설비 헤드에 급수하는 배관을 말한다. 이하 같다)은 전용으로 하여야 한다.
ⓒ 배관의 구경은 다음 각 목의 기준에 적합한 것이어야 한다.
㉮ 연소방지설비전용헤드를 사용하는 경우에는 다음 표에 따른 구경 이상으로 할 것

하나의 배관에 부착하는 살수헤드의 개수	1개	2개	3개	4개 또는 5개	6개 이상
배관의 구경(mm)	32	40	50	65	80

㉯ 개방형 스프링클러헤드를 사용하는 경우에는 「스프링클러설비의 화재안전기준(NFTC 103)」[별표 1]의 기준에 따를 것
ⓔ 교차배관은 가지배관과 수평으로 설치하거나 또는 가지배관 밑에 설치하고, 그 구경은 제3호에 따르되, 최소구경이 40mm 이상이 되도록 할 것
ⓜ 배관에 설치되는 행가는 다음 각 목의 기준에 따라 설치하여야 한다.
㉮ 가지배관에는 헤드의 설치지점 사이마다 1개 이상의 행가를 설치하되, 헤드간의 거리가 3.5m을 초과하는 경우에는 3.5m 이내마다 1개 이상 설치할 것. 이 경우 상향식헤드와 행가 사이에는 8cm 이상의 간격을 두어야 한다
㉯ 교차배관에는 가지배관과 가지배관 사이마다 1개 이상의 행가를 설치하되, 가지배관 사이의 거리가 4.5m을 초과하는 경우에는 4.5m 이내마다 1개 이상 설치할 것
㉰ 제1호와 제2호의 수평주행배관에는 4.5m 이내마다 1개 이상 설치할 것
ⓗ 분기배관을 사용할 경우에는 「분기배관의 성능인증 및 제품검사의 기술기준」에 적합한 것으로 설치하여야 한다.
② 연소방지설비의 헤드는 다음 각 호의 기준에 따라 설치하여야 한다.
㉠ 천장 또는 벽면에 설치할 것
ⓒ 헤드간의 수평거리는 연소방지설비 전용헤드의 경우에는 2m 이하, 스프링클러헤드의 경우에는 1.5m 이하로 할 것
ⓒ 소방대원의 출입이 가능한 환기구·작업구마다 지하구의 양쪽방향으로 살수헤드를 설정하되, 한쪽 방향의 살수구역의 길이는 3m 이상으로 할 것. 다만, 환기구 사이의 간격이 700m를 초과할 경우에는 700m 이내마다 살수구역을 설정하되, 지하구의 구조를 고려하여 방화벽을 설치한 경우에는 그러하지 아니하다.
ⓔ 연소방지설비 전용헤드를 설치할 경우에는 「소화설비용헤드의 성능인증 및 제품검사 기술기준」에 적합한 '살수헤드'를 설치할 것

③ 송수구는 다음 각 호의 기준에 따라 설치하여야 한다.
  ㉠ 소방차가 쉽게 접근할 수 있는 노출된 장소에 설치하되, 눈에 띄기 쉬운 보도 또는 차도에 설치할 것
  ㉡ 송수구는 구경 65mm의 쌍구형으로 할 것
  ㉢ 송수구로부터 1m 이내에 살수구역 안내표지를 설치할 것
  ㉣ 지면으로부터 높이가 0.5m 이상 1m 이하의 위치에 설치할 것
  ㉤ 송수구의 가까운 부분에 자동배수밸브(또는 직경 5mm의 배수공)를 설치할 것. 이 경우 자동배수밸브는 배관안의 물이 잘 빠질 수 있는 위치에 설치하되, 배수로 인하여 다른 물건 또는 장소에 피해를 주지 아니하여야 한다.
  ㉥ 송수구로부터 주배관에 이르는 연결배관에는 개폐밸브를 설치하지 아니할 것
  ㉦ 송수구에는 이물질을 막기 위한 마개를 씌어야 한다.

8 ▶▶ 연소방지재 설치기준

지하구 내에 설치하는 케이블·전선 등에는 다음 각 호의 기준에 따라 연소방지재를 설치하여야 한다. 다만, 케이블·전선 등을 다음 제1호의 난연성능 이상을 충족하는 것으로 설치한 경우에는 연소방지재를 설치하지 않을 수 있다.

① 연소방지재는 한국산업표준(KS C IEC 60332-3-24)에서 정한 난연성능 이상의 제품을 사용하되 다음 각 목의 기준을 충족하여야 한다.
  ㉠ 시험에 사용되는 연소방지재는 시료(케이블 등)의 아래쪽(점화원으로부터 가까운 쪽)으로부터 30cm 지점부터 부착또는 설치되어야 한다.
  ㉡ 시험에 사용되는 시료(케이블 등)의 단면적은 325mm²로 한다.
  ㉢ 시험성적서의 유효기간은 발급 후 3년으로 한다.

② 연소방지재는 다음 각 목에 해당하는 부분에 제1호와 관련된 시험성적서에 명시된 방식으로 시험성적서에 명시된 길이 이상으로 설치하되, 연소방지재 간의 설치 간격은 350m를 넘지 않도록 하여야 한다.
  ㉠ 분기구
  ㉡ 지하구의 인입부 또는 인출부
  ㉢ 절연유 순환펌프 등이 설치된 부분
  ㉣ 기타 화재발생 위험이 우려되는 부분

9 ▶▶ 방화벽 설치기준

방화벽은 다음 각 호에 따라 설치하고 항상 닫힌 상태를 유지하거나 자동폐쇄장치에 의하여 화재 신호를 받으면 자동으로 닫히는 구조로 하여야 한다.
① 내화구조로서 홀로 설 수 있는 구조일 것
② 방화벽의 출입문은 갑종방화문으로 설치할 것
③ 방화벽을 관통하는 케이블·전선 등에는 국토교통부 고시(내화구조의 인정 및 관리기준)에 따라 내화충전 구조로 마감할 것
④ 방화벽은 분기구 및 국사·변전소 등의 건축물과 지하구가 연결되는 부위(건축물로부터 20m 이내)에 설치할 것
⑤ 자동폐쇄장치를 사용하는 경우에는 「자동폐쇄장치의 성능인증 및 제품검사의 기술기준」에 적합한 것으로 설치할 것

10 ▶▶ 무선통신보조설비 설치기준

무선통신보조설비의 무전기접속단자는 방재실과 공동구의 입구 및 연소방지설비 송수구가 설치된 장소(지상)에 설치하여야 한다.

11 ▶▶ 통합감시시설 설치기준

통합감시시설은 다음 각 호의 기준에 따라 설치한다.
① 소방관서와 지하구의 통제실 간에 화재 등 소방활동과 관련된 정보를 상시 교환할 수 있는 정보통신망을 구축할 것
② ①의 정보통신망(무선통신망을 포함한다)은 광케이블 또는 이와 유사한 성능을 가진 선로일 것
③ 수신기는 지하구의 통제실에 설치하되 화재신호, 경보, 발화지점 등 수신기에 표시되는 정보가 [별표1]에 적합한 방식으로 119상황실이 있는 관할 소방관서의 정보통신장치에 표시되도록 할 것

12 ▶▶ 기존 지하구 특례

「화재예방, 소방시설 설치·유지 및 안전관리에 관한 법률」 제11조에 따라 기존 지하구에 설치하는 소방시설 등에 대해 강화된 기준을 적용하는 경우에는 다음 각 호의 설치·

유지 관련 특례를 적용한다.
① 특고압 케이블이 포설된 송·배전 전용의 지하구(공동구를 제외한다)에는 온도 확인 기능 없이 최대 700m의 경계구역을 설정하여 발화지점(1m 단위)을 확인할 수 있는 감지기를 설치할 수 있다.
② 소방본부장 또는 소방서장은 이 기준이 정하는 기준에 따라 해당 건축물에 설치하여야 할 소방시설 등의 공사가 현저하게 곤란하다고 인정되는 경우에는 해당 설비의 기능 및 사용에 지장이 없는 범위 안에서 소방시설 등의 설치·유지기준의일부를 적용하지 아니할 수 있다.

[별표1]

통합감시시설 구성 표준 프로토콜 정의서
(제11조 제3호 관련)

1. 적용

지하구의 화재안전기준 제12조(통합감시시설) 3호 지하구의 수신기 정보를 관할 소방관서의 정보통신장치에 표시하기 위하여 적용하는 Modbus-RTU 프로토콜방식에 대한 규정이다.

1.1 Ethernet은 현장에서 할당된 IP와 고정PORT로 TCP접속한다.
1.2 IP: 할당된 수신기 IP와 관제시스템 IP
1.3 PORT: 4000(고정)
1.4 Modbus 프로토콜 형식을 따르되 수신기에 대한 request 없이, 수신기는 주기적으로(3~5초)상위로 데이터를 전송한다.

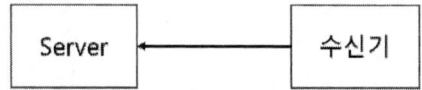

2. Modbus RTU 구성

2.1 Modbus RTUprotocol의 packet 구조는 아래와 같다.

Device Address	Function Code	Data	CRC-16
1 byte	1 byte	N bytes	2 bytes

2.2 각 필드의 의미는 다음과 같다.

항목	길이	설명
Device Address	1 byte	수신기의ID
Function Code	1 byte	0x00 고정사용
Data	N bytes	2.3절참고
CRC	2 bytes	Modbus CRC-16 사용.

2.3 Data 구성

SOP	Length	PID	MID	Zone수량	Zone번호	상태정보	거리(H)	거리(L)	Reserved	EOP
1 byte	1 byte	1 byte	1 byte	1 byte	1 byte	1 byte	1 byte	1 byte	1 byte	1 byte

SOP: Start of Packet ->0x23 고정
Length: Length 이후부터 EOP까지의 length
PID: 제품 ID로 Device Address 와 동일
MID: 제조사ID로 reserved
Zone 수량: 감시하는 zone 수량, 0x00 ~ 0xff.
Zone 번호: 감시하는 zone의번호
상태정보: 정상(0x00), 단선(0x1f), 화재(0x2f)
거리: 정상상태에서는 해당 zone의 감시거리. 화재시 화재 발생거리.
Reserved: reserved
EOP: End of Packet -> 0x36 고정

2.4 CRC-16

CRC는 기본적으로 Modbus CRC-16을 사용한다.
WORD CRC16 (const BYTE *nData, WORD wLength)
{
staticconst WORD wCRCTable[] = {
   0X0000, 0XC0C1, 0XC181, 0X0140, 0XC301, 0X03C0, 0X0280, 0XC241,
   0XC601, 0X06C0, 0X0780, 0XC741, 0X0500, 0XC5C1, 0XC481, 0X0440,
   0XCC01, 0X0CC0, 0X0D80, 0XCD41, 0X0F00, 0XCFC1, 0XCE81, 0X0E40,
   0X0A00, 0XCAC1, 0XCB81, 0X0B40, 0XC901, 0X09C0, 0X0880, 0XC841,
   0XD801, 0X18C0, 0X1980, 0XD941, 0X1B00, 0XDBC1, 0XDA81, 0X1A40,
   0X1E00, 0XDEC1, 0XDF81, 0X1F40, 0XDD01, 0X1DC0, 0X1C80, 0XDC41,
   0X1400, 0XD4C1, 0XD581, 0X1540, 0XD701, 0X17C0, 0X1680, 0XD641,
   0XD201, 0X12C0, 0X1380, 0XD341, 0X1100, 0XD1C1, 0XD081, 0X1040,
   0XF001, 0X30C0, 0X3180, 0XF141, 0X3300, 0XF3C1, 0XF281, 0X3240,
   0X3600, 0XF6C1, 0XF781, 0X3740, 0XF501, 0X35C0, 0X3480, 0XF441,
   0X3C00, 0XFCC1, 0XFD81, 0X3D40, 0XFF01, 0X3FC0, 0X3E80, 0XFE41,
   0XFA01, 0X3AC0, 0X3B80, 0XFB41, 0X3900, 0XF9C1, 0XF881, 0X3840,
   0X2800, 0XE8C1, 0XE981, 0X2940, 0XEB01, 0X2BC0, 0X2A80, 0XEA41,
   0XEE01, 0X2EC0, 0X2F80, 0XEF41, 0X2D00, 0XEDC1, 0XEC81, 0X2C40,
   0XE401, 0X24C0, 0X2580, 0XE541, 0X2700, 0XE7C1, 0XE681, 0X2640,
   0X2200, 0XE2C1, 0XE381, 0X2340, 0XE101, 0X21C0, 0X2080, 0XE041,
   0XA001, 0X60C0, 0X6180, 0XA141, 0X6300, 0XA3C1, 0XA281, 0X6240,
   0X6600, 0XA6C1, 0XA781, 0X6740, 0XA501, 0X65C0, 0X6480, 0XA441,

0X6C00, 0XACC1, 0XAD81, 0X6D40, 0XAF01, 0X6FC0, 0X6E80, 0XAE41,
0XAA01, 0X6AC0, 0X6B80, 0XAB41, 0X6900, 0XA9C1, 0XA881, 0X6840,
0X7800, 0XB8C1, 0XB981, 0X7940, 0XBB01, 0X7BC0, 0X7A80, 0XBA41,
0XBE01, 0X7EC0, 0X7F80, 0XBF41, 0X7D00, 0XBDC1, 0XBC81, 0X7C40,
0XB401, 0X74C0, 0X7580, 0XB541, 0X7700, 0XB7C1, 0XB681, 0X7640,
0X7200, 0XB2C1, 0XB381, 0X7340, 0XB101, 0X71C0, 0X7080, 0XB041,
0X5000, 0X90C1, 0X9181, 0X5140, 0X9301, 0X53C0, 0X5280, 0X9241,
0X9601, 0X56C0, 0X5780, 0X9741, 0X5500, 0X95C1, 0X9481, 0X5440,
0X9C01, 0X5CC0, 0X5D80, 0X9D41, 0X5F00, 0X9FC1, 0X9E81, 0X5E40,
0X5A00, 0X9AC1, 0X9B81, 0X5B40, 0X9901, 0X59C0, 0X5880, 0X9841,
0X8801, 0X48C0, 0X4980, 0X8941, 0X4B00, 0X8BC1, 0X8A81, 0X4A40,
0X4E00, 0X8EC1, 0X8F81, 0X4F40, 0X8D01, 0X4DC0, 0X4C80, 0X8C41,
0X4400, 0X84C1, 0X8581, 0X4540, 0X8701, 0X47C0, 0X4680, 0X8641,
0X8201, 0X42C0, 0X4380, 0X8341, 0X4100, 0X81C1, 0X8081, 0X4040 };

BYTE nTemp;
WORD wCRCWord = 0xFFFF;

    while (wLength--)
    {
nTemp = *nData++ ^ wCRCWord;
wCRCWord>>= 8;
wCRCWord ^= wCRCTable[nTemp];
    }
    return wCRCWord;
}

2.5 예제

예) Device Address 0x76번의 수신기가 100m 와 200m인 2개 zone을 감시 중 정상상태

Device Address	Function Code	SOP	Len	PID	MID	Zone 수량	Zone 번호	상태 정보	거리(H)	거리(L)	Zone 번호	상태 정보	거리(H)	거리(L)	Reserved	EOP	CRC-16
1 byte	1 byte	1 byte	1 byte	1byte	1 byte	1 byte	1 byte	1 byte	1 byte	1 byte	1 byte	1 byte	1 byte	1 byte	1 byte	1 byte	2 bytes
0x4C	0x00	0x23	0x0d	0x4C	reserved	0x02	0x01	0x00	0x00	0x64	0x02	0x00	0x00	0xC8	reserved	0x36	0x8426

CHAPTER 26 임시소방시설(NFTC606)

① 용어정의

이 기준에서 사용하는 용어의 정의는 다음과 같다.
① "소화기"란 「소화기구의 화재안전기준(NFTC101)」 제3조제2호에서 정의하는 소화기를 말한다.
② "간이소화장치"란 공사현장에서 화재위험작업 시 신속한 화재 진압이 가능하도록 물을 방수하는 이동식 또는 고정식 형태의 소화장치를 말한다.
③ "비상경보장치"란 화재위험작업 공간 등에서 수동조작에 의해서 화재경보상황을 알려줄 수 있는 설비(비상벨, 사이렌, 휴대용확성기 등)를 말한다.
④ "간이피난유도선"이란 화재위험작업 시 작업자의 피난을 유도할 수 있는 케이블형태의 장치를 말한다.

② 소화기의 성능 및 설치기준

소화기의 성능 및 설치기준은 다음 각 호와 같다.
① 소화기의 소화약제는 「소화기구의 화재안전기준(NFTC101)」의 별표 1에 따른 적응성이 있는 것을 설치하여야 한다.
② 소화기는 각층마다 능력단위 3단위 이상인 소화기 2개 이상을 설치하고, 「소방시설 설치·유지 및 안전관리에 관한 법률 시행령」(이하 "영"이라 한다) 제15조의3제1항에 해당하는 경우 작업 종료 시까지 작업지점으로부터 5m 이내 쉽게 보이는 장소에 능력단위 3단위 이상인 소화기 2개 이상과 대형소화기 1개를 추가 배치하여야 한다.

③ 간이소화장치의 성능 및 설치기준

간이소화장치의 성능 및 설치기준은 다음 각 호와 같다.
① 수원은 20분 이상의 소화수를 공급할 수 있는 양을 확보하여야 하며, 소화수의 방수압력은 최소 0.1MPa 이상, 방수량은 65L/min 이상 이어야 한다.

② 영 제15조의3제1항에 해당하는 작업을 하는 경우 작업종료 시까지 작업지점으로부터 25m 이내에 설치 또는 배치하여 상시 사용이 가능하여야 하며 동결방지조치를 하여야 한다.
③ 넘어질 우려가 없어야 하고 손쉽게 사용할 수 있어야 하며, 식별이 용이하도록 "간이소화장치" 표시를 하여야 한다.

4 ▶▶ 비상경보장치의 성능 및 설치기준

비상경보장치의 성능 및 설치기준은 다음 각 호와 같다.
① 비상경보장치는 영 제15조의3제1항에 해당하는 작업을 하는 경우 작업종료 시까지 작업지점으로부터 5m 이내에 설치 또는 배치하여 상시 사용이 가능하여야 한다.
② 비상경보장치는 화재사실 통보 및 대피를 해당 작업장의 모든 사람이 알 수 있을 정도의 음량을 확보하여야 한다.

5 ▶▶ 간이피난유도선의 성능 및 설치기준

간이피난유도선의 성능 및 설치기준은 다음 각 호와 같다.
① 간이피난유도선은 광원점등방식으로 공사장의 출입구까지 설치하고 공사의 작업 중에는 상시 점등되어야 한다.
② 설치위치는 바닥으로부터 높이 1m 이하로 하며, 작업장의 어느 위치에서도 출입구로의 피난방향을 알 수 있는 표시를 하여야 한다.

6 ▶▶ 간이소화장치 설치제외

영 제15조의3제3항 별표5의2 제3호가목의 "소방청장이 정하여 고시하는 기준에 맞는 소화기"란 "대형소화기를 작업지점으로부터 25m 이내 쉽게 보이는 장소에 6개 이상을 배치한 경우"를 말한다.

> **Reference**

[별표 5의2] 〈개정 2015.6.30.〉

임시소방시설의 종류와 설치기준 등(제15조의4제2항·제3항 관련)

1. 임시소방시설의 종류
   가. 소화기
   나. 간이소화장치 : 물을 방사(放射)하여 화재를 진화할 수 있는 장치로서 소방청장이 정하는 성능을 갖추고 있을 것
   다. 비상경보장치 : 화재가 발생한 경우 주변에 있는 작업자에게 화재사실을 알릴 수 있는 장치로서 소방청장이 정하는 성능을 갖추고 있을 것
   라. 간이피난유도선 : 화재가 발생한 경우 피난구 방향을 안내할 수 있는 장치로서 소방청장이 정하는 성능을 갖추고 있을 것
2. 임시소방시설을 설치하여야 하는 공사의 종류와 규모
   가. 소화기 : 제12조제1항에 따라 건축허가등을 할 때 소방본부장 또는 소방서장의 동의를 받아야 하는 특정소방대상물의 건축·대수선·용도변경 또는 설치 등을 위한 공사 중 제15조의3제1항 각 호에 따른 작업을 하는 현장(이하 "작업현장"이라 한다)에 설치한다.
   나. 간이소화장치 : 다음의 어느 하나에 해당하는 공사의 작업현장에 설치한다.
     1) 연면적 3천㎡ 이상
     2) 해당 층의 바닥면적이 600㎡ 이상인 지하층, 무창층 및 4층 이상의 층
   다. 비상경보장치 : 다음의 어느 하나에 해당하는 공사의 작업현장에 설치한다.
     1) 연면적 400㎡ 이상
     2) 해당 층의 바닥면적이 150㎡ 이상인 지하층 또는 무창층
   라. 간이피난유도선 : 바닥면적이 150㎡ 이상인 지하층 또는 무창층의 작업현장에 설치한다.
3. 임시소방시설과 기능 및 성능이 유사한 소방시설로서 임시소방시설을 설치한 것으로 보는 소방시설
   가. 간이소화장치를 설치한 것으로 보는 소방시설 : 옥내소화전 및 소방청장이 정하여 고시하는 기준에 맞는 소화기
   나. 비상경보장치를 설치한 것으로 보는 소방시설 : 비상방송설비 또는 자동화재탐지설비
   다. 간이피난유도선을 설치한 것으로 보는 소방시설 : 피난유도선, 피난구유도등, 통로유도등 또는 비상조명등

MEMO

[예상문제]

소방기계시설의 구조 및 원리

예상문제

001 소방대상물의 각 부분으로부터 하나의 소형소화기까지의 보행거리는 몇 m 이내이어야 하는가?

① 30[m] 이내
② 25[m] 이내
③ 20[m] 이내
④ 15[m] 이내

해설 소화기는 다음 각 목의 기준에 따라 설치할 것
가. 각층마다 설치하되, 특정소방대상물의 각 부분으로부터 1개의 소화기까지의 보행거리가 소형소화기의 경우에는 20m 이내, 대형소화기의 경우에는 30m 이내가 되도록 배치할 것. 다만, 가연성물질이 없는 작업장의 경우에는 작업장의 실정에 맞게 보행거리를 완화하여 배치할 수 있으며, 지하구의 경우에는 화재발생의 우려가 있거나 사람의 접근이 쉬운 장소에 한하여 설치할 수 있다.
나. 특정소방대상물의 각층이 2 이상의 거실로 구획된 경우에는 가목의 규정에 따라 각 층마다 설치하는 것 외에 바닥면적이 33m² 이상으로 구획된 각 거실(아파트의 경우에는 각 세대를 말한다)에도 배치할 것

002 능력단위가 2단위 이상이 되도록 소화기를 설치하여야 할 특정소방대상물 또는 그 부분에 있어서는 간이소화용구의 능력단위가 전체 능력단위의 1/2를 초과하지 아니하게 하여야 하는데 이에 해당되지 않는 특정소방대상물은?

① 노유자시설
② 문화시설
③ 교육연구시설
④ 업무시설

해설 능력단위가 2단위 이상이 되도록 소화기를 설치하여야 할 특정소방대상물 또는 그 부분에 있어서는 간이소화용구의 능력단위가 전체 능력단위의 2분의 1을 초과하지 아니하게 할 것 다만, 노유자시설의 경우에는 그렇지 않다.

003 소화기구(자동소화장치를 제외한다)는 거주자 등이 손쉽게 사용할 수 있는 장소에 바닥으로부터 몇 m이내의 높이에 비치하여야 하는가?

① 1m
② 1.2m
③ 1.5m
④ 2m

해설 소화기구(자동소화장치를 제외한다)는 거주자 등이 손쉽게 사용할 수 있는 장소에 바닥으로부터 높이 1.5m 이하의 곳에 비치하고, 소화기에 있어서는 "소화기", 투척용소화용구에 있어서는 "투척용소화용구", 마른모래에 있어서는 "소화용모래", 팽창질석 및 팽창진주암에 있어서는 "소화질석"이라고 표시한 표지를 보기 쉬운 곳에 부착할 것

 정답 : 001.③ 002.① 003.③

004 아파트에 설치하는 주거용 주방자동소화장치의 설치기준 중 부적합한 것은?
① 소화약제 방출구는 환기구의 청소부분과 분리되어 있어야 할 것
② 감지부는 형식승인 받은 유효한 높이 및 위치에 설치할 것
③ 가스차단장치는 주방배관의 개폐밸브로부터 1[m] 이하의 위치에 설치할 것
④ 탐지부는 수신부와 분리하여 설치하되, 공기보다 가벼운 가스를 사용하는 경우에는 천장 면으로부터 30[cm] 이하의 위치에 설치하여야 한다.

해설 1. 주거용 주방자동소화장치는 다음 각 목의 기준에 따라 설치할 것
  가. 소화약제 방출구는 환기구(주방에서 발생하는 열기류 등을 밖으로 배출하는 장치를 말한다. 이하 같다)의 청소부분과 분리되어 있어야 하며, 형식승인 받은 유효설치 높이 및 방호면적에 따라 설치할 것
  나. 감지부는 형식승인 받은 유효한 높이 및 위치에 설치할 것
  다. 차단장치(전기 또는 가스)는 상시 확인 및 점검이 가능하도록 설치할 것
  라. 가스용 주방자동소화장치를 사용하는 경우 탐지부는 수신부와 분리하여 설치하되, 공기보다 가벼운 가스를 사용하는 경우에는 천장 면으로 부터 30㎝ 이하의 위치에 설치하고, 공기보다 무거운 가스를 사용하는 장소에는 바닥 면으로부터 30㎝ 이하의 위치에 설치할 것
  마. 수신부는 주위의 열기류 또는 습기 등과 주위온도에 영향을 받지 아니하고 사용자가 상시 볼 수 있는 장소에 설치할 것
2. 상업용 주방자동소화장치는 다음 각 목의 기준에 따라 설치할 것
  가. 소화장치는 조리기구의 종류 별로 성능인증 받은 설계 매뉴얼에 적합하게 설치 할 것
  나. 감지부는 성능인증 받는 유효높이 및 위치에 설치할 것
  다. 차단장치(전기 또는 가스)는 상시 확인 및 점검이 가능하도록 설치할 것
  라. 후드에 방출되는 분사헤드는 후드의 가장 긴 변의 길이까지 방출될 수 있도록 약제 방출 방향 및 거리를 고려하여 설치할 것
  마. 덕트에 방출되는 분사헤드는 성능인증 받는 길이 이내로 설치할 것

005 소화기의 능력단위를 설명한 것 중에 옳지 않은 것은?
① 소화기의 능력단위는 용기 내에 충전되어 있는 소화약제의 양에 의하여 달라진다.
② 동일 소화약제 그리고 동일량이면 일반화재(A급 화재)나 유류화재(B급 화재)의 능력단위는 동일하다.
③ 전기화재(C급 화재)에 대해서는 능력단위는 존재하지 않는다.
④ 소화기의 능력단위를 판정하려면 능력단위 측정모형으로 모형시험을 한다.

해설 "능력단위"란 소화기 및 소화약제에 따른 간이소화용구에 있어서는 법 제36조제1항에 따라 형식승인 된 수치를 말하며, 소화약제 외의 것을 이용한 간이소화용구에 있어서는 별표 2

정답 : 004.③ 005.②

예상문제

에 따른 수치를 말한다. 〈전문개정 2012.6.11〉
예 3.3kg 분말소화기의 경우 A급화재 3단위, B급화재 5단위, C급화재 적응의 능력단위를 갖는다.

006 캐비닛형 자동소화장치의 설치기준으로 틀린 것은?

① 분사헤드의 설치 높이는 방호구역의 바닥으로부터 최소 0.2[m] 이상 최대 3.7[m] 이하로 하여야 한다.
② 방호구역 내의 화재감지기의 감지에 따라 작동되도록 할 것
③ 화재감지기의 회로는 교차회로방식으로 설치할 것
④ 구획된 장소의 방호체적 이하를 방호할 수 있는 소화성능이 있을 것

해설 캐비넷형자동소화장치는 다음 각 목의 기준에 따라 설치하여야 한다.
가. 분사헤드의 설치 높이는 방호구역의 바닥으로부터 최소 0.2m 이상 최대 3.7m 이하로 하여야 한다.
다만, 별도의 높이로 형식승인 받은 경우에는 그 범위 내에서 설치할 수 있다.
나. 화재감지기는 방호구역내의 천장 또는 옥내에 면하는 부분에 설치하되「자동화재탐지설비의 화재안전기준(NFTC 203)」제7조에 적합하도록 설치할 것
다. 방호구역내의 화재감지기의 감지에 따라 작동되도록 할 것
라. 화재감지기의 회로는 교차회로방식으로 설치할 것. 다만, 화재감지기를「자동화재탐지설비의 화재안전기준(NFTC 203)」제7조제1항 단서의 각 호의 감지기로 설치하는 경우에는 그러하지 아니하다.
마. 교차회로내의 각 화재감지기회로별로 설치된 화재감지기 1개가 담당하는 바닥면적은 「자동화재탐지설비의 화재안전기준(NFTC 203)」제7조제3항제5호·제8호 및 제10호에 따른 바닥면적으로 할 것
바. 개구부 및 통기구(환기장치를 포함한다. 이하 같다)를 설치한 것에 있어서는 약제가 방사되기 전에 해당 개구부 및 통기구를 자동으로 폐쇄할 수 있도록 할 것. 다만, 가스압에 의하여 폐쇄되는 것은 소화약제방출과 동시에 폐쇄할 수 있다.
사. 작동에 지장이 없도록 견고하게 고정시킬 것
아. 구획된 장소의 방호체적 이상을 방호할 수 있는 소화성능이 있을 것

> **Reference**
> 1) 소화기구의 종류
>   ① 소화기
>   ② 자동확산소화기
>   ③ 간이소화용구
> 2) 자동소화장치의 종류
>   ① 주거용주방자동소화장치
>   ② 상업용주방자동소화장치
>   ③ 캐비넷형자동소화장치

정답 : 006.④

④ 가스자동소화장치
⑤ 분말자동소화장치
⑥ 고체에어로졸자동소화장치
3) 간이소화용구의 종류
   ① 종류
      ㉠ 마른모래, 팽창질석, 팽창진주암
      ㉡ 투척용소화용구
      ㉢ 에어로졸식소화용구
   ② 간이소화용구의 능력단위

간이소화용구		능력단위
1. 마른모래	삽을 상비한 50L 이상의 것 1포	0.5단위
2. 팽창질석 또는 팽창진주암	삽을 상비한 80L 이상의 것 1포	0.5단위

4) 가스식, 분말식, 고체에어로졸식 자동소화장치는 다음 각 목의 기준에 따라 설치하여야 한다.
   가. 소화약제 방출구는 형식승인 받은 유효설치범위 내에 설치할 것
   나. 자동소화장치는 방호구역내에 형식승인 된 1개의 제품을 설치할 것. 이 경우 연동방식으로서 하나의 형식을 받은 경우에는 1개의 제품으로 본다.
   다. 감지부는 형식승인된 유효설치범위 내에 설치하여야 하며 설치장소의 평상시 최고주위온도에 따라 다음 표에 따른 표시온도의 것으로 설치할 것. 다만, 열감지선의 감지부는 형식승인 받은 최고주위온도범위 내에 설치하여야 한다.

설치장소의 최고 주위온도	표시온도
39℃ 미만	79℃ 미만
39℃ 이상 64℃ 미만	79℃ 이상 121℃ 미만
64℃ 이상 106℃ 미만	121℃ 이상 162℃ 미만
106℃ 이상	162℃ 이상

   라. 다목에도 불구하고 화재감지기를 감지부를 사용하는 경우에는 제8호 나목부터 마목까지의 설치방법에 따를 것

007 지하층, 무창층, 밀폐된 거실로서 그 바닥면적이 20[m²] 미만의 장소에 설치할 수 있는 소화기는?

① 이산화탄소소화기　　　　② 강화액소화기
③ 할론2402소화기　　　　　④ 할론1211소화기

해설　이산화탄소 또는 할로겐화합물을 방사하는 소화기구(자동확산소화기를 제외한다)는 지하층이나 무창층 또는 밀폐된 거실로서 그 바닥면적이 20m² 미만의 장소에는 설치할 수 없다. 다만, 배기를 위한 유효한 개구부가 있는 장소인 경우에는 그러하지 아니하다.

 정답 : 007.②

예상문제

008 간이소화용구인 마른모래(삽을 상비한 50[L] 이상의 것 1포)의 능력단위는?

① 0.5단위 ② 1단위
③ 1.5단위 ④ 2단위

▶해설 [별표 2]
소화약제 외의 것을 이용한 간이소화용구의 능력단위(제3조제6호 관련)

간이소화용구		능력단위
1. 마른모래	삽을 상비한 50L 이상의 것 1포	0.5 단위
2. 팽창질석 또는 팽창진주암	삽을 상비한 80L 이상의 것 1포	

009 소형소화기를 설치하여야 할 특정소방대상물에 해당 설비의 유효범위의 부분에 대하여 소화기의 2/3를 감소할 수 있다. 해당하지 않는 소방시설은?

① 옥내소화전설비 ② 스프링클러설비
③ 이산화탄소소화설비 ④ 대형소화기

▶해설 제5조(소화기의 감소)
① 소형소화기를 설치하여야 할 특정소방대상물 또는 그 부분에 옥내소화전설비·스프링클러설비·물분무등소화설비·옥외소화전설비 또는 대형소화기를 설치한 경우에는 해당 설비의 유효범위의 부분에 대하여는 제4조제1항제2호 및 제3호에 따른 소화기의 3분의 2(대형소화기를 둔 경우에는 2분의 1)를 감소할 수 있다. 다만, 층수가 11층 이상인 부분, 근린생활시설, 위락시설, 문화 및 집회시설, 운동시설, 판매시설, 운수시설, 숙박시설, 노유자시설, 의료시설, 아파트, 업무시설(무인변전소를 제외한다), 방송통신시설, 교육연구시설, 항공기 및 자동차관련시설, 관광 휴게시설은 그러하지 아니하다.
② 대형소화기를 설치하여야 할 특정소방대상물 또는 그 부분에 옥내소화전설비·스프링클러설비·물분무등소화설비 또는 옥외소화전설비를 설치한 경우에는 해당 설비의 유효범위안의 부분에 대하여는 대형소화기를 설치하지 아니할 수 있다.

010 건축물의 주요구조부가 내화구조이고, 벽 및 반자의 실내에 면하는 부분이 불연재료로 된 교육연구시설은 해당 바닥면적 몇 [m²]마다 소화기구의 능력단위를 1단위로 하여야 하는가?

① 50[m²] ② 100[m²]
③ 200[m²] ④ 400[m²]

정답 : 008.① 009.④ 010.④

해설 [별표 3]

특정소방대상물별 소화기구의 능력단위기준(제4조제1항제2호 관련)

특정소방대상물	소화기구의 능력단위
1. 위락시설	해당 용도의 바닥면적 30㎡ 마다 능력단위 1단위 이상
2. 공연장·집회장·관람장·문화재·장례식장 및 의료시설	해당 용도의 바닥면적 50㎡ 마다 능력단위 1단위 이상
3. 근린생활시설·판매시설·운수시설·숙박시설·노유자시설·전시장·공동주택·업무시설·방송통신시설·공장·창고시설·항공기 및 자동차 관련 시설 및 관광휴게시설	해당 용도의 바닥면적 100㎡ 마다 능력단위 1단위 이상
4. 그 밖의 것	해당 용도의 바닥면적 200㎡ 마다 능력단위 1단위 이상

(주) 소화기구의 능력단위를 산출함에 있어서 건축물의 주요구조부가 내화구조이고, 벽 및 반자의 실내에 면하는 부분이 불연재료·준불연재료 또는 난연재료로 된 특정소방대상물에 있어서는 위 표의 기준면적의 2배를 해당 특정소방대상물의 기준면적으로 한다.

011 건축물의 주요구조부가 내화구조이고, 벽 및 반자의 실내에 면하는 부분이 불연재료로 되어 있는 바닥면적이 40,000[㎡]인 교육연구시설은 필요한 소화기구의 능력단위가 얼마인가?

① 10단위 ② 50단위
③ 100단위 ④ 400단위

해설 $\dfrac{40,000 m^2}{400 m^2/단위} = 100단위$

012 보일러실에 자동확산소화기를 설치하지 아니 할 수 있는 경우가 아닌것은?

① 스프링클러설비가 설치된 경우 ② 물분무소화설비가 설치된 경우
③ 이산화탄소소화설비가 설치된 경우 ④ 옥내소화전설비가 설치된 경우

해설 [별표 4]

부속용도별로 추가하여야 할 소화기구(제4조제1항제3호 관련)

용 도 별	소화기구의 능력단위
1. 다음 각목의 시설. 다만, 스프링클러설비·간이스프링클러설비·물분무등소화설비 또는 상업용주방자동소화장치가 설치된 경우에는 자동확산소화기를 설치하지 아니 할 수 있다. 　가. 보일러실(아파트의 경우 방화구획된 것을 제외한다)·건조실·세탁소·대량화기취급소	1. 해당 용도의 바닥면적 25㎡마다 능력단위 1단위 이상의 소화기로 하고, 그 외에 자동확산소화기를 바닥면적 10㎡ 이하는 1개, 10㎡ 초과는 2개를 설치 할 것

정답 : 011. ③ 012. ④

예상문제

나. 음식점(지하가의 음식점을 포함한다)·다중이용업소·호텔·기숙사·노유자 시설·의료시설·업무시설·공장·장례식장·교육연구시설·교정 및 군사시설의 주방 다만, 의료시설·업무시설 및 공장의 주방은 공동취사를 위한 것에 한한다. 다. 관리자의 출입이 곤란한 변전실·송전실·변압기실 및 배전반실(불연재료된 상자안에 장치된 것을 제외한다)			2. 나목의 주방의 경우, 1호에 의하여 설치하는 소화기중 1개 이상은 주방화재용 소화기(K급)를 설치하여야 한다.
2. 발전실·변전실·송전실·변압기실·배전반실·통신기기실·전산기기실·기타 이와 유사한 시설이 있는 장소. 다만, 제1호 다목의 장소를 제외한다.			해당 용도의 바닥면적 50㎡마다 적응성이 있는 소화기 1개 이상 또는 유효설치방호체적 이내의 가스식·분말식·고체에어로졸식 자동소화장치, 캐비넷형자동소화장치(다만, 통신기기실·전자기기실을 제외한 장소에 있어서는 교류 600V 또는 직류750V 이상의 것에 한한다)
3. 위험물안전관리법시행령 별표1에 따른 지정수량의 1/5 이상 지정수량 미만의 위험물을 저장 또는 취급하는 장소			능력단위 2단위 이상 또는 유효설치방호체적 이내의 가스식·분말식·고체에어로졸식 자동소화장치, 캐비넷형자동소화장치
4. 소방기본법시행령 별표2에 따른 특수가연물을 저장 또는 취급하는 장소	소방기본법시행령 별표2에서 정하는 수량 이상		소방기본법시행령 별표2에서 정하는 수량의 50배 이상마다 능력단위 1단위 이상
	소방기본법시행령 별표2에서 정하는 수량의 500배 이상		대형소화기 1개 이상
5. 고압가스안전관리법·액화석유가스의 안전관리 및 사업법 및 도시가스사업법에서 규정하는 가연성가스를 연료로 사용하는 장소	액화석유가스 기타 가연성가스를 연료로 사용하는 연소기기가 있는 장소		각 연소기로부터 보행거리 10m 이내에 능력단위 3단위 이상의 소화기 1개 이상. 다만, 주방용자동소화장치가 설치된 장소는 제외한다.
	액화석유가스 기타 가연성가스를 연료로 사용하기 위하여 저장하는 저장실(저장량 300kg 미만은 제외한다)		능력단위 5단위 이상의 소화기 2개 이상 및 대형소화기 1개 이상
6. 고압가스안전관리법·액화석유가스의 안전관리 및 사업법 또는 도시가스사업법에서 규정하는 가연성가스를 제조하거나 연료외의 용도로 저장·사용하는 장소	저장하고 있는 양 또는 1개월동안 제조·사용하는 양	200kg 미만	저장하는 장소	능력단위 3단위 이상의 소화기 2개 이상
			제조·사용하는 장소	능력단위 3단위 이상의 소화기 2개 이상
		200kg 이상 300kg 미만	저장하는 장소	능력단위 5단위 이상의 소화기 2개 이상
			제조·사용하는 장소	바닥면적 50㎡마다 능력단위 5단위 이상의 소화기 1개 이상
		300kg 이상	저장하는 장소	대형소화기 2개 이상
			제조·사용하는 장소	바닥면적 50㎡ 마다 능력단위 5단위 이상의 소화기 1개 이상

비고 : 액화석유가스·기타 가연성가스를 제조하거나 연료외의 용도로 사용하는 장소에 소화기를 설치하는 때에는 해당 장소 바닥면적 50㎡ 이하인 경우에도 해당 소화기를 2개 이상 비치하여야 한다.

013 보일러실등에 추가로 설치하여야 하는 자동확산소화기는 바닥면적 몇 [m²]일 때 2개를 설치하여야 하는가?
① 10[m²] 이하　　　　　② 10[m²] 초과
③ 20[m²] 이하　　　　　④ 20[m²] 초과

해설　12번 문제 해설 참조

014 분말식 자동소화장치의 감지부는 평상시 최고주위온도가 45℃인 경우 표시온도 몇℃의 것으로 설치하여야 하는가?
① 79℃ 미만　　　　　② 79℃ 이상 121℃ 미만
③ 121℃ 이상 162℃ 미만　　④ 162℃ 이상

해설　6번 문제 해설 참조

015 소화기의 밸브,부품 및 용기에 사용하는 합성수지의 노화시험종류에 해당되지 않는 것은?
① 공기가열노화시험　　　② 소화약제의 노출시험
③ 내후성시험　　　　　④ 내압시험

해설　제5조(합성수지 노화시험)
　　소화기의 밸브·밸브부품 및 용기에 사용하는 합성수지는 다음 각 호의 시험을 하는 경우에 변형 또는 균열 등이 생기지 아니하여야 하며 노화시험 후 성능 및 기능에 이상이 생기지 아니하여야 한다.
　　1. 공기가열노화시험
　　　100 ℃의 온도에서 180일 동안 가열 노화시킨다. 다만, 100 ℃의 온도에서 견디지 못하는 재료는 87℃의 온도에서 430일 동안 시험한다.
　　2. 소화약제의 노출시험
　　　소화약제와 접촉된 상태로 87 ℃의 온도에서 210일 동안 방치한다.
　　3. 내후성시험
　　　카본아크원을 사용하여 자외선에 17분간을 노출하고 물에 3분간 노출(크세논 아크원을 사용하는 경우 자외선에 102분간을 노출하고 물에 18분간 노출)하는 것을 1싸이클로 하여 720시간 동안 노화시킨다.

016 자동차에 설치하는 소화기의 종류로 옳지 않은 것은?
① 강화액소화기(봉상주수로 방사되는 것에 한함)
② 할로겐화합물소화기
③ 이산화탄소소화기
④ 포소화기

정답 : 013.②　014.②　015.④　016.①

예상문제

해설 제9조(자동차용소화기)
자동차에 설치하는 소화기(이하 "자동차용소화기"라 한다)는 강화액소화기(안개모양으로 방사되는 것에 한한다), 할로겐화합물소화기, 이산화탄소소화기, 포소화기 또는 분말소화기이어야 한다.

017 옥내소화전설비의 규정 방수압력과 규정 방사량으로 옳게 짝지어진 것은?
① 0.1[MPa] − 80[L/분]
② 0.1[MPa] − 20[L/분]
③ 0.17[MPa] − 130[L/분]
④ 0.25[MPa] − 350[L/분]

해설 0.17MPa, 130LPM

018 옥내소화전설비에서 송수펌프의 토출량을 옳게 나타낸 것은?
① $Q = N \times 130[L/min]$
② $Q = N \times 350[L/min]$
③ $Q = N \times 80[L/min]$
④ $Q = N \times 160[L/min]$

019 옥내소화전의 수원의 양은 동시 방수 소화전수에 얼마를 곱한 양 이상으로 하여야 하는가 [30층 미만인 경우]?
① 2.6[m³]
② 5[m³]
③ 7[m³]
④ 13[m³]

해설 수원의 양
옥내소화전설비의 수원은 그 저수량이 옥내소화전의 설치개수가 가장 많은 층의 설치개수(2개 이상 설치된 경우에는 2개)에 2.6m³(호스릴옥내소화전설비를 포함한다)를 곱한 양 이상이 되도록 하여야 한다. 다만, 층수가 30층 이상 49층 이하는 5.2m²를, 50층 이상은 7.8m³를 곱한 양 이상이 되도록 하여야 한다.(30층 이상의 경우 최대 5개)

020 옥내소화전설비의 층별 설치개수는 다음과 같다. 본 소화설비에 필요한 전용수원의 용량은 얼마 이상이어야 하는가? (건물의 층수는 25층이고, 1층 : 5개, 2층 : 5개, 3층 : 4개, 4층 : 4개, 5층 : 3개소씩 설치)
① 5.2[m³]
② 7.8[m³]
③ 13[m³]
④ 54.6[m³]

해설 $2 \times 2.6m^3 = 5.2m^3$

정답 : 017.③ 018.① 019.① 020.①

021
옥내소화전설비의 저장수량이 15,000[L]라고 하면 몇 [L]를 옥상에 설치하여야 하는가?

① 5,000 이상
② 7,500 이상
③ 10,000 이상
④ 15,000 이상

해설 옥상수원의 양
옥내소화전설비의 수원은 제1항에 따라 산출된 유효수량 외에 유효수량의 3분의 1 이상을 옥상(옥내소화전설비가 설치된 건축물의 주된 옥상을 말한다. 이하 같다)에 설치하여야 한다.

022
물소화설비의 배관에 개폐밸브로서 개폐 표시형의 것(예로 OS & Y 밸브 등)을 설치하는 이유로서 가장 적합한 것은?

① 개폐조작이 용이하기 때문이다.
② 개폐상태 여부를 용이하게 육안 판별하기 위해서이다.
③ 소방관의 수시점검을 위한 편의를 제공하기 위해서이다.
④ 밸브의 고장을 가급적 막기 위해서다.

023
펌프의 토출측에 설치하여야 하는 것이 아닌 것은?

① 연성계
② 수온의 상승을 방지하기 위한 배관
③ 성능시험배관
④ 압력계

해설

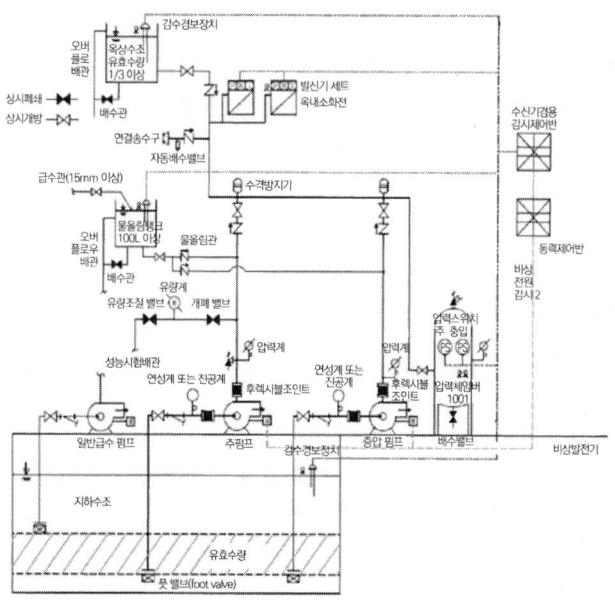

정답 : 021.① 022.② 023.①

예상문제 • 1203

예상문제

024 옥내소화전설비의 가압송수장치에 대한 내용 중 잘못된 것은 어느 것인가?
① 내연기관의 기동은 소화전함의 위치에서 원격조작이 가능하고, 기동을 명시하는 황색표시등을 설치할 것
② 펌프에는 토출측에 압력계, 흡입측에 연성계를 설치할 것
③ 펌프에는 정격 부하 운전시의 펌프 성능을 시험하기 위한 배관설비를 할 것
④ 펌프에는 체절운전시에 수온 상승 방지를 위한 순환배관을 설치할 것

해설 적색표시등 설치

025 30층 미만인 소방대상물의 옥내소화전설비에 관한 설명으로서 옳지 못한 것은?
① 30층 미만인 소방대상물의 수원의 수량은 층의 설치개수(2개를 초과시 2개)에 2.6[m³]를 곱하여 얻은 양 이상이어야 한다.
② 방수압력은 0.17[MPa] 이상이고, 방수량은 매분 150[L] 이상이어야 한다.
③ 가압송수장치는 점검이 편리하고 화재 등의 피해우려가 없는 곳에 설치하여야 한다.
④ 펌프의 흡입측 배관은 공기고임이 생기지 않는 구조로 하고 여과장치를 설치하여야 한다.

해설 130LPM 이상

026 저수조에서 옥내소화전용 수조와 일반급수용 수조를 겸용시 소화에 필요한 유효수량[m³]은?
① 저수조의 바닥면과 일반 급수용 펌프의 후트밸브 사이의 수량
② 일반 급수펌프의 후트밸브와 옥내소화전용 펌프의 후트밸브 사이의 수량
③ 옥내소화전용 펌프의 후트밸브와 지하수조 상단 사이의 수량
④ 저수조의 바닥면과 상단 사이의 전체수량

해설 제4조(수원)
① 옥내소화전설비의 수원은 그 저수량이 옥내소화전의 설치개수가 가장 많은 층의 설치개수(2개 이상 설치된 경우에는 2개)에 2.6m³(호스릴옥내소화전설비를 포함한다)를 곱한 양 이상이 되도록 하여야 한다.
② 옥내소화전설비의 수원은 제1항에 따라 산출된 유효수량 외에 유효수량의 3분의 1 이상을 옥상(옥내소화전설비가 설치된 건축물의 주된 옥상을 말한다. 이하 같다)에 설치하여야 한다. 다만, 다음 각 호의 어느 하나에 해당하는 경우에는 그러하지 아니하다.
  1. 삭제 〈2013.6.10.〉
  2. 지하층만 있는 건축물
  3. 제5조제2항에 따른 고가수조를 가압송수장치로 설치한 옥내소화전설비
  4. 수원이 건축물의 최상층에 설치된 방수구보다 높은 위치에 설치된 경우 〈개정 2015.1.23.〉

정답 : 024.① 025.② 026.②

5. 건축물의 높이가 지표면으로부터 10m 이하인 경우
　6. 주펌프와 동등 이상의 성능이 있는 별도의 펌프로서 내연기관의 기동과 연동하여 작동되거나 비상전원을 연결하여 설치한 경우
　7. 제5조제1항제9호 단서에 해당하는 경우 〈신설 2008.12.15.〉
　8. 제5조제4항에 따라 가압수조를 가압송수장치로 설치한 옥내소화전설비 〈신설 2009.10. 22〉
③ 삭제〈2013.6.11.〉
④ 옥상수조(제1항에 따라 산출된 유효수량의 3분의 1 이상을 옥상에 설치한 설비를 말한다. 이하 같다)는 이와 연결된 배관을 통하여 상시 소화수를 공급할 수 있는 구조인 특정소방대상물인 경우에는 둘 이상의 특정소방대상물이 있더라도 하나의 특정소방대상물에만 이를 설치할 수 있다. [종전의 제3항에서 이동 2012.2.15.]
⑤ 옥내소화전설비의 수원을 수조로 설치하는 경우에는 소방설비의 전용수조로 하여야 한다. 다만, 다음 각 호의 어느 하나에 해당하는 경우에는 그러하지 아니하다. [종전의 제4항에서 이동 2012.2.15.] 〈개정 2013.6.10.〉
　1. 옥내소화전펌프의 후드밸브 또는 흡수배관의 흡수구(수직회전축펌프의 흡수구를 포함한다. 이하 같다)를 다른 설비(소방용설비 외의 것을 말한다. 이하 같다)의 후드밸브 또는 흡수구보다 낮은 위치에 설치한 때
　2. 제5조제2항에 따른 고가수조로부터 옥내소화전설비의 수직배관에 물을 공급하는 급수구를 다른 설비의 급수구보다 낮은 위치에 설치한 때
⑥ 제1항 및 제2항에 따른 저수량을 산정함에 있어서 다른 설비와 겸용하여 옥내소화전설비용 수조를 설치하는 경우에는 옥내소화전설비의 후드밸브·흡수구 또는 수직배관의 급수구와 다른 설비의 후드밸브·흡수구 또는 수직배관의 급수구와의 사이의 수량을 그 유효수량으로 한다.
[종전의 제5항에서 이동 2012.2.15.]
⑦ 옥내소화전설비용 수조는 다음 각호의 기준에 따라 설치하여야 한다.
[종전의 제6항에서 이동 2012.2.15]
　1. 점검에 편리한 곳에 설치할 것
　2. 동결방지조치를 하거나 동결의 우려가 없는 장소에 설치할 것
　3. 수조의 외측에 수위계를 설치할 것. 다만, 구조상 불가피한 경우에는 수조의 맨홀 등을 통하여 수조 안의 물의 양을 쉽게 확인할 수 있도록 하여야 한다.
　4. 수조의 상단이 바닥보다 높은 때에는 수조의 외측에 고정식 사다리를 설치할 것
　5. 수조가 실내에 설치된 때에는 그 실내에 조명설비를 설치할 것
　6. 수조의 밑 부분에는 청소용 배수밸브 또는 배수관을 설치할 것
　7. 수조의 외측의 보기 쉬운 곳에 "옥내소화전설비용 수조"라고 표시한 표지를 할 것. 이 경우 그 수조를 다른 설비와 겸용하는 때에는 그 겸용되는 설비의 이름을 표시한 표지를 함께 하여야 한다.
　8. 옥내소화전펌프의 흡수배관 또는 옥내소화전설비의 수직배관과 수조의 접속부분에는 "옥내소화전설비용 배관"이라고 표시한 표지를 할 것. 다만, 수조와 가까운 장소에 옥내소화전펌프가 설치되고 옥내소화전펌프에 제5조제1항제14호에 따른 표지를 설치한 때에는 그러하지 아니하다.

예상문제

027 옥내소화전설비의 수원에 대한 설명으로 옳은 것은?
① 30층인 소방대상물에 소화전이 가장 많은 층의 개수가 4개일 때 수원의 용량은 10.4[m³] 이상이어야 한다.
② 가압송수장치를 고가수조로 설치할 경우 유효수량의 1/3을 옥상에 별도로 설치할 필요가 없다.
③ 지하층만 있는 경우 유효수량의 1/3 이상을 지상 1층 높이에 설치하여야 한다.
④ 수조에 맨홀을 설치할 경우 수조의 외측에 수위계는 설치하지 않아도 좋다.

해설 26번 문제 해설 참조

028 옥내소화전설비 수조의 설치기준으로 틀린 것은?
① 수조를 실내에 설치하였을 경우에는 조명설비를 설치한다.
② 수조의 상단이 바닥보다 높을 때는 수조 내측에 사다리를 설치한다.
③ 점검이 편리한 곳에 설치한다.
④ 수조 밑부분에 청소용 배수밸브, 배수관을 설치한다.

해설 26번 문제 해설 참조

029 옥내소화전설비 중 펌프를 이용하는 가압송수장치에 대한 내용이 잘못된 것은?
① 기동용 수압개폐장치를 사용할 경우에 압력챔버 용적은 100[L] 이상으로 한다.
② 펌프의 흡입측에는 진공계, 토출측에는 연성계를 설치한다.
③ 가압송수장치에는 체절운전시 수온의 상승을 방지하기 위한 순환배관을 설치한다.
④ 가압송수장치에는 정격부하 운전시 펌프의 성능을 시험하기 위하여 배관을 사용한다.

해설 ① 전동기 또는 내연기관에 따른 펌프를 이용하는 가압송수장치는 다음 각 호의 기준에 따라 설치하여야 한다. 다만, 가압송수장치의 주펌프는 전동기에 따른 펌프로 설치하여야 한다. 〈개정 2015.1.23.〉
1. 쉽게 접근할 수 있고 점검하기에 충분한 공간이 있는 장소로서 화재 및 침수 등의 재해로 인한 피해를 받을 우려가 없는 곳에 설치할 것
2. 동결방지조치를 하거나 동결의 우려가 없는 장소에 설치할 것
3. 특정소방대상물의 어느 층에 있어서도 해당 층의 옥내소화전(5개 이상 설치된 경우에는 5개의 옥내소화전)을 동시에 사용할 경우 각 소화전의 노즐선단에서의 방수압력이 0.17MPa(호스릴옥내소화전설비를 포함한다) 이상이고, 방수량이 130*l*/min(호스릴옥내소화전설비를 포함한다) 이상이 되는 성능의 것으로 할 것. 다만, 하나의 옥내소화전을 사용하는 노즐선단에서의 방수압력이 0.7MPa을 초과할 경우에는 호스접결구의 인입 측에 감압장치를 설치하여야 한다. 〈개정 2008.12.15.〉

정답 : 027.② 028.② 029.②

4. 펌프의 토출량은 옥내소화전이 가장 많이 설치된 층의 설치개수(옥내소화전이 5개 이상 설치된 경우에는 5개)에 130ℓ/min를 곱한 양 이상이 되도록 할 것
5. 펌프는 전용으로 할 것. 다만, 다른 소화설비와 겸용하는 경우 각각의 소화설비의 성능에 지장이 없을 때에는 그러하지 아니하다.

5의2. 삭제 〈2013.6.11.〉

6. 펌프의 토출 측에는 압력계를 체크밸브 이전에 펌프토출 측 플랜지에서 가까운 곳에 설치하고, 흡입 측에는 연성계 또는 진공계를 설치할 것. 다만, 수원의 수위가 펌프의 위치보다 높거나 수직회전축 펌프의 경우에는 연성계 또는 진공계를 설치하지 아니할 수 있다.
7. 가압송수장치에는 정격부하운전 시 펌프의 성능을 시험하기 위한 배관을 설치할 것. 다만, 충압펌프의 경우에는 그러하지 아니하다.
8. 가압송수장치에는 체절운전 시 수온의 상승을 방지하기 위한 순환배관을 설치할 것. 다만, 충압펌프의 경우에는 그러하지 아니하다.
9. 기동장치로는 기동용수압개폐장치 또는 이와 동등 이상의 성능이 있는 것을 설치할 것. 다만, 학교·공장·창고시설(제4조제2항에 따라 옥상수조를 설치한 대상은 제외한다)로서 동결의 우려가 있는 장소에 있어서는 기동스위치에 보호판을 부착하여 옥내소화전함 내에 설치할 수 있다. 〈개정 2013.6.10., 2016.5.16.〉

9의2. 제9호 단서의 경우에는 주펌프와 동등 이상의 성능이 있는 별도의 펌프로서 내연기관의 기동과 연동하여 작동되거나 비상전원을 연결한 펌프를 추가 설치할 것. 다만, 다음 각 목의 경우는 제외한다. 〈신설 2016.5.16.〉
   가. 지하층만 있는 건축물
   나. 고가수조를 가압송수장치로 설치한 경우
   다. 수원이 건축물의 최상층에 설치된 방수구보다 높은 위치에 설치된 경우
   라. 건축물의 높이가 지표면으로부터 10m 이하인 경우
   마. 가압수조를 가압송수장치로 설치한 경우

10. 기동용수압개폐장치(압력챔버)를 사용할 경우 그 용적은 100ℓ 이상의 것으로 할 것
11. 수원의 수위가 펌프보다 낮은 위치에 있는 가압송수장치에는 다음 각 목의 기준에 따른 물올림장치를 설치할 것 〈개정 2013.6.10.〉
    가. 물올림장치에는 전용의 탱크를 설치할 것
    나. 탱크의 유효수량은 100ℓ 이상으로 하되, 구경 15㎜ 이상의 급수배관에 따라 해당 탱크에 물이 계속 보급되도록 할 것
12. 기동용수압개폐장치를 기동장치로 사용할 경우에는 다음 각 목의 기준에 따른 충압펌프를 설치할 것. 다만, 옥내소화전이 각층에 1개씩 설치된 경우로서 소화용 급수펌프로도 상시 충압이 가능하고 다음 각목의 성능을 갖춘 경우에는 충압펌프를 별도로 설치하지 아니할 수 있다. 〈개정 2013.6.10〉
    가. 펌프의 토출압력은 그 설비의 최고위 호스접결구의 자연압보다 적어도 0.2MPa이 더 크도록 하거나 가압송수장치의 정격토출압력과 같게 할 것
    나. 펌프의 정격토출량은 정상적인 누설량보다 적어서는 아니 되며, 옥내소화전설비가 자동적으로 작동할 수 있도록 충분한 토출량을 유지할 것
13. 내연기관을 사용하는 경우에는 다음 각 목의 기준에 적합한 것으로 할 것 〈개정 2013.6.10〉

예상문제

가. 내연기관의 기동은 제9호의 기동장치를 설치하거나 또는 소화전함의 위치에서 원격조작이 가능하고 기동을 명시하는 적색등을 설치할 것
나. 제어반에 따라 내연기관의 자동기동 및 수동기동이 가능하고, 상시 충전되어 있는 축전지설비를 갖출 것
다. 내연기관의 연료량은 펌프를 20분(층수가 30층 이상 49층 이하는 40분, 50층 이상은 60분) 이상 운전할 수 있는 용량일 것 〈신설 2013.6.10〉

14. 가압송수장치에는 "옥내소화전펌프"라고 표시한 표지를 할 것. 이 경우 그 가압송수장치를 다른 설비와 겸용하는 때에는 그 겸용되는 설비의 이름을 표시한 표지를 함께 하여야 한다.
15. 가압송수장치가 기동이 된 경우에는 자동으로 정지되지 아니하도록 하여야 한다. 다만, 충압펌프의 경우에는 그러하지 아니하다. 〈개정 2008.12.15.〉
16. 가압송수장치는 부식 등으로 인한 펌프의 고착을 방지할 수 있도록 다음 각 목의 기준에 적합한 것으로 할 것. 다만, 충압펌프는 제외한다.
    가. 임펠러는 청동 또는 스테인리스 등 부식에 강한 재질을 사용할 것
    나. 펌프축은 스테인리스 등 부식에 강한 재질을 사용할 것

030 옥내소화전설비에서 가압송수장치의 기동을 나타내는 표시등의 색상은?
① 청색 ② 황색
③ 흑색 ④ 적색

해설 적색 표시등

031 송수펌프의 수원에 설치하는 후트밸브의 기능은?
① 여과, 체크밸브기능 ② 송수 및 여과기능
③ 급수 및 체크밸브기능 ④ 여과 및 유량측정기능

해설 후트밸브 : 여과기능, 체크밸브기능

032 소화펌프의 성능시험방법 및 배관에 대한 설명으로 맞는 것은?
① 펌프의 성능은 체절운전시 정격토출압력의 150[%]를 초과하지 아니하여야 할 것
② 정격토출량의 150[%]로 운전시 정격토출압력의 65[%] 이상이어야 할 것
③ 성능시험배관은 펌프의 토출측에 설치된 개폐밸브 이후에서 분기할 것
④ 유량측정장치는 펌프의 정격토출압력의 165[%] 이상 측정할수 있는 성능이 있을 것

해설 펌프의 성능은 체절운전 시 정격토출압력의 140%를 초과하지 아니하고, 정격토출량의 150%로 운전 시 정격토출압력의 65% 이상이 되어야 하며, 펌프의 성능시험배관은 다음 각 호의 기준에 적합하여야 한다.

정답 : 030.④ 031.① 032.②

1. 성능시험배관은 펌프의 토출측에 설치된 개폐밸브 이전에서 분기하여 설치하고, 유량측정장치를 기준으로 전단 직관부에 개폐밸브를 후단 직관부에는 유량조절밸브를 설치할 것
2. 유량측정장치는 성능시험배관의 직관부에 설치하되, 펌프의 정격토출량의 175% 이상 측정할 수 있는 성능이 있을 것

033 옥내소화전설비에서 펌프의 성능시험배관의 설치 위치로서 적합한 것은?
① 펌프의 토출측과 개폐밸브 사이에
② 펌프의 흡입측과 개폐밸브 사이에
③ 펌프로부터 가장 가까운 소화전 사이에
④ 펌프로부터 가장 먼 소화전 사이에

해설 32번 문제 해설 참조

034 옥내소화전설비에서 정격부하시 펌프의 성능을 시험하기 위해 설치하는 배관은?
① 순환배관
② 급수배관
③ 성능시험배관
④ 드레인배관

035 충압펌프의 정격토출압력은 충압펌프에서 최고위 호스접결구까지의 자연압보다 몇 [MPa]이 더 커야 하는가?
① 0.1
② 0.2
③ 0.3
④ 0.5

해설 29번 문제 해설 참조

036 옥내소화전설비의 펌프의 전양정의 공식의 내용 중 맞지 않는 것은?

$$H = h_1 + h_2 + h_3 + 17$$

① H는 전양정
② h_1은 노즐선단 방수압력의 환산수두
③ h_2는 배관의 마찰손실수두
④ h_3는 낙차

해설 $H = h_1 + h_2 + h_3 + 17m$
H : 전양정(m)
h_1 : 배관 및 관부속물 마찰손실수두(m)
h_2 : 호스마찰손실수두(m)
h_3 : 실양정(m)

037 물올림장치의 용량은 얼마 이상이어야 하는가?
① 50[L]
② 100[L]
③ 150[L]
④ 200[L]

정답 : 033.① 034.③ 035.② 036.② 037.②

> **해설** 29번 문제 해설 참조

038 옥내소화전용 물올림장치의 감수경보가 울렸을 경우에 감수의 원인이라고 생각할 수 없는 것은?

① 급수차단
② 자동급수장치의 고장
③ 펌프 토출측 체크밸브의 누수
④ 물올림장치의 배수밸브의 개방

039 소방펌프의 토출측에 설치한 압력계의 바늘이 심한 진동을 일으킬 때 이를 방지할 수 있는 방법이 아닌 것은?

① 펌프에서 발생되는 진동원인을 제거한다.
② 압력계를 배관에 부착할 때 동 배관을 코일처럼 감은 뒤 연결한다.
③ 플랙시블 호스를 이용하여 압력계를 연결한다.
④ 압력계를 주배관에 연결한다.

040 옥내소화전이 2개소 설치되어 있고 수원의 공급은 모터펌프로 한다. 수원으로부터 가장 먼 소화전의 앵글밸브까지의 요구되는 수두가 29.4m라고 할 때 모터의 용량은 몇 [kW] 이상 이어야 하는가? (단, 호스 및 관창의 마찰손실수두는 3.6m, 펌프의 효율은 65%이며, 전동기에 직결한 것으로 한다)

① 1.59kW
② 2.59kW
③ 3.59kW
④ 4.59kW

> **해설**
> $P(kW) = \dfrac{\gamma\, Q\, H}{102\, \eta} K$
>
> $\gamma : 1000 kgf/m^3$
> $Q : 2 \times 130 L/\min = 260 L/\min \fallingdotseq \dfrac{0.26}{60} m^3/\sec$
> $H : 29.4m + 3.6m + 17m = 50m$
> $\eta : 0.65$
> $K : 1.1$
>
> $\therefore P(kW) = \dfrac{1000 \times \dfrac{0.26}{60} \times 50}{102 \times 0.65} \times 1.1 \fallingdotseq 3.59 kW$

정답 : 038.③ 039.④ 040.③

041 기동용 수압개폐장치의 구성요소 중 압력챔버의 역할이 아닌 것은?

① 수격작용 방지
② 배관 내의 이물질 침투방지
③ 배관 내의 압력저하시 충압펌프의 자동기동
④ 배관 내의 압력저하시 주펌프의 자동기동

해설 압력챔버의 역할 : 펌프의 자동기동 및 정지, 수격작용방지

042 옥내소화전설비의 기동용 수압 개폐장치를 사용할 경우, 압력챔버 용적의 기준이 되는 수치는?

① 50[L] 이상
② 100[L] 이상
③ 150[L] 이상
④ 200[L] 이상

해설 100L 이상

043 가압송수장치에 부설된 장치로 내부에 공기실이 있어 수격을 흡수할 수 있으며 관로상의 미소압력누설시 공기팽창으로 보충하며 설정압력 이하로 관로압력이 강하될 때는 전동기를 기동시키는 등의 기능을 하는 장치는?

① 감압밸브 또는 오리피스의 설치
② 중간펌프
③ 압력챔버
④ 체절운전방지장치

044 체절운전시 체절 압력 미만에서 개방되는 순환 배관상에 설치하는 밸브는 어떤 밸브인가?

① Glove Valve
② Relief Valve
③ Check Valve
④ Drain Valve

045 소화설비의 송수펌프에 진동이 심하게 발생될 때 그 원인이 아닌 것은?

① 모터와 펌프와의 축결합 상태 불량
② 임펠러의 마모 발생
③ 펌프의 기초 부실
④ 캐비테이션의 발생

 정답 : 041.② 042.② 043.③ 044.② 045.②

예상문제

046 옥내소화전설비의 가압송수장치에는 체절운전시 수온의 상승을 방지하기 위하여 무엇을 설치하여야 하는가?
① 순환배관 ② 시험배관
③ 수압개폐장치 ④ 물올림장치

047 옥내소화전설비의 펌프 토출측 배관에 설치되는 부속장치 중에서 펌프와 체크밸브(또는 개폐밸브)사이에 연결되는 것이 아닌 것은?
① 펌프의 성능시험배관
② 기동용수압개폐장치
③ 물올림장치
④ 펌프의 체절운전시 수온의 상승을 방지하기 위한 순환배관

048 옥내소화전설비의 방수량에 맞는 것은?
① $Q = 0.653D^2\sqrt{10P}$
② $Q = K\sqrt{10P}$
③ $Q = N \times 250\,[l/\min]$
④ $Q = N \times 350\,[l/\min]$

049 가압송수장치 중 압력수조에 설치하여야 하는 것이 아닌 것은?
① 급기관 ② 급수관
③ 압력계 ④ 수동식 공기압축기

> **해설** ② 고가수조의 자연낙차를 이용한 가압송수장치는 다음 각 호의 기준에 따라 설치하여야 한다.
> 1. 고가수조의 자연낙차수두(수조의 하단으로부터 최고층에 설치된 소화전 호스 접결구까지의 수직거리를 말한다)는 다음의 식에 따라 산출한 수치 이상이 되도록 할 것
> H = h₁ + h₂ + 17(호스릴옥내소화전설비를 포함한다)
> H : 필요한 낙차(m)
> h₁: 소방용호스 마찰손실 수두(m)
> h₂: 배관의 마찰손실 수두(m)
> 2. 고가수조에는 수위계·배수관·급수관·오버플로우관 및 맨홀을 설치할 것
> ③ 압력수조를 이용한 가압송수장치는 다음 각 호의 기준에 따라 설치하여야 한다.

정답 : 046.① 047.② 048.① 049.④

1. 압력수조의 압력은 다음의 식에 따라 산출한 수치 이상으로 할 것
   P = p₁ + p₂ + p₃ + 0.17(호스릴옥내소화전설비를 포함한다)
   P : 필요한 압력(MPa)
   p₁: 소방용호스의 마찰손실 수두압(MPa)
   p₂: 배관의 마찰손실 수두압(MPa)
   p₃: 낙차의 환산 수두압(MPa)
2. 압력수조에는 수위계·급수관·배수관·급기관·맨홀·압력계·안전장치 및 압력저하 방지를 위한 자동식 공기압축기를 설치할 것

④ 가압수조를 이용한 가압송수장치는 다음 각 호의 기준에 따라 설치하여야 한다.
1. 가압수조의 압력은 제1항제3호에 따른 방수량 및 방수압이 20분 이상유지되도록 할 것
2. 가압수조 및 가압원은 「건축법 시행령」 제46조에 따른 방화구획 된 장소에 설치할 것
3. 가압수조를 이용한 가압송수장치는 소방청장이 정하여 고시한 「가압수조식가압송수장치의 성능인증 및 제품검사의 기술기준」에 적합한 것으로 설치할 것

050 옥내소화전의 주 배관의 구경은 최소 몇 mm 이상이어야 하는가?

① 30[mm] 이상
② 40[mm] 이상
③ 50[mm] 이상
④ 60[mm] 이상

해설 ⑥ 펌프의 토출 측 주배관의 구경은 유속이 4㎧ 이하가 될 수 있는 크기 이상으로 하여야 하고, 옥내소화전방수구와 연결되는 가지배관의 구경은 40mm(호스릴옥내소화전설비의 경우에는 25mm) 이상으로 하여야 하며, 주배관중 수직배관의 구경은 50mm(호스릴옥내소화전설비의 경우에는 32mm) 이상으로 하여야 한다.
⑦ 연결송수관설비의 배관과 겸용할 경우의 주배관은 구경 100mm 이상, 방수구로 연결되는 배관의 구경은 65mm 이상의 것으로 하여야 한다.

051 연결송수관설비의 배관과 옥내소화전의 배관을 겸용할 경우 주 배관의 구경은?

① 50[mm] 이상
② 80[mm] 이상
③ 100[mm] 이상
④ 120[mm] 이상

해설 50번 문제 해설 참조

052 펌프의 토출측 주 배관의 구경은 유속이 얼마 이하가 될 수 있는 크기 이상으로 하여야 하는가?

① 1[m/s]
② 2[m/s]
③ 3[m/s]
④ 4[m/s]

해설 50번 문제 해설 참조

정답 : 050.③ 051.③ 052.④

예상문제

053 옥내소화전설비의 흡입측 배관은 공동현상이 생기지 아니하는 구조로 하고 무엇을 설치하여야 하는가?

① 여과장치 ② 개폐밸브
③ 플렉시블 조인트 ④ 선택밸브

해설 ⑤ 펌프의 흡입 측 배관은 다음 각 호의 기준에 따라 설치하여야 한다.
1. 공기고임이 생기지 아니하는 구조로 하고 여과장치를 설치할 것
2. 수조가 펌프보다 낮게 설치된 경우에는 각 펌프(충압펌프를 포함한다)마다 수조로부터 별도로 설치할 것

054 옥내소화전의 배관설비에 대한 설명으로 부적합한 것은?

① 펌프의 흡수관에 여과장치를 한다.
② 주 배관 중 수직배관은 구경 50[mm] 이상의 것으로 한다.
③ 연결송수관과 겸용하는 경우의 가지관은 구경 50[mm] 이상의 것으로 한다.
④ 연결송수관의 설비와 겸용할 경우의 주 배관의 구경은 100[mm] 이상의 것으로 한다.

해설 50번 문제 해설 참조

055 배관의 지지간격을 결정하는 조건에 가장 관계가 없는 것은?

① 사용하는 관의 자중과 치수 ② 배관 속을 흐르는 유체의 중량
③ 배관 속을 흐르는 유체의 흐름방향 ④ 접속하는 기기의 진동

056 배관에 설치하는 체크밸브(Check Valve)에 표시하여야 하는 사항이 아닌 것은?

① 유수량 ② 호칭구경 ③ 사용압력 ④ 유수의 방향

해설
> **! Reference**
>
> ① 배관과 배관이음쇠는 다음 각 호의 어느 하나에 해당하는 것 또는 동등 이상의 강도·내식성 및 내열성을 국내·외 공인기관으로부터 인정 받은 것을 사용하여야 하고, 배관용 스테인리스강관(KS D 3576)의 이음을 용접으로 할 경우에는 알곤용접방식에 따른다. 다만, 본 조에서 정하지 않은 사항은 건설기술 진흥법 제44조제1항의 규정에 따른 건축기계설비공사 표준설명서에 따른다.
>   1. 배관 내 사용압력이 1.2MPa 미만일 경우에는 다음 각 목의 어느 하나에 해당하는 것
>   가. 배관용 탄소강관(KS D 3507)
>   나. 이음매 없는 구리 및 구리합금관(KS D 5301). 다만, 습식의 배관에 한한다.

정답 : 053.① 054.③ 055.③ 056.①

다. 배관용 스테인리스강관(KS D 3576) 또는 일반배관용 스테인리스강관(KS D 3595)
라. 덕타일 주철관(KS D 4311) 〈신설 2016.7.25.〉
2. 배관 내 사용압력이 1.2MPa 이상일 경우에는 다음 각 목의 어느 하나에 해당하는 것
   가. 압력배관용탄소강관(KS D 3562) 〈신설 2016.7.25.〉
   나. 배관용 아크용접 탄소강강관(KS D 3583) 〈신설 2016.7.25.〉
② 제1항에도 불구하고 다음 각 호의 어느 하나에 해당하는 장소에는 소방청장이 정하여 고시한 「소방용합성수지배관의 성능인증 및 제품검사의 기술기준」에 적합한 소방용 합성수지배관으로 설치할 수 있다. 〈개정 2013.6.10, 2015.1.23.〉
   1. 배관을 지하에 매설하는 경우
   2. 다른 부분과 내화구조로 구획된 덕트 또는 피트의 내부에 설치하는 경우
   3. 천장(상층이 있는 경우에는 상층바닥의 하단을 포함한다. 이하 같다)과 반자를 불연재료 또는 준불연 재료로 설치하고 그 내부에 습식으로 배관을 설치하는 경우
③ 급수배관은 전용으로 하여야 한다. 다만, 옥내소화전의 기동장치의 조작과 동시에 다른 설비의 용도에 사용하는 배관의 송수를 차단할 수 있거나, 옥내소화전설비의 성능에 지장이 없는 경우에는 다른 설비와 겸용할 수 있다.
④ 삭제 ⑤ 흡입측배관기준 ⑥ 토출측배관구경기준 ⑦ 연결송수관겸용배관구경기준
⑧ 성능시험배관기준
⑨ 가압송수장치의 체절운전 시 수온의 상승을 방지하기 위하여 체크밸브와 펌프사이에서 분기한 구경 20mm 이상의 배관에 체절압력 미만에서 개방되는 릴리프밸브를 설치하여야 한다.
⑩ 동결방지조치를 하거나 동결의 우려가 없는 장소에 설치하여야 한다. 다만, 보온재를 사용할 경우에는 난연재료 성능이상의 것으로 하여야 한다. 〈개정 2012.2.15, 2015.1.23.〉
⑪ 급수배관에 설치되어 급수를 차단할 수 있는 개폐밸브(옥내소화전방수구를 제외한다)는 개폐표시형으로 하여야 한다. 이 경우 펌프의 흡입측 배관에는 버터플라이밸브 외의 개폐표시형밸브를 설치하여야 한다.
⑫ 배관은 다른 설비의 배관과 쉽게 구분이 될 수 있는 위치에 설치하거나, 그 배관표면 또는 배관 보온재표면의 색상은 「한국산업표준(배관계의 식별 표시, KS A 0503)」 또는 적색으로 식별이 가능하도록 소방용설비의 배관임을 표시하여야 한다. 〈개정 2008.12.15.〉
⑬ 옥내소화전설비에는 소방차로부터 그 설비에 송수할 수 있는 송수구를 다음 각 호의 기준에 의하여 설치하여야 한다.
   1. 송수구는 소방차가 쉽게 접근할 수 있는 잘 보이는 장소에 설치하되 화재층으로부터 지면으로 떨어지는 유리창 등이 송수 및 그 밖의 소화작업에 지장을 주지 아니하는 장소에 설치할 것 〈개정 2013.6.10〉
   2. 송수구로부터 주 배관에 이르는 연결배관에는 개폐밸브를 설치하지 아니할 것. 다만, 스프링클러설비·물분무소화설비·포소화설비 또는 연결송수관 설비의 배관과 겸용하는 경우에는 그러하지 아니하다.
   3. 지면으로부터 높이가 0.5m 이상 1m 이하의 위치에 설치할 것
   4. 구경 65mm의 쌍구형 또는 단구형으로 할 것
   5. 송수구의 가까운 부분에 자동배수밸브(또는 직경 5mm의 배수공) 및 체크밸브를 설치할 것. 이 경우 자동배수밸브는 배관안의 물이 잘 빠질 수 있는 위치에 설치하되, 배수로 인하여 다른 물건 또는 장소에 피해를 주지 아니하여야 한다.
   6. 송수구에는 이물질을 막기 위한 마개를 씌울 것 〈신설 2008.12.15〉
⑭ 분기배관을 사용할 경우에는 소방청장이 정하여 고시한 「분기배관의 성능인증 및 제품검사의 기술기준」에 적합한 것으로 설치하여야 한다. 〈개정 2012.2.15, 2013.6.10, 2015.1.23.〉

예상문제

057 배관의 팽창 등에 따른 사고방지를 위해 배관의 도중에 설치하는 신축이음과 관계없는 것은?

① 슬리브형
② 벨로우즈형
③ 루프형
④ 유니온형

해설 신축이음의 종류 : 루프이음, 슬리브이음, 벨로우즈이음, 스위블이음

058 옥내소화전설비에서 지하층을 제외한 층수가 몇 층 이상일 때 비상전원을 설치하여야 하는가?

① 6
② 7
③ 8
④ 9

해설 제8조(전원)
① 옥내소화전설비에는 그 특정소방대상물의 수전방식에 따라 다음 각 호의 기준에 따른 상용전원회로의 배선을 설치하여야 한다. 다만, 가압수조방식으로서 모든 기능이 20분 이상 유효하게 지속될 수 있는 경우에는 그러하지 아니하다. 〈개정 2008.12.15., 2012. 2.15., 2013.6.11.〉
  1. 저압수전인 경우에는 인입개폐기의 직후에서 분기하여 전용배선으로 하여야 하며, 전용의 전선관에 보호 되도록 할 것
  2. 특별고압수전 또는 고압수전일 경우에는 전력용 변압기 2차측의 주차단기 1차측에서 분기하여 전용배선으로 하되, 상용전원의 상시공급에 지장이 없을 경우에는 주차단기 2차측에서 분기하여 전용배선으로 할 것. 다만, 가압송수장치의 정격입력전압이 수전전압과 같은 경우에는 제1호의 기준에 따른다.
② 다음 각 호의 어느 하나에 해당하는 특정소방대상물의 옥내소화전설비에는 비상전원을 설치하여야 한다. 다만, 2 이상의 변전소(「전기사업법」 제67조에 따른 변전소를 말한다. 이하 같다)에서 전력을 동시에 공급받을 수 있거나 하나의 변전소로부터 전력의 공급이 중단되는 때에는 자동으로 다른 변전소로부터 전원을 공급받을 수 있도록 상용전원을 설치한 경우와 가압수조방식에는 그러하지 아니하다.
  1. 층수가 7층 이상으로서 연면적이 2,000㎡ 이상인 것
  2. 제1호에 해당하지 아니하는 특정소방대상물로서 지하층의 바닥면적의 합계가 3,000㎡ 이상인 것
③ 제2항에 따른 비상전원은 자가발전설비, 축전지설비(내연기관에 따른 펌프를 사용하는 경우에는 내연기관의 기동 및 제어용 축전지를 말한다) 또는 전기저장장치(외부 전기에너지를 저장해 두었다가 필요한 때 전기를 공급하는 장치)로서 다음 각 호의 기준에 따라 설치하여야 한다. 〈개정 2016.7.25.〉
  1. 점검에 편리하고 화재 및 침수 등의 재해로 인한 피해를 받을 우려가 없는 곳에 설치할 것
  2. 옥내소화전설비를 유효하게 20분 이상 작동할 수 있어야 할 것 〈개정 2012.2.15., 2013. 6.11.〉
  3. 상용전원으로부터 전력의 공급이 중단된 때에는 자동으로 비상전원으로부터 전력을 공급받을 수 있도록 할 것

정답 : 057.④ 058.②

4. 비상전원(내연기관의 기동 및 제어용 축전기를 제외한다)의 설치장소는 다른 장소와 방화구획 할 것. 이 경우 그 장소에는 비상전원의 공급에 필요한 기구나 설비외의 것(열병합발전설비에 필요한 기구나 설비는 제외한다)을 두어서는 아니 된다. 〈개정 2008.12. 15.〉
5. 비상전원을 실내에 설치하는 때에는 그 실내에 비상조명등을 설치할 것

059 옥내소화전설비에서 비상전원의 용량은 몇 분 이상 작동하여야 하는가? (단, 29층인 건물이다)
① 10분　　　　　　　　　② 20분
③ 30분　　　　　　　　　④ 40분

해설 58번 해설 참조

060 옥내소화전설비의 전원에 대한 배선 기준으로 옳은 것은?
① 저압수전일 경우에는 인입개폐기의 직후에서 분기하여 전용배선으로 한다.
② 고압수전일 경우에는 전력용 변압기 2차측에서 직접 분기하여 전용배선으로 한다.
③ 특별고압수전일 경우에는 전력용 변압기 1차측의 주차단기 1차측에서 분기하여 전용배선으로 한다.
④ 승강기전원 등 특수동력전원과 공용하여 사용한다.

해설 58번 해설 참조

061 옥내소화전설비의 제어반은 어떤 종류의 제어반으로 구분 설치하여야 하는가?
① 주전원제어반과 예비전원제어반　　② 상시제어반과 임시제어반
③ 감시제어반과 동력제어반　　　　　④ 옥내제어반과 옥외제어반

해설 제9조(제어반)
① 옥내소화전설비에는 제어반을 설치하되, 감시제어반과 동력제어반으로 구분하여 설치하여야 한다. 다만, 다음 각 호의 어느 하나에 해당하는 옥내소화전설비의 경우에는 감시제어반과 동력제어반으로 구분하여 설치하지 아니할 수 있다. 〈개정 2013.6.10〉
1. 제8조제2항에 해당하지 아니하는 특정소방대상물에 설치되는 옥내소화전설비
2. 내연기관에 따른 가압송수장치를 사용하는 옥내소화전설비
3. 고가수조에 따른 가압송수장치를 사용하는 옥내소화전설비
4. 가압수조에 따른 가압송수장치를 사용하는 옥내소화전설비 〈신설 2008.12.15〉
② 감시제어반의 기능은 다음 각호의 기준에 적합하여야 한다. 〈개정 2013.6.10〉
1. 각 펌프의 작동여부를 확인할 수 있는 표시등 및 음향경보기능이 있어야 할 것
2. 각 펌프를 자동 및 수동으로 작동시키거나 중단시킬 수 있어야 할 것 〈개정 2008.12. 15, 2013.6.10〉

정답 : 059.② 060.① 061.③

> **예상문제**

3. 비상전원을 설치한 경우에는 상용전원 및 비상전원의 공급여부를 확인할 수 있어야 할 것 〈개정 2008.12.15〉
4. 수조 또는 물올림탱크가 저수위로 될 때 표시등 및 음향으로 경보할 것
5. 각 확인회로(기동용수압개폐장치의 압력스위치회로·수조 또는 물올림탱크의 감시회로를 말한다)마다 도통시험 및 작동시험을 할 수 있어야 할 것
6. 예비전원이 확보되고 예비전원의 적합여부를 시험할 수 있어야 할 것

③ 감시제어반은 다음 각 호의 기준에 따라 설치하여야 한다.
 1. 화재 및 침수 등의 재해로 인한 피해를 받을 우려가 없는 곳에 설치할 것
 2. 감시제어반은 옥내소화전설비의 전용으로 할 것. 다만, 옥내소화전설비의 제어에 지장이 없는 경우에는 다른 설비와 겸용할 수 있다.
 3. 감시제어반은 다음 각 목의 기준에 따른 전용실안에 설치할 것. 다만 제1항 각 호의 어느 하나에 해당하는 경우와 공장, 발전소 등에서 설비를 집중 제어·운전할 목적으로 설치하는 중앙제어실내에 감시제어반을 설치하는 경우에는 그러하지 아니하다. 〈개정 2013.6.10.〉
   가. 다른 부분과 방화구획을 할 것. 이 경우 전용실의 벽에는 기계실 또는 전기실 등의 감시를 위하여 두께 7㎜ 이상의 망입유리(두께 16.3㎜ 이상의 접합유리 또는 두께 28㎜ 이상의 복층유리를 포함한다)로 된 4㎡ 미만의 붙박이창을 설치할 수 있다.
   나. 피난층 또는 지하 1층에 설치할 것. 다만, 다음 각 세목의 어느 하나에 해당하는 경우에는 지상 2층에 설치하거나 지하 1층 외의 지하층에 설치할 수 있다. 〈개정 2013.6.10.〉
     (1) 「건축법시행령」제35조에 따라 특별피난계단이 설치되고 그 계단(부속실을 포함한다)출입구로부터 보행거리 5m 이내에 전용실의 출입구가 있는 경우
     (2) 아파트의 관리동(관리동이 없는 경우에는 경비실)에 설치하는 경우
   다. 비상조명등 및 급·배기설비를 설치할 것
   라. 「무선통신보조설비의 화재안전기준(NFTC 505)」 제5조제3항에 따라 유효하게 통신이 가능할 것(영 별표 5의 제5호마목에 따른 무선통신보조설비가 설치된 특정소방대상물에 한한다.)
   마. 바닥면적은 감시제어반의 설치에 필요한 면적 외에 화재 시 소방대원이 그 감시제어반의 조작에 필요한 최소면적 이상으로 할 것
 4. 제3호에 따른 전용실에는 특정소방대상물의 기계·기구 또는 시설 등의 제어 및 감시설비외의 것을 두지 아니할 것

④ 동력제어반은 다음 각 호의 기준에 따라 설치하여야 한다.
 1. 앞면은 적색으로 하고 "옥내소화전설비용 동력제어반"이라고 표시한 표지를 설치할 것
 2. 외함은 두께 1.5㎜ 이상의 강판 또는 이와 동등 이상의 강도 및 내열성능이 있는 것으로 할 것
 3. 그 밖의 동력제어반의 설치에 관하여는 제3항제1호 및 제2호의 기준을 준용할 것

062 옥내소화전설치의 기준에 대해서 옳은 것은?
① 소방대상물의 각 부분으로부터 1개의 소화전까지의 수평거리는 25[m] 이상이 되어야 한다.
② 29층 이하일 때 수원의 수량은 전층 소화전의 합계 수에 2.6[m³]를 곱하여 얻은 양 이상이 되어야 한다.
③ 설치되어 있는 모든 소화전을 동시에 사용하여 방수압력 0.17[MPa], 방수량 130[L/min] 이상이 되어야 한다.
④ 지하층을 제외한 층수가 7층 이상으로 연면적이 2,000[m²] 이상인 건물에 설치할 때는 비상전원이 필요하다.

해설 ① 이하
② 최다층 소화전(최대 2개)
③ 최다층 모든 소화전(최대 2개)

063 구경이 50[mm]의 배관에 260[L/min]의 유체가 흐르고 있다. 이 배관의 100[m]당 압력손실 [MPa]을 구하시오(단, 배관의 조도는 100이다)
① 0.115
② 0.192
③ 0.315
④ 0.415

해설 $\Delta P = 6.05 \times 10^4 \times \dfrac{260^{1.85}}{100^{1.85} \times 50^{4.87}} \times 100 = 0.1885$

064 다음은 무엇을 구하는 공식인가?

$$\dfrac{0.163 \times Q \times H}{E} \times 1.1$$

① 마찰손실 산출 공식
② 펌프모터의 소요 동력산출 공식
③ 배관구경결정 공식
④ 분말 약제 산출 공식

065 건축물의 내부에 옥내소화전이 3개 설치되어 있으며, 옥내소화전의 노즐 구경이 13[mm], 총양정이 80[m], 펌프의 효율이 55[%]라면 이곳에 설치하여야 할 펌프의 전동기 용량은 얼마가 되겠는가? (단, 여유율은 10[%])
① 5.3[kW]
② 6.8[kW]
③ 12[kW]
④ 15[kW]

 정답 : 062.④ 063.② 064.② 065.②

예상문제 • 1219

◀해설

$$P(kW) = \frac{\gamma \, Q \, H}{102\eta}K$$

$\gamma : 1000 kgf/m^3$

$Q : 2 \times 130 L/\min = 260 L/\min \risingdotseq \dfrac{0.26}{60} m^3/\sec$

$H : 80m$
$\eta : 0.55$
$K : 1.1$

$$\therefore P(kW) = \frac{1000 \times \dfrac{0.26}{60} \times 80}{102 \times 0.55} \times 1.1 \risingdotseq 6.8 kW$$

066 옥내소화전이 2개소 설치되어 있고 수원의 공급은 모터펌프로 한다. 수원으로부터 가장 먼 소화전의 앵글밸브까지의 요구되는 수두가 29.4[m]라고 할 때 모터의 용량은 몇 [kW] 이상이어야 하는가? (단, 호스 및 관창의 마찰손실수두는 3.6[m], 펌프의 효율은 65[%]이며, 전동기에 직결한 것으로 한다)

① 1.59[kW]   ② 2.59[kW]
③ 3.59[kW]   ④ 4.59[kW]

◀해설 40번 문제와 동일

$$P(kW) = \frac{\gamma \, Q \, H}{102\eta}K$$

$\gamma : 1000 kgf/m^3$

$Q : 2 \times 130 L/\min = 260 L/\min \risingdotseq \dfrac{0.26}{60} m^3/\sec$

$H : 29.4m + 3.6m + 17m = 50m$
$\eta : 0.65$
$K : 1.1$

$$\therefore P(kW) = \frac{1000 \times \dfrac{0.26}{60} \times 50}{102 \times 0.65} \times 1.1 \risingdotseq 3.59 kW$$

067 어느 옥내소화전설비에서 최고위 옥내소화전들로부터 법정기준에 적합한 방수를 가능하게 하기 위한 펌프의 소요 송수량 및 송수압력을 계산해보니 각각 260[L/min] 및 0.4[MPa]이었다. 이 펌프의 소요동력은 약 몇 [kW]인가? (단, 펌프의 효율과 펌프와 전동기간의 축동력 전달계수는 각각 0.6 및 1.1이라 한다)

① 2.5   ② 3.1
③ 3.8   ④ 4.6

정답 : 066.③ 067.②

해설

$$P(kW) = \frac{1000 \times \frac{0.26}{60} \times 40}{102 \times 0.6} \times 1.1 \fallingdotseq 3.1 kW$$

068 소화설비의 송수펌프에 진동이 심하게 발생될 때 그 원인이 아닌 것은?
① 모터와 펌프와의 축결합 상태 불량
② 임펠러의 마모 발생
③ 펌프의 기초부실
④ 캐비테이션의 발생

069 옥내소화전함에 설치하는 표시등 기준으로 맞는 것은?
① 부착면과 10도 이상의 각도 범위내에서 전방 10[m]거리에서 식별가능한 적색등이어야 한다.
② 부착면과 10도 이상의 각도 범위내에서 전방 15[m]거리에서 식별가능한 황색등이어야 한다.
③ 부착면과 15도 이상의 각도로 범위내에서 전방 10[m]거리에서 식별가능한 적색등이어야 한다.
④ 부착면과 15도 이상의 각도로 범위내에서 전방 10[m]거리에서 식별가능한 황색등이어야 한다.

해설 ③ 표시등은 다음 각 호의 기준에 따라 설치하여야 한다.
1. 옥내소화전설비의 위치를 표시하는 표시등은 함의 상부에 설치하되, 소방청장이 고시하는「표시등의 성능인증 및 제품검사의 기술기준」에 적합한 것으로 할 것 〈개정 2015.1.23.〉
2. 가압송수장치의 기동을 표시하는 표시등은 옥내소화전함의 상부 또는 그 직근에 설치하되 적색등으로 할 것. 다만, 자체소방대를 구성하여 운영하는 경우(「위험물 안전관리법 시행령」별표8에서 정한 소방자동차와 자체소방대원의 규모를 말한다) 가압송수장치의 기동표시등을 설치하지 않을 수 있다. 〈개정 2013.6.10〉
3. 삭 제 〈2015.1.23.〉

표시등의 성능인증 및 제품검사의 기술기준
[시행 2017.7.26.] [소방청고시 제2017-1호, 2017.7.26., 타법개정]
소방청(소방산업과), 044-205-7512

제4조(주위온도시험) 표시등은 주위 온도가 (-20 ± 2) ℃ 및 (50 ± 2) ℃의 온도에서 각각 12시간 놓아두는 경우 구조 및 기능에 이상이 생기지 아니하여야 한다.
제5조(표시등의 재질) 외함은 불연성 또는 난연성 재질로 만들어져야 하며, 합성수지재를 사용하는 경우에는 자동화재속보설비의 속보기의 성능인증 및 제품검사의 기술기준 제4조제2호나목의 자기소화성시험을 적용하여 시험하며, 다음 각 호에 적합하여야 한다. 〈개정 2012.2.9., 2017.5.4.〉
1. 두께는 2㎜ 이상이어야 한다.

정답 : 068.② 069.③

예상문제

2. 자기소화성이 있거나 난연성능이 있는 재질이어야 한다.

제6조(표시등의 기능) 표시등의 기능은 다음 각 호에 적합하여야 한다.
1. 적색으로 점등되어야 하며 소비전류는 표시등의 전구 1개당 40mA 이하이어야 한다.
2. 전구는 2개 이상을 병렬로 접속하여야 한다. 다만, 발광다이오드의 경우는 그러하지 아니하다.

제7조(수명시험) 표시등은 사용전압의 130%인 전압을 24시간 연속하여 가하는 경우 단선, 현저한 광속변화, 전류변화 등의 현상이 발생하지 않아야 한다.

제8조(식별도시험)
① 표시등은 주위의 밝기가 300㏓인 장소에서 정격전압 및 정격전압 ±20%에서 측정하여 앞면으로부터 3m 떨어진 위치에서 켜진 등이 확실히 식별되어야 한다.
② 표시등의 불빛은 부착면과 15° 이하의 각도로도 발산되어야 하며 주위의 밝기가 0㏓인 장소에서 측정하여 10m 떨어진 위치에서 켜진 등이 확실히 식별되어야 한다.

제9조(방수시험) 방수형 표시등은 (65±2)℃의 맑은 물에 15분 동안 침지한 후 다시 (0±2)℃이고 0.3%의 염화나트륨수용액에 15분간 순차적으로 담그는 조작을 2회 반복한 상태에서 제11조의 규정에 의한 절연저항시험을 하는 경우 20㏁ 이상이어야 한다.

제10조(진동시험) 표시등은 통전상태에서 전진폭 1mm로 매분 1,000회의 진동을 임의의 방향으로 연속하여 10분간 가하는 경우 그 구조 또는 기능에 이상이 생기지 아니하여야 한다.

제11조(절연저항시험) 표시등의 단자와 외함간의 절연저항은 직류 500V의 절연저항계로 측정하는 경우 20㏁ 이상이어야 한다.

제12조(절연내력시험) 표시등의 단자와 외함간의 절연내력은 60Hz의 정현파에 가까운 실효전압 500V의 교류전압을 가하는 시험에서 1분간 견디는 것이어야 한다.

제13조(표시) 표시등에는 다음 각 호의 사항을 보기 쉬운 부분에 쉽게 지워지지 아니하도록 표시하여야 한다.
1. 종별 및 성능인증번호 〈개정 2012.2.9.〉
2. 제조년도, 제조번호 또는 로트번호
3. 제조업체명
4. 정격전압 및 정격전류

070 옥내소화전설비에서 표시등의 설치기준으로 틀린 것은?

① 옥내소화전설비의 위치를 표시하는 표시등은 함의 상부에 설치할 것
② 표시등이 불빛은 부착면으로부터 15도 이상의 범위 안에서 부착지점으로부터 10[m] 이내의 어느 곳에서도 쉽게 식별할 수 있을 것
③ 가압송수장치의 시동을 표시하는 표시등은 옥내소화전함의 상부 또는 그 직근에 설치할 것
④ 사용전압의 130[%]인 전압을 10시간 연속하여 가하는 경우 단선, 현저한 광속변화, 전류변화 등의 현상이 발생하지 아니할 것

해설 69번 문제 해설 참조

정답 : 070.④

071 옥내소화전의 설치위치로 가장 적당한 것은?

① 계단 ② 통로
③ 벽측 ④ 복도

해설 벽에 설치(벽부형) 통로=복도

072 옥내소화전설비의 방수구 설치기준에 관한 설명이다. 틀린 것은?

① 방수구는 소방대상물의 각 부분으로부터 보행거리 25[m] 이하가 되도록 설치하여야 한다.
② 바닥으로부터의 높이가 1.5[m] 이하가 되도록 설치하여야 한다.
③ 호스는 호칭구경 40[mm] 이상의 것으로 물이 유효하게 뿌려질 수 있는 길이로 설치할 것
④ 방수구는 소방대상물의 각층마다 설치한다.

해설 수평거리 25m 이하

073 옥내소화전설비의 개폐밸브는 해당층의 바닥으로부터 몇 m이하의 위치에 설치하여야 하는가?

① 1.5[m] 이상 ② 1.5[m] 이하
③ 1.5~2.0[m] ④ 1.0[m] 이하

해설 1.5m 이하

074 옥내소화전함에 설치하는 기구로서 맞지 않는 것은?

① 호스(40[mm] × 15[m]) ② 앵글밸브(40[mm] × 1개)
③ 관창(13[mm] × 1개) ④ 배수밸브

075 옥내소화전함에 사용하는 강판 재질의 두께는 얼마 이상인가?

① 1.0[mm] ② 1.5[mm]
③ 2.0[mm] ④ 0.5[mm]

해설 제7조(함 및 방수구 등)
① 옥내소화전설비의 함은 다음 각 호의 기준에 따라 설치하여야 한다.
  1. 함은 소방청장이 정하여 고시한 「소화전함 성능인증 및 제품검사의 기술기준」에 적합한 것으로 설치하되 밸브의 조작, 호스의 수납 등에 충분한 여유를 가질 수 있도록 할 것. 연결송수관의 방수구를 같이 설치하는 경우에도 또한 같다.
  2. 삭 제

정답 : 071.③ 072.① 073.② 074.④ 075.②

예상문제

3. 제1호와 제2호에도 불구하고 제2항제1호의 기준을 초과하는 경우로서 기둥 또는 벽이 설치되지 아니한 대형공간의 경우는 다음 각 목의 기준에 따라 설치할 수 있다.
   가. 호스 및 관창은 방수구의 가장 가까운 장소의 벽 또는 기둥 등에 함을 설치하여 비치할 것
   나. 방수구의 위치표지는 표시등 또는 축광도료 등으로 상시 확인이 가능토록 할 것
② 옥내소화전방수구는 다음 각 호의 기준에 따라 설치하여야 한다.
   1. 특정소방대상물의 층마다 설치하되, 해당 특정소방대상물의 각 부분으로부터 하나의 옥내소화전방수구까지의 수평거리가 25m(호스릴옥내소화전설비를 포함한다) 이하가 되도록 할 것. 다만, 복층형 구조의 공동주택의 경우에는 세대의 출입구가 설치된 층에만 설치할 수 있다.
   2. 바닥으로부터의 높이가 1.5m 이하가 되도록 할 것
   3. 호스는 구경 40mm(호스릴옥내소화전설비의 경우에는 25mm) 이상의 것으로서 특정소방대상물의 각 부분에 물이 유효하게 뿌려질 수 있는 길이로 설치할 것
   4. 호스릴옥내소화전설비의 경우 그 노즐에는 노즐을 쉽게 개폐할 수 있는 장치를 부착할 것
③ 표시등은 다음 각 호의 기준에 따라 설치하여야 한다.
   1. 옥내소화전설비의 위치를 표시하는 표시등은 함의 상부에 설치하되, 소방청장이 고시하는 「표시등의 성능인증 및 제품검사의 기술기준」에 적합한 것으로 할 것
   2. 가압송수장치의 기동을 표시하는 표시등은 옥내소화전함의 상부 또는 그 직근에 설치하되 적색등으로 할 것. 다만, 자체소방대를 구성하여 운영하는 경우(「위험물 안전관리법 시행령」 별표8에서 정한 소방자동차와 자체소방대원의 규모를 말한다) 가압송수장치의 기동표시등을 설치하지 않을 수 있다.
   3. 삭 제
④ 옥내소화전설비의 함에는 그 표면에 "소화전"이라는 표시와 그 사용요령을 기재한 표지판(외국어 병기)을 붙여야 한다.

소화전함의 성능인증 및 제품검사의 기술기준
[시행 2017.12.28.] [소방청고시 제2017-8호, 2017.12.28., 일부개정]

제3조(구조)
① 소화전함의 일반구조는 다음 각 호에 적합하여야 한다.
   1. 견고하여야 하며 쉽게 변형되지 않는 구조이어야 한다.
   2. 보수 및 점검이 쉬워야 한다.
   3. 삭제 〈2017.12.28.〉
   4. 삭제 〈2017.12.28.〉
   5. 소화전함의 내부폭은 180mm 이상이어야 한다.
   6. 삭제 〈2017.12.28.〉
   7. 문은 120° 이상 열리는 구조이어야 한다.
   8. 문은 하나의 동작에 의하여 열리고 또한 하나의 동작에 의하여 닫히는 구조이어야 한다.
   9. 문의 잠금장치는 외부 충격에 의하여 쉽게 열리지 않는 구조이어야 한다.

10. 문의 면적은 0.5㎡ 이상(짧은 변의 길이가 500mm 이상)으로 하여 호스의 수납 등에 충분한 여유가 있어야 한다. 〈신설 2017.12.28.〉

② 옥내소화전함은 설치방법에 따라 노출형과 매립형으로 구분하며, 다음 각 호에 적합하여야 한다. 〈개정 2011.11.07.〉
  1. 삭제 〈2017.12.28.〉
  2. 소화전용 배관이 통과하는 부분의 구경은 32 mm 이상이어야 한다. 〈개정 2017.12.28.〉
  3. 표시등(위치표시등, 기동표시등)을 설치할 수 있는 타공은 함의 상부에 하여야 한다.
  4. 삭제 〈2017.12.28.〉
  5. 문을 포함한 외함은 내함에 결합시킬 수 있는 구조이어야 하며, 입식의 것은 다리를 갖는 구조로 할 수 있다. 〈개정 2017.12.28.〉
  6. 삭제 〈2017.12.28.〉
  7. 경종이 소화전함 내에 설치할 수 있는 구조인 것은 경종의 발신음을 외부로 전달할 수 있는 구조이어야 한다. 〈개정 2011.11.07., 2017.12.28.〉
  8. 표시등 및 경종이 설치되는 곳은 방수용기구가 보관되는 곳과 구획되어야 하며, 별도의 문이 있는 구조이어야 한다. 〈신설 2017.12.28.〉

③ 옥외소화전함의 구조는 다음 각 호에 적합하여야 한다.
  1. 삭제 〈2017.12.28.〉
  2. 소화전용배관이 통과하는 부분의 구경은 80mm 이상이어야 한다.
  3. 표시등(위치표시등, 기동표시등)을 설치할 수 있는 타공은 함의 상부에 하여야 한다.
  4. 삭제 〈2017.12.28.〉
  5. 건물벽면에 부착하는 구조의 것은 벽면에 결합할 수 있는 구조이어야 하며, 입식의 것은 300mm 이상의 다리를 갖는 구조이어야 한다.
  6. 함의 바닥면으로부터 30mm 이상의 높이에 철망 등을 설치하여야 한다.
  7. 경종이 소화전함 내에 설치할 수 있는 구조인 것은 경종의 발신음을 외부로 전달할 수 있는 구조이어야 한다. 〈개정 2011.11.07., 2017.12.28.〉
  8. 표시등 및 경종이 설치되는 곳은 방수용기구가 보관되는 곳과 구획되어야 하며, 별도의 문이 있는 구조이어야 한다. 〈신설 2017.12.28.〉

④ 비상소화장치함의 구조는 함의 바닥면으로부터 30mm 이상의 높이에 철망 등을 설치하여야 한다. 〈신설 2017.12.28.〉

제4조(외관) 소화전함의 외관은 다음 각 호에 적합하여야 한다.
  1. 표면은 매끈하고 결함이 없어야 한다.
  2. 균열 및 변형 등 손상이 없어야 한다.
  3. 절단 또는 용접 등으로 인한 모서리 부분 등은 사람에게 해를 끼치지 않도록 조치되어 있어야 한다.
  4. 칠 및 도금부분의 긁힘, 기포 또는 오염이 없어야 한다.

제7조(재료)
① 소화전함의 각 부분은 내구성이 있는 양질의 재질로 제조하여야 한다.
② 소화전함에 사용되는 재료의 두께는 1.5mm 이상으로 아래 [표]에 적합한 것이거나 이와 동등이상의 강도가 있는 것이어야 한다. 다만, 옥내소화전함의 경우 문의 일부를 난연재료 또는 망유리로 할 수 있다. 〈개정 2017.12.28.〉

예상문제

[표] 소화전함 재료

표 준	재 료
KS D 3501(열간 압연 연강판 및 강대)	SPHC에 적합한 것일 것
KS D 3528(전기 아연 도금 강판 및 강대)	SECC에 적합한 것일 것
KS D 3698(냉간 압연 스테인리스 강판 및 강대)	STS 304에 적합한 것일 것

③ 소화전함의 재료로 제2항에 규정한 것 이외에 합성수지를 사용하는 것은 두께 4.0mm 이상의 내열성 및 난연성이 있는 것으로서 시험은 가로 200mm, 세로 200mm의 시험편으로 하거나 함의 일부분에서 채취하여 다음 방법으로 한다.
1. (80±2)℃ 온도에서 24시간 방치하여도 열에 의한 변형이 생기지 아니하여야 한다.
2. 자외선 카본아크등식 내후성시험기로 다음 표의 시험조건에 따라 시험하였을 때 표면이 분말로 되는 현상, 부풀음, 벗겨짐등이 생기지 아니하여야 한다. 다만, 크세논 아크광원(6500W)을 사용하는 경우에는 340nm, 0.3W/㎡의 자외선 및 다음 표의 조사시간 및 시험온도조건으로 시험할 수 있다. (개정 2011.11.07.)

항목	조건
자외선 카본아크 등의 수	2등
전원전압	220V, 3상
평균전압, 전류	120~145V, 15~17V
조사시간	120시간
블랙패널손도계기가 나타내는 온도	(63±3)℃
시험편 표면에 물분사	하지 않음

제11조(표시)
소화전함에는 다음 각 호의 사항을 보기 쉬운 부위에 잘 지워지지 아니하도록 표시하여야 한다.
1. 품명 및 성능인증번호 〈개정 2012.2.9.〉
2. 제조년월 및 제조번호
3. 제조업체명
4. 옥내소화전함에는 그 표면에 "소화전", 옥외소화전함에는 그 표면에 "옥외소화전", 비상소화장치함에는 그 표면에 "비상소화장치"라는 표시 〈개정 2017.12.28.〉
5. 삭제 〈2017.12.28.〉
6. 함의 규격(가로, 세로, 폭)
7. 사용상의 주의사항
8. 그 밖에 필요한 사항

076 가압수조를 이용하는 가압송수장치의 설치기준으로 틀린것은?

① 가압수조의 압력은 제1항제3호에 따른 방수량 및 방수압이 20분 이상 유지되도록 할 것
② 가압수조는 최대상용압력 1.8배의 물의 압력을 가하는 경우 물이 새지 않고 변형이 없을 것
③ 가압수조 및 가압원은 방화구획 된 장소에 설치 할 것
④ 가압수조에는 수위계·급수관·배수관·급기관·압력계·안전장치 및 수조에 소화수와 압력을 보충할 수 있는 장치를 설치할 것

해설 ④ 가압수조를 이용한 가압송수장치는 다음 각 호의 기준에 따라 설치하여야 한다.
  1. 가압수조의 압력은 제1항제3호에 따른 방수량 및 방수압이 20분 이상유지되도록 할 것
  2. 가압수조 및 가압원은 「건축법 시행령」 제46조에 따른 방화구획 된 장소에 설치 할 것
  3. 가압수조를 이용한 가압송수장치는 소방청장이 정하여 고시한 「가압수조식가압송수장치의 성능인증 및 제품검사의 기술기준」에 적합한 것으로 설치할 것

가압수조식가압송수장치의 성능인증 및 제품검사의 기술기준
[시행 2017.7.26.] [소방청고시 제2017-1호, 2017.7.26., 타법개정]

제3조(일반구조) 가압수조장치의 일반구조는 다음 각 호에 적합하여야 한다.
  1. 가압수조장치는 수조, 가압용기, 제어반, 압력조정장치, 성능시험배관 및 기타 필요한 기기 등으로 구성하여야 하며, 시공, 점검 및 정비가 용이한 구조이어야 한다.
  2. 공기를 가압가스로 사용하는 가압수조장치는 수조에 저장된 유효소화수를 모두 방출한 후에는 가압가스가 방출되지 아니하는 구조이어야 한다.
  3. 압력계는 KS규격에 적합한 인증제품이거나, 국제적으로 공인된 규격(UL, FM, JIS 등)에 합격한 것이어야 한다.
  4. 수조의 급기관과 압력조정장치 및 압력조정장치와 집합관 사이에는 가압가스의 공급을 차단할 수 있는 개폐밸브를 설치하여야 한다.
  5. 수조의 소화수 수위나 가압압력이 설정값보다 낮아지는 때에는 소화수보충장치나 가압가스보충장치가 작동하여야 한다. 다만, 가압가스가 불연성기체일 경우에는 설비의 성능을 충분히 발휘할 수 있도록 예비가압원을 보유하여야 한다.
  6. 소화수보충장치는 다음 각 목에 적합하여야 한다.
    가. 토출압력은 수조의 설정압력보다 높아야 하고, 토출량은 4L/min 이상일 것
    나. 토출측에서 보충장치로 역류를 방지하기 위한 체크밸브와 개폐밸브를 설치할 것
  7. 가압가스보충장치는 다음 각 목에 적합하여야 한다.
    가. 토출압력은 가압용기의 압력보다 높아야 하고, 토출량은 80L/min 이상일 것
    나. 토출측에서 보충장치로 역류를 방지하기 위한 체크밸브와 개폐밸브를 설치할 것
  8. 가압수조장치의 성능을 확인할 수 있는 장치(이하 '성능시험배관'이라 한다)는 다음 각 목에 적합하게 설치하여야 한다.
    가. 성능시험배관에는 시험밸브, 유량계 등을 설치하여 가압수조장치의 성능을 유효하게 시험 확인할 수 있는 구조일 것
    나. 성능시험배관의 구경은 가압수조장치의 정격토출량을 충분히 흘려보낼 수 있는 크기 이상일 것

정답 : 076.②

다. 성능시험배관 시험밸브는 유량계 전단에 설치할 것
라. 시험밸브와 유량계 사이는 직관으로 하고 그 길이는 당해 직관 구경의 10배 이상이어야 하며, 유량계 후단의 배관은 직관으로 하고 그 길이는 당해 직관 구경의 4배 이상일 것
마. 성능시험배관 등에 사용하는 밸브에는 개폐방향이 표시되어 있을 것
9. 제8호의 성능시험배관에 설치하는 유량계는 다음 각 목에 적합하여야 한다.
　가. 해당 가압수조장치 정격토출량의 120% 이상 300% 이하의 범위를 측정할 수 있을 것
　나. 눈금단위는 최대측정범위를 20등분 이상으로 등분되어 있을 것
　다. 적정한 유량시험장치에 유량계를 설치하여 시험하는 경우, 유량계의 지시값은 표준유량계 지시값의 ±5% 범위이내일 것

제5조(수조)
① 수조의 구조는 다음 각 호에 적합하여야 한다.
1. 수위계·급수관·배수관·급기관·압력계·안전장치와 맨홀 등이 있는 구조일 것
2. 맨홀은 안지름 400mm 이상의 원형 크기일 것 (다만, 압력용기의 모양이나 용도로 인해 맨홀을 설치할 수 없을 경우, 최소한 단축(100mm) × 장축(150mm) 크기의 핸드홀 2개 또는 면적이 동등한 동일한 구멍 2개가 있을 것) 〈개정 2016.1.11.〉
3. 맨홀이 물탱크 상부에 설치된 경우에는 물탱크 내부에 점검용 사다리를 설치할 것
4. 물탱크 등의 내부는 방식처리를 할 것
5. 물탱크의 내부용적은 유효저수량의 110% 이상일 것

077 압력수조를 이용한 가압송수장치에 설치하여야 하는 것이 아닌 것은?

① 수위계　　　　　　　　　　　② 급기관
③ 수동식 공기압축기　　　　　　④ 맨홀

해설 ③ 압력수조를 이용한 가압송수장치는 다음 각 호의 기준에 따라 설치하여야 한다.
1. 압력수조의 압력은 다음의 식에 따라 산출한 수치 이상으로 할 것 〈개정 2008.12.15〉
$P = p_1 + p_2 + p_3 + 0.17$(호스릴옥내소화전설비를 포함한다)
P : 필요한 압력(MPa)
p_1: 소방용호스의 마찰손실 수두압(MPa)
p_2: 배관의 마찰손실 수두압(MPa)
p_3: 낙차의 환산 수두압(MPa)
2. 압력수조에는 수위계·급수관·배수관·급기관·맨홀·압력계·안전장치 및 압력저하 방지를 위한 자동식 공기압축기를 설치할 것.

정답 : 077.③

078 옥내소화전이 각층에 3개씩 설치, 스프링클러헤드가 각층에 50개씩 설치된 15층 건축물에 펌프와 수조를 겸용하여 사용한다. 이때 필요한 최소 저수량은 몇 m³인가?

① 42.8m³ ② 52.8m³
③ 53.2m³ ④ 60.8m³

해설 $Q(m^3) = 2 \times 2.6m^3 + 30 \times 1.6m^3 = 53.2m^3$

079 옥내소화전이 각층에 3개씩 설치, 스프링클러헤드가 각층에 50개씩 설치된 15층 건축물에 펌프와 수조를 겸용하여 사용한다. 이때 필요한 최소 토출량은 몇 LPM인가?

① 1690LPM ② 2000LPM
③ 2660LPM ④ 3290LPM

해설 $Q(l/\min) = 2 \times 130 l/\min + 30 \times 80 l/\min = 2660 l/\min$

080 다음 옥외소화전 설명 중 맞지 않는 것은 어떠 것인가?

① 옥외소화전설비의 수원은 옥외소화전설치개수(2 이상일 때는 2) × 3.5[m³] 이상이다.
② 노즐선단의 방수압은 0.25[MPa] 이상이다.
③ 호스접결구는 각 소장대상물로부터 하나의 호스접결구까지 수평거리 40[m] 이하이다.
④ 호스는 구경 65[mm]의 것으로 하여야 한다.

해설 ① 옥외소화전설비의 수원은 그 저수량이 옥외소화전의 설치개수(옥외소화전이 2개 이상 설치된 경우에는 2개)에 7m³를 곱한 양 이상이 되도록 하여야 한다. 해당 특정소방대상물에 설치된 옥외소화전(2개 이상 설치된 경우에는 2개의 옥외소화전)을 동시에 사용할 경우 각 옥외소화전의 노즐선단에서의 방수압력이 0.25MPa 이상이고, 방수량이 350l/min 이상이 되는 성능의 것으로 할 것. 이 경우 하나의 옥외소화전을 사용하는 노즐선단에서의 방수압력이 0.7MPa을 초과할 경우에는 호스접결구의 인입측에 감압장치를 설치하여야 한다. 〈개정 2012.8.20〉

081 옥외소화전설비의 법정 방수압력과 방수량으로 맞는 것은?

① 0.13[MPa] - 130[L/min] ② 0.25[MPa] - 350[L/min]
③ 0.35[MPa] - 350[L/min] ④ 0.17[MPa] - 130[L/min]

정답 : 078.③ 079.③ 080.① 081.②

예상문제

082 일반 건축물에 옥외소화전이 6개 설치되어 있는데 송수펌프를 설치한다면 펌프의 토출량 [m³/min]은 얼마인가?

① 0.5[m³/min]　　　　　② 0.7[m³/min]
③ 1.05[m³/min]　　　　　④ 0.65[m³/min]

해설 $Q = 2 \times 350 l/\text{min} = 700 l/\text{min} = 0.7 m^3/\text{min}$

083 어떤 소방대상물에 옥외소화전이 3개 설치되어 있다. 이곳에 설치하여야 할 수원의 양[m³]은 얼마 이상으로 하여야 하는가?

① 7[m³]　　　　　② 14[m³]
③ 18[m³]　　　　　④ 21[m³]

084 옥외소화전의 노즐의 구경은 얼마인가?

① 11[mm]　　　　　② 13[mm]
③ 16[mm]　　　　　④ 19[mm]

해설　옥내소화전 노즐 : 13mm
　　　옥외소화전 노즐 : 19mm

085 옥외소화전설비에서 소방대상물의 각 부분으로부터 하나의 호스접결구까지의 수평거리는 몇 [m] 이하가 되도록 설치하여야 하는가?

① 25[m]　　　　　② 30[m]
③ 40[m]　　　　　④ 50[m]

해설　수평거리 40m

086 옥외소화전설비의 가압송수장치인 고가수조의 필요한 낙차는?

① $H = h_1 + h_2 + 10$　　　　　② $H = h_1 + h_2 + 17$
③ $H = h_1 + h_2 + 25$　　　　　④ $H = h_1 + h_2 + 35$

해설 ② 고가수조의 자연낙차를 이용한 가압송수장치는 다음 각 호의 기준에 따라 설치하여야 한다.
　　1. 고가수조의 자연낙차수두(수조의 하단으로부터 최고층에 설치된 소화전 호스 접결구까지의 수직거리를 말한다)는 다음의 식에 따라 산출한 수치 이상이 되도록 할 것

정답 : 082.②　083.②　084.④　085.③　086.③

H = h₁ + h₂ + 25
H : 필요한 낙차(m)
h₁ : 소방용호스 마찰손실수두(m)
h₂ : 배관의 마찰손실수두(m)
2. 고가수조에는 수위계·배수관·급수관·오버플로우관 및 맨홀을 설치할 것

087 가압송수 펌프가 옥외소화전보다 10[m] 높은 곳에 설치된 옥외소화전설비가 있다. 배관에서의 마찰손실수두가 15[m], 소방용 호스에서의 마찰손실 수두가 2[m]이라면 가압송수 펌프의 토출압력은 몇 [MPa] 이상이어야 하는가?

① 0.32 ② 0.42
③ 0.52 ④ 0.57

▶해설 $H = 15m + 2m - 10m + 25m = 32m = 0.32MPa$

088 어느 물소화설비에서 수원으로 내용적이 16[m³]인 압력수조가 설치되어 있다. 이 수조 내에는 항상 10[m³]의 물이 6[kg$_f$/cm²]의 압력으로 채워져 있다. 화재시 진화후 압력수조내의 압력이 2[kg$_f$/cm²]를 지시하였다면 이 수조에서 소모된 물의 양은? (단, 대기압은 1[kg$_f$/cm²]이라고 하고, 수조에 대한 압축 공기의 공급장치는 화재시 가동하지 않았다고 가정한다)

① 6[m³] ② 8[m³]
③ 10[m³] ④ 14[m³]

▶해설 $P_1 V_1 = P_2 V_2$
$(6+1) \times 6m^3 = (2+1) \times V_2$
$V_2 = 14m^3$
팽창된 공기부피는 8m³ 따라서 소모된 물의 양은 8m³

089 건축물의 외부에 옥외소화전이 3개 설치되어 있으며 총양정은 150[m]이었다. 이때 사용된 펌프의 효율은 60[%]이다. 펌프의 전동기 용량으로 적합한 것은?

① 21[kW] ② 24[kW]
③ 32[kW] ④ 51[kW]

▶해설 $P(kW) = \dfrac{1000 \times \dfrac{0.7}{60} \times 150}{102 \times 0.6} \times 1.1 = 32kW$

정답 : 087.③ 088.② 089.③

예상문제

090 옥외소화전설비에서 사용되는 소방용 호스접결구의 구경은?
① 40[mm] ② 50[mm]
③ 65[mm] ④ 100[mm]

091 옥외소화전은 소화전의 외함으로부터 얼마의 거리에 설치하여야 하는가?
① 5[m] 이내 ② 6[m] 이내
③ 7[m] 이내 ④ 8[m] 이내

해설 제7조(소화전함 등)
① 옥외소화전설비에는 옥외소화전마다 그로부터 5m 이내의 장소에 소화전함을 다음 각 호의 기준에 따라 설치하여야 한다.
  1. 옥외소화전이 10개 이하 설치된 때에는 옥외소화전마다 5m 이내의 장소에 1개 이상의 소화전함을 설치하여야 한다.
  2. 옥외소화전이 11개 이상 30개 이하 설치된 때에는 11개 이상의 소화전함을 각각 분산하여 설치하여야 한다.
  3. 옥외소화전이 31개 이상 설치된 때에는 옥외소화전 3개마다 1개 이상의 소화전함을 설치하여야 한다.
② 옥외소화전설비의 함은 소방청장이 정하여 고시한 「소화전함 성능인증 및 제품검사의 기술기준」에 적합한 것으로 설치하되 밸브의 조작, 호스의 수납 등에 충분한 여유를 가질 수 있도록 할 것. 연결송수관의 방수구를 같이 설치하는 경우에도 또한 같다.
③ 옥외소화전설비의 소화전함 표면에는 "옥외소화전"이라고 표시한 표지를 하고, 가압송수장치의 조작부 또는 그 부근에는 가압송수장치의 기동을 명시하는 적색등을 설치하여야 한다.
④ 표시등은 다음 각 호의 기준에 따라 설치하여야 한다.
  1. 옥외소화전설비의 위치를 표시하는 표시등은 함의 상부에 설치하되, 설치하되, 소방청장이 정하여 고시한 「표시등의 성능인증 및 제품검사의 기술기준」에 적합한 것으로 할 것 〈개정 2015.1.23.〉
  2. 가압송수장치의 기동을 표시하는 표시등은 옥외소화전함의 상부 또는 그 직근에 설치하되 적색등으로 할 것. 다만, 자체소방대를 구성하여 운영하는 경우(「위험물안전관리법 시행령」 별표 8에서 정한 소방자동차와 자체소방대원의 규모를 말한다) 가압송수장치의 기동표시등을 설치하지 않을 수 있다. 〈개정 2012.8.20., 2015.1.23.〉
  3. 삭 제 〈2015.1.23.〉

092 옥외소화전함에 설치하지 않아도 되는 것은?
① 옥외소화전이라고 표시한 표지 ② 가압송수장치 조작 스위치
③ 가압송수장치 기동확인램프 ④ 가압송수장치 정지확인램프

해설 91번 문제 해설 참조

정답 : 090.③ 091.① 092.④

093. 옥외소화전설비의 비상전원은 해당 옥외소화전설비를 유효하게 몇 분 이상 작동할 수 있는 용량 이상이어야 하는가?
  ① 10
  ② 20
  ③ 60
  ④ 설치하지 않아도 된다.

해설 제8조(전원)
옥외소화전설비에는 그 특정소방대상물의 수전방식에 따라 다음 각 호의 기준에 따른 상용전원회로의 배선을 설치하여야 한다. 다만, 가압수조방식으로서 모든 기능이 20분 이상 유효하게 지속될 수 있는 경우에는 그러하지 아니하다.
1. 저압수전인 경우에는 인입개폐기의 직후에서 분기하여 전용배선으로 하여야 하며, 전용의 전선관에 보호 되도록 할 것
2. 특별고압수전 또는 고압수전일 경우에는 전력용 변압기 2차측의 주차단기 1차측에서 분기하여 전용배선으로 하되, 상용전원의 상시공급에 지장이 없을 경우에는 주차단기 2차측에서 분기하여 전용배선으로 할 것. 다만, 가압송수장치의 정격입력전압이 수전전압과 같은 경우에는 제1호의 기준에 따른다.

094. 옥외소화전이 60개 설치되어 있을 때 소화전함 설치개수는 몇 개인가?
  ① 5   ② 11   ③ 20   ④ 30

해설 91번 문제 해설 참조

095. 용량 2[t]의 탱크에 물을 가득 채운 소방차가 화재현장에 출동하여 노즐압력 0.4[MPa], 노즐구경 2.5[cm]를 사용하여 방수한다면 소방차 내의 물이 전부 방수되는데 약 몇 분 소요되는가?
  ① 약 2분 30초
  ② 약 3분 30초
  ③ 약 4분 30초
  ④ 약 5분 30초

해설 $Q(l/\min) = 0.653 \times 25^2 \times \sqrt{10 \times 0.4} = 816.25 l/\min$

$2000l \div 816.25 l/\min = 2.45\min$
따라서 약 2분 30초

096. 스프링클러설비와 물분무소화설비의 설명 중 옳은 사항은?
  ① 스프링클러의 물의 입자는 물분무의 물의 입자보다 작다.
  ② 어느 것이나 전기시설 소화에 적당하다.
  ③ 물분무소화설비는 항공기 격납고에 설치할 수 있다.
  ④ 물분무소화설비는 자동화재감지장치가 필요치 않다.

정답 : 093.④ 094.③ 095.① 096.③

예상문제

097 다음 중 습식 스프링클러설비의 특징에 해당하지 않는 것은?
① 보온이 필요하다.
② 구조가 간단하다.
③ 건식스프링클러설비에 비해 시설비가 많이 든다.
④ 오동작으로 인한 물의 피해가 크다.

098 스프링클러설비의 종류 중 습식에 비해 준비작동식의 장점으로 볼 수 없는 것은?
① 배관의 수명이 길다.
② 화재시 헤드가 개방되기 전에 경보발령이 가능하다.
③ 동파 우려가 없다.
④ 헤드의 작동온도가 같을 경우 화재시 살수개시시간이 빠르다.

099 소화펌프 흡입배관의 구경이 서로 다를 때는 반드시 엑센트릭 레듀샤(편심 레듀샤)를 설치하여야 한다. 그 이유로 옳은 것은?
① 펌프의 작동시 진동에 의해 배관에 미치는 충격을 분산하기 위해서이다.
② 엑센트릭 레듀샤는 콘센트릭 레듀샤에 비해 마찰손실이 적고 내부에서 형성되는 와류가 거의 없기 때문이다.
③ 수평 흡입배관에 적절한 기울기를 주기 위해서이다.
④ 배관에서 발생되는 진동을 최대한 흡수하기 위해서이다.

100 스프링클러설비 배관의 직경을 정하는데 있어 가장 중요한 요소는 무엇인가?
① 유속   ② 압력   ③ 압력손실   ④ 헤드의 형식

> **해설** 3. 배관의 구경은 제5조제1항제10호에 적합하도록 수리계산에 의하거나 별표 1의 기준에 따라 설치할 것. 다만, 수리계산에 따르는 경우 가지배관의 유속은 6㎧, 그 밖의 배관의 유속은 10㎧를 초과할 수 없다.

101 폐쇄형 건식 스프링클러설비의 계통도에 맞는 것은?
① 가압송수장치 —물→ 자동경보밸브 —물→ 폐쇄형 헤드
② 가압송수장치 —물→ 건식 밸브 —압축공기→ 폐쇄형 헤드
③ 가압송수장치 —공기→ 건식밸브 —공기→ 폐쇄형 헤드
④ 가압송수장치 —물→ 준비작동식 밸브 —공기→ 폐쇄형 헤드

정답 : 097.③ 098.④ 099.② 100.① 101.②

102 다음 구성 요소 중 건식 설비에 해당되지 않는 것은?

① 리타딩 챔버　　　　　　　② 익져스트
③ 에어 레귤레이터　　　　　④ 액셀레이터

> **해설**　리타딩 챔버 : 습식유수검지장치

103 스프링클러설비시스템 중에서 건식 스프링클러설비에 물의 공급을 신속하게 하기 위해서 설치하는 부속장치는 다음 중 어느 것인가?

① 익져스터(Exhauster)　　　　② 리타딩 챔버(Retarding Chamber)
③ 파일럿 밸브(Pilot Valve)　　④ 중간 챔버(Intermediate Chamber)

104 가압송수장치는 작동하고 있으나 헤드에서 물이 나오지 않을 때의 원인으로 부적합한 것은?

① 제어밸브의 자동 밸브가 닫혀 있다.　② 헤드가 막혀있다.
③ 배관이 막혀있다.　　　　　　　　　④ 전기계통의 접촉이 불량하다.

105 개방형헤드를 설치하여야 하는 장소로 옳은것은?

① 공동주택의 거실　　　　② 병원의 입원실
③ 공연장의 무대부　　　　④ 방화문 주변

> **해설**　제10조(헤드)
> ① 스프링클러헤드는 특정소방대상물의 천장・반자・천장과 반자사이・덕트・선반 기타 이와 유사한 부분(폭이 1.2m를 초과하는 것에 한한다)에 설치하여야 한다. 다만, 폭이 9m 이하인 실내에 있어서는 측벽에 설치할 수 있다.
> ② 랙크식창고의 경우로서「소방기본법시행령」별표 2의 특수가연물을 저장 또는 취급하는 것에 있어서는 랙크높이 4m 이하마다, 그 밖의 것을 취급하는 것에 있어서는 랙크높이 6m 이하마다 스프링클러헤드를 설치하여야 한다. 다만, 랙크식창고의 천장높이가 13.7m 이하로서「화재조기진압용 스프링클러설비의 화재안전기준(NFTC 103B)」에 따라 설치하는 경우에는 천장에만 스프링클러헤드를 설치할 수 있다.
> ③ 스프링클러헤드를 설치하는 천장・반자・천장과 반자사이・덕트・선반등의 각 부분으로부터 하나의 스프링클러헤드까지의 수평거리는 다음 각 호와 같이 하여야 한다. 다만, 성능이 별도로 인정된 스프링클러헤드를 수리계산에 따라 설치하는 경우에는 그러하지 아니하다.
>   1. 무대부・「소방기본법시행령」별표 2의 특수가연물을 저장 또는 취급하는 장소에 있어서는 1.7m 이하
>   2. 랙크식 창고에 있어서는 2.5m 이하 다만, 특수가연물을 저장 또는 취급하는 랙크식

 정답 : 102.① 103.① 104.④ 105.③

예상문제

　　창고의 경우에는 1.7m 이하
　3. 공동주택(아파트) 세대 내의 거실에 있어서는 3.2m 이하(「스프링클러헤드의 형식승인 및 제품검사의 기술기준」 유효반경의 것으로 한다) 〈개정 2008.12.15., 2013.6.10〉
　4. 제1호부터 제3호까지 규정 외의 특정소방대상물에 있어서는 2.1m 이하(내화구조로 된 경우에는 2.3m 이하)

④ 영 별표 4 소화설비의 소방시설 적용기준란 제3호가목에 따른 무대부 또는 연소할 우려가 있는 개구부에 있어서는 개방형스프링클러헤드를 설치하여야 한다.

⑤ 다음 각 호의 어느 하나에 해당하는 장소에는 조기반응형 스프링클러헤드를 설치하여야 한다.
　1. 공동주택·노유자시설의 거실
　2. 오피스텔·숙박시설의 침실, 병원의 입원실

⑥ 폐쇄형스프링클러헤드는 그 설치장소의 평상시 최고 주위온도에 따라 다음 표에 따른 표시온도의 것으로 설치하여야 한다. 다만, 높이가 4m 이상인 공장 및 창고(랙크식창고를 포함한다)에 설치하는 스프링클러헤드는 그 설치장소의 평상시 최고 주위온도에 관계없이 표시온도 121℃ 이상의 것으로 할 수 있다.

설치장소의 최고 주위온도	표시온도
39℃ 미만	79℃ 미만
39℃ 이상 64℃ 미만	79℃ 이상 121℃ 미만
64℃ 이상 106℃ 미만	121℃ 이상 162℃ 미만
106℃ 이상	162℃ 이상

⑦ 스프링클러헤드는 다음 각 호의 방법에 따라 설치하여야 한다.
　1. 살수가 방해되지 아니하도록 스프링클러헤드로부터 반경 60cm 이상의 공간을 보유할 것. 다만, 벽과 스프링클러헤드간의 공간은 10cm 이상으로 한다.
　2. 스프링클러헤드와 그 부착면(상향식헤드의 경우에는 그 헤드의 직상부의 천장·반자 또는 이와 비슷한 것을 말한다. 이하 같다)과의 거리는 30cm 이하로 할 것.
　3. 배관·행가 및 조명기구 등 살수를 방해하는 것이 있는 경우에는 제1호 및 제2호에도 불구하고 그로부터 아래에 설치하여 살수에 장애가 없도록 할 것. 다만, 스프링클러헤드와 장애물과의 이격거리를 장애물 폭의 3배 이상 확보한 경우에는 그러하지 아니하다. 〈개정 2008.12.15〉
　4. 스프링클러헤드의 반사판은 그 부착 면과 평행하게 설치할 것. 다만, 측벽형헤드 또는 제6호에 따른 연소할 우려가 있는 개구부에 설치하는 스프링클러헤드의 경우에는 그러하지 아니하다.
　5. 천장의 기울기가 10분의 1을 초과하는 경우에는 가지관을 천장의 마루와 평행하게 설치하고, 스프링클러헤드는 다음 각 목의 어느 하나의 기준에 적합하게 설치할 것
　　가. 천장의 최상부에 스프링클러헤드를 설치하는 경우에는 최상부에 설치하는 스프링클러헤드의 반사판을 수평으로 설치할 것
　　나. 천장의 최상부를 중심으로 가지관을 서로 마주보게 설치하는 경우에는 최상부의 가지관 상호간의 거리가 가지관상의 스프링클러헤드 상호간의 거리의 2분의 1 이하(최소 1m 이상이 되어야 한다)가 되게 스프링클러헤드를 설치하고, 가지관의 최상부에 설치하는 스프링클러헤드는 천장의 최상부로부터의 수직거리가 90cm 이하가 되도록 할 것. 톱날지붕, 둥근지붕 기타 이와 유사한 지붕의 경우에도 이에 준한다.

6. 연소할 우려가 있는 개구부에는 그 상하좌우에 2.5m 간격으로(개구부의 폭이 2.5m 이하인 경우에는 그 중앙에) 스프링클러헤드를 설치하되, 스프링클러헤드와 개구부의 내측 면으로부터 직선거리는 15cm 이하가 되도록 할 것. 이 경우 사람이 상시 출입하는 개구부로서 통행에 지장이 있는 때에는 개구부의 상부 또는 측면(개구부의 폭이 9m 이하인 경우에 한한다)에 설치하되, 헤드 상호간의 간격은 1.2m 이하로 설치하여야 한다.
7. 습식스프링클러설비 및 부압식스프링클러설비 외의 설비에는 상향식스프링클러헤드를 설치할 것. 다만, 다음 각 목의 어느 하나에 해당하는 경우에는 그러하지 아니하다. 〈개정 2011.11.24〉
  가. 드라이펜던트스프링클러헤드를 사용하는 경우
  나. 스프링클러헤드의 설치장소가 동파의 우려가 없는 곳인 경우
  다. 개방형스프링클러헤드를 사용하는 경우
8. 측벽형스프링클러헤드를 설치하는 경우 긴 변의 한쪽 벽에 일렬로 설치(폭이 4.5m 이상 9m 이하인 실에 있어서는 긴변의 양쪽에 각각 일렬로 설치하되 마주보는 스프링클러헤드가 나란히꼴이 되도록 설치)하고 3.6m 이내마다 설치할 것
9. 상부에 설치된 헤드의 방출수에 따라 감열부에 영향을 받을 우려가 있는 헤드에는 방출수를 차단할 수 있는 유효한 차폐판을 설치할 것
⑧ 제7항제2호에도 불구하고 특정소방대상물의 보와 가장 가까운 스프링클러 헤드는 다음 표의 기준에 따라 설치하여야 한다. 다만, 천장 면에서 보의 하단까지의 길이가 55cm를 초과하고 보의 하단 측면 끝부분으로부터 스프링클러헤드까지의 거리가 스프링클러헤드 상호간 거리의 2분의 1 이하가 되는 경우에는 스프링클러헤드와 그 부착면과의 거리를 55cm 이하로 할 수 있다. 〈개정 2013.6.10.〉

스프링클러헤드의 반사판 중심과 보의 수평거리	스프링클러헤드의 반사판 높이와 보의 하단 높이의 수직거리
0.75m 미만	보의 하단보다 낮을 것
0.75m 이상 1m 미만	0.1m 미만일 것
1m 이상 1.5m 미만	0.15m 미만일 것
1.5m 미만	0.3m 미만일 것

106 준비작동식 스프링클러설비의 준비작동식 밸브 2차측에는 무엇을 채워 놓는가?
① 물 ② 부동액
③ 고압가스 ④ 저압의 공기

해설 스프링클러설비의 종류 및 특징

설비의 종류	사용 헤드	유수검지장치 등	배관상태(1차측/2차측)	감지기와 연동성
습식	폐쇄형	습식유수검지장치	가압수/가압수	없음
건식	폐쇄형	건식유수검지장치	가압수/압축공기	없음
준비작동식	폐쇄형	준비작동식유수검지장치	가압수/저압공기	있음
부압식	폐쇄형	준비작동식유수검지장치	가압수/부압수	있음
일제살수식	개방형	일제개방밸브	가압수/대기압	있음

정답 : 106.④

예상문제

107 천장의 기울기가 10분의 1을 초과하는 경우 최상부의 스프링클러헤드는 천장으로 부터 연직거리 몇 cm이내에 설치하여야 하는가?

① 50cm ② 70cm
③ 90cm ④ 120cm

해설 105번 문제 해설 참조

108 무대부에 개방형 스프링클러헤드를 정방형으로 배치하고자 할 때 헤드간의 거리는 몇 m 이내로 하여야 하는가?

① 약 1.86m ② 약 2.40m
③ 약 3.25m ④ 약 3.6m

해설 105번 문제 해설 참조

109 스프링클러설비의 최소방수량과 방수압은?

① 80[L/min], 0.1[MPa] ② 130[L/min], 0.1[MPa]
③ 80[L/min], 0.17[MPa] ④ 130[L/min], 0.17[MPa]

110 스프링클러설비에서 헤드 선단에서의 규정 방수압력은?

① 0.17[MPa] ② 0.25[MPa]
③ 0.1 ~ 1.2[MPa] ④ 0.1 ~ 0.35[MPa]

111 지하층을 제외한 층수가 10층인 병원 건물에 습식 스프링클러설비가 설치되어 있다면 스프링클러설비에 필요한 수원의 양은 얼마이상이어야 하는가? (단 헤드는 각 층별로 200개씩 설치되어 있고 헤드의 부착높이는 3m이다.)

① $16m^3$ ② $24m^3$
③ $32m^3$ ④ $48m^3$

해설 $10 \times 1.6 m^3 = 16 m^3$
수원의 양
① 폐쇄형 스프링클러헤드를 사용하는 경우
- 30층 미만의 경우 : 수원의 양(m^3)= $N \times 1.6 m^3$ 이상= $N \times 80 l/min \times 20 min$ 이상
- 30층 이상 49층 이하의 경우 : 수원의 양(m^3)= $N \times 3.2 m^3$ 이상
  = $N \times 80 l/min \times 40 min$ 이상

정답 : 107.③ 108.② 109.① 110.③ 111.①

• 50층 이상의 경우 : 수원의 양(m^3)= $N \times 4.8m^3$ 이상= $N \times 80l/min \times 60min$ 이상
  N : 스프링클러헤드의 설치개수가 가장 많은 층의 설치수(최대기준개수 이하)

기준개수

스프링클러설비 설치장소			기준개수
지하층을 제외한 층수가 10층 이하인 소방대상물	공장 또는 창고 (랙크식 창고를 포함한다)	특수가연물을 저장·취급하는 것	30
		그 밖의 것	20
	근린생활시설·판매시설· 운수시설 또는 복합건축물	판매시설 또는 복합건축물(판매시설이 설치되는 복합건축물을 말한다)	30
		그 밖의 것	20
	그 밖의 것	헤드의 부착높이가 8m 이상인 것	20
		헤드의 부착높이가 8m 미만인 것	10
아파트			10
지하층을 제외한 층수가 11층 이상인 소방대상물(아파트를 제외한다)·지하가 또는 지하역사			30

비고 : 하나의 소방대상물이 2 이상의 "스프링클러헤드의 기준개수"란에 해당하는 때에는 기준개수가 많은 난을 기준으로 한다. 다만, 각 기준개수에 해당하는 수원을 별도로 설치하는 경우에는 그러하지 아니하다.

② 개방형 헤드를 사용하는 경우
  ㉠ 최대 방수구역의 헤드 수가 30개 이하일 때
    수원(m^3)=N×1.6m^3 이상
    N : 최대 방수구역의 헤드 수
  ㉡ 최대 방수구역의 헤드 수가 30개를 초과할 때
    수원(m^3)=Q×20min 이상
    Q : 가압송수장치의 분당송수량(m^3/min)

112 정격토출량이 2.4[m^3/min]인 펌프를 설치한 스프링클러설비에서 성능시험배관의 유량측정장치는 얼마까지 측정할 수 있어야 하는가?

① 1.56[m^3/min]
② 2.4[m^3/min]
③ 3.6[m^3/min]
④ 4.2[m^3/min]

▣해설 175% 이상 측정가능하여야 함.
$2.4 \times 1.75 = 4.2 m^3/min$

113 다음 소방대상물에 스프링클러설치 개수가 맞지 않는 것은?

① 10층 이하 창고(특수가연물) : 30개
② 10층 이하의 도매시장, 백화점 : 30개
③ 아파트 : 20개
④ 지하가 : 30개

정답 : 112.④ 113.③

예상문제

114 10층 이하의 근린생활시설로서 헤드의 부착높이가 4[m]인 장소에 스프링클러설비 를 설치하였을 때 수원의 양은?

① 16m³
② 32m³
③ 48m³
④ 64m³

▸해설 근린생활시설 기준개수 : 20개

115 스프링클러설비에서 헤드의 방사량은 150[L/min]이다. 이 스프링클러헤드의 방사압력[MPa]은 약 얼마인가? (단, 방출상수 K는 80이다)

① 0.25
② 0.35
③ 0.45
④ 0.55

▸해설 $150l/\min = 80\sqrt{10 \times P}$

$P = 0.351$

116 스프링클러설비의 헤드의 기준에서 폭이 9[m] 이하인 실내에는 어디에 설치할 수 있는가?

① 덕트
② 선반
③ 천장
④ 측벽

117 스프링클러헤드의 설치기준에 맞지 않는 것은?

① 극장의 무대부 − 1.7[m] 이하
② 일반건축물 − 2.1[m] 이하
③ 내화건축물 − 2.3[m] 이하
④ 랙크식(특수가연물)창고 − 2.5[m] 이하

118 건축물이 내화구조인 경우 12[m] × 15[m]의 소방대상물에 폐쇄형 스프링클러를 설치한다면 헤드는 몇 개 설치해야 하는가? (단, 헤드는 정방형으로 설치)

① 10
② 20
③ 30
④ 40

▸해설 $S = 2R\cos 45° = 2 \times 2.3m \times \cos 45° = 3.25m$

가로열설치수 $= \dfrac{12m}{3.25m} = 3.69 \therefore 4개$

세로열설치수 $= \dfrac{15m}{3.25m} = 4.67 \therefore 5개$

$\therefore 4 \times 5 = 20개$

정답 : 114.② 115.② 116.④ 117.④ 118.②

119 랙크식 창고에 스프링클러헤드를 정방형으로 설치하는 경우 벽으로부터 이격거리는 몇 m 이하가 되도록 하여야 하는가?
① 1.20[m]　　　② 1.48[m]
③ 1.62[m]　　　④ 1.77[m]

해설 $S = 2 \times 2.5m \times \cos 45° = 3.53m$
1/2 이하 ∴ $3.53m \div 2 = 1.77m$

120 다음 중 조기반응형 스프링클러헤드를 설치하지 않아도 되는 것은?
① 노유자시설의 거실　　　② 숙박시설의 침실
③ 오피스텔　　　④ 병원의 응급실

해설 105번 문제 해설 참조

121 다음은 스프링클러헤드의 설치기준이다. 맞지 않는 것은?
① 살수가 방해되지 아니하도록 스프링클러헤드로부터 반경 60[cm] 이상의 공간을 보유하여야 한다.
② 스프링클러헤드와 그 부착면과의 거리는 30[cm] 이하로 하여야 한다.
③ 스프링클러헤드의 반사판이 그 부착면과 평행되게 설치하여야 한다.
④ 배관, 행거, 조명기구 등 살수를 방해하는 것이 있는 경우에는 그로부터 그 밑으로 60[cm] 이상 거리를 두어야 한다.

해설 105번 문제 해설 참조

122 스프링클러 헤드를 부착할 때 관 이음쇠의 규격으로 옳은 것은?
① 티(25A×25A)　　　② 레듀샤(25A×15A)
③ 이경소켓(25A)　　　④ 파이프(25A)

해설 레듀샤 25×15

123 일제개방형 스프링클러설비에서 일제 개방밸브 2차측 배관의 구조기준으로 옳은 것은?
① 입상 주 배관과 연결하고 개폐표시형 밸브를 설치하여야 한다.
② 역류개폐가 가능한 체크밸브를 설치하여야 한다.
③ 개폐표시형 밸브를 설치하고 이 밸브의 2차측에 탬퍼스위치를 설치하여야 한다.
④ 개폐표시형 밸브를 설치하고 이 밸브의 1차측에 압력스위치를 설치하여야 한다.

정답 : 119.④　120.④　121.④　122.②　123.④

해설 ⑪ 준비작동식유수검지장치 또는 일제개방밸브를 사용하는 스프링클러설비에 있어서 동밸브 2차 측 배관의 부대설비는 다음 각 호의 기준에 따른다. 〈개정 2008.12.15〉
 1. 개폐표시형밸브를 설치할 것
 2. 제1호에 따른 밸브와 준비작동식유수검지장치 또는 일제개방밸브 사이의 배관은 다음 각 목과 같은 구조로 할 것 〈개정 2008.12.15.〉
  가. 수직배수배관과 연결하고 동 연결배관상에는 개폐밸브를 설치할 것
  나. 자동배수장치 및 압력스위치를 설치할 것
  다. 나목에 따른 압력스위치는 수신부에서 준비작동식유수검지장치 또는 일제개방밸브의 개방여부를 확인할 수 있게 설치할 것 〈개정 2008.12.15〉
⑯ 급수배관에 설치되어 급수를 차단할 수 있는 개폐밸브에는 그 밸브의 개폐상태를 감시제어반에서 확인할 수 있도록 급수개폐밸브 작동표시 스위치를 다음 각 호의 기준에 따라 설치하여야 한다.
 1. 급수개폐밸브가 잠길 경우 탬퍼 스위치의 동작으로 인하여 감시제어반 또는 수신기에 표시되어야 하며 경보음을 발할 것
 2. 탬퍼 스위치는 감시제어반 또는 수신기에서 동작의 유무확인과 동작시험, 도통시험을 할 수 있을 것
 3. 급수개폐밸브의 작동표시 스위치에 사용되는 전기배선은 내화전선 또는 내열전선으로 설치할 것

124
폐쇄형 스프링클러헤드의 설치장소에 평상시 102[℃]라면 이곳에 설치하는 스프링클러헤드의 표시온도는 얼마의 것으로 하여야 하는가?

① 79[℃] 미만 ② 121[℃] 미만
③ 162[℃] 미만 ④ 180[℃] 미만

해설 ⑥ 폐쇄형스프링클러헤드는 그 설치장소의 평상시 최고 주위온도에 따라 다음 표에 따른 표시온도의 것으로 설치하여야 한다. 다만, 높이가 4m 이상인 공장 및 창고(랙크식창고를 포함한다)에 설치하는 스프링클러헤드는 그 설치장소의 평상시 최고 주위온도에 관계없이 표시온도 121℃ 이상의 것으로 할 수 있다.

설치장소의 최고 주위온도	표시온도
39℃ 미만	79℃ 미만
39℃ 이상 64℃ 미만	79℃ 이상 121℃ 미만
64℃ 이상 106℃ 미만	121℃ 이상 162℃ 미만
106℃ 이상	162℃ 이상

정답 : 124.③

125 폐쇄형 스프링클러헤드의 설치장소에 관한 기준이 되는 최고 주위온도(T_A)는 다음 식에 의해 구하여진 온도를 말한다. 여기서, 상수 K는 얼마인가? (단, T_M은 헤드의 표시온도)

$$T_A = K \cdot T_M - 27.3$$

① 1.0　　　　　　　　　　② 0.7
③ 0.8　　　　　　　　　　④ 0.9

해설　$Ta = 0.9Tm - 27.3\,℃$
　　　　Ta : 최고주위온도, Tm : 헤드의 표시온도

126 스프링클러헤드를 설치하지 않아도 되는 것에 맞지 않는 것은?

① 통신기기실, 전자기기실
② 변전실, 발전실
③ 천장, 반자 중 한쪽이 불연재료로 되어 있고 천장과 반자 사이의 거리가 1[m] 미만인 부분
④ 현관 또는 로비 등으로서 바닥으로부터 높이가 10[m] 이상인 장소

해설　제15조(헤드의 설치제외)
① 스프링클러설비를 설치하여야 할 특정소방대상물에 있어서 다음 각 호의 어느 하나에 해당하는 장소에는 스프링클러헤드를 설치하지 아니할 수 있다.
　1. 계단실(특별피난계단의 부속실을 포함한다)·경사로·승강기의 승강로·비상용승강기의 승강장·파이프덕트 및 덕트피트(파이프·덕트를 통과시키기 위한 구획된 구멍에 한한다)·목욕실·수영장(관람석부분을 제외한다)·화장실·직접 외기에 개방되어 있는 복도·기타 이와 유사한 장소
　2. 통신기기실·전자기기실·기타 이와 유사한 장소
　3. 발전실·변전실·변압기·기타 이와 유사한 전기설비가 설치되어 있는 장소
　4. 병원의 수술실·응급처치실·기타 이와 유사한 장소
　5. 천장과 반자 양쪽이 불연재료로 되어 있는 경우로서 그 사이의 거리 및 구조가 다음 각 목의 어느 하나에 해당하는 부분
　　가. 천장과 반자사이의 거리가 2m 미만인 부분
　　나. 천장과 반자사이의 벽이 불연재료이고 천장과 반자사이의 거리가 2m 이상으로서 그 사이에 가연물이 존재하지 아니하는 부분
　6. 천장·반자중 한쪽이 불연재료로 되어있고 천장과 반자사이의 거리가 1m 미만인 부분
　7. 천장 및 반자가 불연재료 외의 것으로 되어 있고 천장과 반자사이의 거리가 0.5m 미만인 부분
　8. 펌프실·물탱크실 엘리베이터 권상기실 그 밖의 이와 비슷한 장소 〈신설 2008.12.15.〉
　9. 삭제 〈2013.6.10.〉

정답 : 125.④　126.④

예상문제

10. 현관 또는 로비 등으로서 바닥으로부터 높이가 20m 이상인 장소
11. 영하의 냉장창고의 냉장실 또는 냉동창고의 냉동실 〈신설 2008.12.15.〉
12. 고온의 노가 설치된 장소 또는 물과 격렬하게 반응하는 물품의 저장 또는 취급장소
13. 불연재료로 된 특정소방대상물 또는 그 부분으로서 다음 각 목의 어느 하나에 해당하는 장소
    가. 정수장·오물처리장 그 밖의 이와 비슷한 장소
    나. 펄프공장의 작업장·음료수공장의 세정 또는 충전하는 작업장 그 밖의 이와 비슷한 장소
    다. 불연성의 금속·석재 등의 가공공장으로서 가연성물질을 저장 또는 취급하지 아니하는 장소
    라. 가연성 물질이 존재하지 않는 「건축물의 에너지절약설계기준」에 따른 방풍실
14. 실내에 설치된 테니스장·게이트볼장·정구장 또는 이와 비슷한 장소로서 실내 바닥·벽·천장이 불연재료 또는 준불연재료로 구성되어 있고 가연물이 존재하지 않는 장소로서 관람석이 없는 운동시설(지하층은 제외한다)
15. 「건축법 시행령」 제46조제4항에 따른 공동주택 중 아파트의 대피공간 〈신설 2013. 6.10〉

127 스프링클러헤드의 감열체 중 이융성 금속으로 융착되거나 이융성 물질에 의하여 조립된 것은?
① 프레임 ② 디플렉터
③ 유리밸브 ④ 퓨즈블링크

128 글라스벌브형(Glass Bulb Type)의 스프링클러헤드에 봉입하는 물질은?
① 물 ② 휘발유
③ 경유 ④ 알코올 – 에테르

129 폐쇄형 스프링클러헤드에 있어서 급격한 수압을 고려해서 행하는 시험은?
① 살수분포시험 ② 수격시험
③ 강도시험 ④ 진동시험

130 스프링클러설비의 경보장치인 리타딩 챔버의 역할에 해당하지 않는 것은?
① 안전 밸브의 역할 ② 배관 및 압력스위치 손상 보호
③ 오보 방지 ④ 자동 배수장치

정답 : 127.④ 128.④ 129.② 130.④

131 스프링클러설비에서 펌프토출측 배관상에 설치되는 압력챔버(Chamber)의 기능으로 볼 수 없는 것은?

① 일정범위의 방수압력 유지
② 펌프기동 확인
③ 수격의 완충작용
④ 펌프의 자동기동

132 배관상에 설치하는 역류방지를 위해 사용하는 체크밸브가 아닌 것은?

① 스모렌스키체크밸브
② 훼이어체크밸브
③ 스윙체크밸브
④ OS & Y 체크밸브

▲해설 개폐밸브

133 주 밸브인 게이트밸브의 요크에 걸어서 밸브의 개폐를 수신반에 전달하는 장치는?

① 모니터 스위치
② 탬퍼 스위치
③ 압력수조 수위감시스위치
④ 주 밸브 감시스위치

134 포스트 인디게이트 밸브를 설치하는 이유는?

① 지하배관 내 유속과 압력을 조절하기 위해
② 지하배관 내 개폐를 용이하게 하기 위해
③ 지하배관 내 동결방지를 위해
④ 지하배관 내를 분기하기 위해

135 스프링클러설비의 유수검지장치에 표시사항이 아닌 것은?

① 제조번호
② 사용압력
③ 제조자성명
④ 설치방향

▲해설 유수제어밸브의 형식승인 및 제품검사의 기술기준
[시행 2017.7.26.] [소방청고시 제2017-1호, 2017.7.26., 타법개정]

제6조(표시) 유수제어밸브에는 다음 사항을 보기 쉬운 부위에 잘 지워지지 아니하도록 표시하여야 한다. 다만, 제14호 및 제15호는 포장 또는 취급설명서에 표시할 수 있다. 〈신설 2012.2.9.〉
1. 종별 및 형식
2. 형식승인번호
3. 제조연월 및 제조번호
4. 제조업체명 또는 상호
5. 안지름, 호칭압력 및 사용압력범위

정답 : 131.① 132.④ 133.② 134.② 135.③

예상문제

6. 유수 방향의 화살 표시
7. 설치방향
8. 2차측에 압력설정이 필요한 것에는 압력설정값
9. 검지유량상수
10. 습식유수검지장치에 있어서는 최저사용압력에 있어서 부작동 유량
11. 일제개방밸브 개방용 제어부의 사용압력범위(제어동력에 1차측의 압력과 다른 압력을 사용하는 것에 한한다)
12. 일제개방밸브 제어동력에 사용하는 유체의 종류(제어동력에 가압수 등 이외에 유체의 압력을 사용하는 것에 한한다)
13. 일제개방밸브 제어동력의 종류(제어동력에 압력을 사용하지 아니하는 것에 한한다)
14. 설치방법 및 취급상의 주의사항
15. 품질보증에 관한 사항(보증기간, 보증내용, A/S방법, 자체검사필증 등)

136 소방대상물의 각층마다 설치하는 스프링클러설비의 제어밸브는 그 층 바닥으로부터 몇 [m] 높이에 설치하여야 하는가?

① 0.8[m] 이상 1.5[m] 이하
② 0.5[m] 이상 1.0[m] 이하
③ 0.3[m] 이상 1.3[m] 이하
④ 1.0[m] 이상 2.0[m] 이하

137 개방형 스프링클러설비에서 하나의 방수구역을 담당하는 헤드의 개수는 몇 개 이하로 설치하여야 하는가?

① 25개
② 30개
③ 40개
④ 50개

> **해설** 제6조(폐쇄형스프링클러설비의 방호구역·유수검지장치) 폐쇄형스프링클러헤드를 사용하는 설비의 방호구역(스프링클러설비의 소화범위에 포함된 영역을 말한다. 이하 같다)·유수검지장치는 다음 각 호의 기준에 적합하여야 한다. 〈개정 2008.12.15.〉
> 1. 하나의 방호구역의 바닥면적은 3,000㎡를 초과하지 아니할 것. 다만, 폐쇄형스프링클러설비에 격자형배관방식(2이상의 수평주행배관 사이를 가지배관으로 연결하는 방식을 말한다)을 채택하는 때에는 3,700㎡ 범위 내에서 펌프용량, 배관의 구경 등을 수리학적으로 계산한 결과 헤드의 방수압 및 방수량이 방호구역 범위 내에서 소화목적을 달성하는 데 충분할 것〈개정 2011.11.24.〉
> 2. 하나의 방호구역에는 1개 이상의 유수검지장치를 설치하되, 화재발생시 접근이 쉽고 점검하기 편리한 장소에 설치할 것 〈개정 2008.12.15.〉
> 3. 하나의 방호구역은 2개 층에 미치지 아니하도록 할 것. 다만, 1개 층에 설치되는 스프링클러헤드의 수가 10개 이하인 경우와 복층형구조의 공동주택에는 3개 층 이내로 할 수 있다. 〈개정 2009.10.22.〉
> 4. 유수검지장치를 실내에 설치하거나 보호용 철망 등으로 구획하여 바닥으로부터 0.8m 이상 1.5m 이하의 위치에 설치하되, 그 실 등에는 가로 0.5m 이상 세로 1m 이상의

정답 : 136.① 137.④

출입문을 설치하고 그 출입문 상단에 "유수검지장치실"이라고 표시한 표지를 설치할 것. 다만, 유수검지장치를 기계실(공조용기계실을 포함한다)안에 설치하는 경우에는 별도의 실 또는 보호용 철망을 설치하지 아니하고 기계실 출입문 상단에 "유수검지장치실"이라고 표시한 표지를 설치할 수 있다.〈개정 2008.12.15.〉
5. 스프링클러헤드에 공급되는 물은 유수검지장치를 지나도록 할 것. 다만, 송수구를 통하여 공급되는 물은 그러하지 아니하다.
6. 자연낙차에 따른 압력수가 흐르는 배관 상에 설치된 유수검지장치는 화재시 물의 흐름을 검지할 수 있는 최소한의 압력이 얻어질 수 있도록 수조의 하단으로부터 낙차를 두어 설치할 것〈개정 2008.12.15.〉
7. 조기반응형 스프링클러헤드를 설치하는 경우에는 습식유수검지장치 또는 부압식스프링클러설비를 설치할 것〈개정 2011.11.24〉

제7조(개방형스프링클러설비의 방수구역 및 일제개방밸브) 개방형스프링클러설비의 방수구역 및 일제개방밸브는 다음 각 호의 기준에 적합하여야 한다.
1. 하나의 방수구역은 2개 층에 미치지 아니 할 것
2. 방수구역마다 일제개방밸브를 설치할 것
3. 하나의 방수구역을 담당하는 헤드의 개수는 50개 이하로 할 것. 다만, 2개 이상의 방수구역으로 나눌 경우에는 하나의 방수구역을 담당하는 헤드의 개수는 25개 이상으로 할 것
4. 일제개방밸브의 설치위치는 제6조제4호의 기준에 따르고, 표지는 "일제개방밸브실"이라고 표시할 것〈개정 2008.12.15〉

138. 습식 스프링클러설비에서 하향식헤드를 회향식으로 설치하는 이유로서 옳은것은?

① 시공시 행거의 설치를 용이하게 하기 위해서이다.
② 관 내의 유수에 따라 발생할 수도 있는 써지로 인한 헤드의 진동을 조금이라도 완화시켜 주기 위해서이다.
③ 설치 예정지점에 헤드의 설치, 시공을 용이하게 하기 위해서이다.
④ 관 내에 축적 될 수도 있는 이물질에 의해 헤드의 오리피스가 막히는 것을 가급적 방지하기 위해서이다.

139. 표시온도가 163~203[℃]인 퓨즈 메탈형 스프링클러헤드 후레임의 색상은?

① 흰색   ② 파랑색
③ 빨강색   ④ 초록색

▲해설   스프링클러헤드의 형식승인 및 제품검사의 기술기준
[시행 2017.12.28.] [소방청고시 제2017-9호, 2017.12.28., 일부개정]
제12조의6(표시) 헤드에는 다음 사항을 보기 쉬운 부위에 잘 지워지지 아니하도록 표시하여야 한다. 다만, 제2호 내지 제4호 및 제10호 내지 제13호는 포장 또는 취급설명서에 표

정답 : 138.④ 139.③

예상문제

시할 수 있다.
1. 종 별
2. 형 식
3. 형식승인번호
4. 제조번호 또는 로트번호
5. 제조년도
6. 제조업체명 또는 상호
7. 표시온도(폐쇄형헤드에 한한다)
8. 〈삭제〉
9. 표시온도에 따른 다음표의 색표시(폐쇄형헤드에 한한다)

유리벌브형		퓨지블링크형	
표시온도(℃)	액체의 색별	표시온도(℃)	후레임의 색별
57℃	오렌지	77℃ 미만	색 표시 안함
68℃	빨강	78~120℃	흰색
79℃	노랑	121~162℃	파랑
93℃	초록	163~203℃	빨강
141℃	파랑	204~259℃	초록
182℃	연한자주	260~319℃	오렌지
227℃ 이상	검정	320℃ 이상	검정

10. 최고주위온도(폐쇄형헤드에 한한다)
11. 취급상의 주의사항
12. 〈삭제〉
13. 품질보증에 관한 사항(보증기간, 보증내용, A/S방법, 자체검사필증 등)

140 스프링클러설비에서 하나의 가지관에 설치되는 스프링클러헤드의 수는 몇 개 이하이어야 하는가?

① 6
② 8
③ 10
④ 12

해설 ⑨ 가지배관의 배열은 다음 각 호의 기준에 따른다.
1. 토너먼트(tournament)방식이 아닐 것
2. 교차배관에서 분기되는 지점을 기점으로 한쪽 가지배관에 설치되는 헤드의 개수(반자 아래와 반자속의 헤드를 하나의 가지배관 상에 병설하는 경우에는 반자 아래에 설치하는 헤드의 개수)는 8개 이하로 할 것. 다만, 다음 각 목의 어느 하나에 해당하는 경우에는 그러하지 아니하다.
   가. 기존의 방호구역안에서 칸막이 등으로 구획하여 1개의 헤드를 증설하는 경우
   나. 습식스프링클러설비 또는 부압식스프링클러설비에 격자형 배관방식(2 이상의 수평주행배관 사이를 가지배관으로 연결하는 방식을 말한다)을 채택하는 때에는 펌프의 용량, 배관의 구경 등을 수리학적으로 계산한 결과 헤드의 방수압 및 방수

정답 : 140.②

량이 소화목적을 달성하는 데 충분하다고 인정되는 경우 〈개정 2011.11.24〉
3. 가지배관과 스프링클러헤드 사이의 배관을 신축배관으로 하는 경우에는 소방청장이 정하여 고시한 「스프링클러설비신축배관 성능인증 및 제품검사의 기술기준」에 적합한 것으로 설치할 것. 이 경우 신축배관의 설치길이는 제10조제3항의 거리를 초과하지 아니할 것

141 스프링클러설비의 배관에 관한 설명 중 옳은 것은?

① 교차배관의 최소 구경은 20[mm] 이하로 한다.
② 수직관에 청소구를 설치하여야 한다.
③ 수직배수배관의 구경은 50[mm] 이상으로 한다.
④ 가지배관의 배열은 토너먼트 방식으로 한다.

해설
① 40mm
② 교차배관 끝에 청소구 설치
③ 정답
④ 토너먼트방식이 아닐 것

142 수평주행배관에 설치하는 행가는 몇 [m] 이내마다 1개 이상 설치하는가?

① 2.5   ② 3.5   ③ 4.5   ④ 5.5

해설
⑬ 배관에 설치되는 행가는 다음 각 호의 기준에 따라 설치하여야 한다.
1. 가지배관에는 헤드의 설치지점 사이마다 1개 이상의 행가를 설치하되, 헤드간의 거리가 3.5m를 초과하는 경우에는 3.5m 이내마다 1개 이상 설치할 것. 이 경우 상향식 헤드와 행가 사이에는 8㎝ 이상의 간격을 두어야 한다.
2. 교차배관에는 가지배관과 가지배관 사이마다 1개 이상의 행가를 설치하되, 가지배관 사이의 거리가 4.5m를 초과하는 경우에는 4.5m이내마다 1개 이상 설치할 것
3. 제1호 및 제2호의 수평주행배관에는 4.5m 이내마다 1개 이상 설치할 것

143 유수검지장치를 사용하는 설비의 시험배관의 구경은 얼마로 하여야 하는가?

① 15[mm]   ② 20[mm]
③ 25[mm]   ④ 30[mm]

해설
⑫ 습식유수검지장치 또는 건식유수검지장치를 사용하는 스프링클러설비와 부압식스프링클러설비에는 동장치를 시험할 수 있는 시험 장치를 다음 각 호의 기준에 따라 설치하여야 한다.
1. 습식스프링클러설비 및 부압식스프링클러설비에 있어서는 유수검지장치 2차측 배관에 연결하여 설치하고 건식스프링클러설비인 경우 유수검지장치에서 가장 먼 거리에

정답 : 141.③ 142.③ 143.③

예상문제

위치한 가지배관의 끝으로부터 연결하여 설치할 것. 유수검지장치 2차측 설비의 내용적이 2,840L를 초과하는 건식스프링클러설비의 경우 시험장치 개폐밸브를 완전 개방 후 1분 이내에 물이 방사되어야 한다. 〈개정 2021. 1. 29.〉
2. 시험장치 배관의 구경은 25mm 이상으로 하고, 그 끝에 개폐밸브 및 개방형헤드 또는 스프링클러헤드와 동등한 방수성능을 가진 오리피스를 설치할 것. 이 경우 개방형헤드는 반사판 및 프레임을 제거한 오리피스만으로 설치할 수 있다.
3. 시험배관의 끝에는 물받이 통 및 배수관을 설치하여 시험 중 방사된 물이 바닥에 흘러내리지 아니하도록 할 것. 다만, 목욕실·화장실 또는 그 밖의 곳으로서 배수처리가 쉬운 장소에 시험배관을 설치한 경우에는 그러하지 아니하다.

144 교차배관은 가지배관과 수평으로 설치하거나 또는 가지배관 밑에 설치하고 최소구경은 얼마이상으로 하여야 하는가?

① 20[mm] ② 30[mm]
③ 40[mm] ④ 50[mm]

해설 ⑩ 교차배관의 위치·청소구 및 가지배관의 헤드설치는 다음 각 호의 기준에 따른다.
1. 교차배관은 가지배관과 수평으로 설치하거나 또는 가지배관 밑에 설치하고, 그 구경은 제3항제3호에 따르되 최소구경이 40mm 이상이 되도록 할 것. 다만, 패들형유수검지장치를 사용하는 경우에는 교차배관의 구경과 동일하게 설치할 수 있다.
2. 청소구는 교차배관 끝에 개폐밸브를 설치하고, 호스접결이 가능한 나사식 또는 고정배수 배관식으로 할 것. 이 경우 나사식의 개폐밸브는 옥내소화전 호스접결용의 것으로 하고, 나사보호용의 캡으로 마감하여야 한다.
3. 하향식헤드를 설치하는 경우에 가지배관으로부터 헤드에 이르는 헤드접속배관은 가지관상부에서 분기할 것. 다만, 소화설비용 수원의 수질이 「먹는물관리법」 제5조에 따라 먹는물의 수질기준에 적합하고 덮개가 있는 저수조로부터 물을 공급받는 경우에는 가지배관의 측면 또는 하부에서 분기할 수 있다.

145 습식 스프링클러설비의 배관의 통수소제에 관한 설명으로 옳은 것은?

① 테스트 밸브(시험배관)의 밸브를 개방함으로써 통수소제를 실시할 수 있다.
② 교차관의 말단부로부터 배수하는 방법으로 통수소제를 실시할 수 있다.
③ 열림 밸브 교차부의 앵글밸브를 개방하여 배관 내의 물을 배수시켜 통수소제를 실시할 수 있다.
④ 배관의 통수소제는 최소한 월 1회씩 실시하게 된다.

146 습식 스프링클러설비에서 시험배관을 설치하는 이유로서 옳은것은?

① 정기적인 배관의 통수소제를 위해서이다.
② 배관 내 수압의 정상상태 여부를 수시 확인하기 위해서이다.

정답 : 144.③ 145.② 146.④

1250 • PART 04. 소방기계시설의 구조 및 원리

③ 실제로 헤드를 개방하지 않고도 가압송수장치의 성능시험을 시행할 수 있게 하기 위해서이다.
④ 유수경보장치의 기능을 수시 점검하기 위해서이다.

147 스프링클러설비 유수검지장치의 정상기능 상태 여부를 점검하기 위한 시험배관은 어디에 설치하는가?

① 교차배관 말단
② 유수검지장치로부터 가장 먼 가지배관의 말단
③ 유수검지장치로부터 가장 가까운 가지배관의 말단
④ 유수검지장치와 가지배관 사이

148 스프링클러설비를 설치한 하나의 층 바닥면적이 7,500[m²]일 때 유수검지장치를 몇 개 이상 설치하여야 하는가?

① 1개　　　　　　　　　　② 2개
③ 3개　　　　　　　　　　④ 4개

◀해설　$\dfrac{7500m^2}{3000m^2} = 2.5$　∴ 3개

149 습식 스프링클러설비 또는 부압식 스프링클러설비 외의 설비는 헤드를 향하여 상향으로 수평주행배관의 기울기로서 옳은 것은?

① 수평주행배관은 헤드를 향하여 상향으로 1/500 이상의 기울기를 가질 것
② 수평주행배관은 헤드를 향하여 상향으로 2/200 이상의 기울기를 가질 것
③ 수평주행배관은 헤드를 향하여 상향으로 1/100 이상의 기울기를 가질 것
④ 수평주행배관은 헤드를 향하여 상향으로 1/250 이상의 기울기를 가질 것

◀해설　스프링클러설비 배관의 배수를 위한 기울기는 다음 각 호의 기준에 따른다. 〈개정 2011. 11. 24〉
1. 습식스프링클러설비 또는 부압식 스프링클러설비의 배관을 수평으로 할 것. 다만, 배관의 구조상 소화수가 남아 있는 곳에는 배수밸브를 설치하여야 한다.
2. 습식스프링클러설비 또는 부압식 스프링클러설비 외의 설비에는 헤드를 향하여 상향으로 수평주행배관의 기울기를 500분의 1 이상, 가지배관의 기울기를 250분의 1 이상으로 할 것. 다만, 배관의 구조상 기울기를 줄 수 없는 경우에는 배수를 원활하게 할 수 있도록 배수밸브를 설치하여야 한다.
[참고 : 연결살수설비 1/100, 물분무주차장바닥 2/100, 화재조기진압용창고구조 기울기 168/1000 초과하지 아니할 것]

정답 : 147.②　148.③　149.①

예상문제

150 유수검지장치의 음향장치 수평거리는 몇 [m] 이하가 되도록 하여야 하는가?
① 10 ② 15
③ 20 ④ 25

151 습식 스프링클러설비 배관의 동파방지법으로 적당하지 않은 것은?
① 보온재를 이용한 배관보온법 ② 히팅코일을 이용한 가열법
③ 순환펌프를 이용한 물의 유동법 ④ 에어 컴프레셔를 이용한 방법

> **해설** 동파방지 : ㉠ 보온재이용 ㉡ 히팅코일
> ㉢ 부동액주입 ㉣ 중앙난방 ㉤ 순환펌프이용

152 폐쇄형 스프링클러설비의 방호구역, 유수검지장치의 설치기준에 맞지 않는 것은?
① 하나의 방호구역의 바닥면적은 3,000[m²]를 초과하지 않도록 하여야 한다.
② 하나의 방호구역에는 1개 이상의 유수검지장치를 설치하여야 한다.
③ 하나의 방호구역은 2개층에 미치지 아니하여야 한다.
④ 유수검지장치는 바닥으로부터 0.5~1.0[m]의 위치에 설치하고 근방의 보기 쉬운 곳에 해당 장치의 명칭을 표시한 표지를 하여야 한다.

> **해설** 0.8~1.5m

153 스프링클러설비의 아래 공식은 무엇을 구하는 공식인가?

$$Q = K\sqrt{10P}$$

① 방수량 ② 하중
③ 흡입량 ④ 살수분포량

154 스프링클러설비의 비상전원 설치기준으로 옳은 것은?
① 실내에 설치할 때는 그 실내에 비상조명등을 설치한다.
② 설치장소는 다른 장소와 일반 칸막이 등으로 구획한다.
③ 상용전원 정전시 수동으로 전환한다.
④ 본 설비를 유효하게 10분 이상 작동한다.

정답 : 150.④ 151.④ 152.④ 153.① 154.①

해설 ② 방화구획
③ 자동으로 전환
④ 20분 [30층 이상 : 40분, 50층 이상 : 60분]

155. 스프링클러설비의 제어반의 기능에 대한 것 중 없어도 되는 것은?

① 각 펌프의 작동 여부를 확인할 수 있는 표시기능이 있을 것
② 비상전원의 입력 여부를 확인할 수 있는 표시기능이 있을 것
③ 확인 회로마다 도통시험을 할 수 있을 것
④ 절연저항시험을 할 수 있을 것

해설 제어반의 기능 : 각,각,각,예,비,저
② 감시제어반의 기능은 다음 각 호의 기준에 적합하여야 한다.
   1. 각 펌프의 작동여부를 확인할 수 있는 표시등 및 음향경보기능이 있어야 할 것
   2. 각 펌프를 자동 및 수동으로 작동시키거나 중단시킬 수 있어야 한다
   3. 비상전원을 설치한 경우에는 상용전원 및 비상전원의 공급여부를 확인할 수 있어야 할 것
   4. 수조 또는 물올림탱크가 저수위로 될 때 표시등 및 음향으로 경보할 것
   5. 예비전원이 확보되고 예비전원의 적합여부를 시험할 수 있어야 할 것

※ 다음의 각 확인회로마다 도통시험 및 작동시험을 할 수 있도록 할 것
   가. 기동용수압개폐장치의 압력스위치회로
   나. 수조 또는 물올림탱크의 저수위감시회로
   다. 유수검지장치 또는 일제개방밸브의 압력스위치회로
   라. 일제개방밸브를 사용하는 설비의 화재감지기회로
   마. 제8조제16항에 따른 개폐밸브의 폐쇄상태 확인회로
   바. 그 밖의 이와 비슷한 회로

156. 스프링클러설비의 비상전원에 대한 설명으로 틀린 것은?

① 비상전원은 해당 설비를 20분 이상 작동시킬 수 있어야 한다.
② 상용전원 정전시 자동으로 비상전원으로 전환되어야 한다.
③ 비상전원의 종류는 자가발전설비와 축전지설비 등 2가지 종류가 있다.
④ 비상전원이 설치되는 장소에는 비상조명과 비상전원 표시설비를 한다.

해설 ② 스프링클러설비에는 자가발전설비, 전기저장장치 또는 축전지설비에 따른 비상전원을 설치하여야 한다. 다만, 차고·주차장으로서 스프링클러설비가 설치된 부분의 바닥면적(「포소화설비의 화재안전기준(NFTC 105)」 제13조 제2항제2호에 따른 차고·주차장의 바닥면적을 포함한다)의 합계가 1,000㎡ 미만인 경우에는 비상전원 수전설비로 설치할 수 있으며, 2이상의 변전소(「전기사업법」 제67조에 따른 변전소를 말한다. 이하 같다)에서

정답 : 155.④ 156.④

예상문제

전력을 동시에 공급받을 수 있거나 하나의 변전소로부터 전력의 공급이 중단되는 때에는 자동으로 다른 변전소로부터 전력을 공급받을 수 있도록 상용전원을 설치한 경우와 가압수조방식에는 비상전원을 설치하지 아니할 수 있다.

③ 제2항에 따른 비상전원 중 자가발전설비, 전기저장장치 또는 축전지설비(내연기관에 따른 펌프를 설치한 경우에는 내연기관의 기동 및 제어용축전지를 말한다)는 다음 각 호의 기준을, 비상전원수전설비는 「소방시설용비상전원수전설비의 화재안전기준(NFTC 602)」에 따라 설치하여야 한다. 〈개정 2013.6.10〉

1. 점검에 편리하고 화재 및 침수 등의 재해로 인한 피해를 받을 우려가 없는 곳에 설치할 것
2. 스프링클러설비를 유효하게 20분 이상 작동할 수 있어야 할 것 〈개정 2013.6.11.〉
3. 상용전원으로부터 전력의 공급이 중단된 때에는 자동으로 비상전원으로부터 전력을 공급받을 수 있도록 할 것
4. 비상전원(내연기관의 기동 및 제어용 축전기를 제외한다)의 설치장소는 다른 장소와 방화구획 할 것. 이 경우 그 장소에는 비상전원의 공급에 필요한 기구나 설비외의 것(열병합발전설비에 필요한 기구나 설비는 제외한다)을 두어서는 아니 된다. 〈개정 2008.12.15〉
5. 비상전원을 실내에 설치하는 때에는 그 실내에 비상조명등을 설치할 것
6. 옥내에 설치하는 비상전원실에는 옥외로 직접 통하는 충분한 용량의 급배기설비를 설치할 것 〈개정 2011.11.24〉
7. 비상전원의 출력용량은 다음 각 목의 기준을 충족할 것 〈신설 2011.11.24〉
   가. 비상전원 설비에 설치되어 동시에 운전될 수 있는 모든 부하의 합계 입력용량을 기준으로 정격출력을 선정할 것. 다만, 소방전원 보존형발전기를 사용할 경우에는 그러하지 아니하다.
   나. 기동전류가 가장 큰 부하가 기동될 때에도 부하의 허용 최저입력전압이상의 출력전압을 유지할 것
   다. 단시간 과전류에 견디는 내력은 입력용량이 가장 큰 부하가 최종 기동할 경우에도 견딜 수 있을 것
8. 자가발전설비는 부하의 용도와 조건에 따라 다음 각 목 중의 하나를 설치하고 그 부하용도별 표지를 부착하여야 한다. 다만, 자가발전설비의 정격출력용량은 하나의 건축물에 있어서 소방부하의 설비용량을 기준으로 하고, 나목의 경우 비상부하는 국토해양부장관이 정한 건축전기설비설계기준의 수용률 범위 중 최대값 이상을 적용한다. 〈신설 2011. 11.24, 개정 2013.6.10〉
   가. 소방전용 발전기 : 소방부하용량을 기준으로 정격출력용량을 산정하여 사용하는 발전기 〈개정 2013.6.10.〉
   나. 소방부하 겸용 발전기 : 소방 및 비상부하 겸용으로서 소방부하와 비상부하의 전원용량을 합산하여 정격출력용량을 산정하여 사용하는 발전기 〈개정 2013.6.10.〉
   다. 소방전원 보존형 발전기 : 소방 및 비상부하 겸용으로서 소방부하의 전원용량을 기준으로 정격출력용량을 산정하여 사용하는 발전기 〈신설 2013.6.10〉
9. 비상전원실의 출입구 외부에는 실의 위치와 비상전원의 종류를 식별할 수 있도록 표지판을 부착할 것 〈신설 2011.11.24〉

157 유량 2,400[lpm], 양정 100[m]인 스프링클러설비 펌프를 구동시킬 전동기의 용량은 몇 [HP]인가? (단, 이 때 펌프의 효율은 0.6, 전달계수는 1.1이라 한다.)

① 75　　　　　　　　　　　② 97
③ 125　　　　　　　　　　　④ 200

해설

$$P(HP) = \frac{1000 \times \frac{2.4}{60} \times 100}{76 \times 0.6} \times 1.1 \fallingdotseq 96.5 HP$$

158 준비작동식 스프링클러설비에서 화재발생시 헤드가 개방되었음에도 불구하고 정상적인 살수가 되지 않을 경우 그 원인으로 볼 수 없는 것은?

① 화재감지기의 고장　　　　　② 전자개방밸브 회로의 고장
③ 경보용 압력스위치의 고장　　④ 준비작동밸브 1차측의 개폐밸브 차단

159 폐쇄형 스프링클러헤드의 감도를 예상하는 지수인 RTI와 관련이 깊은 것은?

① 기류의 온도와 비열　　　　　② 기류의 온도, 속도 및 작동시간
③ 기류의 비열 및 유동방향　　　④ 기류의 온도, 속도 및 비열

해설
- 조기반응형 헤드 : RTI 50 이하인 속동형 헤드로 습식설비에 한하여 설치할 수 있다.
- 반응시간지수(RTI) : RTI(Response Time Index)란 헤드의 열에 대한 민감도 즉, 열감도를 의미하며 폐쇄형 헤드 감열부의 개방에 필요한 열을 주위로부터 얼마나 빠른 시간에 흡수할 수 있는지를 나타내는 헤드 작동시간에 따른 지수이다.
  $RTI = \tau\sqrt{u}$
  RTI : $\sqrt{m \cdot sec}$, τ : 감열체의 시간상수(sec), u : 기류의 속도(m/sec)
- 반응시간지수(RTI)에 따른 분류
  - 표준반응형(Standard Response) 헤드 : RTI가 80 초과 350 이하인 헤드로 가장 일반적인 헤드
  - 특수반응형(Special Response) 헤드 : RTI가 50 초과 80 이하인 헤드
  - 조기반응형(Fast Response) 헤드 : RTI가 50 이하인 헤드로 속동형 헤드 또는 조기반응형 헤드라 한다.

160 연소우려가 있는 개구부에 설치하는 드렌처설비에 대한 내용 중 잘못된 것은?

① 드렌처헤드는 개구부 위측에 2.5[m] 이내마다 1개를 설치한다.
② 제어밸브는 바닥면으로부터 0.8[m] 이상 1.5[m] 이하의 위치에 설치한다.
③ 드렌처헤드의 방수량은 60[L/min] 이상이어야 한다.
④ 드렌처헤드 선단의 방수압력은 0.1[MPa] 이상이어야 한다.

정답 : 157.② 158.③ 159.② 160.③

예상문제

해설 ② 제10조제7항제6호의 연소할 우려가 있는 개구부에 다음 각 호의 기준에 따른 드렌처설비를 설치한 경우에는 해당 개구부에 한하여 스프링클러헤드를 설치하지 아니할 수 있다.
1. 드렌처헤드는 개구부 위 측에 2.5m 이내마다 1개를 설치할 것
2. 제어밸브(일제개방밸브·개폐표시형밸브 및 수동조작부를 합한 것을 말한다. 이하 같다)는 특정소방대상물 층마다에 바닥 면으로부터 0.8m 이상 1.5m 이하의 위치에 설치할 것
3. 수원의 수량은 드렌처헤드가 가장 많이 설치된 제어밸브의 드렌처헤드의 설치개수에 1.6m³를 곱하여 얻은 수치 이상이 되도록 할 것
4. 드렌처설비는 드렌처헤드가 가장 많이 설치된 제어밸브에 설치된 드렌처헤드를 동시에 사용하는 경우에 각각의 헤드선단에 방수압력이 0.1MPa 이상, 방수량이 80*l*/min 이상이 되도록 할 것
5. 수원에 연결하는 가압송수장치는 점검이 쉽고 화재 등의 재해로 인한 피해우려가 없는 장소에 설치할 것

> **Reference**
> 연소할 우려가 있는 개구부에는 그 상하좌우에 2.5m 간격으로(개구부의 폭이 2.5m 이하인 경우에는 그 중앙에) 스프링클러헤드를 설치하되, 스프링클러헤드와 개구부의 내측 면으로부터 직선거리는 15㎝ 이하가 되도록 할 것. 이 경우 사람이 상시 출입하는 개구부로서 통행에 지장이 있는 때에는 개구부의 상부 또는 측면(개구부의 폭이 9m 이하인 경우에 한한다)에 설치하되, 헤드 상호간의 간격은 1.2m 이하로 설치하여야 한다.

161 드렌처헤드를 설치한 개구부의 길이가 20[m]일 경우 설치하여야 할 헤드 개수는?
① 8 ② 6
③ 5 ④ 3

해설 $\dfrac{20m}{2.5m} = 8$

162 드렌처(DRENCHER)설비의 헤드 설치수가 5개일 때 그 수원의 수량은 다음 중 어느 것이 맞는가?
① 2,000[L] ② 3,000[L]
③ 4,000[L] ④ 8,000[L]

해설 $5 \times 1.6m^3 = 8m^3 = 8000L$

정답 : 161.① 162.④

163 소방대상물의 각 부분으로부터 하나의 간이스프링클러헤드까지의 수평거리는 몇 m 이하여야 하는가?

① 1.7m   ② 2.1m
③ 2.3m   ④ 2.5m

해설 간이헤드 수평거리 2.3m

164 근린생활시설(바닥면적합계 1000㎡ 이상)에 설치하는 간이스프링클러설비의 수원의 양으로 옳은 것은? (간이형헤드 설치)

① 1m³   ② 2m³
③ 5m³   ④ 7m³

해설
- 수원의 양
  ① 상수도직결형의 경우 : 수돗물
  ② 수조를 사용하는 경우 : 최소 1개 이상의 자동급수장치를 갖출 것
    아래 설치대상 중 ①의 ㉡, ②~⑤, ⑧의 경우
      수원의 양(m³) = 2×0.5m³ 이상 = 2×50l/min×10min 이상
    아래 설치대상 중 ①의 ㉠, ⑥, ⑦의 경우
      수원의 양(m³) = 5×1m³ 이상 = 5×50l/min×20min 이상
- 간이스프링클러설비의 설치대상
  ① 근린생활시설로서 다음 어느 하나에 해당하는 것
    ㉠ 근린생활시설로 사용하는 부분의 바닥면적합계가 1천㎡ 이상인 것은 모든 층
    ㉡ 의원·치과의원 및 한의원으로서 입원실이 있는 시설
  ② 교육연구시설 내에 합숙소로서 연면적 100㎡ 이상인 것
  ③ 의료시설 중 다음의 어느 하나에 해당하는 시설
    ㉠ 종합병원, 병원, 치과병원, 한방병원 및 요양병원(정신병원과 의료재활시설은 제외한다)으로 사용되는 바닥면적의 합계가 600㎡ 미만인 시설
    ㉡ 정신의료기관 또는 의료재활시설로 사용되는 바닥면적의 합계가 300㎡ 이상 600㎡ 미만인 시설
    ㉢ 정신의료기관 또는 의료재활시설로 사용되는 바닥면적의 합계가 300㎡ 미만이고, 창살(철재·플라스틱 또는 목재 등으로 사람의 탈출 등을 막기 위하여 설치한 것을 말하며, 화재 시 자동으로 열리는 구조로 되어 있는 창살은 제외한다)이 설치된 시설
  ④ 노유자시설로서 다음의 어느 하나에 해당하는 시설
    ㉠ 제12조제1항제6호 각 목에 따른 시설(제12조제1항제6호 나목부터 바목까지의 시설 중 단독주택 또는 공동주택에 설치되는 시설은 제외하며, 이하 "노유자 생활시설"이라 한다)
    ㉡ 가)에 해당하지 않는 노유자시설로 해당 시설로 사용하는 바닥면적의 합계가 300㎡ 이상 600㎡ 미만인 시설

정답 : 163.③ 164.③

예상문제

ⓒ ㉠에 해당하지 않는 노유자시설로 해당 시설로 사용하는 바닥면적의 합계가 300㎡ 미만이고, 창살(철재·플라스틱 또는 목재 등으로 사람의 탈출 등을 막기 위하여 설치한 것을 말하며, 화재 시 자동으로 열리는 구조로 되어 있는 창살은 제외한다)이 설치된 시설

⑤ 건물을 임차하여 「출입국관리법」 제52조제2항에 따른 보호시설로 사용하는 부분

⑥ 숙박시설 중 생활형 숙박시설로서 해당 용도로 사용되는 바닥면적의 합계가 600㎡ 이상인 것

⑦ 복합건축물(별표 2 제30호나목의 복합건축물만 해당한다)로서 연면적 1천㎡ 이상인 것은 모든 층

⑧ 다중이용업소 안전관리법 시행령 별표
  ㉠ 지하층에 설치된 영업장
  ㉡ 밀폐구조의 영업장
  ㉢ 제2조제7호에 따른 산후조리업(이하 이 표에서 "산후조리업"이라 한다) 및 같은 조 제7호의2에 따른 고시원업(이하 이 표에서 "고시원업"이라 한다)의 영업장. 다만, 무창층에 설치되지 않은 영업장으로서 지상 1층에 있거나 지상과 직접 맞닿아 있는 층(영업장의 주된 출입구가 건축물의 외부의 지면과 직접 연결된 경우를 포함한다)에 설치된 영업장은 제외한다.
  ㉣ 제2조제7호의3에 따른 권총사격장의 영업장

165 간이스프링클러설비의 하나의 방호구역의 면적은 몇 ㎡ 이하여야 하는가?

① 500㎡   ② 1,000㎡
③ 2,000㎡   ④ 3,000㎡

▣ 해설 간이스프링클러 방호구역 : 1,000㎡
[별표 1] 〈개정 2015.1.23.〉

간이헤드 수별 급수관의 구경(제8조제3항제3호관련)

(단위 : mm)

급수관의 구경 구분	25	32	40	50	65	80	100	125	150
가	2	3	5	10	30	60	100	160	161 이상
나	2	4	7	15	30	60	100	160	161 이상
다				〈삭제 2011.11.24〉					

(주) 1. 폐쇄형간이헤드를 사용하는 설비의 경우로서 1개층에 하나의 급수배관(또는 밸브 등)이 담당하는 구역의 최대면적은 1,000㎡를 초과하지 아니할 것 〈개정 2015.1.23.〉
2. 폐쇄형간이헤드를 설치하는 경우에는 "가"란의 헤드수에 따를 것 〈개정 2011.11.24〉
3. 폐쇄형간이헤드를 설치하고 반자 아래의 헤드와 반자속의 헤드를 동일 급수관의 가지관상에 병설하는 경우에는 "나"란의 헤드수에 따를 것
4. "캐비닛형" 및 "상수도직결형"을 사용하는 경우 주배관은 32, 수평주행배관은 32, 가지배관은 25 이상으로 할 것. 이 경우 최장배관은 제5조제6항에 따라 인정받은 길이로 하며 하나의 가지배관에는 간이헤드를 3개 이내로 설치하여야 한다. 〈개정 2011.11.24〉

정답 : 165.②

166 간이스프링클러설비에 상수도 직결방식으로 가압송수장치를 사용하는 경우 배관 및 밸브의 설치순서로 옳은 것은?

① 수도용계량기, 급수차단장치, 개폐표시형밸브, 체크밸브, 압력계, 유수검지장치(압력스위치등 유수검지장치와 동등 이상의 기능과 성능이 있는 것을 포함한다. 이하 같다), 2개의 시험밸브
② 수원, 연성계 또는 진공계(수원이 펌프보다 높은 경우를 제외한다. 이하 같다), 펌프 또는 압력수조, 압력계, 체크밸브, 성능시험배관, 개폐표시형밸브, 유수검지장치, 시험밸브
③ 수원, 가압수조, 압력계, 체크밸브, 성능시험배관, 개폐표시형밸브, 유수검지장치, 2개의 시험밸브
④ 수원, 연성계 또는 진공계(수원이 펌프보다 높은 경우를 제외한다. 이하 같다), 펌프 또는 압력수조, 압력계, 체크밸브, 개폐표시형밸브, 2개의 시험밸브

해설 배관 및 밸브의 설치순서
① 상수도직결형은 다음 각 목의 기준에 따라 설치할 것
  ㉠ 수도용계량기, 급수차단장치, 개폐표시형밸브, 체크밸브, 압력계, 유수검지장치(압력스위치 등 유수검지장치와 동등 이상의 기능과 성능이 있는 것을 포함한다. 이하 같다), 2개의 시험밸브의 순으로 설치할 것
  ㉡ 간이스프링클러설비 이외의 배관에는 화재시 배관을 차단할 수 있는 급수차단장치를 설치할 것
② 펌프 등의 가압송수장치를 이용하여 배관 및 밸브 등을 설치하는 경우에는 수원, 연성계 또는 진공계(수원이 펌프보다 높은 경우를 제외한다. 이하 같다), 펌프 또는 압력수조, 압력계, 체크밸브, 성능시험배관, 개폐표시형밸브, 유수검지장치, 시험밸브의 순으로 설치할 것.
③ 가압수조를 가압송수장치로 이용하여 배관 및 밸브등을 설치하는 경우에는 수원, 가압수조, 압력계, 체크밸브, 성능시험배관, 개폐표시형밸브, 유수검지장치, 2개의 시험밸브의 순으로 설치할 것
④ 캐비닛형의 가압송수장치에 배관 및 밸브 등을 설치하는 경우에는 수원, 연성계 또는 진공계(수원이 펌프보다 높은 경우를 제외한다. 이하 같다), 펌프 또는 압력수조, 압력계, 체크밸브, 개폐표시형밸브, 2개의 시험밸브의 순으로 설치할 것. 다만, 소화용수의 공급은 상수도와 직결된 바이패스관 또는 펌프에서 공급받아야 한다.

167 간이헤드는 폐쇄형헤드로서 간이헤드의 작동온도는 실내최대 주위 온도가 0℃ 이상 38℃ 이하인 경우 공칭작동온도는 몇 ℃ 범위의 것을 사용하여야 하는가?

① 57℃에서 77℃의 것
② 79℃에서 109℃의 것
③ 47℃에서 59℃의 것
④ 79℃에서 107℃의 것

정답 : 166.① 167.①

예상문제

> **해설** 제9조(간이헤드)
> 간이헤드는 다음 각 호의 기준에 적합한 것을 사용하여야 한다.
> 1. 폐쇄형간이헤드를 사용할 것 〈개정 2011.11.24.〉
> 2. 간이헤드의 작동온도는 실내의 최대 주위천장온도가 0℃ 이상 38℃ 이하인 경우 공칭 작동온도가 57℃에서 77℃의 것을 사용하고, 39℃ 이상 66℃ 이하인 경우에는 공칭 작동온도가 79℃에서 109℃의 것을 사용할 것
> 3. 간이헤드를 설치하는 천장·반자·천장과 반자사이·덕트·선반 등의 각 부분으로부터 간이헤드까지의 수평거리는 2.3m(「스프링클러헤드의 형식승인 및 제품검사의 기술기준」유효반경의 것으로 한다) 이하가 되도록 하여야 한다. 다만, 성능이 별도로 인정된 간이헤드를 수리계산에 따라 설치하는 경우에는 그러하지 아니하다. 〈개정 2011.11.24., 2013.6.10〉
> 4. 상향식간이헤드 또는 하향식간이헤드의 경우에는 간이헤드의 디플렉터에서 천장 또는 반자까지의 거리는 25mm에서 102mm 이내가 되도록 설치하여야 하며, 측벽형간이헤드의 경우에는 102mm에서 152mm 사이에 설치할 것 다만, 플러쉬 스프링클러헤드의 경우에는 천장 또는 반자까지의 거리를 102mm 이하가 되도록 설치할 수 있다.

168 화재조기진압용스프링클러설비를 설치할 수 있는 랙크식창고의 구조에 대한 설명중 틀린 것은?

① 해당층의 높이가 13.4m 이하일 것. 다만, 2층 이상일 경우에는 해당층의 바닥을 내화구조로 하고 다른 부분과 방화구획 할 것
② 천장의 기울기가 1,000분의 168을 초과하지 않아야 하고, 이를 초과하는 경우에는 반자를 지면과 수평으로 설치할 것
③ 천장은 평평하여야 하며 철재나 목재트러스 구조인 경우, 철재나 목재의 돌출부분이 102mm를 초과하지 아니할 것
④ 보로 사용되는 목재·콘크리트 및 철재사이의 간격이 0.9m 이상 2.3m 이하일 것. 다만, 보의 간격이 2.3m 이상인 경우에는 화재조기진압용 스프링클러헤드의 동작을 원활히 하기 위하여 보로 구획된 부분의 천장 및 반자의 넓이가 28㎡를 초과하지 아니할 것

> **해설** 설치장소의 구조
> ① 해당층의 높이가 13.7m 이하일 것. 다만, 2층 이상일 경우에는 해당층의 바닥을 내화구조로 하고 다른 부분과 방화구획 할 것
> ② 천장의 기울기가 1,000분의 168을 초과하지 않아야 하고, 이를 초과하는 경우에는 반자를 지면과 수평으로 설치할 것
> ③ 천장은 평평하여야 하며 철재나 목재트러스 구조인 경우, 철재나 목재의 돌출부분이 102mm를 초과하지 아니할 것
> ④ 보로 사용되는 목재·콘크리트 및 철재사이의 간격이 0.9m 이상 2.3m 이하일 것. 다만, 보의 간격이 2.3m 이상인 경우에는 화재조기진압용 스프링클러헤드의 동작을 원활히 하기 위하여 보로 구획된 부분의 천장 및 반자의 넓이가 28㎡를 초과하지 아니할 것
> ⑤ 창고내의 선반의 형태는 하부로 물이 침투되는 구조로 할 것

정답 : 168.①

169 화재조기진압용스프링클러설비의 수원의 양을 선정하는 공식으로 옳은 것은?

① 수원의 양 $Q(l) = 12 \times K\sqrt{10P} \times 60$
② 수원의 양 $Q(l) = 6 \times K\sqrt{10P} \times 60$
③ 수원의 양 $Q(l) = 12 \times K\sqrt{10P} \times 20$
④ 수원의 양 $Q(l) = 8 \times K\sqrt{10P} \times 40$

해설 수원의 양

① 화재조기진압용 스프링클러설비의 수원은 수리학적으로 가장 먼 가지배관 3개에 각각 4개의 스프링클러헤드가 동시에 개방되었을 때 헤드선단의 압력이 별표3에 의한 값 이상으로 60분간 방사할 수 있는 양으로 계산식은 다음과 같다.

수원의 양 $Q(l) = 12 \times K\sqrt{10P} \times 60$

K : 방출계수($l/\text{min} \cdot \text{MPa}^{\frac{1}{2}}$), P : 헤드선단방수압(MPa), 12 : 12개, 60 : 60[min]

! Reference

[별표 3] 수원의 양 선정시 헤드의 최소방사압력(MPa) [수원량 및 양정 관련]

최대층고	최대저장높이	화재조기진압용 스프링클러헤드				
		K=360 하향식	K=320 하향식	K=240 하향식	K=240 상향식	K=200 하향식
13.7m	12.2m	0.28	0.28	–	–	–
13.7m	10.7m	0.28	0.28	–	–	–
12.2m	10.7m	0.17	0.28	0.36	0.36	0.52
10.7m	9.1m	0.14	0.24	0.36	0.36	0.52
9.1m	7.6m	0.10	0.17	0.24	0.24	0.34

170 화재조기진압용스프링클러헤드에 대한 설명 중 틀린 것은?

① 헤드 하나의 방호면적은 6.0㎡ 이상 9.3㎡ 이하로 할 것
② 가지배관의 헤드 사이의 거리는 천장의 높이가 9.1m 미만인 경우에는 2.4m 이상 3.7m 이하로, 9.1m 이상 13.7m 이하인 경우에는 3.1m 이하로 할 것
③ 헤드의 반사판은 천장 또는 반자와 평행하게 설치하고 저장물의 최상부와 514mm 이상 확보되도록 할 것
④ 하향식 헤드의 반사판의 위치는 천장이나 반자 아래 125mm 이상 355mm 이하일 것

해설 제10조(헤드)

화재조기진압용 스프링클러설비의 헤드는 다음 각 호에 적합하여야 한다.
1. 헤드 하나의 방호면적은 6.0㎡ 이상 9.3㎡ 이하로 할 것

정답 : 169.① 170.③

예상문제

2. 가지배관의 헤드 사이의 거리는 천장의 높이가 9.1m 미만인 경우에는 2.4m 이상 3.7m 이하로, 9.1m 이상 13.7m 이하인 경우에는 3.1m 이하로 할 것
3. 헤드의 반사판은 천장 또는 반자와 평행하게 설치하고 저장물의 최상부와 914mm 이상 확보되도록 할 것
4. 하향식 헤드의 반사판의 위치는 천장이나 반자 아래 125mm 이상 355mm 이하일 것
5. 상향식 헤드의 감지부 중앙은 천장 또는 반자와 101mm 이상 152mm 이하이어야 하며, 반사판의 위치는 스프링클러배관의 윗부분에서 최소 178mm 상부에 설치되도록 할 것
6. 헤드와 벽과의 거리는 헤드 상호간 거리의 2분의 1을 초과하지 않아야 하며 최소 102mm 이상일 것
7. 헤드의 작동온도는 74℃ 이하일 것. 다만, 헤드 주위의 온도가 38℃ 이상의 경우에는 그 온도에서의 화재시험 등에서 헤드작동에 관하여 공인기관의 시험을 거친 것을 사용할 것

171 화재조기진압용스프링클러설비에 저장물의 간격은 모든 방향에서 몇 mm 이상이어야 하는가?
① 102mm
② 120mm
③ 152mm
④ 182mm

■해설 제11조(저장물의 간격)
저장물품 사이의 간격은 모든 방향에서 152mm 이상의 간격을 유지하여야 한다.

172 물분무소화설비와 개방형 스프링클러소화설비의 다른 점은?
① 일제살수방식
② 질식소화
③ 냉각소화
④ 자동화재탐지설비의 감지기 작동에 의한 자동기동

173 물분무소화설비를 소화목적으로 채택하는 경우로 적합하지 않은 것은?
① 전기실
② 윤활유 배관
③ 엔진실
④ 마그네슘 저장실

■해설 제15조(물분무헤드의 설치제외)
다음 각 호의 장소에는 물분무헤드를 설치하지 아니할 수 있다.
1. 물과 심하게 반응하는 물질 또는 물과 반응하여 위험한 물질을 생성하는 물질을 저장 또는 취급하는 장소
2. 고온의 물질 및 증류범위가 넓어 끓어 넘치는 위험이 있는 물질을 저장 또는 취급하는 장소
3. 운전시에 표면의 온도가 260℃ 이상으로 되는 등 직접 분무를 하는 경우 그 부분에 손상을 입힐 우려가 있는 기계장치 등이 있는 장소

정답 : 171.③ 172.② 173.④

174 물분무소화설비의 수원의 량을 산출하는 방법 중 부적합한 것은? (단, 바닥면적 1[m²]에 대한 방사량)

① 컨베이어 벨트 등의 경우는 매분 10[L]   ② 특수가연물은 매분 10[L]
③ 차고는 매분 20[L]   ④ 주차장은 매분 10[L]

해설 수원의 양
① 특수가연물을 저장 또는 취급하는 소방대상물
  $Q = A(m^2) \times 10 l/m^2 \cdot min \times 20min$
  Q : 수원(l), A : 바닥면적(최대방수구역 바닥면적, 최소 50m² 이상)
② 차고 또는 주차장
  $Q = A(m^2) \times 20 l/m^2 \cdot min \times 20min$
  Q : 수원(l), A : 바닥면적(최대방수구역 바닥면적, 최소 50m² 이상)
③ 절연유 봉입변압기
  $Q = A(m^2) \times 10 l/m^2 \cdot min \times 20min$
  Q : 수원(l), A : 바닥면적을 제외한 표면적을 합한 면적(m²)
④ 케이블 트레이, 덕트
  $Q = A(m^2) \times 12 l/m^2 \cdot min \times 20min$
  Q : 수원(l), A : 투영된 바닥면적(m²)
   ※ 투영(投影)된 바닥면적 : 위에서 빛을 비출 때 바닥 그림자의 면적
⑤ 컨베이어 벨트 등
  $Q = A(m^2) \times 10 l/m^2 \cdot min \times 20min$
  Q : 수원(l), A : 벨트부분의 바닥면적(m²)
⑥ 위험물 저장탱크
  $Q = L(m) \times 37 l/m \cdot min \times 20min$
  Q : 수원(l), L : 탱크의 원주둘레길이(m)

175 물분무헤드와 고압의 전기기기 사이에는 일정한 거리를 두도록 되어 있다. 이때 전압이 155[kV]일 때 최소한 얼마 이상의 거리를 유지하여야 하는가?

① 80[cm] 이상   ② 110[cm] 이상
③ 150[cm] 이상   ④ 180[cm] 이상

해설 고압의 전기기기와 물분무헤드 사이의 유지거리

전압(kV)	거리(cm)	전압(kV)	거리(cm)
66 이하	70 이상	154 초과 181 이하	180 이상
66 초과 77 이하	80 이상	181 초과 220 이하	210 이상
77 초과 110 이하	110 이상	220 초과 275 이하	260 이상
110 초과 154 이하	150 이상	–	–

정답 : 174.④ 175.④

예상문제

176 물분무소화설비의 제어밸브는 바닥으로부터 얼마의 위치에 설치하여야 하는가?
① 0.5~1.0[m] ② 0.8~1.5[m]
③ 1.0~1.5[m] ④ 1.5[m] 이하

177 물분무소화설비의 배수설비에 관한 설명 중 맞지 않는 것은?
① 차량이 주차하는 장소의 적당한 곳에 높이 10[cm] 이상의 경계턱으로 배수구를 설치하여야 한다.
② 배수구에는 새어나온 기름을 모아 소화할 수 있도록 길이 40[m] 이하마다 집수관, 소화핏트 등 기름분리장치를 설치하여야 한다.
③ 차량이 주차하는 바닥은 배수구를 햐앟여 1/200 이상의 기울기를 유지하여야 한다.
④ 배수설비는 가압송수장치의 최대 송수능력의 수량을 유효하게 배수할 수 있는 크기 및 기울기로 하여야 한다.

>해설 차고 또는 주차장에 설치하는 배수설비
>① 차량이 주차하는 장소의 적당한 곳에 높이 10㎝ 이상의 경계턱으로 배수구를 설치할 것
>② 배수구에는 새어나온 기름을 모아 소화할 수 있도록 길이 40m 이하 마다 집수관·소화핏트 등 기름분리장치를 설치할 것
>③ 차량이 주차하는 바닥은 배수구를 향하여 100분의 2 이상의 기울기를 유지할 것
>④ 배수설비는 가압송수장치의 최대송수능력의 수량을 유효하게 배수할 수 있는 크기 및 기울기로 할 것

178 물분무소화설비의 설치 제외 장소 중 운전시 직접 분무하는 경우 그 부분에 손상을 입힐 우려가 있는 기계장치 등이 있는 곳에 표면의 온도가 몇 [℃] 이상 되어야 하는가?
① 100[℃] ② 160[℃]
③ 200[℃] ④ 260[℃]

>해설 제15조(물분무헤드의 설치제외)
>다음 각 호의 장소에는 물분무헤드를 설치하지 아니할 수 있다.
>1. 물과 심하게 반응하는 물질 또는 물과 반응하여 위험한 물질을 생성하는 물질을 저장 또는 취급하는 장소
>2. 고온의 물질 및 증류범위가 넓어 끓어 넘치는 위험이 있는 물질을 저장 또는 취급하는 장소
>3. 운전시에 표면의 온도가 260℃ 이상으로 되는 등 직접 분무를 하는 경우 그 부분에 손상을 입힐 우려가 있는 기계장치 등이 있는 장소

정답 : 176.② 177.③ 178.④

179 미분무소화설비란 가압된 물이 헤드 통과 후 미세한 입자로 분무됨으로써 소화성능을 가지는 설비를 말하며, 소화력을 증가시키기 위하여 무엇을 첨가할 수 있는 설비인가?

① 기포안정제
② 중탄산나트륨
③ 강화액
④ 분말소화약제

해설 제3조(정의)
이 기준에서 사용하는 용어의 정의는 다음과 같다.
1. "미분무소화설비"란 가압된 물이 헤드 통과 후 미세한 입자로 분무됨으로써 소화성능을 가지는 설비를 말하며, 소화력을 증가시키기 위해 강화액 등을 첨가할 수 있다.
2. "미분무"란 물만을 사용하여 소화하는 방식으로 최소설계압력에서 헤드로부터 방출되는 물입자 중 99%의 누적체적분포가 400㎛ 이하로 분무되고 A,B,C급화재에 적응성을 갖는 것을 말한다.
3. "미분무헤드"란 하나 이상의 오리피스를 가지고 미분무소화설비에 사용되는 헤드를 말한다.
4. "개방형 미분무헤드"란 감열체 없이 방수구가 항상 열려져 있는 헤드를 말한다.
5. "폐쇄형 미분무헤드"란 정상상태에서 방수구를 막고 있는 감열체가 일정온도에서 자동적으로 파괴·용융 또는 이탈됨으로써 방수구가 개방되는 헤드를 말한다.
6. "저압 미분무 소화설비"란 최고사용압력이 1.2MPa 이하인 미분무소화설비를 말한다.
7. "중압 미분무 소화설비"란 사용압력이 1.2MPa을 초과하고 3.5MPa 이하인 미분무소화설비를 말한다.
8. "고압 미분무 소화설비"란 최저사용압력이 3.5MPa을 초과하는 미분무소화설비를 말한다.

180 미분무소화설비는 어느 화재에 적응성이 있는가?

① A급 화재
② A, B급 화재
③ A, B, C급 화재
④ D급 화재

해설 179번 문제 해설 참조

181 미분무소화설비에는 최소사용압력에 따라 분류하는데 맞는 것은?

① 1.0[MPa] 초과 2.5[MPa] 이하 - 중압
② 1.2[MPa] 초과 3.5[MPa] 이하 - 중압
③ 2.5[MPa] 초과 - 고압
④ 1.0[MPa] 이하 - 저압

해설 179번 문제 해설 참조

정답 : 179.③ 180.③ 181.②

예상문제

182 미분무소화설비에서 수원의 양을 구하는 공식의 설명으로 틀린 것은?

$$Q = N \times D \times T \times S + V$$

① N : 방호구역(방수구역) 내 헤드의 개수
② D : 설계유량[m²/min]
③ T : 설계방수시간[min]
④ V : 배관의 총면적[m²]

해설 수원의 양은 다음의 식을 이용하여 계산한 양 이상으로 하여야 한다.
$Q = N \times D \times T \times S + V$
Q : 수원의 양[m³], N : 방호구역(방수구역) 내 헤드의 개수, D : 설계유량(m³/min),
T : 설계방수시간(min), S : 안전율(1.2 이상), V : 배관의 총체적(m³)

183 미분무소화설비의 수원에 사용되는 필터의 메쉬는 헤드 오리피스 지름의 몇 [%] 이하가 되어야 하는가?

① 50[%]
② 60[%]
③ 70[%]
④ 80[%]

해설 제6조(수원)
① 미분무 소화설비에 사용되는 용수는 「먹는물관리법」 제5조에 적합하고, 저수조 등에 충수할 경우 필터 또는 스트레이너를 통하여야 하며, 사용되는 물에는 입자·용해고체 또는 염분이 없어야 한다.
② 배관의 연결부(용접부 제외) 또는 주배관의 유입측에는 필터 또는 스트레이너를 설치하여야 하고, 사용되는 스트레이너에는 청소구가 있어야 하며, 검사·유지관리 및 보수 시에 배치위치를 변경하지 아니하여야 한다. 다만, 노즐이 막힐 우려가 없는 경우에는 설치하지 아니할 수 있다.
③ 사용되는 필터 또는 스트레이너의 메쉬는 헤드 오리피스 지름의 80% 이하가 되어야 한다.

184 미분무소화설비의 가압송수장치에 대한 설명으로 틀린 것은?

① 펌프를 이용하는 가압송수장치는 펌프를 겸용할 수 있다.
② 펌프의 토출측에는 압력계를 체크밸브 이전의 펌프토출측 가까운 곳에 설치할 것
③ 압력수조의 토출측에는 사용압력의 1.5배 범위를 초과하는 압력계를 설치하여야 한다.
④ 가압수조의 수조는 최대상용압력 1.5배의 수압을 가하는 경우 물이 새지 않고 변형이 없을 것

해설 전용

정답 : 182.④ 183.④ 184.①

185 개방형 미분무소화설비에는 헤드를 향하여 상향으로 수평주행배관의 기울기는 얼마 이상으로 하여야 하는가?

① 1/100
② 1/250
③ 1/500
④ 1/1,000

해설 ⑫ 미분무설비 배관의 배수를 위한 기울기는 다음 각 호의 기준에 따른다.
1. 폐쇄형 미분무 소화설비의 배관을 수평으로 할 것. 다만, 배관의 구조상 소화수가 남아 있는 곳에는 배수밸브를 설치하여야 한다.
2. 개방형 미분무 소화설비에는 헤드를 향하여 상향으로 수평주행배관의 기울기를 500분의 1 이상, 가지배관의 기울기를 250분의 1 이상으로 할 것. 다만, 배관의 구조상 기울기를 줄 수 없는 경우에는 배수를 원활하게 할 수 있도록 배수밸브를 설치하여야 한다.

186 호스릴방식의 미분무소화설비는 방호대상물의 각 부분으로부터 하나의 호스 접결구까지의 수평거리가 몇 [m] 이하가 되도록 하여야 하는가?

① 15[m]
② 20[m]
③ 25[m]
④ 50[m]

해설 ⑭ 호스릴방식의 설치는 다음 각 호에 따라 설치하여야 한다.
1. 방호대상물의 각 부분으로부터 하나의 호스 접결구까지의 수평거리가 25m 이하가 되도록 할 것
2. 소화약제 저장용기의 개방밸브는 호스의 설치 장소에서 수동으로 개폐할 수 있는 것으로 할 것
3. 소화약제 저장용기의 가장 가까운 곳의 보기 쉬운 곳에 표시등을 설치하고 호스릴 미분무 소화설비가 있다는 뜻을 표시한 표지를 할 것
4. 그 밖의 사항은 「옥내소화전설비의 화재안전기준」 제7조(함 및 방수구 등)에 적합할 것

187 미분무소화설비의 음향장치는 방호구역 또는 방수구역마다 설치하되 그 구역의 각 부분으로부터 하나의 음향장치까지의 수평거리는 몇 [m] 이하가 되도록 하여야 하는가?

① 15[m]
② 20[m]
③ 25[m]
④ 50[m]

188 다음 중 포소화설비의 특징이 아닌 것은?

① 포의 내화성이 커서 대규모 화재에 적합하다.
② 옥외에서는 옥외소화전보다 소화효과가 적다.
③ 화재의 확대방지를 하여 화재를 최소한 줄일 수 있다.
④ 소화약제는 인체에 무해하다.

정답 : 185.③   186.③   187.③   188.②

예상문제

189 다음 중 공기포를 형성하는 곳은 어느 것인가?
① 저장탱크 ② 혼합장치
③ 포헤드 ④ 흡입관

190 다음 중 고정포 방출구 발포기(Foam Chamber)의 구성요소가 아닌 것은?
① Nozzle ② Foam-maker
③ Chamber ④ Deflector

191 포소화설비에서의 필요하지 않는 설비는?
① 포원액 탱크 ② 가압송수장치
③ 정압작동장치 ④ 혼합장치

◀해설 정압작동장치 : 분말소화설비

192 포소화설비에 사용되는 가압송수장치인 펌프의 수두[m] 계산식으로 적합한 것은? (단, H = 전 수두[m], h_1 = 노즐선단의 방사 압력환산수두[m], h_2 = 낙차[m], h_3 = 관로의 마찰손실수두[m], h_4 = 호스의 마찰손실수두[m]이다)
① $H = h_1 + h_2$ ② $H = h_1 + h_2 + h_3$
③ $H = h_2 + h_3 + h_4$ ④ $H = h_1 + h_2 + h_3 + h_4$

193 각 소화설비 방사시 방사압력이 가장 큰 것은?
① 스프링클러설비 ② 옥내소화전설비
③ 옥외소화전설비 ④ 포소화전설비

◀해설 ① 0.1MPa 이상 ② 0.17MPa 이상 ③ 0.25MPa 이상 ④ 0.35MPa 이상

194 차고, 주차장에 설치하는 호스릴 포설비의 설치기준에 맞지 않는 것은?
① 저발포소화약제를 사용할 수 있는 것으로 할 것
② 호스릴 또는 호스를 호스릴 포방수구 또는 포소화전방수구로부터 분리하여 비치할 때는 그로부터 5[m] 이내에 호스릴함 또는 호스함을 설치하여야 한다.
③ 호스릴함 또는 호스함은 바닥으로부터 높이 1.5[m] 이하의 위치에 설치하여야 한다.
④ 방호대상물의 각 부분으로부터 하나의 호스릴 방수구까지의 수평거리는 15[m] 이하가 되어야 한다.

정답 : 189.③ 190.① 191.③ 192.④ 193.④ 194.②

> **해설** 3m 이내
> ③ 차고·주차장에 설치하는 호스릴포소화설비 또는 포소화전설비는 다음 각 호의 기준에 따라야 한다.
>   1. 특정소방대상물의 어느 층에 있어서도 그 층에 설치된 호스릴포방수구 또는 포소화 전방수구(호스릴포방수구 또는 포소화전방수구가 5개 이상 설치된 경우에는 5개)를 동시에 사용할 경우 각 이동식 포노즐 선단의 포수용액 방사압력이 0.35MPa 이상이고 300l/min 이상(1개층의 바닥면적이 200m² 이하인 경우에는 230l/min 이상)의 포수용액을 수평거리 15m 이상으로 방사할 수 있도록 할 것 〈개정 2012.8.20〉
>   2. 저발포의 포소화약제를 사용할 수 있는 것으로 할 것
>   3. 호스릴 또는 호스를 호스릴포방수구 또는 포소화전방수구로 분리하여 비치하는 때에는 그로부터 3m 이내의 거리에 호스릴함 또는 호스함을 설치할 것
>   4. 호스릴함 또는 호스함은 바닥으로부터 높이 1.5m 이하의 위치에 설치하고 그 표면에는 "포호스릴함(또는 포소화전함)"이라고 표시한 표지와 적색의 위치표시등을 설치할 것
>   5. 방호대상물의 각 부분으로부터 하나의 호스릴포방수구까지의 수평거리는 15m 이하 (포소화전방수구의 경우에는 25m 이하)가 되도록 하고 호스릴 또는 호스의 길이는 방호대상물의 각 부분에 포가 유효하게 뿌려질 수 있도록 할 것

195 펌프와 발포기의 중간에 설치된 벤투리관의 벤투리작용에 의하여 포소화약제를 흡입·혼합하는 방식은?

① 펌프푸로포셔너방식 ② 라인푸로포셔너방식
③ 석션푸로포셔너방식 ④ 프레셔푸로포셔너방식

> **해설** 제9조(혼합장치)
> 포 소화약제의 혼합장치는 포 소화약제의 사용농도에 적합한 수용액으로 혼합할 수 있도록 다음 각 호의 어느 하나에 해당하는 방식에 따르되, 법 제39조에 따라 제품검사에 합격한 것으로 설치하여야 한다. 〈개정 2012.8.20〉
>   1. 펌프 푸로포셔너방식
>   2. 프레져 푸로포셔너방식
>   3. 라인 푸로포셔너방식
>   4. 프레져 사이드 푸로포셔너방식
>   5. 압축공기포 믹싱챔버방식 〈신설 2015.10.28.〉

196 다음은 포소화설비의 혼합방식에 관한 것이다. 소화원액 가압펌프를 별도로 사용하는 방식은?

① 흡입혼합(Suction Proportioner) 방식
② 펌프혼합(Pump Proportioner) 방식
③ 압입혼합(Pressure Side Proportioner) 방식
④ 차압혼합(Pressure Proportioner) 방식

정답 : 195.② 196.③

예상문제

197 플루팅 루프탱크의 측면과 원형파이프 사이의 환상부분에 포를 방출하는 발포기의 명칭은?
① Ⅰ형 포방출구
② Ⅲ형 포방출구
③ Ⅱ형 포방출구
④ 특형 포방출구

해설 고정포방출구의 종류
- Ⅰ형 방출구 : 고정 지붕구조의 탱크에 상부포주입법을 이용하는 것으로서 방출된 포가 액면 아래로 몰입되거나 액면을 뒤섞지 않고 액면상을 덮을 수 있는 통계단 또는 미끄럼판 등의 설비 및 탱크 내의 위험물증기가 외부로 역류되는 것을 저지할 수 있는 구조ㆍ기구를 갖는 포방출구
- Ⅱ형 방출구 : 고정지붕구조 또는 부상덮개부착 고정지붕구조의 탱크에 상부포주입법을 이용하는 것으로서 방출된 포가 탱크 옆판의 내면을 따라 흘러내려 가면서 액면 아래로 몰입되거나 액면을 뒤섞지 않고 액면상을 덮을 수 있는 반사판 및 탱크 내의 위험물증기가 외부로 역류되는 것을 저지할 수 있는 구조ㆍ기구를 갖는 포방출구

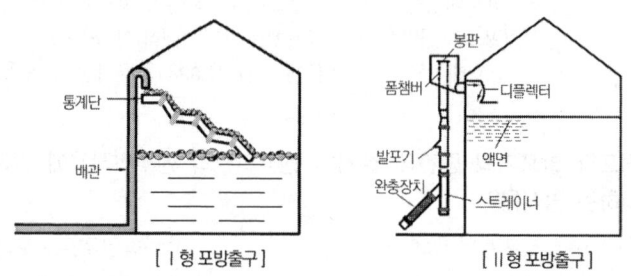

- Ⅲ형 방출구 : 고정지붕구조의 탱크에 저부포주입법을 이용하는 것으로서 송포관으로부터 포를 방출하는 포방출구
- Ⅳ형 방출구 : 고정지붕구조의 탱크에 저부포주입법을 이용하는 것으로서 평상시에는 탱크의 액면하의 저부에 설치된 격납통에 수납되어 있는 특수호스 등이 송포관의 말단에 접속되어 있다가 포를 보내는 것에 의하여 특수호스 등이 전개되어 그 선단이 액면까지 도달한 후 포를 방출하는 포방출구

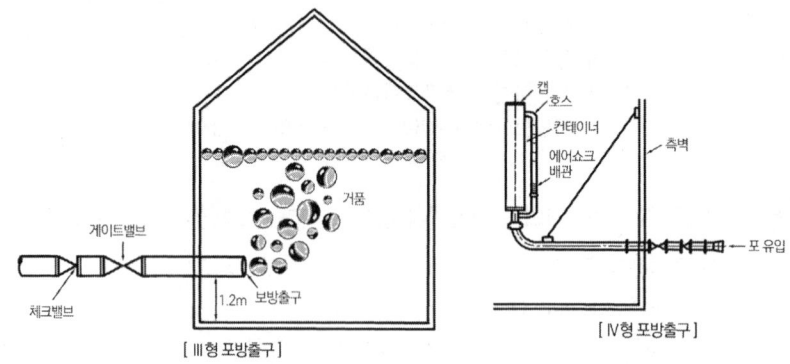

- 특형 방출구 : 부상지붕구조의 탱크에 상부포주입법을 이용하는 것으로서 부상지붕의 부상부분상에 높이 0.9[m] 이상의 금속제의 칸막이를 탱크 옆판의 내측으로부터 1.2[m] 이

정답 : 197.④

상 이격하여 설치하고 탱크 옆판과 칸막이에 의하여 형성된 환상부분에 포를 주입하는 것이 가능한 구조의 반사판을 갖는 포방출구

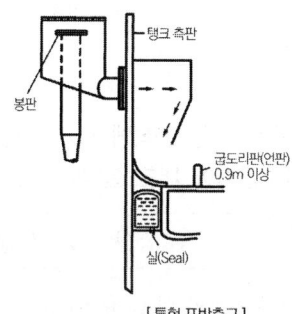

[특형 포방출구]

198 포의 팽창비율에 따른 고발포인 제2종 기계포의 팽창비율은?

① 80배 이상 250배 미만
② 250배 이상 500배 미만
③ 500배 이상 1,000배 미만
④ 1,000배 이상

해설 팽창비율에 따른 포방출구의 종류

팽창비율에 따른 포의 종류	포방출구의 종류
팽창비가 20 이하인 것(저발포)	포헤드, 압축공기포헤드
팽창비가 80 이상 1,000 미만인 것(고발포)	고발포용 고정포방출구

구분	팽창비
제1종 기계포	80 이상 250 미만
제2종 기계포	250 이상 500 미만
제3종 기계포	500 이상 1,000 미만

팽창비

$$팽창비 = \frac{방출\ 후\ 포의\ 체적}{방출\ 전\ 포수용액의\ 체적}$$

199 직경이 30[m]인 특수가연물 저장소에 고정포방출구를 1개 설치하였다. 소화에 필요한 약제량은 얼마인가? (단, 표면적당 방출량 4[L/㎡·분], 3[%]원액, 방출 시간 20분)

① 1,700[L] 이상
② 2,546[L] 이상
③ 2,950[L] 이상
④ 3,280[L] 이상

정답 : 198.② 199.①

예상문제

해설
$$Q(l) = A \times Q \times T \times S$$
$$= \frac{\pi}{4}(30m)^2 \times 4l/m^2 \cdot \min \times 20\min \times 0.03$$
$$= 1696.46l \fallingdotseq 1700l$$

200 포소화액체의 저장량은 다음 공식에 의거 고정포방출구에서 방출하기 위하여 필요한 양 이상으로 하여야 한다. 공식에 대한 설명이 틀린 것은?

$$Q = A \times Q_1 \times T \times S$$

① Q_1 : 단위포소화수용액의 양[L/m² · min]
② T : 방출시간[분]
③ A : 탱크의 체적[m³]
④ S : 포소화약제의 사용농도

201 포소화설비에서 포워터 스프링클러헤드가 5개 설치된 경우 수원의 양[m³]은?

① 1.75[m³]
② 2.75[m³]
③ 3.75[m³]
④ 4.75[m³]

해설
$$Q(l) = N \times 75l/\min \times 10\min$$
$$= 5 \times 75l/\min \times 10\min = 3750l \fallingdotseq 3.75m^3$$

202 바닥면적이 150[m²]인 주차장에 호스릴방식으로 포소화설비를 하였다. 이곳에 설치한 포방출구는 5개이고 포소화약제의 농도는 6[%]이다. 이때 필요한 포소화약제의 양[L]은 얼마인가?

① 810[L]
② 1,080[L]
③ 1,350[L]
④ 1,800[L]

해설
$$Q(l) = N \times 6000l \times S \times 0.75$$
$$= 5 \times 6000l \times 0.06 \times 0.75 = 1350l$$

203 차고 또는 주차장에 설치하는 포소화설비의 수동식 기동장치는 방사구역마다 몇 개 이상 설치하여야 하는가?

① 1
② 2
③ 3
④ 4

해설 ① 포소화설비의 수동식 기동장치는 다음 각 호의 기준에 따라 설치하여야 한다. 〈개정 2012. 8.20〉
  1. 직접조작 또는 원격조작에 따라 가압송수장치·수동식개방밸브 및 소화약제 혼합장치를 기동할 수 있는 것으로 할 것

정답 : 200.③ 201.③ 202.③ 203.①

2. 2 이상의 방사구역을 가진 포소화설비에는 방사구역을 선택할 수 있는 구조로 할 것
3. 기동장치의 조작부는 화재 시 쉽게 접근할 수 있는 곳에 설치하되, 바닥으로부터 0.8m 이상 1.5m 이하의 위치에 설치하고, 유효한 보호장치를 설치할 것
4. 기동장치의 조작부 및 호스 접결구에는 가까운 곳의 보기 쉬운 곳에 각각 "기동장치의 조작부" 및 "접결구"라고 표시한 표지를 설치할 것
5. 차고 또는 주차장에 설치하는 포소화설비의 수동식 기동장치는 방사구역마다 1개 이상 설치할 것
6. 항공기격납고에 설치하는 포소화설비의 수동식 기동장치는 각 방사구역마다 2개 이상 설치하되, 그 중 1개는 각 방사구역으로부터 가장 가까운 곳 또는 조작에 편리한 장소에 설치하고, 1개는 화재감지수신기를 설치한 감시실 등에 설치할 것

204 이산화탄소소화설비의 특징이 아닌 것은?
① 화재 진화 후 깨끗하다.
② 부속이 고압배관, 고압밸브에 사용하여야 한다.
③ 소음이 적다.
④ 기계, 유류화재에 효과가 없다.

205 이산화탄소소화설비의 장점에 해당되지 않는 것은?
① 오손, 부식의 우려가 없고, 소화 후 흔적이 없다.
② 화재시 가스이므로 침투성이 좋다.
③ 비전도성이므로 전기설비의 장소에도 소화가 가능하다.
④ 다른 불연성 가스보다 기화잠열이 적다.

해설 ④ 기화잠열이 크다.

206 이산화탄소소화약제의 저장과 방출에 관한 설명으로 틀린 것은?
① 이산화탄소는 상온에서 용기에 액체 상태로 저장한다.
② 이산화탄소의 증기압으로 완전 방출이 어려우므로 질소가스로 충전 가압한다.
③ 20[℃]에서의 CO_2 저장용기의 내압력은 충전비와 관계가 있다.
④ 이산화탄소의 방출시 용기 내의 온도는 급강하한다.

207 주차장이나 통신기기실에 적합한 탄산가스소화설비의 방출방식은?
① 전역방출방식　　　　　　　　② 국소방출방식
③ 이동식 방출방식　　　　　　　④ 반이동식 방출방식

정답 : 204.③　205.④　206.②　207.①

예상문제

208 전역방출방식 이산화탄소소화설비의 구성요소가 아닌 것은?
① CO_2 용기 ② 원심펌프
③ 선택밸브 ④ 기동용기

209 이산화탄소 저압식 저장용기에 설치하는 것이 아닌 것은?
① 액면계 ② 압력계
③ 압력경보장치 ④ 선택밸브

◆해설

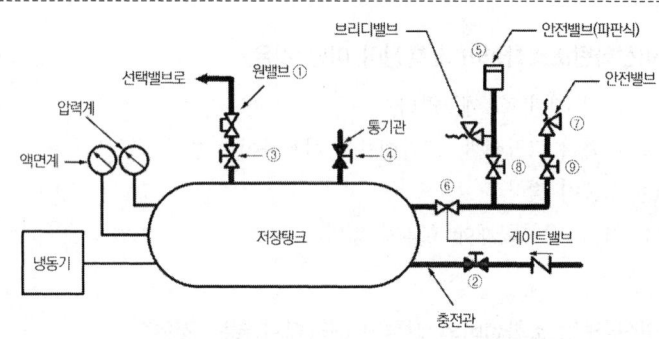

[저압식 저장용기]

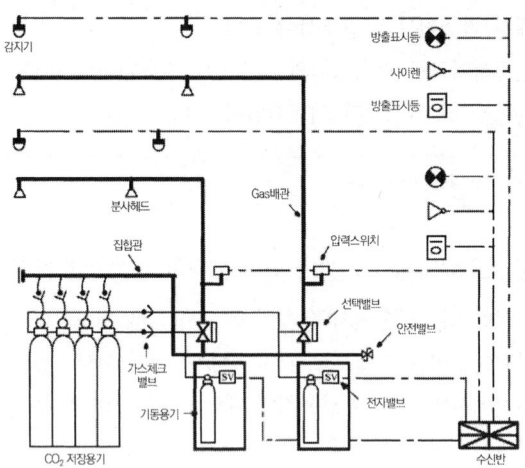

210 이산화탄소의 저압저장방식의 저장온도와 압력은 얼마인가?
① 15[℃], 5.3[MPa] ② 15[℃], 2.1[MPa]
③ −18[℃], 5.3[MPa] ④ −18[℃], 2.1[MPa]

정답 : 208.② 209.④ 210.④

해설 ② 이산화탄소 소화약제의 저장용기는 다음 각 호의 기준에 따라 설치하여야 한다. 〈개정 2012.8.20〉
1. 저장용기의 충전비는 고압식은 1.5 이상 1.9 이하, 저압식은 1.1 이상 1.4 이하로 할 것
2. 저압식 저장용기에는 내압시험압력의 0.64배부터 0.8배의 압력에서 작동하는 안전밸브와 내압시험압력의 0.8배부터 내압시험압력에서 작동하는 봉판을 설치할 것
3. 저압식 저장용기에는 액면계 및 압력계와 2.3MPa 이상 1.9MPa 이하의 압력에서 작동하는 압력경보장치를 설치할 것
4. 저압식 저장용기에는 용기내부의 온도가 섭씨 영하 18℃ 이하에서 2.1MPa의 압력을 유지할 수 있는 자동냉동장치를 설치할 것
5. 저장용기는 고압식은 25MPa 이상, 저압식은 3.5MPa 이상의 내압시험압력에 합격한 것으로 할 것
③ 이산화탄소 소화약제 저장용기의 개방밸브는 전기식·가스압력식 또는 기계식에 따라 자동으로 개방되고 수동으로도 개방되는 것으로서 안전장치가 부착된 것으로 하여야 한다.
④ 이산화탄소 소화약제 저장용기와 선택밸브 또는 개폐밸브 사이에는 내압시험압력 0.8배에서 작동하는 안전장치를 설치하여야 한다.

211 저압식 저장용기에 설치하는 압력경보장치의 작동 압력은 얼마인가?

① 2.1[MPa] 이상 1.9[MPa] 이하 ② 2.3[MPa] 이상 1.9[MPa] 이하
③ 2.1[MPa] 이상 1.4[MPa] 이하 ④ 2.3[MPa] 이상 1.4[MPa] 이하

해설 210번 문제 해설 참조

212 이산화탄소소화약제의 저장용기 충전비로서 적합하게 짝지어 있는 것은?

① 저압식은 1.1 이상 고압식은 1.5 이상 ② 저압식은 1.4 이상 고압식은 2.0 이상
③ 저압식은 1.9 이상 고압식은 2.5 이상 ④ 저압식은 2.3 이상 고압식은 3.0 이상

해설 210번 문제 해설 참조

213 이산화탄소소화약제의 저장용기에 관한 설치기준 설명 중 틀린 것은?

① 저장용기의 충전비는 고압식과 저압식 모두 1.1 이상 1.4 이하로 해야 한다.
② 저압식 저장용기에는 내압시험 압력의 0.64배 내지 0.8배 압력에서 작동하는 안전밸브를 설치해야 한다.
③ 저압식 저장용기에는 액면계 및 압력계와 압력경보장치를 설치해야 한다.
④ 저장용기는 고압식은 25[MPa] 이상의 내압 시험에 합격한 것을 사용해야 한다.

해설 210번 문제 해설 참조

정답 : 211.② 212.① 213.①

예상문제

214 이산화탄소소화설비의 소화약제 저장용기의 선택밸브 또는 개폐밸브 사이에 설치하는 안전장치의 작동압력은 얼마이어야 하는가?

① 내압시험압력의 0.64배부터 0.8배까지
② 내압시험압력의 1.0배
③ 내압시험압력의 0.8배
④ 17~25[MPa]

해설 210번 문제 해설 참조

215 호스릴 이산화탄소소화설비의 각 부분으로부터 하나의 호스접결구까지의 수평거리는 몇 [m] 이하가 되어야 하는가?

① 15[m]
② 20[m]
③ 25[m]
④ 40[m]

해설

구분	저장량(kg)	분당방사량(kg/min)	수평거리(m)
이산화탄소	90	60	15
하론2402	50	45	20
하론1211	50	40	20
하론1301	45	35	20
분말1종	50	45	15
분말2,3종	30	27	15
분말4종	20	18	15

216 다음은 호스릴 이산화탄소설비의 설치기준이다. 옳지 않은 것은?

① 노즐당 이산화탄소 약제 방출량은 20[℃]에서 1분당 60[kg] 이상이어야 한다.
② 소화약제 저장용기는 호스릴 2개마다 1개 이상 설치해야 한다.
③ 소화약제 저장용기의 가장 가까운 보기 쉬운 곳에 표시등을 설치해야 한다.
④ 저장용기의 개방밸브는 호스의 설치장소에서 수동으로 개폐할 수 있어야 한다.

해설 ④ 호스릴이산화탄소소화설비는 다음 각 호의 기준에 따라 설치하여야 한다. 〈개정 2012.8.20〉
1. 방호대상물의 각 부분으로부터 하나의 호스접결구까지의 수평거리가 15m 이하가 되도록 할 것
2. 노즐은 20℃에서 하나의 노즐마다 60kg/min 이상의 소화약제를 방사할 수 있는 것으로 할 것
3. 소화약제 저장용기는 호스릴을 설치하는 장소마다 설치할 것
4. 소화약제 저장용기의 개방밸브는 호스의 설치장소에서 수동으로 개폐할 수 있는 것으로 할 것
5. 소화약제 저장용기의 가장 가까운 곳의 보기 쉬운 곳에 표시등을 설치하고, 호스릴이산화탄소소화설비가 있다는 뜻을 표시한 표지를 할 것

정답 : 214.③ 215.① 216.②

217 2개의 호스릴을 가진 이산화탄소소화설비에서 소화약제의 저장량은 몇 [kg] 이상으로 해야 하는가?

① 100
② 140
③ 180
④ 200

해설 215번 문제 해설 참조

218 호스릴 이산화탄소소화설비의 설치기준에 맞지 않는 것은?

① 방호대상물의 각 부분으로부터 하나의 호스접결구까지의 수평거리가 15[m] 이하가 되도록 한다.
② 노즐은 20[℃]에서 하나의 노즐마다 60[kg/min] 이상의 소화약제를 방사할 수 있는 것으로 한다.
③ 소화약제 저장용기는 호스릴을 설치하는 장소마다 설치한다.
④ 소화약제 저장용기의 개방밸브는 호스의 설치장소에서 자동으로 개폐할 수 있는 것으로 한다.

해설 216번 문제 해설 참조

219 이산화탄소소화설비의 수동식 기동장치의 설치기준 중 적합하지 않은 것은?

① 해당 방호구역의 출입구 부분 등 조작을 하는 자가 쉽게 피난할 수 있는 장소에 설치할 것
② 기동장치의 조작부는 바닥으로부터 높이 0.8[m] 이상 1.5[m] 이하의 위치에 설치할 것
③ 기동장치의 방출용 스위치는 음향 경보장치와 연동하여 조작될 수 있는 것으로 할 것
④ 모든 기동장치에는 전원 표시등을 설치할 것

해설 ① 이산화탄소소화설비의 수동식 기동장치는 다음 각 호의 기준에 따라 설치하여야 한다. 이 경우 수동식 기동장치의 부근에는 소화약제의 방출을 지연시킬 수 있는 비상스위치(자동복귀형 스위치로서 수동식 기동장치의 타이머를 순간정지시키는 기능의 스위치를 말한다)를 설치하여야 한다.
  1. 전역방출방식은 방호구역마다, 국소방출방식은 방호대상물마다 설치할 것
  2. 해당방호구역의 출입구부분 등 조작을 하는 자가 쉽게 피난할 수 있는 장소에 설치할 것
  3. 기동장치의 조작부는 바닥으로부터 높이 0.8m 이상 1.5m 이하의 위치에 설치하고, 보호판 등에 따른 보호장치를 설치할 것
  4. 기동장치에는 그 가까운 곳의 보기 쉬운 곳에 "이산화탄소소화설비 기동장치"라고 표시한 표지를 할 것
  5. 전기를 사용하는 기동장치에는 전원표시등을 설치할 것
  6. 기동장치의 방출용 스위치는 음향경보장치와 연동하여 조작될 수 있는 것으로 할 것

정답 : 217.③ 218.④ 219.④

예상문제

220 이산화탄소소화설비의 기동용기의 내용적은 몇 [L] 이상인가?

① 0.5[L] ② 1.0[L]
③ 2.0[L] ④ 5.0[L]

해설 ② 이산화탄소소화설비의 자동식 기동장치는 자동화재탐지설비의 감지기의 작동과 연동하는 것으로서 다음 각 호의 기준에 따라 설치하여야 한다.
1. 자동식 기동장치에는 수동으로도 기동할 수 있는 구조로 할 것
2. 전기식 기동장치로서 7병 이상의 저장용기를 동시에 개방하는 설비는 2병 이상의 저장용기에 전자개방밸브를 부착할 것
3. 가스압력식 기동장치는 다음 각 목의 기준에 따를 것
   가. 기동용가스용기 및 해당 용기에 사용하는 밸브는 25MPa 이상의 압력에 견딜 수 있는 것으로 할 것
   나. 기동용가스용기에는 내압시험압력의 0.8배부터 내압시험압력 이하에서 작동하는 안전장치를 설치할 것
   다. 기동용가스용기의 용적은 5L 이상으로 하고, 해당 용기에 저장하는 질소 등의 비활성기체는 6.0MPa 이상(21℃ 기준)의 압력으로 충전할 것
   라. 기동용가스용기에는 충전여부를 확인할 수 있는 압력게이지를 설치할 것
4. 기계식 기동장치는 저장용기를 쉽게 개방할 수 있는 구조로 할 것
③ 이산화탄소소화설비가 설치된 부분의 출입구 등의 보기 쉬운 곳에 소화약제의 방사를 표시하는 표시등을 설치하여야 한다.

221 이산화탄소소화설비의 전기식 기동장치로서 7병 이상 저장용기 동시 개방하는 설비에는 몇 병 이상 전자개방밸브를 부착하여야 하는가?

① 1병 ② 2병
③ 3병 ④ 4병

해설 220번 문제 해설 참조

222 면화류를 저장하는 창고에 CO_2 소화설비를 하려고 한다. 이 창고의 체적은 100[m³], 설계 농도는 75[%]이다. 자동 폐쇄장치가 설치되어 있지 않으며 개구부 면적은 2[m²]이다. 이때 탄산가스 저장량[kg]은?

① 270 ② 290
③ 300 ④ 370

해설
$$W(kg) = V(m^3) \times \alpha\,(kg/m^3) + A(m^2) \times \beta(kg/m^2)$$
$$= 100 m^3 \times 2.7 kg/m^3 + 2 m^2 \times 10\,kg/m^2$$
$$= 290 kg$$

정답 : 220.④ 221.② 222.②

223 방호체적 500[m³]인 전산기기실에 이산화탄소소화설비를 전역방출방식으로 설치하고자 한다. 이때 필요한 이산화탄소약제의 양[kg]은?

① 1,120　　　　　　　　　　② 520
③ 680　　　　　　　　　　　④ 650

> **해설**
> $W(kg) = V(m^3) \times \alpha\,(kg/m^3)$
> $\quad\quad\quad = 500m^3 \times 1.3 kg/m^3$
> $\quad\quad\quad = 650 kg$

224 이산화탄소소화설비에서 다음의 방호대상물 중 가연성 액체 또는 가연성 가스의 소화에 필요한 설계농도가 가장 높은 것은?

① 에탄　　　　　　　　　　② 부탄
③ 프로판　　　　　　　　　④ 메탄

> **해설**　① 에탄 : 40%　② 부탄 : 34%　③ 프로판 : 36%　④ 메탄 : 34%

225 메탄을 저장하는 창고에 CO_2 설비를 전역방출방식으로 하려고 한다. 이때 방호체적은 500[m³]이고 개구부 면적은 4[m²]이다. 이때 CO_2저장량은? (CO_2의 설계농도는 50[%]이고, 보정계수는 1.64이다. 자동폐쇄장치 미설치)

① 420[kg]　　　　　　　　　② 520[kg]
③ 676[kg]　　　　　　　　　④ 750[kg]

> **해설**
> $W(kg) = V(m^3) \times \alpha\,(kg/m^3) \times N + A(m^2) \times \beta(kg/m^2)$
> $\quad\quad\quad = 500m^3 \times 0.8 kg/m^3 \times 1.64 + 4m^2 \times 5\,kg/m^2$
> $\quad\quad\quad = 676 kg$

226 이산화탄소소화설비를 일반건축물에 설치되어 있을 때 국소방출방식의 분사헤드가 소화약제를 방사하는 데 필요한 시간은?

① 10초 이내　　　　　　　　② 30초 이내
③ 1분 이내　　　　　　　　　④ 2분 이내

227 CO_2소화설비에서 소화약제를 방사하여 CO_2가 40[%]되었을 때 O_2의 연소 한계 농도는?

① 1.26[%]　　　　　　　　　② 8.4[%]
③ 12.6[%]　　　　　　　　　④ 15.6[%]

정답 : 223.④　224.①　225.③　226.②　227.③

예상문제

해설
$$CO_2\,(\%) = \frac{21-O_2}{21} \times 100$$
$$40 = \frac{21-O_2}{21} \times 100$$
$$O_2 = 21 - \frac{40 \times 21}{100} = 12.6\%$$

228 산소농도를 15[%] 이하로 제어하면 일반적으로 소화가 가능하다고 한다. 만약 이산화탄소를 방사하여 산소농도가 12[%]가 되었다면 이때 공기 중의 이산화탄소의 농도는 몇 [%]인가?

① 42.9[%] ② 45.9[%]
③ 78.9[%] ④ 88.9[%]

해설
$$CO_2\,(\%) = \frac{21-12}{21} \times 100$$
$$= 42.857\%$$

229 내용적이 20[m³]의 전기실에 화재가 발생되어 이산화탄소소화약제를 방출하여 소화를 하였다면 이곳에 방출하여야 하는 이산화탄소소화약제의 양[m³]은 얼마가 되겠는가? (단, 한계산소농도는 15[%]이다)

① 3[m³] ② 4[m³]
③ 8[m³] ④ 9[m³]

해설
$$CO_2\,(m^3) = \frac{21-O_2}{O_2} \times V$$
$$= \frac{21-15}{15} \times 20m^3$$
$$= 8m^3$$

230 이산화탄소설비에 있어서 고압식 분사헤드의 방사압력은?

① 0.9[MPa] ② 1.05[MPa]
③ 1.4[MPa] ④ 2.1[MPa]

정답 : 228.① 229.③ 230.④

231 이산화탄소소화설비의 제어반이 갖추어야 할 기능이 아닌 것은?

① 전원표시등　　　　　　　② 음향경보장치의 작동기능
③ 소화약제의 방출기능　　　④ 제어반의 위치표시

 제7조(제어반등)

이산화탄소소화설비의 제어반 및 화재표시반은 다음 각 호의 기준에 따라 설치하여야 한다. 다만, 자동화재탐지설비의 수신기의 제어반이 화재표시반의 기능을 가지고 있는 것은 화재표시반을 설치하지 아니할 수 있다.
1. 제어반은 수동기동장치 또는 감지기에서의 신호를 수신하여 음향경보장치의 작동, 소화약제의 방출 또는 지연 기타의 제어기능을 가진 것으로 하고, 제어반에는 전원표시등을 설치할 것
2. 화재표시반은 제어반에서의 신호를 수신하여 작동하는 기능을 가진 것으로 하되, 다음 각 목의 기준에 따라 설치할 것 〈개정 2012.8.20.〉
   가. 각 방호구역마다 음향경보장치의 조작 및 감지기의 작동을 명시하는 표시등과 이와 연동하여 작동하는 벨·부자 등의 경보기를 설치할 것. 이 경우 음향경보장치의 조작 및 감지기의 작동을 명시하는 표시등을 겸용할 수 있다.
   나. 수동식 기동장치는 그 방출용스위치의 작동을 명시하는 표시등을 설치할 것
   다. 소화약제의 방출을 명시하는 표시등을 설치할 것
   라. 자동식 기동장치는 자동·수동의 절환을 명시하는 표시등을 설치할 것
3. 제어반 및 화재표시반의 설치장소는 화재에 따른 영향, 진동 및 충격에 따른 영향 및 부식의 우려가 없고 점검에 편리한 장소에 설치할 것
4. 제어반 및 화재표시반에는 해당 회로도 및 취급설명서를 비치할 것
5. 수동잠금밸브의 개폐여부를 확인할 수 있는 표시등을 설치할 것

232 이산화탄소소화설비의 전기식 수동기동조작함에 설치하지 않아도 되는 것은?

① 조작스위치　　　　　　　② 조작스위치 보호판
③ 전원표시등　　　　　　　④ 전화잭

- SP(SVP)[9선] : 전원+, 전원-, 감지기A, 감지기B, PS(밸브개방확인), TS(밸브주의), sol(밸브개방), 사이렌, 전화
- 가스계수동조작함 [8선] : 전원+, 전원-, 감지기A, 감지기B, 사이렌, 방출표시등, 기동S/W, 비상S/W

233 이산화탄소소화설비의 제어반의 설치장소로 적합지 않은 곳은?

① 화재에 의한 영향이 없는 곳　　② 진동 및 충격에 의한 영향이 없는 곳
③ 부식성 가스가 발생하는 곳　　④ 점검에 편리한 장소

 231번 문제 해설 참조

 정답 : 231.④　232.④　233.③

예상문제 • 1281

예상문제

234 이산화탄소소화설비의 약제방출표시등의 주된 설치목적은?

① 가스방출시 소방대가 방출표시를 보고 방호대상 지역에 진입하기 위하여 설치
② 가스방출시 방호대상 지역에 외부의 사람이 진입하지 못하도록 설치
③ 가스방출의 이상 유무를 확인하기 위하여 설치
④ 감지기의 오작동을 표시하기 위하여 설치

235 이산화탄소소화설비의 음향경보장치는 소화약제의 방사개시 후 몇 분 이상까지 경보를 계속할 수 있어야 하는가?

① 1   ② 2
③ 3   ④ 4

236 다음 중에서 이산화탄소 분사헤드를 설치할 수 있는 장소는?

① 이황화탄소를 저장·취급하는 곳
② 벤조일퍼옥사이드(B.P.O)를 저장·취급하는 곳
③ 셀룰로이드 제품을 저장·취급하는 곳
④ 니트로셀룰로오스를 저장·취급하는 곳

> **해설** 제11조(분사헤드 설치제외)
> 이산화탄소소화설비의 분사헤드는 다음 각 호의 장소에 설치하여서는 아니 된다.
> 1. 방재실·제어실 등 사람이 상시 근무하는 장소
> 2. 니트로셀룰로스·셀룰로이드제품 등 자기연소성물질을 저장·취급하는 장소
> 3. 나트륨·칼륨·칼슘 등 활성금속물질을 저장·취급하는 장소
> 4. 전시장 등의 관람을 위하여 다수인이 출입·통행하는 통로 및 전시실 등
> ② : 유기과산화물   ③, ④ : 5류위험물   ① : 4류인화성액체

237 할론소화설비에서 약제 저장용기 내에 가압용 가스를 사용할 때 가장 적당한 것은?

① 질소   ② 이산화탄소
③ 메탄   ④ 수소

238 통신기기실의 소화설비에 가장 적합한 것은?

① 스프링클러설비   ② 옥내소화전설비
③ 할로겐화합물소화설비   ④ 분말소화설비

 정답 : 234.② 235.① 236.① 237.① 238.③

239 할론소화약제의 저장용기 중 할론1211에 있어서의 충전비는 얼마인가?

① 0.51 이상 0.67 미만
② 0.7 이상 1.4 이하
③ 0.67 이상 2.75 이하
④ 0.9 이상 1.6 이하

해설 저장용기의 설치기준
㉠ 축압식 저장용기의 압력은 온도 20℃에서 할론 1211을 저장하는 것에 있어서는 1.1MPa 또는 2.5MPa, 할론 1301을 저장하는 것에 있어서는 2.5MPa 또는 4.2MPa이 되도록 질소가스로 축압하여야 한다.
㉡ 동일 집합관에 접속되는 용기의 소화약제 충전량은 동일 충전비의 것이어야 한다.
㉢ 저장용기의 충전비
 ㉮ 할론 2402
  • 가압식 : 0.51 이상, 0.67 미만
  • 축압식 : 0.67 이상, 2.75 이하
 ㉯ 할론 1211
  • 0.7 이상, 1.4 이하
 ㉰ 할론 1301
  • 0.9 이상, 1.6 이하
㉣ 가압용 가스용기는 질소가스가 충전된 것으로 하고, 그 압력은 21℃에서 2.5MPa 또는 4.2MPa이 되도록 하여야 한다.
㉤ 할론소화약제 저장용기의 개방밸브는 전기식·가스압력식 또는 기계식에 따라 자동으로 개방되고 수동으로도 개방되는 것으로서 안전장치가 부착된 것으로 하여야 한다.

240 상온인 20[℃]에서 할론소화약제별 충전 압력을 옳게 표시한 것은?

	소화약제의 종류	저압[MPa]	고압[MPa]
①	Halon 1301	2.5	4.2
②	Halon 1211	1.4	2.5
③	Halon 2402	1.7	3.8
④	Halon 1301	2.0	4.0

해설 239번 문제 해설 참조

241 체적 50[m³]의 전산실에 전역방출방식의 할론소화설비를 설치하는 경우, 할론1301의 저장량은 몇 [kg] 이상이어야 하는가? (단, 전산실에는 자동폐쇄장치가 부착하되 개구부가 있음)

① 13
② 16
③ 19
④ 22

정답 : 239.② 240.① 241.②

예상문제

> **해설**
> $W(kg) = V(m^3) \times \alpha\,(kg/m^3)$
> $\quad = 50m^3 \times 0.32 kg/m^3$
> $\quad = 16 kg$

242 체적이 400[m³]인 특수가연물 저장소(면화류)에 자동폐쇄장치를 설치하지 않는 개구부의 면적이 4[m²]이다. 이곳 전역방출방식의 할론1301 소화설비를 하려고 할 때 저장하여야 하는 소화약제의 양은 얼마인가?

① 137.6[kg] ② 172.0[kg]
③ 154.8[kg] ④ 223.6[kg]

> **해설**
> $W(kg) = V(m^3) \times \alpha\,(kg/m^3) + A(m^2) \times \beta\,(kg/m^2)$
> $\quad = 400m^3 \times 0.52 kg/m^3 + 4m^2 \times 3.9\,kg/m^2$
> $\quad = 223.6 kg$

243 할론소화설비의 국소방출방식에 대한 소화약제 산출방식이 관련된 공식

$Q = X - Y\dfrac{a}{A}$ 의 설명으로 옳지 않은 것은?

① Q는 방호공간 1[m³]에 대한 할로겐화합물소화약제량이다.
② a는 방호대상물 주위에 설치된 벽면적 합계이다.
③ A는 방호공간의 벽면적이다.
④ X는 개구부 면적이다.

> **해설** 그 밖의 경우
> $W = V \times Q \times \beta$
> W : 할론 약제량(kg), V : 방호공간의 체적(m³), Q : 방호공간 1m²당의 약재량(kg/m²),
> β : 약제별 계수(2402, 1211은 1.1, 할론 1301은 1.25)
> ㉮ 방호공간 : 방호대상물의 각 부분으로부터 0.6m의 거리에 따라 둘러싸인 공간
> ㉯ 방호공간 1m³당의 약제량
> $Q = X - Y\dfrac{a}{A}$
> Q : 방호공간 1m³에 대한 소화약제의 양(kg/m³)
> a : 방호대상물 주위에 설치된 벽 면적의 합계(m²)
> A : 방호공간의 벽 면적(벽이 없는 경우에는 벽이 있는 것으로 가정한 면적)의 합계(m²)

소화약제의 종별	X의 수치	Y의 수치
할론 2402	5.2	3.9
할론 1211	4.4	3.3
할론 1301	4.0	3.0

정답 : 242.④ 243.④

244 방호구역이 110[㎥]인 소방대상물에 할론1301소화설비를 설치하고자 한다. 소화에 필요한 할론의 설계농도를 8[%]라고 하면 필요한 약제량은? (단, 설계기준 온도는 20[℃], 할론 1301의 비체적은 0.16[㎥/kg])

① 69.78[kg] ② 59.78[kg]
③ 79.98[kg] ④ 89.78[kg]

해설

$$W(kg) = \frac{V}{S} \times \left(\frac{C}{100-C}\right) = \frac{110 m^3}{0.16 m^3/kg} \times \left(\frac{8}{100-8}\right) = 59.78 kg$$

245 호스릴 할론소화설비에 있어서 하나의 노즐에 대하여 할론1301의 소화약제의 양은 얼마 이상인가?

① 40[kg] ② 45[kg]
③ 50[kg] ④ 30[kg]

246 할론소화설비의 Halon1301의 분사헤드의 방사압력은?

① 0.1[MPa] 이상 ② 0.2[MPa] 이상
③ 0.9[MPa] 이상 ④ 1.4[MPa] 이상

해설 제10조(분사헤드)
① 전역방출방식의 할로겐화합물소화설비의 분사헤드는 다음 각 호의 기준에 따라 설치하여야 한다.
  1. 방사된 소화약제가 방호구역의 전역에 균일하게 신속히 확산할 수 있도록 할 것
  2. 할론 2402를 방출하는 분사헤드는 해당 소화약제가 무상으로 분무되는 것으로 할 것
  3. 분사헤드의 방사압력은 할론 2402를 방사하는 것은 0.1MPa 이상, 할론 1211을 방사하는 것은 0.2MPa 이상, 할론1301을 방사하는 것은 0.9MPa 이상으로 할 것
  4. 제5조에 따른 기준저장량의 소화약제를 10초 이내에 방사할 수 있는 것으로 할 것

247 호스릴방식의 소화설비 중에서 방호대상물의 각 부분으로부터 하나의 호스 접결구까지의 수평거리를 20[m]로 할 수 있는 것은?

① 포소화설비 ② 이산화탄소소화설비
③ 할론소화설비 ④ 분말소화설비

해설
!Reference
화재 시 현저하게 연기가 찰 우려가 없는 장소로서 다음 각 호의 어느 하나에 해당하는 장소는 호스릴할론소화설비를 설치할 수 있다. (차고, 주차장 제외)
1. 지상 1층 및 피난층에 있는 부분으로서 지상에서 수동 또는 원격조작에 따라 개방할 수 있는

정답 : 244.② 245.② 246.③ 247.③

예상문제

개구부의 유효면적의 합계가 바닥면적의 15% 이상이 되는 부분
2. 전기설비가 설치되어 있는 부분 또는 다량의 화기를 사용하는 부분(해당 설비의 주위 5m 이내의 부분을 포함한다)의 바닥면적이 해당 설비가 설치되어 있는 구획의 바닥면적의 5분의 1 미만이 되는 부분

248 할론 1301을 이용한 할론소화설비를 동작시키는 감지기 배선은?
① 제어반과 직접 연결되는 배선
② 송배전방식의 교차회로배선
③ 감지기상호 간 직렬배선
④ 감지기상호 간 병렬배선

249 할론소화설비의 배관 시공방법으로 틀린 것은?
① 전용으로 한다.
② 동관을 사용하는 경우 이음이 없는 것을 사용한다.
③ 강관을 사용하는 경우 배관은 압력배관용 탄소강관 중 이음이 없는 것을 사용한다.
④ 주 배관은 반드시 스케줄 80 이상의 압력배관용 탄소강관을 사용한다.

▶해설 제8조(배관)
할론소화설비의 배관은 다음 각 호의 기준에 따라 설치하여야 한다. 〈개정 2012. 8.20〉
1. 배관은 전용으로 할 것
2. 강관을 사용하는 경우의 배관은 압력배관용탄소강관(KS D 3562) 중 스케줄 40 이상의 것 또는 이와 동등 이상의 강도를 가진 것으로서 아연도금 등에 따라 방식처리된 것을 사용할 것
3. 동관을 사용하는 경우에는 이음이 없는 동 및 동합금관(KS D 5301)의 것으로서 고압식은 16.5MPa 이상, 저압식은 3.75MPa 이상의 압력에 견딜 수 있는 것을 사용할 것
4. 배관부속 및 밸브류는 강관 또는 동관과 동등 이상의 강도 및 내식성이 있는 것으로 할 것

250 다음 중 불활성기체소화약제의 기본성분이 아닌 것은?
① 헬륨
② 네온
③ 아르곤
④ 산소

▶해설 불활성기체 : 헬륨, 네온, 아르곤

251 다음 중 할로겐화합물(청정)소화약제의 종류가 아닌 것은?
① HCFC BLEND A
② HFC-125
③ HFC-23
④ CF_3Br

 정답 : 248.② 249.④ 250.④ 251.④

252 다음 중 불활성기체소화약제의 종류에 해당되지 않는 것은?

① IG-01　　　　　　　　　　② IG-02
③ IG-541　　　　　　　　　 ④ IG-55

해설

소화약제	화학식
퍼플루오로부탄(이하 "FC-3-1-10"이라 한다.)	C_4F_{10}
하이드로클로로플루오로카본혼화제(이하 "HCFC BLEND A"라 한다.)	HCFC-123($CHCl_2CF_3$) : 4.75% HCFC-22($CHClF_2$) : 82% HCFC-124($CHClFCF_3$) : 9.5% $C_{10}H_{16}$: 3.75%
클로로테트라플루오로에탄(이하 "HCFC-124"라 한다.)	$CHClFCF_3$
펜타플루오로에탄(이하 "HFC-125"라 한다.)	CHF_2CF_3
헵타플루오로프로판(이하 "HFC-227ea"라 한다.)	CF_3CHFCF_3
트리플루오로메탄(이하 "HFC-23"라 한다.)	CHF_3
헥사플루오로프로판(이하 "HFC-236fa"라 한다.)	$CF_3CH_2CF_3$
트리플루오로이오다이드(이하 "FIC-13 I 1"라 한다.)	CF_3I
불연성·불활성 기체혼합가스(이하 "IG-01"이라 한다.)	Ar
불연성·불활성 기체혼합가스(이하 "IG-100"이라 한다.)	N_2
불연성·불활성 기체혼합가스(이하 "IG-541"이라 한다.)	N_2 : 52%, Ar : 40%, CO_2 : 8%
불연성·불활성 기체혼합가스(이하 "IG-55"이라 한다.)	N_2 : 50%, Ar : 50%
도데카플루오로-2-메틸펜탄-3-원(이하 "FK-5-1-12"이라 한다)	$CF_3CF_2C(O)CF(CF_3)_2$

253 현재 국내 및 국제적으로 적용되고 있는 할로겐화합물 및 불활성기체소화약제(Clean Agent) 중 약제의 저장용기 내에서 저장상태가 기체상태의 압축가스인 약제는?

① INERGEN　　　　　　　　② NAFS-Ⅲ
③ FM-200　　　　　　　　　 ④ FE-13

254 할로겐화합물 및 불활성기체소화설비를 설치할 수 없는 장소는?

① 제3류 위험물 저장소　　　② 전기실
③ 제4류 위험물 저장소　　　④ 컴퓨터실

해설 제5조(설치제외)

할로겐화합물 및 불활성기체소화설비는 다음 각 호에서 정한 장소에는 설치할 수 없다.
1. 사람이 상주하는 곳으로써 제7조제2항의 최대허용설계농도를 초과하는 장소
2. 「위험물안전기본법 시행령」 별표 1의 제3류위험물 및 제5류위험물을 사용하는 장소. 다만, 소화성능이 인정되는 위험물은 제외한다.

정답 : 252.② 253.① 254.①

예상문제

255 할로겐화합물 및 불활성기체소화설비의 기동장치의 설치기준으로 맞지 않는 것은?

① 수동식 기동장치는 방호구역마다 설치할 것
② 기동장치의 조작부는 바닥으로부터 0.5[m] 이상 1[m] 이하에 설치할 것
③ 전기를 사용하는 기동장치에는 전원표시등을 설치할 것
④ 5[kg] 이하의 힘을 가하여 기동할 수 있는 구조로 설치할 것

해설 제8조(기동장치)

할로겐화합물 및 불활성기체소화설비는 다음 각 호의 기준에 따라 설치하여야 한다. 〈개정 2012.8.20〉

1. 수동식 기동장치는 다음 각 목의 기준에 따라 설치할 것. 이 경우 수동식 기동장치의 부근에는 소화약제의 방출을 지연시킬 수 있는 비상스위치(자동복귀형 스위치로서 수동식 기동장치의 타이머를 순간 정지시키는 기능의 스위치를 말한다)를 설치하여야 한다.
   가. 방호구역마다 설치
   나. 해당 방호구역의 출입구부근 등 조작을 하는 자가 쉽게 피난할 수 있는 장소에 설치할 것
   다. 기동장치의 조작부는 바닥으로부터 0.8m 이상 1.5m 이하의 위치에 설치하고, 보호판 등에 따른 보호장치를 설치할 것
   라. 기동장치에는 가깝고 보기 쉬운 곳에 "할로겐화합물 및 불활성기체소화약제소화설비 기동장치"라는 표지를 할 것
   마. 전기를 사용하는 기동장치에는 전원표시등을 설치할 것
   바. 기동장치의 방출용스위치는 음향경보장치와 연동하여 조작될 수 있는 것으로 할 것
   사. 5kg 이하의 힘을 가하여 기동할 수 있는 구조로 설치
2. 자동식 기동장치는 자동화재탐지설비의 감지기의 작동과 연동하는 것으로서 다음 각 목의 기준에 따라 설치할 것
   가. 자동식 기동장치에는 제1호의 기준에 따른 수동식 기동장치를 함께 설치할 것
   나. 기계식, 전기식 또는 가스압력식에 따른 방법으로 기동하는 구조로 설치할 것
3. 할로겐화합물 및 불활성기체소화설비가 설치된 구역의 출입구에는 소화약제가 방출되고 있음을 나타내는 표시등을 설치할 것

256 할로겐화합물 및 불활성기체소화설비 저장용기 설치기준에 대한 다음 설명 중 틀린 것은?

① 저장용기는 약제명·저장용기의 자체중량과 총중량·충전일시·충전압력 및 약제의 체적을 표시할 것
② 집합관에 접속되는 저장용기는 동일한 내용적을 가진 것으로 충전량 및 충전압력이 같도록 할 것
③ 저장용기에 충전량 및 충전압력을 확인할 수 있는 장치를 하는 경우에는 해당 소화약제에 적합한 구조로 할 것

  정답 : 255.② 256.④

④ 저장용기의 약제량 손실이 5%를 초과하거나 압력손실이 10%를 초과할 경우 재충전하거나 저장용기를 교체할 것 다만, 불활성기체소화약제 저장용기의 경우에는 압력손실이 10%를 초과할 경우 재충전하거나 저장용기를 교체하여야 한다.

해설 ② 할로겐화합물 및 불활성기체소화약제의 저장용기는 다음 각 호의 기준에 적합하여야 한다. 〈개정 2012.8.20〉
　1. 저장용기의 충전밀도 및 충전압력은 별표 1에 따를 것 〈개정 2012.8.20〉
　2. 저장용기는 약제명·저장용기의 자체중량과 총중량·충전일시·충전압력 및 약제의 체적을 표시할 것
　3. 집합관에 접속되는 저장용기는 동일한 내용적을 가진 것으로 충전량 및 충전압력이 같도록 할 것
　4. 저장용기에 충전량 및 충전압력을 확인할 수 있는 장치를 하는 경우에는 해당 소화약제에 적합한 구조로 할 것
　5. 저장용기의 약제량 손실이 5%를 초과하거나 압력손실이 10%를 초과할 경우에는 재충전하거나 저장용기를 교체할 것. 다만, 불활성기체소화약제 저장용기의 경우에는 압력손실이 5%를 초과할 경우 재충전하거나 저장용기를 교체하여야 한다.

257 할로겐화합물 및 불활성기체소화설비의 분사헤드의 설치높이로 맞는 것은?

① 최소 0.1[m] 이상 최대 3.2[m] 이하
② 최소 0.1[m] 이상 최대 3.5[m] 이하
③ 최소 0.2[m] 이상 최대 3.5[m] 이하
④ 최소 0.2[m] 이상 최대 3.7[m] 이하

해설 제11조(분사헤드)
① 분사헤드는 다음 각 호의 기준에 따라야 한다.
　1. 분사헤드의 설치높이는 방호구역의 바닥으로부터 최소 0.2m 이상 최대 3.7m 이하로 하여야 하며 천장높이가 3.7m를 초과할 경우에는 추가로 다른 열의 분사헤드를 설치할 것. 다만, 분사헤드의 성능인정 범위내에서 설치하는 경우에는 그러하지 아니하다.
　2. 분사헤드의 갯수는 방호구역에 제10조제3항을 충족되도록 설치할 것 〈개정 2012.8.20.〉
　3. 분사헤드에는 부식방지조치를 하여야 하며 오리피스의 크기, 제조일자, 제조업체가 표시 되도록 할 것
② 분사헤드의 방출률 및 방출압력은 제조업체에서 정한 값으로 한다.
③ 분사헤드의 오리피스의 면적은 분사헤드가 연결되는 배관구경면적의 70%를 초과하여서는 아니 된다.

258 다음 중 최대허용설계농도가 가장 높은 물질은 어느 것인가?

① FC-3-1-10　　　　　　② HFC-124
③ HFC-23　　　　　　　④ IG-01

정답 : 257.④　258.③

예상문제

해설 할로겐화합물 및 불활성기체소화약제의 최대허용 설계농도

소화약제	최대허용 설계농도(%)
FC-3-1-10	40
HCFC BLEND A	10
HCFC-124	1.0
HFC-125	11.5
HFC-227ea	10.5
HFC-23	30
HFC-236fa	12.5
FIC-13 I 1	0.3
FK-5-1-12	10
IG-01	43
IG-100	43
IG-541	43
IG-55	43

259 할로겐화합물 및 불활성기체소화설비의 비상전원은 몇 분 이상 작동할 수 있어야 하는가?

① 10분　　　　　② 20분
③ 30분　　　　　④ 60분

해설 제16조(비상전원)

할로겐화합물 및 불활성기체소화설비의 비상전원은 자가발전설비, 전기저장장치 또는 축전지설비(제어반에 내장하는 경우를 포함한다)로서 다음 각 호의 기준에 따라 설치하여야 한다. 다만, 2 이상의 변전소(「전기사업법」제67조에 따른 변전소를 말한다. 이하 같다)에서 전력을 동시에 공급받을 수 있거나 하나의 변전소로부터 전력의 공급이 중단되는 때에는 자동으로 다른 변전소로부터 전력을 공급받을 수 있도록 상용전원을 설치한 경우에는 비상전원을 설치하지 아니할 수 있다. 〈개정 2012.8.20〉

1. 점검에 편리하고 화재 및 침수 등의 재해로 인한 피해를 받을 우려가 없는 곳에 설치할 것
2. 할로겐화합물 및 불활성기체소화설비를 유효하게 20분 이상 작동할 수 있어야 할 것
3. 상용전원으로부터 전력의 공급이 중단된 때에는 자동으로 비상전원으로부터 전력을 공급받을 수 있도록 할 것
4. 비상전원의 설치장소는 다른 장소와 방화구획 할 것. 이 경우 그 장소에는 비상전원의 공급에 필요한 기구나 설비외의 것(열병합발전설비에 필요한 기구나 설비는 제외한다)을 두어서는 아니 된다.
5. 비상전원을 실내에 설치하는 때에는 그 실내에 비상조명등을 설치할 것

정답 : 259.②

260 할로겐화합물 및 불활성기체소화약제의 저장용기에 표시사항이 아닌 것은?

① 약제명
② 저장용기의 자체중량과 총중량
③ 약제의 색상
④ 충전압력

해설 제6조(저장용기)
① 할로겐화합물 및 불활성기체소화약제의 저장용기는 다음 각 호의 기준에 적합한 장소에 설치하여야 한다.
  1. 방호구역외의 장소에 설치할 것. 다만, 방호구역 내에 설치할 경우에는 피난 및 조작이 용이하도록 피난구 부근에 설치하여야 한다.
  2. 온도가 55℃ 이하이고 온도의 변화가 작은 곳에 설치할 것
  3. 직사광선 및 빗물이 침투할 우려가 없는 곳에 설치할 것
  4. 저장용기를 방호구역 외에 설치한 경우에는 방화문으로 구획된 실에 설치할 것
  5. 용기의 설치장소에는 해당 용기가 설치된 곳임을 표시하는 표지를 할 것
  6. 용기간의 간격은 점검에 지장이 없도록 3cm 이상의 간격을 유지할 것
  7. 저장용기와 집합관을 연결하는 연결배관에는 체크밸브를 설치할 것. 다만, 저장용기가 하나의 방호구역만을 담당하는 경우에는 그러하지 아니하다.
② 할로겐화합물 및 불활성기체소화약제의 저장용기는 다음 각 호의 기준에 적합하여야 한다.
  1. 저장용기의 충전밀도 및 충전압력은 별표 1에 따를 것
  2. 저장용기는 약제명·저장용기의 자체중량과 총중량·충전일시·충전압력 및 약제의 체적을 표시할 것
  3. 집합관에 접속되는 저장용기는 동일한 내용적을 가진 것으로 충전량 및 충전압력이 같도록 할 것
  4. 저장용기에 충전량 및 충전압력을 확인할 수 있는 장치를 하는 경우에는 해당 소화약제에 적합한 구조로 할 것
  5. 저장용기의 약제량 손실이 5%를 초과하거나 압력손실이 10%를 초과할 경우에는 재충전하거나 저장용기를 교체할 것. 다만, 불활성기체소화약제 저장용기의 경우에는 압력손실이 5%를 초과할 경우 재충전하거나 저장용기를 교체하여야 한다.
③ 하나의 방호구역을 담당하는 저장용기의 소화약제의 체적합계보다 소화약제의 방출시 방출경로가 되는 배관(집합관을 포함한다)의 내용적의 비율이 할로겐화합물 및 불활성기체소화약제 제조업체(이하 "제조업체"라 한다)의 설계기준에서 정한 값 이상일 경우에는 해당 방호구역에 대한 설비는 별도 독립방식으로 하여야 한다.

261 할로겐화합물 및 불활성기체소화약제 저장용기 설치장소의 유지온도로 옳은 것은?

① 35℃ 이하
② 40℃ 이하
③ 50℃ 이하
④ 55℃ 이하

해설 260번 문제 해설 참조

정답 : 260.③ 261.④

예상문제

262 불활성기체소화설비 분사헤드의 설치갯수 산정 설명으로 옳은 것은?
① 10초 이내에 방호구역 각 부분에 최소설계농도의 90% 이상 해당하는 약제량이 방출할 수 있는 수량
② 10초 이내에 방호구역 각 부분에 최소설계농도의 95% 이상 해당하는 약제량이 방출할 수 있는 수량
③ 1분 이내(B급화재)에 방호구역 각 부분에 최소설계농도의 90% 이상 해당하는 약제량이 방출할 수 있는 수량
④ 1분 이내(B급화재)에 방호구역 각 부분에 최소설계농도의 95% 이상 해당하는 약제량이 방출할 수 있는 수량

해설 ③ 배관의 구경은 해당 방호구역에 할로겐소화약제가 10초(불활성기체소화약제는 A·C급 화재는 2분, B급화재는 1분)이내에 방호구역 각 부분에 최소설계농도의 95% 이상 해당하는 약제량이 방출되도록 하여야 한다.

263 할로겐화합물 및 불활성기체소화약제 중 "IG-541"의 주성분을 옳게 나타낸 것은?
① N_2 : 40%, Ar : 40%, CO_2 : 20%
② N_2 : 52%, Ar : 40%, CO_2 : 8%
③ N_2 : 60%, Ar : 32%, CO_2 : 8%
④ N_2 : 48%, Ar : 32%, CO_2 : 20%

해설 252번 문제 해설 참조

264 할론겐화합물소화약제 저장량 산정식으로 옳은 것은? (단, W : 소화약제의 무게(kg), V : 방호구역의 체적(m^3), S : 소화약제별 선형상수 ($K_1+K_2×t$)(m^3/kg) C : 체적에 따른 소화약제의 설계농도(%), t : 방호구역의 최소예상온도(℃))
① W = V/S × [(100−C) /C]
② W = V/S × [(100+C) /C]
③ W = V/S × [C / (100−C)]
④ W = V/S × [C / (100+C)]

해설 소화약제량의 산정
① 할로겐화합물소화약제는 다음 공식에 따라 산출한 양 이상으로 할 것
$$W = \frac{V}{S} \times \left[\frac{C}{(100-C)} \right]$$
W : 소화약제의 무게(kg), V : 방호구역의 체적(m^3)
S : 소화약제별 선형상수[$K_1+K_2×t$](m^3/kg)
C : 체적에 따른 소화약제의 설계농도(%)=소화농도×안전계수(A·C급화재 1.2, B급화재 1.3), t : 방호구역의 최소예상온도(℃)

정답 : 262.④ 263.② 264.③

② 불활성기체소화약제는 다음 공식에 의하여 산출된 량 이상이 되도록 할 것

$$Q(m^3) = V(m^3) \times X(m^3/m^3)$$

Q : 소화약제의 체적(m^3), V : 방호구역의 체적(m^3)
X : 방호구역 $1m^3$당 필요한 약제(m^3)

$$X = 2.303 \left(\frac{V_S}{S}\right) \times Log\left(\frac{100}{100-C}\right)$$

X : 공간체적당 더해진 소화약제의 부피(m^3/m^3)
S : 소화약제별 선형상수($K_1 + K_2 \times t$)(m^3/kg)
C : 체적에 따른 소화약제의 설계농도(%)(소화농도×안전계수(A·C급화재 1.2, B급화재 1.3)
V_S : 20℃에서 소화약제의 비체적(m^3/kg), t : 방호구역의 최소예상온도(℃)

265 배관의 두께를 선정하는 공식에서 잘못 설명된 것은?

$$\text{관의 두께}(t) = \frac{PD}{2SE} + A$$

① t는 관의 두께로서 단위는 mm이다.
② SE는 최대허용응력으로서 배관재질 인장강도의 1/3과 항복점의 1/4값 중 적은값을 선정한다.
③ A는 나사이음등의 허용값으로서 단위는 mm이다.
④ P는 최대허용압력으로서 단위는 kPa이다.

해설 배관의 두께는 다음의 계산식에서 구한 값(t) 이상일 것. 다만, 분사헤드 설치부는 제외한다.

$$\text{관의 두께}(t) = \frac{PD}{2SE} + A$$

P : 최대허용압력(kPa), D : 배관의 바깥지름(cm)
SE : 최대허용응력(kPa)(배관재질 인장강도의 1/4값과 항복점의 2/3값 중 적은 값×배관이음 효율×1.2)
A : 나사이음, 홈이음 등의 허용값(mm)(헤드설치부분은 제외한다.)
• 나사이음 : 나사의 높이   • 절단홈이음 : 홈의 깊이   • 용접이음 : 0

배관이음 효율
• 이음매 없는 배관 : 1.0
• 전기저항 용접배관 : 0.85
• 가열맞대기 용접배관 : 0.60

정답 : 265.②

예상문제

266 분말소화약제의 저장용기 설치기준으로 맞지 않는 것은?

① 방호구역 내에 설치한다.
② 온도가 40[℃] 이하이고 온도변화가 적은 곳에 설치한다.
③ 직사광선 및 빗물의 침투할 우려가 없는 곳에 설치한다.
④ 방화문으로 구획된 실에 설치한다.

해설 ① 분말소화약제의 저장용기는 다음 각 호의 기준에 적합한 장소에 설치하여야 한다.
1. 방호구역외의 장소에 설치할 것. 다만, 방호구역 내에 설치할 경우에는 피난 및 조작이 용이하도록 피난구 부근에 설치하여야 한다.
2. 온도가 40℃ 이하이고, 온도변화가 적은 곳에 설치할 것
3. 직사광선 및 빗물이 침투할 우려가 없는 곳에 설치할 것
4. 방화문으로 구획된 실에 설치할 것
5. 용기의 설치장소에는 해당용기가 설치된 곳임을 표시하는 표지를 할 것
6. 용기간의 간격은 점검에 지장이 없도록 3㎝ 이상의 간격을 유지할 것
7. 저장용기와 집합관을 연결하는 연결배관에는 체크밸브를 설치할 것. 다만, 저장용기가 하나의 방호구역만을 담당하는 경우에는 그러하지 아니하다.

267 제1종 소화분말 250[kg]을 저장하려고 하는데 저장용기의 내용적[L]은 얼마 이상으로 하여야 하는가?

① 200[L]
② 250[L]
③ 312.5[L]
④ 375[L]

해설 $250kg \times 0.8L/kg = 200L$

저장용기의 설치기준
㉠ 저장용기의 내용적은 다음 표에 따를 것

소화약제의 종별	소화약제 1kg당 저장용기의 내용적
제1종 분말(탄산수소나트륨을 주성분으로 한 분말)	0.8l
제2종 분말(탄산수소칼륨을 주성분으로 한 분말)	1l
제3종 분말(인산염을 주성분으로 한 분말)	1l
제4종 분말(탄산수소칼륨과 요소가 화합된 분말)	1.25l

㉡ 저장용기에는 가압식의 것에 있어서는 최고사용압력의 1.8배 이하, 축압식의 것에 있어서는 용기 내압시험압력의 0.8배 이하의 압력에서 작동하는 안전밸브를 설치할 것
㉢ 저장용기에는 저장용기의 내부압력이 설정압력으로 되었을 때 주밸브를 개방하는 정압작동 장치를 설치할 것
㉣ 저장용기의 충전비는 0.8 이상으로 할 것
㉤ 저장용기 및 배관에는 잔류 소화약제를 처리할 수 있는 청소장치를 설치할 것
㉥ 축압식의 분말소화설비는 사용압력의 범위를 표시한 지시압력계를 설치할 것

정답 : 266.① 267.①

268 분말소화설비 저장용기의 충전비는 얼마 이상이어야 하는가?

① 0.8 ② 1.0
③ 1.25 ④ 1.5

▶해설 267번 문제 해설 참조

269 체적이 400[m³]인 소방대상물에 제3종 분말소화설비를 설치하려고 한다. 이곳에는 자동 폐쇄장치가 설치되어 있지 않는 개구부의 면적이 5[m²]일 때 소화약제 저장량은?

① 262.5[kg] ② 157.5[kg]
③ 105[kg] ④ 205[kg]

▶해설 $W = 400m^3 \times 0.36kg/m^3 + 5m^2 \times 2.7kg/m^3 = 157.5kg$
소화약제량의 산정
① 전역방출방식
   $W = (V \times \alpha) + (A \times \beta)$
   W : 분말소화약제량(kg), V : 방호구역의 체적(m³)
   α : 방호구역의 체적 1m³당의 약제량(kg/m³)
   A : 자동폐쇄장치가 없는 개구부의 면적(m²)
   β : 개구부의 면적 1m²당의 약제량
   [방호구역 1m3에 대한 약제량과 자동폐쇄장치가 없는 개구부 1m3당 가산량]

소화약제의 종별	방호구역 1m³에 대한 약제량	가산량(개구부 1m³에 대한 약제량)
제1종 분말	0.61g	4.5kg
제2종, 3종 분말	0.36kg	2.7kg
제4종 분말	0.24kg	1.8kg

270 제1종 분말을 사용한 전역방출방식의 분말소화설비에 있어서 방호구역 1[m³]에 대한 소화약제의 저장량은 얼마인가?

① 0.6[kg] ② 0.36[kg]
③ 0.24[kg] ④ 0.72[kg]

▶해설 $0.6 kg/m^3$

271 제3종 호스릴 분말소화설비를 설치하려고 한다. 노즐의 수가 2개일 때 소화약제의 저장량은 얼마가 필요한가?

① 40[kg] ② 60[kg]
③ 80[kg] ④ 100[kg]

정답 : 268.① 269.② 270.① 271.②

예상문제

해설 2 × 30kg = 60kg

구분	저장량(kg)	분당방사량(kg/min)	수평거리(m)
이산화탄소	90	60	15
하론2402	50	45	20
하론1211	50	40	20
하론1301	45	35	20
분말1종	50	45	15
분말2, 3종	30	27	15
분말4종	20	18	15

272 전역방출방식 분말소화설비에서 방호구역의 개구부에 자동폐쇄장치를 설치하지 아니한 경우에 개구부의 면적 1제곱미터에 대한 분말소화약제의 가산량으로 잘못 연결된 것은?

① 제1종 분말 − 4.5[kg]   ② 제2종 분말 − 2.7[kg]
③ 제3종 분말 − 2.5[kg]   ④ 제4종 분말 − 1.8[kg]

해설 269번 문제 해설 참조

273 가압용 가스에 질소가스를 사용하는 것에 있어서 20[kg] 소화약제를 사용하였을 때 필요한 질소의 양은 얼마 이상으로 하는가?

① 200[L]   ② 400[L]   ③ 600[L]   ④ 800[L]

해설 20kg × 40L/kg = 80L
제5조(가압용가스용기)
① 분말소화약제의 가스용기는 분말소화약제의 저장용기에 접속하여 설치하여야 한다.
② 분말소화약제의 가압용가스 용기를 3병 이상 설치한 경우에는 2개 이상의 용기에 전자개방밸브를 부착하여야 한다. 〈개정 2012.8.20.〉
③ 분말소화약제의 가압용가스 용기에는 2.5MPa 이하의 압력에서 조정이 가능한 압력조정기를 설치하여야 한다.
④ 가압용가스 또는 축압용가스는 다음 각 호의 기준에 따라 설치하여야 한다. 〈개정 2012.8.20〉
  1. 가압용가스 또는 축압용가스는 질소가스 또는 이산화탄소로 할 것
  2. 가압용가스에 질소가스를 사용하는 것의 질소가스는 소화약제 1kg마다 40ℓ(35℃에서 1기압의 압력상태로 환산한 것) 이상, 이산화탄소를 사용하는 것의 이산화탄소는 소화약제 1kg에 대하여 20g에 배관의 청소에 필요한 양을 가산한 양 이상으로 할 것 〈개정 2012.8.20.〉
  3. 축압용가스에 질소가스를 사용하는 것의 질소가스는 소화약제 1kg에 대하여 10ℓ(35℃에서 1기압의 압력상태로 환산한 것) 이상, 이산화탄소를 사용하는 것의 이산화탄소는 소화약제 1kg에 대하여 20g에 배관의 청소에 필요한 양을 가산한 양 이상으로 할 것 〈개정 2012.8.20.〉
  4. 배관의 청소에 필요한 양의 가스는 별도의 용기에 저장할 것

정답 : 272.③ 273.④

274 분말소화설비의 충전용 가스로 사용할 수 있는 것은?

① 질소　　② 이산화질소　　③ 일산화탄소　　④ 수소

> 해설　질소 또는 이산화탄소

275 분말소화약제의 가압용 가스용기를 몇 병 이상 설치한 경우에 2개 이상의 용기에 전자 개방밸브를 부착하여야 하는가?

① 2병　　② 3병　　③ 4병　　④ 5병

> 해설　273번 문제 해설 참조

276 분말소화설비에서 방호구역이 2개일 때 선택밸브는 몇 개를 설치하여야 하는가?

① 1개　　② 2개　　③ 3개　　④ 4개

> 해설　2개의 선택밸브

277 분말소화설비 저장용기가 가압식일 때 얼마에서 안전밸브가 작동하는 것을 설치해야 하는가?

① 최고 사용압력의 1.5배 이하　　② 최고 사용압력의 1.8배 이하
③ 내압시험의 1.5배 이하　　④ 내압시험의 압력의 1.8배 이하

> 해설　267번 문제 해설 참조

278 소화설비 작동 후 소화약제 탱크의 잔액과 잔압을 배출해야 하는 장치는?

① 배출장치　　② 청소장치　　③ 분해장치　　④ 배수장치

> 해설　청소장치 [배기밸브, 클리닝밸브]

279 차고, 주차장에 적합한 분말소화설비의 약제는?

① 제1종 분말　　② 제2종 분말　　③ 제3종 분말　　④ 제4종 분말

> 해설　제3종분말

280 분말소화설비에서 분말소화약제의 방사시간으로 적합한 것은?

① 20초　　② 30초
③ 40초　　④ 60초

정답 : 274.①　275.②　276.②　277.②　278.②　279.③　280.②

해설 제11조(분사헤드)

① 전역방출방식의 분말소화설비의 분사헤드는 다음 각 호의 기준에 따라 설치하여야 한다.
  1. 방사된 소화약제가 방호구역의 전역에 균일하고 신속하게 확산할 수 있도록 할 것
  2. 제6조에 따른 소화약제 저장량을 30초 이내에 방사할 수 있는 것으로 할 것 〈개정 2012.8.20.〉
② 국소방출방식의 분말소화설비의 분사헤드는 다음 각 호의 기준에 따라 설치하여야 한다.
  1. 소화약제의 방사에 따라 가연물이 비산하지 아니하는 장소에 설치할 것
  2. 제6조제2항에 따른 기준저장량의 소화약제를 30초 이내에 방사할 수 있는 것으로 할 것
③ 화재 시 현저하게 연기가 찰 우려가 없는 장소로서 다음 각 호의 어느 하나에 해당하는 장소에는 호스릴분말소화설비를 설치할 수 있다. 〈개정 2012.8.20〉
  1. 지상 1층 및 피난층에 있는 부분으로서 지상에서 수동 또는 원격조작에 따라 개방할 수 있는 개구부의 유효면적의 합계가 바닥면적의 15% 이상이 되는 부분
  2. 전기설비가 설치되어 있는 부분 또는 다량의 화기를 사용하는 부분(해당 설비의 주위 5m 이내의 부분을 포함한다)의 바닥면적이 해당 설비가 설치되어 있는 구획의 바닥면적의 5분의 1 미만이 되는 부분
④ 호스릴분말소화설비는 다음 각 호의 기준에 따라 설치하여야 한다. 〈개정 2012.8.20〉
  1. 방호대상물의 각 부분으로부터 하나의 호스접결구까지의 수평거리가 15m 이하가 되도록 할 것
  2. 소화약제의 저장용기의 개방밸브는 호스릴의 설치장소에서 수동으로 개폐할 수 있는 것으로 할 것
  3. 소화약제의 저장용기는 호스릴을 설치하는 장소마다 설치할 것
  4. 노즐은 하나의 노즐마다 1분당 다음 표에 따른 소화약제를 방사할 수 있는 것으로 할 것

소화약제의 종별	1분당 방사하는 소화약제의 양
제1종 분말	45kg
제2종 분말 또는 제3종 분말	27kg
제4종 분말	18kg

  5. 저장용기에는 그 가까운 곳의 보기 쉬운 곳에 적색의 표시등을 설치하고, 이동식 분말소화설비가 있다는 뜻을 표시한 표지를 할 것

281 호스릴 분말소화설비 중 하나의 노즐당 제4종 분말은 분당 몇 [kg]을 방사할 수 있어야 하는가?

① 45[kg] ② 27[kg]
③ 18[kg] ④ 9[kg]

해설 280번 문제 해설 참조

정답 : 281. ③

282 다음 중 분말소화설비의 전역방출방식에 있어서 방호 구역의 용적이 500[m³]일 때 적당한 분사헤드의 수는? (단, 제1종 소화분말로서 분사헤드의 방출률은 20[kg/분]개이다)

① 35개 ② 134개
③ 9개   ④ 30개

▶해설 헤드수 = $\dfrac{총 방사유량(kg/min)}{헤드1개유량(kg/min \cdot 개)}$

$\dfrac{500\text{m}^3 \times 0.6\text{kg/m}^3 \div 0.5\text{min}}{20\text{kg/min} \cdot 개} = 30개$

283 분말소화설비의 정압작동장치의 종류에 맞지 않는 것은?

① 압력스위치 방식   ② 기계적인 방식
③ 시한릴레이 방식   ④ 전기적인 방식

▶해설 압력스위치방식, 기계적방식, 시한릴레이방식, 타이머방식, 봉판식, 스프링식

284 분말소화설비에 있어서 가압식인 경우 정압작동장치를 설치하게 되는데 그것에 관한 사항 중 옳지 않은 것은?

① 기동장치가 작동한 뒤에 저장용기의 압력이 설정압력 이상이 될 때에 방출밸브를 개방시키는 장치이다.
② 저장용기마다 이것을 설치해야 한다.
③ 분말약제의 고체상태를 유동상태로 변환시켜 주기 위한 것이다.
④ 탱크에 과도한 압력이 걸려서 위험하지 않도록 탱크의 압력을 일정하게 해주는 장치이다.

285 분말소화설비 작동 후 배관 속에 잔류하고 있는 소화약제는 어떻게 처리하는가?

① 그대로 방치해 둔다.   ② 물로 씻어낸다.
③ 고압의 질소가스로 청소한다. ④ 습기를 방지하고 꼭 막아둔다.

286 다음 가압용가스 및 축압용가스에 대한 설명중 틀린것은?

① 가압용가스 또는 축압용가스는 질소가스 또는 이산화탄소로 할 것
② 가압용가스에 질소가스를 사용하는 것에 있어서 질소가스는 소화약제 1kg마다 40L(25℃에서 1기압의 압력상태로 환산한 것)에 배관의 청소에 필요한 양을 가산한 양 이상으로 할 것
③ 축압용 가스에 이산화탄소를 사용하는 것에 있어서 이산화탄소는 소화약제 1kg에 대하여 20g에 배관의 청소에 필요한 양을 가산한 양 이상으로 할 것
④ 배관의 청소에 필요한 양의 가스는 별도의 용기에 저장할 것

정답 : 282.④ 283.④ 284.③ 285.③ 286.②

> **해설** 273번 문제 해설 참조

287 분말소화설비의 배관의 설치기준에 대한 설명이다. 관계가 없는 것은?

① 동관의 경우에는 배관의 최고사용압력의 1.2배 이상의 압력에 견딜 수 있어야 한다.
② 배관은 전용으로 한다.
③ 강관을 사용하는 경우, 배관은 아연 도금에 의한 배관용 탄소 강관을 사용한다.
④ 밸브류는 개폐위치 또는 개폐 방향을 표시한 것으로 한다.

> **해설** 제9조(배관)
> 분말소화설비의 배관은 다음 각 호의 기준에 따라 설치하여야 한다.
> 1. 배관은 전용으로 할 것
> 2. 강관을 사용하는 경우의 배관은 아연도금에 따른 배관용탄소강관(KS D 3507)이나 이와 동등 이상의 강도·내식성 및 내열성을 가진 것으로 할 것. 다만, 축압식분말소화설비에 사용하는 것 중 20℃에서 압력이 2.5MPa 이상 4.2MPa 이하인 것은 압력배관용탄소강관(KS D 3562) 중 이음이 없는 스케줄 40 이상의 것 또는 이와 동등 이상의 강도를 가진 것으로서 아연도금으로 방식처리된 것을 사용하여야 한다. 〈개정 2012. 8.20.〉
> 3. 동관을 사용하는 경우의 배관은 고정압력 또는 최고사용압력의 1.5배 이상의 압력에 견딜 수 있는 것을 사용할 것
> 4. 밸브류는 개폐위치 또는 개폐방향을 표시한 것으로 할 것
> 5. 배관의 관부속 및 밸브류는 배관과 동등 이상의 강도 및 내식성이 있는 것으로 할 것
> 6. 분기배관을 사용할 경우에는 법 제39조에 따라 제품검사에 합격한 것으로 설치하여야 한다.

288 다음 중 분말소화설비의 배관에 대한 설명으로 맞지 않는 것은?

① 배관은 전용으로 할 것
② 강관을 사용하는 경우의 배관은 아연도금에 따른 배관용탄소강관(KS D 3507)이나 이와 동등 이상의 강도·내식성 및 내열성을 가진 것으로 할 것 다만, 축압식 분말소화설비에 사용하는 것중 20℃에서 압력이 2.5MPa 이상, 4.2MPa 이하인 것에 있어서는 압력배관용 탄소강관(KS D 3562) 중 이음이 없는 스케줄 40 이상의 것 또는 이와 동등 이상의 강도를 가진 것으로서 아연도금으로 방식 처리된 것을 사용하여야 한다.
③ 동관을 사용하는 경우의 배관은 고정압력 또는 최고사용압력의 1.8배 이상의 압력에 견딜 수 있는 것을 사용할 것
④ 밸브류는 개폐위치 또는 개폐방향을 표시한 것으로 할 것

> **해설** 287번 문제 해설 참조

정답 : 287.① 288.③

289 토너먼트 방식으로 분말소화설비의 배관을 설치하는 이유에 해당하는 것은?
① 헤드의 일정한 압력을 유지하기 위해
② 헤드의 일정한 방사량과 방사압력을 유지하기 위해
③ 배관의 마찰손실을 적게 하기 위해
④ 헤드의 일정한 방사량을 유지하기 위해

290 다음 피난기구의 종류중 의료시설에 적응성이 없는 피난기구는 어느것인가?
① 피난사다리
② 미끄럼대
③ 구조대
④ 피난용트랩

▶해설

설치장소별 구분	1층	2층	3층	4층 이상 10층 이하
1. 노유자시설	미끄럼대· 구조대· 피난교· 다수인피난장비· 승강식피난기	미끄럼대· 구조대· 피난교· 다수인피난장비· 승강식피난기	미끄럼대· 구조대· 피난교· 다수인피난장비· 승강식피난기	구조대· 피난교· 다수인피난장비· 승강식피난기
2. 의료시설·근린생활시설 중 입원실이 있는 의원·접골원·조산원			미끄럼대· 구조대· 피난교· 피난용트랩· 다수인피난장비· 승강식피난기	구조대· 피난교· 피난용트랩· 다수인피난장비· 승강식피난기
3. 「다중이용업소의 안전관리에 관한 특별법 시행령」 제2조에 따른 다중이용업소로서 영업장의 위치가 4층 이하인 다중이용업소		미끄럼대· 피난사다리· 구조대· 완강기· 다수인피난장비· 승강식피난기	미끄럼대· 피난사다리· 구조대· 완강기· 다수인피난장비· 승강식피난기	미끄럼대· 피난사다리· 구조대· 완강기· 다수인피난장비· 승강식피난기
4. 그 밖의 것			미끄럼대· 피난사다리· 구조대· 완강기· 피난교· 피난용트랩· 간이완강기· 공기안전매트· 다수인피난장비· 승강식피난기	피난사다리· 구조대· 완강기· 피난교· 간이완강기· 공기안전매트· 다수인피난장비· 승강식피난기

※ 비고
1) 구조대의 적응성은 장애인 관련 시설로서 주된 사용자 중 스스로 피난이 불가한 자가 있는 경우 제4조제2항제4호에 따라 추가로 설치하는 경우에 한한다.
2), 3) 간이완강기의 적응성은 제4조제2항제2호에 따라 숙박시설의 3층 이상에 있는 객실에, 공기안전매트의 적응성은 제4조제2항제3호에 따라 공동주택(「공동주택관리법」 제2조제1항제2호 가목부터 라목까지 중 어느 하나에 해당하는 공동주택)에 추가로 설치하는 경우에 한한다.

정답 : 289.② 290.①

예상문제

291 다음 중 피난구조설비에 해당되지 않는 것은?
① 완강기   ② 구조대
③ 승강기   ④ 유도등

292 피난기구의 수를 선정하는 기준 중 틀린 것은?
① 층마다 설치할 것
② 숙박시설·노유자시설 및 의료시설로 사용되는 층에 있어서는 그 층의 바닥면적 500㎡마다 설치할 것
③ 위락시설·문화집회 및 운동시설·판매시설로 사용되는 층 또는 복합용도의 층에 있어서는 그 층의 바닥면적 700㎡마다 설치할 것
④ 계단실형 아파트에 있어서는 각 세대마다, 그 밖의 용도의 층에 있어서는 그 층의 바닥면적 1,000㎡마다 1개 이상 설치할 것

> **해설** ② 피난기구는 다음 각 호의 기준에 따른 개수 이상을 설치하여야 한다.
> 1. 층마다 설치하되, 숙박시설·노유자시설 및 의료시설로 사용되는 층에 있어서는 그 층의 바닥면적 500㎡마다, 위락시설·문화집회 및 운동시설·판매시설로 사용되는 층 또는 복합용도의 층(하나의 층이 영 별표 2 제1호 내지 제4호 또는 제8호 내지 제18호 중 2 이상의 용도로 사용되는 층을 말한다)에 있어서는 그 층의 바닥면적 800㎡마다, 계단실형 아파트에 있어서는 각 세대마다, 그 밖의 용도의 층에 있어서는 그 층의 바닥면적 1,000㎡마다 1개 이상 설치할 것
> 2. 제1호에 따라 설치한 피난기구 외에 숙박시설(휴양콘도미니엄을 제외한다)의 경우에는 추가로 객실마다 완강기 또는 둘 이상의 간이완강기를 설치할 것
> 3. 제1호에 따라 설치한 피난기구 외에 아파트(「주택법 시행령」 제48조의 규정에 따른 아파트에 한한다)의 경우에는 하나의 관리주체가 관리하는 아파트 구역마다 공기안전매트 1개 이상을 추가로 설치할 것. 다만, 옥상으로 피난이 가능하거나 인접세대로 피난할 수 있는 구조인 경우에는 추가로 설치하지 아니할 수 있다.

293 피난기구의 설치기준 중 틀린 것은?
① 피난기구는 계단·피난구 기타 피난시설로부터 적당한 거리에 있는 안전한 구조로 된 피난 또는 소화활동상 유효한 개구부(가로 0.8m 이상 세로 1.5m 이상인 것을 말한다. 이 경우 개부구 하단이 바닥에서 1.2m 이상이면 발판 등을 설치하여야 하고, 밀폐된 창문은 쉽게 파괴할 수 있는 파괴장치를 비치하여야 한다)에 고정하여 설치하거나 필요한 때에 신속하고 유효하게 설치할 수 있는 상태에 둘 것
② 피난기구를 설치하는 개구부는 서로 동일직선상이 아닌 위치에 있을 것. 다만, 미끄럼봉·피난교·피난용트랩·피난밧줄 또는 간이완강기·아파트에 설치되는 피난기구(다수인 피난장비는 제외한다) 기타 피난 상 지장이 없는 것에 있어서는 그러하지 아니하다.

정답 : 291.③ 292.③ 293.①

③ 피난기구는 소방대상물의 기둥·바닥·보 기타 구조상 견고한 부분에 볼트조임·매입·용접 기타의 방법으로 견고하게 부착할 것
④ 4층 이상의 층에 피난사다리(하향식 피난구용 내림식사다리는 제외한다)를 설치하는 경우에는 금속성 고정사다리를 설치하고, 당해 고정사다리에는 쉽게 피난할 수 있는 구조의 노대를 설치할 것

해설 ③ 피난기구는 다음 각 호의 기준에 따라 설치하여야 한다.
1. 피난기구는 계단·피난구 기타 피난시설로부터 적당한 거리에 있는 안전한 구조로 된 피난 또는 소화활동상 유효한 개구부(가로 0.5m 이상 세로 1m 이상인 것을 말한다. 이 경우 개부구 하단이 바닥에서 1.2m 이상이면 발판 등을 설치하여야 하고, 밀폐된 창문은 쉽게 파괴할 수 있는 파괴장치를 비치하여야 한다)에 고정하여 설치하거나 필요한 때에 신속하고 유효하게 설치할 수 있는 상태에 둘 것
2. 피난기구를 설치하는 개구부는 서로 동일직선상이 아닌 위치에 있을 것. 다만, 피난교·피난용트랩·간이완강기·아파트에 설치되는 피난기구(다수인 피난장비는 제외한다) 기타 피난 상 지장이 없는 것에 있어서는 그러하지 아니하다.
3. 피난기구는 소방대상물의 기둥·바닥·보 기타 구조상 견고한 부분에 볼트조임·매입·용접 기타의 방법으로 견고하게 부착할 것
4. 4층 이상의 층에 피난사다리(하향식 피난구용 내림식사다리는 제외한다)를 설치하는 경우에는 금속성 고정사다리를 설치하고, 당해 고정사다리에는 쉽게 피난할 수 있는 구조의 노대를 설치할 것
5. 완강기는 강하 시 로프가 소방대상물과 접촉하여 손상되지 아니하도록 할 것
6. 완강기로프의 길이는 부착위치에서 지면 기타 피난상 유효한 착지 면까지의 길이로 할 것
7. 미끄럼대는 안전한 강하속도를 유지하도록 하고, 전락방지를 위한 안전조치를 할 것
8. 구조대의 길이는 피난 상 지장이 없고 안정한 강하속도를 유지할 수 있는 길이로 할 것
9. 다수인 피난장비는 다음 각 목에 적합하게 설치할 것 〈신설 2011.11.24〉
   가. 피난에 용이하고 안전하게 하강할 수 있는 장소에 적재 하중을 충분히 견딜 수 있도록 「건축물의 구조기준 등에 관한 규칙」 제3조에서 정하는 구조안전의 확인을 받아 견고하게 설치할 것
   나. 다수인피난장비 보관실(이하 "보관실"이라 한다)은 건물 외측보다 돌출되지 아니하고, 빗물·먼지 등으로부터 장비를 보호할 수 있는 구조 일 것 〈신설 2011.11.24.〉
   다. 사용 시에 보관실 외측 문이 먼저 열리고 탑승기가 외측으로 자동으로 전개될 것
   라. 하강 시에 탑승기가 건물 외벽이나 돌출물에 충돌하지 않도록 설치할 것 〈신설 2011.11.24.〉
   마. 상·하층에 설치할 경우에는 탑승기의 하강경로가 중첩되지 않도록 할 것 〈신설 2011.11.24.〉
   바. 하강 시에는 안전하고 일정한 속도를 유지하도록 하고 전복, 흔들림, 경로이탈 방지를 위한 안전조치를 할 것 〈신설 2011.11.24.〉
   사. 보관실의 문에는 오작동 방지조치를 하고, 문 개방 시에는 당해 소방대상물에 설치된 경보설비와 연동하여 유효한 경보음을 발하도록 할 것 〈신설 2011.11.24.〉
   아. 피난층에는 해당 층에 설치된 피난기구가 착지에 지장이 없도록 충분한 공간을

예상문제

확보할 것
자. 한국소방산업기술원 또는 법 제42조제1항에 따라 성능시험기관으로 지정받은 기관에서 그 성능을 검증받은 것으로 설치할 것 〈신설 2011.11.24.〉
10. 승강식피난기 및 하향식 피난구용 내림식사다리는 다음 각 목에 적합하게 설치할 것
    가. 승강식피난기 및 하향식 피난구용 내림식사다리는 설치경로가 설치층에서 피난층까지 연계될 수 있는 구조로 설치할 것. 단, 건축물 규모가 지상 5층 이하로서 구조 및 설치 여건상 불가피한 경우는 그러하지 아니 한다. 〈신설 2011.11.24.〉
    나. 대피실의 면적은 2㎡(2세대 이상일 경우에는 3㎡) 이상으로 하고, 「건축법 시행령」 제46조제4항의 규정에 적합하여야 하며 하강구(개구부) 규격은 직경 60cm 이상일 것. 단, 외기와 개방된 장소에는 그러하지 아니 한다. 〈신설 2011.11.24.〉
    다. 하강구 내측에는 기구의 연결 금속구 등이 없어야 하며 전개된 피난기구는 하강구 수평투영면적 공간 내의 범위를 침범하지 않는 구조이어야 할 것. 단, 직경 60cm 크기의 범위를 벗어난 경우이거나, 직하층의 바닥 면으로부터 높이 50cm 이하의 범위는 제외 한다.
    라. 대피실의 출입문은 갑종방화문으로 설치하고, 피난방향에서 식별할 수 있는 위치에 "대피실" 표지판을 부착할 것. 단, 외기와 개방된 장소에는 그러하지 아니 한다. 〈신설 2011.11.24.〉
    마. 착지점과 하강구는 상호 수평거리 15cm 이상의 간격을 둘 것 〈신설 2011.11.24.〉
    바. 대피실 내에는 비상조명등을 설치할 것 〈신설 2011.11.24.〉
    사. 대피실에는 층의 위치표시와 피난기구 사용설명서 및 주의사항 표지판을 부착할 것
    아. 대피실 출입문이 개방되거나, 피난기구 작동 시 해당층 및 직하층 거실에 설치된 표시등 및 경보장치가 작동되고, 감시 제어반에서는 피난기구의 작동을 확인할 수 있어야 할 것
    자. 사용 시 기울거나 흔들리지 않도록 설치할 것 〈신설 2011.11.24.〉
    차. 승강식피난기는 한국소방산업기술원 또는 법 제42조제1항에 따라 성능시험기관으로 지정받은 기관에서 그 성능을 검증받은 것으로 설치할 것 〈신설 2011.11.24〉

294 내림식 사다리의 구조에는 다음과 같은 형태의 사다리가 있다. 틀린 것은?
① 접이식
② 와이어식
③ 체인식
④ 회전식

295 다수인 피난장비에 대한 설치기준 중 틀린 것은?
① 다수인피난장비 보관실(이하 "보관실"이라 한다)은 건물 외측보다 돌출되지 아니하고, 빗물·먼지등으로부터 장비를 보호할 수 있는 구조 일 것
② 사용 시에 보관실 외측 문이 먼저 열리고 탑승기가 외측으로 자동 및 수동으로 전개될 것
③ 하강 시에 탑승기가 건물 외벽이나 돌출물에 충돌하지 않도록 설치할 것
④ 상·하층에 설치할 경우에는 탑승기의 하강경로가 중첩되지 않도록 할 것

 해설 293번 문제 해설 참조

정답 : 294.④ 295.②

296 승강식 피난기 및 하향식 피난구용 내림식사다리에 대한 설치기준중 틀린 것은?

① 승강식피난기 및 하향식 피난구용 내림식사다리는 설치경로가 설치층에서 피난층까지 연계될 수 있는 구조로 설치할 것. 단, 건축물 규모가 지상 5층 이하로서 구조 및 설치 여건상 불가피한 경우는 그러하지 아니 한다.
② 대피실의 면적은 3㎡(2세대 이상일 경우에는 5㎡) 이상으로 하고, 건축법시행령 제46조 제4항의 규정에 적합하여야 하며 하강구(개구부) 규격은 직경 60㎝ 이상일 것. 단, 외기와 개방된 장소에는 그러하지 아니 한다.
③ 하강구 내측에는 기구의 연결 금속구 등이 없어야 하며 전개된 피난기구는 하강구 수평 투영면적 공간 내의 범위를 침범하지 않는 구조이어야 할 것. 단, 직경 60㎝ 크기의 범위를 벗어난 경우이거나, 직하층의 바닥 면으로부터 높이 50㎝ 이하의 범위는 제외 한다.
④ 대피실의 출입문은 갑종방화문으로 설치하고, 피난방향에서 식별할 수 있는 위치에 "대피실" 표지판을 부착할 것. 단, 외기와 개방된 장소에는 그러하지 아니 한다.

해설 293번 문제 해설 참조

297 사다리 하부에 미끄럼 방지장치를 하여야 하는 사다리는 다음 중 어느 것인가?

① 내림식 사다리 ② 수납식 사다리
③ 올림식 사다리 ④ 신축식 사다리

298 금속제 피난사다리의 종봉의 간격으로 적당한 것은?

① 30[cm] 이상 45[cm] 이하 ② 25[cm] 이상 50[cm] 이하
③ 30[cm] 이상 50[cm] 이하 ④ 25[cm] 이상 60[cm] 이하

해설 피난사다리의 형식승인 및 제품검사의 기술기준
[시행 2017.7.26.] [소방청고시 제2017-1호, 2017.7.26., 타법개정]
제3조(일반구조) 피난사다리의 구조는 다음 각 호에 적합하여야 한다.
1. 안전하고 확실하며 쉽게 사용할 수 있는 구조이어야 한다.
2. 피난사다리는 2개 이상의 종봉(내림식사다리에 있어서는 이에 상당하는 와이어로프·체인 그 밖의 금속제의 봉 또는 관을 말한다. 이하 같다) 및 횡봉으로 구성되어야 한다. 다만, 고정식사다리인 경우에는 종봉의 수를 1개로 할 수 있다.
3. 피난사다리(종봉이 1개인 고정식사다리는 제외한다)의 종봉의 간격은 최외각 종봉 사이의 안치수가 30㎝ 이상이어야 한다.
4. 피난사다리의 횡봉은 지름 14mm 이상 35mm 이하의 원형인 단면이거나 또는 이와 비슷한 손으로 잡을 수 있는 형태의 단면이 있는 것이어야 한다.

정답 : 296.② 297.③ 298.③

5. 피난사다리의 횡봉은 종봉에 동일한 간격으로 부착한 것이어야 하며, 그 간격은 25cm 이상 35cm 이하이어야 한다.
6. 피난사다리 횡봉의 디딤면은 미끄러지지 아니하는 구조이어야 한다.

299 4층 이상의 층에 설치할 수 있는 피난사다리는?

① 고정식 사다리
② 이동식 사다리
③ 올림식 사다리
④ 내림식 사다리

해설 293. 문제 해설 참조

300 피난기구의 축광식 표지에 대한 기준중 틀린것은?

① 방사성물질을 사용하는 위치표지는 쉽게 파괴되지 아니하는 재질로 처리할 것
② 위치표지는 주위 조도 0lx에서 60분간 발광 후 직선거리 10m 떨어진 위치에서 보통시력으로 표시면의 문자 또는 화살표 등을 쉽게 식별할 수 있는 것으로할것
③ 위치표지의 표시면은 쉽게 변형·변질 또는 변색되지 아니할 것
④ 위치표지의 표지면의 휘도는 주위 조도 0lx에서 20분간 발광 후 7mcd/m²로 할 것

해설 ④ 피난기구를 설치한 장소에는 가까운 곳의 보기 쉬운 곳에 피난기구의 위치를 표시하는 발광식 또는 축광식표지와 그 사용방법을 표시한 표지를 부착하되, 축광식표지는 소방청장이 정하여 고시한 「축광표지의 성능인증 및 제품검사의 기술기준」에 적합하여야 한다. 다만, 방사성물질을 사용하는 위치표지는 쉽게 파괴되지 아니하는 재질로 처리할 것
[축광표지의 성능인증 및 제품검사 기술기준]
제8조(식별도시험) ① 축광유도표지 및 축광위치표지는 200ℓx 밝기의 광원으로 20분간 조사시킨 상태에서 다시 주위조도를 0ℓx로 하여 60분간 발광시킨 후 직선거리 20m(축광위치표지의 경우 10m)떨어진 위치에서 유도표지 또는 위치표지가 있다는 것이 식별되어야 하고, 유도표지는 직선거리 3m의 거리에서 표시면의 표시중 주체가 되는 문자 또는 주체가 되는 화살표등이 쉽게 식별되어야 한다. 이 경우 측정자는 보통 시력(시력 1.0에서 1.2의 범위를 말한다)을 가진 자로서 시험실시 20분전까지 암실에 들어가 있어야 한다.
② 제1항의 규정에도 불구하고 보조축광표지는 200ℓx 밝기의 광원으로 20분간 조사 시킨 상태에서 다시 주위조도를 0ℓx로 하여 60분간 발광시킨 후 직선거리 10m 떨어진 위치에서 보조축광표지가 있다는 것이 식별되어야 한다. 이 경우 측정자의 조건은 제1항의 조건을 적용한다.
제9조(휘도시험) 축광유도표지 및 축광위치표지의 표시면을 0ℓx 상태에서 1시간 이상 방치한 후 200ℓx 밝기의 광원으로 20분간 조사시킨 상태에서 다시 주위조도를 0ℓx로 하여 휘도시험을 실시하는 경우 다음 각 호에 적합하여야 한다.
1. 5분간 발광시킨 후의 휘도는 1m²당 110mcd 이상이어야 한다.
2. 10분간 발광시킨 후의 휘도는 1m²당 50mcd 이상이어야 한다.
3. 20분간 발광시킨 후의 휘도는 1m²당 24mcd 이상이어야 한다.

정답 : 299.① 300.④

4. 60분간 발광시킨 후의 휘도는 1m²당 7mcd 이상이어야 한다.

301
주요구조부가 내화구조이고 건널복도가 설치된 경우 건널복도수의 2배의 수를 뺀 수로 피난기구를 설치할수 있다. 이때 건널복도 구조로서 옳지 않은것은?

① 내화구조 또는 철골조로 되어 있을 것
② 건널복도 양단의 출입구에 자동폐쇄장치를 한 갑종 또는 을종방화문이 설치되어 있을 것
③ 사람들이 피난·통행하는 용도일 것
④ 물건을 운반하는 전용 용도일 것

해설 제6조(피난기구설치의 감소)
① 피난기구를 설치하여야 할 소방대상물중 다음 각 호의 기준에 적합한 층에는 제4조제2항에 따른 피난기구의 2분의 1을 감소할 수 있다. 이 경우 설치하여야 할 피난기구의 수에 있어서 소수점 이하의 수는 1로 한다.
  1. 주요구조부가 내화구조로 되어 있을 것
  2. 직통계단인 피난계단 또는 특별피난계단이 2 이상 설치되어 있을 것
② 피난기구를 설치하여야 할 소방대상물 중 주요구조부가 내화구조이고 다음 각 호의 기준에 적합한 건널 복도가 설치되어 있는 층에는 제4조제2항에 따른 피난기구의 수에서 해당 건널 복도의 수의 2배의 수를 뺀 수로 한다.
  1. 내화구조 또는 철골조로 되어 있을 것
  2. 건널 복도 양단의 출입구에 자동폐쇄장치를 한 갑종방화문(방화셔터를 제외한다)이 설치되어 있을 것
  3. 피난·통행 또는 운반의 전용 용도일 것
③ 피난기구를 설치하여야 할 소방대상물 중 다음 각 호에 기준에 적합한 노대가 설치된 거실의 바닥면적은 제4조제2항에 따른 피난기구의 설치개수 산정을 위한 바닥면적에서 이를 제외한다.
  1. 노대를 포함한 소방대상물의 주요구조부가 내화구조일 것
  2. 노대가 거실의 외기에 면하는 부분에 피난 상 유효하게 설치되어 있어야 할 것
  3. 노대가 소방사다리차가 쉽게 통행할 수 있는 도로 또는 공지에 면하여 설치되어 있거나, 또는 거실부분과 방화 구획되어 있거나 또는 노대에 지상으로 통하는 계단 그 밖의 피난기구가 설치되어 있어야 할 것

302
피난기구를 소방대상물의 옥상 직하층 또는 최상층의 경우 제외할 수 있다. 이때 옥상의 구조로서 옳지 않은 것은?

① 주요구조부가 내화구조로 되어 있어야 할 것
② 옥상의 면적이 1,000m² 이상이어야 할 것
③ 옥상으로 쉽게 통할 수 있는 창 또는 출입구가 설치되어 있어야 할 것
④ 옥상이 소방사다리차가 쉽게 통행할 수 있는 도로 또는 공지에 면하여 설치되어 있을 것

정답 : 301.② 302.②

예상문제

해설 제5조(설치제외)

영 별표 6 제7호 피난설비의 설치면제 요건의 규정에 따라 다음 각 호의 어느 하나에 해당하는 소방대상물 또는 그 부분에는 피난기구를 설치하지 아니할 수 있다. 다만, 제4조제2항제2호에 따라 숙박시설(휴양콘도미니엄을 제외한다)에 설치되는 완강기 및 간이완강기의 경우에는 그러하지 아니하다.

1. 다음 각 목의 기준에 적합한 층
   가. 주요구조부가 내화구조로 되어 있어야 할 것
   나. 실내의 면하는 부분의 마감이 불연재료·준불연재료 또는 난연재료로 되어 있고 방화구획이 「건축법 시행령」 제46조의 규정에 적합하게 구획되어 있어야 할 것
   다. 거실의 각 부분으로부터 직접 복도로 쉽게 통할 수 있어야 할 것
   라. 복도에 2 이상의 특별피난계단 또는 피난계단이 「건축법 시행령」 제35조에 적합하게 설치되어 있어야 할 것
   마. 복도의 어느 부분에서도 2 이상의 방향으로 각각 다른 계단에 도달할 수 있어야 할 것

2. 다음 각 목의 기준에 적합한 소방대상물 중 그 옥상의 직하층 또는 최상층(관람집회 및 운동시설 또는 판매시설을 제외한다)
   가. 주요구조부가 내화구조로 되어 있어야 할 것
   나. 옥상의 면적이 1,500㎡ 이상이어야 할 것
   다. 옥상으로 쉽게 통할 수 있는 창 또는 출입구가 설치되어 있어야 할 것
   라. 옥상이 소방사다리차가 쉽게 통행할 수 있는 도로(폭 6m 이상의 것을 말한다. 이하 같다) 또는 공지(공원 또는 광장 등을 말한다. 이하 같다)에 면하여 설치되어 있거나 옥상으로부터 피난층 또는 지상으로 통하는 2 이상의 피난계단 또는 특별피난계단이 「건축법 시행령」 제35조의 규정에 적합하게 설치되어 있어야 할 것

3. 주요구조부가 내화구조이고 지하층을 제외한 층수가 4층 이하이며 소방사다리차가 쉽게 통행할 수 있는 도로 또는 공지에 면하는 부분에 영 제2조제1호 각 목의 기준에 적합한 개구부가 2 이상 설치되어 있는 층(문화집회 및 운동시설·판매시설 및 영업시설 또는 노유자시설의 용도로 사용되는 층으로서 그 층의 바닥면적이 1,000㎡ 이상인 것을 제외한다)

4. 편복도형 아파트 또는 발코니 등을 통하여 인접세대로 피난할 수 있는 구조로 되어 있는 계단실형 아파트

5. 주요구조부가 내화구조로서 거실의 각 부분으로 직접 복도로 피난할 수 있는 학교(강의실 용도로 사용되는 층에 한한다)

6. 무인공장 또는 자동창고로서 사람의 출입이 금지된 장소(관리를 위하여 일시적으로 출입하는 장소를 포함한다)

7. 건축물의 옥상부분으로서 거실에 해당하지 아니하고 「건축법 시행령」 제119조제1항제9호에 해당하여 층수로 산정된 층으로 사람이 근무하거나 거주하지 아니하는 장소 〈신설 2015.1.23.〉

303 금속제 피난사다리에 표시할 사항 중 불필요한 것은?

① 종별　　　　　　　　　② 길이
③ 형식번호　　　　　　　④ 관리책임자

해설　제11조(표시)
피난사다리에 다음 사항을 보기 쉬운 부위에 잘 지워지지 아니하도록 표시하여야 한다. 다만, 제6호 및 제8호는 취급설명서에 표시할 수 있다.
1. 종별 및 형식
2. 형식승인번호
3. 제조연월 및 제조번호
4. 제조업체명 또는 상호
5. 길이 및 자체중량
6. 사용안내문(사용방법, 취급상의 주의사항)
7. 용도(하향식피난구용 내림식사다리에 한하며, "하향식피난구용"으로 표시한다) 〈2011. 5. 13 개정〉
8. 품질보증에 관한 사항(보증기간, 보증내용, A/S방법, 자체검사필증 등)

304 완강기의 구성 부분으로서 다음 중 적합한 것은?

① 조속기, 로프, 벨트, 훅　　　　② 설치공구, 체인, 벨트, 훅
③ 조속기, 로프, 벨트, 세로봉　　④ 조속기, 체인, 벨트, 훅

해설　완강기의 형식승인 및 제품검사의 기술기준
[시행 2017.7.26.] [소방청고시 제2017-1호, 2017.7.26., 타법개정]

제3조(일반구조) 완강기 및 간이완강기의 구조 및 성능은 다음 각 호에 적합하여야 한다.
1. 속도조절기·속도조절기의 연결부·로우프·연결금속구 및 벨트로 구성되어야 한다.
2. 강하시 사용자를 심하게 선회시키지 아니하여야 한다.
3. 속도조절기는 다음 각 목에 적합하여야 한다.
　가. 견고하고 내구성이 있어야 한다.
　나. 평상시에 분해 청소 등을 하지 아니하여도 작동할 수 있어야 한다.
　다. 강하시 발생하는 열에 의하여 기능에 이상이 생기지 아니하여야 한다.
　라. 속도조절기는 사용 중에 분해·손상·변형되지 아니하여야 하며, 속도조절기의 이탈이 생기지 아니하도록 덮개를 하여야 한다. 〈개정 2011.4.25.〉
　마. 강하시 로우프가 손상되지 아니하여야 한다.
　바. 속도조절기의 풀리 등으로부터 로우프가 노출되지 아니하는 구조이어야 한다. 〈개정 2011.4.25〉
4. 기능에 이상이 생길 수 있는 모래나 기타의 이물질이 쉽게 들어가지 아니하도록 견고한 덮개로 덮여져 있어야 한다. 〈개정 2011.4.25〉
5. 로우프는 와이어로프이어야 하며 다음 각 목에 적합하여야 한다.

정답 : 303.④　304.①

예상문제

　　　가. 와이어로우프의 지름은 3mm 이상이어야 하며 전체 길이에 걸쳐 균일한 구조이어야 한다.
　　　나. 와이어로우프에 외장을 하는 경우에는 전체 길이에 걸쳐 균일하게 외장을 하여야 한다.
　6. 벨트는 다음 각 목에 적합하여야 한다.
　　　가. 쉽게 착용하고 쉽게 벗을 수 있을 것
　　　나. 사용할 때 벗겨지거나 풀어지지 아니하고 또한 벨트가 꼬이지 않아야 한다.
　　　다. 벨트의 너비는 45mm 이상이어야 하고 벨트의 최소원주길이는 55㎝ 이상 65㎝ 이하이어야 하며, 최대원주길이는 160㎝ 이상 180㎝ 이하이어야 하고 최소원주길이 부분에는 너비 100mm 두께 10mm 이상의 충격보호재를 덧씌워야 한다.
　　　라. 강하시 사용자가 감시하거나 동작하는데 지장이 생기지 아니하여야 한다.
　　　마. 사용자의 가슴둘레에 맞도록 벨트길이를 조정할 수 있는 고리가 있어야 하며 최대원주길이 벨트의 중앙이 고리에 고정되어야 하고 최소원주길이벨트의 고리는 원형이 되어야 한다.
　　　바. 표면은 매끄럽고 감촉이 좋으며, 조직의 얼룩·흠 등이 없고, 끝에는 올풀림방지 처리를 하여야 한다.
　7. 연결금속구는 각 항목에 적합하여야 한다.
　　　가. 연결금속구는 사용 중 분해, 손상 또는 변형이 생기지 아니하여야 하며, 사용 중 흔들림·충격 등으로 연결후크가 풀리지 않도록 풀림방지조치를 하여야 한다.
　　　나. 사용하는 리벳이나 부품 그 밖의 이와 유사한 것은 사용자를 다치게 하여서는 아니된다.
　　　다. 지지대에 거치하고자 사용되는 연결금속구는 장축 150mm, 단축 50mm 이상 타원형 모양으로 쉽게 연결할 수 있는 구조이어야 한다.
　　　라. 로프, 벨트에 사용되는 연결금속구는 가공버를 제거하여야 하며 그 접촉부위에는 연질재로 보호조치를 하여야 한다.
　8. 부품 및 덮개를 나사로 체결할 경우 풀림방지조치를 하여야 한다.

제4조(최대사용하중 및 최대사용자수 등) ① 최대사용하중은 1500N 이상의 하중이어야 한다. 〈개정 2012.11.1〉
② 최대사용자수(1회에 강하할 수 있는 사용자의 최대수를 말한다. 이하 같다)는 최대사용하중을 1500N으로 나누어서 얻은 값(1미만의 수는 계산하지 아니한다)으로 한다. 〈개정 2012.11.1.〉
③ 최대사용자수에 상당하는 수의 벨트가 있어야 한다.

제10조(표시) 완강기 및 간이완강기는 다음 사항을 보기 쉬운 부위에 잘 지워지지 아니하도록 표시하여야 한다. 다만, 제8호와 제10호는 보관함 또는 취급설명서에 표시할 수 있다.
1. 품명 및 형식 〈개정 2012.11.1.〉
2. 형식승인번호
3. 제조연월 및 제조번호
4. 제조업체명 또는 상호
5. 길이
6. 최대사용하중
7. 최대사용자수
8. 사용안내문(설치 및 사용방법, 취급상의 주의사항)

9. "본 제품은 1회용임"(간이완강기에 한힘)
10. 품질보증에 관한 사항(보증기간, 보증내용, A/S방법, 자체검사필증 등)

제12조(강하속도) 로우프의 길이를 최대한으로 사용하는 높이(로우프의 길이가 15m를 초과하는 것은 15m의 높이)에 완강기를 설치하고 강하시험을 하는 경우 완강기의 강하속도는 다음 각 호에 적합하여야 하며, 주위온도 시험조건은 -20~50℃의 상태에서 하여야 한다.

1. 250N·750N·1500N의 하중, 최대사용자수에 750N을 곱하여 얻은 값의 하중, 최대사용하중에 상당하는 하중으로 좌우 교대하여 각각 1회 연속 강하시키는 경우 각각의 강하속도는 16cm/s 이상 150cm/s 미만 이어야 한다. 〈개정 2012.11.1.〉
2. 완강기는 최대사용자수에 750N을 곱하여 얻은 값의 하중으로 좌우 교대하여 각각 10회 연속 강하시키는 시험을 하는 경우 각각의 강하속도는 어느 경우에나 20회의 평균 강하속도의 80% 이상 120% 이하이어야 한다. 〈개정 2012.11.1.〉
3. 로우프를 물에 1시간 담근 직후에 제2호의 규정에 의한 하중으로 좌우 교대하여 각각 1회 연속 강하시키는 시험을 하는 경우 각각의 강하속도는 어느 경우에나 제2호에서 규정하는 평균강하속도의 80% 이상 120% 이하이어야 한다. 다만, 외장이 되어 있지 아니한 구조의 로우프는 그러하지 아니하다.
4. 최대사용하중에 상당한 하중으로 좌우 교대하여, 각각 10(로프의 최대길이가 15m를 초과하는 것에 있어서는 로프의 길이를 15m로 나누어 얻어진 값에 10을 곱하여 얻어진 수치(소수점 첫째자리에서 절상))회 강하시키는 것을 1회로 하여, 5회 반복하는 시험을 한 후, 제1호의 시험을 하는 경우 동호에서 규정하는 속도범위 이내이어야 하며, 기능 또는 구조에 이상이 생기지 아니하여야 한다.

305 완강기의 안전 하강속도는?

① 16~150[cm/s] ② 18~160[cm/s]
③ 20~200[cm/s] ④ 25~250[cm/s]

◀해설 304번 문제 해설 참조

306 완강기의 구조에 관한 사항으로 적당치 않은 것은?

① 완강기의 조속기는 훅과 연결되도록 한다.
② 완강기의 조속기는 내구성이 있는 회전에 의한, 발열이 없고 모래 등의 이물질이 용이하게 들어가지 않도록 한다.
③ 완강기의 조속기는 피난자가 그 강하 속도를 조절할 수 있다.
④ 완강기의 조속기는 피난자의 체중에 의하여 로프가 [V]자 홈이 있는 활자를 회전시켜 이 회전이 치차에 의하여 원심 브레이크를 작동시켜 강하속도를 조정한다.

◀해설 304번 문제 해설 참조

정답 : 305.① 306.③

예상문제

307 3층 이상의 층에 설치하고 비상시 건축물의 창, 발코니 등에서 지상까지 통상의 포대를 설치하여 그 포대의 속을 활강하는 피난기구는 무엇인가?
① 완강기　　　　　　　　② 구조대
③ 피난사다리　　　　　　④ 공기안전매트

308 피난구조설비에 해당되지 않는 것은?
① 통로유도등　　　　　　② 유도표지
③ 비상경보설비　　　　　④ 객석유도등

309 인명구조기구의 설치대상 및 설치수에 대한 기준중 틀린것은?
① 인명구조기구는 지하층을 포함하는 층수가 7층 이상인 관광호텔에 설치할 것.
② 인명구조기구는 지하층을 포함하는 층수가 5층 이상인 병원에 설치할것.
③ 수용인원 100명 이상의 문화 및 집회시설 중 영화상영관, 판매시설 중 대규모점포, 철도 및 도시철도 시설 중 지하역사, 지하가 중 지하상가에는 층마다 보조마스크가 장착된 인명구조용 공기호흡기(충전기 제외)를 두 대 이상 갖추어 두어야 한다.
④ 물분무등소화설비를 설치하여야 하는 특정소방대상물 중 이산화탄소소화설비를 설치한 경우 해당 특정소방대상물의 출입구 외부 인근에 두 대 이상 갖추어 두어야 한다.

▸해설　설치대상

특정소방대상물	인명구조기구의 종류	설치 수량
• 지하층을 포함하는 층수가 7층 이상인 관광호텔 및 5층 이상인 병원	• 방열복 또는 방화복(헬멧, 보호장갑 및 안전화 포함) • 공기호흡기 • 인공소생기	• 각 2개 이상 비치할 것. 다만, 병원의 경우에는 인공소생기를 설치하지 않을 수 있다.
• 문화 및 집회시설 중 수용인원 100명 이상의 영화상영관 • 판매시설 중 대규모 점포 • 운수시설 중 지하역사 • 지하가 중 지하상가	• 공기호흡기	• 층마다 2개 이상 비치할 것. 다만, 각 층마다 갖추어 두어야 할 공기호흡기 중 일부를 직원이 상주하는 인근 사무실에 갖추어 둘 수 있다.
• 물분무소화설비 중 이산화탄소소화설비를 설치하여야 하는 특정소방대상물	• 공기호흡기	• 이산화탄소소화설비가 설치된 장소의 출입구 외부 인근에 1대 이상 비치할 것

310 인명구조기구의 종류로 틀린것은?
① 방열복　　　　　　　　② 공기호흡기
③ 인공소생기　　　　　　④ 방독면

　정답 : 307.② 308.③ 309.④ 310.④

311 12층의 사무소 건축물로 1층의 바닥면적이 5,000[m²]이고 연면적이 60,000[m²]인 경우 소화용수의 저수량으로 몇 [m³]가 가장 타당한가?

① 80 ② 100 ③ 120 ④ 140

해설

$$\frac{60,000 m^2}{12,500 m^2} = 4.8 \quad \therefore 5$$

$$\therefore 5 \times 20 m^3 = 100 m^3$$

소화수조 또는 저수조의 저수량은 소방대상물의 연면적을 다음 표에 따른 기준면적으로 나누어 얻은 수(소수점 이하의 수는 1로 본다)에 20m³를 곱한 양 이상이 되도록 하여야 한다.

소방대상물의 구분	면적
1층 및 2층의 바닥면적 합계가 15,000m² 이상인 소방대상물	7,500m²
그 밖의 소방대상물	12,500m²

312 1층과 2층의 바닥 면적의 합이 15,000[m²]이고, 연면적이 20,000[m²]인 경우 소화수조를 설치하는데 필요한 수원의 양은 얼마인가?

① 20[m³] ② 40[m³] ③ 60[m³] ④ 80[m³]

해설

$$\frac{20,000 m^2}{7,500 m^2} = 2.66 \quad \therefore 3 \quad \therefore 3 \times 20 m^3 = 60 m^3$$

313 지면으로부터 5[m] 깊이의 지하에 설치된 소화용수설비에 있어서 소요 소화용수량이 100[m³]인 경우 설치하여야 할 채수구의 수(Ⓐ)와 가압송수장치의 1분당 양수량(Ⓑ)이 모두 맞는 것은?

① Ⓐ : 1개, Ⓑ : 1,100[L] 이상
② Ⓐ : 2개, Ⓑ : 2,200[L] 이상
③ Ⓐ : 3개, Ⓑ : 3,300[L] 이상
④ Ⓐ : 4개, Ⓑ : 4,400[L] 이상

해설
- 소화수조 등
  ① 소화수조, 저수조의 채수구 또는 흡수관투입구는 소방차가 2m 이내의 지점까지 접근할 수 있는 위치에 설치하여야 한다.
  ② 소화수조 또는 저수조의 저수량은 소방대상물의 연면적을 다음 표에 따른 기준면적으로 나누어 얻은 수(소수점 이하의 수는 1로 본다)에 20m³를 곱한 양 이상이 되도록 하여야 한다.

소방대상물의 구분	면적
1층 및 2층의 바닥면적 합계가 15,000m² 이상인 소방대상물	7,500m²
그 밖의 소방대상물	12,500m²

정답 : 311.② 312.③ 313.③

예상문제

③ 소화수조 또는 저수조는 다음의 기준에 따라 흡수관투입구 또는 채수구를 설치하여야 한다.
　㉠ 지하에 설치하는 소화용수설비의 흡수관투입구는 그 한 변이 0.6m 이상이거나 직경이 0.6m 이상인 것으로 하고, 소요수량이 80m³ 미만인 것에 있어서는 1개 이상, 80m³ 이상인 것에 있어서는 2개 이상을 설치하여야 하며, "흡수관투입구"라고 표시한 표지를 할 것
　㉡ 소화용수설비에 설치하는 채수구는 다음 각목의 기준에 따라 설치할 것
　　ⓐ 채수구는 다음 표에 따라 소방용 호스 또는 소방용 흡수관에 사용하는 구경 65mm 이상의 나사식 결합 금속구를 설치할 것

소요수량	20m³ 이상 40m³ 미만	40m³ 이상 100m³ 미만	100m³ 이상
채수구의 수	1개	2개	3개

　　ⓑ 채수구는 지면으로부터의 높이가 0.5m 이상, 1m 이하의 위치에 설치하고 "채수구"라고 표시한 표지를 할 것
④ 소화용수설비를 설치하여야 할 소방대상물에 있어서 유수의 양이 0.8m³/min 이상인 유수를 사용할 수 있는 경우에는 소화수조를 설치하지 아니할 수 있다.

• 가압송수장치
① 소화수조 또는 저수조가 지표면으로부터의 깊이(수조 내부바닥까지의 길이를 말한다.)가 4.5m 이상인 지하에 있는 경우에는 다음 표에 따라 가압송수장치를 설치하여야 한다. 다만, 규정에 따른 저수량을 지표면으로부터 4.5m 이하인 지하에서 확보할 수 있는 경우에는 소화수조 또는 저수조의 지표면으로부터의 깊이에 관계없이 가압송수장치를 설치하지 아니할 수 있다.

소요수량	20m³ 이상 40m³ 미만	40m³ 이상 100m³ 미만	100m³ 이상
가압송수장치의 1분당 양수량	1,100ℓ 이상	2,200ℓ 이상	3,300ℓ 이상

② 소화수조가 옥상 또는 옥탑의 부분에 설치된 경우에는 지상에 설치된 채수구에서의 압력이 0.15MPa 이상이 되도록 하여야 한다.
③ 전동기 또는 내연기관에 따른 펌프를 이용하는 가압송수장치는 다음 각호의 기준에 따라 설치하여야 한다.
　㉠ 기동장치로는 보호판을 부착한 기동스위치를 채수구 직근에 설치할 것
　㉡ 그 밖의 사항은 옥내소화전과 동일

314 소화용수설비에 설치하는 채수구는 지면으로부터 높이는 얼마인가?
① 0.2[m] 이상 1.2[m] 이하
② 0.5[m] 이상 1.2[m] 이하
③ 0.5[m] 이상 1[m] 이하
④ 0.2[m] 이상 1[m] 이하

해설　313번 문제 해설 참조

315 소화수조는 소방차가 채수구로부터 몇 [m]까지 접근해야 하는가?
① 1[m]　② 2[m]　③ 3[m]　④ 5[m]

해설　제4조(소화수조 등)
① 소화수조, 저수조의 채수구 또는 흡수관투입구는 소방차가 2m 이내의 지점까지 접근할 수 있는 위치에 설치하여야 한다.

정답 : 314.③　315.②

316 소방용수시설의 저수조로 적합하지 않은 것은 어느 것인가?

① 지면으로부터 낙차가 5[m] 이상일 것
② 흡수부분의 수심이 0.5[m] 이상일 것
③ 소방펌프자동차가 용이하게 접근할 수 있을 것
④ 흡수관의 투입구가 네모의 경우에는 한 변의 길이가 60[cm] 이상일 것

해설 소방기본법 소방용수시설기준 참조

317 소화수조 또는 저수조가 지표면으로부터 깊이 몇 [m] 이상인 경우에 가압송수장치를 설치하여야 하는가?

① 3.2[m]　　② 4.5[m]　　③ 5.5[m]　　④ 10[m]

318 소화수조 등에 관한 설명 중 틀린 것은?

① 소화수조가 옥상 또는 옥탑의 부분에 설치된 경우에는 지상에 설치된 채수구에서의 압력이 0.15[MPa] 이하가 되도록 하여야 한다.
② 소화수조의 깊이가 지표면으로부터 4.5[m] 이상인 때에는 가압송수장치를 설치하여야 한다.
③ 채수구는 지면으로부터 높이가 0.5[m] 이상 1[m] 이하의 위치에 설치하여야 한다.
④ 소화수조의 채수구는 소방차가 2[m] 이내의 지점까지 접근할 수 있는 위치에 설치하여야 한다.

319 지하에 설치하는 소화용수설비의 소요수량이 80[㎥]일 경우에 채수구는 몇 개를 설치하여야 하는가?

① 4개　　② 3개　　③ 2개　　④ 1개

해설 313번 문제 해설 참조

320 다음은 상수도 소화용수설비를 설치하여야 하는 소방대상물의 설치기준이다. 적합하게 표현되지 않은 항목은?

① 연면적이 5,000[㎡] 이상인 건물에 설치
② 상수도가 설치되지 아니한 지역에 있어서는 채수구를 부착한 소화수조로 대체가능
③ 가스시설, 지하구 또는 지하가 중 터널의 경우에는 설치 제외가 가능함
④ 가스시설로서 지상에 노출된 탱크의 저장용량 합계가 30[t] 이상인 것

해설 설치대상
상수도소화용수설비를 설치하여야 하는 특정소방대상물은 다음 각 목의 어느 하나와 같다. 다만, 상수도소화용수설비를 설치하여야 하는 특정소방대상물의 대지 경계선으로부터 180m

정답 : 316.①　317.②　318.①　319.③　320.④

예상문제

이내에 지름 75mm 이상인 상수도용 배수관이 설치되지 않은 지역의 경우에는 화재안전기준에 따른 소화수조 또는 저수조를 설치하여야 한다.
㉠ 연면적 5천㎡ 이상인 것. 다만, 위험물 저장 및 처리 시설 중 가스시설, 지하가 중 터널 또는 지하구의 경우에는 그러하지 아니하다.
㉡ 가스시설로서 지상에 노출된 탱크의 저장용량의 합계가 100톤 이상인 것

321 상수도 소화용수설비의 설명으로 맞지 않는 것은?
① 호칭지름 75[mm] 이상의 수도배관에 호칭지름 100[mm] 이상의 소화전을 접속하여야 한다.
② 소화전함은 소화전으로부터 5[m] 이내의 거리에 설치한다.
③ 소화전은 소방자동차 등의 진입이 쉬운 도로변 또는 공지에 설치한다.
④ 소화전은 소방대상물의 수평투영면의 각 부분으로부터 140[m] 이하가 되도록 설치한다.

■ 해설   소화전함이 없음
• 설치기준
  상수도 소화용수설비는 수도법의 규정에 따른 기준 외에 다음 기준에 따라 설치하여야 한다.
  ① 호칭지름 75mm 이상의 수도배관에 호칭지름 100mm 이상의 소화전을 접속할 것
  ② ①의 규정에 따른 소화전은 소방자동차 등의 진입이 쉬운 도로변 또는 공지에 설치할 것
  ③ ①의 규정에 따른 소화전은 소방대상물의 수평투영면의 각 부분으로부터 140m 이하가 되도록 설치할 것

322 상수도 소화용수설비의 소화전은 소방대상물의 수평투영면의 각 부분으로부터 몇 [m] 이하가 되도록 설치하여야 하는가?
① 100[m]   ② 120[m]   ③ 140[m]   ④ 150[m]

323 제연구획에 대한 설명 중 잘못된 것은?
① 하나의 제연구역의 면적은 1,000[㎡] 이내로 하여야 한다.
② 거실과 통로는 상호 제연구획아여야 한다.
③ 제연구역의 구획은 보·제연경계벽 및 벽으로 하여야 한다.
④ 통로상의 제연구역은 보행 중심선으로 길이가 최대 50[m] 이내이어야 한다.

■ 해설   제4조(제연설비)
① 제연설비의 설치장소는 다음 각 호에 따른 제연구역으로 구획하여야 한다. 〈개정 2012. 8.20〉
  1. 하나의 제연구역의 면적은 1,000㎡ 이내로 할 것
  2. 거실과 통로(복도를 포함한다. 이하 같다)는 상호 제연구획 할 것
  3. 통로상의 제연구역은 보행중심선의 길이가 60m를 초과하지 아니할 것
  4. 하나의 제연구역은 직경 60m 원내에 들어갈 수 있을 것
  5. 하나의 제연구역은 2개 이상 층에 미치지 아니하도록 할 것. 다만, 층의 구분이 불분명한 부분은 그 부분을 다른 부분과 별도로 제연구획 하여야 한다.

정답 : 321.② 322.③ 323.④

324 다음은 제연설비의 화재안전기준이다. 옳지 않은 것은?

① 배출기의 흡입측 풍도 안의 풍속은 20[m/s] 이하로 하고 배출측 풍속은 15[m/s] 이하로 한다.
② 하나의 제연구역의 면적은 1,000[m²] 이내로 한다.
③ 예상제연구역에 대해서는 화재시 연기배출과 동시에 공기유입이 될 수 있게 하고 배출구역이 거실일 경우에는 통로에 동시에 공기가 유입될 수 있도록 하여야 한다.
④ 예상제연구역의 각 부분으로부터 하나의 배출구까지의 수평거리는 10[m] 이내가 되도록 한다.

해설 배출기 및 배출풍도
① 배출기의 설치기준
  ㉠ 배출기의 배출능력은 규정에 의한 배출량 이상이 되도록 할 것
  ㉡ 배출기와 배출풍도의 접속부분에 사용하는 캔버스는 내열성이 있는 것으로 할 것
  ㉢ 배출기의 전동기 부분과 배풍기 부분은 분리하여 설치하고, 배풍기 부분은 유효한 내열처리를 할 것
② 배출풍도의 기준
  ㉠ 배출풍도는 아연도금강판 또는 이와 동등 이상의 내식성·내열성이 있는 것으로 하며, 내열성의 단열재로 유효한 단열처리를 하고, 강판의 두께는 배출풍도의 크기에 따라 다음 표에 따른 기준 이상으로 할 것

풍도단면의 긴변 또는 직경의 크기	450mm 이하	450mm 초과 750mm 이하	750mm 초과 1,500mm 이하	1,500mm 초과 2,250mm 이하	2,250mm 초과
강판두께	0.5mm	0.6mm	0.8mm	1.0mm	1.2mm

  ㉡ 배출기의 흡입측 풍도 안의 풍속은 15m/sec 이하, 배출측 풍속은 20m/sec 이하로 할 것

325 송풍기 등을 사용하여 건축물 내부에 발생한 연기를 제연구획까지 풍도를 설치하여 강제로 제연하는 방식은?

① 밀폐방연방식
② 자연제연방식
③ 강제제연방식
④ 스모크타워제연방식

해설 기계제연방식

326 제연설비에 전용 샤프트를 설치하여 건물 내·외부의 온도차와 화재시 발생되는 열기에 의한 밀도 차이를 이용하여 지붕외부의 루프모니터 등을 이용하여 옥외로 배출·환기시키는 방식을 무엇이라 하는가?

① 자연방식
② 루프모니터방식
③ 스모크타워방식
④ 루프해치방식

해설 스모크타워제연방식

 정답 : 324.① 325.③ 326.③

예상문제

327 다음 용어의 설명중 틀린것은?

① "제연구역"이라 함은 제연경계(제연설비의 일부인 천장을 포함한다.)에 의해 구획된 건물 내의 공간을 말한다.
② "예상제연구역"이라 함은 화재발생시 연기의 제어가 요구되는 제연구역을 말한다.
③ "제연경계의 폭"이라 함은 제연경계의 천장 또는 반자로부터 그 수직하단까지의 거리를 말한다.
④ "수직거리"라 함은 제연구역의 바닥으로부터 그 천장까지의 거리를 말한다.

해설 제3조(정의)
이 기준에서 사용하는 용어의 정의는 다음과 같다.
1. "제연구역"이란 제연경계(제연설비의 일부인 천장을 포함한다)에 의해 구획된 건물 내의 공간을 말한다.
2. "예상제연구역"이란 화재발생시 연기의 제어가 요구되는 제연구역을 말한다. 〈개정 2012.8.20.〉
3. "제연경계의 폭"이란 제연경계의 천장 또는 반자로부터 그 수직하단까지의 거리를 말한다.
4. "수직거리"란 제연경계의 바닥으로부터 그 수직하단까지의 거리를 말한다. 〈개정 2012.8.20.〉
5. "공동예상제연구역"이란 2개 이상의 예상제연구역을 말한다. 〈개정 2012.8.20.〉
6. "방화문"이란 「건축법 시행령」 제64조에 따른 갑종방화문 또는 을종방화문으로써 언제나 닫힌 상태를 유지하거나 화재로 인한 연기의 발생 또는 온도의 상승에 따라 자동적으로 닫히는 구조를 말한다.
7. "유입풍도"란 예상제연구역으로 공기를 유입하도록 하는 풍도를 말한다. 〈개정 2012.8.20.〉
8. "배출풍도"란 예상 제연구역의 공기를 외부로 배출하도록 하는 풍도를 말한다. 〈개정 2012.8.20〉

328 하나의 제연구획의 면적은 몇 [m²] 이내로 하여야 하는가?

① 500[m²]   ② 1,000[m²]
③ 1,500[m²]   ④ 2,000[m²]

329 예상제연구역의 각 부분으로부터 하나의 배출구까지의 수평거리는?

① 10[m]   ② 15[m]
③ 20[m]   ④ 25[m]

해설 ② 예상제연구역의 각 부분으로부터 하나의 배출구까지의 수평거리는 10m 이내가 되도록 하여야 한다.

 정답 : 327.④ 328.② 329.①

330 예상제연구역에 공기가 유입되는 순간의 풍속은?

① 3[m/s] ② 5[m/s]
③ 10[m/s] ④ 15[m/s]

해설 ⑤ 예상제연구역에 공기가 유입되는 순간의 풍속은 5m/s 이하가 되도록 하고, 제2항부터 제4항까지의 유입구의 구조는 유입공기를 상향으로 분출하지 않도록 해야 한다.

331 제연풍도 등의 설치에 관한 설명 중 틀린 것은?

① 배출기의 전동기 부분과 배풍기 부분은 격리하여 설치한다.
② 배출기와 배출풍도의 접속 부분에 사용하는 캔버스는 내열성이 있는 것으로 할 것
③ 제연풍도가 벽 등을 관통하는 경우에는 벽 등과의 틈이 10[cm] 되게 할 것
④ 제연풍도가 내화구조의 벽 또는 바닥을 관통하는 곳에 있어서는 원격 조작이 가능한 방화댐퍼를 부착할 것

해설 틈이 없어야 할 것

332 배출기 흡입측 풍도 안의 풍속은?

① 10[m/s] ② 15[m/s]
③ 20[m/s] ④ 25[m/s]

333 유입풍도 안의 풍속은?

① 10[m/s] ② 15[m/s]
③ 20[m/s] ④ 25[m/s]

해설 제10조(유입풍도등)
① 유입풍도안의 풍속은 20m/s 이하로 하고 풍도의 강판두께는 제9조제2항제1호의 기준으로 설치하여야 한다. 〈개정 2008.12.15.〉
② 옥외에 면하는 배출구 및 공기유입구는 비 또는 눈 등이 들어가지 아니하도록 하고, 배출된 연기가 공기유입구로 순환유입 되지 아니하도록 하여야 한다.

334 제연설비(NFTC501)의 비상전원의 용량은 몇 분 이상으로 하여야 하는가?

① 15분 ② 20분
③ 25분 ④ 30분

정답 : 330.② 331.③ 332.② 333.③ 334.②

예상문제

해설 제11조(제연설비의 전원 및 기동)
① 비상전원은 자가발전설비 또는 축전지설비는 다음 각 호의 기준에 따라 설치하여야 한다. 다만, 2이상의 변전소(「전기사업법」 제67조에 따른 변전소를 말한다)에서 전력을 동시에 공급받을 수 있거나 하나의 변전소로부터 전력의 공급이 중단되는 때에는 자동으로 다른 변전소로부터 전원을 공급받을 수 있도록 상용전원을 설치한 경우에는 그러하지 아니하다. 〈개정 2012.8.20〉
  1. 점검에 편리하고 화재 및 침수 등의 재해로 인한 피해를 받을 우려가 없는 곳에 설치할 것
  2. 제연설비를 유효하게 20분 이상 작동할 수 있도록 할 것
  3. 상용전원으로부터 전력의 공급이 중단된 때에는 자동으로 비상전원으로부터 전력을 공급받을 수 있도록 할 것
  4. 비상전원의 설치장소는 다른 장소와 방화구획 할 것. 이 경우 그 장소에는 비상전원의 공급에 필요한 기구나 설비외의 것(열병합발전설비에 필요한 기구나 설비는 제외한다)을 두어서는 아니 된다.
  5. 비상전원을 실내에 설치하는 때에는 그 실내에 비상조명등을 설치할 것
② 가동식의 벽·제연경계벽·댐퍼 및 배출기의 작동은 자동화재감지기와 연동되어야 하며, 예상제연구역(또는 인접장소) 및 제어반에서 수동으로 기동이 가능하도록 하여야 한다.

335 제연설비에 사용되는 원심식 송풍기의 형태가 아닌 것은?
① 다익형
② 터보형
③ 익형
④ 프로펠러형

해설 프로펠러형 : 축류식

336 연기감지기에 의해 연기가 검출되었을 때 자동적으로 폐쇄되는 것으로 전자식이나 전동기에 의해 작동되는 댐퍼는?
① 방연댐퍼
② 방화댐퍼
③ 풍량조절댐퍼
④ 휴즈댐퍼

337 예상제연구역에 설치되는 공기유입구의 기준으로 옳지 않은 것은?
① 바닥면적 400m²미만의 거실인 예상제연구역에 대하여서는 바닥 외의 장소에 설치하고 공기유입구와 배출구 간의 직선거리는 10m 이상으로 할 것
② 바닥면적이 400m² 이상의 거실인 예상제연구역에 대하여는 바닥으로부터 1.5m 이하의 높이에 설치하고 그 주변 2m 이내에는 가연성 내용물이 없도록 할 것
③ 유입구를 벽에 설치할 경우에는 바닥으로부터 1.5m 이하의 높이에 설치하고 그 주변 2m 이내에는 가연성 내용물이 없도록 할 것

정답 : 335.④ 336.① 337.①

④ 유입구를 벽외의 장소에 설치할 경우에는 유입구 상단이 천장 또는 반자와 바닥 사이의 중간 아랫부분보다 낮게 되도록 하고, 수직거리가 가장 짧은 제연경계 하단보다 낮게 되도록 설치할 것

해설 ② 예상제연구역에 설치되는 공기유입구는 다음 각 호의 기준에 적합하여야 한다.
  ㉠ 바닥면적 400㎡ 미만의 거실인 예상제연구역(제연경계에 따른 구획을 제외한다. 다만, 거실과 통로와의 구획은 그렇지 않다)에 대해서는 공기유입구와 배출구간의 직선거리는 5m 이상 또는 구획된 실의 장변의 2분의 1 이상으로 할 것. 다만, 공연장·집회장·위락시설의 용도로 사용되는 부분의 바닥면적이 200㎡를 초과하는 경우의 공기유입구는 아래 ㉡ 기준에 따를 것
  ㉡ 바닥면적이 400㎡ 이상의 거실인 예상제연구역(제연경계에 따른 구획을 제외한다. 다만, 거실과 통로와의 구획은 그렇지 않다)에 대해서는 바닥으로부터 1.5m 이하의 높이에 설치하고 그 주변은 공기의 유입에 장애가 없도록 할 것
  ㉢ 위 ㉠과 ㉡에 해당하는 것 외의 예상제연구역(통로인 예상제연구역을 포함한다)에 대한 유입구는 다음의 기준에 따를 것. 다만, 제연경계로 인접하는 구역의 유입공기가 당해 예상제연구역으로 유입되게 한 때에는 그렇지 않다.
    ㉮ 유입구를 벽에 설치할 경우에는 위 ㉡의 기준에 따를 것
    ㉯ 유입구를 벽 외의 장소에 설치할 경우에는 유입구 상단이 천장 또는 반자와 바닥 사이의 중간 아랫부분보다 낮게 되도록 하고, 수직거리가 가장 짧은 제연경계 하단보다 낮게 되도록 설치할 것

338 배출풍도의 긴변 또는 직경의 크기가 400mm인 경우 강판두께는 몇 mm 이상이어야 하는가?

① 0.5mm ② 0.6mm
③ 0.8mm ④ 1.0mm

해설 324번 문제 해설 참조

339 제연설비를 제외할수 있는 장소가 아닌 장소는?

① 사람이 상주하지 않는 기계실
② 사람이 상주하지 않는 전기실
③ 사람이 상주하지 않는 공조실
④ 사람이 상주하지 않는 70㎡미만의 창고

해설 설치제외
제연설비를 설치하여야 할 소방대상물 중 화장실·목욕실·주차장·발코니를 설치한 숙박시설(가족호텔 및 휴양콘도미니엄에 한한다.)의 객실과 사람이 상주하지 아니하는 기계실·전기실·공조실·50㎡ 미만의 창고 등으로 사용되는 부분에 대하여는 배출구·공기유입구의 설치 및 배출량 산정에서 이를 제외한다.

정답 : 338.① 339.④

예상문제

340 특별피난계단을 반드시 설치하여야 하는 대상이 아닌 것은?

① 건축물의 11층 이상인 층으로부터 피난층으로 통하는 직통계단
② 공동주택의 경우 16층 이상인 층으로부터 피난층으로 통하는 직통계단
③ 판매용도로 쓰이는 5층이상의 층으로부터 피난층으로 통하는 직통계단중 1개소 이상
④ 건축물의 지하2층으로부터 피난층으로 통하는 직통계단

해설 지하3층

341 NFTC501A에서 규정하는 제연구역의 종류에 해당하지 않는 것은?

① 계단실 및 그 부속실을 동시에 제연하는 것
② 부속실만을 단독으로 제연하는 것
③ 계단실 단독 제연하는 것
④ 부속실 연결 복도 단독 제연하는 것

해설 제5조(제연구역의 선정) 제연구역은 다음 각 호의 1에 따라야 한다.
1. 계단실 및 그 부속실을 동시에 제연하는 것
2. 부속실만을 단독으로 제연하는 것
3. 계단실 단독 제연하는 것
4. 비상용승강기 승강장 단독 제연하는 것

342 특별피난계단의 계단실 및 부속실 제연설비에 대한 안전기준 내용으로 틀린 것은?

① 제연구역과 옥내와의 사이에 유지하여야 하는 최소차압은 40[Pa] 이상으로 하여야 한다.
② 제연설비가 가동되었을 경우 출입문의 개방에 필요한 힘은 110[N] 이상으로 하여야 한다.
③ 계단실과 부속실을 동시에 제연하는 경우 부속실의 기압은 계단실과 같게 하거나 압력차이가 5[Pa] 이하가 되도록 하여야 한다.
④ 계단실 및 부속실을 동시에 제연하는 것 또는 계단실만 제연할 때의 방연풍속은 0.5[m/s] 이상이어야 한다.

해설 제6조(차압 등)
① 제4조제1호의 기준에 따라 제연구역과 옥내와의 사이에 유지하여야 하는 최소차압은 40Pa(옥내에 스프링클러설비가 설치된 경우에는 12.5Pa) 이상으로 하여야 한다.
② 제연설비가 가동되었을 경우 출입문의 개방에 필요한 힘은 110N 이하로 하여야 한다.
③ 제4조제2호의 기준에 따라 출입문이 일시적으로 개방되는 경우 개방되지 아니하는 제연구역과 옥내와의 차압은 제1항의 기준에 불구하고 제1항의 기준에 따른 차압의 70% 미만이 되어서는 아니 된다.

정답 : 340.④ 341.④ 342.②

④ 계단실과 부속실을 동시에 제연 하는 경우 부속실의 기압은 계단실과 같게 하거나 계단실의 기압보다 낮게 할 경우에는 부속실과 계단실의 압력차이는 5Pa 이하가 되도록 하여야 한다.

[제연구역의 선정방식에 따른 방연풍속]

제연구역		방연풍속
계단실 및 그 부속실을 동시에 제연하는 것 또는 계단실만 단독으로 제연하는 것		0.5m/s 이상
부속실만 단독으로 제연하는 것 또는 비상용 승강기의 승강장만 단독으로 제연하는 것	부속실 또는 승강장이 면하는 옥내가 거실인 경우	0.7m/s 이상
	부속실 또는 승강장이 면하는 옥내가 복도로서 그 구조가 방화구조(내화시간이 30분 이상인 구조를 포함한다)인 것	0.5m/s 이상

343
옥내에 스프링클러설비가 설치된 경우에 제연구역과 옥내와의 사이에 유지하여야 하는 최소차압은 몇 [Pa] 이상으로 하여야 하는가?

① 52.5
② 42.5
③ 22.5
④ 12.5

344
어느 제연구역의 계단실을 급기 가압하여 제연하려고 한다. 보충량이 1,000[m³/min]일 때 플랩댐퍼의 날개면적[m²]은?

① 0.42
② 1.42
③ 2.85
④ 5.86

해설 플랩댐퍼 날개면적 $A_f[m^2] = \dfrac{q}{5.85} = \dfrac{1000/60 \, [m^3/\sec]}{5.85} = 2.849 m^2$

345
과압방지조치에 대한 다음 설명중 틀린 것은?

① 과압방지장치는 제연구역의 압력을 자동으로 조절하는 성능이 있는 것으로 할 것
② 과압방지를 위한 과압방지장치는 차압기준과 방연풍속기준을 만족하여야 한다.
③ 플랩댐퍼에 사용하는 철판은 두께 1.8mm 이상의 열간압연 연강판(KS D 3501) 또는 이와 동등 이상의 내식성 및 내열성이 있는 것으로 할 것
④ 자동차압과압조절형댐퍼를 설치하는 경우에는 급기구의 급기댐퍼기준 만족할 것

해설 제11조(과압방지조치)
제4조제3호의 기준에 따른 제연구역에 과압의 우려가 있는 경우에는 과압방지를 위하여 해당 제연구역에 자동차압·과압조절형댐퍼 또는 과압방지장치를 다음 각 호의 기준에 따라 설치하여야 한다. 〈개정 2013.9.3〉

정답 : 343.④ 344.③ 345.③

예상문제

1. 과압방지장치는 제연구역의 압력을 자동으로 조절하는 성능이 있는 것으로 할 것 〈개정 2013.9.3.〉
2. 과압방지를 위한 과압방지장치는 제6조와 제10조의 해당 조건을 만족하여야 한다. 〈개정 2013.9.3.〉
3. 플랩댐퍼는 소방청장이 고시하는 성능인증 및 제품검사의 기술기준에 적합한 것으로 설치하여야 한다. 〈개정 2013.9.3., 2015.1.6.〉
4. 삭제 〈2013.9.3.〉
5. 플랩댐퍼에 사용하는 철판은 두께 1.5㎜ 이상의 열간압연 연강판(KS D 3501) 또는 이와 동등 이상의 내식성 및 내열성이 있는 것으로 할 것 〈개정 2013.9.3.〉
6. 자동차압·과압조절형댐퍼를 설치하는 경우에는 제17조제3호나목부터 마목의 기준에 적합할 것 〈신설 2013.9.3〉

346 14층 건물의 지하 1층에 제연설비용 배풍기를 설치하였다. 이 배풍기의 풍량은 60[㎥/min]이고 풍압은 15[cmAq]이었다. 이때 배풍기의 동력은 몇 [HP]로 해주어야 하는가? (단, 배풍기는 타워형으로 효율은 55[%]이고 여유율은 10[%]이다)

① 2.02
② 3.35
③ 1.84
④ 3.95

해설

$$P(HP) = \frac{PQ}{76\eta}K = \frac{150 \times \frac{60}{60}}{76 \times 0.55} \times 1.1 = 3.934 HP$$

347 제연설비에서 가동식의 벽, 제연 경계벽, 댐퍼 및 배출기의 작동은 무엇과 연동되어야 하며, 예상제연구역 및 제어반에서 어떤 기동이 가능하도록 하여야 하는가?

① 자동화재 감지기, 자동기동
② 자동화재 감지기, 수동기동
③ 비상경보 설비, 자동기동
④ 비상경보 설비, 수동기동

해설 감지기 작동과 연동, 제어반에서 수동기동 가능

348 공장, 창고 등 단층의 바닥면적이 큰 건물에 스모크 해치를 설치하는 수가 있는데 그 효과를 높이기 위한 장치는?

① 드래프트 커텐
② 제연 덕트
③ 배출기
④ 보조 제연기

해설 드래프트커텐

정답 : 346.④ 347.② 348.①

349 계단실 및 그 부속실을 동시에 제연하는 경우 또는 계단실만 단독으로 제연하는 경우에 방연풍속은 얼마 이상으로 하여야 하는가?

① 0.3[m/s] ② 0.5[m/s]
③ 0.7[m/s] ④ 1.0[m/s]

해설 342번 문제 해설 참조

350 유입공기를 옥외로 배출하는 방식의 종류로 옳지 않은 것은?

① 수직풍도에 따른 배출 ② 배출구에 따른 배출
③ 제연설비에 따른 배출 ④ 공조설비에 따른 배출

해설 유입공기의 배출방식
1) 수직풍도에 따른 배출
2) 배출구에 따른 배출
3) 제연설비에 따른 배출

351 수직풍도가 담당하는 1개층의 제연구역의 출입문 면적이 3m²이고 방연풍속이 1m/s라고 할 때 수직풍도 내부단면적의 크기는 몇 m²인가?

① 1m²   ② 1.5m²
③ 2m²   ④ 2.5m²

해설 수직풍도의 내부단면적
㉠ 자연배출식의 경우 다음 식에 따라 산출하는 수치 이상으로 할 것. 다만, 수직풍도의 길이가 100m를 초과하는 경우에는 산출수치의 1.2배 이상의 수치를 기준으로 하여야 한다.
$A_P = Q_N/2$
A_P : 수직풍도의 내부단면적(m²)
Q_N : 수직풍도가 담당하는 1개 층의 제연구역의 출입문(옥내와 면하는 출입문을 말한다.) 1개의 면적(m²)과 방연풍속(m/s)을 곱한 값(m³/s)
㉡ 송풍기를 이용한 기계배출식의 경우 풍속 15m/sec 이하로 할 것
$$A = \frac{Q_N}{2} = \frac{3\text{m}^2 \times 1\text{m/s}}{2} = 1.5\text{m}^2$$

> **! Reference**
> 배출구에 따른 배출시 개폐기의 개구면적
> $A_O = Q_N/2.5$
> A_O : 개폐기의 개구면적(m²)

정답 : 349.② 350.④ 351.②

예상문제

> Q_N : 수직풍도가 담당하는 1개 층의 제연구역의 출입문(옥내와 면하는 출입문을 말한다.) 1개의 면적(m^2)과 방연풍속(m/s)을 곱한 값(m^3/s)

352 NFTC501A에서 규정하는 급기 설치기준으로 옳지 않은 것은?

① 부속실을 제연하는 경우 동일수직선상의 모든 부속실은 하나의 전용수직풍도를 통해 동시에 급기할 것.다만, 동일수직선상에 2대이상의 급기송풍기가 설치되는 경우에는 수직풍도를 분리하여 설치할 수 있다.
② 계단실 및 부속실을 동시에 제연하는 경우 부속실에 대하여는 그 계단실의 수직풍도를 통해 급기할 수 있다.
③ 계단실만 제연하는 경우에는 전용수직풍도를 설치하거나 계단실에 급기풍도 또는 급기송풍기를 직접 연결하여 급기하는 방식으로 할 것
④ 하나의 수직풍도마다 전용의 송풍기로 급기할 것

해설 제16조(급기)
제연구역에 대한 급기는 다음 각 호의 기준에 따라야 한다.
1. 부속실을 제연하는 경우 동일수직선상의 모든 부속실은 하나의 전용수직풍도를 통해 동시에 급기할 것. 다만, 동일수직선상에 2대 이상의 급기송풍기가 설치되는 경우에는 수직풍도를 분리하여 설치할 수 있다. 〈개정 2013.9.3.〉
2. 계단실 및 부속실을 동시에 제연하는 경우 계단실에 대하여는 그 부속실의 수직풍도를 통해 급기할 수 있다. 〈개정 2013.9.3.〉
3. 계단실만 제연하는 경우에는 전용수직풍도를 설치하거나 계단실에 급기풍도 또는 급기송풍기를 직접 연결하여 급기하는 방식으로 할 것
4. 하나의 수직풍도마다 전용의 송풍기로 급기할 것
5. 비상용승강기의 승강장을 제연하는 경우에는 비상용승강기의 승강로를 급기풍도로 사용할 수 있다. 〈신설 2013.9.3〉〈단서 삭제 2015.10.28〉

353 급기송풍기에 대한 설치기준으로 옳지 않은 것은?

① 송풍기의 송풍능력은 송풍기가 담당하는 제연구역에 대한 급기량의 1.5배 이상으로 할 것
② 송풍기에는 풍량조절장치를 설치하여 풍량조절을 할 수 있도록 할 것
③ 송풍기에는 풍량 및 풍량을 실측할 수 있는 유효한 조치를 할 것
④ 송풍기는 인접장소의 화재로부터 영향을 받지 아니하고 접근 및 점검이 용이한 곳에 설치할 것

해설 제19조(급기송풍기)
급기송풍기의 설치는 다음 각 호의 기준에 적합하여야 한다.

정답 : 352.② 353.①

1. 송풍기의 송풍능력은 송풍기가 담당하는 제연구역에 대한 급기량의 1.15배 이상으로 할 것. 다만, 풍도에서의 누설을 실측하여 조정하는 경우에는 그러하지 아니하다.
2. 송풍기에는 풍량조절장치를 설치하여 풍량조절을 할 수 있도록 할 것 〈개정 2013.9.3.〉
3. 송풍기에는 풍량을 실측할 수 있는 유효한 조치를 할 것 〈개정 2013.9.3.〉
4. 송풍기는 인접장소의 화재로부터 영향을 받지 아니하고 접근 및 점검이 용이한 곳에 설치할 것 〈개정 2013.9.3.〉
5. 송풍기는 옥내의 화재감지기의 동작에 따라 작동하도록 할 것
6. 송풍기와 연결되는 캔버스는 내열성(석면재료를 제외한다)이 있는 것으로 할 것

354 특별피난계단 제연설비에서 제어반의 기능으로 옳지 않은 것은?

① 배출댐퍼 또는 개폐기의 작동 여부에 대한 감시 및 원격조작기능
② 급기송풍기와 유입공기의 배출용 송풍기의 작동 여부에 대한 감시및원격조작기능
③ 제연구역 출입문의 일시적인 고정개방 및 해정에 대한 감시 및 원격조작기능
④ 수동기동장치의 작동 여부에 대한 감시 및 원격조작기능

해설 제23조(제어반)
제연설비의 제어반은 다음 각 호의 기준에 적합하도록 설치하여야 한다.
1. 제어반에는 제어반의 기능을 1시간 이상 유지할 수 있는 용량의 비상용 축전지를 내장할 것. 다만, 당해 제어반이 종합방재제어반에 함께 설치되어 종합방재제어반으로부터 이 기준에 따른 용량의 전원을 공급 받을 수 있는 경우에는 그러하지 아니한다.
2. 제어반은 다음 각 목의 기능을 보유할 것
 가. 급기용 댐퍼의 개폐에 대한 감시 및 원격조작기능
 나. 배출댐퍼 또는 개폐기의 작동여부에 대한 감시 및 원격조작기능
 다. 급기송풍기와 유입공기의 배출용 송풍기(설치한 경우에 한한다)의 작동여부에 대한 감시 및 원격조작기능
 라. 제연구역의 출입문의 일시적인 고정개방 및 해정에 대한 감시 및 원격조작기능
 마. 수동기동장치의 작동여부에 대한 감시기능
 바. 급기구 개구율의 자동조절장치(설치하는 경우에 한한다)의 작동여부에 대한 감시기능. 다만, 급기구에 차압표시계를 고정부착한 자동차압·과압조절형 댐퍼를 설치하고 당해 제어반에도 차압표시계를 설치한 경우에는 그러하지 아니하다.
 사. 감시선로의 단선에 대한 감시기능
 아. 예비전원이 확보되고 예비전원의 적합여부를 시험할 수 있어야 할 것 〈신설 2013.9.3〉

355 연결송수관설비의 구조와 관련이 없는 항목은?

① 송수구
② 방수용 기구함
③ 가압송수장치
④ 유수검지장치

정답 : 354.④ 355.④

예상문제

356 건축물의 3층 이상부터 방수구까지의 배관 내에 물이 차있지 않는 연결송수관설비의 방식은?
① 건식방식　　② 습식방식
③ 단일방식　　④ 혼합방식

해설　건식

357 연결송수관설비의 습식 설비방식은 어느 건축물에 설치하는가?
① 3층 이상　　② 5층 이상
③ 7층 이상　　④ 11층 이상

해설　제5조(배관 등)
① 연결송수관설비의 배관은 다음 각 호의 기준에 따라 설치하여야 한다.
1. 주배관의 구경은 100mm 이상의 것으로 할 것
2. 지면으로부터의 높이가 31m 이상인 특정소방대상물 또는 지상 11층 이상인 특정소방대상물에 있어서는 습식설비로 할 것

358 연결송수관설비의 송수구의 구경은?
① 40[mm]　② 50[mm]　③ 65[mm]　④ 80[mm]

해설　65mm

359 연결송수관설비에 관한 설명 중 틀린 것은?
① 송수구는 쌍구형으로 하고 소방자동차가 쉽게 접근할 수 있는 위치에 설치할 것
② 송수구는 부근에는 체크밸브를 설치할 것
③ 주 배관의 구경은 65[mm] 이상으로 할 것
④ 지면으로부터의 높이가 31[m] 이상인 소방대상물에 있어서는 습식설비로 할 것

해설　④ 연결송수관설비의 배관은 주배관의 구경이 100mm 이상인 옥내소화전설비·스프링클러설비 또는 물분무등 소화설비의 배관과 겸용할 수 있다.[종전의 제2항에서 이동 2014.8.18]

360 연결송수관설비의 가압송수장치는 몇 [m] 이상인 소방대상물에 설치하여야 하는가?
① 10[m]　② 25[m]　③ 50[m]　④ 70[m]

해설　제8조(가압송수장치)
지표면에서 최상층 방수구의 높이가 70m 이상의 특정소방대상물에는 다음 각 호의 기준에 따라 연결송수관설비의 가압송수장치를 설치하여야 한다.

정답 : 356.①　357.④　358.③　359.③　360.④

361
높이 70[m] 이상의 소방대상물로서 연결송수관설비의 최상층에 설치된 노즐선단 방수압력은 얼마 이상이어야 하는가?

① 0.45[MPa]　　② 0.35[MPa]
③ 0.25[MPa]　　④ 0.17[MPa]

▶해설 8. 펌프의 양정은 최상층에 설치된 노즐선단의 압력이 0.35MPa 이상의 압력이 되도록 할 것

362
층당방수구수가 4개인 아파트의 연결송수관설비의 가압송수장치의 펌프의 토출량은 얼마 이상인가?

① 800[L/min]　　② 1,600[L/min]
③ 2,400[L/min]　　④ 3,000[L/min]

▶해설 가압송수장치

지표면에서 최상층 방수구의 높이가 70m 이상의 소방대상물에는 다음의 기준에 따라 연결송수관설비의 가압송수장치를 설치하여야 한다.
① 펌프의 토출량은 다음 기준에 적합할 것

대상물의 층 당 방수구	1~3개	4개	5개 이상
일반 대상물	2,400 l/min 이상	3,200 l/min 이상	4,000 l/min 이상
계단실형 아파트	1,200 l/min 이상	1,600 l/min 이상	2,000 l/min 이상

② 펌프의 양정은 최상층에 설치된 노즐선단의 압력이 0.35MPa 이상의 압력이 되도록 할 것

363
연결송수관설비의 송수구 설치기준 중 옳은 것은?

① 송수구의 부근에 설치하는 자동배수밸브 및 체크밸브는 습식의 경우, 송수구, 자동배수밸브, 체크밸브, 자동배수밸브 순으로 설치한다.
② 지면으로부터 0.5[m] 이상 0.8[m] 이하의 위치에 설치한다.
③ 동파되지 않도록 전용함 내에 설치한다.
④ 소방자동차가 쉽게 접근할 수 있고 노출된 장소에 설치한다.

▶해설 제4조(송수구)

연결송수관설비의 송수구는 다음 각 호의 기준에 따라 설치하여야 한다.
1. 소방차가 쉽게 접근할 수 있고 잘 보이는 장소에 설치하되 화재층으로부터 지면으로 떨어지는 유리창 등이 송수 및 그 밖의 소화작업에 지장을 주지 아니하는 장소에 설치할 것
2. 지면으로부터 높이가 0.5m 이상 1m 이하의 위치에 설치할 것

정답 : 361.② 362.② 363.④

예상문제

3. 송수구는 화재층으로부터 지면으로 떨어지는 유리창 등이 송수 및 그 밖의 소화작업에 지장을 주지 아니하는 장소에 설치할 것
4. 송수구로부터 연결송수관설비의 주배관에 이르는 연결배관에 개폐밸브를 설치한 때에는 그 개폐상태를 쉽게 확인 및 조작할 수 있는 옥외 또는 기계실 등의 장소에 설치할 것. 이 경우 개폐밸브에는 그 밸브의 개폐상태를 감시제어반에서 확인할 수 있도록 급수개폐밸브 작동표시 스위치를 다음 각 목의 기준에 따라 설치하여야 한다. 〈개정 2014.8.18.〉
   가. 급수개폐밸브가 잠길 경우 탬퍼 스위치의 동작으로 인하여 감시제어반 또는 수신기에 표시되어야 하며 경보음을 발할 것 〈신설 2014.8.18.〉
   나. 탬퍼 스위치는 감시제어반 또는 수신기에서 동작의 유무확인과 동작시험, 도통시험을 할 수 있을 것
   다. 급수개폐밸브의 작동표시 스위치에 사용되는 전기배선은 내화전선 또는 내열전선으로 설치할 것
5. 구경 65㎜의 쌍구형으로 할 것
6. 송수구에는 그 가까운 곳의 보기 쉬운 곳에 송수압력범위를 표시한 표지를 할 것
7. 송수구는 연결송수관의 수직배관마다 1개 이상을 설치할 것. 다만, 하나의 건축물에 설치된 각 수직배관이 중간에 개폐밸브가 설치되지 아니한 배관으로 상호 연결되어 있는 경우에는 건축물마다 1개씩 설치할 수 있다.
8. 송수구의 부근에는 자동배수밸브 및 체크밸브를 다음 각목의 기준에 따라 설치할 것. 이 경우 자동배수밸브는 배관안의 물이 잘빠질 수 있는 위치에 설치하되, 배수로 인하여 다른 물건이나 장소에 피해를 주지 아니하여야 한다.
   가. 습식의 경우에는 송수구·자동배수밸브·체크밸브의 순으로 설치할 것
   나. 건식의 경우에는 송수구·자동배수밸브·체크밸브·자동배수밸브의 순으로 설치할 것
9. 송수구에는 가까운 곳의 보기 쉬운 곳에 "연결송수관설비송수구"라고 표시한 표지를 설치할 것
10. 송수구에는 이물질을 막기 위한 마개를 씌울 것 〈신설 2008.12.15〉

364 연결송수관설비의 송수구는 어느 배관마다 1개 이상 설치하여야 하는가?
① 주 배관 ② 교차배관
③ 수직배관 ④ 가지배관

해설 수직배관마다 설치

365 다음의 소방대 연결송수구와 배관에 관한 설명 중 옳지 못한 것은?
① 소방대 연결송수구와 연결되는 배관에는 체크밸브와 송수구 사이에 자동배수장치가 설치되어야 한다.
② 소방대 연결송수구는 옥내소화전설비에는 설치하지 아니하여도 무방하다.
③ 스프링클러설비에 연결되는 소방대 연결송수구는 반드시 쌍구형이어야 한다.
④ 연결송수구는 접근이 용이하고 충분한 조작 공간이 확보될 수 있게 설치되어야 한다.

정답 : 364.③ 365.②

366 다음 중 연결송수관설비의 송수구의 외관점검 사항이 아닌 것은?

① 주위에 점검 또는 사용상 장애물이 없고 개폐방향표시의 적정 여부 확인
② 연결살수설비의 송수구 표지 및 송수구역 등을 명시한 계통도의 적정한 설치 여부 확인
③ 송수구 외형의 누설·변형·손상 등이 없는가의 여부 확인
④ 송수구 내부에 이물질의 존재 여부 확인

해설 개폐방향 없음

367 연결송수관설비의 방수구에 대한 설명으로 적합하지 아니한 것은?

① 소방대상물의 3층부터 설치한다.
② 11층 이상의 층부터는 쌍구형 방수구로 한다.
③ 방수구의 결합 금속구는 구경 65[mm]의 것으로 한다.
④ 방수구는 해당층의 바닥으로부터 0.5~1.0[m] 위치에 설치한다.

해설 제6조(방수구)
연결송수관설비의 방수구는 다음 각 호의 기준에 따라 설치하여야 한다.
1. 연결송수관설비의 방수구는 그 특정소방대상물의 층마다 설치할 것. 다만, 다음 각목의 어느 하나에 해당하는 층에는 설치하지 아니할 수 있다.
   가. 아파트의 1층 및 2층
   나. 소방차의 접근이 가능하고 소방대원이 소방차로부터 각 부분에 쉽게 도달할 수 있는 피난층
   다. 송수구가 부설된 옥내소화전을 설치한 특정소방대상물(집회장·관람장·백화점·도매시장·소매시장·판매시설·공장·창고시설 또는 지하가를 제외한다)로서 다음의 어느 하나에 해당하는 층
      (1) 지하층을 제외한 층수가 4층 이하이고 연면적이 6,000㎡ 미만인 특정소방대상물의 지상층
      (2) 지하층의 층수가 2 이하인 특정소방대상물의 지하층
2. 방수구는 아파트 또는 바닥면적이 1,000㎡ 미만인 층에 있어서는 계단(계단의 부속실을 포함하며 계단이 2 이상 있는 경우에는 그 중 1개의 계단을 말한다)으로부터 5m 이내에, 바닥면적 1,000㎡ 이상인 층(아파트를 제외한다)에 있어서는 각 계단(계단의 부속실을 포함하며 계단이 3 이상 있는 층의 경우에는 그 중 2개의 계단을 말한다)으로부터 5m 이내에 설치하되, 그 방수구로부터 그 층의 각 부분까지의 거리가 다음 각목의 기준을 초과하는 경우에는 그 기준 이하가 되도록 방수구를 추가하여 설치할 것
   가. 지하가(터널은 제외한다) 또는 지하층의 바닥면적의 합계가 3,000㎡ 이상인 것은 수평거리 25m
   나. 가목에 해당하지 아니하는 것은 수평거리 50m
   다. 〈삭제 2008.12.15〉
3. 11층 이상의 부분에 설치하는 방수구는 쌍구형으로 할 것. 다만, 다음 각목의 어느 하나에 해당하는 층에는 단구형으로 설치할 수 있다.

정답 : 366.① 367.①

예상문제

　　　가. 아파트의 용도로 사용되는 층
　　　나. 스프링클러설비가 유효하게 설치되어 있고 방수구가 2개소 이상 설치된 층
　4. 방수구의 호스접결구는 바닥으로부터 높이 0.5m 이상 1m 이하의 위치에 설치할 것
　5. 방수구는 연결송수관설비의 전용방수구 또는 옥내소화전방수구로서 구경 65㎜의 것으로 설치할 것
　6. 방수구의 위치표시는 표시등 또는 축광식표지로 하되 다음 각 목의 기준에 따라 설치할 것
　　　가. 표시등을 설치하는 경우에는 함의 상부에 설치하되, 소방청장이 고시한 「표시등의 성능인증 및 제품검사의 기술기준」에 적합한 것으로 설치하여야 한다. 〈개정 2014.8.18., 2015.1.6.〉
　　　나. 삭제〈2014.8.18.〉
　　　다. 축광식표지를 설치하는 경우에는 소방청장이 고시한 「축광표지의 성능인증 및 제품검사의 기술기준」에 적합한 것으로 설치하여야 한다. 〈개정 2014.8.18., 2015.1.6.〉
　7. 방수구는 개폐기능을 가진 것으로 설치하여야 하며, 평상 시 닫힌 상태를 유지할 것

368 연결송수관설비의 각층에 설치하는 방수구는 아파트의 경우 몇 층부터 설치할 수 있는가?

① 4층 이상　　　　　　　② 3층 이상
③ 5층 이상　　　　　　　④ 7층 이상

369 연결송수관의 방수구는 바닥으로부터 얼마의 위치에 설치하여야 하는가?

① 0.5[m] 이상 1.0[m] 이하　　② 0.5[m] 이상 1.5[m] 이하
③ 0.8[m] 이상 1.5[m] 이하　　④ 1.5[m] 이하

370 연결송수관설비의 방수구를 쌍구형으로 해야 할 곳은 몇 층 이상인가?

① 3층　　　　　　　　　② 5층
③ 7층　　　　　　　　　④ 11층

371 연결송수관의 방수구는 아파트 또는 바닥면적 1,000[㎡] 미만인 층의(1개의 계단) 몇 [m] 이내에 설치하여야 하는가?

① 2[m]　　　　　　　　② 3[m]
③ 5[m]　　　　　　　　④ 7[m]

정답 : 368.② 369.① 370.④ 371.③

372 연결송수관설비의 방수구의 위치표시는 몇 [m]의 거리에서 식별할 수 있는 적색등으로 하여야 하는가?

① 5[m] ② 7[m]
③ 10[m] ④ 15[m]

373 연결살수설비를 설치하여야 할 구성요인에 맞지 않는 것은?

① 송수구 ② 살수헤드
③ 가압펌프 ④ 배관 및 밸브

374 자체의 수원이 필요 없는 소화시설은?

① 스프링클러설비 ② 연결살수설비
③ 물분무설비 ④ 포소화설비

375 연결살수설비에 설치되는 송수구 기준 중 틀린 것은?

① 소방차가 쉽게 접근할 수 있고 노출된 장소에 설치할 것. 이 경우 가연성 가스의 저장·취급시설에 설치하는 연결살수설비의 송수구는 그 방호대상물로부터 20m 이상의 거리를 두거나 방호대상물에 면하는 부분이 높이 1.5m 이상, 폭 2.5m 이상의 철근콘크리트 벽으로 가려진 장소에 설치하여야 한다.
② 송수구는 구경 65mm의 쌍구형으로 설치할 것. 다만, 하나의 송수구역에 부착하는 살수헤드의 수가 10개 이하인 것에 있어서는 단구형으로 할 수 있다.
③ 개방형 헤드를 사용하는 송수구의 호스접결구는 각 송수구역마다 설치할 것. 다만, 송수구역을 선택할 수 있는 선택밸브가 설치되어 있고 각 송수구역의 주요 구조부가 불연재료로 되어 있는 경우에는 그러하지 아니하다.
④ 지면으로부터 높이가 0.5m 이상, 1m 이하의 위치에 설치할 것

> **해설** 제4조(송수구 등)
> ① 연결살수설비의 송수구는 다음 각 호의 기준에 따라 설치하여야 한다. 〈개정 2012.8.20〉
>   1. 소방차가 쉽게 접근할 수 있고 노출된 장소에 설치할 것. 이 경우 가연성가스의 저장·취급시설에 설치하는 연결살수설비의 송수구는 그 방호대상물로부터 20m 이상의 거리를 두거나 방호대상물에 면하는 부분이 높이 1.5m 이상 폭 2.5m 이상의 철근콘크리트 벽으로 가려진 장소에 설치하여야 한다.
>   2. 송수구는 구경 65mm의 쌍구형으로 설치할 것. 다만, 하나의 송수구역에 부착하는 살수헤드의 수가 10개 이하인 것은 단구형의 것으로 할 수 있다. 〈개정 2012.8.20.〉

정답 : 372.③ 373.③ 374.② 375.③

3. 개방형헤드를 사용하는 송수구의 호스접결구는 각 송수구역마다 설치할 것. 다만, 송수구역을 선택할 수 있는 선택밸브가 설치되어 있고 각 송수구역의 주요구조부가 내화구조로 되어 있는 경우에는 그러하지 아니하다.
4. 지면으로부터 높이가 0.5m 이상 1m 이하의 위치에 설치할 것
5. 송수구로부터 주배관에 이르는 연결배관에는 개폐밸브를 설치하지 아니 할 것. 다만, 스프링클러설비·물분무소화설비·포소화설비 또는 연결송수관설비의 배관과 겸용하는 경우에는 그러하지 아니하다.
6. 송수구의 부근에는 "연결살수설비 송수구"라고 표시한 표지와 송수구역 일람표를 설치할 것. 다만, 제2항에 따른 선택밸브를 설치한 경우에는 그러하지 아니하다. 〈개정 2008.12.15., 2012.8.20〉
7. 송수구에는 이물질을 막기 위한 마개를 씌워야 한다. 〈신설 2008.12.15.〉

② 연결살수설비의 선택밸브는 다음 각 호의 기준에 따라 설치하여야 한다. 다만, 송수구를 송수구역마다 설치한 때에는 그러하지 아니하다. 〈개정 2012.8.20〉
1. 화재 시 연소의 우려가 없는 장소로서 조작 및 점검이 쉬운 위치에 설치할 것
2. 자동개방밸브에 따른 선택밸브를 사용하는 경우에는 송수구역에 방수하지 아니하고 자동밸브의 작동시험이 가능하도록 할 것 〈개정 2012.8.20.〉
3. 선택밸브의 부근에는 송수구역 일람표를 설치할 것

③ 연결살수설비에는 송수구의 가까운 부분에 자동배수밸브와 체크밸브를 다음 각 목의 기준에 따라 설치하여야 한다. 〈개정 2012.8.20〉
1. 폐쇄형헤드를 사용하는 설비의 경우에는 송수구·자동배수밸브·체크밸브의 순으로 설치할 것
2. 개방형헤드를 사용하는 설비의 경우에는 송수구·자동배수밸브의 순으로 설치할 것
3. 자동배수밸브는 배관안의 물이 잘 빠질 수 있는 위치에 설치하되, 배수로 인하여 다른 물건 또는 장소에 피해를 주지 아니할 것

④ 개방형헤드를 사용하는 연결살수설비에 있어서 하나의 송수구역에 설치하는 살수헤드의 수는 10개 이하가 되도록 하여야 한다.

376 연결살수설비의 배관에 사용할 수 없는 파이프는 다음 중 어느 것인가?

① 압력배관용 탄소강강관 ② 배관용 탄소강강관
③ 스텐레스 강관 ④ 경질염화 비닐관

해설 [경질염화비닐관 : PVC, 소방용합성수지배관 : CPVC]
① 배관과 배관이음쇠는 다음 각 호의 어느 하나에 해당하는 것 또는 동등 이상의 강도·내식성 및 내열성을 국내·외 공인기관으로부터 인정 받은 것을 사용하여야 하고, 배관용 스테인리스강관(KS D 3576)의 이음을 용접으로 할 경우에는 알곤용접방식에 따른다. 다만, 본 조에서 정하지 않은 사항은 건설기술 진흥법 제44조제1항의 규정에 따른 건축기계설비공사 표준설명서에 따른다. 〈개정 2016.7.13.〉
1. 배관 내 사용압력이 1.2MPa 미만일 경우에는 다음 각 목의 어느 하나에 해당하는 것

정답 : 376.④

가. 배관용 탄소강관(KS D 3507)
나. 이음매 없는 구리 및 구리합금관(KS D 5301). 다만, 습식의 배관에 한한다.
다. 배관용 스테인리스강관(KS D 3576) 또는 일반배관용 스테인리스강관(KS D 3595)
라. 덕타일 주철관(KS D 4311) 〈신설 2016.7.13.〉
2. 배관 내 사용압력이 1.2MPa 이상일 경우에는 다음 각 목의 어느 하나에 해당하는 것
  가. 압력배관용탄소강관(KS D 3553) 〈신설 2016.7.13.〉
  나. 배관용 아크용접 탄소강관(KS D 3583) 〈신설 2016.7.13.〉
3. 제1호와 제2호에도 불구하고 다음 각 목의 어느 하나에 해당하는 장소에는 소방청장이 정하여 고시한 「소방용합성수지배관의 성능인증 및 제품검사의 기술기준」에 적합한 소방용 합성수지배관으로 설치할 수 있다.
  가. 배관을 지하에 매설하는 경우
  나. 다른 부분과 내화구조로 구획된 덕트 또는 피트의 내부에 설치하는 경우
  다. 천장(상층이 있는 경우에는 상층바닥의 하단을 포함한다. 이하 같다)과 반자를 불연재료 또는 준불연재료로 설치하고 소화배관 내부에 항상 소화수가 채워진 상태로 설치하는 경우[본항 전문개정 2015.1.23., 2017.7.26.]

377
연결살수설비의 송수구는 쌍구형으로 하여야 하나, 하나의 송수구역에 설치하는 헤드의 수가 몇 개 이하일 때는 단구형으로 할 수 있는가?

① 10개 이하 ② 15개 이하
③ 20개 이하 ④ 25개 이하

해설 375번 문제 해설 참조

378
천장 또는 반자의 각 부분으로부터 하나의 살수헤드까지의 수평거리가 연결살수설비 전용 헤드의 경우는 몇 [m] 이하에 설치하여야 하는가?

① 1.7[m] 이하 ② 2.1[m] 이하
③ 2.5[m] 이하 ④ 3.7[m] 이하

해설 제6조(연결살수설비의 헤드)
① 연결살수설비의 헤드는 연결살수설비전용헤드 또는 스프링클러헤드로 설치하여야 한다.
② 건축물에 설치하는 연결살수설비의 헤드는 다음 각 호의 기준에 따라 설치하여야 한다.
  1. 천장 또는 반자의 실내에 면하는 부분에 설치할 것
  2. 천장 또는 반자의 각 부분으로부터 하나의 살수헤드까지의 수평거리가 연결살수설비전용헤드의 경우은 3.7m 이하, 스프링클러헤드의 경우는 2.3m 이하로 할 것. 다만, 살수헤드의 부착면과 바닥과의 높이가 2.1m 이하인 부분은 살수헤드의 살수분포에 따른 거리로 할 수 있다.

정답 : 377.① 378.④

예상문제

379 연결살수설비에서 배관의 구경이 32[mm]일 때 살수헤드의 수는 몇 개인가?
① 1개 ② 2개
③ 3개 ④ 5개

해설 배관의 구경
㉠ 연결살수설비 전용헤드를 사용하는 경우

하나의 배관에 부착하는 살수헤드의 개수	1개	2개	3개	4개 또는 5개	6개 이상 10개 이하
배관의 구경(mm)	32	40	50	65	80

380 연결살수설비의 가지배관은 교차배관 또는 주 배관에서 분기되는 지점을 기점으로 한쪽 가지배관에 설치되는 헤드의 개수는?
① 6개 이하 ② 8개 이하
③ 10개 이하 ④ 15개 이하

해설 ⑥ 가지배관 또는 교차배관을 설치하는 경우에는 가지배관의 배열은 토너멘트방식이 아니어야 하며, 가지배관은 교차배관 또는 주배관에서 분기되는 지점을 기점으로 한 쪽 가지배관에 설치되는 헤드의 개수는 8개 이하로 하여야 한다.

381 연결살수설비에 대한 설명 중 맞지 않는 것은?
① 헤드는 천정 또는 반자의 실내에 면하는 부분에 설치한다.
② 가연성 가스저장, 취급시설에는 연결살수설비의 전용개방형 헤드를 설치하여야 한다.
③ 송수구는 반드시 쌍구형으로 하여야 한다.
④ 폐쇄형 헤드를 사용하는 연결살수설비의 시험배관은 송수구의 가장 먼 가지배관의 끝으로 연결 설치하여야 한다.

해설 단구형으로 할 수 있다.

382 연결살수설비 헤드의 설치기준에 맞지 않는 것은?
① 시험배관은 송수관의 가장 먼 가지배관의 끝으로부터 연결·설치하여야 한다.
② 시험배관의 끝에는 물받이통 및 배수관을 설치하여 시험 중 방사된 물이 바닥으로 흘러내리지 아니하도록 하여야 한다.
③ 개방형 헤드 사용시 수평주행배관은 헤드를 향하여 상향으로 2/100 이상의 기울기로 설치하여야 한다.
④ 개방형 헤드사용시 주 배관 중 낮은 부분에는 자동배수밸브를 설치한다.

정답 : 379.① 380.② 381.③ 382.③

해설 ⑤ 개방형헤드를 사용하는 연결살수설비의 수평주행배관은 헤드를 향하여 상향으로 100분의 1 이상의 기울기로 설치하고 주배관중 낮은 부분에는 자동배수밸브를 제4조제3항제3호의 기준에 따라 설치하여야 한다.

383 다음은 연결살수설비 살수헤드를 설치하지 않아도 되는 부분이다. 틀린 것은?

① 천장 및 반자가 불연재료 외의 것으로 되어 있고 천장과 반자 사이의 거리가 0.5[m] 미만인 부분
② 목욕실, 화장실, 기타 이와 유사한 시설
③ 발전기, 변압기, 기타 이와 유사한 전기설비가 설치되어 있는 부분
④ 펌프실, 보일러실 등 그와 유사한 장소

해설 제7조(헤드의 설치제외)
연결살수설비를 설치하여야 할 특정소방대상물 또는 그 부분으로서 다음 각 호의 어느 하나에 해당하는 장소에는 연결살수설비의 헤드를 설치하지 아니할 수 있다. 〈개정 2012.8.20〉
1. 상점(영 별표 2 제5호와 제6호의 판매시설과 운수시설을 말하며, 바닥면적이 150㎡ 이상인 지하층에 설치된 것을 제외한다)으로서 주요구조부가 내화구조 또는 방화구조로 되어 있고 바닥면적이 500㎡ 미만으로 방화구획되어 있는 특정소방대상물 또는 그 부분 〈개정 2012.8.20.〉
2. 계단실(특별피난계단의 부속실을 포함한다)·경사로·승강기의 승강로·파이프덕트·목욕실·수영장(관람석부분을 제외한다)·화장실·직접 외기에 개방되어 있는 복도 기타 이와 유사한 장소
3. 통신기기실·전자기기실·기타 이와 유사한 장소
4. 발전실·변전실·변압기·기타 이와 유사한 전기설비가 설치되어 있는 장소
5. 병원의 수술실·응급처치실·기타 이와 유사한 장소
6. 천장과 반자 양쪽이 불연재료로 되어 있는 경우로서 그 사이의 거리 및 구조가 다음 각 목의 어느 하나에 해당하는 부분 〈개정 2012.8.20〉
   가. 천장과 반자사이의 거리가 2m 미만인 부분
   나. 천장과 반자사이의 벽이 불연재료이고 천장과 반자사이의 거리가 2m 이상으로서 그 사이에 가연물이 존재하지 아니하는 부분
7. 천장·반자중 한쪽이 불연재료로 되어있고 천장과 반자사이의 거리가 1m 미만인 부분
8. 천장 및 반자가 불연재료외의 것으로 되어 있고 천장과 반자사이의 거리가 0.5m 미만인 부분
9. 펌프실·물탱크실 그 밖의 이와 비슷한 장소
10. 현관 또는 로비등으로서 바닥으로부터 높이가 20m 이상인 장소
11. 냉장창고의 영하의 냉장실 또는 냉동창고의 냉동실 〈개정 2015.1.23.〉
12. 고온의 노가 설치된 장소 또는 물과 격렬하게 반응하는 물품의 저장 또는 취급장소
13. 불연재료로 된 특정소방대상물 또는 그 부분으로서 다음 각 목의 어느 하나에 해당하는 장소
    가. 정수장·오물처리장 그 밖의 이와 비슷한 장소

정답 : 383.④

예상문제

　　나. 펄프공장의 작업장·음료수공장의 세정 또는 충전하는 작업장 그 밖의 이와 비슷한 장소
　　다. 불연성의 금속·석재 등의 가공공장으로서 가연성물질을 저장 또는 취급하지 아니하는 장소
　14. 실내에 설치된 테니스장·게이트볼장·정구장 또는 이와 비슷한 장소로서 실내바닥·벽·천장이 불연재료 또는 준불연재료로 구성되어 있고 가연물이 존재하지 않는 장소로서 관람석이 없는 운동시설 부분(지하층은 제외한다)

384 지하구에 설치하는 연소방지설비의 헤드 설치기준으로 틀린 것은?

① 천장 또는 벽면에 설치할 것
② 헤드간의 수평거리는 연소방지설비 전용헤드의 경우에는 2m 이하, 스프링클러헤드의 경우에는 1.5m 이하로 할 것
③ 소방대원의 출입이 가능한 환기구·작업구마다 지하구의 양쪽방향으로 살수헤드를 설정하되, 한쪽 방향의 살수구역의 길이는 3m 이상으로 할 것. 다만, 환기구 사이의 간격이 350m를 초과할 경우에는 350m 이내마다 살수구역을 설정하되, 지하구의 구조를 고려하여 방화벽을 설치한 경우에는 그러하지 아니하다.
④ 연소방지설비 전용헤드를 설치할 경우에는 「소화설비용헤드의 성능인증 및 제품검사 기술기준」에 적합한 '살수헤드'를 설치할 것

해설 연소방지설비의 헤드는 다음 각 호의 기준에 따라 설치하여야 한다.
1. 천장 또는 벽면에 설치할 것
2. 헤드간의 수평거리는 연소방지설비 전용헤드의 경우에는 2m 이하, 스프링클러헤드의 경우에는 1.5m 이하로 할 것
3. 소방대원의 출입이 가능한 환기구·작업구마다 지하구의 양쪽방향으로 살수헤드를 설정하되, 한쪽 방향의 살수구역의 길이는 3m 이상으로 할 것. 다만, 환기구 사이의 간격이 700m를 초과할 경우에는 700m 이내마다 살수구역을 설정하되, 지하구의 구조를 고려하여 방화벽을 설치한 경우에는 그러하지 아니하다.
4. 연소방지설비 전용헤드를 설치할 경우에는 「소화설비용헤드의 성능인증 및 제품검사 기술기준」에 적합한 '살수헤드'를 설치할 것

385 지하구 화재안전기준상 연소방지재를 설치하는 장소로 옳지 않은 것은?

① 분기구
② 지하구의 인입부 또는 인출부
③ 제어반이 설치된 부분
④ 기타 화재발생 위험이 우려되는 부분

해설 연소방지재 설치기준
지하구 내에 설치하는 케이블·전선 등에는 다음 각 호의 기준에 따라 연소방지재를 설치하여야 한다. 다만, 케이블·전선 등을 다음 제1호의 난연성능 이상을 충족하는 것으로 설

정답 : 384.③　385.③

치한 경우에는 연소방지재를 설치하지 않을 수 있다.
1. 연소방지재는 한국산업표준(KS C IEC 60332-3-24)에서 정한 난연성능 이상의 제품을 사용하되 다음 각 목의 기준을 충족하여야 한다.
   가. 시험에 사용되는 연소방지재는 시료(케이블 등)의 아래쪽(점화원으로부터 가까운 쪽)으로부터 30cm 지점부터 부착또는 설치되어야 한다.
   나. 시험에 사용되는 시료(케이블 등)의 단면적은 325㎟로 한다.
   다. 시험성적서의 유효기간은 발급 후 3년으로 한다.
2. 연소방지재는 다음 각 목에 해당하는 부분에 제1호와 관련된 시험성적서에 명시된 방식으로 시험성적서에 명시된 길이 이상으로 설치하되, 연소방지재 간의 설치 간격은 350m를 넘지 않도록 하여야 한다.
   가. 분기구
   나. 지하구의 인입부 또는 인출부
   다. 절연유 순환펌프 등이 설치된 부분
   라. 기타 화재발생 위험이 우려되는 부분

386 연소방지설비의 배관구경이 50mm인 경우 부착할 수 있는 헤드의 최대개수는 몇 개인가?

① 1개   ② 2개
③ 3개   ④ 4개

▶해설 1. 연소방지설비전용헤드를 사용하는 경우에는 다음 표에 따른 구경 이상으로 할 것

하나의 배관에 부착하는 살수헤드의 개수	1개	2개	3개	4개 또는 5개	6개 이상
배관의 구경(mm)	32	40	50	65	80

387 다음 중 지하구에 설치하는 방화벽의 설치기준으로 틀린 것은?

① 내화구조로서 홀로 설 수 있는 구조일 것
② 방화벽의 출입문은 갑종방화문으로 설치할 것
③ 방화벽을 관통하는 케이블·전선 등에는 국토교통부 고시(내화구조의 인정 및 관리기준)에 따라 내화충전 구조로 마감할 것
④ 방화벽은 분기구 및 국사·변전소 등의 건축물과 지하구가 연결되는 부위(건축물로부터 10m 이내)에 설치 할 것

▶해설 방화벽 설치기준
방화벽은 다음 각 호에 따라 설치하고 항상 닫힌 상태를 유지하거나 자동폐쇄장치에 의하여 화재 신호를 받으면 자동으로 닫히는 구조로 하여야 한다.
1. 내화구조로서 홀로 설 수 있는 구조일 것
2. 방화벽의 출입문은 갑종방화문으로 설치할 것
3. 방화벽을 관통하는 케이블·전선 등에는 국토교통부 고시(내화구조의 인정 및 관리기준)

정답 : 386.③ 387.④

예상문제

에 따라 내화충전 구조로 마감할 것
4. 방화벽은 분기구 및 국사·변전소 등의 건축물과 지하구가 연결되는 부위(건축물로부터 20m 이내)에 설치할 것
5. 자동폐쇄장치를 사용하는 경우에는 「자동폐쇄장치의 성능인증 및 제품검사의 기술기준」에 적합한 것으로 설치할 것

388 도로터널에 설치하는 소화기의 능력단위로 맞는 것은?

① A급 화재 1단위 이상, B급 화재 3단위 이상
② A급 화재 2단위 이상, B급 화재 3단위 이상
③ A급 화재 2단위 이상, B급 화재 5단위 이상
④ A급 화재 3단위 이상, B급 화재 5단위 이상

해설 제4조(소화기)

소화기는 다음 각 호의 기준에 따라 설치하여야 한다. 〈개정 2012.8.20〉
1. 소화기의 능력단위(「소화기구의 화재안전기준(NFTC 101)」 제3조제6호에 따른 수치를 말한다. 이하 같다)는 A급 화재는 3단위 이상, B급 화재는 5단위 이상 및 C급 화재에 적응성이 있는 것으로 할 것
2. 소화기의 총중량은 사용 및 운반이 편리성을 고려하여 7kg 이하로 할 것 〈개정 2012.8.20.〉
3. 소화기는 주행차로의 우측 측벽에 50m 이내의 간격으로 2개 이상을 설치하며, 편도2차선 이상의 양방향 터널과 4차로 이상의 일방향 터널의 경우에는 양쪽 측벽에 각각 50m 이내의 간격으로 엇갈리게 2개 이상을 설치할 것
4. 바닥면(차로 또는 보행로를 말한다. 이하 같다)으로부터 1.5m 이하의 높이에 설치할 것
5. 소화기구함의 상부에 "소화기"라고 조명식 또는 반사식의 표지판을 부착하여 사용자가 쉽게 인지할 수 있도록 할 것

389 도로터널에 설치하는 소화기의 총중량은 사용 맟 운반이 편리성을 고려하여 몇 [kg] 이하로 하여야 하는가?

① 3[kg] ② 5[kg]
③ 7[kg] ④ 9[kg]

해설 388번 문제 해설 참조

390 소화기는 주행차로의 우측 측벽에 몇 [m] 이내의 간격으로 2개 이상을 설치하여야 하는가?

① 20[m] ② 25[m]
③ 30[m] ④ 50[m]

해설 388번 문제 해설 참조

 정답 : 388.④ 389.③ 390.④

391 터널에 소화기를 설치하고자 할 때 바닥면으로부터 몇 [m] 이하의 높이에 설치하여야 하는가?

① 0.5[m] ② 1.0[m]
③ 1.5[m] ④ 1.8[m]

해설 388번 문제 해설 참조

392 터널에 옥내소화전설비를 설치하고자 할 때 4차로 이상의 터널의 경우 몇 개를 동시에 40분 이상 사용할 수 있는 충분한 양 이상을 확보하여야 하는가?

① 1개 ② 2개
③ 3개 ④ 5개

해설 제5조(옥내소화전설비)
옥내소화전설비는 다음 각 호의 기준에 따라 설치하여야 한다. 〈개정 2012.8.20〉
1. 소화전함과 방수구는 주행차로 우측 측벽을 따라 50m 이내의 간격으로 설치하며, 편도 2차선 이상의 양방향 터널이나 4차로 이상의 일방향 터널의 경우에는 양쪽 측벽에 각각 50m 이내의 간격으로 엇갈리게 설치할 것
2. 수원은 그 저수량이 옥내소화전의 설치개수 2개(4차로 이상의 터널의 경우 3개)를 동시에 40분 이상 사용할 수 있는 충분한 양 이상을 확보할 것
3. 가압송수장치는 옥내소화전 2개(4차로 이상의 터널인 경우 3개)를 동시에 사용할 경우 각 옥내소화전의 노즐선단에서의 방수압력은 0.35MPa 이상이고 방수량은 190l/min 이상이 되는 성능의 것으로 할 것. 다만, 하나의 옥내소화전을 사용하는 노즐선단에서의 방수압력이 0.7MPa을 초과할 경우에는 호스접결구의 인입측에 감압장치를 설치하여야 한다.
4. 압력수조나 고가수조가 아닌 전동기 및 내연기관에 의한 펌프를 이용하는 가압송수장치는 주펌프와 동등 이상인 별도의 예비펌프를 설치할 것
5. 방수구는 40mm 구경의 단구형을 옥내소화전이 설치된 벽면의 바닥면으로부터 1.5m 이하의 높이에 설치할 것
6. 소화전함에는 옥내소화전 방수구 1개, 15m 이상의 소방호스 3본 이상 및 방수노즐을 비치할 것
7. 옥내소화전설비의 비상전원은 40분 이상 작동할 수 있을 것

393 도로터널에 설치하는 옥내소화전설비의 설치기준으로 맞지 않는 것은?

① 소화전함과 방수구는 주행차로 우측 측벽을 따라 50[m] 이내의 간격으로 설치한다.
② 편도 2차선 이상의 양방향 터널이나 3차로 이상의 일방향 터널의 경우에는 양쪽 측벽에 각각 50[m] 이내의 간격으로 엇갈리게 설치할 것
③ 가압송수장치는 옥내소화전 2개(4차로 이상의 터널인 경우 3개)를 동시에 사용할 경우 각 옥내소화전의 노즐선단에서의 방수압력은 0.35[MPa] 이상으로 할 것

정답 : 391.③ 392.③ 393.②

예상문제

④ 가압송수장치는 옥내소화전 2개(4차로 이상의 터널인 경우 3개)를 동시에 사용할 경우 각 옥내소화전의 노즐선단에서의 방수량은 190[L/min] 이상이 되는 성능의 것으로 할 것

해설 392번 문제 해설 참조

394 도로터널에 설치하는 물분무소화설비의 설치기준으로 옳지 않은 것은?
① 물분무 헤드는 도로면에 1m²당 6L/min 이상의 수량을 균일하게 방수할 수 있도록 할 것
② 물분무설비의 하나의 방수구역은 25m 이상으로 할것.
③ 2개의 방수구역을 동시에 40분 이상 방수할 수 있는 수량을 확보 할 것
③ 물분무설비의 비상전원은 40분 이상 기능을 유지할 수 있도록 할 것

해설 제5조의2(물분무소화설비)
물분무소화설비는 다음 각 호의 기준에 따라 설치하여야 한다. 〈신설 2009.10.22, 개정 2012.8.20〉
1. 물분무 헤드는 도로면에 1m²당 6l/min 이상의 수량을 균일하게 방수할 수 있도록 할 것
2. 물분무설비의 하나의 방수구역은 25m 이상으로 하며, 3개 방수구역을 동시에 40분 이상 방수할 수 있는 수량을 확보 할 것
3. 물분무설비의 비상전원은 40분 이상 기능을 유지할 수 있도록 할 것

395 터널의 길이가 800m일 경우 설치하여야 하는 설비가 아닌 것은?
① 비상경보설비　　　　　　　② 비상조명등설비
③ 비상콘센트설비　　　　　　④ 자동화재탐지설비

해설 터널 길이에 따른 소방시설의 종류
* 500m 이상 : 비상경보설비, 비상조명등설비, 비상콘센트설비, 무선통신보조설비
* 1,000m 이상 : 옥내소화전설비, 자동화재탐지설비, 연결송수관설비
* 모든 터널 : 소화기
* 지하가 중 예상 교통량, 경사도 등 터널의 특성을 고려하여 총리령으로 정하는 위험 등급 이상에 해당하는 터널 : 물분무소화설비, 제연설비

396 비상경보설비를 터널에 설치할 때 발신기의 설치 위치는?
① 1.0[m] 이하
② 0.8[m] 이상 1.5[m] 이하
③ 0.5[m] 이상 1.0[m] 이하
④ 1.5[m] 이하

정답 : 394.③　395.④　396.②

해설 제6조(비상경보설비)

비상경보설비는 다음 각 호의 기준에 따라 설치하여야 한다. 〈개정 2012.8.20〉
1. 발신기는 주행차로 한쪽 측벽에 50m 이내의 간격으로 설치하며, 편도 2차선 이상의 양방향 터널이나 4차로 이상의 일방향 터널의 경우에는 양쪽의 측벽에 각각 50m 이내의 간격으로 엇갈리게 설치할 것
2. 발신기는 바닥면으로부터 0.8m 이상 1.5m 이하의 높이에 설치할 것
3. 음향장치는 발신기 설치위치와 동일하게 설치할 것. 다만, 「비상방송설비의 화재안전기준(NFTC 202)」에 적합하게 설치된 방송설비를 비상경보설비와 연동하여 작동하도록 설치한 경우에는 비상경보설비의 지구음향장치를 설치하지 아니할 수 있다. 〈개정 2012.8.20.〉
4. 음량장치의 음량은 부착된 음향장치의 중심으로부터 1m 떨어진 위치에서 90dB 이상이 되도록 할 것
5. 음향장치는 터널내부 전체에 동시에 경보를 발하도록 설치할 것
6. 시각경보기는 주행차로 한쪽 측벽에 50m 이내의 간격으로 비상경보설비 상부 직근에 설치하고, 전체 시각경보기는 동기방식에 의해 작동될 수 있도록 할 것

397 터널에 설치하는 시각경보기는 주행차로 한쪽 측벽에 몇 [m] 이내의 간격으로 비상경보설비 상부 직근에 설치하고, 전체 시각경보기는 동기방식에 의해 작동될 수 있도록 하여야 하는가?

① 100[m] ② 25[m]
③ 50[m]   ④ 30[m]

해설 396번 문제 해설 참조

398 터널에 설치할 수 있는 감지기는?

① 차동식스포트형   ② 차동식분포형
③ 보상식스포트형   ④ 정온식스포트형

해설 제7조(자동화재탐지설비)
① 터널에 설치할 수 있는 감지기의 종류는 다음 각 호의 어느 하나와 같다. 〈개정 2012.8.20〉
  1. 차동식분포형감지기
  2. 정온식감지선형감지기(아날로그식에 한한다. 이하 같다.)
  3. 중앙기술심의위원회의 심의를 거쳐 터널화재에 적응성이 있다고 인정된 감지기
② 하나의 경계구역의 길이는 100m 이하로 하여야 한다.
③ 제1항에 의한 감지기의 설치기준은 다음 각 호와 같다. 다만, 중앙기술심의위원회의 심의를 거쳐 제조사 시방서에 따른 설치방법이 터널화재에 적합하다고 인정되는 경우에는 다음 각 호의 기준에 의하지 아니하고 심의결과에 의한 제조사 시방서에 따라 설치할 수 있다. 〈개정 2012.8.20〉

정답 : 397.③ 398.②

예상문제

1. 감지기의 감열부(열을 감지하는 기능을 갖는 부분을 말한다. 이하 같다)와 감열부 사이의 이격거리는 10m 이하로, 감지기와 터널 좌·우측 벽면과의 이격거리는 6.5m 이하로 설치할 것
2. 제1호에도 불구하고 터널 천장의 구조가 아치형의 터널에 감지기를 터널 진행방향으로 설치하고자 하는 경우에는 감열부와 감열부 사이의 이격거리를 10m 이하로 하여 아치형 천장의 중앙 최상부에 1열로 감지기를 설치하여야 하며, 감지기를 2열 이상으로 설치하고자 하는 경우에는 감열부와 감열부 사이의 이격거리는 10m 이하로 감지기 간의 이격거리는 6.5m 이하로 설치할 것
3. 감지기를 천장면(터널 안 도로 등에 면한 부분 또는 상층의 바닥 하부면을 말한다. 이하 같다)에 설치하는 경우에는 감기기가 천장면에 밀착되지 않도록 고정금구 등을 사용하여 설치할 것
4. 형식승인 내용에 설치방법이 규정된 경우에는 형식승인 내용에 따라 설치할 것. 다만, 감지기와 천장면과의 이격거리에 대해 제조사의 시방서에 규정되어 있는 경우에는 시방서의 규정에 따라 설치할 수 있다.
④ 제2항에도 불구하고 감지기의 작동에 의하여 다른 소방시설 등이 연동되는 경우로서 해당 소방시설 등의 작동을 위한 정확한 발화위치를 확인할 필요가 있는 경우에는 경계구역의 길이가 해당 설비의 방호구역 등에 포함되도록 설치하여야 한다. 〈개정 2012. 8.20.〉
⑤ 발신기 및 지구음향장치는 제6조를 준용하여 설치하여야 한다. 〈개정 2012.8.20〉

399 터널에 설치하는 자동화재탐지설비의 하나의 경계구역의 길이는 몇 [m] 이하로 하여야 하는가?

① 25[m] ② 50[m]
③ 100[m] ④ 200[m]

해설 398번 문제 해설 참조

400 터널에 설치하는 감지기의 설치기준으로 틀린 것은?

① 감지기의 감열부와 감열부 사이의 이격거리는 10[m] 이하로 할 것
② 감지기와 터널 좌·우측 벽면과의 이격거리는 10[m] 이하로 설치할 것
③ 터널 천장의 구조가 아치형의 터널에 감지기를 터널 진행방향으로 설치하고자 하는 경우에는 감열부와 감열부 사이의 이격거리를 10[m] 이하로 하여 아치형 천장의 중앙 최상부에 1열로 감지기를 설치하여야 한다.
④ 감지기를 천장면에 설치하는 경우에는 감지기가 천장면에 밀착되지 않도록 고정금구등을 사용하여 설치할 것

해설 398번 문제 해설 참조

정답 : 399.③ 400.②

401 터널에 설치하는 비상조명등의 조도는? (단, 터널 안의 차도 및 보도의 바닥면의 조도를 말한다)

① 1[Lx] ② 2[Lx]
③ 5[Lx] ④ 10[Lx]

해설 제8조(비상조명등)

비상조명등은 다음 각 호의 기준에 따라 설치하여야 한다. 〈개정 2012.8.20〉
1. 상시 조명이 소등된 상태에서 비상조명등이 점등되는 경우 터널안의 차도 및 보도의 바닥면의 조도는 10ℓx 이상, 그 외 모든 지점의 조도는 1ℓx 이상이 될 수 있도록 설치할 것
2. 비상조명등은 상용전원이 차단되는 경우 자동으로 비상전원으로 60분 이상 점등되도록 설치할 것
3. 비상조명등에 내장된 예비전원이나 축전지설비는 상용전원의 공급에 의하여 상시 충전 상태를 유지할 수 있도록 설치할 것

402 터널에 설치하는 비상조명등의 비상전원은 몇 분 이상 점등되어야 하는가?

① 10분 ② 20분
③ 30분 ④ 60분

해설 401번 문제 해설 참조

403 터널에 설치하는 제연설비의 설계화재강도의 기준은 얼마인가?

① 10[MW] ② 20[MW]
③ 30[MW] ④ 50[MW]

해설 제9조(제연설비)

① 제연설비는 다음 각 호의 사양을 만족하도록 설계하여야 한다. 〈개정 2012.8.20〉
 1. 설계화재강도 20MW를 기준으로 하고, 이 때 연기발생률은 80㎥/s로 하며, 배출량은 발생된 연기와 혼합된 공기를 충분히 배출할 수 있는 용량 이상을 확보할 것
 2. 제1호에도 불구하고 화재강도가 설계화재강도 보다 높을 것으로 예상될 경우 위험도분석을 통하여 설계화재강도를 설정하도록 할 것 〈개정 2012.8.20.〉
② 제연설비는 다음 각 호의 기준에 따라 설치하여야 한다. 〈개정 2012.8.20〉
 1. 종류환기방식의 경우 제트팬의 소손을 고려하여 예비용 제트팬을 설치하도록 할 것
 2. 횡류환기방식(또는 반횡류환기방식) 및 대배기구 방식의 배연용 팬은 덕트의 길이에 따라서 노출온도가 달라질 수 있으므로 수치해석 등을 통해서 내열온도 등을 검토한 후에 적용하도록 할 것
 3. 대배기구의 개폐용 전동모터는 정전 등 전원이 차단되는 경우에도 조작상태를 유지할 수 있도록 할 것

 정답 : 401.④ 402.④ 403.②

4. 화재에 노출이 우려되는 제연설비와 전원공급선 및 제트팬 사이의 전원공급장치 등은 250℃의 온도에서 60분 이상 운전상태를 유지할 수 있도록 할 것
③ 제연설비의 기동은 다음 각 호의 어느 하나에 의하여 자동 또는 수동으로 기동될 수 있도록 하여야 한다.
  1. 화재감지기가 동작되는 경우
  2. 발신기의 스위치 조작 또는 자동소화설비의 기동장치를 동작시키는 경우
  3. 화재수신기 또는 감시제어반의 수동조작스위치를 동작시키는 경우
④ 비상전원은 60분 이상 작동할 수 있도록 하여야 한다.

404 터널에 설치하는 제연설비의 비상전원은 얼마 이상으로 하여야 하는가?

① 60분 이상 ② 45분 이상
③ 30분 이상 ④ 20분 이상

◀해설 403번 문제 해설 참조

405 연결송수관설비를 터널에 설치하고자 할 때 방수압력은 얼마 이상으로 하여야 하는가?

① 0.13[MPa] ② 0.35[MPa]
③ 0.25[MPa] ④ 0.1[MPa]

◀해설 제10조(연결송수관설비)
연결송수관설비는 다음 각 호의 기준에 따라 설치하여야 한다. 〈개정 2012.8.20〉
  1. 방수압력은 0.35MPa 이상, 방수량은 400L/min 이상을 유지할 수 있도록 할 것
  2. 방수구는 50m 이내의 간격으로 옥내소화전함에 병설하거나 독립적으로 터널출입구 부근과 피난연결통로에 설치할 것
  3. 방수기구함은 50m 이내의 간격으로 옥내소화전함 안에 설치하거나 독립적으로 설치하고, 하나의 방수기구함에는 65㎜ 방수노즐 1개와 15m 이상의 호스 3본을 설치하도록 할 것

406 연결송수관설비를 터널에 설치하고자 할 때 방수량은 얼마 이상이어야 하는가?

① 200l/min ② 300l/min
③ 400l/min ④ 500l/min

◀해설 405번 문제 해설 참조

407 터널에 설치하는 비상콘센트설비의 전원회로의 공급용량은?

① 1.0[kVA] 이상 ② 1.5[kVA] 이상
③ 2.0[kVA] 이상 ④ 2.5[kVA] 이상

정답 : 404.① 405.② 406.③ 407.②

> **해설** 제12조(비상콘센트설비)
> 비상콘센트설비는 다음 각 호의 기준에 따라 설치하여야 한다. 〈개정 2012.8.20〉
> 1. 비상콘센트설비의 전원회로는 단상교류 220V인 것으로서 그 공급용량은 1.5KVA 이상인 것으로 할 것
> 2. 전원회로는 주배전반에서 전용회로로 할 것. 다만, 다른 설비의 회로의 사고에 따른 영향을 받지 아니하도록 되어 있는 것은 그러하지 아니하다. 〈개정 2012.8.20.〉
> 3. 콘센트마다 배선용 차단기(KS C 8321)를 설치하여야 하며, 충전부가 노출되지 아니하도록 할 것
> 4. 주행차로의 우측 측벽에 50m 이내의 간격으로 바닥으로부터 0.8m 이상 1.5m 이하의 높이에 설치할 것

408 고층건축물의 화재안전기준 중 옥내소화전의 설치기준으로 옳은 것은?

① 수원은 그 저수량이 옥내소화전의 설치개수가 가장 많은 층의 설치개수(5개 이상 설치된 경우에는 5개)에 7.8m³(호스릴옥내소화전설비를 포함한다)를 곱한 양 이상 이 되도록 하여야 한다.
② 급수배관은 전용으로 하여야 한다. 다만, 옥내소화전설비의 성능에 지장이 없는 경우에는 스프링클러설비의 배관과 겸용할 수 있다.
③ 50층 이상인 건축물의 옥내소화전 주배관 중 수직배관은 3개 이상(주배관 성능을 갖는 동일호칭배관)으로 설치하여야 하며, 하나의 수직배관의 파손 등 작동 불능 시에도 다른 수직배관으로부터 소화용수가 공급되도록 구성하여야 한다.
④ 비상전원은 자가발전설비 또는 전기저장장치, 축전지설비(내연기관에 따른 펌프를 사용하는 경우에는 내연기관의 기동 및 제어용 축전지를 말한다)로서 옥내소화전설비를 40분 이상 작동할 수 있을 것. 다만, 50층 이상인 건축물의 경우에는 60분 이상 작동할 수 있어야 한다.

> **해설** 고층건축물 화재안전기준 제5조(옥내소화전설비)
> ① 수원은 그 저수량이 옥내소화전의 설치개수가 가장 많은 층의 설치개수(5개 이상 설치된 경우에는 5개)에 5.2m³(호스릴옥내소화전설비를 포함한다)를 곱한 양 이상이 되도록 하여야 한다. 다만, 층수가 50층 이상인 건축물의 경우에는 7.8m³를 곱한 양 이상이 되도록 하여야 한다.
> ② 수원은 제1호에 따라 산출된 유효수량 외에 유효수량의 3분의 1 이상을 옥상(옥내소화전설비가 설치된 건축물의 주된 옥상을 말한다. 이하 같다)에 설치하여야 한다. 다만, 옥내소화전설비의 화재안전기준(NFTC 102) 제4조제2항제3호 또는 제4호에 해당하는 경우에는 그러하지 아니하다.
> ③ 전동기 또는 내연기관을 이용한 펌프방식의 가압송수장치는 옥내소화전설비 전용으로 설치하여야 하며, 옥내소화전설비 주펌프 이외에 동등 이상인 별도의 예비펌프를 설치하여야 한다.
> ④ 급수배관은 전용으로 하여야 한다. 다만, 옥내소화전설비의 성능에 지장이 없는 경우에는 연결송수관설비의 배관과 겸용할 수 있다.

정답 : 408.④

⑤ 50층 이상인 건축물의 옥내소화전 주배관 중 수직배관은 2개 이상(주배관 성능을 갖는 동일호칭배관)으로 설치하여야 하며, 하나의 수직배관의 파손 등 작동 불능 시에도 다른 수직배관으로부터 소화용수가 공급되도록 구성하여야 한다.
⑥ 비상전원은 자가발전설비 또는 축전지설비(내연기관에 따른 펌프를 사용하는 경우에는 내연기관의 기동 및 제어용 축전지를 말한다)로서 옥내소화전설비를 40분 이상 작동할 수 있을 것. 다만, 50층 이상인 건축물의 경우에는 60분 이상 작동할 수 있어야 한다.

409 지상35층, 지하3층 건축물에서 지하1층에 화재가 발생하여 스프링클러설비의 음향장치가 작동되었다. 이때 우선적으로 경보를 발하여야 하는 층은?

① 지상1층, 지하1층~지하3층
② 지하1층~지상4층
③ 화재층, 직상4개층, 기타지하층
④ 지하전층

해설 제6조(스프링클러설비)

스프링클러설비는 다음 각 항의 기준에 따라 설치하여야 한다.
① 수원은 스프링클러설비 설치장소별 스프링클러헤드의 기준개수에 3.2㎥를 곱한 양 이상이 되도록 하여야 한다. 다만, 50층 이상인 건축물의 경우에는 4.8㎥를 곱한 양 이상이 되도록 하여야 한다.
② 스프링클러설비의 수원은 제1호에 따라 산출된 유효수량 외에 유효수량의 3분의 1이상을 옥상(스프링클러설비가 설치된 건축물의 주된 옥상을 말한다. 이하 같다)에 설치하여야 한다. 다만, 스프링클러설비의 화재안전기준(NFTC103) 제4조제2항제3호 또는 제4호에 해당하는 경우에는 그러하지 아니하다.
③ 전동기 또는 내연기관을 이용한 펌프방식의 가압송수장치는 스프링클러설비 전용으로 설치하여야 하며, 스프링클러설비 주펌프 이외에 동등 이상인 별도의 예비펌프를 설치하여야 한다.
④ 급수배관은 전용으로 설치하여야 한다.
⑤ 50층 이상인 건축물의 스프링클러설비 주배관 중 수직배관은 2개 이상(주배관 성능을 갖는 동일호칭배관)으로 설치하고, 하나의 수직배관이 파손 등 작동 불능 시에도 다른 수직배관으로부터 소화용수가 공급되도록 구성하여야 하며, 각 각의 수직배관에 유수검지장치를 설치하여야 한다.
⑥ 50층 이상인 건축물의 스프링클러 헤드에는 2개 이상의 가지배관 양방향에서 소화용수가 공급되도록 하고, 수리계산에 의한 설계를 하여야 한다.
⑦ 스프링클러설비의 음향장치는 스프링클러설비의 화재안전기준(NFTC 103) 제9조에 따라 설치하되, 다음 각 호의 기준에 따라 경보를 발할 수 있도록 하여야 한다.
 1. 2층 이상의 층에서 발화한 때에는 발화층 및 그 직상 4개층에 경보를 발할 것
 2. 1층에서 발화한 때에는 발화층·그 직상 4개층 및 지하층에 경보를 발할 것
 3. 지하층에서 발화한 때에는 발화층·그 직상층 및 기타의 지하층에 경보를 발할 것
⑧ 비상전원을 설치할 경우 자가발전설비 또는 축전지설비(내연기관에 따른 펌프를 사용하는 경우에는 내연기관의 기동 및 제어용 축전지를 말한다)로서 스프링클러설비를 40분 이상 작동할 수 있을 것. 다만, 50층 이상인 건축물의 경우에는 60분 이상 작동할 수 있어야 한다.

정답 : 409.①

410 50층 이상인 건축물에 설치하는 통신, 신호배선은 이중배선을 설치하도록 하고 있는데 이중배선으로 하여야 하는 배선의 종류로 옳지 않은 것은?

① 수신기와 수신기 사이의 통신배선
② 수신기와 중계기 사이의 신호배선
③ 수신기와 감지기 사이의 신호배선
④ 중계기와 감지기 사이의 신호배선

해설 제8조(자동화재탐지설비)
① 감지기는 아날로그방식의 감지기로서 감지기의 작동 및 설치지점을 수신기에서 확인할 수 있는 것으로 설치하여야 한다. 다만, 공동주택의 경우에는 감지기별로 작동 및 설치지점을 수신기에서 확인할 수 있는 아날로그방식 외의 감지기로 설치할 수 있다.
② 자동화재탐지설비의 음향장치는 다음 각 호의 기준에 따라 경보를 발할 수 있도록 하여야 한다.
  1. 2층 이상의 층에서 발화한 때에는 발화층 및 그 직상 4개층에 경보를 발할 것
  2. 1층에서 발화한 때에는 발화층·그 직상 4개층 및 지하층에 경보를 발할 것
  3. 지하층에서 발화한 때에는 발화층·그 직상층 및 기타의 지하층에 경보를 발할 것
③ 50층 이상인 건축물에 설치하는 통신·신호배선은 이중배선을 설치하도록 하고 단선(斷線) 시에도 고장표시가 되며 정상 작동할 수 있는 성능을 갖도록 설비를 하여야 한다.
  1. 수신기와 수신기 사이의 통신배선
  2. 수신기와 중계기 사이의 신호배선
  3. 수신기와 감지기 사이의 신호배선
④ 자동화재탐지설비에는 그 설비에 대한 감시상태를 60분간 지속한 후 유효하게 30분 이상 경보할 수 있는 축전지설비(수신기에 내장하는 경우를 포함한다)를 설치하여야한다. 다만, 상용전원이 축전지설비인 경우에는 그러하지 아니하다.

411 자동화재탐지설비에는 그 설비에 대한 감시상태를 60분간 지속한 후 유효하게 몇 분 이상 경보할수 있는 축전지 설비를 갖추어야 하는가?

① 20분
② 30분
③ 40분
④ 60분

해설 문제 410번 해설 참조
[참고] 피난안전구역에 설치하는 소방시설 설치기준(제10조 관련)

구분	설치기준
1. 제연설비	피난안전구역과 비 제연구역간의 차압은 50pa(옥내에 스프링클러설비가 설치된 경우에는 12.5Pa) 이상으로 하여야 한다. 다만 피난안전구역의 한쪽 면 이상이 외기에 개방된 구조의 경우에는 설치하지 아니할 수 있다.
2. 피난유도선	피난유도선은 다음 각호의 기준에 따라 설치하여야 한다. 가. 피난안전구역이 설치된 층의 계단실 출입구에서 피난안전구역 주 출입구 또는 비상구까지 설치할 것 나. 계단실에 설치하는 경우 계단 및 계단참에 설치할 것

정답 : 410.④ 411.②

예상문제

		다. 피난유도 표시부의 너비는 최소 25mm 이상으로 설치할 것 라. 광원점등방식(전류에 의하여 빛을 내는 방식)으로 설치하되, 60분 이상 유효하게 작동할 것
3. 비상조명등		피난안전구역의 비상조명등은 상시 조명이 소등된 상태에서 그 비상조명등이 점등되는 경우 각 부분의 바닥에서 조도는 10lx 이상이 될 수 있도록 설치할 것

4. 휴대용비상조명등		가. 피난안전구역에는 휴대용비상조명등을 다음 각호의 기준에 따라 설치하여야 한다.
		  1) 초고층 건축물에 설치된 피난안전구역: 피난안전구역 위층의 재실자수(「건축물의 피난·방화구조 등의 기준에 관한 규칙」별표 1의2에 따라 산정된 재실자 수를 말한다)의 10분의 1 이상
		  2) 지하연계 복합건축물에 설치된 피난안전구역: 피난안전구역이 설치된 층의 수용인원(영 별표 2에 따라 산정된 수용인원을 말한다)의 10분의 1 이상
		나. 건전지 및 충전식 건전지의 용량은 40분 이상 유효하게 사용할 수 있는 것으로 한다. 다만, 피난안전구역이 50층 이상에 설치되어 있을 경우의 용량은 60분 이상으로 할 것

5. 인명구조기구		가. 방열복, 인공소생기를 각 2개 이상 비치할 것 나. 45분 이상 사용할 수 있는 성능의 공기호흡기(보조마스크를 포함한다)를 2개 이상 비치하여야 한다. 다만, 피난안전구역이 50층 이상에 설치되어 있을 경우에는 동일한 성능의 예비용기를 10개 이상 비치할 것 다. 화재시 쉽게 반출할 수 있는 곳에 비치할 것 라. 인명구조기구가 설치된 장소의 보기 쉬운 곳에 "인명구조기구"라는 표지판 등을 설치할 것

412 예상제연구역에서 공기가 유입되는 순간의 풍속은 얼마 이하이어야 하는가?

① 5[m/s] ② 10[m/s]
③ 15[m/s] ④ 20[m/s]

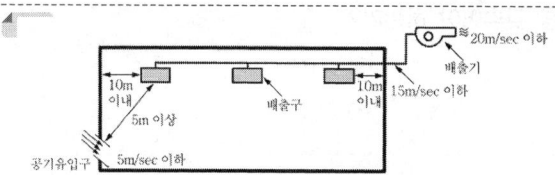

413 다음 중 물분무소화설비의 송수구 설치기준으로 옳지 않은 것은?

① 지면으로부터 높이가 0.8[m] 이상 1.5[m] 이하에 설치한다.
② 구경은 65[mm] 쌍구형으로 한다.
③ 송수구의 가까운 부분에 자동배수밸브 및 체크밸브를 설치한다.
④ 송수구는 하나의 층이 바닥면적이 3,000[m²]를 넘을 때마다 1개(5개 이상은 5개) 이상을 설치한다.

정답 : 412.① 413.①

해설 제7조(송수구) 물분무소화설비에는 소방펌프자동차로부터 그 설비에 송수할 수 있는 송수구를 다음 각 호의 기준에 따라 설치하여야 한다. 〈개정 2012.8.20〉
1. 송수구는 화재층으로부터 지면으로 떨어지는 유리창 등이 송수 및 그 밖의 소화작업에 지장을 주지 아니하는 장소에 설치할 것. 이 경우 가연성가스의 저장·취급시설에 설치하는 송수구는 그 방호대상물로부터 20m 이상의 거리를 두거나 방호대상물에 면하는 부분이 높이 1.5m 이상 폭 2.5m 이상의 철근콘크리트 벽으로 가려진 장소에 설치하여야 한다. 〈개정 2015.1.23.〉
2. 송수구로부터 물분무소화설비의 주배관에 이르는 연결배관에 개폐밸브를 설치한 때에는 그 개폐상태를 쉽게 확인 및 조작할 수 있는 옥외 또는 기계실 등의 장소에 설치할 것
3. 구경 65mm의 쌍구형으로 할 것
4. 송수구에는 그 가까운 곳의 보기 쉬운 곳에 송수압력범위를 표시한 표지를 할 것
5. 송수구는 하나의 층의 바닥면적이 3,000㎡를 넘을 때마다 1개(5개를 넘을 경우에는 5개로 한다) 이상을 설치할 것
6. 지면으로부터 높이가 0.5m 이상 1m 이하의 위치에 설치할 것
7. 송수구의 가까운 부분에 자동배수밸브(또는 직경 5mm의 배수공) 및 체크밸브를 설치할 것. 이 경우 자동배수밸브는 배관안의 물이 잘 빠질 수 있는 위치에 설치하되, 배수로 인하여 다른 물건 또는 장소에 피해를 주지 아니하여야 한다.
8. 송수구에는 이물질을 막기 위한 마개를 씌울 것 〈신설 2008.12.15〉

414
옥내소화전설비에서 정격토출량이 300[lpm]인 펌프를 성능시험배관의 직관부에 설치하고자 할 때 유량계의 유량측정범위로 옳은 것은?

① 200 ~ 300[lpm] ② 200 ~ 400[lpm]
③ 200 ~ 500[lpm] ④ 200 ~ 600[lpm]

해설 175% 이상 측정 가능 : 300×1.75=525

415
연결송수관설비의 배관 설치기준으로 옳은 것은?

① 지상 11층 이상인 소방대상물은 습식설비로 한다.
② 주배관의 구경은 75[mm] 이상으로 한다.
③ 연결송수관설비의 수직배관은 학교 또는 공장이거나 배관 주위를 1시간 이상의 내화성능이 있는 재료로 보호하는 경우에는 설치하지 않아도 된다.
④ 배관은 주배관의 구경이 75[mm] 이상인 옥내소화전설비의 배관과 겸용할 수 있다.

해설 ① 연결송수관설비의 배관은 다음 각 호의 기준에 따라 설치하여야 한다.
1. 주배관의 구경은 100mm 이상의 것으로 할 것
2. 지면으로부터의 높이가 31m 이상인 특정소방대상물 또는 지상 11층 이상인 특정소방대상물에 있어서는 습식설비로 할 것

정답 : 414.④ 415.①

예상문제

② 배관과 배관이음쇠는 다음 각 호의 어느 하나에 해당하는 것 또는 동등 이상의 강도·내식성 및 내열성을 국내·외 공인기관으로부터 인정 받은 것을 사용하여야 하고, 배관용 스테인리스강관(KS D 3576)의 이음을 용접으로 할 경우에는 알곤용접방식에 따른다. 다만, 본 조에서 정하지 않은 사항은 건설기술 진흥법 제44조제1항의 규정에 따른 건축기계설비공사 표준설명서에 따른다.〈신설 2014.8.18., 개정 2016.7.13.〉
　배관의 종류 : 문제 376번 해설 참조
③ 합성수지용배관설치할수 있는 경우 : 376번 해설참조
④ 연결송수관설비의 배관은 주배관의 구경이 100㎜ 이상인 옥내소화전설비·스프링클러설비 또는 물분무등소화설비의 배관과 겸용할 수 있다.[종전의 제2항에서 이동 2014.8.18]
⑤ 연결송수관설비의 수직배관은 내화구조로 구획된 계단실(부속실을 포함한다) 또는 파이프덕트 등 화재의 우려가 없는 장소에 설치하여야 한다. 다만, 학교 또는 공장이거나 배관주위를 1시간 이상의 내화성능이 있는 재료로 보호하는 경우에는 그러하지 아니하다.
⑥ 분기배관을 사용할 경우에는 소방청장이 정하여 고시한 「분기배관의 성능인증 및 제품검사의 기술기준」에 적합한 것으로 설치하여야 한다.
⑦ 배관은 다른 설비의 배관과 쉽게 구분이 될 수 있는 위치에 설치하거나, 그 배관표면 또는 배관 보온재표면의 색상은 「한국산업표준(배관계의 식별 표시, KS A 0503)」 또는 적색으로 식별이 가능하도록 소방용설비의 배관임을 표시하여야 한다.〈신설 2014.8.18.〉

416 소방대상물의 보와 가장 가까운 스프링클러헤드의 설치는 스프링클러헤드의 반사판 중심과 보의 수평거리가 1.3[m]일 때 스프링클러헤드의 반사판 높이와 보의 하단 높이의 수직거리 기준으로 옳은 것은?

① 0.1[m] 미만　　　　　　　　　　② 0.15[m] 미만
③ 0.3[m] 미만　　　　　　　　　　④ 보의 하단보다 낮을 것

해설

스프링클러헤드의 반사판 중심과 보의 수평거리	스프링클러헤드의 반사판 높이와 보의 하단 높이의 수직거리
0.75m 미만	보의 하단보다 낮을 것
0.75m 이상 1m 미만	0.1m 미만일 것
1m 이상 1.5m 미만	0.15m 미만일 것
1.5m 이상	0.3m 미만일 것

417 소화기구의 화재안전기준에서 정하고 있는 설치기준에서 지하층이나 무창층으로 바닥 면적이 20[m²] 미만의 장소에 설치할 수 없는 소화기로 옳은 것은?

① 강화액 소화기　　　　　　　　　② 분말소화기
③ 이산화탄소소화기　　　　　　　④ 알칼리소화기

정답 : 416.② 417.③

418 이산화탄소 소화설비를 사람이 많이 출입하는 박물관에 설치하고자 한다. 수동식기동 장치의 설치기준으로 옳지 않은 것은?

① 전역방출방식에 있어서는 방호구역마다, 국소방출방식에 있어서는 방호대상물마다 설치한다.
② 기동장치의 조작부는 보호판 등에 따른 보호장치를 설치하여야 한다.
③ 기동장치의 복구스위치는 음향경보장치와 연동하여 조작될 수 있는 것이어야 한다.
④ 기동장치의 조작부는 바닥으로부터 0.8[m] 이상 1.5[m] 이하의 위치에 설치한다.

해설   제6조(기동장치)
① 이산화탄소소화설비의 수동식 기동장치는 다음 각 호의 기준에 따라 설치하여야 한다. 이 경우 수동식 기동장치의 부근에는 소화약제의 방출을 지연시킬 수 있는 비상스위치(자동복귀형 스위치로서 수동식 기동장치의 타이머를 순간정지시키는 기능의 스위치를 말한다)를 설치하여야 한다. 〈개정 2012.8.20.〉
1. 전역방출방식은 방호구역마다, 국소방출방식은 방호대상물마다 설치할 것
2. 해당방호구역의 출입구부분 등 조작을 하는 자가 쉽게 피난할 수 있는 장소에 설치할 것
3. 기동장치의 조작부는 바닥으로부터 높이 0.8m 이상 1.5m 이하의 위치에 설치하고, 보호판 등에 따른 보호장치를 설치할 것
4. 기동장치에는 그 가까운 곳의 보기쉬운 곳에 "이산화탄소소화설비 기동장치"라고 표시한 표지를 할 것
5. 전기를 사용하는 기동장치에는 전원표시등을 설치할 것
6. 기동장치의 방출용 스위치는 음향경보장치와 연동하여 조작될 수 있는 것으로 할 것

419 제연설비의 배출기 및 배출풍도에 관한 설치기준으로 옳지 않은 것은?

① 풍도단면의 긴 변 또는 직경의 크기가 450[mm] 이하인 경우의 강판두께는 0.5[mm] 이하로 한다.
② 배출기와 배출풍도의 접속부분에 사용하는 캔버스는 내열성이 있는 것으로 한다.
③ 배출기의 전동기 부분과 배풍기 부분은 분리하여 설치하여야 하며, 배풍기 부분은 유효한 내열처리를 한다.
④ 배출기의 흡입측 풍도안의 풍속은 15[m/s] 이하로 하고, 배출측 풍속은 20[m/s] 이하로 한다.

해설   [배출기 및 배출풍도]
① 배출기의 설치기준
㉠ 배출기의 배출능력은 규정에 의한 배출량 이상이 되도록 할 것
㉡ 배출기와 배출풍도의 접속부분에 사용하는 캔버스는 내열성이 있는 것으로 할 것
㉢ 배출기의 전동기 부분과 배풍기 부분은 분리하여 설치하고, 배풍기 부분은 유효한 내열처리를 할 것

 정답 : 418.③ 419.①

예상문제

② 배출풍도의 기준
  ㉠ 배출풍도는 아연도금강판 또는 이와 동등 이상의 내식성·내열성이 있는 것으로 하며, 내열성의 단열재로 유효한 단열처리를 하고, 강판의 두께는 배출풍도의 크기에 따라 다음 표에 따른 기준 이상으로 할 것

풍도단면의 긴변 또는 직경의 크기	450mm 이하	450mm 초과 750mm 이하	750mm 초과 1,500mm 이하	1,500mm 초과 2,250mm 이하	2,250mm 초과
강판두께	0.5mm	0.6mm	0.8mm	1.0mm	1.2mm

  ㉡ 배출기의 흡입측 풍도 안의 풍속은 15m/sec 이하, 배출측 풍속은 20m/sec 이하로 할 것

420 특별피난계단의 부속실에 수직풍도를 설치하는 경우 수직풍도의 내부 단면적은 얼마인가? (단, 자연배출방식으로 수직풍도의 길이는 150[m]이고, 방연풍속은 0.5[m/s], 수직풍도가 담당하는 1개층 제연구역의 출입문 1개의 면적은 1.89[m²]이다.)

① 0.47[m²] 이상
② 0.38[m²] 이상
③ 0.6[m²] 이상
④ 0.46[m²] 이상

◀해설 [수직풍도의 내부 단면적]
① 수직풍도의 길이가 100m를 초과하는 경우에는 산출수치의 1.2배 이상으로 하여야 한다.
② 내부 단면적
$$A_P = \frac{Q_N}{2} = \frac{1.89 m^2 \times 0.5 m/s}{2} = 0.4725 m^2 \times 1.2 = 0.567 = 0.6 m^2$$

421 연결살수설비 전용헤드의 경우 천장 또는 반자의 각 부분으로부터 하나의 살수헤드까지의 수평거리의 최대기준은 몇 [m] 이하인가?

① 2.1[m] ② 2.3[m]
③ 3.2[m] ④ 3.7[m]

◀해설 [연결살수설비 수평거리]
① 연결살수설비 전용헤드 : 3.7m 이하
② 스프링클러헤드 : 2.3m 이하

422 옥외소화전설비의 설치 및 유지에 관한 기술상의 기준 중 옳지 않은 것은?

① 소화전함은 옥외소화전마다 그로부터 5[m] 이내의 장소에 설치한다.
② 소화전함 표면에는 "옥외소화전함"이라고 표시한다.

정답 : 420.③ 421.④ 422.②

③ 가압송수장치의 시동을 표시하는 표시등은 적색으로 하고, 소화전함 상부 또는 그 직근에 설치한다.
④ 소화전이 31개 이상 설치된 때에는 옥외소화전 3개마다 1개 이상의 소화전함을 설치한다.

해설 옥외소화전설비의 소화전함 표면에는 "옥외소화전"이라고 표시한 표지를 하고, 가압송수장치의 조작부 또는 그 부근에는 가압송수장치의 기동을 명시하는 적색등을 설치하여야 한다.
① 옥외소화전설비에는 옥외소화전마다 그로부터 5m 이내의 장소에 소화전함을 설치하여야 한다.
　㉮ 옥외소화전이 10개 이하 설치된 때에는 옥외소화전마다 5m 이내의 장소에 1개 이상의 소화전함을 설치하여야 한다.
　㉯ 옥외소화전이 11개 이상, 30개 이하 설치된 때에는 11개 이상의 소화전함을 각각 분산하여 설치하여야 한다.
　㉰ 옥외소회전이 31개 이상 설치된 때에는 옥외소화전 3개마다 1개 이상의 소화전함을 설치하여야 한다.
② 그 밖의 사항은 옥내소화전과 동일

423
특별피난계단의 계단실 및 부속실 제연설비 중 외기취입구에 대한 다음 괄호 안에 들어갈 내용으로 옳은 것은?

> 외기를 옥외로부터 취입하는 경우 취입구는 연기 또는 공해물질 등으로 오염된 공기를 취입하지 아니하는 위치에 설치하여야 하며, 배기구 등(유입공기, 주방의 조리대의 배출공기 또는 화장실의 배출공기 등을 배출하는 배기구를 말한다)으로부터 (㉠) 이상, (㉡) 위치에 설치할 것

① ㉠ 수직거리 5[m], ㉡ 수평거리 1[m] 이상 낮은
② ㉠ 수평거리 5[m], ㉡ 수직거리 1[m] 이상 높은
③ ㉠ 수평거리 5[m], ㉡ 수직거리 1[m] 이상 낮은
④ ㉠ 수직거리 5[m], ㉡ 수평거리 1[m] 이상 높은

해설 [외기취입구 기준 중 주요기준]
① 외기를 옥외로부터 취입하는 경우 취입구는 연기 또는 공해물질 등으로 오염된 공기를 취입하지 아니하는 위치에 설치하여야 하며, 배기구 등(유입공기, 주방의 조리대의 배출공기 또는 화장실의 배출공기 등을 배출하는 배기구를 말한다)으로부터 수평거리 5m 이상, 수직거리 1m 이상 낮은 위치에 설치할 것〈개정 2013.9.3〉
② 취입구를 옥상에 설치하는 경우에는 옥상의 외곽 면으로부터 수평거리 5m 이상, 외곽 면의 상단으로부터 하부로 수직거리 1m 이하의 위치에 설치할 것〈개정 2013.9.3〉

정답 : 423.③

예상문제

424 제연설비에 전용 샤프트를 설치하여 건물 내·외부의 온도차와 화재시 발생 되는 열기에 의한 밀도차이를 이용하여 지붕 외부의 루프모니터 등을 이용하여 지붕 외부의 루프모니터 등을 이용하여 옥외로 배출·환기시키는 방식을 무엇이라 하는가?

① 자연제연방식　　　　　　　② 스모크타워 제연방식
③ 루프해치방식　　　　　　　④ 제3종 기계제연방식

해설　[제연방식]
① 자연제연
② 스모크타워 제연
③ 기계제연
　- 제1종 기계제연 : 송풍기와 배출기
　- 제2종 기계제연 : 송풍기
　- 제3종 기계제연 : 배출기

425 승강식피난기 및 하향식피난구의 내림식사다리가 설치되는 대피실의 면적은 얼마 이상 이어야 하는가? (단, 2세대 이상일 경우이다)

① 2[m²]　　　　　　　　　　② 3[m²]
③ 4[m²]　　　　　　　　　　④ 5[m²]

해설　대피실의 면적은 2㎡(2세대 이상일 경우에는 3㎡) 이상으로 하고, 건축법시행령 제46조제4항의 규정에 적합하여야 하며 하강구(개구부)규격은 직경 60cm 이상일 것. 단, 외기와 개방된 장소에는 그러하지 아니하다.

426 도로터널에 설치하는 연결송수관설비의 방수압력과 방수량은 얼마 이상이어야 하는가?

① 방수압력 : 0.35[MPa] 이상, 방수량 : 400[L/min] 이상
② 방수압력 : 0.35[MPa] 이상, 방수량 : 190[L/min] 이상
③ 방수압력 : 0.25[MPa] 이상, 방수량 : 400[L/min] 이상
④ 방수압력 : 0.25[MPa] 이상, 방수량 : 190[L/min] 이상

해설　방수압력 : 0.35MPa 이상, 방수량 : 400L/min 이상

427 고층건축물에 설치하는 연결송수관설비의 배관을 옥내소화전설비와 겸용할 수 있는 배관의 구경은 얼마 이상인가?

① 65[mm] 이상　　　　　　　② 100[mm] 이상
③ 125[mm] 이상　　　　　　　④ 150[mm] 이상

정답 : 424.②　425.②　426.①　427.②

428 호스릴 이산화탄소소화설비는 20[℃]에서 하나의 노즐마다 분당 몇 [kg] 이상의 소화약제를 방사할 수 있어야 하는가?

① 40 ② 50 ③ 60 ④ 80

429 연결살수설비의 헤드를 스프링클러헤드로 설치하고자 할 경우 건축물의 천장 또는 반자의 각 부분으로부터 하나의 살수헤드까지의 수평거리 기준은?

① 1.7[m] 이하 ② 2.1[m] 이하
③ 2.3[m] 이하 ④ 3.7[m] 이하

해설 [헤드의 수평거리]
① 전용헤드 : 3.7m 이하
② 스프링클러헤드 : 2.3m 이하

430 옥내소화전설비가 각 층에 5개씩 설치되어 있을 때 당해 건물의 옥내소화전 전용 유효 수량은 얼마 이상 확보하여야 하는가? (층수는 30층이다)

① 26[m³] 이상 ② 13[m³] 이상
③ 10.4[m³] 이상 ④ 38[m³] 이상

해설 수원 Q=5.2m³×5개=25m³
30층 미만 : N×2.6m³ 이상(N : 최대 2개)
30층 이상 39층 이하 : N×5.2m³ 이상(N : 최대 5개)
50층 이상 : N×7.8m³ 이상(N : 최대 5개)

431 분말소화설비의 배관과 선택밸브의 설치기준에 대한 내용으로 옳지 않은 것은?

① 배관은 겸용으로 설치할 것
② 강관은 아연도금에 따른 배관용 탄소강관을 사용할 것
③ 동관은 고정압력 또는 최고사용압력의 1.5배 이상의 압력에 견딜 수 있는 것을 사용할 것
④ 선택밸브는 방호구역 또는 방호대상물마다 설치할 것

해설 [배관설치기준]
① 배관은 전용으로 할 것
② 강관을 사용하는 경우 배관은 아연도금에 따른 배관용탄소강관이나 이와 동등 이상의 강도·내식성 및 내열성을 가진 것으로 할 것
③ 동관을 사용하는 경우의 배관은 고정압력 또는 최고사용압력의 1.5배 이상의 압력에 견딜 수 있는 것을 사용할 것

정답 : 428.③ 429.③ 430.① 431.①

예상문제

④ 밸브류는 개폐위치 또는 개폐방향을 표시한 것으로 할 것
⑤ 배관의 관부속 및 밸브류는 배관과 동등 이상의 강도 및 내식성이 있는 것으로 할 것

432 바닥면적이 80[m²]인 특수가연물저장소에 물분무소화설비를 설치하려고 한다. 펌프의 1분당 토출량의 기준은 1[m²]에 몇 L를 곱한 양 이상이 되어야 하는가?

① 10   ② 16   ③ 20   ④ 32

◀해설 [물분무소화설비의 수원산정기준]

소방대상물	토출량
절연유봉입변압기, 특수가연물, 콘베이어 벨트	10[L/min · m²]
차고, 주차장	20[L/min · m²]
케이블트레이, 케이블덕트	12[L/min · m²]

433 스프링클러설비의 배관에 대한 내용 중 잘못된 것은?

① 습식 설비의 청소용으로 교차배관 끝에 설치하는 개폐밸브는 40[mm] 이상으로 설치한다.
② 급수배관 중 가지배관의 배열은 토너먼트방식이 아니어야 한다.
③ 수직배수배관의 구경은 65[mm] 이상으로 하여야 한다.
④ 습식 스프링클러설비 외의 설비에는 헤드를 향하여 상향으로 가지배관의 기울기를 250분의 1 이상으로 한다.

◀해설 [스프링클러설비의 배관]
① 배관의 구경은 교차배관 40mm 이상, 수직배수배관은 50mm 이상
② 가지배관의 배열은 토너먼트방식이 아닐 것
③ 습식설비 외의 가지배관의 기울기는 1/250 이상, 수평주행배관의 기울기는 1/500 이상 (습식은 수평으로 유지)

434 옥외소화전설비에는 옥외소화전마다 그로부터 얼마의 거리에 소화전함을 설치하여야 하는가?

① 5[m] 이내   ② 6[m] 이내
③ 7[m] 이내   ④ 8[m] 이내

435 미분무소화설비의 화재안전기준에서 정의한 미분무로 옳은 것은?

① 헤드로부터 방출되는 물입자 중 99%의 누적체적분포가 200[μm] 이하
② 헤드로부터 방출되는 물입자 중 99%의 누적체적분포가 400[μm] 이하
③ 헤드로부터 방출되는 물입자 중 99%의 누적체적분포가 600[μm] 이하
④ 헤드로부터 방출되는 물입자 중 99%의 누적체적분포가 1000[μm] 이하

정답 : 432.①   433.③   434.①   435.②

해설 [미분무수의 정의]
물만을 사용하여 소화하는 방식으로 최소설계압력에서 헤드로부터 방출되는 물입자 중 99%의 누적체적분포가 400μm 이하로 분무되고 A, B, C급 화재에 적응성을 갖는 것

436 유압기기를 제외한 전기설비, 케이블 실에 이산화탄소소화설비를 전역방출 방식으로 설치할 경우 방호구역의 체적이 600[m³]라면 이산화탄소 소화약제 저장량은 몇 [kg]인가? (단, 이때 설계농도는 50%이고, 개구부 면적은 무시함)

① 780 ② 960
③ 1200 ④ 1620

해설 심부화재시 저장량 W = 600m³ × 1.3kg/m³ = 780kg

방호대상물	약제량	개구부가산량	설계농도
유압기기를 제외한 전기설비, 케이블실	1.3kg/m³	10kg/m³	50%
체적 55m³ 미만의 전기설비	1.6kg/m³		50%
서고, 전자제품창고, 박물관, 목재가공품창고	2.0kg/m³		65%
고무류, 면화류창고, 석탄창고, 모피창고, 집진설비	2.7kg/m³		75%

437 부속용도로 사용하고 있는 통신기기실의 경우 몇 [m²]마다 적응성이 있는 소화기 1개 이상을 추가로 비치하여야 하는가?

① 30 ② 40
③ 50 ④ 60

해설 [부속용도의 소화기 추가 설치기준]
① 발전실, 변전실, 송전실, 변압기실, 통신기기실 등 : 50m²마다 1개 이상
② 보일러실, 건조실, 세탁소, 대량화기취급소, 음식점, 다중이용업소, 호텔, 기숙사, 노유자시설 등 : 해당용도의 바닥면적 25m²마다 능력단위 1단위 이상

438 높이 12[m]인 랙크(rack)식 창고에 화재조기진압용 스프링클러설비를 설치하려고 한다. 수원은 최소 얼마 이상이어야 하는가? (단, 방출계수 K=240, 최소방수압력은 0.36[MPa]이다)

① 109.28[m³] ② 127.86[m³]
③ 218.57[m³] ④ 327.86[m³]

해설 [수원]
$Q = 12 \times 60 \times K\sqrt{10P}$[L]
$Q = 12 \times 60 \times 240 \times \sqrt{10 \times 0.36} = 327,864.95$[L] $= 327.86$m³

정답 : 436.① 437.③ 438.④

예상문제

439 소화용수가 지표면으로부터 내부 수조 바닥까지의 깊이가 몇 [m] 이상인 지하에 있는 경우에 가압송수장치를 설치해야 하는가?

① 4　　　　　　　　　　　② 4.5
③ 5　　　　　　　　　　　④ 5.5

■해설　문제 313번 해설 참조

---

440 연결살수설비의 송수구 설치기준에 대한 내용으로 맞는 것은?

① 폐쇄형 헤드를 사용하는 설비의 경우에는 송수구 → 자동배수밸브 → 체크밸브의 순으로 설치할 것
② 폐쇄형 헤드를 사용하는 송수구의 호스접결구는 각 송수구역마다 설치할 것
③ 개방형 헤드를 사용하는 연결살수설비에 있어서 하나의 송수구역에 설치하는 살수헤드의 수는 20개 이하가 되도록 할 것
④ 송수구의 높이가 0.5[m] 이하의 위치에 설치할 것

■해설　[송수구 설치기준]
① 연결살수설비의 자동배수밸브 및 체크밸브 설치기준

폐쇄형헤드	송수구, 자동배수밸브, 체크밸브의 순서
개방형헤드	송수구, 자동배수밸브의 순서

② 개방형헤드를 사용하는 연결살수설비에 있어서 하나의 송수구역에 설치하는 살수헤드의 수는 10개 이하
③ 지면으로부터 높이 0.5m 이상 1m 이하의 위치에 설치
④ 개방형헤드를 사용하는 경우 송수구의 호스접결구는 각 송수구역마다 설치할 것
⑤ 송수구는 구경 65mm의 쌍구형으로 설치할 것. 다만, 하나의 송수구역에 부착하는 살사헤드의 수가 10개 이하인 것에 있어서는 단구형의 것으로 할 수 있다.

---

441 폐쇄형미분무헤드를 설치하는 경우에 설치장소의 평상시 최고주위온도가 50[℃]라고 하면 헤드의 표시온도는 얼마인가?

① 65.89[℃]　　　　　　　② 75.89[℃]
③ 85.89[℃]　　　　　　　④ 95.89[℃]

■해설　[헤드의 표시온도]
최고주위온도 Ta＝0.9Tm－27.3℃에서 50＝0.9Tm－27.3
표시온도 Tm＝85.89℃

정답 : 439.②　440.①　441.③

442 제연설비에 설치되는 다음 기기 중 화재감지기와 연동되지 않아도 되는 것은?

① 가동식의 벽 ② 댐퍼
③ 제연경계벽 ④ 연동제어기

해설 가동식의 벽, 제연경계벽, 댐퍼 및 배출기의 작동은 자동화재감지기와 연동되어야 하며, 예상제연구역 및 제어반에서 수동기동이 가능하도록 하여야 한다.

443 피난기구의 위치를 표시하는 축광식 표지의 기준으로 적합하지 않은 것은?

① 방사성 물질을 사용하는 위치표지는 쉽게 파괴되지 아니하는 재질로 처리할 것
② 위치표지는 주위 조도 0[lx]에서 60분간 발광 후 직선거리 10[m] 떨어진 위치에서 보통시력으로 표시면의 문자 또는 화살표 등을 쉽게 식별할 수 있는 것으로 할 것
③ 위치표지의 표시면은 쉽게 변형·변질 또는 변색되지 아니할 것
④ 위치표지의 표시면의 휘도는 주위 조도 0[lx]에서 60분간 발광 후 70[mcd/m²]로 할 것

해설 [피난기구의 축광식 표지 및 유도표지]

피난기구	• 주위조도 0[lx]에서 60분간 발광 후 직선거리 10[m] 떨어진 위치에서 보통시력표시면의 문자 또는 화살표 등을 쉽게 식별 • 위치표지 표지면의 휘도는 주위조도 0[lx]에서 발광 후 7[mcd/m²] 이상
유도표지	• 주위조도 0[lx]에서 60분간 발광 후 직선거리 20[m] 떨어진 위치에서 보통시력으로 유도표지가 있다는 것이 식별, 3[m] 거리에서 표시면의 문자 또는 화살표 등을 쉽게 식별 • 위치표지 표지면의 휘도는 주위조도 0[lx]에서 발광 후 7[mcd/m²] 이상

444 스프링클러헤드의 설치에 있어 층고가 낮은 사무실의 양측 벽면 상단에 측벽형 스프링클러헤드를 설치하여 방호하려고 한다. 사무실의 폭이 몇 [m] 이하일 때 헤드의 포용이 가능한가?

① 9[m] 이하 ② 10.8[m] 이하
③ 12.6[m] 이하 ④ 15.5[m] 이하

해설 측벽형스프링클러헤드를 설치하는 경우 긴 변의 한쪽 벽에 일렬로 설치(폭이 4.5m 이상 9m 이하인 실에 있어서는 긴변의 양쪽에 각각 일렬로 설치하되 마주보는 스프링클러헤드가 나란히꼴이 되도록 설치)하고 3.6m 이내마다 설치할 것

445 인산염을 주성분으로 한 분말소화약제를 사용하는 분말소화설비의 소화약제저장용기의 내용적은 소화약제 1[kg]당 얼마이어야 하는가?

① 0.8[L] ② 0.92[L]
③ 1[L] ④ 1.25[L]

정답 : 442.④ 443.④ 444.① 445.③

해설 [소화약제 저장용기의 내용적]

소화약제의 종별	소화약제 1kg당 저장용기의 내용적
제1종 분말(탄산수소나트륨을 주성분으로 한 분말)	0.8L
제2종 분말(탄산수소칼륨을 주성분으로 한 분말)	1L
제3종 분말(인산염을 주성분으로 한 분말)	1L
제4종 분말(탄산수소칼륨과 요소가 화합된 분말)	1.25L

446 펌프의 토출관과 흡입관 사이의 배관 도중에 설치한 흡입기에 펌프토출량의 일부를 보내어 농도 조정밸브에서 조정된 포소화약제의 필요량을 포소화약제 탱크에서 펌프 흡입측으로 보내어 혼합하는 방식은?

① 프레져사이드 푸로포셔너방식 ② 라인 푸로포셔너방식
③ 프레져 푸로포셔너방식 ④ 펌프 푸로포셔너방식

해설 [포 혼합방식]
- 프레져 푸로포셔너방식 : 펌프와 발포기의 중간에 설치된 벤추리관의 밴추리작용과 펌프 가압수의 포 소화약제 저장탱크에 대한 압력에 따라 포 소화약제를 흡입·혼합하는 방식을 말한다.
- 라인 푸로포셔너방식 : 펌프와 발포기의 중간에 설치된 밴추리관의 밴추리작용에 따라 포 소화약제를 흡입·혼합하는 방식을 말한다.
- 프레져사이드 푸로포셔너방식 : 펌프의 토출관에 압입기를 설치하여 포 소화약제 압입용 펌프로 포 소화약제를 압입시켜 혼합하는 방식을 말한다.

447 이산화탄소 소화설비의 배관에 관한 사항으로 옳지 않은 것은?

① 강관을 사용하는 경우 고압저장 방식에서는 압력배관용 탄소강관 중 스케줄 80 이상의 것을 사용한다.
② 강관을 사용하는 경우 저압저장 방식에서는 압력배관용 탄소강관 중 스케줄 40 이상의 것을 사용한다.
③ 동관을 사용하는 경우 이음매 없는 것으로서 고압저장방식에서는 내압 15[MPa] 이상의 압력에 견딜 수 있는 것을 사용한다.
④ 동관을 사용하는 경우 이음매 없는 것으로서 저압저장방식에서는 내압 3.75[MPa] 이상의 압력에 견딜 수 있는 것을 사용한다.

해설 ① 이산화탄소소화설비의 배관은 다음 각 호의 기준에 따라 설치하여야 한다.
  1. 배관은 전용으로 할 것
  2. 강관을 사용하는 경우의 배관은 압력배관용탄소강관(KS D 3562)중 스케줄 80(저압식은 스케줄 40) 이상의 것 또는 이와 동등 이상의 강도를 가진 것으로 아연도금 등으

정답 : 446.④ 447.③

로 방식처리된 것을 사용할 것. 다만, 배관의 호칭구경이 20mm 이하인 경우에는 스케줄 40 이상인 것을 사용할 수 있다. 〈개정 2012.8.20.〉
3. 동관을 사용하는 경우의 배관은 이음이 없는 동 및 동합금관(KS D 5301)으로서 고압식은 16.5MPa 이상, 저압식은 3.75MPa 이상의 압력에 견딜 수 있는 것을 사용할 것
4. 고압식의 경우 개폐밸브 또는 선택밸브의 2차측 배관부속은 호칭압력 2.0 MPa이상의 것을 사용하여야 하며, 1차측 배관부속은 호칭압력 4.0 MPa 이상의 것을 사용하여야 하고, 저압식의 경우에는 2.0 MPa의 압력에 견딜 수 있는 배관부속을 사용할 것
② 배관의 구경은 이산화탄소의 소요량이 다음 각 호의 기준에 따른 시간 내에 방사될 수 있는 것으로 하여야 한다. 〈개정 2012.8.20.〉
1. 전역방출방식에 있어서 가연성액체 또는 가연성가스등 표면화재 방호대상물의 경우에는 1분
2. 전역방출방식에 있어서 종이, 목재, 석탄, 섬유류, 합성수지류 등 심부화재 방호대상물의 경우에는 7분. 이 경우 설계농도가 2분 이내에 30%에 도달하여야 한다.
3. 국소방출방식의 경우에는 30초
③ 소화약제의 저장용기와 선택밸브 사이의 집합배관에는 수동잠금밸브를 설치하되 선택밸브 직전에 설치할 것. 다만, 선택밸브가 없는 설비의 경우에는 저장용기실 내에 설치하되 조작 및 점검이 쉬운 위치에 설치하여야 한다. 〈신설 2015.1.23.〉

448 연결송수관설비의 가압송수장치 설치에서 방수구의 수량이 가장 많이 설치된 층이 3개라면 이때 필요한 펌프의 분당 토출량은 얼마 이상이어야 하는가? (단, 소방대상물은 지표면에서 최상층 방수구의 높이가 70[m] 이상인 일반 건물이다)

① 3600[L] ② 3000[L]
③ 2800[L] ④ 2400[L]

해설 펌프의 토출량은 2,400L/min(계단식 아파트의 경우에는 1,200L/min) 이상이 되는 것으로 할 것. 다만, 해당 층에 설치된 방수구가 3개를 초과(방수구가 5개 이상인 경우에는 5개)하는 것에 있어서는 1개마다 800L/min(계단식 아파트의 경우에는 400L/min)를 가산한 양

449 아파트의 각 세대별 주방에 설치되는 주거용주방자동소화장치의 설치기준에 적합하지 않은 항목은?

① 감지부의 설치위치는 유효설치 높이로 환기구의 중앙 근처에 설치
② 탐지부는 부신부와 분리하여 설치
③ 주거용주방자동소화장치의 가스차단장치는 주방배관의 개폐밸브로부터 1[m] 이하의 위치에 설치
④ 수신부는 열기류 또는 습기등과 주위온도에 영향을 받지 아니하는 장소에 설치

정답 : 448.④ 449.③

예상문제

450 할로겐화합물 소화약제의 저장용기에서 가압용 가스용기는 질소가스가 충전된 것으로 하고, 그 압력은 21[℃]에서 최대 얼마의 압력으로 축압되어야 하는가?

① 2.2[MPa]　　　　　② 3.2[MPa]
③ 4.2[MPa]　　　　　④ 5.2[MPa]

해설　가압용 가스용기는 질소가스가 충전된 것으로 하고, 그 압력은 21℃에서 2.5MPa 또는 4.2MPa이 되도록 하여야 한다.

451 포소화설비의 포헤드를 설치하고자 한다. 방호대상 바닥면적이 40[m²]일 때 필요한 최소 포헤드 수는?

① 4개　　　　　② 5개
③ 6개　　　　　④ 8개

해설　[포헤드 수량]
- 포헤드 수량 = (40m²/9m²) = 4.44 = 5개
- 포워터스프링클러헤드 수량 = (40m²/8m²) = 5개

452 고층건축물의 화재안전기준에서 피난안전구역에 설치하는 제연설비는 피난안전구역과 비제연구역간의 차압을 얼마 이상으로 유지하여야 하는가? (단, 옥내에 스프링클러설비가 설치되지 않은 조건임)

① 12.5[Pa] 이상　　　　　② 28[Pa] 이상
③ 40[Pa] 이상　　　　　④ 50[Pa] 이상

해설　피난안전구역과 비 제연구역간의 차압은 50pa(옥내에 스프링클러설비가 설치된 경우에는 12.5Pa) 이상으로 하여야 한다. 다만 피난안전구역의 한쪽 면 이상이 외기에 개방된 구조의 경우에는 설치하지 아니할 수 있다.

453 50층 이상인 복합건축물(판매시설이 설치되지 않음)에 스프링클러설비를 설치하였다. 스프링클러설비를 위해 지하 저수조에 저수하여야 하는 최소 수원의 양은?

① 32[m³]　　　　　② 64[m³]
③ 96[m³]　　　　　④ 144[m³]

해설　[수원]
- 11층 이상이므로 기준개수는 30개이다.
- 수원 Q = N × 4.8m³ = 30 × 4.8 = 144m³

정답 : 450.③　451.②　452.④　453.④

454 11층 이상의 소방대상물에 설치하는 연결송수관설비의 방수구를 단구형으로 설치하여도 되는 것은?

① 스프링클러설비가 유효하게 설치되어 있고 방수구가 2개소 이상 설치된 층
② 오피스텔의 용도로 사용되는 층
③ 스프링클러 설비가 설치되어 있지 않은 층
④ 아파트의 용도 이외로 사용되는 층

해설 문제 367번 해설 참조

---

455 지하층에 설치하는 피난시설로 가장 유효한 것으로 짝지어진 것은?

① 피난용트랩, 구조대
② 피난사다리, 피난밧줄
③ 피난용트랩, 피난밧줄
④ 피난사다리, 피난용트랩

해설 문제 290번 해설 참조

---

456 축압식 분말소화설비 저장용기의 안정성 확보를 위하여 설치하는 안전밸브는 얼마의 압력에서 작동되어야 하는가?

① 내압시험 압력의 0.64배 이하
② 내압시험 압력의 0.8배 이하
③ 내압시험 압력의 1.4배 이하
④ 내압시험 압력의 1.8배 이하

해설 [저장용기의 안전밸브의 작동압력]
- 가압식 : 최고사용압력의 1.8배 이하
- 축압식 : 내압시험압력의 0.8배 이하

---

457 간이스프링클러설비의 화재안전기준에 따라 펌프를 이용하는 가압송수장치를 설치하는 경우에 있어서의 정격토출압력은 가장 먼 가지배관에서 2개의 간이헤드를 동시에 개방한 경우 간이헤드 선단의 방수압력은 몇 [MPa] 이상이어야 하는가?

① 0.1[MPa]
② 0.35[MPa]
③ 1.4[MPa]
④ 3.5[MPa]

해설 방수압력(상수도직결형의 상수도압력)은 가장 먼 가지배관에서 2개[영 별표 5 제1호마목1) 또는 6)과 7)에 해당하는 경우에는 5개]의 간이헤드를 동시에 개방할 경우 각각의 간이헤드 선단 방수압력은 0.1MPa 이상, 방수량은 50L/min 이상이어야 한다. 다만, 제6조제7호에 따른 주차장에 표준반응형스프링클러헤드를 사용할 경우 헤드 1개의 방수량은 80 L/min 이상이어야 한다.

정답 : 454.① 455.④ 456.② 457.①

예상문제

458 포 소화설비에 대한 설명으로 틀린 것은?

① 전역방출방식의 고발포용 고정포방출구는 바닥면적 500[m²] 이내마다 1개 이상을 설치하여야 한다.
② 포헤드를 정방형으로 배치하든 장방형으로 배치하든 간에 그 유효반경은 2.1[m]이다.
③ 포헤드는 소방대상물의 천장 또는 반자에 설치하되, 바닥면적 7[m²]마다 1개 이상으로 한다.
④ 포워터스프링클러헤드는 바닥면적 8[m²]마다 1개 이상으로 설치하여야 한다.

해설 [포헤드의 설치기준]
- 포워터스프링클러헤드는 특정소방대상물의 천장 또는 반자에 설치하되, 바닥면적 8m²마다 1개 이상으로 하여 해당 방호대상물의 화재를 유효하게 소화할 수 있도록 할 것
- 포헤드는 특정소방대상물의 천장 또는 반자에 설치하되, 바닥면적 9m²마다 1개 이상으로 하여 해당 방호대상물의 화재를 유효하게 소화할 수 있도록 할 것

459 5층 건물의 판매시설에 설치되는 스프링클러설비 전용수원의 수량 산출계산방법으로서 옳은 것은?

① 10개 × 1.6[m³] = 16[m³]
② 20개 × 1.8[m³] = 36[m³]
③ 30개 × 1.6[m³] = 48[m³]
④ 30개 × 2.6[m³] = 78[m³]

해설 수원=30개×1.6m³=48m³

460 계단식 아파트 라인별 2세대, 5라인, 20층 아파트에 각 세대별로 8개씩의 헤드가 설치되고, 옥내소화전이 각 라인별로 설치된 경우 수원의 양을 산출한 것으로 옳은 것은? (각 라인은 지하구로 연결되어 있다)

① 10 × 1.6[m³] + 5 × 2.6[m³] = 29[m³]
② 10 × 1.6[m³] + 1 × 2.6[m³] = 18.6[m³]
③ 8 × 1.6[m³] + 2 × 2.6[m³] = 18[m³]
④ 8 × 1.6[m³] + 1 × 2.6[m³] = 15.4[m³]

해설 ③ 8×1.6m³+2×2.6m³=18m³

정답 : 458.③ 459.③ 460.③

461 다음 설명에서 ( ) 안에 적합한 수치는 어느 것인가?

소화용 이산화탄소의 저압식 저장용기는 용기내부에 냉각시설을 갖추어 섭씨 영하 (㉠)[℃] 이하의 온도에서 (㉡)[MPa]의 압력을 유지할 수 있는 자동냉각장치를 설치한다.

① ㉠ 18, ㉡ 2.1
② ㉠ 25, ㉡ 1.8
③ ㉠ 28, ㉡ 1.5
④ ㉠ 30, ㉡ 1.2

해설 저압식 저장용기에는 용기내부의 온도가 섭씨 영하 18℃ 이하에서 2.1MPa의 압력을 유지할 수 있는 자동냉동장치를 설치할 것

462 제연설비에 있어서 하나의 제연구역 면적은 몇 [m²] 이내로 구획하여야 하는가?

① 400[m²]
② 600[m²]
③ 800[m²]
④ 1000[m²]

해설 [포소화설비의 개방밸브 설치기준]
- 자동 개방밸브는 화재감지장치의 작동에 따라 자동으로 개방되는 것으로 할 것
- 수동식 개방밸브는 화재 시 쉽게 접근할 수 있는 곳에 설치할 것

463 포 소화설비의 개방밸브에 있어서 수동식 개방밸브의 설치위치로 가장 적당한 것은?

① 펌프실 또는 송액 주배관으로부터의 분기점 내에 설치
② 방호대상물마다 절환되는 위치 이전에 설치
③ 화재시 쉽게 접근할 수 있는 곳에 설치
④ 방유제 내에 설치

464 고정식 분말소화약제 공급장치에 배관 및 분사헤드를 설치하여 화재발생부분에만 집중적으로 소화약제를 방출하도록 설치하는 방식은?

① 국소방출방식
② 전역방출방식
③ 호스릴방식
④ 이동식방출방식

465 제연설비의 배출기 및 배출 풍도에 관한 설명으로 옳지 않은 것은?

① 배풍기 부분을 유효한 내열처리로 할 것
② 배출기와 배출풍도의 접속부분에 사용하는 캔버스는 내열성이 있는 것으로 할 것
③ 배출기의 흡입측 풍도 안의 풍속은 초속 15[m] 이상으로 할 것
④ 배출기의 전동기 부분과 배풍기 부분은 분리하여 설치할 것

정답 : 461.① 462.④ 463.③ 464.① 465.③

예상문제

466 케이블 트레이에 물분무소화설비를 설치할 때 저장하여야 할 수원의 양은 몇 [m³]인가? (단, 케이블 트레이의 투영된 바닥면적은 70[m²]이다)

① 28
② 12.4
③ 14
④ 16.8

해설 수원의 양 = 투영된 바닥면적[m²] × 12[L/min · m²] × 20min
= 70m² × 12[L/min · m²] × 20min = 16,800L = 16.8m³

467 연결송수관설비의 송수구에 관하여 설명한 것이다. 옳은 것은?

① 지면으로부터 높이가 0.8~1.5[m] 이하의 위치에 설치할 것
② 연결송수관의 수직배관마다 2개 이상을 설치할 것
③ 구경 65[mm]의 쌍구형으로 할 것
④ 습식의 경우에는 송수구 · 자동배수밸브 · 체크밸브 · 자동배수밸브의 순으로 설치 할 것

해설 문제 363번 해설 참조

468 분말소화설비의 호스릴 방식에 있어서 하나의 노즐당 1분간에 방사하는 약제량으로 옳지 않은 것은?

① 제1종 분말은 45[kg]
② 제2종 분말은 27[kg]
③ 제3종 분말은 27[kg]
④ 제4종 분말은 20[kg]

469 할로겐화합물 및 불활성기체소화약제 소화설비의 분사헤드 설치 기준 중 잘못된 것은?

① 천장의 높이가 3.7[m]를 초과할 경우에는 추가로 다른 열의 분사헤드를 설치한다.
② 분사헤드의 설치높이는 방호구역의 바닥으로부터 최소 0.2[m] 이상 최대 3.7[m] 이하로 하여야 한다.
③ 분사헤드의 오리피스의 면적은 분사헤드가 연결되는 배관구경 면적의 80[%]를 초과하여서는 안 된다.
④ 분사헤드의 부식 방지조치를 하여야 하며 오리피스의 크기, 제조일자, 제조업체가 표시되도록 한다.

해설 [할로겐화합물 및 불활성기체소화약제의 분사헤드]
1) 분사헤드 기준
① 분사헤드의 설치 높이는 방호구역의 바닥으로부터 최소 0.2m 이상 최대 3.7m 이하로 하여야 하며, 천장높이가 3.7m를 초과할 경우에는 추가로 다른 열의 분사헤드를 설치할 것. 다만, 분사헤드의 성능인정 범위 내에서 설치하는 경우에는 그러하지 아니하다.

정답 : 466.④ 467.③ 468.④ 469.③

② 분사헤드의 갯수는 방호구역에 제10조제3항을 충족되도록 설치할 것

> 제10조제3항
> 배관의 구경은 해당 방호구역에 할로젠화합물소화약제가 10초(불활성기체 소화약제는 A·C급 화재 2분, B급화재 1분) 이내에 방호구역 각 부분에 최소설계농도의 95% 이상 해당하는 약제량이 방출되도록 하여야 한다.

③ 분사헤드에는 부식방지조치를 하여야 하며, 오리피스의 크기, 제조일자, 제조업체가 표시되도록 할 것
2) 분사헤드의 방출율 및 방출압력은 제조업체에서 정한 값으로 한다.
3) 분사헤드의 오리피스의 면적은 분사헤드가 연결되는 배관구경면적의 70%를 초과하여서는 아니 된다.

470
특별피난계단의 부속실 등에 설치하는 급기가압방식 제연설비의 측정, 시험, 조정 항목을 열거한 것이다. 이에 속하지 않는 것은?

① 배연구의 설치 위치 및 크기의 적정 여부 확인
② 화재감지기 동작에 의한 제연설비의 작동 여부 확인
③ 출입문의 크기와 열리는 방향이 설계 시와 동일한지 여부 확인
④ 출입문마다 그 바닥사이의 틈새가 평균적으로 균일한지 여부 확인

해설 [급기가압방식 제연설비의 측정, 시험 조정 항목]
① 제연구역의 모든 출입문 등의 크기와 열리는 방향이 설계 시와 동일한지 여부를 확인하고, 동일하지 아니한 경우 급기량과 보충량 등을 다시 산출하여 조정가능여부 또는 재설계·개수의 여부를 결정할 것
② 출입문 등이 설계 시와 동일한 경우에는 출입문마다 그 바닥사이의 틈새가 평균적으로 균일한지 여부를 확인하고, 큰 편차가 있는 출입문 등에 대하여는 그 바닥의 마감을 재시공하거나, 출입문 등에 불연재료를 사용하여 틈새를 조정할 것
③ 제연구역의 출입문 및 복도와 거실 사이의 출입문마다 제연설비가 작동하고 있지 아니한 상태에서 그 폐쇄력을 측정할 것
④ 옥내의 층별로 화재감지기(수동기동장치를 포함한다)를 동작시켜 제연설비가 작동하는지 여부를 확인할 것

471
소화수조 및 저수조의 화재안전기준에서 지하에 설치하는 소화용수설비의 흡수관 투입구와 소화용수설비에 설치하는 채수구는 소화수조의 소요수량이 80[m³]일 때 각각 몇 개를 설치하는가?

① 흡수관투입구 → 1개 이상, 채수구 → 1개
② 흡수관투입구 → 1개 이상, 채수구 → 2개
③ 흡수관투입구 → 2개 이상, 채수구 → 2개
④ 흡수관투입구 → 2개 이상, 채수구 → 3개

정답 : 470.① 471.③

예상문제

> **해설** [흡수관 투입구와 채수구]
> ① 흡수관투입구는 그 한 변이 0.6m 이상이거나 직경이 0.6m 이상인 것으로 하고, 소요수량이 80m³ 미만인 것은 1개 이상, 80m³ 이상인 것은 2개 이상을 설치
> ② 채수구
>
> | 소요수량 | 20m³ 이상 40m³ 미만 | 40m³ 이상 100m³ 미만 | 100m³ 이상 |
> |---|---|---|---|
> | 채수구의 수 | 1개 | 2개 | 3개 |

472 소화수조 또는 저수조가 지표면으로부터의 깊이가 지하 5[m]인 곳에 설치된 가압송수 장치에서 소화용수수량이 100[m³]일 때 가압송수장치의 1분당 양수량은?

① 1000[L] 이상
② 1100[L] 이상
③ 2200[L] 이상
④ 3300[L] 이상

> **해설** [소화용수량과 가압송수장치 분당 양수량]
>
> | 소요수량 | 20m³ 이상 40m³ 미만 | 40m³ 이상 100m³ 미만 | 100m³ 이상 |
> |---|---|---|---|
> | 가압송수장치의 1분당 양수량 | 1,100L 이상 | 2,200L 이상 | 3,000L 이상 |

473 연결살수설비의 배관 중 하나의 배관에 부착하는 살수헤드의 수가 8개인 경우 배관의 구경은 몇 [mm] 이상의 것을 사용하여야 하는가?

① 65[mm]
② 80[mm]
③ 100[mm]
④ 125[mm]

> **해설** [배관구경에 따른 헤드 수]
>
> | 하나의 배관에 부착하는 살수헤드의 개수 | 1개 | 2개 | 3개 | 4개 또는 5개 | 6개 이상 10개 이하 |
> |---|---|---|---|---|---|
> | 배관의 구경(mm) | 32 | 40 | 50 | 65 | 80 |

474 소방대상물 내의 보일러실에 제1종 분말소화약제를 사용하여 전역방출방식인 분말소화설비를 설치할 때 필요한 약제량(kg)으로서 맞는 것은? (단, 방호구역의 개구부에 자동개폐 장치를 설치하지 아니한 경우로 방호구역의 체적은 120m³, 개구부의 면적은 20m²이다)

① 84
② 120
③ 140
④ 162

> **해설** 약제량 = 120m³ × 0.6kg/m³ + 20m² × 4.5kg/m² = 162kg

정답 : 472.④ 473.② 474.④

475 다음과 같이 간이 소화용구 설치 시 전체 능력단위는?

- 삽을 상비한 마른 모래 50ℓ포 2개
- 삽을 상비한 팽창질석 160ℓ포 1개

① 1단위 ② 2단위
③ 2.5단위 ④ 3단위

해설 [간이소화용구의 능력단위]

간이소화용구		능력단위
1. 마른모래	삽을 상비한 50L 이상의 것 1포	0.5단위
2. 팽창질석 또는 팽창진주암	삽을 상비한 80L 이상의 것 1포	

① 삽을 상비한 마른모래 50L 포 2개 : 0.5단위×2=1단위
② 삽을 상비한 팽창질석 160L 포 1개 : 80L 1포가 0.5단위이므로 1단위
③ 합계=1단위+1단위=2단위

476 다음 중 연결송수관설비의 배관을 습식으로 하여야 할 소방대상물의 최소 기준으로 맞는 것은?

① 지하 3층 이상 ② 지상 10층 이상
③ 연면적 15,000[m²] 이상 ④ 지면으로부터 높이가 31[m] 이상

해설 지면으로부터의 높이가 31m 이상인 특정소방대상물 또는 지상 11층 이상인 특정소방대상물에 있어서는 습식설비로 할 것

477 상수도소화용수설비 소화전의 설치에서 호칭지름 75[mm]의 수도배관에 호칭지름 100[mm]의 소화전을 접속할 때 소화전은 소방대상물의 수평투영면의 각 부분으로부터 몇 [m] 이하가 되도록 설치하여야 하는가?

① 40[m] ② 80[m]
③ 100[m] ④ 140[m]

해설 [상수도 소화용수 설비]
① 호칭지름 75mm 이상의 수도배관에 호칭지름 100mm 이상의 소화전을 접속할 것
② ①의 규정에 따른 소화전은 소방자동차 등의 진입이 쉬운 도로변 또는 공지에 설치할 것
③ ①의 규정에 따른 소화전은 소방대상물의 수평투영면의 각 부분으로부터 140m 이하가 되도록 설치할 것

정답 : 475.② 476.④ 477.④

예상문제

478 예상제연구역의 공기유입량이 시간당 30,000[m³]이고 유입구를 60[cm]×60[cm]의 크기로 사용할 때 공기유입구의 최소 설치수량은 몇 개인가?

① 4개 ② 5개
③ 6개 ④ 7개

해설 예상제연구역에 대한 공기유입구의 크기는 당해 예상제연구역 배출량 1m³/min에 대하여 35cm² 이상으로 하여야 한다.

① $\dfrac{30000\,m^3}{hr} = \dfrac{30000\,m^3}{60\,min} = 500\,m^3/min$

② 유입구의 크기 : $500\,m^3/min \times 35\,cm^2/(m^3/min) = 17500\,cm^2$

③ 유입구의 수량 = $\dfrac{17500\,cm^2}{3500\,cm^2} = 4.86 = 5$개

479 화재안전기준상 전기화재(C급화재)에 적응성이 있는 소화기구의 소화약제는?

① 포소화약제 ② 강화액소화약제
③ 할로겐화합물 및 불활성기체소화약제 ④ 산알칼리소화약제

해설 소화기구의 소화약제별 적응성(제4조제1항제1호 관련)

소화약제 구분 / 적응대상	가스			분말		액체				기타			
	이산화탄소소화약제	할론소화약제	할로겐화합물 및 불활성기체소화약제	인산염류소화약제	중탄산염류소화약제	산알칼리소화약제	강화액소화약제	포소화약제	물·침윤소화약제	고체에어로졸화합물	마른모래	팽창질석·팽창진주암	그 밖의 것
일반화재 (A급 화재)	-	○	○	○	-	○	○	○	○	○	○	○	-
유류화재 (B급 화재)	○	○	○	○	○	○	○	○	○	○	○	○	-
전기화재 (C급 화재)	○	○	○	○	*	*	*	*	○	-	-	-	
주방화재 (K급 화재)	-	-	-	-	*	-	*	*	*	-	-	-	*

480 다음은 옥내소화전설비의 화재안전기준에 관한 내용이다. ( ) 안에 들어갈 내용이 순서대로 옳은 것은?

펌프의 성능은 체절운전 시 정격토출압력의 ( )%를 초과하지 아니하고, 정격토출량의 ( )%로 운전 시 정격토출압력의 ( )% 이상이 되어야 한다.

정답 : 478.② 479.③ 480.②

① 140, 65, 150   ② 140, 150, 65
③ 150, 65, 140   ④ 150, 140, 65

> **해설** 펌프의 성능은 체절운전 시 정격토출압력의 140%를 초과하지 아니하고, 정격토출량의 150%로 운전 시 정격토출압력의 65% 이상이 되어야 한다.

481 옥내소화전이 지상 29층에 2개, 지상 30층에 3개 설치되어 있는 지상 40층인 건축물에서 화재안전기준상 수원의 최소용량(m^3)은? (단, 옥상수원 제외)

① 7.8   ② 15.6
③ 23.4   ④ 39.0

> **해설** 수원의 최소용량 $N \times 5.2m^3 = 3 \times 5.2m^3 = 15.3m^3$
> ① 층수가 30층 미만 : N(2개 이상은 2개)$\times 2.6m^3$
> ② 층수가 30층 이상 49층 이하 : N(5개 이상은 5개)$\times 5.2m^3$
> ③ 층수가 50층 이상 : N(5개 이상은 5개)$\times 7.8m^3$

482 옥외소화전설비의 화재안전기준에 관한 설명으로 옳지 않은 것은?

① 노즐선단에서의 방수압력은 0.25[MPa] 이상이고, 방수량이 350[L/min] 이상이어야 한다.
② 수원은 설치개수(옥외소화전이 2개 이상 설치된 경우에는 2개)에 7[m^3]를 곱한 양 이상으로 한다.
③ 옥외소화전이 10개 이하 설치된 때에는 소화전 3개마다 1개 이상의 소화전함을 설치하여야 한다.
④ 호스접결구는 특정소방대상물의 각 부분으로부터 하나의 호스접결구까지의 수평거리가 40[m] 이하가 되도록 설치하고 호스구경은 65[mm]의 것으로 하여야 한다.

> **해설** 옥외소화전이 10개 이하 설치된 때에는 옥외소화전마다 5m 이내의 장소에 1개 이상의 소화전함을 설치하여야 한다.

483 화재조기진압용 스프링클러설비의 화재안전기준에 관한 설명으로 옳지 않은 것은?

① 헤드 하나의 방호면적은 6.0[m^2] 이상 9.3[m^2] 이하로 한다.
② 교차배관은 가지배관 밑에 설치하고, 그 구경은 최소 40[mm] 이상으로 한다.
③ 하향식 헤드의 반사판의 위치는 천장이나 반자 아래 125[mm] 이상 355[mm] 이하로 한다.
④ 천장의 높이가 9.1[m] 이상 13.7[m] 이하인 경우 가지배관 사이의 거리는 2.4[m] 이상 3.7[m] 이하로 한다.

정답 : 481.②   482.③   483.④

예상문제

> **해설** 가지배관 사이의 거리는 2.4m 이상 3.7m 이하로 할 것. 다만, 천장의 높이가 9.1m 이상 13.7m 이하인 경우에는 2.4m 이상 3.1m 이하로 한다.

484 물분무소화설비의 화재안전기준에 관한 설명으로 옳지 않은 것은?

① 220[kV] 초과 275[kV] 이하인 전압의 전기기기가 있는 장소에 있어서는 전기기기와 물분무헤드 사이에 210[cm] 이상 거리를 두어야 한다.
② 물분무소화설비를 설치하는 차고 또는 주차장의 배수구에는 새어나온 기름을 모아 소화할 수 있도록 길이 40[m] 이하마다 집수관·소화핏트 등 기름분리장치를 설치하여야 한다.
③ 수원은 절연유 봉입 변압기에 있어서 바닥부분을 제외한 표면적을 합한 면적 1[m²]에 대하여 10[L/min]로 20분간 방수할 수 있는 양 이상으로 하여야 한다.
④ 운전시에 표면의 온도가 260[℃] 이상으로 되는 등 직접 분무를 하는 경우 그 부분에 손상을 입힐 우려가 있는 기계장치 등이 있는 장소에는 물분무헤드를 설치하지 아니할 수 있다.

> **해설** 220kV 초과 275kV 이하인 전압의 전기기기가 있는 장소에 있어서는 전기기기와 물분무헤드 사이에 260cm 이상 거리를 두어야 한다.

【 물분무헤드와 전기기기 사이의 이격거리 】

전압(kV)	거리(cm)	전압(kV)	거리(cm)
66 이하	70 이상	154 초과 181 이하	180 이상
66 초과 77 이하	80 이상	181 초과 220 이하	210 이상
77 초과 110 이하	110 이상	220 초과 275 이하	260 이상
110 초과 154 이하	150 이상		

485 바닥면적 300[m²]인 주차장에 호스릴포소화설비를 설치하는 경우 화재안전기준상 포소화약제의 최소저장량(L)은? (단, 호스접결구는 8개, 약제의 사용농도는 3[%]이다)

① 800
② 900
③ 1,000
④ 1,100

> **해설** N(5개 이상은 5개) $\times S \times 6000 = 5 \times 0.03 \times 6000 = 900 l$

486 이산화탄소소화설비의 화재안전기준에 관한 설명으로 옳은 것은?

① 저압식 저장용기의 충전비는 1.5 이상 1.9 이하로 한다.
② 소화약제의 저장용기는 온도가 50[℃] 이하인 곳에 설치한다.
③ 셀룰로이드제품 등 자기연소성물질을 저장·취급하는 장소에는 분사헤드를 설치하여야 한다.
④ 음향경보장치는 소화약제의 방사개시 후 1분 이상 경보를 계속할 수 있는 것으로 설치하여야 한다.

정답 : 484.① 485.② 486.④

해설 ① 저압식 저장용기의 충전비는 1.1 이상 1.4 이하로 한다.
② 소화약제의 저장용기는 온도가 40℃ 이하인 곳에 설치한다.
③ 셀룰로이드제품 등 자기연소성 물질을 저장·취급하는 장소에는 분사헤드를 설치해서는 아니된다.

487 화재시 연소면이 1면에 한정되고 가연물이 비산할 우려가 없는 표면적 100[m²]인 방호대상물에 국소방출방식 할로겐화합물 소화약제를 적용할 경우, 할론 1301의 최소저장량(kg)은?

① 748　　　　　　　　　　② 850
③ 950　　　　　　　　　　④ 968

해설 국소방출방식일 때 할론 1301의 최소저장량
W = 1.25 × 6.8[kg/m²] × 표면적[m²] = 1.25 × 6.8kg/m² × 100m² = 850kg

488 할로겐화합물소화약제소화설비의 화재안전기준상 A급화재 소화농도가 30[%]일 경우 사람이 상주하는 곳에 사용이 가능한 소화약제는?

① FC-3-1-10　　　　　　② HCFC-124
③ HFC-125　　　　　　　④ HFC-236fa

해설 [최대허용설계농도]
① FC-3-1-10 : 40%　　　② HCFC-124 : 1%
③ HFC-125 : 11.5%　　　④ HFC-126fa : 12.5%

489 분말소화약제의 화재안전기준상 소화약제 1[kg]당 저장용기의 내용적(L)으로 옳은 것은?

① 제1종 분말 : 0.8　　　　② 제2종 분말 : 0.9
③ 제3종 분말 : 0.9　　　　④ 제4종 분말 : 1.0

해설 소화약제 1kg당 저장용기의 내용적(l)
① 제1종 분말 : 0.8l/kg
② 제2종, 제3종 분말 : 1.0l/kg
③ 제4종 분말 : 1.25l/kg

490 화재안전기준상 각 층의 바닥면적이 3,000[m²]인 판매시설에서 층마다 설치하여야 하는 피난기구의 최소개수는?

① 3　　　　　　　　　　② 4
③ 5　　　　　　　　　　④ 6

정답 : 487.② 488.① 489.① 490.②

해설 피난기구의 수량＝3000㎡/800㎡＝3.75＝4개

용도	수량
숙박시설·노유자시설 및 의료시설	바닥면적 500㎡마다 1개 이상
위락시설·문화집회 및 운동시설·판매시설로 사용되는 층 또는 복합용도의 층	바닥면적 800㎡마다 1개 이상
계단실형 아파트	각 세대마다 1개 이상
그 밖의 용도	바닥면적 1,000㎡마다 1개 이상

491 제연설비의 화재안전기준에 관한 설명으로 옳은 것은?

① 하나의 제연구역은 직경 40[m] 원내에 들어갈 수 있어야 한다.
② 제연경계의 수직거리는 2.5[m] 이내이어야 한다.
③ 거실과 통로(복도를 제외)는 상호 제연구획 하여야 한다.
④ 예상제연구역의 각 부분으로부터 하나의 배출구까지의 수평거리는 10[m] 이내가 되도록 하여야 한다.

해설 ① 하나의 제연구역은 직경 60m 원내에 들어갈 수 있어야 한다.
② 제연경계는 제연경계의 폭이 0.6m 이상이고, 수직거리는 2m 이내이어야 한다. 다만, 구조상 불가피한 경우는 2m를 초과할 수 있다.
③ 거실과 통로(복도를 포함)는 상호 제연구획하여야 한다.

492 제연설비의 화재안전기준상 거실의 바닥면적이 100[㎡]인 예상제연구역이 다른 거실의 피난을 위한 경유거실인 경우 그 예상제연구역의 최소배출량(㎥/hr)은?

① 5,000　　　　　　　　　　② 6,500
③ 7,500　　　　　　　　　　④ 9,000

해설 배출량 : 100㎡×1㎡/min×1.5＝150㎥/min
150㎥/min×60min/hr＝9000㎡/hr

493 지표면에서 최상층 방수구의 높이가 70[m] 이상인 특정소방대상물에 설치하는 연결송수관설비의 가압송수장치에 관한 화재안전기준으로 옳은 것은?

① 충압펌프가 기동이 된 경우에는 자동으로 정지되지 아니하도록 하여야 한다.
② 펌프의 토출량은 계단식 아파트의 경우에는 1,200[L/min] 이상이 되는 것으로 하여야 한다.
③ 펌프의 양정은 최상층에 설치된 노즐선단의 압력이 0.25[MPa] 이상의 압력이 되도록 하여야 한다.

정답 : 491.④　492.④　493.②

④ 펌프의 토출측에는 압력계를 체크밸브 이후에 펌프토출측 플랜지에서 가까운 곳에 설치하여야 한다.

해설 펌프의 토출량은 2,400L/min(계단식 아파트의 경우에는 1,200L/min) 이상이 되는 것으로 할 것

494 연결살수설비에서 패쇄형스프링클러헤드를 설치하는 경우 화재안전기준으로 옳은 것은?
① 스프링클러헤드와 그 부착면과의 거리는 55[cm] 이하로 하여야 한다.
② 높이가 4[m] 이상인 공장에 설치하는 스프링클러헤드는 그 설치장소의 평상시 최고 주위 온도에 관계없이 표시온도 106[℃] 이상의 것으로 할 수 있다.
③ 습식 연결살수설비외의 설비에는 상향식스프링클러헤드를 설치하여야 한다.
④ 스프링클러헤드의 반사판은 그 부착면과 10분의 1 이상 경사되지 않게 설치하여야 한다.

해설 ① 스프링클러헤드와 그 부착면과의 거리는 30cm 이하로 하여야 한다.
② 높이가 4m 이상인 공장 및 창고(랙식창고를 포함한다)에 설치하는 스프링클러헤드는 그 설치장소의 평상시 최고 주위온도에 관계없이 표시온도 121℃ 이상의 것으로 할 수 있다.
③ 스프링클러헤드의 반사판은 그 부착면과 평행하게 설치할 것. 다만, 측벽형헤드 또는 연소할 우려가 있는 개구부에 설치하는 스프링클러헤드의 경우에는 그러하지 아니하다.

495 지하구에 설치하는 자동화재탐지설비 설치기준으로 틀린 것은?
① 「자동화재탐지설비 및 시각경보장치의 화재안전기준(NFTC 203)」 제7조제1항 각 호의 감지기 중 먼지·습기 등의 영향을 받지 아니하고 발화지점(1m 단위)과 온도를 확인할 수 있는 것을 설치할 것
② 지하구 천장의 중심부에 설치하되 감지기와 천장 중심부 하단과의 수직거리는 60cm 이내로 할 것. 다만, 형식승인 내용에 설치방법이 규정되어 있거나, 중앙기술심의위원회의 심의를 거쳐 제조사 시방서에 따른 설치방법이 지하구 화재에 적합하다고 인정되는 경우에는 형식승인 내용 또는 심의결과에 의한 제조사 시방서에 따라 설치할 수 있다.
③ 발화지점이 지하구의 실제거리와 일치하도록 수신기 등에 표시할 것
④ 공동구 내부에 상수도용 또는 냉·난방용 설비만 존재하는 부분은 감지기를 설치하지 않을 수 있다.

해설 지하구 자동화재탐지설비의 설치기준
1. 「자동화재탐지설비 및 시각경보장치의 화재안전기준(NFTC 203)」 제7조제1항 각 호의 감지기 중 먼지·습기 등의 영향을 받지 아니하고 발화지점(1m 단위)과 온도를 확인할 수 있는 것을 설치할 것

정답 : 494.③ 495.②

예상문제

2. 지하구 천장의 중심부에 설치하되 감지기와 천장 중심부 하단과의 수직거리는 30cm 이내로 할 것. 다만, 형식승인 내용에 설치방법이 규정되어 있거나, 중앙기술심의위원회의 심의를 거쳐 제조사 시방서에 따른 설치방법이 지하구 화재에 적합하다고 인정되는 경우에는 형식승인 내용 또는 심의결과에 의한 제조사 시방서에 따라 설치할 수 있다.
3. 발화지점이 지하구의 실제거리와 일치하도록 수신기 등에 표시할 것.
4. 공동구 내부에 상수도용 또는 냉·난방용 설비만 존재하는 부분은 감지기를 설치하지 않을 수 있다.

② 발신기, 지구음향장치 및 시각경보기는 설치하지 않을 수 있다.

496 내화구조의 건축물에 바닥면적이 310[m²]인 무도학원(실내마감재료는 불연재료)에 소화기구 설치시 필요한 최소능력단위는?

① 3
② 6
③ 8
④ 11

◢해설 310/60(위3 공5)=5.16단위

497 전양정이 50[m]이고 회전수가 2,000[rpm]인 원심펌프의 회전수를 2,400[rpm]으로 변경하여 운전하는 경우 펌프의 전양정(m)은?

① 34.7
② 60
③ 72
④ 86.4

◢해설 $50 \times 1.2^2 = 72$

498 포소화설비의 자동식 기동장치로 폐쇄형스프링클러헤드를 사용하는 경우 설치기준으로 옳지 않은 것은?

① 표시온도가 103[℃] 이상인 것을 사용할 것
② 부착면의 높이는 바닥으로부터 5[m] 이하로 할 것
③ 1개의 스프링클러헤드의 경계면적은 20[m²] 이하로 할 것
④ 하나의 감지장치 경계구역은 하나의 층이 되도록 할 것

◢해설 [자동식 기동장치의 설치기준]
자동화재탐지설비의 감지기의 작동 또는 폐쇄형 스프링클러헤드의 개방과 연동하여 가압송수장치, 일제개방밸브 및 포소화약제 혼합장치를 기동시킬 수 있도록 다음의 기준에 따라 설치하여야 한다.
① 폐쇄형 스프링클러헤드를 사용하는 경우에는 다음에 따를 것
  ㉮ 표시온도가 79℃ 미만인 것을 사용하고, 1개의 스프링클러헤드의 경계면적은 20m²

정답 : 496.② 497.③ 498.①

이하로 할 것
　　㉯ 부착면의 높이는 바닥으로부터 5m 이하로 하고, 화재를 유효하게 감지할 수 있도록 할 것
　　㉰ 하나의 감지장치 경계구역은 하나의 층이 되도록 할 것
② 화재감지기를 사용하는 경우에는 다음에 따를 것
　　㉮ 화재감지기는 자동화재탐지설비의 화재안전기준 제7조의 기준에 따라 설치할 것
　　㉯ 화재감지기 회로에는 다음 기준에 따른 발신기를 설치할 것
　　　ⓐ 조작이 쉬운 장소에 설치하고, 스위치는 바닥으로부터 0.8m 이상 1.5m 이하의 높이에 설치할 것
　　　ⓑ 소방대상물의 층마다 설치하되, 당해 소방대상물의 각 부분으로부터 수평거리가 25m 이하가 되도록 할 것. 다만, 복도 또는 별도로 구획된 실로서 보행거리가 40m 이상일 경우에는 추가로 설치하여야 한다.
　　　ⓒ 발신기의 위치를 표시하는 표시등은 함의 상부에 설치하되, 그 불빛은 부착면으로부터 15° 이상의 범위 안에서 부착지점으로부터 10m 이내의 어느 곳에서도 쉽게 식별할 수 있는 적색등으로 할 것
③ 동결 우려가 있는 장소의 포소화설비의 자동식 기동장치는 다동화재탐지설비와 연동으로 할 것

499 포소화설비의 화재안전기준에서 전역방출방식의 고발포용고정포방출구의 설치기준으로 옳지 않은 것은?

① 차고 또는 주차장의 대상물에 포의 팽창비가 300인 고정포방출구는 당해 방호구역의 관포체적 1[m^3]에 대하여 1분당 방출량이 0.28[L] 이상의 양이 되도록 할 것
② 항공기 격납고의 대상물에 포의 팽창비가 300인 고정포방출구는 당해 방호구역의 관포체적 1[m^3]에 대하여 1분당 방출량이 0.5[L] 이상의 양이 되도록 할 것
③ 고정포방출구는 바닥면적 500[m^2]마다 1개 이상으로 할 것
④ 고정포방출구는 방호대상물의 최고부분보다 낮은 위치에 설치할 것

해설 [고발포용 고정포 방출구 설치기준]
① 전역방출방식의 고발포용 고정포방출구는 다음에 따를 것
　㉠ 개구부에 자동폐쇄장치(갑종방화문・을종방화문 또는 불연재료된 문으로 포수용액이 방출되기 직전에 개구부가 자동적으로 폐쇄될 수 있는 장치를 말한다.)를 설치할 것. 다만, 당해 방호구역에서 외부로 새는 양 이상의 포수용액을 유효하게 추가하여 방출하는 설비가 있는 경우에는 그러하지 아니하다.
　㉡ 고정포방출구(포발생기가 분리되어 있는 것에 있어서는 당해 포발생기를 포함한다.)는 소방대상물 및 포의 팽창비에 따른 종별에 따라 당해 방호구역의 관포체적(당해 바닥면으로부터 방호대상물의 높이보다 0.5m 높은 위치까지의 체적을 말한다.) 1m^3에 대하여 1분당 방출량이 다음 표에 따른 양 이상이 되도록 할 것

정답 : 499.④

예상문제

소방대상물	포의 팽창비	1m³에 대한 포수용액방출량
항공기 격납고	팽창비 80 이상 250 미만	2.00l
	팽창비 250 이상 500 미만	0.50l
	팽창비 500 이상 1,000 미만	0.29l
차고 또는 주차장	팽창비 80 이상 250 미만	1.11l
	팽창비 250 이상 500 미만	0.28l
	팽창비 500 이상 1,000 미만	0.16l
특수가연물을 저장, 취급하는 소방대상물	팽창비 80 이상 250 미만	1.25l
	팽창비 250 이상 500 미만	0.31l
	팽창비 500 이상 1,000 미만	0.18l

ⓒ 고정포방출구는 바닥면적 500m²마다 1개 이상으로 하여 방호대상물의 화재를 유효하게 소화할 수 있도록 할 것
ⓓ 고정포방출구는 방호대상물의 최고부분보다 높은 위치에 설치할 것. 다만, 밀어 올리는 능력을 가진 것에 있어서는 방호대상물과 같은 높이로 할 수 있다.
② 국소방출방식의 고발포용 고정포방출구는 다음에 따를 것
 ㉠ 방호대상물이 서로 인접하여 불이 쉽게 붙을 우려가 있는 경우에는 불이 옮겨 붙을 우려가 있는 범위 내의 방호대상물을 하나의 방호대상물로 하여 설치할 것
 ㉡ 고정포방출구(포발생기가 분리되어 있는 것에 있어서는 당해 포발생기를 포함한다.)는 방호 대상물의 구분에 따라 당해 방호대상물의 높이의 3배(1m 미만의 경우에는 1m)의 거리를 수평으로 연장한 선으로 둘러싸인 부분의 면적 1m²에 대하여 1분당 방출량이 다음 표에 따른 양 이상이 되도록 할 것

방호대상물	방호면적 1m²에 대한 1분당 방출량
특수가연물	3l
기타의 것	2l

500 다음과 같은 조건에서 이산화탄소소화설비의 최소약제량(kg)은?

- 전역방출방식의 표면화재 방호대상물
- 방호구역 체적 200[m³]
- 설계농도 33[%]
- 자동폐쇄장치를 설치하지 아니한 개구부 면적 4[m²]

① 180 ② 200
③ 220 ④ 240

해설 $200 \times 0.8 + 4 \times 5 = 180$

 정답 : 500.①

1380 • PART 04. 소방기계시설의 구조 및 원리

501 옥외소화전설비의 화재안전기준에 의하여 옥외소화전을 11개 이상 30개 이하 설치 시 몇 개 이상의 소화전함을 분산 설치하여야 하는가?

① 5   ② 11
③ 16   ④ 21

502 할론소화설비의 화재안전기준에 의한 기동장치의 설치기준으로 옳은 것은?

① 수동식 기동장치의 조작부는 바닥으로부터 높이 1[m] 이상 1.5 이하의 위치에 설치할 것
② 가스압력식 기동장치의 기동용가스용기는 25[MPa] 이상의 압력에 견딜 수 있을 것
③ 가스압력식 기동장치의 기동용가스용기에는 내압시험압력의 0.8배 내지 1.2배 사이에서 작동하는 안전장치를 설치할 것
④ 수동식기동장치는 전역방출방식에 있어서는 방호대상물마다, 국소방출방식에 있어서는 방호구역마다 설치할 것

해설 제6조(기동장치)

① 할론소화설비의 수동식기동장치는 다음 각 호의 기준에 따라 설치하여야 한다. 이 경우 수동식 기동장치의 부근에는 소화약제의 방출을 지연시킬 수 있는 비상스위치(자동복귀형 스위치로서 수동식 기동장치의 타이머를 순간정지 시키는 기능의 스위치를 말한다)를 설치하여야 한다. 〈개정 2012.8.20.〉
  1. 전역방출방식은 방호구역마다, 국소방출방식은 방호대상물마다 설치할 것 〈개정 2012.8.20.〉
  2. 해당 방호구역의 출입구부분 등 조작을 하는 자가 쉽게 피난할 수 있는 장소에 설치할 것
  3. 기동장치의 조작부는 바닥으로부터 높이 0.8m 이상 1.5m 이하의 위치에 설치하고, 보호판 등에 따른 보호장치를 설치할 것
  4. 기동장치에는 그 가까운 곳의 보기 쉬운 곳에 "할론소화설비 기동장치"라고 표시한 표지를 할 것
  5. 전기를 사용하는 기동장치에는 전원표시등을 설치할 것
  6. 기동장치의 방출용스위치는 음향경보장치와 연동하여 조작될 수 있는 것으로 할 것
② 할론소화설비의 자동식 기동장치는 자동화재탐지설비의 감지기의 작동과 연동 하는 것으로서 다음 각 호의 기준에 따라 설치하여야 한다. 〈개정 2012.8.20.〉
  1. 자동식 기동장치에는 수동으로도 기동할 수 있는 구조로 할 것
  2. 전기식 기동장치로서 7병 이상의 저장용기를 동시에 개방하는 설비는 2병 이상의 저장용기에 전자개방밸브를 부착할 것 〈개정 2012.8.20.〉
  3. 가스압력식 기동장치는 다음 각 목의 기준에 따를 것 〈개정 2012.8.20.〉
    가. 기동용가스용기 및 해당 용기에 사용하는 밸브는 25MPa 이상의 압력에 견딜 수 있는 것으로 할 것
    나. 기동용가스용기에는 내압시험압력 0.8배부터 내압시험압력 이하에서 작동하는

정답 : 501.② 502.②

예상문제

안전장치를 설치할 것
다. 기동용가스용기의 용적은 1ℓ 이상으로 하고, 해당 용기에 저장하는 이산화탄소의 양은 0.6kg 이상으로하며, 충전비는 1.5 이상으로 할 것 〈개정 2012.8.20.〉
4. 기계식 기동장치는 저장용기를 쉽게 개방할 수 있는 구조로 할 것 〈개정 2012.8.20.〉
③ 할론소화설비가 설치된 부분의 출입구 등의 보기 쉬운 곳에 소화약제의 방사를 표시하는 표시등을 설치하여야 한다.

503 옥내소화전설비의 화재안전기준에서 내열전선의 내열성능에 관한 설명이다. (   ) 안에 들어갈 내용으로 옳은 것은?

> 온도가 (㉠)[℃]인 불꽃을 (㉡)분간 가한 후 불꽃을 제거하였을 때 (㉢)초 이내에 자연소화되고, 전선의 연소된 길이가 (㉣)[mm] 이하일 것

	㉠	㉡	㉢	㉣
①	716 ± 10	20	10	180
②	816 ± 10	20	10	180
③	716 ± 10	10	20	380
④	816 ± 10	10	20	380

해설 [비고]
내열전선의 내열성능은 온도가 816±10℃인 불꽃을 20분간 가한 후 불꽃을 제거하였을 때 10초 이내에 자연소화가 되고, 전선의 연소된 길이가 180mm 이하 이거나 가열온도의 값을 한국산업표준(KS F 2257-1)에서 정한 건축구조부분의 내화시험방법으로 15분 동안 380℃ 까지 가열한 후 전선의 연소된 길이가 가열로의 벽으로부터 150mm 이하 일 것. 또는 소방청장이 정하여 고시한 「소방용전선의 성능 인증 및 제품검사의 기술기준」에 적합할 것

504 간이스프링클러설비의 설치기준으로 옳지 않은 것은?

① 간이헤드의 작동온도는 실내의 최대 주위 천장온도가 0[℃] 이상 38[℃] 이하인 경우 공칭작동온도가 57[℃]에서 77[℃]의 것을 사용할 것
② 상수도직결형의 상수도압력은 가장 먼 가지배관에서 2개의 간이헤드를 동시에 개방할 경우 각각의 간이헤드 선단 방수압력은 0.1[MPa] 이상으로 할 것
③ 비상전원은 간이스프링클러설비를 유효하게 10분(근린생활시설의 경우 20분) 이상 작동될 수 있도록 할 것
④ 송수구는 구경 65[mm]의 단구형 또는 쌍구형으로 하여야 하며, 송수배관의 안지름은 32[mm] 이상으로 할 것

정답 : 503.② 504.④

505 물분무소화설비를 설치하는 차고 또는 주차장의 배수설비 설치기준으로 옳은 것은?
① 차량이 주차하는 장소의 적당한 곳에 높이 15[cm] 이상의 경계턱으로 배수구를 설치할 것
② 길이 60[m] 이하마다 집수관·소화핏트 등 기름분리장치를 설치할 것
③ 차량이 주차하는 바닥은 배수구를 향하여 100분의 1 이상의 기울기를 유지할 것
④ 배수설비는 가압송수장치의 최대송수능력의 수량을 유효하게 배수할 수 있는 크기 및 기울기로 할 것

해설 ① 10cm ② 40m ③ 100분의 2

506 할로겐화합물 및 불활성기체 소화설비를 사람이 상주하는 곳에 설치시 소화약제량의 최대 허용설계농도기준으로 옳지 않은 것은?
① HCFC BLEND A : 10[%]
② HFC-23 : 40[%]
③ HFC-125 : 11.5[%]
④ IG-55 : 43[%]

해설 HFC-23 : 30%

507 바닥면적이 400[m²]인 발전기실(층고 3[m])에 소화농도 7[%]로 HFC-227ea를 설치 시 소요되는 최저의 소화약제량(kg)은 약 얼마인가?

- 약제방사시 방호구역은 20[℃]로 한다.
- 소화약제별 선형상수를 구하기 위한 K_1=0.1269, K_2=0.0005이다.
- 기타 조건은 할로겐화합물 및 불활성기체 소화설비의 화재안전기준에 의한다.

① 330
② 402
③ 804
④ 877

해설 $\dfrac{400 \times 3}{0.1269 + 0.0005 \times 20} \times \left(\dfrac{(7 \times 1.2)}{100 - (7 \times 1.2)} \right) = 803.825$

508 분말소화설비의 화재안전기준에 따른 소화약제 저장용기의 설치기준으로 옳지 않은 것은?
① 제3종 분말 저장용기의 내용적은 소화약제 1[kg]당 1[L]로 할 것
② 저장용기의 충전비는 0.8 이상으로 할 것
③ 축압식 저장용기에 내압시험압력의 1.8배 이하에서 작동하는 안전밸브를 설치할 것
④ 저장용기 및 배관에 잔류 소화약제를 처리할 수 있는 청소장치를 설치할 것

해설 ② 분말소화약제의 저장용기는 다음 각 호의 기준에 따라 설치하여야 한다.

정답 : 505.④ 506.② 507.③ 508.③

예상문제

1. 저장용기의 내용적은 다음 표에 따를 것

소화약제의 종별	소화약제 1kg당 저장용기의 내용적
제1종 분말(탄산수소나트륨을 주성분으로 한 분말)	0.08L
제2종 분말(탄산수소칼륨을 주성분으로 한 분말)	1L
제3종 분말(인산염을 주성분으로 한 분말)	1L
제4종 분말(탄산수소칼륨과 요소가 화합된 분말)	1.25L

2. 저장용기에는 가압식은 최고사용압력의 1.8배 이하, 축압식은 용기의 내압시험압력의 0.8배 이하의 압력에서 작동하는 안전밸브를 설치할 것 〈개정 2012.8.20〉
3. 저장용기에는 저장용기의 내부압력이 설정압력으로 되었을 때 주밸브를 개방하는 정압작동장치를 설치할 것
4. 저장용기의 충전비는 0.8 이상으로 할 것
5. 저장용기 및 배관에는 잔류 소화약제를 처리할 수 있는 청소장치를 설치할 것
6. 축압식의 분말소화설비는 사용압력의 범위를 표시한 지시압력계를 설치할 것

509 다음 조건에서 준비작동식 스프링클러설비 설치시 감지기의 최소설치 개수는?

- 바닥면적 800[m²]인 공장으로 비내화구조
- 차동식스포트형 2종 감지기 설치
- 감지기 부착높이 7.5[m]

① 23　　　　　　　　　② 32
③ 46　　　　　　　　　④ 64

해설 800/25 = 32
32 × 2 = 64

부착높이 및 특정소방대상물의 구분		감지기의 종류					
		차동식 스포트형		보상식 스포트형		정온식 스포트형		
		1종	2종	1종	2종	특종	1종	2종
4m 미만	주요구조부를 내화구조로 한 특정소방대상물 또는 그 부분	90	70	90	70	70	60	20
	기타 구조의 특정소방대상물 또는 그 부분	50	40	50	40	40	30	15
4m 이상 8m 미만	주요구조부를 내화구조로 한 특정소방대상물 또는 그 부분	45	35	45	35	35	30	
	기타 구조의 특정소방대상물 또는 그 부분	30	25	30	25	25	15	

정답 : 509.④

510 피난기구 설치시 피난 또는 소화활동상 유효한 개구부의 크기 기준으로 옳은 것은?

① 가로 0.5[m] 이상, 세로 1[m] 이상
② 가로 및 세로가 각 0.6[m] 이상
③ 가로 0.3[m] 이상, 세로 0.6[m] 이상
④ 가로 0.5[m] 이상, 세로 0.8[m] 이상

511 지하구에 설치하는 연소방지설비의 송수구 기준으로 틀린 것은?

① 소방차가 쉽게 접근할 수 있는 노출된 장소에 설치하되, 눈에 띄기 쉬운 보도 또는 차도에 설치할 것
② 송수구는 구경 65mm의 쌍구형으로 할 것
③ 송수구로부터 1m 이내에 살수구역 안내표지를 설치할 것
④ 지면으로부터 높이가 0.8m 이상 1.5m 이하의 위치에 설치할 것

해설 지하구 연소방지설비 송수구는 다음 각 호의 기준에 따라 설치하여야 한다.
1. 소방차가 쉽게 접근할 수 있는 노출된 장소에 설치하되, 눈에 띄기 쉬운 보도 또는 차도에 설치할 것
2. 송수구는 구경 65mm의 쌍구형으로 할 것
3. 송수구로부터 1m 이내에 살수구역 안내표지를 설치할 것
4. 지면으로부터 높이가 0.5m 이상 1m 이하의 위치에 설치할 것
5. 송수구의 가까운 부분에 자동배수밸브(또는 직경 5mm의 배수공)를 설치할 것. 이 경우 자동배수밸브는 배관안의 물이 잘 빠질 수 있는 위치에 설치하되, 배수로 인하여 다른 물건 또는 장소에 피해를 주지 아니하여야 한다.
6. 송수구로부터 주배관에 이르는 연결배관에는 개폐밸브를 설치하지 아니할 것
7. 송수구에는 이물질을 막기 위한 마개를 씌어야 한다.

512 다음은 제연설비의 공기유입방식 및 유입구에 관한 화재안전기준이다. ( ) 안에 들어갈 내용으로 옳은 것은?

예상제연구역에 공기가 유입되는 순간의 풍속은 (㉠)[m/s] 이하가 되도록 하고, 공기유입구의 구조는 유입공기를 (㉡) 이내로 분출할 수 있도록 하여야 한다.

	㉠	㉡		㉠	㉡
①	3 하향	45°	②	5 하향	60°
③	3 상향	45°	④	5 상향	60°

정답 : 510.① 511.④ 512.②

예상문제

513 특별피난계단의 부속실에 설치된 제연설비의 제어반기능에 관한 기준으로 옳지 않은 것은?
① 급기용 댐퍼의 개폐에 대한 감시 및 원격조작기능
② 급기송풍기와 유입공기의 배출용 송풍기의 작동여부에 대한 감시 및 원격조작기능
③ 수동기동장치의 작동여부에 대한 감시기능
④ 비상전원의 원격조작기능

해설 [제어반]
① 제어반에는 제어반의 기능을 1시간 이상 유지할 수 있는 용량의 비상용 축전지를 내장할 것
② 제어반은 다음의 기능을 보유할 것
  ㉮ 급기용 댐퍼의 개폐에 대한 감시 및 원격조작기능
  ㉯ 배출댐퍼 또는 개폐기의 작동 여부에 대한 감시 및 원격조작기능
  ㉰ 급기송풍기와 유입공기의 배출용 송풍기의 작동 여부에 대한 감시 및 원격조작기능
  ㉱ 제연구역 출입문의 일시적인 고정개방 및 해정에 대한 감시 및 원격조작기능
  ㉲ 수동기동장치의 작동 여부에 대한 감시기능
  ㉳ 급기구 개구율의 자동조절장치의 작동 여부에 대한 감시기능. 다만, 급기구에 차압표시계를 고정부착한 자동차압·과압조절형 댐퍼를 설치하고 당해 제어반에도 차압표시계를 설치한 경우에는 그러하지 아니하다.
  ㉴ 감시선로의 단선에 대한 감시기능
  ㉵ 예비전원이 확보되고 예비전원의 적합여부를 시험할 수 있어야 할 것

514 연결살수설비의 화재안전기준에 의한 설치기준으로 옳지 않은 것은?
① 교차배관에는 가지배관과 가지배관사이마다 1개 이상의 행가를 설치하되, 가지배관 사이의 거리가 4.5[m]를 초과하는 경우에는 4.5[m] 이내마다 1개 이상 설치할 것
② 개방형헤드를 사용하는 연결살수설비의 수평주행배관은 헤드를 향하여 상향으로 100분의 1 이상의 기울기로 설치할 것
③ 천장 또는 반자의 각 부분으로부터 하나의 살수헤드까지의 수평거리가 연결살수설비 전용헤드의 경우 2.3[m] 이하로 할 것
④ 습식 연결살수설비의 배관은 동결방지조치를 하거나 동결의 우려가 없는 장소에 설치할 것

해설 3.7m 일반 헤드 2.3

515 종합병원의 3층에 설치하는 피난기구로 적당하지 않은 것은?
① 미끄럼대   ② 완강기
③ 구조대   ④ 피난교

 정답 : 513.④ 514.③ 515.②

▲해설   문제 290번 해설 참조

516 연결살수설비 배관 중 하나의 배관에 부착하는 살수헤드의 수가 5개인 경우 배관의 구경은?

① 32[mm]   ② 40[mm]
③ 50[mm]   ④ 65[mm]

▲해설   [배관의 구경] 연결살수설비 전용헤드를 사용하는 경우

하나의 배관에 부착하는 살수헤드의 개수	1개	2개	3개	4개 또는 5개	6개 이상 10개 이하
배관의 구경(mm)	32	40	50	65	80

517 고정포방출구 방식에서 고정포방출구에서 방출하기 위하여 필요한 양을 구하는 공식으로 옳은 것은?

① $Q = N \times S \times 8,000[L]$
② $Q = A \times Q_1 \times T \times S[L]$
③ $Q = N \times S \times 6,000[L]$
④ $Q = A \times Q_1 \times V \times S[L]$

518 옥내소화전설비의 물올림장치에 대한 설명이다. 번호의 규격으로 맞는 것은?

보기 : ㉠ 호수조용량   ㉡ 물올림배관(25mm)
       ㉢ 순환배관   ㉣ 물올림탱크급수배관

① ㉠ 100[L] 이상 ㉡ 25[mm] 이상 ㉢ 20[mm] 이상 ㉣ 15[mm] 이상
② ㉠ 200[L] 이상 ㉡ 15[mm] 이상 ㉢ 20[mm] 이상 ㉣ 25[mm] 이상
③ ㉠ 100[L] 이상 ㉡ 20[mm] 이상 ㉢ 25[mm] 이상 ㉣ 15[mm] 이상
④ ㉠ 200[L] 이상 ㉡ 20[mm] 이상 ㉢ 25[mm] 이상 ㉣ 15[mm] 이상

519 옥내소화전설비에서 가장 많이 설치된 소화전의 수는 4개일 때 유량계의 용량은 얼마 이상으로 하여야 하는가?(단, 명판에 기재된 펌프 토출량은 600[L/min]이다)

① 630[L/min]   ② 900[L/min]
③ 960[L/min]   ④ 1,050[L/min]

정답 : 516.④ 517.② 518.① 519.④

예상문제

520 연결송수관설비의 설치기준으로 틀린 것은?
① 송수구는 지면으로부터 높이가 0.5[m] 이상 1[m] 이하의 위치에 설치할 것
② 송수구는 연결송수관의 수직배관마다 1개 이상을 설치할 것. 다만, 하나의 건축물에 설치된 각 수직배관이 중간에 개폐밸브가 설치되지 아니한 배관으로 상호 연결되어 있는 경우에는 건축물마다 1개씩 설치할 수 있다.
③ 건식의 경우에는 송수구, 자동배수밸부, 체크밸브, 자동배수밸브의 순으로 설치할 것
④ 지면으로부터의 높이가 31[m] 이상인 소방대상물 또는 지상 16층 이상인 소방대상물에 있어서는 습식 설비로 할 것

◀해설 11층 이상

521 이산화탄소 소화설비의 소화약제의 저장용기의 설치기준으로 틀린 것은?
① 저압식 저장용기에는 내압시험압력의 0.64배부터 0.8배까지의 압력에서 작동하는 안전밸브를 설치할 것
② 저장용기의 충전비는 저압식은 1.5 이상 1.9 이하로 할 것
③ 저압식 저장용기에는 액면계 및 압력계와 2.3[MPa] 이상 1.9[MPa] 이하의 압력에서 작동하는 압력경보장치를 설치할 것
④ 저장용기는 고압식은 25[MPa] 이상, 저압식은 3.5[MPa] 이상의 내압시험압력에서 합격한 것으로 할 것

◀해설 저장용기의 충전비는 저압식은 1.1 이상 1.4 이하로 할 것

522 수(水)계 소화설비의 개폐밸브에 탬퍼스위치를 설치하지 않아도 되는 곳은?
① 주펌프 흡입측 배관에 설치된 밸브
② 고가수조와 압상배관에 연결된 배관상의 밸브
③ 성능시험배관의 밸브
④ 유수검지장치의 1차측과 2차측에 설치된 밸브

523 큰 물방울을 방출하여 물방울이 화염을 뚫고 침투하여 저장창고 등에서 발생하는 대형 화재를 진압할 수 있는 헤드는?
① 측벽형 스프링클러헤드
② 폐쇄형 스프링클러헤드
③ 라지드롭 스프링클러헤드
④ 조기반응형 스프링클러헤드

 정답 : 520.④ 521.② 522.③ 523.③

▸해설
- "주거형스프링클러헤드"란 폐쇄형헤드의 일종으로 주거지역의 화재에 적합한 감도·방수량 및 살수분포를 갖는 헤드를(간이형스프링클러헤드를 포함한다) 말한다.
- "라지드롭형스프링클러헤드"(ELO)란 동일조건의 수압력에서 큰 물방울을 방출하여 화염의 전파속도가 빠르고 발열량이 큰 저장창고 등에서 발생하는 대형화재를 진압할 수 있는 헤드를 말한다.

524 유량이 0.52[m³/min]일 때 옥내소화전설비의 주배관의 최소 관경은 얼마 이상으로 하여야 하는가?

① 50
② 65
③ 80
④ 100

▸해설
$$D = \sqrt{\frac{4Q}{\pi U}} = \sqrt{\frac{4 \times \frac{0.52}{60}}{\pi \times 4}} = 0.0525m$$

525 공동현상의 방지대책이 아닌 것은?

① 펌프의 흡입측 수두를 크게 한다.
② 펌프의 흡입관경을 크게 한다.
③ 펌프의 설치위치를 수원보다 낮게 한다.
④ 펌프흡입측배관의 마찰손실을 적게 한다.

526 다음 수계 소화설비의 설명으로 틀린 것은?

① 가압송수장치가 기동이 된 경우에는 자동으로 정지되었다.
② 충압펌프 기동 후 자동으로 정지되었다.
③ 기동용 수압개폐장치의 용적은 200[L]의 것을 사용하였다.
④ 충압펌프의 경우에 순환배관을 설치하지 않았다.

527 옥내소화전설비의 전원에 대한 배선 기준으로 옳은 것은?

① 저압수전일 경우에는 인입개폐기의 직후에서 분기하여 전용배선으로 한다.
② 고압수전일 경우에는 전력용 변압기 2차측에서 직접 분기하여 전용배선으로 한다.
③ 특별고압수전일 경우에는 전력용 변압기 1차측의 주차단기 1차측에서 분기하여 전용배선으로 한다.
④ 승강기전원 등 특수동력전원과 공용하여 사용한다.

정답 : 524.② 525.① 526.① 527.①

예상문제

528 특별피난계단의 계단실 및 부속실 제연설비의 화재안전기준에 관한 설명 중 틀린 것은?
① 제연구역과 옥내와의 사이에 유지하여야 하는 최소차압은 40[Pa] 이상으로 하여야 한다.
② 제연구역과의 옥내와의 사이에 유지하여야 하는 최소차압은 옥내에 스프링클러설비가 설치된 경우에는 12.5[Pa] 이상으로 하여야 한다.
③ 자동폐쇄장치란 제연구역의 출입문 등에 설치하는 것으로서 화재발생시 옥내에 설치된 발신기 작동과 연동하여 출입문을 자동적으로 닫게 하는 장치를 말한다.
④ 계단실과 부속실을 동시에 제연하는 경우 부속실의 기압은 계단실과 같게 하거나 계단실의 기압보다 낮게 할 경우에는 부속실과 계단실의 압력차이는 5[Pa] 이하가 되도록 하여야 한다.

529 준비작동식 스프링클러 설비의 정상 상태가 아닌 것은?
① 경보시험밸브는 평상시 닫힌 상태이다.
② 전자밸브는 평상시 닫힌 상태이다.
③ 2차 개폐밸브는 평상시 닫힌 상태이다.
④ 셋팅밸브는 평상시 닫힌 상태이다.

정답 : 528.③ 529.③